Boenigk, Biologie

Jens Boenigk
(Hrsg.)

Boenigk, Biologie

Der Begleiter in und durch das Studium

Hrsg.
Jens Boenigk
Biodiversität
Universität Duisburg-Essen
Essen, Deutschland

ISBN 978-3-662-61269-9 ISBN 978-3-662-61270-5 (eBook)
https://doi.org/10.1007/978-3-662-61270-5

Die Deutsche Nationalbibliothek verzeichnet diese Publikation in der Deutschen Nationalbibliografie; detaillierte bibliografische Daten sind im Internet über http://dnb.d-nb.de abrufbar.

Springer Spektrum

Einbandabbildung: © Geert Weggen Photography, https://geertweggen.com

Planung/Lektorat: Sarah Koch, Martina Mechler

Grafiken: Martin Lay, Breisach, Jens Boenigk, Haltern am See

Redaktion: Andreas Held

Springer ist ein Imprint der eingetragenen Gesellschaft Springer-Verlag GmbH, DE und ist ein Teil von Springer Nature.
Die Anschrift der Gesellschaft ist: Heidelberger Platz 3, 14197 Berlin, Germany

Vorwort

Biologie ist eine vielseitige und stark mit anderen Wissenschaften vernetzte Naturwissenschaft. In fast allen Bereichen des täglichen Lebens spielt die Biologie eine Rolle – Beispiele sind das Gesundheitswesen, die Landwirtschaft, die Nahrungsmittelproduktion, das Artensterben sowie der Klima- und Umweltschutz.

Trotz ihrer zentralen Rolle führte die Biologie als Wissenschaft überraschenderweise lange Zeit eher ein Schattendasein. Dies erstaunt umso mehr, als sich die wissenschaftlichen Wurzeln der Biologie mit der Begründung der zoologischen und botanischen Systematik durch die griechischen Philosophen Aristoteles und Theophrastus mindestens zweieinhalb Jahrtausende zurückverfolgen lassen. Über die Jahrhunderte behielt die Biologie einen eher beschreibenden Charakter – interessierte Naturforscher und -forscherinnen sammelten Pflanzen und Tiere und verglichen in mühevoller Kleinarbeit Blüten, Blätter, Knochen und Gebissformen. Erst im 18. und 19. Jahrhundert begann sich unter anderem mit Carl von Linné, Georges Cuvier, Alfred Russel Wallace und Charles Darwin eine umfangreiche theoretische – im modernen Sinne – wissenschaftliche Grundlage der Biologie zu formen. Insbesondere die Entschlüsselung der Struktur der Erbmasse aller Lebewesen, der DNA, durch Rosalind Franklin, James Watson und Francis Crick bereitete die Basis für die Entwicklung der Biologie zu einer modernen Naturwissenschaft.

Rasant, für viele beängstigend, befindet sich die Biologie heute auf der Überholspur. Die Biologie hat sich zu einer der bedeutendsten Technologieplattformen entwickelt und wird als die große Wissenschaft des 21. Jahrhunderts gefeiert. Neue Fachdisziplinen wie die Genomik und Bioinformatik sind entstanden und neue Anwendungsfelder und Einsatzmöglichkeiten der Biologie und Biotechnologie haben bereits jetzt tief greifende Auswirkungen auf Gesellschaft und Wirtschaft. Das Potenzial beispielsweise der Genschere CRISPR zusammen mit anderen im Entstehen begriffenen Technologien entwickelt sich derzeit schneller als die damit befassten politischen Entscheidungsprozesse. Alltagsmedizin, Nahrungsmittelproduktion, Energiegewinnung und künstliche Intelligenz sind nur Beispiele für durch biologische Erkenntnisse gelenkte Felder – die biologische Forschung prägt zunehmend die Zukunft des Lebens auf unserem Planeten.

Dieser rasanten Veränderung und der rasant zunehmenden Bedeutung des Fachs Biologie muss auch die Vermittlung biologischer Zusammenhänge gerecht werden. Diese Vermittlung biologischer Inhalte hat sich entsprechend des Bedeutungswandels der Biologie als Wissenschaft ebenfalls stark gewandelt. Dies spiegelt sich wider in der Art der Präsentation von biologischen Objekten und biologischer Forschung in der Öffentlichkeit – beispielsweise in der Entwicklung von Kuriositätenkabinetten hin zu modernen Naturkundemuseen mit wissenschaftlichem Anspruch und zu Zentren moderner biologischer Forschung. Genauso haben sich die biologischen Lehrmaterialien von in ausschweifender, blumiger Sprache beschreibenden wissenschaftlichen Aufsätzen hin zu modernen, reich illustrierten Lehr- und Sachbüchern entwickelt. Parallel zu dieser Entwicklung haben sich auch die Universitäten und Studiengänge weiterentwickelt – ein System von Diplomstudiengängen ist dem konsekutiven System aus Bachelor- und Masterstudiengängen gewichen. Die Veränderung des Studiensystems und die Vielseitigkeit der Biologie führen derzeit zu einer extremen Differenzierung und frühzeitigen Spezialisierung der Studieninhalte zwischen verschiedenen Hochschulen und Studiengängen.

Die in der Regel für den amerikanischen Markt geschriebenen und aus dem Amerikanischen übersetzten gängigen Biologie-Lehrbücher sind aufgrund der verschiedenen Bildungssysteme nicht ohne Weiteres mit dem europäischen Bachelorstudium kompatibel. Zudem weichen die Konzepte der Wissensvermittlung zwischen den Bildungssystemen voneinander ab: Während im amerikanischen Studiensystem frühzeitig der Entwicklung übergreifender Konzepte unter Inkaufnahme fehlender oder nur rudimentärer Grundlagenkenntnisse viel Raum eingeräumt wird, baut im deutschen Sprachraum die Vermittlung komplexer Zusammenhänge in der Regel auf die Vermittlung umfassender Grundlagen- und Faktenkenntnisse auf. Dementsprechend werden die derzeit gängigsten Biologie-Lehrbücher den sich wandelnden Anforderungen des Biologiestudiums nur teilweise gerecht. Aus dieser Einsicht erwuchs die Idee, ein modernes, für den deutschen Sprachraum konzipiertes Lehrbuch der Biologie zu entwickeln.

Es wurde in der Planungsphase schnell klar, dass ein solches Projekt nicht aus bestehenden Lehrbüchern weiterentwickelt werden kann, sondern von Grund auf neu konzipiert und entwickelt werden muss. Der Wunsch nach ausreichender inhaltlicher Tiefe bei gleichzeitiger Abdeckung aller Disziplinen und Inhalte kann schnell zu einer umfangreichen Enzyklopädie führen, die für den Schul- und Hochschulgebrauch aber letztlich nicht mehr handhabbar ist. Die starke Verwobenheit der biologischen Disziplinen stellte zudem jeden Versuch einer Gliederung infrage. Die Zielsetzung des Projekts war ein Lehrbuch, das organismengruppenübergreifende Prinzipien vermittelt, dabei aber den Besonderheiten einzelner Organismengruppen (Tiere, Pflanzen, Pilze,

Protisten und Prokaryoten) genügend Raum einräumt. Gleichzeitig sollte dieses Buch Detailwissen vermitteln, das dann durchaus eine größere Tiefe erreicht, ohne sich allerdings in Einzelheiten zu verlieren.

Im Ergebnis unternimmt das vorliegende Lehrbuch den Versuch, den komplexen und vielschichtigen Stoff des Bachelorstudiums der Biologie auf gut 1000 Seiten, heruntergebrochen in einzelne Abschnitte (Lerneinheiten) von in der Regel zwei oder vier Seiten Umfang, darzustellen. Die dafür notwendige Kondensation umfangreichen Wissens auf jeweils nur wenige Seiten birgt die Gefahr einer inhaltlichen Überfrachtung der einzelnen Abschnitte. Um diesem entgegenzuwirken, erfolgt die Vermittlung des Fachwissens in erster Linie über Abbildungen. Die stark visuell geprägte Herangehensweise unterstützt das Erlernen von Fachbegriffen im Kontext mit den jeweiligen Strukturen oder biologischen Zusammenhängen.

Das Buch richtet sich an Studierende der Bachelorstudiengänge Biologie, Biowissenschaften und verwandter Studiengänge. Es mag darüber hinaus aber auch ein hilfreiches Nachschlagewerk für Studierende der Masterstudiengänge oder für interessierte Schülerinnen und Schüler sein. Ich hoffe sehr, dass sich die investierte Arbeit gelohnt hat und den ursprünglichen Ansprüchen an dieses Buch gerecht wird. Zudem hoffe ich, dass dieses Buch Ihnen ebenso gut gefällt wie mir und Ihnen in vielen Fragen eine nützliche Informationsquelle sein wird.

Didaktisches Konzept

In der Vielfalt biologischer Strukturen und Prozesse Muster zu erkennen und daraus Prinzipien abzuleiten, ist ein zentraler Aspekt der biologischen Forschung und der Biologieausbildung. Auch wenn dies grundlegend auch für verschiedenste andere Wissenschaftszweige gilt, kommt der Fähigkeit zur Abstraktion und zum Herausarbeiten von Mustern in komplexen Datensätzen in der Biologie eine größere Bedeutung zu, als dies in anderen Naturwissenschaften der Fall ist. So gelten Muster, die anhand einer Organismengruppe erforscht wurden, nicht notwendigerweise auch für alle anderen Organismengruppen. Zahllose Ausnahmen und Abweichungen von Mustern und Regeln für verschiedene Organismengruppen oder biologische Zusammenhängen machen das Forschungsfeld der Biologie somit nochmals komplexer.

Komplexe Zusammenhänge zu erkennen und zu analysieren (als eine der zentralen Kompetenzen der Biologie), setzt einen fundierten Überblick über die verschiedenen Aspekte der Biologie voraus – Zusammenhänge können nur zwischen (bekannten!) Aspekten erkannt und herausgearbeitet werden. Gerade im Zeitalter der zunehmenden Onlineverfügbarkeit von Wissen ist es wichtig, auf diesen Umstand hinzuweisen: Die assoziative Verknüpfung von verschiedenen Themen setzt deren Kenntnis voraus – das Wissen um die Verfügbarkeit dieses Wissens in Büchern oder im Internet reicht dazu nicht aus. Obwohl also die Biologie in starkem Maße auf die Verknüpfung von Wissen fokussiert, ist die für das Studium der Biologie notwendige Wissensbasis daher nicht etwa geringer, sondern eher größer als in anderen Naturwissenschaften.

Aus diesem Zusammenhang ergibt sich ein Zielkonflikt, da eine gleichzeitige Vermittlung eines großen Grundlagenwissens mit der Vermittlung der Komplexität und damit der Verknüpfung diesen Wissens kollidiert – umso mehr, je begrenzter der Zeitraum zur Wissensvermittlung und zum Lernen ist. In den „alten" Diplomstudiengängen haben sich traditionell die einzelnen Lehrveranstaltungen gerade im Grundstudium in starkem Maße der Vermittlung diesen Grundlagenwissens verschrieben, während die assoziativen Verknüpfungen in wesentlichen Anteilen durch das zeitgleiche konzertierte Lernen verschiedenster Fachdisziplinen zu den Vordiplom- und Diplomprüfungen erfolgte. Mit der Einführung des konsekutiven Bachelor-/Mastersystems ist dieser traditionell gewachsene zweite – und für die Biologie zentrale – Aspekt der Lehre (zunächst einmal) ohne adäquaten Ersatz entfallen.

Es ist daher ein Anliegen dieses Lehrbuchs, sich auf das durchaus umfangreiche Fachwissen und Vokabular der Biologie zu konzentrieren – dies aber direkt im Kontext des größeren Rahmens zu tun und, wo immer möglich, frühzeitig auf generelle Prinzipien und organismen- sowie disziplinenübergreifende Zusammenhänge hinzuweisen und diesen eine zentrale Position einzuräumen.

Die Informationsdichte sowohl der Fließtexte als auch der Abbildungen ist entsprechend diesem Anliegen sehr hoch. Die Zusammenstellung der Themen und deren Aufteilung in zwei- bis vierseitige Abschnitte soll dabei einen thematischen Rahmen stecken, in den die Vermittlung von Fachbegriffen und grundlegenden Zusammenhängen eingebettet ist. Über Verweise einerseits und andererseits die Auswahl von Beispielen aus verschiedensten Organismengruppen versucht das Buch auch der Vermittlung von übergeordneten Mustern und Konzepten Rechnung zu tragen. Die Limitierung eines Lehrbuchs auf eine bestimmte Seitenzahl setzt hier eine natürliche Grenze der zu erreichenden Tiefe. Ich hoffe, dass es uns gelungen ist, einen angemessenen Kompromiss dieser Aspekte zu finden, und dass die gewählte Einordnung in Abschnitte das Lernen (und Behalten) sowohl der fachlichen Grundlagen als auch deren Einordnung in den weiteren biologischen Kontext erleichtert. Insofern ist auch dieses Lehrbuch ein Versuch, dem komplexen und umfangreichen Wissen der Biologie in einer sich verändernden Studienlandschaft Rechenschaft zu tragen – wir hoffen, dass uns dieser Versuch geglückt ist.

Danksagung

Mein erster Dank gilt Martin Lay, der für die Umsetzung eines Großteils der Abbildungen verantwortlich ist, und Andreas Held, der in enger Abstimmung mit dem Verlag Springer-Spektrum die Aufgaben des Lektorats übernommen hat. Beide haben aufgrund ihrer extrem gründlichen und kompetenten Arbeitsweise erheblich zur Qualität des Buchs beigetragen. Ohne diese herausragende Zusammenarbeit hätte das vorliegende Buch nicht entstehen können.

Der Wert des neuen Lehrbuchs ist erst durch die Expertise der Autoren entstanden. Verschiedene Autoren haben Abschnitte und Kapitel zu diesem Buch beigetragen. Ich möchte den Autoren ganz besonders danken, sich auf das innovative Konzept dieses Lehrbuchs eingelassen zu haben. Sie haben einen enormen Zeitaufwand darauf verwendet, entgegen des Aufbaus typischer Lehrbücher die jeweiligen Lehrinhalte von Abbildungen ausgehend zu planen und umzusetzen. Zudem haben viele Bildautoren Bilder und Abbildungsvorlagen herausgesucht und zur Verfügung gestellt. Ohne diesen Beitrag wäre ein solches abbildungszentriertes Lehrbuch nicht realisierbar gewesen.

Ich möchte die Gelegenheit auch nutzen, um dem Lektorat des Verlags Springer-Spektrum für die sehr angenehme Zusammenarbeit zu danken. Merlet Behncke-Braunbeck hat die Arbeit zu diesem Buch angestoßen und Sarah Koch und Martina Mechler haben sich dann um die Ausführung gekümmert. Die Herausforderung, ein vom traditionellen Lehrbuch abweichendes Werk zu erstellen, erforderte viel Flexibilität, Sonderregelungen und Abweichungen vom normalen Workflow. Dem gesamten Verlagsteam gebührt der Dank dafür, dies ermöglicht zu haben und die Entstehung dieses Lehrbuchs so engagiert begleitet zu haben.

Für die umfangreichen Recherchen zur Erstellung von Glossar und Abbildungsverzeichnis geht mein Dank an Susann Schiwy, Nika Shapouri, Laura Menke und Jana Schlechter. Ganz besonders möchte ich Jana auch für die Koordination von Zwischenkorrekturen sowie für ergänzende Recherchen zu verschiedensten Themen sowie die Vorbereitung verschiedener Abbildungsvorlagen danken. Sie hat diese mühsame Arbeit, die höchste Konzentration erfordert, mit Bravour erledigt.

Großes Lob haben meine Arbeitsgruppe sowie das Team des Dekanats der Fakultät für Biologie in Essen verdient, weil sie mir in den vergangenen drei Jahren sehr oft den Rücken freigehalten haben. Auch den Kollegen, die mir die Abwesenheit in verschiedenen Gremien und Besprechungen verziehen haben, gilt mein Dank. Trotz körperlicher Anwesenheit war ich in vielen Phasen der Buchvorbereitung geistig in der Familie kaum präsent. Mein ganz besonderer Dank gilt daher meiner Frau Stefanie, meinen Töchtern Veronika und Louisa und meinem Sohn Sebastian, die mir in vielen Alltagsdingen Zeit frei geschaufelt und mich bei diesem Buchprojekt in allen Belangen unterstützt haben.

Jens Boenigk
Essen, Januar 2021

Inhaltsverzeichnis

Grundlagen

Biologie ist eine breite und komplexe Naturwissenschaft

Jens Boenigk, Olaf Fritsche

J. Boenigk (Hrsg.), *Boenigk, Biologie,* https://doi.org/10.1007/978-3-662-61270-5_1

1.1 Die Biologie ist eine stark mit anderen Fächern vernetzte Naturwissenschaft

Die Biologie ist eine **Naturwissenschaft** und beschäftigt sich folglich mit einem Phänomen, das es auch ohne das Wirken des Menschen gäbe. Sie versucht, durch Beobachtungen, Messungen und Experimente möglichst grundlegende Gesetzmäßigkeiten zu finden und ihre Ergebnisse mit möglichst allgemeingültigen Theorien zu erklären (◘ Abb. 1.1).

Von den anderen klassischen Naturwissenschaften Chemie und Physik grenzt sich die Biologie über ihr Studienobjekt ab: Leben, Lebewesen und deren Wechselspiele untereinander sowie mit der unbelebten Natur (◘ Abb. 1.2). Die Biologie bedient sich jedoch der Methoden und Modelle aus den verwandten Disziplinen, die sie gewissermaßen als Hilfswissenschaften nutzt. Hinzu kommt die Mathematik, die Verfahren liefert, um Daten auszuwerten, Modelle zu prüfen und Simulationen durchzurechnen. Bei bestimmten Problemstellungen können sich außerdem ethische, politische, gesellschaftliche oder juristische Fragen ergeben. Somit ist die Biologie eine extrem interdisziplinäre Wissenschaft.

Weil Leben ungeheuer vielfältig und komplex ist, untergliedert sich die Biologie in eine Fülle spezieller **Teildisziplinen** (◘ Abb. 1.3). Diese lassen sich in drei großen Gruppen zusammenfassen:

- Fachgebiete, die sich mit einer bestimmten Organismengruppe beschäftigen
- Fachgebiete, die sich einer bestimmten Organisationsebene oder Hierarchiestufe widmen
- Fachgebiete, bei denen eine bestimmte Methodik im Mittelpunkt steht

Darüber hinaus werden Erkenntnisse und Methoden aus der Biologie in anderen Bereichen genutzt, beispielsweise in Medizin, Pharmazie und Psychologie, als angewandte Forschung betrieben wie in Gentechnik, Synthetischer Biologie und Biotechnologie, sie inspirieren aber auch technische Disziplinen wie die Bionik.

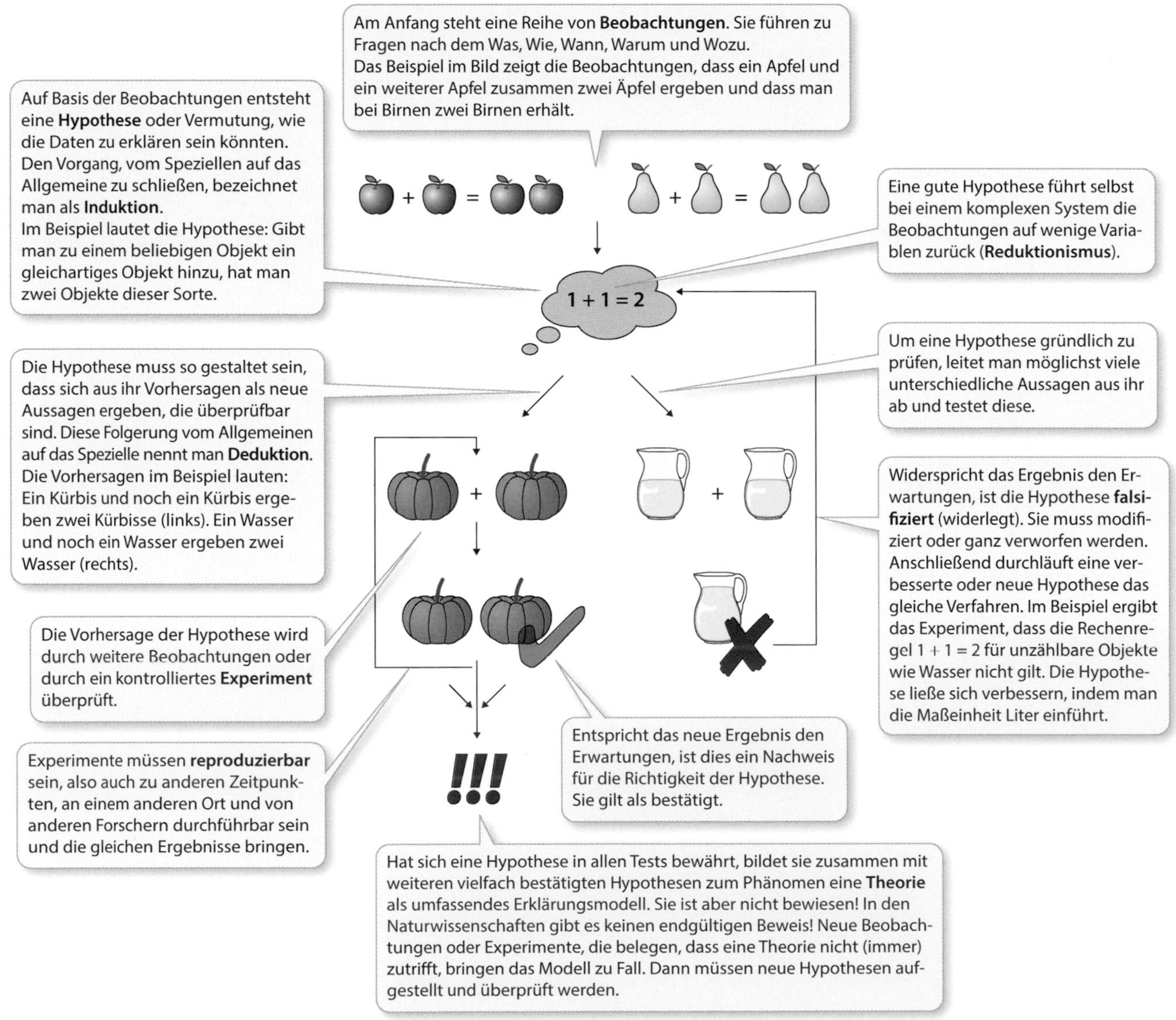

◘ **Abb. 1.1** Die Modelle der Naturwissenschaften gründen auf empirische Belege (Beobachtungen und Experimente) und sind reproduzierbar (sie lassen sich wiederholen)

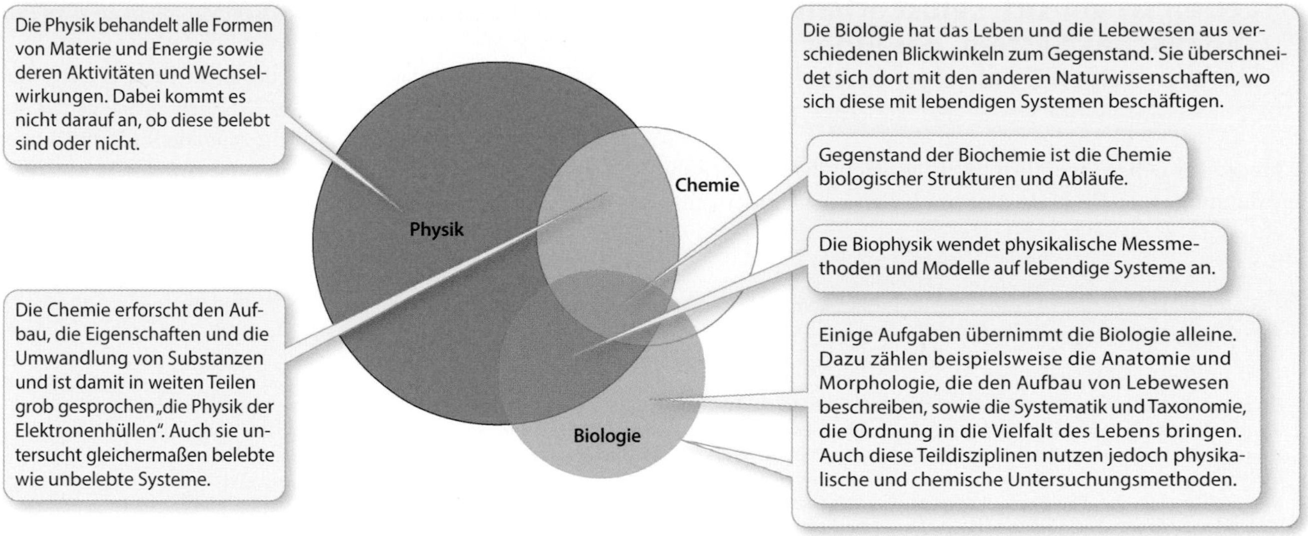

Abb. 1.2 Das Verhältnis der Biologie zu den beiden anderen großen Naturwissenschaften

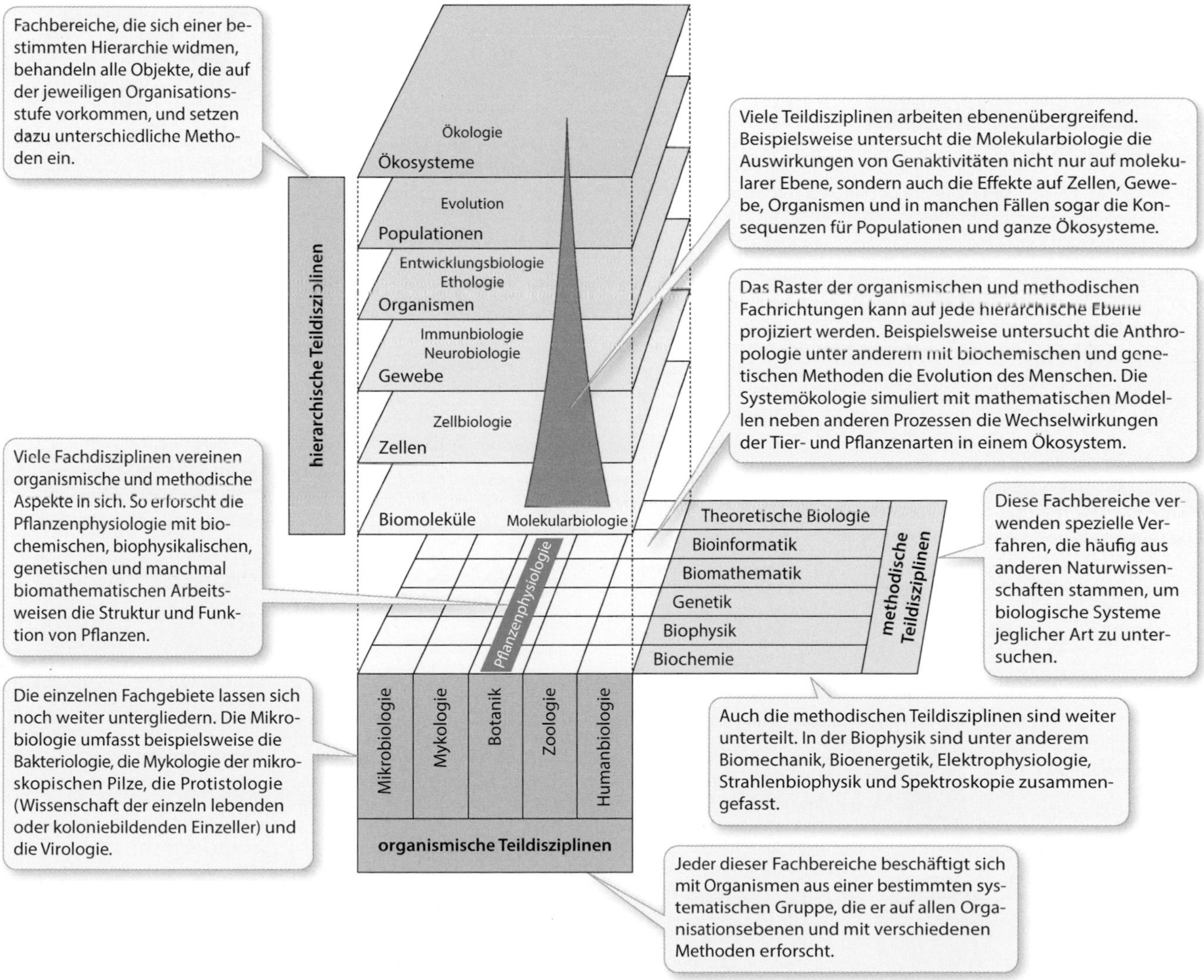

Abb. 1.3 Die Fachgebiete der Biologie lassen sich als dreidimensionales Wissensgebäude darstellen

1.2 Leben ist ein sich selbst erhaltendes chemisches System, das einer Darwin'schen Evolution unterliegt

Die Frage, was Leben eigentlich ist, ist vielleicht die schwierigste Frage der modernen Biologie. Und wir haben noch immer keine allgemein akzeptierte Antwort. Das liegt vor allem an zwei Problemen:

- Wir kennen nur das Leben auf der Erde. Da aber alle Organismen auf einen gemeinsamen Urahnen zurückgehen, der vermutlich vor rund 3,8 Mrd. Jahren auf der Erde entstanden ist, liegt uns damit eigentlich nur ein einziges Beispiel vor. Auf dieser Basis ist es schwer, eine generelle Definition auf-

Physikalische und chemische Eigenschaften von Leben

Leben ist an Materie gebunden.

Ein reines „Energiewesen" ist nicht möglich, da von den vier Grundkräften der Natur lediglich der Elektromagnetismus ohne Materie auskommen kann. Dessen Felder breiten sich aber ohne Wechselwirkung mit Materie unbegrenzt aus, sodass sich ein reines „Energiewesen" augenblicklich verdünnen würde.

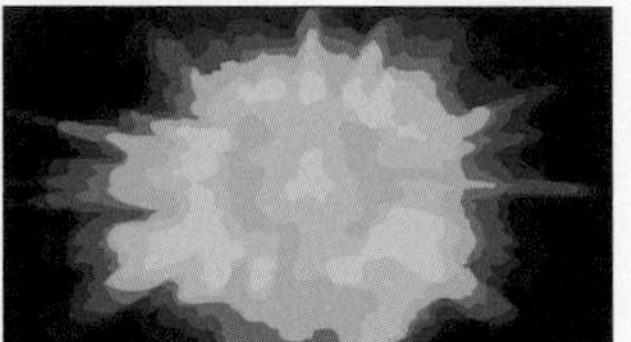

Grundsätzlich kommen als Basis für Leben viele chemische Elemente infrage. Auf der Erde stellt Kohlenstoff das Grundgerüst für die meisten Biomoleküle. Kohlenstoff ist sehr flexibel, im richtigen Maße reaktionsfreudig und verbindet sich bereitwillig mit vielen anderen Elementen. Zu diesen zählen häufig Sauerstoff, Stickstoff, Schwefel und Phosphor, die den Molekülen besondere Eigenschaften verleihen. Wasserstoff füllt alle Lücken auf.

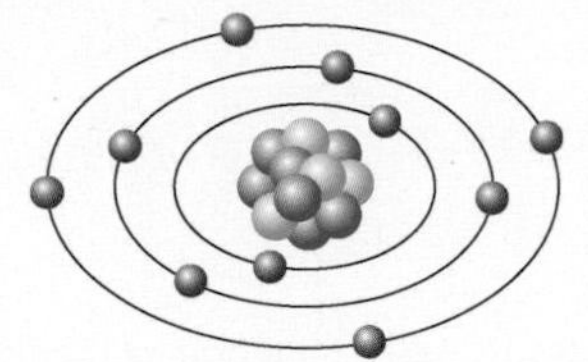

Beispiel: Über die Sauerstoffatome (rot) in der Glucose knüpft der Zucker leicht Verbindungen zu anderen Molekülen.

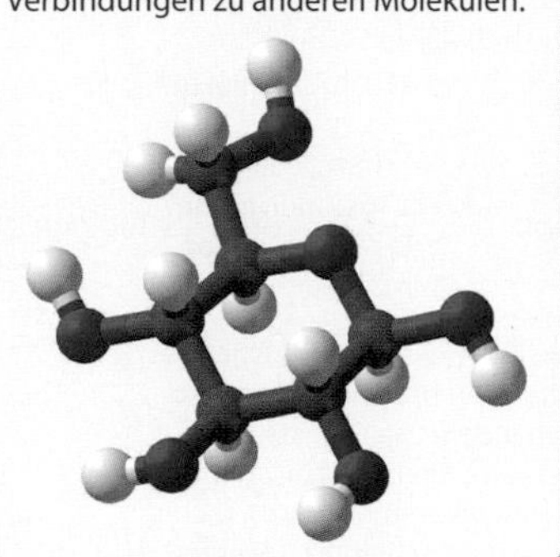

Leben nimmt gezielte Veränderungen an sich selbst vor. Diese Veränderungen treibt es auf Kosten der Umwelt an, indem es mit ihr Energie und Stoffe austauscht. Leben ist damit ein offenes System.

Ohne Veränderung bliebe der Zustand immer gleich und das System damit tot.

Durch die Lebensprozesse wird der lebendige Teil aus dem Gleichgewicht mit der Umgebung verschoben. Das Leben sorgt dafür, dass es in dem erreichten Ungleichgewicht bleibt, indem es entsprechende regulatorische Prozesse betreibt. Das Ergebnis ist ein als Homöostase bezeichneter Zustand mit stabilen Werten.

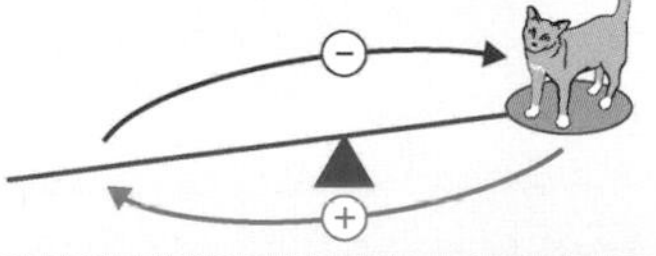

Um die Veränderungen anzutreiben, muss Leben in der Lage sein, aus seiner Umgebung Energie aufzunehmen, sie in eine nutzbare Form umzuwandeln und gezielt einzusetzen. Dies ist der Energiestoffwechsel.

Das Objekt der Veränderungen sind Substanzen, die mit der Energie in andere, gewünschte Verbindungen umgewandelt werden, beispielsweise in neues lebendiges Material. Dies ist der Baustoffwechsel.

Beispiel: Bäume absorbieren Sonnenlicht, dessen Energie sie nutzen, um Kohlendioxid aus der Luft und Salze aus dem Boden in neues eigenes Material umzuwandeln.

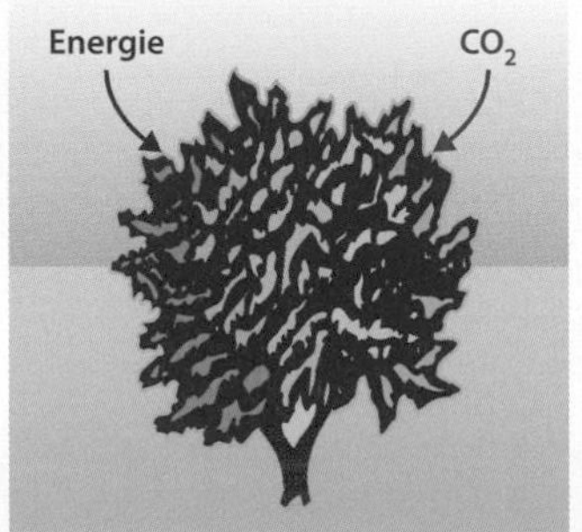

Leben ist organisiert und strukturiert. Es konzentriert seine wichtigen Substanzen, indem es sie verpackt.

Ohne eine Hülle würden sich die Bestandteile des Lebens verstreuen.

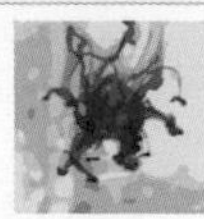

Eine Hülle hält die Biomoleküle auf engem Raum zusammen und ermöglicht dadurch, dass sie miteinander reagieren.

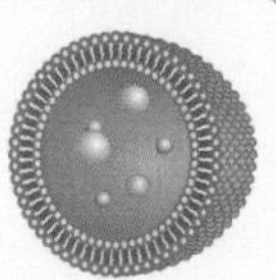

Der strukturierte Zustand ist unwahrscheinlicher als ein Mix aus beliebig zufällig angeordneten Teilchen. Der lebendige Zustand hat somit eine geringere Entropie als ein unbelebter Zustand. Die Entropie gibt an, wie beliebig die entsprechenden Teilchen angeordnet sind. (Der Vergleich Entropie = „Grad der Unordnung" trifft nicht immer zu, ist aber als Faustregel nützlich.)

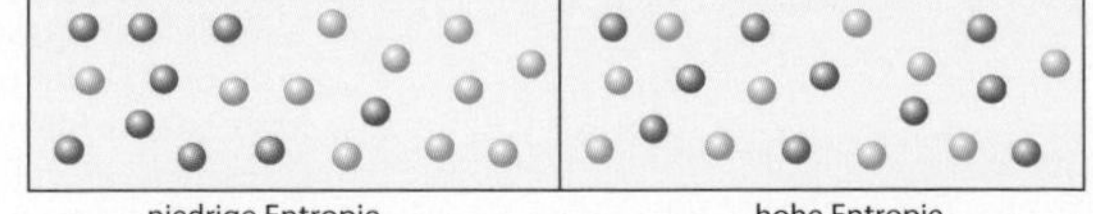

Beispiel: Die Konzentration an Aminosäuren, Proteinen und Ionen ist im Inneren des Pantoffeltierchens viel höher als in seiner Umgebung.

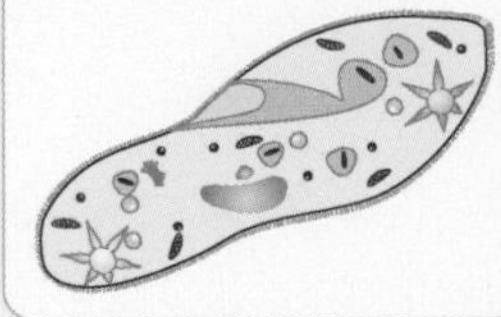

Abb. 1.4 Leben unterscheidet sich durch einige Besonderheiten von unbelebten Systemen

Wichtige komplexe Fähigkeiten des Lebens

Leben kann Informationen aus der Umwelt aufnehmen, verarbeiten und sinnvoll reagieren.

Ohne eine Informationsverarbeitung wäre eine Lebensform alleine auf ihr Glück angewiesen, ob sie hinreichend Nährstoffe und Energie findet und keinen Gefahren ausgesetzt ist.

Die Rezeption und Verarbeitung von Reizen bildet die Grundlage für gezielte Interaktion mit der Umwelt. Dazu gehören auch das Ausweichen vor Gefahren, die Annäherung an Nahrung und deren gezielte Aufnahme sowie der Beutefang.

Beispiel: Keimlinge vieler Pflanzen wachsen auf das Licht zu, um ihre Photosynthese effektiver betreiben zu können.

Fortpflanzung erhöht die Wahrscheinlichkeit, dass eine Lebensform über längere Zeit erhalten bleibt.

Eine Lebensform, von der es nur ein einziges Individuum gibt, würde mit dessen Tod aussterben.

Indem sich die Eltern reproduzieren, verteilen sie das Risiko auf viele Individuen.

Nicht jedes einzelne Individuum muss sich vermehren. Die Aufgabe kann auch alleine bei speziellen Individuen liegen. Beispielsweise zeugen bei Ameisen und staatenbildenden Bienen nur die Königinnen mit den kurzlebigen Männchen Nachkommen.

Beispiel: Ein Frosch produziert Hunderte Eier, doch nur wenige Jungtiere überleben so lange, dass sie sich selbst fortpflanzen können.

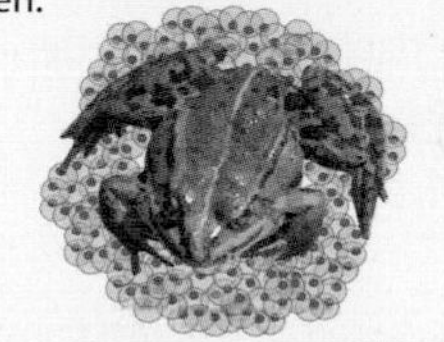

Durch Wachstum und Entwicklung erwerben Organismen neue Eigenschaften.

Ein Organismus, der nicht wächst, könnte sich nicht vermehren, da er dabei zwangsläufig selbst kleiner würde.

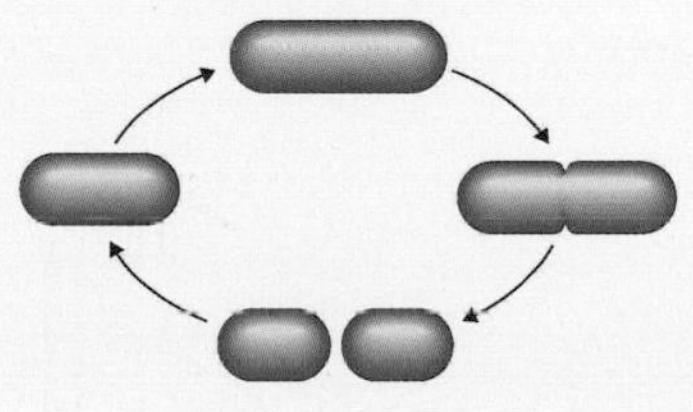

In der Regel zeigen Organismen zumindest am Beginn ihres Daseins eine deutliche Wachstumsphase. Sie entwickeln währenddessen neue Fähigkeiten, indem sie etwa in Jugend und Alter unterschiedliche Nahrung aufnehmen. Bei einigen Arten reduzieren sich Wachstum und Entwicklung mit zunehmendem Alter.

Beispiel: Aus den Eiern von Libellen schlüpfen wasserlebende Prolarven, die zu Larven werden. Aus diesen entwickeln sich schließlich die in der Luft fliegenden adulten (erwachsenen) Tiere.

Evolution ist keine Eigenschaft eines Einzelwesens, sondern von Populationen und Generationen. Sie passen sich durch Evolution an Veränderungen der Umwelt an.

Ohne Evolution hätte eine Art dauerhaft nur einen Satz von Fähigkeiten. Wechseln die Umweltbedingungen, sodass diese Fähigkeiten nicht mehr zum Überleben ausreichen, geht die Art verloren.

Mutationen im Erbmaterial und neue Kombinationen der Erbmasse bei der Reproduktion variieren die Eigenschaften der Nachkommengenerationen und erschaffen mitunter neue Fähigkeiten. Bewähren sich diese im Wechselspiel mit der aktuellen Umwelt, geben ihre Träger diese neuen Errungenschaften weiter. Die Population verfügt dadurch stets über eine Auswahl an Eigenschaften, von denen einige auch unter veränderten Lebensbedingungen tauglich sein können.

Beispiel: Beim ursprünglich hellen Birkenspanner hat sich im 19. Jahrhundert wegen der starken Luftverschmutzung lokal eine dunkle Variante durchgesetzt.

Abb. 1.4 Fortsetzung

• niedrige Entropie
• Wachstum
• Stoffwechsel
• Fortpflanzung
• niedrige Entropie
• Informationsverarbeitung
• Fortpflanzung
• Evolution
Computervirus
• Informationsverarbeitung
• Evolution
• niedrige Entropie
• Informationsverarbeitung
• Evolution
• Materie

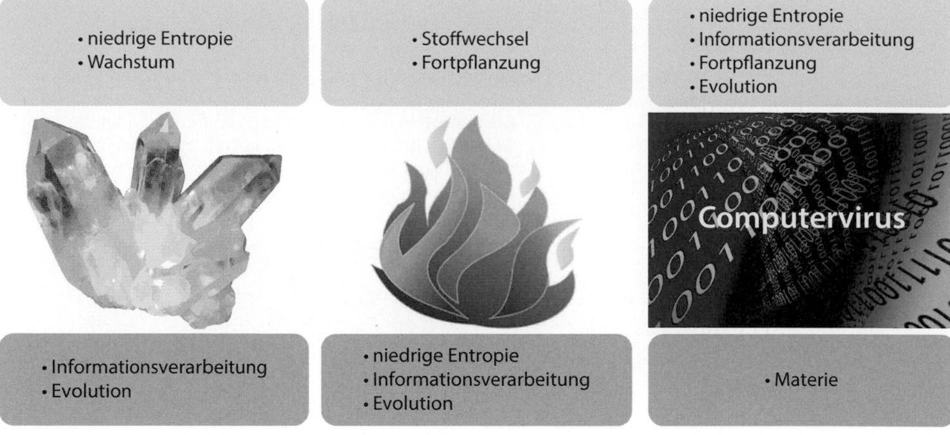

Abb. 1.5 Manche Systeme zeigen verschiedene Eigenschaften des Lebens, aber nicht alle (grüne Blasen: Beispiele für „Lebenszeichen", rote Blasen: Beispiele für fehlende Eigenschaften)

zustellen, die auch für grundsätzlich andere Lebensformen gültig wäre.

- Der Übergang zwischen toter Materie und lebenden Systemen ist wegen verschiedener Zwischenstadien und Grenzfälle unscharf. Beispielsweise nehmen manche Organismen wie das Bärtierchen oder Bakterien unter schlechten Bedingungen Zustände ein, in denen sich mit heutigen Methoden keine Anzeichen für Leben mehr nachweisen lassen, aus denen sie aber wieder „aufwachen", sobald die Umgebung günstiger ist. Auch einige Viren erschweren die Grenzziehung zwischen lebendig und tot. Sie verfügen über einen beinahe ebenso umfangreichen Satz an Molekülen wie manche Bakterien, können sich aber nur vermehren, indem sie ihre Wirtszellen ausnutzen.

Die Biologie behilft sich bei der **Definition von Leben** daher mit Listen von Eigenschaften (Abb. 1.4). Dabei stößt sie jedoch

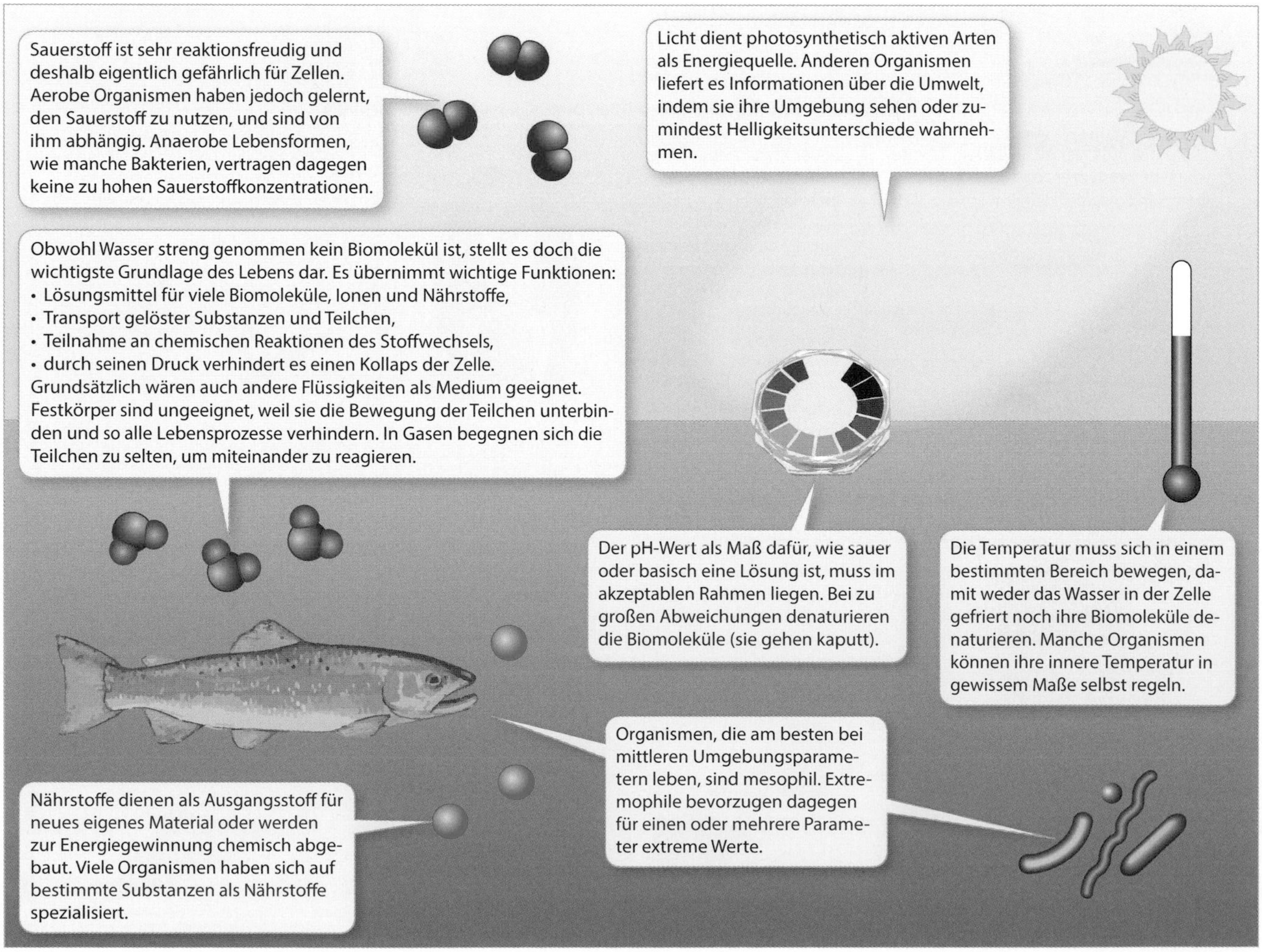

Sauerstoff ist sehr reaktionsfreudig und deshalb eigentlich gefährlich für Zellen. Aerobe Organismen haben jedoch gelernt, den Sauerstoff zu nutzen, und sind von ihm abhängig. Anaerobe Lebensformen, wie manche Bakterien, vertragen dagegen keine zu hohen Sauerstoffkonzentrationen.
Licht dient photosynthetisch aktiven Arten als Energiequelle. Anderen Organismen liefert es Informationen über die Umwelt, indem sie ihre Umgebung sehen oder zumindest Helligkeitsunterschiede wahrnehmen.
Obwohl Wasser streng genommen kein Biomolekül ist, stellt es doch die wichtigste Grundlage des Lebens dar. Es übernimmt wichtige Funktionen:
• Lösungsmittel für viele Biomoleküle, Ionen und Nährstoffe,
• Transport gelöster Substanzen und Teilchen,
• Teilnahme an chemischen Reaktionen des Stoffwechsels,
• durch seinen Druck verhindert es einen Kollaps der Zelle.
Grundsätzlich wären auch andere Flüssigkeiten als Medium geeignet. Festkörper sind ungeeignet, weil sie die Bewegung der Teilchen unterbinden und so alle Lebensprozesse verhindern. In Gasen begegnen sich die Teilchen zu selten, um miteinander zu reagieren.
Der pH-Wert als Maß dafür, wie sauer oder basisch eine Lösung ist, muss im akzeptablen Rahmen liegen. Bei zu großen Abweichungen denaturieren die Biomoleküle (sie gehen kaputt).
Die Temperatur muss sich in einem bestimmten Bereich bewegen, damit weder das Wasser in der Zelle gefriert noch ihre Biomoleküle denaturieren. Manche Organismen können ihre innere Temperatur in gewissem Maße selbst regeln.
Organismen, die am besten bei mittleren Umgebungsparametern leben, sind mesophil. Extremophile bevorzugen dagegen für einen oder mehrere Parameter extreme Werte.
Nährstoffe dienen als Ausgangsstoff für neues eigenes Material oder werden zur Energiegewinnung chemisch abgebaut. Viele Organismen haben sich auf bestimmte Substanzen als Nährstoffe spezialisiert.

Abb. 1.6 Leben stellt Ansprüche an die chemischen und physikalischen Gegebenheiten

auf die Schwierigkeit, dass wir mit dem Begriff „Leben" zwei verschiedene Kategorien belegen:

- den einzelnen Organismus oder das Individuum,
- die Lebensform, zu der in diesem Zusammenhang alle Individuen einer Art zählen.

Manche wichtige **Eigenschaft des Lebens** trifft nur auf eine der beiden Kategorien zu, wie man an der aktuellen Definition der NASA sieht:

- Leben ist ein selbsterhaltendes System. Dies gilt sowohl für den einzelnen Organismus (er nimmt Substanzen und Energie auf und sorgt dafür, dass seine Lebensprozesse ablaufen) wie für die jeweilige Lebensform (sie produziert Nachkommen, die sich ebenfalls vermehren).
- Leben ist zu einer Evolution im Sinne von Darwin fähig. Dieser Aspekt bezieht sich nur auf die Lebensform, nicht aber auf das Einzelindividuum (beispielsweise lebt ein alter Maulesel, nimmt jedoch nicht an der Evolution teil).

Nichtlebende Systeme können zwar mehrere der Eigenschaften des Lebens aufweisen, letztlich fehlt ihnen aber doch mindestens ein wichtiger Aspekt (◘ Abb. 1.5).

Aus den Eigenschaften des Lebens ergeben sich einige Voraussetzungen, die erfüllt sein müssen, damit Leben an einem bestimmten Ort existieren kann. Im Detail unterscheiden sich diese Anforderungen bei den einzelnen Arten natürlich, doch auf einige fundamentale Bedingungen kann keine bekannte Lebensform auf der Erde verzichten (◘ Abb. 1.6).

Ein Vergleich der tatsächlich existierenden Arten ergibt schließlich einige grundlegende Gemeinsamkeiten, die vom Blauwal über die Geranie und den Gemeinen Schmutzbecherling bis zum schwefelatmenden Tiefseebakterium sämtliche irdischen Lebensformen verbindet (◘ Abb. 1.7).

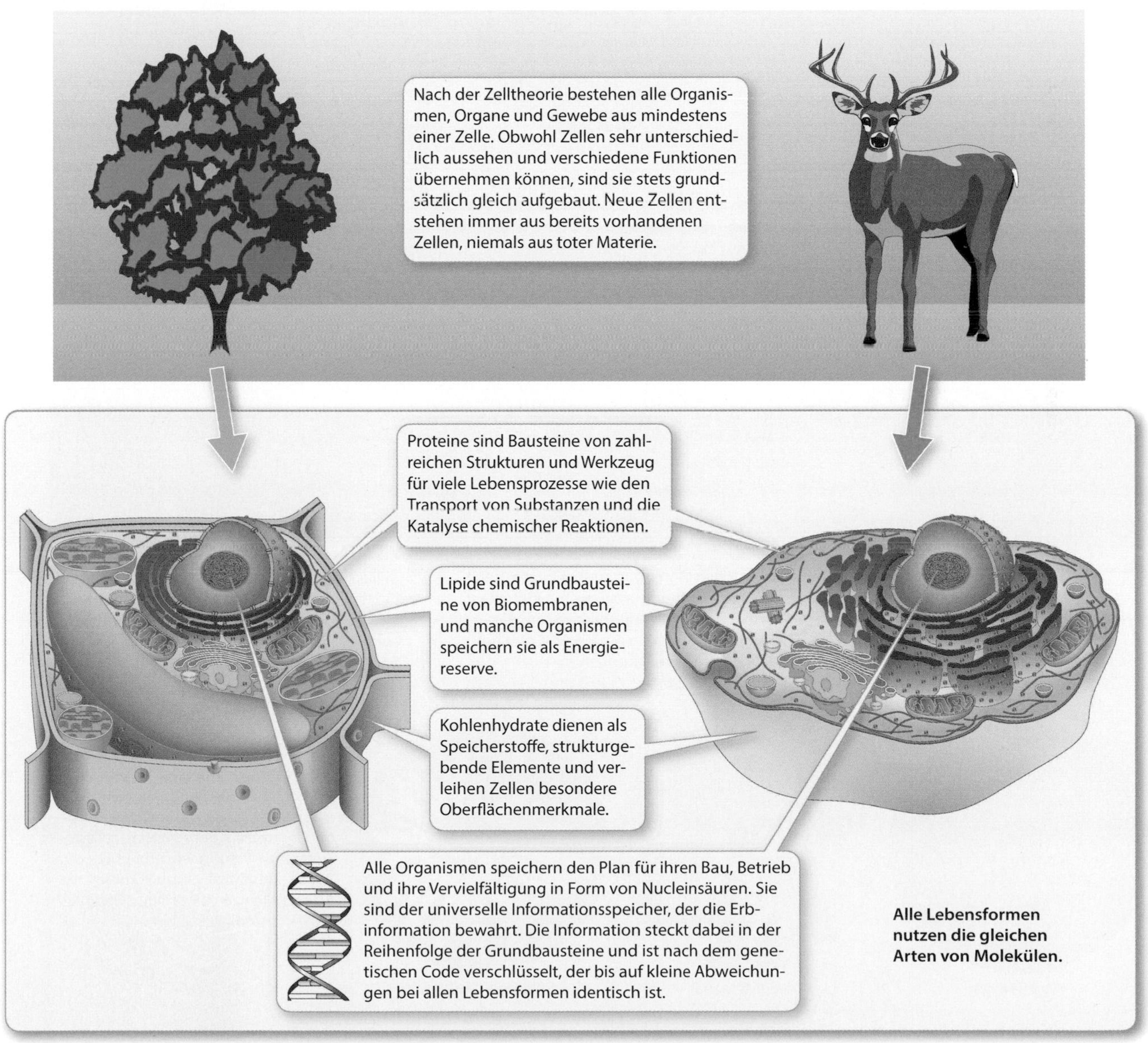

◘ **Abb. 1.7** Die grundlegenden Gemeinsamkeiten aller Lebensformen auf der Erde

1

1.3 Die Komplexität der Biologie lässt sich auf mehreren Ebenen untergliedern

Forschungsobjekt der Biologie sind die verschiedenen Ebenen der biologischen Komplexität von der Ebene der Moleküle über Zellen, Gewebe, Organe zu ganzen Individuen und von Individuen über Populationen, Arten, Gesellschaften zu Ökosystemen.

Dieses umfangreiche Themengebiet versucht man durch sinnvolle Gliederung in handhabbare (und vermittelbare) Einheiten zu unterteilen (◘ Abb. 1.8). Die am häufigsten genutzten Einheiten biologischer Komplexität sind dabei einerseits die Zelle (hinsichtlich des Aufbaus von Lebewesen) und andererseits die Art (hinsichtlich der biologischen Vielfalt).

Die **Zelle** ist die **basale Einheit der Organisation** von Lebewesen. Viele Lebewesen wie Protisten, Bakterien und Archaeen bestehen nur aus einer einzigen Zelle oder sind Aggregate gleichwertiger Zellen. In einigen Gruppen, wie den Landpflanzen (Embryophyta), den Tieren (Metazoa), den Ständerpilzen und einigen anderen Linien, hat sich aber eine komplexe Vielzelligkeit mit Aufgabenteilung und Ausbildung von spezialisierten Geweben und Organen herausgebildet.

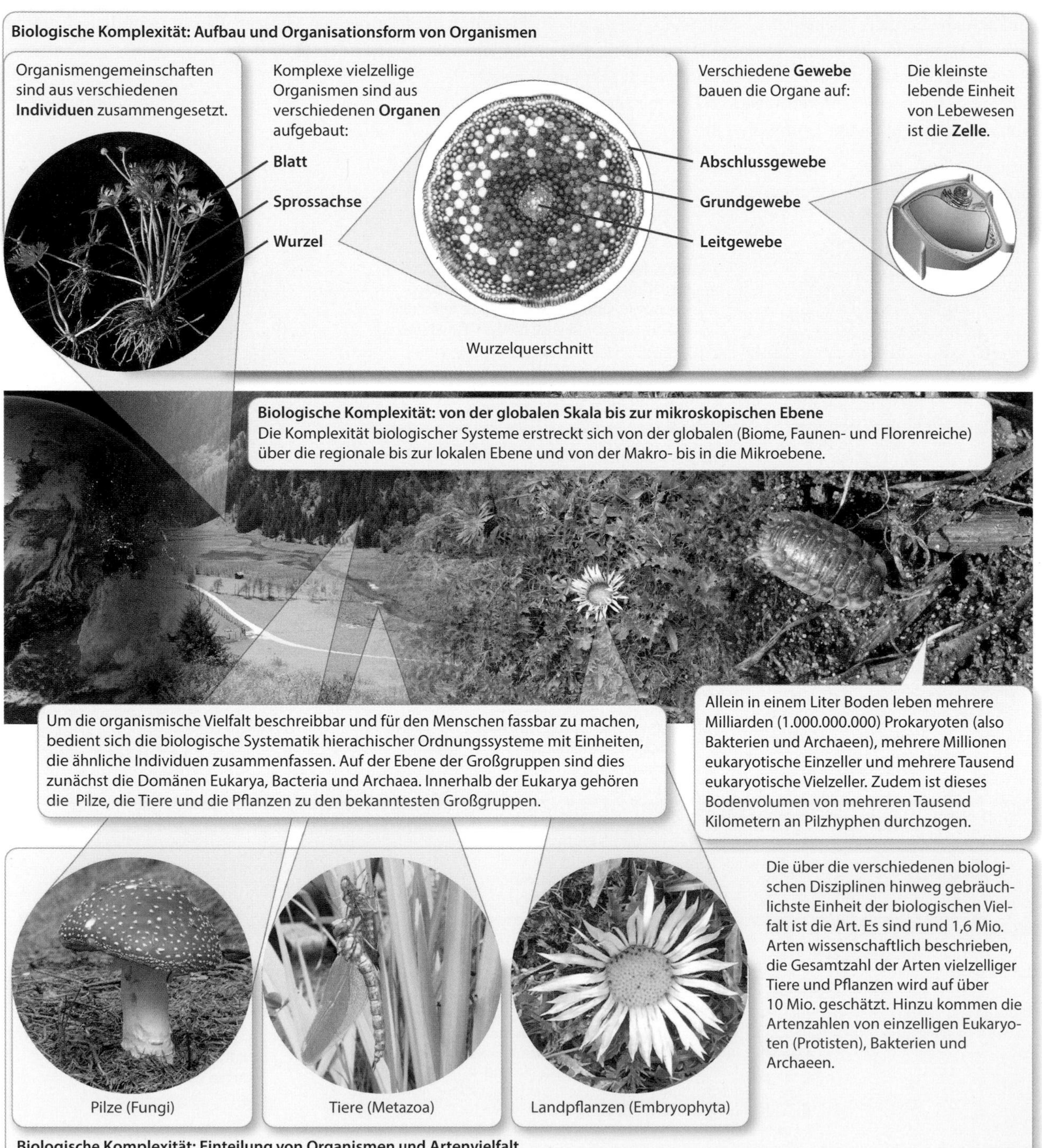

◘ **Abb. 1.8** Das Forschungsfeld der Biologie ist in verschiedener Hinsicht sehr komplex, die Gliederung in hierarchische Ebenen hilft, verschiedene Aspekte einzuordnen

Die Vielfalt an Lebewesen ist das Forschungsgebiet der biologischen Systematik, **Arten** sind die gebräuchlichste **Einheit der biologischen Vielfalt**. Obwohl die Art eine grundlegende Einheit der Biologie darstellt, ist es nicht möglich, eine allgemeine Definition des Artbegriffs zu geben. Es gibt mehrere Hundert Artkonzepte, also Versuche, den Begriff „Art" zu definieren, aber keines dieser Artkonzepte ist für alle Lebewesen geeignet und alle haben für bestimmte Fragestellungen der Biologie ihre Berechtigung.

Am weitesten verbreitet ist das **biologische Artkonzept** (◘ Abb. 1.9), das eine Art als Gruppe natürlicher Populationen definiert, die sich untereinander kreuzen können, von anderen Populationen aber reproduktiv isoliert sind. Für Organismengruppen, die sich asexuell fortpflanzen (Bakterien, Archaeen, aber auch verschiedene Eukaryoten) stößt dieses Konzept jedoch an seine Grenzen.

Neben dem biologischen Artkonzept wird häufig das auf morphologischer Ähnlichkeit beruhende **morphologische Artkonzept** verwendet. Das **phylogenetische** bzw. das **evolutionäre Artkonzept** stellt eine gemeinsame Abstammung in den Vordergrund – grundsätzlich wird diese auch beim biologischen und beim morphologischen Artkonzept angenommen. Die verschiedenen Konzepte unterscheiden sich vor allem in der Schwerpunktsetzung und in Details, die in der Regel erst bei intensiverer Beschäftigung mit taxonomischen Fragestellungen zum Tragen kommen. Bei Prokaryoten hat sich aufgrund des Fehlens einer sexuellen Fortpflanzung und der nur geringen oder fehlenden morphologischen Unterscheidbarkeit ein polyphasischer Ansatz zur Beschreibung von Arten entwickelt (► Abschn. 34.1).

Das **biologische Artkonzept** definiert eine Art als Gruppe natürlicher Populationen, die sich untereinander kreuzen können und von anderen Gruppen **reproduktiv isoliert** sind. In der Regel werden hier biologische Isolationsmechanismen zugrunde gelegt, geographische Isolation von potenziell kreuzbaren Organismen wird je nach Auslegung des biologischen Artkonzepts unterschiedlich bewertet. Da eine geographische Isolation aber auch temporär sein kann bzw. die Verbreitungsgebiete getrennter Populationen durch Wanderung oder Einführung von Arten (Neobiota) auch wieder überlappen können, sind solche Isolationsmechanismen für die Artabgrenzung problematisch.
Die dem biologischen Artkonzept zugrunde liegende Idee ist letztlich die Isolation des Genpools einer Art von denen anderer Arten. Ist eine Vermischung durch sexuelle Reproduktion ausgeschlossen, kann sich der Genpool einer Art zwar beispielsweise durch Mutation, Selektion und genetische Drift verändern, es kommt aber nicht zur Vermischung der Genpools bzw. zur Einwanderung von Genen von anderen Arten. Damit verläuft die evolutionäre Entwicklung des Genpools einer Art (weitgehend) getrennt vom Genpool anderer Arten.

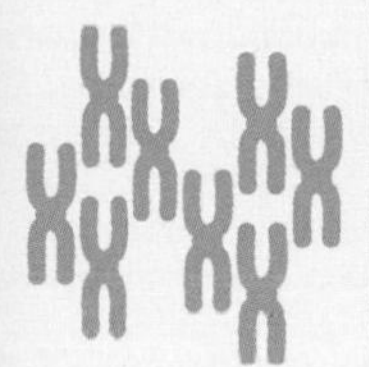
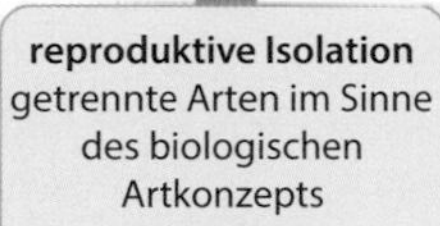

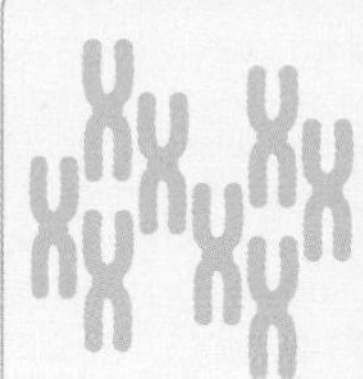

Entgegen der oben formulierten Trennung kann es aber zur Paarung zwischen Löwen und Tigern kommen und es können daraus Hybriden hervorgehen. Solche Hybride zwischen Löwe und Tiger werden als Liger bezeichnet. Während eine solche Hybridbildung zwischen Löwe und Tiger aufgrund der nicht-überlappenden Verbreitungsgebiete nur in Gefangenschaft vorkommt, finden sich in verschiedenen Organismengruppen auch in der Natur Hybride zwischen verschiedenen Arten. **Die Hybriden besitzen Gene beider Elternarten.**

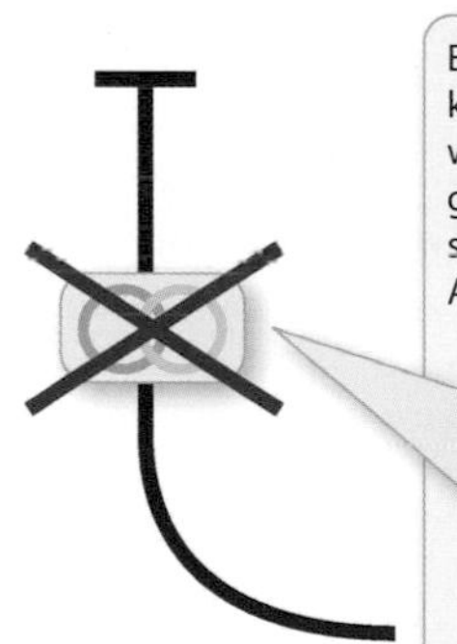

Ist die Hybridform unfruchtbar, hat dies aber keine Konsequenzen für die Trennung der Arten: Da eine Rückkreuzung mit den Elternarten aufgrund der Unfruchtbarkeit nicht erfolgen kann, ist es bei unfruchtbaren Hybriden ausgeschlossen, dass Gene des Tiger-Elters in den Genpool der Löwen einwandern und umgekehrt, die Genpools der Ausgangsarten bleiben daher separiert.

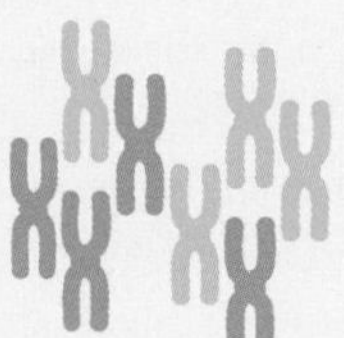

In vielen Fällen, so auch beim Liger, dem Hybriden zwischen Löwe und Tiger, ist die Fortpflanzungsfähigkeit aber nur verringert. Die Arten sind daher nicht vollständig voneinander getrennt. Verschiedene Artkonzepte beurteilen solche (geringfügigen) Durchlässigkeiten zwischen zwei Arten unterschiedlich.

◘ **Abb. 1.9** Das biologische Artkonzept

1.4 Große Teile des biologischen Fachwissens basieren auf Studien an nur wenigen Modellorganismen

Lebewesen sind hochkomplexe Systeme. Zusammen mit der Vielfalt verschiedener Arten beschäftigt sich die Biologie somit mit einer enormen Diversität von an sich schon sehr komplexen Organismen. Unter der Annahme, dass grundlegende Prozesse und Muster bei verschiedenen Organismen ähnlich ablaufen, können viele biologische Prozesse anhand von **Modellen** erforscht werden – die Befunde an diesen Modellen können dann zu einem gewissen Grad auf andere solche ähnliche Systeme übertragen werden.

So wurden viele Forschungsfragen beispielsweise der Genetik, der Molekularbiologie, der Entwicklungsbiologie und der Zellbiologie anhand ausgewählter **Modellorganismen** im Detail untersucht (◘ Abb. 1.10). In vielen Fällen sind die erforschten Mechanismen nicht an anderen Arten untersucht worden, nicht einmal an nahe verwandten Arten. Aufgrund von Ähnlichkeiten zwischen den Organismen lassen sich diese Befunde aber trotzdem zu einem gewissen Grad verallgemeinern und so Prinzipien, die für alle Lebewesen (oder zumindest eine größere Verwandtschaftsgruppe) gelten, im Detail erforschen. Eine solche

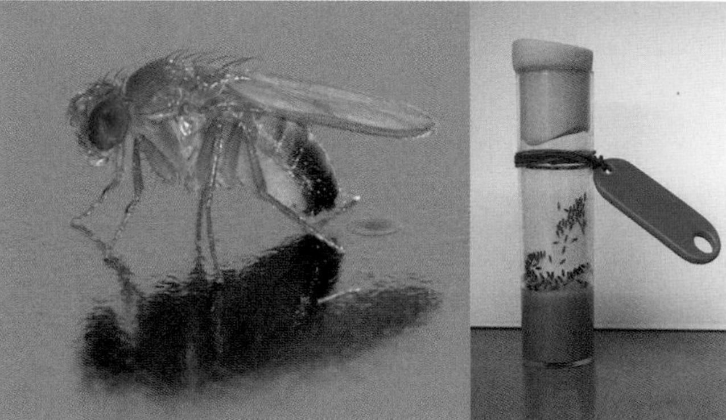

Die **Acker-Schmalwand (*Arabidopsis thaliana*)** ist eine einjährige, krautige Pflanze aus der Familie der Kreuzblütler (Brassicaceae). Sie wird etwa 30 cm hoch, eine Generation gelangt von der Keimung in sechs bis acht Wochen zur Samenreife. Diese Art ist in der gemäßigten Zone Eurasiens ein typischer Vertreter der Ackerbegleitflur und auf offenen Böden weit verbreitet. In vielen Bereichen der gemäßigten Zonen anderer Kontinente ist die Acker-Schmalwand als Neophyt eingewandert. Die Acker-Schmalwand ist die **meistgenutzte Modellpflanze**. Neben einem grundlegenden Verständnis botanischer Fragestellungen dient sie auch in der angewandten Forschung zum Verständnis der Biologie von Kulturpflanzen. Viele Erkenntnisse der Zellbiologie, der Genetik und Molekularbiologie sowie der Entwicklungsbiologie von Pflanzen gehen auf Forschung an der Acker-Schmalwand zurück	***Drosophila melanogaster* (Schwarzbäuchige Taufliege)** ist eine etwa 2,5 mm große Fliege (Zweiflügler, Diptera). Sie stammt aus den Tropen und Subtropen, hat sich aber mit dem Menschen über die ganze Welt verbreitet. Die Weibchen legen etwa 400 Eier an Obst und gärenden organischen Substraten. Aus den Eiern schlüpfen bereits nach einem Tag die Maden, die sich in rund neun Tagen zum fertigen Insekt entwickeln. Die Taufliege *Drosophila melanogaster* ist vor allem durch **Kreuzungsversuche in der Genetik** und als **Modellorganismus der Entwicklungsbiologie** populär geworden. Durch Experimente mit *Drosophila* wurden die Entwicklung und Embryonalentwicklung aus einem einfachen Ei zu einem komplexen Organismus sowie Regeln der Vererbung aufgeklärt.
Gründe für die Eignung als Modellorganismus	
- *Arabidopsis* wächst nicht sehr in die Breite und für ihre Kultivierung benötigt man nur **wenig Platz**.	- *Drosophila* kann mit **geringem Aufwand** und **wenig Platzbedarf** gehalten werden.
- Sie bildet mit rund 20 bis 30 Samen pro Schote und vielen Schoten pro Pflanze mehrere Tausend Samen, die zudem mehrere Jahre keimfähig bleiben.	- Ein Weibchen legt bis zu 400 Eier, *Drosophila* kann daher in hoher Organismenzahl gezüchtet werden.
- Die Acker-Schmalwand ist eine selbstbestäubende Pflanze. Daher ist ihre Vermehrung einfach und man kann durch Selbstbestäubung relativ problemlos reinerbige Linien erzeugen.	- Genetisch bedingte phänotypische morphologische Abweichungen vom Wildtyp sind oft leicht zu erkennen.
- Aufgrund der **kurzen Generationszeit** von sechs bis acht Wochen lassen sich in kurzer Zeit experimentelle Ergebnisse erzielen.	- Aufgrund der **kurzen Generationszeit** von zwei Wochen lassen sich in kurzer Zeit experimentelle Ergebnisse erzielen.
- Das **Genom** ist für eine Blütenpflanze recht **klein** und die Pflanze besitzt nur **fünf Chromosomenpaare.**	- Das **Genom** ist eher **klein** und *Drosophila* besitzt nur **vier Chromosomenpaare.**
Aufgrund der Auswahl als Modellorganismus und der intensiven Forschung ergeben sich weitere Vorteile	
- Das **Genom** ist seit 2000 **vollständig sequenziert.**	- Das **Genom** ist seit 2000 **vollständig sequenziert.**
- Der Umgang mit *Arabidopsis* ist aufgrund des umfangreichen Wissens einfach geworden, viele Versuche auf experimenteller Ebene sind prognostizierbar.	- Der Umgang mit *Drosophila* ist aufgrund des umfangreichen Wissens einfach geworden, viele Versuche auf experimenteller Ebene sind prognostizierbar.
- Es gibt **viele Mutanten**, die als Samen erhältlich sind.	- Es gibt für sehr **viele** der rund 14.000 Gene von *Drosophila* **Mutanten.**

◘ **Abb. 1.10** Modellorganismen sind in der Regel weniger komplex als die Organismen, für die sie als Modell dienen, und sie sind einfach in der Handhabung detaillierte Untersuchung ist bei geschätzt vielen Millionen verschiedenen Arten gar nicht für alle diese Spezies zu leisten.

Umso wichtiger ist es, die Modelle mit Bedacht auszuwählen. Sie müssen sich einerseits für die jeweilige Fragestellung tatsächlich als Modell eignen: um fundamentale Prozesse zu verstehen und als Beispiel für andere Organismen, eine größere Organismengruppe und/oder ein bestimmtes Fachgebiet bzw. einen bestimmten Prozess zu dienen. Daher finden sich Modellorganismen in den **verschiedensten Organismengruppen** und den **unterschiedlichsten Stufen biologischer Komplexität** (◘ Abb. 1.11). Andererseits sollen Modellorganismen aber auch möglichst einfach in der Haltung bzw. der Kultivierung (Zucht und Vermehrung) sowie in der experimentellen Nutzung sein. Deshalb erfüllen Modellorganismen in aller Regel bestimmte Kriterien, wie zum Beispiel:

- kurze Generationszeiten, viele Nachkommen
- kostengünstige und unkomplizierte Haltung
- gute Handhabbarkeit
- kleines Genom, einfache Genetik
- einfache Erzeugung von Mutanten und gute Transformierbarkeit

Die Konzentration verschiedener Forschungsfelder auf nur wenige Modellorganismen birgt jedoch auch verschiedene Risiken. Die Übertragbarkeit von Befunden auf andere Arten bleibt (bis zur Überprüfung) hypothetisch und ist nicht gesichert. Damit ist die Gefahr verbunden, dass Verallgemeinerungen von Ergebnissen zu weit gehen oder im Einzelfall gar nicht möglich sind – dies aber mangels vergleichender Experimente an anderen Arten nicht erkannt wird. Ein zentraler Ansatz für die Nutzung von Modellorganismen ist die Aufklärung biologischer Sachverhalte an einem möglichst einfachen System – **naturgemäß stellen Modelle Vereinfachungen dar**. Durch die Konzentration biologischer Forschung auf Modellorganismen ergibt sich ein systematisch vereinfachtes Bild der Biologie und mag so den Eindruck einer viel zu geringen Komplexität vermitteln. Hochkomplexen Zusammenhängen wird so gegebenenfalls geringeres Forschungsinteresse entgegengebracht und/oder es besteht die Gefahr, diese fälschlicherweise als fehlerhaft zu interpretieren.

Trotz dieser Risiken ist der Erkenntnisgewinn aus Forschungen an Modellorganismen enorm und so haben diese nach wie vor eine zentrale Bedeutung in der biologischen Forschung. Bei der Darstellung biologischer Zusammenhänge (auch in diesem Lehrbuch) darf aber nicht vergessen werden, dass ein Großteil unseres Wissens letztlich auf der Analyse nur weniger Organismen beruht und die vermittelte Allgemeingültigkeit in vielen Fällen nicht überprüft ist und/oder Ausnahmen und Abweichungen durchaus bekannt sind.

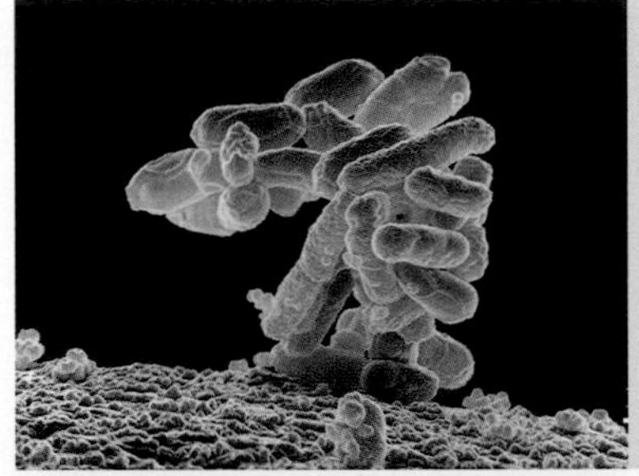

Escherichia coli ist ein fakultativ anaerobes, stäbchenförmiges Bakterium der Darmflora. Während die meisten Stämme nicht pathogen sind, gibt es auch verschiedene pathogene Stämme. *E. coli* gehört zu den am besten untersuchten Prokaryoten und dient als Modell insbesondere für molekular- und zellbiologische Fragen.

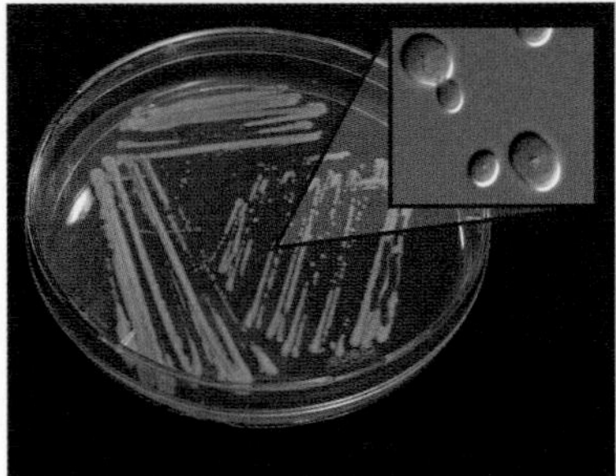

Die **Bäckerhefe** (***Saccharomyces cerevisiae***) ist ein einzelliger Pilz, der sich durch Knospung vermehrt. *S. cerevisiae* dient als eukaryotischer Modellorganismus der Molekular- und Zellbiologie. Insbesondere die Steuerung des Zellzyklus wurde an *S. cerevisiae* untersucht.

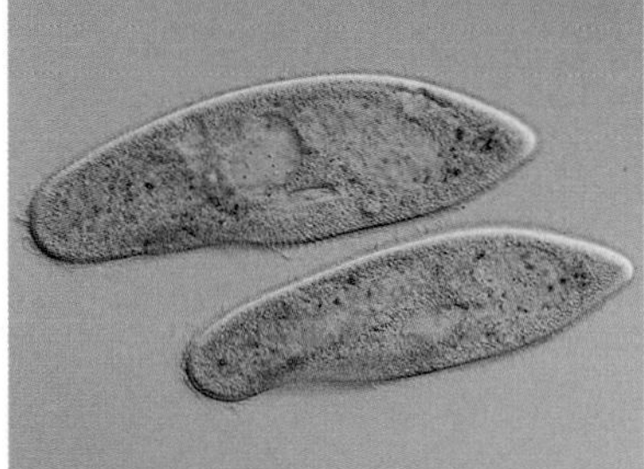

Das **Pantoffeltierchen** (***Paramecium* spp.**, Foto) gehört, wie auch ***Tetrahymena* spp.** zu den Wimpertierchen (Ciliophora). Beide sind Modellorganismen der Genetik und Epigenetik sowie der Molekular- und Zellbiologie.

Der **Zebrafisch** (***Danio rerio***) ist ein kleiner, tropischer Süßwasserfisch (Kärpflinge, Cyprinidae). Da Zebrafisch-Embryonen relativ groß sind, lassen sich frühe entwicklungsbiologische Vorgänge direkt am lebenden Objekt betrachten und Manipulationen am Embryo sind relativ einfach.

Die **Hausmaus** (***Mus musculus***; Foto) und die **Hausratte** (***Rattus rattus***) sind Säugetiere, die unter anderem in der biomedizinischen Forschung als Modellorganismen dienen. Seit der ersten Publikation transgener Mäuse im Jahr 1980 hat die Bedeutung der Hausmaus gegenüber der Ratte als Modellorganismus stark zugenommen.

◘ **Abb. 1.11** Beispiele für Modellorganismen unterschiedlicher Organisation und Komplexität

1

Weiterführende Literatur

1. Nick P, Fischer R, Gradl D, Gutmann M, Kämper J, Lamparter T, Riemann M (2019) Modellorganismen. Springer Spektrum, Berlin, Heidelberg
2. Penzlin H (2012) Was heißt „lebendig"? Biol Unserer Zeit 42:56–63
3. Schrödinger E (1989) Was ist Leben? Piper, München

Stoffliche Grundlagen der Biologie

Peter Bayer

mit Beiträgen von Jens Boenigk

J. Boenigk (Hrsg.), *Boenigk, Biologie,* https://doi.org/10.1007/978-3-662-61270-5_2

2

2.1 Kohlenstoff ist das zentrale Element der stofflichen Basis von Lebewesen

Die Eigenschaften des Elements Kohlenstoff und des Lösungsmittels Wasser sind die Voraussetzung für Leben. **Kohlenstoffatome** können mit bis zu vier Liganden Bindungen eingehen und dabei **Einfach- und Mehrfachbindungen** ausbilden. Kohlenstoffverbindungen können ketten-, ring- oder gitterförmig sein. Die Vielfältigkeit der Bindungsmöglichkeiten spiegelt sich in einer enormen Zahl von Molekülen auf Kohlenstoffbasis wider. Es sind **über 12 Mio. organische Stoffe** bekannt und die Zahl der bekannten Substanzen wächst ständig – theoretisch ist die Zahl organischer Verbindungen nahezu unbegrenzt. Bei Molekülen mit **konjugierten Doppelbindungen**, also jeweils durch eine Einfachbindung getrennten Doppelbindungen, sind Elektronen besonders einfach zu verschieben – solche Moleküle spielen daher eine zentrale Rolle bei der Energieübertragung, insbesondere bei der Umwandlung von Lichtenergie in chemische Energie. Ein Beispiel ist das Chlorophyll in der Photosynthese.

Die Bedeutung von Kohlenstoff für das Leben zeigt sich auch in der mengenmäßigen Verteilung dieses Elements auf der Erde:

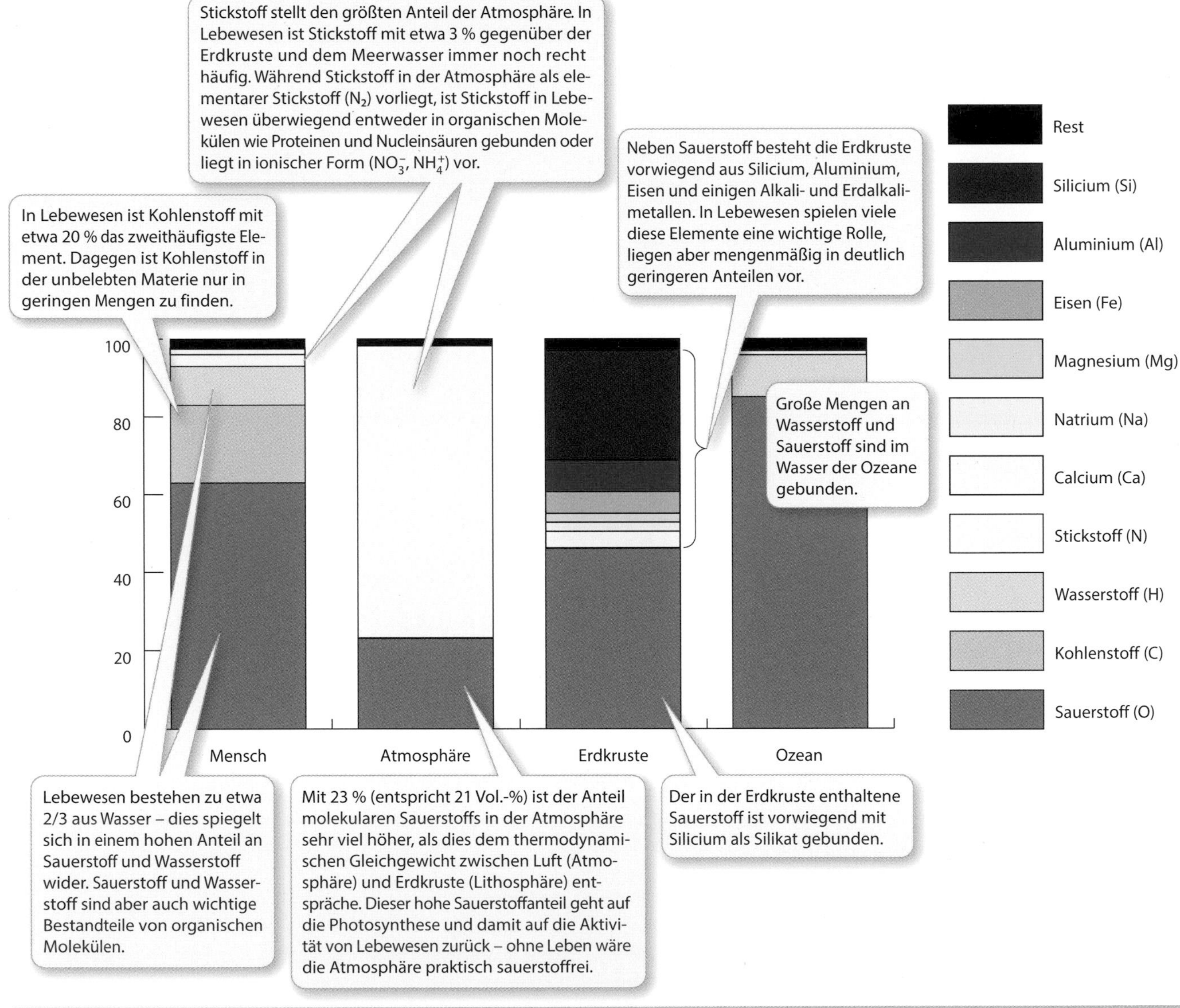

	Sauerstoff (O)	Kohlenstoff (C)	Wasserstoff (H)	Stickstoff (N)	Calcium (Ca)	Phosphor (P)	Kalium (K)	Schwefel (S)	Natrium (Na)	Magnesium (Mg)	Eisen (Fe)	Silicium (Si)	Aluminium (Al)
Mensch	63	20	10	3	1,5	1	0,25	0,2	0,1	0,04	0,004	0,0015	< 0,0001
Atmosphäre	23	0,02	0,2	75									
Erdkruste	46	0,02	0,2	< 0,01	4,2	0,1	2,1	0,035	2,35	2,3	5,6	28,2	8,2
Ozean	85	0,003	10,8	< 0,01	0,04	< 0,01	0,04	0,09	1,1	0,13	< 0,01	< 0,01	< 0,01

Abb. 2.1 Kohlenstoff ist das zentrale Element des Lebens und in Lebewesen gegenüber der Umwelt stark angereichert (Angaben in Gew.-%)

Abgesehen von Wasser bestehen Zellen vorwiegend aus organischen Molekülen, die vier verschiedenen Substanzklassen zugeordnet werden können: Proteinen, Kohlenhydraten, Lipiden und Nucleinsäuren.

Proteine sind Polymere der Aminosäuren. Sie katalysieren Reaktionen (als Enzyme), transportieren oder pumpen Ionen und Metabolite und sind an der Strukturbildung beteiligt.

Kohlenhydrate umfassen die für den Energiestoffwechsel bedeutenden Zucker sowie deren Polymere. Letztere dienen unter anderem der Speicherung sowie dem Aufbau von Zellwänden und anderen Strukturen .

Lipide bezeichnen hydrophobe, also in Wasser schwer lösliche organische Moleküle, meist handelt es sich um langkettige Kohlenwasserstoffe. Sie dienen hauptsächlich als Strukturkomponenten in Zellmembranen und als Energiespeicher.

Nucleinsäuren sind vor allem als Träger der Erbinformation sowie als Komponenten der Ribosomen in der Proteinbiosynthese bedeutend.

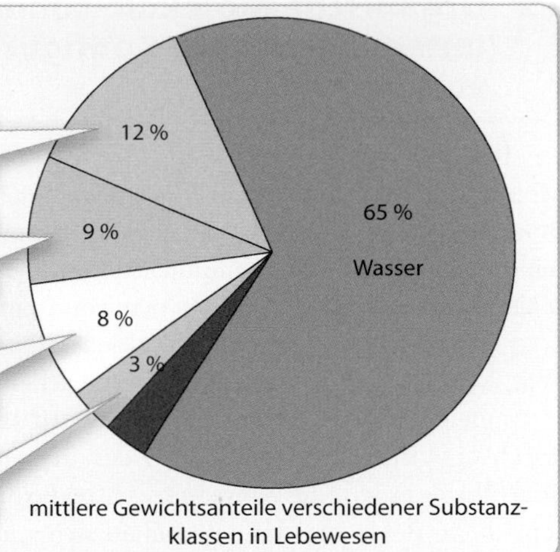

mittlere Gewichtsanteile verschiedener Substanzklassen in Lebewesen

In Molekülen mit konjuguerten Doppelbindungen sind Elektronen besonders leicht anzuregen. Daher spielen diese eine große Rolle für die Bereitstellung und Weiterleitung von Elektronen.

Porphyrin besteht aus vier Pyrrolringen, die zyklisch miteinander verbunden sind. Es bildet die Grundstruktur sowohl von Häm (Porphyrin mit einem zentralen Eisenatom) als auch von Chlorophyll (Porphyrin mit einem zentralen Magnesiumatom).

Häm *b*

Häm *b* (mit Eisen als Zentralatom) ist die prosthetische Gruppe des in der Zellatmung und beim Elektronentransport der Photosynthese wichtigen Cytochroms sowie des für den Sauerstofftransport wichtigen Hämoglobins und Myoglobins.

Chlorophyll *a*

Chlorophyll (mit Magnesium als Zentralatom) ist das für die Umwandlung von Lichtenergie in chemische Energie zentrale Molekül der Photosynthese.

Abb. 2.2 Die meisten organischen Moleküle in Lebewesen lassen sich wenigen Substanzklassen zuordnen, die jeweils (vorwiegend) unterschiedliche Funktionen übernehmen

Während die Erdkruste nur 0,02 % Kohlenstoff enthält, besteht der Mensch aus rund 20 % Kohlenstoff: **Kohlenstoff ist in Lebewesen also stark angereichert** (Abb. 2.1). Dagegen sind viele Elemente der Erdkruste wie Silicium, Aluminium und Eisen mengenmäßig nur von untergeordneter Bedeutung. Sie können aber eine wichtige Funktion in verschiedenen biologischen Prozessen haben – so ist Eisen das Zentralatom des Häm-Moleküls und damit Bestandteil von Cytochromen, die als Überträger von Elektronen unter anderem in der Zellatmung und Photosynthese eine wichtige Rolle spielen (Abb. 2.2).

Neben Kohlenstoff als Basis biologischer Moleküle ist **Wasser (H_2O)** von zentraler Bedeutung für Lebewesen. Die chemischen Reaktionen, auf denen Leben beruht, laufen in Wasser als **Lösungsmittel** ab. Die Übertragung von Protonen (Wasserstoffionen) wird auch zur Übertragung von Elektronen genutzt und spielt somit bei verschiedensten Stoffwechselwegen eine zentrale Rolle. Wasser hat zudem eine **hohe Wärmekapazität** und puffert damit Schwankungen der Umgebungstemperatur ab. Aufgrund seiner Dichteanomalie besitzt Wasser bei 4 °C eine höhere Dichte als Eis, weshalb Eis auf Wasser schwimmt. Aufgrund dieser Tatsache bleiben tiefere Gewässerschichten und der Gewässergrund während Frostphasen eisfrei und bieten den Organismen so einen Rückzugsraum.

2.2 Organische Moleküle können in unterschiedlicher Konfiguration vorliegen

Moleküle setzen sich aus mehreren, oft verschiedenen Atomen zusammen. Haben diese Moleküle gleiche Summenformeln, unterscheiden sich jedoch in der räumlichen Anordnung der Atome oder in deren Verknüpfung, so spricht man von Isomeren (◘ Abb. 2.3).

Ein Molekül, das an einem Kohlenstoffatom vier verschiedene Liganden trägt, kann nach Vertauschen zweier Liganden trotz gleichbleibender Bausteine (**Konstitution**) nicht mehr durch eine einfache Drehung in das ursprüngliche Molekül überführt werden, die Anordnung (**Konfiguration**) ist unterschiedlich. Beide Moleküle verhalten sich zueinander wie Bild und Spiegelbild und werden **Enantiomere** genannt. Die beiden unterschiedlichen Formen werden als D- (lat. *dexter* = rechts) und L- (lat. *laevis* = links) Form bezeichnet (◘ Abb. 2.3). Das für den enantiomeren Charakter (die sogenannte „Händigkeit") verantwortliche C-Atom wird „chiral" genannt. In der biochemischen und physiologischen Literatur wird dieses D/L-System zur Beschreibung der Konfiguration von Molekülen nach wie vor der in der Chemie vorherrschenden Cahn-Ingold-Prelog-Konvention (RS-System, absolute Konfiguration) vorgezogen. Ein Gemisch von D- und L-Form mit gleichen Anteilen bezeichnet man als **Racemat**.

Die zeichnerische Darstellung der Moleküle erfolgt häufig in der sogenannten **Fischer-Projektion** (◘ Abb. 2.4). Diese stellt eine Projektion des Kohlenstoffgerüsts auf die Blattebene dar. Dabei wird im Regelfall mit dem am höchsten oxidierten Kohlenstoffatom begonnen und das weitere Kohlenstoffgerüst von diesem aus nach unten in der Blattebene gezeichnet. Im Falle tetraedrischer Kohlenstoffatome zeigen die senkrechten Verbindungen faktisch hinter die Blattebene, während waagerechte Verbindungen aus der Blattebene herausragen. Bei Aminosäuren liegt dabei die Aminogruppe entweder links (L-Form) oder rechts (D-Form) des Cα-Atoms (▶ Abschn. 2.6). Moleküle mit mehreren chiralen C-Atomen, die sich in mindestens einem dieser C-Atome unterscheiden, sich aber nicht wie Bild und Spiegelbild verhalten, nennt man **Diastereomere** (◘ Abb. 2.5). Unterscheiden sich diese Diastereomere in nur einem Zentrum, spricht man von **Epimeren** (◘ Abb. 2.6).

D-Alanin Spiegelebene L-Alanin

H C COOH CH_3 NH_2 | H COOH C NH_2 CH_3

Trotz gleicher Konstitution (gleicher stofflicher Zusammensetzung) können die beiden **Enantiomere** nicht durch Drehung ineinander überführt werden.

◘ **Abb. 2.3** Die Liganden, also die an ein zentrales Kohlenstoffatom gebundenen Atome oder Moleküle, können räumlich unterschiedlich angeordnet sein und bilden zwei spiegelbildlich unterschiedliche Enantiomere. Hier ist die Spiegelbildsymmetrie von Enantiomeren der Aminosäure Alanin dargestellt

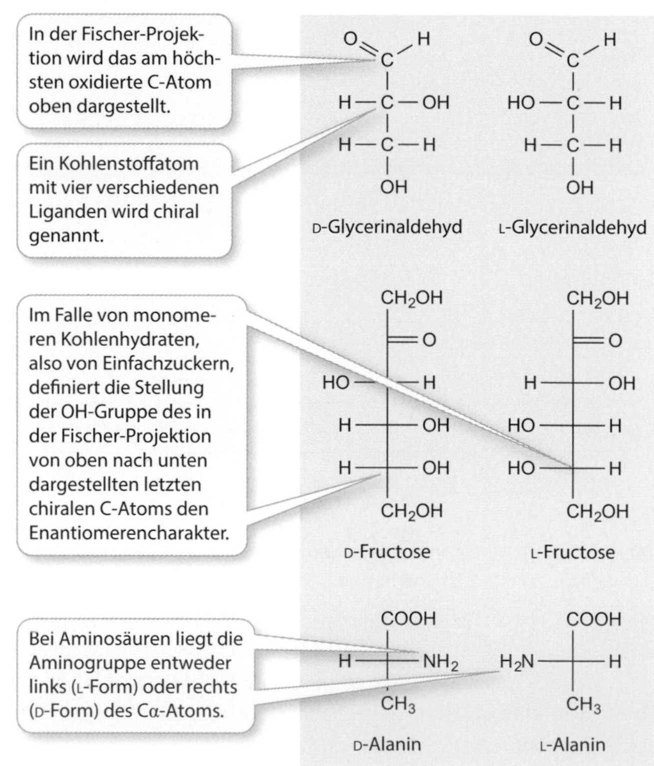

◘ **Abb. 2.4** Fischer-Projektion der D- und L-Formen einiger Moleküle

D-Glucose
L-Glucose
Enantiomerie
D-Glucose und L-Glucose unterscheiden sich in allen Stereozentren. Darüber hinaus verhalten sie sich wie Bild und Spiegelbild. Daher werden sie nicht als Diastereomere, sondern als Enantiomere bezeichnet.
Epimerie
Alle Aldohexosen mit Ausnahme des Enantiomers sind Diastereomere der D-Glucose.
Epimerie
D-Galactose unterscheidet sich nur am C4-Stereozentrum von der D-Glucose und ist daher sein Epimer.
Diastereomerie
L-Mannose unterscheidet sich nur am C2-Stereozentrum von der L-Glucose und ist daher sein Epimer.
D-Galactose
L-Mannose

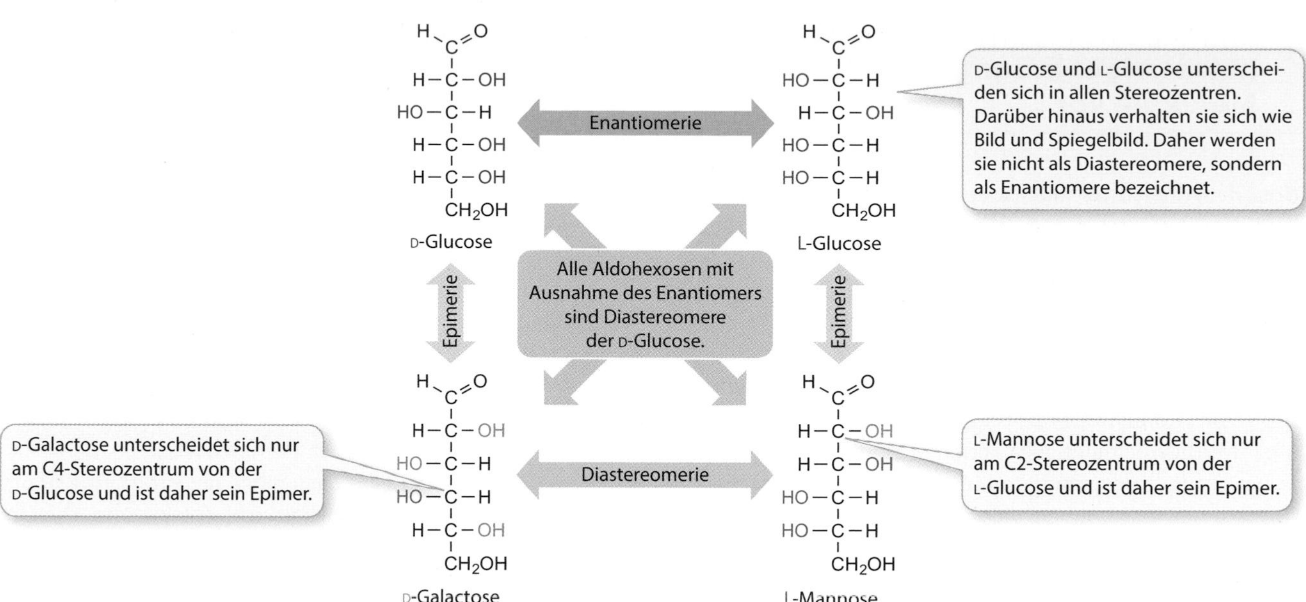

Abb. 2.5 Diastereomere Moleküle besitzen mehrere chirale C-Atome

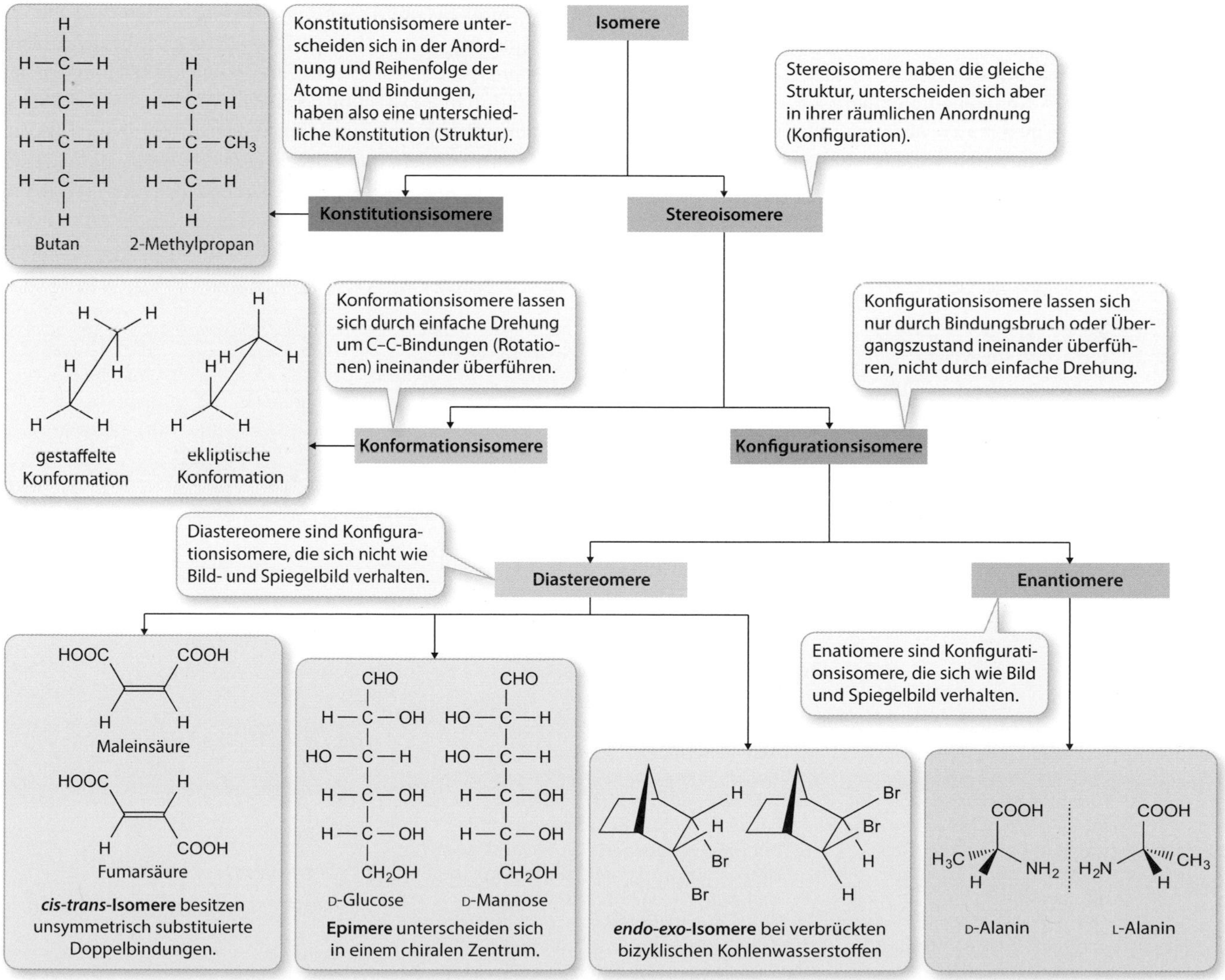

Isomere
Konstitutionsisomere unterscheiden sich in der Anordnung und Reihenfolge der Atome und Bindungen, haben also eine unterschiedliche Konstitution (Struktur).
Stereoisomere haben die gleiche Struktur, unterscheiden sich aber in ihrer räumlichen Anordnung (Konfiguration).
Butan
2-Methylpropan
Konstitutionsisomere
Stereoisomere
Konformationsisomere lassen sich durch einfache Drehung um C–C-Bindungen (Rotationen) ineinander überführen.
Konfigurationsisomere lassen sich nur durch Bindungsbruch oder Übergangszustand ineinander überführen, nicht durch einfache Drehung.
gestaffelte Konformation
ekliptische Konformation
Konformationsisomere
Konfigurationsisomere
Diastereomere sind Konfigurationsisomere, die sich nicht wie Bild- und Spiegelbild verhalten.
Diastereomere
Enantiomere
Enatiomere sind Konfigurationsisomere, die sich wie Bild und Spiegelbild verhalten.
Maleinsäure
Fumarsäure
cis-trans-Isomere besitzen unsymmetrisch substituierte Doppelbindungen.
D-Glucose
D-Mannose
Epimere unterscheiden sich in einem chiralen Zentrum.
endo-exo-Isomere bei verbrückten bizyklischen Kohlenwasserstoffen
D-Alanin
L-Alanin

Abb. 2.6 Verschiedene Ausprägungen der Isomerie

2.3 Einfache Kohlenhydrate liegen in wässriger Lösung als ringförmige Moleküle vor

Aldosen (Polyhydroxyaldehyde) und **Ketosen** (Polyhydroxyketone) sowie deren Polymere werden unter dem Begriff **Kohlenhydrate** zusammengefasst und mit dem Suffix „-ose" bezeichnet (◘ Abb. 2.7). Die historisch bei der chemischen Analyse von Zuckern abgeleitete Summenformel $C_x(H_2O)_x$ erweckte den Eindruck, es handle sich um Kohlenstoffhydrate, weshalb Karl Schmidt im 19. Jahrhundert für diese Stoffklasse den Begriff „Kohlenhydrate" prägte. Diese Summenformel hat heute ihre Allgemeingültigkeit verloren. Kohlenhydrate können in Lebewesen als unverzweigte Einzelbausteine mit drei bis sieben C-Atomen vorkommen, diese Bausteine bezeichnet man als **Monosaccharide**. Je nach Anzahl der C-Atome nennt man sie Triosen (3 C), Tetrosen (4 C), Pentosen, (5 C), Hexosen (6 C) und Heptosen (7 C). Die einzige vorkommende „Biose", das Glykolaldehyd, ist definitionsgemäß keine Aldose. Bei den Heptosen handelt es sich vorwiegend nur um die Sedoheptulose. Die einfachsten Monosaccharide sind die Triosen Glycerinaldehyd und Dihydroxyaceton (◘ Abb. 2.7a). Außer der Ketotriose enthalten alle Monosaccharide mindestens ein chirales C-Atom. In der belebten Natur liegen Kohlenhydrate überwiegend als D-Formen, aber auch als L-Formen vor (▶ Abschn. 2.4).

Aus den in der Biochemie vorkommenden Triosen, Tetrosen, Pentosen und Hexosen lassen sich 30 verschiedene Aldosen und 15 verschiedene Ketosen ableiten (◘ Abb. 2.7a). Die Carbonylgruppe der Aldosen/Ketosen kann von einer alkoholischen OH-Gruppe angegriffen werden (**nucleophile Addition**) und zu einem Halbacetal/Halbketal reagieren (◘ Abb. 2.7b). Erfolgt diese Halbacetal-/Halbketalbildung intramolekular, kommt es zu einer Ringbildung wie am Beispiel der Hexose Glucose gezeigt (◘ Abb. 2.7b).

Die Ringe nehmen eine nichtebene Konformation ein (Sessel- und Wannenkonformation). Bei der Bildung eines Halbacetals/Halbketals entsteht am C1-Atom ein neues chirales Zentrum, wodurch sich zwei Formen der zyklisierten Aldose/Ketose unterscheiden lassen. Man bezeichnet diese Formen – je nachdem, ob die entsprechende OH-Gruppe in der Fischer-Projektion nach links oder rechts zeigt – als **α-** bzw. **β-Anomere**. Sehr anschaulich lassen sich ringförmige Monosaccharide mithilfe der **Haworth-Projektion** darstellen (◘ Abb. 2.7c).

Die beiden Anomere stehen über die offenkettige Form (Oxoform) in Lösung im Gleichgewicht miteinander. Die Umwandlung der Formen ineinander nennt man **Mutarotation**. Bei den Hexosen liegen auch die Anomere der Pyranoseform über die Oxoform mit den Anomeren der Furanoseform im Gleichgewicht vor (Box 2.1). Da sich gleichzeitig durch Addition von Wasser an die offene Form ein kovalentes Zuckerhydrat bilden kann, kommt es beim Lösen einer Hexose zu den in ◘ Tab. 2.1 am Beispiel der Glucose dargestellten Spezies. Die beiden anomeren Pyranosen treten in diesem Gleichgewicht am häufigsten auf. Da sie dadurch die Drehung der Ebene von linear polarisiertem Licht beim Durchgang durch eine Glucoselösung am stärksten beeinflussen können, dominieren sie die optische Aktivität der Lösung. In leicht basischer Lösung können die Hexosen Glucose, Mannose und Fructose zusätzlich über eine Endiolform (C1- und C2-Atom) ineinander umgewandelt werden (**Epimerisierung**).

Box 2.1: Optische Aktivität

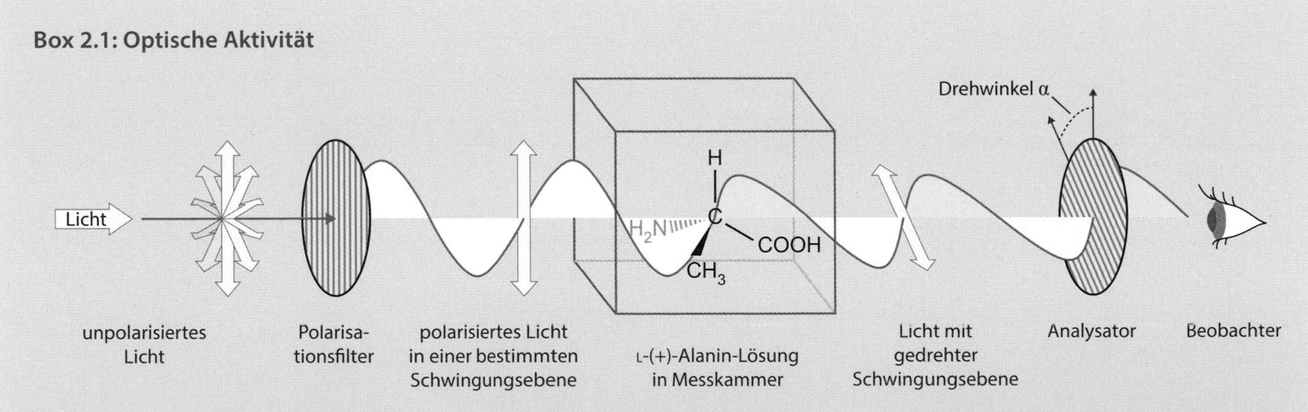

Moleküle sind in der Lage, mit Licht zu interagieren. Wird linear polarisiertes Licht durch eine Lösung einer Substanz geleitet, kann sich diese Interaktion in einer Drehung der Polarisationsebene des Lichts bemerkbar machen. Dies ist der Fall, wenn Lösungen chiraler Moleküle (einer einheitlichen Enantiomerenform) vorliegen. Man nennt diese Eigenschaft optische Aktivität. Dreht ein Enantiomer die Ebene nach links, wird dies mit (–) bezeichnet. In diesem Fall dreht das andere Enantiomer die Polarisationsebene um den gleichen Wert nach rechts, bezeichnet mit (+). Der Drehwinkel, der sich aus der optischen Aktivität ergibt, folgt nicht aus der Angabe der Konfigurationsisomerie: Während D-Glucose rechtsdrehend (+) ist, ist die D-Fructose linksdrehend (–). Der bei einer gegebenen Lösung messbare Drehwinkel wird durch das vorliegende Molekül, dessen Konzentration (c) sowie durch die Wegstrecke des Lichts durch die Lösung (l) bestimmt. Bei Substanzgemischen müssen diese Angaben für jede einzelne Substanz betrachtet und aufeinander gewichtet werden, um den Drehwinkel zu bestimmen (◘ Tab. 2.1).

◘ **Tab. 2.1** Die in einer Glucoselösung vorliegenden Spezies mit Angabe der optischen Aktivitäten

α-D-Glucopyranose	+112,2°	~ 37 %
β-D-Glucopyranose	+18,7°	~ 63 %
Oxoform		~ 0,001 %
Zucker-Hydrat		~ 0,004 %
α,β-Glucofuranose		~ 0,15 %
Gesamt	52,7°	100 %

a Überblick über die Aldosen und Ketosen

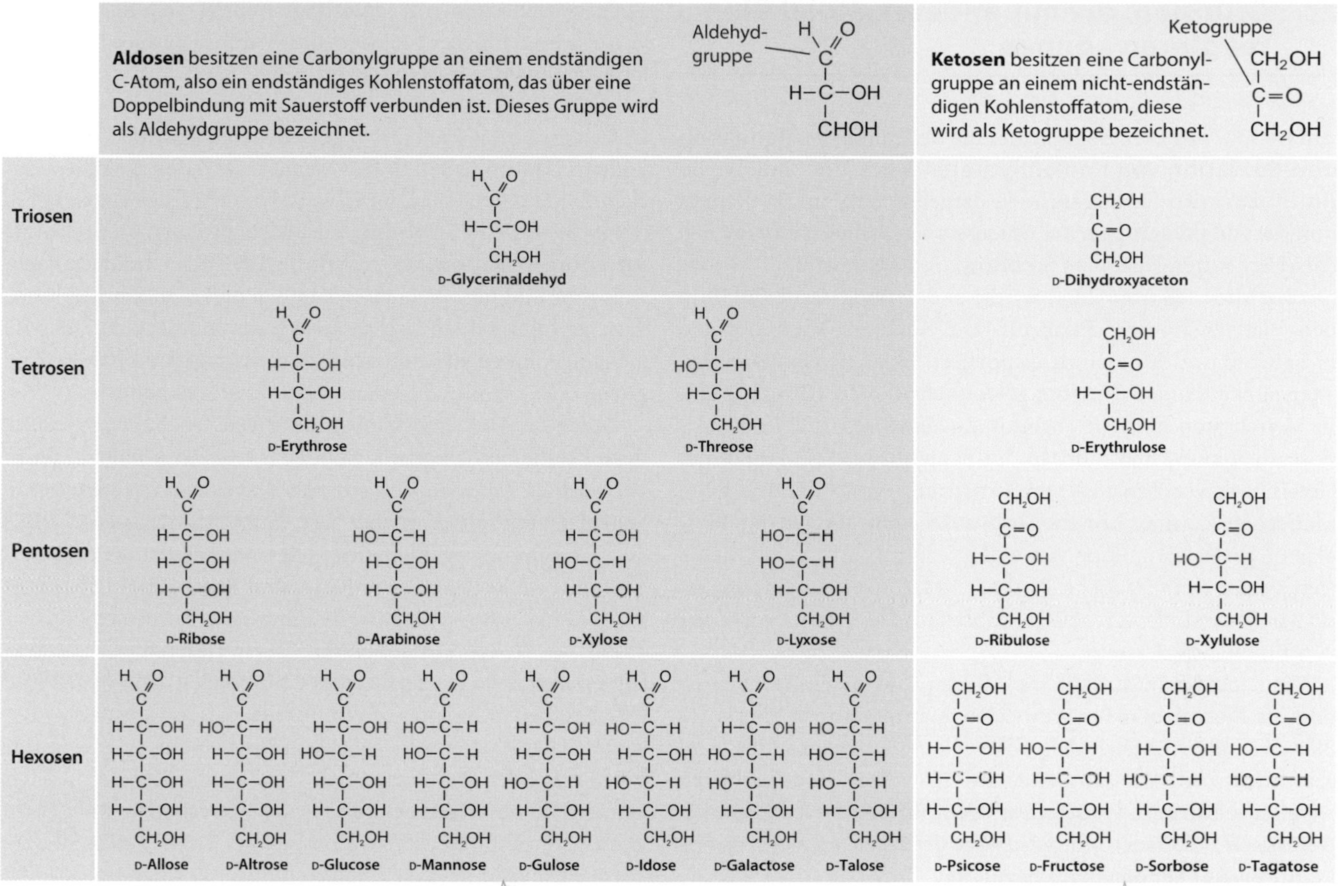

Aldosen besitzen eine Carbonylgruppe an einem endständigen C-Atom, also ein endständiges Kohlenstoffatom, das über eine Doppelbindung mit Sauerstoff verbunden ist. Dieses Gruppe wird als Aldehydgruppe bezeichnet.

Aldehyd-gruppe

Ketosen besitzen eine Carbonylgruppe an einem nicht-endständigen Kohlenstoffatom, diese wird als Ketogruppe bezeichnet.

Ketogruppe

	Aldosen	Ketosen
Triosen	D-Glycerinaldehyd	D-Dihydroxyaceton
Tetrosen	D-Erythrose, D-Threose	D-Erythrulose
Pentosen	D-Ribose, D-Arabinose, D-Xylose, D-Lyxose	D-Ribulose, D-Xylulose
Hexosen	D-Allose, D-Altrose, D-Glucose, D-Mannose, D-Gulose, D-Idose, D-Galactose, D-Talose	D-Psicose, D-Fructose, D-Sorbose, D-Tagatose

Eine wichtige Rolle bei biochemischen Vorgängen spielen die Tetrose Erythrose (Pentosephosphatweg), die Pentose Ribose (RNA/DNA) sowie die Hexosen Glucose, Mannose und Galactose (Metabolismus).

Von den Ketosen spielen vor allem die Hexose Fructose (Metabolismus) und die Pentosen Ribulose und Xylulose (Pentosephosphatweg) in der Biochemie eine Rolle.

b Intramolekulare Bildung eines Halbacetals am Beispiel der Glucose

Die Carbonylgruppe der Aldosen/Ketosen kann von einer alkoholischen OH-Gruppe angegriffen werden (nucleophile Addition).

Mechanismus der Bildung eines Halbacetals/Halbketals

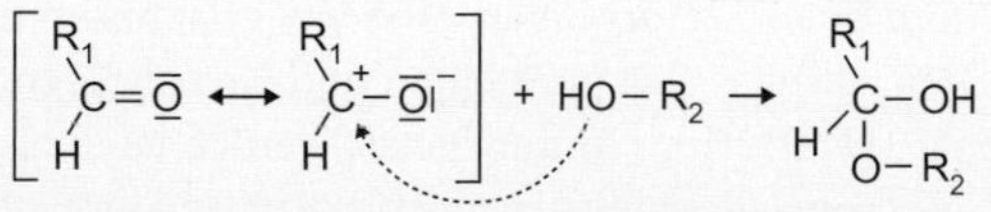

$$\left[R_1(H)C{=}\overline{O} \longleftrightarrow R_1(H)\overset{+}{C}{-}\overline{\underline{O}}|^{-} \right] + HO{-}R_2 \longrightarrow R_1(H)C(OH){-}O{-}R_2$$

Das Beispiel Glucose zeigt, wie es durch eine nucleophile Addition zur Bildung von ringförmigen Monosacchariden kommt. Dabei greift die OH-Gruppe des vierten oder fünften C-Atoms am C-Atom der freien Carbonylgruppe an. Die ringförmigen Monosaccharide leiten sich von Grundgerüsten des Pyrans bzw. Furans ab und werden als Pyranosen bzw. Furanosen bezeichnet.

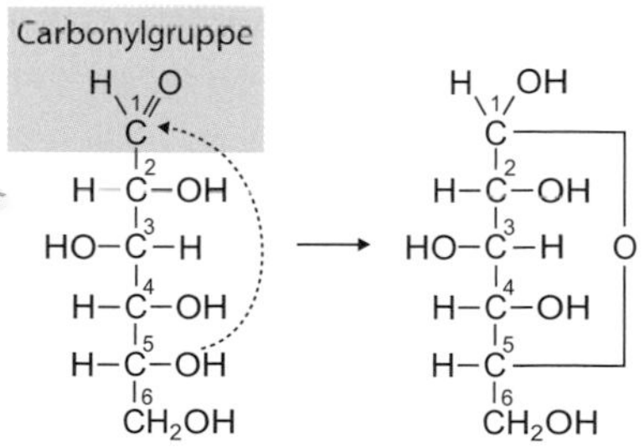

Carbonylgruppe

c Verkürzte Haworth-Projektion der beiden anomeren Formen der Glucopyranose

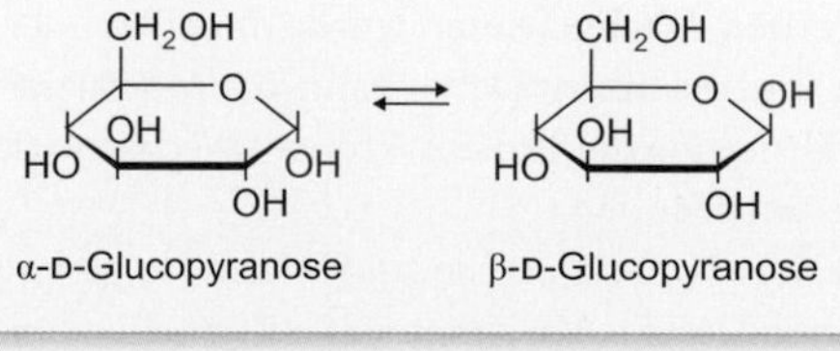

α-D-Glucopyranose ⇌ β-D-Glucopyranose

Ringförmige Monosaccharide werden mithilfe der Haworth-Projektion dargestellt. Dazu werden die in der Fischer-Projektion auf der rechten Seite stehenden OH-Gruppen nach unten, die auf die linke Seite weisenden OH-Gruppen nach oben gezeichnet. In der verkürzten Haworth-Projektion werden die fehlenden H-Atome am Ring durch senkrechte Striche angedeutet. Die beiden durch die Ringbildung entstehenden Isomere nennt man α- und β-Form.

Abb. 2.7 Aufbau der Monosaccharide

2.4 Kohlenhydrate besitzen reaktive Gruppen, die mit anderen Molekülen reagieren können

Am Beispiel von Hexosen soll hier die Bedeutung der **Reduktion und Oxidation von Kohlenhydraten** sowie der Bildung von **Aminozuckern** für Organismen dargelegt werden. Die Reduktion der Aldehydgruppe von Glucose und Mannose führt zu den entsprechenden Hexitolen Sorbit(ol) und Mannit(ol).

Sorbitol (■ Abb. 2.8a) wird bei der Photoassimilation in den Blättern höherer Pflanzen (z. B. Rosaceae) gebildet und in Früchte und Wurzeln transportiert. Es kann von Bakterien alternativ auch aus Fructose gewonnen werden (■ Abb. 2.8b). In Vertebraten entsteht Sorbitol aus Glucose mithilfe der Aldose-Reduktase und dient in der Samenblase des Mannes der Gewinnung von Fructose zur „Ernährung" der Spermien. Beim Menschen können höhere Sorbitolkonzentrationen im Blutplasma zur Ansammlung von AGEs (engl.: *age-related/advanced glycosylated endproducts*; ▶ Abschn. 14.10) sowie zur Bildung reaktiver Sauerstoffspezies (ROS) führen und auch Mitverursacher von Bluthochdruck sein.

Fructose kann in Bakterien, Pilzen und vielen Archaeplastiden zu **Mannitol** reduziert werden. Mannitol ist wie Sorbitol in Blättern und Früchten höherer dikotyler Pflanzen zu finden, wird aber auch von Pilzen und anderen Eukaryoten (Stramenopiles, Alveolata, Rhizaria) produziert. Obwohl beide Hexitole hoch osmotisch wirksam sind, wird von den meisten Organismen Mannitol als Osmoregulans bevorzugt.

Bei der Oxidation von Glucose können sowohl die Aldehydgruppe am C1- als auch die alkoholische Gruppe am C6-Atom (oder beide) zu einer Säuregruppe umgewandelt werden. Wird am C1-Atom oxidiert, bildet sich die **Gluconsäure**, die wiederum durch nucleophilen Angriff einer OH-Gruppe des vierten oder fünften C-Atoms an der Carboxylgruppe einen Ringschluss eingehen kann, wodurch ein Lacton entsteht (■ Abb. 2.8c). Gluconate spielen im Pentosephosphatweg (PPW) eine Rolle (▶ Abschn. 13.9). Durch den Einsatz einer Schutzgruppe am C1-Atom kann die Oxidation ausschließlich am C6-Atom unter Bildung einer **Uronsäure** erfolgen (■ Abb. 2.8d). Bei vielen Tieren stellt das Nucleosidphosphat Uridintriphosphat (UTP) eine solche Schutzgruppe dar. Die durch die UDP-Glucuronosyltransferase bereitgestellte UDP-Glucuronsäure kann zur Synthese von Vitamin C als auch zur Bildung von Proteoglykanen verwendet werden. Zudem ist die Glucuronidierung in der Leber von Säugern ein wichtiger Weg bei der Biotransformation von Stoffen und trägt wesentlich zur Entgiftung und Ausscheidung von Xenobiotika bei. Mannouronate hingegen werden von Archaeplastiden für die Synthese von Alginaten verwendet.

Die formale Oxidation und anschließende Reduktion der phosphorylierten Glucose mithilfe von NAD^+/NADH führen zur Bildung von Phospho-*myo*-Inositol. Dieser zyklische Alkohol, der sechs Hydroxylgruppen trägt, ist ein wesentlicher Sekundärmetabolit in eukaryotischen Zellen. In Form des dreifach phosphorylierten Inositol-(1,4,5)-Phosphats (IP3) reguliert er die Freisetzung von Calciumionen aus dem endoplasmatischen oder sarkoplasmatischen Retikulum, indem er an entsprechende Rezeptoren des ER/SR, die IP3-gesteuerten Calciumkanäle, bindet und diese aktiviert.

In vielen Bereichen der Biochemie spielt die Umsetzung von Zuckern mit Aminen eine wichtige Rolle. Durch die Reaktion von Aminen mit der funktionellen Carbonylgruppe von Kohlenhydraten (**Maillard-Reaktion**) entstehen Amadori-Produkte, die unter weiteren Reaktionen zu einer bisher nur unzureichend charakterisierten Zahl an verschiedenen Molekülen reagieren können (■ Abb. 2.8e). In der Maillard-Reaktion reagieren Zucker in ihrer offenen Oxoform, wodurch sich in den ersten Reaktionsschritten eine Schiff-Base ausbildet, die durch nachgelagerte **Amadori-Umlagerung** (Ketimin-Enol/Keto-Imin-Umlagerung) zur Bildung von Glykosylaminen und Ketosaminen führt. Aus Letzteren bilden sich reaktive Carbonylverbindungen, die z. B. mit Aminen zu heterozyklischen Ringstrukturen weiterreagieren oder zur Bildung von Acrylamid führen können.

Auch die Hydroxylgruppen der Hexosen können verschiedene Reaktionen eingehen, wobei vorwiegend Aminozucker in der belebten Natur anzutreffen sind. Dabei wird in einem ersten Schritt Fructose-6-Phosphat mit Glutamin umgesetzt. Diese Transaminierungsreaktion führt über eine Schiff-Base zum Glucosamin-6-Phosphat. Die am Stickstoff durch die Glucosamin-Acetyltransferase synthetisierte acetylierte Form des Glucosamins, das **N-Acetylglucosamin**, ist ein wesentlicher Baustein bakterieller Zellwände sowie des Chitinskeletts von Pilzen und Gliedertieren. N-Acetylglucosamin tritt auch als wesentlicher Bestandteil der Mucopolysaccharide in Erscheinung, welche fasrige Polymere bilden und Bestandteile von Zellmembranen sowie der extrazellulären Matrix sind und u. a. eine besondere Rolle beim Aufbau von Schleimhäuten, Knorpel und Bindegewebe spielen. Beispiele hierfür sind die Hyaluronsäure, das Chondroitinsulfat und das Keratansulfat. Aber auch die bei der Antikoagulation eingesetzten Polymere Heparin und Heparansulfat tragen diese aminierten und acetylierten Zuckerbausteine als monomere Bausteine. Als Bestandteil von Glykolipiden in der Glykocalyx von Erythrocyten des Menschen dient N-Acetylglucosamin als Blutgruppenmerkmal (Blutgruppe A gemäß der AB0-Blutgruppeneinteilung nach Karl Landsteiner). In Form der N-Acetylneuraminsäure, einer Sialinsäure, kommen Aminozucker in Schleimstoffen vor oder sind Bestandteile von Enzymen und Hormonen. N-Acetylgalactosamin hingegen ist Bestandteil von Glykoproteinen und Glykolipiden nahezu aller Eukaryoten.

Aminozucker werden auch als reversible posttranslationale Modifizierung für die Regulation der Protein-Protein-Interaktion eingesetzt. Dabei wird ein β-N-Acetylglucosamin (O-GlcNAc) mittels einer O-glykosidischen Bindung (▶ Abschn. 2.5) von dem Enzym O-GlcNAc-Transferase an die Seitenkettten von Threoninen oder Serinen in Proteinen geknüpft. Die Spaltung der Bindung erfolgt anschließend über das Enzym O-GlcNAcase. Man schätzt, dass mehrere Tausend Proteine im Zellkern, im Cytoplasma und in den Mitochondrien von Eukaryoten auf diese Weise reguliert werden. Nachgewiesen wurde diese Regulierung bisher bei Tieren und Pflanzen. Dabei kann die Modifizierung entweder zur Stabilisierung der Protein-Protein-Wechselwirkung führen oder diese unterbinden.

Durch Reduktion von Galactose und Mannose gewinnen manche Organismen Desoxy-Varianten der entsprechenden Zucker, die sich z. B. für den Aufbau bakterieller Zellwände (Rhamnose; 6-Desoxy-Mannose) wie auch für die Glykosylierung von Proteinen (Fucose; 6-Desoxy-Galactose) einsetzen lassen.

a

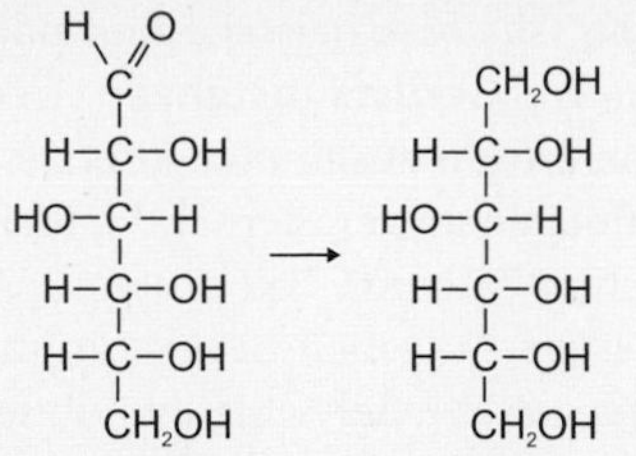

NADPH-abhängige **Reduktion der Aldehydgruppe** der Glucose mithilfe der Sorbitol-6-Phosphat-Dehydrogenase in höheren Pflanzen führt zum Zuckeralkohol Sorbit.

b

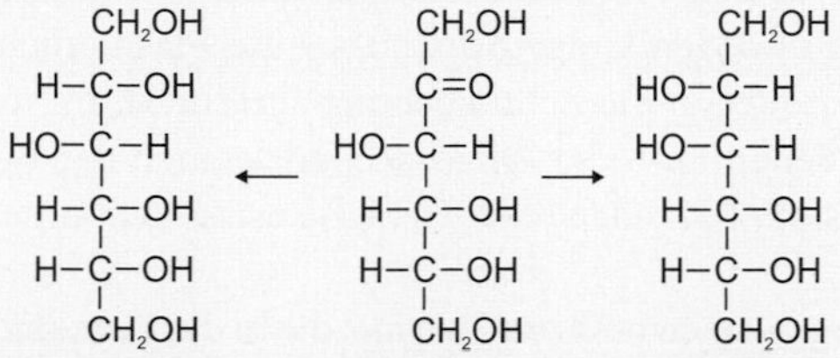

Manche Bakterien können Sorbit aus Fructose mithilfe der Glucose/Fructose-Oxidoreduktase herstellen. Alternativ können Pflanzen die Fructose nach **Isomerisierung** mithilfe der NADPH-abhängigen Mannose-6-Phosphat-Reduktase zu Mannose und anschließender Dephosphorylierung zu D-Mannitol reduzieren.

c

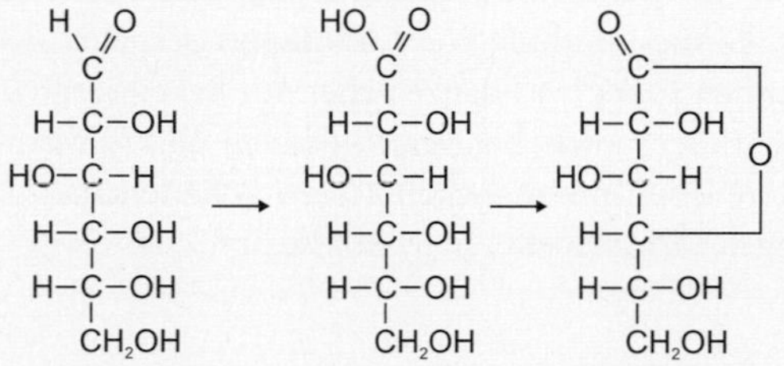

Chemisch kann Glucose durch **milde Oxidation** zu Gluconsäure umgesetzt werden. Im Stoffwechsel des Menschen kann aus der aus Glucose-6-phosphat hervorgehenden phosphorylierten Gluconsäure die Pentose Ribulose-5-phosphat gewonnen werden.

d

Wird bei der Oxidation die Aldehydgruppe durch eine Schutzgruppe (oft UTP) blockiert, entsteht die Glucuronsäure.

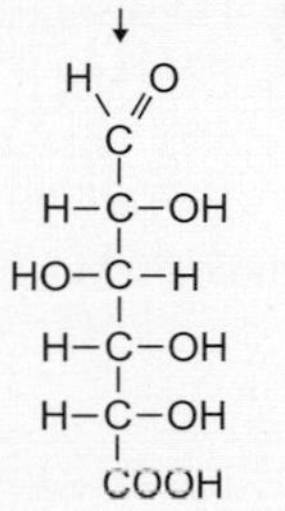

e

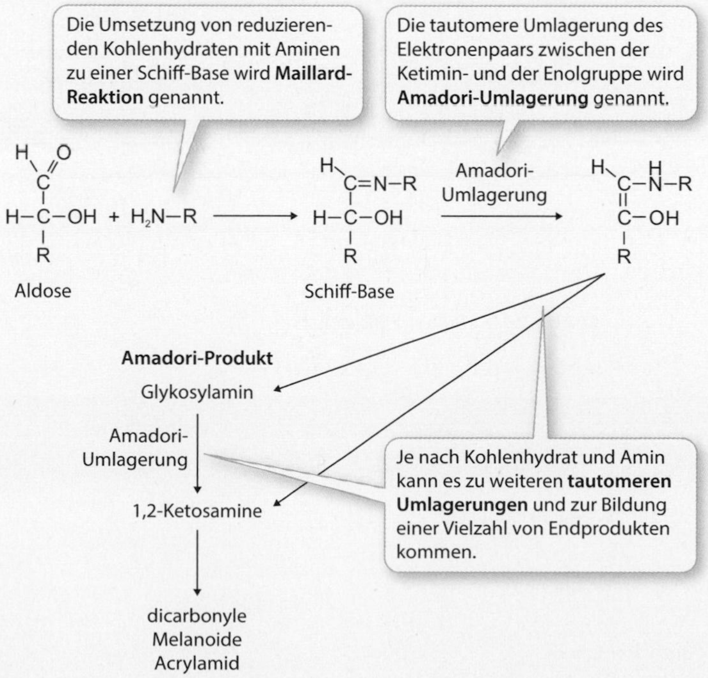

Die Umsetzung von reduzierenden Kohlenhydraten mit Aminen zu einer Schiff-Base wird **Maillard-Reaktion** genannt.

Die tautomere Umlagerung des Elektronenpaars zwischen der Ketimin- und der Enolgruppe wird **Amadori-Umlagerung** genannt.

Je nach Kohlenhydrat und Amin kann es zu weiteren **tautomeren Umlagerungen** und zur Bildung einer Vielzahl von Endprodukten kommen.

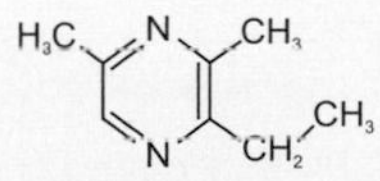

Maillard-Reaktionen/Amadori-Umlagerungen treten beim Erhitzen von amin- und kohlenhydrathaltigen Nahrungsmitteln auf. Die Braunfärbung der Lebensmittel beim Braten und Frittieren und ihr jeweiliges Aroma sind häufig auf sich bildende Heterozyklen zurückzuführen, wie auf das abgebildete Ethyl-dimethylpyrazin. Obwohl die Maillard-Reaktion als Bräunungsreaktion (unter erhöhten Temperaturen) bekannt ist, läuft sie bei niederen Temperaturen auch in den Zellen und Geweben von Organismen ab und führt zur Bildung von AGEs, welche mit zunehmenden Alter die Funktionalität von Zellen und Geweben negativ beeinflussen können (Seneszenz). Auch viele von Diabetes verursachte pathophysiologische Vorgänge lassen sich auf diese Reaktionstypen zurückführen.

■ **Abb. 2.8** Reduktion und Oxidation von Hexosen

2.5 Einfache Kohlenhydrate können komplexe und hochpolymere Zuckerketten ausbilden

Kohlenhydratmonomere können mit ihrer halbacetalischen OH-Gruppe mit den OH-Gruppen anderer Monosaccharide reagieren und unter Wasserabspaltung eine **glykosidische Bindung** bilden. Hierbei entstehen oligomere Kohlenhydrate wie Di-, Tri-, Tetra-, Oligo- bis hin zu Polysacchariden (◘ Abb. 2.9).

Die bekanntesten Beispiele für **Disaccharide** sind Saccharose, Maltose und Lactose (◘ Abb. 2.10). **Saccharose** als Endprodukt der Photosynthese (► Abschn. 13.12) kommt vor allem in Früchten, Samen, Wurzeln und in Honig vor. Hohe Konzentrationen von Saccharose werden in der Zuckerrübe (12–20 %) und in Zuckerrohr (14–21 %) gespeichert. **Maltose** hingegen entsteht als Abbauprodukt von Stärke in keimenden Pflanzen. Es ist Bestandteil des Honigs und wird während des Bierbrauprozesses, beim sogenannten Mälzen, gezielt biotechnologisch erzeugt. **Lactose** findet man in der Milch von Säugetieren (Kuh: 4–5 %, Mensch: 5–7 %) als wichtigste Kohlenhydratquelle für Säuglinge. Weitere wichtige Disaccharide sind Cellobiose [Glcβ(1→4)Glc] als Grundbaustein der Cellulose und als Abbauprodukt von Cellulose bei Herbivoren, sowie Trehalose [Glcα(1→1)αGlc] im Blutzucker von Insekten. Ein bekanntes Trisaccharid stellt Raffinose [Galα(1→6)Glcα(1→2)βFrc] dar. Sie kommt in Hülsenfrüchten vor und bleibt bei der biotechnologischen Zuckergewinnung in der Melasse zurück.

Polysaccharide (◘ Abb. 2.11, ◘ Tab. 2.2) dienen neben der **Speicherung** von Glucose (tierische und pflanzliche Stärke) auch zum Aufbau von **Gerüstsubstanzen** (Cellulose und Chitin). Oft stark heterogen zusammengesetzte und verzweigte Polysaccharide findet man verestert an Lipiden und Proteinen von eukaryotischen Zellen (Glykoproteine, Aminoglykane). Sie haben vielseitige Aufgaben bei der Immunantwort, der Bildung von Bindegewebe, der Schleimbildung etc. Die Glykosylierung von Proteinen (N- oder O-glykosidische Bindung mit Seitenkette von Aminosäuren) erfolgt hierbei posttranslational, also nach der Synthese der Proteine. Der überwiegende Teil der glykosylierten Proteine wird über das endoplasmatische Retikulum und den Golgi-Apparat an die Plasmamembran transloziert oder in die Zellumgebung sezerniert. In höheren Pflanzen dienen Di- oder Oligosaccharide auch der Bildung von Naturstoffglykosiden (z. B. Herzglykoside, Saponine, Giftstoffe).

Alle Organismen besitzen Enzyme, die in der Lage sind, spezifisch einzelne dieser glykosidischen Bindungen in Kohlenhydraten katalytisch zu spalten. Beispiele sind die **Lactasen** und die **Amylasen** sowie die **Glucosidasen** bei Säugetieren. Die β-1,4-glykosidischen Bindungen, beispielsweise des Polymers Cellulose, können mithilfe von **Cellulasen** gespalten werden, diese kommen außer bei Pflanzen aber nur bei einigen Glieder- und Weichtieren sowie bei verschiedenen Mikroorganismen vor. Letztere leben mit manchen Tieren (Wiederkäuer, Pferde, Wasservögel, Termiten etc.) in Symbiose.

Verknüpfung mit C1-Atom — Verknüpfung mit C2-Atom

Glucose ⟶ Glc α (1→2) β Frc ⟵ Fructose

α-Anomer — „glykosidisch verbunden mit" — β-Anomer

◘ **Abb. 2.9** Kurzschreibweise für Oligo- und Polysaccharide am Beispiel des Disaccharids Saccharose

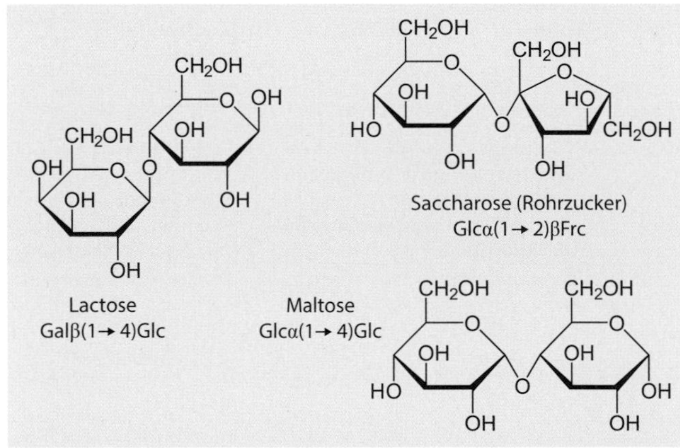

◘ **Abb. 2.10** Biogene Disaccharide

◘ **Tab. 2.2** Zusammensetzung und Vorkommen bekannter Polysaccharide

Polysaccharid	repetetive Einheit	Vorkommen
Glykogen	$[Glc\alpha(1\rightarrow4)Glc]_n$ $[Glc\alpha(1\rightarrow6)Glc]_n$	Reservekohlenhydrat in Leber und Muskel
Amylopektin	$[Glc\alpha(1\rightarrow4)Glc]_n$ $[Glc\alpha(1\rightarrow6)Glc]_n$	Hauptbestandteil pflanzlicher Stärke
Amylose	$[Glc\alpha(1\rightarrow4)Glc]_n$	Bestandteil pflanzlicher Stärke
Cellulose	$[Glc\beta(1\rightarrow4)Glc]_n$	Bestandteil der pflanzlichen Zellwand
Chitin	$[Glc\beta(1\rightarrow4)GlcNAc]_n$	Bestandteil der Zellwände von Pilzen sowie der Exoskelette von Insekten und Crustaceen

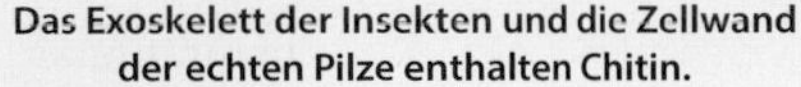

Das Exoskelett der Insekten und die Zellwand der echten Pilze enthalten Chitin.

Chitin besteht aus Acetylglucosamin-Einheiten, die durch β(1→4)-glykosidische Bindungen verknüpft sind.

CH_2OH · O · OH · HN · O · n

Die Zellwand der Pflanzen ist aus Cellulose aufgebaut.

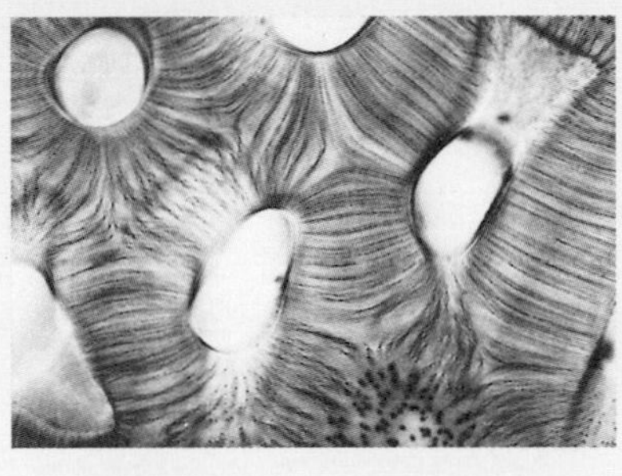

CH_2OH · O · OH · n

Landpflanzen speichern Kohlenhydrate als Stärke.

Stärke besteht aus einer Mischung aus Amylose (vorwiegend unverzweigte Ketten des Monomers Glucose) und Amylopektin (Ketten des Monomers Glucose, die alle 15 bis 30 Monomere über α(1→6)-glykosidische Bindungen verzweigt sind).

Amylose

Amylopektin

Stärke besteht aus langen, schraubenförmigen Molekülen.

Tiere speichern Kohlenhydrate als Glykogen („tierische Stärke").

α1,6-Bindung

α1,4-Bindung

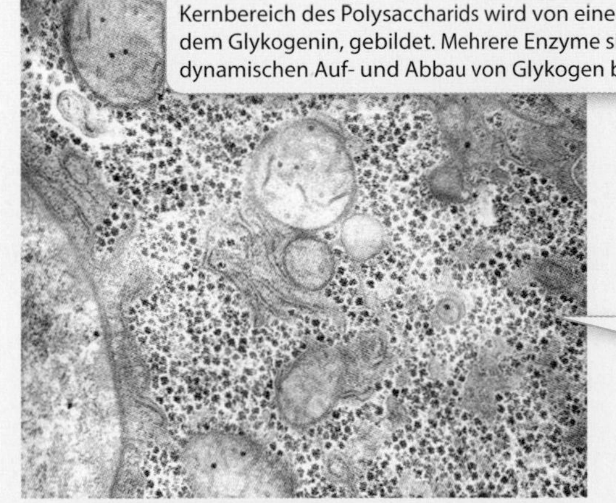

Glykogen ist ähnlich wie Amylopektin aufgebaut, weist aber einen höheren Verzweigungsgrad auf. Die Ketten des Monomers Glucose sind alle acht bis zwölf Monomere über α(1→6)-glykosidische Bindungen verzweigt. Der Kernbereich des Polysaccharids wird von einem Protein, dem Glykogenin, gebildet. Mehrere Enzyme sind am dynamischen Auf- und Abbau von Glykogen beteiligt.

Abb. 2.11 Biogene Kohlenhydratpolymere

2.6 Aminosäuren liegen bei neutralem pH als Zwitterionen vor

α-Aminocarbonsäuren werden in der biochemischen Literatur vereinfacht als **Aminosäuren** bezeichnet. Sie besitzen ein **zentrales Kohlenstoffatom** (Cα), an dem ein **Wasserstoffatom** (Hα), eine **Aminogruppe** und eine **Carboxylgruppe** kovalent gebunden sind. Die vierte Valenz des Kohlenstoffatoms wird von unterschiedlichen Konstituenten besetzt, die das typische, unterschiedliche physikochemische Verhalten jeder Aminosäure festlegen (◘ Abb. 2.12) und als **Seitenkette** bezeichnet werden.

Die 22 Aminosäuren, aus denen sich die Proteine (also die Polymere der Aminosäuren) zusammensetzen, werden als proteinogene Aminosäuren bezeichnet. Es sind mit Ausnahme des Glycins, das kein chirales C-Atom und somit keine Enantiomere

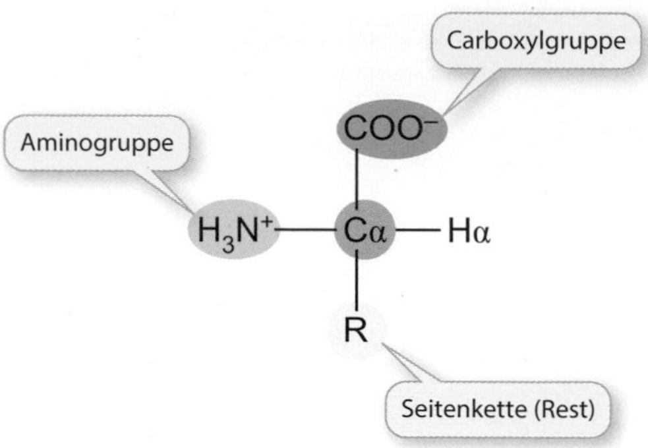

◘ **Abb. 2.12** Allgemeiner Aufbau einer α-Aminocarbonsäure (Aminosäure), dargestellt bei neutralem pH-Wert

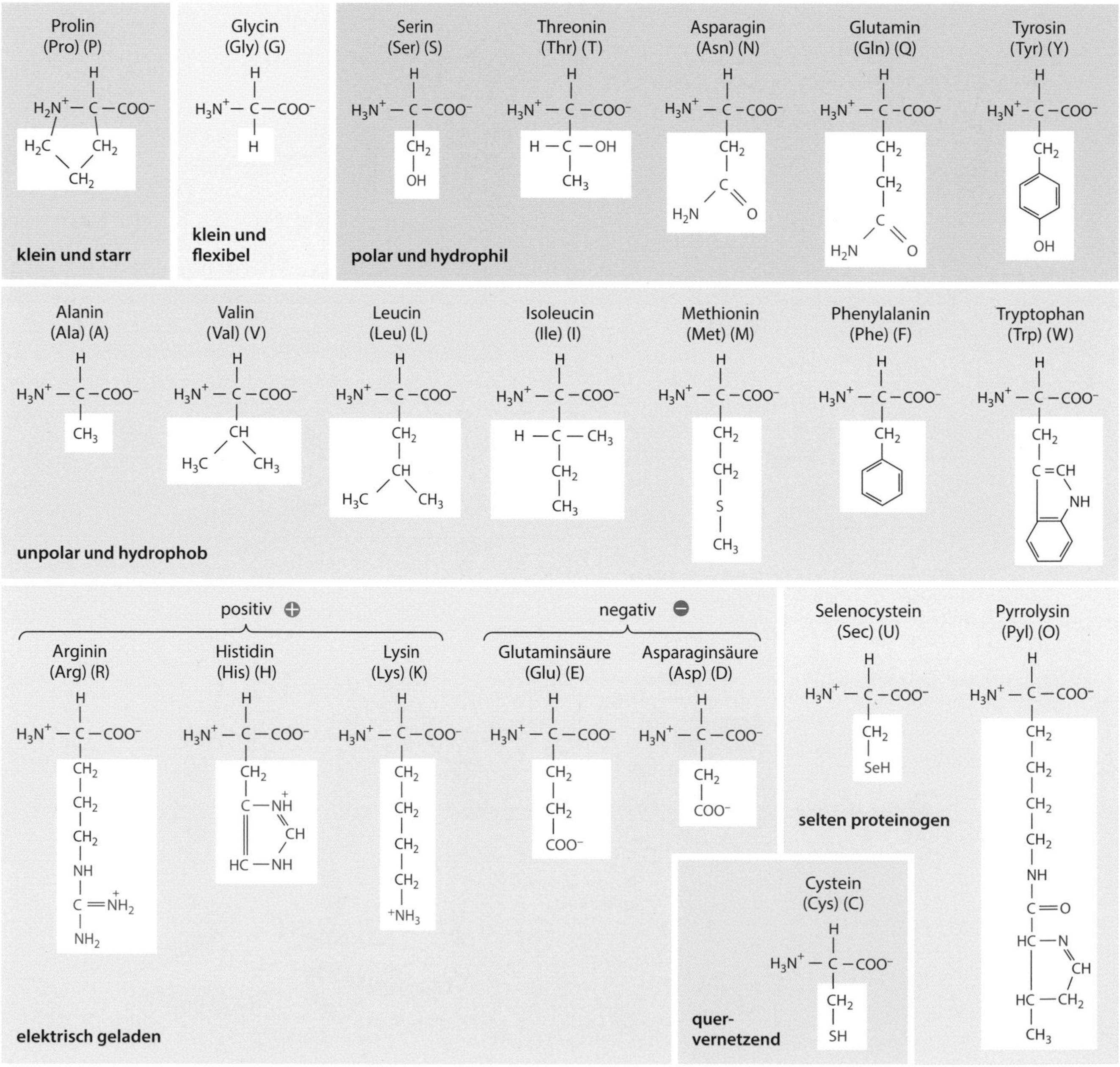

◘ **Abb. 2.13** Formeldarstellung, Namen sowie Drei- und Einbuchstabencodes der 22 proteinogenen Aminosäuren. Die Seitenketten der Aminosäuren sind nach ihren Eigenschaften – polar/unpolar, geladen/ungeladen – dargestellt

(▶ Abschn. 2.2) besitzt, ausschließlich **L-Aminosäuren**. In einigen Mikroorganismen werden aber auch D-Aminosäuren in kleinere Peptide eingebaut (▶ Abschn. 13.8). Eine Besonderheit unter den Aminosäuren stellt Prolin dar. Durch den Ringschluss der Seitenkette am Stickstoffatom des Prolins bildet sich ein sekundäres Amin aus. Prolin besitzt daher bei gleichem pH-Wert ein Stickstoffproton an der Aminogruppe weniger als alle anderen Aminosäuren.

Aminosäuren werden meist nach der Polarität sowie der Hydrophobizität und Ladung ihrer Seitenketten eingeteilt (■ Abb. 2.13). Diese Seitenketten tragen verschiedene funktionelle Gruppen, die chemische Reaktionen eingehen können. So lassen sich zum Beispiel die Hydroxylgruppen von Serin, Threonin und Tyrosin in Zellen gezielt verestern (Phosphoserin, -threonin, -tyrosin) und damit Proteinfunktionen an- oder abschalten. Das Säureamid zwischen der Essigsäure und der Aminosäure Lysin (N-Acetyllysin) spielt in der Epigenetik eine Rolle. In sezernierten Proteinen kommt als strukturell stabilisierender Faktor Cystin vor, eine Verbindung zweier Cysteinseitenketten, bei dem die Schwefelatome eine kovalente Verknüpfung eingehen.

Aminosäuren können in wässrigen Lösungen sowohl als Brønsted-Säure als auch als Brønsted-Base reagieren, sie können sowohl Protonen aufnehmen als auch Protonen abgeben – solche chemischen Verbindungen bezeichnet man als **Ampholyte**. In wässrigen Lösungen liegen die Konzentrationen von Säure und Base bezogen auf eine protonierbare Gruppe in einem Gleichgewicht vor, welches durch die Gleichgewichtskonstante K bestimmt wird. Der negative Logarithmus der lösungsmittelbezogenen Gleichgewichtskonstante K_s ($K \times c_{H_2O}$, mit c_{H_2O} = const.) heißt pK_s Wert. Er ist definiert als der pH-Wert der Lösung, bei dem 50 % einer Gruppe protoniert/deprotoniert vorliegen. Aminosäuren besitzen als Ampholyte (ohne Seitenkette) zwei pKs-Werte, die bei 2–3 (Carboxylgruppe) und bei 9–10 (Aminogruppe) liegen. In wässriger Lösung liegen die Aminosäuren bei neutralem pH daher als Zwitterionen vor (■ Abb. 2.14), wobei ihre Carboxylgruppe deprotoniert und ihre Aminogruppe protoniert ist.

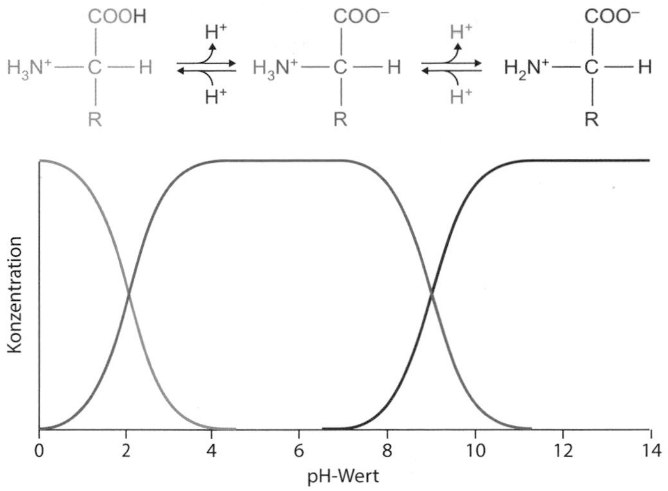

■ **Abb. 2.14** pH-Abhängigkeit der protonierbaren Gruppen einer Aminosäure

Aminosäuren können miteinander unter Bildung einer **Peptidbindung** (Säureamidbindung) zu Oligomeren bzw. Polymeren reagieren; in wässriger Lösung liegt das Gleichgewicht der Reaktion allerdings stark auf der Seite der Monomere. Da bei der Bildung der Peptidbindung Wasser freigesetzt wird, spricht man von einer **Kondensationsreaktion** (■ Abb. 2.15a). Die Peptidbindung trägt einen partiellen Doppelbindungscharakter, wodurch die Drehung um die vorhandene Bindung zwischen dem Carbonylkohlenstoffatom und dem nachfolgenden Stickstoffatom (C′–N) eingeschränkt wird. Solche Bindungsverhältnisse, die nicht durch eine einzige Strukturformel, sondern nur durch mehrere Grenzformeln dargestellt werden können, bezeichnet man als **Mesomerie**. An dieser partiellen Doppelbindung ist das freie Elektronenpaar des Aminogruppenstickstoffs beteiligt (■ Abb. 2.15b).

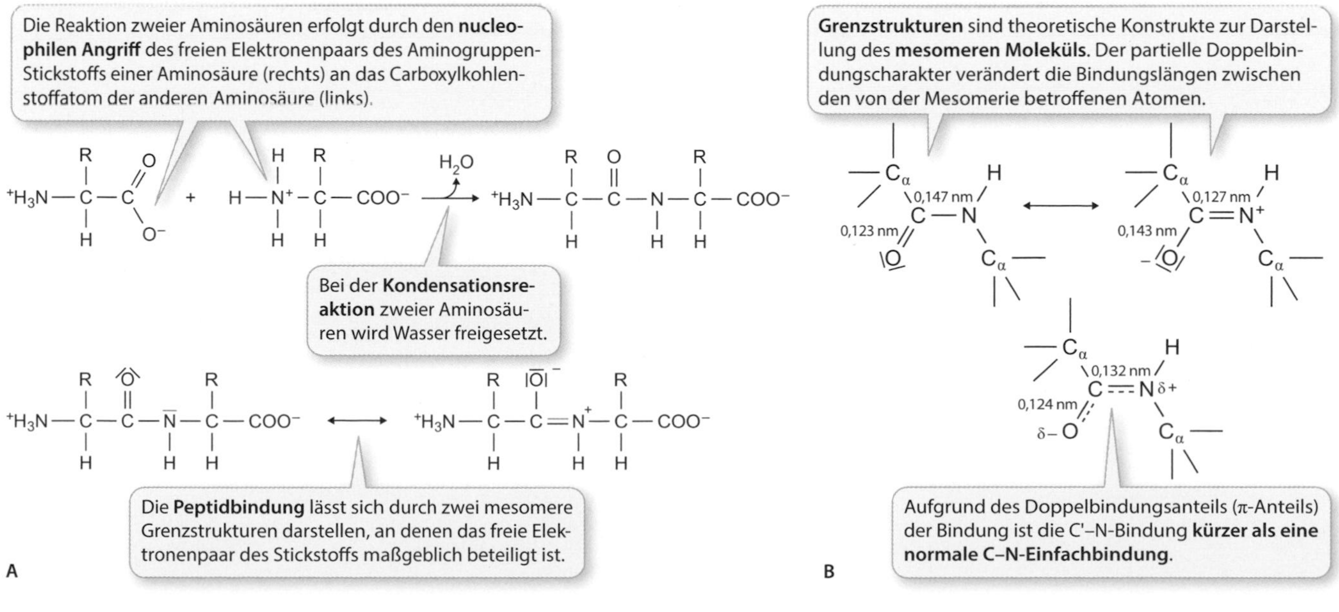

■ **Abb. 2.15** Bildung und Mesomerie der Peptidbindung

2

2.7 Die Polymere von Aminosäuren bilden hochgeordnete dreidimensionale Strukturen aus, die Proteine

Die Kondensation von Aminosäuren an ein Dipeptid führt über Oligopeptide (weniger als 50 Monomere) zum Aufbau langer Polypeptidketten (mehr als 50 Monomere). Diese können je nach Sequenz und Struktur im dreidimensionalen Raum bestimmte Konformationen einnehmen und werden **Proteine** genannt.

Die Polymerbildung der Aminosäuren in der Proteinbiosynthese (Translation) findet an den Ribosomen statt (**ribosomale Peptidsynthese**: ▶ Abschn. 8.5). Dieser Komplex aus Proteinen und ribosomaler RNA (rRNA) bildet die für die Katalyse der Säureamidbindung (Peptidbindung) notwendige optimale Umgebung. Die Verknüpfung der Säureamidbindung wird hierbei von der rRNA des Ribosomenkomplexes katalysiert. Das generierte Protein kann posttranslational modifiziert werden und wird schließlich innerhalb der Zelle an seinen Funktionsort transportiert oder von der Zelle ins Medium sekretiert. Neben der ribosomalen Proteinsynthese führen viele Mikroorganismen auch eine **nichtribosomale Peptidsynthese** durch. Dabei werden Aminosäuren (und teils auch andere Moleküle) mithilfe von Peptidsynthetasen zu Oligomeren (etwa zwei bis 50 Aminosäuren) verknüpft. Die Peptidsequenz wird hierbei nicht durch eine Boten-RNA (mRNA) bestimmt, sondern durch die modulare Anordnung der einzelnen Domänen des jeweiligen Peptidsynthetase-Multienzymkomplexes und durch dessen Oligomerisierungszustand. Die (oft zyklisierten und verzweigten) Oligomere fungieren z. B. als metallbindende Chelatoren (Siderophore), Antibiotika und Toxine.

Innerhalb einer schraubenförmigen Anordnung oder zwischen zwei oder mehreren geradlinig verlaufenden Strängen des Proteinrückgrats können sich Wasserstoffbrückenbindungen zwischen Aminogruppen und Carboxylgruppen ausbilden, die auf die Proteinkonformation stabilisierend wirken, dabei sind bestimmte Torsionswinkel bevorzugt (◘ Abb. 2.16, ◘ Tab. 2.3).

Die resultierenden Konformationen, die Helices und β-Faltblätter, werden als Sekundärstrukturelemente (2-D-Struktur) bezeichnet (◘ Abb. 2.17). Sekundärstrukturen können über Wechselwirkungen verschiedener Atomgruppen im Molekül miteinander interagieren und sich gerichtet im Raum anordnen. In wässriger Lösung bildet sich in der Regel eine Anordnung (**Tertiärstruktur**; 3-D-Struktur), bei der sich die Seitenketten hydrophober Aminosäuren vorwiegend im Kern des Proteins, solche polarer und geladener Aminosäuren an der Oberfläche

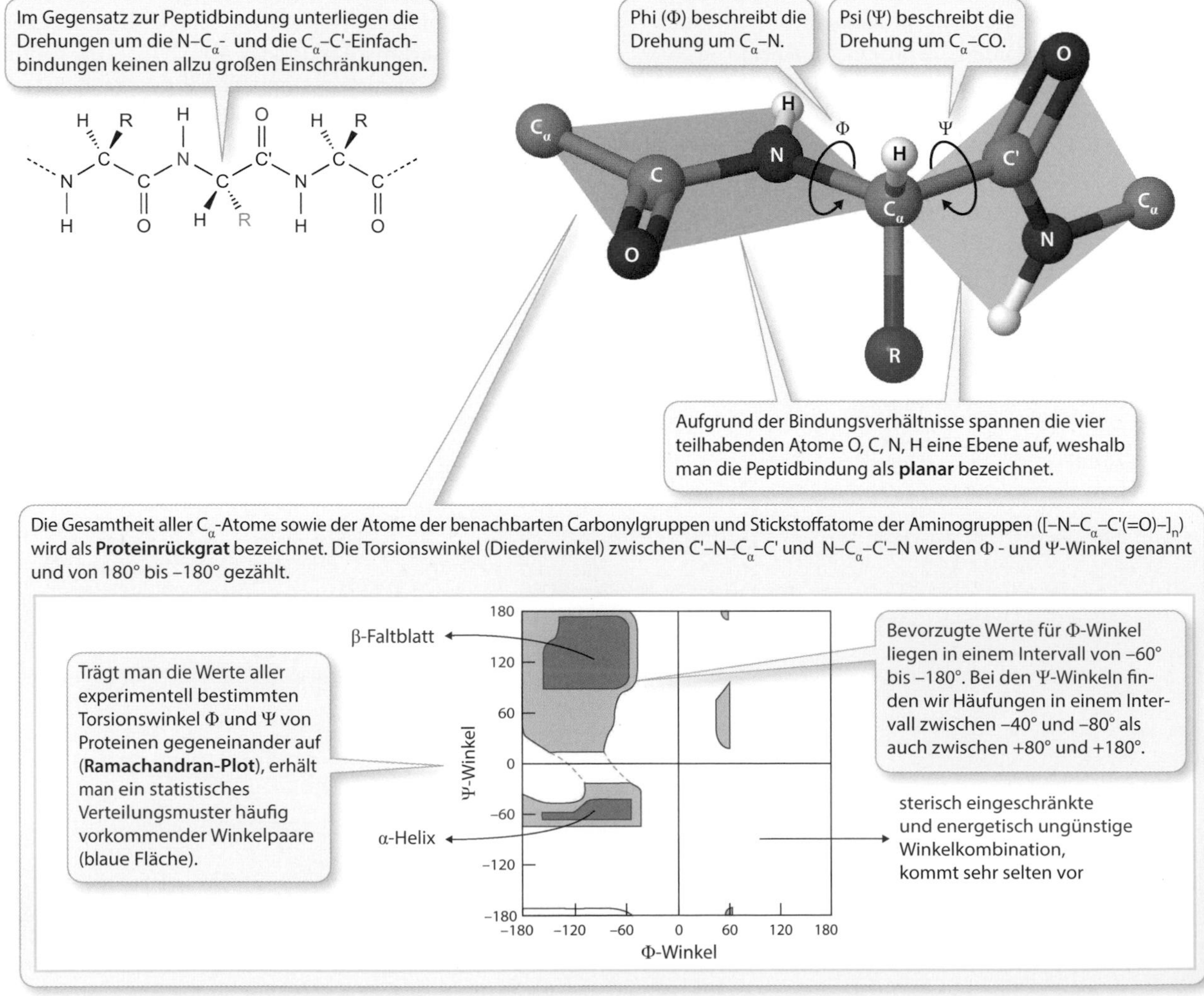

◘ **Abb. 2.16** Torsionswinkel des Proteinrückgrats und Darstellung der Torsionswinkel im Ramachandran-Plot

Tab. 2.3 Häufig vorkommende Sekundärstrukturelemente in Proteinen

Element	Ganghöhe (Å)[a]	AS/Windung	Radius (Å)	Abstände der H-Brücken[b]
α-Helix	5,4	+3,6	2,3	(1) … (5)
3_{10}-Helix	6,0	+3,0	1,9	(1) … (4)
π-Helix	4,7	+4,3	2,8	(1) … (6)
pβ-Faltblatt				(1) … (x) zwischen Carbonyl- und Amidgruppe benachbarter Stränge
aβ-Faltblatt				
β-Turn I/II				(1) … (4)

[a] Die Ganghöhe einer Helix entspricht der Länge pro Windung.
[b] Die Aminosäureposition der involvierten Carbonylgruppe wird mit (1) bezeichnet, die zweite Zahl bezeichnet die C-terminal folgende Aminosäureposition (x) der beteiligten Amidgruppe.

wiederfinden. Den Vorgang der Einnahme einer für ein Protein spezifischen dreidimensionalen Anordnung nennt man **Faltung**, ein sich selbst faltender Abschnitt einer Polymerkette heißt **Domäne**. Die Faltung kann dabei spontan ablaufen oder mithilfe anderer Moleküle (**Chaperone**) bewerkstelligt werden. Ein Protein kann aus mehreren Domänen aufgebaut sein. Ordnen sich die Domänen innerhalb einer Polymerkette räumlich zueinander an oder oligomerisieren Proteine, spricht man von einer **Quartärstruktur**. Während die Quartärstruktur eine räumliche Organisationseinheit darstellt, bildet der allgemeinere Ausdruck „Proteinkomplex“ dynamische und funktionelle Aspekte der Protein-Protein-Interaktion ab.

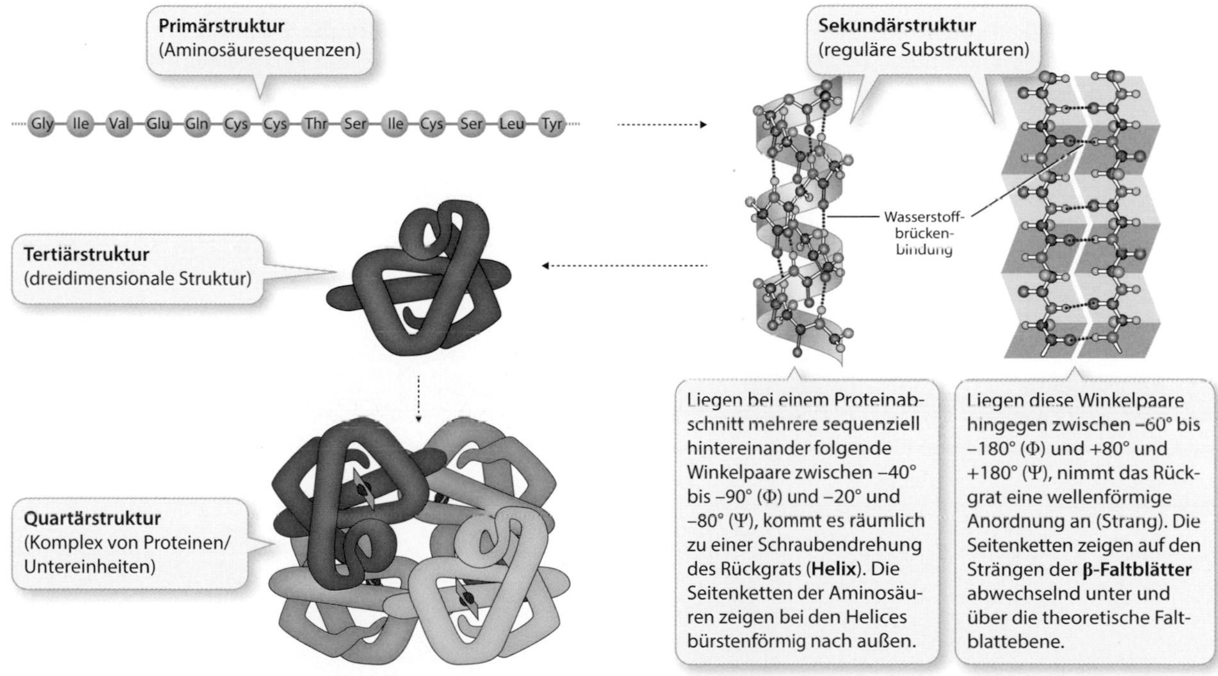

Abb. 2.17 Helices und Faltblätter in Proteinen

2

2.8 Nucleinsäuren dienen der Informationsspeicherung und -weitergabe

Nucleotide erfüllen in der Zelle vielfältige Aufgaben (▶ Abschn. 29.2): Sie sind die Bausteine von RNA und DNA. Sie stellen den ubiquitären Phosphatgruppenüberträger Adenintriphosphat (ATP) sowie die Sulfatgruppenüberträger Adeninphosphosulfat (APS) und Phosphoadeninphosphosulfat (PAPS). Weiterhin sind sie Bestandteile von Coenzymen (z. B. NADH, FADH, CoA), sie nehmen eine wichtige Rolle bei der Amplifikation von Signalen ein (cGMP, cAMP) und bilden effiziente chemische Schutz- und Abgangsgruppen für die Aktivierung von Stoffwechselprodukten (z. B. UDP-Glucose). Darüber hinaus wirken sie als allosterische Modulatoren in vielen verschiedenen Stoffwechselwegen, wo sie den metabolischen, energetischen Zustand der Zelle repräsentieren.

Nucleotide bestehen aus einer Base und einem Ribose- bzw. einem 2′-Desoxyribose-Anteil, der mit Phosphorsäure oder deren Anhydrid β-N-glykosidisch verestert ist (◼ Abb. 2.18). Als ubiquitäre Basen fungieren die Pyrimidinabkömmlinge **Cytosin (C)**, **Thymin (T)** und **Uracil (U)** sowie die Purinderivate **Adenin (A)** und **Guanin (G)** (◼ Abb. 2.18). Neben diesen kanonischen fünf Basen kommen weitere modifizierte Basen in Nucleotiden vor. Ein Beispiel ist das Pseudouridin in der tRNA.

Polymere aus Desoxyribonucleotiden (**DNA**) bilden die Grundbausteine für die Vererbung und Speicherung von Merkmalen (Genotyp), nur bei einigen Viren und Viroiden ist das Erbmaterial aus Ribonucleinsäure (RNA) aufgebaut. Polymere der Nucleosidphosphate bilden sich, indem die Phosphatgruppe am C5′-Atom des Zuckers eines Nucleotids eine Phosphodiesterbindung mit der OH-Gruppe am C3′-Atom des Zuckers eines anderen Nucleotids eingeht (◼ Abb. 2.19). Zwei polymere Einzelstränge können über Wasserstoffbrückenbindungen und über Stapelwechselwirkungen ihrer Basen Doppelstränge ausbilden, die sich schraubenförmig umeinander winden (◼ Abb. 2.19). Dabei paart je eine Purinbase mit einer Pyrimidinbase. Als vorwiegende Basenpartner (**komplementäre Basen**) findet man Adenin und Thymin (zwei Wasserstoffbrücken) sowie Guanin und Cytosin (drei Wasserstoffbrücken). Diese typische Anordnung wird **Watson-Crick-Basenpaarung** genannt (◼ Abb. 2.20).

Der Doppelstrang der DNA besteht aus zwei gepaarten und antiparallel verlaufenden Nucleotidsträngen komplementärer Basen. Die daraus hervorgehende rechtsgängige Helix wird als **B-DNA** bezeichnet. Bei hohen Anteilen GC-reicher Abschnitte auf der DNA kann die Helix in diesen Abschnitten linksgängig verlaufen (**Z-DNA**). Die DNA dient als Speicher der Erbinformation, ermöglicht dessen Weitergabe von Zelle zu Zelle (Replikation) und dient – in Form einer Matrize – der Ausprägung der phänotypischen Merkmale (Genexpression).

Polymere aus Ribonucleotiden (RNA) sind an der Ausprägung von Merkmalen (Phänotyp) beteiligt. Ribonucleinsäuren vermitteln die Ausprägung des Phänotyps, indem sie als Kopie der DNA zur Transkription der Proteine am Ribosom fungieren (**mRNA** von engl. *messenger RNA*), die Kopplung von genetischem Code und Primärsequenz erlauben (**tRNA** von engl. *transfer RNA*) sowie die Knüpfung der Peptidbindung am Ribosom ermöglichen und katalysieren (**rRNA** von engl. *ribosomal RNA*). Bei einigen Formen der RNA (z. B. bei tRNA) treten Doppelstränge mit komplementären Basen auf. Darüber hinaus regulieren verschiedene Formen von kleineren RNA-Molekülen die Genexpression auf posttranskriptionaler Ebene (▶ Abschn. 11.9).

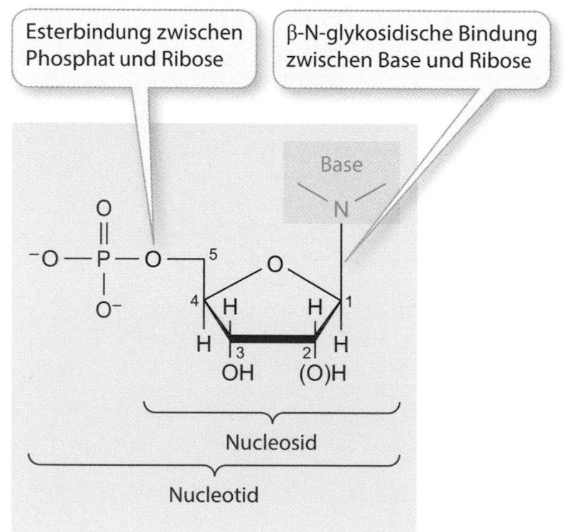

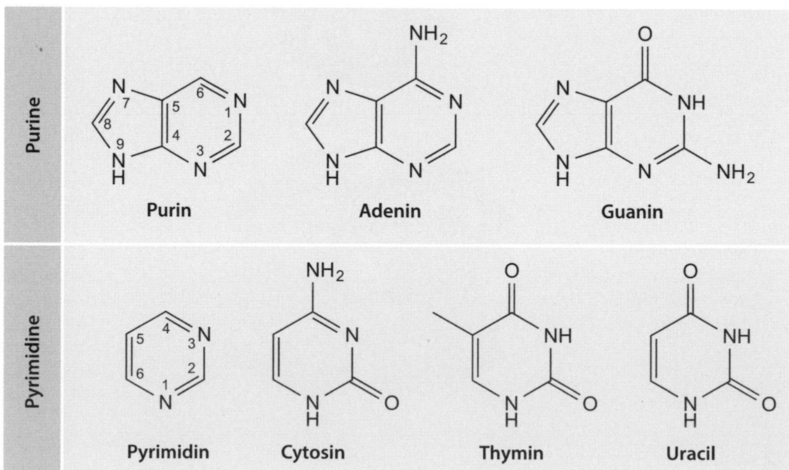

◼ **Abb. 2.18** Aufbau eines Nucleosidmonophosphats (links); Aufbau der Basen (rechts)

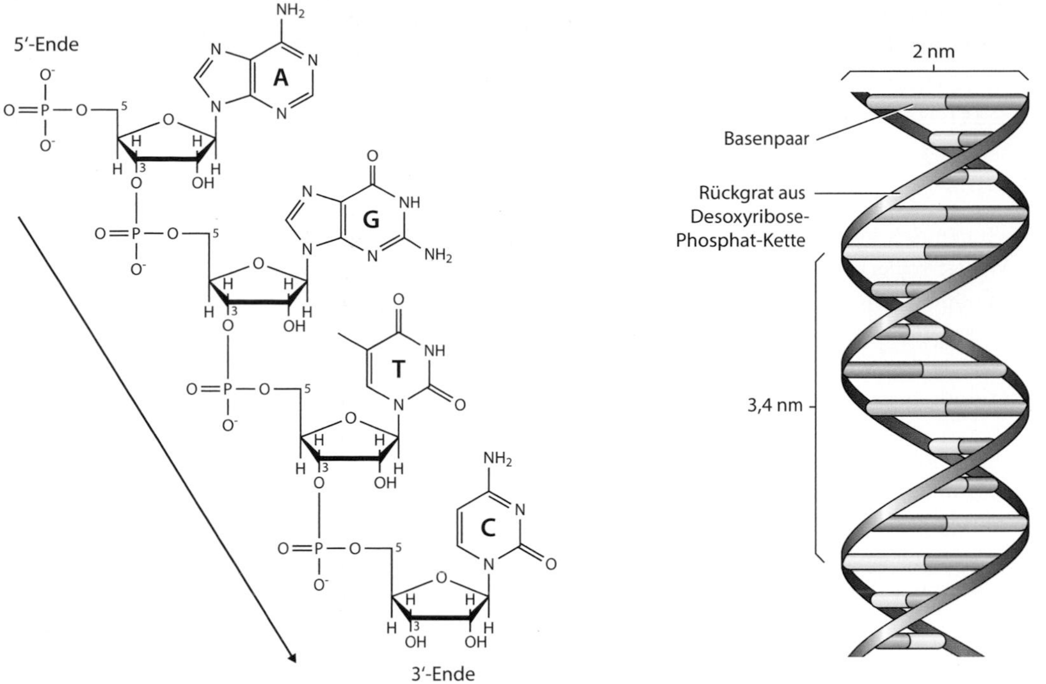

Abb. 2.19 Aufbau eines DNA Einzelstrangs (*links*) und Struktur des DNA Doppelstrangs (*rechts*)

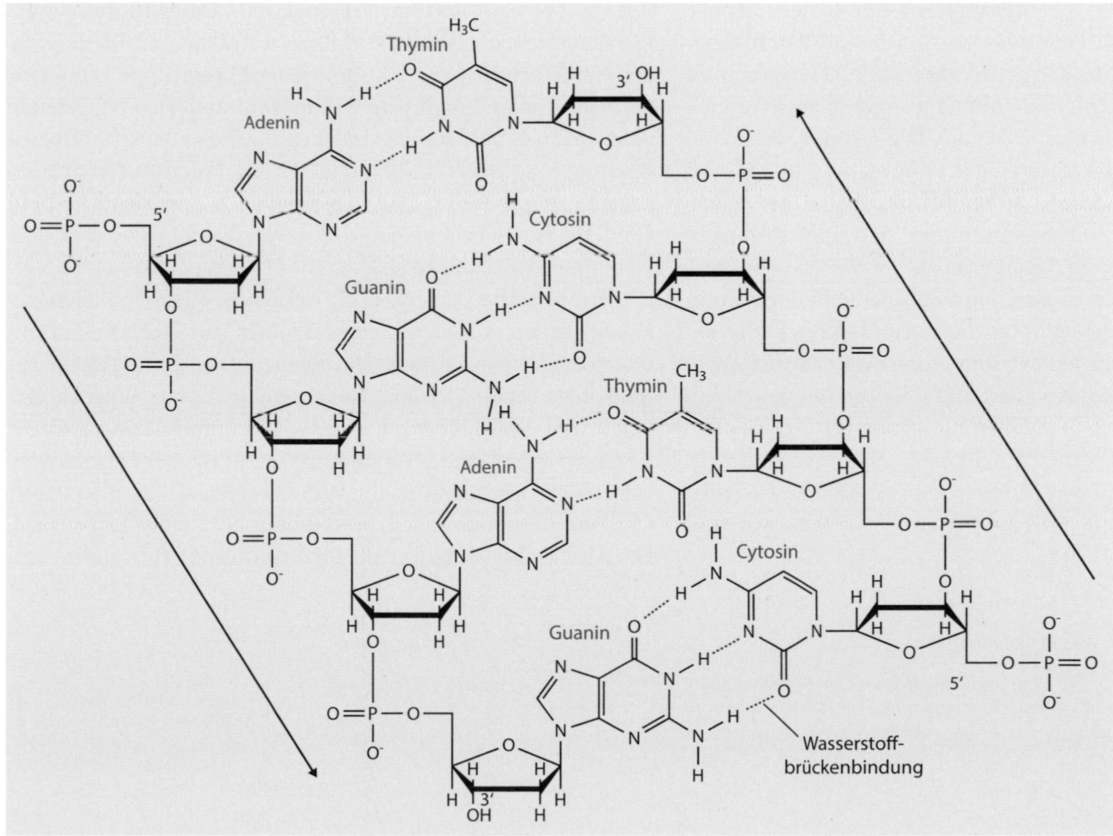

Abb. 2.20 Watson-Crick-Basenpaarung in der DNA

2.9 Lipide bilden die Bausteine von Zellkompartimenten und dienen u. a. der Signaltransduktion, der Zellkommunikation und der Energiegewinnung

Unter Lipiden versteht man eine chemisch heterogene Gruppe hydrophober Moleküle, die im Wasser schlecht löslich sind. Sie bestehen häufig aus langkettigen aliphatischen Kohlenwasserstoffen. Darunter fallen Isoprenderivate sowie langkettige Alkohole, Aldehyde und Säuren, die mit anderen kurzkettigen Molekülen Ester- oder Etherverbindungen eingehen können (▶ Abschn. 13.6).

Unter Fettsäuren versteht man aliphatische Monocarbonsäuren mit mehr als drei Kohlenstoffatomen (◻ Abb. 2.21). Fettsäuren, die keine Doppelbindungen zwischen den Kohlenstoffatomen besitzen, bezeichnet man als gesättigt, solche mit Doppelbindungen als ungesättigt (◻ Abb. 2.22). Freie Fettsäuren und deren Derivate fungieren als Metabolite im Stoffwechsel und als Mediatoren homöostatischer Prozesse sowie als Regulatoren bei Schmerz und Entzündung (Prostaglandine und Leukotriene). In reduzierter Form kommen sie als Fettaldehyde in ätherischen Ölgemischen vor oder wirken z. B. als Pheromone.

Fettsäuren können mit Alkoholen Ester bilden. Monoester des Glycerins mit Fettalkoholen werden als **Wachse** bezeichnet, die Triester des Glycerins (◻ Abb. 2.23) dagegen als **Triacylglyceride** (**Fette**). Fette mit langkettigen, ungesättigten Fettsäuren und ihre Gemische werden **Öle** genannt. Fette und Wachse sind die zwei Vertreter der neutralen Lipide. Gehen Fettsäuren eine Verbindung mit dem Aminoalkohol Sphingosin über eine Säureamidbindung ein, bilden sich **Sphingolipide** (◻ Abb. 2.24). Während Triacylglyceride vorwiegend der Speicherung von Fettsäuren dienen, sind Sphingolipide, wie Ceramide, Spingomyelin sowie die Ganglioside und Cerebrioside, am Aufbau von Zellmembranen beteiligt. Auch die **Phosphoglycerolipide** (◻ Abb. 2.24), also gemischten Fettsäure-Diester (am C1- und C2-Atom) des Glycerins, bei denen die OH-Gruppe am C3-Atom des Glycerins mit Phosphorsäure verestert ist, fungieren als Bausteine von Biomembranen. Abgebaut werden die Phosphoglycerolipide und Sphingolipide bei Eukaryoten in den Lysosomen.

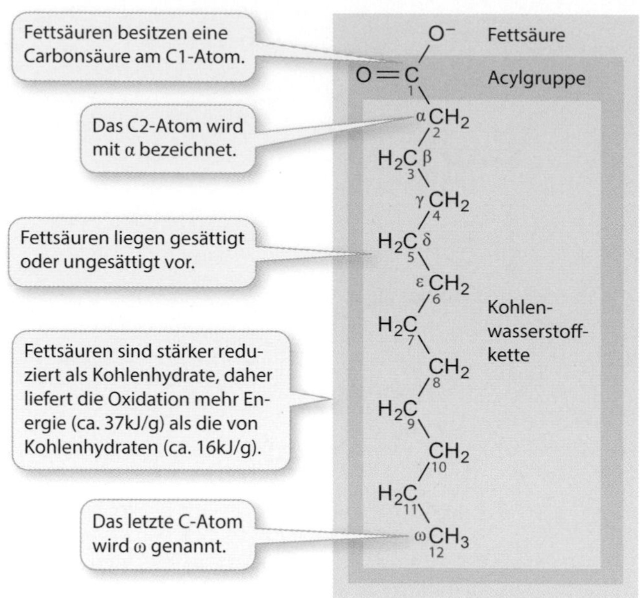

◻ **Abb. 2.21** Aufbau einer (gesättigten) Fettsäure am Beispiel des Laurats

In den Membranen einiger Bakterien und bei Eukaryoten findet man auch Etherlipide. Bei Säugern kommen im Herz-Kreislauf-System und im Nervengewebe **Etherlipide** wie die Plasmalogene vor. Sie entsprechen im Aufbau den Phophoglycerolipiden, wobei am C1-Atom eine Ethergruppe gebunden vorliegt. Andere Etherlipide wie der thrombocytenaktivierende Faktor dienen bei Säugern als Signalmoleküle. Phosphoglycerolipide, Sphingolipide und Plasmalogene gehören zu den polaren Lipiden. Auch das im Tierreich vorkommende Membranlipid Cholesterin, ein Isoprenoid, wird wegen seiner OH-Kopfgruppe zu den polaren Lipiden gezählt.

Isoprenoide (◻ Abb. 2.25) werden in allen Domänen des Lebens durch Kondensationsreaktionen aus Acetylresten gebildet. Mithilfe des daraus gewonnenen γ,γ-Dimethylallylpyrophosphats (DMAPP) und Isopentenylpyrophosphats werden langkettige Moleküle synthetisiert. Dies können je nach Organismengruppe Mono-, Sesqui- und Diterpene oder Oligoterpene wie Phytoen und Squalen sein. Während Tiere aus Squalen gezielt Cholesterin synthetisieren, produzieren Pilze meist Ergosterine. Die Archaeplastida bilden aus Phytoen Carotinoide und andere

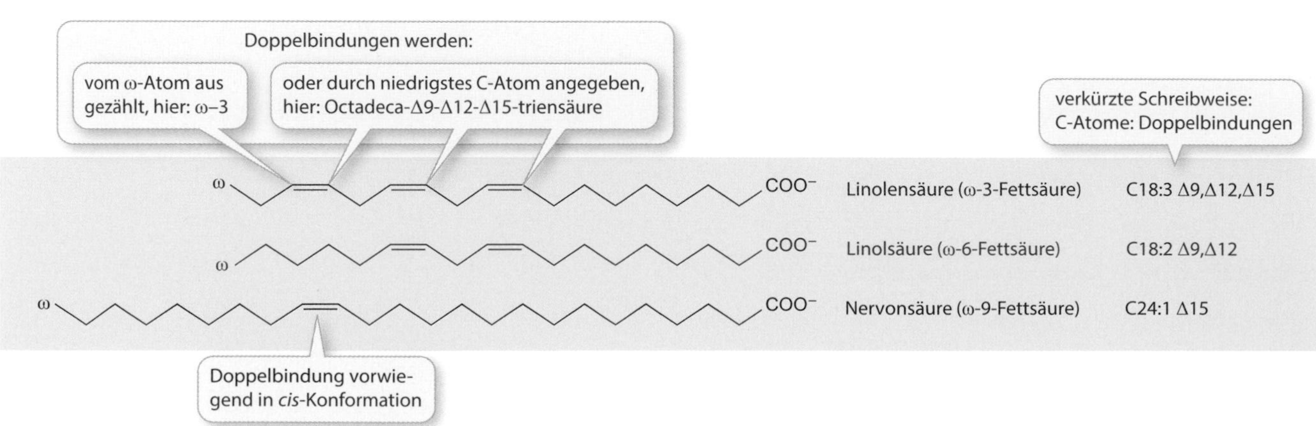

◻ **Abb. 2.22** Aufbau und Schreibweise ungesättigter Fettsäuren

■ **Abb. 2.23** Aufbau eines Triacylglycerids

Farbstoffe. Sie lagern kein Cholesterin in die Zellmembran ein, nutzen es aber als Biosynthesevorstufe und können eine Vielzahl von Steroiden produzieren (Phytosterole, Steroidalkaloide und Sapogenine). Prokaryoten produzieren keine Cholesterinlipide, dafür aber steroidähnliche Oligoterpene (Hopanoide), können allerdings auch Steroide aufnehmen (z. B. Mykoplasmen).

Im Gegensatz zu den Zellmembranen von Bakterien und Eukaryoten bestehen die Membranen der Archaea fast ausschließlich aus Glycero-Etherlipiden, bei denen die am Glycerin gebundenen Alkylreste Isoprenoide sind (Phytane und Diphytane). Bis-Glycero-Diphytanyl-Diether wie das Caldarchaeol verleihen den Membranen der Archaeen eine erhöhte Stabilität (► Abschn. 25.10).

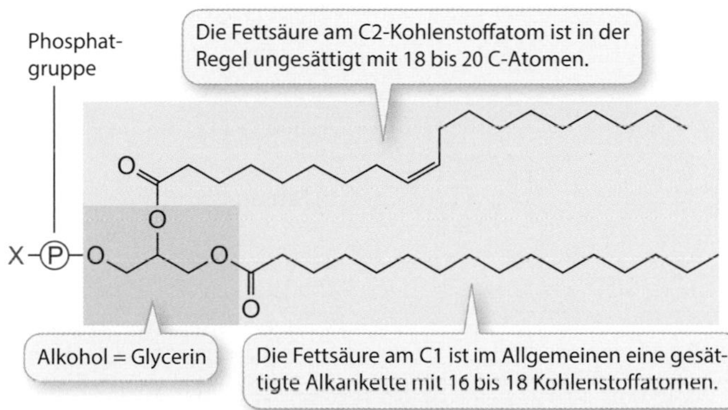

bedeutende Phosphoglycerolipide und ihre Nettoladungen		
Name des Lipids	veresterter Rest X	Ladung
Phosphatidylcholin (Lecithin)	Cholin	0
Phosphatidylethanolamin	Ethanolamin	0
Phosphatidsäure	H	–1
Phosphatidylserin	Serin	–1
Phophatidylglycerin	Glycerin	–1
Cardiolipin	Phophatidylglycerin	–2
Phosphatidylinositolbisphosphat	Inositol-4,5-bisphosphat	–4

bedeutende Sphingolipide und ihre Nettoladungen		
Name des Lipids	veresterter Rest X	Ladung
Ceramid	H	0
Sphingomyelin	Phosphocholin	0
Cerebrosid	Glucose oder Galactose	0
Globoside	Oligosaccharid	0
Sulfatide (Sulfocerebroside)	Sulfo-Glucose, Sulfo-Galactose	–1
Cardiolipin	Phophatidylglycerin	1
Ganglioside	komplexe Oligosaccharide	–n

■ **Abb. 2.24** Aufbau der Glycerophospho- (*links*) und Sphingolipide (*rechts*)

■ **Abb. 2.25** Aufbau und Beispiele für Isoprenoide

Weiterführende Literatur

1. Berg JM, Tymoczko JL, Gatto GJ Jr., Stryer L (2018) Stryer Biochemie, 8. Aufl. Springer Spektrum, Berlin, Heidelberg
2. Gossauer A (2006) Struktur und Reaktivität der Biomoleküle: Eine Einführung in die Organische Chemie. Wiley-VCH, Weinheim
3. Müller-Esterl W (2018) Biochemie: Eine Einführung für Mediziner und Naturwissenschaftler, 3. Aufl. Springer Spektrum, Berlin, Heidelberg

Cytologie

Der Aufbau von Zellen im Überblick

Olaf Fritsche

J. Boenigk (Hrsg.), *Boenigk, Biologie,* https://doi.org/10.1007/978-3-662-61270-5_3

3

3.1 Die Zelle ist die Grundeinheit des Lebens

Die Zelle ist die **grundlegende Einheit des Lebens**. Das bedeutet: Jeder bekannte Organismus besteht aus mindestens einer Zelle, und wir wissen von keinem Leben, das ohne Zellen auskommt.

Biologische Zellen sind abgegrenzte Räume, die aus eigener Kraft ein anderes Milieu aufrechterhalten, als in der Umgebung herrscht (► Abschn. 12.2). So unterscheiden sich beispielsweise die chemische Zusammensetzung, der pH-Wert und das elektrische Potenzial innerhalb der Zelle von den Zuständen außerhalb (◘ Abb. 3.1).

Zellen haben die Fähigkeiten, sich unter günstigen Umständen selbst zu erhalten, zu wachsen und zu vermehren. Abgesehen von einigen speziellen Aufgaben erfüllen daher alle Zellen die gleichen grundlegenden Funktionen und sind im Wesentlichen gleich aufgebaut (◘ Abb. 3.2).

Die Größe von Zellen bewegt sich meistens im Bereich von 1 µm bis 100 µm (◘ Abb. 3.3). Nur wenige Ausnahmen bleiben kleiner oder werden deutlich größer. Die untere Grenze ergibt sich aus der Notwendigkeit, eine minimale Anzahl von Biomolekülen in der Zelle unterzubringen und beweglich zu halten, damit sie die Prozesse des Lebens antreiben können. Die Obergrenze folgt aus dem Verhältnis der Zelloberfläche, durch die alle Nährstoffe aufgenommen und alle Abfallstoffe entsorgt werden müssen, zum Zellvolumen, wo die meisten Stoffwechselaktivitäten ablaufen. Da das Volumen mit der Größe schneller wächst als die Oberfläche, stoßen zu große Zellen auf Versorgungsprobleme (◘ Abb. 3.4).

Die Formen von Zellen sind sehr verschieden (◘ Abb. 3.3). Einzeller sind oft kugelig, können aber auch stäbchenförmig oder

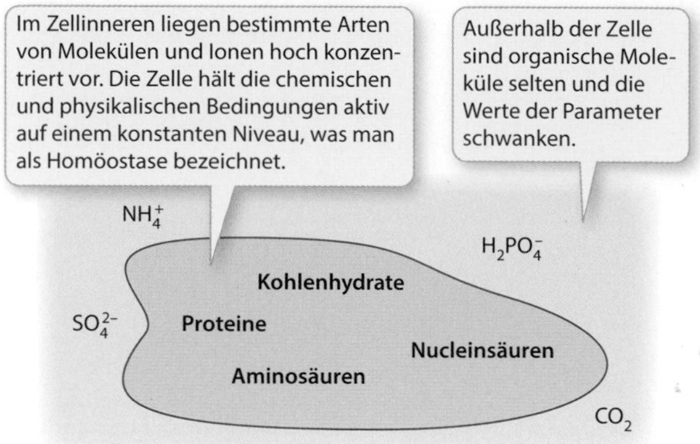

◘ **Abb. 3.1** Zellen schaffen ihr eigenes Milieu

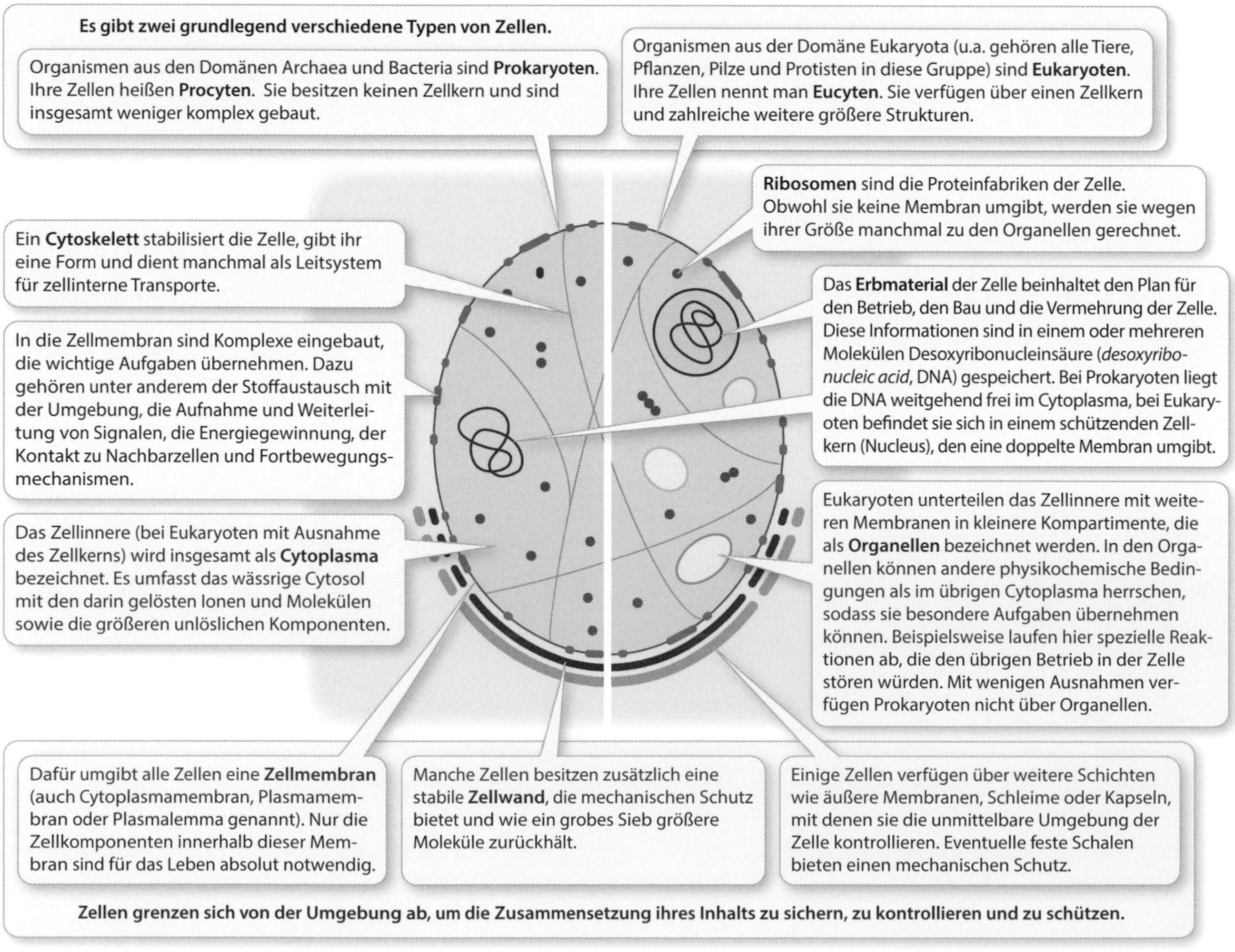

◘ **Abb. 3.2** Die wesentlichen Strukturen biologischer Zellen

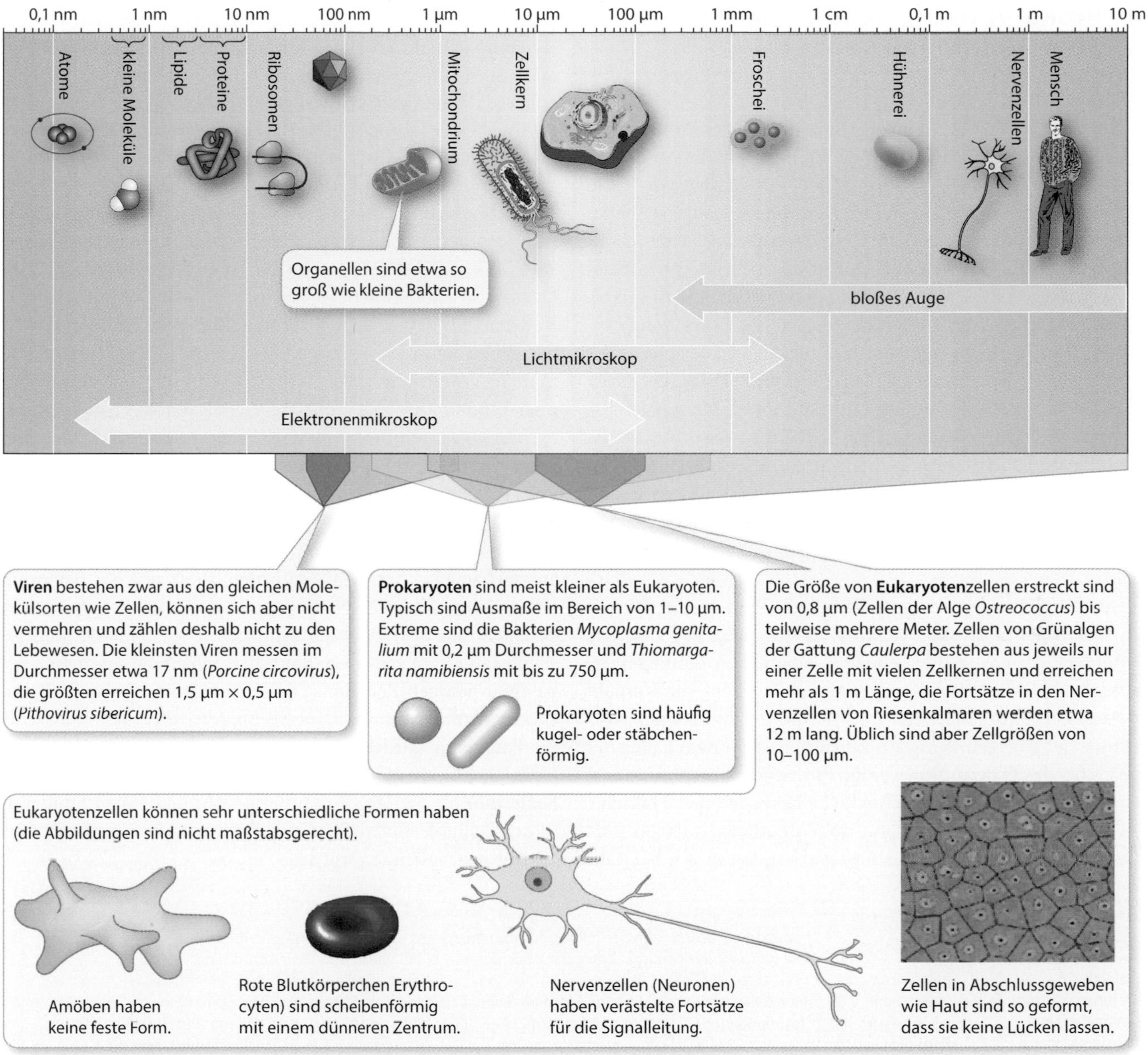

0,1 nm
1 nm
10 nm
100 nm
1 µm
10 µm
100 µm
1 mm
1 cm
0,1 m
1 m
10 m
Atome
kleine Moleküle
Lipide
Proteine
Ribosomen
Mitochondrium
Zellkern
Froschei
Hühnerei
Nervenzellen
Mensch
Organellen sind etwa so groß wie kleine Bakterien.
bloßes Auge
Lichtmikroskop
Elektronenmikroskop
Viren bestehen zwar aus den gleichen Molekülsorten wie Zellen, können sich aber nicht vermehren und zählen deshalb nicht zu den Lebewesen. Die kleinsten Viren messen im Durchmesser etwa 17 nm (*Porcine circovirus*), die größten erreichen 1,5 µm × 0,5 µm (*Pithovirus sibericum*).
Prokaryoten sind meist kleiner als Eukaryoten. Typisch sind Ausmaße im Bereich von 1–10 µm. Extreme sind die Bakterien *Mycoplasma genitalium* mit 0,2 µm Durchmesser und *Thiomargarita namibiensis* mit bis zu 750 µm.
Prokaryoten sind häufig kugel- oder stäbchenförmig.
Die Größe von **Eukaryoten**zellen erstreckt sind von 0,8 µm (Zellen der Alge *Ostreococcus*) bis teilweise mehrere Meter. Zellen von Grünalgen der Gattung *Caulerpa* bestehen aus jeweils nur einer Zelle mit vielen Zellkernen und erreichen mehr als 1 m Länge, die Fortsätze in den Nervenzellen von Riesenkalmaren werden etwa 12 m lang. Üblich sind aber Zellgrößen von 10–100 µm.
Eukaryotenzellen können sehr unterschiedliche Formen haben (die Abbildungen sind nicht maßstabsgerecht).
Amöben haben keine feste Form.
Rote Blutkörperchen Erythrocyten) sind scheibenförmig mit einem dünneren Zentrum.
Nervenzellen (Neuronen) haben verästelte Fortsätze für die Signalleitung.
Zellen in Abschlussgeweben wie Haut sind so geformt, dass sie keine Lücken lassen.

Abb. 3.3 Zellen im Größenvergleich. Die Skala ist logarithmisch

spiralig sein oder eine veränderliche Form haben. Die Zellen von Vielzellern sind oft eng aneinandergelagert und haben daher häufig einen grob sechseckigen Querschnitt. Sie können aber je nach Funktion auch andere Formen annehmen oder spezielle Auswüchse aufweisen.

Lebende Zellen entstehen nicht aus toter Materie, sondern gehen stets aus einer anderen lebenden Zelle hervor. Damit blickt jede einzelne Zelle auf eine lückenlose Kette von Ahnen zurück, die bis zur Urzelle reicht, die vor etwa 3,8–4 Mrd. Jahren auf der Erde entstanden ist (► Abschn. 26.2).

Der Austausch mit der Umgebung findet über die Oberfläche der Zelle statt.
r
Die meisten chemischen Reaktionen laufen im Zellvolumen ab.
Das Volumen wächst schneller mit der dritten Potenz des Radius ($V = \frac{4}{3}\pi r^3$).
Die Oberfläche einer kugelförmigen Zelle wächst mit der zweiten Potenz des Radius ($A = 4\pi r^2$).

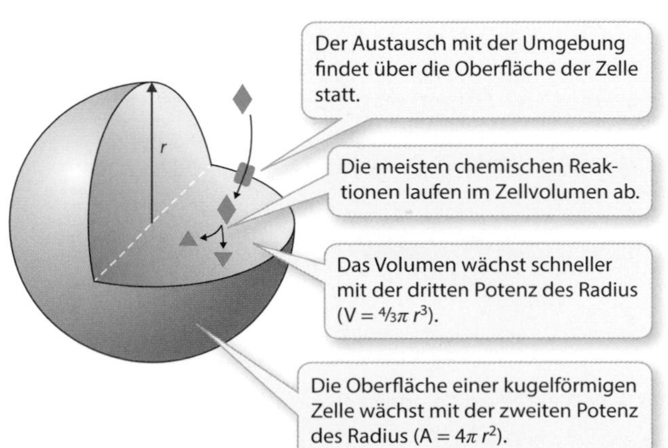

Abb. 3.4 Das Oberflächen/Volumen-Verhältnis als begrenzender Faktor für das Wachstum von Zellen

3

3.2 Prokaryotische Zellen sind einfach, aber funktionell gebaut

Zu den Prokaryoten gehören die Bakterien (Bacteria) und die Archaeen (Archaea, früher Archebakterien genannt). Mit sehr wenigen Ausnahmen sind ihre Zellen mit Maßen von rund 1–10 µm viel zu klein, um sie mit dem bloßen Auge sehen zu können. Selbst unter dem Lichtmikroskop sind sie lediglich als unscharfe Scheibchen sichtbar. Dort präsentieren sie sich meistens als winzige Kügelchen, Stäbchen oder Spiralen (◘ Abb. 3.5).

Mit geeigneten Farbstoffen lassen sich die Zellen besser erkennen. Die Pigmente lagern sich entweder wie beispielsweise Methylenblau unspezifisch an alle Arten von Prokaryoten. Oder sie färben spezifisch nur Zellen mit bestimmten Merkmalen an. So verfängt sich der Farbstoff bei der **Gram-Färbung** (Kristallviolett und Iod-Kaliumiodid) nur in den Zellwänden von Bakterien, die nicht von einer äußeren Membran umgeben sind (◘ Abb. 3.6; ► Abschn. 5.1 und 34.2). Eingefärbte Bakterien bezeichnet man als **Gram-positiv**, nicht gefärbte Arten als **Gram-negativ**.

Der Aufbau der prokaryotischen Zelle wird aber erst unter dem Elektronenmikroskop sichtbar (◘ Abb. 3.6). Die Zellhülle ist mehrschichtig, um die Zelle vor schädlichen Einflüssen zu schützen. Zusätzlich sind Komponenten eingebaut, um Kontakt zur Außenwelt aufzunehmen und sich in ihr zu bewegen. Das Zellinnere ist dagegen wenig strukturiert. Es dominiert häufig der Bereich für das Erbgut. Nur wenige Prokaryoten besitzen innere Membransysteme, die unterschiedliche Kompartimente bilden.

Obwohl die prokaryotische Zelle deutlich einfacher aufgebaut ist als die Zelle der Eukaryoten, handelt es sich bei Bakterien und Archaeen keineswegs um primitive Lebensformen. Sie sind vielmehr an die Anforderungen ihrer besonderen Lebensräume angepasst und weisen eine biochemische Vielfalt auf, die weitaus größer ist als die Variabilität der Eukaryoten. Beispielsweise können einige Prokaryoten Luftstickstoff binden und umwandeln, Methan produzieren, Schwefelverbindungen atmen oder sich von Erdöl ernähren. Prokaryoten besiedeln alle Lebensräume, den menschlichen Körper eingeschlossen. Einige Arten wachsen bei dauerhaften Temperaturen unter 15 °C oder über 100 °C, leben im Toten Meer, im Magen oder Darm von Säugetieren, in Natronseen oder in vulkanischen Böden. Man hat sie in mehreren Kilometern Höhe in der Atmosphäre gefunden wie auch kilometertief im Erdgestein. Und manche Varianten haben Jahre ungeschützt auf dem Mond überstanden. Ihre metabolische Vielfalt macht Prokaryoten zu extrem wichtigen Bestandteilen vieler Stoffkreisläufe in einem Ökosystem. Ohne ihr Zutun wäre kein höheres Leben auf der Erde möglich.

Bakterielle Krankheitserreger oder Pathogene nutzen einige ihrer Strukturen, um ihren Wirt zu infizieren und seiner Immunantwort zu entgehen. Mit Adhäsinen lagert sich das Bakterium fest an seine Zielzelle. Neben speziellen Anheftungsproteinen geschieht das über Pili oder Fimbrien. Die Lipide der äußeren Membran Gram-negativer Bakterien reizen das Immunsystem zu einer heftigen Reaktion. Die Kapseln sowie extra zu diesem Zweck synthetisierte Proteine verhindern aber, dass Fresszellen die Pathogene aufnehmen und verdauen. Hinzu kommen arttypische Abwehrmechanismen. Beispielsweise verdeckt *Mycobacterium tuberculosis* mit außergewöhnlich vielen Lipiden in seiner Zellhülle andere Strukturen, die das Immunsystem sonst als Antigene erkennen würde.

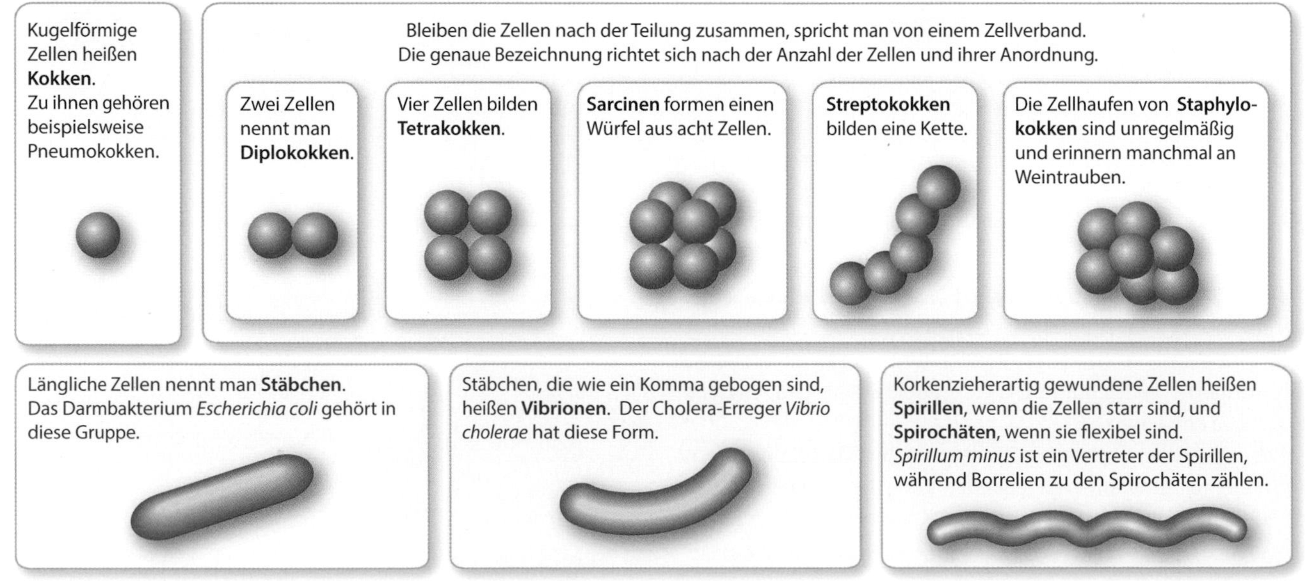

◘ **Abb. 3.5** Manche Grundformen prokaryotischer Zellen haben einen eigenen Namen

Die **Gram-Färbung** unterscheidet zwischen Gram-negativen und Gram-positiven Zellen.

Gram-negative Zellen wie *Escherichia coli* können mit einer Gegenfärbung z. B. rot gefärbt werden.

Gram-positive Zellen wie *Staphylococcus aureus* färben sich blauviolett.

Manche Bakterien umgeben sich mit einer **Kapsel**, die sie vor Austrocknung schützt und ihnen hilft, sich an Oberflächen anzuheften. Bei Pathogenen (Krankheitserregern) erschwert die Kapsel außerdem die Erkennung durch das Immunsystem des Wirts.

Die **Zellwand** ist bei Gram-negativen Bakterien viel dünner als bei Gram-positiven Arten. Sie ist bei beiden Zelltypen gut durchlässig für allerlei chemische Substanzen. Deshalb dient sie nicht als Filter, sondern als mechanischer Schutz und zum Auffangen des Turgor genannten Zellinnendrucks. Außerdem verleiht sie der Zelle ihre Form.

Bei Gram-positiven Zellen ist die Zellwand vergleichsweise dick. In ihrem vernetzten Geflecht von Zuckerketten und Querverbindungen aus Aminosäuren verfängt sich der Farbstoff der Gram-Färbung sehr gut.

Die **Bakteriengeißel** oder **Flagellum** ist für viele Bakterien der wichtigste Antrieb. An der Basis ist ein Motorkomplex aus Proteinen in der Zellmembran verankert. Will die Zelle losschwimmen, versetzt sie damit das lange Filament in Drehung, das als eine Art Propeller das Bakterium zieht oder schiebt. Je nach Art haben Bakterien keine, ein einzelnes oder mehrere Flagellen, die über den gesamten Körper verteilt oder nur an den Zellpolen liegen können.

Das **Chromosom** ist ein langer Faden aus DNA, der bei den meisten Bakterien zu einem Ring geschlossen ist.

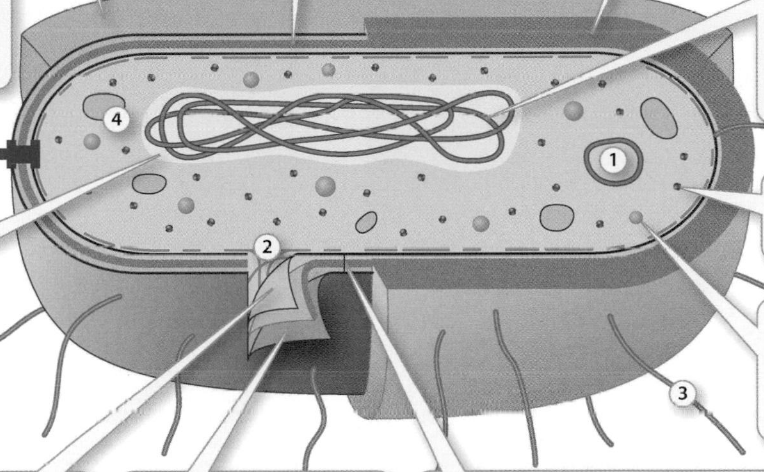

An den **Ribosomen** werden die Proteine synthetisiert.

Als **Kernäquivalent** oder **Nucleoid** bezeichnet man den Bereich in der Zelle, der das Erbmaterial umfasst. Er ist nicht von einer Membran umgeben, ist im Elektronenmikroskop aber vom restlichen Cytoplasma zu unterscheiden.

Granula genannte Speicherkügelchen halten Reserven an Kohlenstoff und Energie bereit.

Die **Zellmembran** umgibt den eigentlich lebendigen Teil der Zelle. Sie kontrolliert, was in die Zelle hinein- oder aus ihr herausgeht. Außerdem sind viele Proteine, die mit der Außenwelt in Kontakt stehen, in der Membran verankert, und sie spielt beim Energiestoffwechsel eine wichtige Rolle, indem sie wie ein Kondensator elektrisch aufgeladen ist.

Gram-negative Zellen sind von einer **äußeren Membran** umgeben, die als Filter größere Verbindungen wie den Farbstoff der Gram-Färbung, aber auch manche Antibiotika zurückhält.

Den Bereich zwischen der Zellmembran und der äußeren Membran bezeichnet man als **periplasmatischen Raum**. Es ist kein wirklicher Hohlraum für reichlich Bewegungsfreiheit, sondern ein sogenannter Funktionsraum, in dem aus der Zelle ausgeschleuste Enzyme aktiv sind und beispielsweise Antibiotika ausschalten oder große Nährstoffmoleküle zerlegen.

(1) In manchen Bakterien sind **Plasmide** zu finden. Das sind kleine DNA-Ringe mit zusätzlichen Genen, auf denen beispielsweise die Resistenzen gegen Antibiotika liegen.

(2) Das **Cytoskelett** prokaryotischer Zellen befindet sich hauptsächlich an der Innenseite der Zellmembran und trägt zur Formgebung der Zelle bei.

(3) **Fimbrien** und **Pili** sind fadenförmige Proteinanhängsel einiger Zellen. Während Fimbrien meist zahlreich sind und der Zelle dazu dienen, sich an eine Oberfläche anzuheften, besitzt die Zelle meist nur einen Pilus oder wenige Pili. Mit dem F-Pilus oder Sex-Pilus können Bakterienzellen untereinander genetisches Material austauschen. Andere Typen von Pili benutzen Bakterienzellen zum aktiven Gleiten auf einer festen Oberfläche.

(4) In geringem Maße besitzen auch einige Prokaryoten membranumhüllte Strukturen:
- Cyanobakterien haben Thylakoide genannte Einstülpungen der Zellmembran, an denen die Photosynthese abläuft.
- Andere photosynthetische Bakterien sammeln das Licht mit Chlorosomen genannten Körperchen.
- In Carboxysomen sind große Mengen des Enzyms RubisCO konzentriert, das Kohlenstoffdioxid fixiert.
- Mit Magnetosomen orientieren sich magnetotaktische Prokaryoten am Erdmagnetfeld.
- Über Gasvesikel in Proteinhüllen regulieren Bakterien und Archaeen ihren Auftrieb im Wasser.
- Vereinzelt weisen Bakterien Metabolosomen auf, in denen spezielle Stoffwechselprozesse ablaufen.

Abb. 3.6 Genereller Aufbau einer prokaryotischen Zelle

3.3 Unsichtbares sichtbar machen: Mikroskopie

Das menschliche Auge kann zwei Punkte, die weniger als etwa 150 µm voneinander entfernt sind, nicht mehr als getrennte Punkte wahrnehmen. Man bezeichnet diesen Abstand als die Auflösung des Auges. Um kleinere Objekte sehen zu können, muss man sie vergrößern.

Ein **Lichtmikroskop** erreicht mit optischen Linsen eine Vergrößerung bis zum Faktor 1000 und eine Auflösung bis etwa 0,2 µm. Das reicht aus, um prokaryotische Zellen als Ganzes zu sehen sowie bei eukaryotischen Zellen größere Organellen und den Zellkern. Wenn man auf giftige Färbemittel verzichtet, kann man unter dem Lichtmikroskop auch lebende Zellen beobachten (◘ Abb. 3.7, 3.8, 3.9, 3.10, 3.11, 3.12).

Das **Elektronenmikroskop** durchleuchtet das Objekt nicht mit Licht, sondern mit einem Elektronenstrahl, der durch Magnetlinsen gelenkt wird. Die maximale Vergrößerung liegt beim Faktor 1.000.000 und einer Auflösung von 0,1 nm (0,0001 µm), was aber in der Realität nicht erreicht wird. Die Elektronen fallen auf einen Leuchtschirm oder elektronischen Sensor, was jeweils ein monochromes Bild erzeugt (◘ Abb. 3.13, 3.14, 3.15).

Für die Untersuchung mit Elektronenmikroskopen muss man das Objekt vorbereiten und in ein Vakuum bringen. Deshalb können nur tote Objekte betrachtet werden.

Mit Elektronenmikroskopen sind einzelne Teilstrukturen von Zellen bis hin zu großen Molekülkomplexen zu erkennen.

◘ **Abb. 3.7** Hellfeldmikroskopie

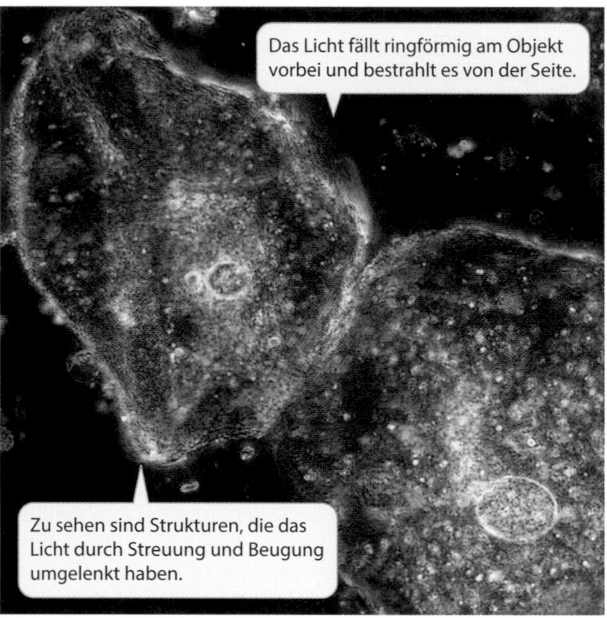

◘ **Abb. 3.8** Dunkelfeldmikroskopie

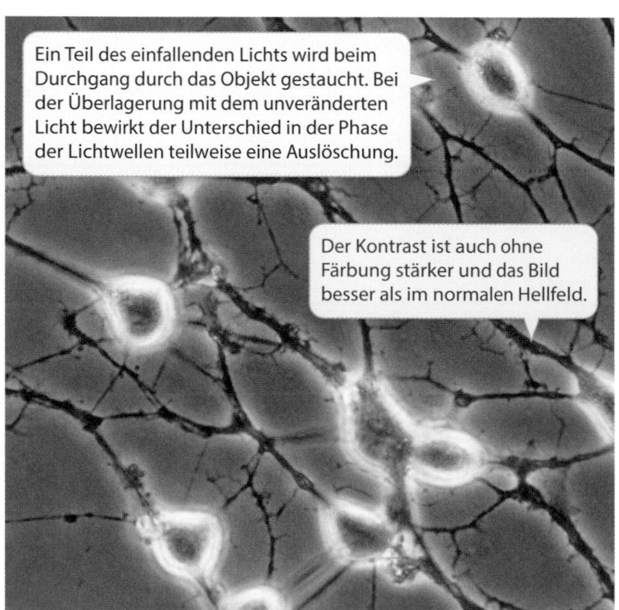

◘ **Abb. 3.9** Phasenkontrastmikroskopie

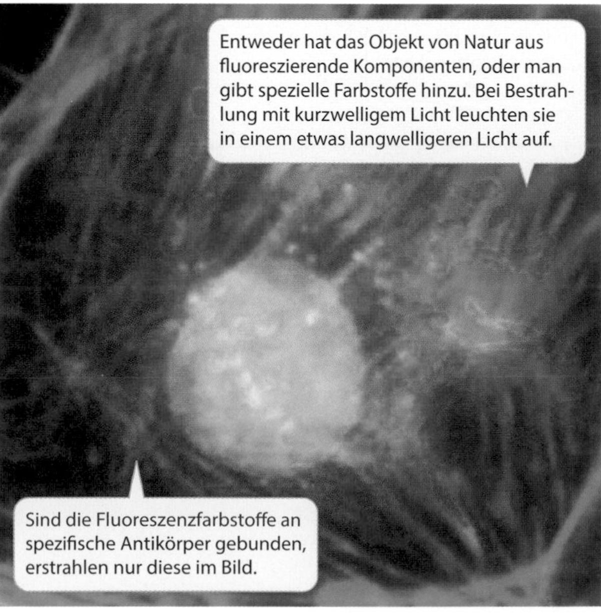

◘ **Abb. 3.10** Fluoreszenzmikroskopie

Abb. 3.11 Konfokalmikroskopie

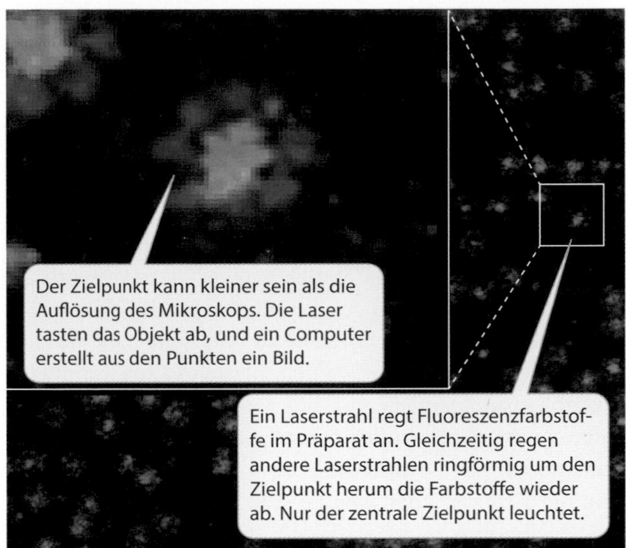

Abb. 3.12 STED-Mikroskopie (STED = *Stimulated Emission Depletion*)

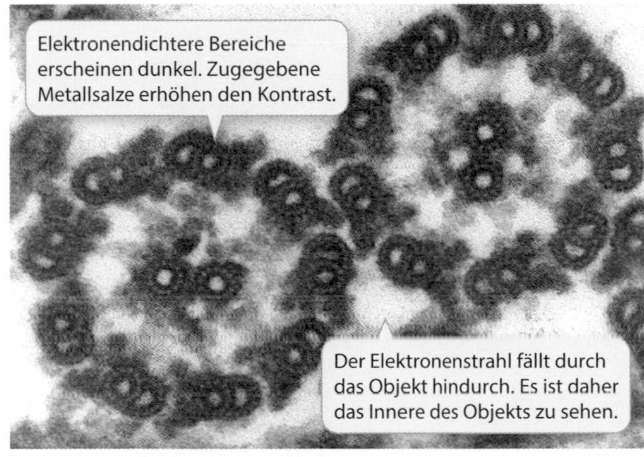

Abb. 3.13 Transmissionselektronenmikroskopie (TEM)

Abb. 3.14 Rasterelektronenmikroskopie (REM)

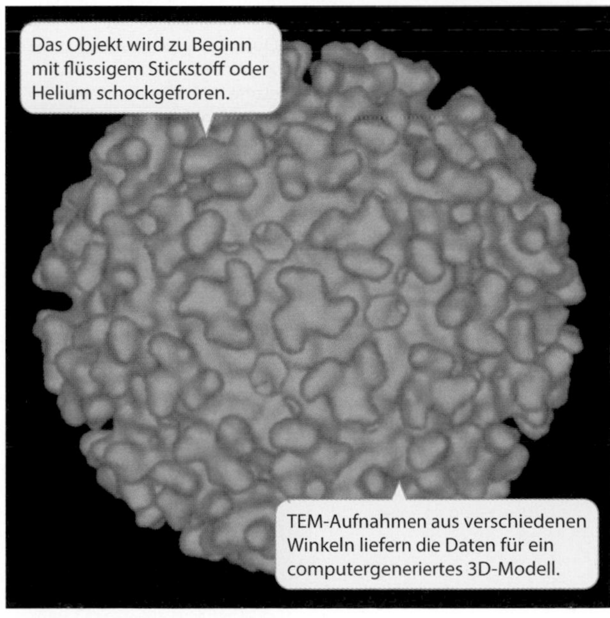

Abb. 3.15 Kryoelektronenmikroskopie

3

3.4 Eukaryotische Zellen sind in zahlreiche Funktionsräume unterteilt

Die Eukaryoten oder Eukaryota sind neben den Bakterien und Archaeen die dritte Domäne der Lebewesen. Zu ihnen gehören alle Tiere, Pflanzen, Pilze und zahlreiche Einzeller.

Die **eukaryotischen Zellen** (**Eucyten**) sind mit Maßen von typischerweise 10–100 µm deutlich größer als prokaryotische Zellen. Dadurch herrscht in den Eucyten ausreichend Platz, um den Raum in spezialisierte Bereiche zu unterteilen, die man als **Kompartimente** bezeichnet. In den meisten Fällen trennt eine **Biomembran** aneinandergrenzende Kompartimente voneinander. Strukturen, die ein oder mehrere eigene Kompartimente besitzen, nennt man **Organellen**.

Für die Zelle ist aber weniger die räumliche Gliederung wichtig, vielmehr kommt es darauf an, dass Kompartimente **Funktionsräume** sind, also Bereiche, die jeweils eine ganz bestimmte Aufgabe übernehmen. Beispielsweise fixieren Chloroplasten in ihren Kompartimenten Kohlenstoffdioxid aus der Luft und synthetisieren daraus den Zucker Glucose. Gleichzeitig bauen andere Stoffwechselprozesse im Cytoplasma und in den Mitochondrien Glucose zu Kohlenstoffdioxid ab. Diese entgegengesetzten Reaktionsketten stören sich nur deshalb nicht, weil sie in verschiedenen Kompartimenten lokalisiert sind. In jedem Kompartiment sind die jeweils notwendigen Enzyme und Hilfsmoleküle vorhanden und herrschen die passenden Bedingungen, um die zugewiesene Aufgabe zu erfüllen. Die **Biomembranen** sorgen dafür, dass sich die Milieus nicht mischen.

Ein Teil der Biomembranen steht miteinander in enger Verbindung und bildet mit seinen Kompartimenten das **Endomembransystem**. Dazu gehören die Kernhülle mit dem perinucleären Raum zwischen den beiden Kernmembranen und das endoplasmatische Retikulum, die direkt ineinander übergehen. Außerdem der Golgi-Apparat, die Lysosomen, Vakuolen und verschiedene weitere Vesikel (membranumhüllte Bläschen), die über Transportvesikel miteinander Stoffe austauschen. Schließlich ist auch die Zellmembran Teil des Endomembransystems, obwohl sie eigentlich nicht innerhalb der Zelle liegt (griech. *éndon* bedeutet „innerhalb"), sondern deren Außengrenze darstellt. Die Mitochondrien und Plastiden gehören aber nicht dazu.

Ihren Namen verdanken die Eukaryoten dem **Zellkern** oder **Nucleus**. Er enthält den größten Teil des Erbmaterials der Zelle und steuert über die Aktivität der Gene die mittel- und langfristigen Abläufe in der Zelle. In der Regel besitzt jede Eucyte genau einen Zellkern. Es gibt jedoch einige Ausnahmen: So enthalten Erythrocyten (rote Blutkörperchen) von Säugetieren keinen Zellkern; Jochpilze, Schleimpilze und Muskelzellen haben hingegen mehrere Kerne. Solche mehrkernigen Zellen nennt man **Syncytium** oder **Coenoblast**. Sie entstehen entweder, indem

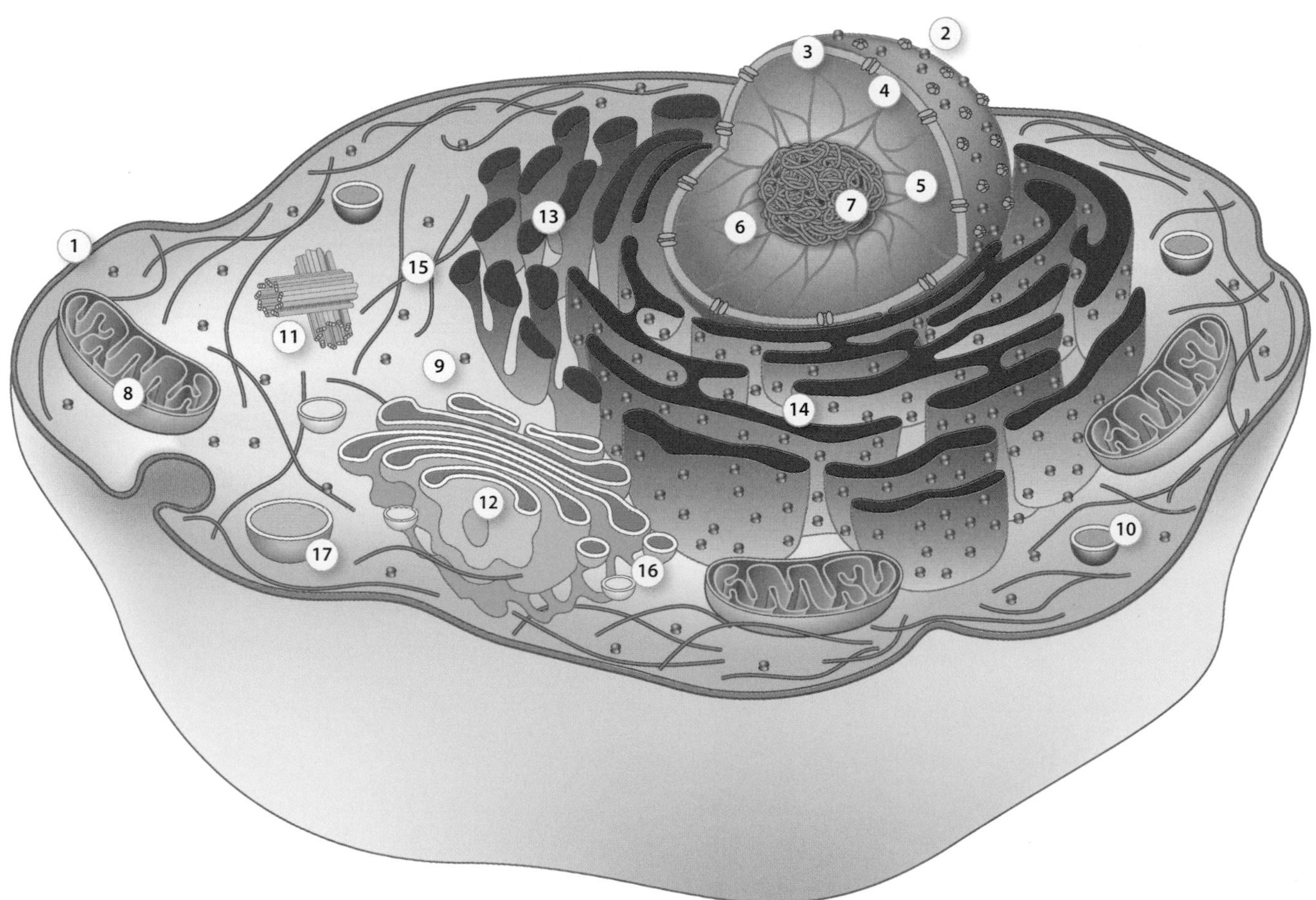

Abb. 3.16 Eine typische Tierzelle

eine Zelle zwar ihren Kern teilt, aber nicht sich selbst, oder wenn Zellen miteinander fusionieren (verschmelzen).

Obwohl sie grundsätzlich gleich aufgebaut sind, unterscheiden sich die Zellen von Tieren (Abb. 3.16), Pflanzen (Abb. 3.17) und Pilzen (Abb. 3.18) in einigen Punkten. So umgeben **Zellwände** die Zellen von Pflanzen und Pilzen, nicht aber tierische Zellen. Pflanzen haben **Chloroplasten**, die Tieren und Pilzen fehlen. Viele Pilze bilden lange, **Hyphen** genannte Fäden aus, in denen keine klare Trennung der einzelnen Zellen stattfindet.

1 Die **Zellmembran** trennt das lebendige Zellinnere vom unbelebten Zelläußeren.

2 Den **Zellkern** oder **Nucleus** umgibt eine doppelte Biomembran. Sein Durchmesser beträgt rund 5 µm. Den Bereich zwischen den beiden Kernmembranen nennt man den perinucleären Raum oder die perinucleäre Zisterne.

3 Die Doppelmembran der **Kernhülle** ist von zahlreichen **Kernporen** durchbrochen. An diesen Stellen gehen innere und äußere Kernmembran ineinander über, sodass Öffnungen mit Durchmessern von etwa 100 nm entstehen, über die Karyoplasma und Cytoplasma verbunden sind. Den Austausch zwischen den Kompartimenten kontrollieren Proteinkomplexe, die den Rand der Pore auskleiden.

4 Das **Karyoplasma** oder **Nucleoplasma** genannte Innere des Zellkerns ist über Kernporen mit dem Cytoplasma verbunden.

5 Die Kernmatrix besteht aus Fasern von Strukturproteinen. Sie durchzieht als Kernskelett das Karyoplasma und ordnet das Chromatin. Die **Kernlamina** liegt netzartig auf der Innenseite der inneren Kernmembran auf und verleiht dem Zellkern seine Form.

6 Im Zellkern befindet sich die DNA als Träger der Erbinformation. Zusammen mit den assoziierten Proteinen bildet sie das **Chromatin.** Es erscheint die meiste Zeit über strukturlos. Nur während der Zellteilung werden die einzelnen Chromosomen sichtbar.

7 Der **Nucleolus** oder das **Kernkörperchen** im Zellkern ist der Ort, an dem die Untereinheiten der Ribosomen zusammengesetzt werden. Die dafür benötigte ribosomale RNA (rRNA) wird direkt im Kern produziert, die Proteine stammen aus dem Cytoplasma. Das Kernkörperchen umgibt keine zusätzliche Membran. Manchmal gibt es zwei oder mehr Nucleoli in einem Zellkern.

8 Das **Mitochondrium** wird manchmal als „Kraftwerk" der Zelle bezeichnet, weil in ihm wichtige Teile des Energiestoffwechsels stattfinden. Das Organell ist von einer doppelten Membran umgeben. Die innere Membran ist vielfach in den Matrix genannten Innenraum gefaltet. In diesen als Cristae bezeichneten Falten befinden sich die Komponenten der Zellatmung. Der Bereich zwischen der inneren und äußeren Membran ist der Intermembranraum. Mitochondrien sind mit rund 1 µm Durchmesser und bis 10 µm Länge etwa so groß wie Bakterien. Sie besitzen ein wenig eigene DNA sowie eigene Ribosomen und teilen sich unabhängig vom Zellkern. Die meisten eukaryotischen Zellen besitzen sehr viele Mitochondrien. Nur wenige Eukaryoten kommen ohne Mitochondrien aus.

9 **Ribosomen** sind die Orte der Proteinsynthese. Sie bestehen aus zwei Untereinheiten, die jeweils mehrere Moleküle ribosomale RNA (rRNA) und zahlreiche Proteine enthalten, sind aber nicht von einer Membran umgeben. Die Untereinheiten werden im Nucleolus zusammengestellt. Ribosomen liegen frei im Cytoplasma vor oder sind an die Membran des endoplasmatischen Retikulums (ER) gebunden, das man dann als raues ER bezeichnet.

10 **Peroxisomen** hat man früher auch als Microbodies bezeichnet. Die Organellen sind von einer Membran umhüllt und sind der Ort von chemischen Umwandlungsprozessen, bei denen das gefährliche Wasserstoffperoxid (H_2O_2) anfällt und abgebaut wird.

11 Das **Centrosom** liegt bei tierischen Zellen in der Nähe des Zellkerns. Es besteht aus zwei Centriolen genannten zylinderförmigen Proteinröhrchen, die senkrecht zueinander stehen. Bei der Zellteilung verdoppelt sich das Centrosom und wirkt an der Teilung der Chromosomen mit.

12 Den **Golgi-Apparat** bilden mehrere Membranstapel, die Dictyosomen genannt werden und etwa 1 µm messen. Jeder Stapel umfasst eine Reihe flacher, als Zisternen bezeichnete Membransäckchen. Die zum Zellkern und ER weisende Seite jedes Dictyosoms nennt man *cis*-Region, während die *trans*-Region zur Zellmembran gewandt ist. Zwischen dem ER, den Zisternen und der Zellmembran verkehren Transportvesikel.
Der Golgi-Apparat produziert und modifiziert Komponenten, die in die Zellmembran eingebaut oder sekretiert (aus der Zelle ausgeschüttet) werden sollen. Außerdem entstehen an den Dictyosomen primäre Lysosomen genannte Vesikel, die mit Verdauungsenzymen gefüllt sind.

13 Das **endoplasmatische Retikulum** (ER) ist ein ausgedehntes, netzartiges Membransystem, das mit der Kernmembran verbunden ist. Seinen Innenraum nennt man das ER-Lumen. Das glatte ER ist der stoffwechselaktivere Teil. Hier werden unter anderem Lipide und Steroidhormone synthetisiert, Gifte unschädlich gemacht, in Muskelzellen Calciumionen gespeichert, und das glatte ER ist am Abbau des Speicherstoffs Glykogen beteiligt.

14 Das **raue ER** sieht im Elektronenmikroskop körnig aus, weil auf seiner Oberfläche Ribosomen angelagert sind, an denen Proteine synthetisiert werden. Dabei gelangen die Proteine in das ER-Lumen, wo sie modifiziert und für ihren Einsatz als membraninterne Proteine oder den Transport zum Golgi-Apparat vorbereitet werden. Als weitere Aufgabe produziert das raue ER neue Membranlipide und verteilt sie über Vesikel an die anderen Komponenten des Endomembransystems.

15 Das **Cytoskelett** ist ein dynamisches Konstrukt, das ständig auf- und abgebaut wird. Es sorgt für die mechanische Stabilität der Zelle, bestimmt ihre Form, hält Zellorganellen und manche Proteine an ihren Plätzen und ist an Transportprozessen innerhalb der Zelle sowie Bewegungen von Zellteilen beteiligt. Das Cytoskelett besteht aus drei Komponenten: Actin- oder Mikrofilamenten, Intermediärfilamenten (diese kommen nur bei tierischen Zellen vor) und Mikrotubuli.

16 **Lysosomen** sind etwa 0,1–1 µm große membranumhüllte Verdauungsorganellen der Zelle. Sie sind mit einem sauren Milieu und Enzymen gefüllt, mit denen sie Makromoleküle zu Monomeren (Grundbausteinen) zerlegen. Primäre Lysosomen stammen vom Golgi-Apparat und sind mit Verdauungsenzymen gefüllt. Sie verschmelzen mit Nahrungsvakuolen, in denen die Zelle Material von außen aufgenommen hat, zu sekundären Lysosomen.

17 Als **Vakuolen** bezeichnet man ganz allgemein Membranbläschen, die größer als Vesikel sind. Sie zählen zu den Organellen und erfüllen unterschiedliche Aufgaben als Speicher für unterschiedliche Substanzen oder als Reaktionsort.

Abb. 3.16 Fortsetzung

Chloroplasten kommen nur in Pflanzen und Algen vor. In ihnen läuft die Photosynthese ab, bei der mit Lichtenergie Kohlenstoffdioxid aus der Luft in Zucker umgewandelt wird. Chloroplasten sind linsenförmig abgeplattet mit einem Durchmesser im Bereich von 1–5 µm. Sie sind von einer Doppelmembran umgeben und besitzen ein Thylakoid genanntes inneres Membransystem, in dem sich die Chlorophyll-Protein-Komplexe für die Lichtreaktion der Photosynthese befinden. Im Stroma genannten Chloroplasteninneren liegen eigene Ribosomen und eine eigene ringförmige DNA vor.
Neben den Chloroplasten verfügen Pflanzen auch über andere **Plastiden** genannte Organellen, die keine Photosynthese betreiben, sondern Farbstoffe (Chromoplasten) oder Speicherstoffe (Leukoplasten oder Amyloplasten) enthalten. Andere Plastiden entstehen, wenn sich Chloroplasten differenzieren (weiterentwickeln): Ohne Licht werden sie zu blassen Etioplasten, im Herbst werden sie durch den Abbau von Chlorophyll zu Gerontoplasten.

Pflanzen verfügen über ein ausgeprägtes Cytoskelett mit Actinfilamenten und Mikrotubuli, aber vermutlich ohne Intermediärfilamente.

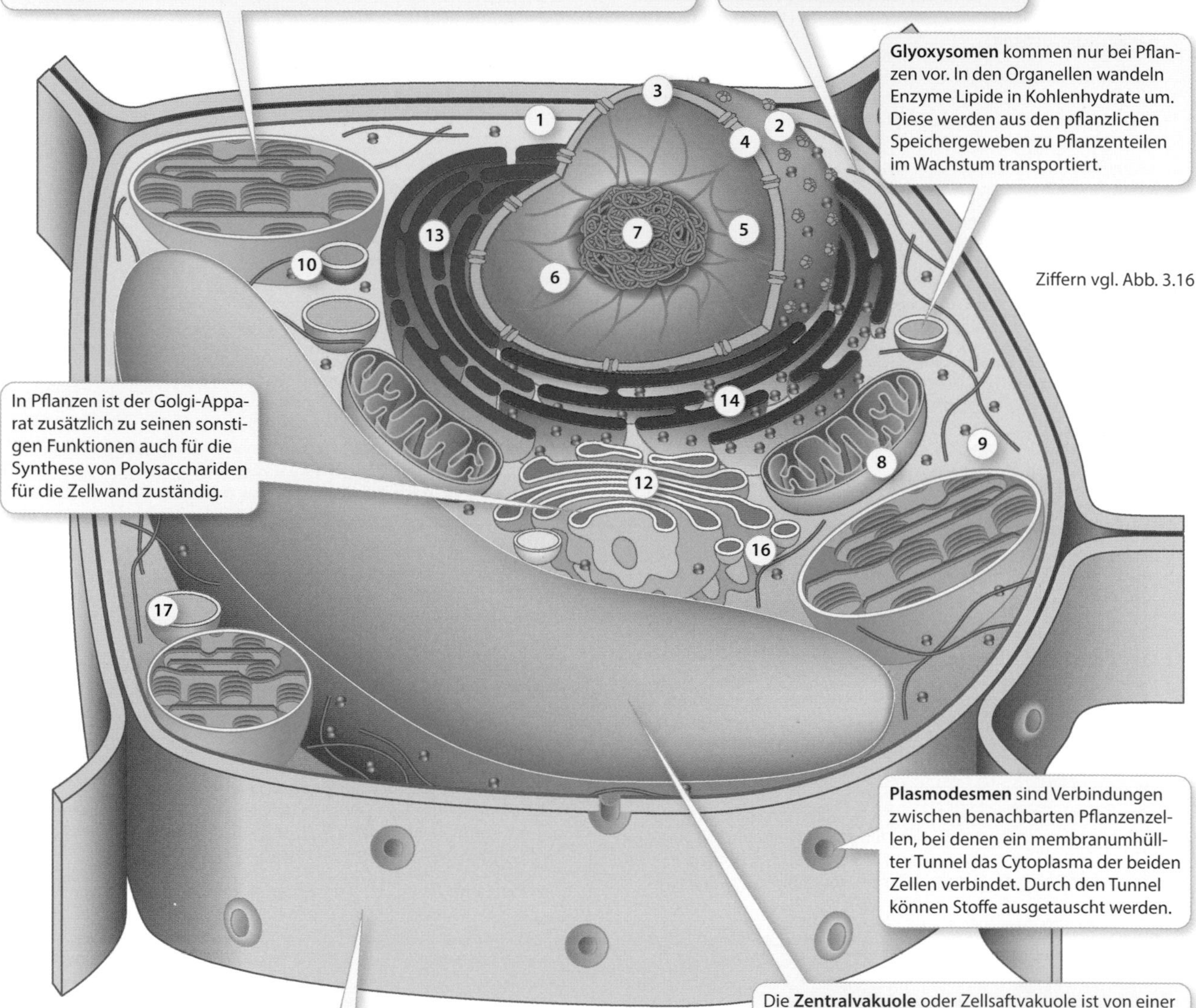

Glyoxysomen kommen nur bei Pflanzen vor. In den Organellen wandeln Enzyme Lipide in Kohlenhydrate um. Diese werden aus den pflanzlichen Speichergeweben zu Pflanzenteilen im Wachstum transportiert.

In Pflanzen ist der Golgi-Apparat zusätzlich zu seinen sonstigen Funktionen auch für die Synthese von Polysacchariden für die Zellwand zuständig.

Plasmodesmen sind Verbindungen zwischen benachbarten Pflanzenzellen, bei denen ein membranumhüllter Tunnel das Cytoplasma der beiden Zellen verbindet. Durch den Tunnel können Stoffe ausgetauscht werden.

Die **Zellwand** gibt Pflanzenzellen Stabilität und mechanischen Schutz und kann als Filter größere Substanzen von der Zelle fernhalten. Zudem fängt sie den Turgor (Innendruck der Zelle) auf und verhindert damit das Platzen der Zelle.
Bei Pflanzen besteht die Zellwand vornehmlich aus Cellulosefibrillen, die in eine Matrix aus den Polysacchariden Pektin und Hemicellulose sowie Proteinen und manchmal dem Holzstoff Lignin eingebettet sind. Ihre Zellwand ist dreischichtig aufgebaut und kann mehrere Mikrometer dick werden. Die Gesamtheit der Zellwände einer Pflanze sowie der Interzellularraum (der Raum zwischen den Zellen) bilden den Apoplasten.

Die **Zentralvakuole** oder Zellsaftvakuole ist von einer Tonoplast genannten Membran umgeben. Die Zentralvakuole entsteht während des Zellwachstums aus Vesikeln vom ER und vom Golgi-Apparat. Bei ausgewachsenen Pflanzenzellen nimmt sie den größten Teil der Zelle ein, oft mehr als 90 % des Gesamtvolumens. Ihr Zellsaft enthält aber wenig Proteine. Die Zentralvakuole übernimmt verschiedene Aufgaben: Stabilisation durch Druck, Speicher für zahlreiche Substanzen und Abfallstoffe, Farbstoffbehälter sowie Verdauungsort von Makromolekülen.

Abb. 3.17 Eine typische Pflanzenzelle

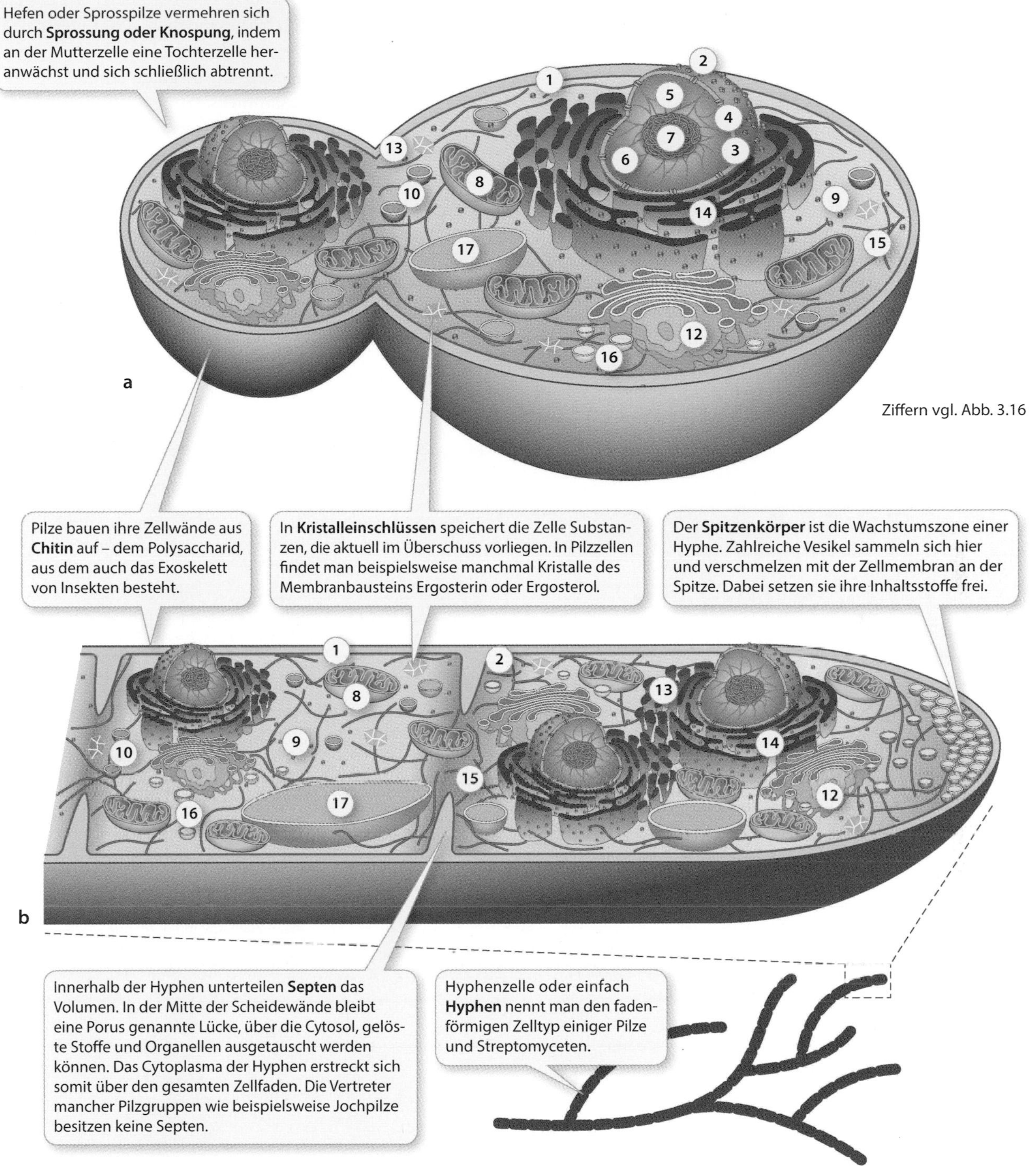

Abb. 3.18 Einige Besonderheiten von Pilzzellen. Sie sind entweder als Einzelzelle organisiert (**a**) oder als fädige Hyphen (**b**). Die übrigen Zellstrukturen sind wie bei Tier- und Pflanzenzellen aufgebaut

3

3.5 Membranen bilden hydrophobe Barrieren

Biomembranen sind dünne, flächige Schichten aus Lipiden und Proteinen. Sie umschließen in lebenden Systemen immer einen Hohlraum. Bei der Zellmembran ist dies die Zelle als Ganzes, in anderen Fällen handelt es sich um untergeordnete Räume, die als **Kompartimente** bezeichnet werden. Zu ihnen gehören unter anderem Vakuolen, Vesikel und Zellorganellen.

Biomembranen übernehmen in der Zelle zahlreiche Aufgaben:

- Sie trennen Kompartimente voneinander, sodass verschiedene Funktionsräume mit jeweils eigenem Milieu entstehen. Dies betrifft sowohl die chemische Zusammensetzung und den pH-Wert als auch physikalische Parameter wie das elektrische Potenzial. Dadurch ist es möglich, dass unterschiedliche Prozesse, die sich gegenseitig stören würden, in getrennten Kompartimenten gleichzeitig ablaufen können.
- Sie kontrollieren die Zusammensetzung des Zellinneren und der Kompartimente, indem sie selektiv nur bestimmte Stoffe durchlassen oder sogar aktiv durch die Membran transportieren. Man sagt: Die Membran ist semipermeabel. Erst durch diese Selektivität kann die Zelle die Zusammensetzung des Cytoplasmas kontrollieren und die Abläufe in ihren funktionellen Räumen bestimmen, beispielsweise Abbauprozesse in Lysosomen durch Enzyme, die erst bei einem niedrigen pH-Wert aktiv werden.
- Sie richten Molekülkomplexe aus, wenn für deren Funktion eine bestimmte Orientierung notwendig ist. Beispielsweise

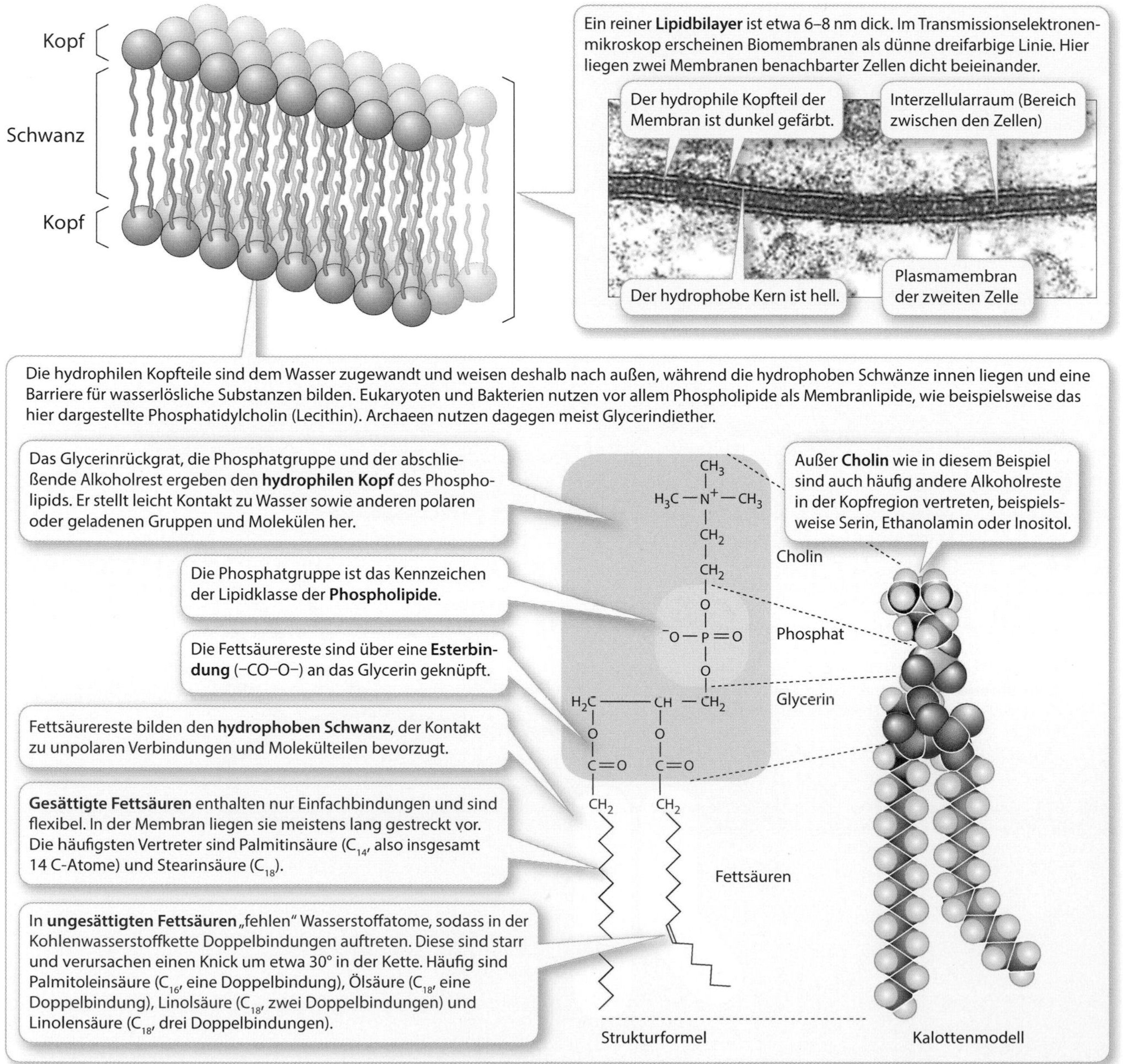

Abb. 3.19 In Wasser ordnen sich die Lipidmoleküle spontan zu einer doppelschichtigen Membran oder Bilayer an. Als Beispiel für ein Membranlipid bei Bakterien und Eukaryoten ist Phosphatidylcholin (Lecithin) dargestellt

sorgen erst ausgerichtete Proteinkomplexe bei der Zellatmung und den Lichtreaktionen der Photosynthese für den korrekten Transport von Elektronen.
- Sie dienen ähnlich wie ein elektrischer Kondensator als Kurzzeitspeicher für elektrochemische Energie. Diese liegt in Form unterschiedlicher Stoffkonzentrationen und elektrischer Ladungen auf den beiden Membranseiten vor. Häufig sind Unterschiede in den Konzentrationen von Ionen wie H^+, Na^+, K^+ und Cl^- daran beteiligt. Die meisten Organismen regenerieren über den elektrochemischen Protonengradienten den Großteil ihres universellen chemischen Energieträgers ATP.
- Sie verarbeiten Informationen, indem sie elektrische Spannungen miteinander verrechnen. Auch dabei wandern selektiv bestimmte Ionen, die mit ihrer Ladung die elektrischen Potenziale verändern. Dieser Vorgang steht vor allem bei Neuronen (Nervenzellen) im Mittelpunkt.
- Sie nehmen externe Reize auf und übertragen die Signale in das Zellinnere. Die Reize können optisch sein wie beim Sehprozess oder chemisch, wenn sich Substanzen als Liganden an Rezeptoren in der Membran anlagern.
- Sie treten in Kontakt mit anderen Zellen und identifizieren sich über die Gestaltung ihrer äußeren Membranteile.

Die Grundbausteine der Membranen gehören drei Stoffgruppen an:
- **Lipide** sind längliche Moleküle mit großem hydrophoben (wasserabstoßendem) Anteil.
- **Proteine** sind lange Ketten von Aminosäuren, die auf eine spezifische Art gefaltet sind.
- **Kohlenhydrate** bestehen aus einem einzelnen bis vielen Zuckereinheiten.

Die häufigste Lipidgruppe in den Membranen von Bakterien und Eukaryoten sind Phospholipide (◘ Abb. 3.19). Dieser Molekültyp zeichnet sich durch ein Glyceringerüst aus, an das zwei hydrophobe Fettsäuren und über eine Phosphatgruppe ein hydrophiler Rest gebunden sind. Daneben kommen in Membranen auch Sphingolipide vor. Bei ihnen übernimmt ein Sphingosin die Rolle des Glycerins. Sphingosin (◘ Abb. 3.20) besitzt bereits selbst eine lange Kohlenwasserstoffkette sowie eine Aminogruppe ($-NH_2$), an welche eine Fettsäure bindet. Als dritte Lipidvariante kommen bei Eukaryoten und Bakterien Lipide mit einem starren Ringsystem vor, die das Molekül flächig gestalten. Bei Tieren und in geringerem Maße Pflanzen handelt es sich um Cholesterol (auch Cholesterin genannt), bei Bakterien um Hopanoide.

Die Lipide der Archaeen sind chemisch deutlich anders aufgebaut (◘ Abb. 3.21). Sie enthalten keine Fettsäuren, sondern basieren auf verzweigten Isopreneinheiten.

Gemeinsam ist all diesen Lipiden, dass sie **amphiphil** sind: Sie besitzen eine hydrophile (wasserliebende) Kopfgruppe und eine hydrophobe (wasserabstoßende) Schwanzgruppe (◘ Abb. 3.19). In einer wässrigen Umgebung lagern sich die hydrophoben Bereiche spontan und ohne Zufuhr von Energie zusammen, sodass sich eine lückenlose Membran bildet. Solche sogenannten Einheitsmembranen zeigen dann auf beiden Seiten nach außen eine hydrophile Ebene, die gut zu den wässrigen Lösungen in den verschiedenen Kompartimenten und in der Umgebung der Zelle passt. Im Kern der Membranen sind hingegen die hydrophoben Gruppen dicht gepackt. Sie bilden eine effektive Barriere für hydrophile Ionen und Moleküle.

Eingebettet in die Lipide sind zahlreiche Membranproteine. Auch sie sind amphiphil, wobei die nach außen weisenden Sei-

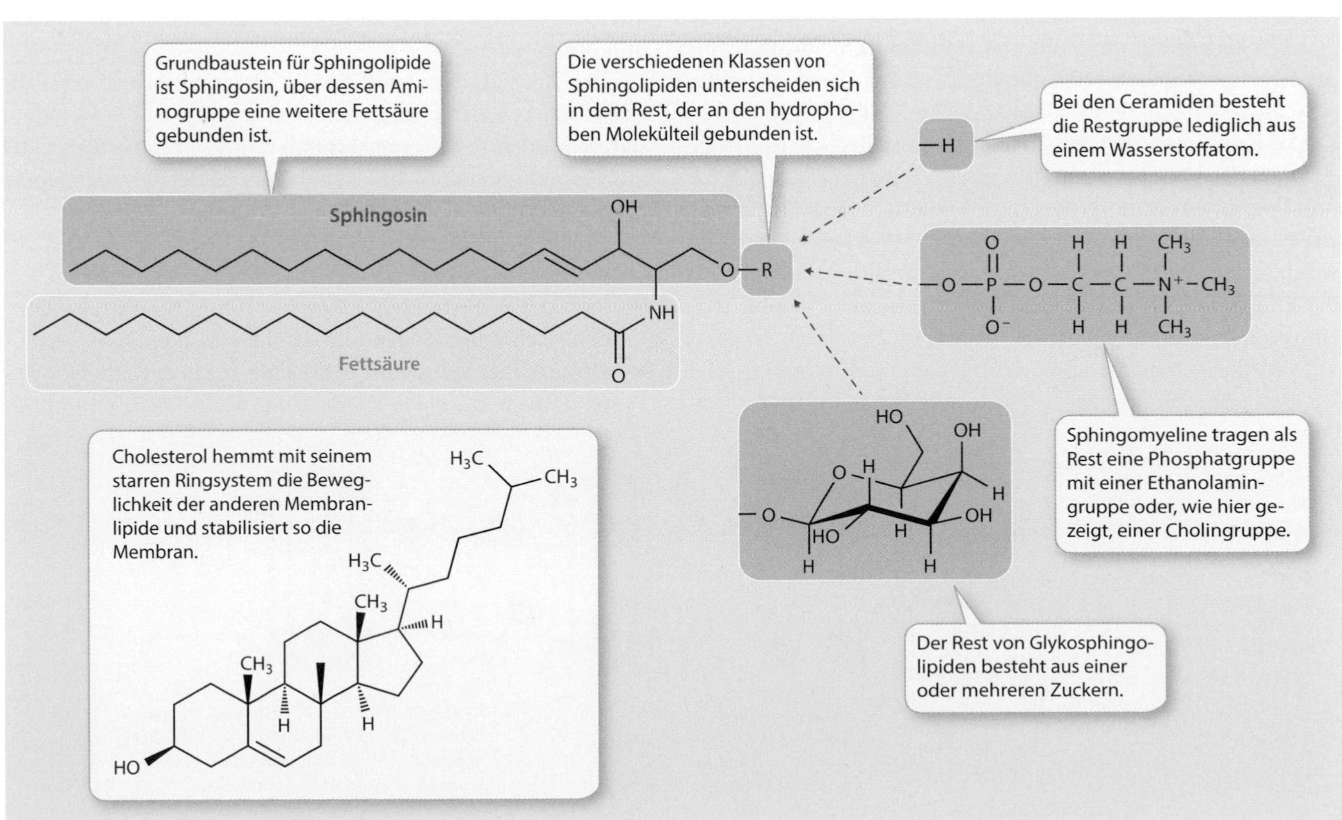

◘ **Abb. 3.20** Sphingolipide und Cholesterol sind häufige Membranlipide

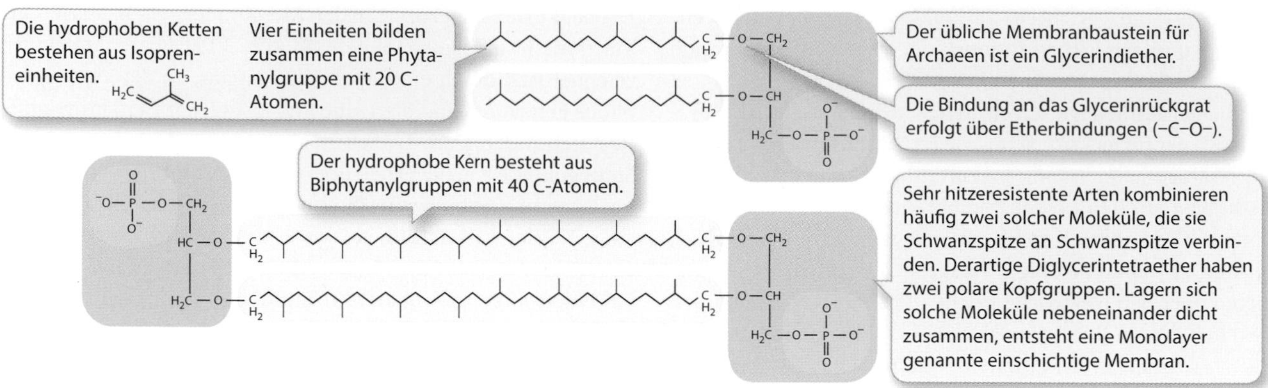

Abb. 3.21 Archaeen nutzen für ihre Membranlipide andere Molekülsorten als Bakterien und Eukaryoten, erzielen damit aber die gleiche Funktionalität

tenketten der Aminosäuren bestimmen, welche Bereiche hydrophob sind und in den Kernbereich der Membran tauchen und welche als hydrophile Domänen in die Kopfregionen der Membranlipide und das Lumen der Kompartimente ragen. Dabei zeigen die Membranproteine eine strikte Ausrichtung, sodass immer der gleiche Proteinteil nach innen und nach außen weist.

Die Membranproteine sind für viele Aufgaben der Membran die ausführenden Komponenten. Weil sie dafür häufig an einem bestimmten Ort vorliegen müssen, sind viele auf der cytoplasmatischen Seite der Membran mit dem Cytoskelett verknüpft, das sie lokal verankert.

Der Proteinanteil einer Membran kann im Vergleich zum Lipidanteil niedrig sein, wie beispielsweise in der Zellmembran roter Blutkörperchen. Es gibt aber auch Membranen, die vorwiegend aus Proteinen bestehen, etwa die photosynthetisch aktive Membran von Halobakterien.

Aufgelagert auf die Membran sind die Kohlenhydratketten der Glykoproteine und Glykolipide. Ihre Länge kann sehr unterschiedlich sein und reicht von ein oder zwei bis hin zu Hunderten Zuckerbausteinen. Bei der Zellmembran stellen die Kohlenhydrate die Glykocalyx genannte äußerste Schicht (► Abschn. 5.1) und bestimmen dadurch die physikochemische Erscheinung der Zelle, sozusagen ihren Personalausweis. Entscheidend sind sowohl die Art der Zuckerbausteine als auch ihre Anordnung. An diesen erkennt beispielsweise das Immunsystem, ob eine Zelle zum eigenen Körper gehört oder fremd ist.

Obwohl sich Biomembranen über ganze Zellen und Organellen erstrecken, sind sie mit 6–10 nm sehr dünn und im Lichtmikroskop nicht direkt zu erkennen. Erst mit einer speziellen Färbung werden sie sichtbar. Aber auch dann sind keine Details zu erkennen. Unter dem Transmissionselektronenmikroskop kann man hingegen die Schichten der hydrophilen Kopfregionen und der hydrophoben Kernbereiche unterscheiden (Abb. 3.19).

Biomembranen sind keine starren Strukturen. Weil die unzähligen Verbindungen zwischen den einzelnen Membranbausteinen jeweils nur sehr schwach sind, brechen sie ständig auf und bilden sich neu, sodass sich Biomembranen nicht wie Festkörper, sondern eher wie eine zähe Flüssigkeit verhalten. Diese **Fluidität** ermöglicht es den Membrankomponenten, sich einfach seitlich (lateral) zu bewegen, wohingegen ein Wechsel der Seite (transversal oder Flip-Flop) äußerst selten vorkommt und bei Bedarf durch spezielle Enzyme katalysiert werden muss (Abb. 3.22). Daher sind Biomembranen meist asymmetrisch mit unterschiedlichen Lipidzusammensetzungen auf der Innen- und Außenseite.

Das Ausmaß der Fluidität einer Membran hängt von mehreren Faktoren ab. Niedrige Temperaturen lassen die Membran starrer werden, hohe Temperaturen erhöhen die Beweglichkeit ihrer Komponenten. Über die Zusammensetzung der Lipide pegeln Zellen die Fluidität auf einen optimalen Wert ein:

- Lange, gerade Fettsäureketten können viele Bindungen zueinander aufbauen und verfestigen damit die Membran.
- Kurzkettige Fettsäuren haben nur wenig Kontaktstellen zu den Nachbarmolekülen und erhöhen die Fluidität.
- Ungesättigte Fettsäuren beinhalten in ihrer Kette Doppelbindungen, die einen Knick in das Molekül einführen. Da-

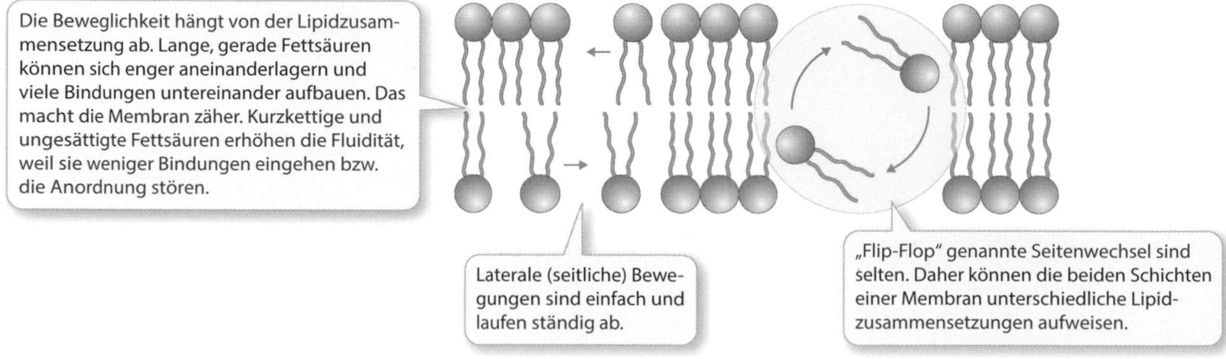

Abb. 3.22 Innerhalb der Membran können sich die Lipidmoleküle unterschiedlich gut bewegen

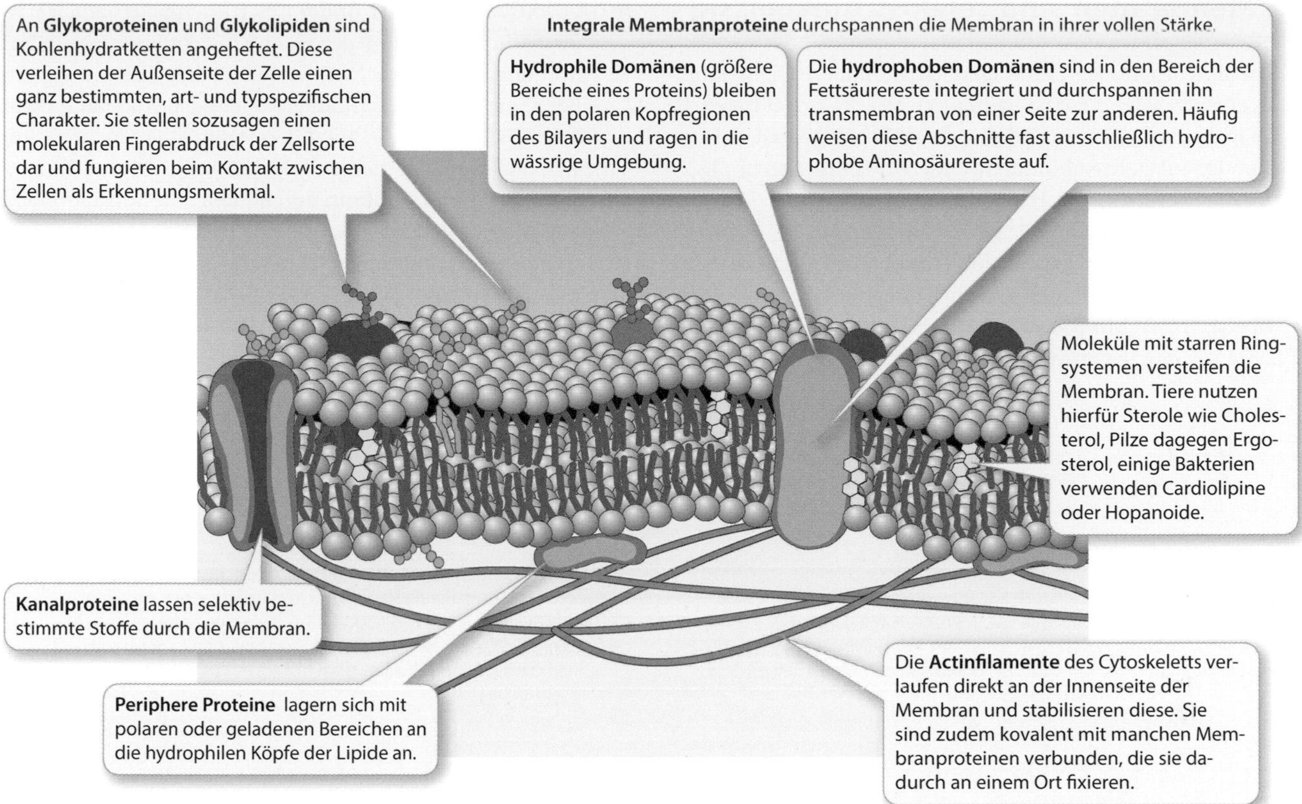

Abb. 3.23 In die Lipiddoppelschicht sind zahlreiche Proteine eingebettet. Das Flüssig-Mosaik-Modell beschreibt, wie die Membranproteine in den Bilayer eingebaut sind und sich in ihm bewegen

durch werden die Bindungskräfte gestört, die Abstände zwischen den Ketten nehmen zu, und die Membran wird fluider.
- Die flächigen Moleküle von Cholesterol und Hopanoiden stören die Bewegungen der Lipidmoleküle und festigen die Membran.

Umgeben von den sehr beweglichen Bereichen der Membran gibt es begrenzte Regionen, die weniger dynamisch, dafür aber geordneter sind und sich wie ein Zwischenzustand aus einer flüssigen und einer kristallinen Phase verhalten. Diese sogenannten **Lipid Rafts** (Lipidflöße) enthalten vergleichsweise viel Cholesterol und Sphingolipide, die teilweise mit Zuckerresten versehen sind. Lipid Rafts sind etwas dicker als die gewöhnlichen Membranbereiche. Ihre Funktion liegt möglicherweise darin, bestimmte Proteine in räumliche Nähe zueinander zu bringen, beispielsweise für die Signalübertragung.

Das **Flüssig-Mosaik-Modell** fasst den Aufbau und die Dynamik der Biomembranen zusammen (Abb. 3.23).

3

3.6 Membranen sind selektiv durchlässig

Mit ihrem hydrophoben Zentralbereich verhindern Biomembranen als effektive Barriere, dass hydrophile Moleküle oder Ionen die Membran durchqueren. Sie sind aber **selektiv permeabel**, d. h., sie lassen einige Substanzen hindurch, andere nicht (▶ Abschn. 12.2).

Die unterschiedlichen **Transportmechanismen** lassen sich in drei große Gruppen einteilen:

- Der **passive Transport** erfolgt ohne Energiezufuhr. Die Substanzen folgen einfach dem Konzentrationsgradienten (◘ Abb. 3.24). Mit passivem Transport kann die Zelle daher keine Substanzen anreichern.
- Der **aktive Transport** findet unter Energieverbrauch statt, kann dafür aber Stoffe gegen einen Konzentrationsgradienten befördern. Die Zelle bringt die notwendige Energie in Form einer chemischen Verbindung auf, die dabei gespalten wird (◘ Abb. 3.25), oder sie nutzt den Strom einer anderen Substanz, die ihrem Gradienten folgt (◘ Abb. 3.26 und 3.27).
- Beim Einsatz von **Vesikeln** durchqueren die Substanzen gar keine Membran. Stattdessen umschlingt die Membran die Teilchen und schnürt sich als gefülltes Vesikel in das Kompartiment ab (◘ Abb. 3.28 und 3.29). Oder ein Vesikel gibt umgekehrt beim Verschmelzen mit der Membran seinen Inhalt nach außen frei (◘ Abb. 3.30).

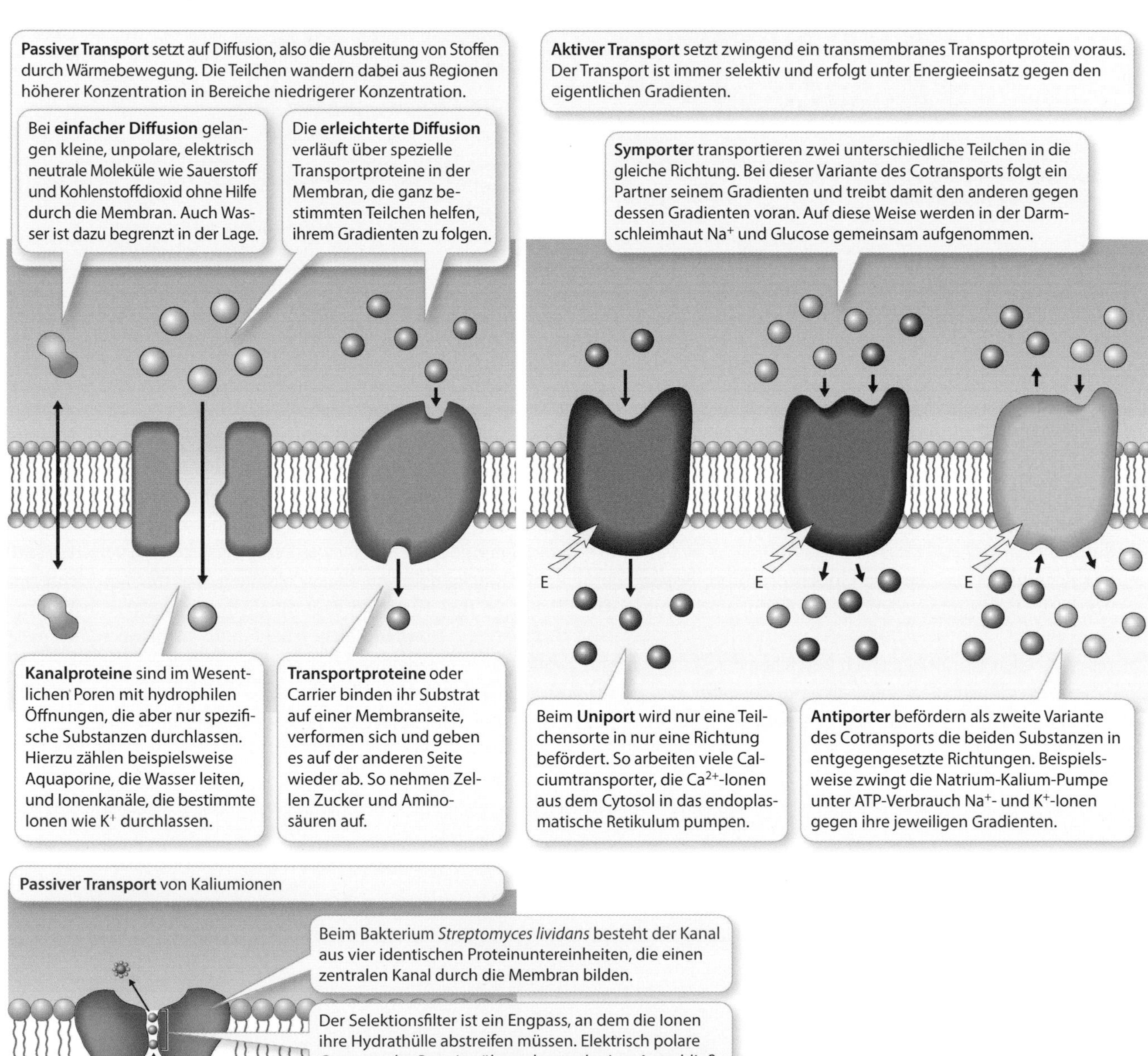

◘ **Abb. 3.24** Transportmechanismen, bei denen Substanzen eine Biomembran durchdringen

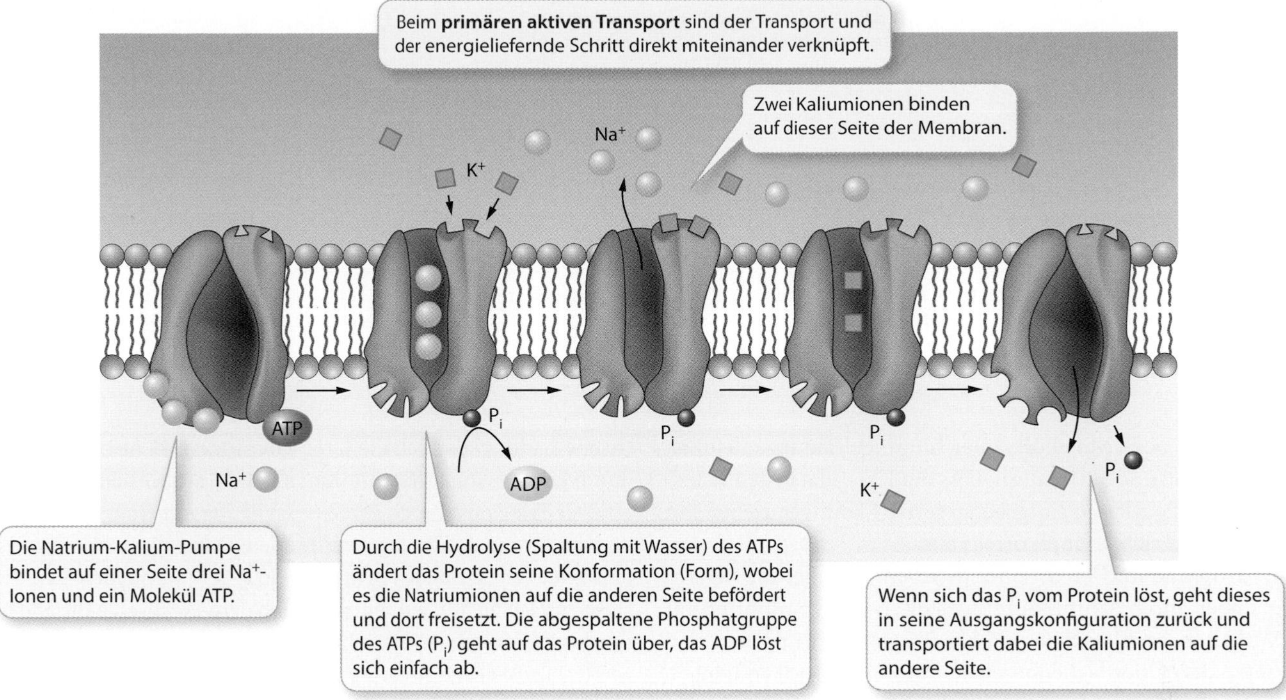

Abb. 3.25 Primärer aktiver Transport bei Eukaryoten

Die **Selektivität des Transports** ist eine entscheidende Fähigkeit der Membran. Erst die Auswahl der aufgenommenen oder ausgeschleusten Moleküle stellt sicher, dass die Zelle ihre innere Zusammensetzung kontrollieren kann. Die Transportsysteme setzen dafür auf mehrere Eigenschaften, in denen sich Moleküle unterscheiden:

- Die Größe. Besonders bei Kanalproteinen ist die Pore meistens exakt auf den Durchmesser des Transportguts zugeschnitten. Aber auch recht unspezifische Porine wie sie in den äußeren Membranen von Mitochondrien, Chloroplasten und Gram-negativen Bakterien vorkommen, halten allzu große Moleküle effektiv zurück.
- Die Form. Die Bindungstaschen und die Transportwege der Transportproteine stellen einen genau definierten Raum zur Verfügung. Moleküle mit Gruppen an unpassenden Stellen ecken im wörtlichen Sinne an und werden nicht aufgenommen.
- Elektrische Felder. Ganz oder teilweise elektrisch geladene Gruppen in den Seitenketten der Aminosäurebausteine des Transportproteins wechselwirken mit den Ladungen

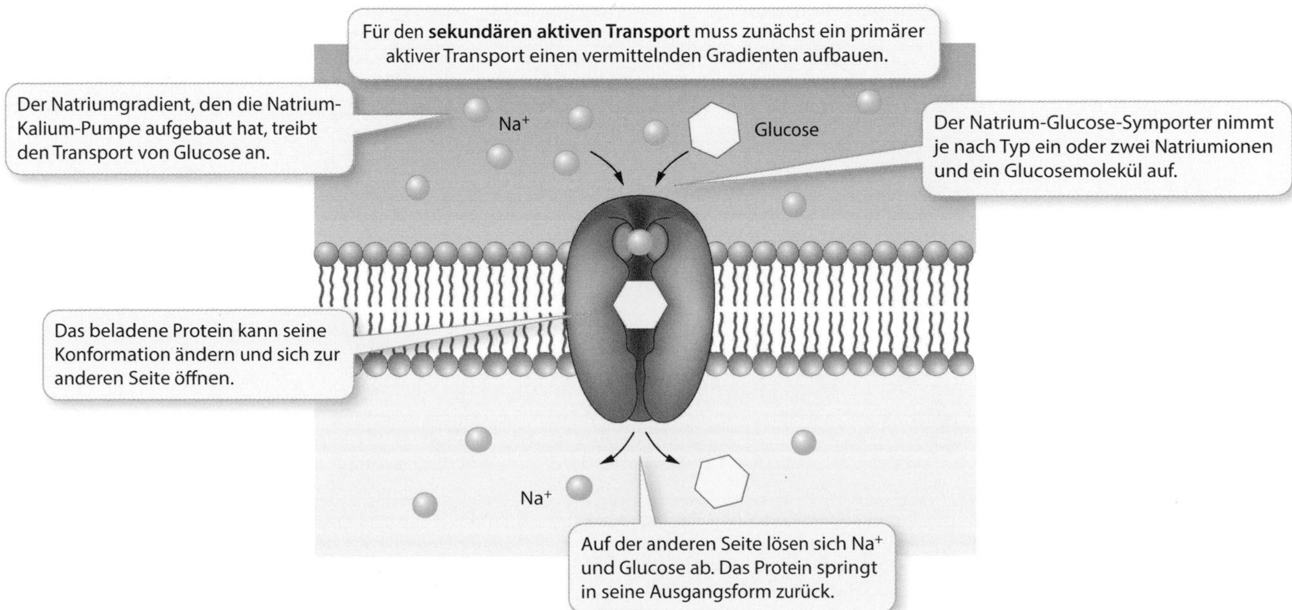

Abb. 3.26 Sekundärer aktiver Transport bei Eukaryoten

3

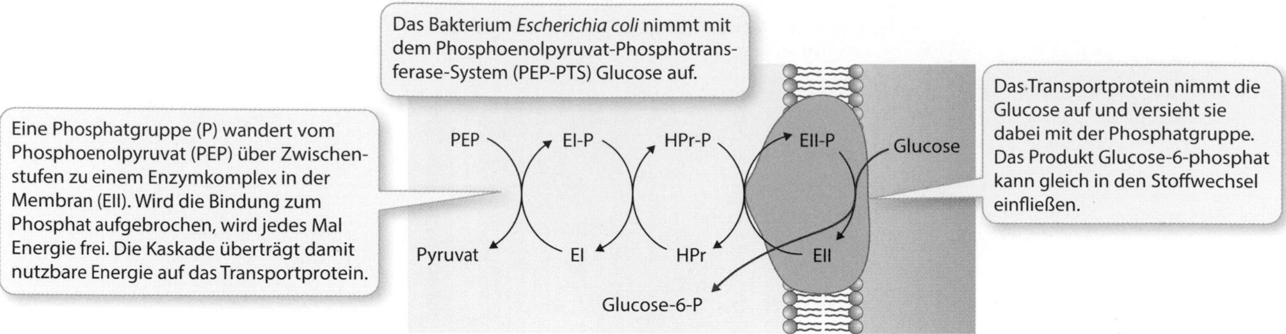

Abb. 3.27 Bakterien haben mit der Gruppentranslokation eine dritte Variante des aktiven Transports entwickelt, mit der sie vornehmlich Zucker aufnehmen

der Ionen oder Moleküle. Gleichnamige Ladungen stoßen einander ab und verhindern, dass ein Kandidat in den Transportbereich gelangt. Entgegengesetzte Ladungen ziehen ihn hinein und richten ihn korrekt aus.

- Hydrophilie und Hydrophobie. Ebenfalls über die Seitengruppen ihrer Aminosäuren gestalten die Transporter das Verhalten ihrer Taschen und Kanäle gegenüber polaren und unpolaren Oberflächenbereichen der Transportkandidaten. Inkompatible Substanzen werden nicht aufgenommen.
- Signalsequenzen. Proteine, die in eine Membran integriert oder durch sie hindurch befördert werden sollen, docken mit speziellen Signalsequenzen an das passende Transportsystem an. Bei Eukaryoten ist dieser Prozess beispielsweise für die Aufnahme von frisch synthetisierten Proteinen in das endoplasmatische Retikulum von Bedeutung (▶ Abschn. 4.9).

Häufig kontrollieren die Transportsysteme mehrere dieser Eigenschaften. Beispielsweise prüft der Kaliumkanal sowohl die elektrische Ladung als auch die Größe der Ionen (Abb. 3.24). Dadurch kann er sogar Natriumionen vom Transport ausschließen.

Der Transport durch Proteine ist häufig mit einer Konformationsänderung des Proteins verbunden. Dabei nimmt es mindestens zwei verschiedene Formen an: In einer räumlichen Struktur kann es das Substrat aufnehmen, nach dem Wechsel in die andere Konformation gibt es das Substrat auf der anderen Membranseite wieder ab. Werden mehrere Substanzen gleichzeitig gebunden, beispielsweise ein Cosubstrat oder ATP als Energielieferant, gibt es noch weitere Formen. So öffnet sich beim Natrium-Glucose-Symporter die Bindungstasche für Glucose erst, wenn die Natriumionen auf der gleichen Seite des Transporters ihre Plätze eingenommen haben (Abb. 3.26). Danach ändert sich erneut die Konformation, und das Protein öffnet sich zu anderen Seite.

Beim vesikelgebundenen Transport (Abb. 3.28–3.30) muss die Zelle auf ein Gleichgewicht von Endocytose in Form von Phagocytose und Pinocytose auf der einen und Exocytose auf

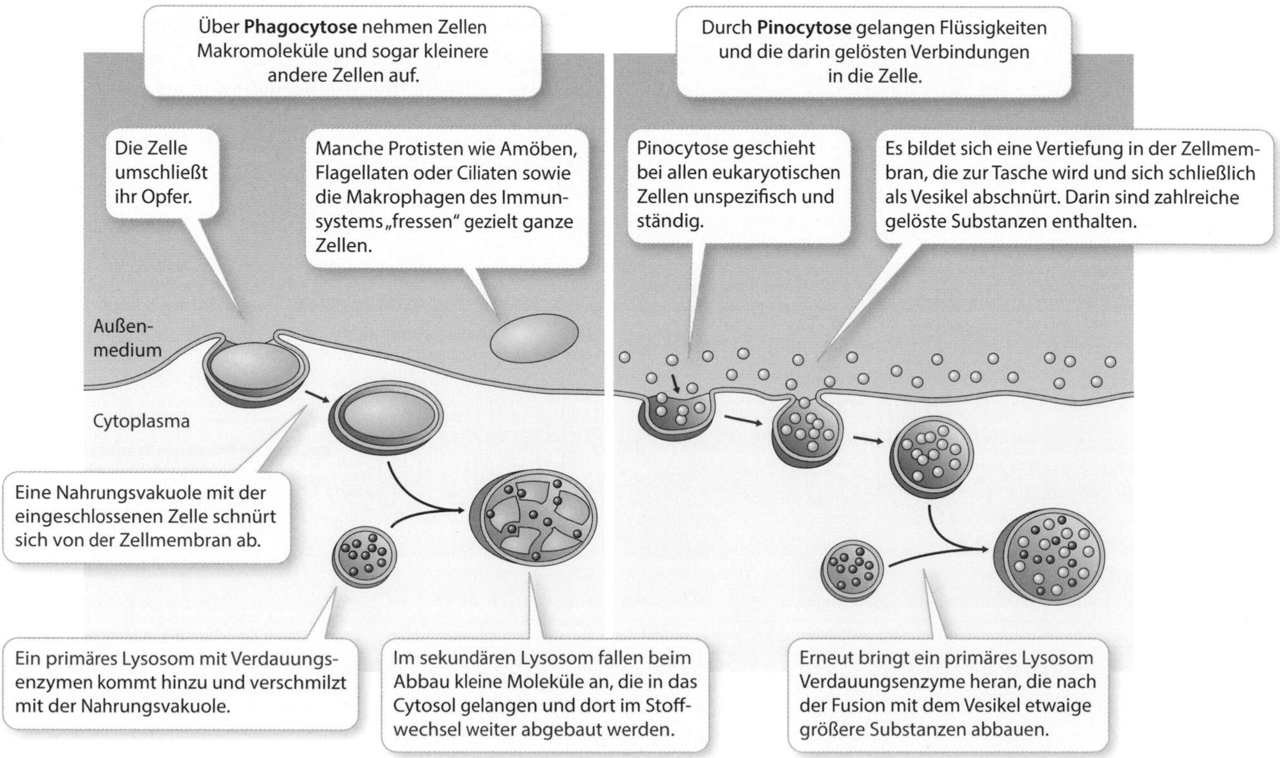

Abb. 3.28 Aufnahme von Substanzen über Vesikel durch Phagocytose und Pinocytose

der anderen Seite achten. Nähme einer der Prozesse Überhand, würde die Membranfläche zu groß oder zu knapp werden.

Bei vielzelligen Organismen, die ihr Inneres mit einem dichten Abschlussgewebe umgeben, werden Substanzen per Transcytose durch dieses Epithel befördert. Dafür nimmt eine Epithelzelle zuerst per Endocytose die Moleküle auf einer Seite auf, schleust sie durch den Zellkörper zur anderen Seite und gibt sie dort per Exocytose ab.

Abb. 3.29 Aufnahme von Substanzen über Vesikel durch rezeptorvermittelte Endocytose

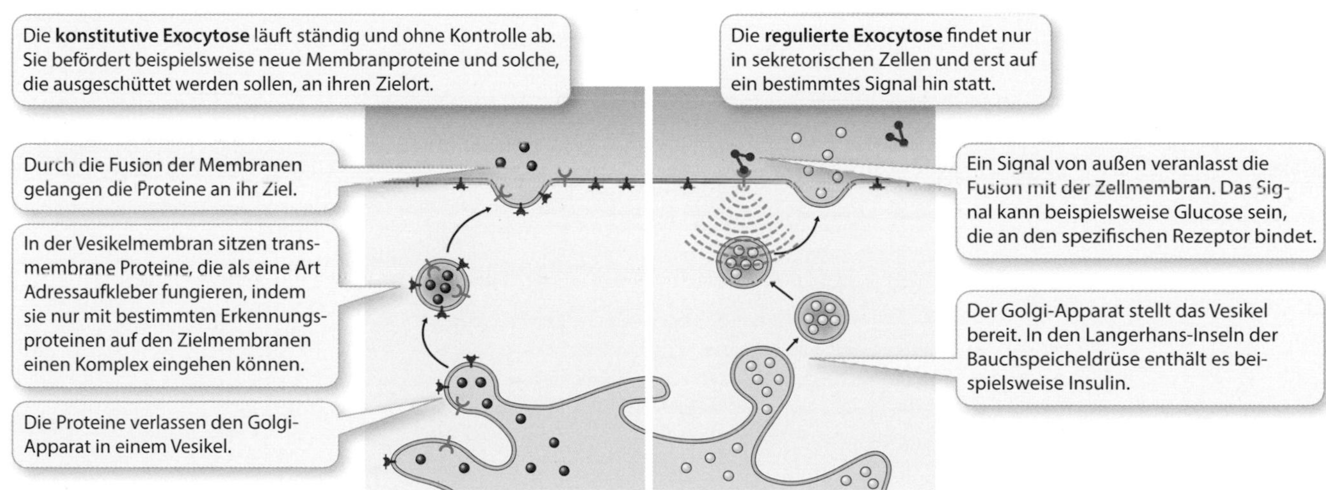

Abb. 3.30 Per Exocytose schüttet die Zelle Stoffe aus

Weiterführende Literatur

1. Alberts B, Johnson AD, Lewis J, Morgan D, Raff M, Roberts K, Walter P (2017) Molekularbiologie der Zelle, 6. Aufl. Wiley-VCH, Weinheim
2. Bernhardt I (2007) Biomembranen – Wächter des zellulären Grenzverkehrs. Von Pumpen, Carriern und Kanälen. Biol Unserer Zeit 37:310–319
3. Cremer T, Cremer M, Cremer C (2016) Der Zellkern – eine Stadt in der Zelle, Teil 1. Biol Unserer Zeit 46:290–299
4. Cremer T, Cremer M, Cremer C, Szczurek A, Strickfaden H, Birk U (2016) Der Zellkern – eine Stadt in der Zelle, Teil 2. Biol Unserer Zeit 48:45–53
5. Fritsche O (2015) Biologie für Einsteiger, 2. Aufl. Springer Spektrum, Berlin, Heidelberg
6. Heinrich D, Götz M, Sackmann E (2018) Die Zelle – erstaunlich physikalisch. Phys Unserer Zeit 49:64–70
7. Krupinska K, Desel C, Mulisch M (2010) Stromuli. Plastiden-Brücken im Netzwerk der Zelle. Biol Unserer Zeit 40:162–170
8. Manck R, Fischer R (2012) Mikroskopie jenseits der Auflösungsgrenze. Biol Unserer Zeit 42:244–253
9. Mulisch M, Welch U (2015) Romeis – Mikroskopische Technik, 19. Aufl. Springer Spektrum, Berlin, Heidelberg
10. Radek R (2009) Acidocalcisomen, Mitosomen und Apicoplasten. Neu entdeckte Zellorganellen. Biol Unserer Zeit 39:242–248
11. Tetsch L (2015) Botschaft aus der Tiefsee: Wie sich Prokaryoten zu Eukaryoten wandelten. Biol Unserer Zeit 45:287–289

Bau und Funktion von Zellorganellen

Olaf Fritsche

J. Boenigk (Hrsg.), *Boenigk, Biologie*, https://doi.org/10.1007/978-3-662-61270-5_4

4

4.1 Eukaryotische Zellen sind durch Membranfaltung und Fraß von Zellen entstanden

Die ältesten Hinweise auf eukaryotische Zellen sind rund 1,5 Mrd. Jahre alt, wohingegen Belege für Prokaryoten etwa 3,8 Mrd. Jahre zurückreichen. Da beide Zelltypen viele fundamentale Gemeinsamkeiten aufweisen (beispielsweise die Speicherung des Erbguts in DNA und den gemeinsamen genetischen Code), ist anzunehmen, dass sich Eukaryoten aus prokaryotischen Vorläuferzellen entwickelt haben.

Im Vergleich zur Procyte zeichnet sich die Eucyte durch zwei wesentliche Merkmale aus:

- Ein **Endomembransystem**, das einen Zellkern und ein endoplasmatisches Retikulum stellt.
- **Organellen**, vor allem Mitochondrien und Chloroplasten.

Für die Entstehung beider Merkmale gibt es Theorien, die durch Vergleiche rezenter (heute lebender) Zellen und Zellorganellen weitgehend gestützt werden (◘ Abb. 4.1).

Das Endomembransystem mitsamt Zellkern ist demnach vermutlich aus Einstülpungen der Zellmembran entstanden. Außerdem hat sich wohl das Cytoskelett weiter ausgebildet, um die immer größer werdende Zelle zu stabilisieren und gezielte interne Transportvorgänge zu ermöglichen.

Mitochondrien und Chloroplasten sind nach der Endosymbiontentheorie Nachkommen von einstmals frei lebenden Prokaryoten, die von größeren Zellen durch Phagocytose aufgenommen, aber nicht verdaut wurden. Stattdessen kam es zu einer Symbiose genannten Beziehung, bei der beide Partner einen Vorteil hatten: Der frühere Prokaryot genießt den Schutz der großen Zelle und wird von dieser weitgehend versorgt. Dafür liefert er ihr energiereiche Verbindungen.

Im Laufe der Zeit blieben bei **Mitochondrien** und **Chloroplasten** einige Merkmale ihrer Urahnen erhalten (◘ Abb. 4.2), während andere verloren gegangen sind. So ist ein großer Teil ihrer Gene in das Kerngenom gewandert, wodurch die Organellen nicht mehr alleine lebensfähig sind. Einige Proteine wie die ATP-Synthasen von Mitochondrien und Chloroplasten sind Mosaike aus Untereinheiten, von denen manche im Kern codiert sind, während die Gene von anderen noch auf der Organellen-DNA liegen.

An den Chloroplasten und den von ihnen abgeleiteten anderen Plastiden kann man sehen, dass in einigen Linien des Artenstammbaums nicht nur ein einziges Endosymbiose-Ereignis stattgefunden hat, sondern zwei und manchmal sogar drei (► Abschn. 33.2). Selbst heute gibt es mehrere Beispiele für extrem enge Symbiosen, bei denen ein Partner in der Zelle des anderen lebt und die wie eine Zwischenstufe einer weiteren Endosymbiose wirken (◘ Abb. 4.3).

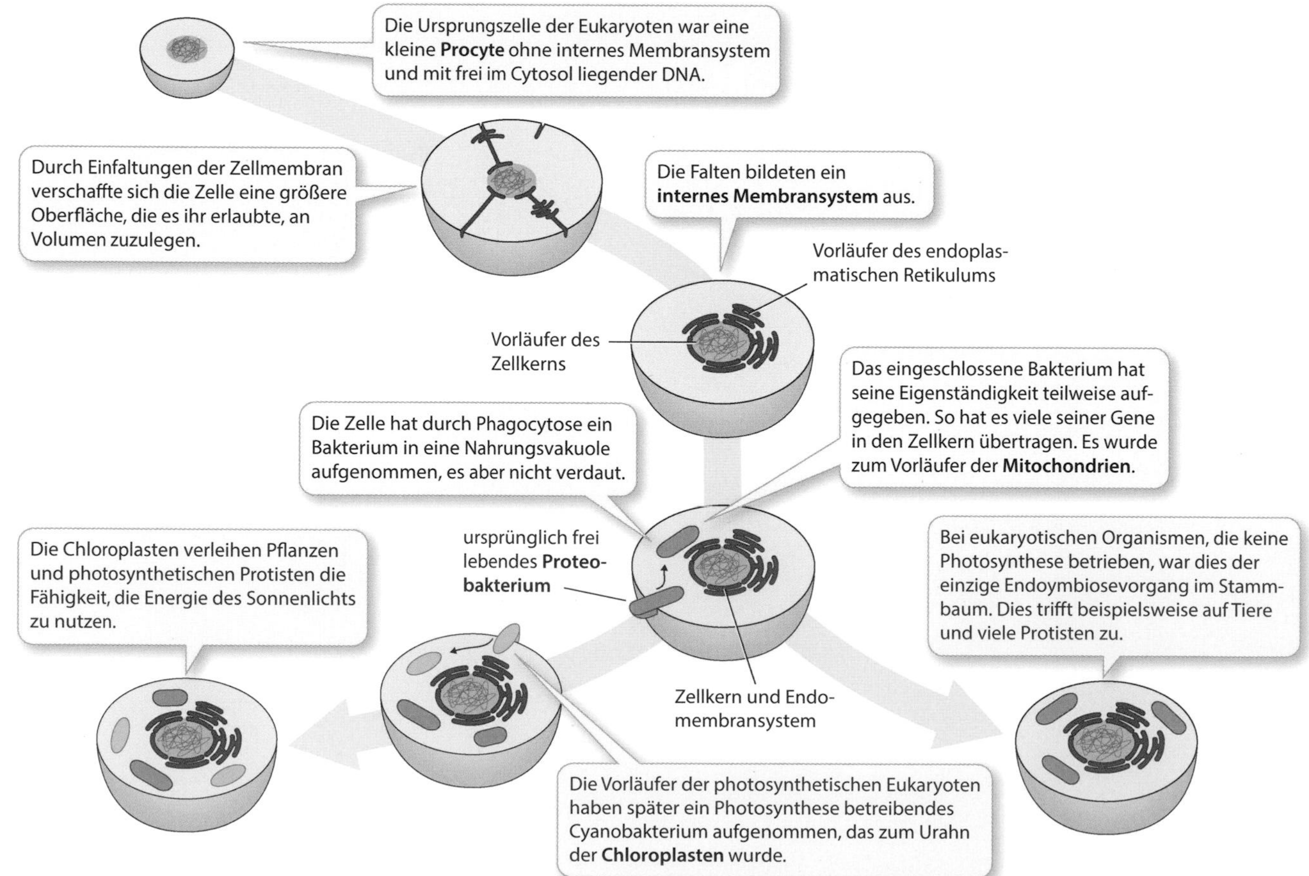

◘ **Abb. 4.1** Ein aktuelles Modell zur Entstehung der heutigen eukaryotischen Zelltypen aus prokaryotischen Vorläuferzellen durch Endosymbiose

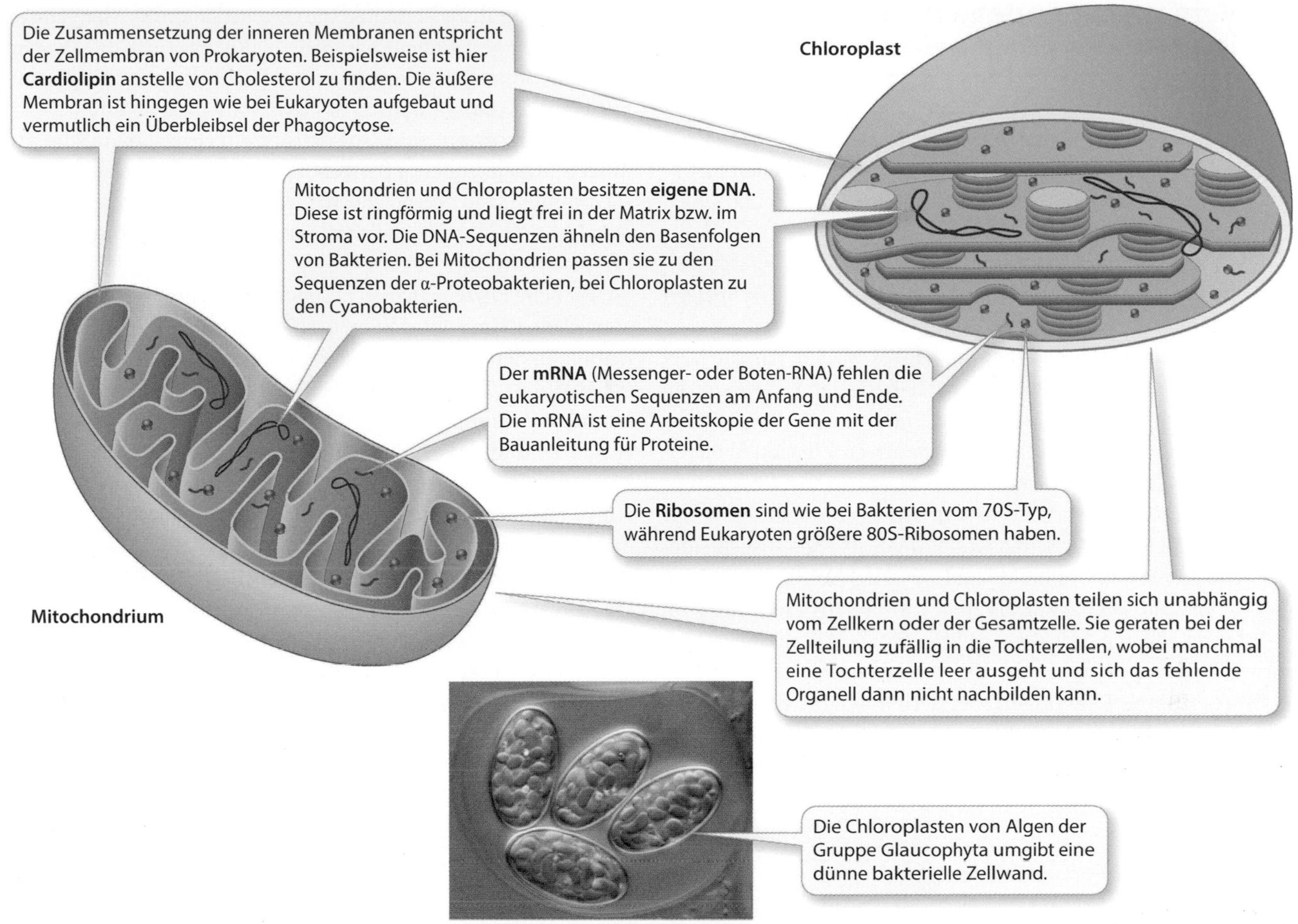

Chloroplast
Mitochondrium
Die Zusammensetzung der inneren Membranen entspricht der Zellmembran von Prokaryoten. Beispielsweise ist hier Cardiolipin anstelle von Cholesterol zu finden. Die äußere Membran ist hingegen wie bei Eukaryoten aufgebaut und vermutlich ein Überbleibsel der Phagocytose.
Mitochondrien und Chloroplasten besitzen eigene DNA. Diese ist ringförmig und liegt frei in der Matrix bzw. im Stroma vor. Die DNA-Sequenzen ähneln den Basenfolgen von Bakterien. Bei Mitochondrien passen sie zu den Sequenzen der α-Proteobakterien, bei Chloroplasten zu den Cyanobakterien.
Der mRNA (Messenger- oder Boten-RNA) fehlen die eukaryotischen Sequenzen am Anfang und Ende. Die mRNA ist eine Arbeitskopie der Gene mit der Bauanleitung für Proteine.
Die Ribosomen sind wie bei Bakterien vom 70S-Typ, während Eukaryoten größere 80S-Ribosomen haben.
Mitochondrien und Chloroplasten teilen sich unabhängig vom Zellkern oder der Gesamtzelle. Sie geraten bei der Zellteilung zufällig in die Tochterzellen, wobei manchmal eine Tochterzelle leer ausgeht und sich das fehlende Organell dann nicht nachbilden kann.
Die Chloroplasten von Algen der Gruppe Glaucophyta umgibt eine dünne bakterielle Zellwand.

Abb. 4.2 Merkmale, die auf den prokaryotischen Ursprung von Mitochondrien und Chloroplasten hindeuten

Knöllchenbakterien oder Rhizobien wandern in die Zellen der Wurzelhaare und Wurzelrinde von Pflanzen, die daraufhin Wurzelknöllchen genannte Verdickungen bilden. Darin wandeln sich die Bakterien zu Bacteroiden mit verstärkten Zellwänden um und können Stickstoff aus der Luft fixieren. Das Bakterium und die Pflanze versorgen sich sodann gegenseitig mit stickstoffhaltigen Verbindungen und Nährstoffen.

Der Süßwasserpolyp Hydra viridissima nimmt Grünalgen aus der Gattung Chlorella auf, die für ihn Photosynthese betreiben. Diese Zoochlorellen leben als Endosymbionten auch in Einzellern wie Amöben und Pantoffeltierchen.

Zooxanthellen sind eine Gruppe von Protisten, zu denen u. a. Dinoflagellaten und Diatomeen gehören und die als Endosymbionten in verschiedenen Korallen leben. Gehen sie verloren, stirbt ihr Wirt, was man mit dem Begriff Korallenbleiche bezeichnet.

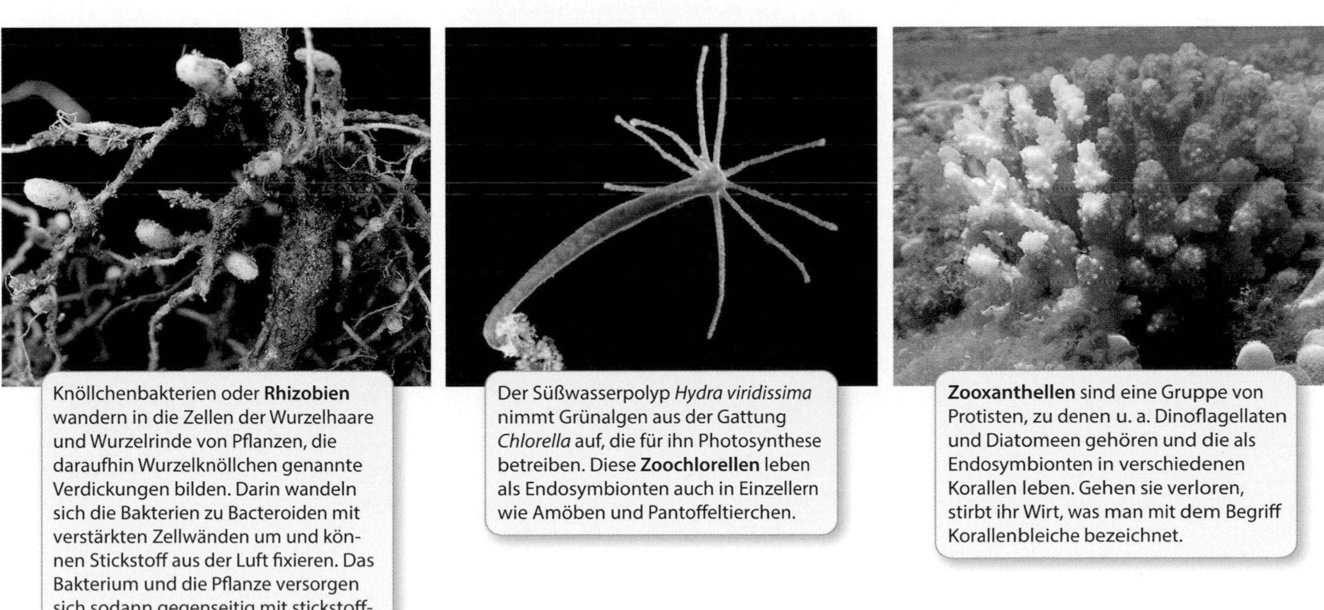

Abb. 4.3 Auch bei rezenten Arten gibt es enge Symbiosen, bei denen der kleinere Partner im Organismus des größeren lebt

4

4.2 Verdauung findet zum Teil in speziellen Organellen statt

Zellen, die sich von organischen Materialien ernähren, stehen vor dem Problem, dass die Verdauungsenzyme ihre eigenen Strukturen angreifen könnten. Eukaryoten haben dafür zwei Lösungsstrategien entwickelt:

- Die Verdauung ist in spezialisierte Organellen ausgelagert. Dadurch haben die Enzyme keinen Kontakt zu den übrigen Zellstrukturen.
- In den Organellen herrscht ein saures Milieu, das die Verdauungsenzyme für ihre Aktivität benötigen. Geraten die Enzyme durch eine beschädigte Membran in das pH-neutrale Cytosol, gehen sie in einen inaktiven Zustand über.

Tiere und viele Protisten nutzen **Lysosomen** für die Verdauung (◻ Abb. 4.4; ▶ Abschn. 12.13). Ihre Biomembran ist auf der Innenseite mit zahlreichen Kohlenhydratketten ausgekleidet zum Schutz der Membranlipide und -proteine vor den Enzymen. Lysosomen sind mit 0,1 µm bis etwa 1 µm relativ klein.

Pflanzenzellen besitzen keine Lysosomen. Sie verdauen Makromoleküle stattdessen in der **Zentralvakuole**.

Biochemische Reaktionen, bei denen gefährliche Peroxide wie Wasserstoffperoxid (H_2O_2) entstehen, laufen in **Peroxisomen** ab (◻ Abb. 4.5). Diese kommen bei fast allen Eukaryoten vor. Zur Entgiftung enthalten die Organellen große Mengen von Peroxidasen genannten Enzymen wie Katalase, die das Wasserstoffperoxid in Wasser und Sauerstoff zerlegen. Vor allem Fettsäuren und Alkohol werden in Peroxisomen abgebaut.

Glyoxysomen sind spezialisierte Peroxisomen, die bei jungen, wachsenden Pflanzen und bei filamentösen Pilzen (Schimmelpilzen) gespeicherte Lipide zu Kohlenhydraten umwandeln. Die Kohlenhydrate wandern in die Wachstumszentren (▶ Abschn. 13.7).

Manche Einzeller haben besondere Verfahren zur Verdauung entwickelt. Beim Pantoffeltierchen *Paramecium* (▶ Abschn. 33.17) kann man den Fortschritt sogar unter dem Mikroskop verfolgen (◻ Abb. 4.6). Es nimmt seine Nahrung über den Cytostom genannten Zellmund in eine Nahrungsvakuole auf. Nach dem Ansäuern und der Aufnahme der Enzyme wandert die Verdauungsvakuole auf einer elliptischen Bahn durch die ganze Zelle bis zum Zellafter, wo sie die unverdaulichen Bestandteile per Exocytose ausstößt.

Dinoflagellaten fressen auch Beute, die größer ist als sie selbst (◻ Abb. 4.7; ▶ Abschn. 33.15). Dazu durchstoßen sie entweder mit einem Plasmastrang deren Zellhülle und saugen sie aus, oder sie stülpen einen als Pseudopodium bezeichneten schlauchförmigen Teil ihrer eigenen Zelle aus, umhüllen damit die Beute und bilden so eine Fraßvakuole, die außerhalb der festen Zellhülle liegt.

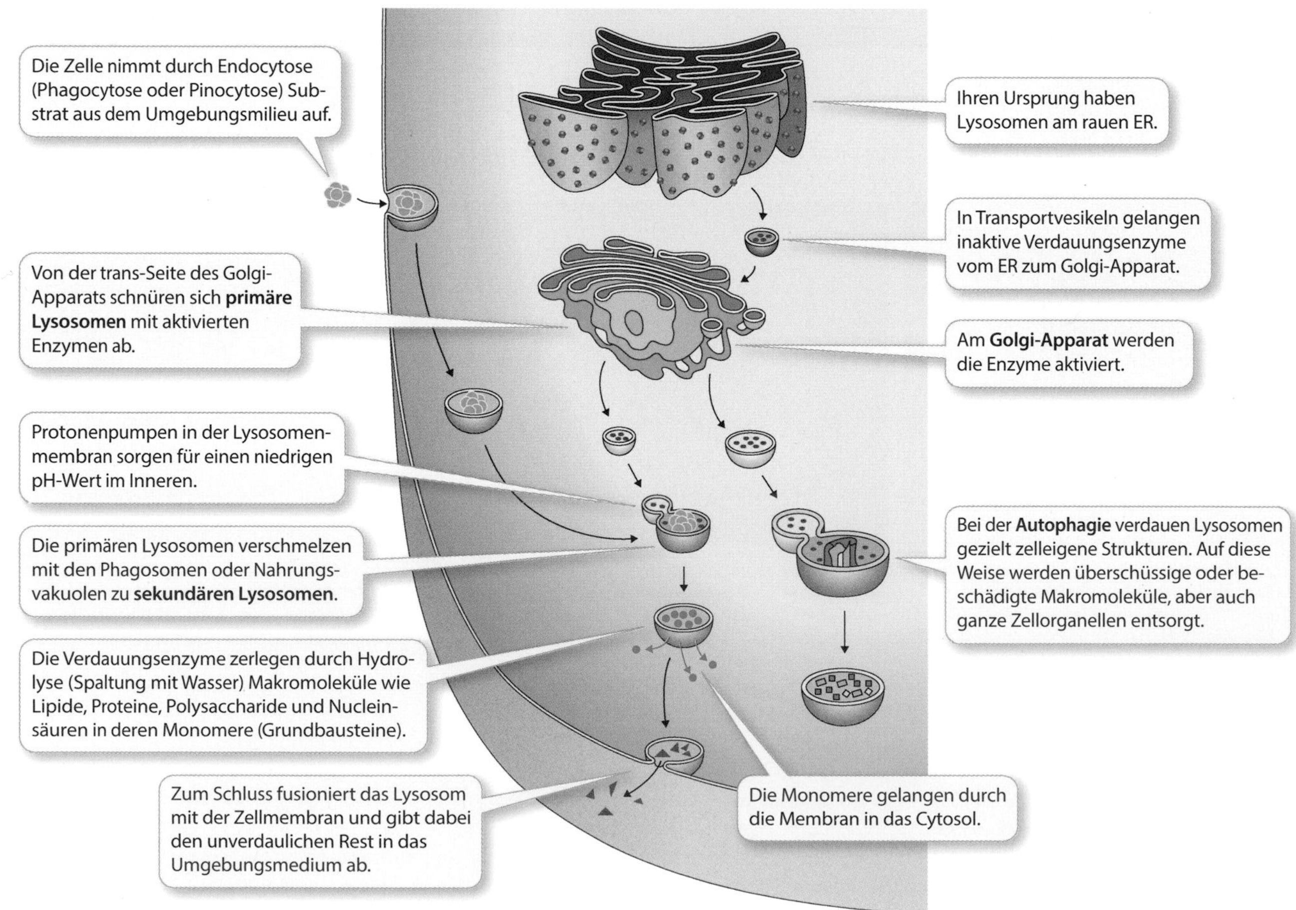

◻ **Abb. 4.4** Tiere und viele Protisten verdauen Substrate, die sie durch Phagocytose aufgenommen haben, mithilfe von Lysosomen

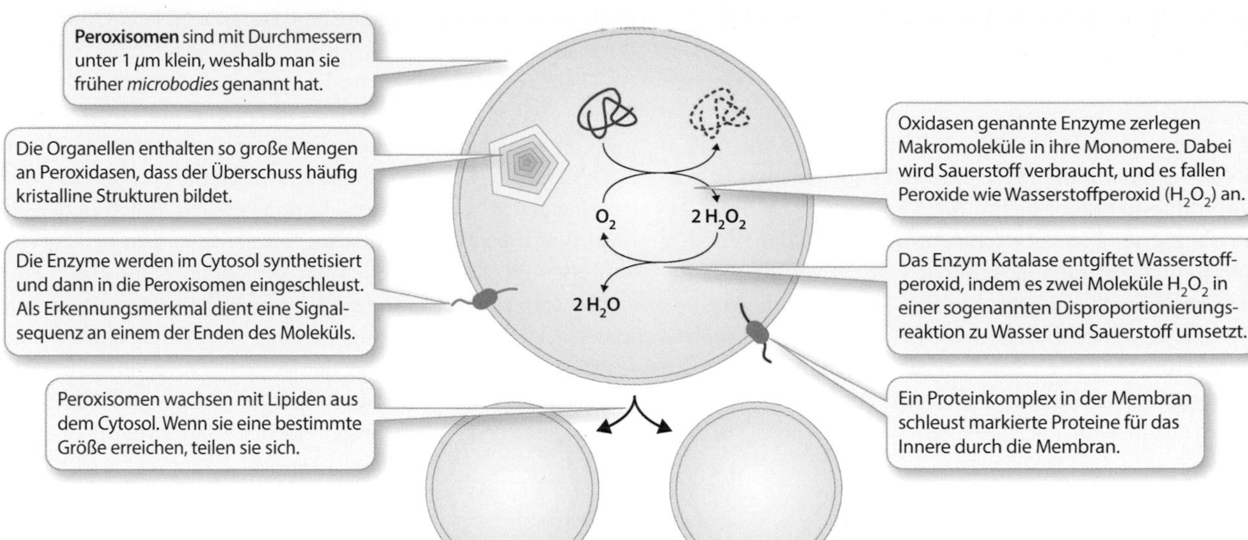

Abb. 4.5 Peroxisomen sind auf Prozesse spezialisiert, bei denen reaktionsfreudige Peroxide anfallen, die sonst zelleigene Moleküle zerstören könnten

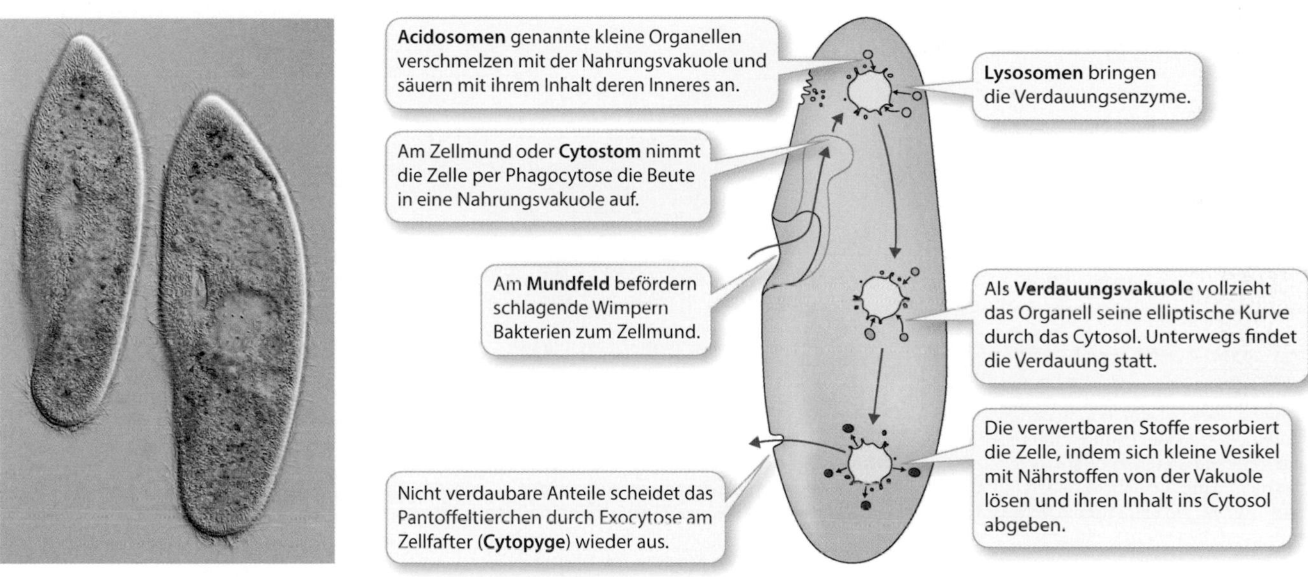

Abb. 4.6 Beim Pantoffeltierchen vollführt die Verdauungsvakuole eine Cyclose genannte Wanderung durch die Zelle

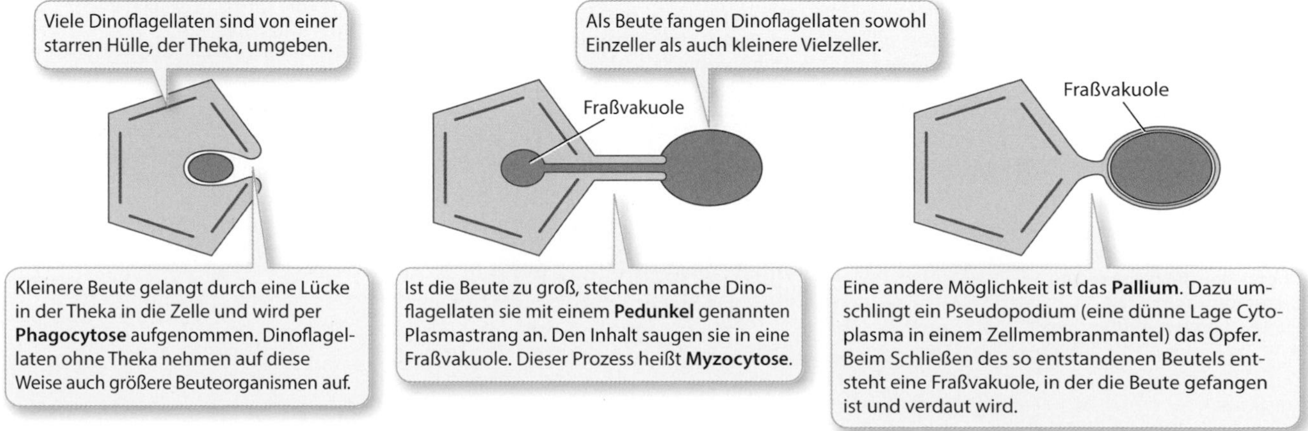

Abb. 4.7 Um auch größere Beute verdauen zu können, müssen Dinoflagellaten ihre Fraßvakuole manchmal auslagern

4

4.3 Mitochondrien stellen den Großteil der Energie bereit

Mitochondrien sind typische eukaryotische Organellen (◘ Abb. 4.8, 4.9), bei Prokaryoten kommen sie nicht vor. Nach der Endosymbiontentheorie sind die Mitochondrien vielmehr aus Proteobakterien hervorgegangen, die vom Urahnen der Eukaryoten aufgenommen, aber nicht verdaut wurden. Heute besitzen fast alle Eucyten Mitochondrien. Zu den wenigen Ausnahmen zählt der Einzeller *Monocercomonoides*. Ihm fehlen nicht nur die Mitochondrien, sondern auch die mitochondriellen Gene. Vermutlich besaßen die Zellen ursprünglich Mitochondrien, haben sie aber früh verloren. Bei Säugetieren weisen beispielsweise Erythrocyten (rote Blutkörperchen) keine Mitochondrien auf.

Die Anzahl der Mitochondrien pro Zelle ist vom Zelltyp abhängig. Zellen mit einem hohen Energieumsatz (z. B. Muskel- und Nervenzellen) besitzen mehrere Tausend Exemplare, andere Zellen enthalten wenige Mitochondrien, manche Einzeller nur ein einziges Mitochondrium. In den meisten Zellen bilden die Mitochondrien ein dynamisches Netzwerk, in dem sie sich stellenweise verbinden, miteinander verschmelzen und sich voneinander trennen. Bei Hefezellen finden beispielsweise durchschnittlich zwei Fusions- oder Teilungsprozesse pro Minute statt.

Die wesentliche Aufgabe der Mitochondrien besteht darin, den hauptsächlichen Energieträger der Zelle – das Adenosintriphosphat (ATP) – zu regenerieren. Daher nennt man die

Mit einem Durchmesser von 0,5–3 µm und einer Länge um 1–10 µm sind Mitochondrien etwa so groß wie Bakterien. Je nach Umstand finden sie sich zu einem dynamischen Netzwerk zusammen.

Die **Ribosomen** sind vom gleichen Typ (70S) wie bei Bakterien. Am rauen ER und im Cytosol der Eucyte sind sie vom größeren 80S-Typ.

Mitochondrien besitzen ein **eigenes Genom** in Form eines ringförmigen DNA-Strangs. Das Erbmaterial ist nicht mehr vollständig, da viele Gene im Laufe der Evolution in den Kern gewandert sind. Die Proteine der Mitochondrien werden deshalb teilweise im Cytosol produziert und teilweise in der Matrix.

Den Innenraum der Mitochondrien nennt man **Matrix**. Er ist mit einem Gemisch aus zahlreichen Molekülen angefüllt.

In der Matrix finden wichtige Teile des katabolen Stoffwechsels statt, bei dem Substanzen zerlegt und energiereiche Verbindungen gewonnen werden. Beispielsweise der Citratzyklus. Auch anabole (aufbauende) Reaktionen gibt es hier, darunter die Synthese der **Eisen-Schwefel-Cluster**.

Die **innere Membran** ist ähnlich wie die Zellmembran von Bakterien zusammengesetzt. Beispielsweise enthält sie Cardiolipin.

Der Proteinanteil ist in der inneren Membran sehr hoch. Es gibt aber keine unspezifischen Kanäle. Die Membran ist daher ein extrem selektiver Filter mit einer Reihe spezifischer Transporter.

Die innere Membran ist stark gefaltet. Die meist flachen bis beutelförmigen Einstülpungen nennt man **Cristae**. Röhrenförmige Cristae werden als tubulär bezeichnet, scheibenförmige als discoid. Die Cristae verleihen der Membran eine deutlich vergrößerte Oberfläche, sodass sie mehr Proteinkomplexe aufnehmen kann.

Die **äußere Membran** ähnelt der Zellmembran. Sie wirkt wie ein Filter: Porine genannte Kanalproteine lassen kleine und mittlere Moleküle und Ionen passieren, größere Moleküle dagegen nicht. Eine Ausnahme bilden Proteine aus dem Cytosol, die extra für die Mitochondrien synthetisiert werden. Sie tragen eine Signalsequenz und werden von Translokasen genannten Membranproteinen eingeschleust.

Der **Intermembranraum** zwischen den beiden Membranen stellt ein eigenes Kompartiment dar. Während die Zusammenstellung der kleinen Moleküle und Ionen der Komposition im Cytosol gleicht, verfügt der Intermembranraum über eigene Proteine, beispielsweise Cytochrom c.

In der inneren Membran liegen die Proteinkomplexe für die **Atmungskette** und das Enzym ATP-Synthase. Bei aeroben (luftatmenden) Organismen stellen diese den größten Teil der chemisch gebundenen Energie der Zelle bereit.

Die Atmungskette befördert Protonen aus der Matrix in den Intermembranraum und den Bereich zwischen den Einstülpungen. Dadurch entsteht ein doppeltes Ungleichgewicht: eine pH-Differenz sowie eine elektrische Spannung, da die Protonen elektrisch positiv geladen sind. Diesen elektrochemischen Gradienten des Protons bezeichnet man als **protonenmotorische Kraft**.

Am Ende der Atmungskette werden Elektronen, die ursprünglich aus den verdauten Substraten stammen, auf Sauerstoff übertragen. Dieser Schritt macht aerobe Organismen vom Sauerstoff abhängig.

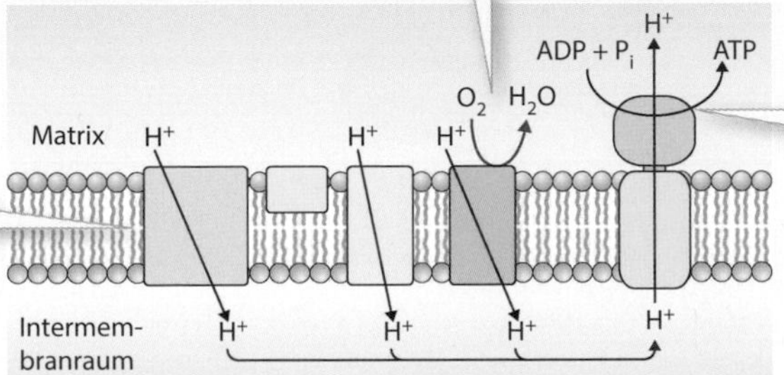

Die protonenmotorische Kraft treibt die Protonen zurück in die Matrix. Als einziger Weg steht dafür die **ATP-Synthase** zur Verfügung. Sie nutzt die Energie der zurückwandernden Protonen, um ADP und Phosphat (P_i) wieder zum Energieträger ATP zu verbinden.

◘ **Abb. 4.8** Zwei Membranen umgeben jedes Mitochondrium. Die Proteinkomplexe in der inneren Membran machen das Organell zum „Kraftwerk" der Zelle

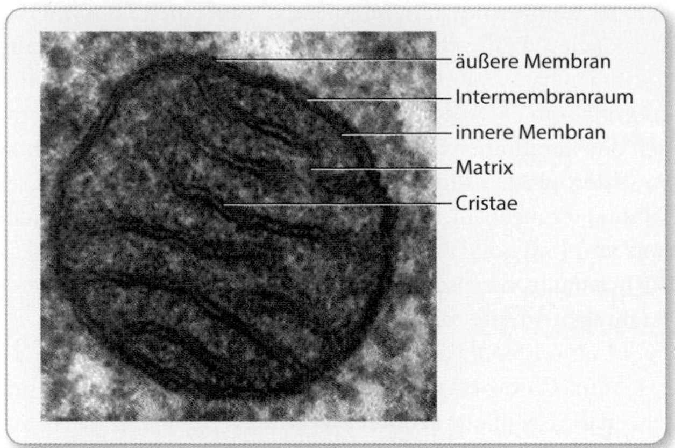

Abb. 4.9 Elektronenmikroskopisches Bild eines Mitochondriums

Mitochondrien auch die „Kraftwerke" der Zelle. Zu diesem Zweck sind mehrere Stoffwechselwege im Mitochondrium angesiedelt:

- Im **Matrix** genannten Inneren läuft vor allem der Citratzyklus (► Abschn. 13.4) ab, der die letzten Stufen im Abbau von Kohlenhydraten und Fetten umfasst. Außer energiereichen Verbindungen fallen dabei auch Ausgangsstoffe für verschiedene Synthesewege an.
- Die Atmungskette in der **inneren Membran** regeneriert zusammen mit der ATP-Synthase das verbrauchte ATP, das anschließend in das Cytosol exportiert wird und energieverbrauchende Prozesse in der ganzen Zelle antreibt.
- Mitochondrien synthetisieren Eisen-Schwefel-Cluster, die von bestimmten, am Transport von Elektronen beteiligten Proteinen benötigt werden.

Außerdem dienen Mitochondrien als Calciumspeicher.

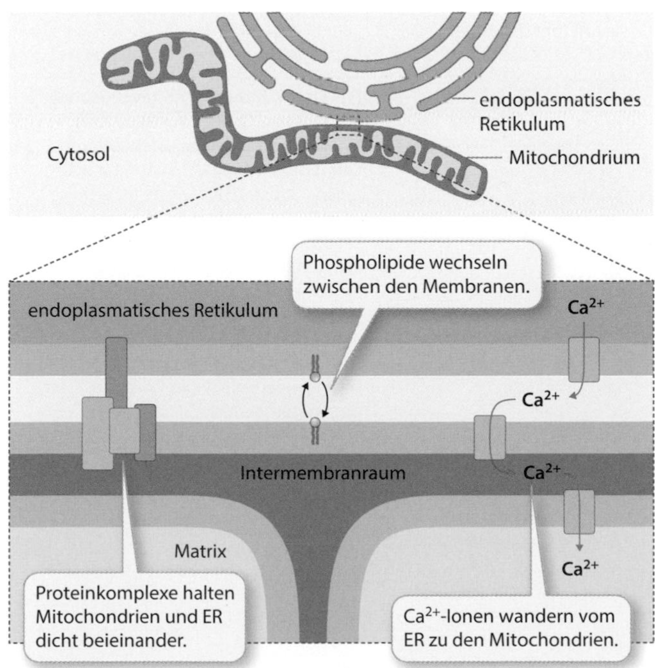

Abb. 4.10 Über die mitochondrienassoziierte ER-Membran (MAM) sind Mitochondrien mit dem Endomembransystem verknüpft

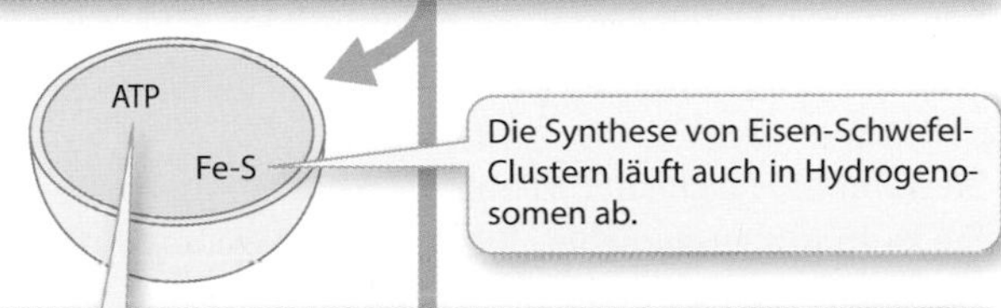

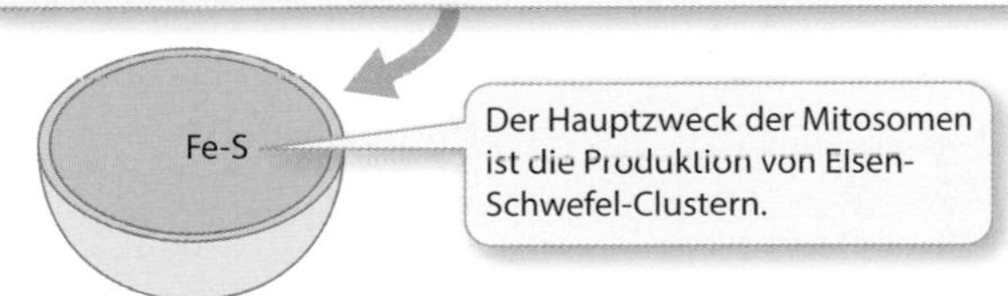

Abb. 4.11 In manchen Zellen sind die ursprünglich vorhandenen Mitochondrien verkümmert

Obwohl die Mitochondrien nicht Teil des Endomembransystems sind und nicht auf das endoplasmatische Retikulum (ER) zurückgehen, sondern sich unabhängig von der restlichen Zelle durch Teilung vermehren, stehen sie doch im engen Kontakt mit dem ER (Abb. 4.10). Durch den Austausch im Bereich der mitochondrienassoziierten ER-Membran (MAM) sind die Mitochondrien auch an Prozessen wie der Signalgebung und der Ca^{2+}-abhängigen Apoptose (dem programmierten Zelltod) beteiligt.

Bei einigen Organismengruppen sind die Mitochondrien im Laufe der Evolution degeneriert und übernehmen nur noch einen Teil ihrer ursprünglichen Aufgaben (Abb. 4.11). Solche als **Hydrogenosomen** oder **Mitosomen** (► Abschn. 24.1) bezeichneten Organellen finden sich bei verschiedensten in anaeroben Habitaten lebenden Eukaryoten, neben den einzelligen Metamonaden und vielen anderen Einzellern auch bei Vertretern der zu den Tieren gehörenden Loricifera.

Die Zellmembran der Prokaryoten entspricht der inneren Mitochondrienmembran. Dementsprechend ist ihre Atmungskette dort lokalisiert und arbeitet nach den gleichen Prinzipien.

4.4 Für die Photosynthese gibt es besondere Strukturen

Die Photosynthese ist der zentrale Prozess, über den das Leben auf der Erde – direkt oder indirekt – Energie erhält. (Daneben gibt es einige wenige Arten von Organismen, die ihre Energie aus anorganischen chemischen Verbindungen oder sogar aus dem radioaktiven Zerfall gewinnen.)

Im Verlauf der Photosynthese wandelt die Zelle die Energie des Lichts in die besser nutzbare Energie einer chemischen Bindung um (► Abschn. 13.11). Die dafür verantwortlichen Prozesse laufen an einer Membran ab, in welche die meisten aktiven Proteinkomplexe eingebettet sind. Somit kann eine Zelle zwei Strategien verfolgen, um ihre Photosynthese möglichst effizient zu gestalten:

- Sie kann die Fläche der Membran erhöhen.
- Sie kann mit zusätzlichen Pigmentkomplexen wie mit einer größeren Antenne mehr Licht einfangen.

Die Methode der vergrößerten Membranfläche ist eine Erfindung der Cyanobakterien. Einstülpungen der Zellmembran schnüren sich ab und bilden ein **Thylakoid** genanntes internes Membransystem, das den Photosynthesekomplexen Platz bietet (◘ Abb. 4.12).

Nach der Endosymbiontentheorie (► Abschn. 4.1) sind die Chloroplasten der Pflanzen, der Grünalgen, der Rotalgen sowie der Glaucophyta Nachkommen eines frühen Cyanobakteriums, das nicht verdaut, sondern zum photosynthetisch aktiven Organell umgewandelt wurde. Entsprechend stark ähnelt die Chloroplastenstruktur (◘ Abb. 4.13) dem Aufbau der Cyanobakterien. Diese Plastiden werden als **primäre Plastiden** bezeichnet. Die anderen Algengruppen besitzen **sekundäre Plastiden** mit drei oder vier umhüllenden Membranen, die auf eine Endosymbiose zurückgehen, bei welcher der Wirt kein Cyanobakterium aufgenommen hat, sondern eine Grün- oder Rotalge mitsamt deren Chloroplasten (► Abschn. 33.2). Bei einigen Organismen sind noch die Membranen der Alge erhalten, sodass vier Membranen den Chloroplasten umhüllen, bei anderen ist eine der äußeren Membranen abgebaut, sodass nur drei Membranen den Plastiden umgeben. Sind noch Reste vom Zellkern der Alge übrig, sind sie als Nucleomorph zwischen den beiden inneren und den äußeren Membranen zu finden.

Ein besonderer Fall sind **Kleptoplastiden**: Dabei handelt es sich um Chloroplasten, die neu aufgenommen wurden und nicht an die Nachkommen weitergegeben werden. Der Wirt kann sogar ein Tier sein, das mit seinen Kleptoplastiden Photosynthese treiben kann, beispielsweise Meeresschnecken, die Algen fressen, aber die Chloroplasten nicht verdauen, sondern in ihre eigenen Zellen einbauen.

Für das Einfangen des Lichts sind **Antennenkomplexe** aus Proteinen und Pigmenten zuständig. Sie können auf drei unterschiedliche Weisen angeordnet sein:

- Bei Plastiden der Landpflanzen und vieler Algen, aber auch bei Purpurbakterien und Halobakterien, sind sie direkt in die Membran integriert.
- Cyanobakterien, Rotalgen und die Glaucophyta nutzen zudem auf die Membran aufgelagerte Strukturen, die Phycobilisomen ► Abschn. 13.10, 33.6, 33.7).
- Grüne Bakterien verfügen über Chlorosomen, die an die Innenseite der Zellmembran angelagert sind (◘ Abb. 4.14).

Phycobilisomen und Chlorosomen befähigen ihre Besitzer, Licht zu nutzen, das für Organismen mit Chloroplasten zu schwach ist oder von ihnen durchgelassen wird, weil die Wellenlänge nicht zu den Pigmenten wie dem jeweiligen Chlorophyll passt.

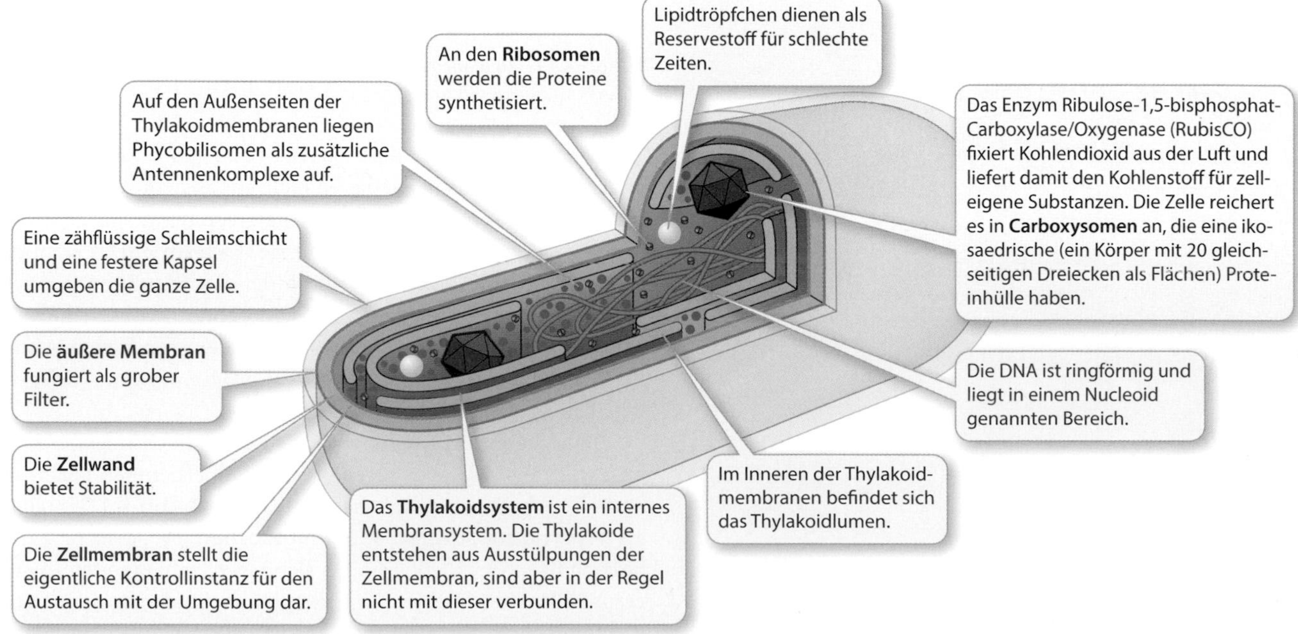

◘ **Abb. 4.12** Bei Cyanobakterien hat sich das Thylakoidsystem entwickelt, das viel Platz für membraninterne Photosynthesekomplexe bietet

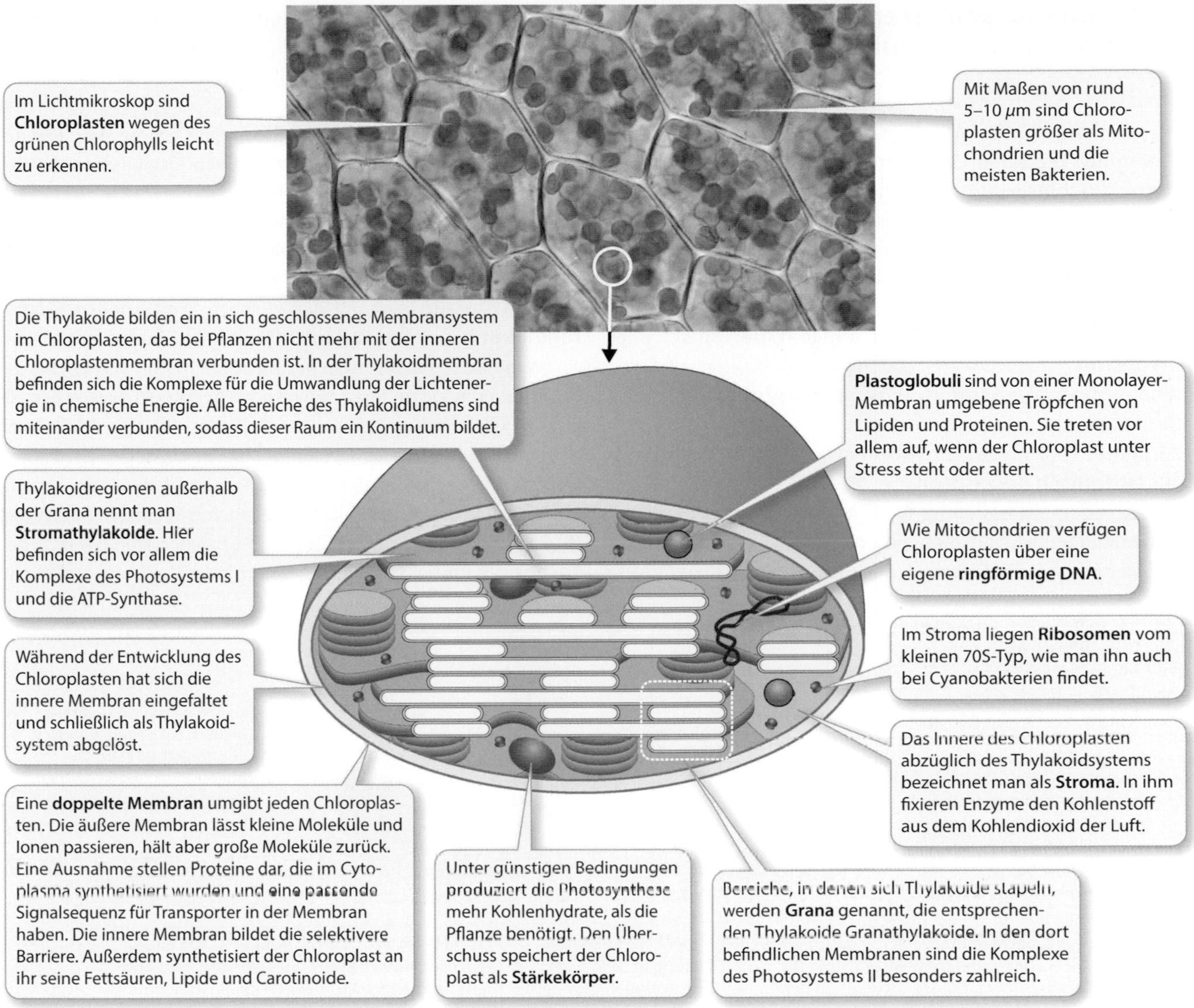

Im Lichtmikroskop sind **Chloroplasten** wegen des grünen Chlorophylls leicht zu erkennen.
Mit Maßen von rund 5–10 μm sind Chloroplasten größer als Mitochondrien und die meisten Bakterien.
Die Thylakoide bilden ein in sich geschlossenes Membransystem im Chloroplasten, das bei Pflanzen nicht mehr mit der inneren Chloroplastenmembran verbunden ist. In der Thylakoidmembran befinden sich die Komplexe für die Umwandlung der Lichtenergie in chemische Energie. Alle Bereiche des Thylakoidlumens sind miteinander verbunden, sodass dieser Raum ein Kontinuum bildet.
Plastoglobuli sind von einer Monolayer-Membran umgebene Tröpfchen von Lipiden und Proteinen. Sie treten vor allem auf, wenn der Chloroplast unter Stress steht oder altert.
Thylakoidregionen außerhalb der Grana nennt man **Stromathylakoide**. Hier befinden sich vor allem die Komplexe des Photosystems I und die ATP-Synthase.
Wie Mitochondrien verfügen Chloroplasten über eine eigene **ringförmige DNA**.
Während der Entwicklung des Chloroplasten hat sich die innere Membran eingefaltet und schließlich als Thylakoidsystem abgelöst.
Im Stroma liegen **Ribosomen** vom kleinen 70S-Typ, wie man ihn auch bei Cyanobakterien findet.
Das Innere des Chloroplasten abzüglich des Thylakoidsystems bezeichnet man als **Stroma**. In ihm fixieren Enzyme den Kohlenstoff aus dem Kohlendioxid der Luft.
Eine **doppelte Membran** umgibt jeden Chloroplasten. Die äußere Membran lässt kleine Moleküle und Ionen passieren, hält aber große Moleküle zurück. Eine Ausnahme stellen Proteine dar, die im Cytoplasma synthetisiert wurden und eine passende Signalsequenz für Transporter in der Membran haben. Die innere Membran bildet die selektivere Barriere. Außerdem synthetisiert der Chloroplast an ihr seine Fettsäuren, Lipide und Carotinoide.
Unter günstigen Bedingungen produziert die Photosynthese mehr Kohlenhydrate, als die Pflanze benötigt. Den Überschuss speichert der Chloroplast als **Stärkekörper**.
Bereiche, in denen sich Thylakoide stapeln, werden **Grana** genannt, die entsprechenden Thylakoide Granathylakoide. In den dort befindlichen Membranen sind die Komplexe des Photosystems II besonders zahlreich.

Abb. 4.13 Auch die Chloroplasten der Viridiplantae, also der Pflanzen und Grünalgen, besitzen ein Thylakoidsystem, das dem der Cyanobakterien sehr ähnelt

Cytosol
Licht
Chlorosomen sind bakterielle Organellen zum Einfangen von Licht.
Im Inneren befinden sich stangenartig angeordnete **Bacteriochlorophyll**moleküle als Antennen. Proteine fehlen hier.
Sie sind von einer Membran mit untypischen Lipiden und Proteinen umhüllt.
Über eine Basalplatte und bacteriochlorophyllhaltige Proteine ist das Chlorosom mit dem Reaktionszentrum in der Zellmembran verbunden.
Die Energie wird so effektiv eingefangen und zum Reaktionszentrum weitergeleitet, dass Grüne Bakterien von allen photosynthetischen Organismen am wenigsten Licht benötigen.
Zellmembran
photosynthetischer Komplex mit Reaktionszentrum
periplasmatischer Raum

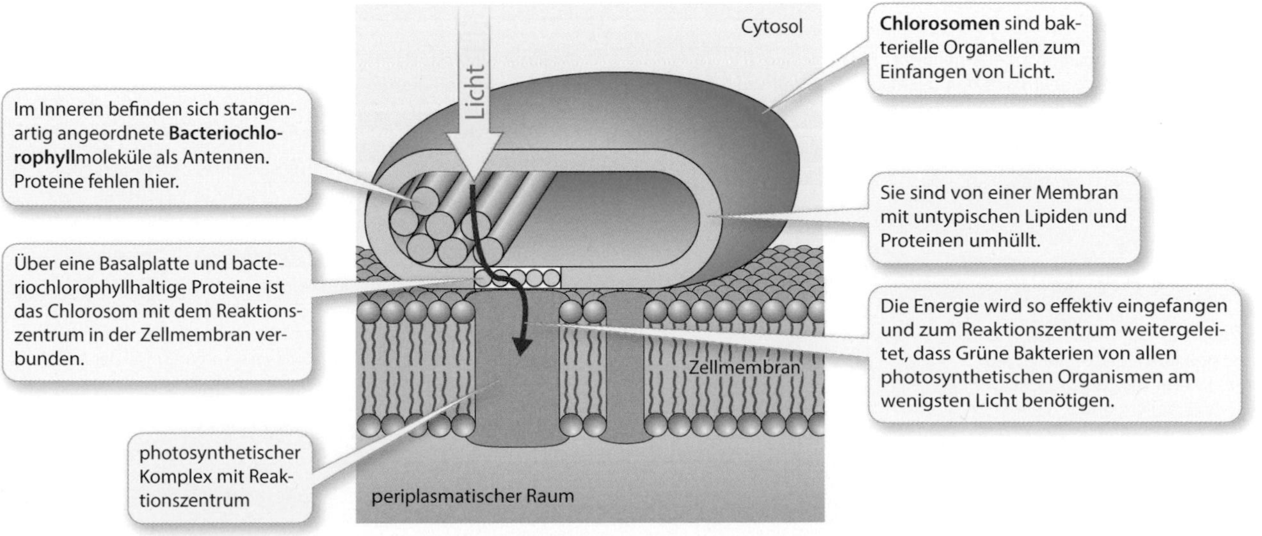

Abb. 4.14 Die photosynthetischen Strukturen der Grünen Bakterien heißen Chlorosomen

4.5 Zellen müssen ihren Innendruck anpassen und regulieren

Biomembranen sind für Wasser weitgehend durchlässig. Es kann sowohl mittels einfacher Diffusion als auch mittels erleichterter Diffusion durch Aquaporine in beide Richtungen wandern. Für die im Wasser gelösten Ionen und Moleküle sind Membranen hingegen weitgehend undurchlässig. Diese Semipermeabilität der Membranen sorgt dafür, dass die Konzentrationen auf den beiden Seiten unterschiedlich sind:

- Die konzentriertere Lösung nennt man **hypertonisch** oder **hyperton**.
- Die weniger konzentrierte Lösung ist **hypotonisch** oder **hypoton**.
- Sind beide Lösungen gleich konzentriert, bezeichnet man sie als **isotonisch** oder **isoton**.

Wasser wandert zwar ständig hin und her, der etwas stärkere Strom verläuft jedoch von der hypotonen zur hypertonen Lösung. Dieser Nettofluss heißt **Osmose**. Die Osmose erfolgt passiv, verbraucht also keine Energie. Sie läuft so lange ab, bis sich die Konzentrationen ausgeglichen haben oder eine entgegengerichtete gleich starke Kraft einen ebenbürtigen Rückstrom von Wasser bewirkt (◘ Abb. 4.15).

An den Membranen einer Zelle findet Osmose statt. Die unterschiedlichen Mechanismen, mit denen Organismen den osmotischen Druck kontrollieren, fasst man unter dem Begriff **Osmoregulation** zusammen. Grundsätzlich gibt es zwei mögliche Strategien (◘ Abb. 4.16): **Osmokonformer** passen sich an das Medium an, indem sie ihre als interne Osmolarität bezeichnete Teilchenkonzentration auf den gleichen Wert bringen. **Osmoregulierer** halten ihre Osmolarität aktiv auf einem festen Wert.

Wenn Zellen in einem hypertonischen Medium Wasser abgeben, verlieren sie an Spannung und schrumpeln zusammen, da sich die Oberfläche einer Zelle nicht ändert (◘ Abb. 4.17). In einem stark hypotonischen Medium platzen tierische Zellen sogar, weil ihre Zellmembran dem Innendruck durch das einströmende Wasser nicht standhalten kann. Zellen von Pflanzen, Pilzen und Prokaryoten, die von einer Zellwand umgeben sind, können den **Turgor** genannten Druck hingegen mit der Zellwand auffangen.

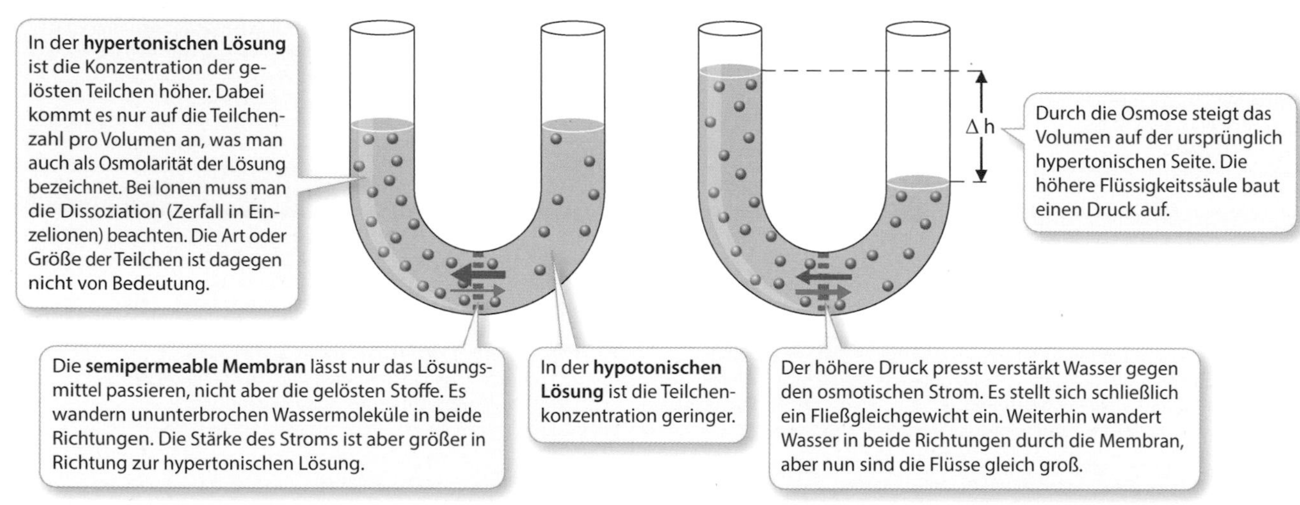

◘ **Abb. 4.15** Osmose ist ein Nettofluss von Wasser durch eine semipermeable Membran in Richtung der konzentrierteren Lösung

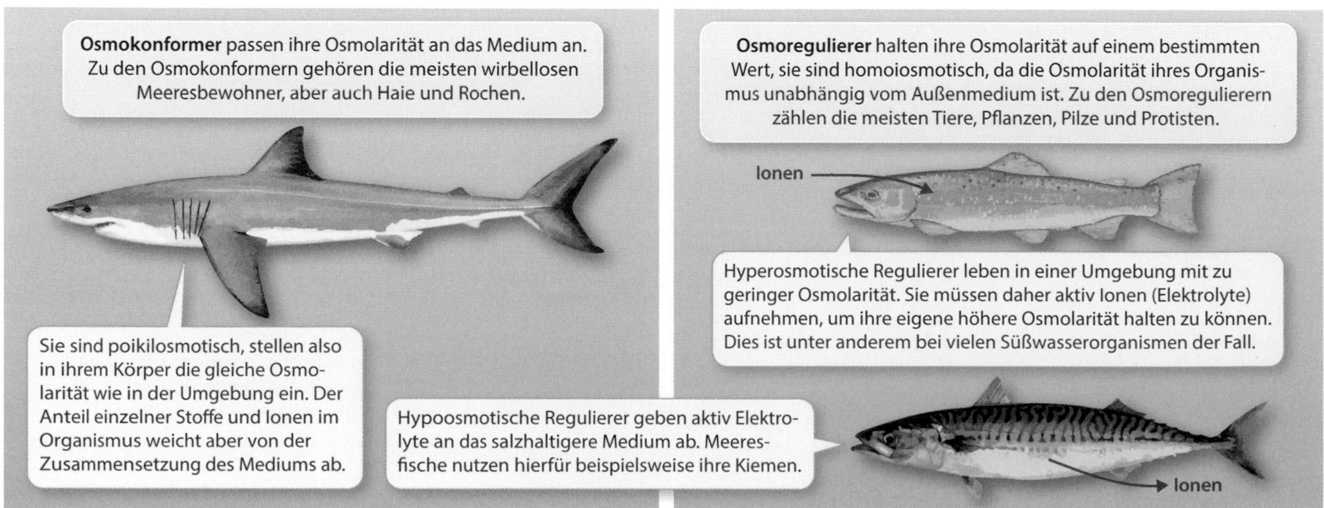

◘ **Abb. 4.16** Bei der Osmoregulation passen sich Organismen entweder an die Bedingungen an, oder sie halten aktiv ein osmotisch abweichendes Milieu aufrecht

Bei Zellen mit einer Zellwand wie beispielsweise Pflanzenzellen kann sich nur die flexible Zellmembran zusammenziehen. Sie löst sich dabei weitgehend von der starren Zellwand. Der Prozess wird **Plasmolyse** genannt.

Als Protoplast bezeichnet man den eigentlich lebendigen Teil, also die Zellmembran mitsamt Inhalt. Während einer Plasmolyse ist dieser Protoplast über dünne Plasmabrücken, die man Hecht'sche Fäden nennt, weiterhin mit den Nachbarzellen verbunden.

Bei der **Grenzplasmolyse** in einem isotonischen Medium liegt die Zellmembran locker auf der Zellwand auf, übt aber keinen Druck auf diese aus.

Das einströmende Wasser dringt bei Pflanzenzellen meistens bis in die Zentralvakuole vor, die sich ausdehnt und einen Großteil des Volumens einnimmt. Durch das zusätzliche Wasser baut sich ein **Turgor** genannter Druck in der Zelle auf. Er presst die Zellmembran gegen die Zellwand. Diese hält mit einem gleich starken, aber entgegengerichteten Druck stand. Die Zelle wird dadurch prall und fest. Man sagt, sie ist turgeszent.

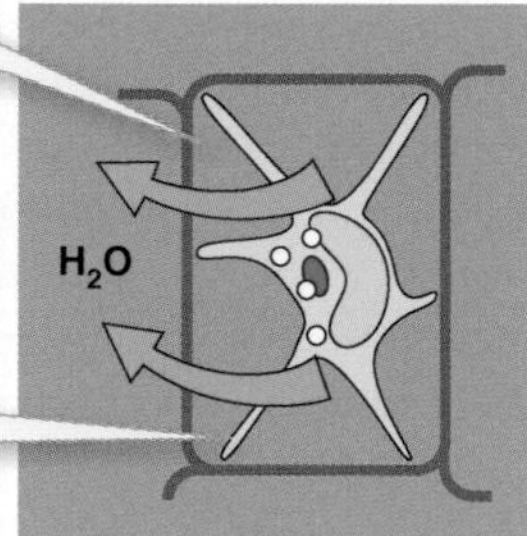

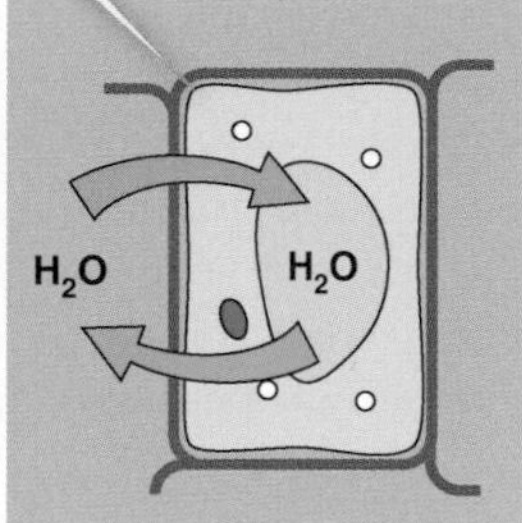

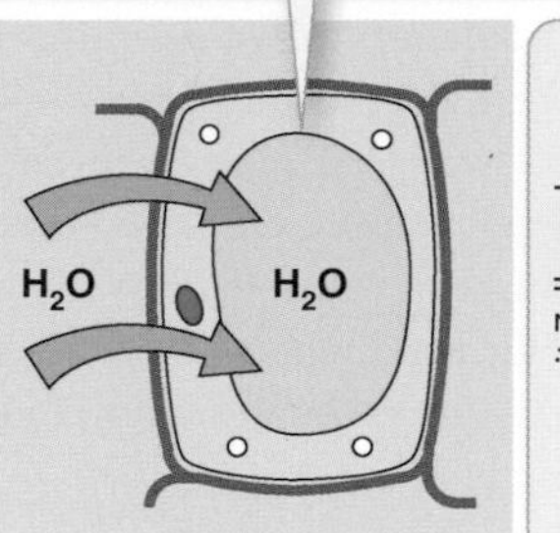

mit Zellwand

Hypertonische Medien entziehen den Zellen Wasser.

Isotonische Medien haben keinen besonderen Effekt.

Hypotonische Medien bedingen einen Einstrom von Wasser in die Zelle.

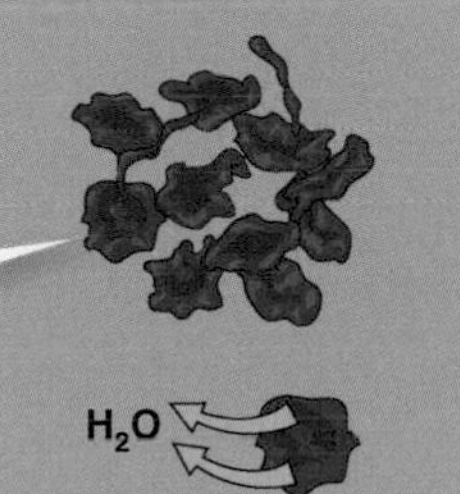

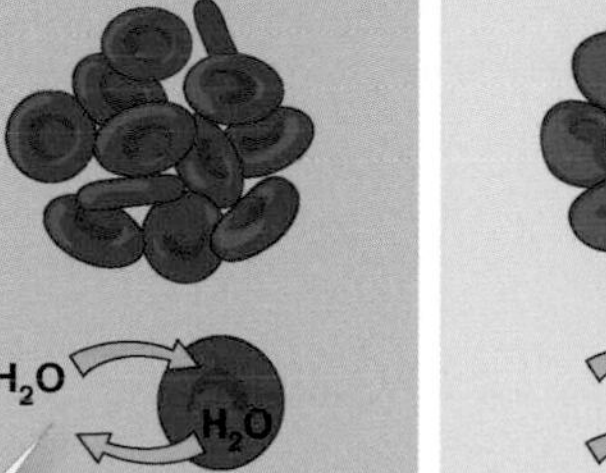

ohne Zellwand

Zellen ohne Zellwand wie beispielsweise rote Blutkörperchen schrumpeln insgesamt zusammen, wenn sie Wasser verlieren.

Ideal ist eine isotonische Umgebung, wie sie das Blutplasma bietet.

Sinkt die Osmolarität im Medium zu weit ab, bringt das einströmende Wasser die Zelle zum Platzen.

Abb. 4.17 In hypertonischen Medien verlieren Zellen Wasser und schrumpeln zusammen. In hypotonischen Medien nehmen sie Wasser auf, wodurch ein Turgor genannter Innendruck entsteht

Auf Zellebene haben besonders die Osmoregulierer mehrere Mechanismen entwickelt, um ihre Osmolarität zu steuern (Abb. 4.18). Alle Verfahren arbeiten nach einem von zwei Prinzipien:

- Die kontrollierte aktive Aufnahme oder Abgabe von Wasser, wobei die Menge der osmotisch aktiven Substanzen (Osmolyte) gleich bleibt.
- Die aktive Aufnahme, Abgabe oder Synthese von Osmolyten, ohne den Wassergehalt zu beeinflussen.

Manche heterotrophe Protisten wie Pantoffeltierchen, viele Amöben und Flagellaten sowie viele Algen nehmen in hypotonischen Medien eingeflossenes Wasser mit **kontraktilen Vakuolen** aus dem Cytoplasma auf und geben es über eine verschließbare Pore bzw. per Exocytose an die Umgebung ab. Außer bei Protisten kommen kontraktile Vakuolen auch bei den einzelligen Stadien verschiedener Pilze sowie bei manchen Schwämmen vor.

H_2O

Bei Pflanzenzellen übernimmt die **Zentralvakuole** weitgehend die Osmoregulation. In ihrer Tonoplast genannten Membran befinden sich Aquaporine für Wasser sowie Kaliumkanäle, sodass die Zelle die Osmolarität im Vakuolenlumen steuern kann. Auch bei Pilzen wie Hefen sind Vakuolen für die Osmoregulation zuständig.

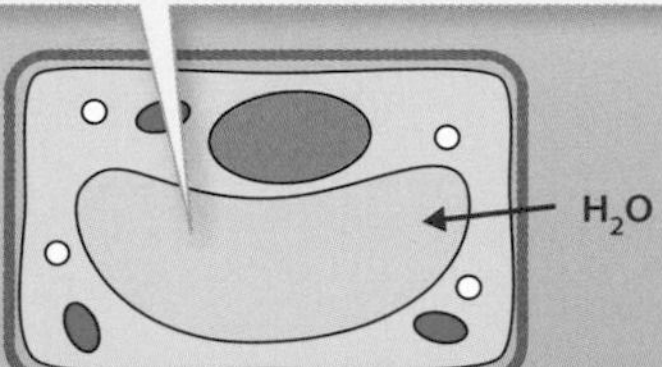

Prokaryoten, die in sehr salzigen Medien leben, nehmen osmotisch aktive Substanzen aus der Umgebung auf.

Um die eigene Osmolarität zu erhöhen, produzieren manche Zellen auch kleine organische Verbindungen als Osmolyte, die elektrisch neutral sind und den Zellstoffwechsel nicht stören. Zu diesen sogenannten **kompatiblen Soluten** gehören Zucker wie Trehalose und Saccharose, Polyole wie Glycerol und Inositol sowie Aminosäuren wie Glutaminsäure und Prolin. Außer Bakterien und Archaeen nutzen auch salztolerante Pilze und Pflanzen kompatible Solute.

Abb. 4.18 Die Mechanismen zur Osmoregulation der Zelle verändern entweder den Wassergehalt oder die Menge an osmotisch aktiven Substanzen

4.6 Zellen legen Reserven für schlechte Zeiten an

Fast alle Organismen müssen mit schwankenden Versorgungsbedingungen rechnen. Sie legen deshalb in ihren Zellen Reserven in Form von **Speicherstoffen** oder **Reservestoffen** an, die es ihnen ermöglichen, Engpässe zu überwinden. Bei einem Mangel an Energie helfen chemische Substanzen, die leicht abbaubar sind und dabei viel Energie liefern, die Lebensprozesse in Gang zu halten. Um einem Mangel an Baustoffen vorzubeugen, sind Stoffe geeignet, die sich in möglichst direkt nutzbare Monomere zerlegen lassen.

Vor allem in drei Situationen müssen Organismen auf ihre Reserven zurückgreifen:

- In Phasen mit unzureichendem Nachschub, weil beispielsweise über längere Zeit die Lichtintensität zu gering ist oder es keine Beute gibt.
- Während der Reaktivierung nach einer Ruhephase, etwa morgens oder im Frühjahr, wenn viele Organismen ihre Winterruhe beenden.
- Im Zuge der Keimung oder Embryonalentwicklung, falls der Nachkomme bereits vom Mutterorganismus getrennt ist, wie bei Samen, Sporen oder Eiern.

Die Reserve- oder Speicherstoffe entstammen dem Primärstoffwechsel, also jenen Prozessen, die für den Erhalt und die Vermehrung des Organismus notwendig sind (▶ Abschn. 13.1). Mit Ausnahme der Nucleinsäuren stellen alle großen biologischen Stoffgruppen (Kohlenhydrate, Proteine und Lipide) einen oder

Kohlenhydrate fungieren vor allem als Energiespeicher.

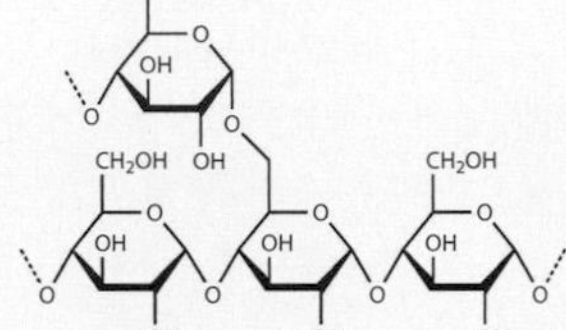

Stärke ist die Standardreserve bei Pflanzen, kommt aber auch bei Algen und Protozoen vor, dagegen nicht bei Tieren und Pilzen.

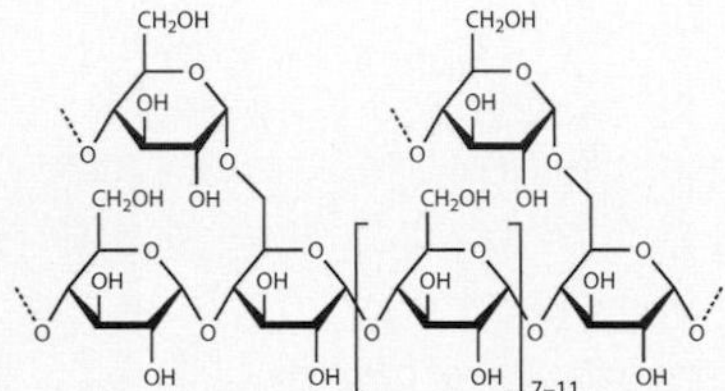

Tiere, Pilze und Bakterien nutzen Glykogen als Speicherkohlenhydrat.

Lipide sind eine andere häufig vorkommende Art der Energiereserve.

Öle und Fette sind Verbindungen mit drei Fettsäureresten an einem Glyceringerüst und kommen in allen Organismengruppen vor. Ist die Substanz bei Raumtemperatur fest, bezeichnet man sie als Fett. Öle sind hingegen flüssig, weil ihre Fettsäureketten kürzer oder verzweigt sind.

Polyhydroxybuttersäure (PHB) ist das Polymer der Fettsäure Buttersäure. Viele Bakterien nutzen PHB und ähnliche Verbindungen als Speicherstoff.

Speicherproteine stellen bei Bedarf Aminosäuren als Bausteine bereit. Sie lassen sich nach ihrer Löslichkeit gruppieren.

Albumine sind wasserlöslich.

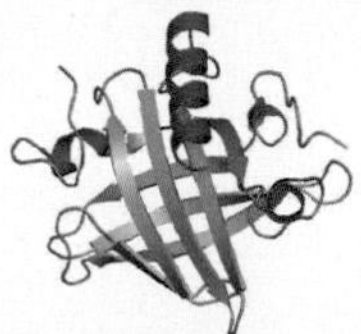

Globuline lösen sich in Salzlösungen.

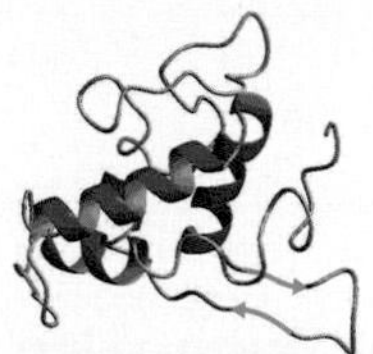

Prolamine lösen sich in Ethanol.

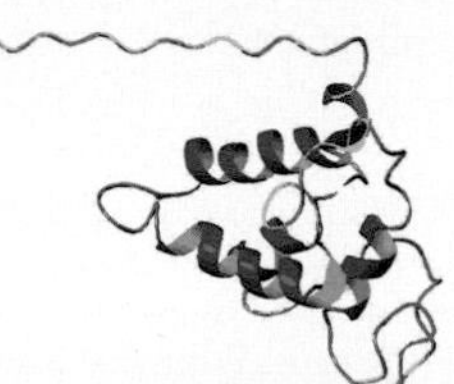

Gluteline lösen sich nur in Säuren.

Manche anorganische Verbindungen sind in den meisten Lebensräumen schwer zu finden.

Polyphosphate stellen bei Bedarf Phosphate zur Verfügung, die in Nucleinsäuren, Phospholipide und ATP eingebaut werden.

32,066
16 S
Schwefel
$[Ne]3s^2p^4$
–II, VI, IV 2,6

Schwefel kann vom reduzierten Sulfid (S^{2-}) bis zum Sulfat (SO_4^{2-}) oxidiert werden und somit als Elektronenquelle dienen. Die Zwischenstufe des elementaren Schwefels lässt sich gut in Zellen einlagern.

Abb. 4.19 Eine Auswahl von Reservestoffen

mehrere Reservestoffe (◘ Abb. 4.19). Manche Zellen speichern sogar anorganische Substanzen.

Vielfach befinden sich die Reservestoffe einfach im Cytosol, häufig in Form von konzentrierten Tröpfchen oder Klümpchen, die man auch als Granula bezeichnet. In einigen Fällen lagert die Zelle die Substanzen in Organellen aus, die bereits eine andere Funktion haben, oder sie erstellt sogar ein eigenes Speicherorganell (◘ Abb. 4.20; ► Abschn. 12.14).

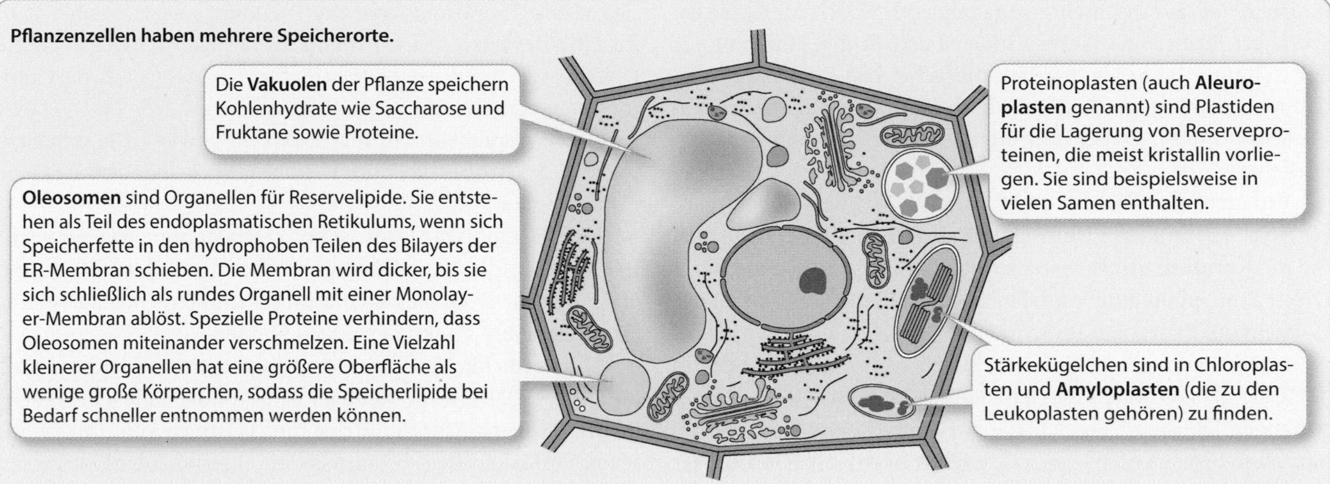

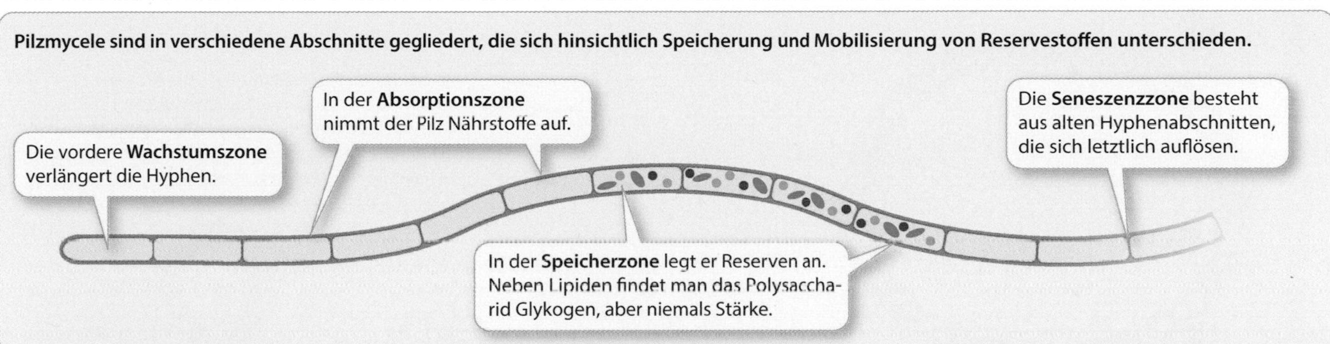

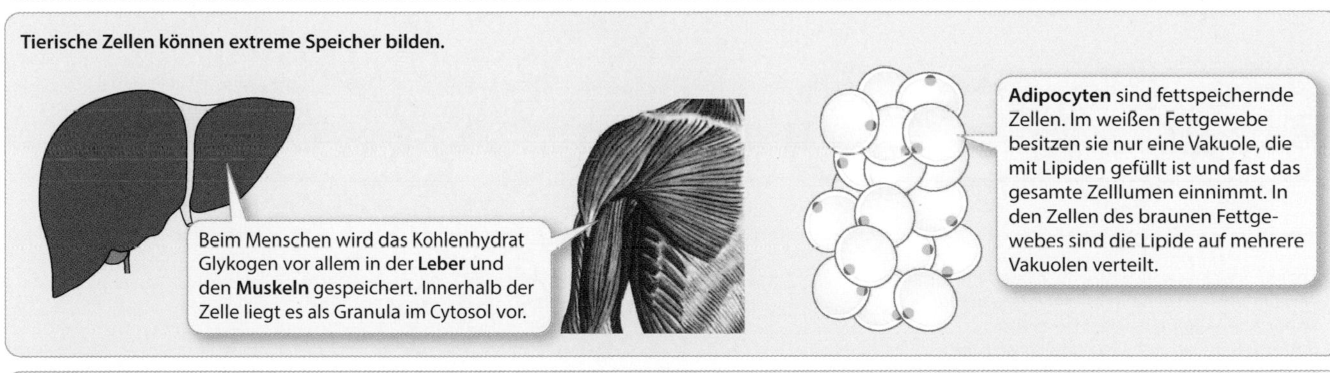

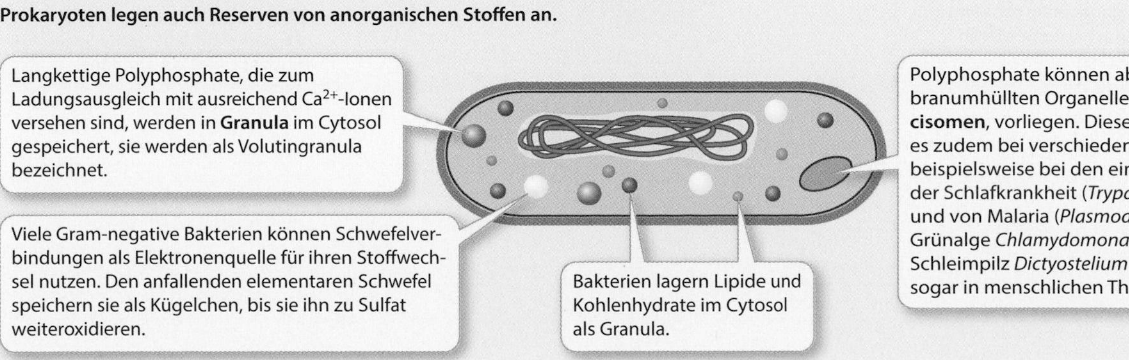

◘ **Abb. 4.20** Speicherorte von Reservestoffen bei verschiedenen Organismen

4.7 Das Erbmaterial ist eng und sicher verpackt

Die Erbinformation aller Organismen ist in der Reihenfolge der Bausteine eines oder mehrerer fadenartiger DNA-Moleküle gespeichert. Die Länge dieser Fäden übertrifft den Durchmesser der Zelle um mehr als das Tausendfache. Die DNA muss folglich komprimiert werden, um überhaupt in die Zelle zu passen (▶ Abschn. 6.3). Dabei darf sie weder reißen noch sich verwickeln.

Prokaryoten (◘ Abb. 4.21 und 4.22) und Eukaryoten (◘ Abb. 4.3) nutzen grundsätzlich die gleichen Mechanismen für die **Kondensation**, also die platzsparende Stauchung, ihrer DNA: Zum einen eine Verdrillung der Fäden, zum anderen das Wickeln der Fäden um Proteine.

Um die wertvolle Erbinformation zu schützen, ist die DNA in der Zelle in besonderen Bereichen untergebracht. Hier liegt einer der augenfälligsten Unterschiede zwischen Prokaryoten und Eukaryoten. Prokaryoten lagern ihre DNA in einer **Nucleoid** oder Kernäquivalent genannten Region ohne umhüllende Membran (◘ Abb. 4.22). Eukaryoten bringen den Großteil ihrer DNA in einem **Zellkern** mit doppelter Membranhülle unter (◘ Abb. 4.23).

Weitere Teile des Erbmaterials liegen bei Eukaryoten in den Mitochondrien (das **Chondrom**) und Plastiden (das **Plastom**). Zusammengefasst bezeichnet man sie als Plasmon. Die Organisation des Chondroms und des Plastoms entspricht eher dem Zustand des bakteriellen Erbguts als der Kern-DNA. So ist die DNA dieser Organellen häufig ringförmig geschlossen, bei Chloroplasten kommen aber auch lineare DNA-Fäden vor. Die DNA liegt in den Organellen in Nucleoiden vor und ist zu Superhelices verdrillt. Sie ist aber nicht um Histone gewickelt und bildet keine Nucleosomen.

Die plasmonische DNA ist nur semiautonom, da viele wichtige Gene in die Kern-DNA gewandert sind. Kern-DNA und plasmonische DNA müssen darum zusammenwirken, damit die Organellen ihre Funktion erfüllen können.

Die Ähnlichkeit zwischen der prokaryotischen und der plasmonischen DNA ist ein wichtiger Beleg für die Endosymbiontentheorie, wonach Mitochondrien und Plastiden von prokaryotischen Vorläuferzellen abstammen, die ein Urahn der Eukaryoten aufgenommen, aber nicht verdaut hat (▶ Abschn. 4.1).

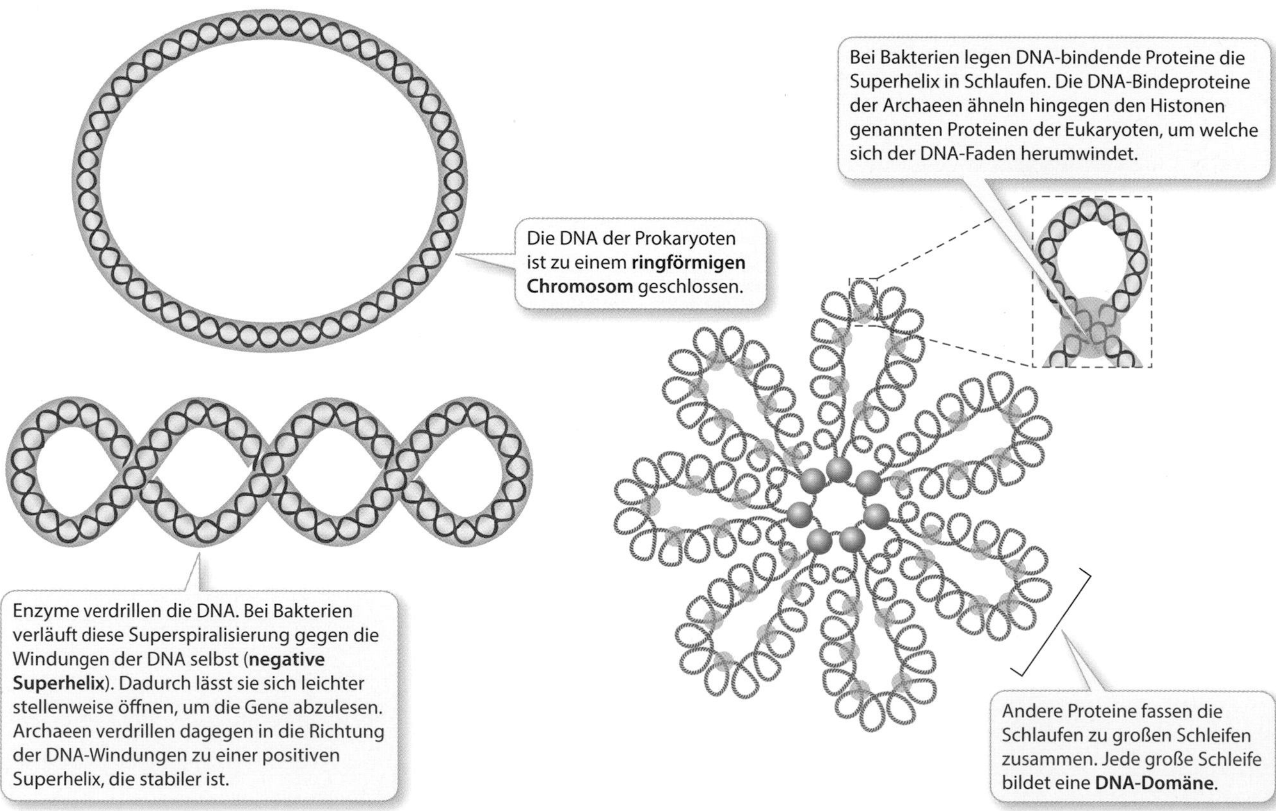

◘ **Abb. 4.21** Die DNA der Prokaryoten ist ringförmig und platzsparend komprimiert

Das **Nucleoid** erstreckt sich über einen Großteil des Zellinneren. Es ist frei von Ribosomen und erscheint im Elektronenmikroskop heller.
Die DNA ist mit ihrem **Replikationsursprung** (dem Ort, an dem die Verdopplung der DNA beginnt) etwa in der Mitte der Zellmembran angeheftet.
Der DNA-Faden ist durch Superspiralisierung komprimiert.
Die DNA-bindenden Proteine halten das Erbmaterial zusammen.
Viele Prokaryoten besitzen **Plasmide**, also DNA-Ringe mit zusätzlichen Genen, die für das Überleben unter günstigen Bedingungen nicht essenziell sind. Beispielsweise tragen manche Plasmide die Gene für eine Antibiotikaresistenz.
Rund 50 bis 100 **DNA-Domänen** ragen als Schleifen in das Zelllumen.
Die **Ribosomen** dringen nicht in das Nucleoid vor.

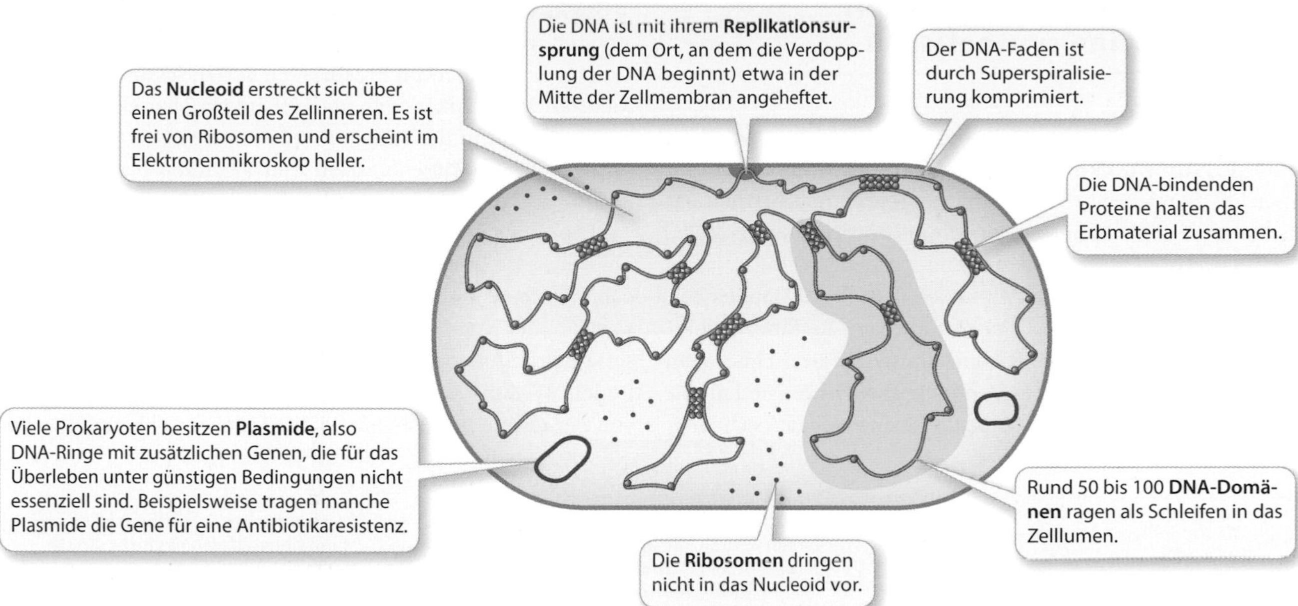

Abb. 4.22 Bei Prokaryoten liegt die DNA in einer Nucleoid oder Kernäquivalent genannten Region

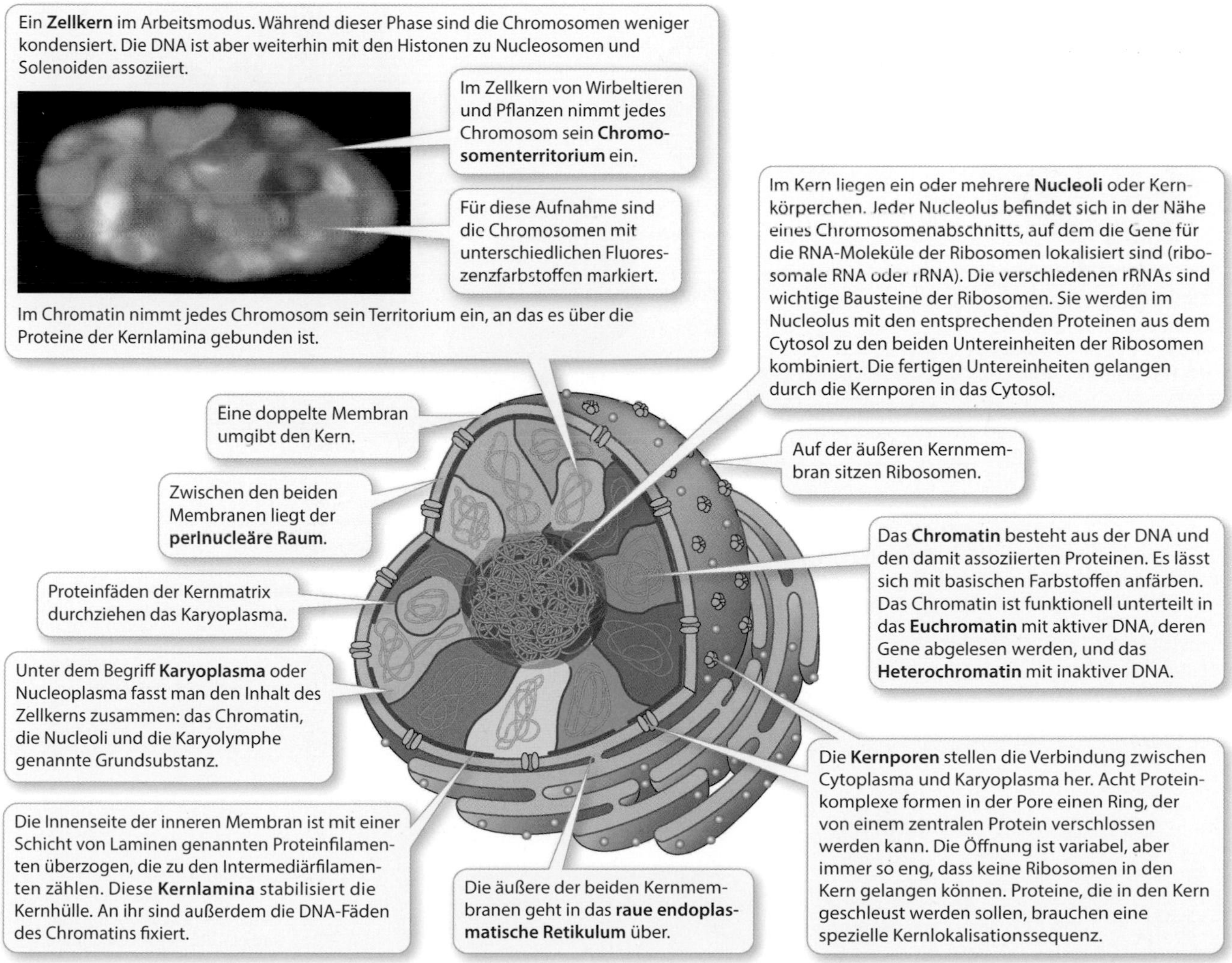

Ein **Zellkern** im Arbeitsmodus. Während dieser Phase sind die Chromosomen weniger kondensiert. Die DNA ist aber weiterhin mit den Histonen zu Nucleosomen und Solenoiden assoziiert.
Im Zellkern von Wirbeltieren und Pflanzen nimmt jedes Chromosom sein **Chromosomenterritorium** ein.
Für diese Aufnahme sind die Chromosomen mit unterschiedlichen Fluoreszenzfarbstoffen markiert.
Im Chromatin nimmt jedes Chromosom sein Territorium ein, an das es über die Proteine der Kernlamina gebunden ist.
Im Kern liegen ein oder mehrere **Nucleoli** oder Kernkörperchen. Jeder Nucleolus befindet sich in der Nähe eines Chromosomenabschnitts, auf dem die Gene für die RNA-Moleküle der Ribosomen lokalisiert sind (ribosomale RNA oder rRNA). Die verschiedenen rRNAs sind wichtige Bausteine der Ribosomen. Sie werden im Nucleolus mit den entsprechenden Proteinen aus dem Cytosol zu den beiden Untereinheiten der Ribosomen kombiniert. Die fertigen Untereinheiten gelangen durch die Kernporen in das Cytosol.
Eine doppelte Membran umgibt den Kern.
Auf der äußeren Kernmembran sitzen Ribosomen.
Zwischen den beiden Membranen liegt der **perinucleäre Raum**.
Das **Chromatin** besteht aus der DNA und den damit assoziierten Proteinen. Es lässt sich mit basischen Farbstoffen anfärben. Das Chromatin ist funktionell unterteilt in das **Euchromatin** mit aktiver DNA, deren Gene abgelesen werden, und das **Heterochromatin** mit inaktiver DNA.
Proteinfäden der Kernmatrix durchziehen das Karyoplasma.
Unter dem Begriff **Karyoplasma** oder Nucleoplasma fasst man den Inhalt des Zellkerns zusammen: das Chromatin, die Nucleoli und die Karyolymphe genannte Grundsubstanz.
Die **Kernporen** stellen die Verbindung zwischen Cytoplasma und Karyoplasma her. Acht Proteinkomplexe formen in der Pore einen Ring, der von einem zentralen Protein verschlossen werden kann. Die Öffnung ist variabel, aber immer so eng, dass keine Ribosomen in den Kern gelangen können. Proteine, die in den Kern geschleust werden sollen, brauchen eine spezielle Kernlokalisationssequenz.
Die Innenseite der inneren Membran ist mit einer Schicht von Laminen genannten Proteinfilamenten überzogen, die zu den Intermediärfilamenten zählen. Diese **Kernlamina** stabilisiert die Kernhülle. An ihr sind außerdem die DNA-Fäden des Chromatins fixiert.
Die äußere der beiden Kernmembranen geht in das **raue endoplasmatische Retikulum** über.

Abb. 4.23 Der Zellkern oder Nucleus ist das gemeinsame Merkmal aller Eukaryoten

4.8 An den Ribosomen werden die Proteine synthetisiert

4

Ribosomen sind im Lichtmikroskop nicht zu sehen, sondern erst im Elektronenmikroskop als grob rundliche Strukturen mit Maßen im Bereich von 20–25 nm zu erkennen. Trotzdem gehören sie zu den größten **Makromolekülkomplexen** der Zelle.

Jedes Ribosom besteht aus zwei unterschiedlich großen Komplexen, den Untereinheiten (◘ Abb. 4.24). Jede dieser Untereinheiten ist aus zwei Arten von Molekülen aufgebaut, aus **Ribonucleinsäuren** und **Proteinen**. Die Ribonucleinsäuren bezeichnet man entsprechend als ribosomale RNA oder kurz **rRNA**. Sie sind für die katalytische Funktion verantwortlich. Proteine befinden sich mehr in den Randbereichen des Komplexes und dienen zum großen Teil als Grundgerüst, das die rRNAs an ihren Positionen hält.

Die Ribosomen von Prokaryoten und die cytoplasmatischen Ribosomen der Eukaryoten unterscheiden sich in der Größe und in der Anzahl und Art der Proteine und rRNAs voneinander (◘ Abb. 4.25). Mitochondrien und Plastiden besitzen eigene Ribosomen, die dem bakteriellen Typ ähneln.

Die Größe der Ribosomen und ihrer Untereinheiten gibt man üblicherweise in der Einheit **Svedberg (S)** an. Es handelt sich dabei um eine Angabe für die **Sedimentationsgeschwindigkeit** in einer Zentrifuge. Je größer der Wert ist, desto schneller sinkt das betreffende Teilchen unter Wirkung der Fliehkraft zu Boden. Weil die Sedimentationsgeschwindigkeit aber nicht nur von der Größe und der Masse des Teilchens abhängt, sondern

Die 3D-modellierte Ansicht gibt recht gut die wahre Form des Ribosoms wieder.

Die **kleine Untereinheit** trägt eine Erkennungsstelle für die mRNA mit der Anleitung zur Synthese eines neuen Proteins.

200 Å

Auf der **großen Untereinheit** befinden sich die Bindestellen für die Hilfsmoleküle und das wachsende Protein.

Die schematisierte Darstellung ist eine Vereinfachung, die aber noch die wesentlichen strukturellen Merkmale des Ribosoms zeigt.

Kopf

zentraler Höcker

Basis

Stiel

Kamm

Plattform

Die vereinfachte Darstellung ist immer dann sinnvoll, wenn es nicht um die Struktur des Ribosoms geht, sondern um seine Funktion.

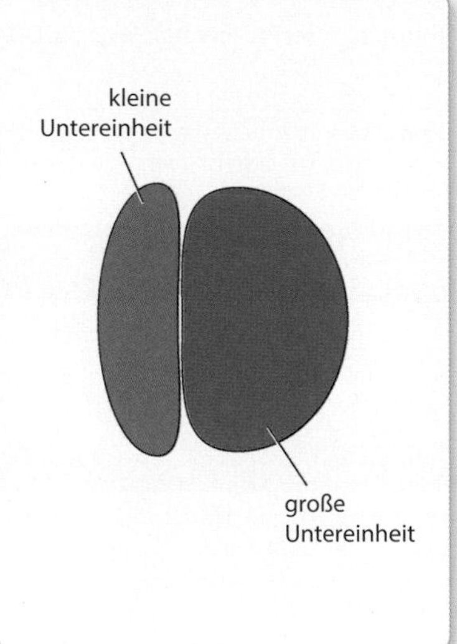

◘ **Abb. 4.24** Ribosomen bestehen aus einer großen und einer kleinen Untereinheit

Eukaryoten haben 80S-Ribosomen mit einer molaren Masse von rund 4,2 MDa und einem Durchmesser von 25 nm. Das Verhältnis von RNA zu Protein ist ungefähr ausgewogen.

Die große Untereinheit ist vom 60S-Typ. Sie umfasst 49 Proteine und drei RNAs: 5S, 5,8S und 28S.

Die kleine Untereinheit ist vom 40S-Typ und besteht aus 33 Proteinen und einer 18S-RNA.

5S-RNA

5,8S-RNA

28S-RNA

18S-RNA

Die Ribosomen der Prokaryoten sind mit 70S, einer molaren Masse von 2,5 MDa und einem Durchmesser von 23 nm etwas kleiner. Der RNA-Anteil beträgt fast zwei Drittel, ist also beinahe doppelt so hoch wie der Proteinanteil.

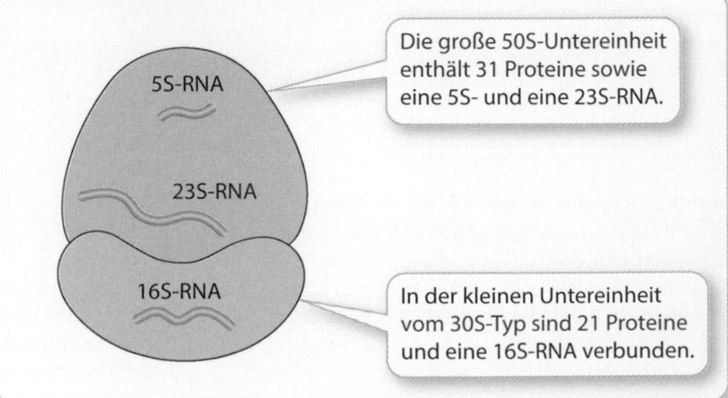

◘ **Abb. 4.25** Die Ribosomen von Prokaryoten und Eukaryoten sind einander ähnlich, unterscheiden sich aber in der Größe sowie in den Proteinen und RNAs

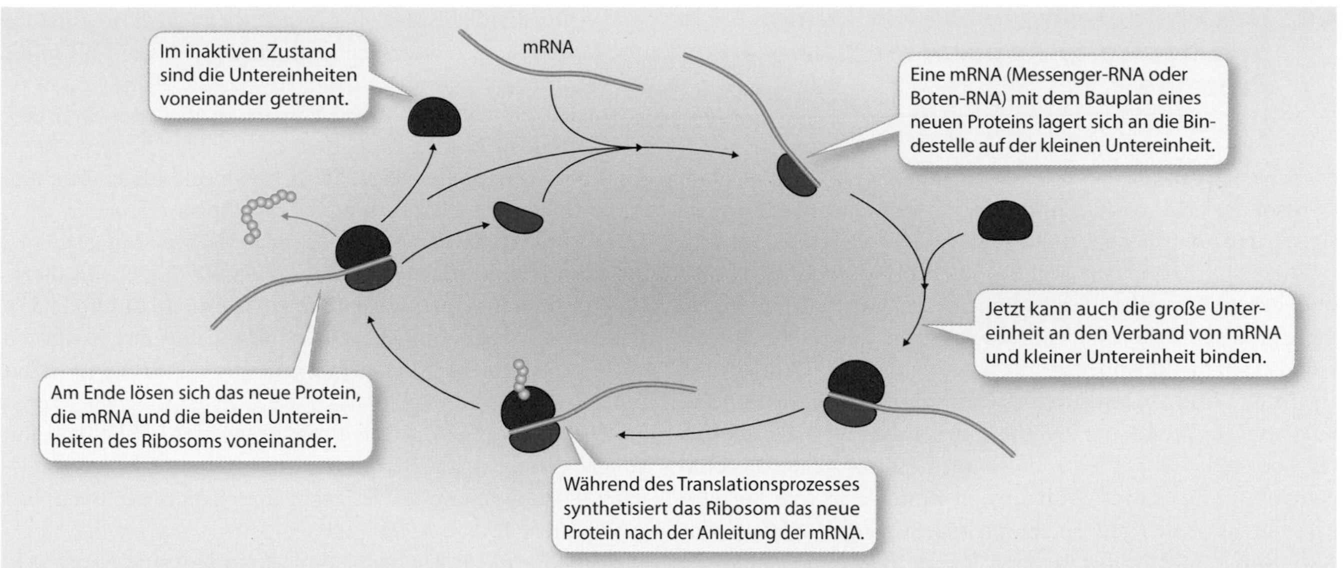

Abb. 4.26 Die beiden Untereinheiten der Ribosomen kommen nur für die Synthese von Proteinen zusammen

auch von dessen Form und den Wechselwirkungen mit dem Medium, kann man die Werte der Untereinheiten nicht einfach addieren. So kommt es, dass ein prokaryotisches Ribosom vom 70S-Typ aus zwei Untereinheiten mit 30S und 50S besteht, ein eukaryotisches 80S-Ribosom aus Untereinheiten mit 40S und 60S.

Im inaktiven Zustand liegen die beiden Untereinheiten des Ribosoms getrennt voneinander vor. Nur für die Translation, die Synthese neuer Proteine (▶ Abschn. 8.5), verbinden sich die beiden Untereinheiten für die Dauer des Prozesses zum aktiven Komplex (Abb. 4.26).

Es kommt vor, dass mehrere Ribosomen gleichzeitig an einem mRNA-Strang aktiv sind (Abb. 4.27). Im Elektronenmikroskop erscheinen sie dann wie aufgereihte Perlen. Diese vorübergehende Struktur nennt man **Polysom**. Während die Proteinsynthese bei Prokaryoten immer im Cytoplasma abläuft, kann sie bei Eukaryoten auch an das endoplasmatische Retikulum gekoppelt sein. Das neue Protein wird dann noch während seiner Synthese in das ER-Lumen geschleust (Abb. 4.28).

Prokaryotische Zellen besitzen Tausende Ribosomen, bei Eucyten sind es mehrere Millionen.

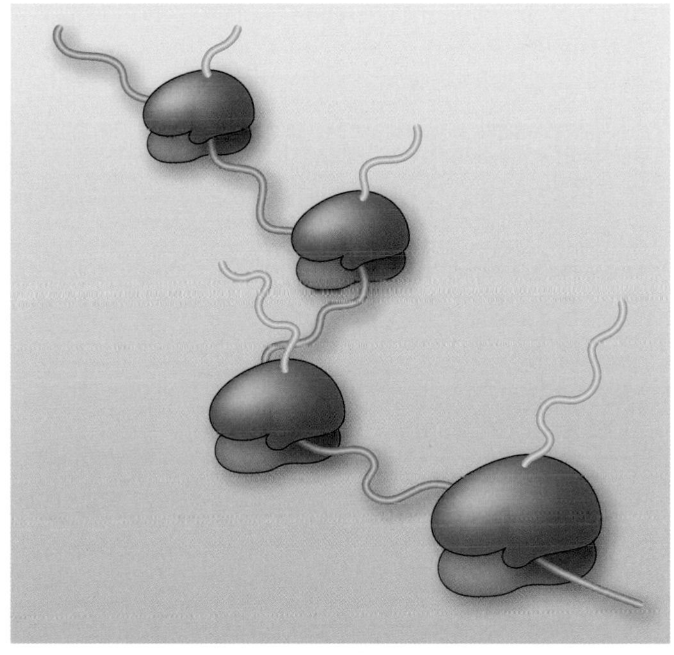

Abb. 4.27 Ein Polysom entsteht, wenn mehrere Ribosomen gleichzeitig am selben mRNA-Strang aktiv sind

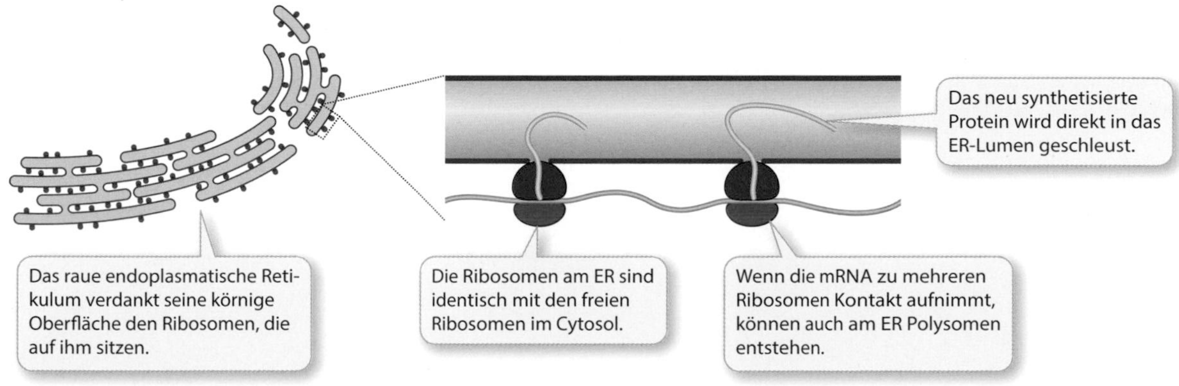

Abb. 4.28 Besonders Proteine, die später sekretiert (ausgeschüttet) werden sollen, synthetisieren Eukaryoten häufig an Ribosomen am rauen ER. Das neue Protein wird dabei direkt in das ER-Lumen geschleust

4

4.9 Das endoplasmatische Retikulum und der Golgi-Apparat modifizieren Proteine

Manche neu gebildeten Proteine erfüllen ihre Funktion nicht im Cytosol der Zelle, sondern in anderen Kompartimenten, oder sie werden ganz aus der Zelle ausgeschüttet (sezerniert). Dafür müssen sie transportiert und häufig chemisch modifiziert werden. Zwei Organellen des Endomembransystems übernehmen diese Aufgaben: das raue endoplasmatische Retikulum und der Golgi-Apparat (◻ Abb. 4.29).

In das **endoplasmatische Retikulum** gelangen Proteine entweder während der Synthese am Ribosom oder danach (◻ Abb. 4.30). In beiden Fällen sorgen Hilfsproteine, die **Chaperone**, dafür, dass sich die neuen Proteine in eine korrekte dreidimensionale Konformation falten. Enzyme hängen als eine Art Adressschild für den weiteren Transport kurze Zuckerketten an die Proteine (**Glykosylierung**).

Es gibt zwei grundsätzliche Wege vom endoplasmatischen Retikulum zum Golgi-Apparat:

- Über **Membrankontaktstellen**, an denen sich die beiden Organellen so dicht kommen, dass der Übergang direkt – eventuell mithilfe spezieller Proteine – möglich ist. Auf diese Weise gelangen wahrscheinlich viele Lipide vom ER in die Membranen anderer Organellen wie Mitochondrien sowie in die Zellmembran. Dieser Vorgang ist aber noch nicht ausreichend erforscht.
- Über **Transportvesikel**, die sich vom ER abschnüren und mithilfe des Cytoskeletts zum Golgi-Apparat finden.

Der **Golgi-Apparat** umfasst je nach Zelltyp wenige bis zu mehrere Hundert **Dictyosomen** genannte Stapel von membranumhüllten Hohlräumen, den Zisternen (◻ Abb. 4.31). Die Stapel sind asymmetrisch aufgebaut und ihre Zisternen enthalten unterschiedliche Enzyme, die die Proteine weiter modifizieren.

Die fertig prozessierten Proteine werden schließlich mit Golgi-Vesikeln an ihre Bestimmungsorte gebracht, beispielsweise zur Zellmembran, wo die Vesikel in einer Exocytose ihren Inhalt ausschütten (◻ Abb. 4.29).

Die Enzyme in den primären **Lysosomen** sind bei der Abschnürung vom Golgi-Apparat noch inaktiv. Sie werden erst aktiv, wenn Protonenpumpen in den Membranen ihr Lumen auf einen pH-Wert von etwa 4,5 angesäuert haben.

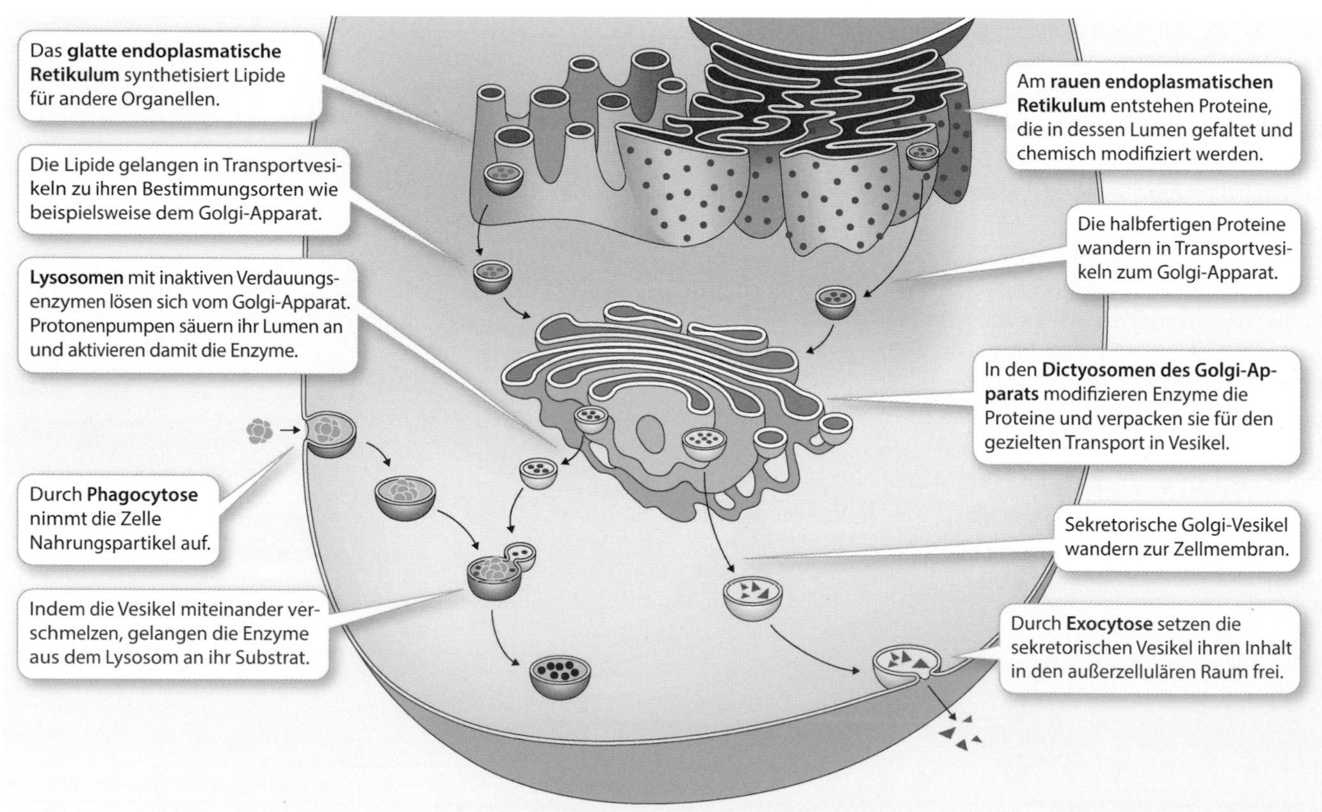

◻ **Abb. 4.29** Proteine, die für andere Organellen bestimmt sind oder sezerniert werden sollen, gelangen häufig über das endoplasmatische Retikulum und den Golgi-Apparat zu ihrem Ziel

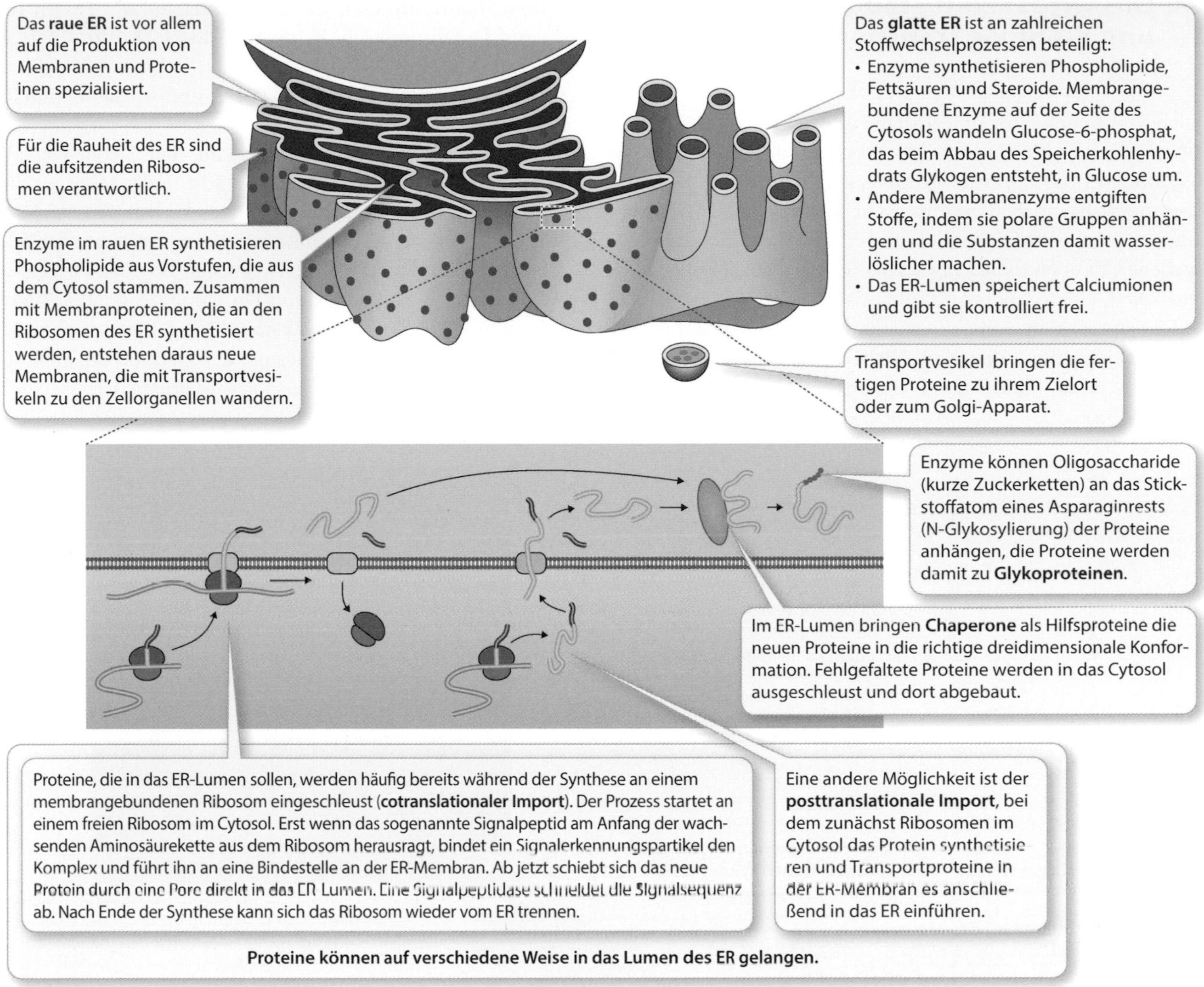

Das **raue ER** ist vor allem auf die Produktion von Membranen und Proteinen spezialisiert.

Für die Rauheit des ER sind die aufsitzenden Ribosomen verantwortlich.

Enzyme im rauen ER synthetisieren Phospholipide aus Vorstufen, die aus dem Cytosol stammen. Zusammen mit Membranproteinen, die an den Ribosomen des ER synthetisiert werden, entstehen daraus neue Membranen, die mit Transportvesikeln zu den Zellorganellen wandern.

Das **glatte ER** ist an zahlreichen Stoffwechselprozessen beteiligt:

- Enzyme synthetisieren Phospholipide, Fettsäuren und Steroide. Membrangebundene Enzyme auf der Seite des Cytosols wandeln Glucose-6-phosphat, das beim Abbau des Speicherkohlenhydrats Glykogen entsteht, in Glucose um.
- Andere Membranenzyme entgiften Stoffe, indem sie polare Gruppen anhängen und die Substanzen damit wasserlöslicher machen.
- Das ER-Lumen speichert Calciumionen und gibt sie kontrolliert frei.

Transportvesikel bringen die fertigen Proteine zu ihrem Zielort oder zum Golgi-Apparat.

Enzyme können Oligosaccharide (kurze Zuckerketten) an das Stickstoffatom eines Asparaginrests (N-Glykosylierung) der Proteine anhängen, die Proteine werden damit zu **Glykoproteinen**.

Im ER-Lumen bringen **Chaperone** als Hilfsproteine die neuen Proteine in die richtige dreidimensionale Konformation. Fehlgefaltete Proteine werden in das Cytosol ausgeschleust und dort abgebaut.

Proteine, die in das ER-Lumen sollen, werden häufig bereits während der Synthese an einem membrangebundenen Ribosom eingeschleust (**cotranslationaler Import**). Der Prozess startet an einem freien Ribosom im Cytosol. Erst wenn das sogenannte Signalpeptid am Anfang der wachsenden Aminosäurekette aus dem Ribosom herausragt, bindet ein Signalerkennungspartikel den Komplex und führt ihn an eine Bindestelle an der ER-Membran. Ab jetzt schiebt sich das neue Protein durch eine Pore direkt in das ER-Lumen. Eine Signalpeptidase schneidet die Signalsequenz ab. Nach Ende der Synthese kann sich das Ribosom wieder vom ER trennen.

Eine andere Möglichkeit ist der **posttranslationale Import**, bei dem zunächst Ribosomen im Cytosol das Protein synthetisieren und Transportproteine in der ER-Membran es anschließend in das ER einführen.

Proteine können auf verschiedene Weise in das Lumen des ER gelangen.

Abb. 4.30 Im Lumen des endoplasmatischen Retikulums werden Proteine von Enzymen modifiziert

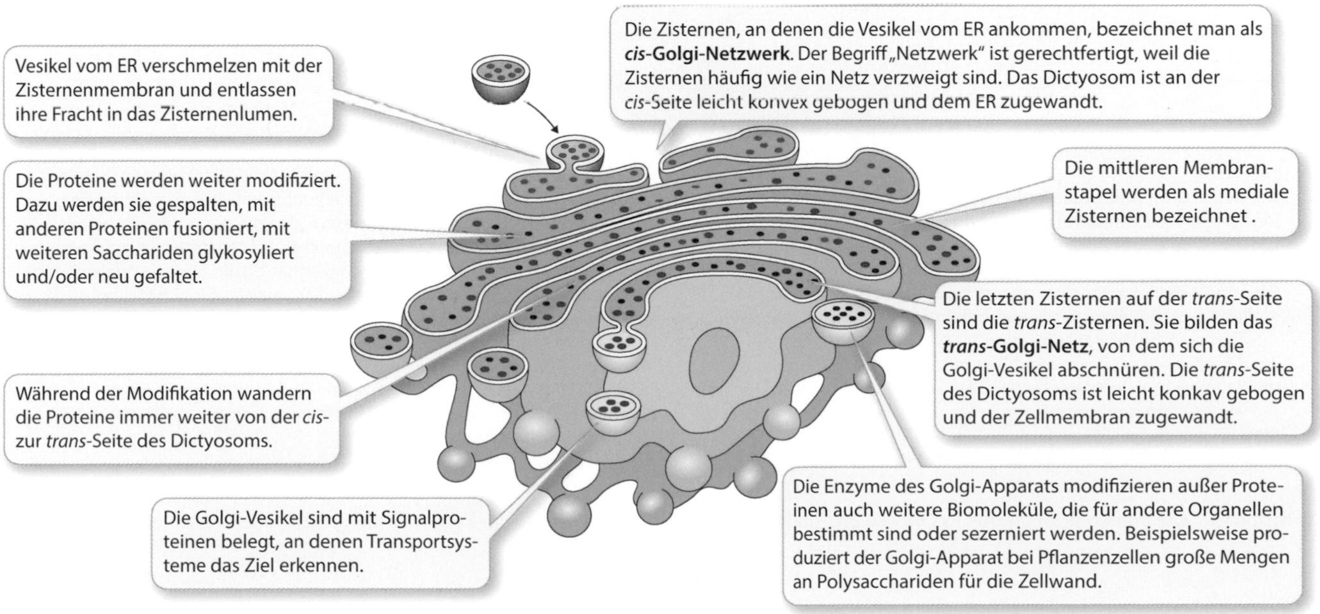

Vesikel vom ER verschmelzen mit der Zisternenmembran und entlassen ihre Fracht in das Zisternenlumen.

Die Zisternen, an denen die Vesikel vom ER ankommen, bezeichnet man als ***cis*-Golgi-Netzwerk**. Der Begriff „Netzwerk" ist gerechtfertigt, weil die Zisternen häufig wie ein Netz verzweigt sind. Das Dictyosom ist an der *cis*-Seite leicht konvex gebogen und dem ER zugewandt.

Die Proteine werden weiter modifiziert. Dazu werden sie gespalten, mit anderen Proteinen fusioniert, mit weiteren Sacchariden glykosyliert und/oder neu gefaltet.

Die mittleren Membranstapel werden als mediale Zisternen bezeichnet .

Die letzten Zisternen auf der *trans*-Seite sind die *trans*-Zisternen. Sie bilden das ***trans*-Golgi-Netz**, von dem sich die Golgi-Vesikel abschnüren. Die *trans*-Seite des Dictyosoms ist leicht konkav gebogen und der Zellmembran zugewandt.

Während der Modifikation wandern die Proteine immer weiter von der *cis*- zur *trans*-Seite des Dictyosoms.

Die Golgi-Vesikel sind mit Signalproteinen belegt, an denen Transportsysteme das Ziel erkennen.

Die Enzyme des Golgi-Apparats modifizieren außer Proteinen auch weitere Biomoleküle, die für andere Organellen bestimmt sind oder sezerniert werden. Beispielsweise produziert der Golgi-Apparat bei Pflanzenzellen große Mengen an Polysacchariden für die Zellwand.

Abb. 4.31 Die Gesamtheit aller Dictyosomen bildet den Golgi-Apparat, in dem Proteine weiter modifiziert werden

4.10 Das Cytoskelett stabilisiert die Zelle und dient als Transportschiene

Zellen sind einerseits recht formstabil und halten ihre Organellen trotz ständig einwirkender Schwerkraft auf den verschiedenen Positionen im Cytoplasma. Andererseits befinden sich Zellen in immerwährender Bewegung, vor allem in ihrem Inneren wandern pausenlos Organellen und Molekülkomplexe auf vorgegebenen Bahnen. Beide Eigenschaften verdanken Zellen dem Cytoskelett, einem Netz von Proteinfäden.

Das Cytoskelett von Eukaryoten besteht aus zwei bis drei Komponenten, die unterschiedliche Aufgaben übernehmen und nach ihren filamentären Gerüstproteinen benannt sind (◻ Abb. 4.32):

- **Mikrofilamente** oder Actinfilamente sind mit Fasern von 7 nm Durchmesser die dünnsten Fäden (◻ Abb. 4.33). Sie liegen vor allem direkt unterhalb der Zellmembran, die sie mit ihrer Zugfestigkeit stabilisieren und wo sie Membranproteine fixieren.
- **Intermediärfilamente** kommen nur bei Tieren vor. Mit 8–12 nm Durchmesser liegt ihre Stärke in der Mitte der drei Komponenten, was ihnen den Namen verlieh (◻ Abb. 4.34). Sie durchspannen das gesamte Cytoplasma, verleihen der Zelle Zugfestigkeit und halten die Organellen auf ihren Plätzen.
- **Mikrotubuli** sind mit 25 nm Durchmesser die mächtigste Struktur des Cytoskeletts (◻ Abb. 4.35). Sie stellen ein dynamisches Gerüst im Cytoplasma, das Druckkräfte auffängt, als Schienensystem für Transporte innerhalb der Zelle dient (Box 4.1) und Bewegungen der ganzen Zelle antreibt.

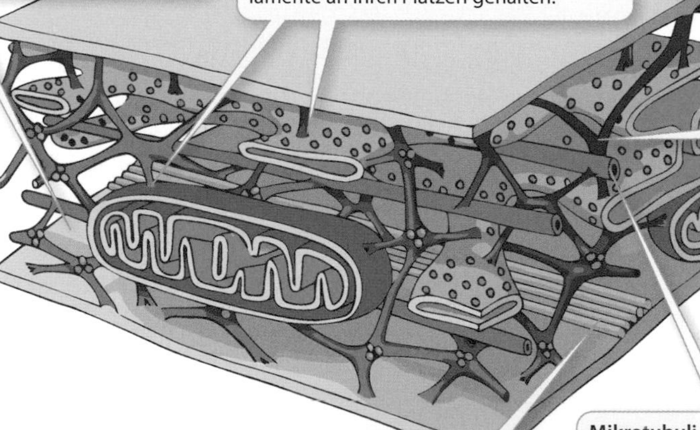

◻ **Abb. 4.32** Die drei Komponenten des Cytoskeletts sind an unterschiedlichen Orten in der Zelle zu finden und erfüllen verschiedene Aufgaben

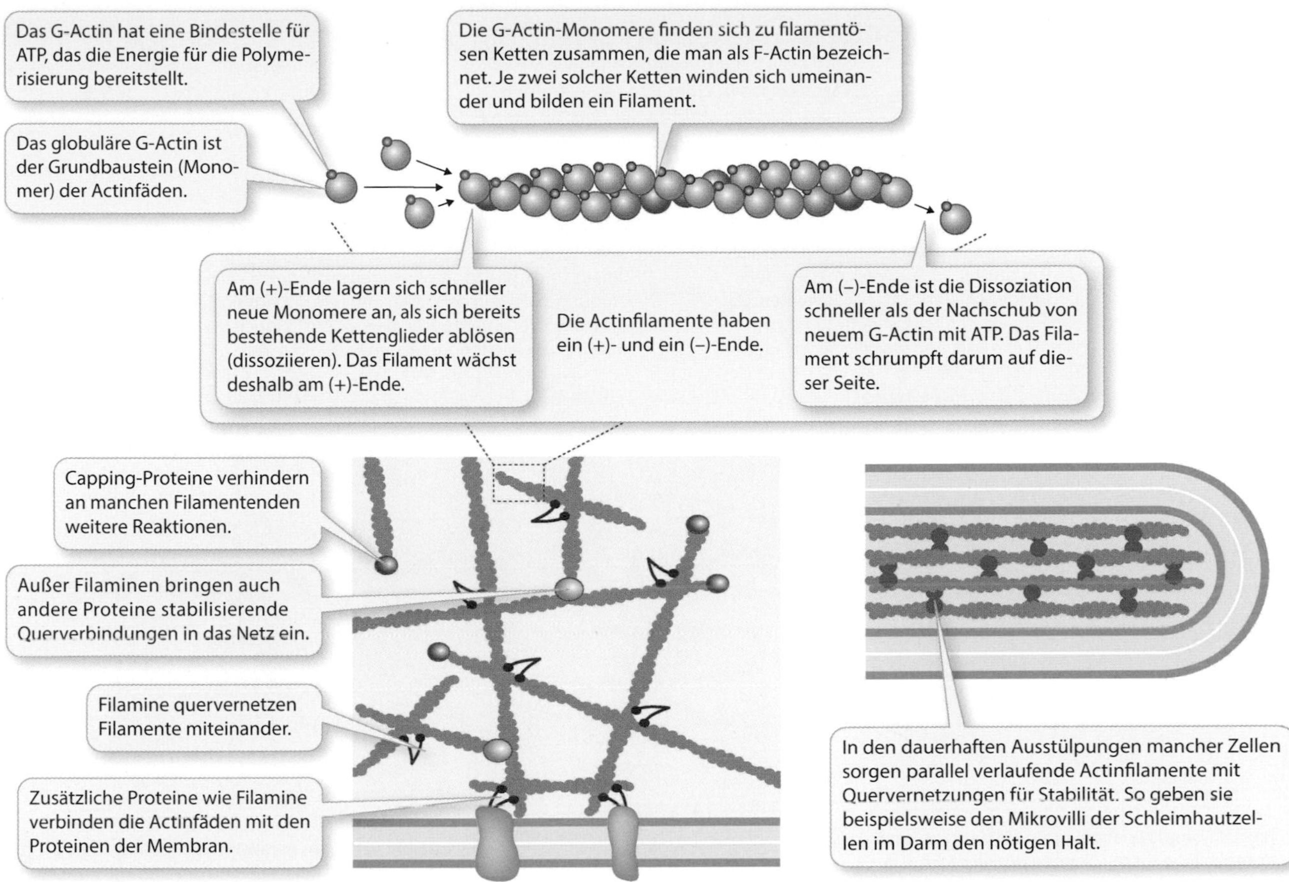

Abb. 4.33 Mikrofilamente oder Actinfilamente bestehen aus vernetzten Actinfäden

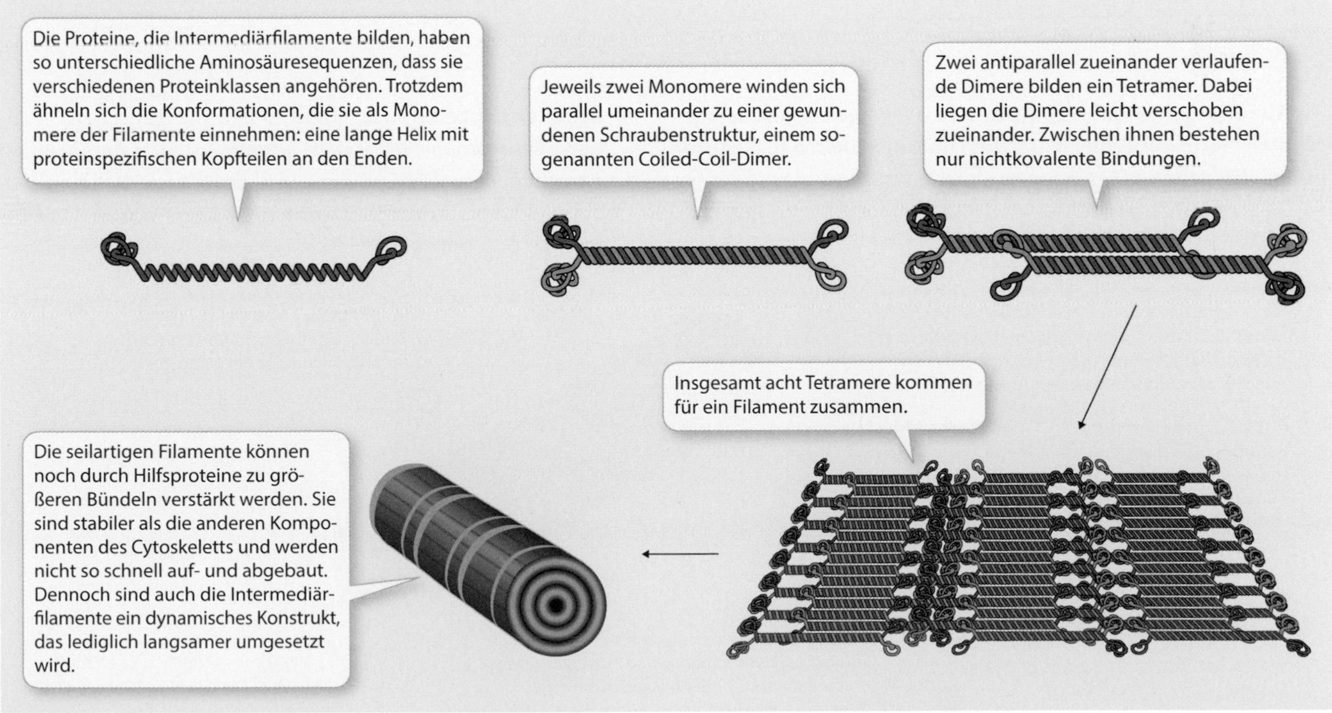

Abb. 4.34 Intermediärfilamente sind verdrillt wie Seile

4

Box 4.1: Die Aufgaben der Mikrotubuli bei der eukaryotischen Zellkernteilung (Mitose)

Für die räumliche Trennung der Chromosomen während der Teilung des Zellkerns sind vor allem Mikrotubuli und verschiedene Motorproteine zuständig. Sie fassen die Chromosomen während der Metaphase in einer Ebene zusammen und ziehen in der anschließenden Anaphase die Schwesterchromatiden auseinander. In der abschließenden Telophase depolymerisieren die Mikrotubuli wieder.

Ausgehend von den Mikrotubuli-Organisationszentren (*microtubule organizing centers*, MTOC) wachsen während der vorbereitenden Prophase der Mitose Mikrotubuli zu zwei radialen Bündeln heran, die zusammen als Spindelapparat bezeichnet werden. Dabei drücken Motorproteine die beiden Teilspindeln zu entgegengesetzten Enden des Zellkerns und bilden so die Pole der Spindel aus.

Die polaren Mikrotubuli oder Polfasern erstrecken sich von den Polen bis über die Äquatorialebene hinaus und überlappen einander, sodass eine Verbindung zwischen den Polen entsteht. Indem sich die Fasern verlängern, schieben sie die Spindelpole an die entgegengesetzten Enden der Zelle.

Die astralen Mikrotubuli wachsen sternenförmig (*astra* ist lateinisch für „Sterne") von den Polen und verankern die Spindel am Cytoskelett der Zelle.

Jedes Chromosom besteht aus zwei identischen Chromatiden, die an den Centromeren miteinander verbunden sind.

An den Centromeren sind Kinetochore genannte Proteinkomplexe angelagert. Sie besitzen eine Kontaktstelle für das Tubulin der Kinetochorfasern sowie einen molekularen Motor, der das Chromatid in Richtung des Spindelpols zieht.

Durch den Zug in entgegengesetzte Richtungen ordnen sich die Chromosomen in der Metaphaseplatte oder Äquatorialebene nebeneinander an.

Die Kinetochor-Mikrotubuli oder Kinetochorfasern verlaufen parallel zu den polaren Mikrotubuli zu den Kinetochoren der Chromosomen. Sie verbinden damit jedes Chromatid fest mit einem Spindelpol.

Alle Komponenten des Cytoskeletts verfügen neben den genannten Gerüstproteinen zusätzlich über spezifische Begleitproteinen, die sich in vier Gruppen einteilen lassen:

- **Begrenzungsproteine** wie Profilin kontrollieren das Längenwachstum der Filamente.
- **Brückenproteine** wie Villin, Filamine und MAP-Proteine (*microtubule associated proteins*) stellen den Kontakt zwischen den Proteinfäden und anderen Molekülen her, beispielsweise zu Membranproteinen, aber auch zu den Filamenten untereinander.

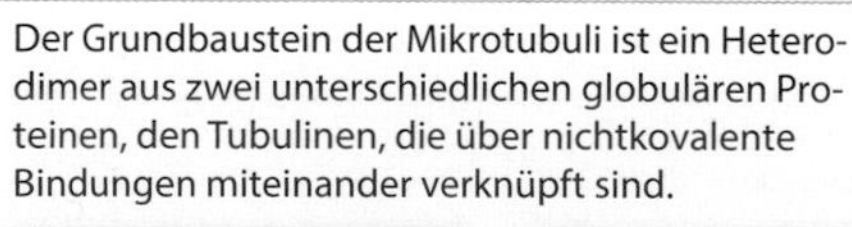

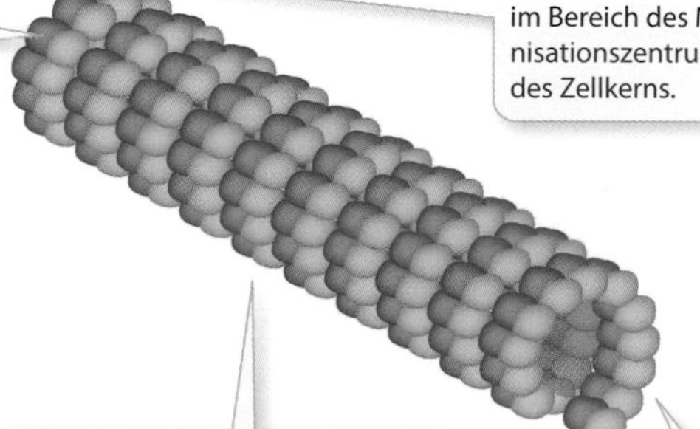

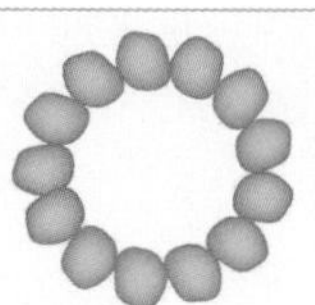

Abb. 4.35 Mikrotubuli sind aus Tubulinen aufgebaute Röhren mit zwei unterschiedlichen Enden

- **Motorproteine** wie Myosin bei den Mikrofilamenten sowie Dynein und Kinesin bei den Mikrotubuli bewegen sich aktiv am jeweiligen Filament entlang und transportieren dabei eine Last. Sie bestehen aus einer Motor- oder Kopfdomäne, die am Cytoskelett entlangläuft, und einer Schwanzdomäne für die Bindung des Transportguts.
- **Regelproteine** wie Tropomyosin steuern die Aktivität der Motorproteine. Beispielsweise verdeckt Tropomyosin im Muskel die Bindestellen für Myosin auf den Actinketten.

Die Bewegungsrichtung der Motorproteine wird durch die Polarität der Filamente festgelegt. Kinesine wandern meistens vom (−)-Ende zum (+)-Ende der Mikrotubuli, Dyneine vom (+)-Ende zum (−)-Ende. Myosine laufen in der Regel vom (−)-Ende zum (+)-Ende der Mikrofilamente.

In größeren Zellen verursachen die Wanderungen der Myosine auf den Actinfilamenten die **Plasmaströmung**, bei welcher Organellen und das Cytoplasma in der Zelle umgewälzt werden. Die Organellen, bei Pflanzen und Algen insbesondere die Chloroplasten, werden dafür aktiv vom Myosin gezogen und ziehen das Cytoplasma durch ihre Bewegung passiv mit. Die Plasmaströmung verteilt Nährstoffe, Bausteine und andere Moleküle in großen Zellen schneller, als es alleine durch Diffusion möglich wäre.

Chloroplasten verfügen auch über ein internes Skelett, das als **Plastoskelett** bezeichnet wird. Seine Bestandteile entsprechen den Komponenten des prokaryotischen Cytoskeletts und entstammen aus der Zeit, als Chloroplasten noch frei lebende Bakterien waren. Das Plastoskelett ist vor allem an der Teilung der Chloroplasten beteiligt.

Neben Eukaryoten besitzen auch Prokaryoten ein Cytoskelett, das aus ähnlichen Proteinen aufgebaut ist (◘ Abb. 4.36). Vergleiche der dreidimensionalen Strukturen legen nahe, dass einige Komponenten einen gemeinsamen Ursprung haben, also homolog sind, während sich andere unabhängig voneinander entwickelt haben und sich nur aufgrund der gleichen Funktion ähneln, also analog sind.

Eine Besonderheit bei Bakterien sind Cytoskelette, deren Baupläne auf zusätzlichen DNA-Stücken, sogenannten Plasmiden, liegen und nur von diesen genutzt werden. Beispielsweise trägt das Plasmid R1 die Anleitung für das Proteinmomomer ParM. ParM ist homolog zum Actin der Eukaryoten. Es polymerisiert zu anwachsenden Filamenten, die Kopien des R1-Plasmids in die entgegengesetzten Enden der Zelle schieben. Auf diese Weise stellt das Plasmid selbst sicher, dass bei einer Zellteilung beide Tochterzellen wenigstens ein Exemplar erhalten. Es erfüllt damit die gleiche Aufgabe wie eukaryotische Mikrotubuli während der Mitose.

Trotz seines Namens ist das Cytoskelett keine starre Struktur, sondern hoch dynamisch. Die Zelle baut ständig Proteinfäden ab und zieht neue, teilweise besteht eine Faser nur für wenige Minuten.

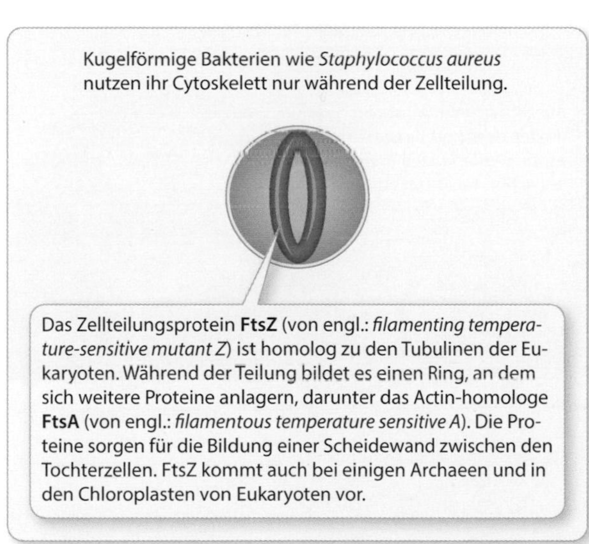

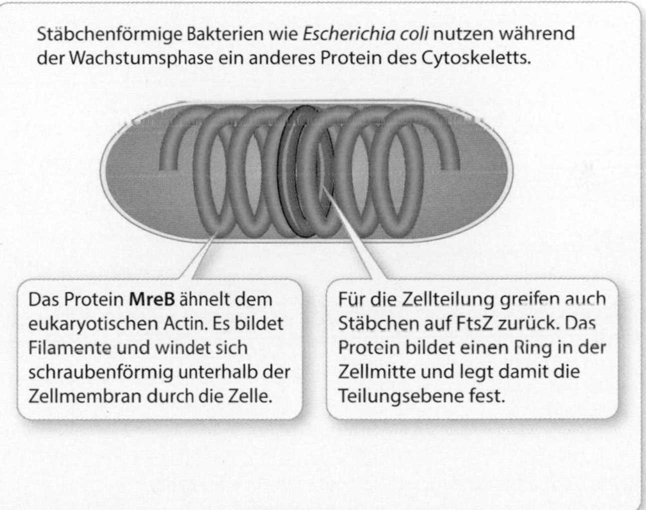

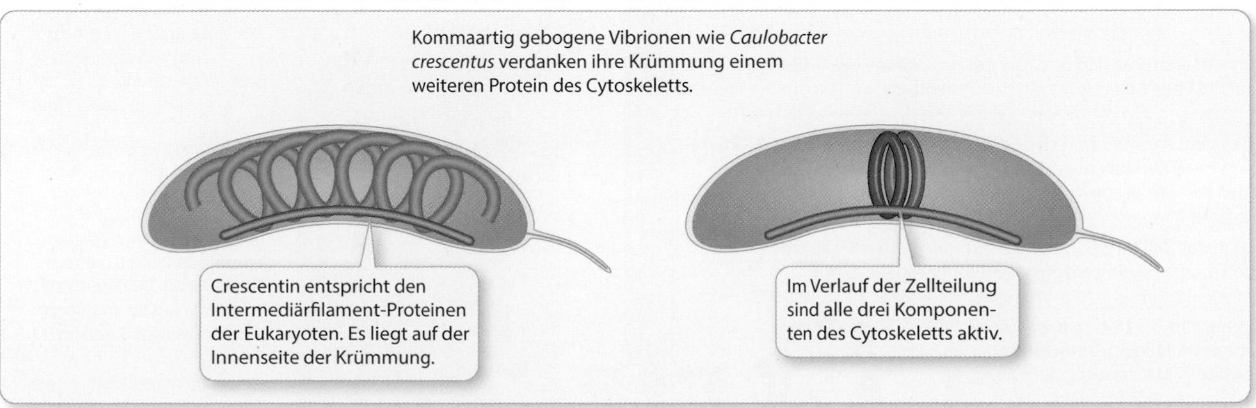

◘ **Abb. 4.36** Im Cytoskelett von Prokaryoten kommen ähnliche Proteine vor wie bei Eukaryoten. Sie haben aber teilweise andere Funktionen

4

4.11 Geißeln und Flagellen sorgen für Antrieb

Wollen sich frei schwimmende Mikroorganismen in einem wässrigen Milieu fortbewegen, müssen sie vor allem die Zähigkeit des Mediums überwinden. Dafür brauchen sie einen effektiven Antrieb, denn sobald sie dessen Aktivität auch nur kurz unterbrechen, bringen die Reibungskräfte die Organismen sofort zum Stoppen.

Sowohl Eukaryoten als auch Prokaryoten haben für diese Aufgabe fädige Strukturen entwickelt, die auf dem ersten Blick ähnlich aussehen, sich aber sowohl im Bau als auch in der Funktionsweise deutlich voneinander unterscheiden. Leider bezeichnet man beide Typen häufig synonym als Geißeln oder Flagellen. Um sie auseinanderzuhalten, empfiehlt sich folgende Sprachregelung, an die sich die meisten deutschsprachigen Autoren halten:

- **Eukaryoten haben Geißeln**, diese werden auch als Cilien bezeichnet.
- **Prokaryoten besitzen Flagellen**.

Die Geißeln der Eukaryoten sind Ausläufer der Zelle, die von der Zellmembran umhüllt sind, ihr Innenraum gehört damit zum Cytoplasma (■ Abb. 4.37). In ihnen sorgen Mikrotubuli, die gegeneinander verschoben werden, für die Bewegung. Meist weisen Zellen nur eine oder wenige Geißeln auf, einige Einzeller können aber auch über 1000 Geißeln besitzen. Vor allem im englischen Sprachraum werden die Geißeln als **Cilien** (*cilia*) bezeichnet, im Deutschen wird der Begriff Cilien vorwiegend

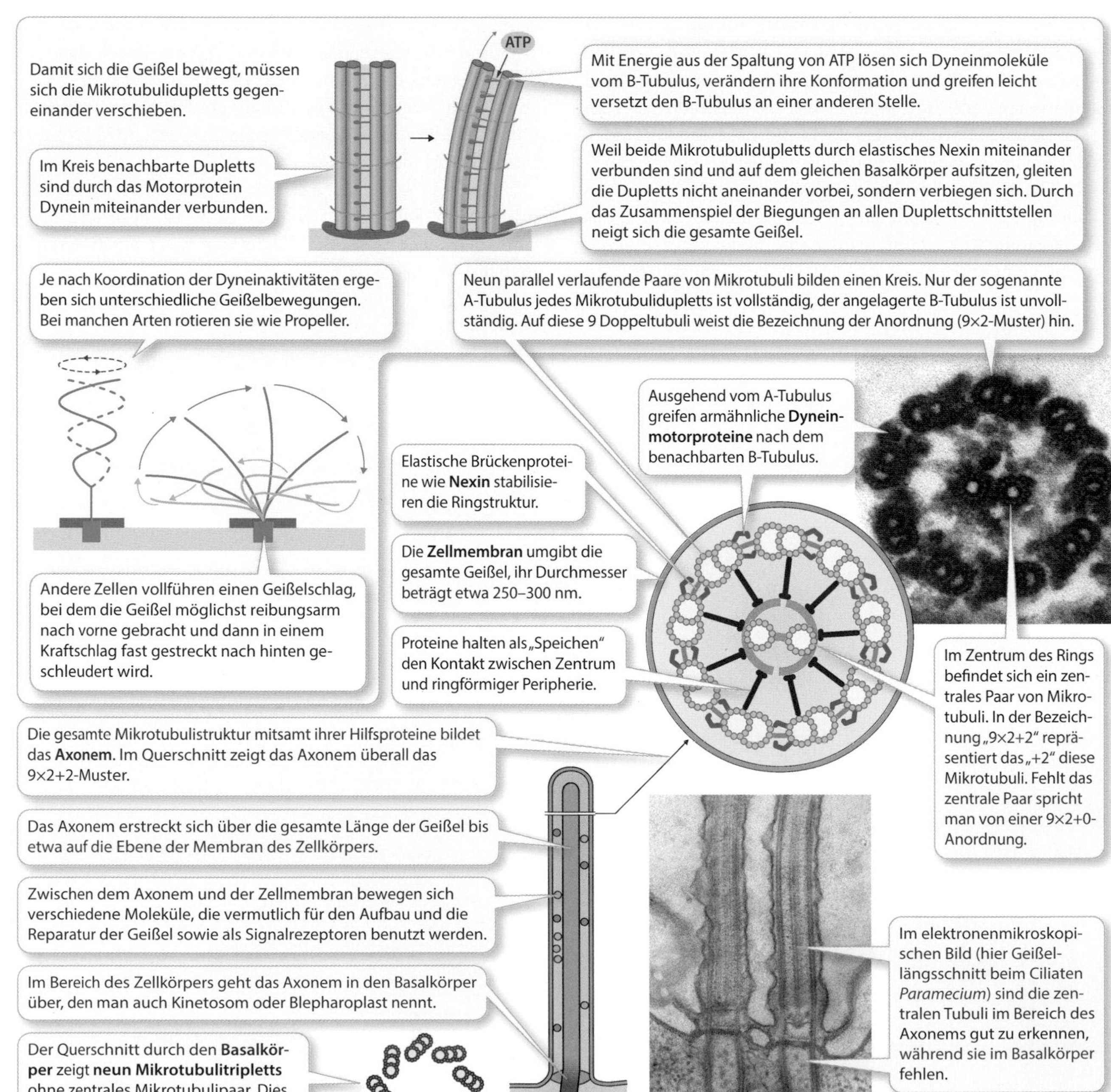

■ **Abb. 4.37** Der Querschnitt durch eine eukaryotische Geißel zeigt das typische 9 × 2 + 2-Muster der Mikrotubuli

für die Geißeln der Ciliaten (Wimpertierchen), aber auch für Gruppen kurzer Geißeln bei anderen Organismen verwendet. Cilien sind vergleichsweise kurze Geißeln mit einer Länge von maximal 10 μm, während andere Geißeln bis zu 200 μm lang werden können.

Mit Cilien bzw. Geißeln bewegen sich Zellen nicht nur selbst fort, sondern häufig sorgen sie damit für Strömungen im umgebenden Medium. Auf diese Weise strudeln sie sich Nahrung zu, transportieren Flüssigkeiten aus den Bronchien oder schieben die Eizelle durch den Eileiter. Bei manchen Zellen dienen sie als Sensoren für chemische oder mechanische Reize.

Die Flagellen der Bakterien sind nicht Teil des Cytoplasmas (◘ Abb. 4.38). Sie bestehen aus einem lang gestreckten Filament, das aus einer einzigen Sorte von Protein aufgebaut ist, und einem komplexen Motor in der Zellwand und Zellmembran, der das Filament in Rotation versetzt (◘ Abb. 4.39).

Über die Flagellen der Archaeen ist bislang nur wenig bekannt. Ihr Durchmesser von 10–13 μm ist nur halb so groß wie bei den Bakterien. Außerdem besteht das Filament aus anderen Proteinen, die nicht mit dem Flagellin der Bakterien verwandt sind. Zumindest einige Archaeen nutzen als Energiespender für den Antrieb ATP anstelle der Protonen, auf die Bakterien setzen.

Das **Filament** ist 5–20 μm lang und hat einen Durchmesser von 15–20 nm. Es besteht aus zahlreichen Molekülen des Proteins Flagellin, die eine hohle Helix bilden. Im Unterschied zur eukaryotischen Geißel befinden sich in der prokaryotischen Flagelle keine aktiven Komponenten. Monotrich begeißelte Bakterien besitzen nur eine einzige Flagelle, polytrich begeißelte Zellen viele.

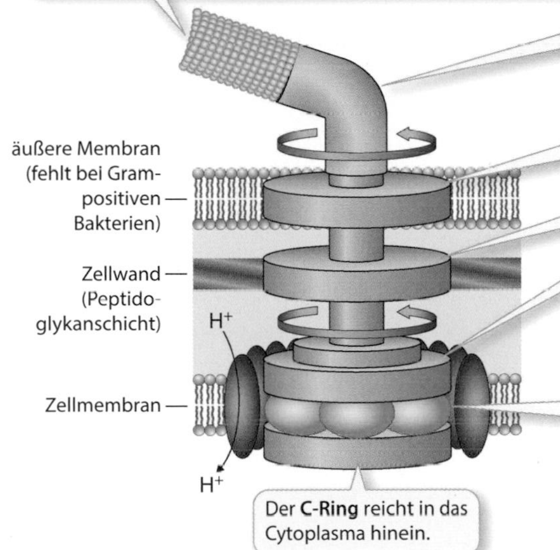

Der **Haken** verbindet das Filament mit dem Motorkomplex. Er ist gebogen und wandelt die Rotation des Motors um seine eigene Achse in eine propellerartige Drehung um.

Der **L-Ring** kommt nur bei Gram-negativen Bakterien vor, wo er den Schaft von der äußeren Membran trennt. Er ist der äußerste von mehreren Proteinringen, mit denen der Motorkomplex in der Zellhülle des Bakteriums verankert ist.

Der **P-Ring** führt den Schaft durch die Zellwand.

Der **MS-Ring** dient als Lager für den Motor in der Zellmembran.

Die außen am MS-Ring positionierten **Motorproteine** (Mot) versetzen zusammen mit den Fli-Proteinen im Inneren des C-Rings das Flagellum in eine Rotationsbewegung. Das Fli-Protein steuert dabei die Richtung der Rotation. Wenn Protonen durch die Mot-Proteine hindurchströmen, dreht sich der eigentliche Motorteil ähnlich wie das Rad einer Wassermühle. Um ihn anzutreiben, pumpt die Zelle daher ständig Protonen aus dem Cytoplasma hinaus und baut damit einen elektrochemischen Gradienten des Protons auf (bestehend aus einer pH-Differenz und einer elektrischen Spannung). Für eine Umdrehung sind etwa 1000 Protonen nötig. Die Rotationsfrequenz liegt in der Regel bei 50 bis 100 Umdrehungen pro Sekunde.

Der **C-Ring** reicht in das Cytoplasma hinein.

◘ **Abb. 4.38** Die Flagelle von Bakterien besteht aus einem Proteinfaden und einem Motorkomplex, der die Zellwand und Zellmembran durchspannt

Bakterien mit einer Flagelle an nur einem Zellpol (**monopolar begeißelt**) bewegen sich durch einfachen Schub vorwärts.

Zellen mit Geißeln an beiden Enden (**bipolar begeißelt**) ziehen und schieben gleichzeitig mit den Flagellen.

Bei Bakterien mit vielen Flagellen, die über den ganzen Zellkörper verteilt sind (**peritrich begeißelt**), finden sich die einzelnen Flagellen automatisch zu einem „Geißelzopf" zusammen, wenn die Motoren gegen den Uhrzeigersinn rotieren.

Der Flagellenzopf treibt das Bakterium schnell voran. Allerdings ist der Flagellenantrieb nicht dazu geeignet, eine gezielte Kurve zu schwimmen. Deshalb misst die Zelle während der Schwimmphase ständig Umweltparameter wie beispielsweise die Nährstoffkonzentration. Ab und zu stoppt sie die Drehung der Flagellenmotoren.

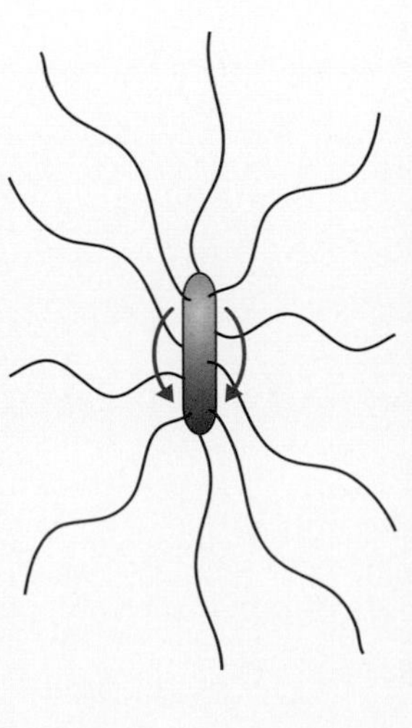

Um seine Schwimmrichtung zu ändern, dreht das Bakterium kurzzeitig die Rotationsrichtung der Motoren um. Dadurch trennen sich die Flagellen voneinander und weisen radial von der Zelle weg. Ihre Schubkräfte heben sich in etwa gegenseitig auf, sodass die Zelle auf der Stelle „taumelt". Weil die Kompensation nicht absolut ausgewogen ist, ändert die Zelle in dieser Phase ihre räumliche Ausrichtung. Nach einer kurzen Taumelphase geht sie wieder in die geradlinige Schwimmphase über, dann jedoch mit zufälliger neuer Richtung. Durch das Zusammenspiel langer Schwimmphasen bei positiven Veränderungen und kurzer Schwimmphasen bei negativen Veränderungen erreicht das Bakterium insgesamt eine gerichtete Bewegung.

◘ **Abb. 4.39** Bakterien setzen ihre Flagellen unterschiedlich für den Antrieb ein

Weiterführende Literatur

1. Alberts B, Johnson AD, Lewis J, Morgan D, Raff M, Roberts K, Walter P (2017) Molekularbiologie der Zelle, 6. Aufl. Wiley-VCH, Weinheim
2. Christen P, Jaussi R, Benoit R (2016) Cytoskelett und molekulare Motoren. In: Biochemie und Molekularbiologie. Springer Spektrum, Berlin, Heidelberg
3. Fritsche O (2015) Biologie für Einsteiger, 2. Aufl. Springer Spektrum, Berlin, Heidelberg
4. Groß M (2017) Die Proteinfabrik reguliert sich selbst. Chem Unserer Zeit 51:282–283
5. Heinrich D, Götz M, Sackmann E (2018) Die Zelle – erstaunlich physikalisch. Phys Unserer Zeit 49:64–70
6. Martin W, Lane N, Schmitt V (2013) Der Schritt zum komplexen Leben. Spektrum Wiss 7:40–45
7. Nierhaus KH (2009) Nobelpreiswürdig: Aufklärung der Ribosomenstruktur und Einblicke in den Mechanismus der Translation. Angew Chem 121:9389–9393

Interaktion von Zellen mit ihrer Umwelt

Olaf Fritsche

J. Boenigk (Hrsg.), *Boenigk, Biologie,* https://doi.org/10.1007/978-3-662-61270-5_5

5

5.1 Zellen kontrollieren ihre Umgebung

Die Zellmembran als äußerste Struktur des eigentlich lebendigen Teils der Zelle (Protoplast) kann nicht alle Ansprüche der Zelle alleine erfüllen. Daher übernehmen zusätzliche extrazelluläre Komponenten verschiedene Aufgaben:

- Mechanische Stabilität als Schutz vor äußeren Verletzungen, aber auch zum Auffangen des Innendrucks der Zelle.
- Eine Vorauswahl der Moleküle und Teilchen, die sich der Zelle nähern. Neben schädlichen Substanzen und Toxinen sollte die Barriere ebenfalls Krankheitserreger, Fressfeinde oder Immunzellen abwehren.
- Die Schaffung eines chemisch und physikalisch vorteilhaften Milieus. Beispielsweise sollte die Umgebung immer ausreichend feucht sein und möglichst viele Nährstoffe enthalten.
- Ein extrazelluläres Kompartiment als weiterer Reaktionsraum bietet die Möglichkeit für Prozesse, die innerhalb der Zelle zu gefährlich wären (beispielsweise wenig spezifische Verdauungsvorgänge oder Abwehr von Toxinen). Auch können die extrazellulären Strukturen teilweise erst außerhalb der Zelle zu Ende synthetisiert werden, etwa wenn Monomere zu Makromolekülen der Zellwand polymerisieren müssen.
- Zusammenhalt und Austausch mit Nachbarzellen.
- Bei vielen Einzellern kommt die Aufgabe hinzu, mit Oberflächen in Kontakt zu treten und sich fest anzulagern.

Für die mechanische Unterstützung und einen groben Filtereffekt setzen die meisten Organismen auf faserige Strukturen, die häufig untereinander vernetzt sind und so eine elastische bis starre Hülle bilden. Pflanzen (■ Abb. 5.1), Pilze (■ Abb. 5.2),

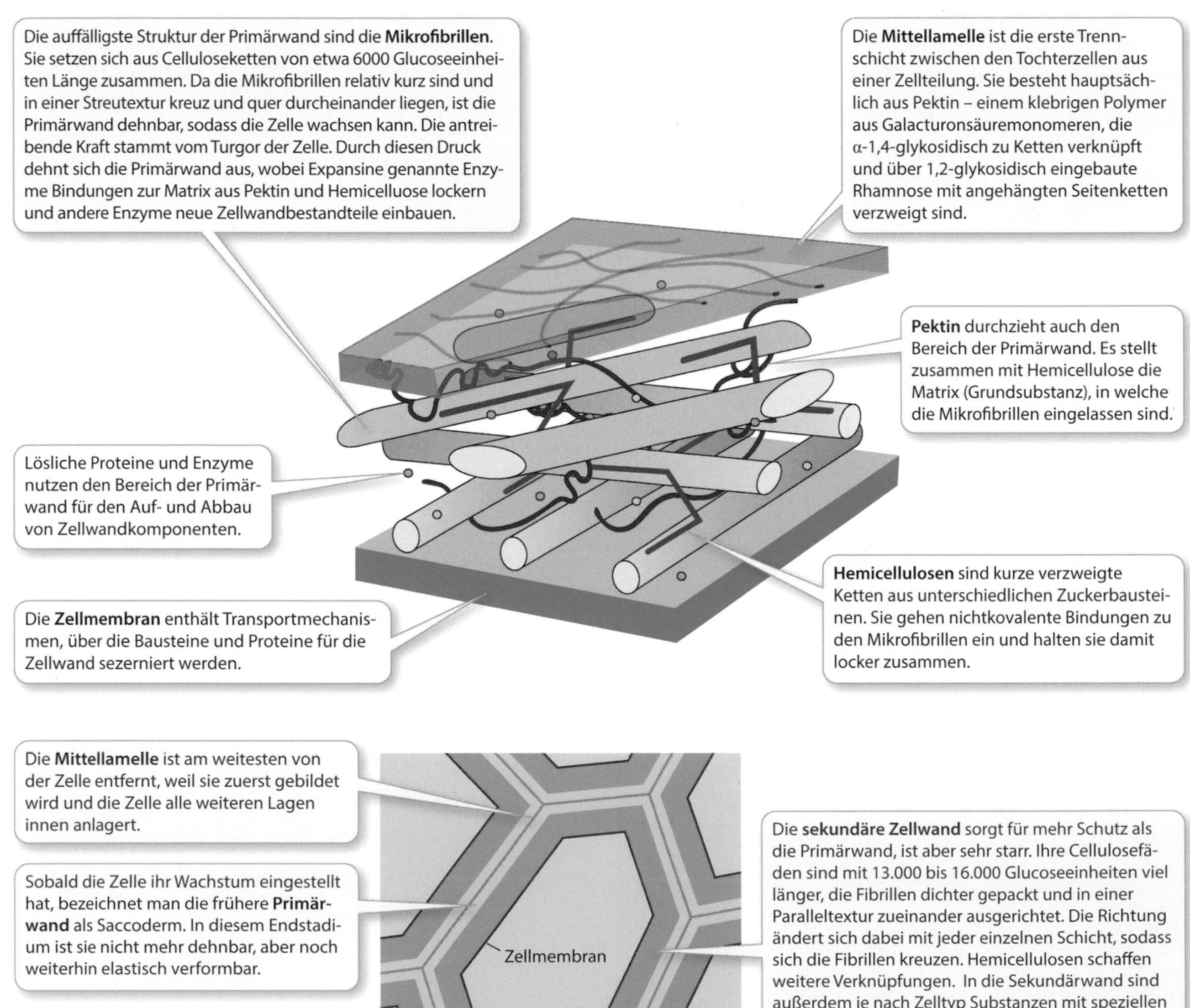

■ **Abb. 5.1** Die Zellwand von Pflanzen ist mehrschichtig aufgebaut. Während der Wachstumsphase umgibt nur eine elastische Primärwand den Protoplasten genannten Zellkörper. Die starre Sekundärwand beendet das Wachstum

Bakterien (◘ Abb. 5.3) und viele Protisten formen feste **Zellwände** (▶ Abschn. 12.3).

Tierische Zellen besitzen dagegen keine Zellwände. Die Einzelzellen sind stattdessen in eine **extrazelluläre Matrix** eingebettet (◘ Abb. 5.4). Allgemein versteht man darunter die Gesamtheit aller Makromoleküle in Geweben und Organen. Die Bestandteile kann man in zwei Gruppen einteilen:

- Die Grundsubstanz sowie
- Fasern, die darin eingebettet sind.

Beim Menschen macht die extrazelluläre Matrix rund die Hälfte der Gesamtmasse aus.

Die physikochemische Kontrolle des Mediums übernehmen meistens Zuckerverbindungen, die häufig mit Proteinen (Glykoproteine) oder Lipiden (Glykolipide) verbunden sind. Ist die Schicht fest mit der Zelle assoziiert, spricht man von einer **Kapsel**, liegt die Zelle nur lose in dem Gemisch, bezeichnet man dieses als **Schleimhülle**. Der Oberbegriff **Glykocalyx** fasst beide Formen zusammen. Die Glykocalyx kommt bei tierischen Zellen, eukaryotischen Einzellern und Bakterien (◘ Abb. 5.5) vor, nicht aber bei Pflanzen. Auch die extrazelluläre Matrix übt eine Kontrollfunktion auf die Zusammensetzung des Mediums aus.

Die Glykocalyx verleiht Zellen eine für andere Zellen eindeutig erkennbare Gruppenidentität. Ihre Glykolipide und Glykoproteine bestimmen beispielsweise die Blutgruppenzugehörigkeit der roten Blutkörperchen. Bei Bakterien zählen sie zu den Pathogenitäts- oder Virulenzfaktoren.

Das Dasein in einem **Biofilm** (◘ Abb. 5.5; ▶ Abschn. 25.13) stellt andere Ansprüche an Organismen als eine vereinzelte Lebensweise. Weil die Zellen in dem Film weitgehend immobilisiert sind, verlieren Bakterien beispielsweise ihre Flagellen. Manche Arten verändern sogar ihre Zellstruktur. So umgeben sich Zellen von *Bacillus subtilis* nicht mehr jede für sich mit einer Zellwand, sondern formen fadenartige Strukturen, die von einer gemeinsamen Hülle umgeben sind. Die Veränderungen sind epigenetischer Natur, entstehen also durch das An- und Abschalten von Genen.

Biofilme sind bei Mikroorganismen weit verbreitet. Möglicherweise stellen sie eine der ältesten Organisationsformen von Zellgemeinschaften dar. In Australien gefundene Stromatolithen sind Sedimentgesteine, die durch Fossilierung von Biofilmen entstanden sind. Ihr Alter wird auf 3,5 Mrd. Jahre geschätzt.

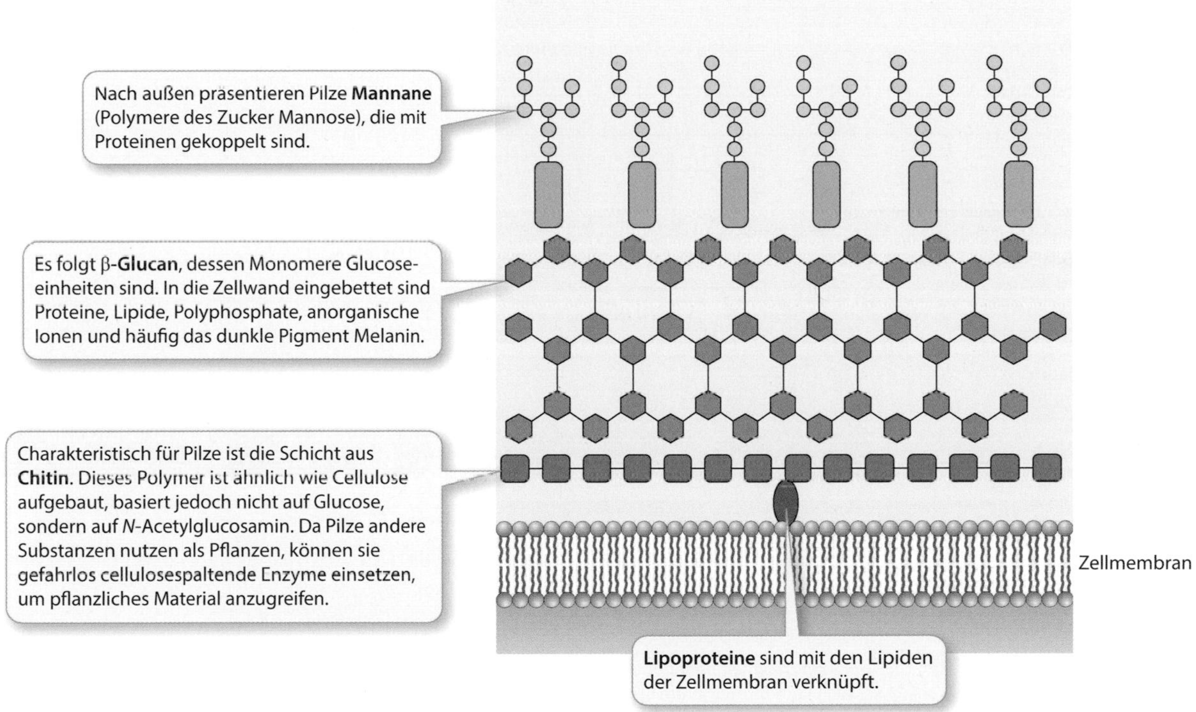

◘ **Abb. 5.2** Auch die Zellwand von Pilzen besteht im Wesentlichen aus langkettigen, verzweigten Polysacchariden und Proteinen. Allerdings setzen Pilze auf andere Zuckerbausteine als Pflanzen

Gram-positive Bakterien haben eine dicke einschichtige Zellwand.
Die Hauptkomponente ist das Molekül **Peptidoglykan** oder **Murein**. Es besteht aus langen Zuckerketten aus den Bausteinen *N*-Acetylglucosamin und *N*-Acetylmuraminsäure, die sich in den Ketten abwechseln. Über kurze Aminosäurebrücken sind die Ketten miteinander vernetzt. Die Peptidoglykanschicht nennt man auch Mureinsacculus. In dessen dichtem Geflecht verfängt sich der Farbstoff der Gram-Färbung leicht.
Durch den Mureinsacculus ziehen sich **Teichonsäuren**. Diese Polymere aus Phosphaten und Polyolen wie Glycerol tragen zur elektrisch negativen Ladung der Zellwand bei.
Lipoteichonsäuren sind kovalent mit den Lipiden der Zellmembran verbunden.
Zellmembran
Membranproteine

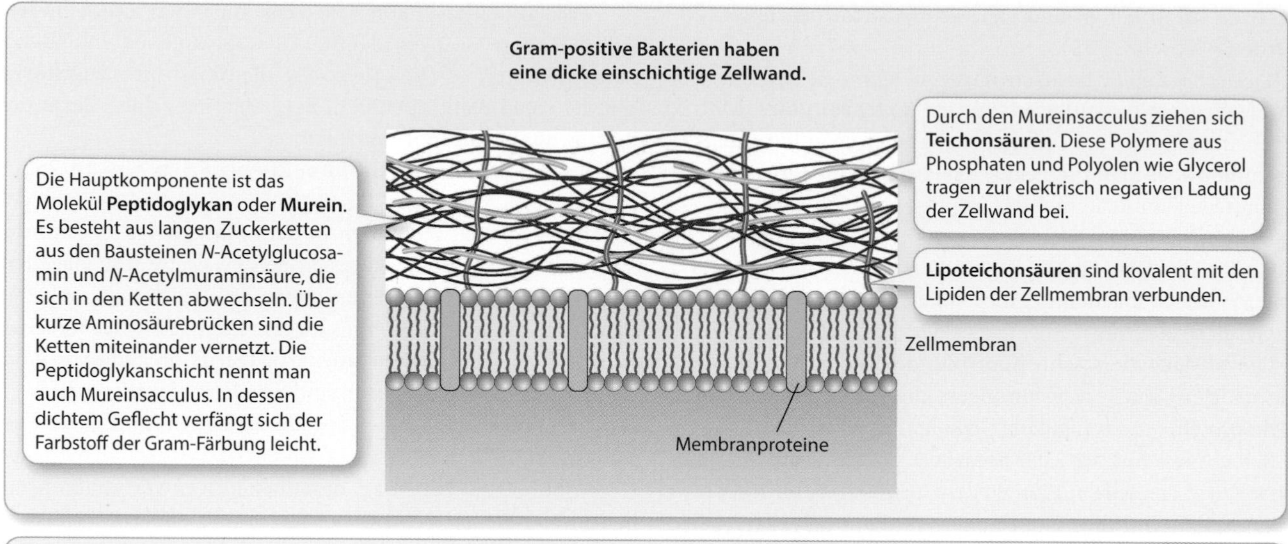

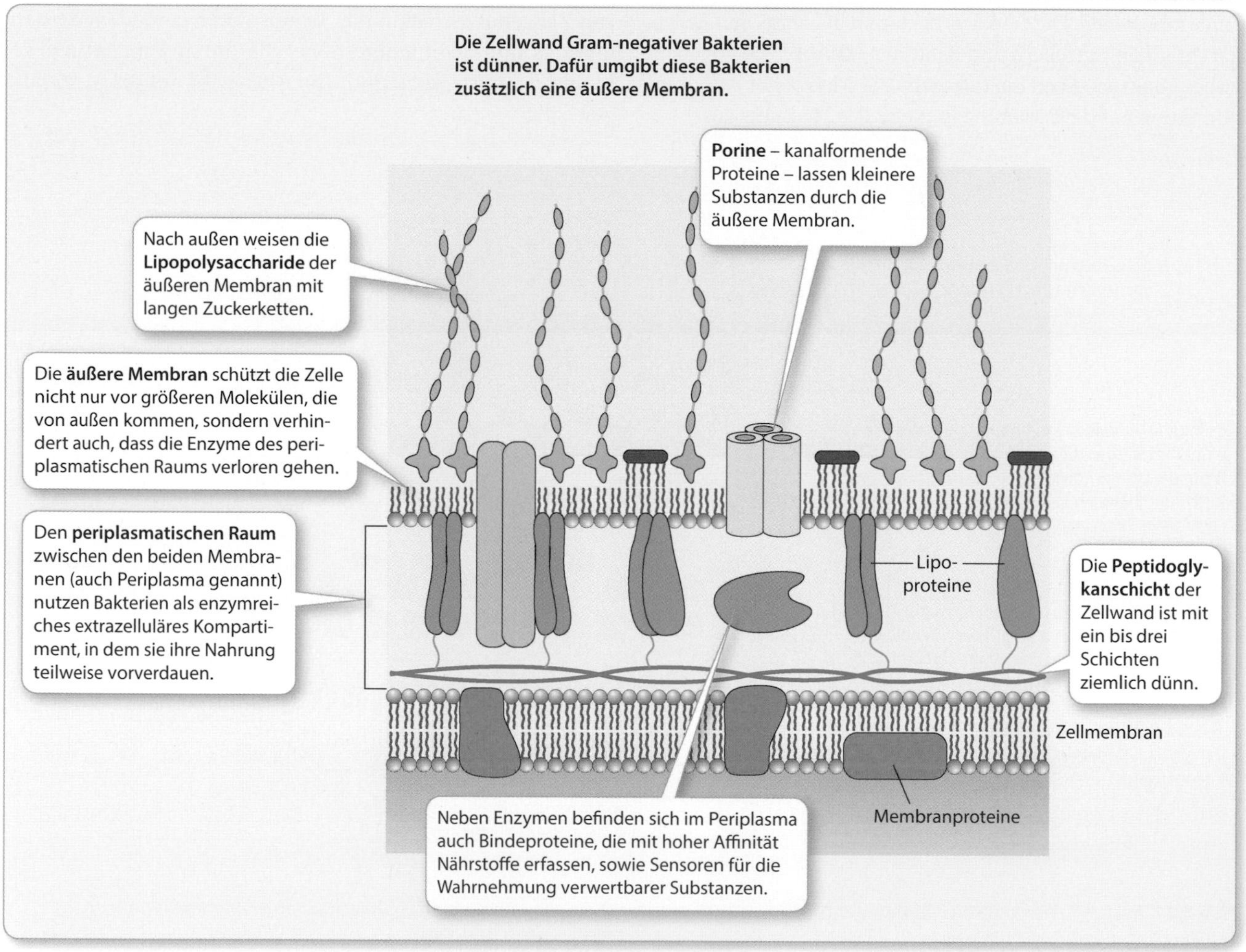

Die Zellwand Gram-negativer Bakterien ist dünner. Dafür umgibt diese Bakterien zusätzlich eine äußere Membran.
Porine – kanalformende Proteine – lassen kleinere Substanzen durch die äußere Membran.
Nach außen weisen die **Lipopolysaccharide** der äußeren Membran mit langen Zuckerketten.
Die **äußere Membran** schützt die Zelle nicht nur vor größeren Molekülen, die von außen kommen, sondern verhindert auch, dass die Enzyme des periplasmatischen Raums verloren gehen.
Den **periplasmatischen Raum** zwischen den beiden Membranen (auch Periplasma genannt) nutzen Bakterien als enzymreiches extrazelluläres Kompartiment, in dem sie ihre Nahrung teilweise vorverdauen.
Lipoproteine
Die **Peptidoglykanschicht** der Zellwand ist mit ein bis drei Schichten ziemlich dünn.
Zellmembran
Membranproteine
Neben Enzymen befinden sich im Periplasma auch Bindeproteine, die mit hoher Affinität Nährstoffe erfassen, sowie Sensoren für die Wahrnehmung verwertbarer Substanzen.

Die Zellwände von Archaeen sind sehr verschieden aufgebaut. Sie bestehen nicht aus Peptidoglykan, sondern aus anderen Polysacchariden, Proteinen oder Glykoproteinen. Ein Beispiel ist Pseudomurein oder Pseudopeptidoglykan, das dem Peptidoglykan ähnelt, aber vermutlich unabhängig davon entstanden ist. Manche Archaeen übertragen die Aufgaben einer Zellwand einer S-Layer genannten Proteinhülle. Auch einige Bakterien besitzen solche Strukturen.

■ **Abb. 5.3** Die Zellwände der meisten Bakterien sind nach einem von zwei Grundmustern aufgebaut, die sich auch in der Reaktion auf die Gram-Färbung zeigen

Die meisten Oberflächen im Körper vielzelliger Tiere sind mit **Epithelzellen** bedeckt.

Die **extrazelluläre Matrix** ist praktisch überall im Organismus zu finden. Sie hält Zellen an ihren Positionen und verleiht Geweben und Organen dadurch eine Form und Festigkeit.

Fibroblasten sind mobile Zellen des Bindegewebes, die das Kollagen der extrazellulären Matrix synthetisieren.

Die **Basalmembran** ist ein dichtes Gemisch aus Proteinfibrillen und -fasern. Sie gehört bereits zur extrazellulären Matrix und trennt Epithele, Fettzellen und Muskelzellen, aber auch andere Zelltypen und Gewebe vom Bindegewebe.

Mit Ausnahme der roten Blutkörperchen verfügen alle Zellen in ihren Zellmembranen über **Integrine** genannte Transmembranproteine. Über sie sowie weitere Proteine nehmen Zellen Kontakt zur Matrix auf und übertragen Signale aus der Matrix in das Cytoplasma.

Hyaluronan ist als einziges Glykosaminoglykan nicht fest mit dem Proteinfaden der Proteoglykane verbunden.

Die **Grundsubstanz** ist eine wässrige Lösung von Nährstoffen, Ionen, Hormonen, Polysacchariden und Glykoproteinen. Zu den Proteinen gehören die Adhäsionsproteine, die den Kontakt zwischen Zellen und den Komponenten der extrazellulären Matrix herstellen. Zu den Polysacchariden zählen die Glykosaminoglykane und Proteoglykane, die viel Wasser binden können und darüber die Eigenschaften der Matrix bestimmen. Im Knochen enthält die Matrix außerdem anorganische Substanzen wie Hydroxylapatit, das dem Knochen seine Festigkeit verleiht.

Die Glykosaminoglykane oder **Mucopolysaccharide** sind kovalent an die Proteinkomponente der Proteoglykane gebunden. Sie setzen sich aus Disaccharidmonomeren zusammen und binden große Mengen Wasser.

Die **Proteoglykane** stellen die Verbindung zwischen den Polysacchariden und den Kollagenfasern her.

Die Fasern sind vorwiegend aus Proteinen der **Kollagen**familie zusammengesetzt, die in unterschiedlichen Kombinationen Fibrillen und dickere Fasern bilden. Sie sind sehr zugfest und so ausgerichtet, dass sie die jeweilige Beanspruchung auffangen können. Dementsprechend liegen sie in Sehnen und Bändern parallel, in Gelenkkapseln in mehrere Richtungen. Retikuläre Fasern sind eine netzbildende Variante von Kollagenfibrillen. Elastische Fasern bestehen aus Fäden der Proteine Fibrillin und Elastin. Sie begleiten und ergänzen die Kollagenfasern.

Hyaluronan ist ein Glykosaminoglykan, das lange, lineare Ketten bildet und sehr große Mengen Wasser binden kann (pro Gramm bis zu 6 l). Es verleiht der Matrix eine hohe Widerstandskraft gegen Druck und wirkt als Schmiermittel. In seiner fädigen Form hält es Wege frei, auf denen Zellen durch die Matrix wandern können.

Der Proteinkern der Proteoglykane ist mit Seitenketten aus **Glykosaminoglykanen** versetzt. Zusammen bilden sie Komplexe, mit denen sie die Kollagenfasern zusammenhalten.

Abb. 5.4 Die extrazelluläre Matrix befindet sich in tierischen Geweben zwischen den Zellen im Interzellularraum

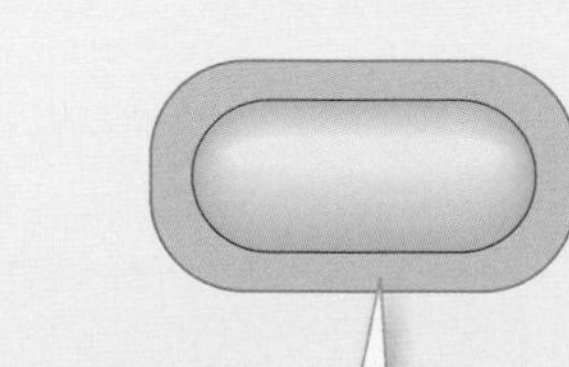

Die Oligosaccharide einer **Kapsel** sind meistens an Proteine der äußeren Membran (bei Gram-negativen Bakterien) oder der Zellmembran (bei Gram-positiven Bakterien) gebunden, teilweise aber auch an die jeweiligen Lipide. Sie binden Wasser und schützen die Zelle dadurch vor Austrocknung. Außerdem haften Saccharide auf vielen Untergründen, sodass sich die Bakterien fest auf Oberflächen niederlassen können wie beispielsweise beim Zahnschmelz.

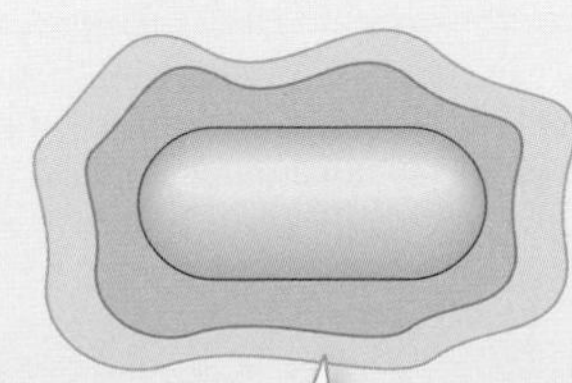

Eine **Schleimschicht** ist nicht fest mit der Zelle verknüpft. Sie umfasst zahlreiche Polysaccharide, Proteine, Lipide und häufig sogar DNA, die alle von den Zellen sezerniert wurden. Zusammen bezeichnet man die Moleküle als extrazelluläre polymere Substanzen.

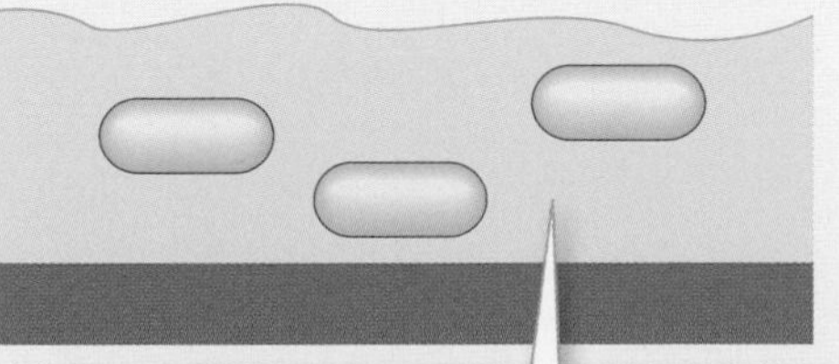

Die Schleimschichten zahlreicher Bakterien können sich zu einem **Biofilm** vereinen, in dem verschiedene Arten eine Gemeinschaft bilden. Die Konsistenz und Zusammensetzung kann sich innerhalb des Biofilms auf kurzer Distanzen ändern, sodass er unterschiedliche Biotope umfasst. Beispielsweise können die Außenbereiche aerob, die Kernzonen aber anaerob sein. Biofilme ermöglichen es ihren Bewohnern nicht nur, das Umgebungsmilieu zu kontrollieren, sondern sie verhindern auch, dass die Zellen ständig weggespült werden.

Abb. 5.5 Bei Bakterien können extrazelluläre Strukturen eine individuelle oder gemeinschaftliche Einrichtung sein

5

5.2 Mikroorganismen ohne Zellwand schützen sich mit speziellen Strukturen

Vielen Mikroorganismen fehlt die genetische und enzymatische Ausstattung, um sich mit einer Zellwand zu umgeben. Stattdessen haben sie andere Strukturen entwickelt, die unterschiedlich flexibel sind.

Die **Pellicula** oder **Cortex** (Zellrinde) ist widerstandsfähig, erlaubt dem Organismus aber ein hohes Maß an Beweglichkeit. Die Zelle erreicht dies durch Einlagerungen innerhalb des Cytoplasmas direkt unter der Zellmembran, die dadurch verhärtet wird. Dafür nutzen die einzelnen Spezies unterschiedliche Materialien. Während Euglenida wie das Augentierchen (*Euglena*) lediglich zusätzliche Proteine und die Mikrotubuli des Cytoskeletts einsetzen (◘ Abb. 5.6; ► Abschn. 33.11), verstärken Wimpertierchen wie das Pantoffeltierchen (*Paramecium*) ihre Zellhülle mit einem Gemisch aus membranumhüllten Vakuolen und Mikrotubuli (◘ Abb. 5.6; ► Abschn. 33.17).

Loricas sind feste extrazelluläre Behausungen, die nicht direkt auf der Zellmembran aufliegen, sondern locker aufsitzen und in manchen Fällen sogar recht viel Abstand zur Membran haben (◘ Abb. 5.6; ► Abschn. 33.14). Sie kommen bei einzelligen Protisten vor, man findet sie aber auch bei Vielzellern wie Rädertierchen. Je nach Species sind Loricas geformt wie Röhren, spitze Zylinder, Vasen oder Sektgläser. Ein Ende ist geschlossen, sodass der Organismus auf das offene Ende festgelegt ist, um Nahrung aufzunehmen, sich mit der Umgebung auszutauschen oder sich fortzubewegen.

Auch die **Theka** mancher Protisten ist stabil und starr. Der Begriff steht für sehr unterschiedliche Strukturen: Bei den Dinoflagellaten befinden sich innerhalb des Cytoplasmas feste Thekaplatten im Lumen von Vesikeln unterhalb der Zellmembran (◘ Abb. 5.6; ► Abschn. 33.15). Diatomeen (Kieselalgen) errichten außerhalb der Zelle eine Wand aus Siliciumdioxid (SiO_2) (◘ Abb. 5.6; ► Abschn. 33.14). Thekamöben (beschalte Amöben oder Schalenamöben) umgeben sich mit einer extrazellulären Schicht aus organischem Material, in das häufig harte Fundstücke wie Sandkörner oder Diatomeenschalen oder selbst produzierte Kieselplättchen eingearbeitet sind (◘ Abb. 5.6).

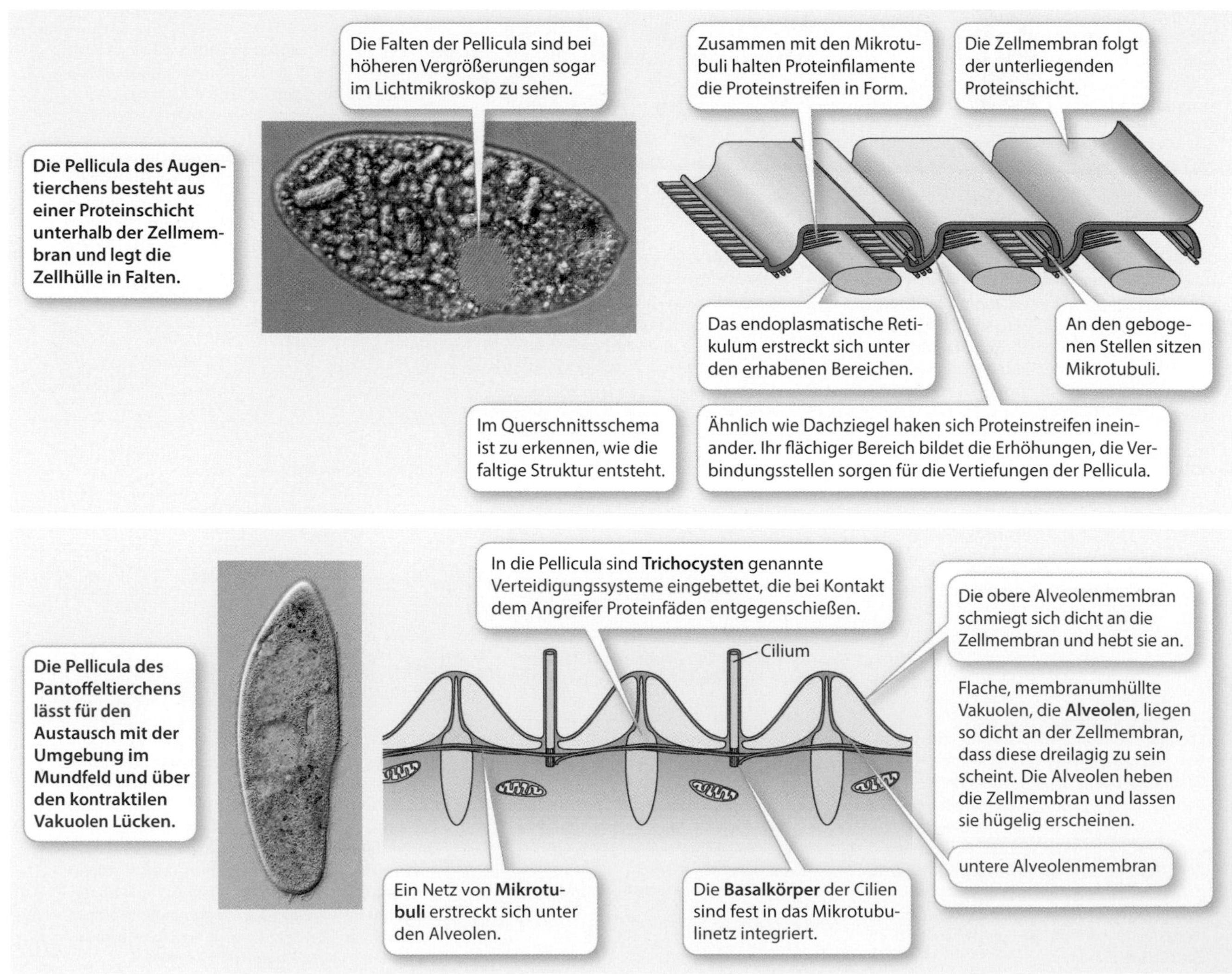

◘ **Abb. 5.6** Zellhüllen verschiedener eukaryotischer Mikroorganismen

Loricas sind feste Wohngehäuse mit reichlich Platz für ihre Bewohner.

Die Kolonien der Goldalge *Dinobryon* umfassen eine Reihe von Einzelzellen in ihren Loricas.

Der Zellkörper ist meist mit einem Stiel am Grund der Lorica befestigt.

Loricas bestehen aus Material, das die Zelle sezerniert hat. Bei Arten von *Dinobryon* handelt es sich um Fibrillen aus Cellulose, bei anderen Goldalgen auch um Chitin. Organismen aus anderen Gruppen verwenden Silikate oder Calciumverbindungen. Manche Spezies verstärken die Hülle durch eingebaute Sandkörner oder anderes Material.

Es gibt Loricas in verschiedenen Ausführungen, häufig sind glocken-, kegel- und vasenförmige Schalen anzutreffen. Sie sind farblos und transparent, durch eingeschlossene Metallionen gefärbt oder nahezu undurchsichtig.

Die Thekaplatten von Dinoflagellaten befinden sich innerhalb der Zelle in Vakuolen.

Ihre Schalen verleihen Dinoflagellaten ein bizarres Aussehen.

transverse Geißel

Chloroplast

Zellkern

longitudinale Geißel

transversale Geißel

Die Thekaplatten bestehen aus Cellulose und sind eng in Amphiesmata (Vakuolen, die den Alveolen der Ciliaten entsprechen) verpackt, die direkt unter der Zellmembran liegen. Häufig überlappen sich die einzelnen Platten gegenseitig.

Dinoflagellaten haben ein ausgeprägtes System von Vakuolen.

Die Zellhülle der Diatomeen wird Frustel genannt und kann viele unterschiedliche Formen annehmen.

Winzige Rillen und Löcher gewährleisten die Versorgung der Zelle im Inneren.

Die Zelle fällt mit Silaffinen genannten Peptiden Siliciumdioxid in Form von kleinen Kügelchen aus, die dann die Frustel bilden. Eine dünne Schicht aus verschiedenen Polysacchariden liegt über dem Siliciumoxid. Obwohl es manchmal schwer zu sehen ist, besteht die Hülle aus zwei Teilen: Die obere Epitheka greift wie der Deckel einer Schachtel über die untere Hypotheka.

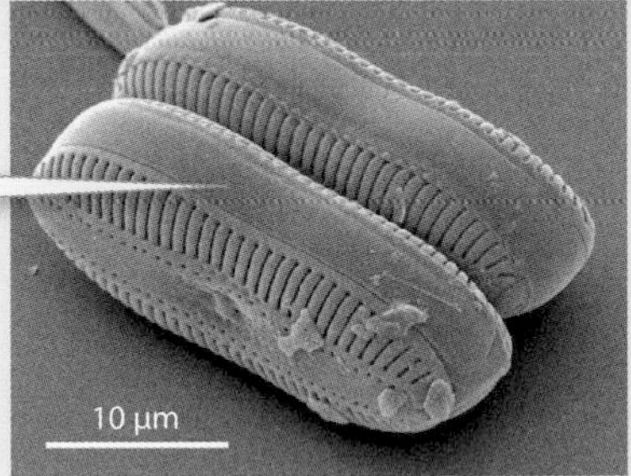

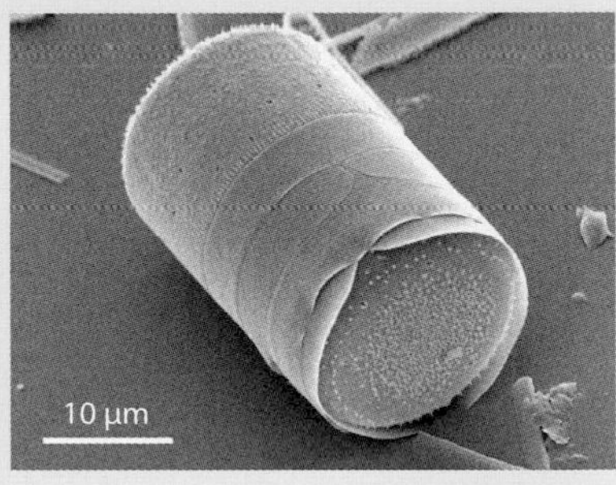

Thekamöben wie *Arcella* sind Einzeller mit einer dünnen Theka als Schutzschicht.

Die Schalenöffnung ist für die Zelle der einzige Zugang nach außen. Entweder gibt es eine einzige große Öffnung oder mehrere kleine.

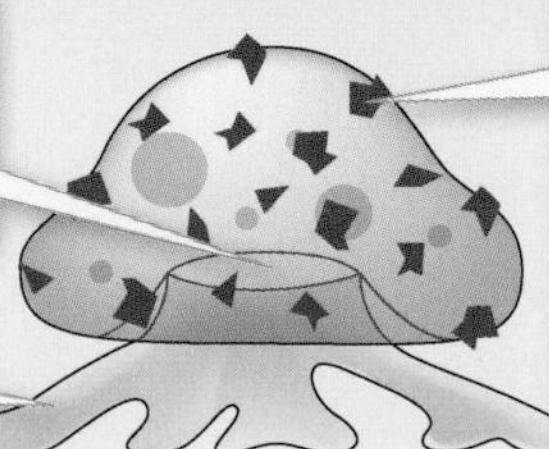

Je nach Durchmesser der Öffnung strecken die Amöben Pseudopodien (Scheinfüßchen) oder die kleineren Filopodien aus.

Die organische Matrix der Schale dient häufig vor allem als Bindestoff für feste Teilchen wie Sandkörner oder Schalen von Kieselalgen. Auch Kieselplättchen aus eigener Produktion bauen Zellen ein. Viele Spezies versehen ihre Schale dabei mit Stacheln. Der Zellkörper nutzt den gesamten Innenraum der Schale aus.

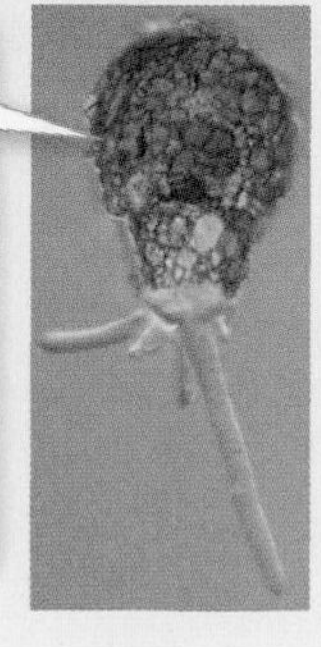

Abb. 5.6 Fortsetzung

5

5.3 Zellen halten fest zusammen

Bei mehrzelligen Eukaryoten spezialisieren sich die einzelnen Zellen häufig, um ihre jeweilige Funktion effizienter erfüllen zu können. Dadurch sind die Zellen aber aufeinander angewiesen, um zu überleben. Sie müssen in einem engen Kontakt zueinander bleiben und sich untereinander austauschen. Die Strukturen des Zusammenhalts sind Thema dieser Doppelseite, der Austausch ist Gegenstand von ► Abschn. 5.4.

Bei mehrzelligen Pflanzen und Pilzen halten Zellwände die Einzelzellen zusammen. Da tierische Zellen keine Zellwände besitzen, haben sie für die Zellkontakte spezielle Strukturen entwickelt:

- Die haftenden Verbindungen oder Adhäsionsverbindungen heften ähnlich wie Klettverschlüsse benachbarte Zellen aneinander. **Desmosomen** sind mit den Intermediärfilamenten des Cytoskeletts verbunden und bieten damit einen starken Schutz gegen mechanische Zugbelastungen und Scherkräfte (◘ Abb. 5.7). **Hemidesmosomen** stellen auf die gleiche Weise den Kontakt zur extrazellulären Matrix her. **Adhärenzverbindungen** oder **Adherens Junctions** ähneln den Desmosomen, sind jedoch mit den Actinfilamenten des Cytoskeletts verknüpft (◘ Abb. 5.8).
- Verschließende Verbindungen oder Barrierekontakte verhindern, dass Ionen oder Moleküle unkontrolliert durch den Raum zwischen den Zellen wandern. **Tight Junctions** erinnern an Nieten, welche ganze Membranbereiche benachbarter Zellen eng miteinander verbinden und dadurch den Zwischenraum verschließen (◘ Abb. 5.9). Sie kommen in den Epithelzellen (Abschlussgewebe) von Wirbeltieren vor. Bei Invertebraten (Wirbellosen) übernehmen **Septate Junctions** diese Aufgabe. Sie sind analog zu den Tight Junctions. Da die verbindenden Membranproteine parallel und in regelmäßigen Abständen angeordnet sind, ergeben sie ein leiterähnliches Bild.

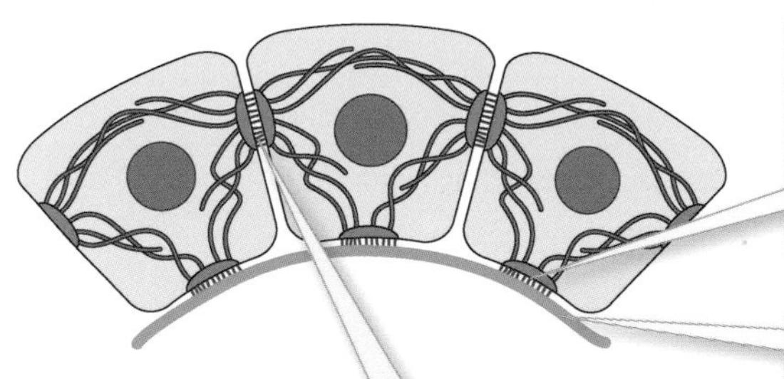

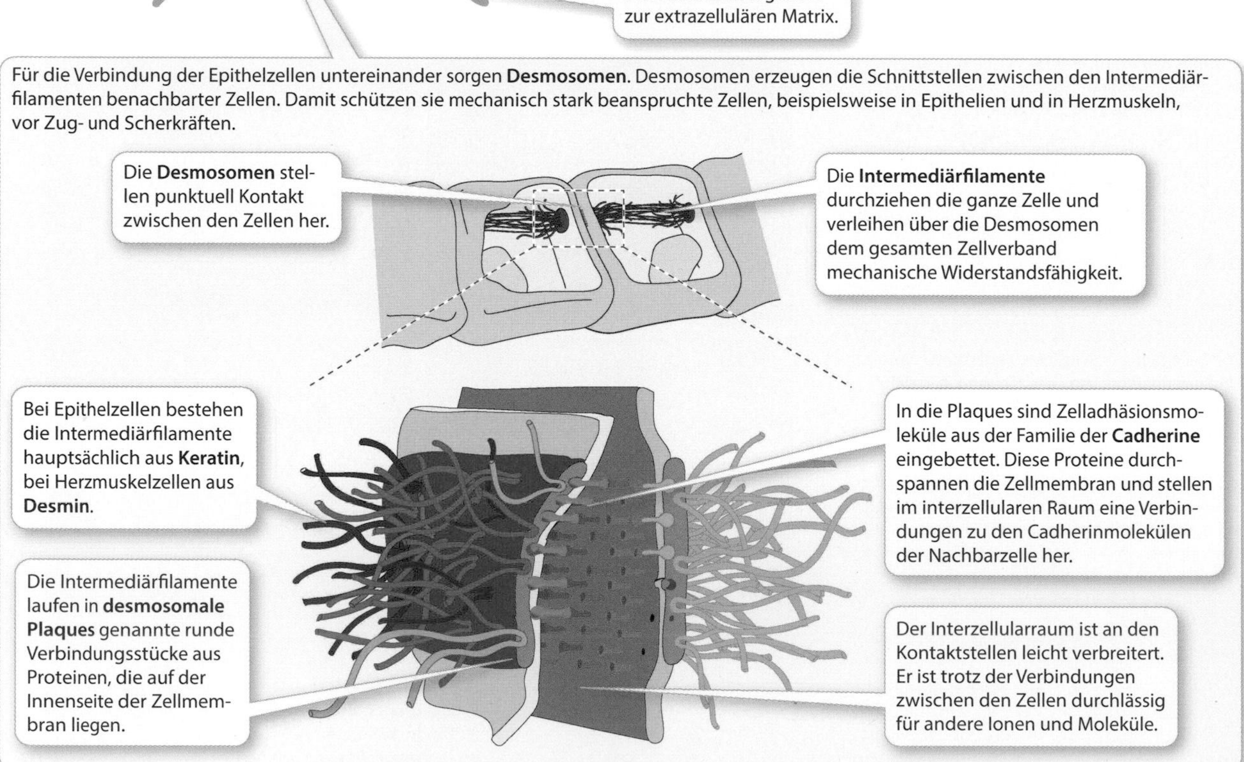

◘ **Abb. 5.7** Desmosomen stellen die Schnittstellen zwischen den Intermediärfilamenten benachbarter Zellen her. Mit der Basallamina der extrazelluären Matrix sind Zellen über Hemidesmosomen verbunden

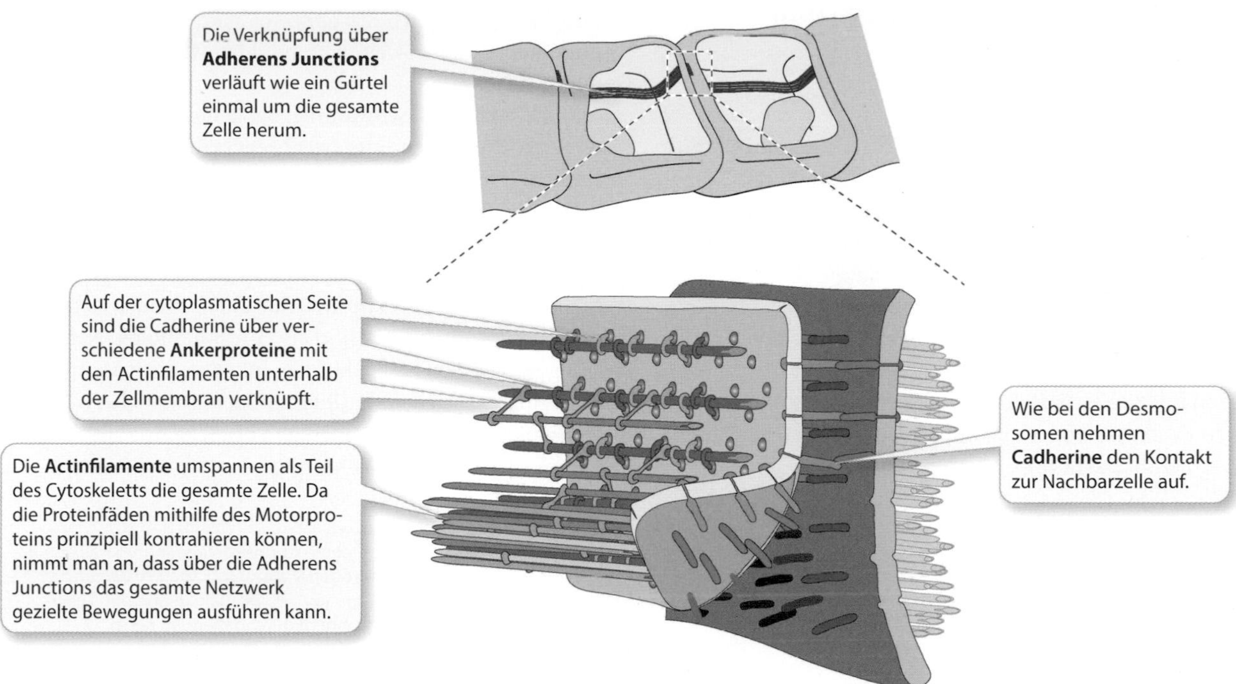

Abb. 5.8 Adherens Junctions verbinden die Actinfilamentnetze benachbarter Zellen miteinander. Damit verhelfen sie Epithelzellen zu mehr Stabilität

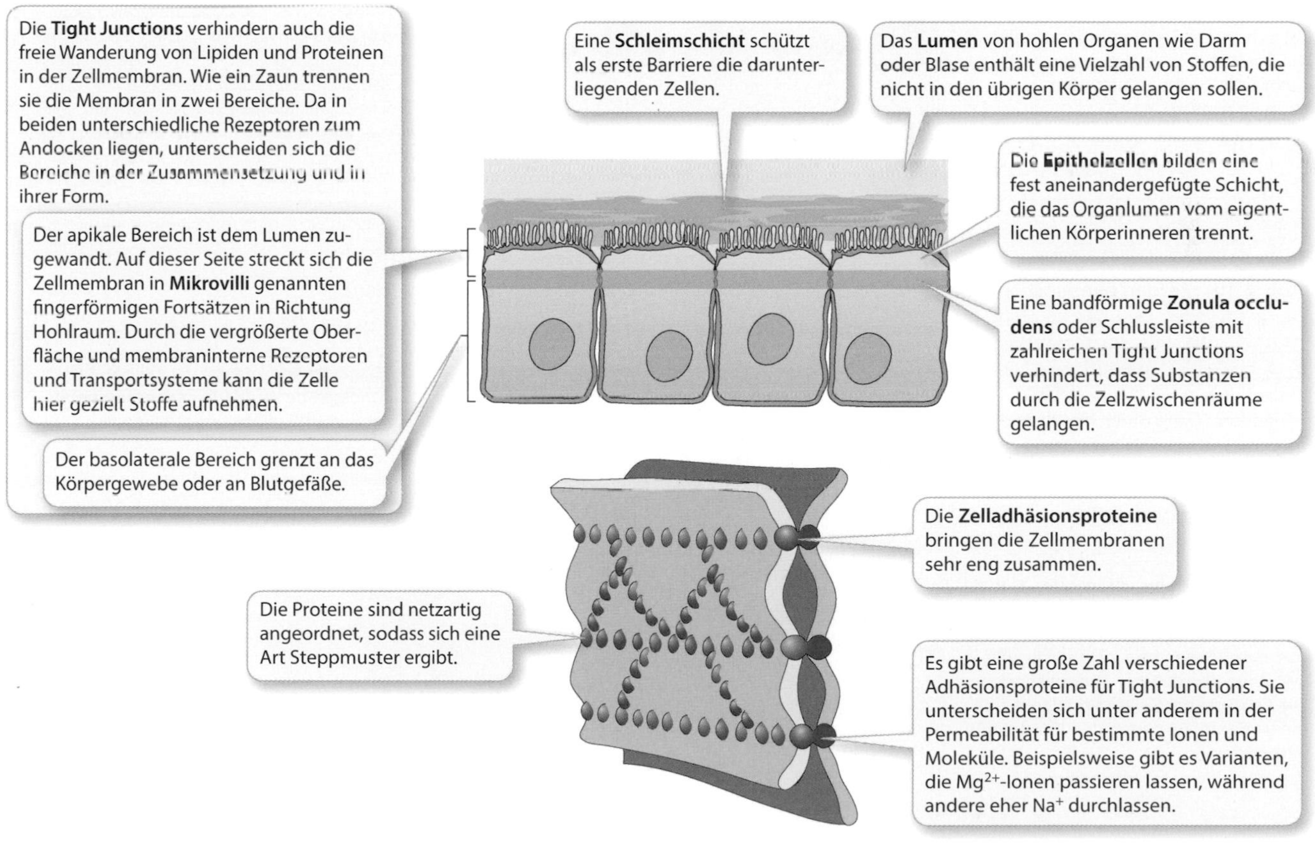

Abb. 5.9 Tight Junctions dichten die Zellzwischenräume ab und stellen damit sicher, dass Substanzen nur dann in den Körper gelangen, wenn sie zuvor eine kontrollierende Epithelzelle durchwandert haben

5.4 Miteinander verbundene Zellen tauschen sich aus

Sobald sich mehrere Zellen auf engem Raum zusammentun, schneiden die außen liegenden Zellen die inneren von der Umgebung und damit auch von der Versorgung ab. Damit Nährstoffe, Sauerstoff, ATP und Signalmoleküle auch wirklich alle Zellen erreichen, sind diese miteinander verbunden:

- Tierische Zellen koppeln über Proteine direkt die Zellmembranen miteinander. Die Felder mit diesen Kanälen nennt man Gap Junctions (◘ Abb. 5.10, ► Abschn. 16.8).
- Pflanzen müssen zusätzlich die Zellwand durchtunneln. Das machen sie in Plasmodesmen mit schlauchartigen Ausläufern der Zellmembran (◘ Abb. 5.11).
- Pilze koppeln gleich die ganzen Cytoplasmen ihrer Zellen, indem ihre Septen weite Poren bilden (◘ Abb. 5.12).

Gap Junctions kommen fast im gesamten Tierreich vor. Eine Ausnahme bilden die Schwämme, bei denen sie nicht zu finden sind. Auch die Zellen ausgewachsener Skelettmuskeln sowie einzelne aktive Zellen wie rote Blutkörperchen und Spermien verfügen über keine Gap Junctions.

Die Proteine der Gap Junctions gehören bei Chordatieren, zu denen die Wirbeltiere zählen, zur Familie der **Connexine**, bei Wirbellosen zu den **Innexinen**. Beide unterscheiden sich stark in ihrer Aminosäuresequenz, sind also nicht homolog. Neben Verbindungen zwischen Zellen können Innexine auch Membranöffnungen zum extrazellulären Raum bilden. Möglicherweise sind diese Halbkanäle an der Weitergabe des Signals zum programmierten Zelltod (Apoptose) beteiligt.

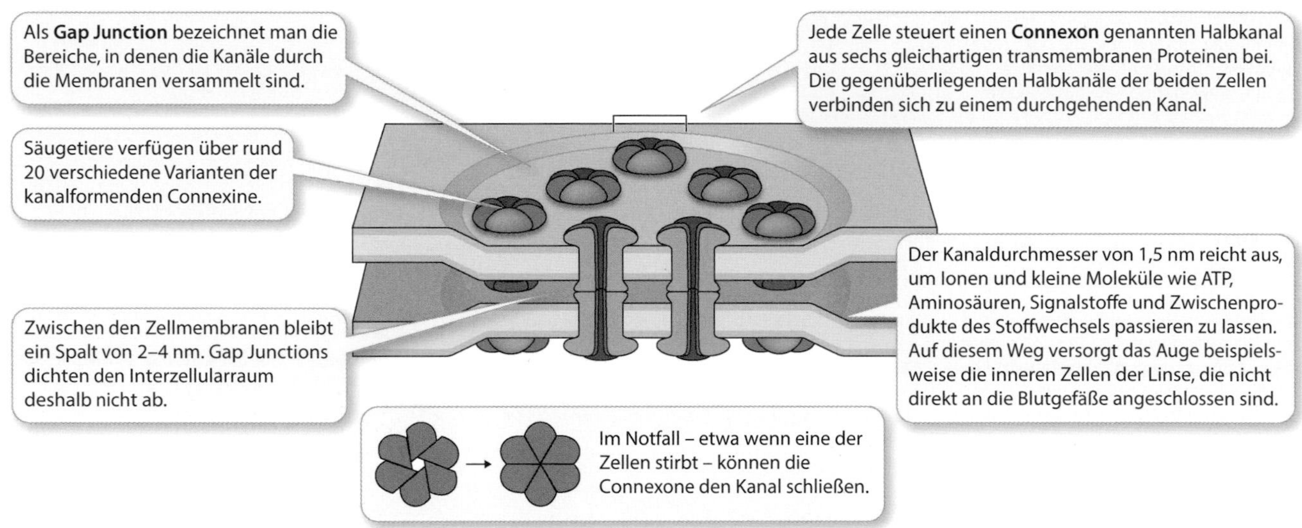

◘ **Abb. 5.10** Bei den Gap Junctions zwischen tierischen Zellen bilden Proteinkomplexe verschließbare Kanäle

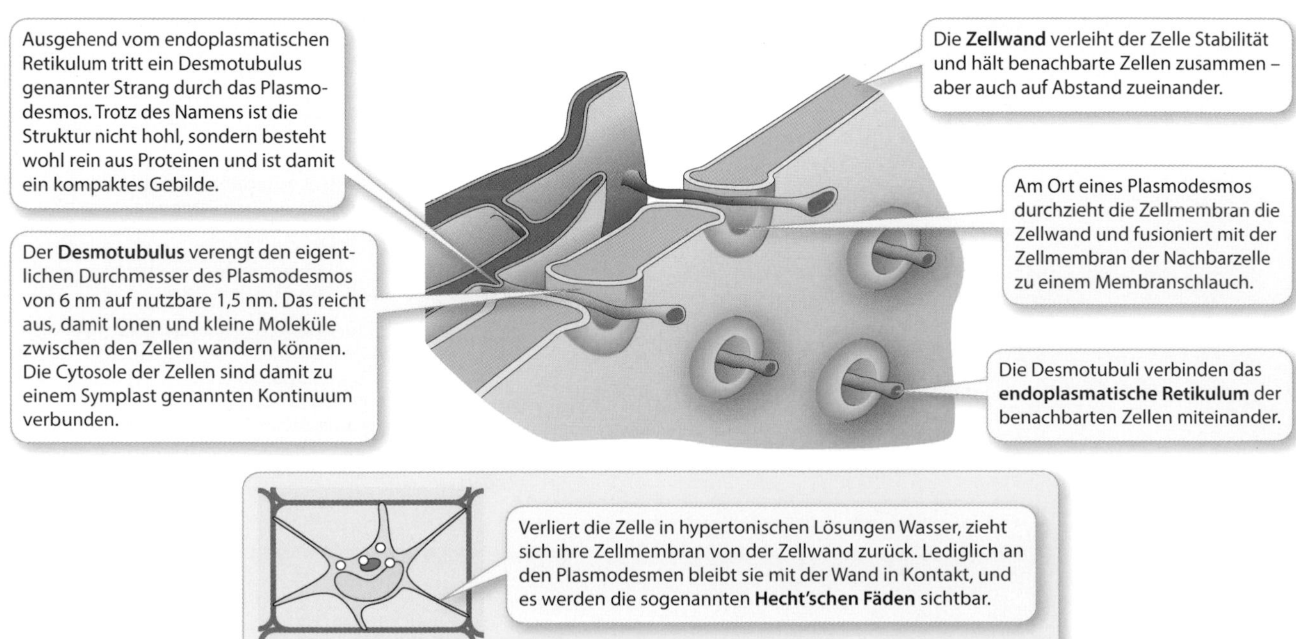

◘ **Abb. 5.11** Bei Pflanzen durchtunnelt die Zellmembran mit Plasmodesmen (Singular: Plasmodesmos oder Plasmodesma) die Zellwand

Die **Plasmodesmen** verbinden die Cytosole benachbarter Pflanzenzellen zu einem Kontinuum, das als Symplast bezeichnet wird. Nach der Entwicklungsphase, in welcher sie gebildet werden, unterscheidet man zwei Typen von Plasmodesmen:

- **Primäre Plasmodesmen** werden bereits bei der Zellteilung angelegt, wenn sich das endoplasmatische Retikulum während der Bildung der neuen Mittellamelle über beide Tochterzellen erstreckt.
- **Sekundäre Plasmodesmen** entstehen zwischen ausgewachsenen Zellen.

Kleine und mittelgroße Moleküle bis hin zu einigen Proteinen und RNA-Molekülen wandern per Diffusion durch die Cytoplasmaschläuche. Zusätzlich gibt es wohl für größere Moleküle einen aktiven Transportmechanismus, der noch unzureichend erforscht ist. Möglicherweise sind daran Komponenten des Cytoskeletts beteiligt, die durch die Plasmodesmen reichen.

Neben pflanzeneigenem Transportgut nutzen auch Viren Plasmodesmen für ihre Ausbreitung in der Pflanze. Beispielsweise befördert das Tabakmosaikvirus (TMV) sein Genom mithilfe des Proteins MP-30 von Zelle zu Zelle.

Am weitesten geht die Verbindung der Zellen bei Pilzen. Ihre als **Septen** bezeichneten Trennwände zwischen den Einzelzellen lassen so große **Poren**, dass die Plasmaströmung genannte Bewegung des Cytosols durch die gesamte Hyphe wandert. Sie zieht dabei Organellen und Zellkerne mit. Für den Antrieb sorgen bei der Plasmaströmung die Proteine Actin und Myosin. Bei Pflanzen beschränkt sich die Plasmaströmung hingegen auf jeweils eine Zelle.

Einige Pilze, beispielsweise Jochpilze, bilden zwischen ihren Zellen keine Septen aus, sodass sie funktionell eine einzige vielkernige Zelle darstellen.

Die Zellverbindungen von fädigen Cyanobakterien sind bislang wenig erforscht. Bei Stickstoffmangel formt sich bei einigen Arten von *Anabaena* etwa jede zehnte Zelle in eine Heterocyste mit gasdichter Umhüllung um. In dieser Form kann sie keine volle Photosynthese betreiben und ist auf die Versorgung mit Kohlenstoffverbindungen durch ihre Nachbarzellen angewiesen. Im Gegenzug fixiert sie mit dem sauerstoffempfindlichen Enzym Nitrogenase Stickstoff aus der Luft und gibt ihn an eine Trägeraminosäure gebunden an die Nachbarn weiter. Die Verbindung zwischen den Zellen stellen vermutlich Kanäle her, die nicht aus Membranschläuchen bestehen, sondern eher Strukturen aus Proteinen sind. Die Cytoplasmen der verbundenen Zellen bleiben damit weitgehend separiert.

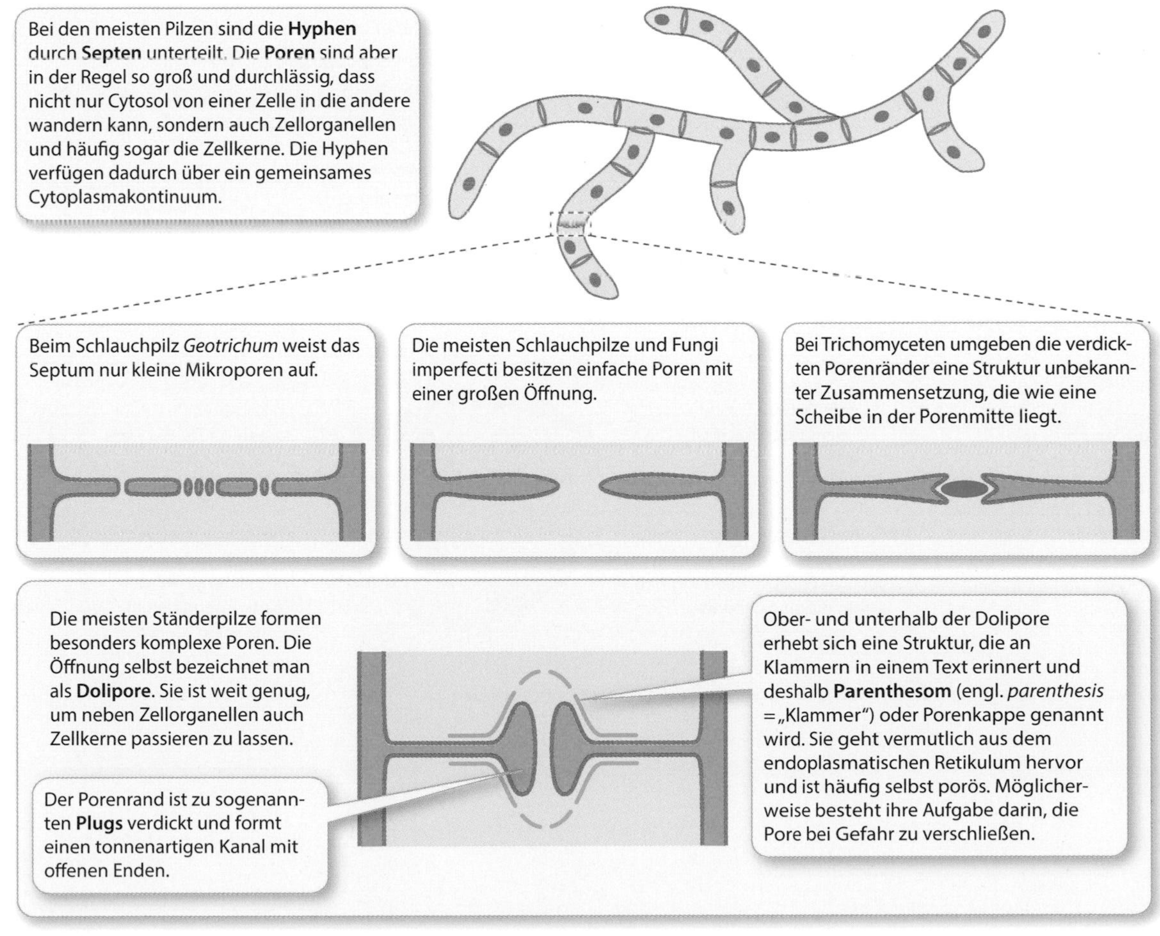

Abb. 5.12 Die Septen genannten Trennwände zwischen den Zellen wachsen bei Pilzen nach der Teilung von außen nach innen. Dabei lassen sie in der Mitte einen Porus frei, der je nach systematischer Gruppe unterschiedlich gestaltet ist

5.5 Zellen überstehen schlechte Zeiten als Dauerformen

Viele Organismen haben nicht die Möglichkeit, sich ein neues Biotop zu suchen, wenn sich die Verhältnisse in ihrem Lebensraum dramatisch verschlechtern. Deshalb bilden manche bei Nährstoffmangel oder einsetzender Trockenheit besonders widerstandsfähige Dauerstadien oder Dauerformen aus, die durch einen extrem reduzierten Metabolismus (Stoffwechsel) lange Zeiträume und widrige Bedingungen überstehen können:

- **Cysten** umfassen die gesamte Zelle (◘ Abb. 5.13). Sowohl Protisten als auch Bakterien verstärken dafür ihre Zellhüllen.
- **Endosporen** entstehen bei sporenbildenden Bakterien innerhalb ihres Cytoplasmas (◘ Abb. 5.14). Bei der Freisetzung stirbt die Mutterzelle.
- **Exosporen** oder **Konidien**, die von manchen prokaryotischen Actinomyceten produziert werden, entstehen dagegen durch Abschnürung von Hyphen (◘ Abb. 5.15). Die Konidien der eukaryotischen Pilze nennt man Chlamydosporen. Sie lösen sich erst von der Hyphe, wenn die anderen Zellen abgestorben sind.

Allen Dauerformen gemeinsam ist, dass sie wieder zu vegetativen Zellen auskeimen können, sobald die Umgebungsbedingungen dafür geeignet sind.

Da Hyphen mehrere Konidien bilden können, dienen diese nicht nur als Überlebensformen, sondern auch zur Vermehrung und Verbreitung. Moose, Farne, Schachtelhalme, Algen, Pilze und Protisten nutzen Sporen für diese Zwecke. Sie sind äußerst unterschiedlich gebaut (◘ Abb. 5.16): Die meisten Sporen sind einzellig, manche jedoch vielzellig. Zoosporen besitzen Geißeln und sind mobil, Autosporen haben keine äußeren Anhängsel. Einige Sporen sind effektive Dauerformen, andere überstehen nur kurze Zeit unter ungünstigen Bedingungen.

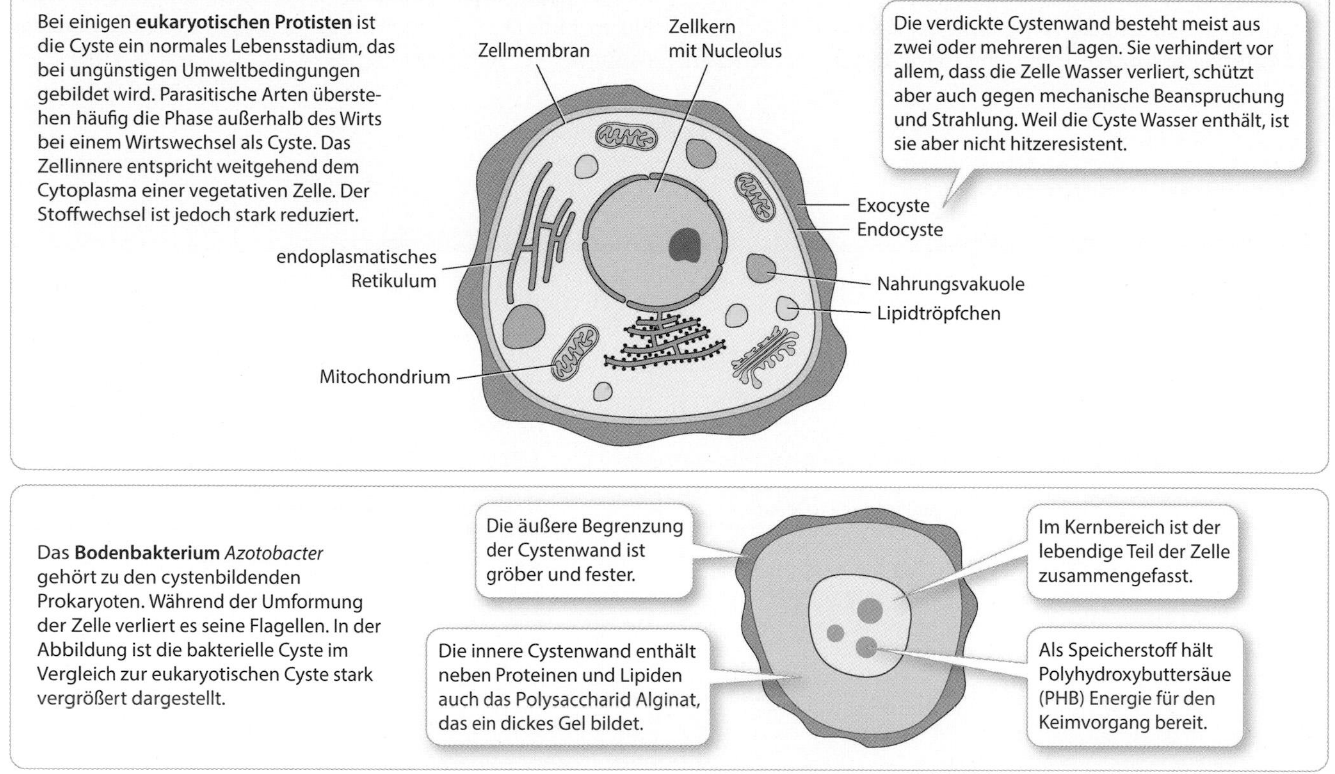

◘ **Abb. 5.13** Cysten entstehen aus ganzen Zellen, die sich mit einer dicken Hüllschicht umgeben

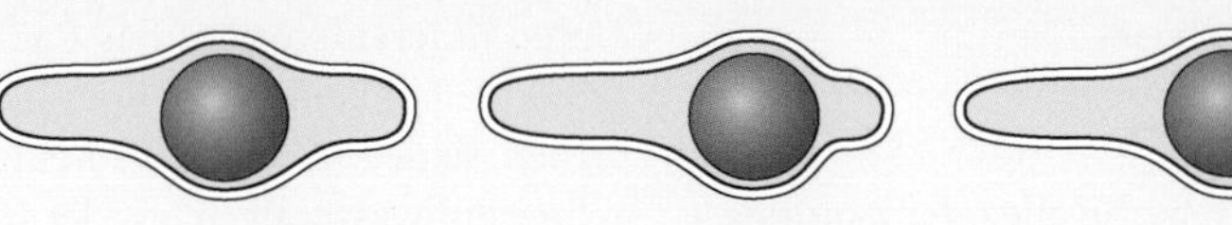

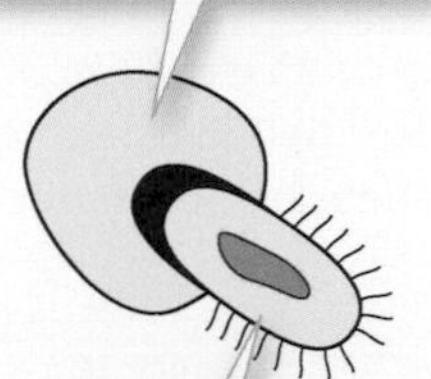

Abb. 5.14 Bakterielle Endosporen sind so gut verpackt, dass sie sogar UV-Strahlung sowie das Vakuum des Weltalls überstehen und nach 25 Mio. Jahren in Bernstein noch auskeimen können

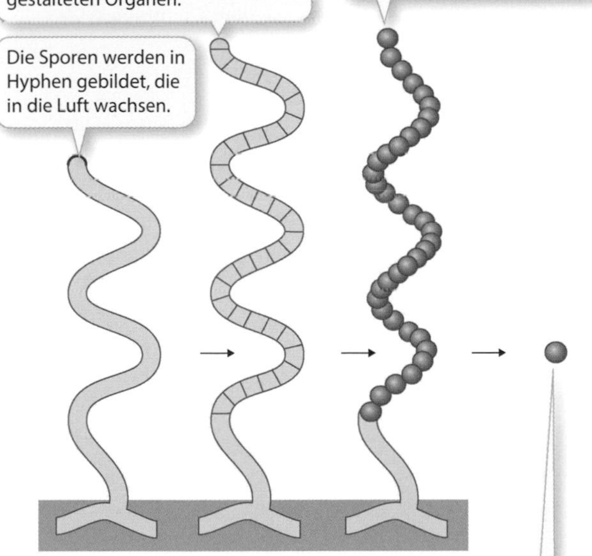

Abb. 5.15 Prokaryotische Actinomyceten sowie eukaryotische Pilze bilden als Konidien bezeichnete Exosporen

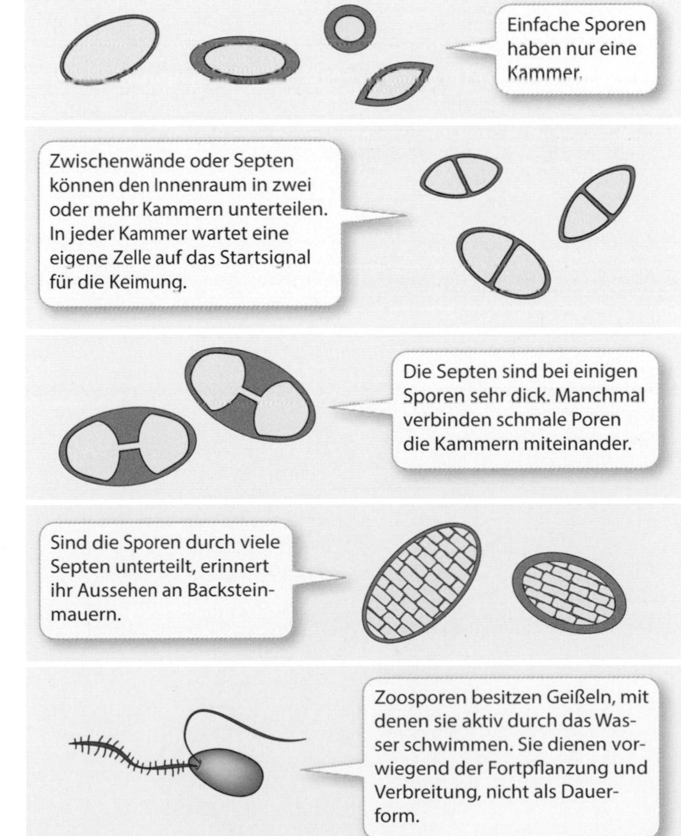

Abb. 5.16 Sporen für die Vermehrung und Ausbreitung sind sehr unterschiedlich aufgebaut

5

5.6 Zellen haben spezielle Strukturen für besondere Aufgaben

Neben den allgemeinen Zellstrukturen, die alle oder zumindest viele Zellen aufweisen, verfügen manche Organismen über einzigartige Einrichtungen, die auf wenige Gruppen oder sogar nur einzelne Arten beschränkt sind. Meistens übernehmen diese Strukturen ganz spezielle Aufgaben. Die Vielfalt solcher spezieller Strukturen ist enorm und kann hier nur exemplarisch für wenige Beispiele besprochen werden:

Extrusomen sind Zellorganellen, die unter bestimmten Bedingungen ihren Inhalt nach außen abgeben. Mit ihrer Hilfe verteidigen sich einzellige Mikroorganismen oder fliehen vor Fressfeinden. Bei manchen Extrusomen ist die Funktion hingegen noch unbekannt. **Trichocysten** sind eine Verteidigungswaffe der Wimpertierchen, Dinoflagellaten und einiger einzelliger Algen. Unter anderem verfügt das Pantoffeltierchen (*Paramecium*) in seiner Pellicula über Trichocysten (◘ Abb. 5.17). Wird es angegriffen, schießt es kleine Proteinstäbchen auf den Feind ab. Einzellige Süßwasseralgen aus der Gruppe der Cryptophyta (Cryptomonaden) haben eine Art Turboantrieb für den Notfall, den man als **Ejectosom** oder Ejectisom bezeichnet (◘ Abb. 5.18). Es handelt sich dabei um mehrere spiralige Proteinbänder, die unter mechanischer Spannung stehen. Wird die Zelle gereizt, entlädt sich diese Spannung und schleudert die Zelle aus der Gefahrenzone.

Über **Haustorien** (Singular: Haustorium) nehmen z. B. Pilze festen Kontakt zu ihren Symbionten oder Wirten auf (◘ Abb. 5.19; ► Abschn. 23.2). Dazu dringen Auswüchse der Hyphen durch die Zellwände, durchstoßen aber nicht die Zellmembran. Bei Flechten dienen die Haustorien dem friedlichen

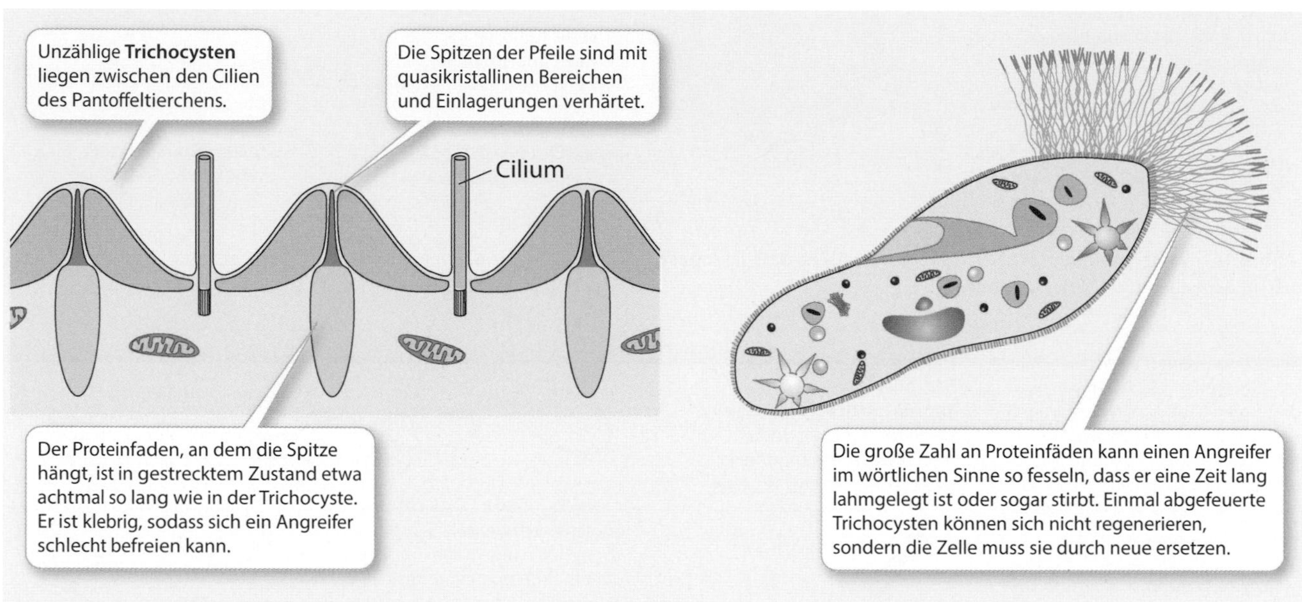

◘ **Abb. 5.17** Trichocysten sind kleine Proteinspeere, mit denen sich das Pantoffeltierchen (*Paramecium*) gegen Fressfeinde verteidigt

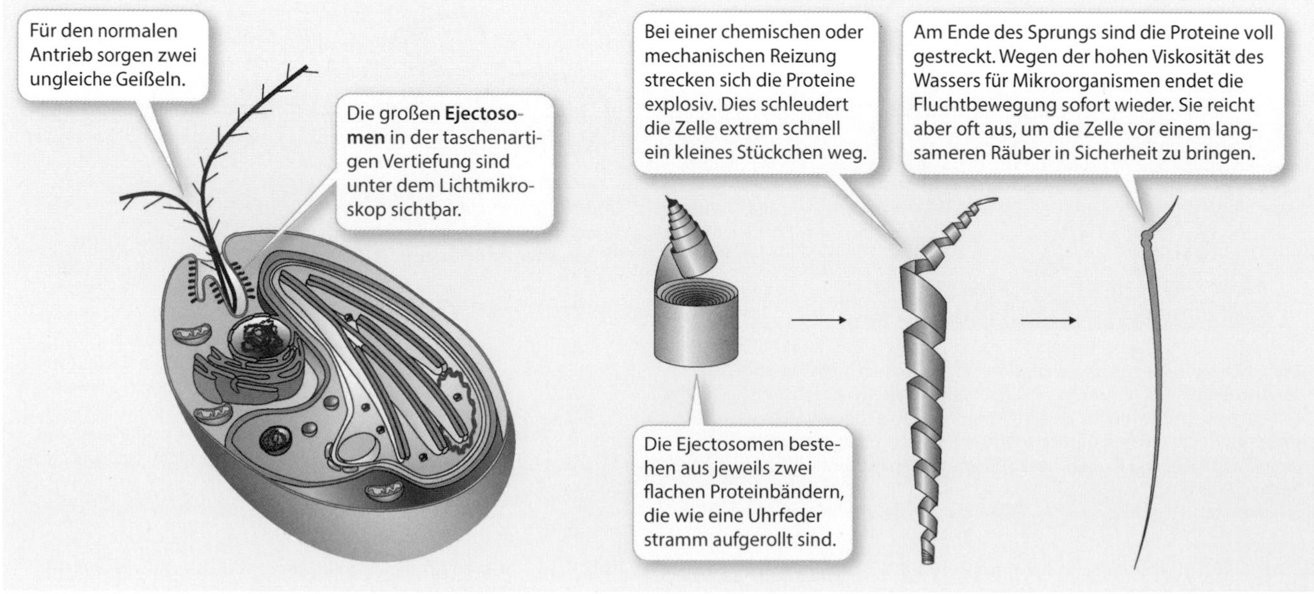

◘ **Abb. 5.18** Die Zellen von Cryptophyta tragen in einer Tasche mehrere große Ejectosomen und weitere kleine verteilt über den Zellkörper

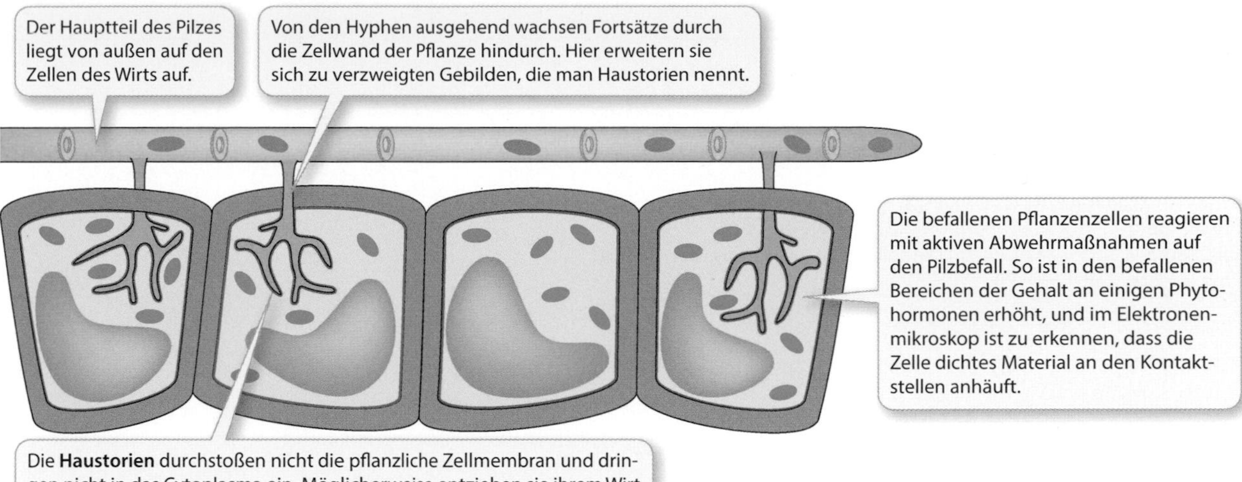

Abb. 5.19 Über Haustorien, die in den Bereich zwischen Zellwand und Zellmembran eingedrungen sind, entzieht ein parasitärer Pilzfaden der Wirtspflanze Nährstoffe

Austausch von Stoffen, bei parasitären Pilzen versucht die Pflanze, sich mit Veränderungen im Kontaktbereich zu wehren.

Bei fädigen Cyanobakterien, die aus hintereinander aufgereihten Zellen bestehende Kolonien bilden, wandeln sich bei Stickstoffmangel einzelne Zellen zu **Heterocysten** um (Abb. 5.20). Diese sind darauf spezialisiert, den Stickstoff der Luft zu fixieren und in eine nutzbare Form umzuwandeln. Weil das dafür zuständige Enzym Nitrogenase extrem empfindlich gegenüber Sauerstoff ist, muss die Heterocyste intern ein nahezu anaerobes Milieu einstellen.

Abb. 5.20 Heterocysten sind auf die Fixierung von Stickstoff aus der Luft spezialisierte Zellen. Sie sind eines der wenigen Beispiele für Aufgabenteilung zwischen Zellen bei Prokaryoten

Gewöhnliche Zellen betreiben Photosynthese, bei der als Nebenprodukt Sauerstoff anfällt.

Mangelt es den Cyanobakterien an geeigneten Stickstoffverbindungen, wandeln sich einige Zellen in dem Faden in **Heterocysten** um. Diese stellen das Enzym Nitrogenase her, das Stickstoff aus der Luft fixieren kann. Weil die Nitrogenase sauerstoffempfindlich ist, kann die Heterocyste keine vollständige Photosynthese mehr betreiben und sich darum nicht selbst versorgen.

Die Zellwand der Heterocyste ist durch Glykolipide und Polysaccharide stark verdickt, sodass kein Sauerstoff von außen in die Zelle eindringen kann.

Durch **Mikroplasmodesmen** tauscht die Heterocyste mit ihren Nachbarn die stickstoffhaltige Aminosäure Glutamin gegen den energie- und kohlenstoffhaltigen Zucker Saccharose.

Weiterführende Literatur

1. Alberts B, Johnson AD, Lewis J, Morgan D, Raff M, Roberts K, Walter P (2017) Molekularbiologie der Zelle, 6. Aufl. Wiley-VCH, Weinheim
2. Christen P, Jaussi R, Benoit R (2016) Cytoskelett und molekulare Motoren. In: Biochemie und Molekularbiologie. Springer Spektrum, Berlin, Heidelberg
3. Fritsche O (2015) Biologie für Einsteiger, 2. Aufl. Springer Spektrum, Berlin, Heidelberg
4. Heinrich D, Götz M, Sackmann E (2018) Die Zelle – erstaunlich physikalisch. Phys Unserer Zeit 49:64–70

Genetik

Zellteilung, Zellzyklus und Replikation der DNA

Christian Johannes

mit Beiträgen von Martin Simon

J. Boenigk (Hrsg.), *Boenigk, Biologie,* https://doi.org/10.1007/978-3-662-61270-5_6

6.1 Die semikonservative Replikation der DNA führt zu zwei identischen Tochtersträngen

Das Erbmolekül von fast allen Lebewesen ist **Desoxyribonucleinsäure (DNA)**; Ausnahmen bilden einfache RNA-Viren, deren Erbsubstanz die chemisch ähnliche **Ribonucleinsäure (RNA)** bildet (▶ Abschn. 2.8). Die Entschlüsselung der **DNA-Struktur** wurde 1953 in einem aufsehenerregenden Artikel von Watson und Crick publiziert und basierte neben den eigenen Forschungsergebnissen auf den Befunden vieler zeitgenössischer hochrangiger Wissenschaftlerinnen und Wissenschaftler. DNA ist relativ einfach in ihrem Aufbau, was wohl auch der Grund dafür ist, dass sie lange Zeit nicht als der aussichtsreichste Kandidat für die essenzielle Funktion der Informationsspeicherung von Tausenden verschiedener Proteine in einer jeden Zelle eingeschätzt wurde.

Ein DNA-Molekül ist eine lange **Polynucleotidkette**, die aus nur vier verschiedenen **Nucleotiden** gebildet wird (◻ Abb. 6.1). Nucleotide bestehen aus einem Zucker, einer Phosphatgruppe sowie einer von vier organischen Basen und sind über eine Phosphodiesterbindung zu einem langen Kettenmolekül verknüpft (◻ Abb. 6.1).

Fast immer liegt DNA als Doppelmolekül vor, das eine **helicale Struktur** aufweist (◻ Abb. 6.2). Voraussetzung für die Teilung einer Zelle in zwei Tochterzellen ist die vorangegangene Verdopplung der DNA, um sicherzustellen, dass beide Tochterzellen die vollständige genetische Information erhalten. Dies geschieht im Rahmen der **semikonservativen DNA-Replikation** – bei Eukaryoten in einem bestimmten Abschnitt des Zellzyklus, der **S-Phase** (DNA-Synthese-Phase). Hierbei wird das Doppelmolekül in die beiden Einzelstränge getrennt, und anschließend dient jeder der beiden als Matrize für die Neusynthese des komplementären Strangs. Aufgrund der Basenpaarungseigenschaften

DNA ist eine **Polynucleotidkette**, aufgebaut aus Grundbausteinen, den Desoxyribonucleotiden. Davon gibt es vier verschiedene, die aus einem Pentosezucker (Desoxyribose), einem Phosphat und einer Kernbase zusammengesetzt sind. Die Base (hier nur als Wort dargestellt) ist die einzige variable Komponente der Nucleotide; es existieren vier verschiedene Basen in der DNA: Adenin, Cytosin, Guanin und Thymin.

Phosphat

Base

Zucker

Die einzelnen **Nucleotide** sind über Phosphodiesterbindungen zu einer Kette verknüpft; ein 3'-Kohlenstoffatom eines Nucleotids wird mit dem 5'-Kohlenstoffatom des benachbarten Nucleotids kovalent verbunden. Dabei ist keine Präferenz für ein bestimmtes Nachbarnucleotid gegeben. Hier dargestellt ist ein Ausschnitt aus vier Nucleotiden eines DNA-Einzelstrangs.

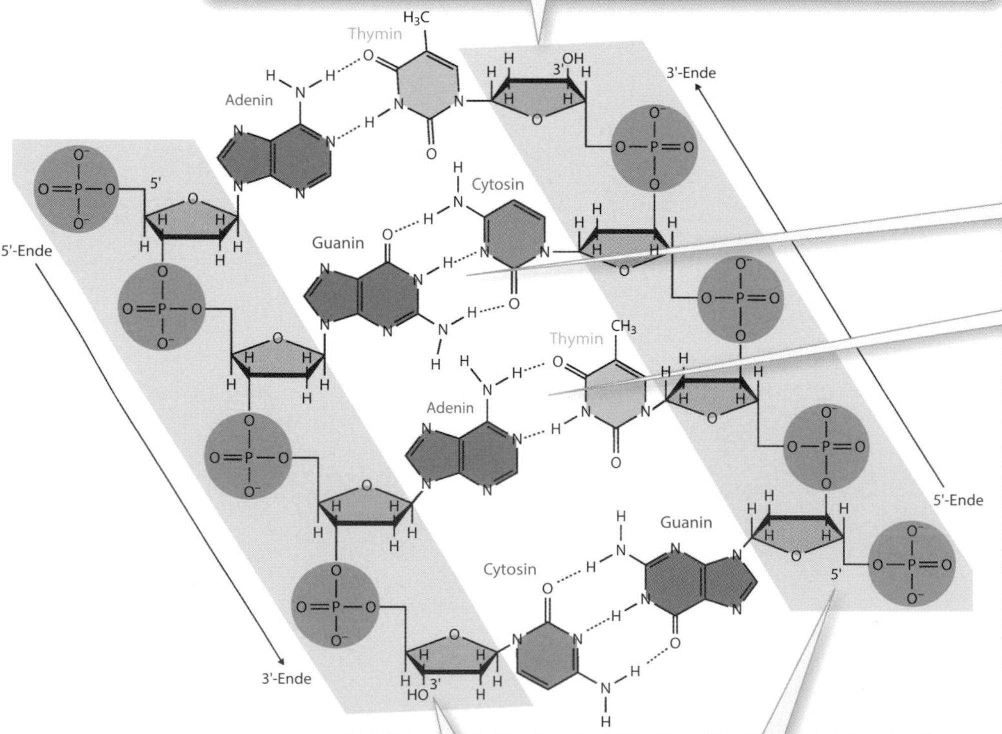

Die DNA ist ein Doppelmolekül aus zwei Einzelsträngen. Die Verknüpfung erfolgt über Wasserstoffbrückenbindungen, welche die Basen miteinander eingehen.

Guanin (G) paart immer mit Cytosin (C) über drei Wasserstoffbrücken.

Adenin (A) paart immer mit Thymin (T) über zwei Wasserstoffbrücken.

Durch diese strenge Paarungseigenschaft der Nucleotide in dem DNA-Doppelmolekül kommen T und A in jeweils gleichen Anteilen vor, das gilt genauso für die Basen C und G, man spricht von **komplementären Basen**. Diese Regelmäßigkeit wird nach ihrem Entdecker **Chargaff-Regel** genannt. Das Verhältnis von A+T zu G+C im Genom kann dagegen bei verschiedenen Arten unterschiedlich ausfallen.

Jeder DNA-Einzelstrang besitzt ein **3'-OH-** und ein **5'-Phosphat-Ende**. Die Ziffer bezeichnet die Position des Kohlenstoffatoms in der Pentose. Die beiden gepaarten Einzelstränge des DNA-Doppelmoleküls verlaufen antiparallel. 3'-OH und 5'-Phosphat stehen sich an jedem der beiden Enden gegenüber.

◻ **Abb. 6.1** Die DNA ist ein Doppelstrangmolekül aus zwei über Wasserstoffbrückenbindungen verknüpften Nucleotidabfolgen

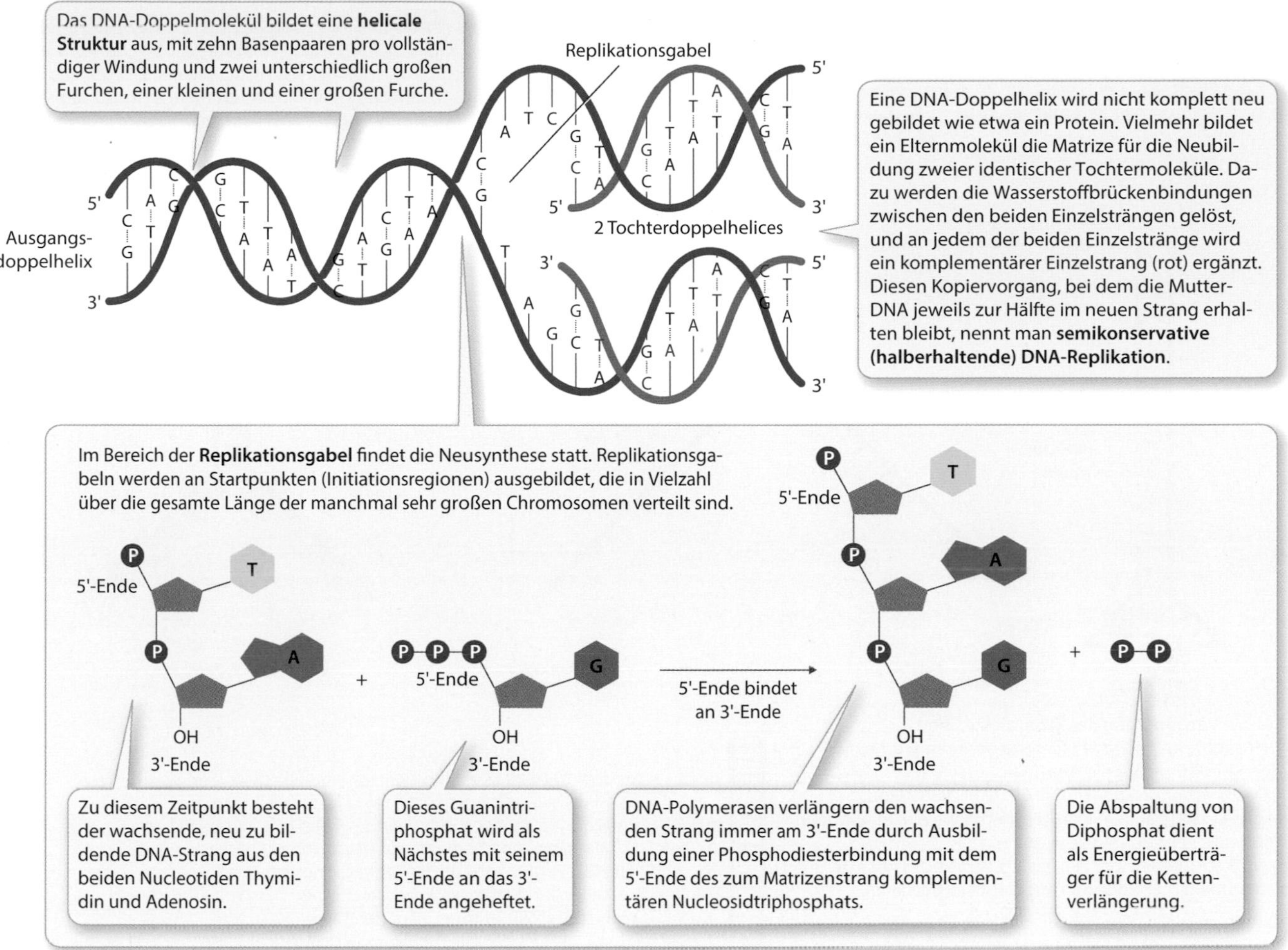

Abb. 6.2 Der DNA-Doppelstrang ist helical organisiert

sind nach Abschluss der DNA-Synthese beide neuen Doppelhelices identisch (Abb. 6.2).

Die Bildung der Stränge erfolgt durch fortschreitendes Anknüpfen von Nucleotiden durch die **DNA-Polymerase** an das 3′ Ende des wachsenden Strangs. Dadurch ergibt sich eine Syntheserichtung vom 5′-Ende zum 3′-Ende in Bezug auf das wachsende Polymer (Abb. 6.3). Die DNA-Polymerase benötigt ein 3′-Ende am neu zu synthetisierenden Strang, um mit der Polymerisation zu beginnen bzw. diese fortzusetzen. Dieses wird durch ein kurzes Stück RNA (**Primer**) bereitgestellt, das von einer **RNA-Polymerase** (**Primase**) gebildet wird. Die DNA-Synthese beginnt also immer mit einer RNA-Synthese.

Bei der fortschreitenden Öffnung der Replikationsgabel wird der **Leitstrang** kontinuierlich verlängert, während im gegenüberliegenden **Folgestrang** regelmäßig die Synthese mit der Bildung eines Primers neu starten muss (Abb. 6.3). Die Bruchstücke der DNA-Synthese im Folgestrang werden als **Okazaki-Fragmente** bezeichnet. In eukaryotischen Chromosomen gibt es eine Vielzahl von Startpunkten für den Replikationsvorgang; ansonsten wäre die vollständige Duplikation des DNA-Moleküls nicht in einem akzeptablen Zeitabschnitt möglich. In den zirkulären Bakterienchromosomen findet sich in der Regel nur ein Replikationsstart, der **Origin**. Vom Startpunkt der Replikation verläuft der Fortschritt entweder nur in eine Richtung (unidirektional) oder häufiger in beide Richtungen (bidirektional). In letzterem Fall spricht man auch von einer Replikationsblase, die schließlich auf die benachbarten Replikationsabschnitte treffen wird.

Damit die Polymerasen einen neuen komplementären Einzelstrang synthetisieren können, müssen zuvor die DNA-Helix entwunden und die beiden Stränge getrennt werden. Dafür sind die **Topoisomerase** und die **Helicase** zuständig; anschließend binden Proteine an die Einzelstränge, um eine sofortige Basenpaarung zu verhindern (Abb. 6.3).

Eine Besonderheit – bedingt aus der Eigenschaft der DNA-Polymerase, ein 3′-Ende für den Beginn der DNA-Polymerisation zu benötigen – ist die Unfähigkeit, ein lineares DNA-Molekül an den beiden Enden vollständig zu verdoppeln. Im Folgestrang (den es an beiden Enden gibt) entsteht daher ein **Einzelstrangüberhang**, der nach enzymatischer Entfernung einen Stückverlust in den Telomeren zur Folge hat (Abb. 6.4). Diese sukzessive **Verkürzung der Telomere** bei jeder DNA-Replikation kann durch die Aktivität des Enzyms **Telomerase** verhindert werden (Abb. 6.5). Dies geschieht aber bei mehrzelligen Organismen nicht regelmäßig während der Replikation. Aktive Telomerase findet man vor allem in Embryonalzellen sowie in Stammzellen (etwa in der Keimbahn) und in den meisten Krebszellen, wohingegen in den meisten somatischen Zellen eine Verkürzung der Telomere abläuft, was schließlich zur Einstellung der Zellregeneration führt.

6

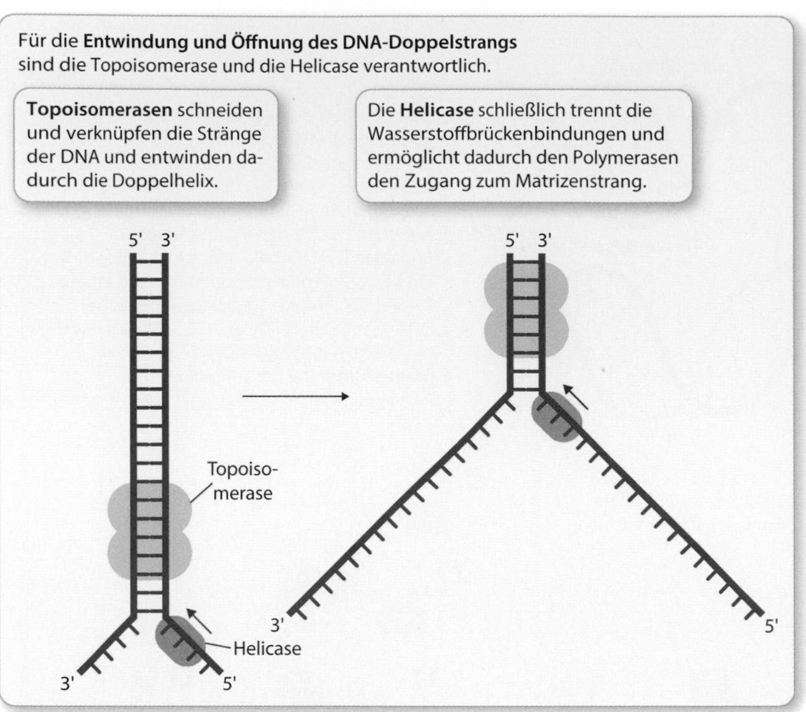

Die getrennte einzelsträngige DNA ist instabil und tendiert zu einer erneuten Wasserstoffbrückenbindung. Es besteht ebenfalls die Gefahr, dass Nucleasen den Einzelstrang abbauen. Um dies zu verhindern, werden **einzelstrangbindende Proteine** (**SSB**, *single-stranded binding proteins*) angeheftet, die diese Struktur stabilisieren, bis die Polymerase einen neuen Einzelstrang synthetisiert hat.

5' 3'

SSB

3' 5'

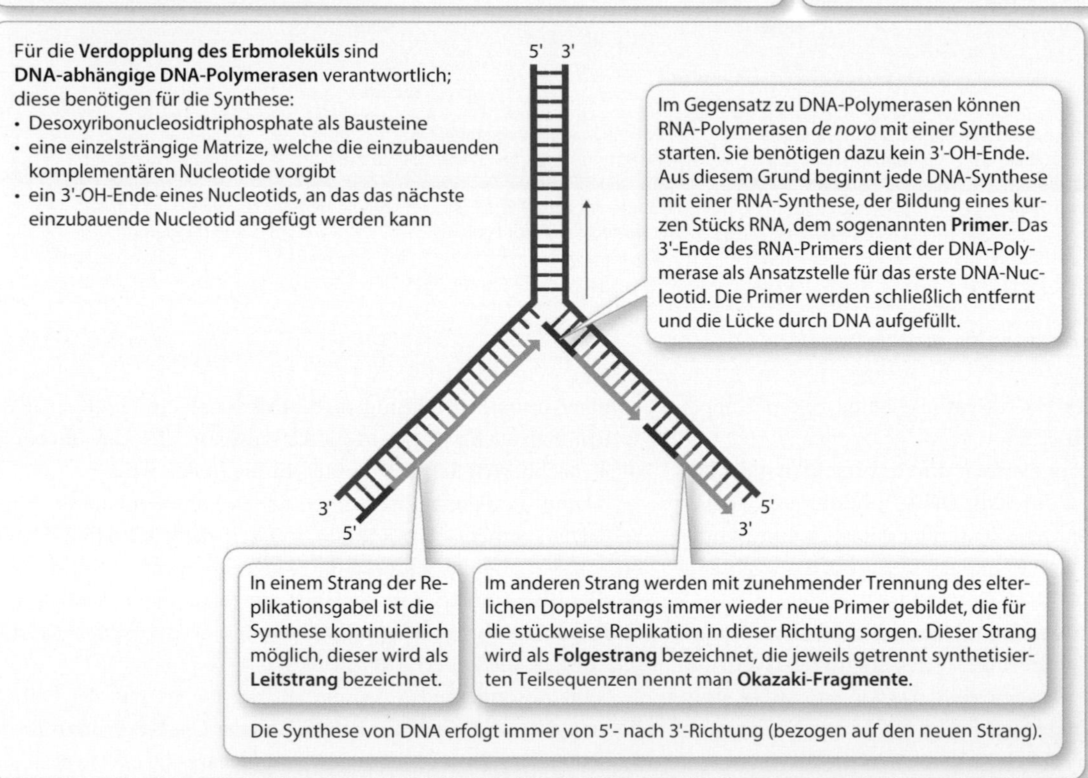

Abb. 6.3 Die DNA-Doppelhelix muss vor der Verdopplung entwunden und in Einzelstränge aufgetrennt werden

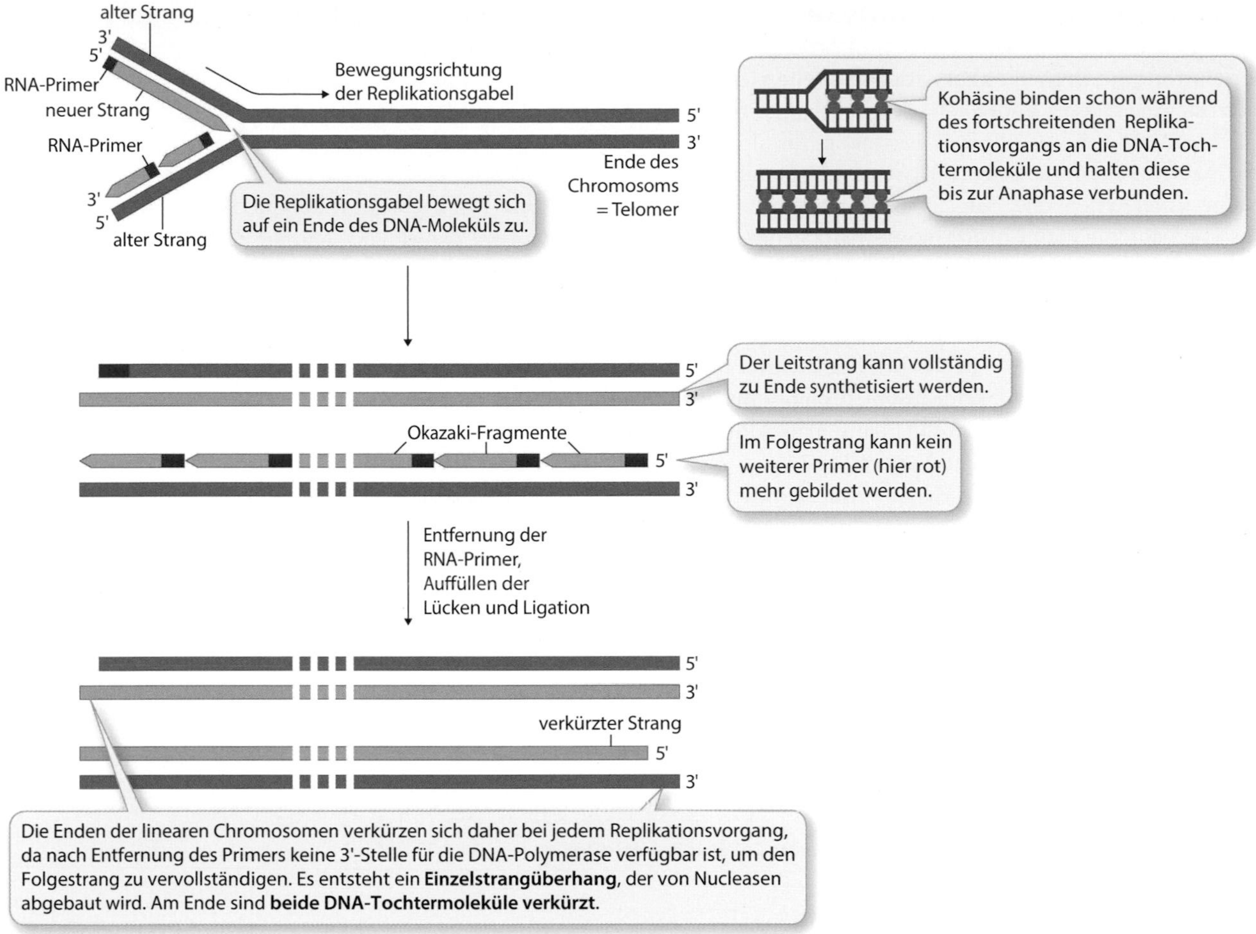

alter Strang
3'
5'
RNA-Primer
neuer Strang
RNA-Primer
3'
5'
alter Strang
Bewegungsrichtung der Replikationsgabel
5'
3'
Ende des Chromosoms = Telomer
Die Replikationsgabel bewegt sich auf ein Ende des DNA-Moleküls zu.
Kohäsine binden schon während des fortschreitenden Replikationsvorgangs an die DNA-Tochtermoleküle und halten diese bis zur Anaphase verbunden.
Der Leitstrang kann vollständig zu Ende synthetisiert werden.
Okazaki-Fragmente
Im Folgestrang kann kein weiterer Primer (hier rot) mehr gebildet werden.
Entfernung der RNA-Primer, Auffüllen der Lücken und Ligation
verkürzter Strang
Die Enden der linearen Chromosomen verkürzen sich daher bei jedem Replikationsvorgang, da nach Entfernung des Primers keine 3'-Stelle für die DNA-Polymerase verfügbar ist, um den Folgestrang zu vervollständigen. Es entsteht ein Einzelstrangüberhang, der von Nucleasen abgebaut wird. Am Ende sind beide DNA-Tochtermoleküle verkürzt.

Abb. 6.4 Die Enden von linearen DNA-Molekülen verkürzen sich bei der Replikation

unvollständig replizierter Folgestrang
Telomerase
RNA
3'
5'
· · · AACCCCAACCCCAA 5'
· · · TTGGGGTTGGGGTTGGGGTTGGGGTTGGGGTTGGGG 3'
AACCCCAAC
Die Telomerase ist ein Enzym aus einem Protein- und einem RNA-Anteil (Ribonucleoprotein). Sie ist in der Lage, die Verkürzung der Telomerlänge bei der Replikation zu verhindern. Dazu bindet sie mit ihrem internen RNA-Anteil über sechs Nucleotide komplementär an den 3'-Überhang der einzelsträngigen telomerischen DNA.
· · · TTGGGGTTGGGGTTGGGGTTGGGGTTGGGGTTGGGGTTG 3'
Weitere freie Anteile der Telomerase-RNA dienen nun der Verlängerung des 3'-Überhangs der DNA. Die Telomerase ist also eine reverse Transkriptase, die ihre RNA-Matrize zur DNA-Synthese verwendet.
Die Telomerase löst sich von der DNA und bindet erneut um sechs Nucleotide versetzt, um erneut das 3'-Ende zu verlängern. Dieses wiederholt sich einige Male.
· · · TTGGGGTTGGGGTTGGGGTTGGGGTTGGGGTTGGGGTTGGGGTTG 3'
DNA-Polymerase α
← 3' ACCCCAACCCCAACCCC 5'
Nach ausreichender Verlängerung des 3'-Überhangs wird schließlich nach Bildung eines Primers die DNA-Polymerase in die Lage versetzt, die Lücke zu schließen, womit die Telomerlänge wiederhergestellt wird.

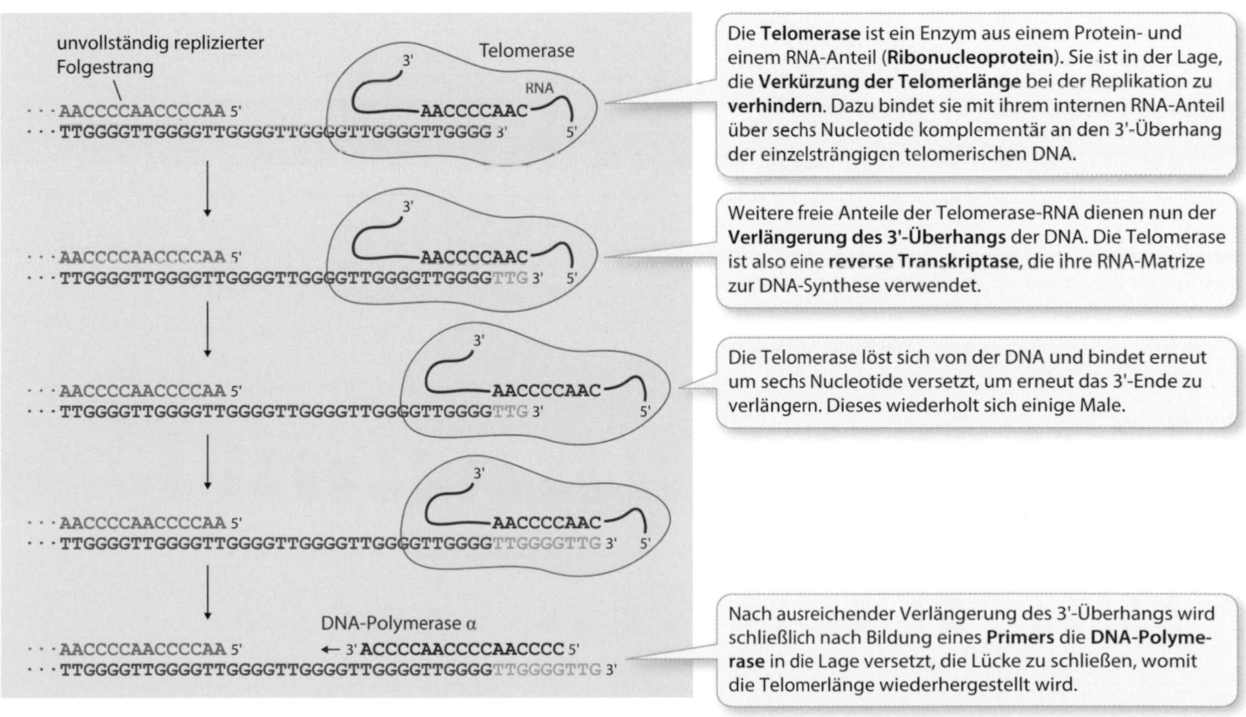

Abb. 6.5 Telomerase kann die Verkürzung der Chromosomenenden bei der Replikation verhindern. Die Abbildung zeigt die Situation beim Wimpertierchen *Tetrahymena* spec.

6.2 Chromosomen sind komplexe Gebilde

Die **doppelsträngige DNA** in **eukaryotischen Zellen** ist linear und besitzt demnach zwei Enden. Das Erbmolekül kommt im Zellkern aber nicht frei vor, sondern ist – jedes für sich – als **lineares Chromosom** organisiert (► Abschn. 4.7). Organismen weisen eine unterschiedliche, für sie spezifische Anzahl von Chromosomen auf, die man **Chromosomensatz** nennt. So besitzt der Mensch in den diploiden, somatischen Zellen 46 Chromosomen (◘ Abb. 6.6), die Taufliege nur acht. Vor allem bei höher entwickelten Arten liegt der Chromosomensatz in den somatischen Zellen doppelt vor (**diploid**), bei anderen Arten nur einfach (**haploid**). Auch die Größe der Chromosomen und damit ihr DNA-Gehalt zeigt eine große Spannbreite innerhalb einer Zelle und im zwischenartlichen Vergleich.

Chromosomen eukaryotischer Zellen sind die mikroskopisch sichtbaren Träger der Erbinformation und bestehen aus **Chromatin**, einem Desoxyribonucleoprotein-Komplex, der aus der informationstragenden DNA und aus speziellen DNA-bindenden Proteinen zusammengesetzt ist (► Abschn. 11.1). Etwa die Hälfte der Proteinkomponenten im Chromatin machen die relativ kleinen **Histonproteine** aus, die durch einen hohen Anteil basischer Aminosäuren gekennzeichnet sind. Die anderen Chromatinproteine werden als **Nicht-Histonproteine** bezeichnet und umfassen z. B. Transkriptionsfaktoren und andere genregulatorische Proteine.

Die Grundeinheit des Chromatins ist das **Nucleosom** (◘ Abb. 6.7), welches aus einem Kern aus Histonproteinen besteht, um die zwei Windungen der DNA verlaufen (ca. 150 bp). Der **Histonkern** besteht aus je zwei Kopien der Histone H2A, H2B, H3 und H4. Die Verpackung der DNA mithilfe von Nucleosomen dient der Möglichkeit, die Zugänglichkeit der DNA regulieren zu können: Chromatin ist dynamisch, d. h., es kann dichter oder lockerer gepackt sein. Diese „Verpackung" muss variabel sein: So müssen einzelne Gene an- und abgeschaltet werden können, was mit einer Veränderung der Chromatinstruktur einhergeht, oder die ganzen Chromosomen müssen während der Mitose extrem stark kondensieren.

Dieser sogenannte **Kondensationsgrad** wird durch die Nucleosomen, aber auch durch weitere Proteine realisiert. Ein Beispiel der Chromatindynamik ist die Rekrutierung des Linker-Histons H1. Dies ist nicht Bestandteil des Nucleosoms, führt aber bei Bindung an die Linker-DNA zwischen den Nucleosomen zu einer geschlossenen Konformation. Auf diese Weise ist das Chromatin kompakter, jedoch für Enzyme auch unzugänglicher (◘ Abb. 6.7). So überführt die Bindung von Histon H1 ein relativ frei zugängliches 10-nm-Filament in ein 30-nm-Filament (► Abschn. 6.4). Bei den höheren Verdichtungsstufen des Chro-

Mikroskopische Fotografie der 46 Chromosomen in einer mit Colchicin behandelten menschlichen Lymphocytenmitose

Die 46 Chromosomen des Menschen wurden aus einer sich teilenden Lymphocyte präpariert. Zur besseren Sichtbarmachung der einzelnen Chromosomen wurde den Mitosezellen Colchicin zugefügt, um eine unnatürlich starke Verdichtung und überlagerungsfreie Positionierung der Chromosomen auf dem Mikroskop-Objektträger zu erreichen. Anschließend wurden die farblosen Chromosomen mit dem Farbstoffgemisch Giemsa sichtbar gemacht.

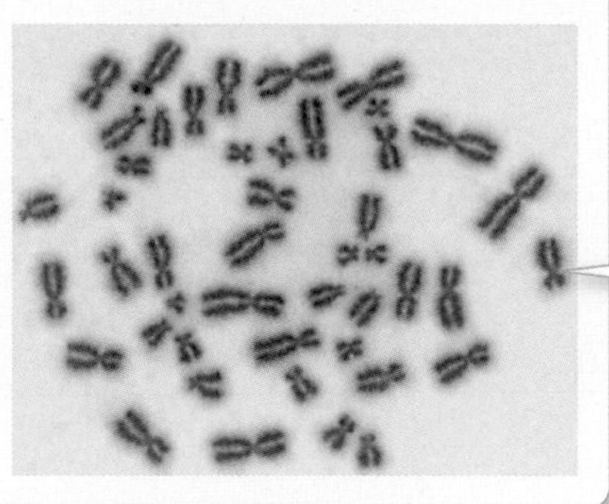

Die Größe und die als Einschnürung sichtbare Centromerposition sind chromosomenspezifisch unterschiedlich und können für die Einordnung in ein Karyogramm genutzt werden.

Die Anordnung der 46 Chromosomen erfolgt in einem Karyogramm. Darin sind die Chromosomen nach Größe und Centromerposition sortiert.

Da somatische Zellen des Menschen diploid sind, gibt es – mit Ausnahme der Geschlechtschromosomen beim Mann – von jedem Chromosom ein morphologisch identisches homologes Paar.

Nach der Denver-Klassifikation erhielt jedes homologe Chromosomenpaar eine Nummer – mit Ausnahme der Geschlechtschromosomen, die als X und Y bezeichnet werden.

1 2 3 4 5 6 7 8 9 10 11 12 X

13 14 15 16 17 18 19 20 21 22 Y

◘ **Abb. 6.6** Hoch verdichtete Chromosomen des Menschen in der mitotischen Metaphase

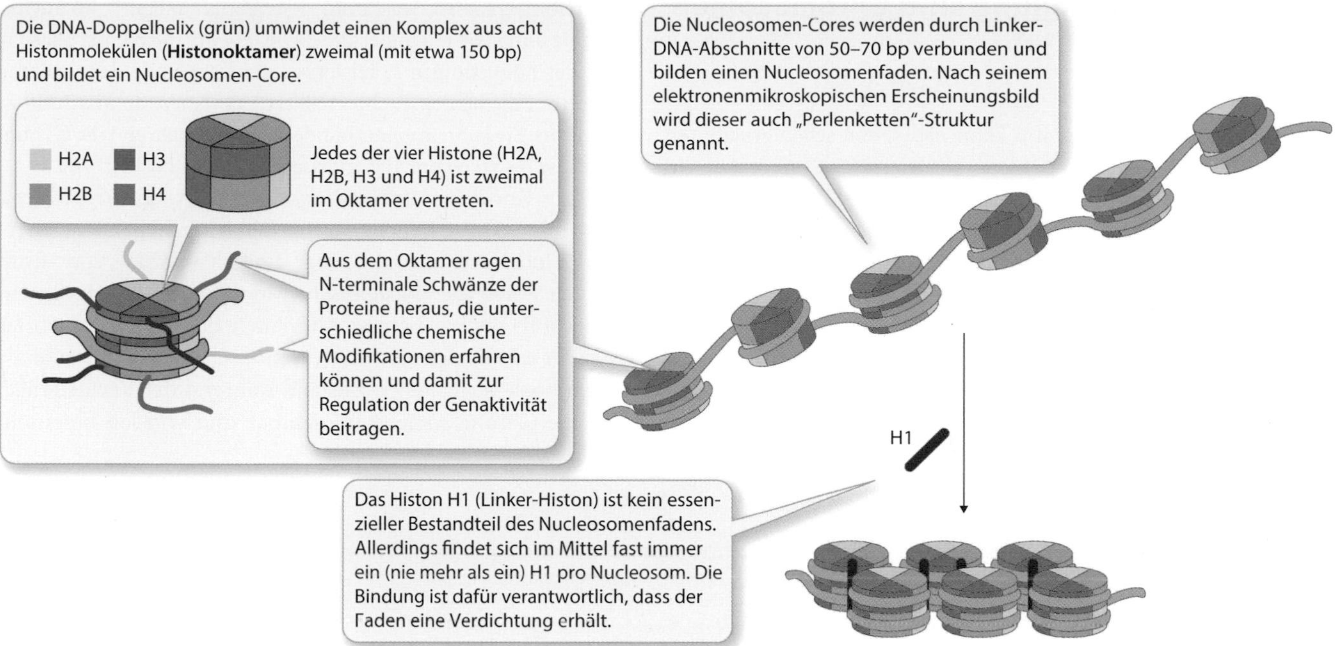

Abb. 6.7 Aufbau von Chromatin aus Nucleosomen-Cores mit Histonoktameren und DNA

matinfadens spielen die Nicht-Histonproteine des als **Scaffold** bezeichneten Kerngerüsts eine wesentliche Rolle.

Der Aufbau von **Chromosomen der Prokaryoten** unterscheidet sich wesentlich von dem der Eukaryoten: Sie bestehen nicht aus Chromatin, und Bakterien besitzen keine Histonproteine. Die DNA ist an Proteine gebunden, die keine Ähnlichkeit mit den bei Eukaryoten bekannten Proteinen zeigen. Die Kondensation prokaryotischer Chromosomen erfolgt durch **Spiralisationen des meist zirkulären DNA-Rings** (Abb. 6.8; ▶ Abschn. 4.7), nur wenige Bakterien haben lineare Chromosomen. Der Bereich, in dem das verdichtete Chromosom im kernfreien Bakterium liegt, wird als **Kernäquivalent** (**Nucleoid**) bezeichnet.

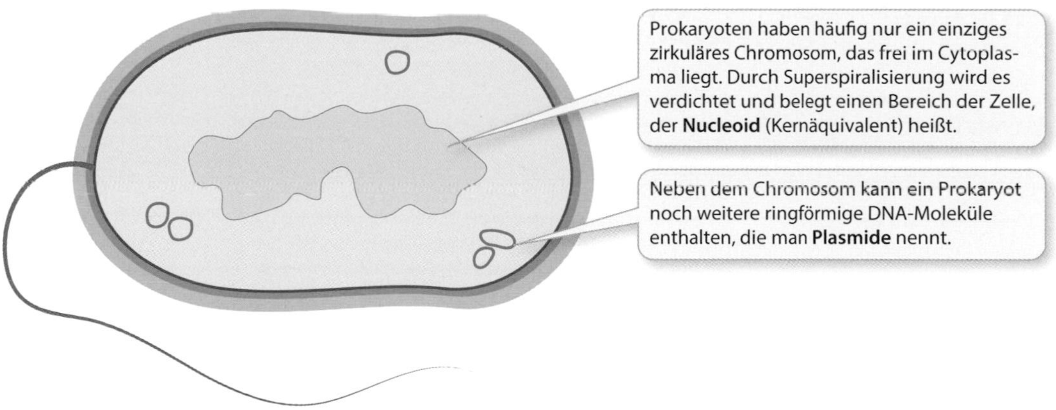

Abb. 6.8 Bakterien haben ein viel kleineres Genom als Eukaryoten, es besteht meist aus nur einem einzigen ringförmigen Chromosom

6.3 Bei der Zellteilung sind Chromosomen stark verdichtet

Die DNA bzw. das Chromatin kann neben den schon erwähnten 10-nm- und 30-nm-Filamenten (▶ Abschn. 6.2) eine Vielzahl von Zuständen annehmen, von relativer loser „Verpackung" der nackten DNA bis zum sehr stark kondensierten Mitosechromosom (◘ Abb. 6.9). Während der **Mitose** und **Meiose**, bei denen Chromosomen oder Schwesterchromatiden als physikalische Einheiten gleichmäßig auf die Tochterzellen verteilt werden müssen, ist ein besonders hoher Verpackungsgrad des Erbmaterials erforderlich, um mechanische Stabilität zu gewährleisten. Die **Chromosomen** sind dann so **dicht gepackt**, dass die **Transkription** weitgehend **unterbunden** wird, was wohl den relativ „eiligen" Ablauf der Chromosomenverteilung erklärt. Die eigentliche Mitosephase ist trotz der notwendigen Präzision in der Verteilung der Erbinformation auf die beiden Tochterzellkerne der kürzeste Abschnitt im Zellzyklus. Sie kann in einer Stunde ablaufen, während die G1- und G2-Phase bis zu einem Tag andauern können.

Der **Kondensationsgrad der DNA** ist regulierbar (▶ Abschn. 6.2). Die Zelle verfügt über Mechanismen, deren Interaktion zu steuern, z. B. über die Rekrutierung von Histon H1 oder durch die biochemische Modifikation der Histone im Nucleosom. Durch höhere Affinitäten der Nucleosomen zueinander erhöht sich der Kondensationsgrad des Chromatins.

Im hoch verdichteten Zustand während der Kernteilungen sind die Chromosomen gut sichtbar und wurden bereits im

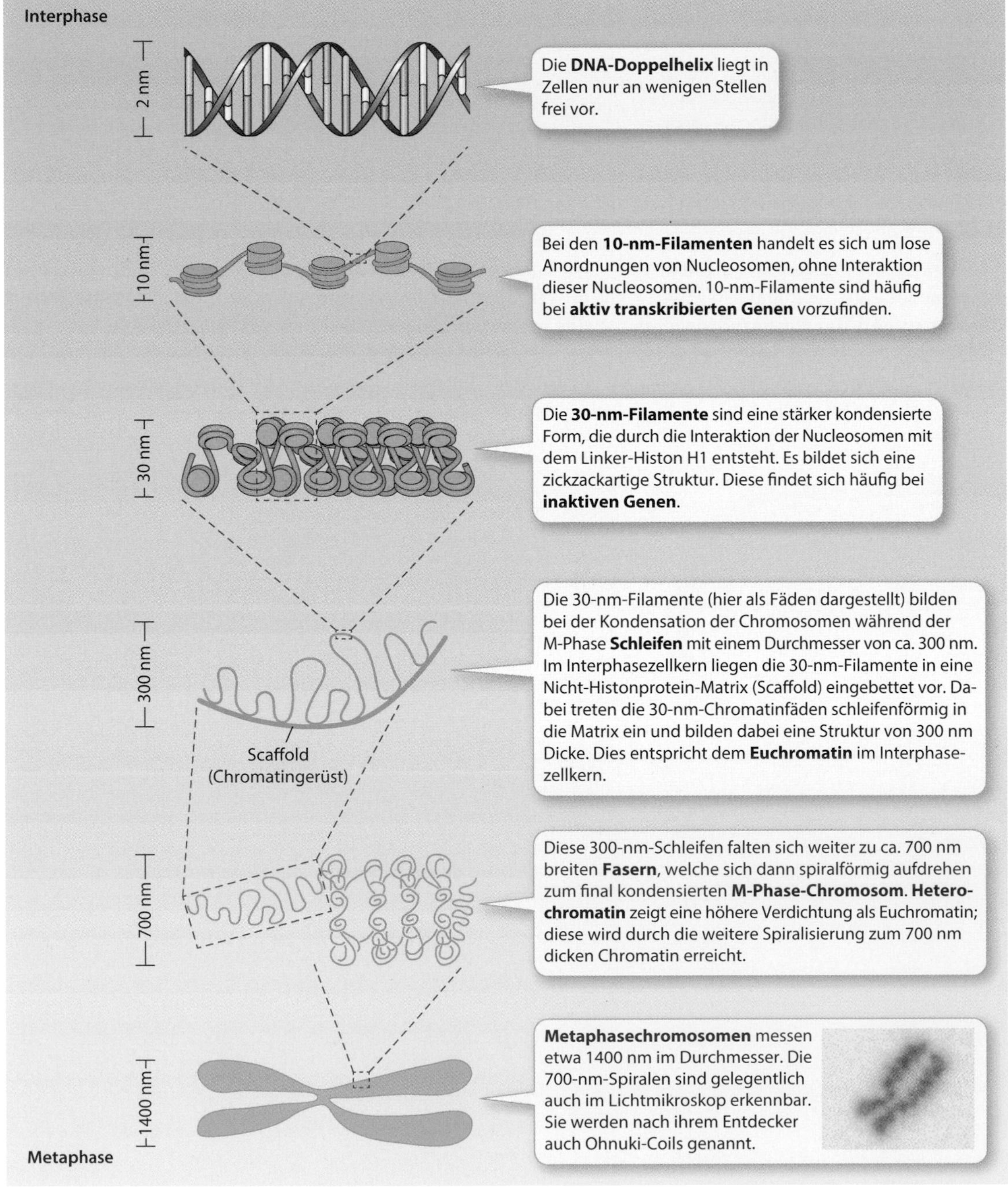

◘ **Abb. 6.9** Chromatin kann verschiedene Grade der Kondensation annehmen, vom nackten DNA-Strang bis zum dicht gepackten Heterochromatin. Mitosechromosomen zeigen ein hohes Maß an Verdichtung, die über Schleifenbildung zustande kommt

19. Jahrhundert mit einfachen Mikroskopen studiert. Dabei fiel auf, dass Arten zwar unterschiedlich viele und verschieden gestaltete Chromosomen aufweisen, dass **Chromosomenzahl und -morphologie** gleichwohl **artspezifisch** sind. Während die beiden Chromatiden jeweils die gleiche Länge aufweisen, gilt dies nur ausnahmsweise für die beiden Arme eines Chromosoms (◘ Abb. 6.10).

Neben den beiden Schwesterchromatiden und den beiden Armen eines Chromosoms lassen sich im hoch verdichteten Chromosom bei der Kernteilung auch die Enden und das **Centromer** (primäre Einschnürung) gut erkennen (◘ Abb. 6.11). Eine spezielle im Centromerbereich vorliegende Proteinstruktur, das **Kinetochor**, bildet die Verankerungsstelle für die **Mikrotubuli**, welche für die **Segregation** der Chromatiden oder homologen Chromosomen verantwortlich sind.

Die **Anzahl der Chromosomen** im einfachen (**haploiden**) Satz kann bei verschiedenen Organismen sehr unterschiedlich sein. Beispielsweise besitzt der Pferdespulwurm *Ascaris megalocephala univalens* nur ein einziges Chromosom, während einige Natternzungenarten (Farne) dreistellige Chromosomenzahlen aufweisen. Für einige Organismen dauerte es methodisch bedingt länger, die exakte Chromosomenzahl zu erkennen. So weiß man erst seit 1956, dass der Mensch mit 23 Chromosomenpaaren ein Paar weniger aufweist als seine nahen Verwandten, die Menschenaffen, die 24 Chromosomenpaare besitzen. Dieses gut untersuchte Beispiel der Primaten weist auch schon darauf hin, dass die Anzahl der Chromosomen (genauso wie der DNA-Gehalt) eines Genoms kein direkter Hinweis auf den Komplexitätsgrad eines Organismus ist.

Das Centromer teilt das Chromosom in zwei Arme. Der kürzere Arm wird p-Arm, der längere q-Arm genannt. Je nach Position des Centromers entstehen ungleiche Armverhältnisse, die zur Klassifikation von Chromosomen verwendet werden.

Bezeichnung (Armverhältnis)	Erscheinungsbild in der Mitose
metazentrisch (annähernd gleich)	p-Arm, Centromer, q-Arm
submetazentrisch (ungleich)	
akrozentrisch (stark unterschiedlich)	
telozentrisch (p-Arm nicht erkennbar)	

◘ **Abb. 6.10** In der Mitose erkennt man die unterschiedlichen Größen der Chromosomen und verschiedene Centromerpositionen

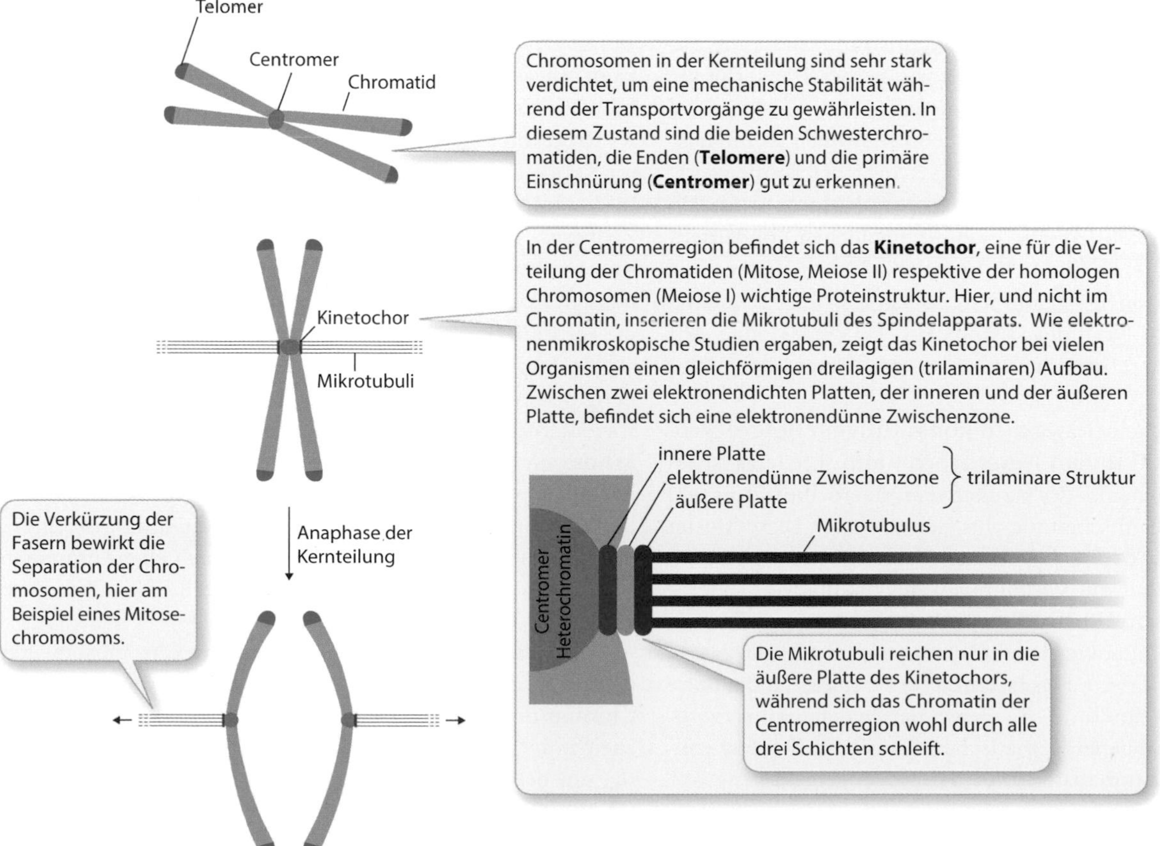

◘ **Abb. 6.11** Die hohe Verdichtung der Kernteilungschromosomen lässt wesentliche Elemente der Chromosomen gut erkennen

6.4 Die Chromosomen sind in der Interphase nur schwach kondensiert

Während der längsten Zeit des Zellzyklus sind die **Chromosomen** nur eingeschränkt mikroskopisch beobachtbar. Daher wurde lange Zeit angezweifelt, ob sie außerhalb der Zellkernteilungen überhaupt bestehen. Diese Frage ist längst geklärt und wir wissen, dass Chromosomen dauerhafte Strukturen sind, die sich während der verschiedenen **Phasen des Zellzyklus in unterschiedlichen Kondensationsstufen** zeigen. In der **Interphase** liegen die Chromosomen in ihrer Arbeitsform vor, was ihre im Vergleich zur Kernteilung lockerere Verpackung erklärt.

6

Chromosomen von Eukaroyten befinden sich während der Interphase eng gedrängt im Zellkern. Die chromosomalen Proteine helfen, das Erbmolekül, die doppelsträngige DNA, in vielfältiger Weise durch Spiralisierungen und Schleifenbildungen dichter zu packen und damit die Chromosomen in ihrer Länge auf einen Bruchteil zu verkürzen. Dabei sind in der Interphase in erster Linie **10-nm- und 30-nm-Filamente** zu finden. Erstere stellen eine offenere Konformation des Chromatins dar, welche mit Transkriptionsaktivität einhergeht. Die 30-nm-Filamente sind dichter gepackt, das bedeutet, sie besitzen mehr Nucleosomen und durch mehr Interaktionen zwischen diesen auch einen höheren Kondensationsgrad des Chromatins. Die genaue Struktur der 30-nm-Filamente ist noch nicht ganz aufgeklärt. ◘ Abb. 6.12 zeigt die zwei wahrscheinlichsten Strukturen, das **Solenoidmodell** und das **Zickzackmodell**.

Im Verlauf des Zellzyklus ändert sich die Kondensation des Chromatins und damit die Form der Chromosomen in Abhängigkeit von der Funktion der Zellzyklusphase. Darüber hinaus nimmt die Kondensation des Chromatins Einfluss auf die Zugänglichkeit der DNA für Proteine, wie sie bei Transkription, Replikation und Reparatur notwendig ist.

Die Verdichtung der Interphasechromosomen ist unregelmäßig. Im Mikroskop lässt sich das schwächer kondensierte **Euchromatin** vom stärker kondensierten **Heterochromatin** abgrenzen (◘ Abb. 6.13). Diese unterschiedlichen Kondensationsgrade sind in erste Linie mit unterschiedlichen Histon- und DNA-Modifikationen verbunden, so ist z. B. die Trimethylierung am Lysin Nr. 9 des Histons H3 (H3K9me3) eine sehr charakteristische Histonmodifikation des Heterochromatins (► Abschn. 11.4).

Man unterscheidet zwischen **konstitutivem Heterochromatin** und **fakultativem Heterochromatin.** Letzteres ist regulierbar: Die Dynamik des fakultativem Heterochromatins geht mit der An- und Abschaltung von Genen einher. Diese Muster werden während der Embryonalentwicklung festgelegt: Somit unterscheiden sich die Verteilungen des fakultativen Heterochromatins zwischen den Zelltypen/Geweben des erwachsenen Organismus. Fakultatives Heterochromatin kann auch ein ganzes Chromosom umfassen. Das bekannteste Beispiel sind die **Barr-Körperchen** (► Abschn. 11.8) – eines der beiden X-Chromosomen wird in weiblichen somatischen Säugetierzellen fast vollständig heterochromatisiert und damit weitgehend genetisch stillgelegt.

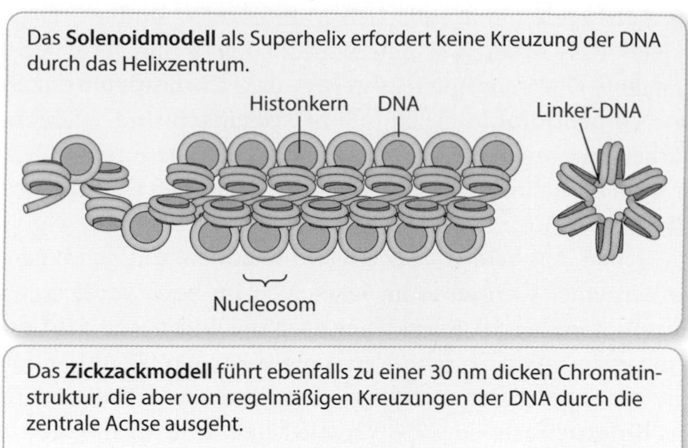

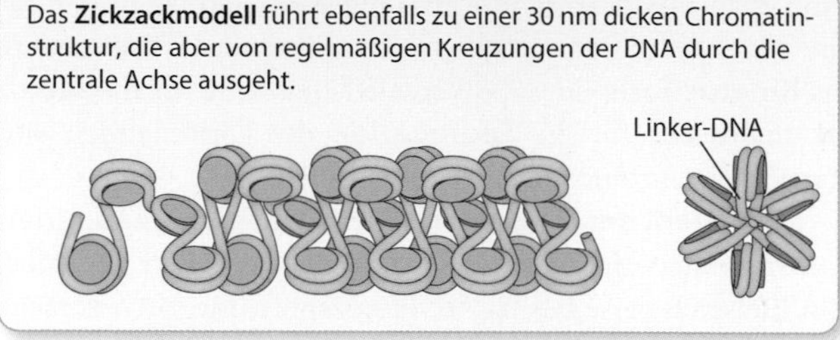

◘ **Abb. 6.12** Zwei Modelle der Struktur von 30-nm-Filamenten

Auch Gene im konstitutiven Heterochromatin werden nicht oder wenig transkribiert: Dieses ist aber weniger variabel. Konstitutives Heterochromatin enthält meist nur wenige proteincodierende Gene und man findet es an Centromeren, Telomeren, Transposon-Repeats und hochrepetitiven DNA-Sequenzen, die im menschlichen Genom in der Summe ca. 6,5 % ausmachen (◘ Abb. 6.13).

Im Vergleich zum fakultativen Heterochromatin ist das konstitutive dauerhafter und noch höher kondensiert. Der Verlust des konstitutiven Heterochromatins, etwa an den Centromeren, ist mit Fehlfunktionen in der Mitose assoziiert: Das Kinetochor kann sich am Centromer nicht korrekt ausbilden, um die Mikrotubuli zu binden.

Trotz ihrer im Vergleich zu Mitosechromosomen schwächerer Kondensation erstrecken sich die einzelnen Chromosomen in der Interphase nicht über größere Bereiche innerhalb des Zellkerns, sondern nehmen kleine Areale ein, die **Chromosomenterritorien** (◘ Abb. 6.14). Diese Territorien sind bei den meisten Eukaryoten zu finden, eine Ausnahme stellt allerdings die Bäckerhefe (*Saccharomyces cerevisiae*) dar. Von Ausnahmen abgesehen gibt es im Zellkern jedoch keine spezifische Lagebeziehung bestimmter Chromosomen (bzw. der einzelnen Chromosomenterritorien) zueinander. So erfolgt generell außerhalb der Meiose auch keine Annäherung der homologen Chromosomen in diploiden Zellkernen. Für die Bildung der Nucleolen, die meist nucleolusorganisierende Chromosomenabschnitte mehrerer Chromosomen umfassen, ist allerdings auch eine Zusammenlagerung von Chromosomenregionen spezifischer Chromosomen in der Interphase erforderlich.

Über die Organisation des Zellkerns in Chromosomenterritorien hinaus weisen auch Sequenzabschnitte innerhalb eines Chromosoms spezifische dreidimensionale Lagebeziehungen zueinander auf. Das Verständnis dieser Beziehungen ist wichtig, um beispielsweise die Genregulation besser zu verstehen (◘ Abb. 6.14; ► Abschn. 10.4).

Heterochromatin ist transkriptionsinaktiv und liegt häufig an der inneren Kernhülle. Soweit das Heterochromatin Gene beinhaltet, werden diese nicht transkribiert. **Konstitutives Heterochromatin** befindet sich in allen Chromosomen in den gleichen Abschnitten, etwa im Bereich der Centromerregion. **Fakultatives Heterochromatin** kommt dagegen bei verschiedenen Zelltypen an verschiedenen Genloci vor und kann auch ein ganzes Chromosom umfassen.

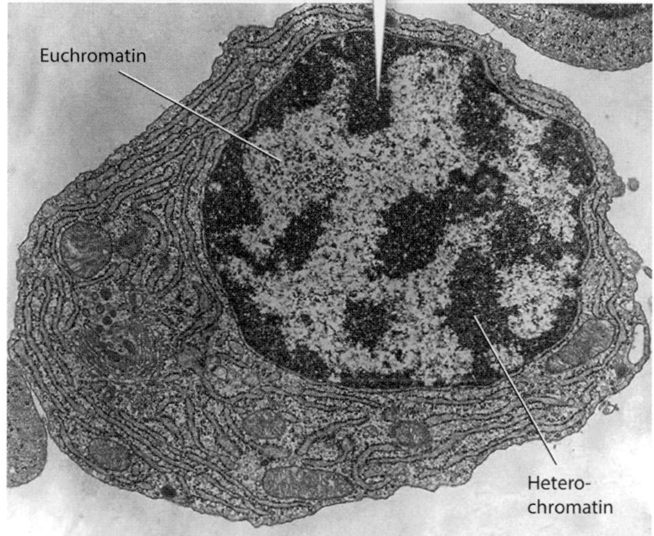

In der **C-Banden-Färbung** erscheint das konstitutive Heterochromatin der humanen Chromosomen dunkel.

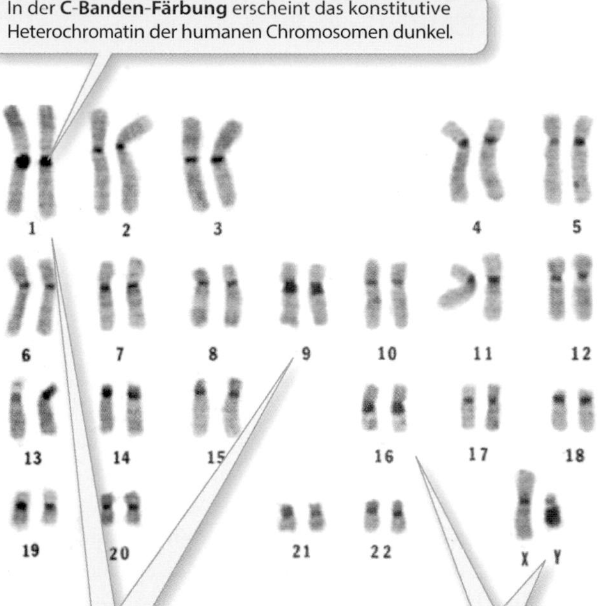

Zusätzlich zu den Centromeren jedes Chromosoms zeichnen sich die Chromosomen 1, 9 und 16 nahe den Centromeren (perizentrische Regionen) sowie der lange Arm des Y-Chromsoms durch vermehrtes **konstitutives Heterochromatin** aus.

Abb. 6.13 Das dicht gepackte Heterochromatin lässt sich mikroskopisch vom schwächer verdichteten Euchromatin unterscheiden. Auffällig ist, dass sich größere Heterochromatinbereiche an der inneren Kernhülle konzentrieren

Der Raum, den ein einzelnes Chromosom im Interphasezellkern einnimmt, wird **Chromosomenterritorium** genannt. Hier ist ein fiktives Beispiel für eine Zelle mit sechs homologen Chromosomenpaaren zeichnerisch wiedergegeben, wobei jedem Chromosomenpaar eine andere Farbe zugeordnet wurde. Die Territorien haben keine feste Position im Zellkern; ihre relative Lage zueinander erscheint in jeder Zelle unterschiedlich. Die Territorien sind nicht durch Barrieren voneinander abgegrenzt. Es besteht Kontakt zwischen den Chromosomen, und Moleküle können sich zwischen den Territorien und durch sie hindurch bewegen.

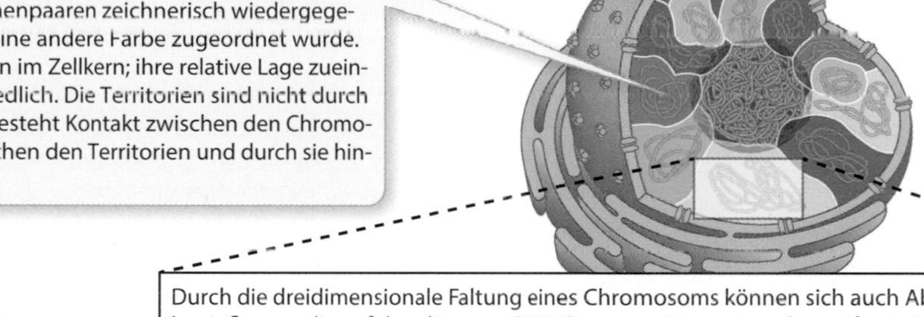

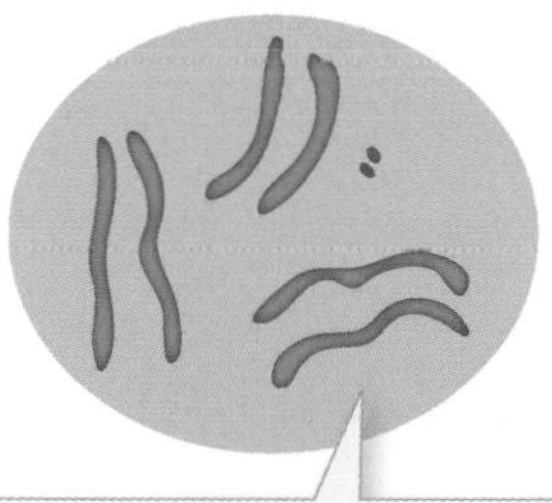

Eine Ausnahme von der Regel, dass homologe Chromosomen außerhalb der Meiose keine spezifische Lagebeziehung zeigen, ist bei **Dipteren** zu beobachten, bei denen die homologen Chromosomen diploider Zellen während des gesamten Zellzyklus gepaart sind. Das Bild zeigt die vier mikroskopisch gut sichtbaren Chromosomenpaare in einer Mitose von *Drosophila melanogaster*.

Durch die dreidimensionale Faltung eines Chromosoms können sich auch Abschnitte gegenseitig beeinflussen, die auf dem linearen DNA-Strang weit voneinander entfernt sind. Durch die Hi-C-Methode, kann die **3D-Struktur von Chromosomen** bestimmt werden. Die verschiedenen Abschnitte des Chromosoms sind zur Veranschaulichung in unterschiedlichen Farben dargestellt.

entfaltetes DNA-Molekül

3D-Modell

Querschnitt durch das 3D-Modell

Bezieht man die Faltung der Chromosomen und somit deren 3D-Struktur ein, können **distale Regulationselemente**, wie z. B. Enhancer, unter Umständen ganz nahe bei zu regulierenden Genen liegen, die mehrere 100 kb voneinander entfernt auf dem Chromosom angeordnet sind – wie hier beispielsweise die blau und rot dargestellten Abschnitte der DNA.

Abb. 6.14 Die homologen Chromosomen einer diploiden Zelle zeigen in der Regel keine spezifische Lagebeziehung zueinander (oben), eine Ausnahme bilden die Chromosomen von Dipteren (Zweiflügler)

6

6.5 Zellen entstehen immer als Produkt einer Zellteilung

Zellen entstehen immer nur aus anderen Zellen als Produkt einer Zellteilung, sie entstehen nie abiogen oder aus anderem Material. Bei der **Cytokinese** oder Zellteilung entstehen aus einer Ausgangszelle zwei Tochterzellen. In der Regel ist an die Cytokinese die **Karyogenese**, die Kernteilung, eng gekoppelt, sie kann bei verschiedenen Organismen aber auch zeitlich versetzt oder unabhängig davon ablaufen.

Die Phase der Kernteilung wird als **Mitose** bezeichnet. Die Mitose (M-Phase) ist ein relativ kurzer Abschnitt des Zellzyklus und läuft für alle eukaryotischen Zellen im Wesentlichen gleich ab (◘ Abb. 6.15). Sie dient der gleichmäßigen (äqualen) Verteilung der zuvor verdoppelten Erbinformation auf zwei neu entstehende erbgleiche Tochterkerne. Die gewöhnlich auf die Kernteilung folgende Cytokinese ist meistens ebenfalls äqual. Sie kann allerdings auch inäqual ablaufen und zwei unterschiedlich große Tochterzellen hervorbringen, die aber auch in diesem Fall genetisch gleichwertige und gleich große Zellkerne enthalten. Unterbleibt die Zellteilung nach der Kernteilung, so entstehen mehrkernige Zellen. Die Zellteilung ist kein Bestandteil der Mitose, wird aber der M-Phase des Zellzyklus zugerechnet (◘ Abb. 6.15).

Bei Eintritt der Zelle in die Mitose ist die Erbinformation bereits verdoppelt. Die Chromosomen als Träger der genetischen Information bestehen nun aus zwei langen doppelsträngigen DNA-Molekülen, die mit Proteinen verknüpft als Schwesterchromatiden bezeichnet werden. Die beiden Chromatiden werden ab ihrer Bildung in der S-Phase durch ringförmige Proteine, die **Kohäsine**, über ihre gesamte Länge zusammengehalten. Dieser Zustand wird bis zur Anaphase aufrechterhalten, in der die beiden Chromosomenuntereinheiten dann durch den Spindelapparat auseinandergezogen werden (◘ Abb. 6.16). Mit Beginn der Anaphase werden die Kohäsine abgebaut; dazu wird das Enzym Separase aktiviert. Separase ist inaktiv, solange sie mit Securin komplexiert ist. Durch APC/C (von engl. *anaphase promoting complex/cyclosome*) in Verbindung mit Cdc20 (engl. *cell-division cycle protein 20*) wird Separase freigesetzt. Das Securin wird durch Ubiquitinierung markiert und dann in den Proteasomen abgebaut (◘ Abb. 6.16).

Während die Chromosomen in der stoffwechselaktiven Interphase schwach kondensiert und diffus vorliegen, sind sie in der Mitose stark verdichtet (◘ Abb. 6.17). Mikroskopisch werden sie als individuelle Einheiten sichtbar. Das hohe Ausmaß an Verdichtung ist mit einer weitgehenden genetischen Inaktivität verbunden, ein „Preis" für die hohe mechanische Stabilität, die während der Mitose notwendig ist (◘ Abb. 6.17). Vermutlich ist deshalb der Vorgang der Kernteilung auf nur einen relativ kurzen Abschnitt des Zellzyklus beschränkt; bei menschlichen Zellen dauert dieser etwa eine Stunde.

Die hier beschriebene Kernteilung wird als offene Mitose bezeichnet, da sie unter Abbau der Kernhülle stattfindet. Dieser Typ ist für Metazoa und Landpflanzen typisch. Es existieren Varianten, etwa eine geschlossene (innerhalb einer bestehenden Kernhülle) ablaufende Mitose, die sich bei einigen einzelligen Pflanzen, Tieren und Pilzen finden.

Bei den zellkernlosen Prokaryoten erfolgt keine Mitose vor der Zellteilung. Hier wird die Zellteilung gleichzeitig mit der Auftrennung der replizierten ringförmigen Chromosomen vollzogen (◘ Abb. 6.18).

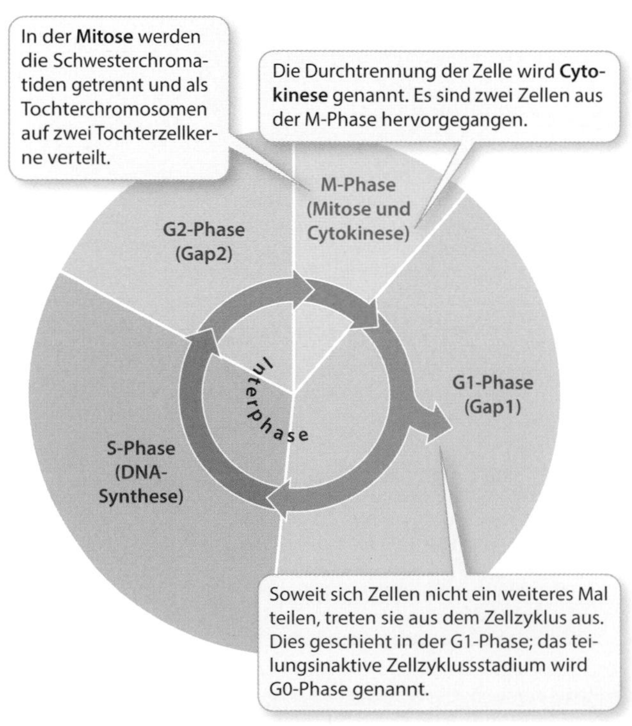

◘ **Abb. 6.15** Im Zellzyklus eukaryotischer Zellen ist die M-Phase der kürzeste Abschnitt. Die M-Phase besteht aus Mitose und Cytokinese und es entstehen zwei genetisch identische Tochterzellen

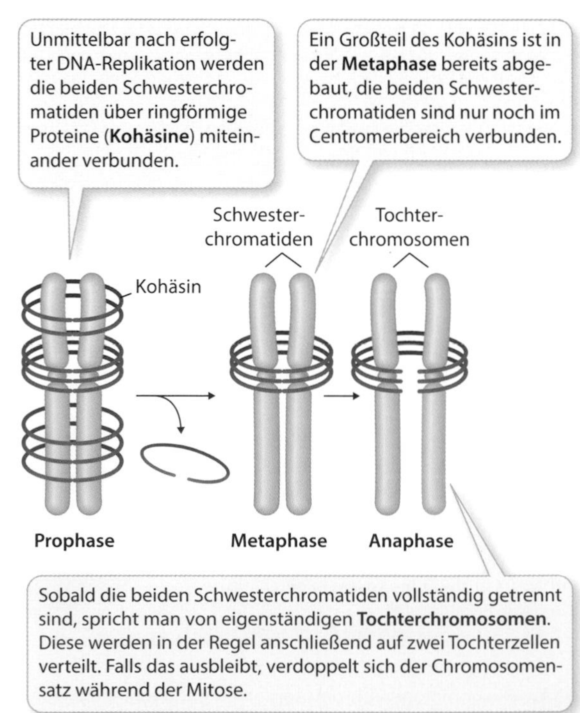

◘ **Abb. 6.16** Kohäsin hält die beiden Schwesterchromatiden bis zur Anaphase zusammen

Mitose-phase	mikroskopische Aufnahme	Schema	Beschreibung
Interphase		Centrosom, Nucleolus, Zellmembran, Kernmembran	Die lang andauernde Interphase des Zellzyklus ist der mikroskopischen Betrachtung weitgehend unzugänglich. Das stark entspiralisierte Chromatin lässt keine einzelnen Chromosomen erkennen. Auch ist nicht beobachtbar, in welchem Abschnitt der Interphase sich der Zellkern befindet. Bereiche unterschiedlicher Chromosomenverdichtung (Eu- und Heterochromatin) sind sichtbar. Der Nucleolus (manchmal auch mehrere Nucleoli) ist nach DNA-Färbungen wegen seines geringen DNA-Gehalts als schwach angefärbte Region innerhalb des Zellkerns gut erkennbar.
frühe Prophase		replizierte Chromosomen	Der erste Abschnitt der Mitose, die Prophase, ist auch meist der längste. In der frühen Prophase beginnt in tierischen Zellen in einer Cytoplasmaregion außerhalb des Zellkerns die Wanderung zweier Centriolenpaare in entgegengesetzte Richtung. Eine der beiden Untereinheiten eines jeden Centriols wurde zuvor neu gebildet. Die Centriolen bilden die beiden Zellpole, die für die Organisation der Spindelfasern verantwortlich sind. Bei Pflanzen und Pilzen finden sich keine Centriolen; die Spindelfasern werden von anderen Strukturen der Pole ausgebildet.
späte Prophase			Die in der Interphase stark entspiralisierten Chromatinfäden verdichten sich kontinuierlich und werden zunehmend als individuelle fadenförmige Strukturen sichtbar. Schließlich ist ihre Doppelstruktur aus zwei Schwesterchromatiden zu erkennen. Während sich die Chromosomen verdichten, wird der Nucleolus innerhalb des Zellkerns aufgelöst. Die Zellkernhülle wird zum Ende der Prophase in mehrere kleine Vesikel zerfallen sein, und das Karyo- und Cytoplasma vermischen sich.
Prometaphase			Sobald die von den Polen heranwachsenden Spindelfasern an den Chromosomen befestigt sind, lässt sich eine Bewegung der Chromosomen beobachten. Dabei werden die Centromerregionen in die Zellmitte verlagert, die sogenannte Äquatorialebene. Sie wird auch Metaphaseplatte genannt und hat zu den beiden Polen eine gleich große Entfernung. Die Verankerung der Spindelfaser-Mikrotubuli erfolgt in einer Proteinstruktur, die dem Centromer aufgelagert ist, dem Kinetochor. Kinetochore können unterschiedlichen Aufbau zeigen, bei den meisten Organismen findet man eine dreilagige Plattenstruktur, es sind aber auch andere Kinetochortypen zu finden. Die Bewegungsvorgänge in Richtung Zellmitte werden als Prometaphase bezeichnet; die eigentliche Metaphase ist dann auf den kurzen Zeitraum der Bewegungsruhe der Chromosomen in der Äquatorialebene beschränkt.
Metaphase		Äquatorial-ebene	
frühe Anaphase		Polfaser	Die für die Funktion wesentlichen Vorgänge der Mitose finden in ihrem kürzesten Abschnitt statt, der Anaphase. Dieser Abschnitt weist die höchste Chromosomenverdichtung auf. Die Schwesterchromatiden eines jeden Chromosoms trennen sich nun auch in der Centromerregion und werden von den Spindelfasern in entgegengesetzte Richtung zu den Polen gezogen. Die Kintetochorfasern als Verbindung zwischen den Polen und den Kinetochoren werden verkürzt, indem die Mikrotubuli der Spindel zunehmend abgebaut werden. Dazu werden Untereinheiten (Tubulindimere) der röhrenförmigen Aggregate entfernt, und weitere Proteine der Spindel (Dyneine und andere Motorproteine) unterstützen die Bewegung der Chromatiden. Die Centromere werden dabei vorneweg gezogen. Gleichzeitig wird die Zelle durch die Polfasern, die Verbindungen zwischen den Polen darstellen, gestreckt und somit die Entfernungszunahme der Chromosomengruppen verstärkt.
späte Anaphase		Kineto-chorfaser	
Telophase			Die Chromosomen sind an den Polen angekommen und nun maximal voneinander entfernt. Der Spindelfaserapparat löst sich auf. Gleichzeitig beginnen sich die Chromosomen zu dekondensieren und erscheinen zunehmend diffuser. Das genetische Material wird wieder für Transkriptionsvorgänge nutzbar, was auch an der Neubildung der Nucleoli sichtbar wird. Aus den Vesikeln der fragmentierten Kernmembran entstehen um die beiden Chromosomengruppen neue Kernhüllen.
Cytokinese			Am Ende der M-Phase erfolgt meist die eigentliche Zellteilung (Cytokinese). Dabei unterscheidet sich der Mechanismus bei pflanzlichen und tierischen Zellen deutlich. Im Foto erkennbar ist die Zellteilung einer Pflanzenzelle unter Synthese einer Zellplatte im Bereich der ehemaligen Äquatorialebene. Das Schema zeigt dagegen die typische Einschnürung unter Einbeziehung von Actinfilamenten, wie sie bei tierischen Zellen beobachtet wird. Das Ergebnis ist in beiden Fällen das gleiche: Es sind zwei Tochterzellen mit je einem vollständigen Chromosomensatz entstanden, welche sich hinsichtlich ihrer im Zellkern gespeicherten Erbinformation nicht voneinander unterscheiden.

Abb. 6.17 Der Ablauf der Mitose lässt sich in verschiedene Unterstadien gliedern

Bei Prokayoten kann man keine Trennung der wichtigen zellulären Abläufe (Zellzyklus) feststellen. Transkription, Translation, Replikation und Zellteilung können gleichzeitig stattfinden.

Der DNA-Replikation folgt unmittelbar die Zellteilung. Tatsächlich beginnt die Teilung häufig schon, bevor das gesamte Chromosom fertig verdoppelt wurde. Die Zelle wird gestreckt und schnürt sich schließlich durch. Mit der Streckung entfernen sich auch die Anheftungsstellen der Tochterchromosomen an der Zellmembran.

Zwei genetisch identische Prokaroytenzellen sind das Ergebnis. Darin gleicht es dem Resultat einer Mitose in Eukaroytenzellen.

Abb. 6.18 Bei Prokayoten gibt es weder einen Zellzyklus noch eine M-Phase

6.6 Die Zellteilung wird kontrolliert

Die **Teilung der Zelle** ist sowohl für Prokaryoten als auch für Eukaroyten **unabdingbare Voraussetzung für die Fortpflanzung**. Daneben spielt sie bei vielzelligen Organismen eine essenzielle Rolle beim **Wachstum** – etwa beim Embryonalwachstum oder beim Längenwachstum der Pflanzenwurzel (◼ Abb. 6.19). Aber auch nach Zellverlust durch apoptotischen oder nekrotischen Zelltod sind Zellneubildungen notwendig (Regeneration). Allerdings ist diese Zellvermehrung kein ungesteuerter, ständig ablaufender Vorgang, sondern wird vielmehr durch interne und externe Faktoren geregelt.

Bei **Prokaryoten** sind es die **Umgebungsbedingungen**, welche die Reproduktionsrate steuern. Ist ausreichend Nahrung vorhanden und die sonstigen Parameter (Temperatur, pH etc.) sind günstig, so teilt sich beispielsweise *Escherichia coli* etwa alle 20 min. Die Zellerneuerung wird verlangsamt oder ganz eingestellt, sobald die Bedingungen ungünstiger sind.

Anders als Prokaryoten teilen sich **Eukaryoten** unter günstigen Umweltbedingungen nicht permanent. Der Ablauf des **Zellzyklus** ist kompliziert und wird durch eine Vielzahl spezifischer Proteine kontrolliert. Eine interne Zellzyklussteuerung erfolgt über **Cycline** (Proteine, die eine Schlüsselrolle im Zellzyklus spielen) sowie über die Gruppe der **cyclinabhängigen Kinasen** (**CDKs**). Sie werden durch Cycline aktiviert und können dann ihre Zielproteine phosphorylieren, die wiederum den Übergang von einer zur nächsten Zellzyklusphase steuern (◼ Abb. 6.20). Es existieren verschiedene **CDK-Cyclin-Komplexe**, die als Kon-

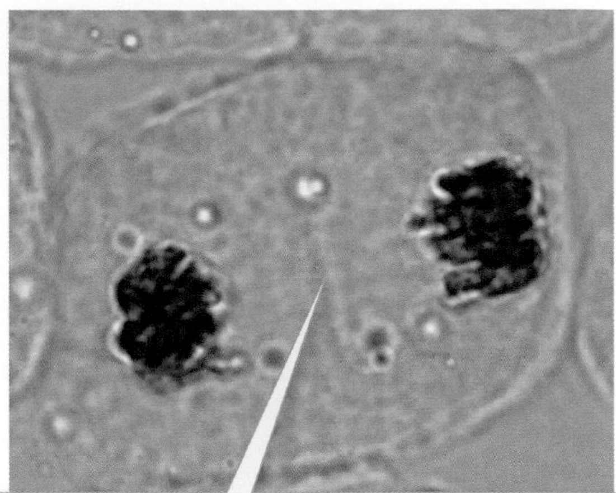

Eine späte mitotische Telophase aus dem **Wurzelspitzenmeristem** der Küchenzwiebel (*Allium cepa*). Die **Zellplatte** als Vorläufer der neuen Zellwand ist sichtbar. Nach vollendeter Bildung der Zwischenzellwand sind aus einer zwei unabhängige Zellen entstanden. In der wachsenden Wurzelspitze teilen sich die Zellen schnell und regelmäßig.

◼ **Abb. 6.19** Zellteilung in der Wurzelspitze von *Allium cepa*

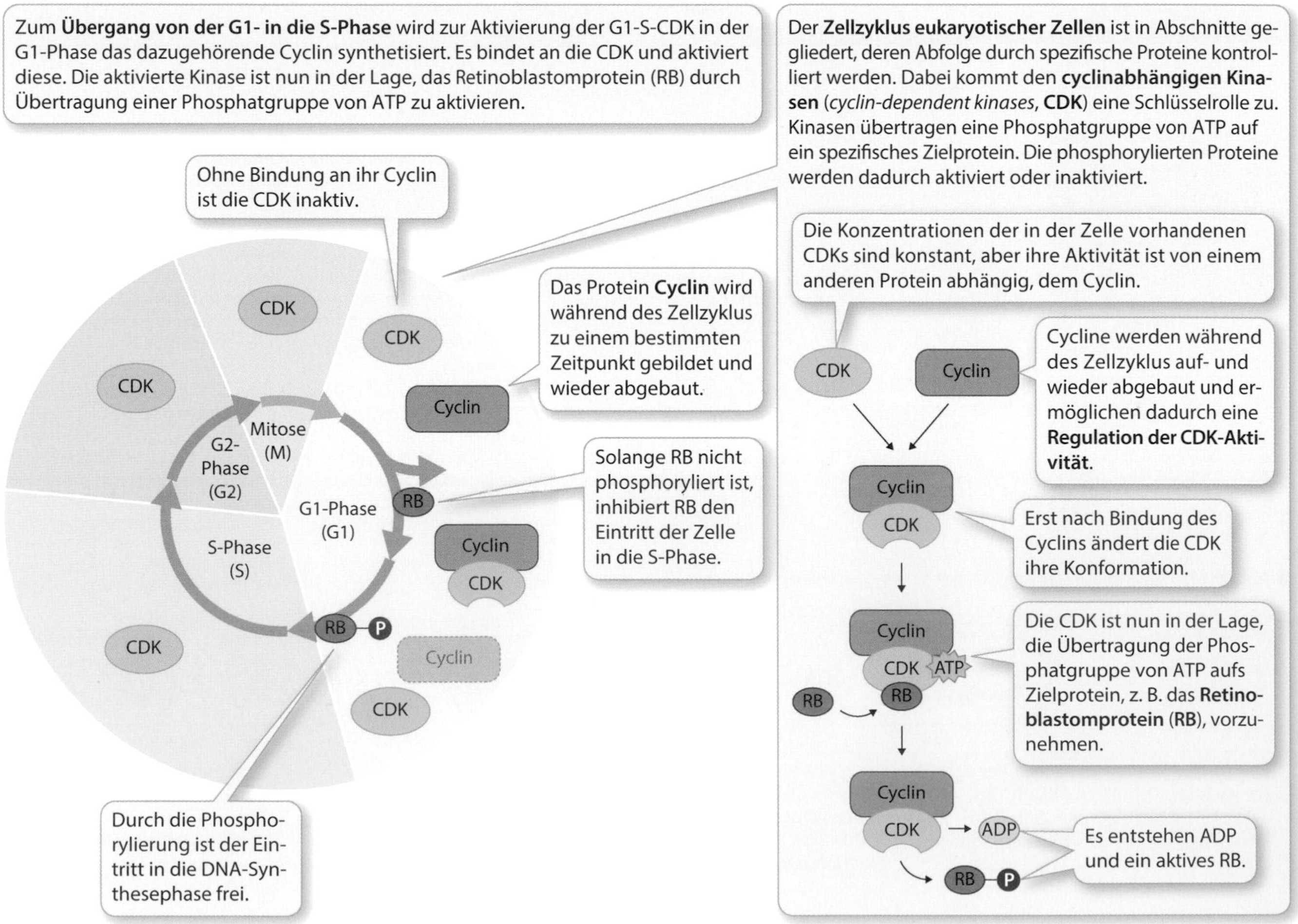

Zum **Übergang von der G1- in die S-Phase** wird zur Aktivierung der G1-S-CDK in der G1-Phase das dazugehörende Cyclin synthetisiert. Es bindet an die CDK und aktiviert diese. Die aktivierte Kinase ist nun in der Lage, das Retinoblastomprotein (RB) durch Übertragung einer Phosphatgruppe von ATP zu aktivieren.

Ohne Bindung an ihr Cyclin ist die CDK inaktiv.

Das Protein **Cyclin** wird während des Zellzyklus zu einem bestimmten Zeitpunkt gebildet und wieder abgebaut.

Solange RB nicht phosphoryliert ist, inhibiert RB den Eintritt der Zelle in die S-Phase.

Durch die Phosphorylierung ist der Eintritt in die DNA-Synthesephase frei.

CDK, Mitose (M), G2-Phase (G2), G1-Phase (G1), S-Phase (S), Cyclin, RB, RB–P

Der **Zellzyklus eukaryotischer Zellen** ist in Abschnitte gegliedert, deren Abfolge durch spezifische Proteine kontrolliert werden. Dabei kommt den **cyclinabhängigen Kinasen** (*cyclin-dependent kinases*, **CDK**) eine Schlüsselrolle zu. Kinasen übertragen eine Phosphatgruppe von ATP auf ein spezifisches Zielprotein. Die phosphorylierten Proteine werden dadurch aktiviert oder inaktiviert.

Die Konzentrationen der in der Zelle vorhandenen CDKs sind konstant, aber ihre Aktivität ist von einem anderen Protein abhängig, dem Cyclin.

Cycline werden während des Zellzyklus auf- und wieder abgebaut und ermöglichen dadurch eine **Regulation der CDK-Aktivität**.

Erst nach Bindung des Cyclins ändert die CDK ihre Konformation.

Die CDK ist nun in der Lage, die Übertragung der Phosphatgruppe von ATP aufs Zielprotein, z. B. das **Retinoblastomprotein (RB)**, vorzunehmen.

Es entstehen ADP und ein aktives RB.

CDK, Cyclin, ATP, RB, ADP, RB–P

◼ **Abb. 6.20** Der Zellzyklus wird durch eine Gruppe von cyclinabhängigen Kinasen (CDKs) gesteuert. Nur nach Bindung von Cyclin sind die Kinasen in der Lage, ihre Zielproteine durch Phosphorylierung zu aktivieren oder zu inaktivieren

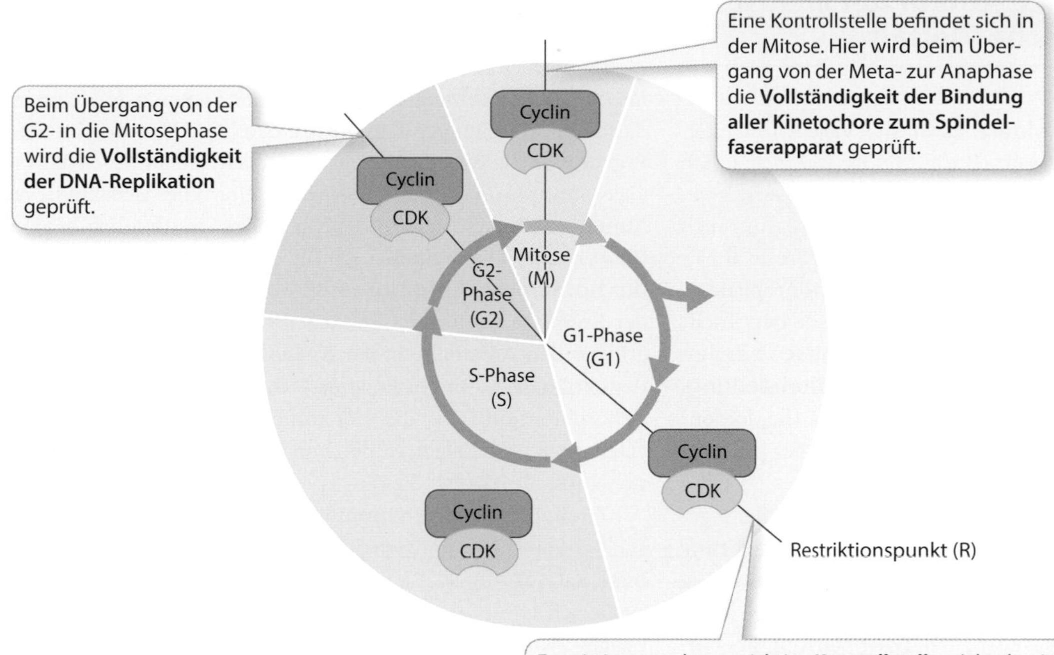

Es existieren mehrere wichtige **Kontrollstellen** (*checkpoints*) im Zellzyklus. Ein erster Kontrollpunkt im Anschluss an die Mitose ist die **Kontrolle von DNA-Schäden** vor Eintritt in die S-Phase, auch **Restriktionspunkt** genannt. Solange noch DNA-Schäden repariert werden müssen, blockieren Kontrollproteine den Zugang des Cyclins zur CDK. Erst nachdem die DNA-Reparatur vollständig ist, wird die Bindung von Cyclin und CDK möglich, und der Weg in die S-Phase ist frei.

▣ Abb. 6.21 Es existieren mehrere CDKs und korrespondierende Cycline. Sie steuern unabhängig voneinander die verschiedenen Abschnitte des Zellzyklus und werden dabei von weiteren Kontrollproteinen beeinflusst

trollstellen den Ablauf des Zellzyklus kontrollieren. Dabei kooperieren diese Komplexe mit weiteren Proteinen, etwa solchen, die die Vollständigkeit der Verbindung aller Kinetochore mit dem Spindelfaserapparat prüfen (▣ Abb. 6.21).

Für manche Zellen in einem vielzelligen Organismus reichen die internen Signale für eine stetige Zellteilungsaktivität nicht aus. Diese Zellen benötigen eine weitere extrazelluläre molekulare Stimulation. Die Gruppe dieser Proteine nennt man **Wachstumsfaktoren**. Als sekretierte oder an Membranen gebundene Moleküle können sie spezifisch an Rezeptoren ihrer Zielzellen binden und Signaltransduktionswege aktivieren. Infolgedessen wird schließlich der Zellzyklus durch die Synthese von Cyclinen aktiviert. Besondere Bedeutung kommt den Wachstumsfaktoren bei der Regulierung der Zellteilungsaktivität von Zellen zu, die sich sehr selten bis kaum mehr teilen. Solche Zellen teilen sich ab einem bestimmten Zeitpunkt ihrer Differenzierung nicht mehr. Sie treten als G0-Zelle aus dem Zellzyklus aus und haben meist hochspezifische Funktionen in einem Gewebe.

Wenn Kontrollfunktionen des Zellzyklus versagen, kann es in einem vielzelligen Organismus zu einer spektakulären Fehlentwicklung von differenzierten Zellen kommen; es entwickelt sich **Krebs**. Ausgangspunkt der Transformation ist in der Regel eine einzelne Zelle eines Gewebes, die zu embryonalen Teilungsraten zurückkehrt und somit einen Klon entstehen lässt, dessen Zellen sich ständig teilen (**Tumorbildung**). Unterschiedliche Ursachen für diese **Entdifferenzierung** der Krebszellen sind bekannt, etwa spontane oder induzierte Mutationen in einer Zelle durch Umweltfaktoren (z. B. durch Komponenten des Tabakrauchs oder durch energiereiche Strahlung), Virusinfektionen (wie Papillomaviren in Gebärmutterhalskrebszellen) und auch angeborene Prädispositionen sind beschrieben (etwa der Verlust des Tumorsuppressorgens beim Retinoblastom). Sind die Zellwucherungen bösartig (**maligne**), können sich einzelne Zellen aus dem Tumorgewebe ablösen und sich in anderen Regionen des Körpers ansiedeln (**Metastasierung**) und gesundes Gewebe zerstören. Im Gegensatz zu malignen Tumoren sind **benigne** (gutartige) Zellwucherungen (Darmpolypen, Lipome) weder absiedelnd noch invasiv und werden nicht als Krebs bezeichnet. Dennoch können in Einzelfällen auch gutartige Tumoren Probleme bereiten und müssen ärztlich behandelt werden.

6.7 Der komplizierte Ablauf der Meiose sichert genetische Vielfalt

Im Ablauf von Meiose und Mitose lassen sich viele Ähnlichkeiten beobachten. Phylogenetisch ist die Meiose wahrscheinlich aus der Mitose entstanden. Da der Meiose jedoch eine ganz andere biologische Funktion zukommt als der Mitose, sind auch wesentliche Unterschiede erkennbar (◘ Abb. 6.22 und 6.23). Während die **Mitose** die Funktion erfüllt, das zuvor replizierte genetische Material gleichmäßig (äqual) auf die beiden Tochterzellen zu verteilen und damit **genetisch identische Zellen** hervorzubringen, ist die **Meiose** eine **Reduktionsteilung**, bei der die Chromosomenzahl auf den einfachen (haploiden) Satz und die genetische Information auf je ein Allel pro Gen reduziert werden.

Für Eukaryoten stellt die ungeschlechtliche (asexuelle, vegetative) Fortpflanzung eine sehr effektive Form der Vermehrung dar, da mit dem geringen Aufwand der mitotischen Kernteilung schnell eine hohe Zahl von Nachkommen gebildet werden kann. Dies ist auch die bevorzugte Form der Fortpflanzung bei einfachen einzelligen Lebewesen (Algen, Amöben). Die einzellige Bäckerhefe (*Saccharomyces cerevisiae*) etwa kann auf diese Weise unter günstigen Bedingungen innerhalb einer Stunde ihre Anzahl verdoppeln. Aber auch vielen komplexer organisierten Lebensformen steht diese erbgleiche Fortpflanzungsstrategie zur Verfügung, etwa in Form von Konidiosporen bei vielzelligen Pilzen, Auslegern bei der Erdbeere, Brutblättern und -zwiebeln oder Wurzelausläufern.

Wesentlicher Bestandteil der **sexuellen Fortpflanzung** ist neben der Befruchtung die Meiose. Hier finden zwei aufeinanderfolgende Teilungen statt, die **Meiose I** und **Meiose II**. Deren Ergebnis ist die Entstehung von vier Zellen, die nur noch halb so viele Chromosomen besitzen wie die Mutterzelle. Meistens ist die Mutterzelle diploid und die Tochterzellen sind folglich haploid (◘ Abb. 6.24). Charakteristisch für die Meiose ist die **Paarung der homologen Chromosomen** im synaptischen Komplex in der Prophase I mit der anschließenden, für jedes Paar zufällig erfolgenden Aufteilung in der Anaphase I. Damit ist neben der Reduktion des Chromosomensatzes auch die interchromosomale Rekombination, also die Neukombination mütterlicher und väterlicher Erbanlagen, in den entstehenden vier Tochterzellen sichergestellt (◘ Abb. 6.24).

Zusätzlich zur interchromosomalen Rekombination findet auch eine intrachromosomale Rekombination durch **Crossing-over** statt (◘ Abb. 6.25). Beim Crossing-over wird durch Stückaustausch von Nicht-Schwesterchromatiden in den Bivalenten Erbgut zwischen den homologen Chromosomen ausgetauscht (◘ Abb. 6.25). Da Orte und Anzahl der Stückaustausche sowie die daran beteiligten beiden Chromatiden nicht festgelegt sind, sind die entstehenden Gameten genetisch voneinander verschieden.

Bei Diplonten führt die Meiose häufig unmittelbar zur Bildung von **Keimzellen** (**Gameten**; Eizelle oder Spermium), die nach erfolgter Befruchtung und Verschmelzung der haploiden

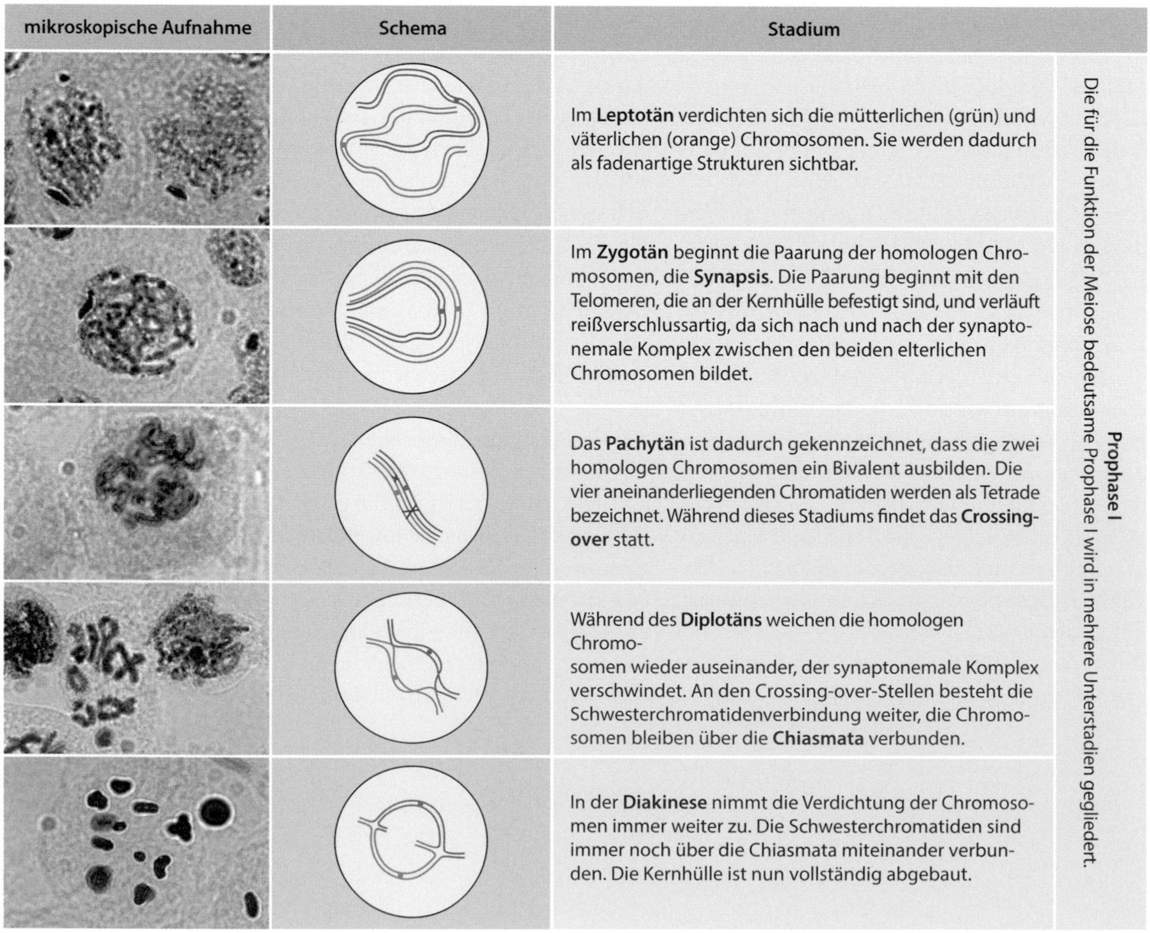

mikroskopische Aufnahme	Schema	Stadium	
		Im **Leptotän** verdichten sich die mütterlichen (grün) und väterlichen (orange) Chromosomen. Sie werden dadurch als fadenartige Strukturen sichtbar.	**Prophase I** – Die für die Funktion der Meiose bedeutsame Prophase I wird in mehrere Unterstadien gegliedert.
		Im **Zygotän** beginnt die Paarung der homologen Chromosomen, die **Synapsis**. Die Paarung beginnt mit den Telomeren, die an der Kernhülle befestigt sind, und verläuft reißverschlussartig, da sich nach und nach der synaptonemale Komplex zwischen den beiden elterlichen Chromosomen bildet.	
		Das **Pachytän** ist dadurch gekennzeichnet, dass die zwei homologen Chromosomen ein Bivalent ausbilden. Die vier aneinanderliegenden Chromatiden werden als Tetrade bezeichnet. Während dieses Stadiums findet das **Crossing-over** statt.	
		Während des **Diplotäns** weichen die homologen Chromo- somen wieder auseinander, der synaptonemale Komplex verschwindet. An den Crossing-over-Stellen besteht die Schwesterchromatidenverbindung weiter, die Chromosomen bleiben über die **Chiasmata** verbunden.	
		In der **Diakinese** nimmt die Verdichtung der Chromosomen immer weiter zu. Die Schwesterchromatiden sind immer noch über die Chiasmata miteinander verbunden. Die Kernhülle ist nun vollständig abgebaut.	

◘ **Abb. 6.22** Beginn der Meiose: Prophase I

mikroskopische Aufnahme	Schema	Stadium
		Metaphase I Die Bivalente liegen in der **Metaphase I** weiterhin in der Äquatorialebene und werden nach wie vor über die Chiasmata zusammengehalten.
		Anaphase I und Telophase I Während der **Anaphase I** werden die sogenannten Kohäsine enzymatisch abgebaut. Hierbei handelt es sich um Proteinkomplexe, die für das Zusammenhalten der Schwesterchromatiden verantwortlich sind. Nach Abbau der Kohäsine werden die Schwesterchromatiden von den Spindelfasern zu den Zellpolen gezogen, sodass eine Trennung der homologen Chromosomen stattfindet. In der **Telophase I** ist die Migration der Chromosomen zu den Zellpolen abgeschlossen. Jede Zelle enthält nun einen haploiden Chromosomensatz. Um die Chromosomen formt sich eine neue Kernhülle, und die Cytokinese wird eingeleitet.
		Interkinese Die **Interkinese** bezeichnet die Ruhephase zwischen Telophase I und Metaphase II. Die Chromosomen liegen in den nun vollständig gebildeten haploiden Zellen immer noch als Zwei-Chromatid-Chromosomen vor. Das Chromosomenmaterial dekondensiert mehr oder weniger stark.
		Prophase II und Metaphase II Während der **Prophase II** liegen die Chromosomen nun erneut in kondensierter Form vor. Die Kernhülle löst sich auf. In der **Metaphase II** ordnen sich die Chromosomen in der Äquatorialebene an. Diese Anordnung ähnelt der einer mitotischen Metaphase.
		Anaphase II und Telophase II In der **Anaphase II** werden die Schwesterchromatiden von den Spindelfaserns zu den Zellpolen gezogen und so getrennt. Sie tragen homologe, aber nicht identische Abschnitte. In der **Telophase II** befinden sich die Chromatiden schließlich an den Zellpolen. Eine neue Kernhülle wird gebildet.
		Gonenkerne Nach Abschluss der beiden meiotischen Teilungen liegen vier **Gonenkerne** mit jeweils haploidem Chromosomensatz vor. Sie sind die Ausgangszellen für die Bildung befruchtungsfähiger Keimzellen. Aufgrund der interchromosomalen sowie intrachromosomalen Rekombination sind sie genetisch unterschiedlich.

Abb. 6.23 Weiterer Verlauf der zweigeteilten Meiose mit Reduktionsteilung I und Reduktionsteilung II

Eine **diploide Zelle** mit $2n = 6$ Chromosomen bei Eintritt in die Meiose.
Die diploide Zelle enthält gleiche Anteile mütterlicher (grün) und väterlicher (orange) Zwei-Chromatid-Chromosomen. Die homologen Chromosomen haben die gleiche Morphologie und sind hier zur Unterscheidung verschiedenfarbig dargestellt: die Chromosomen mütterlicher Herkunft in Grün, die väterlicher Herkunft in Orange.

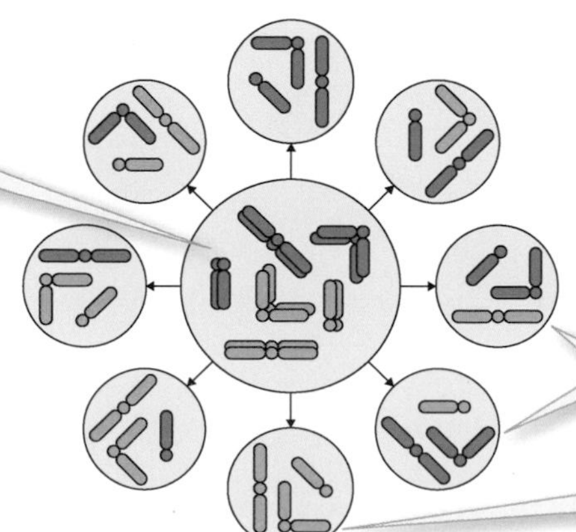

Jedes Chromosomenpaar wird in der Anaphase I unabhängig von den Chromosomen der anderen Paare verteilt. Durch die **interchromosomale Rekombination** kommt es zu einer Neukombination von Chromosomenpaaren.
In der Anaphase II entstehen mit gleicher Wahrscheinlichkeit 2^n Kombinationsmöglichkeiten von Gonenkernen, wobei n die Anzahl der Chromosomen im haploiden Genom ist – im gewählten Beispiel also acht verschiedene Gonenkerne.

Diese beiden Gonenkerne haben zufällig zwei maternale (grün) und ein paternales (orange) Ein-Chromatid-Chromosom erhalten.

Diese haploide Zelle hat zufällig nur paternale Chromosomen erhalten. Die Chromosomen befinden sich in einem Ein-Chromatid-Chromosom-Stadium.

Abb. 6.24 Die interchromosomale Rekombination als Ergebnis der zufälligen Aufteilung der homologen Chromosomen sorgt für eine Durchmischung maternaler und paternaler Erbinformation

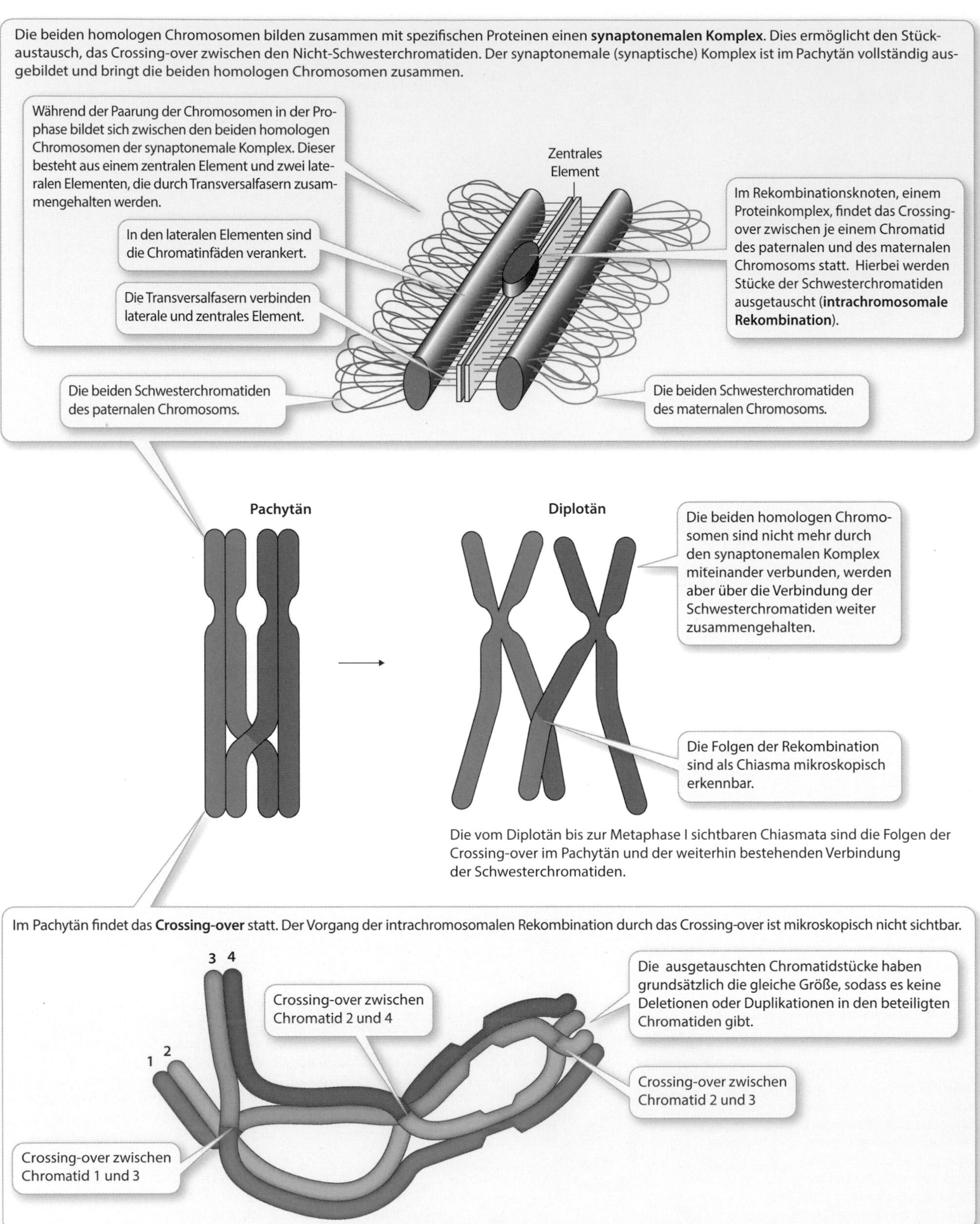

Abb. 6.25 Abgesehen von wenigen bekannten Ausnahmen (etwa bei Männchen von *Drosophila melanogaster*) findet im Pachytän das Crossing-over statt. Im anschließenden Diplotän werden die Überkreuzungsstellen als Chiasmata sichtbar

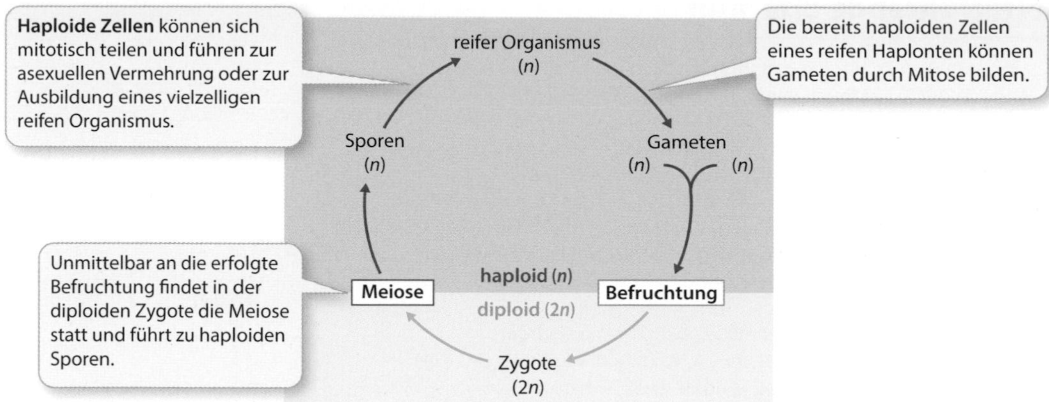

Abb. 6.26 Bei Haplonten stellt die Meiose den einfachen Chromosomenbestand wieder her; die Gametenbildung geschieht mitotisch. Bei Diplonten folgt dagegen auf die Meiose die Ausbildung von befruchtungsfähigen Keimzellen (Gameten)

Zellkerne eine nun wieder diploide Zygote ergeben. Bei einer Fremdbefruchtung (zwei Eltern) ist die Vielfalt der genetischen Konstellationen der Zygoten nochmals höher als bei Selbstbefruchtung, da nicht nur zwei Allele eines Gens, sondern bis zu vier verschiedene Allele (je zwei von beiden Elternteilen) zu neuen Kombinationen führen können.

Im Gegensatz zur Mitose, die in den meisten Fällen nicht mehr als eine Stunde in Anspruch nimmt, dauert eine Meiose wesentlich länger. Insbesondere die für die Rekombination von maternalen und paternalen Allelen bedeutsame **Prophase I** kann sehr viel Zeit – nicht selten mehrere Tage – in Anspruch nehmen. Eine Besonderheit charakterisiert die Meiosen bei Säuge- und anderen Wirbeltieren, bei denen die Meiose, insbesondere bei der Eizellbildung, über lange Zeiträume pausieren kann. So beginnt beispielsweise bei weiblichen Säugetieren die Meiose in allen zuvor mitotisch gebildeten Oogonien bereits vorgeburtlich. Die reifenden Zellen verharren dann von der Geburt bis zum Eisprung (erstmalig mit Eintritt in die Pubertät) in einem diplotänähnlichen Stadium (**Diktyotän**). Durch Hormonzyklen gesteuert setzen dann periodisch einzelne Zellen die Meiose I fort, gehen in die Meiose II über und verharren erneut in der Metaphase II. Die Meiose wird überhaupt nur nach einer Befruchtung vollständig abgeschlossen. Insgesamt kann also, etwa bei der Eizellbildung bei Frauen, das vollständige Durchlaufen einer Meiose mehrere Jahrzehnte in Anspruch nehmen.

Im Gegensatz zu Pflanzen, Pilzen und einigen einfach organisierten Tieren sind bei den meisten Tieren nur Zellen, die zur **Keimbahn** gehören, befähigt, in die Meiose einzutreten. Bei diesen Lebensformen wird sehr frühzeitig in der Embryonalentwicklung eine Differenzierung in zwei Zelllinien vorgenommen. Während die somatische Zelllinie die Vielzahl differenzierter Körperzellen hervorbringt, werden aus der Keimbahnzelllinie die Keimdrüsen und die darin meiotisch gebildeten Gameten. Die haploiden Gameten dieser Tiere sind nicht in der Lage, sich mitotisch zu teilen.

Auch bei Haplonten ist die Meiose Voraussetzung für die sexuelle Fortpflanzung. Allerdings erfolgt die Meiose direkt in der befruchteten Eizelle, da bei diesen Lebensformen nur die Haplophase zur mitotischen Teilung befähigt ist (Abb. 6.26). Bei diesen Organismen werden die haploiden Gameten mitotisch gebildet.

Weiterführende Literatur

1. Alberts B, Bray D, Hopkin K, Johnson AD, Lewis J, Raff M, Roberts K, Walter P (2012) Lehrbuch der Molekularen Zellbiologie, 4. Aufl. Wiley-VCH, Weinheim
2. Alberts B, Johnson AD, Lewis J, Morgan D, Raff M, Roberts K, Walter P (2017) Molekularbiologie der Zelle, 6. Aufl. Wiley-VCH, Weinheim
3. Campbell NA, Reece JB, Urry LA, Cain ML, Wasserman SA, Minorsky PV, Jackson RB (2019) Campbell Biologie, 11. Aufl. Pearson, Hallbergmoos
4. Graw J (2020) Genetik, 7. Aufl. Springer Spektrum, Berlin, Heidelberg
5. Hardin J, Bertoni GP, Kleinsmith LJ (2015) Beckers Welt der Zelle, 8. Aufl. Pearson, Hallbergmoos
6. Janning W, Knust E (2008) Genetik, 2. Aufl. Thieme, Stuttgart
7. Klug WS, Cummings MR, Spencer CA, Palladino MA, Killian D (2019) Concepts of genetics. Pearson, London
8. Knippers R (2017) Eine kurze Geschichte der Genetik, 2. Aufl. Springer, Berlin, Heidelberg, New York
9. Munk K (2017) Taschenlehrbuch Biologie: Genetik. Thieme, Stuttgart
10. Sadava D, Hillis D, Heller HC, Hacker S (2019) Purves Biologie, 10. Aufl. Springer Spektrum, Berlin, Heidelberg
11. Watson J, Baker TA, Bell SP, Gann A, Levine M, Losick R (2010) Watson Molekularbiologie, 6. Aufl. Pearson, London

Mendels Vererbungsregeln

Christian Johannes

J. Boenigk (Hrsg.), *Boenigk, Biologie*, https://doi.org/10.1007/978-3-662-61270-5_7

7.1 Die Kenntnis der Gesetzmäßigkeiten der Vererbung geht auf Züchtungsexperimente des Augustinerpaters Gregor Mendel zurück

Mit seinen 1865 veröffentlichten Ergebnissen zu Versuchen an Hybriden der Gartenerbse (*Pisum sativum*) gilt der Augustinerpater **Gregor Mendel** als **Gründer der modernen Genetik**. Selbstverständlich existierte bereits vor Mendel so etwas wie genetisches Wissen (◘ Abb. 7.1). Beispielsweise machten sich die Züchter von Kulturpflanzen und Haustieren die Kenntnis zunutze, dass gewünschte Eigenschaften von den Eltern an die Nachkommen weitergegeben werden können. Damit waren aber keine Kenntnisse der Regelmäßigkeit oder ein Verständnis des zugrundeliegenden Mechanismus verbunden.

Mendel zeigte, dass es solche **Gesetzmäßigkeiten** in der Weitergabe von Merkmalen von einer Generation zur nächsten gibt. Sein gewählter Versuchsansatz war insofern revolutionär, als er sich bei seinen Analysen auf nur einzelne Merkmale mit alternativen Ausprägungsformen beschränkte. Er wählte die Gartenerbse, da für diese Kulturpflanze zu seiner Zeit bereits züchterisch hervorgerufene Formen existierten, die **eindeutig erkennbare Merkmalsunterschiede** aufwiesen (◘ Abb. 7.2).

Mendel ging in seinen Experimenten sehr systematisch vor. So suchte er zunächst unter den vielen Merkmalen, die eine Erbsenpflanze aufweist, **paarweise Unterschiede** heraus, die **eindeutig erkennbar** und **reinerbig**, also stabil vererbbar, waren. Dazu kreuzte er zunächst über mehrere Generationen

Bereits lange Zeit vor Mendels Publikation hatten die Menschen grundsätzliche Kenntnisse der Vererbung gehabt. So wurden bei der Domestizierung von Haustieren und der Züchtung von Kulturpflanzen schon frühzeitig in verschiedenen Gesellschaften gezielt solche Vertreter gekreuzt, deren Eigenschaften erwünscht waren und erhaltenswert schienen. Aus Erfahrung wusste man, dass dabei in der nächsten Generation wieder vermehrt Organismen auftreten, die diese vorteilhaften Eigenschaften zeigen.

Auf diesem assyrischen Relief ist die gezielte Bestäubung einer Dattelpalme dargestellt. Genauso hat es über 2000 Jahre später Mendel an seinen Erbsenpflanzen durchgeführt.

Neben Hund und Schaf war vor etwa 8000 Jahren die Ziege das erste Wildtier, das domestiziert wurde. Heute gibt es viele verschiedene Rassen, die auf Milch-, Fleisch- oder Wollgewinnung gezüchtet wurden.

Vor etwa 4000 Jahren wurde in Mexiko aus der Wildpflanze Teosinte (links) der Mais gezüchtet. Der rechts dargestellte Fruchtstand ist eine moderne Rekonstruktion und gleicht den ältesten archäologischen Funden von Maiskolben.

◘ **Abb. 7.1** Zwar gilt Mendel als Begründer der Genetik, aber genetische Kenntnisse existierten bereits zuvor

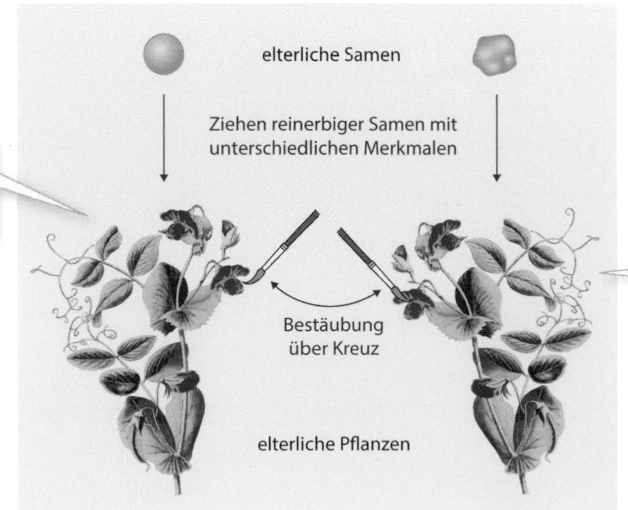

Die Erbse ist ein Selbstbefruchter; sie konnte aber experimentell leicht wechselseitig befruchtet werden, indem Mendel mit einem feinen Pinsel den Pollen von einer Pflanze auf die Narbe einer anderen Pflanze übertrug, von der er zuvor die Staubgefäße entfernt hatte.

◘ **Abb. 7.2** Die Erbsenpflanze war als Forschungsobjekt gut gewählt, da sie sowohl Selbstbefruchtung als auch Fremdbefruchtung ermöglicht

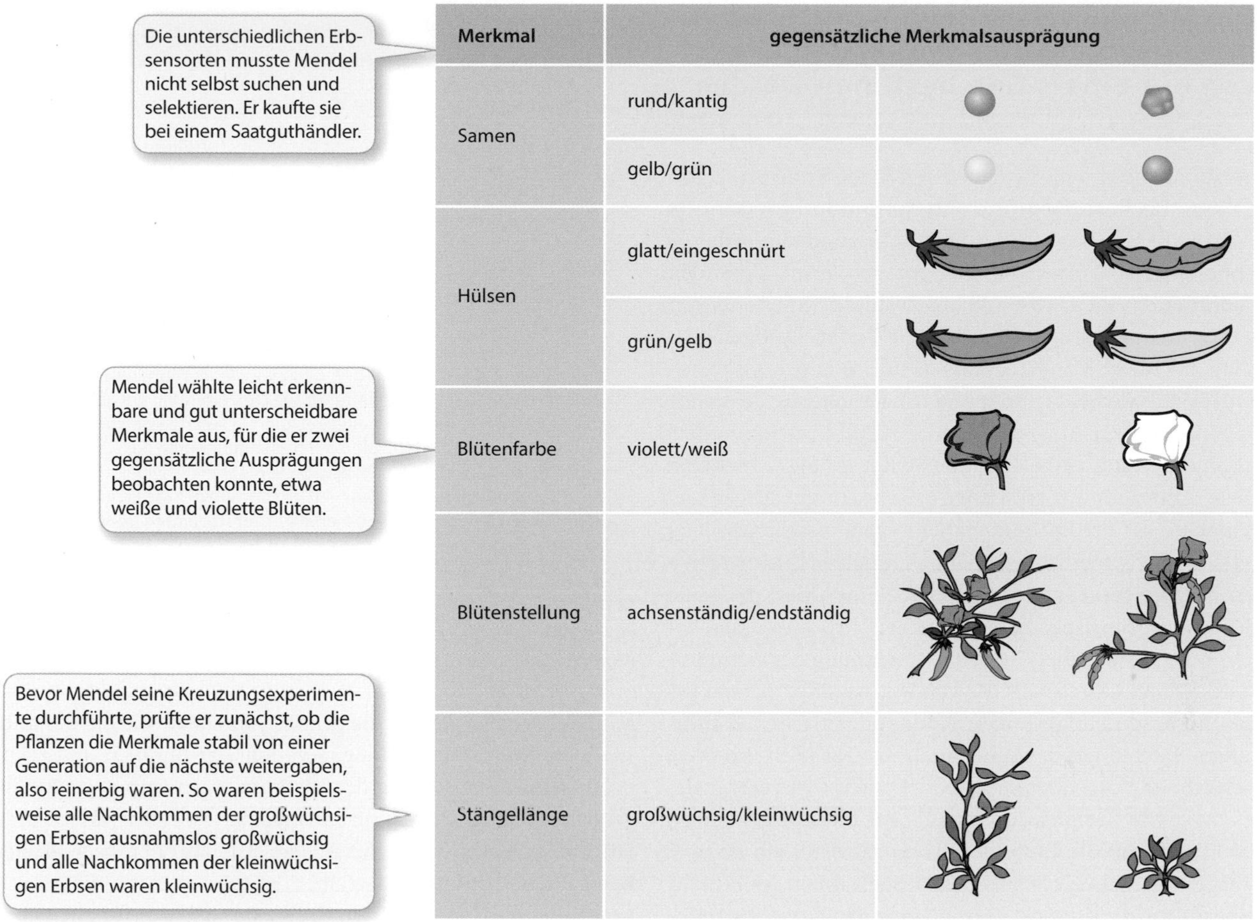

Die unterschiedlichen Erbsensorten musste Mendel nicht selbst suchen und selektieren. Er kaufte sie bei einem Saatguthändler.

Mendel wählte leicht erkennbare und gut unterscheidbare Merkmale aus, für die er zwei gegensätzliche Ausprägungen beobachten konnte, etwa weiße und violette Blüten.

Bevor Mendel seine Kreuzungsexperimente durchführte, prüfte er zunächst, ob die Pflanzen die Merkmale stabil von einer Generation auf die nächste weitergaben, also reinerbig waren. So waren beispielsweise alle Nachkommen der großwüchsigen Erbsen ausnahmslos großwüchsig und alle Nachkommen der kleinwüchsigen Erbsen waren kleinwüchsig.

Merkmal	gegensätzliche Merkmalsausprägung
Samen	rund/kantig
	gelb/grün
Hülsen	glatt/eingeschnürt
	grün/gelb
Blütenfarbe	violett/weiß
Blütenstellung	achsenständig/endständig
Stängellänge	großwüchsig/kleinwüchsig

■ **Abb. 7.3** Mendel wählte sehr sorgfältig die ihm für die Hybridkreuzungen geeignet erscheinenden Merkmale aus

die Sorten mit der gleichen Merkmalsausprägung untereinander, um sicherzustellen, dass es sich um stabile Formen handelt. Diese reinerbigen Sorten stellten die Parentalgeneration dar, die er für seine **Hybridisierungskreuzungen** verwendete (■ Abb. 7.3). Er übertrug Pollen von einer reinerbigen Sorte auf eine Pflanze mit einer abweichenden Ausprägung des gleichen Merkmals (etwa die Farbe der Samen) und zählte in der nächsten Generation die Anteile der unterschiedlich gefärbten Samen aus. Über acht Jahre hybridisierte er Erbsenpflanzen und untersuchte viele Tausend Nachkommen im Hinblick auf die von ihm gewählten Merkmale. Sein erfolgreiches Vorgehen war vor allem darin begründet, dass er dabei das Gesamterscheinungsbild der Pflanzen ignorierte und sich ausschließlich die zahlenmäßige Verteilung isolierter Merkmale notierte.

Mendel war mathematisch gebildet und konnte kombinieren. Er erkannte die statistischen Regelmäßigkeiten und konnte seine Ergebnisse schließlich zu einem schlüssigen Konzept entwickeln, das wir heute als **Mendel'sche Regeln** kennen. Seine Ergebnisse trug er im Februar und März 1865 bei Versammlungen in dem von ihm mitbegründeten „Naturforschenden Verein Brünn" vor und publizierte sie ein Jahr später im Vereinsorgan. Er schickte Sonderdrucke an ausgewählte Kollegen, die sich wie er mit Kreuzungsexperimenten befassten. Teilweise blieben seine Briefe ungeöffnet, in anderen Fällen entwickelte sich ein reger Briefwechsel, etwa mit dem zu seiner Zeit anerkannten Botaniker Carl Wilhelm von Nägeli. Obschon verschiedene Forscher seine Publikation in den folgenden letzten Jahren des 19. Jahrhunderts gelegentlich zitierten, ging doch niemand auf das Wesentliche des Inhalts ein. Richtungsweisende Neuerungen werden häufig nicht sofort als solche gewürdigt, und so wurden Mendels Veröffentlichungen erst im Jahr 1900 von mehreren Forschern, die das Verhalten der Chromosomen während der Zellteilungen untersuchten, aufgegriffen und als bahnbrechend erkannt.

7.2 Die Mendel'schen Regeln beschreiben die Vererbung von Merkmalen, die von nur einem Gen bestimmt werden

Dass **Gregor Mendel** seine bedeutsamen Entdeckungen machen konnte, die zu Recht als **Begründung der modernen Genetik** gelten, ist vor allem seiner sehr systematischen und für die damalige Zeit besonderen Vorgehensweise zuzuschreiben. Unter den vielen Merkmalen einer Erbsenpflanze wählte er eines oder nur sehr wenige aus und konzentrierte seine Beobachtungen ausschließlich auf diese. Die Kreuzungen führte er grundsätzlich nach dem gleichen Schema durch und wiederholte sie. Bei seinen Kreuzungen erhielt er in ausreichender Anzahl Nachkommen, um genügend Daten für eine quantitative Bewertung vornehmen zu können. Weiterhin war er mathematisch sehr gut ausgebildet und vermochte die gefundenen Zahlenverhältnisse sinnvoll zu interpretieren. So war es ihm schließlich möglich, **quantitative Gesetzmäßigkeiten** für die Weitergabe eines Merkmals von einer Generation zur nächsten zu erkennen.

Auch war er konsequent in der Verwendung der Terminologie, sodass seine Leserschaft die von ihm veröffentlichten Ergebnisse und Schlussfolgerungen eindeutig verstehen konnte. Aus heutiger Sicht klingt das alles banal, zu seiner Zeit war diese wissenschaftliche Vorgehensweise jedoch nicht weit verbreitet.

Die ersten von Mendel durchgeführten Hybridkreuzungen berücksichtigten nur die Farbe der Erbsen, also nur ein einziges seiner insgesamt sieben als geeignet ausgewählten Merkmale. Unter einer **Hybridkreuzung** versteht man den **Einsatz von Inzuchtlinien zur Erzeugung von Hybriden**, also Mischlingen, in der Nachkommenschaft. So übertrug Mendel z. B. Pollen von einer Erbse, die stabil gelbe Samen produzierte, auf die Narbe einer Pflanze, die stabil grüne Samen hervorbrachte. Diese Elterngeneration nannte er **Parentalgeneration**. Er erhielt in der Nachkommenschaft, die er **Filialgeneration 1 (F_1)** nannte, ausschließlich gelbe Samen, die genauso aussahen wie die des gelbsamigen Elters. Diese Filialgeneration war uniform und zeigte dabei keine Vermischung der Merkmalsausprägung, etwa gelbgrün. Niemals fand er eine grüne Erbse in der Hülse (■ Abb. 7.4). Die Merkmalsvererbung der gelben Farbe war demnach in allen Kreuzungen dominant gegenüber der grünen Farbe, die rezessiv vererbt wurde. Diese Art von Kreuzung führte er für alle sieben Merkmale durch und erhielt immer das grundsätzlich gleiche Ergebnis. Alle F_1-Erbsen zeigten die Merkmalsausprägung des einen, aber nicht die des anderen Elternteils. Um sicherzugehen, dass diese Beobachtung nicht ausschließlich darauf beruhte, dass nur ein Elter seine Eigenschaft an die F_1-Generation weitergibt und der andere nichts beisteuert, führte er jede dieser Kreuzun-

Mendel kreuzte zwei Erbsenpflanzen, **die sich in nur einer Merkmalsausprägung unterschieden.** Die eine Elternpflanze bildete ausschließlich gelbe, die andere ausschließlich grüne Samen.

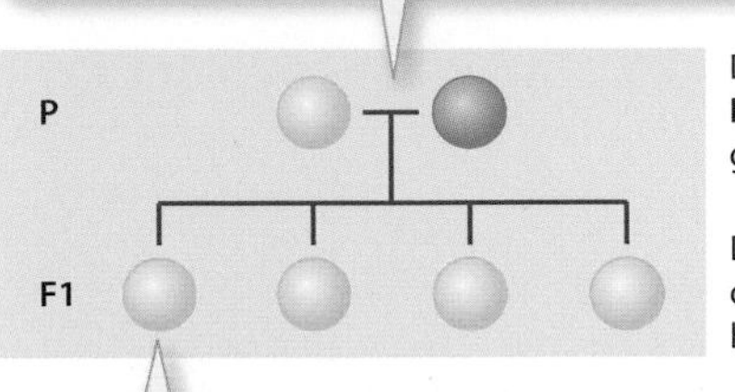

Die Elterngeneration wird **Parentalgeneration (P)** genannt.

Die Nachkommen, die aus dieser Kreuzung resultieren, heißen **Filialgeneration 1 (F_1)**.

Die F_1 ist immer gleichgestaltet, also **uniform.** In dieser Kreuzung sind alle Samen gelb und sehen damit genauso aus, wie die Samen des gelbsamigen Elters. Dabei ist es unbedeutend, welcher Elternteil die gelbe Samenfarbe zeigte, denn auch reziproke Kreuzungen lieferten das gleiche Ergebnis. Da die Nachkommenschaft der Parentalgeneration ausschließlich gelbe Erbsen hervorbrachte, bezeichnete Mendel die Eigenschaft, gelbe Samen zu produzieren, als dominierend (**dominant**), die Eigenschaft, grüne Samen hervorzubringen, nannte er zurücktretend (**rezessiv**).

■ **Abb. 7.4** Die 1. Mendel'sche Regel heißt Uniformitäts- bzw. Reziprozitätsregel. Die Nachkommen reziproker Kreuzungen reiner Linien (homozygoter Eltern) besitzen einen einheitlichen Phänotyp

Jeder Elternteil der Parentalgeneration besitzt zwei gleiche Allele für ein Merkmal. Sind die beiden Allele gleich, handelt es sich bezogen auf dieses Merkmal um ein **homozygotes**, also reinerbiges, Erbgut.

Das **rezessive Allel** wird klein geschrieben.

Das **dominante Allel** wird groß geschrieben.

P *aa* *AA*

Gameten: *a* *a* *A* *A*

Befruchtung: *a* *A*

Zygote: F_1 *aA*

Jeder Elternteil bildet gleichförmige Gameten, die nur ein Allel für das betreffende Merkmal besitzen.

Bei der Befruchtung kommen zwei Allele zusammen, und es bildet sich ein Hybrid mit mischerbigem oder **heterozygotem** Erbgut aus. Das Erscheinungsbild, also der Phänotyp, der heterozygoten F_1-Generation ist gleich dem des Elternteils, welches das dominante Allel trägt.

■ **Abb. 7.5** Mendels Interpretation seiner monohybriden Kreuzungen

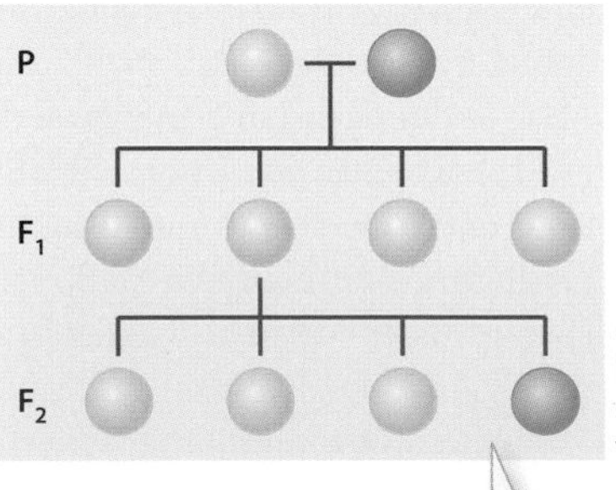

Mendel ließ eine Selbstbestäubung der F_1-Pflanzen zu und erhielt so die nächste Generation – die **Filialgeneration 2 (F_2)**.

Die **F_2-Generation** zeigte, dass die Eigenschaft, grüne Erbsen hervorzubringen, nicht verloren gegangen war. Die phänotypische Aufspaltung von gelben und grünen Erbsen im **Verhältnis 3:1** ließ Mendel vermuten, dass jede Pflanze zwei Faktoren besitzen muss – Gene, Allele oder Chromosomen waren zu Mendels Zeiten ja noch nicht bekannt. Bei der Bildung der Keimzellen wird diese Zahl auf einen Faktor halbiert. Bei der Befruchtung kommen schließlich wieder zwei Faktoren zusammen: je einer von beiden Eltern. Damit hatte Mendel grundsätzlich die Existenz von **Genen** vorausgesagt und bereits erkannt, dass diese in unterschiedlicher Form vorkommen können, die man heute **Allele** nennt.

■ **Abb. 7.6** Die 2. Mendel'sche Regel heißt Spaltungsregel. Kreuzungen der heterozygoten Nachkommen zweier reinerbiger Eltern untereinander führen zur Aufspaltung der Phänotypen nach einem charakteristischen Zahlenverhältnis

gen wechselseitig (**reziprok**) durch. Beispielsweise war in der einen Kreuzung die Pollenspenderpflanze gelbsamig und die Empfängerpflanze grünsamig. In der reziproken Kreuzung war es umgekehrt. Für keines der geprüften sieben Merkmale konnte er einen Unterschied in dem Ergebnis der F_1-Generation nach reziproken Kreuzungen feststellen. Diese Gesetzmäßigkeit ist als **Uniformitätsregel** (**Reziprozitätsregel**) oder **1. Mendel'sche Regel** bekannt (◘ Abb. 7.5).

Ob die **rezessive Merkmalsform** vollständig verloren gegangen war, prüfte Mendel, indem er Individuen der F_1-Generation untereinander kreuzte. In einem Anteil von einem Viertel tauchte das rezessive Merkmal unverändert in der Nachkommenschaft (**Filialgeneration 2** oder **F_2**) wieder auf (◘ Abb. 7.6). Auch bei den anderen sechs Merkmalen erhielt er immer ein phänotypisches Aufspaltungsverhältnis von drei Viertel dominanten und einem Viertel rezessiven Merkmalsträgern (Verhältnis 3 : 1). Diese Regelmäßigkeit wird als **Spaltungsregel** oder **2. Mendel'sche Regel** bezeichnet.

Mendel führte die Aufspaltung darauf zurück, dass jede Erbse zwei Faktoren für jedes Merkmal besitzt und davon jeder Elternteil einen zufällig an die nächste Generation weitergibt. Bei der Verschmelzung zweier Keimzellen kommen wieder zwei Faktoren zusammen, ohne sich dabei irreversibel zu vermischen. Diese Überlegung veranschaulicht die Darstellung in einem **Punnett-Schema** (◘ Abb. 7.7).

Seine Vermutung, dass die F_2 genotypisch heterogen ist, nämlich doppelt so viele heterozygote wie homozygote dominante Merkmalsträger vorkommen, überprüfte Mendel mit sogenannten Testkreuzungen oder **Rückkreuzungen**. Die Ergebnisse bestätigten seine Hypothese, wie sich am ausgewählten Beispiel der Wuchshöhe zeigt (◘ Abb. 7.8).

Die **3. Mendel'sche Regel** oder **Unabhängigkeitsregel** besagt, dass Merkmale grundsätzlich unabhängig von anderen Merkmalen vererbt werden. Mendel konnte dies feststellen, indem er Kreuzungen von Erbsen vornahm, die zwei, später auch mehr als zwei Unterschiede in der Parentalgeneration aufwiesen. Die F_1 war wieder uniform, aber die F_2 spaltete in einem charakteristischen Zahlenverhältnis auf. Mendels Überlegung wird anhand des Punnett-Schemas deutlich (◘ Abb. 7.9).

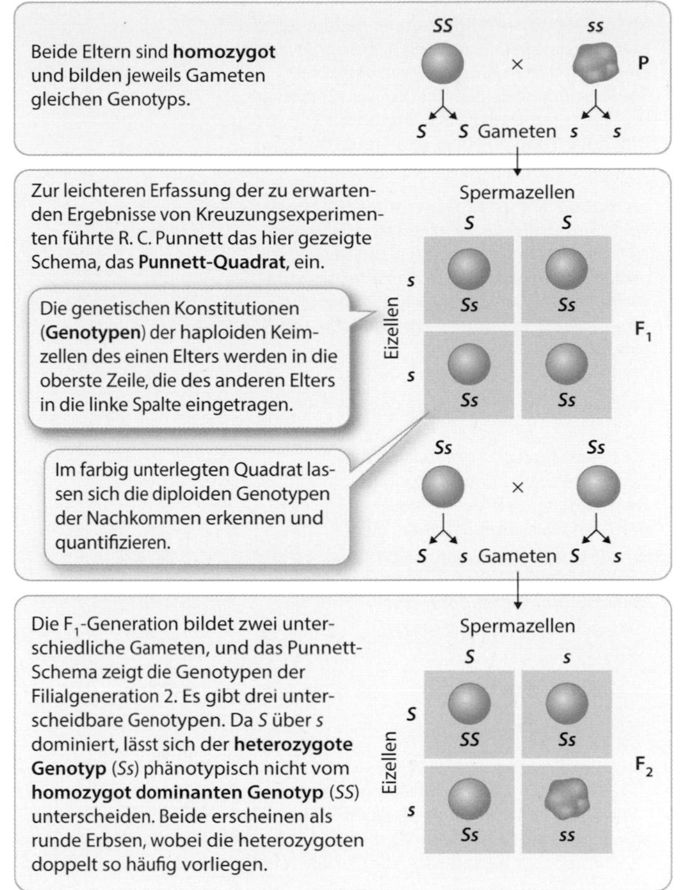

◘ **Abb. 7.7** Das Punnett-Quadrat erleichtert die formale Analyse von Kreuzungsexperimenten; Genotyp- und Phänotyphäufigkeiten lassen sich so einfach ermitteln

Die unabhängige Verteilung von Merkmalen stellte Mendel auch fest, wenn er drei Merkmalspaare bei der Erbse untersuchte. Man nennt diese Kreuzung eine **Trihybridkreuzung**.

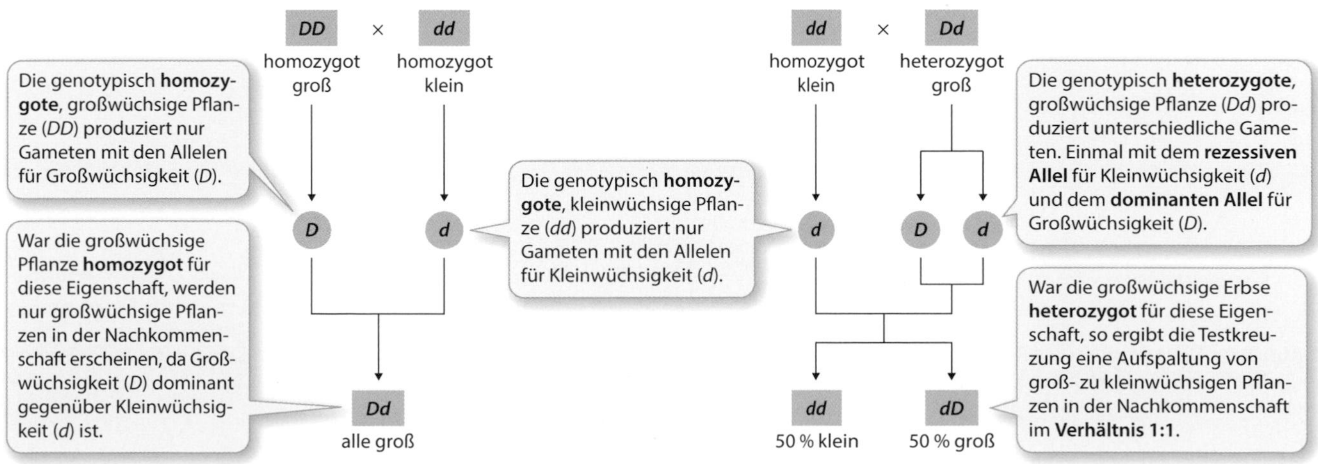

◘ **Abb. 7.8** Testkreuzungen decken den Genotyp von dominanten Phänotypen auf

Mendel führte auch Kreuzungen mit mehreren Merkmalsunterschieden durch. Dieses Beispiel einer **dihybriden Kreuzung** verfolgt **zwei Samenmerkmale** – Samenform und Samenfarbe. Später notierte er auch Ergebnisse von trihybriden und polyhybriden Kreuzungen.

P: Samen rund und gelb × Samen kantig und grün

Im Hinblick auf die **F_1-Generation** zeigte sich kein prinzipieller Unterschied zu einer monohybriden Kreuzung. Alle Nachkommen reinerbiger Eltern waren gleichgestaltet, also **uniform**, und zeigten die beiden dominanten Merkmalsausprägungen – gelbe Farbe und runde Form.

F_1: hybride Erbsen rund und gelb

Die Kreuzung der F_1 untereinander führte zu einer Aufspaltung in vier Phänotypen in der F_2. Neben den Merkmalskombinationen, die bereits in der Parentalgeneration vorlagen, fand Mendel auch **neue Merkmalskombinationen**, hier etwa gelbe, kantige und grüne, runde Erbsen.

F_2:

rund und gelb		kantig und gelb		rund und grün		kantig und grün
315	:	101	:	108	:	32
9,1	:	2,9	:	3,1	:	0,9

Farbe	gelb		grün
	416	:	140
	2,99	:	1,01

Form	rund		kantig
	423	:	133
	3,04	:	0,96

Das Zahlenverhältnis der vier unterschiedlichen Phänotypen war 9/16 (rund, gelb), 3/16 (kantig, gelb), 3/16 (rund, grün) und 1/16 (kantig, grün).

Werden die Merkmale getrennt voneinander betrachtet, zeigt sich das aus den monohybriden Erbgängen bekannte Aufspaltungsverhältnis von **3:1**.

Was Mendel aufgrund seiner mathematischen Befähigung erkannte, lässt sich mithilfe des **Punnett-Schemas** leicht nachvollziehen. Die **doppelt heterozygote F_1** kann vier unterschiedliche Gametengenotypen ausbilden. Dies geschieht zufallsgemäß, ohne dass die Verteilung des einen Merkmalspaars die Verteilung des anderen Merkmalspaar beeinflusst – die vier Gametengenotypen entstehen gleich häufig.

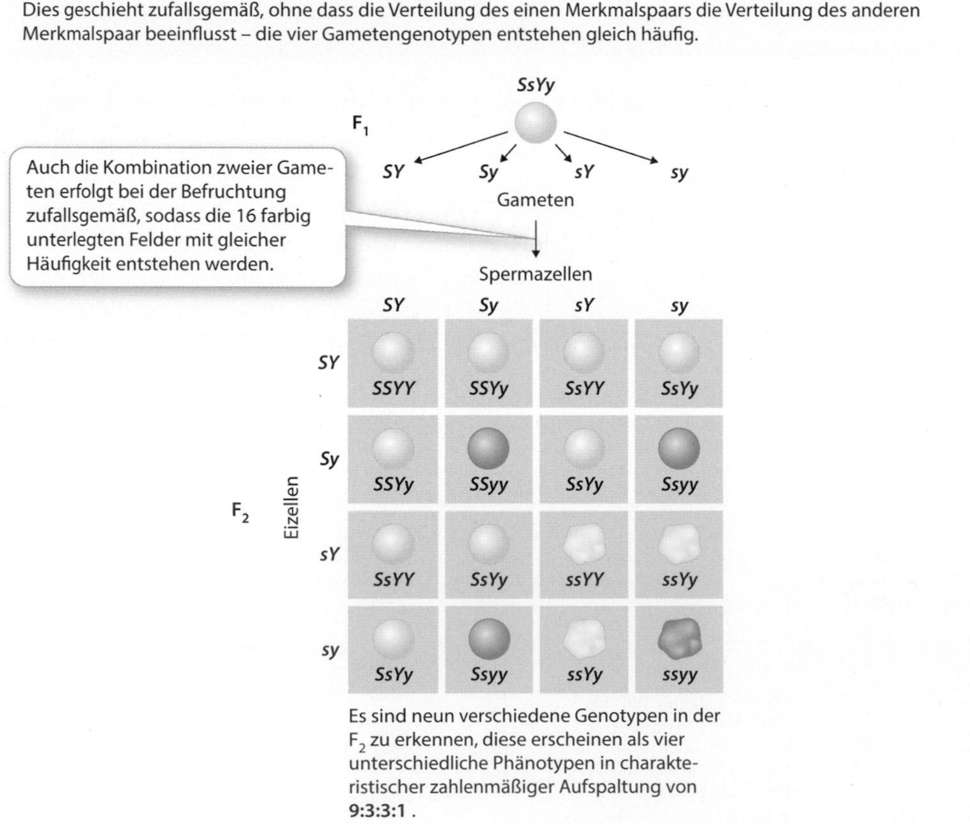

Abb. 7.9 Die 3. Mendel'sche Regel (Unabhängigkeitsregel) besagt, dass auch für dihybride Erbgänge die Uniformitätsregel gilt – die F_2-Generation spaltet für beide Merkmale unabhängig auf

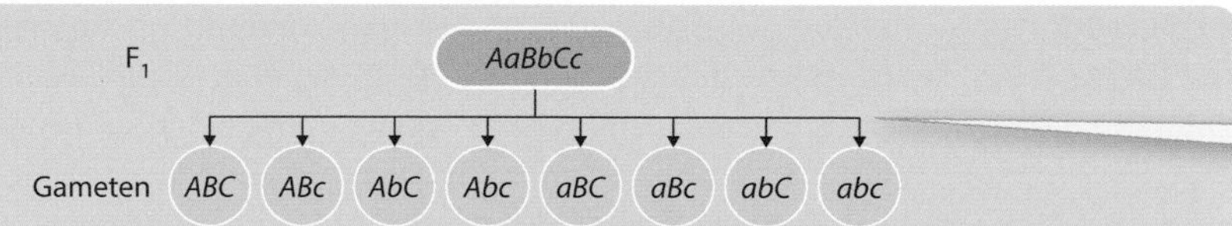

Für die Erstellung eines Punnett-Schemas einer **Trihybridkreuzung** werden wieder in der oberen Zeile und in der linken Spalte die 8 unterschiedlichen haploiden Genotypen der F_1-Gameten dargestellt. Es ergeben sich somit 64 Kombinationskästchen für die F_2-Generation.

Bei der Bildung der F_2-Generation in einer Trihybridkreuzung erzeugt jeder der beiden F_1- Kreuzungspartner **acht unterschiedliche Gameten** zu gleichen Anteilen (1/8). Hier betrachten wir drei fiktive Merkmale *A*, *B* und *C*.

	ABC	*ABc*	*AbC*	*Abc*	*aBC*	*aBc*	*abC*	*abc*
ABC	*AABBCC*	*AABBCc*	*AABbCC*	*AABbCc*	*AaBBCC*	*AaBBCc*	*AaBbCC*	*AaBbCc*
ABc	*AABBcC*	*AABBcc*	*AABbcC*	*AABbcc*	*AaBBcC*	*AaBBcc*	*AaBbcC*	*AaBbcc*
AbC	*AAbBCC*	*AAbBCc*	*AAbbCC*	*AAbbCc*	*AabBCC*	*AabBCc*	*AabbCC*	*AabbCc*
Abc	*AAbBcC*	*AAbBcc*	*AAbbcC*	*AAbbcc*	*AabBcC*	*AabBcc*	*AabbcC*	*Aabbcc*
aBC	*aABBCC*	*aABBCc*	*aABbCC*	*aABbCc*	*aaBBCC*	*aaBBCc*	*aaBbCC*	*aaBbCc*
aBc	*aABBcC*	*aABBcc*	*aABbcC*	*aABbcc*	*aaBBcC*	*aaBBcc*	*aaBbcC*	*aaBbcc*
abC	*aAbBCC*	*aAbBCc*	*aAbbCC*	*aAbbCc*	*aabBCC*	*aabBCc*	*aabbCC*	*aabbCc*
abc	*aAbBcC*	*aAbBcc*	*aAbbcC*	*aAbbcc*	*aabBcC*	*aabBcc*	*aabbcC*	*aabbcc*

In den 64 Kombinationskästchen lassen sich Genotypen erkennen, die mehrfach vorkommen. So findet sich etwa der Genotyp *AaBbCc* achtmal (in der Diagonale von rechts oben nach links unten). Insgesamt entstehen **27 unterschiedliche Genotypen**. Aufgrund der Dominanz-Rezessivitäts-Verhältnisse lassen sich aber nur **acht Phänotypen** unterscheiden. Genotypen, die den gleichen Phänotyp hervorrufen, haben in diesem Schema die gleiche Kästchenfarbe erhalten.

Im **Baumdiagramm** werden die Phänotypaufspaltungen Merkmal für Merkmal notiert und anschließend die Wahrscheinlichkeiten für bestimmte Merkmalskombinationen durch Multiplikation der Einzelanteile berechnet.

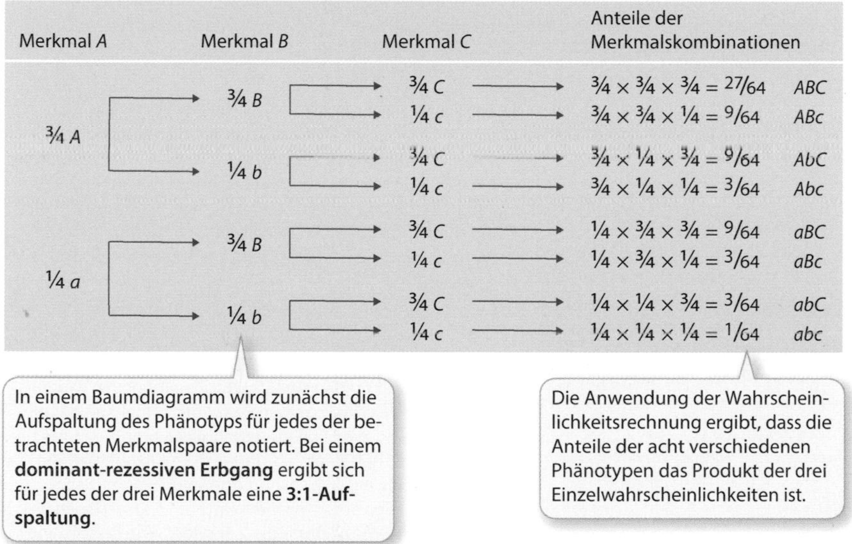

Abb. 7.10 Bei der Bildung der F_2-Generation in einer Trihybridkreuzung bilden beide F_1-Kreuzungspartner acht verschiedene Gameten

Die Anzahl der unterschiedlichen Gameten, die von einem F_1-Elternteil gebildet werden kann, verdoppelt sich mit jedem weiteren betrachteten Merkmal und beträgt bei einer Trihybridkreuzung acht (Abb. 7.10). Das Punnett-Quadrat ergibt somit 64 Kombinationskästchen, was die Ermittlung der Geno- und Phänotypen schon recht unübersichtlich erscheinen lässt. Mit jedem weiteren Merkmal wird die Analyse mühseliger. Einfacher lassen sich die Ergebnisse von Kreuzungen, bei denen viele Merkmale gleichzeitig verfolgt werden, durch die Anwendung eines **Baumdiagramms** ermitteln (Abb. 7.10). Dieses Verfahren ist auch für komplizierte Kreuzungen geeignet. Der Reihe nach werden die phänotypischen Aufspaltungen eines jeden einzelnen Merkmals notiert und die Ergebnisse anschließend miteinander multipliziert, um den Anteil eines jeden möglichen Phänotyps an der gesamten Nachkommenschaft zu ermitteln.

7

7.3 Die Weitergabe von Mendel'schen Merkmalen erfolgt nach statistischen Gesetzmäßigkeiten

In der Wissenschaft ist es üblich, auf der Basis verschiedener Beobachtungen **Hypothesen** zu formulieren, die anschließend durch **experimentelle Prüfung** bestätigt oder verworfen werden. Das Mendel'sche Aufspaltungsverhältnis von 3 : 1 ist eine solche Hypothese, und Mendel hat viele Erbsenkreuzungsexperimente durchgeführt, die geeignet waren, die Allgemeingültigkeit der Hypothese zu prüfen (▣ Abb. 7.11). Gelingt die Bestätigung einer Hypothese, spricht man in der Wissenschaft von einer **Theorie** oder Regel.

Mendel führte die Abweichungen in seinen Kreuzungsergebnissen auf **Zufall** zurück, so wie wir es im Alltag für einen Zufall halten, wenn bei zwölf Würfen ein Würfel nur einmal die „6" zeigt, statt der erwarteten zweimal. Kleinere Abweichung sind wir geneigt, als zufällig zu interpretieren, für große Abweichungen akzeptieren wir den Zufall nicht so leicht als Ursache. Dabei spielt auch die Stichprobengröße eine wichtige Rolle, denn wenn wir nach 1200 Würfen nur 100-mal die „6" würfeln, statt der erwarteten 200-mal, sind wir eher geneigt, dies nicht mehr dem Zufall zuzuschreiben, obwohl auch hier die gleiche anteilige Diskrepanz eingetreten ist. Wir haben in beiden Fällen genau die Hälfte der erwarteten „6" gesehen. Während wir im ersten Fall die Sache auf sich beruhen lassen, würden wir im zweiten Fall nach einem Grund für das seltene Werfen einer „6" suchen. Es könnte sich beispielsweise um einen gezinkten Würfel handeln, der so geschickt manipuliert wurde, dass er seltener eine „6" zeigt als die anderen fünf Zahlen. In diesem Fall ist die Abweichung kein Zufall, sondern systematisch. Grundsätzlich gilt, dass kleinere Abweichungen häufiger zufällig auftreten werden als große Abweichungen. Allerdings sind auch sehr große Abweichungen zufallsbasiert möglich. Den Zusammenhang beschreibt die **Gauß'sche Normalverteilungskurve** (▣ Abb. 7.12)

Wie kann man nun eine Abweichung von der Erwartung (beispielsweise die Hypothese der 3 : 1-Aufspaltung in der F_1-Generation eines dominant-rezessiven monohybriden Erbgangs) im Hinblick auf Zufall oder systematische Fehler überprüfen? Eine einfache und häufig eingesetzte statistische Methode der Prüfung stellt der **Chi-Quadrat-Test (χ^2-Test)** dar (▣ Abb. 7.13). Er gibt uns die Wahrscheinlichkeit (in Prozent) dafür an, dass unsere Abweichung vom theoretischen Erwartungswert zufällig auftreten wird (Nullhypothese). Wenn wir die Nullhypothese annehmen, haben wir sie nicht bewiesen. Umgekehrt ist die Ablehnung der Nullhypothese kein Beweis für deren Unrichtigkeit. Trotzdem wird man in diesem Fall nach einer anderen Hypothese suchen, dann geeignete Experimente durchführen und schließlich die Ergebnisse statistisch auswerten.

Merkmal	Phänotyp F_1	Phänotypen F_2	Anzahl F_2-Individuen	Verhältnis der F_2-Phänotypen
(1) Samenform	rundlich	rundlich	5474	
		kantig	1850	2,96 : 1
(2) Endosperm	blassgelb	blassgelb	6022	
		grün	2001	3,01 : 1
(3) Blütenfarbe	violett	violett	705	
		weiß	224	3,15 : 1
(4) Hülse	glatt	glatt	882	
		eingeschnürt	299	2,95 : 1
(5) Früchte	dunkelgrün	dunkelgrün	428	
		gelb	152	2,82 : 1
(6) Blütenstellung	achsenständig	achsenständig	651	
		endständig	207	3,14 : 1
(7) Achsenlänge	lang	lang	787	
		kurz	277	2,84 : 1

Betrachtet man die Phänotypanteile in der F_2-Generation aus den monohybriden Kreuzungen (also nur bezogen auf ein Merkmal) aus Mendels Publikation, so entspricht die Aufspaltung niemals exakt, sondern nur annähernd einem Verhältnis von 3:1. Mendel zweifelte aber nicht an der Allgemeingültigkeit der 3:1-Aufspaltung.

Für die Abweichungen der tatsächlich gefundenen Verhältnisse der beiden Phänotypen vom Aufspaltungsverhältnis von 3:1 gibt es zwei Erklärungsmöglichkeiten. Die Unterschiede zwischen Beobachtung und Erwartung können entweder auf Zufall beruhen oder ein systematischer Fehler sein, also einen irgend gearteten Grund haben. In letztgenanntem Fall hätte die 2. Mendel'sche Regel keine Allgemeingültigkeit.

Für das Verhältnis im Bezug auf die Achsenlänge (die Wuchshöhe) der Erbsenpflanze ergibt die Chi-Quadrat-Analyse eine Irrtumswahrscheinlichkeit zwischen 30 und 50 % (zur Berechnung siehe Abb. 7.13). In fast der Hälfte aller Auswertungen stellt man also zufallsbegründet eine Abweichung in dieser Größe fest. Die Nullhypothese einer 3:1-Aufspaltung wird angenommen.

▣ **Abb. 7.11** Die Mendel'schen Aufspaltungsverhältnisse zeigen alle etwa das Verhältnis 3 : 1 und weichen davon mehr oder weniger stark ab

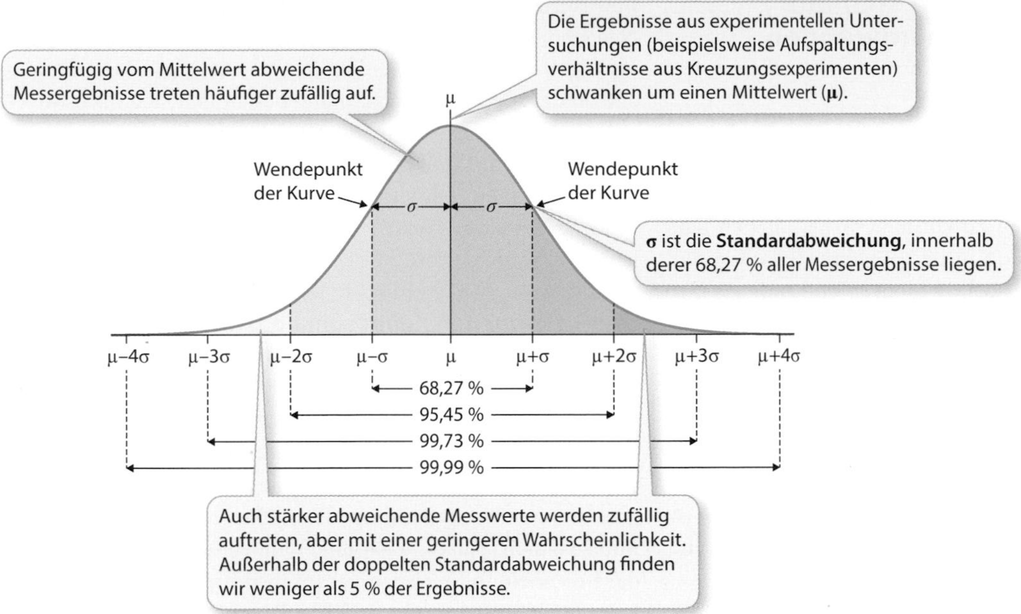

Abb. 7.12 Gauß'sche Normalverteilungskurve (Glockenkurve), die uns die Wahrscheinlichkeit der zufälligen Abweichung eines Ergebnisses vom theoretischen Mittelwert zeigt

Beobachtungswert:
Experimentell ermittelte Werte weichen in der Regel vom Erwartungswert ab – der Chi-Quadrat-Test dient dazu, abzuschätzen, ob es sich um eine zufällige Abweichung handelt oder diese systematisch bedingt ist.

Erwartungswert:
Bei 1064 untersuchten Individuen wäre nach Mendels Spaltungsregel eine Aufteilung von 3:1 zu erwarten, also 798 Individuen, die das dominante, und 266 Individuen, die das rezessive Merkmal im Phänotyp zeigen.

Die χ^2-Werte errechnen sich aus Beobachtungswert und Erwartungswert.

Merkmalsausprägung der Wuchshöhe	beobachtet – B	erwartet – E	$(B-E)^2/E$
hoch	787	798	0,1516
niedrig	277	266	0,4549
insgesamt	1064	1064	0,6065

Der Freiheitsgrad ist die Differenz aus der Anzahl verschiedener Klassen (Phänotypen) und 1. In diesem Fall 2 – 1 = 1.

Die Berechnungsergebnisse werden summiert und mit Tabellenwerten verglichen: Die Wahrscheinlichkeit für das zufällige Auftreten der Abweichung liegt bei einem Freiheitsgrad von 1 zwischen 0,1 und 0,5 (10 und 50 %). Damit kann die Nullhypothese angenommen werden. Es handelt sich sehr wahrscheinlich um eine 3:1-Aufspaltung.

Freiheitsgrad \ p-Wert	0,995	0,975	0,9	0,5	0,1	0,05	0,01
1	0,000	0,001	0,016	0,455	2,806	3,841	6,635
2	0,010	0,051	0,211	1,386	4,605	5,991	9,210
3	0,072	0,216	0,584	2,366	6,251	7,815	11,345

In Abhängigkeit vom Freiheitsgrad haben unterschiedliche χ^2-Werte die gleiche Wahrscheinlich (den gleichen p-Wert) für ihr zufälliges Auftreten.

In der Regel werden p-Werte größer als 0,05 (5 %) als Annahme der Nullhypothese interpretiert.

p-Werte kleiner als 0,05 (5 %) werden in der Regel als Ablehnung der Nullhypothese interpretiert.

Abb. 7.13 Berechnung des χ^2-Werts für eine Mendel'sche F_2-Aufspaltung hoch und niedrig wachsender Erbsenpflanzen (Daten aus Abb. 7.11) und die Bestimmung des p-Werts

7

7.4 Mendels Regeln lassen sich auf Stammbaumanalysen anwenden

Die **Stammbaumforschung** ist eine der wichtigsten Methoden in der genetischen Forschung zu **monogenen Erbkrankheiten** beim Menschen und hat geholfen, die verantwortlichen Gene Chromosomen zuordnen zu können. Grundsätzlich gibt es natürlich keine Unterschiede in den Regelmäßigkeiten der Weitergabe von Merkmalen zwischen Mensch und anderen Organismen. Allerdings bedingt die Sonderstellung des Menschen sehr wohl methodische Unterschiede in der Untersuchung dieser Merkmale. Gezielte Kreuzungen, wie sie etwa Mendel bei der Erbse oder Morgan mit der Taufliege durchführten, verbieten sich aus ethischen Gründen. Die zurückblickende Analyse bestimmter Eigenschaften oder Erkrankungen über mehrere Generationen lässt aber ebenso viele wichtige Schlüsse zu. ◻ Abb. 7.14 zeigt die in solchen Mehrgenerationen-Betrachtungen verwendeten Symbole.

Ein **autosomal dominanter Erbgang** ist leicht daran erkennbar, dass bei allen betroffenen Personen auch ein Elternteil betroffen ist (◻ Abb. 7.15). Weiterhin können auch Väter die Mutation an ihre Söhne weitergeben, was bei einem X-chromosomal dominanten Erbgang nicht möglich ist. Die Hälfte der Nachkommen beiderlei Geschlechts von Merkmalsträgern ist ebenfalls betroffen. **Polydactylie** ist eine nicht seltene Erkrankung, die diesem Vererbungsmuster folgt.

Unter den monogen vererbten Krankheiten folgen die meisten einem **autosomal rezessiven Vererbungsmuster**, wie etwa die **Mucoviscidose** (cystische Fibrose). Verschiedene für die Betroffenen folgenschwere rezessive Mutationen in einem für ein Chloridtransportprotein codierenden Gen (*CFTR*) führen bei Homozygotie zur Erkrankung (◻ Abb. 7.16). Sie tritt in der kaukasischen Bevölkerung gehäuft auf; in Deutschland zeigt etwa eines von 3000 Neugeborenen dieses Krankheitsbild. Viel seltener ist die Mucoviscidose in Asien anzutreffen; in Japan erkrankt nur eines von 350.000 Kindern. Die Behandlung beschränkt sich nach wie vor auf die Symptome, insbesondere des Atemtrakts, aber auch vieler anderen Organe (◻ Abb. 7.16). Wie Stammbaumanalysen zeigen, haben erkrankte homozygote Personen gesunde heterozygote Eltern (Überträger). Bei Verwandtenehen ist die Wahrscheinlichkeit, dass zwei rezessive Allele zusammentreffen, deutlich erhöht.

Die wohl älteste indirekte Beschreibung eines **X-Chromosom-gekoppelten (gonosomalen) rezessiven Erbgangs** findet sich bereits im 5. Jahrhundert im Talmud, einer der bedeutendsten Schriften des Judentums. Es wurde dort verfügt, dass der dritte Sohn einer Frau, deren erste beiden Söhne nach der rituellen Beschneidung verblutet waren, nicht mehr beschnitten werden durfte. Die zugrundeliegende Erkrankung ist eine Blutgerinnungsstörung (**Hämophilie**). Das Wissen wurde tradiert und zu einem späteren Zeitpunkt dahingehend ergänzt, dass von der Beschneidung auch dann abzusehen ist, wenn die Frau erneut heiratet und weitere Söhne gebiert. Diese Regel deutet auf die Erkenntnis hin, dass die Erkrankung von der Mutter an ihre Söhne weitergegeben wurde, also eine geschlechtsbezogene Vererbung vorliegt. Neben Blutungen durch äußere Verletzungen sind auch innere Blutungen wegen der fehlenden Gerinnungsfaktoren sehr problematisch (◻ Abb. 7.17). Wie aus dem Stammbaum zu erkennen, sind meist nur Männer betroffen – Frauen müssen homozygot sein, um das Merkmal auszuprägen.

Phosphatdiabetes ist eine von wenigen dominanten Mutationen auf dem X-Chromosom (◻ Abb. 7.18). Die Erkrankung äußert sich in einer erhöhten Phosphatausscheidung, was schwere Knochenwachstumsstörungen zur Folge hat. Das klinischen Bild ähnelt der Rachitis, allerdings ohne auf Vitamin-D-Gaben anzusprechen (◻ Abb. 7.18).

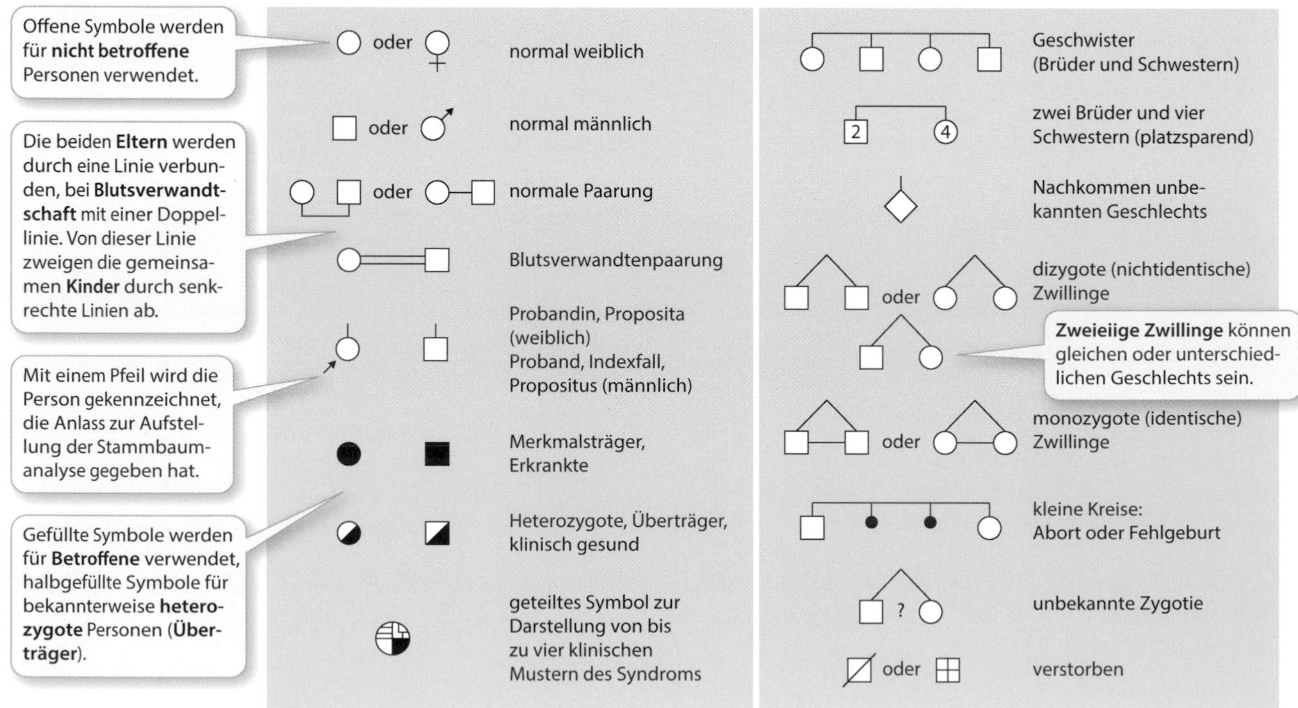

◻ **Abb. 7.14** In Stammbaumdarstellungen verwendete Symbole

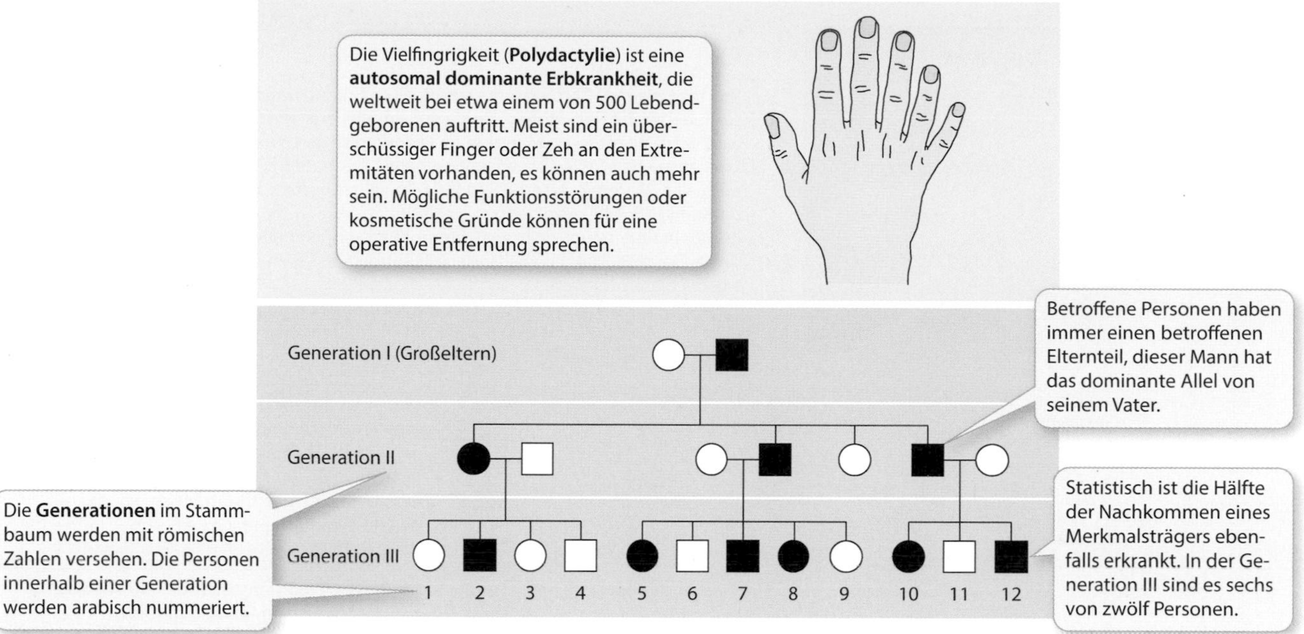

Abb. 7.15 Polydactylie zeigt einen autosomal dominanten Erbgang. Die Betroffenen haben meistens keine Einschränkungen; aus kosmetischen Gründen werden überschüssige Finger oder Zehen häufig operativ entfernt

Mutationen von Genen des Y-Chromosoms weisen im Hinblick auf Stammbaumanalysen einige Besonderheiten auf (Abb. 7.19). Neben dem X-Chromosom, welches bei Säugetieren bei beiden Geschlechtern in unterschiedlicher Anzahl vorkommt, ist das Y-Chromosom das einzige Geschlechtschromosom, welches nur bei männlichen Vertretern von Säugetierspezies existiert. Daraus ergibt sich für Stammbaumanalysen Folgendes:

1. Das Y-Chromosom wird nur von Männern an die nächste Generation weitergegeben und zwar ausschließlich an Söhne.
2. Gene, die auf dem Y-Chromosom liegen, sind nicht essenziell für den Menschen. Tatsächlich ist das Y-Chromosom vergleichsweise genarm; es enthält nur ca. 200 Gene.
3. Die Funktion dieser Gene ist teilweise bekannt, viele der Genprodukte haben eine Funktion bei der Spermienbildung. Bis auf die seltenen Fälle der XYY-Karyotypen gibt es für alle Gene des Y-Chromosoms nur eine Kopie; man spricht von **Hemizygotie**. Auch rezessive Allele werden sich immer phänotypisch ausprägen, ähnlich der X-gekoppelten Mutationen beim Mann.

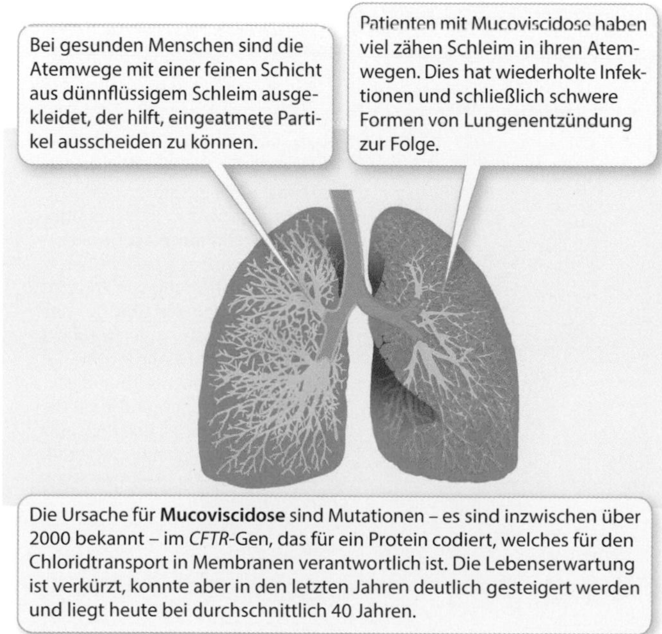

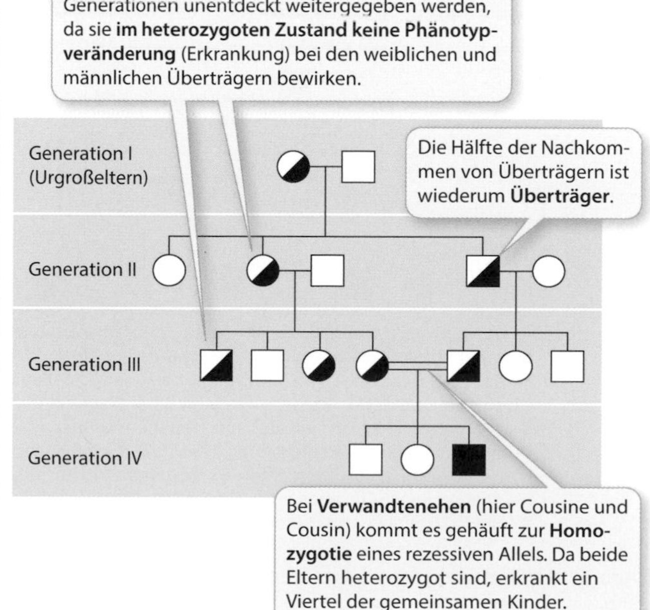

Abb. 7.16 Mucoviscidose ist die häufigste schwerwiegende autosomal rezessive Erkrankung in Europa

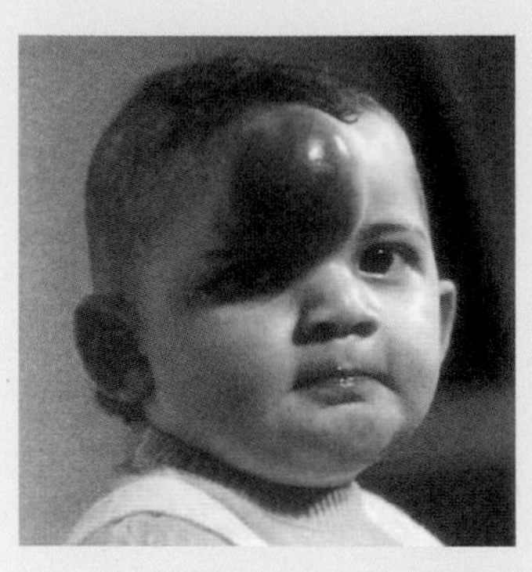

Von **rezessiven X-Chromosom-gekoppelten Erkrankungen** sind fast ausschließlich Jungen betroffen. Da sie nur ein Allel besitzen (**Hemizygotie**), wird sich eine rezessive Mutation im Phänotyp zeigen können. Frauen können, da sie zwei X-Chromosomen haben, bei Heterozygotie einen normalen Phänotyp ausprägen oder selten ein sehr stark abgeschwächtes Krankheitsbild ausbilden.
Bei der Blutgerinnungsstörung (**Hämophilie**) können neben nicht stillenden äußeren Blutungen auch innere Blutungen und Hämatome auftreten wie bei diesem Jungen.

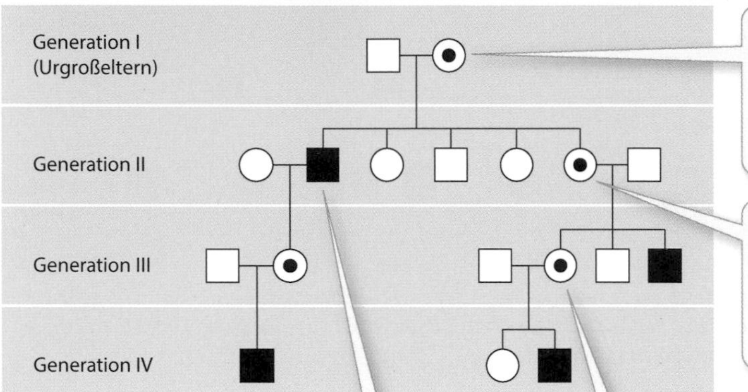

Diese Frau ist **Überträgerin der X-chromosomalen rezessiven Erbkrankheit** und prägt daher den mutierten Phänotyp nicht aus. Bei X-chromosomal rezessiven Erbgängen werden Überträgerinnen mit diesem Symbol kenntlich gemacht.

Die Töchter sind statistisch zur Hälfte heterozygot (Überträgerin). Vom gesunden Vater erhalten sie das Wildtypallel, von der Mutter mit 50 % Wahrscheinlichkeit das mutierte Allel. Sie könnten nur selbst erkranken, wenn auch der Vater erkrankt wäre.

Söhne erhalten ihr einziges X-Chromosom immer von der Mutter und sind für alle auf diesem Chromosom lokalisierten Gene **hemizygot**. Vom Vater bekommen sie das Y-Chromosom. Daher ist statistisch die Hälfte der Söhne von Überträgerinnen erkrankt. Dieser erkrankte Mann gibt die Mutation an seine Tochter weiter, die damit Gewissheit hat, dass sie Überträgerin ist.

Frauen können in der Regel nicht wissen, ob sie das mutierte Allel von ihrer Mutter erhalten haben und damit selbst Überträgerinnen sind. Für viele Mutationen können heute molekulargenetische oder biochemische Untersuchungsverfahren Klarheit bringen. In diesem Stammbaum ist es aber nach Geburt eines erkrankten Sohn gewiss.

Abb. 7.17 Blutgerinnungsstörungen (Hämophilie) werden gonosomal rezessiv vererbt. Es sind mehrere Gene auf dem X-Chromosom bekannt, deren mutierte Allele zur Erkrankung führen

Ein betroffener Vater gibt das Merkmal an alle Töchter aber nie an einen Sohn weiter.

Jede betroffene Person hat einen betroffenen Elternteil.

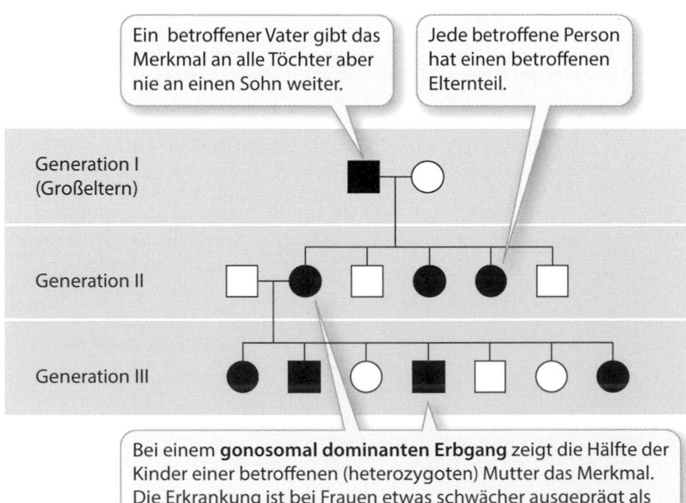

Bei einem **gonosomal dominanten Erbgang** zeigt die Hälfte der Kinder einer betroffenen (heterozygoten) Mutter das Merkmal. Die Erkrankung ist bei Frauen etwas schwächer ausgeprägt als bei Männern, da Frauen ein weiteres (funktionsfähiges) Allel besitzen. Statistisch sind doppelt so viele Frauen wie Männer von einer gonosomal dominanten Erkrankung betroffen, da Männer nur ein X-Chromosom haben.

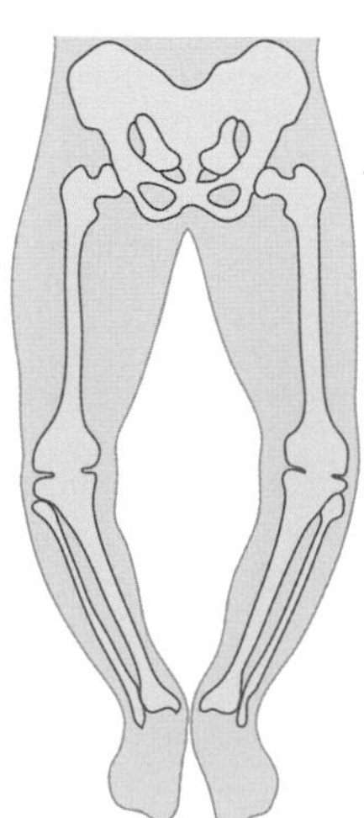

Beim **Phosphatdiabetes** sind neben den Zähnen vor allem das Skelettwachstum beeinträchtigt. Schon in frühem Kindesalter fällt ein gestörtes Längenwachstum der Ober- und Unterschenkelknochen auf, was O- oder X-Beine hervorruft und einen „watschelnden" Gang zur Folge hat. Die Ursache ist eine Störung des Phosphathaushalts. Durch eine Überproduktion des **Fibroblast Growth Factor 23** kommt es zu einer übermäßigen Ausscheidung von Phosphat über die Niere und den Urin. Der permanente Phosphatmangel bewirkt eine **Mineralisationsstörung**; die Knochen erweichen. Die Therapie erfolgt über Phosphat- und Vitamin-D-Gaben mit dem Ziel, den Phosphatspiegel zu erhöhen, um die Mineralisierung und das Wachstum der Knochen zu verbessern.

Abb. 7.18 Phospatdiabetes folgt einem gonosomal dominanten Erbgang. Männer und Frauen können betroffen sein; Frauen etwa doppelt so häufig wie Männer

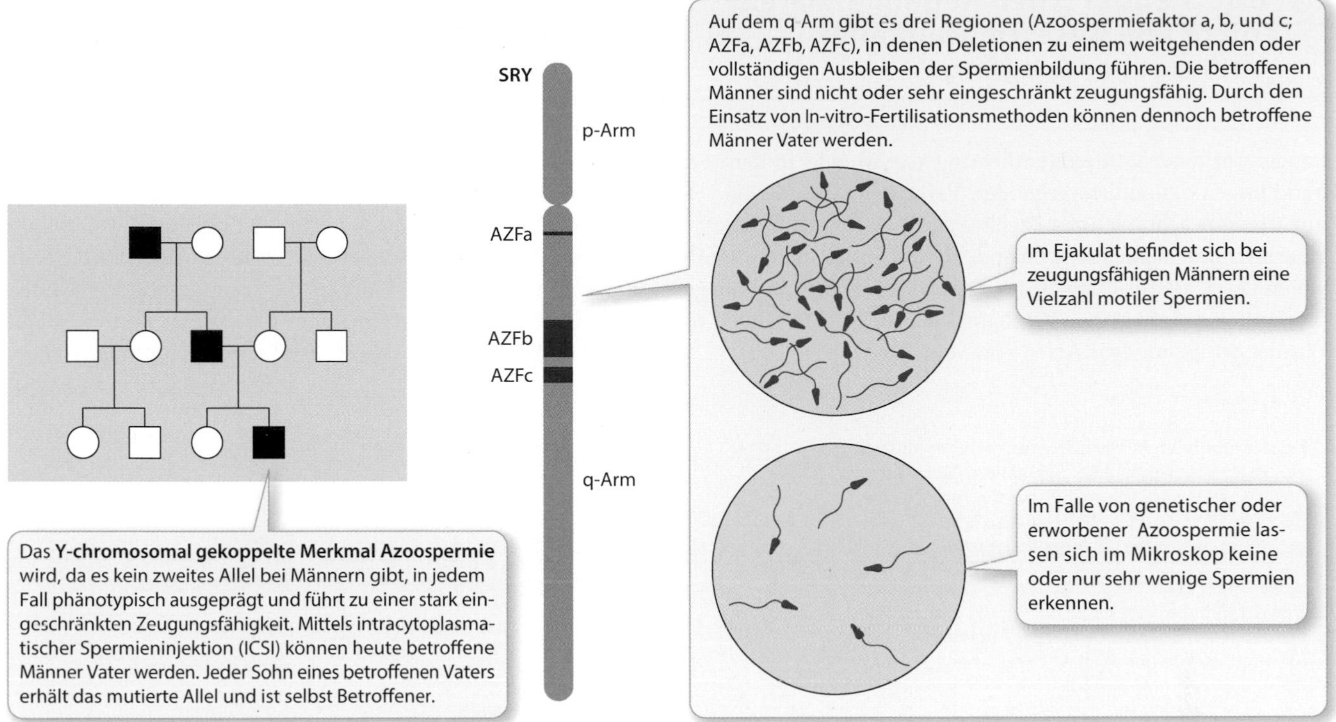

Abb. 7.19 Azoospermie ist eine der wenigen Y-chromosomal vererbten Defekte. Diese Erbkrankheit betrifft ausschließlich Männer

Das für die männliche Geschlechtsfestlegung relevante Gen **SRY** (engl. *sex determining region of Y chromosome*) liegt auf dem kurzen Arm des Chromosoms. Es codiert für das Protein Testis-determinierender Faktor (**TDF**). Unter der Wirkung dieses Proteins entwickelt sich während der Embyonalentwicklung aus den noch undifferenzierten Keimdrüsenanlagen ein Hoden. Fehlt TDF, entwickeln sich Ovarien.

7.5 Die Mendel'schen Regeln erklären nicht alle Gesetzmäßigkeiten monogener Erbgänge

Lange Zeit fand die Veröffentlichung von Mendel in den „Verhandlungen des naturforschenden Vereines in Brünn" von 1866 nur wenig Beachtung unter Fachkollegen. Dafür gab es sicherlich viele sehr unterschiedliche Gründe. Unter anderem konnten die vielen von Darwins Publikation inspirierten Evolutionsbiologen in Mendels Schrift keinen Mechanismus zur Neuentstehung von Eigenschaften oder gar Arten erkennen.

Bei ihren eigenen Forschungsarbeiten deckten unabhängig voneinander die Botaniker Carl Correns, Hugo de Vries und Erich Tschermak-Seysenegg die weitreichende Bedeutung von Mendels Publikation auf. Correns etwa zeigte, dass die Regeln auch auf andere Pflanzenspezies zutrafen, und William Bateson war es zu verdanken, dass diese auch bei Tieren belegt werden konnten.

Dass die Mendel'schen Gesetze – oder Mendel'schen Regeln, wie Correns diese nannte – nicht alle Erbgänge vollständig erklären konnten, wurde schnell klar, ohne dass die grundlegenden Erkenntnisse widerlegt wurden. Sie konnten in den folgenden Jahren um weitere Gesetzmäßigkeiten ergänzt werden, die wir heute als **Erweiterung der Mendel'schen Regeln** bezeichnen.

Bei der **multiplen Allelie** existieren mehrere Allele für ein gegebenes Gen in einer Population. Bei *Drosophila melanogaster* wird dies am Beispiel der Augenfarbe deutlich. Das Gen *white* (abgekürzt *w*) ist eines von mehreren Genen, die die Augenfarbe festlegen.

Das **Wildtypallel**, also das in der Population am häufigsten vorkommende Allel für die Augenfarbe, ist das für rote Augen, es wird mit w^+ bezeichnet.

Weiße Augen werden durch eine Mutation des Allels, die zur Pigmentlosigkeit führt, erzeugt. Das mutierte Allel heißt *w*.

Weitere Mutationen des gleichen Gens sind bekannt, die die Augenfarbe verändern. So zeigen beispielsweise Fliegen, die für die Mutation *white-apricot* (w^a) homozygot sind, aprikosenfarbene Augen.

Allel	Bezeichnung	Augenfarbe
w^+	wildtyp	rot
w	weiß	reinweiß
w^a	weiß-apricot	gelblich orange
w^{bf}	weiß-gelb	hellgelb
w^{bl}	weiß-blut	gelbliches Rubinrot
w^d	weiß-kaffee	tiefes Rubinrot
w^e	weiß-eosin	gelbliches Rosa
w^{mo}	weiß-gesprenkelt orange	hellorange gesprenkelt
w^{sat}	weiß-cremefarben	tiefes Rubinrot
w^{sp}	weiß-gepunktet	feinkörnig, gelb gepunktet
w^t	weiß-schattiert	hellrosa

Abb. 7.20 Eine nicht vollständige Auflistung von Allelen des Genlocus *white* bei der Taufliege. Jedes der aufgeführten Allele führt bei Reinerbigkeit zu einem eigenständigen Phänotyp

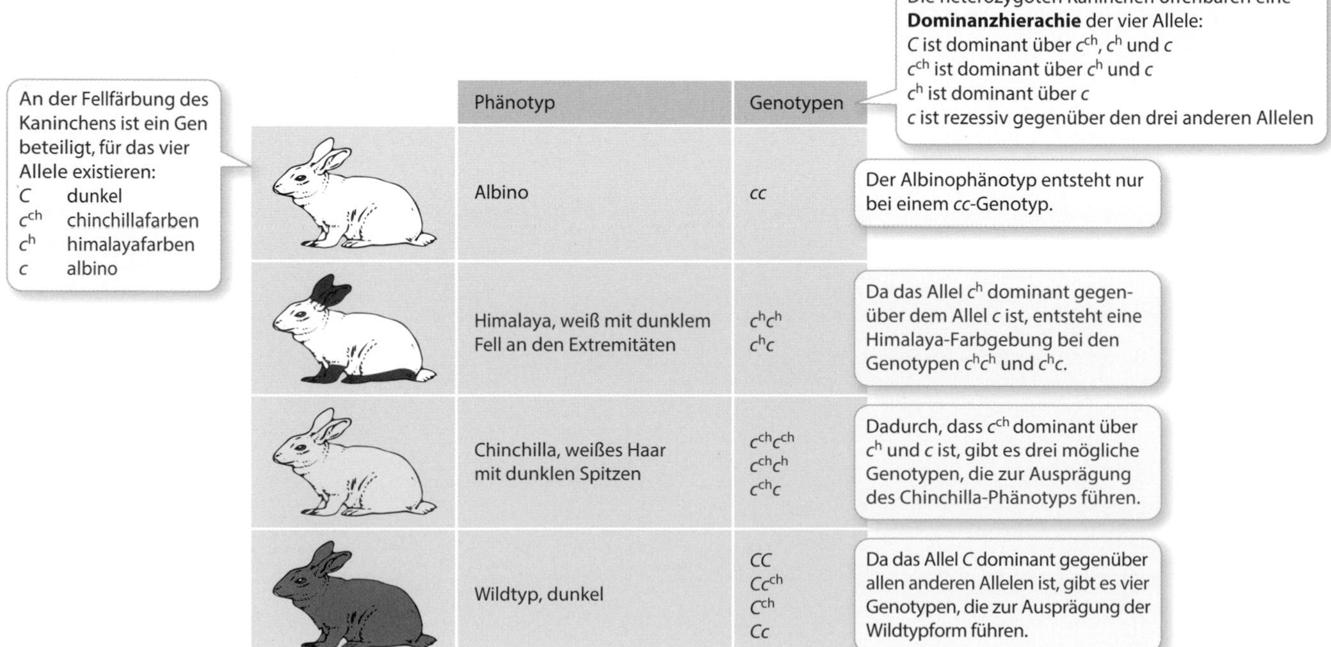

Abb. 7.21 Neben anderen Genen ist auch das Gen *C* an der Fellfärbung des Kaninchens beteiligt. Für das Gen sind vier Allele und ihre Dominanzhierarchie gezeigt

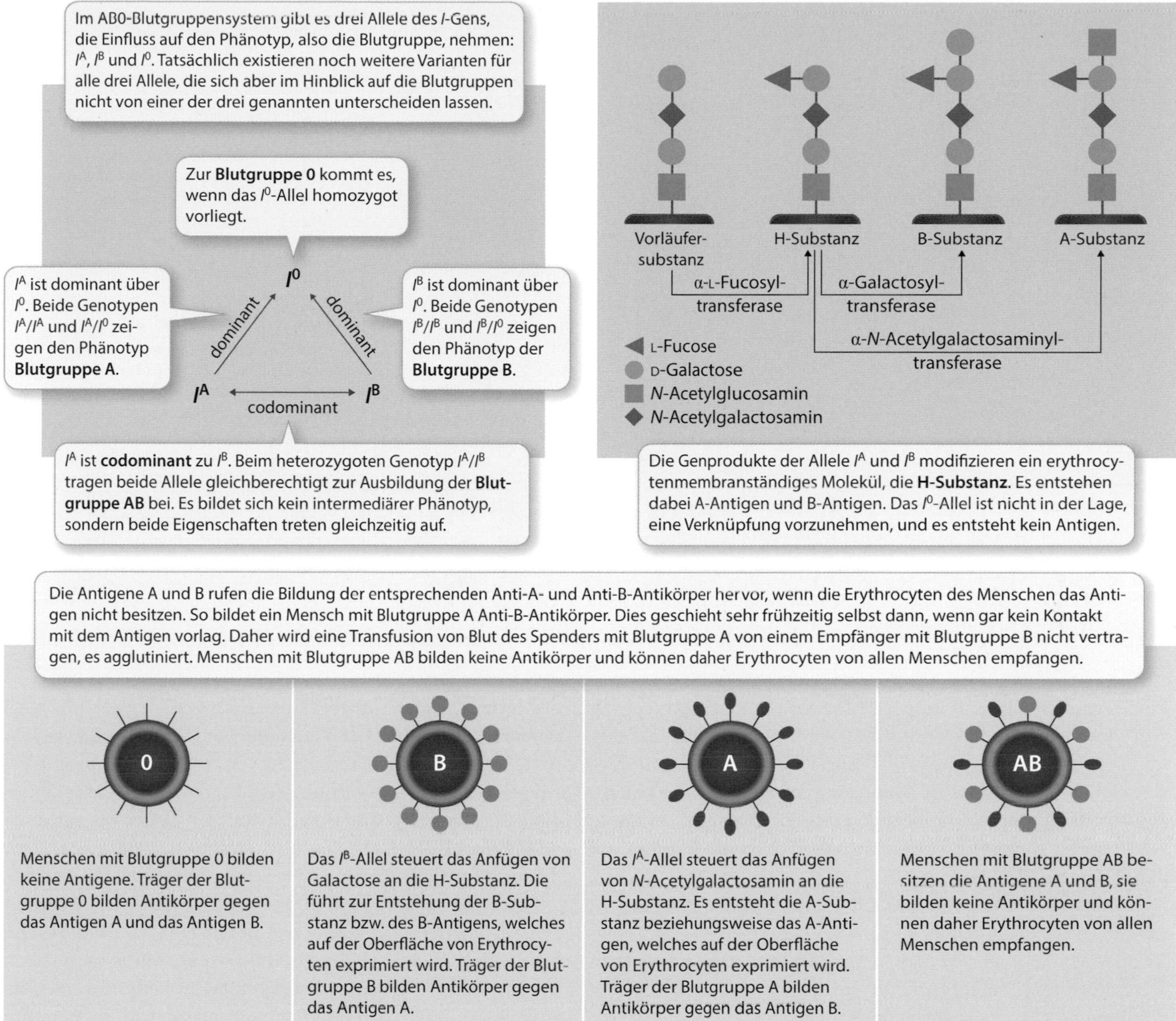

Abb. 7.22 Multiple Allelie beim Menschen am Beispiel der drei Allele des AB0-Blutgruppensystems und Dominanzbeziehung der drei AB0-Allele

Bei einer dieser Ergänzungen handelt es sich um die der **multiplen Allelie**. Mendel ging davon aus, dass jede Erbse zwei „Elemente" für jedes seiner gewählten Merkmale besitzt. Heute werden diese „Elemente" Allele genannt, es handelt sich um Ausprägungsformen eines Gens. Damit ist aber nicht festgelegt, wie viele Allele in einer Population für ein einzelnes Gen existieren. Grundsätzlich geht aus jeder Mutation ein neues Allel hervor und so wundert es nicht, dass es auch bald zur Entdeckung von Genen kam, die eine große Allelanzahl zeigten. Besonders eindrucksvoll ist die multiple Allelie beim *white*-Gen der Taufliege *Drosophila melanogaster* (Abb. 7.20). In manchen Fällen der multiplen Allelie ist eine **Dominanzhierachie** erkennbar. Hierbei verhalten sich Allele gegenüber den anderen Allelen des Gens teilweise dominant und teilweise rezessiv, wie beispielsweise bei der Fellfärbung des Kaninchens (Abb. 7.21). Auch das menschliche Blutgruppensystem AB0 zeigt multiple Allelie, wenngleich die Anzahl der Phänotypen geringer ist (Abb. 7.22, ► Abschn. 15.6).

Eine weitere Erweiterung der Mendel'schen Regeln ist die der **Codominanz** und **der unvollständigen Dominanz**. Die Allele eines Gens zeigen nicht in jedem Fall die von Mendel beobachteten Dominanz-Rezessivitäts-Beziehungen. Im Fall der drei AB0-Blutgruppenallele sind die beiden Allele I^A und I^B dominant über I^0, zeigen aber zueinander eine Codominanz. Das bedeutet, dass im heterozygoten Zustand beide Allele gleichberechtigt zum Phänotyp beitragen, ohne dass dabei ein intermediärer Phänotyp entsteht (Abb. 7.22). Unter unvollständiger Dominanz versteht man das Phänomen, dass zwei Allele in der Phänotypausprägung zu einem Zwischenzustand führen. Anders als beim codominanten Erbgang kann sich beim unvollständig dominanten Erbgang weder das eine noch das andere Allel vollständig durchsetzen (Abb. 7.23).

Allele, die in homozygoter Form tödlich sind, nennt man **Letalfaktoren**. Es ist leicht vorstellbar, dass durch Mutation entstandene funktionslose Allele eines Gens, welches für die gesunde Entwicklung des Organismus lebensnotwendig ist, in

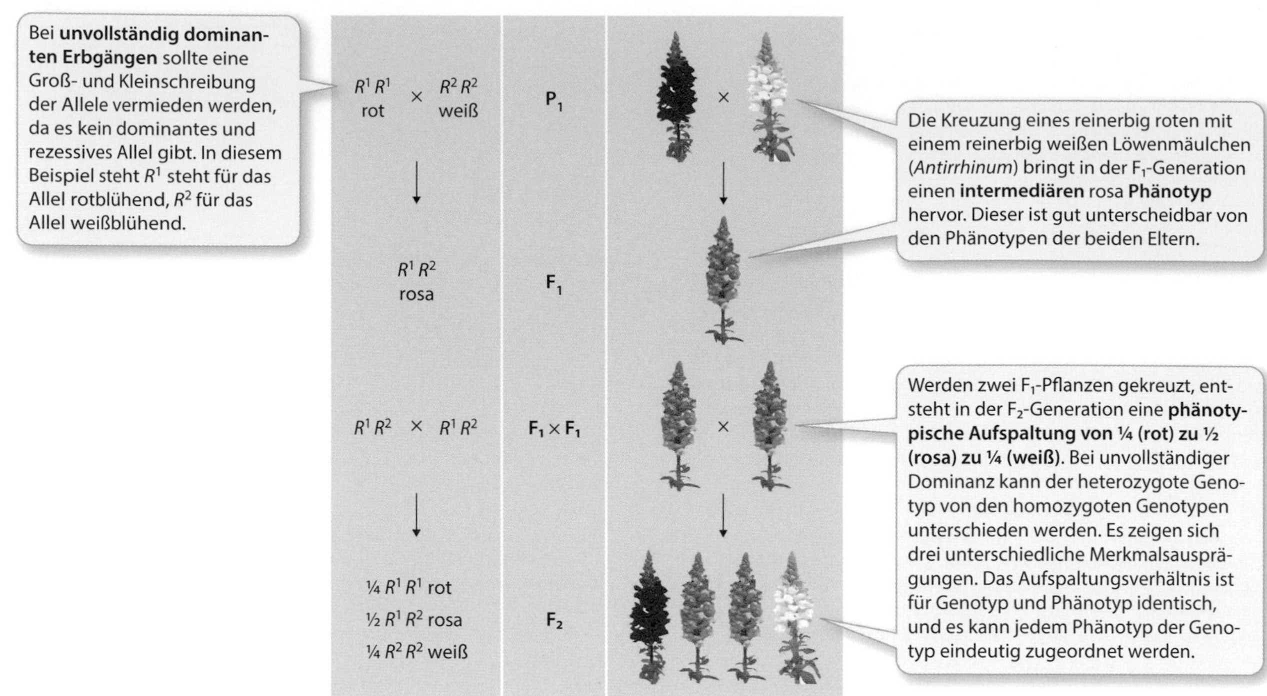

Abb. 7.23 Wenn sich keines der beiden Allele vollständig im Phänotyp durchsetzt, spricht man von einem unvollständig dominanten Erbgang

7

homozygotem Zustand zum Tod führen können. Man spricht von rezessiven Letalfaktoren, wenn im heterozygoten Genotyp noch ein funktionsfähiges Allel vorliegt und die Lebensfähigkeit nicht eingeschränkt ist. Manchmal zeigen aber diese heterozygoten Träger eine Veränderung des Phänotyps. Das mutierte Allel ist also gleichzeitig ein dominantes Allel im Hinblick auf den Phänotyp (Abb. 7.24).

Ein weiteres Phänomen ist die **Penetranz**. Soweit die Dominanz oder Rezessivität eines Alles bekannt ist, gibt es bestimmte Erwartungen bezüglich des Zusammenhangs zwischen Genotypen und Phänotypen. So würde man vermuten, dass ein dominantes Alles, ganz gleich ob es homozygot oder heterozygot vorliegt, zur Ausprägung kommt. Dies ist nicht immer der Fall, wie uns ein Beispiel aus der Humangenetik zeigt (Abb. 7.25). Im Gegensatz zur Penetranz gibt die **Expressivität** das Ausmaß der phänotypischen Ausprägung eines Genotyps an. So reicht etwa die Ausprägung der Mutation *eyeless* im homozygoten Zustand bei *Drosophila melanogaster* von vollständig (augenlos) bis zur kompletten Abschwächung (Wildtyp). Ursache dafür können die Interaktion der Mutation mit anderen Genen bei einem Individuum, also der genetische Hintergrund, oder Umwelteinflüsse, wie etwa Ernährung oder Temperatur, sein (Abb. 7.26).

Wenn ein einzelnes Gen über seine Produkte Auswirkungen auf mehrere Merkmale hat, nennt man dies **Pleiotropie** oder **Polyphänie**. Folglich beeinflusst eine Mutation in einem solchen Gen auch mehrere Merkmale. Ein Beispiel ist die Phenylketonurie. Dies ist eine Erbkrankheit des Menschen, hervorgerufen durch eine rezessive Punktmutation eines auf dem Chromosom 12 lokalisierten Gens, welches die Phenylalanin-Hydroxylase codiert. Soweit eine konsequente phenylalanin-

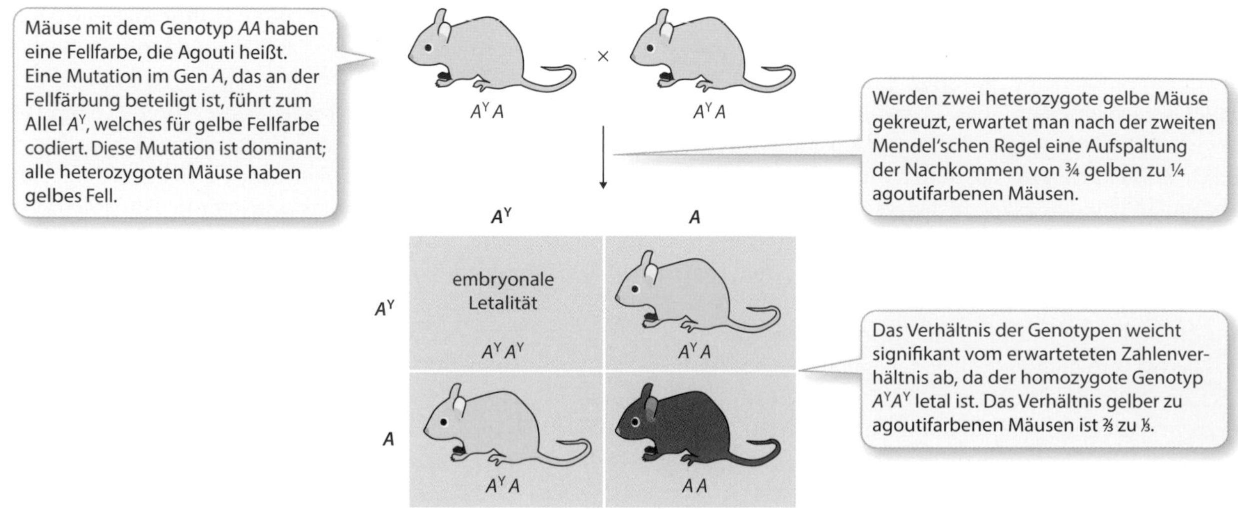

Abb. 7.24 Mutationen können rezessiv letal und gleichzeitig dominant im Hinblick auf den Phänotyp sein

Beim Retinoblastom handelt es sich um einen bösartigen Tumor der Netzhaut des Auges. Die Krankheit wird autosomal dominant vererbt, weshalb man vermuten könnte, dass heterozygote Träger des mutierten Allels erkranken. Es erleiden jedoch nur etwa 80 von 100 Kindern, die Träger der Mutation für das Retinoblastom sind, die Krebserkrankung. 20 % erkranken nicht. Die Penetranz ist unvollständig und beträgt 80 %.

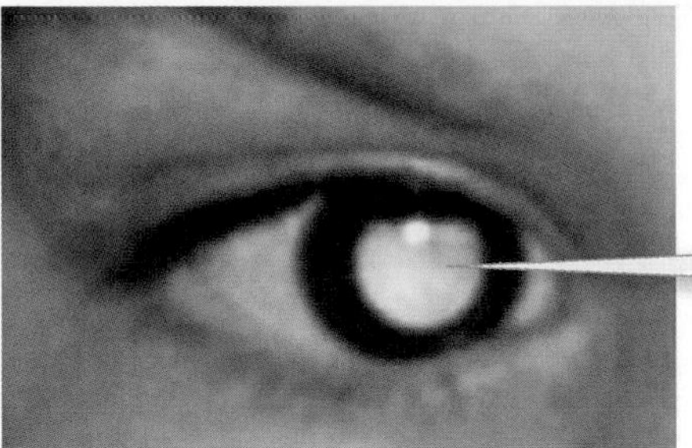

Der Netzhauttumor ist im linken Auge erkennbar. Häufig tritt das Retinoblastom beidäugig auf.

Abb. 7.25 Das Retinoblastom ist die Folge des Verlusts beider Kopien eines Tumorsuppressorgens. Meist liegt bereits in der Zygote eine Deletion oder Punktmutation vor, sodass diese Tumorform in sehr frühen Lebensjahren auftritt

Die **Expressivität** bestimmt das Ausmaß der phänotypischen Ausprägung eines Genotyps. Bei der Mutation *eyeless* von *Drosophila melanogaster* handelt es sich um ein mutiertes Allel. Liegt dies in homozygoter Form vor, gibt es phänotypisch trotzdem unterschiedliche Ausprägungsformen, die von augenlos bis zu einer normalen Wildtypausprägung der Augenform reichen.

Obwohl diese Fliege homozygot für die Mutation ist, zeigt sie keine Veränderung des Phänotyps.

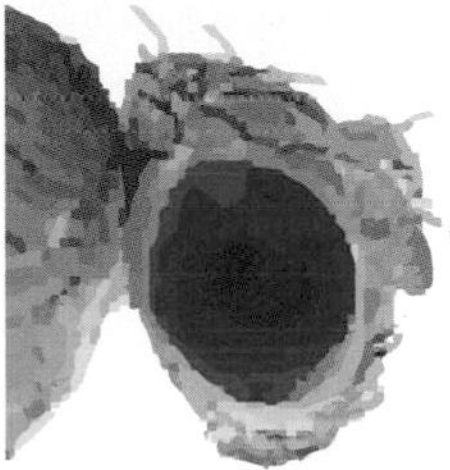

Bei gleichem Genotyp ist bei dieser Fliege eine deutlich sichtbare Verkleinerung der Augen erkennbar.

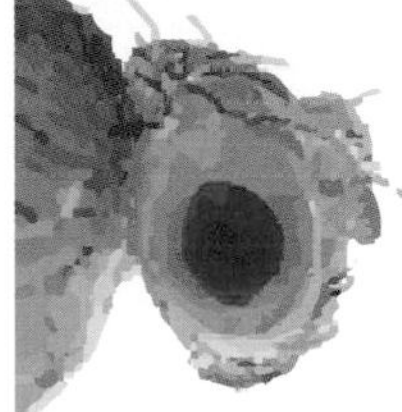

Hier ist die volle Expressivität der Mutation sichtbar; die Augen fehlen fast vollständig.

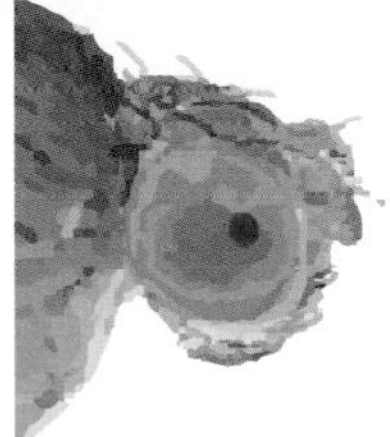

Abb. 7.26 Bei der Taufliege *Drosophila melanogaster* führt die *eyeless*-Mutation zur Verkleinerung bis hin zum völligen Fehlen der Augen

arme Diät eingehalten wird, lassen sich die Auswirkungen der Erkrankung weitgehend vermeiden. Eine rechtzeitige Diagnose bei Neugeborenen mittels Guthrie-Tests ist dafür essenziell. Unbehandelt ist die Erkrankung durch einen erhöhten Phenylalaninspiegel gekennzeichnet, da diese Aminosäure nicht zu Tyrosin hydroxyliert werden kann. Dies wirkt sich auf mehrere Merkmale beim Patienten aus, die Mutation ist **pleiotrop** (Abb. 7.27).

Abb. 7.27 Unzureichend behandelter Phenylketonuriepatient

Typische Kennzeichen bei unzureichend behandelten homozygoten Trägern der rezessiven Punktmutation sind schwere geistige Entwicklungsstörungen, epileptische Anfälle, Pigmentstörungen von Haut und Haaren, Übererregbarkeit sowie Hautekzeme. Die Mutation ist pleiotrop.

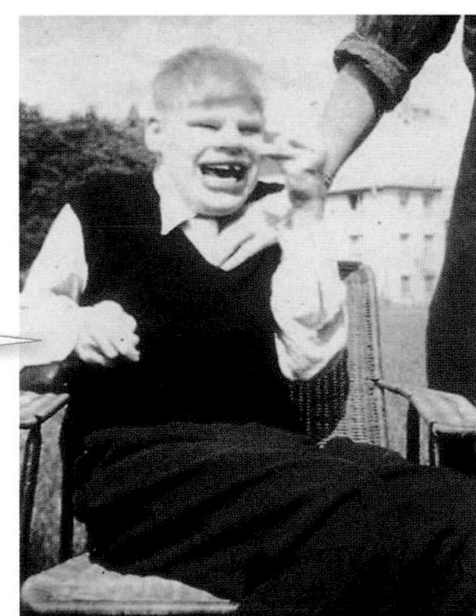

7.6 An der Vererbung einiger Merkmale sind mehrere Gene beteiligt

In diesem Konzept werden Erweiterungen der Mendel'schen Regeln erläutert, sie betreffen **Erbgänge, an denen mehr als ein Gen beteiligt ist**. Die Interaktion dieser Gene kann dabei unterschiedlich ausfallen.

Mendels Untersuchungen zur Regelmäßigkeit der Weitergabe von mehreren Merkmalen führten zur **Unabhängigkeitsregel**. Dieser zufolge wird ein einzelnes Merkmal unabhängig von anderen Merkmalen an die nächsten Generationen weitergegeben. Die Gene als Träger dieser Merkmalseigenschaften werden allerdings in vielen Fällen **nicht unabhängig voneinander** vererbt. Die Verteilungseinheiten von Erbinformation sind nicht die einzelnen Gene – was aus Mendels Unabhängigkeitsregel durchaus abgeleitet werden könnte –, sondern die Chromosomen. Nach der Identifizierung der Chromosomen als Träger der Erbanlagen war offensichtlich, dass es sehr viel mehr Merkmale als Chromosomen gibt. Die Taufliege besitzt beispielsweise nur vier Chromosomenpaare – demnach werden viele Gene auf einem Chromosom gekoppelt vererbt. **Gekoppelte Gene** folgen nicht der 3. Mendel'schen Regel, sondern zeichnen sich dadurch aus, dass sie in der Regel gemeinsam von einer Generation zur nächsten weitergegeben werden (◻ Abb. 7.28).

Zudem ist es eher die Ausnahme als die Regel, dass ein Merkmal durch nur ein Gen gesteuert wird, also ein **monogener Erbgang** vorliegt. Wohl die meisten Merkmalsausprägungen, die man an einem Organismus beobachtet, werden durch das Zusammenwirken der Produkte mehrerer Gene gesteuert (**Polygenie**). Im einfachsten Fall wirken zwei Gene in gleicher Weise auf das Merkmal, sozusagen additiv. Ein Beispiel dafür ist die Kornfarbe des Weizens (◻ Abb. 7.29).

Liegt Polygenie vor, können homozygot rezessive Mutationen in zwei unabhängigen Genen die gleiche phänotypische Veränderung hervorrufen. Kreuzt man zwei Individuen, die beide für je eines der beiden Gene homozygot rezessiv sind, tritt **Komplementation** ein – beide Gene sind dann in der F_1-Generation heterozygot, und der dominante Wildtyp wird phänotypisch ausgeprägt. Kreuzt man dagegen Individuen, die homozygot eine (unterschiedliche) Mutation in demselben Gen tragen, also verschiedene Allele besitzen, ist dies nicht der Fall – die F_1-Generation trägt dann heterozygot zwei verschiedene Mutationen im selben Gen, der Wildtyp wird nicht ausgeprägt. Ob eine Polygenie oder eine **multiple Allelie** des Erbgangs vorliegt, lässt sich durch einen **Komplementationstest** prüfen (◻ Abb. 7.30).

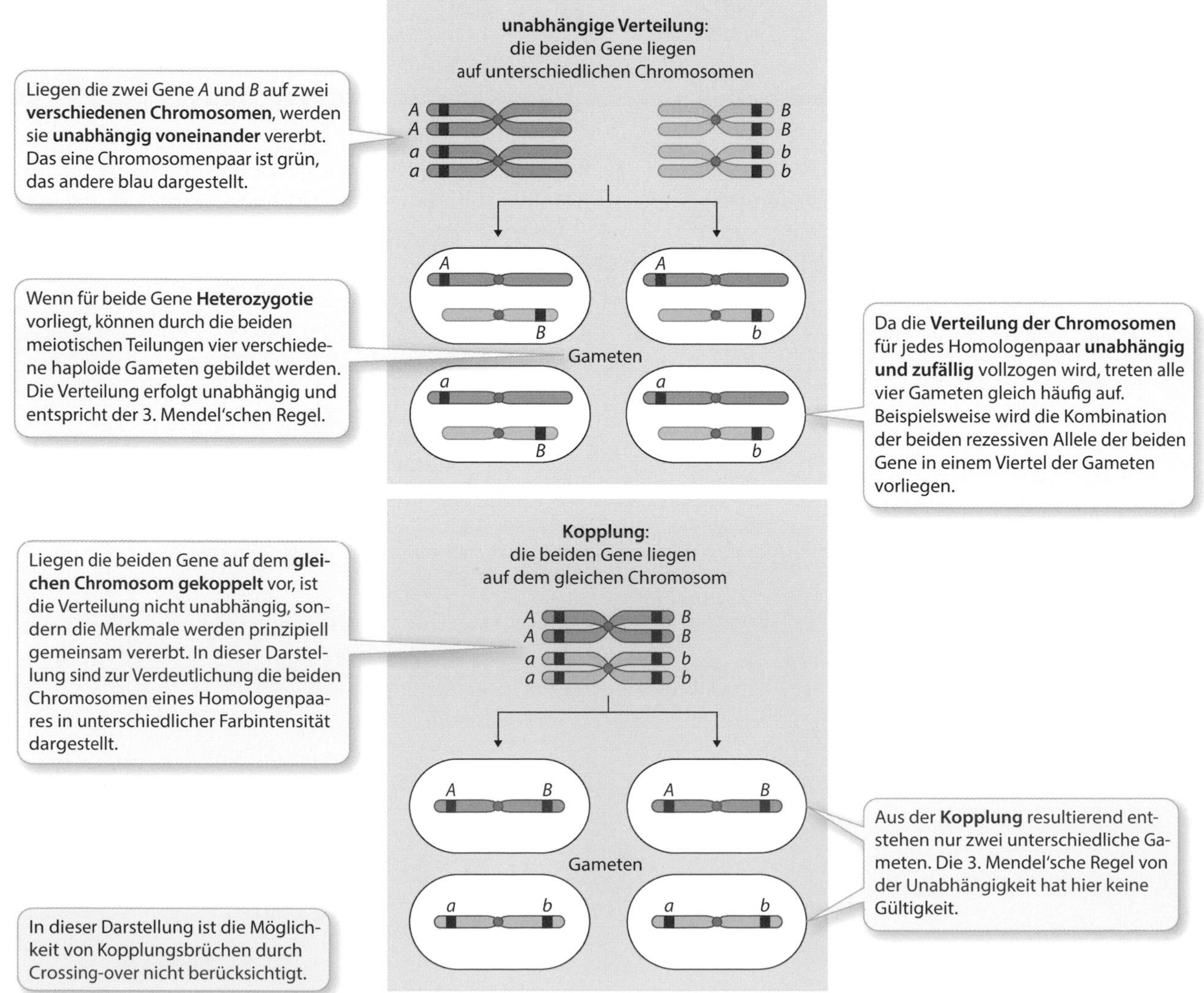

◻ **Abb. 7.28** Liegen zwei (oder mehrere Gene) auf dem gleichen Chromosom, werden sie in der Regel gemeinsam vererbt

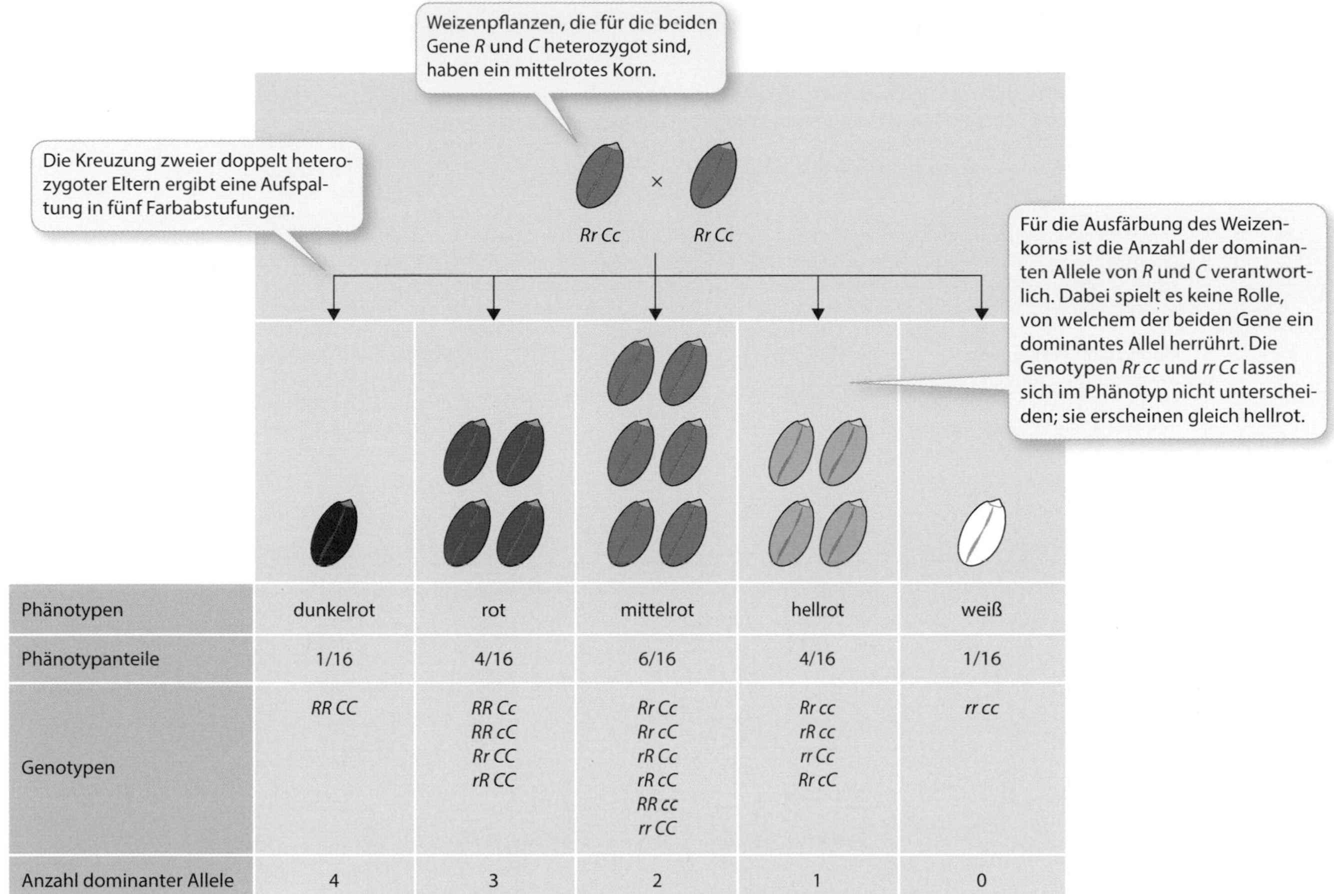

Phänotypen	dunkelrot	rot	mittelrot	hellrot	weiß
Phänotypanteile	1/16	4/16	6/16	4/16	1/16
Genotypen	*RR CC*	*RR Cc* *RR cC* *Rr CC* *rR CC*	*Rr Cc* *Rr cC* *rR Cc* *rR cC* *RR cc* *rr CC*	*Rr cc* *rR cc* *rr Cc* *rr cC*	*rr cc*
Anzahl dominanter Allele	4	3	2	1	0

■ **Abb. 7.29** Polygenie mit additivem Effekt am Beispiel zweier Gene für die Kornfarbe des Weizens

Ein weiteres gut untersuchtes Beispiel für Genwechselwirkungen ist die **Epistasis**. Wenn zwei Gene für die **Ausprägung des gleichen Merkmals** codieren, handelt es sich im Grundsatz um einen **dihybriden Erbgang**. Wir hatten bereits festgestellt, dass bei dihybriden Erbgängen die F_2-Generation in einem charakteristischen Zahlenverhältnis von 9 : 3 : 3 : 1 aufspaltet (▶ Abschn. 7.2), vorausgesetzt, die beiden Gene segregieren unabhängig voneinander und zeigen eine vollständige Dominanz-Rezessivitäts-Beziehung. Bewirken nun beide Gene die Ausprägung des gleichen Merkmals – z. B. die Fellfärbung –, kann das eine beteiligte Gen die Ausprägung des anderen Gens auf verschiedene Arten beeinflussen. So kann etwa die Auswirkung des einen Gens die des anderen Gens vollkommen unterdrücken (**Maskierung**). Hierdurch ist erklärlich, dass unerwartete Aufspaltungsverhältnisse in der F_2-Generation beobachtet werden, die vom Verhältnis 9 : 3 : 3 : 1 charakteristisch abweichen, (■ Abb. 7.31). Die unterscheidbaren Phänotypen reduzieren sich auf drei oder zwei Ausprägungsformen. Ein Beispiel ist die Vererbung der Fellfarbe der Maus durch zwei Gene. Die Interpretation der epistatischen Wirkung von Gen *C* über das Gen *A* ist als biochemische Wirkungskette dargestellt (■ Abb. 7.32).

Neben einer Rückmutation eines mutierten Allels in eine funktionsfähige allele Form des Gens kann auch eine Mutation in einem anderen unabhängigen Gen den normalen Phänotyp wiederherstellen. Diese Form der Genwechselwirkung wird als **Suppression** bezeichnet (■ Abb. 7.33).

Dem Phänomen der Suppression steht das **Enhancement** entgegen. In diesem Fall verstärkt eine Mutation den Effekt einer anderen Mutation auf den Phänotyp. So wirkt eine Mutation (nennen wir sie *A*) bei der haploiden Bäckerhefe (*Saccharomyces cerevisiae*) nicht letal, tritt aber zusätzlich eine weitere Mutation in einem anderen Gen auf (nennen wir es *B*), ist das Ergebnis der Genwechselwirkung Letalität. Dieses Beispiel von Enhancement wird **synthetische Letalität** genannt.

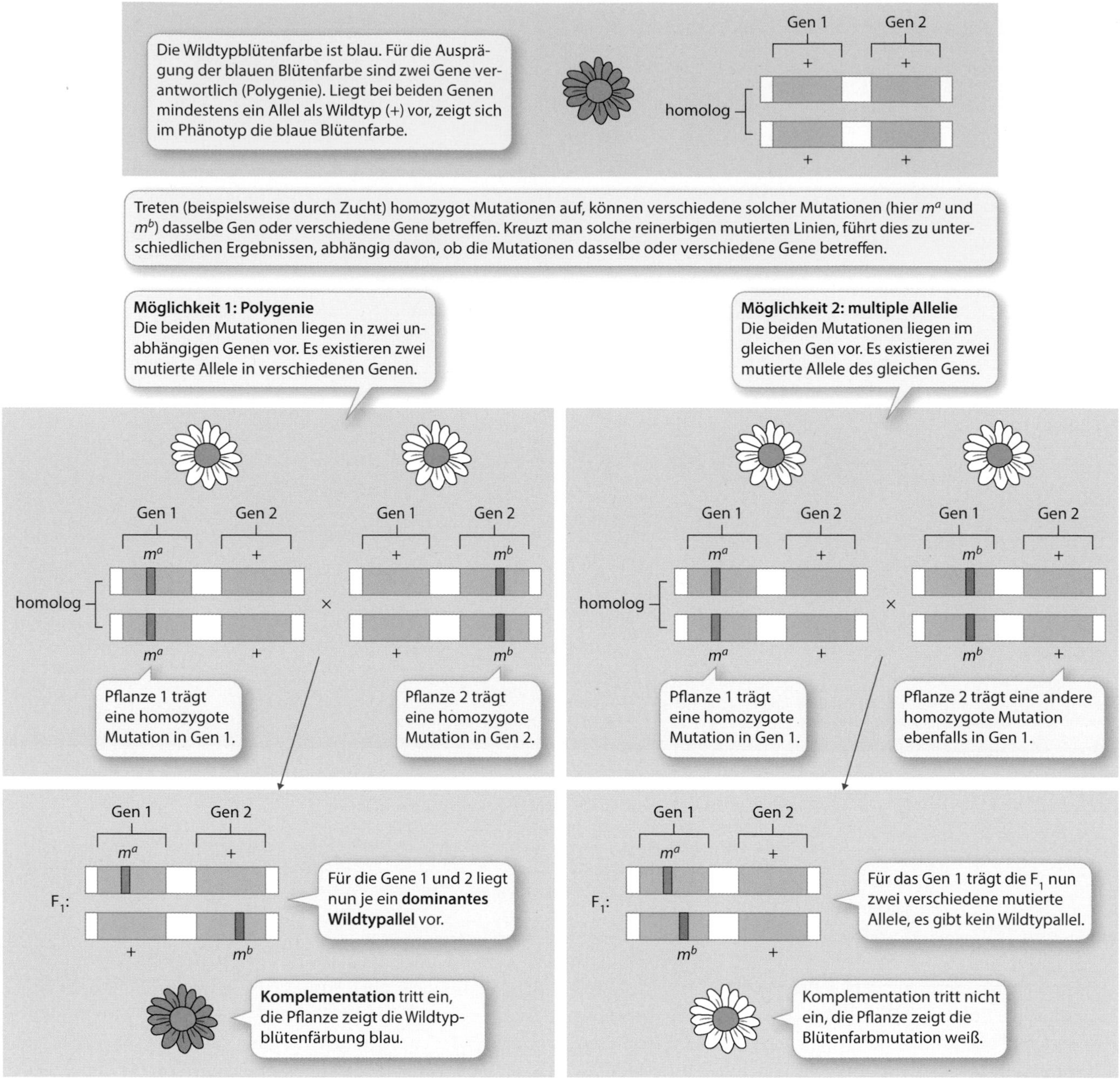

Die Wildtypblütenfarbe ist blau. Für die Ausprägung der blauen Blütenfarbe sind zwei Gene verantwortlich (Polygenie). Liegt bei beiden Genen mindestens ein Allel als Wildtyp (+) vor, zeigt sich im Phänotyp die blaue Blütenfarbe.

Gen 1 Gen 2
+ +
homolog
+ +

Treten (beispielsweise durch Zucht) homozygot Mutationen auf, können verschiedene solcher Mutationen (hier m^a und m^b) dasselbe Gen oder verschiedene Gene betreffen. Kreuzt man solche reinerbigen mutierten Linien, führt dies zu unterschiedlichen Ergebnissen, abhängig davon, ob die Mutationen dasselbe oder verschiedene Gene betreffen.

Möglichkeit 1: Polygenie
Die beiden Mutationen liegen in zwei unabhängigen Genen vor. Es existieren zwei mutierte Allele in verschiedenen Genen.

Gen 1 Gen 2 — m^a + / m^a + (homolog) × Gen 1 Gen 2 — + m^b / + m^b

Pflanze 1 trägt eine homozygote Mutation in Gen 1.

Pflanze 2 trägt eine homozygote Mutation in Gen 2.

F_1: Gen 1 Gen 2 — m^a + / + m^b

Für die Gene 1 und 2 liegt nun je ein **dominantes Wildtypallel** vor.

Komplementation tritt ein, die Pflanze zeigt die Wildtypblütenfärbung blau.

Möglichkeit 2: multiple Allelie
Die beiden Mutationen liegen im gleichen Gen vor. Es existieren zwei mutierte Allele des gleichen Gens.

Gen 1 Gen 2 — m^a + / m^a + (homolog) × Gen 1 Gen 2 — m^b + / m^b +

Pflanze 1 trägt eine homozygote Mutation in Gen 1.

Pflanze 2 trägt eine andere homozygote Mutation ebenfalls in Gen 1.

F_1: Gen 1 Gen 2 — m^a + / m^b +

Für das Gen 1 trägt die F_1 nun zwei verschiedene mutierte Allele, es gibt kein Wildtypallel.

Komplementation tritt nicht ein, die Pflanze zeigt die Blütenfarbmutation weiß.

◻ Abb. 7.30 Die funktionelle Ergänzung zweier mutierter Allele von zwei unabhängigen Genen bezeichnet man als Komplementation. Diese lässt sich durch das Kreuzungsergebnis eines Komplementationstests von multipler Allelie unterscheiden

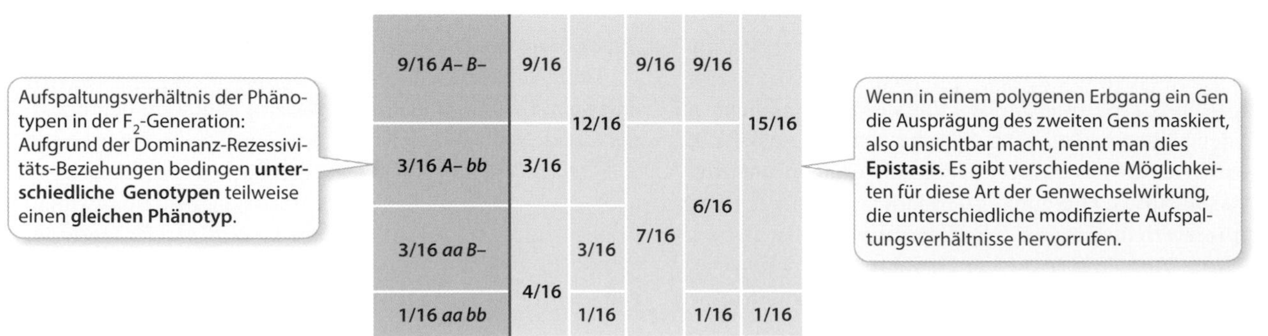

Genotyp					
9/16 *A– B–*	9/16	12/16	9/16	9/16	15/16
3/16 *A– bb*	3/16		7/16	6/16	
3/16 *aa B–*	4/16	3/16			
1/16 *aa bb*		1/16		1/16	1/16

◻ Abb. 7.31 Die Maskierung der Auswirkung eines Gens durch ein zweites Gen, als Epistasis bezeichnet, bewirkt veränderte F_2-Aufspaltungsverhältnisse

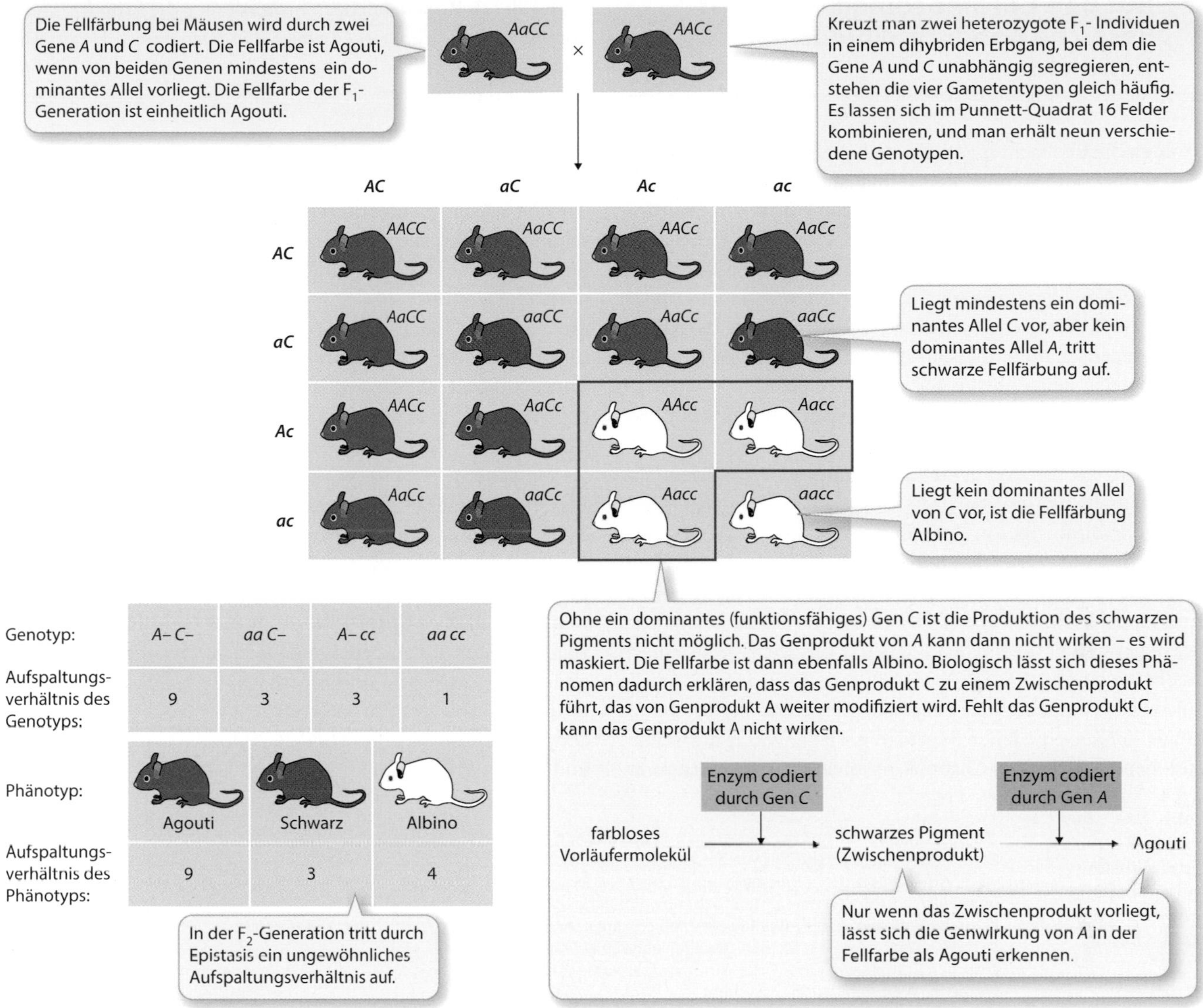

Die Fellfärbung bei Mäusen wird durch zwei Gene *A* und *C* codiert. Die Fellfarbe ist Agouti, wenn von beiden Genen mindestens ein dominantes Allel vorliegt. Die Fellfarbe der F_1-Generation ist einheitlich Agouti.

AaCC × *AACc*

Kreuzt man zwei heterozygote F_1- Individuen in einem dihybriden Erbgang, bei dem die Gene *A* und *C* unabhängig segregieren, entstehen die vier Gametentypen gleich häufig. Es lassen sich im Punnett-Quadrat 16 Felder kombinieren, und man erhält neun verschiedene Genotypen.

	AC	*aC*	*Ac*	*ac*
AC	*AACC*	*AaCC*	*AACc*	*AaCc*
aC	*AaCC*	*aaCC*	*AaCc*	*aaCc*
Ac	*AACc*	*AaCc*	*AAcc*	*Aacc*
ac	*AaCc*	*aaCc*	*Aacc*	*aacc*

Liegt mindestens ein dominantes Allel *C* vor, aber kein dominantes Allel *A*, tritt schwarze Fellfärbung auf.

Liegt kein dominantes Allel von *C* vor, ist die Fellfärbung Albino.

Genotyp:	*A– C–*	*aa C–*	*A– cc*	*aa cc*
Aufspaltungsverhältnis des Genotyps:	9	3	3	1

Phänotyp:	Agouti	Schwarz	Albino
Aufspaltungsverhältnis des Phänotyps:	9	3	4

In der F_2-Generation tritt durch Epistasis ein ungewöhnliches Aufspaltungsverhältnis auf.

Ohne ein dominantes (funktionsfähiges) Gen *C* ist die Produktion des schwarzen Pigments nicht möglich. Das Genprodukt von *A* kann dann nicht wirken – es wird maskiert. Die Fellfarbe ist dann ebenfalls Albino. Biologisch lässt sich dieses Phänomen dadurch erklären, dass das Genprodukt C zu einem Zwischenprodukt führt, das von Genprodukt A weiter modifiziert wird. Fehlt das Genprodukt C, kann das Genprodukt A nicht wirken.

farbloses Vorläufermolekül → (Enzym codiert durch Gen *C*) → schwarzes Pigment (Zwischenprodukt) → (Enzym codiert durch Gen *A*) → Agouti

Nur wenn das Zwischenprodukt vorliegt, lässt sich die Genwirkung von *A* in der Fellfarbe als Agouti erkennen.

Abb. 7.32 Die Fellfärbung der Maus ist ein Beispiel für Epistasis

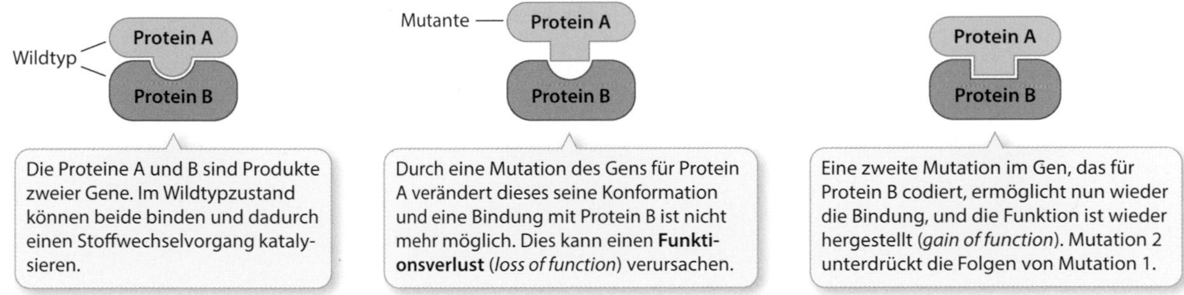

Abb. 7.33 Die negativen Folgen der Mutation eines Gens können durch eine zweite Mutation in einem anderen Gen aufgehoben werden. Die Suppression führt zur Wiederherstellung des Wildtypphänotyps

7.7 Auf den Chromosomen wechseln Bereiche hoher und niedriger Gendichte

Cytologische Beobachtungen des Verhaltens von Chromosomen während der Mitose und Meiose machten bereits im 19. Jahrhundert deutlich, dass **Chromosomen die Träger der Erbinformation** sein können. Diese Befunde der Cytologen standen aber im Widerspruch zu den Untersuchungsergebnissen der frühen Kreuzungsgenetiker (einschließlich Mendel, ▶ Abschn. 7.1). Die Anzahl der Chromosomen war weitaus geringer als die Anzahl von Erbeigenschaften, die sich nach den Mendel-Regeln (also unabhängig voneinander) vererben sollten (◘ Abb. 7.34).

Bald erkannte man, dass **mehrere Gene auf einem Chromosom** liegen und dass diese bei jeder Zellteilung grundsätzlich gemeinsam an die Tochterzellen weitergegeben werden. Zunächst musste allerdings erst die eigentliche materielle Grundlage der Erbinformation aufgedeckt werden – eine Aufgabe für Biochemiker. Wie deren Analysen ergaben, liegen **zwei wesentliche Komponenten im Chromatin** vor, nämlich **Proteine** und **Nucleinsäure (DNA)**(▶ Abschn. 6.2). Lange Zeit hielt man es nicht für möglich, dass das vergleichsweise einfach aufgebaute langkettige DNA-Molekül die Information für alle Stoffwechselvorgänge einer Zelle beherbergen kann; es besteht ja nur aus vier verschiedenen Bausteinen. Daher wurde die weitaus heterogenere Klasse der Chromatinproteine für die Substanz erachtet, die als Bestandteil der Chromosomen die Erbinformation von einer Zellgeneration zur nächsten transferiert. Heute weiß man es besser, und es besteht kein Zweifel mehr, dass die Erbinformation als Folge von Genen hintereinander gereiht auf dem DNA-Molekül liegt.

Allerdings codiert, vor allem bei eukaryotischen Organismen, nicht die gesamte DNA für RNA. Ein mehr oder weniger großer Anteil macht die **nichtcodierende DNA** aus. Die codierenden Abschnitte, die Genorte, sind auch nicht gleichmäßig verteilt. Schon die Befunde der Cytogenetik ließen vermuten, dass die genreichen Regionen auf dem Chromosom von genarmen Abschnitten unterbrochen sind. Die Forscher bezogen sich dabei auf ein **Bänderungsmuster**, das sie nach einer modifizierten **Giemsa-Färbung** erhielten (◘ Abb. 7.35). Die dunklen, G-positiven Banden enthalten viel Adenin und Thymin, was im Gegensatz zu Genen steht, die mehr Guanin und Cytosin enthalten (45–50 %) als das Gesamtgenom (etwa 41 %). Die Vermutung, dass die dunklen Banden genarme Chromosomenregionen darstellen, wurde später durch die Resultate des Humangenomprojekts bestätigt.

Bei Betrachtung der Verteilung von codierenden Genen auf den verschiedenen Chromosomen des Menschen (◘ Abb. 7.36) zeigt sich, dass es **Unterschiede in der Gendichte** gibt. Bezogen auf den DNA-Gehalt eines jeden Chromosoms weisen einige Chromosomen unterdurchschnittlich viele codierende Gene auf (etwa das Chromosom 13 und das Y-Chromosom) andere überdurchschnittlich viele (etwa die Chromosomen 17 und 19).

◘ Abb. 7.34 Ausgewählte Beispiele für das Verhältnis von Genomgröße, Chromosomenzahl und Genanzahl

Mit der Zunahme der Komplexität eines Organismus steigt auch der DNA-Gehalt. Allerdings gibt es von dieser grundsätzlichen Tendenz viele, zum Teil drastische Ausnahmen. So besitzen *Protopterus aethiopicus* (Äthiopischer Lungenfisch) *oder Fritillaria assyriaca* (Syrische Fritillarie) mit je etwa 130.000 Mbp ein ungefähr 40-mal so großes Genom wie der Mensch. Diese fehlende strikte Korrelation zwischen Komplexität eines Organismus und seiner Genomgröße wird als C-Wert-Paradoxon bezeichnet.

Art	DNA-Menge (Mbp) im haploiden Genom	Anzahl der Chromosomen (*n*)	ungefähre Anzahl der Gene
Saccharomyces cerevisiae (Bäckerhefe)	12	16	6100
Drosophila melanogaster (Taufliege)	180	4	14.000
Arabidopsis thaliana (Ackerschmalwand)	125	5	27.000
Homo sapiens (Mensch)	3270	23	23.000

Die Anzahl der Gene übersteigt bei allen untersuchten Organismen die Anzahl der Chromosomen. Viele Gene steuern darüber hinaus die Bildung mehrerer alternativer Proteine (etwa durch alternatives Spleißen) und können damit mehrere Eigenschaften des Organismus beeinflussen. Daraus folgt, dass auf einem Chromosom viele Eigenschaften gemeinsam codiert vorliegen müssen, was zunächst einmal im Widerspruch zur Unabhängigkeitsregel von Mendel stand.

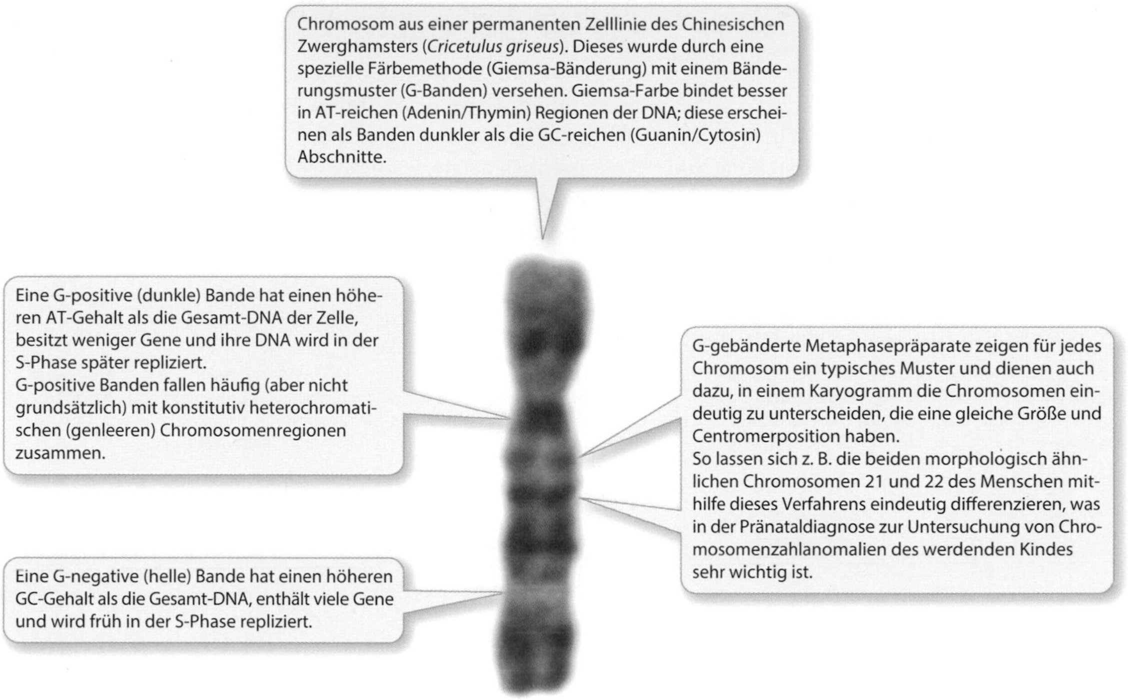

Abb. 7.35 Die unterschiedliche Verteilung von Genen auf einem eukaryotischen Chromosom lässt sich auch cytogenetisch durch Giemsa-Bänderungsfärbung erkennen

Chromosom	DNA-Menge (Mbp)	Anzahl codierender Gene	Gene/Mbp
1	249	2050	8,2
2	242	1301	5,4
3	198	1079	5,4
4	190	963	5,1
5	182	884	4,9
6	171	1045	6,1
7	159	992	6,2
8	145	685	4,7
9	138	778	5,6
10	134	731	5,5
11	135	1316	9,7
12	133	1036	7,8
13	114	321	2,8
14	107	820	7,7
15	102	616	6,0
16	90	862	9,5
17	83	1188	14,3
18	80	269	3,3
19	59	1474	25,1
20	64	543	8,4
21	47	232	5,0
22	51	492	9,7
X	156	846	5,4
Y	57	63	1,1

Die **menschlichen Chromosomen** werden nach ihrer Größe nummeriert. Diese Klassifikation wurde 1960 auf einer Konferenz in Denver, Colorado, festgelegt und seitdem so belassen, obwohl sie – wie man später feststellte – einige wenige Ungenauigkeiten aufweist. So ist Chromosom 11 länger als 10, 20 ist länger als 19 und 22 ist länger als 21.

6,7 Gene befinden sich im Mittel auf einer DNA-Länge von 1 Mio. Basenpaaren (Mbp) im menschlichen Genom. Die **Gendichte** zeigt allerdings im Vergleich der 24 unterschiedlichen Chromosomen eine große Varianz.

Chromosom 19 ist das mit Abstand **genreichste** Chromosom im menschlichen Genom. Obwohl es eines der kleinsten unserer Chromosomen ist, trägt es nach dem Chromosom 1 die meisten codierenden Gene.

Das **Y-Chromosom** ist nicht das kleinste Chromosom unseres Genoms, besitzt aber mit Abstand die **wenigsten Gene** und hat die **geringste Gendichte**.

Abb. 7.36 DNA-Gehalt, Anzahl codierender Gene und Gendichte der 24 menschlichen Chromosomen

7.8 Mehrere Gene liegen gemeinsam auf einem Chromosom

Eine wesentliche Erkenntnis, die Mendel aus seinen Kreuzungsexperimenten ableiten konnte, war die Feststellung von der **unabhängigen Weitergabe von Merkmalen** von einer Generation an die nächste (▶ Abschn. 7.2). Damit ist gemeint, dass sich bei der meiotischen Reduktionsteilung die Verteilung der beiden Allele eines Gens nicht auf die Verteilung der Allele eines anderen Merkmals (oder mehrerer anderer Merkmale) auswirkt. Die **Verteilung der Allele** mütterlicher und väterlicher Herkunft erfolgt jeweils **zufällig**. Wie sich beispielsweise bei den Kreuzungsexperimenten mit der Taufliege *Drosophila melanogaster* schnell zeigte, ist dies allerdings nur dann der Fall, wenn die beiden merkmalscodierenden Gene auf zwei verschiedenen Chromosomen lokalisiert sind. Ein einzelnes Chromosom kann aber viele, manchmal Tausende, Gene tragen (◘ Abb. 7.37).

Die Verteilungseinheiten der Erbinformation in Mitose und Meiose sind die Chromosomen.

Wenn die von Mendel aufgestellte Regel der unabhängigen Weitergabe von Merkmalen gültig sein soll, dann müssen die betrachteten **Merkmale** von zwei Genen codiert sein, die **auf zwei verschiedenen Chromosomen** liegen.

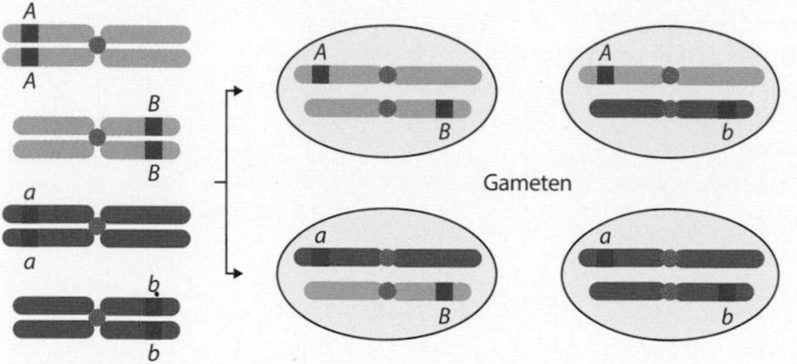

Die Chromosomen väterlicher (grün) und mütterlicher (rot) Herkunft werden in der Meiose I unabhängig voneinander verteilt und damit auch die auf ihnen lokalisierten Allele der fiktiven Gene *A*/*a* und *B*/*b*. Es entstehen vier verschiedene Allelkombinationen in gleicher Häufigkeit, was perfekt zu den Beobachtungen von Mendel passt, die er in seiner **Unabhängigkeitsregel** zusammenfasste.

Wenn dagegen die Genorte für zwei fiktive **Merkmale** (*A* und *B*) **auf einem Chromosom** gemeinsam vorliegen, dann spricht man von einer **Kopplung**. Die Merkmale werden mit dem Chromosom grundsätzlich gemeinsam weitergegeben, es liegt keine unabhängige Weitergabe vor.

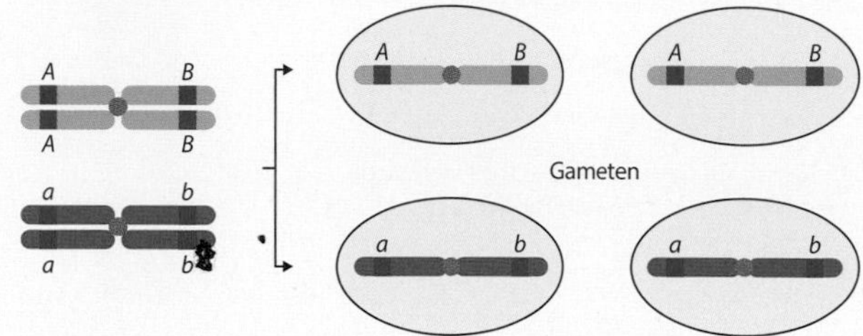

In einer Meiose mit zwei auf einem Chromosom gekoppelten Genen reduziert sich die Anzahl unterschiedlicher Gameten auf zwei. Das steht im **Widerspruch zu Mendels Unabhängigkeitsregel**; Mendel selbst hat eine solche Kopplung für seine gewählten sieben Erbsenmerkmale nicht beschrieben.

◘ **Abb. 7.37** Gegenüberstellung von unabhängiger und gekoppelter Vererbung zweier Gene

Genort auf Chromosom	Merkmal	gegensätzliche Merkmalsausprägung			
1	Samen	gelb/grün		
2	Blütenfarbe	violett/weiß		
4	Blütenstellung	achsenständig/ endständig		
4	Hülsen	glatt/eingeschnürt		
4	Stängellänge	großwüchsig/ kleinwüchsig		
5	Hülsen	grün/gelb		
7	Samen	rund/kantig		

Mendel untersuchte in seinen Kreuzungsexperimenten sieben verschiedene Merkmale im Hinblick auf ihre Weitergabe. Zu seiner Zeit war die Chromosomenzahl der Gartenerbse ($2n = 14$) noch unbekannt. Mit sieben Chromosomen wäre die Unabhängigkeit der sieben untersuchten Merkmale leicht erklärbar, wenn alle Merkmale auf einem anderen Chromsom lokalisiert wären. Das trifft aber nicht zu.

Obwohl auf Chromosom 4 drei der gewählten Merkmale Mendels liegen, fand er trotzdem keine Kopplung.

Nachdem die Genorte auf den Erbsenchromosomen kartiert vorliegen, wissen wir heute, dass der Genort für die Blütenstellung sehr weit entfernt von den beiden anderen Genen des Chromosoms 4 liegt. Durch Rekombination ist die Kopplung dieser weit voneinander entfernt liegenden Gene nur gering, daher nähert sich das Verteilungsverhältnis den durch Mendels Unabhängigkeitsregel erwarteten Verhältnissen an.

Die beiden Genorte für die Hülsenform und die Stängellänge liegen recht nah beieinander, sodass es in jedem Fall eine erkennbare Kopplung gibt, wenn man diese beiden Merkmale in einer dihybriden Kreuzung untersucht. Möglicherweise hat Mendel diese Kreuzung nie durchgeführt; zumindest hat er dazu keine Ergebnisse publiziert.

◘ **Abb. 7.38** Heute ist bekannt, dass die sieben Merkmale, die Mendel in seinen Kreuzungsexperimenten verwendete, nicht alle unabhängig segregieren

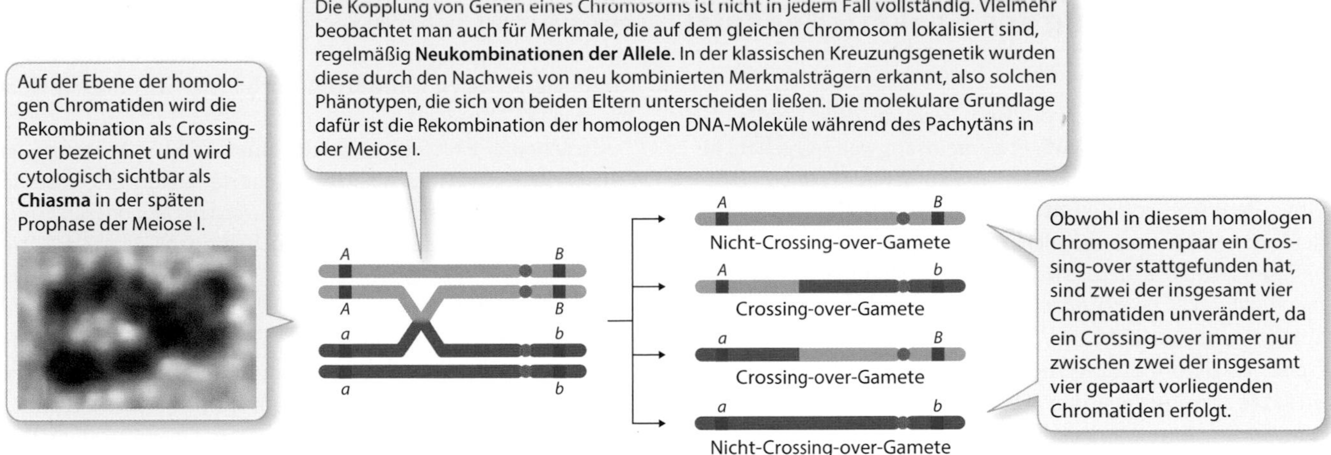

Abb. 7.39 Kopplungsbrüche als Ergebnis des Crossing-over sind der Grund für die unvollständige Kopplung von Genen, die auf dem gleichen Chromosom liegen

Die sieben von Mendel gewählten Merkmale der Erbse liegen nicht verteilt auf den sieben Chromosomen, die die Erbse im haploiden Genom aufweist. Keines dieser Merkmale liegt auf Chromosom 3 oder 6; dafür liegen aber drei Merkmale auf Chromosom 4 gekoppelt vor. Die Kopplung ist Mendel wohl aus unterschiedlichen Gründen entgangen (Abb. 7.38).

Die **Kopplung von Genen** kann aufgehoben werden, indem zwei homologe DNA-Moleküle rekombinieren. Der Austausch wird **Crossing-over** genannt und findet an gleicher Stelle zwischen zwei der insgesamt vier parallel im Bivalent angeordneten Chromatiden statt (Abb. 7.39). Grundsätzlich ist jede der beiden Chromatiden eines Chromosoms in der Lage, mit einem Chromatid des anderen homologen Chromosoms zu rekombinieren. Wenn die beiden Chromosomen am Ende der Prophase I der Meiose wieder auseinanderweichen, bleibt die Stelle des Crossing-over als **Chiasma** mikroskopisch sichtbar und stellt die letzte Verbindung zwischen den Homologen dar (Abb. 7.39).

Genau wie bei einem einzelnen Crossing-over zwischen zwei Genorten immer zwei von vier Chromatiden rekombiniert werden, wird bei einem **mehrfachen Auftreten von Crossing-over** zwischen zwei Genen im statistischen Mittel die Hälfte der resultierenden Meioseprodukte rekombiniert (Abb. 7.40). Bei Einzelbetrachtung einer einzelnen Meiose können sich die beiden Ereignisse im Hinblick auf die Neuordnung zwar gegeneinander aufheben; wenn aber mehr als zwei Nicht-Schwesterchromatiden beteiligt sind – was zufallsbasiert genauso häufig vorkommt –, wird es 50 % oder gar 100 % rekombinierte Endprodukte geben.

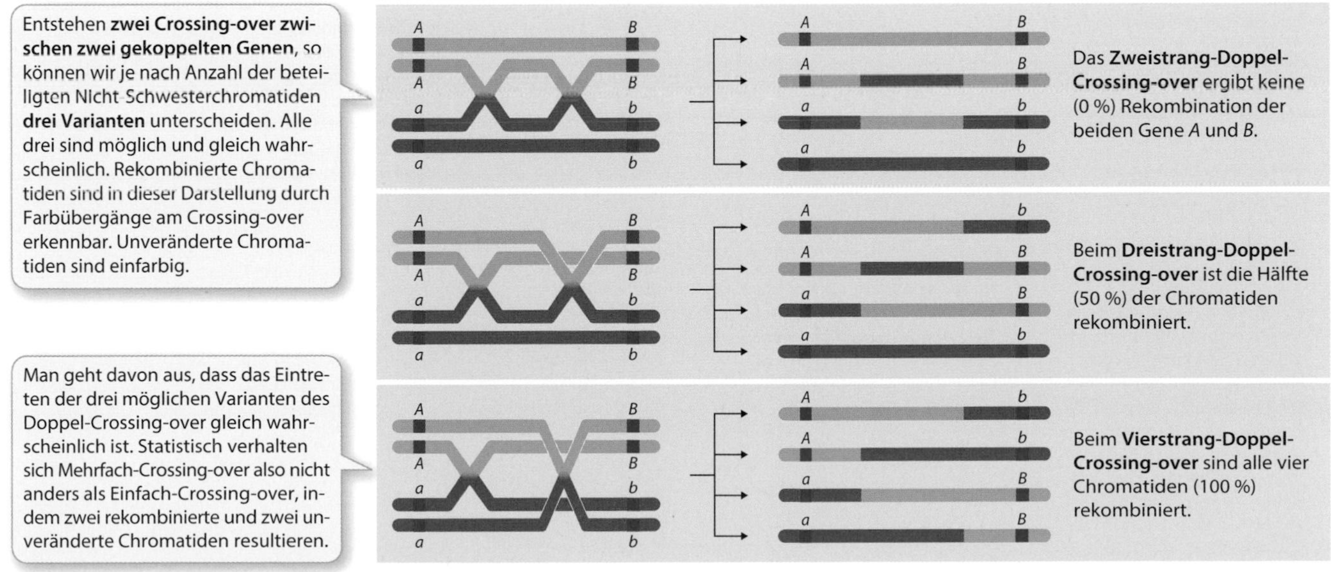

Abb. 7.40 Doppel-Crossing-over ergeben in der Gesamtbetrachtung vieler Meioseabläufe die gleichen Ergebnisse wie Einzel-Crossing-over. Die Hälfte der Chromatiden ist rekombiniert

7

7.9 Die Häufigkeit der Entkopplung wird zur Erstellung von Genkarten genutzt

Zwei auf dem gleichen Chromosom liegende (**gekoppelte**) Gene werden grundsätzlich häufiger gemeinsam weitergegeben, als es eine Neukombination von Merkmalen bei der Gametenbildung gibt, allerdings ist eine **Entkopplung durch Crossing-over** in den meisten Meiosen möglich. Es sind einige wenige Ausnahmen bekannt, etwa die Meiose bei männlichen Taufliegen (*Drosophila melanogaster*), die grundsätzlich ohne intrachromosomale Rekombination verläuft. Die Häufigkeit, mit der zwei gekoppelte Gene rekombiniert werden, kann durch **Testkreuzungsansätze** ermittelt werden. Die Werte (in Prozent) sind dabei für verschiedene Merkmalspaare unterschiedlich, aber für ein bestimmtes Genpaar recht konstant (◘ Abb. 7.41). Der Grund für die unterschiedliche Häufigkeit der Entkopplung liegt in der Entfernung der Gene auf dem gemeinsamen Chromosom. Da Crossing-over grundsätzlich überall im Bivalent auftreten kann, ist die Eintrittswahrscheinlichkeit für ein solches Ereignis umso größer, je weiter die beiden Loci voneinander entfernt sind. Dieser Zusammenhang ermöglicht es, auf der Basis von gezielten Kreuzungsansätzen **Genkarten** für lineare Chromosomen zu erstellen (◘ Abb. 7.41).

In seltenen Fällen ist keine Rekombination von Merkmalen festzustellen, etwa, weil die beiden Genorte direkt nebeneinander liegen und daher fast nie entkoppelt werden. In anderen Fällen kann eine große Entfernung aber auch eine unabhängige Segregation zweier Merkmale vortäuschen, da die Gene dann in (fast) jeder Meiose rekombiniert werden (◘ Abb. 7.42). Der Anteil der Nachkommen mit neu kombinierten Merkmalen liegt dann bei 50 % und damit genauso hoch wie bei ungekoppelten Genen, die auf zwei unterschiedlichen Chromosomen lokalisiert sind.

Die Verwendung von drei gekoppelten Genen in einer Testkreuzung hat sich als besonders geeignet erwiesen, um sowohl die Reihenfolge als auch die relativen Entfernungen festzustellen. Dabei ist das mittig liegende Gen bei den Nachkommen am seltensten rekombiniert vorzufinden, da hierfür zwei unabhängige

Alfred H. Sturtevant, ein Diplomstudent von Thomas H. Morgan, begriff als Erster, welche Möglichkeiten sich aus der quantitativen Analyse von Kreuzungen mit mehreren gekoppelten Merkmalen ergeben. Er nahm an, dass **abweichende Häufigkeiten des Crossing-over** ein Ausdruck der **unterschiedlichen Entfernung** der betrachteten Merkmale auf dem gemeinsamen Chromosom seien. Dies gilt jedenfalls unter der Annahme, dass Crossing-over stochastisch auftreten.

Wie A. H. Sturtevant vermutete, hängt die Häufigkeit, mit der zwei gekoppelte Merkmale durch ein Crossing-over getrennt werden, von ihrer Entfernung auf dem Chromosom ab.

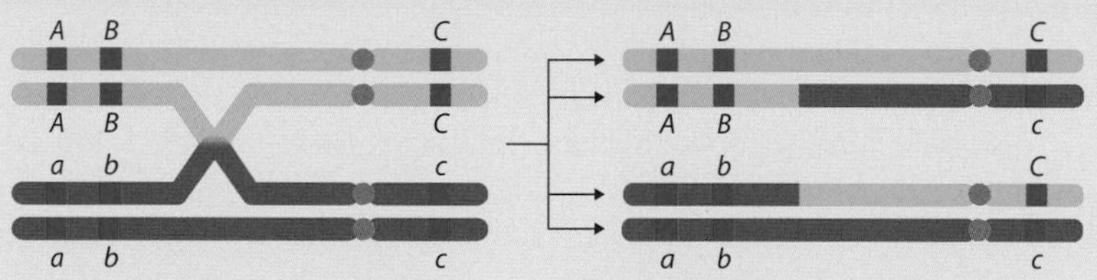

Wenn zwei Gene nahe beieinander liegen, werden sie selten durch ein Crossing-over entkoppelt. In diesem Beispiel werden *a* und *b* nicht rekombiniert, obwohl ein Crossing-over im Bivalent der Prophase stattfindet.

Wenn die Gene weit voneinander entfernt auf dem gleichen Chromosom liegen (wie hier *a* und *c*), erhöht sich die Wahrscheinlichkeit für die Rekombination. Aber auch in diesem Fall bleiben zwei Chromatiden unverändert, sodass der Anteil der neu kombinierten Chromatiden 50 % nicht übersteigt.

Häufigkeit der Entkopplung zwischen fiktiven Genen		
Merkmal 1	Merkmal 2	
a	*b*	0,9 %
b	*c*	24,3 %
a	*c*	25,4 %

Für die drei fiktiven Gene *a*, *b* und *c*, die gemeinsam auf einem Chromosom eines diploiden Organismus liegen, ergeben sich paarweise prozentuale Häufigkeiten der Rekombination. Alle Rekombinationswerte liegen signifikant unter 50 %. Die parentalen (in den Nachkommen unveränderten) Merkmalskombinationen liegen dagegen deutlich über 50 %, was in kreuzungsgenetischen Untersuchungen der Beleg für ihre Kopplung ist. Allerdings sind die Werte im Vergleich sehr unterschiedlich.

Basierend auf diesen Überlegungen erstellte Sturtevant die erste **Genkarte** für einen eukaryotischen Organismus. Die Prozentangaben der Rekombination werden als relative Entfernung (Einheit: *map units*, Karteneinheit) der gekoppelten Gene verwendet. Zu Ehren T.H. Morgans wird die Karteneinheit auch häufig als **Morgan-Einheit** bezeichnet.

Mit einer relativen Entfernung von 0,9 Morgan-Einheiten müssen die Gene *a* und *b* sehr nahe beieinander liegen und werden folglich nur selten voneinander getrennt.

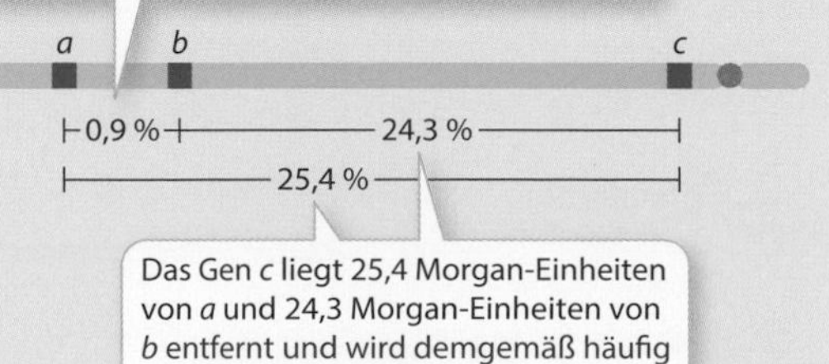

Das Gen *c* liegt 25,4 Morgan-Einheiten von *a* und 24,3 Morgan-Einheiten von *b* entfernt und wird demgemäß häufig von den beiden entkoppelt.

◘ **Abb. 7.41** Werden zwei Merkmale in einer Testkreuzung nicht bei der Hälfte der Nachkommen neu kombiniert gefunden, weist dies auf die Kopplung der Gene auf einem Chromosom hin. Die Häufigkeit der Rekombination gekoppelter Merkmale ist korreliert mit der Entfernung der Genorte auf dem Chromosom und erlaubt die Erstellung von Genkarten

Ereignisse, ein doppeltes Crossing-over, gleichzeitig auftreten müssen (◘ Abb. 7.43). Aus den prozentualen Häufigkeiten des Crossing-over kann man die relativen Kartenabstände ermitteln, wobei doppeltes Crossing-over miteinbezogen werden muss.

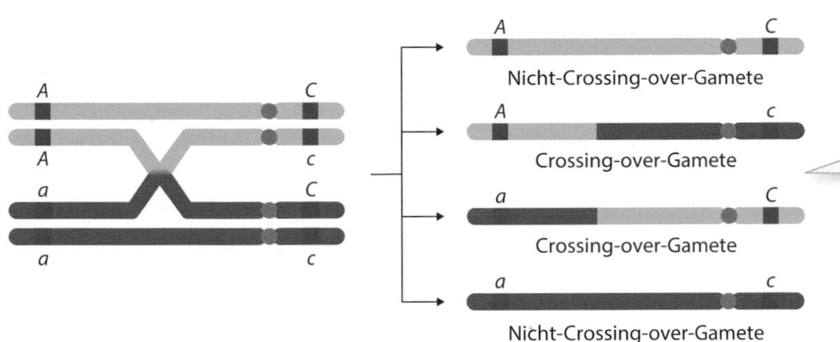

Im Extremfall – wenn zwei Genorte (*a* und *c*) auf dem gemeinsamen Chromosom sehr entfernt lokalisiert sind, sodass sie durch jedes beliebig eintretende Crossing-over entkoppelt werden können – erscheint es in kreuzungsgenetischen Untersuchungen, als lägen die beiden Loci nicht auf dem gleichen Chromosom, würden also frei segregieren. Dies war auch bei zwei der insgesamt sieben von Mendel ausgewählten Merkmalen der Erbsen der Fall. Wegen der großen Entfernung dieser beiden Merkmale konnte er keine andere Aufspaltung feststellen als bei tatsächlich frei segregierenden Merkmalen. Voraussetzung dafür ist die Annahme, dass in jedem Bivalent mindestens ein Crossing-over stattfindet, was man für chiasmatische Meiosen auch bestätigt fand.

◘ **Abb. 7.42** In einigen Fällen bleibt die Kopplung unentdeckt, da sie bei einer großen Entfernung zweier Gene auf dem Chromosom regelmäßig aufgehoben wird

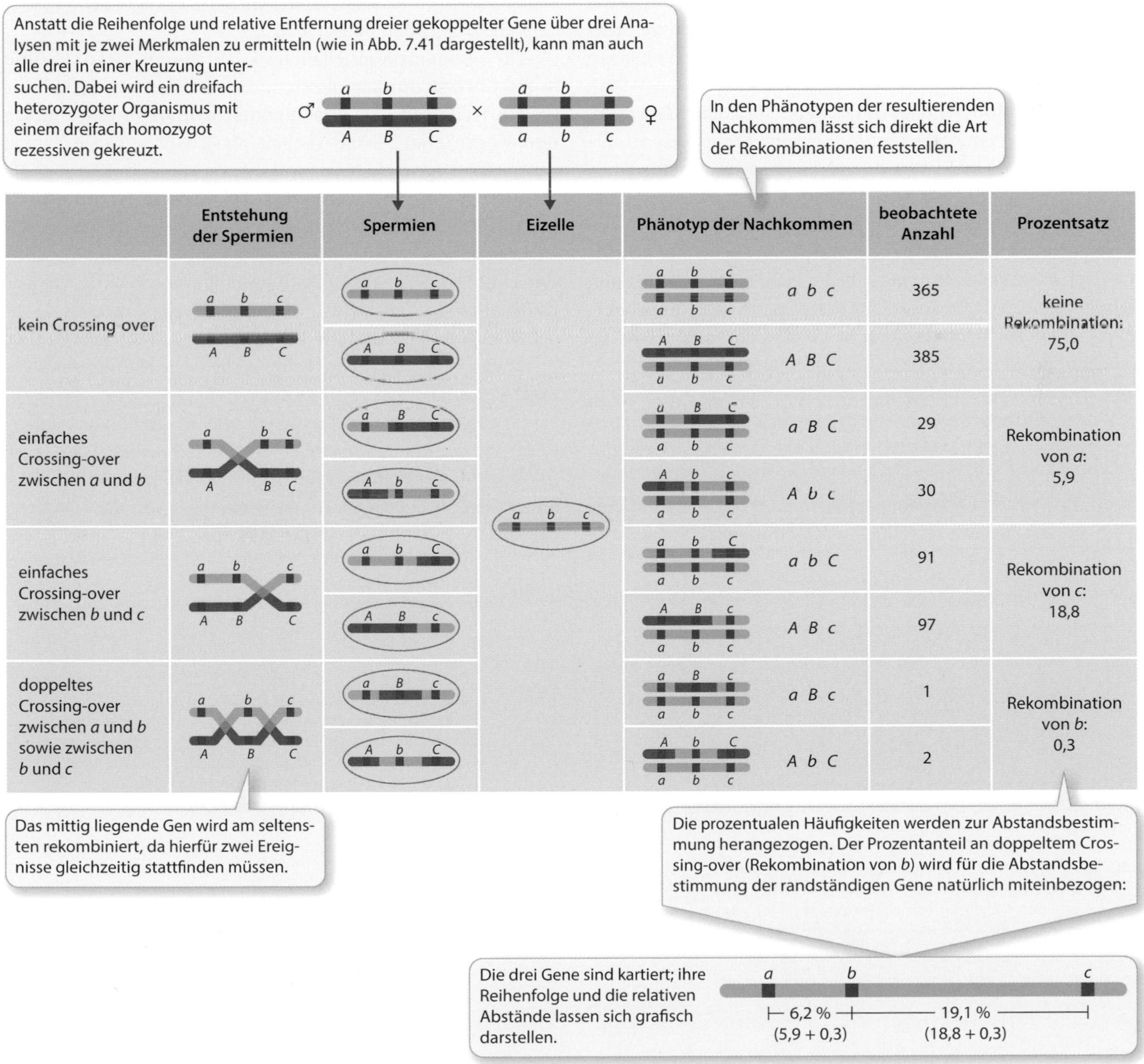

Anstatt die Reihenfolge und relative Entfernung dreier gekoppelter Gene über drei Analysen mit je zwei Merkmalen zu ermitteln (wie in Abb. 7.41 dargestellt), kann man auch alle drei in einer Kreuzung untersuchen. Dabei wird ein dreifach heterozygoter Organismus mit einem dreifach homozygot rezessiven gekreuzt.

♂ a b c / A B C × a b c / a b c ♀

In den Phänotypen der resultierenden Nachkommen lässt sich direkt die Art der Rekombinationen feststellen.

	Entstehung der Spermien	Spermien	Eizelle	Phänotyp der Nachkommen	beobachtete Anzahl	Prozentsatz
kein Crossing over	a b c / A B C	a b c	a b c	a b c	365	keine Rekombination: 75,0
		A B C		A B C	385	
einfaches Crossing-over zwischen *a* und *b*	a b c / A B C	a B C		a B C	29	Rekombination von *a*: 5,9
		A b c		A b c	30	
einfaches Crossing-over zwischen *b* und *c*	a b c / A B C	a b C		a b C	91	Rekombination von *c*: 18,8
		A B c		A B c	97	
doppeltes Crossing-over zwischen *a* und *b* sowie zwischen *b* und *c*	a b c / A B C	a B c		a B c	1	Rekombination von *b*: 0,3
		A b C		A b C	2	

Das mittig liegende Gen wird am seltensten rekombiniert, da hierfür zwei Ereignisse gleichzeitig stattfinden müssen.

Die prozentualen Häufigkeiten werden zur Abstandsbestimmung herangezogen. Der Prozentanteil an doppeltem Crossing-over (Rekombination von *b*) wird für die Abstandsbestimmung der randständigen Gene natürlich miteinbezogen:

Die drei Gene sind kartiert; ihre Reihenfolge und die relativen Abstände lassen sich grafisch darstellen.

a — 6,2 % (5,9 + 0,3) — b — 19,1 % (18,8 + 0,3) — c

◘ **Abb. 7.43** Besonders einfach ist die Genkartenerstellung mithilfe der Drei-Merkmals-Analyse

7

7.10 Die Weitergabe von geschlechtschromosomengebundenen Merkmalen weist Besonderheiten auf

Die **Geschlechtsdetermination**, also die Festlegung eines Organismus auf das weibliche oder männliche Geschlecht (daneben gibt es noch den Hermaphroditismus) und damit die Einschränkung auf die Möglichkeit, nur einen Typ von beiden Geschlechtszellen zu produzieren, kann auf unterschiedliche Art erfolgen. Grundsätzlich unterscheidet man die **genotypische** und die **modifikatorische Geschlechtsdetermination**. Während bei der Letzteren Umweltfaktoren unterschiedlicher Art für die Ausbildung von Männchen und Weibchen verantwortlich sind, ist bei der genotypischen Geschlechtsdetermination bereits im Embryo durch den Genotyp das Geschlecht festgelegt. Dafür sind häufig **Geschlechtschromosomen** verantwortlich, die in unterschiedlicher Zahl bei den beiden Geschlechtern vorliegen (◘ Abb. 7.44). Wenn das männliche Geschlecht zwei unterschiedliche Geschlechtschromosomen aufweist, bezeichnet man diese zumeist als **X- und Y-Chromosom**. Die Weibchen besitzen in diesem Fall ein homologes X-Chromosomen-Paar. Diese Konstellation trifft beispielsweise auf den Menschen, fast alle anderen Säugetiere und auch auf *Drosophila* zu. Da Männchen in diesem Fall zwei chromosomal unterschiedliche Spermien bilden – zur Hälfte mit einem X-, zur anderen Hälfte mit einem Y-Chromosom ausgestattet –, nennt man sie das **heterogametische Geschlecht**. Weibchen stellen das **homogenetische Geschlecht** dar, da alle Eizellen ein X-Chromosom beinhalten. Bei Vögeln und Schmetterlingen sind umgekehrt die Weibchen das heterogametische Geschlecht, weil bei diesen Tiergruppen zwei morphologisch und genetisch unterschiedliche Geschlechtschromosomen bei den Weibchen vorliegen, das **W- und Z-Chromosom**. Die homogametischen Männchen haben zwei Z-Chromosomen. In vielen Insektengruppen gibt es nur einen Typ von Geschlechtschromosomen, das X-Chromosom. Bei diesen Organismen entscheidet die Anzahl dieses Chromosoms über die Geschlechtsdetermination. So besitzen beispielsweise männliche Feuerwanzen und Wanderheuschrecken nur ein X-Chromosom, bei den Weibchen dieser Arten sind es zwei.

Die Annahme, dass die Bezeichnung der zuerst entdeckten **X- und Y-Chromosomen** nach ihrer Morphologie gewählt wurde, ist irrtümlich. Alle Chromosomen, einschließlich des Y-Chromosoms, haben eine mehr oder weniger X-förmige Morphologie, wenn sie als hoch verdichtete Kernteilungschromosomen beobachtet werden. Vielmehr hat 1890 Hermann Henking bei Untersuchungen von Meiosechromosomen der männlichen Feuerwanze das ungewohnte Verhalten eines einzelnen angefärbten Elements notiert, das sich nicht an der Verteilung beteiligte. Nach Abschluss der Meiose zeigte die Hälfte der reifen Spermien dieses Element, die andere nicht. Da Henking unsicher war, ob es sich um ein Chromosom handelt, nannte er es X-Element (unbekanntes Element). Nachdem man sicher war, dass es sich um ein Chromosom handelt, wurde es später als X-Chromosom bezeichnet. Die Benennung des später bei anderen Spezies entdeckten zweiten Geschlechtschromosoms erfolgte nach dem im Alphabet folgenden Buchstaben Y.

Die besondere Konstellation von nur **eingeschränkt homologen Chromosomen** im heterogametischen Geschlecht bringt bei der Weitergabe von **geschlechtschromosomengebundenen Merkmalen** Besonderheiten mit sich. Dies wurde erstmals bei der Taufliege *Drosophila melanogaster* entdeckt (◘ Abb. 7.45).

Beim Menschen sind viele **X-gekoppelte Gene** bekannt, die auf dem Y-Chromosom fehlen. Damit verbunden ist, dass auch eine Kopie einer rezessiven X-gekoppelten Mutation dieser Gene bei Männern eine Phänotypveränderung bewirkt, etwa ein Krankheitsbild hervorruft. Kommt ein solches rezessives Allel bei einer Frau vor, ist diese meist heterozygot und damit nicht betroffene Überträgerin der Erbkrankheit. Die Hälfte ihrer Söhne wird Merkmalsträger sein.

Ist die X-gekoppelte Mutation dominant, sind Frauen doppelt so häufig wie Männer betroffen, da die Wahrscheinlichkeit, ein solches von der Mutter oder vom Vater zu erhalten, zweifach höher liegt als bei Männern, die immer nur von der Mutter ihr einziges X-Chromosom erhalten (◘ Abb. 7.46).

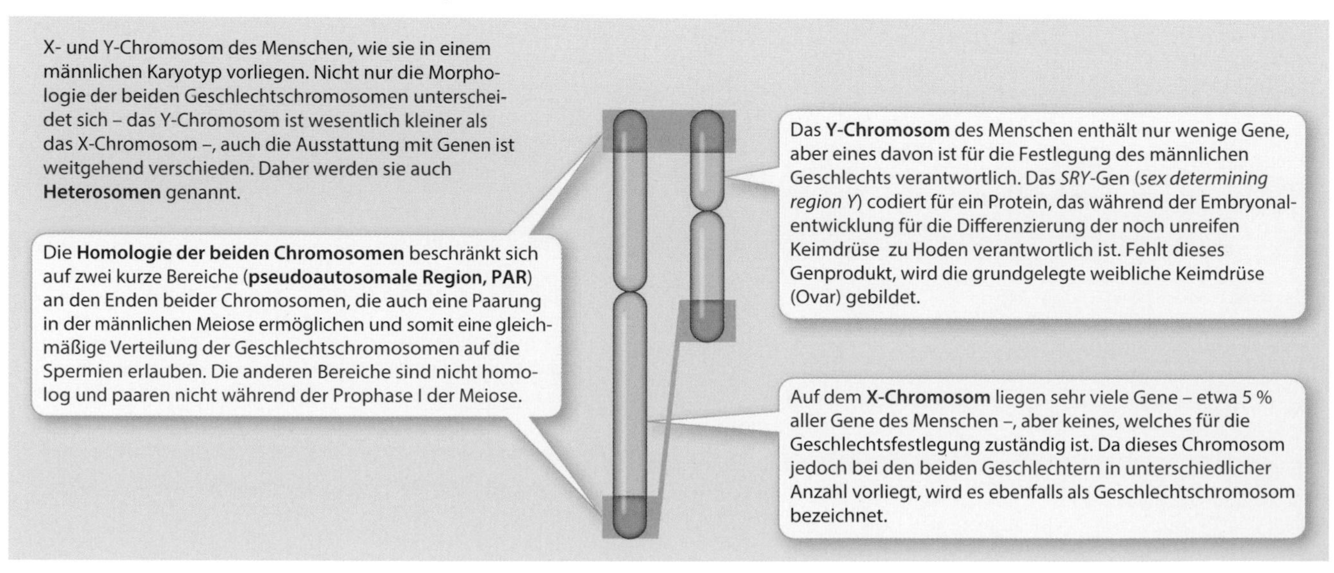

◘ **Abb. 7.44** Geschlechtschromosomen unterscheiden sich sowohl morphologisch als auch genetisch

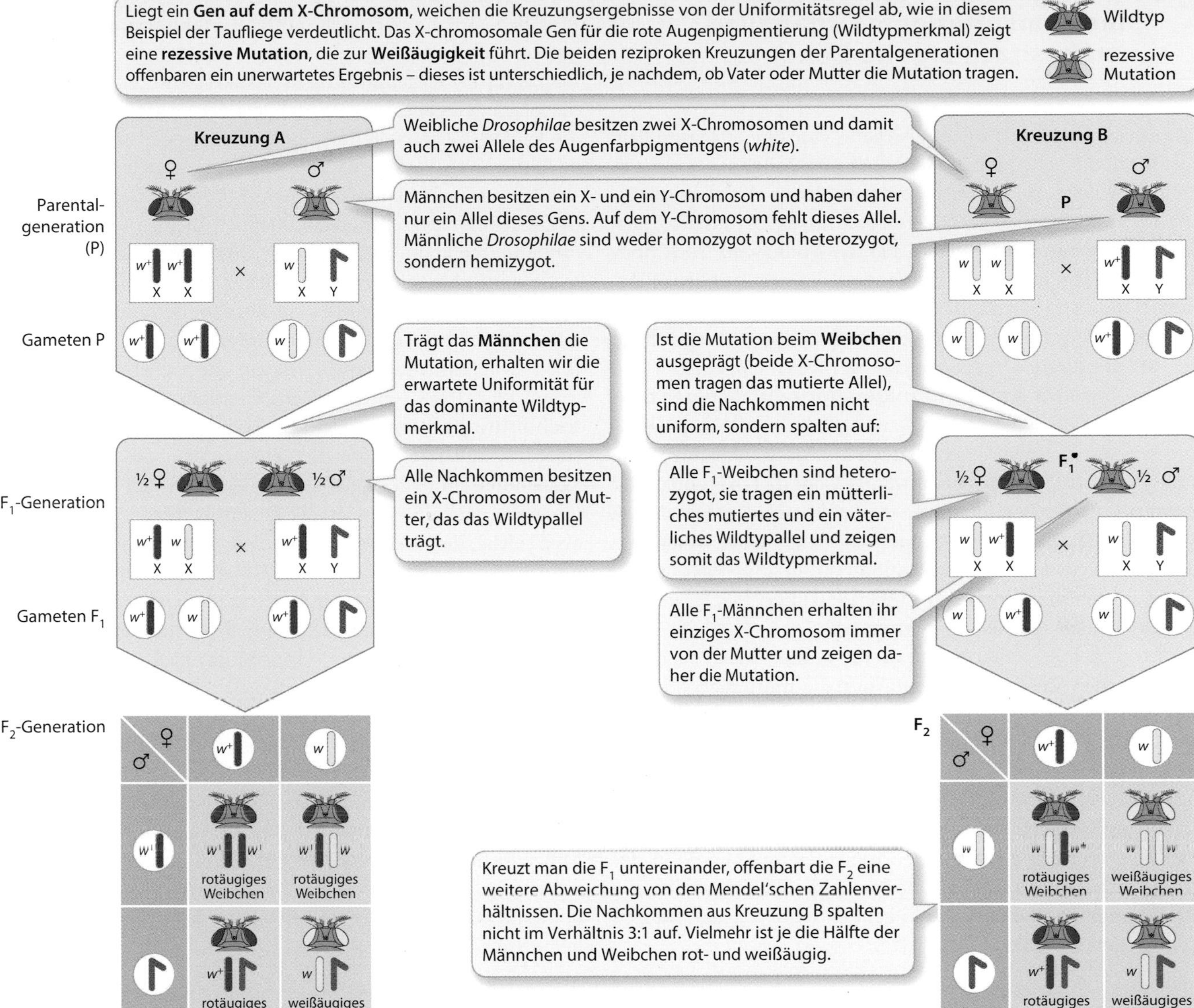

Abb. 7.45 In Kreuzungsexperimenten mit X-chromosomal gekoppelten Merkmalen zeigen sich Abweichungen von den Mendel'schen Zahlenverhältnissen. Die Ursache liegt in der unterschiedlichen chromosomalen Ausstattung der beiden Geschlechter

Die **Rot-Grün-Sehschwäche** ist die häufigste durch eine rezessive Mutation eines X-gekoppelten Gens bedingte Phänotypveränderung. Sie zeigt sich auch bei homozygoten Frauen, wenngleich viel seltener als bei Männern.

Phänotyp	Häufigkeit Männer	Häufigkeit Frauen
Rot-Grün-Sehschwäche	1: 12	1:130
Muskeldystrophie Typ Duchenne	1:3.500	Einzelfälle
Hämophilie A und B	1:10.000	Einzelfälle
Phosphatdiabetes	1:400.000	1:200.000
Rett-Syndrom	Einzelfälle	1:12.000

Die dominante Mutation eines X-chromosomal gekoppelten Gens führt zur unkontrollierten Ausscheidung von Phosphat (**Phosphatdiabetes**). Die Krankheit ist selten. Frauen sind doppelt so häufig wie Männer betroffen, da bei zwei X-Chromosomen im Genom die Wahrscheinlichkeit, ein mutiertes Allel von einem der beiden Elternteile zu erhalten, doppelt so hoch ist wie bei Männern, die nur von der Mutter ein X-Chromosom erben.

Das **Rett-Syndrom** beruht auf einer dominanten Mutation eines Gens auf dem X-Chromosom. Hemizygote Männer sind meist nicht lebensfähig, heterozygote Frauen relativ selten.

Muskeldystrohie Typ Duchenne und **Hämophilien** sind bei Männern selten anzutreffen, da diese rezessiven, krankheitsauslösenden Allele X-gekoppelter Gene in der menschlichen Bevölkerung selten sind. Frauen müssen homozygot sein, um diese Krankheitsbilder zu zeigen, was nur in wenigen Einzelfällen beschrieben wurde. In den meisten Fällen wurden bei den wenigen betroffenen Frauen gleichzeitig chromosomale Störungen diagnostiziert, etwa der X0-Genotyp (Turner-Syndrom).

Abb. 7.46 Häufigkeiten X-gekoppelter rezessiver und dominanter Erbkrankheiten beim Menschen

7.11 Mitochondrien und Plastiden sind semiautonome Organellen und besitzen eigene Genome

Eine Besonderheit in der Weitergabe von Eigenschaften liegt vor, wenn die codierenden Gene nicht im Zellkern, sondern in Zellorganellen lokalisiert sind (**extranucleäre Vererbung**). Zusätzlich zum Genom des Zellkerns besitzen eukaryotische Zellen das **Genom von Organellen** – das der Mitochondrien (**Chondriom**), Pflanzen und Algen zusätzlich das der Plastiden (**Plastom**). Diese Erbinformationen liegen nicht haploid oder diploid vor, sondern es existiert eine Vielzahl an Kopien, entsprechend der Anzahl dieser Organellen in einer Zelle. Chondriom und Plastom bestehen aus **ringförmiger, doppelsträngiger DNA** (mitochondriale DNA, **mtDNA**, und plastidale DNA, **ptDNA**) und können in einem Organell auch mehrfach vorhanden sein. mtDNA und ptDNA tragen nur wenige Gene, deren Produkte vor allem tRNA, rRNA und einige wenige Proteine der Organellen darstellen (◘ Abb. 7.47). Die meisten Proteine der Organellen werden von Genen des Zellkerns codiert und im Cytoplasma gebildet, um anschließend in die Organellen importiert zu werden. Die Organellen sind **semiautonom**.

Extranucleär codierte Merkmale werden nicht nach den Mendel'schen Regeln vererbt, da nur die mütterlichen Organellen an die nächste Generation weitergegeben werden. Daher nennt man diesen Vererbungsweg auch **maternale Vererbung**. So wird etwa bei der Bildung der menschlichen Zygote das mitochondrientragende Mittelstück des Spermiums zwar in die Eizelle eindringen, es wird aber nicht Bestandteil der Zygote. Vielmehr werden die Mitochondrien des Spermiums in der Eizelle enzymatisch abgebaut, sodass schließlich nur maternale Mitochondriengene über die folgenden embryonalen Mitosen weitergegeben werden.

Als Voraussetzung für die Teilung von Mitochondrien und Plastiden wird die extranucleäre DNA **unabhängig vom Kerngenom repliziert**. Dies kann im Verlauf eines mitotischen Zellzyklus im Gegensatz zur Replikation des Zellkerngenoms mehrfach geschehen. Die Weitergabe der vielen Organellen an die beiden Tochterzellen bei einer Mitose oder Meiose erfolgt nach dem Zufallsprinzip. Dadurch kommt es selten, aber regelmäßig zu einer Akkumulation von Mitochondrienmutationen in einigen Tochterzellen, die schließlich auch zu Funktionsverlusten führen können (◘ Abb. 7.48). Beim Menschen beispielsweise sind Erbkrankheiten beschrieben, die von Mutationen im Mitochondriengenom verursacht werden. Betroffen sind unter anderem Gene der Atmungskettenproteine und der ATP-Synthase-Untereinheiten sowie solche, die für mitochondriale tRNA oder rRNA codieren. Die Erkrankungen werden als **Mitochondriopathien** bezeichnet. Fast alle haben gemein, dass sie Symptome hervorrufen, die – entsprechend der Funktion der Mitochondrien in der Zelle – auf einem gestörten Energiestoffwechsel beruhen. So sind fast alle Organe betroffen, insbesondere aber solche, deren Zellen einen hohen Stoffwechsel aufweisen, etwa Nerven- und Muskelgewebe. Der Anteil von mutierten Mitochondriengenomen ist entscheidend für den Schweregrad der Erkrankung. Wie bereits erwähnt, haben betroffene Väter ausschließlich gesunde Kinder; Mitochondriopathien werden nur über die Mutter vererbt.

Im Gegensatz zur maternalen Vererbung, an der extranucleäre Gene beteiligt sind, sind **maternale Effekte** durch Zellkerngene codiert. In diesem Fall wird eine Merkmalsausprägung ungewöhnlicherweise nicht durch die Expression der eigenen Erbinformation vorgenommen, sondern die befruchtete Eizelle ist bereits mit den notwendigen Molekülen ausgestattet (mRNA oder fertig gebildetes Protein). Der Phänotyp resultiert also aus der Expression des Genotyps der Mutter; der eigene spielt dafür keine Rolle (◘ Abb. 7.49).

Das menschliche **Kerngenom** ist wesentlich größer und genreicher als das Chondriom. Beide Genome wurden vollständig sequenziert.

Neben den Genen, die für Proteine, tRNA und rRNA codieren, existieren weitere Gene, etwa solche, die für siRNA und miRNA codieren.

Die Anzahl **zellkerncodierter Proteine** ist nach wie vor nicht exakt bestimmt; möglicherweise sind es weniger als 20.000.

			davon codierend für:		
	Größe (Basenpaare)	**Anzahl Gene**	**rRNA**	**tRNA**	**Proteine**
menschliches Kerngenom	3.234.830.000	23.000	300–400	497	ca. 20.000
menschliches Chondriom	16.569	37	2	22	14

Das **Genom der Mitochondrien** enthält nur wenige Gene. Die meisten Proteine, die man in Mitochondrien vorfindet, werden von Genen des Zellkerns codiert.

Von den 14 **mitochondrialen Genen** des Menschen codieren sieben für NADH-Dehydrogenase-Untereinheiten, drei für Cytochrom-*c*-Oxidase-Untereinheiten, zwei für ATP-Synthase-Untereinheiten und eines für Cytochrom *b*. Das 14. Gen codiert für das sehr kleine Protein Humanin. Humanin kann innerhalb des Mitochondriums produziert werden (21 Aminosäuren), aber auch außerhalb im Cytoplasma (24 Aminosäuren). Es zeigt in beiden Varianten neuroprotektive Effekte.

◘ **Abb. 7.47** Organellengenome, beispielsweise das menschliche Mitochondriengenom, sind klein und enthalten nur wenige Gene

Eine **eukaryotische Zelle** enthält einen Zellkern (rund), aber mehrere Mitochondrien (oval; bei Pflanzen zusätzlich Plastiden). So wie im Kerngenom kann es auch in den **Organellengenomen** zu **Mutationen** kommen. Durch die Teilung der Organellen in der Interphase kann eine Zelle auch mehrere Organellen mit der gleichen Mutation enthalten (rot).
Zellkern
Mitochondrium mit Mutation
Mitochondrium
Während die genetische Information des Zellkerns in der Mitose gleichwertig an die Tochterzellen weitergegeben wird, ist die **Aufteilung der Organellen zufallsbestimmt**.
In diesen Zellen sind zufällig viele Mitochondrien mit einer Mutation vorhanden. Dies kann zu einem Funktionsverlust, zum Zelltod oder zu einer Erkrankung eines vielzelligen Organismus führen.
Diesen Zellen enthalten nur wenige Mitochondrien mit einer Mutation, die Zellen sind gesund.

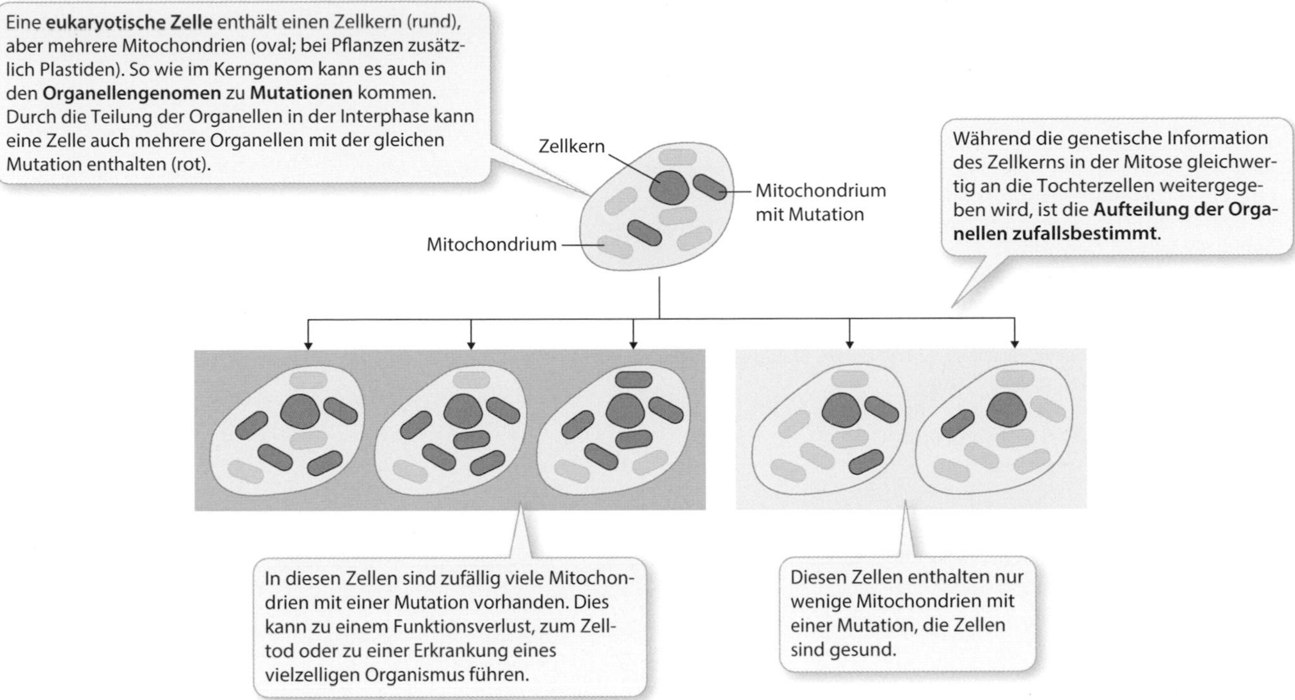

Abb. 7.48 Anders als die äquale Verteilung der im Zellkern enthaltenen Erbinformation erfolgt die Weitergabe der Organellengenome bei der Zellteilung zufällig

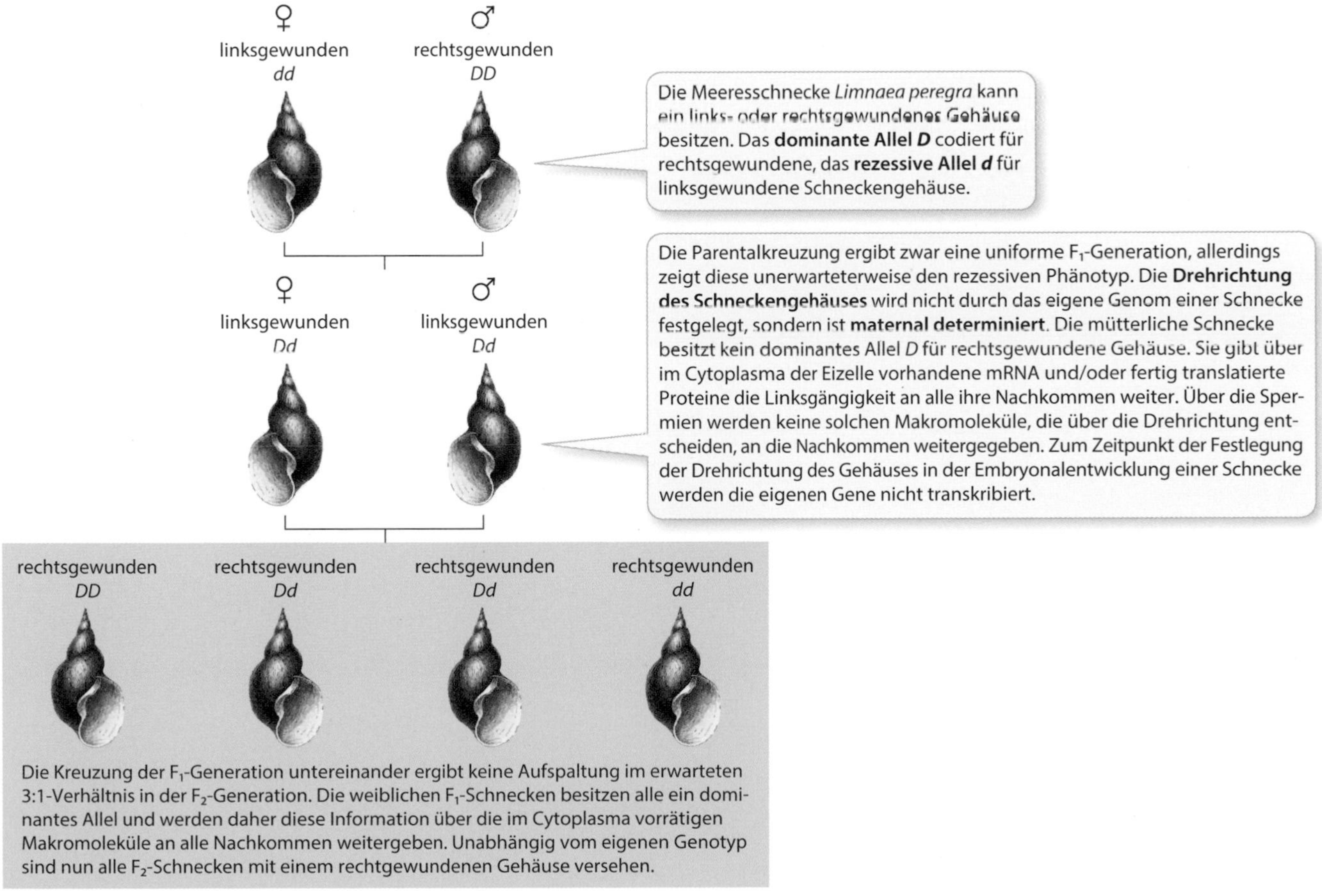

♀ linksgewunden *dd*
♂ rechtsgewunden *DD*
Die Meeresschnecke *Limnaea peregra* kann ein links- oder rechtsgewundenes Gehäuse besitzen. Das **dominante Allel *D*** codiert für rechtsgewundene, das **rezessive Allel *d*** für linksgewundene Schneckengehäuse.
♀ linksgewunden *Dd*
♂ linksgewunden *Dd*
Die Parentalkreuzung ergibt zwar eine uniforme F_1-Generation, allerdings zeigt diese unerwarteterweise den rezessiven Phänotyp. Die **Drehrichtung des Schneckengehäuses** wird nicht durch das eigene Genom einer Schnecke festgelegt, sondern ist **maternal determiniert**. Die mütterliche Schnecke besitzt kein dominantes Allel *D* für rechtsgewundene Gehäuse. Sie gibt über im Cytoplasma der Eizelle vorhandene mRNA und/oder fertig translatierte Proteine die Linksgängigkeit an alle ihre Nachkommen weiter. Über die Spermien werden keine solchen Makromoleküle, die über die Drehrichtung entscheiden, an die Nachkommen weitergegeben. Zum Zeitpunkt der Festlegung der Drehrichtung des Gehäuses in der Embryonalentwicklung einer Schnecke werden die eigenen Gene nicht transkribiert.
rechtsgewunden *DD*
rechtsgewunden *Dd*
rechtsgewunden *Dd*
rechtsgewunden *dd*
Die Kreuzung der F_1-Generation untereinander ergibt keine Aufspaltung im erwarteten 3:1-Verhältnis in der F_2-Generation. Die weiblichen F_1-Schnecken besitzen alle ein dominantes Allel und werden daher diese Information über die im Cytoplasma vorrätigen Makromoleküle an alle Nachkommen weitergeben. Unabhängig vom eigenen Genotyp sind nun alle F_2-Schnecken mit einem rechtgewundenen Gehäuse versehen.

Abb. 7.49 Auch Merkmale, die durch Gene des Zellkerns codiert werden, können einen maternalen Effekt zeigen

Weiterführende Literatur

1. Campbell NA, Reece JB, Urry LA, Cain ML, Wasserman SA, Minorsky PV, Jackson RB (2015) Campbell Biologie, 10. Aufl. Pearson, Hallbergmoos
2. Graw J (2015) Genetik, 6. Aufl. Springer Spektrum, Berlin, Heidelberg
3. Janning W, Knust E (2008) Genetik, 2. Aufl. Thieme, Stuttgart
4. Klug WS, Cummings MR, Spencer CA, Palladino MA, Killian D (2018) Concepts of genetics. Pearson, London
5. Knippers R (2017) Eine kurze Geschichte der Genetik, 2. Aufl. Springer, Berlin, Heidelberg, New York
6. Munk K (2017) Taschenlehrbuch Biologie: Genetik. Thieme, Stuttgart
7. Murken JD, Grimm T, Holinski-Feder E, Zerres K (2017) Taschenlehrbuch Humangenetik, 9. Aufl. Thieme, Stuttgart
8. Sadava D, Hillis D, Heller HC, Hacker S (2019) Purves Biologie, 10. Aufl. Springer Spektrum, Berlin, Heidelberg
9. Watson J, Baker T, Bell S, Gann A, Levine M, Losick R (2010) Watson Molekularbiologie, 6. Aufl. Pearson, London

Expression der Erbinformation

Martin Simon

mit Beiträgen von Christian Johannes

J. Boenigk (Hrsg.), *Boenigk, Biologie,* https://doi.org/10.1007/978-3-662-61270-5_8

8

8.1 Basentripletts der DNA codieren für Aminosäuren

Zum Umsetzen der genetischen Information in ein Protein kommen viele verschiedene Mechanismen zum Tragen. Zunächst wird die genetische Information **transkribiert**, also anhand der DNA als Vorlage ein **mRNA-Strang** (**Messenger-RNA**) synthetisiert. Anschließend wird die mRNA in eine Aminosäureabfolge **translatiert** (◻ Abb. 8.1). Zusammengefasst werden diese beiden Prozesse unter dem Begriff **Genexpression**. Zum Verständnis der Gesamtheit der Mechanismen, die zur Genexpression beitragen, müssen auch die Modifizierung und Faltung von Proteinen nach der Translation berücksichtigt werden. **Posttranslationale Modifizierung** geschieht beispielsweise durch Glykosylierung. Zudem müssen die Proteine noch an ihren Bestimmungsort innerhalb oder außerhalb der Zelle transportiert werden. Daher weisen die komplexen Prozesse der Genexpression bei Pro- und Eukaryoten einige Unterschiede auf (◻ Abb. 8.1).

Essenziell für die Translation ist der „**genetische Code**", die Regeln, nach denen die Basenabfolge der RNA in eine Aminosäure übersetzt wird:

- Je **drei aufeinanderfolgende Basenpaare bilden ein Codon**, das für eine Aminosäure codiert.

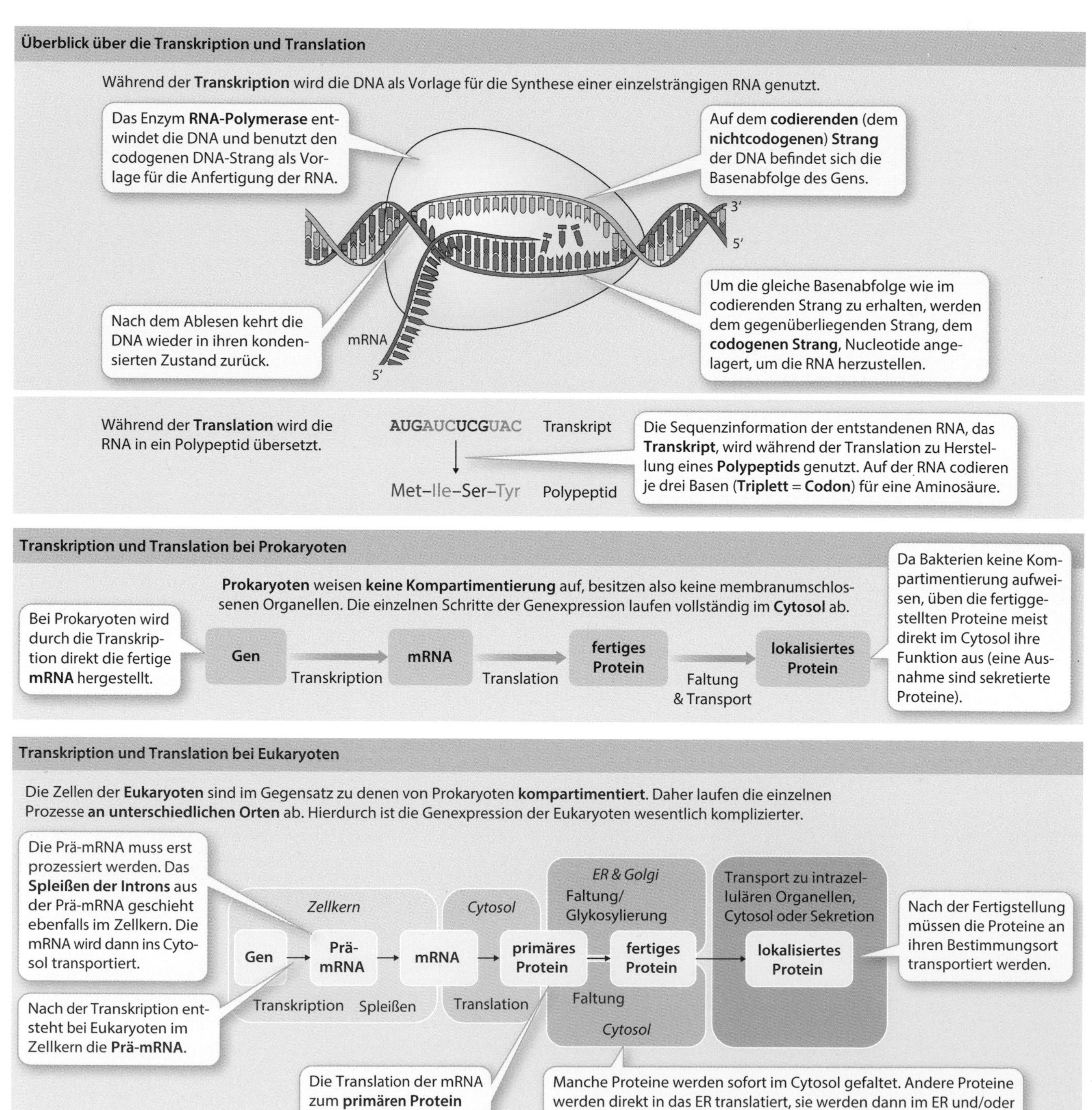

◻ **Abb. 8.1** Transkription und Translation im Überblick

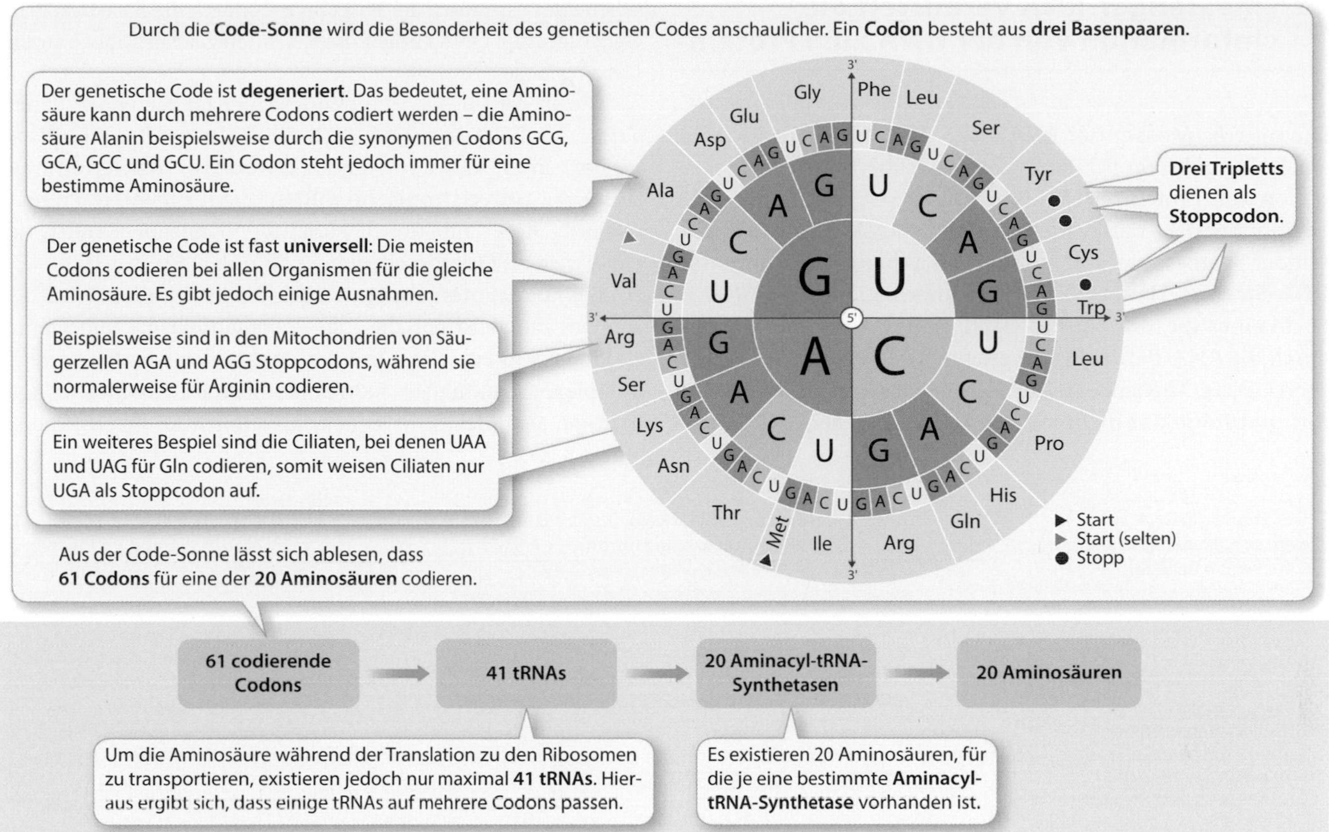

Abb. 8.2 Der genetische Code ist universell und degeneriert

- **Der genetische Code ist degeneriert:** Das bedeutet, dass verschiedene Codons für die gleiche Aminosäure codieren – ein bestimmtes Codon codiert jedoch immer nur für eine Aminosäure. Aus den drei Basen eines Tripletts ergeben sich mit den vier möglichen Basen 64 Kombinationsmöglichkeiten ($4^3 = 64$). Von diesen codieren 61 Codons für insgesamt 20 Aminosäuren und drei Codons dienen als Stoppcodons (Abb. 8.2).
- **Der genetische Code ist fast universell:** Für die überwiegende Anzahl von Organismen ist der genetische Code universell – von Bakterien bis hin zum Menschen wird von einer bestimmten Basenabfolge jeweils dieselbe Aminosäuresequenz translatiert. Einige Abweichungen kommen aber vor (Abb. 8.2)

Für die Übersetzung der RNA-Basensequenz in die Aminosäuresequenz sind sogenannte **Transfer-RNAs** (**tRNAs**) verantwortlich (Abb. 8.3). Sie erkennen das **Codon der mRNA** per homologer Basenbindung mit dem **Anticodon** und sind mit den jeweiligen Aminosäuren beladen. Die meisten Organismen haben nur etwa 40 verschiedene tRNAs, mit denen die 61 für Aminosäuren codierenden Codons bedient werden (Abb. 8.3).

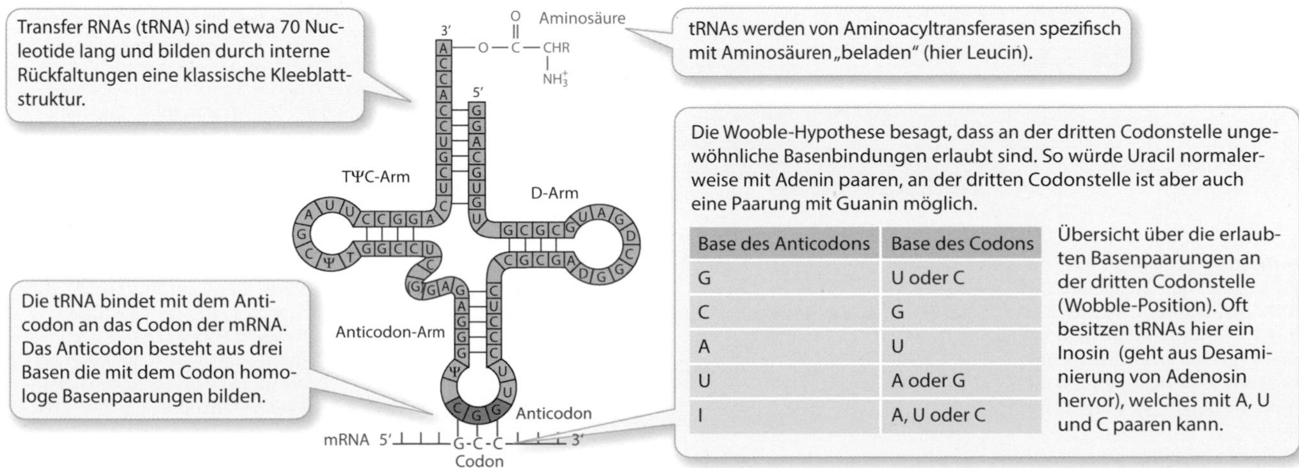

Base des Anticodons	Base des Codons
G	U oder C
C	G
A	U
U	A oder G
I	A, U oder C

Abb. 8.3 tRNAs können zu verschiedenen Codons „passen"

8

8.2 Messenger-RNA vermittelt die Information von der DNA zum Protein

Die **mRNA** (**Messenger RNA**) „speichert" die Informationen der DNA und sorgt für die Informationsübertragung zum Herstellen von Proteinen. Der Prozess der Herstellung der RNA beginnt mit der Transkription durch die RNA-Polymerase, also mit der Synthese eines RNA-Moleküls anhand des **codogenen DNA-Strangs**. Hierbei werden die Informationen der DNA, in Form einer spezifischen Basenabfolge des codogenen Strangs, durch die RNA-Polymerase abgelesen und in der RNA „gespeichert". Das entstehende RNA-Molekül hat somit die **identische Basenabfolge des nichtcodogenen Strang der DNA** – abgesehen vom Austausch der Base Thymin durch die Base Uracil. Im Gegensatz zur DNA enthält die RNA den Zucker Ribose anstatt Desoxyribose.

Neben der für die Aminosäuresequenz codierenden Basenabfolge enthält die mRNA auch die **UTRs** (engl. *untranslated regions*) am 5'- und am 3'-Ende (◘ Abb. 8.4). **Bakterien** transkribieren **polycistronische mRNA**, die für mehrere Proteine codiert. Dieser funktionell zusammenhängende Bereich der DNA wird als **Operon** bezeichnet (◘ Abb. 8.5).

Bei **Eukaryoten** findet sich keine polycistronische mRNA, sondern monocistronische – sie enthalten nur die Information zu einem Protein. Die Gene der Eukaryoten weisen aber eine komplexe Struktur aus **Exons** (codierende Abschnitte) und **Introns**, also nichtcodierenden Insertionen im Open Reading

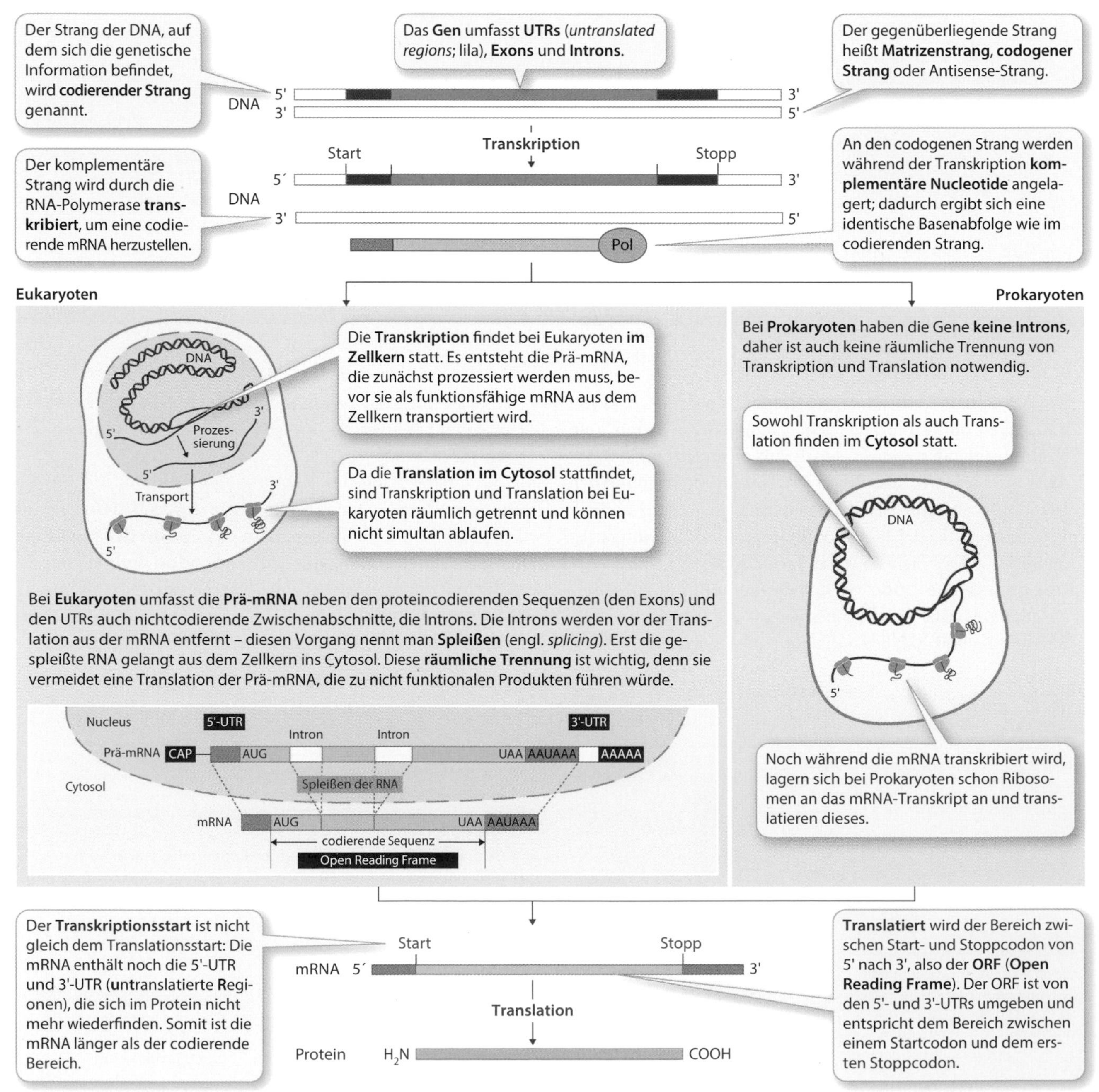

◘ **Abb. 8.4** Schema der Genexpression und der Struktur von mRNA: Transkription und mRNAs unterscheiden sich bei Pro- und Eukaryoten

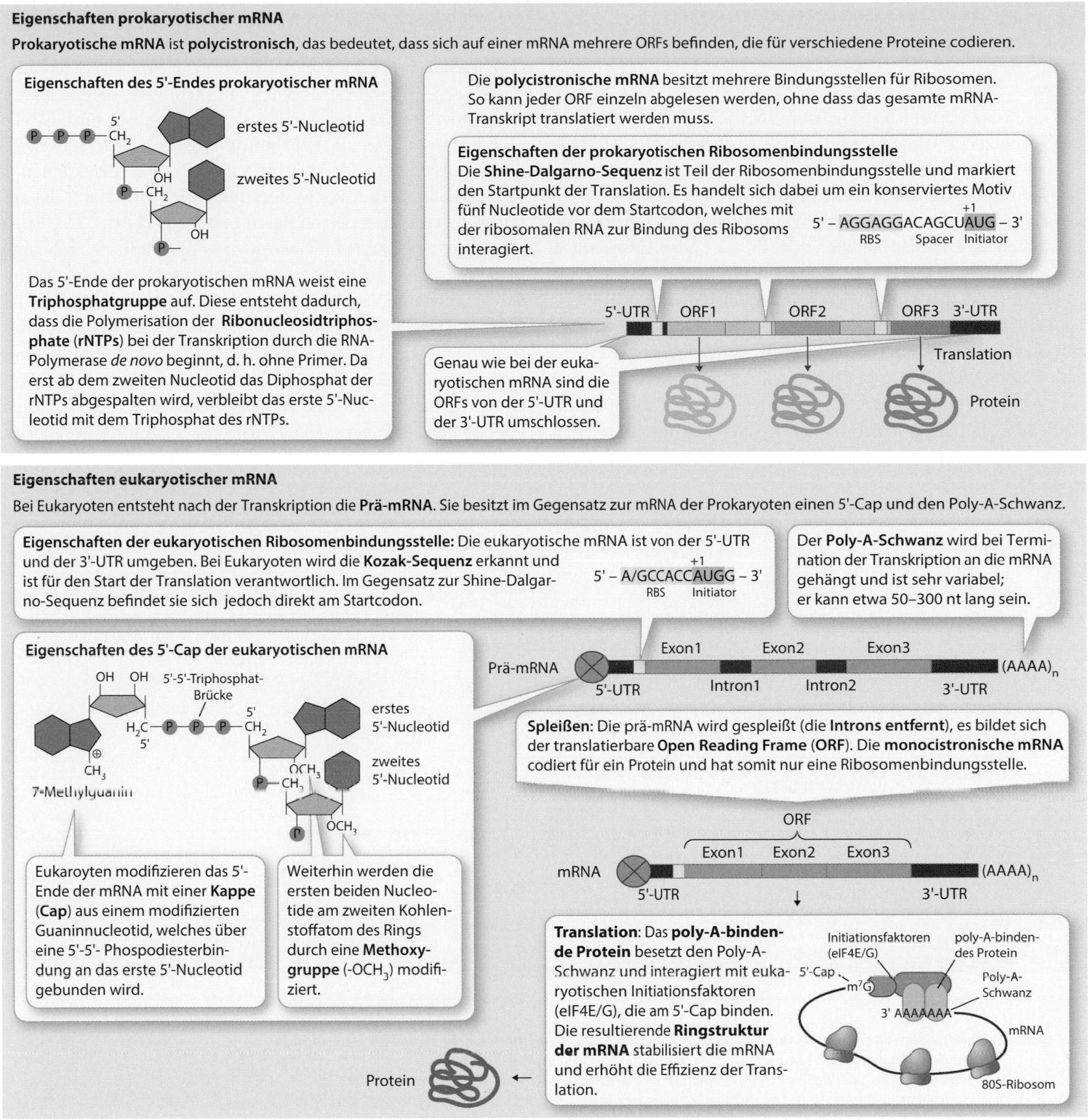

Eigenschaften prokaryotischer mRNA

Prokaryotische mRNA ist **polycistronisch**, das bedeutet, dass sich auf einer mRNA mehrere ORFs befinden, die für verschiedene Proteine codieren.

Eigenschaften des 5'-Endes prokaryotischer mRNA

5' CH_2 erstes 5'-Nucleotid

OH CH_2 zweites 5'-Nucleotid

OH

Das 5'-Ende der prokaryotischen mRNA weist eine **Triphosphatgruppe** auf. Diese entsteht dadurch, dass die Polymerisation der **Ribonucleosidtriphosphate (rNTPs)** bei der Transkription durch die RNA-Polymerase *de novo* beginnt, d. h. ohne Primer. Da erst ab dem zweiten Nucleotid das Diphosphat der rNTPs abgespalten wird, verbleibt das erste 5'-Nucleotid mit dem Triphosphat des rNTPs.

Die **polycistronische mRNA** besitzt mehrere Bindungsstellen für Ribosomen. So kann jeder ORF einzeln abgelesen werden, ohne dass das gesamte mRNA-Transkript translatiert werden muss.

Eigenschaften der prokaryotischen Ribosomenbindungsstelle

Die **Shine-Dalgarno-Sequenz** ist Teil der Ribosomenbindungsstelle und markiert den Startpunkt der Translation. Es handelt sich dabei um ein konserviertes Motiv fünf Nucleotide vor dem Startcodon, welches mit der ribosomalen RNA zur Bindung des Ribosoms interagiert.

+1
5' – AGGAGGACAGCUAUG – 3'
RBS Spacer Initiator

5'-UTR ORF1 ORF2 ORF3 3'-UTR

Translation

Protein

Genau wie bei der eukaryotischen mRNA sind die ORFs von der 5'-UTR und der 3'-UTR umschlossen.

Eigenschaften eukaryotischer mRNA

Bei Eukaryoten entsteht nach der Transkription die **Prä-mRNA**. Sie besitzt im Gegensatz zur mRNA der Prokaryoten einen 5'-Cap und den Poly-A-Schwanz.

Eigenschaften der eukaryotischen Ribosomenbindungsstelle: Die eukaryotische mRNA ist von der 5'-UTR und der 3'-UTR umgeben. Bei Eukaryoten wird die **Kozak-Sequenz** erkannt und ist für den Start der Translation verantwortlich. Im Gegensatz zur Shine-Dalgarno-Sequenz befindet sie sich jedoch direkt am Startcodon.

+1
5' – A/GCCACCAUGG – 3'
RBS Initiator

Der **Poly-A-Schwanz** wird bei Termination der Transkription an die mRNA gehängt und ist sehr variabel; er kann etwa 50–300 nt lang sein.

Eigenschaften des 5'-Cap der eukaryotischen mRNA

OH OH 5'-5'-Triphosphat-Brücke

H_2C 5' 5' CH_2 erstes 5'-Nucleotid

CH_3 7-Methylguanin

OCH_3 CH_2 zweites 5'-Nucleotid

OCH_3

Eukaroyten modifizieren das 5'-Ende der mRNA mit einer **Kappe (Cap)** aus einem modifizierten Guaninnucleotid, welches über eine 5'-5'- Phospodiesterbindung an das erste 5'-Nucleotid gebunden wird.

Weiterhin werden die ersten beiden Nucleotide am zweiten Kohlenstoffatom des Rings durch eine **Methoxygruppe** (-OCH_3) modifiziert.

Prä-mRNA Exon1 Exon2 Exon3 $(AAAA)_n$

5'-UTR Intron1 Intron2 3'-UTR

Spleißen: Die prä-mRNA wird gespleißt (die **Introns entfernt**), es bildet sich der translatierbare **Open Reading Frame (ORF)**. Die **monocistronische mRNA** codiert für ein Protein und hat somit nur eine Ribosomenbindungsstelle.

ORF

mRNA Exon1 Exon2 Exon3 $(AAAA)_n$

5'-UTR 3'-UTR

Translation: Das **poly-A-bindende Protein** besetzt den Poly-A-Schwanz und interagiert mit eukaryotischen Initiationsfaktoren (eIF4E/G), die am 5'-Cap binden. Die resultierende **Ringstruktur der mRNA** stabilisiert die mRNA und erhöht die Effizienz der Translation.

Initiationsfaktoren (eIF4E/G)
poly-A-bindendes Protein
5'-Cap
m^7G
Poly-A-Schwanz
3' AAAAAAA
mRNA
80S-Ribosom

Protein

Abb. 8.5 Die strukturellen und biochemischen Unterschiede zwischen pro- und eukaryotischer mRNA

Frame (ORF), auf (Abb. 8.5). Diese müssen zunächst entfernt werden, um ein translatierbares mRNA-Transkript zu ergeben (► Abschn. 8.3). Aufgrund dieser Struktur sind weitere Prozessierungsschritte vor der Translation notwendig sowie eine räumliche Trennung von Transkription und Translation. Die mRNA der Eukaryoten muss schließlich aus dem Zellkern in das Cytosol transportiert werden (Abb. 8.4).

Weiterhin besitzen eukaryotische mRNAs einen **Poly-A-Schwanz** und einen **5′-Cap** (Abb. 8.5). Beide Modifikationen sind an einer Ringbildung der mRNA bei der Translation beteiligt und zudem wesentliche Stabilitätsmerkmale. Die 5′-Cap-Struktur schützt ebenso vor Exonucleasen wie der Poly-A-Schwanz, welcher von dem sogenannten poly-A-bindenden Protein gebunden wird. Über beide kann die Zelle die Halbwertszeit der mRNA bestimmen und somit, wie lange die mRNA translatiert werden kann. Generell ist die mRNA ein eher kurzlebiges Molekül und kann von der Zelle im sogenannten **Exosom** wieder abgebaut werden. Ohne diesen Abbau könnten keine schnellen Änderungen der Genexpression erfolgen. Eine Zelle könnte sich nicht schnell einer Umweltbedingung anpassen und ein Gen z. B. transkriptionell abschalten, wenn dessen mRNA extrem stabil wäre und somit immer weiter Protein translatiert würde.

8.3 Eukaryoten entfernen Introns durch Spleißen aus der Prä-mRNA

Im Gegensatz zur prokaryotischen mRNA wird die eukaryotische mRNA nach der Transkription vielfältig prozessiert.

Ein Faktor dieser **Prozessierung** ist das Entfernen der Intronsequenzen, das sogenannte **Spleißen** (engl. *splicing*). Wichtig ist, dass Introns nichts mit der Regulation der Genexpression zu tun haben, d. h., das Spleißen oder die An- oder Abwesenheit von Introns in einem Gen hat keinen Einfluss auf dessen Regulation, wohl aber auf die Qualität der entstehenden mRNA.

Fehlerhaftes Spleißen würde mit hoher Wahrscheinlichkeit zu einer nichttranslatierbaren mRNA, sicher jedoch zu einem fehlerhaften Protein führen. Die Verteilung von Introns in Genen lässt nicht auf einen großen Einfluss von fehlerhaftem Spleißen schließen: Oft befinden sich Introns in sehr wichtigen Bereichen des zukünftigen Proteins – Introns werden durch die Evolution offensichtlich nicht aus Genbereichen ferngehalten, welche für sehr sensible und essenzielle Abschnitte im Protein codieren.

Je nachdem, welches Protein betroffen wäre, könnte fehlerhaftes oder ineffizientes Spleißen durchaus tödlich für die Zelle sein. Introns müssen daher **Erkennungssequenzen** aufweisen, damit sie präzise aus der Prä-mRNA entfernt werden können.

Menschliche Introns weisen **Sequenzmotive** auf, die aus nur wenigen konservierten Basen bestehen (◘ Abb. 8.6). Es ist also nicht die gesamte Intronsequenz konserviert, vielmehr sind es in erster Linie **die Enden des Introns** und die Nucleotide um den sogenannten **Verzweigungspunkt**, ein im Intron gelegenes Adenosin. Die jeweils ersten und letzten beiden Basen von Introns beim Menschen sind dabei am konserviertesten: Introns beginnen normalerweise mit GT und enden mit AG. Der Verzweigungspunkt spielt eine wichtige Rolle bei der katalytischen Reaktion des Spleißens. Der Hydroxylsauerstoff des Adenosins

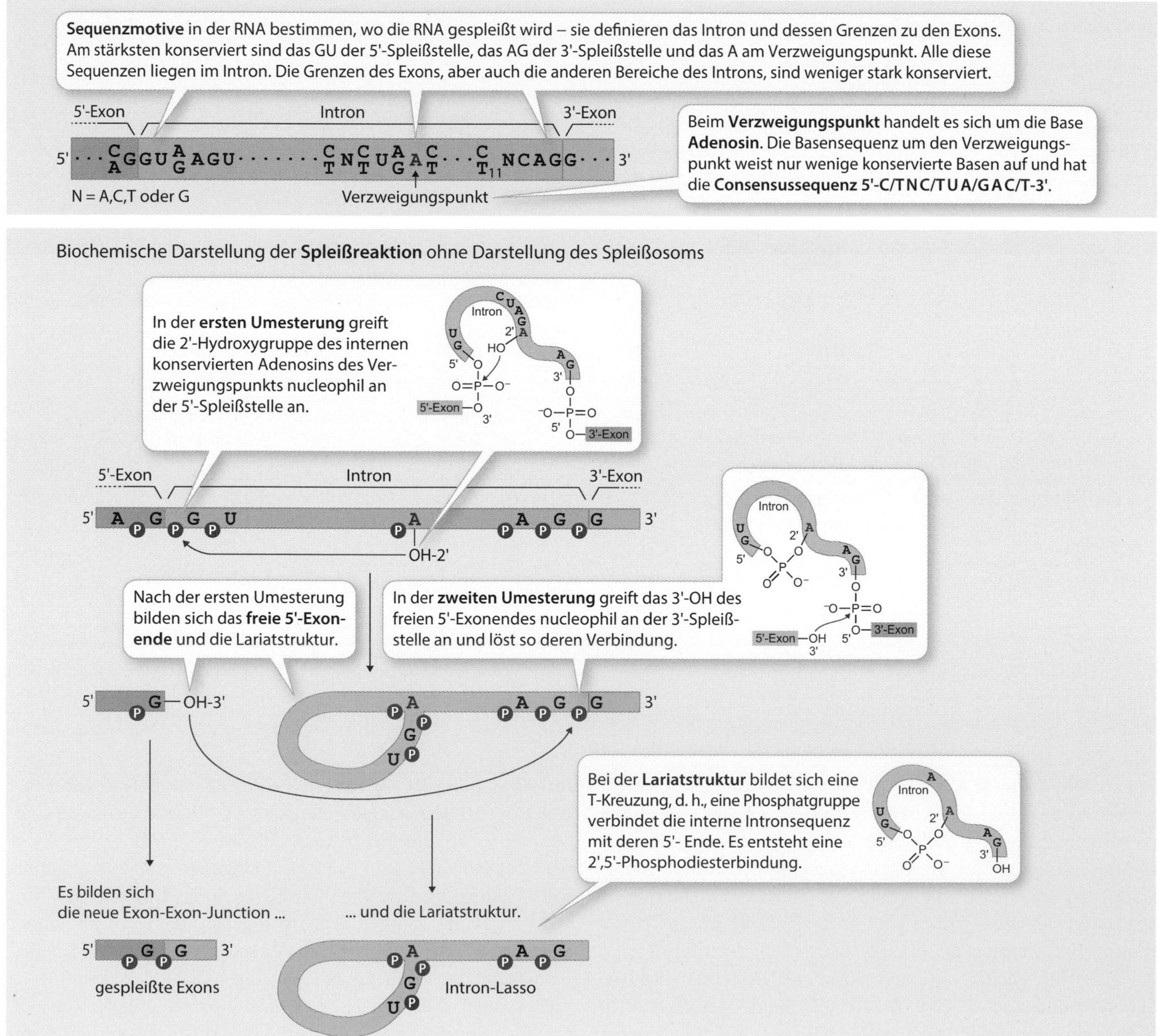

◘ **Abb. 8.6** Konservierte Sequenzmotive von Introns des Menschen und biochemischer Ablauf der Spleißreaktion, das Spleißosom ist nicht dargestellt

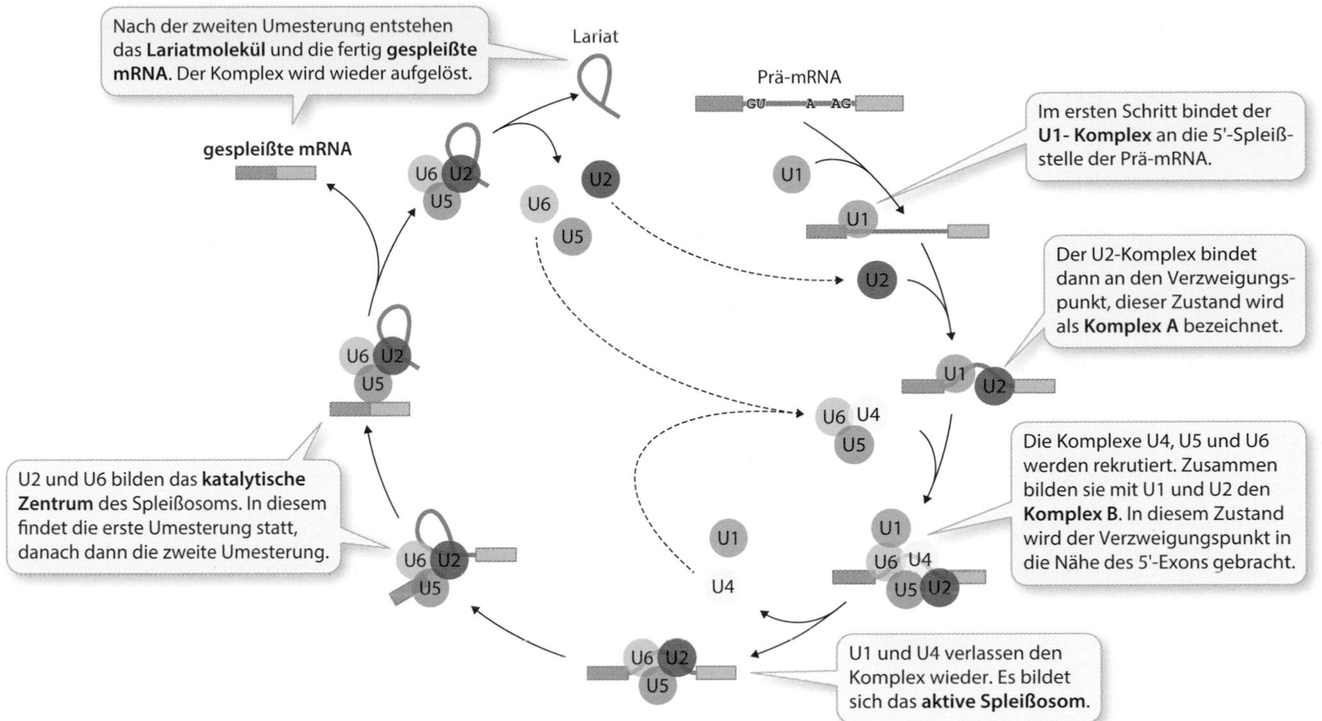

Abb. 8.7 Das Spleißosom ist ein dynamischer Komplex aus fünf Ribonucleokomplexen

greift nucleophil am 5′-Exon an (Abb. 8.6). Diese Reaktion läuft bei höheren Eukaryoten in der Regel nicht spontan ab, sondern in einem dynamischen Komplex aus Proteinen und RNA, dem **Spleißosom** (Spliceosom). Es katalysiert die nicht spontan ablaufenden Umesterungen, hauptsächlich sind die **Ribonucleoproteinkomplexe** U1, U2, U4, U5 und U6 am Spleißosom beteiligt. Bei diesen Komplexen sind die Proteine mit **snRNA** (*small nuclear* RNA) assoziiert, welche sehr reich an Uracil ist, woraus sich die Benennung für diese Komplexe ergab. Das Spleißosom selbst weist während des Spleißens eine dynamische Zusammensetzung auf, die einzelnen Komplexe sind also nicht ständig miteinander vereint (Abb. 8.7).

Die in den Komplexen enthaltenen snRNAs sind ca. 100 nt lang und codieren nicht für ein Protein. Ihre Aufgabe ist es, die reaktiven Zentren zueinanderzuführen und die Komplexe des Spleißosoms an die richtigen Stellen an der mRNA zu dirigieren. Dies geschieht anhand von homologer Basenpaarbindung an die konservierten Sequenzen (Abb. 8.8).

Generell nehmen **Anzahl und Länge der Introns** mit der Komplexität der Organismen zu. So korreliert die Introngröße meist auch mit der Genomgröße von Organismen: Größere Genome komplexerer Organismen besitzen auch längere Introns. Beim Menschen sind die Introns eines Gens zudem oft viel größer als die Exons. Auch die nicht codierenden und potenziell regulatorischen Bereiche des Genoms werden mit wachsender Komplexität des Organismus immer umfangreicher. Eine mögliche Erklärung für diesen Zusammenhang ist, dass höhere Organismen durch die Introns mehr Möglichkeiten zum **alternativen Spleißen** haben und somit mehrere Proteinvarianten aus einem Gen herstellen können (Abb. 8.9). So könnten die Variabilität und Flexibilität gesteigert werden, ohne notwendigerweise die Zahl der vorhandenen Gene zu erhöhen. Die Regulation des alternativen Spleißens ist noch relativ ungeklärt, teilweise ist auch *trans*-Spleißen beschrieben, also das Zusammenspleißen von Exons aus verschiedenen mRNA Molekülen.

Man kennt heute eine Vielzahl von nachträglichen Korrekturmechanismen, welche falsch gespleißte mRNA auf verschiedenen Wegen erkennen und eliminieren können, z. B. der **NMD** (*nonsense mediated RNA decay*). Diese Mechanismen funktionieren so effizient, dass fehlerhafte Spleißprodukte normalerweise in der Zelle sofort eliminiert werden. Das Spleißen funktioniert also sehr exakt, es gibt nur wenige Fälle, bei denen ein Intron falsch (an falschen Stellen) gespleißt wird. Spleißen ist aber manchmal nicht effizient, sodass Introns in der mRNA verbleiben. Diese mRNA-Moleküle werden dann von Korrekturmechanismen erkannt und eliminiert.

Auch **Chromatinmodifkationen** können am Spleißen beteiligt sein: Sie helfen der Polymerase, Komponenten des Spleißosoms zu rekrutieren. Genau wie bei den weiteren Modifikationen der mRNA (z. B. die 5′-Cap) geht man davon aus, dass Spleißen auch cotranskriptional und nicht posttranskriptional geschieht: Viele Introns werden also schon bei der Transkription entfernt.

Das katalytisch aktivierte **Spleißosom** besteht aus den Untereinheiten U2, U5 und U6. Diese drei Untereinheiten weisen Basenpaarbindungen zueinander auf. Das RNA-Netzwerk der drei Untereinheiten bildet das **katalytische Zentrum** (gelb unterlegt) des Spleißosoms. Die Spleißosomuntereinheiten bestehen aus Proteinen und den snRNAs – etwa 100 Nucleotide langen nichtcodierenden RNAs.

Die **snRNA des U6-Komplexe** bindet im Bereich des Sequenzmotivs am Übergang zu Exon 1.

Die **snRNA des U5-Komplexes** tritt mit den Enden der Exons in Wechselwirkung.

Die **snRNA des U2-Komplexe** bindet im Bereich des Verzweigungspunktes.

U5

U6

U2

Exon 1 N A G

Exon 2

Verzweigungspunkt

Intron

CGCAAAUUCGUGAAGCGUUCCAUAUUUU

UUUUCCGGCUCUUCGCUA

AGAUU

ACUAG

GUAGUA

CAUCAU

Abb. 8.8 snRNAs führen die U-Komplexe zu den konservierten Sequenzen der Introns

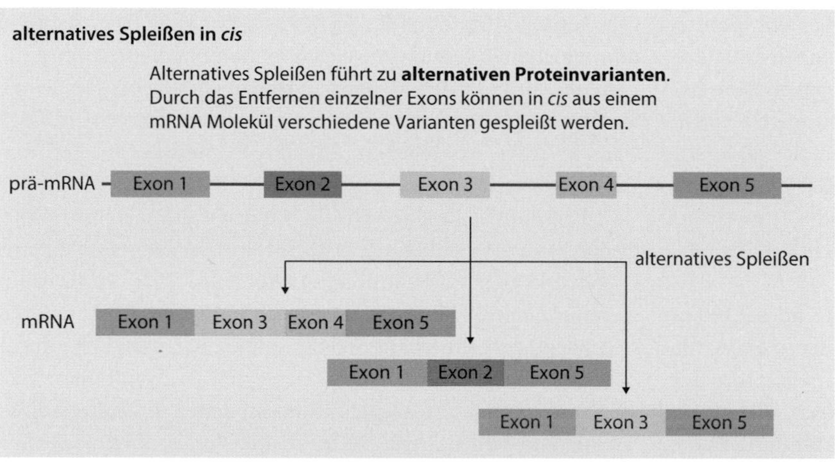

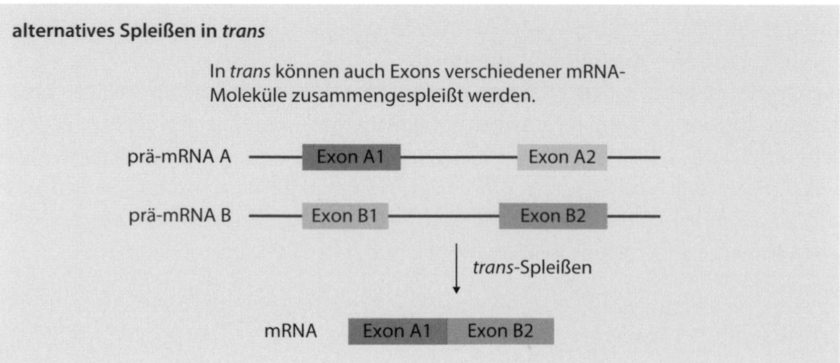

Abb. 8.9 Gegenüberstellung von alternativem Spleißen in *cis* und *trans*

Box 8.1: Ribozyme

RNA kann, genau wie Proteine, katalytisch aktiv sein. In Anlehnung an den Enzymbegriff wird solche **katalytisch aktive RNA** als **Ribozym** bezeichnet. So besitzt die rRNA der großen Untereinheit Ribozymfunktion für die Peptidbindung, das katalytische Zentrum besteht hier aus nur fünf Nucleotiden. Weitere Beispiele sind selbstspleißende Introns der Gruppe I und II. Deren Entfernen aus der Prä-mRNA benötigt keine Cofaktoren wie das Spleißosom oder andere Proteine. Die katalytischen Reaktionen werden von der RNA selbst ausgeführt. Gruppe-I- und Gruppe-II-Introns finden sich in den Genen von eukaryotischen Zellorganellen und von Bakterien.

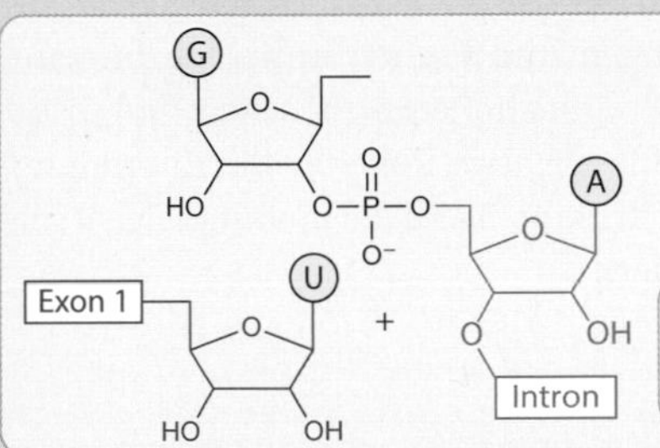

Ein **externes Guanosinnucleotid**, das nicht Bestandteil des Introns ist, wird von an einer speziellen Intronsequenz gebunden. Der Sauerstoff der 3'-Hydroxy-Gruppe des Guanosins greift nucleophil am Zucker-Phosphat-Rückgrat der 5'-Spleißstelle an.

Bei **Gruppe-I-Introns** wird eine externes (freies) Guanosinnucleotid an das Intron gebunden. Die OH-Gruppe des Guanosins greift hier nucleophil das 5'-Ende des Introns an.

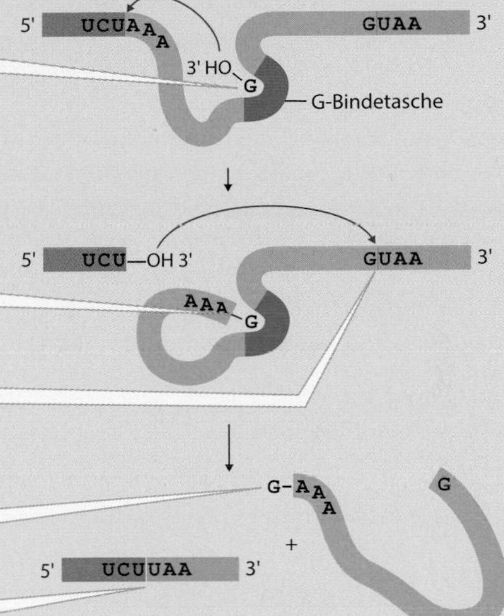

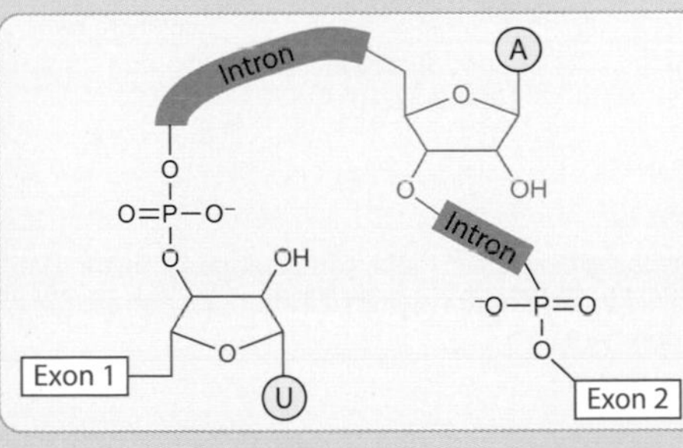

Die erste Umesterung findet statt. Das externe Guanosin wird an das Intron gebunden.

Hierdurch wird die 5'-Spleißstelle frei und kann für die zweite Umesterung am 3'-Ende angreifen.

Es kommt so zur Freisetzung des Introns, welches nun am 5' -Ende das externe G gebunden hat, ...

... und zur Ligation der beiden Exons.

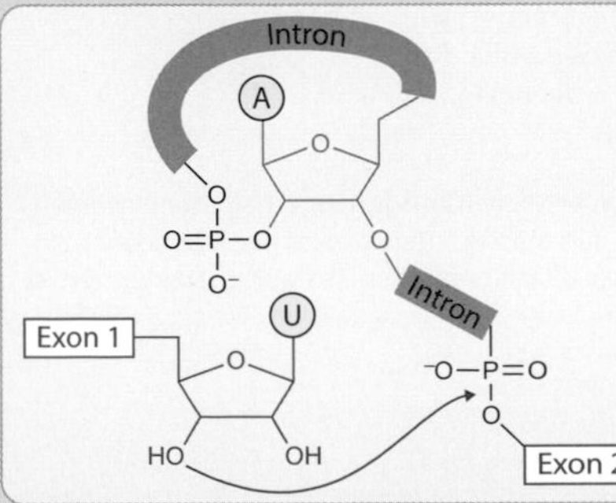

Die 2'-OH Gruppe eines **internen Adenosins** greift nucleophil an dem Zucker-Phosphat-Rückgrat der 5'-Spleißstelle an.

Bei **Gruppe-II-Introns** wird dieser Angriff von einer OH-Gruppe eines internen Adenosins ausgeführt. Daher ähneln Gruppe-II-Introns dem Verzweigungspunkt bei eukaryotischen Introns. Es kommt hier bei beiden zur Ausbildung der Lariatstruktur.

Durch eine 2'-5'-Phosphodiesterbindung kommt es zur Ausbildung einer Lassostruktur (**Lariat**) Das Adenosin hat nun drei solche Bindungen am 2'-, 3'- und 5'- Kohlenstoff.

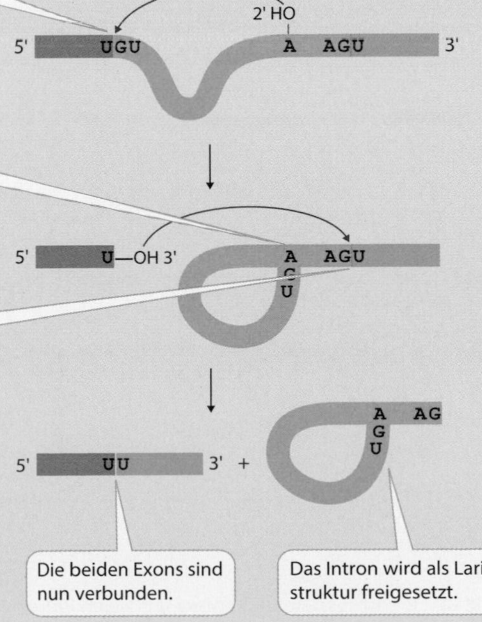

Der Hydroxy-Sauerstoff des nun freien 5'-Exonendes greift nucleophil an der 3'-Spleißstelle an. Es kommt zur zweiten Umesterung. Das Lariat wird freigesetzt und die beiden Exons werden miteinander verbunden.

Die beiden Exons sind nun verbunden.

Das Intron wird als Lariatstruktur freigesetzt.

8.4 Ribosomen werden im Nucleolus aus RNA und Proteinen zusammengebaut

Ribosomen sind makromolekulare Komplexe, die der **Katalyse der Proteinbiosynthese** dienen. Ein funktionsfähiges Ribosom besteht aus einer kleinen und einer großen Untereinheit. Diese setzen sich jeweils aus den **ribosomalen RNAs (rRNAs)** und einer Vielzahl von **Proteinen** zusammen (◘ Abb. 8.10). Trotz gleicher Grundstruktur und Komponenten differieren die Ribosomen geringfügig zwischen Pro- und Eukaryoten und auch innerhalb der Eukaryoten hinsichtlich Masse und Länge der rRNA. Die Größe der Ribosomen und ihrer Komponenten wird üblicherweise über ihren Sedimentationskoeffizienten in der Einheit **Svedberg (S)** angegeben.

Beim Aufbau der Ribosomen kommt besonders den rRNAs eine große Bedeutung zu. Zum einen besitzen sie katalytische Funktion, da es sich um sogenannte **Ribozyme** (► Abschn. 8.3, Box Ribozyme) handelt; hinzu kommt noch eine strukturgebende Funktion. Die rRNAs falten sich massiv und bilden eine komplexe dreidimensionale Struktur, welche als Gerüst für die Anordnung der ribosomalen Proteine dient (◘ Abb. 8.10). Sie interagieren zudem mit anderen rRNA-Molekülen – ohne rRNA kann ein Ribosom also nicht richtig zusammengebaut werden.

Hergestellt werden die Ribosomen im **Nucleolus**, einem Teilbereich des Zellkerns. Dort wird ein bestimmter Abschnitt auf der DNA, das **rDNA-Cluster**, durch die RNA-Polymerase I (Pol I) transkribiert. Dieses Cluster liegt in Wiederholungen auf verschiedenen Chromosomen im Genom vor und codiert für die 5,8S-, 18S-, und 28S-rRNA, die aus einer Prä-rRNA prozessiert werden (◘ Abb. 8.11). Nach der Prozessierung finden zahlreiche **biochemische Modifikationen** an der Ribose sowie an ihren Basen statt. Vermittelt werden diese Modifikationen von Enzymen, die durch kleine RNA-Moleküle, die sogenannten **snoRNAs** (***small nucleolar* RNAs**), gesteuert werden. Die snoRNAs bilden selbst spezifische Rückfaltungen und sind dadurch in der Lage, mit den einzelsträngigen Bereichen an die rRNA zu binden. So leiten sie bestimmte Enzyme zu den zu modifizierenden Nucleotiden der rRNA. In der menschlichen rRNA sind ca. jeweils 100 2′-O-Methylierungen und Pseudouridine zu finden, was bedeutet, dass diese Modifikationen nicht selten sind. Die Modifikationen spielen eine wichtige Rolle für die Ausbildung der Sekundär- und Tertiärstruktur, da sie die Bindungseigenschaften der Nucleotide verändern.

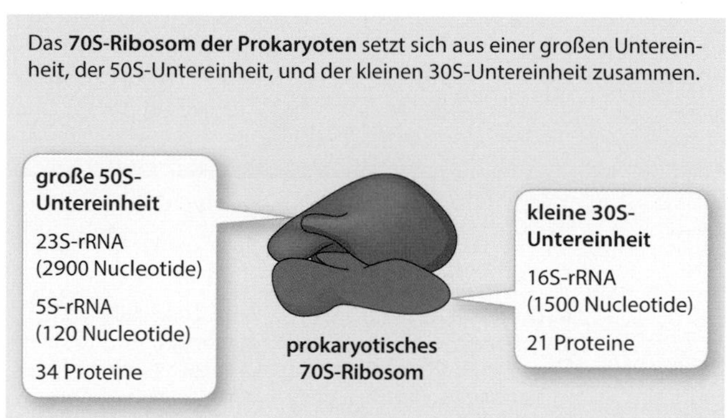

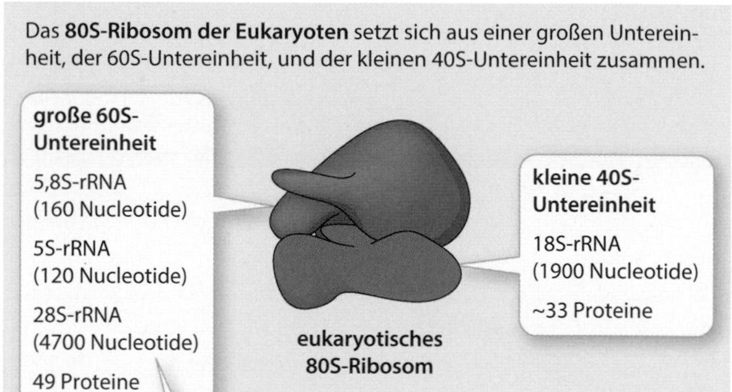

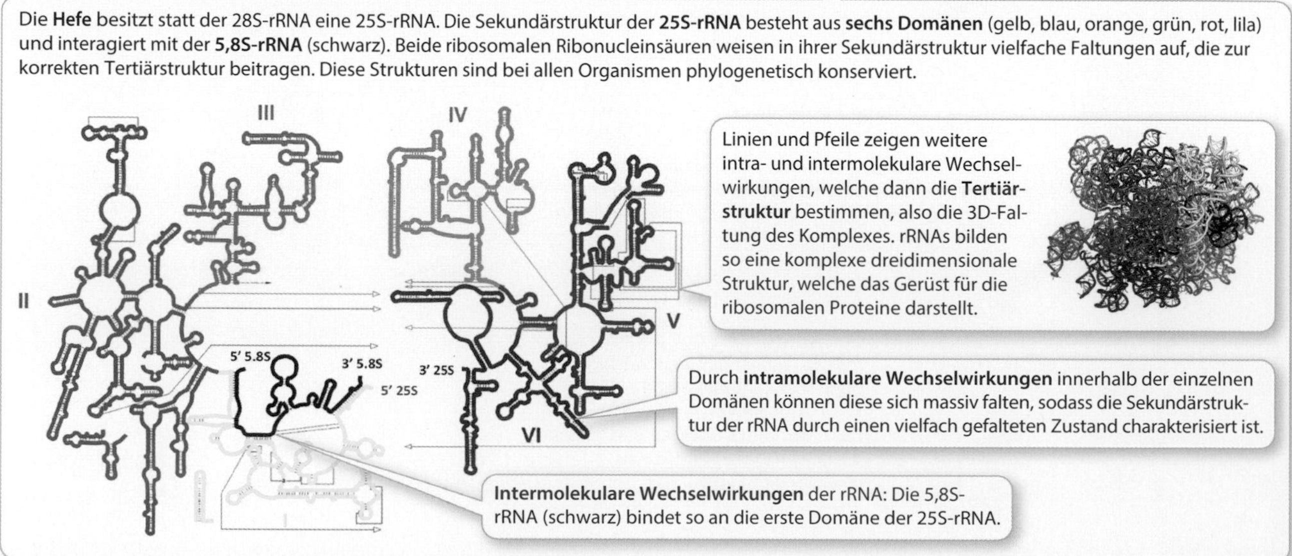

◘ **Abb. 8.10** Ribosomen sind Komplexe aus vielen Proteinen und ribosomalen RNAs (rRNAs)

Der **Nucleolus** ist ein Teilbereich des Zellkerns, der nicht vom Rest des Zellkerns durch eine Membran getrennt ist. Er besteht aus der **RNA-Polymerase I** (**Pol I**), die die rDNA transkribiert, und vielen Komponenten, die an der rRNA-Prozessierung beteiligt sind. Hier erfolgen die Prozessierung der rRNA, deren Modifikation und der Zusammenbau der Ribosomenvorläufer.

Die **5S-rRNA** ist nicht im rDNA-Cluster codiert. Sie wird von der **Polymerase III** (**Pol III**) außerhalb des Nucleolus transkribiert und dorthin transportiert.

Ribosomale Proteine werden nach deren Translation in den Zellkern transportiert.

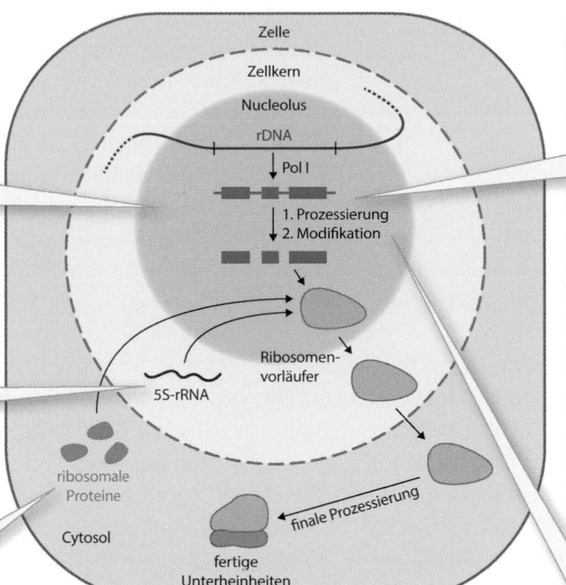

Die **Prä-rRNA**, besteht neben den drei rRNAs aus den **ETS-** (*external transcribed spacer*) und den **ITS-Regionen** (*internal transcribed spacer*). Diese müssen bei der **Prozessierung zur reifen rRNA** entfernt werden. Obwohl diese Vorgänge an das Spleißen erinnern, sind sie sehr unterschiedlich und basieren auf gezielter **Endo- und Exonucleaseaktivität**, die das Prä-rRNA-Transkript nach und nach auf die drei rRNAs reduzieren.

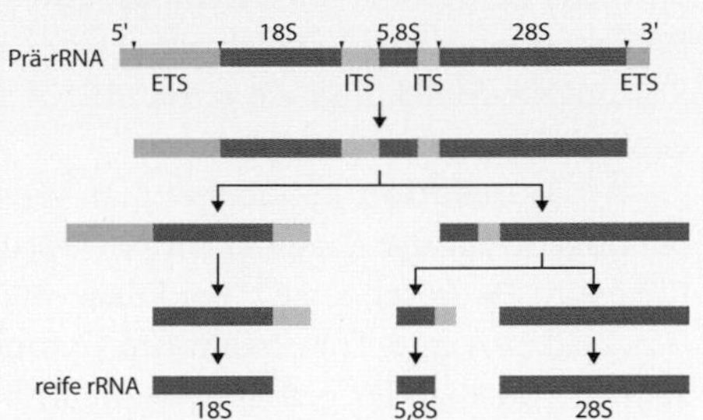

Die rRNAs werden **nach der Prozessierung** noch an zahlreichen Stellen biochemisch **modifiziert**. Die exakte Stelle, die modifiziert werden soll, wird durch eine Klasse kleiner nichtcodierender RNAs bestimmt, die **snoRNAs** (*small nucleolar* RNA). Diese klassifiziert man nach Sequenzmotiven und nach der Modifikation, welche sie vermitteln. Die snoRNAs modifizieren dabei die rRNAs nicht selbst, sondern zeigen Enzymen die Position (das Nucleotid) an, welches modifiziert werden soll.

Die **C-/D-Box-snoRNAs** vermitteln **2'-O-Methylierungen**. Hierbei wird das freie 2'-OH der Ribose methyliert. Die snoRNA hat eine spezifische Sekundärstruktur und bindet die rRNA über homologe Basenpaarbindung. Die Position der Methylierung wird dabei durch die snoRNA vorgegeben.

Neben der C- und der D-Box enthalten die snoRNAs noch Kopien dieser Boxen, die nicht ganz identisch zur C- und D-Box sind. Diese werden als C'- und D'-Box bezeichnet. Es entsteht die Reihenfolge C/D'/C'/D.

Die **C-/D-Box-snoRNAs** enthalten konservierte Boxen. Die C-Box besitzt die Basenabfolge RUGAUGA, wobei R für ein Purin steht, und die D-Box enthält die Abfolge CUGA. Die beiden Boxen befinden sich am 5'- bzw. am 3'-Ende der snoRNA. Durch die spezifische Faltung der snoRNA liegen sich die C-Box und die D-Box gegenüber.

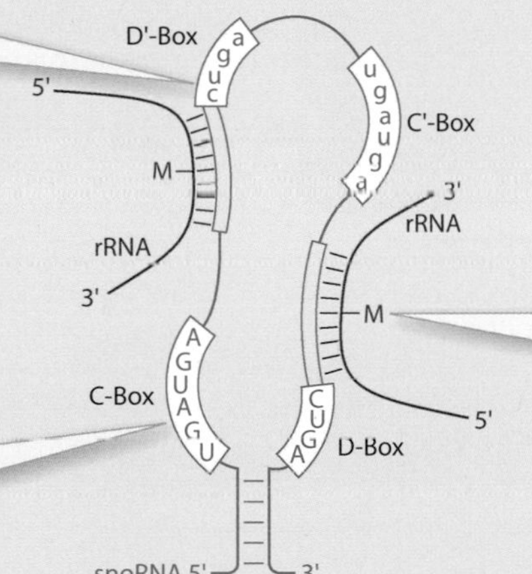

Die **Antisense-Domäne** weist eine zu den rRNAs komplementäre Basenpaarung auf. Sie ist ausschlaggebend für die genaue Position der Methylierung der andockenden rRNA. Die zu modifizierende Base lagert sich genau fünf Nucleotide aufwärts der D- oder D'-Box an.

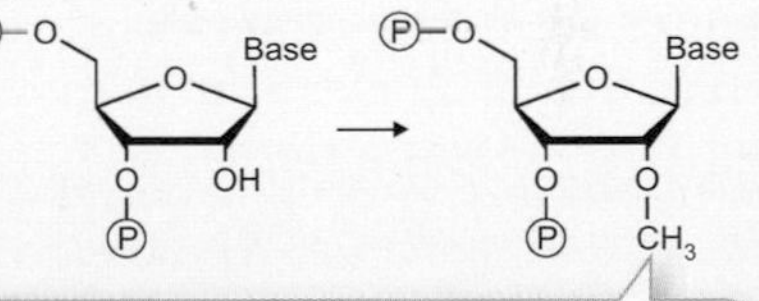

C/D-Box snoRNAs vermitteln eine **2'-O-Methylierung**, wobei das 2'-OH durch eine Methylgruppe (CH_3) ausgetauscht wird.

Eine andere Sorte snoRNAS, die **H-/ACA-Box-snoRNAs**, vermitteln eine sogenannte **Pseudouridinylierung**, sie übertragen ein Isomer des Uridins. Die H-/ACA-Box-snoRNAs bestehen aus zwei Haarnadelstrukturen und zwei kurzen einzelsträngigen Regionen, der H-Box und der ACA-Box.

Die **Haarnadelstrukturen** enthalten „Erkennungsschlaufen", die komplexe Pseudoknoten mit der zu modifizierenden rRNA formen. Das zu modifizierende Uridin der rRNA ist die ungepaarte Base im Loop der snoRNA. Das Ψ zeigt dessen Position an.

Sowohl die **H-Box** als auch die **ACA-Box** bestehen aus konservierten Sequenzmotiven. Für die H-Box ist dies ANANNA und für die ACA-Box ist es ACA. Die ACA-Box liegt stets drei Nucleotide vom 3'-Ende entfernt.

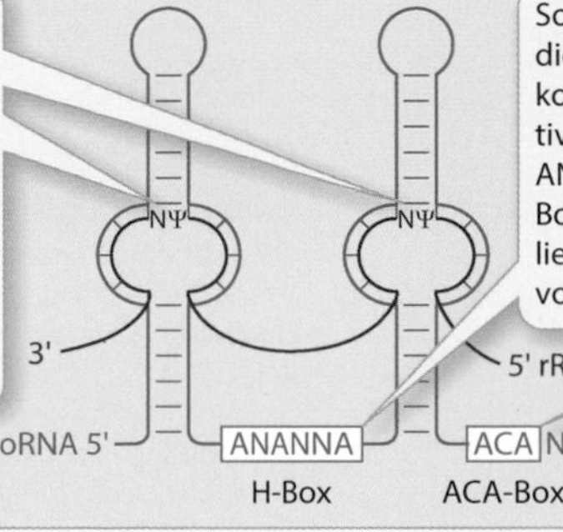

Uridin → Pseudouridin

Abb. 8.11 Ribosomen werden im Nucleolus produziert

8.5 An den Ribosomen wird die mRNA in einen Aminosäurestrang umgeschrieben

Neben der Transkription, der „Abschrift" der DNA in eine mRNA (Messenger-RNA), ist die Translation der zweite wesentliche Schritt der **Biosynthese von Proteinen** in Zellen. Bei Eukaryoten ist zusätzlich eine Prozessierung vom primären Prä-mRNA-Molekül in ein reifes mRNA-Molekül dazwischengeschaltet.

Als **Translation** bezeichnet man die Synthese einer Polypeptidkette auf der Basis der mRNA-Sequenz; sie geschieht am **Ribosom** (▶ Abschn. 4.8). Bei Eukaryoten sind Transkription (im Zellkern) und Translation (im Cytoplasma) räumlich und zeitlich voneinander getrennt, während bei Prokaroyten beide Teilprozesse fast gleichzeitig in der Zelle vonstattengehen (▶ Abschn. 8.1). Das Ribosom fungiert dabei wie eine Werkbank, indem es die wesentlichen Komponenten zusammenbringt und die Abläufe koordiniert (◘ Abb. 8.12). Die reife mRNA wird nicht zur Gänze in die Aminosäurefolge eines Proteins umgeschrieben. Das **offene Leseraster** ist durch ein Start- und ein Stoppcodon begrenzt und wird von 5'- und 3'-Regionen umfasst, die nicht translatiert werden (◘ Abb. 8.12; ▶ Abschn. 8.2).

Obschon der Translationsvorgang kontinuierlich abläuft, lassen sich die Vorgänge in drei Teilschritte einteilen: Initiation, Elongation und Termination. Die **Initiation** besteht im Zusammenfügen der relevanten Komponenten: mRNA, Start-tRNA (mit einem Methioninrest am 3'-Ende) sowie kleine und große ribosomale Untereinheit (◘ Abb. 8.13, Schritt 1). Die **Elongation** bezeichnet die Verlängerung des Polypeptids um eine Aminosäure mit jedem weiteren Eintritt einer tRNA ins Ribosom (◘ Abb. 8.13, Schritt 2). Sobald ein Stoppcodon in der mRNA auftaucht, bricht die Translation ab. Es kann keine tRNA am Stoppcodon binden. Die **Termination** der Translation erfolgt durch die Bindung eines Freisetzungsfaktors ans Stoppcodon (◘ Abb. 8.13, Schritt 3).

Auf der Grundlage der mRNA wird nicht nur ein einzelnes Protein gebildet. Am Startcodon binden wiederholt Ribosomen und beginnen mit der erneuten Synthese von Polypeptiden (◘ Abb. 8.12b). Diese Strukturen werden als **Polyribosomen** oder **Polysomen** bezeichnet.

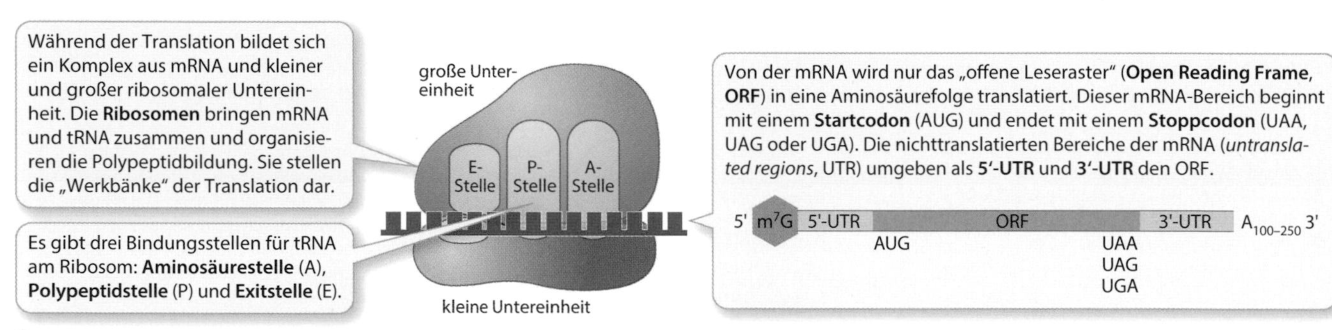

◘ **Abb. 8.12** Die Translation findet bei Pro- und Eukaryoten an Ribosomen statt. **a** Ribosomen katalysieren die komplementäre Basenpaarung zwischen Codon und Anticodon sowie die Polypeptidbindung, dabei wird nicht die komplette mRNA, sondern nur das offene Leseraster translatiert. **b** Während der Translation können mehrere Ribosomen eine mRNA besetzen; man spricht von Polyribosomen

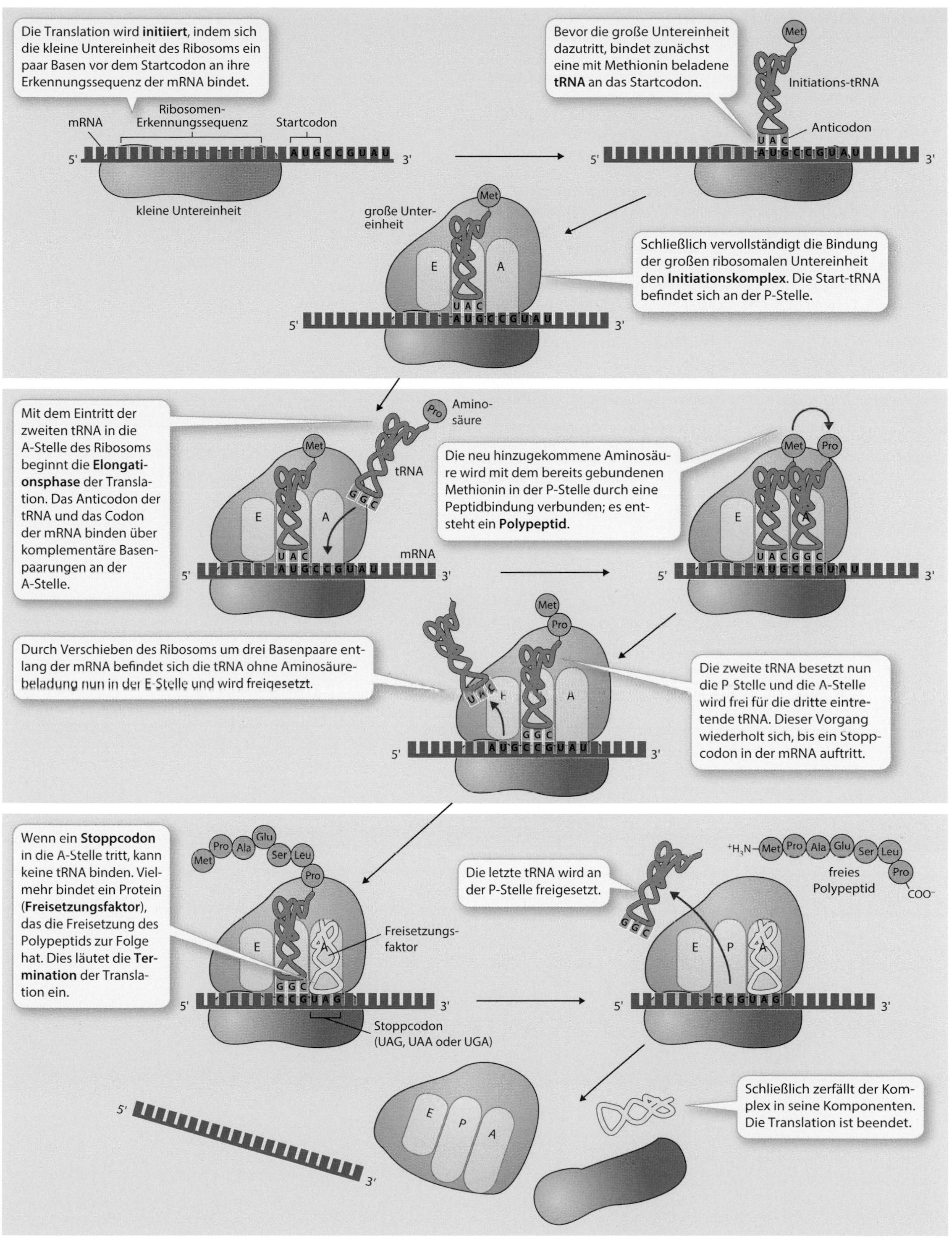

Abb. 8.13 Im ersten von drei Schritten, der Initiation, treffen die kleine und große ribosomale Untereinheit, die mRNA und die Start-tRNA in einem Komplex zusammen. Bei der Elongation treten weitere tRNAs ins Ribosom ein, wodurch das entstehende Polypeptid zunehmend verlängert wird. Sobald ein Stoppcodon in der mRNA auftritt, wird die Translation beendet. Der Komplex zerfällt unter Freisetzung des Polypeptids

Weiterführende Literatur

1. Alberts B, Bray D, Hopkin K, Johnson AD, Lewis J, Raff M, Roberts K, Walter P (2012) Lehrbuch der Molekularen Zellbiologie, 4. Aufl. Wiley-VCH, Weinheim
2. Alberts B, Johnson AD, Lewis J, Morgan D, Raff M, Roberts K, Walter P (2017) Molekularbiologie der Zelle, 6. Aufl. Wiley-VCH, Weinheim
3. Berg JM, Stryer L, Tymoczko JL (2018) Stryer Biochemie, 8. Aufl. Springer Spektrum, Berlin, Heidelberg
4. Campbell NA, Reece JB, Urry LA, Cain ML, Wasserman SA, Minorsky PV, Jackson RB (2015) Campbell Biologie, 10. Aufl. Pearson, Hallbergmoos
5. Graw J (2015) Genetik, 6. Aufl. Springer Spektrum, Berlin, Heidelberg
6. Hardin J, Bertoni GP, Kleinsmith LJ (2016) Beckers Welt der Zelle, 8. Aufl. Pearson, Hallbergmoos
7. Janning W, Knust E (2008) Genetik, 2. Aufl. Thieme, Stuttgart
8. Klug WS, Cummings MR, Spencer CA, Palladino MA, Killian D (2019) Concepts of genetics. Pearson, London
9. Knippers R (2017) Eine kurze Geschichte der Genetik, 2. Aufl. Springer, Berlin, Heidelberg, New York
10. Munk K (2017) Taschenlehrbuch Biologie: Genetik. Thieme, Stuttgart
11. Nordheim A, Knippers R (2018) Molekulare Genetik, 11. Aufl. Thieme, Stuttgart
12. Sadava D, Hillis D, Heller HC, Hacker S (2019) Purves Biologie, 10. Aufl. Springer Spektrum, Berlin, Heidelberg
13. Watson J, Baker T, Bell S, Gann A, Levine M, Losick R (2010) Watson Molekularbiologie, 6. Aufl. Pearson, London

Mutationen der Chromosomen und Gene

Christian Johannes

J. Boenigk (Hrsg.), *Boenigk, Biologie,* https://doi.org/10.1007/978-3-662-61270-5_9

9.1 Mutationen sind dauerhafte und vererbbare Veränderungen der genetischen Information

Eine wesentliche Anforderung an das Erbgut ist Stabilität. Nur so ist sichergestellt, dass eine Zelle ihre Funktionsfähigkeit beibehält. Andererseits ist eine gewisse Flexibilität des Genpools einer Population notwendig, um sich an veränderte Umweltbedingungen anpassen zu können und den Evolutionsprozess zuzulassen. Eine dauerhafte, vererbbare und ungerichtete Veränderung der Erbinformation nennt man **Mutation**, wenn sie nicht mit sexuellen Fortpflanzungsprozessen in Zusammenhang steht, wie das etwa bei der Rekombination oder Genkonversion der Fall ist. Mutationen können im Hinblick auf unterschiedliche Aspekte klassifiziert werden (◘ Abb. 9.1). Beispielsweise wirkt es sich bezüglich der Persistenz in der Population sehr unterschiedlich aus, ob eine somatische oder eine Keimbahnzelle von der Mutation betroffen ist.

Dauerhafte Veränderungen der DNA-Basensequenz heißen **Punktmutation**. Hierbei sind einzelne oder wenige Nucleotide ausgetauscht (**Substitution**), verloren gegangen (**Deletion**) oder dazugekommen (**Insertion**). Der Wegfall eines Nucleotidpaars in einem transkriptionsaktiven DNA-Abschnitt wird zu einer **Leserasterverschiebung** führen (◘ Abb. 9.2).

Größere Veränderungen im Genom sind die lichtmikroskopisch erkennbaren Mutationen, welche die Morphologie oder die Anzahl von Chromosomen betreffen. Sie werden als strukturelle und numerische **Chromosomenmutationen** bezeichnet. Chromosomenmutationen verändern nicht zwangsläufig die Basensequenz in einem Transkriptionsabschnitt, führen aber zu Änderungen in der Position oder der Anzahl von Genen im Genom (◘ Abb. 9.3).

Mutationen werden unterschieden hinsichtlich...

...ihrer **Entstehungsweise**
Man unterscheidet spontane Mutationen, die ohne erkennbare äußere Einwirkung entstehen, von induzierten Mutationen, die Folge von äußeren Einflüssen auf die Zelle sind.

...ihres **Ausmaßes der Veränderung**
Veränderungen der Nucleotidfolge in der DNA werden Punktmutation genannt. Daneben sind strukturelle Umbauten von Chromosomen und zahlenmäßige Veränderungen der Chromosomenzahl für die Änderung der genetischen Information verantwortlich.

...ihrer **Auswirkung**
Mutationen können Veränderungen in der Bildung von Genprodukten in der Zelle bewirken; diese sind häufiger negativ als positiv für die betroffene Zelle oder den Organismus. Andere Mutationen sind ohne Auswirkung und daher neutral.

...ihrer **Vererbbarkeit**
Bei höher entwickelten vielzelligen Tieren existieren zwei getrennte Zelllinien, die Somazellen und die Keimbahnzellen. Nur Mutationen in den Keimbahnzellen können an die nächste Generation weitergegeben werden. Mutationen in somatischen Zellen bleiben auf das betroffene Individuum beschränkt.

Eine Mutation in einer somatischen Zelle kann nicht an die Nachkommen vererbt werden. Allerdings kann die Mutation zum Zelltod, Funktionsverlust oder zur Transformation einer Zelle beitragen. Dadurch kann der Phänotyp des Organismus verändert sein. Alterung und Tumorwachstum sind typische Konsequenzen. Die Nachkommen des Mutationsträgers wären sämtlich nicht betroffen.

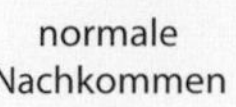

Eine Mutation in einer Keimbahnzelle kann an die nächste Generation weitergegeben werden. Je nach Zeitpunkt des Auftretens dieser Mutation sind ein einzelner Nachkomme (Keimzellmutation) oder auch mehrere mutierte Nachkommen möglich (die Mutation ist in einer Stammzelle der Keimbahn aufgetreten).

◘ **Abb. 9.1** Je nach Betrachtungsweise lassen sich Mutationen unterschiedlich klassifizieren. Bei Organismen mit einer Trennung von somatischen Zellen und Keimbahnzellen werden Mutationen, die in der Keimbahn auftreten, an die nächste Generation weitergegeben

Der Austausch eines Nucleotids führt zu einer punktuellen Veränderung, aber nicht zu einer Verschiebung des Leserasters.

Transitionen:
Austausch eines Pyrimidins durch das andere Pyrimidin oder eines Purins durch das andere Purin

Pyrimidine		
Thymin	⟷	**Cytosin**
Adenin	⟷	**Guanin**
Purine		

Transversionen:
Austausch eines Pyrimidins durch ein Purin oder umgekehrt

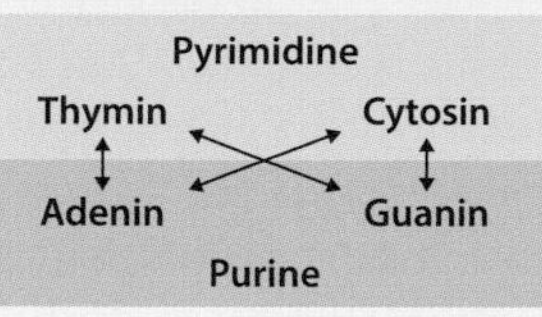

Sowohl das Einfügen als auch das Entfernen von Nucleotidpaaren aus der DNA verschieben das Leseraster.

Das Einfügen von zusätzlichen Nucleotidpaaren wird **Insertion** genannt. Hier ist das Einfügen eines Guanins in den einen Einzelstrang der DNA dargestellt; im komplementären Strang liegt zusätzlich Cytosin als komplementäres Nucleotid vor.

A-A-C-T-G-C → A-A-C-G-T-G-C

Der Verlust von Nucleotidpaaren aus der DNA heißt Deletion und hat grundsätzlich die gleiche Folge wie eine Insertion; das Leseraster des Triplettcodes ist verschoben.

A-A-C-T-G-C → A-A-T-G-C

Abb. 9.2 Eine Form der Punktmutation ist der Basenaustausch, andere Formen sind der Verlust oder Gewinn von Nucleotidpaaren

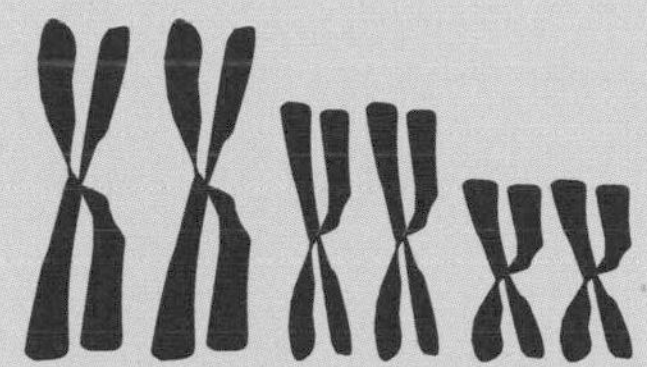

Das Vorliegen eines vollständigen Chromosomensatzes (n) oder eines Vielfachen dieses Chromosomensatzes bezeichnet man als Euploidie. Es kann sich um einen einfachen ($1n$, haploid), einen doppelten ($2n$, diploid) oder einen vielfachen Satz ($3n$, $4n$ etc., polyploid) handeln. Bei vielen Organismen ist ein normaler Chromosomensatz diploid, hier dargestellt am Beispiel $2n = 6$.

Mutationen, die die Chromosomenzahl betreffen

Polyploidie (Triploidie: $3n = 9$)

Monosomie ($2n - 1 = 5$)

Trisomie ($2n + 1 = 7$)

Nullisomie ($2n - 2 = 4$)

Abweichungen vom normalen Chromosomensatz nennt man numerische Chromosomenmutation oder Genommutation. Dabei unterscheidet man Polyploidie (Änderung ganzer Chromosomensätze) und Aneuploidie (Änderung der Anzahl einzelner Chromosomen).

Mutationen, die den Aufbau der Chromosomen betreffen
(Die Chromosomen sind zur Verdeutlichung der Mutationen in willkürliche, mit Zahlen versehene Segmente eingeteilt.)

	Ausgangschromosom		mutiertes Chromosom
Größere, auch mikroskopisch sichtbare Stückverluste bezeichnet man als **Deletion**. Hier ist das interkalare Segment „4" deletiert. Es können aber auch terminale Deletionen beobachtet werden.	1 2 3 4 5 6 7 8	→	1 2 3 5 6 7 8
Das Gegenstück zur Deletion ist die **Duplikation**. Hier sind die Segmente „2" und „3" verdoppelt worden. Wenn Chromosomenabschnitte von nichthomologen Chromosomen zugefügt werden, spricht man von **Insertionen**.	1 2 3 4 5 6 7 8	→	1 2 3 2 3 4 5 6 7 8
Ohne Veränderung der Anzahl von Genen vollzieht sich eine **Inversion**. Hier ist die Reihenfolge der Segmente „2" bis „4" um 180° verdreht.	1 2 3 4 5 6 7 8	→	1 4 3 2 5 6 7 8
Der wechselseitige Austausch von Segmenten nicht homologer Chromosomen heißt **Translokation**.	1 2 3 4 5 6 7 8 9 10 11 12 13 14 15	→	9 10 11 3 4 5 6 7 8 1 2 12 13 14 15

Abb. 9.3 Strukturveränderungen von Chromosomen werden als Chromosomenmutationen bezeichnet, Veränderungen der Chromosomenanzahl einer Zelle als Genommutationen

9.2 Basenpaaraustausche und Basenverluste führen zu Punktmutationen

Punktmutationen können an beliebiger Stelle im Genom auftreten. Ihre Bedeutung für den Phänotyp wird aber sehr unterschiedlich ausfallen, je nachdem, welche Art der Punktmutation vorliegt und an welcher Stelle sie auftritt. Mutationen in den großen Bereichen des Genoms, die nicht in Proteine translatiert werden (repetitive Sequenzen oder Introns eukaryotischer Gene) sind nicht für die Veränderung von Genprodukten verantwortlich und wahrscheinlich keiner Selektion ausgesetzt.

Andererseits werden Mutationen, die zu einer Änderung der Triplettcodes in der mRNA führen, eine veränderte Aminosäuresequenz im entstehenden Protein bewirken können. Mutationen in Kontrollregionen (etwa Promotoren, Operatoren oder Enhancer) beeinflussen gegebenenfalls die Transkriptionsrate des Gens.

Basensubstitutionsmutationen können für die Bildung von Proteinen ganz unterschiedliche Konsequenzen haben (◘ Abb. 9.4). Als **stille Mutationen** bezeichnet man Basensubstitutionen in Genomabschnitten, die niemals transkribiert werden. Sie haben daher auch keinen Einfluss auf die Aminosäurefolge der im Erbgut codierten Proteine. Aber auch im offenen Leseraster sind Austausche an der dritten Position des Tripletts aufgrund des degenerierten genetischen Codes manchmal „still", wenn nach wie vor die gleiche Aminosäure codiert ist.

Keine oder geringe Auswirkungen auf die Funktion des gebildeten Proteins haben **neutrale Mutationen**, bei denen der Austausch einer Aminosäure die Funktion unverändert belässt. Dies ist umso wahrscheinlicher, je ähnlicher die physiko-chemischen Eigenschaften der beiden Aminosäuren sind.

Missense-Mutationen können dagegen die Eigenschaften von Proteinen ändern, da hierbei eine Aminosäure mit anderen Eigenschaften die korrekte Faltung des Proteins stört.

Schließlich kann durch eine Basensubstitution aus einem aminosäurecodierenden Triplett ein Stoppcodon resultieren,

Die Information liegt in der DNA als **Triplettcode** vor.

DNA	mRNA	Aminosäure
TTC	AAG	Lysin
TTT	AAA	Lysin
TCC	AGG	Arginin
TGC	ACG	Threonin
ATC	UAG	keine (Stoppcodon)

Lysin ist die Aminosäure, die durch das Triplett des Wildtypallels an dieser Stelle ins Polypeptid eingebaut wird.

stille Mutation:
Bedingt durch den degenerierten Code können mehrere Basentripletts für dieselbe Aminosäure codieren. Der Basenaustausch von TTC zu TTT ändert in diesem Fall nicht die Aminosäurefolge.

neutrale Mutation:
Bei einer Mutation von TTC zu TCC wird anstelle von Lysin die chemisch verwandte Aminosäure Arginin eingebaut. Die Eigenschaft des Proteins ändert sich nicht oder unwesentlich.

Missense-Mutation:
Die Mutation von TTC zu TGC führt zum Einbau von Threonin anstelle von Lysin. Diese Aminosäure kann die Eigenschaft des Proteins verändern.

Nonsense-Mutation:
Anstelle von Lysin wird keine Aminosäure eingebaut, sondern die Kettenverlängerung bricht ab und ein verkürztes Polypeptid entsteht.

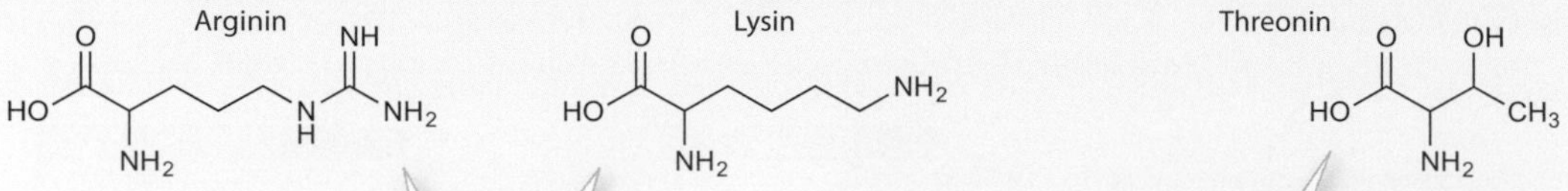

Sowohl Lysin als auch Arginin gehören zur Gruppe der basischen Aminosäuren. Die sehr ähnliche physiko-chemische Eigenschaft beider Aminosäuren hat häufig keine Änderung im gebildeten Protein zur Folge. Diese Mutation ist im Hinblick auf den Phänotyp neutral.

Threonin gehört zur Gruppe der neutralen Aminosäuren und hat somit eine andere physiko-chemische Eigenschaft als Lysin. Das hat fast immer Konsequenzen für die Bildung der dreidimensionalen Struktur des fertiggestellten Proteins und ändert dadurch auch die Eigenschaft des Proteins.

◘ **Abb. 9.4** Auswirkung von Basensubstitutionen auf die Bildung von Proteinen

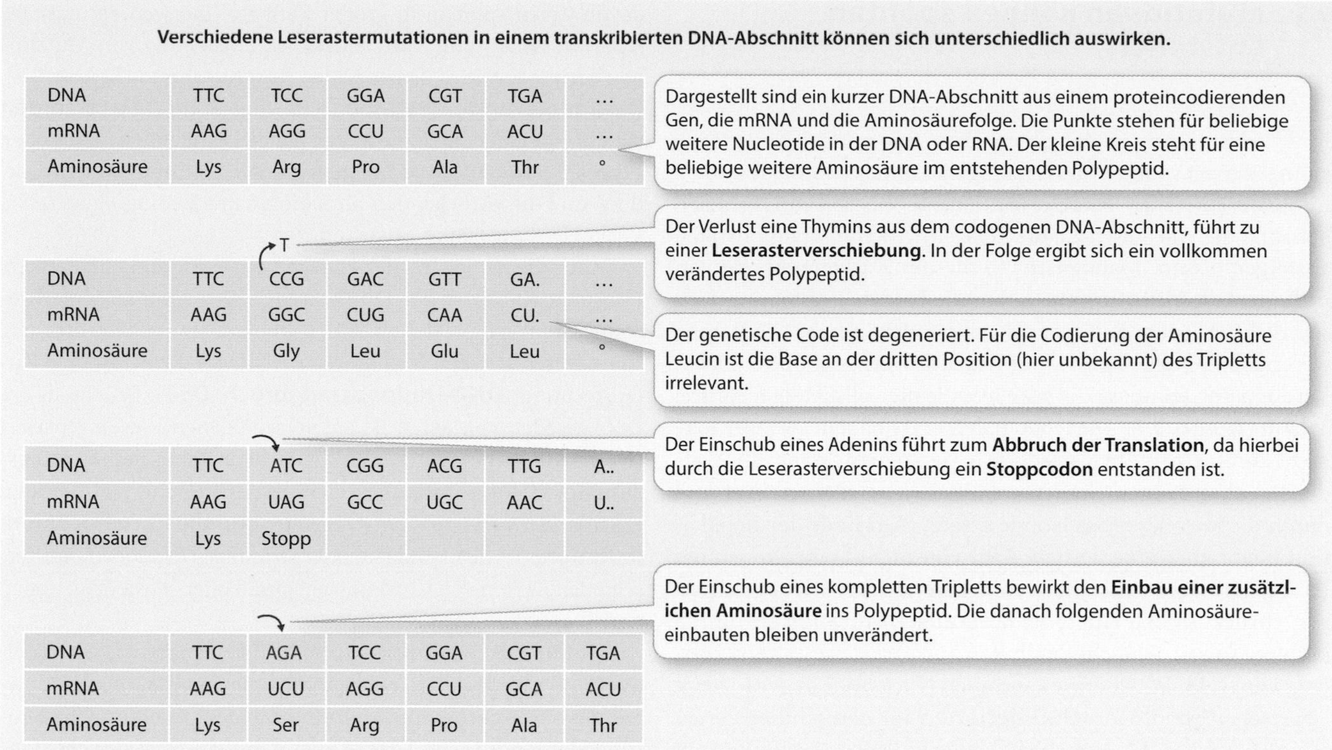

Abb. 9.5 Auswirkung von Basenpaarverlusten oder -einfügungen auf die Bildung von Proteinen

was einen Abbruch der Polypeptidbildung zur Folge hat (**Nonsense-Mutation**).

Im Unterschied zu Substitutionsmutationen haben **Deletionen** und **Insertionen** im offenen Leseraster weitaus gravierendere Konsequenzen; sie sind fast immer mit weitgehenden und meist nachteiligen Veränderungen des Proteins verbunden (Abb. 9.5). Dies liegt daran, dass sich das komplette Leseraster verschiebt und folglich ein vollständig anderes Protein gebildet wird. **Leserastermutationen** (engl. ***frame shift mutation***) können auch die Einfügung eines Stoppcodons oder der Verlust eines solchen bedingen, was verkürzte oder verlängerte Proteine zur Folge hat.

In Analogie zum genetischen Code, der auf Tripletts basiert, ist in Abb. 9.6 anhand von Drei-Buchstaben-Worten gezeigt, wie sich verschiedene Punktmutationen inhaltlich auswirken.

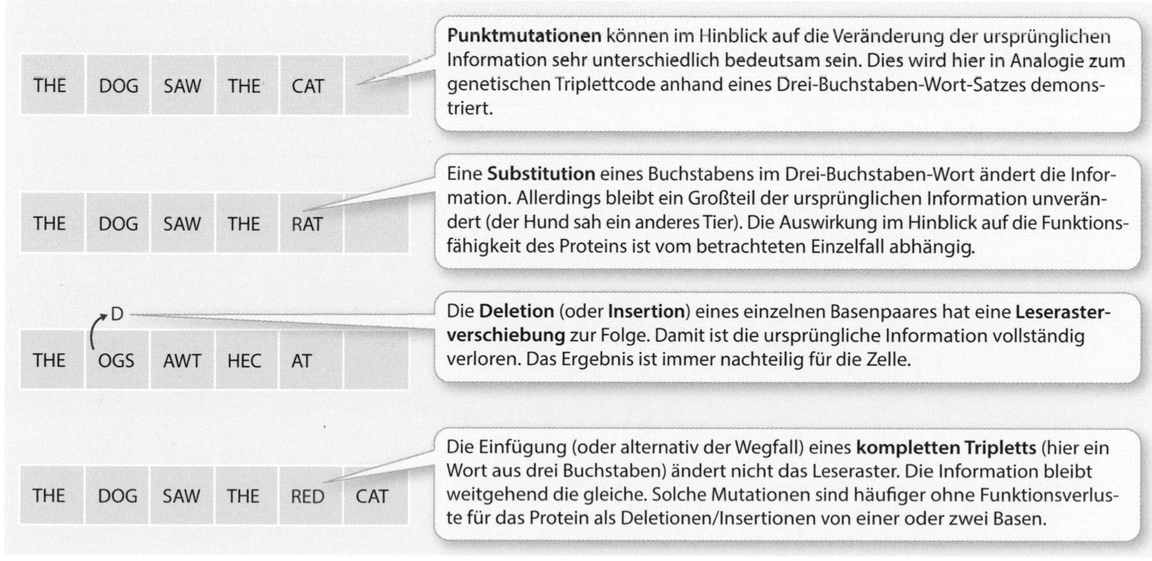

Abb. 9.6 Punktmutationen ändern die Information eines „Satzes" in unterschiedlich großem Ausmaß

9.3 Mutationen können spontan entstehen

Eine Veränderung in der genetischen Information einer Zelle kann jederzeit spontan, also zufällig und ohne erkennbare äußere Einflüsse, entstehen. Andererseits ist eine Vielzahl von Agenzien bekannt, die von außen auf die Zelle einwirkend Mutationsraten ansteigen lassen. Man spricht in diesem Zusammenhang von **induzierten Mutationen**, wobei die beiden Entstehungsweisen nicht in jedem Fall scharf voneinander trennbar sind. Eine wesentliche Quelle **spontaner Mutationen** liegt in der DNA-Verdopplung teilungsaktiver Zellen, die nie vollständig fehlerfrei abläuft (◘ Abb. 9.7). Die DNA-Polymerase baut in geringer Rate nicht komplementäre Nucleotide in den neuen Strang ein. Viele der Falscheinbauten werden unmittelbar wieder entfernt und durch die korrekten Nucleotide ersetzt. Am Ende der Replikation bleibt aber eine geringe Zahl von nicht komplementären Basenpaarungen in den neu synthetisierten DNA-Doppelsträngen zurück, die zu **Nucleotidaustauschmutationen** führen können, soweit sie nicht durch Reparaturprozesse entfernt werden. Die DNA-Polymerase kann auch Nucleotide in der Matrize „übersehen" und dadurch **Deletionen** im neu synthetisierten Strang bewirken. Dies geschieht häufig in DNA-Abschnitten mit hoher Wiederholrate von Basen oder Basenfolgen. Hier bilden sich gelegentlich Schleifen in der Matrize, die den Zugang der Polymerase für die Neusynthese verhindern.

Weiterhin bringen es die in Zellen vorherrschenden physiologischen Bedingungen mit sich, dass DNA nicht vollkommen stabil, sondern regelmäßig Veränderungen unterworfen ist. Viele davon treten spontan in großer Zahl auf und werden meistens repariert (▶ Abschn. 9.8), sodass die Entstehung von Mutationen vermieden wird. Dazu zählen **Basenverluste** (◘ Abb. 9.8), **Desaminierungen** (◘ Abb. 9.8) und **oxidative Schäden** (◘ Abb. 9.9), die durch die in den Zellen ablaufenden natürlichen Prozesse (etwa im Zusammenhang mit der Atmungskettenreaktion) und die vorliegenden physiologischen Bedingungen (etwa Wärme) zwangsläufig entstehen.

Auch die Auflösung der Phosphodiesterbindung im Zucker-Phosphat-Rückgrat der DNA-Stränge lässt spontan Unterbrechungen entstehen (◘ Abb. 9.9). Ist nur ein Strang unterbrochen, so ist dieser Schaden leichter reparierbar als die beidseitige Unterbrechung (**DNA-Doppelstrangbruch, DSB**). Brüche in der DNA werden von der Zelle auf verschiedenen Wegen repariert (▶ Abschn. 9.8). Gelingt die Wiederherstellung des Ausgangszustands nicht vollständig oder werden falsche DNA-Enden miteinander verknüpft, entstehen **strukturelle Chromosomenmutationen**, wie interkalare oder terminale Deletionen und verschiedene Arten von Chromosomenumbauten, etwa Inversionen und Translokationen.

Nummerische Chromosomenmutationen, wie Aneuploidien und Polyploidien, entstehen häufig spontan. Die Fehlverteilung einzelner Chromosomen oder des gesamten Chromosomenbestands in der Mitose oder der Meiose hat verschiedene Ursachen. So kann der aus Mikrotubuli bestehende Spindelfaserapparat, der für die Segregation der homologen Chromosomen in der Meiose I sowie die Trennung der Schwesterchromatiden in der Meiose II und der Mitose zuständig ist, unvollständig ausgebildet sein. Auch defekte Kintetochore, die Ansatzstellen für die Spindelfasern in den Chromosomen, sind als Ursache

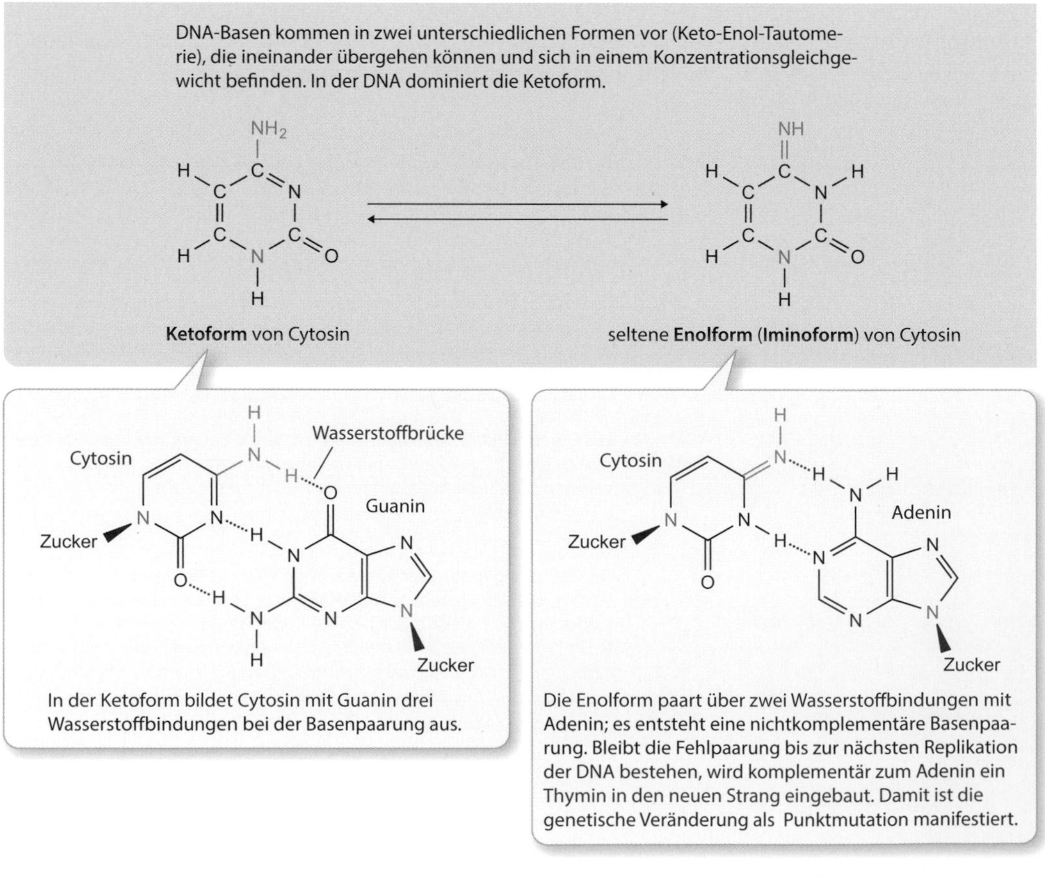

◘ **Abb. 9.7** Die stickstoffhaltigen Basen in der DNA kommen in verschiedenen tautomeren Formen vor. Sie haben unterschiedliche Bindungseigenschaften im Doppelmolekül

Depurinierung kann zu Deletionsmutationen oder Substitutionsmutationen führen.

Die Entstehung einer depurinierten (AP)-Stelle ist beispielhaft für Guanin dargestellt. Guanin ist durch eine glykosidische Bindung mit der Desoxyribose verbunden. Durch hydrolytische Spaltung kann die Base aus der DNA verloren gehen. In kultivierten Säugetierzellen hat man festgestellt, dass dies mehrere Tausend Mal am Tag geschieht. Verluste von Pyrimidinbasen sind weitaus seltener als solche von Purinbasen (Adenin oder Guanin).

Depurinierung $+H_2O$

Wird die AP-Stelle bis zur nächsten DNA-Replikation nicht repariert, kommt es zu einer Mutation.

Deletion

Entweder wird keine Base (Deletionsmutation, oben) oder eine beliebige Base (Substitutionsmutation, unten) gegenüber der Leerstelle in den neu synthetisierten DNA-Einzelstrang eingebaut.

Substitution

Desaminierung kann zu Substitutionsmutationen führen.

Bei der Desaminierung wird durch hydrolytische Spaltung die Amino- zu einer Ketogruppe umgeformt. Aus Cytosin kann in der DNA spontan durch Desaminierung Uracil entstehen.

Cytosin —Desaminierung (H_2O → NH_3)→ Uracil

Wird Uracil bis zur nächsten Replikation nicht ausgetauscht, paart Uracil mit Adenin und es entsteht eine Substitutionsmutation.

Substitution

Abb. 9.8 Depurinierungen der DNA können unrepariert zu Deletionen oder Substitutionsmutationen führen, Desaminierungen verändern die Paarungseigenschaft von Basen, wie hier beispielhaft für Cytosin dargestellt

für das Ausbleiben der korrekten und vollständigen Verteilung in der Anaphase zu nennen. Chromosomenfehlverteilungen in der Meiose bei der Bildung von Gameten führen meistens zur Letalität in den daraus entstehenden Zygoten, Embryonen oder Föten (► Abschn. 9.6).

Viele Tausend **DNA-Einzelstrangbrüche** (*single strand break*, SSB) entstehen spontan pro Zelle und Tag durch Spaltung der kovalenten Bindung (Phosphodiesterbindung) im „Rückgrat" der DNA.

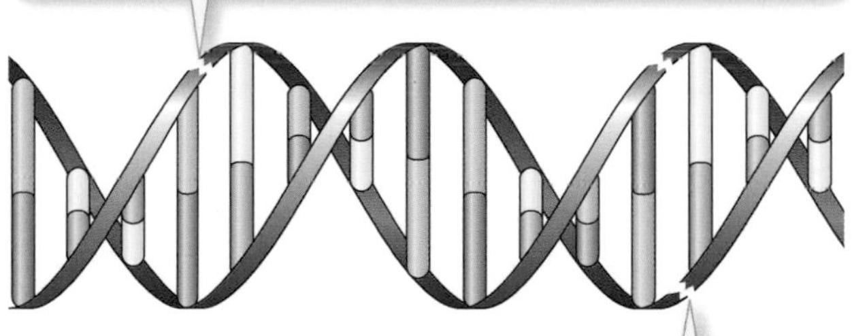

Liegen in beiden Einzelsträngen der DNA Brüche in unmittelbarer Nähe vor, spricht man von einem **Doppelstrangbruch** (*double strand break*, DSB). Dieser Schaden entsteht spontan sehr viel seltener als der Einzelstrangbruch der DNA. Werden DSB nicht oder fehlerhaft repariert, können Chromosomenstrukturmutationen entstehen.

Abb. 9.9 Brüche in der DNA treten häufig nur in einem DNA-Strang und sehr selten in beiden gegenüberliegenden Einzelsträngen spontan auf

9.4 Äußere Einflüsse induzieren Mutationen

Neben der spontanen Entstehung von Mutationen induzieren auch verschiedene äußere Einflüsse genetische Veränderungen in Zellen. Die energiereiche **Röntgenstrahlung** (◘ Abb. 9.10) wurde 1927 als erstes Agens von H. J. Muller als **mutationsauslösend** beschrieben (◘ Abb. 9.11). Heute kennen wir eine Vielzahl von korpuskularen Strahlen (α- und β-Strahlen, Neutronen, Protonen und schwere, stark beschleunigte Ionen), elektromagnetischen Strahlenqualitäten (UV-, Röntgen- und Gammastrahlen) sowie chemischen Verbindungen, die als **Mutagene** klassifiziert wurden. **Punkt- und Chromosomenstrukturmutationen nach ionisierender Strahlung** werden vor allem durch die Erhöhung der Anzahl von Einzel- und Doppelstrangbrüchen in der DNA induziert (► Abschn. 9.3), aber auch andere primäre DNA-Schäden führen zu Mutationen, wenn sie von den Zellen nicht erfolgreich repariert werden (◘ Abb. 9.11).

Die Energie der **UV-Strahlung** reicht zwar nicht aus, um Ionisationen in den Molekülen einer Zelle hervorzurufen, aber ist hinreichend, um die Bildung von kovalenten Bindungen zwischen benachbarten Pyrimidinbasen – am häufigsten sind Thyminreste betroffen – und somit eine Dimerisierung zu induzieren (◘ Abb. 9.12).

Natürliche und synthetische chemische Verbindungen hinterlassen meist einen sehr definierten Schaden, wenn sie mit DNA wechselwirken. So ist eine ganze Reihe von Verbindungen dafür bekannt, Alkylgruppen auf die DNA-Basen zu übertragen (◘ Abb. 9.13). Wenn sich dadurch die Paarungseigenschaften dieser Basen ändern, können während der DNA-Replikation Punktmutationen entstehen. Auch Mutagene, bei denen es sich um große Moleküle handelt, können an die DNA binden. Häufig sind es nicht die inkorporierten Substanzen, die reaktiv sind, sondern Zwischenprodukte des Metabolismus. Ein natürlich vorkommendes und wegen seiner hohen toxischen und mutagenen Wirkung gefürchtetes Beispiel ist das Schimmelpilzgift Aflatoxin B_1, das in unsachgemäß ge-

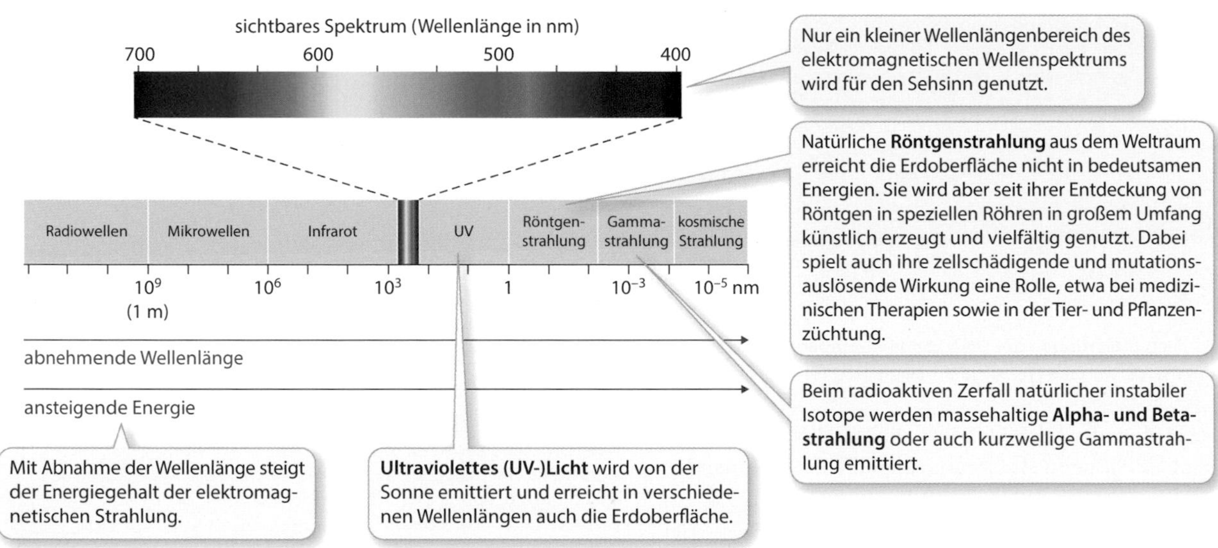

◘ **Abb. 9.10** Das elektromagnetische Spektrum. Die im Vergleich zum sichtbaren Anteil des Spektrums kürzeren Wellen haben mutagenes Potenzial

Durch die Energieübertragung der ionisierenden Strahlung werden **hochreaktive freie Radikale** in der Zelle erzeugt, die verschiedene Schäden in der DNA hervorrufen können. Neben Basenschäden, Basenverlusten, Pyrimidindimeren und Strangbrüchen zählen auch *cross-links* zwischen den beiden DNA-Strängen zu den typischen Schäden, die energiereiche Strahlenqualitäten an der DNA verursachen. Solche kovalenten Verbindungen stören die Transkription und in jedem Fall die DNA-Replikation massiv, da die Auftrennung der Doppelhelix in zwei Einzelstränge behindert ist. Die Folge sind Punktmutationen und Chromosomenbrüche.

Neben einer Verknüpfung zwischen den beiden Strängen (***interstrand cross-link***) können auch kovalente Bindungen innerhalb eines Einzelstrangs (*intrastrand cross-link*) oder zwischen DNA und Proteinen (Protein-DNA *cross-link*) durch energiereiche Strahlenarten hervorgerufen werden. Neben Strahlung verursachen auch einige chemische Verbindungen *cross-links*. Cisplatin ist ein Krebsmedikament, dessen Wirkung auf der Inhibierung der Replikation durch Induktion vieler *cross-links* besteht.

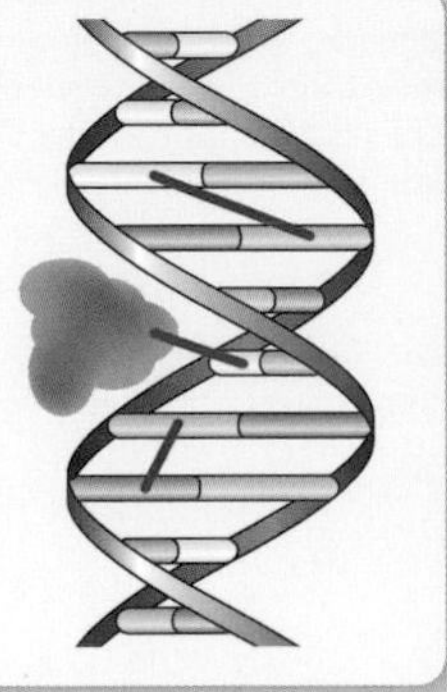

Muller stellte 1927 eine lineare Korrelation zwischen der applizierten Röntgendosis und dem Anstieg von X-Chromosom-gekoppelten Letalmutationen bei *Drosophila melanogaster* fest.

◘ **Abb. 9.11** Dosis-Wirkungs-Kurve

Der Wellenlängenbereich des von der Sonne emittierten UV-Lichts, das auf die Erde gelangt, ist nicht energiereich genug, um Ionisationen in Molekülen zu bewirken. Es werden aber kovalente Verbindungen zwischen benachbarten Pyrimidinbasen erzeugt, die Probleme bei der Transkription und Replikation hervorrufen. Daraus können schließlich Nucleotidsubstitutions- und Chromosomenbruchmutationen resultieren.

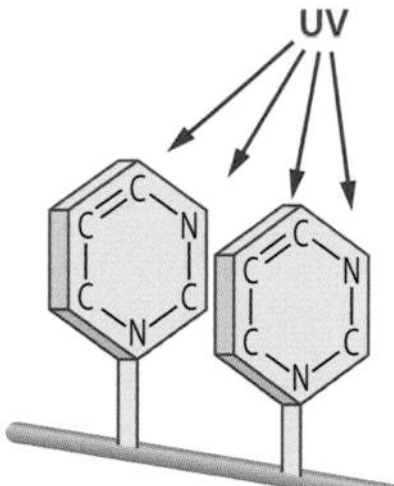

Die Energieübertragung führt zur **Ausbildung eines Cyclobutanrings** zwischen zwei Thyminresten (Dimerisierung), der die beiden nun daran hindert, eine Wasserstoffbrückenbindung zu einer komplementären Base einzugehen.

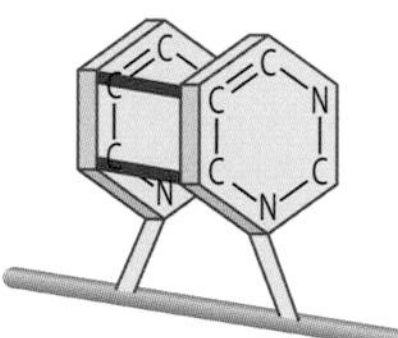

Abb. 9.12 Der wesentliche DNA-Schaden, der von UV hervorgerufen wird, ist die Dimerisierung benachbarter Pyrimidinbasen

Moleküle, die eine Alkylgruppe an Basen der DNA anfügen können, heißen **alkylierende Agenzien.** Hier ist beispielhaft das Ethylmethansulfonat (EMS) gezeigt, das eine Ethylgruppe übertragen kann.

$H_5C_2-O-S(=O)_2-CH_3$

Nach Übertragung einer Ethylgruppe durch EMS ändert die modifizierte Base ihre Paarungseigenschaft. In der folgenden Replikation wird ein Ethylguanin mit Thymin paaren (statt mit Cytosin) und ein ethyliertes Thymin paart statt mit Adenin nun mit Guanin.

Zucker, Thymin, O-6-Ethylguanin, Zucker; Zucker, O-4-Ethylthymin, Guanin, Zucker

Abb. 9.13 Alkylanzien natürlichen und synthetischen Ursprungs gibt es in großer Anzahl

Proflavin

Acridinorange

Flache, polyzyklische Verbindungen, wie die synthetischen Farbstoffe Proflavin und Acridinorange, vermögen sich zwischen zwei Basenpaare in der DNA einzulagern und dadurch die Geometrie der Helix zu verändern. Das führt zu Störungen in der Replikation mit der Folge von Deletionen oder Insertionen, die wiederum Leserastermutationen nach sich ziehen.

Aflatoxin B_1

Das von einigen Schimmelpilzen gebildete Aflatoxin B_1 gilt als ein sehr starkes Mutagen. Abbauprodukte binden an die DNA und können während der DNA-Replikation zu Basensubstitutionsmutationen führen, da die Basen ihre Paarungseigenschaft ändern.

Guanin

7,8-Diol-9,10-epoxid

Viele organische Verbindungen sind nicht wasserlöslich und müssen vom Organismus erst metabolisiert werden, um ausgeschieden werden zu können. Dazu gehören auch Benzpyren und andere polyzyklische Kohlenwasserstoffe, die vor allem als Verbrennungsprodukte organischer Materie (etwa Erdöl, Nahrungsmittel oder Tabakblätter) entstehen. Hier ist das sehr reaktive 7,8-Diol-9,10-epoxid, ein Zwischenprodukt des Benzpyrenmetabolismus, eine Verbindung mit Guanin eingegangen. Dadurch wird die Struktur der DNA deformiert, was zu Replikationsfehlern und Strangbrüchen der DNA führen kann.

Abb. 9.14 Die Bindung oder Einlagerung von großen Molekülen führt bei der DNA-Replikation zu Substitutionsmutationen oder Leserasterverschiebungen

lagerten Lebensmitteln vorkommt (Abb. 9.14). Eine Gruppe von besonders planaren polyzyklischen Molekülen ist in der Lage, sich zwischen die gestapelten Basenpaare der doppelhelikalen DNA zu drängen (zu interkalieren). Dies führt in der Zelle zu Störungen der Replikation, die schließlich zusätzliche Nucleotidpaare in der neu synthetisierten DNA und folglich Leserasterverschiebungen als Mutationen nach sich ziehen (Abb. 9.14).

9.5 Mutationen sind häufig nachteilig und können krankhafte Veränderungen hervorrufen

Punktmutationen, also Veränderungen der Nucleotidsequenz in einem Gen, beeinflussen die Funktion einer Zelle nicht, wenn sie in Bereichen des Genoms auftreten, die nicht transkriptionsfähig sind. Wenn aber Punktmutationen innerhalb des offenen Leserasters eines Gens entstehen, können veränderte Proteine resultieren, die eine andere Aminosäuresequenz aufweisen. Obwohl solche Mutationen einen wesentlichen Faktor in evolutionären Prozessen darstellen, sind sie doch in den meisten Fällen für die betroffene Zelle als nachteilig zu bezeichnen. Ein gut untersuchtes Beispiel ist das **Sichelzellenallel**, das eine hohe Frequenz im äquatorialen Afrika zeigt. Homozygote Träger der Mutation haben eine stark verkürzte Lebenserwartung. Obwohl auch heterozygote Träger der Mutation einige Sichelzellen in ihrem Blut aufweisen, sind sie in Malariagebieten im Vorteil, da sie viel seltener an Malaria erkranken (◘ Abb. 9.15).

Häufig sind für genetisch bedingte Erkrankungen verschiedene Mutationen in einem Gen gefunden worden. Ein gut beschriebenes Beispiel sind die verschiedenen **X-chromosomal rezessiv vererbten Muskeldystrophien**. Es existieren verschiedene mutierte Allele, die auch ein unterschiedliches Ausmaß der Muskeldegeneration bedingen. Die meisten Erkrankten zeigen die Dystrophie vom Typ Duchenne, die auf ausgedehntere Deletionen im Gen zurückgeht (◘ Abb. 9.16).

Eine Klasse von erblich determinierten Erkrankungen beruht auf einer Vervielfältigung von natürlicherweise vorkommenden **Trinucleotidwiederholungen** in Genen. Dabei können sich je nach Gen diese Repeats im ORF (Open Reading Frame) oder einer UTR (engl. *untranslated region*) befinden. Liegt deren Anzahl im Normalbereich, bewirkt das Gen einen normalen Phäno-

9

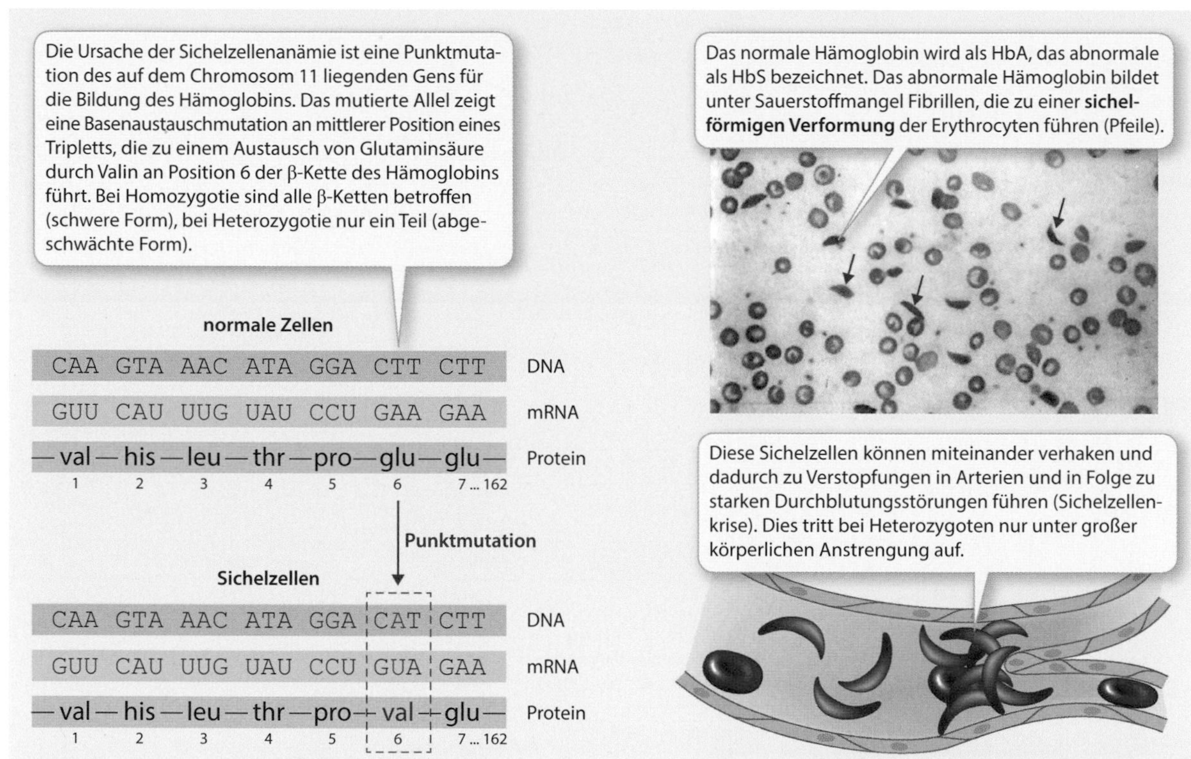

◘ **Abb. 9.15** Die Sichelzellenanämie tritt gehäuft in Zentralafrika auf und ist nach den sichelförmigen Erythrocyten benannt, die hier im Blutausstrich eines Patienten gut zu erkennen sind

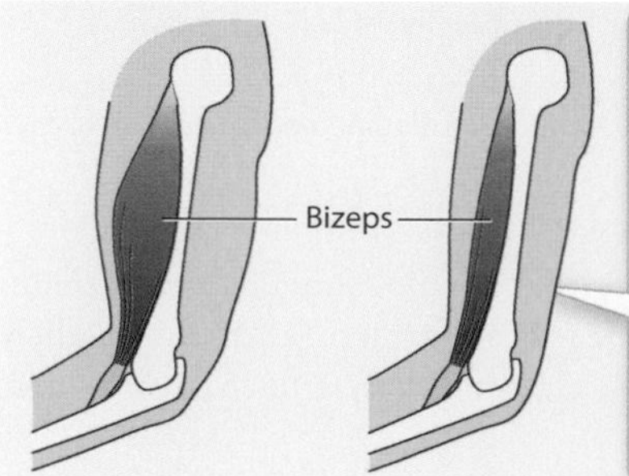

◘ **Abb. 9.16** Bei Muskeldystrophie-Patienten kommt es zu einer fortschreitenden Degeneration aller Muskeln, was schließlich dazu führt, dass die Patienten auf den Rollstuhl angewiesen sind

Chorea Huntigton ist eine **autosomal dominante neurodegenerative Erbkrankheit**, die meist erst im Erwachsenenalter auftritt. Als Erkrankung des Gehirns äußert sie sich zunächst in Bewegungsstörungen (früher „Veitstanz" genannt).

Das **Striatum** (violett hervorgehoben), ein Teil der Basalganglien, die zum Großhirn gehören, ist besonders stark geschädigt. Mit zunehmendem Alter verschlimmern sich die Symptome. Depressionen, Demenz und reduzierte Lebenserwartung sind typisch.

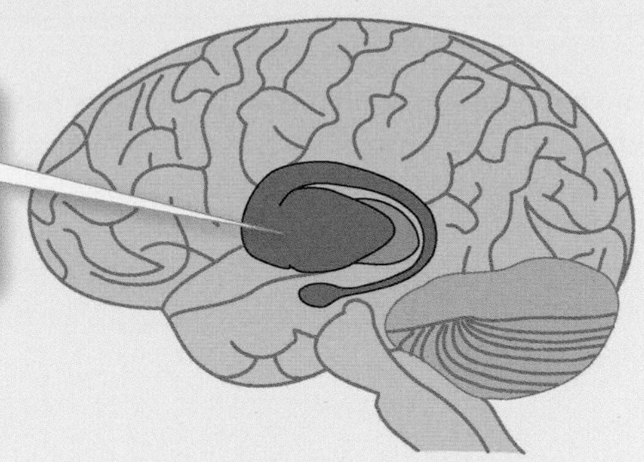

Huntingtin ist ein Protein, das von einem Gen codiert wird, welches auf dem kurzen Arm des menschlichen Chromosoms 4 liegt. Die Funktion des Proteins ist noch nicht genau beschrieben, möglicherweise ist Huntingtin für innerzelluläre Transportvorgänge verantwortlich.

Innerhalb des Gens gibt es eine Trinucleotid-Wiederholsequenz CAG, ihre Anzahl ist beim mutierten Gen erhöht. Da CAG für Glutamin codiert, kommt diese Aminosäure im Protein bei Chorea-Huntington-Patienten in erhöhter Kopiezahl vor. Ein mutiertes Allel genügt für die Erkrankung; es handelt sich um eine dominante Mutation.

Anzahl der CAG-Trinucleotid-Wiederholungen	Auftreten der Erkrankung	Risiko für die Nachkommen zu erkranken
< 26	nein	keines
27–35	nein	erhöht
36–39	eventuell (Penetranz < 100%)	50 %
> 39	sicher (Penetranz: 100 %)	50 %

In der Keimbahn von Menschen mit erhöhter Anzahl der CAG-Tripletts zeigt sich die Tendenz einer Zunahme der Wiederholsequenz. Dadurch ist das Risiko der nachfolgenden Generationen, an Huntington zu erkranken, erhöht. Das Eintrittsalter der ersten Symptome, die Schwere der Erkrankung sowie die Verkürzung der Lebenserwartung sind mit der Anzahl der überzähligen Wiederholsequenzen korreliert.

Abb. 9.17 Chorea Huntington ist eine Erkrankung, die auf der Erhöhung von Trinucleotidwiederholungen im Huntington-Gen beruht

typ. Bei übermäßiger Anzahl der Kopien resultieren krankhafte Veränderungen, wie das Beispiel der Erkrankung an **Chorea Huntington** zeigt (Abb. 9.17). Bei vielen dieser Erkrankungen wurde festgestellt, dass die anfänglich moderate Erhöhung der Trinucleotide in den folgenden Generationen immer weiter zunimmt, da bei der Bildung der Keimzellen in der DNA-Replikation weitere Trinucleotide synthetisiert werden. Das kann mit einer frühzeitigeren und schwerwiegenderen Erkrankung verbunden sein.

Eine der häufigsten Ursachen für vererbte mentale Retardierung nach dem Down-Syndrom stellt das **Fragiles-X-Syndrom** dar, nach seinem Erstbeschreiber auch Martin-Bell-Syndrom genannt. Ein cytogenetisches Charakteristikum ist eine Unterkondensation im X-Chromosom unter bestimmten Zellkulturbedingungen, die als scheinbare Bruchstelle im q-Arm des X-Chromosoms erscheint. Auch in diesem Fall liegt die Ursache in der Erhöhung einer Trinucleotidsequenz CGG (normal sechs bis 54 Kopien, Überträger 55 bis 200, Syndrom mehr als 200) in der 5′-UTR eines Gens, das für ein Protein (FMRP) codiert, welches an RNA bindet. Es wird im Gehirn exprimiert und wandert zwischen Zellkern und Cytoplasma hin und her. Dabei transportiert es spezifische mRNAs, die für verschiedene Proteine codieren, die die Synapsentätigkeit beeinflussen. Bei Überträgern ist festgestellt worden, dass die Anzahl der Trinucleotidfolgen in jeder Generation ansteigt. Dabei erfolgt die Erhöhung in der weiblichen Keimbahn, nicht in der männlichen. Die hohe Anzahl der Wiederholungen führt zu einer Methylierung des Gens und folglich zu seiner Inaktivierung und einem Ausfall des Genprodukts.

9.6 Chromosomenzahl und Chromosomenstruktur bedingen Erbkrankheiten

Im Gegensatz zu Genmutationen ändert sich bei **Chromosomenmutationen** nicht die Basensequenz eines Gens. Vielmehr beruht dieser Mutationstyp auf der Änderung der Anzahl von Genen oder der Position von Genen innerhalb des Genoms. Numerische und strukturelle Veränderungen können gravierende Folgen haben, sowohl in Zellen der Keimbahn als auch in somatischen Zellen.

In einigen Krebszellen findet man regelmäßig auftretende **Translokationen**, wie etwa das Philadelphia-Chromosom, das bei fast allen Patienten mit chronischer myeloischer Leukämie vorkommt (◘ Abb. 9.18). Man geht davon aus, dass die Tumorentstehung auf eine einzige mutierte somatische Zelle zurückzuführen ist, die schließlich keiner Wachstumskontrolle mehr unterliegt.

Numerische oder strukturelle Chromosomenanomalien in Keimzellen führen nach Befruchtung fast immer zu Letalität und sind daher ein häufiger Grund von Spontanaborten (Fehlgeburten). Bei **numerischen Mutationen** ist das Ungleichgewicht in der Menge der gebildeten Genprodukte ausschlaggebend, da

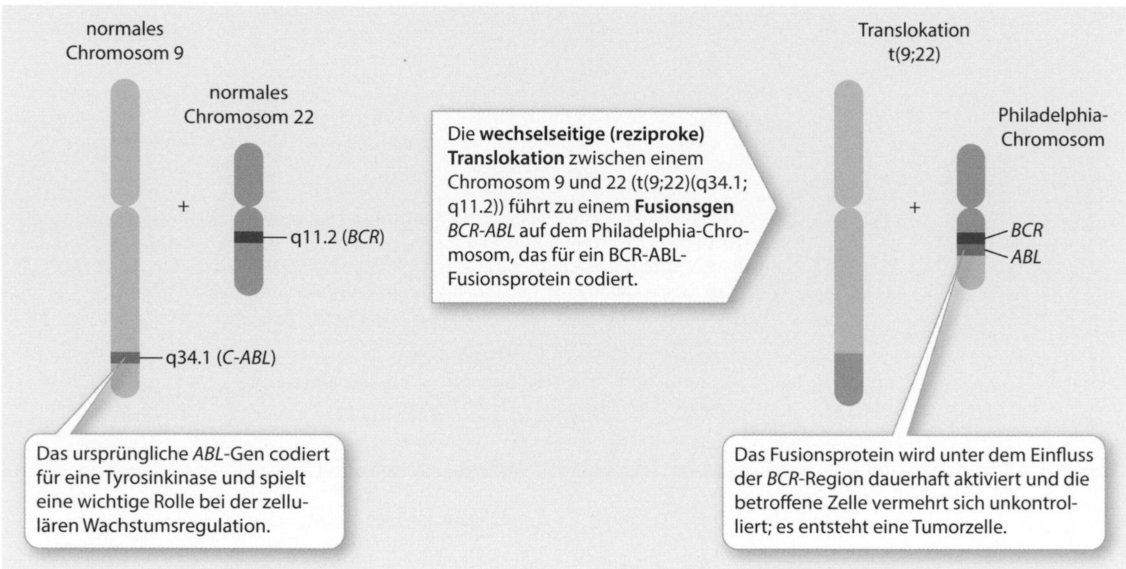

◘ **Abb. 9.18** Eine Strukturmutation in einer einzelnen Zelle eines vielzelligen Organismus kann gravierende Folgen für den gesamten Organismus haben, wie das Beispiel der chronischen myeloischen Leukämie zeigt

Polyploidien, Monosomien und die meisten Trisomien sind offenbar mit einer Lebensfähigkeit des werdenden Kindes nicht vereinbar. Die wenigen Ausnahmefälle betreffen die Geschlechtschromosomen und die drei Autosomen 13, 18 und 21. Alle nummerischen Chromosomenanomalien sind mit einem mehr (autosomale) oder weniger (gonosomale) starken Syndrom verbunden. Die Angaben ihrer Häufigkeit bei Neugeborenen variieren leicht, je nach Quelle.

Chromosomenstörung	Häufigkeit bei der Geburt
Trisomie 21 (Down-Syndrom)	1/700
Trisomie 18 (Edwards-Syndrom)	1/3000
Trisomie 13 (Pätau-Syndrom)	1/5000
47,XXY (Klinefelter-Syndrom)	1/1000 ♂
47,XYY (XYY-Syndrom)	1/1000 ♂
47,XXX (Triple-X-Syndrom)	1/1000 ♀
45,X0 (Turner-Syndrom)	1/2000–5000 ♀

Das **Down-Syndrom** hat seine Ursache meistens in einer freien **Trisomie 21**, die durch eine Fehlverteilung (Non-Disjunction) in der Meiose I (rechts) oder der Meiose II (links) entsteht. Non-Disjunction tritt häufiger bei der maternalen als bei der paternalen Keimzellbildung auf. Das Risiko der numerischen Chromosomenanomalie steigt mit dem Alter der werdenden Mutter.

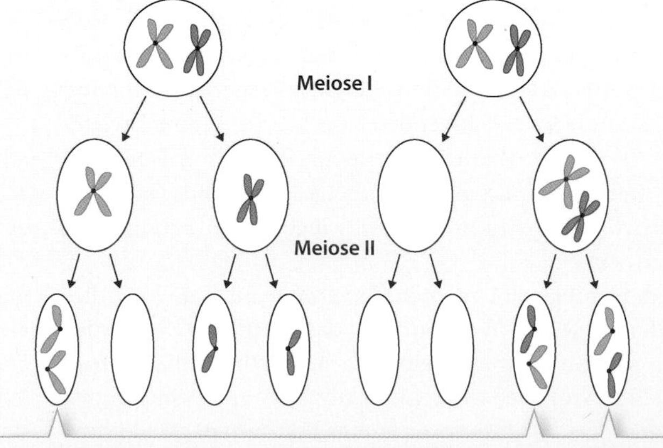

Einer der beiden haploiden Gameten trägt zwei Chromosomen 21 statt nur eines. Die entstehende Zygote – und damit auch alle mitotischen Abkömmlinge im Embryo – enthält dann insgesamt drei Kopien dieses Chromosoms.

◘ **Abb. 9.19** Das Down-Syndrom ist die häufigste chromosomenmutationsbedingte Krankheit beim Menschen

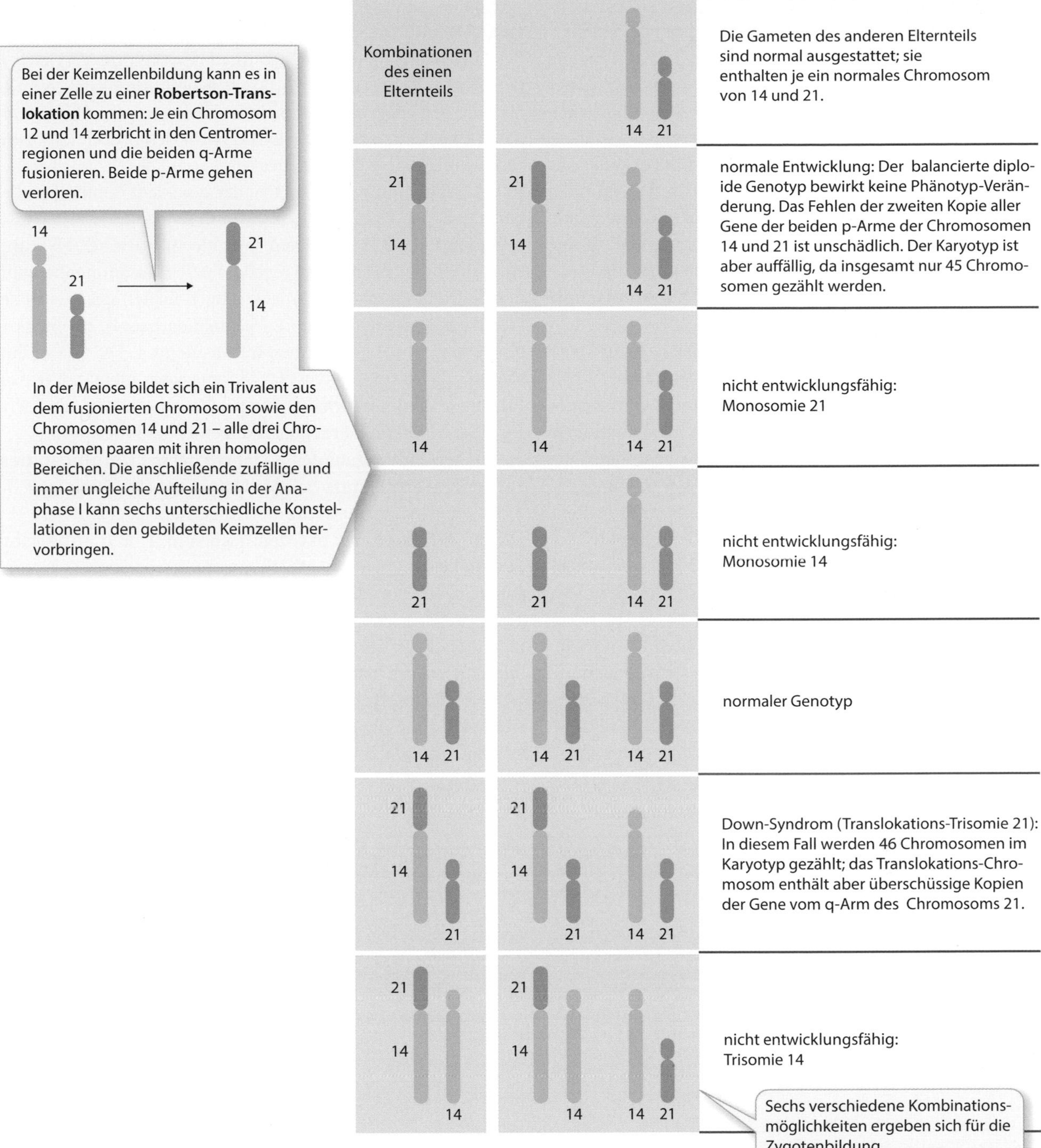

Abb. 9.20 Down-Syndrom kann auch als Ergebnis einer strukturellen Mutation auftreten; dies ist allerdings seltener als die freie Trisomie 21

von den zahlenmäßig veränderten Chromosomen entsprechend mehr oder weniger Proteine gebildet werden. Eine an die in der Zelle vorhandene Anzahl von Genen angepasste Regulation der Transkription findet ausschließlich für das X-Chromosom (Dosiskompensation) statt, aber nicht für autosomal gekoppelte Gene. Der beim Menschen häufigste Fall einer **Trisomie** bei Neugeborenen führt zum Phänotyp **Down-Syndrom** (Abb. 9.19). Diese typische Phänotypänderung hat ihre Ursache meist in einer Chromosomenfehlverteilung bei der Keimzellbildung oder einer frühen zygotischen Mitose, sodass in allen oder fast allen somatischen Zellen 47 Chromosomen vorhanden sind. Das Down-Syndrom kann aber auch – wenngleich seltener beobachtet – einen anderen Ursprung haben. Dabei ist eine spezielle Form einer strukturellen Chromosomenmutation ursächlich für das dreifache Vorhandensein eines Großteils der Gene des Chromosoms 21 (Abb. 9.20).

9.7 Mutationen führen zu Polymorphismen

Mutationen verändern ein Allel in ein anderes Allel des gleichen Gens. Meistens sind solche Veränderungen mit Nachteilen für die betroffenen Zellen (Organismen) verbunden und daher einem hohen Selektionsdruck ausgesetzt. Solche negativen Allele haben daher einen nur sehr geringen Anteil in der Population. In einigen Fällen kann aber eine Mutation auch neutral oder unter bestimmten Umweltbedingungen positiv sein und somit die Fitness des Organismus erhöhen. Dann spricht man in der Genetik von einem **genetischen Polymorphismus** und – soweit sich eine Ausprägung zeigt – auch vom **phänotypischen Polymorphismus**.

Ein Beispiel für einen Phänotyppolymorphismus beim Menschen stellt der Lactoseverdau bei Erwachsenen dar (◘ Abb. 9.21). Beide Eigenschaften – **Lactoseintoleranz** und **Lactasepersistenz** – kommen in sämtlichen untersuchten Populationen zu einem unterschiedlich großen Anteil vor. Alle gesunden Säugetiere haben das Gen für die Lactasebildung, das es Ihnen ermöglicht, Lactose aus der Muttermilch im Dünndarm zu spalten. Bei Lactasepersistenten bleibt dieses Gen ein Leben lang aktiv, bei Lactoseintoleranten wird es nach dem Abstillen stark herunterreguliert. Man spricht nicht von Mutationsträgern, sondern von einem Polymorphismus dieser Eigenschaft.

Für das Transporterprotein ABCC11 existieren beim Menschen zwei Allele (das dominante *G*-Allel und das rezessive *A*-Allel). Beschränkt sich der Polymorphismus auf zwei Ausprägungsformen, spricht man auch von einem **Dimorphismus**. Es handelt sich um einen Einzelnucleotidpolymorphismus, der unter anderem die Konsistenz des Ohrenschmalzes festlegt (◘ Abb. 9.22).

Ein bekannterer Polymorphismus ist die Fähigkeit, den Bitterstoff **Phenylthiocarbamid** (PTC) wahrzunehmen. Etwa 68 % der Europäer („Schmecker") können den Stoff im Vergleich zu den „Nicht-Schmeckern" bei 1000-fach geringerer Konzentration als widerlich bitter wahrnehmen. Es existieren zwei Allele, wobei das Schmeckergen dominant ist. Da Nicht-Schmecker homozygot für das rezessive Allel sind, liegt der Anteil des Schmeckerallels in der Population bei etwa 43 %, der des Nicht-Schmeckerallels bei etwa 57 %. Es besteht kein Zusammenhang der Bitterwahrnehmung von PTC mit dem Geschlecht oder der Herkunft. Allerdings gibt es einen entgegengesetzten Zusammenhang mit der Beurteilung des Geschmacks von Früchten des asiatischen Obstbaums *Antidesma bunius* (Salamanderbaum). In einer Untersuchung von 170 Personen in Washington, DC (USA) fand sich bei den festgestellten PCT-Schmeckern niemand, der die Früchte als bitter beurteilte. Umgekehrt empfanden alle Nicht-PCT-Schmecker die Früchte als ungenießbar bitter.

Keinen Einfluss auf den Phänotyp hat der **Chromosomenzahlpolymorphismus** bei der Hausmaus (*Mus musculus domesticus*). Der normale Chromosomensatz ist $2n = 40$, wobei alle 20 Chromosomen akrozentrisch sind. Durch **Robertson-Fusion** liegen in einigen Wildpopulationen geringere Chromosomenzahlen vor (◘ Abb. 9.23). Ob es Vor- oder Nachteile für Träger solcher Fusionen (oder auch Fissionen) der Chromosomen gibt, ist umstritten. Sie spielen aber eine Rolle bei der Artbildung, weil sie häufig zu einer Fortpflanzungsbarriere führen. Da heterozygote Träger solcher Chromosomenumbauten häufig steril sind, homozygote dagegen nicht, wird eine Aufspaltung in Populationen mit unterschiedlichen Chromosomensätzen begünstigt.

Das Enzym Lactase wird im Dünndarm aller Säugetiere im Alter des Säugens gebildet, um den Zweifachzucker **Lactose** hydrolytisch in die Monosaccharide **Glucose** und **Galactose** zu spalten. Im Laufe der Entwöhnung sinkt die Lactaseproduktion bei allen Säugetieren auf etwa 10 %, daher sind erwachsene Säuger nicht mehr in der Lage, Lactose zu verwerten (**Lactoseintoleranz**). Die Aufnahme von Lactose führt dann häufig zu Verdauungsproblemen (Blähungen, Durchfall).
Mutationen in der regulatorischen Sequenz des Lactasegens können dazu führen, dass über die Zeit des Gestilltwerdens hinaus dauerhaft Lactase gebildet und somit Lactose aus Milchzufuhr lebenslang gut vertragen wird (**Lactasepersistenz**). In menschlichen Populationen gibt es unterschiedlich große Anteile von lactoseintoleranten und lactosepersistenten Personen. Die Häufigkeiten sind aber sehr unterschiedlich, was mit der Haltung von Milchvieh korreliert. Noch vor etwa 15.000 Jahren waren fast alle Menschen lactoseintolerant, was auch heute noch für Südostasiaten und Aborigines zutrifft. In Regionen, in denen im Laufe der Sesshaftwerdung auch Rinder, Schafe, Ziegen, Kamele oder Pferde zur Milchgewinnung für den menschlichen Verzehr gemolken wurden, hat sich der Anteil der Menschen mit Lactasepersistenz stark erhöht. So können die meisten Beduinen, Tuareg und Nordeuropäer auch im Erwachsenenalter Lactose verdauen. Der damit verbundene Fitnessvorteil hat sicher dazu beigetragen, dass sich die Eigenschaft in diesen Populationen zum dominierenden Phän entwickelt hat.

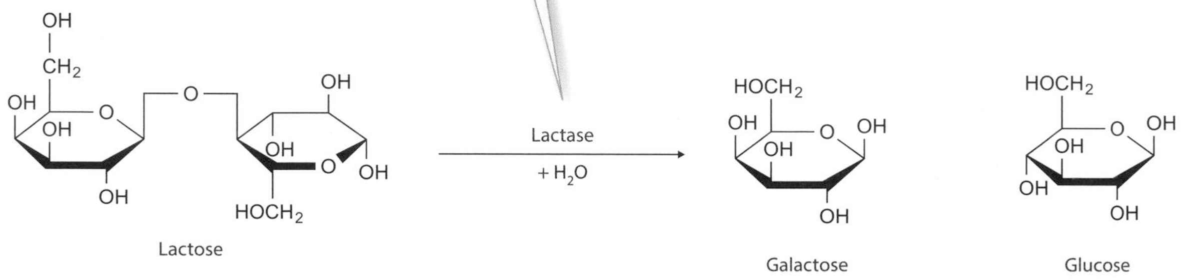

◘ **Abb. 9.21** Lactose wird im Dünndarm in die Einfachzucker Galactose und Glucose gespalten, die beide die Darmwand passieren können

Population	Prozentanteil des rezessiven Allels (*A*-Allel) in der Population	Prozentanteil der Population, die ein gelbbraunes, feuchtes Ohrenschmalz produzieren
Afroamerikaner	0	100,0
Afrikaner	2	99,9
Lateinamerikaner	4	99,8
Iberer	10	99,0
Deutsche	16	97,4
Westeuropäer	17	97,1
Osteuropäer	20	96,0
pazifische Insulaner	21	95,6
Kasachen	38	85,6
Philippiner	47	77,9
Indianer	50	75,0
Vietnamesen	73	46,7
Japaner	76	42,2
Südostasiaten	78	39,2
Mongolen	87	24,3
Chinesen	94	11,6
Koreaner	99	2,0

Wie bei einigen wenigen anderen Säugetieren gibt es beim Menschen ein Gen, das für ein Membrantransporterprotein (**ABCC11**, engl. *ATP-binding cassette sub-family C member 11*) codiert. Beim Menschen liegt es auf Chromosom 16. Das Protein transportiert Moleküle aus dem Inneren der Zelle nach außen. Eine **Basenaustauschmutation** an Position 538 des Gens (GGG > AGG) führte zu einem **Aminosäureaustausch** im Protein (Glycin > Arginin; *G*-Allel > *A*-Allel) und damit zu seinem **Funktionsverlust**. Phänotypische Folgen bei homozygoten Trägern dieses *Loss-of-function*-Allels sind ein graues, trockenes Ohrenschmalz und sehr geringer Körpergeruch, während homo- und heterozygote Träger des funktionsfähigen Proteins ein gelbliches, feuchtes Ohrenschmalz produzieren und einen ausgeprägteren Körpergeruch aufweisen. Die Verteilung beider Allele in menschlichen Populationen variiert stark. In Korea kommt das funktionsfähige *G*-Allel fast gar nicht vor; in Afrika ist das funktionsfähige *G*-Allel stark dominierend.

Abb. 9.22 Die beiden Allele des Transporterproteins ABCC11 sind in menschlichen Populationen sehr ungleich vertreten

Die **Hausmaus** (*Mus musculus domesticus*) hat gewöhnlich 40 Chromosomen im diploiden Genom. Durch Fusion zweier akrozentrischer Chromosomen zu einem metazentrischen Chromosom (**Robertson-Translokation**) – wie in einigen Wildpopulationen beobachtet wurde – verringert sich die Gesamtzahl der Chromosomen im Genom der Maus. Die beiden Zahlen unter den Fusionschromosomen kennzeichnen die Chromosomen, die fusioniert sind. Nicht alle Chromosomen zeigen eine Fusion, obwohl dies grundsätzlich möglich ist. Dieser **chromosomale Polymorphismus** hat **keinen Einfluss auf den Phänotyp**. Die Chromosomen wurden einer Giemsa-Bänderungsfärbung unterzogen, um sie sicher identifizieren zu können.

Haploider Chromosomensatz einer Mauspopulation aus Olympia (Griechenland). Bis auf die Chromosomen 7, 18, 19 und die beiden Geschlechtschromosomen liegen alle anderen Autosomen homozygot als Fusionschromosomen vor. Die Gesamtzahl im diploiden Genom beträgt hier 24 statt 40.

1·3 2·5 4·6 8·12 9·16 10·14 11·17 13·15 7 18 19 X Y

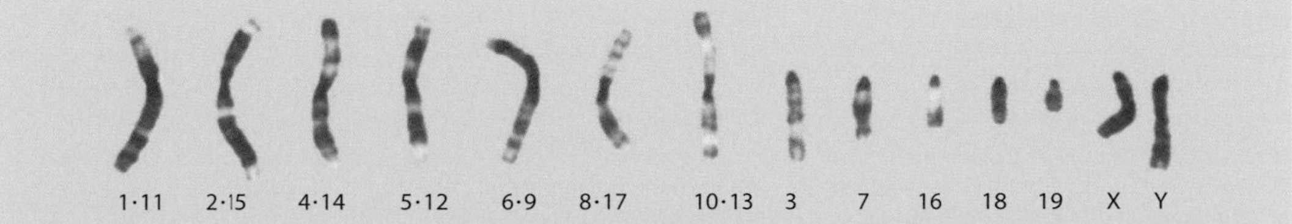

Haploider Chromosomensatz einer Mauspopulation aus Theben (Griechenland). Bis auf die Chromosomen 3, 7, 16, 18, 19 und die beiden X-Chromosomen liegen alle anderen Autosomen homozygot als Fusionschromosomen vor. Die Gesamtzahl im diploiden Genom beträgt hier 26 statt 40.

Abb. 9.23 Chromosomenzahlpolymorphismus am Beispiel von Wildpopulationen der Hausmaus mit unterschiedlichen Chromosomenfusionen

9.8 DNA-Reparatur verhindert Mutationen

Mutationen sind für eine Zelle oder einen vielzelligen Organismus **in den meisten Fällen negativ**; selten sind sie neutral oder vorteilhaft. Das liegt daran, dass sich Wildtypallele im Laufe eines sehr langen evolutiven Prozesses als die vorteilhaftesten herausgestellt haben. Aus diesem Grund ist es notwendig, dass Zellen in der Lage sind, DNA-Schäden reparieren zu können, um die Entstehung von Mutationen weitgehend zu vermeiden. Eine gewisse Flexibilität der genetischen Information muss dabei aber bestehen bleiben, um es Populationen zu ermöglichen, sich an Veränderungen der Umweltbedingungen anpassen zu können. So können sich für viele Gene mehrere Allele in der Population etablieren, und in einigen Fällen haben sogar diejenigen Organismen einen Vorteil, die heterozygot für solche Genvarianten sind (**Heterozygotenvorteil**). Im Verlauf der Evolution entstand eine Gleichgewichtssituation zwischen Stabilität und Variabilität der Genome. Die Mechanismen der **DNA-Reparatur** haben zur Folge, dass Mutationen viel seltener auftreten, als die recht häufig entstehenden DNA-Schäden befürchten lassen (◘ Tab. 9.1). Um die vielfältigen DNA-Schäden beseitigen zu können, stehen der Zelle mehrere Reparaturwege zu Verfügung (◘ Abb. 9.24).

Wenn UV-Licht auf DNA trifft, resultiert die Energieübertragung häufig in der Bildung eines **Thymindimers**. Viele, aber nicht alle Organismen verfügen über einen sehr einfachen, präzise ablaufenden Reparaturweg, die **Photoreaktivierung**. Dabei trennt das Enzym **Photolyase** die kovalente Bindung zwischen den benachbarten Thyminresten unter Nutzung der Energie sichtbaren Lichts wieder auf (◘ Abb. 9.25). Bei höheren Säugetieren einschließlich des Menschen werden Dimere allerdings nicht über diesen Weg, sondern durch Nucleotidexzision entfernt.

Auch einige **Alkylierungen** in der DNA werden von Enzymen direkt entfernt. So kann die O^6-Guanin-Methyltransferase ausschließlich die Methylgruppe von der O^6-Position entfernen (◘ Abb. 9.26). Andere Alkylierungen und weitere DNA-Schäden, wie Desaminierungen und Oxidationen von DNA-Basen, werden vom Basenexzisionsreparatursystem erkannt (◘ Abb. 9.27).

Das wichtigste und, was die Schadenerkennung angeht, sehr breit ausgelegte Reparatursystem von Zellen stellt die **Nucleotidexzisionsreparatur** dar. Neben Dimeren werden auch schwere Schäden wie große Addukte und Quervernetzungen (*cross-links*)

◘ Tab. 9.1 Unterschiedliche Häufigkeiten von Mutationsraten für ausgewählte Organismen und Gene

Mutationsart	Organismus	Mutationen pro 1.000.000 Zellgenerationen oder Keimzellen
$lac^- > lac^+$ (Rückmutation)	*Escherichia coli*	0,2
$his^+ > his^-$		2
Streptomycinresistenz		400
$arg^- > arg^+$ (Rückmutation)	*Saccharomyces cerevisiae*	0,9
Su > su	*Zea mays*	2
$bw^+ > bw$	*Drosophila melanogaster*	30
D > d	*Mus musculus*	30
Chorea Huntington	*Homo sapiens*	1
Hämophilie A		30
Duchenne-Muskeldystrophie		100

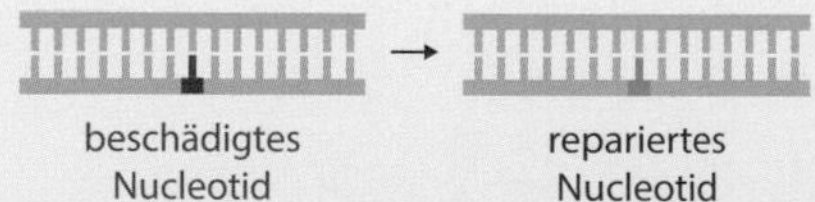

Bei der **direkten Reparatur** wird der DNA-Strang nicht unterbrochen, um den DNA-Schaden zu entfernen. Beispiele für Enzyme, die diesen Reparaturweg katalysieren, sind die Photolyase und die Methyltransferase.

Die **Exzisionsreparatur** ist in der Lage, eine Vielzahl sehr unterschiedlicher DNA-Schäden zu beseitigen. Dabei werden aus dem Strang, der den Schaden aufweist, einzelne oder mehrere benachbarte Nucleotide entfernt.

Fehlpaarungsreperatur: Fehlpaarungen von Basen können selbst nach der Korrekturlesefunktion am Ende der Replikation vorliegen. Ein spezieller Reparaturmechanismus erkennt diese, entfernt in einem Strang einen Abschnitt mehrerer Nucleotide unter Einschluss des fehlgepaarten Nucleotids, und die entstandenen Lücke wird über Neusynthese wieder geschlossen.

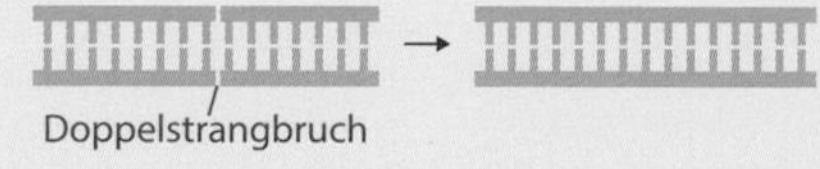

Doppelstrangbrüche der DNA können zu Chromosomenbrüchen und -umbauten führen, wenn sie nicht repariert werden. Neben der homologen Reparatur steht der Zelle dafür die **Verknüpfung nicht homologer Enden** als Reparaturweg zur Verfügung.

◘ Abb. 9.24 Übersicht über die Reparaturmöglichkeiten, die Zellen zur Verfügung stehen, um die Entstehung von Mutationen zu vermeiden

Benachbarte, kovalent verbundenen Thyminbasen (**Thymindimere**) verhindern eine Basenpaarung und sind daher störend bei der Transkription und Replikation.

Um die Entstehung von Mutationen bei der DNA-Synthese zu vermeiden, ist die Zelle in der Lage, die Dimere vorab durch Reparatur zu entfernen. Das Enzym **DNA-Photolyase** erkennt Dimere, bindet an diese und löst die kovalente Bindung unter dem Einfluss von sichtbarem Licht auf – dadurch wird der ursprüngliche Zustand wiederhergestellt. Photolyasen wurden bei vielen Archaeen, Prokaryoten und Eukaryoten gefunden. Eigenartigerweise fehlen diese Enzyme aber bei allen untersuchten höheren Säugetieren, während sie bei Beuteltieren nachgewiesen wurden.

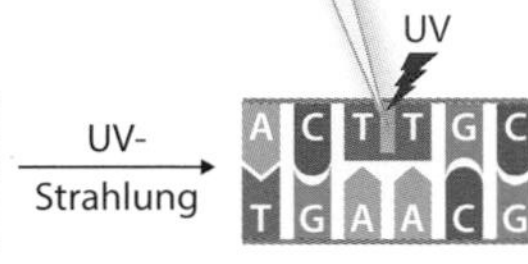

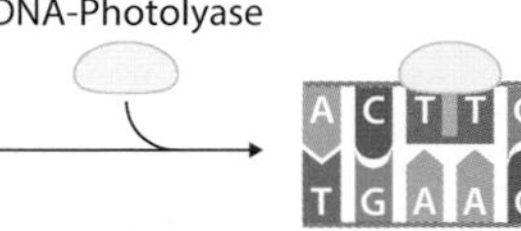

Abb. 9.25 Photolyasen können Thymindimere beseitigen. Dabei sind sie auf die Energie sichtbaren Lichts angewiesen

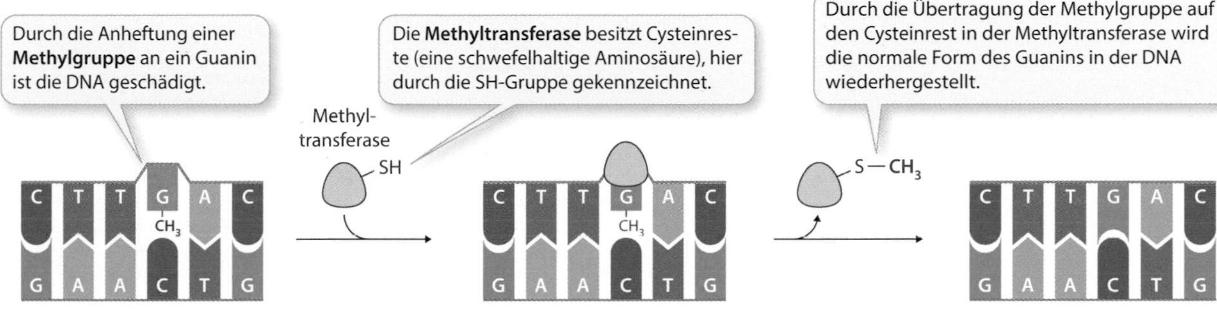

Abb. 9.26 Auch die Entfernung von Methylresten von der O^6-Position des Cytosins erfordert keine Einschnitte in das „Rückgrat" der DNA

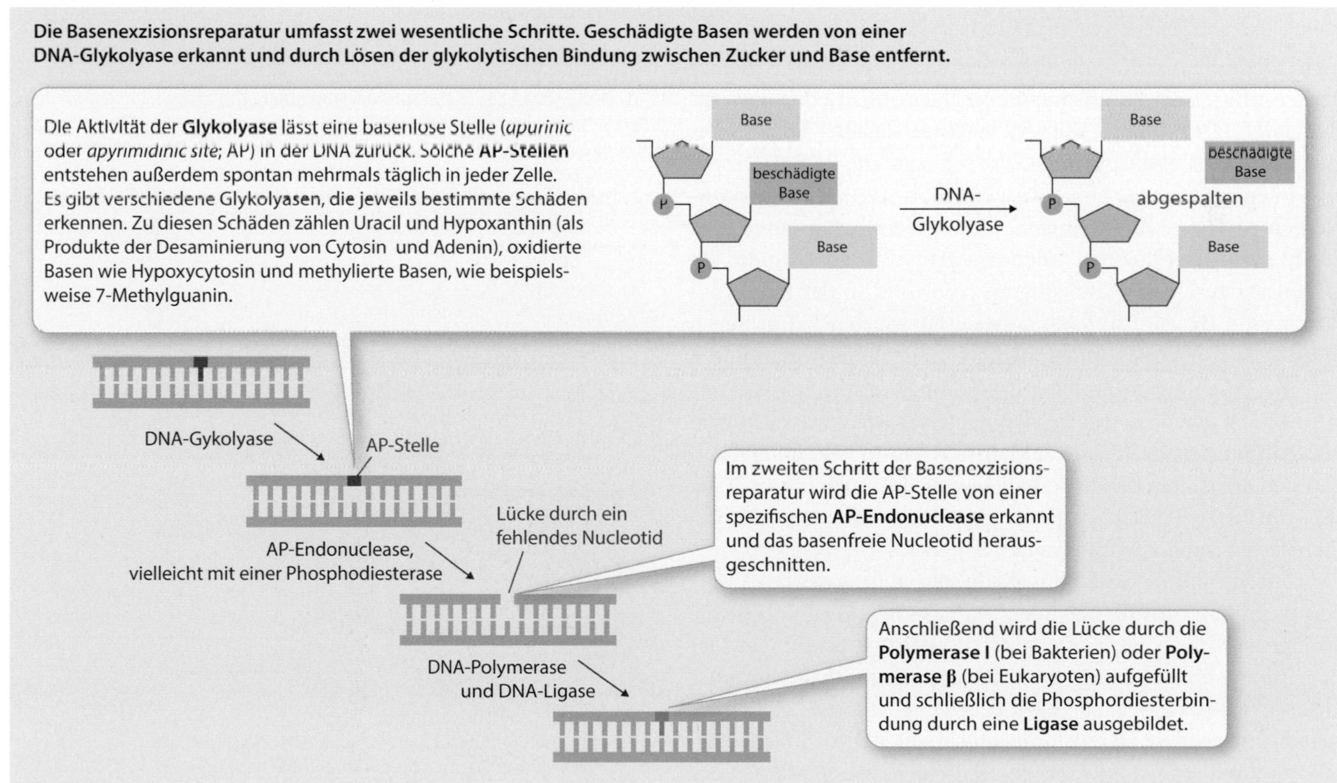

Abb. 9.27 Durch die Aktivität von Glykolyasen können einige Formen von geschädigten Basen entfernt werden, wodurch eine AP-Stelle entsteht

zwischen den beiden DNA-Strängen oder zwischen DNA und assoziierten Proteinen erkannt und beseitigt. Der grundsätzliche Ablauf ist dabei immer gleich. Die Schäden bewirken generell eine Verformung der DNA-Helix, die von diesem Reparatursystem erkannt wird. Rund um die Schadenstelle wird ein Einzelstrangbereich herausgeschnitten, und durch Polymeraseaktivität wird die Lücke wieder geschlossen (Abb. 9.28).

Eine Hauptquelle der spontanen Mutationsentstehung stellt die DNA-Verdopplung dar, die äußert präzise ablaufen muss, um Fehlpaarungen zu vermeiden. Zellen verlassen sich dabei

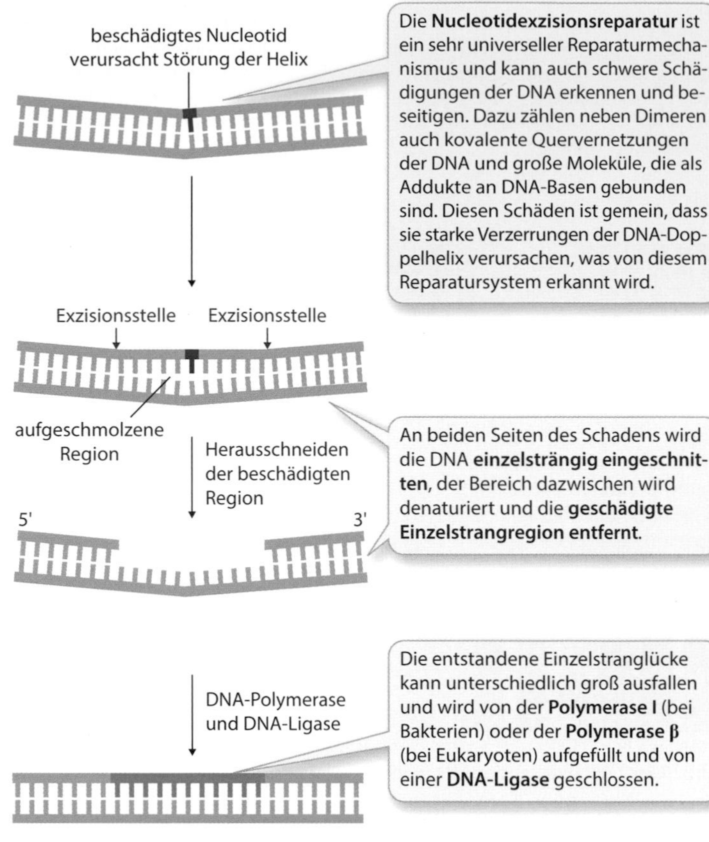

◘ Abb. 9.28 Durch Nucleotidexzisionsreparatur werden viele verschiedene DNA-Schäden beseitigt, indem ein größerer Bereich um die Schadenstelle ausgetauscht wird

nicht alleine auf eine hohe Genauigkeit der DNA-Polymerase beim Einfügen der komplementären Nucleotide in den neu entstehenden DNA-Strang, sondern verfügen darüber hinaus über eine **Korrekturlesefunktion**. Diese reduziert die Rate an Falscheinbauten auf etwa ein Hundertstel (◘ Abb. 9.29). Trotzdem verbleiben zu viele Fehlpaarungen, die nachgeschaltet durch eine **Fehlpaarungsreparatur** noch entfernt werden können. Im Gegensatz zu einem geschädigten Nucleotid in der DNA, das durch eine Exzisionsreparatur beseitigt werden kann, liegen hierbei zwei normale ungeschädigte, aber fehlgepaarte Basen vor, was einen eigenständigen Erkennungs- und Reparaturweg erforderlich macht. Dabei können Bakterienzellen den alten vom neu synthetisierten Strang am Methylierungsmuster unterscheiden und reparieren den fehlerhaft gebildeten neuen Einzelstrang (◘ Abb. 9.30). Bei Eukaryoten vermutet man, dass der neu synthetisierte Strang noch während der Replikation repariert wird.

Unterbrechungen der Phosphodiesterbindung der DNA werden als **Einzelstrangbruch** oder, wenn beide gegenüberliegende Stränge betroffen sind, als **Doppelstrangbruch** bezeichnet. Der Bruch eines Einzelstrangs kann im einfachsten Fall von einer **Ligase** repariert werden (◘ Abb. 9.31). Doppelstrangbrüche stellen eine größere Herausforderung an die Zelle. Um eine Diskontinuität des Chromosoms zu vermeiden, werden diese über zwei alternative Wege repariert: die **homologe Reparatur** und die **nichthomologe Endverknüpfung** (◘ Abb. 9.32).

Mutationen in Genen, die für DNA-Reparaturproteine codieren, haben weitreichende Auswirkungen für die betroffenen Zellen oder Organismen. Eine **ausbleibende oder fehlerhafte DNA-Reparatur** führt zwangsläufig zu stark **erhöhten Mutationsraten**. Auch für einige Krankheitsbilder des Menschen sind

Obwohl die **DNA-Polymerase** sehr genau arbeitet und nur etwa alle 100.000 Nucleotide einen Falscheinbau vornimmt, ist die Replikation die häufigste Quelle von Punktmutationen. Um diese Falscheinbauten auf eine akzeptables Maß zu reduzieren, verfügt die Zelle über eine **Korrekturlesefunktion.** Beim Bakterium *Escherichia coli* besitzt die Polymerase selbst diese Funktion und ändert, sobald ein nichtkomplementäres Basenpaar ausgebildet wurde, die Richtung und entfernt das gerade eingebaute Nucleotid. Anschließend ändert sie erneut die Richtung und setzt die Synthese fort. Dieser Mechanismus reduziert die Rate an Falscheinbauten auf eine Fehlpaarung bei 10.000.000 Basenpaaren.

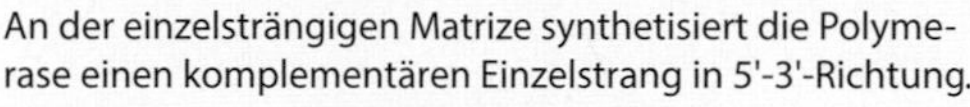

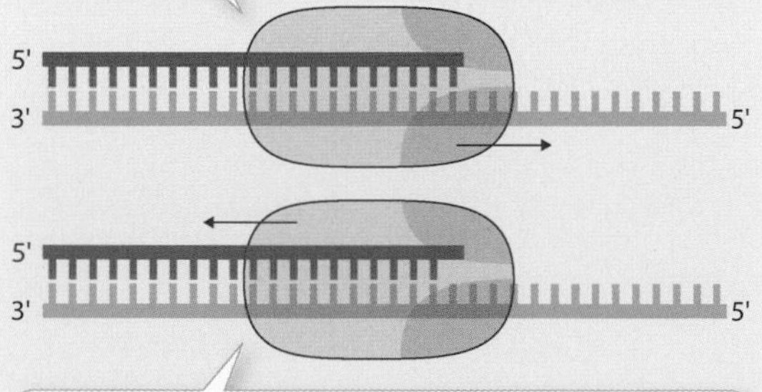

◘ Abb. 9.29 Paarungsfehler werden zum größten Teil durch die Korrekturlesefunktion des Replikationsapparats direkt bei der Synthese des neuen Einzelstrangs beseitigt

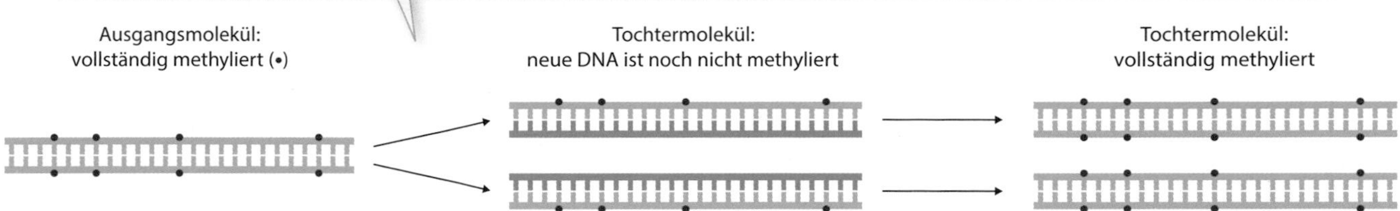

Abb. 9.30 Das bakterielle Fehlpaarungsreparatursystem erkennt den neu synthetisierten Strang an der noch nicht vollzogenen postreplikativen Methylierung

solche Mutationen als ursächlich erkannt worden. Von diesen ist – obwohl sehr selten auftretend – die sogenannte Mondscheinkrankheit (**Xeroderma pigmentosum**, kurz XP) wohl die bekannteste. Es handelt sich um einen autosomal rezessiv vererbten Defekt der Nucleotidexzisionsreparatur. Etwa jedes 100.000ste Kind kommt mit diesem Defekt zur Welt, der von Hautveränderungen über Hautkrebs zum meist frühzeitigen Tod führt. Der Name der unheilbaren Krankheit hängt mit der strikten Meidung von UV-Licht (Sonnenlicht) zusammen; betroffene Kinder können sich ungeschützt nur in hellen Mondnächten im Freien aufhalten. Entsprechend der Vielzahl der an diesem Reparaturmechanismus beteiligten Proteine gibt es eine Reihe von Subtypen von XP, die mit Buchstaben gekennzeichnet werden (XPA, XPB usw.). Auch das Cockayne-Syndrom beruht in der Folge einer autosomal rezessiven Mutation auf einem Defekt der

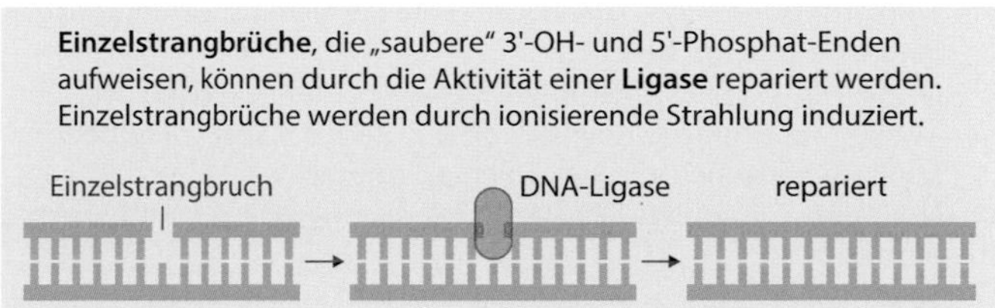

Abb. 9.31 Einzelstrangbrüche können durch Ligasen repariert werden

Nucleotidexzisionsreparatur. Weiterhin sind genetisch bedingte Ausfälle der Mismatchreparatur beim Menschen ursächlich für eine Form des Darmkrebses (hereditäres non-polypöses colorectales Karzinom), der in früherem Lebensalter auftreten kann. Die zugrunde liegenden Mutationen sind autosomal dominant.

Abb. 9.32 Eine der beiden Möglichkeiten, Doppelstrangbrüche der DNA zu reparieren, stellt die nichthomologe Endverknüpfung dar

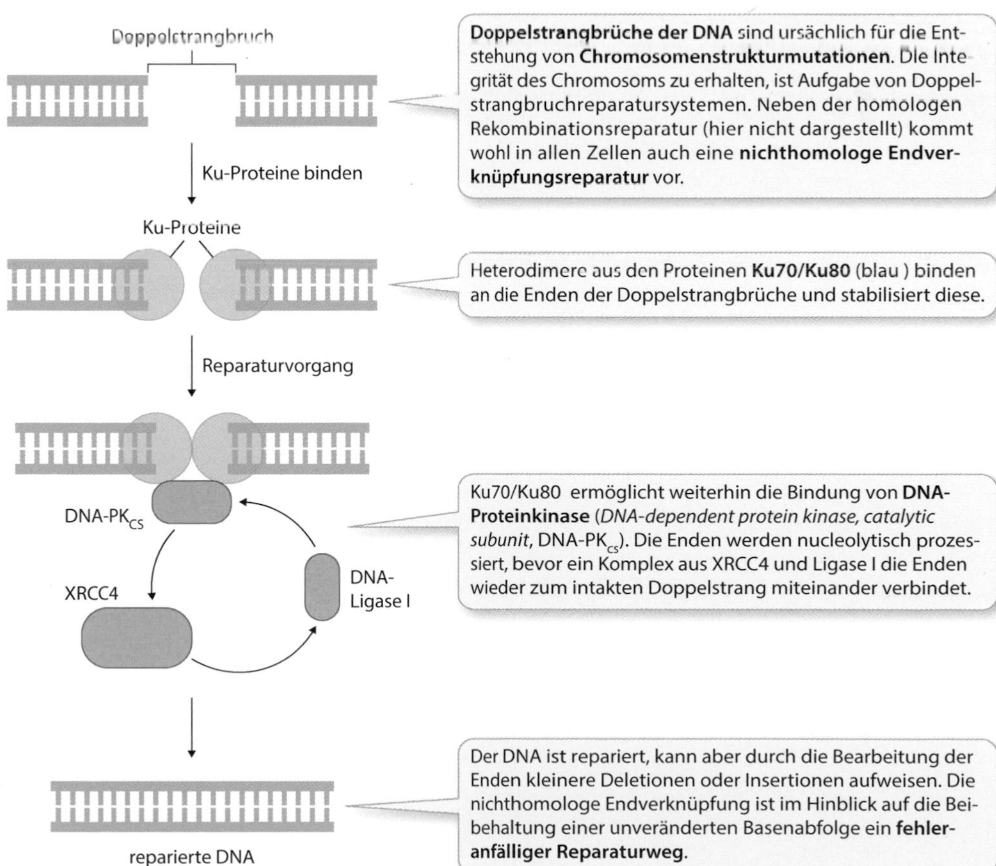

Weiterführende Literatur

1. Alberts B, Bray D, Hopkin K, Johnson AD, Lewis J, Raff M, Roberts K, Walter P (2012) Lehrbuch der Molekularen Zellbiologie, 4. Aufl. Wiley-VCH, Weinheim
2. Alberts B, Johnson AD, Lewis J, Morgan D, Raff M, Roberts K, Walter P (2017) Molekularbiologie der Zelle, 6. Aufl. Wiley-VCH, Weinheim
3. Campbell NA, Reece JB, Urry LA, Cain ML, Wasserman SA, Minorsky PV, Jackson RB (2015) Campbell Biologie, 10. Aufl. Pearson, Hallbergmoos
4. Graw J (2015) Genetik, 6. Aufl. Springer Spektrum, Berlin, Heidelberg
5. Hardin J, Bertoni GP, Kleinsmith LJ (2015) Beckers Welt der Zelle, 8. Aufl. Pearson, Hallbergmoos
6. Janning W, Knust E (2008) Genetik, 2. Aufl. Thieme, Stuttgart
7. Klug WS, Cummings MR, Spencer CA, Palladino MA, Killian D (2019) Concepts of genetics. Pearson, London
8. Knippers R (2017) Eine kurze Geschichte der Genetik, 2. Aufl. Springer, Berlin, Heidelberg, New York
9. Munk K (2017) Taschenlehrbuch Biologie: Genetik. Thieme, Stuttgart
10. Murken JD, Grimm T, Holinski-Feder E, Zerres K (2017) Taschenlehrbuch Humangenetik, 9. Aufl. Thieme, Stuttgart
11. Nordheim A, Knippers R (2018) Molekulare Genetik, 11. Aufl. Thieme, Stuttgart
12. Sadava D, Hillis D, Heller HC, Hacker S (2019) Purves Biologie, 10. Aufl. Springer Spektrum, Berlin, Heidelberg
13. Watson J, Baker T, Bell S, Gann A, Levine M, Losick R (2010) Watson Molekularbiologie, 6. Aufl. Pearson, London

Genregulation

Martin Simon

J. Boenigk (Hrsg.), *Boenigk, Biologie,* https://doi.org/10.1007/978-3-662-61270-5_10

10.1 Die Genexpression wird durch transkriptionale und posttranskriptionale Mechanismen reguliert

Die **Regulation der Transkription** ist einer der wichtigsten Mechanismen der Genexpression. Die spezifische Genregulation, d. h. die gezielte An- oder Abschaltung der Transkription eines bestimmtes Gens, wird zu einem großen Teil über die Interaktion unterschiedlicher Faktoren mit den **RNA-Polymerasen** vermittelt. Diese sind die Kernenzyme der transkriptionalen Kontrolle. Es handelt sich um **prozessive Enzyme**, also Enzyme, die über viele Polymerisationsschritte mit dem Substrat, d. h. der DNA, und der wachsenden RNA verbunden bleiben. Sie synthetisieren die Basensequenz eines RNA-Strangs anhand einer DNA-Vorlage (◘ Abb. 10.1).

Während Bakterien nur eine RNA-Polymerase besitzen, haben sich bei Eukaryoten verschiedene RNA-Polymerasen für unterschiedliche RNA-Typen entwickelt (◘ Abb. 10.1). Ihr Aufbau zeigt, dass es sich nicht um ein einzelnes Protein handelt, sondern dass sie **aus verschiedenen Proteinen aufgebaut** sind, von denen jedes eine spezielle Aufgabe hat. Sie weisen zudem eine dynamische Struktur auf, d. h., sie verändern im Lauf der Transkription von der Initiation über die Prozessivität weiter zur Terminierung ihre Zusammensetzung.

Insbesondere die eukaryotische **RNA-Polymerase II**, die für die mRNA-Transkription verantwortlich ist, ist sehr komplex aufgebaut. Sie besteht aus mehr als zwölf Untereinheiten (◘ Abb. 10.2). All diese **Untereinheiten haben spezielle Aufgaben** während der einzelnen Phasen der Transkription, welche sich in die Initiation, die Elongation und die Terminierung gliedert. Die Zelle gewinnt durch diese Komplexität vermehrte Regulationsmöglichkeiten bei der Kontrolle des An- oder Abschaltens von Genen, weswegen auch die eukaryotische RNA-Polymerase II wesentlich komplexer ist – es müssen viel mehr Gene differenziell kontrolliert werden. Die bakterielle Polymerase ist einfacher gebaut, es lassen sich aber homologe Untereinheiten mit ähnlichen Funktionen erkennen (◘ Abb. 10.2).

Über ihre Untereinheiten sind RNA-Polymerasen **hochgradig regulierbar**. Durch die Interaktion von verschiedenen Untereinheiten mit **Transkriptionsfaktoren** (TFs) an einem

◘ **Abb. 10.1** Funktion und Spezifität eukaryotischer und prokaryotischer Polymerasen

Die aktive **RNA-Polymerase** ist ein **Komplex aus Proteinen sowie dsDNA und ssRNA**. Es handelt sich somit um ein **Holoenzym**, also ein Enzym aus einem Proteinanteil und Cofaktoren. Sie hat neben der Polymerisation der RNA auch die Aufgabe, die DNA zu entwinden, sodass die Basen des Matrizenstrangs der DNA für die Anlagerung von homologen Ribonucleosid-5'-triphosphaten (rNTPs) frei liegen.

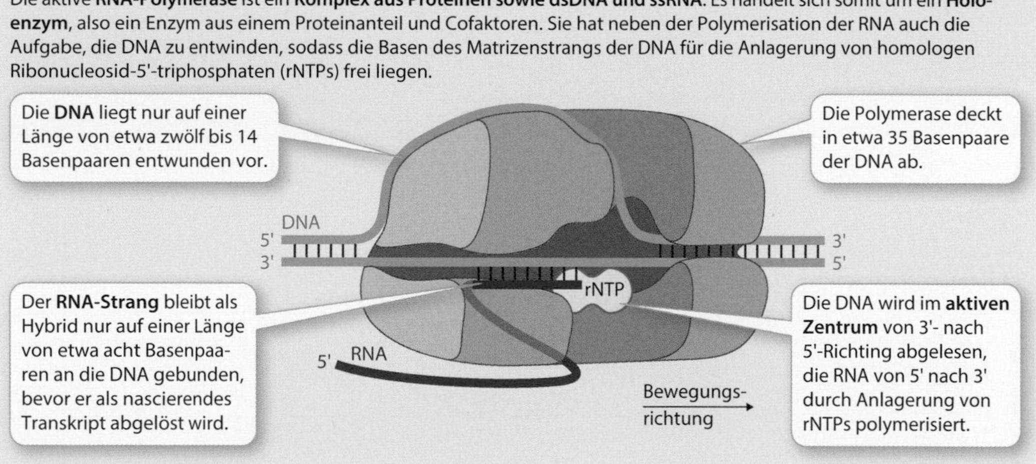

Bakterien besitzen nur **eine RNA-Polymerase**, lediglich für die Synthese der RNA-Primer der Replikation weisen Bakterien eine zusätzlich RNA-Polymerase auf, die Primase dnaG.

Bei **Eukaryoten** haben sich **verschiedene RNA-Polymerasen** für unterschiedliche RNA-Typen entwickelt. Bei allen Eukaryoten finden sich generell drei unterschiedliche RNA-Polymerasen.

RNA-Polymerase I Pol I	Die RNA-Polymerase I (Pol I) transkribiert ribosomale RNA (5,8S-rRNA, 18S-rRNA, 28S-rRNA).
RNA-Polymerase II Pol II	Die RNA-Polymerase II (Pol II) transkribiert neben der mRNA (proteincodierende Gene) auch die für die Genregulation wichtige Mikro-RNA (miRNA).
RNA-Polymerase III Pol III	Die **RNA-Polymerase III (Pol III)** transkribiert unter anderem tRNA, die 5S-rRNA, kurze eingestreute Kernsequenzelemente (SINEs, von engl. *short interspersed nuclear elements*), kleine nucleoläre RNA (snoRNA, von engl. *small nucleolar ribonucleic acid*) und kleine nucleäre RNA (snRNA, von engl. *small nuclear ribonucleic acid*).

Bei **Pflanzen** finden sich **zusätzlich** noch weitere Polymerasen.

RNA-Polymerase IV Pol IV	Die **RNA-Polymerase IV (Pol IV)** und **RNA-Polymerase V (Pol V)** sind für heterochromatische Bereiche des Genoms spezifisch und transkribieren dort regulatorische RNA.
RNA-Polymerase V Pol V	

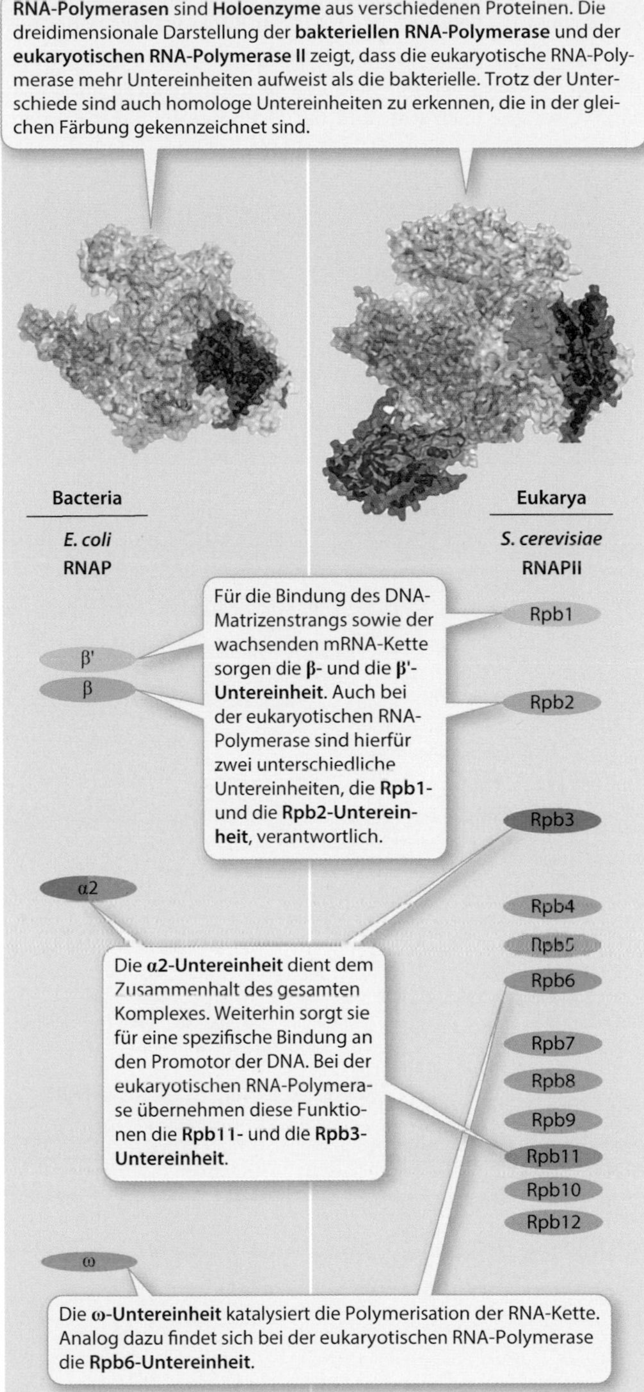

Abb. 10.2 Aufbau der bakteriellen Polymerase und der eukaryotischen Polymerase II

individuellen Genlocus können sie zum z. B. aktiviert oder gehemmt werden. Dementsprechend haben sich auch die regulatorischen Sequenzen entwickelt, mit denen die RNA-Polymerasen wechselwirken. Beim Menschen sind sie um ein Vielfaches komplexer als bei Bakterien (Abb. 10.3). Dies bildet unter anderem die Grundlage, um bei einem komplexen Vielzeller die **wohlkoordinierten Genexpressionsmuster** der einzelnen Gewebe und Organe zu realisieren, die lediglich ein anderes Muster an- und ausgeschalteter Gene desselben Genoms darstellen.

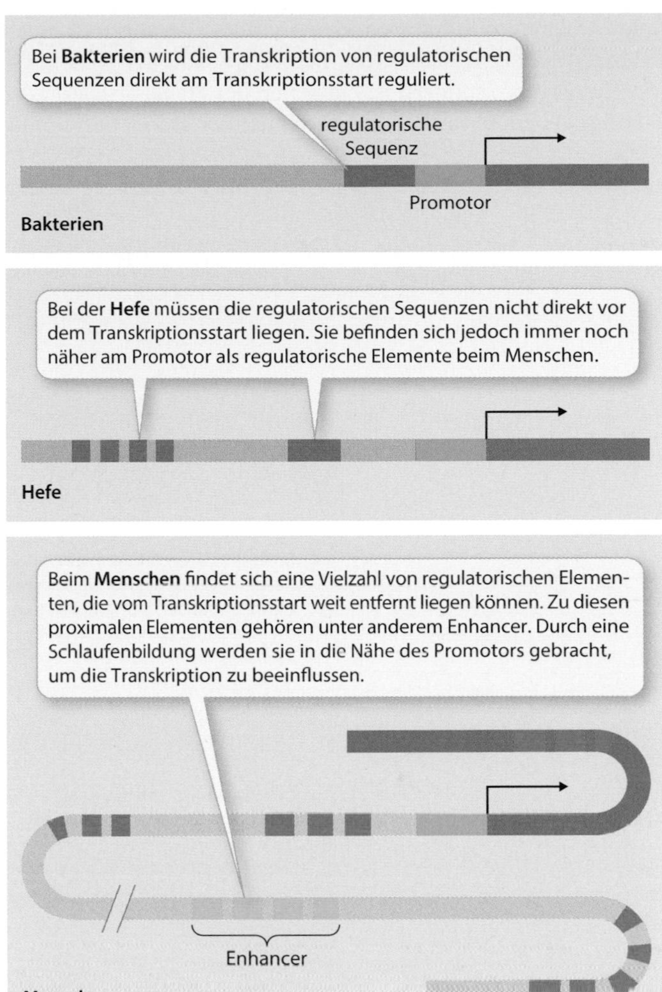

Abb. 10.3 Die DNA von Pro- und Eukaryoten oder auch die der Hefe unterscheiden sich unter anderem in vielen regulatorischen Elementen. Mit steigendem Komplexitätsgrad kann man zunehmend komplexere Regulationsmechanismen identifizieren

Die Expression der Gene wird sowohl auf der Ebene der Transkription (Abb. 10.4) als auch posttranskriptional (Abb. 10.5) reguliert. Neben Transkriptionsfaktoren können auch **Aktivatoren** und **Repressoren** sowie **Modifikationen der Chromatinstruktur** auf die Transkription einwirken (Abb. 10.4; ► Abschn. 11.1). Veränderungen des Chromatins beim An- und Abschalten von Genen sind aber nicht optional, sie müssen stattfinden, um z. B. den Zugang der Polymerase zur DNA des Promotors zu gewähren. Auch diese weitere Regulationsebene des Chromatins ist bei Bakterien nicht vorhanden; sie besitzen keine Nucleosomen.

Organismen können auch über **posttranskriptionale Mechanismen** die mRNA regulieren. Ein wesentlicher Faktor ist die **mRNA-Stabilität**, einschließlich ihrer daraus resultierenden Halbwertszeit. Diese ist für jedes Gen bzw. dessen mRNA unterschiedlich. Einige mRNAs haben sehr lange Halbwertszeiten von mehr als zehn Stunden (z. B. β-Globin-mRNA), während die mRNAs vieler Wachstumsfaktoren Halbwertszeiten von nur 30 Minuten aufweisen. Folglich kann von der β-Globin-mRNA sehr viel länger Protein translatiert werden. Auch **ARE-Elemente** können die Stabilität der mRNA beeinflussen (Abb. 10.5).

Diese Elemente induzieren eine Desadenylierung und einen Abbau des Poly-A-Schwanzes. Dieser ist nicht nur wichtig für die Translation, sondern ist ein genereller Stabilitätsfaktor, der sich im Leben der mRNA mit fortlaufender Translation immer weiter verkürzt. Alle eukaryotischen mRNAs besitzen Poly-A-Schwänze, mit Ausnahme der **Histon-mRNAs**. Histone werden nur während der S-Phase für die Nucleosomen des neu replizierten Chromatins benötigt. Die Histon-mRNAs werden daher nur während dieser kurzen Phase benötigt, die Zelle reguliert dies über die Abwesenheit des Stabilitätsfaktors. Spezielle Histonvarianten, welche auch während der G-Phasen benötigt werden, bilden dagegen polyadenylierte mRNAs.

Abb. 10.4 Transkriptionale Regulation der Genexpression

Regulation auf transkriptionaler Ebene:
Auf der Ebene der Transkription finden unterschiedliche regulatorische Mechanismen statt. Das Zusammenspiel dieser Mechanismen entscheidet unter anderem darüber, ob ein Gen transkribiert wird oder nicht.
Gen
Transkription AN
mRNA
Transkription AUS
mRNA
Im einfachsten Fall kann ein **Aktivator** an eine Bindungsstelle auf der DNA, beispielsweise einen Enhancer, binden, um so die RNA-Polymerase zum Promotor zu führen, sodass die Transkription initiiert wird.
aktivierte Transkription
Aktivator
Promotor
Repressoren können unter anderem an den Operator binden und so den Promotor für die RNA-Polymerase blockieren. Hierdurch wird die Genexpression gehemmt.
keine Transkription
Repressor
Operator = Repressorbindestelle
Bei **Transkriptionsfaktoren** handelt es sich um DNA-bindende Stoffe, die an der Regulation der Genexpression beteiligt sind. Es müssen bestimmte Transkriptionsfaktoren an den Promotor und eventuell an distale Enhancer gebunden sein, bevor die RNA-Polymerase rekrutiert werden kann.
RNA-Polymerase II
Bei Eukaryoten spielen mehrere Transkriptionsfaktoren zusammen, um die RNA-Polymerase II zu rekrutieren. Zusammen bilden sie den **Transkriptionsinitiationskomplex**, ohne den die Genexpression nicht möglich ist.
RNA-Synthese
Eine weitere Möglichkeit zur Regulation der Genexpression ist die **Regulation des Chromatins**. Im kondensierten Zustand des Chromatins ist die DNA für die RNA-Polymerase nicht zugänglich, sodass keine Transkription möglich ist. Für die Kondensierung oder die Lockerung des Chromatins sind verschiedene Enzyme verantwortlich. Zudem beeinflussen Chromatinmodifikationen, sowohl **CpG Methylierung** als auch **Methylierung oder Acetylierung von Histonen** die Transkription.
Durch das **Anhängen einer Acetylgruppe** an Histone kann eine Aktivierung der Transkription aufgrund eines gelockerten Chromatinzustands erfolgen. **Deacetylierung** hingegen führt wiederum zu einem kondensierten Zustand des Chromatins und zur Repression der Transkription.
aktives Chromatin
Acetylgruppe
inaktives Chromatin
Methylierungen sorgen für die Repression der Transkription.
Methyl-CpG

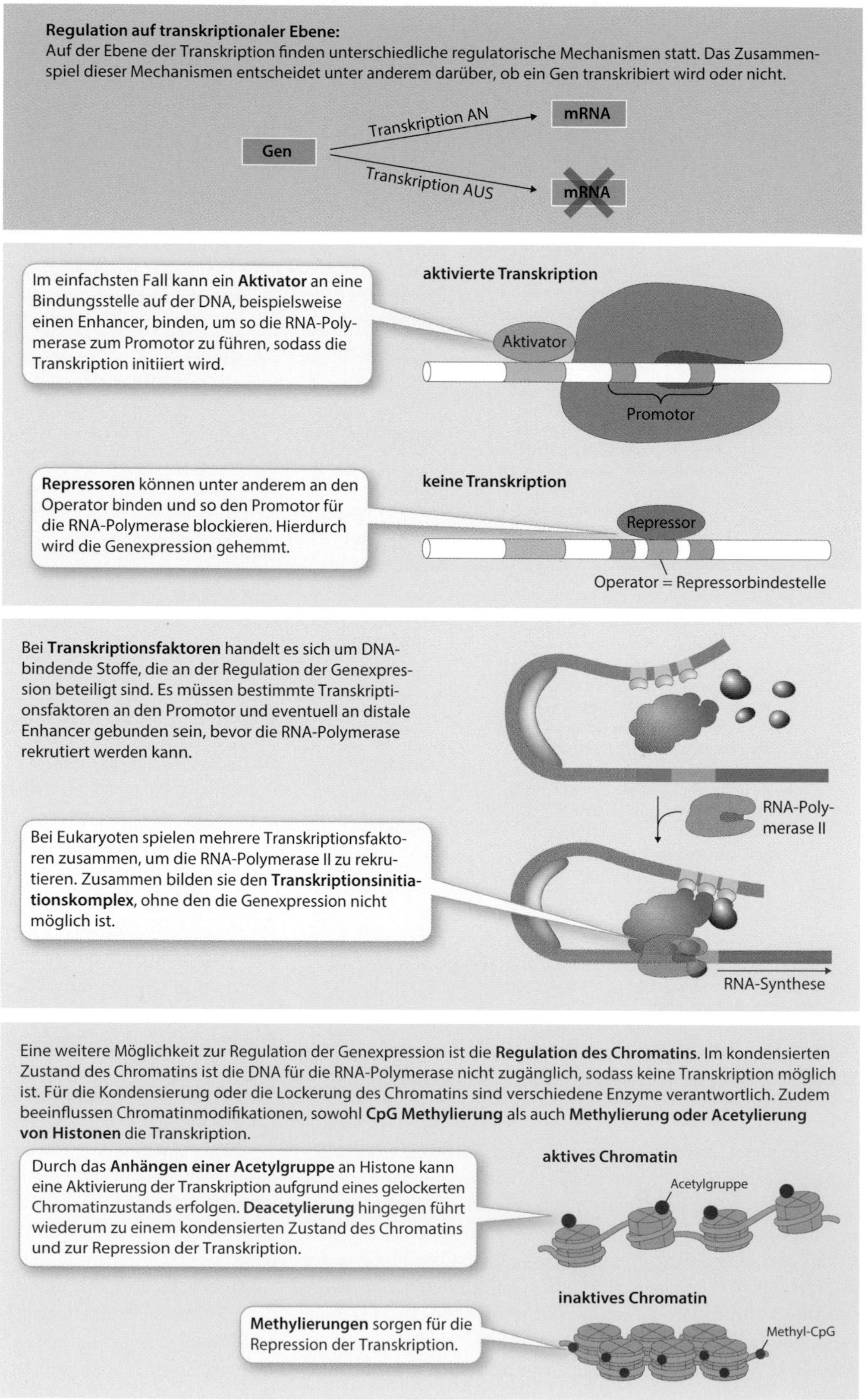

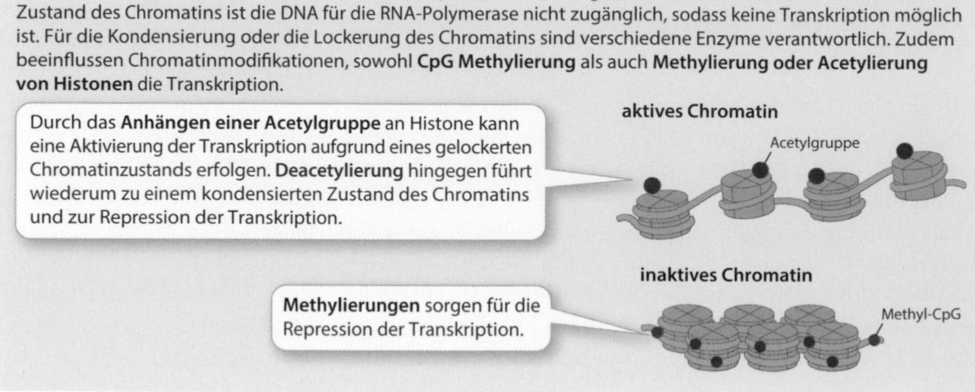

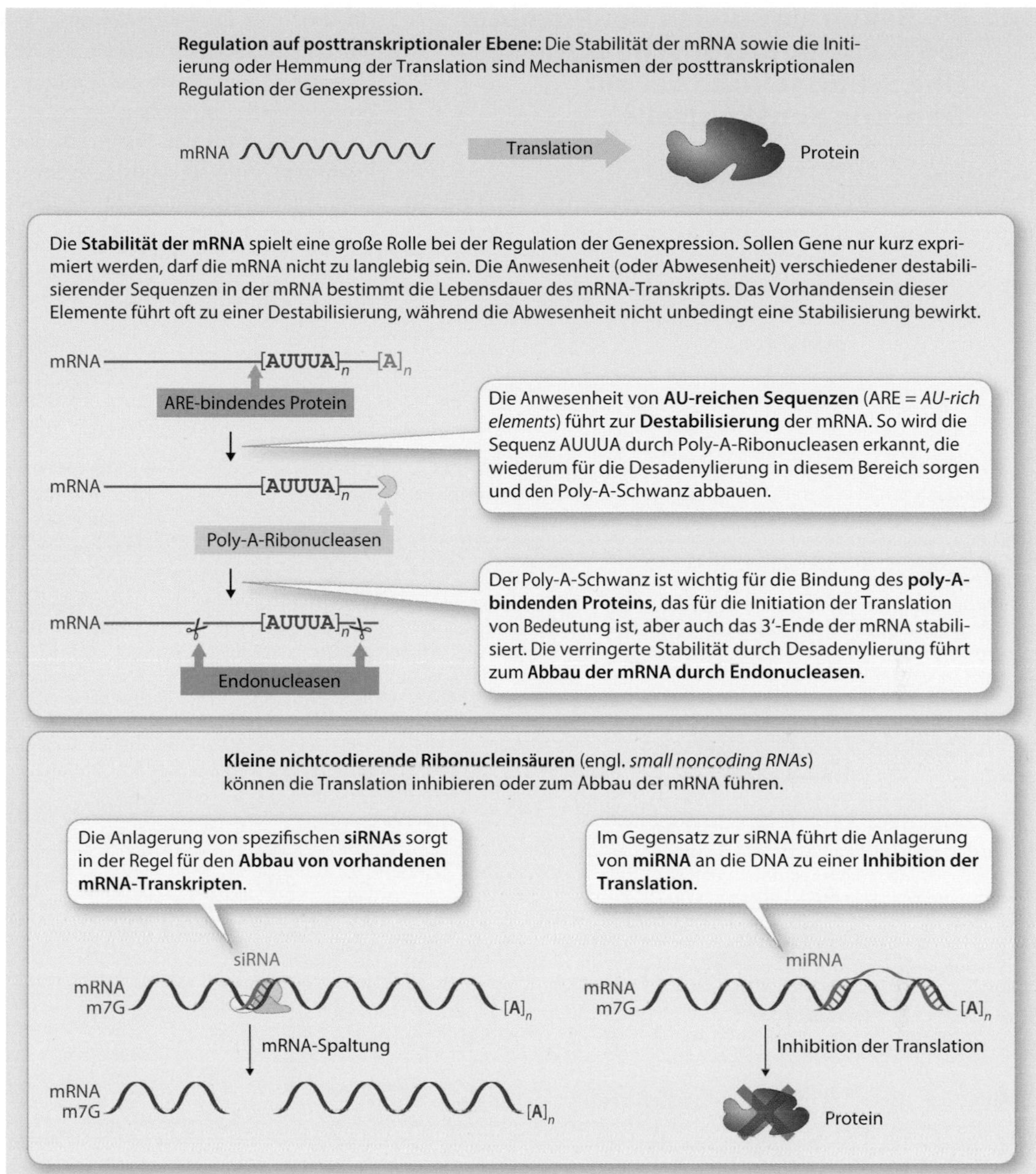

Abb. 10.5 Posttranskriptionale Regulation der Genexpression

Es werden nicht alle mRNAs gleich effizient translatiert: In einigen Fällen kann wenig mRNA zu sehr viel Protein führen und umgekehrt. Ein Beispiel ist die posttranskriptionale Regulation durch **miRNAs**: Bei Säugern inhibieren die miRNAs die Translation, ohne die mRNA abzubauen, im Gegensatz zu der Regulation durch siRNAs, welche die mRNA abbauen (Abb. 10.5; ► Abschn. 11.12, 11.13). Man kann schlussfolgern, dass eine Analyse der mRNA-Menge oder deren Regulation nicht zwangsläufig auf eine Veränderung der Proteinmenge schließen lässt. Dennoch ist die **differenzielle mRNA- bzw. Transkriptomquantifizierung** eine der zurzeit wichtigsten Methoden, um Unterschiede der Proteinmenge zwischen verschiedenen Zellen (z. B. bei Krankheiten) aufzuzeigen. Dies liegt daran, dass eine quantitative Protein-/Proteomanalyse aus technischen Gründen oft nicht möglich ist.

10.2 Bei Bakterien spielen der Promotor sowie *cis*-regulatorische Elemente eine Schlüsselrolle bei der Transkriptionskontrolle

Generell lässt sich die **Transkription** eines Gens in **drei Phasen** untergliedern. Die Initiation, die Elongation und die Termination (■ Abb. 10.6). Dieser dreischrittige Prozess dient einerseits einer differenziellen Genexpression, also dem An- und Abschalten von Genen, und andererseits dazu, das Genom in einzelne Transkriptionseinheiten einzuteilen.

Essenziell für den ersten Abschnitt, die **Initiation**, ist der **Promotor**, eine regulatorische Sequenz, die vor dem eigentlichen Transkriptionsstart liegt und für das Binden der RNA-Polymerase verantwortlich ist (■ Abb. 10.7). Bei Bakterien besteht er

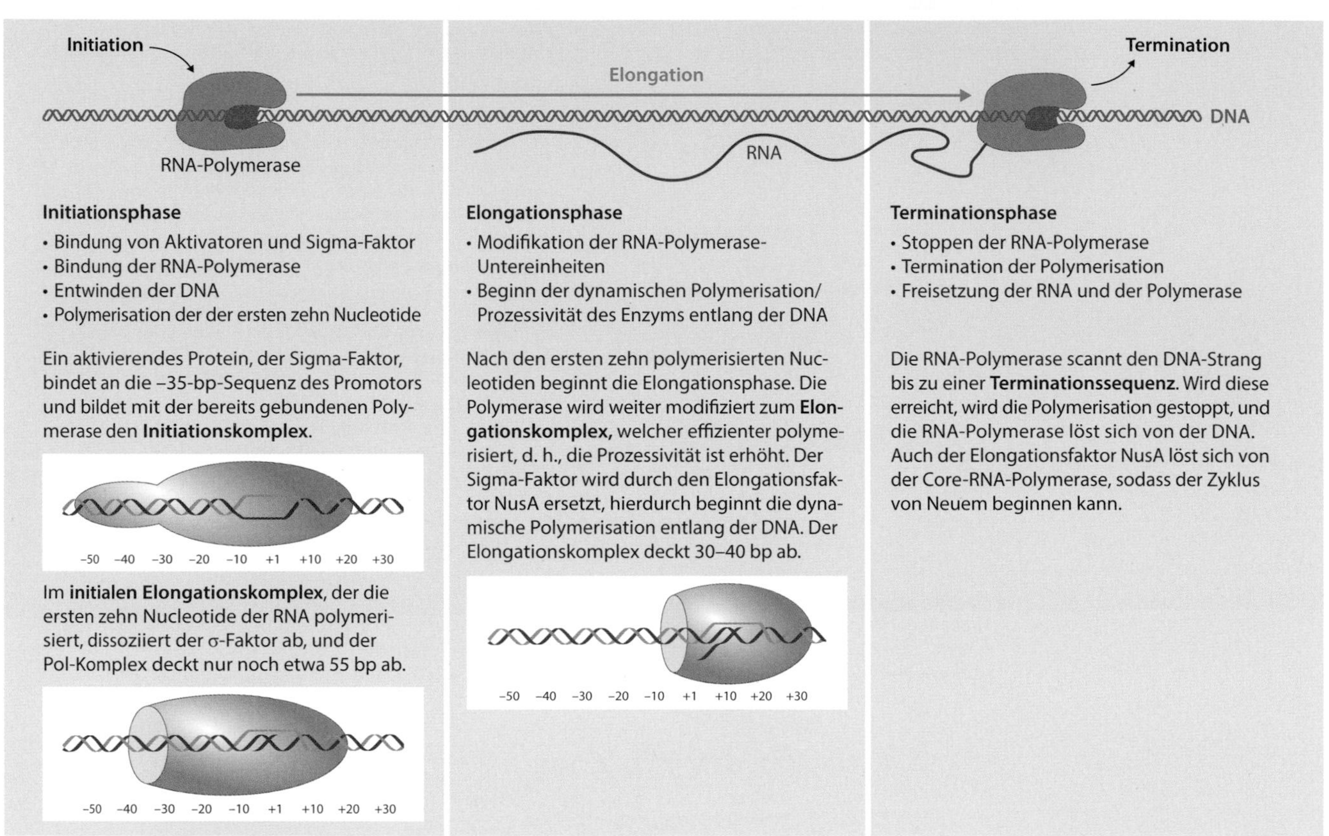

■ **Abb. 10.6** Übersicht über die drei Phasen der Transkription bei Bakterien

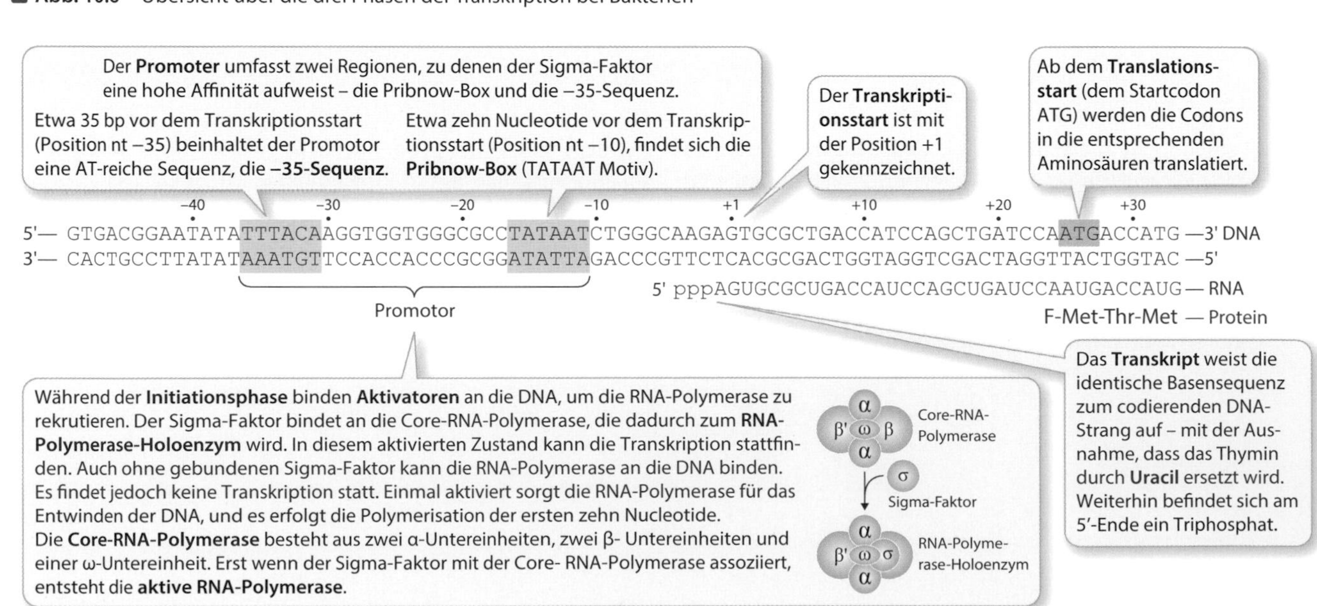

■ **Abb. 10.7** Initiation der Transkription bei Bakterien

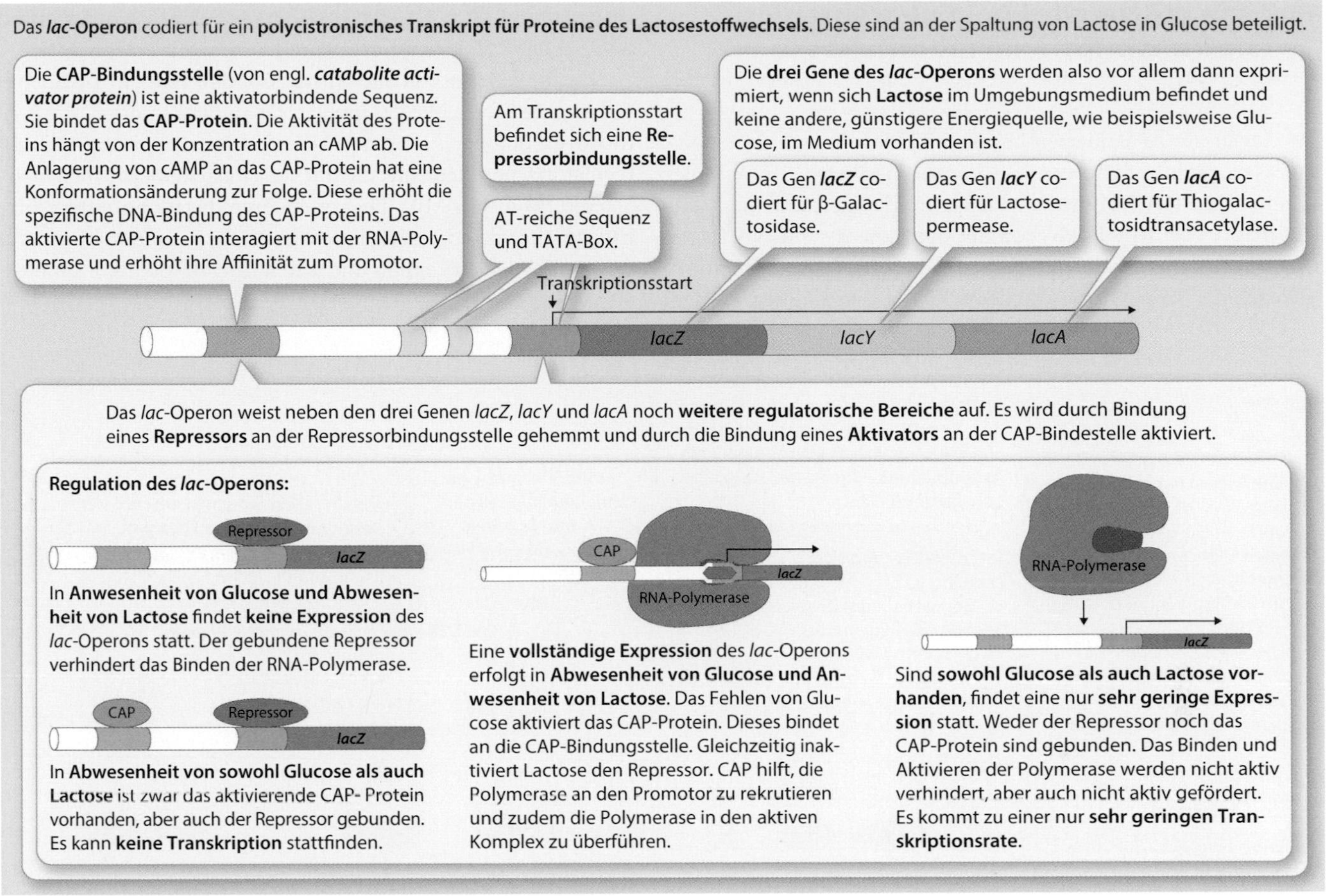

Das *lac*-Operon codiert für ein **polycistronisches Transkript für Proteine des Lactosestoffwechsels.** Diese sind an der Spaltung von Lactose in Glucose beteiligt.
Die **CAP-Bindungsstelle** (von engl. ***catabolite activator protein***) ist eine aktivatorbindende Sequenz. Sie bindet das **CAP-Protein.** Die Aktivität des Proteins hängt von der Konzentration an cAMP ab. Die Anlagerung von cAMP an das CAP-Protein hat eine Konformationsänderung zur Folge. Diese erhöht die spezifische DNA-Bindung des CAP-Proteins. Das aktivierte CAP-Protein interagiert mit der RNA-Polymerase und erhöht ihre Affinität zum Promotor.
Am Transkriptionsstart befindet sich eine **Repressorbindungsstelle.**
AT-reiche Sequenz und TATA-Box.
Die **drei Gene des** ***lac*****-Operons** werden also vor allem dann exprimiert, wenn sich **Lactose** im Umgebungsmedium befindet und keine andere, günstigere Energiequelle, wie beispielsweise Glucose, im Medium vorhanden ist.
Das Gen ***lacZ*** codiert für β-Galactosidase.
Das Gen ***lacY*** codiert für Lactosepermease.
Das Gen ***lacA*** codiert für Thiogalactosidtransacetylase.
Transkriptionsstart
lacZ
lacY
lacA
Das *lac*-Operon weist neben den drei Genen *lacZ, lacY* und *lacA* noch **weitere regulatorische Bereiche** auf. Es wird durch Bindung eines **Repressors** an der Repressorbindungsstelle gehemmt und durch die Bindung eines **Aktivators** an der CAP-Bindestelle aktiviert.
Regulation des ***lac*****-Operons:**
Repressor
lacZ
In **Anwesenheit von Glucose und Abwesenheit von Lactose** findet **keine Expression** des *lac*-Operons statt. Der gebundene Repressor verhindert das Binden der RNA-Polymerase.
CAP
Repressor
lacZ
In **Abwesenheit von sowohl Glucose als auch Lactose** ist zwar das aktivierende CAP-Protein vorhanden, aber auch der Repressor gebunden. Es kann **keine Transkription** stattfinden.
CAP
lacZ
RNA-Polymerase
Eine **vollständige Expression** des *lac*-Operons erfolgt in **Abwesenheit von Glucose und Anwesenheit von Lactose.** Das Fehlen von Glucose aktiviert das CAP-Protein. Dieses bindet an die CAP-Bindungsstelle. Gleichzeitig inaktiviert Lactose den Repressor. CAP hilft, die Polymerase an den Promotor zu rekrutieren und zudem die Polymerase in den aktiven Komplex zu überführen.
RNA-Polymerase
lacZ
Sind **sowohl Glucose als auch Lactose vorhanden,** findet eine nur **sehr geringe Expression** statt. Weder der Repressor noch das CAP-Protein sind gebunden. Das Binden und Aktivieren der Polymerase werden nicht aktiv verhindert, aber auch nicht aktiv gefördert. Es kommt zu einer nur **sehr geringen Transkriptionsrate.**

Abb. 10.8 Regulation der Transkription am Beispiel des *lac*-Operons

aus einer im Allgemeinen AT-reichen Sequenz, die den Sigma-Faktor bindet, welcher mit der Polymerase interagiert und diese an den Promotor rekrutiert.

Neben den Promotorelementen sind oft noch weitere ***cis*-regulatorische Elemente** für die transkriptionale Kontrolle vorhanden. Bei *cis*-Elementen handelt es sich um Bindungsstellen für Aktivatoren oder Repressoren, die am selben Genlocus liegen und zusätzlich in die transkriptionale Regulation eingreifen können. Solche *cis*-Elemente finden sich unter anderem im ***lac*-Operon** (Abb. 10.8). Durch die unterschiedlichen Regulationssequenzen sind nicht nur ein An- und Abschalten der Transkription möglich, sondern auch eine quantitative Regulation des Transkriptionslevels.

Auch die **Termination** der Transkription wird gesteuert. Dies geschieht bei Bakterien auf zwei unterschiedlichen Wegen, entweder proteingesteuert oder durch eine mit einer Poly-U-Region kombinierten Haarnadelstruktur der RNA (Abb. 10.9).

Rho-abhängige Termination
Bei der **Rho-abhängigen Termination** erkennt das **Rho-Protein** ein spezifisches Bindemotiv auf der nascierenden mRNA. Ist das Rho-Protein an die RNA gebunden, interagiert es mit der Polymerase und löst deren Prozessivität und die Bindung zur DNA aus.
Rho
Transkriptionsstopp
Rho
Rho-unabhängige Termination
Bei der **Rho-unabhängigen Termination** weist das nascierende mRNA-Transkript invertierte Sequenzen auf, die sich zu einer Haarnadelstruktur falten. Auf die Haarnadelstruktur folgt eine U-reiche Sequenz.
UUUUU
Die **Haarnadelstruktur der RNA** interagiert mit der Polymerase und erniedrigt ihre Prozessivität, während die **U-reiche Sequenz** das DNA-RNA-Hybrid bildet. Aufgrund der geringen Bindungsenergie wird dieses Hybrid gelöst und die Polymerase so von der DNA abgelöst.

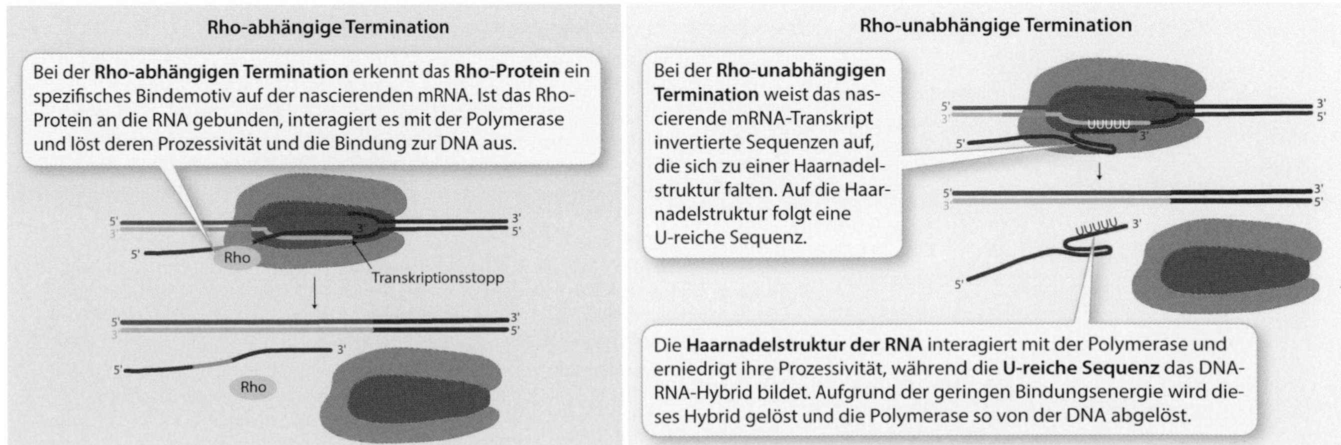

Abb. 10.9 Termination der Transkription bei Bakterien

10.3 Die mRNA wird bei Eukaryoten cotranskriptional modifiziert

Im Gegensatz zu Bakterien besitzen Eukaryoten spezielle Polymerasen für die Synthese von unterschiedlichen RNA-Molekülen. Die **RNA-Polymerase II** ist spezialisiert auf die **Transkription von mRNA**. Neben der Synthese der mRNA ist die RNA-Polymerase auch mitverantwortlich für **Modifikationen**, die nach der Transkription an der mRNA vorgenommen werden, sie assistiert z. B. beim Hinzufügen des **5′-Cap**, beim **Spleißen** und bei der **Polyadenylierung**.

Dadurch ist schon die **Initiation der Transkription bei Eukaryoten** wesentlich komplizierter als bei Bakterien. Die **Promotoren** der eukaryotischen DNA verfügen über eine Vielzahl regulatorischer Elemente, die mit verschiedenen Proteinen interagieren (◘ Abb. 10.10). Hierzu gehören distale **Enhancer-Elemente**, die vor oder nach dem eigentlichen Promotor in weiter Entfernung liegen können und durch Interaktion mit Promotorelementen aktiv in die Regulation eingreifen.

10

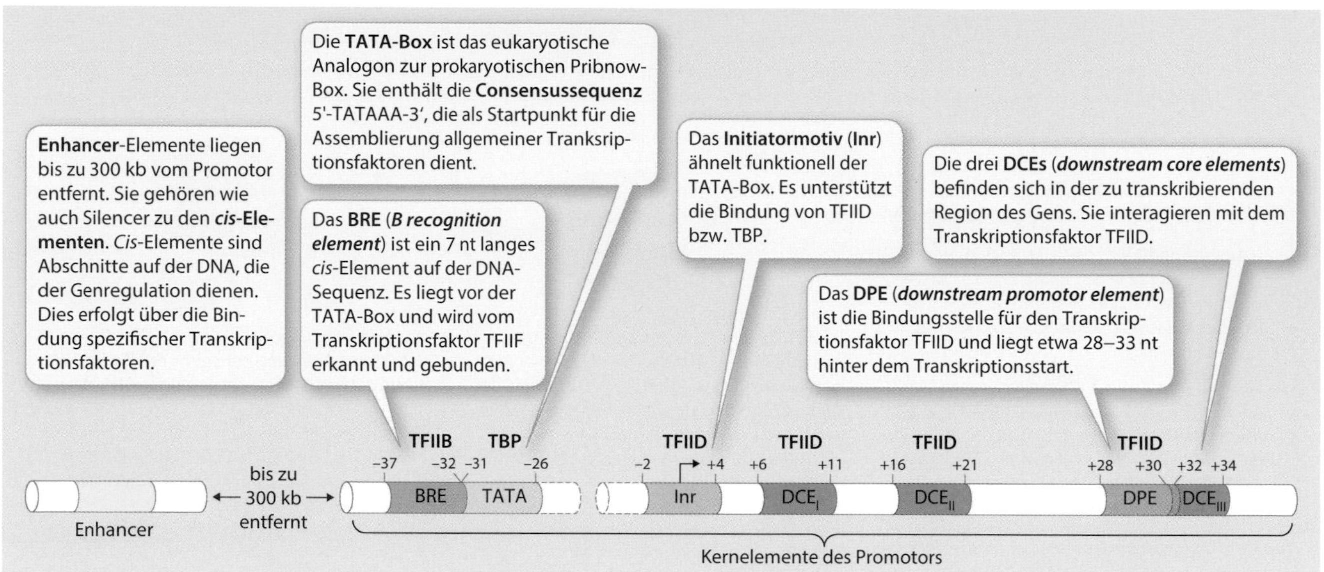

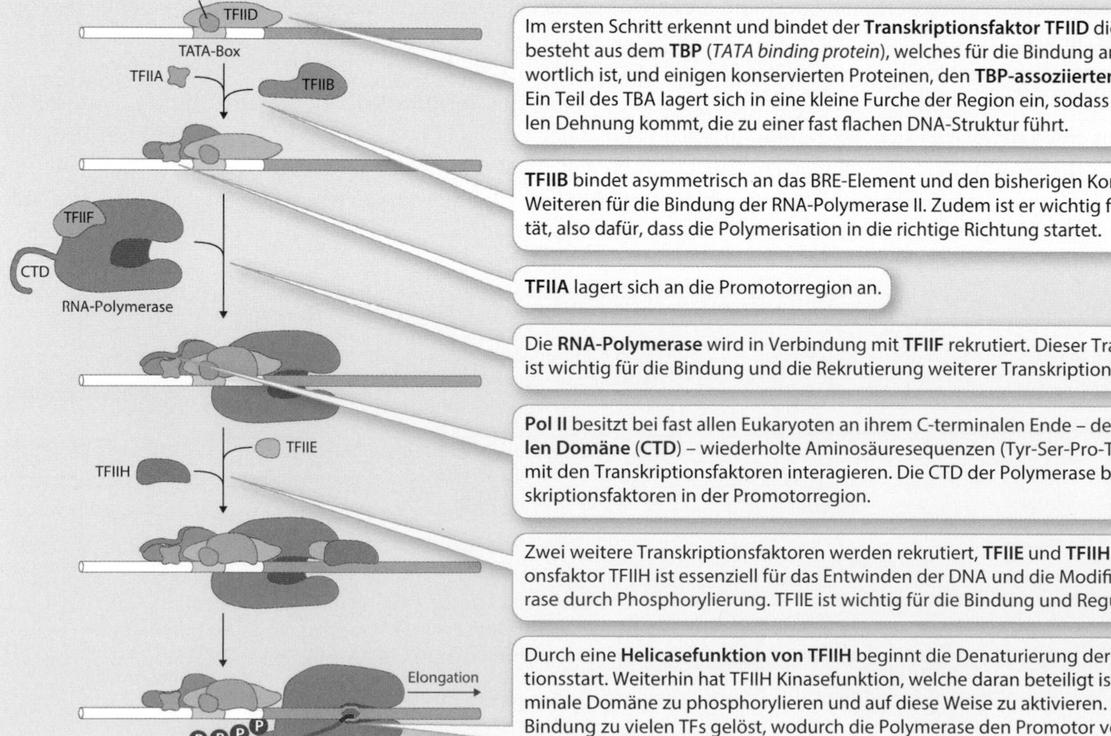

◘ **Abb. 10.10** Aufbau eines typischen Pol-II-Promotors und sukzessive Initiation der Transkription bei Eukaryoten

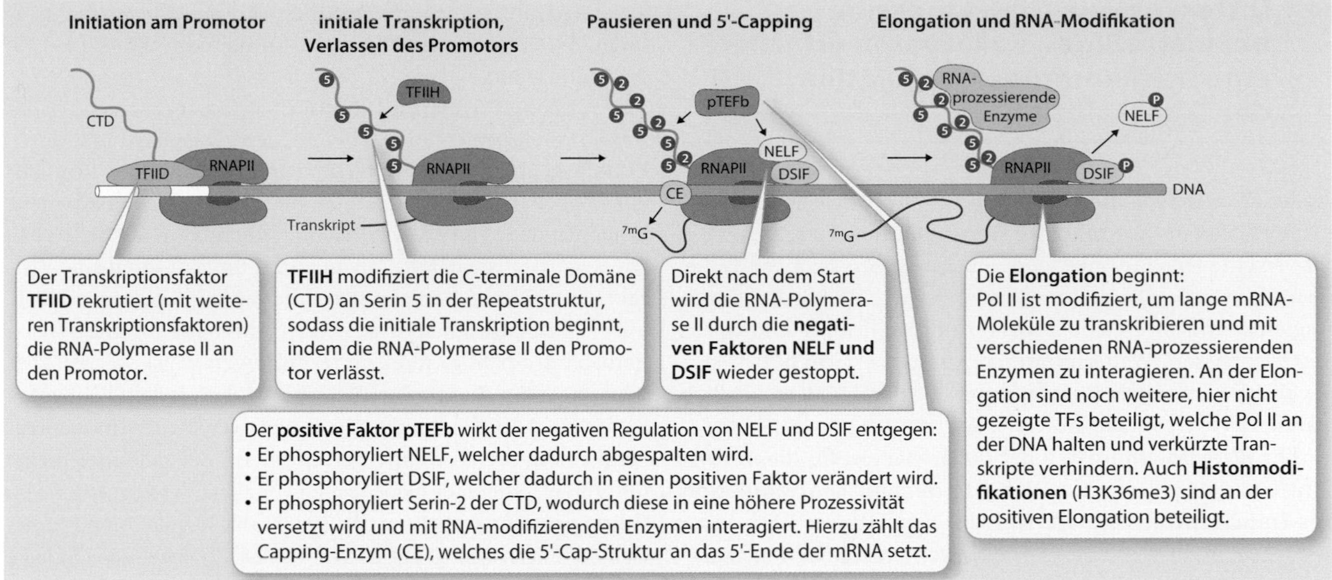

Abb. 10.11 Übergang von der Initiation zur Elongation der Transkription

Transkriptionsfaktoren interagieren nicht nur mit dem Promotor, sondern können die RNA-Polymerase II auch modifizieren – so wird die Pol II durch Phosphorylierung der **C-terminalen Domäne** (**CTD**) aktiviert (Abb. 10.10).

Die CTD wird auch während der Transkription immer weiter verändert – zum einen, um bei der Elongation eine höhere Prozessivität zu erreichen, zum anderen, um RNA-modifizierende Proteine zu binden, welche die RNA **cotranskriptional** verändern (Abb. 10.11). Diese RNA-Modifikationen erfolgen also nicht nach Beendigung der Transkription, sondern während dieser.

Der **Poly-A-Schwanz** wird ebenfalls quasi cotranskriptional angehängt, auch wenn das mRNA-Molekül schon abgespalten wurde (Abb. 10.12). Dabei wird das Poly-A-Signal mittranskribiert und durch zwei Proteine erkannt, die ebenso durch die modifizierte CTD bereitgestellt werden. Die Termination der Transkription erfolgt parallel dazu.

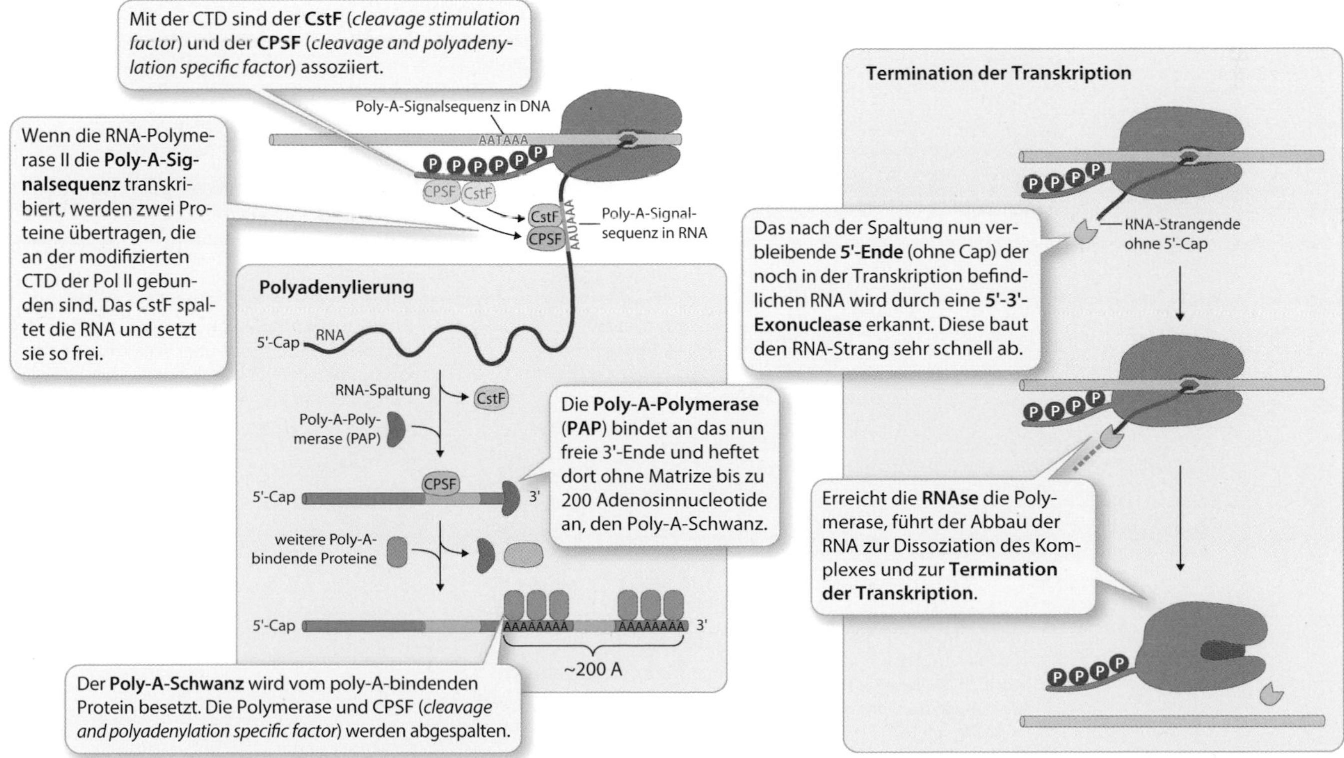

Abb. 10.12 Die Termination der Transkription involviert die Polyadenylierung der mRNA

10.4 Differenzielle Genexpression bei vielzelligen Eukaryoten erfordert eine hochkomplexe Regulation der Transkription

Vielzellige Organismen müssen gerade im Vergleich zu Bakterien eine weitaus **komplexere Genregulation** betreiben. Dies hat verschiedene Gründe. Zum einen besitzen sie mehr Gene. Sie müssen zudem vermehrt auf veränderte Umweltbedingungen reagieren und ihre Genexpressionsmuster flexibel und dynamisch anpassen. Weiterhin differenzieren sie sich, bilden also aus einem Genom verschiedene Gewebe durch unterschiedlich manifestierte Genexpressionsmuster.

Die **RNA-Polymerase II** der Eukaryoten ist für die **mRNA-Synthese** zuständig und somit für die **dynamische Regulation des Transkriptoms**. Sie ist daher im Vergleich zur RNA-Polymerase der Bakterien oder den eukaryotischen RNA-Polymerasen I und III sehr komplex aufgebaut.

Während die **Promotoren der RNA-Polymerase I und III relativ einfach aufgebaut** sind und wenig Regulation erlauben (rRNA und tRNA sind wenig regulierbar), ist der **Promotor der RNA-Polymerase II sehr komplex** und besteht aus einer Vielzahl von Bindungsstellen für verschiedene Aktivatoren, Transkriptionsfaktoren und Inhibitoren (◘ Abb. 10.13; ► Abschn. 10.3).

Von RNA-Polymerase II transkribierte Gene, das sind in der Regel proteincodierende Gene, werden zusätzlich noch durch **Enhancer** und **Isolatoren** reguliert. Unterschiedliche Regulationsmöglichkeiten entstehen hier vor allem durch verschiedene Kombinationen von Aktivatoren und Inhibitoren (◘ Abb. 10.14). Die Regulation der RNA-Polymerase II umfasst somit eine Vielzahl von einzelnen Komponenten, die gewährleistet sein müssen, um ein Gen tatsächlich zu aktivieren und weiterhin eine translatierbare, also richtig modifizierte, mRNA zu transkribieren. Dies wird durch ein Zusammenspiel von regulatorischen Elementen in der DNA in Kombination mit den verschiedenen oben genannten Faktoren gewährleistet. Die vielen Regulationselemente für proteincodierende Gene dienen vor allem der Regulation von **Genexpressionsmustern**, d. h. nicht der Regulation nur eines Gens, sondern von Gruppen von Genen. Extrazelluläre Signale oder Stresssituationen können zudem über die Aktivierung eines Transkriptionsfaktors eine Kaskade in Gang setzten, bei der die Aktivierung einer bestimmten Kombination von Aktivatoren und Inhibitoren zu einem genau definierten Genexpressionsmuster führt (◘ Abb. 10.15). Auf diese Weise ist es Zellen bzw.

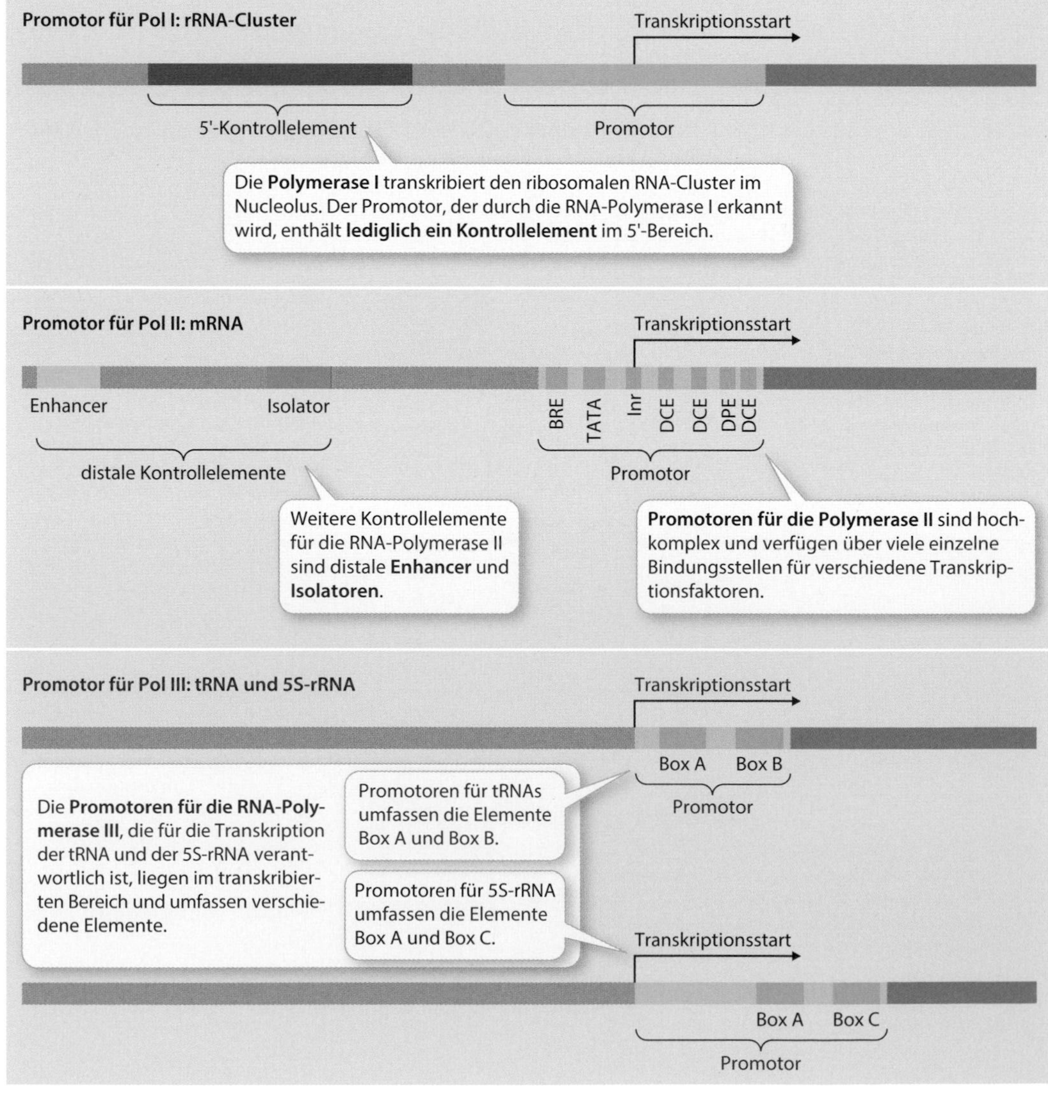

◘ **Abb. 10.13** Übersicht über die Promotorstrukturen der eukaryotischen RNA-Polymerasen

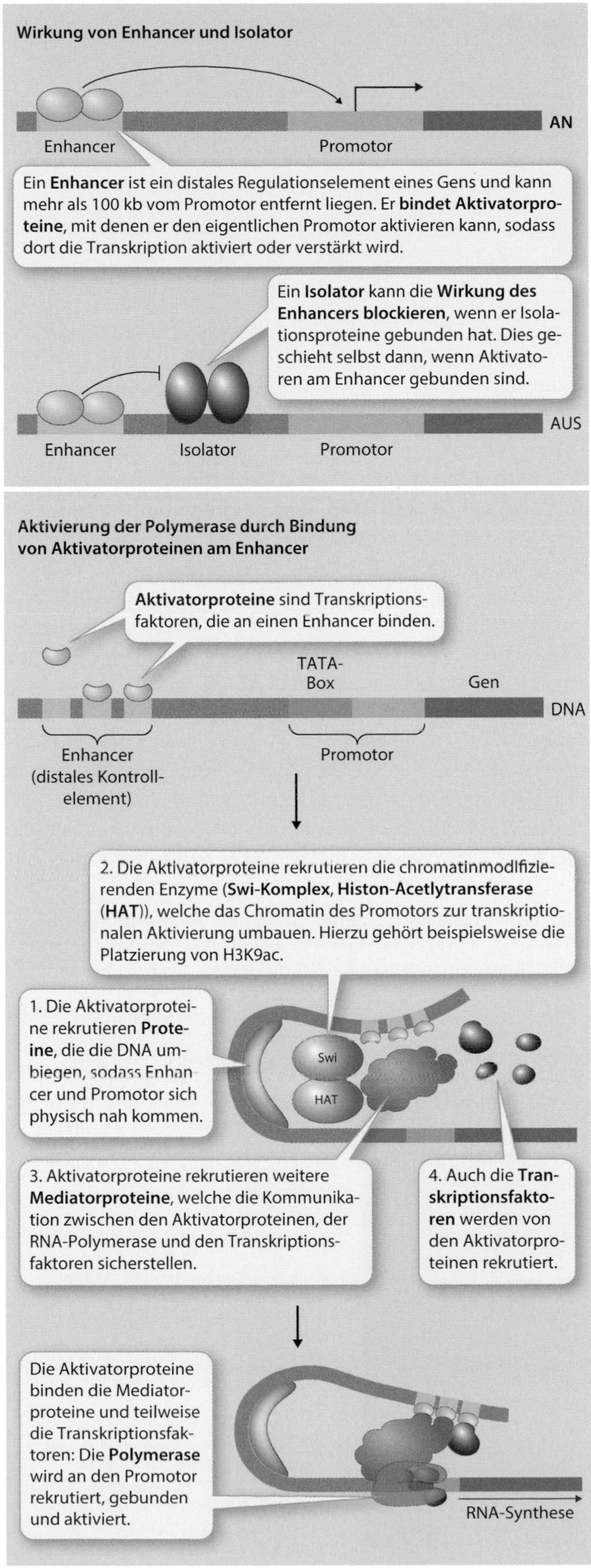

Abb. 10.14 Wirkmechanismus eines Enhancers

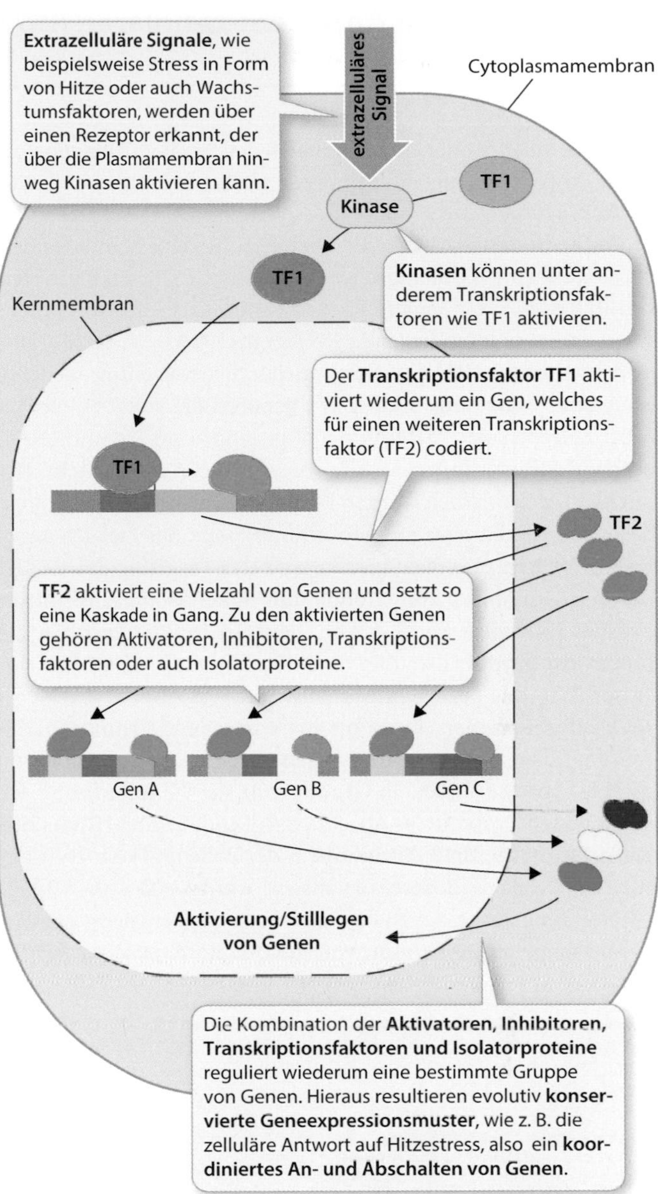

Abb. 10.15 Koordination der Genexpression zu definierten Genexpressionsmustern durch die Kombination von verschiedenen Aktivatoren und Inhibitoren der Pol II

Organismen möglich, auf bestimmte Reize evolutiv konservierte Programme der Genexpression zu induzieren, um bestimmte Phänotypen als Antwort auf den Reiz zu exprimieren. Sehr konserviert bei Eukaryoten ist die sogenannte **Hitzeschockantwort** (engl. *heat shock response*). Diese wird nicht nur bei Hitze, sondern oftmals bei generellen Stresssituationen ausgelöst und induziert verschiedene Transkriptionsfaktoren (HSF1–4), welche die Transkription einer Vielzahl von sogenannten **Chaperonen** induzieren. Diese Proteine sind in der Lage, die Faltung von anderen Protein zu verändern und somit neue Eigenschaften zu verleihen oder fehlgefaltete Proteine zu korrigieren. Ein fehlerhaftes Ausbleiben dieser Stressantwort und die damit verbundenen Proteinfehlfaltungen werden mit Krankheiten in Verbindung gebracht (z. B. Chorea Huntington).

10.5 Den größten Anteil der zellulären RNA macht die rRNA aus

Neben der mRNA gibt es viele verschiedene weitere **Klassen von RNAs**, von denen nur die wenigsten tatsächlich codierend sind (◘ Abb. 10.16).

Viele dieser RNAs können über verschiedene Mechanismen in die Genexpression eingreifen (► Abschn. 11.9), dazu gehören kleine RNAs, die über die RNA-Interferenz Einfluss nehmen, sowie lange nichtcodierende RNAs (**lncRNA**). Weiterhin gibt es **funktionale RNAs**, welche an der Prozessierung weiterer RNA-Spezies beteiligt sind. Dazu gehören die snRNAs, welche beim Spleißen der mRNAs beteiligt sind, und die snoRNAs, welche Modifikationen an ribosomalen RNAs vermitteln. Bei solchen Mechanismen werden Proteinkomplexe über homologe Basenpaarbindung an eine bestimmte Stelle der Ziel-RNA gebracht. Weitere Beispiele hierfür sind das Targeting der tRNA-Ribosom-Komplexe zum Codon, des Spleißosoms zum Intron und des Ribosoms zur 5′-UTR. Die RNA funktioniert hier als **Targeting-Signal**, also über die Interaktion mit einem Protein, dessen Wirkung gezielt eingesetzt wird.

Weiterhin haben RNAs oft strukturgebende Funktion, die meisten Erkenntnisse hierüber liegen über die ribosomalen RNAs (rRNAs) vor. Sie bilden ein Grundgerüst für die Anordnung der ribosomalen Proteine (► Abschn. 8.4). Zudem sind **rRNAs die abundantesten RNA-Moleküle** in der Zelle und können leicht durch Gelelektrophorese visualisiert werden (◘ Abb. 10.17), mRNAs hingegen machen oft nur wenige Prozent der gesamten RNA-Menge aus. Analysen von gesamt RNA-Isolaten, wie in

Länge			
	~ 6400 kb (TMV)	genomische RNA (Viren)	
	300–15.000 kb	mRNA	Messenger-RNA (Boten-RNA)
	4700 nt	28S-rRNA	ribosomale RNA
	1800 nt	18S-rRNA	ribosomale RNA
	100–300 nt	snRNA	*small nuclear* RNA
	150 nt	5,8S-rRNA	ribosomale RNA
	120 nt	5S-rRNA	ribosomale RNA
	60–200 nt	snoRNA	*small nucleolar* RNA
	73–95 nt	tRNA	Transfer-RNA
	21–30 nt	sRNA	miRNA, siRNA, piRNA, scnRNA

◘ **Abb. 10.16** Übersicht über die in diesem Buch besprochenen RNA-Klassen und deren Längenverteilung

◘ Abb. 10.17 dargestellt, werden standardmäßig durchgeführt, um die Integrität einer RNA-Probe zu bestimmen. RNA ist im Gegensatz zur DNA instabil, sowohl chemisch durch den Angriff von Hydroxidionen an der 2′-OH-Gruppe als auch enzymatisch, da in Zellen viele RNAsen existieren, welche die RNA abbauen. Um zu identifizieren, ob eine RNA noch intakt oder schon degradiert (teilweise oder vollständig abgebaut) ist, interpretiert man die Signale der ribosomalen RNAs (◘ Abb. 10.17) und schließt über deren Degradierung auf die der mRNA zurück. Bei einer **degradierten RNA** lassen sich die großen ribosomalen RNAs nicht mehr als diskrete Bande darstellen, sondern sie zerfallen in viele kleinere Produkte unterschiedlicher Größen.

Die RNA ist – im Gegensatz zur DNA – sehr dynamisch, man kennt verschiedene biochemische **Modifikationen der**

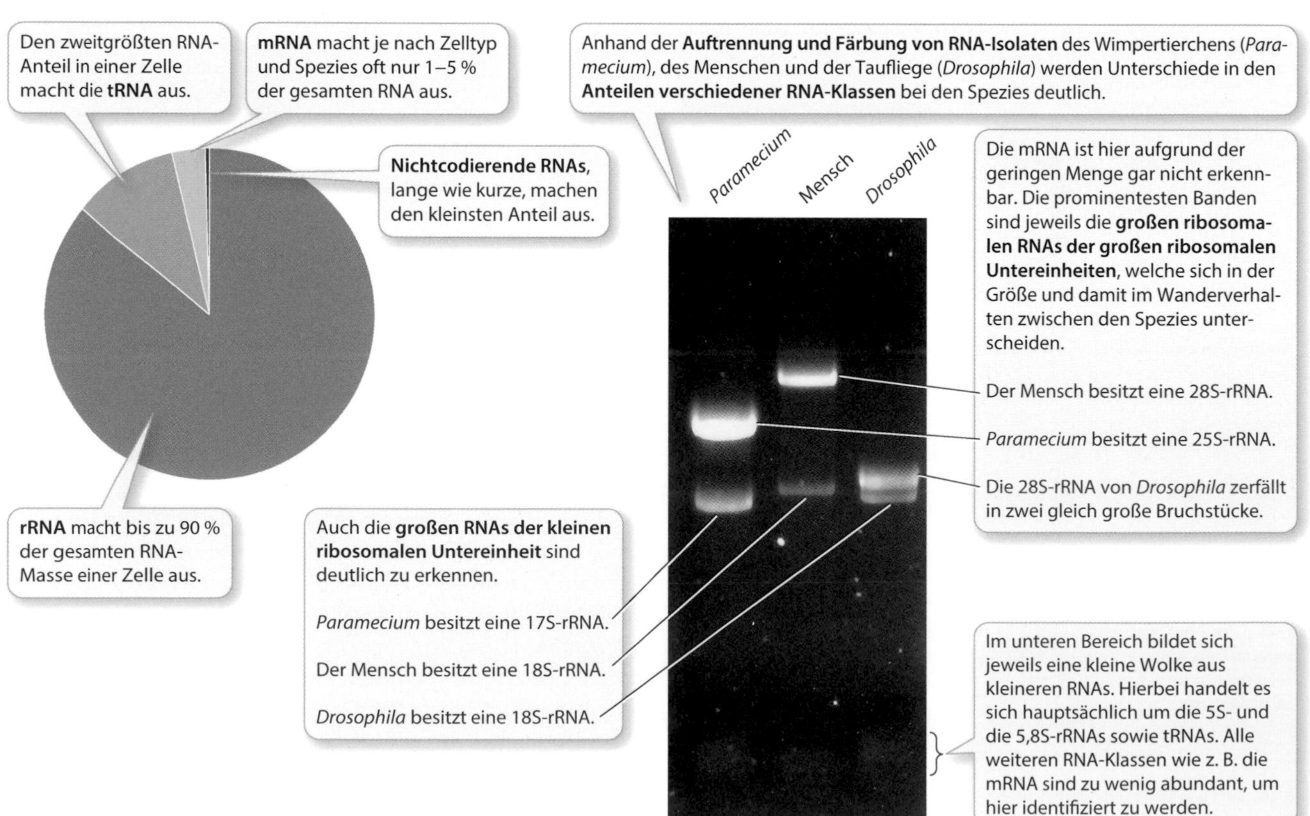

◘ **Abb. 10.17** Anteil verschiedener RNA-Klassen an der Gesamt-RNA einer Zelle

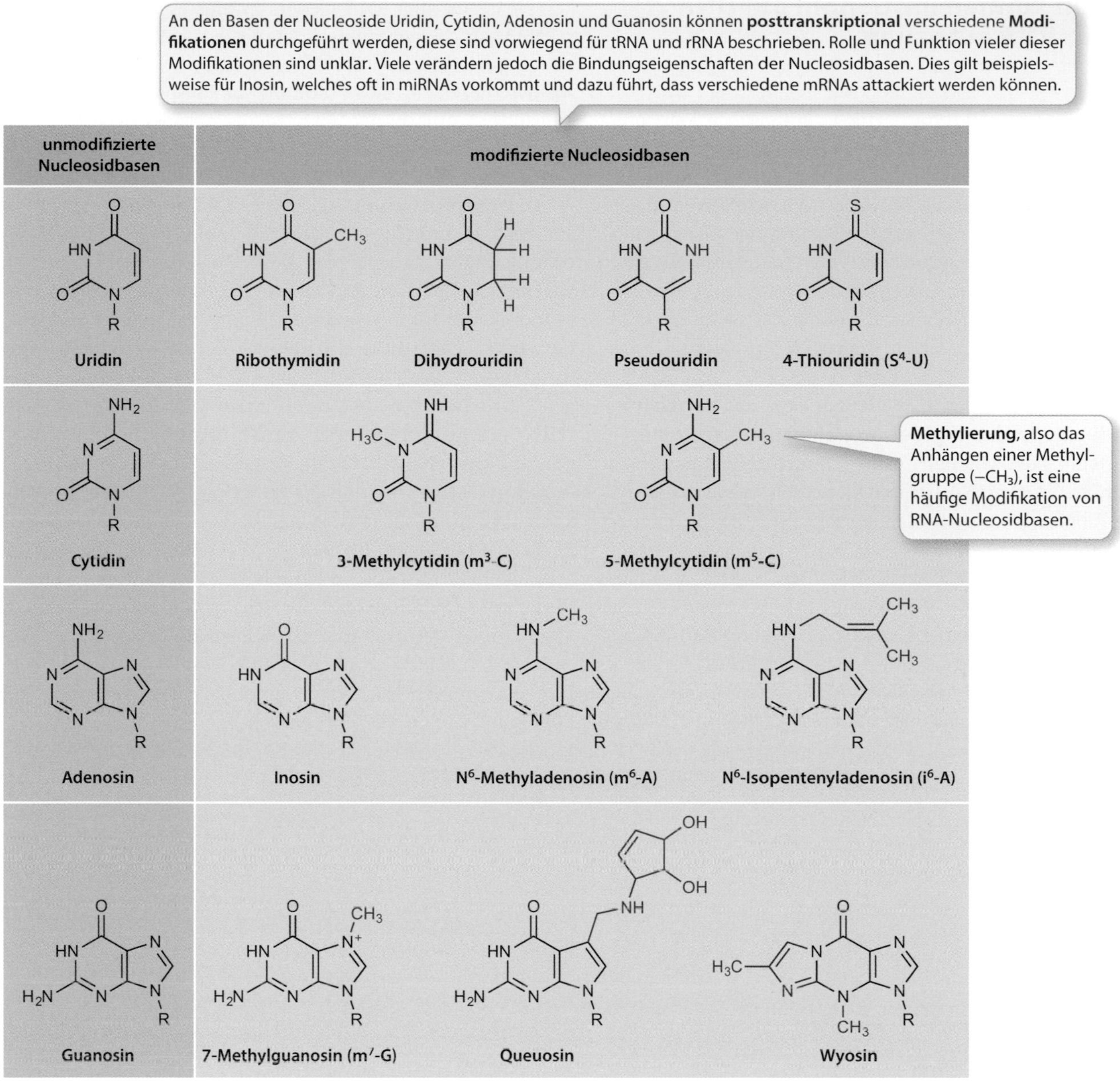

An den Basen der Nucleoside Uridin, Cytidin, Adenosin und Guanosin können **posttranskriptional** verschiedene **Modifikationen** durchgeführt werden, diese sind vorwiegend für tRNA und rRNA beschrieben. Rolle und Funktion vieler dieser Modifikationen sind unklar. Viele verändern jedoch die Bindungseigenschaften der Nucleosidbasen. Dies gilt beispielsweise für Inosin, welches oft in miRNAs vorkommt und dazu führt, dass verschiedene mRNAs attackiert werden können.

unmodifizierte Nucleosidbasen	modifizierte Nucleosidbasen			
Uridin	Ribothymidin	Dihydrouridin	Pseudouridin	4-Thiouridin (S^4-U)
Cytidin	3-Methylcytidin (m^3-C)	5-Methylcytidin (m^5-C)		
Adenosin	Inosin	N^6-Methyladenosin (m^6-A)	N^6-Isopentenyladenosin (i^6-A)	
Guanosin	7-Methylguanosin (m^7-G)	Queuosin	Wyosin	

Methylierung, also das Anhängen einer Methylgruppe ($-CH_3$), ist eine häufige Modifikation von RNA-Nucleosidbasen.

Abb. 10.18 Übersicht über einige der bekannten posttranskriptionalen Modifikationen an den Nucleosidbasen der RNA

RNA. Abb. 10.18 gibt einen Überblick über verschiedene Nucleosidbasenmodifikationen, die meist für tRNA oder rRNA beschrieben sind. Neben diesen Nucleosidbasenmodifkationen sind auch Modifikationen der Zucker bekannt, wie z. B. die 2′-O-Methylierung der Ribose. Diese Veränderungen werden gezielt nach der Transkription induziert und verändern die Eigenschaften der RNA, obwohl die Funktionen vieler dieser Modifikationen noch unbekannt sind und noch entschlüsselt werden müssen. Ein eindrucksvolles Beispiel für eine Variabilität generierende Modifikation ist das **Inosin**, welches durch Desaminierung aus Adenin hervorgeht. Inosin kann Basenpaarungen mit mehr als einer komplementären Base eingehen und paart mit Cytosin, Uracil und Adenin (► Abschn. 8.1). Aufgrund dessen erhöht der Inosingehalt einer RNA sowohl die Wahrscheinlichkeit, mit anderen RNAs zu paaren, als auch die Wahrscheinlichkeit für die Ausbildung von Sekundärstrukturen innerhalb des RNA-Moleküls.

Viele dieser Modifikationen sind auch für die mRNA (z. B. Methyladenosin, Pseudouridin und Inosin) und für miRNAs (Inosin) bekannt. Während das modifizierte Nucleosid Inosin in der Seed-Sequenz von miRNAs (welche die Ziel-mRNA maßgeblich festlegt) das Spektrum der von miRNA attackierten mRNAs erweitert, sind die Funktionen der Modifikationen an den mRNAs bislang nicht verstanden. Das hängt damit zusammen, dass viele Modifikationen von mRNAs zwar bekannt, aber nicht kartiert sind, d. h., man kennt nicht deren genaue Position, weswegen deren Funktion, Vorkommen und Dynamik ebenfalls oftmals noch unklar sind.

10.6 Viren können ihr Genom auf DNA oder RNA aufbauen

Viren sind kleine infektiöse Partikel. Sie besitzen keinen eigenen Stoffwechsel und sind somit keine lebenden Organismen. Zur Vervielfältigung ihres Genoms und zur Herstellung ihrer Proteine benötigen sie deswegen **Wirtszellen**, in denen die Replikation und somit die Vermehrung der Viruspartikel stattfinden kann. Das **Genom von Viren** kann aus **RNA oder DNA** bestehen. Bei einer Gruppe von Viren, den Retroviren, besteht das genetische Material sowohl aus RNA als auch aus DNA, jedoch jeweils zu verschiedenen Zeitpunkten ihres reproduktiven Zyklus.

Das virale DNA- oder RNA-Genom kann aus **einzelsträngiger oder doppelsträngiger Nucleinsäure** aufgebaut sein. Zur Herstellung der benötigten viralen Proteine muss, ausgehend vom Genom, eine mRNA hergestellt werden, die in der Wirtszelle an Ribosomen zur Herstellung von Proteinen translatiert werden kann.

Bei einem **einzelsträngigen RNA-Virus** (**ssRNA**, von engl. *single strand RNA*) kann die genomische RNA entweder die gleiche Basenabfolge aufweisen wie die mRNA oder die zur mRNA komplementäre Basenfolge. Ist die mRNA identisch zum RNA-Genom, spricht man von einem **(+)ssRNA-Virus** (einem Positivstrang-RNA-Virus). Ist die Basenabfolge der mRNA eines ssRNA Virus komplementär zum RNA-Genom handelt es sich um einen **(–) ssRNA Virus** (Negativstrang-RNA-Virus). Bei **Viren mit doppelsträngiger DNA** (**dsDNA**, von engl. *double strand RNA*) oder RNA (**dsRNA**) liegen (+)- und (–)-Strang vor. Entsprechend des unterschiedlichen Aufbaus der Virengenome verlaufen die Replikation der Virengenome und die Translation von viralen Proteinen für den Aufbau neuer Viruspartikel unterschiedlich (◘ Abb. 10.19).

Retroviren weisen zwar eine ssRNA(+)-Konfiguration auf, replizieren ihr Genom aber über ein dsDNA-Zwischenprodukt. Der Viruspartikel besitzt Glykoproteine, welche spezifische Oberflächenproteine von Zellen erkennen und binden. Durch Bindung an diese Oberflächenproteine wird der virale Zellinhalt in die humane Zelle eingeschleust. Um ihr Genom schnell in DNA umschreiben zu können, bringen Retroviren wie etwa das humane Immundefizienzvirus (HIV) das Enzym **Reverse Transkriptase** schon im Viruspartikel mit (Box 10.1). Eine hohe Fehlerrate der Reversen Transkriptase führt einerseits zu vielen fehlerhaften Kopien, kann aber andererseits auch eine hohe genetische Variabilität der Viren bedingen: Im Fall des HI-Virus baut das Enzym fast alle 2000 Basenpaare ein falsches Nucleotid ein. Durch diese hohe Mutationsrate, die sich im Genom manifestiert, kann sich das Virus extrem schnell sowohl an evolutive Veränderungen des Wirtes als auch an Therapieansätze anpassen. Der (individuelle) Nachteil einer hohen Fehlerrate bedingt auf Populationsebene einen evolutiven Vorteil.

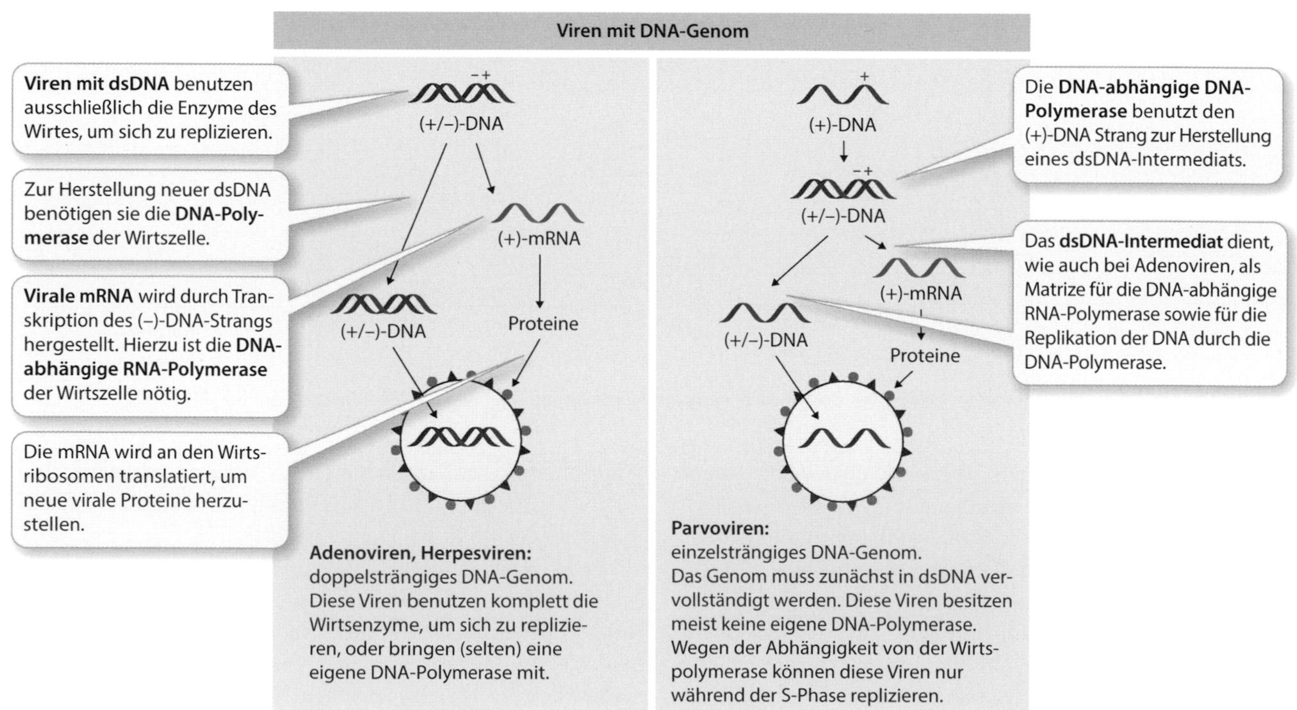

◘ **Abb. 10.19** Replikationsmechanismen verschiedener Viren. Zur Virusreplikation muss zum einen das Genom repliziert werden und zum anderen müssen die Capsidproteine hergestellt werden. Die Translation wird immer durch die Enzyme der Wirtszellen durchgeführt

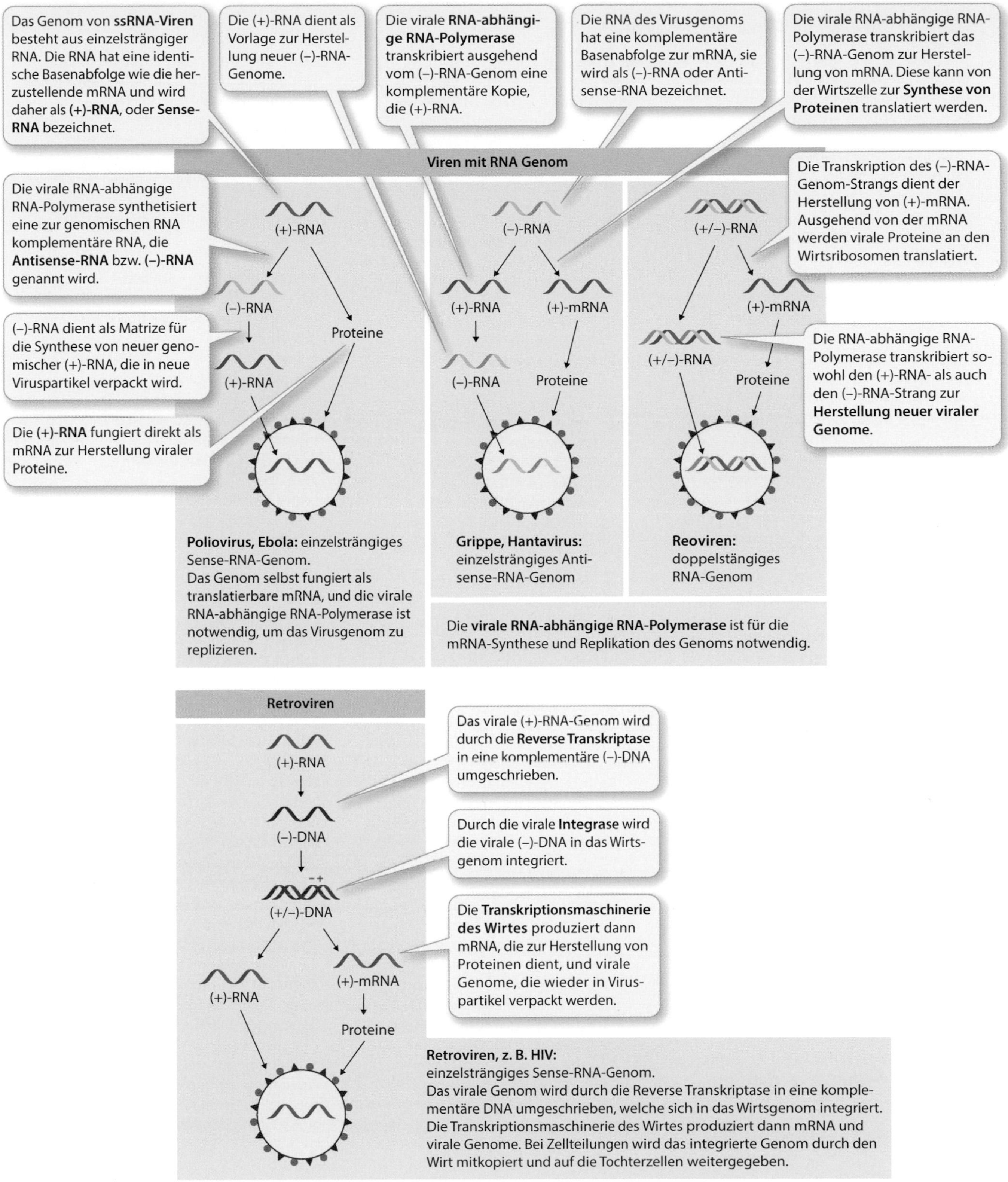

Abb. 10.19 *(Fortsetzung)*

10

Box 10.1: Das humane Immundefizienzvirus HIV

Seit seiner Verbreitung Anfang der 1980er-Jahre hat das **Hi-Virus** ca. 40 Mio. Todesopfer gefordert. Zurzeit sind ca. 37 Mio. Menschen infiziert.
HIV befällt und vermehrt sich in CD4-tragenden **T-Helferzellen**. Das sind Immunzellen, welche der Regulation von Entzündungsprozessen, der Ausschüttung von Botenstoffen und somit der Regulation und Unterstützung der Immunantwort bei Infektionen oder von entarteten körpereigenen Zellen dienen.
Die **HIV-Infektion** bleibt zunächst unterschiedlich lange symptomfrei: Diese **Latenzphase** kann mehrere Jahre dauern und ist auch ein Grund für die Verbreitung des Virus, da infizierte Personen sich der Infektion nicht bewusst sind. HIV wird durch Körperflüssigkeiten übertragen, d. h., die **Übertragung** sollte leicht kontrollierbar sein. Nach der Latenzphase führt die HIV-Infektion zu einer Kombination von Symptomen, welche als **AIDS** (engl. *acquired immunodeficiency syndrome*) oder **erworbenes Immundefizienzsyndrom** bezeichnet wird. Durch die fortlaufende Schwächung des Immunsystems kommt es zu charakteristischen Infektionen oder zu Tumoren, die ein intaktes Immunsystem normalerweise erfolgreich bekämpfen kann. Zur Ermittlung des Grads der Schädigung werden die noch überlebenden T-Helferzellen bestimmt.
Am Beispiel von HIV kann man sehr gut die **Infektionsstrategie von Retroviren** erkennen und somit auch die Probleme, die bei der Behandlung auftreten. Die HIV-Infektion ist nicht heilbar. Ein Teil der infizierten T-Zell-Population ist ruhend, d. h., dies sind langlebige, infizierte Zellen im **Provirusstadium**, das Virus ist also ins Genom integriert. **Ruhende infizierte T-Zellen** stellen ein Problem dar, da sie ein Virusreservoir bilden, jedoch aufgrund ihrer Inaktivität nicht durch antivirale Medikamente oder durch das Immunsystem attackiert werden können. Ruhende infizierte Zellen können aber jederzeit durch Aktivierung des Provirus neue Viren und eine neue Infektion initiieren, wenn z. B. keine antivirale Behandlung (s. u.) erfolgt oder die Behandlung unterbrochen wird. Eine Heilung, also das vollständige Entfernen des integrierten Virus, ist bisher im Normalfall nicht möglich.

HIV-Therapie
In der HIV-Therapie werden verschiedene **Inhibitoren** eingesetzt, in der Regel in Kombination verabreicht. Diese sogenannte **HAART** (**hochaktive antiretrovirale Therapie**) stellt eine Kombination von verschiedenen Wirkstoffen dar, welche in den Replikationszyklus des Virus eingreifen.

1. **Inhibitoren der Zellerkennung**
   Diese Substanzen binden an die Andockstellen des Virus auf der Zielzelle und verhindern so den Erstkontakt von Virus und Zielzelle. Sogenannte **Fusionsinhibitoren** können auch das Verschmelzen des Virus mit der T-Zelle verhindern.
2. **Reverse-Transkriptase-Inhibitoren**
   Diese Inhibitoren blockieren die Reverse Transkriptase und verhindern die Bildung des dsDNA-Genoms. Es handelt sich zum einen um Moleküle, die direkt an die Reverse Transkriptase binden, zum anderen um Nucleosidanaloga, d. h. Moleküle, welche die Monomere der DNA imitieren und von der Reversen Transkriptase in die DNA eingebaut werden: Dies führt zu einem **Abbruch der DNA-Kette**. Dadurch kann sich das Virusgenom nicht in das des Wirtes integrieren.
3. **Integraseinhibitoren**
   Die Integrase wird vom HI-Virus benötigt, um das Virusgenom ins Wirtsgenom zu integrieren. Geschieht dies aufgrund eines Hemmstoffs nicht, kann sich das Virus nicht replizieren.
4. **Proteaseinhibitoren**
   Die **HIV-Protease** ist ein virales Protein, das im Virusgenom codiert ist. Viele Proteine des HI-Virus werden durch die Protease aus Vorläuferproteinen prozessiert: Wird diese Protease inhibiert, können die unfertigen Proteine nicht zu einem neuen Viruspartikel assembliert werden.

Die genaue Kombination für die Therapie hängt individuell vom Patienten ab oder auch vom jeweiligen Stamm des HI-Virus. Die Stämme bilden schnell Resistenzen, d. h., auch hier können durch die Ungenauigkeit der Reversen Transkriptase Gene und somit Enzyme modifiziert werden, sodass einzelne Wirkstoffe nicht mehr wirken können. Die HAART muss, auch wenn sie in der Kombination verändert wird, lebenslang fortgeführt werden.

Postexpositionsprophylaxe
Bei einer möglichen Infektion, z. B. durch ungeschützten Geschlechtsverkehr mit einer infizierten Person oder Kontakt zu infiziertem Blut, ist eine Sofortmaßnahme sehr wichtig: So besteht die Möglichkeit, durch eine sofortige Verabreichung von Reverse-Transkriptase- und Integrationsinhibitoren die Integration des Virus in das Wirtsgenom zu verhindern, also die Bildung des Provirus. Somit kann eine Infektion vermieden werden, obwohl Viren in den Körper eingedrungen sind. Bevor das HI-Virus sich nicht ins Genom des Wirtes integriert hat, kann es sich nicht vermehren – dadurch ergibt sich hier die einmalige Chance, die Infektion zu verhindern. Dabei ist jedoch die Zeit der wichtigste Faktor: In einem Zeitfenster von nur zwei Stunden nach Exposition sind die Erfolgsaussichten am besten.

Zukünftige Strategien der HIV-Therapie/Heilung
Eine Heilung kann nur durch die Entfernung der latent infizierten Zellen erfolgen. Diese sind aber weder durch die antiviralen Wirkstoffe noch durch das Immunsystem erkennbar. Sichtbar machen kann man die Proviren beispielsweise durch Aktivierung. Eine Strategie verfolgt die Verabreichung von **Histon-Deacetylase-Inhibitoren** (HDACs), welche durch den Eingriff in die epigenetische Kontrolle des Chromatins der T-Zellen zu einer Aktivierung des Provirus führen, d. h., das integrierte Virus fängt an, seine Gene zu transkribieren. Auf diese Weise könnte es gelingen, zunächst alle ruhenden Proviren zu wecken und diese dann mit antiviraler Therapie zu eliminieren, was eine Heilung der Infektion bedeuten könnte.

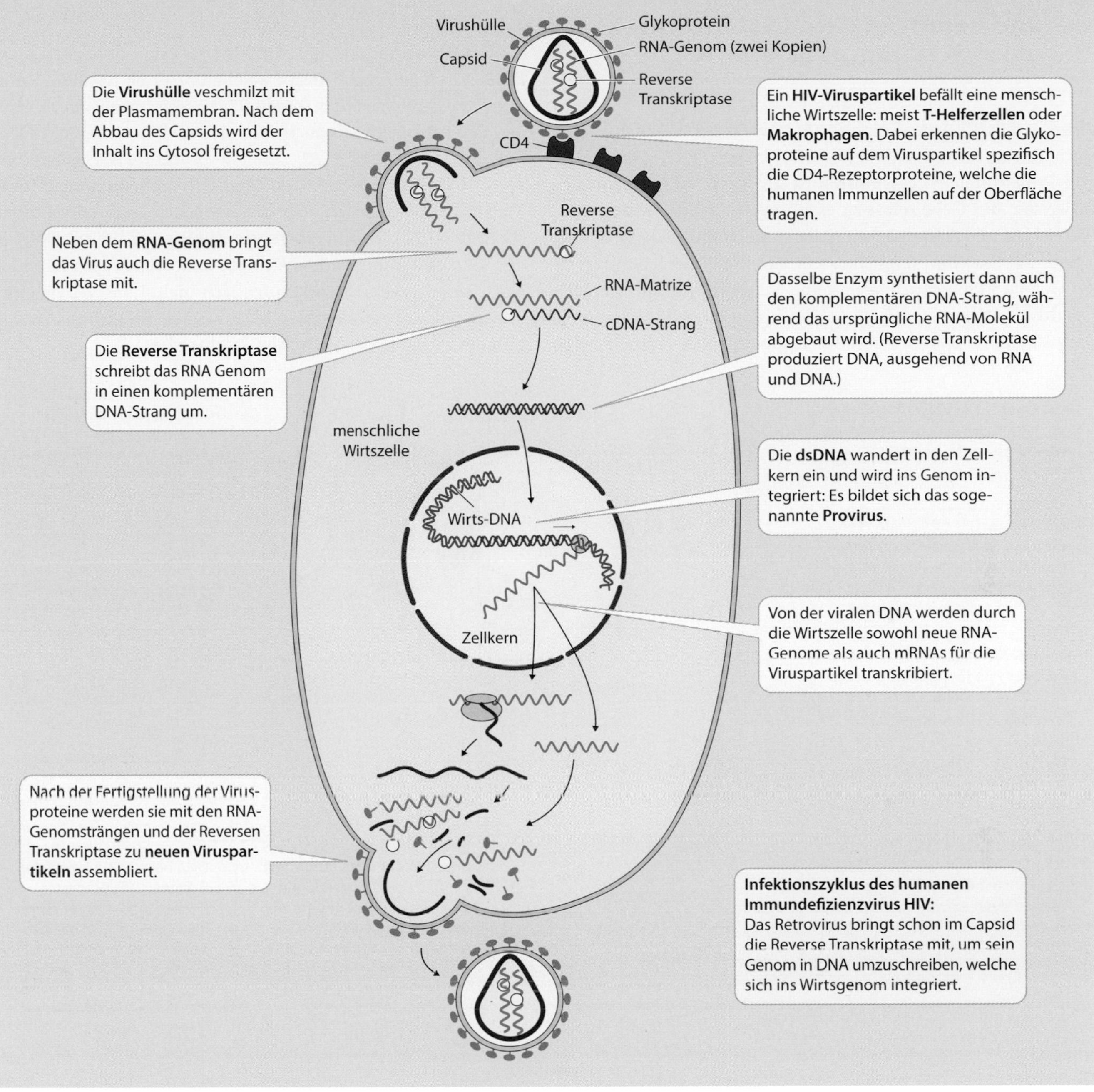

Infektionszyklus des humanen Immundefizienzvirus HIV:
Das Retrovirus bringt schon im Capsid die Reverse Transkriptase mit, um sein Genom in DNA umzuschreiben, welche sich ins Wirtsgenom integriert.

10.7 Phagen und Viren befallen Zellen und benutzen deren Stoffwechsel, um sich zu reproduzieren

Viren sind Partikel **ohne eigenen Stoffwechsel** (▶ Abschn. 10.6). Sie bestehen aus einem Genom (DNA oder RNA), welches in eine Proteinhülle eingeschlossen ist. Da sie keine Mechanismen aufweisen, um Gene selbst zu exprimieren, infizieren sie prokaryotische und eukaryotischen Zellen und benutzen diese für ihre eigene Replikation: Verglichen mit Computerviren besitzen sie ein Genom („Software"), aber keine Genexpressionsmaschinerie („Hardware"), um ihre Gene zu transkribieren und translatieren. Viele Viren und Phagen zeigen **Wirtsspezifität**, d. h., sie erkennen spezifische Strukturen auf Zellen und können somit nicht jede Zelle infizieren.

Bakteriophagen oder kurz **Phagen** sind doppelsträngige DNA-Viren (dsDNA-Viren), welche Bakterien befallen. Komponenten ihrer speziellen Virenhülle dienen sowohl dem Erkennen der Wirtszellen als auch dem aktiven Einbringen der DNA in den Wirt (◻ Abb. 10.20). Nach der Injektion des genetischen Materials in den Wirt entscheiden Umweltbedingungen über Eintritt in den lytischen oder den lysogenen Zyklus der Phagen (◻ Abb. 10.21). Beim **lysogenen Zyklus** wird die dsDNA in den Wirt integriert, sodass sich ein inaktiver Prophage bildet. Auch viele andere Viren können sich inaktiv ins Wirtsgenom integrieren und erst viel später aktiv werden. Im aktiven Zustand geht der Phage in den **lytischen Zyklus** über.

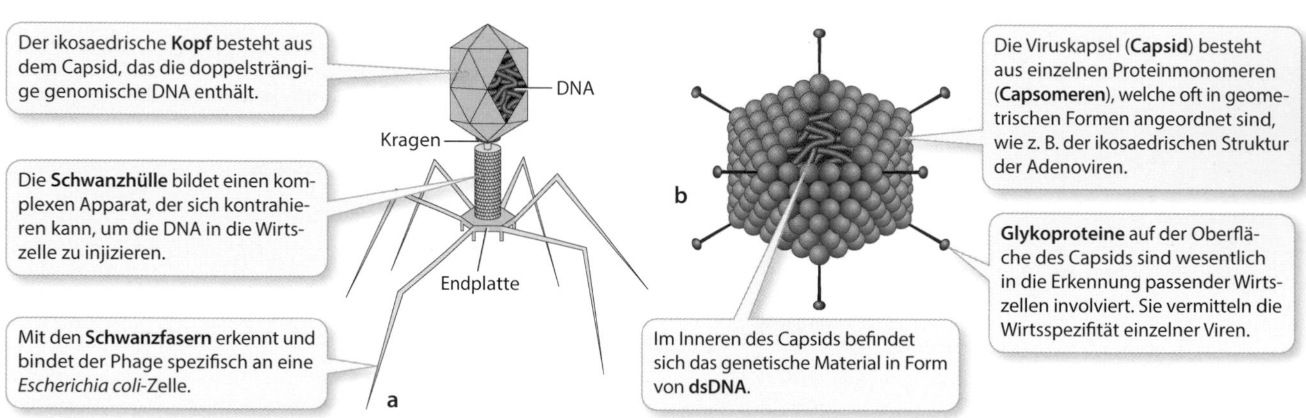

◻ **Abb. 10.20** Struktur von Viren und Phagen. **a** Bakteriophage T4, **b** Adenovirus

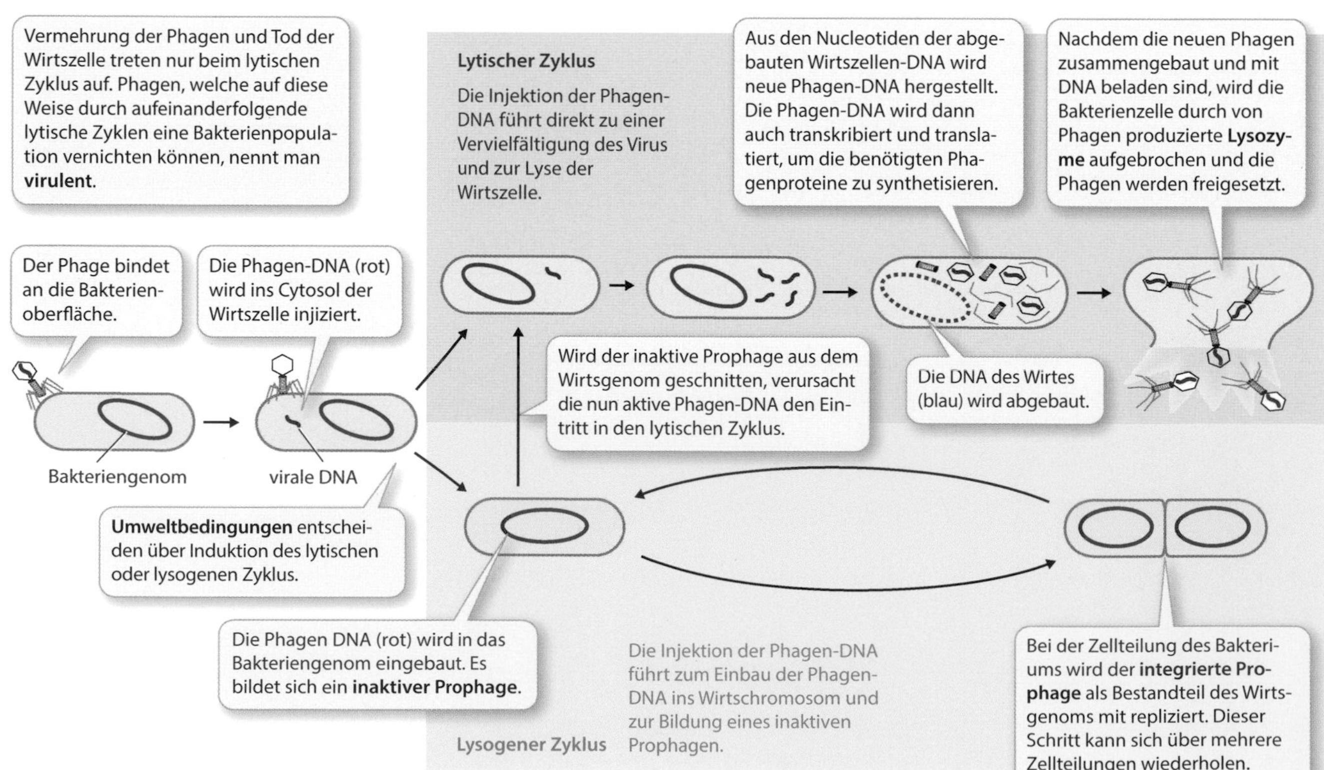

◻ **Abb. 10.21** Lytischer und lysogener Zyklus von Bakteriophagen

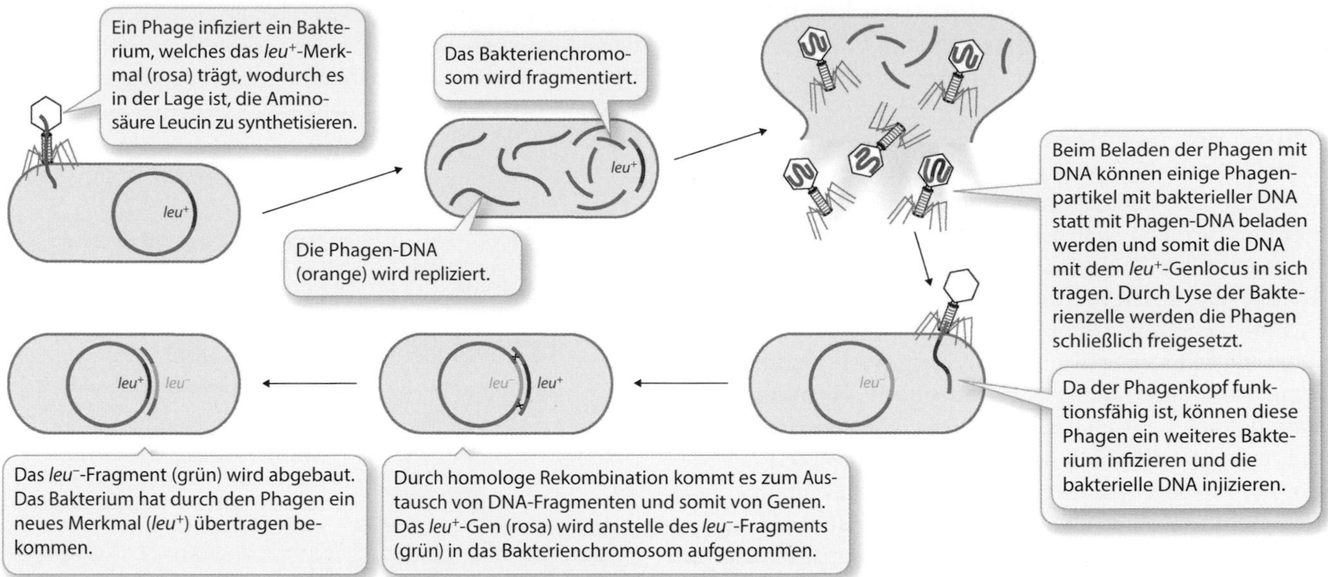

Abb. 10.22 Transduktion von DNA-Fragmenten zwischen Bakterien durch den Phagen P1. Der Phage besitzt die Eigenschaft, große Stücke fremder DNA in Bakterien zu übertragen

Kommt es hierbei zur Aufnahme von bakterieller DNA und dadurch zum Austausch von DNA zwischen verschiedenen Bakterien durch Bakteriophagen spricht man von **Transduktion**. Bei der **unspezifischen Transduktion** (Abb. 10.22) wird im lytischen Zyklus ein DNA-Fragment des Wirtes in einen Phagen verpackt und kann in ein anderes Bakterium überführt werden, wo es durch Rekombination ins Genom eingebaut wird. Auf diese Weise können Merkmale zwischen verschiedenen Stämmen von Bakterien ausgetauscht werden. Bei der **spezifischen Transduktion** macht man sich dagegen Phagen zunutze, um bestimmte DNA-Fragmente in Bakterien einzuschleusen.

Zur Abwehr der eindringenden Phagen-DNA haben Bakterien das **Restriktions-Modifikations-System (R/M-System)** entwickelt. Dabei modifizieren sie ihr eigenes Genom durch das Hinzufügen von biochemischen Gruppen an ihre DNA, z. B. durch Methylierung von Adenin oder Cytosin. Dadurch wird sie von fremder DNA unterscheidbar (Abb. 10.23). Zudem bilden Bakterien Restriktionsenzyme, also Enzyme, die DNA an spezifischen Basensequenzen schneiden. Die bakterielle *Eco*RI schneidet lediglich unmodifizierte DNA, auf diese Weise wird Phagen-DNA erkannt, zerschnitten und inaktiviert (Abb. 10.23).

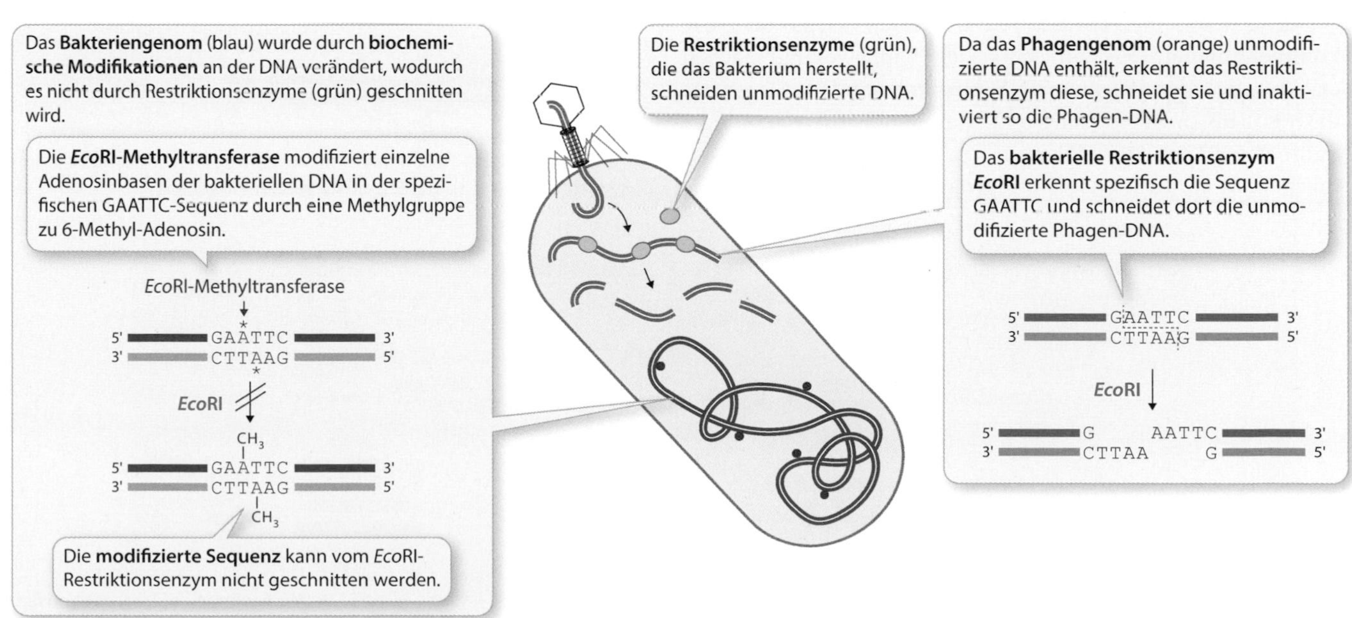

Abb. 10.23 Das R/M-System von Bakterien zur Unterscheidung eigener und fremder DNA durch Basenmodifikationen

10

10.8 Bestimmte DNA-Elemente können sich im Genom bewegen

Transposons sind DNA-Elemente, welche sich durch eine spezielle Art der Rekombination im Genom bewegen können. Notwendig sind dafür spezielle DNA-Wiederholungssequenzen (**Repeats**) an den Enden der Transposons. Diese dienen als Bindungsstellen für die sogenannten Transposasen und Integrasen, also Enzyme, welche die Transposition katalysieren.

Enthalten Transposons die Gene für die zur **Transposition** notwendigen Enzyme (wie Transposase, Reverse Transkriptase), nennt man diese Transposons **autonom**. **Nichtautonome Transposons** besitzen dagegen keine codierenden Sequenzen und sind so auf die Transposasen anderer Transposons angewiesen. Bei den Mechanismen der Transposition kann man zwei Klassen unterscheiden, wobei **Klasse-I-Transposons** kopiert werden und **Klasse-II-Transposons** wandern, also nicht vervielfältigt werden (◘ Abb. 10.24). Zu den Klasse-I-Transposons gehören die **Retrotransposons** (◘ Abb. 10.25) und die **Poly-A-Retrotransposons** (◘ Abb. 10.26), zu den Klasse-II-Transposons die **DNA-Transposons** (◘ Abb. 10.27).

Poly-A-Retrotransposons werden auch als **LINE-Elemente** (engl. *long interspersed nuclear elements*) bezeichnet. Da sie Gene beinhalten, deren Proteinprodukte für die Transposition notwendig sind, zählen LINE-Elemente zu den autonomen Transposons. Sehr häufig gehen jedoch während der Rekombination Teile der Transposons verloren, sodass die entstehenden Fragmente sich nicht mehr autonom replizieren können. **SINE-Elemente** (engl. *short interspearsed nuclear elements*) sind wesentlich kleiner, da sie keine proteincodierenden Gene enthalten, und bilden stark wiederholte Sequenzen in den Genomen; sie können sich nicht mehr autonom replizieren. LINE- und SINE-Elemente machen mehr als ein Drittel unseres Genoms aus.

LINE-Elemente (◘ Abb. 10.28) sind ca. 1–5 kb lang. Sie kommen im menschlichen Genom sehr häufig vor und machen ca. 21 % des Genoms aus. SINE-Elemente sind im Gegensatz dazu nur bis ca. 400 bp lang und kommen bis auf wenige Ausnahmen bei Tieren und Pflanzen vor: Im menschlichen Genom machen sie ca. 13 % aus. Die sogenannte **Alu-Familie** ist eine bedeutende SINE-Familie, die nur bei Primaten vorkommt und beim Menschen allein 10 % des Genoms ausmacht. Neuere Untersuchungen deuten darauf hin, dass Alu-Sequenzen auch regulatorische Funktionen haben, d. h., DNA-Abschnitte mit Funktion sind.

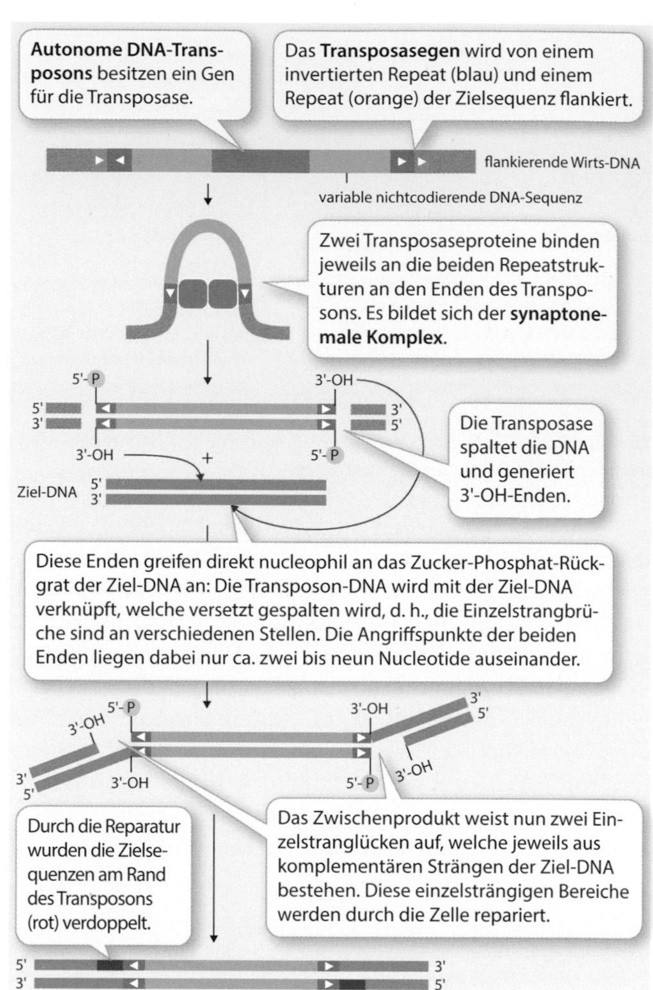

◘ **Abb. 10.25** DNA-Transposons mit *cut & paste*-Mechanismus werden ausgeschnitten und an anderer Stelle wieder eingebaut

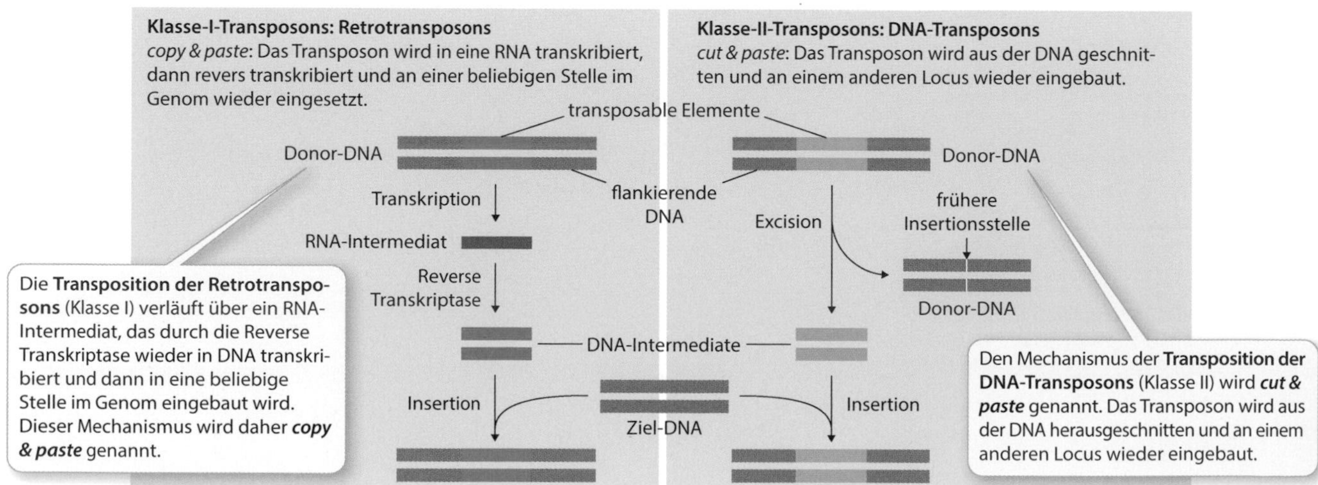

◘ **Abb. 10.24** Retroelemente und DNA-Transposons werden entweder direkt oder über ein RNA-Intermediat im Genom bewegt

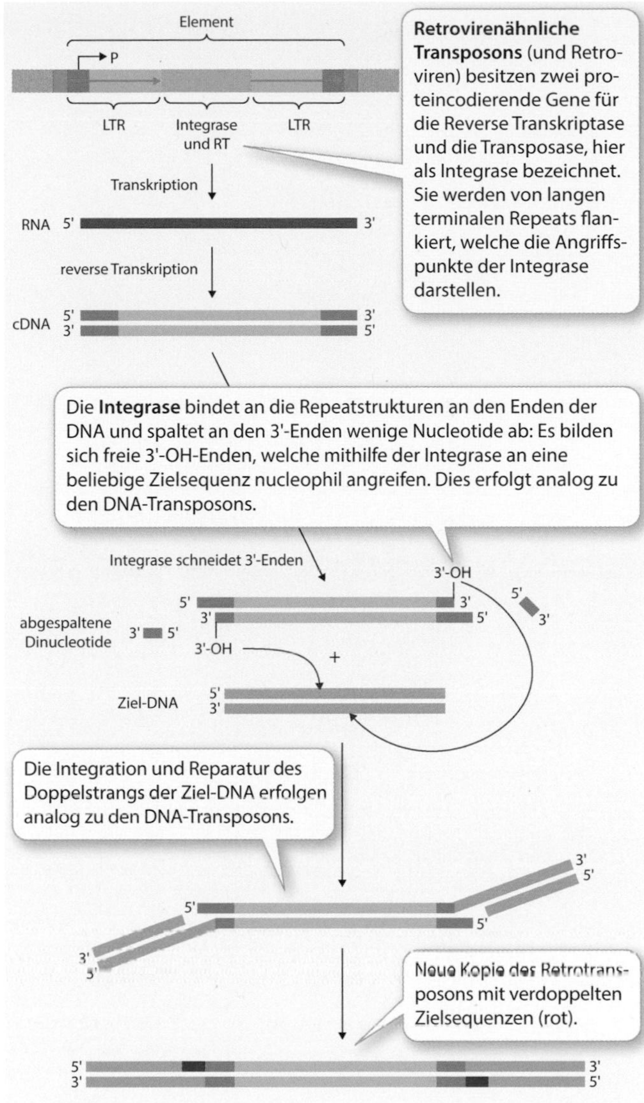

Abb. 10.26 Virusähnliche Retrotransposons mit *copy & paste*-Mechanismus werden über ein RNA-Intermediat transpositioniert

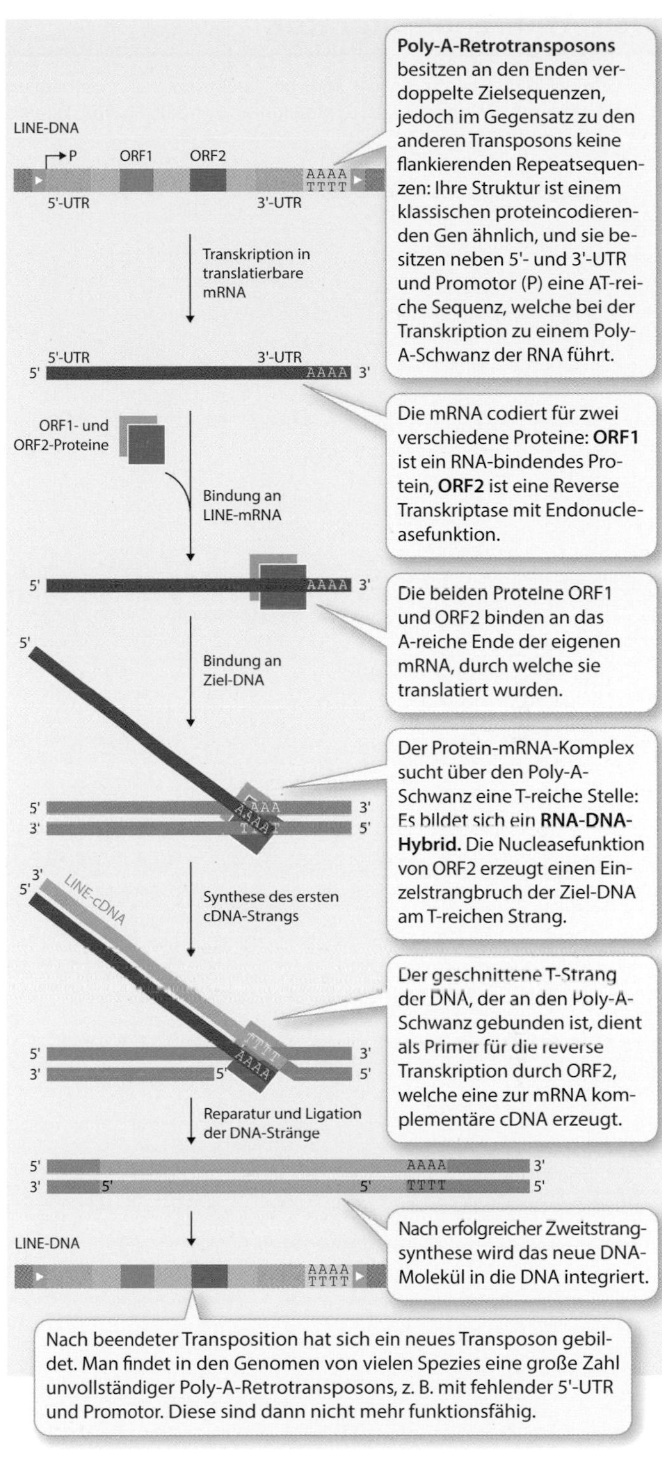

Abb. 10.27 Poly-A-Retrotransposons sind autonome Retrotransposons

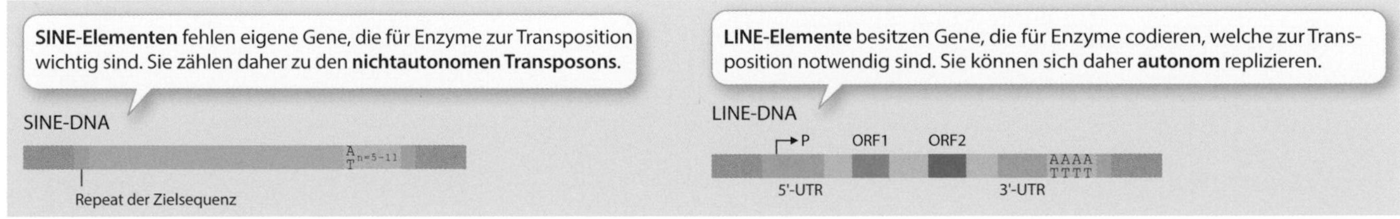

Abb. 10.28 LINE- und SINE-Retrotransposons. Beide beinhalten den Poly-A Schwanz der mRNA, aus der sie entstanden sind, und Wiederholungen der Zielsequenz (orange). Bei LINE-Elementen gingen die Gene (*orf*) verloren

Weiterführende Literatur

1. Graw J (2015) Genetik, 6. Aufl. Springer Spektrum, Berlin, Heidelberg
2. Nordheim A, Knippers R (2018) Molekulare Genetik, 11. Aufl. Thieme, Stuttgart
3. Watson J, Baker T, Bell S, Gann A, Levine M, Losick R (2010) Watson Molekularbiologie, 6. Aufl. Pearson, London

Epigenetik

Martin Simon

J. Boenigk (Hrsg.), *Boenigk, Biologie*, https://doi.org/10.1007/978-3-662-61270-5_11

11

11.1 Chromatinmodifikationen beeinflussen aktiv die Transkription und bilden epigenetisch stabile Genexpressionsmuster

Histonmodifkationen sind chemische Veränderungen an Histonen und beeinflussen nicht nur den Kondensationsgrad des Chromatins, sondern damit verbunden auch die Zugänglichkeit der DNA für Transkriptionsfaktoren oder den RNA-Polymerase-II-Komplex (Pol II). Auf diese Weise sind die aus Histonen aufgebauten Nucleosomen aktiv in die **Regulation der Genexpression** involviert (◘ Abb. 11.1). Die jüngsten Kartierungen von Histonmodifkationen im menschlichen Epigenom haben gezeigt, dass dieses Modell zwar grundsätzlich stimmt, sich jedoch gerade in aktiven Genen eine spezielle Verteilung einzelner Histonmodifkationen findet (◘ Abb. 11.2). Diese interagieren direkt mit den Transkriptionsfaktoren und dem Polymerase-II-Komplex (Pol II) und regulieren so Initiation und Elongation der Transkription. Somit sind Histonmodifkationen nicht nur am **Ein- und Ausschalten der Gene** beteiligt, sondern auch, unter anderem durch die Bindung von Elongationsfaktoren, für die **Umwandlung des Pol-II-Komplexes** während der Transkription essenziell. Hierdurch werden sowohl die Initiierung als auch die korrekte Fertigstellung der mRNA, also die Qualität des transkribierten mRNA-Strangs, sichergestellt. **Stille Gene** weisen solche Modifikationen kaum auf, sondern besitzen verstärkt **repressive Modifikationen**, welche sich wiederum in aktiven Genen nicht finden.

Da die **epigenetische Information** des Chromatins die Grundlage für die Differenzierung von embryonalen Stammzellen in die einzelnen Gewebe jedes mehrzelligen Organismus darstellt, muss diese Information bei Zellteilungen weitergegeben werden, denn ein Verlust der Information würde dazu führen, dass Genexpressionsmuster nicht mehr beibehalten werden könnten. Dies hätte gravierende Folgen, unter anderem für die

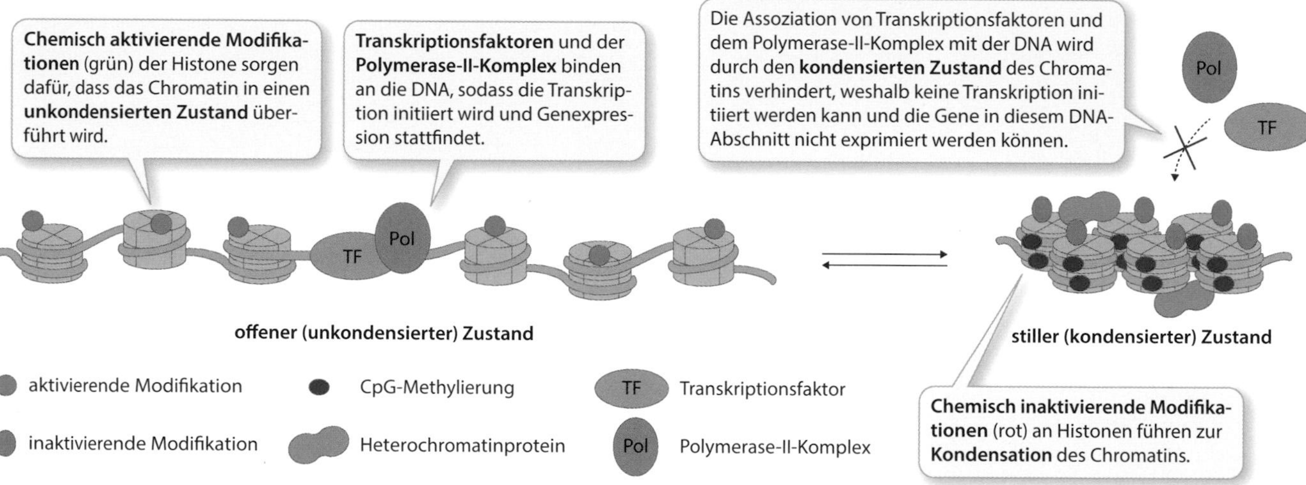

◘ **Abb. 11.1** Einfaches Modell des dynamischen Chromatin-Remodelings, verbunden mit der Aktivierung und Inaktivierung der Genexpression

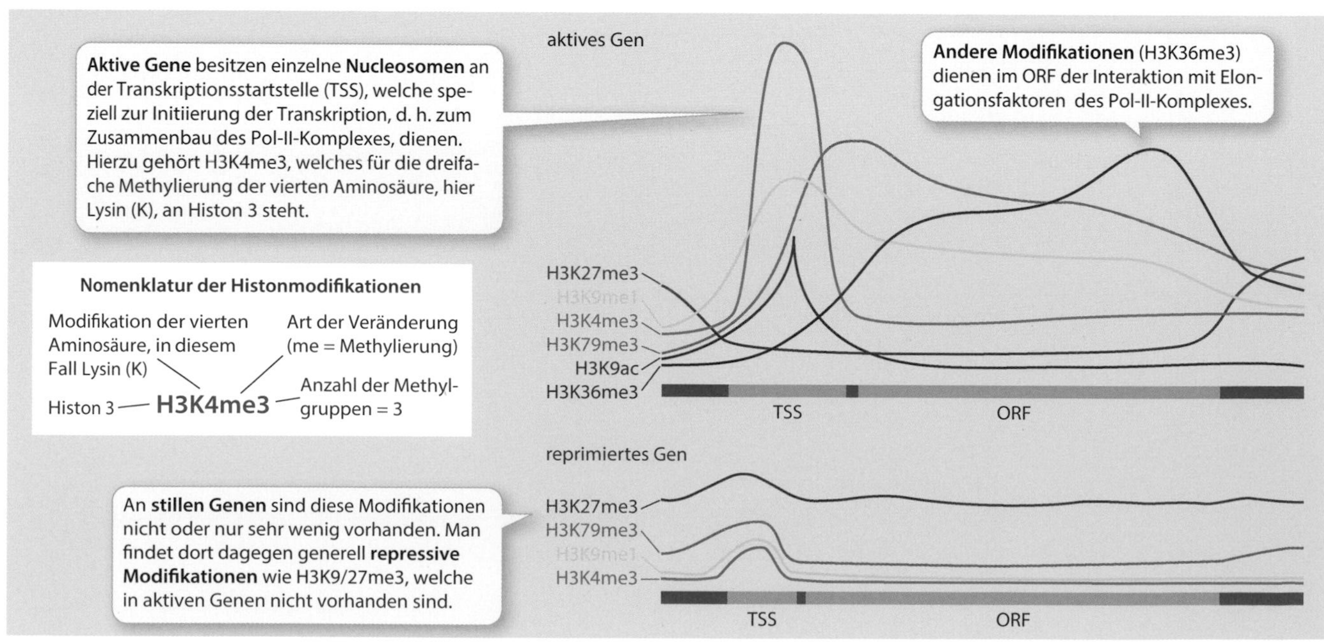

◘ **Abb. 11.2** Genauere Verteilung einzelner Histonmodifikationen an aktiven und stillen Genen

1. Semikonservative Replikation der Histone und deren Modifikationen
Die Nucleosomen werden bei der Replikation geteilt und je ein Protein von H3/H4 und H2A/H2B wird jeweils auf die beiden Tochterstränge verteilt. Danach werden diese halben Nucleosomen wieder durch neue Histone komplettiert: Die Histonmodifikationen der „alten" Histone werden dann auf die „neuen" übertragen.

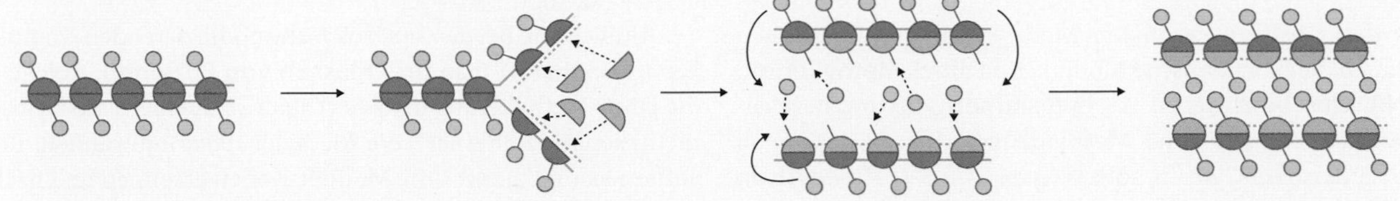

2. Nachbarschaftsmodell
Die Nucleosomen werden als Ganzes auf die Tochterstränge verteilt und entstehende Lücken durch neue Nucleosomen ersetzt. Diese werden anhand der Modifikationen der noch vorhandenen „alten" Nucleosomen modifiziert.

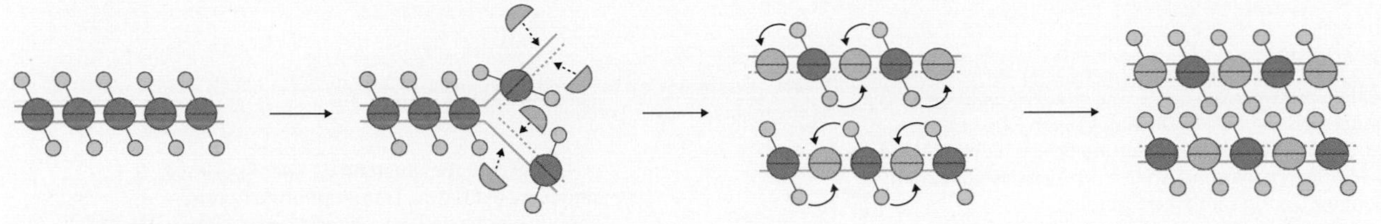

3. DNA-Methylierung als Signal für die Nucleosomenmodifikation
Es werden alle Nucleosomen verworfen und nur neue Nucleosomen und die Tochterstränge eingebaut. Nach der Komplettierung der Cytosinmethylierung in CpG-Inseln der replizierten Stränge werden repressive Markierungen an den Nucleosomen dort platziert, wo CpG-Methylierung stattfindet.

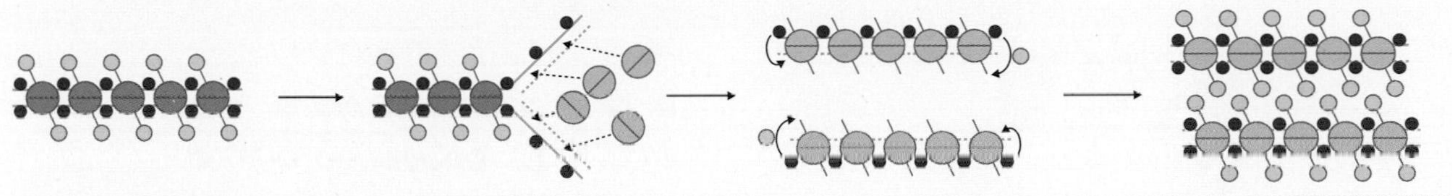

4. Einbau von zuvor modifizierten Nucleosomen
Alle „alten" Nucleosomen werden verworfen und es werden freie Nucleosomen eingebaut, welche schon modifiziert sind. Dieses Modell kann nicht erklären, nach welcher Vorlage diese Nucleosomen eingebaut werden, sodass keine Veränderung der Chromatinmuster erfolgt.

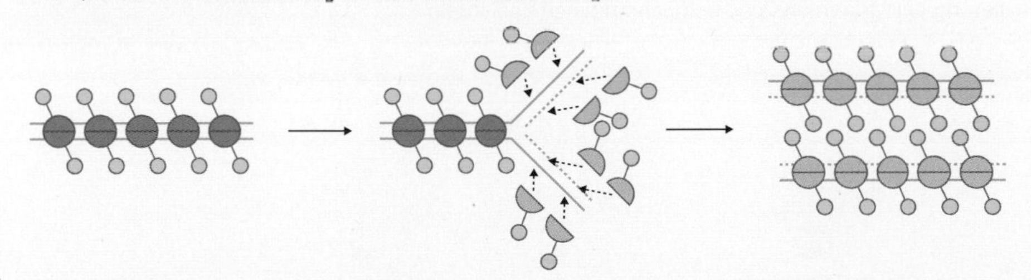

alte Histone
neue Histone
Histon-Methylierung
DNA-Methylierung

Abb. 11.3 Vier Modelle der Weitergabe von Chromatininformation bei mitotischen Teilungen

Embryonalentwicklung. Weil Chromatinmodifikationen, d. h. Histonmodifikation und DNA-Methylierung, in die Genexpression involviert sind, müssen also Mechanismen existieren, um neben der DNA auch die Chromatinmodifikationen zu duplizieren, wenn sich eine Zelle mitotisch teilt. Dazu werden aktuell vier Modelle diskutiert. Diese schließen sich jedoch nicht gegenseitig aus. Es ist sogar sehr wahrscheinlich, dass Aspekte aller Modelle zusammenarbeiten, um die Stabilität der epigenetischen Information sicherzustellen (Abb. 11.3).

11.2 Auch DNA kann biochemisch modifiziert werden: die Epigenetik der CpG-Methylierung

Neben den posttranslationalen Modifikationen an Histonen wurde auch die biochemische Modifikation durch **Methylierung der DNA** selbst beschrieben. Als **Cytosinmethylierung** bezeichnet man den Transfer einer **Methylgruppe** (CH_3-Gruppe) an Position 5 der Base Cytosin, sodass Cytosin in **5-Methylcytosin** (5mC) überführt wird. Diese Modifikation geht meist mit einer transkriptionalen Stilllegung der DNA einher. Bei Säugern findet Cytosinmethylierung nur im **CpG-Dinucleotid** statt, also in einem Bereich, der die Anteile Desoxycytidin – Phosphorsäure – Desoxyguanosin enthält. Diese finden sich in vielen Promotoren in hoher Dichte. Solche Ansammlungen von sogenannten cytosin- und guaninreichen Abschnitten in Promotoren nennt man **CpG-Inseln**. Aktive Promotoren sind unmethyliert, stille Promotoren zeigen dagegen einen hohen Grad an Cytosinmethylierung (◘ Abb. 11.4).

Ähnlich wie bei den nucleosomenmodifizierenden Komplexen unterscheidet man **drei Klassen von Enzymen**, welche in die DNA-Methylierung involviert sind: „Schreiber", die Cytosin methylieren; „Entferner", die Methylgruppen umwandeln und entfernen; und „Leser", die Modifikationen erkennen und nachfolgende Funktionen über Interaktionen mit weiteren Proteinen vermitteln (◘ Abb. 11.5).

Zur Aktivierung von Genen ist eine **aktive Demethylierung** notwendig, die durch chemische Umwandlung des Methylcytosins durch die **TET-Enzyme** vollzogen wird (◘ Abb. 11.6).

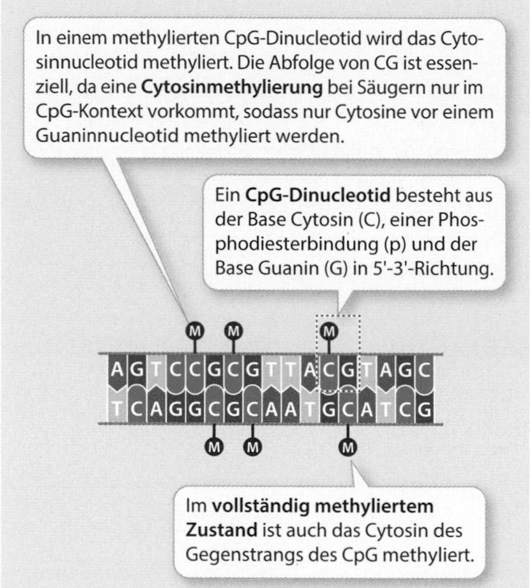

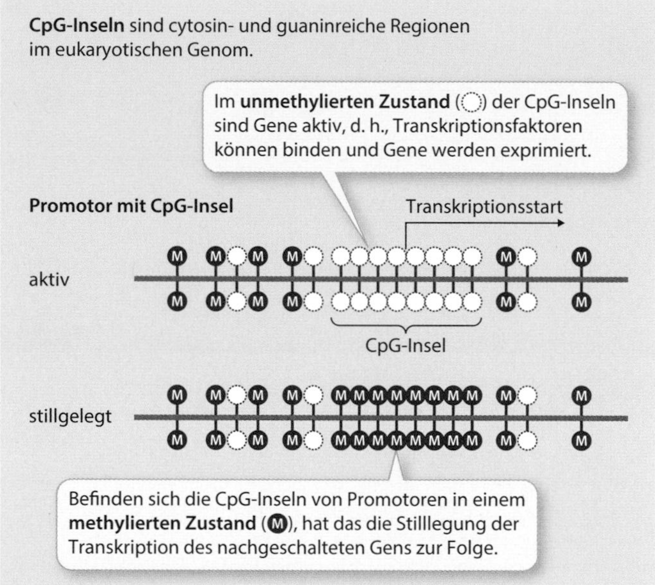

◘ **Abb. 11.4** Organisation der Cytosinmethylierung bei Säugern in CpGs und genomischen CpG-Inseln

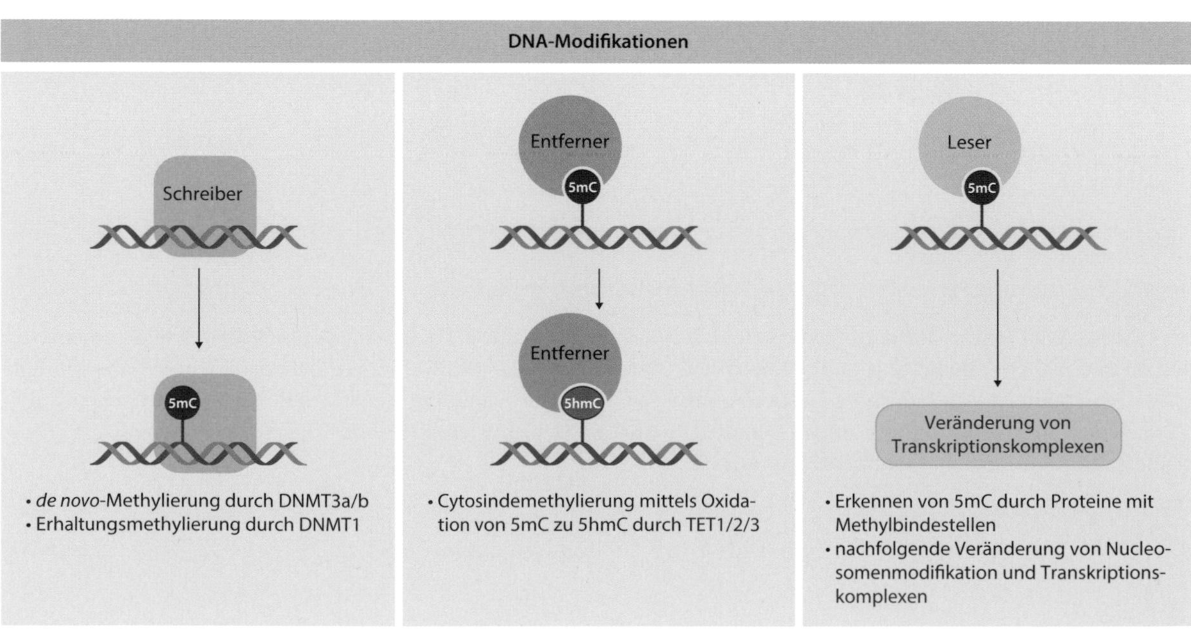

◘ **Abb. 11.5** In die DNA-Methylierung involvierte Enzymklassen

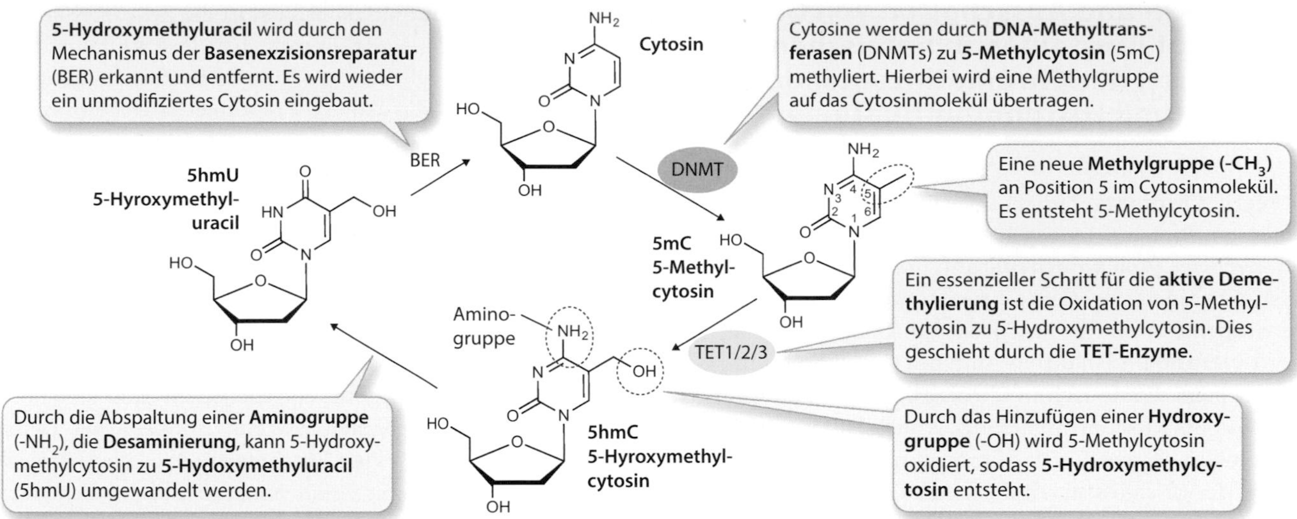

Abb. 11.6 Biochemie der Methylierung und Demethylierung von Cytosin

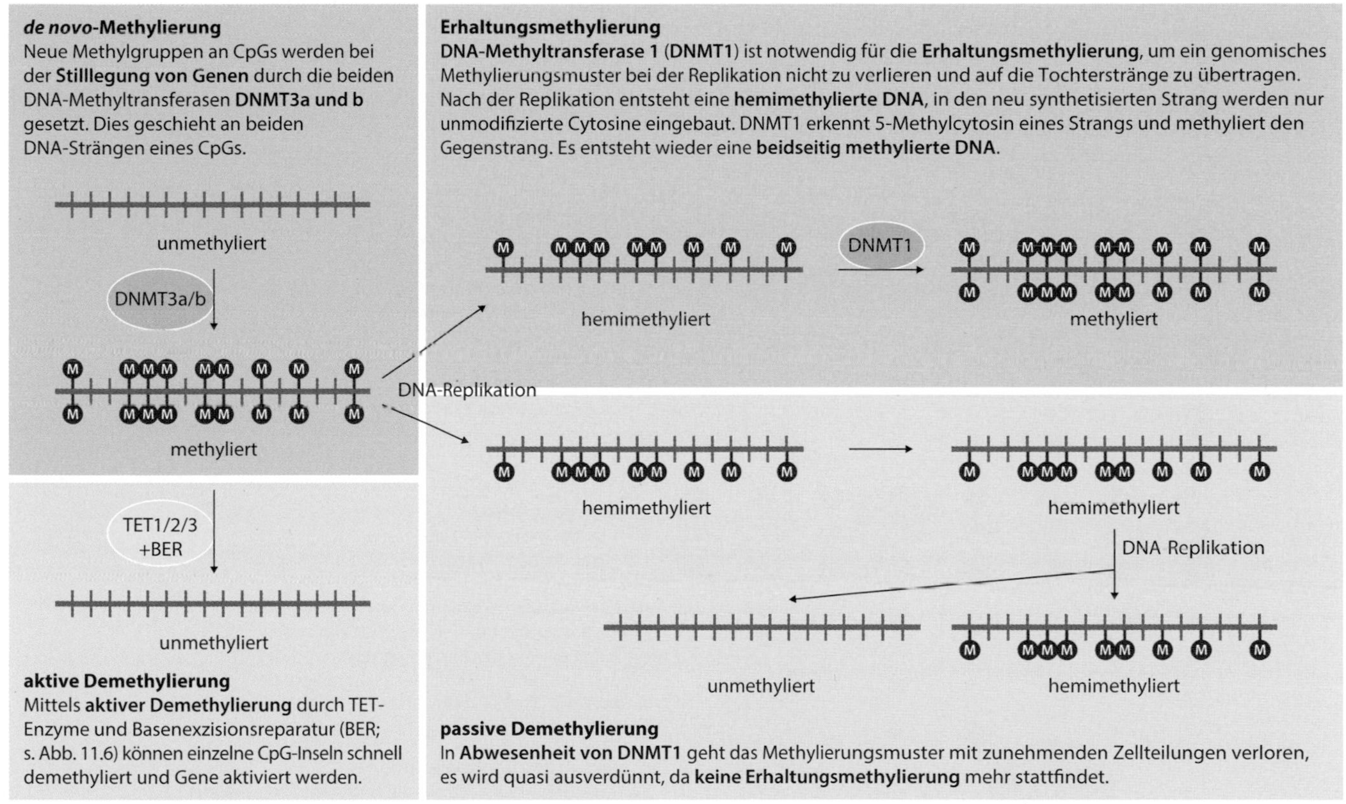

Abb. 11.7 Methylierung und Demethylierung von DNA bei Säugern

Für das Hinzufügen von Methylgruppen, die Methylierung, sind beim Menschen zwei Klassen von **DNA-Methyltransferasen (DNMTs)** verantwortlich. Die Methyltransferasen DNMT3a und DNMT3b sorgen für die ***de novo*-Methylierung**, also für das Stilllegen von Genen.

Ebenso wie die Histonmodifikationen werden auch die Cytosinmethylierungen normalerweise nach der Replikation auf die Tochterstränge übertragen. Für diese **Erhaltungsmethylierung** ist die Methyltransferase DNMT1 verantwortlich. Methylierungsmuster werden dadurch normalerweise mitotisch stabil beibehalten und tragen damit zu **stabilen Genexpressionsmustern** bei mehrzelligen Organismen bei. Die Erhaltungsmethylierung gewährleistet also die Methylierung des neuen Strangs nach der Replikation nach dem Muster des alten Strangs (◘ Abb. 11.7).

Zur **passiven Demethylierung** kommt es bei fehlender Erhaltungsmethylierungsaktivität (◘ Abb. 11.7).

11.3 Das An- und Ausschalten von Genen erfolgt über einen dynamischen Wechsel der Chromatinzustände durch DNA- und Histonmodifikationen

Der Begriff **Chromatin** bezieht sich auf die DNA und alle daran assoziierten Proteine. Epigenetisch wirksame Chromatinmodifikationen wie **Cytosinmethylierung** und **Histonmodifikationen** sind Veränderungen am Chromatin ohne Veränderung der Basensequenz, welche die genetische Information darstellt.

Aktivierung und Inaktivierung der Genexpression gehen also mit einem **dynamischen Chromatin-Remodeling** einher, wobei sowohl Cytosinmethylierung als auch Histonmodifikationen verändert werden, um das Chromatin entweder in einen offeneren oder geschlosseneren Zustand zu überführen. Die DNA wird so für Proteine zugänglich gemacht, die bei der Genexpression benötigt werden. Ein Beispiel für die Interaktion von Cytosinmethylierung und Histonmodifikation ist die Rekrutierung von histonmodifizierenden Komplexen durch methylcytosinbindende Proteine. Diese ermöglichen eine konzertierte Umwandlung des Chromatinzustands von aktiver zu reprimierter Genexpression. Auch Veränderungen der Zusammensetzung der assoziierten Proteine zählen zur Chromatindynamik (◘ Abb. 11.8).

Die Verteilung von Histonmodifikationen und CpG-Methylierung wird mithilfe von sogenannten **Epigenom-Browsern** kartiert und dargestellt (◘ Abb. 11.9): Hier werden einzelnen Genen und Teilbereichen von Genen individuelle Chromatinmodifikationen zugeordnet und auch quantifiziert. Diese epigenetischen Karten sind für jeden Zelltyp und jedes Gewebe unterschiedlich und zeigen die epigenetischen Modifikationen in Relation zur Genexpression bzw. zum mRNA-Level. Deren genaue Erfassung liefert viele Erkenntnisse über die Genregulation, Differenzierung und Zellidentität, aber auch welche Loci z. B. in Krebszuständen nicht mehr kontrolliert werden können, weshalb die Genexpression nicht mehr reguliert werden kann.

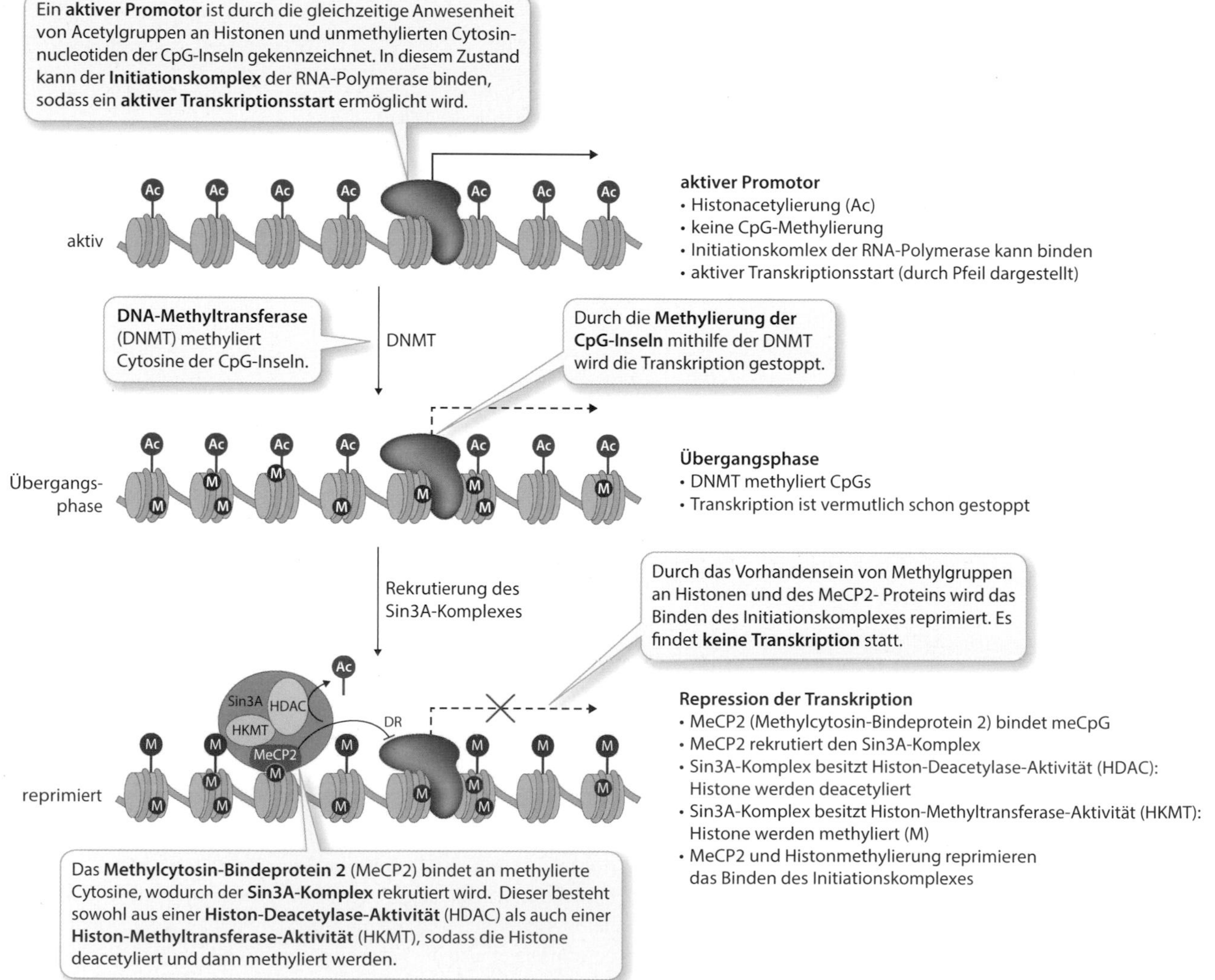

◘ **Abb. 11.8** Interaktion von CpG-Methylierung und Histonmodifikation bei der Regulation der Genexpression. Gezeigt ist das dynamische Chromatin-Remodeling von einem Promotor vom transkriptional aktiven zum stillen Zustand

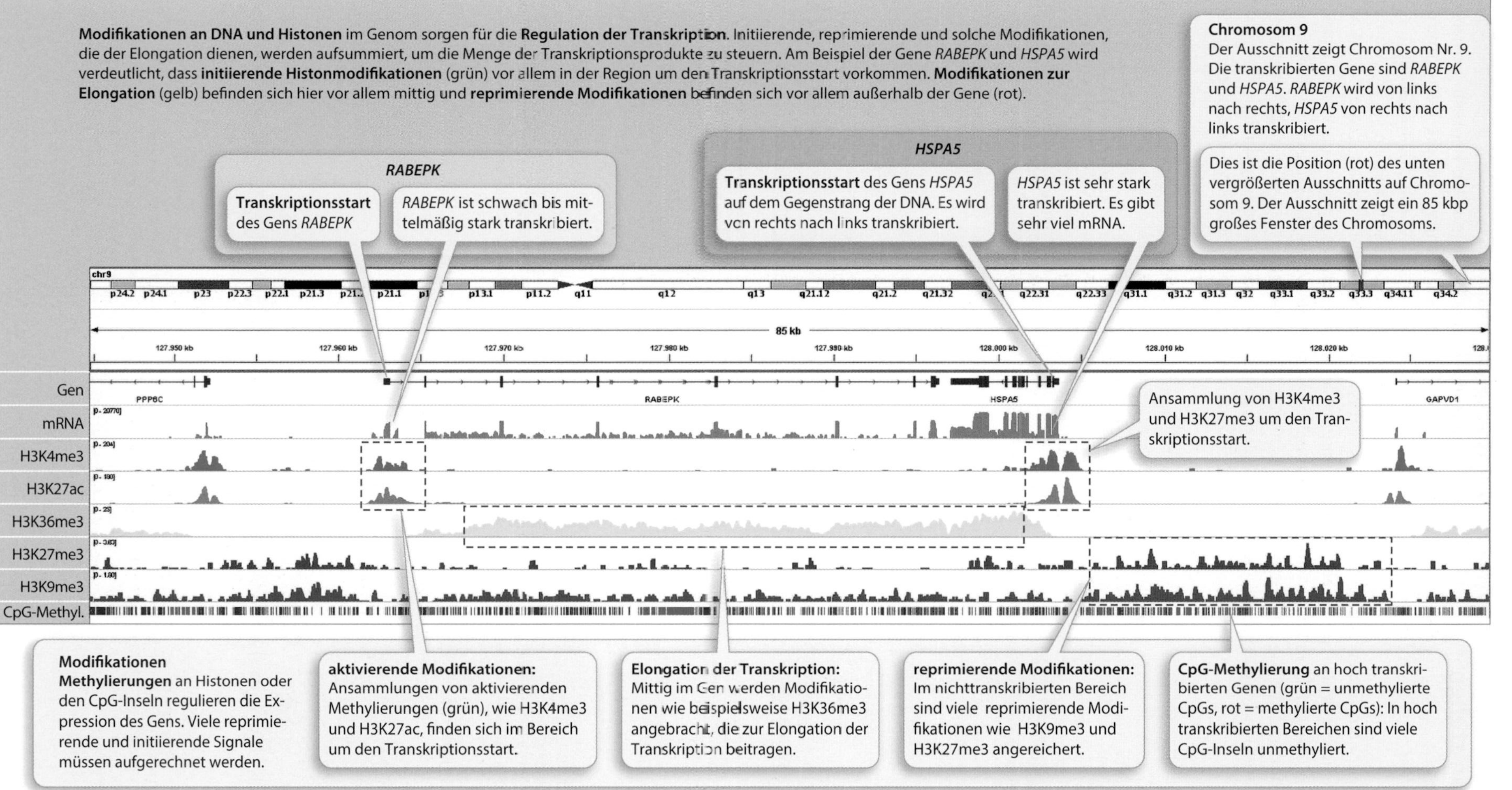

Abb. 11.9 Ein Ausschnitt (IGV-Browser) eines Locus vom humanen Chromosom 9 in Hepatocyten (Leberzellen), der die Kartierung von Genen und die Quantifizierung von mRNA, CpG Methylierung und verschiedenen Histonmodifikationen zeigt. Im Zentrum sind zwei Gene, welche unterschiedlich stark transkribiert werden

11.4 Posttranslationale Histonmodifikationen stellen den Histon-Code dar

Durch biochemische Modifikation der N-terminalen Enden von Histonen ergeben sich unterschiedliche Eigenschaften der Nucleosomen und somit des Chromatins. Wie sich Kombinationen verschiedener **Histonmodifikationen** auf die Eigenschaften eines Chromatinabschnitts oder eines Gens auswirken, ist im **Histon-Code** festgelegt.

Die verschiedenen Modifikationen wie z. B. Methylierung, Acetylierung und Phosphorylierung an den vier Histonen haben dabei unterschiedliche **Auswirkungen auf die Transkription** (◘ Abb. 11.10). Sie können die Transkriptionsaktivität durch zwei Mechanismen steuern: Einerseits können sie die Affinität zwischen den Nucleosomen beeinflussen und somit den Kondensationsgrad des Chromatins verändern. Andererseits können sie spezifische weitere Proteine, die die Transkription initiieren oder reprimieren, zu einem Nucleosom führen (◘ Abb. 11.11).

Im Fall einer Veränderung von Histonmodifikationen spricht man von einem **dynamischen Chromatin-Remodeling**. Die

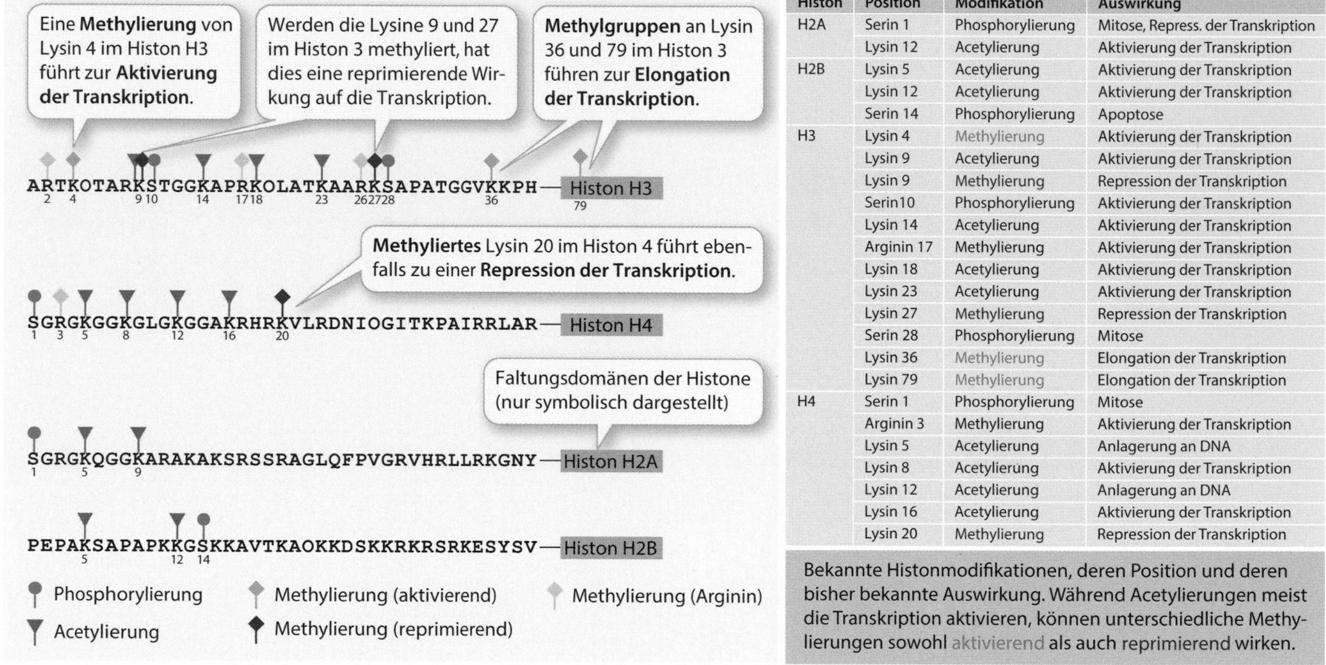

Histon	Position	Modifikation	Auswirkung
H2A	Serin 1	Phosphorylierung	Mitose, Repress. der Transkription
	Lysin 12	Acetylierung	Aktivierung der Transkription
H2B	Lysin 5	Acetylierung	Aktivierung der Transkription
	Lysin 12	Acetylierung	Aktivierung der Transkription
	Serin 14	Phosphorylierung	Apoptose
H3	Lysin 4	Methylierung	Aktivierung der Transkription
	Lysin 9	Acetylierung	Aktivierung der Transkription
	Lysin 9	Methylierung	Repression der Transkription
	Serin 10	Phosphorylierung	Aktivierung der Transkription
	Lysin 14	Acetylierung	Aktivierung der Transkription
	Arginin 17	Methylierung	Aktivierung der Transkription
	Lysin 18	Acetylierung	Aktivierung der Transkription
	Lysin 23	Acetylierung	Aktivierung der Transkription
	Lysin 27	Methylierung	Repression der Transkription
	Serin 28	Phosphorylierung	Mitose
	Lysin 36	Methylierung	Elongation der Transkription
	Lysin 79	Methylierung	Elongation der Transkription
H4	Serin 1	Phosphorylierung	Mitose
	Arginin 3	Methylierung	Aktivierung der Transkription
	Lysin 5	Acetylierung	Anlagerung an DNA
	Lysin 8	Acetylierung	Aktivierung der Transkription
	Lysin 12	Acetylierung	Anlagerung an DNA
	Lysin 16	Acetylierung	Aktivierung der Transkription
	Lysin 20	Methylierung	Repression der Transkription

◘ **Abb. 11.10** Biochemische Modifikationen an den N-terminalen Enden der Histone. Dargestellt sind die aus dem Nucleosom herausragenden Aminosäuren der N-terminalen Enden der Histone sowie deren bisher identifizierte biochemische Modifikationen

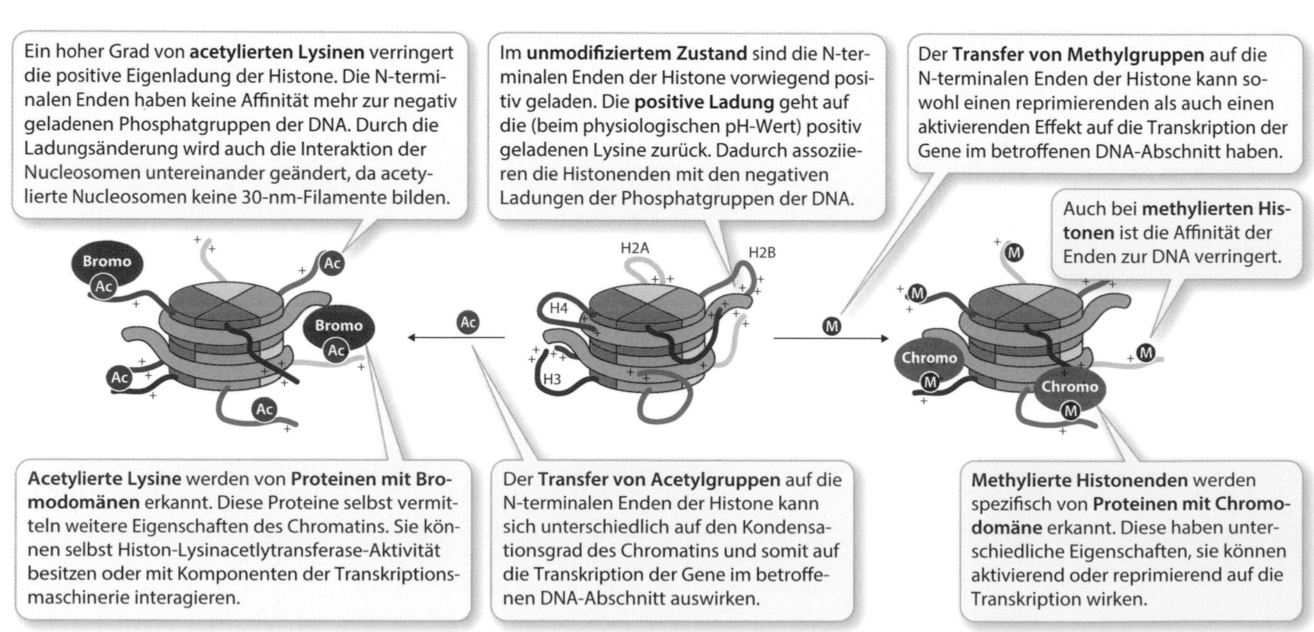

◘ **Abb. 11.11** Auswirkungen von Acetylierungen und Methylierungen auf die Eigenschaften von Nucleosomen bezüglich Interaktionen mit der DNA und mit Proteinen mit Bromo- und Chromodomänen

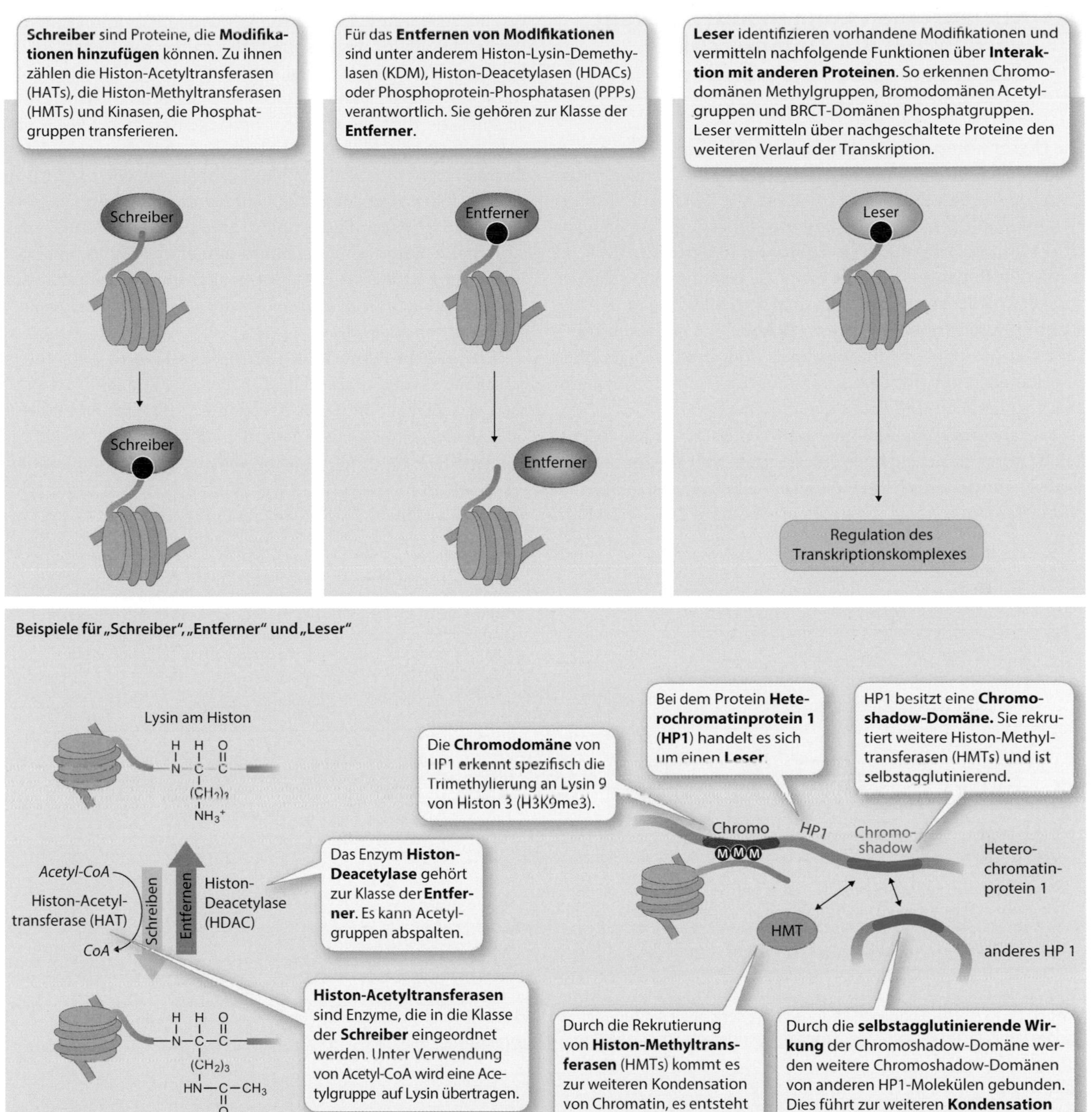

Abb. 11.12 Man unterscheidet drei Klassen von chromatinmodifizierenden Enzymen: „Schreiber", „Entferner" und „Leser"

Zelle ist hierdurch in der Lage, den Chromatinzustand an einem Locus aktiv zu ändern und so Gene zu aktivieren oder stillzulegen. Es gibt sehr viel mehr Chromatinzustände als lediglich Eu- und Heterochromatin: Durch den Histon-Code ergeben sich zahlreiche meist noch unverstandene Kombinationen von Modifikationen mit unterschiedlichen Eigenschaften.

Chromatin ist also nicht statisch, sondern unterliegt einer dynamischen Veränderung. Für diese dynamischen Änderungen des Chromatins sind **chromatinassoziierte Enzyme** verantwortlich, die in drei Klassen eingeteilt werden können. **„Schreiber"** fügen Modifikationen hinzu, **„Entferner"** können Modifikationen entfernen und **„Leser"** erkennen Modifikationen und vermitteln nachfolgende Funktionen über Interaktion mit weiteren Proteinen (Abb. 11.12).

11.5 Nucleosomen können aktiv bewegt werden, um die Zugänglichkeit des Chromatins zu verändern

Die **Histonkomplexe** der Nucleosomen haben DNA-Sequenz-Präferenzen, binden also sehr präzise an DNA-Regionen mit bestimmten Basensequenzen. Basiert die Positionierung der Histonkomplexe auf solchen Basensequenzen, spricht man von einer Positionierung durch ***cis*-Faktoren**. In Bereichen, die keine deutlichen Präferenzen haben, hängt die Positionierung dagegen von verschiedenen Proteinen ab, man spricht von einer Positionierung durch ***trans*-Faktoren** (◻ Abb. 11.13). Durch *trans*-Faktoren positionierte Nucleosomen sind meist weniger exakt positioniert (engl. *fuzzy nucleosomes*), deren Positionierung ist aber regulierbarer und damit dynamischer.

Chromatinzustände können aktiv verändert werden. In jeder eukaryotischen Zelle gibt es eine Vielzahl von **Nucleosomenumlagerungskomplexen**, die die Nucleosomenstruktur und deren Besetzung (engl. *occupancy*) an einem DNA-Abschnitt verändern können. Der Chromatindynamik kommt eine essenzielle Rolle für das An- und Abschalten von Genen zu: So kann der SWI-Komplex (engl. ***swi**tch*) Chromatin „lockern" und somit für Transkriptionsfaktoren und die RNA-Polymerase II zugängliche Bereiche schaffen. Im Gegensatz zum SWI-Komplex ordnet der CHRAC-Komplex (engl. ***ch**romatin **r**emodeling and **a**ssembly **c**omplex*) die Nucleosomen wieder regelmäßig an und inaktiviert somit die Genexpression (◻ Abb. 11.14). Alle diese Umlagerungskomplexe arbeiten ATP-abhängig, das Chromatin-Remodeling ist daher immer ein aktiver, energieintensiver Prozess, da entgegen der *cis*-Bindungsaffinität der DNA zum Nucleosom gearbeitet wird und somit Energie aufgewendet werden muss.

Chromatin-Remodeling-Komplexe können sehr unterschiedliche Funktionsprinzipien haben. Sie können Nucleosomen verschieben, um DNA Abschnitte zugänglich zu machen, oder Nucleosomen einfach entfernen (◻ Abb. 11.15). Weiterhin können DNA-bindende Proteine aktiv oder passiv die Position von Nucleosomen beeinflussen, indem sie diese verdrängen oder spezifisch an eine DNA-Sequenz rekrutieren (◻ Abb. 11.16). Ne-

11

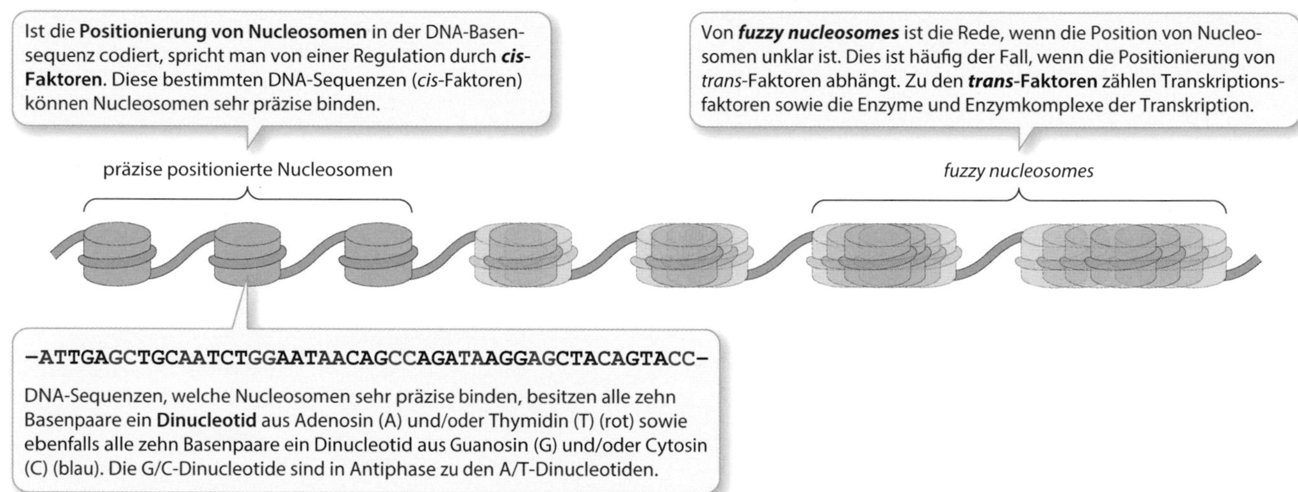

◻ **Abb. 11.13** DNA-Sequenzen können eine sehr hohe Bindungsaffinität zu Histonkomplexen aufweisen und diese somit sehr präzise binden. Andere Bereiche im Genom sind dagegen weniger spezifisch, die Nucleosomen sind ungenauer positioniert

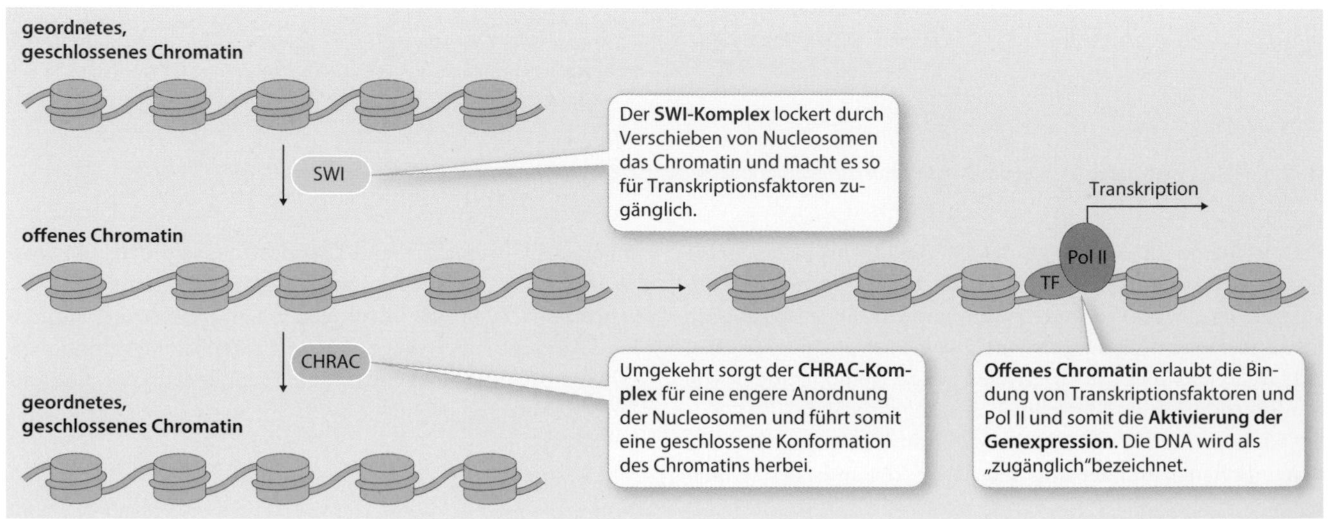

◻ **Abb. 11.14** Funktionsweise von Chromatin-Remodeling-Komplexen

ben den *cis*-Mechanismen, also der DNA-Sequenzaffinität von Nucleosomen, sind alle diese Komponenten am dynamischen Chromatin-Remodeling und somit dem **dynamischen An- und Abschalten von Genen** beteiligt.

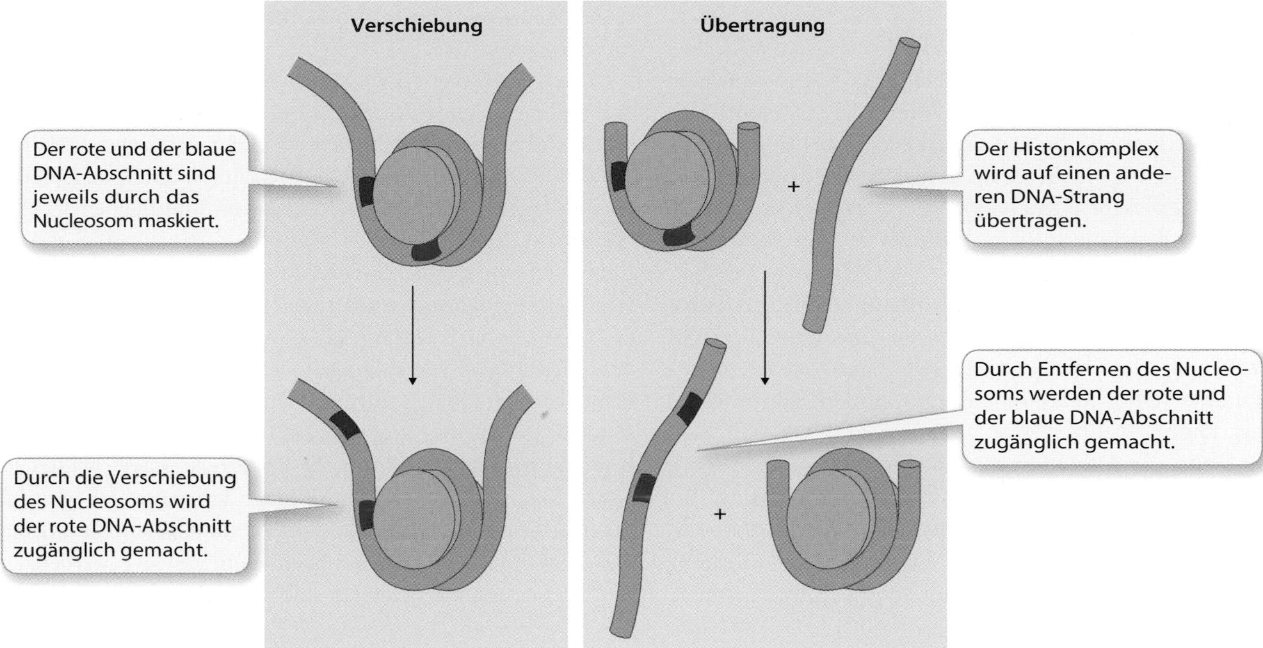

Abb. 11.15 Flexibilität der Positionierung von Nucleosomen

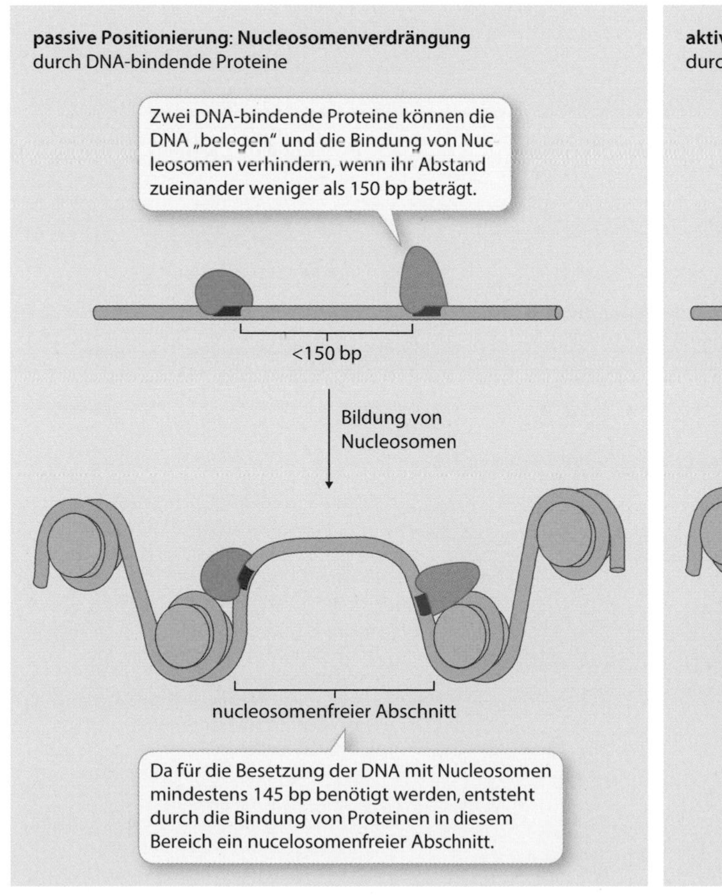

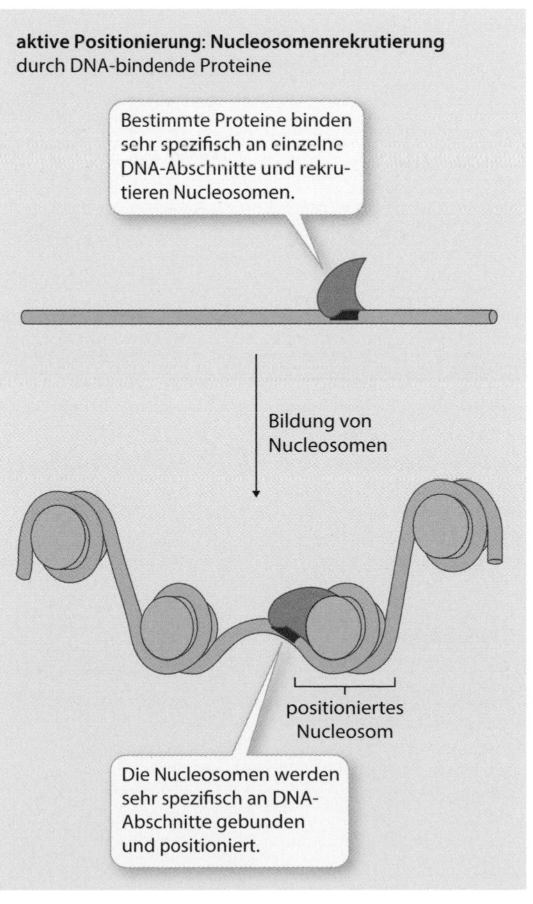

Abb. 11.16 Passive und aktive Positionierung von Nucleosomen durch *trans*-Faktoren

11.6 Genetische Prägung ist die exklusive Expression eines Allels

Für die meisten Gene außer mitochondrialen Genen und solchen auf Geschlechtschromosomen besitzen diploide Organismen zwei Genkopien, die sogenannten **Allele**. Jeweils eine Kopie stammt von einem der beiden Elternteile, wobei in der Regel beide dieser Allele coreguliert sind, d. h. entweder beide still oder beide aktiv. **Geprägte Gene** (engl. *imptrinted*) werden dagegen allelspezifisch exprimiert. Es ist entweder nur das mütterliche (maternale) oder das väterliche (paternale) Allel aktiv. Beispiele für solche Gene sind der **insulinähnliche Wachtumsfaktor** (*IGF-2*, von engl. *insulin-like growth factor*) und dessen Rezeptor *IGF-2r*. Bei der Maus wird das Gen *IGF-2* nur vom väterlichen Allel und der *IGF-2*-Rezeptor nur vom mütterlichen Allel exprimiert (◘ Abb. 11.17).

Wird nur ein Allel aktiviert und das andere reprimiert, spricht man von **genetischer Prägung** oder **Imprinting**. Bei fast allen geprägten Genen spielt **CpG-Methylierung** als epigenetische Markierung eine wesentliche Rolle. Die Stilllegung der Allele kann auf unterschiedlichen Wegen realisiert werden (◘ Abb. 11.18). An der Regulation der genetischen Prägung sind nicht nur die eigentlichen Gene beteiligt, sondern auch regulatorische Elemente, die ebenfalls methyliert werden können – man spricht dann von **Imprinting-Kontrollregionen** (**ICs**, für engl. *imprinting control*).

Das Imprinting entwickelt sich bei Säugetieren während der Embryonalentwicklung und bleibt dann das ganze Leben stabil. Die in der Embryonalentwicklung etablierten CpG-Methylierungsmuster werden mitotisch durch Erhaltungsmethylierung (► Abschn. 11.2) weitergegeben und bleiben so aktiv (◘ Abb. 11.19). Die Rolle des Imprintings für Säugetiere und den Menschen wird deutlich, wenn Fehler in der CpG-Methylierung vorliegen. Bei fehlendem oder fehlerhaftem Imprinting kommt es zur Expression beider Allele. Auf solche **Imprinting-Fehler** ist eine Vielzahl von Erkrankungen zurückzuführen (◘ Tab. 11.1). Fehler können spontan auftreten: Ohne Veränderung der Basensequenz spricht man von primären Imprinting-Fehlern. Diese sind von sekundären Imprinting-Fehlern zu unterscheiden, bei denen Mutationen in regulatorischen Elementen, z. B. den Imprinting-Kontrollregionen, auftreten: Dadurch kann die differenzielle CpG-Methylierung dann nicht mehr gesteuert werden. Die Differenzierung von primären und sekundären Fehlern ist sehr

11

◘ **Abb. 11.17** Genetische Prägung (Imprinting). Einige Gene werden in den Körperzellen von Säugern allelspezifisch exprimiert, zwei Beispiele sind das Gen *IGF-2* und sein Rezeptor (*IGF-2r*)

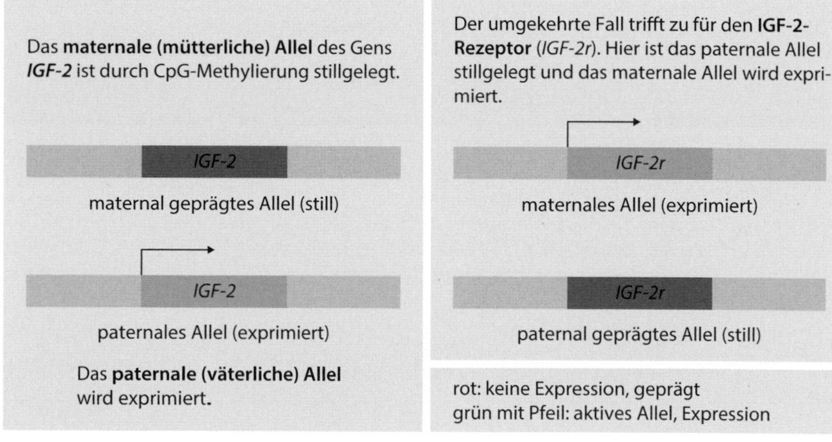

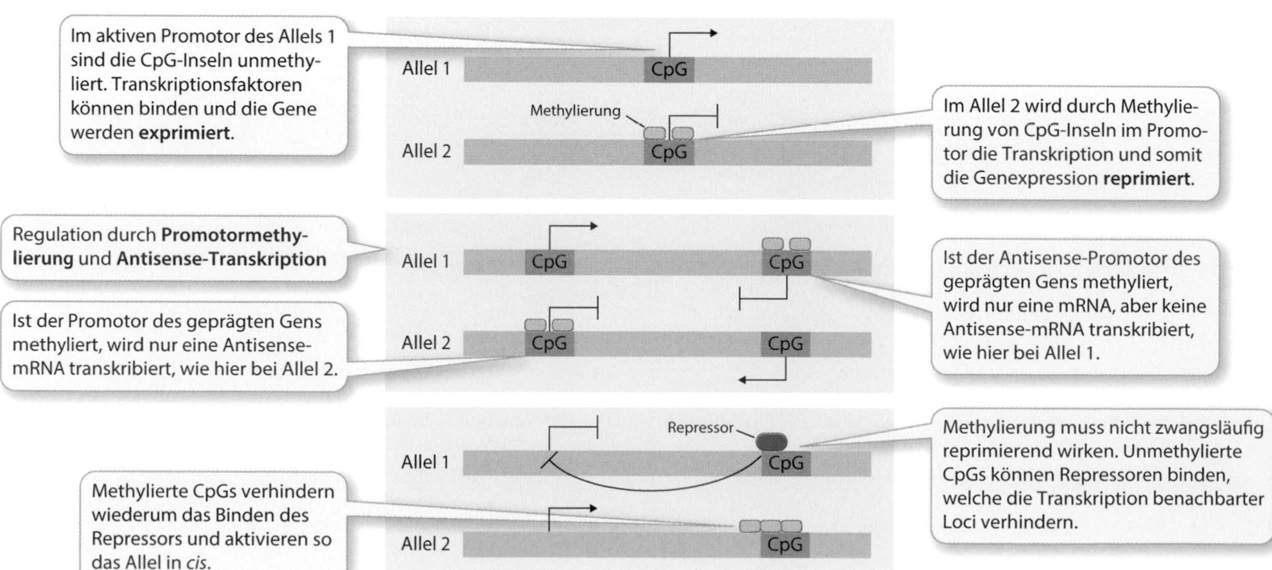

◘ **Abb. 11.18** Verschiedene Mechanismen zur Realisierung der genetischen Prägung

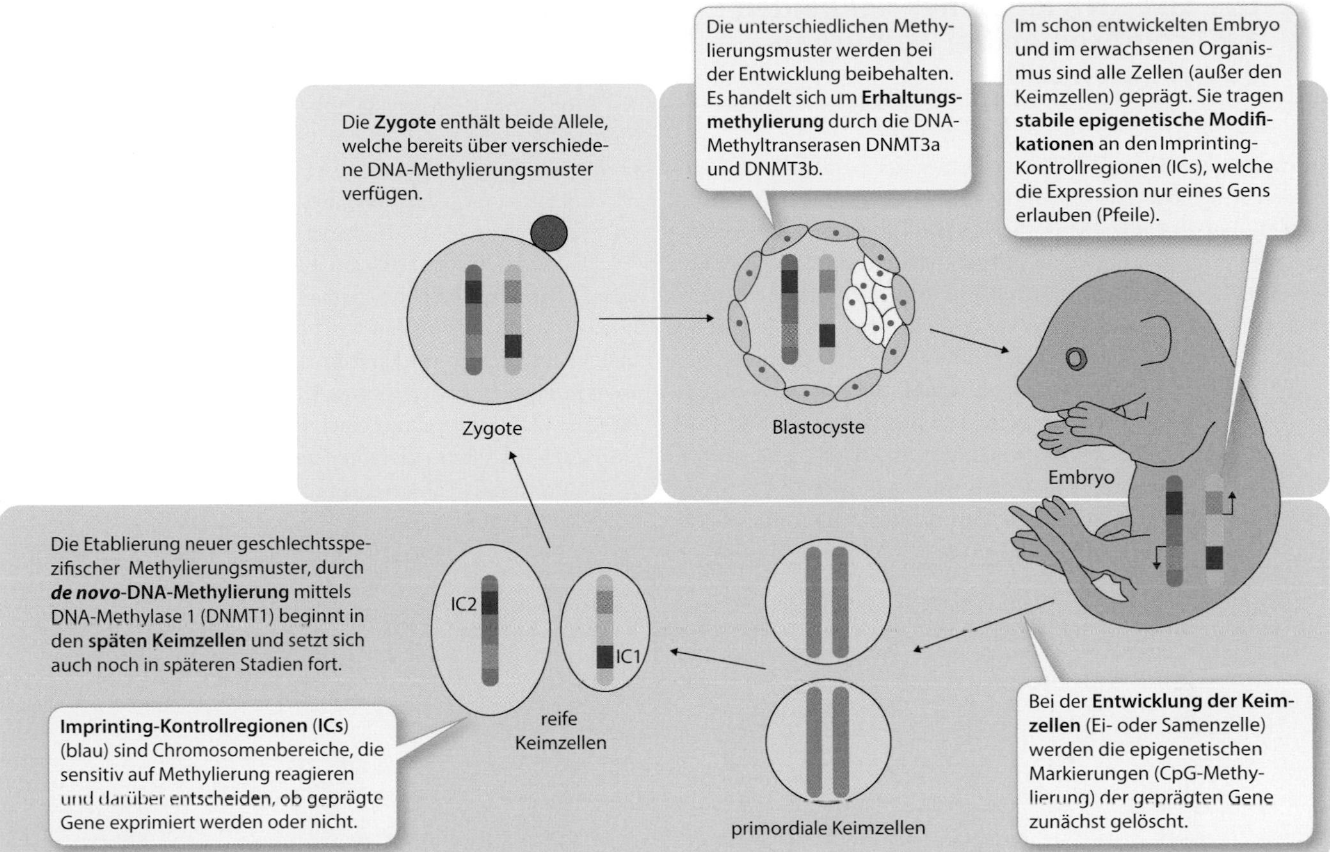

Abb. 11.19 Die genetische Prägung bleibt für die Lebenszeit eines Organismus stabil, wird aber in den Keimzellen (Eizelle oder Spermium) gelöscht

wichtig für Patienten, da die auf Mutation beruhenden Fehler in einer Familie gehäuft auftreten können, im Gegensatz zu den spontanen, primären Fehlern.

Viele geprägte Gene sind an der Kontrolle der Embryonalentwicklung oder späteren entwicklungssteuernden Prozessen beteiligt. Ebenso sind viele geprägte Gene dosissensitiv, d. h., Imprinting-Fehler machen sich durch falsche Proteinmengen bemerkbar. Derzeit schätzt man die Anzahl der geprägten Gene auf ca. 200 im humanen Genom.

Die Tatsache, dass die Prägung (Imprinting) vererbt wird, stellt eine Ausnahme der Mendel'schen Regeln dar: Mit der Baseninformation der DNA wird die Information, ob ein Allel aktiv oder still ist, von der elterlichen Generation auf die F_1-Generation übertragen. Dabei wird die Baseninformation nicht verändert, deswegen spricht man von einem epigenetischen Phänomen. Weiterhin zeigt das Beispiele des Imprintings, dass das maternale und das paternale Genom in der Zygote funktionell verschieden sind.

Das zeigt sich auch an einem speziellen Phänomen in der Natur: Selten kann es vorkommen, dass entweder maternales oder paternales Genom in der befruchteten Eizelle verloren geht und dann das verbleibende Genom verdoppelt wird. Aus diesen Eizellen kann sich kein Embryo entwickeln. Ebenso führt die uniparentale Disomie von einzelnen Chromosomen (d. h., dass die homologen Chromosomen eines Chromosoms von einem statt von zwei Elternteilen stammen) zu sehr charakteristischen Krankheitsbildern beim Menschen.

Tab. 11.1 Vier Beispiele für Krankheiten des Menschen, welche auf Imprinting-Defekte zurückzuführen sind

Krankheit	Symptome	Defekte in der genetischen Prägung
Beckmann-Weidemann-Syndrom	Großwuchs, Übergröße von Organen, Anfälligkeit für Tumore	IGF-2 (Wachstumsfaktor), CDKN1C (kontrolliert Zellteilungen)
Prader-Willi-Syndrom	Übergewicht, schwacher Muskeltonus, oft geistige Behinderung	Vielzahl von geprägten Genen auf Chromosom 15
Angelmann-Syndrom	motorische und geistige Behinderungen	UBE3A (Regulator des Proteinabbaus)
Albright-Osteodystrophie	Kleinwuchs, Übergewicht, geistige Behinderung	GNAS1 (G-Protein-Untereinheit)

11.7 Die Xist-RNA legt eines der beiden X-Chromosomen bei weiblichen Säugetieren still

Im weiblichen Genotyp XX wird eines der beiden X-Chromosomen stillgelegt. Diese **Inaktivierung eines X-Chromosoms** erfolgt über eine epigenetische Umwandlung durch heterochromatische Modifikationen an Histonen und der DNA. Gesteuert werden diese Ereignisse durch das **Inaktivierungszentrum** (***Xic***, für engl. *X-inactivation center*), einen Locus, der sich auf jedem X-Chromosom befindet. Dieser codiert für eine Reihe von **langen nichtcodierenden RNAs** (**lncRNAs**, von engl. *long-non coding RNAs*). Die wichtigste lncRNA ist die **Xist-RNA** (von engl. *X-inactive specific transcript*). Sie ist hauptverantwortlich für die Stilllegung des X-Chromosoms. Die Xist-RNA ist ca. 17 kb lang und wird ähnlich wie normale mRNA prozessiert, sie wird gespleißt und polyadenyliert. Sie breitet sich physisch vom *Xic*-Locus über das ganze Chromosom aus und sorgt für die Rekrutierung von chromatinmodifizierenden Enzymen, die das X-Chromosom stilllegen (◘ Abb. 11.20). An der Ausbreitung des Signals durch die Xist-RNA auf dem Chromosom sind LINE-Elemente beteiligt (▶ Abschn. 10.8) (◘ Abb. 11.21). Dies geschieht als Prozess in *cis* – das bedeutet, dass nur dieses und nicht das andere X-Chromosom stillgelegt werden.

Die epigenetische Stilllegung folgt während der Entwicklung einem charakteristischen Schema (◘ Abb. 11.22). Unklar ist dabei noch, wie sich entscheidet, welches der beiden X-Chromosomen inaktiviert wird. Es werden jedoch nicht alle Loci des X-Chromosoms stillgelegt, einige wenige Gene bleiben aktiv transkribiert (◘ Abb. 11.23). Damit nur eines der beiden X-Chromosomen inaktiviert wird, gibt es verschiedene Modelle, die autosomale und X-chromosomale Faktoren zum „Zählen" der X-Chromosomen umfassen (◘ Abb. 11.24).

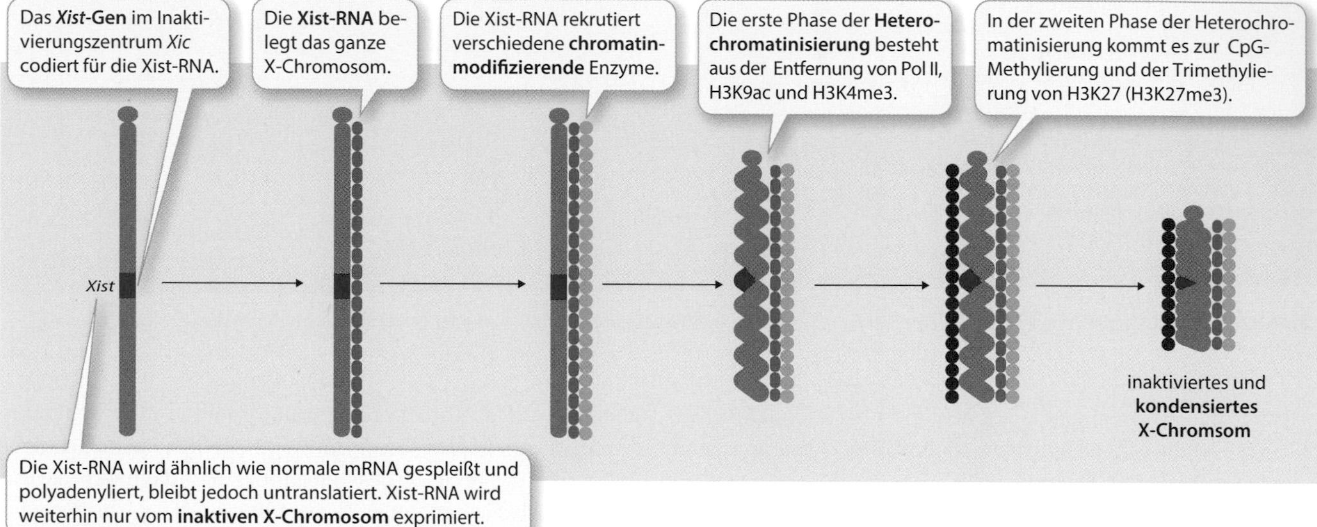

◘ **Abb. 11.20** Inaktivierung des X-Chromosoms durch die Xist-RNA

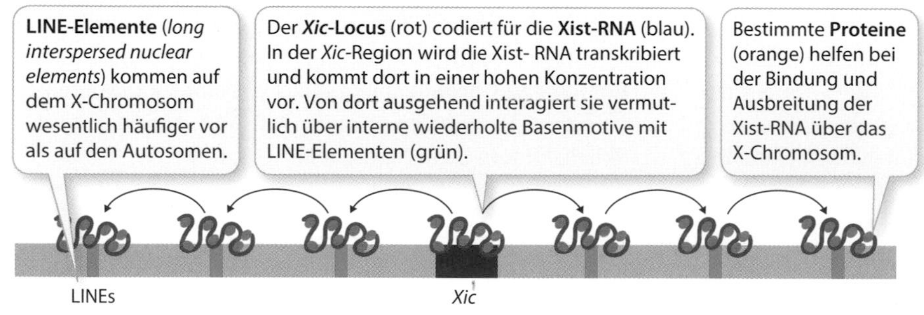

◘ **Abb. 11.21** Modell für die Ausbreitung der Xist RNA über das X-Chromosom

Zählen der X-Chromosomen	**Auswahl des X-Chromosoms**	**Initiierung der Inaktivierung**	**Ausbreitung der Inaktivierung**	**Etablierung der Inaktivierung**	**Erhalt der Inaktivierung**
Bestimmung des Verhältnisses von Autosomen zu X-Chromosomen. Darauf basiert die Entscheidung, ob der Genotyp (XY, XX, XXY etc.) eine X-Chromosomen-Inaktivierung erfordert.	Zufällige Auswahl eines der beiden Chromosomen in weiblichen XX-Zellen.	Start der *Xist*-Expression vom Inaktivierungszentrum *Xic*.	Vom Inaktivierungszentrum breitet sich Xist-RNA in *cis* entlang des Chromosoms aus.	Die DNA wird mit repressiven Histonmodifikationen und methylierten CpG-Inseln versehen.	Das inaktivierte X-Chromosoms bleibt für das ganze Leben dieses Zellklons durch alle mitotischen Teilungen hinweg stillgelegt.

◘ **Abb. 11.22** Abfolge der Phasen der X-Chromosom-Inaktivierung

Xist RNA
Xist DNA
Novel cluster RNA
Novel cluster DNA
RNA
RNA + DNA
DAPI
DAPI
Die durch einen roten Fluoreszenzfarbstoff markierte **Xist-RNA** wird als ein breit gestreutes Signal an der Kernperipherie (gestrichelte Linie) sichtbar.
Die mit einem gelben Fluoreszenzfarbstoff markierte **Xist-DNA** wird als zwei punktuelle Signale sichtbar. Eines davon ist mit dem stärker gestreuten Signal der Xist-RNA assoziiert: Es handelt sich um den **Barr-Körper**.
X-chromosomale RNA wird durch einen grünen Fluoreszenzfarbstoff markiert und zeigt an, wo RNA von den beiden X-Chromosomen transkribiert wird.
Die Markierung der neu identifizierten **Cluster-DNA** (weiß) zeigt, dass diese beiden Signale mit der Cluster-RNA colokalisieren. Die RNA (linkes Bild, grün) wird offensichtlich von beiden X-Chromosomen transkribiert, obwohl eines der beiden stillgelegt ist.
Zur Lokalisation der gesamten DNA innerhalb der Zelle wurde zusätzlich mit dem DNA-spezifischen Farbstoff DAPI angefärbt.
Überlagerung aller Farbsignale

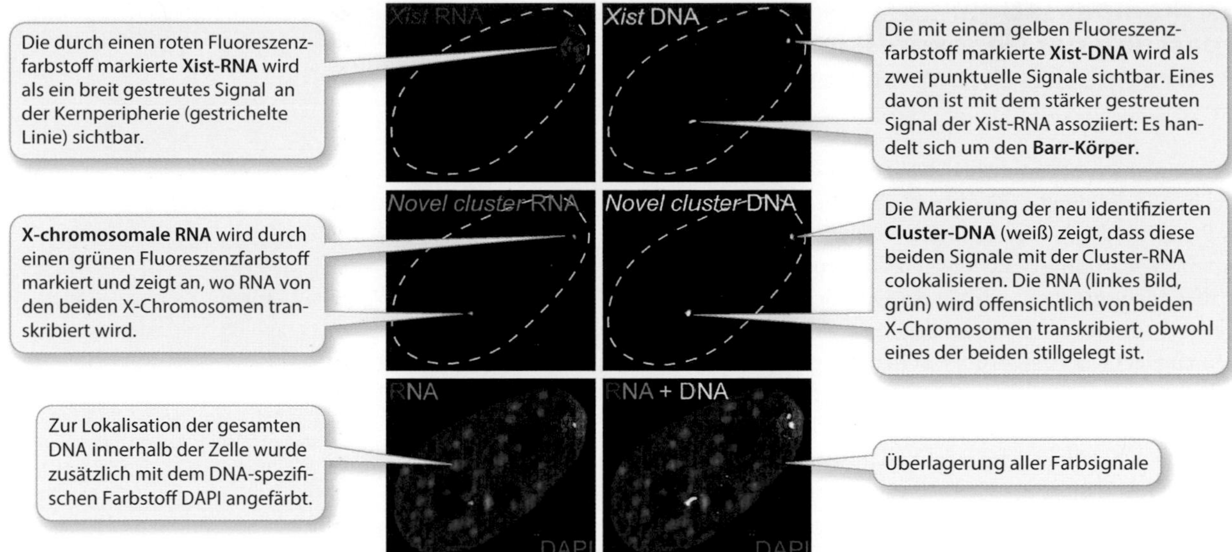

Abb. 11.23 Inaktivierung des X-Chromosoms, dargestellt als Lokalisation von DNA und RNA im XX-Zellkern mittels Fluoreszenz-*in-situ*-Hybridisierung (FISH)

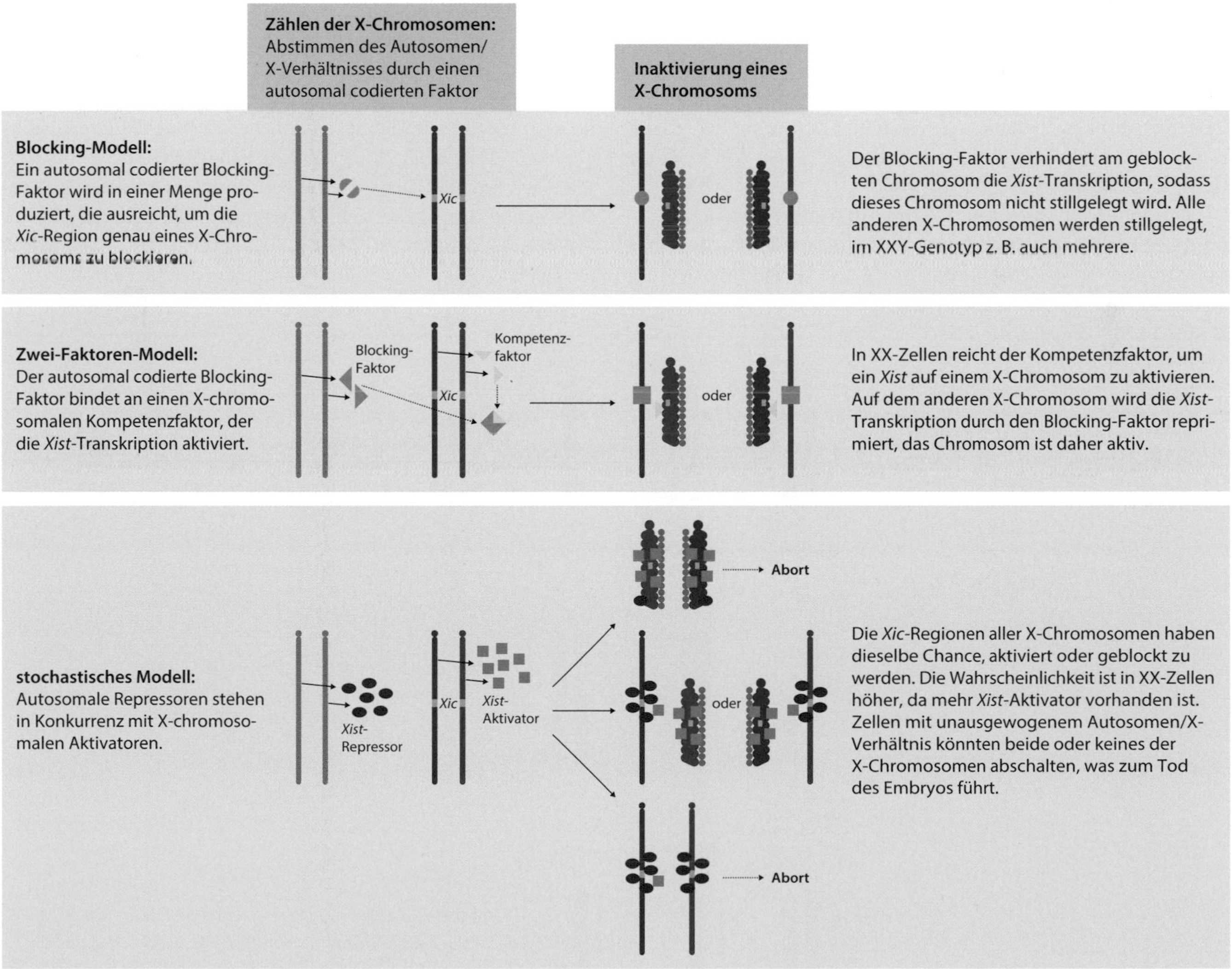

Zählen der X-Chromosomen: Abstimmen des Autosomen/X-Verhältnisses durch einen autosomal codierten Faktor
Inaktivierung eines X-Chromosoms
Blocking-Modell: Ein autosomal codierter Blocking-Faktor wird in einer Menge produziert, die ausreicht, um die *Xic*-Region genau eines X-Chromosoms zu blockieren.
Xic
oder
Der Blocking-Faktor verhindert am geblockten Chromosom die *Xist*-Transkription, sodass dieses Chromosom nicht stillgelegt wird. Alle anderen X-Chromosomen werden stillgelegt, im XXY-Genotyp z. B. auch mehrere.
Zwei-Faktoren-Modell: Der autosomal codierte Blocking-Faktor bindet an einen X-chromosomalen Kompetenzfaktor, der die *Xist*-Transkription aktiviert.
Blocking-Faktor
Kompetenz-faktor
Xic
oder
In XX-Zellen reicht der Kompetenzfaktor, um ein *Xist* auf einem X-Chromosom zu aktivieren. Auf dem anderen X-Chromosom wird die *Xist*-Transkription durch den Blocking-Faktor reprimiert, das Chromosom ist daher aktiv.
Abort
stochastisches Modell: Autosomale Repressoren stehen in Konkurrenz mit X-chromosomalen Aktivatoren.
Xist-Repressor
Xic
Xist-Aktivator
oder
Die *Xic*-Regionen aller X-Chromosomen haben dieselbe Chance, aktiviert oder geblockt zu werden. Die Wahrscheinlichkeit ist in XX-Zellen höher, da mehr *Xist*-Aktivator vorhanden ist. Zellen mit unausgewogenem Autosomen/X-Verhältnis könnten beide oder keines der X-Chromosomen abschalten, was zum Tod des Embryos führt.
Abort

Abb. 11.24 Verschiedene Modelle der Regulation der zufälligen X-Inaktivierung. Autosomen sind grau/schwarz dargestellt, maternale/paternale X-Chromosomen blau und rot dargestellt, Xist-RNA grün und das inaktivierte X-Chromosom kondensiert

11.8 Dosiskompensation: Anpassung der Genexpression von Geschlechtschromosomen

Bei vielen Organismen bestimmt der **Karyotyp** das genetische Geschlecht eines Individuums (◘ Abb. 11.25). Hieraus resultiert jedoch das Problem, dass Zellen beider Geschlechter die gleiche Menge der vom X-Chromosom codierten Genprodukte benötigen. Wäre dies nicht gegeben, würde ein Ungleichgewicht den Zellstoffwechsel stören, da entweder in den Zellen weiblicher Organismen zu viel Genprodukt oder in den Zellen männlicher Organsimen zu wenig Genprodukt vorliegen würde.

Bei verschiedenen Organismen haben sich Mechanismen entwickelt, um ein solches Ungleichgewicht zu auszugleichen. Dies wird durch eine Regulation der Genexpression erreicht und als **Dosiskompensation** bezeichnet. Die Expression ganzer X-Chromosomen wird dabei angehoben, abgesenkt, oder ein Chromosom wird ganz stillgelegt (◘ Abb. 11.26). Alle diese Mechanismen haben gemeinsam, dass die Regulation der Genexpression auf der Chromatinebene geschieht, also als epigenetisch bezeichnet werden kann.

In weiblichen Säugerzellen wird das inaktivierte X-Chromosom in elektronenmikroskopischen Aufnahmen als dichte Struktur im Kern erkennbar (◘ Abb. 11.27). Dieses sogenannte **Barr-Körperchen**, benannt nach seinem Erstbeschreiber Murray L. Barr, dient hierbei als einfaches diagnostisches Merkmal zur Geschlechtsbestimmung.

Die **Inaktivierung der X-Chromosomen** geschieht während der Embryonalentwicklung und gliedert sich in zwei Phasen. Ab dem Vier-Zell-Stadium wird über einen **Imprinting-Mechanismus** das paternale X-Chromosom stillgelegt. Ab dem Blastocystenstadium wird dieses im Embryonalgewebe wieder reaktiviert, während das paternale Imprinting im extraembryonalen Gewebe erhalten bleibt. In den Zellen des Embryos selbst kommt es dann zu einer zufälligen Inaktivierung eines der beiden X-Chromosomen. Diese Inaktivierung ist permanent und bleibt für alle mitotischen Teilungen der Lebensspanne des Organismus bestehen (◘ Abb. 11.28). Weibliche Säugetiere sind somit Mosaike aus Populationen von Zellen mit unterschiedlicher X-Inaktivierung. Dies kann sich phänotypisch beispielsweise in der Fellfärbung von Katzen (◘ Abb. 11.29) oder einer Anfälligkeit für Hauterkrankungen beim Menschen widerspiegeln.

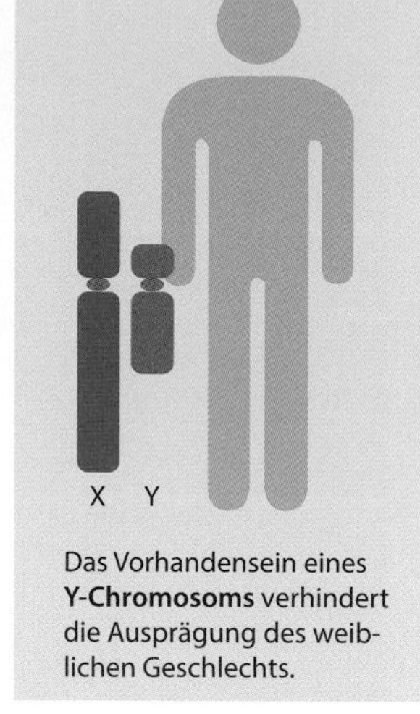

◘ **Abb. 11.25** XY- und XX-Geschlechtschromosomen bei Mann und Frau

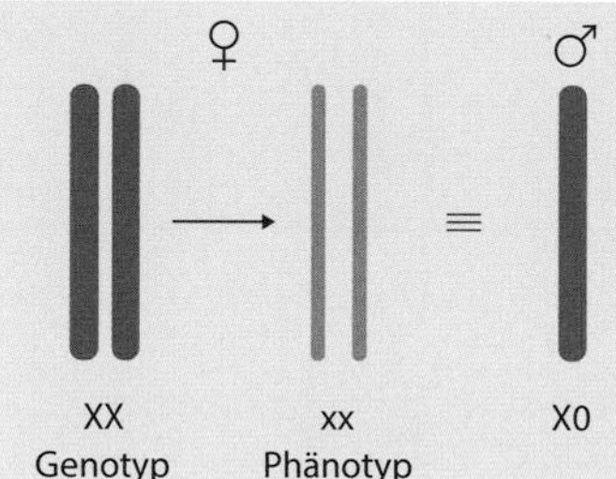

Nematoden: Reduzierung der X-Expression bei Weibchen
Die Genexpression der beiden X-Chromosomen von weiblichen Tieren wird auf die Hälfte abgesenkt. Durch die Halbierung des Genexpressionslevels der beiden X-Chromosomen entspricht dieser dem eines einzelnen X-Chromosoms bei männlichen Tieren (X0).

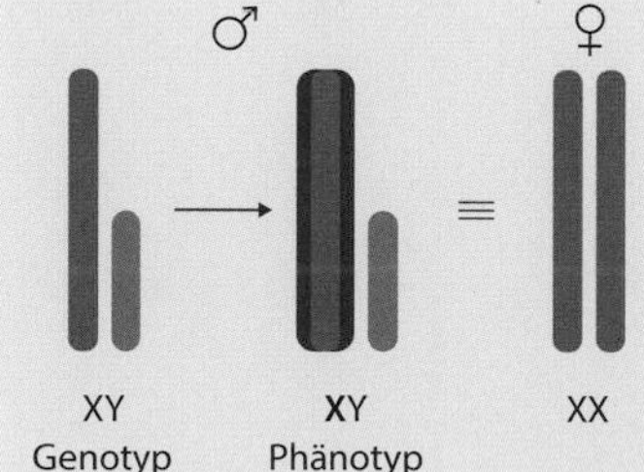

Fliegen: Anhebung der X-Expression bei Männchen
Die Genexpression des X-Chromosoms im männlichen XY-Genotyp wird verdoppelt und entspricht dann dem Expressionslevel im weiblichen XX-Genotyp.

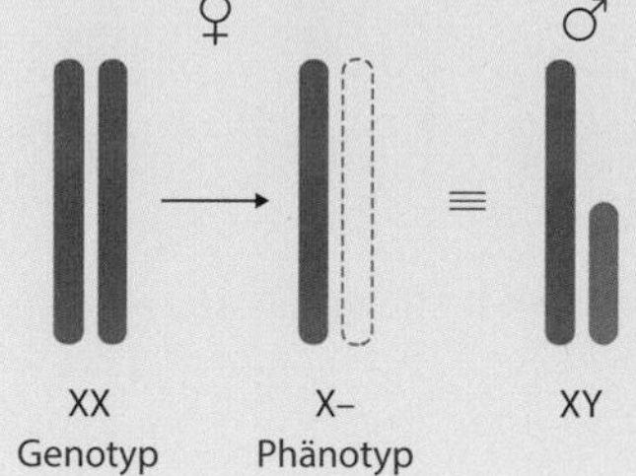

Säugetiere: Inaktivierung eines X-Chromosoms bei Weibchen
Eines der beiden X-Chromosomen von weiblichen Säugetieren wird komplett stillgelegt, sodass bei Weibchen und Männchen jeweils ein X-Chromosom aktiv ist. Welches der beiden X-Chromosomen stillgelegt wird, wird zufällig während der Embryonalentwicklung festgelegt.

◘ **Abb. 11.26** Vergleich der Mechanismen der Dosiskompensation bei Nematoden, Fliegen und Säugetieren. Durch Veränderungen der Genexpression haben sich verschiedene Prinzipien entwickelt, um die unterschiedliche Kopienzahl der X-Chromosomen auszugleichen

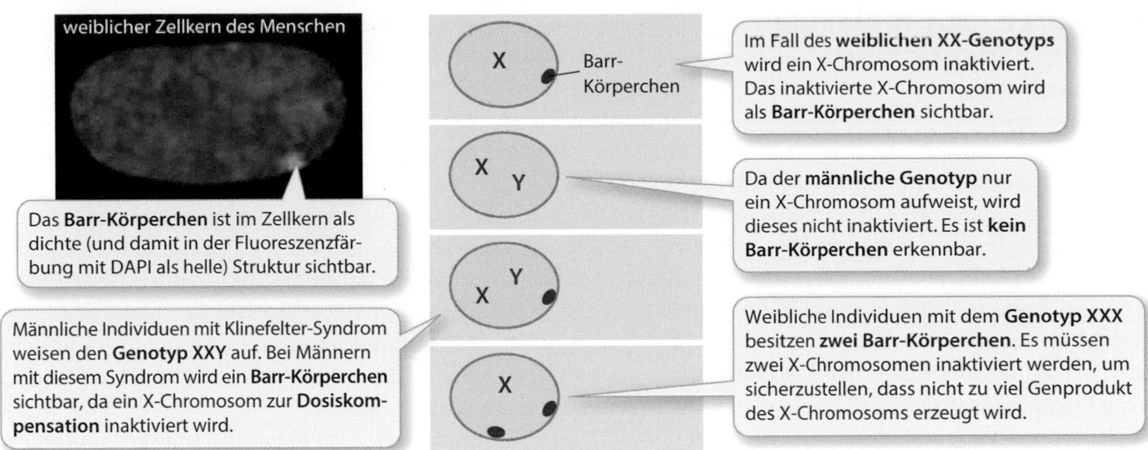

Abb. 11.27 Das Barr-Körperchen ist eine dichte Struktur am Rand des Zellkerns von weiblichen Säugetierzellen, es handelt sich um das inaktivierte, kondensierte X-Chromosom

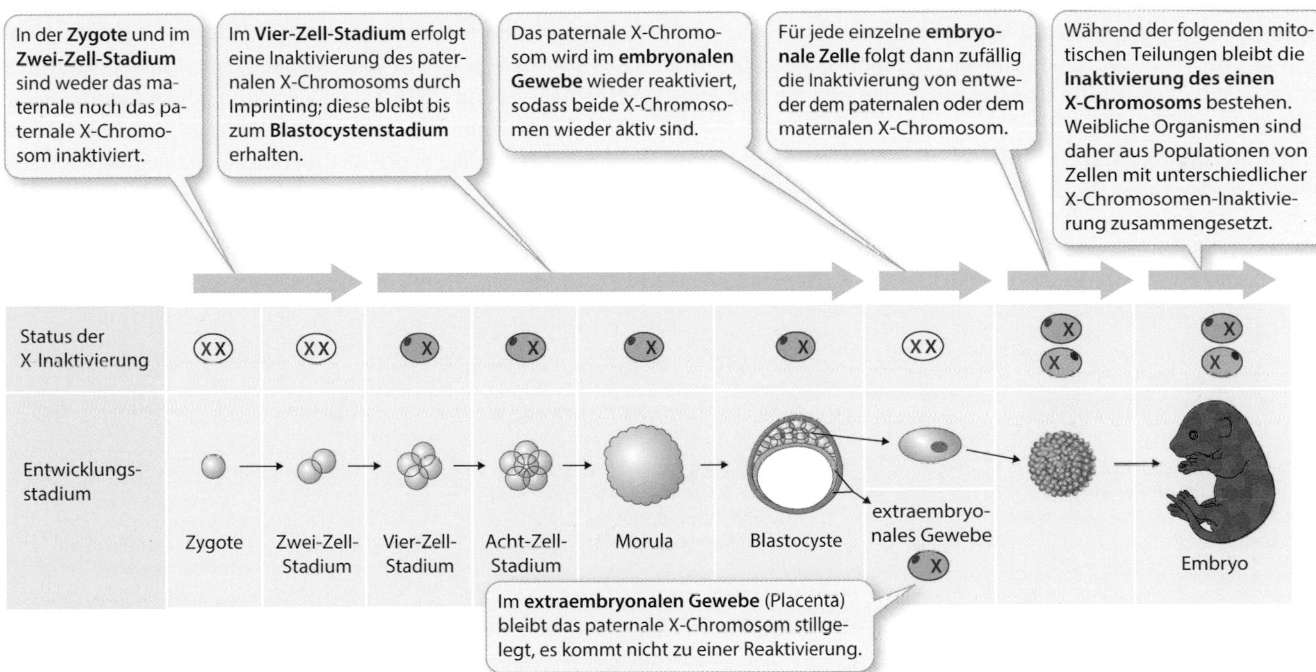

Abb. 11.28 Entwicklungsabhängige Inaktivierung und Aktivierung von X-Chromosomen ab dem Zygotenstadium. Unten ist der Entwicklungsstand verdeutlicht und oben der Status der X-Expression. Das paternale X ist blau dargestellt, das maternale X rot, das inaktivierte X-Chromosom als Barr-Körperchen

Abb. 11.29 Weibliche Säugetiere sind Mosaike von epigenetisch unterschiedlichen Zellpopulationen

11.9 Lange und kurze RNA-Moleküle kontrollieren Transkription und Genexpression

Regulatorische RNA stellt ein wesentliches **Kontrollelement der Genexpression** dar. Sie codiert nicht für Proteine, sondern besitzt regulatorische Eigenschaften. Diese basieren auf einer Bindung der regulatorischen RNA über homologe Basenpaarbindungen an DNA- und RNA-Sequenzen. So kann die regulatorische RNA auf vielfältige Art die Genexpression kontrollieren. Dies geschieht entweder durch **Kontrolle der Transkription** oder durch **posttranskriptionale Kontrolle**, bei der die regulatorische RNA mit einer schon fertig synthetisierten mRNA interagiert (◘ Abb. 11.30). Weiterhin interagieren viele regulatorische RNAs mit Proteinen. Diese Interaktionen können hochspezifisch sein und bilden eine zentrale Verbindung zwischen dem Erkennen von Nucleinsäuresequenzen über homologe Basenpaarung und der Assoziation von regulatorischen Proteinen.

Man unterscheidet zwei Klassen regulatorischer RNA mit unterschiedlicher Wirkungsweise, die lange und die kurze regulatorische RNA.

Lange nichtcodierende RNAs (lncRNAs, *long non-coding RNAs*) werden meist durch Polymerase II transkribiert und besitzen ein 5′-Cap und einen Poly-A-Schwanz (▶ Abschn. 8.2). Definitionsgemäß sind lncRNAs länger als 200 nt. Sie werden gezielt transkribiert, ihre Synthese unterliegt regulatorischen Mechanismen. Dadurch sind lncRNAs auch durch eine differenzielle Expression in verschiedenen Zellen und Geweben charakterisiert. Es handelt sich bei den lncRNAs um eine überaus wichtige Klasse von regulatorischen Molekülen, die Zahl der lncRNA-produzierenden Loci ist in eukaryotischen Genomen vermutlich größer als die der proteincodierenden Gene. Häufig handelt es sich bei lncRNAs um **Antisense-Transkripte**, also in gegenläufiger Richtung transkribierte Stränge, von proteincodierenden Genen. Mehr als die Hälfte aller Gene können Antisense-Transkripte aufweisen.

Die lncRNAs können auf der Ebene der Transkription greifen (◘ Abb. 11.31); diese regulatorische Funktion ist nicht immer aufgrund von homologer Basenpaarbindung vermittelt. Auf posttranskriptionaler Ebene können lncRNAs sowohl stabilisierend als auch destabilisierend auf mRNA wirken (◘ Abb. 11.32).

Neben den lncRNAs gibt es auch **kleine regulatorische RNA-Moleküle**, die in den Mechanismus der sogenannten **RNA-Interferenz (RNAi)** involviert sind. Diese kleinen RNAs haben eine Länge von ca. 21 bis 25 Nucleotiden und werden aus längeren Vorläufer-RNAs prozessiert. Die Regulation durch RNAi wird auch als **Gen-Silencing** bezeichnet, da die RNAi oft

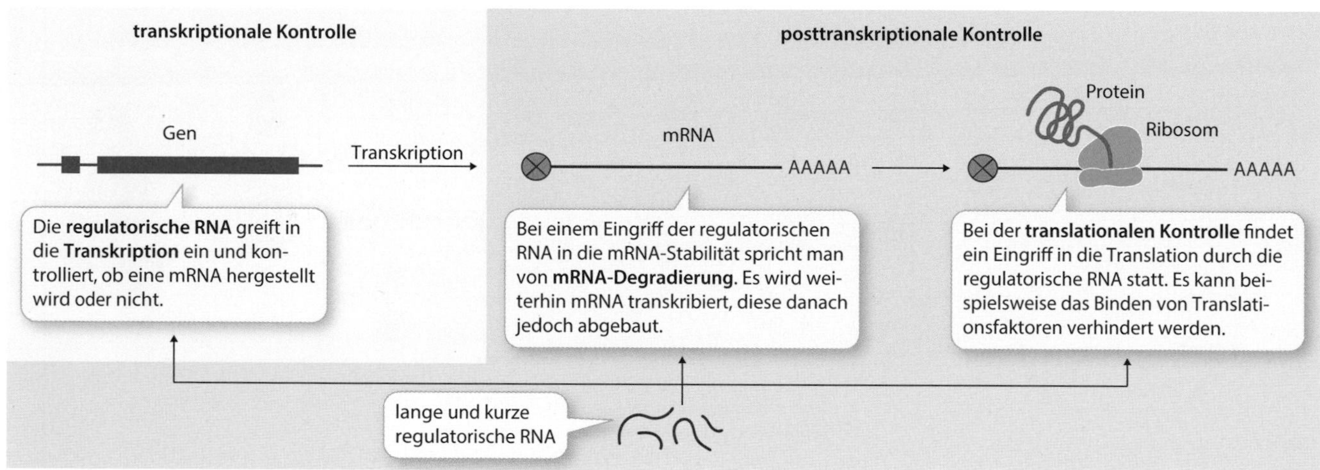

◘ **Abb. 11.30** Differenzierung nach transkriptionaler und posttranskriptionaler Wirkungsweise von regulatorischen langen und kurzen RNAs

Die regulatorische **lncRNA** (engl. *long non-coding RNA*) bindet in der **Promotorregion** an die DNA und formt eine Triplexstruktur. Diese verhindert das Binden von Transkriptionsfaktoren, sodass sich der Präinitiationskomplex der RNA-Polymerase nicht bilden kann und die Transkription geblockt wird.

Transkriptionsfaktor

lncRNA

Transkriptionsfaktor

lncRNA

Andere lncRNAs binden spezifisch an **Transkriptionsfaktoren** und **blockieren** diese. Die Anzahl freier Transkriptionsfaktormoleküle wird reduziert, sodass diese nicht mehr für eine aktivierende Bindung am Promotor zur Verfügung stehen.

Einige lncRNAs binden **Transkriptionsfaktoren** und üben eine **aktivierende** Funktion aus, indem sie den Transkriptionsfaktor zum Promotor leiten. Nicht selten sind dabei die lncRNAs aus dem jeweiligen Promotor transkribiert und dabei noch physisch mit diesem verbunden.

Transkriptionsfaktor

Transkriptionsfaktor

Importin

Kern

Selten kommen auch lncRNAs außerhalb des Zellkerns vor. Solche **cytosolischen lncRNAs** können den Transport von Transkriptionsfaktoren in den Kern verhindern, wo sie somit als Aktivatoren fehlen.

◘ **Abb. 11.31** Möglichkeiten der transkriptionalen Genregulation durch lncRNA (rot)

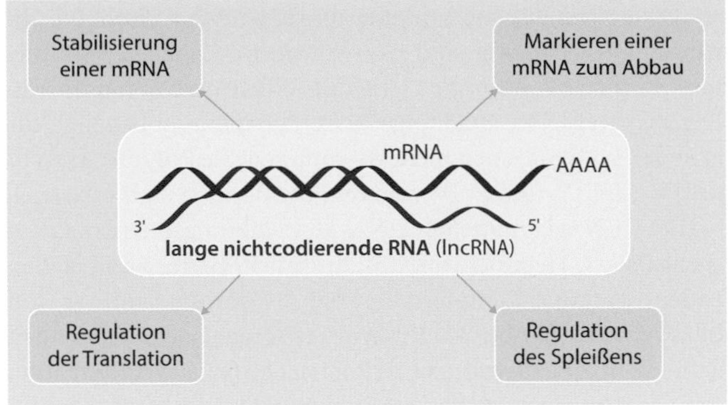

Abb. 11.32 Mechanismen von lncRNAs (rot) zur Kontrolle der posttranskriptionalen Aktivität

mit der mRNA „interferiert" und es so zu einer Stilllegung der Genexpression kommt. RNAi ist ein sehr stark konservierter Mechanismus, der bei fast allen Eukaryoten ähnlich abläuft.

Verschiedene Unterklassen von kleinen RNAs sind bekannt. Dazu gehören unter anderem **siRNA** (► Abschn. 11.12), **miRNA** (► Abschn. 11.13), **piRNA** und **scnRNA**, die über individuelle Synthesewege und Wirkungsweisen verfügen. Der Vorläufer dieser kleinen RNAs ist eine doppelsträngige RNA oder Haarnadel-RNA. Diese wird von dem Enzym Dicer in kleine RNA-Fragmente geschnitten (Abb. 11.33). Für die Prozessierung der kleinen RNAs sind drei Enzyme besonders bedeutend, die RNA-abhängige RNA-Polymerase (RdRP), Dicer/Drosha und die Argonauten (Abb. 11.34).

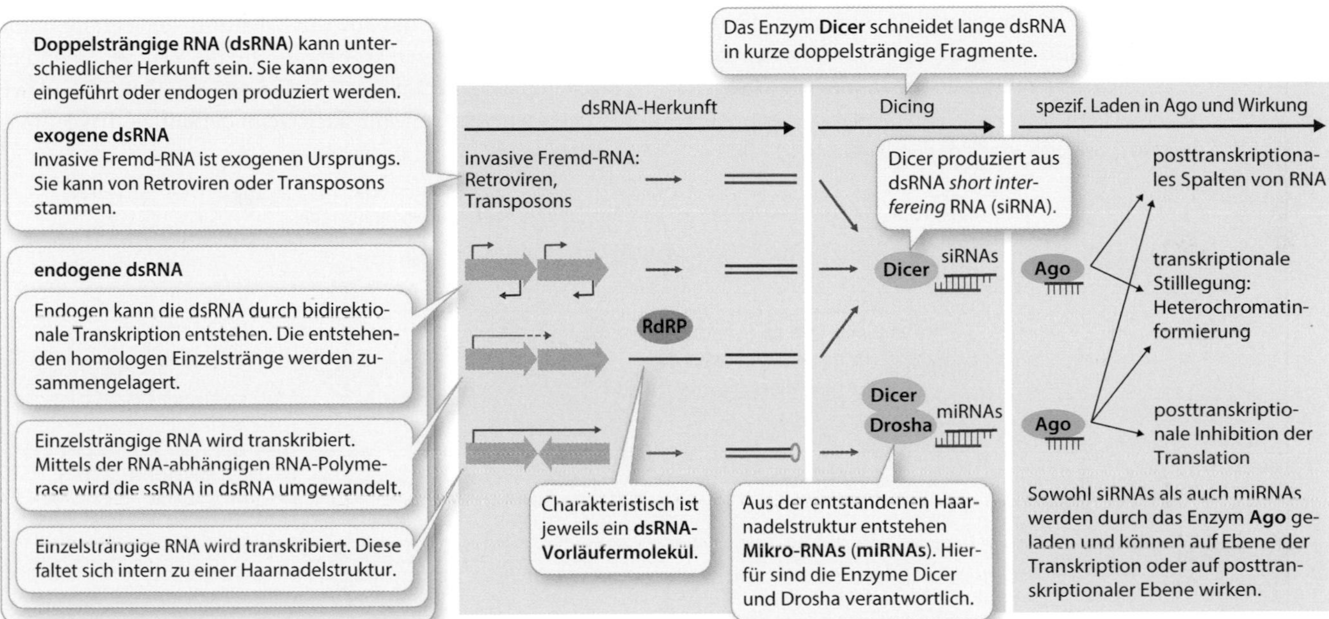

Abb. 11.33 Überblick über verschiedene RNAi-Mechanismen

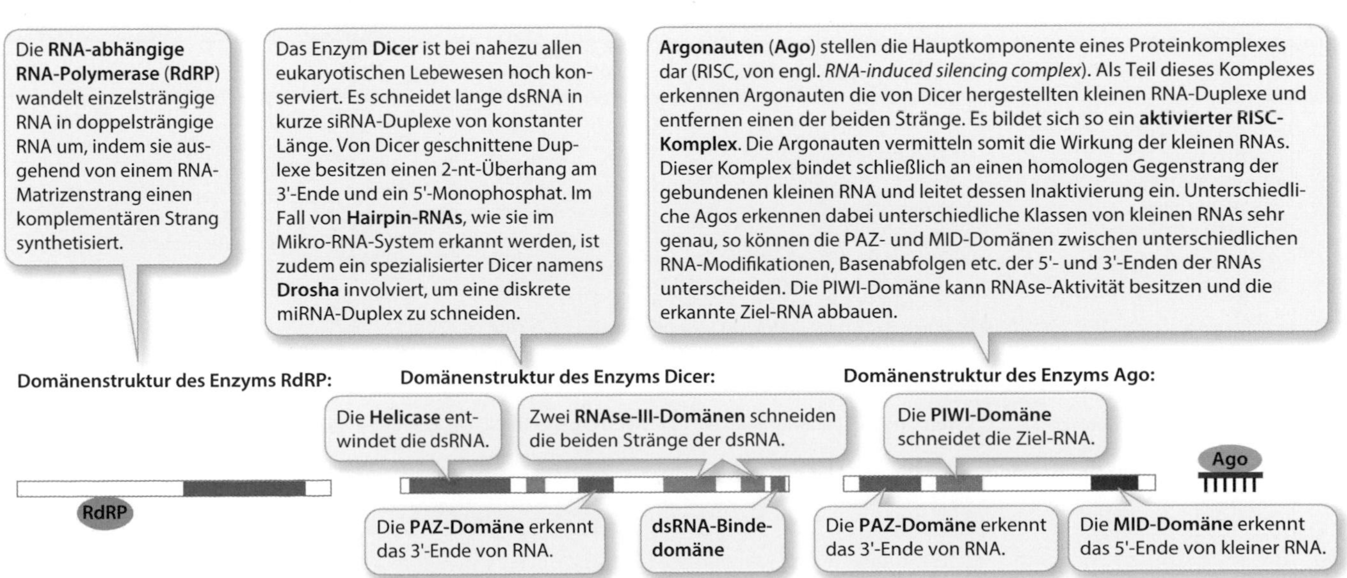

Abb. 11.34 Domänenstruktur und Funktionen von RdRP, Dicer und Argonautenproteinen

11.10 Die Paramutation ist eine vererbbare Veränderung der Genexpression

Ein bekannter Fall von epigenetischer oder Nicht-Mendel'scher Vererbung ist die **Paramutation**. Hierbei handelt es sich nicht um eine echte Mutation, da eine Paramutation nicht durch eine Veränderung der Basensequenz der DNA hervorgerufen wird. Es findet vielmehr eine **epigenetische Umwandlung eines aktiven Allels** statt, das dadurch stillgelegt wird. Das Phänomen ist locusabhängig, nur wenige Allele sind paramutierbar. Paramutationen treten bei vielen Organismen auf, am besten untersucht sind sie bei Pflanzen.

Die epigenetische Veränderung des Allels wird in der Meiose auf die Keimzellen weitergegeben und somit auch an die Folgegenerationen vererbt. Die Verteilung der phänotypischen Merkmalsausprägungen entspricht daher nicht den Mendel'schen Regeln (▶ Abschn. 7.1), nach denen die Allele unverändert segregieren (◘ Abb. 11.35). Das veränderte Allel bleibt auch in der F_1-Generation und den Nachfolgegenerationen still (◘ Abb. 11.36).

Die epigenetischen Veränderungen an den Allelen, die zur Paramutation führen, sind dem cotranskriptionalen Silencing sehr ähnlich (▶ Abschn. 11.12). Bei Pflanzen sind an diesem Prozess zwei DNA-abhängige RNA-Polymerasen beteiligt, die in anderen Organismen nicht vorkommen, die **Polymerasen IV und V** (Pol IV und PolV). Beide Polymerasen sind essenziell bei der siRNA-vermittelten DNA-Methylierung. Sie sind darauf spezialisiert, Heterochromatin zu transkribieren, und stellen zudem wichtige Komponenten bei der siRNA-Synthese von Pflanzen dar (◘ Abb. 11.37). Andere Organismen verwenden dafür auch die **Polymerase II** (Pol II). Die für die Paramutation verantwortlichen **siRNAs** sind mobile Elemente. Sie agieren nicht nur in *cis*, sondern können auch ein anderes Allel in *trans* (also auf anderen Chromosomen) stilllegen. Durch eine selbstverstärkende Feedback-Schleife (◘ Abb. 11.37) sind die siRNAs somit nicht nur für die Erhaltung der Paramutation, sondern auch für deren Weitergabe auf die Keimzellen und die Folgegeneration verantwortlich. Ein paramutiertes Gen bleibt für viele Generationen still, auch wenn der initiale Trigger nicht mehr existiert.

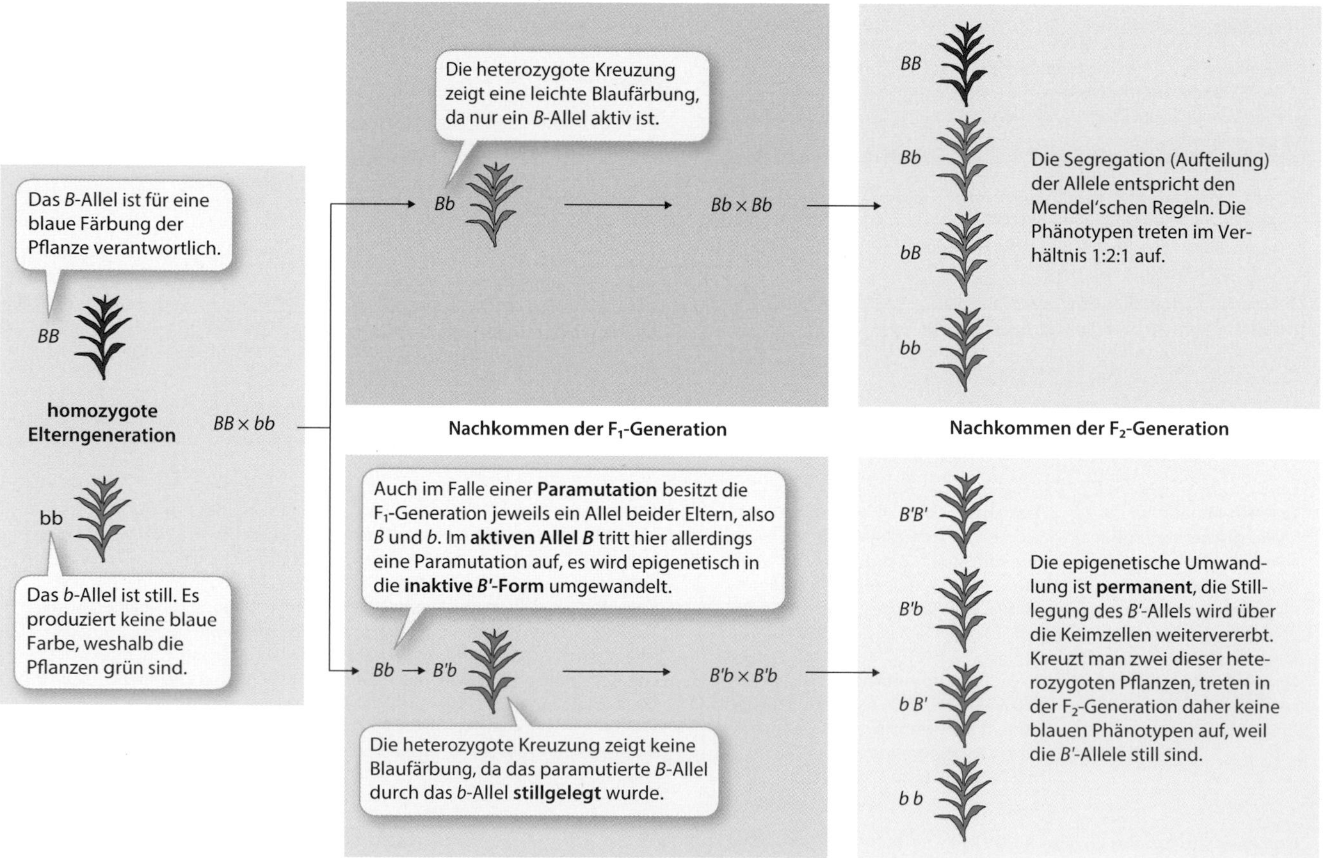

◘ **Abb. 11.35** Modellhafte Gegenüberstellung von Mendel'scher Segregation und Paramutation

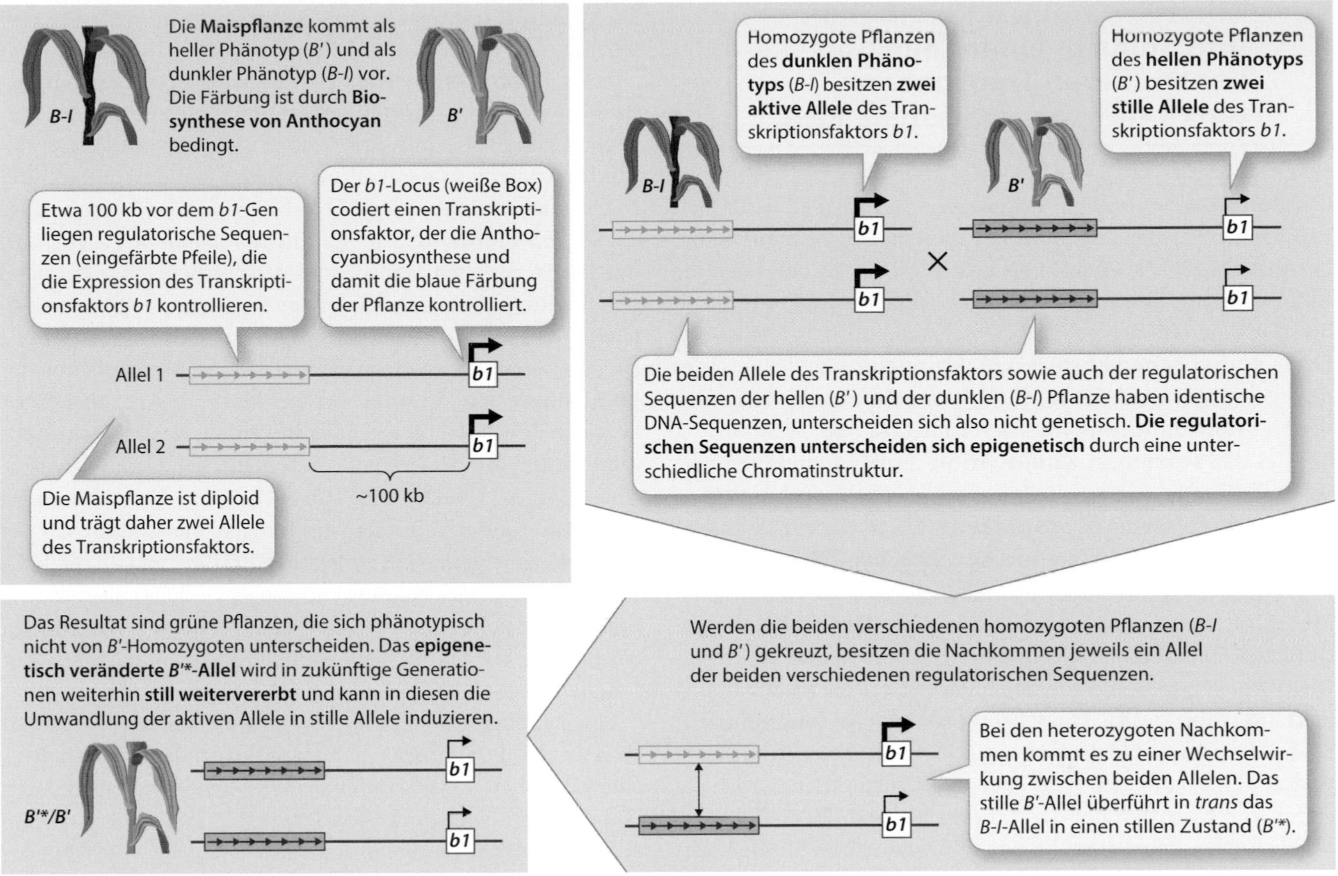

B-I

Die **Maispflanze** kommt als heller Phänotyp (*B'*) und als dunkler Phänotyp (*B-I*) vor. Die Färbung ist durch **Biosynthese von Anthocyan** bedingt.

B'

Etwa 100 kb vor dem *b1*-Gen liegen regulatorische Sequenzen (eingefärbte Pfeile), die die Expression des Transkriptionsfaktors *b1* kontrollieren.

Der *b1*-Locus (weiße Box) codiert einen Transkriptionsfaktor, der die Anthocyanbiosynthese und damit die blaue Färbung der Pflanze kontrolliert.

Allel 1

b1

Allel 2

b1

~100 kb

Die Maispflanze ist diploid und trägt daher zwei Allele des Transkriptionsfaktors.

Homozygote Pflanzen des **dunklen Phänotyps** (*B-I*) besitzen **zwei aktive Allele** des Transkriptionsfaktors *b1*.

Homozygote Pflanzen des **hellen Phänotyps** (*B'*) besitzen **zwei stille Allele** des Transkriptionsfaktors *b1*.

B-I

B'

b1

×

Die beiden Allele des Transkriptionsfaktors sowie auch der regulatorischen Sequenzen der hellen (*B'*) und der dunklen (*B-I*) Pflanze haben identische DNA-Sequenzen, unterscheiden sich also nicht genetisch. **Die regulatorischen Sequenzen unterscheiden sich epigenetisch** durch eine unterschiedliche Chromatinstruktur.

Das Resultat sind grüne Pflanzen, die sich phänotypisch nicht von *B'*-Homozygoten unterscheiden. Das **epigenetisch veränderte *B'**-Allel** wird in zukünftige Generationen weiterhin **still weitervererbt** und kann in diesen die Umwandlung der aktiven Allele in stille Allele induzieren.

B'*/B'

b1

Werden die beiden verschiedenen homozygoten Pflanzen (*B-I* und *B'*) gekreuzt, besitzen die Nachkommen jeweils ein Allel der beiden verschiedenen regulatorischen Sequenzen.

b1

Bei den heterozygoten Nachkommen kommt es zu einer Wechselwirkung zwischen beiden Allelen. Das stille *B'*-Allel überführt in *trans* das *B-I*-Allel in einen stillen Zustand (*B'**).

Abb. 11.36 Molekulare Mechanismen einer Paramutation bei der Maispflanze

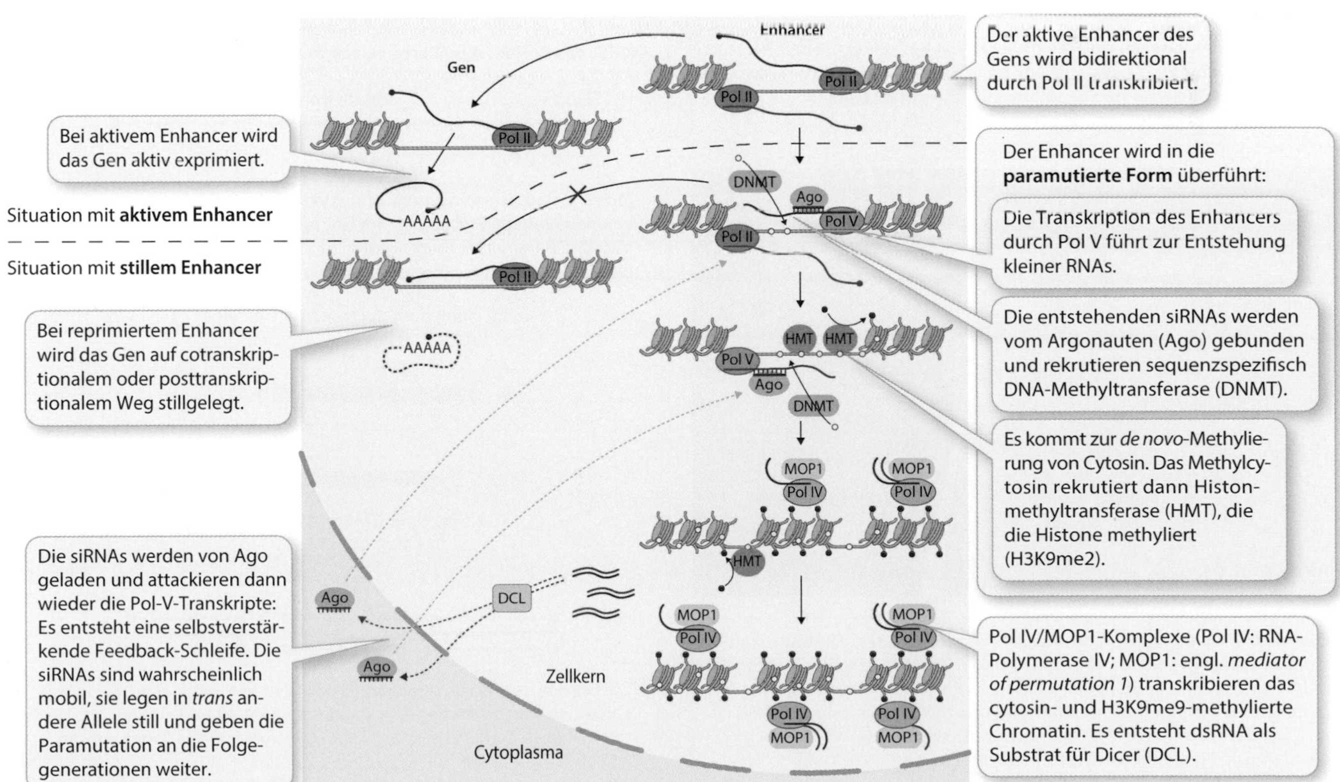

Abb. 11.37 Schema der Regulation der Paramutation durch kleine RNAs bei Mais (*Zea mays*)

11.11 Ciliaten vereinen Keimbahn und Soma in einer Zelle und kontrollieren Transposons durch transgenerationale RNA

Ciliaten sind einzellige Lebewesen mit charakteristischen Eigenschaften, die sich nur bei diesen Organismen finden (► Abschn. 33.17). Obwohl sie einzellig sind, ist bei ihnen die Keimbahn von den somatischen Funktionen getrennt. Ciliaten besitzen einen für den vegetativen Zellmetabolismus verantwortlichen **somatischen Kern**, den **Makronucleus**, und einen oder mehrere **generative Kerne**, die **Mikronuclei**. Dieses Phänomen wird als **Kerndimorphismus** bezeichnet (◘ Abb. 11.38).

Bei der **sexuellen Konjugation** zweier Individuen verschmelzen meiotische Teilungskerne nach gegenseitigem Austausch zu einem **Zygotenkern**, aus welchem dann der neue Mikro- und Makronucleus entstehen (◘ Abb. 11.39; ► Abschn. 33.17). Bei der Entwicklung des neuen somatischen Makronucleus kommt es zu umfangreichen **Umstrukturierungen des Genoms**. So werden die Chromosomen des neuen Makronucleusgenoms sowohl fragmentiert als auch amplifiziert (◘ Abb. 11.38). Die Chromosomen des Makronucleus sind daher sowohl kleiner als auch in viel höherer Kopienzahl vorhanden als die Chromosomen des Mikronucleus. Auch die Centromere werden bei der Umorganisation des Genoms im Makronucleus eliminiert. Dies hat Konsequenzen für die Kernteilung: Die polyploiden Chromosomen des Makronucleus verteilen sich bei vegetativen Zellteilungen zufällig auf die beiden Tochterkerne, während sich die Mikronuclei normal mitotisch teilen.

Das **Pantoffeltierchen** (*Paramecium* spec.) ist ein seit Langem etabliertes **Modellsystem der Epigenetik**. Aus epigenetischer Sicht sind der Aufbau der Chromosomen des Mikronucleus und deren Prozessierung bei der Bildung des Makronucleus interessant. Der Mikronucleus ist mit rund 45.000 **IES-Elementen** (engl. *internal eliminated sequences*) durchsetzt, die alten Transposons entsprechen. Diese befinden sich unter anderem in codierenden Regionen, sie müssen also präzise eliminiert werden, um im Makronucleus intakte Gene zu generieren. Dies geschieht durch einen Mechanismus der RNA-Interferenz. Hierbei werden kleine, als scanner-RNA bezeichnete RNA-Fragmente vom Genom des Mikronucleus gebildet und mit dem parentalen somatischen Genom abgeglichen (◘ Abb. 11.40). Es wird also auch die elterliche somatische DNA aktiv in die Vererbung einbezogen, ein Fakt, der in der klassischen Genetik nicht vorgesehen ist. Eine somatische RNA wird mit in die Entscheidung einbezogen, welche epigenetische Information zum Makronucleus der F_1-Generation übermittelt wird: Somit hat das elterliche Soma Einfluss auf die DNA-Zusammensetzung der F_1-Generation.

Letztendlich werden die IES-Elemente aus dem Makronucleus durch eine Sonderform des **transkriptionalen Silencings** eliminiert: scnRNAs markieren die IES-Elemente mit repressiven Histonmodifikationen (H3K9me3, H3K27me3). Diese werden erkannt, und eine zelleigene Transposase schneidet die DNA der IES-Elemente heraus. Das transkriptionale Silencing führt also letztlich zur DNA-Eliminierung.

Die beiden **Mikronuclei** sind die **generativen Kerne** der Ciliaten. Sie sind **diploid** (2*n*) und für die sexuelle Fortpflanzung notwendig. Die Gene der Mikronuclei werden in den vegetativen Phasen nicht transkribiert. Bei der vegetativen Zellteilung teilt sich der Mikronucleus mitotisch.

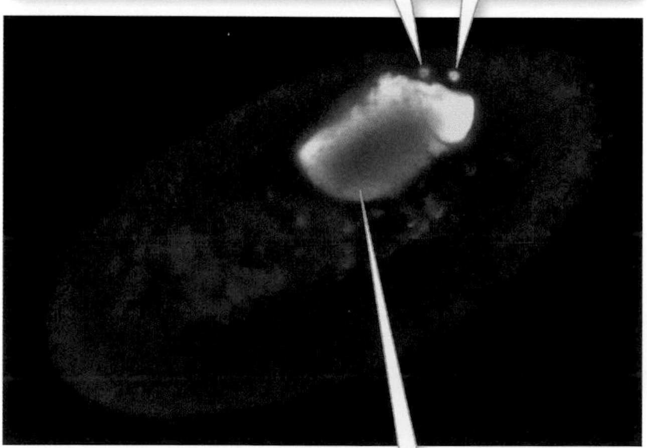

Der **Makronucleus** ist der **somatische Kern** der Ciliaten. Die Gene sind hochamplifiziert, sodass der Kern polyploid ist (45–10.000*n*; bei *Paramecium* etwa 800*n*). Die Gene des Makronucleus werden transkribiert und sind für den Zellmetabolismus verantwortlich. Der Makronucleus teilt sich bei der vegetativen Zellteilung amitotisch, die Chromosomen werden zufällig auf die Tochterzellen verteilt.

Die **Chromosomen des Mikronucleus** besitzen Centromere und Telomere.

Telomer
Centromer

Mikronucleuschromosomen sind durchsetzt mit **IES-Elementen** (engl. *internal eliminated sequences*). Im Genom von *Paramecium* gibt es etwa 45.000 IES-Elemente. Diese werden bei der Bildung des Makronucleus präzise aus den Chromosomen entfernt und bilden so intakte Gene.

mit IES-Elementen durchsetztes Gen eines Chromosoms des Mikronucleus
IES
Gen eines Chromosoms des Makronucleus

Die **Chromosomen des Makronucleus** werden aus den Mikronucleuschromosomen prozessiert und dabei fragmentiert und amplifiziert. Sie sind daher kleiner und besitzen keine Centromere. Alle Enden weisen jedoch Telomere auf.

◘ **Abb. 11.38** Kerndimorphismus und Chromosomenstrukturen von Mikro- und Makronucleus bei *Paramecium tetraurelia*. Foto: mit Fluoreszenzfarbstoff markierte Zellkerne von *Paramecium tetraurelia*

Die Zahl der Mikronuclei ist bei verschiedenen Paramecium-Arten unterschiedlich. Paramecium aurelia besitzt zwei Mikronuclei.
Die Micronuclei durchlaufen meiotische Teilungen, es entstehen acht haploide Kerne.
Sieben der haploiden Kerne zerfallen, der verbleibende wandert ins Mundfeld.
Zwei paarungsbereite Zellen legen sich mit dem Mundfeld (Peristom) aneinander und induzieren eine Plasmabrücke Der jeweils im Mundfeld befindliche haploide Kern teilt sich mitotisch.
Die Zellen tauschen jeweils einen der beiden haploiden Kerne aus (Wanderkern). Der Makronucleus beginnt sich aufzulösen.
Der stationäre und der Wanderkern fusionieren jeweils zu einem diploiden Zygotenkern.
die Zellen trennen sich
Der Makronucleus fragmentiert, ist jedoch noch transkriptional aktiv.
Der Zygotenkern teilt sich zwei Mal und bildet zwei Anlagen für Makronuclei und zwei Mikronuclei.
Die Zelle teilt sich. Die beiden Anlagen der neuen und die Fragmente des alten Makronucleus werden dabei auf die beiden Tochterzellen verteilt.
Die Mikronuclei teilen sich mitotisch.
Die beiden Anlagen entwickeln sich zu Makronuclei, die auf die beiden Zellen verteilt werden.

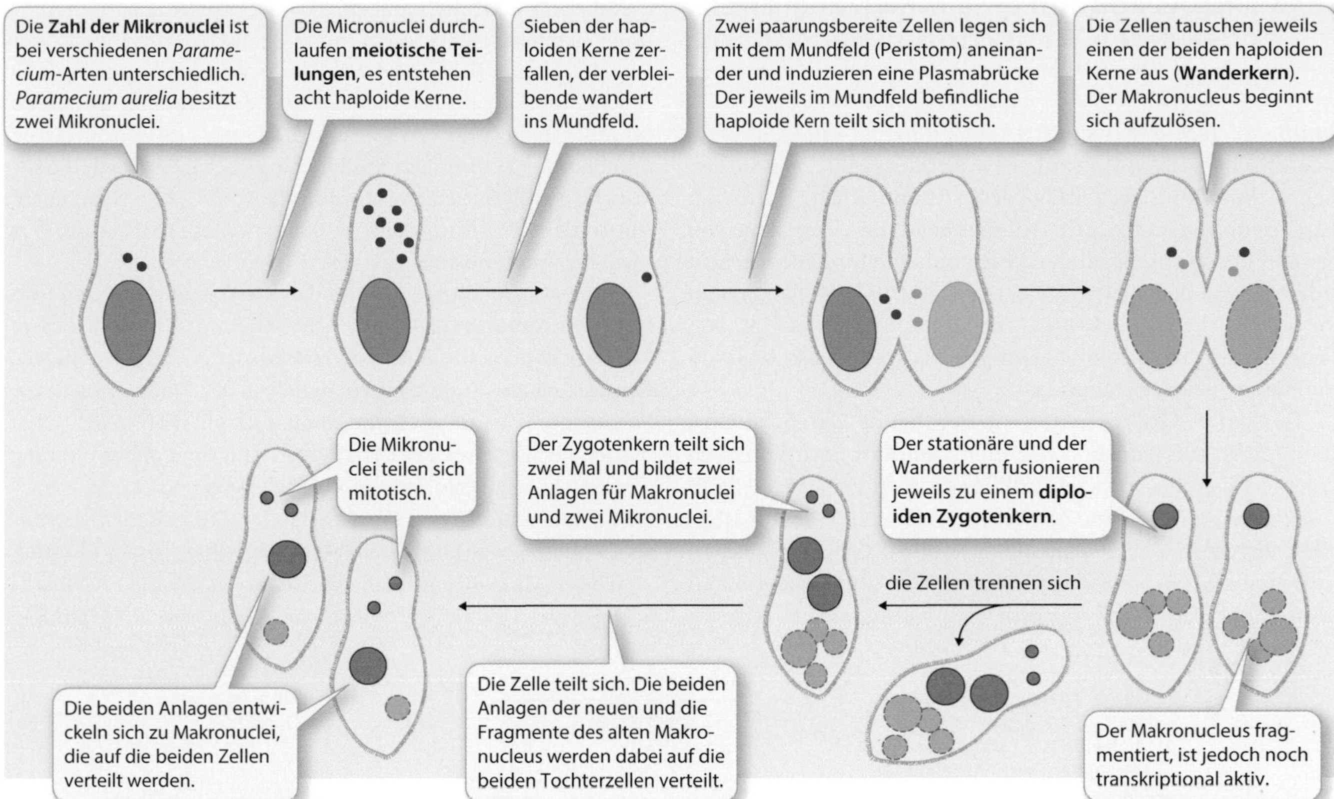

Abb. 11.39 Konjugation von *Paramecium aurelia*

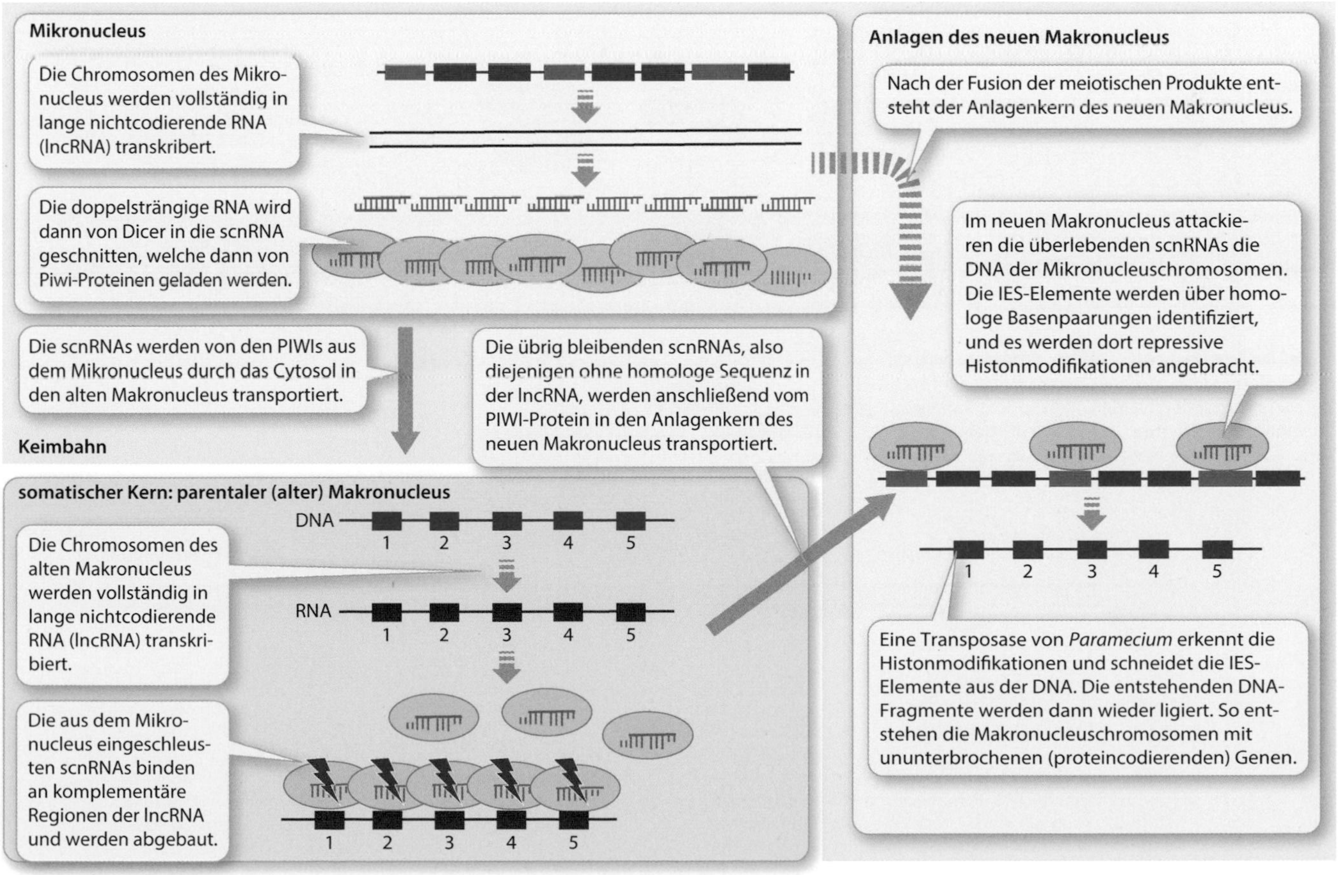

Mikronucleus
Die Chromosomen des Mikronucleus werden vollständig in lange nichtcodierende RNA (lncRNA) transkribert.
Die doppelsträngige RNA wird dann von Dicer in die scnRNA geschnitten, welche dann von Piwi-Proteinen geladen werden.
Die scnRNAs werden von den PIWIs aus dem Mikronucleus durch das Cytosol in den alten Makronucleus transportiert.
Keimbahn
Die übrig bleibenden scnRNAs, also diejenigen ohne homologe Sequenz in der lncRNA, werden anschließend vom PIWI-Protein in den Anlagenkern des neuen Makronucleus transportiert.
somatischer Kern: parentaler (alter) Makronucleus
DNA
1 2 3 4 5
RNA
1 2 3 4 5
Die Chromosomen des alten Makronucleus werden vollständig in lange nichtcodierende RNA (lncRNA) transkribiert.
Die aus dem Mikronucleus eingeschleusten scnRNAs binden an komplementäre Regionen der lncRNA und werden abgebaut.
1 2 3 4 5
Anlagen des neuen Makronucleus
Nach der Fusion der meiotischen Produkte entsteht der Anlagenkern des neuen Makronucleus.
Im neuen Makronucleus attackieren die überlebenden scnRNAs die DNA der Mikronucleuschromosomen. Die IES-Elemente werden über homologe Basenpaarungen identifiziert, und es werden dort repressive Histonmodifikationen angebracht.
1 2 3 4 5
Eine Transposase von Paramecium erkennt die Histonmodifikationen und schneidet die IES-Elemente aus der DNA. Die entstehenden DNA-Fragmente werden dann wieder ligiert. So entstehen die Makronucleuschromosomen mit ununterbrochenen (proteincodierenden) Genen.

Abb. 11.40 Modell des scnRNA-Mechanismus zur Entfernung der IES-Abschnitte im Genom des neuen Makronucleus

11

11.12 siRNAs können eine mRNA angreifen oder deren Transkription verhindern

***Small interfering* RNAs (siRNAs)** gehören zu den kleinen regulatorischen RNA-Molekülen (▶ Abschn. 11.9) und spielen eine wichtige Rolle bei der **RNA-Interferenz (RNAi)**. Es handelt sich um doppelsträngige RNA-Fragmente mit einer Länge von etwa 19 bis 23 Basenpaaren. Diese können endogen entstehen, indem sie von dem Enzym Dicer aus langen dsRNAs geschnitten werden, welche aus der Prozessierung spezieller Transkripte von Centromeren, Telomeren, repetitiven Abschnitten, aber auch von codierenden Genen stammen.

Das auf der RNA-Interferenz beruhende **Gen-Silencing** kann nicht nur natürlich ablaufen, sondern auch künstlich induziert werden, um Genfunktionen zu untersuchen. Beim künstlichen Gen-Silencing bringt man entweder dsRNA oder siRNA in Zellen ein, um homologe Gene stillzulegen („Silencing"). So wird eine Vielzahl von pharmazeutischen siRNAs entwickelt, um bei genetisch bedingten Krankheiten therapeutisch in die Genexpression einzugreifen. Von zentraler Bedeutung bei diesem induzierten Gen-Silencing ist der Proteinkomplex **RISC** (engl. ***RNA-induced silencing complex***), welcher die Aufgabe hat, die siRNA an die homologe mRNA zu führen und diese dort zu zerstören. (◻ Abb. 11.41). Von Tieren und Pflanzen sind zudem Mechanismen bekannt, durch die **sekundäre siRNAs** gebildet werden (◻ Abb. 11.41). Neben dem Abbau der mRNA werden von dieser weitere siRNAs als Verstärkungsmechanismus gebildet.

Eine weitere Wirkungsweise der RNAi ist die **Bildung von Heterochromatin** (◻ Abb. 11.42); die siRNAs wirken in diesem Fall transkriptional. Sie attackieren keine fertige mRNA, sondern ein nascierendes Transkript, ein gerade in der Synthese durch die Polymerase II befindliches und somit noch physisch an den genetischen Locus gebundenes Transkript. Aufgrund dieser Bindung werden chromatinmodifizierende Enzyme an den Locus rekrutiert. Diese modifizieren Histone durch repressive Methylierungen, wodurch es zu einem heterochromatischen Zustand kommt.

Dieser Mechanismus stellt eine selbstverstärkende Feedback-Schleife dar. Der aktivierte Komplex **RITS** (engl. *RNA-induced*

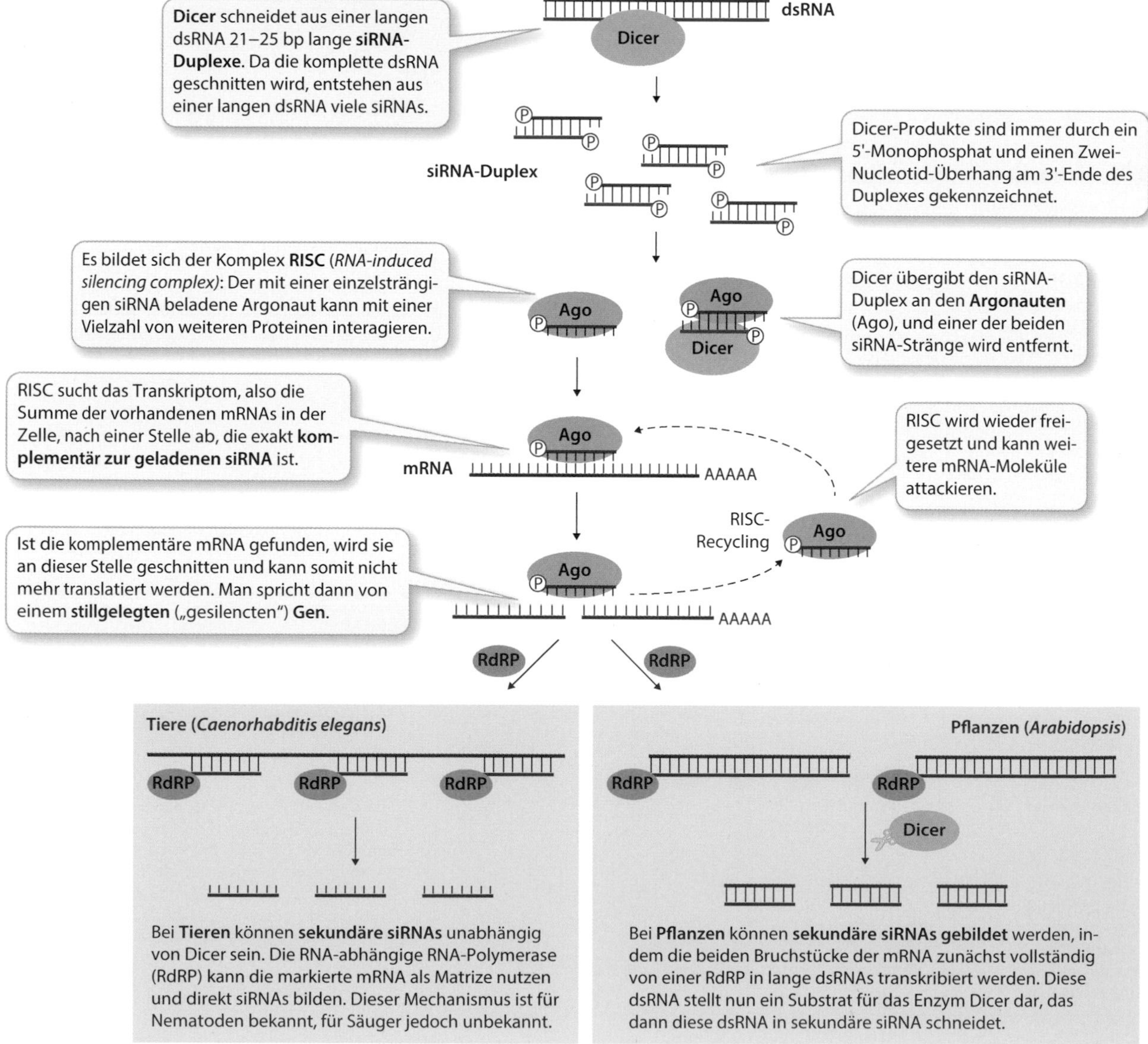

◻ **Abb. 11.41** Von siRNA induziertes posttranskriptionales Silencing bei Tieren und Pflanzen

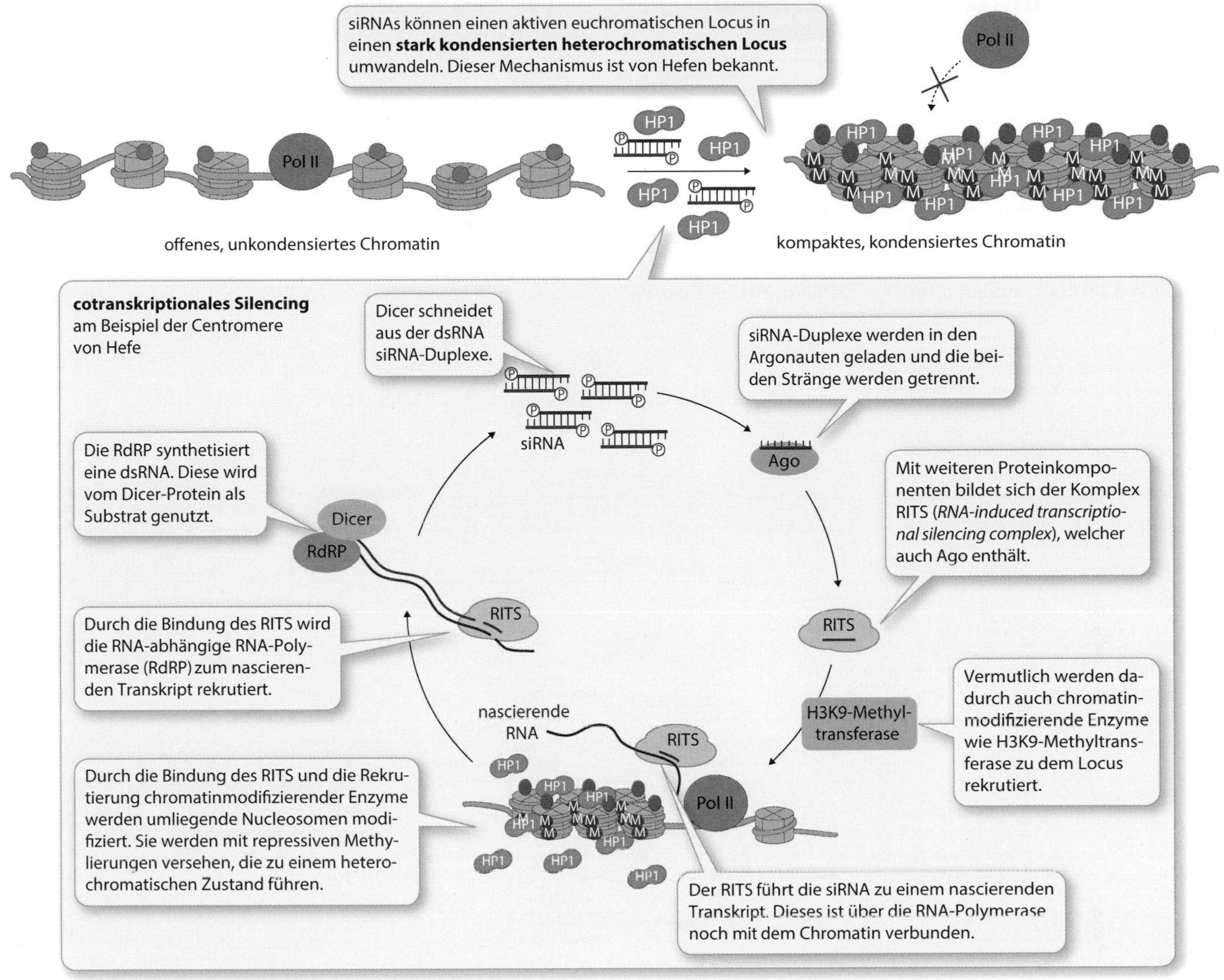

■ **Abb. 11.42** RNAi und siRNAs können einen aktiven eurchromatischen Locus in einen stark kondensierten heterochromatischen Locus umwandeln

transcriptional silencing complex) induziert die Synthese weiterer siRNA und führt zur Verstärkung des heterochromatischen Zustands durch eine Anreicherung von reprimierenden Modifikationen der Nucleosomen (■ Abb. 11.43). In diesem heterochromatischen Zustand wird die DNA nicht in translatierbare mRNA, sondern in **regulatorische RNA** transkribiert. Da diese regulatorische RNA nicht so abundant ist wie hoch transkribierte mRNAs, hängt ihre Wirkung von ihrer Qualität und Quantität ab, welche wiederum mit dem Kondensationsgrad der DNA zusammenhängen. Der heterochromatische Zustand verhindert nicht generell die Transkription, sondern wirkt sich auf die Eigenschaften und die Menge der transkribierten RNA aus. Sie wird somit zum Ziel des RITS, welcher die Feedback-Schleife aktiviert. Da dieser regulatorische Mechanismus in die Transkription eingreift, wird er auch als cotranskriptional bezeichnet.

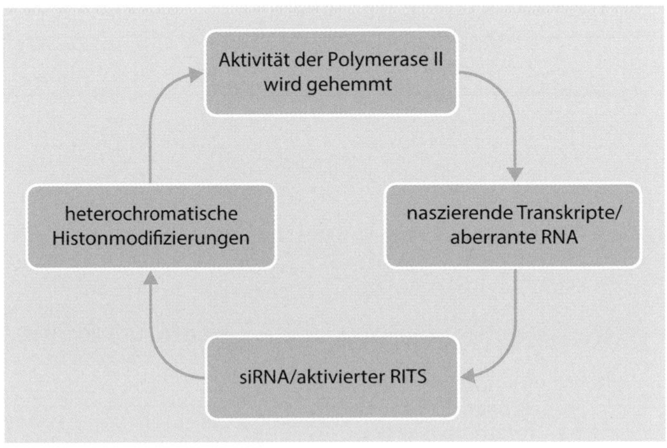

■ **Abb. 11.43** Schema des selbstverstärkenden Feedbacks von cotranskriptionalem Silencing

11.13 Mikro-RNAs (miRNAs) verhindern die Translation von mRNAs

Mikro-RNAs (**miRNAs**) gehören, wie auch die siRNAs, zu den **kleinen regulatorischen RNA-Molekülen** (▶ Abschn. 11.9). Auch miRNAs sind etwa 21 bis 25 Nucleotide lange, nichtcodierende dsRNA-Fragmente. Sie unterscheiden sich von siRNAs aber durch ihre Biogenese und Wirkung, insbesondere sind daran teilweise andere RNAi-Komponenten beteiligt. Den Ursprung von miRNAs bilden oftmals spezielle **miRNA-Gene**, die nicht für Proteine codieren. Diese Gene können im Genom in Gruppen vorliegen, also miRNA-Cluster bilden, wie es beipielsweise im menschlichen Genom der Fall ist. Von diesen genetischen Loci wird ein **primäres miRNA-Vorläufertranskript** (**pri-miRNA**) gebildet.

Die Biogenese von miRNA und siRNA verläuft unterschiedlich. Die siRNAs entstehen aus einer langen dsRNA, die durch Dicer-Schnitte in viele siRNA-Duplexe geschnitten wird (▶ Abschn. 11.12). Die miRNAs entstehen dagegen aus einer sich rückfaltenden Haarnadelstruktur der pri-miRNA, die präzise durch je einen Schnitt von Drosha und Dicer geschnitten

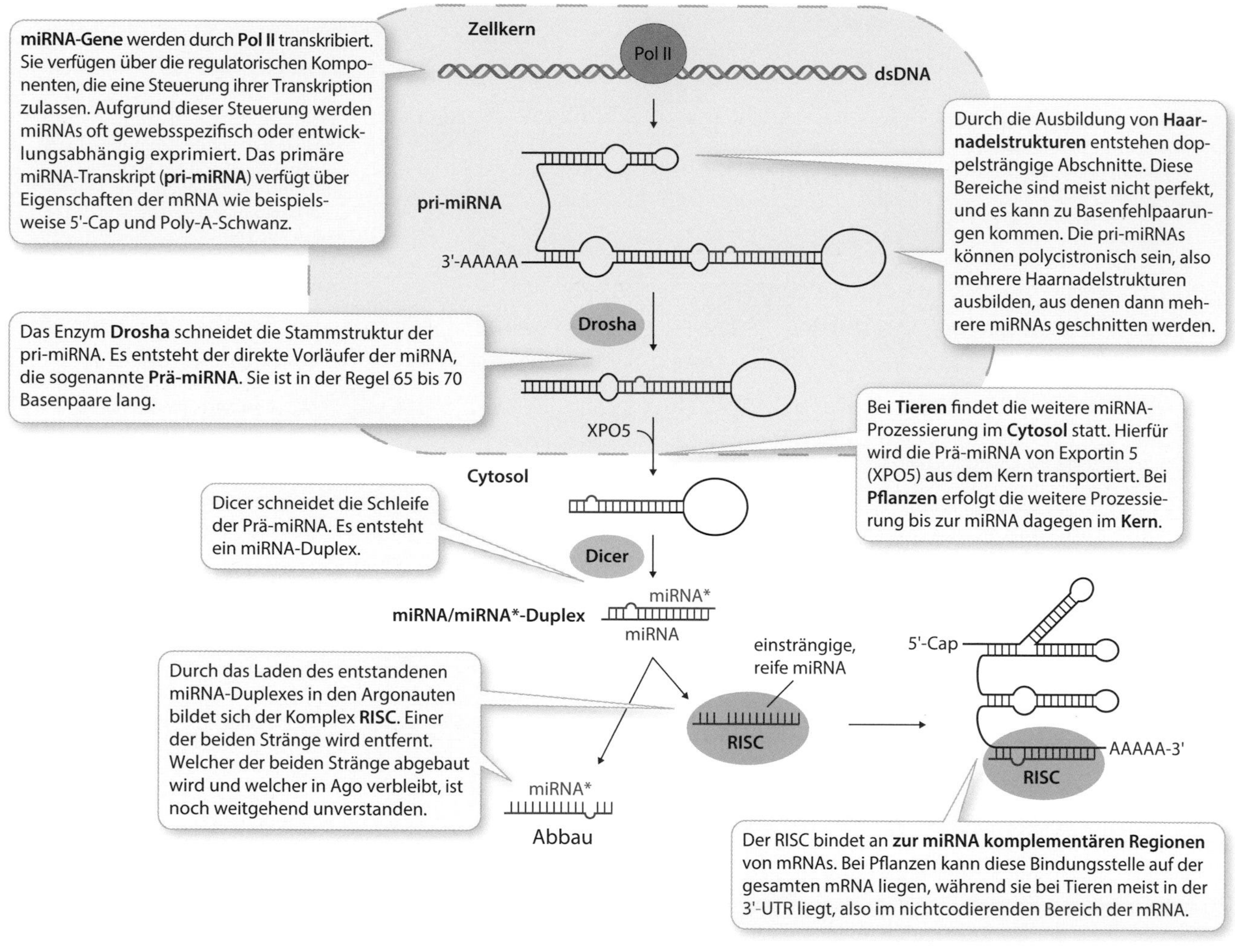

miRNA-Gene werden durch Pol II transkribiert. Sie verfügen über die regulatorischen Komponenten, die eine Steuerung ihrer Transkription zulassen. Aufgrund dieser Steuerung werden miRNAs oft gewebsspezifisch oder entwicklungsabhängig exprimiert. Das primäre miRNA-Transkript (pri-miRNA) verfügt über Eigenschaften der mRNA wie beispielsweise 5'-Cap und Poly-A-Schwanz.
Zellkern
Pol II
dsDNA
pri-miRNA
3'-AAAAA
Durch die Ausbildung von Haarnadelstrukturen entstehen doppelsträngige Abschnitte. Diese Bereiche sind meist nicht perfekt, und es kann zu Basenfehlpaarungen kommen. Die pri-miRNAs können polycistronisch sein, also mehrere Haarnadelstrukturen ausbilden, aus denen dann mehrere miRNAs geschnitten werden.
Das Enzym Drosha schneidet die Stammstruktur der pri-miRNA. Es entsteht der direkte Vorläufer der miRNA, die sogenannte Prä-miRNA. Sie ist in der Regel 65 bis 70 Basenpaare lang.
Drosha
XPO5
Bei Tieren findet die weitere miRNA-Prozessierung im Cytosol statt. Hierfür wird die Prä-miRNA von Exportin 5 (XPO5) aus dem Kern transportiert. Bei Pflanzen erfolgt die weitere Prozessierung bis zur miRNA dagegen im Kern.
Cytosol
Dicer schneidet die Schleife der Prä-miRNA. Es entsteht ein miRNA-Duplex.
Dicer
miRNA/miRNA*-Duplex
miRNA*
miRNA
einsträngige, reife miRNA
5'-Cap
RISC
AAAAA-3'
RISC
Durch das Laden des entstandenen miRNA-Duplexes in den Argonauten bildet sich der Komplex RISC. Einer der beiden Stränge wird entfernt. Welcher der beiden Stränge abgebaut wird und welcher in Ago verbleibt, ist noch weitgehend unverstanden.
miRNA*
Abbau
Der RISC bindet an zur miRNA komplementären Regionen von mRNAs. Bei Pflanzen kann diese Bindungsstelle auf der gesamten mRNA liegen, während sie bei Tieren meist in der 3'-UTR liegt, also im nichtcodierenden Bereich der mRNA.

Abb. 11.44 Überblick über die Biogenese von miRNA

Aus dem ersten Schnitt durch Drosha resultiert die Prä-miRNA. Der zweite Schnitt erfolgt durch das Enzym Dicer.
Schnittstelle für das Enzym Drosha: Es schneidet die pri-miRNA im Kern spezifisch nach den ersten elf doppelsträngigen Basen der Haarnadel. Da elf Basenpaare genau einer Windung einer dsRNA-Helix entsprechen, ist dies der frühestmögliche Zugriffspunkt für die beiden RNAse-III-Domänen.
11 nt
Prä-miRNA
reife miRNA
miRNA*
5'-uc
3'-uc
Drosha
Dicer
Schnittstelle für das Enzym Dicer: Beim zweiten Schnitt durch Dicer erkennt dessen PAZ-Domäne das freie dsRNA-Ende. Das Enzym schneidet in einem spezifischen Abstand die Schleifenstruktur der Haarnadel. Es bildet sich ein miRNA- Duplex.

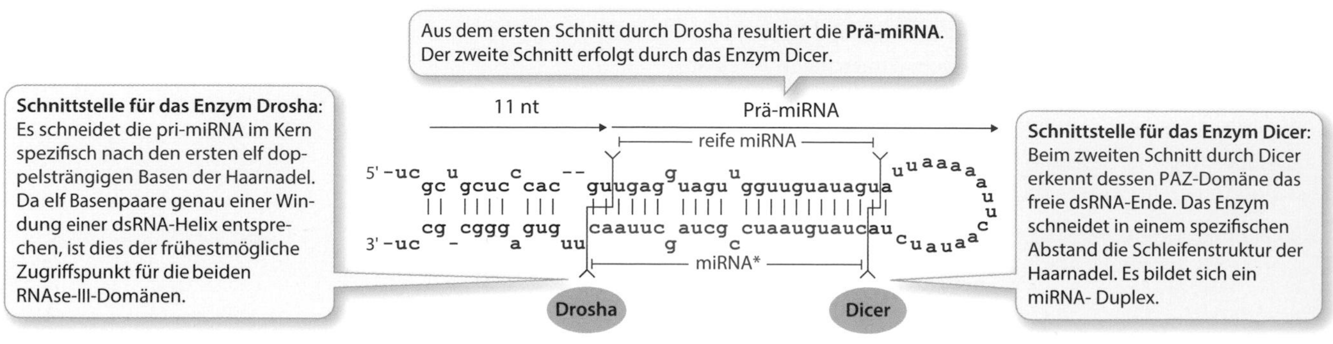

Abb. 11.45 Die miRNA-Biogenese am Beispiel der konservierten let-7-miRNA mit Drosha- und Dicer-Schnittstellen. Die Struktur der Prä-miRNA gibt den beiden Enzymen vor, wo die miRNA geschnitten wird

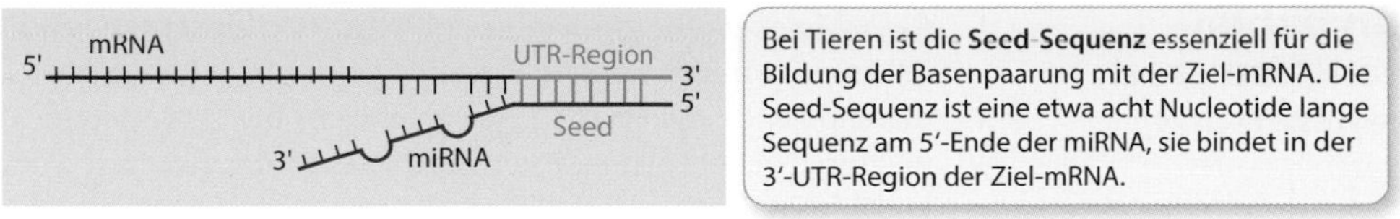

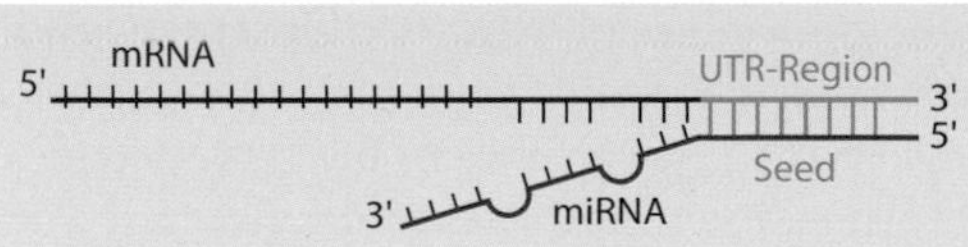

Bei Tieren ist die **Seed-Sequenz** essenziell für die Bildung der Basenpaarung mit der Ziel-mRNA. Die Seed-Sequenz ist eine etwa acht Nucleotide lange Sequenz am 5'-Ende der miRNA, sie bindet in der 3'-UTR-Region der Ziel-mRNA.

◘ Abb. 11.46 Die Seed-Region am 5'-Ende von tierischen miRNAs ist von großer Bedeutung für die Bindung an die Ziel-mRNA

wird (◘ Abb. 11.44). Die miRNA-Sequenz ist also durch die Struktur der pri-miRNA vorgegeben und somit konserviert (◘ Abb. 11.45). Auf diese Weise kann man einzelne miRNAs anhand ihrer Basensequenz klassifizieren, dies ist bei siRNAs nicht möglich. Im menschlichen Genom sind bislang etwa 1800 verschiedene miRNAs beschrieben, welche somit ein wichtiger Regulator für die Genexpression sind.

Wie auch bei der Regulation durch siRNAs bindet der RISC die miRNA an komplementäre Regionen von mRNAs. Bei Tieren liegt diese Bindungsstelle meist in 3'-Richtung im nichttranslatierten Bereich der RNA (3'-UTR), also im nichtcodierenden Bereich der mRNA, während sie bei Pflanzen auf der gesamten mRNA liegen kann. Zumindest bei Tieren geht die miRNA nur mit einer **Seed-Sequenz**, einer kleinen, etwa acht Nucleotide langen Sequenz am 5'-Ende, eine homologe Basenpaarung mit der mRNA ein (◘ Abb. 11.46). Diese kurzen Seed-Sequenzen könnten verschiedene mRNAs attackieren. Es ist noch ungeklärt, wie eine miRNA eine spezifische mRNA erkennt und bindet. Da man diese Mechanismen in weiten Teilen noch nicht versteht, sind zwar viele miRNAs im menschlichen Genom bekannt, es ist aber oft noch unklar, welche mRNAs von ihnen reguliert werden. Es ist jedoch bekannt, dass miRNAs auf verschiedenen Wegen die mRNA-Stabilität und die Translation beeinflussen, sie müssen aber nicht zwangsläufig einen Effekt auf die mRNA-Menge haben (◘ Abb. 11.47).

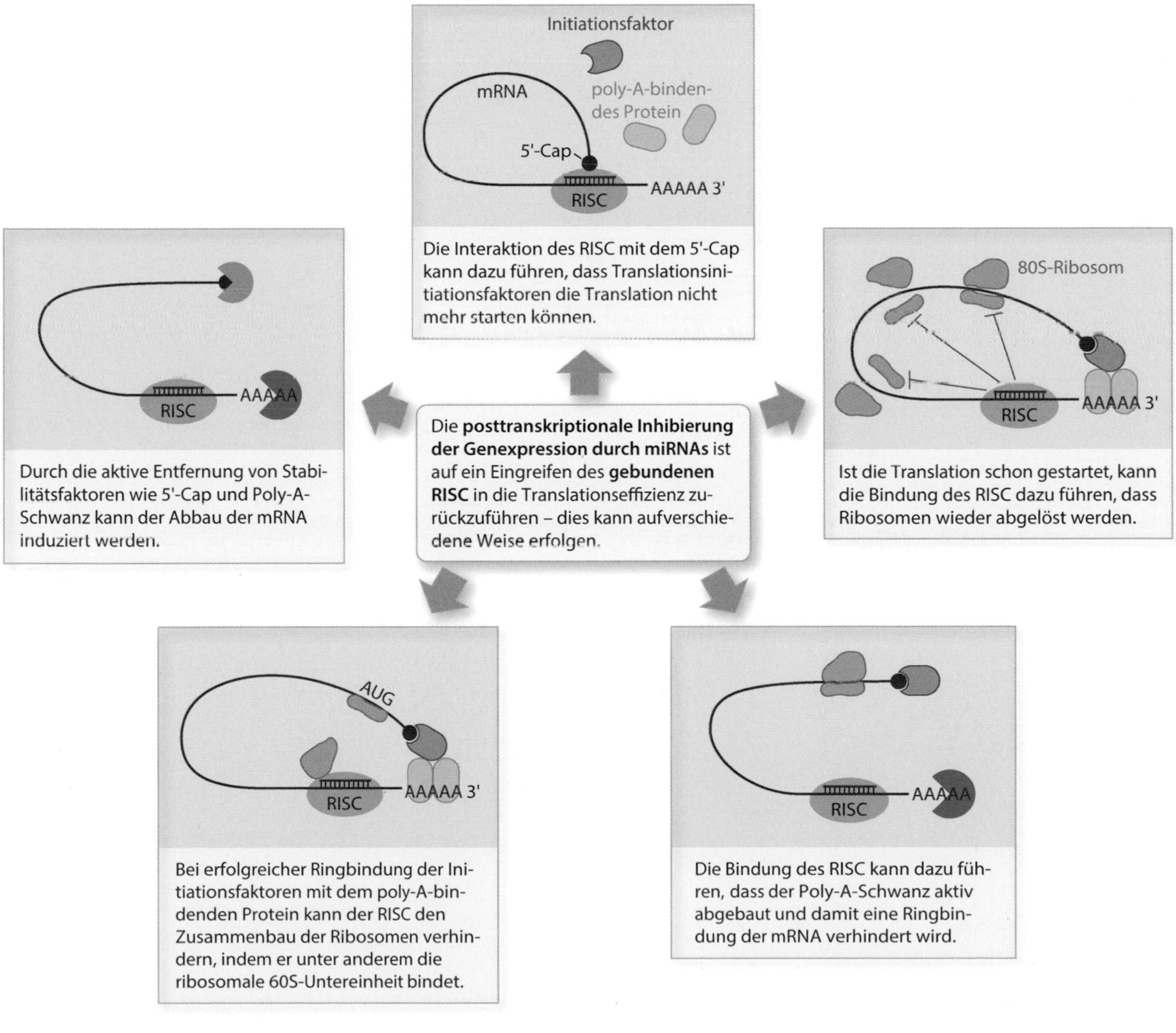

Initiationsfaktor
mRNA
poly-A-bindendes Protein
5'-Cap
RISC
AAAAA 3'

Die Interaktion des RISC mit dem 5'-Cap kann dazu führen, dass Translationsinitiationsfaktoren die Translation nicht mehr starten können.

Durch die aktive Entfernung von Stabilitätsfaktoren wie 5'-Cap und Poly-A-Schwanz kann der Abbau der mRNA induziert werden.

Die **posttranskriptionale Inhibierung der Genexpression durch miRNAs** ist auf ein Eingreifen des **gebundenen RISC** in die Translationseffizienz zurückzuführen – dies kann aufverschiedene Weise erfolgen.

80S-Ribosom

Ist die Translation schon gestartet, kann die Bindung des RISC dazu führen, dass Ribosomen wieder abgelöst werden.

AUG

Bei erfolgreicher Ringbindung der Initiationsfaktoren mit dem poly-A-bindenden Protein kann der RISC den Zusammenbau der Ribosomen verhindern, indem er unter anderem die ribosomale 60S-Untereinheit bindet.

Die Bindung des RISC kann dazu führen, dass der Poly-A-Schwanz aktiv abgebaut und damit eine Ringbindung der mRNA verhindert wird.

◘ Abb. 11.47 Verschiedene Mechanismen der posttranskriptionalen Inhibierung der Genexpression durch RISC

11.14 Eukaryotische Zellen haben vielfältige Abwehrmechanismen gegen Viren und Transposons entwickelt

Neben der schon besprochenen Abwehr von Bakteriophagen durch prokaryotische Restriktionsenzyme haben auch **Eukaryoten** Mechanismen zur **Virusabwehr** entwickelt. Pflanzen und Invertebraten nutzen oft den Mechanismus der **RNA-Interferenz mittels siRNA** (▶ Abschn. 11.12). Hierbei werden sowohl die invasiven viralen Nucleinsäuren des Virengenoms zerstört als auch potenziell bereits vorhandene mRNAs für die Herstellung von viralen Proteinen attackiert (◘ Abb. 11.48).

In Säugerzellen kommt dieser Mechanismus allerdings nicht vor, sondern eine **proteinbasierte Abwehr**. Bei dieser werden spezielle Rezeptoren (*pattern recognition receptors*) benutzt, um die eindringende virale RNA oder DNA als fremd zu erkennen. Durch die nachfolgende Aktivierung von Transkriptionsfaktoren wird eine Signalkaskade in Gang gesetzt, bei der Proteine gebildet werden, welche die Virusreplikation hemmen können (◘ Abb. 11.49).

Neben der für die Zelle fremden Viren-RNA können in Keimzellen auch Transposons (▶ Abschn. 10.8) durch kleine RNA-Moleküle, die sogenannten **piRNAs** (**PIWI-interagierende RNAs**), reprimiert werden. Es handelt sich hierbei um nichtcodierende RNA mit einer Länge von etwa 24 bis 31 Nucleotiden, die durch genomische Cluster (**piRNA-Cluster**) generiert wird. Die piRNA-Cluster sind Stellen im Genom, die Sequenzhomologien zu Transposons aufweisen. Die piRNA interagiert mit den **PIWI-Proteinen**, einer Unterkasse der Argonautenproteine, die gezielt in Keimzellen exprimiert werden. Identifiziert wurde dieser Mechanismus bei der Taufliege *Drosophila*, welche drei PIWI-Proteine besitzt, Piwi, Aub und Ago3. Im sogenannten **Ping-Pong-Zyklus** wird das Schneiden von Ziel-DNA mit der Synthese regulatorischer RNA vereint: Die Ziel-RNA der Transposons wird geschnitten und dadurch gehemmt, gleichzeitig dienen die geschnittenen RNA-Fragmente der Synthese von piRNAs. Durch den Ping-Pong-Mechanismus werden aus der geschnittenen Ziel-RNA direkt neue piRNAs generiert. Dabei werden längere RNA-Fragmente in PIWI-Proteine geladen und vom 3′-Ende her gekürzt, dieser Vorgang wird auch als „Trimmen" bezeichnet. Mittels des Ping-Pong-Zyklus wird die RNA von aktiven Transposons effizient eliminiert, wodurch die transponierbare Aktivität gehemmt wird (◘ Abb. 11.50). Im Gegensatz zu den bisher besprochenen RNAi-Mechanismen ist die Wirkung und Amplifikation von piRNAs vollständig unabhängig von Dicer.

11

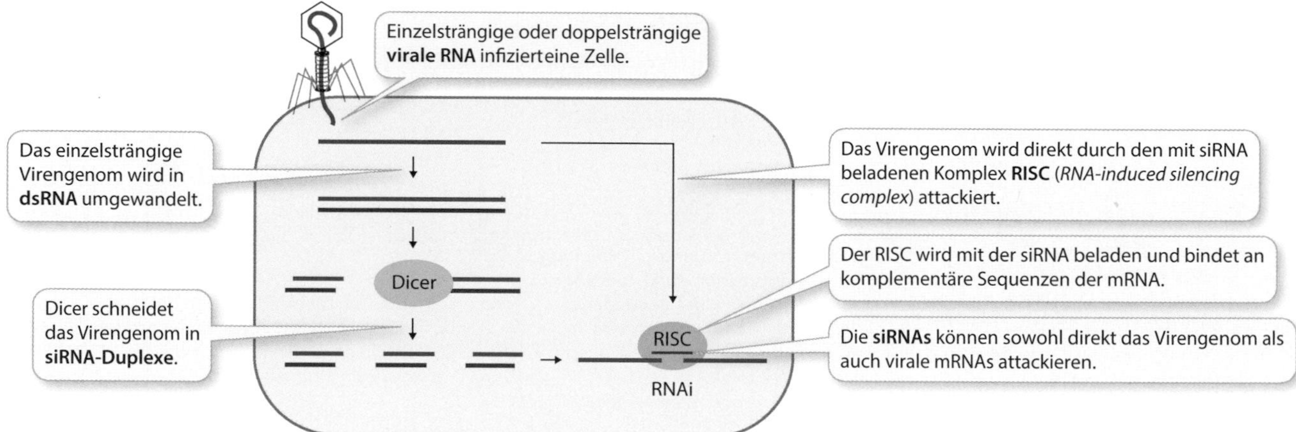

◘ **Abb. 11.48** Antivirale RNA-Interferenz bei Pflanzen und Invertebraten. Der RNAi-Mechanismus kann sowohl das Retrovirengenom attackieren als auch virale mRNAs

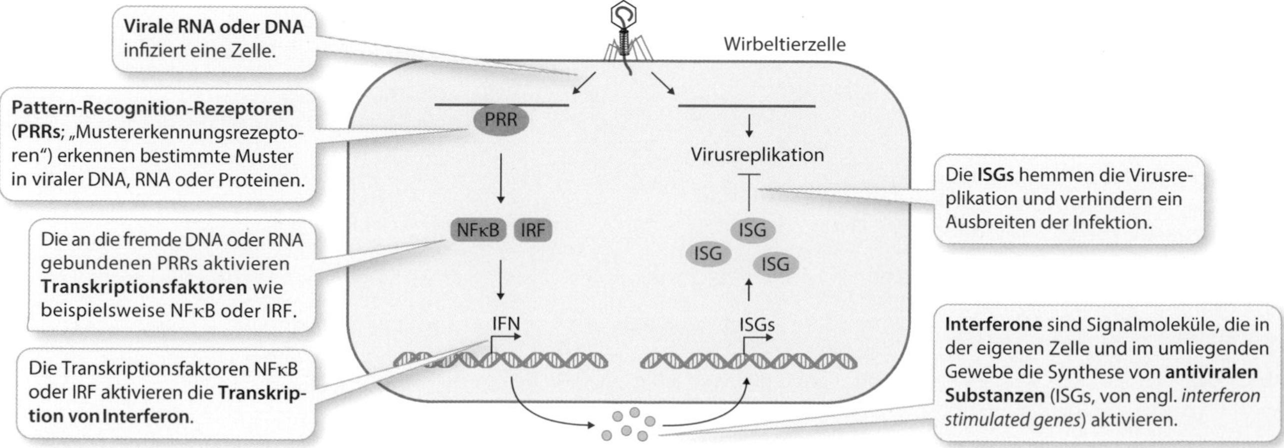

◘ **Abb. 11.49** Proteinbasierte Virusabwehr bei Säugern über die Interferonantwort

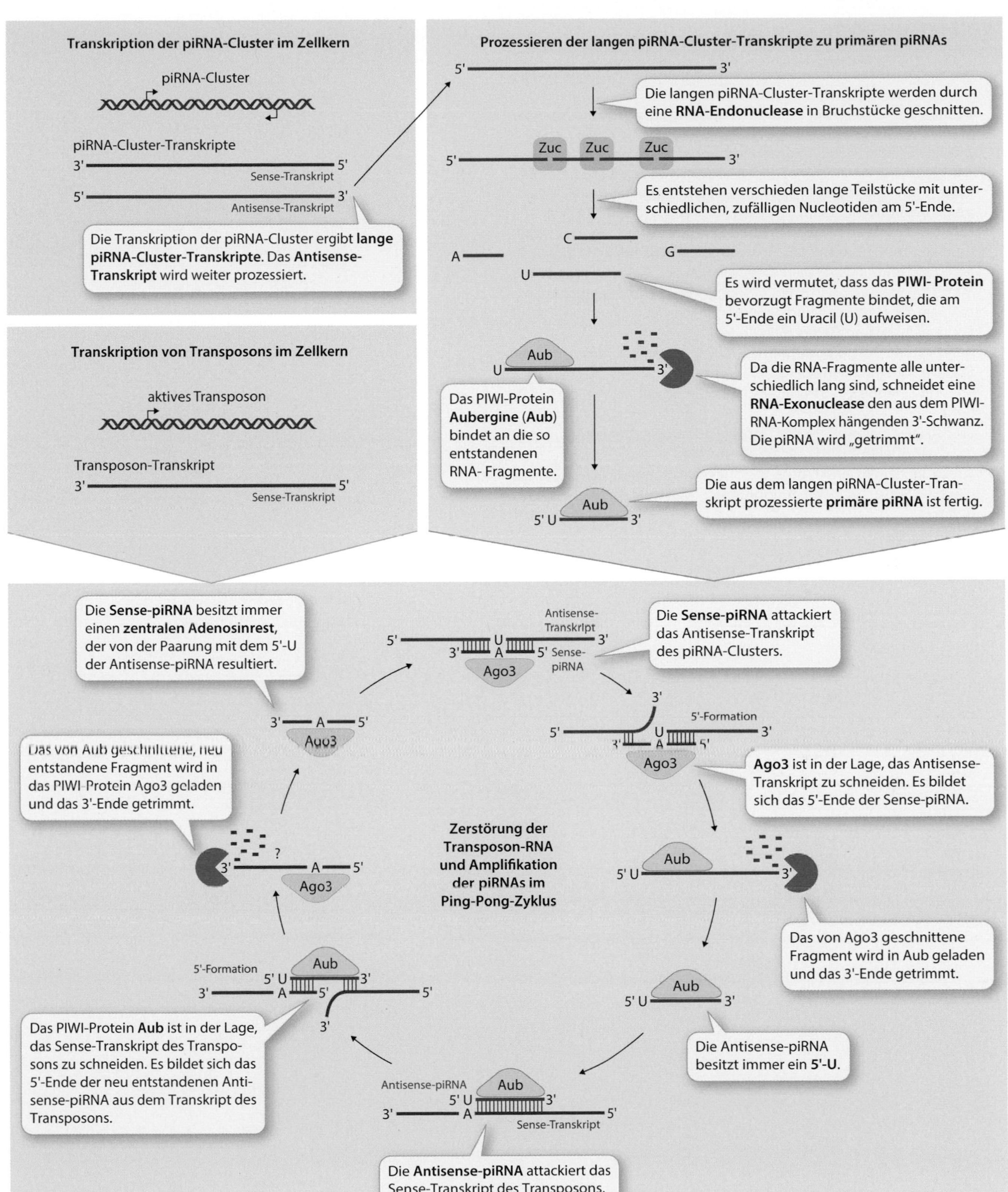

Abb. 11.50 Die Bildung und Funktion von piRNAs gliedern sich in drei Abschnitte

Weiterführende Literatur

1. Bai SN (2015) The concept of the sexual reproduction cycle and its evolutionary significance. Front Plant Sci 6:11
2. Boenigk J, Wodniok S (2014) Biodiversität und Erdgeschichte. Springer Spektrum, Berlin, Heidelberg
3. DeFalco T, Capel B (2009) Gonad morphogenesis in vertebrates: divergent means to a convergent end. Annu Rev Cell Dev Biol 25:457–482
4. Esser K (1992) Kryptogamen II Moose, Farne. Springer, Berlin, Heidelberg, New York
5. Fahy GM, Brooke RT, Watson JP, Good Z, Vasanawala SS, Maecker H, Leipold MD, Lin DTS, Kobor MS, Horvath S (2019) Reversal of epigenetic aging and immunosenescent trends in humans. Aging Cell 18:e13028
6. Müller WA, Hassel M (2018) Entwicklungsbiologie und Reproduktionsbiologie des Menschen und bedeutender Modellorganismen, 6. Aufl. Springer Spektrum, Berlin, Heidelberg
7. Rensing L, Koch M, Rippe B, Rippe V (2005) Mensch im Stress. Springer Spektrum, Berlin, Heidelberg
8. Rensing L, Rippe V (2014) Altern. Springer Spektrum, Berlin, Heidelberg
9. Sinclair DA, Guarente LP (2006) Molekularbiologie: Schlüssel zur Langlebigkeit. Spektrum Wiss 10(20):34–41
10. Spektrum der Wissenschaft (2017) Spektrum Kompakt: Langlebigkeit – Auf der Suche nach dem Jungbrunnen. Spektrum der Wissenschaft, Berlin

Physiologie

Stoffaufnahme und -abgabe

Peter Bayer

J. Boenigk (Hrsg.), *Boenigk, Biologie,* https://doi.org/10.1007/978-3-662-61270-5_12

12.1 Organismen sind von ihrer Umwelt abgegrenzt

Die **Zelle** ist der Grundbaustein aller lebenden Organismen. Sie bildet einen eigenen Raum, in dem unter kontrollierten Bedingungen (bio-)chemische Reaktionen ablaufen können. Für die Kontrolle der Reaktionsparameter ist es notwendig, dass die Zelle sich gegenüber ihrer Umgebung abgrenzt. Die universelle Abgrenzung des Cytoplasmas aller Organismen zur Außenwelt wird durch die **Zell- oder Plasmamembran** (▶ Abschn. 3.5, 12.2), eine Lipidschicht, gewährleistet (◻ Abb. 12.1). Ihr Aufbau ist bei allen Organismen relativ konserviert, wurde jedoch im Laufe der Zeit infolge evolutionärer Anpassungen durch innere und äußere Auflagerungen (▶ Abschn. 5.1, 12.3) erweitert.

Der modulare Aufbau vielzelliger Organismen führte zu einer Spezialisierung von Zellen. Gleichartig differenzierte Zellen schlossen sich im Laufe der Evolution zu koordinierten Verbänden und Einheiten zusammen, den **Geweben** und **Organen**. Diese bilden neue Abgrenzungen gegenüber anderen Geweben aus, wodurch neue Hüllstrukturen entstehen. Die Außenhüllen der Vielzeller haben sich zu hoch spezialisierten Strukturen entwickelt (◻ Abb. 12.2). Bei den Gewebetieren bezeichnet man diese Hüllen als **Integumente** (▶ Abschn. 12.4). Bei vielen Organismengruppen treten als Hüllen **Exoskelette** auf, die aus Biopolymeren und häufig anorganischen Materialien bestehen, wie beispielsweise Schalen. Ohne Bezugnahme auf Zusammensetzung, Funktion oder Art der Hülle, wie innerhalb oder außerhalb des Cytoplasmas, werden Hüllstrukturen oft auch als **Theka** (lat. *theca*, „Hülle", „Behälter") oder **Testa** (lat. „Topf", „Krug", „Schale") bezeichnet. Auch die Wohnröhren von Arthropoden und Ringelwürmern kann man im weitesten Sinn als Hüllstrukturen ansehen. Eine Körperhülle lässt sich auch bei mehrzelligen Archaeplastiden wie den Landpflanzen definieren, sie besteht aus einer Epidermis, einer Cuticula, aus Drüsen und Pflanzenhaaren. Der Begriff „Integument" wird abweichend von der hier dargestellten allgemeinen Bedeutung in der Botanik auch für die Hüllstrukturen verwendet, die die Samenanlagen umgeben (▶ Abschn. 31.14) und aus denen bei der Samenreife die Samenschale entsteht.

Alle Hüllen schaffen **Reaktionsräume** und übernehmen hoch spezialisierte Funktionen (▶ Abschn. 12.5 und folgende). Sie kreieren aber auch **Barrieren zur Außenwelt**. Lebende Organismen sind jedoch dissipative Strukturen, also stabile, geordnete Strukturen fern eines thermodynamischen Gleichgewichts; für Stoffwechselprozesse und das Schaffen von Ordnung (z. B. Wachstum) produzieren sie lokal negative Entropie. Sie müssen

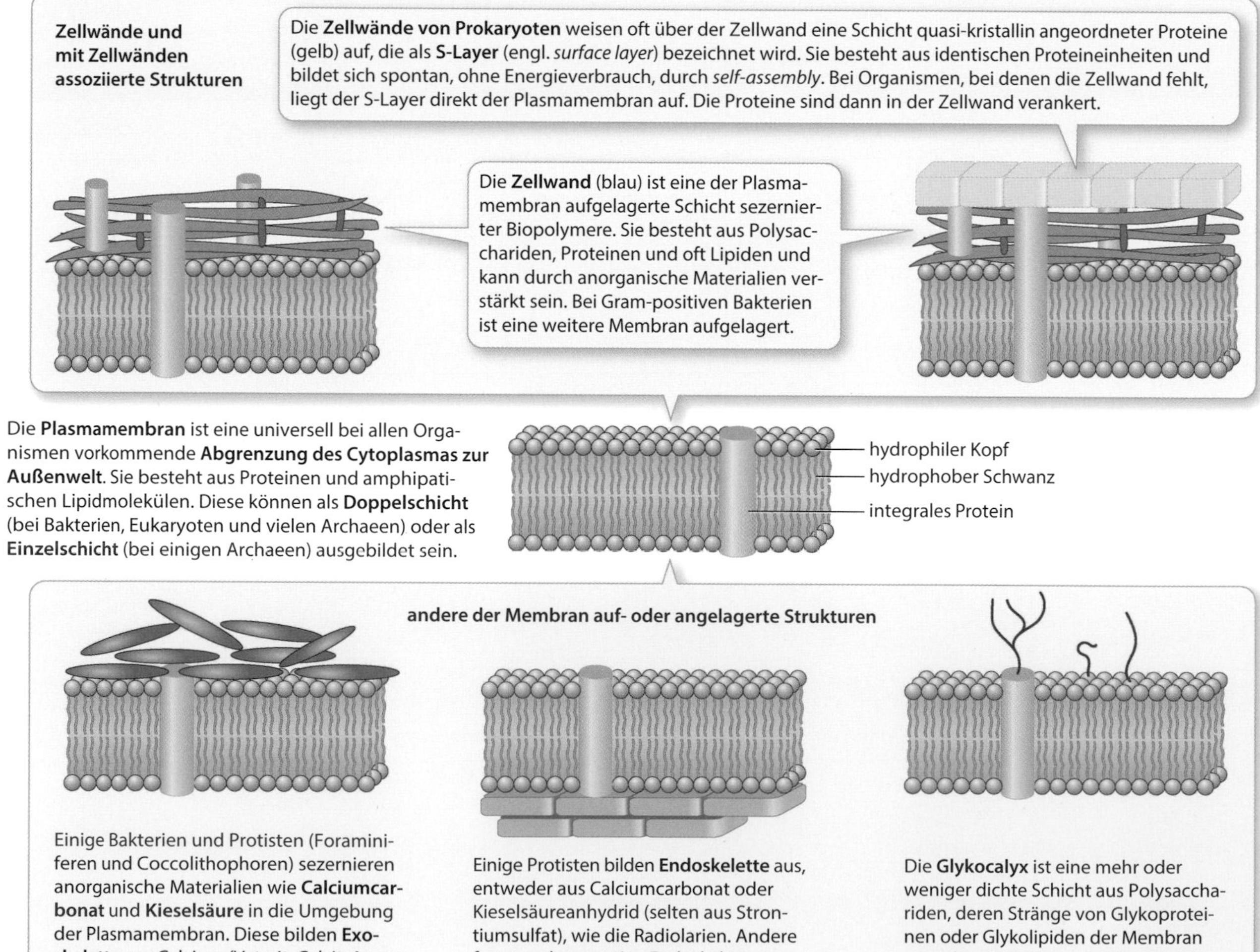

◻ **Abb. 12.1** Beispiele für Hüllstrukturen einzelner Zellen und Abgrenzung des Cytoplasmas von der Außenwelt

Die **Eumetazoa** besitzen eine äußere Körperhülle (**Integument**) aus einschichtigen oder mehrschichtigen Zelllagen (**Epidermis**) mit möglichen Auflagerungen.

Cnidaria

Die Integumente der **Cnidaria** werden oft als **Theken** (auch Peridermhülle) bezeichnet. Hauptbestandteile sind Proteine, Polysaccharide und anorganisches Material.

Deuterostomia

Die **Ambulacraria** besitzen meist eine einfache Epidermis (Echinodermata), aber fossile Graptolithen besaßen Wohnröhren bzw. Mäntel aus **Graptin**, einem chitinähnlichen Polysaccharid. Hüllen aus **Skleroproteinen** sind auch bei Flügelkiemern verbreitet.

Manteltiere (**Tunicaten**) besitzen ein im Tierreich einmaliges Integument aus Epidermis mit aufgelagerter Cellulose, in der Mesodermzellen sitzen (**Mantel/Tunica**).

Das epitheliale Außengewebe bei **Wirbeltieren** ist mehrschichtig und wird **Haut** genannt.

Protostomia

Schalen und Gehäuse der **Mollusken** und **Brachiopoden** sind Ausscheidungen der Epidermis.

Arthropoden besitzen Exoskelette meist aus **Chitin**: Sekundäre Hüllen aus seidenähnlichen Proteinen findet man in Form von Wohnröhren beispielsweise bei Köcherfliegenlarven.

Viele **Anneliden** weisen weiche Epidermisschichten auf. Sekundäre Hüllen aus Speichelproteinen findet man beispielsweise beim Bäumchenröhrenwurm.

Auch bei den **Ectoprocta** (Moostierchen) finden sich epidermale Ausscheidungen, die eine Schale aus Chitin und Kalkeinlagerungen bilden (**Zoecium**).

Landpflanzen bilden primär einfache **Abschlussgewebe** aus. Die äußere, meist einzellige Schicht im Spross- und Blattbereich wird **Epidermis** genannt und im Bereich der Wurzel **Rhizodermis** (später Exodermis). Die Epidermis ist von einer wasserundurchlässigen Wachsschicht umgeben. Im späteren Wachstumsstadium können bei einigen Pflanzen Korkschichten diese Lage ersetzen.

Pilze bilden keine echten Gewebe aus. Die Zellen höherer Pilze sind fadenförmig (**Hyphen**). Sie können miteinander molekulare Wechselwirkungen eingehen, um Peritheken (Schlauchpilze), Thalli (Flechten) oder Sporokarpe (Ständerpilze) zu bilden. Eine **Zellwand aus Polysacchariden**, meist Chitin, formt die äußere Hülle der Pilzhyphen.

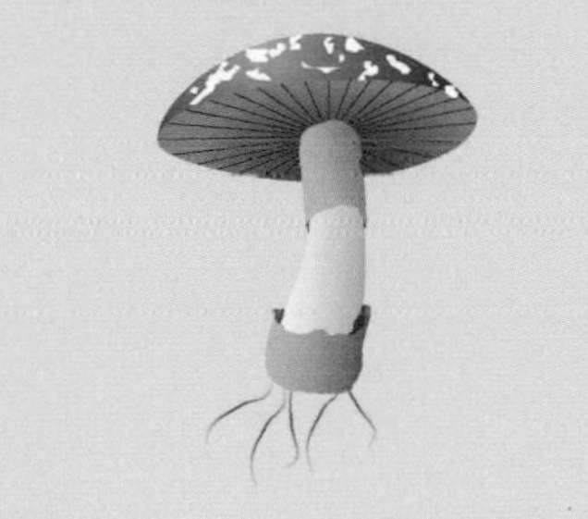

Abb. 12.2 Beispiele für Hüllstrukturen der Vielzeller

daher (entsprechend des 2. Hauptsatzes der Thermodynamik) einen Stoff- und Energiefluss mit der Umgebung unterhalten. Die Zelle „löst diese Aufgabe", indem sie regulierbare Transportvehikel und Kanäle, meist Proteine, in den Membranen bereitstellt, um Stoffe aus der Umgebung kontrolliert aufzunehmen und Abfallprodukte auszuschleusen (▶ Abschn. 3.6). Für die kontrollierte Aufnahme und Abgabe von Stoffen muss die Zellmembran eine **selektive Permeabilität** aufweisen.

Auch die komplexeren Hüllstrukturen der Vielzeller müssen diesen Bedürfnissen von Zellen Rechnung tragen und haben Ventile, Einstülpungen, Röhren- und Kanalsysteme entwickelt, um die Versorgung jeder einzelnen Zelle in den Geweben und Organen mit lebenswichtigen Molekülen aus der Umgebung sicherzustellen ▶ Abschn. 12.9–12.13). Hierfür wurden oft separierte und spezialisierte **Kanalsysteme** zur Entsorgung von Abfallstoffen ausgebildet (▶ Abschn. 12.16).

12.2 Die Lipidzusammensetzung der Membran und Proteine steuern den Stofftransport

Membranen stellen effektive Barrieren für viele verschiedene Moleküle dar und verhindern oder verlangsamen einen freien Stofftransport sowie einen Konzentrationsausgleich mit der Umgebung (◘ Abb. 12.3). Dies ermöglicht den **Aufbau von Stoff- und Ladungsgradienten** und deren gezielte Nutzung zur Erzeugung geregelt ablaufender thermodynamischer Flüsse über die Membranen. Um solche Flüsse stattfinden zu lassen, sind spezifische **Transporter und Kanäle** notwendig, die den Übertritt von Molekülen durch die Membran ermöglichen (**selektive Permeabilität**). Diese Permeabilität wird durch integrierte Proteine gewährleistet (► Abschn. 3.6). Neben der Sicherstellung metabolischer und energetischer Flüsse übernehmen solche **Membranproteine** meist auch die Signaltransduktion und die Kommunikation mit der Umgebung sowie mit anderen Zellen und Organismen. Durch Vernetzung mit dem Cytoskelett sind die Membranproteine zudem an der Stabilität der Membran und deren Verankerung nach außen (z. B. Adhäsion) beteiligt. Auch die Organisation und Zusammensetzung der Membran werden von diesen Proteinen beeinflusst. Obwohl oft von einem flüssigkristallinen Zustand der Membran gesprochen wird, ist dieser einer hohen Dynamik unterworfen. Lipide bewegen sich durch laterale Diffusion und einen überwiegend enzymvermittelten transversalen Flip-Flop (► Abschn. 3.5) oder werden aktiv recycelt. Eukaryotische Zellen haben im Lauf der Evolution gelernt, ihre Lipidzusammensetzung den Änderungen der Außentemperatur anzupassen. Dies lässt sich sowohl bei Protisten und Arthropoden als auch bei Pflanzen nachweisen, beispielsweise während saisonaler Veränderungen.

Die Membranen aller Organismen zeigen eine komplexe Zusammensetzung aus **Lipiden und Proteinen**, wobei der Proteingehalt bei ca. 50 % liegt. Dabei unterscheiden sich die Lipide der Archaeen einerseits sowie der Bakterien und Eukaryoten andererseits in ihrem Aufbau. Während Erstere isoprenoide Kohlenwasserstoffketten aufweisen, die über **Etherbrücken** an ein D-Glycerin-3-Phosphat (*sn*-Glycerin-1-Phosphat) gebunden sind, finden sich bei Bakterien und Eukaryoten Lipide, bei denen Fettsäuren an das Enantiomer L-Glycerin-3-Phosphat (*sn*-Glycerin-3-phosphat) über **Esterbindungen** verknüpft sind (► Abschn. 3.5). Fettsäuren wie Palmitat kommen bei den Archaeen nur vereinzelt vor. Ihre Bedeutung für den Membranaufbau ist hier unklar. In allen drei Domänen des Lebens findet man am Glycerinphosphat veresterte, polare Kopfgruppen wie Serin, Ethanolamin, Glycerin und myo-Inositol. Im Lauf der Evolution der Eukaryoten wuchsen die Bedeutung und der Anteil membranaktiver **Sterole** (bei den Vertebraten Cholesterin) und **Sphingolipide**. Säugermembranen bestehen aus Glycerolipiden, Cholesterin und Sphingolipiden sowie etwa 2000 weiteren Lipidkomponenten (◘ Abb. 12.4), die vorwiegend asymmetrisch über die Membran (innere und äußere Lipidschicht) verteilt sind. Zusätzlich scheint es Mikrodomänen in der Membran zu geben, die aus bestimmten Lipidkomponenten zusammengesetzt sind und funktionelle Aufgaben haben. Hierzu zählen beispielsweise cholesterin- und sphingolipidreiche „**Lipid Rafts**" (◘ Abb. 12.5).

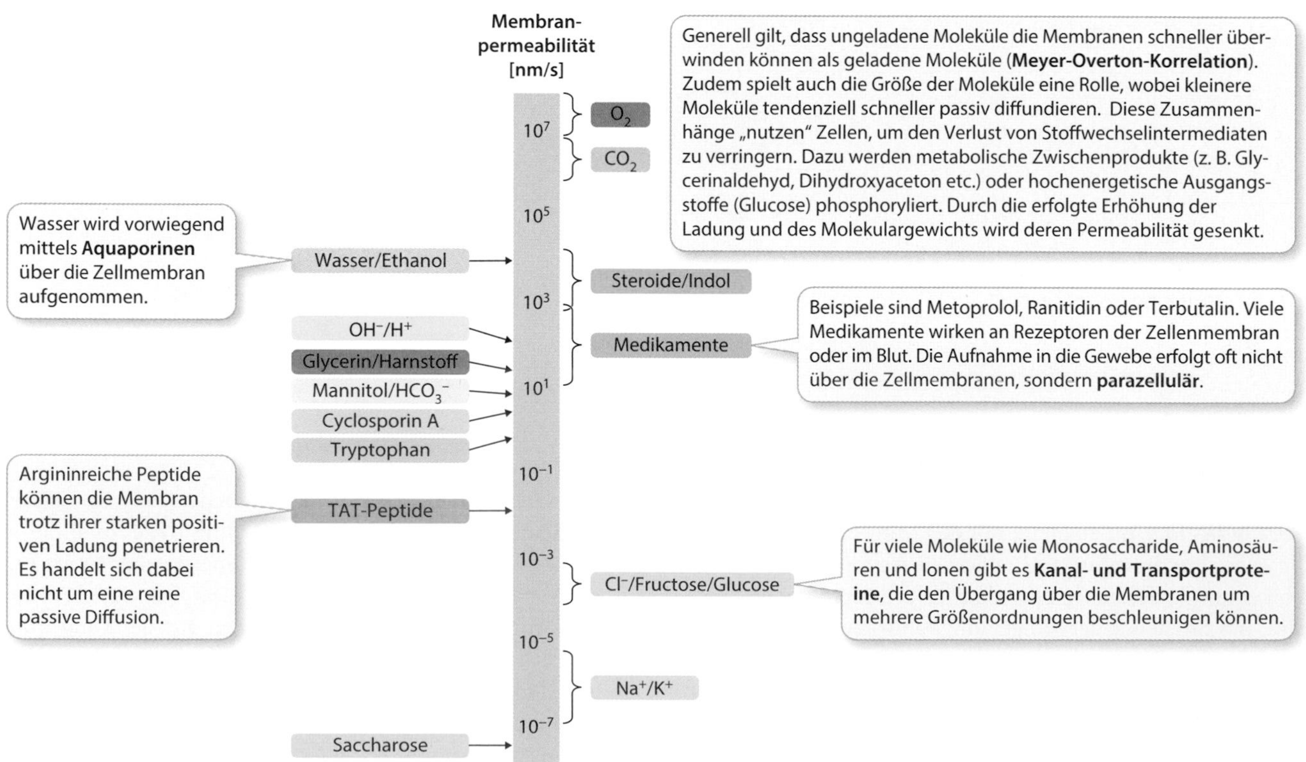

◘ **Abb. 12.3** Membranpermeabilitäten von Molekülen

12

	Plasmamembran	Golgi-Apparat	endoplasmatisches Retikulum	Mitochondrium	
Lipide	%	%	%	% innen	% außen
Phosphatidylcholin	44	45	50	38	46
Phosphatidylethanolamin	20	15	20	24	32
Phosphatidylinositol	8	8	10	16	10
Phosphatidylserin	4	4	5	4	1
Cardiolipin	–	–	–	16	6
Sphingolipide	10	10	4	–	–
Cholesterin	14	10	10	–	–

Phosphatidylcholin ist das am häufigsten vorkommende Phospholipid in eukaryotischen Zellen. Die dominierenden Phospholipide bei Bakterien sind Phosphatidylserin, Phosphatidylethanolamin, Phosphatidylglycerin und Cardiolipin.

Die **Lipidzusammensetzung** der Plasmamembranen menschlicher Zellen variiert je nach Spezialisierung und Differenzierung stark. Unterschiede finden sich z. B. zwischen Fibroblasten, Nervenzellen und Makrophagen.

Phosphatidylglycerin und Cardiolipin werden bei Eukaryoten in den **Mitochondrien** synthetisiert und verbleiben hier.

Abb. 12.4 Vorkommen verschiedener Lipide in den Membranen von Säugerzellen

Lipid Rafts sind kleine, hoch organisierte **Mikrodomänen** der Zellmembran. Es handelt sich dichter gepackte Regionen in der Membran, die sich in dieser jedoch frei bewegen können. In Lipid Rafts findet man bis zu fünfmal mehr **Cholesterin** und doppelt so viel **Sphingolipide** wie in den umgebenden Teilen der Membran. Durch diesen hohen Anteil an Cholesterin und Sphingolipiden ist die Membranfluidität verändert; auf diese Weise werden Vorgänge wie die Signaltransduktion, die Neurotransmission und der Proteintransport geregelt.

Cholesterin beeinflusst die laterale Organisation der Membran, indem es die Fettsäureenden versteift und die Dichte der polaren Kopfgruppen verringert. Betroffen sind davon vorwiegend gesättigte Fettsäureketten. Je ungesättigter die Fettsäuren sind, desto geringer ist deren Wechselwirkung mit Cholesterin.

Integrale Membranproteine sind fest in der Membran verankert und durchziehen diese meist komplett. Sie sind essenziell für eine Vielzahl von Funktionen, unter anderem Signaltransduktion, Verankerung oder Transport von Molekülen. Zu ihnen zählen auch Rezeptoren wie beispielsweise der EGF-Rezeptor.

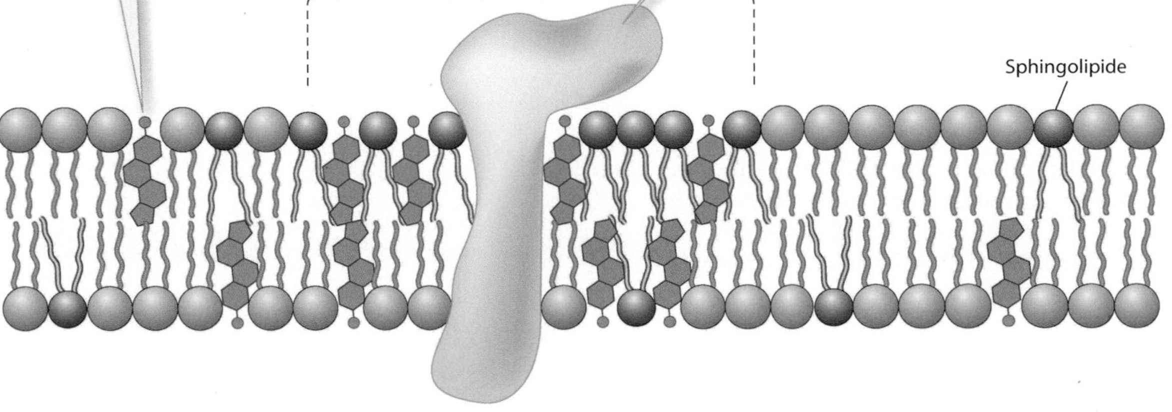

Abb. 12.5 Lipid Rafts sind an Signaltransduktion, Neurotransmission und Proteintransport beteiligt

12.3 Zellwände sind aus vernetzten Polysacchariden aufgebaut

Zellwände sind der äußeren Plasmamembran aufgelagerte Schutzschichten aus **Polymeren von Kohlenhydraten, Proteinen und Lipiden**, die miteinander oft kovalent vernetzt sein können. Man findet Zellwände bei Bakterien, Archaeen und einigen Eukaryoten wie Pilzen, Algen und Pflanzen (■ Abb. 12.6). Sie haben wesentliche Funktionen, die generell für alle Organismentypen gelten. Zu diesen gehören die **Stabilisierung** und **Formgebung** der Zelle, sie tragen zur **Kommunikation** mit der Umgebung bei, bilden eine selektive, also **semipermeable Barriere** für Stoffe, dienen damit der osmotischen Stabilität und schützen auch vor Pathogenen und Toxinen. Darüber hinaus können größere Anteile von Reservestoffen, vor allem Kohlenhydrate, darin gespeichert werden.

Die **Zellwände der Prokaryoten** enthalten Polysaccharidketten, die über Aminosäuren kovalent miteinander verknüpft sind (■ Abb. 12.7). Eine besondere Art der Zellwandbildung finden wir bei den Vertretern der Gram-negativen Bakterien. Bei ihnen liegt der Zellmembran eine Peptidoglykanschicht auf, die von einer weiteren Zellmembran umgeben ist. Entsprechende Glykanketten finden sich auch in den Zellwänden von Eukaryoten. In den **Zellwänden der Pflanzen** dominiert das Polysaccharid **Cellulose**, das bei den **Pilzen** nicht zu finden ist (■ Abb. 12.7). Bei ihnen findet man das Aminopolysaccharid **Chitin**, welches mit β-1,3- sowie β-1,6-verknüpften Glucanen und α-Glucanen die Zellwände der meisten Pilze aufbaut. Auch deacetyliertes Chitin (Chitosan) kommt bei einigen Gruppen vor. Allerdings findet sich bei den Vertretern der Archaeplastiden zusätzlich eine große Variationsbreite von aus unterschiedlichen Zuckermonomeren und abgeleiteten Derivaten zusammengesetzten Polymeren. Hierzu gehören beispielsweise Hemicellulosen bei Pflanzen oder Mannane und sulfatierte Polymere bei den Algengruppen. Ähnliches gilt für die Gruppe der Pilze.

Nahezu alle Organismengruppen lagern in die Zellwände auch **Proteine** ein. Diese dienen als **Enzyme** nicht nur dem dynamischen Ab- und Aufbau der Wände, um Wachstum, Vermehrung und Stoffaustausch zu ermöglichen, sondern als **Strukturproteine und Rezeptoren** auch der Stabilität, Kommunikation oder Anheftung. **Poren-** und **Transportproteine** sorgen für einen geregelten Materieaustausch mit der Umgebung. Viele dieser Proteine sind zusätzlich posttranslational modifiziert, meist glykosyliert.

Neben diesen organischen Komponenten finden wir über das Organismenreich verteilt die Einlagerung von **Erdalkaliionen** in das Kohlenhydrat- und Proteingerüst der Zellwände. Eine dominante Rolle spielt hier das Ca^{2+}-Ion, welches für die Stabilität und Struktur der Wände, wie z. B. für die Pektininteraktion bei Pflanzen, aber auch für die Aktivität von Enzymen darin notwendig ist. Diese Einlagerung von Stoffen in die Zellwand bei Organismen wird Inkrustierung genannt. So können bei Pflanzen neben Calcium und Kieselsäure z. B. auch Gerbstoffe eingelagert werden. Eine besondere Art der erweiterten Zellwand

12

Prokaryoten

BACTERIA

Die Zellwand von **Bakterien** besteht vorrangig aus **Peptidoglykan**. Manche Bakterien haben zudem noch eine zweite Membran und eine äußere Schicht aus **Lipopolysacchariden** (Gram-negativ). Für viele Tiere wirken die Polymere dieser Schicht als Endotoxine. Darüber hinaus findet man bei vielen Bakterien den sogenannten **S-Layer**. Mykobakterien tragen z. B. eine an die Peptidoglykanschicht anknüpfende Schicht aus Arabinogalactan und Mykolsäure sowie Glykolipiden.

ARCHAEA

Archaeen besitzen kein Peptidoglykan (Ausnahme Methanogene), sondern vorwiegend **Pseudomurein** als Zellwandpolymer. Bei Halobakterien findet man hohe Mengen an Glykoproteinen, in anderen Gruppen sulfatierte, polymere Kohlenhydrate. Die meisten Archaeen besitzen einen **S-Layer**.

Eukaryoten

AMORPHEA

Unter den Ophistokonten prägen die **Holozoen** keine Zellwände aus. Bei den **Choanoflagellaten** findet man den **Periplast**, eine der Plasmamembran innen- und außenseitige Auflagerung von Proteinen, die oft mineralisiert ist. **Metazoen** haben hingegen eine Glykocalyx entwickelt.

Nur bei den **Nucletmyceen** findet man innerhalb der Ophistokonta Zellwände, vor allem bei den Pilzen. Letztere besitzen keine Cellulose in den Wänden, sondern **Chitin** oder **Chitosan** sowie β-Glucane und mannosehaltige Proteine.

Amoebozoen wie die Schleimpilze besitzen in verschiedenen Entwicklungsstadien Zellwände aus **Cellulose und Proteinen**. Manche Spezies der Amoebozoa bilden eine Glykocalyx oder biomineralisierte Schalen aus.

ARCHAEPLASTIDA

Die Zellwände der **Pflanzen** bestehen aus Polysaccharidfibrillen, vorrangig aus **Cellulose** und **Hemicellulosen**, sowie aus Proteinen. Da Landpflanzen der Austrocknung widerstehen müssen, begrenzen ihre Zellwände den Wasserverlust durch eine aufgelagerte **Cuticula**. Sie leisten dem Turgor Widerstand und gewährleisten die Stabilität des Pflanzenkörpers. Zellwände dienen auch als morphopoetischer Faktor für Zellwachstum und Wachstumsrichtung.

Die **Chlorophyten** besitzen Zellwände aus Cellulose und aus Mikrofibrillen von Mannanen und/oder aus Glykoproteinen.

Die **Rhodophyceen** bilden Zellwände aus Cellulose und hydrokolloidalen sulfatierten Polysacchariden wie z. B. Agarose und Carrageen.

SAR-KLADE

Einige Vertreter der **SAR-Klade** wie Kieselalgen, Radiolarien und Foraminiferen bilden **mineralisierte Exoskelette oder Endoskelette** aus. Oomyceten wiederum tragen vorwiegend Cellulose und andere Glucane in ihren Zellwänden, aber sehr selten Chitin. Darüber hinaus findet man Hydroxyprolin in den Proteinen ihrer Zellwände. Braunalgen weisen neben Cellulose auch Polymere der Alginsäure (Alginate) auf. Dinoflagellaten bilden Theken aus.

■ **Abb. 12.6** Aufbau der Zellwände und Hüllstrukturen verschiedener Organismengruppen

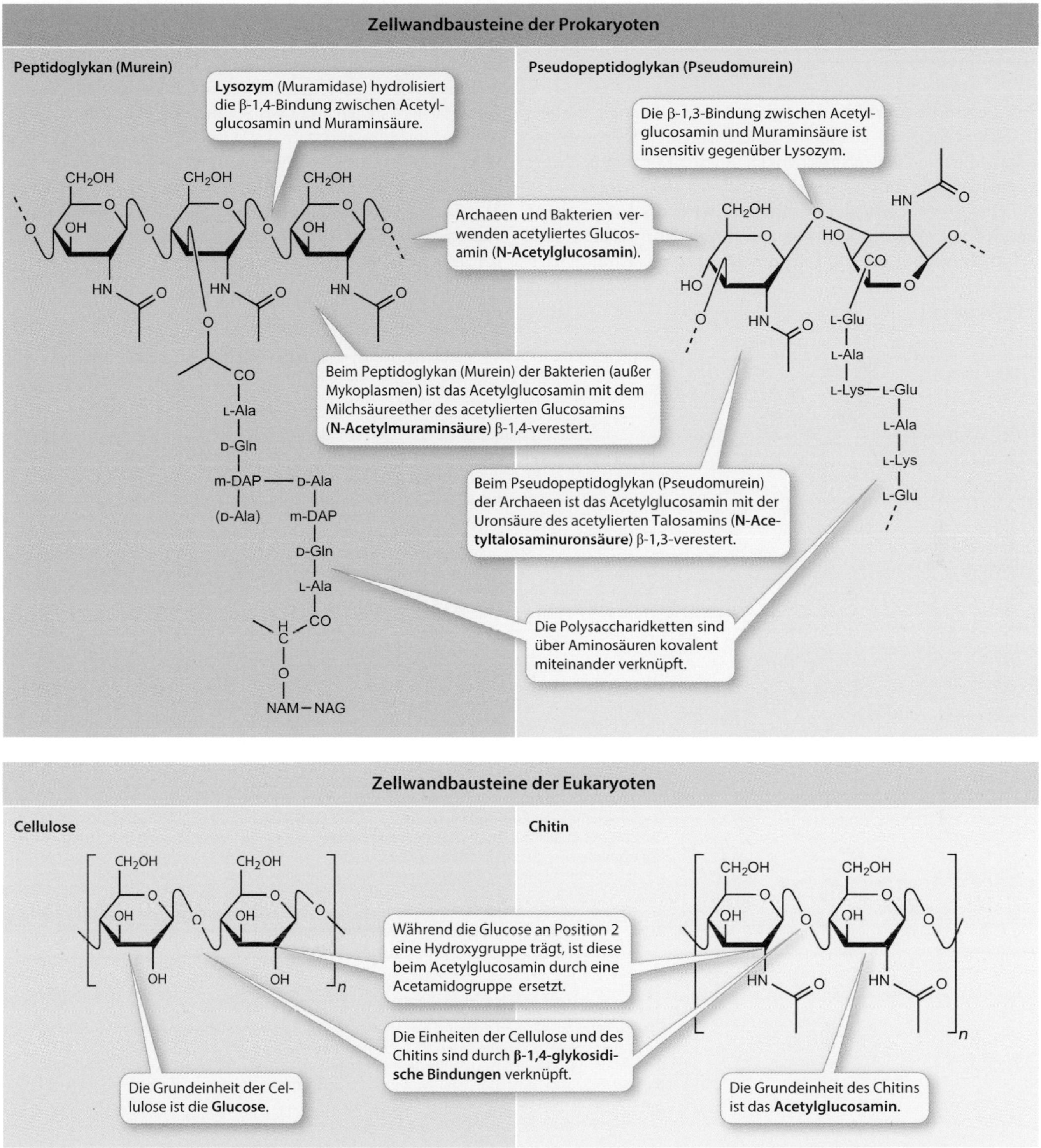

Zellwandbausteine der Prokaryoten

Peptidoglykan (Murein)

Lysozym (Muramidase) hydrolisiert die β-1,4-Bindung zwischen Acetylglucosamin und Muraminsäure.

Archaeen und Bakterien verwenden acetyliertes Glucosamin (**N-Acetylglucosamin**).

Beim Peptidoglykan (Murein) der Bakterien (außer Mykoplasmen) ist das Acetylglucosamin mit dem Milchsäureether des acetylierten Glucosamins (**N-Acetylmuraminsäure**) β-1,4-verestert.

CO – L-Ala – D-Gln – m-DAP — D-Ala – m-DAP – D-Gln – L-Ala – CO – C – O – NAM – NAG

(D-Ala)

Pseudopeptidoglykan (Pseudomurein)

Die β-1,3-Bindung zwischen Acetylglucosamin und Muraminsäure ist insensitiv gegenüber Lysozym.

Beim Pseudopeptidoglykan (Pseudomurein) der Archaeen ist das Acetylglucosamin mit der Uronsäure des acetylierten Talosamins (**N-Acetyltalosaminuronsäure**) β-1,3-verestert.

L-Glu – L-Ala – L-Lys — L-Glu – L-Ala – L-Lys – L-Glu

Die Polysaccharidketten sind über Aminosäuren kovalent miteinander verknüpft.

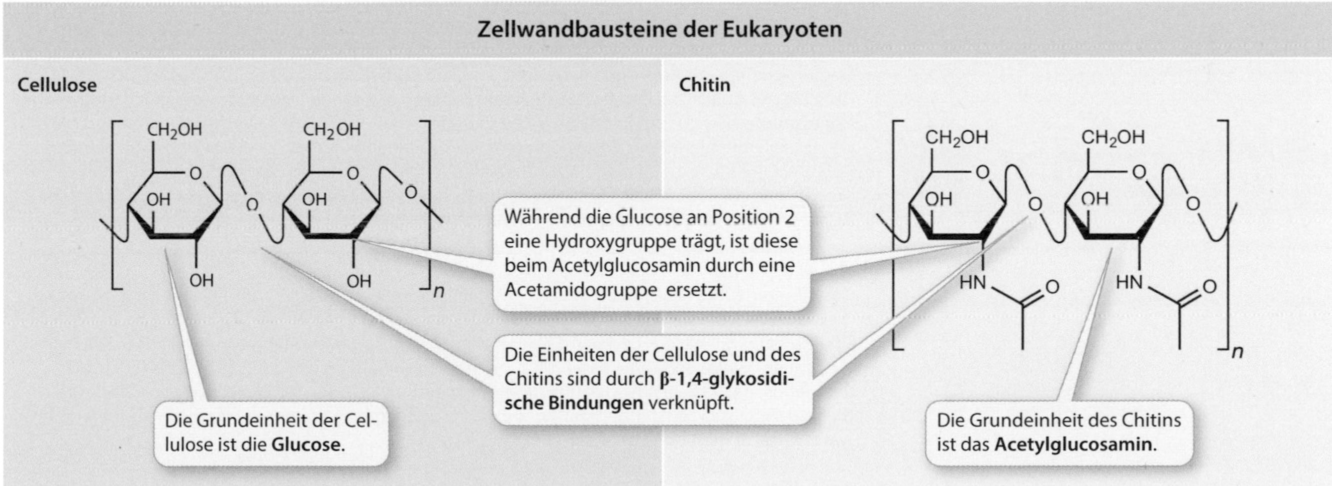

Abb. 12.7 Die Zellwandbausteine der Prokaryoten und Eukaryoten

stellen **biomineralisierte Exoskelette** dar, die entweder aus Calciumcarbonat (Foraminiferen) oder aus dem Anhydrid der Kieselsäure (Diatomeen und Radiolarien) bestehen.

Zellwände müssen bei der Zellteilung neu auf- und umgebaut werden. Dies erfolgt während der Mitose schon in der Anaphase. Dabei lagern sich Vesikel des Golgi-Apparats, gefüllt mit der Grundsubstanz der jeweiligen Zellwand, zwischen den neu gebildeten Zellkernen entlang einer Ebene an und verschmelzen zu einer Zellplatte. Diese wächst schließlich zu der neuen, die Zellen teilenden Zellwand heran.

12.4 Die Körperhülle der Metazoa wird als Integument bezeichnet

Der Begriff **Körperhülle** bezeichnet eine funktionale Einheit, bestehend aus einer oder mehreren Zellschichten, welche das innere Milieu und die entsprechenden inneren Körperzellen eines vielzelligen Organismus von der Außenwelt abschirmen.

Die Körperhülle der **Metazoen** wird als **Integument** bezeichnet. Generell besitzen alle **diplo- und triploblastischen Gewebetiere** ein Integument. Letzteres kann je nach Organismenart mehr oder weniger differenziert und komplex ausgebildet sein (◘ Abb. 12.8). Integumente werden meist vom **Ektoderm** gebildet, wobei mit zunehmenden Komplexitätsgrad mesodermale Anteile hinzukommen. Die Integumente der Invertebraten bestehen meist aus Schalen oder Exoskeletten, während das Integumentsystem der Wirbeltiere als Haut bezeichnet wird. Die Gewebetiere füllen die extrazellulären Räume zwischen Geweben häufig durch eine sogenannte **extrazelluläre Matrix** (engl. *extracellular matrix*, ECM), deren Zusammensetzung zwar variiert, die jedoch Polysaccharidanteile und meist Kollagen enthält.

Schwämme		Die äußere Hülle der Schwämme besteht aus einer epidermalen Schicht von (Exo-)Pinakocyten (**Pinakoderm**). In dieser Schicht befinden sich kleine Öffnungen, die als Kanäle (**Ostien**) für den Wasserdurchfluss dienen.
Nesseltiere und Rippenquallen	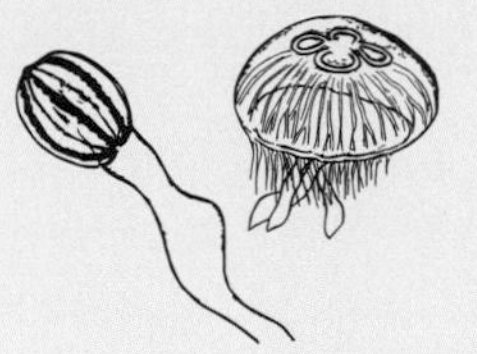	Bei den Cnidariern und Rippenquallen besteht das Integument aus der Epidermis (**Coenosark**) oberhalb der gallertartigen **Mesogloea**. Darin befinden sich neben den Epithelmuskelzellen interstitielle Zellen, aber auch Nerven- und Sinneszellen. Während die Epidermis der Cnidaria noch **Cnidocyten** enthält, welche die Nesselkapseln ausbilden, findet man bei Rippenquallen neben schleimproduzierenden Zellen auch cilientragende Zellen sowie **Kolloblasten**. Letztere produzieren eine klebrige Flüssigkeit zum Beutefang. Cnidarier bilden teilweise Exoskelette aus, wie das **Coenosteum** der Steinkorallen. Die **Hydrotheken** der Polypen bestehen aus Strukturproteinen, Enzymen, Phenolen und Polysacchariden. Darüber hinaus kann anorganisches Material eingelagert werden.
Plattwürmer	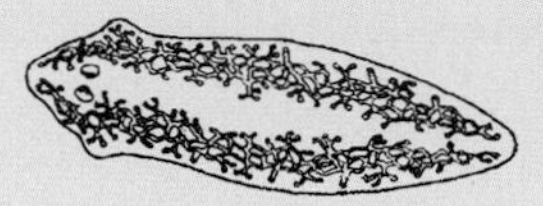	Das Integument der Plattwürmer (Plathelminthes) besteht aus einer meist einreihigen und manchmal verhärteten **Epidermis**. Eine Cuticula fehlt. Die Epidermis ist sehr drüsenreich und ursprünglich mit Cilien besetzt. Die Drüsenzellen liegen unterhalb der Epidermis. An die Epidermis schließen eine **basale Matrix** und ein **Hautmuskelschlauch** an. Bei einigen Gruppen ektoparasitärer Plathelminthen, den Neodermata, wird die Epidermis durch eine mesodermale Hautschicht aus syncytialen Zellen ersetzt, deren Zellkörper unterhalb der Matrix liegen.
Gliederfüßer	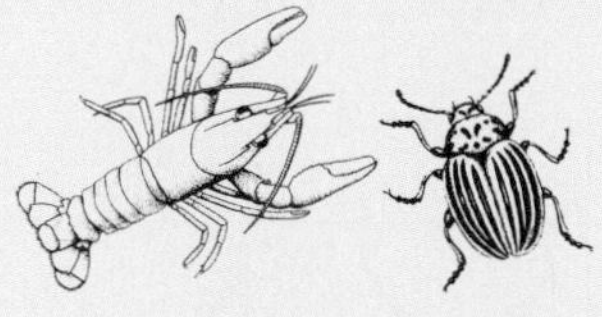	Das Integument der Arthropoden besteht aus einer **Epidermis**, die durch eine mehrschichtige **Cuticula** aus Chitin und Protein, oft auch durch Biomineralisation, verstärkt sowie durch Wachsanteile wasserabweisend wird (**Exoskelett**). Das Exoskelett der Arthropoden wächst nicht mit und muss daher bei kontinuierlichem Wachstum schubweise erneuert werden. Es bietet effektiven Schutz vor Parasiten, Invasoren und Fressfeinden sowie vor Austrocknung. Das Gewicht des Exoskeletts und die Realisierung des Gasaustauschs über Tracheen limitieren allerdings die Größe der Arthropoden. Unter der Epidermis liegt eine Muskelschicht.
Weichtiere		Das Integument der Mollusken besteht aus der **Epidermis** und dem darunterliegenden **Corium**, ein mesodermales Binde- und Muskelgewebe. Die Epidermis der Mollusken ist einschichtig, die Zellen sind vielfältig differenziert. Neben Wimperzellen und Sinneszellen kommen auch Drüsenzellen vor, die Schleim, Farbe und Gifte bilden oder zur Schalenbildung beitragen. Der Rückenbereich aus flimmerlosen Deckzellen wird **Mantel** (**Pallium**) genannt. Hier verläuft die Bildung von Deckschichten und durch Kalk verstärkte **Schalen**. Drüsenzellen hingegen können große Ausmaße annehmen, wie z. B. der Tintenbeutel der Kopffüßer.
Ringelwürmer	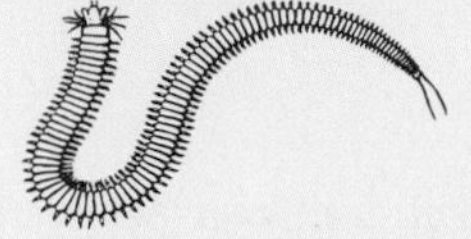	Die **Epidermis** der Anneliden ist mit einer kollagenhaltigen und wasserabweisenden, aber flexiblen **Cuticula** überzogen. Unter der Epidermis liegt ein mesodermaler **Hautmuskelschlauch**. In der Epidermis sitzen Drüsenzellen, die Schleim produzieren können. Tiefe Einstülpungen dieser ektodermalen Schicht werden als Borstensäckchen bezeichnet. Hier bilden Epidermiszellen die zur Fortbewegung eingesetzten **Chaetae** (**Borsten**) aus, haarähnliche Gebilde aus Chitin und Protein.
Wirbeltiere		Die Haut der Wirbeltiere ist dreischichtig aufgebaut. Sie besteht aus der **Oberhaut** (**Epidermis**), der **Lederhaut** (**Dermis**) und der **Unterhaut** (**Subcutis**). Bei den meisten Säugetieren ist die Haut mit einem dichten Fell bedeckt.

◘ **Abb. 12.8** Aufbau der Integumente verschiedener Stämme der Gewebetiere

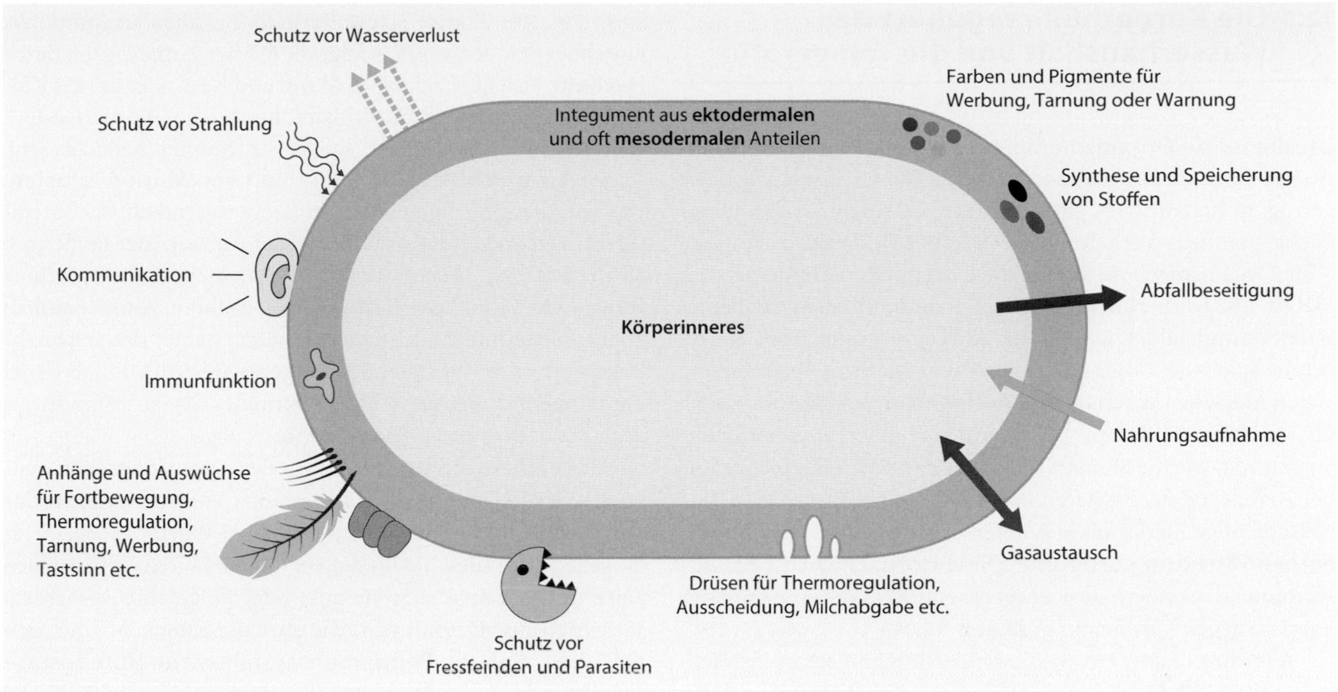

Abb. 12.9 Funktionen des Integuments von Gewebetieren anhand eines schematischen Querschnitts durch den Körper eines Gewebetieres

Integumente **schützen** den **Organismus vor äußeren Einflüssen** und garantieren ein **regulierbares inneres Milieu** (Abb. 12.9). Die Körperhülle ist generell wasserdicht. Sie bewahrt tiefer liegende Schichten vor mechanischer und chemischer Belastung und wehrt Invasoren wie beispielsweise Parasiten oder Keime ab. Gleichzeitig erlauben Integumente einen geregelten Stoff- und Energiefluss im Austausch mit der Umwelt. Sie ermöglichen die Beseitigung von Abfallprodukten, den Austausch von Gasen und Flüssigkeiten, die Aufnahme von Nahrung, tragen sensorische Rezeptoren und beteiligen sich bei Tieren oft an der Regulation der Körpertemperatur. Neben diesen Aufgaben verrichten sie teils Immunfunktionen (z. B. Langerhans Zellen der Haut), dienen der sexuellen Attraktion (z. B. Federkleid), sind Syntheseort (z. B. Vitamin D in der Haut von Landwirbeltieren) und Speicherort (Fette, Wasser und Kohlenhydrate) oder dienen dem Schutz vor Strahlung (UV-Schutz durch Pigmentierung der Haut).

Wirbeltiere bilden ein **zweischichtiges Integument** aus, das aus einer **ektodermalen Epidermis** und einer **mesenchymalen Dermis** besteht. Im Lauf der Evolution entwickelt sich die Epidermis von einem einschichtigen zu einem mehrschichtigen Epithel. Phylogenetisch ältere wasserlebende Wirbeltiere wie einige Fische, aber auch Amphibienlarven, regeln den Ionen-, Gas- und Wasseraustausch teils über das Integument. Die Epidermis wird jedoch zunehmend mehrschichtig und beginnt bereits bei den Amphibien zu **verhornen**. Das Integument der Amnioten bildet sich vorwiegend als Adaption an das Landleben aus. Im Vordergrund steht neben dem mechanischen Schutz die Reduzierung des Wasser- und Ionenverlusts durch die äußeren Schichten des Integuments. Im Zuge dessen verhornt die Epidermis stark und wird lipidreicher.

Die Integumente der Amnioten bilden oft **Anhänge und Auswüchse** wie Nägel, Federn, Haare, Wolle, Hörner, Hufe, Klauen, Schuppen und Schnäbel aus. Alle diese „Accessoires“ werden vorwiegend aus dem wasserunlöslichen Protein **Keratin** gebildet. Dieses liegt auch in den äußeren Schichten der Haut der Landwirbeltiere vor und bewahrt den Organismus so vor Austrocknung. Die Bildung von Keratin war eine Voraussetzung für die erfolgreiche Besiedlung der Landmassen durch die Wirbeltiere. Neben den erwähnten Anhängen bildet die Haut aber auch verschiedene **Drüsen** aus. Bei uns Menschen sind dies merokrine (vorwiegend Wasser- und Salzabgabe) und apokrine (Ohrwachsdrüsen, Milchdrüsen, Schweiß- und Pheromonabgabe) Schweißdrüsen sowie Talgdrüsen. Die ektodermalen Anhänge bilden sich durch ein morphologisches Zusammenspiel, eine Wechselwirkung über Signalmoleküle zwischen Epidermis und Dermis, aus. Inzwischen kennt man viele **molekulare Signalwege**, die an der Ausbildung von Anhängen und anderen morphologischen Differenzierungen der Haut beteiligt sind. Dazu gehören der Wnt-, der β-Catenin- und der Notch-Signalweg wie auch Signalwege, die über Ectodysplasin A (Eda), Sonic hedgehog (Shh), das knochenmorphopoetische Protein (BMP) und den Fibroblasten-Wachstumsfaktor (FGF) gesteuert werden.

12.5 Die Körperhülle reguliert den Wasserhaushalt und die Temperatur

Landlebende Organismen müssen in der Lage sein, sich **vor Austrocknung zu schützen** und den Wasserverlust möglichst gering zu halten. Dies gilt vor allem bei einem großen Oberfläche/Volumen-Verhältnis, wie es z. B. bei kleinen Lebewesen oder Organismen mit filigranen Extremitäten/Elementen der Fall ist. Die Körperhülle vielzelliger Landbewohner ist daher als Barriere ausgebildet, um vor Dehydratation zu schützen. So tragen beispielsweise die epidermalen Schichten von Pflanzen und vielen Metazoen **wachsartige Auflagerungen** (◘ Abb. 12.10), über die Wasser(-dampf) oft nur durch regulierbare, ventilartige Strukturen, wie die Stomata bei Pflanzen und die Stigmenventile bei Arthropoden, passieren kann. Die Tetrapoden bilden eine vielschichtige Epidermis aus, deren obere Teile zunehmend verhornen (**Stratum corneum**). Diese **Hornschicht** ist bei den Amnioten besonders stark ausgeprägt und bildet eine intensive Barriere gegen Verdunstung (◘ Abb. 12.11).

Allerdings kann ein wasserdichtes Integument auch Nachteile mit sich bringen, wenn überschüssige Wärme abgeführt werden muss. Die Kühlung durch Wasserdampf und die dadurch entstehende Verdunstungskälte können Tiere vor Überhitzung schützen. Daher haben homoiotherme Tiere Strategien entwickelt, um die **Wasserdampfabgabe** kontrolliert zu erhöhen. Diese erfolgt bei Primaten durch **Schwitzen**. Beim Menschen sorgen hierfür ekkrine Schweißdrüsen. Bei anderen Amnioten, einschließlich der Vögel, erfolgt die Wasserdampfabgabe durch **Hecheln**, also über Schnabel, Mund und Nase oder mittels Körperhaltung schließ- und öffenbare thermische „Körperfenster". Dies können weniger gut isolierte Integumentbereiche sein. Andererseits **schützen Körperhüllen vor Wärmeverlusten**, was vor allem für homoiotherme Tiere wesentlich ist. Fetteinlagerungen in den Hüllstrukturen oder Anhänge der Epidermis, also Haare, Fell, Federn oder Schuppen, können diesen Schutz verstärken. Viele dieser Tiere regulieren ihren Wärmehaushalt zudem über integumentnahe Kapillarsysteme, deren Durchblutung je nach Außentemperatur geregelt wird. Oftmals findet die Temperaturregulation hier in Form des Gegenstromprinzips statt, wie z. B. in den Beinen der Wasservögel.

Der **Verlust von Wasser** hat für den Organismus eine weitreichende Bedeutung, da mit ihm auch **Veränderungen der** Osmolalitäten und **Änderungen des pH-Werts** in Zellen einhergehen. Um diese Bedingungen aufrechtzuerhalten, müssen Salze und organische Stoffe aus- oder eingeschleust werden. Wasserlebende Organismen, wie etwa die Knochenfische, weisen meist einfache **Regulationssysteme zur Homöostase** auf, also zum Aufrechterhalten von Basisfunktionen. Salz- und Stickstoffhaushalt werden vorwiegend über einfache Transportmechanismen in den Zellmembranen der Epithelien der Haut, Kiemen und Nieren reguliert. Ähnlich wie die meisten wasserlebenden Amphibien und Invertebraten können Fische große Schwankungen in Osmolalität und Wasserhaushalt nicht oder

12

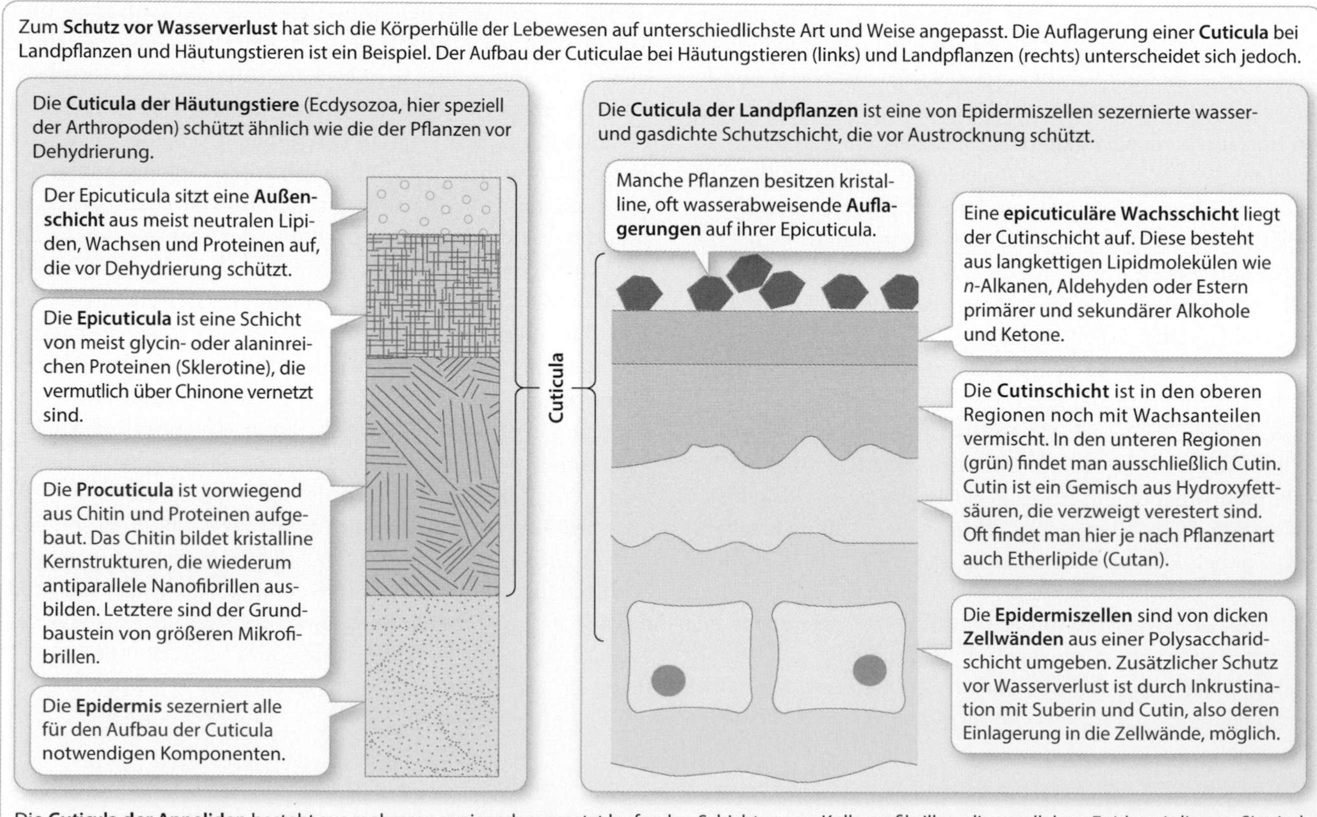

◘ **Abb. 12.10** Die Auflagerung einer Cuticula verringert den Wasserverlust

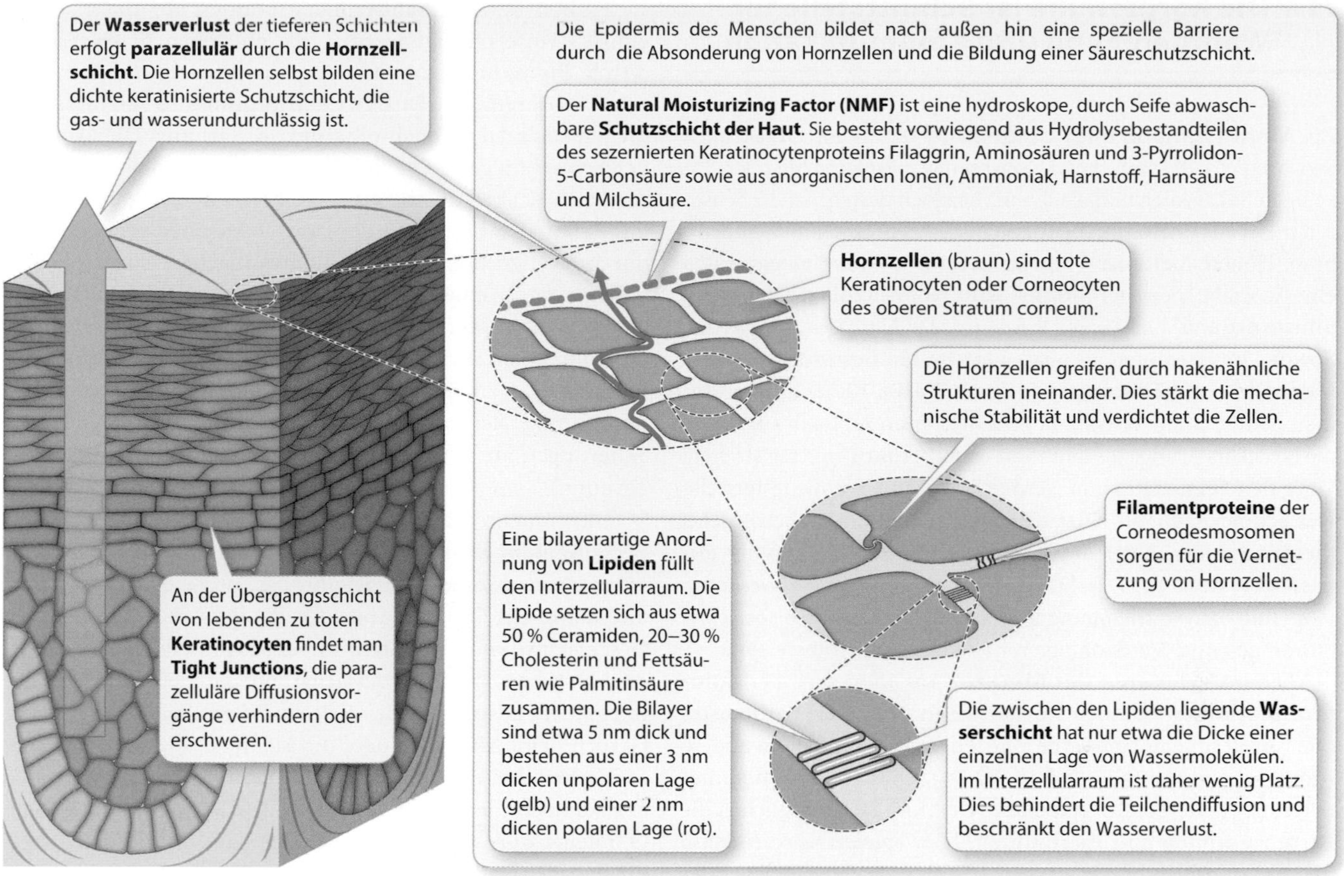

Der **Wasserverlust** der tieferen Schichten erfolgt **parazellulär** durch die **Hornzellschicht**. Die Hornzellen selbst bilden eine dichte keratinisierte Schutzschicht, die gas- und wasserundurchlässig ist.
Die Epidermis des Menschen bildet nach außen hin eine spezielle Barriere durch die Absonderung von Hornzellen und die Bildung einer Säureschutzschicht.
Der **Natural Moisturizing Factor (NMF)** ist eine hydroskope, durch Seife abwaschbare **Schutzschicht der Haut**. Sie besteht vorwiegend aus Hydrolysebestandteilen des sezernierten Keratinocytenproteins Filaggrin, Aminosäuren und 3-Pyrrolidon-5-Carbonsäure sowie aus anorganischen Ionen, Ammoniak, Harnstoff, Harnsäure und Milchsäure.
Hornzellen (braun) sind tote Keratinocyten oder Corneocyten des oberen Stratum corneum.
Die Hornzellen greifen durch hakenähnliche Strukturen ineinander. Dies stärkt die mechanische Stabilität und verdichtet die Zellen.
Filamentproteine der Corneodesmosomen sorgen für die Vernetzung von Hornzellen.
Eine bilayerartige Anordnung von **Lipiden** füllt den Interzellularraum. Die Lipide setzen sich aus etwa 50 % Ceramiden, 20–30 % Cholesterin und Fettsäuren wie Palmitinsäure zusammen. Die Bilayer sind etwa 5 nm dick und bestehen aus einer 3 nm dicken unpolaren Lage (gelb) und einer 2 nm dicken polaren Lage (rot).
An der Übergangsschicht von lebenden zu toten **Keratinocyten** findet man **Tight Junctions**, die parazelluläre Diffusionsvorgänge verhindern oder erschweren.
Die zwischen den Lipiden liegende **Wasserschicht** hat nur etwa die Dicke einer einzelnen Lage von Wassermolekülen. Im Interzellularraum ist daher wenig Platz. Dies behindert die Teilchendiffusion und beschränkt den Wasserverlust.

Abb. 12.11 Die Haut der Wirbeltiere, hier am Beispiel des Menschen gezeigt, bietet durch ihren speziellen Aufbau Schutz gegen Wasserverlust

nicht lange ausgleichen und sind damit an ihr Habitat gebunden. Sie zählen zu den **Konformern** (► Abschn. 4.5). Amphibien können bei Landgang Stickstoff in Form von Harnstoff im Blut stärker anreichern und dessen Konzentrationen über die Blase durch Rückresorption von Wasser verringern, müssen jedoch ins Wasser zur Ausscheidung zurück. Landlebende Formen bilden statt Harnstoff Harnsäure, die sie ausscheiden können. Manche Amphibien, wie die Erdkröte, können allerdings starke Osmolaritäts- und Wasserschwankungen tolerieren.

Während der **Evolution der Amnioten** gewann die Aufrechterhaltung der Homöostase immer mehr an Bedeutung (Abb. 12.12). Die Organismen entwickelten effizientere Regulationssysteme für Osmolalität und Wasserhaushalt an Land und erlangten damit mehr Unabhängigkeit in ihrem Lebensraum. Man spricht von **Regulatoren**. Dominierendes Organ zur Regulation des Salz- und Wasserhaushalts wurde die **Niere**, die vor allem bei Vögeln und Säugetieren ausgeprägte homöostatische Fähigkeiten gewann (► Abschn. 12.15).

metabolische Anpassungen
Die Ausscheidung von Stickstoff in Form von Harnstoff, wie bei ureotelischen Tieren, benötigt große Wassermengen. Die Bildung der schwer löslichen **Harnsäure** bei **uricotelischen Tieren** ermöglicht eine **Ausscheidung von Stickstoff über die Fäzes**.
Eine Wassergewinnung kann auch durch die **Erhöhung der metabolischen Rate wasserliefernder Prozesse** erfolgen. Dies geschieht beispielsweise beim Fettabbau, aber auch beim Abbau von Proteinen und Glykogen.
Aufbau von **Fettspeichern als metabolisches „Wasserdepot“** (z. B. Fettspeicher der Kamele)
geringerer Wasserverlust
morphologische Anpassungen
Auch eine höhere **Konzentrierung des Urins und Rückgewinnung des Wassers in den Nierensystemen** sorgen für einen geringeren Wasserverlust. Gegenüber Fischen ist der Urin des Menschen um das Vierfache konzentrierter, der Urin kleinerer Säuger wie Mäuse hingegen um das 30- bis 40-Fache.
Die Ausbildung eines **spezialisierten Verdauungssystems** sorgt für eine erhöhte Resorption von Wasser aus den Fäzes.
Die **Ausscheidung von Salzen** durch Salzdrüsen vermindert das Wasserbedürfnis.
Ausbildung einer **wasserdichten Hüllstruktur**

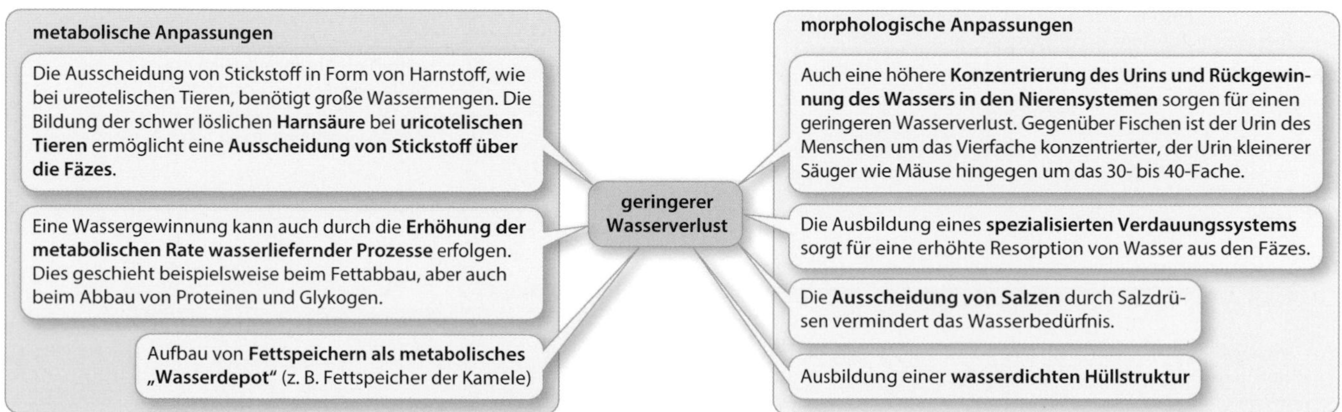

Abb. 12.12 Zu den Anpassungen von landlebenden Amnioten an den Wasserverlust gehören sowohl metabolische als auch morphologische Anpassungen

12.6 Die Körperhülle ist Schnittstelle für Wahrnehmung und Kommunikation

Zur **Wahrnehmung ihrer Umgebung** setzen alle Organismen Sensoren ein. Bei einfachen Lebewesen wie Prokaryoten oder einzelligen Eukaryoten und niederen Metazoen bestehen diese Sensoren meist aus **Proteinrezeptoren** in der Zellwand und Zellmembran. Höhere Metazoen hingegen weisen in ihren Integumenten eine Vielzahl spezieller **Sinnes- und Nervenzellen** oder ganze **Sinnesorgane** auf, die auf Reize aus der Umgebung reagieren. Sowohl Invertebraten als auch Vertebraten besitzen Zellen zur **Mechano- und Thermorezeption** (◘ Abb. 12.13) in ihren Integumenten. Dem Tastsinn liegen Mechanorezeptoren zugrunde, die Druckänderungen, Vibrationen und Berührungen registrieren. Über den Temperatursinn werden Kälte und Wärme festgestellt. Der Schmerzsinn, die **Nozizeption**, kann zu hohe mechanische, thermische oder chemische Reize als Schmerzen und Jucken registrieren (► Abschn. 17.2). Die Gewebe und Organe zur Geruchs-, Hör- und Sehwahrnehmung finden sich fast immer in speziellen Öffnungen oder Verdünnungen in den Integumentbereichen.

Die **Integumente der Metazoen** dienen auch der **Kommunikation**. So können Körperhüllen über stete Farbmuster oder Änderungen von Farbe und Form Botschaften an andere Individuen vermitteln (◘ Abb. 12.14). Diese Botschaften dienen unter anderem der sexuellen Selektion: Sie ermöglichen die Partnerwerbung und Paarfindung. Hier spielen beispielsweise die Gefiederfärbung bei Vögeln, die Farben der Guppys oder die Kolorierungen bei Reptilien eine Rolle. Auch spiegeln sie Stimmungen, wie das Erröten beim Menschen, und Paarungsbereitschaft wider. Paarungsbereite Libellen vollziehen bei Eintreten der Geschlechtsreife einen Farbwechsel.

Farben bzw. Farbänderungen können auf unterschiedlichste Weise erzeugt werden. Sie entstehen beispielsweise durch Pigmente, Durchblutung, Lichtbrechung, Streuung oder Interferenz. Die **Farben der Integumente** von Metazoen dienen auch der Feindabwehr und der Tarnung. Die Mimikry der Schwebfliege ist ein Beispiel der Feindvermeidung, während sich Kraken durch Farb- und Formänderung tarnen und das Zebra, der Tiger oder der Jaguar sich eine Formauflösung durch Streifen oder Flecken zunutze machen. Sogar sozialer Stress kann, wie beispielsweise bei Chamäleons, über das Integument kommuniziert werden. Auch Archaeplastiden wie die Blütenpflanzen nutzen Farbpigmente in der Epidermis der Blütenblätter zu Zwecken der sexuellen Reproduktion und Verbreitung. Neben den Farben können allerdings auch Formänderungen am Integument stattfinden (z. B. bei Kraken zur Tarnung).

Integumente haben über die Farben hinaus eine zentrale Bedeutung für die sexuelle Fortpflanzung. Die Haut des Menschen ist ein dezidierter Zeiger für das Alter eines Individuums und damit ein wichtiges Indiz für die Partnerwahl. Selbst der Geschlechtsdimorphismus wird bei Säugetieren einschließlich des Menschen, aber auch bei vielen anderen Metazoen, über das Integument ausgeprägt. Beispiele sind die Behaarung sowie der Geruch beim Menschen oder die Mähne des Löwen. Eine Besonderheit der Haut der Säugetiere sind die Milchdrüsen, die der Aufzucht der Jungtiere dienen. Zur Fortpflanzung dienen Öffnungen oder Ausstülpungen des Integuments wie Begattungsorgane oder Brutbeutel. Bei niederen Invertebraten wie den Seeringelwürmern kann das Integument auch aufreißen, um die Gameten (Spermazoide) freizusetzen. In Brutbeuteln bieten einige Fische und Amphibien ihren Eiern Schutz bis zum Schlüpfen und Beuteltiere tragen darin ihre Jungen aus.

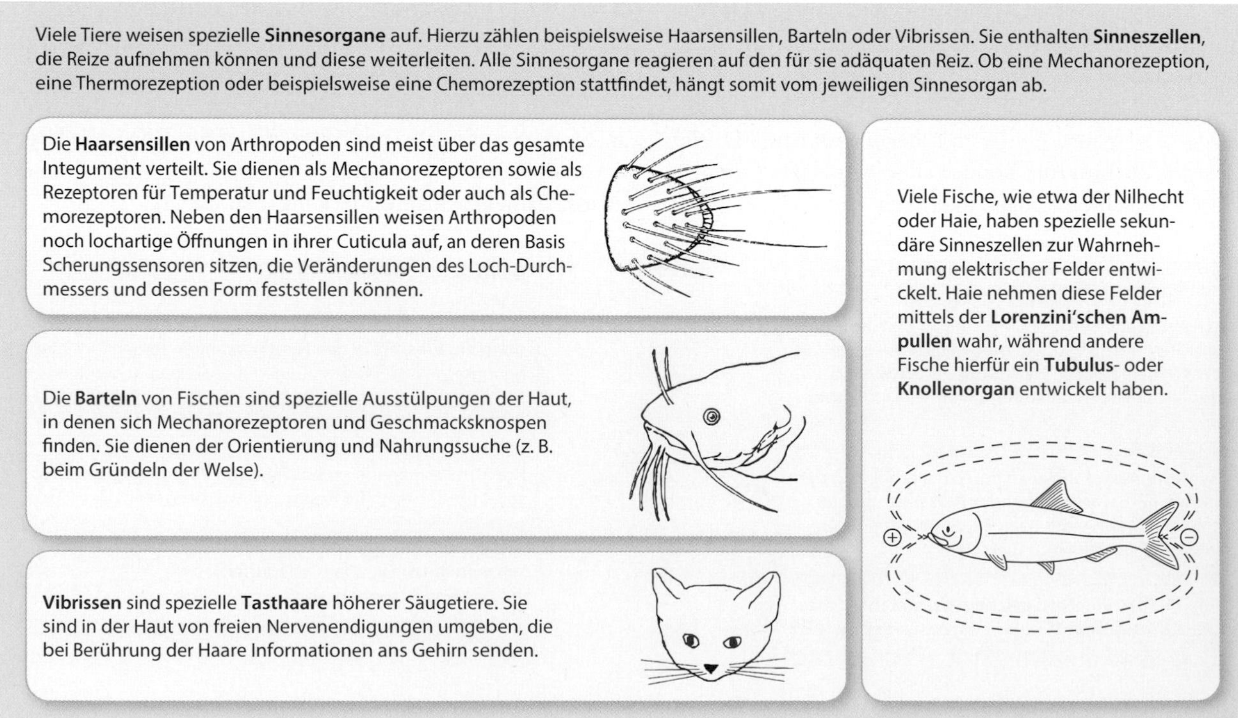

◘ **Abb. 12.13** Die Vielfalt von Sinnesorganen bei Tieren

Bei Chromatophoren handelt es sich um pigmentierte Zellen der Gewebetiere. Sie liegen meist oberflächennah im Körper und können für einen physiologischen Farbwechsel sorgen. Die Einteilung von Chromatophoren erfolgt aufgrund der Art des enthaltenen Pigments. So werten Xantophoren (gelb) und Erythrophoren (rot-orange) unterschieden, die Pterine und Carotinoide enthalten, Melanophoren (braun), die Melanin enthalten, sowie Guanophoren und Iridophoren, die kristallines Guanin enthalten.

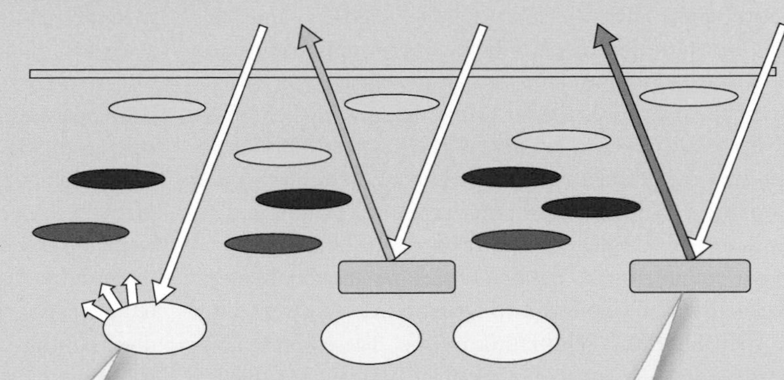

Die **Chromatophoren der Kopffüßer** tragen verschiedene Pigmente. Die **Xanthophoren** (Pteridinpigmente) erscheinen gelb (oberste Schicht), die **Erythrophoren** (Carotinoide) rot-orange (mittlere Schicht) und die **Melanophoren** (Eumelanin) braun (unterste Schicht).

Leukophoren sind Reflektoren, die in der untersten Schicht liegen und jedes durchkommende Licht diffus zurückwerfen. Der Untergrund erscheint dadurch weiß.

Iridophoren können Licht reflektieren, zusätzlich aber auch die Wellenlängen des reflektierten Lichts verändern. Dies ermöglicht ihr innerer Aufbau, abwechselnd aus dünnen Schichten mit hohem Brechungsindex (aus Reflektin) und solchen mit niedrigem Brechungsindex, deren Abstand variiert werden kann. So kommt es zur Bragg-Reflexion und Interferenz. Dabei entstehen Farben von Blau bis Grün.

Beim **physiologischen Farbwechsel** ändert sich die Farbgebung des Organismus durch eine **Formveränderung** der Chromatophore (links) oder durch eine **Verlagerung von Pigmenten** in der Chromatophore (rechts).

Kopffüßer wie Sepien und Kraken verändern die Größe der Chromatophoren und damit ihre Helligkeit. Die Chromatophoren sind von Muskeln, Nerven und Gliazellen umgeben (cytoelastischer Sacculus). Die Steuerung erfolgt neuronal.

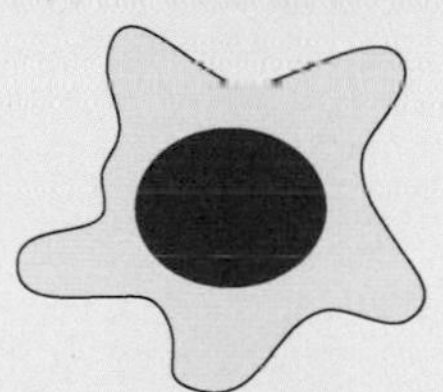

hohe Farbgebung

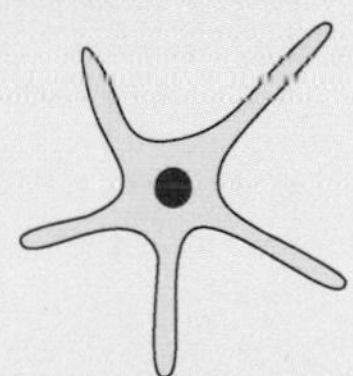

Farbe verblasst

Fische und Amphibien variieren die Helligkeit ihrer Melanosomen durch Veränderung der Verteilung ihrer Pigmente in den Zellen. Die Steuerung erfolgt je nach Spezies hormonell oder neuronal.

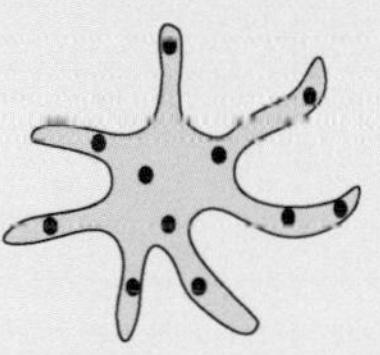

Chromatophore erscheint **dunkel**

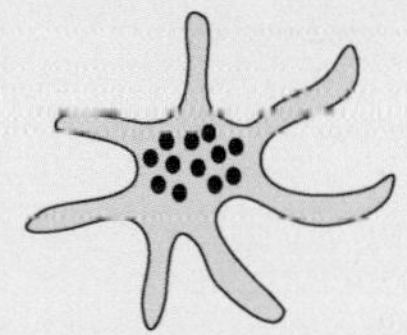

Chromatophore erscheint **hell**

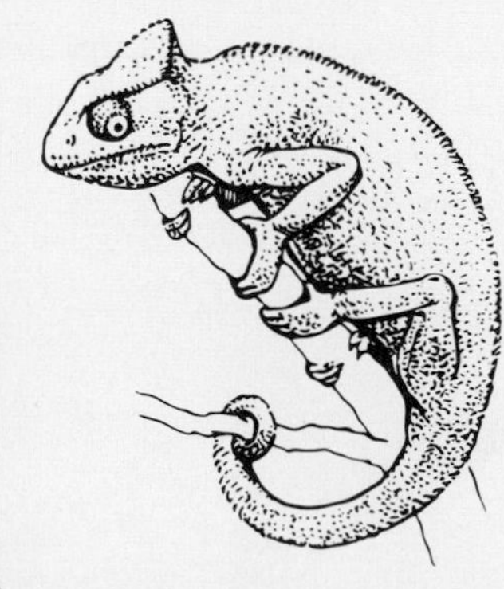

Die Chamäleons besitzen eine oder mehrere Schichten von Chromatophoren. Die häufigsten Pigmente tragen gelbe Farbe. Die Chromatophoren können ihre Helligkeit durch Zellsignale wie Hormone und Transmitter ändern. Unter den Chromatophorschichten liegen Iridophoren. Beim Pantherchamäleon (*Furcifer pardalis*) wurden zwei Ebenen von Iridophoren nachgewiesen. Die Iridophoren beinhalten dünne Schichten aus Guanin (Nanokristalle), die mit Cytoplasma-Lagen abwechseln. An ihnen kann das Licht über Bragg-Reflexion interferieren und damit Farben erzeugen. Das Prinzip gleicht dem der Iridophoren der Tintenfische. Stauchung oder Entspannung der Iridophoren verändert den Abstand der Guaninschichten und damit die Farbe. Die Iridophoren der oberen Schicht reflektieren im entspanntem Zustand blaues und grünes Licht, in gestauchtem Zustand werden hingegen Farben von gelb/grün bis rot reflektiert. Die grüne Farbe vieler Chamäleons rührt von der Reflexion blauen Lichts und der Überlagerung gelber Chromatophoren her. Die inneren Iridophoren reflektieren Licht im Infrarotbereich und schützen damit vor Überhitzung.

Abb. 12.14 Chromatophoren ermöglichen einen physiologischen Farbwechsel

12.7 Die Körperhülle dient der Immunabwehr und der Fortbewegung

Die Körperhüllen aller Vielzeller haben in erster Linie eine **Schutzfunktion gegen mechanische Störungen und gegen Austrocknung** (▶ Abschn. 12.5). Durch Ausbildung von Exoskeletten, wie bei Arthropoden, oder Hautanhängen wie Schuppen, Hufen, Nägeln oder Federn bei den Wirbeltieren erhöht sich die mechanische Belastbarkeit von Integumenten. Keratinschichten und Fett in der Haut vermindern mechanische Schäden und reduzieren damit die Möglichkeiten für parasitäre Organismen, in den Körper einzudringen. Bei den Integumenten der Bilateria tragen **sezernierende Zellen und Drüsen** in oder direkt unter ihren Körperhüllen zur Schutzfunktion bei. Diese können **Sekrete** ausscheiden, die entweder Oberflächenfilme wie Schleime oder lipophile Schichten bilden und damit Verschmutzung und Austrocknung verhindern oder auch toxische Substanzen produzieren, die Parasiten am Eindringen hindern (◘ Abb. 12.15).

Durch das Freisetzen von **antimikrobiellen Peptiden** übernimmt das Integument bei einer Vielzahl von Organismen zudem auch eine **Immunfunktion**, um sich vor parasitierenden Pilzen, Bakterien, Protisten oder Viren zu schützen (◘ Abb. 12.16).

Weiterhin kann das Integument einen Beitrag zur **Fortbewegung** von Organismen leisten, indem es z. B. spezielle **Ausformungen, Häute und Anhänge** ausbildet (◘ Abb. 12.16). Hier seien insbesondere die Flossen von Fischen oder die Flügel der Vögel erwähnt. Zwischenhäute an den Füßen von Amphibien wie Fröschen und Molchen oder bei See- und Wasservögeln unterstützen die Schwimmbewegungen. Flughäute zwischen Bauch und Pfoten oder zwischen den Extremitäten, wie bei manchen Fischen, Eidechsen, Gleithörnchen oder Fledermäusen oder auch den ausgestorbenen Flugsauriern, ermöglichen das Gleiten in der Luft. Als besondere Hautanhänge zur Fortbewegung gelten die Federn der Vögel oder die der Oberflächenvergrößerung und Haftung dienenden Härchen von Geckos und Arthropoden (◘ Abb. 12.16). Integumente können zudem mechanische Scherungen und Widerstände bei der Bewegung minimieren, indem die Oberflächen bis in den Nanometerbereich stark geglättet werden, wie es etwa bei Delfinen der Fall ist. Eine andere Möglichkeit ist die sekretorische Schleimbildung, die bei Anneliden und Fischen das Gleiten durch ein zähes Medium erleichtert.

Die **Tränendrüsen** der Säugetiere befeuchten die Hornhaut und schützen vor Austrocknung und Vschmutzung des Auges. Sie sezernieren auch Lysozym und Immunglobulin A, welche eine antibakterielle Wirkung aufweisen und so Schutz vor Pathogenen liefern.

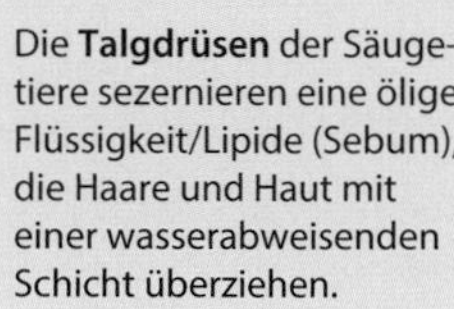

Die **Talgdrüsen** der Säugetiere sezernieren eine ölige Flüssigkeit/Lipide (Sebum), die Haare und Haut mit einer wasserabweisenden Schicht überziehen.

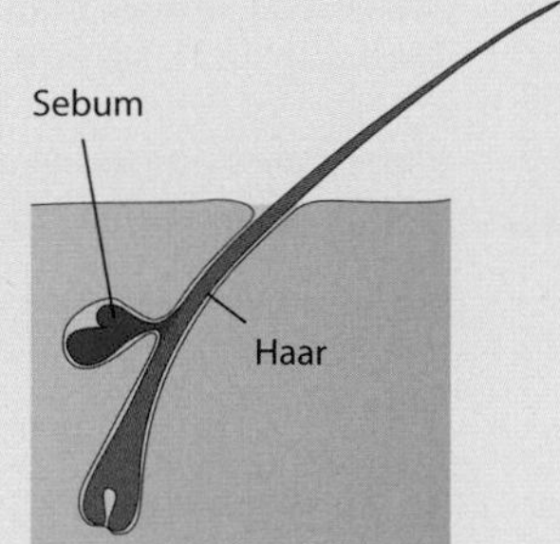

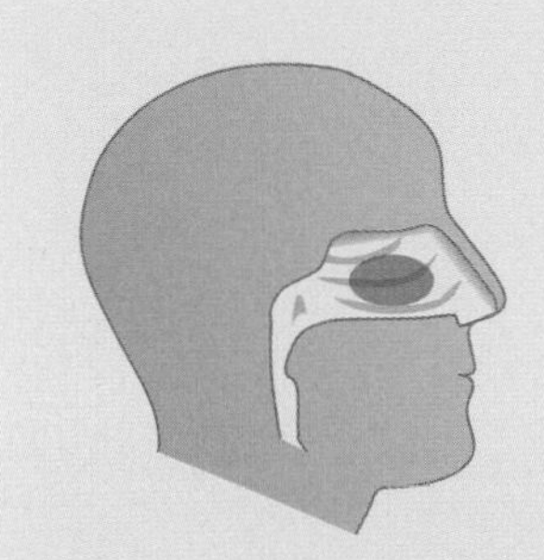

Die **Nasendrüsen** der Wirbeltiere befeuchten die Atemluft und die Nasenhöhle (Nüstern). Bei Vögeln liegen im Kopf über dem Schnabel Drüsen, die eine salzige Flüssigkeit über die Nüstern ausscheiden. Nasendrüsen schützen vor Austrocknung und Verschmutzung der Nasenhöhle.

Die **Bürzeldrüse** der Vögel enthält Lipide und Wachse, die das Gefieder wasserdicht abschotten können. Darüber hinaus sezerniert sie fungizide und bakteriostatische Moleküle.

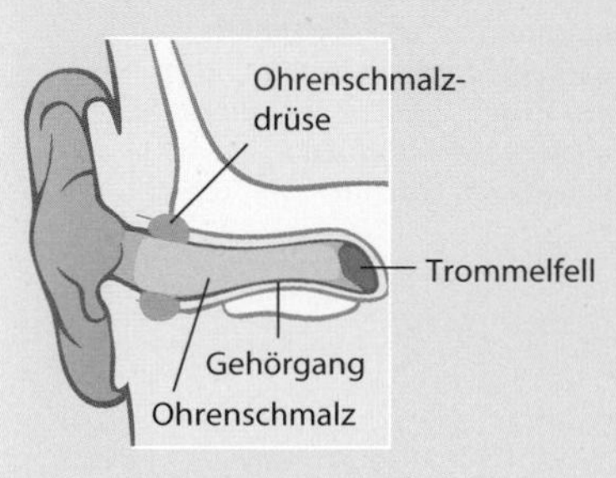

Das **Ohrenschmalz** (Cerumen) schützt Gehörgang und Trommelfell vor eindringenden Parasiten und Tieren. Es wirkt fungizid und bakteriostatisch.

Die **Giftdrüsen** einiger Tiere wie die der Baumsteiger-Frösche schützen den Organismus vor Fressfeinden.

◘ **Abb. 12.15** Zum Schutz vor eindringenden Parasiten besitzen die Körperhüllen der Vielzeller spezialisierte Drüsen, die durch Ausscheidung von Sekreten unterschiedliche Schutzfunktionen bieten

Auch die **Haut** des Menschen und vieler Tiere besitzt spezialisierte Zellen, die zur **Immunfunktion gegen Pathogene** Abwehrmechanismen aufweisen. Bei vielen Tieren patrouillieren **Immunzellen** in den tieferen Schichten der Haut, um eingedrungene Organismen zu beseitigen und das Immunsystem zu aktivieren. **Melanocyten** schützen die tieferen Schichten der Haut durch Melanine vor zu starker UV-B-Strahlung. Weiterhin erfolgt in der Haut der meisten Wirbeltiere mithilfe der UV-B-Strahlung aus dem Sonnenlicht ein Teil der Vitamin-D-Synthese. **Vitamin D** wiederum kann die T-Zellen in der Haut stimulieren und aktivieren.

Stratum corneum

Stratum granulosum

Stratum spinosum

Stratum basale

Basalmembran

Die **Keratinocyten** sezernieren **antimikrobielle Peptide** (AMPs) wie Psoriasin, RNAse-7 oder β-Defensine. Diese weisen eine antibakterielle und fungizide Wirkung auf. Darüber hinaus sind sie für die Bildung eines „Säuremantels" (pH 5,5) verantwortlich, der bakteriostatisch wirkt.

Die **T-Zellen** geben Immunfaktoren ab, die entweder eindringende Parasiten abtöten oder die epidermalen Gewebszellen zu immunfördernden Prozessen anregen.

Die **Langerhans-Zellen** sind Makrophagen der Haut, die Antigene aufnehmen und zu dendritischen Zellen differenzieren. Diese wandern in die Lymphknoten und präsentieren die Antigene den T-Lymphocyten (Immunreaktion).

Melanocyten bilden Pigmente (Melanine), die die unteren Schichten vor UV-Strahlung schützen.

Durch spezielle Ausformungen dient das Integument auch der **Fortbewegung**. Die Zehen des **Geckos** weisen Borsten auf, an denen wiederum kleine Härchen sitzen, die im Größenbereich von Nanometern liegen. Diese können sich dadurch an Rauheiten des Untergrunds anpassen, wodurch der Gecko sein Integument zur **Anhaftung** nutzen kann.

Die Gesamtzahl aller **Härchen** (**Spatulae**) eines Geckofußes ist gewaltig. Die Spatulae bestehen aus wenigen Keratinmolekülen. Mehrere Hundert sitzen an der Spitze einer Seta und verbreitern sich an ihren Enden. Die kleinen Härchen können so mit der Oberfläche **Van-der-Waals-Wechselwirkungen** eingehen, die es dem Gecko ermöglichen, selbst an Glasscheiben hochzulaufen.

An den Zehen der Lamellengeckos befinden sich **Lamellen**, die wenige Millimeter lang sind.

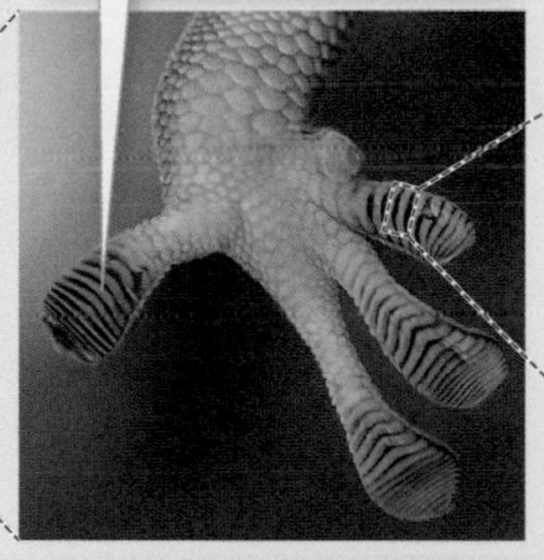

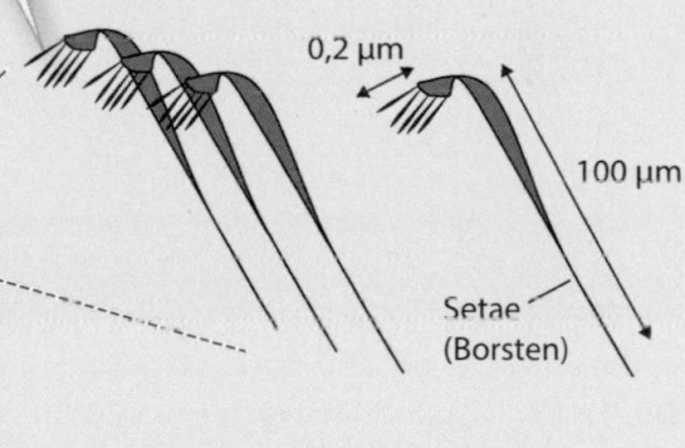

Die Lamellen sind aus **Borsten** (**Setae**) aufgebaut, von denen Dutzende in einer Reihe der nur einen halben Millimeter dicken Lamelle sitzen.

Auch an den Beinen vieler **Fliegenarten** sitzen Setae, die den Insekten durch Van-der-Waals-Kräfte das Laufen an steilen Oberflächen erlauben. Zusätzlich produzieren Fliegen ein lipidreiches Sekret, das zwischen Härchen und Oberfläche zu starken Kapillarkräften führt.

Springspinnen machen sich wie Fliegen und Geckos Van-der-Waals-Kräfte zunutze, um an Oberflächen entlangzulaufen. Dazu besitzen auch sie feine Härchen an ihren Fußenden.

Abb. 12.16 Das Integument übernimmt Funktionen der Immunabwehr und der Fortbewegung

12.8 Der Gasaustausch erfolgt über Diffusion

Lebewesen nutzen **Gase wie Sauerstoff und Kohlenstoffdioxid** primär im Rahmen ihres **Energiestoffwechsels**. Dabei kann Sauerstoff bei der Atmungskette in den Mitochondrien Elektronen und Wasserstoffatome aufnehmen und zu Wasser reduziert werden. Die Elektronen und Protonen entstammen den Reaktionen bei der Verbrennung kohlenstoffhaltiger Biomoleküle wie Zucker, Fette oder Proteine. Das dabei genutzte Kohlenstoffgerüst wird abgebaut und fällt in oxidierter Form als CO_2 an. Phototrophe Organismen wie Pflanzen können CO_2 und Wasser hingegen zum Aufbau von Biomolekülen wie Kohlenhydraten verwenden. All diese Vorgänge bedingen einen intensiven Austausch von Wasserdampf, O_2 und CO_2 zwischen Organismus und Umwelt, aber auch innerhalb der Zellen und Gewebe eines Lebewesens.

Neben den genannten Gasen unterliegen auch etliche **andere Gase** einem intensiven inner- und extraorganismischen Gasaustausch. Hierzu zählt beispielsweise die Aufnahme von atmosphärischem Stickstoff (N_2) bei stickstoffassimilierenden Pflanzen und Mikroorganismen. Wieder andere Gase wie CO, H_2S oder Methan werden häufig als Nebenprodukte von Stoffwechselvorgängen abgegeben. Dies ist unter anderem im Darm der Wiederkäuer der Fall. Des Weiteren treten Gase als Signalstoffe wie Neurotransmitter in Erscheinung (◘ Abb. 12.17), Beispiele sind H_2S, CO und NO. Im Reich der Mikroorganismen können unterschiedlichste Gase wie Methan oder H_2S auch für den primären Energiestoffwechsel eingesetzt werden.

Bei Landlebewesen erfolgt der **Austausch der Gase** an einer Luft-Wasser-Grenzfläche. An dieser Grenzfläche kommt es zum Übertritt der Gasmoleküle zwischen den Phasen durch **Diffusion** (◘ Abb. 12.18). Der Übergang der Gasteilchen aus der Atmosphäre in die Flüssigphase ist proportional zum Anteil des Gases am Gesamtdruck der Luft, seinem Partialdruck. Umge-

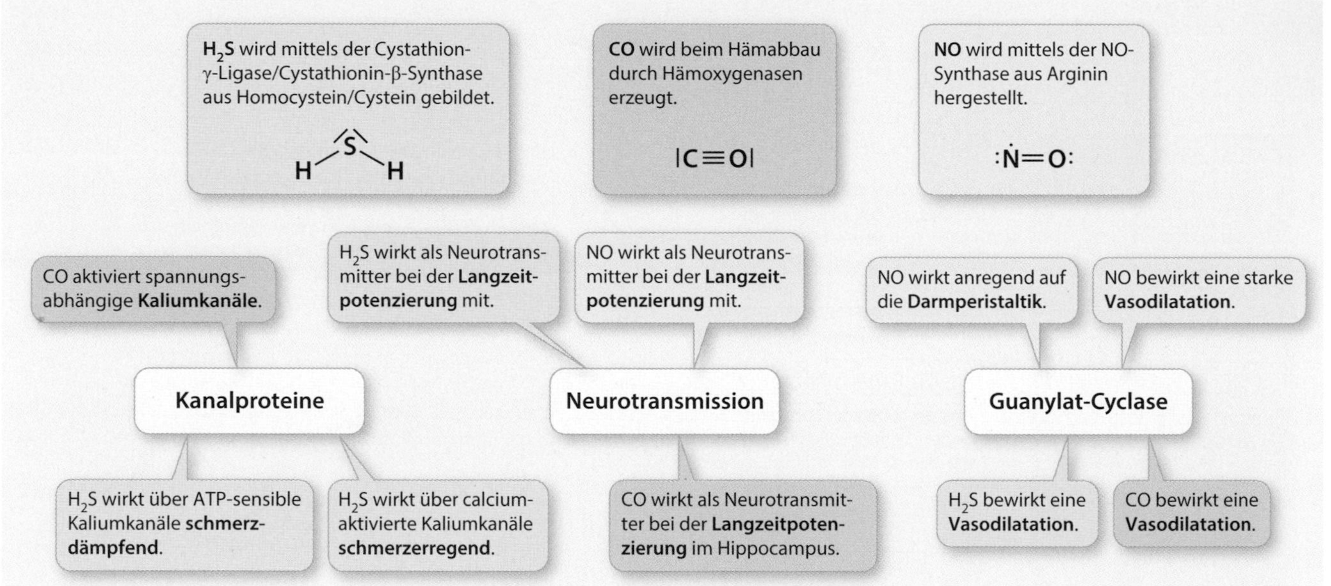

◘ **Abb. 12.17** Gase erfüllen im menschlichen Körper physiologische Aufgaben

Molekül	Masse bzw. Durchmesser	Diffussionskonstante ($cm^2/s \times 10^{-6}$) bei 20 °C
CO	28 g/mol	18
O_2	32 g/mol	21
KCl	75 g/mol	20
Glucose	180 g/mol	6,8
ATP	507 g/mol	3
Myoglobin	16.800 g/mol	1,1
Albumin	68.000 g/mol	0,6
Myosin	490.000 g/mol	0,1
Bakterium	1–2 µm	0,002
eukaryotische Zelle	10–50 µm	0,0002

Unter **Diffusion** versteht man den Ausgleich eines Stoffgradienten. Dabei kommt es durch die thermische Bewegung (Brown'sche Teilchenbewegung) zu einem Nettofluss von Teilchen von Orten höherer Konzentration zu Bereichen niedrigerer Konzentration. Jedem Teilchen kann dabei eine **Diffusionskonstante D** zugeordnet werden. Sie ist ein **Maß für die Diffusionsgeschwindigkeit** eines Teilchens und ist unter anderem von der Temperatur sowie der Viskosität des Mediums abhängig und umgekehrt proportional zur Größe bzw. Masse des Teilchens. Daraus folgt, dass unter identischen Bedingungen leichtere Gase schneller diffundieren als schwerere.

◘ **Abb. 12.18** Diffusionskonstanten von Molekülen in Wasser

Das **Volumen eines Organismus** steigt mit zunehmender Größe schneller an als die Oberfläche. Bei gleichbleibender Zellgröße müssen große Organismen daher proportional mehr Zellen im Inneren mit Sauerstoff versorgen und mehr CO_2 abtransportieren als entsprechend kleinere Lebewesen. Ihnen steht für diesen **Gasaustausch** allerdings weniger Oberfläche pro Volumen zur Verfügung.

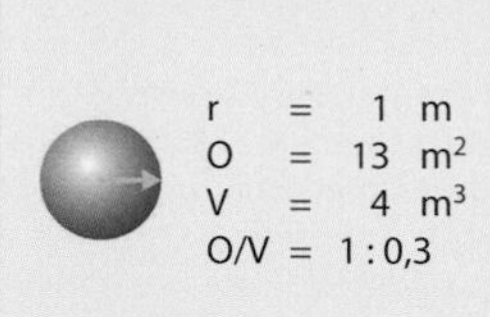

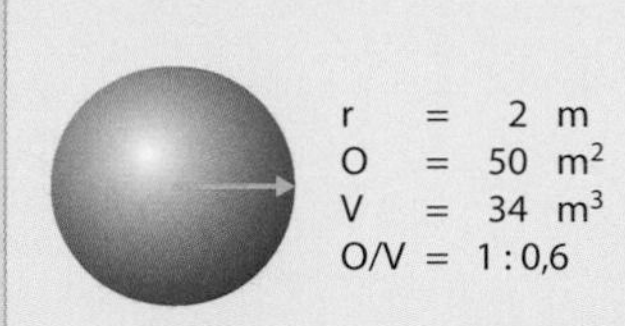

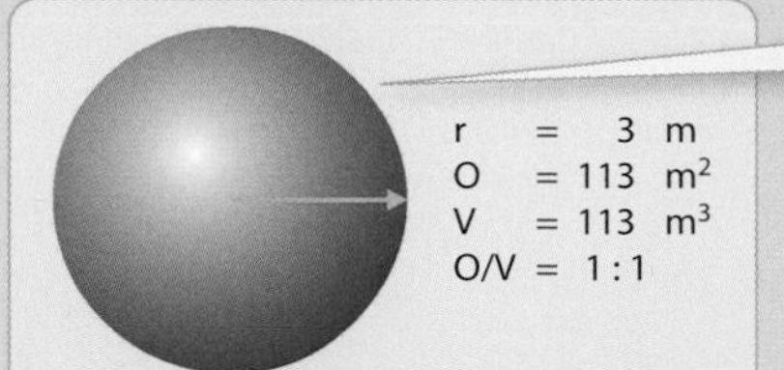

Am Beispiel einer Kugel mit wachsendem Radius (gelber Pfeil) erkennt man, dass die unterschiedliche Skalierung von Oberfläche (O) und Volumen (V) bei Wachstum zu einem sinkenden **Oberfläche/Volumen-Verhältnis** (O/V) führt (Zahlenangaben wurden gerundet). Diese ungünstigen Verhältnisse haben während der Evolution dazu geführt, dass große Gewebetiere **für den Gasaustausch Organe mit vergrößerten Oberflächen** ausgebildet haben. Diese oberflächenvergrößerten Organe treten je nach Lebensform als Tracheen, Kiemen oder Lungen in Erscheinung.

Wimpertierchen

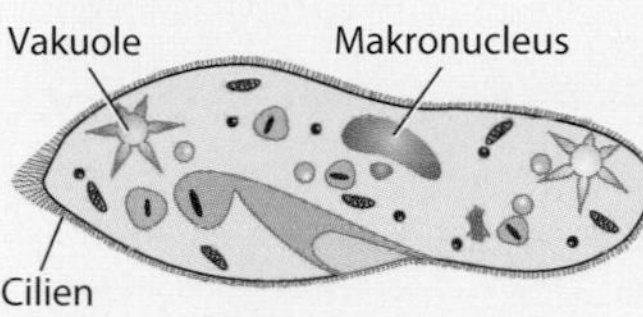

Prokaryoten, kleine eukaryotische Ein-, Mehrzeller und Gewebetiere wie Protozoen, Pilze oder manche Hydrozoen können ihren Gasaustausch über dünne Integumente (z. B. Süßwasserpolyp) oder ihre Zellmembranen (z. B. Wimpertierchen) oder Zellwände allein mittels **Diffusion** bewerkstelligen. Aerobe Organismen, die im Wasser leben, nutzen zusätzlich **Strudeltechniken** mittels Flagellen oder Cilien, um sauerstoffreiches Wasser heran- und CO_2 von der Oberfläche wegzuführen. Desgleichen helfen interne **Plasmaströmungen**, den Gasaustausch über die Oberfläche zu optimieren.

Regenwurm Integument (Haut)

O_2

Quer-schnitt

CO_2

Kapillarnetzwerk mit sauerstoffreichem (blau) und sauerstoffarmen Blut (rot)

Einige kleinere Lebewesen sind in der Lage, Gase über das gesamte Integument auszutauschen. Dieser als **Hautatmung** bezeichnete Gastransport spielt mit zunehmender Größe eine weitgehend untergeordnete Rolle. Bei uns Menschen werden nur die äußersten Hautschichten durch diese Form der Atmung mit Sauerstoff versorgt. Der Regenwurm hingegen kann den gesamten benötigten Gasaustausch von O_2 und CO_2 über sein nur wenige Zellschichten dickes Integument vollziehen. Unter diesem liegt ein dichtes **Netzwerk an Kapillaren**, welche die direkte Diffusion von O_2 ins Blut und dessen Bindung an Hämoglobin erlauben. Über die Kapillaren erreicht der Sauerstoff alle anderen Körperzellen.

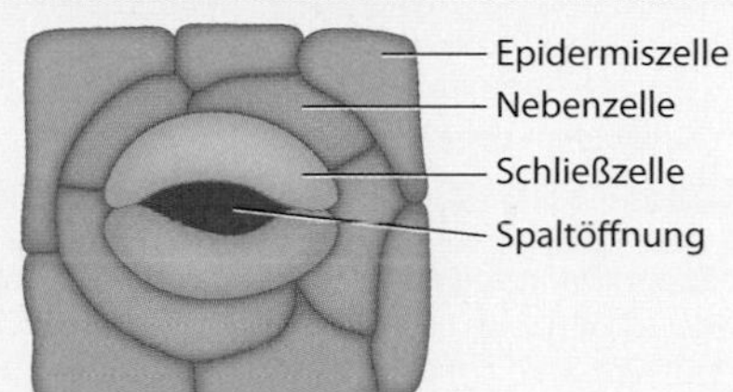

Große Organismen besitzen spezielle **Strukturen für den Gasaustausch**. Bei den Pflanzen erfolgt der Gasaustausch an den **Spaltöffnungen** grüner Pflanzenteile durch Diffusion zwischen dem Parenchymgewebe unterhalb des Integuments und der Atmosphäre. Dabei wird unter **photosynthetischen Bedingungen** CO_2 aufgenommen, und O_2 und Wasserdampf werden an die Atmosphäre abgegeben (unter **respiratorischen Bedingungen** umgekehrter Gasaustausch für O_2 und CO_2). CO_2 wird z. B. in den Blättern über das Schwammgewebe an alle chlorophyllhaltigen Zellen weitergeleitet. Unter speziellen Bedingungen (z. B. Leben im und am Wasser) bilden Pflanzen schwammartige **Parenchyme mit großen Interzellularräumen** aus (Aerenchyme, Pneumatophoren), um den Gasaustausch zu beschleunigen. Nichtgrüne oder verholzte/korkige Pflanzenteile (Spross/Stamm) können den Gasaustausch durch **Lenticellen** bewerkstelligen. Auch Wurzeln tauschen mit den Gasräumen des Bodens CO_2 und O_2 aus, wobei hier durch die **Wurzelhaarzellen** unter vorwiegend respiratorischen Bedingungen netto O_2 aufgenommen und CO_2 abgegeben werden.

Abb. 12.19 Während bei kleinen Organismen der Gasaustausch über Diffusion erfolgt, besitzen größere Organismen spezielle Strukturen für den Austausch und Transport von Gasen

kehrt treten Gasmoleküle umso häufiger in die Gasphase über, je größer ihre Konzentration in der Flüssigkeit ist und je höher deren Temperatur ist. So regeln **Partialdruck, Konzentration und Temperatur** die **Richtung des Gasaustauschs** (**Henry-Gesetz**). Bei im Wasser lebenden Organismen bestimmen die Konzentrationen der Gase in Innen- und Außenmedium den Übertritt der Gasmoleküle an der Wasser-Wasser-Grenze. Da die Diffusion ein relativ langsamer Vorgang ist, handelt es sich bei den entsprechenden Grenzflächen meist um sehr dünne, großflächige Integumentbereiche. Der Austausch der Gase erfolgt dabei stets über **Membranen**. Gase wie O_2 und CO_2 können diese Membranen (► Abschn. 3.5, 12.2) nahezu ungehindert durch Diffusion passieren (Abb. 12.19, ► Abschn. 3.6).

Bei kleinen Organismen kann der Transport mittels Diffusion zur Versorgung mit und zur Abfallbeseitigung von Gasen durchaus ausreichend sein (Abb. 12.19). Jedoch wächst die Zahl der zu versorgenden Zellen im Inneren mit der Größe des Organismus überproportional zu dessen Oberfläche. Daher wurden im Lauf der Evolution schnelle Transportbahnen und effektive Transportvehikel für Gase entwickelt, die der zunehmenden Zahl „innerer" Zellen Rechnung tragen. Als **Transportbahnen** dienen beispielsweise Leitbündel bei Pflanzen sowie Blutgefäße oder Tracheensysteme bei Tieren (Abb. 12.20). Blutgefäße sammeln den aus der Atmosphäre eintretenden Sauerstoff mittels stark **O_2-bindender Moleküle** wie z. B. das Häm ein und bringen ihn über den Blutstrom an die zu versorgenden Gewebe. Dabei nehmen sie das abgegebene CO_2 auf und transportieren es zurück an die Gas-Wasser-Grenzfläche des Integuments. Diese kann an der Oberfläche wie der Haut (Abb. 12.19) oder in speziellen Organen wie der Lunge oder den Kiemen lokalisiert

Lungen sind spezielle, stark oberflächenvergrößerte Integumentbereiche, welche dem Gasaustausch dienen (**Gas-Blut-Schranke**). Über sie erfolgt eine **aktive Atmung** (Muskulatur). Sie treten vorwiegend bei Landwirbeltieren auf und zeigen einen recht generalisierten morphologischen und anatomischen Aufbau.

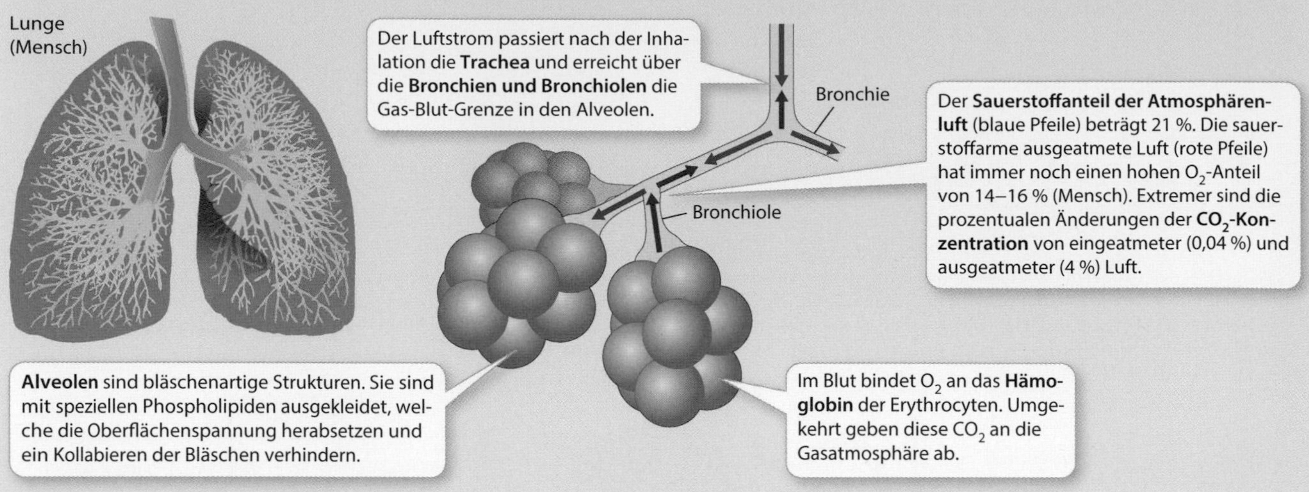

Der **Sauerstoffanteil im Wasser** ist prozentual um mehrere Tausend Mal geringer als in der Luft (ppm-Bereich). Im Wasser lebende Tiere haben **Kiemen** entwickelt, um dem flüssigem Medium effektiv Sauerstoff zu entnehmen. Kiemen sind spezielle Integumentbereiche, an denen die Haut extrem dünn ist (**Blut-Wasser-Schranke**; wenige mm) und somit einen leichten Austausch von Gasen zwischen Blut und Wasser gewährleistet. Diese Bereiche sind meist durch lamellen- oder rippenartige Anordnungen geprägt, die der Oberflächenvergrößerung dienen. Sie erscheinen intensiv rot. Das Blut fließt in den Lamellen dem Wasserstrom entgegen (**Gegenstromprinzip**), wodurch im gesamten Lamellenbereich der maximale Konzentrationsunterschied von O_2 und CO_2 zwischen den Flüssigkeiten aufrechterhalten wird und damit der Übertritt der Gase mit hoher Effizienz geschieht. Diese Effizienz wird durch Kiemen- und Schwimmbewegungen zusätzlich erhöht. Im Blut bindet O_2 an das Hämoglobin der Erythrocyten. Kiemen kommen nicht nur bei Fischen und Amphibien vor, sondern auch bei vielen anderen wasserlebenden Gewebetieren.

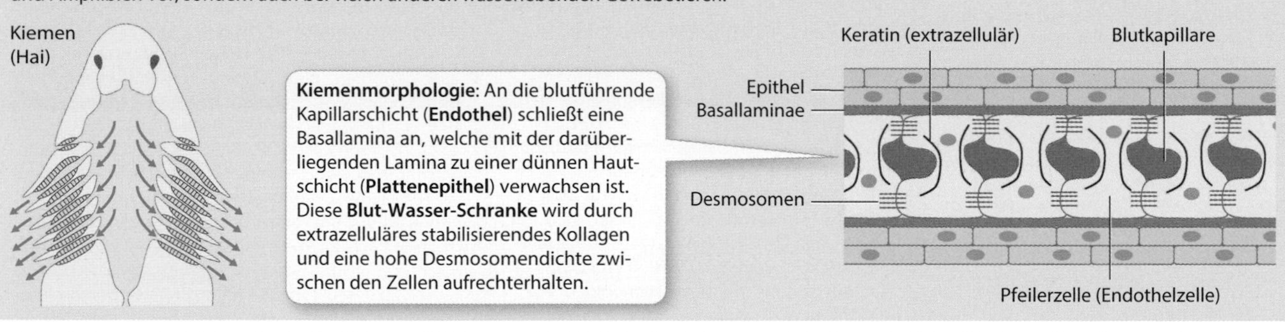

Insekten, Spinnen und Tausendfüßer besitzen in ihrem Exoskelett Transportbahnen für Gase, die als **Tracheensystem** bekannt sind. In den Integumenten dieser Organismen sind Atemlöcher (im Singular als **Stigma** oder **Spiraculum** bezeichnet) vorhanden, an die ein System chitinverstärkter, sich verzweigender Röhren (**Tracheen**) angeschlossen ist. Die meisten Insektenarten wie Heuschrecken oder Hautflügler unterstützen den Gasaustausch aktiv durch Flug- und/oder Pumpbewegungen des terminalen Segments.

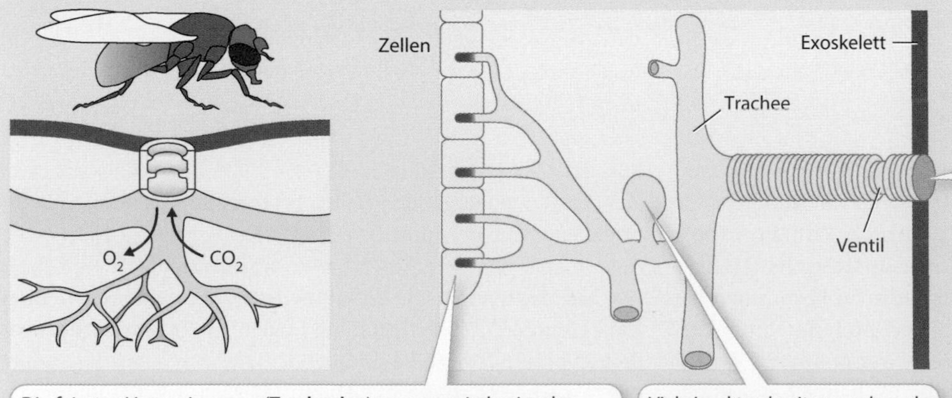

Abb. 12.20 Strukturen für die Verteilung und den Austausch von Gasen im Organismus

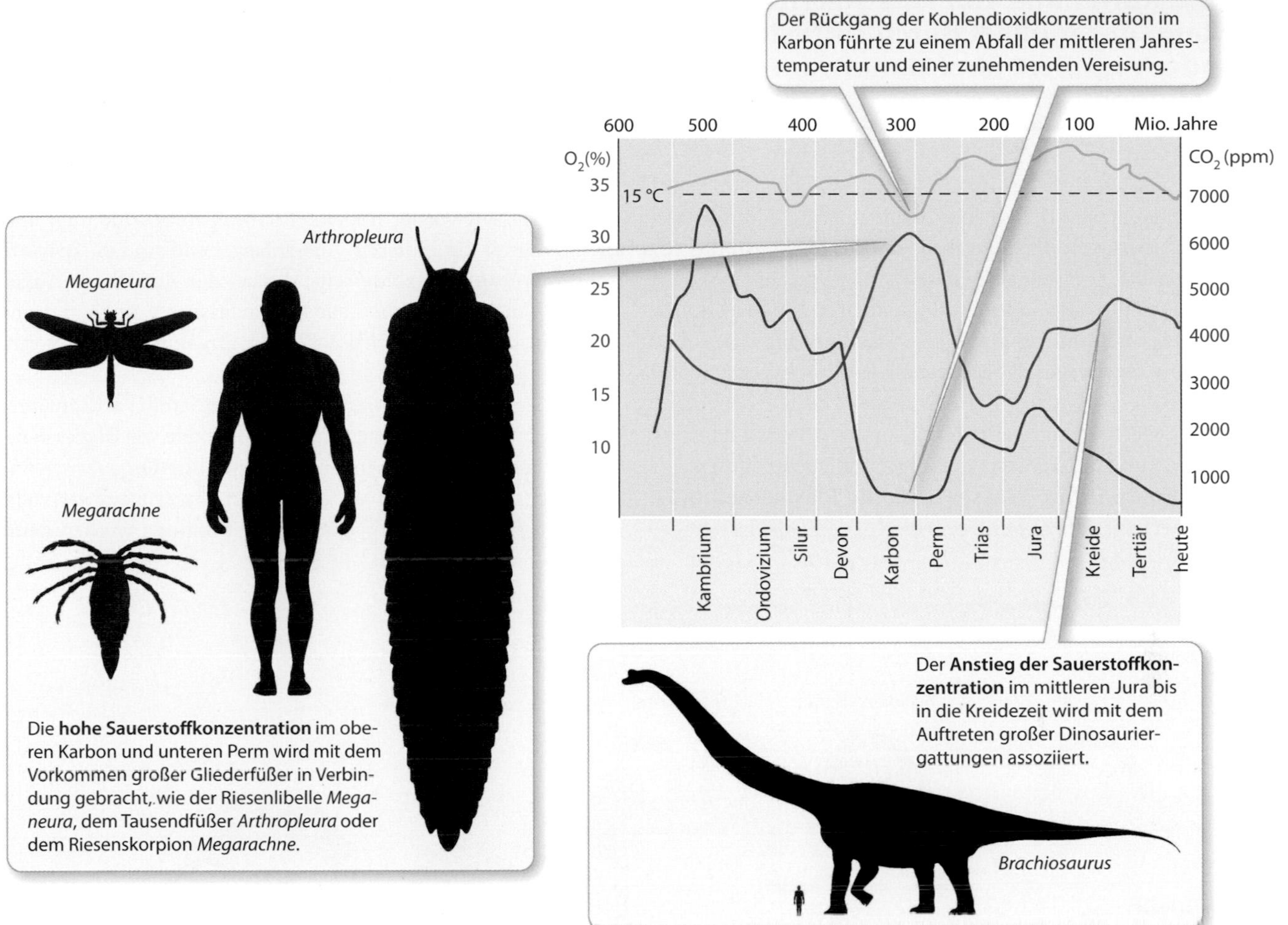

Abb. 12.21 Verlauf der Temperatur und der Konzentrationen von O_2 und CO_2 während des Phanerozoikums

sein (Abb. 12.20). In den Tracheensystemen „liegt" die Gas-Wasser-Grenze direkt an den mit O_2 zu versorgenden Zellen und/oder an der Abgrenzung zur Hämolymphe.

Im Lauf der Erdgeschichte lagen die **Konzentrationen von Sauerstoff und Kohlenstoffdioxid in der Atmosphäre** nicht immer so wie heute vor. Seit der „kambrischen Explosion" hat sich der Gehalt der beiden Gase stetig verändert. Das Wachstum an Biomasse, die Temperatur und geologische Ereignisse wie Vulkanausbrüche, aber auch der stete Wandel der Kontinente durch die Kontinentaldrift sowie Variationen in den Erdbahnparametern (Milankovic-Zyklen) haben im Lauf der Erdgeschichte die Gaskonzentrationen der Atmosphäre beeinflusst. Umgekehrt nahm die Konzentration vor allem von Sauerstoff, aber auch Kohlenstoffdioxid Einfluss auf das Klima und die Entwicklung der Organismen. So löste der Anstieg der Sauerstoffkonzentration im Karbon (Abb. 12.21) aufgrund der Zunahme der Landpflanzenmasse vermutlich ein starkes Größenwachstum bei den Arthropoden aus. Ein Beispiel dafür ist das Auftreten gigantischer Insekten vor mehr als 300 Mio. Jahren, wie z. B. von *Meganeura*, einer Libellengattung, die eine Flügelspannweite von über 70 cm erzielte. Auch das Vorkommen großer Dinosaurier während der zweiten Hälfte des Mesozoikums wird mit dem hohen Sauerstoffgehalt der Luft in Verbindung gebracht.

Die Abhängigkeit der Lebewesen von einem permanenten Zugang zu gasförmigen Stoffen im Allgemeinen ist ein elementarer lebensbegrenzender Faktor. Die Gesamtheit aller Gase, die Lebewesen auf der Erde zur Verfügung stehen, die **Atmosphäre**, nimmt daher eine Schlüsselstellung für die Existenz und die Ausbreitung von Leben ein. Die Dicke dieser Schicht und ihre molekulare Zusammensetzung werden in erster Linie sowohl von der Schwerkraft der Erde als auch von den Diffusionskonstanten der in ihr vorkommenden Gasmoleküle bestimmt. Mit dem Aufkommen des Sauerstoffs im Proterozoikum bildete sich im Laufe mehrerer Hundert Millionen Jahre eine **Ozonschicht** in der unteren Stratosphäre aus. Diese Ozonschicht absorbiert in etwa 20–40 km Höhe weitgehend die aus dem Weltall kommende ionisierende UV-Strahlung (UV-C und UV-B). Man kann davon ausgehen, dass diese Schicht daher maßgeblich auf die im mittleren Paläozoikum eingetretene Verbreitung des Lebens auf dem Land beigetragen hat.

12

12.9 Die Aufnahme von Flüssigkeiten kann unreguliert durch Diffusion oder reguliert über Kanaltransport erfolgen

Wasser ist ein wesentlicher Bestandteil aller Zellen. Für Landorganismen ist Wasser der entscheidende und limitierende Faktor für das Überleben. Es dient nicht nur als Lösungsmittel für Biomoleküle und dominiert deren Bewegungsvorgänge, sondern bestimmt auch die intra- und intermolekularen Kräfte zwischen ihnen. Unter anderem fungiert es als Medium für chemische Prozesse und Stoffwechselvorgänge, als Protonenakzeptor und -donator sowie als Nucleophil. Aus diesem Grund haben alle Lebewesen Mechanismen entwickelt, um den Wasserhaushalt zu regulieren und Wasser aus der Umgebung aufzunehmen.

Die **Aufnahme von Wasser über die Plasmamembran** einer Zelle erfolgt dabei über zwei verschiedene Mechanismen, passive Diffusion und Kanaltransport. Die Zellmembran kann durch **passive Diffusion** überwunden werden, allerdings ist diese kaum regulierbar und kann schnellen Bedarf nicht kurzzeitig decken, selbst bei im Wasser lebenden Organismen nicht. Daher finden wir schon bei den einfachsten Prokaryoten, den Protisten und Pilzen, **Kanalproteine** für die Aufnahme des Wassers. Diese als **Aquaporine** (◘ Abb. 12.22) bezeichneten Proteine lassen Wasser in beide Richtungen beschleunigt über die Membran diffundieren. Ausschlaggebend sind die **osmotischen Gradienten** beiderseits, die bei der Aufnahme Wasser aus der Umgebung in die Zelle fließen lassen. Man kann davon ausgehen, dass jede einzelne Zelle eines Organismus Aquaporine besitzt.

Die Aquaporine gehören zu einer Superfamilie an Kanalproteinen, deren Mitglieder auch andere Moleküle wie **Glycerin** bevorzugt aufnehmen können. Für viele einzellige Organismen und einige speziell differenzierte Zelltypen ist Glycerin ein wertvolles Produkt, das aus der Umgebung aufgenommen werden kann.

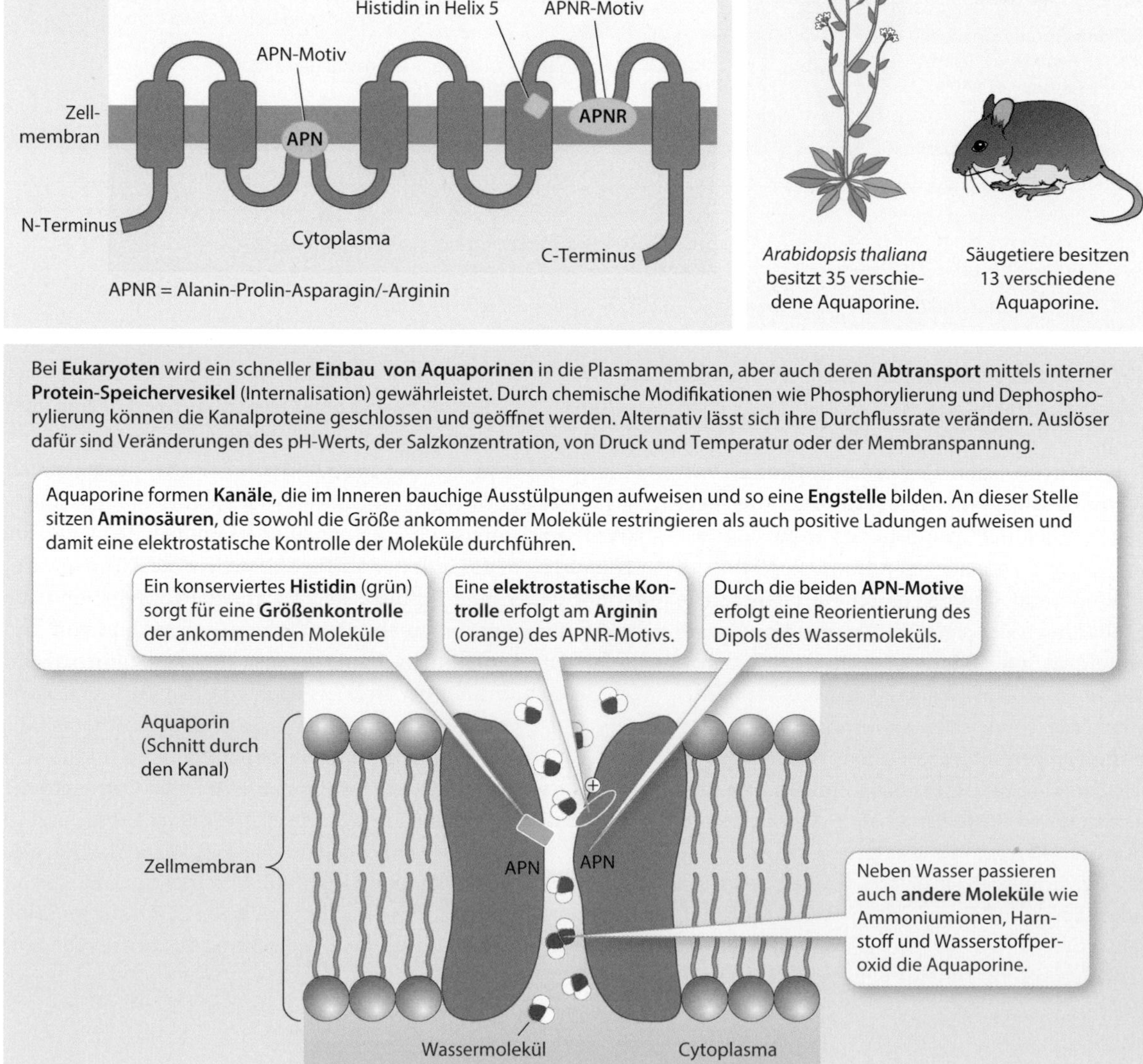

◘ **Abb. 12.22** Funktion und Aufbau von Aquaporinen

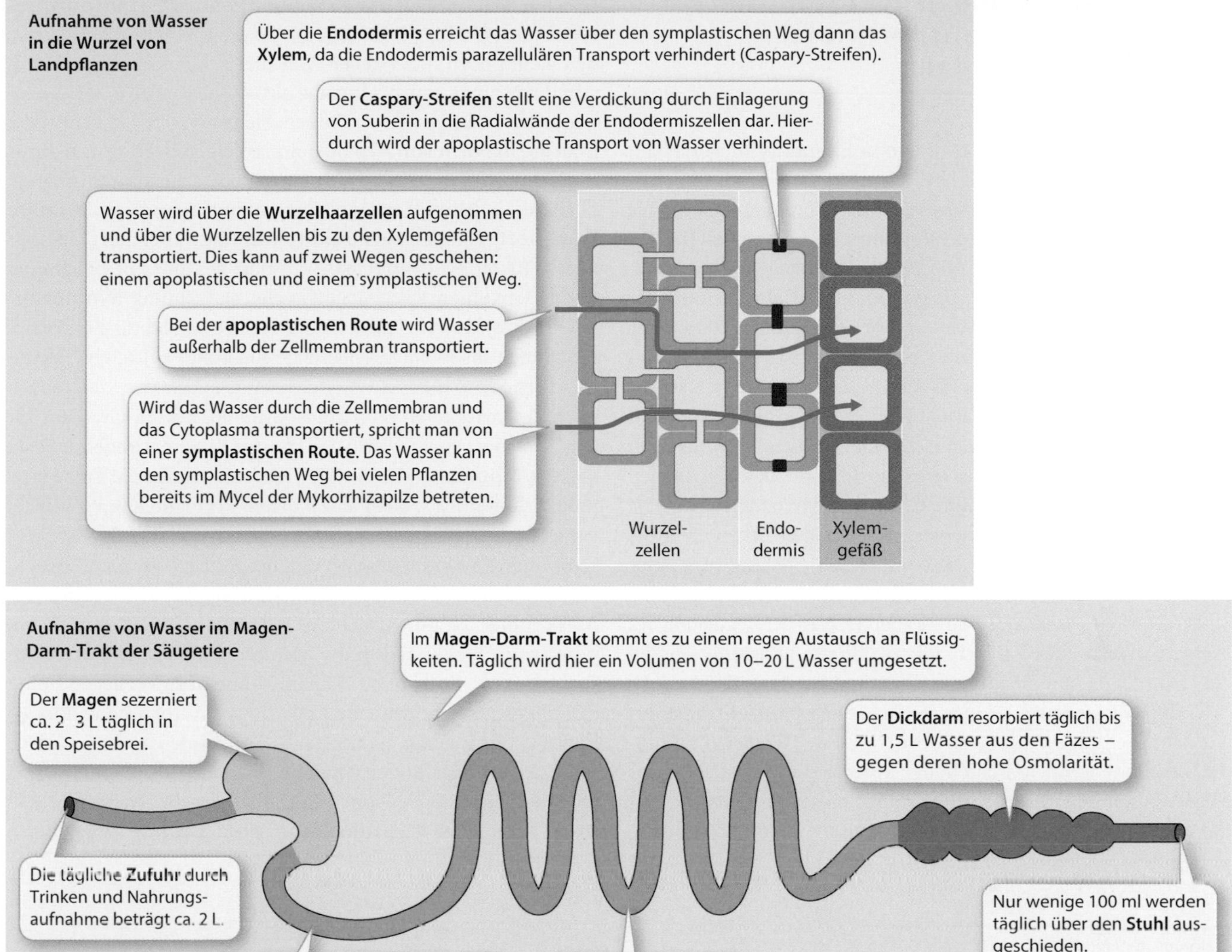

Abb. 12.23 Aufnahme von Wasser bei Vielzellern

Dafür dienen spezielle Aquaporine, die als **Aquaglyceroporine** bezeichnet werden und Glycerin effizienter als Wasser leiten. Hierzu gehört zum Beispiel das **GlpF** (engl. *glycerol uptake facilitator protein*) von *E. coli*. Umgekehrt ist es bei den Aquaporinen. Sie leiten Wasser effizienter. Auch wir Menschen besitzen beide Formen von Aquaporintypen.

Vielzeller müssen Wasser möglichst schnell und effizient an jede einzelne Zelle transportieren. Daher haben sich neben dem Transport über die Zellen **parazelluläre Wege** entwickelt, die einen **effizienten Wassertransport** in das Innere des Organismus erlauben. Bei Pflanzen spricht man von **apoplastischem Transport**, der zwischen den Zellen über die Wurzeln bis zum Xylem erfolgt (Abb. 12.23; ▶ Abschn. 31.4, 19.4). Gewebetiere haben im Lauf der Evolution **Darmsysteme** ausgebildet, deren Zellen Wassertransport parazellulär zwischen den Epithelzellen erlauben, um das kostbare Molekül schnell an die Gefäßsysteme des Blutes und die Bindegewebe weiterzuleiten (Abb. 12.23). Beim Menschen finden etwa 90 % des Transports über den parazellulären Weg statt. Andere Gewebe sind wesentlich undurchlässiger und besitzen dichte Tight Junctions zwischen den epithelialen Zellen. In diesen Geweben befindet sich eine **Flüssigkeits-Gewebe-Schranke**, wie es z. B. bei der Blut-Hirn-Schranke und der Blut-Retina-Schranke der Fall ist. Eine analoge Schranke bei Pflanzen ist der **Caspary-Streifen**.

Zu den in der Natur noch häufig vorkommenden Flüssigkeiten zählt auch **Alkohol**, der als Gärungsprodukt von Bakterien und Pilzen erzeugt und abgegeben wird. Er kommt nicht in reiner Form vor, wie bei der industriellen Herstellung, sondern als niedrigprozentiges Wasser-Alkohol-Gemisch. Die Aufnahme von Alkohol über die Zellwand/Plasmamembran geschieht im wässrigen Medium sowohl durch passive Diffusion als auch durch Aquaporine, auch wenn die Belege für Letzteres noch umstritten sind. Alkohol kann bei Tieren vermutlich durch den parazellulären Weg ins Blut und die Gewebe diffundieren.

12.10 Die Aufnahme gelöster Substanzen kann über Transportproteine reguliert werden

Alle Organismen nehmen **chemische Elemente** in Form von Ionen auf, z. B. für die Generierung von Biopolymeren, zur Aufrechterhaltung des Metabolismus und der Homöostase sowie für die Biomineralisation. Viele dieser **Ionen** sind **essenziell für das Überleben**. Generell gelten die Ionen der Alkali- und Erdalkalielemente Natrium, Kalium, Magnesium und Calcium sowie der Übergangsmetalle Eisen, Cobalt, Kupfer, Mangan und Zink, aber auch die (Hydrogen-)Oxidionen von Phosphor, Kohlenstoff und Schwefel als lebensnotwendig (◘ Abb. 12.24, ◘ Tab. 12.1). Darüber hinaus benötigen z. B. die meisten Pflanzen Stickstoff in Form von Nitrat oder Ammonium, die meisten Gewebetiere Molybdat und Selen und die meisten Wirbeltiere Fluorid und Iodid. Auch Ionen der Elemente Nickel, Vanadium, Chrom oder Wolfram können je nach Organismengruppe essenziell sein. In den Zellen üben die genannten Ionen essenzielle Funktionen aus. Sie fungieren unter anderem als Cofaktoren von Enzymen und als Stabilisatoren bei Strukturproteinen. Zudem sind sie aber auch an der Regulation des Wasserhaushalts, der Zellstabilität, der Erregungsleitung und an der chemischen Modifikation von Proteinen beteiligt (◘ Tab. 12.1).

Einige dieser Stoffe können Zellschichten **parazellulär** überwinden. Dies gilt beispielsweise für Na^+, Ca^{2+}, Phosphat und Iodid, die die Enterocytenschicht der Mucosa des Wirbeltierdarms passieren können. Da allerdings keines dieser genannten Ionen die Membranen von Zellen effektiv passiv überwinden kann, bildeten sich im Lauf der Evolution spezifische **Transportproteine** aus (◘ Abb. 12.25, 12.26), die die Membranpassage und den Zellimport sicherstellen. Bei diesen Proteinen handelt es sich um **Membranproteine**, die **aktiv** Ionen gegen einen Ionengradienten transportieren können. Sie benötigen dazu entweder **Energie in Form von ATP** oder nutzen einen **Gradienten eines anderen Stoffes**. Erstere werden primäre Transporter genannt, Letztere als sekundäre Transportproteine bezeichnet. **Primäre Transporter** können als **unidirektionale** (Transport des Ions in eine Richtung: **Uniporter**; Transport des Ions mit gleichzeitig mindestens einem zweiten Stoff in gleiche Richtung: **Symporter**) oder **bidirektionale** Form (Transport in eine Richtung und eines weiteren Stoffs in entgegengesetzte Richtung) auftreten. **Sekundäre Transporter** müssen gleichzeitig neben den Ionen auch noch einen weiteren Stoff transportieren, dessen Gradient für den Transport genutzt wird. Sie können daher entweder in Form eines **Symporters** oder eines **Antiporters** auftreten. Transportproteine unterliegen oft einer zellulären Regulation. Ihre Aktivität kann durch allosterische Liganden, durch Fremdionen oder posttranslationale Modifikation reversibel gesteuert werden.

Von den Transportproteinen sind die **Kanalproteine (Ionenkanäle)** zu unterscheiden. Bei ihnen handelt es sich um porenartige Strukturen in der Membran, die Ionen mittels **Diffusion** passieren können. Kanäle können bei Vorliegen hoher Außenkonzentrationen eine Rolle für die Aufnahme von Ionen in einen Organismus spielen (z. B. Aufnahme von Ionen durch Pflanzen aus dem Boden). Zudem dienen sie der Weiterleitung aktiv aufgenommener Ionen über die Gewebe. Auch ihre Aktivität kann einer Regulation unterliegen. Manche Organismen

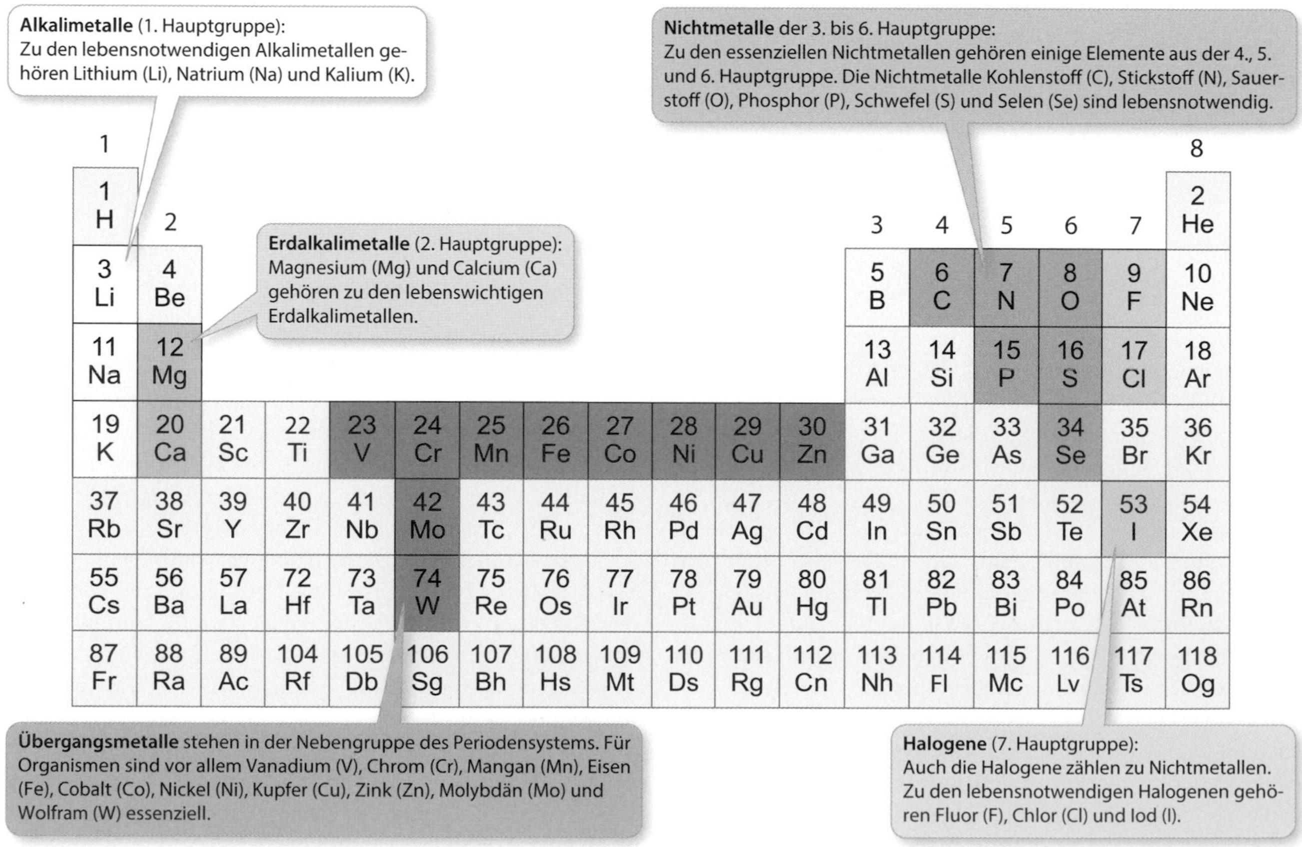

Alkalimetalle (1. Hauptgruppe):
Zu den lebensnotwendigen Alkalimetallen gehören Lithium (Li), Natrium (Na) und Kalium (K).

Nichtmetalle der 3. bis 6. Hauptgruppe:
Zu den essenziellen Nichtmetallen gehören einige Elemente aus der 4., 5. und 6. Hauptgruppe. Die Nichtmetalle Kohlenstoff (C), Stickstoff (N), Sauerstoff (O), Phosphor (P), Schwefel (S) und Selen (Se) sind lebensnotwendig.

Erdalkalimetalle (2. Hauptgruppe):
Magnesium (Mg) und Calcium (Ca) gehören zu den lebenswichtigen Erdalkalimetallen.

1	2											3	4	5	6	7	8
1 H																	2 He
3 Li	4 Be											5 B	6 C	7 N	8 O	9 F	10 Ne
11 Na	12 Mg											13 Al	14 Si	15 P	16 S	17 Cl	18 Ar
19 K	20 Ca	21 Sc	22 Ti	23 V	24 Cr	25 Mn	26 Fe	27 Co	28 Ni	29 Cu	30 Zn	31 Ga	32 Ge	33 As	34 Se	35 Br	36 Kr
37 Rb	38 Sr	39 Y	40 Zr	41 Nb	42 Mo	43 Tc	44 Ru	45 Rh	46 Pd	47 Ag	48 Cd	49 In	50 Sn	51 Sb	52 Te	53 I	54 Xe
55 Cs	56 Ba	57 La	72 Hf	73 Ta	74 W	75 Re	76 Os	77 Ir	78 Pt	79 Au	80 Hg	81 Tl	82 Pb	83 Bi	84 Po	85 At	86 Rn
87 Fr	88 Ra	89 Ac	104 Rf	105 Db	106 Sg	107 Bh	108 Hs	109 Mt	110 Ds	111 Rg	112 Cn	113 Nh	114 Fl	115 Mc	116 Lv	117 Ts	118 Og

Übergangsmetalle stehen in der Nebengruppe des Periodensystems. Für Organismen sind vor allem Vanadium (V), Chrom (Cr), Mangan (Mn), Eisen (Fe), Cobalt (Co), Nickel (Ni), Kupfer (Cu), Zink (Zn), Molybdän (Mo) und Wolfram (W) essenziell.

Halogene (7. Hauptgruppe):
Auch die Halogene zählen zu Nichtmetallen. Zu den lebensnotwendigen Halogenen gehören Fluor (F), Chlor (Cl) und Iod (I).

◘ **Abb. 12.24** Essenzielle Elemente für Organismen

Tab. 12.1 Aufnahmeformen, Funktion und Vorkommen essenzieller Ionen bei Organismen (Beispiele)

Element	Aufnahmeform	Funktion und Vorkommen
Phosphor	Phosphat	Energiehaushalt, Aufbau von Nucleinsäuren, Puffersystem, Knochen
Stickstoff	Nitrat, Ammonium	Aufbau von Aminosäuren, Proteinen und Nucleinsäuren; Tetrapyrrole
Natrium, Kalium, Chlor	Atomionen	Osmose, Turgor und Bewegungsphysiologie der Pflanzen (insbesondere K), Löslichkeit von Biopolymeren, Puffersysteme, Membranphysiologie
Schwefel	Sulfat, Atomionen	Osmose, Turgor (Pflanzen), elektrische Signalleitung, Modifikation von Proteinen und Kohlenhydraten, Cofaktoren (Eisen-Schwefel-Komplex)
Calcium, Magnesium, Mangan	Atomionen	Osmose, Muskelfunktion, sekundärer Botenstoff, Ca-bindende Proteine (z. B. Calmodulin), Knochen und Schalen, Chlorophyll (Magnesium), Struktur und Funktion der Zellmembran (Calcium), photosynthetische Wasserspaltung (Mangan)
Eisen	Atomionen	O_2-Transport (Myo-, Hämoglobin), Cytochrome (Elektronentransport); Nicht-Häm-Eisen-Enzyme, Cofaktoren (Eisen-Schwefel-Komplex)
Zink	Atomionen	Cofaktor von Enzymen, Stabilisierung von Proteinen (Insulin), Strukturkomponente von Ribosomen
Cobalt	Atomionen (Prokaryoten, Pflanzen, Insekten und Pilze), Cobalamin (Vertebraten, einige Bakterien, Protisten und Invertebraten)	für Bakterien, Algen und viele Wirbeltiere essenziell, Vitamin B_{12}, Cofaktor für Enzyme
Mangan	Atomionen	essenzielles Spurenelement, Aminosäurebildung, Cofaktor von Enzymen, Abspaltung von Elektronen aus Wasser unter O_2 (Pflanze)
Kupfer	Atomionen	Cofaktor von Redoxenzymen (Cytochrom-*c*-Oxidase, Coeruloplasmin, Superoxid-Dismutase and Lysyl-Oxidase)
Vanadium	Atomionen	Cofaktor für V-Nitrogenasen und V-Haloperoxidasen (Pflanzen); für Pflanzen und Tiere essenziell, Katalysator für Redoxsysteme
Selen	Atomionen	Enzyme (Glutathion-Peroxidase; Thyroxin-5′-Deiodinase), Abwehr von oxidativem Stress
Iod	Atomionen	Bestandteil der Schilddrüsenhormone T4, T3
Chrom	Atomionen	für Säuger essenziell; beteiligt am Glucose- und Energiestoffwechsel
Molybdän	Molybdat	für Tiere einschließlich des Menschen essenziell; Cofaktor der Enzyme Nitrogenase und Nitratreduktase (Pflanzen) sowie der Pyridoxal-Oxidase und der Nicotinsäure-Hydroxylase
Nickel	Atomionen	essenziell für Tiere, Cofaktor von Enzymen (Hydrogenasen, Urease)

schleusen **Komplexbildner** aus, um Ionen, vor allem Eisen, zu binden oder freizusetzen. Hierzu zählen die **Siderophoren** der Bakterien und die **Phytosiderophoren** der Pflanzen. Auch einfache organische Substanzen wie niedrigmolekulare Carboxylate, Citrat und Malat der Pflanzen wirken als Komplexbildner. Manche Organismen benötigen Ionen ausschließlich in Form kovalenter Komplexe, wie beispielsweise Cobalamin, welches das Cobaltion im Corringerüst enthält, oder der Molybdän-Cofaktor (MoCo), der Molybdän an ein Pteringerüst gebunden hat (Tab. 12.1).

Da der essenzielle Energiestoffwechsel von Organismen primär auf der Redoxchemie aufbaut, ist die Übertragung von Elektronen ein wesentlicher Faktor des Lebendigen. In diesem Zusammenhang spielen die Aufnahme und der Transport von Eisenionen eine herausragende Rolle (Abb. 12.26). Eisenionen werden für den Bau von Eisen-Schwefel-Clustern benötigt, für den Sauerstofftransport und für viele andere Enzyme, die in Elektronentransportketten (z. B. Atmungskette, Photosynthese) und bei der Biotransformation eine Rolle spielen.

Transportproteine und Kanäle spielen allerdings nicht nur für die Aufnahme von Ionen eine Rolle. Organismen nutzen diese Systeme auch, um andere gelöste Substanzen, wie Aminosäuren, Peptide, Saccharide und Lipide, aufzunehmen und über Gewebe und Zellen zu transportieren.

12

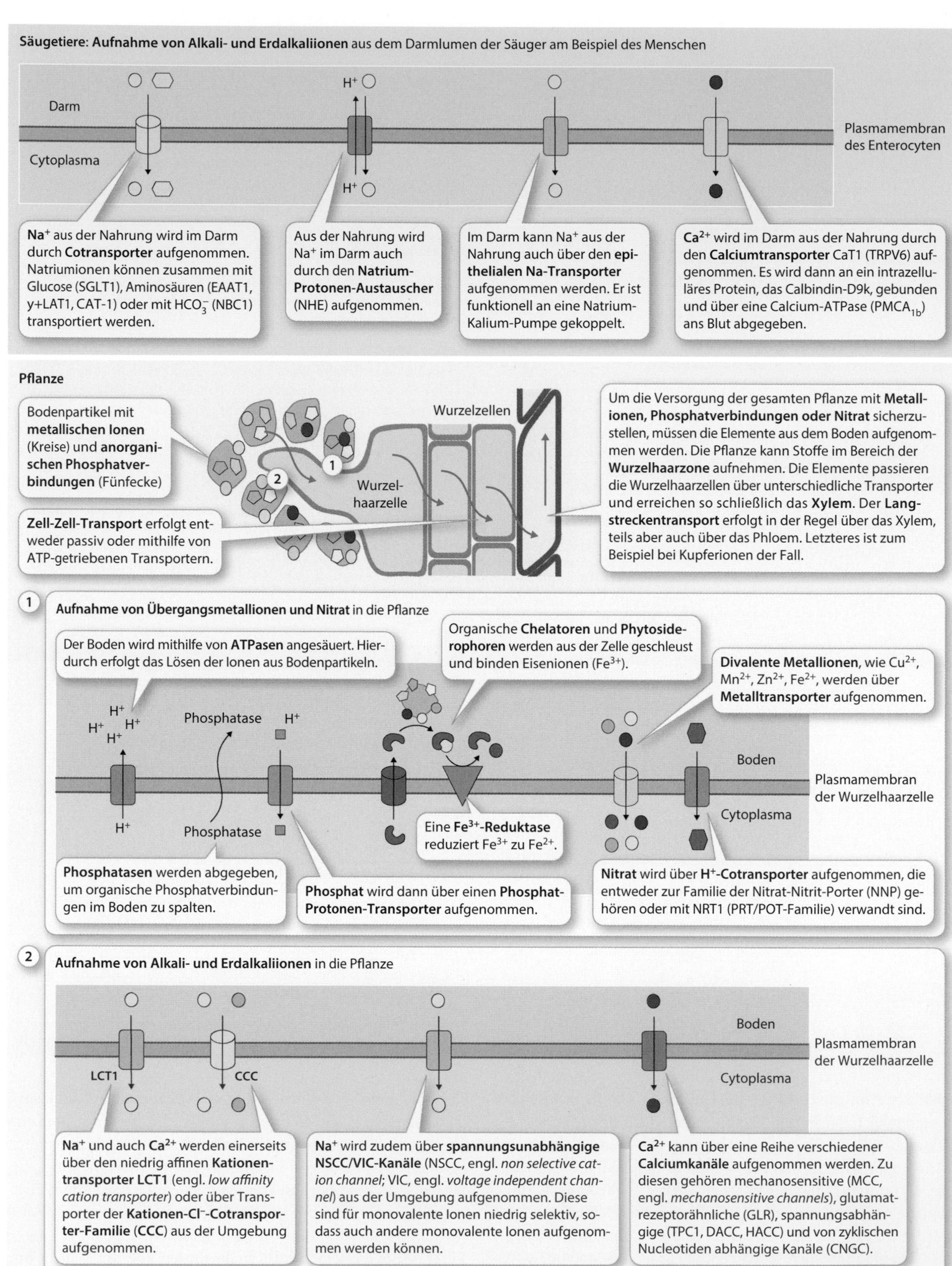

Abb. 12.25 Aufnahme von Ionen bei Säugetieren und der Pflanzenwurzel

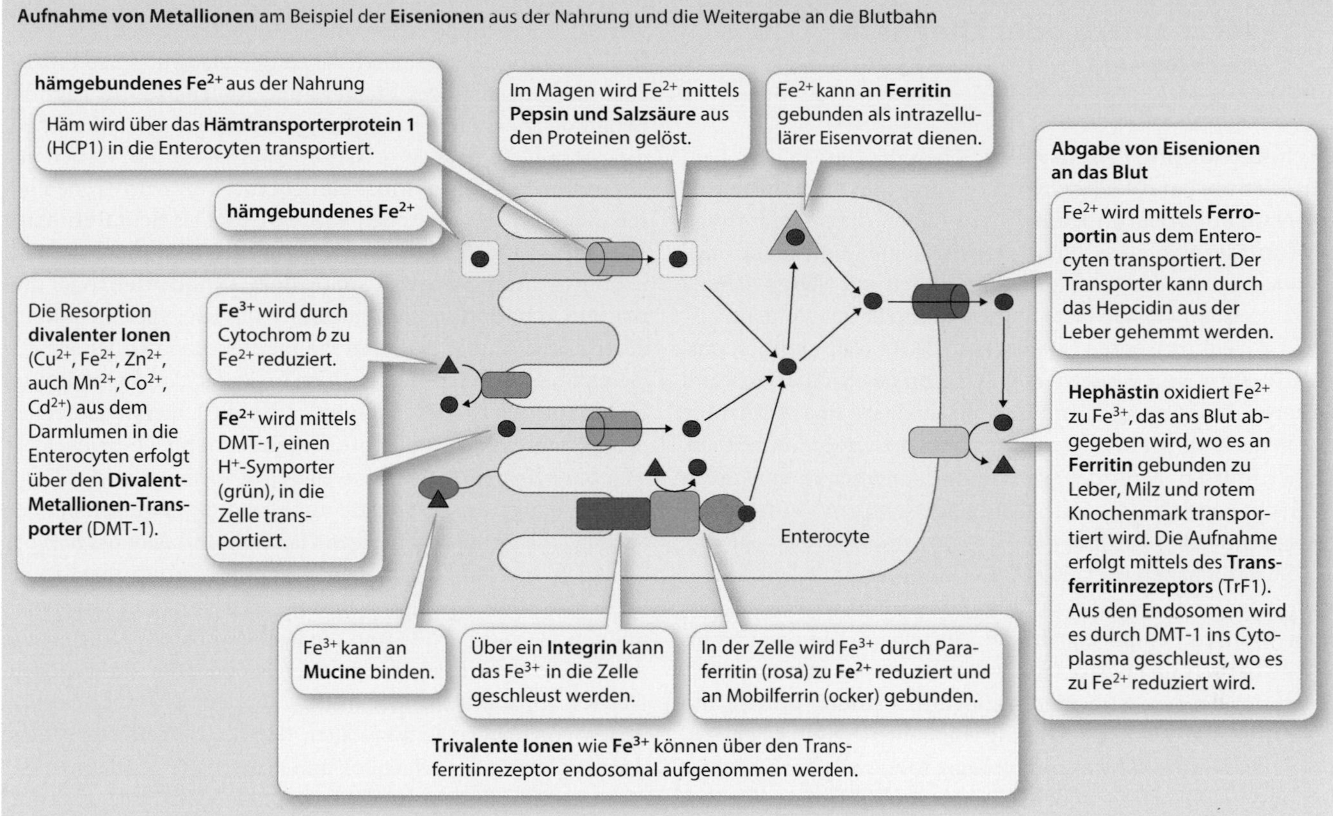

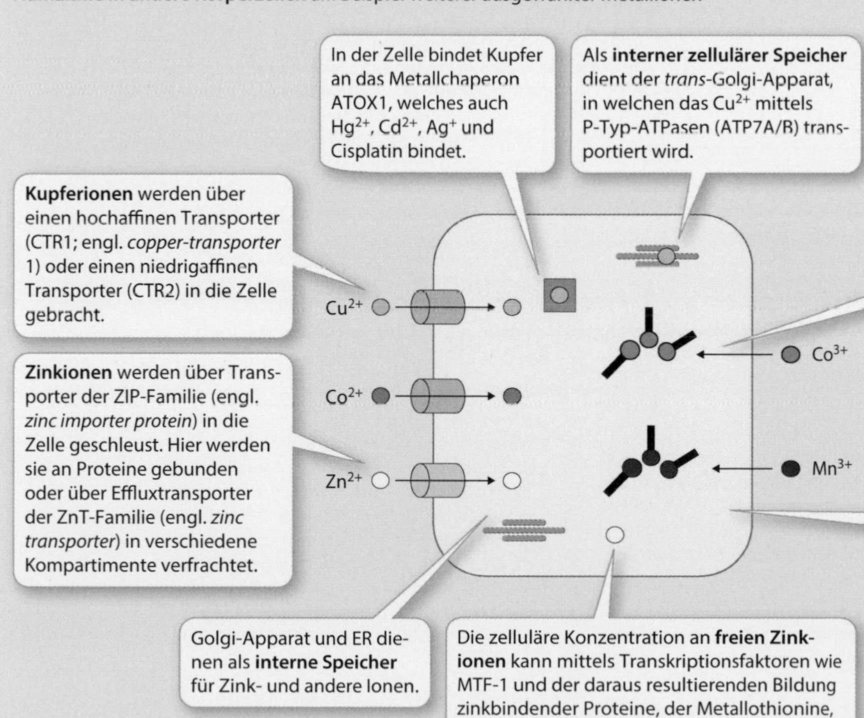

Abb. 12.26 Die Aufnahme von Übergangsmetallen bei Wirbeltieren am Beispiel des Menschen

12.11 Feststoffe werden vor der Aufnahme mechanisch oder chemisch zerkleinert

Die **heterotrophe Lebensweise** höherer Metazoen, vor allem der Pflanzen- und Fleischfresser, bedingt die **Aufnahme fester Nahrungsbestandteile**. Dazu haben diese Organismen im Lauf der Evolution besondere Strategien und Werkzeuge entwickelt. Um die Versorgung der Zellen mit Nährstoffen zu gewährleisten, müssen Nahrungsbestandteile den Verdauungsorten zugeführt werden (► Abschn. 12.12). Nahrungsbestandteile in Form von vernetzten Polymeren aus Sacchariden und anderen Biopolymerkomplexen erschweren eine Aufnahme durch die Zellmembranen oder machen diese sogar unmöglich. Daher müssen sie in den Verdauungssystemen in eine Form gebracht werden, die von Zellen aufgenommen werden kann (► Abschn. 3.6, 12.13).

Bilateria haben im Lauf der Evolution verschiedene Strategien entwickelt, um Nährstoffe in fester Form zu sich zu nehmen. Während einige aquatische Wirbellose, aber auch einige Wirbeltiere, Nahrungspartikel aus dem Wasser **filtrieren**, bildeten sich bei den Wirbeltieren zunehmend **Kiefer und Zähne** zur Aufnahme und Zerkleinerung von Beutetieren aus. Zähne in Form der **Dentinzähne** sind typische Merkmale der Vertebraten und unabhängig von den Kiefern vor mindestens 600 Mio. Jahren entstanden (◘ Abb. 12.27). Kiefer wie Zähne sind nach ihrer Bildung bei verschiedenen Linien unterschiedlich evolviert. Bei herbivoren Arten und speziell bei Säugetieren kommen den Zähnen und Kiefern neben Beutefang und Beutereißen auch die Aufgaben des Mahlens und Kauens zu. Im Lauf der Evolution änderten sich die Form und der Aufbau der Kiefer bedingt durch die veränderte Nahrungsaufnahme und variierende Umweltbedingungen. **Muskelansatzstellen** wurden neu geschaffen und verschwanden wieder. Diese als **Schläfenfester** im Kiefer sichtbaren Öffnungen liegen auch heute noch der Einteilung der Amnioten nach **anapsidem**, **synapsidem** oder **diapsidem Schädeltyp** zugrunde. Auch das Kiefergelenk unterlag einer Entwicklung: Während die meisten Landwirbeltiere das Gelenk aus den Schädelknochen Articulare und Quadratum bilden (**primäres Kiefergelenk**), sitzt der Unterkiefer bei den Säugern direkt am Squamosum, dem Schuppenbein, welches sich bei rezenten Arten mit weiteren Knochen zum Schläfenbein vereinigt. Aus Articulare und Quadratum gingen bei den Säugern die Gehörknöchelchen Hammer und Amboss hervor.

Auch Invertebraten haben vielfältige **Kauapparate** entwickelt, mit denen sie feste Nahrung zerkleinern und aufnehmen können. Beispiele dafür sind die hochkomplexen Kauapparate der Echinodermen, wie der des Seeigels, oder der Arthropoden. Der Kauapparat beißender Insekten besteht z. B. aus verschiedenen ehemaligen Extremitäten, wie dem Oberkiefer (Mandibel), Unterkiefer (Maxille) und Unterlippe (Labium) oder aus dem Akron, dem vorderen Kopfteil (Oberlippe, Labrum) (► Abschn. 30.18).

Tetrapoden	Amphibien		Die meisten **Amphibien** besitzen ein homodontes Gebiss. Teilweise befindet sich dies nur im Oberkiefer wie bei manchen Fröschen. Bei einigen Arten, wie zum Beispiel den Krallenfröschen, fehlen die Zähne komplett.
	Sauropsiden		Allen rezenten Gruppen der **Sauropsiden** liegt ein homodontes Gebiss zugrunde. Bei einigen Klassen wurden die Zähne sekundär zurückgebildet.
		Schuppenechsen	
		Schildkröten	Die Vorfahren der **Schildkröten** trugen noch bis vor ca. 160 Mio. Jahren Zähne, danach gingen sie verloren. Die rezenten Schildkrötenarten sind zahnlos.
		Vögel	Die Vorfahren der **Vögel** haben vor etwa 100–120 Mio. Jahren die Ausbildung von Zähnen eingestellt. Zwar besitzen die meisten Vögel noch Gene für den Aufbau von Zahnschmelz (*ENAM, AMTN, AMBN, ENAM, AMELX, MMP20*) und Dentin (*DSPP*), diese tragen jedoch Mutationen, die eine Ausprägung der Zähne verhindern.
		Krokodile	Auch die **Krokodile** haben ein homodontes Gebiss. Ihre Zähne können jedoch unterschiedlich groß werden.
	Synapsiden	Säugetiere	Die Heterodontie ist nicht bei allen rezenten **Säugern** ausgeprägt. Sie kann sekundär verloren gegangen sein, wie es bei den Zahnwalen der Fall ist, oder Zähne fehlen wie bei den Prototheria im Erwachsenenalter vollständig.

Beim **homodonten Gebiss** sind alle Zähne **gleich gestaltet**. Es ist anzunehmen, dass die **Homodontie** die evolutionär ältere Form des Wirbeltiergebisses ist. Bei den Landwirbeltieren findet man sie bei zahntragenden Gruppen der Amphibien und bei den rezenten Gruppen der Sauropsiden. Die meisten Landtiere führen einen oder mehrere **Zahnwechsel** durch.

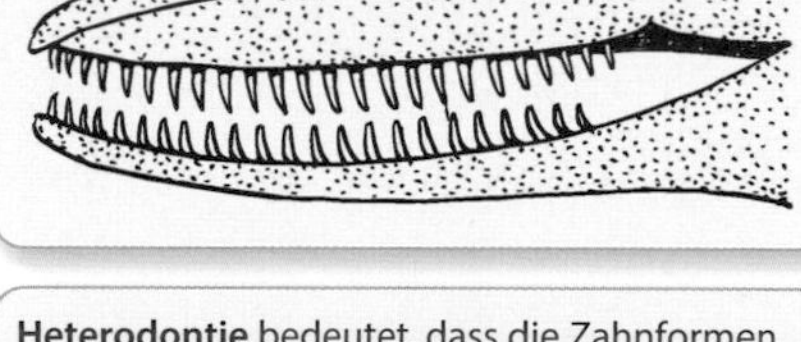

Heterodontie bedeutet, dass die Zahnformen im Gebiss **verschiedenartig** ausgeprägt sind. Es gibt Schneide- und Eckzähne, Prämolaren und Molaren. Die Heterodontie hat sich im Lauf der Evolution der Synapsiden durch Anpassung an die Aufnahme fester Nahrung entwickelt. Sie ist heute ein Merkmal der Meta- und Eutheria. Heterodontie gab es aber auch bei einigen ausgestorbenen Gruppen der Sauropsiden.

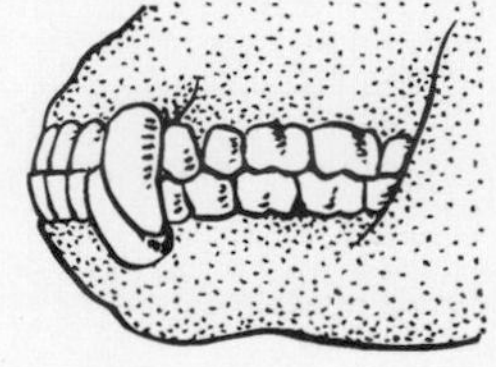

◘ **Abb. 12.27** Zahnformen bei Landwirbeltieren

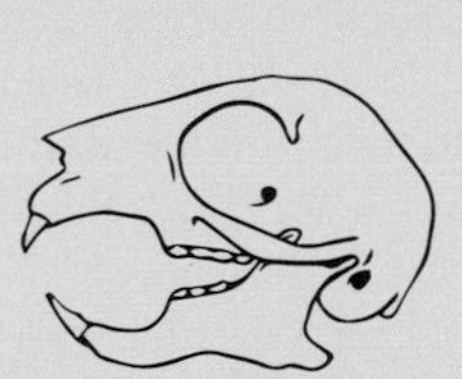

Nagetiere sind in der Lage, ihre Vorderzähne **messer- und raspelartig** einzusetzen. Auch **Kau- und grobe Mahlbewegungen** werden durchgeführt.

Herbivore Wirbeltiere zupfen und **reißen** Pflanzenteile oft mit Unterstützung ihrer Zunge **ab**. Wie manche omnivoren Vertebraten sind sie zudem in der Lage, diese zu **kauen** und zu **zermahlen**.

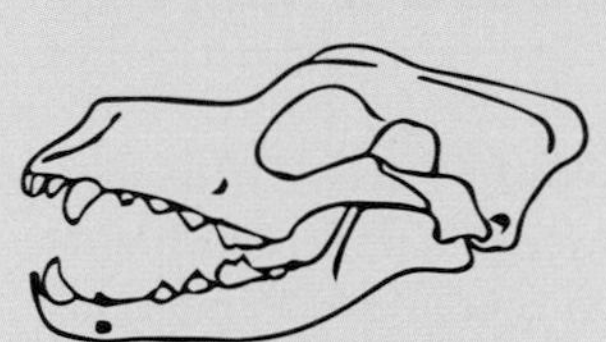

Raubtiere **beißen** und **reißen** ihre Beute in Stücke. Sie können wie die Insektenfresser ihre Beute auch **kauen**.

Krokodile und Schuppenechsen **beißen** ihre Beutetiere und **schlucken** sie in großen Stücken. Zuvor können Schüttel- oder Rollbewegungen erfolgen, um die Beute zu töten.

Ameisenbären oder Chamäleons nutzen ihre **klebrigen Zungen**, um Beutetiere in die Mundhöhle zu befördern. Das Chamäleon benutzt die Zunge dabei wie ein Pfeilgeschoss.

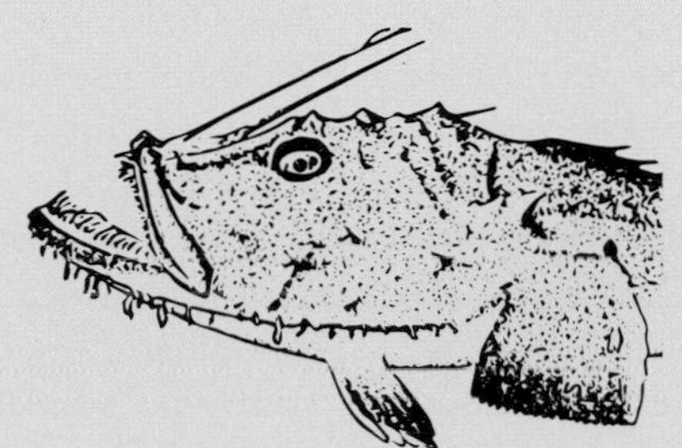

Durch Vorstrecken des Kiefers und schnelle Öffnungsbewegungen erzeugen einige Lebewesen eine starke **Sogwirkung**. Die Beute wird dabei in die Mundöffnung gezogen. Diese Art der Nahrungsaufnahme kommt bei den **Saugschnappern** vor. Hierzu gehören unterschiedliche Arten wie Axolotl und Riesensalamander, manche Schildkröten und Fische wie Forellenbarsch oder Teufelsfisch.

Vögel können ihren Kopf **stoßartig** einsetzen, mit dem Schnabel **picken** oder **schöpfen**. Bei vielen von Fisch und Amphibien lebenden Tieren ist der Mundboden dehnbar und/oder ein Kehlsack ist vorhanden.

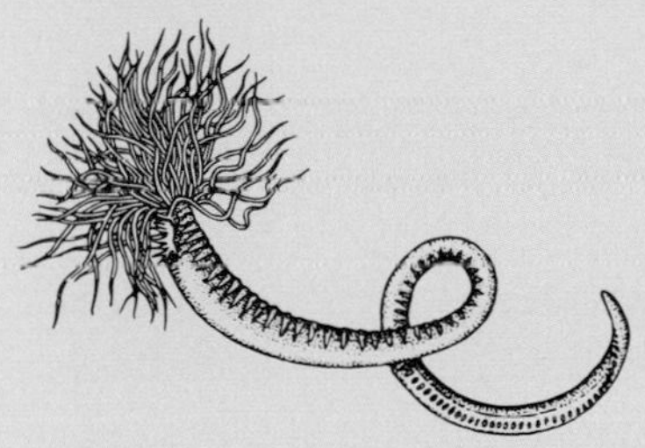

Viele Invertebraten (z. B. Insektenlarven, Muscheln, aber auch Kieferlose und Eutheria wie die Bartenwale) **filtrieren** feste Nahrung aus dem Wasser.

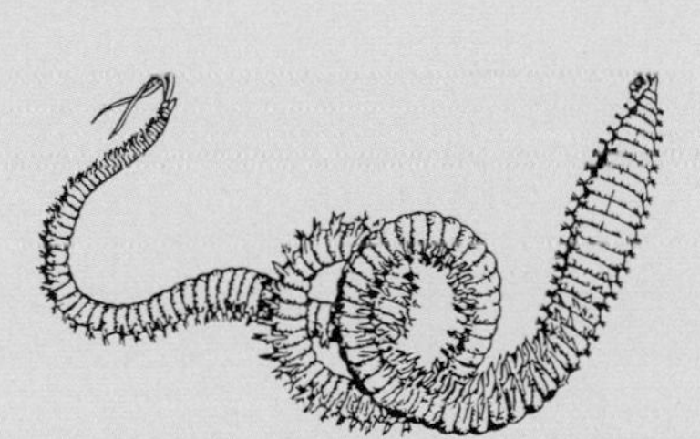

Manche Insektenlarven und einige Ringelwürmer sind **Substratfresser**, die Erde, Sand und Detritus über den Mund in ihren Darm aufnehmen und dort die feste Nahrung verdauen.

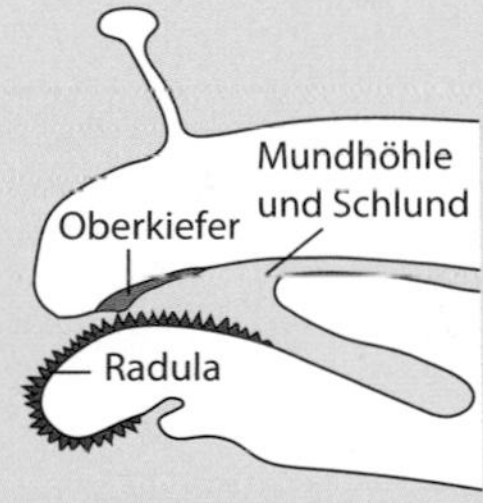

Schnecken **schaben** feste Nahrungsbestandteile mithilfe ihrer **Radula** von Oberflächen ab und führen sie ihrem Schlund zu.

Abb. 12.28 Techniken der Zuführung fester Nahrung

Feste Nahrung kann nicht nur durch Abreißen von Pflanzenteilen, wie bei herbivoren Arten, oder Zerbeißen von Beutetieren, wie bei carnivoren Arten, zu sich genommen werden, sondern auch durch vielfältige andere Aufnahmeformen. Zu diesen gehören beispielsweise das Saugen oder das Saugschnappen, bei dem ein Sog durch Unterdruck entsteht, oder die Aufnahme durch klebrige Zungen (Abb. 12.28).

Pflanzen benötigen im Allgemeinen keine festen Nahrungsstoffe. Sie nehmen Ionen mit dem Wasser auf und synthetisieren Biomoleküle mithilfe des CO_2 aus der Luft und der im Boden enthaltenen Mineralstoffe. Zwar fangen einige Vertreter wie die carnivoren oder insektivoren Pflanzen Beutetiere, führen sie aber nicht in fester Form als Teile in den inneren Pflanzenkörper, sondern verdauen sie außerhalb der „Körperhülle". Dies geschieht durch das Aufschließen der Nahrung zu Transportformen, die über die Zellmembran aufgenommen werden können.

Diese Art des **chemischen Aufschlusses** von fester Nahrung außerhalb des Organismus nutzen nicht nur carnivore Pflanzen, sondern auch viele Arthropoden. So verdauen manche Webspinnen ihre Nahrung bereits im Beutekörper (**extraintestinale Verdauung** durch Injektion eines Enzymcocktails) und nehmen den so vorverdauten Inhalt sekundär auf. In ähnlicher Weise ist dies auch bei der Larve der Ameisenjungfer, dem Ameisenlöwen, sowie bei der Familie der Schwimmkäfer der Fall. Auch die Hausfliege kann Feststoffe durch Abgabe von Enzymen vorverdauen und so als Flüssigkeit aufnehmen. Neben den Arthropoden nehmen auch einige Echinodermata, wie manche Seesterne, eine extraintestinale Verdauung vor.

12.12 Bei Metazoen dient der Darm dem chemischen Aufschluss der Nahrung

Einzellige Organismen wie Prokaryoten, Protisten, Algen sowie niedere Metazoen und viele Nucletmyceen können Nährstoffe aus der Umgebung direkt über die Zellmembran durch Endocytose, Pinocytose oder über Transportproteine aufnehmen. Mit Bildung des Integuments und der heterotrophen Lebensweise sind die Bilateria allerdings darauf angewiesen, große aufzunehmende Molekülkomplexe in Einzelmoleküle aufzuspalten und sie allen Zellen im Körper zuzuführen. Um die Zellen im Körperinneren zu erreichen, haben diese Tiere spezialisierte Strukturen zur **Zerkleinerung und Verdauung** entwickelt. Diese Strukturen werden generell als **Verdauungssysteme** bezeichnet. Mit Ausnahme einiger parasitischer Tiere, beispielsweise Darmparasiten wie Bandwürmern, und einiger Filtrierer wie Muscheln entwickelten höhere Metazoen im Lauf der Evolution ein immer stärker spezialisiertes Darmsystem, das auch Anhänge und Drüsen ausbildete.

Bei den **Bilateria** übernahm der vordere Teil des Darms im Lauf der Evolution Aufgaben, die mit der **Zufuhr der Nahrung** und deren **Zerkleinerung** verbunden sind (◘ Abb. 12.29). Mit fortschreitender Entwicklung haben sich sowohl bei Vertebraten als auch bei Invertebraten differenzierte **Kauwerkzeuge** ausgebildet (▶ Abschn. 12.11). Gleichzeitig wird über den Vorderdarm der Nahrungsbrei an den eigentlichen Verdauungsort, den **hinteren Teil des Darmsystems**, transportiert. Am Ende des Vorderdarms bildete sich sowohl bei Vertebraten als auch bei Invertebraten ein Abschnitt zur chemischen und enzymatischen Umsetzung von Nahrungsteilen aus. Er wird je nach Anpassung an die Ernährungsweise als **Magendarm**, **Muskelmagen** oder **Magen** bezeichnet. Hier kann es auch zu **bakteriellen Fermentierungsprozessen** kommen (▶ Abschn. 35.17). Dies ist der Fall in der Honigblase der Bienen oder im Pansen von Wiederkäuern. Auch kann eine **chemische Zersetzung** stattfinden wie die Hydrolyse durch einen niedrigen pH-Wert. Bei den Wirbeltieren bildete sich zwischen Magen und Rumpfdarm der Pförtner (**Pylorus**) aus. Dieser sorgt für eine geregelte Zufuhr des Speisebreis in den Darm. Auch der **Rumpfdarm** differenzierte sich im Lauf der Evolution und bildete Abschnitte aus, in denen bestimmte Nahrungsbestandteile aufgenommen werden (◘ Abb. 12.30). Bei den Vertebraten geht das gesamte Darmsystem aus dem **Entoderm** hervor, bei Invertebraten teilweise aus dem Ektoderm.

Der Vorderdarm der Wirbeltiere bildet nach dem Pylorus auch noch einen Teil des **Zwölffingerdarms** aus, bevor der Rumpfdarm beginnt. In diesem letzten Abschnitt finden sich sackartige Ausstülpungen, aus denen im Laufe der Evolution sezernierende Organe wie die **Leber mit Gallenblase** sowie das **Pankreas** (Bauchspeicheldrüse) hervorgingen. Obwohl die Gallenblase sich evolutionär mit der Leber entwickelt hat, ist sie nicht bei allen Arten der Wirbeltiere vorhanden. Selbst bei den Säugetieren fehlt sie beispielsweise Pferden, Hirschen und Ratten.

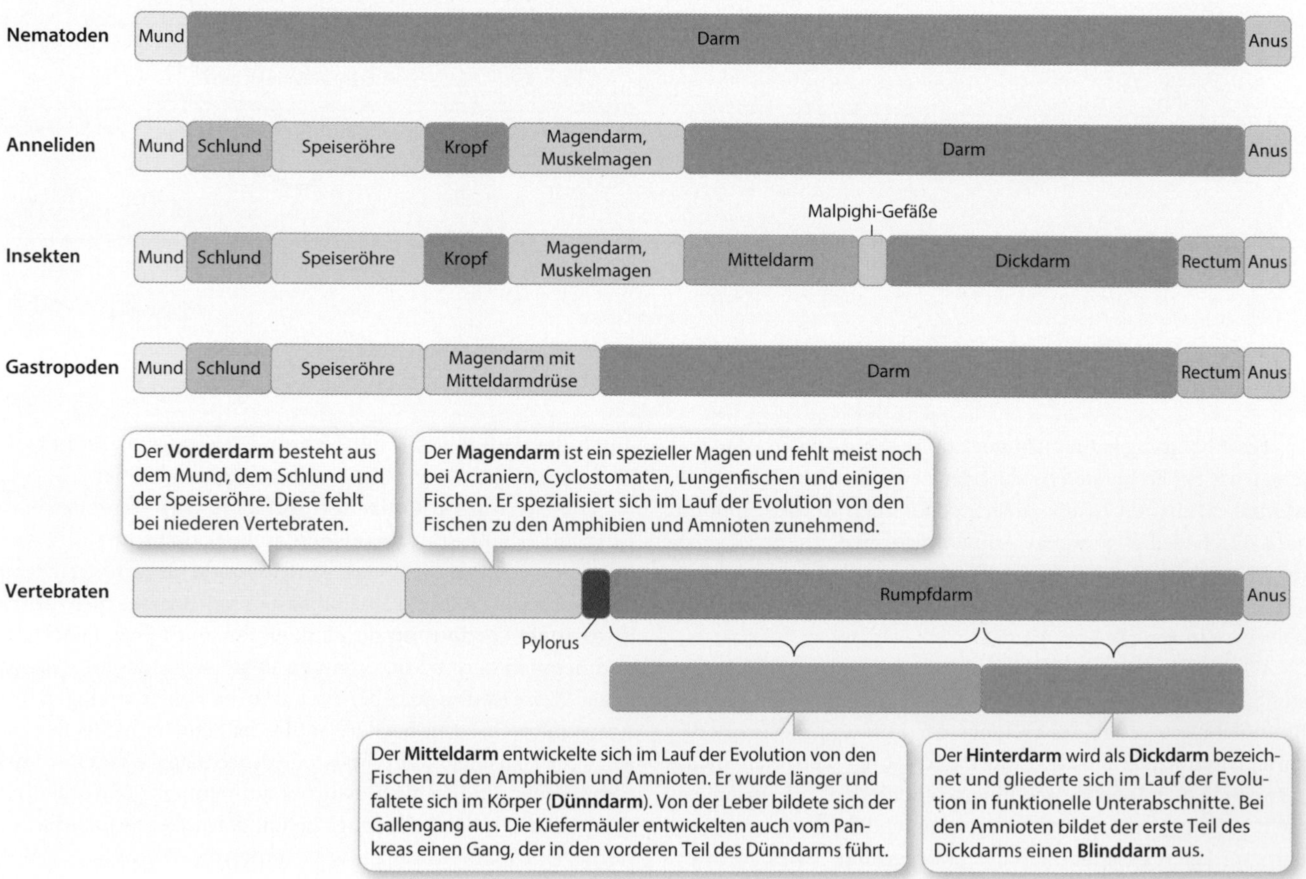

◘ **Abb. 12.29** Gliederung des Verdauungssystems bei den Bilateria

Abb. 12.30 Das Verdauungssystem der Säugetiere am Beispiel des Menschen

Das **Aufschließen der Nahrung** kann allerdings auch **außerhalb des Körpers** erfolgen, wie es bei Spinnentieren oder manchen Insekten wie Fliegen der Fall ist (▶ Abschn. 12.11). Die Zufuhr zu den Verdauungstrakten erfolgt dann über Saugapparate. Stechende und saugende Tierarten wie Wanzen, Läuse oder Schmetterlinge haben vielfältig differenzierte **Stech- und Saugapparate** entwickelt, um ihre flüssige Nahrung dem Darm zuzuführen (▶ Abschn. 30.18).

Die Därme aller Tiere sind von **prokaryotischen Organismen** besiedelt. Darunter befinden sich unterschiedliche Arten von Bakterien und Archaeen, die wichtige ernährungsphysiologische Funktionen für den Wirt erfüllen. Diese Organismenvielfalt wird vom Darmsystem erkannt und immunologisch bekämpft, ohne wichtige Vertreter (**kommensale Darmbewohner**) vollständig zu eliminieren. Das Darmsystem der Wirbeltiere hat sich diesbezüglich im Lauf der Evolution zum größten **immunologischen Organ** des Körpers entwickelt. Eine dicke Mucosaschicht, die Produktion von IgA-Antikörpern und die Anwesenheit von regulatorischen T-Zellen sind spezielle Anpassungen daran. Neuere Forschungsergebnisse weisen beim Menschen auf eine zentrale Bedeutung der Darm-ZNS-Achse für die neurologische Entwicklung und Gesundheit des Individuums hin.

12.13 Organische Moleküle können von Zellen über Endocytose oder über Transportproteine aufgenommen werden

Alle Vielzeller, die von einer Körperhülle umgeben sind, müssen den einzelnen Zellen ihres Verbands Nährstoffe zuführen. Die Nahrungspartikel müssen **chemisch aufgeschlossen** werden, also in kleinere lösliche Komponenten zerlegt werden. Dabei helfen **Enzyme**, die in Verdauungsorgane sezerniert werden, oder **mikrobielle Symbionten** der kommensalen **Mikroflora**, die in speziellen Teilen des Magen-Darm-Trakts fermentative Prozesse durchführen. Die Sekretion von **Säure** in Kavernen wie dem Magen dient zusätzlich der chemischen Hydrolyse von Biomolekülen. Einmal zerlegt, müssen die Moleküle über die Körperhülle in die Zellen der epidermalen Schicht und von diesen entweder in das innere Verteilungssystem des Körpers, wie das Blut, oder an benachbarte Zellen weitergegeben werden. Meist werden die aufgenommenen Stoffe in den Zellen weiteren Abbauprozessen unterworfen, bis sie in die anabolen zellulären Stoffwechselkreisläufe eingefügt werden können.

Die Aufnahme von Molekülen über die Zellmembran erfolgt entweder durch spezielle Transport- und Kanalsysteme, die in den Zellmembranen vorhanden sind, oder über Endocytose. Beim Vorgang der **Endocytose** werden Nahrungsbestandteile in fester oder flüssiger Form mittels Vesikeln, den **Endosomen**, aus der Umgebung in die Zelle aufgenommen (◘ Abb. 12.31; ► Abschn. 3.6). Für die Nährstoffaufnahme im Darm von Wirbeltieren spielt Endocytose eine untergeordnete Rolle, sie erfolgt vielmehr bei Erwachsenen über **Transportproteine**. Säuglinge nehmen jedoch innerhalb des ersten halben Lebensjahres Proteine mittels Endocytose auf. Dies ermöglicht die direkte Aufnahme von Antikörpern aus der Muttermilch ohne vorherige Degradation. Diese Art der Endocytose erfolgt über spezialisierte Epithelzellen des Dünndarms, die sogenannten **M-Zellen**. Ihre endocytotische Aktivität wird bei Erwachsenen im Darm hormonell herabreguliert, bleibt aber in anderen Geweben wie den Mandeln erhalten.

Für die Aufnahme von Molekülen aus der Nahrung sind in den **Enterocyten** des Darms spezielle Transportproteine zuständig. **Kohlenhydrate** werden bereits im **Speichel** von der **Amylase** in Oligosaccharide gespalten. Der weitere Abbau erfolgt im Dünndarm durch die Enzyme des Pankreas und die Enzyme der Enterocyten, welche die Monosaccharide schließlich aufnehmen (◘ Abb. 12.32). **Proteine** werden bei den Wirbeltieren im Magen denaturiert und durch **Pepsin** in kürzere Polypeptide gespalten. Im Darmlumen zerlegen Pankreasproteasen wie **Trypsin** und **Chymotrypsin** (und viele andere) diese Fragmente weiter zu Oligopeptiden (60–80 %) und Aminosäuren (20–40 %). Die verbliebenen Oligopeptide werden in der Darmmucosa mittels verschiedener **Peptidasen** weiter zu einzelnen Aminosäuren oder kurzen Di- und Tripeptiden gespalten (◘ Abb. 12.32). **Lipide** werden bereits im Magen durch Magenlipasen teilweise gespalten, um dann im Dünndarm durch Gallensalze emulgiert und von Pankreaslipasen aufgespalten zu werden. Fettsäuren, Glycerin und Cholesterin werden dann in die Enterocyten aufgenommen und weitergeleitet (◘ Abb. 12.32).

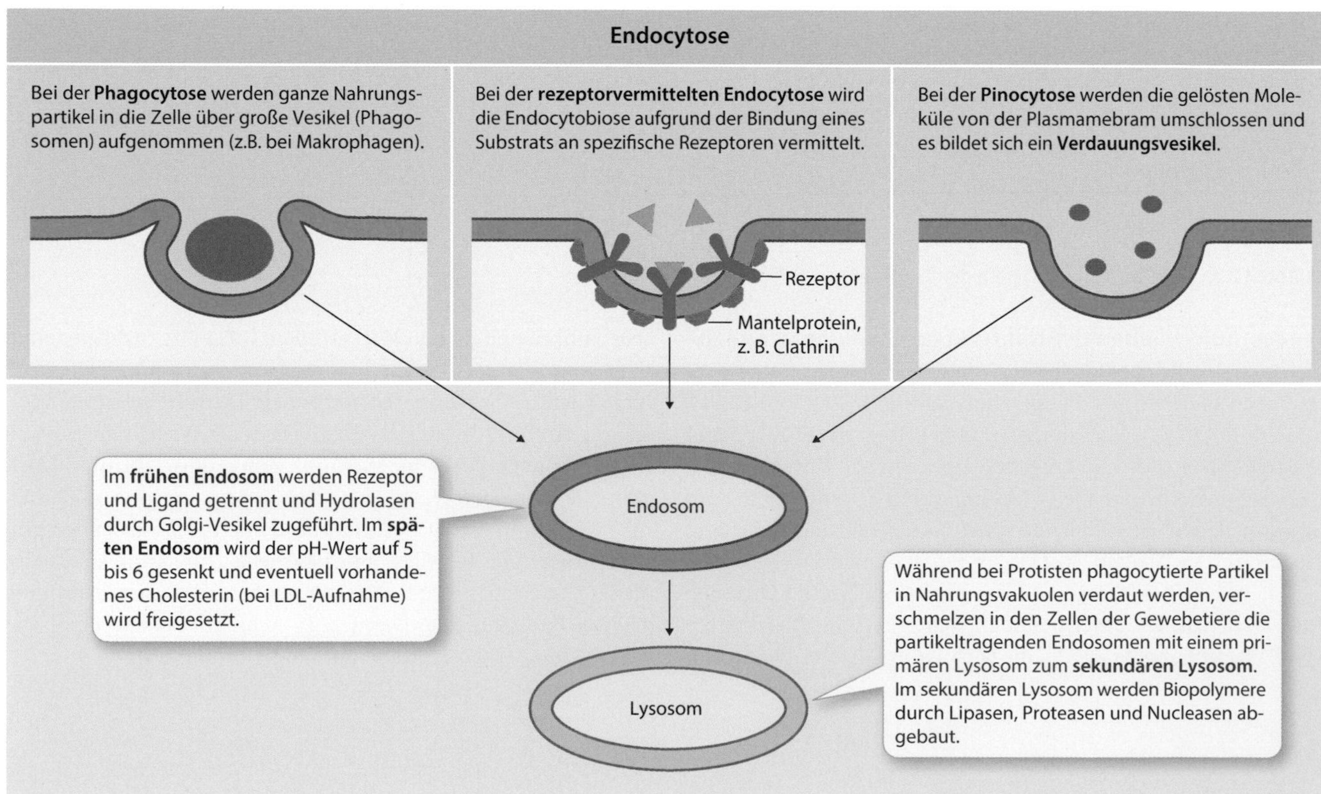

◘ **Abb. 12.31** Überblick über die Mechanismen der Endocytose

12

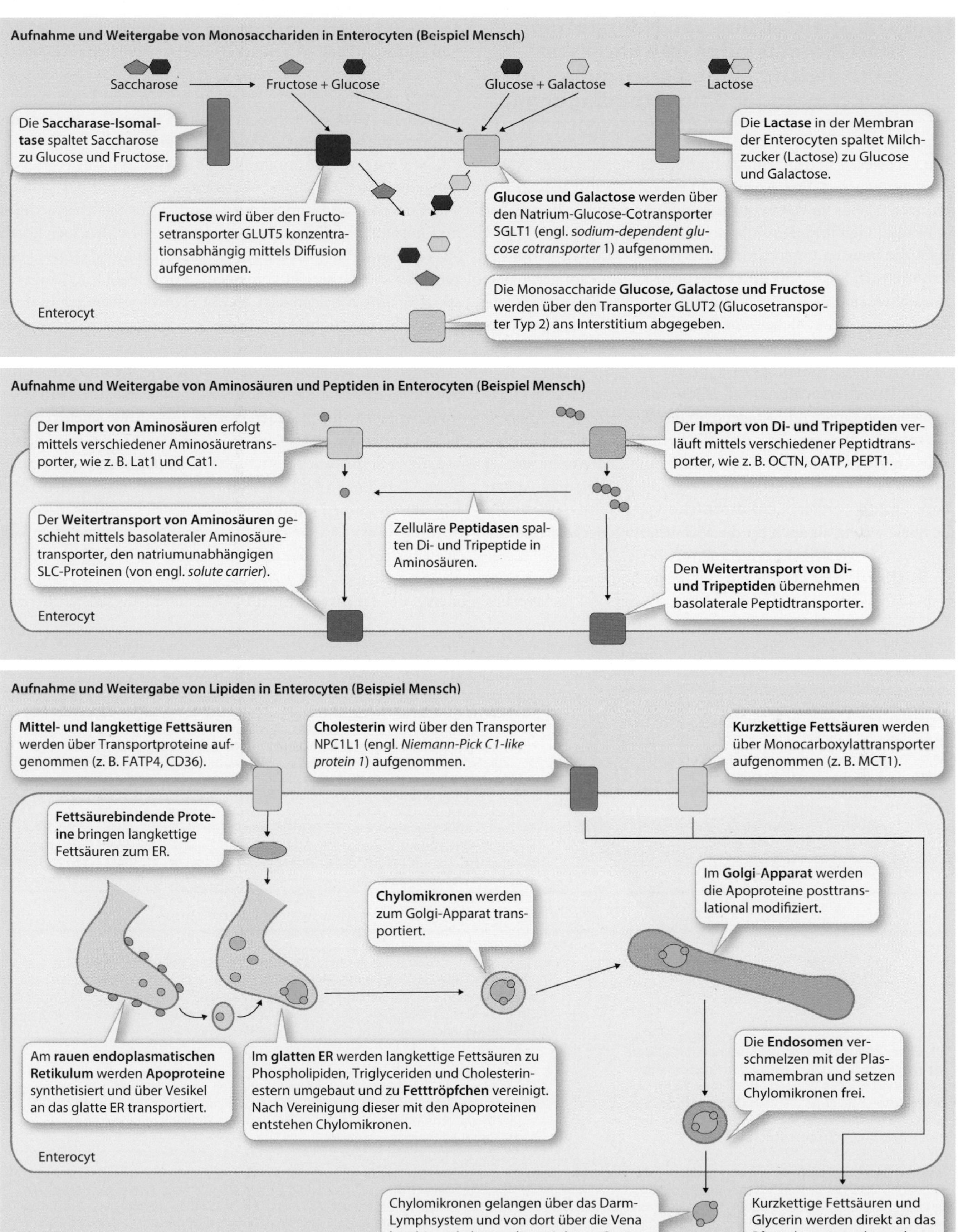

Abb. 12.32 Aufnahme und Weiterleitung von Monosacchariden, Aminosäuren und Lipiden an die Enterocyten des Darms

12.14 Die Speicherung von Nährstoffen und Biomolekülen gewährleistet eine gleichmäßige Versorgung trotz fluktuierender Umweltbedingungen

Alle Lebewesen sind auf eine Zufuhr von Stoffen aus ihrer Umgebung angewiesen. Das Angebot an Nährstoffen ist jedoch von den jeweiligen Umweltbedingungen abhängig, unterliegt daher Schwankungen und ist somit nicht immer gewährleistet. Daher legen die meisten Organismen **interne Nährstoffspeicher** für **Kohlenstoff, Stickstoff und Phosphor** an. Im Lauf der Evolution haben sich nicht nur bestimmte zelluläre Kompartimente als Speicherorte entwickelt, sondern auch spezifische **Speicherformen** für bestimmte Stoffklassen sowie spezielle Gewebe und Organe als Lagerstätten (◼ Abb. 12.33).

Als **Speicherformen des Kohlenstoffs** finden wir im Organismenreich Lipide und Kohlenhydrate (◼ Abb. 12.34). **Kohlenhydrate** werden vorwiegend als Zuckerpolymere wie **Glykogen** oder **Amylose** eingelagert. Dies schützt die Zelle vor zu starker osmotischer Wirksamkeit der darin befindlichen einzelnen Monomere. **Lipide** werden in **Lipidtröpfchen** gespeichert. Sowohl für die Speicherung als auch für die Mobilisierung der Stoffe nutzen Organismen spezielle Enzyme und regulierte Stoffwechselwege.

Stickstoff wird generell nicht in Form homogener Polymere gespeichert (siehe aber ◼ Abb. 12.34), sondern bei Mehrzellern vorwiegend in Form von **Proteinen**. Die Aminosäuren Glutamat und Glutamin fungieren meist als Drehscheibe beim Austausch von Aminogruppen zwischen verschiedenen Biomolekülen. So kann Stickstoff auch zum Aufbau von RNA und DNA genutzt werden. Die **DNA** sowie ihre monomeren Bausteine, die **Nucleosidphosphate**, gelten als **Phosphatspeicher** aller Lebewesen. Einige Prokaryoten können Phosphor zusätzlich in Form von Polyphosphaten speichern. Vertebraten haben mit der Bildung von Knorpeln und Knochen ein spezifisches Speichermedium für Phosphat und Calcium entwickelt. Bei allen Metazoen liegen Stickstoff und Phosphor auf alle Zellen im gesamten Organismus verteilt vor. Man spricht von einem „**Pool**". Pool und Langzeitspeicher unterscheiden sich im Mittel nicht wesentlich in ihrer Stoffwechseldynamik. Auch in der Speicherkapazität lassen sich die beiden Formen nicht per se unterscheiden.

Auch für weitere essenzielle Stoffe wie **Vitamine** und für **Spurenelemente**, die oft als Cofaktoren von Enzymen oder im Ionenhaushalt von Zellen eine wichtige Rolle spielen, haben sich Speicherorte und Speicherformen entwickelt. Einige dieser wichtigen Stoffe, wie die Vitamine A, K, B_{12} und Eisen, werden beim Menschen in der **Leber** (◼ Abb. 12.33), andere wiederum, wie die Vitamine D und E oder essenzielle Aminosäuren wie Histidin, in Pools gespeichert. Darüber hinaus entwickelten sich Speicher für Stoffe, die an bestimmten physiologischen Vorgängen teilhaben, wie z. B. die Gallensäuren. Auch Kompartimente, die gleichzeitig für die Abfall- und Langzeitspeicherung

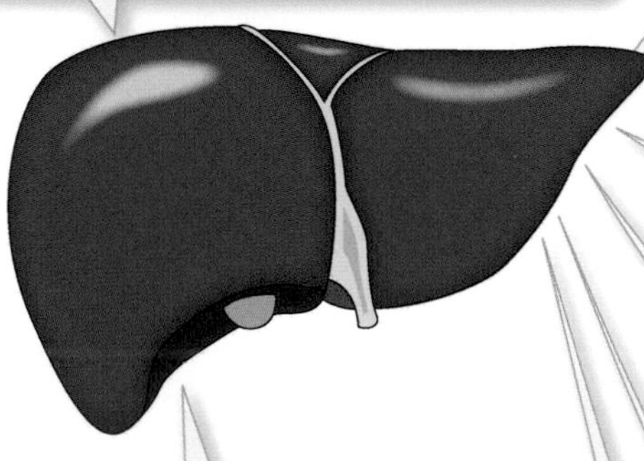

◼ **Abb. 12.33** Ausgewählte Speicherstoffe, deren Funktion und Mobilisierung am Beispiel der menschlichen Leber

Speicherung von Lipiden	Mobilisierung von Lipiden	Speicherung von Kohlenhydraten
Prokaryoten speichern Lipide in Form von **Granula**. Diese bestehen aus Polymeren. Beispiele sind die **Polyhydroxyfettsäuren** (PHFs; auch Polyhydroxyalkanoate (PHAs) genannt) und die **Polythioester** (PTEs). Die nur bei Bakterien und Archaeen vorkommende PHF-Synthase generiert PHFs aus löslichen, monomeren Hydroxyfettsäuren. Die Granula enthalten Phasine, Proteine, die hüllartig die Oberfläche der Lipidtröpfchen besetzen und als Mediatoren zwischen hydrophober und hydrophiler Phase wirken.	Die **Mobilisierung** der Fette erfolgt über den Abbau durch die **Lipasen** hormonsensitive Lipase (HSL) und die Monoacylglycerol-Lipase (MGL).	Häufiges Speicherkohlenhydrat der **Prokaryoten** ist **Glykogen** (seltener Stärke), das in **Granula** gespeichert wird.
Bei **Eukaryoten** erfolgt die Speicherung von Lipiden in **Lipidtröpfchen**.		
Protisten und **Pilze** speichern Lipide in Form von Lipidtröpfchen. Die Bildung erfolgt am ER. Die von einer Phospholipidmembran umgebenen Tröpfchen sind meist mit Triacylglyceriden und Sterolestern gefüllt. Als lipidtröpfchenassoziierte Proteine kommen PAT-Proteine (Perilipine) vor.		Kohlenhydrate, Proteine und andere Stoffe werden bei vielen Taxa in **Granula** gespeichert.
Viele Metazoen besitzen **Adipocyten** (Fettzellen) in spezialisierten Geweben, wie dem Fettgewebe der Wirbeltiere oder dem Fettkörper der Insekten.		
Einige Invertebraten wie manche **Nematoden** besitzen spezialisierte Fettzellen im Verdauungstrakt (**hepatopankreatische Zellen**) sowie in der Epidermis.		Manche **Mollusken** speichern Kohlenhydrate als Glykogen und Galactogen im **Hepatopankreas** (im Fuß oder Mantel).
Das Hauptspeicherorgan der **Insekten** sind die **Adipocyten des Fettkörpers**. Hier findet man **Triacylglyceride** mit assoziierten PAT-Proteinen (Lsd1/Lsd2) in Lipidtröpfchen sowie **Glykogen** und Speicherproteine wie die Vitellogenine als Granula. 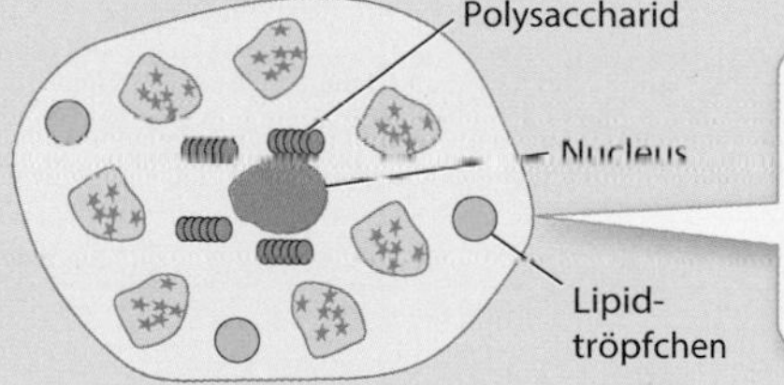 Bestimmte Zellen des Fettkörpers mancher Insekten (z. B. Termiten, Schaben), die **Urocyten**, speichern Harnsäure als Stickstoffquelle für den Proteinaufbau in Form von Kristalliten oder Granula in Vesikeln.	Die **Mobilisierung** der Fette erfolgt über Adipocyten-Triacylglycerid-Lipase (ATGL) und TGL, die **Glykogenolyse** hauptsächlich durch die Glykogen-Phosphorylase. Die gebildete Glucose wird teils zum Aufbau von Trehalose als Flugtreibstoff genutzt.	Kohlenhydrate, Proteine und andere Stoffe werden auch im **Fettköper** gespeichert. Aus Speicherproteinen kann bei manchen Arten auch **Prolin** gewonnen und als Energiequelle für das Fliegen genutzt werden.
Die **Vertebraten** speichern **Triacylglyceride** vorwiegend in **Adipocyten des Fettgewebes**. Wie bei allen Eukaryoten finden sich auch hier entsprechende Lipidtröpfchen. Als tröpfchenassoziierte Proteine kommen neben den PAT-Proteinen auch Proteine der CIDE-Familie vor. PAT-Vertreter bei Säugern sind Perilipin-1, Adipophilin (ADRP, Perilipin-2), TIP47 (Perilipin-3), S3–12 (Perilipin-4) und OXPAT (Perilipin-5).	Die **Mobilisierung** der Fette erfolgt über den **schrittweisen Abbau** durch hormonsensitive Lipase (HSL), Adipocyten-Triacylglycerid-Lipase (ATGL) oder Monoglycerid-Lipase (MGL).	**Glykogen** wird bei den Wirbeltieren in **Skelettmuskeln** und **Leber** gespeichert. Der Abbau zu Glucose erfolgt über die Glykogen-Phosphorylase (und ein sogenanntes *debranching*-Enzym).
Archaeplastiden speichern Lipide wie alle Eukaryoten in Lipidtröpfchen. Im Cytosol enthalten diese Gebilde einen Kern aus Triacylglyceriden, der von einer Phospholipidmembran und assoziierten Proteinen wie Oleosinen oder Caleosinen umgeben ist (**Oleosomen**). Bei den **Landpflanzen** findet man auch **Plastoglobuli** im Stroma der Plastiden. Sie entsprechen den Oleosomen, enthalten aber zusätzlich Sterole und lipophile Pigmente wie Carotinoide (etc.) und Steroleosine als assoziierte Proteine. Bei den Blütenpflanzen sind besonders die pollenbildenden Staubbeutel dicht mit Lipidtröpfchen gefüllt.	Die **Lipolyse** erfolgt sukzessive über meist noch unbekannte Triacylglycerid- und Diacylglycerid-Lipasen sowie die Monoglycerid-Lipase.	Neben den Lipidtröpfchen speichern Pflanzen Energie und Kohlenstoff in Form von Oligosacchariden wie der **Saccharose** oder in Form von **Stärkegranula** (Amylopektin und Amylose) in den **Amyloplasten**, vorwiegend in den **Speicherorganen** (Wurzel, Knolle, Zwiebel etc.). Der Abbau von Saccharose zu Glucose und Fructose erfolgt entweder durch die Saccharose-Synthase oder durch Invertasen. Die Stärke wird durch β-Amylasen abgebaut.

Abb. 12.34 Speicherung und Mobilisierung von Lipiden und Kohlenhydraten bei verschiedenen Organismen

zuständig sind, wie die Vakuolen mancher Pflanzen, gehören zu diesen Speicherorten. Einige Rhizobien bilden Nickelspeicherproteine (Nickelin), einige Vertebraten dagegen Proteine wie Ferritin oder Coeruloplasmin, um Eisen oder Kupfer zu speichern. Speicherort für Metallionen ist häufig der Golgi-Apparat (▶ Abschn. 12.10).

12.15 Die Ausscheidung gelöster Substanzen erfolgt in wässriger Lösung durch spezialisierte Strukturen

Da Wasser ein entscheidender limitierender Faktor für das Leben an Land ist, erscheint es auf den ersten Blick paradox, dass es von Organismen nicht vollständig recycelt, sondern ausgeschieden wird (◘ Tab. 12.2). Es gibt jedoch gute Gründe für eine **Ausscheidung des Wassers**:

- Wasser ist ein exzellentes **Lösungsmittel** für viele organische und anorganische Stoffe und damit geeignet zur **Ausscheidung von Abfallprodukten** sowie von toxischen Stoffen. Der Ausscheidungsprozess kann zudem durch Abgabe von Ionen der Regulation der Osmolalität von Zellen dienen.
- „**Stoffwechselwasser**", welches bei der Energiegewinnung in Mitochondrien und durch gesteigerte metabolische Prozessraten kurzfristig entsteht (Oxidationswasser), beispielsweise beim oxidativen Abbau von Fett, Kohlenhydraten oder Proteinen (◘ Tab. 12.3), sowie Wasser, dass beim Abbau von toxischem H_2O_2 gebildet wird, kann auf diese Weise entsorgt werden, bevor es zu Störungen des Elektrolythaushalts einer Zelle kommt. Wüstenbewohner wie die Vertreter einiger Taschenmäuse (Heteromyidae) speisen aus dem Oxidationswasser fast 90 % ihrer Wasserzufuhr (z. B. Kängururatten der Gattung *Dipodomys*).
- Die Wasserabgabe erfüllt einen **homöostatischen** Zweck. Sie kann z. B. der **Temperaturregulation** durch Verdunstung oder durch Mitausscheidung von Ionen der **Regulation der Osmolalität** von Zellen dienen. Auch das **Volumen** einer Zelle (z. B. bei Anpassung an eine hypertone Umgebung) kann durch Wasserausscheidung reguliert werden.
- Der „**Wasserentzug**" dient der Versorgung mit anorganischen und organischen Stoffen und deren Weiterleitung über große Distanzen, wie z. B. beim Transpirationssog bei Pflanzen.
- Bei komplexeren Metazoen dient die Wasserausscheidung auch der **Baroregulation** (z. B. Blutdruck) und der Homöostase des Gewebewassers.

Während die Wasserausscheidung bei Pflanzen über das Wasserpotenzial der Umgebung bestimmt sowie über schließbare **Stomata** (Spaltöffnungen; ▶ Abschn. 19.4) geregelt wird, nutzen Protozoen **kontraktile Vakuolen** (◘ Abb. 12.35) für diesen Vorgang. Metazoen hingegen haben spezielle Organe und Gewebe zur Ausscheidung von Flüssigkeiten geschaffen. Zu diesen Organen gehören die **Nephridien** der meisten Invertebraten, wie die **Metanephridien** der Anneliden, sowie die **Malpighi-Gefäße** der Insekten (◘ Abb. 12.36).

Echinodermen filtern Flüssigkeit durch Ultrafiltration mittels **Podocyten** in das Ambulacralsystem, ein ring- und radiärförmiges tubuläres System, welches das Protocoel umgibt. Von hier aus wird die Flüssigkeit durch den Steinkanal und die Siebplatte ausgeschieden.

12

◘ **Tab. 12.2** Täglicher Wasserhaushalt eines Menschen (∅ ca. 1,8–2,5 L)

Wasserzufuhr (ø)	Wasserausscheidung (ø)
Trinken 60 %	Urin, Fäzes 60 %
Nahrung 30 %	Atmung, Verdunstung (Schleimhäute, Haut) 30 %
Stoffwechsel 10 %	Schweiß 10 %

◘ **Tab. 12.3** Erzeugung von Stoffwechselwasser aus Nährstoffen bei Eukaryoten entsprechend der allgemeinen Gleichung Nährstoff + Sauerstoff ⟶ Kohlenstoffdioxid + Wasser

Nährstoff	Gramm Wasser pro Gramm Nährstoff (ø)
Protein	0,4
Kohlenhydrate	0,6
Fette	1,0

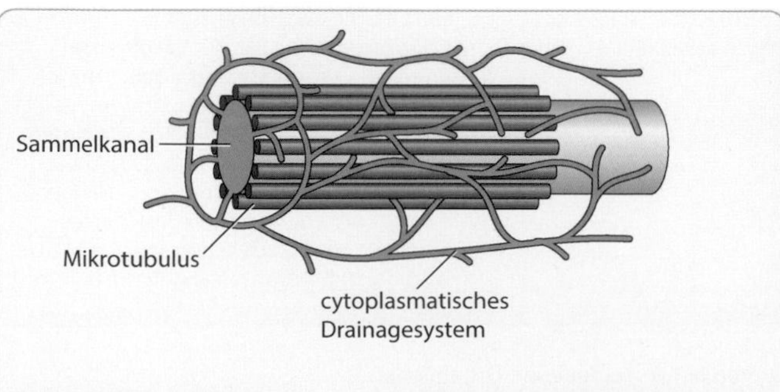

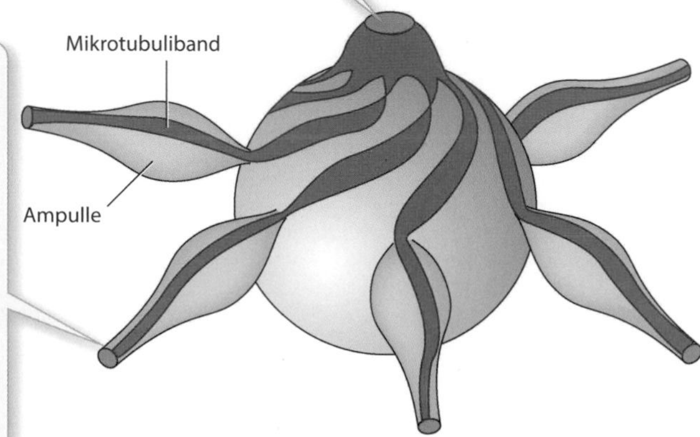

◘ **Abb. 12.35** Kontraktile Vakuole bei Einzellern

Protonephridien sind einfache Ausscheidungsorgane **coelomloser Invertebraten** wie Plattwürmer, Rädertiere oder Larven anderer Invertebraten. Es handelt sich um ein Kanalsystem, das durch Einstülpungen des Ektoderms gebildet wird.

An den geschlossenen Enden der Protonephridien befinden sich die Flammenzellen.

Flammenzellen (mit Cilienbündel) sind spezielle, reusenartig aufgebaute Zellen, die Flüssigkeit aus dem parenchymösen Mesoderm durch Bewegungen eines inneren Cilienbündels („**Wimpernflamme**") filtrieren und über das Kanalsystem ausscheiden.

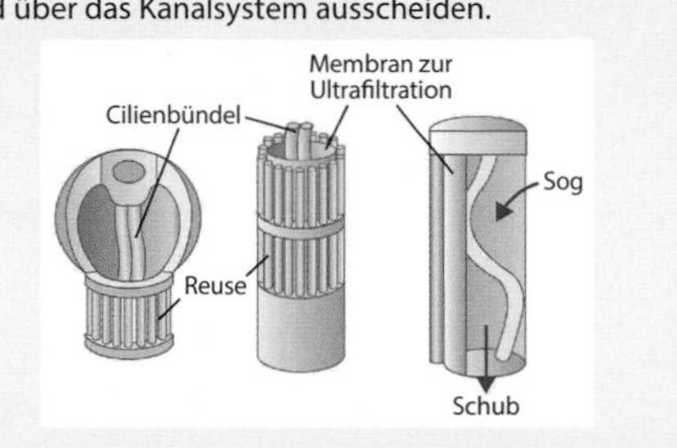

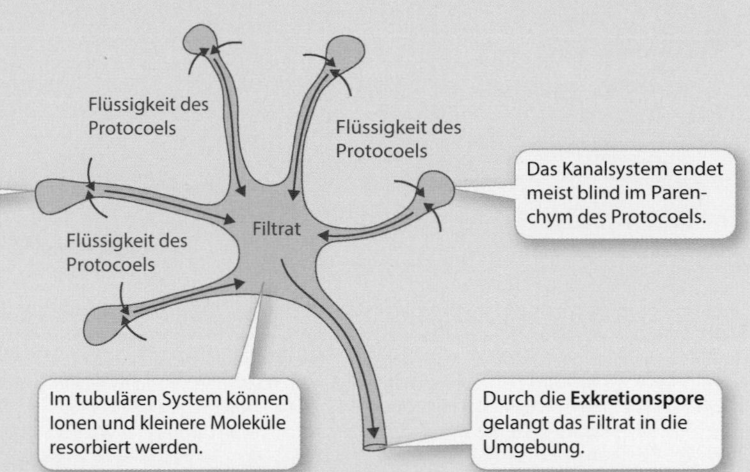

Das Kanalsystem endet meist blind im Parenchym des Protocoels.

Im tubulären System können Ionen und kleinere Moleküle resorbiert werden.

Durch die **Exkretionspore** gelangt das Filtrat in die Umgebung.

Insekten, Spinnen und Tausendfüßer besitzen ein spezielles Exkretionssystem, das aus sogenannten **Malpighi-Röhren** bzw. **-Gefäßen** sowie aus dem Dickdarm und Rectum besteht. Bei den Malpighi-Gefäßen handelt es sich um schlauchförmige Ausstülpungen am Ende des Mitteldarms.

Die **Blut-Harn-Schranke** wird bei den Malpighi-Gefäßen durch ihr Epithel gebildet. Die Exkretionsvorgänge werden durch Hormone reguliert. So sind bei Insekten **diuretische** (die Harnbildung fördernde) und **antidiuretische Hormone** beschrieben.

Wasser, Na^+, K^+ Harnsäure, Harnstoff

Malpighi-Gefäß

Wasser, Na^+, K^+ Harnsäure, Harnstoff

Wasser Na^+, K^+

Mitteldarm

Dickdarm

Harnsäure, Harnstoff

Wasser, Na^+, K^+

Wasser, Na^+, K^+ Harnsäure, Harnstoff

Wasser, Na^+, K^+ Harnsäure, Harnstoff

Über **aktiven Transport** werden in den Malpighi-Gefäßen hohe Konzentrationen von **Alkaliionen** (Na^+, K^+) und **Stickstoffverbindungen** (z. B. Harnsäure und Harnstoff) aus dem Coelom in den Darm gepumpt. **Wasser** folgt aufgrund des osmotischen Gradienten in den Darm.

Die gesamte Exkretionslösung wird über den Dickdarm dem **Rectum** zugeführt. Auf dem Weg dorthin können Ionen und Wasser rückresorbiert werden und die **stickstoffhaltigen Exkrete** werden ausgeschieden.

Mollusken, Ringelwürmer, Brachiopoden und einige Arthropoden besitzen **Metanephridien**. Ihre Entstehung geht auf Epidermiszellen zurück. Metanephridien sind zum Coelom hin geöffnete Kanäle. In ihrem Inneren befinden sich **Cilien**, die für einen Flüssigkeitsstrom nach außen sorgen. Bei einigen Organismen werden über Metanephridien nicht nur Wasser und Ionen, sondern auch Keimzellen transportiert.

Die **Coelomtiere** (Coelomata) besitzen aus dem Mesothel abgeleitete, spezielle Filtrationszellen, die **Podocyten**. Man findet sie in Metanephridien, im Ambulacralsystem und in Nieren. Bei Letzteren bilden sie die Innenseiten der **Bowman-Kapseln** und sind ein wesentlicher Teil der **Blut-Harn-Schranke**. Sie dienen der Filtration von Wasser und kleinen Molekülen aus den Kapillaren nahe der Coelomwand in das Coelom. Dieses Ultrafiltrat wird **Primärharn** genannt.

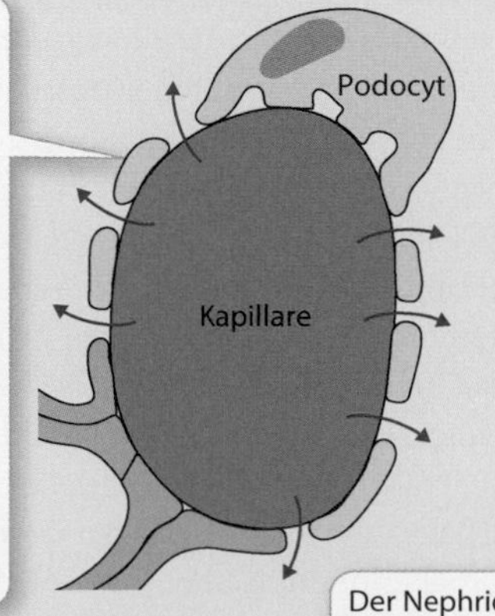

In der Coelomwand befinden sich **Nephrostome**, bewimperte offene Trichtermündungen. Über diese gelangt der Primärharn in ein Röhrensystem (**Nephridioduct**).

Wasser und kleine Moleküle

Coelom

Der offene **Wimperntrichter** (Nephrostom) liegt im Coelom und stellt den Anfang der Metanephridien dar.

In den Metanephridien kann es auch zur **Rückresorption** von Wasser, Ionen und kleinen Molekülen kommen.

Wasser und Ionen

Wasser und Ionen

Der Nephridioduct endet in der **Harnblase** oder in einer Ausscheidungspore, der **Nephridiopore**.

Exkrete

Abb. 12.36 Bau und Funktion von Protonephridien, Malpighi-Gefäßen und Metanephridien

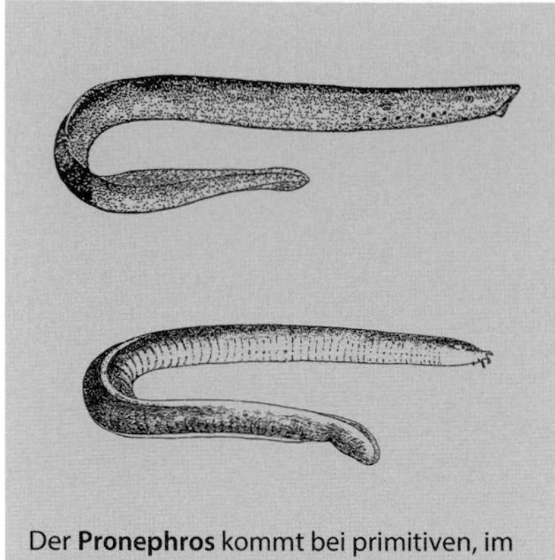

Der **Pronephros** kommt bei primitiven, im Süßwasser lebenden Wirbeltieren wie den **Neunaugen** oder Ionenkonformern wie dem **Schleimaal** vor. Durch die hohe Osmolalität ihres Körpers dringt durch Integument und Darm permanent Wasser ein, das es zu beseitigen gilt. Der Pronephros besteht vorwiegend aus einem großen Glomerulus, der Wasser ins Coelom filtriert, von wo es über ein Tubulussystem ausgeschieden wird.

Die meisten **marinen Knochenfische und Amphibien** filtern Wasser mithilfe eines **Mesonephros**. Die Glomeruli sind hier meist klein oder fehlen völlig (wie beim Seepferdchen). Häufig liegen nur wenige Nierenkörperchen vor. Da weniger Wasser ausgeschieden wird, muss überschüssiges Salz zusätzlich über die **Kiemen** oder über **Drüsen** ausgeschieden werden.

Die meisten **Reptilien**, die **Vögel** und die **Säugetiere** entwickeln einen **Metanephros**, welcher zusammen mit Teilen des Harnapparats die **eigentliche Niere** bildet. Hier sitzen meist mehrere große Glomeruli in Nierenkörperchen, über welche eine erhebliche Menge an Wasser gefiltert wird. Dieses Wasser sowie die darin befindlichen Ionen werden im anschließenden tubulären System wieder **rückresorbiert**, sodass der Wasserverlust minimiert und der Urin konzentriert wird. Während der Embryonalentwicklung werden auch bei höheren Vertebraten wie den Primaten einschließlich des Menschen **Pronephros** und **Mesonephros** angelegt, bilden sich aber im Lauf der Embryogenese zurück.

Abb. 12.37 Ausscheidungsorgane der Wirbeltiere

12

Hemichordaten scheiden flüssigen Abfall auf verschiedenen Wegen aus. Neben der Haut als Exkretionsorgan besitzen sie ein spezielles „**Herz-Nieren-System**". In diesem wird das Blut über einen Glomerulus durch Podocyten des Tubulussystems, der „Niere", gefiltert und als Primärharn in das Protocoel abgegeben. Dort wird der Primärharn über eine Pore am Kopf nach außen geschleust. Auch Mollusken besitzen ein Herz-Nieren-System, das sich von Metanephridien ableitet.

Wirbeltiere haben **Nieren** entwickelt (Abb. 12.37, 12.38), die im Lauf der Evolution neben der Wasserausscheidung zur **Detoxifikation** von stickstoffhaltigen Exkrementen und Toxinen zusätzliche Funktionen übernommen haben. Hierzu gehören unter anderem die Regulation der Osmolalität, des Säure- und Basehaushalts, des Blutdrucks, der Biotransformation und der Speicherung von Stoffen. Auch spezielle metabolische Aufgaben wie die Vitamin-D-Synthese und endokrinologische Aufgaben wie die Bildung von Erythropoetin fallen unter die Funktionen der Niere.

Beträchtliche Mengen Wasser können viele Tiere auch über eine temperaturunabhängige Verdunstung durch die **Atmungsorgane** wie die Lunge oder über die Haut ausscheiden. Bei diesen Prozessen spricht man von einer *Perspiratio insensibilis*. Zudem kann Wasser unter Beteiligung von Drüsen durch Schwitzen über die **Haut** abgegeben werden (*Perspiratio sensibilis*). In diesem Zusammenhang sind Lunge und Haut als **Exkretionsorgane** aufzufassen.

Grüne Pflanzen scheiden überschüssiges Wasser vorwiegend durch Transpiration über die **Stomata** aus. Allerdings ist dieser Weg für Pflanzen während der Nächte versperrt, da die meisten Pflanzen ihre Stomata zu diesen Zeiten geschlossen halten. Während der Respiration erzeugen sie allerdings überschüssiges Wasser. Zudem kann Wasser des feuchten Bodens über die Wurzeln in die Pflanze eindringen. Der entstehende Wurzeldruck verursacht das Ausperlen von Wasser aus speziellen drüsenartigen Wasserspalten (**Hydathoden**) wie es bei Süßgräsern oder der Kapuzinerkresse zu beobachten ist. Die an den Pflanzen hängenden Wassertropfen werden **Exsudate** genannt, der Ausscheidungsprozess wird als **Guttation** bezeichnet. Exsudate können verschiedene gelöste Stoffe enthalten. Einige Pflanzen können die Guttation auch aktiv, unter Energieverbrauch, betreiben. Die Bildung von Exsudaten beobachtet man auch bei chlorophylllosen Pflanzen und bei einigen Pilzen. Bei Pilzen ist die Ursache der Exsudatbildung allerdings unbekannt.

Bei süßwasserlebenden Protozoen ist die Konzentration der in der Zelle gelösten Stoffe höher als im Außenmedium. Die dadurch verursachte **Osmose** sorgt dafür, dass Wasser in die Zellen strömt und es zu einem Anschwellen des Organismus kommen würde. Um die Zellgröße stabil zu halten, wird überschüssiges Wasser von einer kontraktilen Vakuole aufgenommen und über die Membran ausgeschieden. Die Aufnahme aus dem Cytoplasma in die Vakuole wird aktiv reguliert. Dazu wird ein Salzgradient in der Vakuole aufgebaut, der das Wasser zur höheren Osmolarität in die Vakuole zieht. Der Ausscheidungsprozess verläuft entweder durch ein Verschmelzen der Vakuole mit der Membran oder mittels eines Zellafters (Porus, Cytoproct). Bei marinen Protozoen finden sich entweder gar keine oder nur weniger aktive kontraktile Vakuolen.

Bei Wirbeltieren einschließlich uns Menschen wird der Wasserhaushalt vorwiegend über **Osmorezeptoren** im Gehirn (Hypothalamus) und über **Pressorezeptoren** im Vorhof des Herzens überwacht und hormonell reguliert. Um eine Dehydratation zu vermeiden, kommt es bei einem hohen Wasserverlust zu einer Freisetzung des **antidiuretischen Hormons** (ADH, auch Adiuretin oder Vasopressin genannt) aus der Neurohypophyse und zudem zu einer Freisetzung des Mineralcorticoids **Aldosteron** aus der Nebennierenrinde. Beide Hormone bewirken eine gesteigerte **Rückresorption von Wasser** aus dem Nierenfiltrat und ein Durstgefühl stellt sich ein. Um andererseits Wasseransammlungen im Körper und damit die Bildung von Ödemen sowie die Störung des Elektrolythaushalts zu vermeiden, werden bei gesteigerter Wasserzufuhr **natriuretische Peptide** wie Urodilatin oder ANP (atriles natriuretisches Peptid) und BNP (*Brain-type* natriuretisches Peptid) gebildet, die die Nierentätigkeit steigern oder die Natriumausscheidung erhöhen.

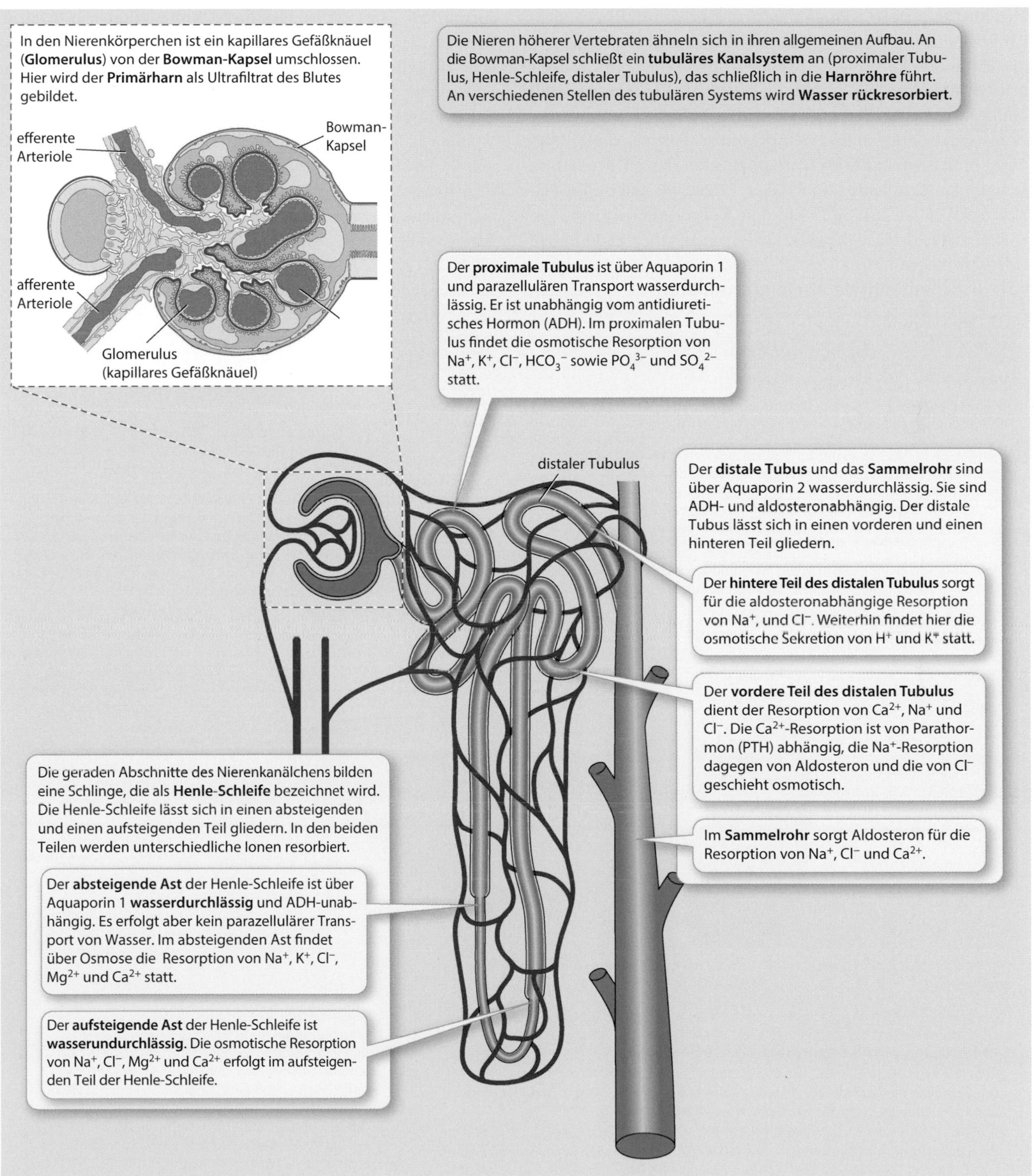

Abb. 12.38 Rückresorption von Salzen in der Niere am Beispiel des Menschen

12.16 Die Entgiftung toxischer Substanzen umfasst die Biotransformation dieser Substanzen und deren Ausscheidung

Die Aufnahme von Nährstoffen und zelluläre Stoffwechselvorgänge bedingen, dass Organismen **Abfallprodukte** erzeugen, die metabolische Prozesse beeinträchtigen oder zum Erliegen bringen könnten. Die Entgiftung dieser Abfälle erfolgt über die Hüllstruktur in die Umwelt. Während einzellige Prokaryoten und Protisten sowie Algen und viele primitive Metazoen diese Abfälle meist mittels **vesikulären Transports** oder durch **Diffusion** beseitigen können, haben komplexere Vielzeller unterschiedliche Strategien entwickelt, Stoffe aus dem Körperinneren an die Umwelt abzugeben. Dabei lassen sich grundsätzlich **zwei Entgiftungsprozesse** unterscheiden. Hierzu zählen die **Entsorgung von löslichen Stoffwechselendprodukten**, die im Rahmen normaler metabolischer Prozesse anfallen, sowie die **Beseitigung unlöslicher Stoffwechselprodukte** und oft toxischer Stoffe, wie Alkaloide oder Xenobiotika, die mit der Nahrung oder aus der Umgebung aufgenommen werden (◘ Abb. 12.39). Den Prozess zur Beseitigung Letzterer nennt man **Biotransformation**. Hier gilt es, unlösliche Komponenten in lösliche Formen umzusetzen. Die **Leber** der Wirbeltiere spielt hier eine essenzielle Rolle. Die Biotransformation läuft in verschiedenen Phasen ab und endet mit der **Ausscheidung** der Stoffe durch Exkretionsorgane oder Drüsen.

Bei der Desaminierung von Aminosäuren und beim Abbau von Basen fällt bei den meisten Organismen **Stickstoff** an. Bei Primaten werden die Purine jedoch direkt zu Harnsäure abgebaut. Metazoen bauen den anfallenden Stickstoff zu toxischem **Ammoniak** ab, das auf verschiedene Weise entsorgt wird (◘ Abb. 12.40). Entweder wird Ammoniak direkt oder beispielsweise in Form von **Harnstoff**, **Harnsäure** oder **Allantoin**

12

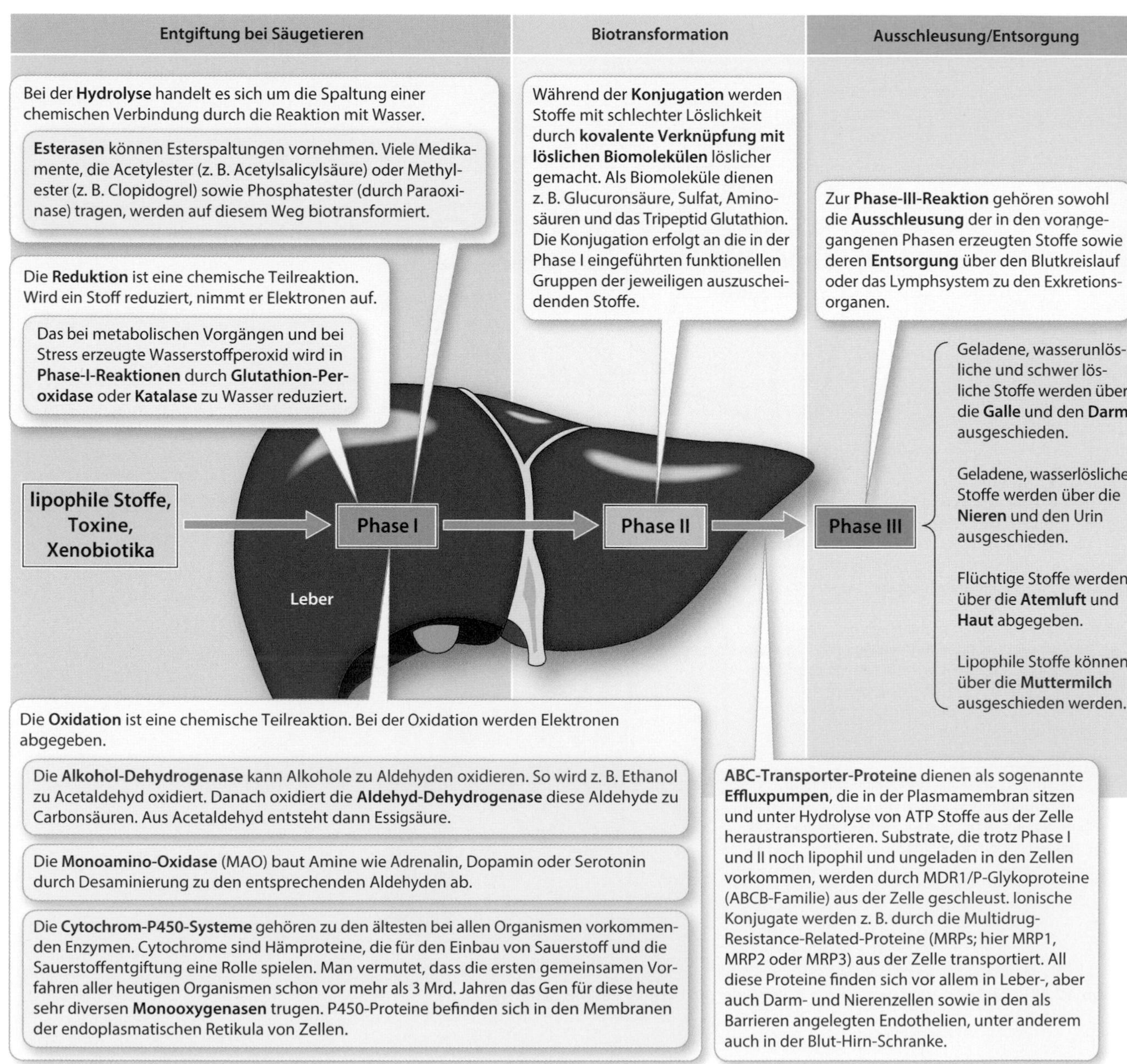

◘ **Abb. 12.39** Entgiftung in der Leber

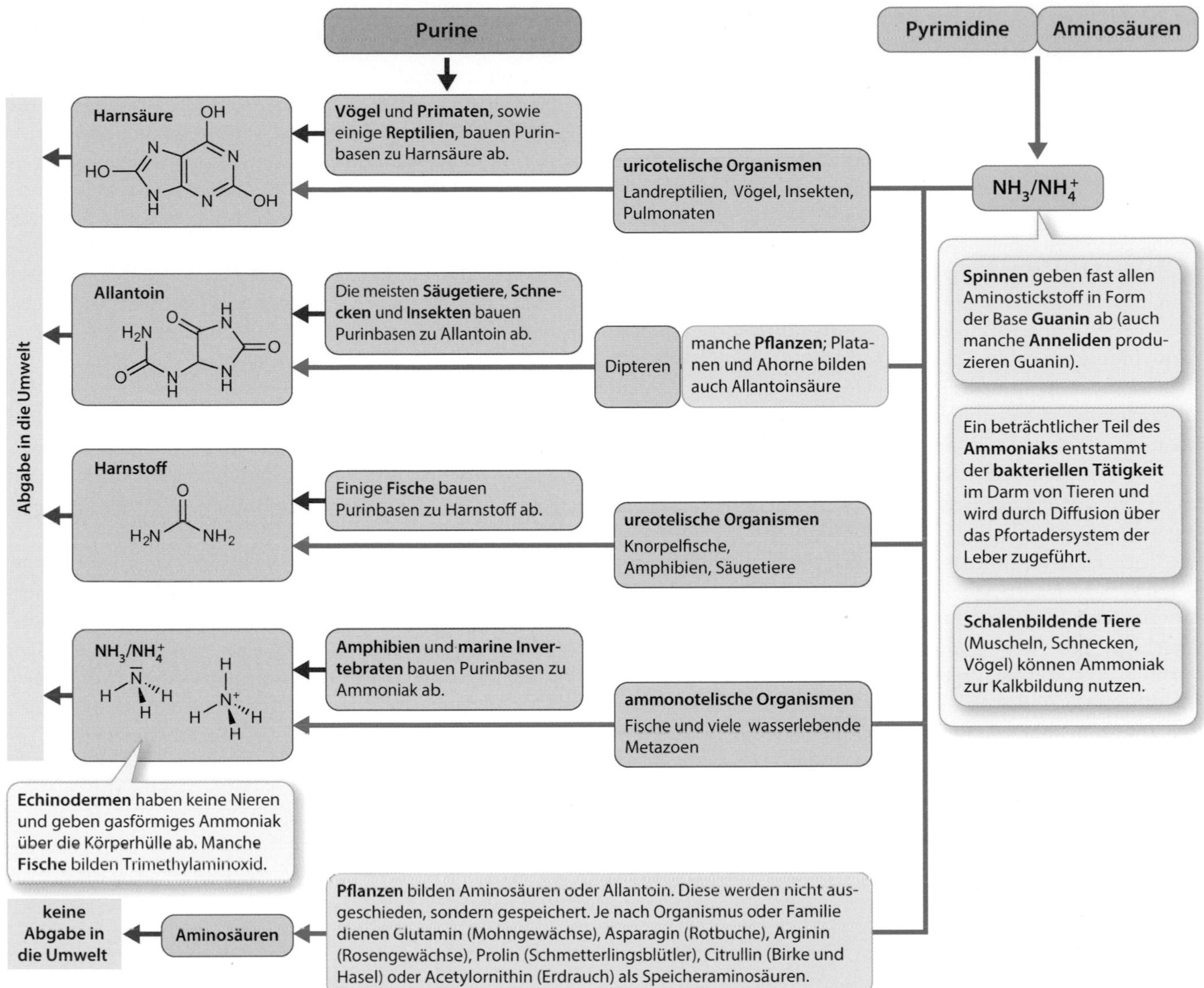

Abb. 12.40 Abbau und Ausscheidung von Stickstoffverbindungen

an die Umgebung abgegeben. Als Exkretionsorgane dienen je nach Organismus die Organsysteme zur Wasser- und Feststoffausscheidung wie Nieren, Nephridien und Darm, aber auch das Integument. Säugetiere bilden Harnstoff vorwiegend über den **Harnstoffzyklus** in der Leber. Das Ammonium aus anderen Zellen wie Muskeln wird über eine Transportform, das Alanin, zur Leber gebracht. Der Mensch scheidet den Harnstoff und den Großteil der Harnsäure, etwa 80 %, über den Urin aus. Ein Teil der Harnsäure, etwa 20 %, wird über die Fäzes ausgeschieden. Kleinere Mengen Harnstoff werden über die Haut abgegeben.

Ein weiteres toxisches Stoffwechselprodukt, der Gallenfarbstoff **Bilirubin**, bildet sich beim Abbau der Porphyringerüste, vorwiegend aus denjenigen des roten Blutfarbstoffs (Häm) der Wirbeltiere. Da Bilirubin ein Entkoppler der Atmungskette ist, muss es ausgeschieden werden. Dies geschieht entweder nach erfolgter Biotransformation durch Glucuronidierung (Abb. 12.39) oder nach kovalenter Bindung an das Serumalbumin der Leber über die Galle. Auch das Ringsystem der **Steroide** können Metazoen generell nicht öffnen und abbauen. Steroide werden daher ausgeschieden. Beim Menschen werden Steroidhormone konjugiert. Das Steroidhormon wird dafür an Glucuronsäure gebunden und es erfolgt eine Sulfatierung. Bei Invertebraten findet die Konjugation mit Phosphat statt. Etwa 70 % werden dann über den Urin, 20 % über die Fäzes und 10 % über die Haut ausgeschieden. **Cholesterin** hingegen wird nach Umbau zu Gallensäuren durch Konjugation mit Taurin oder Glycin über die Galle und die Fäzes eliminiert. Über die Gallenflüssigkeit werden auch viele Schwermetalle ausgeschieden.

Menschen können viele Stoffe zudem über Schweiß, Nägel, Haare und Tränenflüssigkeit ausscheiden. Diese Prozesse spielen quantitativ allerdings meist eine untergeordnete Rolle.

Pflanzen bilden generell keine komplexen Systeme zur Ausscheidung von Stoffwechselendprodukten aus, sondern lagern die anfallenden Stoffe lokal in der Zelle ab. Falls notwendig, haben sich spezielle Drüsen entwickelt, die meist der Osmoregulation dienen und oft unlösliche Salzkomplexe, wie etwa Calciumoxalat, ausscheiden können. Da Stickstoff für Pflanzen ein limitierender Faktor ist, wird anfallendes Ammoniak in organische Substanzen, meist Aminosäuren, überführt und so gespeichert (Abb. 12.40).

12.17 Unverdauliche Feststoffe werden wieder ausgeschieden

Feststoffe werden nicht von allen Organismengruppen aufgenommen und/oder ausgeschieden. Im Nahrungskreislauf von Bakterien und Archaeen spielen sie beispielsweise eine vernachlässigbare Rolle. Zwar können lithotrophe Eisenoxidierer ganze Eisenlagerstätten schaffen, die Ausscheidung der Eisenminerale geschieht jedoch in löslicher, komplexierter Form.

Einige Protisten wie die Ciliaten hingegen entfernen unverdauliche Stoffe aus der Phagocytose als **Residualkörper** mittels **Exocytose** über einen Zellafter (**Cytopyge**), also über einen auf Ausscheidung spezialisierten Teil der Zellmembran. Bei den Residualkörperchen handelt es sich um ehemalige Nahrungsvakuolen, die unverdauliches Material enthalten.

Pflanzen scheiden in der Regel keine Feststoffe aus, die als Endprodukte einer Nahrungsverwertung oder als Abfälle angesehen werden können. Dennoch sind einige Pflanzen in der Lage, Feststoffe auszuscheiden. Zu diesen Produkten gehören z. B. Oxalatkristalle, Harze, Naturgummi und Wachse. Ihre Ausscheidung dient meist einem Zweck, wie dem Wundverschluss oder der Abdichtung. Sie werden in löslicher Form als **Exsudate** abgegeben und härten anschließend aus (◘ Abb. 12.41). In den Vakuolen der Pflanzenzellen angefallene toxische Stoffe oder Endprodukte können über Blattabfall, das Abbrechen der Borke oder durch Abbrechen ganzer Ästchen entfernt werden.

Bei allen Bilateria mit einem Darmsystem werden feste Stoffe über einen **After** ausgeschieden. Diese Exkremente, bei den Wirbeltieren auch **Fäzes** oder Stuhl genannt, bestehen aus Wasser und unverdaulichen Nahrungsresten. Dabei handelt es sich meist um Pflanzenfasern, Darmzellen und ihre Bestandteile, Pigmente sowie Darmbakterien. Einige dieser in den Fäzes vorhandenen Stoffe werden bei Säugern einschließlich des Menschen oft „**Ballaststoffe**" genannt (◘ Abb. 12.42). Nichtwiederkäuende Pflanzenfresser wie Hasen oder Pferde scheiden weiche „Kotpillen" oder Kotäpfel mit hohen Mengen an Pflanzenfasern aus. Auch Kerne und Samen von Pflanzen können die Darmpassage in Tieren oft unbeschädigt überstehen. Dies dient der Verbreitung der Pflanzen durch Tiere wie Vögel. Bei den Säugetieren werden die unverdaulichen, festen Stoffe in Form von Fäzes im Mastdarm gesammelt und mittels zweier ringförmiger Schließmuskeln, dem inneren und äußeren Ringmuskel, nach außen abgegeben.

Nur selten findet man bei Wirbeltieren eine Ausscheidung von Feststoffen über die Mundregion. Beispiele hierfür wären die Fütterung von Jungtieren oder durch Reflux bei Intoxikation. Ein Beispiel für eine Art der gerichteten Ausscheidung ist allerdings die Abgabe von **Gewöllen**, wie bei den Eulen. Hier werden Knochen und unverdauliche Reste von Beutetieren, also Fell oder Federn, über die Speiseröhre und den Mund entsorgt.

◘ **Abb. 12.41** Aushärtende Exsudate von Bäumen und Sträuchern

Weitgehend unverdauliche, polymere Nahrungsbestandteile werden als **Ballaststoffe** bezeichnet. Meist handelt es sich dabei um **Kohlenhydrate**. Ballaststoffe kommen vorwiegend in pflanzlichen Lebensmitteln vor und werden in wasserlösliche und wasserunlösliche Ballaststoffe eingeteilt. Die unverdaulichen Pflanzenfasern können Wasser binden und quellen dabei auf. Die Volumenzunahme wirkt auf die Peristaltik des Darms anregend. Gleichzeitig können Abfallstoffe in die Faser-Wasser-Matrix eindiffundieren und abtransportiert werden.

Wasserlösliche Ballaststoffe: Zu den wasserlöslichen Ballaststoffen gehören unter anderem Inuline, Pektine oder Alginsäure. Lösliche Fasern können teilweise von Darmbakterien abgebaut werden. Die dabei entstehenden kurzkettigen Fettsäuren wie Acetat, Propionat und Butyrat dienen als Energielieferanten für die Darmzellen.

Wasserunlösliche Ballaststoffe: Zu den wasserunlöslichen Ballaststoffen gehören Moleküle wie Cellulose, Chitin oder Lichenin.

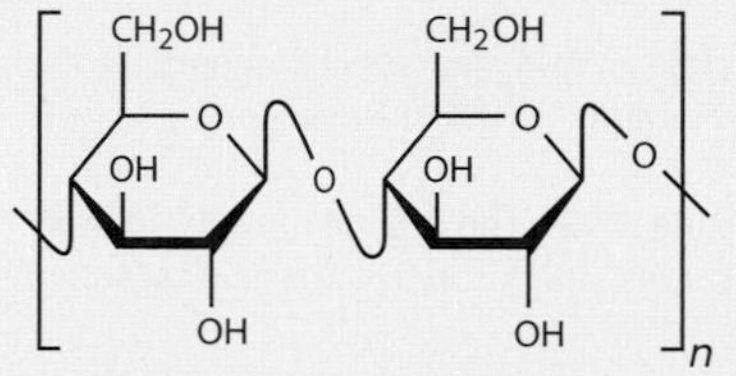

Inuline sind Polysaccharide, die vorwiegend aus Fructoseeinheiten zusammengesetzt sind (Fructane). Sie kommen in vielen Pflanzen als **Speicherkohlenhydrate** vor. Man findet sie typischerweise in der Wurzel mancher Sonnenblumengewächse (Topinambur) oder in den Abkömmlingen der Zichorie (Chicoree, Radicchio), in Schwarzwurzel und Artischocke.

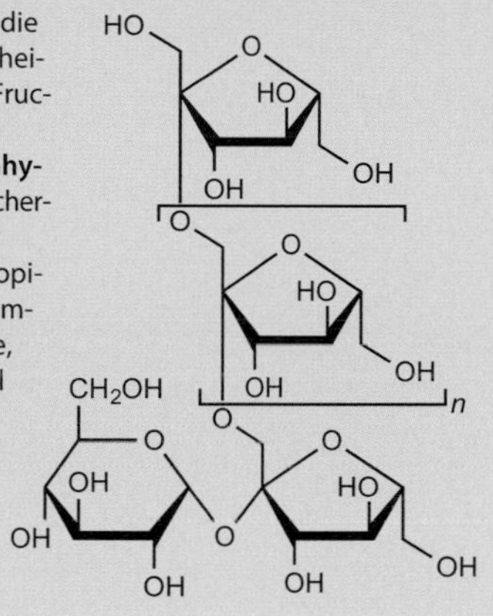

Pektine sind Polyuronide, eine α-1,4-glykosidische Verbindung der D-Galacturonsäure. Man findet sie zum Beispiel in Apfel und Quitte.

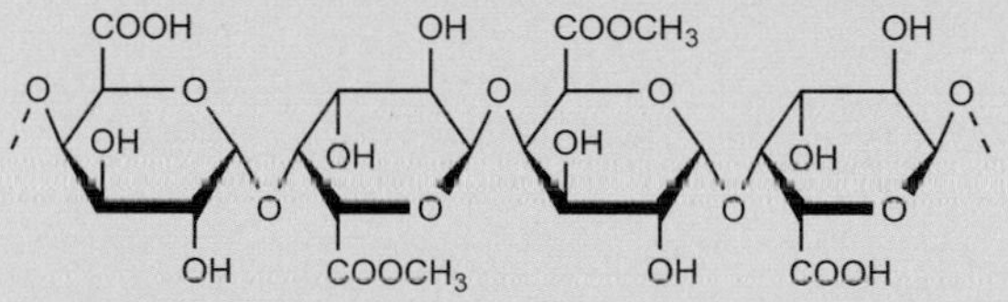

Das Polyuronid **Alginsäure** setzt sich aus einer repetitiven β-1,4-glykosidisch verbundenen D-Mannuronsäure- und L-Guluronsäureeinheit zusammen. Es wird vorwiegend aus Braunalgen gewonnen und als Geliermittel eingesetzt. Die Salze der Alginsäure werden als **Alginate** bezeichnet.

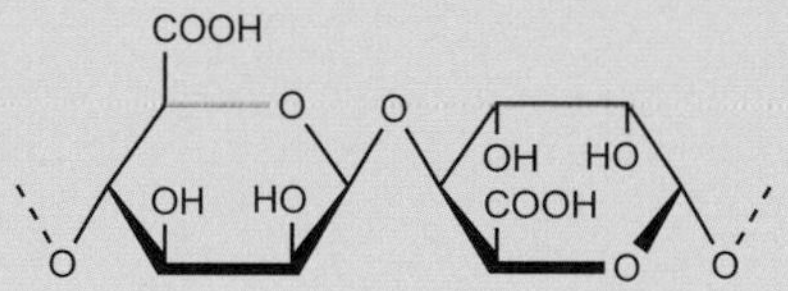

Cellulose gehört zu den β-Glucanen und setzt sich aus einer repetitiven Einheit von zwei β-1,4-glykosidisch verknüpften D-Glucosemolekülen zusammen. Sie kommt in den Zellwänden von Pflanzen vor und ist ein Hauptbestandteil der unlöslichen Pflanzenfaserfraktion.

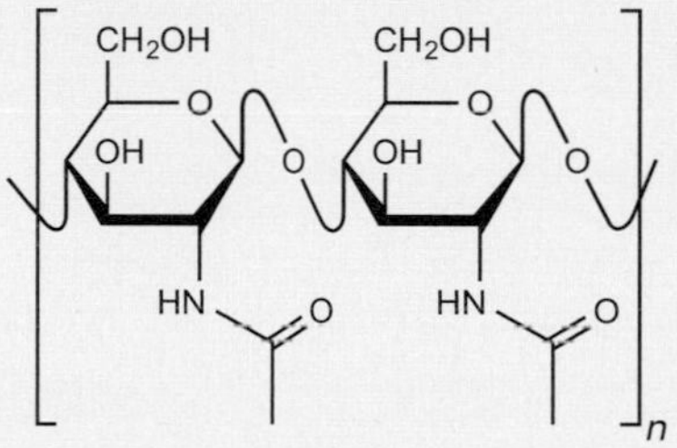

Chitin gehört wie die Cellulose zu den β-Glucanen und setzt sich aus einer repetitiven Einheit von zwei β-1,4-glykosidisch verknüpften N-Acetylglucosaminmolekülen zusammen. Chitin kommt in den Zellwänden von Pilzen und im Exoskelett von Insekten und Krebstieren vor.

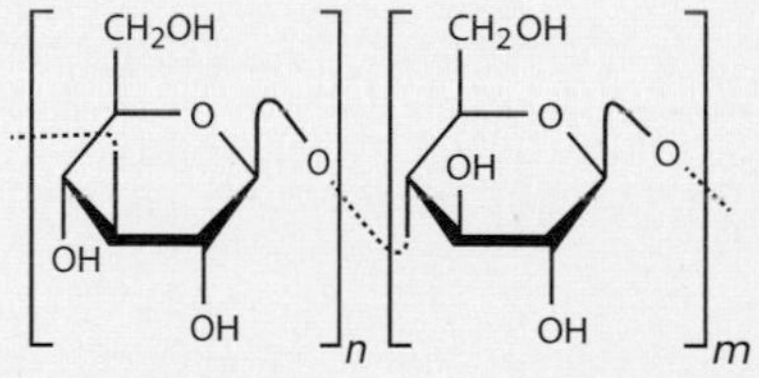

Das Polysaccharid **Lichenin** ist ein Polymer aus D-Glucosemolekülen, die β-1,3- und β-1,4-glykosisch verknüpft sein können. Es kommt als Gerüstsubstanz in Süßgräsern (Getreide) vor.

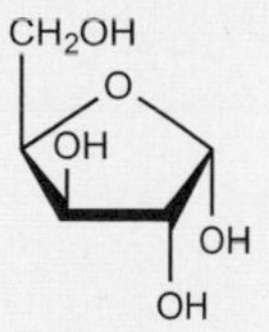

α-D-Xylofuranose

Hemicellulose ist ein Sammelbegriff für in pflanzlicher Biomasse, vor allem in den Zellwänden, vorkommende komplexe Gemische von Polysacchariden. Am häufigsten sind Pentosen, insbesondere Xylose und Arabinose. Die meisten Hemicellulosen sind Glucane aus β-1,3- und β-1,4-glykosidisch verknüpften Glucoseeinheiten sowie Xyloglucane aus β-1,4-glykosidisch verknüpften Glucoseeinheiten mit α-1,6-gebundenen Xyloseketten.

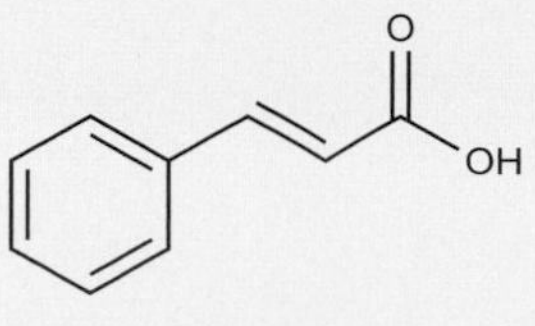

Zimtsäure

Lignine sind phenolische Makromoleküle, die sich aus verschiedenen Monomerbausteinen zusammensetzen, hauptsächlich aus Abkömmlingen der Phenylpropanoide, insbesondere der Zimtsäure. Da Lignine stark vernetzt sind, besteht die Ligninmasse einer Pflanze aus nur wenigen oder nur einem Ligninmolekül mit einem Gewicht von bis zu mehreren Tonnen.

Abb. 12.42 Ballaststoffe sind meist unverdauliche Polysaccharide

Weiterführende Literatur

1. Aboul-Mahasen LM (2016) Evolution of the Kidney. Anat Physiol Biochem Int J 1:555554
2. Burda H (2005) Allgemeine Zoologie. UTB Basics. Ulmer, Stuttgart
3. Hsia CC, Schmitz A, Lambertz M, Perry SF, Maina JN (2013) Evolution of air breathing: oxygen homeostasis and the transitions from water to land and sky. Compr Physiol 3:849–915
4. Jablonski NG (2004) The evolution of human skin and skin color. Annu Rev Anthropol 33:585–623
5. Kiela PR, Ghishan FK (2016) Physiology of intestinal absorption and secretion. Best Pract Res Clin Gastroenterol 30:145–159
6. Pape HC, Kurtz A, Silbernagl S (2019) Physiologie, 9. Aufl. Thieme, Stuttgart
7. Silverthorn DU (2009) Physiologie, 4. Aufl. Pearson, München
8. Speckmann EJ, Hescheler J, Köhling R (2019) Physiologie, 7. Aufl. Urban & Fischer, München
9. Yang NJ, Hinner MJ (2015) Getting across the cell membrane: an overview for small molecules, peptides, and proteins. Methods Mol Biol 1266:29–53

Stoffwechselphysiologie

Peter Bayer

mit Beiträgen von Jens Boenigk und Jana Schlechter

J. Boenigk (Hrsg.), *Boenigk, Biologie,* https://doi.org/10.1007/978-3-662-61270-5_13

13.1 Lebewesen nutzen zentrale Stoffwechselwege und gemeinsame Zwischenprodukte zum Auf- und Abbau von Biomolekülen

Die drei Bausteine 3-Phosphoglycerat (3-PG), Pyruvat (das Salz der Brenztraubensäure) und aktivierte Essigsäure, das Acetyl-Coenzym A (Acetyl-CoA), nehmen eine **zentrale Stellung in den Stoffwechselwegen der Biomoleküle** ein (◻ Abb. 13.1). Sie sind Schnittstellen im Metabolismus der vier großen Stoffklassen der Kohlenhydrate, Aminosäuren, Nucleinsäuren und Lipide und verbinden die **anabolen** (aufbauenden) und **katabolen** (abbauenden) Stoffwechselwege in einer Zelle (◻ Abb. 13.1).

Das **3-Phosphoglycerat** verbindet den **Abbau von Kohlenhydraten** (► Abschn. 13.3) und den **Aufbau von Glucose** (► Abschn. 13.3) mit dem **Pentosephosphatweg** (► Abschn. 13.9), der sowohl der Erzeugung von Reduktions- und Energieäquivalenten als auch der Bereitstellung von Biosynthesebausteinen für den Metabolismus dient. Aus Letzteren können Pflanzen über den Shikimatweg aromatische Aminosäuren erzeugen, die wiederum dem Aufbau von z. B. Alkaloiden, Zimtsäurederivaten, Flavinoiden und letztendlich auch Lignin dienen. 3-PG wird auch für die Bildung von Kohlenhydraten/Zuckern während der **Photosynthese** benötigt, die in den Chloroplasten grüner Pflanzen abläuft (► Abschn. 13.12), und verknüpft diese mit der Photorespiration. Das 3-PG dient gleichzeitig als Vorstufe für die Bildung der Aminosäure **Serin**, aus der wiederum sowohl **Glycin** als auch Glycerophospholipide gebildet werden. Die Aminosäure Glycin ist am Aufbau der Purinnucleotide beteiligt und tritt gemeinsam mit Serin bei der Regeneration von 3-PG während der Photosynthese (Photorespiration) in Erscheinung.

Das **Pyruvat** ist das **Endprodukt der Glykolyse** und das **Ausgangssubstrat für die Gluconeogenese**. Es kann in den Mitochondrien zu Acetyl-CoA abgebaut werden und in den Citratzyklus fließen, in dem es zur Energiegewinnung dient. Alternativ kann Pyruvat direkt zu Oxalacetat umgewandelt und zur „Auffüllung" der Komponenten des Citratzyklus herangezogen werden. Durch Aminierung kann Pyruvat in die Aminosäure **Alanin** umgewandelt werden (und *vice versa*) und verbindet damit den Aminosäurestoffwechsel mit der Energiegewinnung durch den Citratzyklus und den Aufbau von Glucose in der Gluconeogenese (Glucose-Alanin-Zyklus). Bei Pflanzen und Mikroorganismen dient Pyruvat auch als Ausgangskörper für die Bildung der verzweigten Aminosäuren Isoleucin, Leucin und Valin sowie für die Bildung der aromatischen Aminosäuren Phenylalanin und Tryptophan über den Shikimatweg. Diese Aminosäuren sind für eine große Zahl an tierischen Organismen, darunter auch den Menschen, essenziell.

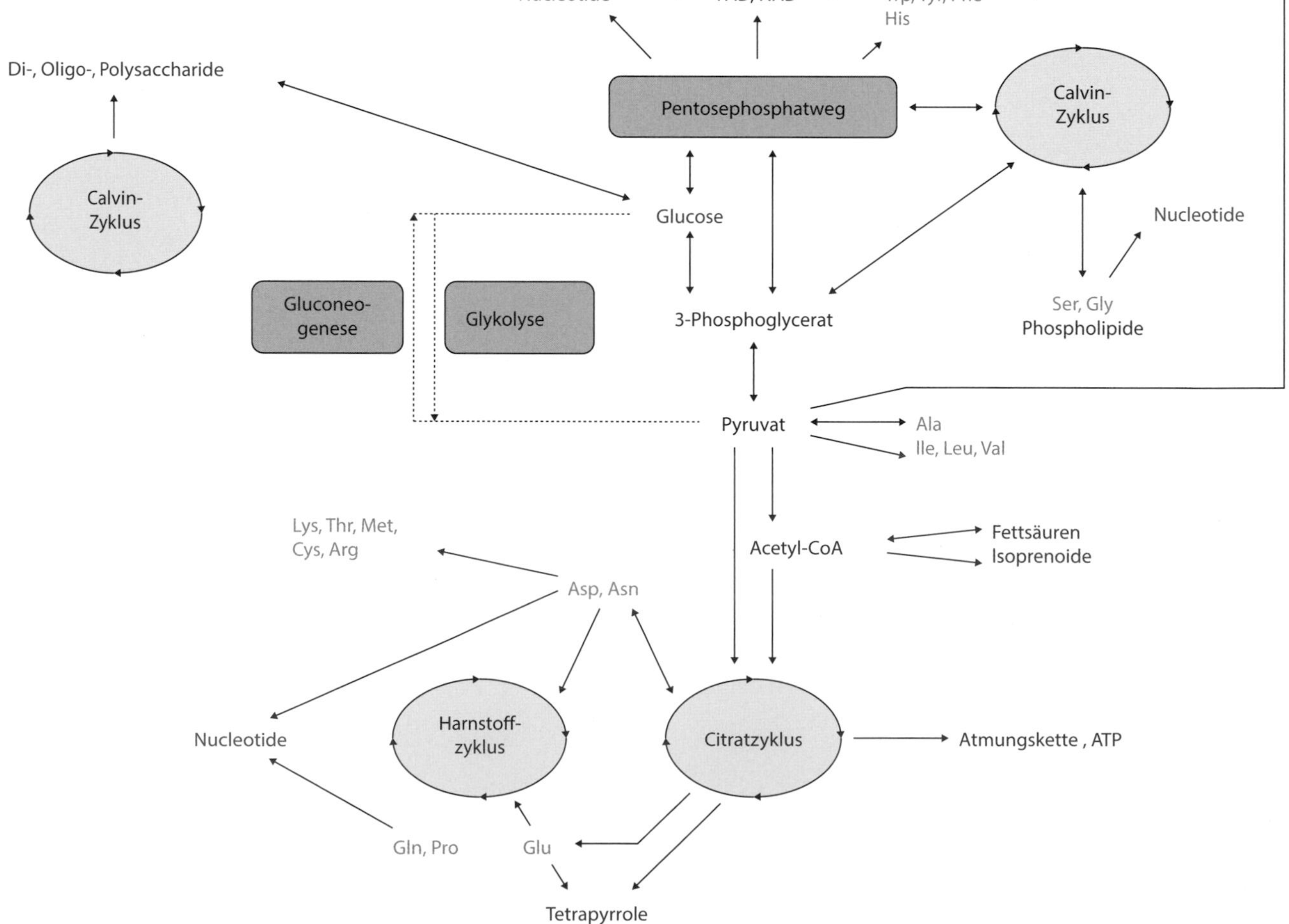

◻ **Abb. 13.1** Schema der zentralen Stoffwechselwege der Organismen. Aminosäuren sind grün, Kohlenhydrate rot, Nucleotide blau und Lipide violett dargestellt, bedeutende metabolische Wege und Zyklen eingerahmt

Acetyl-CoA dient als Ausgangsprodukt für die Herstellung aliphatischer Kohlenwasserstoffe für die **Isoprenoidsynthese** und die Synthese der Fettsäuren (**Fettsäuresynthese**). Damit ist Acetyl-CoA der wesentliche Baustein für die Cholesterinbiosynthese bei Tieren als auch bei der Synthese von Terpenen und Farbstoffen wie den Carotinoiden bei Pflanzen. Fettsäuren dienen nicht nur der Langzeitspeicherung von Kohlenstoff und Energie, sondern sind auch essenzielle Bestandteile von Lipiden, die die Biomembranen der Zelle aufbauen. Acetyl-CoA ist auch das **Endprodukt der katabolen β-Oxidation**, in der Fettsäuren abgebaut werden. Außerdem resultiert Acetyl-CoA aus der Decarboxylierung des Pyruvats und wird von aeroben Organismen im Citratzyklus komplett zu CO_2 oxidiert. Dieser Prozess liefert über die Atmungskette Energieäquivalente in Form von ATP.

Über den Citratzyklus sind 3-Phosphoglycerat, Pyruvat und Acetyl-CoA mit dem Aufbau weiterer Aminosäuren, von Nucleotiden, der Bildung von **Harnstoff** sowie der Synthese von **Tetrapyrrolbausteinen** (z. B. Häm) verbunden.

Alle diese zentralen Stoffwechselwege bestehen aus vielen einzelnen Reaktionsschritten. Um den Ablauf dieser vielfältigen Reaktionen zu gewährleisten und darüber hinaus Wachstum, Bewegung und Sensorik zu ermöglichen, benötigen Zellen die Zufuhr von Energie.

Die **Energie**, die Lebewesen zur Aufrechterhaltung ihres Stoffwechsels benötigen, beziehen sie aus der **Oxidation energiereicher Substanzen** (Abb. 13.1). Letztere stammen aus unterschiedlichen Quellen. **Heterotrophe** Lebewesen erhalten diese Moleküle, indem sie sich von anderen Organismen bzw.

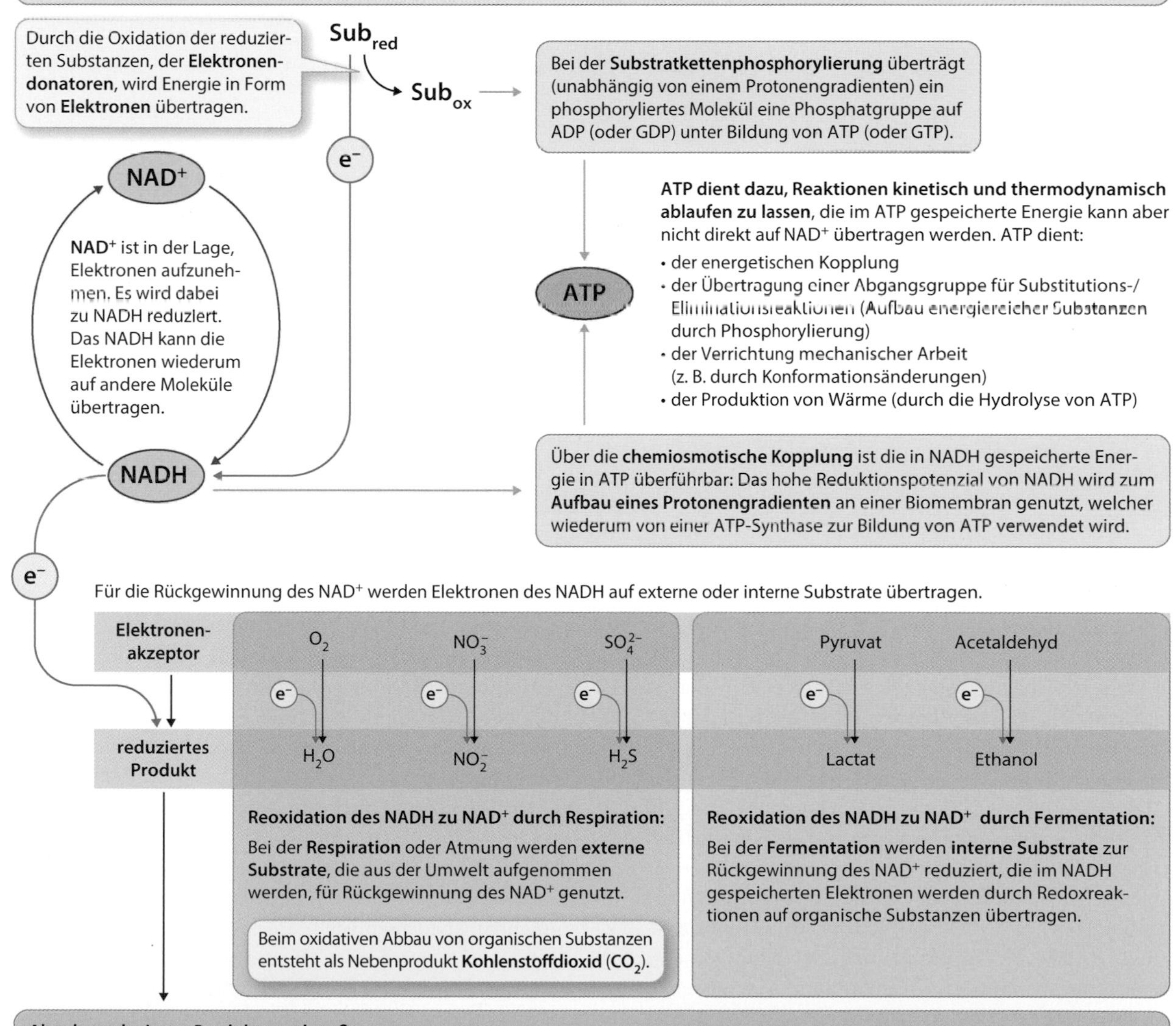

Abb. 13.2 Elektronentransfer und Phosphorylierung treiben die biochemischen Reaktionen an

Das Reduktions- oder **Redoxpotenzial** ist ein Maß für die Bereitschaft eines Stoffes, Elektronen abzugeben oder aufzunehmen. Dabei unterscheiden sich verschiedene Moleküle in ihrer Affinität zu Elektronen. Manche geben diese „gerne" ab (sie werden **oxidiert**), während andere diese „gerne" aufnehmen (sie werden **reduziert**). Das Redoxpotenzial lässt sich mittels eines Versuchsaufbaus veranschaulichen. Dazu bestückt man Gefäße, die über eine Salzbrücke in Kontakt stehen, mit Elektroden. Die Elektroden werden über einen Draht verbunden, an welchem ein Voltmessgerät angeschlossen ist. Füllt man nun je ein Gefäß mit molaren Lösungen des Redoxpaares S^+/S (links) bzw. X^+/X (rechts), so kann man am Voltmessgerät eine Spannung ablesen. Um einen Standard zu generieren, verwendet man einen Aufbau, bei dem sich als Redoxpaar X^+/X im rechten Gefäß **Wasserstoffionen und -moleküle** (bei 1 bar) befinden. Ordnet man nun dabei dem Redoxpaar H^+/H_2 ein Reduktionspotenzial von 0 zu, entspricht die Voltanzeige (bei 27 °C und pH 0) dem **Standardreduktionspotenzial** E_0 des Redoxpaares S^+/S. Moleküle, die Elektronen gerne abgeben (reduzierende Moleküle), haben in diesem Versuchsaufbau negativere Reduktionspotenziale als Moleküle, die Elektronen gerne aufnehmen.

In der **Biologie oder Biochemie** verwendet man Lösungen mit **pH 7** statt pH 0. Die unter diesen Bedingungen ermittelten Standardreduktionspotenziale werden als E_0' bezeichnet. Darüber hinaus hängen die Werte der Reduktionspotenziale nicht nur vom Standardreduktionspotenzial, sondern auch von der **Konzentration der einzelnen Redoxkomponenten** ab, sofern diese von den Standardbedingungen abweichen.

Im hier dargestellten Beispiel gibt der Stoff S seine Elektronen an Wasserstoffionen im rechten Gefäß ab. Diese gelangen über den Draht in die Elektrode und reduzieren an der rechten Elektrode die Wasserstoffionen. Aufgrund des **Elektronenflusses** durch den Draht wird im Voltmessgerät eine Spannung angezeigt.

Zur Aufrechterhaltung des Elektronenflusses muss ein Ladungsausgleich stattfinden bzw. verhindert werden, dass sich Ladungen aufbauen. Die **Ladungsbrücke** ermöglicht den freien Fluss von Ionen zwischen den Elektrolytlösungen in den beiden Gefäßen, sodass die Reduktions- und Oxidationsreaktionen an den Elektroden nicht zum Erliegen kommen.

Ist ein Molekül S in der Lage, ein Elektron aufzunehmen, beschreibt man den Vorgang chemisch in Form der Gleichung:

$$S^+ + e^- \rightarrow S$$

Bei der Abgabe eines Elektrons lautet die Gleichung:

$$S \rightarrow S^+ + e^-$$

S wird dabei als reduzierte, S^+ als oxidierte Form des Moleküls bezeichnet. S und S^+ heißen **Redoxpaar**.

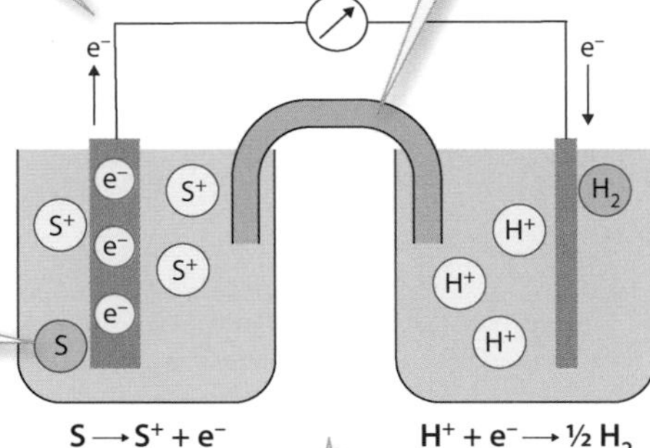

$S \rightarrow S^+ + e^-$ $\qquad$ $H^+ + e^- \rightarrow ½\,H_2$

Die Standardreduktionspotenziale zweier Redoxpaare, die an einer gemeinsamen Reaktion beteiligt sind, sind über die Gleichung

$$\Delta G_0' = -nF\Delta E_0'$$

mit der **freien Standardenthalpie** $\Delta G_0'$ verknüpft (n = Zahl der übertragenen Elektronen, F = Faraday-Konstante; $\Delta E_0'$ = Differenz der Standardreduktionspotenziale der Einzelreaktionen). Betrachtet man ein stark reduzierendes Molekül S, liegt das Gleichgewicht auf der Seite von S^+, und die Reaktion ist in Form von $S \rightarrow S^+ + e^-$ zu schreiben. (Beachte: In dieser Form muss das Vorzeichen von E_0' umgekehrt werden!). Da das Standardreduktionspotenzial E_0' einer stark reduzierenden Substanz wie reduziertem Ferredoxin oder NADH/H^+ stark negativ ist, bewirkt ein Umkehren des Vorzeichens, dass E_0' nun positive Werte annimmt. Dadurch trägt diese Teilreaktion zu einem negativen DG_0'-Wert bei. Stark reduzierende Substanzen, allgemein die Abgabe von Elektronen auf einen Akzeptor, wirken daher als treibende Kräfte für den Ablauf einer Reaktion. Allerdings muss ein geeigneter Akzeptor zur Verfügung stehen, der reduziert werden kann. Er muss ein positiveres Reduktionspotenzial als der entsprechende Donor haben, damit die Gesamtreaktion spontan ablaufen kann.

Abb. 13.3 Aus den Redoxpotenzialen der beteiligten Stoffe kann man ablesen, ob eine Reaktion freiwillig abläuft

deren Stoffwechselprodukten ernähren. **Autotrophe** Lebewesen können diese Stoffe aus der anorganischen Umgebung beziehen (chemolithoautotroph) oder mittels energiereicher Strahlung aus weniger energiereichen Substanzen selbst erzeugen (photo- bzw. radiolithoautotroph). Die Photosynthese grüner Pflanzen stellt das wohl beeindruckendste Beispiel der Bildung energiereicher Produkte mithilfe elektromagnetischer Strahlung dar (▶ Abschn. 13.10). Dabei wird ein spezielles Chlorophyllmolekül (P680 oder P700) mittels Sonnenenergie in einen energetisch hoch angeregten Zustand gehoben, von dem aus diese „Energie" auf benachbarter Moleküle in Form von Elektronen überführt werden kann. Dabei werden diese Nachbarmoleküle reduziert.

Grundsätzlich steht der Aufnahme bzw. der Bildung dieser reduzierten Ausgangssubstanzen – nach Ablauf verschiedenen zellulärer Reaktionen, bei denen Elektronen übertragen und auf andere Moleküle abgegeben werden – die Abgabe oxidierter Endprodukte gegenüber (■ Abb. 13.2). Zu den **energiereichen Substanzen** gehören neben beispielsweise Kohlenhydraten und Fetten auch reduzierte Cofaktoren wie NAD(P)H. Diese reduzierten Moleküle zeichnen sich durch ihre Eigenschaft aus, auf andere Moleküle Elektronen zu übertragen, sie haben damit ein starkes **Elektronentransferpotenzial** (■ Abb. 13.3). Letzteres ist der „Motor", der **Redoxreaktionen** im Stoffwechsel ablaufen lässt. Bei jeder spontanen Reaktion, bei der Elektronen übertragen werden, wird Energie frei (■ Abb. 13.4), die für Arbeit genutzt werden kann.

Elektronenübertragungen einerseits und die **Übertragung von Phosphatgruppen** (Abgangsgruppen) andererseits sind die beiden zentralen Mechanismen, um chemische Reaktionen im Organismus anzutreiben. Die beiden in diesem Zusammenhang bedeutendsten Moleküle – NAD(P)H und ATP (▶ Abschn. 13.2) – werden im Organismus unterschiedlich eingesetzt und erlauben somit eine gezielte chemische Steuerung der Stoffwechselvorgänge (■ Abb. 13.2).

Das Molekül **NAD(P)H** dient als **universeller Speicher für Elektronen**. Dabei nimmt es Elektronen von stärker reduzierten Substanzen auf und gibt sie an weniger reduzierte Stoffe ab. So werden Redoxreaktionen im Stoffwechsel getrieben. NAD(P)H

Grundsätzlich laufen Reaktionen ab, die eine negative freie Enthalpie ΔG aufweisen.

Der **spontane Ablauf einer chemischen Reaktion** ist dadurch gekennzeichnet, dass die entstehenden Produkte (AB) weniger energiereich sind als die Ausgangsstoffe (A + B). Eine solche Reaktion wird auch **exergonisch** genannt. Die Rückreaktion ist somit **endergonisch** und läuft nicht spontan ab. Wir wissen jedoch aus Erfahrung, dass einige Reaktionen – selbst bei explosiven Gemischen wie Wasserstoff und Sauerstoff, bei denen große Mengen an Energie freigesetzt werden (Knallgasreaktion) – nicht einfach spontan ablaufen.

$$A + B \underset{\text{Rückreaktion endergonisch}}{\overset{\text{Hinreaktion exergonisch}}{\rightleftharpoons}} AB$$

Es stellt sich die Frage, wieso trotz negativer freier Enthalpie keine spontane Reaktion stattfindet.

Dies liegt daran, dass solche Reaktionen **kinetisch gehemmt** sind. Sie benötigen einen kleinen „Anschub", damit die Reaktion unter gegebenen Bedingungen auch wirklich unmittelbar ablaufen kann. Es ist, als läge auf der Energieskala ein kleiner Berg zwischen Ausgangsstoffen und Endprodukt, den es zu überwinden gilt. Man spricht von einem **Aktivierungsberg**. Die Höhe des Aktivierungsbergs ist ein Maß für die Geschwindigkeit, mit der eine spontane Reaktion ablaufen kann. Je höher dieser Berg ist, desto langsamer läuft eine Reaktion ab.

Der chemische Zustand, in dem sich die reagierenden Stoffe auf dem Aktivierungsberg befinden, wird **Übergangszustand** (A···B) genannt.

Auf der Energieskala beschreibt ein kleiner Berg zwischen Ausgangsstoffen und Endprodukt den sogenannten **Aktivierungsberg**. Die Energie zur Überwindung des Aktivierungsbergs ist für die Hin- ($\Delta G^{\ddagger}_{Hin}$) sowie für die Rückreaktion ($\Delta G^{\ddagger}_{Rück}$) fast immer unterschiedlich.

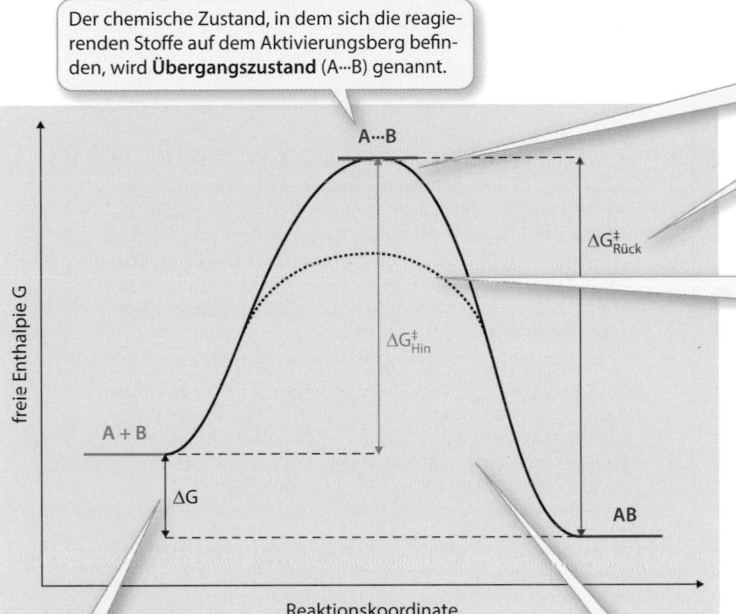

Katalysatoren senken den Aktivierungsberg und erhöhen damit die Ablaufgeschwindigkeit. Sie tun dies, indem sie den **Übergangszustand stabilisieren**. Sie erhöhen damit die Wahrscheinlichkeit, dass Edukte den Übergangszustand einnehmen und danach den „Energieberg" spontan hinabsinken, um das Produkt zu bilden. Enzyme sind solche Biokatalysatoren.

Als Maß für die Abnahme der Energie gilt die **Differenz der freien Enthalpie** ΔG ($G_{Produkt} - G_{Edukt}$), welche bei einer freiwillig ablaufenden Reaktion stets kleiner als 0 (negativ) ist. ΔG ist ein Begriff aus der **Thermodynamik**. Die Thermodynamik gibt an, wie wahrscheinlich der Ablauf einer Reaktion ist. Allgemein beschreibt die freie Enthalpie ΔG die Energie, die ein System in Form von Arbeit leisten kann. Ist ΔG negativ, so läuft die Reaktion spontan ab und ist exergon. Ist ΔG positiv, so handelt es sich um eine endergone Reaktion, die nicht spontan abläuft.

Man unterscheidet zwischen thermodynamisch (über ΔG) und kinetisch (über den Aktivierungsberg) kontrollierten Reaktionen. Ob eine spontane Reaktion **thermodynamisch oder kinetisch kontrolliert** abläuft, hängt wesentlich davon ab, bei welcher Umgebungstemperatur man den Ablauf beobachtet. Niedrige Temperaturen bedingen eher eine kinetische Kontrolle (da die Energie aus der Umgebung (R × T) zu klein ist, um genügend Moleküle über den Aktivierungsberg zu bringen). Hohe Temperaturen, Katalysatoren und gute Abgangsgruppen verschieben das System zu einer thermodynamisch kontrollierten Reaktion.

Abb. 13.4 Reaktionen können thermodynamisch oder kinetisch kontrolliert sein

fungiert auch als Träger von Wasserstoffatomen, wobei bei einer Reduktion des oxidierten Cofaktors ein Hydridion formal aufgenommen wird und ein Proton abgespalten wird. Ein universeller Elektronenakzeptor wie NAD(P)H hat den Vorteil, dass die übertragenen Elektronen nicht am Reaktionsort „entsorgt" werden müssen, sondern mittels des Cofaktors auch **an andere Orte (z. B. Kompartimente) transportiert** und dort für Redoxreaktionen verbraucht werden können. NAD(P)H unterliegt dabei einem Recycling in der Zelle, vergleichbar einer Batterie, die geladen und entladen werden kann. Während NADPH vorwiegend bei anabolen Reaktionen eingesetzt wird, spielt NADH eine wesentliche Rolle im Katabolismus der Zelle.

Ein besonderer Empfänger für die Elektronen des NADH/H^+ ist in den Mitochondrien von Eukaryoten ein Enzym der Atmungskette, die **NADH-Dehydrogenase** (entsprechende Vorgänge laufen in den Thylakoidmembranen phototropher Eukaryoten und zwischen den plasmatischen Membranen einiger Prokaryoten ab). Die bei diesem Prozess und den nachfolgenden Elektronenübertragungen entlang der „Enzymkette" frei werdende Energie wird zum Transport von Protonen über die innere mitochondriale Membran genutzt. Dadurch baut sich ein Überschuss an Protonen zwischen äußerer und innerer Membran auf, dessen Ausgleich durch einen Rückfluss der Protonen in die Matrix über die ATP-Synthase erfolgt (oxidative Phosphorylierung; bei phototrophen Eukaryoten oder bei phototrophen Prokaryoten bezeichnet man einen entsprechenden Prozess als Photophosphorylierung). Das einst **in NADH/H^+ steckende Elektronentransferpotenzial** wird (unter Energieverlust) mit-

Bei der **chemiosmotischen Kopplung** wird der Transportvorgang von Teilchen über eine Membran hinweg an chemische Stoffwechselprozesse gekoppelt. Auch bei der **Generierung des energiereichen Moleküls ATP** aus ADP und Phosphat wird der Prozess der chemiosmotischen Kopplung genutzt. Die chemiosmotische Kopplung ist notwendig, da es sich bei der ATP-Synthese um eine endergone Reaktion handelt, die nicht spontan ablaufen würde. Grundlage der chemiosmotischen Kopplung ist das chemische oder auch das elektrochemische Potenzial.

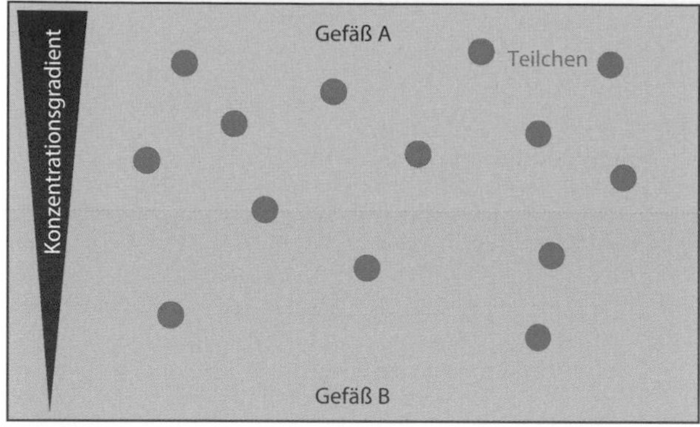

Das **chemische Potenzial** gibt an, wie sich die freie Enthalpie eines Systems verändert, wenn sich die Stoffmenge von Molekülen darin ändert. Liegen z. B. die Moleküle eines Stoffes in zwei verbundenen Gefäßen A und B in unterschiedlichen Mengen vor, so versuchen sich die Konzentrationen auszugleichen. Es kommt zu einem **Netto-Stofffluss** von der höheren Konzentration zur niedrigeren. Das chemische Potenzial kann damit zur Leistung von Arbeit herangezogen werden und zu negativer ΔG beitragen.

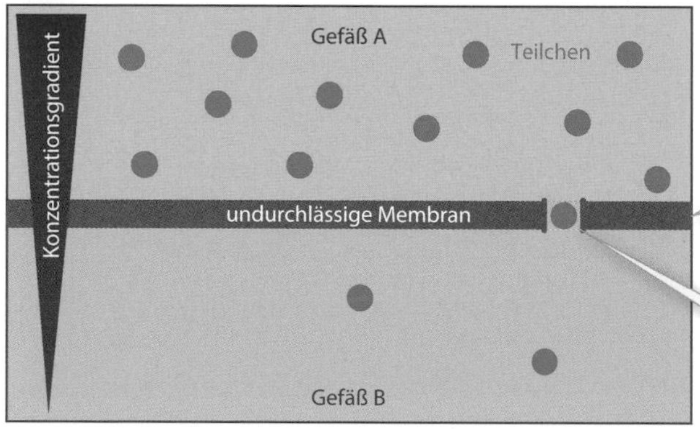

Sind beide Gefäße über eine Membran getrennt, die der Stoff nicht überwinden kann, besteht dennoch das Potenzial, einen solchen Fluss zu veranlassen. Besitzen die Teilchen zusätzlich Ladungen, so käme es bei einem Ausgleich der Konzentrationen neben dem Stofffluss auch zu einem Ladungsausgleich (**elektromotorische Kraft**), welcher zusätzliche Arbeit leisten kann. Man spricht in diesem Zusammenhang dann oft vom **elektrochemischen Potenzial.**

Ein **Kanal** kann den Stofffluss durch eine undurchlässige Membran ermöglichen. Dabei kann die im Nettofluss steckende Energie durch einen mechanischen Konverter (z. B. das Protein ATP-Synthase in der Zelle) in „chemische" Energie (Bildung der Anhydridbindung im ATP) „umgewandelt" werden.

In Analogie kann man jede spontane Übertragung von geladenen Teilchen in Form einer elektrochemischen Potenzialänderung verstehen. Betrifft dies Elektronen oder Protonen in chemischen Reaktionen, spricht man von **Elektronen- oder Protonentransferpotenzial**. Die zugehörigen Reaktionen in der Chemie werden als **Redoxreaktionen** bzw. als Säure-Base-Reaktionen bezeichnet. Das Elektronentransferpotenzial eines Stoffes wird auch **Reduktionspotenzial** genannt. Faktisch ist es egal, ob ΔG durch den Strom negativer Teilchen oder positiver Teilchen getrieben wird. Beide Potenziale können ineinander „umgewandelt" werden (z. B. beim **Aufbau des Protonengradienten im Mitochondrium**).

Abb. 13.5 Das Prinzip der chemiosmotischen Kopplung

tels eines aufgebauten Protonengradienten enzymatisch **in den Anhydridbindungen des ATPs konserviert**, dies bezeichnet man als **chemiosmotische Kopplung** (Abb. 13.5). Diese chemiosmotische Kopplung wurde von dem englischen Chemiker Peter D. Mitchell in den 1960er-Jahren postuliert (Mitchell-Hypothese). Seine bahnbrechenden Arbeiten auf diesem Gebiet wurden 1975 mit dem Nobelpreis für Chemie honoriert. Das bei diesem Vorgang generierte ATP hydrolysiert zwar im wässrigen Milieu, allerdings ist es bei neutralem pH relativ stabil und kann somit als **Energiespeicher** dienen.

Wozu benötigt die Zelle zwei Kurzzeit-Energiespeicher wie NAD(P)H und ATP? Während die Oxidation von **NAD(P)H zum Antrieb von Redoxreaktionen** verwendet wird, werden Reaktionen mit **ATP** genutzt, um phosphorylierte Produkte zu erzeugen, die **für Substitutions-, Additions- und Eliminationsreaktionen** zur Verfügung stehen. Darüber hinaus kann die durch Hydrolyse freigesetzte Energie zur Erzeugung von Wärme oder mechanischer Energie genutzt werden. Die Phosphorylierung einer Substanz, die vorher durch eine bestimmte Reaktion erzeugt wurde, dient auch dem Entziehen dieser Substanz aus dem vorgelagerten Gleichgewicht und ermöglicht so die **Kopplung der ATP-Hydrolyse an eine vorausgegangene Reaktion**. Dies ermöglicht der Zelle, Reaktionen ablaufen zu lassen, die energetisch ungünstig sind (Abb. 13.6). Diese **energetische Kopplung** ist die entscheidende Voraussetzung für den erfolgreichen Ablauf von miteinander verwobenen Reaktionsketten, die den anabolen und katabolen Stoffwechselwegen zugrunde liegen.

Die in reduzierten Verbindungen gespeicherte Energie kann auch direkt zur enzymatischen Bildung von ATP verwendet werden, diesen Vorgang nennt man **Substratkettenphosphorylierung** (z. B. bei der Bildung von 3-Phosphoglycerinsäure aus 1,3-Biphosphoglycerinsäure in der Glykolyse). Dabei wird ein Phosphatmolekül von einer phosphorylierten Substanz direkt auf ein Nucleosiddiphosphat wie z. B. ADP übertragen. Eine solche Reaktion liefert einen Nettogewinn an ATP, falls bei der Phosphorylierung des Substrats ein anorganisches Phosphatmolekül mittels einer Oxidationsreaktion auf das Substrat übertragen wurde (z. B. Oxidation von GAP zu 1,3-Biphosphoglycerinsäure). Die Substratkettenphosphorylierung dient häufig der schnellen Bereitstellung von ATP unter sauerstoffarmen Bedingungen.

Wie lassen sich die in ATP und NADH oder anderen energiereichen Stoffen steckenden Potenziale zum Antrieb für

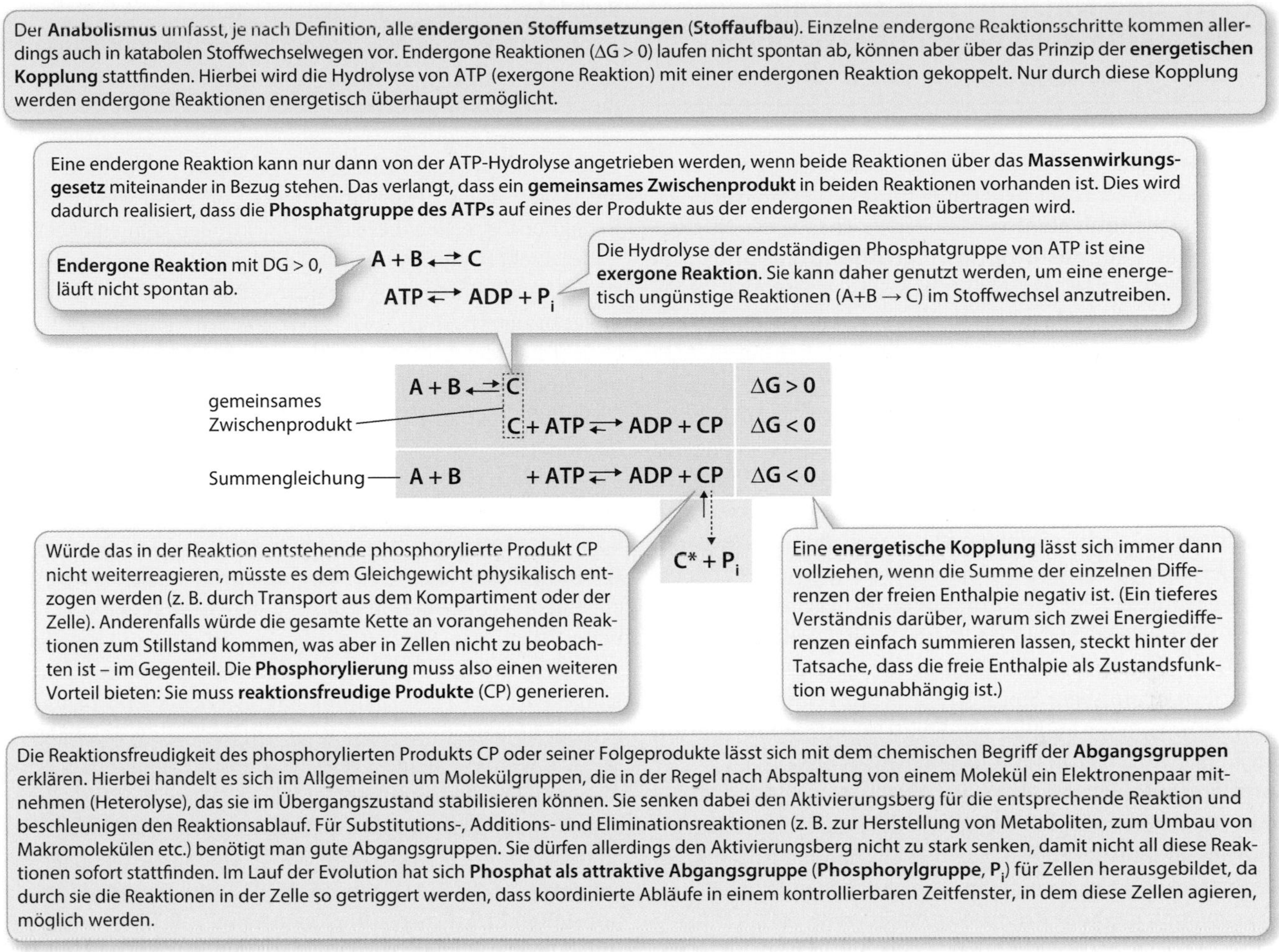

Abb. 13.6 Energetische Kopplung von endergonischen und exergonischen Reaktionen

chemische Reaktionen miteinander vergleichen? Die Thermodynamik, eine Fachdisziplin der Physik oder physikalischen Chemie, stellt uns Grundgleichungen bereit, die es ermöglichen, die Triebkräfte von Reaktionen miteinander in Beziehung zu setzen. Die Energie, die in einem System steckt und für die (mechanische) Arbeit zur Verfügung steht, wird (bei konstantem Druck und konstanter Temperatur) freie (Gibbs'sche) Enthalpie (auch Gibbs-Energie) genannt und trägt die Einheit der Energie. Um feststellen zu können, ob eine Reaktion ablaufen kann, muss man somit nur die freien Enthalpien der Produkte und der Ausgangsstoffe kennen. Ist diese Differenz negativ, läuft die Reaktion spontan ab (siehe Abb. 13.4). Einmal abgelaufen, ist diese Reaktion in einem abgeschlossenen System unter Realbedingungen nie mehr vollständig umkehrbar (ohne von außen Energie zuzuführen). Grund dafür ist, dass nur ein Teil der Energie, die bei der Reaktion frei wird, in Arbeit überführt werden kann. Dieser Teil wird mit dem Begriff der (Reaktions-)Enthalpie, H, beschrieben. Sie steckt in den chemischen Bindungen und Elektronen der Moleküle wie z. B. ATP und NADH. Allerdings gibt es auch einen Teil der Energie, der anscheinend nicht mehr in Arbeit überführt werden kann; er wird **dissipiert** („vergeudet"). Diesen Anteil der Energie trägt man mit der Einführung einer weiteren thermodynamischen Größe Rechnung, der Entropie S. Oft wird sie als Maß der Unordnung eines Systems auf mikroskopischer Ebene bezeichnet. Bei realen abgeschlossenen Systemen nimmt S stetig zu und sorgt dafür, dass Reaktionen irreversibel ablaufen. Selbst wenn keinerlei Reaktionen in solch einem System ablaufen sollten, würde die Entropie anwachsen und Energie damit „vergeudet" werden. Sowohl die Enthalpie H als auch die Entropie S leisten also einen Beitrag zur freien Enthalpie G, die in der thermodynamischen Gleichung $G = H - T \cdot S$ ihren Ausdruck finden oder in Äquivalenz beim Vergleich von Produkten und Edukten einer Reaktion Eingang in die Differenzgleichung $\Delta G = \Delta H - T \cdot \Delta S$ finden. Letztere zeigt, dass chemische Reaktionen sowohl durch enthalpische als auch entropische Prozesse (oder durch beide) getrieben werden können.

13.2 ATP und NAD(P)H sind zentrale Moleküle der Energieübertragung und Redoxchemie in der Zelle

Die Bereitstellung von Energie und die Übertragung von Elektronen sind von zentraler Bedeutung für den Metabolismus.

Als **Energieäquivalent** wird in der Biochemie das **Nucleosidphosphat Adenosintriphosphat/Adenosindiphosphat ATP/ADP** (bzw. 1 Mol ATP/ADP) bezeichnet. Das ATP ist bei allen bekannten lebenden Organismen der zentrale Energieträger. ATP besitzt zwei **Phosphorsäureanhydridbindungen**, ADP eine. Bei Übertragung einer Phosphatgruppe auf ein Substrat oder bei der Abspaltung von Pyrophosphat wird dabei eine der „energiereichen" Anhydridbindungen gespalten und Energie freigesetzt (◘ Abb. 13.7). Der Energieunterschied zwischen ATP und den Produkten nach Spaltung der Anhydridbindung liegt sowohl an der höheren kinetischen Stabilität des Phosphations (Mesomeriestabilisierung) als auch an der optimaleren negativen Ladungsverteilung und der fehlenden Abstoßung der negativen Ladungen durch Nachbarphosphatgruppen im freien Ion. Die **Regeneration von ATP** wird unter Phosphorylierung von ADP entweder durch den Umbau organischer Stoffe erreicht (**Substratkettenphosphorylierung**) oder mithilfe von **Elektronentransportketten** mittels eines aufgebauten Protonengradienten bewerkstelligt. Der **Protonengradient** wird über einer Membran aufgebaut. Dabei werden Protonen in den Mitochondrien der Eukaryoten in den Intermembranraum, bei Plastiden in den Thylakoidinnenraum, bei Bakterien ins Periplasma und bei Archaeen in den Extrazellularraum gepumpt. Die hohe Redoxpotenzialdifferenz, die zur Bildung des Protonengradienten und damit für die ATP-Regeneration genutzt wird, stammt entweder aus dem Abbau anorganischer und organischer Materialien (oxidative Phosphorylierung) oder aus der Sonnenenergie (Photophosphorylierung), womöglich auch aus Quellen radioaktiver Strahlung (radiotrophe Pilze).

Stoffe, die im Verlauf einer chemischen Reaktion negative Ladungen in Form von Elektronen abgeben können, heißen **Reduktionsmittel**. Ihr Reduktionsvermögen wird in Form von Äquivalenten angegeben. Ein solches **Reduktionsäquivalent** entspricht einem übertragenen Elektron oder, unter Angabe der molaren Konzentration, einem Mol Elektronen. Da bei biochemischen Übertragungsreaktionen Elektronen an ein organisches Trägermolekül (meist Coenzym) gebunden vorkommen, wird die Trägersubstanz (Reduktionsmittel) oft selbst vereinfacht als Reduktionsäquivalent bezeichnet. Elektronen können dabei entweder direkt (Cytochrom, Ferrodoxin etc.), in Form von Wasserstoffatomen (Chinone, FAD) oder mittels gemischter Übertragungsformen (NADH, NADPH) abgegeben werden. Spezifischer bezieht sich der Begriff Reduktionsäquivalent in der Biochemie und Stoffwechselphysiologie meist auf die reduzierte Form der Redoxpaare **$NAD(P)^+$/NAD(P)H** (◘ Abb. 13.8) und **FAD/$FADH_2$** (◘ Abb. 13.9).

Reduktionsäquivalente können an Elektronentransportketten wie der Atmungskette zur **Generierung von Energieäquivalenten** genutzt werden (▸ Abschn. 13.4). Im Fall der **Atmungskette** stammen die eingespeisten Elektronen ganz allgemein aus Reduktionsäquivalenten, die bei der Glykolyse, beim Abbau von Pyruvat sowie von Amino- und Fettsäuren zu Acetyl-CoA und aus dem Citratzyklus gewonnen werden. Umgekehrt kann die Spaltung energiereicher Phosphatanhydridbindungen zur Regeneration von Reduktionsäquivalenten genutzt werden. Beide Wege werden im Metabolismus beschritten: Die Redoxpaare NAD^+/NADH bzw. NADP/NADPH liegen in der Zelle im Cytoplasma in unterschiedlichen Verhältnissen vor. Das Verhältnis von NAD^+ zu NADH liegt weit auf der Seite des NAD^+, sodass NAD^+ vorwiegend als Oxidationsmittel Elektronen aufnehmen kann, z. B. beim oxidativen Abbau (Katabolismus) von organischen Stoffen, und diese in Form des „energiereichen" Reduktionsmittels NADH zur Regeneration von ATP zur Verfügung stellen kann. NADP/NADPH liegt dagegen im umgekehrten Verhältnis vor, hier überwiegt das NADPH. Es fungiert in Form von NADPH vorwiegend als Reduktionsmittel in anabolen Stoffwechselwegen wie z. B. der Fettsäuresynthese.

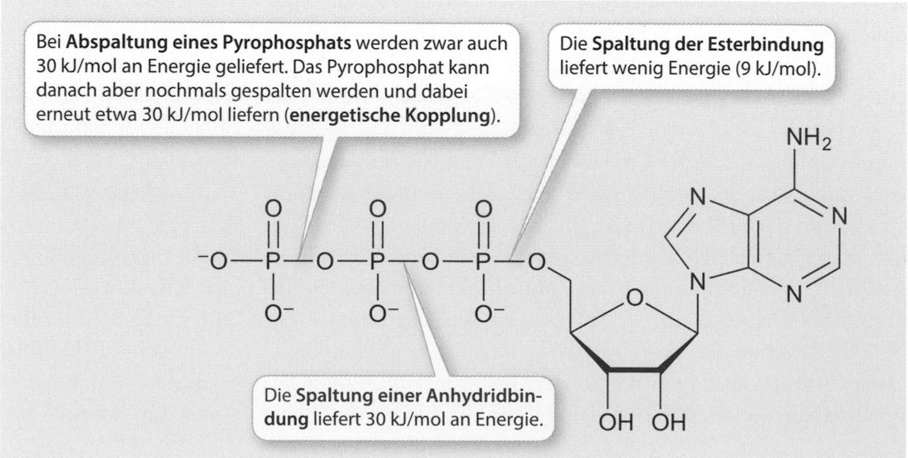

◘ Abb. 13.7 Das Energieäquivalent ATP

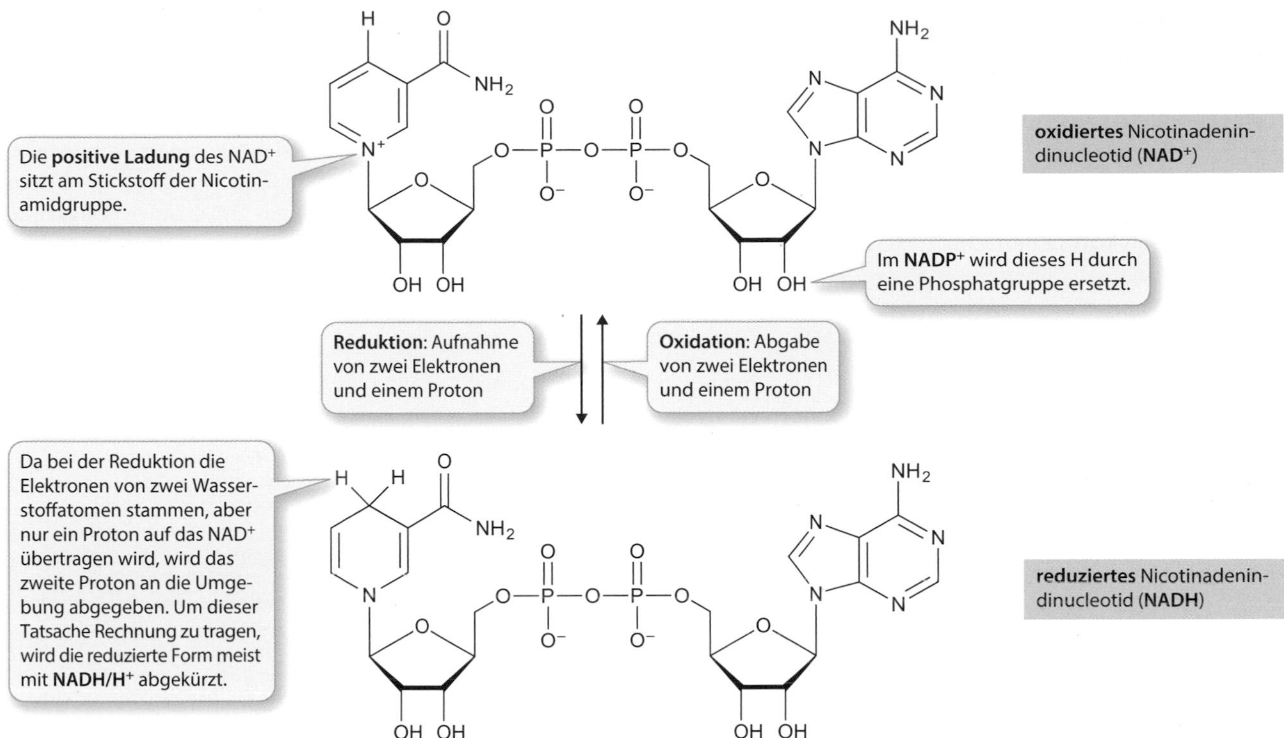

Abb. 13.8 Das Reduktionsäquivalent NAD/NADH

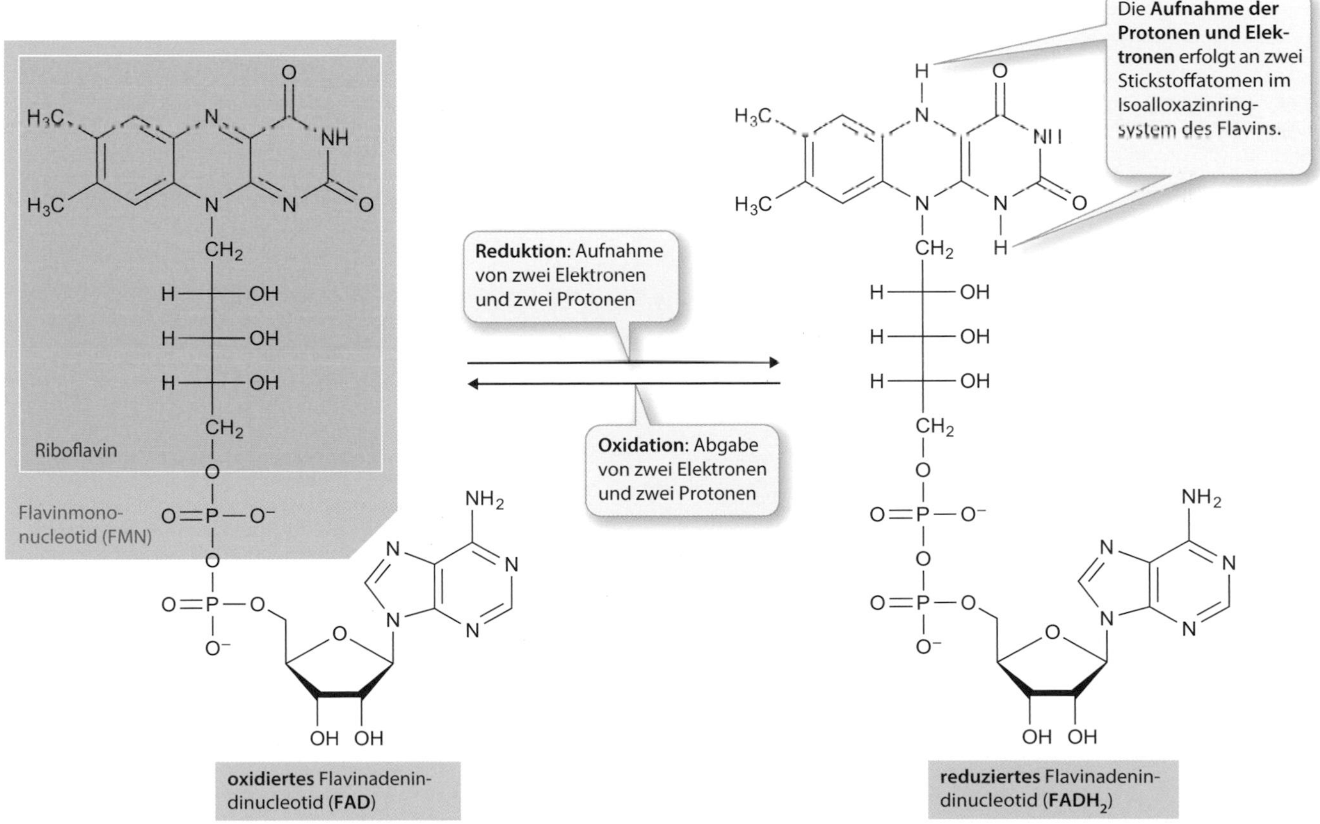

Abb. 13.9 Das Reduktionsäquivalent FAD/$FADH_2$

13.3 Der Abbau von Glucose in der Glykolyse dient der Bereitstellung von ATP und NADH – bei Glucosemangel erfolgt deren Neusynthese

Der **Abbau von Hexosen**, im Speziellen der α-D-Glucose, zu Pyruvat wird als **Glykolyse** bezeichnet. Hexosen wie Galactose, Mannose oder Fructose können in den ersten Schritten des Prozesses zugeführt werden. Galactose kann durch Epimerisierung in Glucose überführt werden, Mannose durch Epimerisierung in Fructose-1-phosphat, und Fructose kann als Fructose-1,6-bisphosphat zugeführt werden.

Bei der **Glykolyse** handelt es sich um einen evolutiv alten katabolen Stoffwechselweg, der in allen Domänen des Lebens und bei nahezu allen heute bekannten Organismen obligat oder fakultativ ablaufen kann. Der enzymatische Abbau der Glucose zu Pyruvat generiert netto zwei Moleküle ATP pro Molekül Glu-

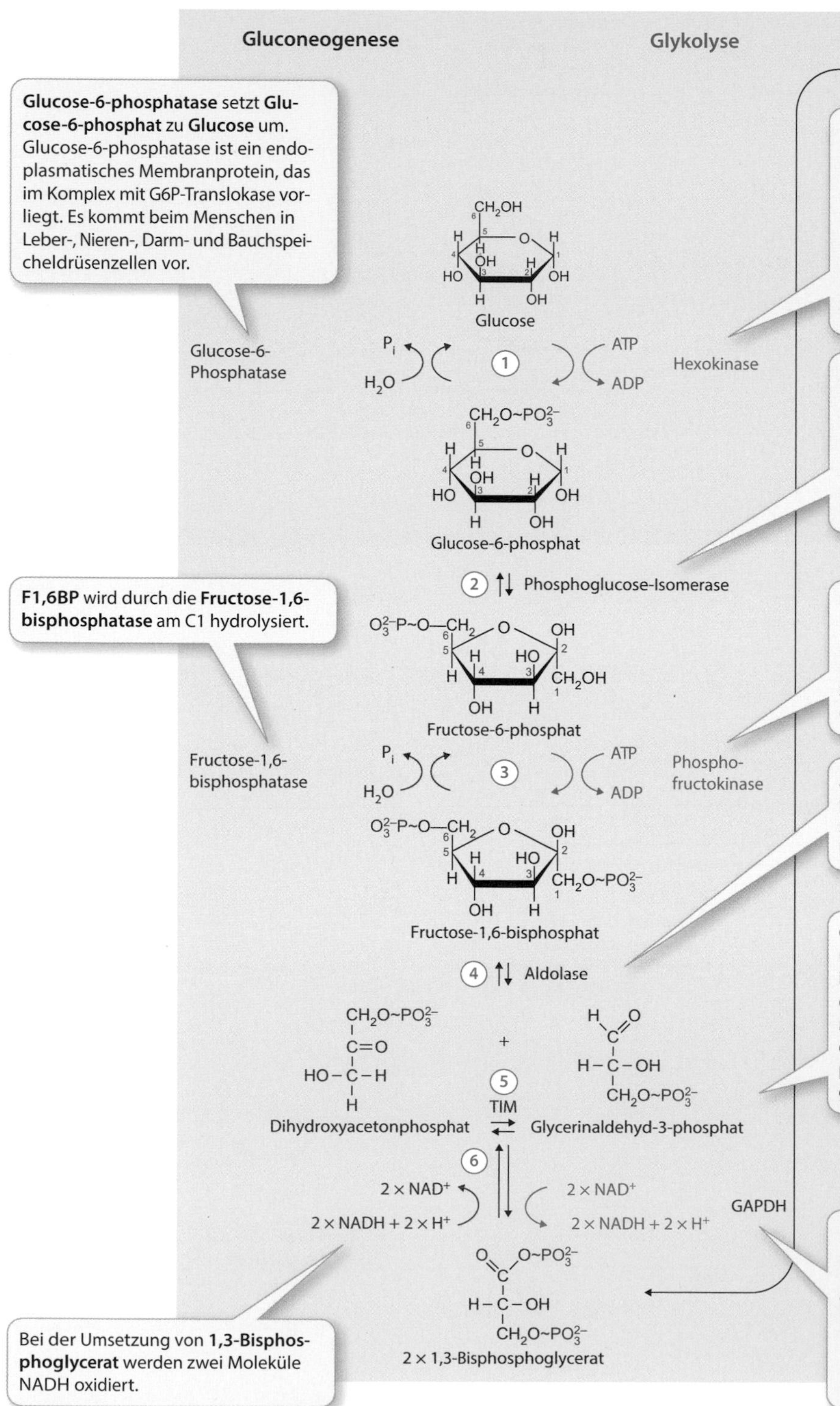

Abb. 13.10 Ablauf von Glykolyse und Gluconeogenese

cose. Hinzu kommt die Bildung zweier energiereicher Moleküle NADH, welche bei aeroben Organismen zur Regenerierung von bis zu fünf weiteren ATP-Molekülen (▶ Abschn. 13.4) genutzt werden können. Anaerobe Mikroorganismen und manche tierische Zellen wie Erythrocyten und Spermien sowie einige tierische Gewebe wie Tumore und hypoxische Gewebe verwenden fast ausschließlich die Glykolyse zur Energiegewinnung oder bevorzugen diesen metabolischen Weg gegenüber anderen Möglichkeiten. Da die Konzentration der Glucose in der Zelle limitierend für den Ablauf der Glykolyse ist, kommt der Regulation des Zuckertransports über die Plasmamembran eine besondere Rolle zu. Dies ist insbesondere auch bei Vertebraten der Fall, da die Glucose hier im Blut vorliegt – dort kann sie mit Proteinen reagieren (**Maillard-Reaktion**; ▶ Abschn. 14.10) und in ungünstigen Fällen irreversible, physiologische Langzeitschäden für den betroffenen Organismus hervorrufen. Der Transport von Glucose wird je nach Zelle und Gewebe aktiv oder passiv (Diffusion) mittels spezieller Transportproteine bewerkstelligt.

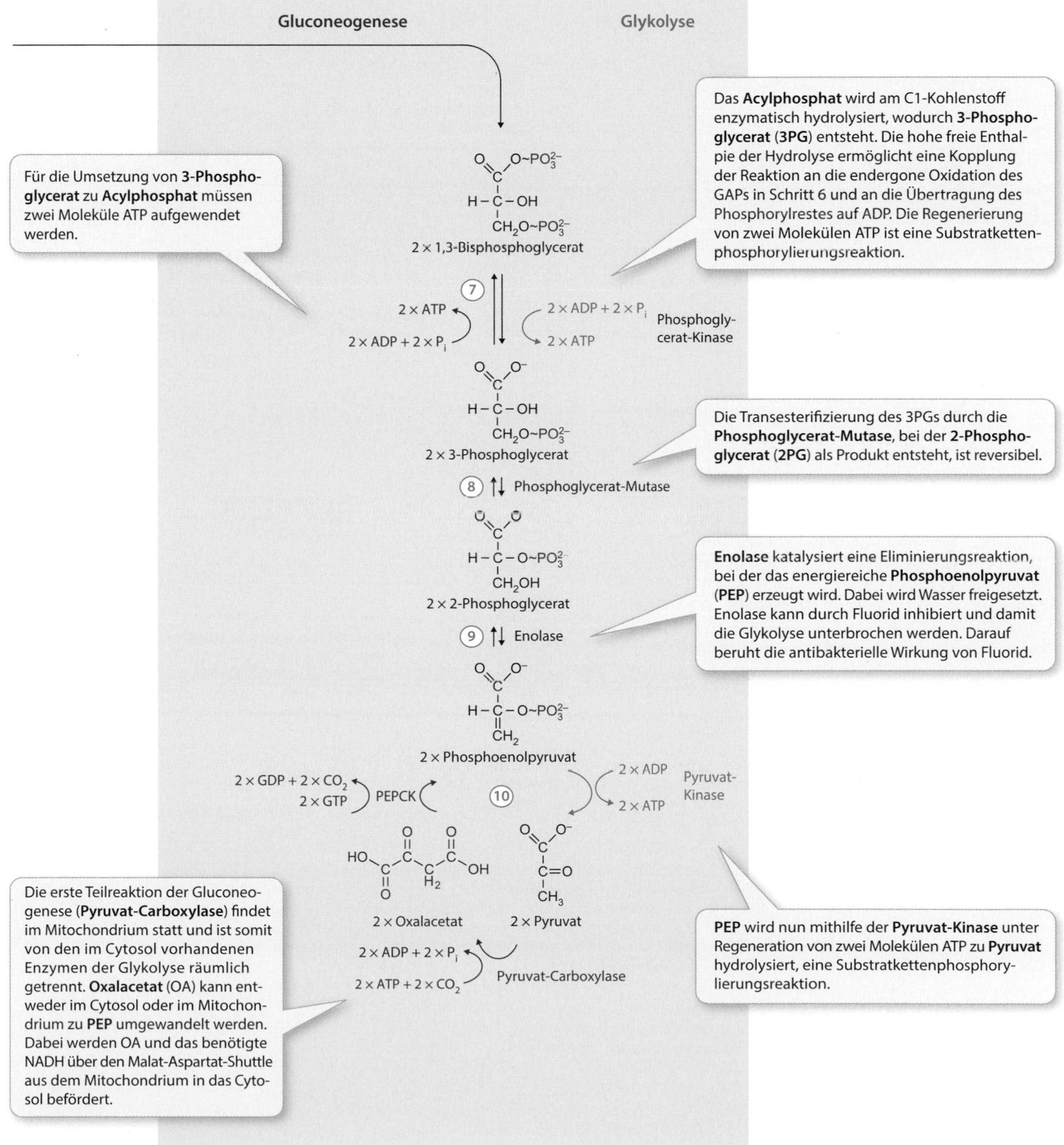

Abb. 13.10 *(Fortsetzung)*

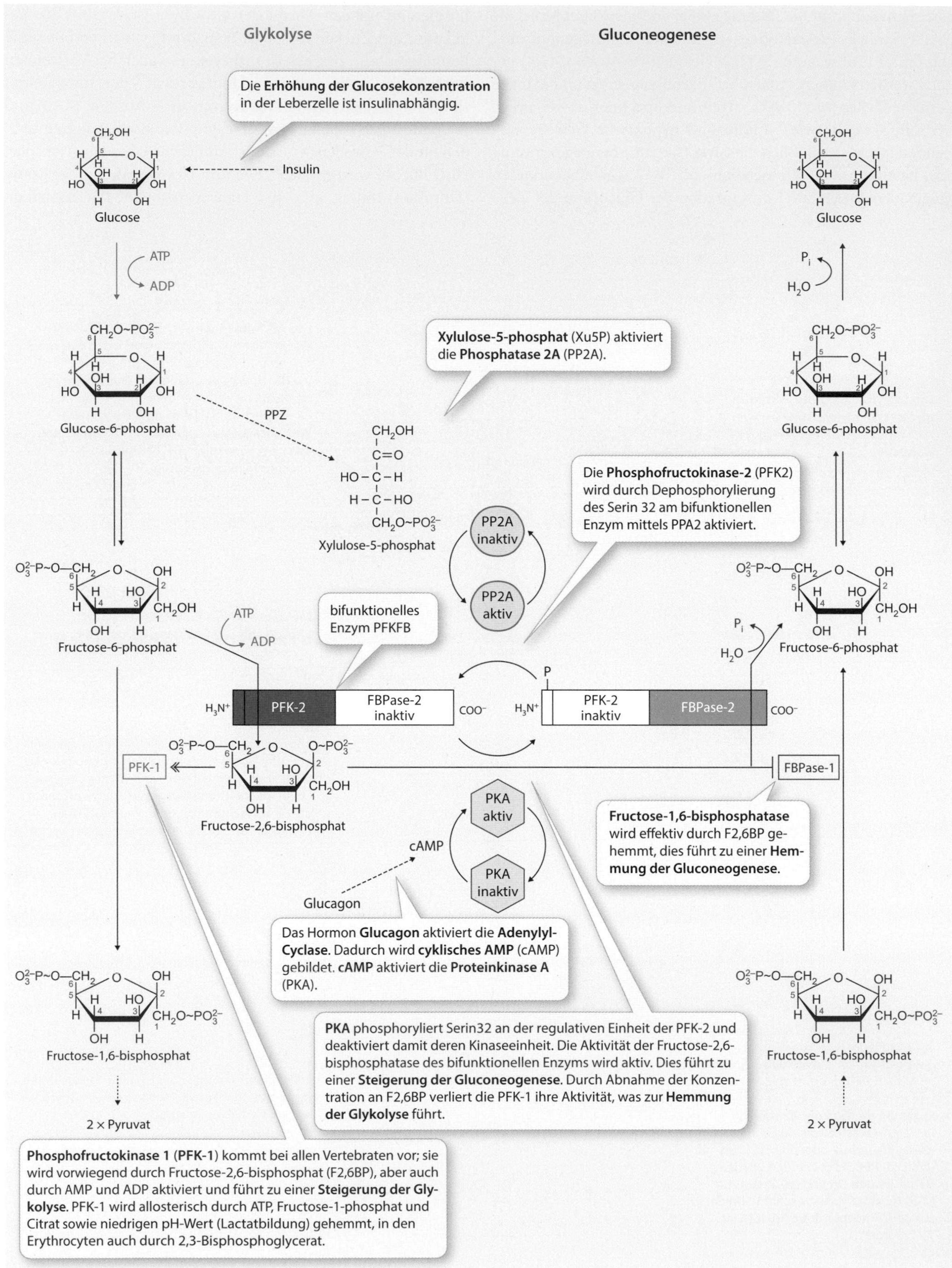

Abb. 13.11 Regulation der Glykolyse und Gluconeogenese über die Phosphofructokinase 1 und das bifunktionelle Enzym Phosphofructokinase-2/Fructose-2,6-bisphosphatase (PFKFB)

Die Glykolyse (◘ Abb. 13.10) läuft in **zehn enzymatischen Schritten** ab. In der **Präparationsphase** wird die Glucose unter ATP-Verbrauch in zwei energiereiche C3-Zucker gespalten (Reaktionen 1–5). Darauf folgt die **Ertragsphase**, in der die C3-Zucker unter Bildung von ATP und NADH in Pyruvat überführt werden (Schritte 6–10). Der **geschwindigkeitsbestimmende Schritt** der Glykolyse ist die Umsetzung von Fructose-6-phosphat durch 6-Phosphofructo-1-kinase, er wird daher sehr stark allosterisch reguliert (◘ Abb. 13.11).

Die **Gluconeogenese** dient der Synthese von Glucose und ist nur in einigen der Teilreaktionen (Schritte 2, 4–9) die Umkehrreaktion der Glykolyse (◘ Abb. 13.10). Achtet man auf die freien Standardenthalpien der einzelnen Teilreaktionen, fallen bei der Glykolyse vier exergone Schritte auf. Bei ihnen liegt das chemische Gleichgewicht fast ausschließlich auf der Seite der Reaktionsprodukte. Dazu gehören die Phosphorylierung der Glucose zu Glucose-6-phosphat (Schritt 1), die Phosphorylierung des Fructose-6-phosphats zu Fructose-1,6-bisphosphat (Schritt 3) sowie die Hydrolyse von Phosphoenolpyruvat zu Pyruvat (Schritt 10). Die Hydrolyse des Acylphosphats 1,3-Bisphosphoglycerat (Schritt 7) ist unter zellulären Bedingungen allerdings eine reversible Reaktion. Zellen umgehen in der Gluconeogenese die drei irreversiblen Reaktionen, indem sie Pyruvat mithilfe des biotinabhängigen Enzyms Pyruvat-Carboxylase unter ATP-Hydrolyse zu Oxalacetat carboxylieren und dieses über eine Phosphoenolpyruvat-Carboxykinase unter GTP-Hydrolyse zu Phosphoenolpyruvat phosphorylieren. In den zwei verbleibenden Umgehungsschritten werden enzymatische Hydrolysen durchgeführt. Dabei katalysiert das Enzym Fructose-1,6-bisphosphatase die Reaktion von Fructose-1,6-bisphosphat zu Fructose-6-phosphat. Nach der reversiblen Isomerisierung hydrolysiert das Enzym Glucose-6-phosphatase anschließend Fructose-6-phosphat zu Glucose.

Die starke Verflechtung und gemeinsame Regulation von Glykolyse und Gluconeogenese lassen sich am Beispiel des bifunktionellen Enzyms Phosphofructokinase-2/Fructose-2,6-bisphosphatase (PFKFB) verdeutlichen (◘ Abb. 13.11). Das korrelierte „An- und Ausschalten" der beiden enzymatischen Untereinheiten wird dabei enzymatisch über die Phosphorylierung und Dephosphorylierung eines Serinrestes gesteuert.

Der klassische hier beschriebene Prozess der Glykolyse wird nach seinen Entdeckern, dem Mediziner Gustav Embden und den beiden Biochemikern Otto Meyerhof und Jakub Karol Parnas, auch **Emden-Meyerhof-Parnas-Weg** (EMP-Weg) genannt. Ein Vergleich unter vielen verschiedenen Organismengruppen hat ergeben, dass es modifizierte Versionen dieses Stoffwechselwegs gibt. Während Bakterien und Eukaryoten meist die Enzyme des klassischen EMP-Wegs nutzen, findet man gerade bei einigen Gruppen hyperthermophiler Archaeen Variationen bei den beteiligten Enzymen. So weisen manche Gattungen wie z. B. *Pyrococcus* ADP-abhängige Versionen der Enzyme Glucokinase und Phosphofructokinase auf.

Viele anaerobe Bakterien und Archaeen bauen Glucose allerdings nicht nur über den klassischen EMP-Weg ab, sondern gewinnen Energie über eine alternative Abbauroute, die nach ihren Entdeckern, dem Biochemiker Nathan Entner und dem Mikrobiologen Michael Doudoroff, auch als **Entner-Doudoroff-Weg** (ED-Weg) bekannt ist. Dabei wird anstelle des Fructose-1,6-bisphosphats ein 2-Keto-3-desoxy-6-phosphogluconat (KDPG) unter Verbrauch eines Äquivalents ATP gebildet. Dieses wird nun durch ein neues Schlüsselenzym, eine bifunktionelle Aldolase, zu Glycerinaldehyd-3-phosphat (GAP) und Pyruvat umgesetzt. GAP wird danach über den EMP-Weg weiter zu Pyruvat abgebaut. Bei aeroben Archaeen, die unter sehr hohen Temperaturen wachsen, wie z. B. der Gattung *Sulfolobus*, wird der Phosphorylierungsschritt innerhalb des ED-Wegs an späterer Stelle durchgeführt. Dabei wird 2-Keto-3-desoxy-6-gluconat durch die bifunktionelle Aldolase direkt zu Glycerinaldehyd und dieses durch eine GAP-Oxidoreduktase weiter über Glycerinsäure mittels ATP zu 2-Phosphoglycerat in den weiteren EMP-Weg eingeschleust.

In ähnlicher Weise findet man für die Gluconeogenese bei einigen Bakterien, Archaeen, C_4-Pflanzen und parasitischen Organismen Phosphoenolpyruvat-Synthetasen (PEPS) oder Pyruvat-Phosphat-Dikinasen (PPDKs), welche mithilfe von ATP Pyruvat direkt zu Phosphoenolpyruvat umsetzen können.

Eines haben die meisten dieser alternativen Stoffwechselrouten gemein: Ihre Enzyme haben sehr hohe Umsatzraten, wodurch gerade bei hyperthermophilen Organismen die Lebensdauer von temperatursensitiven Intermediaten verkürzt wird. Die Verwendung alternativer, oft allosterisch regulierter Schlüsselenzyme im Abbau und in der Neugenerierung von Glucose bedingt auch eine Neuausrichtung der Regulation dieser Stoffwechselwege, die viele der genannten Organismen beschritten haben und die von der in ◘ Abb. 13.11 abweichen.

13

13.4 Pyruvat als Endprodukt der Glykolyse kann mithilfe von Sauerstoff weiter zur Energiegewinnung genutzt werden

Das in der Glykolyse gewonnene **Pyruvat** kann bei aerob lebenden Organismen sehr effektiv in einem als **Citratzyklus** oder **Tricarbonsäurezyklus** (TCA) bezeichneten Prozess weiteroxidiert werden. Den ersten Schritt des oxidativen Abbaus übernimmt ein Multienzymkomplex, bei Eukaryoten und den meisten aeroben Bakterien der **Pyruvat-Dehydrogenase-Komplex** (PDH). Dieser ist bei Eukaryoten in der mitochondrialen Matrix und den Plastiden, bei Prokaryoten im Cytoplasma angesiedelt.

Der Transport des Pyruvats über die innere Membran des Mitochondriums wird durch die **Pyruvat-Translokase** vermittelt. Dieses Enzym arbeitet als Symporter, indem es den Protonengradienten nutzt, um mit einem Proton gleichzeitig Pyruvat zu transportieren. Der PDH besteht aus drei Enzymuntereinheiten, der Pyruvat-Dehydrogenase, der Dihydrolipoyl-Transacetylase und der Dihydrolipoyl-Dehydrogenase, und katalysiert die Decarboxylierung von Pyruvat. Endprodukt dieser Reaktionen ist die aktivierte Essigsäure (**Acetyl-CoA**), ein Acetatrest, der über eine energiereiche Thioesterbindung an das Coenzym A gebunden ist.

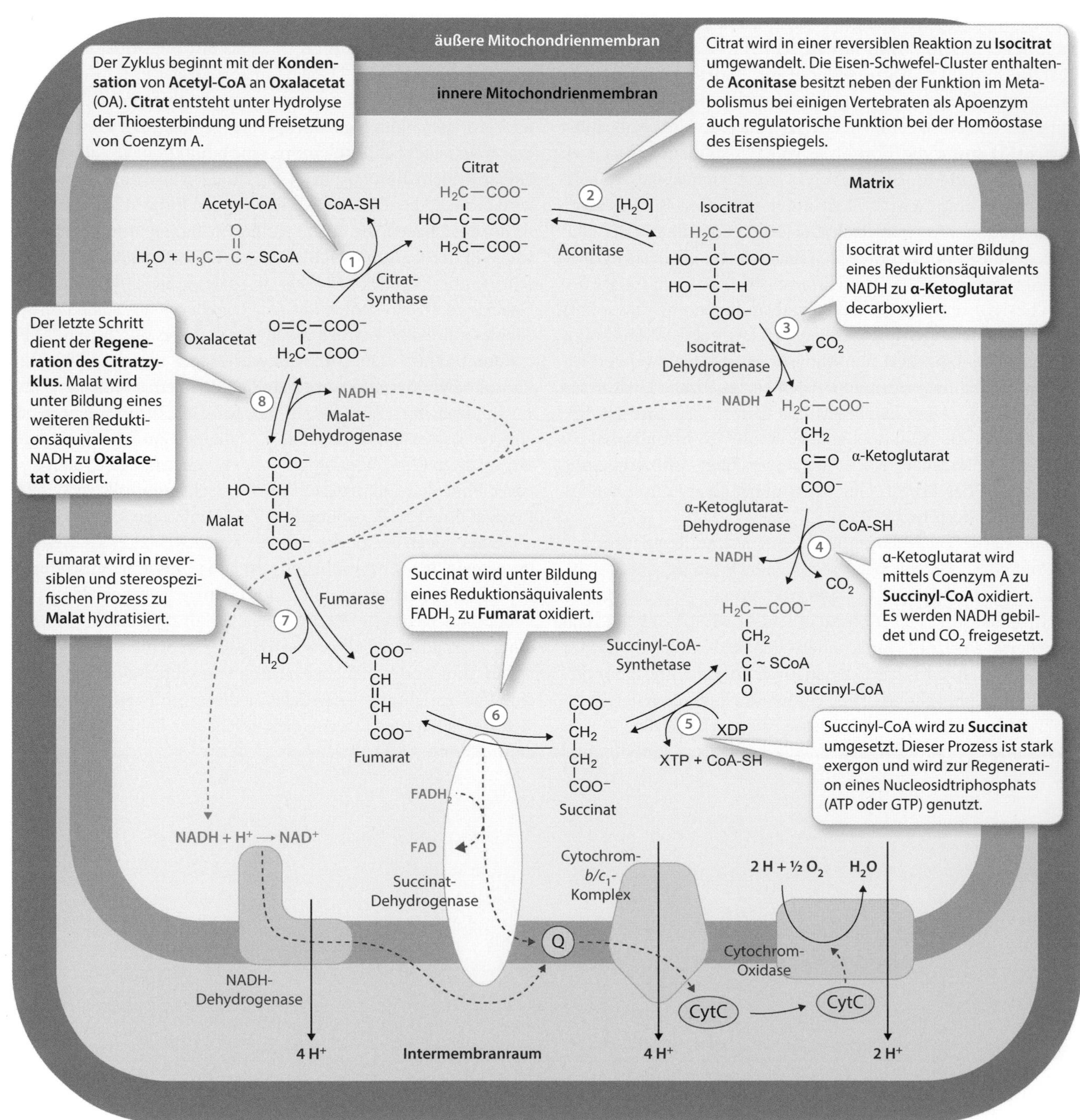

Abb. 13.12 Der Citratzyklus und die Atmungskette. Direkte Reaktion/Transport (durchgängige Pfeile); Diffusion von Molekülen (gestrichelte Pfeile) im Citratzyklus (grün) und der Atmungskette (rot). C2-Körper des Essigsäurerestes = orange; CytC = Cytochrom C; Q = Coenzym Q (Ubichinon)

Bei dieser Reaktion wird NAD^+ reduziert. Bei anaeroben Bakterien und Archaeen kann Acetyl-CoA in einem analogen Prozess mithilfe der Pyruvat-Ferredoxin-Oxidoreduktase unter Reduktion von Ferredoxin gebildet werden. Acetyl-CoA wird nicht nur aus dem Abbau von Kohlenhydraten gewonnen, sondern auch beim Abbau von Fetten und Aminosäuren bereitgestellt.

Im **Citratzyklus** (■ Abb. 13.12) wird Acetyl-CoA zu CO_2 oxidiert. Dabei werden pro Molekül Essigsäure drei Reduktionsäquivalente NADH und ein Äquivalent $FADH_2$ sowie ein Nucleosidtriphosphat aus seiner Diphosphatvorstufe gebildet (GTP bei Tieren bzw. ATP bei Pflanzen und manchen Prokaryoten). Die **Enzyme des Citratzyklus** findet man bei Eukaryoten **in der mitochondrialen Matrix**, mit Ausnahme der Succinat-Dehydrogenase, die in der inneren Mitochondrienmembran sitzt. Bei manchen Prokaryoten kann der Citratzyklus „rückwärts" laufen und dazu genutzt werden, CO_2 unter Bildung von Acetyl-CoA zu fixieren.

Auch die gewonnenen Reduktionsäquivalente werden zur **Regeneration von ATP** genutzt, indem Sie ihre Elektronen auf Proteine (NADH-Dehydrogenase/Succinat-Dehydrogenase) in der inneren Membran der Mitochondrien übertragen. Dieser Vorgang und der daran anschließende Transport der Elektronen über eine Kette an Enzymen (**Atmungskette**) führen zu reversiblen Konformationsänderungen und Ladungsverschiebungen in den beteiligten Proteinen. Sie werden dazu genutzt, Protonen aus der Matrix des Mitochondriums in dessen Intermembranraum zu „pumpen". Weil die innere Membran für Protonen nicht permeabel ist, erhöht sich die Konzentration der Protonen im Intermembranraum gegenüber dem Matrixraum. Da die Protonen eine positive Ladung tragen, resultiert aus der Konzentrationsdifferenz eine elektrochemische Potenzialdifferenz über die innere Membran, die einer theoretischen Arbeitsleistung entspricht. Sie wird als **elektromotorische Kraft** bezeichnet und kann genutzt werden, um energetisch ungünstige Reaktionen anzutreiben.

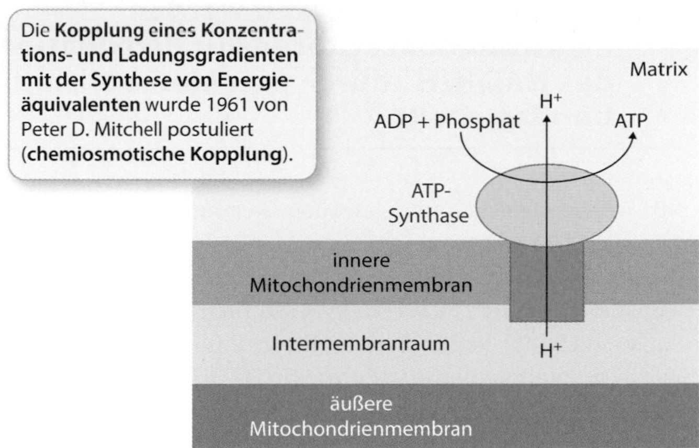

■ **Abb. 13.13** Schematische Darstellung der Funktion der ATPase

Voraussetzung ist die Kopplung des Rückflusses der Protonen in den Matrixraum an die Ausführung einer chemischen Reaktion (**Chemiosmose**). Diese Kopplung übernimmt die **ATP-Synthase**, ein Enzym in der inneren Mitochondrienmembran (■ Abb. 13.13), das in der Lage ist, die elektromotorische Kraft der Protonen über Konformationsänderungen im Protein für die Knüpfung von anorganischem Phosphat an Nucleosiddiphosphate, also die Bildung einer Phosphatanhydridbindung unter Bildung von ATP aus ADP, zu nutzen (■ Abb. 13.14). Die Phosphorylierung von ADP im Mitochondrium wird auch als **Elektronentransportkettenphosphorylierung** oder zusammen mit der Chemiosmose als **oxidative Phosphorylierung** oder **Atmungskettenphosphorylierung** bezeichnet. Der Protonengradient versorgt nicht nur die Zelle mit ATP, sondern neutralisiert auch die vom Phosphation-Antiporter in den Intermembranraum des Mitochondriums abgegebenen Hydroxylionen, treibt den Symport von Pyruvat in die Matrix und viele weitere Prozesse an.

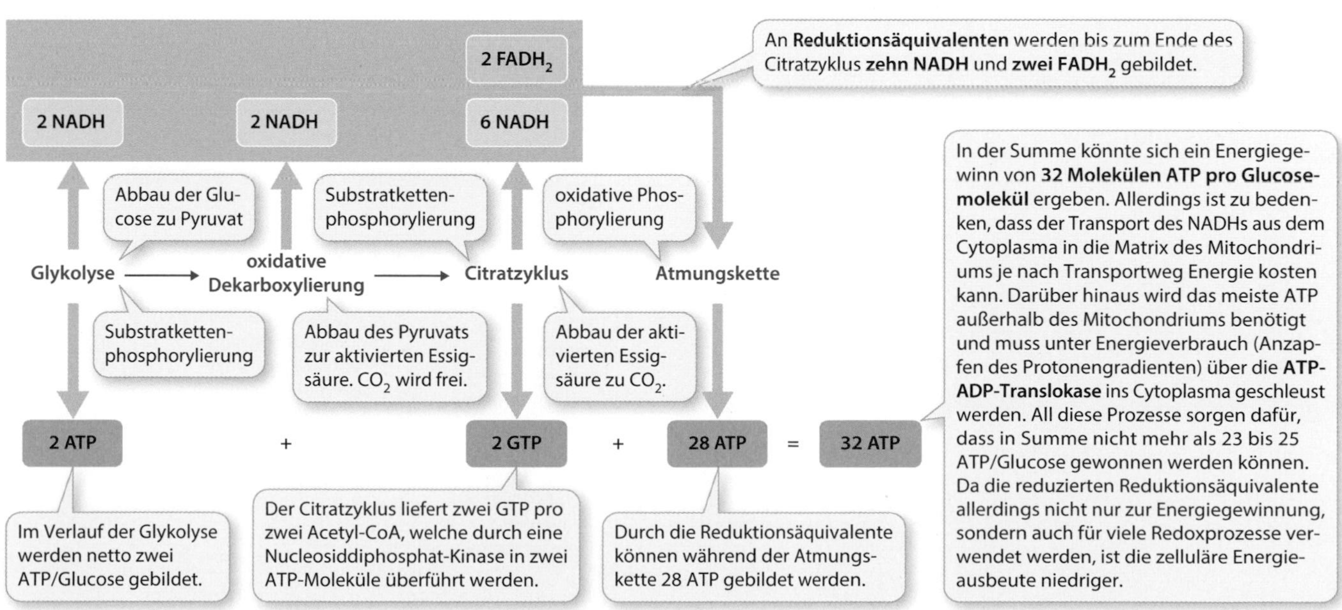

■ **Abb. 13.14** Schematische Darstellung der Energiegewinnung

13.5 Bei Gärungsprozessen werden Elektronenakzeptoren zur Reoxidation des NADH/H$^+$ durch den Metabolismus bereitgestellt

Mit wenigen Ausnahmen gewinnen heterotrophe Eukaryoten ATP aus dem Abbau organischen Materials. Dabei nutzen die meisten Spezies die Glykolyse für den oxidativen Abbau von Kohlenhydraten, meist Glucose, zu Pyruvat (Brenztraubensäure). Die Substratkettenphosphorylierung liefert ihnen neben **ATP** auch **Reduktionsäquivalente in Form von NADH/H$^+$** (oder $FADH_2$). NADH/H$^+$ wird während der Glykolyse durch die Reduktion von NAD$^+$ gewonnen, was im Lauf der Zeit zum Mangel an oxidiertem NAD$^+$ führen und die Glykolyse daher zum Stillstand bringen würde. Oxidiertes NAD$^+$ wird unter aeroben Bedingungen aus NADH durch Abgabe der Elektronen an die Enzyme der Atmungskette wiedergewonnen. Was passiert allerdings bei Sauerstoffmangel oder gar strikt anaeroben Umweltbedingungen? Um den energieliefernden Prozess aufrechtzuerhalten, muss die Zelle NADH/H$^+$ wieder **reoxidieren** und der Glykolyse erneut zur Verfügung stellen. Dies geschieht bei Sauerstoffausschluss durch Bereitstellung eines Elektronenakzeptors, der letztendlich die Elektronen des reduzierten Redoxäquivalents aufnimmt. Dieser **Elektronenakzeptor** kann entweder von außen zugeführt und nach Reduktion ausgeschieden werden (ein als Atmung/Respiration bezeichneter Prozess) oder **durch den Metabolismus bereitgestellt** werden. In letzterem Fall spricht man von **Gärung** („Fermentation" bedeutet im deutschen Sprachgebrauch den Ablauf eines Prozesses unter aeroben Bedingungen und kann daher für den spezifischer definierten Vorgang der Gärung nicht verwendet werden. Im Angelsächsischen entspricht *fermentation* allerdings dem deutschen Ausdruck „Gärung"). Ein typisches Beispiel für eine Gärungsform ist die alkoholische Gärung durch den Hefepilz *Saccharomyces cerevisiae* (◼ Abb. 13.15).

Bei den Metaboliten, die bei der Gärung als **Elektronenakzeptoren** fungieren, handelt es sich oftmals um **Pyruvat** (z. B. Milchsäuregärung), **Fumarsäure** (z. B. Propionsäuregärung, gemischte Gärung), **Acetyl-CoA** (z. B. Buttersäuregärung) oder **Acetaldehyd** (z. B. alkoholische Gärung) (◼ Abb. 13.16).

Gärprozesse werden vor allem von Pilzen und Prokaryoten durchgeführt, aber auch Tiere sind in der Lage, Gärprozesse zu nutzen. Ein Beispiel dafür ist die Bildung von Milchsäure in den Muskelgeweben bei lang andauernden Bewegungen. Sauerstoffmangel zwingt die Muskulatur unter diesen Bedingungen, ATP vorwiegend durch Glykolyse bereitzustellen und die Reoxidation der Reduktionsäquivalente mittels **Milchsäuregärung** zu gewährleisten. In Vertebraten wird das Lactat vom Muskel ausgeschieden und schließlich von der Leber zur Gluconeogenese verwendet (Cori-Cyklus; ◼ Abb. 13.17). Hier wird das Lactat mithilfe von NAD$^+$ zu Pyruvat oxidiert und weiter zu Glucose umgesetzt (▶ Abschn. 13.3).

Gärungsprozesse bedingen, dass das organische Substrat in Produkte abgebaut wird, von denen eines in einer stärker reduzierten und eines in einer stärker oxidierten Form vorliegt als das abgebaute Ausgangssubstrat. Dieser chemische Vorgang wird als **Disproportionierung** (veraltet „Dismutierung") bezeichnet. Ein Beispiel hierfür ist der Abbauprozess der Glucose zu Ethanol und Kohlenstoffdioxid bei der **alkoholischen Gärung** (◼ Abb. 13.15). Kohlenhydrate als Aldosen und Ketosen bilden allgemein gute Gärungssubstrate, da sie z. B. als Aldehyd zu Alkohol und Säure disproportioniert werden können. Auch Aminosäuren können unter Desaminierung vergoren werden. Ein Beispiel dafür ist die **Stickland-Reaktion**, bei der ein Molekül

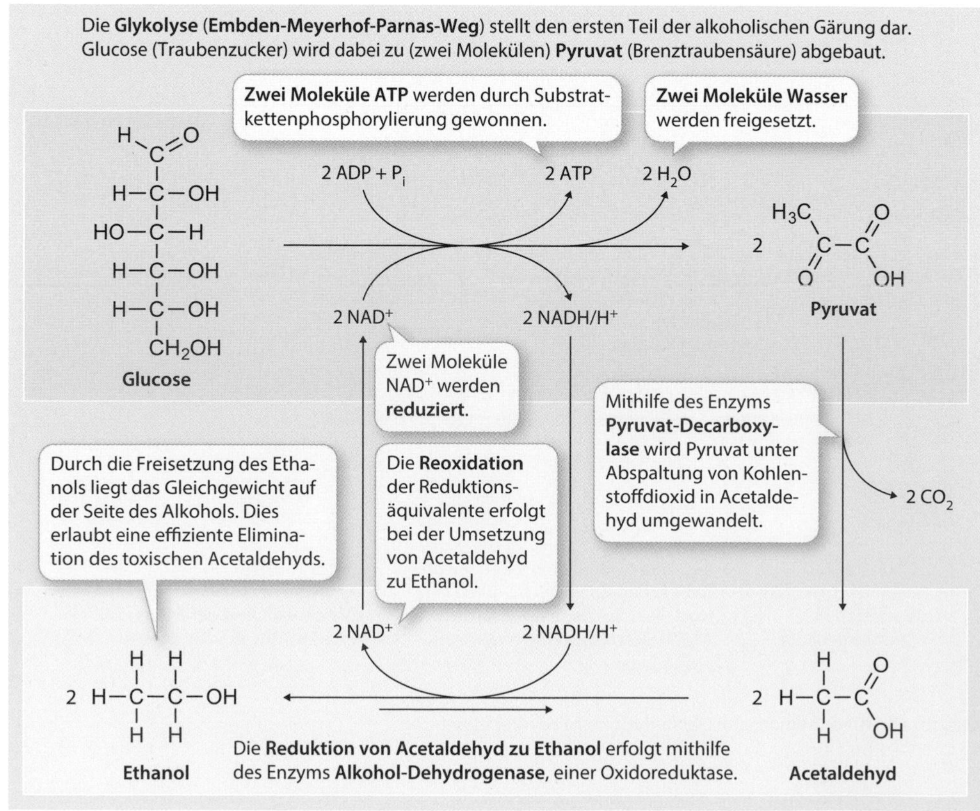

◼ **Abb. 13.15** Die alkoholische Gärung durch die Hefe *Saccharomyces cerevisiae*

Alanin und zwei Moleküle Glycin gemeinsam zu Essigsäure umgesetzt werden. Die stark reduzierten Kohlenwasserstoffketten (oder aromatischen Systeme) der Lipide eignen sich dagegen generell nicht für Gärungsprozesse.

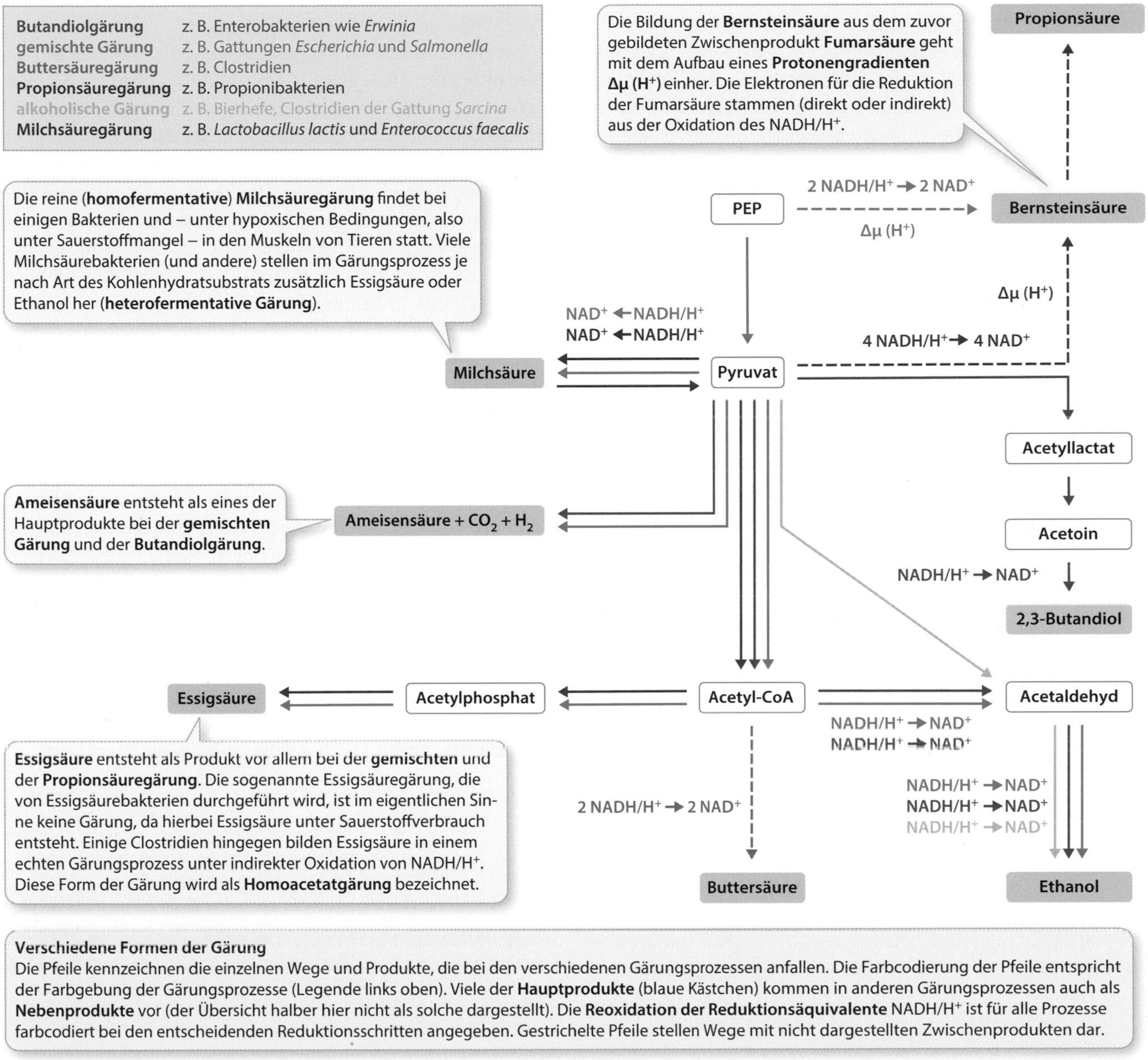

Butandiolgärung	z. B. Enterobakterien wie *Erwinia*
gemischte Gärung	z. B. Gattungen *Escherichia* und *Salmonella*
Buttersäuregärung	z. B. Clostridien
Propionsäuregärung	z. B. Propionibakterien
alkoholische Gärung	z. B. Bierhefe, Clostridien der Gattung *Sarcina*
Milchsäuregärung	z. B. *Lactobacillus lactis* und *Enterococcus faecalis*

Die Bildung der **Bernsteinsäure** aus dem zuvor gebildeten Zwischenprodukt **Fumarsäure** geht mit dem Aufbau eines **Protonengradienten** **Δμ (H⁺)** einher. Die Elektronen für die Reduktion der Fumarsäure stammen (direkt oder indirekt) aus der Oxidation des NADH/H⁺.

Die reine (**homofermentative**) **Milchsäuregärung** findet bei einigen Bakterien und – unter hypoxischen Bedingungen, also unter Sauerstoffmangel – in den Muskeln von Tieren statt. Viele Milchsäurebakterien (und andere) stellen im Gärungsprozess je nach Art des Kohlenhydratsubstrats zusätzlich Essigsäure oder Ethanol her (**heterofermentative Gärung**).

Ameisensäure entsteht als eines der Hauptprodukte bei der **gemischten Gärung** und der **Butandiolgärung**.

Essigsäure entsteht als Produkt vor allem bei der **gemischten** und der **Propionsäuregärung**. Die sogenannte Essigsäuregärung, die von Essigsäurebakterien durchgeführt wird, ist im eigentlichen Sinne keine Gärung, da hierbei Essigsäure unter Sauerstoffverbrauch entsteht. Einige Clostridien hingegen bilden Essigsäure in einem echten Gärungsprozess unter indirekter Oxidation von NADH/H⁺. Diese Form der Gärung wird als **Homoacetatgärung** bezeichnet.

Propionsäure
PEP
2 NADH/H⁺ → 2 NAD⁺
Δμ (H⁺)
Bernsteinsäure
Δμ (H⁺)
NAD⁺ ← NADH/H⁺
NAD⁺ ← NADH/H⁺
4 NADH/H⁺ → 4 NAD⁺
Milchsäure
Pyruvat
Acetyllactat
Acetoin
NADH/H⁺ → NAD⁺
2,3-Butandiol
Ameisensäure + CO_2 + H_2
Essigsäure
Acetylphosphat
Acetyl-CoA
Acetaldehyd
NADH/H⁺ → NAD⁺
NADH/H⁺ → NAD⁺
2 NADH/H⁺ → 2 NAD⁺
NADH/H⁺ → NAD⁺
NADH/H⁺ → NAD⁺
NADH/H⁺ → NAD⁺
Buttersäure
Ethanol

Verschiedene Formen der Gärung
Die Pfeile kennzeichnen die einzelnen Wege und Produkte, die bei den verschiedenen Gärungsprozessen anfallen. Die Farbcodierung der Pfeile entspricht der Farbgebung der Gärungsprozesse (Legende links oben). Viele der **Hauptprodukte** (blaue Kästchen) kommen in anderen Gärungsprozessen auch als **Nebenprodukte** vor (der Übersicht halber hier nicht als solche dargestellt). Die **Reoxidation der Reduktionsäquivalente** NADH/H⁺ ist für alle Prozesse farbcodiert bei den entscheidenden Reduktionsschritten angegeben. Gestrichelte Pfeile stellen Wege mit nicht dargestellten Zwischenprodukten dar.

Abb. 13.16 Verschiedene Formen der Gärung

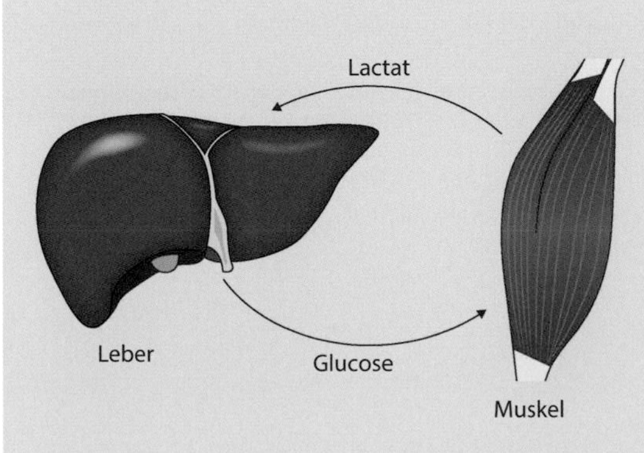

Der **Transport von Lactat** aus dem Skelettmuskel sowie über die Endothelzellen in die Leber wird von spezialisierten **Monocarboxylattransportern** bewerkstelligt. Diese Membranproteine fungieren als Symporter, die Monocarboxylate unidirektional und gleichzeitig mit Protonen zusammen transportieren. Dieser **Symport** ermöglicht, dass nicht nur das Anion, sondern jeweils die gesamte Säure ein- oder ausgeschleust wird. Ein derartiger Transport gewährleistet ein im Endeffekt **pH-neutrales Shuffling einer Säure** zwischen Organen über die Blutbahn. Das Lactat spielt allerdings nicht nur als Metabolit eine physiologische Rolle, sondern kann über die Blutbahn auch Fettzellen erreichen. Dort bindet es an Oberflächenrezeptoren und initiiert eine Signaltransduktion, die den Fettabbau in Adipocyten stoppt. Lactat wird nicht nur durch den Skelettmuskel, sondern auch von der Darmmucosa und den Nieren ins Blut abgegeben oder dort von Erythrocyten erzeugt. Sein Blutspiegel steigt vor allem nach dem Genuss einer kohlenhydratreichen Mahlzeit an. Die Transmitterrolle des Lactats gewährleistet daher, dass nach einer Glucosezufuhr nicht gleichzeitig auch noch Fettreserven abgebaut werden.

Abb. 13.17 Über den Cori-Zyklus gelangt Lactat aus den Muskeln in die Leber

13.6 Fettsäuren dienen der Speicherung und Gewinnung von Energie sowie dem Aufbau von Biomembranen

Die **β-Oxidation von Fettsäuren** ist ein bedeutender **kataboler** Stoffwechselweg. Er läuft **bei Eukaryoten** in den **Mitochondrien** (bei den Opisthokonta) und in den **Peroxisomen** (bei den Archaeplastida, bei keimenden Samen in Glyoxysomen; zu einem geringen Teil auch bei den Opisthokonta) ab. **Kurzkettige Fettsäuren** durchdringen die Membranen der Organellen passiv. **Langkettige Fettsäuren** mit mehr als zwölf C-Atomen werden nach Aktivierung durch Coenzym A (CoA) mit L-Carnithin verestert und über die äußere Mitochondrien- oder die Peroxisomenmembran durch Acylcarnithin-Transferasen und über die innere Membran des Mitochondriums mittels der Carnithin-Translokase transportiert. In der Matrix (vermutlich auch im Peroxisomeninnenraum) werden die Fettsäuren wieder mit CoA aktiviert. Der Ablauf der **β-Oxidation gesättigter Fettsäuren** im Mitochondrium ist in ◘ Abb. 13.18 dargestellt. Die **β-Oxidation ungesättigter Fettsäuren** benötigt je nach Sättigungsgrad weitere Enzyme, eine spezielle Isomerase bei einfach ungesättigten Fettsäuren und eine Reduktase bei mehrfach ungesättigten Fettsäuren, da die natürlich vorliegenden ungesättigten *cis*-Fettsäuren in die entsprechenden *trans*-Fettsäuren umgewandelt werden müssen, bevor sie durch die β-Oxidation weiterverarbeitet werden können. Die β-Oxidation dient im Mitochondrium vorwiegend der **Regenerierung von ATP**, im Peroxisom der Vertebraten eher dem Abbau langkettiger oder verzweigter Fettsäuren (**α-Oxidation**) zu kurzkettigen Produkten, sowie in Archaeplastiden und manchen Protostomiern der **Synthese von Acetyl-CoA** als Zwischenstufe für die Gluconeogenese (► Abschn. 13.3). Die β-Oxidation kann auch Produkte aus dem methylterminalen Abbau von Fettsäuren (**ω-Oxidation**; bei Eukaryoten im endoplasmatischen Retikulum und Cytoplasma) weiter abbauen.

Acetyl-CoA ist auch das Ausgangssubstrat für die Bildung von **Ketonkörpern** (Energiequelle für Nieren-, Gehirn-, Muskel-, Darmzellen) sowie für die **Fettsäuresynthese** (◘ Abb. 13.18), einen anabolen Stoffwechselweg, in dessen Verlauf mehrere Malonyl-CoA-Reste an ein Acetyl-CoA gekoppelt werden. Die Fettsäuresynthese läuft bei den Archaeplastiden ausschließlich in den Plastiden ab, bei den Opisthokonten im Cytoplasma. Da bei Letzteren Acetyl-CoA vorrangig im Mitochondrium gebildet wird, muss dieses über den Citrat-Malat- oder Citrat-Pyruvat-Shuttle (◘ Abb. 13.18) ins Cytoplasma transportiert werden.

Zur Bildung von **Triacylglyceriden** und **Glycerophospholipiden** müssen die Fettsäuren **mit Glycerin verestert** werden. Glycerin wird bei Vertebraten durch die **Glyceroneogenese** im Fettgewebe gebildet. Ihr Verlauf entspricht der Gluconeogenese bis zur Bildung des DHAP (► Abschn. 13.3). Letzteres wird durch die Glycerin-3-phosphat-Dehydrogenase zu Glycerin-3-phosphat (G3P) phosphoryliert. Acyltransferasen verestern anschließend an C1 und C2 des G3P zwei Fettsäurereste, wodurch die Phosphatidsäure als Phospholipidvorläufer entsteht. Triacylglyceride werden unter Hydrolyse des Phosphats (Phosphatidsäure-Phosphatase) und Veresterung eines weiteren Fettsäurerestes gebildet. Die Synthese der Phospholipide, die Verlängerung und Desaturierung von Fettsäuren laufen in allen eukaryotischen Zellen im endoplasmatischen Retikulum ab, bei Opisthokonten erfolgt die Fettsäurekettenverlängerung zusätzlich in den Mitochondrien.

1 Der **Fettsäureabbau** erfolgt vom Carboxyterminus. Palmityl-CoA wird von kettenlängenspezifischen Acyl-CoA-Dehydrogenasen dehydriert, und Elektronen werden auf FAD übertragen.

2 Die Doppelbindung der ungesättigten *trans*-Fettsäure wird von Enoyl-CoA-Hydratase gespalten. L-β-Hydroxyacyl-CoA (HyCoA) entsteht.

3 HyCoA wird durch die β-Hydroxyacyl-CoA-Dehydrogenase zum Keton oxidiert.

4 Aus β-Ketoacyl-CoA wird durch Acetyl-CoA-Thiolase Acetyl-CoA abgespalten. Das verbliebene Acyl-CoA wird in sechs weiteren Zyklen zerlegt. Aus einem Palmitat werden acht **Acetyl-CoA-Moleküle** freigesetzt.

5 Citrat aus dem Citratzyklus gelangt mittels Citrat-Malat-Antiporter (rot) in den Intermembranraum bzw. in das Cytosol sowie Malat in die Matrix.

6 Malat wird NAD-abhängig zu Oxalacetat oxidiert.

7 Oxalacetat wird durch die Citrat-Synthase mit Acetyl-CoA zu Citrat kondensiert.

8 Citrat im Cytoplasma wird durch Citrat-Lyase ATP-abhängig in Acetyl-CoA und Oxalacetat gespalten.

9 Oxalacetat wird zu Malat reduziert.

10 Malat wird zu Pyruvat decarboxyliert und über Pyruvat-H^+-Symporter (grün) in die Matrix transloziert.

11 Pyruvat wird unter ATP-Verbrauch zu Oxalacetat umgewandelt.

12 Aufbau der **Fettsäure-Synthase (FAS)**: Die **FAS I** trägt alle enzymatischen Einheiten auf einer (Tiere) oder zwei (Pilze) Polypeptidketten; die **FAS II** bei Prokaryoten und Archaeplastiden ist dagegen ein frei dissoziierbarer Enzymkomplex. Bei Vertebraten ist **Palmitat** das Endprodukt der Synthese; mittels FAS II können verschiedene Kettenlängen erzeugt und Hydroxylierungen/Verzweigungen eingefügt werden. Die im Cytosol und Mitochondrium lokalisierte Acetyl-CoA-Carboxylase (Vertebraten) wird allosterisch reguliert, sodass die Gluconeogenese nicht aus dem Abbau von Fettsäuren gespeist werden kann. Bei den Archaeplastida hingegen liegt das Enzym ausschließlich in Plastiden vor, in denen auch die β-Oxidation abläuft.

13 Bei Opisthokonten und Archaeplastiden wird aus Acetyl-CoA und Bicarbonat mittels Acetyl-CoA-Carboxylase unter ATP-Verbrauch Malonyl-CoA gebildet.

14 Die Malonyl-CoA-ACP-Transferase (MAT) überträgt den Malonylrest auf den Phosphopantetheinrest des Acyl-Carrier-Proteins (ACP) und den Acetylrest auf Cystein der β-Ketoacyl-ACP-Synthase (KAS) (**Transesterifizierung**).

15 An der KAS kommt es zur Kettenverlängerung durch **Claisen-Kondensation** zu Acetoacetat unter CO_2-Freisetzung. Die β-Ketogruppe wird mittels NADPH durch KAR reduziert und Wasser durch HAD eliminiert. Die Doppelbindung wird durch EAR NADPH-abhängig reduziert.

16 Nach der siebten Runde wird Palmitat durch PTE hydrolysiert.

◘ **Abb. 13.18** β-Oxidation gesättigter Fettsäuren am Beispiel von Palmitat, Citrat-Malat-Pyruvat-Shuttle und Fettsäuresynthese. KAS: β-Ketoacyl-ACP-Synthase; MAT: Malonyl-CoA-ACP-Transferase; HAD: β-Hydroxyacyl-ACP-Dehydratase; EAR: Enoyl-ACP-Reduktase; KAR: β-Ketoacyl-ACP-Reduktase; ACP: Acyl-Carrier-Protein; PTE: Palmitoyl-Thioesterase; HyCoA: L-β-Hydroxyacyl-CoA; OA: Oxalacetat

13

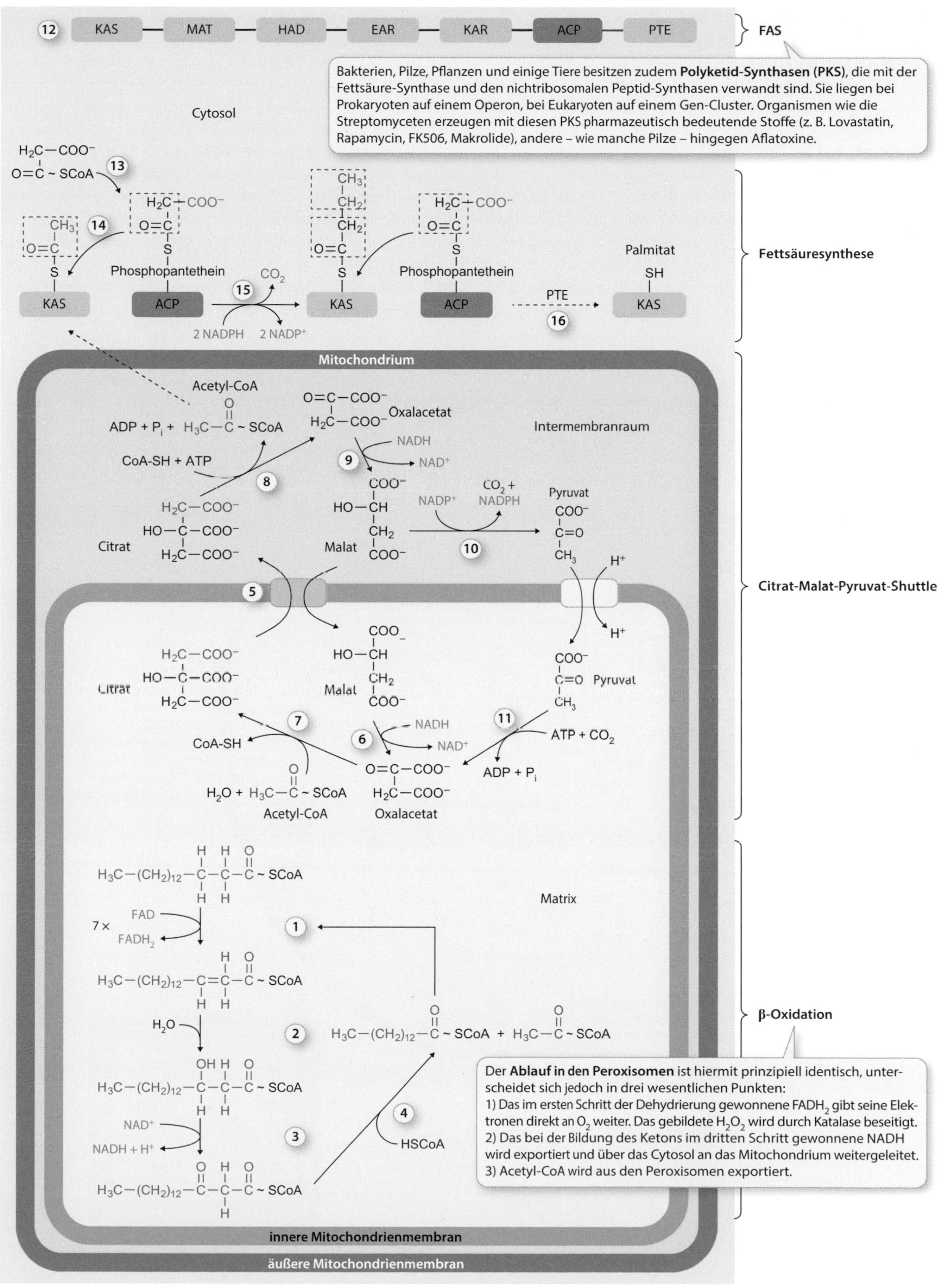

Abb. 13.18 *(Fortsetzung)*

13

13.7 Der Glyoxylatzyklus verbindet Fettsäure- und Kohlenhydratstoffwechsel miteinander

Oxalacetat wird im Cytoplasma im Zuge der Gluconeogenese benötigt. Es kann dabei entweder aus Pyruvat synthetisiert oder über den Citrat-Malat-Shuttle (▶ Abschn. 13.6) aus dem Mitochondrium entnommen werden. Würde Acetyl-CoA, das in der mitochondrialen Matrix im Verlauf der β-Oxidation gebildet wird und dessen Kohlenstoffatome im Citratzyklus letztendlich im Oxalacetat auftauchen, über den Citrat-Malat-Shuttle ins Cytoplasma gelangen, könnte es im Zuge der Gluconeogenese zur Bildung von Glucose verwendet werden. Bei Placentatieren ist dieser Vorgang allerdings nicht zu beobachten. Warum nicht? Im Citratzyklus wird Oxalacetat zu Citrat kondensiert, welches unter Bildung zweier Moleküle CO_2 und NADH sowie einem GTP und $FADH_2$ wieder zu Oxalacetat umgewandelt wird. Im Nettofluss wird daher Acetyl-CoA vollständig oxidiert und zur Energiegewinnung verwendet. Oxalacetat bleibt stöchiometrisch unverändert erhalten. Daher können Fettsäuren bei Placentatieren zwar zur **Energiegewinnung**, netto aber nicht zum Aufbau der Kohlenhydratspeicher genutzt werden (über Umwege im Metabolismus ist dies jedoch in geringem Maße möglich).

Acetyl-CoA aus dem Fettsäureabbau kann von Archaeplastiden, Pilzen und einigen Wirbellosen durchaus zur Kohlenhydratsynthese herangezogen werden. Dazu werden zwei Moleküle

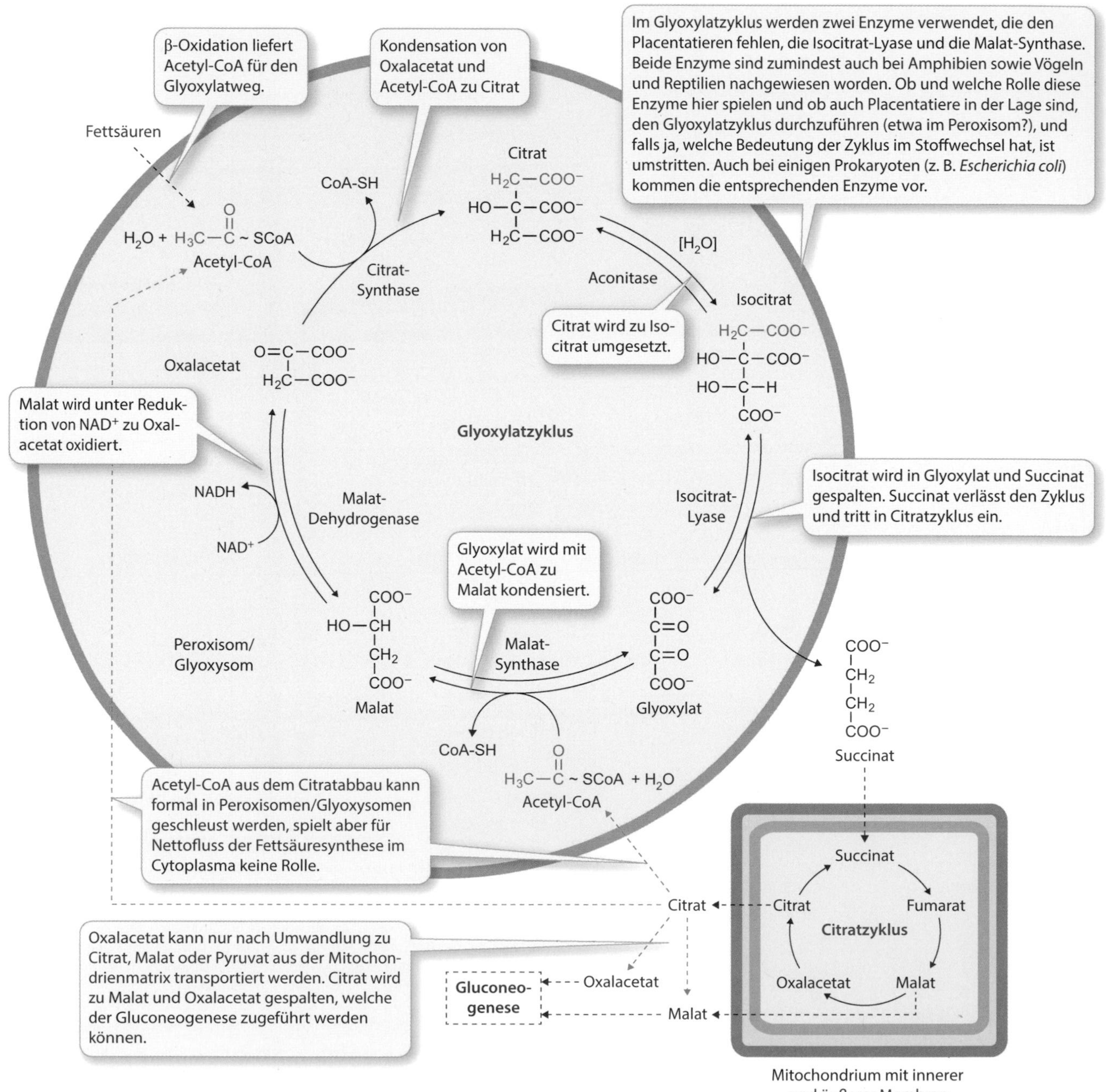

Abb. 13.19 Der Glyoxylatzyklus und seine Einbettung im Metabolismus. Violett: Peroxisomen-/Glyoxysomenmembran; blau: äußere Mitochondrienmembran; hellblau: innere Mitochondrienmembran; rot: Reste aus Fettsäuren

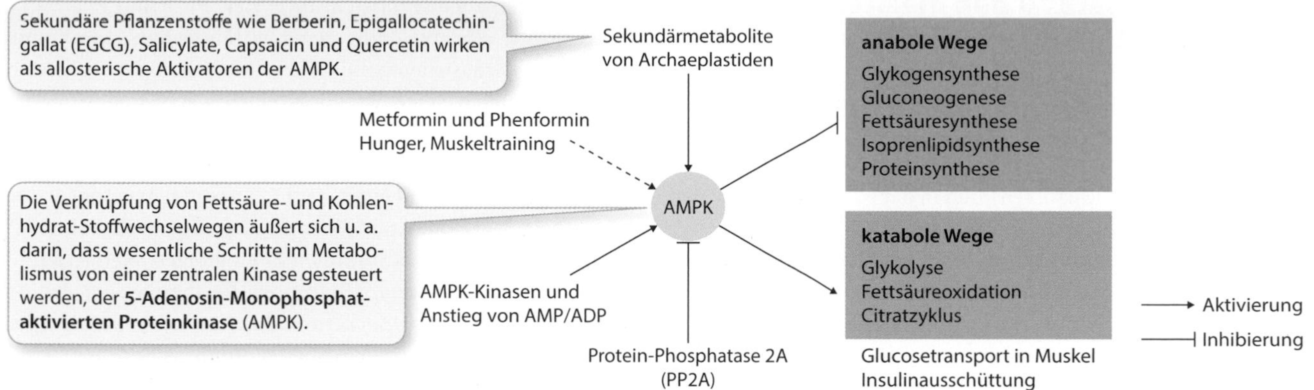

Abb. 13.20 Rolle der AMPK (5-Adenosinmonophosphat-aktivierte Kinase) im Metabolismus. Pfeile: Aktivierung; T: Inhibierung; rot: anabole Wege; blau: katabole Wege; PP2A: Protein-Phosphatase 2A

Acetyl-CoA aus dem oxidativen Abbau von Fettsäuren verwendet und im **Glyoxylatzyklus** (Abb. 13.19) zu einem Molekül **Succinat** kondensiert, das in die mitochondriale Matrix eingeschleust werden kann. Dort folgt es dem weiteren Citratzyklus und wird zu Oxalacetat umgebaut. Auf diesem Weg umgeht das im Succinat kondensierte Acetyl-CoA die Decarboxylierung und kann nun in das Cytosol geschleust und für die Gluconeogenese verwendet werden.

Für die Gluconeogenese muss Oxalacetat aus dem Mitochondrium ins Cytoplasma gelangen (▶ Abschn. 13.3), meist in Form des Citrats und unter Freisetzung von Acetyl-CoA. Sofern das im Citrat kondensierte Acetyl-CoA formal ausschließlich aus dem Succinat des Glyoxylatzyklus stammt, könnte es nun durch Rückschleusen ins Peroxisom sofort wieder für den Glyoxylatzyklus wiederverwertet werden. Es ergäbe sich kein zusätzlicher Nettogewinn („Leerlauf"). Ein ähnlicher Leerlauf würde sich bei der β-Oxidation im Mitochondrium ergeben (▶ Abschn. 13.6), falls das gebildete Acetyl-CoA in der Matrix über den Citrat-Malat-Shuttle wieder ins Cytosol gebracht und dort zur Fettsäuresynthese verwendet werden würde. Solche Leerflüsse werden vermieden und streng reguliert. Dabei sind die Produkte der einzelnen anabolen Stoffwechselwege meist allosterische Inhibitoren der Enzyme der gegenläufigen katabolen Wege und umgekehrt. Zudem können die Enzyme des Fettsäure- und Kohlenhydratmetabolismus posttranslational oder transkriptional reguliert werden. Eines dieser Schlüsselenzyme ist die AMP-abhängige Kinase (AMPK) (Abb. 13.20). Dieses Enzym wird bei Energiemangel aktiviert und schaltet anabole Stoffwechselwege aus und aktiviert den katabolen Metabolismus. Dadurch werden der ATP-Verbrauch gedrosselt und die ATP-Generierung hochgefahren. Da die AMPK nicht nur den Blutzuckerspiegel senkt und den Verbrauch der Fettreserven initiiert, sondern auch homöostatische Vorgänge in den Mitochondrien, wie die **Mitophagie** (Prozess zur Beseitigung geschädigter Mitochondrien) anschaltet, gilt sie als eines der attraktiven Zielproteine für die pharmakologische Forschung. Ihre Aktivierung und die „Erneuerung" der Mitochondrien werden oft mit dem Begriff der „Langlebigkeit" (*longevity gene*) in Verbindung gebracht.

Die **Verknüpfung von Fettsäure- und Kohlenhydratstoffwechsel** führt bei Eukaryoten über die mitochondriale Matrix. Steigt im Mitochondrium durch hohe Kohlenhydratzufuhr der Spiegel von ATP und von Acetyl-CoA an, so wird Letzteres in kondensierter Form als Citrat über die Membranen ins Cytosol geschleust. Dort setzt die Citratlyase unter Verwendung von ATP Acetyl-CoA frei, welches nun als Ausgangsstoff für die Fettsäuresynthese (und die Isoprenoidsynthese) dient. Für den Aufbau der Fettsäuren werden in einem ersten Schritt Acetyl-CoA und Kohlenstoffdioxid mithilfe der Acetyl-CoA-Carboxylase zu Malonyl-CoA kondensiert. Dieser geschwindigkeitsbestimmende Schritt der Fettsäurebiosynthese wird bei Wirbeltieren durch Citrat allosterisch beschleunigt. Werden dabei Biosyntheseprodukte wie das Oxalacetat aus dem Citratzyklus netto zur Verfügung gestellt, müssen diese dem Mitochondrium über auffüllende (**anaplerotische**) Reaktionen wieder zugeführt werden, damit der Citratzyklus nicht zum Erliegen kommt. Dies geschieht entweder über die Carboxylierung von Pyruvat (energieverbrauchend) und Phosphoenolpyruvat (energieliefernd/-neutral) oder über den Proteinstoffwechsel (▶ Abschn. 13.8). Anaplerotische Reaktionen gibt es auch für den pflanzlichen Glyoxylatzyklus: In den Chloroplasten kommt es durch die Ribulosebisphosphat-Carboxylase/Oxygenase (RubisCO) zur Bildung von Glykolat, welches im Peroxisom unter Bildung von H_2O_2 in Glyoxylat umgewandelt werden kann. Glyoxylat kann dann im Peroxisom netto als Produkt für die Biosynthese von Glycin und Serin verwendet oder unter Bildung von Reduktionsäquivalenten vollständig zu CO_2 abgebaut werden (▶ Abschn. 13.12).

13.8 Im Gegensatz zu den meisten Prokaryoten, Pflanzen und vielen Pilzen müssen Tiere spezielle Aminosäuren über die Nahrung aufnehmen

Einige Bakterien (z. B. Rhizobien) sind in der Lage, aus dem N_2 der Atmosphäre stark reduzierte Stickstoffverbindungen (NH_4^+/NH_3) zu bilden. Dieser Prozess, der als **Stickstofffixierung** bekannt ist, erfordert einen **hohen Energieaufwand** („Aufbrechen" der Dreifachbindung des N_2) und wird mithilfe des Enzyms Nitrogenase unter anaeroben Bedingungen durchgeführt. Manche höheren Organismen (Pflanzen, Pilze) können diese Bedingungen bereitstellen und mit stickstofffixierenden Bakterien in Symbiose leben. Die gebildeten reduzierten Stickstoffverbindungen werden entweder zum **Aufbau von Biomolekülen** genutzt, vorwiegend Aminosäuren und Nucleinsäuren (▶ Abschn. 2.6–2.8), von denen die Wirte profitieren können, oder zur **Energiegewinnung** (Nitrifizierung bei Bakterien). Während die meisten Prokaryoten und verschiedene Protisten sowie viele Pilze und Pflanzen in der Lage sind, alle notwendigen Aminosäuren aus Ammonium/Ammoniak herzustellen, sind höhere Metazoen dazu nicht imstande. Sie müssen einige Aminosäuren – je nach Organismus unterschiedliche – über die Nahrung aufnehmen; diese werden als **essenzielle Aminosäuren** bezeichnet. Für den Menschen sind dies Histidin, Isoleucin, Leucin, Lysin, Threonin, Tryptophan und Valin sowie Methionin und Phenylalanin (rot in ◘ Abb. 13.21 und 13.22) (und unter bestimmten Bedingungen auch Arginin).

Da bei fast allen Metazoengruppen für die meisten Aminosäuren, im Gegensatz zu Zuckern und Fetten, keine ausgeprägten homogenen Langzeitspeicher existieren, Aminosäuren aber für den Aufbau von Proteinen jederzeit benötigt werden, unterliegen diese Biomoleküle einem starken Metabolismus (◘ Abb. 13.21). Dabei werden Aminogruppen entweder auf andere Biomoleküle transferiert oder über Ausscheidungswege (als Ammoniak, Harnstoff, Harnsäure etc.) an die Umgebung abgegeben. Als universelle Drehscheibe für die Aufnahme und **Weitergabe von Aminogruppen** fungiert bei Tieren die Aminosäure **Glutamat**, bei Pflanzen und

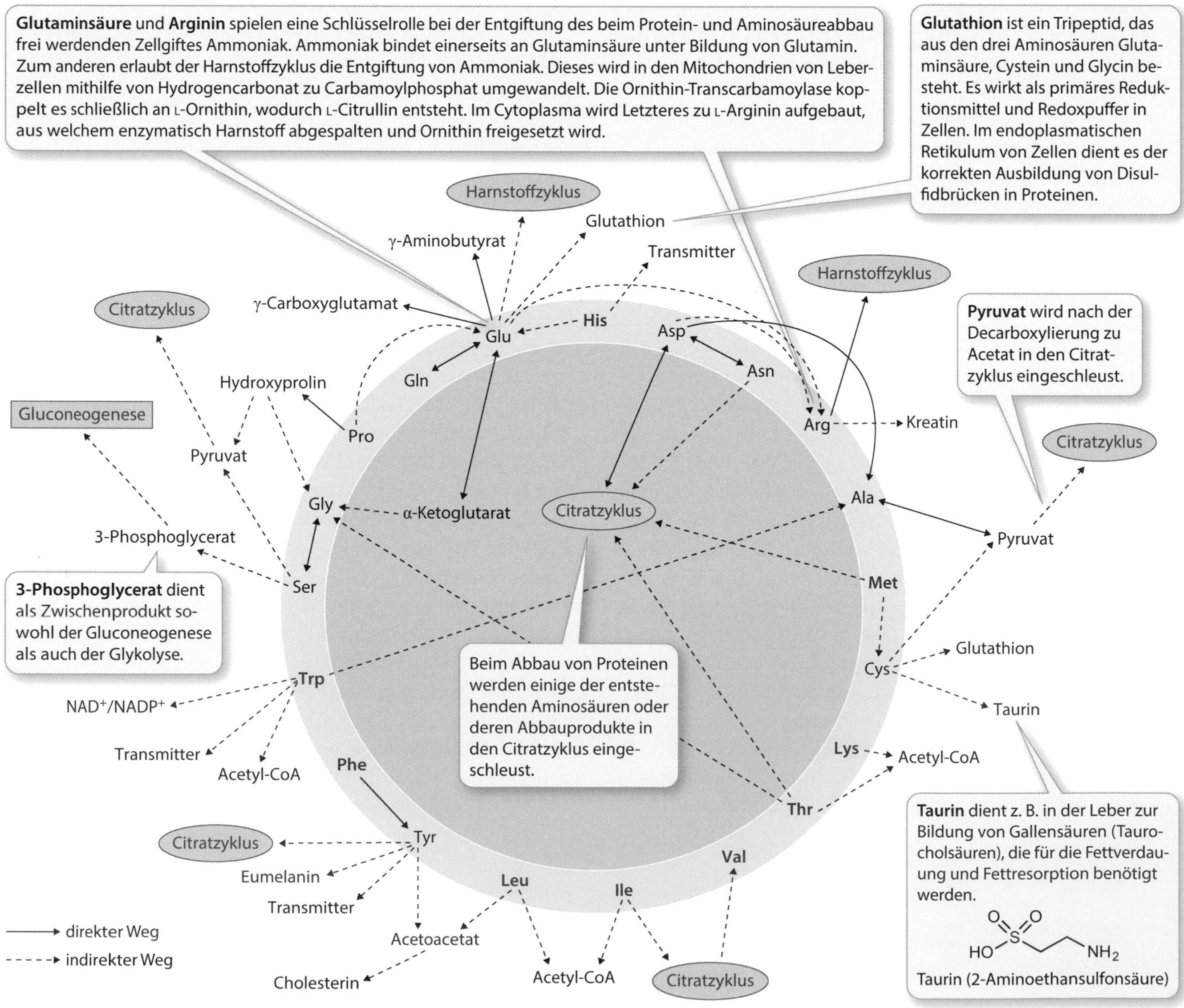

◘ **Abb. 13.21** Schema des menschlichen Aminosäuremetabolismus. Rot: essenzielle Aminosäuren für den Menschen; durchgängige Pfeile: direkte Wege; gestrichelte Pfeile: indirekte Wege

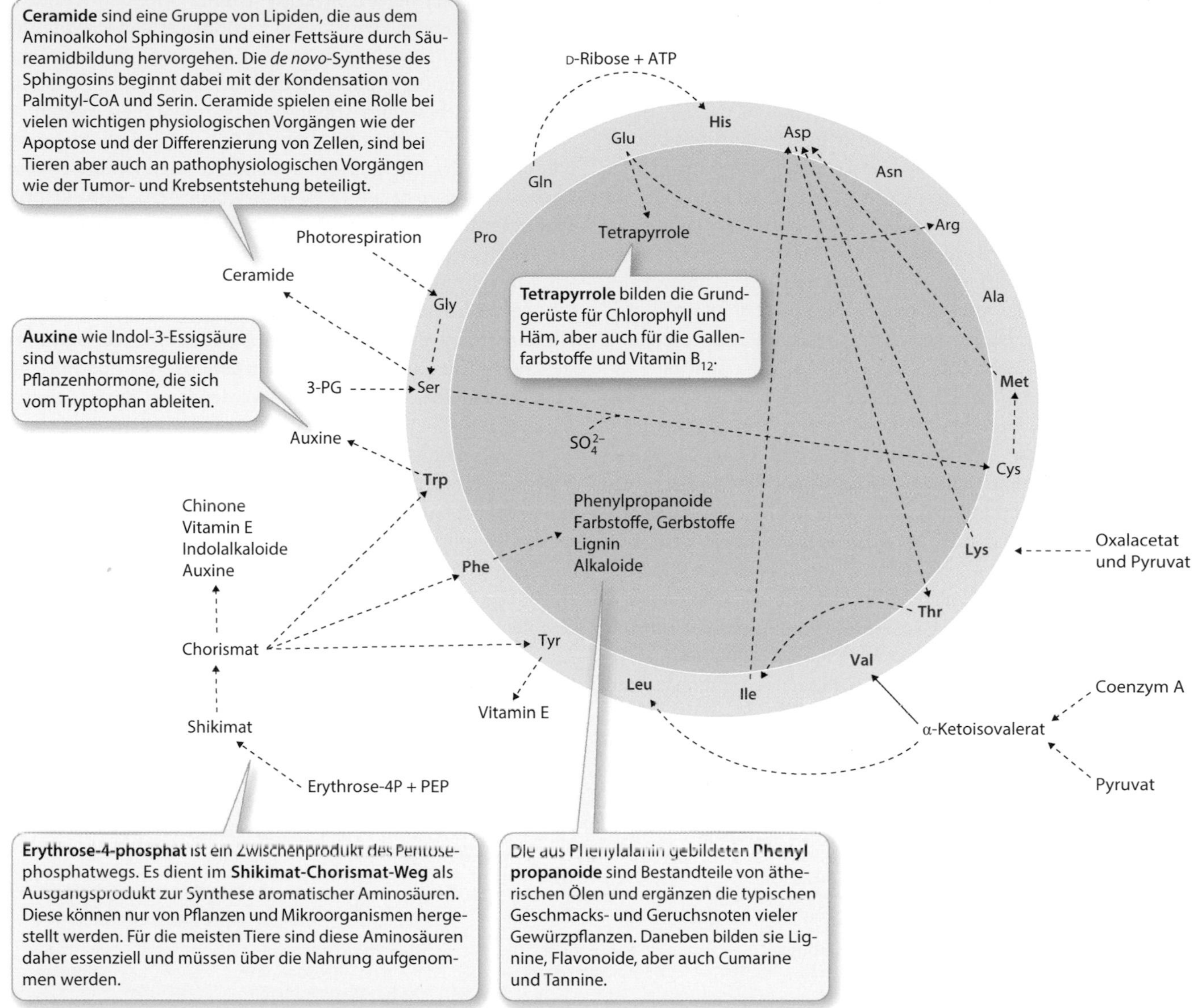

Abb. 13.22 Schematischer Aminosäuremetabolismus bei Pflanzen. Rot: essenzielle Aminosäuren für den Menschen; durchgängige Pfeile: direkte Wege; gestrichelte Pfeile: indirekte Wege

Prokaryoten **Glutamin**. Da freies Ammoniak aus Abbaureaktionen toxisch ist, wird es sehr schnell metabolisiert und in andere Biomoleküle eingebaut (z. B. Carbamoylphosphat) oder wird mithilfe der Glutamin-Synthase auf Glutamat übertragen. Das letztgenannte Enzym kommt in den Chloroplasten der Pflanzen und den Mitochondrien der Tiere vor. Mithilfe des Glutamat-/Glutamin-Systems lässt sich die Aminogruppe mittels **Transaminasen** (Aminotransferasen) auf Ketosäuren übertragen. Bei Vertebraten wird die Aminogruppe von Glutamat unter Zuhilfenahme des Cofaktors **Pyridoxalphosphat** (Vitamin B_6) auf **α-Ketoglutarsäure** transferiert, wodurch der Aminosäuremetabolismus mit dem Citratzyklus verbunden ist. Die Transaminierungsreaktion ermöglicht die Bildung unterschiedlicher Aminosäuren. Neben den 21 klassischen **proteinogenen L-Aminosäuren** (▶ Abschn. 2.6) die man bei Tieren und Pflanzen kennt, findet man (gerade bei Mikroorganismen) eine Vielzahl weiterer L- und D-Aminosäuren, die unterschiedlichste Aufgaben im Stoffwechsel übernehmen.

Abb. 13.22 zeigt schematisch die Syntheserouten der für den Menschen essenziellen Aminosäuren bei Pflanzen. Aminosäuren können entweder dem Aufbau von Polymeren dienen oder (in Form von Metaboliten, z. B. Monoaminen) als Transmitter (z. B. Neurotransmitter) und Regulatoren (Schmerz-, Entzündungs- und Blutdruck-Mediatoren etc.) verwendet werden.

Der Abbau der Polymere/Proteine erfolgt durch spezialisierte **Proteasen**, die die hydrolytische Spaltung von Peptidbindungen entweder sequenzunspezifisch (z. B. Proteasom) oder sequenzspezifisch (z. B. Elastinase) durchführen können. Nahrungsproteine werden beim Menschen in Aminosäuren gespalten und diese weiter zu Glutamat und α-Ketosäuren (Cys, His, Pro, Arg, Glu) sowie Pyruvat (Ala, Cys) oder zu Acetyl- und Propionyl- oder Acetoacetyl-CoA (Met, Thr, Val, Ile, Leu, Tyr, Phe, Trp, Lys) abgebaut. Serin und Glycin werden vollständig zu CO_2 und Ammoniak zersetzt. Daneben können weitere Metaboliten wie z. B. Sulfat oder Taurin gebildet werden (Cys, Met).

13.9 Pentosen spielen eine zentrale Rolle beim Aufbau von Nucleinsäuren und bei der Bereitstellung von NADPH

Die **Biosynthesen von Purin- und Pyrimidinnucleotiden** (◘ Abb. 13.23) bei Eukaryoten unterscheiden sich primär in der Abfolge des Aneinanderfügens von Base und Ribose. Während bei Pyrimidinnucleotiden erst die Basen synthetisiert und dann an die Ribose gefügt werden, läuft die Purinnucleotidsynthese in umgekehrter Richtung. Bei beiden Synthesen stammt der Riboseanteil in Form von **Ribose-5-Phosphat** aus dem **Pentosephosphatweg**. Die Basen werden bei den Purinnucleotiden schrittweise aus den Aminosäuren Glycin, Glutamat und Aspartat, einem CO_2-Molekül und aus zwei Formylgruppen, die aus dem 10-Formyltetrahydrofolat stammen, gebildet. Das dabei entstandene **Inosin-5-phosphat** bildet das Ausgangsprodukt für die Synthese aller weiteren Purinnucleotide. Die Basen der Pyrimidine werden hingegen aus Carbamoylphosphat und Aspartat aufgebaut. Das primäre Syntheseprodukt ist **Uridin-5-phosphat**, aus dem alle folgenden Pyrimidinnucleotide gebildet werden. Während als Abbauprodukte der Purinbasen je nach Organismengruppe Harnsäure, Allantoinsäure, Harnstoff oder Ammoniak entstehen, werden die Pyrimidinbasen zu β-Alanin, Isobutyraten, Barbituraten, Malonatverbindungen und zu Harnstoff metabolisiert. Die Reduktion der Ribonucleotide zu den entsprechenden Desoxyribonucleotiden erfolgt enzymatisch mittels der Ribonucleosiddiphosphat-Reduktase. Die dabei entstandenen Diphosphonucleotide müssen nach ihrer Bildung für die DNA-Synthese zum Triphosphat phosphoryliert werden.

Der **Pentosephosphatweg** (◘ Abb. 13.24) ist eine metabolische Drehscheibe, die es der Zelle je nach Bedarf erlaubt, **Energie** bereitzustellen (z. B. in Erythrocyten), **Reduktionsäquivalente** in Form von NADPH für die Biosynthese zu erzeugen (vorwiegend in Drüsen, Leber, Fettgewebe, Nebenniere zur Aufrechterhaltung des reduzierten Glutathionpools) oder **Ribose-5-phosphat** als Biosyntheseprodukt für die Bildung von Nucleinsäuren und Coenzymen/Cofaktoren zur Verfügung zu stellen. Als **Ausgangssubstrat** dient **Glucose-6-phosphat**, das auch für die Glykolyse verwendet werden kann. Es wird mittels dreier enzymatischer Schritte, von denen die beiden letzten irreversibel verlaufen, zu Ribulose-5-phosphat oxidiert. Dabei wird NADP reduziert und CO_2 freigesetzt. Man nennt diesen Teil des Pentosephosphatwegs die **oxidative Phase**. Das weitere Schicksal des Ribulose-5-phosphats hängt nun von den Bedürfnissen der Zelle ab. In einer **nichtoxidativen** oder **reduktiven Phase**, an der vier Enzyme beteiligt sind, können verschiedene Produkte in einer Folge reversibler Reaktionen hergestellt werden (eine Ausnahme stellen die Plastiden dar; ► Abschn. 13.12). Die wichtigsten Folgeprodukte sind Fructose-6-phosphat sowie Glycerin-

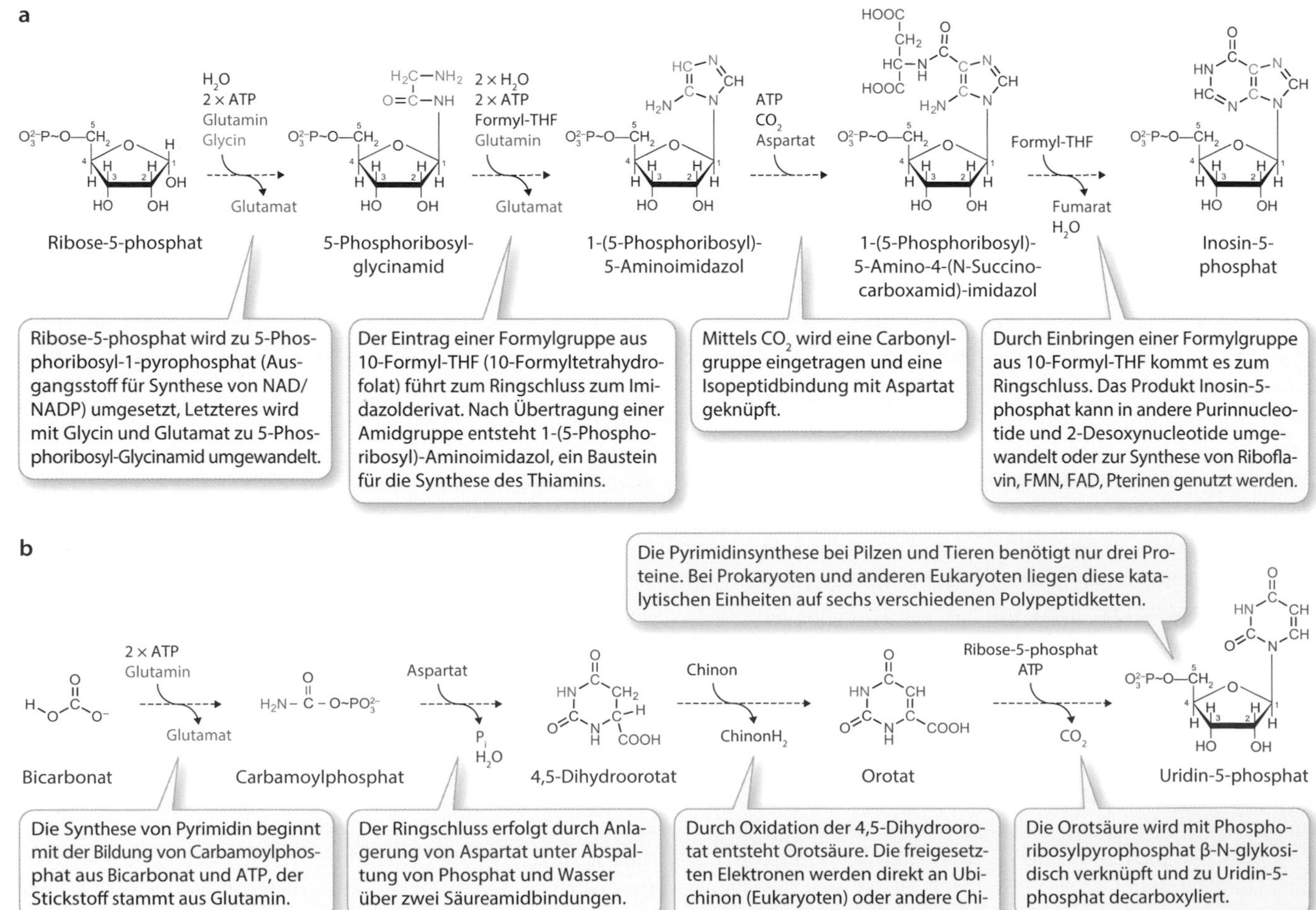

◘ **Abb. 13.23** Enzymatische Biosynthese von Nucleotiden bei Eukaryoten. **a** Synthese der Purine, **b** Synthese der Pyrimidine

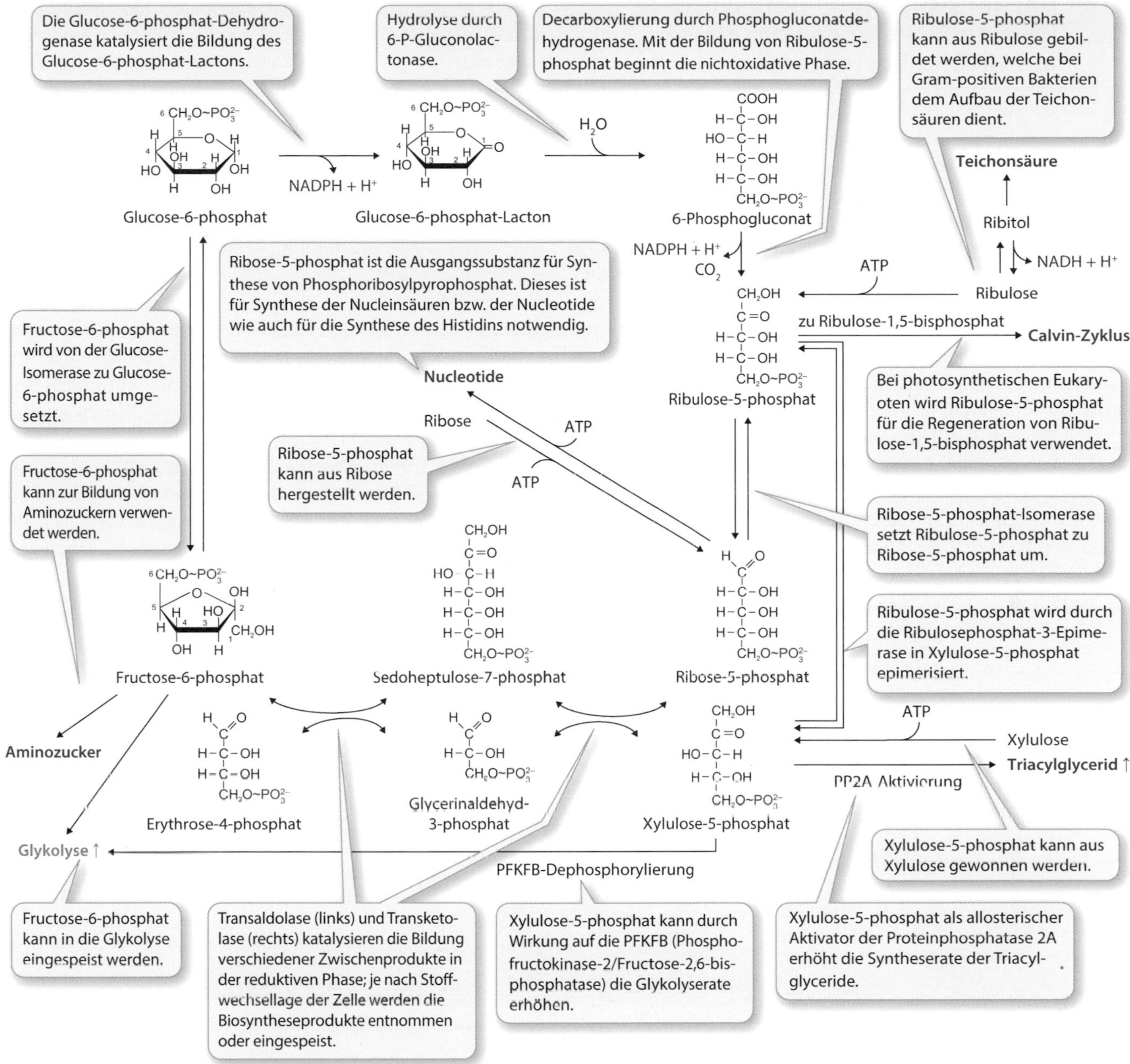

Abb. 13.24 Der Pentosephosphatweg

aldehyd-3-phosphat. Da beide Moleküle durch die Enzyme der Gluconeogenese in **Glucose-6-phosphat** umgewandelt werden können, lassen sich bei sechsmaligem Durchlauf der oxidativen Phase aus einem Molekül Glucose-6-phosphat zwölf Moleküle NADPH gewinnen. Zudem lässt sich die Bildung verschiedener Syntheseprodukte optimieren, da es sich bei der reduktiven Phase um reversible Reaktionen handelt. Dies nutzt die Zelle bei schnellem Wachstum, um ausreichend Ribose-5-phosphat für die Nucleotidsynthese herzustellen. Dazu muss möglichst Glycerinaldehyd-3-phosphat in den reduktiven Verlauf, z. B. aus der Glykolyse, eingespeist werden. Damit stehen dem Pentosephosphatweg zwei Moleküle Glycerinaldehyd-3-phosphat zur Verfügung. So kann Glucose-6-phosphat unter Umgehen der oxidativen Phase effektiv in Ribose-5-phosphat umgewandelt werden. Rechnerisch können hierbei aus fünf Molekülen Glucose-6-phosphat unter Verbrauch eines Moleküls ATP sechs Moleküle Ribose-5-phosphat generiert werden. Umgeht man die oxidative Phase nicht, lässt sich auch die Produktion von Fructose-6-phosphat und Glycerinaldehyd-3-phosphat aus dem gebildeten Ribulose-5-phosphat forcieren. Hierzu werden beide Produkte über die Glykolyse zu Pyruvat oxidiert. Aus dieser Reaktionskette lassen sich faktisch aus drei Molekülen Glucose-6-phosphat neben drei Molekülen Pyruvat und fünf Molekülen NADH, welche dem Citratzyklus zufließen können, noch sechs Moleküle NADPH und acht Moleküle ATP gewinnen. Für Erythrocyten, die keinen Citratzyklus ausführen, ist dies ein lukrativer Weg, um Energie zu gewinnen und gleichzeitig oxidativem Stress begegnen zu können.

13.10 Bei der oxygenen Photosynthese werden Elektronen vom Wasser auf NADP übertragen

Ein besonderes Kennzeichnen photoautotropher Organismen ist die **Photosynthese**, ein Prozess, bei dem aus anorganischen Verbindungen mithilfe von **Lichtenergie** energiereiche **organische Verbindungen** synthetisiert werden. Photosynthese findet sich bei vielen Vertretern der Eukaryoten (▶ Abschn. 33.2) sowie bei einigen Bakterien wie den Cyanobakterien, den Purpurbakterien und den Grünen Schwefelbakterien. Bei den Opisthokonta (Tiere, Pilze) fehlen photosynthetische Vertreter fast ausnahmslos. Einige Arten leben jedoch in Symbiose mit Algen, wie die Korallen, oder nutzen die Plastiden von Algen, die sie mit der Nahrung aufnehmen, wie die Meeresschnecke *Elysia chlorotica*.

Der Prozess der Photosynthese kann in zwei Abschnitte unterteilt werden. Die Lichtreaktion und den Calvin-Zyklus. Die **Lichtreaktion** findet in der Thylakoidmembran von Plastiden (◘ Abb. 13.25) statt. In diesem ersten Abschnitt der Photosynthese werden durch die Absorption von Photonen Elektronen im Reaktionszentrum der Photosysteme von Chlorophyll-*a*-Molekülen angeregt und freigesetzt. Weitere Chlorophyllmoleküle sowie akzessorische Pigmente wie Carotinoide und Phycobiliproteine dienen hierbei als Antennenpigmente, um möglichst viel Lichtenergie zu absorbieren und an das Chlorophyll *a* des Reaktionszentrums weiterzuleiten. Von diesem werden schließlich Elektronen freigesetzt und über eine Elektronentransportkette nacheinander auf verschiedene Enzyme übertragen. Die Elektronenlücke im Chlorophyll *a* wird durch die Oxidation von Wasser wieder geschlossen, wodurch Protonen und Sauerstoff freigesetzt werden (daher auch die Bezeichnung **oxygene Photosynthese**). Die Enzyme der Elektronentransportkette fungieren wiederum als Elektronendonatoren, um im letzten Schritt der Lichtreaktion NAPD zu NADPH + H^+ zu reduzieren. Der Energieverlust beim Elektronentransport wird zudem zum Aufbau eines chemiosmotischen Protonengradienten genutzt, der der Synthese von ATP dient.

Sowohl NADPH als auch ATP werden im zweiten Abschnitt, dem **Calvin-Zyklus**, benötigt. Dieser findet im Stroma der jeweiligen Plastiden (◘ Abb. 13.25) statt, wo unter Verbrauch von ATP und NADPH Kohlenhydrate als organische Verbindungen

Chloroplasten sind Zellorganellen, die auf die Endocytobiose eines Cyanobakteriums (oder im Falle von sekundären Plastiden einer eukaryotischen Alge) in eine eukaryotische Wirtszelle zurückgehen. Sie finden sich in den Zellen von photosynthetisch aktiven Eukaryoten (Algen und Landpflanzen). Ihr Name leitet sich von ihrer grünen Farbe ab (griech. *chloros* = grün), welche auf eine Absorptionslücke des Photopigments Chlorophyll im grünen Wellenlängenbereich des sichtbaren Lichts zurückgeht (Grünlücke).

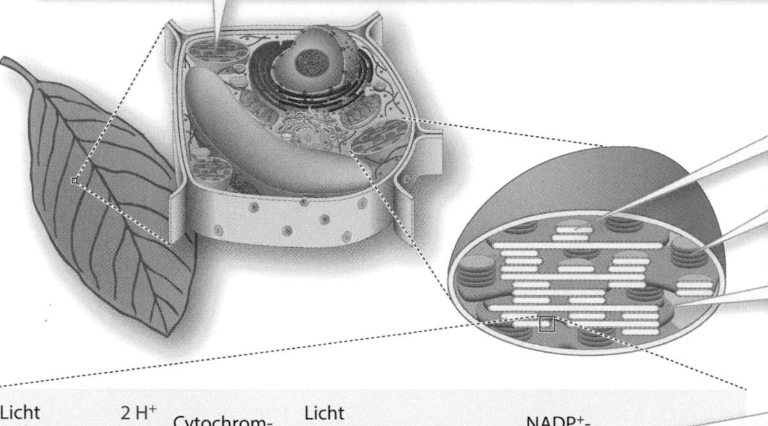

Thylakoide sind Membransysteme, die in photoautotrophen Plastiden vorkommen. In der Membran der Thylakoide befinden sich Enzyme, die essenziell für die Lichtreaktion der Photosynthese sind.

Gestapelte Thylakoide werden als **Grana** bezeichnet.

Die Grana stehen durch Thylakoidmembranbezirke miteinander in Verbindung. Diese Übergänge bezeichnet man als **Stromalamellen**.

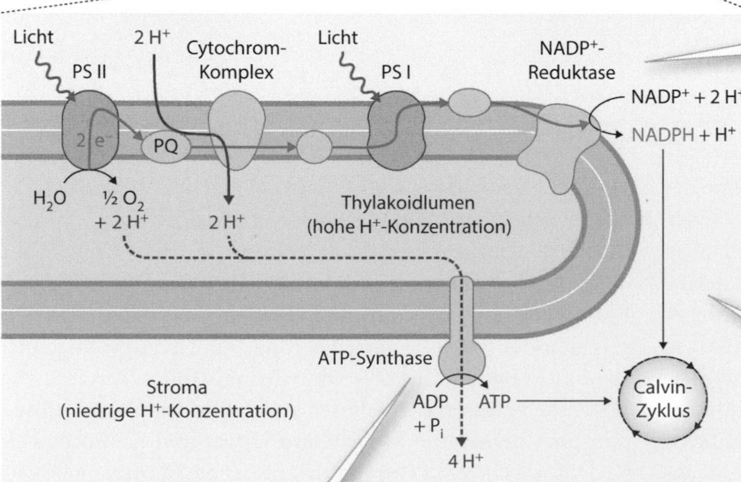

Essenziell für die **Lichtreaktion** sind die in der Thylakoidmembran sitzenden Multiproteinkomplexe des Photosystems II (PS II), des Cytochrom-b_6f-Komplexes, des Photosystems I (PS I) und die ATP-Synthase. Die Lichtreaktion beginnt mit der Absorption von Photonen durch die Photopigmente in den Lichtsammelkomplexen. Bei Cyanobakterien und Rotalgen sind dies die **Phycobilisomen**, während Grünalgen und höhere Pflanzen die Lichtsammelkomplexe **LHC II** und **LHC I** besitzen. Die Lichtreaktion führt zur Übertragung von Elektronen auf NADP sowie zur Freisetzung von Protonen im Thylakoidlumen.

Das **Stroma** ist der Raum, der die Thylakoide umgibt. Hier läuft die **Dunkelreaktion** ab. Die Dunkelreaktion ist im Gegensatz zur Lichtreaktion lichtunabhängig. Sie wird nach ihrem Entdecker Melvin Calvin als **Calvin-Zyklus** bezeichnet. Dieser findet im Stroma des Chloroplasten statt und nutzt die aus der Lichtreaktion gewonnene Energie in Form von ATP und NADPH zur Synthese und Assimilation von energiereichen organischen Molekülen wie Glucose.

Der durch die Lichtreaktion aufgebaute Protonengradient zwischen Thylakoidlumen und Stroma wird von der in der Thylakoidmembran sitzenden **ATP-Synthase** genutzt, um aus ADP und Phosphat ATP aufzubauen.

◘ **Abb. 13.25** Überblick über den Ablauf der Photosynthese in den Plastiden der Archaeplastida

Lichtsammelkomplexe maximieren durch eine Vielzahl an **Photopigmenten** (grün) die Absorption des sichtbaren Lichts. Dies geschieht durch Anregung von Elektronen. Die Elektronen dieser Pigmente werden durch Photonen angeregt und dadurch auf ein höheres Energieniveau angehoben. Dieser Zustand ist jedoch sehr instabil, wodurch das angeregte Elektron wieder in den energetisch günstigeren niedrigen Grundzustand übergeht. Die Rückkehr in den Grundzustand kann auf unterschiedlichen Wegen erfolgen. Wichtig während der Photosynthese sind vor allem die **Resonanzenergieübertragung** auf andere Pigmente und die **Elektronenübertragung**.

Die Absorption von Lichtenergie in Form von **Photonen** führt zur Anhebung eines Elektrons aus dem Grundzustand in den 1. oder 2. Anregungszustand.

Bei den **Antennenpigmenten** von LHC I und LCH II handelt es sich um Chlorophylle oder Carotinoide. Phycobilisomen besitzen dagegen Phycoerythrin und Pycocyanin.

Photon

e^-

Die Anregung von Elektronen im Reaktionszentrum, bestehend aus einem Chlorophyll-*a*-Dimer, dem *special pair*, führt zu einer **Elektronenübertragung** auf einen **Elektronenakzeptor**. Die dadurch entstandene Elektronenlücke im Chlorophylldimer wird durch die Oxidation von Wasser geschlossen. Katalysiert wird die Oxidation von Wasser durch einen an das Photosystem II gebundenen Mangankomplex. Hierdurch entstehen Sauerstoff und Wasserstoffionen. Der bei der Photosynthese entstehende Sauerstoff stammt also aus dem Wasser, nicht aus dem Kohlenstoffdioxid.

Bei der **Resonanzenergieübertragung** (Exzitonentransfer) wird die bei der Rückkehr des angeregten Elektrons in den Grundzustand frei werdende Energie auf ein benachbartes Antennenpigment oder das Chlorophyll des Reaktionszentrums übertragen, sodass in diesem wiederum ein Elektron angeregt wird. Damit der Exzitonentransfer stattfinden kann, muss das energieaufnehmende Pigment jeweils Licht längerer Wellenlängen absorbieren, also niederenergetischer sein.

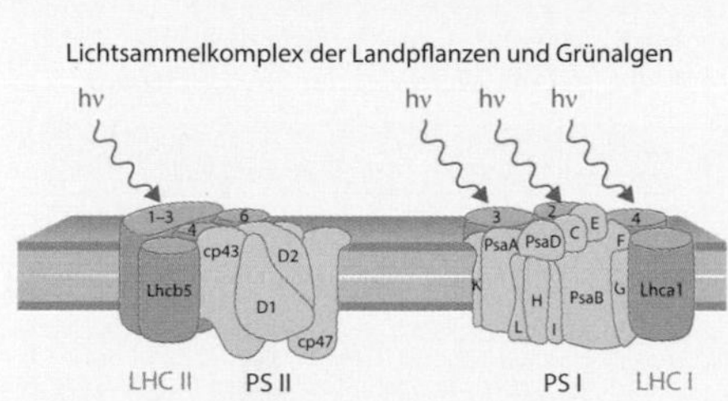

Die **Lichtsammelkomplexe** der grünen Pflanzen sind **LHC II** und **LHC I** (engl. *light harvesting complex*). LHC II ist mit dem Photosystem II (PS II) und der LHC I mit dem PS I assoziiert. LHC II und das PS II befinden sich in den gestapelten Bereichen der Thylakoidmembran, während LHC I und das PS I in den nicht gestapelten Bereichen lokalisiert sind. **Photopigmente** beider Lichtsammelkomplexe sind **Chlorophylle** und **Carotinoide**. Sowohl Chlorophyll *a* als auch Chlorophyll *b* erscheinen als grüne Pigmente. Beide absorbieren Licht im blauen Spektralbereich, bei Wellenlängen von 400–500 nm, wie auch im gelbroten Spektralbereich von etwa 600–700 nm. Hierdurch entsteht die für Chlorophylle spezifische **Grünlücke**, da hier die Absorption am geringsten ist. Die Carotinoide absorbieren blaues und blaugrünes Licht. Dadurch wird die Grünlücke verkleinert. Zu den Carotinoiden gehören die Carotine, wie das β-Carotin, und die Xantophylle.

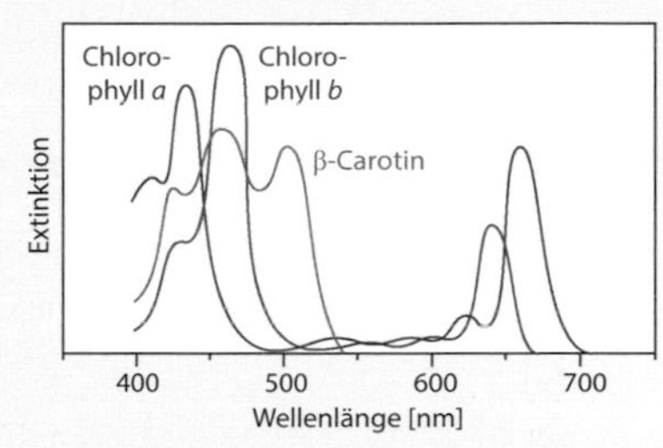

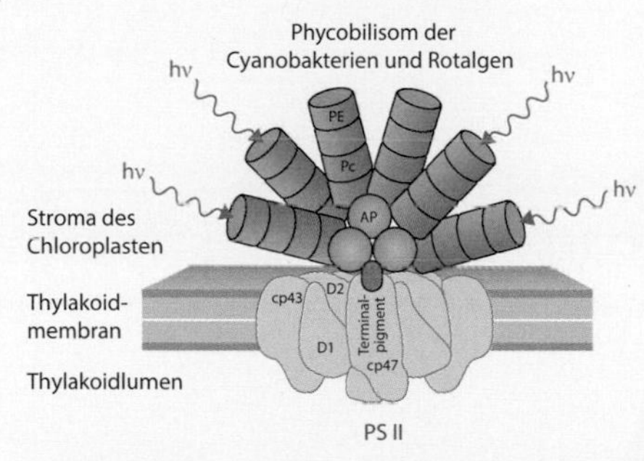

Im Gegensatz zu grünen Pflanzen nutzt eine Vielzahl von Organismen wie beispielsweise Cyanobakterien, Rotalgen, Glaucophyceen oder Cryptophyceen keine chlorophyllbindenden Proteine als Lichtsammelkomplexe, sondern sogenannte **Phycobilisomen**. Diese befinden sich nicht in der Thylakoidmembran wie die chlorophyllbindenden Lichtsammelkomplexe, sondern auf der Membranoberfläche. Die Phycobilisomen als Antennenproteine sind im Gegensatz zu den LHCs nur mit dem Photosystem II (PS II) assoziiert. Es wird vermutet, dass eine Verankerung mit dem PS II über den Kern des Phycobilisoms stattfindet. Dieser besteht aus drei Allophycocyaninproteinen (AP). Diese werden von den Peripherstäbchen umschlossen. Hierbei handelt es sich um die Photopigmente Phycoerythrin (PE) und Phycocyanin (PC). Alle drei Proteine weisen unterschiedliche Absorptionsspektren auf. Die außen liegenden **Phycoerythrine** absorbieren Licht der Wellenlängen 480–570 nm, die nachfolgenden **Phycocyanine** absorbieren Licht bei 550–630 nm, während die **Allophycocyanine** ihr Aborptionsmaximum bei etwa 650 nm haben.

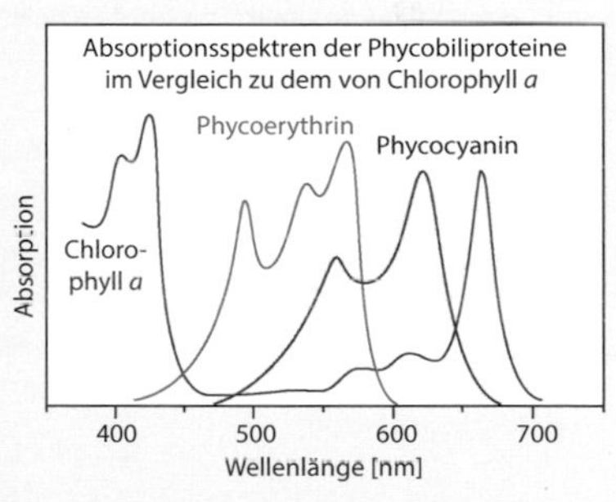

Abb. 13.26 Lichtsammelkomplexe übertragen Lichtenergie auf das Chlorophyll *a* des Reaktionszentrums

synthetisiert werden. In diesem Schritt erfolgt also die eigentliche **Kohlenstoffassimilation**. Da der Calvin-Zyklus lichtunabhängig ist und prinzipiell auch im Dunkeln ablaufen kann, wird er auch als **Dunkelreaktion** bezeichnet.

Die Lichtabhängigkeit des ersten Abschnitts der Photosynthese ist dadurch bedingt, dass Lichtquanten von Pigmenten in den **Lichtsammelkomplexen** (Abb. 13.26) absorbiert werden. Höhere Pflanzen und Grünalgen weisen die Lichtsammelkomplexe **LHC I** und **LHC II** (engl. *light harvesting complex*) auf, Rotalgen, Cyanobakterien und andere die **Phycobilisomen** (Abb. 13.26). Während sich im LHC I sowie im LHC II vor allem Chlorophylle und Carotinoide befinden (Abb. 13.27), sind die Pigmente der Phycobilisomen das Phycocyanobilin und das Phycoerythrobilin (Abb. 13.28). Die verschiedenen **Photopigmente** der Lichtsammelkomplexe sowie der Phycobilisomen unterscheiden sich in ihrer Zusammensetzung und in ihrem Aufbau und werden daher von unterschiedlichen Wellenlängen des sichtbaren Lichts, also Licht der Wellenlängen 400–800 nm, angeregt. Die Energie wird zwischen den einzelnen Pigmenten übertragen (Exzitonentransfer oder Resonanzenergieübertragung). Ein Energietransfer findet jedoch nur dann statt, wenn das Akzeptorpigment ein niedrigeres Anregungsniveau hat als das Donorpigment. In den

Chlorophylle sind Derivate eines Porphyrinrings mit Magnesium als Zentralion. Beim Porphyrin handelt es sich um ein Tetrapyrrol welches ringförmig über Methinbrücken verknüpft ist.

Struktur von Chlorophyll *a* und *b*

Der Porphyrinkopf der Chlorophylle ist durch sein ausgedehntes π-Elektronensystem konjugierter Doppelbindungen (farbig unterlegt) für ihre Farbigkeit verantwortlich.

Bei Chlorophyllen koordinieren die vier Stickstoffatome der vier **Pyrrolringe** (C_4H_5N) mit einem Magnesiumatom, sodass ein Magnesiumporphyrin entsteht.

Porphyrinkopf

Beim **Chlorophyll *a*** sind 4 Methylgruppen (CH_3) an die Pyrrolringe gebunden. Beim **Chlorophyll *b*** wird eine der vier Methyl- durch eine Formylgruppe (H–C=O) ersetzt.

Dieser geringe strukturelle Unterschied zwischen Chlorophyll a und b bedingt die Verschiebung der Absorption von 430 zu 453 nm (blaues Licht) und von 662 zu 642 nm (rotes Licht).

Phytol-Schwanz

Struktur von Chlorophyll *c*

Ein Pyrolring trägt einen hydrophoben „Schwanz" aus dem Alkohol **Phytol**, der die Chlorophylle in der Thylakoidmembran verankert.

Dinoflagellaten, stramenopile Algen (z.B. Braunalgen, Kieselalgen) sowie Cryptophyceae und Haptophyceae besitzen Chlorophyll *a* und *c*. Chlorophyll *c* entspricht dem Porphyrinkopf von Chlorophyll a, es fehlt allerdings der Phytolschwanz.

Bei den **Carotinoiden** handelt es sich wie bei den Phycobilinen um **akzessorische Pigmente**. Im Gegensatz zu den Chlorophyllen sind sie aus ungesättigten Kohlenwasserstoffketten und deren Oxidationsprodukten aufgebaut.

Carotine wie β-Carotin bestehen lediglich aus **Kohlenwasserstoffen**. Sie kommen in kleiner Stückzahl auch als Antennenpigmente vor und leiten Anregungsenergie auf umliegende Chlorophyllmoleküle weiter. Carotine absorbieren Licht im Wellenlängenbereich von 400–500 nm, wodurch sie die Grünlücke der Chlorophylle weiter einengen. Neben ihrem geringen Vorkommen als Antennenpigmente finden sie sich vor allem in Chromoplasten. Lediglich Pflanzen, Bakterien und Pilze sind in der Lage, Carotinoide selbst zu synthetisieren.

β-Carotin

Xantophylle sind **sauerstoffhaltige Derivate der Carotine**. Sie dienen nicht der Übertragung von Anregungsenergie, sondern schützen die Chlorophylle vor Photooxidation.

Lutein

Die Farbigkeit der Carotinoide entsteht wie bei den Chlorophyllen durch ihr ausgedehntes π-Elektronensystem konjugierter Doppelbindungen.

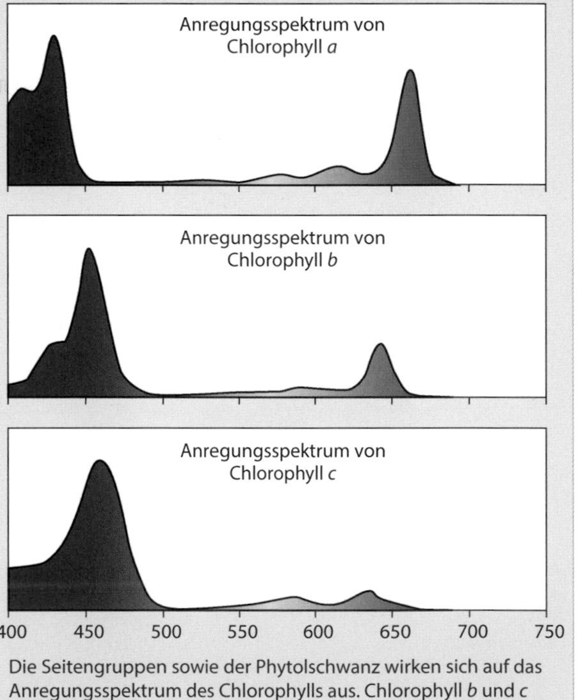

Die Seitengruppen sowie der Phytolschwanz wirken sich auf das Anregungsspektrum des Chlorophylls aus. Chlorophyll *b* und *c* engen die Grünlücke von Chlorophyll *a* ein, die Grünlücke ist aber auch bei diesen Chlorophyllen sehr ausgeprägt.

Abb. 13.27 Chlorophylle und akzessorische Pigmente sammeln die Lichtenergie

Phycobilisomen sind die Proteine daher so angeordnet, dass Pigmente, die niedrigere Wellenlängen (= energiereichere Strahlung) absorbieren, am weitesten vom Reaktionszentrum entfernt sind, während Pigmente, die höhere Wellenlängen (= energieärmere Strahlung) absorbieren, näher am Reaktionszentrum sitzen. So sitzen beispielsweise in den Phycobilisomen die Phycoerythrine mit einem Absorptionsbereich von 480–570 nm außen, nach innen folgen zunächst Phycocyanin mit einem Absorptionsbereich von 550–630 nm und schließlich Allophycocyanin mit einem Absorptionsmaximum bei 650 nm (Abb. 13.28).

Rotalgen, Cryptophyten und Cyanobakterien besitzen als Antennenpigmente **Phycobiliproteine**, die in **Phycobilisomen** organisiert sind. Die Phycobiliproteine bestehen aus einem Proteinanteil und der chromophoren Gruppe – den **Phycobilinen**. Phycobiline sind, wie auch die Carotinoide, akzessorische Pigmente. Die wichtigsten Phycobiline sind das Phycocyanobilin und das Phycoerythrobilin. Genau wie beim Chlorophyll bestehen die Phycobiline aus einem Tetrapyrrol. Dieses liegt jedoch nicht in Ringform vor, sondern als offenkettiges Molekül.

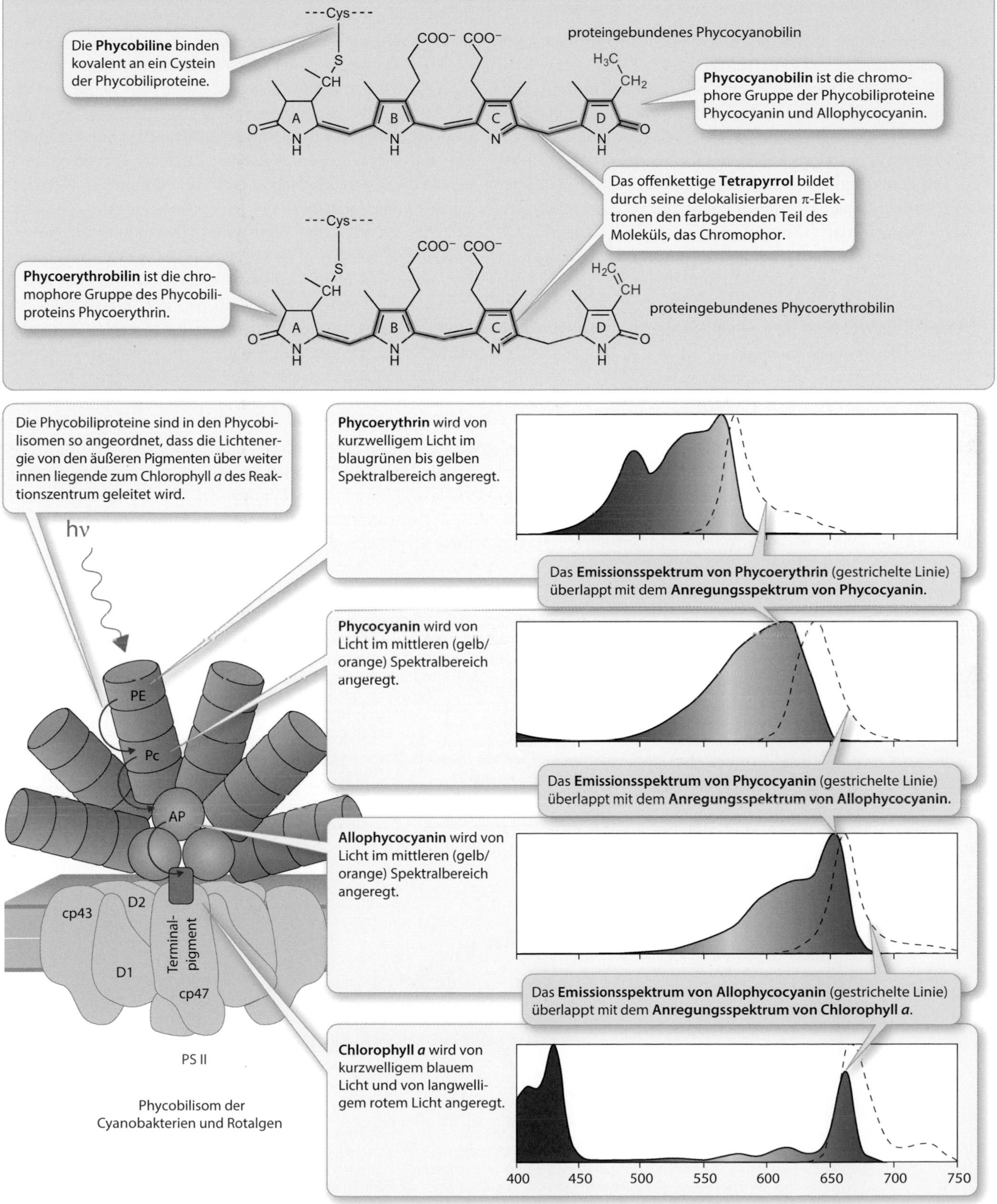

Abb. 13.28 Die Anordnung der akzessorischen Pigmente in den Phycobilisomen leitet die Lichtenergie zum Reaktionszentrum

13.11 Bei Landpflanzen, Algen und Cyanobakterien sind zwei Photosysteme in Serie geschaltet

In der Lichtreaktion der Photosynthese werden Elektronen durch Lichtenergie im Photosystem II angeregt. Die Elektronen werden über eine Elektronentransportkette, an der bei den Landpflanzen und Algen zwei Photosysteme beteiligt sind, auf Reduktionsäquivalente übertragen. Die dabei entstehende Elektronenlücke am Photosystem II wird durch die Oxidation von Wasser geschlossen. Pro gebildetem O_2-Molekül werden vier Elektronen über die Elektronentransportkette zur Reduktion von zwei Molekülen $NADP^+$ transportiert. Dazu ist pro Elektron an beiden Photosystemen jeweils ein Exziton (bzw. Photon) für die Bereitstellung der Energie notwendig, insgesamt sind also acht Excitonen pro gebildetem O_2-Molekül notwendig. Die Nettogleichung der Lichtreaktion wird nach ihrem Entdecker auch als Hill-Reaktion oder Hill-Gleichung bezeichnet:

$$2\,H_2O + 2\,NADP^+ + 8\ \text{Exzitonen} \rightarrow 2\,NADPH + 2\,H^+ + O_2$$

Der Elektronentransport entlang der Thylakoidmembran zwischen den einzelnen Komplexen kann mittels Z-Schema zusammengefasst werden (◘ Abb. 13.29). Dieses repräsentiert ein Energiediagramm des Elektronentransports entlang der Thylakoidmembran. Damit die Elektronen nicht unkontrolliert vom Photosystem I auf das Photosystem II zurückspringen, sind diese räumlich getrennt (◘ Abb. 13.30).

Die Lichtreaktion beginnt mit der Absorption von Lichtenergie durch das Chlorophyll des Reaktionszentrums oder durch die Pigmente des Antennenkomplexes und Übertragung dieser Energie auf das Reaktionszentrum. Bei Grünalgen und höheren Pflanzen befindet sich im Reaktionszentrum ein Chlorophyll-*a*-Dimer, welches auch als „*special pair*" bezeichnet wird. Die Energie der Photonen sorgt für die Anhebung eines Elektrons des Chlorophyll-*a*-Dimers (P680) auf ein höheres Orbital. Durch Übertragung des angeregten Elektrons auf einen Elektronenakzeptor wird die Lichtenergie der Photonen in elektrische Energie umgewandelt. Bei den Landpflanzen werden die Elektronen dann innerhalb des Photosystems II vom Reaktionszentrum P680 über Phaeophytin und die Plastochinone Q_A und Q_B (engl. Q = *quinone*; deutsch = Chinon) weitergeleitet (◘ Abb. 13.31).

Vom PS II werden die Elektronen über ein mobiles Plastohydrochinon auf den Cytochrom-b_6f-Komplex übertragen (◘ Abb. 13.32). Dieser koppelt die Übertragung der Elektronen zusätzlich an den Transport von Wasserstoffionen in das Thylakoidlumen und ist essenziell für den Aufbau der protonenmotorischen Kraft. Durch einen internen Zyklus am Cytochrom b_6f, den Q-Zyklus, wird ein Teil der Elektronen rückübertragen, wodurch weitere Protonen im Stroma aufgenommen und im Thylakoidlumen abgegeben werden. Die protonenmotorische Kraft dient im letzten Schritt der Lichtreaktion zur ATP-Synthese.

13

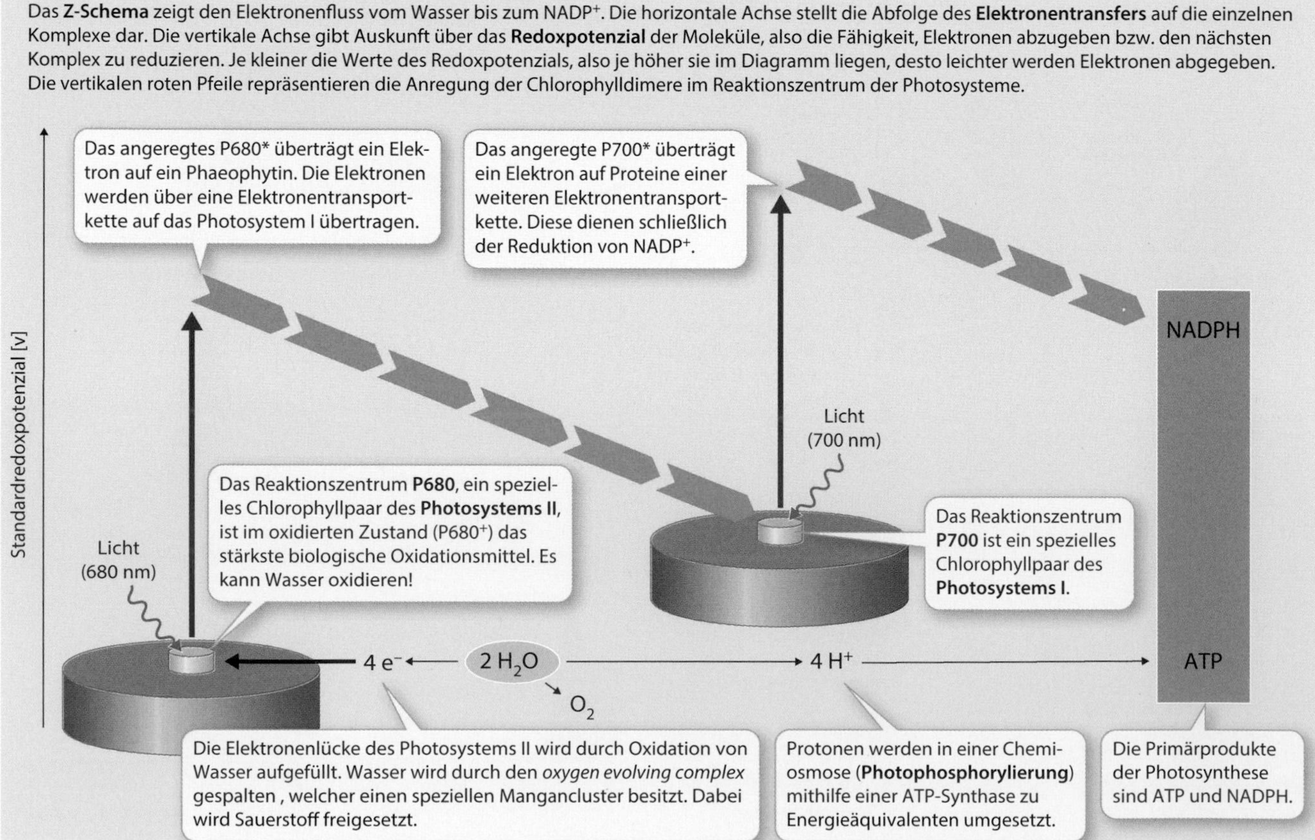

◘ **Abb. 13.29** Übersicht über die Lichtreaktion

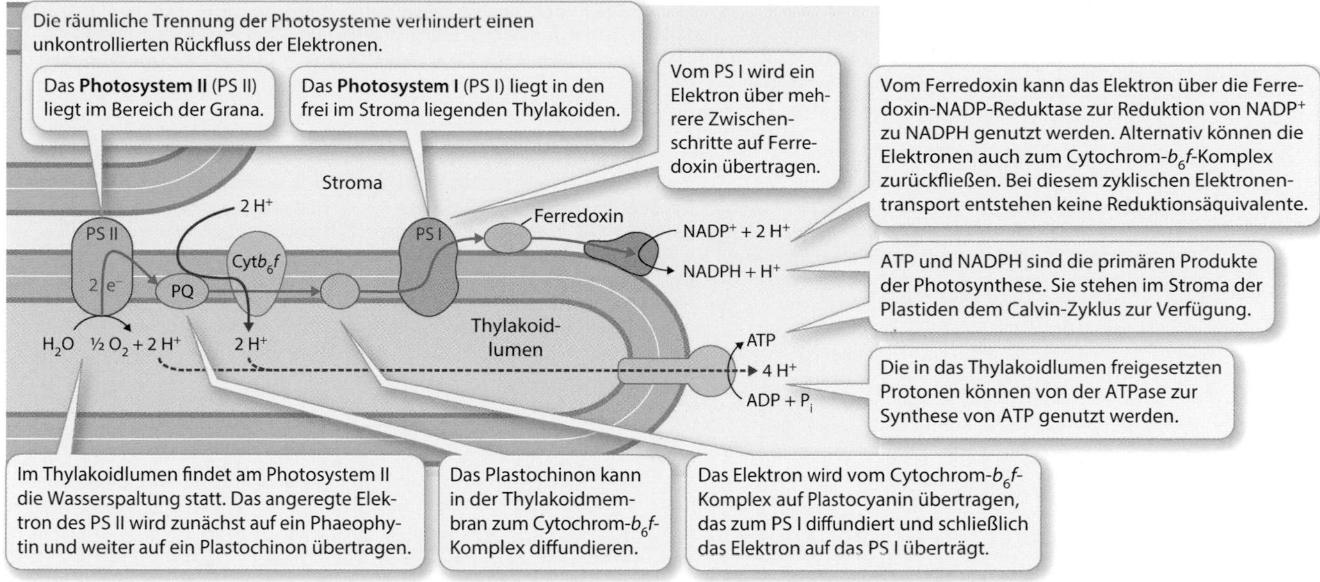

Abb. 13.30 Anordnung der Elemente der Lichtreaktion in der Thylakoidmembran

Während der Lichtreaktion der Photosynthese wird Lichtenergie erst in elektrische und schließlich in chemische Energie umgewandelt. Der erste Komplex in einer Reihe von Multiproteinkomplexen ist das Photosystem II (PS II). Dieses befindet sich in hoher Anzahl in den gestapelten Thylakoidmembranbereichen.

Am P680 findet kein weiterer Exzitonentransfer statt, sondern das Chlorophylldimer gibt das angeregte Elektron an einen primären Elektronenakzeptor, das **Phaeophytin** (Φ), ab. Bei Phaeophytin handelt es sich um ein Chlorophyllmolekül ohne das zentrale Magnesiumion, welches durch zwei Wasserstoffatome ersetzt ist.

Durch die Anregung des P680 mittels direkter Lichteinstrahlung oder **Exzitonentransfer** vom Antennenkomplex (*light harvesting complex*, **LHC II**) wird im Chlorophylldimer ein Elektron angeregt.

Q_A und Q_B sind Plastochinone (PQ). Während Q_A fest im D2-Protein verankert ist, handelt es sich bei Q_B um in weniger stark gebundenes Plastochinon im D1-Protein. Da Phaeophytin ein höheres Reduktionspotenzial besitzt als das Plastochinon Q_A, wird Q_A durch Phaeophytin reduziert. Durch Elektronenübertragung reduziert Q_A das Plastochinon Q_B. Die sequenzielle Aufnahme von zwei Elektronen durch das Q_B ist an die Aufnahmen von zwei Protonen (H^+) aus dem Stroma gebunden.

LHC II
Q_A
Q_B
LHC II
D1
PQ-Pool
Φ
D2
P680
$4\,e^-$

P680 ist ein Chlorophyll-*a*-Dimer im **Reaktionszentrum des Photosystems II** und wird auch *special pair* genannt. Die 680 steht für das Absorptionsmaximum des Pigments bei 680 nm.

Das reduzierte Plastohydrochinon (PQH_2) löst sich vom D1-Protein und fungiert innerhalb des hydrophoben Thylakoidmembranteils als mobiler Elektronencarrier. Es wird aus dem Plastochinonpool (PQ-Pool) durch ein oxidiertes Plastochinon ersetzt, welches an die Q_B-Bindungsstelle des D1-Proteins bindet.

PS-II-Antennen-Komplex
OEC
$2\,H_2O$ $O_2 + 2\,H^+$

Durch Elektronentransfer vom P680 auf das Phaeophytin entsteht eine Elektronenlücke im P680. Diese wird durch die Oxidation eines Tyrosinrests geschlossen. Das entstehende Tyrosinradikal bezieht wiederum ein Elektron von einem Manganion eines **wasserspaltenden Komplexes** (*oxygen evolving complex*, OEC). Dieser besteht aus vier **Manganionen**, die sich auf der luminalen Seite der Membran befinden. Durch die sequenzielle Abgabe von vier Elektronen der Manganionen wird der Mangancluster oxidiert. Die Elektronenlücke wird durch die Oxidation von zwei Molekülen Wasser geschlossen. Durch die **Photolyse** von Wasser entstehen im Thylakoidlumen vier Protonen und ein Sauerstoffmolekül.

Abb. 13.31 Am Photosystem II findet die Wasserspaltung statt

Die Elektronen werden vom Cytochrom b_6f auf ein Plastocyaninmolekül übertragen, welches ein Elektron an das Photosystem I, das P700, weiterleitet. Am PS I wird schließlich ein Elektron erneut angeregt und auf Ferredoxin (Fd) übertragen (Abb. 13.33).

Beim linearen Elektronentransfer wird durch das Enzym Ferredoxin-NAPD$^+$-Reduktase das Elektron vom Fd auf ein NADP$^+$-Molekül zur Synthese des Reduktionsäquivalents NADPH übertragen und steht so als Reduktionsäquivalent dem Calvin-Zyklus zur Verfügung. Ein weiteres Enzym, die ATP-Synthase, nutzt den durch die Multiproteinkomplexe aufgebauten Protonengradienten zur Synthese von ATP (Abb. 13.34). Neben diesem linearen Elektronentransport finden sich auch zwei zyklische Elektronentransportwege. Bei diesen wird zwar ein Elektronengradient aufgebaut, der zur ATP-Synthese genutzt werden kann, es kommt aber nicht zur Übertragung von Elektronen auf NADP. Beim zyklischen Elektronentransport (Abb. 13.35) wird ein Elektron von Ferredoxin wieder auf Plastocyanin übertragen. Da dieser Transport über Cytochrom b_6f abläuft, werden weitere Protonen ins Thylakoidlumen beför-

Über den **Cytochrom-*b6f*-Komplex** gelangen Elektronen vom PS II zum PS I. Der **Elektronen- und Protonentransport** erfolgt über den Chinonzyklus oder **Q-Zyklus** (engl. Q = *quinone*), im Cytochrom-b_6f-Komplex wird die Oxidation von Plastohydrochinon (PQH_2) und die Reduktion von Plastocyanin (PC) katalysiert. Zudem ist er am Aufbau der **protonenmotorischen Kraft** beteiligt. Der Komplex besteht unter anderem aus Cytochrom *f*, Cytochrom b_6 und einem Eisen-Schwefel-Protein, dem Rieske-Protein. Das Cytochrom-b_6-Protein besitzt zwei Bindungsstellen, die unterschiedliche Affinitäten für die Plastochinone aufweisen.

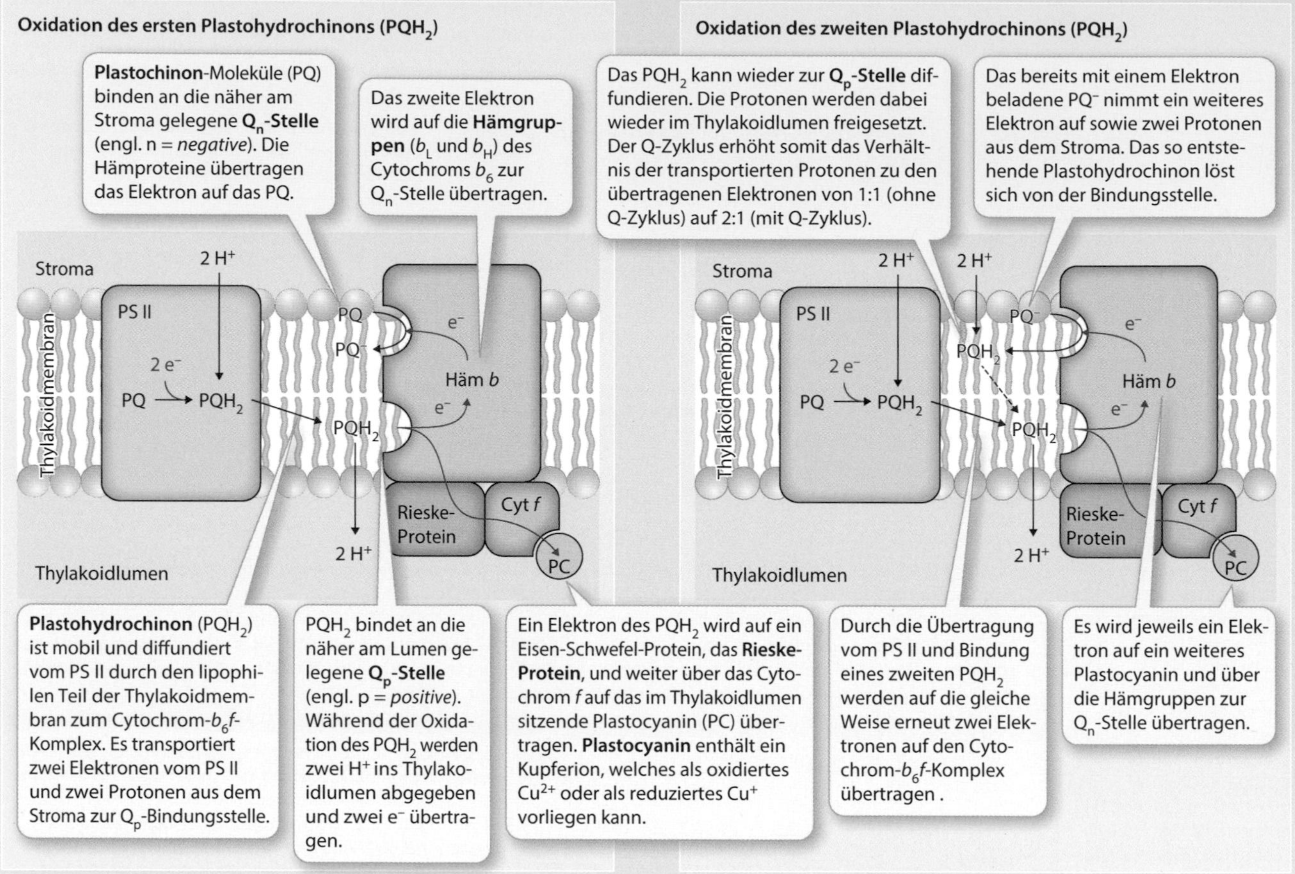

Oxidation des ersten Plastohydrochinons (PQH_2)

Plastochinon-Moleküle (PQ) binden an die näher am Stroma gelegene **Q_n-Stelle** (engl. n = *negative*). Die Hämproteine übertragen das Elektron auf das PQ.

Das zweite Elektron wird auf die **Hämgruppen** (b_L und b_H) des Cytochroms b_6 zur Q_n-Stelle übertragen.

Stroma, $2\,H^+$, PS II, Thylakoidmembran, $2\,e^-$, PQ → PQH_2, PQ, PQ^-, e^-, Häm *b*, e^-, PQH_2, Rieske-Protein, Cyt *f*, PC, $2\,H^+$, Thylakoidlumen

Plastohydrochinon (PQH_2) ist mobil und diffundiert vom PS II durch den lipophilen Teil der Thylakoidmembran zum Cytochrom-b_6f-Komplex. Es transportiert zwei Elektronen vom PS II und zwei Protonen aus dem Stroma zur Q_p-Bindungsstelle.

PQH_2 bindet an die näher am Lumen gelegene **Q_p-Stelle** (engl. p = *positive*). Während der Oxidation des PQH_2 werden zwei H^+ ins Thylakoidlumen abgegeben und zwei e^- übertragen.

Ein Elektron des PQH_2 wird auf ein Eisen-Schwefel-Protein, das **Rieske-Protein**, und weiter über das Cytochrom *f* auf das im Thylakoidlumen sitzende Plastocyanin (PC) übertragen. **Plastocyanin** enthält ein Kupferion, welches als oxidiertes Cu^{2+} oder als reduziertes Cu^+ vorliegen kann.

Oxidation des zweiten Plastohydrochinons (PQH_2)

Das PQH_2 kann wieder zur **Q_p-Stelle** diffundieren. Die Protonen werden dabei wieder im Thylakoidlumen freigesetzt. Der Q-Zyklus erhöht somit das Verhältnis der transportierten Protonen zu den übertragenen Elektronen von 1:1 (ohne Q-Zyklus) auf 2:1 (mit Q-Zyklus).

Das bereits mit einem Elektron beladene PQ^- nimmt ein weiteres Elektron auf sowie zwei Protonen aus dem Stroma. Das so entstehende Plastohydrochinon löst sich von der Bindungsstelle.

Stroma, $2\,H^+$, $2\,H^+$, PS II, Thylakoidmembran, $2\,e^-$, PQ → PQH_2, PQ^-, PQH_2, e^-, Häm *b*, e^-, PQH_2, Rieske-Protein, Cyt *f*, PC, $2\,H^+$, Thylakoidlumen

Durch die Übertragung vom PS II und Bindung eines zweiten PQH_2 werden auf die gleiche Weise erneut zwei Elektronen auf den Cytochrom-b_6f-Komplex übertragen.

Es wird jeweils ein Elektron auf ein weiteres Plastocyanin und über die Hämgruppen zur Q_n-Stelle übertragen.

Abb. 13.32 Die Elektronen werden am Cytochrom-b_6f-Komplex in zwei Zyklen auf Plastochinon übertragen

Der dritte Komplex in der Elektronentransportkette ist das **Photosystem I** (PS I). Der PS-I-Komplex katalysiert die Oxidation von Plastocyanin (PC) und die Reduktion von Ferredoxin (Fd). Im **nichtzyklischen Elektronentransport** werden vom Ferredoxin Elektronen über das Enzym Ferredoxin-NAPD$^+$-Reduktase weiter auf NADP$^+$ übertragen, um das Reduktionsäquivalent NADPH + H$^+$ zu bilden.

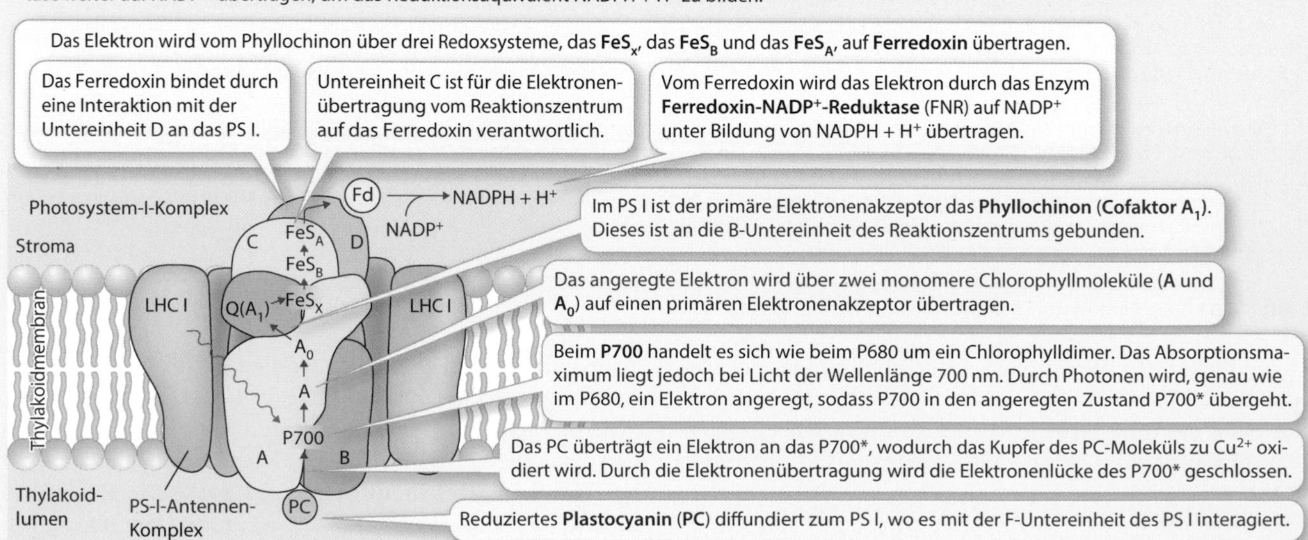

Abb. 13.33 Am Photosystem I werden die Elektronen erneut angeregt und auf Ferredoxin übertragen

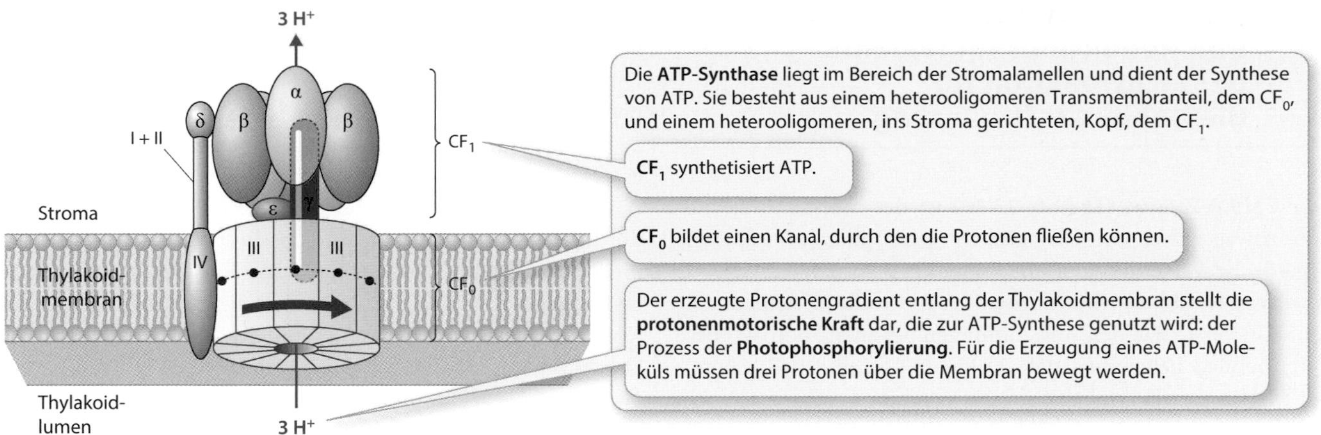

Abb. 13.34 Die ATP-Synthase nutzt die protonenmotorische Kraft zwischen Thylakoidlumen und Stroma für die ATP-Synthese

zyklischer Elektronentransport

Vom Ferredoxin des PS-I-Komplexes kann ein Elektron über Plastochinon wieder auf das Plastocyanin des Cytochrom-b_6f-Komplexes übertragen werden. Am zyklischen Elektronentransport ist nur das PS I, nicht das PS II beteiligt. Durch den zyklischen Elektronentransport werden weitere Protonen aus dem Stroma ins Thylakoidlumen transportiert und bauen so einen **Protonengradienten** auf. So kann ein ATP-Mangel ausgeglichen werden, es entsteht jedoch **kein NADPH** und es wird **kein Sauerstoff** freigesetzt. Der zyklische Elektronentransport ähnelt der anoxygenen Photosynthese verschiedener Bakterien und ist ein Schutzmechanismus zur Vermeidung von Photoinhibition.

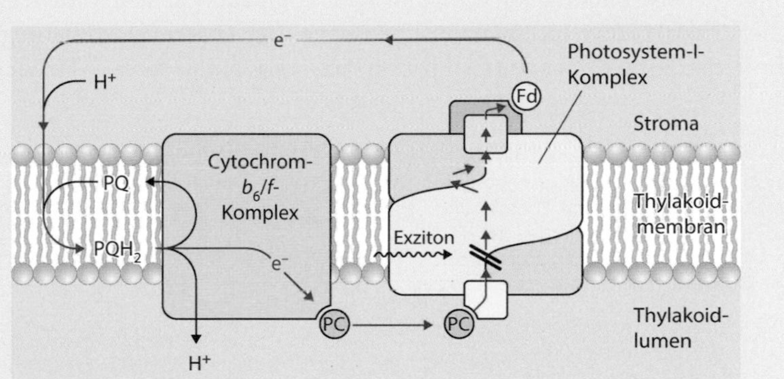

pseudozyklischer Elektronentransport (Mehler-Reaktion oder Wasser-Wasser-Zyklus)

Beim pseudozyklischen Elektronentransport werden Elektronen von Wasser schließlich wieder auf Sauerstoff unter Bildung von Wasser übertragen. Im Gegensatz zum zyklischen Elektronentransport durchlaufen die Elektronen beim pseudozyklischen Elektronentransport aber die **gesamte Elektronentransportkette** von PS II über Cytochrom b_6f und PS I. Die Elektronen werden jedoch vom Ferredoxin nicht auf $NADP^+$, sondern auf Sauerstoff unter Bildung von Wasser (zunächst Wasserstoffperoxid) übertragen. Auch dieser Reaktionsweg ist wichtig, um einen Elektronenstau zu vermeiden, wenn der Calvin-Zyklus nicht voll aktiv ist.

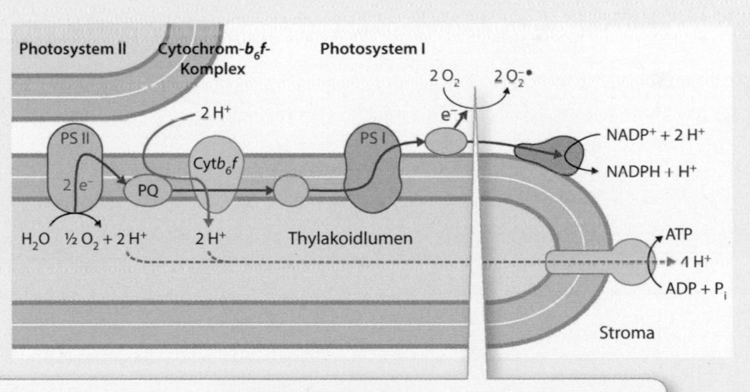

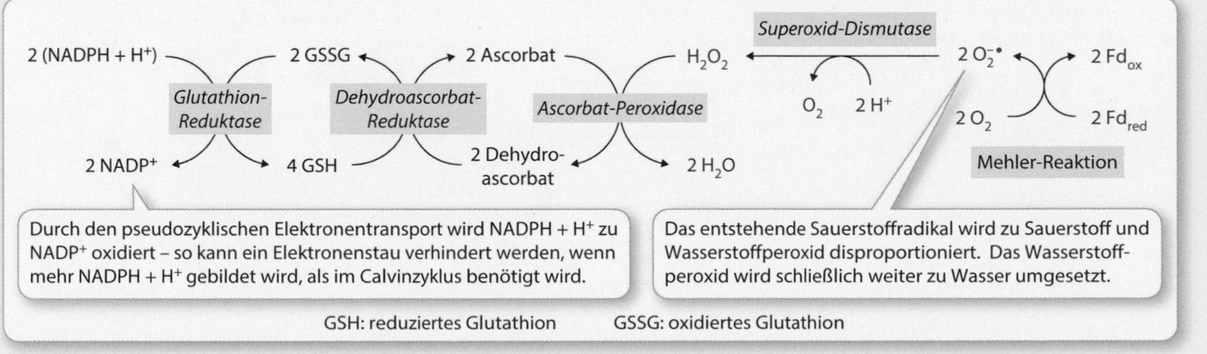

Abb. 13.35 Zyklischer und pseudozyklischer Elektronentransport sind Schutzmechanismen, um einen Elektronenüberschuss zu vermeiden

dert. An diesem zyklischen Elektronentransport ist das Photosystem II nicht beteiligt, es entsteht also auch kein Sauerstoff. Der pseudozyklische Elektronentransport überträgt die Elektronen letztlich wieder auf Wasser, an dieser Reaktion sind aber beide Photosysteme beteiligt (Abb. 13.35).

13

13.12 Der Calvin-Zyklus nutzt ATP und Reduktionsäquivalente der Lichtreaktion für die Kohlenstofffixierung

Der **Calvin-Zyklus** (▣ Abb. 13.36) ist der biochemische Reaktionsweg, durch den CO_2 aus der Atmosphäre in reduzierte organische Verbindungen umgewandelt wird. Dieser Vorgang wird auch **Kohlenstofffixierung** oder **Assimilation** genannt. Er findet in verschiedenen Abwandlungen bei allen Photosynthese betreibenden Lebewesen statt. Entdeckt (durch den Biochemiker Melvin Calvin; Nobelpreis 1961) und am besten untersucht wurde er für Grünalgen (*Chlorella*) und C_3-Pflanzen. Als Teil der Photosynthese läuft der Calvin-Zyklus bei C_3-Pflanzen im Stroma der Plastiden ab (Dunkelreaktion) und ist direkt an die lichtgetriebene Bildung von ATP und Reduktionsäquivalenten in den Thylakoiden (Lichtreaktion) gekoppelt. Der Fixierungsschritt im Calvin-Zyklus von C_3-Pflanzen liefert als Syntheseprodukt das 3-Phosphoglycerat, einen C_3-Körper. 3-Phosphoglycerat kann nach reduktivem Umbau zu Glycerinaldehyd-3-phosphat/Dihydroxyacetonphosphat (GAP/DHAP) über die Gluconeogenese in den Plastiden zu Glucose und Stärke oder im Cytosol zu Glucose und Saccharose umgesetzt werden. Bei Bedarf kann es auch dem glykolytischen Abbau zugeführt werden. Für die Assimilation besitzen Plastiden eine spezielle Enzymausstattung, die Ribulosebisphosphat-Carboxylase/Oxygenase (RubisCO), die Sedoheptulose-1,7-Bisphosphatase sowie die Ribulose-1,5-bisphosphat-Kinase. Die RubisCO katalysiert die Fixierung des Kohlenstoffs an die Pentose Ribulose-1,5-bisphosphat. Da diese als „Akzeptor" für CO_2 bei der Assimilation verbraucht und in zwei Moleküle 3-Phosphoglycerat aufgespalten wird, werden die beiden anderen Enzyme in einem **reduktiven Pentosephosphatweg** zur Regeneration von Ribulose-1,5-bisphosphat in den Plastiden benötigt. Dieser reduktive Pentosephosphatweg nutzt zusätzlich Enzyme, die auch im „nichtoxidativen Pentosephosphatweg" tierischer Zellen (▶ Abschn. 13.9) vorkommen. Die Enzyme der reduktiven Phase liegen in pflanzlichen Zellen aus-

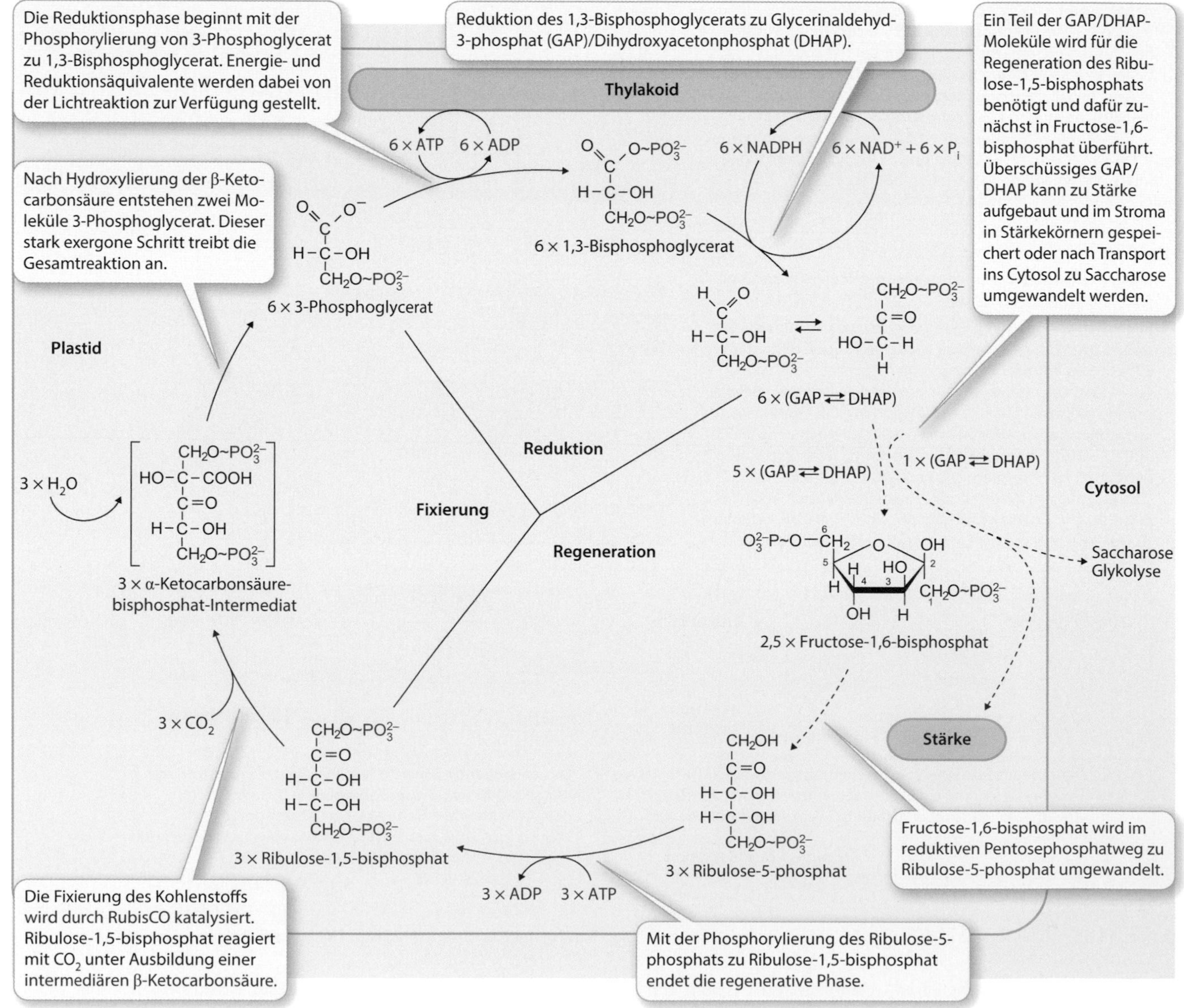

▣ **Abb. 13.36** Der Calvin-Zyklus

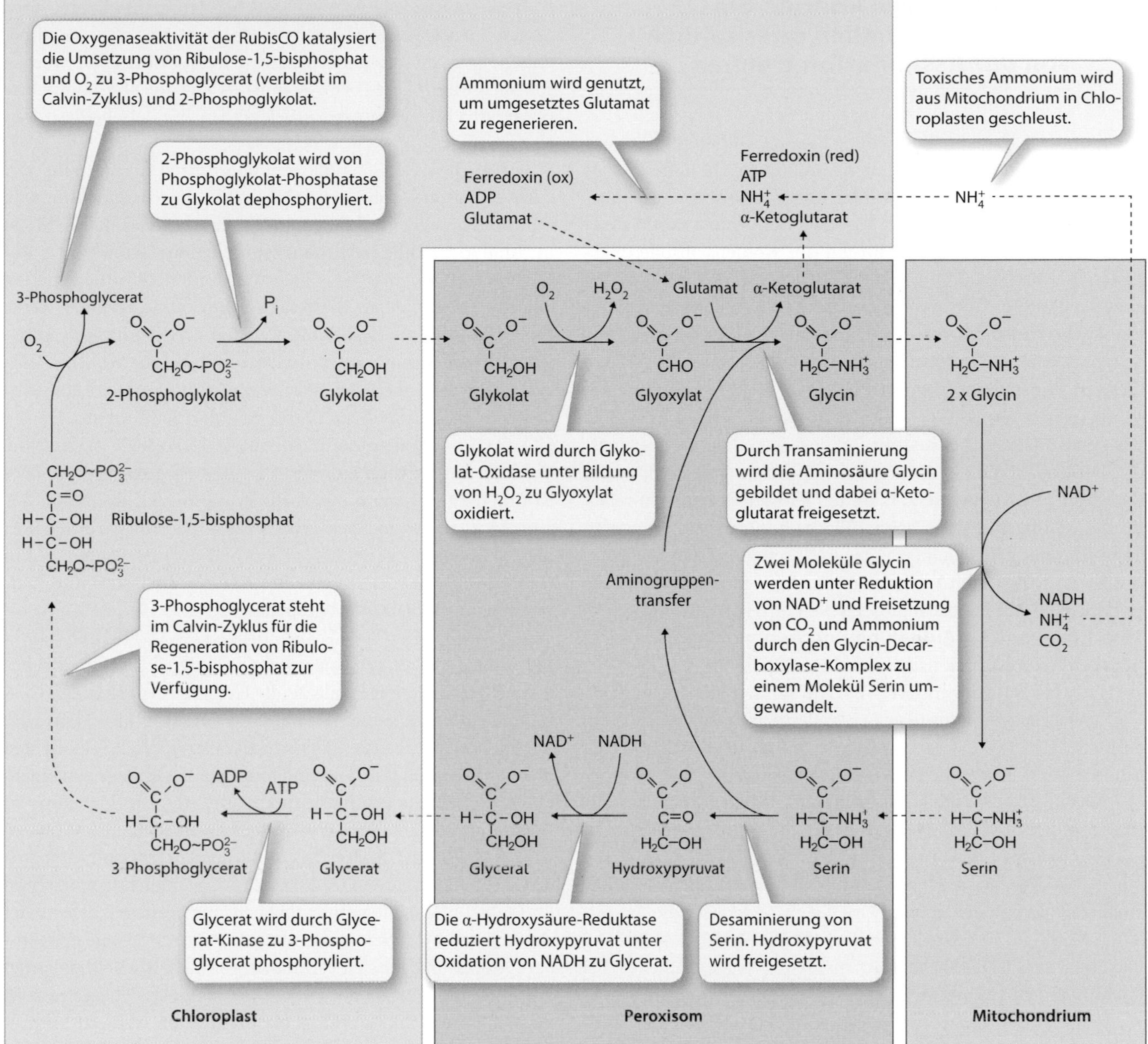

Abb. 13.37 Photorespiration und Glykolatweg

schließlich in den Plastiden vor. Hingegen existieren die Enzyme der oxidativen Phase des Pentosephoshatwegs sowohl im Cytoplasma als auch in den Plastiden. Das Endprodukt der oxidativen Phase im Cytosol, Ribulose-5-phosphat, kann über einen Carrier in die Plastiden transportiert werden.

Die **RubisCO** kann Ribulose-1,5-bisphosphat sowohl mit CO_2 als auch mit O_2 umsetzen (**Photorespiration**); die jeweiligen Konzentrationen der Gase bestimmen, welche Reaktion bevorzugt wird. Bei der Entstehung der Photosynthese vor etwa 3,5 Mrd. Jahren enthielt die Atmosphäre keinen freien Sauerstoff, auch nach der Evolution der Photosynthese war die Sauerstoffkonzentration in der Atmosphäre noch etwa 100-fach geringer als heute, die Kohlenstoffdioxidkonzentration dagegen deutlich höher. Die fehlende Substratspezifität der RubisCO zugunsten von Kohlenstoffdioxid spielte daher keine Rolle. Erst mit deutlich steigenden Sauerstoff- und sinkenden Kohlenstoffdioxidkonzentrationen wurde diese fehlende Substratspezifität bedeutend. Unter heutigen Bedingungen setzt die RubisCO im Mittel bei den gegebenen atmosphärischen Standardbedingungen und bei Raumtemperatur bei jeder dritten bis vierten Reaktion O_2 als Substrat um. Das Gleichgewicht verschiebt sich bei niedrigen Temperaturen zur Umsetzung des CO_2, bei höheren zu O_2. Die Syntheseprodukte sind bei O_2-Umsetzung 3-Phosphoglycerat und 2-Phosphoglykolat (Abb. 13.37). Letzteres ist ein C_2-Körper, der nach Dephosphorylierung in die Peroxisomen transportiert und in Form des Glycins über einen Zwischenschritt in den Mitochondrien in Serin umgewandelt wird. Dieses wird schließlich in 3-Phosphoglycerat umgesetzt und kann dem Calvin-Zyklus erneut zugeführt werden (**Glykolatweg**). Diese Reaktion benötigt ATP und verbraucht Reduktionsäquivalente, ist daher energetisch ungünstig.

13.13 Einige Pflanzen können die CO_2-Aufnahme räumlich oder zeitlich von der Assimilation trennen

Aufgrund der höheren Temperatur haben **C_3-Pflanzen** in tropischen Klimata mit zwei Problemen zu kämpfen. Die höhere lokale O_2-Konzentration begünstigt die **Photorespiration** gegenüber der Assimilation, und gleichzeitig steigt der **Verlust von Wasser** durch die Spaltöffnungen während der Kohlenstofffixierungsphase (▶ Abschn. 37.3). Um die Konzentration von CO_2 in Gegenwart der RubisCO zu erhöhen, **trennen C_4-Pflanzen** den Calvin-Zyklus **räumlich** von der eigentlichen CO_2-Aufnahme. Dies gelingt durch eine Vorfixierung des im Cytosol als HCO_3^- gelösten CO_2 an Phosphoenolpyruvat (PEP; C_3-Körper) mithilfe einer PEP-Carboxylase (PEPC) und durch nachfolgenden Transport des entstandenen **C_4-Bausteins** an den eigentlichen Fixierungsort. Dieser Ort kann in distal gelegenen Chloroplasten innerhalb der gleichen Zelle liegen (z. B. in den Palisadenparenchymzellen der Gänsefußgewächse (Chenopodiaceae)) oder in Chloroplasten angrenzender Zellschichten angesiedelt sein. Bei Pflanzen letzteren Typs erfolgen die Vorfixierung in Mesophyllzellen und die eigentliche Assimilation in Bündelscheidenzellen (z. B. Mais). Die **Trennung von CO_2-Aufnahme und Assimilation** senkt nicht nur die Photorespirationsrate, sondern erhöht durch rasche Senkung der HCO_3^--Konzentration die Aufnahmerate von CO_2. Den C_4-Mechanismus findet man neben den Landpflanzen auch bei einigen Algen (z. B. Kieselalgen). Es sind bis heute jedoch keine Baumgewächse mit C_4-Photosynthese bekannt.

Alle C_4-Pflanzen bilden als primäres Produkt der Kohlenstofffixierung den C_4-Körper Oxalacetat. Letzteres wird entweder direkt oder indirekt in L-Malat umgewandelt. Malat ist bei allen Typen von C_4- (und CAM-)Pflanzen der C_4-Körper, der durch Decarboxylierung das von der RubisCO im Calvin-Zyklus für die Assimilation benötigte CO_2 wieder freisetzt (◻ Abb. 13.38). Die Bildung von Malat aus Oxalacetat kann auf mehreren Wegen geschehen. Bei C_4-Pflanzen gibt es hierfür drei verschiedene Grundtypen.

Beim **NADP-Malatenzym-Typ** wird Oxalacetat in den Chloroplasten der Mesophyllzelle zu Malat reduziert und dieses über Plasmodesmen in die Bündelscheidenzellen transportiert, wo es in deren Chloroplasten NADP-abhängig zu Pyruvat decarboxyliert wird.

Beim **NAD-Malatenzym-Typ** wird Oxalacetat durch eine Transaminase in Aspartat umgewandelt, welches in die Bündelscheidenzelle transportiert und dort im Mitochondrium NAD-abhängig über Malat zu Pyruvat decarboxyliert wird.

Beim **PEPCK-Typ** wird Oxalacetat sowohl in den Chloroplasten der Mesophyllzellen zu Malat reduziert als auch im Cytosol zu Aspartat aminiert. Beide Produkte werden in die Bündelscheidenzellen transportiert, wo Aspartat im Cytosol desaminiert und mithilfe der PEP-Carboxykinase zu Phosphoenolpyruvat umgewandelt wird. Gleichzeitig wird Malat im Mitochondrium NAD-abhängig zu Pyruvat decarboxyliert. Bei diesem Typ stammt das CO_2 für die RubisCO daher zur Hälfte aus der Reaktion der PEP-Carboxykinase.

Das entstandene Pyruvat wird bei den ersten beiden Prozessen zurück in die Mesophyllzelle gebracht, wo es zu Phosphoenolpyruvat phosphoryliert wird. Beim PEPCK-Typ werden sowohl die aminierte Form (Alanin) als auch die phosphorylierte Form (PEP) des Pyruvats zurück zu den Bündelscheidenzellen transportiert.

Ähnlich wie die C_4-Pflanzen überführen die Vertreter der **CAM-Pflanzen** (von engl. *crassulacean acid metabolism*; z. B. Opuntien) nach Vorfixierung CO_2 über Oxalacetat in Malat mithilfe der PEPC. Alle angesprochenen Grundtypen der C_4-Pflanzen für die CO_2-Fixierung finden sich hier wieder. Allerdings verbleiben die Reaktionsprodukte in einer Zelle. Im Gegensatz zu C_4-Pflanzen halten CAM-Pflanzen **tagsüber ihre Stomata geschlossen** und nehmen nachts CO_2 auf. Dies vermindert den Wasserverlust und erlaubt eine Anpassung an sehr heiße und trockene (aride) Klimate. Da die CO_2-Assimilation an die Lichtreaktion gekoppelt ist, läuft die Vorfixierung **zeitlich** von der Assimilation **getrennt** ab. Dies ist nur möglich, wenn das vorfixierte Produkt, das Malat, bis zum Morgen gespeichert werden kann. Hierfür wird Malat in die Vakuole der Zelle transportiert und dort bei saurem pH in Form der undissoziierten (protonierten) Äpfelsäure mit niedrigem osmotischem Wert gespeichert.

Sowohl bei den C_4- als auch bei den CAM-Pflanzen gibt es Vertreter, die fakultativ von einem C_3- in den C_4-/CAM-Mechanismus wechseln können, z. B. die Grundnessel (*Hydrilla*; $C_3 \rightarrow C_4$) oder die Fetthenne (*Sedum*; $C_3 \rightarrow$ CAM). Einige Nelkengewächse der Gattung *Portulaca* wie die australischen Sukkulenten *P. cyclophylla* und *P. digyna* sind hingegen in der Lage von einem C_4-Mechanismus fakultativ zu einem CAM-Mechanismus zu wechseln, vermutlich sogar beide gleichzeitig ablaufen zu lassen.

CAM-Pflanzen findet man vorwiegend in trockenen und ariden Gebieten, während C_4-Pflanzen ursprünglich in tropischen und subtropischen Regionen sowie in Dürregebieten beheimatet waren. Der C_4-Mechanismus rezenter Pflanzen ist eine evolutionäre Anpassung, die sich vermutlich vor mehr als 30 Mio. Jahren am Ende des Eozäns entwickelt hat, als beim Übergang zum Paläozän die Kohlenstoffdioxidkonzentration weltweit um fast 50 % abnahm. Es ist davon auszugehen, dass diese Anpassung in verschiedenen Gruppen unabhängig voneinander stattfand. Ähnliches ist vom CAM-Mechanismus zu vermuten. Auch wenn die meisten heutigen Vertreter der CAM-Pflanzen ihre Wurzeln im Eozän haben, ist dieser Mechanismus vermutlich älter als die C_4-Anpassung.

Mit dem Auftreten des C_4-und CAM-Mechanismus steigt die Isotopenkonzentration des Kohlenstoffisotops ^{13}C in organischem Material an, sodass das **$^{13}C/^{12}C$-Isotopenverhältnis** wächst. Dies liegt daran, dass das isotopensensitive Enzym RubisCO $^{12}CO_2$ bevorzugt einbaut, die bei CAM- und C_4-Pflanzen zur Fixierung notwendige PEPC allerdings keine starke Isotopenunterscheidung vornimmt. Dadurch wird $^{13}CO_2$ häufiger vorfixiert und in den Calvin-Zyklus eingebracht. Daher lässt sich über eine Isotopenbestimmung nachweisen, ob z. B. Saccharose aus einer C_4- (z. B. Rohrzucker) oder einer C_3-Pflanze (z. B. Rübenzucker) stammt.

13

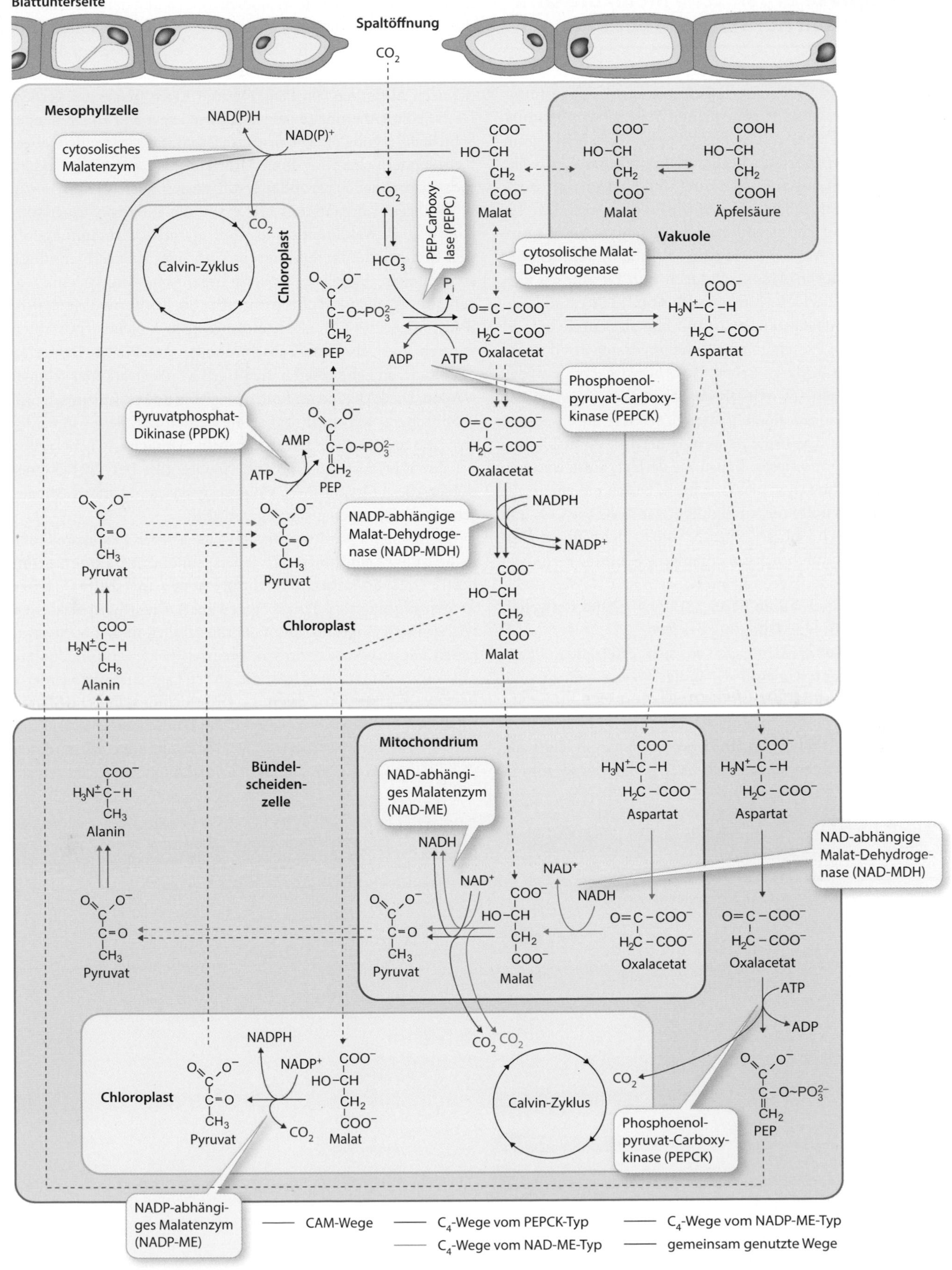

Abb. 13.38 Dunkelreaktion bei C_4- und CAM-Pflanzen. Pfeilfarben: blau: CAM-Wege; rot: C_4-Wege vom PEPCK-Typ; grün: C_4-Wege vom NAD-ME-Typ; violett: C_4-Wege vom NADP-ME-Typ; schwarz: gemeinsam genutzte Wege

13.14 Komplexe organische Moleküle sind biologisch nur schwer abbaubar

Die Erzeugung organischer Bodensubstanzen aus abgestorbenem biogenen, überwiegend pflanzlichen Material wird **Humusbildung** genannt. Dabei werden Pflanzenreste, vor allem Lignin, Cellulose und andere fibrilläre Bestandteile, unter aeroben, wässrigen Bedingungen durch Oxidations- und Hydrolyseprozesse und durch organismische Verstoffwechslung zersetzt. Ein Teil der Cellulosen und Hemicellulosen wird schnell zu **Huminstoffen** (verholzte Anteile zu **Lignin**) abgebaut. Parallel wird ein Teil der Cellulosen, Hemicellulosen und Lignine zu CO_2 und Wasser degradiert. Huminstoffe (◘ Abb. 13.39) sind komplexe organische Substanzen, meist mit hohem Säureanteil, die aus Reaktionen von Proteinen und Kohlenhydraten mit den Abbauprodukten der fibrillären Bestandteile hervorgehen. Von den Ligninen wird nur ein Teil oxidativ abgebaut, wobei aromatische und phenolische Komponenten sowie Carboxylsäuren entstehen. Polysaccharide und Proteine werden bei der Humusbildung großteils in ihre monomeren Bausteine zerlegt, ausgewaschen oder mikroorganismisch verstoffwechselt. Durch enzymatische Zersetzung werden unter diesen Bedingungen Gase wie CO_2 und Mineralstoffe wie Phosphate, Nitrate, Sulfate etc. gebildet (**Mineralisierung**), wodurch sich die organische Substanz verdichtet und in einzelnen Bodenlagen mit anreichert. Der pH-Wert dieser Schichten sinkt in den sauren Bereich, der hohe Stickstoffgehalt des Humus sorgt für eine Düngung des Bodens.

In **Moorgebieten** werden Lagen aus sich zersetzenden Pflanzenresten als **Torf** bezeichnet. Die ständige Wasserübersättigung sorgt für eine **geringe Sauerstoffkonzentration**. Der aerobe Abbau wird rasch unterbunden und durch anaeroben Abbau ersetzt. Lignine, Fette und Wachse werden daher nur langsam abgebaut. Da in tieferen Schichten kaum noch CO_2 gebildet wird, nimmt die Kohlenstoffdichte dieser Bodenlagen zu und der Wassergehalt nimmt ab, wodurch über Jahrmillionen **Kohlelagerstätten** entstehen (◘ Abb. 13.39). In ähnlicher Weise verbleiben in den Böden von **Schelfmeeren** aromatische und aliphatische Substanzen, die nach Absterben von Plankton und Algen freigesetzt werden. Nach Sedimentierung senken sich diese Lagen mit zunehmender Schichtauftragung ab. Die organischen Reste werden nicht abgebaut, sondern chemisch durch Druck und Temperatur verändert, sodass sie schließlich **Erdöllagerstätten** ausbilden (◘ Abb. 13.40).

Verbrennt organisches Material unter niedriger Sauerstoffzufuhr (z. B. Waldbrände oder anthropogene Verbrennung fossiler Brennstoffe; Teerbildung aus Torf- oder Holzverbrennung), so entstehen dabei kondensierte organische Ringsysteme, sogenannte **polyzyklische aromatische Kohlenwasserstoffe (PAK)** (◘ Abb. 13.41). PAK mit niedrigen Molekulargewichten können auch als Stoffwechselprodukte von Pilzen, Bakterien oder anderen Lebewesen in niedrigen Konzentrationen gebildet werden. Die PAK sind im Boden langlebig und organismisch und chemisch nur schwer abbaubar. Sie werden vor allem von Bakterien und teilweise von Pilzen abgebaut. Ähnlich wie Leberzellen bei der Biotransformation von Xenobiotika bei Wirbeltieren nutzen diese Organismen Monooxygenasen als ersten Abbauschritt zur Funktionalisierung der PAK.

Zunehmend werden anthropogene, schwer abbaubare Stoffe in die Umwelt eingetragen. Zu ihnen gehören die **halogenierten Kohlenwasserstoffe** und **hochpolymere Kunststoffe** (Letztere werden allgemein als „Plastik" bezeichnet). Diese Substanzklassen reichern sich aufgrund ihrer Langzeitstabilität in den Nahrungsketten an. Inzwischen wurden vereinzelt Bakterien (und andere Mikroorganismen) entdeckt, die in der Lage sind, halogenierte Kohlenwasserstoffe wie das Insektenvernichtungsmittel DDT abzubauen. Plastik wird vorwiegend mechanisch zersetzt und reichert sich als kleinpartikuläres „Mikroplastik" mit einer mittleren Stabilität von mehreren Hunderten von Jahren in der Umwelt an.

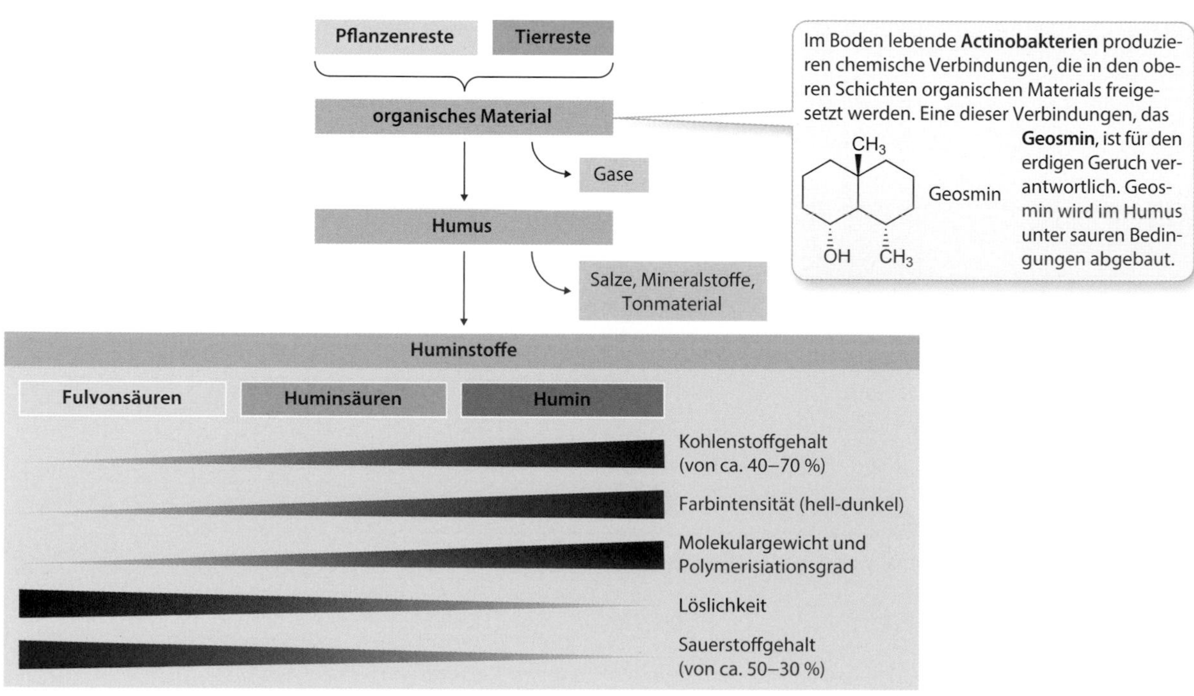

◘ **Abb. 13.39** Huminstoffe entstehen beim Abbau organischen Materials

Im **Karbon**, vor 350–300 Mio. Jahren, lag der Kontinent **Baltica**, der große Teile des heutigen Europas umfasste, in Äquatornähe. Das Pflanzenwachstum wurde durch ein warmes und feuchtes Klima verstärkt. Konsumenten konnten die (verholzte) Biomasse nicht oder nur schlecht abbauen.

Durch das Absterben großer Pflanzenmassen bildeten sich ausgeprägte **Torfschichten**, die im Laufe der Jahre mit Sedimenten aufgefüllt wurden.

Der steigende Druck führte zum Wasserentzug und zur **Karbonisierung** des Pflanzenmaterials. Es entstanden **Braunkohle** und mit zunehmenden Drücken, Temperaturen und abnehmendem Wassergehalt **Steinkohle** und **Anthrazit**.

Moor

Torf

Braunkohle

Steinkohle

Anthrazit

zunehmender Wasserentzug

zunehmender Druck und steigende Temperatur

Die heutigen Braunkohlelagerstätten entstanden im Paläogen und Neogen vor 65 bis 3 Mio. Jahren.

a

Durch die Plattentektonik haben sich im Laufe der Erdgeschichte immer wieder **Schelfmeere** an den Rändern der Kontinente in verschiedenen Regionen unserer Erde gebildet. Am Schelfhang stieg **nährstoffreiches Tiefenwasser** auf – insbesondere in den warmen tropischen und subtropischen Regionen ermöglicht dies ein starkes Algenwachstum.

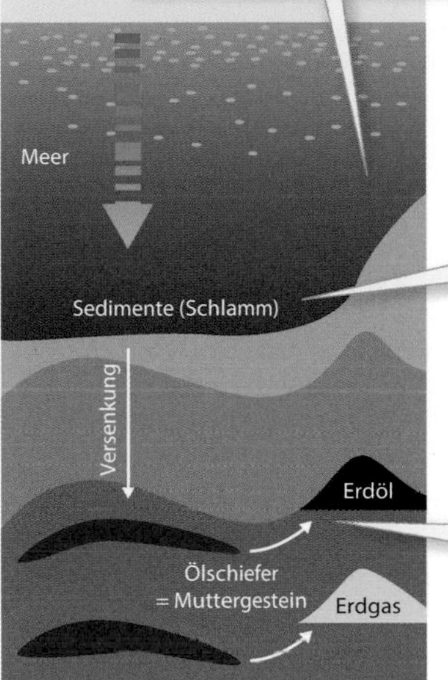

Absterbende Algen und tierisches Plankton gelangten in diesen Bereichen schnell in große Tiefen, wo **sauerstoffarme Bedingungen** herrschen. In ruhigen, strömungsarmen Teilen dieser Meere kam es kaum zu größeren Durchmischungen mit dem Oberflächenwasser. Aromatische Polymere (Peptide, Zellwände) und aliphatische Lipide konnten daher nicht oxidativ abgebaut werden.

Absinkende Tonmaterialien bedeckten diese organischen Reste schließlich mit einer Sedimentschicht. Unter hohen Drücken und Temperaturen entstanden aus solchen Schichten **Erdölschiefer**, **Erdöllagerstätten** (Kerogenisierung) und **Erdgas**.

b

Abb. 13.40 Die Bildung fossiler Energieträger. **a** Kohle, **b** Erdöl

Polyzyklische aromatische Kohlenwasserstoffe (PAK) bestehen aus mindestens zwei kondensierten **Benzolringen**. Sie umfassen einfache bizyklische Systeme wie das Naphtalin, aber auch polyzyklische Stoffe wie das krebserzeugende Benzpyren 3,4, welches bei einfachen Verbrennungsprozessen (z. B. Grillen) auftritt. PAK entstehen auch durch Kondensation von Huminsäuren bei hohen Temperaturen. Darüber hinaus werden PAK durch hohe Konzentrationen von Huminsäuren mobilisiert, wodurch sie sich im Boden verbreiten können. Dort können sie durch Bakterien vollständig mineralisiert werden. Pilze und andere Mikroorganismen cometabolisieren manche PAK. Dies führt zu einem unvollständigen Abbau (***Dead-end***-**Metabolite**).

Benzpyren

Halogenierte Kohlenwasserstoffe enthalten Brom-, Iod-, Chlor- oder Fluoratome. Polychlorierte Substanzen wurden vorwiegend als **Insektizide** (z. B. DDT, Hexachlorcyclohexan) und **Fungizide** (z. B. Chlorthalinol) eingesetzt. Sie sind nur **schwer abbaubar** und reichern sich aufgrund ihres lipophilen Charakters in den Fettschichten von Tieren an.

Dichlordiphenyltrichlorethan (DDT) ist eines der bekanntesten Insektizide. Es wurde in Deutschland zur Insektenbekämpfung eingesetzt und weltweit von der WHO zur Bekämpfung der *Anopheles*-Mücke und der Malaria benutzt.

Hexachlorcyclohexan (Lindan) wurde als Insektizid im Holzschutz eingesetzt. Es diente auch jahrelang zur Bekämpfung von Hautmilben (Krätze).

Chlorthalonil ist ein Fungizid, das in Deutschland zur Pilzbekämpfung bei Getreide und Kartoffeln eingesetzt wird. Bei Pilzen hemmt es die Glykolyse.

Weniger komplexe halogenierte Verbindungen werden auch biogen von Mikroorganismen und Insekten produziert. Darüber hinaus entstehen sie in Form von Brommethan und Chlormethan im Humus durch Redoxprozesse unter Anwesenheit von Metallionen.

Polyethylenterephthalat (PET)

Die **PETase** hydrolysiert die Esterbindung, die jede Terephthalateinheit mit ihrer Nachbareinheit verbindet. Dadurch entsteht aus **Polyethylenterephtalat** (PET) das entsprechende Monomer Mono(hydroxyethyl)terephthalat (MHET).

Mono(hydroxyethyl)terephthalat (MHET)

In den letzten Jahren wurden vereinzelt **Bakterien** entdeckt, die wie *Ideonella sakaiensis* oder wie *Exiguobacterium* spec. selbst Polyethylenterephthalat (PET) und Polystyrol (PS) abbauen können. Sie spalten die polymeren Kunststoffe mithilfe von **speziellen Hydrolasen** (z. B. PETase, MHETase).

Die **MHETase** spaltet die Esterbindung zwischen dem Terephthalat und dem Ethylenglykol.

Terephthalat

Ethylenglykol

Abb. 13.41 Der Abbau von Kohlenwasserstoffen

Weiterführende Literatur

1. Anderson NM, Mucka P, Kern JG, Feng H (2018) The emerging role and targetability of the TCA cycle in cancer metabolism. Protein Cell 9:216–237
2. Berg JM, Tymoczko JL, Gatto GJ Jr. (2018) Stryer Biochemie, 8. Aufl. Springer Spektrum, Berlin, Heidelberg
3. Fischer WW, Hemp J, Johnson JE (2016) Evolution of oxygenic photosynthesis. Annu Rev Earth Planet Sci 44:647–683
4. Heinrich PC, Müller M, Graeve L (2014) Löffler/Petrides: Biochemie und Pathobiochemie, 9. Aufl. Springer, Berlin, Heidelberg, New York
5. Heldt HW, Piechulla B (2015) Pflanzenbiochemie, 5. Aufl. Springer Spektrum, Berlin, Heidelberg
6. Horton HR, Moran LA, Scrimgeour KG, Perry MD, Rawn JD (2008) Biochemie, 4. Aufl. Pearson, München
7. Hügler M, Sievert SM (2011) Beyond the Calvin cycle: autotrophic carbon fixation in the ocean. Annu Rev Mar Sci 3:261–289
8. Kunze M, Hartig A (2013) Permeability of the peroxisomal membrane: lessons from the glyoxylate cycle. Front Physiol 4:204
9. Li XB, Gu JD, Zhou QH (2015) Review of aerobic glycolysis and its key enzymes – new targets for lung cancer therapy. Thorac Cancer 6:17–24
10. Lunt SY, Vander Heiden MG (2011) Aerobic glycolysis: meeting the metabolic requirements of cell proliferation. Annu Rev Cell Dev Biol 27:441–464
11. Müller M, Mentel M, van Hellemond JJ, Henze K, Woehle C, Gould SB, Yu RY, van der Giezen M, Tielens AGM, Martin WF (2012) Biochemistry and evolution of anaerobic energy metabolism in eukaryotes. Microbiol Mol Biol Rev 76:444–495
12. Rassow J, Hauser K, Netzker R, Deutzmann R (2016) Duale Reihe Biochemie, 4. Aufl. Thieme, Stuttgart
13. Turner N, Cooney GJ, Kraegen EW, Bruce CR (2014) Fatty acid metabolism, energy expenditure and insulin resistance in muscle. J Endocrinol 220:T61–T79
14. Voet D, Voet JG, Pratt CW (2019) Lehrbuch der Biochemie, 3. Aufl. Wiley-VCH, Weinheim

Reproduktion und Wachstum

Peter Bayer

J. Boenigk (Hrsg.), *Boenigk, Biologie,* https://doi.org/10.1007/978-3-662-61270-5_14

14.1 Die Rekombination von Allelen unterscheidet die geschlechtliche von der ungeschlechtlichen Fortpflanzung

Nahezu alle Eukaryoten nutzen die Möglichkeit der **geschlechtlichen Fortpflanzung**. Entscheidendes Merkmal der sexuellen Vermehrung ist die **Rekombination**, also der Austausch von Allelen. Die interchromosomale Rekombination geschieht durch die zufällige Verteilung der Chromosomen auf die Keimzellen während der Meiose oder durch die Fusion von Gameten bei der Befruchtung (▶ Abschn. 6.7). Die intrachromosomale Rekombination findet als Folge einer Überlagerung von gepaarten Chromatiden während der Meiose statt, wodurch Abschnitte gegeneinander ausgetauscht werden. Bei der geschlechtlichen Fortpflanzung erhalten die Nachkommen mittels dieser Rekombinationsereignisse nach einer Meiose oder einer Befruchtung Gene beider Elternteile (◘ Abb. 14.1).

Dem gegenüber steht die **ungeschlechtliche Fortpflanzung**. In der belebten Natur sind unterschiedliche Formen der asexuellen Vermehrung zu beobachten. Hierzu gehören die mitotischen Teilungen von Zellen in identische Tochterzellen (◘ Abb. 14.1). Zwar kommt es bei allen Organismen zu Zellteilungen, jedoch nicht ausschließlich zum Zwecke der Reproduktion des gesamten Organismus. Zu den nicht reproduktiven Zellteilungen gehört beispielsweise die Regeneration von Teilen des Organismus.

Erbgleiche Organismen entstehen oft bei der ungeschlechtlichen Vermehrung durch Sprossung oder Knospung. Selbst aus unbefruchteten Eizellen können vollständige Organismen gebildet werden, wie es bei der Jungfernzeugung und der Agamogenese (▶ Abschn. 14.3) der Fall ist. Pflanzen können sich darüber hinaus durch vegetative Vermehrung ausbreiten. Einigen mehrzelligen Organismen gelingt es, sich aus einzelnen Fragmenten vollständig zu reproduzieren. Abgesehen von Mutationen resultiert die asexuelle Fortpflanzung in genetisch identischen Organismen. Häufig geht mit der ungeschlechtlichen Vermehrung gleichzeitig die Bildung von Überdauerungsformen wie Sporen, Cysten, Zwiebeln und Knollen (▶ Abschn. 5.5, 14.3) einher.

Ein weiterer Unterschied zwischen asexueller und sexueller Fortpflanzung ist, dass es bei der ungeschlechtlichen Vermehrung zu keiner Rekombination und damit zu keinem Austausch der Erbinformation mütterlicher und väterlicher Herkunft kommt. Die Variation von Erbmaterial wird vorwiegend durch Mutationen bestimmt. Die Entstehung neuer vorteilhafter Genkombinationen – mit der Möglichkeit einer schnelleren Anpassungsfähigkeit an neue Umweltbedingungen für die Nachkommen wie bei der sexuellen Vermehrung – ist daher auf diese Weise nicht möglich. Gleichzeitig wird aber durch fehlende Rekombination auch das Entstehen nachteiliger Genkombinationen verhindert, wodurch bei angepassten Organismen für die Nachkommen genetische Stabilität und hohe individuelle Überlebenswahrscheinlichkeit bei stabilen Umweltbedingungen garantiert werden. Zudem entfallen die Suche nach geeigneten Sexualpart-

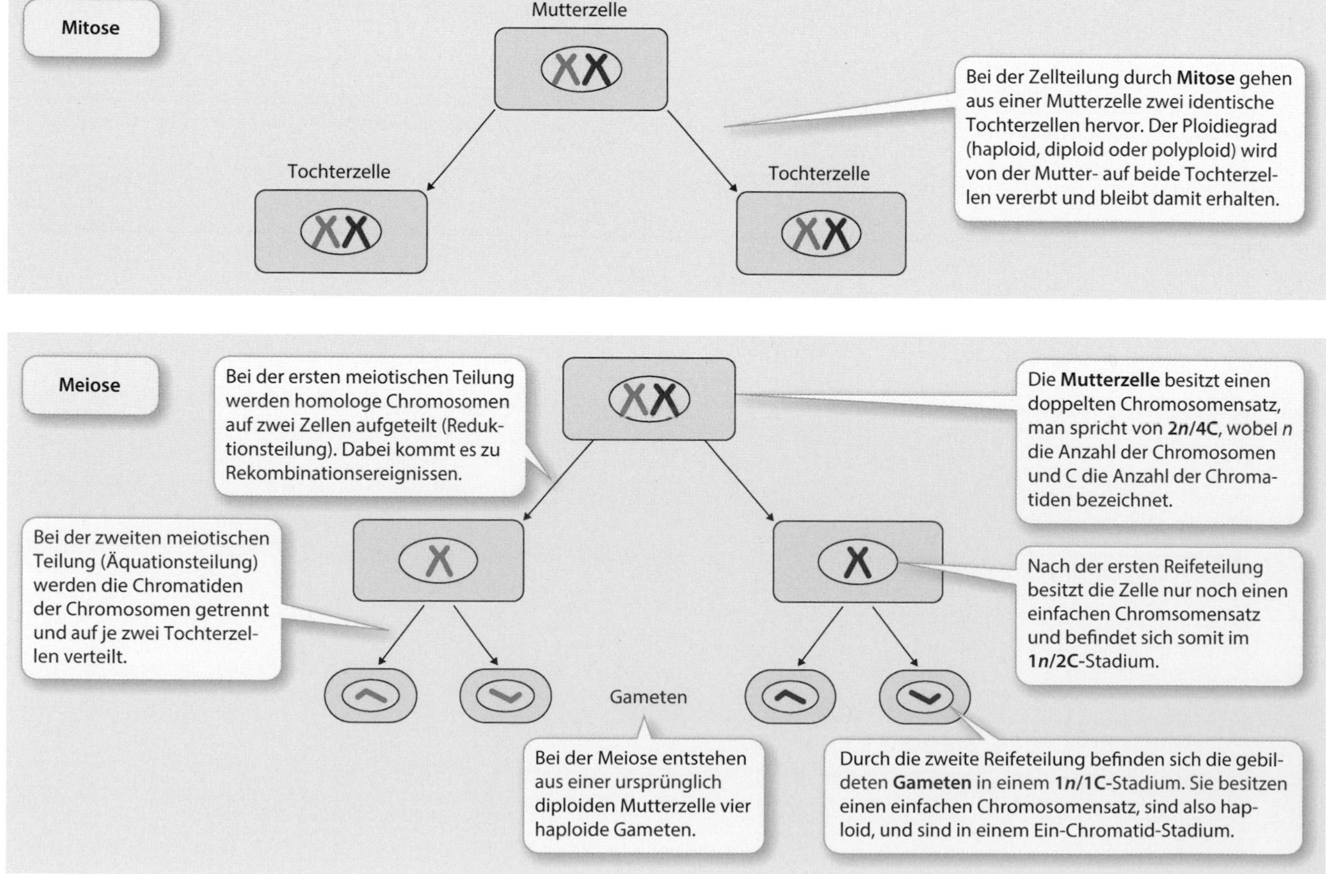

◘ **Abb. 14.1** Verschiedene Aspekte der Fortpflanzung

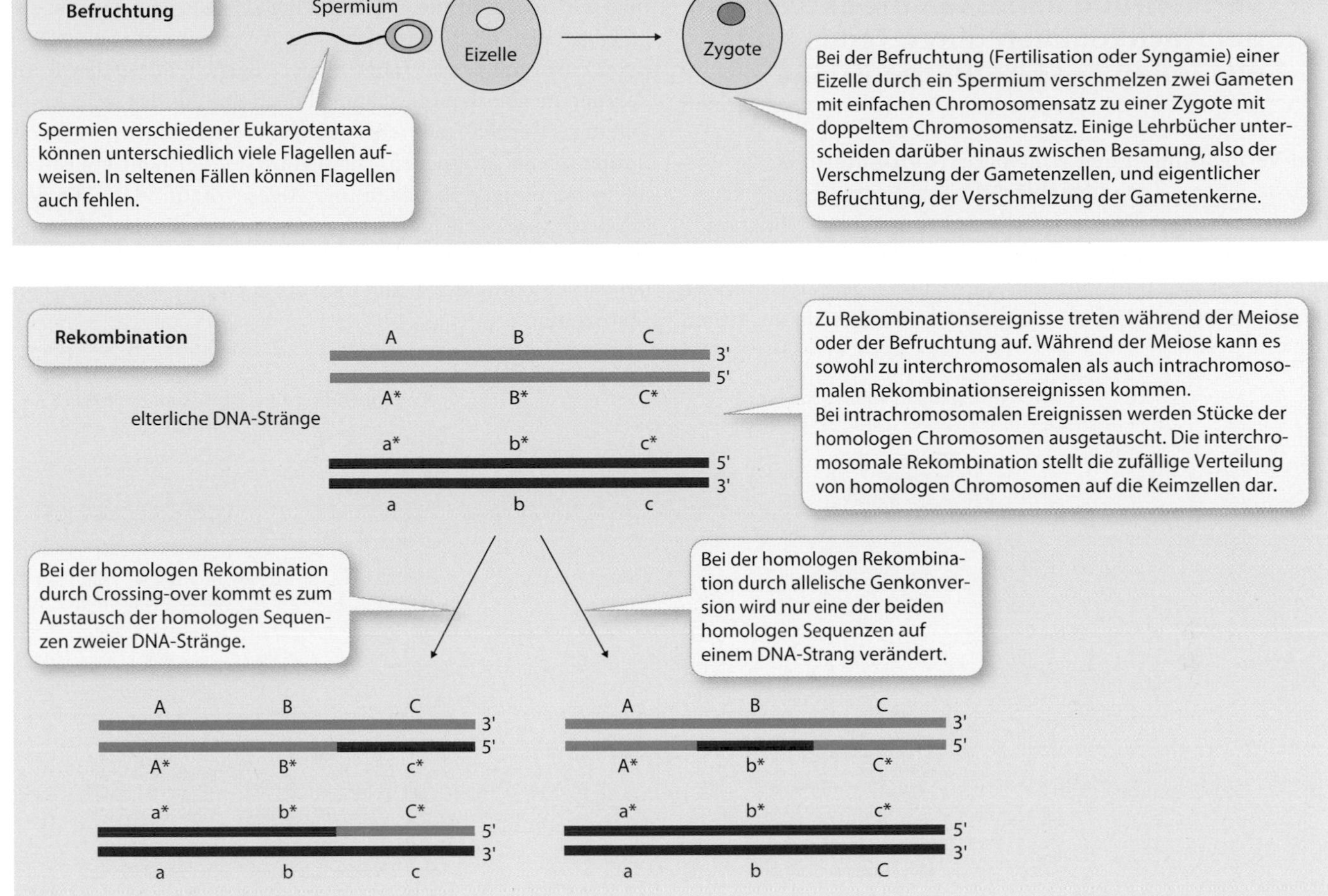

Abb. 14.1 (*Fortsetzung*)

nern sowie die Notwendigkeit zur Ausbildung von Sexualdimorphismen und Partnerwahlritualen. Bei einigen eukaryotischen Zellen findet man teilweise auch DNA-Umlagerungen jenseits der sexuellen Vermehrung (somatische Rekombination), z. B. in Form der VDJ-Rekombination bei Lymphocyten der Wirbeltiere oder sogenannten Transposons (▶ Abschn. 10.8).

Bakterien und Archaeen können sich nicht sexuell fortpflanzen. Ein Austausch von Genmaterial kann neben erhöhten Mutationsraten durch Kopierfehler und höhere Teilungsraten noch über vertikalen oder horizontalen Gentransfer stattfinden, sodass auch hier eine „Durchmischung" des Genpools zu einer variablen Anpassung an die Umwelt führen kann.

14.2 Einfache Formen der asexuellen Vermehrung umfassen die Entstehung der Nachkommen durch Teilung oder aus Teilen des Elternorganismus

Die Vermehrung durch Zellteilung (**Cytokinese**) ist die einfachste Form der ungeschlechtlichen Fortpflanzung (Agamogenese) bei Prokaryoten und einfachen Eukaryoten (◘ Abb. 14.2). Bei Eukaryoten kommt es im Allgemeinen vor der Zellteilung zur mitotischen Kernteilung, der **Karyogenese** (▶ Abschn. 6.5). Gehen zwei Kerne daraus hervor, aus denen sich zwei äquivalente parentale Organismen bilden, spricht man von **Schizotomie** („Zweiteilung", „Spaltung"). Dies ist die gängige Form der ungeschlechtlichen Vermehrung bei einzelligen Eukaryoten wie Protisten oder Pilzen. Teilt sich der Kern dagegen mehrfach mitotisch und bilden sich aus der Zelle durch Teilung („Zerfall") mehrere äquivalente Organismen, wird von **Schizogonie** gesprochen. Diese Form der Vermehrung ist vor allem bei einigen Protisten und Algen vorzufinden. Werden bei der Schizogonie die Tochterzellen innerhalb einer Plasmamembran (Merogonie) der Mutterzelle (Schizont) gebildet, wie bei den Apicomplexa, nennt man die hervorgegangenen Zellen Merozoiten.

14

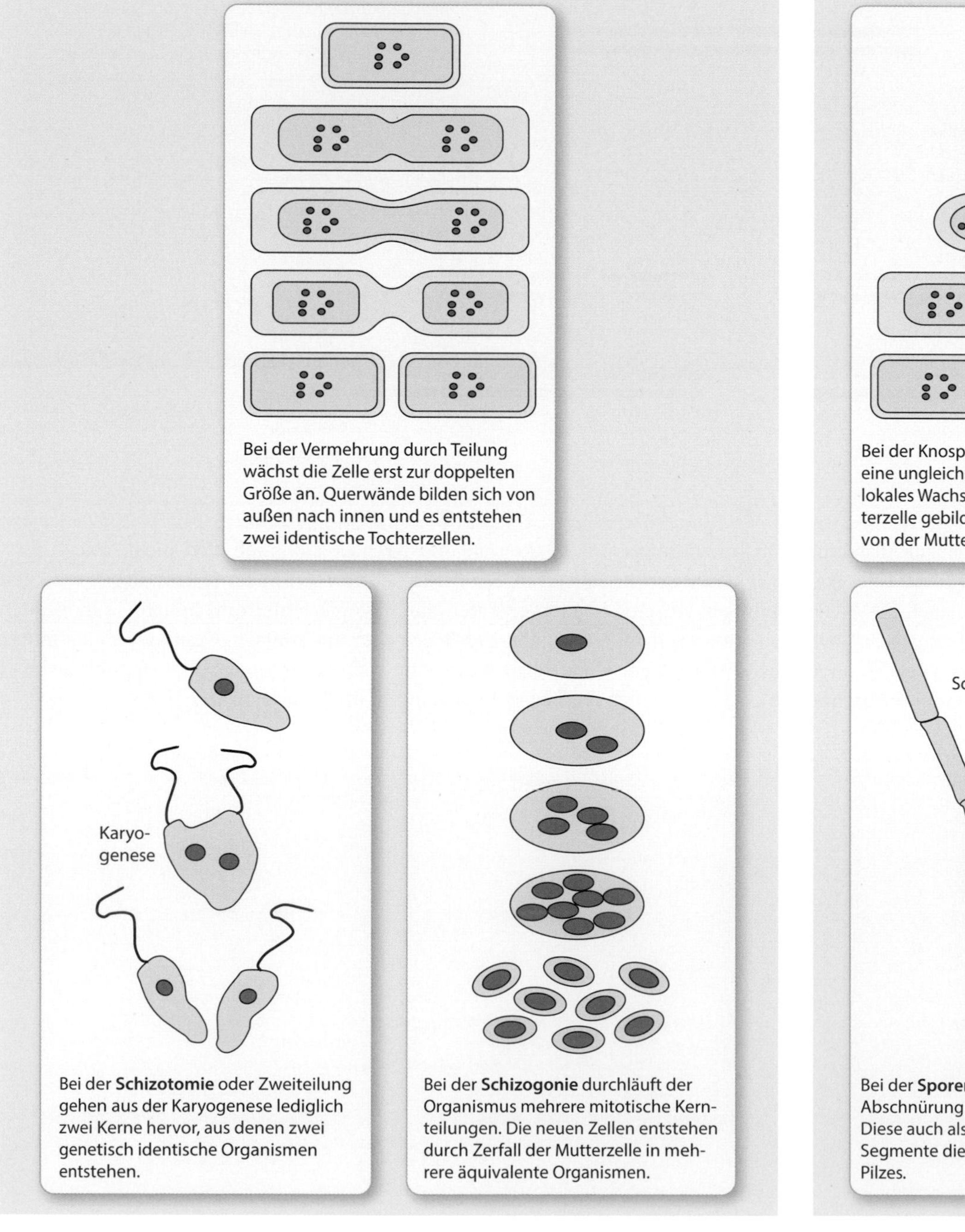

◘ **Abb. 14.2** Die ungeschlechtliche Vermehrung, durch Teilung, Sprossung oder Sporenbildung weist zwei Gemeinsamkeiten auf: Es ist nur eine Mutterzelle notwendig und es entstehen genetisch identische Tochterzellen

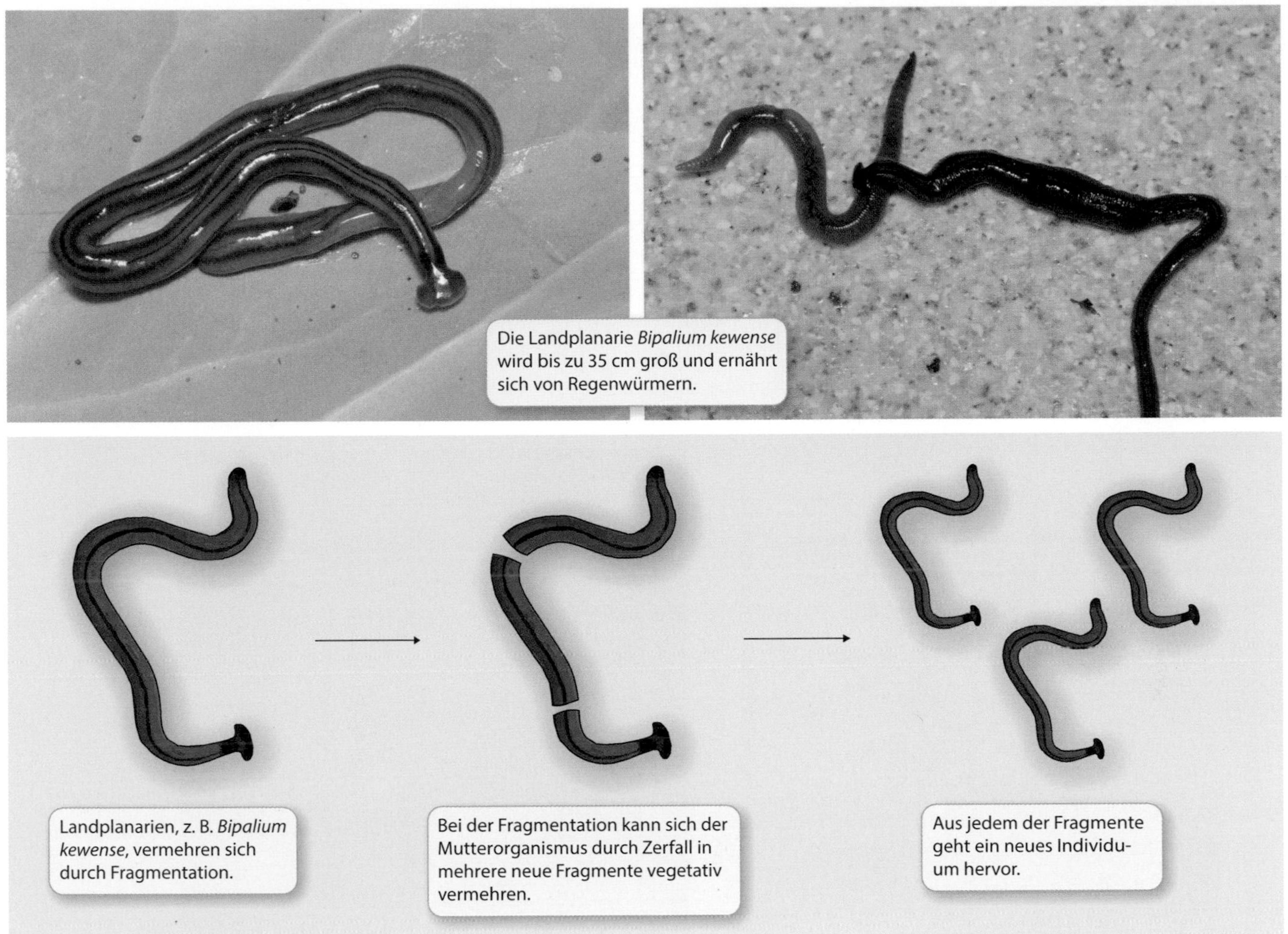

Abb. 14.3 Vermehrung durch Fragmentation

Die **Knospung** oder **Sprossung** von Lebewesen gilt heute als selbstständige Form der ungeschlechtlichen Vermehrung. Früher wurde sie zur vegetativen Vermehrung gezählt. Bei diesem Vorgang kommt es nach einer Zellteilung zur „Abschnürung" einer kleineren Tochterzelle oder eines oder mehrerer kleinerer Tochterindividuen von der Mutterzelle/dem Mutterindividuum. Sprossung findet man bei Protisten, wo sie **Cytogonie** genannt wird, bei Pilzen, aber auch bei Algen wie der Grünalge *Volvox* und Pflanzen sowie innerhalb niederer Tierstämme wie den Schwämmen (Porifera), Nesseltieren (Cnidaria) bis hin zu den Bilateria wie bei den Spiralia, z. B. Plattwürmern (Plathelminthes) und Ringelwürmern (Annelida). Ein häufig gewähltes Beispiel für die Vermehrung durch Knospung bei den Eumetazoa ist die Bildung der Redien, der Stablarven im Lebenskreislauf des Kleinen Leberegels, die durch Knospung aus dem zur Sporocyste umgewandelten Miracidium hervorgehen. Die Knospung von Zellen kann auch zur Bildung von Dauerstadien genutzt werden (▶ Abschn. 5.5). So dient sie bei einigen Organsimen zur Bildung von Exosporen/Konidien (Abb. 14.2).

Manche Organismengruppen sind in der Lage, sich aus Teilen komplett neu zu regenerieren und über diesen Mechanismus zu vermehren. Diese Art der Vermehrungsstrategie bezeichnet man als **Fragmentation** (Abb. 14.3). Sie liegt vor, wenn nicht nur ein Fragment den fragmentierten Organismus ersetzt, sondern weitere Fragmente zu kompletten Organismen (Klonen) ausreifen können, sodass es zu einer Vervielfachung des ursprünglichen Organismus kommt. Neben Pilzen und Flechten sind auch viele Pflanzen und Tiere in der Lage, sich durch Fragmentation zu vermehren. Beispiele dafür sind Schwämme, Korallen, Echinodermen wie Seesterne und verschiedene Spiralia. Dabei spielt es keine Rolle, ob die Fragmentation durch Zufall hervorgerufen wird, wie bei der Teilung eines Seesterns oder Ringelwurms, oder gezielt durch Sollbruchstellen eingeleitet, wie es mittels der Isidien der Flechten (▶ Abschn. 35.16) oder der Konidien der Pilze sowie der Actinomycetaceae geschieht (▶ Abschn. 5.5).

14.3 Organismen können asexuell aus unbefruchteten haploiden Eizellen entstehen oder aus diploiden Zellen oder Geweben hervorgehen

In der Botanik bezeichnet **Apomixis** die asexuelle Fortpflanzung, bei der es zu einer Entwicklung des „Embryos" ohne Befruchtung durch männliche Gameten kommt. Bei einigen Samenpflanzen kann der Embryo und damit die neue Pflanze unbefruchtet aus einem Samen heranwachsen – ein Vorgang, den man **Agamospermie** nennt. Dabei kann der Embryo bei Angiospermen aus dem Embryosack hervorgehen, der aus mehreren Zellen, darunter der Eizelle, besteht. Im engeren Sinne unterscheidet man zwei Formen der Agamospermie. Bei der **Parthenogenese (gametophytische Agamospermie)** geht der Embryo ohne vorherige Meiose aus der Eizelle hervor. Dem gegenüber steht die **sporophytische Agamospermie**, bei welcher der Embryo aus dem diploiden umgebenden Gewebe entsteht. Die Definitionen für Apomixis, Parthenogenese und Agamospermie sind im englischen und deutschen Sprachraum sowie bei verschiedenen Autoren in unterschiedlicher Bedeutung in Gebrauch. Auch der Begriff der vegetativen Vermehrung ist in der Literatur uneinheitlich definiert. Oft werden insbesondere die Begriffe Apomixis und Agamospermie bei Samenpflanzen synonym verwendet.

Als **Blastochorie** bezeichnet man die vegetative Vermehrung durch Ausläufer. Dabei entstehen genetisch identische Klone. Brombeeren und Himbeeren bilden Wurzelsprosse und Absenker, aus denen neue Pflanzen hervorgehen können.

Blätter können Sprossknospen ausbilden, an deren Unterseiten sich Wurzeln bilden. Dies ist der Fall beim Brutblatt (*Bryophyllum*). Fallen die Blätter auf den Boden, treten die Wurzeln in die Erde ein und es entsteht ein neuer Pflanzenkörper.

bewurzelte Bulbillen der Tigerlilie (*Lilium lancifolium*)

Die Erdbeere vermehrt sich vegetativ mithilfe von Stolonen. Dies sind überirdischen Ausläufer des Sprosses, an deren Spitze sich eine Knospe entwickelt, die zu einer neuen Pflanze heranwachsen kann.

Abb. 14.4 Blastochorie als Form der asexuellen Fortpflanzung bei Pflanzen

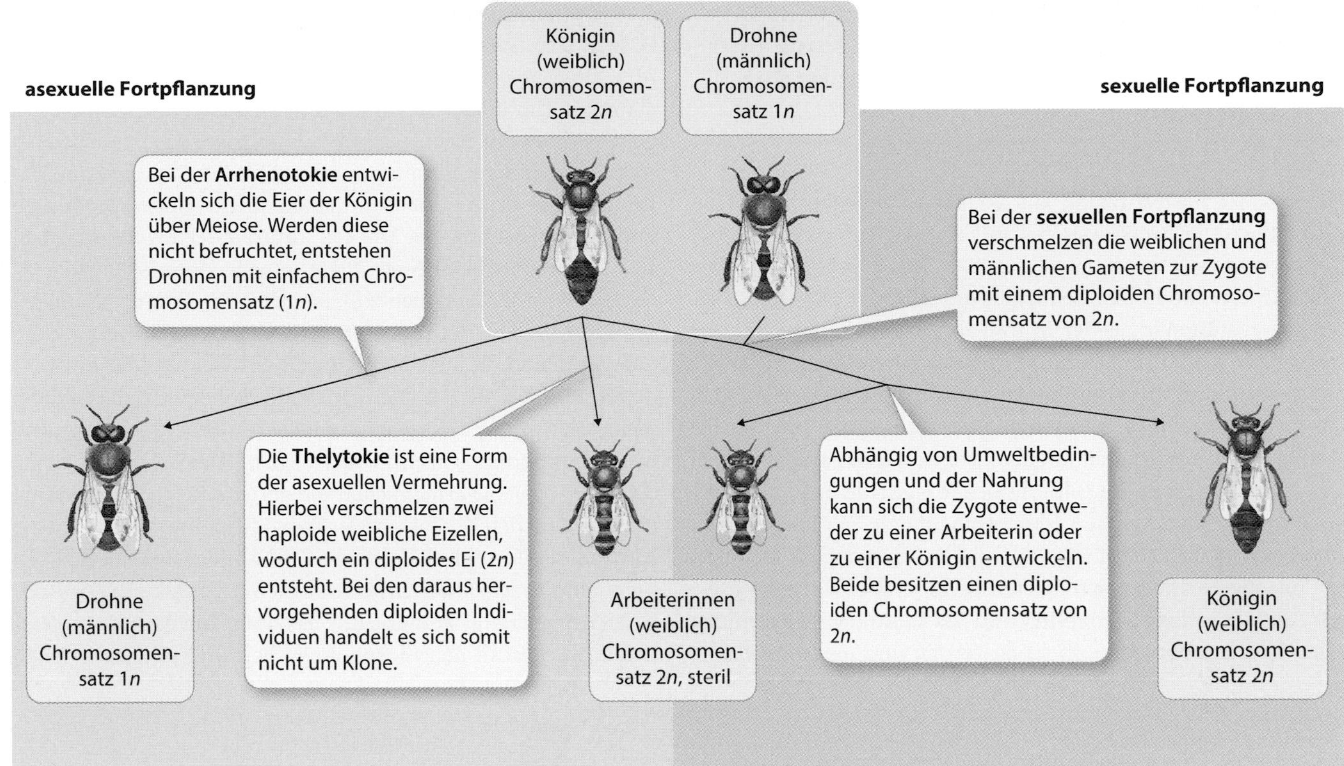

Abb. 14.5 Fortpflanzung bei südafrikanischen Bienen der Unterart *Apis mellifera capensis*

In der älteren botanischen Literatur findet man bei Angiospermen eine weitere Form der Apomixis, die vegetative Vermehrung. Bei dieser bildet sich die neue Pflanze durch „Abschnürung“ von der Mutterpflanze, z. B. durch Brutkörper (Gemmae) und Brutknospen (Bulbillen) oder Ausläufer. Heute wird der Begriff der vegetativen Vermehrung allerdings nur dann verwendet, wenn die neue Pflanze nicht aus einem Samen oder einer Spore hervorgegangen ist, was dem Begriff der Apomixis, wenn man ihn der Agamospermie gleichsetzt, widersprechen würde. Daher wird die **vegetative Vermehrung** als eigenständige Form der ungeschlechtlichen Vermehrung angesehen. Geschieht die vegetative Vermehrung durch die Ausbreitung mittels Ausläufern und Bulbillen, spricht man von **Blastochorie** (Abb. 14.4). Neben der Blastochorie zählen auch die Ausbreitung durch Knollen und Stecklinge sowie die „künstliche“ Vermehrung in Form von Gewebekulturen zu der vegetativen Vermehrung. Das Resultat der vegetativen Vermehrung ist die Erzeugung einer Gruppe genetisch identischer, sprich erbgleicher, Organismen oder Klone.

Auch in der Zoologie bezeichnet man die Entwicklung eines Embryos aus einer unbefruchteten Eizelle als Parthenogenese (**Jungfernzeugung**). Sie ist insofern eine Form der eingeschlechtlichen Vermehrung. Die Parthenogenese zählt zur asexuellen Vermehrung, wenn die Oocyte durch mitotische Teilung entsteht (**apomiktische Parthenogenese**) und es zur Bildung diploider Weibchen (Thelytokie; „Vollklon“) kommt. Thelytokie ist sehr selten im Tierreich. Sie tritt bei den Rädertierchen der Ordnung Bdelloidea, beim Amazonenkärpfling (*Poecilia formosa*) sowie im Generationswechsel einiger Gallwespenarten (*Neuroterus numismalis* und *Diplolepis rosae*), bei der Weberameise *Oecophylla longinoda* und einer Unterart der Honigbiene auf (Abb. 14.5). Entwickelt sich die diploide Version der Eizelle, indem es nach der Meiose zu einer anschließenden Fusion der entstandenen Kerne kommt (**automiktische Parthenogenese**), handelt es sich um eine Form der sexuellen Vermehrung. Dies ist auch der Fall bei der Arrhenotokie. Hierbei entstehen Organismen mit haploidem Chromosomensatz aus einer durch Meiose hervorgegangenen unbefruchteten Eizelle. Dies geschieht bei vielen Läusen und Hautflüglern wie den Drohnen der Bienen (Abb. 14.5).

14.4 Die sexuelle Fortpflanzung umfasst die Rekombination durch Meiose und das Verschmelzen zweier haploider Gameten

Die sexuelle Fortpflanzung auf der Basis von **Rekombination** und **Meiose** tritt erstmals bei Eukaryoten auf, da diese über Zellkerne mit Chromosomen und über ein Cytoskelett verfügen sowie einen mitotischen Zellzyklus durchlaufen. Die Meiose leitet sich evolutionär aus der Mitose ab und ist vermutlich durch fehlerhafte Kohäsinbindung und fehlerhaften Chromosomenabbau aus dieser hervorgegangen. Sowohl die Meiose als auch das Prinzip der Fusion zweier haploider Gameten zu einer Zygote sind bei allen Eukaryoten hoch konserviert. Bei den vielzelligen Eukaryoten verläuft die Bildung neuer Generationen durch sexuelle Fortpflanzung über drei entscheidende Schritte, nämlich Meiose, sexuelle Differenzierung und Befruchtung.

Bei vielen Eukaryoten treten zwei Typen von **Gameten** auf, die als weiblich (**Eizelle**) und als männlich (**Spermium** oder **Spermatozoid**) bezeichnet werden und unterschiedliche Geschlechtschromosomen tragen. Die **Befruchtung**, also die **Fusion der Gameten**, erfolgt durch verschiedene Strategien. Im einfachsten Fall können die Gameten für den Befruchtungsakt in die Umwelt entlassen werden. Meist sind die männlichen Gameten beweglich und treffen auf unbewegliche, festsitzende weibliche Eizellen. Beispiele für diese Vorgehensweise sind das Laichen der Fische und Amphibien sowie einiger Mollusken und die Befruchtung bei Moosen. Im Lauf der Evolution haben sich bei unterschiedlichen Eukaryotengruppen spezielle Gewebe entwickelt, in denen z. B. aus Urkeimzellen die Gameten gebildet werden (Keimdrüsen = Gonaden) und heranreifen oder in denen die Befruchtung und das Heranreifen des Embryos stattfinden (z. B. Uterus). Damit einher geht die Bildung mehr oder weniger ausgeprägter **äußerer Geschlechtsorgane** wie Gonopodium, Hemipenis, Penis, Kloake oder Vagina (▣ Abb. 14.6). Sie ermöglichen die gezielte Befruchtung durch den körperlichen Kontakt zweier Individuen. Ihm voran geht die Auswahl des Geschlechtspartners. Im Lauf der Evolution haben sich daher unterschiedlichste Strategien zur Selektion des Partners (Partnerwahl) entwickelt, was häufig zur Ausbildung von Unterschieden in den morphologischen und phänotypischen

14

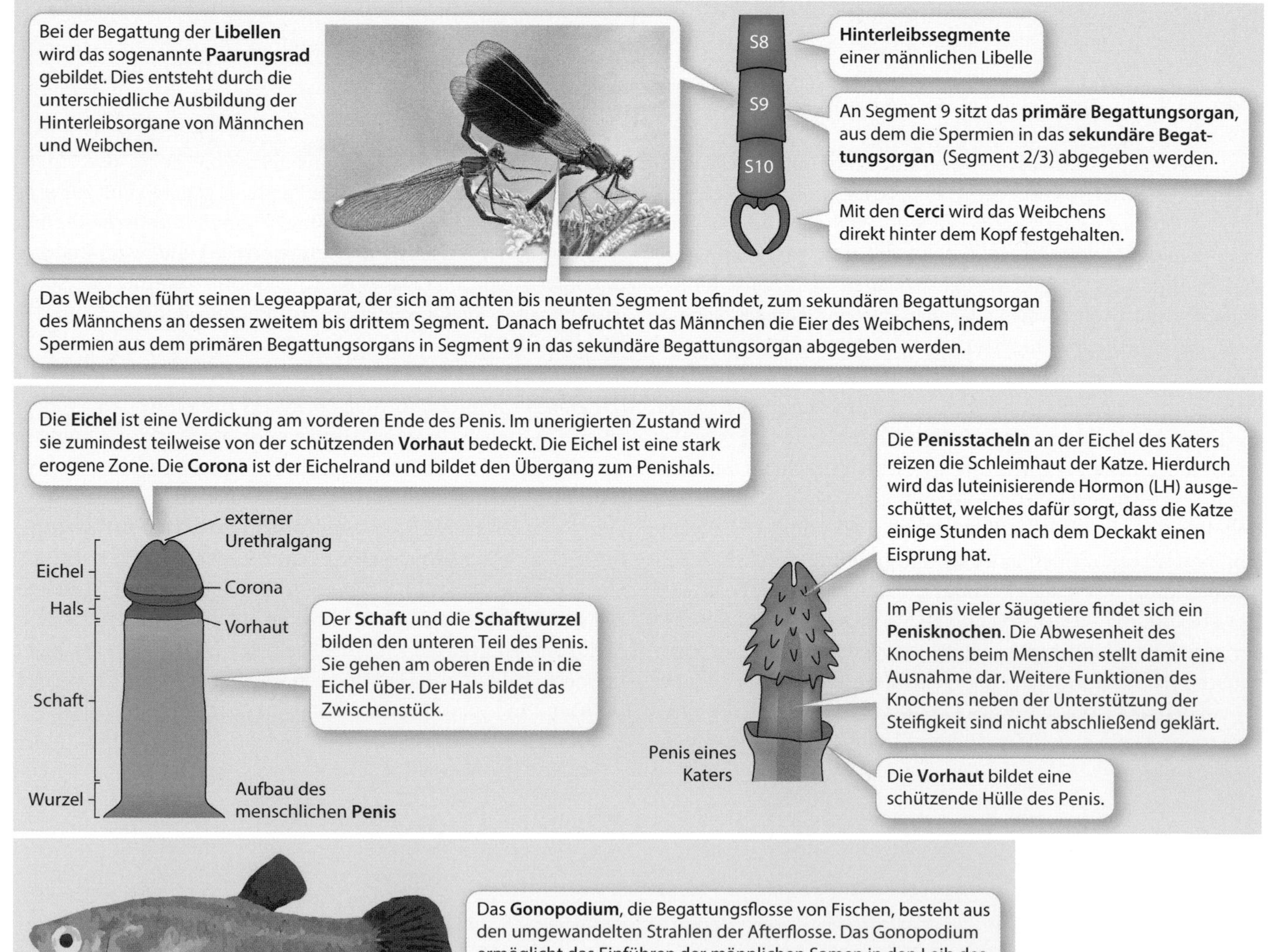

▣ **Abb. 14.6** Aufbau äußerer Geschlechtsorgane

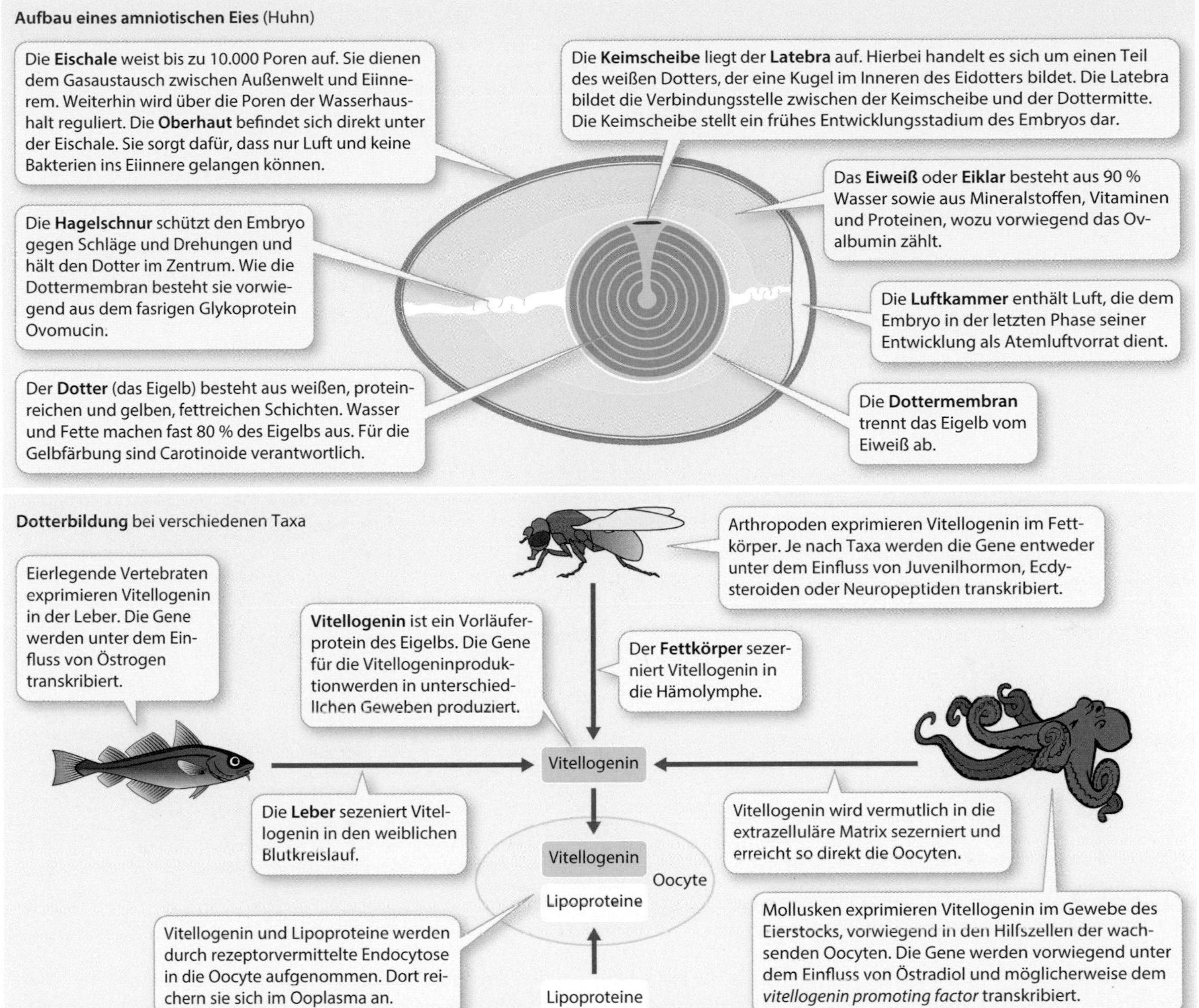

Abb. 14.7 Aufbau des Eies der Amniota und Dotterbildung bei verschiedenen Organismen

Merkmalen der Geschlechter geführt hat (Geschlechtsdimorphismus; ▶ Abschn. 27.6).

Bei einer weiteren Form der Fortpflanzung, die von vielen Fischen und Amphibien genutzt wird, werden die Eizellen direkt in unbefruchteter Form abgelegt und erst später befruchtet. Alternativ kann die Zygote auch nach der Befruchtung, meist mit einem nährstoffreichen Gewebe umhüllt, in die Umwelt entlassen werden. Bei Pflanzen geschieht das beispielsweise in Form endospermhaltiger Samen (▶ Abschn. 31.14), bei eierlegenden Tieren wie manchen Amnioten, Arthropoden und Mollusken in Form dotterhaltiger Eier (■ Abb. 14.7; ▶ Abschn. 30.24). Einige Taxa, wie die Klasse der Säugetiere, haben hingegen alternative Strategien entwickelt. Bei den Beutelsäugern (Metatheria) und Höheren Säugetieren (Eutheria) entwickeln sich die Embryonen nicht mehr in Eiern, sondern in speziellen Organen des Muttertieres. Zu Letzteren gehören der Brutbeutel und der Uterus sowie die Placenta (■ Abb. 14.8). Diese Tiere sind somit lebendgebärend.

Gameten sind **haploide Zellen**, deren Kerne bei der Befruchtung miteinander verschmelzen und eine diploide Zygote bilden. Bei den Metazoen, bei denen alle somatischen Zellen diploide Chromosomensätze aufweisen, sind im gesamten Lebenszyklus nur die aus der Meiose hervorgehenden Gameten haploid. Da hier der größte Teil der Lebensphase mit diploidem Chromosomensatz verbracht wird, spricht man von **diplontischen Organismen**. Eukaryoten wie die Flagellaten hingegen existieren vorrangig als haploide Organismen und sind nur während des Zygotenstadiums diploid. Bei ihnen handelt es sich um **haplontische Organismen**. Landpflanzen zeichnen sich durch einen Generationswechsel aus, bei dem sich haplontische und diplontische Generation abwechseln (■ Abb. 14.9; ▶ Abschn. 31.8). Während bei den Moosen die haplontische Generation überwiegt (▶ Abschn. 31.10), dominiert bei den Bärlappen, Farnen und Samenpflanzen die diplontische Generation (▶ Abschn. 31.11 und folgende).

Die Gameten der Geschlechtspartner sind bei den meisten Organismen genetisch und morphologisch differenziert. Die bei der Befruchtung verschmelzenden Gameten weisen unterschiedliche Geschlechtschromosomen auf (**Heterogametie**), wie beispielsweise die X- und Y-Chromosomen beim Menschen. Bei vielen

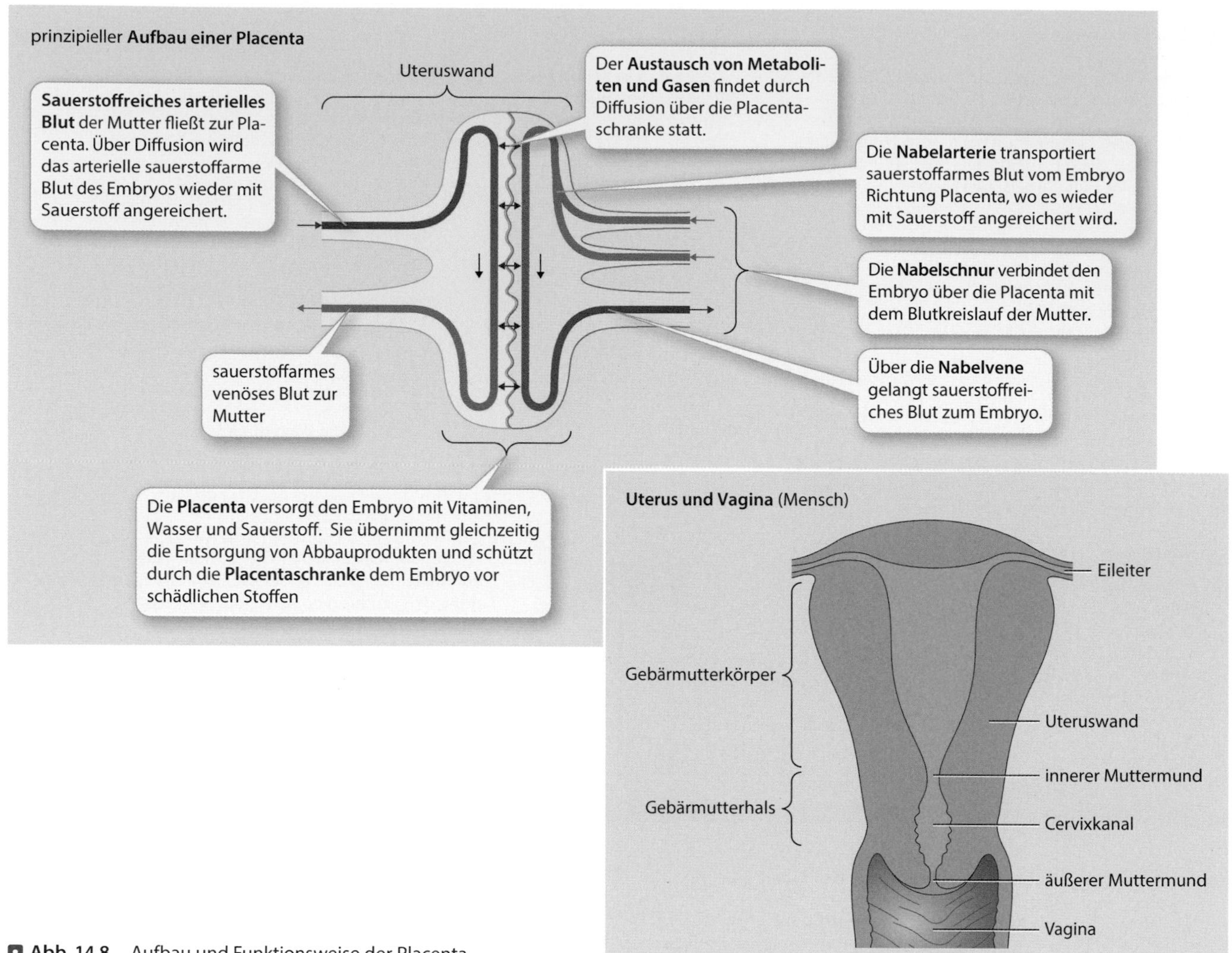

14

Abb. 14.8 Aufbau und Funktionsweise der Placenta

einzelligen Eukaryoten und manchen Pilzen ähneln die Gameten dem ausgewachsenen Organismus und/oder zeigen morphologisch keinen Geschlechtsdimorphismus (**Isogameten**). Die Heterogametie von Isogameten lässt sich nur auf genetischer Ebene nachweisen. Die verschiedenen Gametentypen, die miteinander verschmelzen können, bezeichnet man bei diesen Organismen als **Paarungstypen** (engl. *mating types*), Beispiele sind Hefen und die Grünalge *Chlamydomonas*. Heterogametie bedeutet nicht zwangsweise, dass zwei verschiedene Geschlechtschromosomen vorliegen. Es können auch mehrere verschiedene Paarungstypen vorliegen, wie es bei manchen Protisten und Pilzen (z. B. drei bei *Dictyostelium* und sieben bei *Tetrahymena*) der Fall ist. Bei Metazoen und höheren Pflanzen bilden sich Heterogameten aus, die sich äußerlich unterscheiden (**Anisogametie**). Im Falle dimorpher Gameten (Abb. 14.10) sind die weiblichen **Makrogameten** (Eizellen) meist größer als die männlichen **Mikrogameten** (Spermien/Spermatozoide). Während Eizellen vorwiegend unbeweglich sind, sind die Spermien häufig mit Flagellen ausgestattet oder nutzen passive Fortbewegungsmöglichkeiten, wie bei Pollen.

Bei Archaeplastiden, Pilzen und einigen einfachen Metazoen gehen die Gameten aus **pluripotenten Stammzellen** hervor, wohingegen sich bei den höheren Metazoen schon in den ersten Tagen im Leben des neuen Organismus die **Urkeimzellen** (keimzellbildende Stammzellen) entwickeln und von den übrigen somatischen Zellen absondern. Man spricht wegen dieser schnellen Absonderung und isolierten Weiterentwicklung der metazoischen Urkeimzellen von einer **Keimbahn**, die es in diesem Sinne nur bei höheren Metazoen, nicht aber bei niederen Unikonten und Archaeplastiden gibt. Im Lauf der Evolution entwickelten sich bei höheren Metazoen spezielle Geschlechtsorgane, in die die Urkeimzellen einwandern und bis zur Reifung verbleiben, die **Gonaden** (Eierstöcke und Hoden). Bei den Landpflanzen werden die Gameten in **Gametangien** gebildet (Archegonien/Oogonien und Antheridien; ► Abschn. 31.8). Da sich bei den Archaeplastiden die Keimzellen meist in späteren Stadien des Lebenszyklus differenzieren, spricht man hier nicht von einer Keimbahn. Diese Definition ist allerdings umstritten.

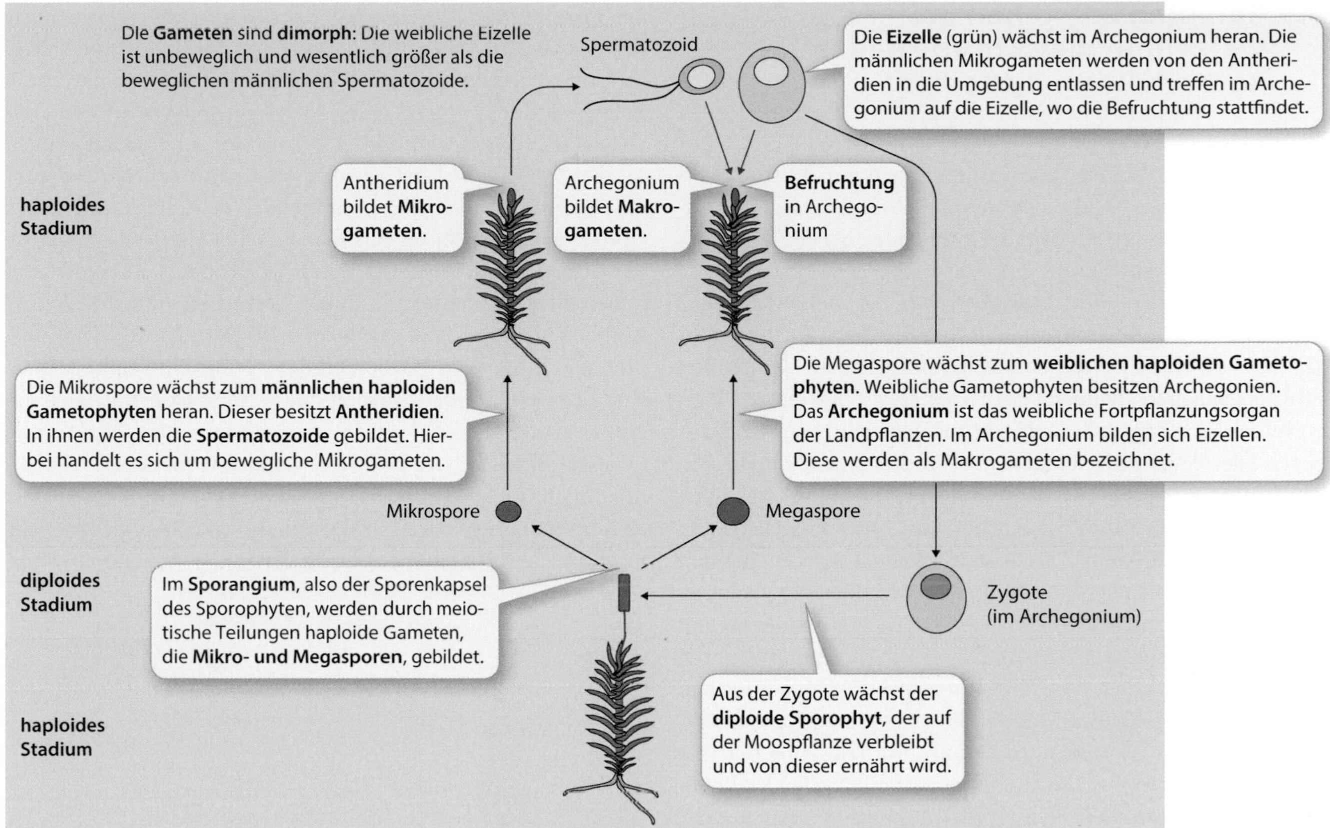

Abb. 14.9 Schematische Darstellung der Gametenbildung bei Kryptogamen am Beispiel eines diözischen Mooses

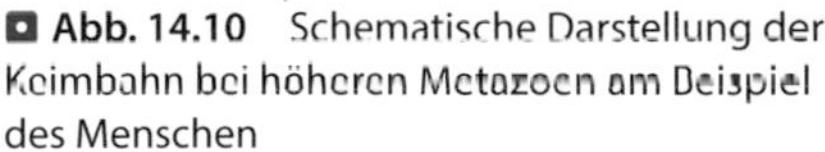

Abb. 14.10 Schematische Darstellung der Keimbahn bei höheren Metazoen am Beispiel des Menschen

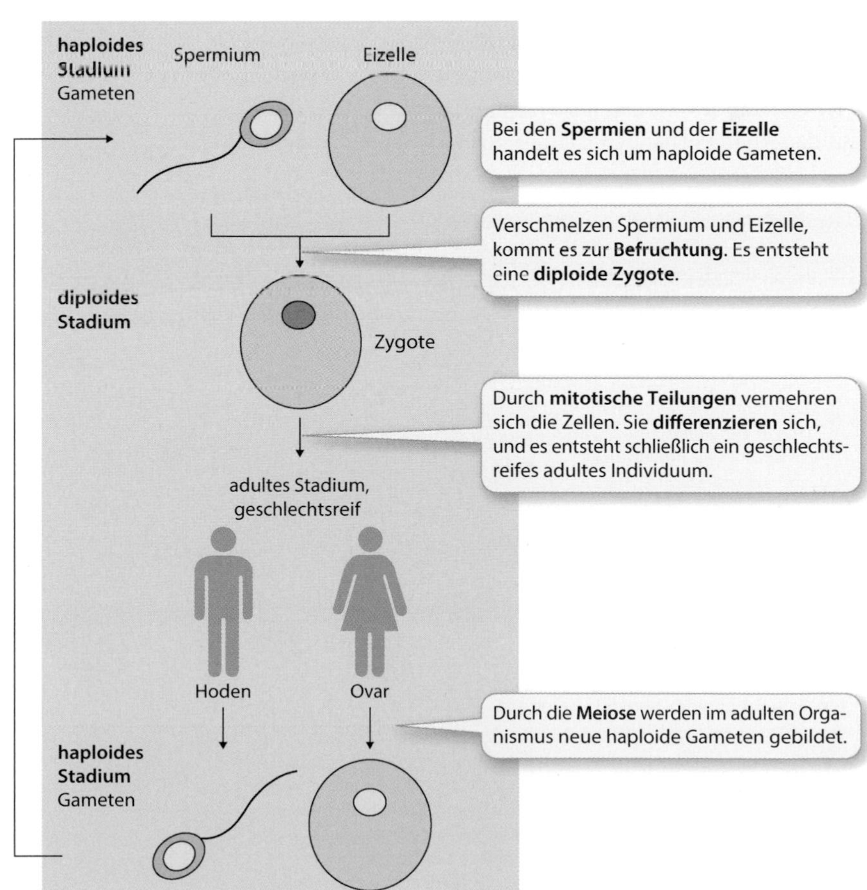

14.5 Gameten entstehen bei Vielzellern meist in speziellen Reproduktionssystemen

Die meisten vielzelligen Organismen haben zur **Bildung von Gameten** spezielle Strukturen ausgebildet. Bei den Landpflanzen werden diese als Gametangien bezeichnet, bei den Tieren als Gonaden oder Keimdrüsen.

Die weiblichen **Gametangien** der Landpflanzen werden **Archegonien** genannt, die männlichen **Antheridien** (◘ Abb. 14.11). Sie entstehen auf bzw. in dem aus den Sporen hervorgegangenen haploiden Gametophyten. Bei höheren Pflanzen bilden sich die Gametophyten aus den männlichen Mikrosporen oder Pollenkernen und den weiblichen Makrosporen bzw. dem Embryosack. Die Archegonien sind meist multizelluläre, mehrschichtige Gebilde, die Antheridien bleiben einschichtig. Der grundlegende Aufbau der Gametangien ist vor allem bei den Moosen zu beobachten (► Abschn. 31.10). Im Lauf der Evolution von den Moosen zu den Landpflanzen kam es zu einer Reduktion der haploiden Gametophyten, und damit einhergehend erfuhren auch die Gametangien eine Reduktion in Form und Aussehen (► Abschn. 31.8). Bei den Farnen bilden sich zwei Gametophytentypen aus, die als Mikro- und Makroprothallium bezeichnet werden. Bei Samenpflanzen sind diese zu Pollenzellen bzw. zum Embryosack reduziert (**Endosporie**). Hier gehen die Spermazellen aus der Antheridienmutterzelle des Mikroprothalliums hervor und die Eizelle aus dem Eiapparat des Embryosacks.

Tiere haben zur Bildung von Gameten Sexualorgane entwickelt, die **Keimdrüsen** oder **Gonaden**. Diese finden sich bereits bei niederen Gewebetieren. Bei vielen Wirbellosen werden die Gonaden nur während der Fortpflanzung gebildet, sind also nicht dauerhaft vorhanden. Häufig sitzen sie an der Außenseite der Körperhülle. Findet man sie im Inneren des Körpers, wie beispielsweise bei den Plattwürmern, Arthropoden oder Vertebraten, so werden die Gameten vor der Befruchtung durch teils komplexe Kanalsysteme geführt. Bei einigen Wirbellosen, wie etwa den Landschneckenarten, besitzen die Individuen manchmal beide funktionellen Gonaden (**Hermaphroditen, Zwitter**). Die meisten höheren Tiere sind jedoch getrenntgeschlechtlich (**dimorph**) und weisen nur eine geschlechtsspezifische Form der Gonaden auf. Die Gonaden der Vertebraten, also die männlichen **Hoden** (**Testes**; Singular: **Testis**) (◘ Abb. 14.12) und weiblichen **Eierstöcke** (**Ovarien**) (◘ Abb. 14.13), sind morphologisch bei allen Wirbeltierklassen sehr ähnlich aufgebaut. Ihre Entwicklung und Ausprägung werden jedoch je nach Taxon hormonell höchst unterschiedlich gesteuert. Hoden und Ovarien bilden sich aus den embryonalen Gonadenanlagen, die noch nicht geschlechtsspezifisch ausgereift sind. Während der Embryonalentwicklung erfolgt die Geschlechtsspezifizierung und das Gonadengewebe differenziert unter dem Einfluss hor-

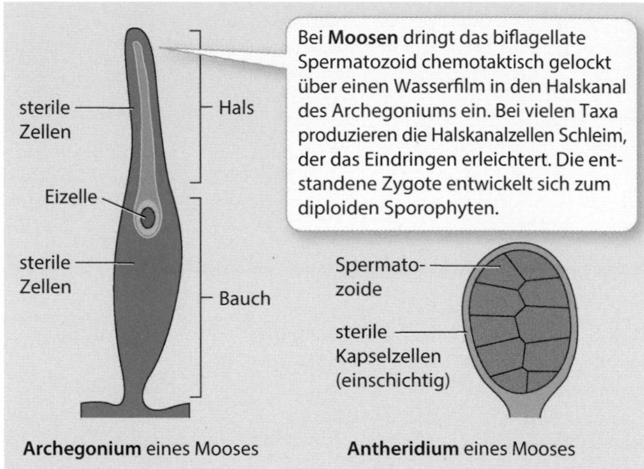

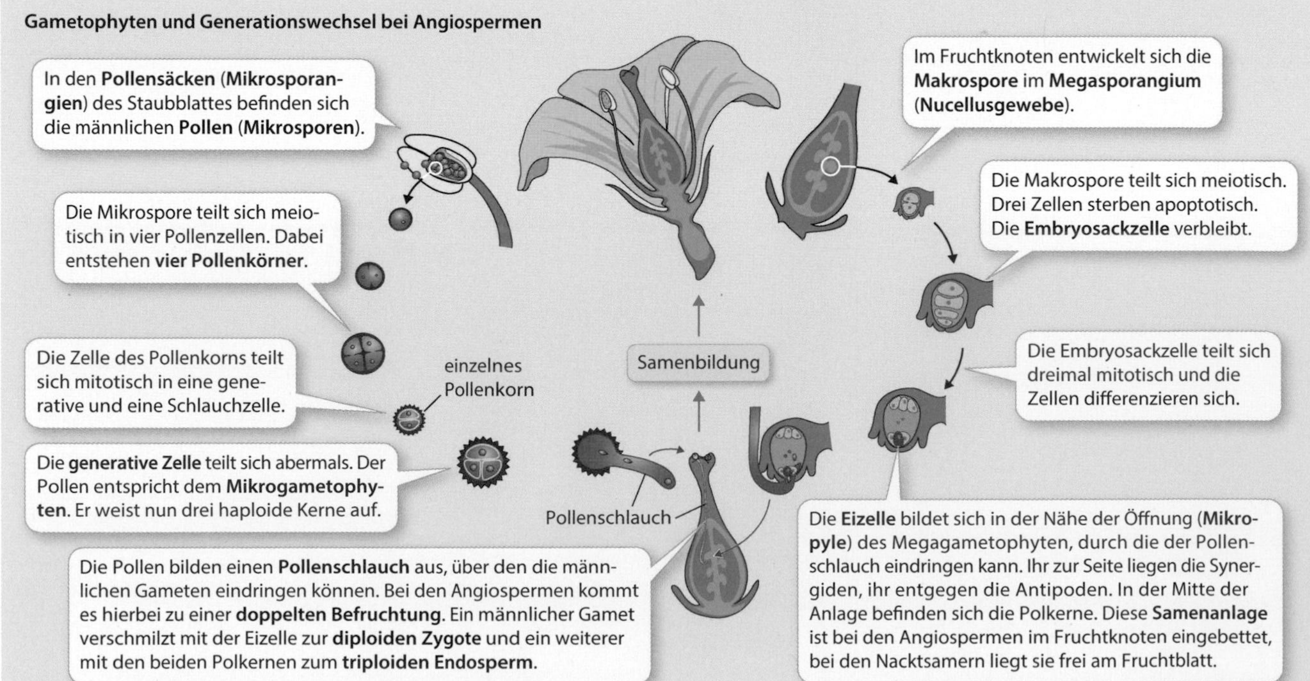

◘ **Abb. 14.11** Übersicht über die Reproduktionssysteme der Landpflanzen

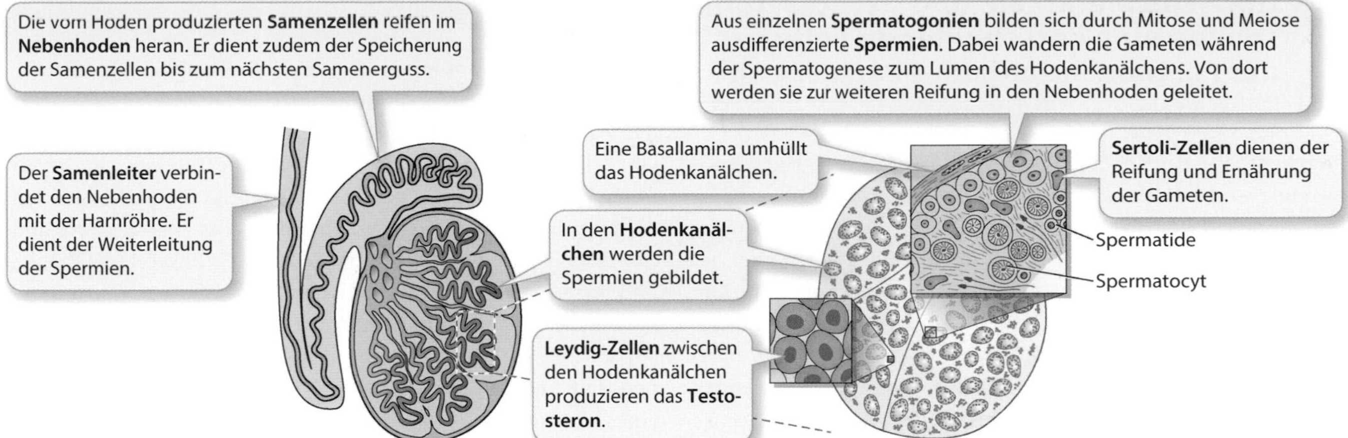

Abb. 14.12 Aufbau und Funktion eines männlichen Hodens (Mensch)

moneller Faktoren, welche auch die sekundären Geschlechtsmerkmale festlegen.

Bei den **Ovarien** kann man im Allgemeinen ein markartiges Inneres unterscheiden, das von einer rindenartigen Struktur umgeben ist. In dieser Rinde sitzen die **Eizellen** (**Oocyten**). Sie sind von den Granulosazellen und den steroidproduzierenden Thekazellen umgeben, die für die Follikelreifung und die Gelbkörperbildung wichtig sind. Während bei Säugern die Zahl der Eizellen im Embryonalstadium festgelegt wird und zum Adultstadium hin nur noch abnimmt, hat man bei eierlegenden Wirbeltieren auch aktive adulte oogoniale Stammzellen gefunden.

Die **Hoden** enthalten generell ein schlauchartiges System, in dem sich Gameten – umgeben von speziellen Hilfszellen, die der Ernährung und Reifung dienen – kontinuierlich entwickeln und heranreifen. Diese Gameten gehen aus spermatoiden Stammzellen hervor, die auch im Adultstadium aktiv sind. Die Reifung erfolgt unter Einwirkung von androgenen Steroiden, überwiegend Testosteron, das im Hoden von Zellen außerhalb der tubulären Strukturen gebildet wird.

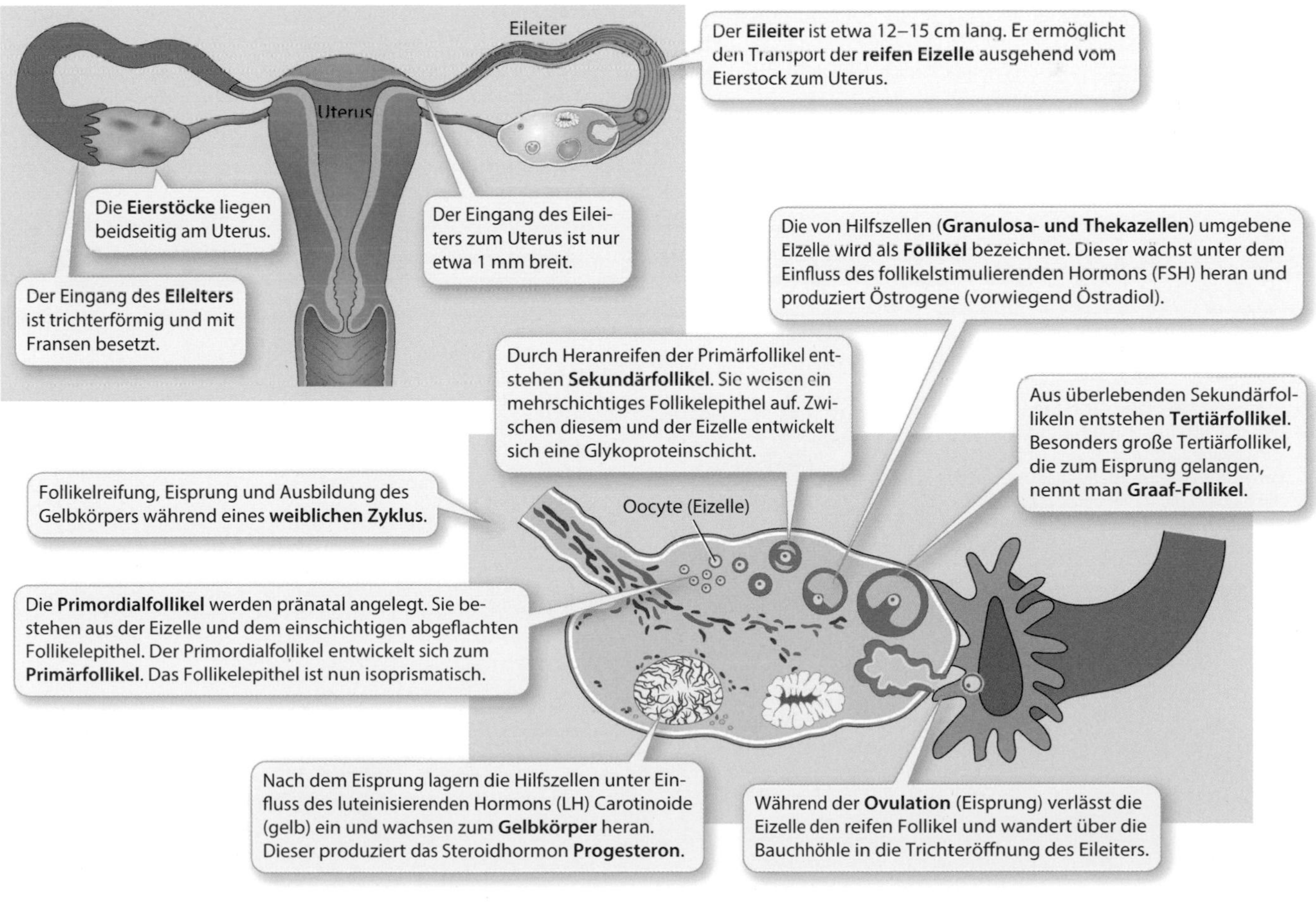

Abb. 14.13 Aufbau und Funktion der weiblichen Ovarien (Mensch)

14

14.6 Optische Merkmale und Geruchsstoffe spielen eine entscheidende Rolle bei der Partnerfindung und Partnerwahl

Partnerwahl ist ein Begriff aus der Evolutions- und Soziobiologie und bezieht sich vorwiegend auf sich geschlechtlich fortpflanzende Metazoen. Er bezeichnet die Auswahl eines geeigneten Partners für die sexuelle Fortpflanzung, wobei der **vermeintliche Fortpflanzungserfolg** als Selektionskriterium dient (► Abschn. 27.6). Dieser vermeintliche Fortpflanzungserfolg korreliert mit der **Fruchtbarkeit** des geeigneten Partners, die wiederum zur Partnerfindung für den Auswählenden erkennbar sein muss. Grundlegend gilt, dass die Auswahl umso „kritischer" durch die einzelnen Geschlechter erfolgt, je mehr diese in die Fortpflanzung und Aufzucht der Jungtiere investieren müssen.

Die Partnerfindung und Partnerauswahl können auf verschiedenen Strategien beruhen. Die Partnerwahl aufgrund **optischer und akustischer Merkmale** ist z. B. nicht nur bei Vögeln stark ausgeprägt, sondern auch bei anderen Taxa verbreitet. Bei Vögeln führt sie zu einer optischen „Aufrüstung" der Vogelmännchen vieler Arten durch buntes Gefieder und unterschiedlichste Gesangsstrategien wie den Balzgesang (► Abschn. 27.6). Die optische Auswahl von Geschlechtspartnern geht fast immer mit einem **Geschlechtsdimorphismus** einher. Dabei dienen je nach Taxa äußere Kriterien wie die Körpergröße, Farbbrillanz des Gefieders und Fells oder die Ausprägung anderer sexueller Merkmale wie Geweih, Muskulatur oder Fettanlagen als Zeichen der Attraktivität und Fitness (◘ Abb. 14.14).

Bei vielen Tiergruppen fungieren **Pheromone** als Leitsubstanzen für die Partnerfindung und -selektion. Beispiele für diese Art der Partnerfindung sind die olefinischen Pheromone von Schmetterlingen wie dem Seidenspinner (*Bombyx mori*). Zu ihnen gehört das **Bombykol**, ein ungesättigter Fettalkohol, den der Nobelpreisträger Adolf Butenandt bereits 1959 isolierte und chemisch synthetisierte (◘ Abb. 14.15). Als Pheromone dienen im Tierreich häufig Lipide und deren Abkömmlinge. Wirbeltiere haben das **Vomeronasalorgan** im Nasenbereich entwickelt (► Abschn. 15.10), mit dem sie Pheromone wahrnehmen können. Die Selektion des Partners kann über die Konzentration eines Pheromons oder durch die Auswahl einer bestimmten „Mischung" verschiedener Geruchsstoffe erfolgen.

Auch beim Menschen tragen olfaktorische Reize mit zur Auswahl des Partners bei. Dabei scheint die Attraktivität des Partners von der **genetischen Zusammensetzung** abzuhängen. Je stärker sich Individuen in der Zusammensetzung bestimmter Proteine, z. B. der Haupthistokompatibilitätskomplexe (MHC), unterscheiden, desto eher werden sie als Partner in Betracht gezogen (◘ Abb. 14.16). Beim Menschen sind für die Partnerfindung nicht nur olfaktorische und optische Merkmale wie Jugendlichkeit und Körperbau entscheidend. Auch individuelle charakterliche Eigenschaften wie Humor, Fröhlichkeit, Empathie oder Selbstsicherheit spielen eine entscheidende Rolle. Darüber hinaus können soziobiologische Kriterien oder Statusmerkmale wie soziale Position, Geld oder Besitz für die Partnerwahl mitentscheidend sein.

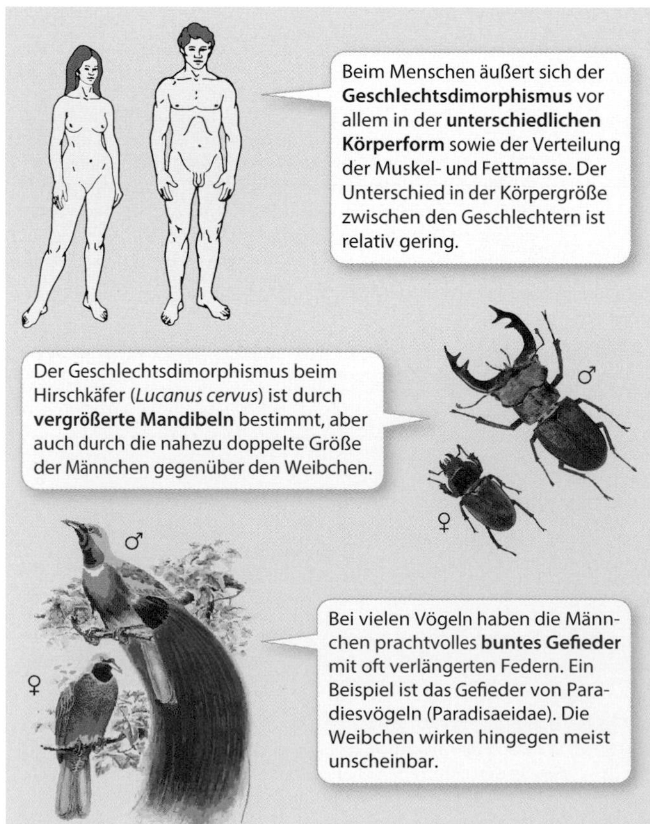

◘ **Abb. 14.14** Paarfindung durch optische Merkmale

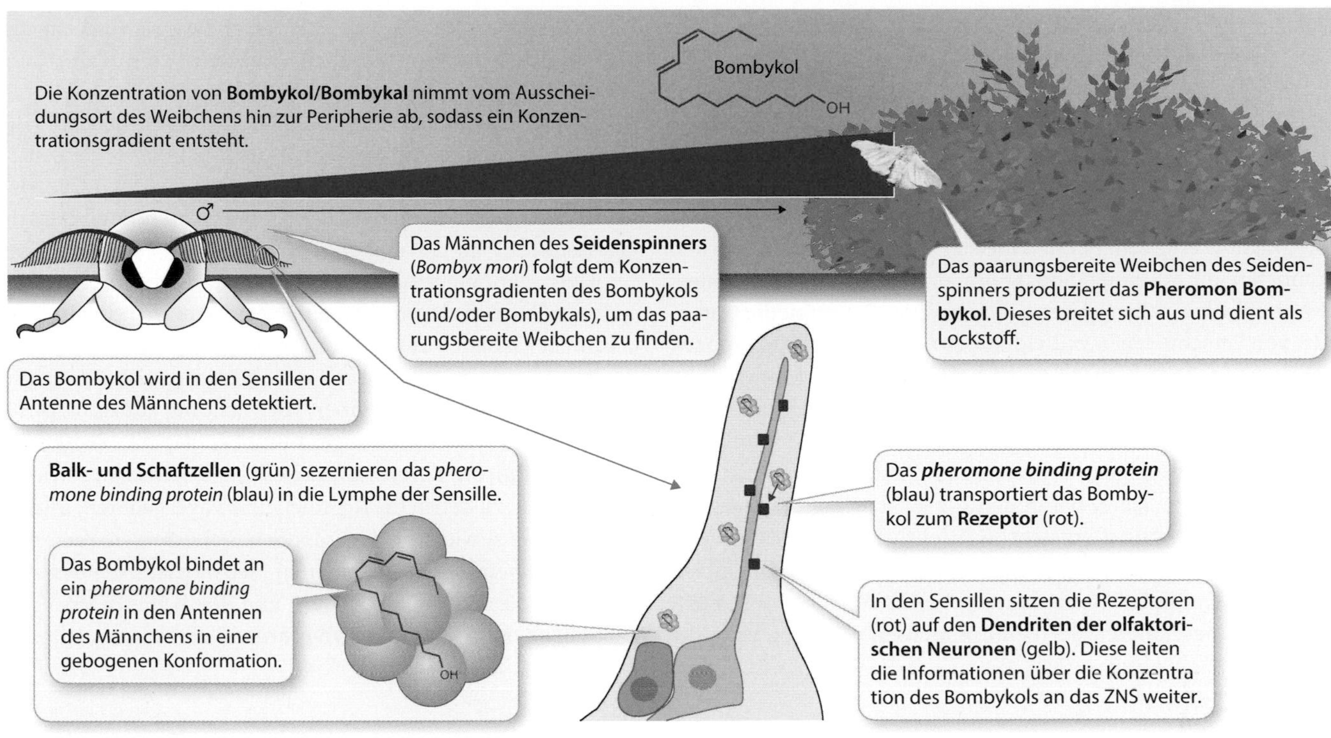

Abb. 14.15 Paarfindung durch Pheromone am Beispiel des Seidenspinners

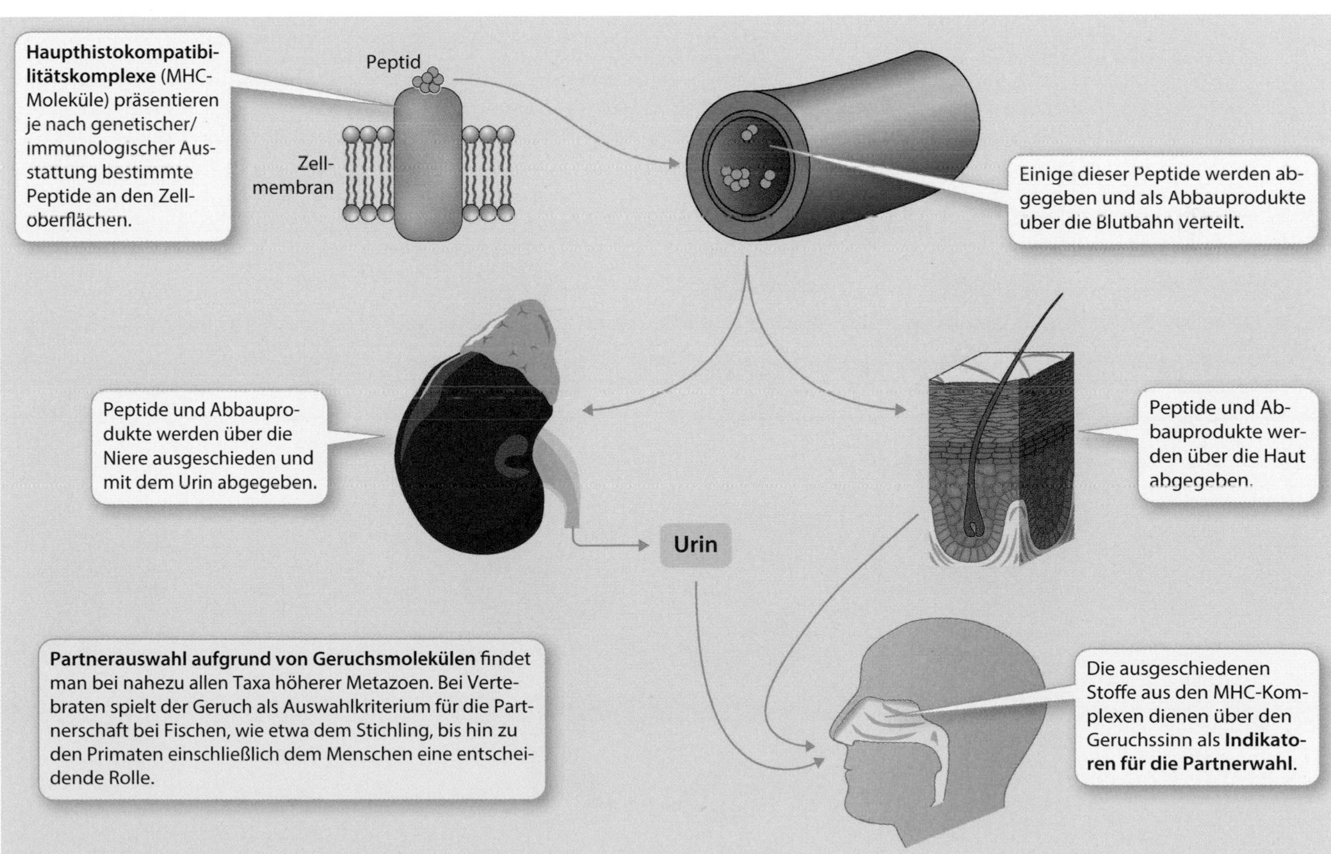

Abb. 14.16 Partnerwahl aufgrund von Geruchsmolekülen am Beispiel des Menschen

14.7 Für die Befruchtung müssen männliche und weibliche Gameten zueinander finden

Als **Befruchtung** bezeichnet man das **Verschmelzen der Gameten**. Sie kann sowohl im als auch außerhalb des Elternorganismus erfolgen. Bei den meisten Taxa sind die männlichen Gameten, die Spermien oder Spermatozoide, bewegliche Zellen, während die Eizellen unbeweglich bleiben. Stammen die Gameten von verschiedenen Individuen, spricht man von **Xeno- bzw. Allogamie. Autogamie** bezeichnet Gameten, die vom gleichen Organismus stammen. Sie findet sich vorwiegend bei verschiedenen Landpflanzen, einigen Algen und Protisten sowie vereinzelt bei Tieren, wie einigen Mollusken und Plattwürmern.

Eierlegende Tiere, bei denen die Zygote mittels einer **äußeren Befruchtung** entsteht, werden hingegen als **ovulipar** bezeichnet. Zu ihnen gehören die meisten Fische und Amphibien sowie die Cnidaria, Ctenophora, Echinodermaten und Mollusken. Bei einer äußeren Befruchtung werden die Gameten in die Umgebung abgegeben und es wird eine große Zahl von Gameten produziert und entlassen. Gleichzeitig haben Organismen verschiedene Strategien entwickelt, um den Fortpflanzungserfolg zu maximieren. Dazu gehören z. B. das Locken des Partnerindividuums zum Befruchtungsort, wie es bei den Stichlingen der Fall ist, das Befestigen der meist in Netzwerken organisierten Gameten an Pflanzen und Gesteinen in Form von Laichschnüren oder die tageszeitliche Eingrenzung der Befruchtung.

Tiere, die eine **innere Befruchtung** durchführen, bilden spezielle Befruchtungsorgane zur Übertragung und zum Speichern der Gameten aus (► Abschn. 14.5). Daher geht hier der Besamung und Befruchtung ein **Begattungsakt** voraus. Bei den Metazoen tritt eine innere Befruchtung (◘ Abb. 14.17) bei viviparen Tieren wie Säugern und bei oviparen Tieren auf. Zu den **oviparen** Tieren zählen eierlegende Amnioten wie die Sauropsiden, zu denen die Reptilien und Vögel gehören, und die Kloakentiere sowie viele Arthropoden. Bei oviparen Vertretern werden die befruchteten Zygoten in Eier verpackt, bei den Amniota sind diese häufig calcifiziert, und durch ein Tubensystem nach außen transportiert. Bei **viviparen** Tieren muss es hingegen

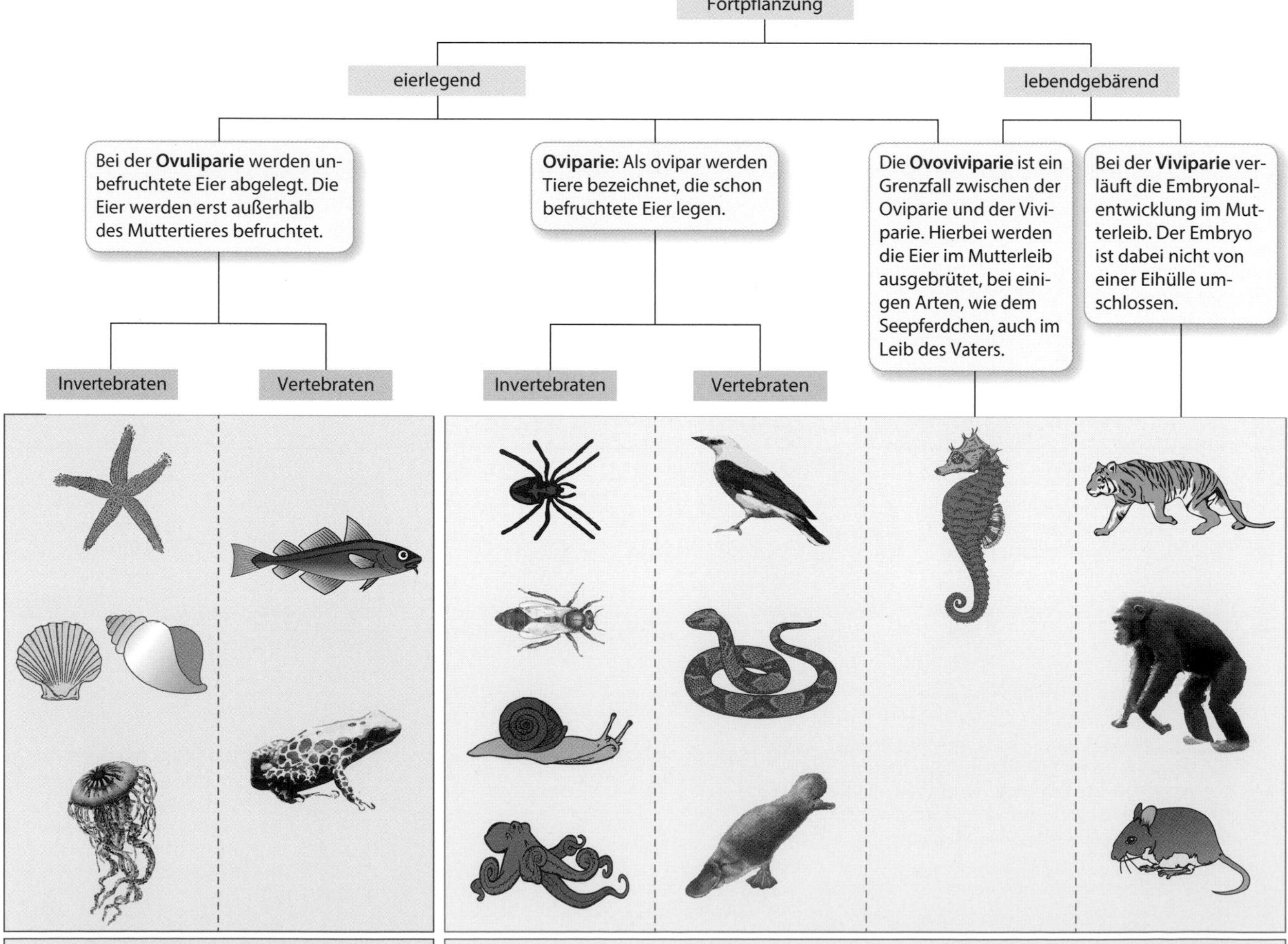

◘ **Abb. 14.17** Überblick über verschiedene Befruchtungsstrategien

äußere Befruchtung

Befruchtung über freies Wasser

Algen

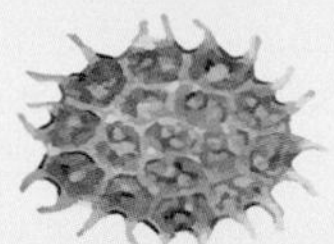

Gameten tragen unterschiedliches Geschlecht; **Isogamie**: Morphologisch identische, begeißelte Gameten werden als + und – bezeichnet. **Anisogamie**: geschlechtsspezifische Größenunterschiede bei begeißelten Gameten. **Oogamie** (z. B. Armleuchteralgen): Männliche Gameten (Spermatozoid) und unbewegliche Eizelle verschmelzen.

Bei Grünalgen kommen alle drei Fortpflanzungsformen vor. Rotalgen bilden keine begeißelten Gameten (**Spermatium**). Hier geschieht die Verschmelzung der Gameten, indem der weibliche Begattungsschlauch (Trichogyne) auf das Spermatium zuwächst.

Moose

Die männlichen begeißelten Gameten (**Spermatozoiden**) schwimmen zu den **Archegonien.** Chemotaktische Lockung durch Eizelle über wenige Zentimeter. Größere Verbreitungsdistanz über Spritzwasser/Regentropfen oder Springschwänze (z. B. Laubmoose der Gattungen *Ceratodon* und *Bryum*).

Pteridophyten

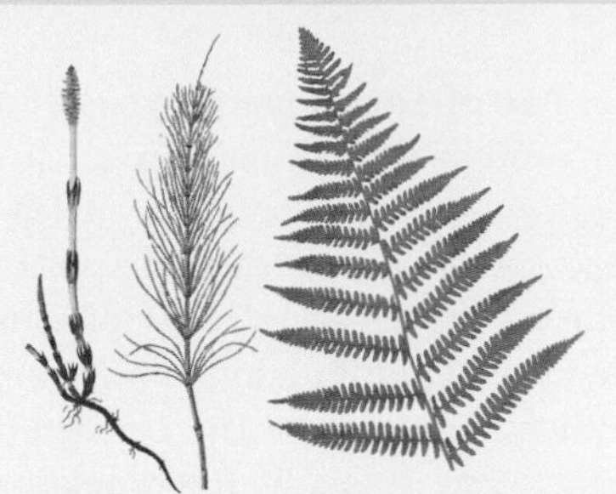

Urfarne, Bärlappgewächse, Schachtelhalmgewächse und Farne bilden begeißelte Spermatozoide, die auf dem Prothallium vom Antheridium zu den Eizellen im Archegonium schwimmen.

innere Befruchtung

Befruchtung über Pollinationstropfen

Gymnospermen

Absonderung eines wässrigen, klebrigen Tropfens an der Samenanlage, der als Pollenfalle wirkt (**Pollinationstropfen**).

Spermatozoid vorhanden

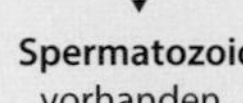

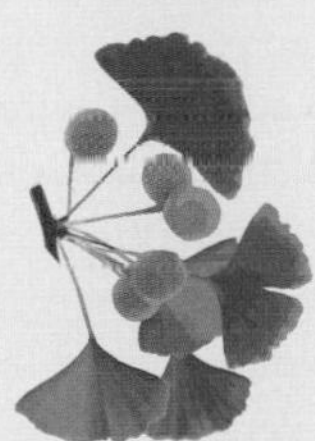

Palmfarne und Ginkgobäume besitzen noch begeißelte Spermatozoide.

kein Spermatozoid vorhanden, sondern direktes Verschmelzen des „männlichen" Zellkerns mit Eizelle

Bei einigen Nadelholzgewächsen (Eiben, Zypressen) kommt es teils noch zur Absonderung eines wässrigen, klebrigen Tropfens an der Samenanlage.

Befruchtung ohne Wasser

Gymnospermen und Angiospermen

Befruchtung ist unabhängig von flüssigem Wasser. **Pollenschlauch** wächst ins Innere der Megaspore hinein.

kein Spermatozoid vorhanden, sondern direktes Verschmelzen des „männlichen" Zellkerns mit Eizelle

Bei den Nacktsamern liegen die Samenanlagen frei über dem Fruchtblatt.

Bei den Bedecktsamern liegen die Samenanlagen im Fruchtblatt eingeschlossen vor.

Abb. 14.18 Befruchtung bei den Archaeplastida

eine Versorgungsmöglichkeit wie beispielsweise einen Uterus für den heranwachsenden Embryo im Mutterleib geben. Beim Begattungsakt von viviparen und oviparen Tieren werden meist die männlichen Gameten in den Aufnahmeapparat des Weibchens gespritzt. Eine seltene Ausnahme bilden unter anderem die **ovoviviparen** Seepferdchen. Bei ihnen gibt das Weibchen dotterhaltige Eier in die Bauchhöhle des Männchens ab.

Während man bei **Metazoen** innere und äußere Befruchtung explizit unterscheiden kann, ist diese Definition bei einzelligen Lebewesen, niederen Opisthokonten und Archaeplastiden häufig nicht zielführend. Für die höheren Pflanzen (**Landpflanzen**) kann analog zu den Metazoen eine innere Befruchtung definiert werden (Abb. 14.18), da hierbei die Spermatozoide/Pollenzellen in festsitzende Archegonien/Samenanlagen eindringen. Vor allem bei den **Samenpflanzen** wird dies deutlich: Bei ihnen liegen die Eizellen geschützt in Samenanlagen bzw. im Fruchtknoten, und die männlichen Gameten dringen bei der Befruchtung über Pollenschläuche in diese ein. Selbst bei mehrzelligen Algen und Pilzen bleibt die Eizelle als Oosphäre oder im Oogonium am Individuum und wird dort befruchtet. Hier wird nachfolgend die befruchtete Zygote entlassen. Zwar entspricht dies einem Grenzfall der Definition der inneren Befruchtung, grenzt sich aber klar von der freien Abgabe der unbefruchteten Eizelle in die Umgebung ab, wie es die Definition der äußeren Befruchtung erwarten ließe. Obsolet sind diese Definitionen allerdings bei Protisten und einzelligen Algen.

14.8 Die Reifung und Abgabe von Gameten werden von äußeren und inneren Faktoren stimuliert

Der **Fortpflanzungserfolg** einer Spezies hängt von der Anzahl der produzierten Nachkommen sowie von deren Überlebenschancen ab. Im Falle der sexuellen Vermehrung muss zudem das „Zueinanderfinden" von Gameten zum Zweck der Befruchtung erfolgreich sein. Daher müssen die Empfänglichkeit sowie die Gametenproduktion von Partnerindividuen räumlich und zeitlich korreliert werden. Um den Erfolg einer Vermehrung zu garantieren, sollte die Reproduktion möglichst dann erfolgen, wenn die Überlebenschancen für die neue Generation sichergestellt sind. Letzteres gilt auch für die asexuelle Vermehrung. Organismen antworten auf diese Herausforderung mit Strategien, durch die sie die **Reifung und Abgabe der Gameten oder Sporen** an **günstige äußere Fortpflanzungsbedingungen** knüpfen.

Protisten wie die Dinoflagellaten *Gymnodium* und *Peridium* erhalten den **Stimulus zur Fortpflanzung** durch die **Tageslänge** und **Lichtintensität**. In ähnlicher Weise reagieren Grün- und Braunalgen wie *Derbesia* und *Bryopsis* bzw. *Dictyota* mit einer lichtinduzierten Gametenproduktion. In unseren Breiten induzieren Samenpflanzen die Blüte im Frühjahr bis Herbst. In dieser Zeit ist der Bestäubungsakt durch biotische Faktoren, Bestäuber wie Insekten, oder abiotische Faktoren, wie den Wind, am wahrscheinlichsten. Vorausgehende periodische Änderungen der klimatischen Verhältnisse in Form von Kälte oder Wärme und/oder der Lichtverhältnisse (z. B. Tageslänge) dienen hierbei meist als Taktgeber der Induktion (▶ Abschn. 18.8). Entsprechende Stimuli gelten für die asexuelle Vermehrung. Die Stimuli werden mit chronobiologischen, inneren Rhythmen abgeglichen, deren Perioden etwa ein Jahr dauern (**circannuale Rhythmik**). Diese saisongebundenen Fortpflanzungsstrategien existieren in ähnlicher Weise auch bei Tieren (◻ Abb. 14.19). So findet man bei verschiedenen Taxa der Vertebraten saisonale Brunft- und Balzperioden, die jahreszeitlich so erfolgen, dass sie eine erfolgreiche Aufzucht des Nachwuchses ermöglichen (◻ Abb. 14.20). Bei Säugern sind dies, je nach Trächtigkeitslänge, häufig die Herbstmonate, da die Geburten meist im Frühjahr erfolgen.

Neben der Tageslänge und Lichtintensität spielen bei der Induktion der Fortpflanzung weitere **abiotische Faktoren** eine Rolle. Bei einigen Fischen wie dem Buckellachs wird die Geschlechtsreife (erkennbar an Laichhaken, Buckel und Färbung) durch die Rückkehr ins Süßwasser induziert. Bei anderen Fischen wie dem Flussbarsch sind Kombinationen von Temperatur, pH-Wert, Leitfähigkeit des Wassers, Luftdruck und Tageslänge Auslöser der Stimulation der Gonadenentwicklung. Aquatische Lebewesen wie Fische, Krebse, Garnelen, Mollusken wie Muscheln und Tintenfische, Korallen und aquatische Insekten sichern zudem die Fortpflanzung durch zeitliche und räumliche Koordinierung der Abgabe von Eiern und Samen (**Laichen**). Auch Echinodermen wie Seesterne und Seegurken oder Amphibien wie Frösche legen Laich ab. Zudem kann die Abgabe der Gameten durch schnelle vertikale Schwimmbewegungen (**Tiefensprung**) induziert werden, die Männchen und Weibchen synchronisiert durchführen und die Druckänderungen auf den Körper ausüben (z. B. bei Schnappern, Familie Lutjanidae).

Abgesehen von abiotischen Faktoren kann die Fortpflanzung auch durch ein **Partnerindividuum** ausgelöst werden (◻ Abb. 14.19). Hierzu zählt vor allem die durch genitale Stimulation, den Deckakt oder durch den Koitus induzierte Ovulation, wie sie z. B. bei Kaninchen zu beobachten ist. Der Deckakt bewirkt einen Anstieg des luteinisierenden Hormons (LH), wodurch zeitlich versetzt der Eisprung ausgelöst wird. Beim Koalaweibchen wird die Ovulation nach dem Deckakt durch die Anwesenheit von Samen in den Vaginae ausgelöst. Bei einigen Säugern, die mehrere Östruszyklen durchlaufen, kann die letztendliche LH-Stimulation des Eisprungs vom Deckakt induziert werden. Auch Fremdindividuen, meist Parasiten, können die Fortpflanzung modulieren (◻ Abb. 14.21).

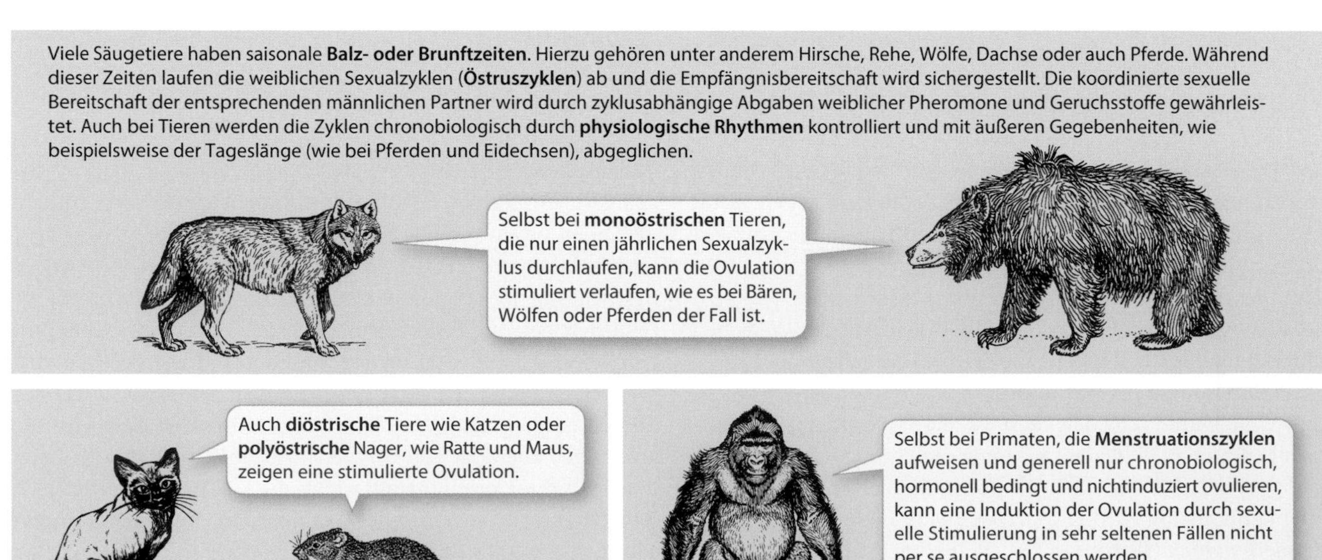

◻ **Abb. 14.19** Steuerung der Sexualzyklen bei verschiedenen Säugetieren

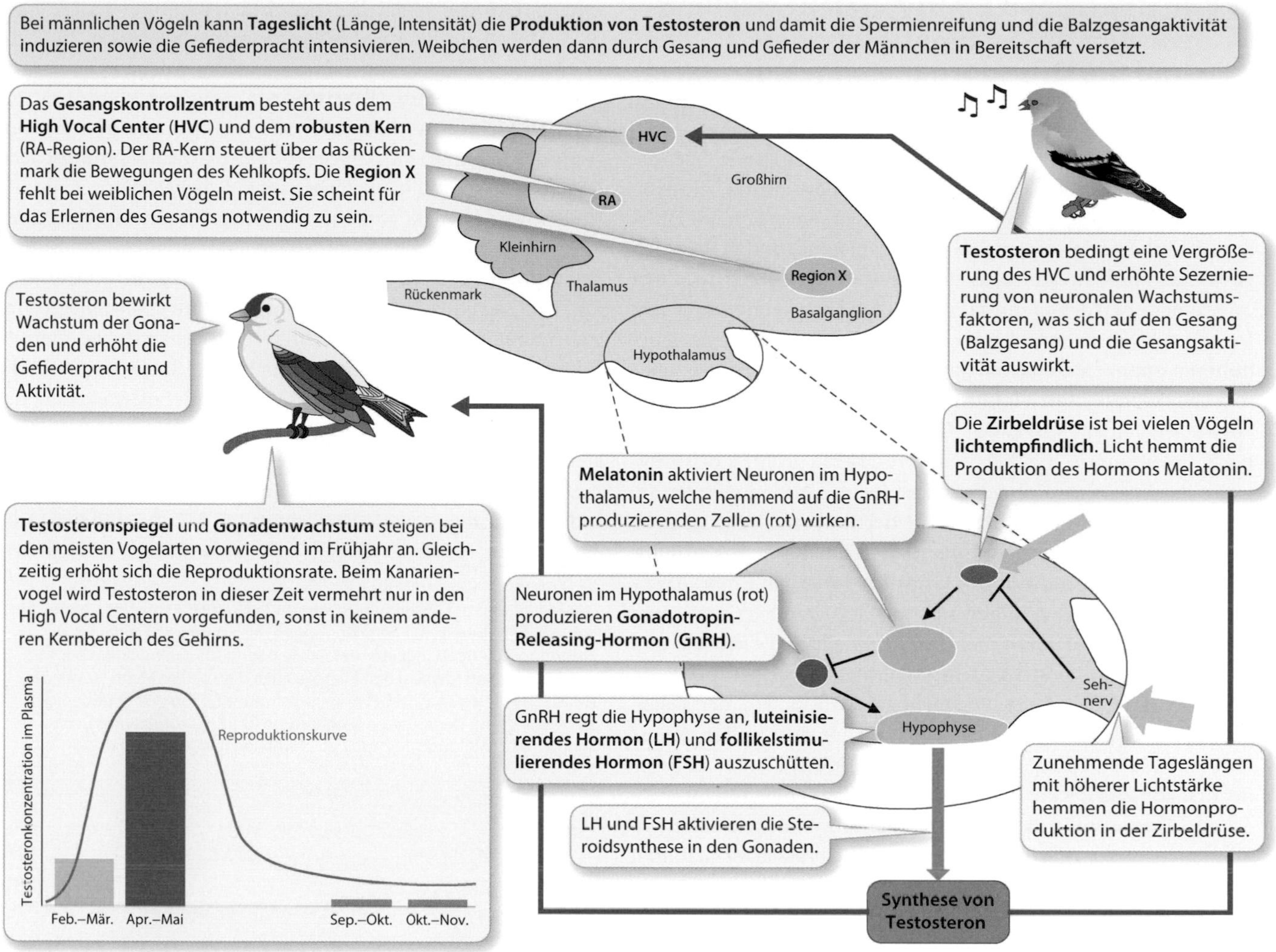

Bei männlichen Vögeln kann **Tageslicht** (Länge, Intensität) die **Produktion von Testosteron** und damit die Spermienreifung und die Balzgesangaktivität induzieren sowie die Gefiederpracht intensivieren. Weibchen werden dann durch Gesang und Gefieder der Männchen in Bereitschaft versetzt.
Das **Gesangskontrollzentrum** besteht aus dem **High Vocal Center** (**HVC**) und dem **robusten Kern** (RA-Region). Der RA-Kern steuert über das Rückenmark die Bewegungen des Kehlkopfs. Die **Region X** fehlt bei weiblichen Vögeln meist. Sie scheint für das Erlernen des Gesangs notwendig zu sein.
HVC
RA
Großhirn
Kleinhirn
Region X
Rückenmark
Thalamus
Basalganglion
Hypothalamus
Testosteron bedingt eine Vergrößerung des HVC und erhöhte Sezernierung von neuronalen Wachstumsfaktoren, was sich auf den Gesang (Balzgesang) und die Gesangsaktivität auswirkt.
Testosteron bewirkt Wachstum der Gonaden und erhöht die Gefiederpracht und Aktivität.
Die **Zirbeldrüse** ist bei vielen Vögeln **lichtempfindlich**. Licht hemmt die Produktion des Hormons Melatonin.
Melatonin aktiviert Neuronen im Hypothalamus, welche hemmend auf die GnRH-produzierenden Zellen (rot) wirken.
Testosteronspiegel und **Gonadenwachstum** steigen bei den meisten Vogelarten vorwiegend im Frühjahr an. Gleichzeitig erhöht sich die Reproduktionsrate. Beim Kanarienvogel wird Testosteron in dieser Zeit vermehrt nur in den High Vocal Centern vorgefunden, sonst in keinem anderen Kernbereich des Gehirns.
Neuronen im Hypothalamus (rot) produzieren **Gonadotropin-Releasing-Hormon** (**GnRH**).
Testosteronkonzentration im Plasma
Reproduktionskurve
Feb.–Mär.
Apr.–Mai
Sep.–Okt.
Okt.–Nov.
GnRH regt die Hypophyse an, **luteinisierendes Hormon** (**LH**) und **follikelstimulierendes Hormon** (**FSH**) auszuschütten.
Hypophyse
Sehnerv
Zunehmende Tageslängen mit höherer Lichtstärke hemmen die Hormonproduktion in der Zirbeldrüse.
LH und FSH aktivieren die Steroidsynthese in den Gonaden.
Synthese von Testosteron

Abb. 14.20 Steuerung saisonaler Sexualzyklen am Beispiel von Singvögeln

Eine besondere Art der stimulierten Fortpflanzung ist die durch parasitäre Organismen **allo-induzierte** (fremd-induzierte) Vermehrung von Insekten. Bakterien wie *Wolbachia*, *Rickettsia* und *Spiroplasma* können ihre Wirte reprogrammieren. Die Nachkommenschaft befallener Individuen erleidet verschiedene Schicksale. Bei jeweils unterschiedlichen Insektenarten finden verschiedene dieser Schicksale statt.
Aus befruchteten Eiern von weiblichen infizierten Individuen können infizierte Weibchen und Männchen schlüpfen.
Bei einigen Insektenarten wird bei **Weibchen** eine **parthenogenetische Fortpflanzung** induziert. Aus den unbefruchteten infizierten Eiern wachsen Weibchen.
infiziertes Individuum (rot)
nichtinfiziertes Individuum (blau)
Aus den Eiern hervorgehende infizierte Männchen einiger Insektenarten können durch Parasiten **feminisiert** werden. Hierdurch werden vorrangig weibliche Individuen als Nachwuchs produziert.
kein Nachwuchs
Je nach Art und **Parasitenbefall** können sich **Männchen** trotz Infektion „normal" entwickeln, oder aber sie werden durch den Parasiten abgetötet oder in der Entwicklung gehemmt. Bei wieder anderen sind infizierte Männchen steril, können also keinen Nachwuchs zeugen.

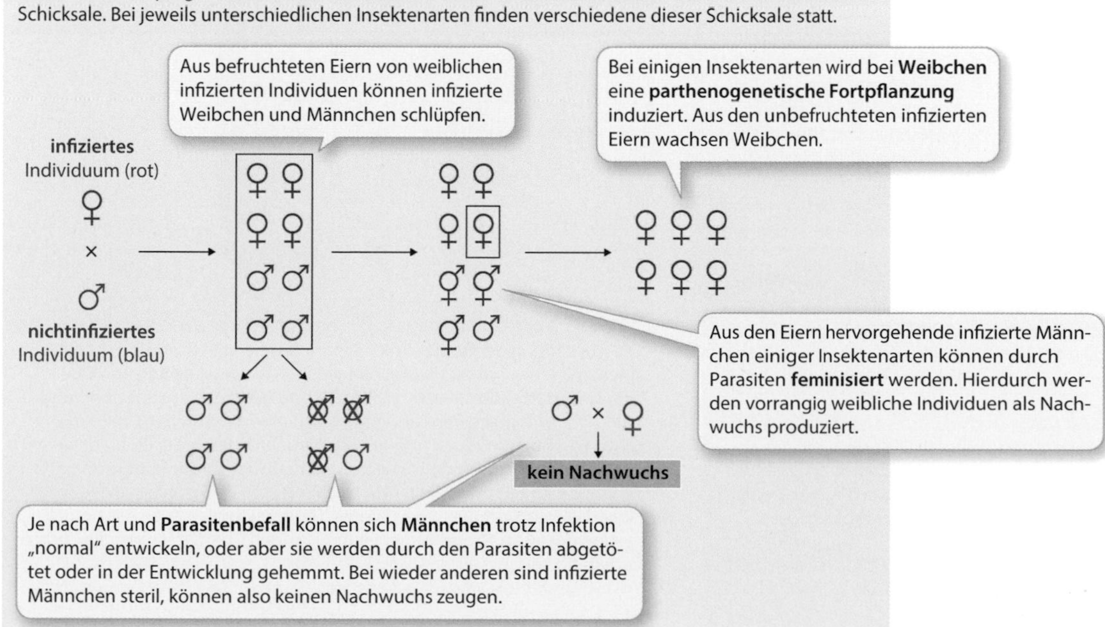

Abb. 14.21 Die Fortpflanzung kann durch Parasiten moduliert werden

14.9 In der frühen Embryonalentwicklung werden die Symmetrieebenen und die Grundorgane angelegt

Die **Embryonalentwicklung** (**Embryogenese**) bezeichnet die ersten Entwicklungsphasen eines individuellen, mehrzelligen Organismus. Dabei ist primär nicht festgelegt, ob es sich um einen haplontischen oder diplontischen Organismus handelt. Der sich entwickelnde Keim kann aus einer Spore, einem unbefruchteten oder einem befruchteten Makrogameten (Eizelle) hervorgehen. Im engeren Sinn versteht man unter Embryonalentwicklung bei höheren Pflanzen die **Entwicklung eines Keimlings**, bei höheren Metazoen die **Entwicklung des Embryos** aus einer Eizelle, vorwiegend einer Zygote. Der Abschluss der Embryogenese ist je nach Taxon unterschiedlich definiert. Hierzu gehören beispielsweise das Erreichen des Adultstadiums, das Schlüpfen oder die Geburt. Die wichtigsten Merkmale der Embryogenese sind die **Differenzierung** der sich bildenden Zellen sowie die **Anlage von Symmetrieebenen und Grundorganen** im Embryo.

Bei den Metazoen bilden sich aus der Zygote in den ersten Stunden und Tagen durch mehrfache Zellteilung die **Morula** und anschließend ein ein- bis mehrschichtiger Blasenkeim aus, die **Blastula** (◘ Abb. 14.22). Die ehemalige Totipotenz der Zellen geht hierbei verloren, und es gehen pluripotente Zellen daraus hervor. Die Zellteilungsschritte (**Furchungen**) können dabei je nach Taxon zu gleichen oder unterschiedlich großen Blastomerzellen führen und mit unterschiedlicher Symmetrie ablaufen. Die entstehende Blastula weist einen mit Flüssigkeit gefüllten Hohlraum auf, das **Blastocoel**. Dieser wird durch Einstülpung (**Gastrulation**) äußerer Zellschichten und weitere Zellteilungen „gefüllt". Während der Gastrulation werden die Grundgewebe angelegt. Bei den Eumetazoen kommt es zur Ausbildung von **Keimblättern**. Bei **diploblastischen** Vertretern wie den Cnidaria und Ctenophora bilden sich das **Entoderm** (oder Endoderm) und das **Ektoderm**. Bei den **triploblastischen** Bilateria kommt es zusätzlich zur Bildung des **Mesoderms** (▶ Abschn. 30.1).

Mit der Einstülpung einher geht die Ausbildung des sogenannten Urmunds (**Blastoporus**). Hierbei kommt es zur **Ausprägung einer Längsachse**, der **anterior-posterioren Achse** (AP-Achse), um welche die Körper **radiärsymmetrisch** angeordnet sein können. Diese ist bei den Porifera, Cnidaria und Echinodermata vorzufinden. Alternativ kann durch diese Achse eine zusätzliche Symmetrieebene verlaufen, die **Bilateralsymmetrieebene** oder auch **Spiegelsymmetrieebene**. Die Längsachse definiert „vorne" und „hinten", die Spiegelsymmetrie eine rechte und eine linke Körperhälfte. Die meisten Bilateria prägen weiterhin eine Bauch- und Rückenseite aus, die vorwiegend durch den Schwerkraftvektor definiert werden, der senkrecht zur AP-Achse und damit zur Fortbewegungsrichtung steht (◘ Abb. 14.23). Die Anlage all dieser Achsen und Symmetrien wird durch **Signalproteine** während der Embryogenese induziert und gesteuert. Verantwortlich hierfür sind beispiels-

Ektoderm
Mesoderm
Entoderm

In der **Gastrula** entwickeln sich die **Keimblätter**. Bei den Bilateria entstehen das Entoderm, das Ektoderm und das Mesoderm. Aus diesen Keimblättern gehen durch Differenzierung die einzelnen Gewebe und Organe hervor.

Aus dem **Ektoderm** geht als größtes Organ die Haut hervor; vor allem die Epidermis sowie einige der mechanorezeptorischen Sinneszellen. Auch ein Teil des Augenapparats, wie beispielsweise die Linse, und die Zähne entstehen aus dem Ektoderm. Zudem bildet das Ektoderm das Neuroektoderm, aus dem das Nervensystem, sowie Pigmentzellen wie die Melanocyten hervorgehen.

Das **Mesoderm** bildet einen Großteil der Knochen und der Muskulatur. Auch andere innere Strukturen wie das Herz und die Blutgefäße mit Blutzellen, die Milz, die Niere und die Nebennierenrinde entstehen aus dem Mesoderm. Des Weiteren gehen die Gonaden und die Chorda dorsalis, deren Reste beim Menschen als Kern der Bandscheiben zu finden sind, aus dem Mesoderm hervor.

Das **Entoderm** ist für die Ausbildung des Lungenapparats, des Kehlkopfs und der Schilddrüse verantwortlich. Auch die Speiseröhre, der Magen-Darm-Trakt und die Leber sowie die Bauchspeicheldrüse entstehen aus dem Entoderm.

◘ **Abb. 14.22** Entwicklung des Embryos bei Metazoen

Die Festlegung der **anterior-posterioren Achse** (**AP-Achse**) erfolgt bei den meisten Taxa bereits mit dem Eindringen des Spermiums in die Eizelle. Der Eindringort dient als Induktor der Achse oder trägt zur Induktion bei. Mit der AP-Achse werden bei den Bilateria auch die spätere Mund- sowie die Anusregion festgelegt. Dabei muss die Urmundbildung nicht unbedingt zur Ausprägung der späteren Mundregion führen (Protostomier), sondern kann auch der Bildung der Anusregion dienen (Deuterostomier).

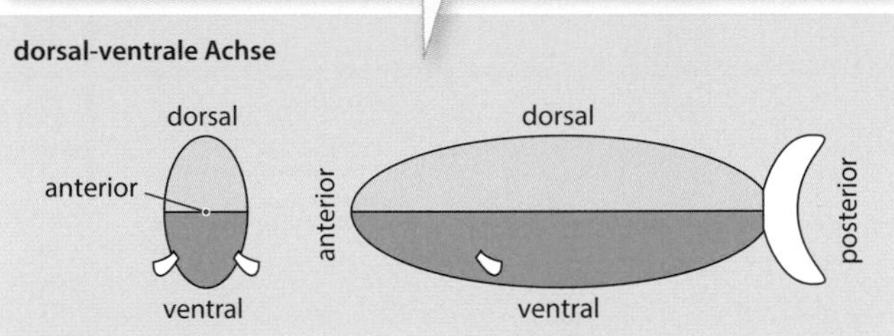

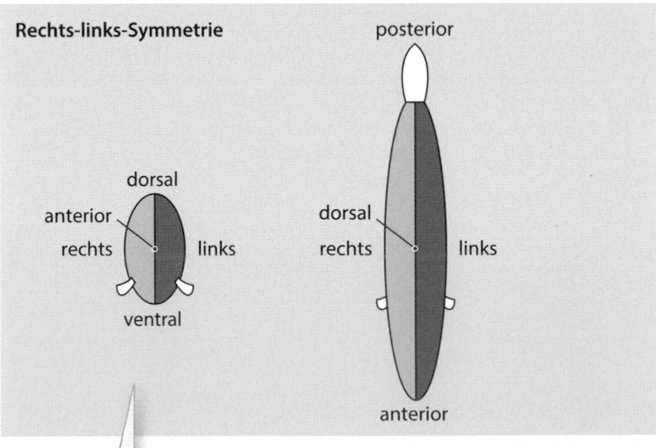

Die Ausbildung der **Rechts-links-Symmetrie** bei den Bilateria geht nahezu direkt mit einer Symmetriebrechung einher, der **Ausbildung von Ober- und Unterseite** (dorsal-ventral; Rücken und Bauch). Diese Spezifizierung wird vor allem durch den Landgang ausgeprägter gestaltet. Die **Festlegung von dorsal-ventral** erfolgt in den frühen Phasen der Embryonalentwicklung. **Induktoren** sind je nach Taxon z. B. der Schwerkraftvektor, Konzentrationsunterschiede von RNA und Proteinen im Cytoplasma der Zygote oder der Transport durch den Eileiter. Deuterostomier legen das Neuralsystem dorsal an, Protostomier ventral. Bei den Chordaten liegt die Chorda zudem dorsal.

◘ **Abb. 14.23** Ausbildung der Achsen und Symmetrie in der Embryonalentwicklung

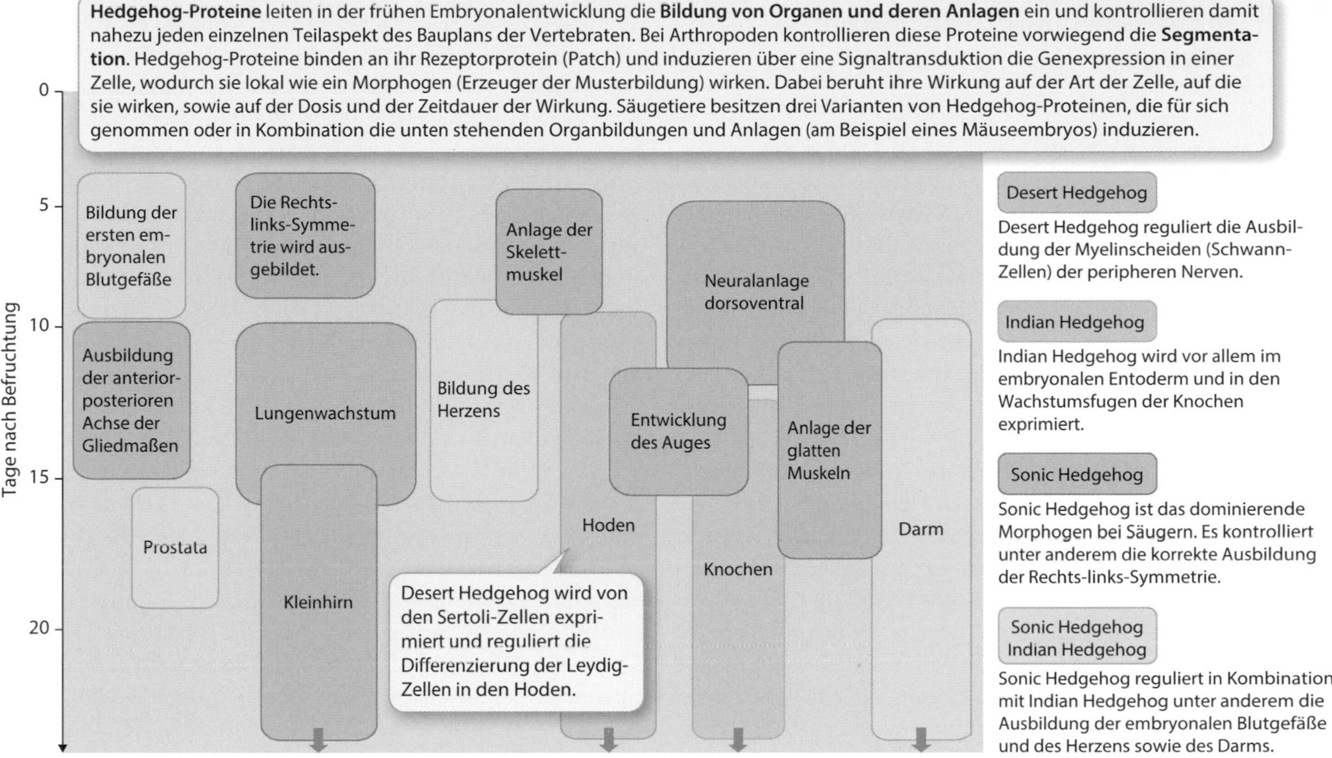

Abb. 14.24 Steuerung der Entwicklung des menschlichen Embryos durch Hedgehog-Gene in der frühen Embryonalphase

weise Signalproteine wie Wnt (*wingless-int*) sowie Proteine aus der TGF-β-Superfamilie (engl. *transforming growth factor*) wie die Bmps (engl. *bone morphogenetic proteins*) oder die sogenannten **Hedgehog-Proteine**, die mithilfe von Umgebungsstimuli (**Abb. 14.24**) die Symmetrie der ursprünglich radialsymmetrischen Zygote brechen. Hedgehog-Proteine erzeugen überdies eine Symmetriebrechung entlang der AP-Achse, welche zur Ausprägung segmentähnlicher morphologischer Anlagen führt. Die funktionale Identität, also unter anderem die Bildung von Kopf, Gliedmaßen, Augen und Ohren, dieser räumlich angeordneten Anlagen wird durch Expression der ANTP-(*antennapedia-*) Megacluster-Proteine vermittelt (Abb. 14.25). Zu den ANTPs gehören die Hox- und ParaHox-Gene (▶ Abschn. 28.8). Die Aufspaltung von Hox- und ParaHox-Genen aus deren evolutiven Vorläufergenen, ProtoHox-Gene genannt, erfolgte bereits zu Zeiten des letzten gemeinsamen Vorfahren von Schwämmen, Rippenquallen, Placozoen und Bilateriern.

Bei den höheren Pflanzen, vor allen den Samenpflanzen, entwickelt sich während der Embryogenese der Embryo im Samen bis hin zur **Samenreife** (▶ Abschn. 31.14). Die erste Zellteilung der Zygote erfolgt dabei asymmetrisch. Die größere Zelle entwickelt sich zum **Suspensor** (Ernährerzelle), die kleinere zum **Embryo**. Damit ist eine **basal-apikale Achse** festgelegt, die die Bildung der Grundorgane wie Wurzel (aus dem Suspensor), Spross und Keimblätter (aus dem Embryo) nach sich zieht (▶ Abschn. 31.1). Ähnlich wie bei den Metazoen werden die Symmetriebrechung, die Musterbildung und die Entwicklung der Grundorgane in Pflanzenzellen durch die temporäre Expression und Konzentration verschiedener Proteine in den einzelnen Zellen des Embryos bestimmt. Nach der Degeneration des Suspensors übernimmt das Endosperm die Ernährung des Embryos.

Die Morphologie der meisten **Bilateria**, vor allem der Arthropoden und Vertebraten, ist entlang der AP-Achse unterschiedlich. Es kommt zur Bildung von **Kopf und Gliedmaßen** sowie zu einer **inneren und äußeren Segmentierung**, teils einer Symmetriebrechung der Anlagenbildung. Diese ortsspezifischen Ausprägungen werden von einem System von Genen gesteuert, die zeitlich abgestimmt die Morphogenese bestimmter Abschnitte vorantreiben. Dabei handelt es sich um die sogenannten **Hox- und ParaHox-Gene**, die gebündelt in Gen-Clustern vorliegen. Bei den Säugern existieren vier paraloge Cluster, die jeweils aus bis zu 13 Hox-Genen bestehen und auf verschiedenen Chromosomen lokalisiert sind. Die Produkte der Hox- und ParaHox-Gene sind Transkriptionsfaktoren.

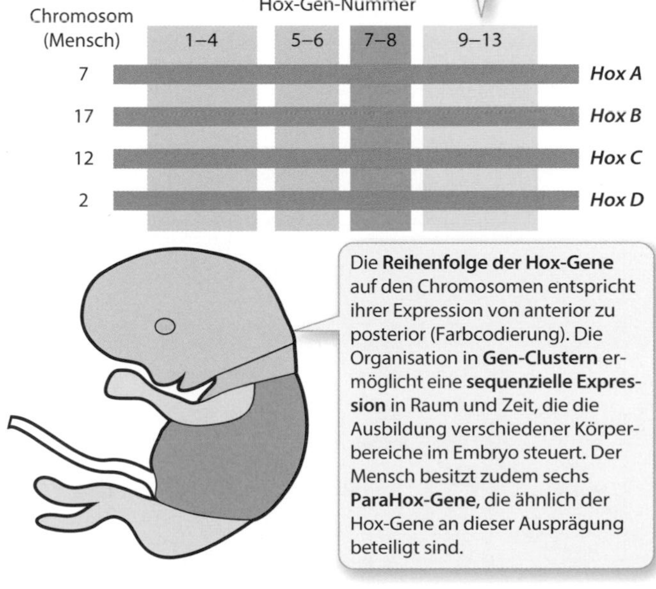

Abb. 14.25 Steuerung der Entwicklung durch Hox-Gene

14.10 Der Seneszenz wirken die Produkte „lebensverlängernder Gene" entgegen

Unter **Ontogenese** versteht man die Entwicklung eines mehrzelligen Organismus von der Zygote über das Adultstadium bis hin zu seinem Ableben. Bei höheren Metazoen unterscheidet man neben der Embryophase die Kindheit, das Erwachsenenstadium sowie die Altersphase (◘ Abb. 14.26). Alle diese Stadien gehen, neben definierten innerorganismischen Vorgängen wie beispielsweise der Organogenese, mit charakteristischen, meist sichtbaren körperlichen Merkmalen einher und werden von zwei gegensätzlichen Prozessen getragen, **Wachstum** und **Degeneration**. Bei Pflanzen spricht man im Rahmen der Ontogenese eher von Embryonal- und Keimphase sowie einem vegetativen und einem generativen Stadium und einer Altersphase.

Als Alterung oder **Seneszenz** eines Organismus werden physiologische Prozesse aufgefasst, die in den letzten Lebensphasen eines Individuums zu dessen Verfall und schließlich zum Tod führen. Auf der Ebene jeder einzelnen Körperzelle findet Seneszenz allerdings zu allen Zeiten statt. Die offensichtlichen Zeichen der Alterung eines Organismus, zu denen beim Menschen Altersmerkmale wie graue Haare und faltige Haut zählen, sind auf die kumulative Wirkung dieser Prozesse über die gesamte Lebenszeit zurückzuführen. Daher ist es sinnvoll, für die Alterung einer Zelle und eines Organismus verschiedene Definitionen zuzulassen. Die **Alterung einer Zelle** wird als der zunehmende **Verlust der Teilungsfähigkeit** definiert. Die **Seneszenz eines Organismus** ist dagegen durch **physiologische Veränderungen** charakterisiert, die mit zunehmender Zeitdauer zu einer erhöhten Wahrscheinlichkeit führen, zu erkranken und folglich zu sterben (**Sterberisiko**). Die Zeitskala, auf der sich Alterungsprozesse bemerkbar machen, ist zwar individuell unterschiedlich, die statistische mittlere wie auch die maximale **Lebensspanne** sind allerdings innerhalb einer Art oft charakteristische Kenngrößen (◘ Abb. 14.27). Auf molekularer Ebene setzen Seneszenzmechanismen bereits mit dem Beginn der Ontogenese ein. Ihre Auswirkungen offenbaren sich jedoch oft erst mit dem Abschluss des adulten Stadiums und prägen sich erst dann auch im Phänotyp aus. Menschen erreichen ab Mitte des dritten Lebensjahrzehnts, mit etwa 25 Jahren, ihren Vitalitätsgipfel. Mit dessen Überschreiten beginnt definitionsgemäß das **Seneszenzstadium**, das mit einem kontinuierlichen Abfall der Vitalitätswerte einhergeht (◘ Abb. 14.28). Abhängig ist das Altern generell von der genetischen Ausstattung, der Aktivität und Lebensweise des Individuums sowie von Umweltfaktoren.

Die **Lebensweise des Individuums** kann die Lebensspanne beträchtlich beeinflussen. In den westlichen Industrieländern zählen Mangel an Bewegung, ungesunde Ernährung sowie der Konsum von Drogen und (psychischer) Stress zu den Hauptursachen einer beschleunigten Seneszenz. Regelmäßige Bewegung korreliert mit einer verbesserten Herz-Kreislauf-Funktion und verursacht über die Anregung der Darmtätigkeit einen besseren Immunstatus. Dadurch werden Erkrankungen wie Arteriosklerose, aber auch Demenzerscheinungen wirksam verzögert. In Zusammenspiel mit einer ausgewogenen Ernährung können sich Adipositas, Darmerkrankungen und Diabetes-Typ-II sowie die Ausbildung eines metabolischen Syndroms oft erfolgreich

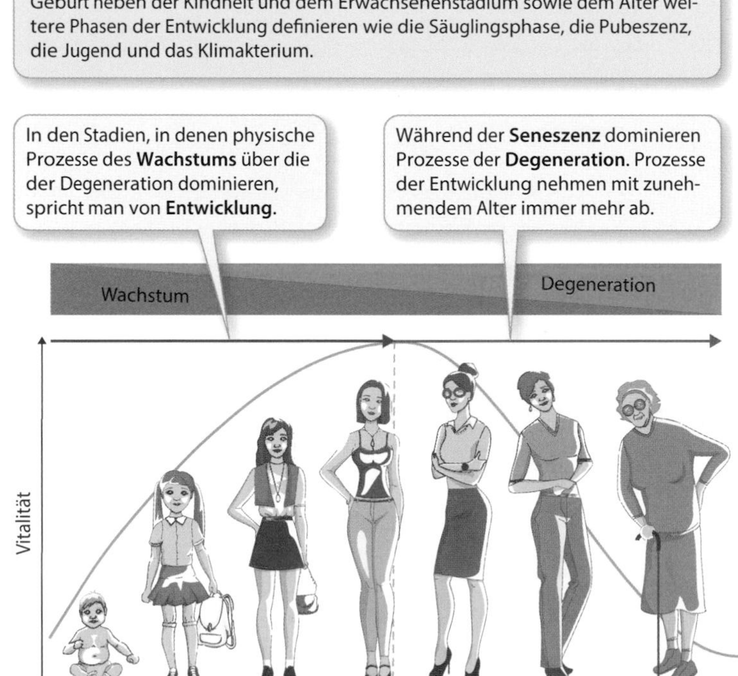

(1) Als **Säugling** wird definitionsgemäß ein Kind bis zum Ende seines ersten Lebensjahrs bezeichnet. Nach Vollendung des ersten Lebensjahrs spricht man von einem **Kleinkind**. Das Kleinkindalter erstreckt sich über das zweite und dritte Lebensjahr.

(2) Die **Kindheit** folgt auf das Kleinkindalter. Sie wird in die frühe, mittlere und späte Kindheit gegliedert. Zusammen umfasst die Kindheit das vierte bis 14. Lebensjahr.

(3) Unter **Pubertät** versteht man jene Phase der kindlichen Entwicklung, die zu sexueller und körperlicher Reife führt. Ihr voraus geht die Vorpubertät. Ihr Einsetzen erfolgt je nach Geschlecht zeitlich versetzt, etwa um das elfte bis zwölfte Lebensjahr herum.

(4) Nach qualitativen Merkmalen beginnt die **Jugend** nach Erreichen der Geschlechtsreife und geht bis zur Aldoleszenz. Nach deutschem Recht ist ein Jugendlicher jemand, der das 14. Lebensjahr erreicht und das 18. Lebensjahr noch nicht vollendet hat.

(5) Das **Erwachsenenalter** beginnt in der Entwicklungspsychologie ab Erreichen des 19. Lebensjahres. Es wird wie die Kindheit in das frühe, das mittlere und das hohe Erwachsenenalter eingeteilt.

(6) Als **Klimakterium** oder Wechseljahre bezeichnet man die Übergangsjahre, die mit dem Ende der Geschlechtsreife eintreten.

(7) Unter dem **Alter** wird allgemein der Lebensabschnitt zusammengefasst, der vom mittleren Erwachsenenalter bis zum Tod reicht.

◘ **Abb. 14.26** Phasen der Ontogenese am Beispiel des Menschen

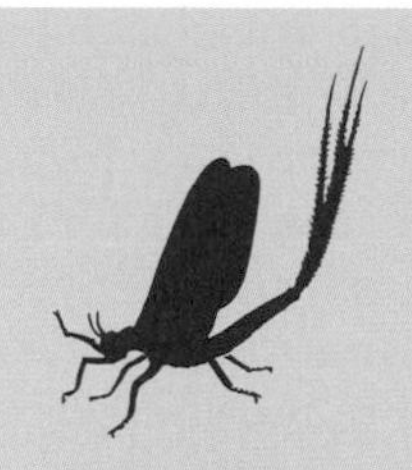

Die Eintagsfliege lebt nie länger als eine Woche.

Ratten erreichen nur äußerst selten das fünfte Lebensjahr.

Elefanten können über 70 Jahre alt werden.

Große Vögel wie der Uhu oder manche Geier erreichen 60 bis 70 Jahre. Großpapageien werden hingegen über 100 Jahre alt.

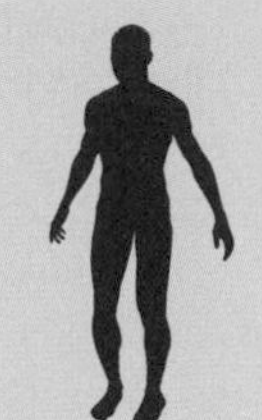

Menschen leben bis zu 120 Jahre.

Störe erreichen bis zu 100 Jahre, Kois sogar bis zu 200 Jahre.

Galapagos-Riesenschildkröten können 170 Jahre erreichen.

Manche Bäume, vor allem Kiefern, können mehrere Hundert bis Tausend Jahre alt werden.

Manche Korallen und Schwämme der Tiefsee werden mehrere Tausend Jahre alt.

Abb. 14.27 Maximale Lebensspannen ausgewählter mehrzelliger Organismen. Die mittleren Lebensspannen liegen meist deutlich unter den angegebenen Werten

Zu den **molekulare Mechanismen der Seneszenz** gehören beispielsweise Störungen im Zellgeschehen und deren auslösende Ursachen. Zu den Ursachen zählen unterschiedlichste Einwirkungen wie Hitze, Kälte, Toxine, Strahlung oder Pathogene.

Die Reaktion von Aminosäuren mit reaktiven Aldehyden wie Glucose führt über die Maillard-Reaktion zu hochreaktiven Carbonylverbindungen. Diese greifen Biomoleküle an, deren Verbindungen als ***age-related glycoxidation endproducts*** (**AGEs**) bezeichnet werden.

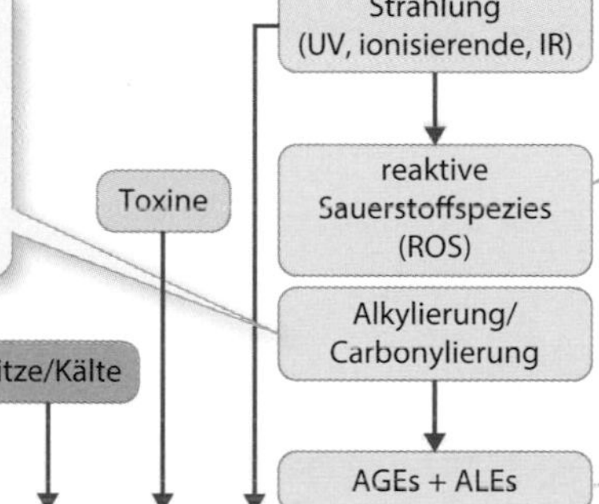

Pathogene (Bakterien, Viren, Parasiten)

Reaktive Sauerstoffspezies (engl.: *reactive oxygen species*, ROS) führen zur Lipidperoxiden, deren Folgeprodukte können Moleküle mit reaktiven Carbonylgruppen sein. Letztere gehen Verbindungen mit Biomolekülen in der Zelle ein, die man ***advanced lipoxidation endproducts*** (**ALEs**) nennt.

Age-related glycoxidation endproducts (AGEs) und *advanced lipoxidation endproducts* (ALEs) zählen zu den Risikomolekülen des Zellalterungsprozesses. Sie reagieren beispielsweise unkontrolliert mit körpereigenen Strukturen oder stören wichtige physiologische Prozesse wie den Stoffwechsel.

Veränderte Signalwege, wie die der Apoptose oder des Wachstums, führen zur Störung der zellulären Kommunikation oder der Adhäsion.

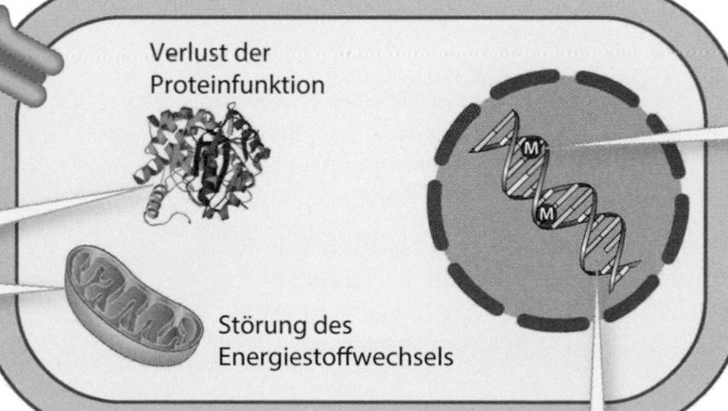

In der Zelle können Beeinträchtigungen des Energiestoffwechsels in Mitochondrien, der Verlust von Proteinfunktionen, Stoffwechselschäden oder Störungen in der Homöostase auftreten.

Mit steigendem Alter erhöht sich beim Menschen die Anzahl von **Methylierungen** (Cytosin-5-Methylierungen) innerhalb der DNA. Diese treten vor allem in den CpG-Bereichen von Promotoren von Entwicklungsgenen und Genen der Zellerneuerung auf. Die Anzahl dieser Methylierungen in Zellen lässt sich mit dem physikalischen Alter einer Person korrelieren (**molekulare Uhr**). Dies weist auf eine epigenetische Grundlage der Seneszenz hin.

Als **Lipidoxidation** bezeichnet man die oxidative Degeneration von Lipiden durch Radikale. Durch radikalische Kettenreaktionen können Lipide in der Zellmembran geschädigt werden.

Zu den grundlegenden Prozessen, die zur Seneszenz führen, gehören auch **Schädigungen der Nucleinsäuren**. Diese häufen sich an durch Mutationen, durch Fehler während der Replikation oder während des Spleißens. Sie führen zu einer veränderten Expressionsrate von Genen und stören dadurch die normale Funktion der Zelle.

Abb. 14.28 Molekulare Mechanismen der Seneszenz

verhindern lassen. Die Einnahme von Drogen führt zum Zelltod und Zellabbau, zur Steigerung der Konzentration freier Radikale (z. B. Rauchen) im Körper oder zur Bildung toxischer Abbauprodukte (z. B. Alkohol). Die begleitenden Entzündungsprozesse fördern die Seneszenz sowohl auf Zell- als auch auf Organebene. Stress beeinflusst Mechanismen auf Zellebene, induziert die Bildung freier Radikale, verschlechtert den Immunstatus und verursacht psychische Erkrankungen. In den letzten Jahren hat sich ein Faktor als praktische Lebenseinstellung zur Vermeidung einer beschleunigten Seneszenz bewährt. Studien haben gezeigt, dass eine wiederholte leichte Reduktion von Kalorien zu einer „Zellverjüngung" führen kann. Obwohl die Kalorienreduktion sicherlich verschiedene Signalwege in Zellen anspricht, deren Verlauf noch unbekannt ist, lassen sich auf molekularer Ebene einige direkte Kausalketten zwischen einer Nahrungsreduktion und der Zellverjüngung belegen. Beispielhaft sei hierfür die Reduktion von Kohlenhydraten, sprich die Erniedrigung der Glucosekonzentration, anzuführen. Im Falle hoher Glucosewerte im Blut wird Insulin freigesetzt, dass an Insulinrezeptoren binden kann, welche in der Plasmamembran von insulinsensitiven Zellen sitzen. Diese Bindung geht unter anderem mit einer Aktivierung der AKT-Kinase (Proteinkinase B) und schließlich einer Deaktivierung des Transkriptionsfaktors FOXO einher. FOXO aktiviert allerdings die Expression von Genen, welche z. B. in der Zellerneuerung oder bei der Schadensabwehr eine Rolle spielen. Ist die Insulinkonzentration aufgrund einer geringeren Nahrungszufuhr über Stunden hinweg niedriger, wird FOXO aktiviert und initiiert diese Prozesse der Zellerneuerung.

Auch **Umweltfaktoren** und **soziale Faktoren** wirken sich auf die Lebensspanne aus. In den Industrieländern beeinflussen z. B. Feinstäube oder Rückstände von Toxinen, Medikamenten und Weichmachern in Lebensmitteln und Trinkwasser (etc.) die Lebensspanne negativ, allerdings bleibt vielfach unklar, in welchem Ausmaß. Der Zugang zu hochwertigen Nahrungsmitteln, zu einer guten gesundheitlichen, medizinischen Versorgung sowie soziale Absicherung und Einbindung führen hingegen zu einer längeren Lebensspanne, die sich in Deutschland seit Mitte der 1950er-Jahre nahezu linear im zeitlichen Verlauf erhöht hat.

Die **genetische Ausstattung** eines Organismus erlaubt es ihm, ungünstigen Umwelteinflüssen und Störungen der Homöostase mehr oder weniger effektiv entgegenzuwirken. Hierfür sind vor allem Mechanismen vorteilhaft, mit deren Hilfe ungünstig verlaufende Prozesse, die von genetischen Fehlern über zelluläre Abfallprodukte bis hin zur Entzündung reichen, vermieden oder deren Auswirkungen repariert werden können (◘ Abb. 14.29). Lebewesen haben mehrere verschiedene Formen von **Reparaturmechanismen** entwickelt. Dazu zählen z. B. die Aktivierung von Enzymen, die der Reparatur veränderter Basen oder einer veränderten Basenabfolge in der DNA dienen. Die Entschlüsselung dieser Vorgänge hat zur Vergabe des Nobelpreises in Chemie 2015 an die Forscher Tomas Lindahl, Paul Modrich und Aziz Sancar geführt. Aber auch die Beseitigung von Aggregaten und Ablagerungen in Zellen durch die **Autophagie** oder Regenerationsprozesse auf molekularer und zellulärer Ebene, wie die Wundheilung und Blutgerinnung, zählen zu diesen Mechanismen. Darüber hinaus schützen sich Zellen vor schädlichen Sauerstoffradikalen mithilfe von Enzymen wie der Superoxid-Dismutase oder der Katalase oder produzieren entzündungshemmende Prostaglandine. Auch die Regulation der Stabilität und Länge der Chromosomenenden, der **Telomere**, scheint die Lebensspanne zu beeinflussen. So weisen neuere Studien darauf hin, dass längere Telomere bei

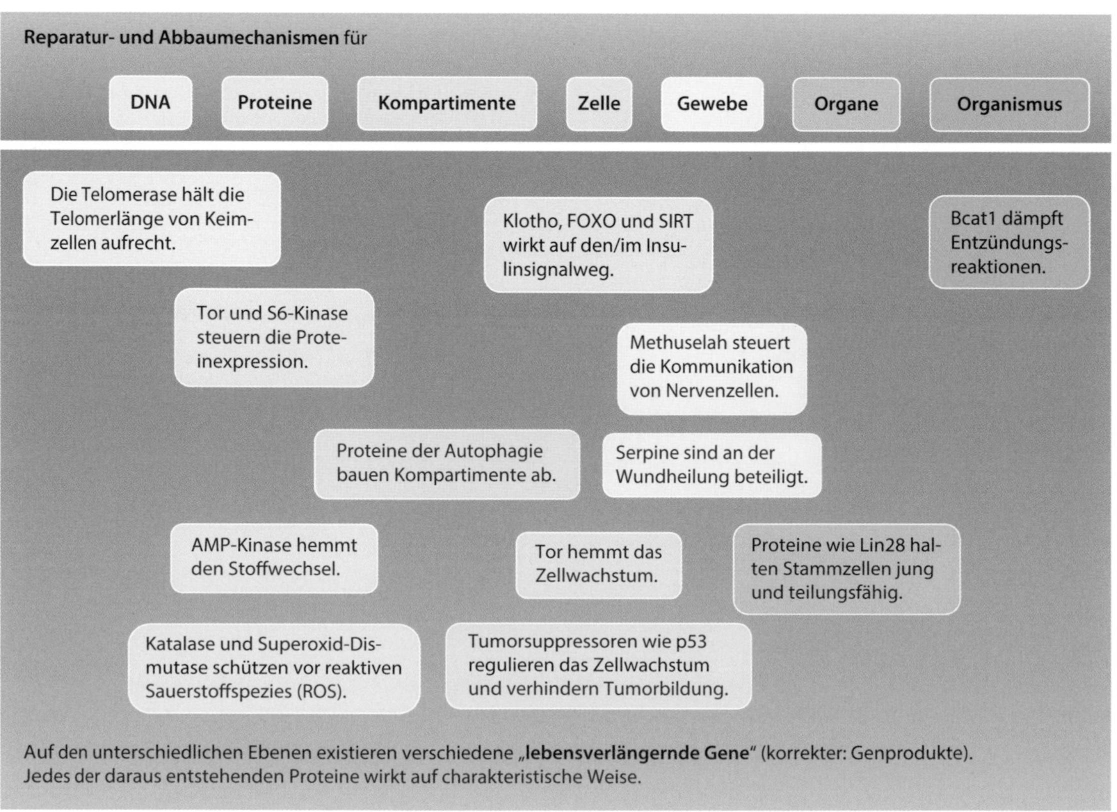

◘ **Abb. 14.29** Lebensverlängernde Reparatur- und Abbaumechanismen wirken auf unterschiedlichster Ebene der Organismen

Leukocyten im hohen Alter einer Person mit einer längeren Lebenserwartung korrelieren.

Da einige dieser regulativen Mechanismen mit zunehmender Lebenszeit fehleranfälliger werden, ungeregelt verlaufen oder versagen, kommt es zu **alterstypischen Erkrankungen**. Hierzu zählen unter anderem die vermehrte Bildung von Tumoren, das Absterben von Neuronen, wie sie bei der Alzheimer- oder der Parkinson-Erkrankung vorkommen, und sklerotische Erkrankungen wie die Arteriosklerose (oder Atherosklerose). Wie wichtig die erwähnten Reparaturmechanismen sind, zeigen Individuen, bei denen angeborene Gendefekte diese Prozesse beeinträchtigen. Hierzu zählen zum Beispiel die Erkrankungen Progerie und Xeroderma pigmentosum, welche die DNA-Reparatur und -organisation betreffen, oder das Werner-Syndrom, bei dem eine Helicase mutiert ist und die Telomerverkürzung beschleunigt wird, wodurch die Lebenserwartung des Individuums drastisch sinkt.

Forschungen an Modellorganismen wie *Caenorhabditis elegans*, *Drosophila* oder der Maus führten zur Isolation einiger Gene, deren Genprodukte wesentlichen Einfluss auf die Lebenszeit des entsprechenden Organismus haben. Diese Gene werden als **„lebensverlängernde Gene"** bezeichnet. Ihre Genprodukte, vorwiegend Enzyme, sind an definierten zellulären Prozessen beteiligt, wie dem Insulinstoffwechsel, der Abwehr gegen Radikale oder dem Proteinabbau. Viele dieser Gene oder deren Homologe liegen beim Menschen vor (◘ Abb. 14.29). In den letzten Jahren befasst sich auch die Pharmaforschung mit Stoffen, die diese Prozesse und Genprodukte günstig beeinflussen können. Mit der Isolation erster prototypischer Substanzen wie dem Antibiotikum und Immunsuppressivum Rapamycin oder dem Antidiabetikum Metformin werden die langfristigen Wirkungen und Nebenwirkungen potenziell lebensverlängernder Arzneimittel untersucht. Darüber hinaus scheint auch der Einsatz eines Cocktails von Wachstumsfaktoren, Hormonen und Medikamenten das Interesse der Pharmaindustrie zur Bekämpfung der Seneszenz gefunden zu haben. Im Jahr 2019 wurde in einer aufsehenerregenden Studie, bei der es gelang, Thymusgewebe zu regenerieren, zum ersten Mal belegt, dass sich Alterungsprozesse bei Menschen mit Einsatz solcher Cocktails erfolgreich verzögern lassen. Zur Bestimmung des biologischen Alters wurden molekulare Uhren eingesetzt, die auf DNA-Methylierungsmustern beruhen. Diese Muster verändern sich mit zunehmenden Alter und können daher als ein unabhängiges Maß der biologischen Alterung in Hinblick zum physikalischen Alter dienen.

Da heute anerkannt ist, dass entzündliche Prozesse und die Bildung freier Sauerstoffradikale im Körper nicht nur Begleiterscheinungen des Altersprozesses sind, sondern die Seneszenz auch vorantreiben können, stellt sich die Frage nach einer Homöostase **freier Radikale**. Letztere entstehen bei Prozessen, an denen Metallzentren von Proteinen beteiligt sind, z. B. bei der Elektronentransportkette in den Mitochondrien. Der menschliche Körper nutzt Moleküle wie Tocopherole (Vitamin A) und Ascorbinsäure (Vitamin C) in den Zellen sowie Harnsäure im Blut, um sich wirksam vor freien Sauerstoffradikalen zu schützen (◘ Abb. 14.30). Gleichzeitig hat sich im Laufe vieler Millionen Jahre der Evolution keine effiziente Vermeidungsstrategie gegen die Bildung dieser Radikale entwickelt. Vielmehr erzeugt der Körper nicht alleine zufällig Radikale, sondern setzt sie bei entzündlichen Prozessen und der Bekämpfung von parasitären Organismen gezielt ein. Darüber hinaus könnte die Aufrechterhaltung eines gewissen lokal variierenden „Konzentrationsspiegels" von Sauerstoffradikalen im Körper der Bekämpfung entartender Zellen dienen. Unklar bleibt der Einfluss von **Radikalfängern** (außer Vitamin A und C), sogenannten Antioxidantien, in unserer Nahrung auf den Seneszenzverlauf. Die als pflanzliche Sekundärstoffe vorkommenden Polyphenole (z. B. Anthocyane, Flavone, Flavonole etc.) und Zimtsäurederivate (z. B. Caffeinsäure, Chlorogensäure etc.) haben sich zwar oft in *in vitro*-Experimenten als effiziente Radikalfänger erwiesen (z. B. das Epicatechingallat des Grünen Tees), belastbare Wirksamkeitsstudien im Menschen in Hinsicht auf den Alterungsprozess fehlen allerdings.

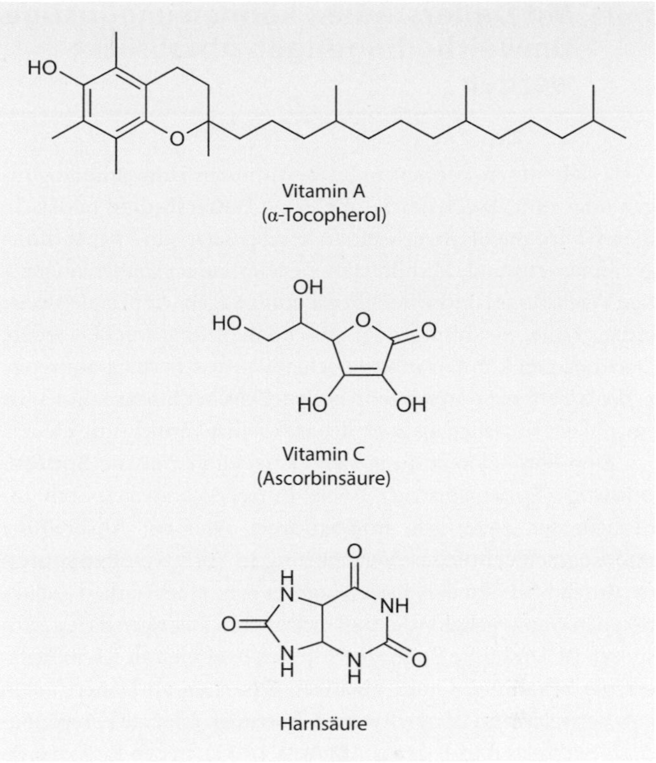

Vitamin A
(α-Tocopherol)

Vitamin C
(Ascorbinsäure)

Harnsäure

◘ **Abb. 14.30** Radikalfänger

14.11 Mit Dauerstadien können ungünstige Umweltbedingungen überbrückt werden

Viele Lebewesen können unter bestimmten Umweltbedingungen oder zum Zweck der Vermehrung **Dauerstadien** bilden. In diesen wird die Stoffwechselrate herabgesetzt, ein **Kryptobiose** genannter Zustand. Mithilfe dieser Dauerstadien können ungünstige Wachstums- und Überlebensbedingungen wie beispielsweise Hitze, Kälte, Strahlung oder Trockenheit überbrückt werden. Dauerstadien können in unterschiedlichsten Formen auftreten, z. B. als Cysten, Sporen oder Knollen. Darüber hinaus können sie sowohl der sexuellen als auch der asexuellen Vermehrung dienen.

Eine Form der Bildung von Dauerstadien ist die **Sporenbildung** (**Sporogenese**). Viele Einzeller bilden Sporen innerhalb der Zelle, also **Endosporen**, oder zur Ausbreitung und ungeschlechtlichen Vermehrung in Form von **Exosporen** (▶ Abschn. 5.5). In den Sporen kommt es zu einer starken Reduktion des Wassergehalts, der bei Endosporen niedriger als bei Exosporen ist. Umhüllte Endosporen treten bei vielen als Krankheitserreger bekannten Gram-positiven Bakterien als Dauerstadien auf. Vertreter sind beispielsweise Clostridien oder die Erreger *Bacillus anthracis* und *B. cereus* (◻ Abb. 14.31). In den Endosporen findet kein Stoffwechsel statt. Die Exosporen dagegen sind nicht so widerstandsfähig wie Endosporen. Sie sind durch einen reduzierten oder ruhenden Stoffwechsel charakterisiert. Exosporen dienen der Verbreitung und Vermehrung und finden sich unter anderem bei den Actinomyceten (▶ Abschn. 5.5, 34.5). Neben Bakterien sind auch viele eukaryotische Einzeller und zahlreiche vielzellige Organismen der Archaeplastida und Amorphea in der Lage, während ihrer ungeschlechtlichen Vermehrung Sporen zu bilden und sich durch diese ohne Verschmelzung von Gameten zu vermehren. Obwohl der Sporenbildung bei Pflanzen und Algen aus dem Sporophyten eine Meiose vorausgeht, ist das Resultat kein Gamet, sondern ein haploider Gametophyt. Dieser ist in seiner Erscheinung oftmals nicht vom diploiden Sporophyten zu unterscheiden. Der seltenere Fall, dass der Sporogenese keine Meiose vorausgeht, wie bei einigen Pilzen, resultiert in der Bildung von **Mitosporen**. Diese gehen aus der Mitose hervor und können exogen in Form von Konidien oder Exosporen abgetrennt werden. Hierzu gehören also auch die Konidien der Asco- und Basidomyceten. Schimmelpilze wie einige „Edelschimmel" bilden Konidien (▶ Abschn. 32.7), die an den Enden der Pilzhyphen zu erkennen sind.

Im Gegensatz zur Sporenbildung stellt die **Cyste** das Dauerstadium eines ganzen Organismus dar (◻ Abb. 14.31). Bei der Cystenbildung wird der Organismus kapselförmig durch eine komplexe Wand aus Proteinen, Lipiden und Kohlenhydraten umhüllt, wobei etwaige Flagellen verloren gehen. Cysten existieren bei Einzellern, aber auch bei höheren Archaeplastiden und Unikonten. Sie werden bei ungünstigen Lebensbedingungen wie Trockenheit gebildet und dienen sowohl der Überdauerung als auch der Vermehrung. Cysten sind zwar gegen Trockenheit und Strahlung resistent, nicht jedoch gegen Hitze. Besondere Formen von Cysten können als Übergangsstadien in der Entwicklung von meist parasitären Organismen auftreten. Beispiele dafür sind die Oocysten und Sporocysten bei den Apicomplexa und Trematoden (◻ Abb. 14.32).

Endosporen sind eine Art Ruhestadium von Bakterien. Sie werden innerhalb eines Organismus gebildet. Viele Gram-positive Bakterien, wie z. B. *Bacillus cereus*, bilden Endosporen.

Der innere Kern der Endospore ist von einer Membran und einer **Zellwand** (schwarz innen) umgeben. Im Inneren befinden sich die **DNA** (grün) und das **Cytoplasma** (dunkelgelb).

Im Cytoplasma von Endosporen wird **Dipicolinsäure** angereichert. Sie bindet freie Wassermoleküle, sodass die Aktivität der Lösung herabgesetzt wird. Zudem interkaliert sie zwischen Basen der DNA und schützt diese so vor Denaturierung.

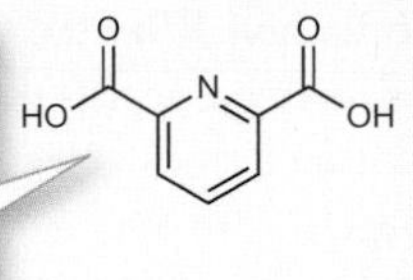

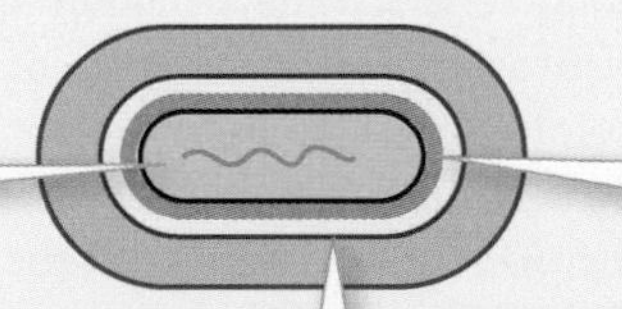

Der Zellwand schließen sich die **Sporenrinde** (grau) aus Peptidoglykanen und die **innere Sporenhülle** (hellgelb) an.

Der **äußeren Sporenhülle** (rot) ist noch das **Exosporium** (hellblau), eine Proteinschicht, aufgelagert. Der äußerste Teil besteht aus einem **kollagenähnlichen Glykoprotein** (blau). Der Aufbau einer Endospore ist dadurch komplexer als der eines vegetativen Bakteriums. Die Endospore ist durch diese Hülle gegen äußere Einwirkungen wie Hitze oder Chemikalien geschützt.

Bestimmte Einzeller, Pflanzen und einige Tieren bilden bei ungünstigen Lebensbedingungen **Cysten**. Hierbei handelt es sich um Dauerstadien des ganzen Organismus.

Die Bakteriengattung *Azotobacter* der Gram-negativen Bakterien bildet Cysten.

Die innere Schicht (blau) der Cystenhülle ist die **Intine**. Sie besteht nur aus Alginaten.

Im Zentralkörper (hellgelb) der Cyste wird **Poly-β-Hydroxybuttersäure** eingelagert.

Poly-β-Hydroxybuttersäure dient als Kohlenstoff- und Energiespeicher in Cysten.

Die äußere Schicht (dunkelgelb) der schützende Hülle der Cyste wird als **Exine** bezeichnet. Sie besteht aus Alginat und Alkylresorcinollipiden.

Auch viele eukaryotische Mikroorganismen bilden Dauerstadien. Ein Beispiel sind die **Cysten der Goldalgen**.

Die Außenhülle der Cyste ist aus Silicat aufgebaut.

Durch eine Öffnung kann der Organismus auf einen Umweltreiz hin die Cyste verlassen.

◻ **Abb. 14.31** Sporen und Cysten

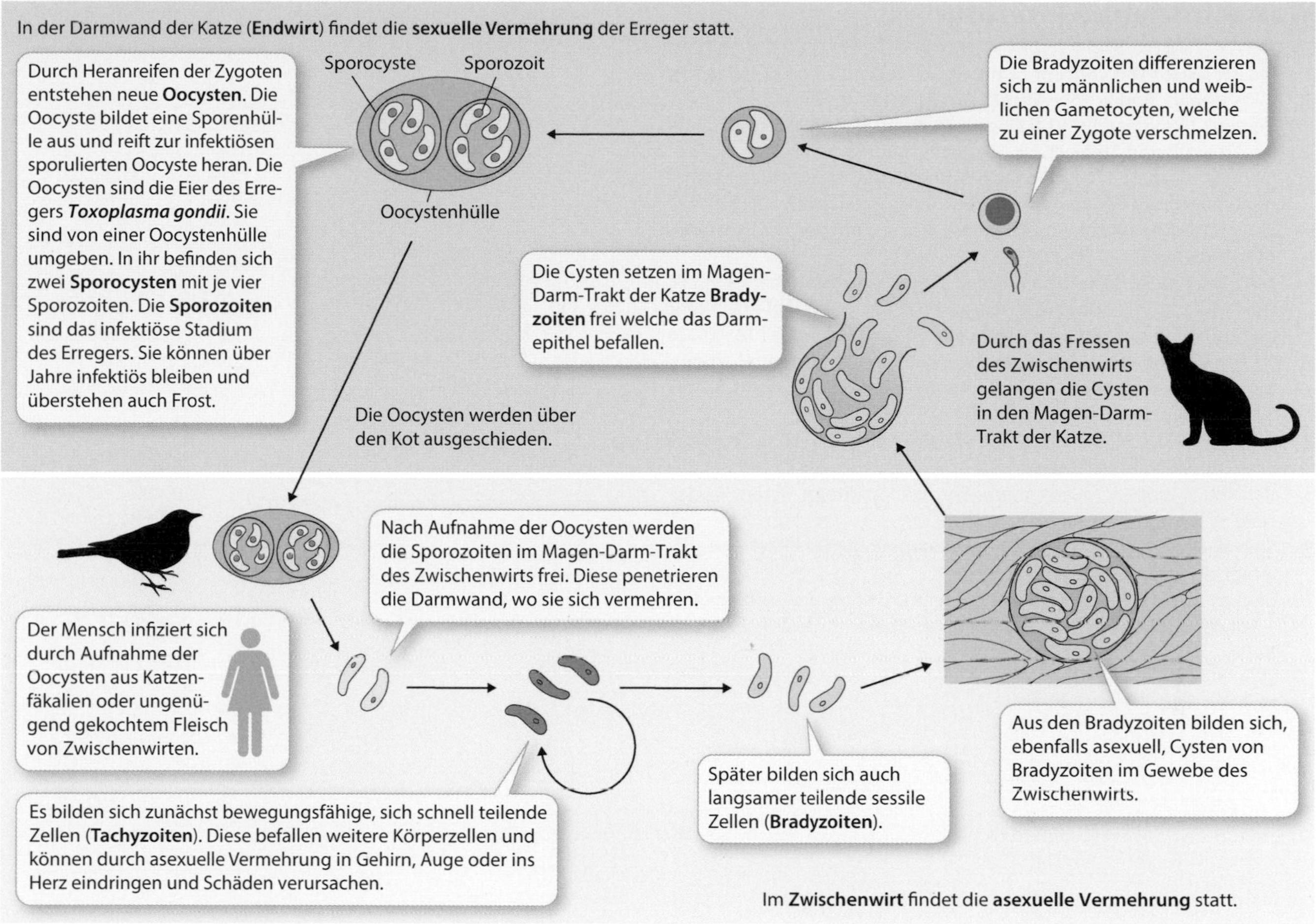

In der Darmwand der Katze (**Endwirt**) findet die **sexuelle Vermehrung** der Erreger statt.

Durch Heranreifen der Zygoten entstehen neue **Oocysten**. Die Oocyste bildet eine Sporenhülle aus und reift zur infektiösen sporulierten Oocyste heran. Die Oocysten sind die Eier des Erregers ***Toxoplasma gondii***. Sie sind von einer Oocystenhülle umgeben. In ihr befinden sich zwei **Sporocysten** mit je vier Sporozoiten. Die **Sporozoiten** sind das infektiöse Stadium des Erregers. Sie können über Jahre infektiös bleiben und überstehen auch Frost.

Sporocyste

Sporozoit

Oocystenhülle

Die Bradyzoiten differenzieren sich zu männlichen und weiblichen Gametocyten, welche zu einer Zygote verschmelzen.

Die Cysten setzen im Magen-Darm-Trakt der Katze **Bradyzoiten** frei welche das Darmepithel befallen.

Durch das Fressen des Zwischenwirts gelangen die Cysten in den Magen-Darm-Trakt der Katze.

Die Oocysten werden über den Kot ausgeschieden.

Nach Aufnahme der Oocysten werden die Sporozoiten im Magen-Darm-Trakt des Zwischenwirts frei. Diese penetrieren die Darmwand, wo sie sich vermehren.

Der Mensch infiziert sich durch Aufnahme der Oocysten aus Katzenfäkalien oder ungenügend gekochtem Fleisch von Zwischenwirten.

Es bilden sich zunächst bewegungsfähige, sich schnell teilende Zellen (**Tachyzoiten**). Diese befallen weitere Körperzellen und können durch asexuelle Vermehrung in Gehirn, Auge oder ins Herz eindringen und Schäden verursachen.

Später bilden sich auch langsamer teilende sessile Zellen (**Bradyzoiten**).

Aus den Bradyzoiten bilden sich, ebenfalls asexuell, Cysten von Bradyzoiten im Gewebe des Zwischenwirts.

Im **Zwischenwirt** findet die **asexuelle Vermehrung** statt.

Abb. 14.32 Infektionswege und Vermehrung des Parasiten *Toxoplasma gondii*

Krautige Pflanzen können Dauerstadien entwickeln, die oft gleichzeitig Speicherfunktion übernehmen. Beispiele sind Zwiebeln und Knollen (▶ Abschn. 31.7). Bei der Zwiebel, handelt es sich um Blätter eines gestauchten Sprosses, die fleischig verdickt um den neuen Trieb angeordnet sind (Abb. 14.33). Manche Pflanzen nutzen Knollen auch zur Vermehrung, beispielsweise die Kartoffel durch Sprossknollen sowie die Dahlie durch Wurzelknollen. Auch bei vielen Metazoen finden sich Dauerstadien, etwa bei Wasserflöhen (Abb. 14.33).

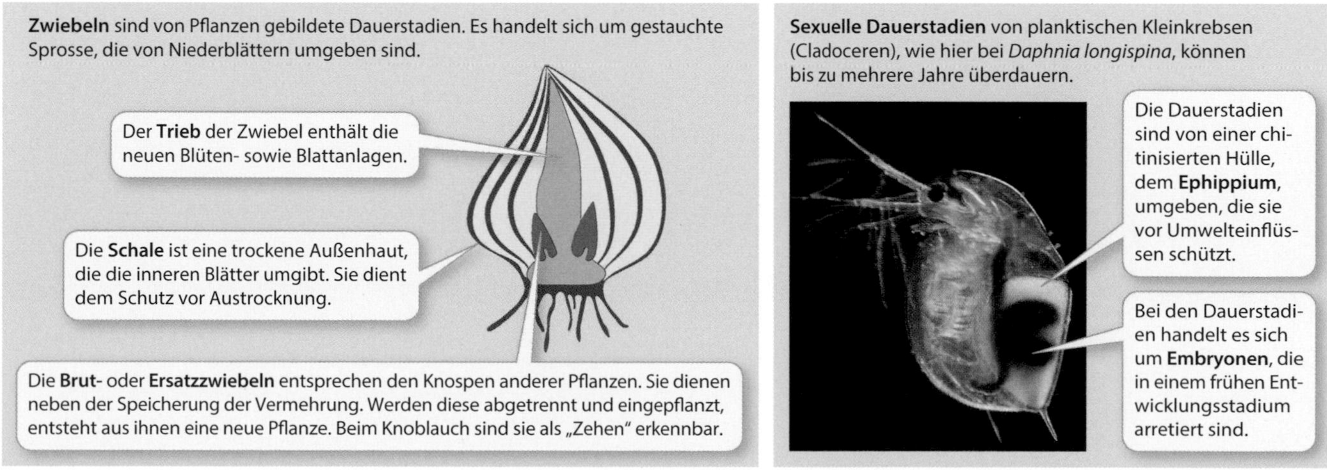

Abb. 14.33 Beispiele für Dauerstadien bei Landpflanzen und Metazoen

Weiterführende Literatur

1. Bai SN (2015) The concept of the sexual reproduction cycle and its evolutionary significance. Front Plant Sci 6:11
2. Boenigk J, Wodniok S (2014) Biodiversität und Erdgeschichte. Springer Spektrum, Berlin, Heidelberg
3. DeFalco T, Capel B (2009) Gonad morphogenesis in vertebrates: divergent means to a convergent end. Annu Rev Cell Dev Biol 25:457–482
4. Esser K (1992) Kryptogamen II Moose, Farne. Springer, Berlin, Heidelberg, New York
5. Fahy GM, Brooke RT, Watson JP, Good Z, Vasanawala SS, Maecker H, Leipold MD, Lin DTS, Kobor MS, Horvath S (2019) Reversal of epigenetic aging and immunosenescent trends in humans. Aging Cell 18:e13028
6. Müller WA, Hassel M (2018) Entwicklungsbiologie und Reproduktionsbiologie des Menschen und bedeutender Modellorganismen, 6. Aufl. Springer Spektrum, Berlin, Heidelberg
7. Rensing L, Koch M, Rippe B, Rippe V (2005) Mensch im Stress. Springer Spektrum, Berlin, Heidelberg
8. Rensing L, Rippe V (2014) Altern. Springer Spektrum, Berlin, Heidelberg
9. Sinclair DA, Guarente LP (2006) Molekularbiologie: Schlüssel zur Langlebigkeit. Spektrum Wiss 10(20):34–41
10. Spektrum der Wissenschaft (2017) Spektrum Kompakt: Langlebigkeit – Auf der Suche nach dem Jungbrunnen. Spektrum der Wissenschaft, Berlin

Spezielle Physiologie der Tiere: Histologie und Hormone

Peter Bayer

J. Boenigk (Hrsg.), *Boenigk, Biologie,* https://doi.org/10.1007/978-3-662-61270-5_15

15

15.1 Tiere besitzen verschiedene Grundgewebe, aus denen Organe aufgebaut sind

Die Organismengruppe der **Metazoa** (Vielzeller) zeichnet sich durch einen vielzelligen Körper aus, bei dem sich die einzelnen **Zellen spezialisiert und funktionell differenziert** haben (▶ Abschn. 30.2). Verbände gleichartiger Zellen, die untereinander kommunizieren und zusammenarbeiten, werden als **Gewebe** bezeichnet. Die Lehre von den Geweben nennt man **Histologie**.

Metazoen besitzen generell als Gewebegrundtypen **Epithelien** (Auskleidungsgewebe) und **Bindegewebe**. Während Epithelgewebe aus dichten Zellverbänden bestehen, sind Bindegewebe lockerer aufgebaut, mit isolierten Zellen, die in eine extrazelluläre Matrix eingebettet sind. Die Zellen der Gewebe werden durch Adhäsionsmoleküle miteinander und in der extrazellulären Matrix verankert. Die **extrazelluläre Matrix** setzt sich aus Wasser, Faser- und Glykoproteinen sowie aus Mucopolysacchariden und Proteoglykanen zusammen. Den Parazoa (Schwämme und *Trichoplax*) fehlen Organe und weitere Gewebetypen. Ihre Epithelien und Bindegewebe sind sehr rudimentär ausgebildet, mit teilweise fehlender extrazellulärer Matrix (bei *Trichoplax*). Bei den Schwämmen sind sie als Pinakoderm und Mesohyl ausgebildet. Bei den Eumetazoen sind Epithelien und Bindegewebe zusätzlich durch eine Basalmembran voneinander getrennt. Ihre Gewebe gehen aus den **Keimblättern** hervor, die sich bei der Gastrulation aus der Blastula entwickeln. Die Coelenteraten sind **diploblastisch**, besitzen also nur Ekto- und Entoderm. Die Gewebe bei allen anderen Eumetazoen entwickeln sich dagegen aus Ektoderm, Entoderm und Mesoderm, sie sind **triploblastisch** (▶ Abschn. 30.1). Im Bereich der Tierphysiologie unterscheidet man vier Grundgewebetypen: Neben Epithelien und Bindegewebe kommen **Muskel- und Nervengewebe** vor (◘ Abb. 15.1).

Parallel zu dieser histologischen Einteilung der Gewebe findet man in Lehrbüchern funktionelle oder ontologische Begriffe wie den des **Parenchyms**. Dabei handelt es sich in den Organen um die funktionstragenden Zellstrukturen, die vom **Stroma** (Interstitium),

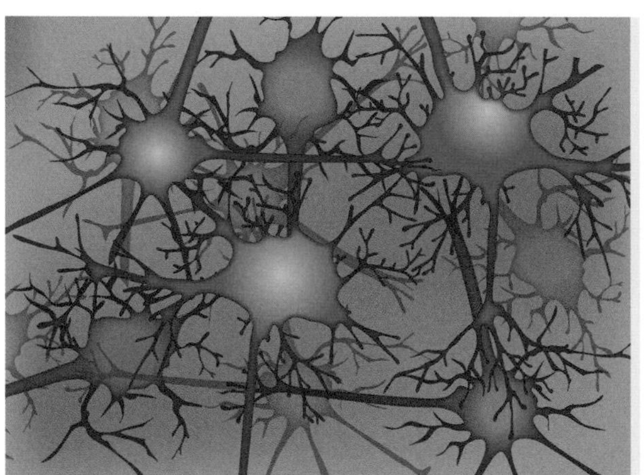

Nervengewebe: Neuronen und Synapsen sind für das Leben der Metazoen nicht von absoluter Notwendigkeit, denn einige Metazoenstämme wie Schwämme und Placozoen besitzen keine Neuronen. Allerdings haben sich zahlreiche molekulare Komponenten von Neuronen (z. B. synaptische Proteine) bereits bei vielen Opisthokonta ausgebildet. Einige dieser Proteine findet man selbst bei Protisten innerhalb der Amorphea. Die Zahl der Neuronen in den Nervensystemen der Metazoen ist äußerst unterschiedlich, bei dem Nematoden *Caenorhabditis elegans* sind es nur 302 Zellen, während die Gehirne der Primaten mehrere Milliarden Neuronen enthalten.

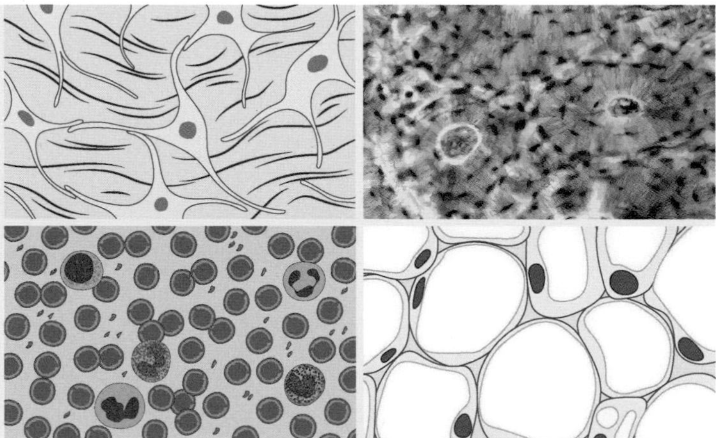

Bindegewebe sind eine „Erfindung" der Metazoen. Allerdings sind einige der Proteinkomponenten wie das Kollagen und seine laminare Form bereits innerhalb der Holozoa zu finden. Die Gesamtheit der Bausteine zur Ausprägung einer extrazellulären Matrix findet sich erst bei den Eumetazoen und fehlt damit bei den Schwämmen. **Knochen und Knorpelgewebe** finden sich nicht nur bei den Vertebraten, sondern auch bei einigen Gruppen der Invertebraten. Das **Blutsystem** hat sich im Laufe der Entwicklung der Bilateria gebildet, während die evolutionären molekularen Grundlagen zur Fettspeicherung und späteren Bildung von **Fettgewebe** bereits im Laufe der Entwicklung der Opisthokonta gelegt wurden. Braunes Fettgewebe hingegen findet man erst bei den placentalen Säugetieren.

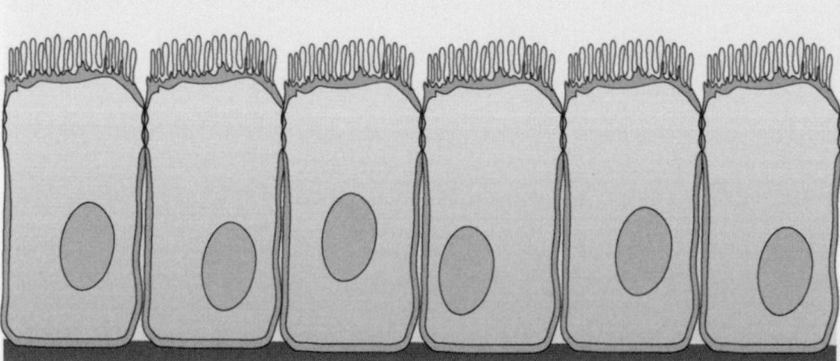

Epithelien, die eine apikal-basale Polarität ausgeprägt haben und eine Basalmembran besitzen, sind ein Merkmal der Eumetazoen.

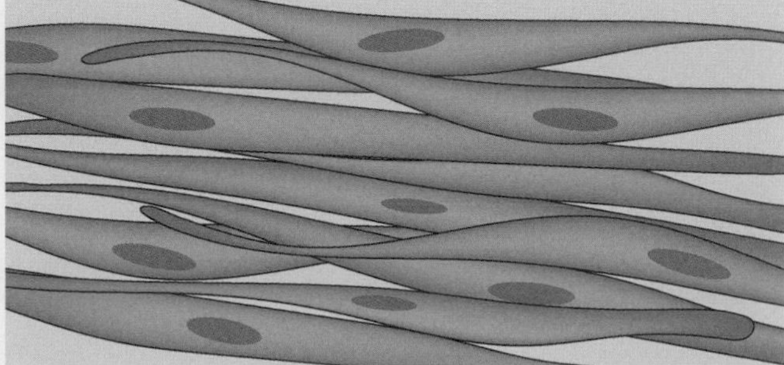

Muskelgewebe: Muskelzellen haben ihren Ursprung vermutlich bereits in den basalen Gruppen der Metazoen, noch vor der Ausprägung des Mesoderms bei den Bilateria. Muskelzellen findet man bereits bei den Medusenstadien der Cnidarier.

◘ **Abb. 15.1** Die Grundgewebe der Eumetazoen

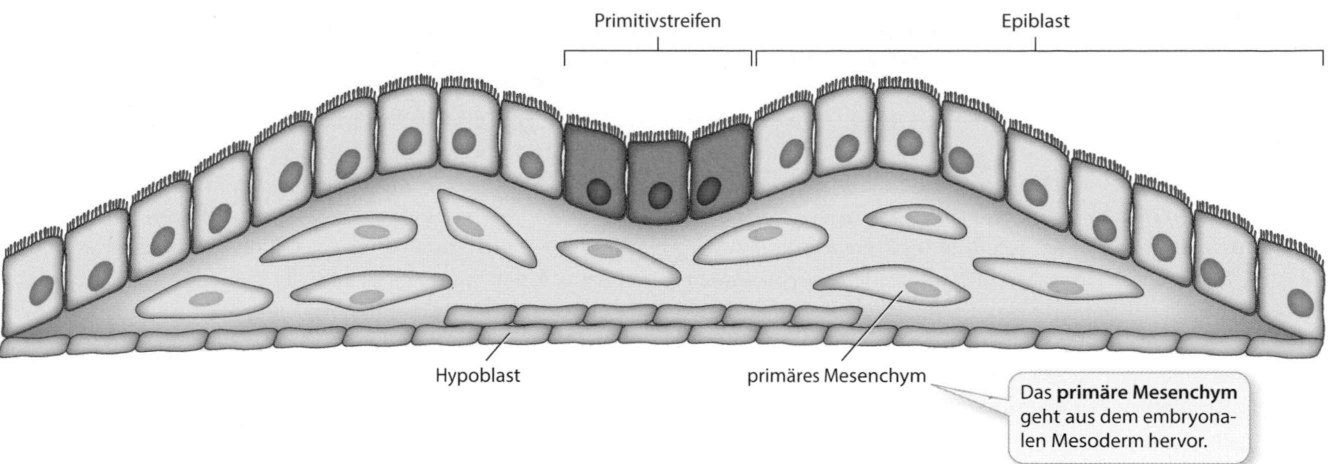

Abb. 15.2 Bildung des Mesenchyms bei der Gastrulation

dem Stütz- und Gerüstgewebe, abgegrenzt werden. Während das Parenchym vorwiegend ento- und ektodermaler Herkunft ist, leitet sich das Stroma überwiegend aus dem Mesoderm ab.

Embryonen besitzen ein pluripotentes Füllgewebe, aus dem sich viele andere Gewebetypen differenzieren können. Das **Mesenchym** (Abb. 15.2) ist ein überwiegend aus dem Mesoderm, aber auch vom Ektoderm (Neuralleiste) abgeleitetes **pluripotentes Füllgewebe**. Neben dem gallertartigen Bindegewebe stellt es den größten Anteil des embryonalen Bindegewebes. Aus ihm entstehen im Laufe der Ontogenie alle übrigen Bindegewebe einschließlich der Knorpel und Knochen, der Sehnen, der glatten Muskulatur sowie des Herzmuskels, der Niere und Nebennierenrinde sowie des blutbildenden Systems (Blut, Blut- und Lymphgefäße). Mesenchym besteht aus verzweigten Zellen (**Mesenchymzellen**), die über sternförmige Fortsätze (**Gap Junctions**) cytoplasmatisch miteinander in Verbindung stehen. Diese Zellen besitzen eine **hohe Mitoserate** und weisen **keine Polarität** auf. Sie migrieren sehr stark und können sich zu vielen verschiedenen Gewebezellen differenzieren. Die Mesenchymzellen sind in eine lockere, füllige, **extrazelluläre Matrix aus Hyaluronsäure** eingebettet, welche retikuläre Fibrillen (keine Fasern!) aus Kollagen und unspezialisierte Zellen enthält. Beim erwachsenen Menschen bilden die mesenchymalen Stammzellen die Reste des Mesenchyms. Man findet diese Zellen im Knochenmark, im Fett- und Muskelgewebe, bei Kleinkindern auch noch in den Zahnanlagen.

Die Bildung von Mesenchymzellen ist nicht auf die Embryonalentwicklung beschränkt (Abb. 15.3). Auch im erwachsenen Stadium können Mesenchymzellen aus Epithelzellen hervorgehen, man spricht vom **Epithel-Mesenchym-Übergang** (**EMT**; *epithelial-mesenchymal transition*). Zuvor kommt es zu vielen biochemischen Veränderungen in den entsprechenden Epithelzellen, wodurch sie eine höhere Migrationskapazität und Invasivität, eine größere Resistenz gegen Apoptose sowie die Fähigkeit erlangen, extrazelluläre Matrix zu bilden. Der Epithel-Mesenchym-Übergang spielt eine Rolle bei Wundheilungsprozessen, bei der Geweberegeneration, aber auch bei der Entwicklung von Tumoren und Metastasen.

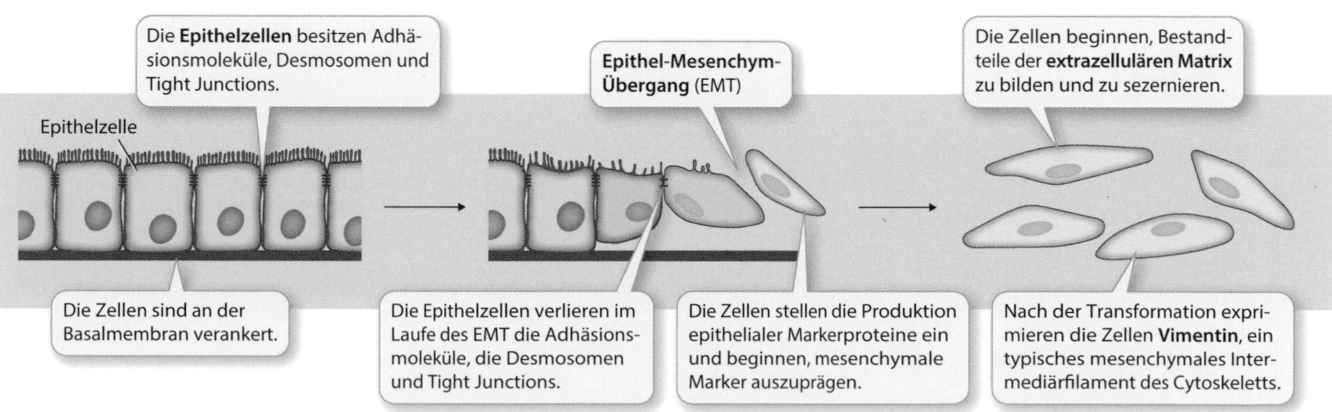

Abb. 15.3 Schematische Darstellung des Epithel-Mesenchym-Übergangs (EMT)

15.2 Epithelien grenzen den Organismus und seine Organsysteme nach innen und außen ab

Unter einem **Epithel** versteht man eine **dicht geschlossene zelluläre Schicht**, die (bei den Eumetazoen) durch eine **Basalmembran** vom anliegenden Bindegewebe abgegrenzt wird (◘ Abb. 15.4). Bei der Basalmembran handelt es sich um eine Proteinschicht, vorwiegend aus Laminin und netzförmigem Kollagen (Typ IV) sowie Haltekollagenen (Typ VII), auf der das Epithel verankert ist (◘ Abb. 15.5). Haben alle Zellen des Epithels Kontakt zur Basalmembran, spricht man von einschichtigen, andernfalls von mehrschichtigen Epithelien. Epithelien sind nicht von Blutgefäßen durchdrungen, sondern werden über die Basalmembran durch Diffusionsprozesse mit Metaboliten aus dem Bindegewebe versorgt. Anhand der Zellformen unterscheidet man prismatische Epithelien (würfelförmig, zylinderförmig) und Plattenepithelien. In mehrschichtigen Epithelien können Zellreihen durch starke Keratinbildung verhornen.

Epithelien können sich aus allen drei Keimblättern entwickeln. Die Epithelien eines Organismus grenzen nach außen und innen hin unterschiedliche Milieus ab und übernehmen daher verschiedene Funktionen des Stoff- und Informationsaustauschs. Dazu gehören **Sekretion** (und **Exkretion**), **Resorption**, **Gasaustausch** und **Transport von Stoffen**, **Reizweiterleitung** sowie **Schutzfunktionen**. Die Sekretionsaufgaben werden durch besondere Epithelzellen übernommen, die **Drüsenzellen**. Diese kommen einzeln (z. B. Becherzellen im Darm) oder in Verbänden (Drüsen) vor (◘ Abb. 15.6).

Aufgrund ihres Kontakts zur Basalmembran erhalten Epithelzellen eine gewisse **innerzelluläre Polarität**, weshalb man sie räumlich und funktionell in einen basalen, lateralen und einen apikalen Zellabschnitt einteilen kann (◘ Abb. 15.4). Da Epithelien die Körperhöhlen von Organismen auskleiden, haben sich diese Zellabschnitte je nach Organ- und Gewebeverband, an dem sie beteiligt sind, im Lauf der Evolution spezialisiert und diversifiziert. Die **basale Plasmamembran** verankert die Zelle über **Hemidesmosomen** in der Basalmembran und enthält viele Rezeptoren, die die Kommunikation der durchbluteten Bindegewebsschicht mit den Epithelzellen über Signalmoleküle und Gewebshormone gewährleisten. Die **laterale Membran** sorgt für den Austausch kleiner Metabolite und Salze zwischen epithelialen Nachbarzellen über sogenannte **Gap Junctions**. Die Geschlossenheit des Zellverbands wird über laterale Zell-Zell-Kontakte gewährleistet, im apikalen Bereich durch **Tight Junctions** und die **Zonula adhaerens** sowie im basalen Teil über **Desmosomen** der Zellen. Die diversesten Spezialisierungen entwickelten allerdings die **apikalen** Bereiche. Diese Spezialisierungen dienen der Oberflächenvergrößerung durch **Mikrovilli** und der Reizaufnahme- und weiterleitung (**Stereocilien** des menschlichen Innenohrs) sowie dem Stofftransport durch die Ausbildung von **Kinocilien** (**Flimmerepithelien**) und Geißeln. Um Gewebe gegen starke Milieuunterschiede und mechanische Beanspruchung zu schützen, sind die apikalen Teile mancher Epithelzellen durch eine **Crusta** aus Proteinen (Actin und Intermediärfilamente) im Cytoplasma (z. B. innere

15

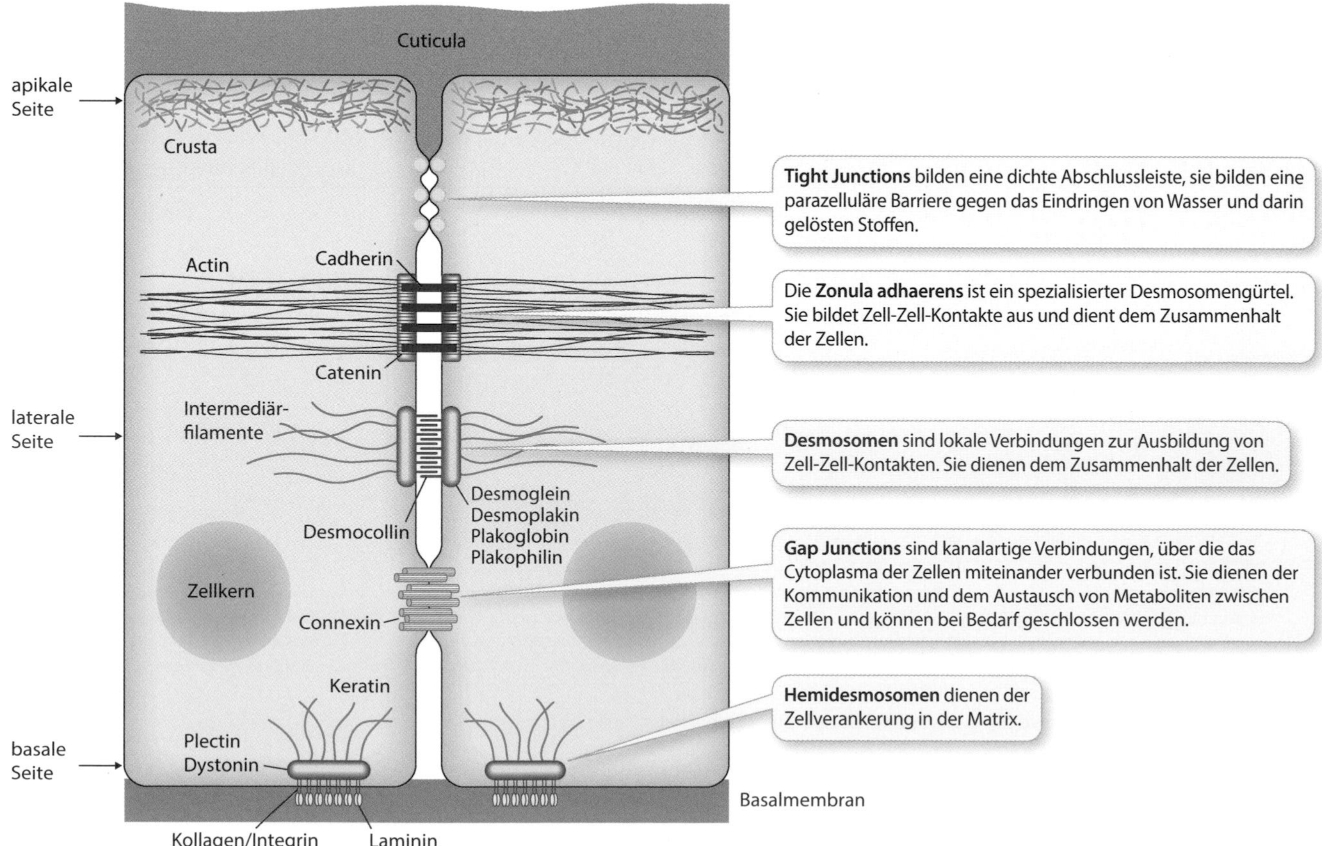

◘ **Abb. 15.4** Aufbau eines Wirbeltierepithels

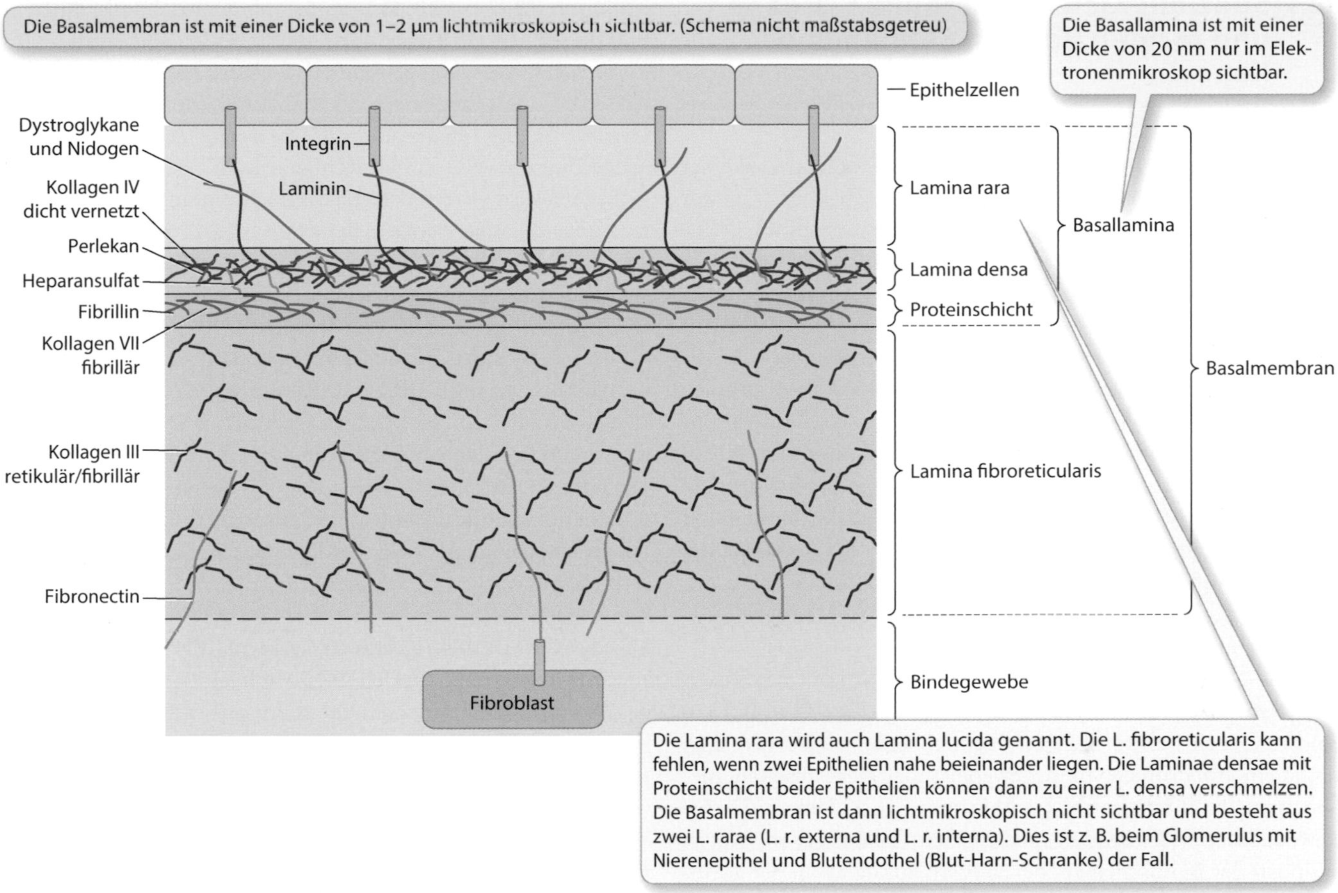

Die Basalmembran ist mit einer Dicke von 1–2 µm lichtmikroskopisch sichtbar. (Schema nicht maßstabsgetreu)
Die Basallamina ist mit einer Dicke von 20 nm nur im Elektronenmikroskop sichtbar.
Epithelzellen
Dystroglykane und Nidogen
Integrin
Laminin
Kollagen IV dicht vernetzt
Perlekan
Heparansulfat
Fibrillin
Kollagen VII fibrillär
Kollagen III retikulär/fibrillär
Fibronectin
Fibroblast
Lamina rara
Lamina densa
Proteinschicht
Basallamina
Basalmembran
Lamina fibroreticularis
Bindegewebe
Die Lamina rara wird auch Lamina lucida genannt. Die L. fibroreticularis kann fehlen, wenn zwei Epithelien nahe beieinander liegen. Die Laminae densae mit Proteinschicht beider Epithelien können dann zu einer L. densa verschmelzen. Die Basalmembran ist dann lichtmikroskopisch nicht sichtbar und besteht aus zwei L. rarae (L. r. externa und L. r. interna). Dies ist z. B. beim Glomerulus mit Nierenepithel und Blutendothel (Blut-Harn-Schranke) der Fall.

Abb. 15.5 Aufbau der Basalmembran eines Wirbeltiers

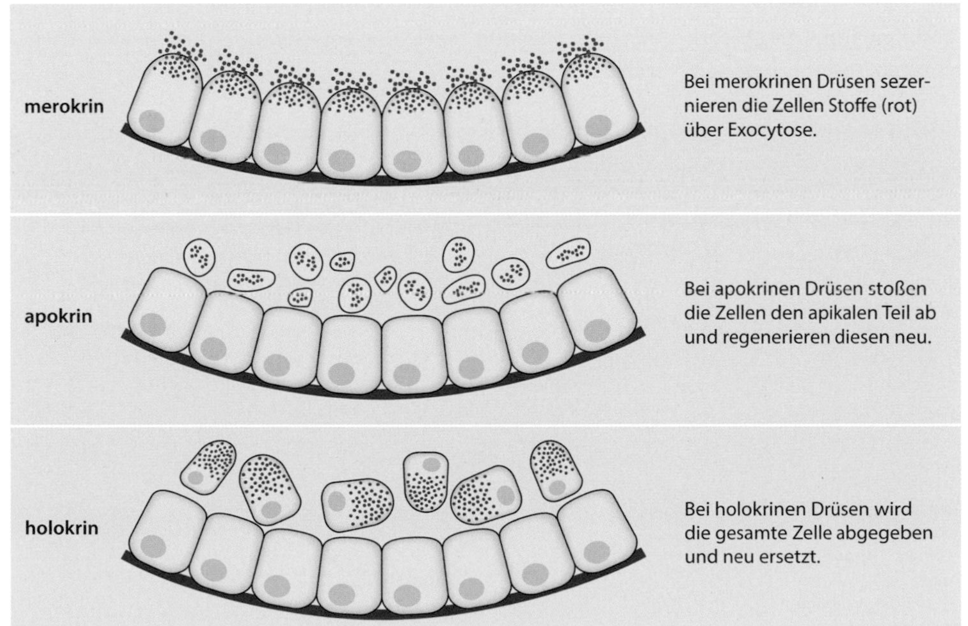

merokrin
Bei merokrinen Drüsen sezernieren die Zellen Stoffe (rot) über Exocytose.
apokrin
Bei apokrinen Drüsen stoßen die Zellen den apikalen Teil ab und regenerieren diesen neu.
holokrin
Bei holokrinen Drüsen wird die gesamte Zelle abgegeben und neu ersetzt.
Bei **endokrinen** und **parakrinen** Drüsen wird das Sekret an das Blut bzw. die Lymphe oder in den Interzellularraum abgegeben.
Bei **exokrinen** Drüsen wird das Sekret nach außen oder in eine Körperhöhle (Blase, Darm etc.) abgegeben.

Abb. 15.6 Sekretionsarten bei Drüsen

Harnblasenzellen) verfestigt oder bei den Häutungstieren durch eine sezernierte **Cuticula** aus Proteinen, Kalk und Polysacchariden (z. B. Sklerotin bei Arthropoden) und bei Vertebraten aus Proteinen, Fetten und Mineralstoffen (z. B. Zahnschmelz) verstärkt.

15.3 Spezielle Gewebe umhüllen Organe und formen Bänder, Sehnen und Kapseln

Bindegewebe dient der Umhüllung und Stützung sowie der Verbindung von Organen und anderen Geweben. Es trägt zur Wasser- und Fettspeicherung bei, kann Nährstoffe durch Diffusion transportieren und speichern und ist an der Immunabwehr und der Wundheilung beteiligt. Die Zellen des Bindegewebes werden als **Fibrocyten** bezeichnet und reifen aus beweglichen Fibroblasten heran. Letztere sezernieren Faserproteine wie Kollagen und Elastin. Diese Moleküle sind in eine Grundsubstanz aus Polysacchariden und Proteoglykanen (z. B. Chondroitin- und Heparansulfat) eingelagert, die **extrazelluläre Matrix**. Ein wesentlicher Bestandteil dieser Matrix ist **Hyaluronsäure**, ein Glykosaminoglykan, das große Mengen an Wasser binden und damit gelartig/gallertartig aufquellen kann (z. B. Glaskörper des Auges; ◘ Abb. 15.7). Aufgrund der Art und Menge an Fasern und Matrixmolekülen lassen sich verschiedene Bindegewebstypen unterscheiden:

Das **gallertartige Bindegewebe** besteht aus einer gallertigen Grundsubstanz, in die feine Kollagenfasern (◘ Abb. 15.8) und vereinzelt sternförmige Bindegewebszellen eingelagert sind. Es ist ein embryonales Bindegewebe, ähnelt dem unreifen, mesenchymalen Bindegewebe (► Abschn. 15.1) und findet sich bei erwachsenen Wirbeltieren noch in den Gallertkernen (Nuclei pulposi) der Bandscheiben, bei Säugern zusätzlich in der Zahnpulpa sowie bei Placentatieren in der Nabelschnur. Im Gegensatz zum Mesenchym liegt das Kollagen im gallertartigen Bindegewebe in Fasern, nicht in Fibrillen vor.

Das **faserige Bindegewebe** besteht aus wenigen Zellen und zeichnet sich durch einen hohen Faseranteil aus. Die Fasern werden aus kovalent verbundenen Molekülen, sowohl zugfestem **Kollagen** (◘ Abb. 15.8, ◘ Tab. 15.1) als auch dehnungsfähigem **Elastin** (◘ Abb. 15.9), gebildet. Man unterscheidet straffes und lockeres faseriges Stützgewebe. Als lockeres Bindegewebe befindet es sich unter Epithelien und strahlt in Form von Septen in die Organe und die Muskulatur ein. Das straffe, faserige, kollagenartige Bindegewebe enthält weniger Elastinfasern, während die Kollagenfasern in organisierten Bündeln entlang der Hauptzugrichtung verlaufen (Sehnen, Bänder, Kapseln). Beim straffen, faserigen, elastinartigen Bindegewebe ist ein erhöhter Elastinanteil vorhanden, der dem Gewebe eine hohe Elastizität verleiht (z. B. in Lunge, Blutgefäßen und Gallenblase).

Das **retikuläre Bindegewebe** besteht aus speziellen Fibroblasten, den sogenannten **Retikulocyten**, die Kollagen vom Typ III und Polysaccharidfasern sezernieren. Diese Fasern werden durch kovalente Verknüpfung zu einem feinen Netzwerk versponnen (**Reticulin**), durch das Flüssigkeit und freie Zellen zirkulieren können. Es unterstützt das lockere Bindegewebe von Leber, Knochenmark, Milz sowie von Lymphknoten. Über das retikuläre Bindegewebe können B- und T-Zellen zu den Organen wandern. Die zur Phagocytose fähigen Retikulocyten sind Teil des **retikulohistiocytären Systems** (**RHS**), zu dem auch Endothelzellen und spezielle Makrophagen, die **Histiocyten**, gehören. Damit ist das retikuläre Bindegewebe Teil des Immunsystems. Durch Einlagerung von Fettzellen kann aus retikulärem Bindegewebe als Spezialfall braunes oder weißes Fettgewebe (► Abschn. 15.4) hervorgehen.

Das **spinozelluläre Bindegewebe** besteht aus einer Vielzahl von Bindegewebszellen und ist arm an extrazellulärer Matrix, welche nur wenige retikuläre Fasern enthält. Es kommt in der Rinde des Ovarfollikels im Eierstock und in der Gebärmutter (Endometrium) vor. Im Eierstock entstehen aus den dicht gepackten Fibrocyten nach Stimulation durch das follikelstimulierende Hormon (FSH) die testosteronproduzierenden Thekazellen.

15

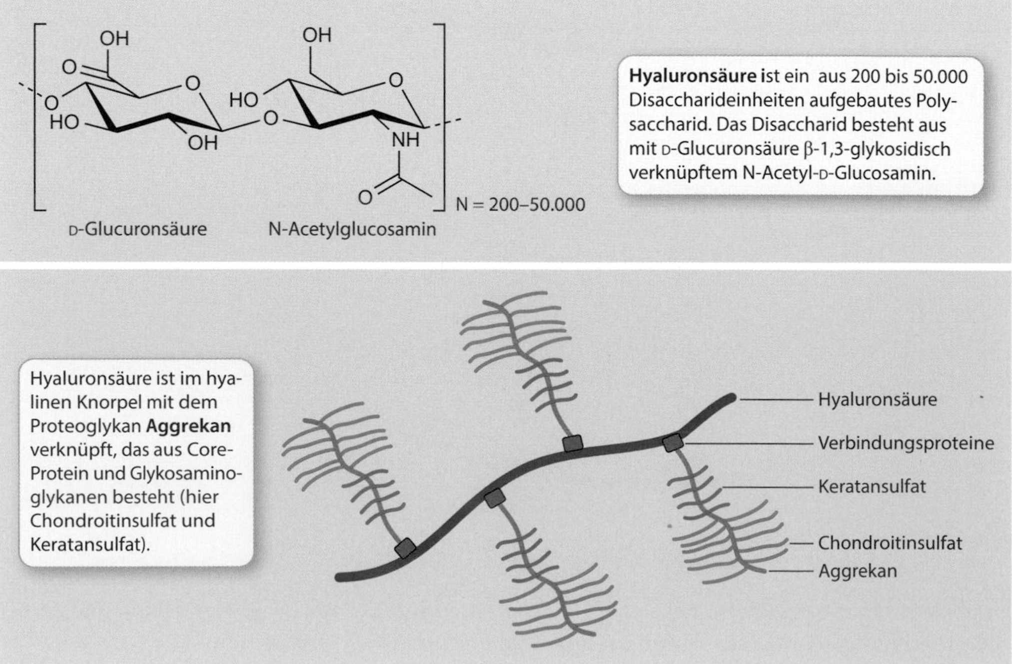

◘ **Abb. 15.7** Hyaluronsäure (oben) und der Aufbau von Proteoglykanen (unten)

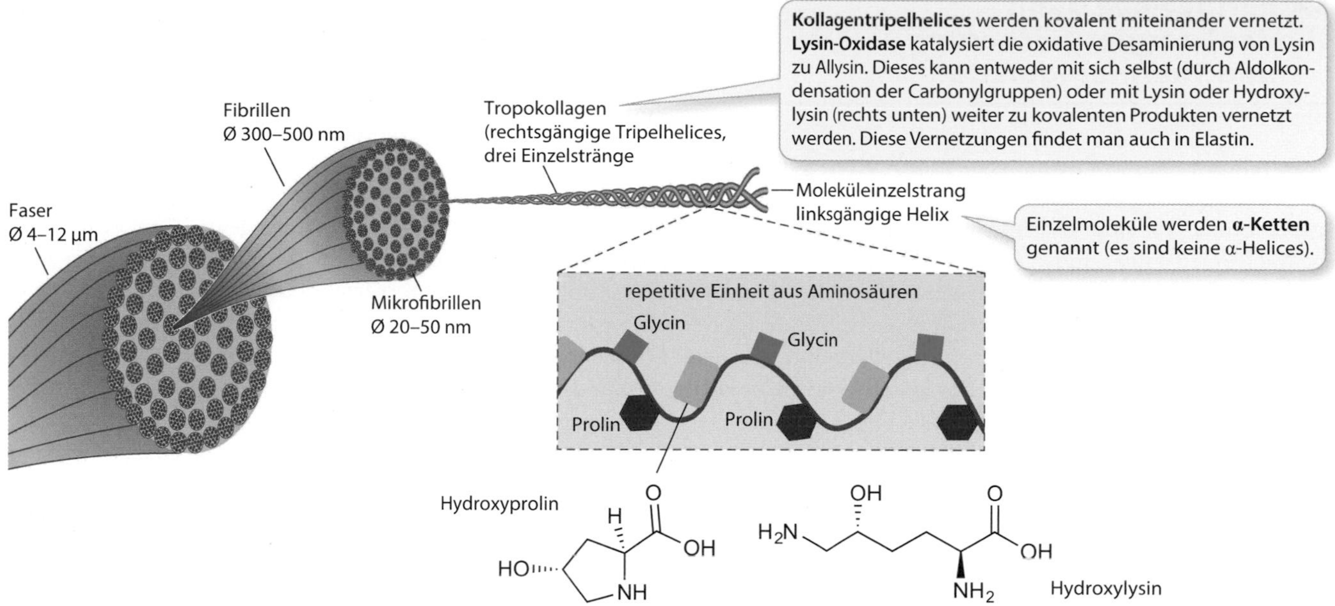

■ **Abb. 15.8** Aufbau des fibrillären Kollagens der Säugetiere

■ **Tab. 15.1** Wichtige Kollagene bei Säugetieren

Typ des Kollagens	Struktur	Vorkommen
Kollagen Typ I	fibrillär	Haut, Sehne, Faszien, Knochen, Gefäß, innere Organe, Zähne
Kollagen Typ II	fibrillär	hyaliner und elastischer Knorpel
Kollagen Typ III	fibrillär	Gefäßwände, innere Organe, Haut
Kollagen Typ IV	netzartig	Basallamina
Kollagen Typ V	fibrillär	Basallamina

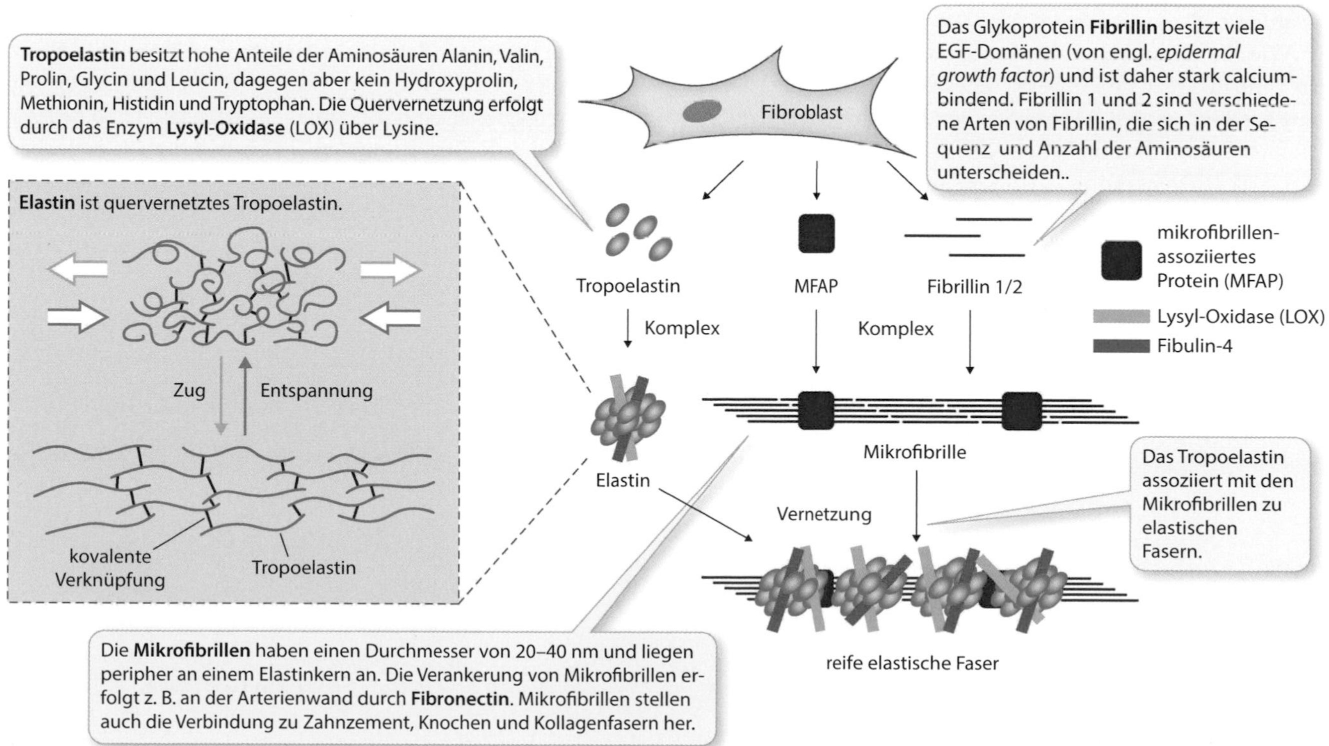

■ **Abb. 15.9** Aufbau einer elastischen Faser

15.4 Fettgewebe dient der Energiespeicherung und Thermoregulation

Fettgewebe ist ein aus **Fettzellen (Adipocyten)** aufgebautes, gut mit Blutgefäßen und Nervenfasern versorgtes Gewebe. Die Fettzellen sind von einer Basalmembran umgeben, die aus Kollagenmolekülen aufgebaut ist.

Weißes Fettgewebe bildet keinen einheitlichen Gewebekomplex, sondern ist in Form größerer Zellverbände (durch Septen untergliedert in Läppchen) in retikuläres Bindegewebe eingebunden. Es dient vorwiegend der **Speicherung von Fettsäuren** in Form von **Triacylglyceriden** (TAG) (▶ Abschn. 13.6) und der damit verbundenen **Energiegewinnung**. Im Laufe der ersten Wachstumsjahre decken die Gehirne der Säugetiere, besonders des Menschen, ihren Energiebedarf großteils aus dem Fettgewebe (Babyspeck). Diese wichtige Aufgabe im Energiestoffwechsel geht mit einer Rolle als **endokrines Organ** einher, wobei hormonartige Signalmoleküle (Leptin, Adiponectin, Resistin, Östrogen etc.) und Entzündungs- und Wachstumsmodulatoren abgegeben werden. Hierüber beeinflusst das weiße Fettgewebe nicht nur Hunger- und Sättigungsgefühl, sondern auch die Knochenbildung, die Fertilität und das Immunsystem (◻ Abb. 15.10). Vor allem in der Unterhaut mancher Säuger dient das Fettgewebe als Isolierschicht gegen Wärmeverlust und hilft bei der Druckverteilung (Fußsohlen, Kniegelenk). Weiße Fettzellen sind große (40–150 µm), von einer Lipidvakuole dominierte Zellen (**univakuoläres Fett**), wobei der Zellkern dichtgedrängt an der Plasmamembran liegt (◻ Abb. 15.11). Beim Menschen liegt bei der Verteilung des weißen Fetts ein Geschlechtsdimorphismus vor. Während der Schwangerschaft und Laktation dienen im Fettgewebe freigesetzte Fettsäuren der Biosynthese der Milchfette.

15

Wie alle Gewebe unterliegt auch das Fettgewebe einem stetigen Umbau. Dazu gehört, dass seneszente Zellen abgebaut und neue gebildet werden. Der Abbau der Adipocyten erfolgt durch Apoptose, deren Rate im Fettgewebe bei uns Menschen allerdings gering ist (Regeneration < 10 % Zellmasse pro Jahr). Obwohl Adipocyten alle notwendigen Proteine für den programmierten Zelltod, wie z. B. die Todesrezeptoren CD95 oder TNF, exprimieren können, sind sie nur schwer in die Apoptose zu drängen. Dies liegt vor allem an der starken Expression von Oberflächenrezeptoren wie IGF und IGF-1R, welche insulin- oder ligandengesteuert die intrazellulären Signalwege für die Apoptose blockieren, aber das Zellwachstum sowie die Zellvermehrung und die Proteinsyntheserate steigern. In den Zellen findet man darüber hinaus eine hohe Expression antiapoptotischer Moleküle wie Bcl-xL und FLICE-like inhibitory protein (FLIP).

Auf die Anwesenheit zu großer Mengen an Glucose und Fetten reagiert das weiße Fettgewebe mit einer Erhöhung der Zellzahl (**adipocytäre Hyperplasie**) oder mit einer Vergrößerung der vorhandenen Zellen (**adipocytäre Hypertrophie**). Hypertrophe Fettzellen sind hochgradig insulinresistent und sezernieren Insulinresistenz fördernde Adipokine (Adipocytokine). Bei einer starken Zunahme der Fettgewebsmasse und der Zahl hypertropher Zellen (Adipositas) kann es zu einer Infiltration von Immunzellen (Makrophagen) kommen, die Cytokine freisetzen und eine Entzündung des Gewebes vorantreiben. Diese führt nicht nur zum Zelltod der Adipocyten durch Apoptose, sondern auch zu deren Nekrose. Begleitet werden diese Prozesse von einer gesteigerten Abgabe von Adipocytokinen (z. B. Resistin), teils in Form entzündungssteigernder Signalmoleküle (z. B. Interleukine). Diese hemmen wiederum die Wirkung des Hormons Insulin vor allem im Fett- und Muskelgewebe, was bei langanhaltender Entzündung eine Insulinresistenz bewirkt und die Glucoseaufnahme der Zelle nachhaltig stört. Die darauffolgende vermehrte Insulinproduktion durch die Bauchspeicheldrüse kann bei uns Menschen auf lange Sicht zu einem Diabetes (Typ II) führen. Darüber hinaus werden vermehrt freie Fettsäuren und Angiotensinogen gebildet, welche die Leber und das Herz-Kreislauf-System (Blutdruck) negativ beeinflussen.

Neuere Befunde an Studien mit menschlichen Adipocyten legen nahe, dass die Lipolyserate und damit die Abnahme bzw. das Anwachsen der Fettmasse bei uns Menschen einer lichtgesteuerten Rhythmik unterliegen und damit von der jahreszeitlichen bedingten Sonneneinstrahlung abhängen. Ein kleiner Anteil aller Fettzellen enthält das Opsin Melanopsin, das auf Blaulicht reagieren kann. Bei längeren Tageszeiten und hellerem Licht scheint der Blaulichtanteil eine Erhöhung des Fettabbaus zu bewirken, während unter dunkleren Bedingungen die Lipolyserate durch weniger Blaulichteinstrahlung fällt. Dieser Effekt könnte auf eine evolutionäre Anpassung der Fettmasse an die Jahreszeiten in unseren Breiten hinweisen.

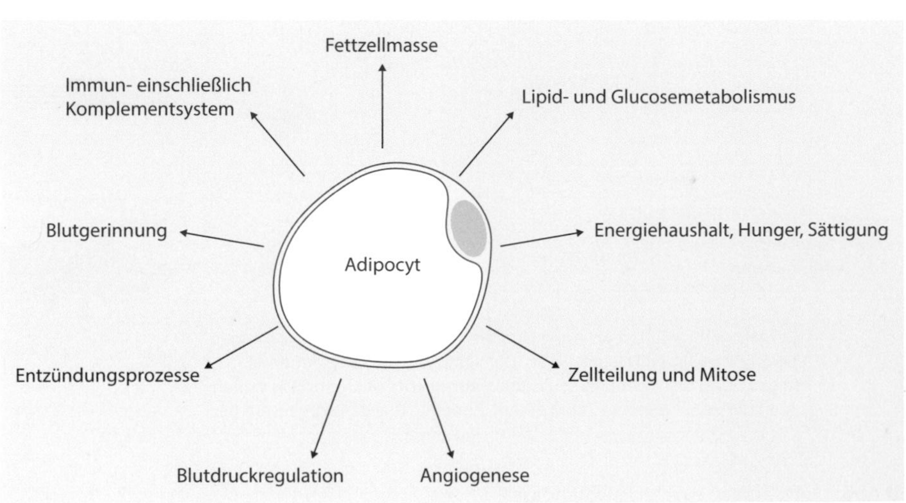

◻ **Abb. 15.10** Von Adipocyten beeinflusste Prozesse

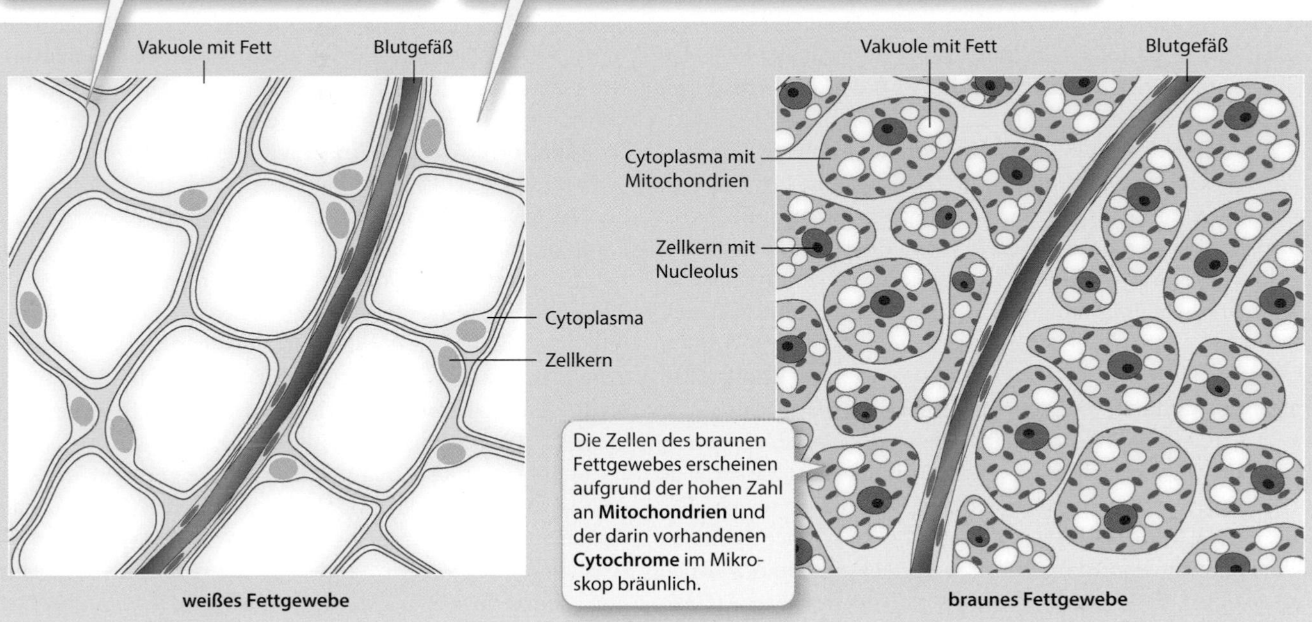

Abb. 15.11 Histologie des Fettgewebes (Schema)

Das **braune Fettgewebe** (Abb. 15.11) dient der **Thermoregulation** durch **Erzeugung von Wärme**. Es kommt beim Menschen, wie bei den meisten Säugetieren, vorwiegend im Säuglingsalter vor (Rücken und Nackenbereich), findet sich bei Erwachsenen in geringem Maße aber noch im oberen Brust- und Nackenbereich (Abb. 15.12). Andere Säugetiere (Winterschläfer) besitzen weit höhere Anteile braunen Fettgewebes. Manche Säuger wie Nagetiere (Rodentia) sind bei Kälte in der Lage, weißes in braunes Fettgewebe umzuwandeln. Braune Fettzellen sind kleiner als weiße Fettzellen. Sie besitzen viele kleine Lipidvakuolen (**multivakuoläres Fett**) und einen runden, zentral liegenden Zellkern. Die in den braunen Fettzellen ablaufende Oxidation der Fettsäuren dient in den Mitochondrien nicht vorwiegend der Erzeugung von ATP, sondern wird – durch Entkopplung der Elektronentransportkette in der inneren Membran mithilfe von Entkopplungsproteinen (UCPs) – zur Produktion von Wärme genutzt. Dies geschieht bei Kältestimulation unter Einfluss von Schilddrüsenhormonen und Catecholaminen.

Abb. 15.12 Verteilung von braunem Fettgewebe im menschlichen Körper

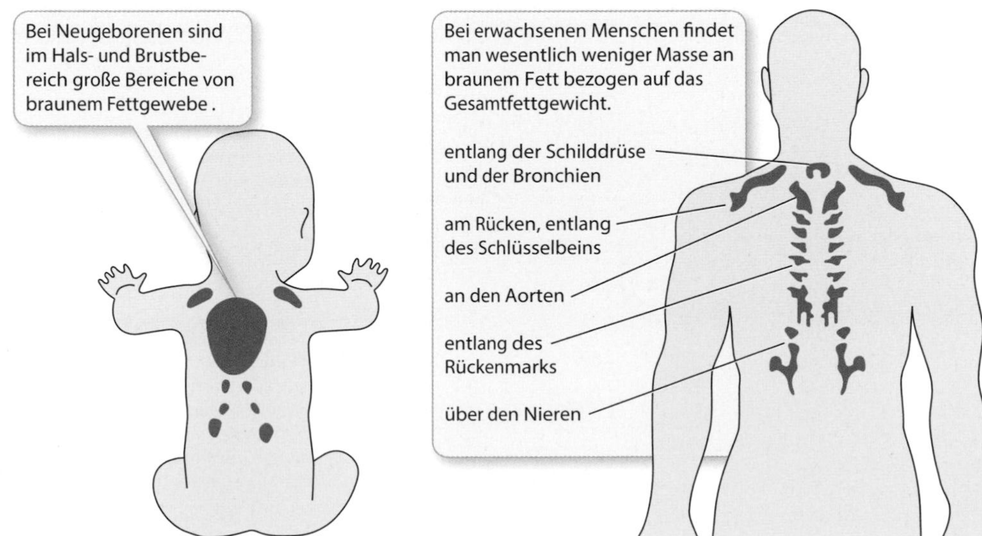

15.5 Knochen und Knorpel bilden einen Stützapparat

Metazoen besitzen **faseriges Bindegewebe** (**Stützgewebe**), welches das Mesohyl der Schwämme und Hohltiere sowie die Skelettteile der Mollusken und Chordatieren bildet. Bei den Wirbeltieren gehen **Knochen und Knorpel** aus dem faserigen Bindegewebe hervor.

Bei Wirbeltieren besteht das **Knorpelgewebe** aus Knorpelzellen (**Chondrocyten**), die faseriges Kollagen (Typ I und II, aber auch XI und XIII), Elastin sowie Proteoglykane und Hyaluronsäure sezernieren. Diese sezernierten Moleküle bilden die unstrukturierte Grundsubstanz der extrazellulären Knorpelmatrix. Gruppen von teilungsfähigen Chondrocyten bilden im Knorpelgewebe kleine Verbände von wenigen Zellen (◘ Abb. 15.13). Im Lichtmikroskop ist zu erkennen, dass sie von einem **Knorpelhof** umgeben sind, einer stark basophilen extrazellulären Matrix. Zusätzlich zu den Chondrocyten befinden sich teils mesenchymale Chondrocytenvorläuferzellen (**Chondroblasten**) sowie spezielle aus Monocyten hervorgegangene und zur Phagocytose fähige, amöboide **Chondroklasten** im Gewebe. Diese mehrkernigen Zellen sind für den Abbau von Knorpelgewebe verantwortlich und ersetzen dieses anschließend durch Knochengewebe (**Ossifikation**). Knorpelgewebe besitzt keine Blutgefäße und wird über die Knorpelhaut (**Perichondrium**) oder die **Synovialflüssigkeit** (Gelenkknorpel; Hyaluronsäure) versorgt. Je nach Fasereinlagerung und Dichte lassen sich unterschiedliche Knorpelarten definieren (◘ Abb. 15.14).

Ähnlich dem Knorpel besteht das **Knochengewebe** aus einer extrazellulären Matrix (**Osteoid**), in die Knochenzellen (**Osteocyten**) eingebettet sind (◘ Abb. 15.15). Die Knochenmatrix besteht überwiegend aus mineralischen Calciumverbindungen. Die Versorgung der Osteocyten erfolgt über Blutgefäße. Die Osteocyten stehen über Zellfortsätze miteinander in Verbindung und sind für die Calciumhomöostase verantwortlich. Sie gehen aus **Osteoblasten** hervor, mesenchymalen Vorläuferzellen, welche das Osteoid bilden. Aus dem Knochenmark eingewanderte, multinucleäre Riesenzellen bilden sich im Knochengewebe zu amöboiden **Osteoklasten** aus, die proteolytische Enzyme abgeben und die verdauten Kollagenfragmente phagocytieren können.

Wirbeltiere stützen ihren Körper durch ein miteinander verbundenes Knochensystem, das **Skelett**. Neben der Stützfunktion haben einzelne Knochen spezielle Aufgaben übernommen (z. B. Gehörknöchelchen, Penisknochen). Das Knochengewebe kann sich direkt aus dem Mesenchym bilden (**desmale Ossifikation**), wie die menschlichen Schädelknochen (Deckknochen), oder sekundär aus hyalinem Knorpelgewebe hervorgehen (**chondrale Ossifikation**), wie die Wirbelsäule und die Extremitäten der Wirbeltiere.

Das Skelett der Tiere hat neben der Stützfunktion auch die Funktion der Fortbewegung in Zusammenspiel mit Muskel- und Nervengewebe übernommen. Dazu werden unterschiedliche Teile des Skeletts über mechanisch bewegbare Elemente, die **Gelenke**, verbunden, die dem Skelett seine Bewegungsfähigkeit verleihen. So besteht das Skelett des Menschen nicht nur aus mehr als 200 Knochen, sondern auch etwa 140 echten Gelenken (oder mehr als 200 gelenkigen Verbindungen).

Echte Gelenke bilden sich dort, wo die Enden zweier knorpelüberzogener Knochen (Gelenkpfanne und Gelenkkopf) aufeinandertreffen, jedoch nicht direkt miteinander verbunden sind (Gelenkspalt). Die Synovialflüssigkeit zwischen Gelenkpfanne und -kopf reduziert in Zusammenspiel mit den Knorpelschichten die auftretende Reibung und wirkt stoßdämpfend. Damit die Flüssigkeit im Gelenk verbleibt, ist das Gelenk von einer Gelenkkapsel umgeben. Diese besteht bei echten Gelenken aus einem äußeren kollagenen Bindegewebe, der Membrana fibrosa, und einer lockeren inneren Bindegewebsschicht, der Membrana synovalis. Umgeben von Bändern und mithilfe von Sehnen und Muskeln erhält das Gelenk seine mechanischen Eigenschaften. Ein Beispiel eines echten Gelenks ist das Kniegelenk.

Bei den **unechten Gelenken** findet man Bindegewebe oder Knorpel als Verbindungsmaterialien zwischen den Knochen, während ein echter Gelenkspalt fehlt. Prominente Vertreter unechter Gelenke sind die Bandscheiben.

Auf Gelenken können mehrere Hundert Kilogramm Gewicht pro Quadratzentimeter herrschen. Auf den Bandscheiben treten, je nach Belastung Drucke von mehr als 20 bar auf.

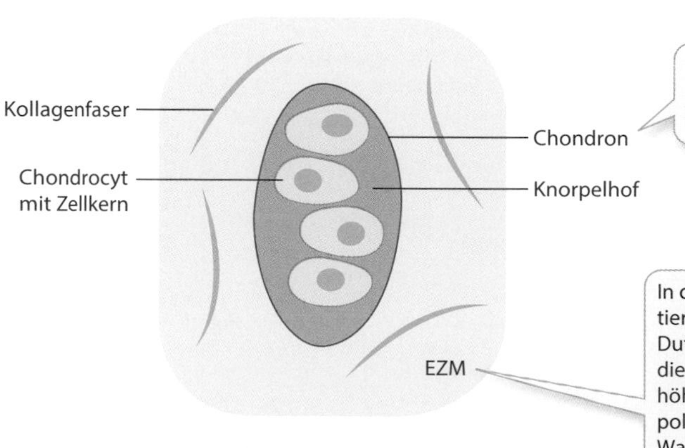

Die Zellverbände sind von einer **Knorpelhof** genannten stark basophilen extrazellulären Matrix umgeben. Zellverbände und Knorpelhof werden als **Chondron** bezeichnet.

In der **extrazellulären Matrix** (EMZ) des hyalinen Knorpels dominiert bei Säugetieren das Proteoglykan **Aggrekan**, das aus einem Core-Protein mit mehreren Dutzend kovalent verknüpften Polysaccharidketten besteht. Als Polysaccharide dienen Chondroitin- und Keratansulfat. Aggrekan wird durch **Hyaluronsäure** zu höheren Aggregaten verknüpft. Die Proteoglykane und Hyaluronsäure sind polyanionische Substanzen, wodurch Knorpelgewebe einen hohen Anteil an Wassermolekülen einlagern kann (hohe Kompressionsstabilität).

◘ **Abb. 15.13** Aufbau und Zusammensetzung von Knorpelgewebe

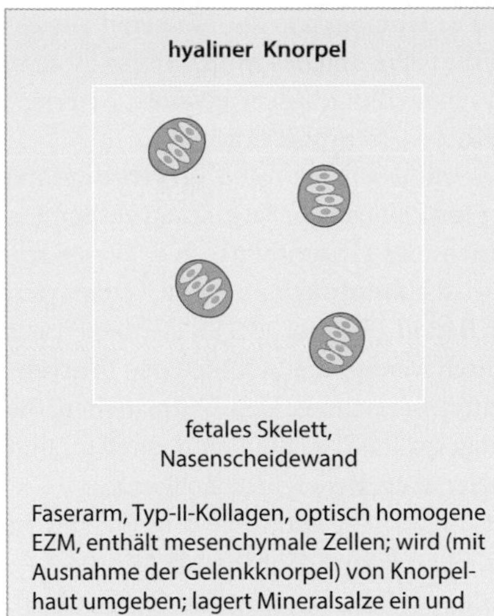

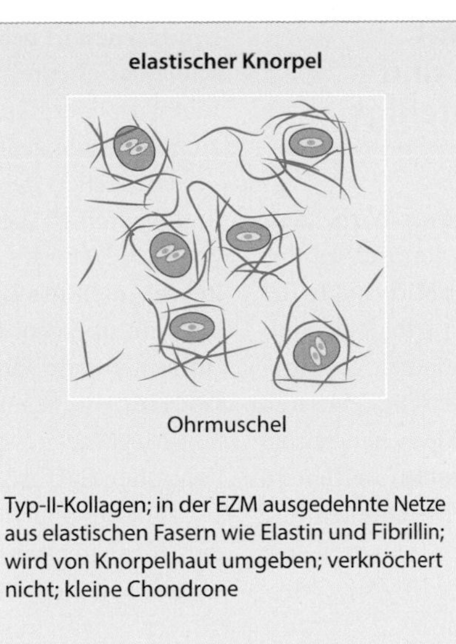

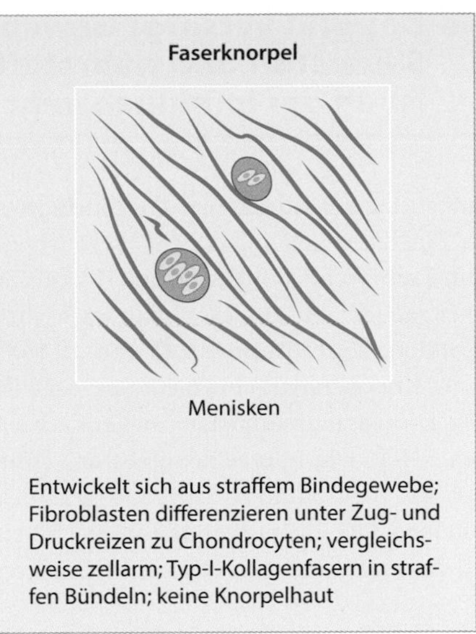

Abb. 15.14 Aufbau verschiedener Knorpelarten und Vorkommen beim Menschen (Beispiele)

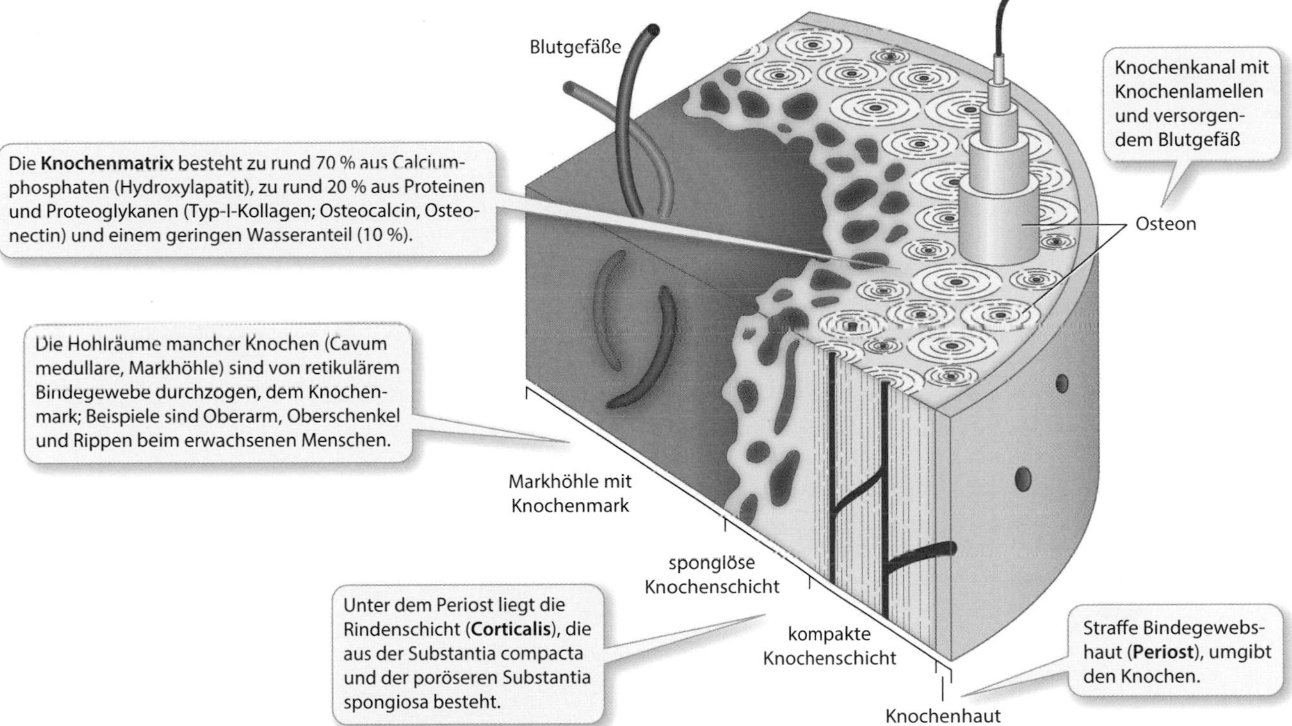

Abb. 15.15 Aufbau eines Lamellenknochens der Wirbeltiere

15.6 Das Blut versorgt Gewebe mit Sauerstoff und Nährstoffen und ist an der Immunabwehr beteiligt

Blut ist eine besondere Form des **Bindegewebes** der Wirbeltiere. Die Blutzellen gehen aus dem Mesenchym hervor und werden beim Embryo im Dottersack, im Thymus, in der Milz und in der Leber gebildet. Im Kindes- und Erwachsenenalter erfolgt die Blutzellbildung (**Hämatopoese**; ◘ Abb. 15.16) bei höheren Vertebraten im Knochenmark, bei niederen zusätzlich meist in Leber und Milz. Die Gesamtblutmenge eines erwachsenen Menschen beträgt etwa 5–6 L. Die Interzellularsubstanz (**Blutplasma**) besteht zu 90 % aus Wasser und zu 10 % aus Elektrolyten, Metaboliten und Proteinen. Der überwiegende Teil der Proteine wird von der Leber und den lymphatischen Organen (Knochenmark, Thymus, Milz, Lymphknoten) gebildet. Die Homöostase des Wasseranteils geschieht größtenteils über die Niere und das lymphatische System. Blut wird über Kapillarsysteme (Blutgefäße wie Venen, Arterien) zu nahezu alle Teile des Körpers transportiert.

Die Zellen des Blutes umfassen die roten (**Erythrocyten**) und die weißen (**Leukocyten**) Blutzellen. Sie machen zusammen etwa 45–50 % des Volumens des Gesamtblutes aus. Dieser zelluläre Anteil des Blutes wird **Hämatokrit** genannt. Leukocyten sind ein übergeordneter Begriff (◘ Abb. 15.16), sie dienen der Immunabwehr. Histologisch werden die Blutplättchen (**Thrombocyten**) als eigener Zelltyp bezeichnet. Den Blutplättchen, die von Megakaryocyten „abgespaltene" Zellhüllen darstellen, und den reifen Erythrocyten der Säugetiere fehlen Zellkerne.

Blut reguliert den O_2-/CO_2-Gasautausch mithilfe des in den Erythrocyten enthaltenen **Hämoglobins** (◘ Abb. 15.17). Es transportiert Metabolite (z. B. Aminosäuren, Cholesterin),

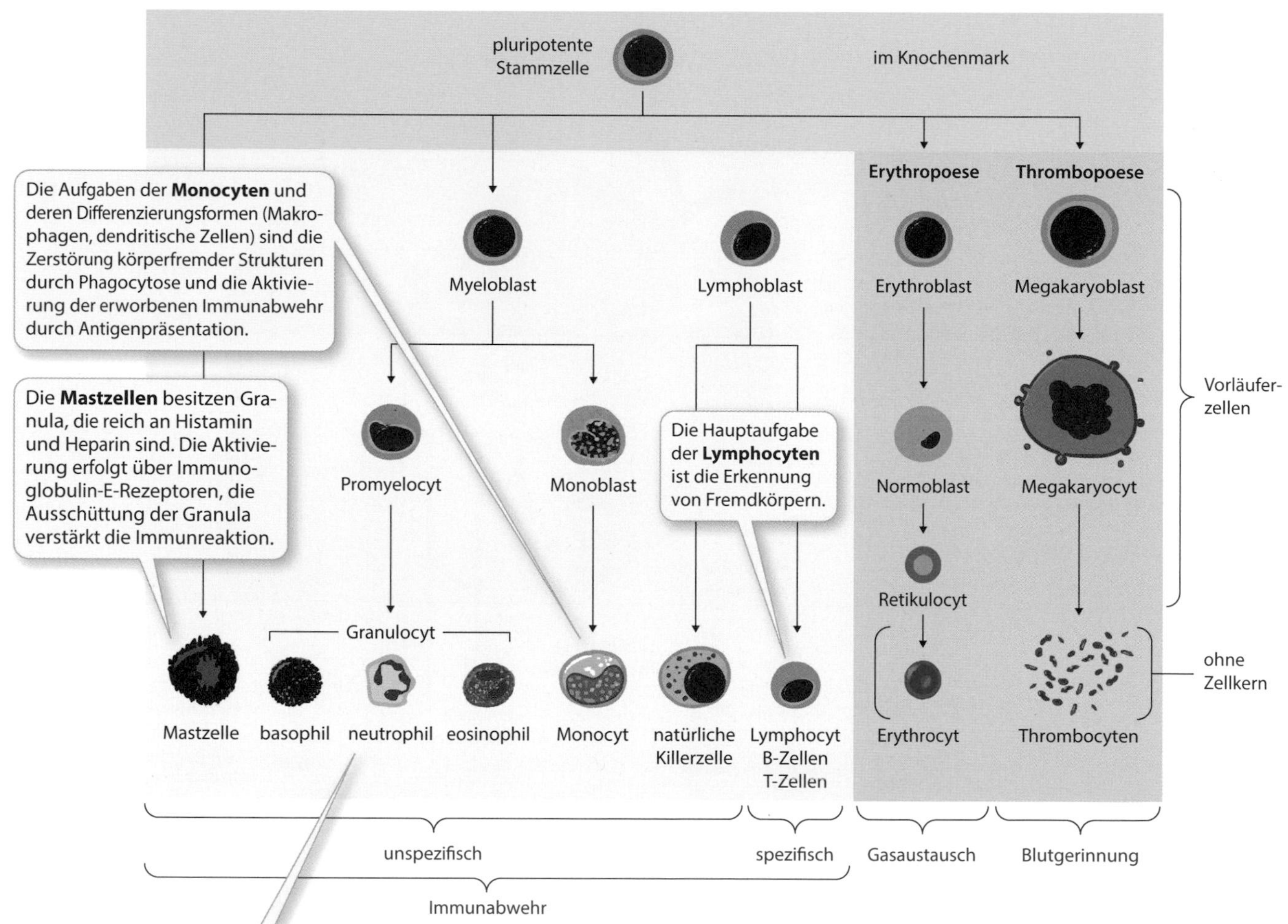

◘ **Abb. 15.16** Zellen des Blut-Lymphe-Systems am Beispiel des Menschen

15

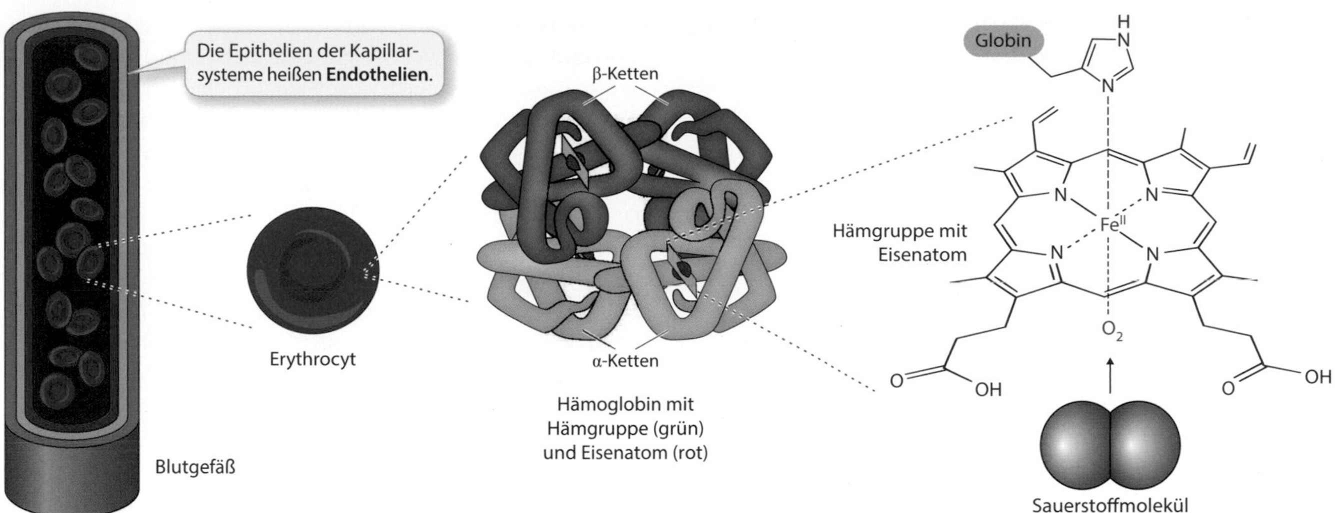

Abb. 15.17 Erythrocyt mit Hämoglobin

Nährstoffe wie Glucose, Elektrolyte, ermöglicht die Fernkommunikation von Geweben über Hormone und den Abtransport von Zellabfällen. Darüber hinaus hilft das Blut bei der Immunabwehr von Mikroorganismen, Viren und Toxinen sowie bei der Entsorgung von Xenobiotika. Blut dient der Verteilung von Wärme im Körper. Es reguliert Gerinnungs- und Wundheilungsprozesse mittels Thrombocyten und Blutgerinnungsfaktoren. Blutplasma ohne Gerinnungsfaktoren (vorwiegend Fibrinogen) wird als **Blutserum** bezeichnet. Darüber hinaus besitzt das Blut pH-regulierende (Kohlensäurehydrogencarbonatpuffer, Plasmaprotein- und Hämoglobinpuffer, Phosphatpuffer) sowie antioxidative (Harnsäure) Funktionen.

Die Erythrocyten der Wirbeltiere bilden sich unter Stimulation des Wachstumsfaktors **Erythropoetin**. In der Plasmamembran der Erythrocyten sitzen Proteine und Lipide, an welche verzweigte Zuckerstrukturen kovalent geknüpft sind. Diese Oligosaccharide unterscheiden sich intraspezifisch anhand ihrer monomeren Zusammensetzung und dienen als **Antigene** (AB0-System, Blutgruppenantigene). Gegen nicht als eigen erkannte Erythrocytenantigene entwickeln Wirbeltiere spezifische **Antikörper**. Die auf das Mischen von Blut von Individuen mit verschiedenen Erythrocytenantigenen folgende **Antigen-Antikörper-Reaktion** bildet die Grundlage für die Einteilung des Blutes nach **Blutgruppen** (Abb. 15.18).

Antigene, die die Blutgruppen definieren, sind entweder Zuckermoleküle oder Proteine der Zellmembran roter Blutkörperchen. Speziell bei den Antigenen für die AB0-Blutgruppen-Einteilung handelt es sich um Zuckerketten, die an Lipide oder Proteine kovalent gebunden sind. Bei den Antigenen des Rhesussystems hingegen handelt es sich um Proteine.

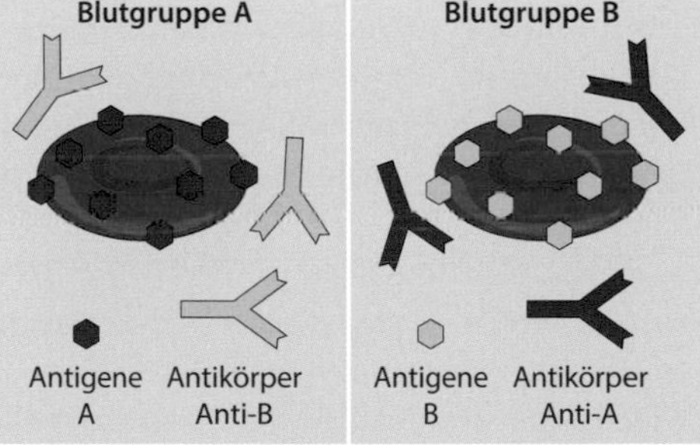

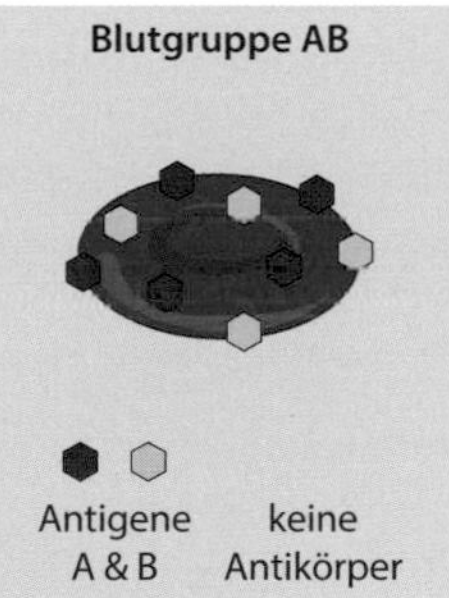

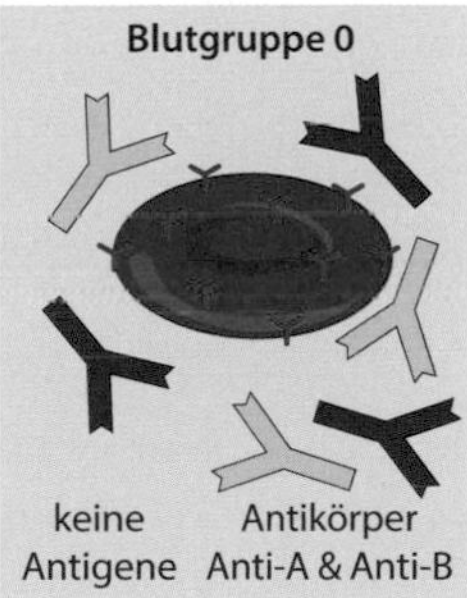

Bei den Antigenen A und B handelt es sich um Zuckermoleküle, die an den vorletzten Zucker (Galactose) einer Zuckerkette geknüpft werden. Die Enzyme, die diese Verknüpfung leisten, werden von der DNA codiert. Menschen mit Blutgruppe 0 produzieren diese Enzyme nicht. Ihnen fehlt daher der entsprechende Zucker.

Bei Menschen mit den Blutgruppen A und B codieren entsprechende Allele für Glykosyltransferasen, die den letzten Schritt der Antigensynthese katalysieren.

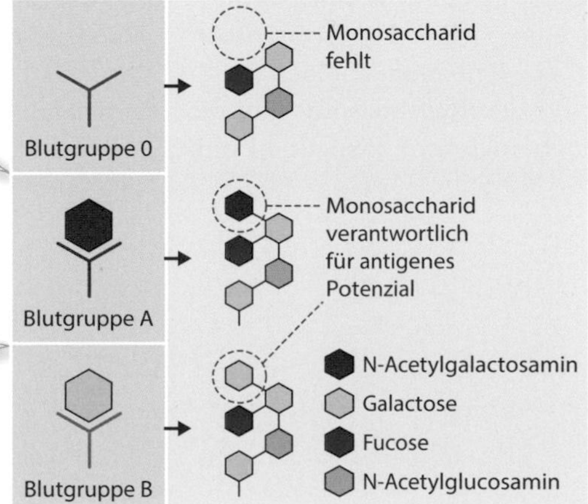

Abb. 15.18 Grundlagen der Bildung von Blutgruppen

15.7 Nervengewebe dient der Übertragung von Informationen

Nervengewebe trat in der Evolution erstmals mit der Entwicklung der Metazoen auf. Zu seinen generellen Funktionen zählen die Generierung, Leitung und Übertragung elektrischer Potenziale. Dies dient der raschen **Übertragung von Informationen** im Organismus.

Ursprüngliche Netzwerke zeigen wenig Hierarchie. Den Schwämmen fehlen echte Nervengewebe, im **Nervennetz** eines Polypen der Gattung *Hydra* sind die Neuronen weitgehend diffus miteinander verbunden (◘ Abb. 15.19). Nesseltiere, Rippenquallen und Echinodermen besitzen einfache **Nervennetze** aus kommunizierenden Nervenzellen (◘ Abb. 15.19).

Bilateralsymmetrische Tiere können sich gerichtet fortbewegen und müssen dazu Information verarbeiten und gezielt von Sinnesorganen an Muskeln weitergeben. Mit der Zunahme von spezialisierten **Sinnesorganen in der Kopfregion**, einerseits zur Sicherung der Hauptbewegungsrichtung, andererseits zur Analyse potenzieller Nahrung um die Mundöffnung herum, kam es zur **Zentrenbildung** in den vordersten Körperabschnitten. Das Nervengewebe der Bilateria ist, mit Ausnahme der Echinodermen, generell mit einem **zentralen Nervensystem** assoziiert. Letzteres ist fast ausschließlich ektodermaler Herkunft und wird bei den Protostomiern ventral, bei den Deuterostomiern dorsal angelegt. Protostomier wie Deuterostomier bilden mit zunehmender **Cephalisation** („Kopfbildung") ein **Kopfganglion** bzw. ein **Gehirn** aus.

Das Nervengewebe besteht aus unterschiedlichen Zellen, aus **Neuronen** (Nervenzellen) und **Gliazellen**. Die Nervensysteme höherer Tiere umfassen einige Milliarden Zellen – ein menschliches Gehirn besteht aus rund 85 Mrd. Nervenzellen.

Neuronen sind auf **Erregungsleitung** und **Signalübertragung** spezialisierte Zellen (▶ Abschn. 16.1). Sie leiten Informationen in Form elektrischer Potenziale, ggf. auch auf einen Stimulus hin wie bei sensorischen Nervenzellen, und übertragen sie von Zelle zu Zelle. Eine typisches Neuron besitzt vier morphologische Regionen: Als **Dendriten** (griech. *dendron*, Baum) bezeichnet man mehrere kurze Fortsätze des Neurons, die ankommende Information in Richtung Zellkörper transportieren. Bei manchen Neuronentypen sitzen viele apikale Dendriten an einem langen Fortsatz, im Vergleich zu den basalen Dendriten, die dem **Soma (Zellkörper)** entspringen. Letzteres enthält den Zellkern, das endoplasmatische Retikulum und den Großteil der Organellen und sorgt für den Metabolismus und die Proteinsynthese. Vom Soma entspringt das Axon, ein 0,1 mm bis 3 m langer, tubulärer Fortsatz für ausgehende Information. Das **Axon** endet in Verzweigungen oder **Endknöpfchen**, die Informationen über elektrische Signale oder durch Botenstoffe (Neurotransmitter) auf Dendriten von nachgeschalteten Neuronen oder Empfängerzellen wie Muskeln und Drüsen übertragen. Die Verbindungsstelle zwischen den Zellen wird **Synapse** genannt. Zwischen den Zellen befindet sich ein ca. 3–4 nm (elektrische Synapse) oder bis 25 nm (chemische Synapse) breiter Spalt. Innerhalb eines Neurons wird die Information entlang des Axons mittels eines **Aktionspotenzials** (▶ Abschn. 16.5) weitergeleitet. Aktionspotenziale sind nicht auf Neuronen beschränkt, sondern kommen auch in Muskel-, Herz- und Epithelzellen vor, zudem findet man sie auch bei Archaeplastiden, Pilzen und sogar bei einzelligen Eukaryoten. Überhaupt finden sich viele Charakteristika von Neuronen bei Choanoflagellaten, Protisten (sogar manchen Bakterien). Sie alle können z. B. mit anderen Individuen ihrer Spezies mittels chemischer Botenstoffe kommunizieren und teils neuronenspezifische Biomoleküle wie spannungssensitive Ionenkanäle und synapsenspezifische Rezeptoren aufweisen. Aus Letzterem kann man schließen, dass Neuronen keine *de novo* entwickelten Zellen der Metazoen darstellen. Die Grundausstattung späterer Neuronen war bereits bei einzelligen Organismen vorhanden.

Funktionell lassen sich Neuronen gliedern in sensorische Neuronen, Interneuronen und Motoneuronen. **Sensorische Neuronen** werden als auch als **afferente Neuronen** (lat. *affere*, zuleiten) bezeichnet, weil sie Sinnesinformation von der Peripherie in Richtung zentrale Verarbeitung leiten. **Motoneuronen** sind dagegen **efferente Neuronen** (lat. *effere*, fortleiten), weil sie Bewegungsbefehle von einer zentralen Verarbeitung zu Muskeln tragen. Definitionsgemäß sind Motoneuronen durch Synapsen auf Muskelfasern gekennzeichnet. Vor einem Motoneuron können **prämotorische Neuronen** vorgeschaltet sein. Efferent sind auch Neuronen, die z. B. Drüsen und Organe ansteuern. **Interneuronen**, die Information von einem Neuron zu einem anderen vermitteln, lassen sich in **lokale Interneuronen** und **Projektionsneuronen** (mit langem Axon) klassifizieren.

Die **Neurogliazellen** des Zentralnervensystems (ZNS) der Säuger werden in vier Hauptgruppen eingeteilt: **Mikroglia**, **Astrocyten** und **Oligodendrocyten** (Oligocyten) sowie Oligodendrocytenvorläuferzellen, die **NG2-Glia** (▶ Abschn. 16.2). Zudem zählen die **Ependymzellen** (Auskleidung der Ventrikel) und **Plexusepithelzellen** (Blut-Liquor-Schranke) zu den Neurogliazellen. Bei Säugetieren machen Gliazellen zwischen einem und zwei Drittel der Gehirnmasse aus. Zu den Gliazellen des peripheren Nervensystems gehören vorwiegend die **Schwann-Zellen** und die **Amphicyten**.

Coelenteraten besitzen meist ein **diffuses Nervennetz**, das allerdings bei den Medusen ringförmig angelegt sein kann und die Schwimmbewegungen koordiniert. Cnidaria und Ctenophora besitzen **mono-, bi oder multipolare Neuronen**, mit ihnen verbundene Sinneszellen und spezialisierte Epithelmuskelzellen.

Mundöffnung

Polypen der Gattung *Hydra* besitzen ein weitgehend **nicht hierarchisches Nervennetz.**

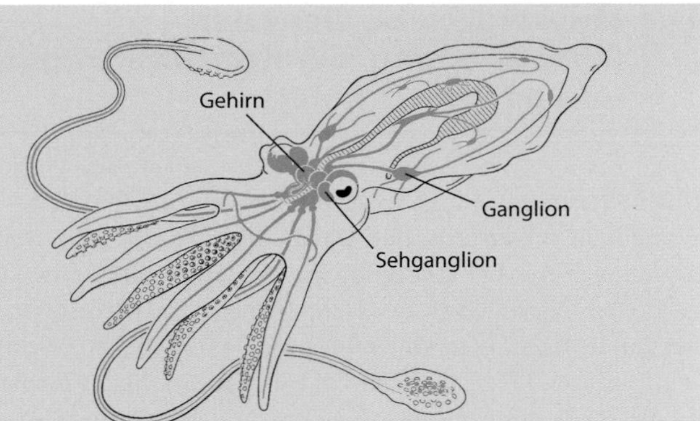

Das Nervensystem der **Mollusken** ist je nach Gruppe unterschiedlich differenziert ausgeprägt. Die höchste Stufe erreicht es mit dem Nervensystem der Cephalopoden, die bereits ein hoch funktionelles **Gehirn** aufweisen. Kraken besitzen ausgeprägte **Nervenfaserbündel** in ihren Armen und **Stellarganglien**, die z. B. der Olfaktion und dem optischen Sinn dienen.

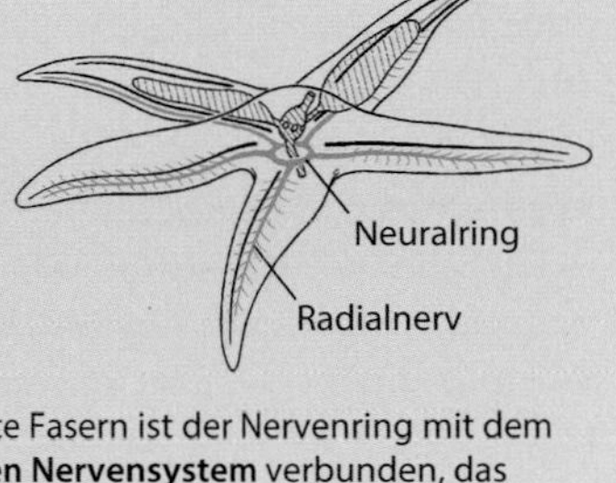

Das Nervensystem der **Echinodermen** besteht aus zwei Geflechten, die miteinander in Verbindung stehen. Das **ektoneurale System** bildet um den Mund herum einen **Nervenring**, von dem fünf radiäre Nerven (**Ambulacralnerven**) entlang der Arme (z. B. Seestern) abgehen. Das Nervensystem enthält Sinneszellen, Ganglienzellen und Interneuronen. Über unmyelinisierte Fasern ist der Nervenring mit dem im Coelom liegenden **hyponeuralen Nervensystem** verbunden, das entlang der Ambulacralnerven verläuft und die Motorik steuert.

Aus dem **Neuroektoderm** entwickeln sich bei den **Chordatieren** Neuralrohr und Neuralleisten. Aus der **Neuralleiste** formt sich das periphere Nervensystem (PNS) mit Nervengeflechten und Ganglien (sowie Melanocyten der Haut, Zellen des Nebennierenmarks etc.). Das **Neuralrohr** bildet das Zentralnervensystem (ZNS) mit Gehirn und Rückenmark, das im Gegensatz zum PNS durch umgebende Knochenstrukturen und die Blut-Hirn-Schranke besonders geschützt ist. Das **Gehirn** koordiniert Motorik und Sinneseindrücke. Das **Rückenmark** bildet die Ansatzstelle für die Spinalnerven, die dem peripheren Nervensystem zugeordnet werden.

Anneliden besitzen ein **Strickleiternervensystem** mit Zentren (sog. **Ganglien** oder Nervenknoten) in jedem Körpersegment und einem kleinen Zentralganglion im Kopf, dem Oberschlundganglion. Zwei dem Darm entlanglaufende Nervenstränge vereinigen sich in jedem Segment zu einem paarig angelegten **Bauchganglion**.

Das **Oberschlundganglion** kann aus mehreren verschmolzenen Segmentganglien bestehen und spezielle Aufgaben hinsichtlich der Sinnesorgane der Kopfregion übernehmen.

Ganglion

Segmentalnerven

Konnektiv

Beim Regenwurm sind die paarigen **Konnektive** und die paarigen Ganglien zu einem medianen Nervenstrang verschmolzen. Periphere Neuronen ziehen pro Körperabschnitt vom Ganglion in den Körper (je drei Paare **Segmentalnerven**).

Gehirn und Rückenmark bilden das **Zentralnervensystem (ZNS)** der Wirbeltiere. Es wird großteils von der **Blut-Hirn-Schranke** abgeschirmt und besitzt ein separates Immunsystem. ZNS-Neuronen regenerieren nach Verletzung nicht.

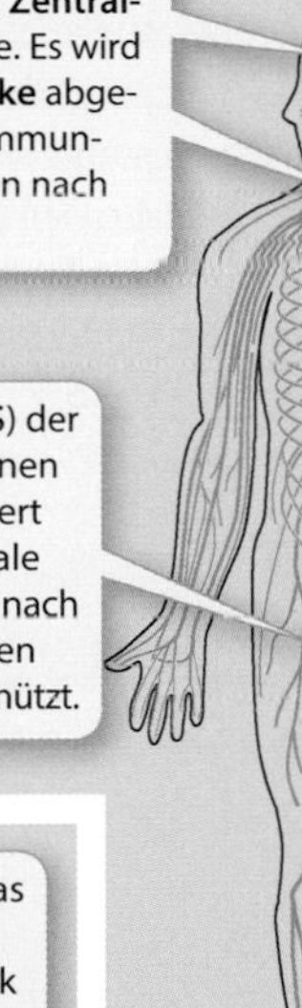

Das **periphere Nervensystem (PNS)** der Wirbeltiere vermittelt den Zielorganen die Befehle des ZNS und transportiert andererseits die sensorischen Signale an das ZNS. PNS-Neuronen können nach Verletzung regenerieren und werden vom Immunsystem des Körpers geschützt.

Das Strickleiternervensystem der **Arthropoden** ist bereits hoch differenziert ausgeprägt. Neben dem Oberschlundganglion besitzen Arthropoden ein Unterschlundganglion. Die Segmentierung des Nervensystems und die Anzahl der Bauchganglien kann bei einigen Gruppen durch zunehmende „Verschmelzung" reduziert vorliegen, wie z. B. beim Ventralganglion der Dipteren.

Die Ganglien der übrigen Körpersegmente bilden das **Bauchmark**. Die **Thorakalganglien** innervieren die Beine und ggf. die Flügel bzw. Halteren; sie sind stark vergrößert, bei höher entwickelten Spezies fusioniert.

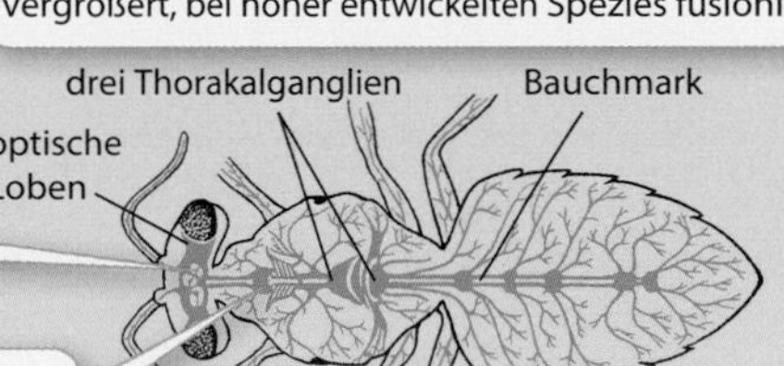

Bei **Insekten** sind die Ganglien der ersten drei Körpersegmente zum **Oberschlundganglion** oder Gehirn verschmolzen.

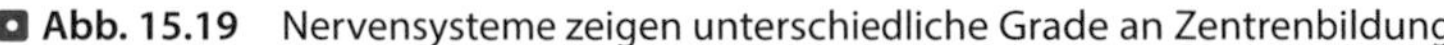

Die Ganglien des vierten bis sechsten Segments sind zum **Unterschlundganglion** verschmolzen.

Abb. 15.19 Nervensysteme zeigen unterschiedliche Grade an Zentrenbildung

15.8 Muskelgewebe dient der Fortbewegung, der Kraftübertragung und der Blutzirkulation

Muskelgewebe kommt bei allen Eumetazoa vor und ist fast ausschließlich **mesodermalen Ursprungs**. Ektodermale Anteile finden sich nur bei den Epithelmuskelzellen und Myoepithelzellen der Coelenterata, den Hautmuskeln von Wirbellosen und bei den inneren Augenmuskeln der Iris im Auge von Wirbeltieren. Darüber hinaus kommen bei Wirbeltieren Myoepithelzellen an der Basis von Schweiß-, Speichel- und Milchdrüsen vor und beteiligen sich in den Nieren am juxtaglomerulären Apparat.

Das Muskelgewebe der Bilateria besteht aus kontraktionsfähigen Zellen, den **Myocyten**. Histologisch teilt man die Muskelgewebe nach der Anordnung und Art der Myocyten in glatte Muskulatur und quergestreifte Muskulatur ein. Bei den Wirbeltieren lässt sich die quergestreifte Muskulatur weiter in die Herz- und die Skelettmuskulatur unterteilen (▫ Abb. 15.20).

Die **quergestreifte Muskulatur** (Skelettmuskeln) der Wirbellosen und Wirbeltiere dient vorrangig der Bewegung und unterliegt der **willkürlichen Steuerung**. Die **Muskelfasern** sind Syncytien, also mehrkernige Zellen, aus embryonal fusionierten Myocyten und weisen eine regelmäßige Anordnung aus einzelnen Myofibrillen auf (▫ Abb. 15.21). Zusätzlich sind Troponin und Titin sowie weitere Proteine am Aufbau der kontraktilen Einheit beteiligt. Zwar ist quergestreifte Muskulatur auch bei den Cnidaria und Ctenophora vorhanden, doch scheint die Entwicklung hier unabhängig (konvergent) verlaufen zu sein, da Troponin und Titin bei diesen Gruppen fehlen. Muskelfasern sind von Blutgefäßen umgeben, die sie mit Sauerstoff und Nährstoffen versorgen. Die **Kontraktion** der Muskelfaser erfolgt durch eine innervierende Nervenfaser (**Motoneuron**) über eine **neuromuskuläre Endplatte** durch den Neurotransmitter Acetylcholin (▫ Abb. 15.20). Das Skelett des Menschen wird von mehr als 600 Skelettmuskeln gesteuert.

Der **Herzmuskel** wird als eigene Muskelart geführt, da er zwar den typischen Aufbau der querstreiften Muskulatur zeigt, aber nicht der willkürlichen Steuerung unterliegt (▫ Abb. 15.20). Herzmuskelzellen besitzen allerdings eine spezielle Form des Troponins. Der Herzmuskel wird durch die Autodepolarisation von **Schrittmacherzellen**, die in der Wand des rechten Vorhofs (Sinusknoten) am Übergang der oberen Hohlvene (Vena cava superior) sitzen, rhythmisch kontrahiert. Das entstandene Aktionspotenzial wird über Gap Junctions an alle Myocyten weitergeleitet. Diese Verbindungen stellen sich optisch als **Glanzstreifen** im Muskel dar. Die Schrittmacherzellen des Menschen erregen das Herz in Ruhe etwa 60 bis 80 Mal pro Minute (**Ruhepuls**). Die Aktionspotenziale der Herzmuskulatur dauern mit einigen Hundert Millisekunden zehn- bis 20-mal länger als ein entsprechendes Aktionspotenzial eines Skelettmuskels (1–2 ms).

Die **glatte Muskulatur** (▫ Abb. 15.20) besitzt keine Querstreifung und ist bei den Wirbeltieren der bewussten Kontrolle entzogen (z. B. Darmperistaltik, Gefäßmuskulatur). Die Steuerung erfolgt über das **vegetative Nervensystem** durch Sympathicus und Parasympathicus. Glatte Muskelzellen sind spindelförmig und bilden keine Syncytien. Ihre Actin- und Myosinfilamente sind in der Zelle unregelmäßig angeordnet und über fokale Verbindungen an der Plasmamembran verankert. Ein glatter Muskel kontrahiert langsamer und bei gleichem Energieaufwand länger als ein Skelettmuskel. Die Nervenendigungen bilden Verdickungen (**Varikositäten**), keine motorische Endplatte wie bei der quergestreiften Muskulatur.

Die eigentliche Arbeitsleistung der Muskulatur, die Kontraktion, wird durch die beiden Proteine Myosin und Actin vermit-

15

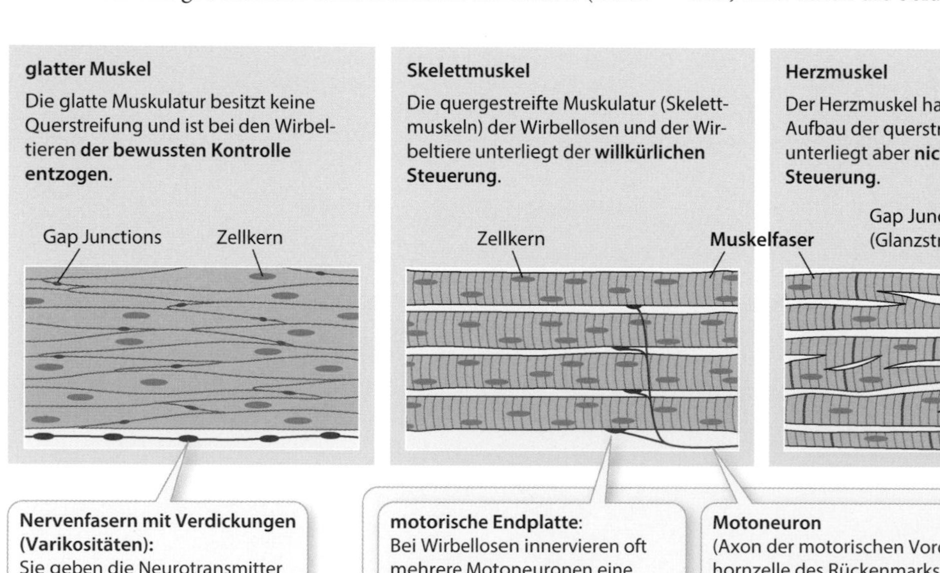

▫ **Abb. 15.20** Schematischer Aufbau der glatten, Skelett- und Herzmuskulatur der Wirbeltiere

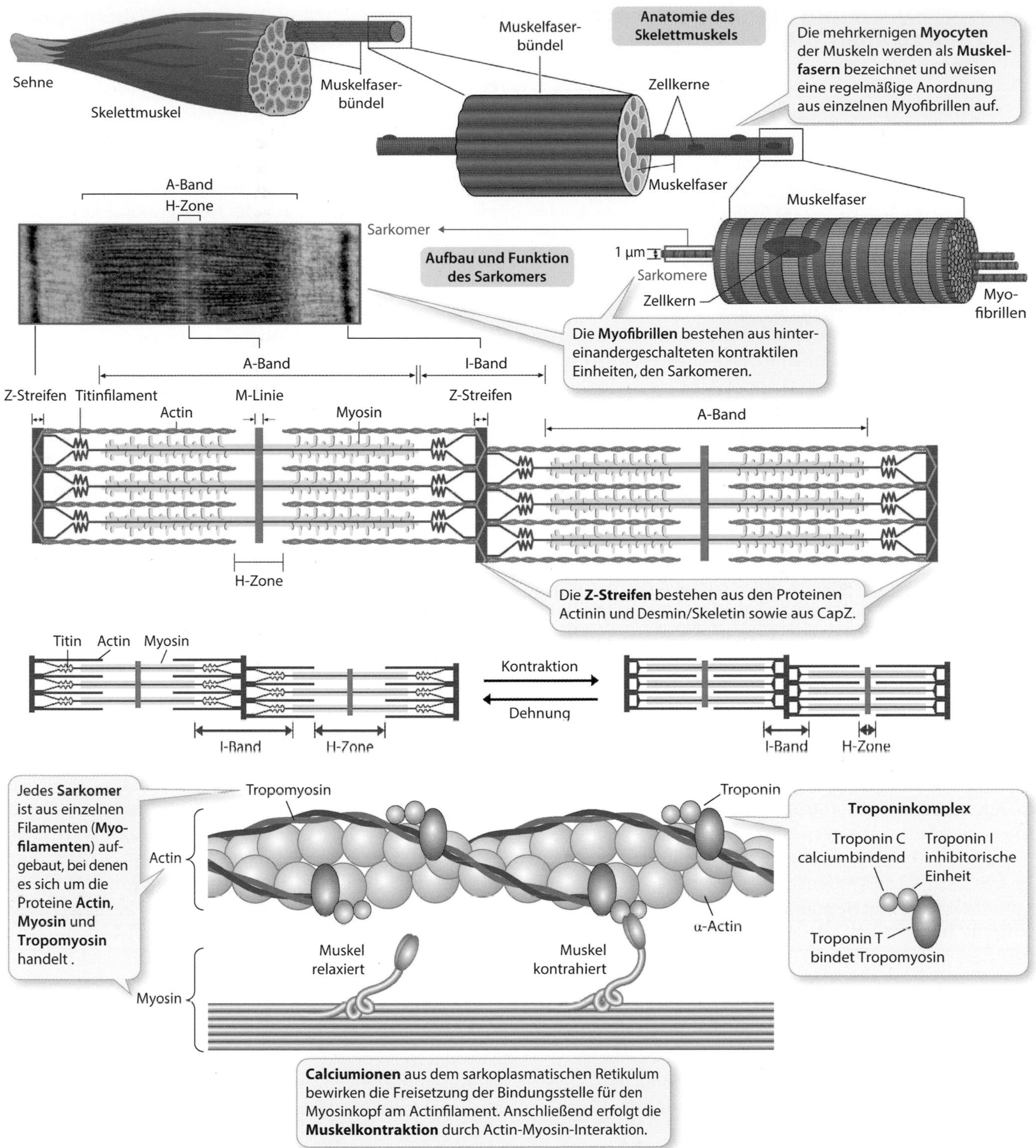

Abb. 15.21 Aufbau und Funktion eines Skelettmuskels der Wirbeltiere

telt. Dabei wird die Verkürzung des Muskels durch eine **Strukturänderung des Myosins** erreicht, welche durch einen Anstieg der Calciumionenkonzentration hervorgerufen wird. Der Anstieg des Calciums führt zu einer reversiblen Strukturänderung des Troponinkomplexes (Freisetzung der Actin-Bindestelle für das Myosin) und zu einer chemischen Veränderung des Myosins (Phosphorylierung). Diese Phosphorylierung bewirkt die Hydrolyse von myosingebundenem ATP, was die Strukturveränderung des Myosins hervorruft und zu einer Bindung an Actin und einer relativen Verschiebung des Actinfilaments (Kraftschlag) führt. Die Entspannung der Muskulatur (Relaxation) wird durch verschiedene Stimuli (Abfall der Calciumionenkonzentration, Anstieg von Stickoxid) vermittelt, welche ein Enzym aktivieren, das die chemische Veränderung des Myosins rückgängig macht (Dephosphorylierung).

15.9 Hormone leiten Signale von einer Zelle zu einer oft weit entfernten Zielzelle

Hormone sind **endokrine**, also nach innen abgegebene, Botenstoffe, die von einem spezifischen Organ (Drüse) sekretiert und über das Blut transportiert werden und weit entfernt auf ein anderes Zielorgan wirken (◻ Abb. 15.22). Hormone steuern physiologische Reaktionen und das Verhalten. Sie lassen sich entweder von Peptiden und Proteinen oder deren Monomeren, den Aminosäuren, ableiten oder sind Derivate lipophiler Stoffe wie Isoprenoiden. Die Gesamtheit aller hormonsekretierenden Organe und Zellen wird unter dem Begriff **endokrines System** zusammengefasst, die sich damit befassende Wissenschaft als **Endokrinologie** bezeichnet (◻ Abb. 15.23).

Einige **Peptidhormone** findet man sowohl bei Invertebraten als auch bei Vertebraten. Sie scheinen evolutiv sehr früh aufgetreten zu sein oder haben sich konvergent entwickelt. Dabei können sich diese Hormone entweder in ihrer Sequenz ähnlich sein und/oder in ihrem Produktionsort übereinstimmen. Ein Beispiel für ein solches Hormon der Metazoen ist das Neuropeptid Corazonin der Invertebraten, das als ein GnRH-Homolog (von engl. *gonadotropin releasing hormon*) der Wirbeltiere angesehen wird. Auch das gesamte Neurohormonsystem ist bei Invertebraten und Vertebraten bezüglich Steuerung und Regulation ähnlich aufgebaut.

Isoprenoidhormone, vor allem die Steroidabkömmlinge, spielen sowohl bei Invertebraten als auch bei Vertebraten eine herausragende Rolle. Cholesterin bietet als Ausgangssubstrat eine hohe Bandbreite an chemischen Variationsmöglichkeiten, wodurch Steroidhormone trotz des gleichen chemischen Grundgerüsts unterschiedlichste Steuerungsaufgaben bei den verschiedenen Organismen übernehmen konnten.

Andere Eukaryoten wie die Archaeplastida haben im Lauf der Evolution chemische Stoffe als Abwehr- oder Locksubstanzen entwickelt, die auf Hormonrezeptoren der Metazoen wirken. Durch die industrielle chemische Synthese werden hormonähnliche oder hormonwirksame Substanzen auch anthropogen in die Umwelt eingetragen. Solche Stoffe, die in geringen Konzentrationen hormonartige Wirkungen entfalten, wie z. B. das Bisphenol A auf den Menschen, bezeichnet man als **hormonelle Disruptoren**.

Als Hormonsystem fungieren bei **Wirbeltieren** verschiedene Organe. Die zentrale Steuerung und Regulation des Hormonhaushalts erfolgen oft über das Gehirn. Wobei der **Hypothalamus** mithilfe sogenannter **Freisetzungs- oder Releasing-Hormone** die **Hypophyse** zur Abgabe von Hormonen stimuliert (◻ Abb. 15.24). Über die Hypophysenhormone werden dann die Zielorgane angesteuert, die oft selbst wieder mit der Freisetzung von Hormonen reagieren, wie etwa die Schilddrüse. Auch das vegetative Nervensystem kann die Freisetzung von Hormonen stimulieren, beispielsweise im **Nebennierenmark**. Manche Hormone, wie das Aldosteron der Nebennierenrinde, können auch neuronal unabhängig durch Änderung physiologischer Parameter freigesetzt werden.

Peptid- und Proteinhormone der Wirbeltiere werden über das endoplasmatische Retikulum und den Golgi-Apparat sezerniert, wodurch sie posttranslational prozessiert und modifiziert werden. Dies kann beispielsweise durch Amidierung, Glykosylierung oder Disulfidbrücken erfolgen. Einige dieser Hormone können als **Prohormone**, also als Vorstufen, gebildet und im endoplasmatischen Retikulum durch Konvertasen zum reifen Hormon umgesetzt werden. Gleichzeitig können unterschiedliche Peptidketten über Disulfidbrücken zu einem Hormon verknüpft werden, wie es beim follikelstimulierenden Hormon (FSH) und beim luteinisierenden Hormon (LH) der Fall ist. Peptid- und Proteinhormone werden von nahezu allen hormonaktiven Organen hergestellt. Eines der am besten charakterisierten und untersuchten Peptidhormone ist das **Insulin**, ein Hormon der Langerhans-Zellen der Bauchspeicheldrüse (◻ Abb. 15.25).

Aminosäuren kommen als Hormone in Form posttranslational prozessierter Proteine, wie im Fall der metabolisch aktiven Schilddrüsenhormone T3 und T4, oder in Form chemisch modifizierter Derivate, wie den Catecholaminen des Nebennierenmarks, vor (◻ Abb. 15.26).

Die Isoprenoidhormone der Wirbeltiere sind ausschließlich **Steroide** (◻ Abb. 15.26). Sie leiten sich vom Cholesterin ab und werden vorrangig in den Gonaden gebildet. Bei diesen Steroiden, den **Östrogenen und Androgenen**, handelt es sich um Sexualhormone, die die Reifung der Gonaden sowie die Ausbildung der Geschlechtsorgane/-merkmale regulieren und bei Säugern zudem die Libido beeinflussen. Auch die Nebennierenrinde bildet Steroide wie Aldosteron und Cortisol, welche den Blutdruck bzw. den Metabolismus und die Immunfunktion regulieren.

Bei **Invertebraten** findet man die gleichen Molekülklassen als Hormone wie bei den Wirbeltieren. Ähnlich den Säugetieren bildet das Nervensystem das dominierende endokrine Organ. **Neuropeptide** werden als Hormone an die Hämolymphe abgegeben und steuern unter anderem Wachstum und Entwicklung

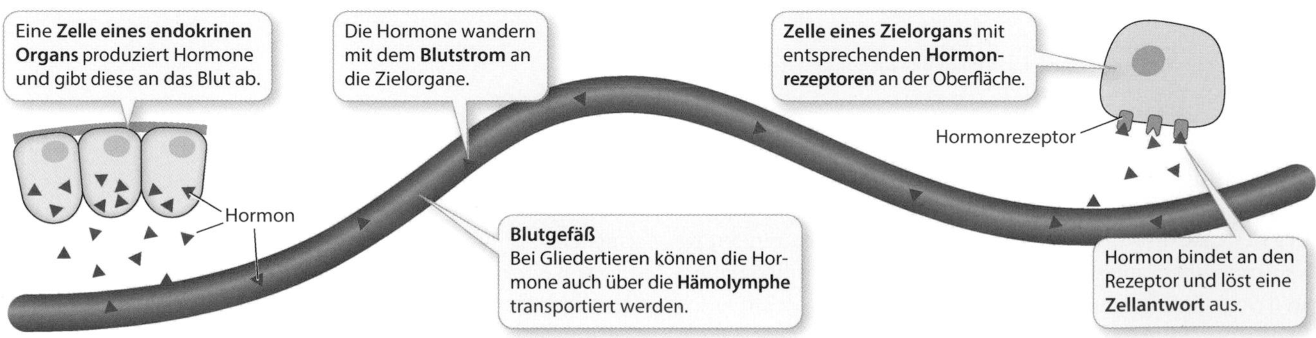

◻ **Abb. 15.22** Generelles Prinzip des Hormonsystems

der Tiere, sind kardioaktiv und regulieren den Stoffwechsel, die Verdauung, den Wasser- und Ionenhaushalt.

Bestens untersucht sind die Hormonsysteme der **Häutungstiere** (Ecdysozoa), zu denen unter anderem die Arthropoden mit den Insekten, Tausendfüßern, Krebstieren und Spinnentieren gehören (▶ Abschn. 30.13). Die Entwicklung hemimetaboler wie auch holometaboler Insekten wird durch zwei wesentliche Hormone gesteuert, das Ecdyson und das Juvenilhormon (◘ Abb. 15.27). Das Steroidhormon **Ecdyson** löst den Schlüpfvorgang bei Insektenlarven aus. Eine niedrige Konzentration des **Juvenilhormons** führt dabei zur Verpuppung, eine hohe Konzentration zum Schlüpfen einer weiteren, größeren Larve. Ecdyson wird von den Prothoraxdrüsen gebildet und über aktivierende/inhibierende Neuropeptide aus den paarigen **Corpora cardiaca** gesteuert. Syntheseort des Juvenilhormons sind die **Corpora allata** im Kopfbereich hinter dem Gehirn. Die Entwicklung von der Larve bis zur Imago bei holometabolen Tieren bzw. alle Häutungen und das Wachstum bei hemimetabolen Tieren werden darüber hinaus von weiteren Hormonen gesteuert, zu denen neben anderen Allatotropin und Allatostatin sowie das Eclosionshormon und Bursicon gehören (◘ Abb. 15.27).

Darüber hinaus kennt man einige Hormone, die in den Metabolismus eingreifen, wie das hyperglykämische Hormon der Krebstiere (CHH), welches den Kohlenhydratstoffwechsel steuert, oder das adipokinetische Hormon (AKH), welches auf die Fettkörper wirkt und Energie für den Flugmuskel von Insekten bereitstellt. Das diuretische Hormon (DiuH) wirkt auf die Malphigi-Gefäße, nierenähnliche Exkretionsorgane der Arthropoden, und reguliert den Salz- und Wassergehalt. Trypsinmodulierende Faktoren (TMOF) steuern die Verdauung. Kardioaktive Peptide wie das CAP können die Herzfrequenz erhöhen. Insulinähnliche Peptide wie Bombyxin regulieren das Wachstum. Darüber hinaus existieren Sexualhormone, die wie manche Kinine die Pheromonbiosynthese steuern (PBAN, SP, PSP) oder die Gonadenentwicklung (GIH) und Dotterbildung (VIH) regulieren.

Hormone sind für das Zusammenspiel einzelner funktioneller Einheiten eines Organismus von fundamentaler Bedeutung, weshalb der Ursprung der meisten Hormone evolutionär weit zurückreicht. Hormone auf Steroidbasis finden sich in allen Taxa des Tierreichs. Alle Wirbeltiere kontrollieren ihren Blutzucker über Insulin. Sie besitzen eine Neurohypophyse, deren Hormone (zyklische Nonapeptide) sich womöglich auf einem Vorfahren zurückführen lassen, der bereits während der Evolution der Knochenfische präsent war. Ähnliches gilt vermutlich für die Glykoprotein-Hormone (FSH, LH etc.). Ihr Aufbau aus zwei unterschiedlichen Peptidketten ist von den Fischen ab konserviert. Selbst ihr Mechanismus über die Bindung an G-gekoppelte Rezeptoren ist bei allen menschlichen Glykoproteinen identisch

Durch ihre charakteristischen Eigenschaften lassen sich Hormone von anderen Botenstoffen wie Pheromonen, Gewebshormonen und Cytokinen sowie von Neurotransmittern abgrenzen. Manche Autoren fassen allerdings auch mehrere der genannten Signalmoleküle unter einem erweiterten Hormonbegriff zusammen (◘ Tab. 15.2). Eine sehr diverse Gruppe hinsichtlich ihrer Definition bilden die sogenannten **Gewebshormone**. Ihre Vertreter unterscheiden sich von klassischen Hormonen oft dadurch,

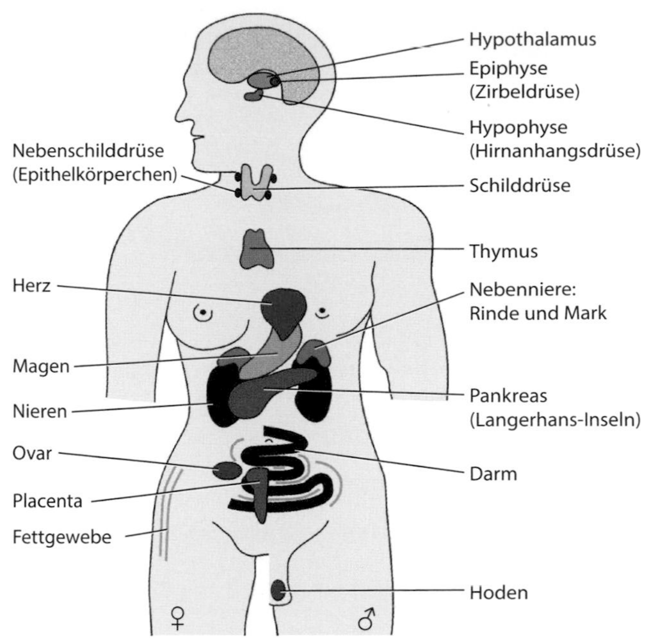

◘ **Abb. 15.23** Das endokrine System der Säuger am Beispiel des Menschen

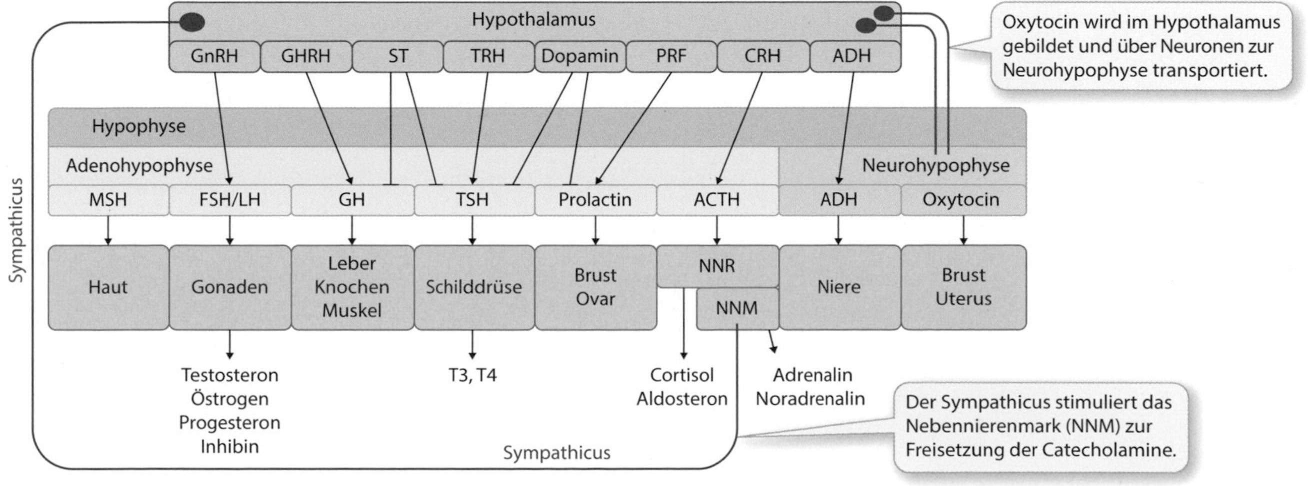

◘ **Abb. 15.24** Hormone des Hypothalamus und der Hypophyse des Menschen

Präproinsulin
Das Präproinsulinmolekül aus 110 Aminosäuren besteht aus einer Signalsequenz mit 24 Aminosäuren, an die sich die B-Kette, das Linkerpeptid (engl. *connecting peptide*) und die A-Kette anschließen.

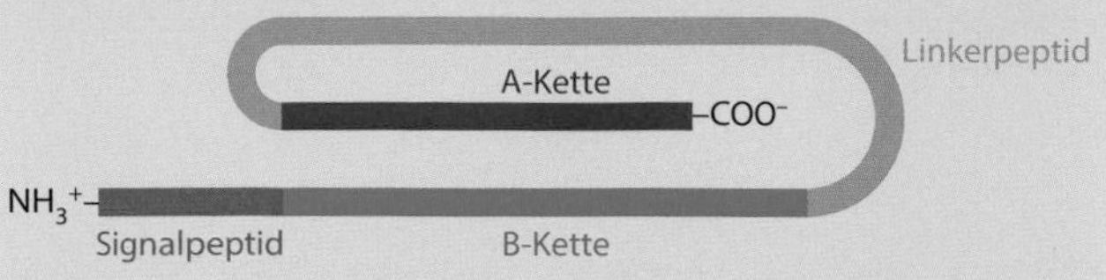

Proinsulin
Die Bildung von Disulfidbrücken führt zur Faltung des Moleküls. Durch Abspaltung des Signalpeptids entsteht das Proinsulin.

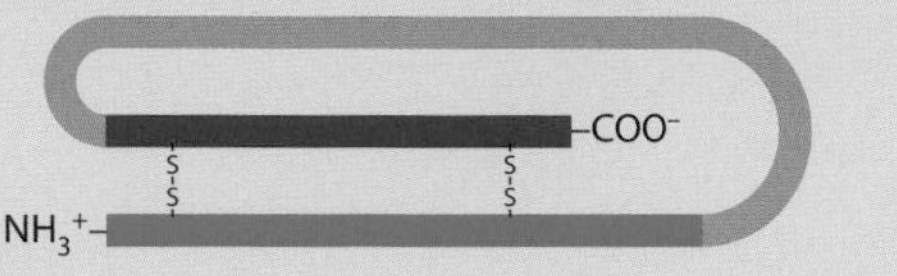

reifes Insulin
Das Proinsulin verlässt das endoplasmatische Retikulum, wird in den Golgi-Apparat aufgenommen und dort gespeichert. Bei Bedarf wird die Linkerpeptid abgespalten, und reifes Insulin entsteht.

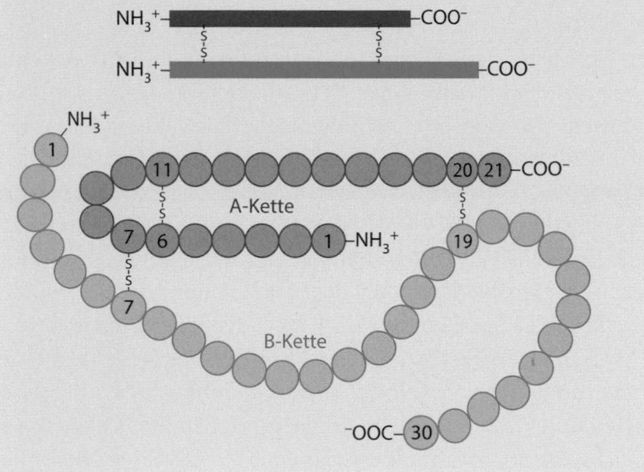

Abb. 15.25 Prozessierung und Aufbau des menschlichen Peptidhormons Insulin

dass sie von nicht-glandulären Einzelzellen/Zellverbänden abgegeben werden und auf andere Zielzellen oder Zellverbände oder auf Organe und Gewebe wirken. Häufig sind die entsprechenden Zielzellen in unmittelbarer Nachbarschaft der sezernierenden Zelle zu finden. Die Ausbreitung der Gewebshormone erfolgt in diesen Fällen vorwiegend durch Diffusion. Ein klassisches Beispiel hierfür sind die Abkömmlinge mehrfach ungesättigter Fettsäuren, die aus 20 Kohlenstoffatomen bestehen (**Eicosanoide**). Zu den bekanntesten Vertretern gehören **Prostaglandine** und **Leukotriene**. Diese werden durch Cyclooxygenasen oder Lipoxygenasen (z. B.) aus der Arachidonsäure gebildet und erfüllen eine Vielfalt an Signalwirkungen im Körper des Menschen. Prostaglandine dienen der Homöostase bei der Schleimhautbildung (Magen, Uterus), der Blutgerinnung oder der Reproduktion (Prostaglandin I/Prostacyclin, Thromboxan, Prostaglandin F2α), können aber auch entzündungsfördernd sowie schmerz- oder fieberauslösend wirken oder in die Tumorproliferation involviert sein, wie das Prostaglandin E2. Leukotriene spielen eine Rolle bei Entzündungen und allergischen Reaktionen sowie bei der Ausbildung von Asthma (Cysteinyl-Leukotriene).

Allerdings gibt es auch Gruppen von Gewebshormonen, die einen anderen Ursprung haben. Sie werden nach Bildung ihrer Vorstufen entweder gezielt durch enzymatische Spaltung (aus Proteinen) freigesetzt oder sind Metabolite, die durch Abbauprozesse entstehen. Zu Ersteren zählen die sogenannten **Kinine**, wie das Bradykinin, und die **Angiotensine**, die an der Blutdruckregulation beteiligt sind. Bei Letzteren handelt es sich häufig um Abbauprodukte und/oder chemische Modifikationen von Aminosäuren (**biogene Amine**). Vertreter hierfür sind Tryptamin, Tyramin, Histamin oder Serotonin. Sie können z. B. schmerzauslösend, blutdruckaktivierend oder gefäßverengend wirken. Kinine, Angiotensine und biogene Amine können oft sekundär auch über den Blutstrom verteilt werden und erzielen damit wie die klassischen glandulären Hormone eine höhere Fernwirkung im Körper. Neben bereits diskutierten Gruppen lassen sich auch gasförmige Stoffe wie z. B. das gefäßerweiternde NO als Gewebshormone definieren.

Auch wirbellose Tiere besitzen Gewebshormone, die im Metabolismus oder im Sozialverhalten der Tiere eine Rolle

Abb. 15.26 Steroidhormone (oben) und Catecholamine (unten) des Menschen

Progesteron | Östradiol | Testosteron

Adrenalin | Noradrenalin | Dopamin

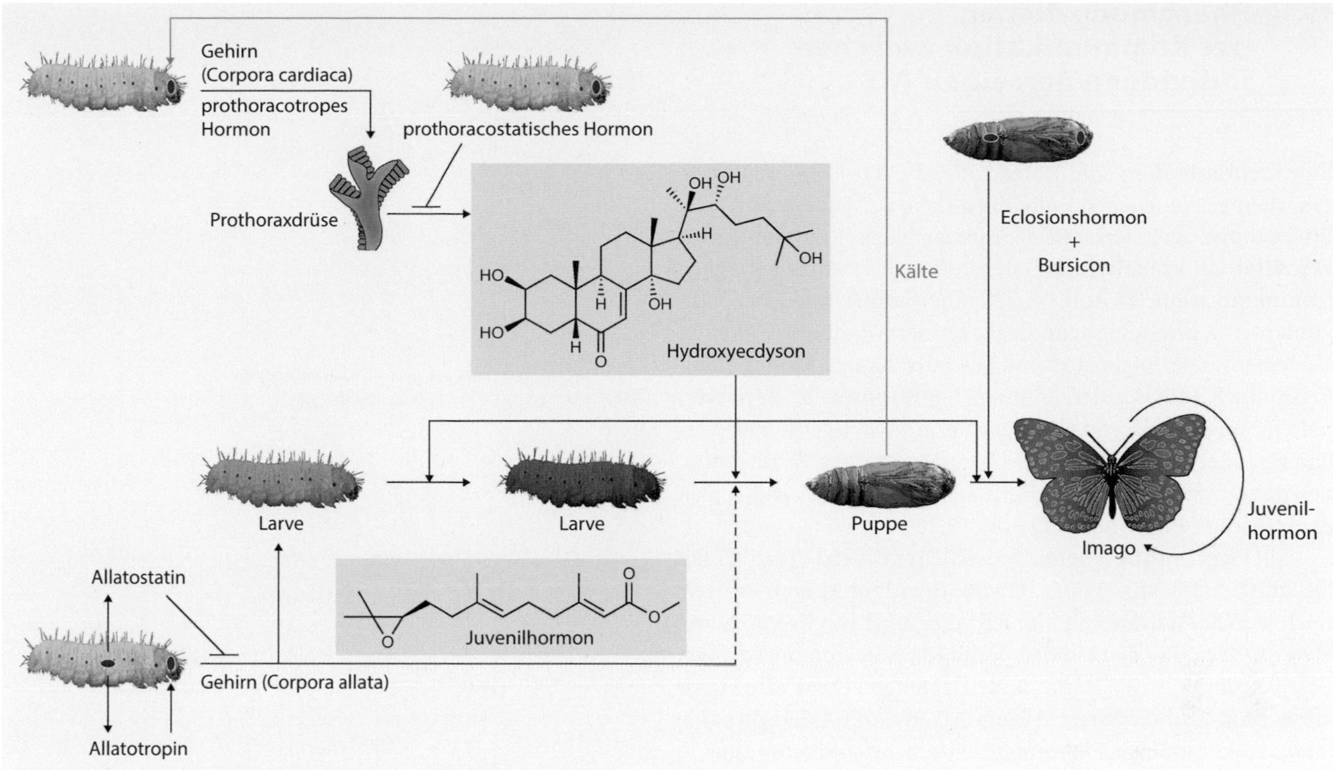

Abb. 15.27 Hormonelle Steuerung der Entwicklung von Häutungstieren am Beispiel von Insekten

Tab. 15.2 Übersicht zur Einteilung von Botenstoffen

Botenstoffe	Beschreibung und Funktion
Hormone	Werden von Drüsen abgegeben und üben über den Blutstrom eine Fernwirkung auf Empfängerorgan aus. Die Sezernierung erfolgt daher endokrin.
Gewebshormone	Werden meist von Einzelzellen/Zellverbänden abgegeben. Erreichen Zellen in direkter nächster Nachbarschaft mittels Diffusion. Sekundär können sie aber auch über das Blut transportiert werden. Die Sezernierung erfolgt parakrin.
Pheromone	Werden meist von speziellen Drüsenzellen abgegeben. Erreichen Zellen außerhalb des Organismus. Der Transport erfolgt über Luft oder Wasser. Die Abgabe der Pheromone erfolgt exokrin.
Transmitter	Werden von Einzelzellen abgegeben. Erreichen Zellen in direkter nächster Nachbarschaft, die meist durch Zelladhäsion verbunden sind. Im Allgemeinen versteht man darunter Neurotransmitter, welche der Informationsweiterleitung dienen. Bei der Aufrechterhaltung der Synapsen oder ihrer Bildung können Neurotransmitter auch als Lockstoffe dienen. Die Ausschüttung der Transmitter erfolgt parakrin oder intrakrin.
Cytokinine	Faktoren, die die Differenzierung anderer Zellen steuern. Werden von Einzelzellen abgegeben (Lymphocyten, Endothel- und Bindegewebszellen). Primäre Wirkung bei der Immunantwort. Cytokine schließen chemische Lockstoffe ein. Die Abgabe erfolgt parakrin.

spielen. Einer der bekanntesten Vertreter hierfür ist Octopamin, welches als Abbauprodukt aus der Aminosäure Tyrosin hervorgeht. Gewebshormone kommen selbst bei Pflanzen vor. Eines der wohl phylogenetisch ältesten Gewebshormone, welches zumindest sowohl bei Archaeplastiden als auch Unikonten (vermutlich auch anderen Taxa) nachgewiesen ist, ist das Sphingosin-1-phosphat, ein die Zellmigration beeinflussendes Signalmolekül.

15.10 Pheromone dienen der Kommunikation zwischen Individuen derselben Art

Semiochemikalien sind Botenstoffe, die der Kommunikation zwischen verschiedenen Individuen dienen. Man unterscheidet **Pheromone** als Botenstoffe der innerartlichen Kommunikation von **Allelochemikalien** als Botenstoffen der zwischenartlichen Kommunikation (◘ Abb. 15.28). Pheromone rufen bei Individuen eine physiologische Reaktion hervor, die sich in einer Verhaltensänderung, betreffend Sexualverhalten, Mutter-Kind-Erkennung, Individualerkennung, Aggression oder Revierverhalten, äußert. Bewirkt das Pheromon vorwiegend eine Verhaltensänderung, spricht man von einem **Releaser-Pheromon**, bewirkt es stärkere physiologische Änderungen, bezeichnet man es als **Primer-Pheromon** (◘ Abb. 15.28).

Als **Pheromone** können verschiedene meist volatile oder lösliche Biomoleküle dienen. Überwiegend findet man im Tierreich jedoch Derivate von Lipiden, aber auch von Peptiden und Heterozyklen. Bei den Lipiden dominieren Pheromone, die sich von Fettsäuren oder Isoprenoiden ableiten. Dazu zählen vor allem Monocarbonsäuren, Alkane/Alkene und Aldehyde sowie Steroidabkömmlinge. Pheromone wirken meist stereospezifisch.

Die Wirkungsweise der Pheromone von Invertebraten ist an den **Sexuallockstoffen von Insekten** (◘ Abb. 15.29) am detailliertesten untersucht. Bei Schmetterlingen (Lepidoptera) finden sich geschlechtsspezifisch bei den Weibchen langkettige, olefinische Lockstoffe und bei den Männchen aromatische und terpenoide Pheromone. Eusoziale Hautflügler wie Bienen, Ameisen und Wespen nutzen häufig Carbonsäurederivate und aromatische Verbindungen als Primer-Pheromone. Diese prägen die Entwicklung von Individuen (die 9-Oxo-2-decensäure der Bienenkönigin führt zur Hemmung der Eierstockbildung bei Arbeiterinnen) oder deren Arbeitsweise (Brutpflegeverhalten). Darüber hinaus werden Alkohole kurz- und langkettiger Alkane/Alkene sowie deren Ester als Alarmstoffe eingesetzt. Auch bei Spinnen wurden Sexuallockstoffe wie die 3-Hydroxybuttersäure nachgewiesen. Bei vielen anderen Wirbellosen konnte zwar eine Pheromonwirkung gezeigt werden, häufig fehlen aber die Isolation und der chemische Nachweis der Stoffe.

Pheromone findet man auch bei allen Gruppen von Wirbeltieren. Sie werden bei Amphibien, Reptilien und den meisten Säugetieren über das **Vomeronasalorgan** (auch **Jacobson-Organ**; ◘ Abb. 15.30) wahrgenommen. Bei Vögeln und erwachsenen Mitgliedern der „Altweltaffen" (Catarrhini) einschließlich uns Menschen ist dieses Organ nicht nachweisbar. Beim Vomeronasalorgan handelt es sich um eine wenige Quadratmillimeter große Grube, den Ductus vomeronasalis (VND), die als Vertiefung in der Nasenscheidewand sichtbar ist. Darin sitzen primäre Sinneszellen (Neuronen), deren Axone den Nervus vomeronasalis bilden. Dieser zieht weiter zum Bulbus olfactorius (Riechnerv). Bei Nagetieren wurde gezeigt, dass in den Membranen der primären Sinneszellen spezielle G-Protein-gekoppelte Rezeptoren sitzen. Sie lassen sich in zwei grundsätzliche Typen einordnen, von denen ein Typ kleinere, oft hydrophobe Duftmoleküle, der andere Aminosäuren oder kurze Peptidketten wahrnehmen kann. Diese Rezeptoren spiegeln daher eine breite Palette chemisch unterschiedlicher Moleküle wider, die als Pheromone wirksam sein können. Einige Fische nutzen sulfatierte Östrogene wie das Petromyzosterol des Meerneunauges, um an ihre Laichplätze zu schwimmen, oder geben oxidierte Hypoxanthine als Alarmstoffe ab. Amphibien setzen Prostaglandin-E-, und -F-Derivate sowie Peptide wie das Splendipherin (Baumfrosch) als Paarungspheromone ein. Bei Enten wurden Sexualpheromone in Form von Diestern von 3-Hydroxyfettsäuren gefunden. Nahezu alle Reptilien besitzen, wie die Schlangen und Echsen, paarige Drüsen an

E-9-Oxo-2-decensäure
ein Primer-Pheromon der Bienenkönigin

Bombykol (Hexadeca-4,6-dien-16-ol)
ein Pheromon des Seidenspinners

5-Methyl-3-heptanon
ein Sexuallockstoff der Meeresborstenwürmer

R-3-Hydroxybutansäure
ein Sexuallockstoff der Spinnen

◘ **Abb. 15.29** Pheromone von Wirbellosen

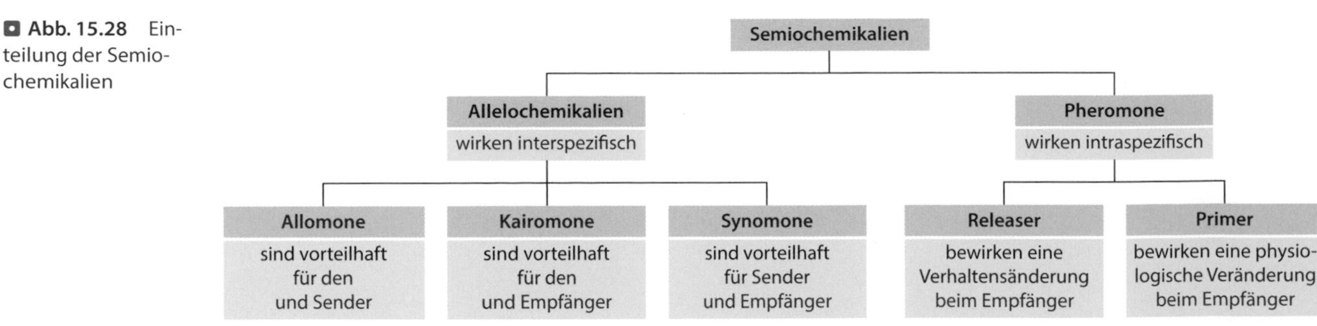

◘ **Abb. 15.28** Einteilung der Semiochemikalien

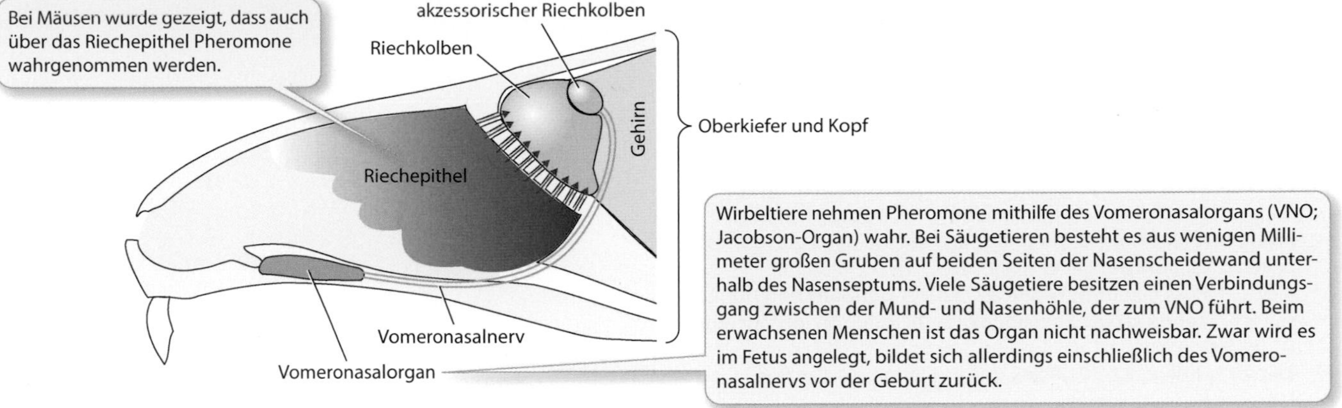

Abb. 15.30 Das Vomeronasalorgan von Wirbeltieren

den Kloaken, oftmals auch im Darmbereich, und Schildkröten weisen zudem Drüsen entlang des seitlichen Brustpanzers und des Rückenschilds auf. Mit all diesen Drüsen lassen sich Sekrete erzeugen, die der Reproduktion dienen und Sexualpheromone enthalten. Über Pheromone von Schildkröten weiß man nur wenig. Bei Schlangen und Echsen hingegen findet man vor allem langkettige, gesättigte und ungesättigte Methylketone, die sich nicht über die Luft verbreiten lassen. In diesem Fällen ist ein Abtasten des Bodens oder des Körpers mit der Zunge notwendig, um die Pheromone dem Vomeronasalorgan gezielt zuzuführen. Auch Krokodile, die neben den Kloakendrüsen auch Mandibulardrüsen besitzen, verbreiten langkettige, hydrophobe Diterpene wie das monozyklische Cembren A oder Phenyl-Nonanone wie das Dianeackeron als Pheromone. Bei einigen Reptilien sichern die Männchen ihren Fortpflanzungserfolg nach der Begattung durch eine Pfropfbildung auf der weiblichen Kloake, die das Eindringen von Spermien nach einer erneuten Begattung mit einem Konkurrenten verhindern soll. Die Sekrete des Pfropfs enthalten aber auch inhibitorische Pheromone, welche männliche Konkurrenten auf Distanz zum Weibchen halten sollen. Im Kloakenpfropf von Schlangen fand man inhibitorische Substanzen, die sich chemisch vom Squalen ableiten lassen.

Bei Säugern konnte man eine Vielzahl unterschiedlicher Pheromone feststellen, die meist von apokrinen Schweißdrüsen (**Duftdrüsen**) abgesondert werden. Bei einigen höheren Säugetieren sind zyklische Ketone bekannt, wie das Muscon des Moschustieres (*Moschus moschiferus*) oder das Zibeton der Zibetkatzen (Viverrinae), welche Revierverhalten und Sexualverhalten beeinflussen (Abb. 15.31). Bei Hausschweinen wirken männliche Steroide als Sexualpheromone, während Abkömmlinge von Fettsäuren als Beruhigungspheromone auf Ferkel wirken.

Weit detailliertere Erkenntnisse hat man über die Pheromone der Nagetiere (Rodentia) gewonnen. Weibchen des Goldhamsters (*Mesocricetus auratus*) sondern während des Östrus Dimethylsulfid als Lockstoff ab. Bei Mäusen hat man eine Vielzahl von Sexualpheromonen im männlichen Urin (Thiazole, Heptanone, Trimethylamine, Farnesene) sowie als Drüsensekrete bei Weibchen (sulfatierte Östrogene, Isoprenoide/-ester, Heptene/

O

R-3-Methyl-Cyclopentadecanon (Muscon)
der Sexuallockstoff des Moschustieres

O

Z-9-Cycloheptadecen-1-on (Zibeton)
das Zibeton, der Sexuallockstoff der Zibetkatze

OH

3,7,11-Trimethyl-2,6,10-dodecatrien-1-ol
ein Alarmhormon der Nutria

Abb. 15.31 Pheromone von Wirbeltieren

Heptanone) gefunden. Ratten besitzen das Alarmpheromon 2-Heptanon und bei Nutrias konnte (E,E)-Farnesol nachgewiesen werden.

Auch Primaten einschließlich des Menschen scheinen auf Pheromone zu reagieren, die aus den Achselhöhlen, den Brustwarzen, der Perianal- und der Genitalregion freigesetzt werden. Bei Männern handelt es sich um **Androstenon**, einen Abkömmling des Testosterons, bei Frauen um **Monocarbonsäuren** und vermutlich Östrogenabkömmlinge. Die Zusammensetzung dieser Fettsäuren im Vaginalsekret von Frauen ändert sich im Lauf des Menstruationszyklus. Dieses als **Copuline** bezeichnete Fettsäuregemisch bewirkt bei Männern einen Anstieg des Testosterons.

Weiterführende Literatur

1. Berendsen AD, Olsen BR (2015) Bone development. Bone 80:14–18
2. Chal J, Pourquié O (2017) Making muscle: skeletal myogenesis in vivo and in vitro. Development 144:2104–2122
3. Herold C, Rennekampff HO, Engeli S (2013) Apoptotic pathways in adipose tissue. Apoptosis 18:911–916
4. Kahle W, Frotscher M, Schmitz F (2018) Nervensystem und Sinnesorgane, 12. Aufl. Taschenatlas Anatomie, Bd. 3. Thieme, Stuttgart
5. Kajimura S (2017) Advances in the understanding of adipose tissue biology. Nat Rev Endocrinol 13:69–70
6. Kleine B, Rossmanith W, Winfried G (2020) Hormone und Hormonsystem – Lehrbuch der Endokrinologie, 4. Aufl. Springer Spektrum, Berlin, Heidelberg
7. Klepfer L, Kriegs JO (2013) Sex und Evolution. Kettler, Bönen (LWL-Museum für Naturkunde)
8. Menche N (2020) Biologie Anatomie Physiologie, 9. Aufl. Urban & Fischer, München
9. Nelson MC, Gleghorn JP (2012) Sculpting organs: mechanical regulation of tissue development. Annu Rev Biomed Eng 14:129–154

Spezielle Physiologie der Tiere: Nervenzellen, Gliazellen und Nervensysteme

Roland Strauß

J. Boenigk (Hrsg.), *Boenigk, Biologie,* https://doi.org/10.1007/978-3-662-61270-5_16

16.1 Vielgestaltige Neuronen sind die funktionellen Einheiten von Nervennetzen und Nervensystemen

Nervensysteme aus vernetzten **Neuronen** erlauben uns, die Umwelt wahrzunehmen, sie sind die Grundlage unserer Handlungen und der Steuerung unserer Aufmerksamkeit, sie sind die Basis unseres Bewusstseins. Zudem sind sie auch ein Ursprung unserer Individualität, denn Neuronen sind lernfähig. **Plastizität** ist eine Eigenschaft eines Netzwerks aus Nervenzellen, denn gespeicherte Information liegt in der Stärke der Verbindungen zwischen ihnen, den **Synapsen**. Durchschnittlich 1000 Synapsen hat ein Neuron; für das gesamte Gehirn eines Menschen kommt man auf rund 100 Bio. (10^{14}) solcher Nervenzellkontakte zur Informationsübertragung.

Lange hatte man das Gehirn als ein Syncytium betrachtet, als fusionierte Masse von Zellen, auch „homogenes netzartiges Retikulum". Die ersten Verfechter der **Neuronentheorie**, also des Aufbaus des Gehirns aus individuellen Zellen, Matthias Jacob Schleiden und Theodor Schwann, scheiterten noch an der Akzeptanz der Idee. Erst die Färbemethode von Camillo Golgi (**reduzierte Silberfärbung**) und die von ihm und von Santiago Ramón y Cajal erstellten Präparate (Beispiel in ◘ Abb. 16.2) machten für jedermann deutlich, dass Gehirne aus einzelnen Neuronen aufgebaut sind und diese Nervenzellen viele Eigenschaften mit anderen Körperzellen teilen. Die **vier morphologischen Regionen** eines typischen Neurons zeigt ◘ Abb. 16.1.

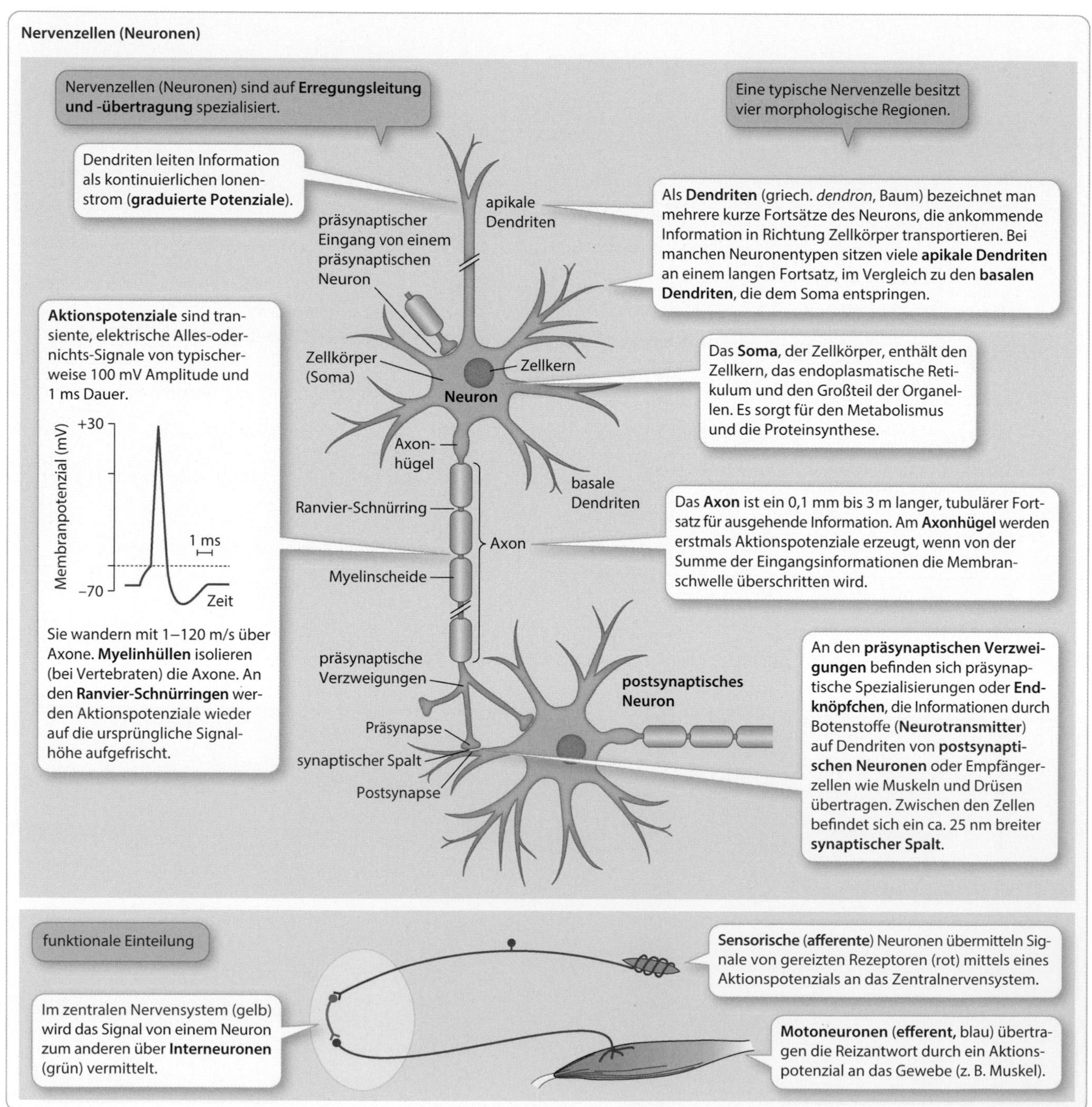

◘ **Abb. 16.1** Neuronen sind auf Erregungsleitung und Signalübertragung spezialisierte Zellen

16

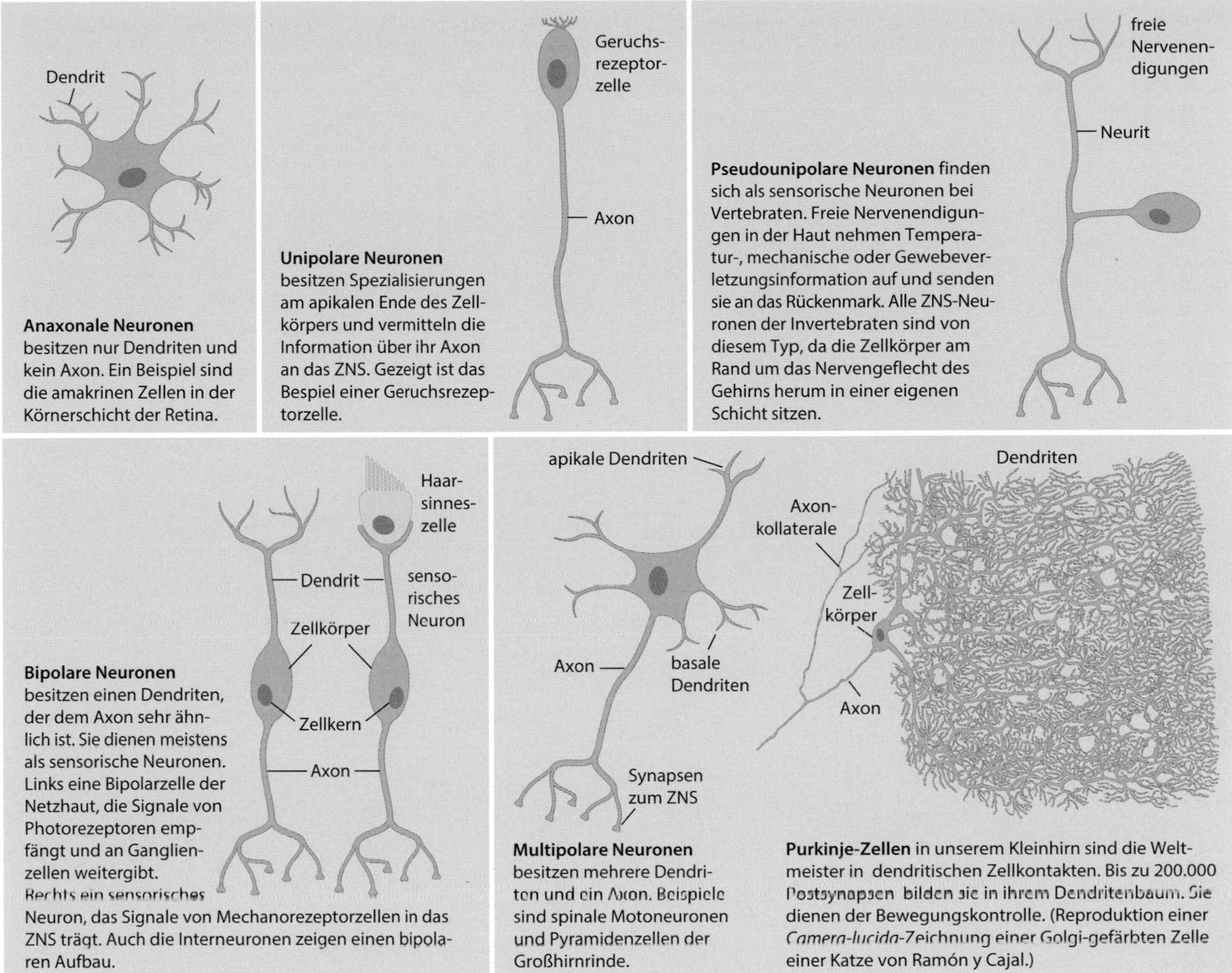

Abb. 16.2 Eine Klassifikation von Neuronen nach ihrer Morphologie

Bereits Cajal hatte die **eindeutige Richtung der Signalausbreitung** von Dendriten zum Axon und weiter in Richtung der präsynaptischen Terminalien erkannt und das **Prinzip der Verbindungsspezifität** formuliert: Neuronale Verbindungen sind kein Zufallsnetz, sondern jeweils spezifische Verbindungen von Sendern zu Empfängern; heute wird das als **Labeled Line** bezeichnet. Weil der Sehnerv vom Auge kommt, wird die Information als visuelle Information verarbeitet; den Aktionspotenzialen kann man dagegen nicht anmerken, ob sie visuelle Information oder Motorbefehle codieren, sie haben stets dieselbe Signalform. Folgerichtig wird ein Schlag auf das Auge als Lichtblitz wahrgenommen, obwohl die Aktionspotenziale durch eine plötzliche Druckerhöhung im Auge und mechanische Reizung des Sehnervs entstanden sind.

Neuronen sind äußerst vielgestaltig, zwischen Spezies ebenso wie im einzelnen Gehirn. Man unterscheidet morphologisch nach dem Vorhandensein oder Fehlen eines Axons sowie der Anzahl der Dendriten (Abb. 16.2). Die Gestalt eines Neurons wird von seinem **Cytoskelett** aufrechterhalten. Dieses besteht, wie auch allgemein bei Zellen (▶ Abschn. 4.10), aus drei Komponenten, den **Mikrotubuli**, den **Actinfilamenten** und den **Neurofilamenten** (Abb. 16.3). Nur Letztere sind langzeitstabil und könnten als die „Knochen" des Neurons bezeichnet werden. Durch ihre Seitenketten, die phosphorylierungsabhängig ausklappen können, unterscheiden sie sich von Intermediärfilamenten in anderen Körperzellen. Die Actinfilamente dienen dagegen ebenso wie die Mikrotubuli zusätzlich dem **Transport von Organellen und Zellbausteinen**; sie fungieren gleichzeitig als „Schienen", auf denen sich Motorproteine fortbewegen. Beide sind dynamische Strukturen, die Mikrotubuli noch labiler als die Actinfilamente, die beide vorwiegend am Plus-Ende auf- und abgebaut werden. **Plus- bzw. Minus-Ende** bezieht sich auf die Polarität der Grundbausteine, die gerichtet polymerisiert werden.

Die **Motorproteine der Mikrotubuli** sind **Kinesin** und **Dynein**. Kinesin bewegt sich in Plus-Richtung. In Axonen sind alle Mikrotubuli so ausgerichtet, dass dies die Richtung vom Zellkörper zu den Postsynapsen darstellt. Dieser Transport wird **anterograd** genannt. Transportiert werden z. B. synaptische Vesikel und deren Inhaltsstoffe wie Neurotransmitter sowie Mitochondrien. Dynein bewegt sich in die Minus-Richtung **retrograd**. Hier werden Stoffe zum Recycling transportiert sowie prälysosomale Vesikel und voluminöse multivesikuläre Körper mit 150 nm Durchmesser. In Dendriten findet man Mikrotubuli dagegen in beiden Orientierungen verbaut. Die **Motorpro-**

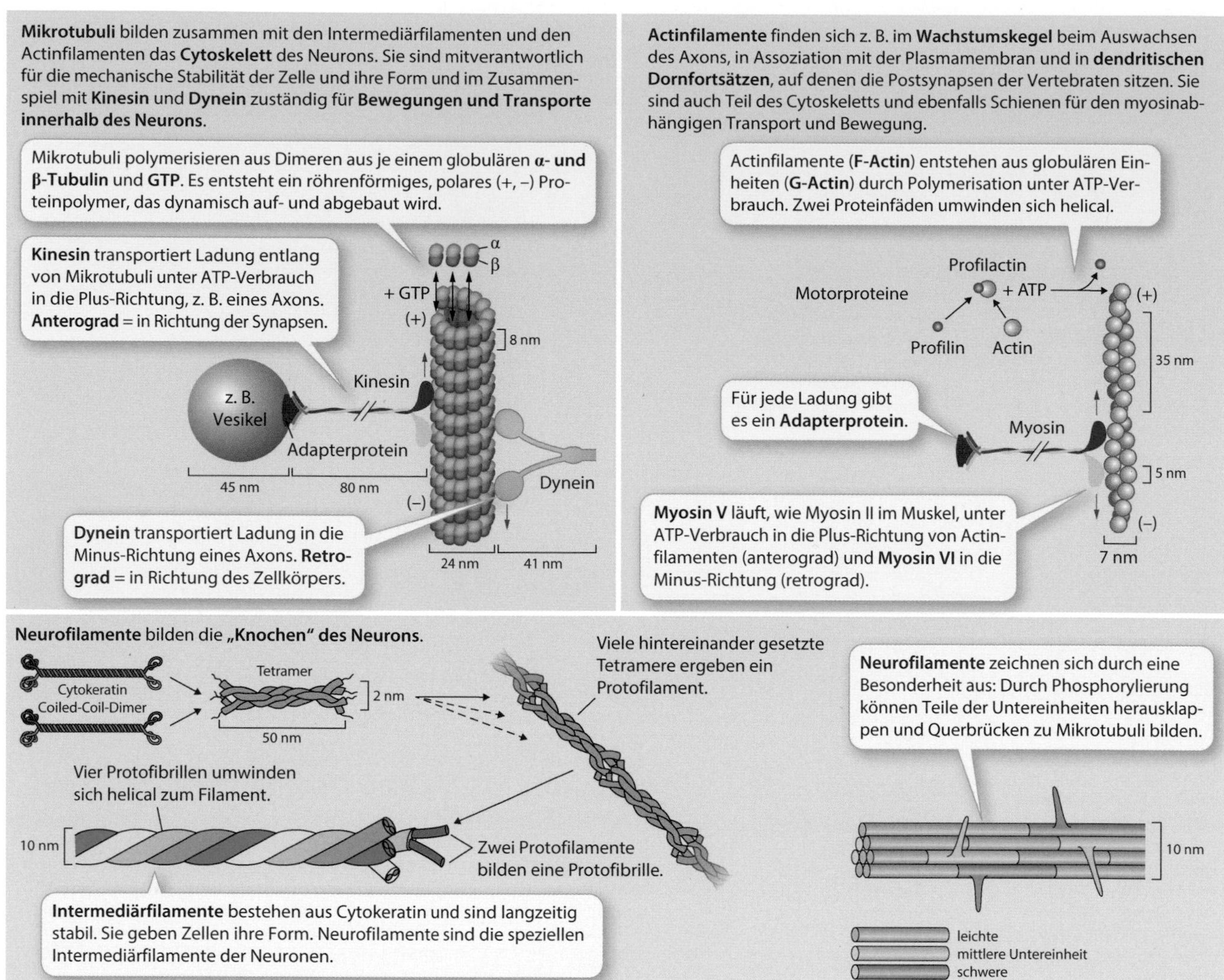

Abb. 16.3 Cytoskelett und Transportprozesse in Neuronen sind teilweise verknüpft

16

teine der Actinfilamente sind **Myosin V**, das wie Myosin II im Muskel in die Plus-Richtung wandert, und **Myosin IV** für den Transport in die Minus-Richtung. Alle genannten Motorproteine haben ATPase-Eigenschaften, da ihre Kopfgruppen für jeden Schritt ATP hydrolysieren.

Es wurden unterschiedliche Geschwindigkeiten für den Transport in Neuronen gefunden. Der sogenannte **schnelle Transport** für membranumhüllte Organellen läuft anterograd mit 20–40 cm pro Tag, der retrograde mit 10–20 cm ab. Mitochondrien werden mit 5–10 cm pro Tag transportiert. Der sogenannte **langsame Transport** läuft mit 0,1 bis max. 6 mm pro Tag ab und betrifft Elemente des Cytoskeletts sowie cytosolische Proteine. Das entspricht etwa der Auswachsgeschwindigkeit peripherer Axone nach einer Verletzung.

Mikrotubuli und Actinfilamente spielten bereits eine zentrale Rolle beim Auswachsen jedes Axons während seiner Entwicklung, und zwar in seinem **Wachstumskegel**. Unsere Sinneswahrnehmungen und motorischen Fähigkeiten, unser ganzes Verhalten beruhen auf einer präzisen Verdrahtung neuronaler Schaltkreise während der Entwicklung und später in bestimmten Fällen bei der Regeneration nach Verletzungen. Santiago Ramón y Cajal hatte Wachstumskegel bei anatomischen Studien von Hühnerembryos entdeckt, ihre Funktion postuliert und 1890 die ersten Zeichnungen veröffentlicht. Ross Harrison gelang dann 1907 erstmals die Beobachtung eines lebenden Wachstumskegels in einer neuronalen Zellkultur.

Axone entsprießen unreifen Neuronen und wachsen dann durch diverses Gewebe bis zu synaptischen Partnern, die sie im sich entwickelnden Körper finden müssen. Der Wachstumskegel an der Spitze des Axons folgt dabei chemischen Spuren wie ein Spürhund der Fährte (Abb. 16.4). Dies können lang gestreckte Gradienten von Stoffen sein und chemische Wegweiser mit eng begrenzter Reichweite an bestimmten Stellen, die von Geweben bzw. spezialisierten Zellen (Radialglia, ► Abschn. 16.2) während der Entwicklungsphase abgegeben werden. Der Wachstumskegel ist eine motile Struktur mit zwei Arten von Fortsätzen. Dünne, fingerförmige **Filipodien** werden bis 50 µm lang. Dazwischen liegen die breiteren **Lamellipodien**. Beide Strukturen verändern ihre Form, indem Actinfilamente im Inneren an ihrem Plus-Ende auf- und am Minus-Ende abgebaut werden. Sie weisen eine hohe Dichte an Rezeptoren für Wegmarkermoleküle auf. Durch ihre Interaktion mit den Signalen und den nachfolgenden Signalkaskaden auf Wachstumsprozesse entsteht eine gerichtete amöboide Bewegung (**Chemotaxis**). Ein positives Signal löst ein

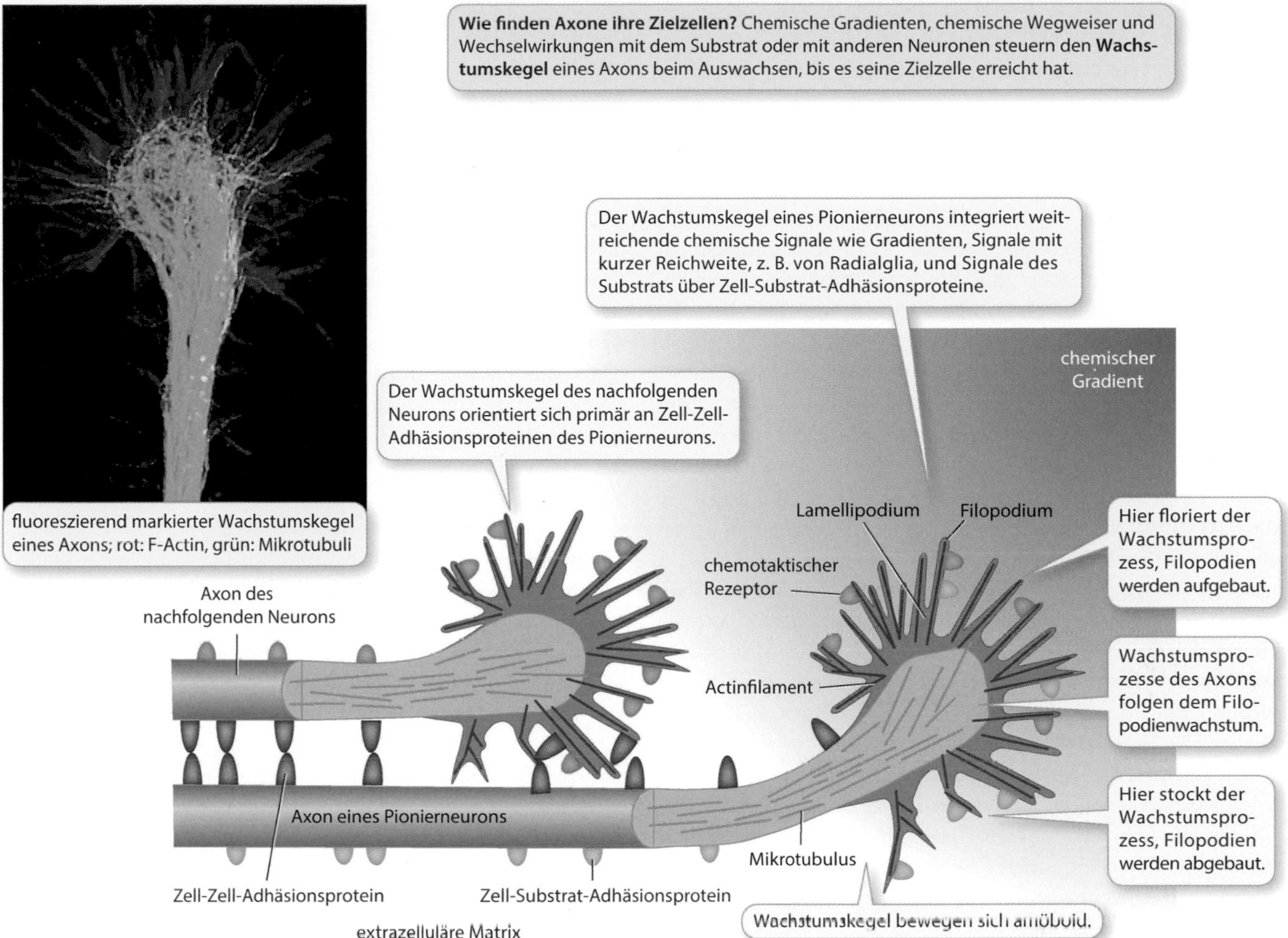

Abb. 16.4 Der Wachstumskegel führt das auswachsende Axon zu seiner Zielzelle

Hinwachsen und eine Verlängerung des Axons über sein Zellskelett aus, ein negatives Signal bewirkt dagegen den Kollaps des Wachstumskegels auf der zum Signal gewandten Seite und führt zu einer Wegwendung der Wuchsrichtung des Axons.

Nerven, das sind Bündel von Axonen in einer Bindegewebshülle, können entstehen, indem Axone später geborener Neuronen an dem Axon eines zuerst ausgewachsenen Pionierneurons entlangwachsen (Abb. 16.4).

16

16.2 Gliazellen ernähren Neuronen und unterstützen sie bei der Informationsverarbeitung

Zu der riesigen Anzahl von Neuronen gesellen sich im Säugergehirn ebenso viele **Gliazellen.** Das Glia-/Neuronen-Verhältnis variiert regional von 3,7 im Großhirn bis 0,23 im Kleinhirn (Insektengehirne ca. 0,5). Glia bedeutet „Kitt", denn entdeckt hat Rudolf Virchow zunächst ihre Bindefunktion. Heute kennen wir eine Vielfalt an Typen und Funktionen von Gliazellen, die Gegenstand aktueller Forschung sind.

Oligodendrocyten (griech. *oligos* = wenig, *dendron* = Baum, *zytos* = Zelle) findet man nur im **Zentralnervensystem** (ZNS) der Wirbeltiere, wo sie die Axone mehrerer Nervenzellen zusammenhalten (◘ Abb. 16.5). Vor allem isolieren sie diese Axone elektrisch von der Extrazellulärflüssigkeit, indem sie **Markscheiden** aus **Myelin** ausbilden. Diese Biomembran mit einem besonders hohen Fettgehalt von 70 % umgibt die Axone in mehreren Lagen. Weil Myelin in Hirnschnitten weißlich glänzt, werden Regionen im ZNS mit dichtem Axongeflecht als „weiße Substanz" bezeichnet. **Multiple Sklerose** ist eine chronisch-entzündliche Erkrankung des ZNS, bei der, vermutlich durch die körpereigene Immunabwehr, die Myelinscheiden angegriffen werden. Die Folge sind neurologische Ausfälle.

Im **peripheren Nervensystem** (PNS) werden Axone dagegen vom Gliazelltyp **Schwann-Zellen** myelinisiert. Zwischen benachbarten, individuellen Schwann-Zellen setzt die Myelinscheide regelmäßig ca. 1 µm aus, was einen **Ranvier-Schnürring** entstehen lässt. Dort steht die Membran des Axons mit der Extrazellulärflüssigkeit in Kontakt, und Ionenkanäle und Ionenpumpen sind in diesen Abschnitten konzentriert. Schwann-Zellen spielen eine wichtige Rolle bei der Regeneration peripherer Axone; zentralnervöse Axone regenerieren dagegen nicht.

Gliazellen, die wegen ihrer Sternform **Astrocyten** heißen, ernähren die Neuronen. Sie stehen mit Blutgefäßen und mit Neuronen in Kontakt und sind Bestandteil der Blut-Hirn-Schranke (◘ Abb. 16.6). Astrocyten speichern Glykogen und sind zur Gluconeogenese fähig (das ist die Neubildung von D-Glucose aus Nicht-Kohlenhydratvorstufen wie Pyruvat oder Oxalacetat), wenn Glucose im Blut knapp wird. Außerdem regeln Astrocyten den Kaliumhaushalt und den extrazellulären pH-Wert im Gehirn (Homöostase). Über elektrische Synapsen stehen sie leitend miteinander in Kontakt und bilden ein Puffersystem für Ionen. In der Nähe von chemischen Synapsen nehmen sie bestimmte Neurotransmitter auf, modifizieren sie und stellen die Spaltprodukte zur Resynthese zur Verfügung.

Im Astrocytennetzwerk kommt es zu langsamen Oszillationen ihrer intrazellulären Calciumkonzentration. Calciumwellen breiten sich unter anderem über ihre elektrischen Synapsen aus und organisieren Entwicklungsprozesse im Cortex. Astrocyten schütten auch Botenstoffe aus und wirken auf die Signalverarbeitung der Neuronen ein.

Mithilfe von Wasserkanälen in ihren Endfüßchen an den Blutkapillaren können Astrocyten einen extrazellulären Fluss erzeugen, der Schadstoffe ausschwemmt, die Gehirnzellen in den Extrazellulärraum abgegeben hatten. Dieses System wirkt vor allem nachts, wenn der Blutdruck niedrig ist und die Extrazellulärräume vergrößert sind. Weil seine Funktion der des

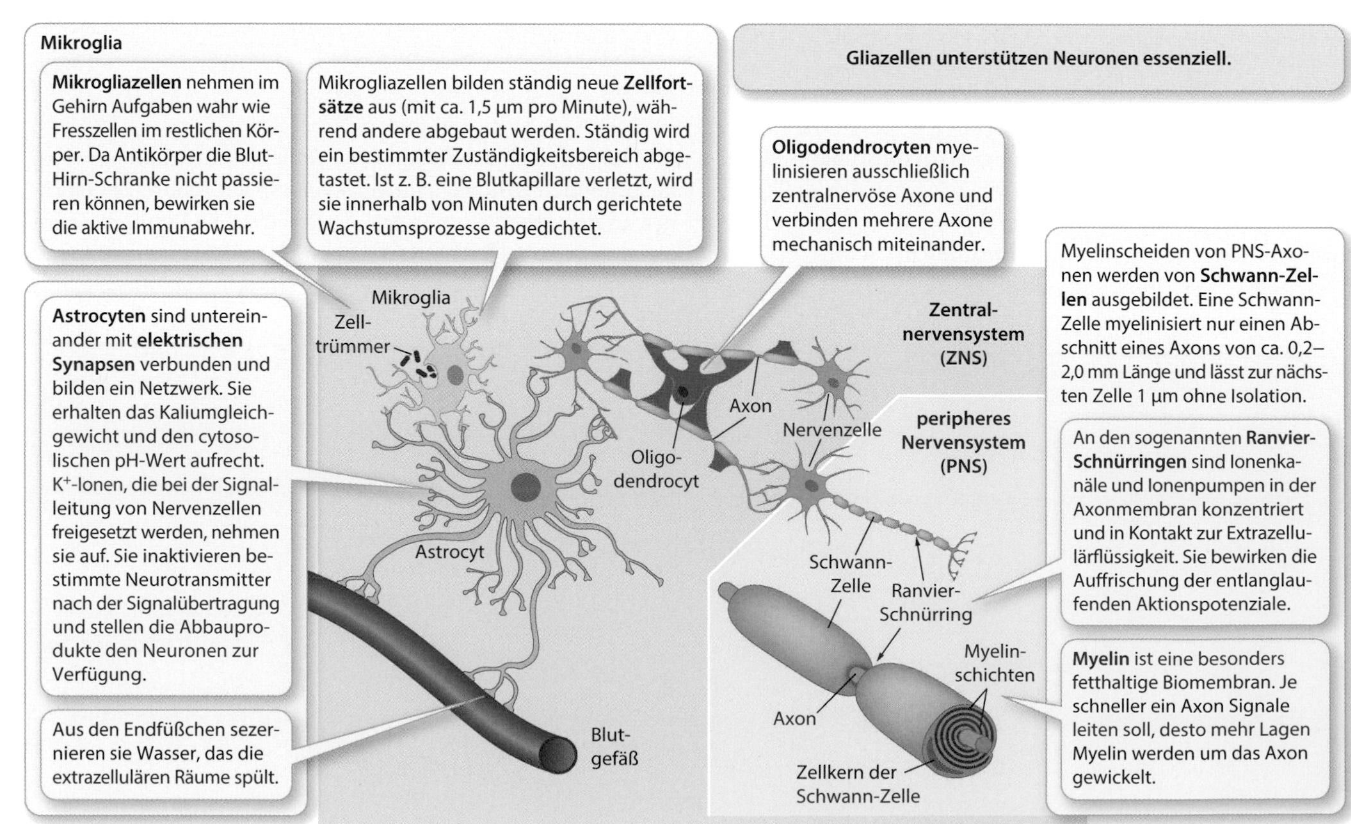

◘ **Abb. 16.5** Gliazellen sind für die Funktion des Nervensystems unverzichtbar

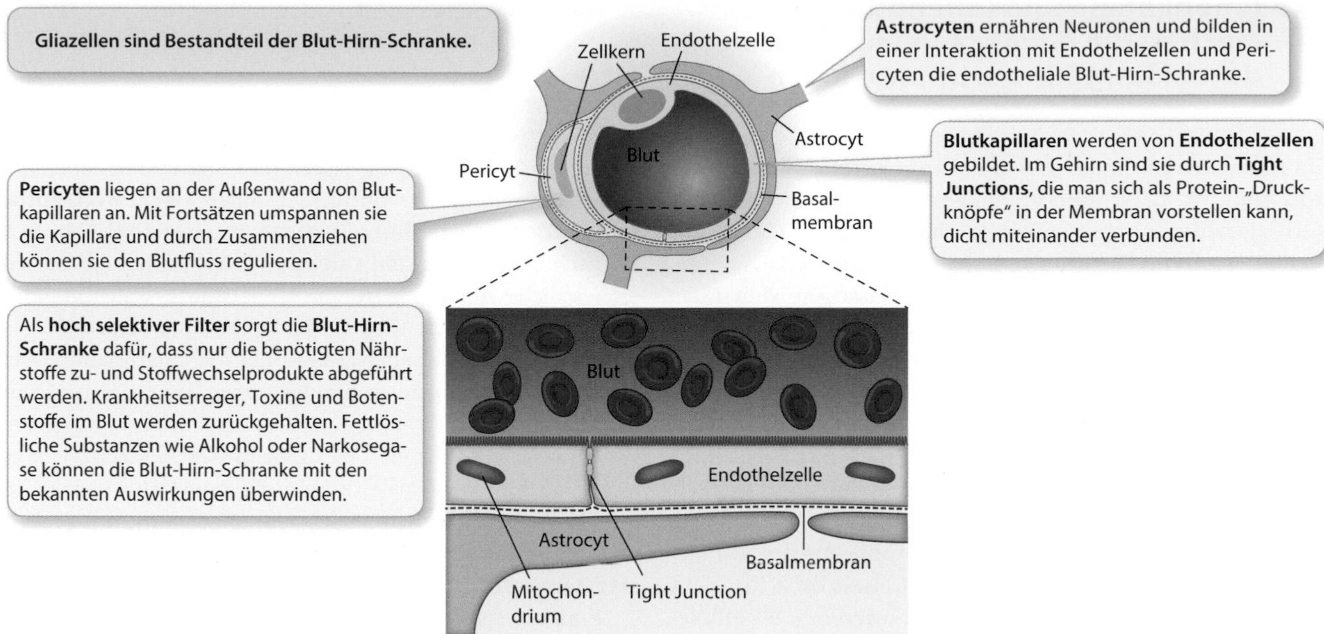

Abb. 16.6 Astrocyten sind ein wesentlicher Bestandteil der Blut-Hirn-Schranke

lymphatischen Systems des Körpers entspricht, hat man es **glymphatisches System** genannt, wobei „g" für „Glia" steht.

Astrocyten bilden nach dem Durchtrennen von Axonen eine Glianarbe. Die bisherige Annahme, dass diese Narbe das Wiederauswachsen zentralnervöser Axone maßgeblich verhindert, befindet sich im Wandel. Die Narbe begünstigte das Wiederauswachsen durchtrennter Axone in Versuchen mit künstlich zugegebenen axonspezifischen Wachstumsfaktoren.

Mikrogliazellen machen ca. 20 % aller Gliazellen aus und fungieren als **Fresszellen der Immunabwehr** im ZNS. Wie Makrophagen in anderen Körpergeweben beseitigen sie Reste abgestorbener Zellen, erkennen Pathogene und machen sie unschädlich. Zellfortsätze der Mikrogliazellen werden mit einer Geschwindigkeit von circa 1,5 µm/min auf- und abgebaut und tasten ständig einen bestimmten Zuständigkeitsbereich ab. Ist eine Blutkapillare verletzt, wird sie innerhalb von Minuten durch gerichtete Wachstumsprozesse abgedichtet.

Radialgliazellen dienen bei der Entwicklung des Vertebraten-ZNS als **primäre Vorläuferzellen** und können Neuronen, Astrocyten und Oligodendrocyten generieren. In einer Interaktion mit Mikrogliazellen sorgen sie für die richtige Anzahl neuronaler Vorläuferzellen. Neu entstandene Cortexneuronen benutzen die Radialgliazellen als Gerüst und wachsen daran entlang bis zu ihrer Endposition.

Müller-Zellen sind die Gliazellen der Netzhaut (Abb. 16.7). Sie leiten Licht wie Glasfasern durch die optisch streuende Neuronenschicht und übernehmen physiologische Aufgaben für Photorezeptoren und Retinaneuronen wie Astrocyten im Gehirn.

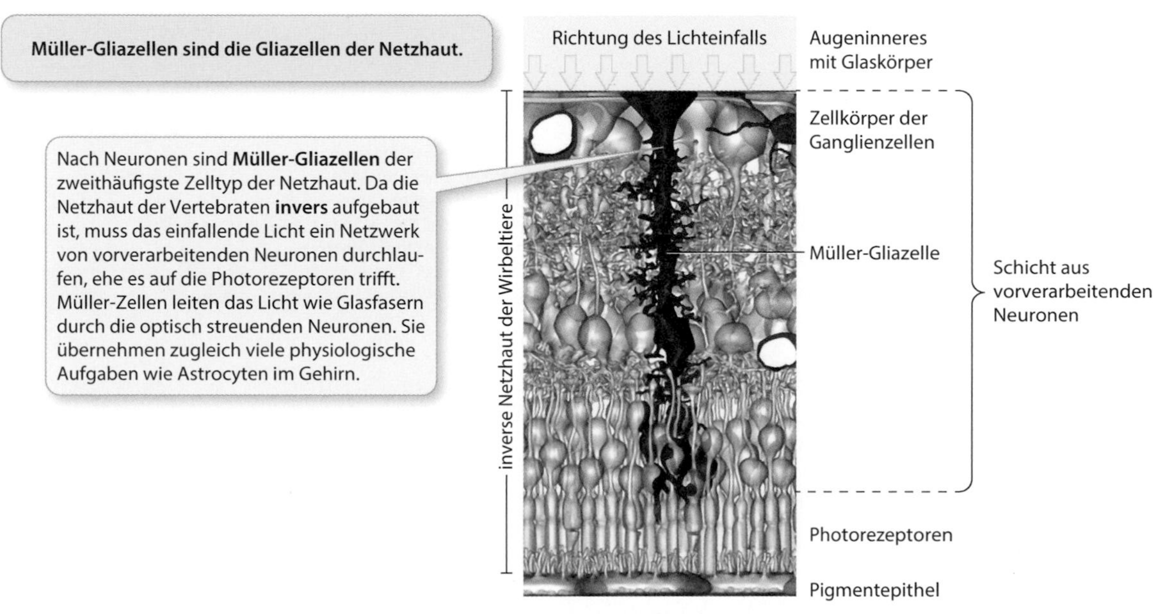

Abb. 16.7 Müller-Gliazellen in der Netzhaut leiten Licht

16

16.3 Ionenkanäle und Ionenpumpen machen die Membran eines Neurons durchlässig für bestimmte Ionen

Ein Akkumulator kann elektrischen Strom liefern, weil **positive und negative Ladungen** in ihm getrennt vorliegen. Wird ein Verbraucher zwischen die Pole geschaltet, können Elektronen fließen. Auch die Funktion von Neuronen erfordert Ladungsfluss, allerdings sind die Ladungen im wässrigen Milieu des Körpers an Atome oder Moleküle gebunden. Anstatt Elektronen- gibt es **Ionenströme** und **Ionen** bringen zusätzlich zu ihren elektrischen noch chemische Eigenschaften mit.

Der Aufbau von Ionenungleichgewichten erfordert eine **Barriere** zwischen zwei Kompartimenten, die nur kontrolliert durchbrochen werden soll. Diese Barriere bildet die elektrisch neutrale **Lipiddoppelmembran** des Neurons (◻ Abb. 16.8). Sie ist für Ionen undurchlässig, sodass das **Cytoplasma** des Neurons und das **Außenmilieu** getrennte Kompartimente darstellen. Sind positiv und negativ geladene Ionen (**Kationen** bzw. **Anionen**) ungleich verteilt, ziehen sich die gegensätzlichen Ladungen durch die Membran hindurch elektrisch an. Die jeweils überzähligen Kationen auf der einen und Anionen auf der anderen Seite versammeln sich an der Membran; man sagt, die **Membran wird polarisiert**. Das Lumen des Neurons bleibt elektrisch neutral.

In die Membran eines Neurons sind **spezialisierte transmembrane Proteine** eingelagert: **Ionenkanäle** erlauben den freiwilligen Durchtritt von kleinen Ionen einem **Konzentrations- oder elektrischen Gradienten** folgend (◻ Abb. 16.8; ► Abschn. 3.6). Viele sind **selektiv** für bestimmte Ionenarten, man spricht von einem Kalium-, Natrium-, Calcium- oder Chloridkanal. Andere sind unspezifische Kationenkanäle. Die meisten Ionenkanäle haben zwei Konformationszustände, offen oder geschlossen, in die sie bistabil kippen. Da ein Kanal kaum durchgehend einen bestimmten Zustand einnimmt, misst man Offenwahrscheinlichkeiten. Die Offenwahrscheinlichkeiten aller relevanten Ionenkanäle zusammengenommen verleihen der Membran eine Ionenleitfähigkeit. Es gibt **spannungsgesteuerte**, **ligandengesteuerte**, **mechanosensitive**, **lichtgesteuerte**, **temperaturgesteuerte** und **daueroffene Ionenkanäle**.

Einige wenige Kanaltypen besitzen einen **zweiten Verschluss**. So wird der **spannungsgesteuerte Natriumkanal**

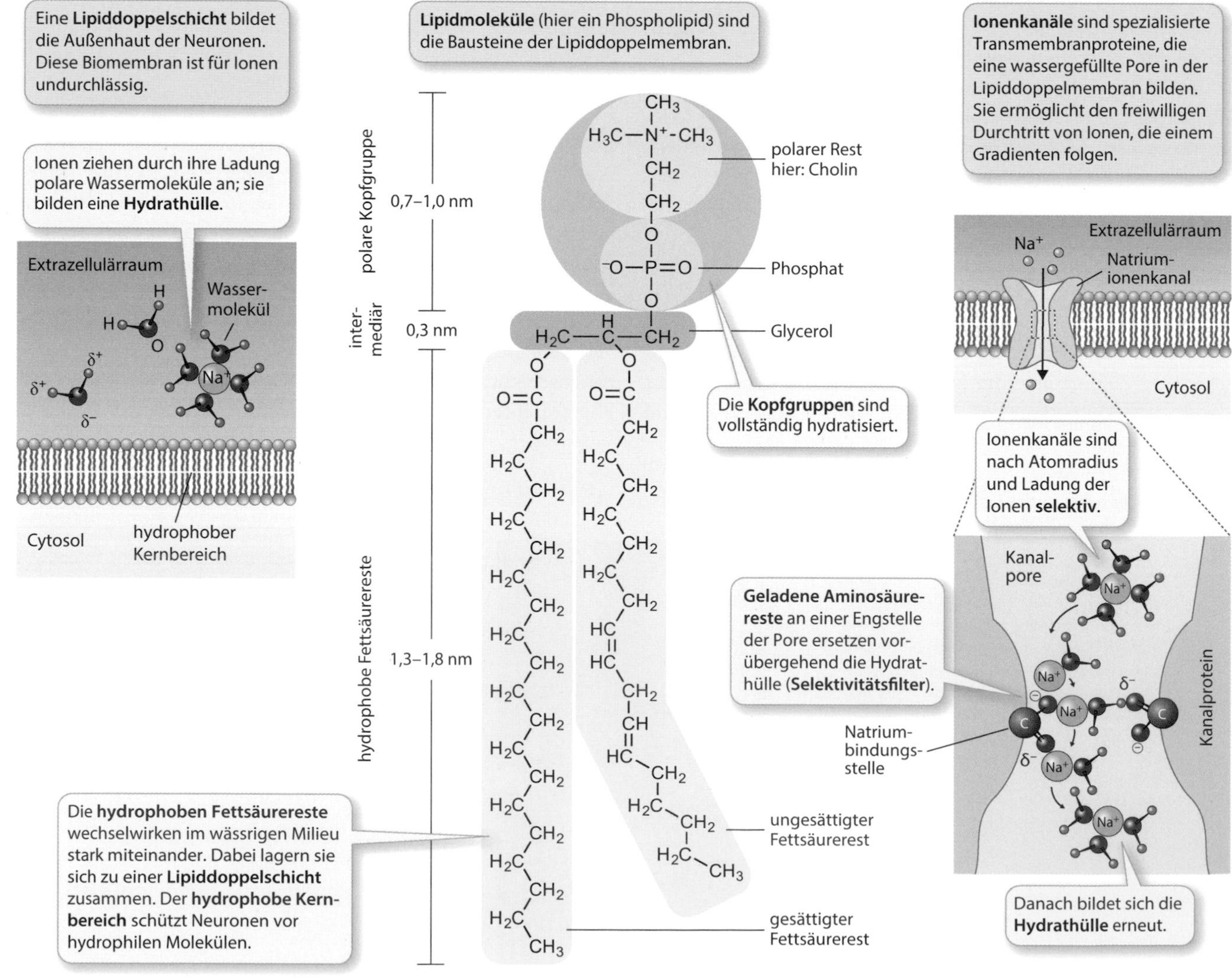

◻ **Abb. 16.8** Die Lipiddoppelmembran verhindert den Durchtritt hydrophiler Ionen; eingebettete Ionenkanäle erlauben einen kontrollierten Durchtritt

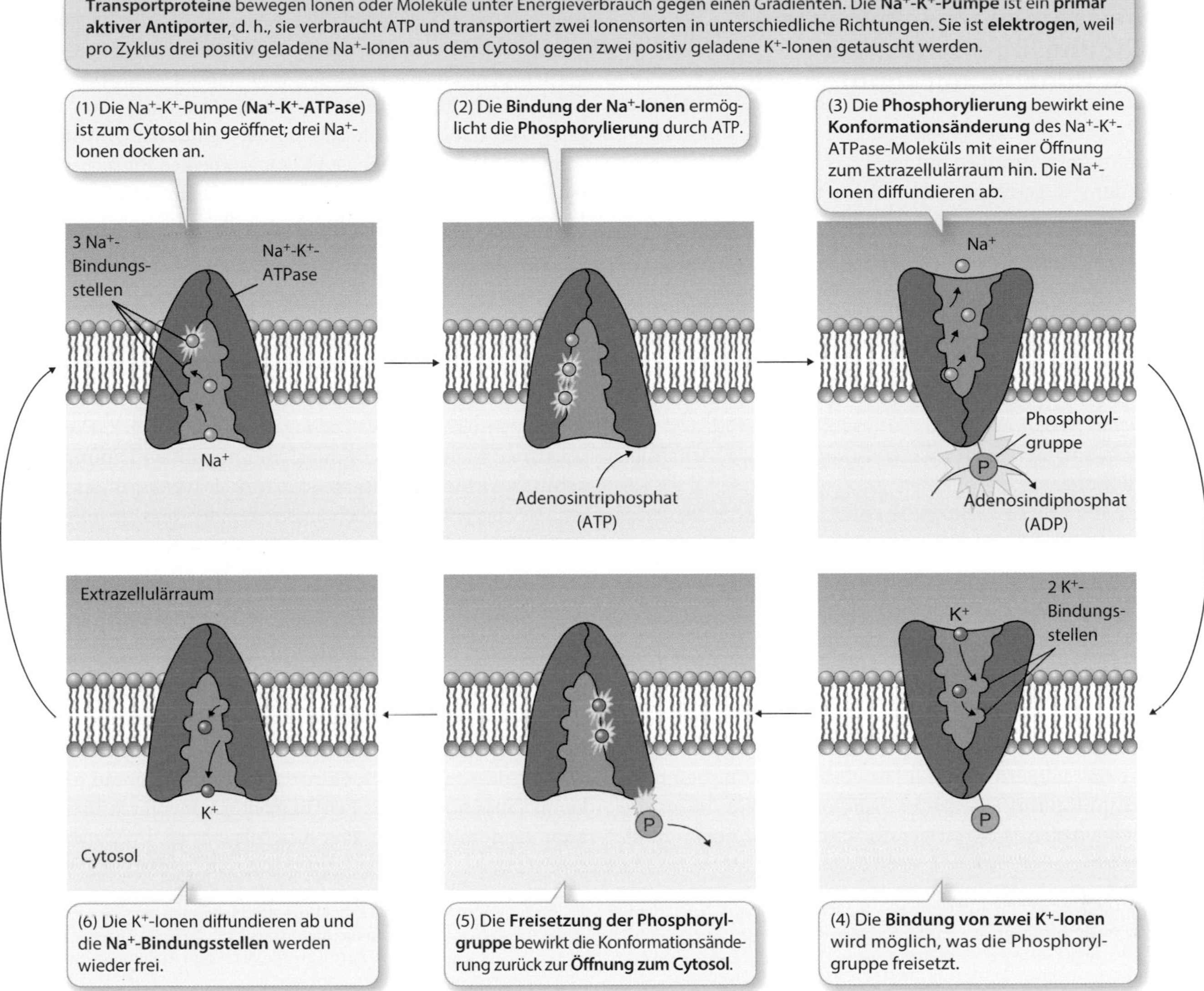

Abb. 16.9 Transportproteine wie die Natrium-Kalium-Pumpe transportieren Ionen unter Energieverbrauch gegen Gradienten

1 ms nach der Aktivierung sekundär verschlossen und kann dann für ca. 3 ms auch bei einem Spannungsanstieg nicht leiten.

Die Kanalporen sind im offenen Zustand mit Wasser gefüllt. Geladene Aminosäuren in der Pore strippen und ersetzen vorübergehend die Hydrathülle des Ions. Daher entscheiden nicht nur der **Ionen- und der Porenradius**, welche Ionen durchtreten können, sondern auch die **Ladung** und die **Hydrathülle** des Ions. Deshalb können kleine Ionen wie ein Natriumion z. B. nicht grundsätzlich durch einen viel größeren Calciumkanal treten.

Transportproteine wie **Ionenpumpen** transportieren Ionen unter Energieverbrauch gegen ihr Konzentrations- und/oder Potenzialgefälle durch die Membran (Abb. 16.9). Durch Konformationsänderungen sind ihre Ionenbindungsstellen abwechselnd mit dem Cytoplasma oder dem Außenraum in Kontakt. Essenziell für die Funktion von Neuronen ist die **Natrium-Kalium-ATPase** („Na^+-K^+-Pumpe"). Jedes Molekül schafft pro Zyklus drei Natriumionen aus der Zelle und importiert zwei Kaliumionen. Die Pumpe ist **elektrogen**, weil pro Zyklus eine positive Ladung mehr exportiert als importiert wird; die Membran wird innen zunehmend negativer. Der Wechsel vom Innen- zum Außenraumkontakt erfordert die **Hydrolyse eines ATP-Moleküls**. Die Na^+-K^+-Pumpe ist ein **primär aktiver Antiporter**, weil sie direkt ATP verbraucht und Na^+ und K^+ in gegensätzliche Richtungen transportiert werden.

Sekundär aktive Transporter nutzen dagegen die Energie einer der beiden transportierten Ionen- oder Molekülsorten entlang eines Gradienten, um damit eine zweite Sorte gegen den relevanten Gradienten zu transportieren. Der Natrium-Calcium-Austauscher dient als Beispiel für einen **sekundär aktiven Antiporter**. Pro Zyklus wird ein Calciumion gegen den Gradienten aus der Nervenzelle befördert. Bezahlt wird mit dem Eintritt von drei Natriumionen, die ihrem Gradienten folgen – außen hoch und niedrig im Cytosol. **Symporter** transportieren beide Sorten in dieselbe Richtung. Neurotransmitter-Natrium-Symporter fallen in diese Kategorie. Beim Cholin-Transporter hängt die Anzahl der Natriumionen, die mit einem Cholinmolekül in die Zelle gelangen, vom Membranpotenzial ab.

16.4 Die Membran ruhender Neuronen weist innen einen negativen Ladungsüberschuss auf – das Ruhemembranpotenzial

Als **Ruhemembranpotenzial** wird das Membranpotenzial eines funktionsfähigen Neurons bezeichnet, bei dem gerade keine Signalübertragung stattfindet. Man kann mit einer Elektrode die Membran durchstechen und mithilfe eines Messverstärkers die Potenzialdifferenz zwischen dem Cytosol und der Extrazellulärflüssigkeit messen. Das Ergebnis kann z. B. als Messstrahl über der Zeit von einem Oszilloskop dargestellt werden. Bei einem **typischen Säugerneuron** wird man **–70 mV** innen gegenüber der interstitiellen Flüssigkeit ermitteln (◘ Abb. 16.10). Mittlerweile stehen auch spannungsabhängige Farbstoffe zur Verfügung, mit denen Transmembranpotenziale visualisiert werden können.

Wie kommt dieses elektrische Potenzial über der Membran zustande? Die Rahmenbedingungen sind folgende: Ladungen sind im wässrigen Milieu des Körpers an Ionen gebunden und **Ionen** haben zu ihren **elektrischen Eigenschaften** untrennbar auch **Stoffeigenschaften**. Die Membran des Neurons schafft zwei **getrennte Kompartimente**, sodass Ionen nur durch mehr oder weniger selektive Ionenkanäle und selektive, aktive Transportprozesse vom Kompartiment Cytosol zum Extrazellulärraum oder umgekehrt wechseln können (▶ Abschn. 3.6). Dadurch wird die Membran semipermeabel für bestimmte Ionen. Insbesondere die **Natrium-Kalium-Pumpen** schaffen mit jedem Zyklus drei Na^+-Ionen aus dem Neuron heraus und zwei K^+-Ionen in die Zelle hinein, sodass ein Überschuss an Kalium im Inneren und an Natrium im Extrazellulärraum entsteht (▶ Abschn. 16.3).

Um das Zustandekommen des Ruhemembranpotenzials zu verstehen, ist zunächst ein stark vereinfachtes Modell eines Neurons nützlich (◘ Abb. 16.11). Ungleiche Verteilungen von Atomen oder Molekülen gleichen sich mit der Zeit durch **Diffusion** aus, wenn die Wand zwischen den Kompartimenten für sie permeabel ist. Die treibende Kraft der Diffusion ist die **Brown'sche Molekularbewegung**. Die **Kaliumhintergrundkanäle** sind die wichtigste Bresche in der ruhenden Membran; gäbe es nur Kaliumionen, würden sie sich durch diese Kanäle hindurch mit der Zeit gleichmäßig verteilen. Aber das Cytosol von Neuronen weist auch **negativ geladene Proteine** auf. Sie sind so groß, dass sie keinen Ionenkanal passieren können. Mit jedem positiv geladenen Kaliumion, das das Neuron dem **Stoffgradienten** folgend verlässt, bleibt also eine unkompensierte negative Ladung im Cytosol zurück. Die positiv geladenen Kaliumionen werden vom **negativen Ladungsüberschuss im Inneren** zunehmend elektrisch angezogen, sodass sich ein Gleichgewicht zwischen ausströmenden und einströmenden Kaliumionen einstellt, bevor das Kaliumstoffgleichgewicht zwischen Innen- und Außenraum erreicht ist.

Mit der von Walther Nernst aufgestellten und nach ihm benannten **Nernst-Gleichung** kann man das Potenzial über der Membran berechnen, bei dem sich ein Gleichgewicht einstellt zwischen dem Stoffausgleich durch Diffusion und dem durch **elektrostatische Kräfte**, die Ionen aufeinander ausüben (◘ Abb. 16.12). Diese Gleichung gilt für eine Ionenart, nimmt also an, dass nur diese Ionenart alleine die Membran passieren kann. Tatsächlich ist die Leitfähigkeit der Membran für Kalium zwar die dominierende, aber nicht die einzige. Im Ruhezustand

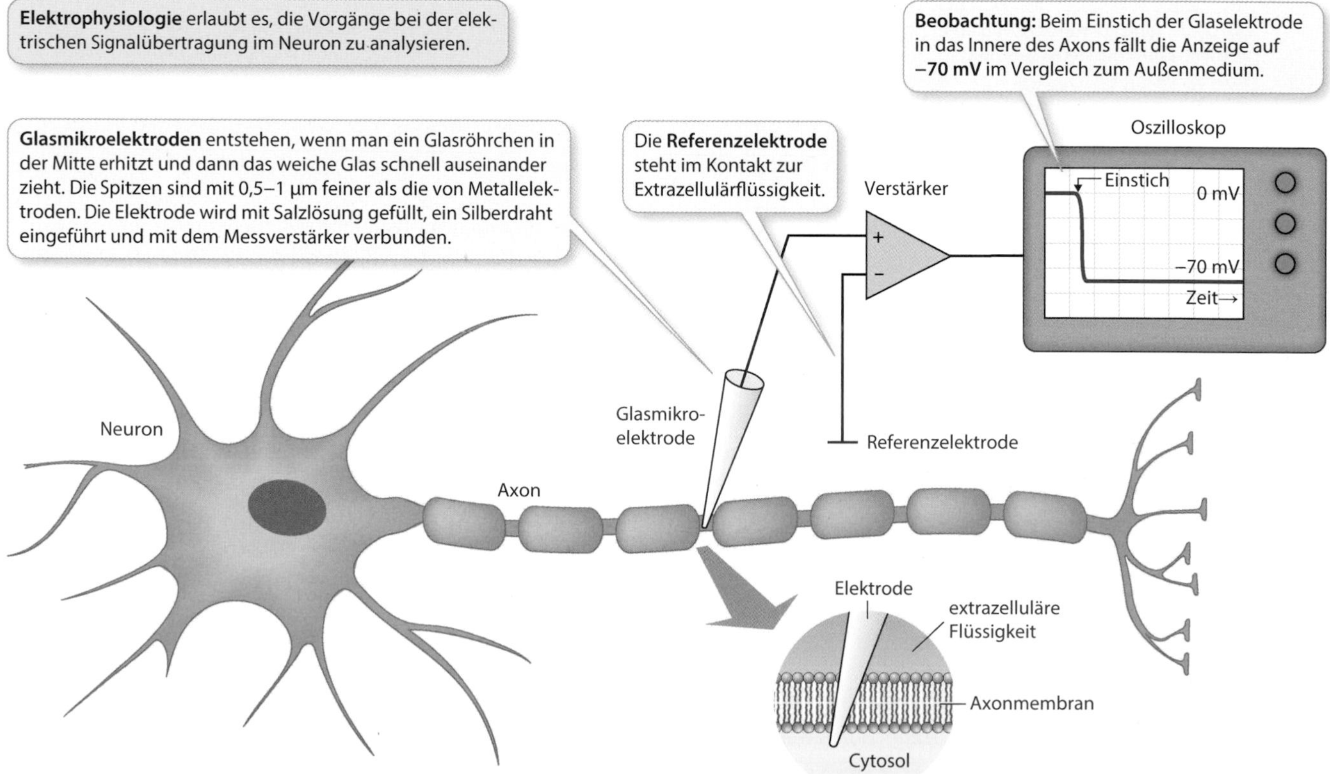

◘ **Abb. 16.10** Die Elektrophysiologie revolutionierte das Verständnis der Funktion von Neuronen

Diffusion ist eine Folge der **Brown'schen Molekularbewegung.** Ionen, die zufällig die geeignete Bewegungsrichtung haben, gelangen durch einen offenen Kanal in das alternative Kompartiment. Mit der Temperatur steigen die Geschwindigkeit der Ionen und die Zahl der Zusammenstöße mit Richtungsänderungen; der Ausgleich erfolgt schneller.

Isolierte Betrachtung der Diffusion:

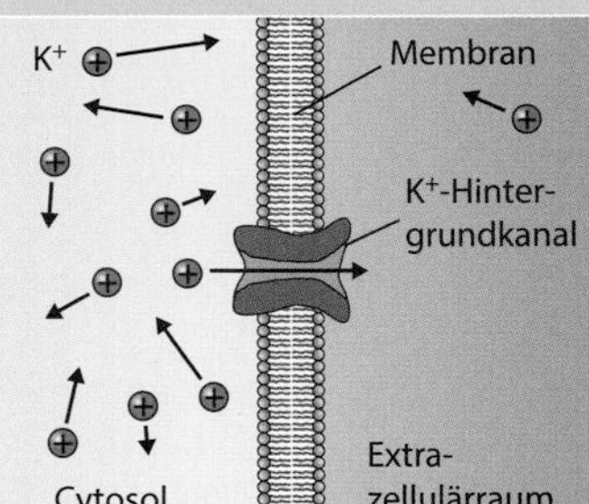

Kaliumionen befinden sich im Inneren des Neurons im Überschuss (durch die Aktivität der Na^+-K^+-Pumpe). Nur Kaliumhintergrundkanäle sind offen und lassen selektiv den Durchtritt von K^+-Ionen zu.

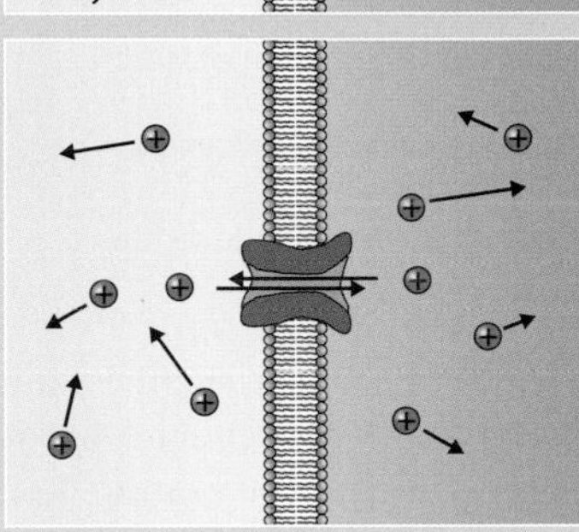

Der **Endzustand** besteht in einer Gleichverteilung der Kaliumionen im Außenraum und im Inneren des Neurons. Es entsteht ein **dynamisches Gleichgewicht**, bei dem im Mittel gleich viele Ionen nach außen und nach innen wechseln.

Ionen tragen elektrische Ladung und üben elektrostatische Kräfte aufeinander aus. Gegengleiche Ladungen ziehen sich an und gleiche stoßen sich ab. Proteine im Inneren des Neurons tragen oft negative Ladungen. Diese organischen Anionen sind zu groß, um durch Ionenkanäle nach außen zu diffundieren, und verbleiben im Inneren des Neurons.

Elektrostatik überlagert die Diffusion:

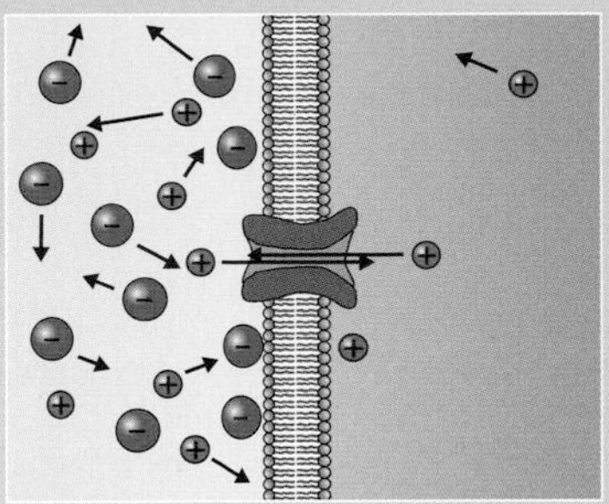

Durch den **Konzentrationsunterschied** treten K^+-Ionen durch **Diffusion** aus. Dadurch bleiben zunehmend unkompensierte negative Ladungen im Inneren zurück. In der Folge werden K^+-Ionen im Außenraum **elektrostatisch** vom negativen Ladungsüberschuss im Cytosol angezogen; das Gleichgewicht stellt sich bereits bei einer geringeren K^+-Konzentration außen im Vergleich zur Konzentration innen ein.

Walther **Nernst** (Nobelpreis für Chemie 1920) hat die Gleichung aufgestellt, mit der das **Umkehrmembranpotenzial** berechnet wird, bei dem ein Gleichgewicht herrscht zwischen sich einwärts und auswärts bewegenden K^+-Ionen.

$$E_K = \frac{RT}{zF} \ln \frac{[K^+]_{außen}}{[K^+]_{innen}}$$

Die **Nernst-Gleichung** wird in ◘ Abb. 16.12 erläutert.

◘ **Abb. 16.11** Stoffliche und elektrische Eigenschaften sind bei Ionen untrennbar gekoppelt

Die **freie Energie**, die pro Mol in der Diffusion steckt, wird gleichgesetzt mit der freien Energie, die pro Mol im elektrischen Potenzial steckt:

$$\text{Diffusionsterm } RT \ln \frac{[K^+]_{außen}}{[K^+]_{innen}} - EzF \text{ Elektrostatikterm}$$

Die **Diffusion** ist abhängig vom natürlichen Logarithmus des Konzentrationsgefälles der K^+-Ionen außen zu innen. *R* steht für die universelle Gaskonstante $R = N_A\, k_B = 8{,}31447\ \text{J mol}^{-1}\ \text{K}^{-1}$. (Sie ist das Produkt aus der Avogadro-Konstanten N_A, der Anzahl der Teilchen pro Mol ($6{,}022 \times 10^{23}\ \text{mol}^{-1}$) und der Boltzmann-Konstanten k_B, das ist der Umrechnungsfaktor zwischen Temperatur und thermischer Energie.) *T* steht für die Temperatur in der absoluten Einheit Kelvin.

Die **Elektrostatik** wird bestimmt von der Potenzialdifferenz über der Membran *E*, von der Wertigkeit des betrachteten Ions (im Fall des K^+-Ions ist $z = +1$) und von der Faraday-Konstanten *F*. Sie gibt die Ladung an, die von einem Mol getragen wird. $F = N_A\, e$, also die Anzahl der Teilchen pro Mol mal der Elementarladung $e = 1{,}602 \times 10^{-19}$ C. Da die Einheit $C = J\ V^{-1}$ ist, kann man die Faraday-Konstante mit $96.485{,}33\ \text{J V}^{-1}\ \text{mol}^{-1}$ einsetzen.

Löst man nach *E* auf, kann man durch Einsetzen der Kaliumkonzentrationen und der Temperatur das **Membranpotenzial** E_K berechnen, bei dem diese Kaliumkonzentrationen unverändert bleiben, das **Umkehrpotenzial** für K^+.

$$E_K = \frac{RT}{zF} \ln \frac{[K^+]_{außen}}{[K^+]_{innen}}$$

Für ein typisches Säugerneuron findet man 5 mmol/L Kalium im Außenraum und 150 mmol/L im Cytosol. Nach Einsetzen der Konstanten erhält man rund $E_K \approx -87$ mV bei Zimmertemperatur von 25 °C.
Bei 25 °C und $z = +1$ wird üblicherweise mit $RT/F \approx 25$ mV gerechnet.

Drei Ionenarten bestimmen maßgeblich das Ruhepotenzial. Die ruhende Membran eines Neurons besitzt auch noch eine gegenüber der dominierenden **Kaliumleitfähigkeit** geringere Leitfähigkeit für **Chloridionen** und eine noch geringere für **Natriumionen**. Diese Leitfähigkeiten erklären das tatsächlich gemessene Ruhepotenzials eines Säugerneurons von −70 mV, das vom Umkehrpotenzial des Kaliums alleine von −87 mV abweicht.

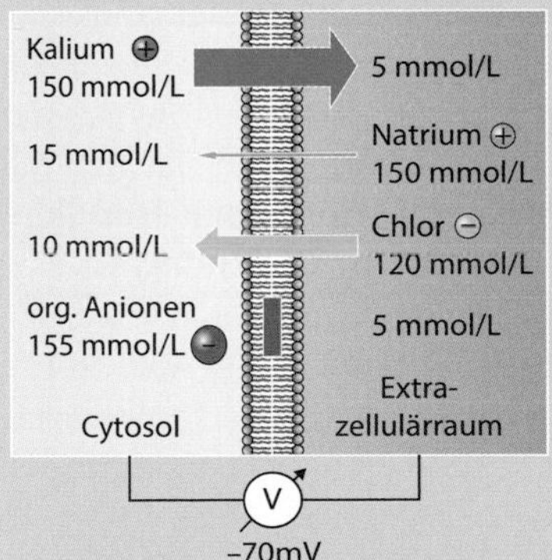

Verteilung der Ionenkonzentrationen in einem typischen Säugerneuron. Natrium (Na^+) und Chlorid (Cl^-) befinden sich außen im Überschuss, Kalium (K^+) und organische Anionen (A^-) im Inneren. Die Pfeile repräsentieren die relativen Leitfähigkeiten der Membran eines Neurons im Ruhezustand für Kalium-, Natrium- und Chloridionen. Für die organischen Anionen gibt es kein Durchkommen durch die Membran.

1) Mit der **Nernst-Gleichung** kann man das **Umkehrpotenzial** jeder einzelnen Ionenart isoliert berechnen, wenn man ihr Konzentrationsgefälle einsetzt; z. B. erhält man für Natrium bei 25 °C $E_{Na} \approx +58$ mV.
2) Die **Goldmann-Gleichung** erlaubt die näherungsweise Berechnung des **Ruhepotenzials** eines Neurons aus der Ionenverteilung der relevanten Ionen und den Leitfähigkeiten der Membran für diese Ionenarten.

◘ **Abb. 16.12** Die Nernst-Gleichung erlaubt die Berechnung des Ruhepotenzials für eine Ionenart; wegen den selektiven Permeabilitäten der ruhenden Membran sind drei Ionenarten besonders relevant

eines Neurons sind auch Chlorid- und in noch geringerem Ausmaß Natriumkanäle gelegentlich offen. Die typische Verteilung der relevantesten Ionenarten und die relativen **Permeabilitäten** der Membran dafür in ihrem Ruhezustand sind in ◘ Abb. 16.12 dargestellt.

Man kann die Nernst-Gleichung ebenso wie auf Kalium auch auf die Natriumverteilung (und die jeder andere Ionenart) anwenden. Für die nachfolgend beschriebene Funktion eines Neurons, Aktionspotenziale erzeugen zu können, halten wir fest: Natriumionen würden lawinenartig einströmen, wenn die Membran für

Die **Goldmann-Gleichung** heißt vollständig **Goldmann-Hodgkin-Katz-Gleichung** nach den Wissenschaftlern David Goldmann und Nobelpreisträgern Alan Hodgkin und Sir Bernhard Katz.

Das **Umkehrpotenzial** U_M der Membran eines Neurons wird bestimmt durch die Verteilung der Kalium-, aber auch der Chlorid- und Natriumionen, wobei $[\text{Ion}]_a$ für die Konzentration in mmol/L außen und $[\text{Ion}]_i$ für Konzentration innen steht.

Die **Permeabilität** p_{Ion} steht für die selektive Permeabilität der Membran für diese Ionensorte im Ruhezustand des Neurons; *p* wird in m/s angegeben und beruht auf Ionenkanälen im Offenzustand.

$$U_M = \frac{RT}{F} \cdot \ln \frac{p_{Na} \cdot [Na^+]_a + p_k \cdot [K^+]_a + p_{Cl} \cdot [Cl^-]_i}{p_{Na} \cdot [Na^+]_i + p_k \cdot [K^+]_i + p_{Cl} \cdot [Cl^-]_a}$$

Die **Wertigkeit der Ionen** *z* wurde unter den Logarithmus gezogen. Wegen $z = -1$ im Fall der Chloridionen steht $[Cl^-]_i$ im Zähler und $[Cl^-]_a$ im Nenner.

R = universelle Gaskonstante
T = Temperatur in Kelvin
F = Faraday-Konstante

RT/F kann für Zimmertemperatur wieder näherungsweise mit 25 mV eingesetzt werden.

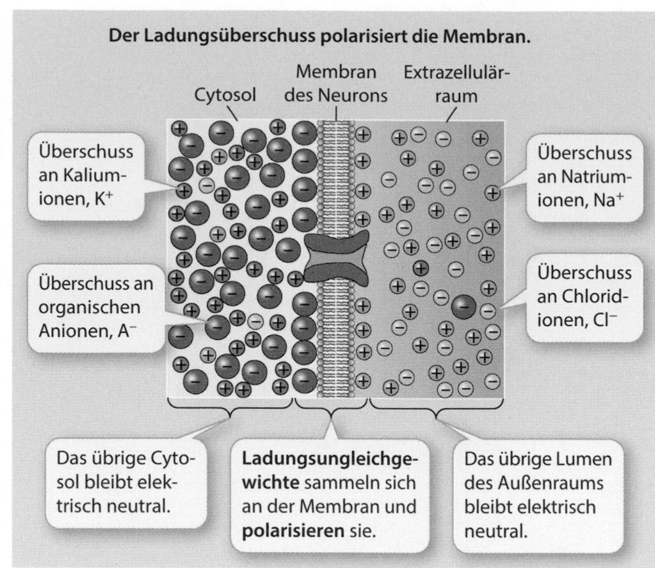

Abb. 16.13 Die Goldmann-Gleichung erlaubt die Berechnung des Umkehrpotenzials einer Neuronenmembran. Ionenungleichgewichte polarisieren sie

sie permeabler werden würde. Ihr **Nernst-Umkehrpotenzial**, bei dem der Einstrom endet, liegt bei $E_{Na} = +58$ mV im Inneren der Membran. Andererseits haben Kaliumionen ein hohes Potenzial, nach außen zu strömen. Der Ausstrom würde erst bei einem Nernst-Potenzial von $E_K = -87$ mV im Inneren enden.

Die zusätzlichen Permeabilitäten für Chlorid- und Natriumionen im Ruhezustand verändern das Umkehrpotenzial der Membran (das für Kalium alleine bei −87 mV liegen würde) auf das typischerweise gemessene Ruhemembranpotenzial von $U_M = -70$ mV bei Säugern. Noch bevor man Ionenkanäle als Träger der Ionenpermeabilität von Neuronenmembranen erkannt hatte, hatten die Wissenschaftler David Goldmann, Alan Hodgkin und Bernhard Katz eine Gleichung aufgestellt, mit der sie das tatsächliche Umkehrpotenzial eines Neurons aus der Verteilung der Ionenarten Kalium, Chlorid und Natrium näherungsweise berechnen konnten. Die **Goldmann-Hodgkin-Katz-Gleichung** oder auch **Goldmann-Gleichung** ist eine Verallgemeinerung der Nernst-Gleichung mit Vorfaktoren, den Permeabilitäten, für die relevanten Ionenarten (Abb. 16.13). Das Ruhemembranpotenzial ist kein Gleichgewichtspotenzial, weil es auf einem ständigen Verbrauch von Energie für den Betrieb von Ionenpumpen fußt (▶ Abschn. 16.3). Es ist ein dynamisches Diffusionsmodell, das diese aktiven Mechanismen berücksichtigt. In einigen Zellen, wie den spezialisierten Muskelzellen des Sinusknotens, die als Schrittmacherzellen des Herzens fungieren, verändert sich das Ruhemembranpotenzial ständig. Die „Ruhe" in Ruhemembranpotenzial ist hier ein theoretisches Konzept.

Ladungsungleichgewichte konzentrieren sich an der Membran, sie wird **polarisiert** (Abb. 16.13). Gegengleiche Ladungen ziehen sich durch die Membran hindurch an und vermindern die **Beweglichkeit** der beteiligten Ionen. Das übrige Cytosol ist elektrisch ausgeglichen, ebenso das Lumen der interstitiellen Flüssigkeit. Man kann die elektrischen Gegebenheiten an einer passiven Neuronenmembran auf zwei wesentliche Elemente reduzieren, die **Widerstände**, die sie den verschiedenen Ionenarten entgegensetzt, und ihre Kapazität. **Elektrische Kapazität** bezeichnet die Eigenschaft, Ladung speichern zu können (Abb. 16.14). Das Modell spielt bei der Berechnung der Leitfähigkeit von Axonen eine zentrale Rolle (▶ Abschn. 16.6).

Das Ruhemembranpotenzial einer Zelle ist keine Naturkonstante, sondern hängt vom **Verhältnis der extrazellulären zu den intrazellulären Ionenmilieus** und vom **Besatz der Zellmembran mit Ionenkanälen und Ionenpumpen** ab, die ihre Permeabilität bewirken. Die Haarsinneszellen der Hörschnecke (Cochlea) befinden sich z. B. in einem an Kalium reichen und an Natrium armen Außenmilieu, der Endolymphe, und weisen ein Ruhemembranpotenzial von −15 bis −40 mV auf (▶ Abschn. 17.4).

Das **Ruhemembranpotenzial von Neuronen verändert sich mit der Entwicklung** eines Organismus; in der Regel wird es mit zunehmender Ausdifferenzierung des Gehirns negativer. Damit ein Neuron seine adulte Funktion erfüllen kann, wird sein Ruhepotenzial während seiner Entwicklung in engen Grenzen reguliert. Gliazellen haben einen entscheidenden Anteil an der Regulation der extrazellulären Kaliumkonzentration im ausdifferenzierten Gehirn. Sie entstehen aber erst während der Entwicklung und proliferieren im sich entwickelnden Gehirn. Im ausdifferenzierten Zustand übersetzt sich ihr Einfluss auf die Verringerung des extrazellulären Kaliums in eine Erniedrigung des Ruhemembranpotenzials von Neuronen um 35 mV.

Zunächst hatte man angenommen, die Eigenschaften aller Dendritenmembranen einer Nervenzelle seien gleich und ausschließlich passiv (d. h. keine spannungsgesteuerten Ionenkanäle sollten relevant sein). Wie man neuerdings festgestellt hat, kann ein gewisser Besatz mit spannungsgesteuerten Ionenkanälen an diesen passiven Membranen variabel und ihre Permeabilität adaptiv sein. Um die Ausgangssignale einer Nervenzelle auf ihre durchschnittlich 1000 zeitlich und der Amplitude nach variablen Eingangssignale von anderen Neuronen modellieren zu können, wird die **Multi-Kompartiment-Modellierung** eingesetzt (Abb. 16.15). Dendriten mit unterschiedlichem Ionenkanalbesatz erlauben es der Nervenzelle, die Wichtigkeit

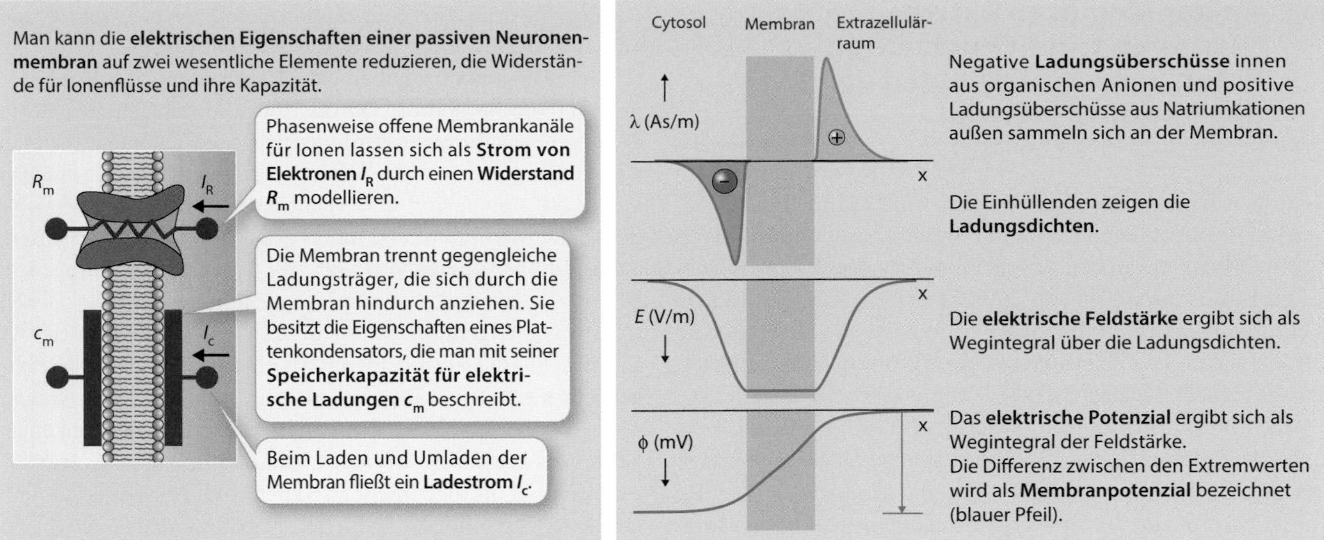

Abb. 16.14 Elektrische Eigenschaften der passiven Neuronenmembran

bestimmter Eingänge zu modulieren. Da Dendriten vielfach verzweigt und unterschiedlich lang sein können, reicht eine intuitive Betrachtung bei Weitem nicht aus. Die Multi-Kompartiment-Modellierung erlaubt eine präzise Vorhersage des Ausgangsverhaltens eines Neurons durch abschnittsweise Modellierung seiner Dendriten.

Abb. 16.15 Dendritenbäume werden modelliert

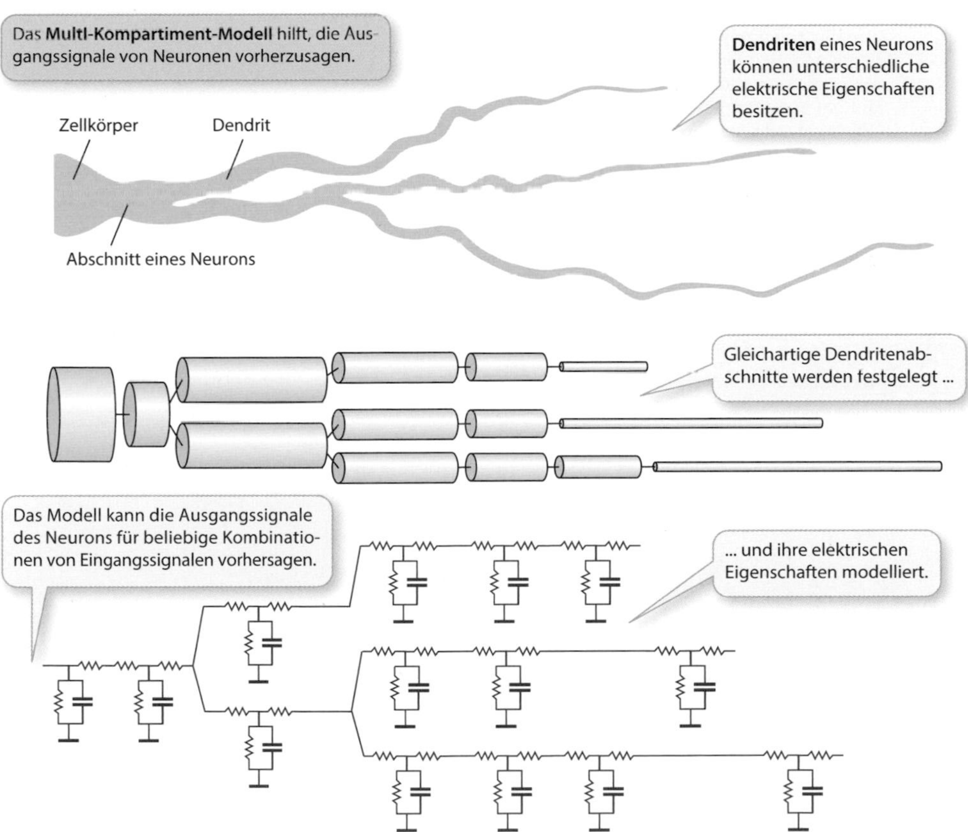

16

16.5 An der Membran aktiver Neuronen treten kurzzeitige Potenzialveränderungen auf – das Aktionspotenzial

Neuronen können Information durch eine kontinuierliche Abweichung vom Ruhepotenzial übermitteln. Diese **graduierten Potenziale** werden grundsätzlich immer auf dem Weg vom Dendriten zum Axonhügel genutzt, ferner, wenn Axone nur kurze Wege überbrücken, und häufiger in Axonen von Arthropoden. Diese Übertragung über **passive Membranen** ist verlustbehaftet; das Signal schwächt sich ab.

Aktionspotenziale sind dagegen **100 mV große, ca. 1 ms kurze Abweichungen vom Ruhepotenzial** mit einer **genormten Signalform**, die bei einer längeren Übertragungsstrecke immer wieder aufgefrischt werden. Sie treten an **aktiven Membranen** auf, die mit **spannungsgesteuerten Natrium- und Kaliumionenkanälen** besetzt sind. Die Information liegt dabei in der zeitlichen Abfolge der Aktionspotenziale und nicht in ihrer Amplitude.

Beim Durchlaufen eines Aktionspotenzials beobachtet man an der aktiven Membran eines typischen Säugerneurons eine schnelle **Potenzialumkehr von −70 mV auf +30 mV** im Maximum (**Depolarisation**; ◘ Abb. 16.16). Anstatt eines negativen Ladungsüberschusses an der Innenseite der Membran misst man also kurzzeitig einen Überschuss an positiven Ladungsträgern innen. Na^+-Ionen sind über spannungsgesteuerte Ionenkanäle durch die Membran nach innen gelangt. Sie öffnen ab einem **Schwellenpotenzial von −55 mV** lawinenartig und lassen Na^+-Ionen ihrem Konzentrationsgefälle und der elektrischen Anziehung folgend einströmen. Ab dem Überschreiten der Schwelle gilt die **Alles-oder-nichts-Regel**. Das Nernst-Gleichgewicht für Natrium liegt bei ca. +60 mV. Tatsächlich werden +30 mV erreicht, da die spannungsgesteuerten Natriumkanäle nach 1 ms selbsttätig schließen und dann für eine Refraktärzeit von ca. 3 ms nicht mehr zu öffnen sind. Zeitgleich mit dem Öffnen der spannungsgesteuerten Natriumionenkanäle haben auch spannungsgesteuerte Kaliumionenkanäle begonnen, sich zu öffnen, allerdings mit einer langsameren Kinetik. Der K^+-Ausstrom setzt langsamer ein und dauert länger. Dem Gefälle der K^+-Ionen folgend sorgt er für die Repolarisation der Membran und

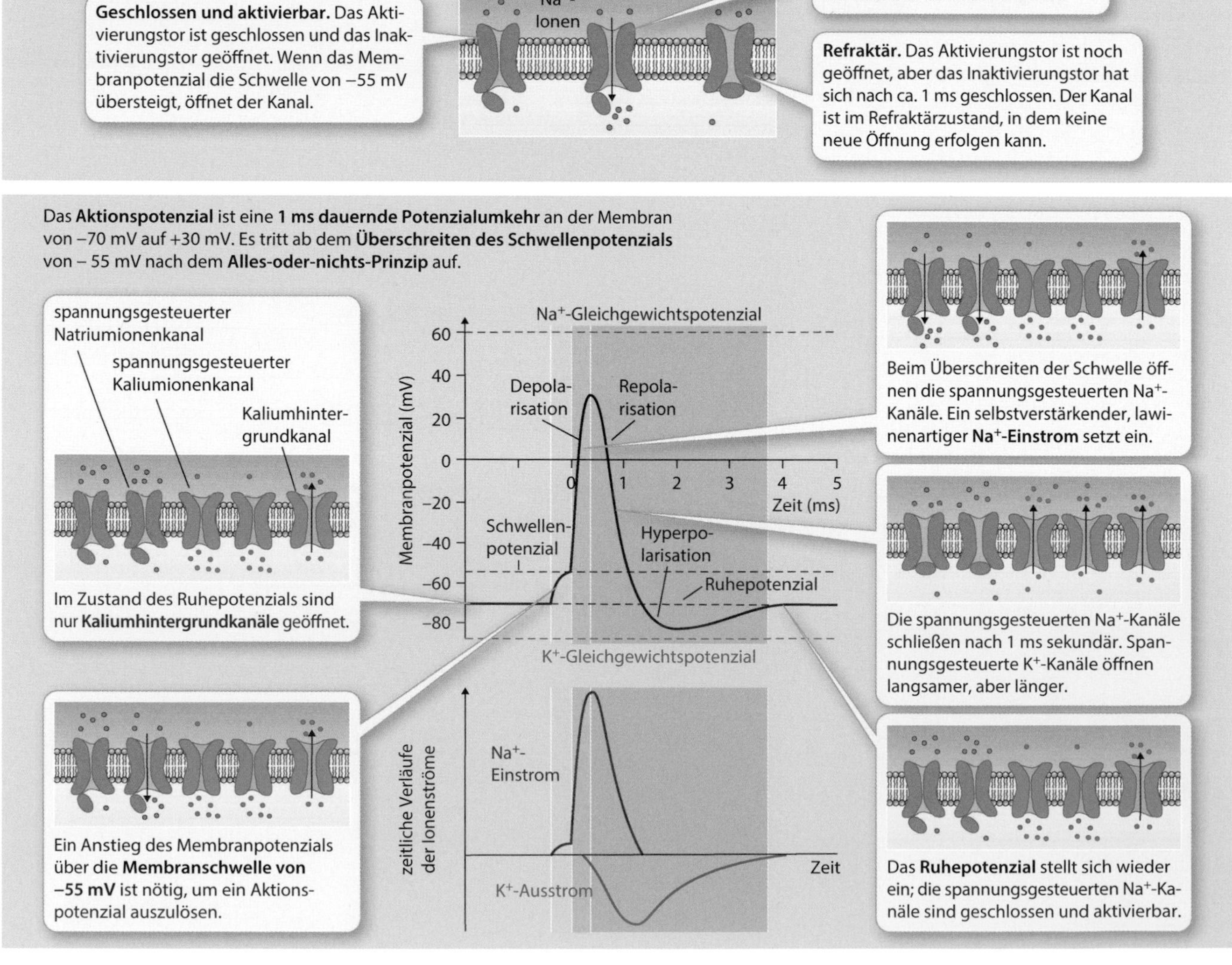

◘ **Abb. 16.16** Signalverlauf und Grundlagen des Aktionspotenzials

Mit der **Patch-Clamp-Technik** kann man den **Ionenstrom durch einzelne Ionenkanäle** messen. Stromstärken von wenigen Picoampere (10^{-12} A) werden registriert. *Patch* (engl. „Flicken") bezeichnet den kleinen Membranausschnitt an der salinegefüllten Patch-Pipette, die auch als Messelektrode dient. *Clamp* (engl. „festklemmen") bezieht sich auf ein vorgegebenes Potenzial, auf dem der Patch während der Messung gehalten wird.
Durch Unterdruck der Saline entsteht ein sehr guter Abschluss mit der Membran. Es gibt verschiedene Messkonfigurationen: Man kann die Zelle, wie im Bild gezeigt, intakt lassen (***cell-attached*-Konfiguration**) und den Ionenkanal in seinem natürlichen Zusammenhang belauschen. Wenn man den Patch durch Zurückziehen der Patch-Pipette ausreißt, kann man die Innenseite des Kanals experimentell beeinflussen (***inside-out*-Konfiguration**), z. B. durch die Gabe von sekundären Botenstoffen, die an der vormals inneren Seite Bindungsstellen haben könnten.
Von der im Bild gezeigten *cell-attached*-Konfiguration ausgehend kann man auch den Unterdruck der Saline erhöhen, bis man ein Loch in die Membran der Zelle reißt, sodass die Saline der Patch-Pipette Kontakt zum Cytosol bekommt (***whole-cell*-Konfiguration**). Dann leitet man von den Ionenkanälen der gesamten Zellmembran ab. Für die pharmakologische Forschung besonders interessant ist schließlich die ***outside-out*-Konfiguration**, bei der die vormalige Innenseite eines Membranstücks mit Ionenkanal von der Pipette gehalten wird und seine Außenseite mit dem Bad in Verbindung steht. Agonisten und Antagonisten eines ligandengesteuerten Ionenkanals können dann experimentell ermittelt und **Dosis-Wirkungs-Kurven** erstellt werden..

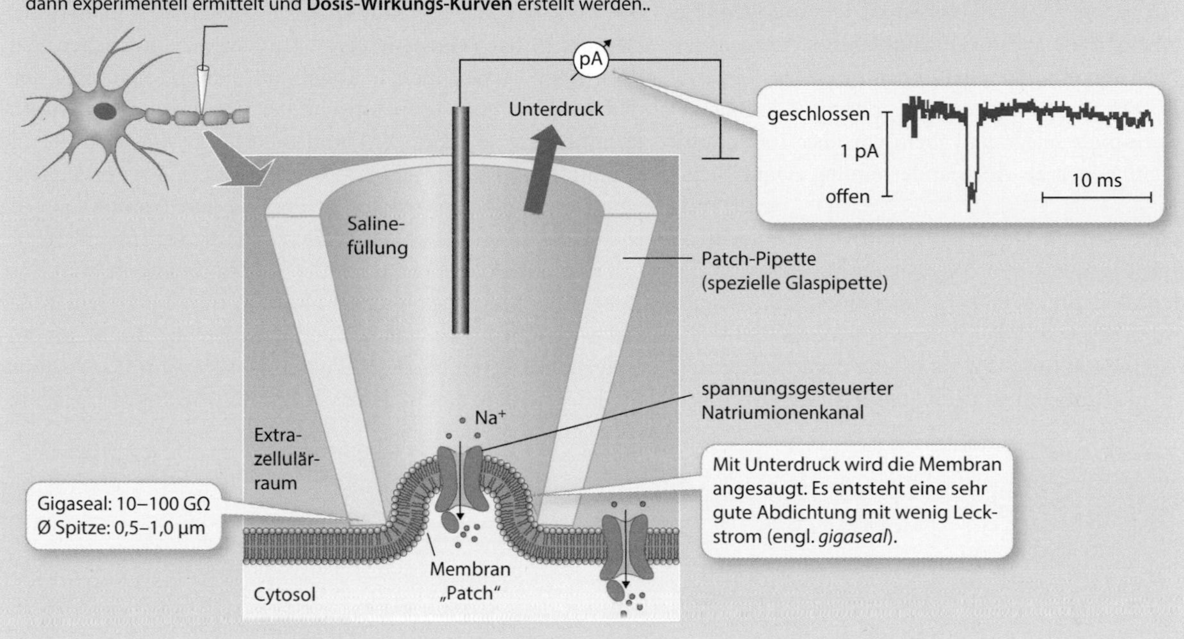

Abb. 16.17 Mit der Patch-Clamp-Technik kann man einzelne Ionenkanäle analysieren

schließlich für eine Hyperpolarisation bis in die Nähe des Nernst-Gleichgewichts für Kalium, das bei −85 mV liegt. Wenn schließlich alle spannungsgesteuerten Kaliumkanäle wieder geschlossen sind, kann sich das Ruhepotenzial von −70 mV wieder einstellen. Die Na-K-Pumpen stellen kontinuierlich die ursprüngliche Ionenverteilung wieder her. Auch ohne Pumpenmoleküle könnte ein Neuron rund 1000 Aktionspotenziale generieren, bevor sein Ionenungleichgewicht erschöpft wäre.

Als **Refraktärzeit** bezeichnet man die Zeit, in der an einem Membranabschnitt des Axons kein neues Aktionspotenzial mehr entstehen kann. In der **absoluten Refraktärzeit** von 2,0 ms ist es unmöglich, da die spannungsgesteuerten Natriumkanäle nach dem automatischen Schließen durch einen Protein-„Stöpsel" sekundär verschlossen sind. Er verhindert bei diesen Kanälen das sofortige Wiederöffnen bei Spannungserhöhung über die Schwelle. Dadurch erhält das Signal eine **eindeutige Ausbreitungsrichtung**; es kann sich nur in Richtung der „unverbrauchten" Membran fortsetzen und nicht zurücklaufen. Da Aktionspotenziale erstmals am Axonhügel erzeugt werden, wandern die Signale immer in Richtung der Präsynapsen über das Axon. (Würde man aber ein Aktionspotenzial mit einer Elektrode in der Mitte eines Axons künstlich erzeugen, so würde es sich in beide Richtungen ausbreiten.) Der absoluten Refraktärzeit folgt eine **relative Refraktärzeit** von 1,5 ms, in der das Schwellenpotenzial zunächst sehr hoch ist und dann asymptotisch auf das Ruheschwellenpotenzial von −55 mV abfällt. In der relativen Refraktärzeit ausgelöste Aktionspotenziale erreichen nicht die volle Amplitude. Die Refraktärzeit begrenzt die Aktionspotenzialfrequenz.

Das Verhalten einzelner Ionenkanäle kann man mit der **Patch-Clamp-Technik** studieren (Abb. 16.17), die von dem Physiker Erwin Neher und dem Mediziner Bert Sakmann gemeinsam entwickelt wurde. Weil sie damit eine Tür zum Erfassen des elektrischen und pharmakologischen Verhaltens der Membranproteine aufgestoßen haben, wurden sie 1991 mit dem Nobelpreis für Physiologie oder Medizin ausgezeichnet.

16.6 Die elektrotonische Erregungsleitung auf Neuronen ist verlustbehaftet

Ein **elektrisches Signal** auf der Membran eines Neurons besteht aus einem lokal begrenzten **Ungleichgewicht an Ionen**. Eine Depolarisation wird z. B. durch einen lokalen Einstrom an positiv geladenen Na^+-Ionen erzeugt, die sich auf der Innenseite der Membran sammeln. Die **elektrotonische Leitfähigkeit der Membran** lässt ein solches lokales Ungleichgewicht zerfließen, und nach einiger Entfernung hebt sich das Signal nicht mehr von der natürlichen Fluktuation an Ionen, dem Rauschen, ab. Die **Kabeltheorie** beschreibt die Ionenströme und Potenzialdifferenzen entlang der Membran von Neuriten mit mathematischen Modellen. Tatsächlich gehen deren Wurzeln zurück auf Berechnungen des Signalabfalls in unterseeischen Telegrafenkabeln vor über 160 Jahren. Modelliert wird ein Neurit als Aneinanderreihung zylindrischer Abschnitte.

Alle Neuronen nutzen auf ihren Dendriten die elektrotonische Ausbreitung, auf ihrem Axon dagegen nur, wenn die Signale lediglich Bruchteile eines Millimeters zurücklegen müssen. So werden Signale in der Retina von Wirbeltieren als graduierte Potenzialänderung sowohl in den Photorezeptoren als auch in den nachfolgenden Bipolarzellen elektrotonisch weitergeleitet. Erst die darauffolgenden Ganglienzellen bilden Aktionspotenziale an ihren Axonhügeln aus. Wir werden später sehen (▶ Abschn. 16.11), dass die stets elektrotonisch zurückgelegte Strecke bis zum Axonhügel essenziell für die Fähigkeit von Neuronen ist, Eingänge miteinander verrechnen zu können.

Die Membran eines Neurons ist kein perfekter Isolator. **Leckströme** durch die Membran entstehen z. B. über eingelagerte Proteine. Pro Längenabschnitt hat ein passiver Neurit einen **Längswiderstand R_l**, den der Strom in Längsrichtung überwinden muss, und einen **Membranwiderstand R_m**, den die Leckströme zur Extrazellulärflüssigkeit hin überwinden (◘ Abb. 16.18). Das Modell ergibt für einen zylindrischen Neuriten einen exponentiellen Abfall der Membranspannung über den Abstand vom Ursprungsort der Erregung. Die **Längenkonstante $\lambda = \sqrt{(R_m/R_l)}$** gibt die Strecke an, nach der die Amplitude des Potenzials auf $1/e$ oder rund 36,8 % im Vergleich zum Ursprungsort abgefallen ist. Für eine gute Leitung sollte die Konstante möglichst groß ausfallen, damit an einem entfernten Ort wie dem Axonhügel noch die Membranschwelle zum Auslösen eines Aktionspotenzials überschritten wird. Gemäß der **Kabelgleichung** lässt sich λ durch Steigerung des Membranwiderstands R_m erhöhen. Wirbeltiere isolieren ihre Axone durch Myelinscheiden, wodurch das Auftreten von Leckströmen re-

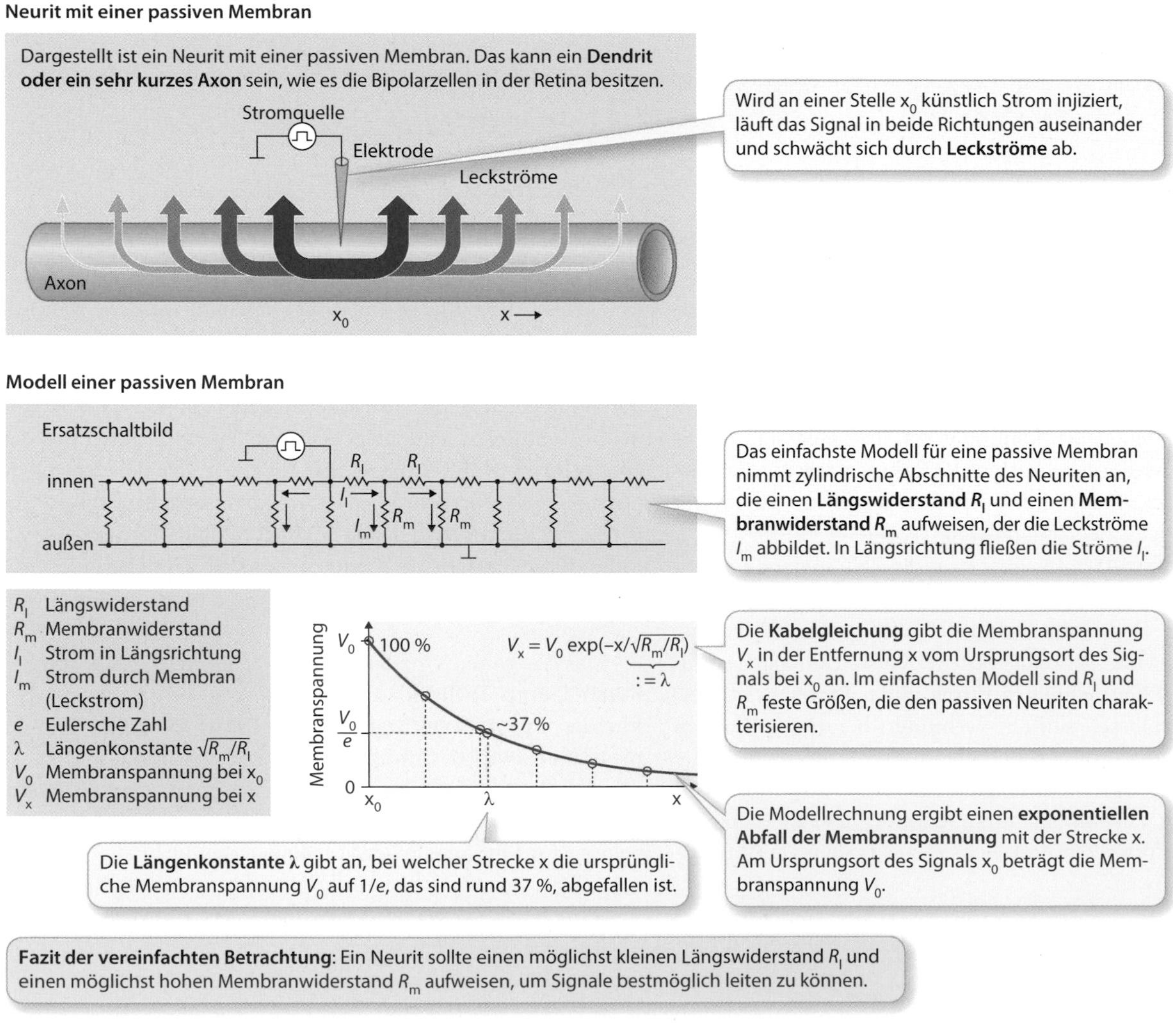

Neurit mit einer passiven Membran

Dargestellt ist ein Neurit mit einer passiven Membran. Das kann ein **Dendrit oder ein sehr kurzes Axon** sein, wie es die Bipolarzellen in der Retina besitzen.

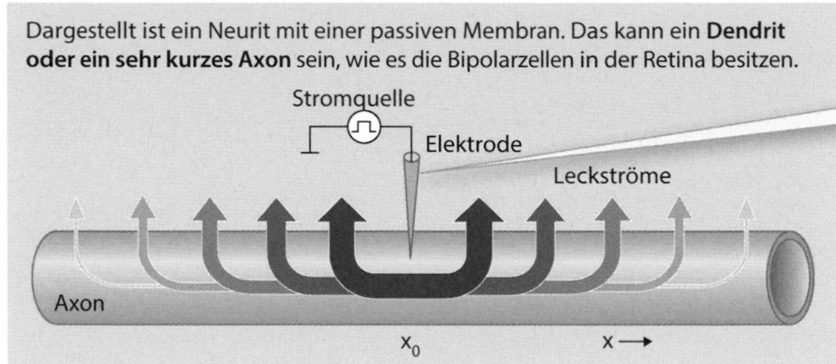

Wird an einer Stelle x_0 künstlich Strom injiziert, läuft das Signal in beide Richtungen auseinander und schwächt sich durch **Leckströme** ab.

Modell einer passiven Membran

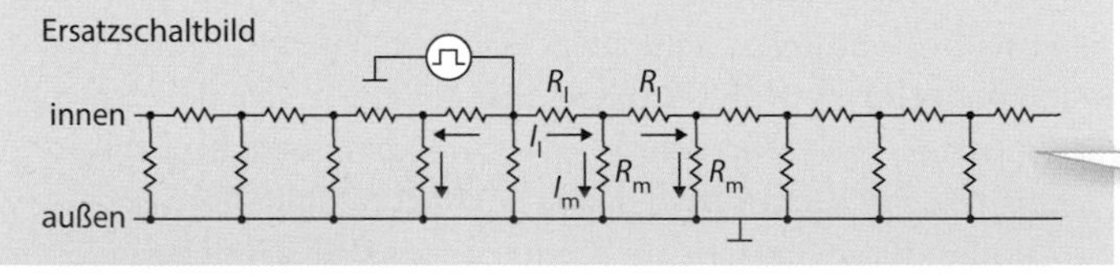

Das einfachste Modell für eine passive Membran nimmt zylindrische Abschnitte des Neuriten an, die einen **Längswiderstand R_l** und einen **Membranwiderstand R_m** aufweisen, der die Leckströme I_m abbildet. In Längsrichtung fließen die Ströme I_l.

- R_l Längswiderstand
- R_m Membranwiderstand
- I_l Strom in Längsrichtung
- I_m Strom durch Membran (Leckstrom)
- e Eulersche Zahl
- λ Längenkonstante $\sqrt{R_m/R_l}$
- V_0 Membranspannung bei x_0
- V_x Membranspannung bei x

Membranspannung; V_0; 100 %; $\frac{V_0}{e}$; ~37 %; 0; x_0; λ; x

$V_x = V_0 \exp(-x/\underbrace{\sqrt{R_m/R_l}}_{:=\lambda})$

Die **Kabelgleichung** gibt die Membranspannung V_x in der Entfernung x vom Ursprungsort des Signals bei x_0 an. Im einfachsten Modell sind R_l und R_m feste Größen, die den passiven Neuriten charakterisieren.

Die Modellrechnung ergibt einen **exponentiellen Abfall der Membranspannung** mit der Strecke x. Am Ursprungsort des Signals x_0 beträgt die Membranspannung V_0.

Die **Längenkonstante λ** gibt an, bei welcher Strecke x die ursprüngliche Membranspannung V_0 auf $1/e$, das sind rund 37 %, abgefallen ist.

Fazit der vereinfachten Betrachtung: Ein Neurit sollte einen möglichst kleinen Längswiderstand R_l und einen möglichst hohen Membranwiderstand R_m aufweisen, um Signale bestmöglich leiten zu können.

◘ **Abb. 16.18** Einfaches Modell der Signalleitung auf Neuriten

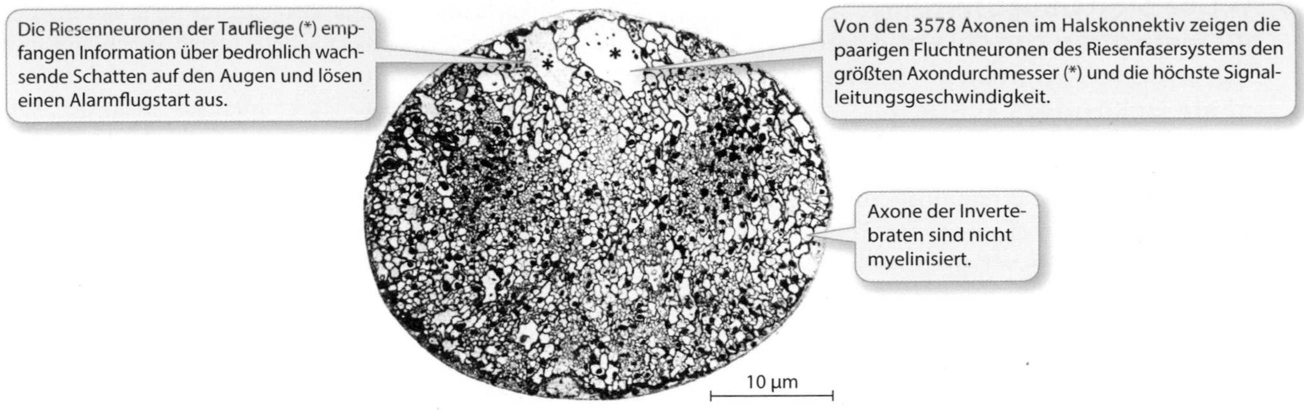

Die Riesenneuronen der Taufliege (*) empfangen Information über bedrohlich wachsende Schatten auf den Augen und lösen einen Alarmflugstart aus.

Von den 3578 Axonen im Halskonnektiv zeigen die paarigen Fluchtneuronen des Riesenfasersystems den größten Axondurchmesser (*) und die höchste Signalleitungsgeschwindigkeit.

Axone der Invertebraten sind nicht myelinisiert.

10 µm

Abb. 16.19 Elektronenmikroskopische Aufnahme eines Querschnitts durch das Halskonnektiv einer Taufliege

duziert wird. Andererseits lässt sich die Längenkonstante λ auch durch eine Erniedrigung des Längswiderstands R_l erhöhen. R_l verhält sich umgekehrt proportional zur Querschnittsfläche a des Axons; eine Verdopplung seines Durchmessers vervierfacht die Fläche a und reduziert R_l auf ein Viertel. **An Fluchtreflexen von Invertebraten beteiligte Neuronen** besitzen deshalb die **dicksten Axone** des Tierreichs (Abb. 16.19): Bei Tintenfischen sind es bis zu 1 mm und beim Röhrenwurm *Myxicola* sogar 1,7 mm Axondurchmesser für den blitzartigen Rückzug in seine Röhre. Mit dem Durchmesser nimmt aber auch die Oberfläche des Axons zum Extrazellulärraum hin zu, wodurch der Membranwiderstand R_m abnimmt; die Leitungsgeschwindigkeit lässt sich daher nicht beliebig verbessern.

Die überzähligen positiven Ladungen außen und negativen Ladungen innen im Ruhepotenzial ziehen sich durch die Membran hindurch elektrisch an – die Membran ist ein **Plattenkondensator**. Für eine Depolarisation muss die Membran entladen werden. Die Zeit für den Entladevorgang beschreibt die **Membranzeitkonstante τ** (Abb. 16.20). τ ist die Zeit, in der die Potenzialdifferenz auf $1/e$ oder rund 36,8 % der ursprünglichen Potenzialdifferenz abgefallen ist. Für ein schnell leitendes Axon sollte τ so kurz wie möglich sein.

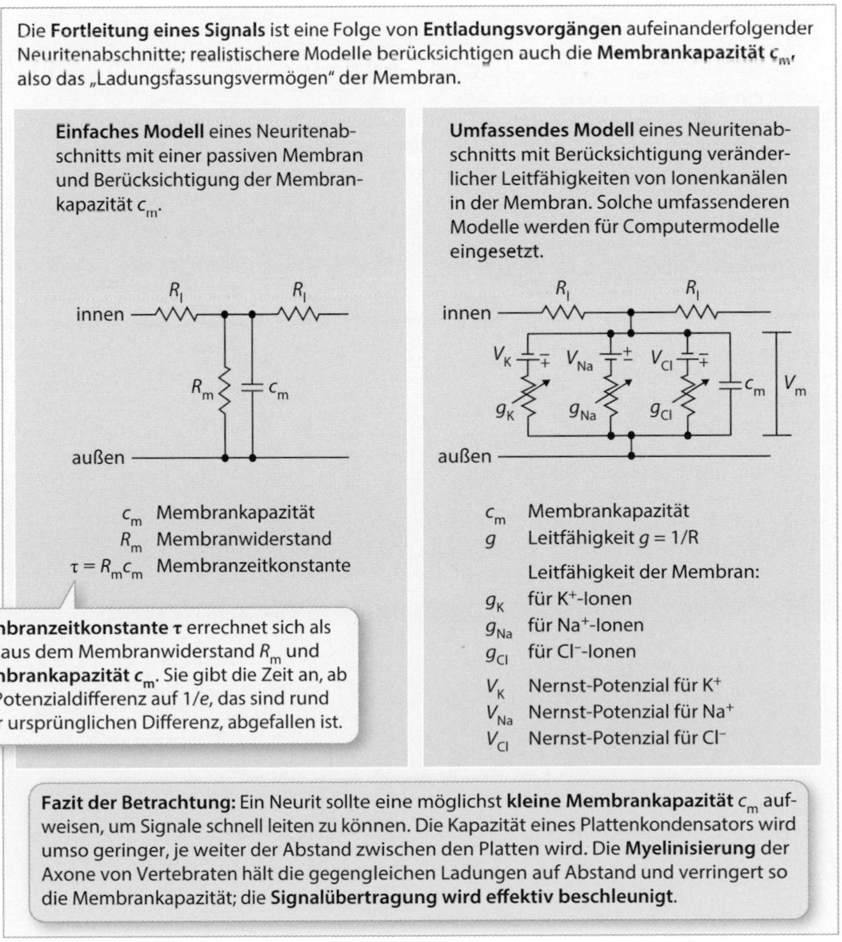

Abb. 16.20 Das realistische Modell berücksichtigt auch die Kapazität der Membran

Die **Fortleitung eines Signals** ist eine Folge von **Entladungsvorgängen** aufeinanderfolgender Neuritenabschnitte; realistischere Modelle berücksichtigen auch die **Membrankapazität c_m**, also das „Ladungsfassungsvermögen" der Membran.

Einfaches Modell eines Neuritenabschnitts mit einer passiven Membran und Berücksichtigung der Membrankapazität c_m.

innen, R_l, R_l, R_m, c_m, außen

c_m Membrankapazität
R_m Membranwiderstand
$\tau = R_m c_m$ Membranzeitkonstante

Die **Membranzeitkonstante τ** errechnet sich als Produkt aus dem Membranwiderstand R_m und der **Membrankapazität c_m**. Sie gibt die Zeit an, ab der die Potenzialdifferenz auf $1/e$, das sind rund 37 % der ursprünglichen Differenz, abgefallen ist.

Umfassendes Modell eines Neuritenabschnitts mit Berücksichtigung veränderlicher Leitfähigkeiten von Ionenkanälen in der Membran. Solche umfassenderen Modelle werden für Computermodelle eingesetzt.

innen, R_l, R_l, V_K, V_{Na}, V_{Cl}, g_K, g_{Na}, g_{Cl}, c_m, V_m, außen

c_m Membrankapazität
g Leitfähigkeit $g = 1/R$
Leitfähigkeit der Membran:
g_K für K^+-Ionen
g_{Na} für Na^+-Ionen
g_{Cl} für Cl^--Ionen
V_K Nernst-Potenzial für K^+
V_{Na} Nernst-Potenzial für Na^+
V_{Cl} Nernst-Potenzial für Cl^-

Fazit der Betrachtung: Ein Neurit sollte eine möglichst **kleine Membrankapazität c_m** aufweisen, um Signale schnell leiten zu können. Die Kapazität eines Plattenkondensators wird umso geringer, je weiter der Abstand zwischen den Platten wird. Die **Myelinisierung** der Axone von Vertebraten hält die gegengleichen Ladungen auf Abstand und verringert so die Membrankapazität; die **Signalübertragung wird effektiv beschleunigt**.

16.7 Aktive Signalausbreitung auf Neuronen geschieht ohne Signalabschwächung – springend ist sie besonders schnell

Die **kontinuierliche, aktive Erregungsleitung** kommt hauptsächlich bei Axonen von wirbellosen Tieren vor, die Myelin nicht evolviert haben; es gibt diesen Typ der Erregungsleitung aber auch bei Vertebraten. „Aktiv" bedeutet, dass die spannungsgesteuerten Natrium- und Kaliumionenkanäle über die Länge der Axonmembran gleichmäßig gestreut vorhanden sind. Wird am Axonhügel ein Aktionspotenzial erzeugt, so kann der Abfluss der eingeströmten Natriumionen entlang des Inneren der Axonmembran einen benachbarten Axonabschnitt so weit depolarisieren, dass die Membranschwelle überschritten und ein neues Aktionspotenzial erzeugt wird (◘ Abb. 16.21). Dabei müssen **Ausgleichsströme** fließen. Für eine kurze Zeit vor und nach dem Maximum der Depolarisation ist der positive Pol sogar im Inneren der Membran, wohingegen die Membran bei herrschendem Ruhepotenzial innen negativ geladen ist. Für die **Geschwindigkeit der Signalausbreitung** spielt es eine Rolle, wie schnell die Membran umgeladen werden kann: je niedriger ihre **Membrankapazität c_m**, desto schneller die Signalausbreitung. Doch die Kapazität einer nicht myelinisierten Membran ist wegen ihrer geringen Wandstärke hoch. Die kontinuierliche Auffrischung der Aktionspotenziale erfordert außerdem viel **Stoffwechselenergie**, die in Ionenpumpen zur Aufrechterhaltung der Ungleichgewichte investiert werden muss. Vergleichsweise hohe **Leckströme** durch die Membran wirken sich ebenfalls ungünstig auf die Übertragungsgeschwindigkeit und den Energiebedarf aus.

In der Evolution der Vertebraten hat sich die Fortleitungsgeschwindigkeit entlang ihrer im Extremfall meterlangen Axone durch eine Isolation mit der **lipidreichen Substanz Myelin** erhöht. Gliazellen wickeln die Isolation um die Neuronen – im PNS sind es **Schwann Zellen** und im ZNS **Oligodendrocyten.** Eine Schicht Myelinmembran misst 11,5 nm; in den am schnellsten leitenden Axonen wurden über 100 Windungen nachgewiesen. Die Isolation erhöht den **Membranwiderstand R_m**, weil sie die Leckströme durch die Membran reduziert. Die **Längenkonstante λ** wird optimiert. Zugleich vermindert die Isolierschicht die elektrische Kapazität c_m der Membran, da die gegengleichen Ladungen innen und außen auf einen erheblich größeren Abstand zueinander gebracht werden. Die Ausgleichsströme können leichter fließen (◘ Abb. 16.22).

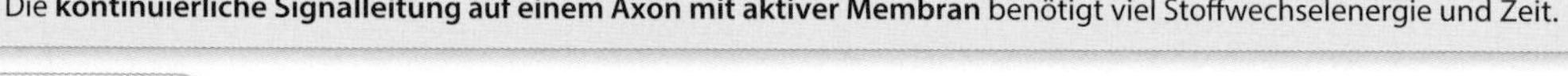

Aktive Membran bedeutet eine gleichmäßige Ausstattung mit spannungsgesteuerten Natrium- und Kaliumionenkanälen.

Kommt ein Aktionspotenzial zustande, liegt um das Maximum der Depolarisation herum der positive Pol im Inneren der Membran. Der nächste Membranabschnitt wird aktiviert, weil positiv geladene **Natriumionen in Längsrichtung des Axons fließen.**

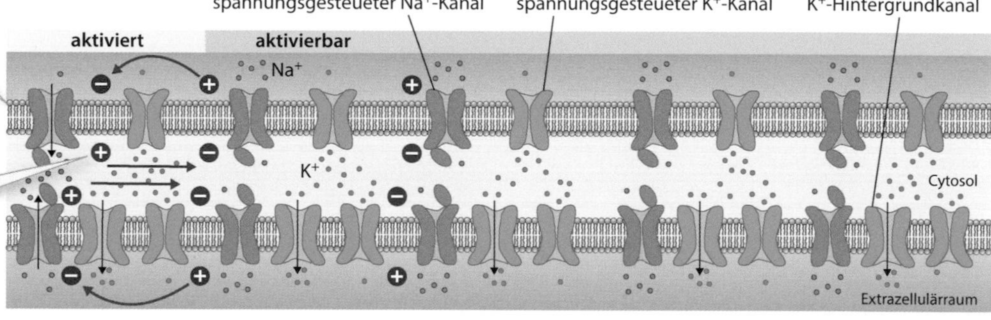

Das Aktionspotenzial wird dadurch **kontinuierlich entlang der Membran auf seine ursprüngliche Amplitude von +30 mV aufgefrischt.** Da die spannungsgesteuerten Na⁺-Kanäle zunächst refraktär werden, kann sich das Aktionspotenzial nur in einer Richtung ausbreiten. **Ausgleichsströme** müssen fließen.

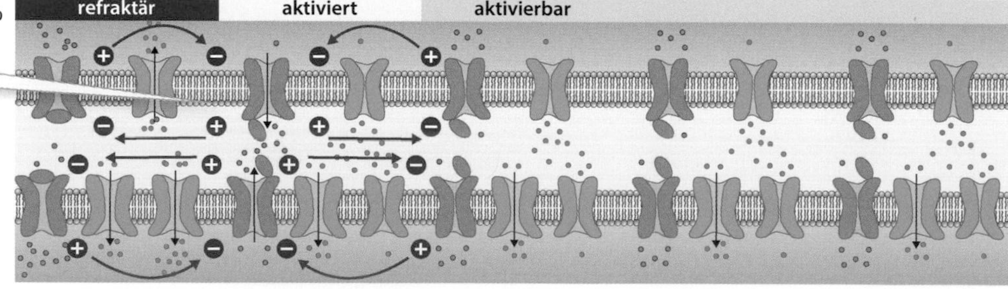

Das **Umladen der Membran** wird durch die hohe **elektrische Kapazität** der nicht myelinisierten Membran erschwert; die gegengleichen Ladungen ziehen sich durch die Membran hindurch an. Die Verluste durch **Leckströme** sind wegen der vielen eingelagerten Ionenkanäle hoch.

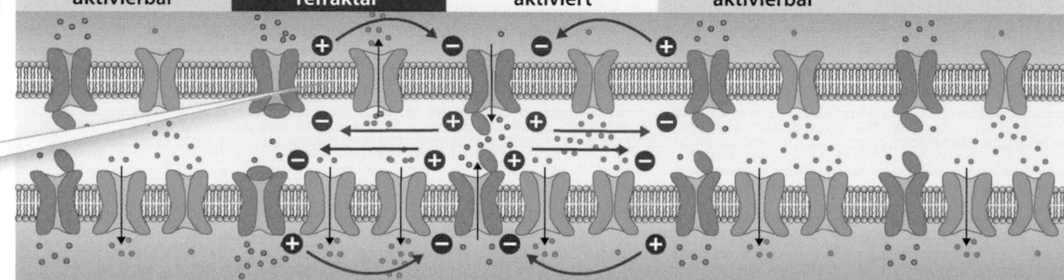

◘ **Abb. 16.21** Die kontinuierliche, aktive Erregungsleitung ermöglicht es, Signale über beliebig lange Strecken zu senden

Saltatorische Signalleitung tritt auf **abschnittsweise myelinisierten Axonen** mit aktiver Membran an den **Schnürringen** auf.

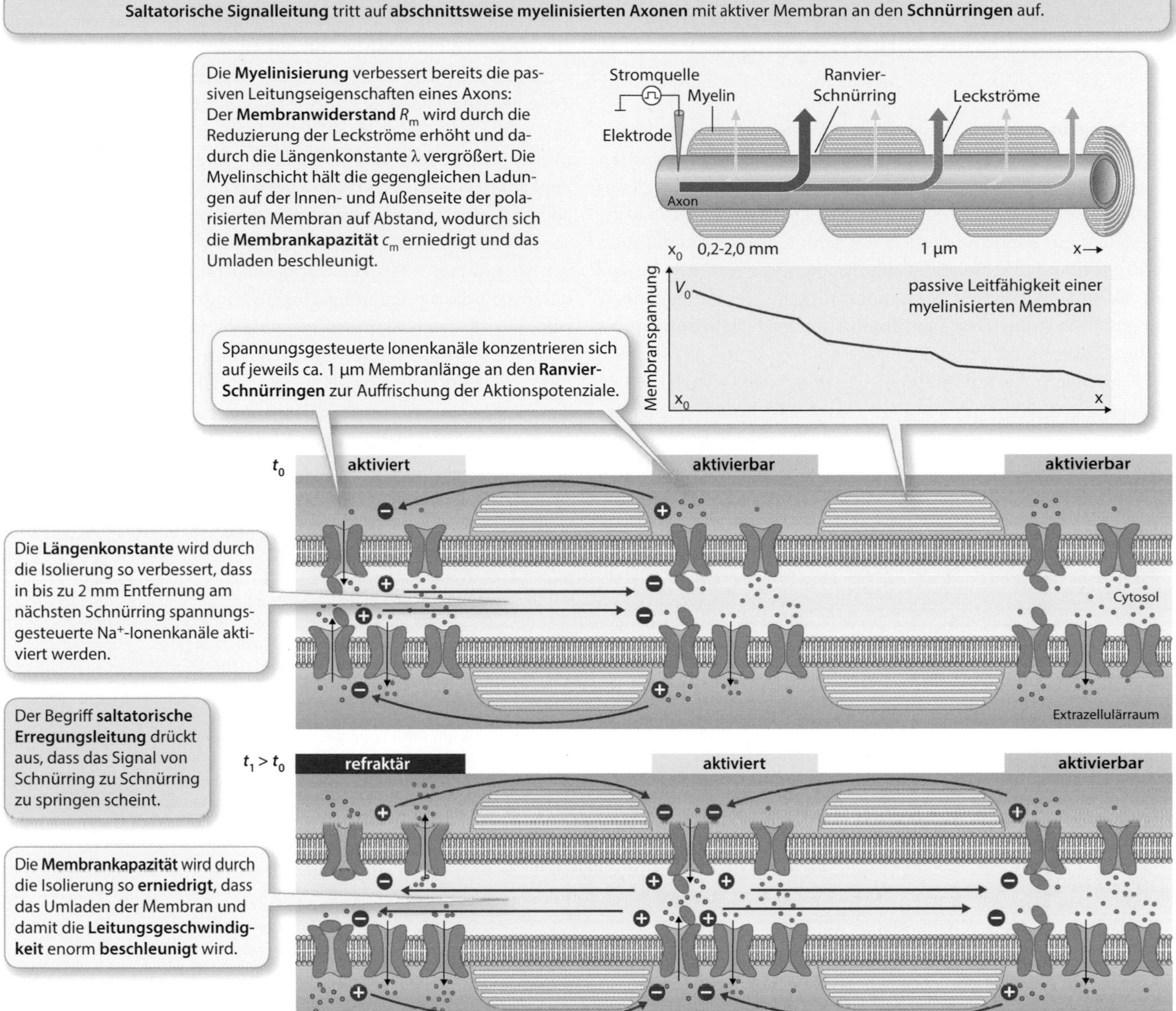

Abb. 16.22 Die saltatorische Erregungsleitung beschleunigt die Signalübertragung und spart Energie

Schwann-Zellen lassen alle 0,2–2,0 mm (und Oligodendrocyten in kürzeren Abständen) eine Lücke von ca. 1 µm in der Isolation, den **Ranvier-Schnürring**. Dort liegt die Axonmembran frei zur Extrazellulärflüssigkeit und dort sind die spannungsgesteuerten Ionenkanäle und Ionenpumpen konzentriert. Nur an den Schnürringen können die Aktionspotenziale neu entstehen. Über den isolierten Abschnitt des Axons kann sich die Erregung dagegen verlustarm, schnell und energiesparend als Ionenstrom **elektrotonisch** ausbreiten und den nächsten freiliegenden Abschnitt des Axons bis zur Membranschwelle depolarisieren. Das Aktionspotenzial scheint von Schnürring zu Schnürring zu springen, was durch den Begriff **saltatorische Erregungsleitung** (lat. *saltare*, springen) ausgedrückt wird. Stark myelinisierte Axone spinaler Motoneuronen erreichen die höchste Leitungsgeschwindigkeit von 120 m/s. Einfach isolierte C-Fasern des nozizeptiven Systems leiten Signale dagegen mit nur 1 m/s; es dauert also 2 s, bis Details eines Schmerzereignisses am Zeh im Gehirn ankommen.

Die **Myelinisierung** des menschlichen Nervensystems beginnt im zweiten Drittel der Schwangerschaft, doch bei der Geburt ist erst ein kleiner Teil vollendet. Der größte Anteil der Myelinisierung bildet sich in den ersten acht Lebensmonaten. Aber erst im Alter von sechs Jahren erreicht ein Kind die gleiche Erregungsleitungsgeschwindigkeit wie ein Erwachsener. Die Myelinisierung des ZNS ist ein jahrelanger Prozess, ausgehend vom Hirnstamm über das Mittel- und Zwischenhirn bis zur Großhirnrinde. Dort startet sie im motorischen Cortex; es folgen der somatosensorische, der visuelle und der auditorische Cortex. Im frontalen Cortex gibt es lebenslänglich Myelinisierungsprozesse. Ab einem Alter von etwa 60 Jahren werden die Myelinschichten dünner, und die Leitungsgeschwindigkeit beginnt abzunehmen.

16.8 Elektrische Synapsen koppeln Zellen leitend und erlauben eine besonders schnelle Signalübertragung

Jedes **Neuron** ist eine eigenständige, strukturell abgegrenzte Körperzelle mit Zellkern, Organellen und Stoffwechsel. Neuronen besitzen jedoch die **Fähigkeit zur Kommunikation** mit anderen Neuronen sowie mit Muskelfasern und Drüsenzellen. Die Kontaktstellen zur Kommunikation mit anderen Zellen nennt man **Synapsen** und unterscheidet chemische und elektrische Synapsen (◼ Abb. 16.23). Bestimmte spezialisierte Neuronen können zu einer breit streuenden Kommunikation auch **Neurohormone** in den Blutkreislauf abgeben.

Elektrische Synapsen (engl. *gap junctions*) (▶ Abschn. 5.4) findet man zunächst da, wo es auf **Geschwindigkeit der Übertragung** ankommt, etwa in Fluchtreflexbögen. Elektrische Synapsen **leiten Signale ohne Totzeit**. Spezielle Proteine mit vier Transmembrandomänen, sogenannte **Connexine**, treten zu sechst zu einem **Connexon** zusammen. An der Kontaktstelle kommen sich die Membranen der beiden kommunizierenden Zellen auf gut 2–3,5 nm nahe. Ihre Connexone stehen sich exakt gegenüber und bilden jeweils eine Pore mit knapp 2 nm Durchmesser, das ist siebenmal weiter als die Engstelle eines Kaliumionenkanals. Die **unselektiven Poren** ermöglichen es außer Ionen auch mittelgroßen Molekülen, wie den Botenstoffen cAMP oder Inositoltrisphosphat (IP_3), durch Diffusion in beiden Richtungen überzutreten. Weil die Intrazellularräume der beiden Zellen durch sie wässrig und mit geringem Längswiderstand gekoppelt sind, werden auch Aktionspotenziale direkt an die nachfolgende Zelle weitergegeben. Der Überschuss an Na^+-Ionen im Maximum des Aktionspotenzials sorgt nach Übertritt in die verbundene Zelle sofort für eine Aktivierung der spannungsabhängigen Natriumkanäle in der dortigen Membran.

direkte Kommunikation durch elektrische Synapsen

Elektrische Synapsen sind Verbindungen zwischen (Nerven-)Zellen, die einen siebenfach größeren Innendurchmesser haben als Ionenkanäle. Ionen und Botenstoffmoleküle wie IP_3 und cAMP **diffundieren in beide Richtungen** zwischen den verbundenen Zellen.

Kanäle zum Extrazellulärraum dienen dem **Stoffaustausch**, nicht der Kommunikation. Sie werden durch **Pannexone** gebildet. Jedes Pannexon besteht aus sechs **Pannexinen**.

Die Kanäle werden durch **Connexone** gebildet; die Connexone zweier verbundener Zellen stehen sich exakt gegenüber, sodass **durchgehende, nichtselektive Kanäle** mit knapp 2 nm Durchmesser entstehen. Jedes Connexon besteht aus sechs **Connexinen**.

Extrazellulärraum
3 nm
4 nm
Pannexon
Pannexin
Connexon
Ca^{2+}-Ionen
K^+-Ionen
Botenstoffmoleküle
Cl^--Ionen
Na^+-Ionen
Ø Kanal knapp 2 nm
Na^+-Ionen-Überschuss
Connexin
Zelle 1
Zelle 2

Im **Maximum eines Aktionspotenzials** befinden sich Na^+-Ionen innen an der Zellmembran im Überschuss. Diffundieren die Na^+-Ionen durch die elektrische Synapse in die Nachbarzelle, entsteht dort sofort ein neues Aktionspotenzial. **Die Signalübertragung geschieht ohne Totzeit.** Man findet elektrische Synapsen daher in Fluchtreflexbögen.

Der **synaptische Spalt** misst hier nur gut 2–3,5 nm.

Kommunikation mittels chemischer Botenstoffe

Chemische Synapsen verursachen eine **eindeutige Ausbreitungsrichtung** der Signale. Die sendende Zelle schickt an ihrer **Präsynapse** chemische Botenstoffe aus.

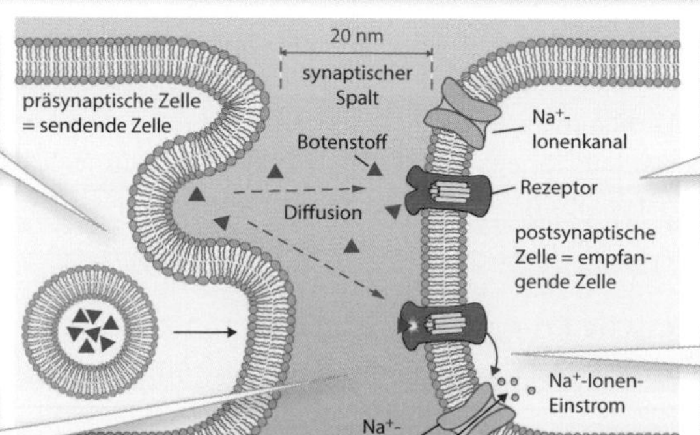

Chemische Synapsen zwischen Nervenzellen bedingen eine **Totzeit**. Je nach Typ sind das **0,1–10 ms**. Dafür bieten sie die Möglichkeit, **Signale zu verstärken, zu modulieren und erregende und hemmende Signale miteinander zu verrechnen.**

Die Botenstoffe diffundieren durch den **synaptischen Spalt**, der ca. 20 nm beträgt.

Sie binden an der **Postsynapse** an spezifische Rezeptoren. Ein **Aktionspotenzial** wird in der empfangenden Zelle z. B. mittels einer Signalkaskade durch Öffnen von Na^+-Ionenkanälen neu erzeugt.

◼ **Abb. 16.23** Elektrische Synapsen erlauben Signalweiterleitung ohne Totzeit, chemische Synapsen, Signale zu verstärken, zu modulieren und zu verrechnen

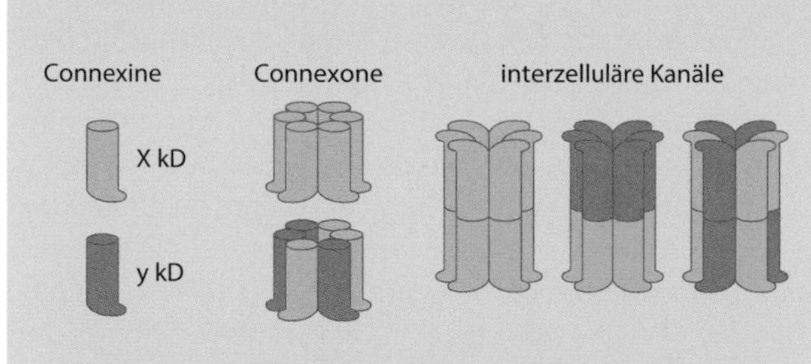

Connexine gibt es bei Wirbeltieren. Sie werden nach ihrem Molekulargewicht eingeteilt. Die humanen Connexine liegen zwischen 23 und 62 kD, man kennt beim Menschen **21 Gene** für Connexine. Sechs Connexine bilden einen Hemikanal, der **Connexon** genannt wird. Je nach Funktion können sie aus sechs gleichen oder aus unterschiedlichen Connexinen aufgebaut sein. Ein interzellulärer Kanal wird durch zwei Connexone gebildet, die sich exakt gegenüberstehen. Die Vielfalt der Kanäle wird dadurch weiter erhöht, dass sich unterschiedliche Connexone gegenüberstehen können. Bei Invertebraten erfüllen genetisch nicht verwandte **Innexine** Aufgaben wie die Connexine bei Wirbeltieren.

Connexone treten in Feldern auf; ihr Abstand zueinander beträgt 8 nm.

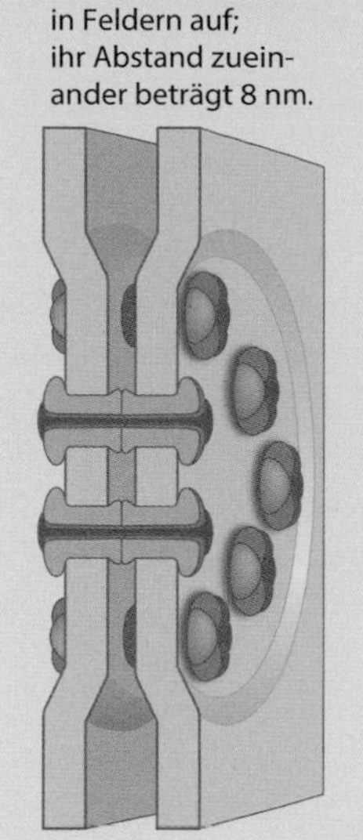

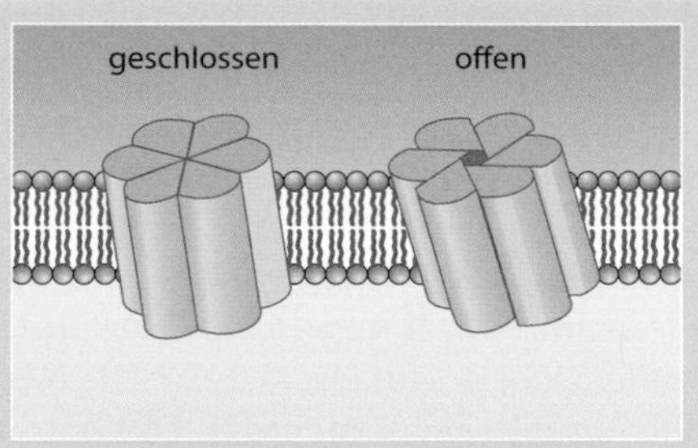

Zunächst wurden **daueroffene elektrische Synapsen** entdeckt. Inzwischen kennt man auch verschiedene Typen elektrischer Synapsen, die **auf bestimmte Bedingungen öffnen bzw. schließen.** Hierzu zählen:
- Liganden, z. B. cAMP
- Calciumkonzentration
- pH-Wert
- elektrisches Signal

Durch die Spannungsabhängigkeit auf nur einer Seite können **gleichrichtende elektrische Synapsen** realisiert sein.

Abb. 16.24 Beim Menschen codieren 21 Gene für Connexine mit unterschiedlichen Eigenschaften; einige erzeugen konditional öffnende bzw. schließende Connexone

Chemische Synapsen bedingen dagegen eine **Zeitverzögerung** vom Einlauf des Aktionspotenzials in die sendende Zelle bis zur Erzeugung eines neuen Aktionspotenzials in der empfangenden Zelle von mindestens 0,1 ms (Abb. 16.23). Das Freisetzen von Botenstoffen – **Neurotransmitter** genannt –, ihre Diffusion über den 20 nm breiten synaptischen Spalt, die Bindung an Rezeptoren und das Erzeugen eines neuen Aktionspotenzials durch Öffnen von Kationenkanälen in der empfangenden Zelle brauchen Zeit. Ist eine Verstärkerkaskade involviert, kann die **Verzögerung bis zu 10 ms** betragen. Dafür können Signale nicht nur **verstärkt**, sondern auch **moduliert und verrechnet** werden.

Zunächst hatte man **permanent offene, bidirektionale elektrische Synapsen** gefunden. Inzwischen kennt man auch mehr und mehr verschiedene **konditional öffnende und schließende** elektrische Synapsentypen. Bedingungen für das Öffnen können z. B. der **pH-Wert**, die **Calciumkonzentration** oder **Liganden** wie cAMP sein (Abb. 16.24). **Gleichrichtende elektrische Synapsen** lassen einen Ionenstrom in nur einer Richtung zu. Derzeit sind 21 humane Gene bekannt, die für Connexine codieren. Connexine werden nach ihrem Molekulargewicht bezeichnet; Cx32 ist also 32 kDa schwer.

Eine bemerkenswerte Eigenschaft von Connexinen ist ihre meist **kurze mittlere Lebenszeit** von nur wenigen Stunden. Durch den schnellen Proteinumsatz aus Synthese und Recycling entsteht eine hohe Dynamik für die Connexone. Es wird vermutet, dass sie für die Feinregulierung physiologischer Prozesse wichtig ist. Die meisten Zelltypen exprimieren mehrere Connexingene, sodass Mutationen mit Funktionsverlust kompensiert werden können. Trotzdem gibt es eine Reihe schwerwiegender Krankheiten, die auf Mutationen in Connexingenen beruhen.

Die **Charcot-Marie-Tooth-Erkrankung** (**CMT**) war die erste, die einem Connexindefekt zugeschrieben werden konnte. Mit 20 bis 30 Fällen bei 100.000 Menschen sind X-chromosomale Defekte im *GJB1*-Gen, das für Cx32 codiert, die häufigste vererbbare Erkrankung des Nervensystems. Eine gestörte Verbindung durch dysfunktionale Connexone zwischen Axonen und Schwann-Zellen führt zu Myelinhüllendefekten und in der Folge zum Absterben peripherer Motoneuronen. Mutationen im Gen für Cx26 können zu Taubheit führen, zum Teil verbunden mit einer Hautkrankeit. Über 100 verschiedene Mutationen in dem Gen sind belegt, die Taubheit bedingen, ein weiteres Dutzend für die Kombination mit der Hauterkrankung. In der Cochlea (▶ Abschn. 17.4) spielt Cx26 eine essenzielle Rolle beim Kalium-Recycling, das für eine spezielle Zusammensetzung der Lymphe in den Innenohrorganen sorgt.

Elektrische Synapsen kommen außer in Fluchtreflexkreisen auch in **Zellen** vor, **die miteinander synchronisiert werden müssen**, beispielsweise zwischen Zellen des Herzmuskels oder Zellen des Uterus. Im Zentralnervensystem verbinden elektrische Synapsen Vorläuferzellen, Neuronen und Gliazellen elektrisch. Connexone sind essenziell für die Verarbeitung visueller Information in der Retina: Die Menge an Umgebungslicht beeinflusst den Grad an Zellkopplung durch elektrische Synapsen, wodurch das Sehsystem an verschiedene Beleuchtungsbedingungen angepasst wird. **Astrocyten** sind untereinander durch elektrische Synapsen verbunden. Dieses Netzwerk unterstützt die neuronale Verarbeitung metabolisch, hat aber auch direkten Einfluss auf den Radius, wie weit sich neuronale Signale auf benachbarte Neuronen ausbreiten können.

16.9 Neuronen kommunizieren miteinander und mit Zielorganen über chemische Synapsen

Das Prinzip chemischer Synapsen wurde im vorigen Konzept (▶ Abschn. 16.8, ◻ Abb. 16.23) eingeführt, aber wie funktioniert die Signalübertragung praktisch? Die **Neutrotransmitterausschüttung** ist eine **Exocytose**. Die Transmittermoleküle liegen in **Vesikeln** verpackt vor, also in Hohlkugeln aus einer Lipiddoppelmembran mit rund 40 nm Durchmesser, die ca. 6000 bis 8000 Moleküle enthalten. Vesikel, die sofort ausgeschüttet werden können (Readily-releasable-Pool), sind bereits locker an der **aktiven Zone** gebunden (angedockt; ◻ Abb. 16.25). Mittels des **SNARE-Komplexes** werden sie dort gehalten (Präfusion). Ein in die **präsynaptische Spezialisierung** (auch **Endknöpfchen**) einlaufendes Aktionspotenzial lässt spannungsgesteuerte Calciumkanäle in der aktiven Zone öffnen. Calcium aktiviert **Synaptotagmin**. Es verdrängt **Complexin** aus dem SNARE-Komplex, was zur **Fusion** des Vesikels mit der präsynaptischen Membran führt. Die Transmittermoleküle gelangen in den synaptischen Spalt und **diffundieren über 20 nm** Distanz zur **Postsynapse**. Der SNARE-Komplex wird unter ATP-Verbrauch getrennt und recycelt. Nicht angedockte Vesikel stehen im Recycling-Pool zur Verfügung. Vesikel im weiter entfernten Reserve-Pool kommen nur bei hochfrequent einlaufenden Aktionspotenzialen zum Zug.

Am Rand der Präsynapse wird Membran für die Erzeugung von Vesikeln entnommen (◻ Abb. 16.25); diese **Endocytose**

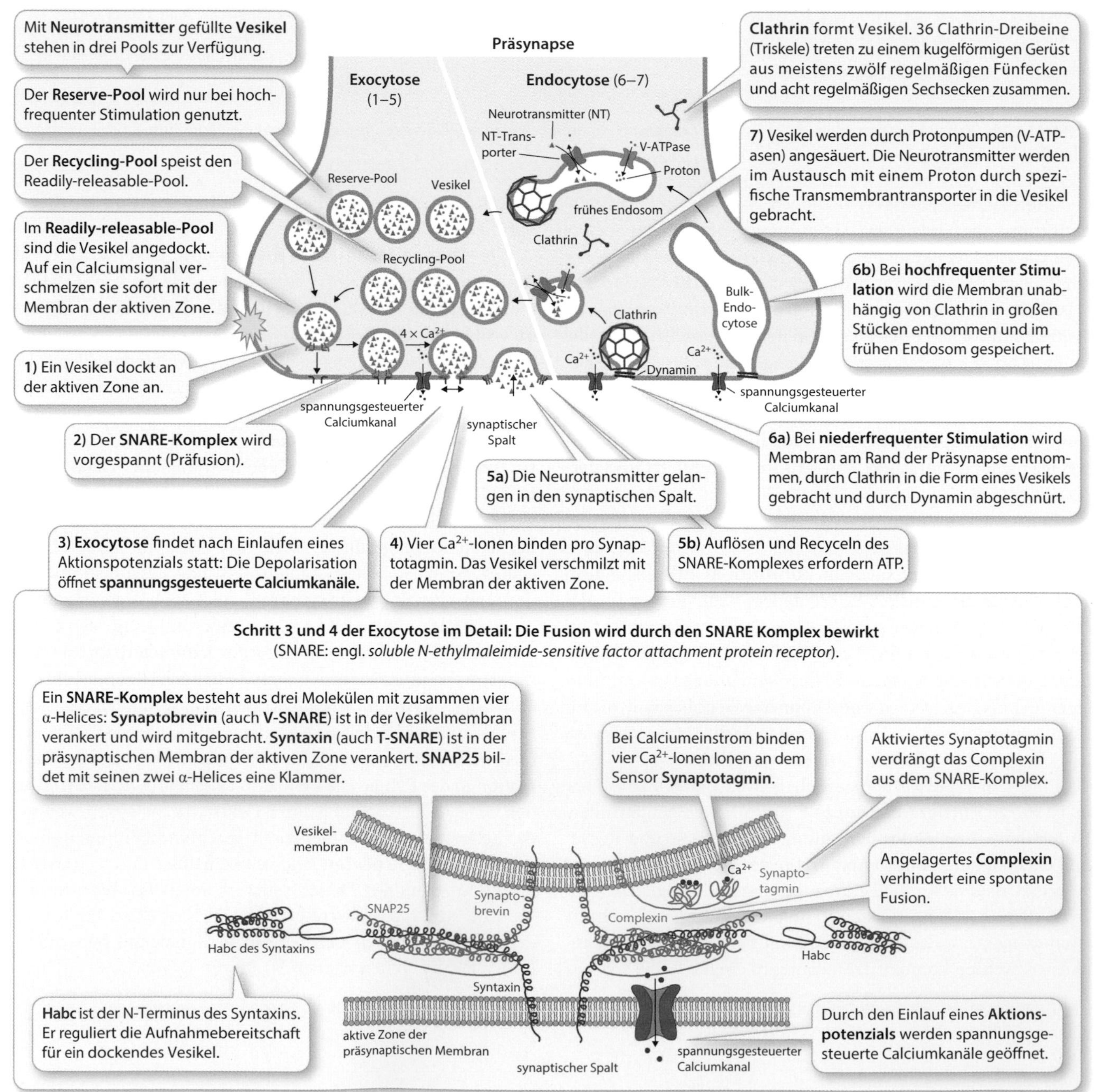

◻ **Abb. 16.25** Vorgänge an der Präsynapse beim Einlauf eines Aktionspotenzials

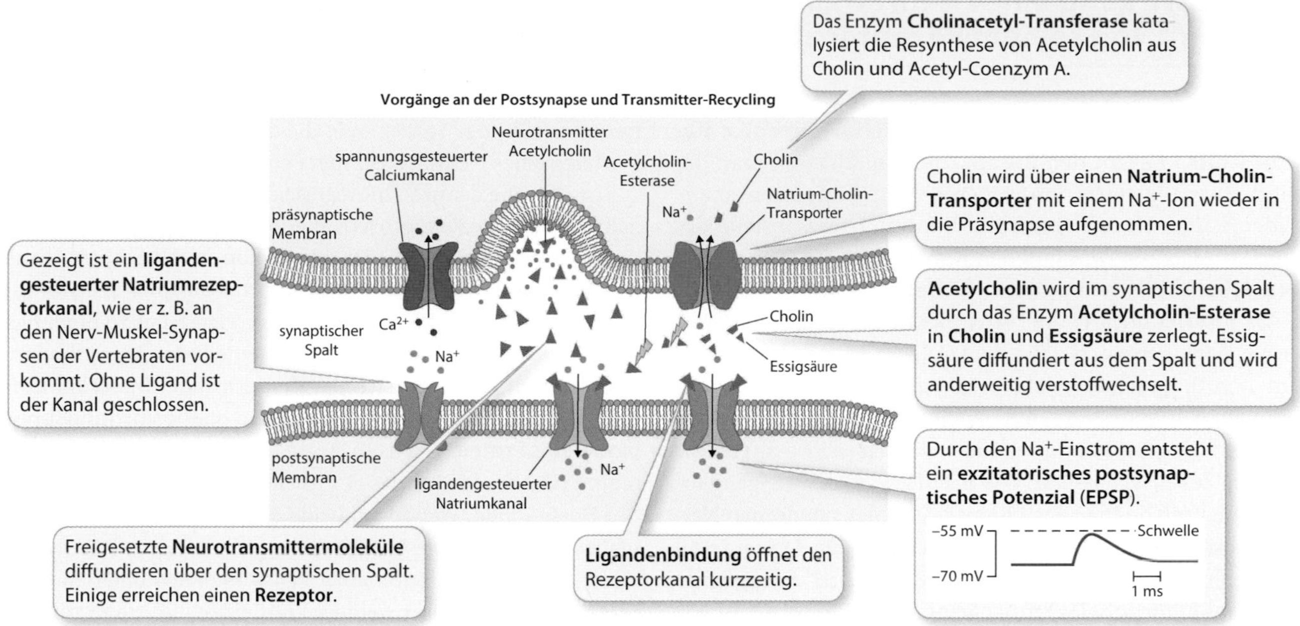

Abb. 16.26 Entstehung eines exzitatorischen postsynaptischen Potenzials und Transmitter-Recycling

ist calciumgesteuert. Die Kugelform entsteht durch Zusammengehen von 36 **Clathrinmolekülen**, die einzeln die Form eines Dreibeins (Triskele) aufweisen. Die Abschnürung erfolgt durch das Protein **Dynamin**. Bei hochfrequenter Stimulation wird Membran in größeren Stücken entnommen, im **frühen Endosom** gespeichert und es werden dort Vesikel abgeschnürt. **Vesikelmembranen enthalten Protonenpumpen**, die unter ATP-Verbrauch einen elektrochemischen Gradienten erzeugen (**V-ATPasen**). Dieser ermöglicht die Beladung mit Neurotransmittern aus dem Cytoplasma durch transmembrane **Neurotransmitter-Transporterproteine**. Vesikelmembranen enthalten auch Bindungsproteine wie Synaptobrevin.

In der **postsynaptischen Membran** befinden sich **Neurotransmitterrezeptoren** (Abb. 16.26). Diese können ligandengesteuerte Ionenkanäle sein (**ionotrope Rezeptoren**). Die Bindung des Neurotransmitters am Rezeptor verändert die Konformation des transmembranen Ionenkanals und lässt kurzzeitig einen Ionenstrom zu. Alternativ sind Neurotransmitterrezeptoren Transmembranproteine mit extrazellulärer Bindungsstelle, die bei Aktivierung eine Transduktionskaskade im Inneren der postsynaptischen Zelle auslösen (**metabotrope Rezeptoren**). Je nach Typ werden einzelne oder viele Ionenkanäle kurzzeitig geöffnet. Dies erlaubt Modulation und Verstärkung des empfangenen Signals. Bei erregenden Synapsen bewirkt der Einstrom von Na^+, Ca^{2+} oder beiden Ionenarten ein **exzitatorisches postsynaptisches Potenzial** (**EPSP**) an der postsynaptischen Membran. Überlagern sich mehrere EPSPs zeitlich oder räumlich, kann am Axonhügel ein Aktionspotenzial ausgelöst werden. Bei hemmenden Synapsen bewirkt der Einstrom von Cl^-- oder der Ausstrom von K^+-Ionen ein **inhibitorisches postsynaptisches Potenzial** (**IPSP**). Es wird dadurch unwahrscheinlicher, dass EPSPs ein Aktionspotenzial am Axonhügel auslösen.

Die Signalübertragung endet durch Verarmung an Neurotransmittern im synaptischen Spalt. Sie können diffundieren, enzymatisch abgebaut werden (Abb. 16.26), in die Präsynapse oder in benachbarte Gliazellen aufgenommen werden, jeweils über transmembrane Transporterproteine.

Die Vorgänge an chemischen Synapsen wurden an **neuromuskulären Endplatten** der Vertebraten erforscht, den Synapsen von Motoneuronen mit Muskelfasern. Die Präsynapsen schütten Vesikel mit dem Neurotransmitter **Acetylcholin** (**ACh**) aus. Die postsynaptische Membran der Muskelfasern enthält **ligandengesteuerte Natriumionenkanäle** (nicotinische Acetylcholinrezeptoren). Je zwei ACh-Moleküle öffnen einen Kanal, Natrium strömt ein und depolarisiert die Membran (EPSP). ACh wird von **ACh-Esterase** im synaptischen Spalt in **Cholin** und **Essigsäure** zerlegt. **Natrium-Cholin-Transporter** nehmen Cholinmoleküle in die Präsynapse auf, wo **Cholinacetyl-Transferase** neues ACh aus Cholin und Acetyl-Coenzym A (aktivierter Essigsäurerest) herstellt. Eine Exocytose einzelner Vesikel geschieht auch spontan ohne Aktionspotenzial und führt zu **Miniatur-Endplattenpotenzialen** (**mEPP**s). Sie waren für die Entdeckung der gequantelten Ausschüttung von Neurotransmittern in Einheiten eines Vesikelinhalts wichtig; Sir Bernhard Katz, Ulf von Euler und Julius Axelrod erhielten gemeinsam für diese Erkenntnis 1970 den Nobelpreis für Physiologie oder Medizin. Verallgemeinert für alle Synapsen spricht man von **miniatur-postsynaptischen Potenzialen** (**mPSP**s).

16.10 Die Wirkung eines Neurotransmitters hängt von seinem Rezeptor ab

Der depolarisierende **nicotinische Acetylcholinrezeptor-Kanal** (**nAChRK**) bekam den Zusatz „nicotinisch", weil man ihn anhand einer Eigenheit von weiteren ACh-Rezeptoren unterscheiden kann: Nicotin kann die Bindungsstelle anstelle des **Liganden** ACh besetzen und den Kanal aktivieren, es wirkt als **Agonist**. Tabakpflanzen schützen sich mit Nicotin in den Blättern vor Fressfeinden. Da der nAChRK auch prominente Aufgaben in phylogenetisch alten Teilen des Nervensystems übernimmt – z. B. an allen ersten (präganglionären) Synapsen des autonomen Nervensystems, mit dem innerkörperliche Vorgänge automatisch angepasst und reguliert werden –, ist der Verzehr der Blätter lebensgefährlich. Die nachfolgenden (postganglionären) Synapsen des beruhigenden Zweigs des autonomen Nervensystems, z. B. auf das Herz, schütten wiederum ACh aus und reduzieren damit die Herzfrequenz; die ACh-Freisetzung wirkt hier also inhibitorisch. Der **muscarinische ACh-Rezeptor M2** (**m_2AChR**), benannt nach seinem Agonisten Muscarin, einem Pilzgift, sorgt für die Öffnung von Kaliumkanälen; der Verlust positiver Ladungen im Herzmuskel erzeugt ein **inhibitorisches postsynaptisches Potenzial** (**IPSP**) und beruhigt die Schlagfrequenz (◘ Abb. 16.27). Wie dieses Beispiel zeigt, hängt die Wirkung eines Neurotransmitters von seinem Rezeptor ab.

Die Familie der mAChR repräsentiert ein zu den Rezeptorkanälen (**ionotrope Rezeptoren**) alternatives, weit verbreitetes Prinzip für Rezeptoren; die **G-Protein-gekoppelten Sieben-Transmembrandomänen-Rezeptoren** (**metabotrope Rezeptoren**). Das transmembrane Protein besitzt eine extrazelluläre Bindungsstelle für den Neurotransmitter, aber keine Pore. Durch Bindung des Liganden verändert sich die Konformation. Im Zellinneren wird dadurch ein **G-Protein** aktiviert, ein **guanosintriphosphatbindendes Protein**, das dann die weitere Signaltransduktion übernimmt (◘ Abb. 16.28). Das G-Protein zerfällt in eine α- und eine β/γ-Untereinheit, von denen beide einzelne Kanäle öffnen oder schließen können, wie im Fall des m_2AChR, oder nachfolgende Signalkaskaden auslösen können. Damit können unter anderem Signale massiv verstärkt werden. Ein Beispiel liefert der **m_1ACh-**

Die Wirkung eines Neurotransmitters hängt von seinem Rezeptor ab.

Ionotrope Rezeptoren sind ligandengesteuerte Ionenkanäle. Auf Bindung des Neurotransmitters außen öffnen sie für ca. 1 ms und schließen auch dann, wenn der Ligand noch gebunden ist. Es gibt keine Verstärkung; die Totzeit ist primär durch die Diffusion des Transmitters über den synaptischen Spalt bedingt und beträgt ca. 0,3 ms.

Metabotrope Rezeptoren besitzen sieben Transmembrandomänen. Sie übertragen die Bindung des Neurotransmitters im synaptischen Spalt durch Konformationsänderung auf ein G-Protein innen. Es dissoziiert in die G_α- und $G_{\beta\gamma}$-Untereinheiten; beide können unterschiedliche Signalkaskaden auslösen, von denen einige eine massive Verstärkung des Signals bewirken. Die Bindung eines Neurotransmittermoleküls kann dann Hunderte von Ionenkanälen öffnen oder schließen. Je nach Kaskade werden Totzeiten von 1–10 ms gemessen.

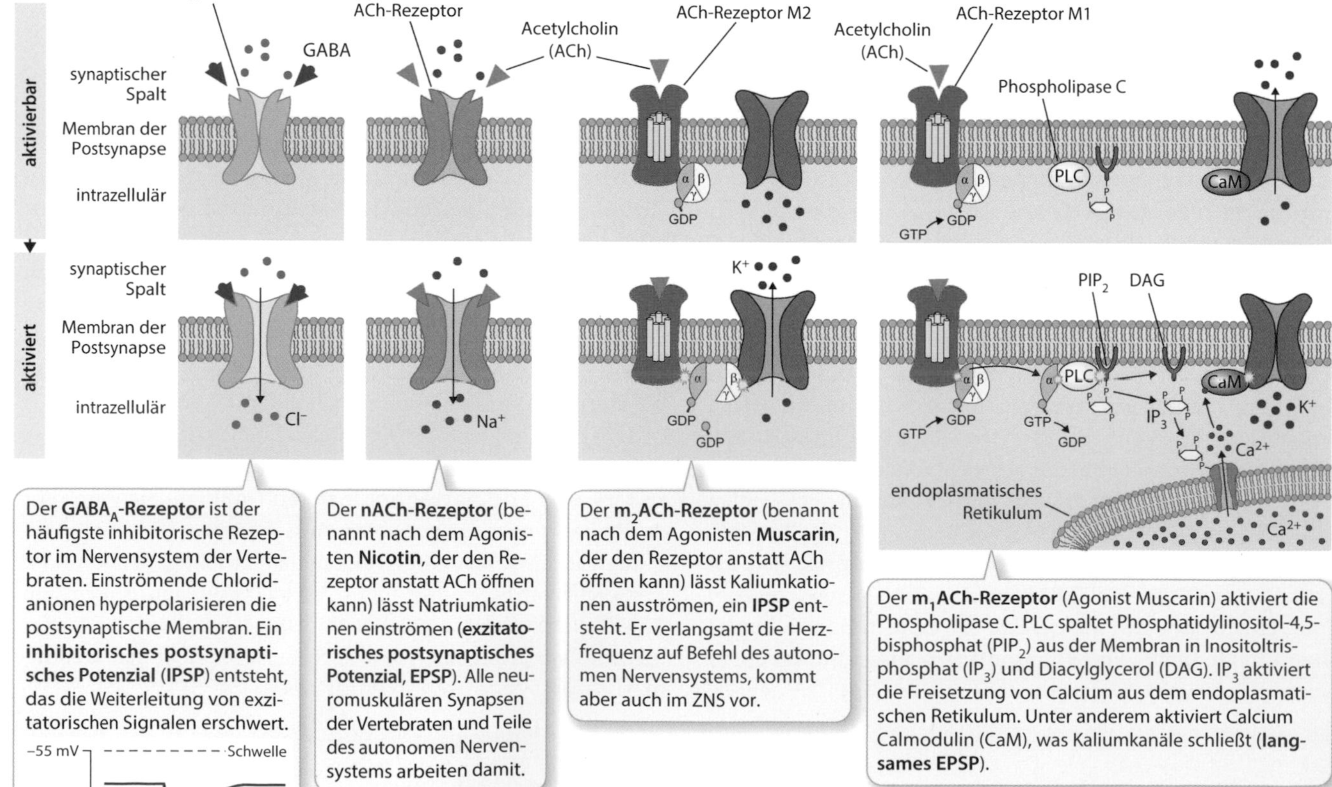

◘ **Abb. 16.27** Typische Vertreter postsynaptischer Transmitterrezeptoren und ihre Funktion

Abb. 16.28 Funktionsprinzip eines G-Protein-gekoppelten Sieben-Transmembrandomänen-Rezeptors

G-Protein-gekoppelte Rezeptoren sind ein Erfolgskonzept der Natur. Die Proteinsuperfamilie hat über 1000 Mitglieder. Im Gegensatz zu Rezeptorionenkanälen erlauben sie die **Verstärkung** und die **Modulation** von Signalen. Allerdings dauert die Übertragung von der Prä- zur Postsynapse länger. Man findet sie unter anderem als:

- Neurotransmitterrezeptoren
- sensorische Rezeptoren:
  - Riechen
  - Schmecken
  - Sehen (Rhodopsine)
- Peptidhormonrezeptoren
- Chemokinrezeptoren im Immunsystem
- Sensoren bei Entzündungsprozessen
- Regulatoren von Zellwachstum und Zellproliferation

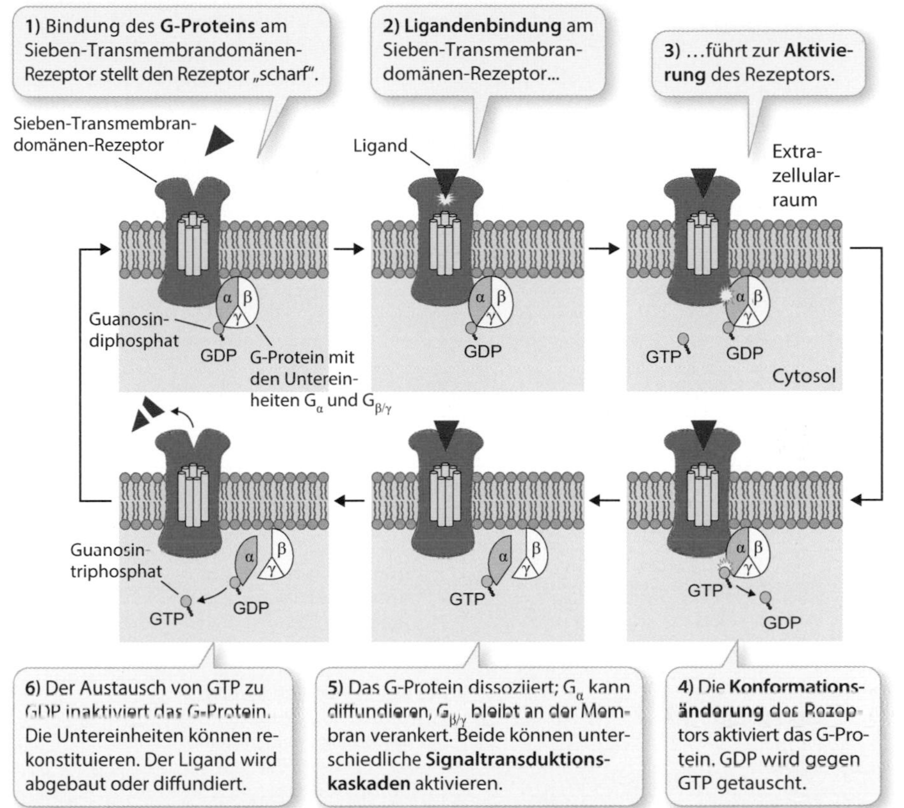

Die wichtigsten Signalwege für die **G-Protein-gekoppelte Informationsverarbeitung** im Nervensystem sind:
Gs-Proteine vermitteln Signale über cAMP.
Gq-Proteine vermitteln Signale über Phospholipase C, dann IP_3 und/oder DAG.
Gi-Proteine sind inhibitorische G-Proteine, zumeist über die Herunterregulierung der cAMP Produktion. Zur Gi-Gruppe gehören auch die mit direkter Wirkung auf Kaliumkanäle.

Rezeptor (Abb. 16.27), der im Gehirn z. B. in den Basalganglien vorkommt und an der Bewegungssteuerung beteiligt ist. Die α-Untereinheit des aktivierten G-Proteins aktiviert hier eine **Phospholipase C**, die nun ein membranständiges Phospholipid, das **Phosphatidylinositol-4,5-bisphosphat** (**PIP_2**), in großer Menge in **Inositoltrisphosphat** (**IP_3**) und **Diacylglycerol** (**DAG**) spaltet. Beide Produkte dienen wiederum als **sekundäre Botenstoffe**. IP_3 hat eine herausragende Bedeutung als sekundärer Botenstoff, da das Molekül Calcium aus dem endoplasmatischen Retikulum freisetzt. Calcium dient nicht nur als Ladungsträger, sondern auch als Botenstoff. Im Fall des m_1ACh-Rezeptors bindet es an das regulatorische, **calciumbindende Protein Calmodulin** (**CaM**) und sorgt für das Schließen von Kaliumionenkanälen. Der Verlust positiver Ladungsträger wird gestoppt, wodurch ein **langsames exzitatorisches postsynaptisches Potenzial** (**EPSP**) entsteht. Diacylglycerol wirkt in machen Funktionszusammenhängen ebenfalls als sekundärer Botenstoff. Unter anderem rekrutiert es Enzyme an die Zellmembran und ist an der Aktivierung von **Proteinkinase C** (**PKC**) beteiligt. Die PKC phosphoryliert dann Enzyme und kann die Genexpression beeinflussen.

Eine große Klasse von G-Proteinen entfaltet ihre Wirkung über **zyklisches Adenosinmonophosphat** (**cAMP**) als sekundären Botenstoff (Abb. 16.28). **Adenylyl-Cyclasen**, die durch die Proteinuntereinheit G_α aktiviert werden müssen, bauen cAMP aus ATP auf. Das cAMP aktiviert die **Proteinkinase A (PKA)**, wonach dann viele Signalwege über die Phosphorylierung unterschiedlichster Proteine möglich sind. Ebenso gibt es **G_α-regulierte Phosphodiesterasen**, die dann cAMP zu AMP abbauen und hemmend auf den cAMP-Weg wirken. Wir werden diesem Signalweg beim Thema „Lernen" begegnen (► Abschn. 16.13) und weiteren G-Protein gekoppelten Rezeptoren in ihrer Rolle als Geruchs- und Geschmacksrezeptoren (► Abschn. 17.13, 17.14) sowie als Sehfarbstoffe (► Abschn. 17.8).

Nach ACh wurden über 50 bioaktive Überträgerstoffe gefunden, und ständig kommen noch neue hinzu. Viele wichtige Neurotransmitter sind Aminosäuren oder von Aminosäuren

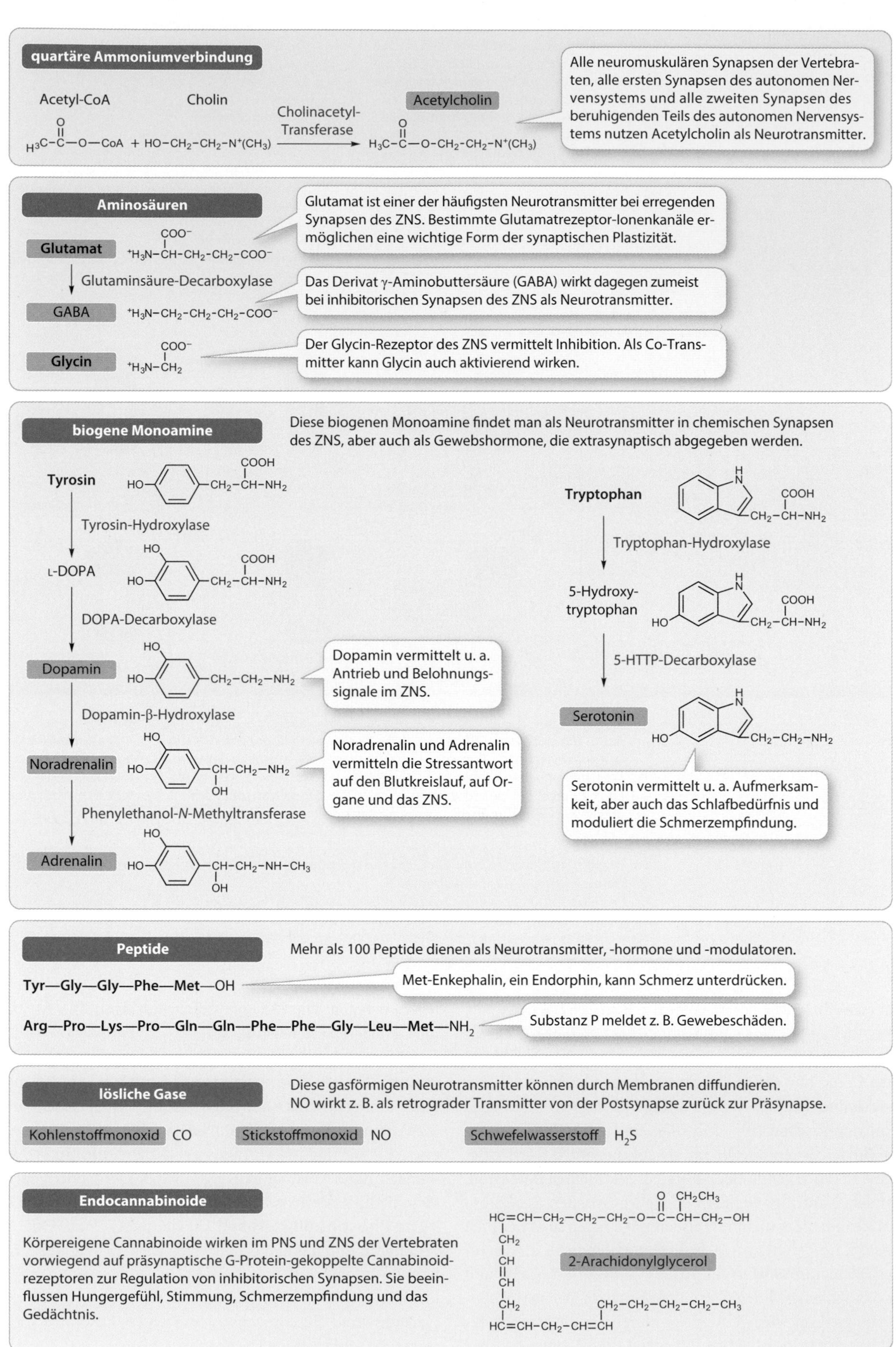

Abb. 16.29 Wichtige Neurotransmitter und Synthesewege. Aminosäuren in Fettdruck, Enzyme in Rot

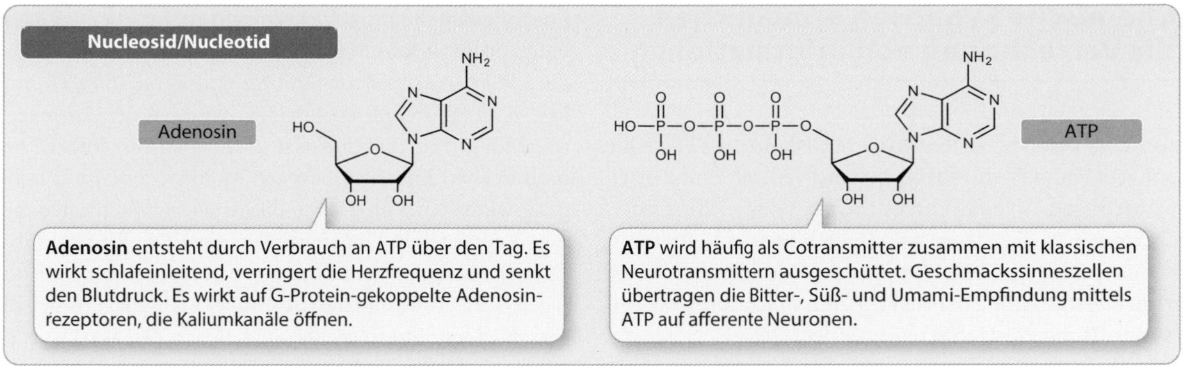

Nucleosid/Nucleotid

Adenosin

ATP

Adenosin entsteht durch Verbrauch an ATP über den Tag. Es wirkt schlafeinleitend, verringert die Herzfrequenz und senkt den Blutdruck. Es wirkt auf G-Protein-gekoppelte Adenosinrezeptoren, die Kaliumkanäle öffnen.

ATP wird häufig als Cotransmitter zusammen mit klassischen Neurotransmittern ausgeschüttet. Geschmackssinneszellen übertragen die Bitter-, Süß- und Umami-Empfindung mittels ATP auf afferente Neuronen.

Abb. 16.29 *(Fortsetzung)*

abgeleitet. **γ-Aminobuttersäure** (**GABA**) entsteht in einem Decarboxylierungsschritt aus **Glutamat** (Abb. 16.29). Der häufigste Rezeptor für GABA ist der $GABA_A$-Rezeptorkanal (Abb. 16.27). Chloridanionen strömen bei Aktivierung ein und hyperpolarisieren die Membran (**IPSP**); es bedarf nun zusätzlicher EPSPs, um am Axonhügel des postsynaptischen Neurons noch ein Aktionspotenzial auslösen zu können. Für GABA ist auch ein metabotroper Rezeptor bekannt, der ebenfalls inhibitorisch wirkt ($GABA_B$-R). Die wichtigste Rolle von GABAergen Neuronen (solchen, die GABA an ihren Präsynapsen ausschütten) ist die Reduktion der neuronalen Erregbarkeit in allen Bereichen des ZNS. Beim Menschen reguliert GABA auch direkt den Muskeltonus. GABA wird deshalb häufig als „inhibitorischer Neurotransmitter" angesprochen. Jedoch können $GABA_A$-Rezeptoren während fetaler Stadien wie auch in der Frühentwicklung von Insekten vorübergehend exzitatorische Wirkung haben, aufgrund der dann herrschenden Ionenverteilung zwischen Zellinnerem und dem Extrazellulärraum.

Die Aminosäure **Glutamat** findet man als Neurotransmitter am häufigsten in exzitatorischen Verbindungen zwischen Neuronen im ZNS der Vertebraten. Bestimmte Glutamatrezeptoren spielen eine herausragende Rolle für Lernen und Gedächtnis (**NMDA-Rezeptor**). Glutamat findet sich als Botenstoff der neuromuskulären Endplatten bei Invertebraten.

Biogene Amine sind eine wichtige Stoffklasse für Neurotransmitter. Vor allem **Monoamine**, die durch Decarboxylierung von Aminosäuren entstehen, spielen eine herausragende Rolle im Nervensystem (Abb. 16.29). Dopamin wird in Neuronen hergestellt sowie im Nebennierenmark als Vorstufe von Noradrenalin. Die psychotropen Funktionen von **Dopamin** liegen hauptsächlich im Bereich der Antriebssteigerung und Motivation (Belohnung). Viele Rauschgifte greifen an dopaminergen Synapsen an (▶ Abschn. 16.12). **Noradrenalin** wird als Stresshormon vom Nebennierenmark ausgeschüttet und wirkt auf Adrenorezeptoren in den Gefäßwänden, die sie zur Blutdrucksteigerung eng stellen. Als Neurotransmitter wird es von Neuronen gebildet, die vom Locus coeruleus im Mittelhirn ausgehen. Die wichtigste Aufgabe liegt im Bereich des autonomen Nervensystems als postganglionärer Transmitter im körperlich aktivierenden Zweig. Durch Anhängen einer Methylgruppe an die Aminogruppe gelangt man zum **Adrenalin**. **Serotonin** wird dagegen aus der Aminosäure L-Tryptophan synthetisiert. Serotonerge Neuronen steuern wichtige Aspekte des Herz-Kreislauf-Systems und des Magen-Darm-Trakts. Das System serotonerger Neuronen im Gehirn entspringt den Raphekernen im Hirnstamm. Es beeinflusst die Aufmerksamkeit und den Schlaf, die Schmerzempfindung und -unterdrückung sowie die Stimmungslage. Bestimmte Formen von Depression lassen sich auf einen Serotoninmangel zurückführen.

Als Peptide bezeichnet man Proteine mit weniger als 100 Aminosäuren Kettenlänge; **Neuropeptide** dienen als Neurohormone, Neuromodulatoren oder Neurotransmitter im Nervensystem. **Neurohormone** werden in das Gewebe oder den Blutkreislauf sezerniert und können Rezeptoren in der Membran von Zielzellen erreichen. **Neuromodulatoren** werden zusammen mit einem Neurotransmitter von der Präsynapse ausgeschüttet und beeinflussen dessen postsynaptische Wirkung: Einige verlängern z. B. die Öffnungsdauer von Ionenkanälen. Als Neurotransmitter fungiert z. B. **Substanz P** bei der Nozizeption, das ist die Sensorik für erfolgte oder drohende Gewebeverletzung. **Enkephalin** ist dagegen ein **Endorphin**, ein körpereigenes Opioid, das an G-Protein-gekoppelte Opioidrezeptoren bindet und die Schmerzempfindung reduziert.

Die **löslichen Gase** Stickstoffmonoxid, Kohlenstoffmonoxid und Schwefelwasserstoff können ebenfalls als Neurotransmitter fungieren (Abb. 16.29); sie treten durch Membranen und aktivieren Rezeptormoleküle im Cytosol von Neuronen. **Endocannabinoide** sind Transformationsprodukte einiger Terpenphenole. Sie werden als **retrograde Transmitter** von Postsynapsen freigesetzt und wirken auf Rezeptoren in den Präsynapsen inhibitorischer Synapsen. Als Neurotransmitter von Geschmackszellen und als **Cotransmitter** (wird zusammen mit einem Transmitter ausgeschüttet) wurde das Nucleotid **ATP**, das Triphosphat des Adenosins, gefunden.

16.11 Chemische Synapsen ermöglichen die Verrechnung von Informationen

Neuronale Information wird über größere Distanzen als Folge von Aktionspotenzialen in **Frequenzcodierung** verlustfrei und originalgetreu übertragen. An einer chemischen Synapse wird die Information übertragen in die Menge an ausgeschüttetem Neurotransmitter pro Zeiteinheit, also einen **Amplitudencode** (▣ Abb. 16.30). Die Übertragungsfunktion lässt sich z. B. durch Lernprozesse verändern (**synaptische Plastizität**). An der postsynaptischen Membran verursachen die Transmitter exzitatorische postsynaptische Potenziale (EPSPs) oder inhibitorische postsynaptische Potenziale (IPSPs), je nach den postsynaptischen Rezeptoren. Das temporäre Ladungsungleichgewicht an der postsynaptischen Membran ist amplitudencodiert; Amplitude und Dauer können durch **Neuromodulatoren** beeinflusst werden. Das analoge elektrische Signal muss sich nun über **passive Membranen** der Dendriten und des Zellkörpers verlustbehaftet ausbreiten und kann dabei von weiteren Eingängen überlagert werden (**Verrechnung**). Die postsynaptische Zelle generiert ein Aktionspotenzial nur dann, wenn die **Schwelle von −55 mV am Axonhügel** überschritten wird.

Das Gewicht einer Eingangssynapse für das Ergebnis am Axonhügel hängt wegen der Übertragungsverluste von der **Streckenlänge** ab, die ihre Signale zurücklegen müssen (▣ Abb. 16.31). Auch die **Frequenz einkommender EPSPs** an einer gegebenen Synapse beeinflusst das Ausgangssignal, denn ihre Ladungsträger können akkumulieren. Dazu darf das Ladungsungleichgewicht noch nicht vollständig abgeflossen sein, wenn das nächste EPSP an gleicher Stelle erzeugt wird. Der **Eingangswiderstand** des postsynaptischen Neurons spielt eine entscheidende Rolle. Ist er hoch, fließen die Ladungen schlecht ab und die Bedingungen für eine **zeitliche Summation** sind günstig. Ist er niedrig, müssen die EPSPs in schnellerer Abfolge eintreffen, um sich noch überlagern zu können. Dieses Prinzip wird bei der Ansteuerung von Muskeln mit einem gemeinsamen Antrieb ausgenutzt. Die kleinen motorischen Einheiten besitzen Motoneuronen mit hohem Eingangswiderstand, die großen Einheiten Motoneuronen mit zunehmend geringerem Eingangswiderstand. Die Kraftentfaltung wird über die Aktionspotenzialfrequenz des gemeinsamen Antriebs geregelt. Bei der **räumlichen Summation** überlagern sich die EPSPs verschiedener Eingänge, die zur gleichen Zeit aktiv wurden. IPSPs von hemmenden Eingängen und EPSPs werden durch die **Überlagerung von depolarisierenden und hyperpolarisierenden Prozessen** an der Membran verrechnet.

Das **Dale-Prinzip** besagt, dass Nervenzellen eines adulten Systems jeweils an allen ihren Synapsen denselben Neurotransmitter oder denselben Mix von Neurotransmittern und Neuromodulatoren ausschütten. Obwohl die Regel aufgestellt wurde, als gerade erst zwei Transmitter bekannt waren, ist sie in letzterer Form mit wenigen Ausnahmen gültig.

Die Ausschüttung eines **Cotransmitters** zusammen mit einem „klassischen" Neurotransmitter an allen Synapsen einer Nervenzelle ist die Regel, nicht die Ausnahme. Dadurch werden die Möglichkeiten der Informationsverarbeitung komplexer. Kleine Cotransmittermoleküle wie z. B. **ATP** werden zusammen mit dem Neurotransmitter aus denselben synaptischen Vesikeln ausgeschüttet. Man kennt verschiedene ATP-gesteuerte Rezeptorionenkanäle (P2X-R) und G-Protein-gekoppelte ATP-Rezeptoren (P2Y-R). Damit kann ATP sowohl verstärkend als auch abschwächend auf synaptische Prozesse wirken, z. B. im nozizeptiven System und im mesolimbischen Belohnungssystem.

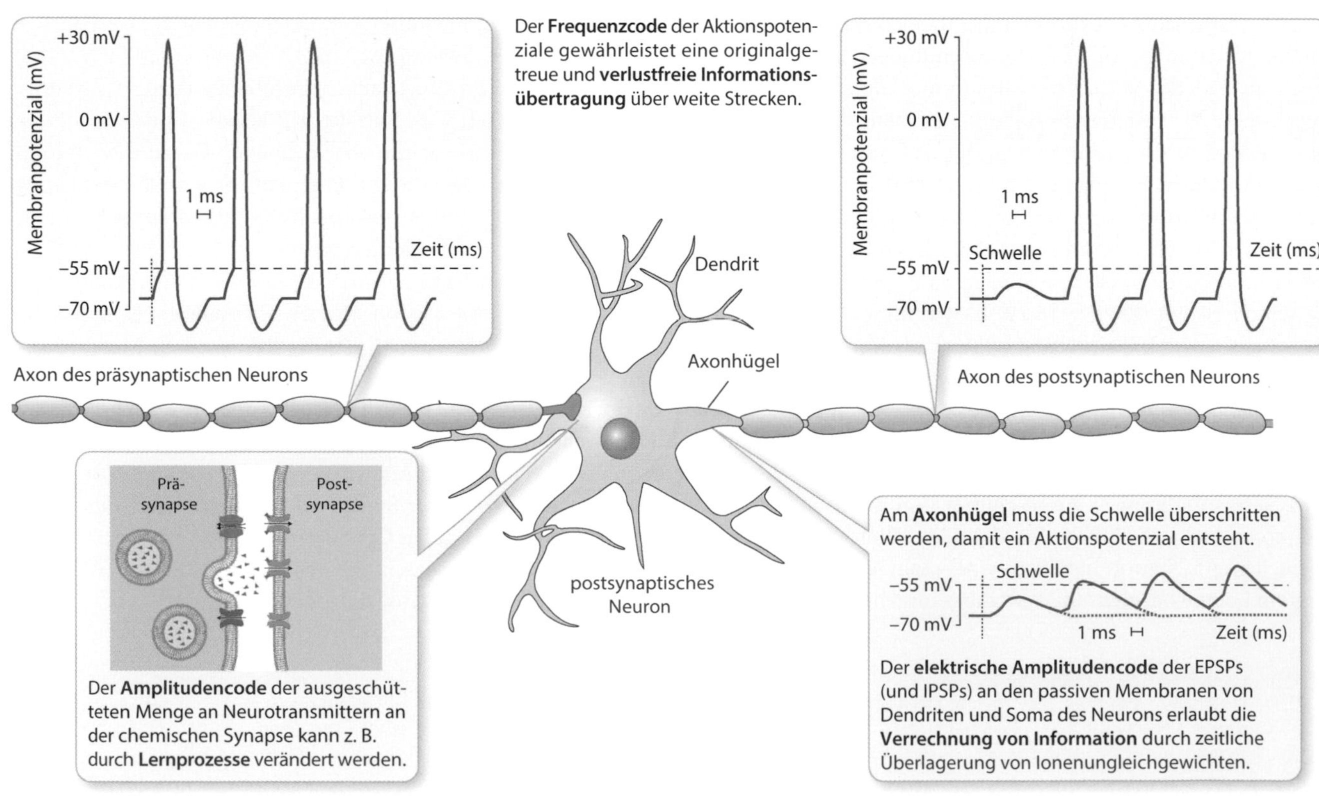

▣ **Abb. 16.30** Codes für die Weiterleitung und die Verrechnung von Nervensignalen erfüllen unterschiedliche Anforderungen

16

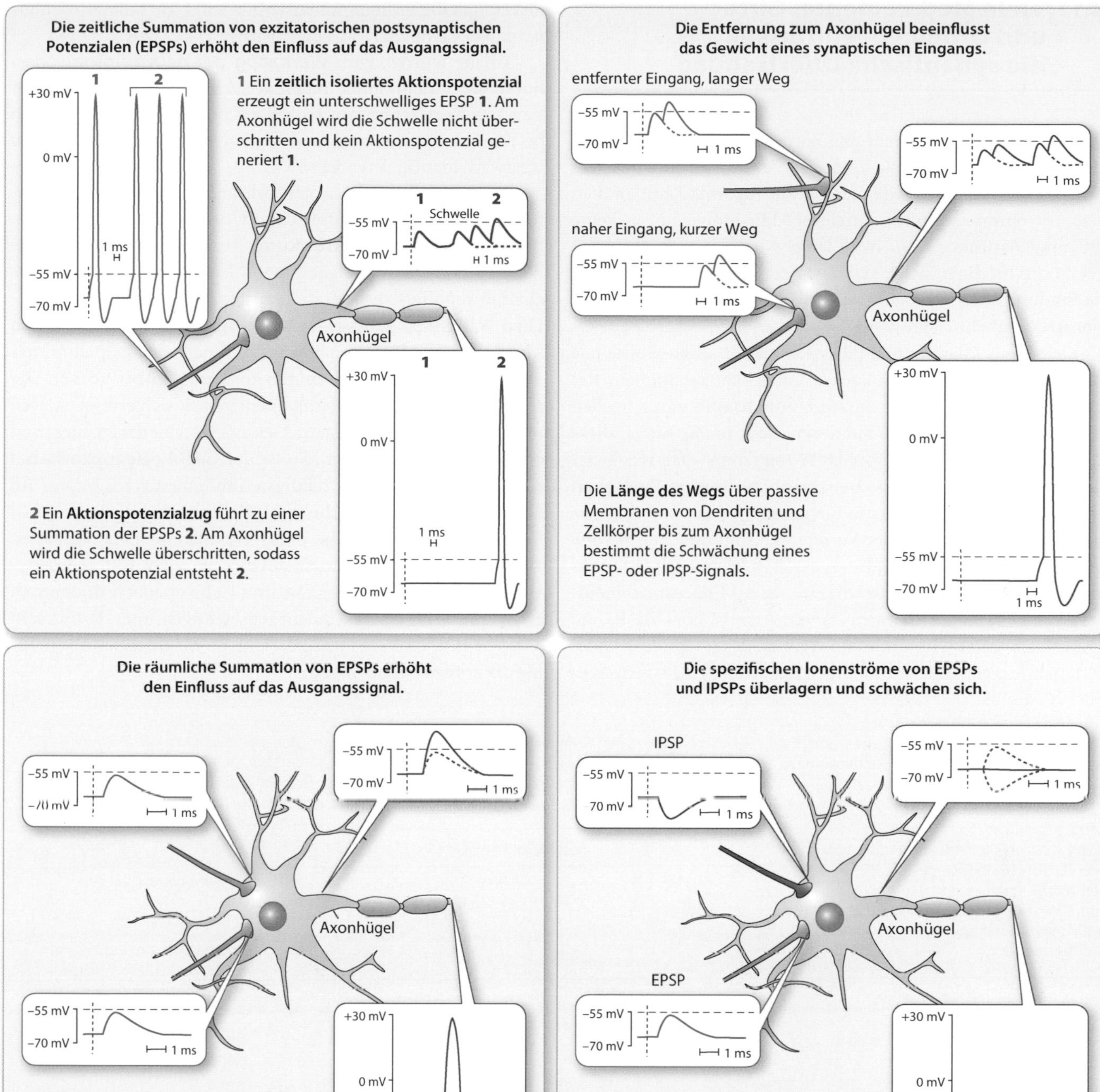

Abb. 16.31 Die passive Signalausbreitung bis zum Axonhügel ermöglicht Informationsverarbeitung

Neuropeptide als Cotransmitter bewirken eine Langzeitverstellung der Erregbarkeit von Postsynapsen (**Neuromodulation**). Die peptidergen Cotransmitter werden in separaten, **größeren Vesikeln** von 100–300 nm Durchmesser in der Präsynapse gespeichert, wohingegen die Neurotransmitter sich in Vesikeln von ca. 40 nm Durchmesser befinden. Die großen Vesikel weisen einen dichten Kernbereich auf und werden im Englischen als ***large dense-core vesicles*** bezeichnet. Eine stärkere Aktivierung der Präsynapse wird benötigt, also mehrere Aktionspotenziale in kurzem zeitlichem Abstand, um sie calciumgesteuert freisetzen zu können.

16.12 Viele Medikamente, Gifte und Drogen beeinflussen die synaptische Übertragung

Als **Ligand** bezeichnet man den natürlichen Bindungspartner eines Neurotransmitterrezeptors, doch es können auch weitere Stoffe an die Bindungsstelle passen. Ein **Agonist** kann an dem Rezeptor binden und ihn aktivieren. Für einige gibt es keine Abbaumechanismen, sodass sie lange wirken. Ein **Antagonist** besetzt die Bindungsstelle, aktiviert den Rezeptor jedoch nicht. Die Bindung kann kompetitiv oder hoch affin sein und reversibel oder irreversibel.

Viele Tiere, Pflanzen und Pilze wehren sich gegen Fressfeinde durch eingelagerte Toxine. Tiere wie Giftschlangen, Spinnen, Kegelschnecken oder Quallen nutzen **Neurotoxine** zum schnellen Lähmen oder Töten von Beutetieren. Sehr häufig setzen diese Toxine an Synapsen an. ◘ Abb. 16.32 zeigt die Vielfalt möglicher Ansatzpunkte und wichtige Beispiele. **Cholinerge Synapsen** wurden in der Evolution zum bevorzugten Ziel, weil die Verbindung zur Muskulatur der Vertebraten unterbrochen werden kann und sie im autonomen Nervensystem lebenswichtige Funktionen steuern. **Rauschgifte** wirken z. B. auf Endocannabinoidrezeptoren (THC aus Cannabis ist ein Agonist des CB1-R), auf Opioidrezeptoren (Heroin ist ein Agonist des μ-Opioid-R) oder an dopaminergen und serotonergen Synapsen (LSD ist ein Agonist einiger dieser Rezeptoren; Cocain verhindert die Wiederaufnahme des Dopamins aus dem synaptischen Spalt).

Toxine wurden zum **Werkzeug der neurobiologischen Forschung**, denn unter anderem Schlangengifte und Conotoxine der Kegelschnecken wirken oft hoch spezifisch auf einen bestimmten Rezeptor ein, sodass man ihn pharmakologisch im Netzwerk identifizieren kann.

Viele Medikamente gegen Erkrankungen des Nervensystems setzen an der synaptischen Übertragung an. So fehlen bei der **Parkinson-Erkrankung** zunehmend dopaminerge Neuronen in der Basalganglienschleife, die die Bewegungsabläufe reguliert. Frühe Stadien lassen sich durch die Blut-Hirn-Schranken-gängige Dopaminvorstufe L-Dopa und durch Minderung des Dopaminabbaus im synaptischen Spalt mittels entsprechender Enzymhemmer lindern (◘ Abb. 16.32). Die oft hohe Spezifität von Medikamenten lässt sich erreichen, weil unterschiedliche Bereiche des Gehirns verschiedene Unterarten eines Rezeptors benutzen. So ist der **$GABA_A$-Rezeptorkanal** für Chloridanionen der häufigste inhibitorische Rezeptor im Nervensystem von Vertebraten (◘ Abb. 16.33). Er besteht aus fünf **Untereinheiten**, die in ihrer Mitte einen Kanal bilden. Der häufigste Aufbau besteht aus zwei α-, zwei β- und einer γ-Untereinheit. Je nach Aufgabe und Gehirnbereich finden sich aber unterschiedliche Zusammensetzungen; man kennt acht Klassen mit 19 Vertretern, die eigene **Bindungsstellen für Medikamente** mitbringen.

16

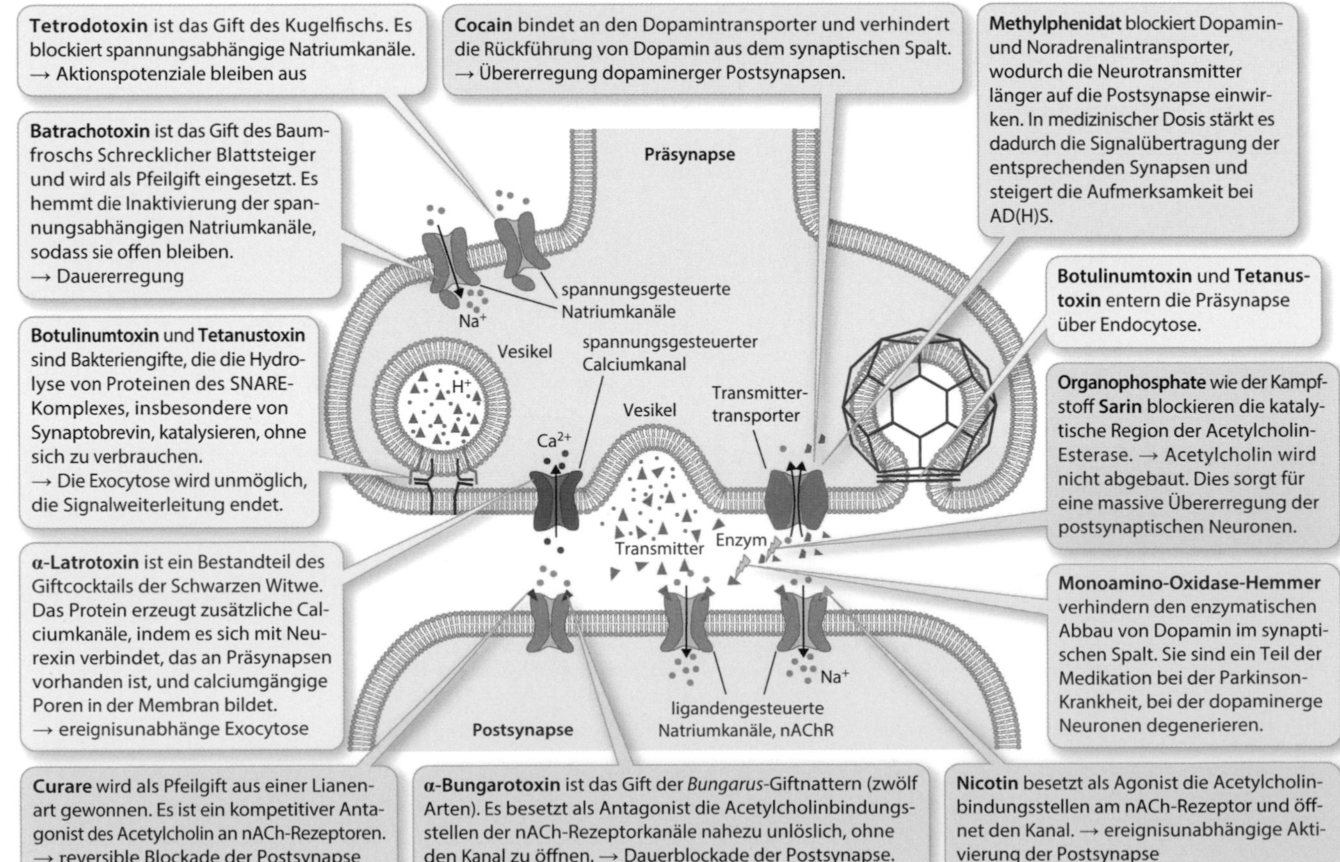

◘ **Abb. 16.32** Viele Gifte, Medikamente und Rauschgifte setzen an der synaptischen Übertragung an. Grün: an allen chemischen Synapsen; blau: an cholinergen Synapsen; gelb: an dopaminergen Synapsen

Verwandtschaft

Der GABA$_A$-Rezeptor weist enge Strukturverwandtschaft mit dem Glycinrezeptor und dem nicotinischen Acetylcholinrezeptor auf. Alle sind aus fünf Untereinheiten aufgebaut, die jeweils vier Transmembrandomänen enthalten. In ihrer Mitte bilden sie einen Kanal, der nach Ligandenbindung für Chloridanionen bzw. im Fall des nAChR für Natriumkationen durchlässig ist.

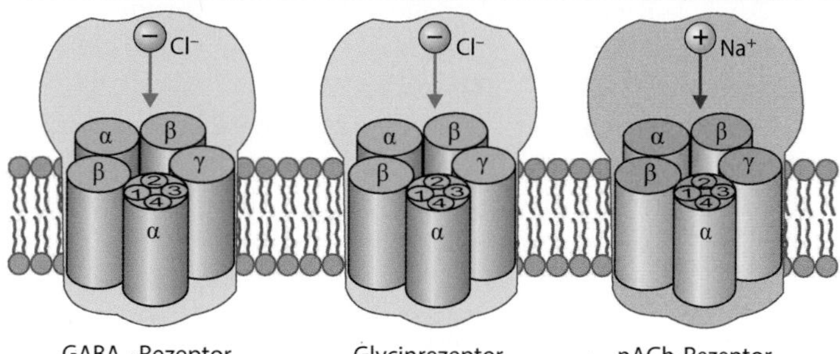

Vielfalt

Verschiedene Gehirnbereiche nutzen unterschiedliche Zusammensetzungen der **Untereinheiten.** Für den GABA$_A$-Rezeptor kennt man mittlerweile acht Klassen mit insgesamt 19 verschiedene Untereinheiten. Viele bringen spezifische zusätzliche Bindungsstellen für Neuromodulatoren und Angriffspunkte für spezifische Medikamente mit.

Beispiel GABA$_A$-Rezeptor: Rezeptormoleküle können außer für ihren Liganden noch weitere Bindungsstellen aufweisen, z. B. für Neuromodulatoren.

Cl^-

2 × GABA

Der GABA$_A$-Rezeptor besitzt **zwei Ligandenbindungsstellen.**

Muscimol ist der halluzinogene Wirkstoff des Fliegenpilzes, weil es als Agonist bestimmte GABA$_A$-Rezeptoren öffnet.

Volatile Anästhetika wie Isofluran binden hier an GABA$_A$- Rezeptoren.

Benzodiazepine wirken als Tranquilizer, als Stoffe, welche die sedierende, angst- und krampflösende Wirkung von GABA verstärken.

Allgemeinanästhetika wie Etomidat und Propofol wirken auf unterschiedlich zusammengesetzte GABA$_A$-Rezeptoren an drei verschiedenen Stellen des ZNS immobilisierend, hypnotisch bzw. sedierend.

Neurosteroide können die neuronale Erregbarkeit durch die Interaktion mit ligandengesteuerten Ionenkanälen oder anderen Zelloberflächenrezeptoren sehr rasch verändern. Die endogenen Steroide stammen aus dem Gehirn selbst oder von endokrinen Drüsen.

Ethanol bindet an GABA$_A$-Rezeptoren und verstärkt deren Permeabilität für Chloridanionen. Die Postsynapse wird stärker hyperpolarisiert, und an erregenden Synapsen wird eine höhere Aktionspotenzialfrequenz gebraucht, um Signale weiterzuleiten; eine insgesamt sedierende Wirkung setzt ein.

α β γ

Abb. 16.33 Verwandtschaftsbeziehungen und wichtige Bindungsstellen des GABA$_A$-Rezeptorkanals

Schlafmittel, Narkotika, **Neurosteroide** und **Alkohol** greifen an Bindungsstellen dieses Rezeptors an (Abb. 16.33). Letzterer verbessert die Permeabilität für Chloridionen und verstärkt dadurch die Hyperpolarisation der postsynaptischen Zelle. **Tranquilizer** wie die Benzodiazepine beruhigen, wirken angst- und krampflösend. **Barbiturate**, das sind Salze der Barbitursäure, aktivieren den GABA$_A$-Rezeptor. Früher wurden sie als Schlafmittel verwendet; heute sind sie wegen unerwünschter Nebenwirkungen dafür nicht mehr zugelassen. Sie werden aber als Sedativa in der Anästhesie zum Einleiten der Narkose benutzt (z. B. Thiopental). **Allgemeinanästhetika** wie Propofol wirken praktisch ausschließlich über GABA$_A$-Rezeptoren: immobilisierend im Rückenmark, sedierend vermutlich im Neocortex und schlafinduzierend. Die **halluzinogene Wirkung** des Fliegenpilzgiftes **Muscimol** beruht auf seiner agonistischen Wirkung auf den GABA$_A$-Rezeptor. Ganze Substanzklassen, die GABA$_A$-Rezeptoren stimulieren, sind suchtauslösend, insbesondere die Barbiturate und Benzodiazepine. Von diesen Medikamenten wird mit der Zeit eine immer größere Dosis benötigt, um den gewünschten Effekt zu erzielen.

16.13 Lernen verändert Synapsen

Lernen bedeutet **Erfahrungsspeicherung**. Donald Hebb hat 1949 zuerst postuliert, dass Erfahrung als Netzwerkeigenschaft in der **Veränderung synaptischer Stärke** gespeichert wird; dies hat Bestand. **Nicht-assoziatives Lernen** geschieht ohne unser Zutun. Bei der **Habituation** werden wiederholt auftretende, schwache Reize zunehmend weniger stark und weniger stringent beantwortet. Motorische Ermüdung oder Adaptation der Sensorik muss man als Ursachen ausschließen. Durch einen starken Reiz auf demselben Kanal kommt es zur **Dishabituation** und durch einen Reiz auf einem anderen Eingangskanal zur **Sensitivierung**; beide stellen die Stringenz und Stärke der Verhaltensantwort wieder her. Eric Kandel (Nobelpreis 2000) erforschte das Lernen an der Meeresschnecke *Aplysia*, weil sie große, identifizierbare Neuronen für elektrophysiologische Ableitungen bietet. Berührt man ihren Sipho, das Rohr für Atemwasser, so zieht sie ihre Kiemen ein. Der **Kiemenrückziehreflex** kann durch wiederholte schwache Berührungsreize habituiert und z. B. durch einen Elektroschock am Kopf der Schnecke sensitiviert werden (◘ Abb. 16.34).

Beim **assoziativen Lernen** werden Reize oder eigene Handlungen mit Reizen bzw. Konsequenzen verknüpft, die zeitlich korreliert auftreten. Die **klassische Konditionierung** hat Iwan

16

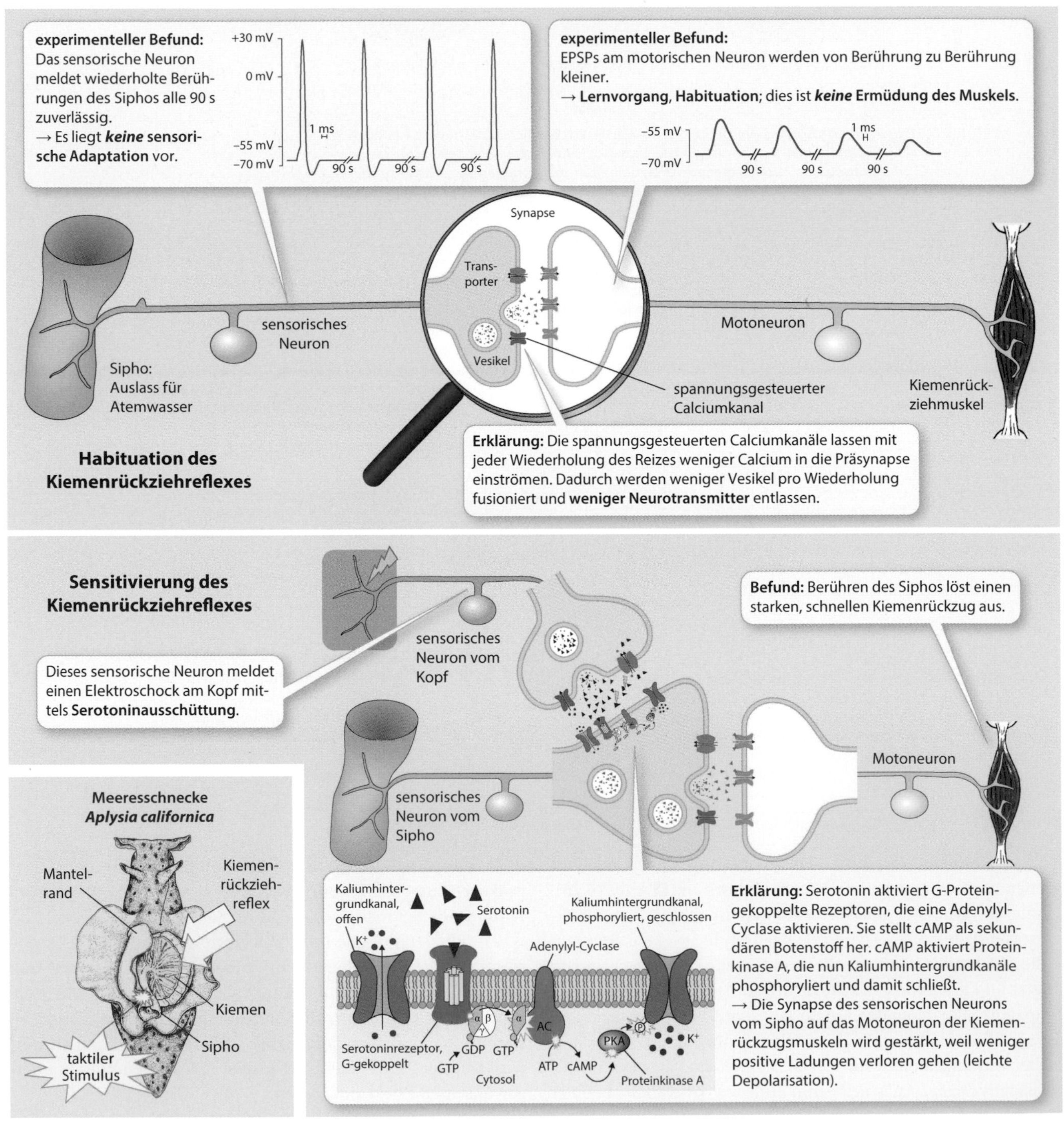

◘ **Abb. 16.34** Habituation und Sensitivierung wurden an der Meeresschnecke *Aplysia* erforscht

NMDA-Rezeptoren in glutamatergen Synapsen bilden die Grundlage **assoziativen Lernens** in vielen Bereichen des Gehirns; sie **sind zweifach reguliert.** Durch ihre **lange Öffnungszeit** und **hohe Calciumleitfähigkeit** können sie eine **Langzeitpotenzierung** (**LTP**, von engl. *long-term potentiation*) auslösen.

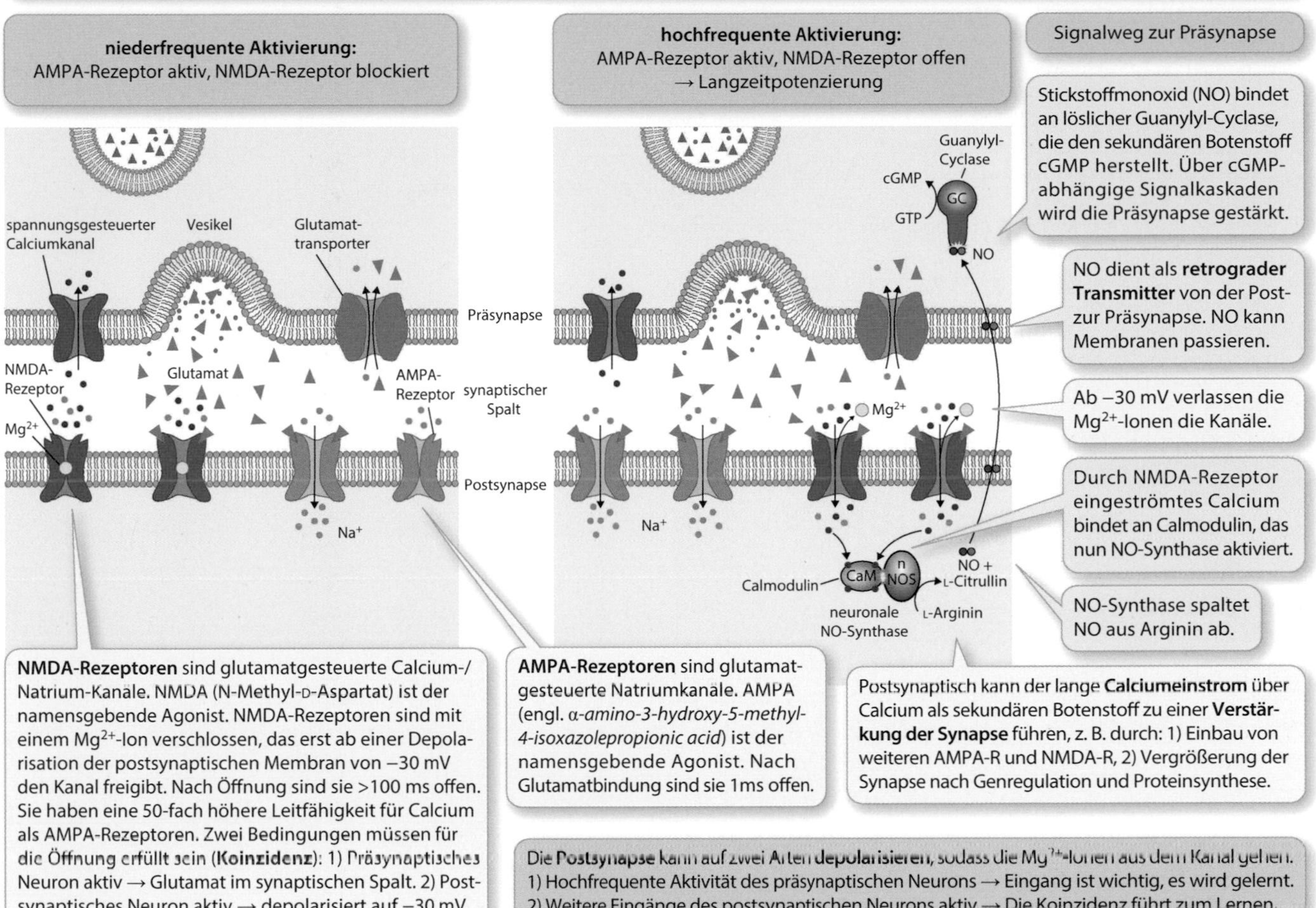

Abb. 16.35 Der NMDA-Rezeptorkanal ermöglicht mit drei Besonderheiten das assoziative Lernen

Pawlow (Nobelpreis 1904) zuerst an Hunden erkannt. Ein vormals neutraler Reiz (ein Glockenton) wird durch wiederholte Paarung mit einem unkonditionierten Reiz (dem Futter) zum Prädiktor, sodass die **unkonditionierte Reaktion** auf Futter (eine Speichelproduktion) bereits auf den vormals neutralen, nun konditionierten Reiz (der Glocke) als **konditionierte Reaktion** ausgelöst wird. Der neutrale Reiz muss etwas früher bis gleichzeitig mit dem unkonditionierten Reiz auftreten, um als Prädiktor gelernt zu werden. Bei der **instrumentellen Konditionierung** bezweckt ein Lebewesen ein Ziel mit seinem Verhalten und lernt aus dem Ergebnis seiner Handlung. Edward Lee Thorndike war der Pionier dieser Forschung mit seiner „*puzzle box*" (ab 1911). Eingesperrte Versuchstiere konnten durch Überwinden einfacher Mechanismen immer schneller entkommen und Futter finden. Die Weiterentwicklung als „Skinner-Box" (1956) führte zur Erkenntnis der **operanten Konditionierung**. Burrhus Frederic Skinner zeigte, dass beliebiges, spontanes Verhalten, das zu einer Konsequenz führt, bei wiederholtem Auftreten der Paarung als kausal gelernt wird. Wurden z. B. Tauben konsequent gefüttert, wenn sie einen Flügel hoben, so erlernten sie diese Handlung als ihre Ernährungsstrategie.

Um Assoziationen bilden zu können, müssen Nervensysteme die (annähernde) Gleichzeitigkeit von Signalen auswerten. *Aplysia* kann auch klassisch konditioniert werden, etwa wenn ein schwacher Reiz am Sipho immer einer starken Reizung des Kopfes vorausgeht. Nach wenigen Paarungen werden die Kiemen hoch effektiv beim schwachen Siphoreiz eingezogen. Die **Adenylyl-Cyclase wirkt als Koinzidenzdetektor**. An eine Bindungsstelle passt die $G_α$-Untereinheit des Serotoninrezeptors (der Kopf wurde gereizt), an eine zweite ein Calciumbindeprotein. Calcium strömt ein, wenn das sensorische Neuron durch Reizung des Siphos aktiv wurde. Sind beide Bindungen erfolgt, wird besonders viel cAMP hergestellt. Aktivierte PKA akkumuliert, kann in den Kern einwandern und über Beeinflussung der Genregulation langfristige Veränderungen der Synapse bewirken.

In Nervensystemen der Vertebraten ist häufig ein Glutamatrezeptorkanal der **Koinzidenzdetektor** (▣ Abb. 16.35). **NMDA-Rezeptoren** (benannt nach ihrem Agonisten N-Methyl-D-Aspartat) lassen Calcium und Natrium für > 100 ms einströmen (**Langzeitpotenzierung**; engl. *long-term potentiation*, LTP), wenn Glutamat gebunden hat *und* die postsynaptische Membran, in der sie sitzen, auf über −30 mV depolarisiert wurde. Ist die zweite Bedingung nicht erfüllt, bleibt der NMDA-Rezeptor mit einem Magnesiumion verschlossen.

Weiterführende Literatur

1. Bear MF, Connors BW, Paradiso MA (2018) Neurowissenschaften, 4. Aufl. Springer Spektrum, Berlin, Heidelberg (Kap 2–6)
2. Connors BW, Long MA (2004) Electrical synapses in the mammalian brain. Annu Rev Neurosci 27:393–418
3. Henneberger C, Petzold GC (2015) Vielfalt lokaler Interaktionen zwischen Astrozyten und Neuronen. Neuroforum 21:112–116
4. Kirchhoff F, Rose CR (2015) Gliale Heterogenität – die wachsende Komplexität des Gehirns. Neuroforum 21:89–93
5. Lieb K (2010) Hirndoping – Warum wir nicht alles schlucken sollten. Artemis & Winkler, Düsseldorf
6. Nicoll RA (2017) A brief history of long-term potentiation. Neuron 93:281–290
7. Pereda AE (2014) Electrical synapses and their functional interactions with chemical synapses. Nat Rev Neurosci 15:250–263
8. Plog BA, Nedergaard M (2018) The glymphatic system in central nervous system health and disease: past, present, and future. Annu Rev Pathol Mech Dis 13:379–394. https://doi.org/10.1146/annurev-pathol-051217-111018
9. Südhof TC (2014) Der molekulare Mechanismus der Neurotransmitterfreisetzung und Nervenzell-Synapsen (Nobel-Aufsatz). Angew Chem 126:12906–12931

Spezielle Physiologie der Tiere: Sinnessysteme

Roland Strauß

J. Boenigk (Hrsg.), *Boenigk, Biologie,* https://doi.org/10.1007/978-3-662-61270-5_17

17.1 Sensorische Transduktion bezeichnet die Wandlung eines physikalischen oder chemischen Reizes aus der Außen- oder Körperinnenwelt in neuronale Signale

Wer als Mensch nur seine „fünf **Sinne**" beieinander hat, hat ein Problem. Denn die klassisch zugestandenen Sinne **Sehen**, **Hören**, **Riechen**, **Schmecken** und **mechanisches Fühlen** werden nach heutigem Verständnis ergänzt um die dem Menschen zugänglichen Sinne für **Wärme** und **Kälte**, **Nozizeption** (das ist die drohende oder tatsächliche Gewebeverletzung), **Gelenkstellung** und **Lage im Raum**. Dazu kommen noch Sinne für körperinnere Milieus und Druckverteilung in den Arterien, die uns gar nicht bewusst werden. Aus den für uns wahrnehmbaren Sinnesmodalitäten konstruiert unser Gehirn die „Realität", und die fühlt sich richtig vollständig an.

Denken wir jedoch z. B. an das Magnetfeld der Erde, so erkennen wir mit wissenschaftlichen Methoden, dass es physikalische Reize gibt, die zwar Messgeräte ausschlagen lassen, für die wir aber keinen Sinn entwickelt haben. Dieses Fehlen empfinden wir aber nicht als Verlust in unserer Realität. Ultraviolettes Licht ist für uns nicht wahrnehmbar, Bienen oder Vögel können es hingegen sehen. So könnte man weitere physikalische Reize aufzählen, die auf uns einwirken, ohne dass wir dafür eine Antenne haben: elektrische Felder, Polarisationsmuster des Himmels, radioaktive Strahlung. Zweitens bieten auch die vorhandenen Sinne immer nur ein schmales Fenster in die physikalisch-chemische Welt; Stoffe können geruchlos sein, weil wir keinen geeigneten olfaktorischen Rezeptor dafür besitzen, und Ultraschall hören wir nicht. **Wahrnehmung erfasst also immer nur einen Ausschnitt der Welt** und die **Wahrnehmung der Außenwelt ist ein Konstrukt unseres Gehirns**.

Sensorische Transduktion ist der Prozess der Übersetzung eines physikalischen oder chemischen Reizes in ein elektrisches Signal, das von Nervenzellen weitergeleitet und verarbeitet werden kann (◘ Tab. 17.1). Der Reiz endet am **Sinnesorgan**. Ab der Transduktion spricht man von **Signalleitung** und **Signalverarbeitung**. Der Pförtner meldet die Besucher telefonisch weiter; sie kommen selbst nicht über den Empfangsbereich hinaus. Die Kunst der sensorischen Transduktion ist es, winzige Signale zu verstärken, ohne dabei auch Zufallssignale (Rauschen) zu erzeugen: Die Energie eines einzelnen Lichtquants, die Ankunft eines bestimmten Duftstoffmoleküls, ein geflüstertes Wort können in bedeutungsvolle elektrische Signale übersetzt werden.

Am Anfang des Transduktionsprozesses stehen entweder direkt **Ionenkanäle mit spezifischen Öffnungsmechanismen** oder spezifische **transmembrane Rezeptorproteine**, die im Inneren der Sinneszelle – oft nach einer **biochemischen Verstärkerkaskade** – einen **sekundären Botenstoff** freisetzen, der dann als **innerer Ligand** zur Öffnung einzelner oder vieler Ionenkanäle führt (◘ Abb. 17.1).

Bestimmte Transduktionsprozesse finden in **primären Sinneszellen** statt, die selbst Neuronen mit einem Axon sind. Dazu gehören Riechneuronen, verschiedene Mechanorezeptoren der Haut, die Nozizeptoren und die Warm- bzw. Kaltrezeptoren in freien Nervenendigungen oder die Propriozeptoren in Muskeln und Sehnen. Andere laufen in **sekundären Sinneszellen** ab, die selbst keine Aktionspotenziale generieren und kein Axon besitzen. Stattdessen wird Information graduiert über eine Synapse auf ein afferentes Neuron übertragen. Dazu gehören Geschmackszellen und die Haarsinneszellen des Gehörs und des Gleichgewichtssinns (◘ Abb. 17.2). Schwierig wird die Zuordnung bei **Photorezeptoren** der Retina. Entwicklungsbiologisch sind sie primäre Sinneszellen, da es sich um Nervenzellen handelt. Die Photorezeptoren der Invertebraten besitzen ein Axon, die der Vertebraten nicht. Aktionspotenziale generieren sie nicht, weshalb sie meist als sekundäre Sinneszellen bezeichnet werden.

◘ **Tab. 17.1** Verschiedenste Sinnesleistungen beruhen auf nur wenigen Rezeptorprinzipien

Sinnesmodalität	Physikalischer oder chemischer Reiz	Rezeptortyp	Spezifische Rezeptoren
Sehen	Licht	Photorezeptor	Stäbchen und Zapfen der Netzhaut
Hören	Schallwellen	Mechanorezeptor	Haarsinneszellen in der Hörschnecke
Gleichgewicht	Lage zur Schwerkraft	Mechanorezeptor	Haarsinneszellen in den Lageorganen
	Drehbeschleunigung	Mechanorezeptor	Haarsinneszellen in den Bogengängen
Gelenkstellung	u. a. Muskeldehnung und Sehnenbelastung	Mechanorezeptor	Muskelspindeln, Golgi-Sehnenorgane
Fühlen, mechan.	Vibration, Druck	Mechanorezeptor	Tast- und Vibrationsmessorgane in der Haut
Wärme/Kälte	Temperaturänderung	Thermorezeptor	freie Nervenendigungen in der Haut
Nozizeption	schädigende Hitze/Kälte	Thermorezeptor	freie Nervenendigungen in der Haut
Nozizeption	Gewebeschädigung	Chemorezeptor	freie Nervenendigungen in der Haut
Riechen	volatile Duftmoleküle	Chemorezeptor	Geruchsrezeptorneuronen im Riechepithel
Schmecken	Geschmacksmoleküle	Chemorezeptor	Geschmacksknospen auf Zunge und Rachen
elektrischer Sinn	elektrische Felder	spannungsgest. Ionenkanäle	Lorenzini-Ampullen in der Fischhaut

Grundprinzipien der primären Transduktion
In vielen spezifischen Sinnesorganen verbirgt sich einer dieser vier **ionalen Mechanismen.**

Mechanischer Zug auf die Membran öffnet **mechanosensitive Ionenkanäle.**

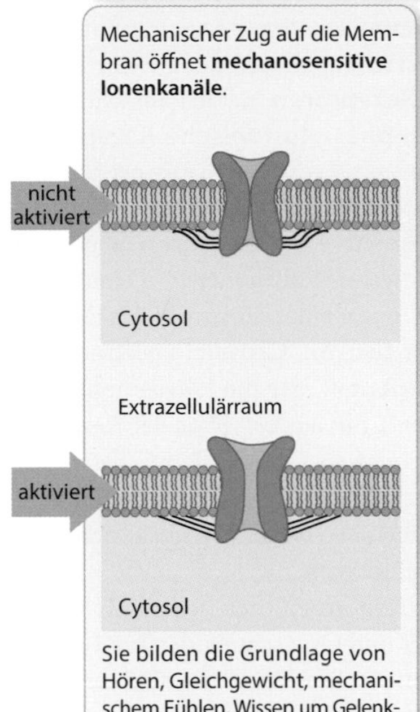

Sie bilden die Grundlage von Hören, Gleichgewicht, mechanischem Fühlen, Wissen um Gelenkstellung und Lage im Raum. Fische messen damit Strömung.

Die Bindung äußerer Liganden öffnet **ligandengesteuerte Ionenkanäle.**

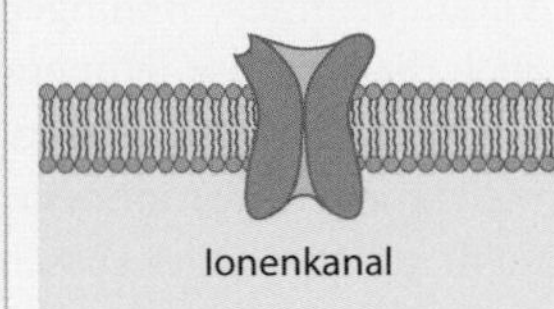

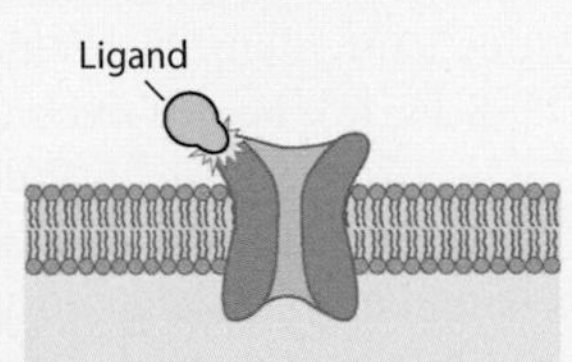

Grundlage eines Hitzerezeptors (Ligand Linolsäurederivate, Agonist ist Capsaicin) und eines Kälterezeptors (Agonist ist Menthol).

Innere Liganden von Transduktionskaskaden öffnen entsprechende **ligandengesteuerte Ionenkanäle.**

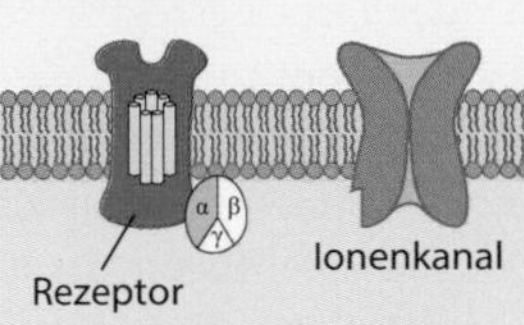

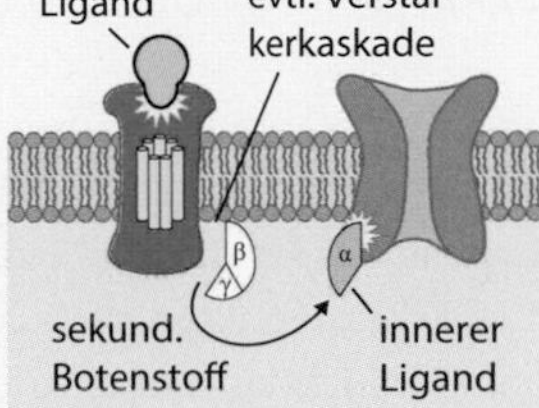

Grundlage vieler chemischer Sinne wie Riechen und Pheromonrezeption. Lichtempfindung beruht auf einem Spezialfall dieses Rezeptortyps.

Spannungsänderungen über der Membran öffnen **spannungsgesteuerte Ionenkanäle.**

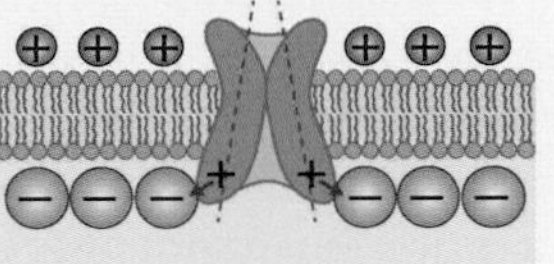

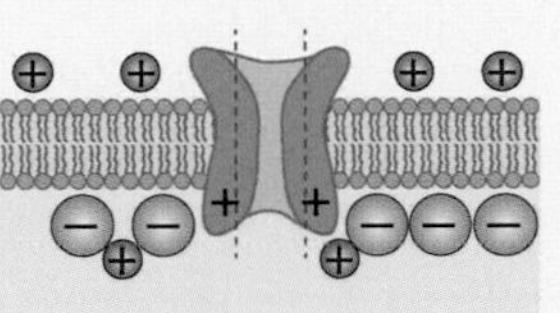

Fische besitzen einen elektrischen Sinn, den sie teils zur Orientierung, zur innerartlichen Kommunikation und teils zur Beuteortung einsetzen.

Abb. 17.1 Die Grundlage aller Sinne sind wenige ionale Mechanismen

Primäre Sinneszellen sind selbst Neuronen. Sie generieren Aktionspotenziale und besitzen ein Axon.

Sekundäre Sinneszellen besitzen kein Axon, sondern eine Synapse auf ein afferentes Neuron. Sie erzeugen keine Aktionspotenziale.

Geruchsrezeptorneuronen tragen auf ihren Mikrovilli, die in die Schleimschicht des Geruchsepithels ragen, die olfaktorischen Rezeptoren.

Freie Nervenendigungen in der Haut tragen z. B. Nozizeptoren, Kalt- oder Warmrezeptoren. An der Generatorregion entstehen Aktionspotenziale.

In einer **Geschmacksknospe**, z. B. auf der Zunge, gibt es mehrere Geschmackszellen; das sind spezialisierte Hautzellen. Jede hat eine Synapse auf ihr eigenes ableitendes Neuron.

Haarsinneszellen findet man z. B. im Hörorgan und in den Gleichgewichtsorganen des Innenohrs. Sie besitzen eine Synapse auf ihr ableitendes Neuron.

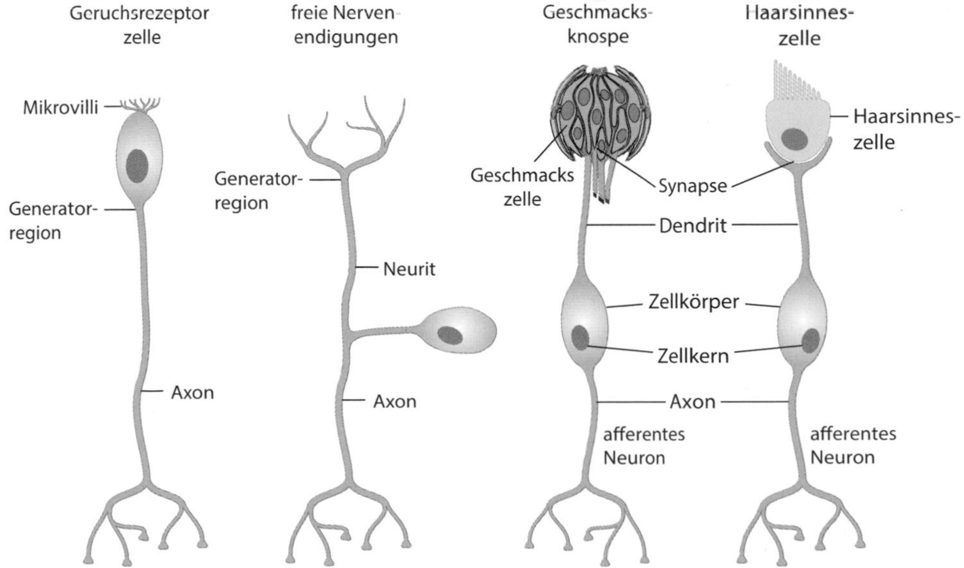

Abb. 17.2 Man unterscheidet primäre und sekundäre Sinneszellen

17.2 Hautsinne erlauben Haptik, Temperatur- und Schmerzempfindungen

In unserer Haut gibt es **vier Klassen von Mechanorezeptoren**, die durch Dehnung, Vibration oder Druck erregt werden (■ Abb. 17.4). Als primäre Sinneszellen besitzen sie eigene afferente Axone und leiten Aktionspotenziale über vergleichsweise schnell leitende, myelinisierte Nervenfasern an das ZNS. Man spricht von **ganglionären Mechanorezeptoren**, denn sie haben sich aus Ganglienzellen entwickelt. **Epitheliale Mechanorezeptoren** entstanden dagegen aus Hautzellen und besitzen kein eigenes Axon; die Haarsinneszellen unserer Innenohrorgane zählen zu dieser Klasse.

Die Umwandlung von mechanischen Reizen in neuronale Erregung (**Transduktion**) erfolgt durch **mechanosensitive Ionenkanäle**. Ihre Verpackung und Lage in der Haut entscheiden über die Funktion (■ Abb. 17.3). Den dehnungsaktivierten Typ findet man bei Bakterien, Archaeen wie auch bei Eukaryoten. Verschiedene Kanäle variieren in ihrer Selektivität für durchtretende Ionen von nicht selektiv für Anionen oder Kationen bei Bakterien über selektiv für Kationen (Calcium, Natrium und/oder Kalium) bei Eukaryoten bis zu hoher Selektivität für Kaliumionen bei Bakterien und Eukaryoten. Mechanosensitive Ionenkanäle mit Anbindung an das Cytoskelett und oder an extrazelluläre Proteine findet man z. B. in den Innenohrorganen der Vertebraten, wo sie dem Gleichgewichtssinn und dem Hören dienen, und im Seitenlinienorgan der Fische.

Thermorezeptoren sind spezifische Rezeptoren; man findet in getrennten Systemen **Kaltrezeptoren, Warmrezeptoren** und Rezeptoren für **gewebeschädigende Kälte und Hitze** (■ Abb. 17.4). Letztere gehören zum nozizeptiven System, das Schmerzempfindung verursachen kann. Es gibt etwa zehnmal mehr Kalt- als Warmrezeptoren und sie sind nicht gleichmäßig über den Körper verteilt. Die Haut der Nase hat den dichtesten Besatz (zehn Kalt- und ein Warmrezeptor pro Quadratzentimeter Haut), wohingegen die Oberschenkelhaut nur gut ein Drittel davon aufweist. **Phasische Rezeptoren** melden ausschließlich Veränderungen, wohingegen **phasisch-tonische Rezeptoren** auch die absolute Temperatur mit ihrer Plateauantwort melden.

Nozizeptoren melden potenzielle oder tatsächliche Gewebeverletzungen. **Temperatursensitive Nozizeptoren** adaptieren nicht, potenziell gewebeschädigende Kälte unter 17 °C und Hitze über 43 °C werden zuverlässig gemeldet. Einer der Hitzesensoren ist der **TRPV1-Kanal**, der auch mit **Capsaicin** geöffnet werden kann, dem Pflanzeninhaltsstoff, der die Hitzeempfindung („Schärfe") beim Verzehr von Chili auslöst. Dass der Rezeptorkanal durch einen Liganden ausgelöst werden kann, hat zu der Erkenntnis geführt, dass durch Hitze generell der Zellmembranbestandteil Linolsäure zu Metaboliten oxidiert wird, die dann den TRPV1-Kanal als Liganden aktivieren.

Neben den Hitze- und Kälterezeptoren sowie Mechanorezeptoren für starken Druck und Quetschung der Haut gibt es **freie Nervenendigungen** in unserer Haut, die mit Substanz P gefüllte Vesikel und G-Protein-gekoppelte Rezeptoren dafür besitzen. Das Neuropeptid wird bei Gewebeverletzung freigesetzt und aktiviert die Rezeptoren. **Polymodale freie Nervenendigungen** besitzen Rezeptoren für Histamin (Botenstoff bei Entzündungen), ATP, niedrigen pH-Wert (Protonen), Kalium und Bradykinin (aus verletzten Zellen). Die Meldung erfolgt über langsam leitende, nicht myelinisierte C-Fasern. **Schmerz** ist eine subjektive Empfindung, die vom ZNS aus der objektiven nozizeptiven Information generiert werden *kann*. In einer Flucht- oder Kampfsituation kann die Schmerzempfindung aber komplett unterdrückt werden.

■ Abb. 17.3 Das Prinzip von mechanosensitiven Ionenkanälen

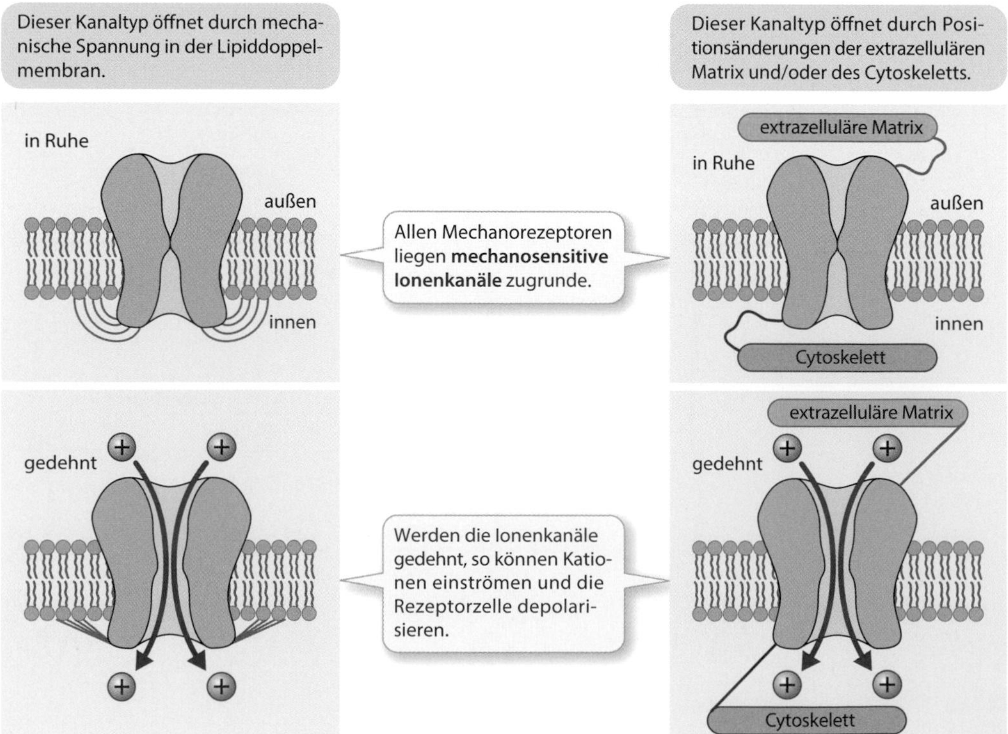

17

Meissner-Körperchen sind schnell adaptierende Mechanorezeptoren in der Lederhaut. Sie messen Berührung und Vibration. Sie adaptieren schnell und feuern nur bei Bewegungen und Veränderungen der Reizstärke (Geschwindigkeitsrezeptoren).

Merkel-Tastscheiben liegen in der Oberhaut angrenzend zur Lederhaut. Sie messen präzise Berührung und punktförmigen Druck. Sie adaptieren langsam und können auf einen andauernden Reiz (z. B. den Druck auf den Gesäßmuskel beim Sitzen) dauerhaft Aktionspotenziale senden.

Haarfollikelsensoren sind Geschwindigkeitsrezeptoren in der behaarten Haut, sie adaptieren auf eine stabile Stellung des Haars. Ihre Funktion entspricht den Meissner-Körperchen.

Pacini-Körperchen in der Unterhaut besitzen ein großes rezeptives Feld und adaptieren am schnellsten. Sie messen Vibration und starken Druck. Da sie nur Veränderungen der Geschwindigkeit eines Reizes anzeigen, sind sie gute Vibrationssensoren.

Ruffini-Körperchen in der Lederhaut messen die Stellung von Gelenken und die Dehnung der Haut. Sie adaptieren langsam, codieren jedoch vor allem für Dehnung der Haut und besitzen eine Vorzugsrichtung.

Plattenepithel
Oberhaut
Lederhaut
senorische Afferenzen
Unterhautfettgewebe
behaarte Haut
unbehaarte Haut

Kaltrezeptoren reagieren auf eine Verringerung der Temperatur mit einem sprunghaften Anstieg der Aktionspotenzialfrequenz und auf eine Erhöhung mit einem sprunghaften Abfall. Die Kaltrezeptoren sind phasische Rezeptoren und reagieren nur auf Änderungen. Phasische Kaltrezeptoren sind die Ursache des Unbehagens, in kalte Gewässer zu steigen; sind sie adaptiert, macht das Schwimmen Spaß. Die Transduktion erfolgt über temperaturabhängige Ionenkanäle, z. B. der TRP-Kanalfamilie.

Phasische Rezeptoren reagieren nur auf eine Änderung. Nach Adaption ist die Entladungsrate bei tiefen Temperaturen genauso niedrig wie bei höheren Temperaturen.

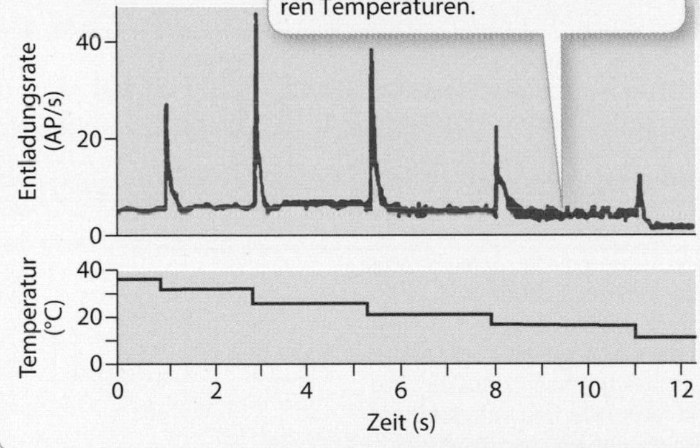

Warmrezeptoren antworten mit umgekehrter Polarität. Je größer und je rascher der Temperatursprung ausfällt, desto stärker wird auch die phasische Antwort. Warmrezeptoren sind phasisch-tonische Rezeptoren, sie reagieren auf Veränderung, melden aber auch das absolute Temperaturniveau.

Phasisch-tonische Rezeptoren melden neben Änderungen auch das absolute Temperaturniveau. Die Entladungsrate ist bei hohen Temperaturen grundsätzlich höher als bei niedrigen Temperaturen.

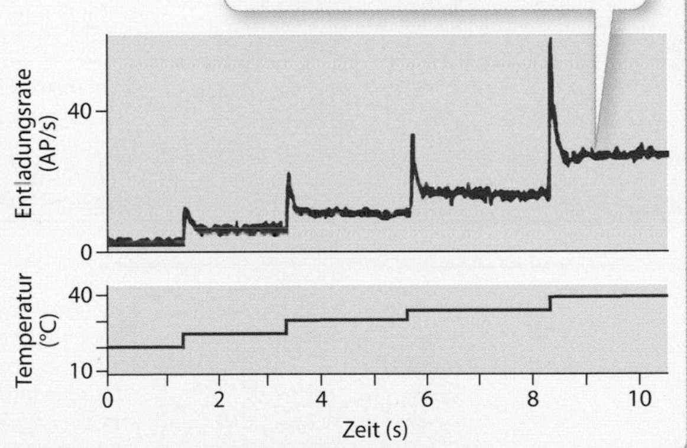

Kalt- und Warmrezeptoren sind spezifische Rezeptoren, die entweder nur Änderungen melden (phasische Rezeptoren) oder auch die absolute Temperatur (phasisch-tonische Rezeptoren).

Nozizeptoren melden potenzielle oder tatsächliche Gewebeverletzungen. Sie finden sich als freie Nervenendigungen in der Lederhaut.

Schwann-Zellen umhüllen das Axon.

Axon der nozizeptiven Faser

Freie Nervenendigungen in unserer Haut besitzen mit **Substanz P**, einem aus elf Aminosäuren bestehenden Neuropeptid, gefüllte Vesikel und G-Protein-gekoppelte Rezeptoren.

Die blasige Anschwellung am Fortsatz der Nervenzelle wird als **Varikosität** bezeichnet.

Verletzung setzt die in Vesikeln gespeicherte Substanz frei.

Abb. 17.4 Die Hautsinne erlauben Haptik, Temperaturempfindungen, Nozizeption und Anteile des Gelenkstellungsempfindens

17.3 Mechanorezeptoren erlauben die Wahrnehmung der Gliedmaßenstellung und koordinierte Bewegungen

Zu den Sinnesorganen der Haut gesellen sich Sinnesorgane der Muskulatur und der Sehnen. Die Muskellänge und die Dynamik der Veränderung werden über **Muskelspindelorgane** gemessen. In einer Bindegewebshülle befindet sich jeweils ein Bündel aus fünf bis zehn intrafusalen Muskelfasern (von lat. *fusus*, Spindel). Es sind quergestreifte Muskelfasern, die mit sensiblen Nervenendigungen umwickelt sind, wobei **statische und dynamische Fasern** kombiniert sind (◘ Abb. 17.5). Die intrafusalen Muskelfasern verlaufen parallel zu den extrafusalen Muskelfasern, die die Kraftentfaltung bewirken. Sie sind mit diesen verknüpft und erfahren so alle Längenänderungen des Muskels proportional.

Durch die Aktivierung seiner **α-Motoneuronen** wird der Muskel kontrahiert. Je kürzer der Muskel wird, desto kürzer werden auch die Muskelspindeln; sie senden dann kaum noch Aktionspotenziale. Durch die Aktivierung von **γ-Motoneuronen**, die speziell die Enden der intrafusalen Muskelfasern kontaktieren, werden diese Enden verkürzt und dadurch der Mittelteil mit den sensiblen Nervenendigungen gedehnt. Unsere Spindel-Messgeräte gehen in einen neuen Messbereich, in dem sie mehr Aktionspotenziale pro Sekunde liefern. Durch die **α-γ-Coaktivierung** gelingt eine besonders präzise Kraftentfaltung.

Information wird während der Reizaufnahme und Signalweiterleitung mehrfach **umcodiert**. Reize der Außenwelt werden im Sinnesorgan in **elektrischer Erregung** codiert; für die Übermittlung über weite Strecken wird die Erregung als **Aktionspotenzialfrequenz** und am Ende des Axons, an chemischen Synapsen, als **Menge ausgeschütteten Neurotransmitters** codiert (◘ Abb. 17.6).

Somatosensorische Information gelangt über primäre sensorische Neuronen durch die Hinterwurzelzugänge pro Segment der Wirbelsäule in das **Rückenmark**. Hier findet auch Verarbeitung statt, z. B. hinsichtlich polysynaptischer Reflexe. Die Information gelangt über zwei Bahnen weiter nach zentral. Schließlich werden Informationen der linken Körperseite in der rechten Hirnhemisphäre verarbeitet und umgekehrt. Der **somatosensorischen Cortex** befindet sich im Scheitellappen des Großhirns posterior der Zentralfurche (◘ Abb. 17.7). Er ist **somatotop** organisiert, d. h., benachbarte Punkte auf dem Körper werden an benachbarten Stellen des somatosensorischen Cortex repräsentiert. Der somatosensorische Cortex unterhält innige Verbindungen mit dem **primären motorischen Cortex**, der sich anterior der Zentralfurche des Großhirns und somit im posterioren Teil des Stirnlappens befindet. Der **motorische Homunculus** ist in ganz ähnlicher Weise verzerrt wie der somatosensorische, denn Körperpartien mit guter Sensorik besitzen auch eine überdurchschnittlich fein ansteuerbare Muskulatur und mithin viele kleine motorische Einheiten (◘ Abb. 17.7).

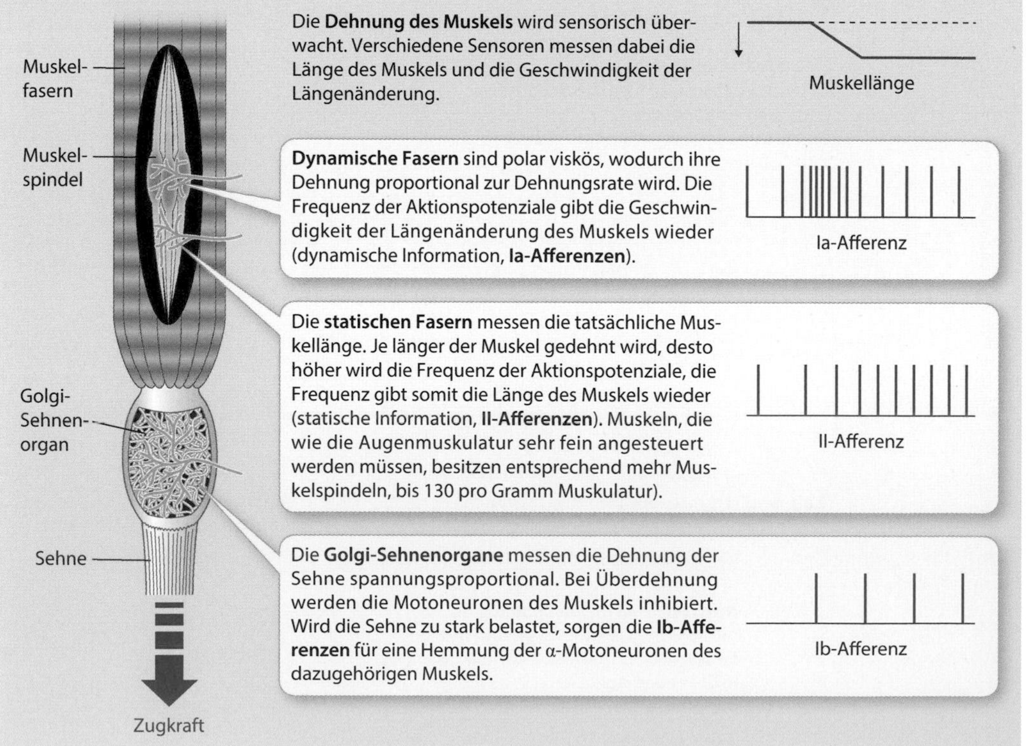

◘ **Abb. 17.5** Sensorische Überwachung von Muskeln und Sehnen

17

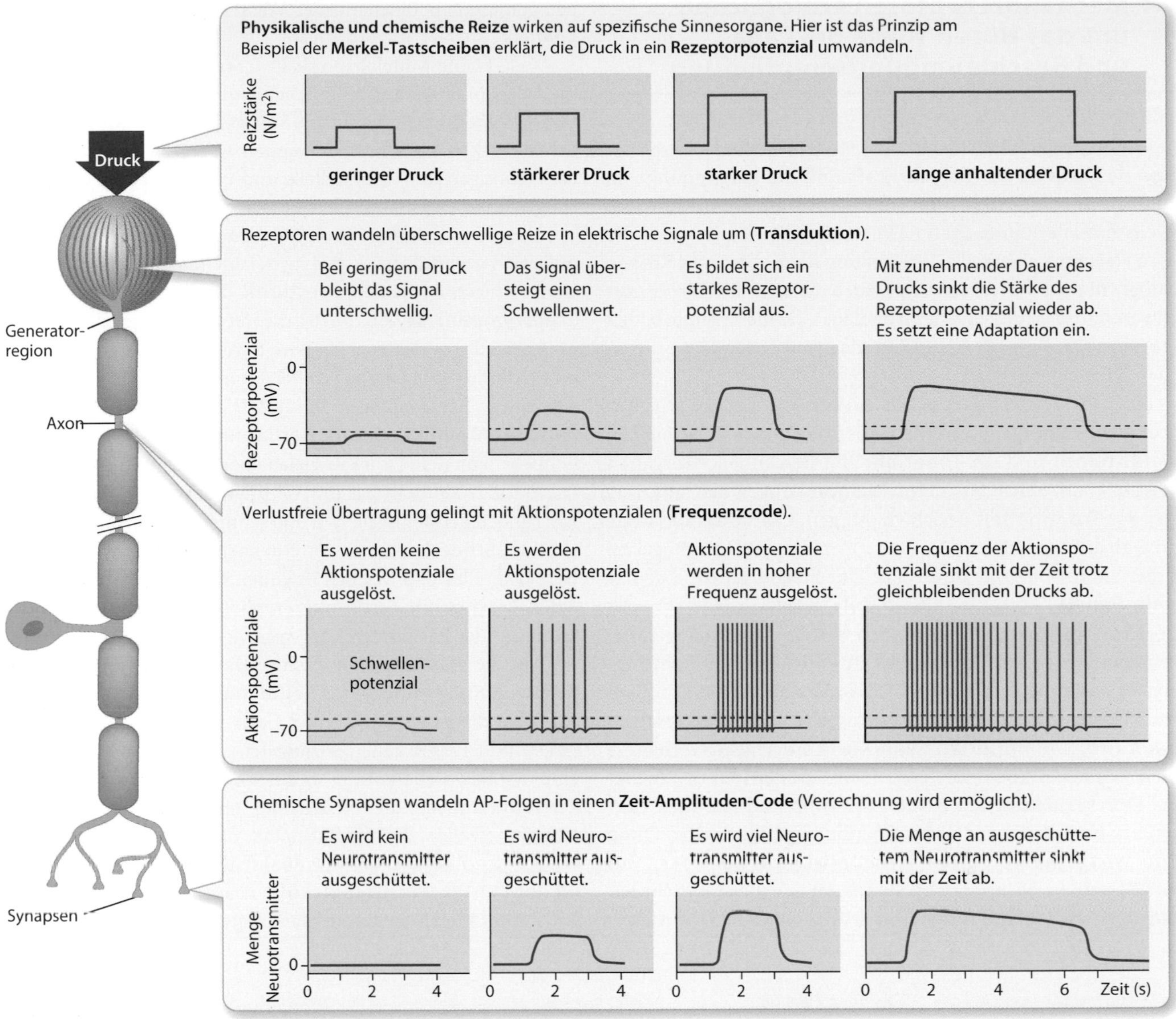

Druck

Generatorregion

Axon

Synapsen

Physikalische und chemische Reize wirken auf spezifische Sinnesorgane. Hier ist das Prinzip am Beispiel der **Merkel-Tastscheiben** erklärt, die Druck in ein **Rezeptorpotenzial** umwandeln.

Reizstärke (N/m^2)

geringer Druck | **stärkerer Druck** | **starker Druck** | **lange anhaltender Druck**

Rezeptoren wandeln überschwellige Reize in elektrische Signale um (**Transduktion**).

Bei geringem Druck bleibt das Signal unterschwellig.

Das Signal übersteigt einen Schwellenwert.

Es bildet sich ein starkes Rezeptorpotenzial aus.

Mit zunehmender Dauer des Drucks sinkt die Stärke des Rezeptorpotenzial wieder ab. Es setzt eine Adaptation ein.

Rezeptorpotenzial (mV): 0, −70

Verlustfreie Übertragung gelingt mit Aktionspotenzialen (**Frequenzcode**).

Es werden keine Aktionspotenziale ausgelöst.

Es werden Aktionspotenziale ausgelöst.

Aktionspotenziale werden in hoher Frequenz ausgelöst.

Die Frequenz der Aktionspotenziale sinkt mit der Zeit trotz gleichbleibenden Drucks ab.

Aktionspotenziale (mV): 0, −70

Schwellenpotenzial

Chemische Synapsen wandeln AP-Folgen in einen **Zeit-Amplituden-Code** (Verrechnung wird ermöglicht).

Es wird kein Neurotransmitter ausgeschüttet.

Es wird Neurotransmitter ausgeschüttet.

Es wird viel Neurotransmitter ausgeschüttet.

Die Menge an ausgeschüttetem Neurotransmitter sinkt mit der Zeit ab.

Menge Neurotransmitter: 0

0 2 4 | 0 2 4 | 0 2 4 | 0 2 4 6 Zeit (s)

Abb. 17.6 Prinzip der Codierung von Reizen in Rezeptor- und Aktionspotenziale am Beispiel der Druckperzeption durch Merkel-Tastscheiben

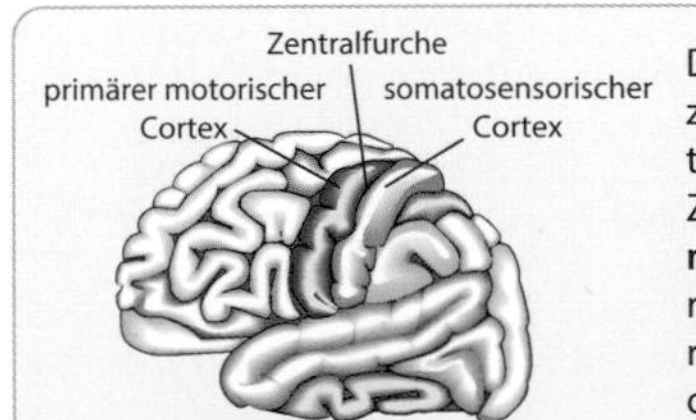

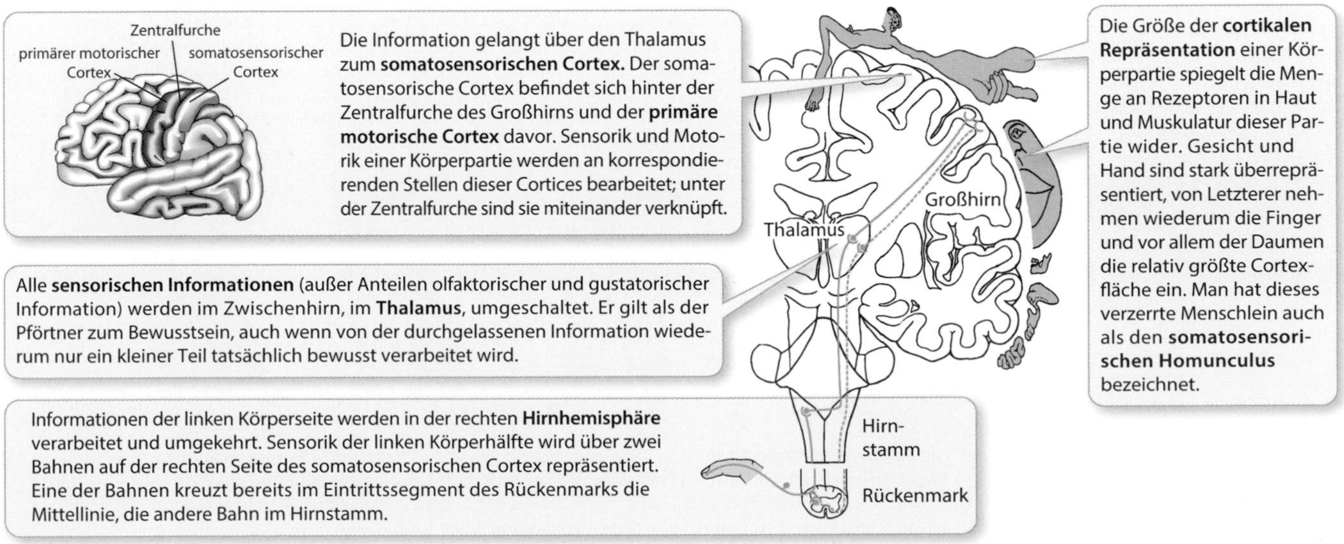

Die Information gelangt über den Thalamus zum **somatosensorischen Cortex.** Der somatosensorische Cortex befindet sich hinter der Zentralfurche des Großhirns und der **primäre motorische Cortex** davor. Sensorik und Motorik einer Körperpartie werden an korrespondierenden Stellen dieser Cortices bearbeitet; unter der Zentralfurche sind sie miteinander verknüpft.

Alle **sensorischen Informationen** (außer Anteilen olfaktorischer und gustatorischer Information) werden im Zwischenhirn, im **Thalamus**, umgeschaltet. Er gilt als der Pförtner zum Bewusstsein, auch wenn von der durchgelassenen Information wiederum nur ein kleiner Teil tatsächlich bewusst verarbeitet wird.

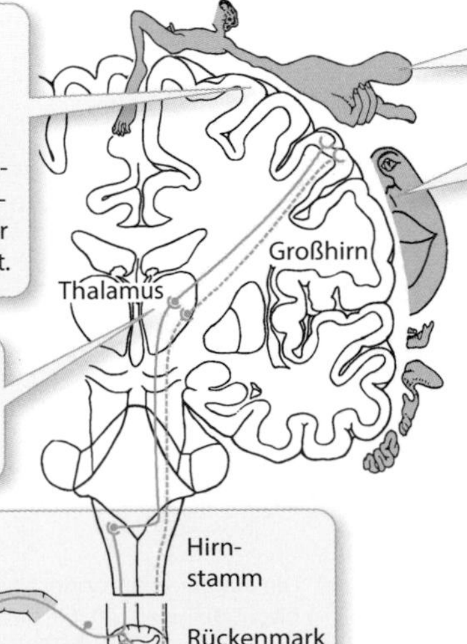

Die Größe der **cortikalen Repräsentation** einer Körperpartie spiegelt die Menge an Rezeptoren in Haut und Muskulatur dieser Partie wider. Gesicht und Hand sind stark überrepräsentiert, von Letzterer nehmen wiederum die Finger und vor allem der Daumen die relativ größte Cortexfläche ein. Man hat dieses verzerrte Menschlein auch als den **somatosensorischen Homunculus** bezeichnet.

Informationen der linken Körperseite werden in der rechten **Hirnhemisphäre** verarbeitet und umgekehrt. Sensorik der linken Körperhälfte wird über zwei Bahnen auf der rechten Seite des somatosensorischen Cortex repräsentiert. Eine der Bahnen kreuzt bereits im Eintrittssegment des Rückenmarks die Mittellinie, die andere Bahn im Hirnstamm.

Abb. 17.7 Hautsinne und die Überwachung von Muskeln und Sehnen werden im somatosensorischen Cortex verarbeitet

17.4 Mechanorezeptoren ermöglichen uns das Hören sowie die Lage- und Beschleunigungsempfindung

Die Ohrorgane ermöglichen uns das **Hören**, die Empfindung der **Lage des Kopfes zur Schwerkraft** und die Empfindung von **linearen Beschleunigungen** und **Drehbeschleunigungen**, jeweils um alle Raumachsen. Die zusätzliche Auswertung der tiefen Halsmuskulatur, also der Stellung des Kopfes zum Körper, ermöglicht es dem Nervensystem, auch die Lage des Körpers zur Schwerkraft zu ermitteln. Die Grundlage aller dieser Sinne bilden **Haarsinneszellen** (◘ Abb. 17.8), das sind sekundäre Sinneszellen ohne eigenes Axon.

Das Ohr gliedert sich in das **Außenohr** mit der Ohrmuschel, dem Gehörgang und dem abschließenden Trommelfell, das **Mittelohr** und das **Innenohr** mit den Innenohrorganen (◘ Abb. 17.9). Schall, also Druckschwankungen der Luft, versetzt das **Trommelfell** in Schwingungen, das sie auf die Kette von **Gehörknöchelchen** Hammer, Amboss und Steigbügel im luftgefüllten Mittelohr überträgt. Der Steigbügel ist über das **ovale Fenster** mit der mit Lymphe gefüllten Hörschnecke (Cochlea) im Innenohr verbunden. Große Auslenkungen bei geringem Druck am Trommelfell in Luft werden auf eine geringe Auslenkung der Membran des ovalen Fensters bei großem Druck übersetzt, um die Lymphe in Schwingungen versetzen zu können. Die **Impedanzwandlung** im Flächenverhältnis von Trommelfell (64 mm^2) zu ovalem Fenster (3 mm^2) bringt eine Druckerhöhung auf Kosten der Amplitude um den Faktor 22, ohne dass zusätzliche Energie zugeführt wird. Ohne diese Wandlung wären die Verhältnisse, wie wenn man auf eine Wasseroberfläche spricht: 99,9 % der Schallenergie würden reflektiert werden und das Wasser würde kaum in Schwingungen geraten; ein Taucher unter Wasser würde uns nicht hören können.

Zwei kleine Mittelohrmuskeln („Steigbügelmuskel", „Trommelfellspanner") können die Schallleitung im Mittelohr variabel verschlechtern. Damit schützen sie das Innenohr vor zu großen Schalldrücken. Bei schnellen Frequenzwechseln dämpfen sie das Ausschwingen des Trommelfells und vermindern so Überlagerungseffekte. Das kommt dem Sprachverstehen zugute.

Die **Hörschnecke** (**Cochlea**) besteht äußerlich aus einem mehrfach gewundenen Kanal im Schädelknochen. Er ist in drei Gänge unterteilt, die **Scala vestibuli**, die **Scala media** und die **Scala tympani** (◘ Abb. 17.10), die mit Lymphe gefüllt sind. Die Membran des ovalen Fensters wird durch die Gehörknöchelchen im Rhythmus des Luftschalls bewegt und die Lymphe in der Scala vestibuli in Schwingungen versetzt. Dies überträgt sich auf die **Reissner-Membran** und die **Basilarmembran**, wobei die Scala tympani dann dem Druckausgleich über das runde Fenster dient. Die Basilarmembran hat präzise physikalische Eigenschaften. Am runden Fenster ist sie steif und schmal und zum Helicotrema (griech. „Schneckenloch"), der innersten Spitze der Cochlea, hin wird sie breiter und weicher. Es bilden sich **Wanderwellen** aus, deren Maxima für bestimmte Frequenzen genau bestimmten Orten auf der Basilarmembran zugewiesen sind.

Auf der Basilarmembran sitzt das **Corti-Organ** mit **drei Reihen äußerer und einer Reihe innerer Haarsinneszellen** auf. Über die gesamte Länge des Corti-Organs finden sich 3500 innere und 12.000 äußere Haarzellen. Am Ort des Maximums einer Wanderwelle kommt es zu Scherbewegungen zwischen der Tectorialmembran und den höchsten Stereovilli der äußeren Haarsinneszellen, die sich in Kontakt dazu befinden. Die Zellen werden depolarisiert, was den **cochleären Verstärker** aktiviert (◘ Abb. 17.11). **Prestinmoleküle**, das sind Flächenmotorproteine in der Membran der äußeren Haarzellen, verkleinern rhyth-

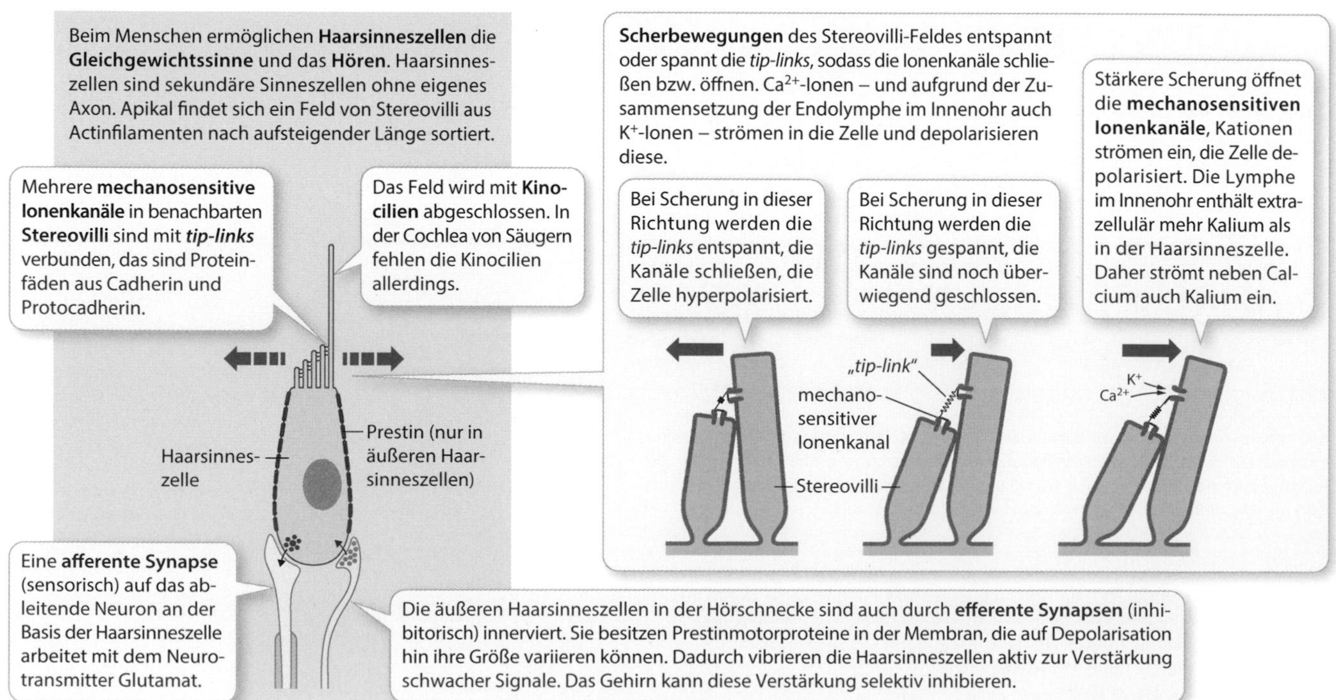

◘ **Abb. 17.8** Struktur und Funktion der Haarsinneszellen in den Innenohrorganen

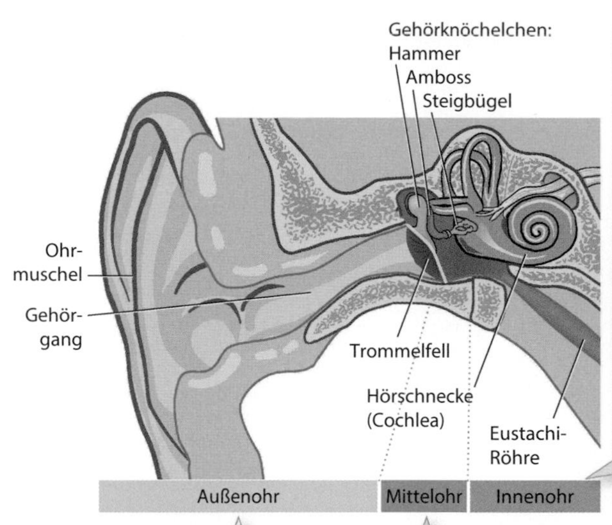

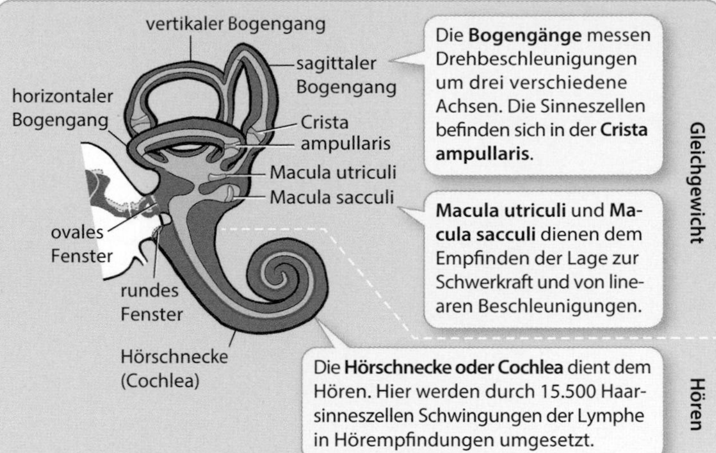

Die **Ohrmuschel** dient dem Schalleinfang und dem Richtungshören. Ihre komplexe Form filtert Frequenzen, sodass sich Schallereignisse vor und hinter dem Kopf unterschiedlich anhören. Schall, also Druckschwankungen der Luft, versetzt das Trommelfell in Schwingungen.

Die **Gehörknöchelchen** im luftgefüllten Mittelohr setzen die Schwingungen des Trommelfells mit großer Amplitude, aber geringem Druck in Schwingungen der Lymphe in der Cochlea mit kleiner Amplitude, aber großem Druck um (**Impedanzwandlung** mit dem Faktor 22).

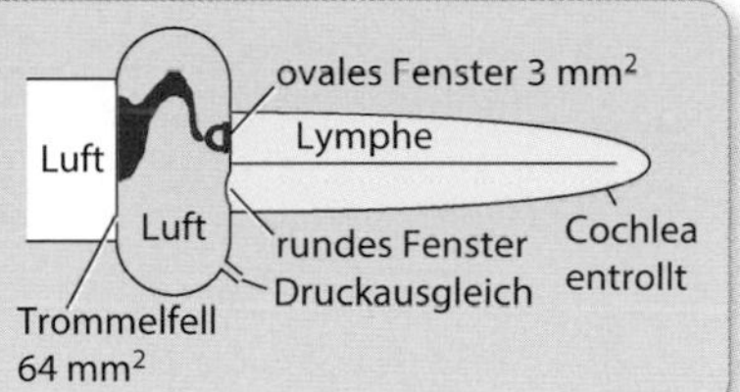

Abb. 17.9 Übersicht über die Ohrorgane

entrollte Darstellung der Cochlea:

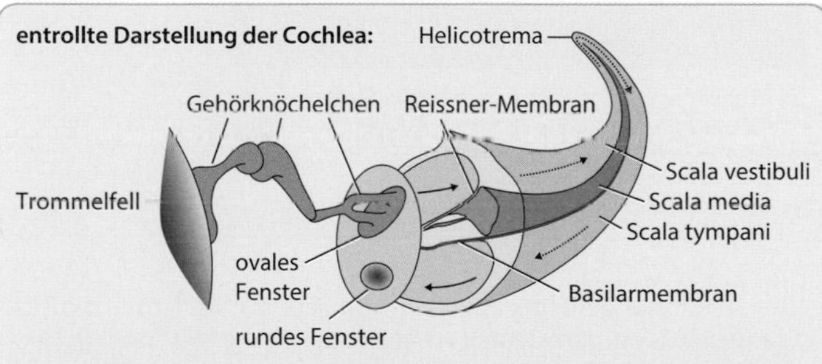

Luftschall wird durch die Gehörknöchelchen auf die Lymphe in der Cochlea übertragen. Das ovale Fenster drückt auf Lymphe in der Scala vestibuli. Die Basilarmembran gerät in Schwingungen und der Druck wird über die Scala tympani und das runde Fenster ausgeglichen.

Bestimmte Frequenzen versetzen die **Basilarmembran** jeweils an bestimmten Orten in Schwingungen (**Ortsprinzip, Tonotopie**). Es bilden sich **Wanderwellen** aus, deren Maxima für bestimmte Frequenzen genau bestimmten Orten auf der Basilarmembran zugewiesen sind. Die Frequenzskala über die Länge der Membran ist logarithmisch. Das Maximum der Einhüllenden einer Wanderwelle nimmt einen durch die Frequenz bestimmten Ort auf der Basilarmembran ein.

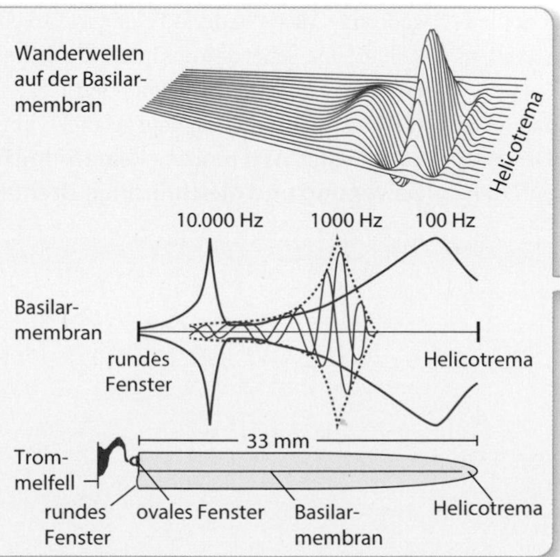

Schall führt zu Auslenkungen der Basilarmembran

Die **Basilarmembran** ist am Eingang zur Cochlea steif und schmal und am Helicotrema nachgiebig und breit. Dadurch lenkt sie hohe Frequenzen nahe dem ovalen Fenster aus und tiefe Frequenzen nahe dem Helicotrema. Die Frequenzskala über der Länge der Membran ist logarithmisch und reicht bei jungen Erwachsenen von 20–20.000 Hz. Die geordnete Abbildung von Frequenzen auf Orte der Membran nennt man **Tonotopie**.

logarithmische Abbildung der Frequenzen auf die Länge der Basilarmembran

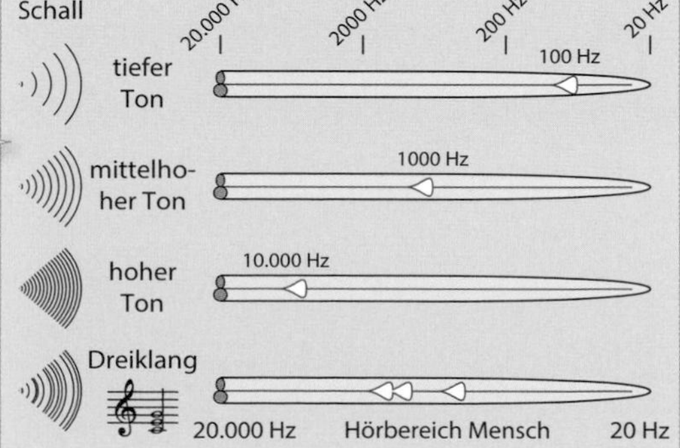

Abb. 17.10 Hören – die Frequenzaufspaltung erfolgt auf der Basilarmembran

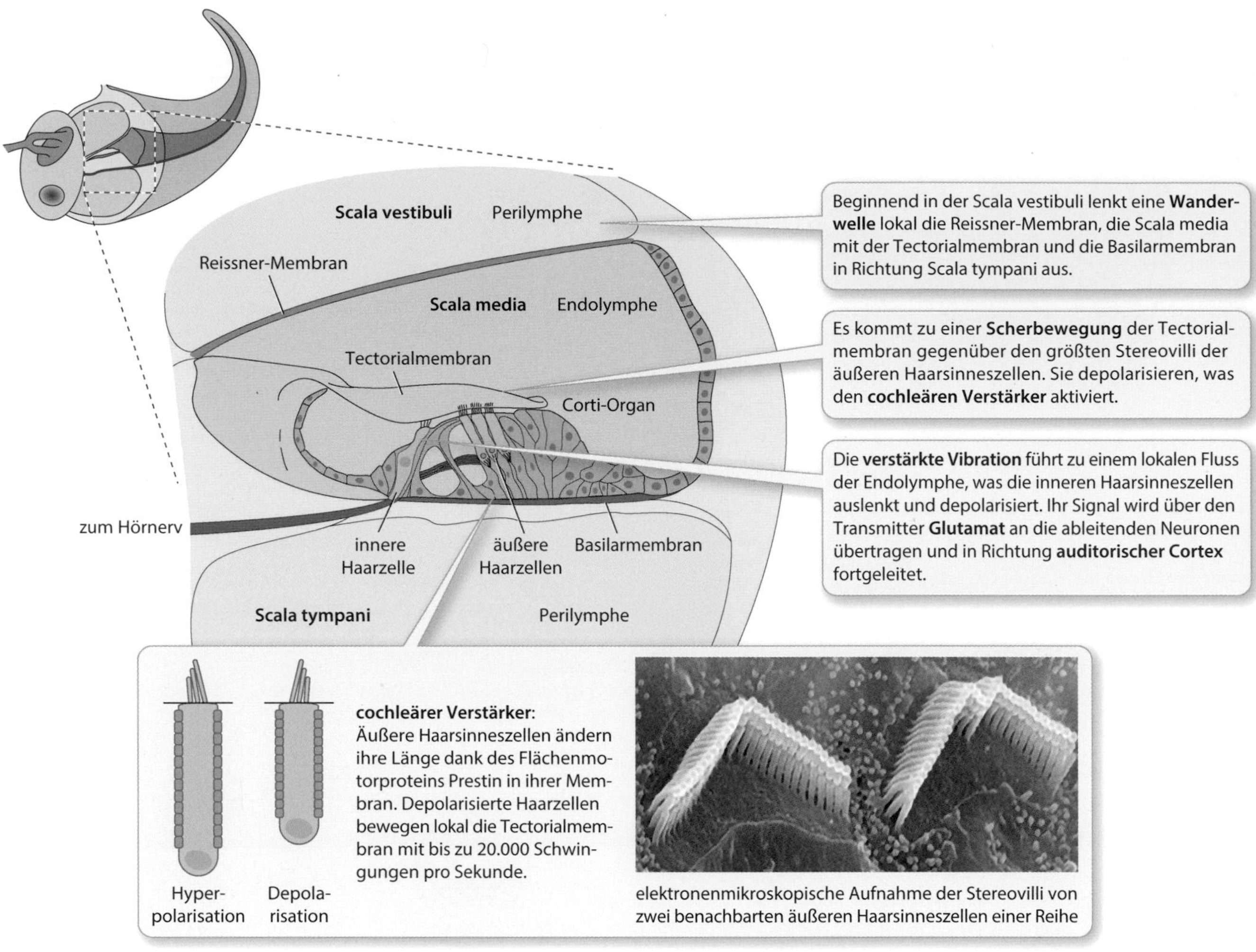

Abb. 17.11 Hören – die Transduktion

misch ihre Fläche; die Haarzelle beginnt mit bis zu 20.000 Hz zu vibrieren. Die mechanische Aktivität der äußeren Haarsinneszellen bewirkt einen lokalen Fluss der Endolymphe, was die inneren Haarsinneszellen erregt. Deren Signale bewirken den Höreindruck; sie werden über den Hörnerv zu höheren Zentren geleitet. Die äußeren Haarsinneszellen sind dagegen auch afferent innerviert (Abb. 17.8). Höhere Zentren können den cochleären Verstärkerprozess für bestimmte Frequenzen inhibieren, was uns **selektives Hören** ermöglicht.

In den **Gleichgewichtsorganen** verrichten fast fünfmal mehr Haarsinneszellen ihren Dienst als in der Hörschnecke. Drei aufeinander senkrecht stehende **Bogengangorgane** messen Drehbeschleunigungen um alle Raumachsen. Es sind mit Lymphe gefüllte Kanäle im Schädelknochen, die jeweils eine Erweiterung mit den Sinneszellen darin, die Crista ampullaris mit 7000 Haarsinneszellen, besitzen (Abb. 17.12). Die **Maculaorgane Sacculus** und **Utriculus** haben eine zueinander senkrechte Ausrichtung und messen die Lage des Kopfes zur Schwerkraft um alle Achsen. Eine gallertige Masse bedeckt Felder von 16.000 bzw. 30.000 Haarsinneszellen. Eine Scherung der in die **Otolithenmembran** ragenden Stereovilli kann die entsprechenden Haarsinneszellen depolarisieren (Abb. 17.12). Die Signale gelangen über den Gleichgewichtsnerv zum Gehirn. Wir besitzen **keine Sinne für gleichförmige lineare Bewegung und gleichförmige Drehung**.

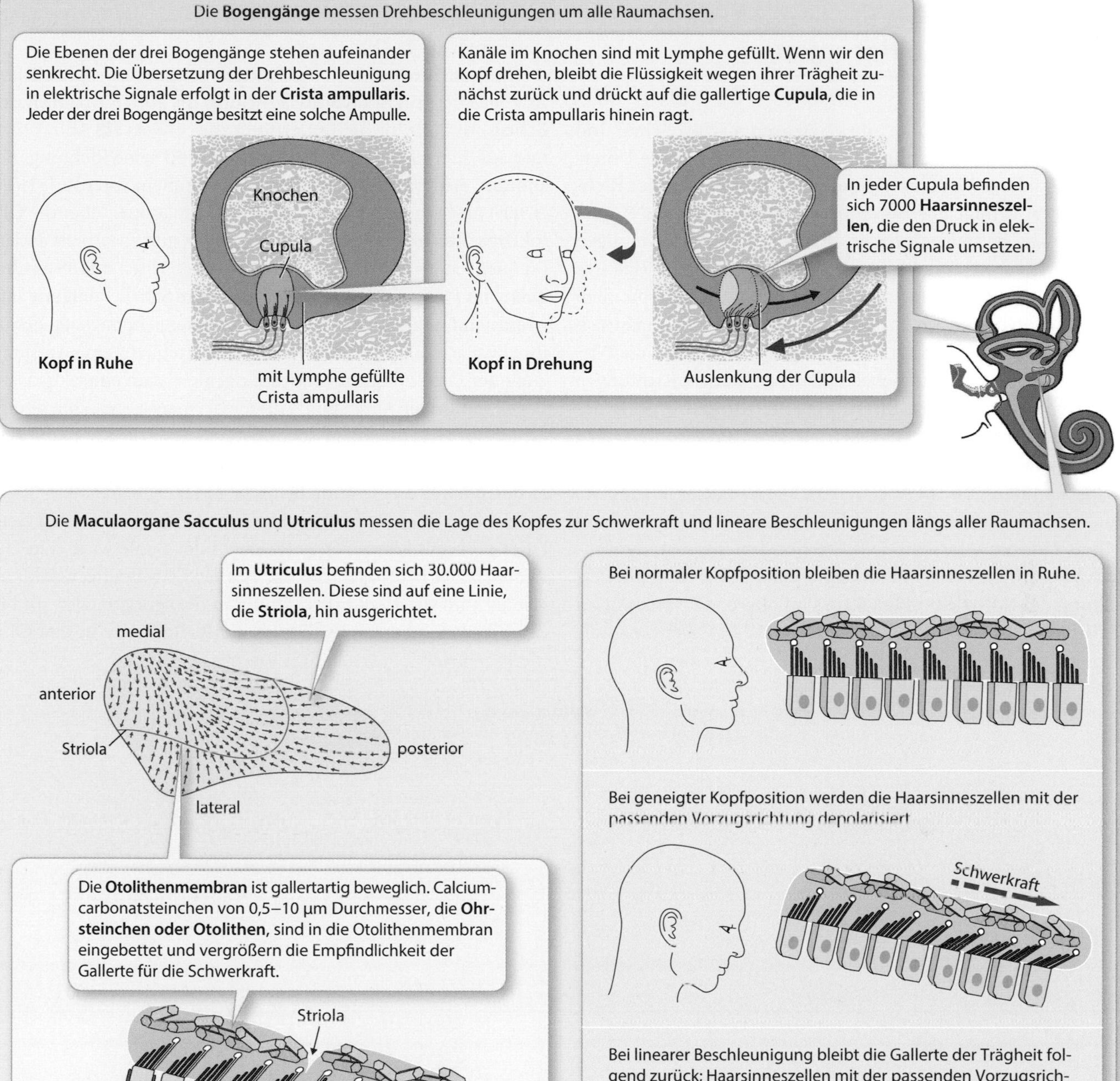

Abb. 17.12 Drei Bogengänge detektieren Drehbeschleunigungen um drei senkrecht aufeinander stehende Achsen, und zwei Maculaorgane detektieren die Lage des Kopfes zur Schwerkraft und lineare Beschleunigungen

17

17.5 Richtungshören nutzt die Laufzeitunterschiede des Schalls zwischen den Hörorganen

Richtungshören erlaubt es uns, Gefahren auszuweichen und einen Gesprächspartner aus einer Geräuschkulisse aus Unterhaltungen anderer Menschen herauszuhören. **Monaurales Richtungshören** gelingt uns durch den Schallschatten des Kopfes und durch die speziell geformten Ohrmuscheln. Sie bevorzugen oder benachteiligen Schallfrequenzen aus bestimmten Richtungen, sodass Schall von unten anders klingt als Schall von oben und Schall von hinten anders als Schall von vorne. Hält man sich Haushaltstrichter an die äußeren Gehörgänge, kann man die Wirkung der Ohrmuscheln aufheben und die genannten Richtungen nicht mehr unterscheiden. **Binaurales Richtungshören** in der horizontalen Ebene beruht dagegen auf dem Laufzeitunterschied des Schalls zwischen dem der Schallquelle zugewandten und dem ihr abgewandten Ohr (◘ Abb. 17.13). Die Winkelauflösung des menschlichen Richtungshörens beträgt ca. 1,5°, entsprechend ca. 10 µs Laufzeitunterschied. Mit Aktionspotenzialen, die 1 ms dauern, war diese Präzision schwer erklärbar, bis man die Verschaltung des **Koinzidenzdetektors** im oberen Olivenkomplex des Hirnstamms aufgeklärt hatte (◘ Abb. 17.13). Der binaurale Zeitunterschied wird durch Pegelunterschiede noch etwas vergrößert, denn schwache Signale werden später detektiert als starke Signale (◘ Abb. 17.13).

Fledermäuse haben sich auf **aktive Echoortung** spezialisiert. Aus der **Zeit von der Rufaussendung bis zum Eintreffen des Echos** ermitteln sie die Entfernung zum Objekt (◘ Abb. 17.14) und aus dem **binauralen Zeitunterschied** seine Richtung. Bestimmte Fledermäuse modulieren die Frequenz ihrer Rufe (FM-Arten) und erhalten dadurch noch Informationen über die **Objektbeschaffenheit**. Ein Käfer reflektiert und absorbiert andere Frequenzen als z. B. ein Ast. Die CF-Arten rufen mit fester Frequenz und haben den Vorteil, dass sie ihre Schallerzeugung und -wahrnehmung für diese Frequenz optimieren können. So besitzt ihre Basilarmembran im Bereich der Ruffrequenz eine Aufspreizung der Orts-Frequenz-Zuordnung, gleichsam eine akustische Fovea mit hoher Auflösung. Alle Fledermausarten schützen ihr Gehör während der Rufaussendung, indem sie die Kopplung zwischen Trommelfell und Innenohr dämpfen; zwei kleine Muskeln ziehen derweil am Trommelfell bzw. am Steigbügel.

Schleiereulen sind Ansitzräuber, die im Dunkeln ein Beutetier schlagen können. Das Rascheln der Beute wird vom Gesichtsschleier in die asymmetrisch hohen Ohröffnungen dahinter gelenkt und die Herkunftsrichtung in der Horizontalen und in der Vertikalen bestimmt. Durch die Asymmetrie in den Ohr-

Menschen gelingt **Richtungshören** in der **Horizontalebene.** Das der Schallquelle zugewandte Ohr empfängt die Schallwellen früher und mit höherer Amplitude („lauter").

Das abgewandte Ohr erhält den Schall um die zusätzliche Strecke Δs verzögert. Kommt der Schall aus 90° seitlicher Richtung, so wird die zusätzliche Strecke maximal und beträgt einen Kopfdurchmesser d. Bei 340 m/s Schallgeschwindigkeit und einem Kopfdurchmesser von 18 cm sind das maximal 0,53 ms **Laufzeitunterschied.**

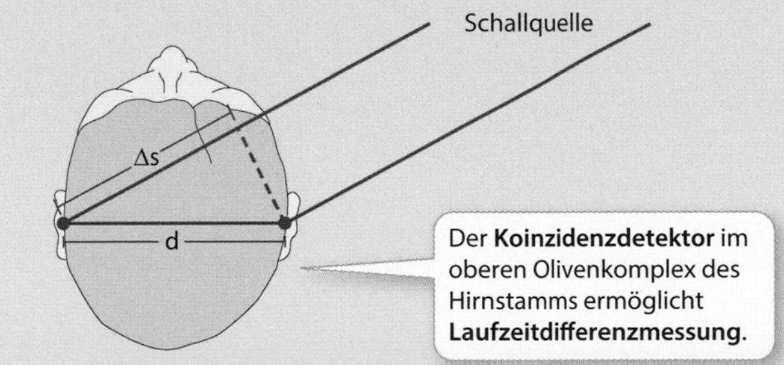

Bedingt durch den Schallschatten des Kopfes kommt der Schall auch mit geringerer **Amplitude** („leiser") am entfernten Ohr an. Dies bewirkt eine zusätzliche Verlängerung des Laufzeitunterschieds. Dies liegt an den Detektionsschwellen, die überschritten werden müssen, bevor ein Signal vom Rauschen unterschieden werden kann. Der flachere Anstieg schwacher Signale bewirkt, dass sie später als starke Signale detektiert werden.

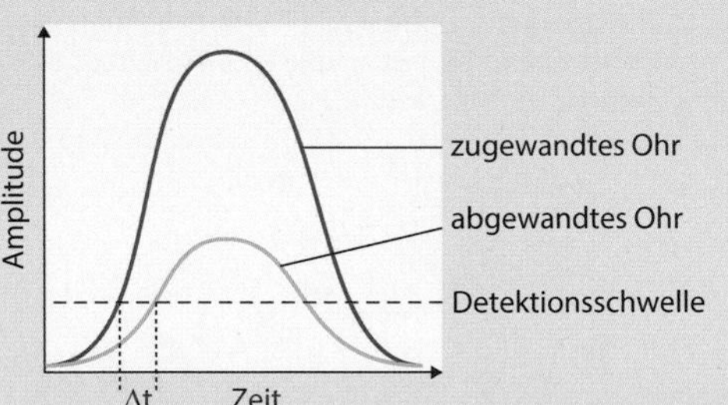

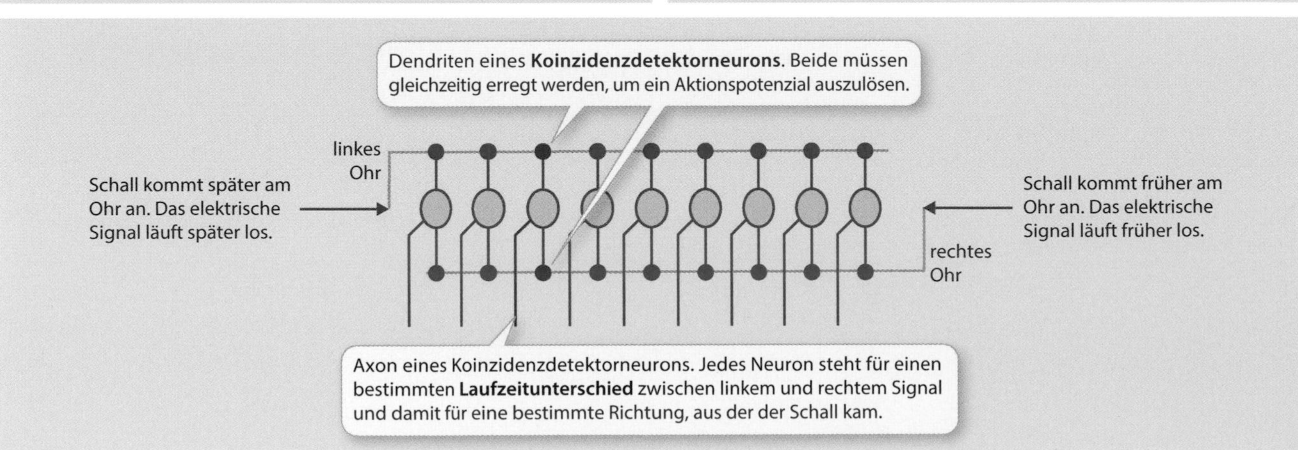

◘ **Abb. 17.13** Ein Koinzidenzdetektor im Hirnstamm erlaubt präzises Richtungshören

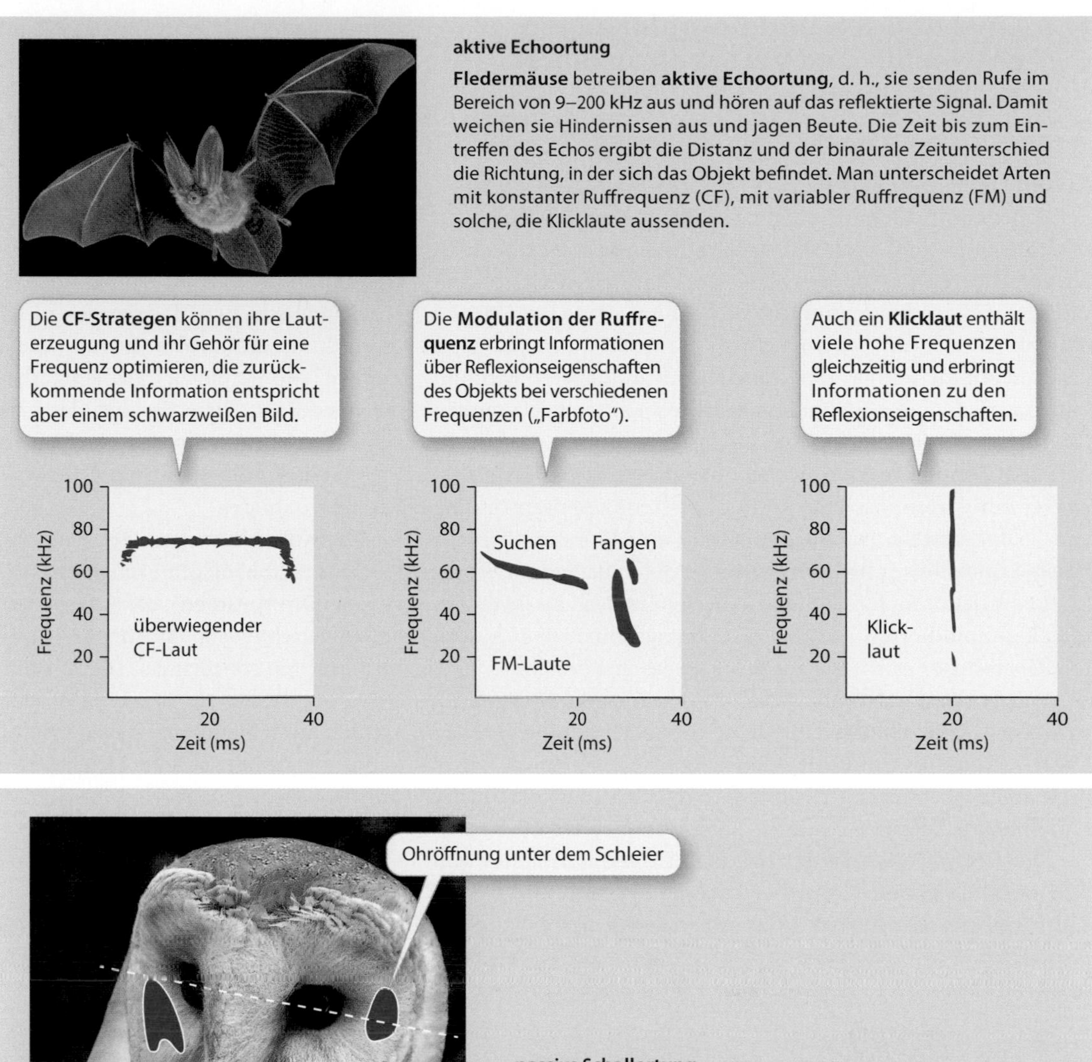

Abb. 17.14 Aktive Echoortung und passive Schallortung im Tierreich

höhen entsteht ein Laufzeitunterschied auch in der vertikalen Ebene (Elevation). Da der Schall nicht selbst produziert wird, spricht man von **passiver Schallortung** (Abb. 17.14). Schleiereulen müssen ihr Revier zunächst bei Licht gesehen haben, da Hindernisse bei der passiven Ortung nicht akustisch erkannt werden können. Für die Jagd im Dunkeln überlagern sie dann in ihrem Gehirn eine visuelle und eine akustische Karte.

Insekten haben zwei Formen des Hörens entwickelt. Einerseits werden umgebaute Beintracheen mit einem echten Trommelfell genutzt, z. B. von Heuschrecken und Grillen. Ihre Ohröffnungen befinden sich unterhalb des Femur-Tibia-Gelenks („Knie") der Vorderbeine, um für gutes Richtungshören einen maximalen Abstand und Laufzeitunterschied zwischen den Ohren zu realisieren. Es wird wie beim menschlichen Hören Schalldruck detektiert. **Schalldruck** bedeutet Dichteschwankungen der Luft; im Mittel bleiben die Luftmoleküle ortsfest. Andererseits wird **Schallschnelle** mit den Antennen detektiert. Hierzu müssen Luftmoleküle verfrachtet werden. Männchen der Taufliege *Drosophila* befördern mit Flügelbewegungen Luftpakete in Richtung der weiblichen Antennen, die mit Mechanosensoren versehen sind; die zeitliche Abfolge aus Flügelschlägen und Pausen ist artspezifisch und wird als Balzgesang bezeichnet.

17.6 Linsenaugen und Komplexaugen entwerfen und verarbeiten Bilder aus der Umwelt

Augen empfangen Bilder aus der Umwelt und setzen sie auf einer **lichtempfindlichen Schicht aus Photorezeptoren** in elektrische Signale um. Vertebratenaugen bezeichnet man auch als Kameraaugen: Der Augapfel bildet das lichtdichte Gehäuse und die Retina die lichtempfindliche Schicht am Augenhintergrund (◘ Abb. 17.15). Ein System aus zwei **Sammellinsen** projiziert das Bild auf die Retina. Der Übergang vom dünneren Medium Luft zum dichteren Medium Kammerwasser an der gekrümmten **Hornhaut** (**Cornea**) erbringt eine feste Sammellinsenwirkung von 48,8 Dioptrien (dpt), wobei am Übergang von Kammerwasser zur Augenlinse eine leichte Zerstreuungslinsenwirkung von −6 dpt entsteht. Die **Augenlinse** ist eine formveränderliche zweite Sammellinse und liefert einen variablen Beitrag zur Brechkraft von 16 dpt im fernakkommodierten Zustand bis 28 dpt im nahakkommodierten Zustand (Gesamtsystem 58,6–70,6 dpt). Der **Glaskörper** erhält die Form des Auges und besteht zu 98 % aus Wasser, das durch Hyaluronsäure und Kollagenfasern gelartig wird. Der Lichteinfall wird durch die Größe der **Pupille** geregelt. Die **Iris** (**Regenbogenhaut**) schirmt das Augeninnere ab, wenn die Pupille auf minimal 1,5 mm verengt wurde; ihr maximaler Durchmesser beträgt 8,0 mm.

Die **Retina** (**Netzhaut**) bearbeitet die Information von **125 Mio. Stäbchen-**(**Dämmerungssehsystem**) und **6 Mio. Zapfenphotorezeptoren** (**Tagsehsystem**), bevor dann die Axone von **1 Mio. Ganglienzellen** die Retina über den **Sehnerv** verlassen. Den Weg von den Photorezeptoren über die **Bipolarzellen** zu den Ganglienzellen bezeichnet man als vertikale Bahn. Die **Horizontalzellen** und **Amakrinzellen** fassen Informationen von benachbarten Sinneszellen zusammen und verarbeiten sie hinsichtlich Kontrastverschärfung, Erhöhung der Lichtstärke und Farbauswertung. Dies konstituiert die laterale Bahn. Die verarbeitende Schicht und Blutgefäße liegen vor der Schicht aus Photorezeptoren. Die sogenannte **inverse Retina** evolvierte aus einer Ausstülpung des Zwischenhirns. **Müller-Gliazellen** (► Abschn. 16.2, ◘ Abb. 16.7) durchsetzen die verarbeitende Schicht und wirken wie Lichtleiter für die Photorezeptoren. In der **Sehgrube** (**Fovea**) finden sich dicht gepackt nur Zapfenphotorezeptoren und die verarbeitende Schicht ist hier zur Seite gedrängt. Dieser Bereich des schärfsten Sehens nimmt 5° Sehwinkel ein. Am **blinden Fleck** gibt es keine Photorezeptoren, hier verlassen die Axone der Ganglienzellen das Auge, um den Sehnerv zu bilden.

Die **Komplexaugen** der Arthropoden (► Abschn. 30.18) sind aus unabhängigen Einheiten mit jeweils eigener Linse aufgebaut (**Ommatidien**), die auf einer kugeligen Oberfläche nach außen gerichtet sind (◘ Abb. 17.16). Schirmpigmente isolieren die Einheiten voneinander. Der Augentyp hängt von der Lebensweise der Träger ab. Tagaktive Insekten z. B. können mit viel Lichteinfall rechnen und haben ihre Augen auf eine gute Ortsauflösung anstatt auf hohe Lichtstärke optimiert (**Appositionsauge**). Dämmerungsaktive Insekten können die **Schirmpigmente** zur Dämmerung hin wandern lassen, sodass Licht aus verschiedenen Richtungen auf die Photorezeptoren fallen kann. Die Lichtstärke wird dann mit einer Verschlechterung der Ortsauflösung erkauft (**optisches Superpositionsauge**). Schnell und in der Dämmerung agierende Dipteren besitzen **neuronale Superpositionsaugen** (◘ Abb. 17.16). Mehrere Photorezepto-

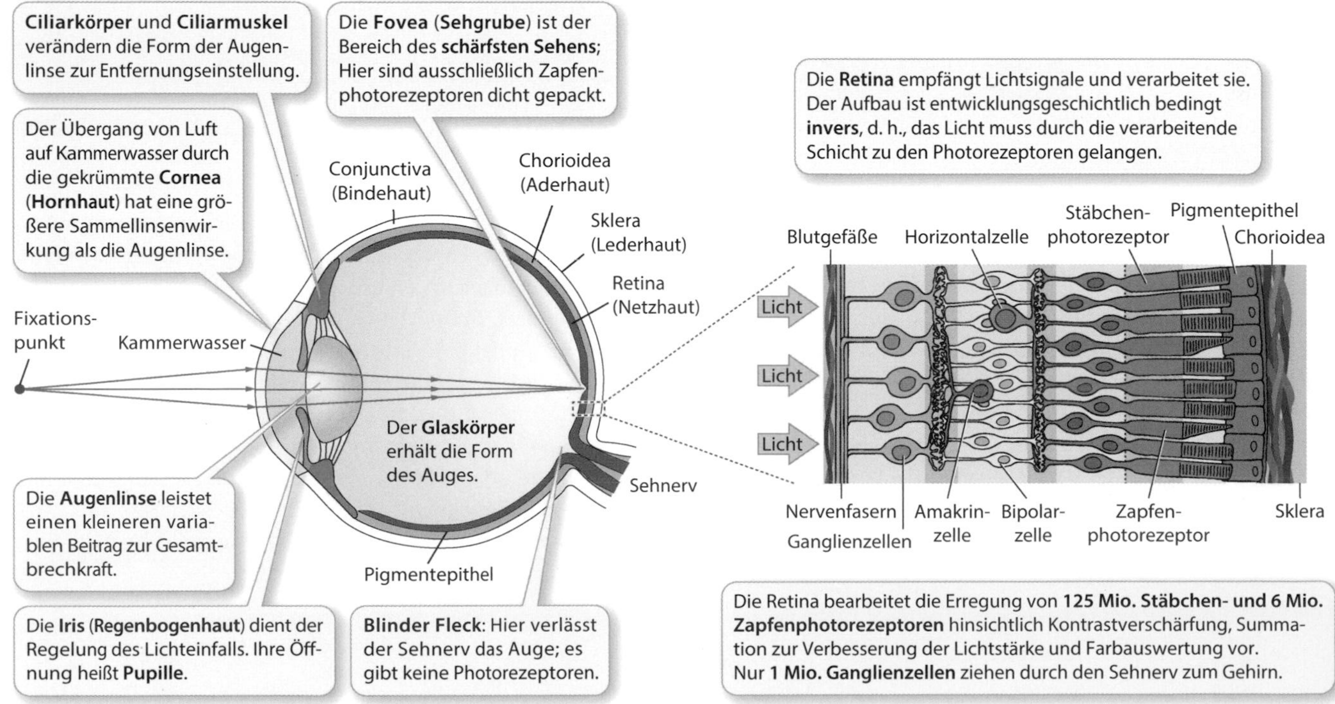

◘ **Abb. 17.15** Aufbau des menschlichen Auges. Gezeigt ist ein Horizontalschnitt (Fovea und blinder Fleck sichtbar) durch ein rechtes Auge, betrachtet von oben (der Sehnerv verlässt das Auge nasal)

ren sind in einem Ommatidium vereint. Im Zentrum befindet sich ein Tagsehsystem aus Farbsehrezeptoren. In einem Kranz darum herum angeordnete Photorezeptoren besitzen eine höhere Lichtempfindlichkeit und empfangen Licht aus verschiedenen Richtungen. In der ersten verarbeitenden Schicht der optischen Loben, der Lamina, werden die Signale aller Photorezeptoren addiert, die zwar in verschiedenen Ommatidien sitzen, aber in dieselbe Raumrichtung blicken. Die gute Ortsauflösung wird so mit einer hohen Lichtstärke kombiniert.

Auch Insektenaugen können **Foveae** aufweisen, die nach Lebensweise unterschiedliche Formen annehmen. Wasserläufer besitzen einen horizontal massiv verbreiterten Bereich des schärfsten Sehens, mit dem sie die Wasseroberfläche observieren. Taubenschwänzchen besitzen drei Foveae, mit denen sie die Spitze ihres langen Rüssels fokussieren, um ihn im stationären Flug in komplexe Blüten lenken können.

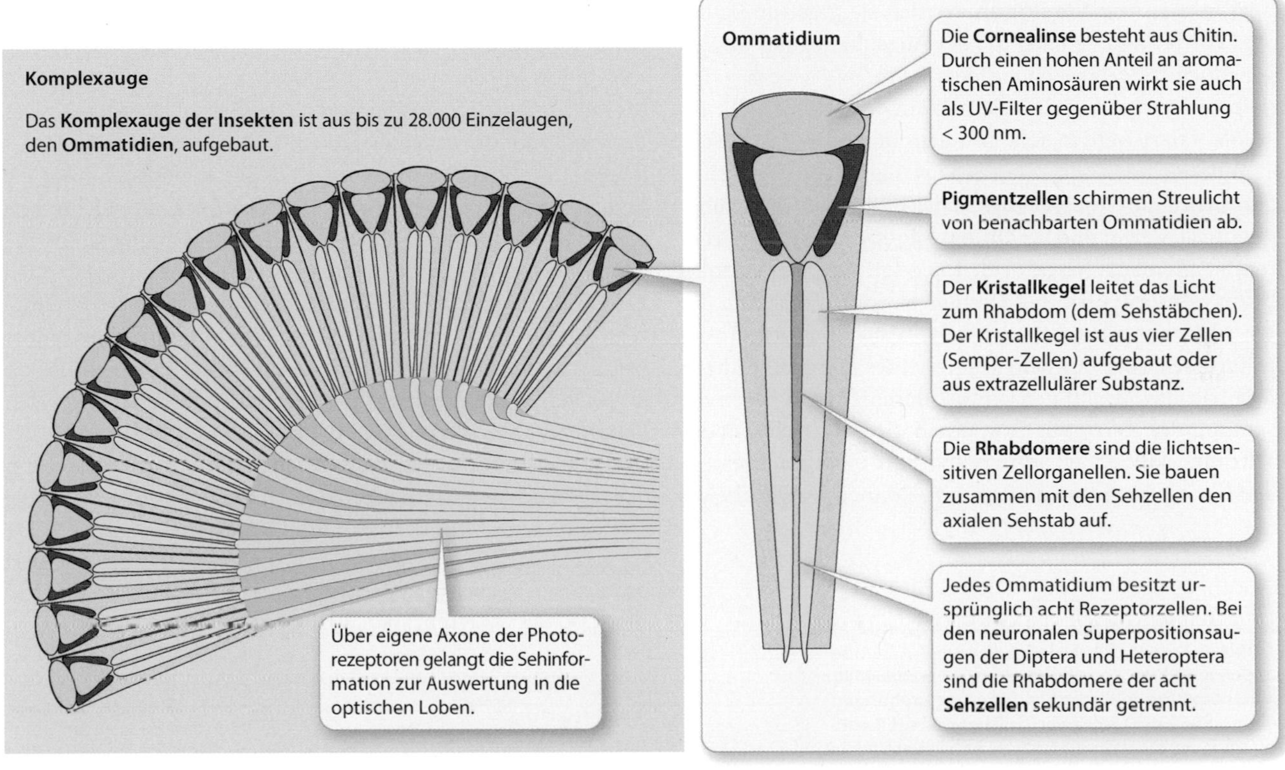

Optisches Prinzip verschiedener Augentypen

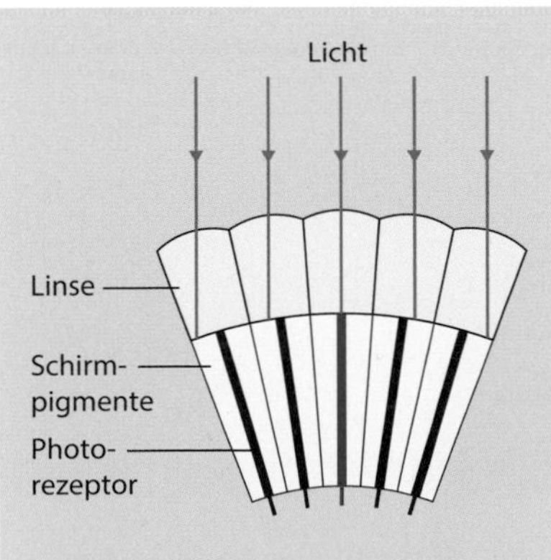

Tagaktive Insekten können sich **Appositionsaugen** leisten. Nur das axial einfallende Licht trifft auf Photorezeptoren, Licht anderer Richtungen geht in den Schirmpigmenten verloren, die die Ommatidien voneinander isolieren. Diese Augen sind lichtschwach bei guter Ortsauflösung.

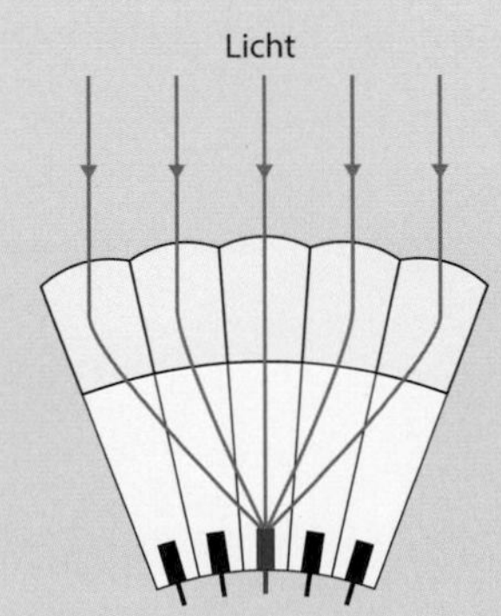

Dämmerungsaktive Insekten besitzen **optische Superpositionsaugen.** Im dunkeladaptierten Zustand werden die Schirmpigmente zurückgezogen, sodass Licht aus einem breiten Winkelbereich auf Photorezeptoren trifft. Lichtstärke wird auf Kosten der Ortsauflösung erreicht.

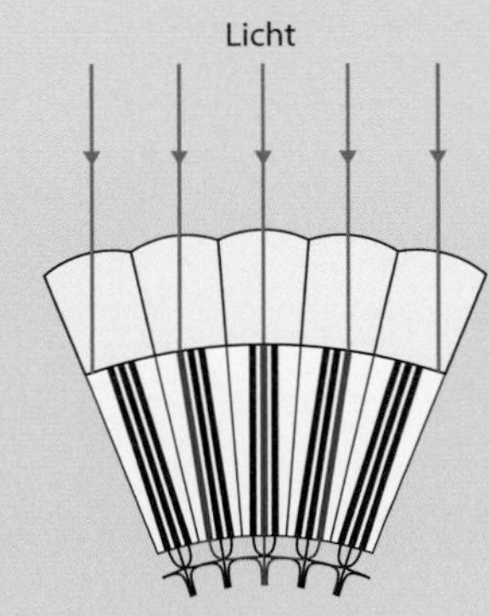

Dämmerungsaktive Diptera und Heteroptera besitzen **neuronale Superpositionsaugen.** Mehrere Photorezeptoren pro Ommatidium sammeln Licht aus verschiedenen Raumrichtungen. Die Erregung von Photorezeptoren, die Licht aus derselben Richtung empfangen, wird neuronal addiert. Die gute Ortsauflösung bleibt erhalten und wird mit Lichtstärke kombiniert.

Abb. 17.16 Aufbau des Komplexauges von Insekten und Prinzip dreier verschiedener Augentypen

17.7 Äußere Augenmuskeln sorgen für Augenbewegungen, innere für Akkommodation und Adaptation

Sechs **äußere Augenmuskeln** setzen am Augapfel an. Zusammen mit dem siebten, dem Heber des oberen Augenlids, sind sie alle im hinteren Bereich der Augenhöhle verankert (◘ Abb. 17.17). Es sind Skelettmuskeln mit quergestreifter Muskulatur. Die äußeren Augenmuskeln ermöglichen **unwillkürliche und willkürliche Augenbewegungen**. Werden beide Augäpfel gleichsinnig bewegt, spricht man von **Versionen**, werden sie gegensinnig bewegt, von **Vergenzen**. Je nach Art der Augenbewegung werden unterschiedliche Regelgrößen aus dem Retinabild generiert. Bei **Blickzielbewegungen** ist dies die Position des Abbildes, das mit der Foveola fixiert werden soll, also dem innersten gut 1° Sehwinkel im Bereich des schärfsten Sehens. Beim optokinetischen Nystagmus wird die Geschwindigkeit der Bildverschiebung über die Retina ausgewertet und bei **Objektfolgebewegungen** ist es eine Kombination aus diesen beiden Regelgrößen. Der **optokinetische Nystagmus** tritt bei Drehungen und Translation der visuellen Umgebung auf, beispielsweise beim Blick vom rotierenden Karussell oder aus dem Fenster eines fahrenden Zuges. Das Auge hält das Abbild der Umwelt durch Drehen gegen die Drehrichtung des Karussells bzw. gegen die Fahrtrichtung des Zuges für eine kurze Zeit retinastabil, um dann nach einem schnellen Rücksprung erneut kontern zu können. Vergenzbewegungen dienen der **Akkommodation auf nahe Objekte** (die Augen „schielen") und der **Fusion der beiden Netzhautbilder** für die Berechnung des dreidimensionalen Eindrucks der Welt. Regelgrößen sind hier die Disparität der Netzhautbilder und die Schärfe der retinalen Abbildung. Die verschiedenen Regelgrößen werden an unterschiedliche Zentren des Gehirns übermittelt, wo Soll-Ist-Vergleiche zu Stellbefehlen an die Augenmuskeln führen. Die Sollwerte können durch höhere Zentren bewusst und durch Aufmerksamkeitsphänomene auch unbewusst gesetzt werden.

Augenmuskeln erzeugen auch Mikrobewegungen des Auges (**Mikrotremor** und **Drift**). So trifft das in das Auge einfallende Licht fortwährend auf unterschiedliche Photorezeptoren, was die **Lokaladaptation** verhindert, durch die der Seheindruck verschwinden würde. Werden die äußeren Augenmuskeln durch Muskelrelaxanzien vorübergehend stillgelegt, kann man das Verschwinden des Seheindrucks für sich selbst eindrucksvoll erfahren. Umgekehrt verhindert die Lokaladaptation, dass wir die Blutgefäße wahrnehmen, die in Einfallsrichtung des Lichts stets vor denselben Photorezeptoren liegen und sie abschatten. Wenn wir aber mit einer fokussierenden Taschenlampe mit kreisenden Bewegungen seitlich in ein Auge leuchten, werden diese Photorezeptoren beleuchtet und man erschrickt beim Anblick des immer vor der Retina liegenden Adersystems. Da die rezeptiven Felder in der Peripherie des Auges groß sind, also die Erregung vieler Photorezeptoren summiert wird, sind auch **Mikrosakkaden**, das sind größere Blickverschiebungen von bis zu 0,8°, notwendig, um dort ebenfalls eine Lokaladaptation zu verhindern.

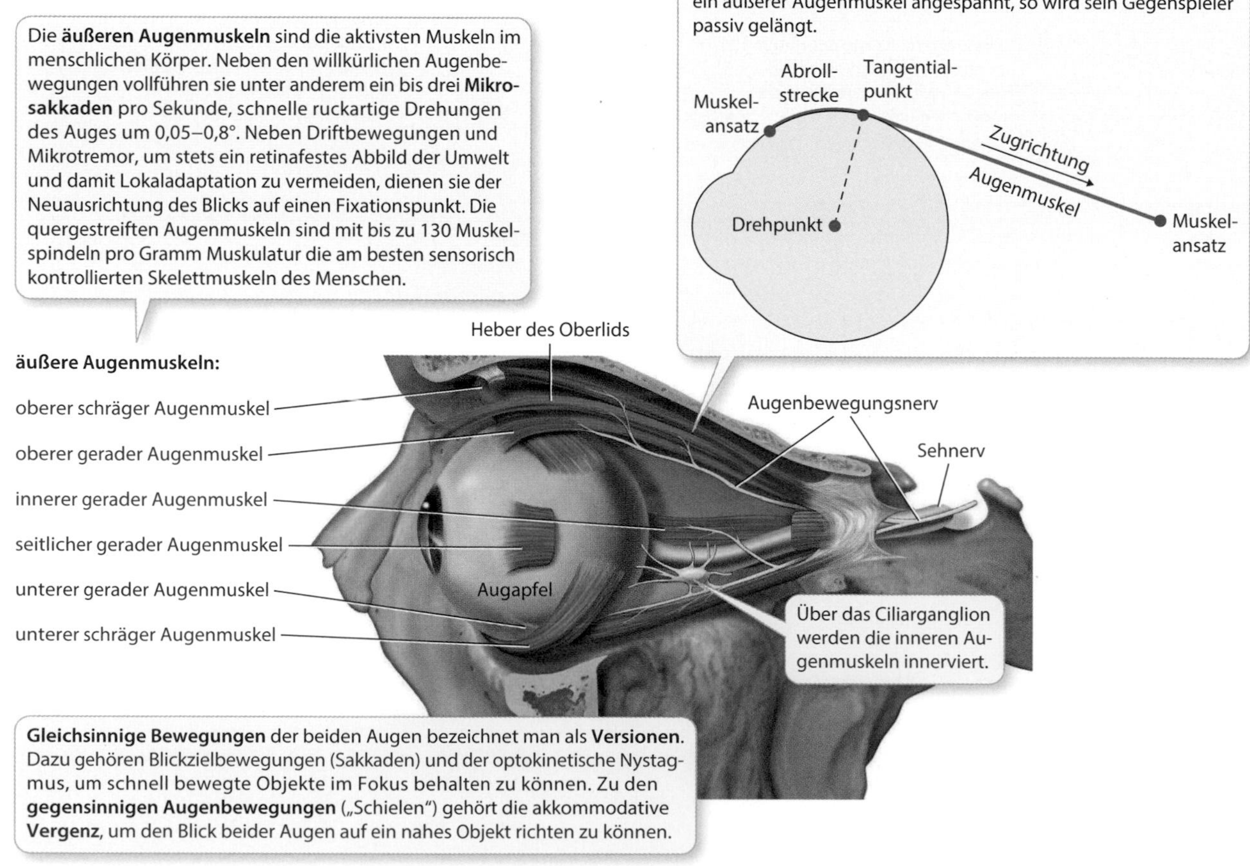

◘ **Abb. 17.17** Äußere Augenmuskeln ermöglichen Augenbewegungen; gezeigt ist ein linkes menschliches Auge

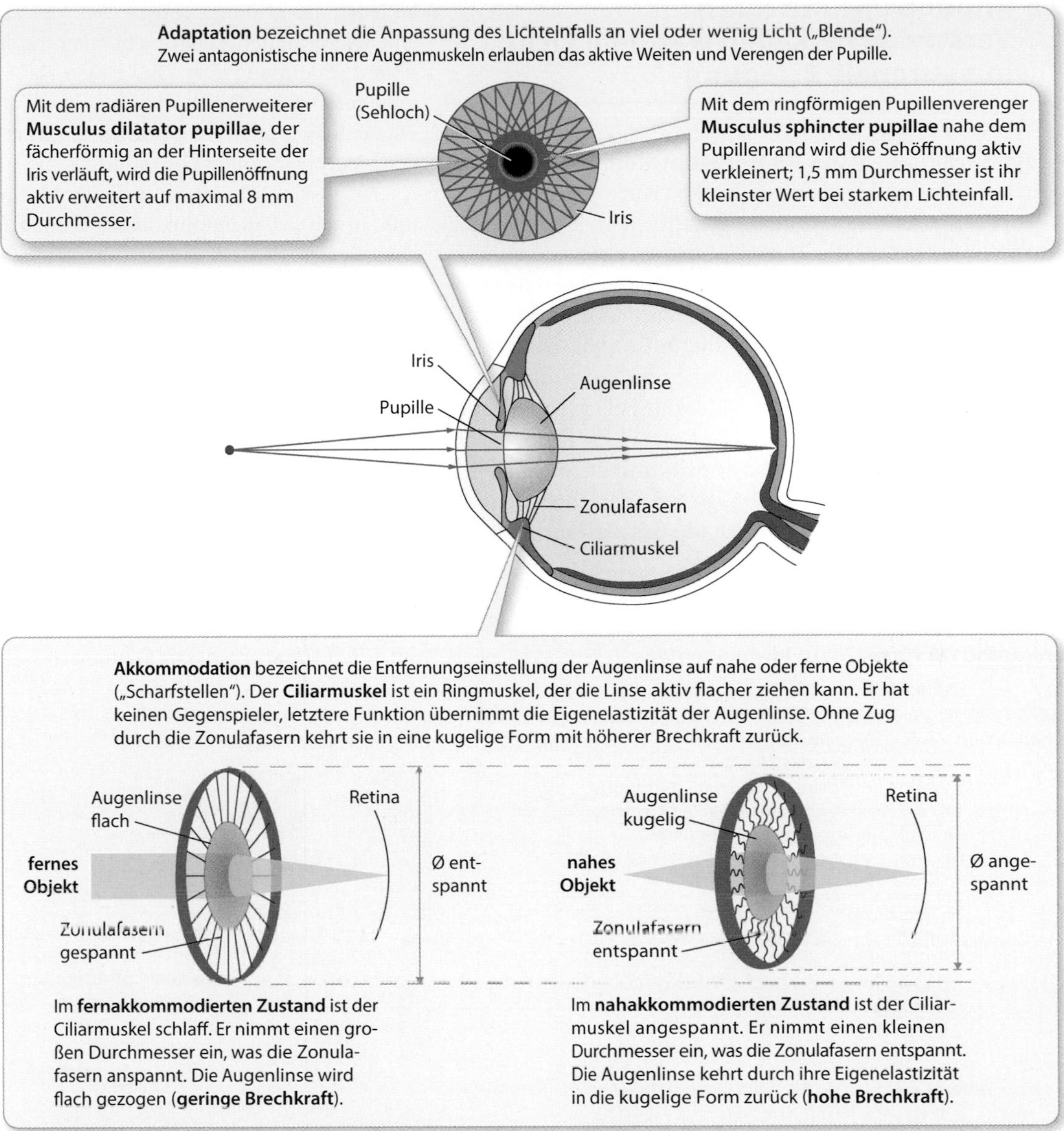

Abb. 17.18 Innere Augenmuskeln ermöglichen die Akkommodation (Entfernungseinstellung) und die Adaptation (Einstellung des Lichteinfalls)

Im Auge befinden sich drei innere Augenmuskeln aus glatter Muskulatur. Zwei Muskeln der Iris dienen der Regelung des Lichteinfalls (Abb. 17.18). Die Verengung der Pupille wird durch das parasympathische und die Erweiterung durch das sympathische autonome Nervensystem bewirkt. Die Anpassung an die Lichtverhältnisse wird durch einen **Regelkreis** bewerkstelligt, in dem Kerne des Mittelhirns und des Zwischenhirns als **Regelglieder** beteiligt sind; sie erhalten Information über die Lichtmenge von den Photorezeptoren (**Fühlglied**) über den Sehnerv. **Stellglied** ist der Pupillenverenger (**Musculus sphincter pupillae**). Da die Kerngebiete beider Seiten neuronal verbunden sind, wird bei Lichteinfall auf die Photorezeptoren nur eines Auges auch die Pupille des anderen Auges verengt. Die sympathische Efferenz, die die Erweiterung der Pupillenöffnung durch den **Musculus dilatator pupillae** bewirkt, ist nicht in den Lichtregelkreis eingebunden.

Der ringförmige Ciliarmuskel **Musculus ciliaris** innerhalb des Augapfels dient der Einstellung der Brechkraft der Augenlinse zur Entfernungsanpassung (**Akkommodation**; Abb. 17.18).

Eine flach gezogene Augenlinse hat eine geringe Brechkraft von 16 dpt; dies entspricht dem fernakkommodierten Zustand des Auges. Kehrt sie in die kugelige Form zurück, beträgt ihre Brechkraft 28 dpt, was dem maximal nahakkommodierten Zustand des Auges entspricht. Die Elastizität der Linse lässt mit dem Lebensalter nach. Während der Nahpunkt eines Kindes noch bei 8 cm Entfernung vom Auge liegt, beträgt er bei 40-jährigen bereits 17 cm und bei 70-jährigen 100 cm. Dies ist der Grund, warum wir ab der Mitte des Lebens eine Lesebrille, also eine zusätzliche Sammellinse im Strahlengang, brauchen.

17.8 Rhodopsine mit ihren Verstärkerkaskaden wandeln Licht in neuronale Erregung

Es gibt zwei Klassen von **Photorezeptoren**, also lichtempfindlichen Sinneszellen, im menschlichen Auge. Die **Stäbchenphotorezeptoren** des Dämmerungssehsystems sind 100-fach lichtempfindlicher als die **Zapfenphotorezeptoren** des Tagsehsystems (◘ Abb. 17.19). Letztere sind in drei spektrale Empfindlichkeitsbereiche unterteilt und ermöglichen uns das Farbensehen. Zudem gibt es **lichtempfindliche Ganglienzellen**, die u. a. die innere Uhr mit nicht-bildgebender Lichtinformation versorgen. Ihre lichtempfindlichen Moleküle heißen Melanopsin. In den Sehzellen befinden sich Membranstapel, die Disks, die die lichtempfindlichen Moleküle **Rhodopsin** und die verstärkende **Phototransduktionskaskade** in großer Zahl beherbergen. Über Zwischenzustände wird das Rhodopsin aktiviert und setzt die weitere Signaltransduktion in Gang.

In der Membran des Photorezeptors zum Extrazellulärraum befinden sich durch **zyklische Nucleotide gesteuerte Kationenkanäle** (◘ Abb. 17.20). Im Inneren der Rezeptorzelle sind an jeden dieser Kanalproteine vier Moleküle **cGMP** (zyklisches Guanosinmonophosphat) gebunden. Dadurch sind die Kanäle ohne Lichteinfang offen und lassen Na^{+}- und Ca^{2+}-Ionen ein; man spricht von **Dunkelstrom**. Die Photorezeptorzelle ist im Dunkeln auf −30 mV depolarisiert und entlässt an ihrer Synapse den Neurotransmitter **Glutamat**.

Aktiviertes Rhodopsin (genannt **Metarhodopsin II**) bindet nun an die α-Untereinheit eines **Transducins** (◘ Abb. 17.20), das ist ein **G-Protein** mit den drei Untereinheiten Gα, Gβ und Gγ. Guanosindiphosphat (GDP) wird gegen Guanosintriphosphat (GTP) ausgetauscht, die Gβ/γ-Untereinheit des Transducins wird frei und die Gα-Untereinheit katalytisch aktiv. Ein Metarhodopsin II kann rund 100 Transducinmoleküle aktivieren. Die Gα-Untereinheit spaltet nun die zwei γ-Untereinheiten der **cGMP-spezifischen Phosphodiesterase** (PDE) ab, bindet sie und aktiviert damit die PDE. Diese aktivierte PDE baut nun cGMP zu GMP ab, jede bis zu 1000 Moleküle. Dies verschiebt das cGMP-Gleichgewicht so, dass sich cGMP von den durch zyklische Nucleotide gesteuerten Ionenkanälen löst. Die Kanäle schließen. Ein Lichtquant kann das Schließen von rund 100.000 Kationenkanälen und die Repolarisation des Rezeptors auf −70 mV bewirken. Die Glutamatausschüttung endet.

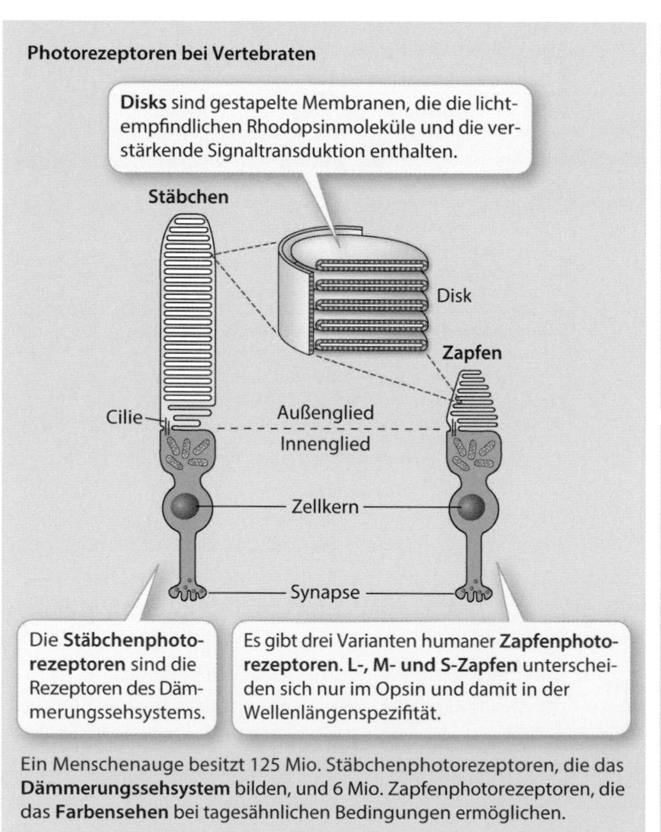

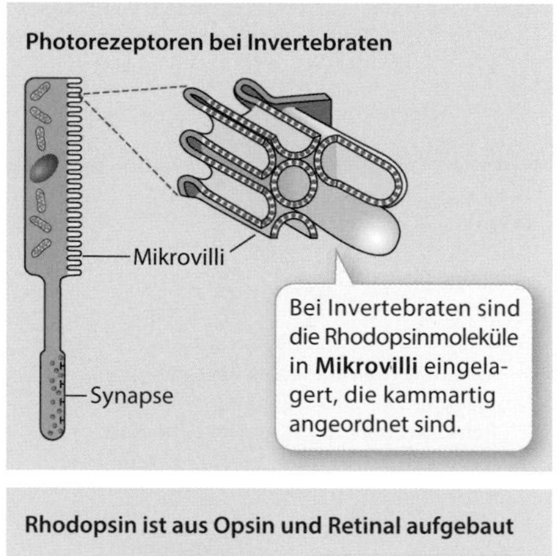

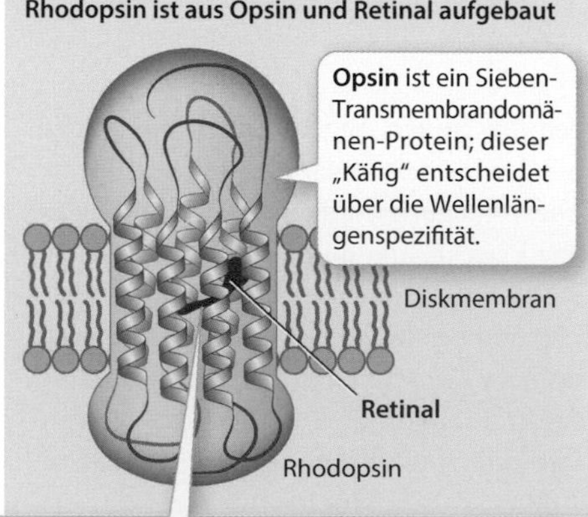

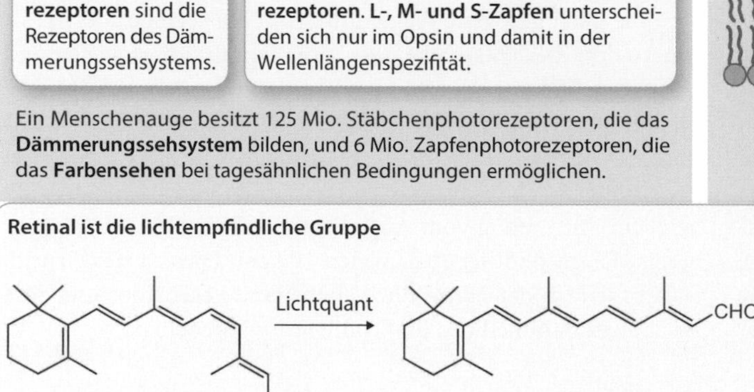

Das Chromophor **Retinal** ist die allen gemeinsame lichtempfindliche Gruppe. Retinal ist der Aldehyd von Vitamin A, es muss über die Nahrung aufgenommen werden. Lichtempfindliches Retinal liegt in der gewinkelten **11-*cis*-Form** vor und ist über eine Schiff-Basen-Bindung an einer Lysinseitenkette im Opsin gebunden. Vor dem Lichteinfang ist es durch sterische Hinderung vor Hydrolyse geschützt. Bei Lichteinfang isomerisiert das gewinkelte 11-*cis*-Retinal zum gestreckten ***all-trans*-Retinal**, was die Bindung unter Spannung setzt. Das *all-trans*-Retinal verlässt bei Vertebraten das Opsin.

◘ **Abb. 17.19** Photorezeptorbau und das lichtempfindliche Molekül Rhodopsin

Die Rhodopsinmoleküle der **Invertebraten** sind in Mikrovilli eingebaut, die kammartig zum Rhabdomer angeordnet sind (◘ Abb. 17.19). Ihr *all-trans*-Retinal bleibt nach dem Lichteinfang am Opsin gebunden (Metarhodopsin) und wird über eine lichtabhängige Rückreaktion wieder in den Ausgangszustand Rhodopsin isomerisiert. Die Photorezeptoren von Invertebraten depolarisieren auf Lichteinfang; ohne Licht liegen die Zellen auf einem Ruhemembranpotenzial von −70 mV und produzieren keinen Dunkelstrom. Sie nutzen den Phospholipase-Signalpfad, und ihr Neurotransmitter ist das Histamin. Insekten können Farben in der Regel mit drei verschiedenen Sehpigmenten wahrnehmen, die Empfindlichkeitsmaxima der Honigbiene liegen beispielsweise im Bereich von UV, blauem und grünem Licht. Schmetterlinge besitzen meistens vier Farbrezeptortypen, von denen einer zusätzlich im roten Spektralbereich empfindlich ist. Fangschreckenkrebse können mit mindestens zwölf spektral verschiedenen Rezeptortypen an der Weltmeisterschaft im Farbensehen teilnehmen.

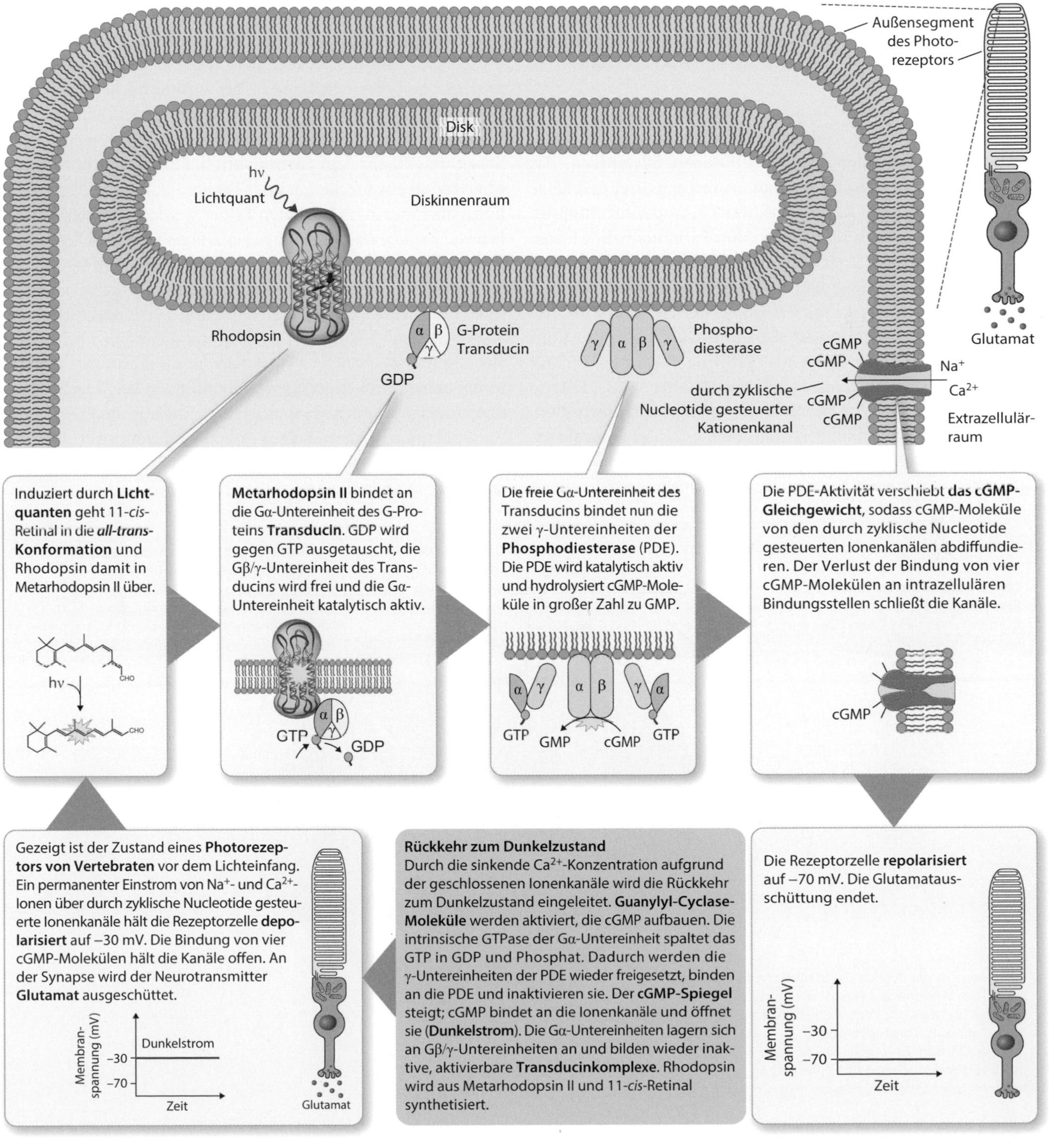

Außensegment des Photorezeptors
Disk
hν
Lichtquant
Diskinnenraum
Rhodopsin
α β γ
G-Protein Transducin
GDP
γ α β γ
Phosphodiesterase
cGMP
cGMP
durch zyklische Nucleotide gesteuerter Kationenkanal
cGMP
cGMP
Na+
Ca2+
Extrazellulärraum
Glutamat
Induziert durch Lichtquanten geht 11-cis-Retinal in die all-trans-Konformation und Rhodopsin damit in Metarhodopsin II über.
hν
CHO
CHO
Metarhodopsin II bindet an die Gα-Untereinheit des G-Proteins Transducin. GDP wird gegen GTP ausgetauscht, die Gβ/γ-Untereinheit des Transducins wird frei und die Gα-Untereinheit katalytisch aktiv.
GTP
GDP
Die freie Gα-Untereinheit des Transducins bindet nun die zwei γ-Untereinheiten der Phosphodiesterase (PDE). Die PDE wird katalytisch aktiv und hydrolysiert cGMP-Moleküle in großer Zahl zu GMP.
GTP
GMP
cGMP
GTP
Die PDE-Aktivität verschiebt das cGMP-Gleichgewicht, sodass cGMP-Moleküle von den durch zyklische Nucleotide gesteuerten Ionenkanälen abdiffundieren. Der Verlust der Bindung von vier cGMP-Molekülen an intrazellulären Bindungsstellen schließt die Kanäle.
cGMP
Gezeigt ist der Zustand eines Photorezeptors von Vertebraten vor dem Lichteinfang. Ein permanenter Einstrom von Na+- und Ca2+-Ionen über durch zyklische Nucleotide gesteuerte Ionenkanäle hält die Rezeptorzelle depolarisiert auf −30 mV. Die Bindung von vier cGMP-Molekülen hält die Kanäle offen. An der Synapse wird der Neurotransmitter Glutamat ausgeschüttet.
Membranspannung (mV)
Dunkelstrom
−30
−70
Zeit
Glutamat
Rückkehr zum Dunkelzustand
Durch die sinkende Ca2+-Konzentration aufgrund der geschlossenen Ionenkanäle wird die Rückkehr zum Dunkelzustand eingeleitet. Guanylyl-Cyclase-Moleküle werden aktiviert, die cGMP aufbauen. Die intrinsische GTPase der Gα-Untereinheit spaltet das GTP in GDP und Phosphat. Dadurch werden die γ-Untereinheiten der PDE wieder freigesetzt, binden an die PDE und inaktivieren sie. Der cGMP-Spiegel steigt; cGMP bindet an die Ionenkanäle und öffnet sie (Dunkelstrom). Die Gα-Untereinheiten lagern sich an Gβ/γ-Untereinheiten an und bilden wieder inaktive, aktivierbare Transducinkomplexe. Rhodopsin wird aus Metarhodopsin II und 11-cis-Retinal synthetisiert.
Die Rezeptorzelle repolarisiert auf −70 mV. Die Glutamatausschüttung endet.
Membranspannung (mV)
−30
−70
Zeit

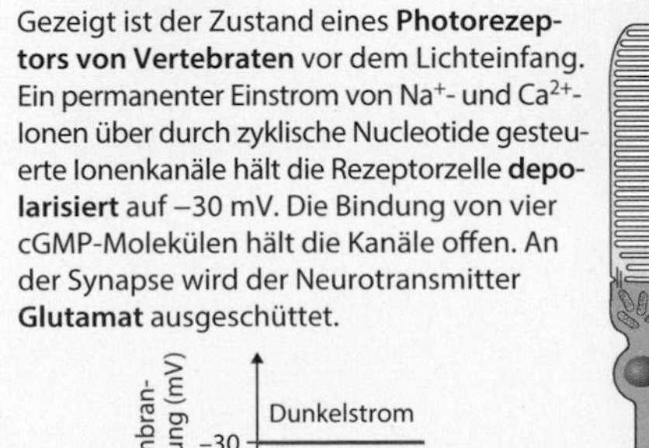

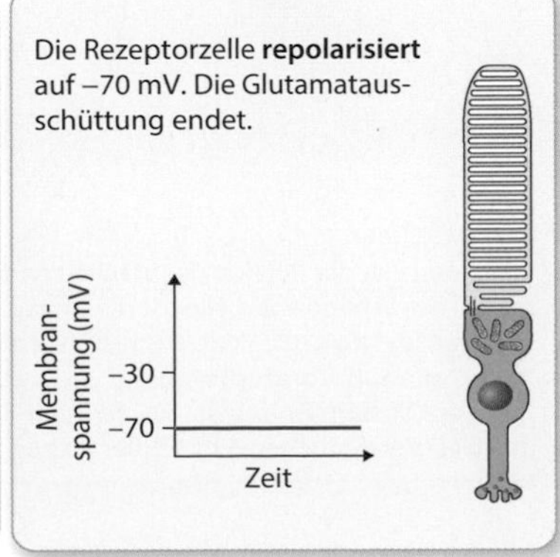

◘ **Abb. 17.20** Die Phototransduktionskaskade der Vertebraten

17.9 Informationsverarbeitung und -verdichtung finden bereits auf der Ebene der Retina statt

Das komplexe Geflecht aus Neuronen in der **Retina** (lat. *rete*, „Netz"; ◘ Abb. 17.21) und das Zahlenverhältnis von Photorezeptoren zu Ganglienzellen im Sehnerv deuten bereits an, dass **visuelle Information** auf der Ebene der **Retina** vorverarbeitet wird. Beim Vermessen des Gesichtsfeldes einer Versuchsperson fallen Eigenheiten des Baus der Retina auf. Das Sehfeld reicht asymmetrisch zur Schläfe hin weiter nach außen als zur Nase nach innen (◘ Abb. 17.21), die Dichteverteilungen der Stäbchen- und Zapfenphotorezeptoren sind in ◘ Abb. 17.22 dargestellt.

Ganglienzellen sind indirekt immer mit mehreren Photorezeptoren verbunden. Sie gehören entweder dem entwicklungsgeschichtlich alten **magnozellulären System** an, das vor allem der schnellen Bewegungsauswertung dient und keine Farbinformation trägt. Oder sie gehören zum **parvozellulären System**, das langsamer agiert, aber dafür Farbinformation bietet. Das **rezeptive Feld** einer Ganglienzelle bezeichnet die meist kreisförmige Anordnung aller Photorezeptoren auf der Retina, auf deren Beleuchtung sie mit Erregung oder Hemmung reagiert (◘ Abb. 17.22). ***On-center-off-surround*-Ganglienzellen** können auf einen inneren Kreis mit Erregung antworten und auf einen erweiterten Kreis mit Inhibition (◘ Abb. 17.23). Ebenso finden sich aber auch ***Off-center-on-surround*-Ganglienzellen**, und zwar beide Anordnungen in beiden Systemen. **Laterale Inhibition**, wie die Verrechnung der *On-center-off surround-* oder *Off-center-on-surround*-Verschaltungen auch genannt wird, dient der **Überhöhung von Kontrastkanten**, mithin der Kontrastverbesserung des Retinabildes (◘ Abb. 17.23).

An jeder Stelle der Retina besitzen die Ganglienzellen des magnozellulären Systems vier- bis zehnfach größere rezeptive Felder als die parvozellulären. Die Größe der rezeptiven Felder beider Systeme nimmt kontinuierlich zur Peripherie hin zu. Die Ausgänge von immer mehr Photorezeptoren werden **summiert**, was die Dämmerungssehfähigkeit verbessert, aber die Ortsauflösung verschlechtert. Bewegungsreize in der Peripherie können Schutzreflexe auslösen und lenken unsere Aufmerksamkeit; mit Blick- und Kopfdrehungen richten wir dann das **foveale Sehfeld** auf die verdächtige Stelle im Raum. Im zentralen Teil der Fovea kommt rechnerisch auf jeden Rezeptor eine Ganglienzelle im Sehnerv. Das bedeutet aber nicht, dass die Information unverarbeitet übergeben wird; die Felder sind nur sehr klein, denn **Ortsauflösung** geht hier vor Schnelligkeit und Lichtstärke.

Die weitere Verrechnungsleistung retinaler neuronaler Schaltkreise dient dem **Farbensehen. Farbopponente Ganglienzellen** entsprechen in ihrer Feldstruktur der ◘ Abb. 17.23 links, die inneren und äußeren Felder werden aber ausschließlich von Zapfenrezeptoren für gegenfarbiges Licht gebildet. Wirkt z. B. im Zentrum grünes Licht erregend, so wirkt im Umgebungsfeld rotes Licht hemmend (▶ Abschn. 17.10). Da Stäbchenrezeptoren bei guter Beleuchtung in Sättigung gehen und nicht zum Tagsehen beitragen, füttern Zapfenphotorezeptoren aller Typen aus den entsprechenden *Center-Surround*-Feldern ihre Signale in die **achromatischen Ganglienzellen** ein und machen das magnozelluläre System damit auch tagsehtüchtig. Praktisch jeder Photorezeptor ist an mehreren rezeptiven Feldern beteiligt, die sich überlagern. Dabei steht er für ein Feld im Zentrum und für andere in deren Peripherie.

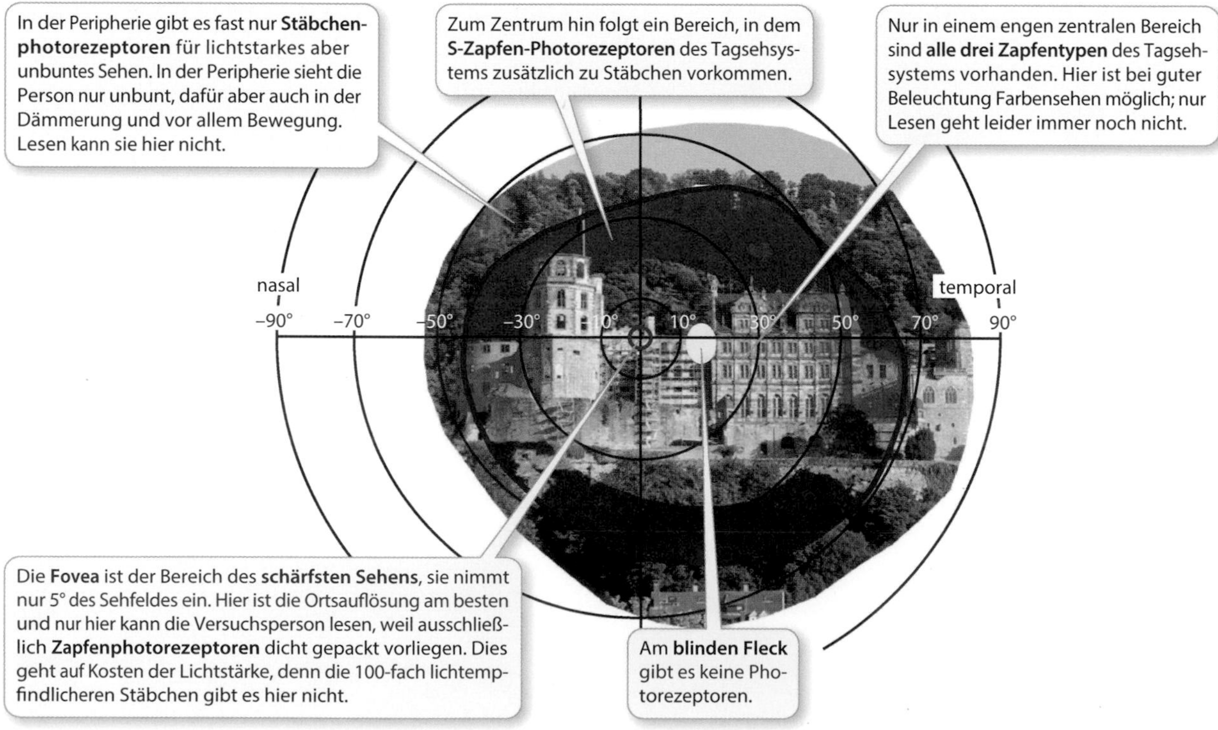

◘ **Abb. 17.21** Das Gesichtsfeld des Menschen ist asymmetrisch, gezeigt ist das Gesichtsfeld eines rechten Auges

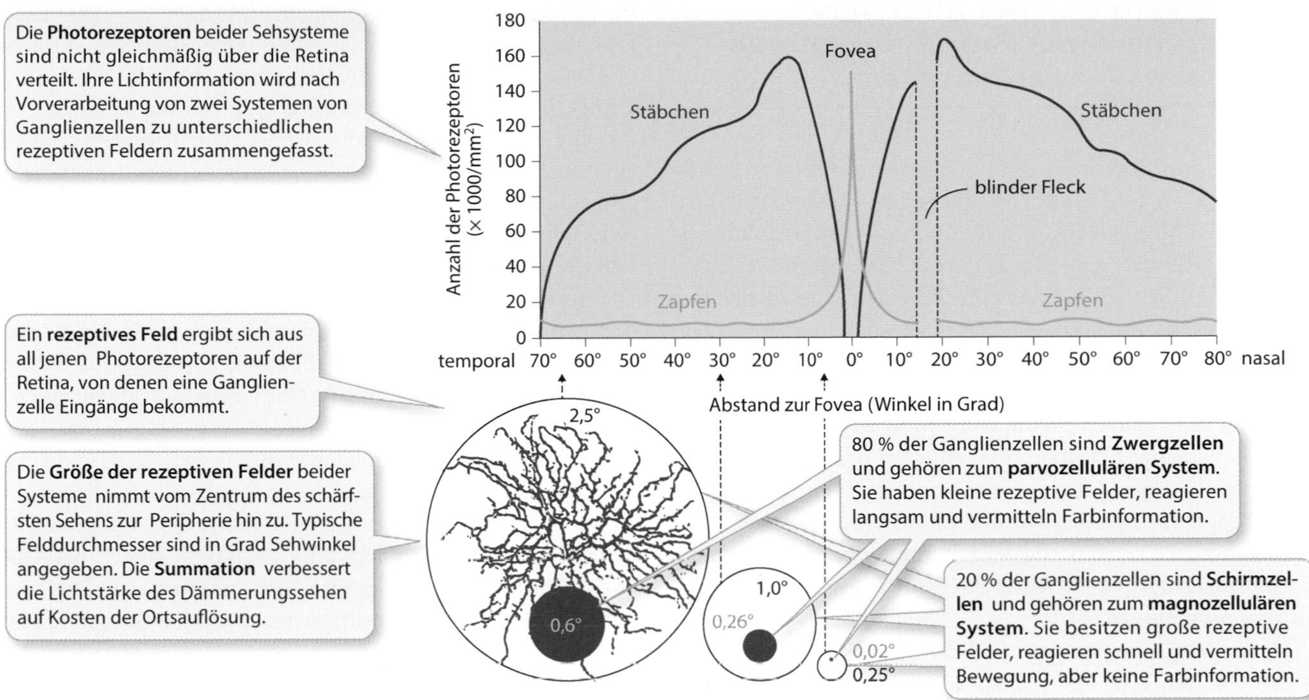

Abb. 17.22 Verteilung der Photorezeptoren in der Retina und die Zusammenfassung ihrer Lichtinformation durch Ganglienzellen zweier Systeme

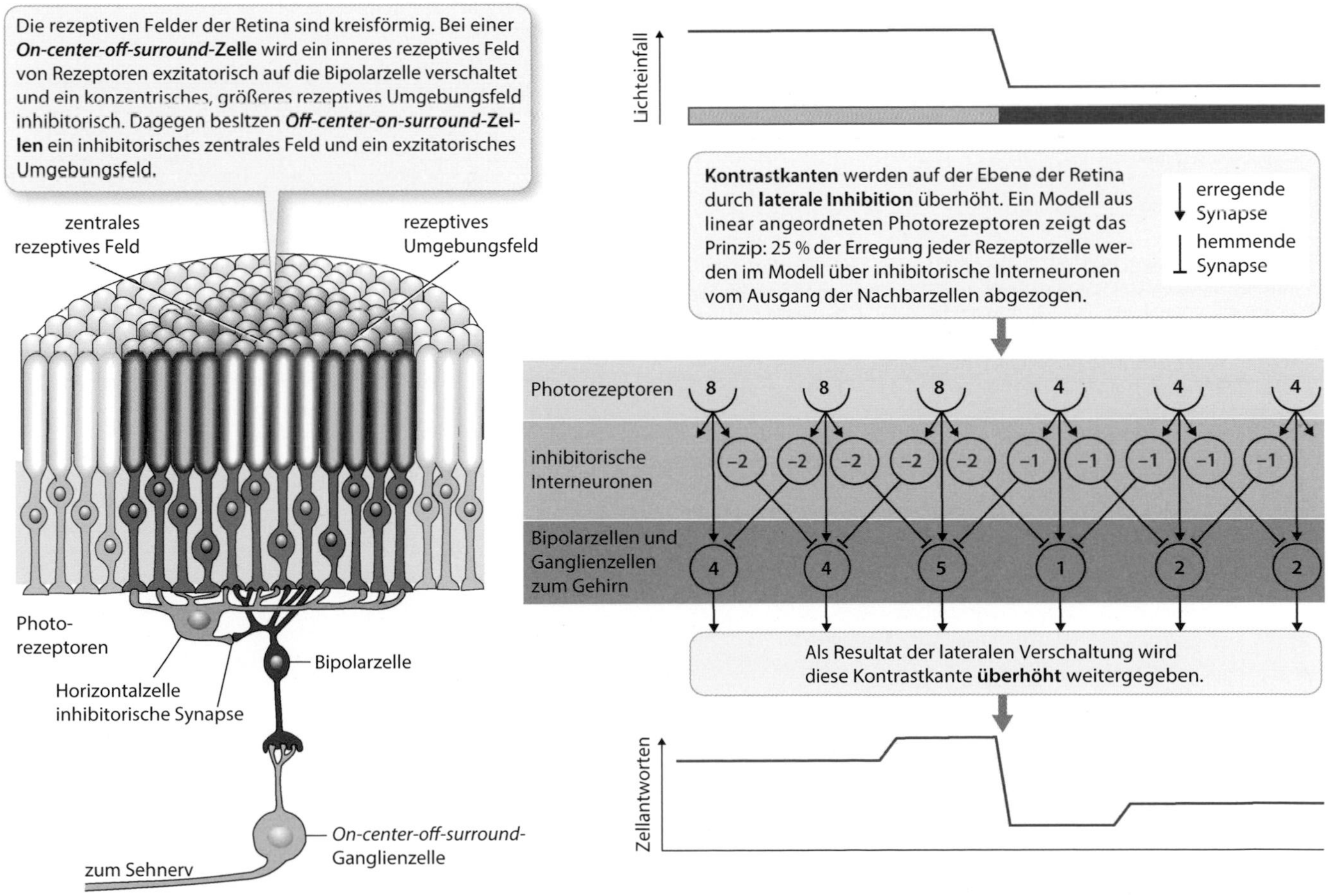

Die rezeptiven Felder der Retina sind kreisförmig. Bei einer ***On-center-off-surround*-Zelle** wird ein inneres rezeptives Feld von Rezeptoren exzitatorisch auf die Bipolarzelle verschaltet und ein konzentrisches, größeres rezeptives Umgebungsfeld inhibitorisch. Dagegen besitzen ***Off-center-on-surround*-Zellen** ein inhibitorisches zentrales Feld und ein exzitatorisches Umgebungsfeld.

zentrales rezeptives Feld

rezeptives Umgebungsfeld

Photorezeptoren

Horizontalzelle inhibitorische Synapse

Bipolarzelle

zum Sehnerv

On-center-off-surround-Ganglienzelle

Lichteinfall

Kontrastkanten werden auf der Ebene der Retina durch **laterale Inhibition** überhöht. Ein Modell aus linear angeordneten Photorezeptoren zeigt das Prinzip: 25 % der Erregung jeder Rezeptorzelle werden im Modell über inhibitorische Interneuronen vom Ausgang der Nachbarzellen abgezogen.

erregende Synapse

hemmende Synapse

Photorezeptoren	8		8		8	4		4		4
inhibitorische Interneuronen	−2	−2	−2	−2	−2	−1	−1	−1	−1	−1
Bipolarzellen und Ganglienzellen zum Gehirn	4		4		5	1		2		2

Als Resultat der lateralen Verschaltung wird diese Kontrastkante **überhöht** weitergegeben.

Zellantworten

Abb. 17.23 Kontrastkanten werden durch laterale Inhibition verstärkt

17.10 Der Vergleich des Ausgangs verschiedener Farbsehrezeptoren erlaubt das Farbensehen

Stäbchenphotorezeptoren sind auf **skotopisches Sehen** (Nachtsehen) ausgelegt und ermöglichen uns noch visuelle Orientierung bei Sternenlicht und Neumond. Ihre Verstärkung ist kaum variabel, daher gehen sie bereits ab dem Licht dreier Haushaltskerzen in Sättigung, entsprechend einer Leuchtdichte von etwa 3 cd/m^2 (Candela pro m^2). Die Zapfenphotorezeptoren nehmen erst bei 1000-fach höherer Leuchtdichte als die Stäbchen, bei 0,03 cd/m^2, ihre Arbeit auf und nach einem Leuchtdichtebereich, in dem beide Systeme arbeiten (**mesopisches Sehen**; Dämmerungssehen), sind sie ab 30 cd/m^2 aufwärts die alleinigen Lieferanten visueller Information (**photopisches Sehen**; Tagsehen). Zapfenrezeptoren können ihren Arbeitsbereich durch Veränderung der Verstärkung der Photorezeptorkaskade und des Rhodopsingehalts in den Disks verschieben und an die Lichtverhältnisse **adaptieren**.

Unterschiedliche Opsine in Stäbchen und in den drei Zapfentypen bewirken verschiedene **spektrale Empfindlichkeiten**. **Absorptionskurven** zeigen, wie ein Rezeptor auf gleiche Anzahlen Lichtquanten unterschiedlicher Wellenlänge antwortet (■ Abb. 17.24). S-Zapfen (für *short-wavelength*) werden umgangssprachlich Blaurezeptoren genannt, aber das stimmt nur für ihr Maximum. M- bzw. L-Zapfen (*medium*- bzw. *long-wavelength*) haben ihre Maxima im grünen und im gelben Bereich. Im Gegensatz zu Reptilien und Vögeln, die auch noch UV-sensitive Zapfen besitzen (**Tetrachromaten**), haben die Säuger das L-Opsin-Gen in der Evolution verloren (**Dichromaten**). Durch eine Duplikation des M-Opsin-Gens haben einige Primaten einschließlich des Menschen es sekundär wiedererlangt (**Trichromaten**). Beide Gene liegen nebeneinander auf dem X-Chromosom und unterscheiden sich relevant nur durch zwei Aminosäuren. Die Anordnung fast identischer Sequenzen in räumlicher Nähe begünstigt Fehler beim Stückaustausch, sodass 9 % der Männer eine **Rot-Grün-Schwäche** bis -Blindheit aufweisen (bei Frauen sind es nur 0,8 %, da sie zwei X-Chromosomen besitzen: 9 % × 9 % = 0,8 %).

Jeder einzelne Rezeptor hat nur ein Ausgangssignal, und man kann diesem Signal nicht ansehen, ob es variiert, weil die Leuchtdichte sich verändert hat (z. B. wenn sich eine Wolke vor die Sonne schiebt) oder weil sich die Lichtfarbe verändert hat (**Univarianzprinzip**). Daher gelingt **Farbensehen** nur durch den Vergleich der Signale von mindestens zwei Photorezeptoren mit unterschiedlichen spektralen Empfindlichkeiten (■ Abb. 17.24). Eine Leuchtdichtenänderung beeinflusst die Ausgänge beider Rezeptoren gleichsinnig, eine Lichtfarbenänderung gegensinnig. Wenn man nur 100 Erregungszustände jedes Rezeptortyps unterscheiden kann, können bereits 100 × 100 Kombinationen und somit 10.000 Farben aufgelöst werden.

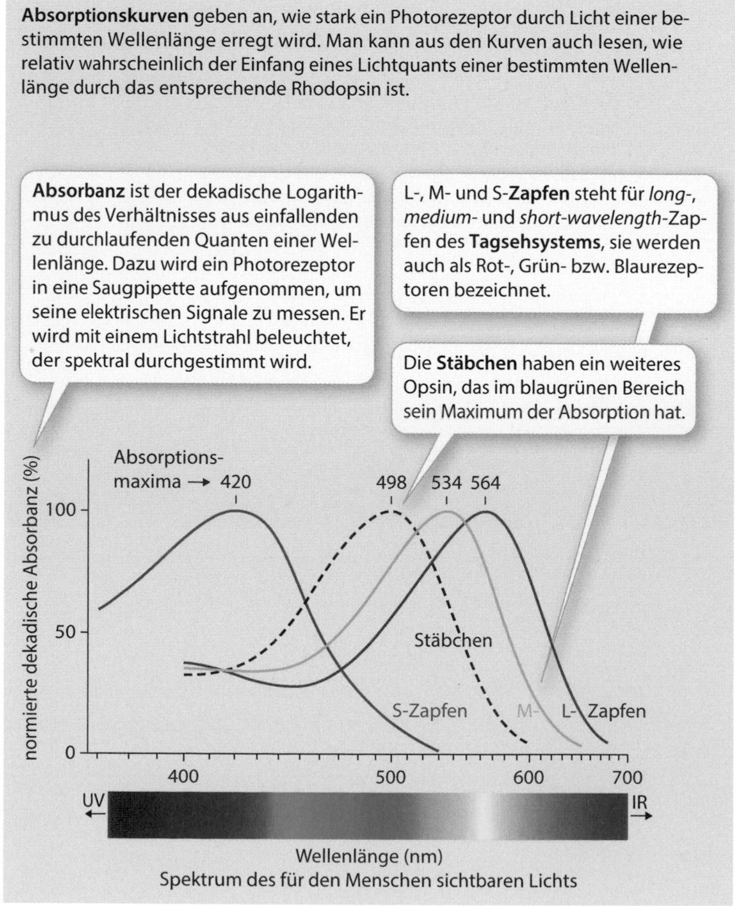

Farbensehen gelingt nur durch den Vergleich der Signale von mindestens zwei Photorezeptoren mit unterschiedlicher spektraler Empfindlichkeit, wie hier durch Vergleich der Absorbanz eines L-Zapfens und eines M-Zapfens bei 470 nm und 580 nm. Jeder einzelne Rezeptor hat nur ein Ausgangssignal (Glutamatausschüttung an der Synapse). Die Stärke dieses Signals kann reduziert werden, weil sich z. B. eine Wolke vor die Sonne geschoben hat (weniger Lichtquanten) oder weil sich die Lichtfarbe zu Ungunsten der spektralen Empfindlichkeit des Rezeptors verändert hat. Man nennt dies das **Univarianzprinzip**. Während eine Wolke vor der Sonne die M- und L-Zapfen-Antworten gleichsinnig beeinflusst, beeinflusst eine Farbänderung diese gegensinnig. Dämmerungssehen ist deshalb unbunt, weil wir nur einen Typ Stäbchenrezeptor besitzen.

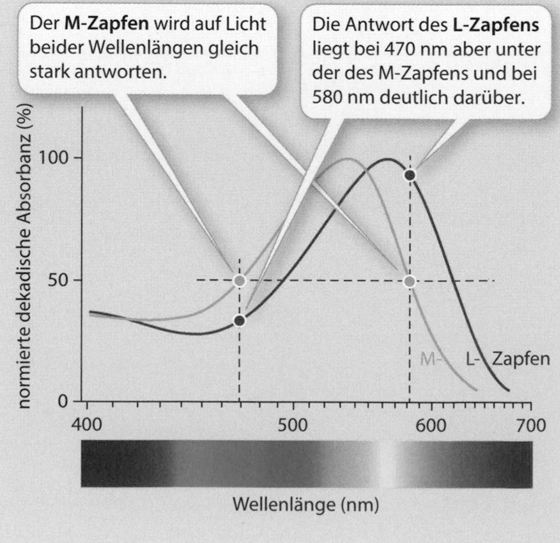

■ **Abb. 17.24** Drei Typen von Zapfenphotorezeptoren ermöglichen das Farbensehen des Menschen

Diese Vergleiche finden auf der Retina statt. Man spricht von **Rot-Grün-opponenten** und **Blau-Gelb-opponenten Ganglienzellen** (◘ Abb. 17.25), wobei „Gelb" aus der Summe von L- und M-Zapfenerregung desselben rezeptiven Feldes gewonnen und dann von der Erregung der S-Zapfen aus ebendiesem Feld abgezogen wird. Die Rot-Grün-Verrechnung folgt dagegen dem Modell der Stäbchenverrechnung (▶ Abschn. 17.9; ◘ Abb. 17.26) mit kleinen inneren und großen umgebenden Feldern. Mit den drei Zapfentypen sind gut 1 Mio. Farben unterscheidbar, Mischfarben entstehen aus drei Grundfarben durch **subtraktive oder additive Farbmischung** (◘ Abb. 17.26).

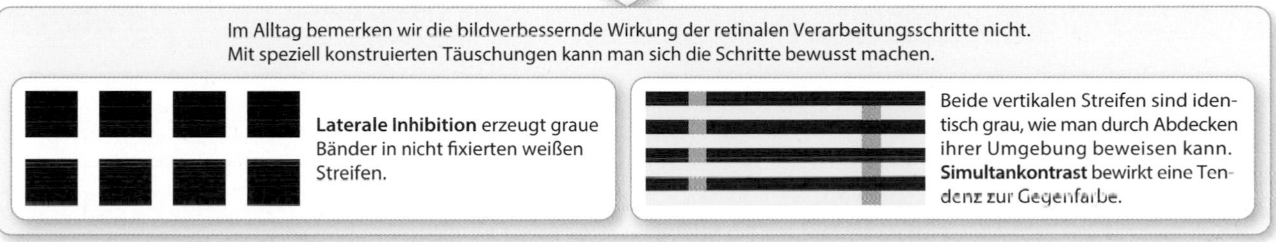

◘ **Abb. 17.25** Die Signale des Tagsehsystems werden auf der Retina vorverarbeitet und ermöglichen das Farbensehen

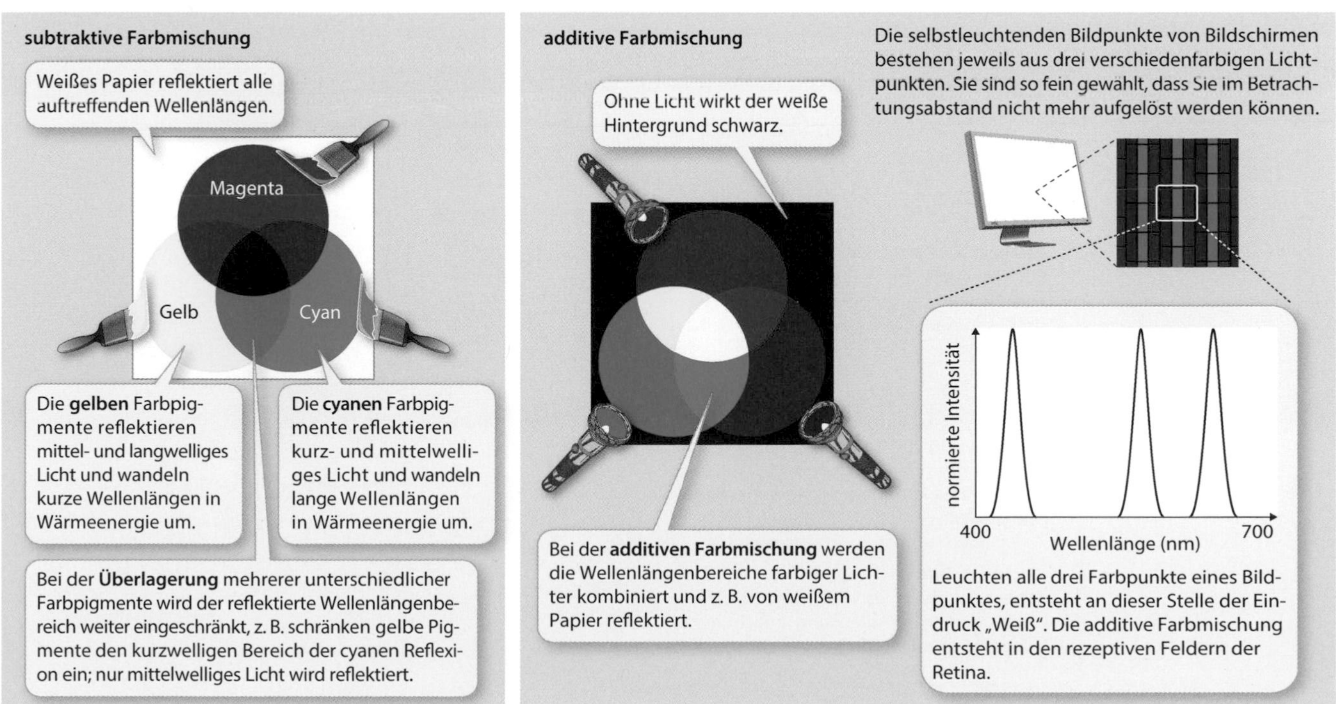

◘ **Abb. 17.26** Millionen von Farben entstehen durch Mischung dreier Grundfarben

17.11 Bienen und viele andere Insekten nutzen das Polarisationsmuster des Himmels zur Orientierung

Bienen, Wüstenameisen und Heuschrecken sind die am besten untersuchten Insekten, die den **Polarisationskompass** des Himmels für ihre Orientierung nutzen. Anders als der Sonnenstand bleibt das Polarisationsmuster auch bei bedecktem Himmel erkennbar. Bienen finden so Futterquellen, von denen ihnen andere Sammelbienen per Tanzsprache berichtet hatten. Bienen und Ameisen finden damit zum Stock bzw. Nest zurück. Migrierende Heuschrecken navigieren ihren Langstreckenflug damit. **Direktes Sonnenlicht ist nicht polarisiert**; Lichtquanten aller Schwingungsebenen kommen darin vor. **Linear polarisiertes Licht** schwingt dagegen in nur einer Ebene (◘ Abb. 17.27). Aus unpolarisiertem Licht kann man Licht einer bestimmten Schwingungsrichtung herausfiltern. Nach einem **Rayleigh-Streuprozess** an einem länglichen Molekül ist das emittierte Licht ebenfalls polarisiert. Das passiert in der Atmosphäre überwiegend an O_2- und N_2-Molekülen ständig, daher erscheint uns der Himmel blau. Da sich Licht geradlinig ausbreitet, wäre ohne diese Streuprozesse der Himmel außerhalb der Sonnenrichtung schwarz, wie es auf dem Mond ohne eine Atmosphäre der Fall ist. Blau erscheint er uns, weil die Streuprozesse für kurzwelliges sichtbares Licht eine Zehnerpotenz effektiver ablaufen als für rotes. **UV-Licht** hat die höchste Streuwahrscheinlichkeit und damit den **höchsten Polarisationsgrad**.

Entstehung und Detektion von linear polarisiertem Licht

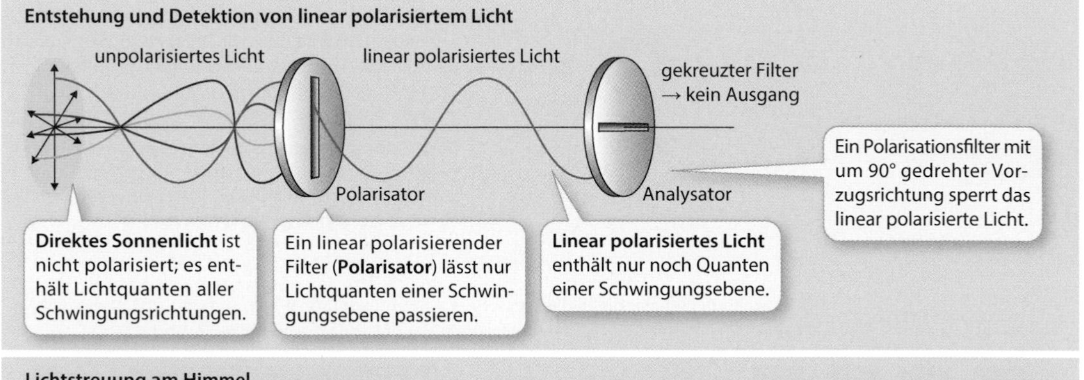

Lichtstreuung am Himmel

Lichtquanten werden an Atmosphärenteilchen gestreut, die kleiner als die Wellenlänge sind. Überwiegend sind das O_2- und N_2-Moleküle. Diese sogenannte **Rayleigh-Streuung** ist für blaues Licht neunmal effektiver als für rotes Licht.

Aufgrund der starken Streuung von blauem Licht erscheint uns der Himmel blau. Ohne Streulicht in der Atmosphäre würde uns der Himmel schwarz erscheinen.

Da blaues Licht stärker gestreut wird und bei jedem Streuereignis auch in den Weltraum abgestrahlt werden kann, bleibt bei Sonnenauf- und untergängen wegen des langen Lichtwegs durch die Atmosphäre nur das rötliche Licht übrig.

Entstehung des Polarisationsmusters des Himmels

Das gestreute Licht wird bei der **Streuung** durch Interaktion mit den Elektronen der Moleküle polarisiert. Der Anteil an polarisiertem Licht ist umso größer, je stärker die Ablenkung des Lichts ist.

Direktes Sonnenlicht bleibt **unpolarisiert**.

Licht aus 90° zur Sonne kann nur durch eine Ausrichtung der Teilchen in das Auge des Betrachters kommen. Es ist **maximal linear polarisiert**.

Licht aus einer Zwischenrichtung ist **teilweise linear polarisiert**, da verschiedene Molekülausrichtungen eine Ablenkung in Richtung des Betrachters erlauben.

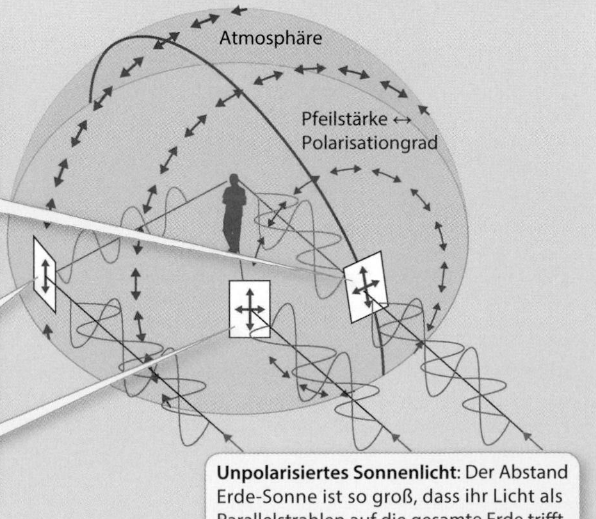

◘ **Abb. 17.27** Viele Arthropoden können Polarisationsmuster am Himmel zur Orientierung nutzen

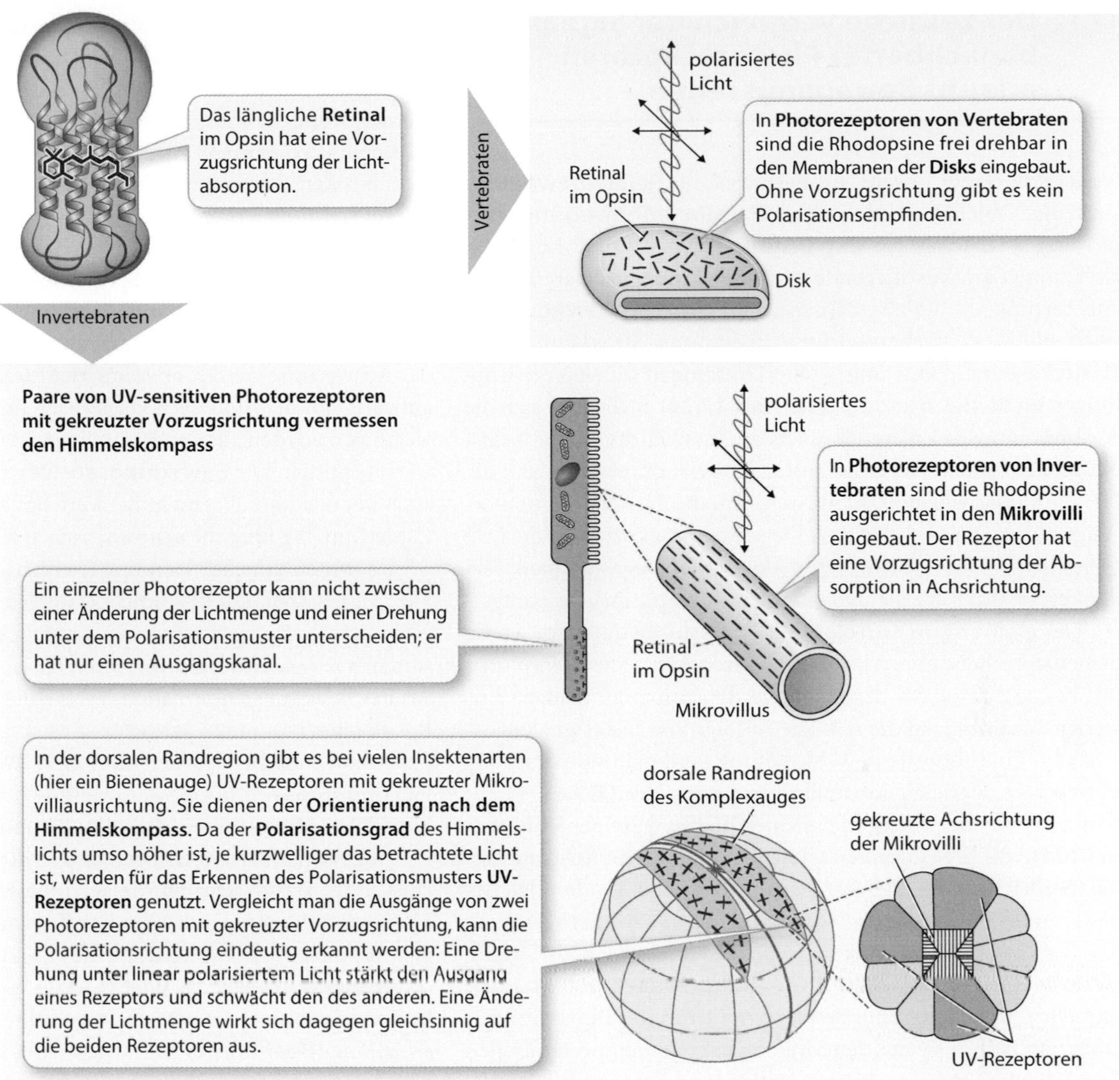

Abb. 17.28 Polarisationsempfindliche Photorezeptoren mit gekreuzter Vorzugsrichtung sind die Sensoren für den Himmelskompass

Während direktes Sonnenlicht, wie erwähnt, nicht polarisiert ist, ist Licht, das unter 90° zur Sonne zum Betrachter gelangt, maximal linear polarisiert (Abb. 17.27). Der Polarisationsgrad erreicht allerdings nie 100 %, da er in allen Richtungen durch Lichtquanten verringert wird, die mehrfach gestreut wurden.

Retinal hat eine längliche Molekülform, und diese bedingt eine Vorzugsrichtung des Lichteinfangs hinsichtlich der Schwingungsrichtung der Lichtquanten (Abb. 17.28). In den Mikrovilli der Photorezeptoren von Invertebraten sind die Rhodopsine ausgerichtet verankert. Dadurch haben sie eine **Vorzugsrichtung in Achsrichtung der Mikrovilli** hinsichtlich der Polarisationsebene des Lichts. In der Membran der Disks von Vertebraten liegen die Rhodopsine dagegen frei drehbar vor; bei Lichteinfall parallel zur Flächennormalen ist keine Schwingungsrichtung des Lichts bevorzugt.

Auch ein einzelner Invertebraten-Photorezeptor kann nicht zwischen einer Änderung der Lichtmenge und der Polarisationsrichtung unterscheiden. Erst durch den **Vergleich** der Signale zweier Photorezeptoren mit **gekreuzter Vorzugsrichtung** gelingt die Unterscheidung (Abb. 17.28).

Polarisationsehen kann auch helfen, Wasserflächen zu finden, oder – je nach Lebensweise der Spezies – diese zu vermeiden, denn **von glatten Wasserflächen reflektiertes Licht ist polarisiert**. Darauf spezialisierte Regionen in Insektenaugen blicken nach vorne unten. Im übrigen Auge wird die Polarisationsempfindlichkeit von Photorezeptoren dagegen durch Verdrillen der Achsrichtungen der Mikrovilli verhindert, denn es erhöht die Lichtstärke eines Photorezeptors, wenn er Licht jeder Schwingungsrichtung empfangen kann.

Die Disks von Vertebraten besitzen dann eine schwache Vorzugsrichtung, wenn das Licht auf die Schmalseite der Disk einfällt. Sardellen haben zu diesem Zweck ihre Photorezeptoren schräggestellt in der Retina angeordnet. Der Mensch vermag am Rand der Sehgrube das Polarisationsphänomen als **Haidinger-Büschel** zu sehen, denn die Zapfenrezeptoren „am Hang“ stehen schräg zur Lichteinfallsrichtung.

17.12 Der zeitliche Vergleich der Signale benachbarter Photorezeptoren erlaubt Bewegungssehen

Bewegung erregt unsere Aufmerksamkeit; **Relativbewegung** lässt uns Objekte erkennen und **Parallaxenbewegung** Entfernungen abschätzen; **Expansionsbewegungen** kündigen Kollisionen an. Für fliegende und schwimmende Tiere hat die Auswertung von kohärenten visuellen **Großfeldbewegungen** noch eine weitere lebenswichtige Bedeutung: Sie erkennen und konterkarieren damit ungewollte Drehungen durch Verwirbelungen im Medium und Drift (◘ Abb. 17.29). Stellen Sie sich die Ausbreitung von Zigarettenrauch in einem Zimmer vor. Selbst bei geschlossener Tür und Fenster gibt es Luftbewegungen; die Heizung lässt warme Luft aufsteigen; eine Handbewegung erzeugt Luftwirbel – in der Welt fliegender Insekten steht die Luft niemals still. Dass sie trotzdem zielgerichtet fliegen können, verdanken sie ihrer exzellenten visuellen Bewegungsauswertung.

Der **elementare Korrelations-Bewegungsdetektor** wurde dementsprechend zuerst bei Insekten aufgeklärt. Photorezeptoren mit benachbarten Sehbereichen werden mit einer brillant einfachen Schaltung auf die zeitliche Abfolge von Lichtsignalen untersucht. Eine äquivalente Verschaltung fand man dann auch bei Vertebraten. Der elementare Bewegungsdetektor (◘ Abb. 17.30) antwortet nur bei Bewegung in einer Richtung, seiner **Vorzugsrichtung**; für die Gegenbewegung ergibt sich kein Ausgangssignal (**Nullrichtung**). Die Verzögerung δ entscheidet über den Arbeitsbereich des Detektors. Optimal wird eine Musterbewegung mit der Geschwindigkeit $v = s/\delta$ beantwortet, mit s als Strecke zwischen den Blickachsen der Photorezeptoren 1 und 2. Zu schnelle und zu langsame Bewegungen kann der Detektor nicht erkennen. Wenn sie auf den Minutenzeiger einer mechanischen Uhr schauen, merken Sie, dass auch unser Bewegungssehen limitiert ist.

Aus zwei spiegelbildlich aufgebauten elementaren Bewegungsdetektoren entsteht der **bidirektionale Bewegungsdetektor** (◘ Abb. 17.31a) Eine Einheit sendet exzitatorische Signale, die andere inhibitorische. Damit beide Bewegungsrichtungen auf einem nachfolgenden Neuron gemeinsam codiert werden können, muss dieses ohne Bewegungsreiz mit einer mittleren Frequenz von Aktionspotenzialen feuern. Diese Ruhefrequenz kann dann für die Nullrichtung abgesenkt und für die Vorzugsrichtung erhöht werden.

Bewegung wird zwischen benachbarten Rezeptorsehbereichen berechnet, bei vielen Spezies auch noch mit den übernächsten Nachbarn. Im hexagonalen System der Komplexaugen hat jedes Ommatidium sechs unmittelbare Nachbarn. Am Ende der Auswertung werden aber nur vier Richtungen repräsentiert: aufwärts/abwärts und nach vorne/nach hinten. Horizontale Bewegungen werden aus den Richtungen 30° aufwärts und 30° abwärts ermittelt. Die **Bewegungsauswertung ist farbenblind**, auch bei uns und allgemein bei Vertebraten (trotzdem sind die Zapfen am Tag über die achromatischen Kanäle beteiligt).

Im dritten visuellen Neuropil (Nervengeflecht von gr. *pilêma*, Filz) der Insekten (**Lobulakomplex**) werden die individuellen Ausgänge der Bewegungsdetektoren über große Bereiche des Sehfeldes summiert. Viele **Großfeldneuronen** filtern **optische Flussfelder** aus der Bewegungsinformation, wie sie durch Translation, durch Rotation um bestimmte Achsen (u. a. Nicken, Rollen, Gieren) oder Expansion entstehen würden (◘ Abb. 17.29). Das Ergebnis dieser Filterprozesse wird für die Ansteuerung der Nackenmuskeln zur **Kopf-Blick-Steuerung** und die **Flugsteuerung** verwendet.

Ungewollte Verwirbelungen und Drift werden also ausgeglichen, doch das System würde auch die willentlichen Flugmanöver zurückkorrigieren. Das **Reafferenzprinzip** erklärt, wie das verhindert wird: Eine Kopie des motorischen Kommandos (**Efferenzkopie**) erzeugt eine Erwartung für die resultierende Bildverschiebung, die von der tatsächlich gesehenen Bildverschiebung (**Reafferenz**) abgezogen wird. Die Differenz geht an die Motorik. Für ungewollte Manöver gibt es keine Efferenzkopie, also keinen Subtrahenden; sie werden komplett ausgeglichen. Für willentliche Manöver kann ein **Fehlersignal** übrig bleiben, das dann für Korrekturen benutzt wird.

17

Bewegungsauswertung für die Verhaltenssteuerung

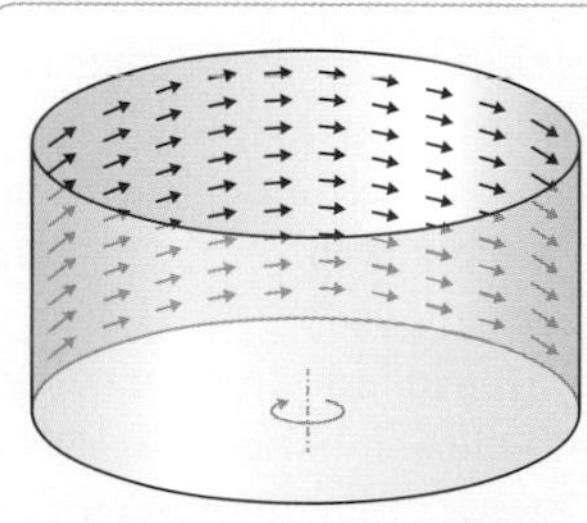

Wird eine kohärente, nicht selbst erzeugte **Großfelddrehbewegung** um eine Achse erkannt, erfolgen **optomotorische Ausgleichsdrehungen.** Vor allem fliegende und schwimmende Tiere sind auf ihr Bewegungssehen angewiesen, wenn sie in Wirbel des sie umgebenden Mediums geraten. Durch die Kompensation schaffen es Tiere, trotzdem geradeaus zu fliegen bzw. zu schwimmen.

Durch die Auswertung von **kleinfeldigen, kohärenten Relativbewegungen** lassen sich Objekte vor einem eventuell ebenfalls bewegten Hintergrund erkennen.

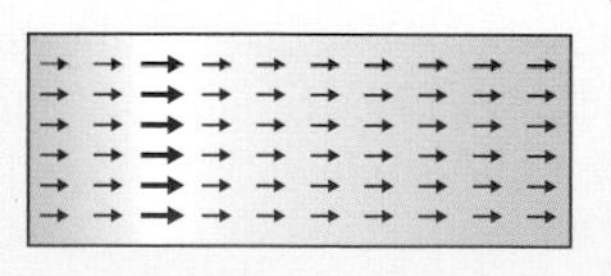

Wenn man sich selbst linear fortbewegt, kann man durch die Auswertung der entgegengesetzten Bewegung von Objektabbildern auf der Retina die Entfernung zu den Objekten abschätzen. Nahe Objekte bewegen sich stark und entfernte Objekte geringfügig. Insekten nutzen diese sogenannte **Parallaxenbewegung** aus.

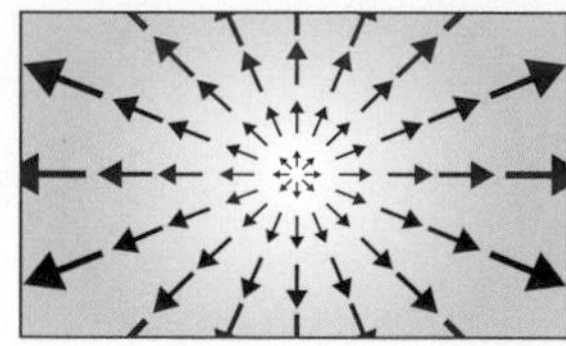

Durch die Auswertung von Expansionsreizen kann man die Annäherung an ein Objekt erkennen und stoppen. Fliegende Insekten lösen damit die Landereaktion aus.

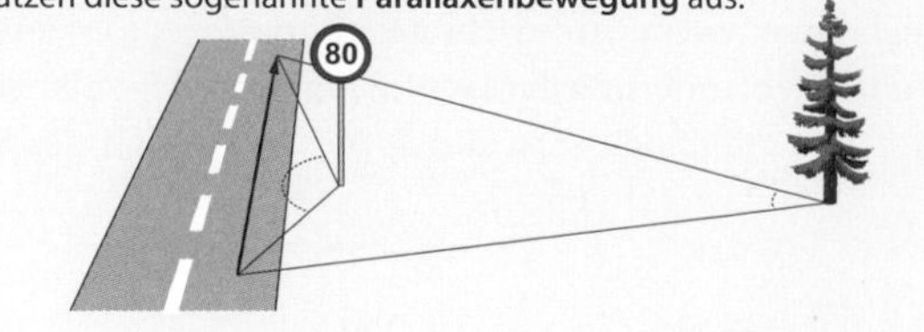

◘ **Abb. 17.29** Bewegungssehen wird für die Steuerung vieler Verhaltensweisen gebraucht

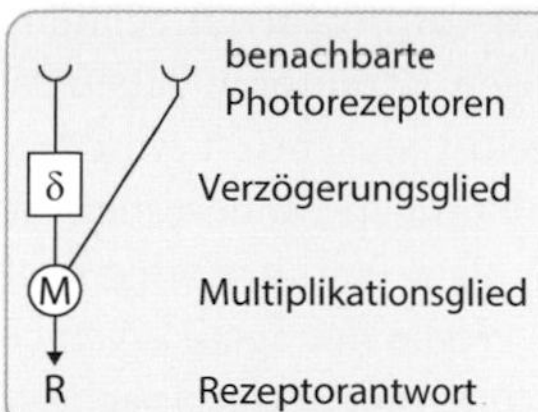

Der **unidirektionale elementare Korrelations-Bewegungsdetektor** vergleicht die Ausgänge von zwei benachbarten Photorezeptoren durch eine Multiplikation. Es ist die einfachste mögliche Verschaltung, sie wurde in dieser Form zuerst bei Insekten nachgewiesen. Ein Signal wird verzögert eingefüttert, das andere unverzögert. Nur wenn beide Signale in einer geeigneten zeitlichen Relation stehen, können sie an der Multiplikationseinheit aufeinandertreffen. Ansonsten wird das Ergebnis der Multiplikation null.

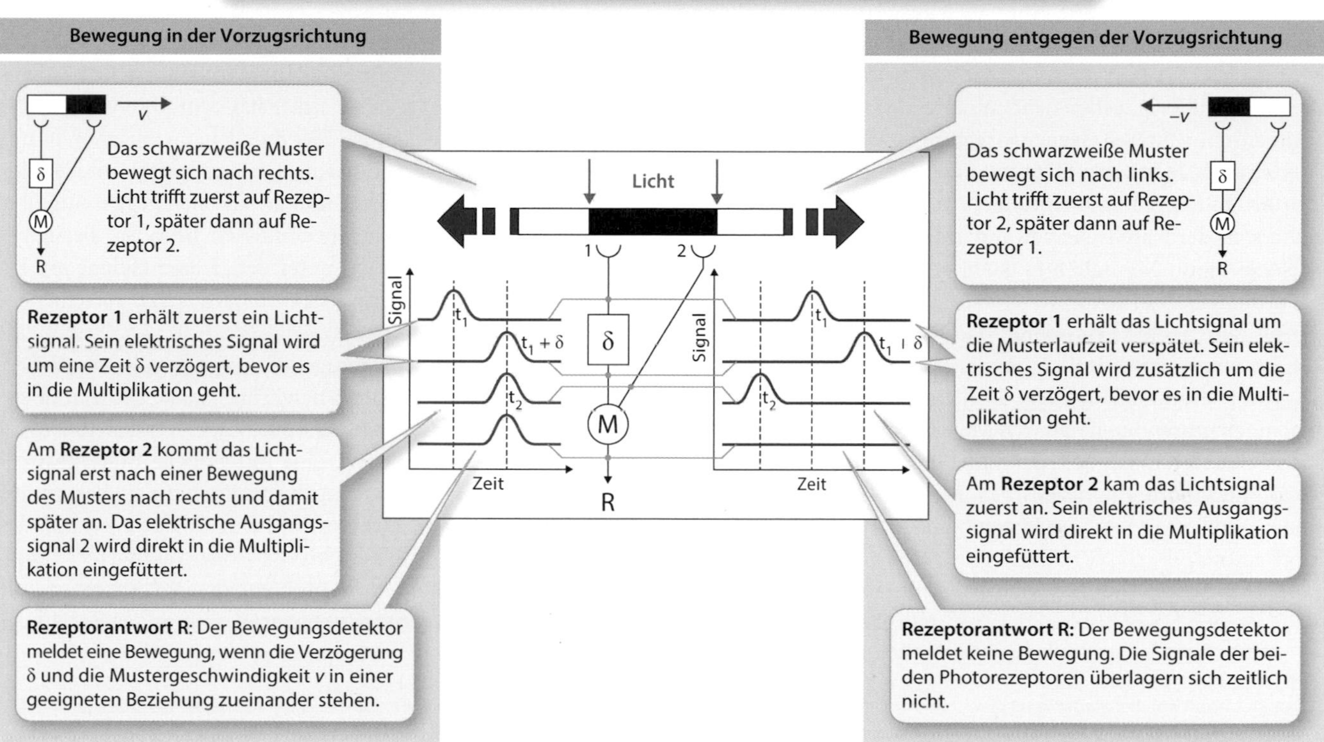

Abb. 17.30 Der elementare Korrelations-Bewegungsdetektor vergleicht den zeitlichen Verlauf der Lichtsignale in benachbarten Photorezeptoren

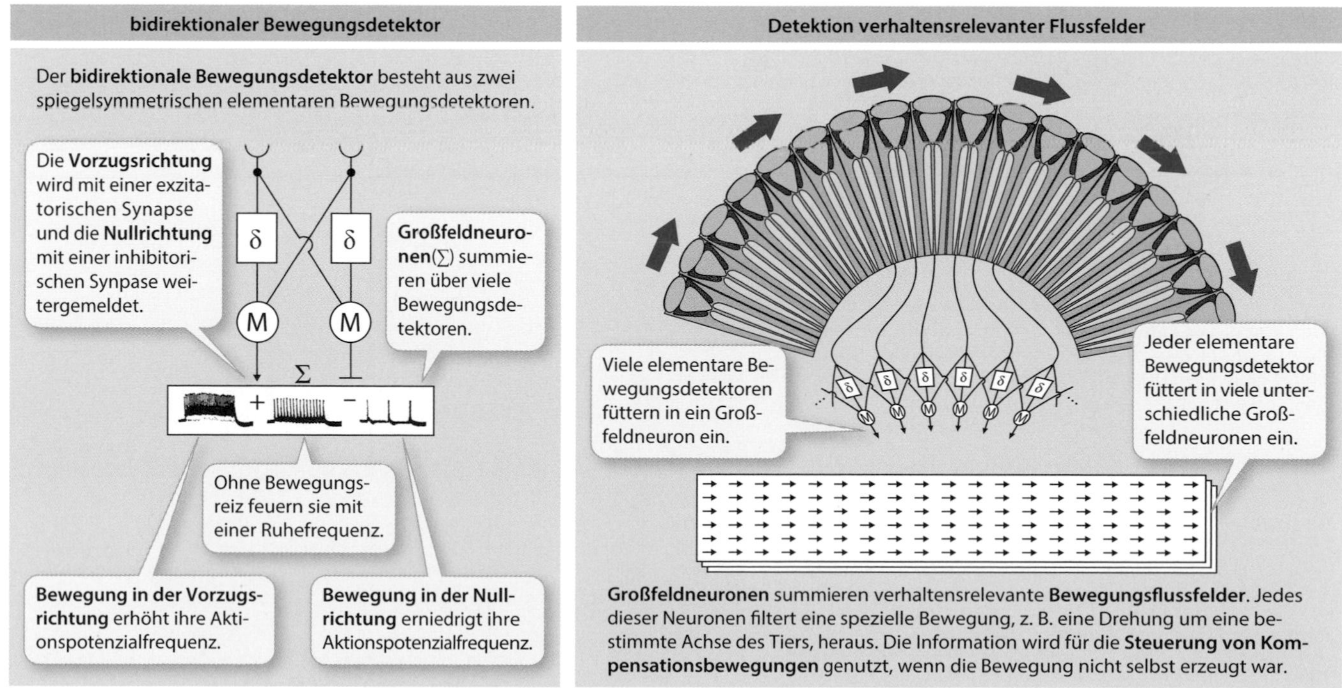

Abb. 17.31 Elementare Bewegungsinformation wird zu verhaltensrelevanten Flussfeldern integriert

17.13 Riechen ermöglicht die Analyse der Umgebungsluft und der Nahrung und dient der Fortpflanzung

Eingeatmete Luft wird im Labyrinth der Nasenmuscheln (Conchae) vorgewärmt und im **Riechepithel** chemisch analysiert (**orthonasaler Luftweg**). Aber auch ausgeatmete Luft aus dem Mundraum gelangt an das Riechepithel, was der Analyse der Aromen von Speisen dient (**retronasaler Weg**; ◘ Abb. 17.32); Riechen und Schmecken arbeiten eng zusammen. Vertebraten besitzen ein weiteres Geruchsorgan: Das **Vomeronasalorgan** (VNO; auch **Jacobson-Organ**) dient der Analyse von **Pheromonen**. Es liegt in Einbuchtungen von 0,2–2 mm Durchmesser beiderseits der Nasenscheidewand unterhalb der unteren Nasenmuschel. Beim Menschen entsteht ein VNO im Fetalstadium, bildet sich aber noch vor der Geburt zurück. Ein VNO-Nerv ist nur bis zum achten Fetalmonat nachweisbar. Bei Tieren spielen Pheromone wichtige Rollen bei der Fortpflanzung, dem Erkennen von Hierarchien und der Familienzugehörigkeit. Züngelnde Schlangen präsentieren dadurch Moleküle ihrem VNO. Flehmen, das ruckartige Einziehen der Luft, dient ebenfalls dazu, dem VNO Pheromone zu präsentieren. Menschen besitzen nur noch einen reduzierten Satz von Pheromonrezeptoren eingestreut im Riechepithel.

Das **Riechepithel** des Menschen umfasst etwa 5 bis 9 cm^2 im Dach der Nasenhöhle. Hier verästeln Dendriten der **olfaktorischen Rezeptorneuronen**. Cilien zur Oberflächenvergrößerung mit den Rezeptoren ragen in eine Schleimschicht, wo Duftstoffe gelöst präsentiert werden. Olfaktorische Rezeptorneuronen sind primäre Sinneszellen, also mit Axon. Die Zellkörper dieser Bipolarzellen sitzen in einer Schicht aus Stützzellen (◘ Abb. 17.32). Wegen der aggressiven chemischen Umgebung werden die Neuronen alle sechs bis acht Wochen erneuert. Dazu liegen **Stammzellen** vor, sogenannte **Basalzellen**. Die Axone der olfaktorischen Rezeptorneuronen ziehen durch Durchlässe im **Siebbein** zum **Riechkolben** (olfaktorischer Bulbus) im Gehirn. Hier sortieren sie sich nach dem jeweils einen Typ von Rezeptor, den sie aus ca. 350 möglichen exprimieren, und enden in spezifischen Glomeruli. Die summierte Information wird von Mitralzellen aufgenommen, die sich gegenseitig über inhibitorische Interneuronen beeinflussen, bevor sie die Signale weitertragen. **Makrosmaten** unter den Tieren (solche mit besonders gutem Geruchssinn) besitzen bis zu 1200 verschiedene olfaktorische Rezeptortypen.

Olfaktorische Rezeptoren gehören zur Familie der **G-Protein-gekoppelten Rezeptoren**; wie die Opsine besitzen sie sieben Transmembrandomänen (◘ Abb. 17.33). Auf der Außenseite präsentiert jeder Rezeptortyp eine individuelle Bindungsstelle für Duftstoffe. Diese ist meist nicht spezifisch für ein bestimmtes Duftmolekül, sondern mehrere ähnliche Moleküle können den Rezeptor nach dem Schlüssel-Schloss-Prinzip aktivieren. Umgekehrt vermögen manche Moleküle mehr als einen Rezeptortyp zu aktivieren. Nur **Pheromonrezeptoren** sind in der Regel hoch

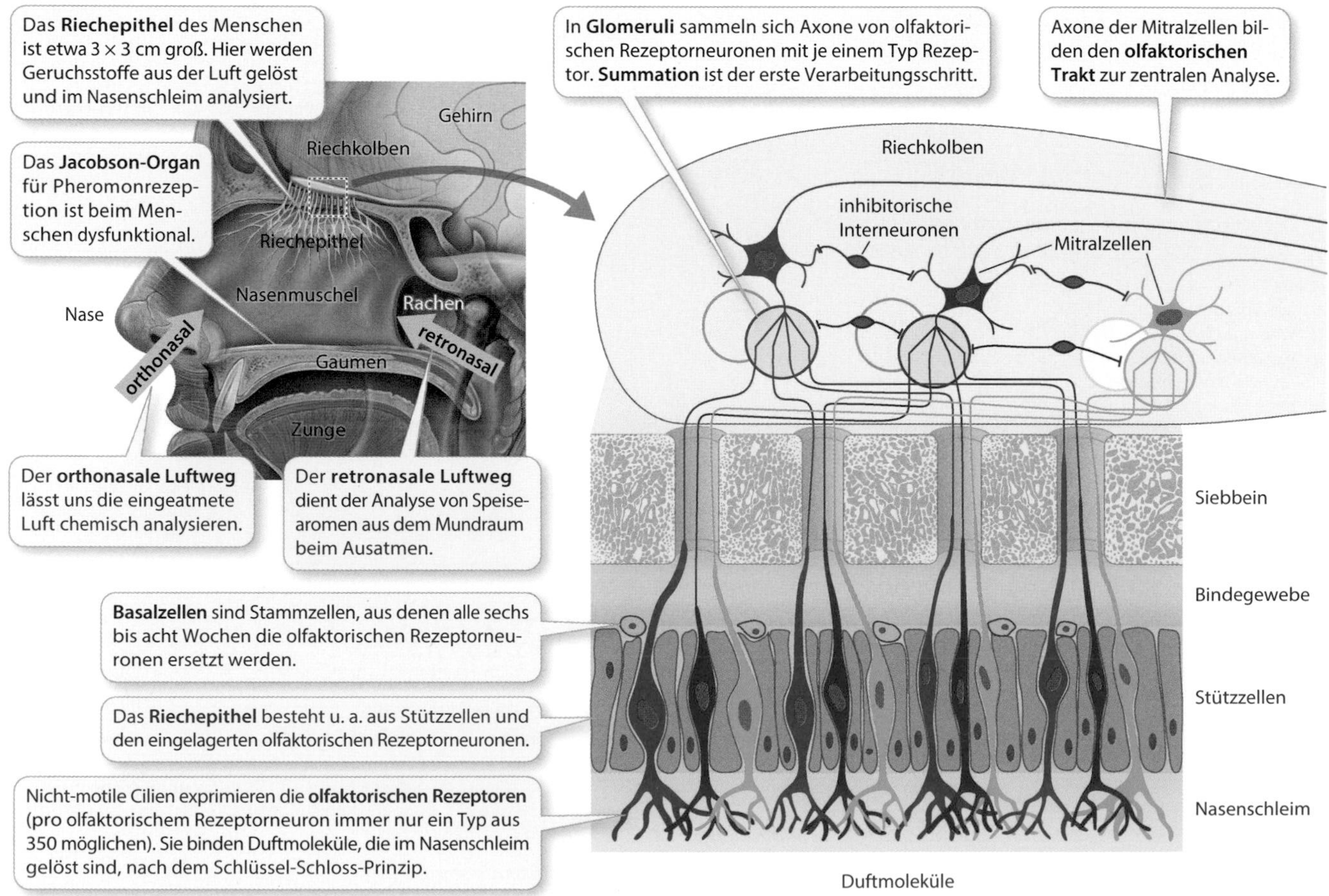

◘ **Abb. 17.32** Die Lage der olfaktorischen Sinnesorgane und erste Verarbeitung im Riechkolben am Beispiel des Menschen

17

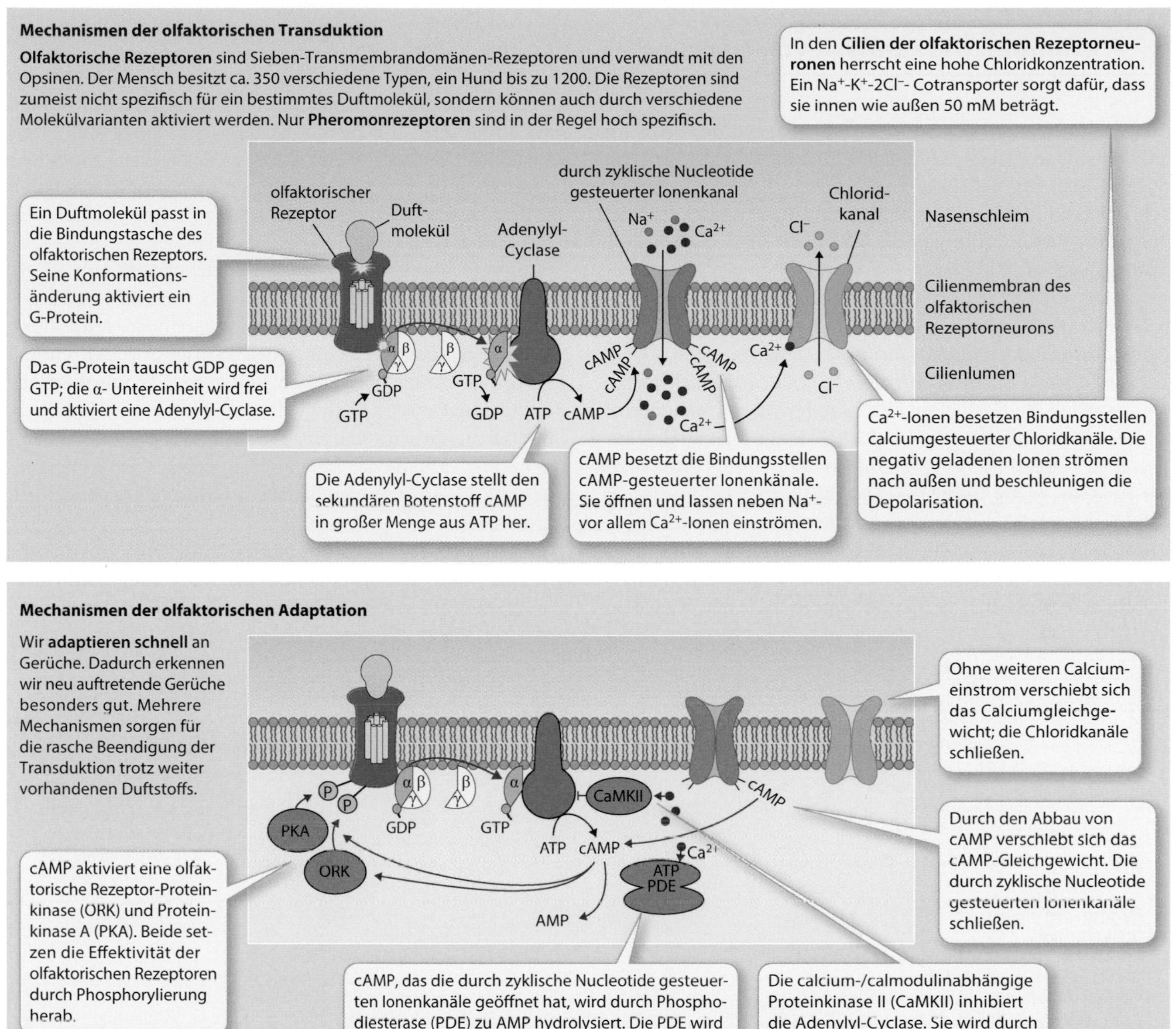

Abb. 17.33 Der Ablauf der olfaktorischen Transduktion und Mechanismen der schnellen Adaptation

spezifisch. Die Bindung des Duftstoffs außen aktiviert das G-Protein innen; die frei werdende α-Untereinheit aktiviert Adenylyl-Cyclase, die den **sekundären Botenstoff cAMP** in großer Menge herstellt. Dadurch öffnen cAMP-gesteuerte Ionenkanäle. Der Einstrom von Calciumionen aktiviert calciumgesteuerte Chloridkanäle, sodass es zu einer beschleunigten Depolarisation durch Ausstrom von Chloridanionen kommt. Die hohe Chloridkonzentration von 50 mM im Inneren der Cilien kommt durch Aktivität der Na^+-K^+-$2Cl^-$-Cotransporter zustande.

Wir **adaptieren schnell** an andauernde Gerüche (Abb. 17.33). Als evolutionärer Vorteil treten dafür neu auftretende Gerüche besonders hervor. Mehrere Mechanismen sorgen für ein Ende der Depolarisation, selbst wenn die Geruchsmoleküle weiterhin vorhanden sind. cAMP aktiviert Proteinkinase A und eine olfaktorische Rezeptor-Proteinkinase, die die Rezeptoren phosphorylieren und ihre Effektivität herabsetzen. Das eingeströmte Calcium aktiviert eine Phosphodiesterase (PDE), die den Botenstoff cAMP abbaut. Dadurch schließen die cAMP-gesteuerten Ionenkanäle. Das Ende des Calciumeinstroms führt zum Schließen der Chloridkanäle. Davor hat Calcium noch die calcium-/calmodulinabhängige Kinase II aktiviert, die die Adenylyl-Cyclase reprimiert. So endet die Transduktion rasch.

17.14 Sechs Geschmacksrichtungen erlauben die Analyse von Nahrung

Der **Geschmackssinn** dient der **Überprüfung der Nahrung** auf Genießbarkeit oder Giftigkeit und bereitet den Körper auf die kommenden Nahrungsbausteine vor. Die ca. 10.000 **Geschmacksknospen** des Menschen sitzen zu 75 % im Zungenepithel in drei **Papillentypen** (◘ Abb. 17.34). Speichel aus **Spüldrüsen** sorgt bei den versenkt angebrachten Papillen für eine Erneuerung der Geschmacksstoffe, die im Speichel gelöst präsentiert werden. Mechano- und Temperatursensoren und der Geruchsinn flankieren die Nahrungsanalyse.

Geschmacksknospen enthalten 50 bis 100 **Geschmackssinneszellen**, Stützzellen und **Basalzellen**, die als Stammzellen Sinneszellen erneuern (◘ Abb. 17.34). Es sind sekundäre Sinneszellen – spezialisierte Epithelzellen ohne eigenes Axon –, die auf eine von **sechs Geschmacksqualitäten** spezialisiert sind: **salzig, sauer, süß, bitter, umami und fettig**. Die variierende, gemischte Zusammenstellung in den Knospen legt einen kombinatorischen Code nahe, mit dem mehr als die sechs primären Geschmacksqualitäten detektiert werden könnten. Apikal besitzen die Sinneszellen **Mikrovilli** mit den Rezeptoren, die in die **Geschmackspore** ragen.

„Salzig" wird durch dissoziiertes Kochsalz im Speichel detektiert. Na^+-Ionen dringen durch daueroffene **epitheliale Natriumkanäle** (ENaC) in die Geschmackszelle (◘ Abb. 17.35) und depolarisieren sie. Werden die Kanäle blockiert, bleibt eine Empfindung für hohe Salzkonzentration, deren Transduktion unverstanden ist. Vermutlich haben auch die Anionen der Salze einen Einfluss.

„Sauer" wird über freie Protonen detektiert (◘ Abb. 17.35), die durch **PKD2L1-Kanäle** in die Geschmackszelle gelangen (PKD2L1 steht für *polycystic kidney disease 2-like 1*, die durch Mutation des Kanalgens entsteht). „Saurer Sprudel" enthält gelöstes CO_2. Eine oberflächenverankerte **Carboanhydrase** sorgt für die Umsetzung in Hydrogencarbonat und Protonen. Unpolare organische Säuren können Membranen durchdringen und im Inneren der Sauerzelle disoziieren. Protonen blockieren Kaliumhintergrundkanäle, wodurch die Zelle schnell depolarisiert.

Alle folgenden metabotropen gustatorischen Rezeptoren sind enge Verwandte der olfaktorischen Rezeptoren. **„Süß"** wird über ein **Dimer aus zwei G-Protein-gekoppelten Rezeptoren**

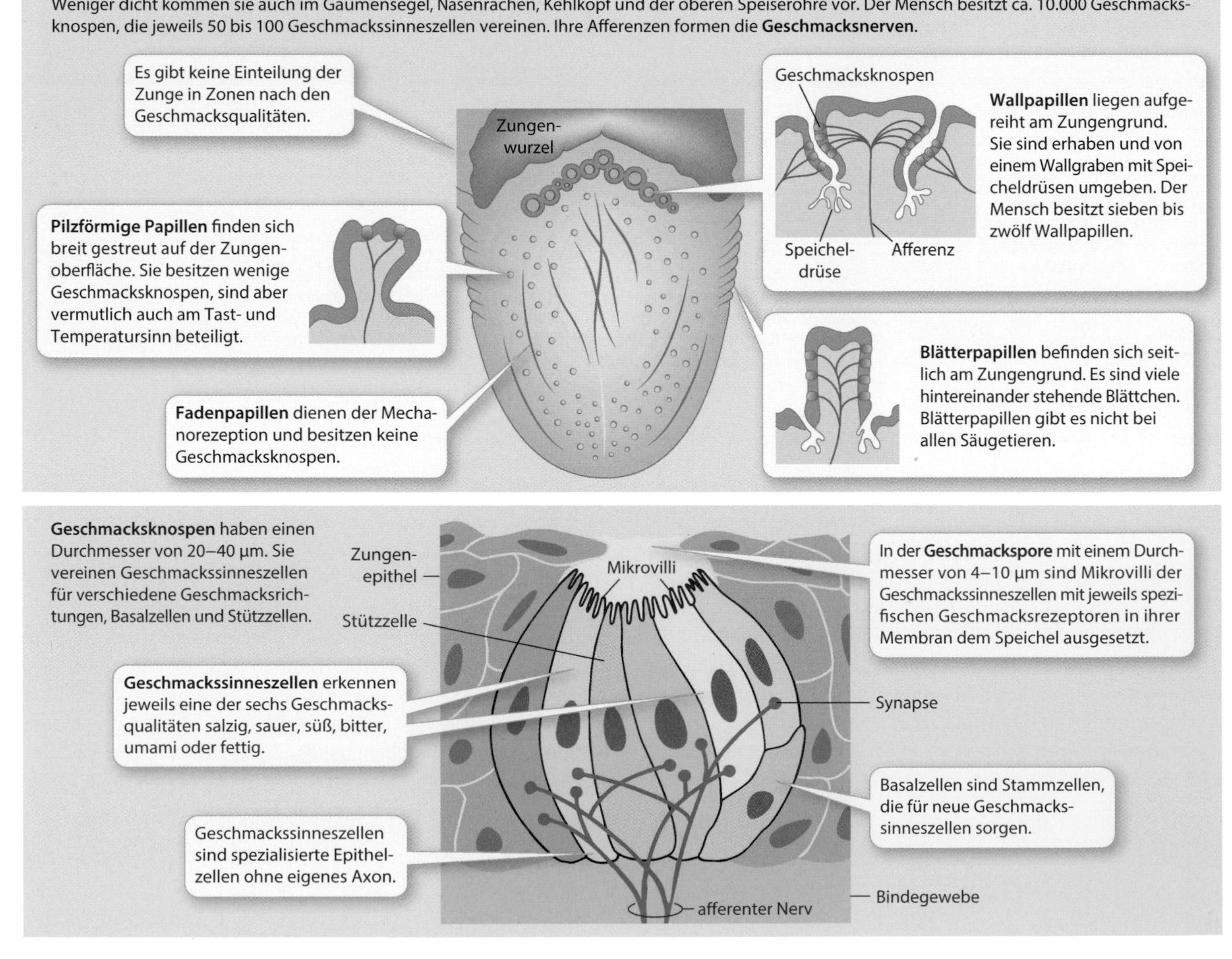

◘ **Abb. 17.34** Lage und Aufbau der gustatorischen Sinnesorgane

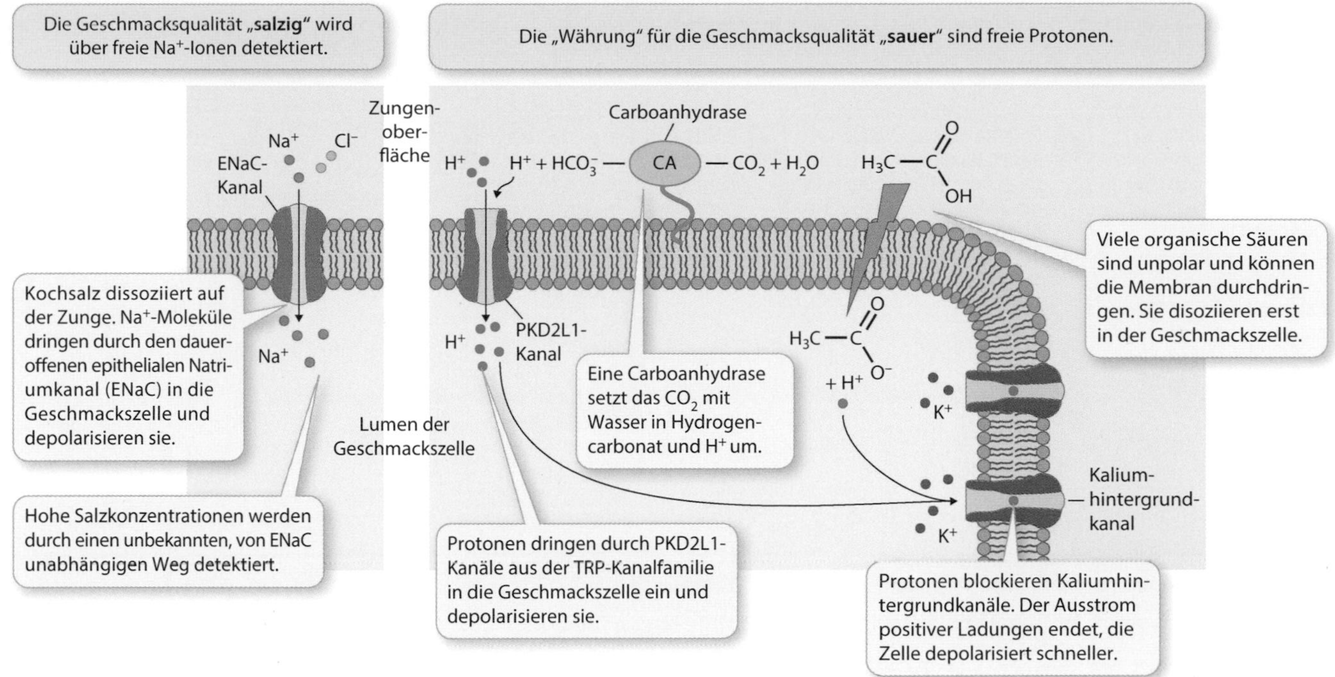

Abb. 17.35 Abläufe der gustatorischen Transduktion der Geschmacksrichtungen salzig und sauer

T1R2 und T1R3 detektiert. Sämtliche Zuckerarten und Süßstoffe, die süß schmecken, binden an dieses Dimer und aktivieren damit im Inneren der Süßzelle ein G-Protein. Die vielen Bindungsstellen finden sich an den besonders langen extrazellulären N-Termini der Rezeptoren. Das aktivierte Gβ/γ initiiert den **Phospholipase-Signalweg** (Abb. 17.36) und das Gα in einem Teil der Süßzellen ebenfalls. Im anderen Teil initiiert Gα einen **Adenylyl-Cyclase-Weg**. Er kann zur Verstärkung der Depolarisation dienen und zur Modulation, wenn die aktivierte Proteinkinase A weitere Zielproteine phosphoryliert. Wird Zucker im Mundraum detektiert, wird über ein Kerngebiet im Stammhirn bereits Insulin im Körper ausgeschüttet. Süßstoffe aktivieren den Rezeptor, ohne Glucose zu liefern; die Insulinausschüttung kann dann zu Heißhunger führen.

„Umami" wird über ein **Dimer aus den G-Protein-gekoppelten Rezeptoren T1R1 und T1R3** detektiert, an das verschiedene **L-Aminosäuren** binden können. Japanisch *umami* steht für lecker, fleischig. Am menschlichen Dimer binden hoch spezifisch Glutamin- und Asparaginsäure. Die Signalwege entsprechen – auch hinsichtlich der Unsicherheiten bzw. der Vielfalt beim Gα-Weg – denen der Süßrezeption.

„Bitter" ist nur scheinbar eine einheitliche Geschmacksqualität und der vermutlich wichtigste Schutz in der Evolution der Nahrungsanalyse. Mehrere monomere Bitterrezeptoren aus einer **Genfamilie von ca. 30 G-Protein-gekoppelten Rezeptoren T2Rx** werden jeweils gemischt in Bitterzellen exprimiert. **Über 600 Bitterstoffe**, wie Alkaloide, lösen die nicht weiter differenzierbare Empfindung aus. Aktiviert werden der **Phospholipase-Weg** und ein **Phosphodiesterase-Signalweg** (Abb. 17.36). Einige Bitterstoffe können die Membran durchdringen und die Signalwege durch Hemmen oder Aktivieren beteiligter Enzyme beeinflussen. Jede starke Bitterempfindung löst über ein Kerngebiet im Stammhirn den Brechreflex aus.

„Fettig" wird metabotrop durch Bindung **freier Fettsäuren** erkannt; der Signalweg ist noch nicht abschließend untersucht. Vieles spricht für den CD36-Fressrezeptor (*scavenger receptor*), der so heißt, weil er langkettige Fettsäuren bindet und dann internalisiert. CD36 ist ein transmembranes Glykoprotein auf den Mikrovilli von Fettgeschmackszellen in Wall- und Blattpapillen, die in den Speichel ragen. CD36 kann einen Lipid-Transporttunnel ausbilden. In der Folge wird der Phospholipase-Signalweg aktiviert und mittels IP_3 Calcium aus dem endoplasmatischen Retikulum freigesetzt. Alternativ oder zusätzlich kommen die G-Protein-gekoppelten Rezeptoren GPR120 und GPR40 als Fettrezeptoren infrage. Fehlen sie, zeigen die entsprechenden Personen eine reduzierte Präferenz für die Fettsäuren Linolsäure und Ölsäure und eine verminderte neuronale Antwort auf oral gegebene Fettsäuren. Abb. 17.37 bietet eine Infografik zu G-Protein-gekoppelten Rezeptoren.

Signale der Geschmackszellen werden auf afferente Neuronen übertragen. Auf süß, umami oder bitter spezialisierte Zellen nutzen ATP als Neurotransmitter, das sie über einen spannungsgesteuerten Ionenkanal freisetzen (CALHM1-Kanal steht für *calcium homeostasis modulator 1*). Sauerrezeptorzellen signalisieren mittels GABA und Serotonin, Salzrezeptorzellen über eine Ektonucleosid-Triphosphat-Diphosphohydrolase, die ATP zu AMP dephosphoryliert.

Unsere Geschmacksempfindung ist mehr als die Informationen von den Geschmacksrezeptoren. Beim Ausatmen gelangen flüchtige Moleküle der Nahrung im Mund über den retronasalen Weg an das Riechepithel. Der Geruchs- und der Geschmackssinn arbeiten eng zusammen (▶ Abschn. 17.15). Auch die Zunge vermittelt uns weitere sensorische Eindrücke, die zum Gesamtbild beitragen. Sie betreffen andere Sinnesmodalitäten. Da gibt es z. B. die Schärfe von Chilischoten, die einer **Hitzeempfindung des nozizeptiven Systems** entspringt (▶ Abschn. 17.2).

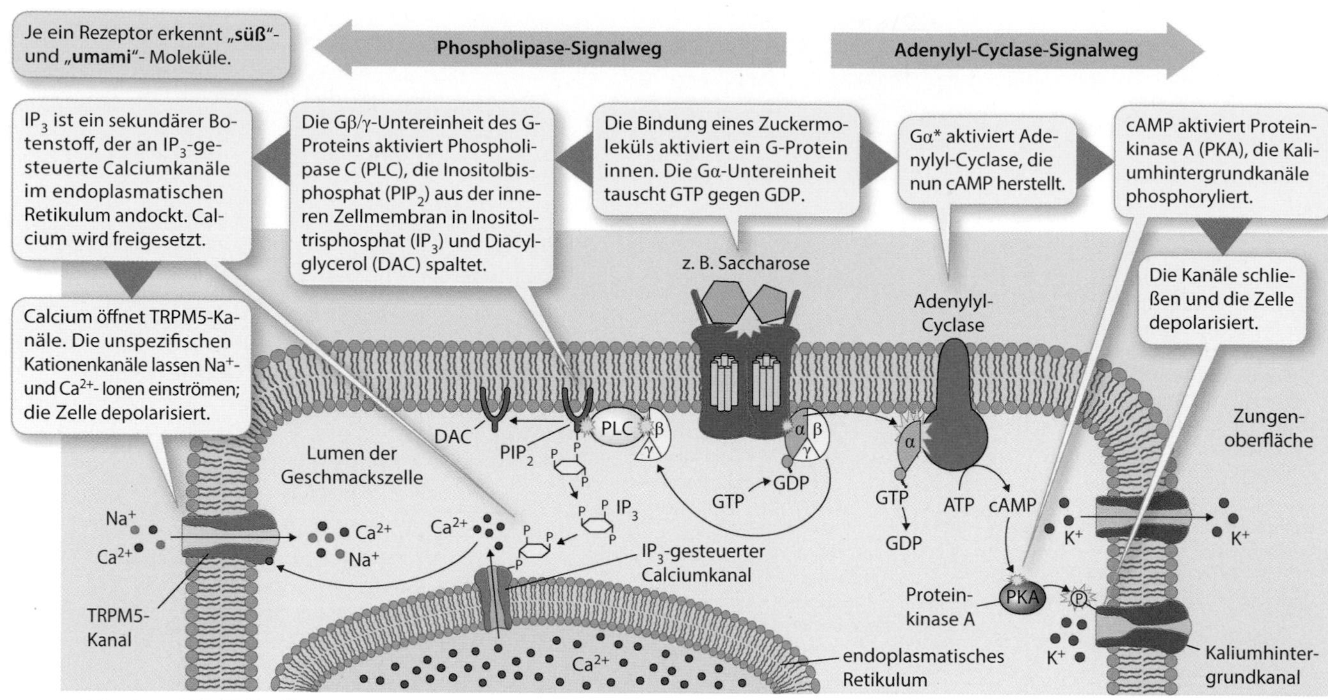

Ein **G-Protein-gekoppelter Rezeptortyp** ist für den **Süßgeschmack** aller Zuckerarten und Süßstoffe verantwortlich, die der Mensch schmecken kann. Es ist ein Dimer aus zwei Sieben-Transmembrandomänen-Rezeptoren T1R2 und T1R3. Ein anderer G-Protein-gekoppelter Rezeptortyp, ein Dimer aus T1R1 und T1R3, ist für die Geschmacksrichtung **umami** (proteinreich, Glutamat) zuständig. Beide nutzen dieselben beiden G-Protein-aktivierten Transduktionswege: Gα aktiviert den **Adenylyl-Cyclase-Signalweg** und/oder einen Phospholipase-Weg (variabel) und Gβ/γ den **Phospholipase-Signalweg**. Die Endstrecke nach der AC ist vielfältig. Süßrezeptoren und Umamirezeptoren befinden sich in getrennten, spezifischen Geschmacksrezeptorzellen.

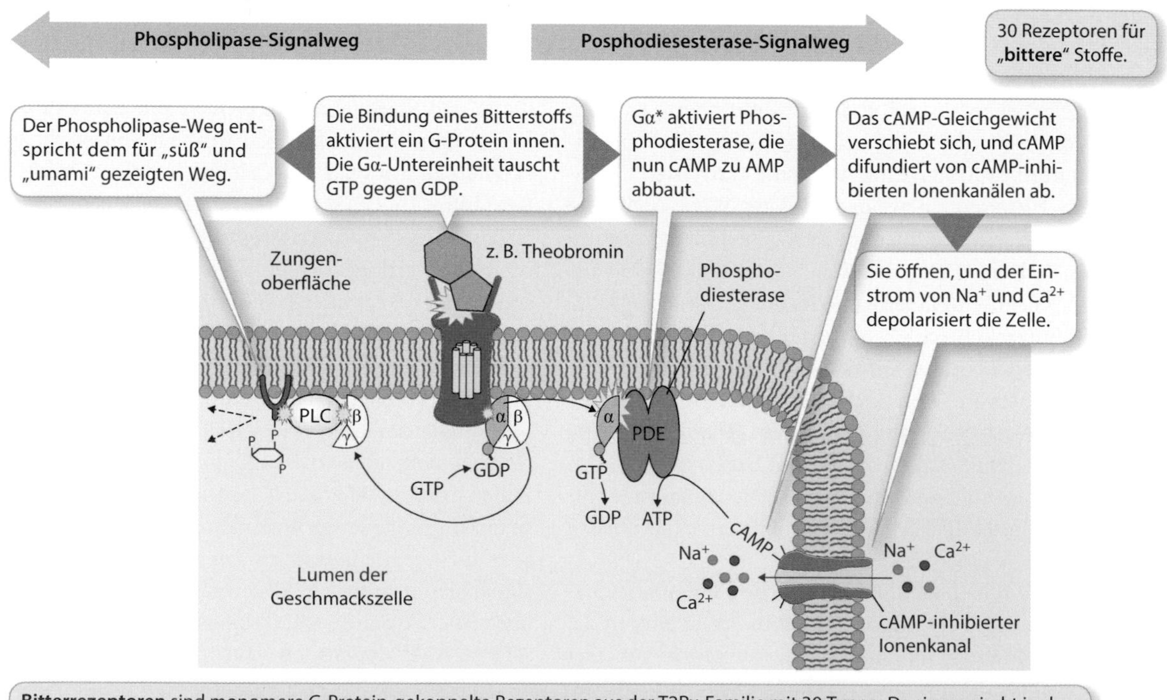

Bitterrezeptoren sind monomere G-Protein-gekoppelte Rezeptoren aus der T2Rx-Familie mit 30 Typen. Da sie gemischt in den Geschmacksrezeptorzellen für Bittergeschmack exprimiert werden, können wir die ca. 600 detektierbaren Bitterstoffe nicht unterscheiden. Alle Bitterrezeptoren nutzen diese beiden G-Protein-aktivierten Transduktionswege: Gα aktiviert den **Phosphodiesterase-Signalweg** und Gβ/γ den **Phospholipase-Signalweg.** Die Endstrecke nach der PDE ist nicht abschließend geklärt.

Abb. 17.36 Abläufe der gustatorischen Transduktion der Geschmacksrichtungen süß, umami und bitter

17

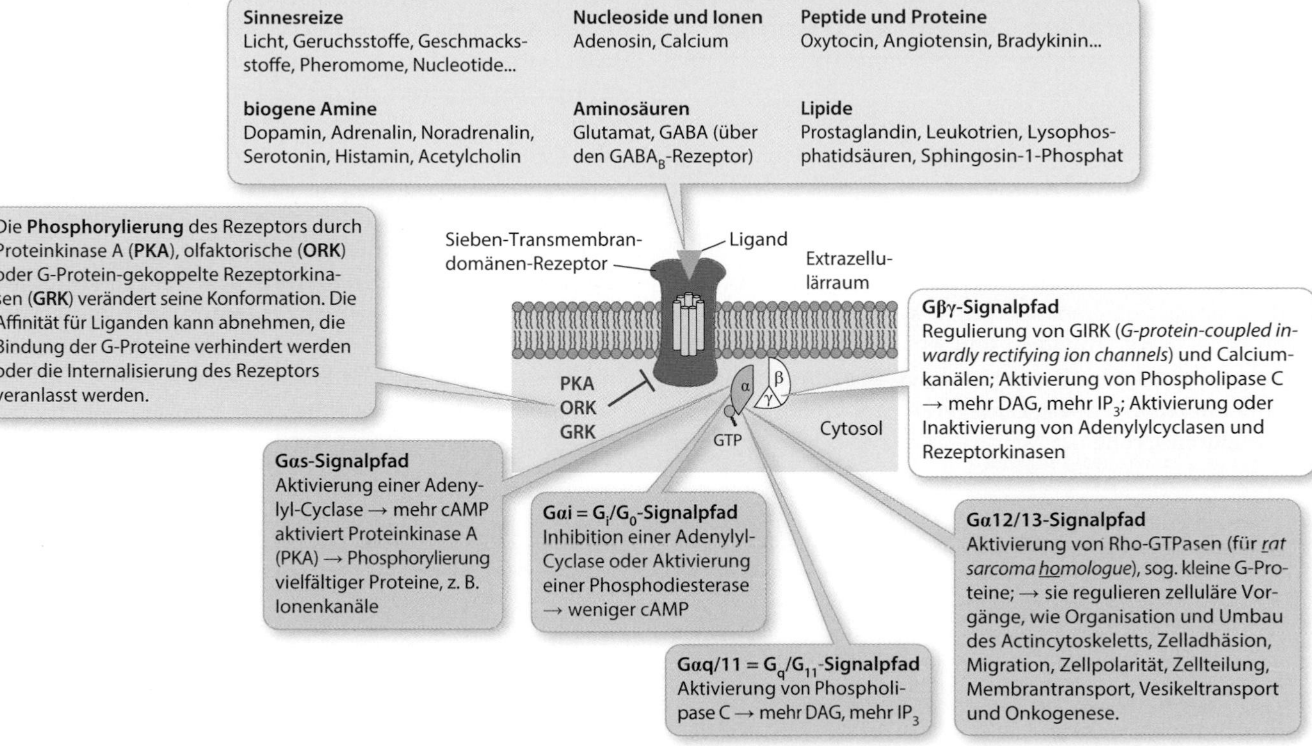

Abb. 17.37 Wichtige Liganden, Signalpfade und Modifizierungen von G-Protein-gekoppelten Rezeptoren

Der Inhaltsstoff Capsaicin öffnet als Ligand den Hitzerezeptor TRPV1-Ionenkanal. Aber auch den frisch-kühlen Geschmack von Pfefferminze oder grüner Minze verdanken wir einer irrigen Temperaturempfindung. Menthol, Ethanol oder Campher verursachen eine **Kälteempfindung**, indem sie den TRPM8-Ionenkanal in kaltsensitiven Neuronen aktivieren.

Szechuanpfeffer (*Zanthoxylum peperitum*) gehört zur Familie der Rautengewächse und ist nicht mit dem Schwarzen Pfeffer (*Piper nigrum*) verwandt. Szechuanpfeffer hat einen prickelnden Geschmack, der ein **Gefühl der Taubheit** auf Lippen und Zunge bewirkt. Verantwortlich dafür sind verschiedene Amide, die bis zu 3 % der Inhaltsstoffe der Samenkapseln ausmachen. Ein **adstringierendes Gefühl** in den Schleimhäuten des Mundes entsteht durch Tannine oder Calciumoxalat. Die Stoffe sind im Tee, Rotwein, Rhabarber und auch in unreifen Bananen vorhanden. **Metallischer Geschmack** wird gelegentlich als Beigeschmack empfunden und geht vermutlich auf galvanische Prozesse im Mund zurück. Einige künstliche Süßstoffe und Blut lösen eine metallische Geschmacksempfindung aus. Auch **Kalk** bzw. Kreide hat ihren eigenen **Geschmack**, zumindest für Mäuse. Denn der CaSR (*calcium-sensing receptor*) kann zusammen mit dem Süßrezeptor Calcium als Geschmack vermitteln. Ob wir Menschen Calcium als Geschmacksrichtung perzipieren, ist nicht abschließend untersucht.

„Herzhaftigkeit" (jap. *kokumi*) ist eine japanische Zuschreibung für Lebensmittel, die keinen eigenen Geschmack haben, aber als **Geschmacksverstärker** für andere Geschmacksqualitäten wirken. Knoblauch ist eine solche Zutat, die die klassischen Geschmacksrichtungen verstärken kann.

Die **Temperatur von Speisen und Getränken** kann essenziell für die Geschmacksempfindung sein. Wärme kann bestimmte Geschmacksstoffe begünstigen und andere abschwächen, indem sie Dichte und Phasengleichgewicht der Inhaltsstoffe verschiebt. Speisen und Getränke, die kulturbedingt heiß serviert werden, werden als geschmacklos empfunden, wenn sie kalt vorliegen, und umgekehrt. Von Ausnahmen abgesehen werden alkoholische Getränke auf Raumtemperatur oder gekühlt konsumiert, wohingegen Suppen üblicherweise heiß gegessen werden.

17.15 Die chemischen Sinne besitzen einen privilegierten Zugang zum Gehirn

Die **chemischen Sinne** sind das ursprünglichste Informationssystem über die Außenwelt. Wir Menschen gehören zu den **Mikrosmaten** – unser Geruchssinn hat gegenüber dem Sehen an Bedeutung verloren. **Makrosmaten** wie Hunde und Mäuse, die in einer Geruchswelt leben, besitzen gut 1200 Gene für olfaktorische Rezeptoren, das entspricht 5 % ihres Genoms. Auch besitzen sie ein Vomeronasalorgan, das der Mensch in der Evolution verloren hat. Trotzdem sind wir nicht unbeeinflusst von Pheromonen, denn im Riechepithel des Menschen finden sich Pheromonrezeptoren. Belegt sind **Pheromoneinflüsse** z. B. bei der Synchronisierung des Menstruationszyklus bei zusammenlebenden Frauen; Babys finden per Geruch die Brustwarzen der Mutter. Aber auch normale Gerüche können uns unbewusst beeinflussen, etwa bei der Nahrungsauswahl. Dies liegt an den privilegierten Zugängen, die der Geruchssinn auf die Strukturen des Gehirns hat, die Emotionen erzeugen sowie Nahrungsaufnahme, Fortpflanzung und Sozialverhalten beeinflussen.

Die olfaktorischen Rezeptorneuronen sortieren sich gemäß ihres Rezeptortyps in den Glomeruli des **Riechkolbens**. Die Information wird durch inhibitorische Interaktionen nachverschärft, bevor sie über den **olfaktorischen Trakt** zu einer Gabelung in **medialen und lateralen Riechstreifen** (Stria olfactoria medialis und lateralis) zieht (◘ Abb. 17.38).

Die geschilderten Verarbeitungsschritte liegen *vor* dem Durchgang durch den **Thalamus**, dem Pförtner zum Bewusstsein. Für die chemischen Sinne ist der entwicklungsgeschichtlich

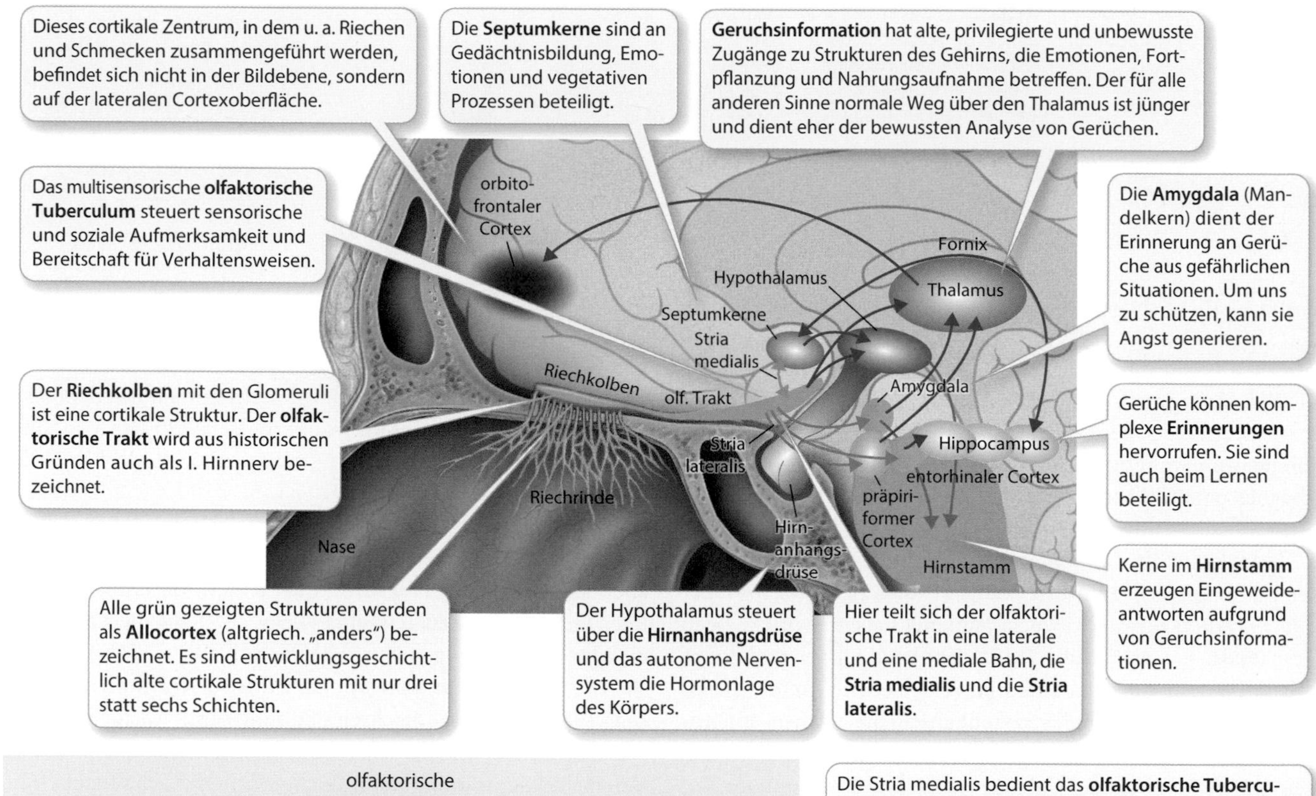

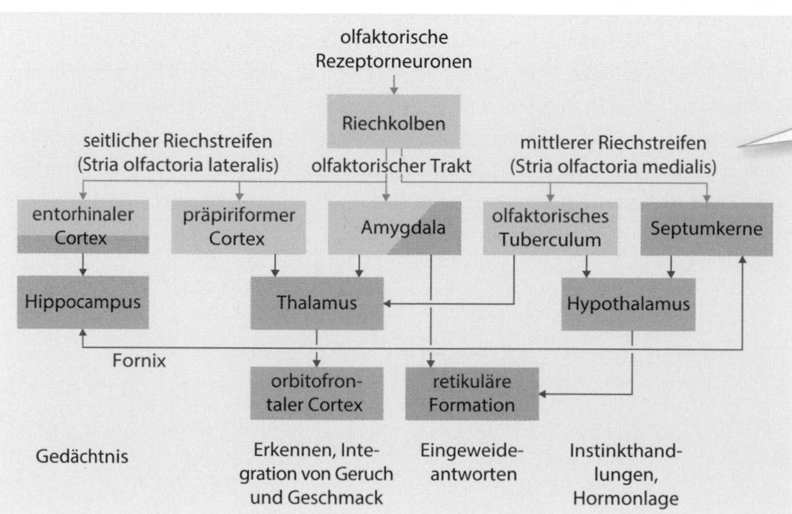

Die Stria medialis bedient das **olfaktorische Tuberculum** und die **Septumkerne**, die an der Gedächtnisbildung, an Emotionskontrolle und vegetativen Prozessen beteiligt sind. Beide beeinflussen den **Hypothalamus**, der für die Hormonlage, aber auch für Instinkthandlungen, Hunger- und Sattheitsgefühle zuständig ist. Eine **absteigende Bahn** sorgt für veränderliche Wahrnehmungsschwellen je nach Hunger und Hormonlage. Die entwicklungsgeschichtlich jüngere Stria lateralis versorgt die **Amygdala** (Mandelkern), den **präpiriformen Cortex** und den **entorhinalen Cortex** mit Geruchsinformation. Die Amygdala speichert vor allem Informationen über unangenehme Ereignisse; sie kann Angst erzeugen, wenn die Gerüche wieder auftreten. Der Weg über den entorhinalen Cortex zum **Hippocampus** erklärt, warum Gerüche komplexe Erinnerungen auslösen können. Er ist das Zentrum für die Einspeicherung von deklarativen und episodischen Langzeitgedächtnissen. Der präpiriforme Cortex bearbeitet als primärer olfaktorischer Cortex Geruchsinformation vor.

◘ **Abb. 17.38** Geruchsinformationen haben vielfältige Zugänge zu alten und neuen Strukturen des Gehirns. Sie beeinflussen uns bewusst und unbewusst

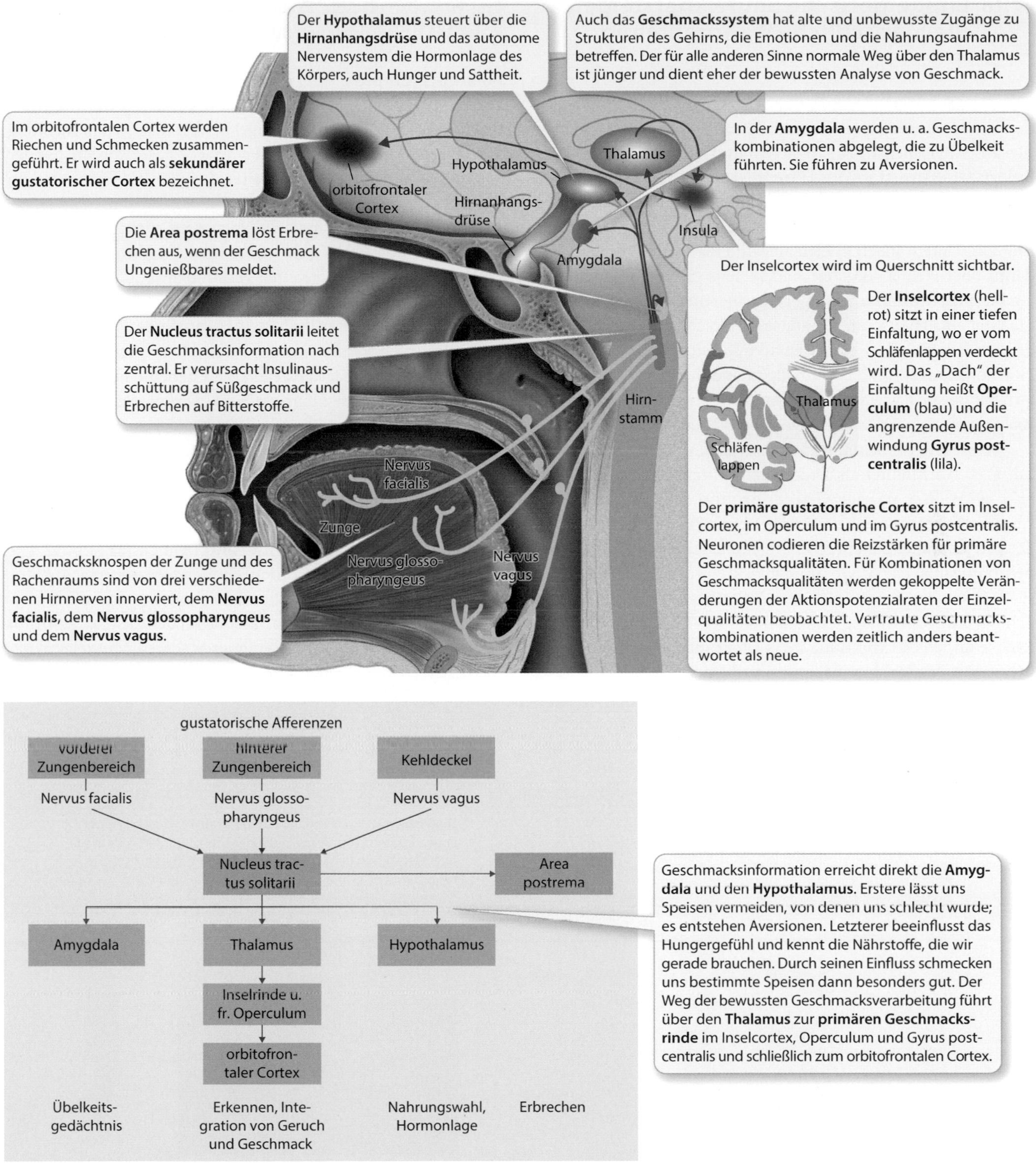

Der **Hypothalamus** steuert über die **Hirnanhangsdrüse** und das autonome Nervensystem die Hormonlage des Körpers, auch Hunger und Sattheit.

Auch das **Geschmackssystem** hat alte und unbewusste Zugänge zu Strukturen des Gehirns, die Emotionen und die Nahrungsaufnahme betreffen. Der für alle anderen Sinne normale Weg über den Thalamus ist jünger und dient eher der bewussten Analyse von Geschmack.

Im orbitofrontalen Cortex werden Riechen und Schmecken zusammengeführt. Er wird auch als **sekundärer gustatorischer Cortex** bezeichnet.

In der **Amygdala** werden u. a. Geschmackskombinationen abgelegt, die zu Übelkeit führten. Sie führen zu Aversionen.

Die **Area postrema** löst Erbrechen aus, wenn der Geschmack Ungenießbares meldet.

Der Inselcortex wird im Querschnitt sichtbar.

Der **Inselcortex** (hellrot) sitzt in einer tiefen Einfaltung, wo er vom Schläfenlappen verdeckt wird. Das „Dach" der Einfaltung heißt **Operculum** (blau) und die angrenzende Außenwindung **Gyrus postcentralis** (lila).

Der **Nucleus tractus solitarii** leitet die Geschmacksinformation nach zentral. Er verursacht Insulinausschüttung auf Süßgeschmack und Erbrechen auf Bitterstoffe.

Orbitofrontaler Cortex, Hypothalamus, Hirnanhangsdrüse, Thalamus, Insula, Amygdala, Hirnstamm, Thalamus, Schläfenlappen, Nervus facialis, Zunge, Nervus glossopharyngeus, Nervus vagus

Geschmacksknospen der Zunge und des Rachenraums sind von drei verschiedenen Hirnnerven innerviert, dem **Nervus facialis**, dem **Nervus glossopharyngeus** und dem **Nervus vagus**.

Der **primäre gustatorische Cortex** sitzt im Inselcortex, im Operculum und im Gyrus postcentralis. Neuronen codieren die Reizstärken für primäre Geschmacksqualitäten. Für Kombinationen von Geschmacksqualitäten werden gekoppelte Veränderungen der Aktionspotenzialraten der Einzelqualitäten beobachtet. Vertraute Geschmackskombinationen werden zeitlich anders beantwortet als neue.

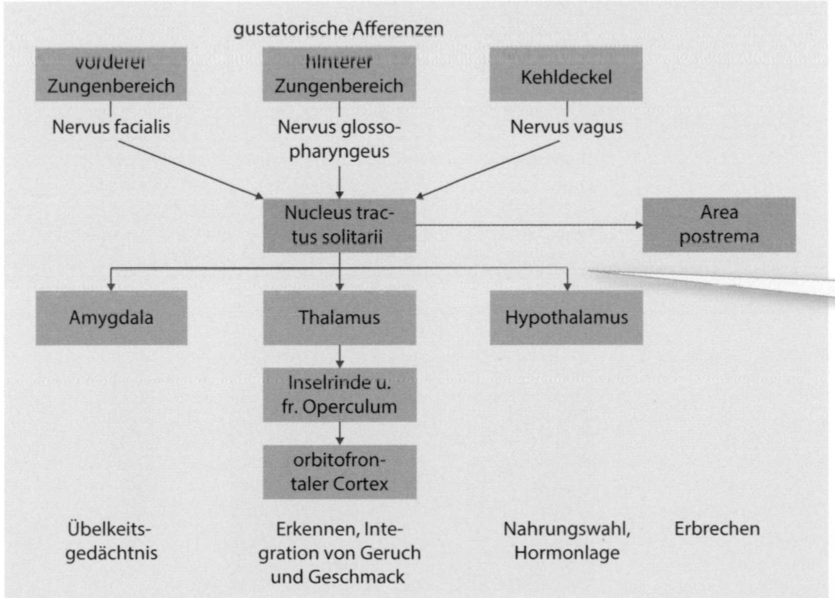

Geschmacksinformation erreicht direkt die **Amygdala** und den **Hypothalamus**. Erstere lässt uns Speisen vermeiden, von denen uns schlecht wurde; es entstehen Aversionen. Letzterer beeinflusst das Hungergefühl und kennt die Nährstoffe, die wir gerade brauchen. Durch seinen Einfluss schmecken uns bestimmte Speisen dann besonders gut. Der Weg der bewussten Geschmacksverarbeitung führt über den **Thalamus** zur **primären Geschmacksrinde** im Inselcortex, Operculum und Gyrus postcentralis und schließlich zum orbitofrontalen Cortex.

Abb. 17.39 Geschmacksinformationen schützen bei der Nahrungsaufnahme und beeinflussen sie

jüngste Weg eine Zugabe. Er dient der bewussten Analyse von Gerüchen und der Integration von Geruchs- und Geschmacksinformation für die Nahrungsanalyse im **orbitofrontalen Cortex. Geruchsinformation wird kombinatorisch encodiert.** Natürliche Aromen wie Kaffeegeruch bestehen aus Hunderten flüchtigen Stoffen; nur für einige besitzen wir Rezeptoren. Ihre Coaktivierung erzeugt ein typisches Muster, an dem wir das Aroma wiedererkennen. Durch Kombination werden aus 350 Rezeptortypen Millionen Muster, die wir unterscheiden können.

Riechen und Schmecken arbeiten eng zusammen; die Informationen werden im **orbitofrontalen Cortex** zusammengeführt (Abb. 17.39). Bei verschlossener Nase, alleine mit dem Geschmackssinn, können wir einen Apfel- nicht von einem Kohlrabischnitz unterscheiden. Trotzdem dürfte eine erste Verrechnung zwischen Geschmacksqualitäten in den Geschmacksknospen stattfinden und der noch nicht identifizierte Code mehr als die sechs Grundqualitäten ermöglichen.

17

17.16 Einige tierische Sinne übersteigen die menschliche Wahrnehmung

Sinnesorgane setzen chemische oder physikalische Reize in elektrische Signale um. Viele Tierarten besitzen Sinne für Umweltreize, die uns Menschen unzugänglich sind. Die Wahrnehmung des **Polarisationsmusters des Himmels** und die **Ultraschall-Echoortung** wurden bereits vorgestellt. **Infraschall** liegt unterhalb unserer Hörschwelle, also tiefer als 20 Hz, und setzt sich besonders weit fort. Untere anderem Elefanten und Blauwale kommunizieren damit über viele Kilometer. Andererseits gibt der **Geruchssinn** ein Beispiel, wie durch Verfeinerung eines unserer Sinne eine neue Qualität entstehen kann. Hunde lesen Geschichten aus Gerüchen an der Häuserkante, welcher Hund mit welchem Geschlecht und Hormonstatus wann hier vorbeikam und markierte. Spinnen liefern ein Beispiel, wie der **Vibrationssinn** verfeinert werden kann, um zu merken, wer da im Netz zappelt – Beute oder Feind?

Verschiedene Schlangenarten erfassen **Wärmestrahlung**, um z. B. Warmblüter als Beute aufzuspüren. Die Infrarotstrahlung wird über paarige **Grubenorgane** zwischen Nase und Augen erfasst. Eine dünne Membran mit Temperaturrezeptoren der TRP-Familie schließt eine luftgefüllte Kammer ab. Die Wahrnehmungsschwelle für Temperaturänderungen liegt bei 0,003 K.

Haustauben finden mit dem **Magnetsinn** den heimischen Schlag, Zugvögel navigieren damit über Tausende Kilometer, Lachse finden die Mündung ihres Ursprungsflusses nach Jahren im Ozean wieder. Der Magnetsinn liefert nur Informationen zur **Nord-Süd-Achse**, doch dafür bietet das Erdmagnetfeld drei Hinweise (◘ Abb. 17.40). Ein Taschenkompass nutzt die **Polarität** des Erdmagnetfelds und weist überall auf der Erde nach Norden. Säuger- und Insektenarten besitzen einen solchen **Polaritätskompass**. Weitere Orientierung bieten die **Totalfeldstärke** des Erdmagnetfelds und die **Inklination der Magnetfeldlinien**. Auf der Nordhalbkugel bewegt man sich in Richtung zunehmender Inklination und Feldstärke nach Norden, auf der Südhalbkugel aber nach Süden. Diese beiden Größen weisen also äquatorwärts oder polwärts.

Die Transduktionsmechanismen sind nicht abschließend geklärt. Für den Polaritätskompass könnten **Magnetitpartikel** (Fe_3O_4) über Faszien zu Ketten verbunden sein und richtungsspezifisch mechanosensitive Ionenkanäle öffnen. Die Inklination könnte gemäß der **Radikal-Paar-Hypothese** von der Vogelretina wahrgenommen werden. Der Magnetrezeptor könnte aus einem Molekülpaar bestehen, von denen eines, vermutlich Cryptochrom, durch Licht aktiviert werden muss. Quantenmechanischen Gesetzmäßigkeiten folgend könnten nur bei einer bestimmten Ausrichtung zum Magnetfeld, die jeweils nur für einen kleinen Bereich der Retina gegeben wäre, bestimmte chemische Endprodukte entstehen.

Ein **elektrischer Sinn** wird von schwach elektrischen Fischen für die **aktive Orientierung** benutzt (◘ Abb. 17.41). Wahrgenommen werden durch Hindernisse verursachte Störungen eines elektrischen Dipolfelds, das sie periodisch aussenden. Sehr viel mehr Fischarten nutzen den elektrischen Sinn zur **passiven Ortung** von Beutetieren, deren Muskelaktivität elektrische Felder erzeugt. **Lorenzini-Ampullen** und **Knollenorgane** dienen der Wahrnehmung.

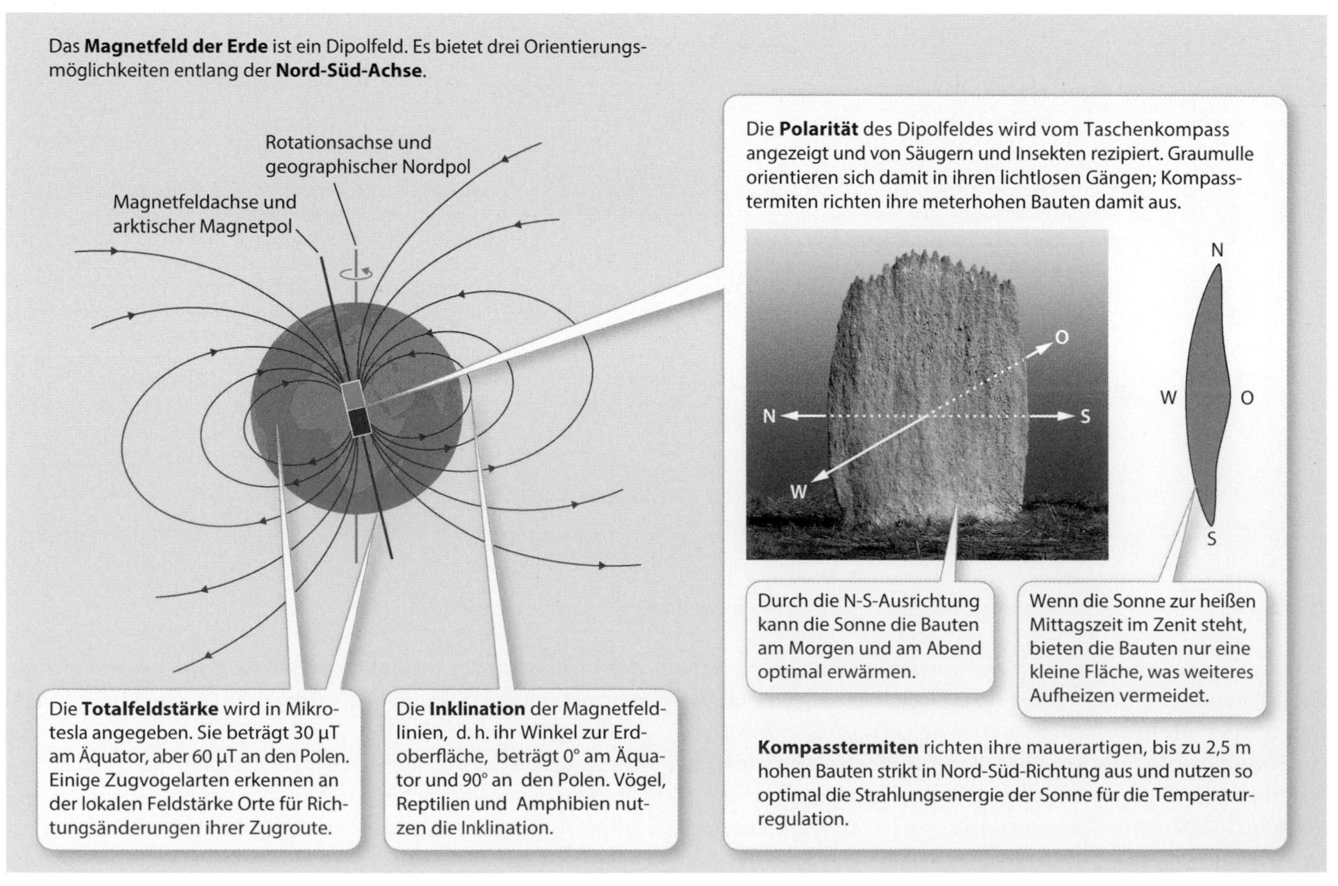

◘ **Abb. 17.40** Das Erdmagnetfeld bietet drei Orientierungshinweise entlang der Nord-Süd-Achse, die Tiere in unterschiedlicher Weise nutzen

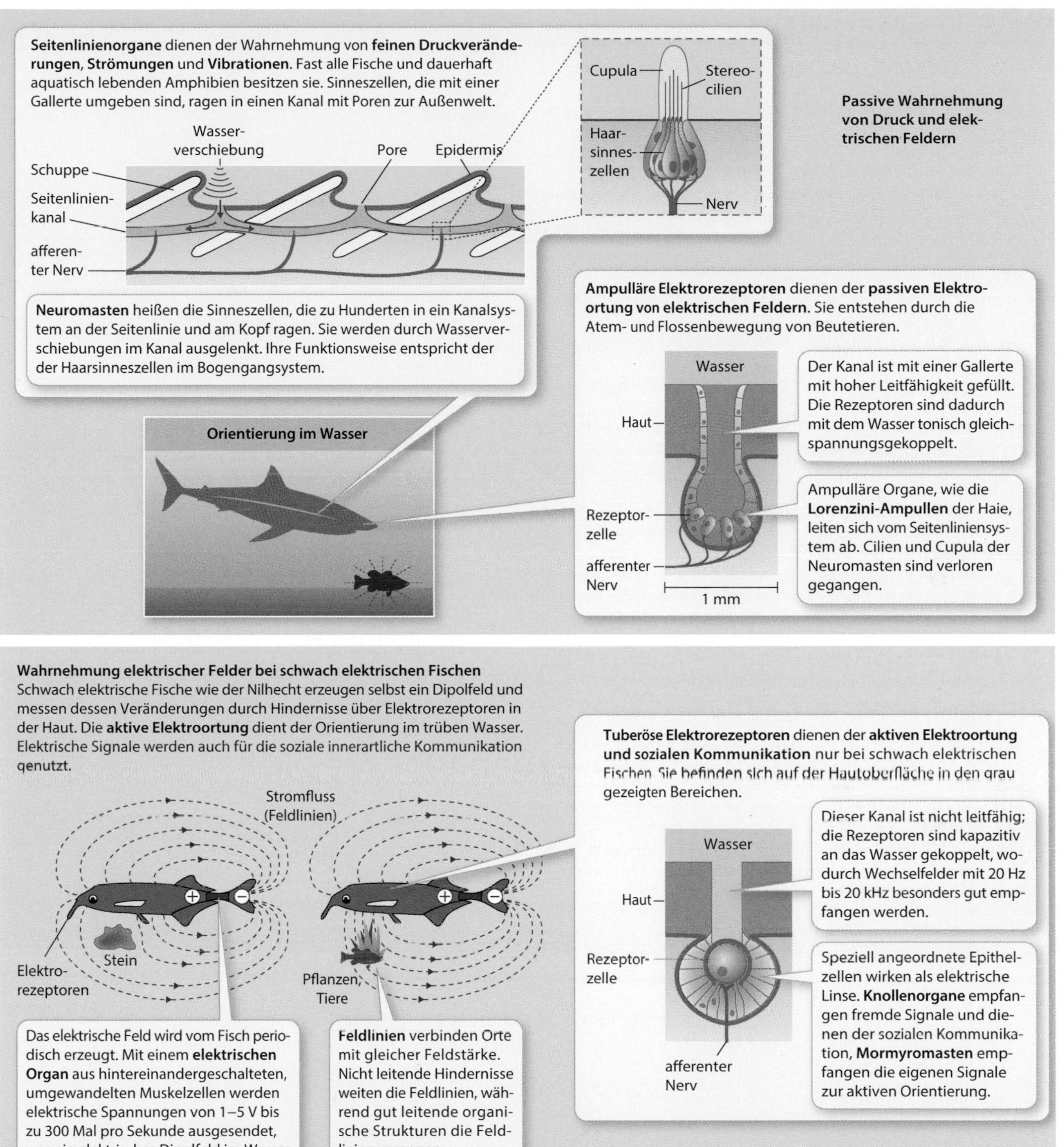

Abb. 17.41 Die Orientierung im Wasser erfolgt mit dem Seitenlinienorgan sowie mittels passiver oder aktiver Elektroortung

Seitenlinienorgane sind Hautsinnesorgane zur Wahrnehmung von feinsten Druckveränderungen, Strömungen und Vibrationen. Sie kommen bei fast allen Fischen und dauerhaft im Wasser lebenden Amphibien vor (Abb. 17.41). Die Sinneszellen, genannt **Neuromasten**, ragen zu Hunderten in ein Kanalsystem entlang der Seitenlinie und am Kopf des Fischs, das durch viele Poren mit dem umgebenden Wasser verbunden ist. Die Transduktion entspricht weitgehend der für Bogengänge erklärten (▶ Abschn. 17.4).

Weiterführende Literatur

1. Borst A, Egelhaaf M (1989) Principles of visual motion detection. Trends Neurosci 12:297–306
2. Fain GL, Hardie R, Laughlin SB (2010) Phototransduction and the evolution of photoreceptors. Curr Biol 20:R114–R124
3. Field GD, Chichilnisky EJ (2007) Information processing in the primate retina: circuitry and coding. Annu Rev Neurosci 30:1–30
4. Frings S, Müller F (2019) Biologie der Sinne: Vom Molekül zur Wahrnehmung, 2. Aufl. Springer, Berlin, Heidelberg, New York
5. Galindo MM, Voigt N, Stein J, van Lengerich J, Raguse JD, Hofmann T, Meyerhof W, Behrens M (2012) G protein-coupled receptors in human fat taste perception. Chem Senses 37:123–139
6. Gegenfurtner KR, Kiper DC (2003) Color vision. Annu Rev Neurosci 26:181–206
7. Hatt H, Dee R (2012) Das kleine Buch vom Riechen und Schmecken. Knaus, München
8. Heinze S (2017) Unraveling the neural basis of insect navigation. Curr Opin Insect Sci 24:58–67
9. Maoiléidigh DO, Ricci AJ (2019) A bundle of mechanisms: inner-ear hair-cell mechanotransduction. Trends Neurosci 42:221–236
10. Masland RH (2012) The neuronal organization of the retina. Neuron 76:266–280
11. McKemy DD, Neuhausser WM, Julius D (2002) Identification of a cold receptor reveals a general role for TRP channels in thermosensation. Nature 416:52–58
12. Patwardhan AM, Akopian NA, Ruparel NB, Diogenes A, Weintraub ST, Uhlson C, Murphy RC, Hargreaves KM (2010) Heat generates oxidized linoleic acid metabolites that activate TRPV1 and produce pain in rodents. J Clin Investig 120:1617–1626
13. Schaeffel F (2017) Vergleichende Betrachtung von Lichtempfindlichkeit, Tiefenwahrnehmung und Bewegungswahrnehmung bei Tier und Mensch. Ophthalmologe 114:997–1007
14. Schnitzler HU, Moss C, Denzinger A (2003) From spatial orientation to food acquisition in echolocating bats. Trends Ecol Evol 18:386–394
15. Varju D (1998) Mit den Ohren sehen und den Beinen hören. C. H. Beck, München
16. Wehner R (1998) Der Himmelskompass der Wüstenameisen. Spektrum Wiss 11:56–69
17. Wiltschko R, Ahmad M, Nießner C, Gehring D, Wiltschko W (2016) Light-dependent magnetoreception in birds: the crucial step occurs in the dark. J R Soc Interface 13:20151010

Spezielle Physiologie der Tiere: Das Zentralnervensystem der Säugetiere – Struktur und komplexe Funktionen

Roland Strauß

J. Boenigk (Hrsg.), *Boenigk, Biologie,* https://doi.org/10.1007/978-3-662-61270-5_18

18.1 Das Zentralnervensystem entwickelt sich aus dem Neuralrohr des Embryos und kommuniziert über das periphere Nervensystem und Hormone

Ein **menschliches Gehirn** weist gut 85 Mrd. Nervenzellen auf, die teils in artspezifischen, genetisch determinierten Mustern und teils über erfahrungsabhängige, individuelle Verbindungen über Synapsen miteinander kommunizieren. Seine Entwicklung beginnt mit der **Gastrulation**, dem Übergang vom zweiblättrigen Embryoblasten zur Dreiblättrigkeit: Aus dem **Entoderm** entstehen die inneren Organe, aus dem **Mesoderm** der Bewegungs- und Stützapparat und aus dem **Ektoderm** die Haut und das Nervensystem. Kurz nach der Ausbildung des Ektoderms beginnt die **Neurulation**: Zellen am Rand der Schicht teilen sich so schnell, dass es zu einer Ein- und dann zu einer Abschnürung kommt; das **Neuralrohr**, der Vorläufer von Gehirn und Rückenmark, entsteht am 18. Tag der Embryonalentwicklung. Aus dem Ektoderm oberhalb des Neuralrohrs entsteht die Haut, aus den Zellen dazwischen die **Spinalganglien** und aus benachbarten Zellen das **Geruchs- und das Gehörepithel**. Aus nahen Faltungen, die dann die **Neuralleiste** bilden, geht das **periphere Nervensystem** hervor.

Am Vorderende des Neuralrohrs bilden sich ab Tag 25 drei Ausstülpungen, die **Hirnbläschen** (◘ Abb. 18.1). Der vordere Bereich knickt in den nächsten Tagen durch Wachstumsprozesse ab. Auch beginnen sich die Hirnhälften abzuzeichnen. Durch einwandernde Zellen vergrößert sich der Vorderbereich und setzt sich damit vom Rückenmark ab. Rund 28 Tage nach der Befruchtung bilden sich **Augenbläschen** (optische Vesikel), und nach 40 Tagen unterscheidet man das **Vorderhirn**, aus dem das Endhirn und das Zwischenhirn mit den Augenanlagen entstehen, das **Mittelhirn** und das **Rautenhirn**, aus dem Brückenhirn, Kleinhirn und verlängertes Rückenmark hervorgehen. Jenseits des 60. Tages werden Teile des Rückenmarks funktional und steuern Bewegungen des Fetus. Nach 90 Tagen weist das fetale Gehirn gut ausgebildete Strukturen des **Mittel- und Hinterhirns** auf. Die **Großhirnrinde** ist aber noch glatt. Erst nach 170 Tagen bilden sich die ersten **Großhirnfurchen** aus, ein Prozess, der sich bis zum Ende des ersten Lebensjahrs fortsetzt.

Neuronen und Gliazellen entstehen aus **Stammzellen** in einer Schicht des Neuralrohrs. Sie **wandern** an ihre Zielorte im Gehirn und **differenzieren aus**: z. B. in Pyramidenzellen oder Interneuronen. Entwicklungszeitpunkt und chemische Faktoren der Umgebung bestimmen ihr Zellschicksal. Nun muss jeweils das **Axon auswachsen** und seine Zielregion erreichen. Radiärglia und Pionierneuronen dienen als Leitstrukturen für den **Wachstumskegel** an der Spitze. **Filopodien** wachsen aus und reagieren auf die chemische Umgebung. Oberflächen von Zellen können **anziehende oder abstoßende Stoffe** präsentieren und

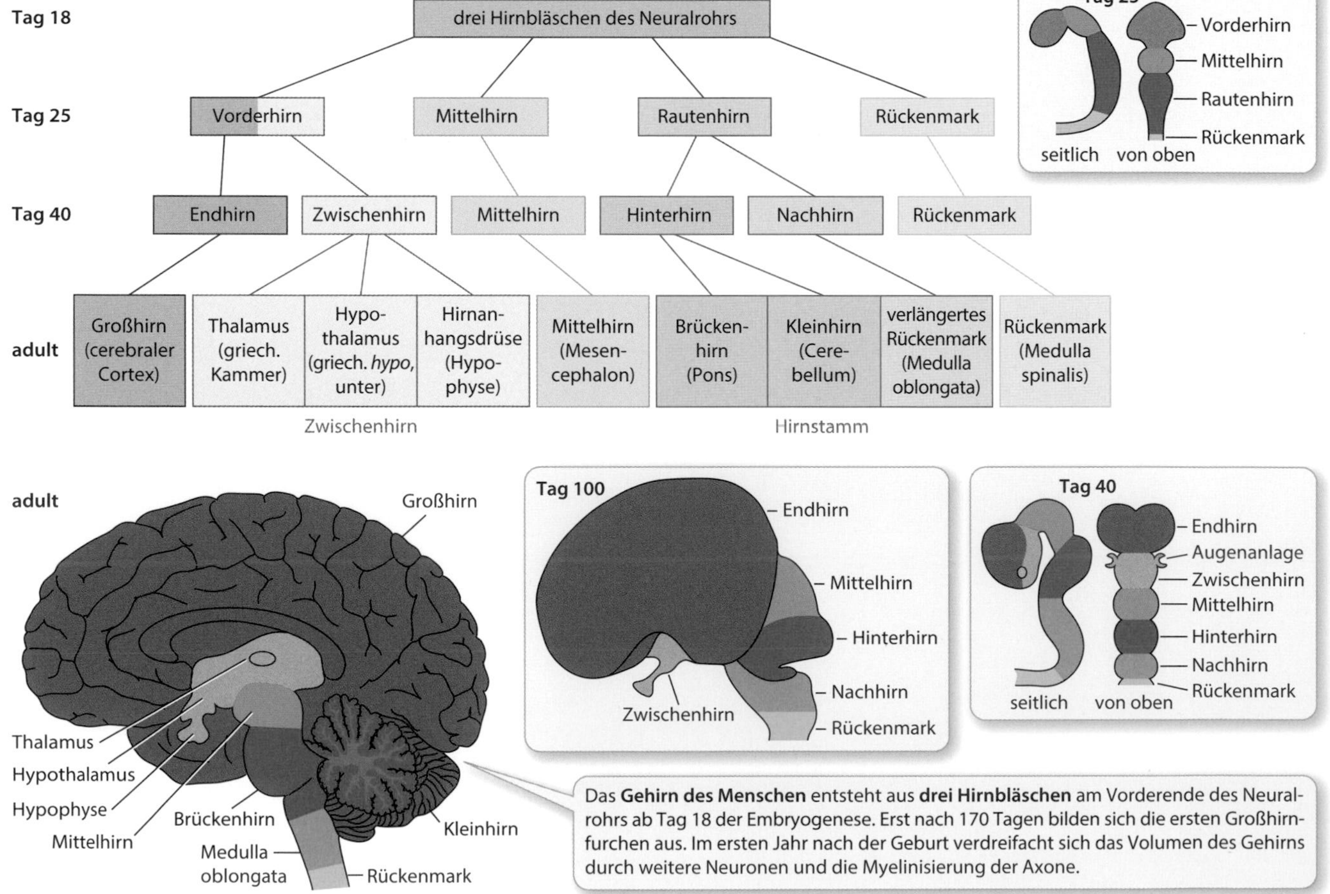

◘ **Abb. 18.1** Das Nervensystem entsteht aus dem Neuralrohr des Ektoderms und das Gehirn aus drei Bläschen im vorderen Bereich

18

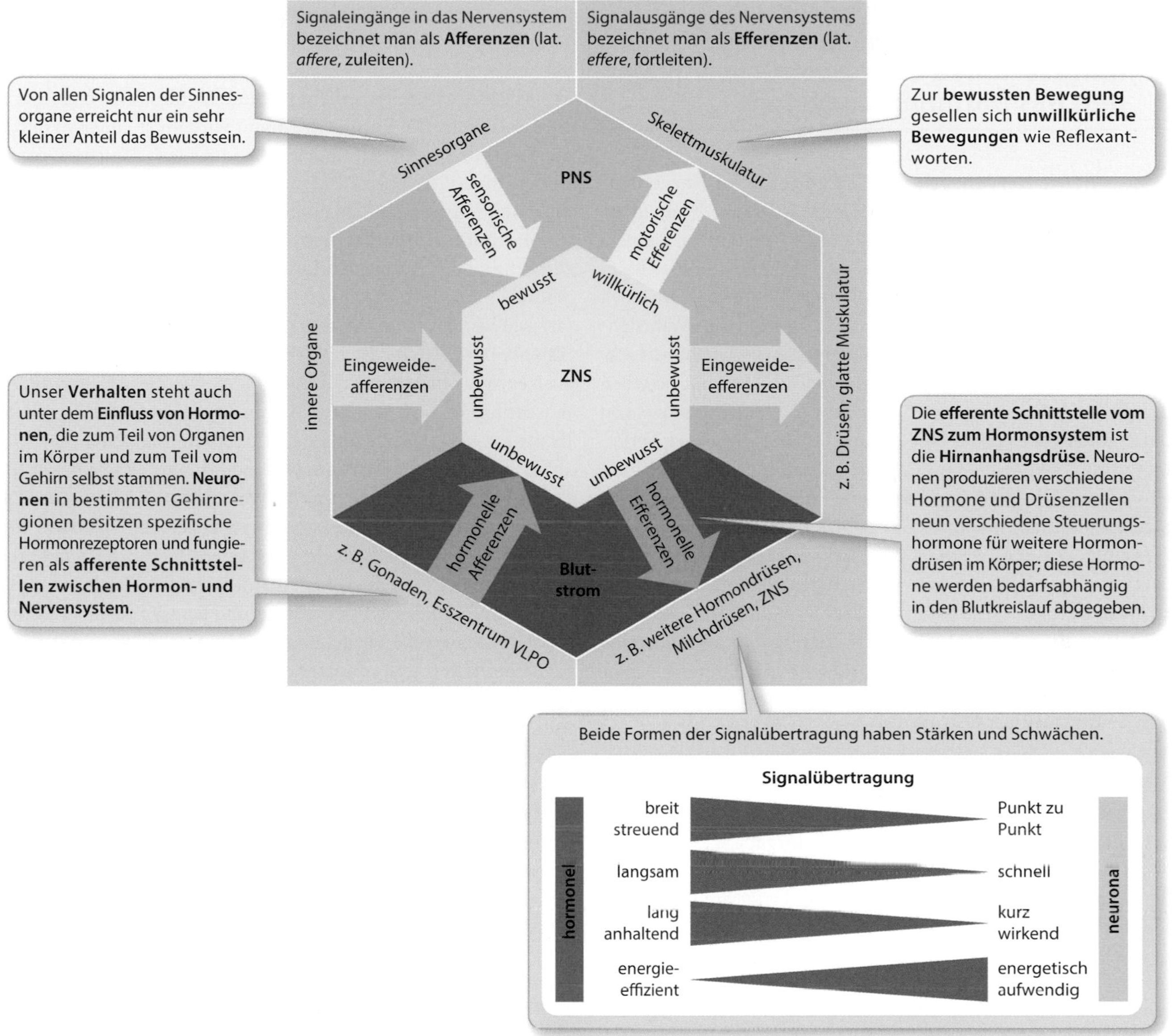

Abb. 18.2 Außer dem Nervensystem ist das Hormonsystem ein weiterer Träger der Signalübertragung

Wachstumsfaktoren der Zielregion über weite Strecken chemische Gradienten aufbauen (▶ Abschn. 16.1, ◘ Abb. 16.4). Hat das Axon sein Ziel erreicht, produziert sein Zellkörper **neuroprotektive Substanzen**. Ohne diese Substanzen gehen die nicht erfolgreichen Neuronen in den **kontrollierten Zelltod**, die **Apoptose**. Auswachsende Neuronen konkurrieren miteinander: In manchen Gehirnregionen werden vier von fünf Neuronen wieder abgebaut.

Nun werden die Axone **myelinisiert**: Dies beginnt im Hirnstamm und setzt sich über das Mittel- und Zwischenhirn zum Großhirn fort. Dort wird der motorische vor dem sensorischen Cortex myelinisiert und danach der visuelle und der auditorische Cortex. Im Frontallappen ist das ein lebenslanger Prozess.

Das menschliche Gehirn wächst noch im ersten Lebensjahr auf das Dreifache seines Geburtsvolumens an, was auf weitere **Neuronen** und den Raumbedarf der Myelinhüllen zurückzuführen ist. Die Neuronen sind noch übermäßig vernetzt: Dreijährige besitzen doppelt so viele Synapsen wie Erwachsene. Durch **Synapseneliminierung** (engl. *synaptic pruning*) werden bis zur Pubertät inaktive Synapsen abgebaut und aktive erhalten, bis rund 100 Bio. Synapsen erreicht sind. Die Entwicklung der Vernetzung geschieht erfahrungsabhängig. Das Hormonsystem ergänzt die neuronale Signalübertragung mit eigenen Vorteilen (◘ Abb. 18.2).

18.2 Das autonome Nervensystem reguliert Organfunktionen und inneres Milieu über zwei Gegenspieler und das Darmnervensystem

Das **autonome Nervensystem**, auch **vegetatives Nervensystem** genannt, reguliert evolutionsbiologisch bewährte, innerkörperliche Vorgänge, die wir nicht willentlich beeinflussen können, allenfalls indirekt, z. B. durch Meditation. Die Autonomie steht im begrifflichen Gegensatz zum **willkürlichen Nervensystem**, auch **somatisches Nervensystem**, das uns die bewusste Wahrnehmung der Umwelt und des eigenen Körpers sowie willentliche Aktionen über die Skelettmuskulatur erlaubt. Beide Systeme bestehen sowohl aus Neuronen des ZNS als auch des PNS. Konsequenzen hat dies unter anderem für die Regenerationsfähigkeit nach Verletzungen. Manche Organe werden von beiden Systemen angesteuert, weil sie lebenserhaltende automatisierte Funktionen und solche im Kontext willkürlichen Verhaltens haben. So wird z. B. die Lunge für die Atmung und für die Sprachproduktion benötigt.

Das autonome Nervensystem regelt das **Stoffgleichgewicht** (**Homöostase**) über die Kontrolle der Verdauung und des Stoffwechsels und kontrolliert alle lebenswichtigen Funktionen wie Atmung, Herztätigkeit, Blutdruck und Körpertemperatur (sogenannte **Vitalfunktionen**). Es besteht aus drei Systemen.

Das **sympathische periphere Nervensystem** bereitet den Körper auf kurzfristige Höchstleistungen vor, die im Zusammenhang mit **Flucht und Kampf** stehen (◘ Abb. 18.4). Das kann auch Beuteschlagen bedeuten und beim modernen Menschen „Stress“, etwa ein Vortrag vor Publikum. Die Zielorgane werden durch Ausschütten des Neurotransmitters **Noradrenalin** auf körperliche Höchstleistung eingestellt. Kurzfristig verfügbare Ressourcen werden mobilisiert, z. B. Glucose aus Glykogen hergestellt, und Atmung, Kreislauf und Herztätigkeit werden hochgefahren. Die Verdauung wird nicht akut gebraucht und deshalb gedämpft. Noradrenalin, als Neurohormon vom **Nebennierenmark** (eine endokrine Drüse) sezerniert, erhöht z. B. den Blutdruck durch Engstellen der Gefäße. Die Körpertemperatur wird unter anderem durch die Steuerung der Schweißdrüsen kontrolliert. Weitere Organe werden innerviert, etwa die Sexualorgane, Verdauungsdrüsen oder die inneren Augenmuskeln zur Steuerung der Pupillenreaktion.

Das **parasympathische periphere autonome Nervensystem** stimmt den Körper auf **Ruhe und Erholung** ein, die mit dem Auffüllen der Ressourcen verbunden sind. Blutdruck und Herztätigkeit werden reduziert, und die Verdauung wird hochgefahren (◘ Abb. 18.4). Das parasympathische System benutzt **Acetylcholin** als Neurotransmitter auf der Endstrecke. Die Zielorgane besitzen muscarinische ACh-Rezeptoren; fünf Typen ermöglichen sowohl Exzitation (M1, M3, M5) als auch Inhibition (M2, M4).

Das **enterische Nervensystem** (von altgriech. *enteron* für Darm) ist das eigenständige Nervensystem des Verdauungstrakts, das sich als dünne Schicht zwischen den Muskeln des Verdauungsapparats befindet. Es besteht beim Menschen aus rund 100 Mio. Neuronen (vgl. Sehnerv 1 Mio. Neuronen) und wird durch Signale des Sympathicus und Parasympathicus beeinflusst. Es steuert die Verdauung, um das Stoffgleichgewicht aufrechtzuerhalten und momentane Bedarfe situationsgerecht zu befriedigen. Dazu beeinflusst es die Darmmotilität, die Sekretion und Absorption von Nährstoffen, den gastrointestinalen Blutfluss und die immunologischen Funktionen des Verdauungstrakts.

Das autonome Nervensystem wird maßgeblich vom **Hypothalamus** gesteuert (◘ Abb. 18.3). Er enthält Programme für lebenserhaltende Verhaltensweisen, die situationsgerecht und angepasst an momentane Umweltreize angestoßen werden. Dazu signalisiert er über das willkürliche und das autonome Nervensystem und humoral über die **Hirnanhangsdrüse**

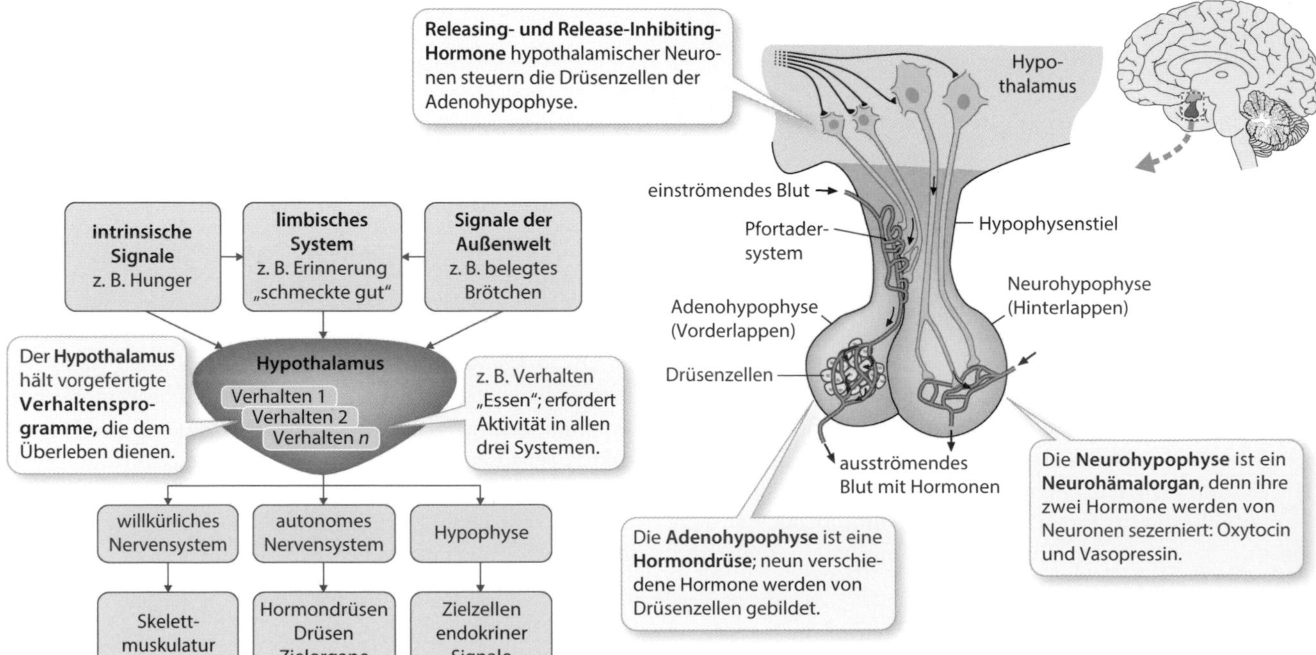

◘ **Abb. 18.3** Der Hypothalamus ist der Ausgangspunkt des autonomen Nervensystems; über die Hirnanhangsdrüse steuert er auch die Hormonlage des Körpers

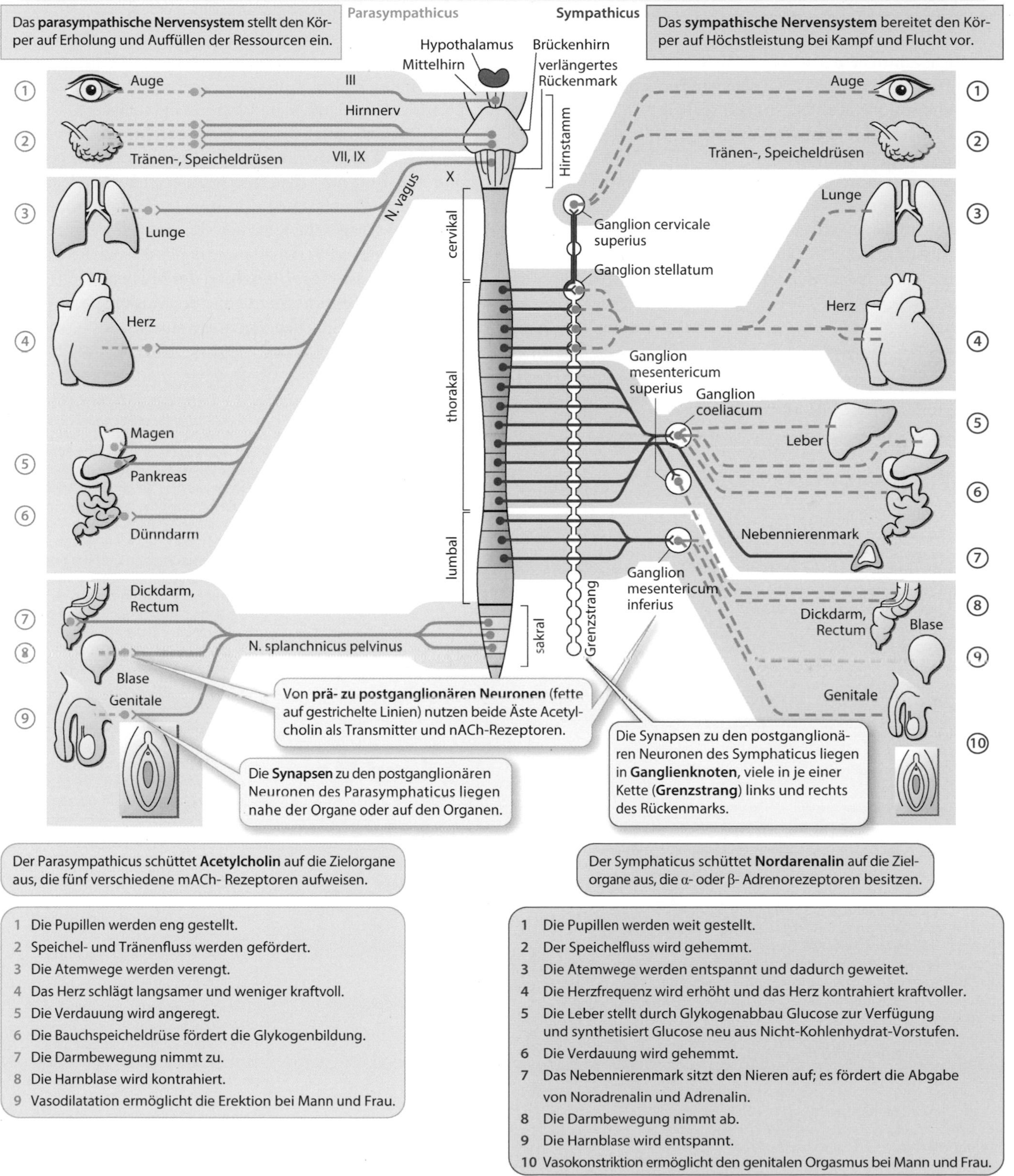

Abb. 18.4 Parasympathicus und Sympathicus sind Gegenspieler, die ihre Zielorgane antagonistisch ansteuern

(**Hypophyse**). Deren Vorderlappen, die **Adenohypophyse**, ist eine echte Drüse; die Drüsenzellen werden über **Releasing-Hormone** (**Liberine**) und **Release-Inhibiting-Hormone** (**Statine**) von hypothalamischen Neuronen gesteuert. Ihr Hinterlappen, die **Neurohypophyse**, ist dagegen ein Neurohämalorgan.

18.3 Rückenmark und Hirnstamm verarbeiten Information und entlasten höhere Zentren

Der **Hirnstamm** besteht aus dem **Mittelhirn** (**Mesencephalon**), dem **Brückenhirn** (**Pons**) und dem **verlängerten Rückenmark** (**Medulla oblongata**). Nach oben schließt sich das Zwischenhirn (Diencephalon) mit dem Hypothalamus und Thalamus an, nach unten das Rückenmark.

Der Hirnstamm enthält abgegrenzte Kerngebiete, die in anatomischen Präparaten durch ihre meist graue Farbe auffallen, da sie in hoher Dichte Zellkerne von Neuronen enthalten. Bereiche des Hirnstamms, die überwiegend der Durchleitung von Information dienen, haben dagegen eine weißlich glänzende Farbe vom fettreichen Myelin, das die Axone isoliert. Drei Kerne sind essenziell für die Lokomotion: der **Nucleus ruber** (lat. „roter Kern"), die **Vestibulariskerne** und die **mesencephale lokomotorische Region** (◘ Abb. 18.5).

Der Hirnstamm enthält auch rund 100 **Kerngebiete** mit lebenswichtigen Funktionen, die zu einem diffusen neuronalen Netzwerk, der **retikulären Formation**, verbunden sind (◘ Abb. 18.5), das bis in das Zwischenhirn reicht. Zu seinen Aufgaben gehört es, Neuronen des Thalamus und des Neocortex durch einen leicht depolarisierenden Einfluss im Wachzustand zu halten.

Das **Rückenmark** leitet und verarbeitet Information. **Weiße Substanz** mit den myelinisierten Axonen findet sich peripher, **graue Substanz** mit vielen Interneuronen und den Zellkernen im Zentrum (◘ Abb. 18.6). Ein spinales Motoneuron besitzt rund 10.000 synaptische Eingänge von anderen Neuronen. Die Komplexität spinaler Verschaltungen ergibt sich durch **Schutzreflexe**, **Dehnungsreflexe**, **Regelung der Muskel- und Gelenksteifigkeit**, des **Drehmoments** und der **Muskelspannung** für alle motorischen Einheiten von antagonistischen Muskeln. Als

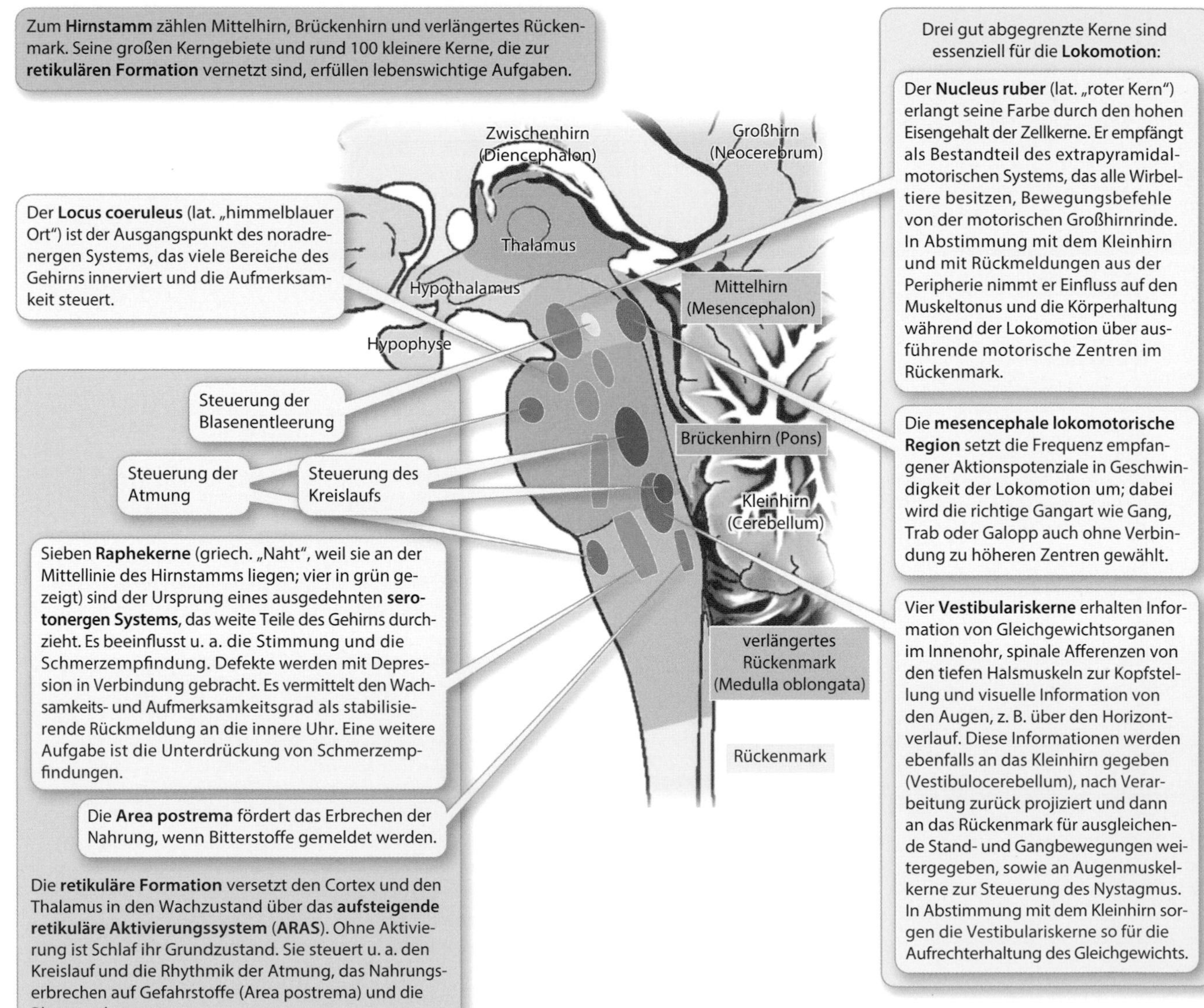

◘ **Abb. 18.5** Auswahl wichtiger Kerngebiete des Hirnstamms und ihrer wichtigsten Funktionen; Texte zu Kernen der retikulären Formation sind blau hinterlegt

18

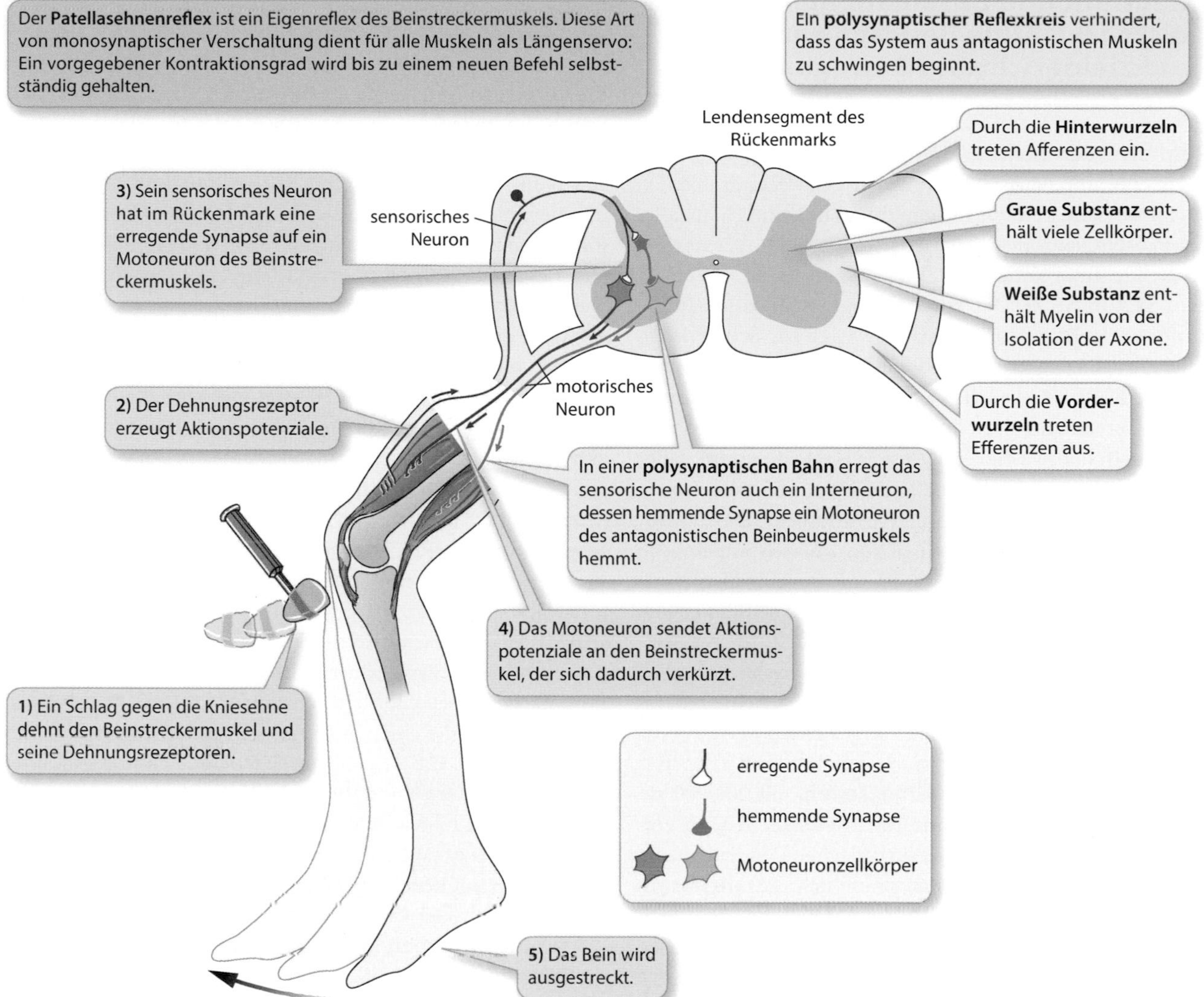

Abb. 18.6 Das Rückenmark leitet und verarbeitet Information; in der grauen Substanz befinden sich zentralnervöse Anteile von Reflexkreisen und zentrale Mustergeneratoren

motorische Einheit bezeichnet man Muskelfasern, die gemeinsam von einem Motoneuron angesteuert werden. Es gibt kleine, mittlere und große Einheiten, um die Kraftentfaltung eines Muskels dosieren zu können; so besteht der Schienbeinmuskel eines Menschen aus rund 440 motorischen Einheiten. Motoneuronen unterschiedlich großer Einheiten werden wiederum von einem prämotorischen Neuron von zentral aktiviert; man spricht vom **gemeinsamem Antrieb**. Durch Unterschiede im Membranwiderstand der Motoneuronen werden die kleinen motorischen Einheiten bereits bei geringer Aktionspotenzialfrequenz aktiviert, wohingegen die Rekrutierung zunehmend größerer Einheiten einer immer höheren Frequenz auf dem gemeinsamen Antrieb bedarf (**Henneman'sches Größenordnungsprinzip**).

Da die Summe der erregenden Eingänge auf ein α-Motoneuron von vielen lokalen Faktoren abhängt, besitzt es eine spinale Schutzschaltung gegen eine überschießende Kontraktion seiner motorischen Einheit. Das Motoneuron aktiviert ein inhibitorisches Interneuron mit hoher Aktivierungsschwelle, das rekurrent auf ebendieses Motoneuron inhibierend einwirkt (**Renshaw-Hemmung**). An der Basis aller rhythmischen Bewegungen wie Gehen, Atmung oder Kauen stehen **zentrale Mustergeneratoren.** Dies sind spinale Interneuron-Ensembles, die rhythmische Signale auch ohne sensorische Einflüsse erzeugen und die adäquaten Motoneuronen zeitlich koordiniert aktivieren.

18

18.4 Kleinhirn und Basalganglien leisten wichtige Beiträge zu zweck- und zielgerichteter Bewegung

Das **Kleinhirn** (**Cerebellum**) ermöglicht uns die koordinierte Bewegung, die unbewusste Planung von Bewegungsabläufen und das motorische Lernen. Es beherbergt über die Hälfte aller zentralnervösen Neuronen des Menschen, nimmt aber nur ein Zehntel des Gehirnvolumens ein. Vier Gebiete lassen sich unterscheiden (■ Abb. 18.7). Das entwicklungsgeschichtlich älteste **Vestibulocerebellum** kontrolliert die Lage zur Schwerkraft, erhält dazu Eingänge von den Vestibulariskernen im Hirnstamm und projiziert auf sie zurück. Der **Vermis** (Wurm) umgürtet sagittal das Cerebellum 1–2 cm breit und erhält Eingänge vom somatosensorischen, vestibulären und visuellen System. Über einen Kleinhirnkern gehen seine Signale an den motorischen Cortex und an axiale und proximale Muskulatur. Das **Spinocerebellum** erhält spinale Eingänge von Muskelspindeln und Gelenkstellungsrezeptoren und sendet Information über einen Kleinhirnkern an den Nucleus ruber auf absteigende Bahnen und an motorische Cortexregionen. Das **Neocerebellum** evolvierte mit dem Neocortex, erhält Informationen von sensomotorischen und assoziativen Cortexgebieten und projiziert über einen Kleinhirnkern und den Thalamus zurück zum Cortex.

Das Cerebellum weist eine stark gefaltete und repetitive Struktur auf (■ Abb. 18.8). **Purkinje-Zellen**, mit 200.000 synaptischen Kontakten die kommunikativsten Zellen unseres Nervensystems, besitzen einen blattartig flachen Dendritenbaum und liegen aneinander wie die Seiten eines Buchs. **Parallelfasern** sind die Axone von **Körnerzellen**; sie kontaktieren die Dendritenbäume vieler hintereinanderliegender Purkinje-Zellen mit jeweils einem synaptischen Kontakt pro Zelle. **Moosfasern** entspringen dem Hirnstamm und informieren die Körnerzellen über alle Gelenkstellungen, Muskelzustände und Belastungen, über gleichgewichtsrelevante Informationen oder über motorische Efferenzen des Cortex, wenn sie zum Neocerebellum ziehen. **Kletterfasern** besitzen viele Synapsen mit „ihrer" Purkinje-Zelle und beeinflussen deren Ausgangssignal stark. Sie entspringen dem **unteren Olivenkern** im Hirnstamm. Zu den inhibitorischen Interneuronen gehören **Korbzellen** und **Sternzellen**, die Purkinje-Zellen lokal an der Basis bzw. im Dendritenbaum inhibieren und **Golgi-Zellen**, die Körnerzellen inhibieren.

Das Aktionspotenzial einer Kletterfaser korreliert mit Abweichungen von einem Sollzustand und erregt die betreffende Purkinje-Zelle. Für die nachfolgenden 7–20 ms werden alle Synapsen von Parallelfasern geschwächt, die in dieser Zeit feuern. Diese **Langzeitdepression** (**LTD**; engl. *long-term depression*) ist das Korrelat für motorisches Lernen. Das präzise Timing von Muskelaktivität steht in Zusammenhang mit der Signallaufzeit von 0,2 m/s auf den Parallelfasern: Von einer Purkinje-Zelle zur nächsten vergehen rund 0,1 ms. Purkinje-Zellen projizieren somatotop auf cerebelläre Kerngebiete. Sie sind der einzige Ausgang des Kleinhirns.

Zu den **Basalganglien** werden fünf Kerne unter der Großhirnrinde gerechnet, die prämotorische Information von verschiedenen cortikalen Bereichen bündeln, bewerten und dann die Bewegung durch Signale über den Thalamus an den supplementär motorischen Cortex fördern oder nicht fördern (■ Abb. 18.9). Bewerten bedeutet einen Filterprozess mit Eingängen vom limbischen System. Die Eingangskerne **Nucleus caudatus** (lat. für „geschweifter Kern") und **Putamen** (lat. „Schale") gehören zum Großhirn und bilden den Streifencortex (**Striatum**). Bereiche des Striatums erhalten Eingänge von körpereigenen Opioiden und werden mit dem Lernen von Gewohnheiten in Zusammenhang gebracht. Der **Globus pallidus** (lat. „blasse Kugel") und die **subthalamischen Kerne** gehören zum Zwischenhirn und die **Substantia nigra** (lat. „schwarze Substanz") zum Mittelhirn; dopaminerge Neuronen geben ihr die Farbe.

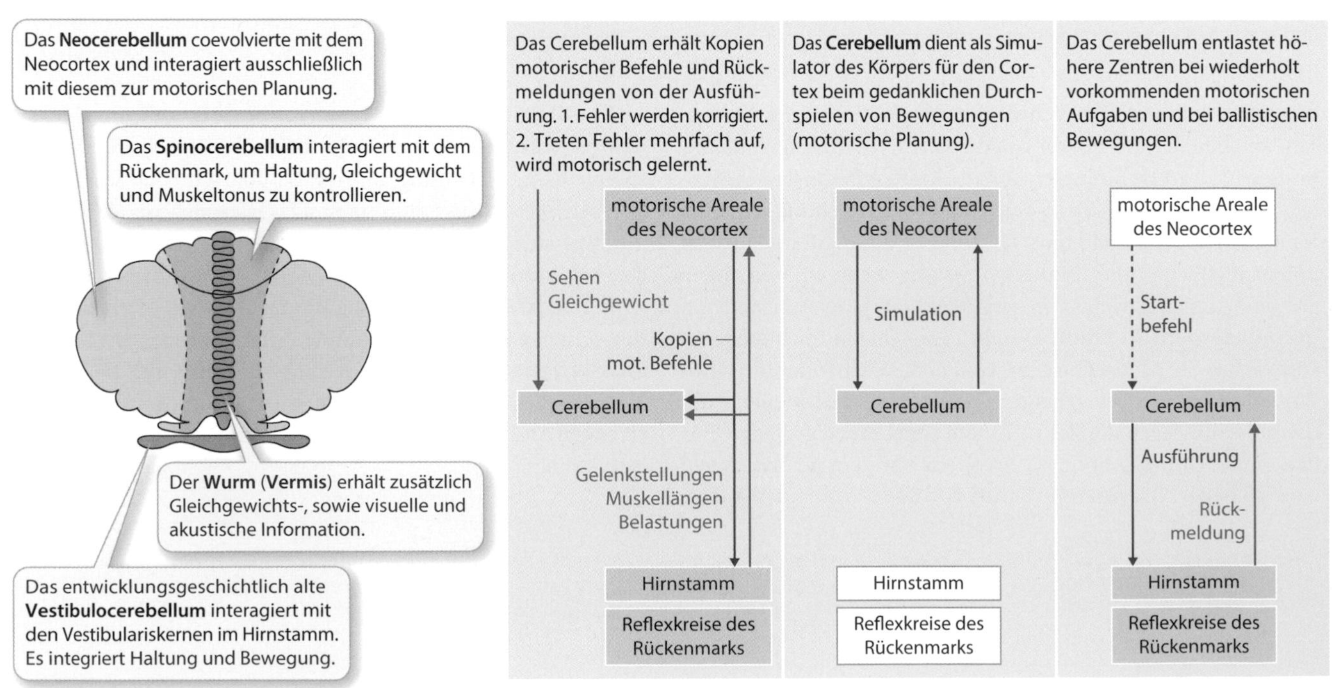

■ **Abb. 18.7** Gliederung und Funktionskreise des Kleinhirns

Purkinje-Zellen besitzen einen blattartig zweidimensionalen Dendritenbaum. Sie liegen dicht an dicht wie Blätter eines Buchs. Sie wirken inhibitorisch auf Kleinhirnkerne ein bzw. – aus dem Vestibulocerebellum – auf die Vestibulariskerne.

Kletterfasern entspringen dem unteren Olivenkern im Hirnstamm. Sie besitzen viele Synapsen mit „ihrer" Purkinje-Zelle und melden Abweichungen von einem Sollzustand.

Motorisches Lernen. Wenn eine Kletterfaser gefeuert hat, werden an dieser Purkinje-Zelle die Synapsen der Parallelfasern, die in den nachfolgenden 7–20 ms feuern, geschwächt. Man spricht von **Langzeitdepression** (*long-term depression*, **LTD**).

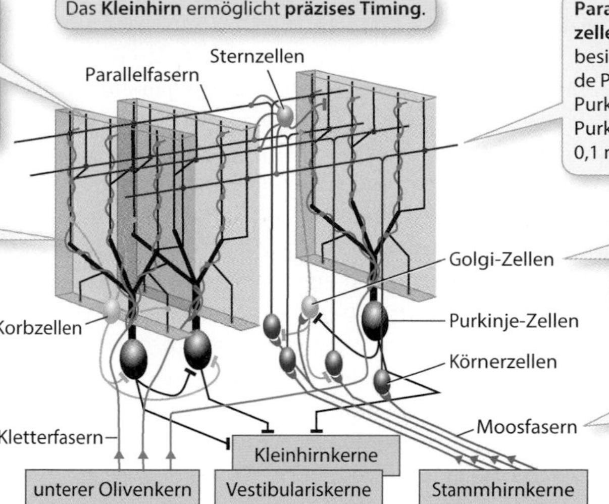

Parallelfasern sind die Axone von **Körnerzellen.** Wie Drähte auf Telegrafenmasten besitzen sie für viele hintereinanderliegende Purkinje-Zellen jeweils eine Synapse pro Purkinje-Zelle. Die Signallaufzeit von einer Purkinje-Zelle zur nächsten beträgt etwa 0,1 ms.

Golgi-Zellen, Stern- und Korbzellen sind inhibitorische Interneuronen. Sie verfeinern durch lokale Verrechnung das motorische Lernen.

Moosfasern entspringen Stammhirnkernen. Sie melden den Istzustand von Muskeldehnung, Belastung und Gelenkstellung sowie visuelle und vestibuläre Informationen an die Körnerzellen.

Abb. 18.8 Der innere Aufbau des Kleinhirns ermöglicht zeitlich präzise Muskelaktivität und motorisches Lernen

Die **Basalganglienschleife**
- bündelt die verschiedenen cortikalen Einflüsse, die zu einer Bewegung oder einem Verhalten gehören;
- beginnt und endet im Cortex;
- filtert Verhaltens- und Bewegungspläne, indem sie netto die Ausführung fördert oder nicht fördert.

motorische und sensorische Cortexareale (außer prim. vis. u. audit. Cortex), limb. System

supplementär motorischer Cortex

Pallidum Pars lateralis

Striatum

Substantia nigra Pars compacta

subthalamische Kerne

Pallidum Pars medialis

Substantia nigra Pars reticulata

Thalamus

Der **indirekte Pfad** durch die Basalganglien führt zu einer **Hemmung des Thalamus**, der dann den supplementär motorischen Cortex nicht aktiviert. Die Bewegung wird nicht ausgeführt.

Der **direkte Pfad** durch die Basalganglien führt zu einer **Disinhibition des Thalamus.** Er kann den supplementär motorischen Cortex aktivieren. Die Bewegung wird ausgeführt.

Die **modulatorische Schleife** aktiviert über dopaminerge Neuronen den direkten Pfad und inhibiert den indirekten Pfad. Sie wirkt bewegungsfördernd.

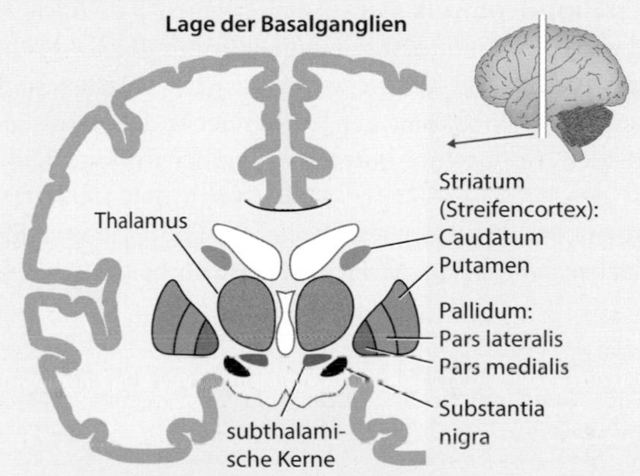

Bei der **Parkinson-Erkrankung** führt der fortschreitende Verlust dopaminerger Neuronen der Substantia nigra in der modulatorischen Schleife ❶ zu Akinese und Rigor.

Chorea Huntington ist eine der häufigsten erblich bedingten Erkrankungen des Gehirns. Der Verlust GABAerg hemmender Neuronen des Striatums im indirekten Pfad ❷ führt zu überschießenden Bewegungen. In späteren Stadien gehen auch GABAerge Neuronen im direkten Pfad verloren ❸, was Akinese und Rigor verursacht.

Abb. 18.9 Lage und Funktionen der Basalganglien

18.5 Das limbische System ist am Entstehen von Gefühlen, Lernen und Gedächtnis beteiligt

Das **limbische System** (lat. *limbus*, „Saum") umfasst entwicklungsgeschichtlich alte Cortexanteile, Zwischenhirn- und subcortikale Strukturen, die Thalamus und Striatum umsäumen (◘ Abb. 18.10). Es ist unverzichtbar für das deklarative Lernen, das Ortsgedächtnis, die Emotionserzeugung und -empfindung, die Verhaltenskontrolle und Angst als Schutzmechanismus vor potenziell gefährlichen Situationen. Zum limbischen System gehören der **Hippocampus** und dessen Ausgangsfaserbündel **Fornix** sowie sein Zielgebiet, die **Mamillarkörper**, der **parahippocampale Gyrus**, die **Amygdala** mit der **Stria terminalis**, die zum Hypothalamus projiziert, der **Gyrus cinguli** und die **Septumkerne** (◘ Abb. 18.10). In einem funktionell erweiterten Bild werden zum limbischen System auch der entorhinale und piriforme Cortex (▶ Abschn. 17.15), der orbitofrontale Cortex und anteriore Nuclei des Thalamus gerechnet.

Der **Hippocampus** (lat. „Seepferdchen") ist nach seiner Form benannt. Zusammen mit dem entorhinalen Cortex hält er das **Ortsgedächtnis**, ein Netzwerk aus Orts-, Raster- und Geschwindigkeitszellen. Seit der folgenreichen Resektion großer Teile beider Hippocampi und angrenzender Regionen aus dem Gehirn des Patienten Henry Molaison in den 1950er-Jahren wissen wir um die essenzielle Rolle des Hippocampus für das Einspeichern von deklarativen Gedächtnisinhalten in das Langzeitgedächtnis. **Deklaratives Gedächtnis** umfasst all unser Faktenwissen („das Atomium steht in Brüssel") und das episodische Gedächtnis (wann passierte was). Der Patient H. M. konnte ab der Operation keine neuen Fakten und episodischen Daten mehr einspeichern; er konnte aber frühere deklarative Gedächtnisinhalte ohne seine Hippocampi abrufen, denn wichtige und emotional belegte Inhalte werden nach einigen Wochen in den Neocortex übertragen. Und es zeigte sich, dass er weiterhin alle **nicht-deklarativen Gedächtnisformen** neu erwerben sowie neue und alte nutzen konnte (◘ Abb. 18.11): Das Erlernen von motorischen Fertigkeiten wie Fahrradfahren gelingt ohne Hippocampus (**prozedurales Gedächtnis**), ebenso das **nicht-assoziative Lernen** wie Abschwächen oder Stärken von Reflexen (**Habituation** bzw. **Sensitivierung**), das Bilden von **Assoziationen** mit Hinweisreizen (**klassische Konditionierung** nach Pawlow) bzw. den Konsequenzen des eigenen Handelns (**operante Konditionierung** nach Thorndike und Skinner) (▶ Abschn. 16.13), die Wiedererkennung mithilfe des **perzeptuellen Gedächtnisses** und **Bahnung**.

Ein innerer Bereich des Hippocampus ist neben dem Bulbus olfactorius die einzige Struktur im ausdifferenzierten Säugergehirn, die zeitlebens neue Nervenzellen bildet (**adulte Neurogenese**); der Nachweis hat ein Dogma umgestoßen. Einflüsse wie Stress oder eine reichhaltige Umwelt für Ratten können die Entstehungsrate der Zellen oder ihre Überlebensrate verkleinern bzw. vergrößern; bestimmte Wachstumsfaktoren wirken begünstigend. Diese nachgeborenen Neuronen spielen vermutlich eine wichtige physiologische Rolle für die Funktionen des Hippocam-

18

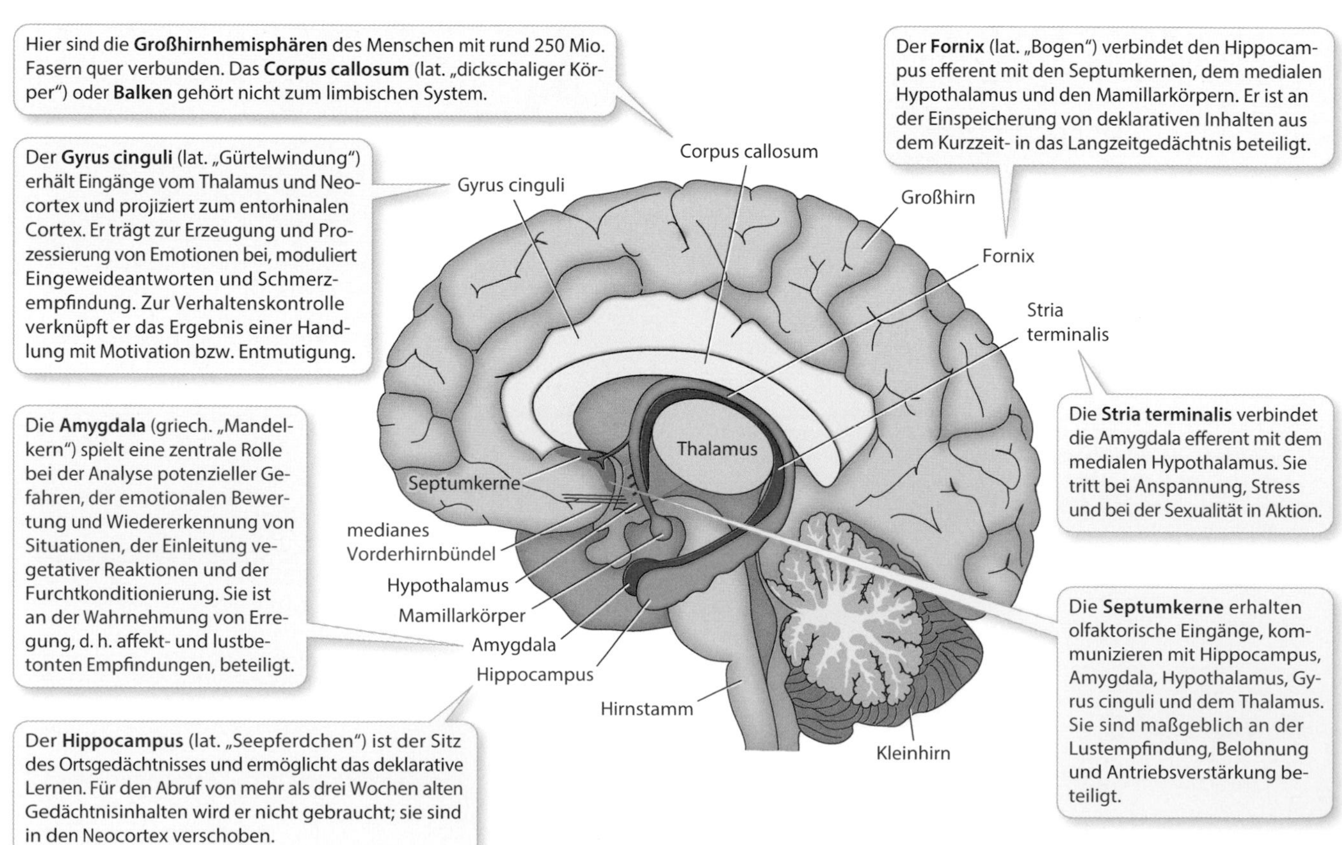

◘ **Abb. 18.10** Bestandteile des limbischen Systems und ihre Funktionen

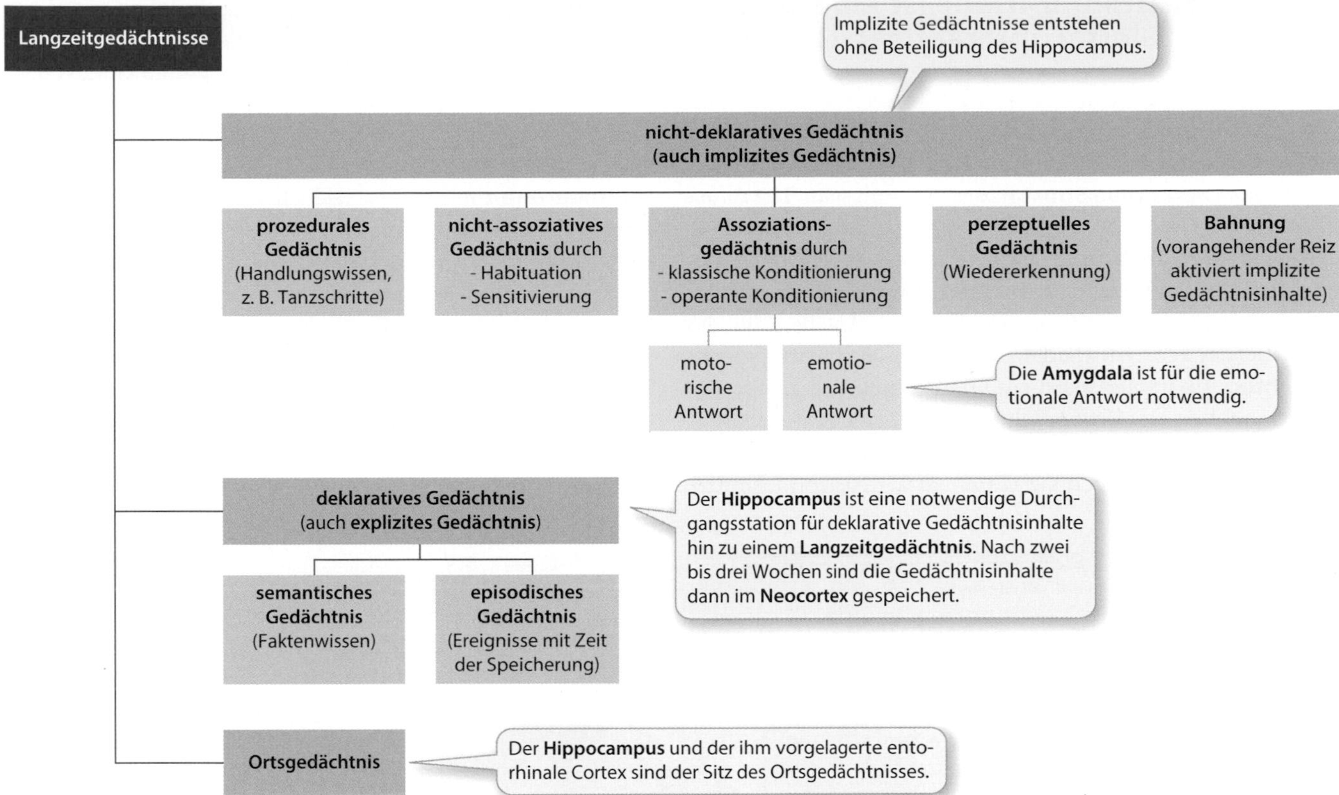

Abb. 18.11 Formen von Langzeitgedächtnissen; das deklarative Gedächtnis und das Ortsgedächtnis benötigen den Hippocampus

pus, wie die Encodierung des deklarativen und insbesondere des episodischen Gedächtnisses sowie bei der Regulation der Stimmung. Einige neurologische Erkrankungen und affektive Störungen wirken sich nachweislich abträglich auf die hippocampale Neurogenese aus. Bei Nagern und nichtmenschlichen Primaten wurde eine Korrelation zwischen deren kognitiven Fähigkeiten und dem Grad der adulten Neurogenese im Hippocampus gefunden. Für den Menschen gibt es dafür bisher keine Belege. Im Alter schwindet die Anzahl neu gebildeter Neuronen.

Die **Amygdala** (Abb. 18.10) besteht aus 13 Kernen, die unterschiedliche Informationen von höheren Hirnzentren erhalten, um potenzielle Gefahren zu erkennen und wiederzuerkennen, sie emotional zu bewerten und ggf. Furcht zu konditionieren. Ein Kern steht direkt mit olfaktorischen Cortexarealen in Verbindung, sodass Geruchs- und Pheromoninformationen einfüttern. Einige Kerne beziehen Informationen aus posterioren Kernen des Thalamus, wo Reflexe abgebildet werden und weitere Sinnesmodalitäten einfüttern. Verantwortlich für die Schreckreaktion auf einen potenziell gefährlichen Reiz sind unter anderem Verbindungen der Amygdala zu den Basalganglien.

Die **Papez-Kreis** genannte Bahn war ursprünglich ein Konzept, um die Entstehung von Emotionen zu erklären: Der Hippocampus projiziert über den Fornix zu den Mamillarkörpern. Von dort gibt es (vereinfacht) eine Bahn zurück zum anterioren Nucleus des Thalamus und weiter über den Gyrus cinguli zur hippocampalen Formation. Diese Bahn wird inzwischen als Grundlage der **Konsolidierung von deklarativen Gedächtnisinhalten** gesehen. Behaltensleistungen werden besser, wenn eine Information **emotionale Bedeutung** hat. Vokabeln werden im Unterricht weniger gut behalten als bei akutem Gebrauch im Gastland. Über die Amygdala wird das Hormonsystem stimuliert und cortikale Speichersysteme werden innerviert. Dadurch erhält die zu speichernde Information emotionale Bedeutung. Bei Patienten mit Amygdala-Läsionen fehlt die Verbesserung der Behaltensleistung.

18

18.6 Unsere Großhirnrinde ist ein Mosaik spezialisierter, interaktiver Regionen

Die **Großhirnrinde** (lat. Cortex cerebri, meist nur **Cortex**) des Menschen beinhaltet die Zellkerne und Dendriten cortikaler Neuronen. Diese **graue Substanz** ist 2–5 mm stark. Die Axone der cortikalen Neuronen verlaufen unterhalb der Rinde und bilden die **weiße Substanz** des Großhirns. Subcortikal finden sich weitere Anteile grauer Großhirnsubstanz wie die Basalganglien.

Mit Ausnahme alter dreischichtiger Anteile, die aus dem Riechsystem entstanden, umfasst unser Cortex **sechs Schichten**. Charakteristisch sind die kleinen und großen **Pyramidenzellen** der dritten bzw. fünften Schicht, die als Ausgangsneuronen des Cortex fungieren. Benannt nach der Form ihres Zellkörpers, nutzen sie Glutamat als Neurotransmitter. **Körnerzellen** fungieren als Eingangsneuronen des Cortex und verschalten glutamaterg auf die Pyramidenzellen. Ihre Signale erhalten sie aus anderen Hirnarealen und prominent aus dem Thalamus. Sie besitzen einen rundlichen Zellkörper und viele Dendriten. Weil diese überall vom Zellkörper ausgehen, werden sie auch **Sternzellen** genannt. Mehrere Typen von **lokalen Interneuronen** mit unterschiedlichen Formen und Verschaltungspräferenzen wirken meist hemmend über den Neurotransmitter GABA.

Pyramidenzellen stehen dicht an dicht wie ein Säulenwald. Ihre Dendriten besitzen **Dornenfortsätze**, das sind gestielte Postsynapsen mit erregenden Sternzellen, während am Zellkörper überwiegend hemmende Synapsen von Interneuronen enden. Ihr Axon verzweigt in der weißen Substanz wurzelartig und bildet Zehntausende erregender Synapsen auf zum Teil weit entfernte Zellen, im Extremfall bis in das Rückenmark.

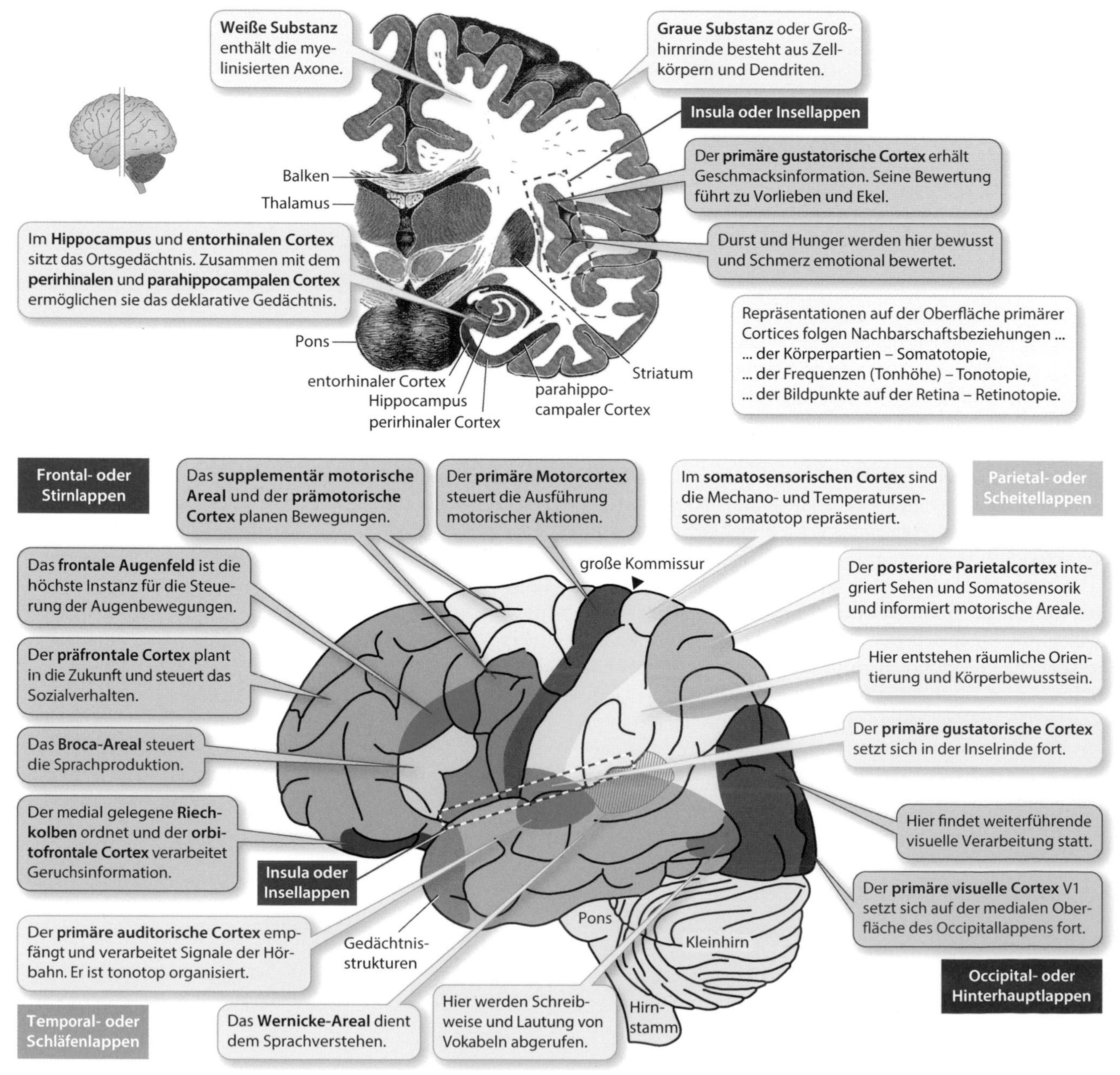

Abb. 18.12 Gliederung der Großhirnrinde in fünf Lappen und Lage der wichtigsten funktionellen Areale

Die Großhirnrinde lässt sich in vier oberflächliche und einen verdeckt liegenden **Lobus** (lat. „Lappen") pro Hemisphäre einteilen (◘ Abb. 18.12). Das **Corpus callosum** (Balken) verbindet beide Hemisphären mit 250 Mio. Axonen. Der Cortex beherbergt motorische, sensorische und assoziative Areale. Letztere verknüpfen mehrere Sinnesmodalitäten zu handlungsrelevanten Informationen.

Die Aufgaben des **Frontallappens** (Stirnlappen) reichen von der langfristigen Verhaltensplanung und Kontrolle des Sozialverhaltens im präfrontalen Cortex über die motorische Planung in prämotorischen Arealen bis zur Steuerung der Ausführung im primären Motorcortex an der **Zentralfurche**. Posterior setzt der **Parietallappen** (Scheitellappen) mit dem somatosensorischen Cortex an. Dieser und der primäre Motorcortex sind somatotop organisiert, wobei die motorischen und sensorischen Körperabschnitte vor und hinter der Zentralfurche korrespondieren und darunter hinweg eng vernetzt sind. Es folgen Assoziationsgebiete und temporal der primäre gustatorische Cortex.

Der **Occipitallappen** (Hinterhauptlappen) wird vom visuellen Cortex eingenommen, der in (▶ Abschn. 18.7) besprochen wird. Der **Temporallappen** (Schläfenlappen) beinhaltet den tonotop organisierten primären auditorischen Cortex und Teile des Wernicke-Areals für das Sprachverstehen auf der Grenze zum Parietallappen. Der mediale Temporallappen enthält den Hippocampus und weitere cortikale Strukturen, die unverzichtbar für das deklarative Gedächtnis und das Ortsgedächtnis sind.

Der **Insellappen** liegt verdeckt unter dem Zusammentreffen von Frontal-, Parietal- und Temporallappen. Hier liegen Teile des primären gustatorischen Cortex und eine Region, die Emotionen hervorruft, indem sie z. B. das Zusammenziehen der Eingeweide für ein ungutes Bauchgefühl verursacht. Die Fähigkeit zur Empathie wird einem Inselareal mit Spiegelneuronen zugerechnet.

Die linke Hemisphäre verarbeitet Sensorik und steuert Muskulatur der rechten Körperhälfte und umgekehrt, doch gibt es Spezialisierungen der Hemisphären (**Lateralisation**). So dominiert die linke Hemisphäre bei der Sprachproduktion bei ca. 95 % der Rechtshänder und ca. 70 % der Linkshänder, ebenso bei der Worterkennung und bei mathematischen Operationen, die rechte Hemisphäre dagegen bei der räumlichen Wahrnehmung und der Gesichtserkennung.

Box 18.1 Funktionelle Magnetresonanztomographie

Funktionelle Magnetresonanztomographie ermöglicht die nicht-invasive funktionelle Gehirnkartierung bei gesunden Probanden. Lokale Defekte durch Schlaganfälle, Verletzungen und Tumoren lieferten lange Zeit die Daten für die Funktionskartierung des menschlichen Gehirns. Kognitive bzw. Verhaltensausfälle wurden mit den Schadstellen korreliert. Heute kann man mit **funktioneller Magnetresonanztomographie (fMRT)** den Gehirnen gesunder Probanden ohne Strahlenbelastung bei der Arbeit zusehen. Bei der **Tomographie** (griech. *tome*, „Schnitt"; *graphein*, „schreiben") werden Schichtaufnahmen des Gehirns im Computer dreidimensional zusammengesetzt (Abb. rechts unten). Funktionell bedeutet dies, dass aufgabenspezifische Gehirnaktivität aus dem lokalen Sauerstoffverbrauch sichtbar wird. Weil das Gehirn ständig überall aktiv ist, muss man seine Aktivität ohne die Aufgabe von der Aktivität während der Aufgabe subtrahieren – es sind also zwei Aufnahmen für diese Auswertung notwendig. Der spezifische **Sauerstoffverbrauch** wird in **Fehlfarben** dargestellt. Stoffwechselaktivität verrät nicht, ob sie für Erregung oder für Hemmung verbraucht wurde. Jeder Bildpunkt geht auf die Aktivität von Zehntausenden Neuronen zurück.

Die Spinachse des Protons präzessiert

Präzession

Spin

Proton

äußeres Magnetfeld

Grundlagen: In einem starken Magnetfeld richten sich die Spinachsen der Protonen in allen Molekülen des Körpers am Feld aus. Nun wird eine elektromagnetische Radiofrequenz eingestrahlt. Trifft sie die Resonanzfrequenz (Lamor-Frequenz) eines Protons, nimmt es Energie aus dem Feld auf und beginnt zu präzessieren (d. h., die Drehachse taumelt wie bei einem angetippten Kreisel; Abbildung oben. Nach Abschalten der Radiofrequenz klappen die Achsen zurück in ihre Ausgangslagen und strahlen die Energie wieder ab, was gemessen wird. (1) Die Lamor-Frequenz steigt proportional zur Stärke des Magnetfelds. Tomographen erzeugen Gradientenfelder, damit der Computer die Abstrahlung einer bestimmten Frequenz einem Ort zuweisen kann. (2) Die Dauer bis zum Zurückklappen (Relaxationsrate) hängt von der chemischen Umgebung des Protons ab. Die mittlere chemische Umgebung der vielen Protonen in einem Knorpel ist eine andere als die der Protonen in einem Knochen oder Muskel. Das macht man sich bei MRT-Aufnahmen des Körpers zunutze. (3) Funktionelle MRT unterscheidet Signale von Protonen in venösem und arteriellem Blut. Da die Sauerstoffbeladung die Relaxationsrate ändert (**BOLD** für engl. ***blood-oxygenation level dependency***), kann man den erhöhten Zufluss arteriellen Blutes in aufgabenspezifisch besonders aktiven Gehirnarealen darstellen.

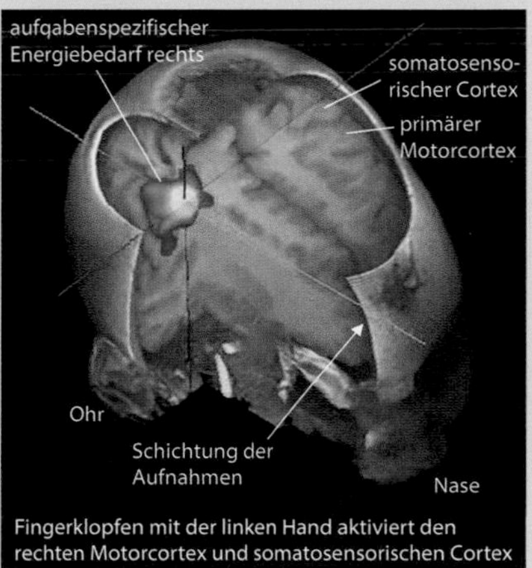

Fingerklopfen mit der linken Hand aktiviert den rechten Motorcortex und somatosensorischen Cortex

18.7 Dreißig Prozent unserer Großhirnrinde beschäftigen sich mit visuellen Leistungen

Visuelle Verarbeitung beginnt in der **Retina** (lat. *rete*, „Netz"), die ein Teil des Gehirns ist. Die **Sehnerven** mit den Axonen von jeweils 1 Mio. Ganglienzellen verlassen die Augen nasal, um zum **Chiasma opticum** (griech. „Kreuzung" nach dem Buchstaben χ, Chi) zu ziehen. Axone aus dem temporalen Gesichtsfeld eines Auges kreuzen hier in die gegenüberliegende Gehirnhälfte, wohingegen die Axone aus den nasalen Gesichtsfeldern gleichseitig weiterziehen (◘ Abb. 18.13). Über der partiellen Sehnervkreuzung befinden sich paarige Kerne des Hypothalamus mit der inneren Uhr, die **suprachiasmatischen Nuclei**. Wenige, spezialisierte Ganglienzellaxone, die selbst lichtempfindlich sind, scheren hier aus, um die Uhr mit dem Tageslichtstatus zu versorgen.

Zehn Prozent der Axone aus beiden Sehnerven dienen entwicklungsgeschichtlich alten, unbewussten Aufgaben. Sie versorgen die **Colliculi superiores** (lat. „obere Hügelchen") des Mittelhirns, die die Augenbewegungen steuern und eine wichtige Rolle bei der Entstehung von willkürlichen und spontanen Blickzielbewegungen spielen (Sakkaden). In unmittelbarer Nachbarschaft, aber zum Zwischenhirn gehörig, wird die **Area praetectalis** (lat. „Gebiet vor dem Mittelhirndach") versorgt, die in optokinetische Reflexe, wie auch in die Akkommodation (Scharfstellen) und Adaptation (Pupillenreflex) der Augen einbezogen ist.

Der größte Teil der Sehnervaxone dient der (potenziell) bewussten Wahrnehmung. Sie werden im **Corpus geniculatum laterale** (lat. „seitlicher Kniehöcker") des Thalamus auf Neuronen der **Gartiolet-Sehstrahlung** umgeschaltet. Im Thalamus bleiben die Signale aus dem gleich- und dem gegenseitigen Auge separiert. Eine weitere Separierung findet man nach **magno- und parvozellulären Ganglienzellen**. Erstere haben drei- bis neunmal größere rezeptive Felder, tragen keine Farbinformation, können dafür rasche Helligkeitsänderungen übertragen und dienen der Bewegungsauswertung. Parvozelluläre Ganglienzellen bieten die bessere Ortsauflösung und tragen Farbinformation.

Die Sehstrahlung endet im **primären visuellen Cortex V1** im medialen Teil des Occipitallappens (Hinterhauptlappen) des Neocortex. Er ist retinotop aufgebaut, d. h., benachbarte Bildpunkte werden an benachbarten Stellen der Sehrinde verarbeitet. Die Verarbeitung geschieht getrennt nach den beiden Augen in **okularen Dominanzkolumnen**. Ohne Beachtung von Farbe wird nach der Orientierung von Kontrastkanten gesucht (◘ Abb. 18.14). Jede „einfache Zelle" des V1 (***simple cell***) besitzt eine Vorzugsrichtung, durch die sie erregt wird. Die Zellen treten in **Orientierungskolumnen** auf, deren Vorzugsrichtungen systematisch um Pole gedreht angeordnet sind. Dazwischen finden sich ***blobs*** (engl. „Flecken"; durch Anfärben mit Cytochrom-Oxidase sichtbar zu machen), in denen Signale der farbopponenten Ganglienzellen ankommen. Dort beginnt die Farbauswertung losgelöst von der Form.

Im sich anschließenden **sekundären visuellen Cortex V2** abstrahieren „komplexe Zellen" (***complex cells***) vom Ort, d. h., sie melden, wenn in ihrem großen rezeptiven Feld *simple cells* einer bestimmten Orientierung erregt wurden. Sie melden auch Bewegung detektierter Kanten. „Hyperkomplexe Zellen" (***end-stopped cells***) werden vom Ende einer Kontrastkante erregt. Dabei sind sie selektiv für bestimmte Orientierungen und Bewegungsrichtungen. Die Verarbeitung setzt sich in spezialisierten Arealen des visuellen Cortex fort. Im **V3** werden **dynamische Veränderungen von Formen** ohne Farbinformation ausgewer-

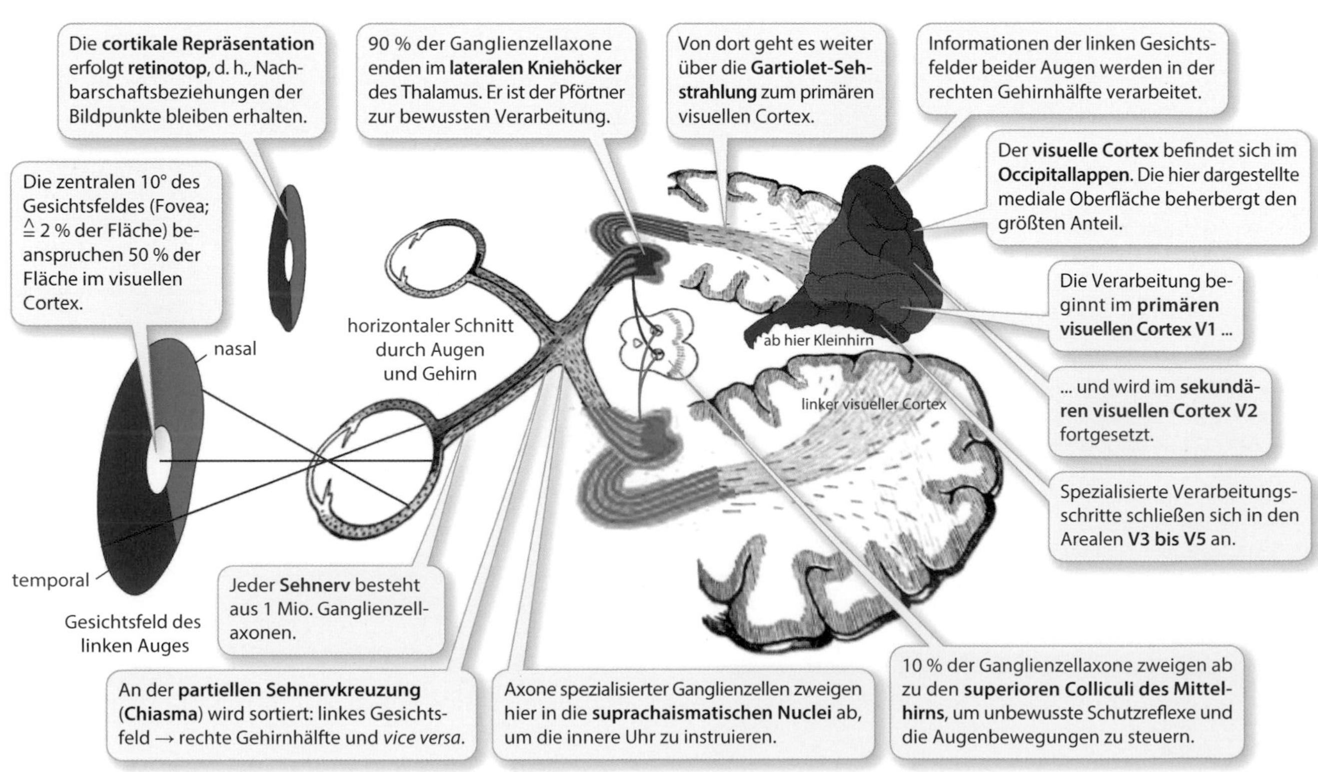

◘ **Abb. 18.13** Verlauf der visuellen Information zu den verschiedenen Empfangsstationen

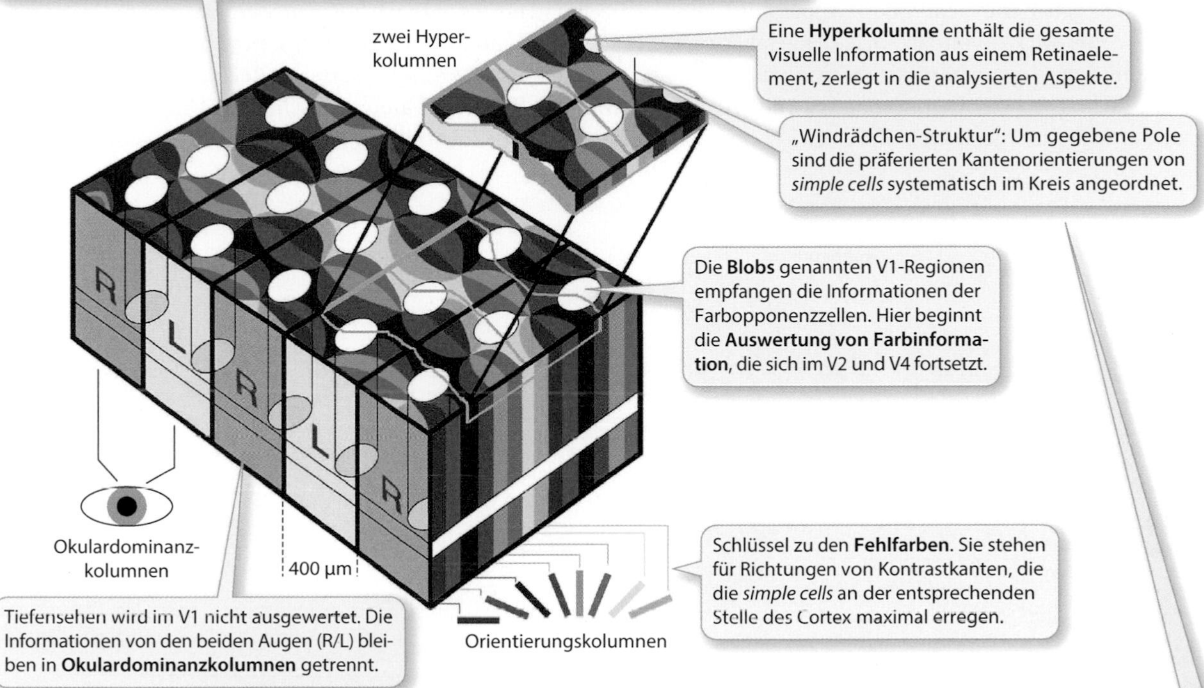

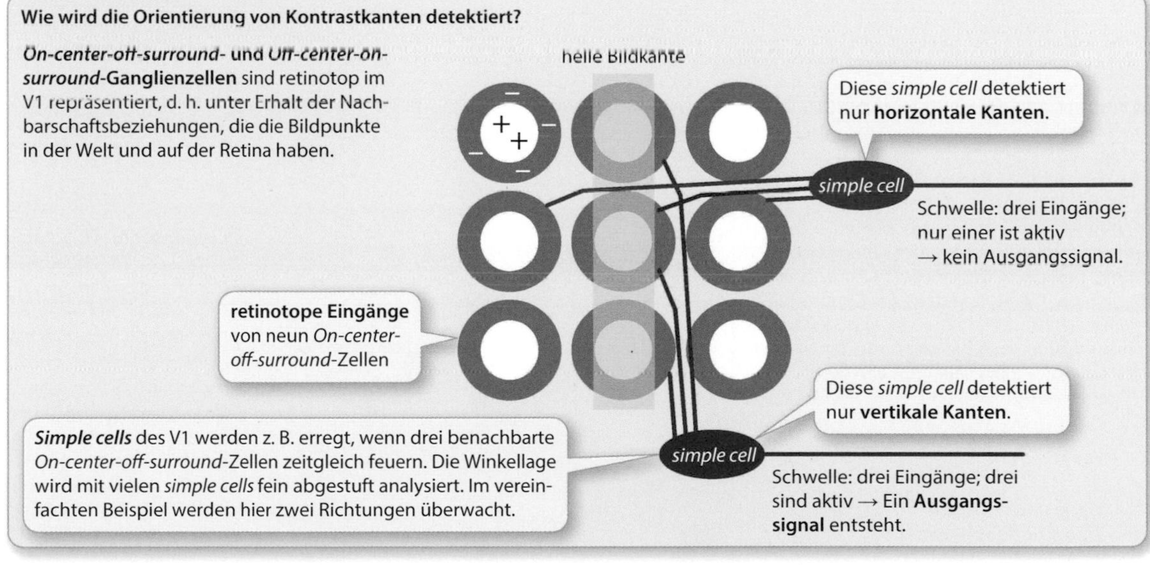

Abb. 18.14 Zerlegung der visuellen Information im primären visuellen Cortex in Einzelaspekte

tet, im **V4 Farb- und Forminformationen** zusammengeführt und im **V5 Bewegung** frei von Farbinformation analysiert.

Nach V2 teilt sich die visuelle Verarbeitung in zwei Pfade. Der **dorsale „Wo"-Pfad** verläuft durch V5, durch Assoziationsgebiete des Parietallappens bis in die motorischen Areale entlang der Zentralfurche. Der **ventrale „Was"-Pfad** verläuft durch V4 entlang der Ventralseite des Temporallappens, wo Gebiete der Objekt- und Gesichtserkennung liegen. Menschliche Säuglinge erwerben die Fähigkeit zur Gesichtswahrnehmung innerhalb der ersten Lebensmonate und bereits Neugeborene interessieren sich vorzugsweise für Gesichter und gesichtsähnliche Objekte. Fehlt diese Fähigkeit teilweise oder völlig, spricht man von Prosopagnosie (griech. *prosopon*, „Gesicht"; *agnosia*, „Nichtwissen"). Mit einer Prävalenz von 2,5 % ist die Funktionsstörung angeboren; durch akute Gehirndefekte kann sie auch im Lauf des Lebens entstehen.

18.8 Die innere Uhr steuert Verhalten und Körperfunktionen auch ohne äußere Einflüsse

Innere Uhren erhalten ungefähr einen **24-Stunden-Rhythmus**, selbst wenn äußere Zeitgeber wie Licht- oder Temperaturrhythmen fehlen. Sie sind **circadian** (von lat. *circa*, „ungefähr" und *dies*, „Tag"), bereiten den Organismus auf die Aktivitätsphase vor und sorgen für Schlaf- bzw. Erholungsphasen. Wir werden abends müde und wachen morgens auch ohne Wecker (irgendwann) auf. Innere Organe sind zum Teil gegen den Aktivitätsrhythmus aktiv (z. B. nächtliche Wachstumsprozesse und Regeneration der Photorezeptoren). Sie können die Uhrzeit von der inneren Uhr ablesen.

Erfahrbar wird die innere Uhr besonders nach einem Langstreckenflug in Ost-West-Richtung: Bleierne Müdigkeit zur Tageszeit und hellwach zu nächtlichen Stunden: Innere Uhren sind **freilaufend, auch ohne äußere Zeitgeber**. Wir erleben die Tagesrhythmik des Ausgangsorts der Reise und adaptieren dann von Tag zu Tag besser an die verschobene Uhrzeit des Zielorts: Innere Uhren sind **stellbar**. Auch vor den Fernreisen mussten

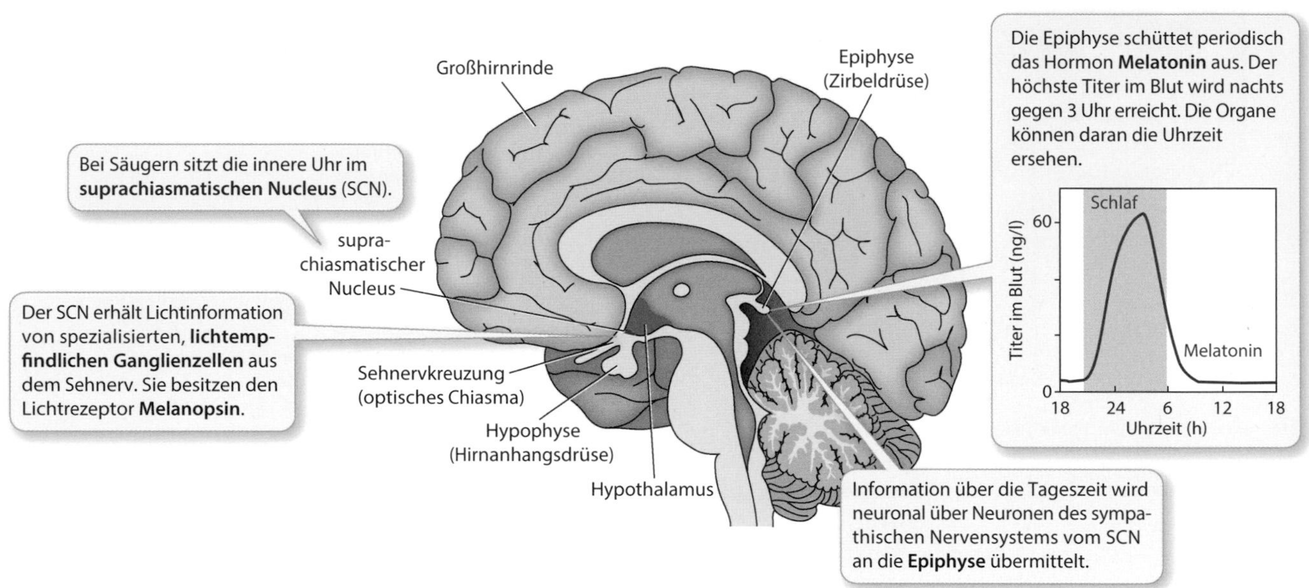

Abb. 18.15 Der Zeitgeber der Säuger sitzt im suprachiasmatischen Nucleus und steuert die Menge des Hormons Melatonin im Blut

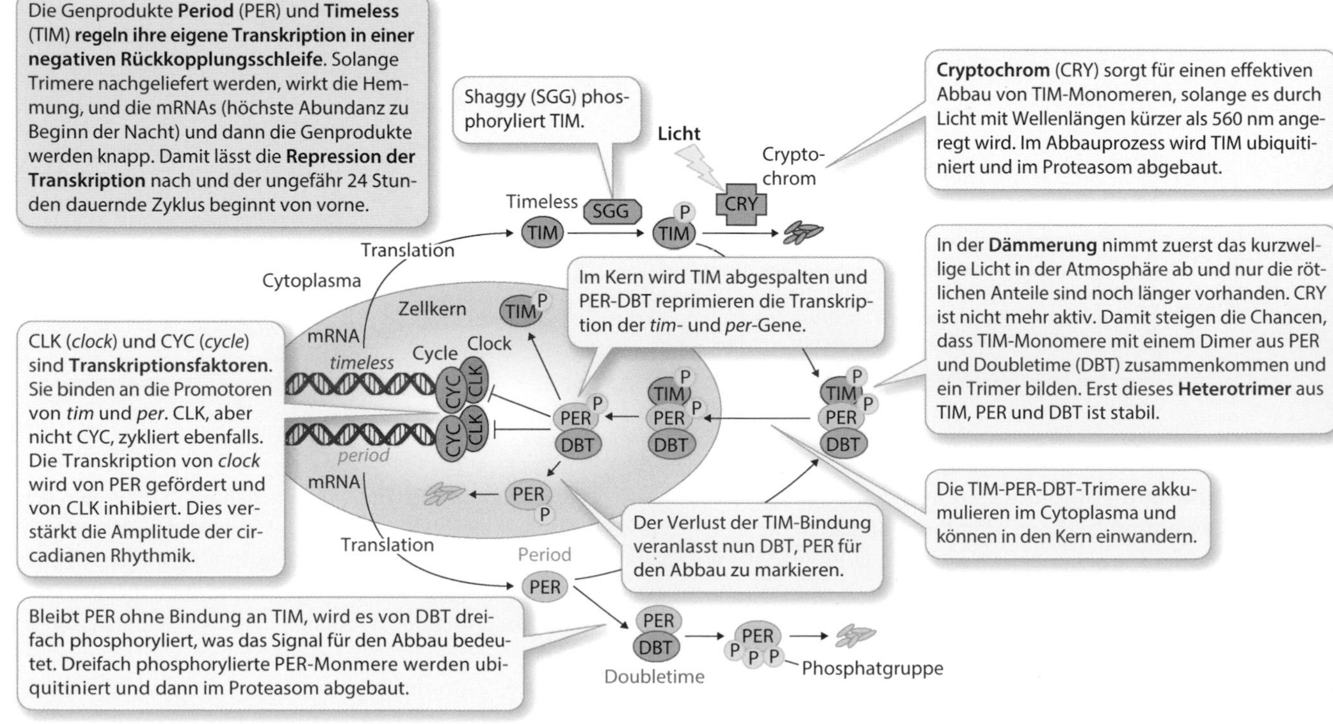

Abb. 18.16 Molekulare Mechanismen der inneren Uhr am Beispiel der Taufliege *Drosophila*

18

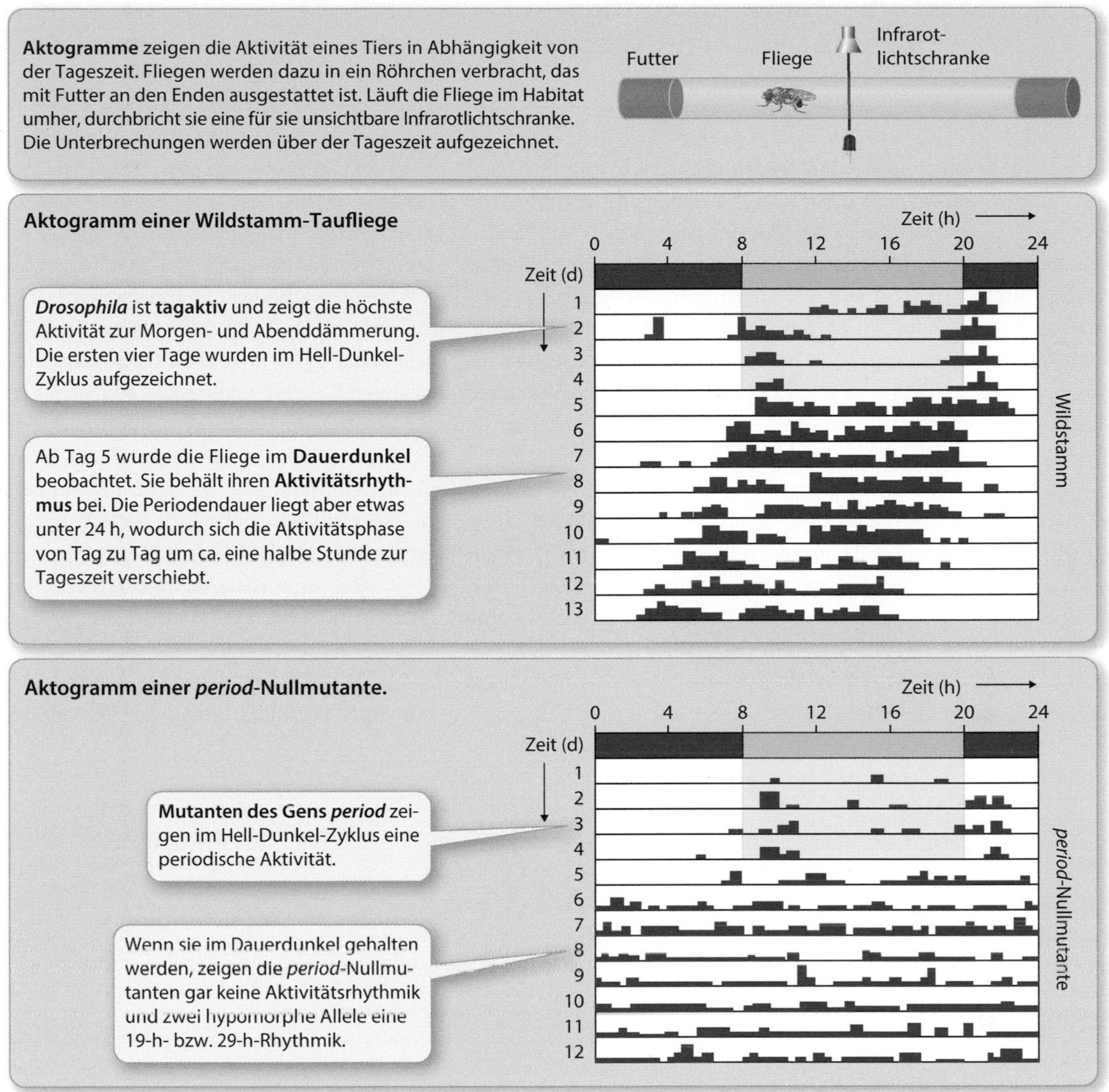

Abb. 18.17 Die Aktivitätsrhythmik von Tieren erkennt man in einem Aktogramm

sich Lebewesen immer schon an die jahreszeitlich veränderliche Tageslänge anpassen können. Temperaturrhythmen und soziale Kontakte stellen die Uhr ebenfalls. J. Aschoff hat in den 1960er-Jahren in Bunkerexperimenten die Eigenschaften der inneren Uhr des Menschen erforscht. Ohne Zeitinformation lebten Probanden völlig isoliert und hielten ihren Tag-Nacht-Rhythmus nach Gefühl bei. Dieser konnte dann zunehmend von der äußeren Zeit abweichen, denn innere Uhren sind circadian, d. h., sie messen nur ungefähr einen Tag.

Die Mutteruhr des Menschen (und der Säuger im Allgemeinen) sitzt in einem paarigen Kerngebiet über der Sehnervkreuzung, den **suprachiasmatischen Nuclei (SCN**; Abb. 18.15). Wie Transplantationsexperimente an Hamstern gezeigt haben, wird mit dem SCN die Uhr und Uhrzeit des Spenders auf den Empfänger übertragen. Durchtrennte man den Sehnerv vor dem SCN, war ein Stellen der Uhr durch Licht nicht mehr möglich. Die Uhr erhält Lichtinformation von speziellen Ganglienzellen im Sehnerv, die in den SCN abzweigen. Sie sind selbst lichtempfindlich, weil sie einen entwicklungsgeschichtlich alten Lichtsensor exprimieren, das **Melanopsin**. Neuronen des SCN enthalten die molekulare innere Uhr. Sie signalisieren die „Uhrzeit" über Neuronen des sympathischen Astes des autonomen Nervensystems an die **Epiphyse** (Zirbeldrüse). Diese Hormondrüse stellt tageszeitabhängig das Hormon **Melatonin** aus Serotonin her. Den höchsten Titer im Blut findet man nachts um ca. 3 Uhr (Abb. 18.15). Im Gegensatz zu der von Säugern ist die Epiphyse der Vögel selbst lichtempfindlich.

Schließlich sind innere Uhren **temperaturkompensiert**; das ist für Poikilotherme, also wechselwarme Tiere, entscheidend. Die Mechanismen tierischer innerer Uhren wurden zuerst an der Taufliege *Drosophila* erforscht und diese Forschungen 2017 mit dem Nobelpreis honoriert (Abb. 18.16). Defekte im *per*-Gen führen zu **Arrhythmie** (Abb. 18.17), zu kurzen (19 h) oder zu langen Perioden (29 h).

18.9 Schlaf ist ein lebensnotwendiger Zustand äußerer Ruhe mit spezieller Gehirnaktivität

Schlaf ist ein Zustand der äußeren Ruhe bei Mensch und Tier. Puls, Atemfrequenz, Blutdruck und Körpertemperatur sowie die Gehirnaktivität unterscheiden sich von denen des Wachzustands. Schlaf ist **lebensnotwendig** und tagelanger Schlafentzug führte zum Tod von Versuchstieren. Versäumter Schlaf wird zu etwa 40 % in den darauffolgenden Nächten nachgeholt. **Schlafmangel** beeinflusst Aufmerksamkeit und Leistungsvermögen. Meeressäuger, die regelmäßig zum Atmen auftauchen müssen, schlafen abwechselnd mit einer Hirnhälfte, während die andere das Überleben sichert. **Halbhirnschlaf** wurde auch in Vögeln nachgewiesen: Stockenten, die am Rand einer Gruppe schlafen, halten das nach außen zeigende Auge offen und die damit verbundene gegenüberliegende Hirnhälfte wach. Auch Insekten schlafen. Bienen zeigen im Schlaf einen reduzierten Muskeltonus; die Antennen hängen herab und es besteht eine erhöhte Reizschwelle für Fluchtreflexe. Taufliegen holen ebenfalls 40 % der verpassten Schlafzeit nach, wenn Sie experimentell am Schlafen gehindert werden.

Warum begeben sich Lebewesen in einen Zustand verminderter Reaktionsfähigkeit auf Gefahren? Die Forschung hat hierzu keine abschließende Antwort, aber Beobachtungen. Schlaf entstand als **Anpassung an den Tag-Nacht-Rhythmus** von Licht und Temperatur und hat dann mit der Entwicklung komplexerer Nervensysteme weitere Funktionen hinzugewonnen (◘ Abb. 18.18). Die **Synaptische-Homöostase-Hypothese** erklärt, warum das Gehirn nicht täglich mehr Energie benötigt. Denn durch Lernen werden Synapsen gestärkt, was zu einer zunehmenden Überlastung führen würde. Der Theorie zufolge werden im Schlaf alle Synapsen so weit geschwächt, dass die durchschnittliche synaptische Stärke konstant bleibt, die lernbedingten relativen Unterschiede in der synaptischen Stärke aber bestehen bleiben. In der Nacht wird Energie in Form von **ATP** in Teilen des Gehirns **eingespeichert**. In der Individualentwicklung des Gehirns sind eine **lange Schlafdauer und lange REM-Schlafphasen bei Neugeborenen wichtig**, die beide dann über die Jahre abnehmen (◘ Abb. 18.19).

Cortex und Thalamus werden vom **aufsteigenden retikulären Aktivierungssystem** (**ARAS**) des Hirnstamms in den Wachzustand versetzt. Ohne Aktivierung sind sie im Zustand des Tiefschlafs. Fünf Schlafstadien lassen sich im **Elektroencephalogramm** (**EEG**) unterscheiden (◘ Abb. 18.18). Im Wachzustand

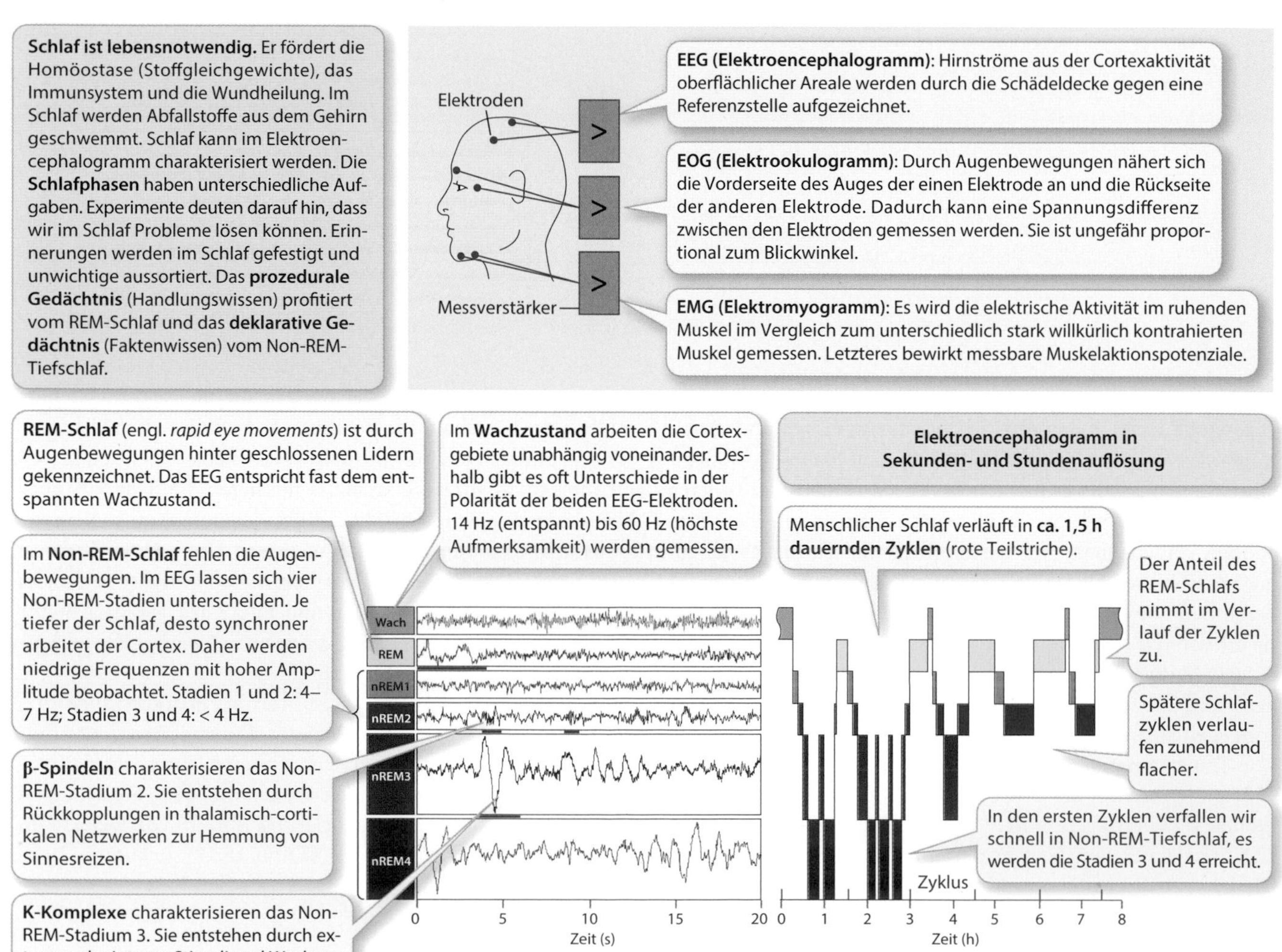

◘ **Abb. 18.18** Schlafstadien werden im EEG unterscheidbar; wir durchlaufen sie in ca. 90-minütigen Zyklen

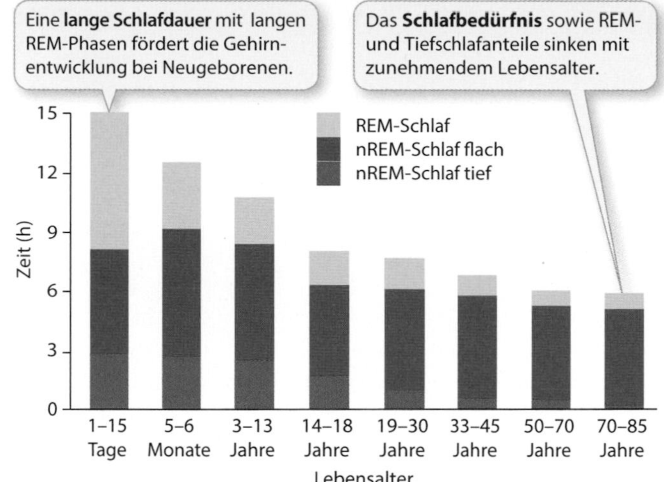

Abb. 18.19 Das Schlafbedürfnis des Menschen ändert sich im Lauf des Lebens

arbeitet das Gehirn kleinteilig und verarbeitet die unterschiedlichen Sinneseindrücke parallel. Dies drückt sich in desynchronisierten EEG-Signalen mit Frequenzen zwischen 14 Hz (entspannt wach) und 60 Hz (höchste Aufmerksamkeit) aus. Der **REM-Schlaf** produziert ganz ähnliche Signale. Charakterisiert wird er durch namensgebende schnelle Augenbewegungen hinter geschlossenen Augenlidern (engl. *rapid eye movements*). Außer der glatten Muskulatur, der Atmung und den Augenmuskeln ist die übrige Motorik im Schlaf abgeschaltet. Tiefere Schlafstadien sind durch zunehmend langwelligere EEG-Signale von höherer Amplitude charakterisiert, weil größere Hirnareale dann weniger häufig, aber synchron aktiv werden. Man unterscheidet vier Stadien des sogenannten **Non-REM-Schlafs** (d. h. ohne Augenbewegungen; Abb. 18.18).

Die Schlafphasen durchleben wir in ca. 90-minütigen Zyklen. Im ersten Zyklus der Nacht verfallen wir sehr schnell in ein Tiefschlafstadium. Die Wahrnehmungsschwellen sind stark nach oben gesetzt; nur durch sehr starke Stimuli können wir aufgeweckt werden. Spätere Zyklen sind charakterisiert durch eine zunehmend geringer Schlaftiefe und immer längere REM-Schlaf-Phasen. Natürliches Aufwachen geschieht am Ende einer REM-Schlafphase (Abb. 18.18).

Unser **Schlafbedürfnis** wird von der inneren Uhr, dem Ernährungszustand und der körperlichen Aktivität über den Tag wesentlich beeinflusst, die durch ATP-Verbrauch zunehmend Adenosin freisetzt (Abb. 18.20). Ausreichend gesunder Schlaf hilft, Erkrankungen zu vermeiden. Im Schlaf erweitern sich die Zellzwischenräume des Gehirns wegen des dann geringeren Blutdrucks; sie werden effektiver durchspült (**Glymphsystem**) und ausgeschleuste Schadstoffe entfernt. Schlafmangel und anhaltende Schlafstörungen verursachen Übergewicht und in der Folge gesundheitliche Schäden wie Diabetes. Zusammenhänge zwischen Schichtarbeit und Krebsentwicklungen beim Menschen gelten als biologisch plausibel, aber nicht kausal nachgewiesen.

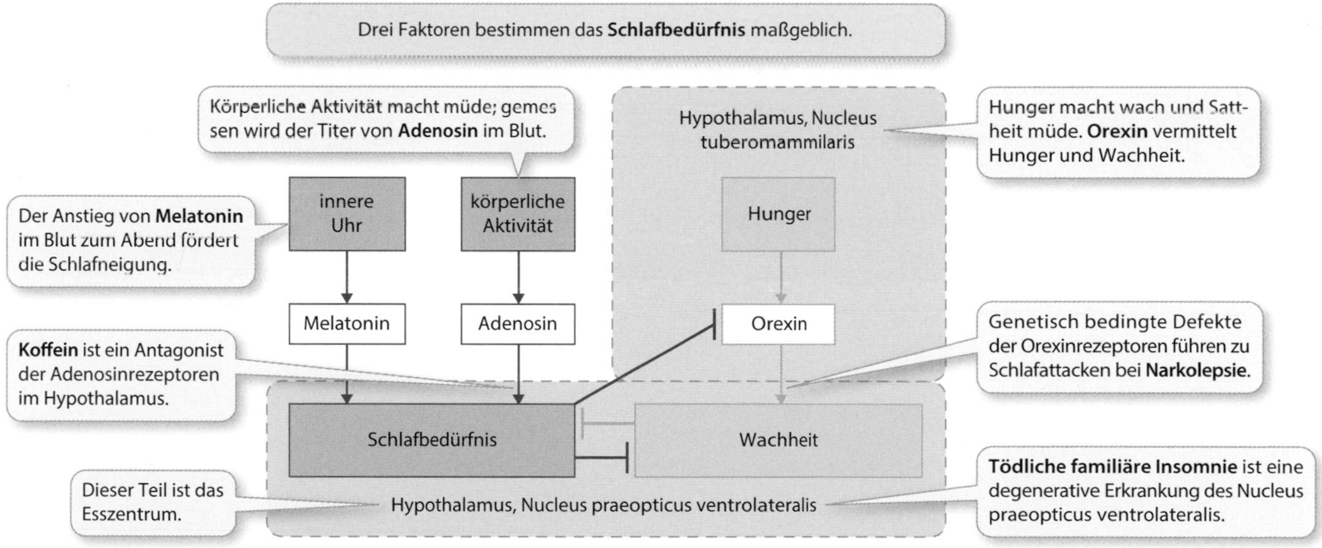

Abb. 18.20 Innere Uhr, Ernährungszustand und körperliche Aktivität bestimmen das Schlafbedürfnis

Weiterführende Literatur

1. Aschoff J (1965) Circadian rhythms in man. Science 148:1427–1432
2. Bear MF, Connors BW, Paradiso MA (2018) Neurowissenschaften, 4. Aufl. Springer Spektrum, Berlin, Heidelberg, S 205–218
3. Bear MF, Connors BW, Paradiso MA (2018) Neurowissenschaften, 4. Aufl. Springer Spektrum, Berlin, Heidelberg (Kap 13)
4. Bear MF, Connors BW, Paradiso MA (2018) Neurowissenschaften, 4. Aufl. Springer Spektrum, Berlin, Heidelberg, S 533–552
5. Bear MF, Connors BW, Paradiso MA (2018) Neurowissenschaften, 4. Aufl. Springer Spektrum, Berlin, Heidelberg, S 231–242
6. Bear MF, Connors BW, Paradiso MA (2018) Neurowissenschaften, 4. Aufl. Springer Spektrum, Berlin, Heidelberg (Kap 10)
7. Dittrich L (2018) Der Patient H. M.: Eine wahre Geschichte von Erinnerung und Wahnsinn. Herbig, Stuttgart
8. Nobel Media AB (2019) The nobel prize in physiology or medicine 2017. Nobelprize.org. https://www.nobelprize.org/prizes/medicine/2017/summary/. Zugegriffen: 21. Okt. 2019
9. Nobel Media AB (2019) The nobel prize in physiology or medicine 2017. Nobelprize.org. https://www.nobelprize.org/uploads/2018/06/press-39.pdf. Zugegriffen: 8. März 2020
10. Robertson DW, Biaggioni I, Burnstock G, Low PA, Paton JFR (2012) Primer on the autonomic nervous system, 3. Aufl. Academic Press, London, Waltham, San Diego
11. Strausfeld NJ, Hirth F (2013) Deep homology of arthropod central complex and vertebrate basal ganglia. Science 340:157–161
12. Takahashi JS (2015) Molecular components of the circadian clock in mammals. Diabetes Obes Metab 17:6–11
13. Vorster A (2019) Warum wir schlafen. Heyne, München

Spezielle Physiologie der Pflanzen: Histologie

Peter Bayer

J. Boenigk (Hrsg.), *Boenigk, Biologie,* https://doi.org/10.1007/978-3-662-61270-5_19

19.1 Die Dauergewebe der Pflanze lassen sich auf gemeinsame Bildungsgewebe zurückführen

Der Körper der **Gefäßpflanzen** (Tracheophyta), zu denen die Farngewächse (Pteridophyta) und Samenpflanzen (Spermatophyta) als rezente Vertreter gehören, wird **Kormus** genannt und besteht aus den drei Grundorganen **Spross, Wurzel und Blatt** (▶ Abschn. 31.2). Spross, Blätter und Wurzel können in ihrer Form und Funktionalität variieren und verschiedene Aufgaben übernehmen (▶ Abschn. 31.7). Diese Grundorgane wiederum setzen sich aus unterschiedlichen Gewebsschichten zusammen. Im Allgemeinen unterscheidet man bei den Samenpflanzen **Grundgewebe, Abschluss-, Festigungs- und Leitgewebe** (◼ Abb. 19.1). Daneben treten z. B. sehr spezielle Sekretionsgewebe auf, die der Ausscheidung von Sekreten und Exkreten dienen. Die verschiedenen Dauergewebe gehen aus dem **Bildungsgewebe** (**Meristem**) hervor.

Meristeme beinhalten **pluripotente Stammzellen**, aus denen neue spezialisierte Zellen gebildet werden können. Meristemzellen erscheinen unter dem Lichtmikroskop dicht und dünnwandig, besitzen große Zellkerne, aber keine Interzellularen, Vakuolen oder Chloroplasten. Sie sind stoffwechselphysiologisch hoch aktiv, allerdings werden sie erst nach der embryonalen Phase bzw. nach Auskeimen des Samens teilungsaktiv (im Unterschied zu tierischen Stammzellen). Dabei kommt es während der Keimung z. B. im Bereich der Sprossapikalmeristemzellen durch die Einstrahlung von Licht zu einer vermehrten Expression des Proteins Wuschel, einem Transkriptionsfaktor, der die Teilungsaktivität von Stammzellen induziert und aufrechterhält. Allerdings detektieren nicht die Stammzellen, sondern deren Nachbarzellen die Lichteinstrahlung und geben diese Botschaft in Form einer Ausschüttung des Hormons Cytokinin (▶ Abschn. 21.4) an die nicht aktiven pluripotenten Meristemzellen weiter. Als zentraler Integrator der Wirkung von Licht und anderer metabolischer Signale dient hierbei das Protein TOR-(*target of rapamycin*-)Kinase, über welche unter Abwägung der energetischen Verhältnisse der Zellen entschieden wird, in welchem Umfang die Expression von Wuschel gesteigert werden kann oder gedrosselt werden muss. Auf diese Weise scheinen die Teilungsaktivität und damit das fortwährende Durchlaufen des Zellzyklus kontrolliert und „fine-getuned" zu werden.

Meristeme lassen sich nach ihrer Lage einteilen in **Apikalemeristeme** (**Scheitelmeristeme**) und **Kambien** und nach ihrer Bildung als **primäre, sekundäre oder tertiäre Meristeme** (◼ Abb. 19.2). Wurzeln und Sprossachsen besitzen an der Spitze Scheitelgewebe (Apikalmeristeme). Die **Vegetationskegel** der Apikalmeristeme sind in **Tunica** (äußere Schicht) und **Corpus** (innere Schicht) gegliedert, aus diesen Apikalmeristemen bilden sich die Gewebe der Sprossachse und der Wurzel sowie die Anlagen von Seitensprossen und Blattanlagen (▶ Abschn. 31.3). Die Neubildung der Leitbündel erfolgt mit der einsetzenden Blattentwicklung aus den seitlichen Blattanlagen. Dabei differenzieren sich die Restmeristemzellen zu dem außen liegenden **Protophloem** (Siebröhren und Geleitzellen) und dem innen liegenden **Protoxylem**, deren Funktionen später von Metaxylem- bzw. Metaphloemzellen übernommen werden. Vergrößern Pflanzen

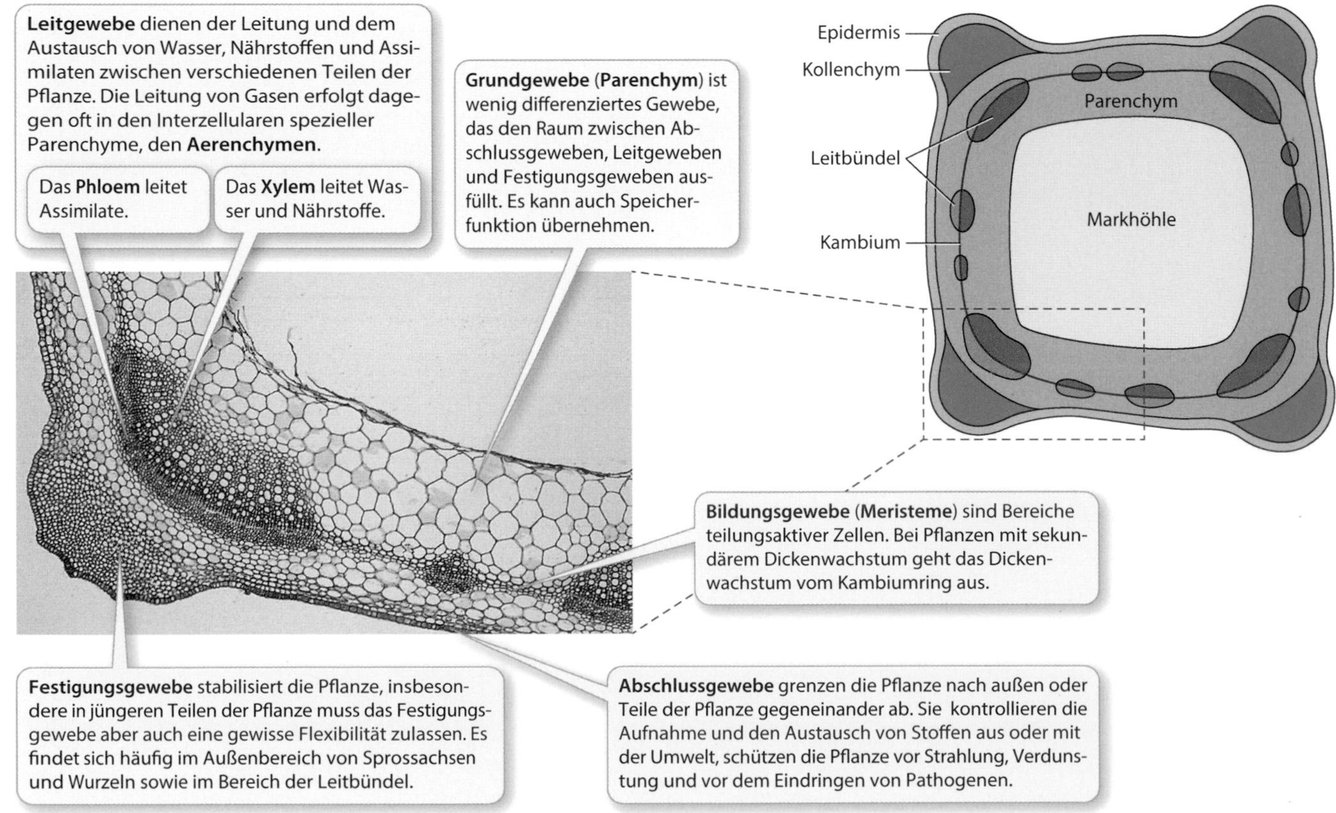

◼ **Abb. 19.1** Übersicht über die pflanzlichen Gewebe und deren Lage im Spross der dikotylen Angiospermen am Beispiel der weißen Taubnessel (*Lamium album*)

19

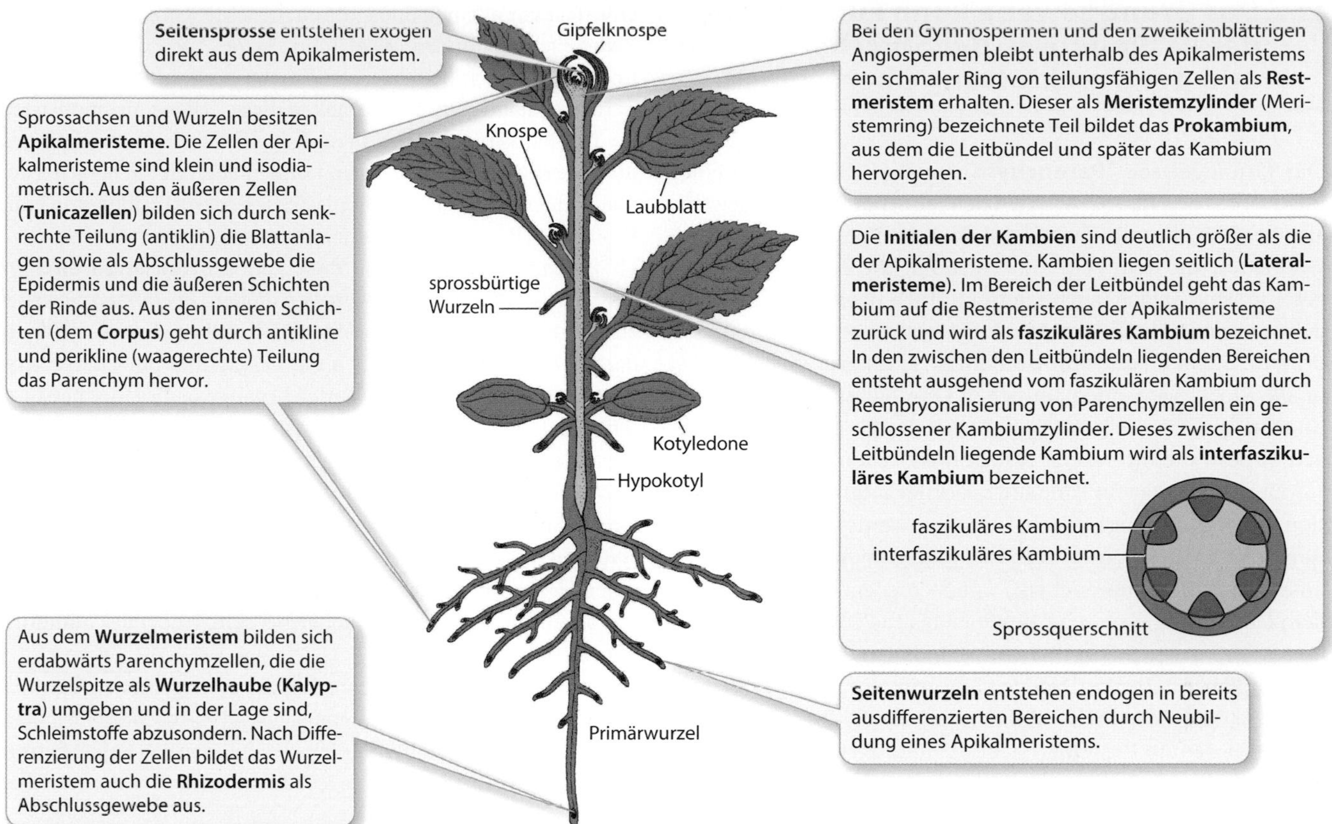

Abb. 19.2 Lage der Apikalmeristeme und Kambien

im Laufe ihrer Entwicklung durch Wachstum ihren Sprossdurchmesser, spricht man von **Dickenwachstum**. Je nachdem, ob die neuen Zellen aus dem Apikalmeristem (primäres Meristem) oder aus dem seitlichen Kambium (sekundäre Meristeme) hervorgehen, unterscheidet man **primäres und sekundäres Dickenwachstum**. Das sekundäre Dickenwachstum geht auf einen geschlossenen Kambiumzylinder zurück, dessen Bildung durch die Zellen des faszikulären Kambiums im Bereich der Leitbündel initiiert wird (Abb. 19.2). Dabei wird ein zylindrischer Kambiumring (vaskuläres Kambium) aus Kambiumbündeln (faszikuläres Kambium) gebildet (▶ Abschn. 31.5). Das Zusammenwachsen der Bündel wird durch einen initialen Ring aus reembryonalisierten Parenchymzellen, dem interfaszikulären Kambium, bewirkt. Besonders ausgeprägt ist dieser Vorgang bei Bäumen und am besten untersucht bei der Pappel (*Populus*). Dabei werden die ausdifferenzierten Parenchymzellen in der Nachbarschaft der faszikulären Kambiumzellen so lange zur periklinen Teilung angeregt, bis ein Ringschluss erfolgt ist. In diesem Prozess erhalten die ehemaligen Parenchymzellen ihre Pluripotenz zurück und werden zu interfaszikulärem Kambiumzellen. Auf molekularer Ebene erfolgt dabei die Rekrutierung von Auxintransportern (PINs) (▶ Abschn. 21.4) in die lateralen Zellmembranen der faszikulären Kambiumzellen. Die anschließende Diffusion des Phytohormons zu den Parenchymzellen und seine Bindung an einen *Auxin response factor* (ARF5), ein DNA-bindendes Protein, steigert vermutlich die Expression von bestimmten HD-Zip-III-Genen (Transkriptionsfaktoren), vor allem HB4. Letzteres gilt als Initiator der Meristembildung und leitet die perikline Teilung der ehemaligen Parenchymzellen ein.

Neben den pluripotenten Meristemzellen treten auch sogenannte **Meristemoide** auf. Bei ihnen handelt es sich um teilungsfähige Zellen, die ihre Pluripotenz im Laufe mehrerer Teilungsschritte verlieren. Aus ihnen gehen z. B. die Zellen der Spaltöffnungen hervor. Die Bildung der Spaltöffnungen erfolgt von der Spitze des Blattes hin zur Richtung der Sprossachse. Für Meristemoide ist eine Teilung in ungleich große Zellen charakteristisch. Am Beispiel von *Arabidopsis* ist bekannt, dass sich in einem ersten Schritt eine protodermale Zelle teilt, die sogenannte Meristemoid-Mutterzelle. Durch diesen Vorgang entstehen sowohl eine kleine Meristemoidzelle als auch eine größere Nachbarzelle. Nach mehreren Teilungen verliert die meristemoide Zelle ihre Pluripotenz und nimmt dann eine rundliche Form an, wodurch sie zur Schließzelle einer Spaltöffnung wird. Durch eine symmetrische Zellteilung bildet sich aus dieser Mutterschließzelle letztlich eine zweite Schließzelle und damit eine Spaltöffnung.

19.2 Das Grundgewebe kann Funktionen der Assimilation, der Speicherung und der Durchlüftung übernehmen

Das Grundgewebe (**Parenchym**) umfasst das Gewebe einer Pflanze, das den Raum zwischen dem äußeren Abschlussgewebe, also der Rhizodermis der Wurzel oder der Epidermis des Sprosses/Blattes, und dem Leitbündel ausfüllt. Die Zellen des Grundgewebes sind weder morphologisch noch physiologisch besonders spezialisiert (◘ Abb. 19.3). Sie besitzen meist eine dünne primäre Zellwand und eine isodiametrische Form, sie haben also in alle Richtungen einen ähnlichen Durchmesser. Die **Interzellularen**, also die Zellzwischenräume, des Parenchyms können **schizogen**, **rhexigen** oder **lysogen** entstehen (◘ Abb. 19.4).

Die Einteilung von Parenchym erfolgt aufgrund seiner Funktion, Form oder Lage. Nach Funktion werden unter anderem Aerenchym, Speicherparenchym, Hydrenchym und Assimilationsparenchym (Chlorenchym) unterschieden. Im **Aerenchym**, dem Durchlüftungsgewebe, bestehen bis zu 70 % des Gewebevolumens aus gasgefüllten Interzellularräumen (◘ Abb. 19.5). Bei Sumpfpflanzen, deren Organe sich größtenteils unter Wasser befinden, sorgt das Interzellularsystem dafür, dass notwendige Gase von den an der Oberfläche befindlichen Spaltöffnungen der Blätter bis in den Pflanzenkörper gelangen. **Speicherparenchym** ist vor allem in Speicherorganen wie Knollen, Rüben und Zwiebeln vorzufinden (▶ Abschn. 31.7). Auch das Meso- und Endokarp (Fruchtfleisch) vieler Früchte sind mit Parenchymzellen ausgekleidet. Oftmals enthalten diese Zellen Chromoplasten, die mit Farbstoffen angefüllt sind (z. B. mit Carotinoiden), wie im Falle der Paprika. Plastiden können auch in die Speicherung von Kohlenhydraten (Amyloplasten), Fetten (Elaioplasten) und Proteinen (Proteinoplast) einbezogen sein.

Zudem können auch das **Mark-** und das **Rindenparenchym** der Speicherung von Reservestoffen dienen. Bei beiden Geweben erfolgt die Namensgebung aufgrund ihrer Lage im Mark oder in der Rinde. Gemeinsam haben die Zellen aller Speichergewebe, dass sie große Vakuolen zur Anreicherung von organischen Stoffen aufweisen. Dazu gehören Lipide, Kohlenhydrate oder auch Proteine (◘ Abb. 19.5). In den Samen wird das Speicherparenchym als **Endosperm** bezeichnet. Dienen die angelegten Vakuolen der Speicherung von Wasservorräten, nennt man das Gewebe **Hydrenchym**. Es besteht aus vergrößerten Parenchymzellen mit einem Durchmesser von bis zu 0,5 mm. Hydrenchym kommt vor allem bei Pflanzen trockener bis sehr trockener Standorte vor (◘ Abb. 19.6).

Im Laubblatt dient das Parenchym vorwiegend der Assimilation und dem Gas- und Wasseraustausch (▶ Abschn. 31.6). Beim **Assimilationsparenchym** unterscheidet man das **Palisadenparenchym** mit spalierartig angeordneten, chloroplastenreichen

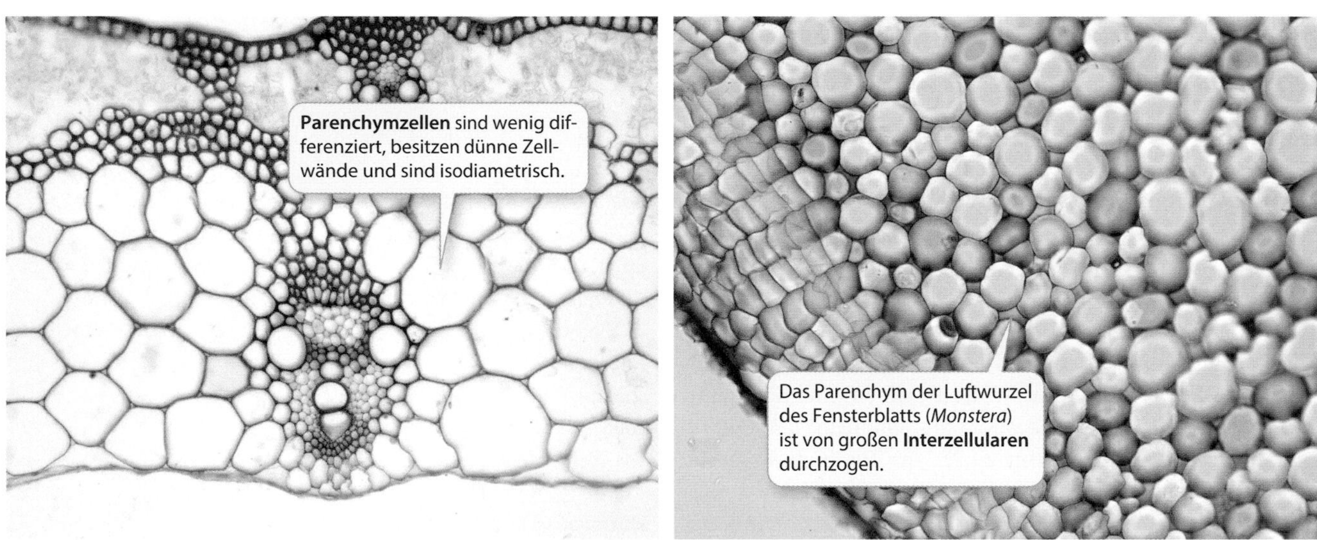

◘ **Abb. 19.3** Parenchymgewebe sind wenig differenziert und von Interzellularen durchzogen

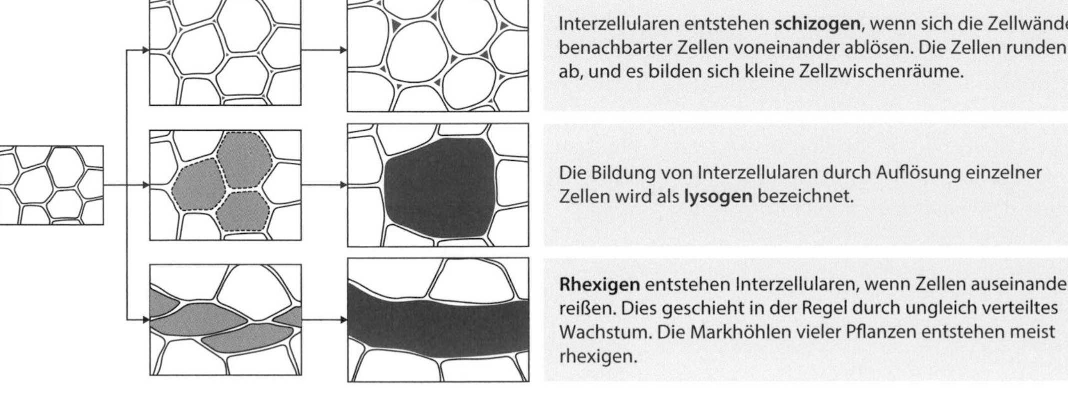

◘ **Abb. 19.4** Interzellularen entstehen schizogen, lysigen oder rhexigen

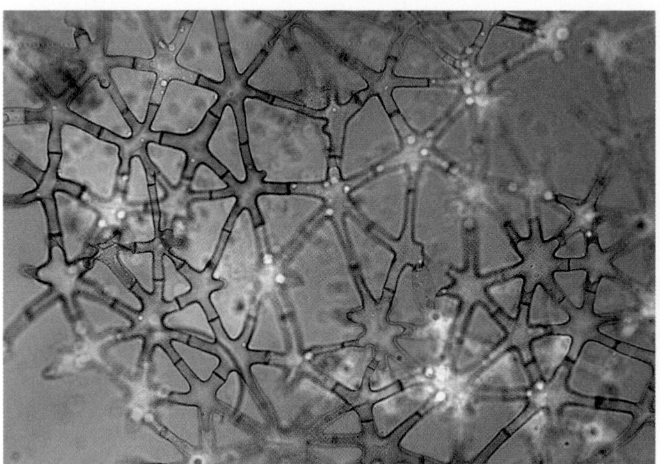

Sternparenchym besteht aus kleineren sternförmigen Parenchymzellen. Hierdurch entstehen sehr große Zellzwischenräume, sodass das Sternparenchym ein **Aerenchym** darstellt.

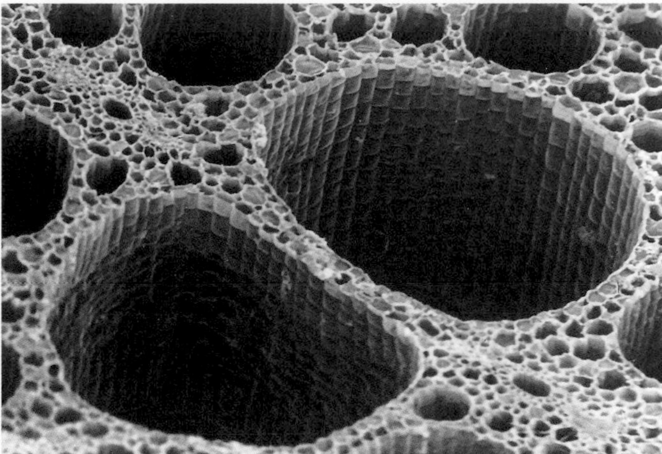

Das **Aerenchym** des Blattstiels der Seerose durchziehen große **Interzellularen.** Hierdurch wird ein Gasaustausch innerhalb der unter der Wasserfläche liegenden Pflanzenteile sichergestellt.

Abb. 19.5 Aerenchyme dienen der Verteilung von Gasen

Abb. 19.6 Hydrenchym kommt als Gewebeform vor allem bei Sukkulenten vor

Palisaden vom mit großen Interzellularräumen durchzogenen **Schwammparenchym** (Abb. 19.7). Letzteres fungiert als Chlorenchym wie auch als Aerenchym. Es besteht aus unregelmäßigen sternförmigen Zellen mit Chloroplasten und weist gleichzeitig große Interzellularräume auf. Diese dienen vor allem der Abgabe von Wasserdampf und somit der Transpiration. Zusammen bilden das Palisadengewebe und das Schwammgewebe das **Mesophyll** des Blattes.

Parenchymzellen sind aufgrund der hohen Ionen- und Stoffkonzentration osmotisch hoch aktiv und daher in der Regel mit Wasser prall gefüllt. Der dadurch auf die Zellwand vermittelte hohe Druck (**Turgor**) trägt maßgeblich zur Stabilisierung von pflanzlichen Geweben und Organen bei. Bei Trockenheit und nachfolgendem Wasserverlust entleeren sich primär die Parenchymzellen, was das Runzeln von abgefallenen Früchten und das Welken von Blättern veranlasst.

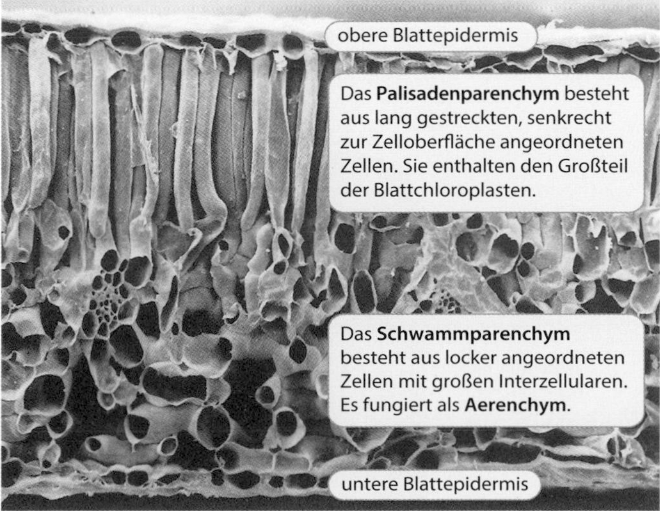

Abb. 19.7 Das Assimilationsparenchym des Blattes

19.3 Festigungsgewebe stabilisieren und stützen den Pflanzenkörper

Während der Turgor krautigen Pflanzen eine gewisse Festigkeit verleiht, reicht dieser für ein gerichtetes Höhenwachstum in größeren Pflanzen nicht mehr aus. Hier bedarf es der Ausbildung von zusätzlichen **Festigungsgeweben**. Diese dienen der strukturellen Stabilität von Pflanzen und bilden druck- und/oder zugfeste Elemente aus. Das Festigungsgewebe wird unterteilt in Kollenchym und Sklerenchym (◘ Abb. 19.8).

Bei den Zellen des **Kollenchyms** handelt es sich um lebende und **unverholzte** Zellen. Sie sind wachstumsfähig sowie teilweise noch teilungsaktiv und enthalten in manchen Fällen noch Chloroplasten. Kollenchymgewebe leitet sich aus dem Parenchym ab und ist in der Lage, Meristemgewebe rückzubilden. Es findet sich vor allem bei jungen krautigen Pflanzen, die sich noch im Wachstumsstadium befinden. Protoplasten von benachbarten Kollenchymzellen stehen über Tüpfelkanäle miteinander in Verbindung. Die Stützfunktion des Kollenchyms wird mittels einer Verdickung der Primärwand durch Einlagerung von **Cellulose** und **Protopektin** erreicht. Diese tritt aber nur an bestimmten Stellen auf. Durch eine Verdickung der periklinen Längswände, also der Wände parallel zur Zellteilungsebene, entsteht **Plattenkollenchym.** Dieses findet sich beispielsweise im Stängel von Holunder (*Sambucus*), in der Kartoffel (*Solanum tuberosum*) und im Wiesenknopf (*Sanguisorba*). Beim **Ecken-** oder **Kantenkollenchym** erfolgen die Einlagerung der Cellulose und des Protopektins in den Zellkanten (◘ Abb. 19.9). Es bildet sich unter anderem im Stängel von Lippenblütlern wie der Pfefferminze (*Mentha piperita*) und bei Kürbisgewächsen wie der Salatgurke (*Cucumis sativus*), bei *Ficus*, *Polygonum*, *Pelargonium*, *Beta*, *Apium*, *Begonia* und *Cannabis*. Werden im Eckenkollenchym durch die Zellkanten Interzellularen umschlossen, bezeichnet man das entstehende Gewebe als **Lückenkollenchym**, wie es im Stängel des Tabaks (*Nicotiana*), bei *Salvia*, *Petrosilium* und *Prunella* vorkommt.

Durch zunehmende Alterung kann Kollenchym in **Sklerenchym** übergehen. Weiterhin wird in älteren Pflanzen zunehmend mehr Sklerenchym gebildet. Im Sklerenchym findet die Einlagerung von **Lignin** (► Abschn. 31.5) in die Sekundärwand statt. Es handelt sich also um **verholzte** Zellen. Im Gegensatz zum Kollenchym sind die Zellen des Sklerenchyms dadurch dickwandiger und englumiger. Bei älteren Pflanzen stirbt der Protoplast ab, sodass das Sklerenchym größtenteils aus abgestorbenen Zellen besteht.

Zwei Zelltypen unterscheidet man in diesem Gewebe, die **Sklereiden** und die **Sklerenchymfasern** (◘ Abb. 19.10). Letztere sind prosenchymatisch, also lang gestreckt und faserähnlich, gebaut und besitzen schräg spaltenförmige Tüpfel. Sie sorgen im lebenden, unverholzten Zustand für Zugelastizität und lassen sich daher in die zugfesten **Weichfasern** mit geringerem Ligninanteil und die druckfesten **Hartfasern** mit einem hohen Ligninanteil unterteilen. Wirtschaftlich von Bedeutung sind vor allem die Weichfasern des Flachses (*Linum usitatissimum*) und des Hanfs (*Cannabis sativa*) sowie die Hartfasern der Agave (*Agave sisalana*), das Sisal, und des Manilahanfs (*Musa textilis*).

Sklerenchymfasern können zu **Faserbündeln** zusammengefasst sein, wie sie in den inneren Rindenbereichen von Immergrün (*Vinca minor*) oder der Waldrebe (*Clematis vitalba*) zu finden sind. Als Sklerenchymfaserhülle umgeben sie auch die Leitbündel in den Blättern vieler Pflanzen. Sklerenchymfasern im Holz werden als **Xylemfasern** oder **Holzfasern** bezeichnet. Holzfasern haben sich im Lauf der Evolution vermutlich aus Tracheiden und Tracheidenfasern entwickelt. Die Holzfasern vieler tropischer Bäume bestehen aus lebenden Zellen und können neben der Wasserspeicherung auch der Speicherung von Fetten und Stärke dienen. Im sekundären Phloem werden Sklerenchymfasern dagegen **Bastfasern** genannt. Sie bestehen überwiegend aus lang gestreckten Zellen mit ausgeprägten und verdickten Cellulosefibrillen, die mit Lignin und Pektin verkittet sein können.

Sklereiden werden in der Literatur auch vielfach mit dem Begriff **Steinzellen** gleichgesetzt. Dies greift allerdings zu kurz, da der Ausdruck Steinzelle hier als Synekdoche verwendet wird und der Vielfalt unterschiedlicher Sklereiden nicht gerecht wird. Die eigentlichen Steinzellen oder **Brachyosklereiden** weisen einen rundlichen, isodiametrischen Habitus auf (◘ Abb. 19.10). Sie finden sich beispielsweise in den harten Schalen von Früchten und Nüssen sowie verteilt im Fruchtfleisch von Quitten (*Cydonia*) und

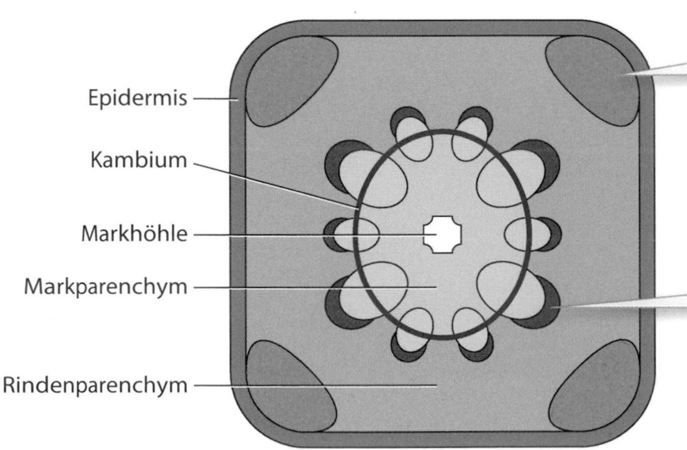

Kollenchym findet sich häufig im äußeren Bereich des Sprossquerschnitts unterhalb der Epidermis. Im Fall der vierkantigen Sprossachsen der Lamiaceae tritt Kollenchym gehäuft im Bereich der Sprossecken auf. Die Verdickung der Primärwand durch **Einlagerung von Cellulose und Protopektin** im Kollenchym dient der Festigung des Pflanzenkörpers, erlaubt jedoch im Gegensatz zum Sklerenchym eine Biegsamkeit. Kollenchyme sind daher vor allem in noch jungen Pflanzen zu finden, während Sklerenchyme mit zunehmendem Alter und Größe der Pflanze gehäuft entstehen.

Sklerenchyme sind Gewebe aus dickwandigen, englumigen Zellen, die nur in ausdifferenzierten Pflanzenteilen auftreten. Sie sind durch die **Einlagerung von Lignin** in die Sekundärwand gekennzeichnet. Die Lignineinlagerung bewirkt eine zusätzliche Verfestigung des Mikrofibrillengeflechts aus Cellulose. Größere, aufrecht stehende Gefäßpflanzen sind dadurch an die äußere Umgebung, wie das Einwirken von Wind, besser angepasst und in der Lage, einen aufrechten Kormus auszubilden. In jüngeren Sprossabschnitten finden sich Sklerenchymzellen im Bereich der Leitbündel.

◘ **Abb. 19.8** Lage von Festigungsgeweben in krautigen Pflanzen am Beispiel eines Querschnitts durch den Spross eines Vertreters der Lamiaceae

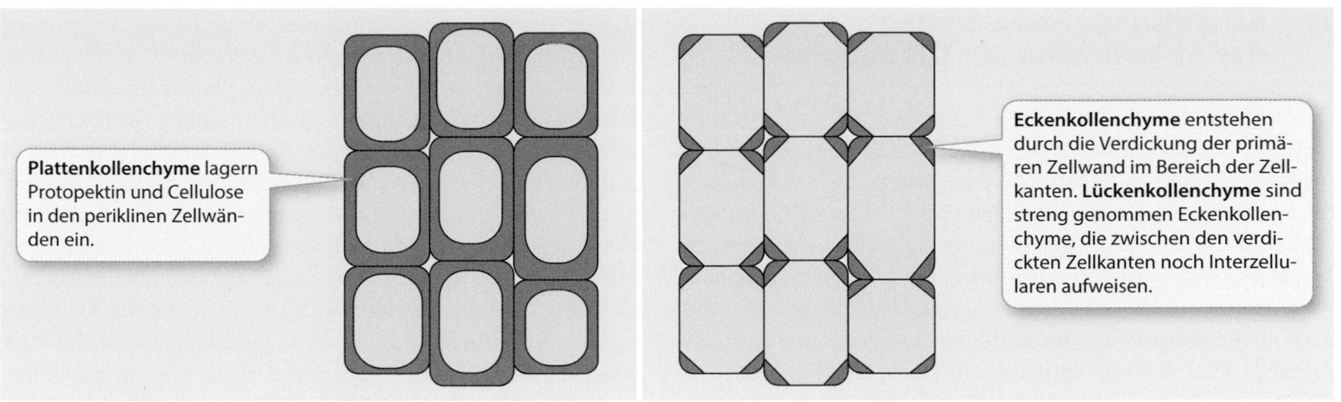

Abb. 19.9 Platten- und Eckenkollenchym

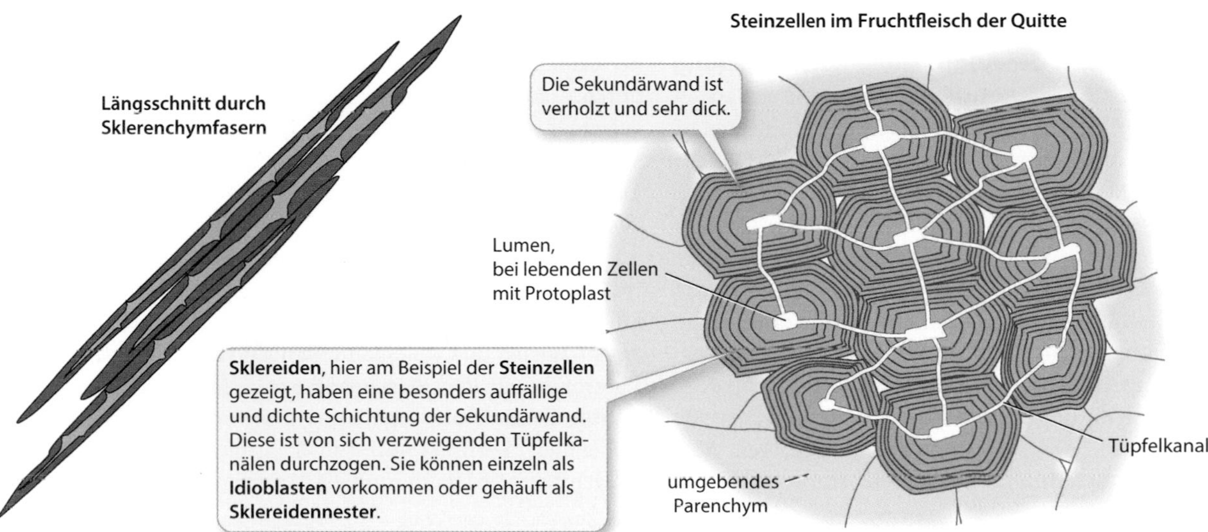

Abb. 19.10 Sklerenchymfasern und Sklereiden

Birnen (*Pyrus*), in den Kerngehäusen von Äpfeln (*Malus*) oder in Rinde und Borke. Sie sorgen für eine ausreichende Druckfestigkeit in den Geweben. Je nach Aufbau und Form lassen sich allerdings weitere Arten von Sklereiden unterscheiden. Diese treten z. B. als **Stabzellen** (**Makrosklereiden**) in den Palisadenzellen der Leguminosen oder als **Fadensklereiden** in Blättern wie denen des Ölbaums (*Olea europaea*) auf, wo sie sich direkt aus den Mesophyllzellen des Blattes entwickeln. Sternförmige **Astrosklereiden** findet man z. B. in der Familie der Rautengewächse wie in der Korallenraute (*Boronia*) oder den Teichrosen (*Nuphar*), während die knochenförmigen **Osteosklereiden** z. B. in den Blättern des Teestrauchs (*Camellia sinensis*) für Stabilität sorgen.

Sklereiden können in der Fruchtwand von Samenpflanzen, dem Perikarp, auftreten. Letzteres besteht aus drei verschiedenen Schichten, die Exo-, Meso- und Endokarp genannt werden. Auf der Verholzung dieser Schichten beruhen die botanischen Definitionen sowohl der **Nuss**, bei der alle drei Schichten verholzt sind, als auch der **Steinfrucht**, bei denen nur das innenliegende, den Samen direkt umgebende Endokarp verholzt vorliegt (▶ Abschn. 31.16).

19.4 Abschlussgewebe dienen der Abgrenzung zur Umgebung

Gewebe, die Teile einer Pflanze nach innen oder nach außen begrenzen, werden als **Abschlussgewebe** zusammengefasst. Sie können aus primären Meristemen hervorgehen oder durch sekundäre und tertiäre Meristeme gebildet werden. Dementsprechend spricht man von primären, sekundären und tertiären Abschlussgeweben. Zu dem primären Abschlussgewebe zählt man die **Epidermis** und **Rhizodermis** (Außenhäute) sowie die **primäre Endodermis** (Innenhaut). Diese Gewebe sind meist einschichtig (eine durch perikline Teilung hervorgehende mehrschichtige Epidermis findet man allerdings bei z. B. Malvaceae, Moraceae oder Piperaceae etc.) und (außer bei der Rhizodermis) mit einer wachsartigen Schicht umgeben.

Sie dienen zum einen der **Abgrenzung zur Umgebung** und müssen gleichzeitig den **Kontakt zur Umwelt** sicherstellen. Die Zellen des Abschlussgewebes bilden daher eine dichte, lückenlose Schicht **ohne Interzellularen** (◘ Abb. 19.11). Für den Austausch von Stoffen mit der Umwelt dienen spezialisierte Zellen. Für den Gasaustausch insbesondere Spaltöffnungen, für die Aufnahme von gelösten Substanzen sind die Wurzelhaare hervorzuheben. Haare (**Trichome**) und **Emergenzen**, also Haare unter Einbeziehung subepidermaler Schichten, können verschiedenste Funktionen übernehmen und ein- oder mehrzellig sein (◘ Abb. 19.12).

Die meisten Zellen der **Epidermis** weisen eine gestreckte und/oder polygonale Form auf und sind mit einigen Ausnahmen (z. B. Wasserpflanzen, Farne) meist frei von Chloroplasten. Als besondere Schutzmaßnahme ist die Außenwand der Zellen gegenüber den anderen Wänden oft verdickt (besonders bei Koniferen und Xerophyten). Außerdem finden sich bei manchen Pflanzengruppen Silikateinschlüsse in Epidermiszellen (z. B. Poales). Zum Schutz vor UV-Strahlung können in epidermalen Zellwänden phenolische Stoffe eingelagert werden. Hierbei handelt es sich zumeist um Zimtsäurederivate. Bei den Monokotylen findet man beispielsweise die Ferulasäure (z. B. Vertreter der Ordnungen Poales, Arecales, Commelinales und Zingiberales) oder die Cumarsäure (Vertreter der Ordnung Poales wie die Ruchgräser). Auf die Epidermis ist die **Cuticula** aufgelagert. Diese schützt Spross und Blätter vor Austrocknung, mechanischer Schädigung und gegen Pathogene (◘ Abb. 19.13). Zum notwendigen Austausch von Gasen und Wasser dienen in der Epidermis eingelagerte Öffnungen, die **Spaltöffnungen** (**Stomata**), an denen die Cuticulaschicht unterbrochen ist. Über der Cuticula können epicuticuläre Wachse vorhanden sein, die durch Auskristallisierung strukturiert angeordnet sind und in verschiedenen Formen auftreten (z. B. schuppig, flach, körnig, stäbchen- und fadenförmig etc.). Zusätzlich werden vielfach Öle sowie Harze und Schleime abgesondert. Die Cuticula kann zudem Pigmenteinlagerungen tragen (z. B. Frucht der Tomate).

Auch die **Rhizodermis** stellt den Kontakt zur Umwelt her (▶ Abschn. 31.4). Sie ist ein einschichtiges Abschlussgewebe der jungen Wurzel und unterscheidet sich vor allem durch das Fehlen einer Cuticula und von Spaltöffnungen von der Epidermis. Zur Vergrößerung der Oberfläche besitzt sie zahlreiche **Wurzelhaare**, die der Aufnahme von Wasser und der darin gelösten Mineralien dienen (◘ Abb. 19.14). Stirbt die Rhizodermis nach einigen Tagen ab, übernimmt die darunter liegende **Hypodermis**

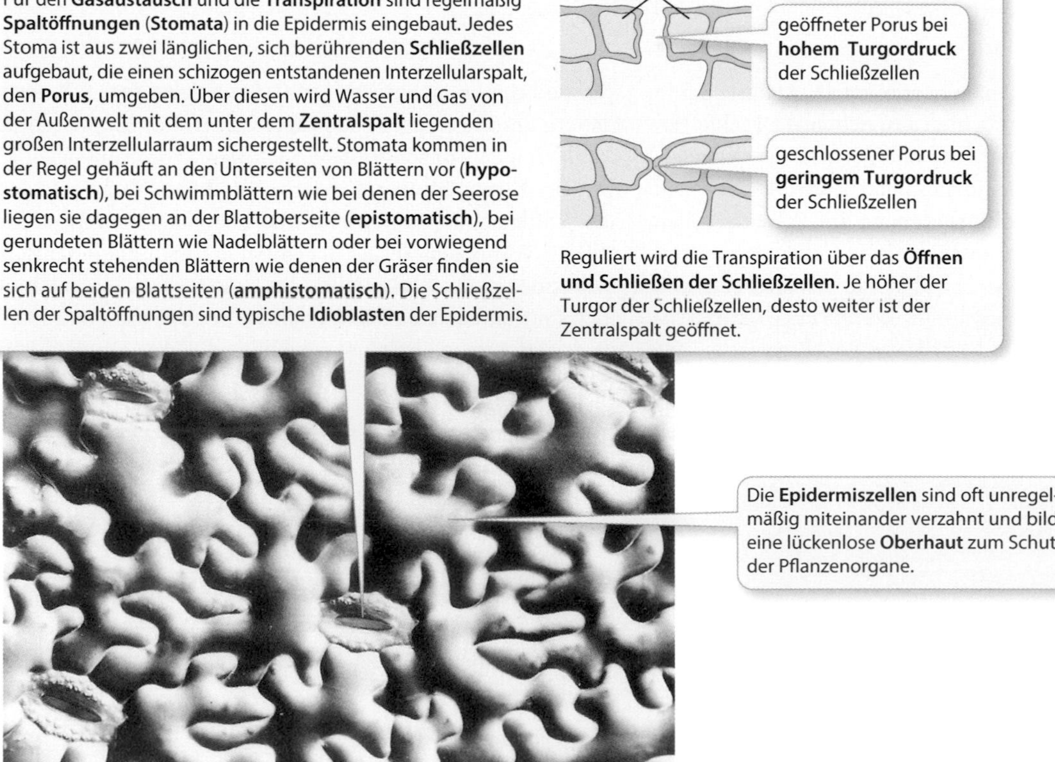

◘ **Abb. 19.11** Epidermiszellen sind meist eng miteinander verzahnt, die Schließzellen der Spaltöffnungen sind Idioblasten der Epidermis

19

Trichome (**Pflanzenhaare**) sind Auswüchse der Epidermis. Je nach Art des Auswuchses fungieren Trichome unter anderem zur Minderung des Wasserverlusts oder zum Schutz vor hohen Temperaturen.

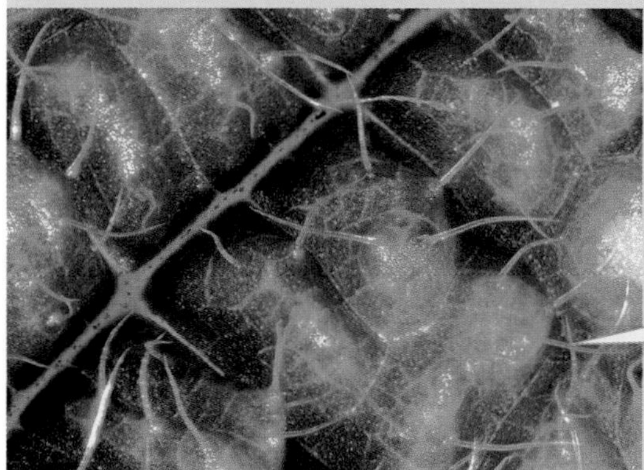

Die Trichome des Hirschgeweihfarns sind als vielzellige **Sternhaare** ausgebildet.

Die Epidermiszellen der Begonie tragen mehrere haarförmige Auswüchse.

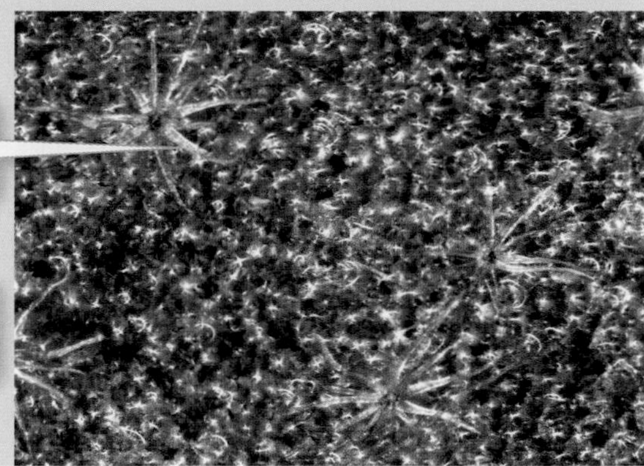

Emergenzen sind vielzellige haarförmige Auswüchse, in die auch subepidermales Gewebe einbezogen ist.

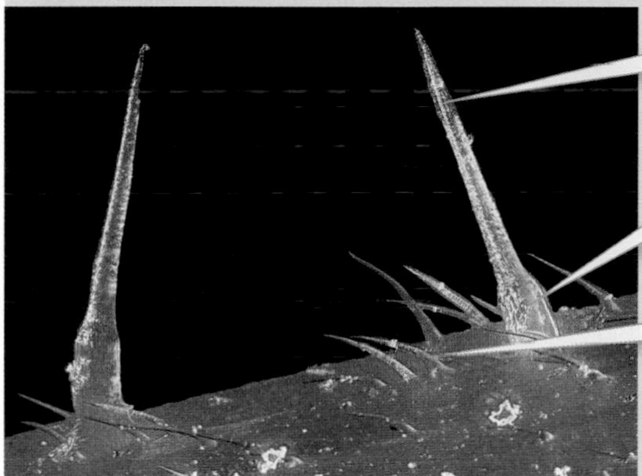

Das **Brennhaar** der Brennnessel ist eine große Zelle mit polyploidem Kern.

Der Sockel des Brennhaares ist vielzellig, auch subepidermales Gewebe ist in den Sockel einbezogen.

Neben den Brennhaaren trägt die Brennnessel auch kleinere Trichome.

Die **Klebetentakel** des Sonnentaus sind Emergenzen.

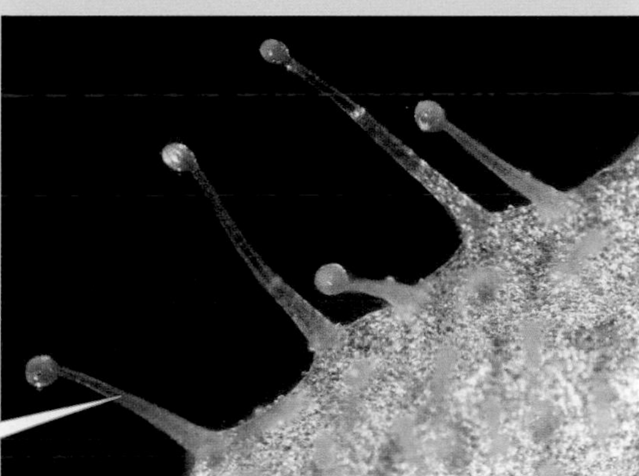

Abb. 19.12 Trichome und Emergenzen

Wachsschicht

Cuticula

Zellwand

Epidermiszelle

Auf die Cuticula kann noch eine **epicuticuläre Wachsschicht** aufgelagert sein. Diese besteht aus kleinen Wachskristallen und sorgt für das Abperlen von Wasser (**Lotus-Effekt**) und der darin enthaltenen Staubpartikeln und pathogenen Mikroorganismen.

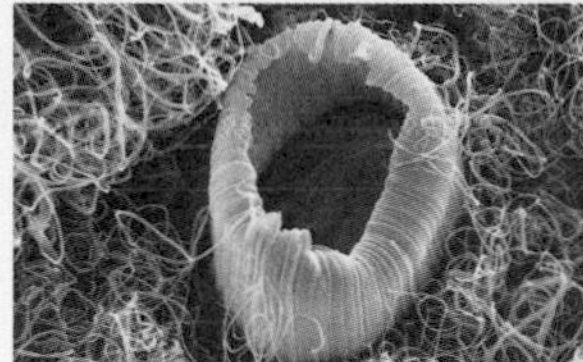

Die **Wachskristalle** können sehr vielgestaltig sein. Für viele Monokotylen sind Wachshaare typisch, um die Spaltöffnung ist bei diesen oft eine Wachsmanschette ausgebildet (rechts).

Der Epidermis ist eine **Cuticula** aus **Cellulose**, **Pektin** und meist aus zwei wachsartigen Verbindungen, dem Cutin und dem Cutan, aufgelagert. Während **Cutin** ein Polymer von Hydroxyfettsäuren darstellt, welche über Ester- und Epoxidverbindungen vernetzt sind, handelt es sich beim **Cutan** um eine nicht hydrolysierbare, hochpolymere Kohlenwasserstoffverbindung.

Abb. 19.13 Cuticula und Cuticularwachse

Die **Zellwände der Endodermiszellen** lagern **Lignin** sowie wachsartige Polymere unterschiedlicher Fett- und Wachszusammensetzung (**Endodermin** und **Suberin**) auf. Endoderminauflagerungen bilden den lichtmikroskopisch sichtbaren **Caspary-Streifen**, eine Barriere um den Zentralzylinder, welche den Abfluss von Nährstoffen und Wasser in den Zentralzylinder kontrolliert. Im späteren Stadium kann Suberin und bei Bedecktsamern auch Cellulose den Zellen aufgelagert werden. Diese Schichtungen verhindern schließlich eine unkontrollierte Rückdiffusion von organischen Verbindungen und Ionen, die aus den Wurzelzellen in den Zentralzylinder gepumpt wurden, und halten damit über spezielle Durchlasszellen den passiven Wasserfluss in das Xylem aufrecht („**Wurzeldruck**"). Je nach Alter der Pflanze unterscheidet man die primäre, die sekundäre oder die tertiäre Endodermis.

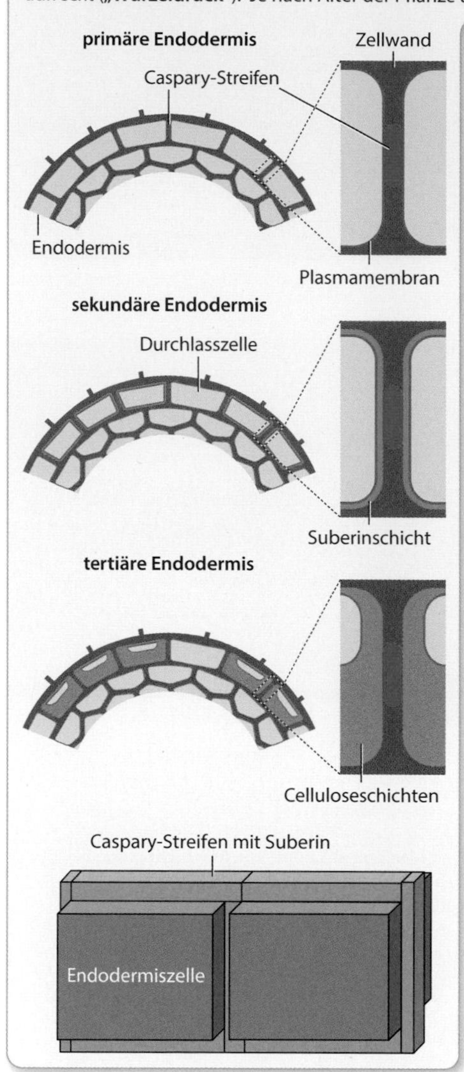

Die **Rhizodermis** ist das **primäre Abschlussgewebe** der Wurzel. Sie dient der Wasser- und Nährstoffaufnahme und stellt ein einschichtiges und kurzlebiges Abschlussgewebe junger Wurzeln und Wurzelspitzen dar. Die Zellen der Rhizodermis sondern eine **schleimige Substanz** ab, die aus Polysacchariden und Uronsäuren besteht und dem besseren Eindringen in den Boden dient. Einzelne Zellen der Rhizodermis wachsen zu **Wurzelhaaren** aus und dienen der Oberflächenvergrößerung.

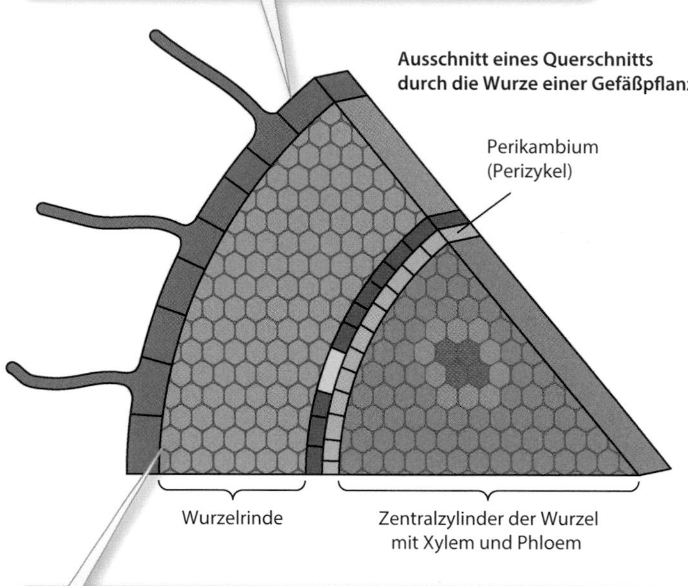

Stirbt die Rhizodermis nach einigen Tagen ab, übernehmen die darunter liegenden Zellschichten, die **Hypodermis**, die Aufgaben eines Abschlussgewebes. Diese Zelllagen bilden ein neues primäres Abschlussgewebe, das als **Exodermis** bezeichnet wird. Die Exodermis kann an der Zellwand **Suberin** einlagern. Bei den Aronstabgewächsen und Orchideen ist die Exodermis von einer schwammartigen Schicht abgestorbener Zellen, dem **Velamen radicum**, umgeben. Das Velamen kann Wasser und Nährstoffe schnell und effektiv aufnehmen und über die Exodermis an die Wurzelrinde abgeben.

Abb. 19.14 Abschlussgewebe der Wurzel

die Funktion des Abschlussgewebes (**Exodermis**) in den älteren Wurzelteilen. Die Exodermis liegt zwar vorwiegend einschichtig vor, ist aber auch mehrschichtig zu finden. Die einschichtigen Exodermen weisen meist unterschiedlich ausgeprägte Zellformen auf (Kurz- und Langzellen). Kurzzellen, die bei manchen Vertretern auch in der Rhizodermis (z. B. Poales) oder in der Epidermis (z. B. *Zea mays*) zu finden sind, entstehen dabei durch inäquale Teilung. Eine mehrschichtige Exodermis kommt nur bei Monokotylen wie den Zingiberales vor.

Im inneren der jungen Wurzel befindet sich die **Endodermis**. Die Zellwände der Endodermiszellen bilden durch Einlagerung wachsartiger Polymere eine Barriere um den Zentralzylinder (Leitbündel), welche den Abfluss von Nährstoffen und Wasser in den Zentralzylinder kontrolliert (Abb. 19.14). Im Falle der Luftwurzeln epiphytischer Orchideen ist die Wurzel durch mehrere innere Abschlussgewebe gegliedert (Abb. 19.15).

Beim Altern der Pflanze oder durch äußere Verletzungen können die Epidermis und die Exodermis aufreißen. Sie wird dann durch ein mehrschichtiges sekundäres Abschlussgewebe ersetzt, das **Periderm** (▶ Abschn. 31.5). Dieses besteht aus drei unterschiedlichen Gewebsschichten, dem Phelloderm, dem Phellogen und dem Phellem (Abb. 19.16). Das **Phellogen** (**Korkkambium**) bildet nach innen das **Phelloderm**, eine chloroplastenreiche parenchymatische Zellschicht, und nach außen das **Phellem**. Auch im sekundären Abschlussgewebe finden sich spezialisierte Gasaustauschelemente, die sogenannten **Lentizellen**. Voranschreitendes Dickenwachstum führt zum Aufreißen des Periderms und zum Einziehen weiterer Peridermschichten. Durch die wiederholte Peridermbildung entsteht die **Borke** als

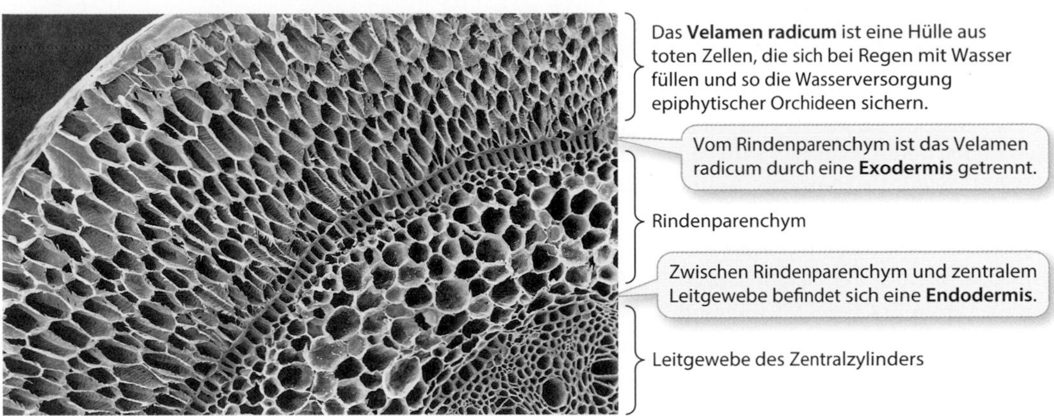

Abb. 19.15 Schnitt durch die Luftwurzel der epiphytischen Orchidee *Dendrobium nobile*

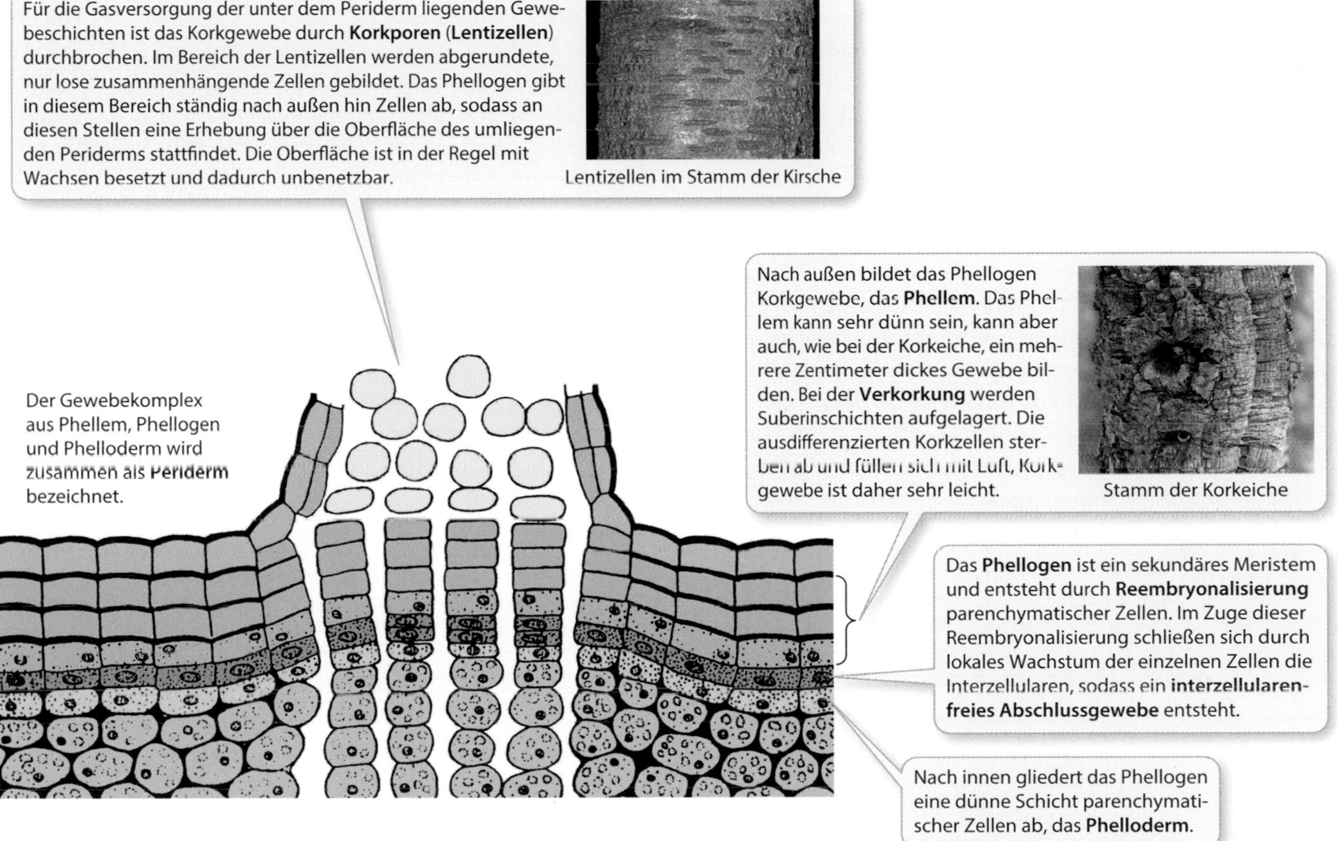

Abb. 19.16 Das Periderm ist ein sekundäres Abschlussgewebe

tertiäres Abschlussgewebe. Typische Vertreter von Bäumen mit sekundärem Periderm (Oberflächenperiderm oder Rinde) sind Rot- und Hainbuche, während tertiäre Abschlussgewebe z. B. bei Birke (Ringelborke), Platane oder Kiefer (Schuppenborke) zu finden sind. Da diese Abschlussgewebe auch vor Fressfeinden schützen, enthalten manche Abwehrstoffe wie z. B. Tannine (Eichen) oder Alkaloide wie Chinin (Chinarindenbaum), die sich als Gerbstoffe und Arzneien eignen, oder Phenylpropanoide wie Eugenol und Zimtaldehyd (z. B. im Zimt des echten Ceylon-Zimtbaums).

19.5 Leitgewebe transportieren Wasser, Nährstoffe und Assimilate

Der Transport von Wasser, Nährstoffen und Assimilaten wird von spezialisierten Zellen gewährleistet, die als **Leitgewebe** zusammengefasst werden. Die meist röhrenartigen Zellen der Leitgewebe junger Gefäßpflanzen sind in den **Leitbündeln (Faszikeln)** vereinigt (► Abschn. 31.11). In den Blättern der Gefäßpflanzen treten diese Leitbündel als Blattnerven in Erscheinung, während sie sich im Spross und in der Wurzel im Zentralzylinder befinden. Die Gewebe der Leitbündel sind das Xylem und das Phloem.

Die Hauptfunktionen des **Xylems**, dem Holzteil, sind der **Transport von Wasser und der darin gelösten Salze**. Aufgebaut ist der Holzteil sowohl aus abgestorbenen Wasserleitelementen als auch aus lebenden Zellen (◘ Abb. 19.17). Zu den Wasserleitelementen gehören die Tracheiden und die Tracheen. Beide Elemente können dem **Apoplasten** zugerechnet werden, da es sich um tote, verholzte Zellen handelt.

Die **Tracheiden** sind schmale, zugespitzte und englumige Einzelzellen. Sie sind 1–5 mm lang und haben oft nur einen Durchmesser von 10–30 µm. Die Geschwindigkeit des Wassertransports in den Tracheiden liegt bei maximal 0,4 mm/s. Über **Hoftüpfel** stehen sie mit Nachbartracheiden in Verbindung (◘ Abb. 19.18).

Die Querwände der **Tracheen** sind teilweise oder sogar ganz aufgelöst, wodurch ein Zusammenschluss von Zellen zu langen Röhren oder Gefäßen stattfindet. Tracheen können daher oft nicht mehr als Einzelzelle wahrgenommen werden. Sie können einen Durchmesser von bis zu 700 µm aufweisen, wodurch ein schneller Wassertransport von bis zu 44 mm/s bewältigt werden kann.

Xylemfasern dienen einer zusätzlichen Erhöhung der Stabilität. Es handelt sich hierbei um lang gestreckte sklerenchymatische Zellen.

Die Zellwände von Tracheiden, Tracheen und Xylemfasern sind meist stark lignifiziert. Die **Lignifizierung** der Sekundärwände (► Abschn. 31.5) von Tracheiden ist gleichmäßig, wodurch ihnen neben dem Wassertransport eine größere Stützfunktion zukommt als den Tracheen. Bei Tracheen unterscheidet man je nach Art der Einlagerung zwischen Ring-, Spiral-, Netz-, Schrauben- und Tüpfeltracheen.

Zusätzlich zu den verholzten Zellen befinden sich im Xylem noch die lebenden **Xylemparenchymzellen**. Neben ihrer Speicherfunktionen können sie durch Seitenwandtüpfel in das Xylem einwachsen und dort **Thyllen** bilden. Diese Strukturen führen zu einem Verschluss der Zelle (◘ Abb. 19.18).

Das **Phloem** dient dem **Transport der Assimilate**. In der Regel erfolgt der Transport von den Blättern in Richtung Wurzel. Insbesondere im Frühjahr, während des Austriebs neuer Blätter, ist die Transportrichtung allerdings umgekehrt. Im Gegensatz zum Xylem handelt es sich bei den Leitelementen des Phloems, den **Siebröhren**, um lebende Zellen (◘ Abb. 19.19). Zellkern, Golgi-Apparat und Vakuole sind jedoch bereits verloren, Mitochondrien, Plastiden und endoplasmatisches Retikulum sind dagegen noch vorhanden. Die lang gestreckten Siebröhren sind über durchbrochene Querwände, die **Siebplatten**, miteinander verbunden. Die Poren der Siebplatten sind erweiterte Plasmodesmen.

Bei den Angiospermen wird jede Siebröhre von einer **Geleitzelle** begleitet. Beide Zellen sind über zahlreiche **Plasmodesmen** miteinander verbunden (◘ Abb. 19.19). Neben den Leitbahnen für Assimilationsprodukte gibt es auch im Phloem Festigungsgewebe, insbesondere Sklerenchymfasern. Diese Sklerenchymfasern werden aufgrund ihrer Lage im Bast als **Bastfasern** bezeichnet. Bastparenchymzellen dienen der Speicherung von Assimilaten.

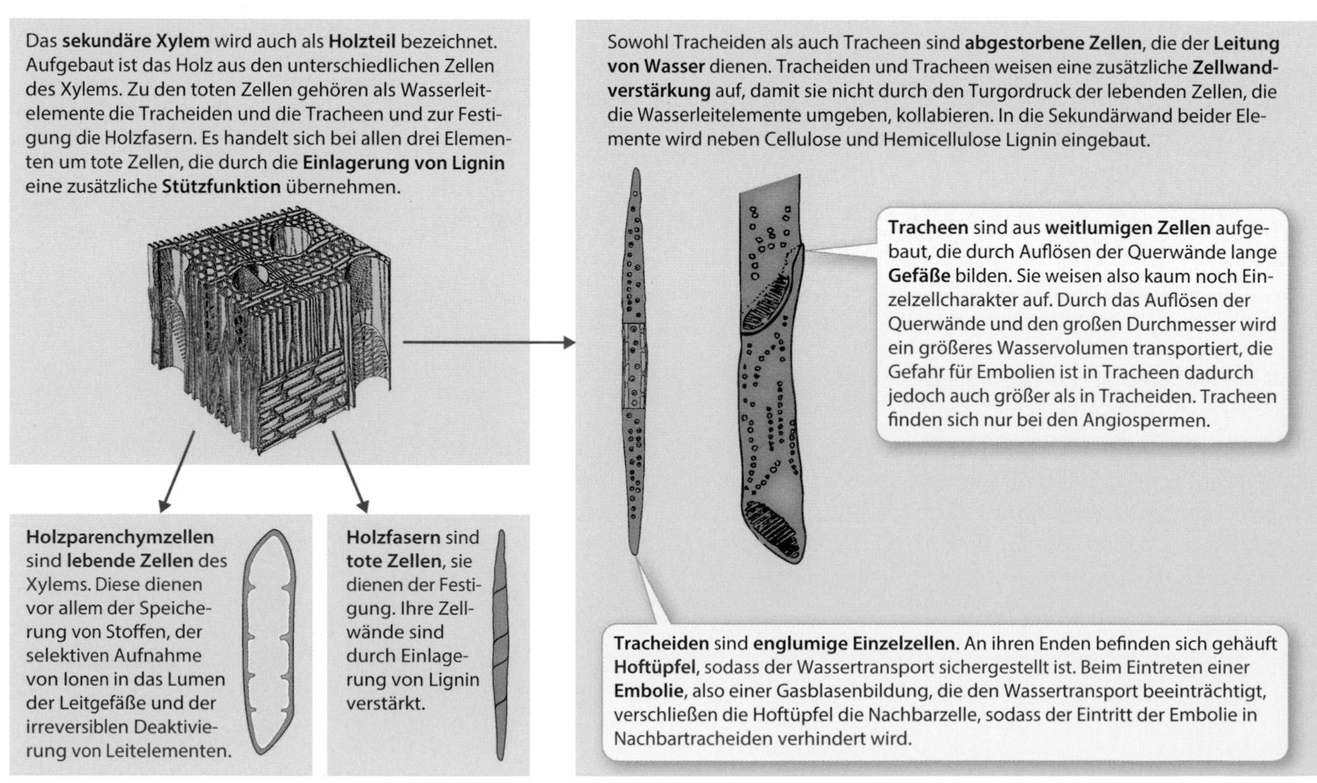

◘ **Abb. 19.17** Elemente des Xylems

In den **verholzten Zellwänden** ist die Durchlässigkeit für Wasser und gelöste Nährstoffe stark eingeschränkt. Der **Wassertransport** zwischen verschiedenen Leitelementen erfolgt daher über **Hoftüpfel**.

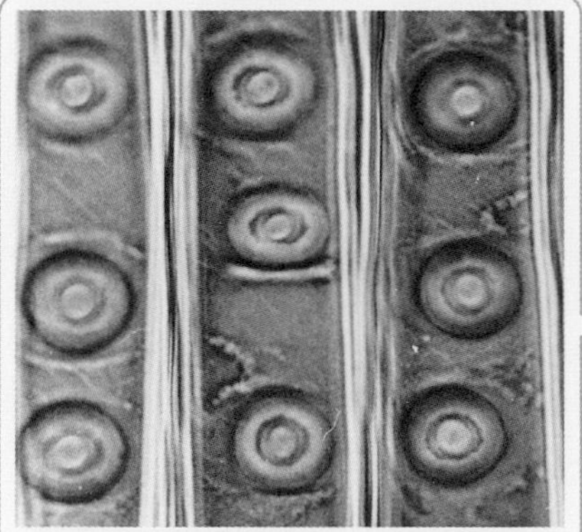

Hoftüpfel in Tracheiden der Kiefer in Aufsicht

Die **Sekundärwand** ist von der Primärwand abgehoben. Wasser und Nährstoffe können so um den Torus herum zwischen benachbarten Leitelementen ausgetauscht werden.

Die **Primärwand** und die **Mittellamelle** dienen als **Schließhaut** der Hoftüpfel.

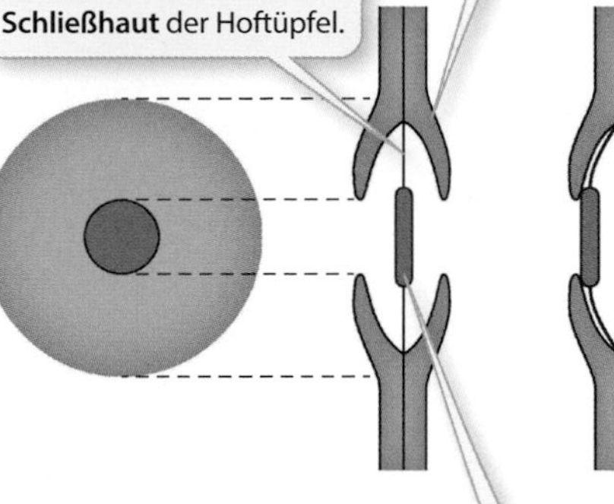

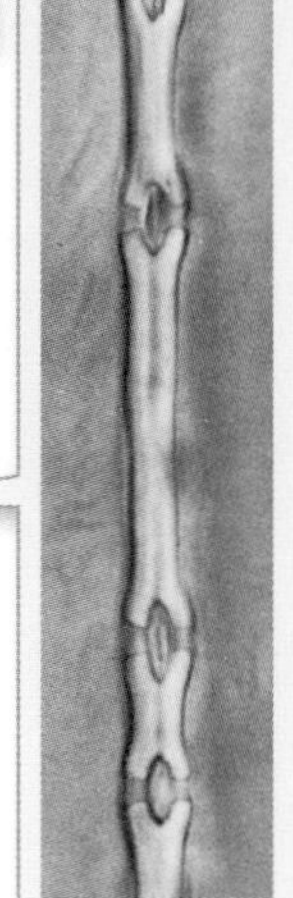

Hoftüpfel in Tracheiden der Kiefer im Längsschnitt

In der Mitte des Hoftüpfels ist die Schließhaut verdickt. Dieser verdickte Bereich wird als **Torus** bezeichnet. Entsteht ein Unterdruck, beispielsweise durch eine Luftembolie, verschließt der Torus die Öffnung der Sekundärwand und schließt so den Tüpfel.

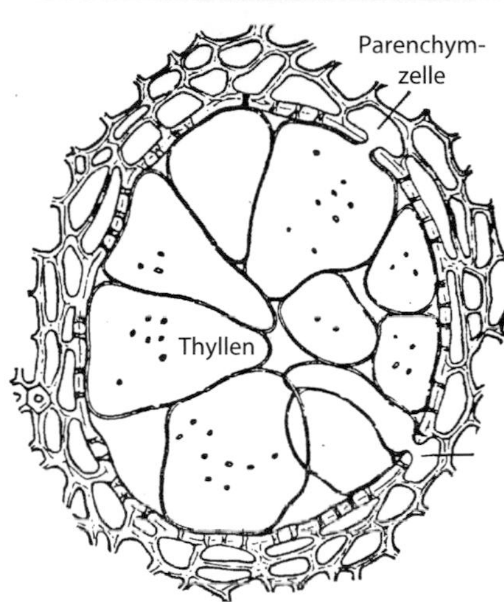

Bei einer Verletzung der Leitelemente oder bei der Verkernung von Holz füllen sich die Gefäße und Tracheiden mit Luft. Die umgebenden Parenchymzellen können zusätzlich durch Tüpfel in die Gefäße einwachsen und diese so durch Bildung von **Thyllen** verschließen.

Abb. 19.18 Bau und Funktion von Hoftüpfeln

Jede Siebzelle wird von einer oder mehreren **Geleitzellen** begleitet. Die Geleitzelle dient dem **Be- und Entladen von Assimilaten** der Siebzelle. Im Gegensatz zu den Siebzellen besitzen die Geleitzellen noch einen Nucleus. Die **Siebröhrenglieder** und deren Geleitzellen gehen bei den Angiospermen aus einer gemeinsamen Mutterzelle durch inäquale Teilung hervor. Die Siebröhrenglieder der Gymnospermen und Farnpflanzen besitzen keine Geleitzellen, sie werden dagegen von **Strasburger-Zellen** versorgt, die aber nicht auf eine gemeinsame Mutterzelle zurückzuführen sind.

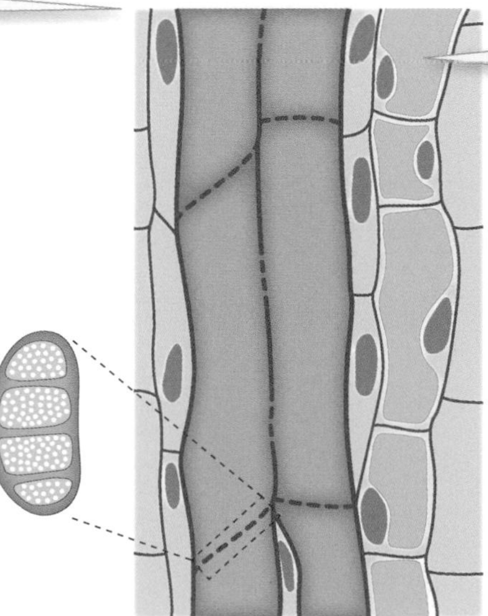

Neben den Geleitzellen befindet sich zusätzlich **Speicherparenchym** für Assimilate im Phloem. Aufgrund seiner Lage im Bast wird es auch als **Bastparenchym** bezeichnet.

Die **Siebzellen** schließen über schräg stehende Wände an das nächste Siebelement an. Sie sind von großen **Plasmodesmen** durchbrochen, die zu mehreren **Siebfeldern** zusammengefasst sind.

Abb. 19.19 Schematischer Längsschnitt durch das Phloem eines Bedecktsamers

Weiterführende Literatur

1. Kadereit JW, Körner C, Kost B, Sonnewald U (2014) Strasburger – Lehrbuch der Pflanzenwissenschaften, 37. Aufl. Springer Spektrum, Berlin, Heidelberg
2. Kück U, Wolff G (2014) Botanisches Grundpraktikum, 3. Aufl. Springer Spektrum, Berlin, Heidelberg
3. Wanner G (2017) Mikroskopisch-botanisches Praktikum, 3. Aufl. Thieme, Stuttgart

Spezielle Physiologie der Pflanzen: Reiz- und Sinnesphysiologie

Peter Bayer

J. Boenigk (Hrsg.), *Boenigk, Biologie,* https://doi.org/10.1007/978-3-662-61270-5_20

20.1 Pflanzen können chemische Verbindungen gezielt wahrnehmen und auf Nährstoffsuche gehen

Pflanzen können eine Vielzahl **chemischer Substanzen und deren Konzentration** aus der biotischen und abiotischen Umgebung **wahrnehmen** und auf die Detektion in Form von Wachstumsänderungen oder durch Abgabe chemischer Stoffe sowie durch die induzierte Expression von Genen **reagieren**. Beispiele sind die Wahrnehmung von Nährstoffen, CO_2 und Wasser.

Eine auf **chemischem Sinn** beruhende Eigenschaft ist die **aktive Nährstoffsuche** von Pflanzen. Eine besondere Rolle bei der Wahrnehmung und Aufnahme von Mineralstoffen scheinen **Wurzelhärchen** zu spielen, deren Zahl und Länge je nach Konzentration des Nährstoffangebots variiert werden kann. Höhere Pflanzen passen ihr Wurzelwachstum und die Wurzelhärchenbildung dem Vorkommen von Nährstoffen an. Dabei sind sie in der Lage, **Stoffgradienten** von Ammonium bzw. Nitrat und Phosphat wahrzunehmen und auf Zonen höherer Mineralstoffdichte zuzuwachsen oder ihr Wachstum bei Mangel an Nahrung zu verlangsamen oder gar einzustellen. Wie wird dies auf molekularer Ebene gesteuert? Am Beispiel des Nitrats konnte gezeigt werden, dass der **Nitrattransporter NRT1.1** sowohl die Stickstoffaufnahme in Zellen als auch den Transport von **Wachstumshormonen** (Auxinen; ▶ Abschn. 21.4) vermittelt (◘ Abb. 20.1). In dieser Weise koppelt er das laterale Wurzelwachstum an die Verfügbarkeit der Stickstoffquelle.

Ganz generell reagieren Pflanzen bei Anwesenheit oder beim Fehlen von Mineralstoffen mit einer konzertierten Veränderung der Transkriptionsaktivität in Bereichen von Genen, die der Mineralstoff-Homöostase dienen, sowie mit einer chemischen und strukturellen Veränderung des Chromatins (Chromatin-Remodeling). Bei der Ackerschmalwand wurden vor Kurzem mehrere Masterregulatoren des Transkriptoms beschrieben, welche ursprünglich eher mit der Lichtantwort assoziiert wurden. Beispiele dafür sind die Transkriptionsfaktoren HY5 (ELONGATED HYPOCOTYL 5), PIF4 (Phytochrome interacting factor 4) sowie der NF-Y-Komplex (Nuclear factor-Y complex) (◘ Abb. 20.2). Sie modulieren die genetische Antwort auf Nährstoffveränderung ganzer Genmodule. So koordiniert z. B. HY5 nicht nur die Stickstoff-, sondern auch die Eisen- und Schwefelhomöostase.

Auch die **Kommunikation von Wurzeln mit Mykorrhizapilzen** (▶ Abschn. 22.5) erfolgt über den Austausch chemischer Botenstoffe. So stimuliert die Erbse (*Pisum sativum*) die Hyphenbildung des Pilzes *Gigaspora margarita* durch Abgabe von CO_2 aus den Wurzelhärchen. Andererseits ist bekannt, dass die Wurzelbildung von höheren Pflanzen wie der Ackerschmalwand oder der Pappel durch Isoprenoide des Mykorrhizapilzes stimuliert werden kann.

Die **Detektion von CO_2 und Wasser** ist besonders wichtig. Die **Aufnahme von CO_2** und die **Abgabe von Wasser** sind bei Pflanzen an die Spaltöffnungen gekoppelt und stark durch Temperatur und Trockenheit beeinflusst. Daher müssen die Konzentrationen beider Moleküle chemisch genauestens gemessen werden. Dies geschieht über den **pH-Wert der Schließzellen**. Diese pH-Wert-Änderung legt die Konzentrationen der **Abscisinsäure** (ABA; ▶ Abschn. 21.5) im Cytoplasma und im Apoplasten fest. Hohe Konzentrationen von ABA im Cytoplasma führen zur Ausschüttung intrazellulärer Calciumspeicher und aktivieren die Proteinkinase OST1. Diese phosphoryliert Anionenkanäle (SLAC1) in den Schließzellen, wodurch der nachfolgende Ausstrom von Wasser die **Stomataschließung** einleitet und ein Austrocknen verhindern (◘ Abb. 20.3).

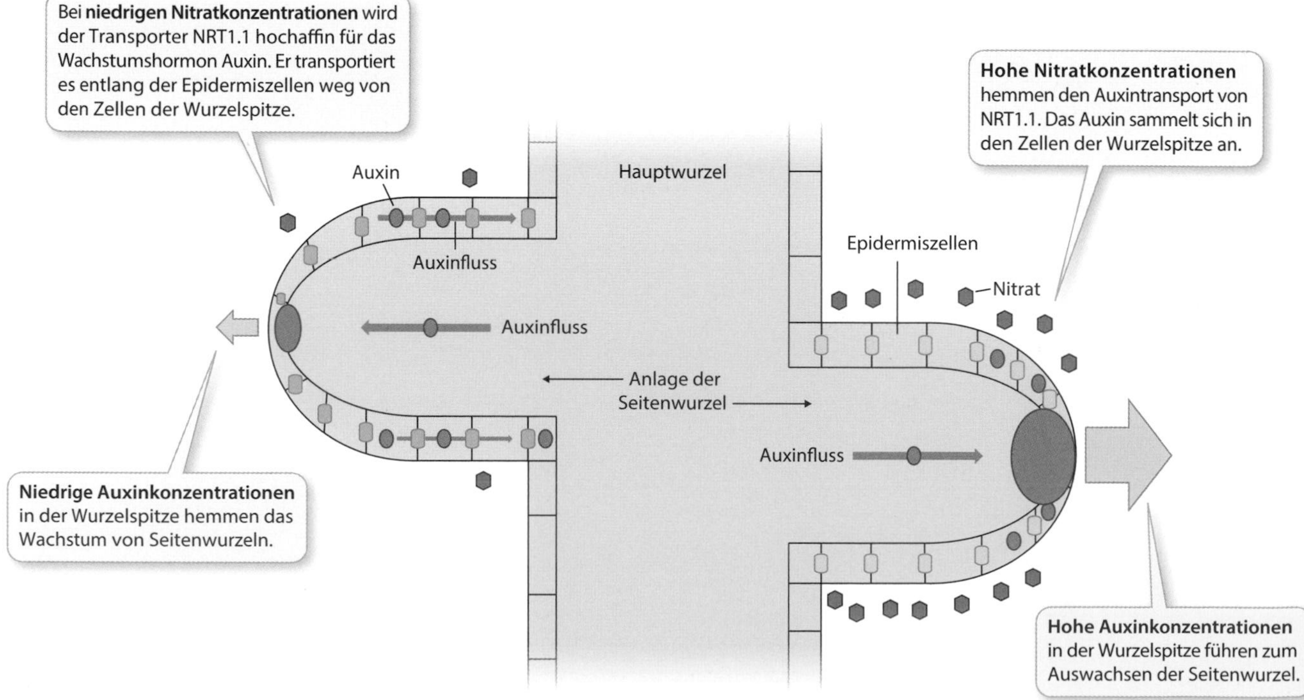

◘ **Abb. 20.1** Mechanismus der Regulation des Wurzelwachstums durch NRT1.1

20

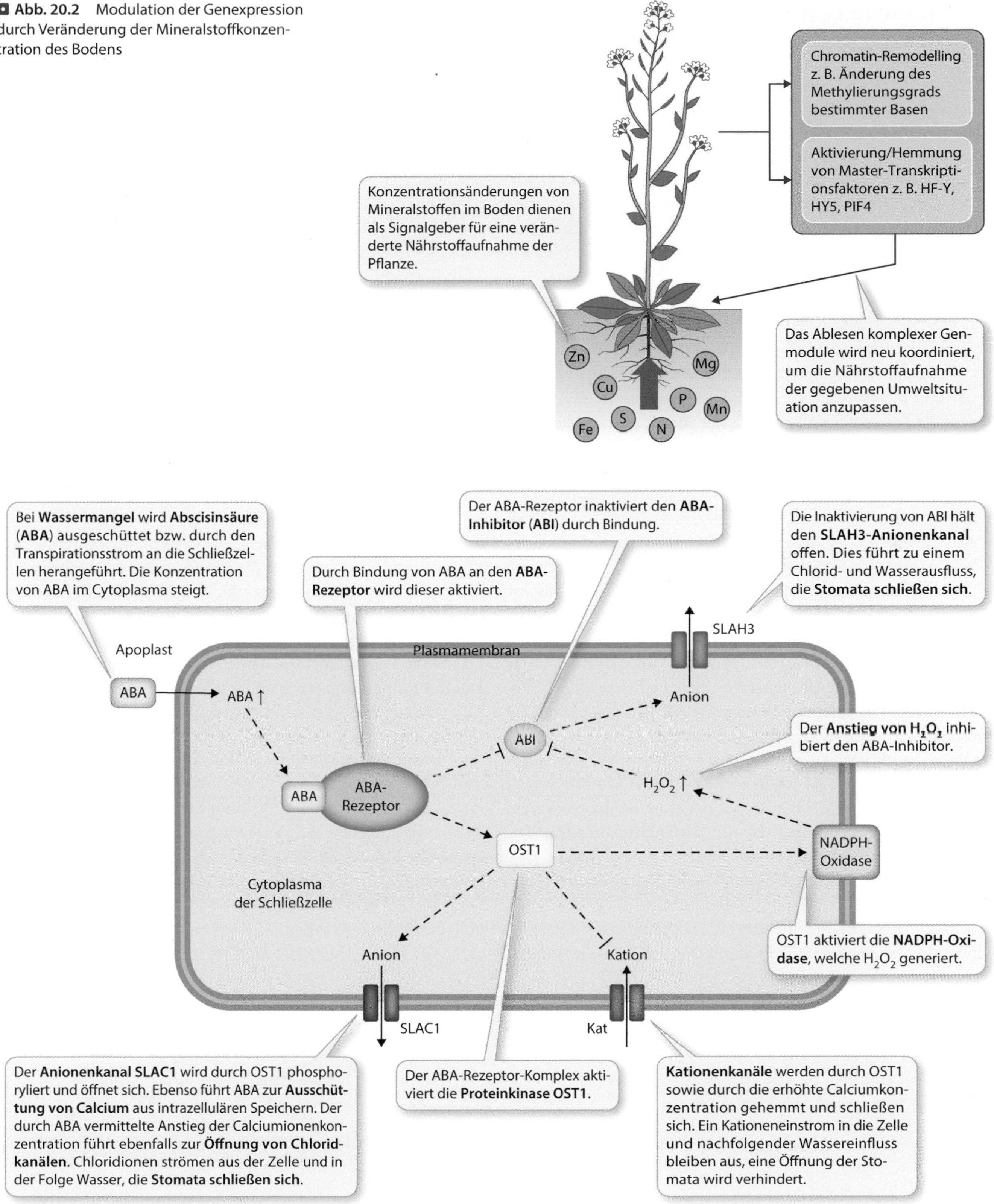

Abb. 20.2 Modulation der Genexpression durch Veränderung der Mineralstoffkonzentration des Bodens

Abb. 20.3 Mechanismus der Stomataschließung bei Trockenheit durch induzierten Verlust von Anionen in den Schließzellen

20.2 Pflanzen reagieren auf mechanische Reize oft mit Wachstumsbewegungen

Pflanzen können eine Vielzahl **mechanischer Stimuli wahrnehmen**. Dazu gehören Berührung, Scherung und Biegung sowie Beschleunigung und Gravitation. Auch die Dichte des umgebenden Mediums sowie schnelle Änderungen des osmotischen Drucks (Turgor) können von Pflanzen wahrgenommen werden. Das Gleiche gilt für das Eindringen von Pathogenen (▶ Abschn. 35.12) oder mechanische Beschädigung wie beispielsweise durch Herbivorie (▶ Abschn. 22.7).

Auf **mechanische Reize** antworten Pflanzen mit der Synthese und Ausschüttung von Stoffen, wie **Pheromonen** oder **Verteidigungsstoffen** (▶ Abschn. 21.7), sowie mit **Veränderungen des Wachstums** (Richtung, Dickenwachstum, Rankenbildung, Spross und Blattbildung etc.). Manche Pflanzen wie die Venusfliegenfalle haben spezialisierte Zellen mit Triggerhärchen entwickelt, die die mechanische Berührung transduzieren. Ähnlich wie bei der Mimose reagieren ihre Zellen mit einer **Änderung der zellulären Ionenkonzentration**, welche zur Depolarisation und zur Erzeugung von elektrischen Potenzialen führen kann (▶ Abschn. 20.5). Die molekularen Details der zellulären Antwort auf mechanische Stimulation bei Pflanzen ohne spezialisierte Zellen sind Gegenstand aktueller Forschung und waren bis vor Kurzem weitgehend unbekannt. Lokal konnte allerdings ein Anstieg der Calciumionenkonzentration beobachtet werden. Man nimmt daher an, dass **mechanosensitive Rezeptoren** in der Membran der berührten Zellen durch Veränderungen in der Zellwand, beispielsweise durch Scherung, Druck, Bruch von Molekülbindungen etc., aktiviert werden. In der Folge werden intrazelluläre Prozesse initiiert, wie die Bildung von Stressmolekülen oder eine Stimulation der Expression einzelner Gene (◘ Abb. 20.4).

Der wesentliche Mechanismus, der diesen adaptiven Veränderungen zugrunde liegt, ist die **Aufrechterhaltung der Zellwandintegrität** (engl. *cell wall integrity maintenance*, CWI). Es handelt sich dabei um ein molekulares Netzwerk von Biomolekülen, das die Funktion und den Zustand der pflanzlichen Zellwand überwacht und anpasst, indem es mit Änderungen im Zellwandmetabolismus auf mechanische Belastungen reagiert. Die CWI ist damit der primäre molekulare Mechanismus, um mechanische Reize zu kompensieren oder zu neutralisieren.

Heute weiß man, dass die wesentlichen Vorgänge der CWI evolutionär konserviert sind und bereits mit dem Auftreten der Lebermoose aktiv waren. Vermutlich reichen die Ursprünge dieses Mechanismus zeitlich viel weiter zurück, da sie auch bei Pilzen wie der Bäckerhefe zu finden sind. Einige Lebermoose sowie alle Mono- und Dikotyledonen besitzen konservierte **mechanosensitive Ionenkanäle** (z. B. *mid1-complementing activity* (MAC1) oder *mechanosensitive ion channel protein 10* (MSL10)) oder Rezeptoren (z. B. die *receptor-like protein kinases* FERONIA (FER) und THESEUS1 (THE1)), die bei Stimulation (z. B. Scheren oder Dehnen der Plasmamembran) einen Ca^{2+}-Einfluss in die Zelle bewirken. Eine Kaskade aus calciumabhängigen Proteinkinasen (CDPKs), Guanosinnucleotid-Austauschfaktoren (GEFs) und mitogenaktivierten Proteinkinasen (MAPKs) rekrutiert daraufhin Transkriptionsfaktoren, die die Expression von Genen beeinflussen. Darunter fallen auch die Repression oder Stimulation verschiedener Biosynthesewege von Phytohormonen wie der Salicylsäure, der Jasmonsäure (▶ Abschn. 21.7) oder der Abscisinsäure.

Auch die Wahrnehmung des osmotischen Drucks innerhalb einer pflanzlichen Zelle sowie dessen Aufrechterhaltung (Turgor) werden durch einen **Mechanosensing-Prozess** in Abhängigkeit von der Umgebung reguliert. Die zugrunde liegenden Prozesse der CWI werden vorwiegend durch zwei verschiedene Familien an Rezeptorproteinen bestimmt. Hierzu gehören Histidinkinasen (z. B die *Arabidopsis*-Histidinkinase 1, AHK1) und einige Proteinkomplexe (wie *reduced hyperosmolality induced* Ca^{2+} *increased 1*, OSCA1). Sie befinden sich entweder in den Chloroplasten oder in der Plasmamembran pflanzlicher Zellen. Vermutlich sind auch Mikrotubulifibrillen am Turgor-CWI-Mechanismus beteiligt.

Eine Aktivierung der CWI kann auch durch Schädigung der Zellwände aufgrund von Herbivoren ausgelöst werden. Der mechanische Stress wird in diesem Fall über den Abbau und die Freisetzung von Zellwandkomponenten vermittelt, wie z. B. dem Disaccharid **Cellobiose**, welches sonst nur als Grundeinheit des Polymers Cellulose in der Zellwand auftritt. Cellobiose kann als „DAMP" (▶ Abschn. 22.7) die CWI aktivieren. Die pflanzliche

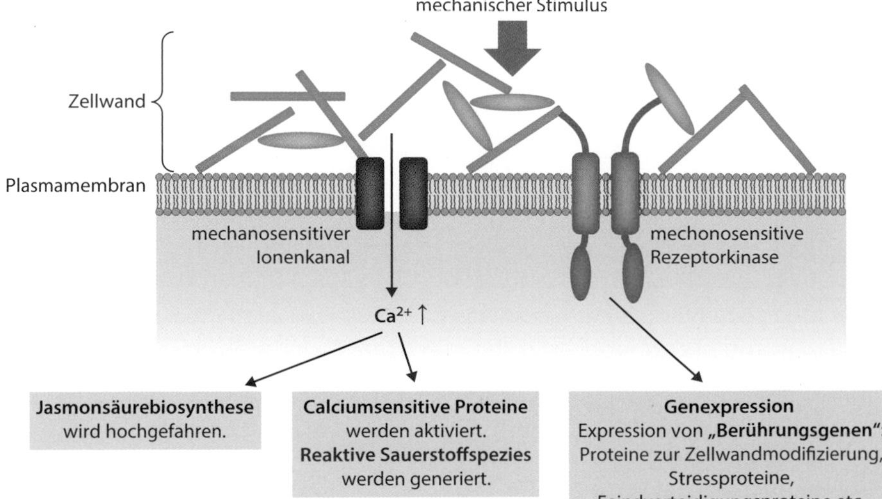

◘ **Abb. 20.4** Hypothetischer molekularer Mechanismus der pflanzlichen mechanischen Stimulation

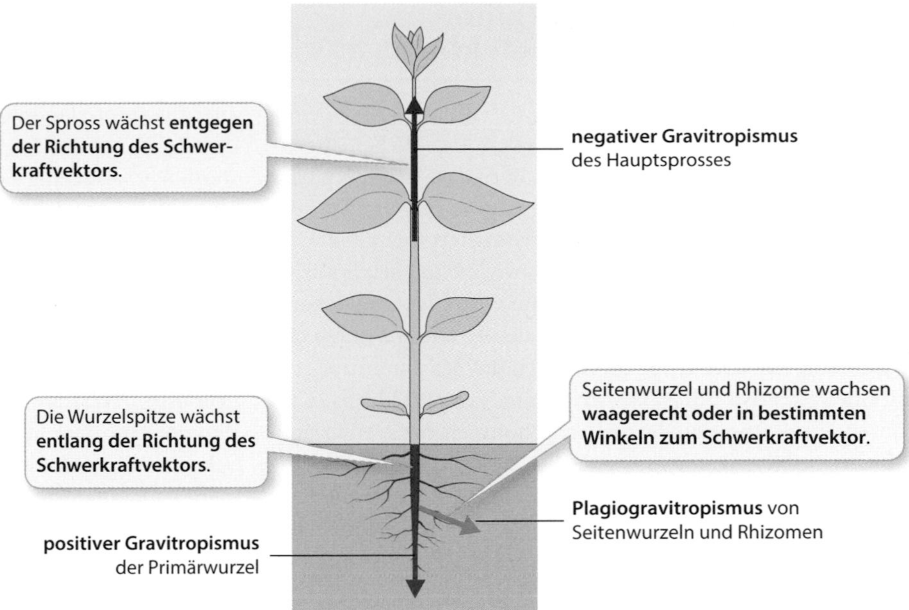

Abb. 20.5 Gravitropismus bei Pflanzen

Zelle reagiert mit der Bildung reaktiver Sauerstoffspezies (ROS), mit einer MAPK-vermittelten Veränderung der Genexpression und einer erhöhten Bildung der Immunkomponenten Jasmon- und Salicylsäure. Darüber hinaus werden die schwer verdaubaren „Abdichtmaterialien" Kallose und Lignin gebildet und in/an den Zellenwänden eingelagert oder Fraßgifte wie Benzoxazinoide freigesetzt.

Gravitationswahrnehmung (**Graviperzeption**), eine Wachstumsreaktion auf den Stimulus der Schwerkraft durch spezialisierte Zellen (**Statocyten**), findet sich unter anderem in den Wurzelspitzen vieler Pflanzen (Abb. 20.5). Die Statocyten enthalten kleine Sedimentkörperchen (**Statolithen**), die frei beweglich sind. Bei den Statolithen handelt es sich meist um organische Partikel aus Stärke (**Amyloplasten**) oder wie bei den Armleuchteralgen aus Bariumsulfat. Amyloplasten findet man auch im Spross höherer Pflanzen in Zellen der Stärkescheide oder der Endodermis. Hier sind die hoch dynamischen Amyloplasten eng verbunden mit den Vakuolen, welche vermutlich zum Gravitropismus des Sprosses beitragen. Da die Amyloplasten entlang des Schwerkraftvektors sedimentieren, können Pflanzen mithilfe der Statocyten die **Richtung des Wachstums** koordinieren. Die Bewegung der Statolithen scheint **lokale Ausschüttungen von sekundären Botenstoffen** wie Calciumionen und Inositol-1,4,5-trisphosphat (IP3) im umgebenden Gewebe zu induzieren, welche zu einer lokalen Veränderung der Anzahl von Transporterproteinen für Wachstumshormone in den epidermalen Zellen führen und nachfolgend lokale Veränderungen in der Auxinkonzentration (Indol-3-Essigsäure) bewirken. Dieser Signalweg bildet offenbar das Bindeglied zwischen Gravitationsdetektion und dem damit einhergehenden Wachstumsverhalten der Pflanze. Sowohl im Spross als auch in der Wurzel modulieren/vermitteln **Actinmikrofilamente** und **Spectrin** die Bewegung der Amyloplasten und damit vermutlich den Grad des Gravitropismus. Da Beschleunigung und Gravitation aufgrund des Äquivalenzprinzips von träger und schwerer Masse nicht unterscheidbar sind, funktionieren die entwickelten Mechanismen der Graviperzeption bei allen Lebewesen in gleicher Weise unter Beschleunigungsstimuli (und umgekehrt).

20.3 Photonen werden mithilfe spezieller Moleküle detektiert

Betrachtet man den sichtbaren Bereich des Wellenlängenspektrums und seine angrenzenden Bereiche, dann liegt das **spektrale Intensitätsmaximum** der Sonne aufgetragen über die Energie der Quanten im **Infrarotbereich** (bei etwa 750–780 nm). Dies bedeutet, dass besonders viele Photonen im tiefen roten bis nahen infraroten Spektralbereich auf der Erde ankommen sollten. Allerdings wird aufgrund der Absorption durch den Wasserdampf in diesem Spektralbereich das Maximum auf dem Erdboden zu etwa **650–700 nm** hin verlagert (▪ Abb. 20.6). Während im Rotbereich die meisten Photonen anzutreffen sind, trifft die meiste Energie, gemessen in $W \cdot m^{-2} \cdot nm^{-1}$ im Violett- und Blaulichtbereich auf den Erdboden. Zwar ist die Zahl der ankommenden Photonen pro Zeit im Vergleich zum roten Spektralbereich geringer, allerdings sind die Blaulichtquanten energiereicher.

Um diese beiden energiereichen spektralen Bänder des Lichts zu nutzen, also die **hohe Anzahl an Photonen** im Fall des **roten Spektralbereichs** und die **hohe Energie pro Photon** im Fall des **blauen Spektralbereichs**, besitzen Pflanzen und andere Organismen spezielle **Chromophoren** (**Pigmente**). Die Absorptionspeaks dieser Chromophoren überlappen mit den ankommenden Intensitätsmaxima (▪ Abb. 20.6); auf diese Weise kann die Energie des Lichts am effektivsten auf Moleküle übertragen werden. Diese Chromophoren werden entweder zur **Energiegewinnung** wie beim **Chlorophyll** (▪ Abb. 20.7) oder als empfindliche **Lichtrezeptoren** (**Biline**) verwendet. Im Lauf der Evolution haben sich vor allem (aber nicht nur) viele Pigmente entwickelt, die für rot- oder blaulichtsensitive Rezeptoren genutzt werden. Um die in den Chromophoren durch die absorbierten Photonen erzeugten elektronischen Veränderungen schließlich an physiologische Zellabläufe zu knüpfen, sind Chromophoren an Trägerproteine gekoppelt, die die Weitergabe des Signals in der Zelle vermitteln. Diese Protein-Chromophor-Komplexe werden unabhängig von der Organismengruppe als **Photorezeptoren** bezeichnet.

Man kennt bislang sieben verschiedene Arten von Photorezeptoren: Rhodopsine, Phytochrome, Cryptochrome, LOV-Domänen-Proteine (LOV: *light, oxygen, voltage*; Phototropine und Zeitlupeproteine), UVR8-Proteine (UVR: *ultraviolet resistance locus 8 family*), BLUF-Domänen-Proteine (BLUF: *sensor of blue light using FAD*) sowie die Xanthopsine. Von den beiden letzten Photorezeptorfamilien sind bisher keine pflanzlichen Vertreter bekannt. Die Photorezeptoren nutzen die in den aufgenommenen Quanten steckende Energie zu *cis-trans*-Isomerisierungen von Doppelbindungen (Xanthopsine, Rhodopsine, Phytochrome), zum Brechen oder Generieren kovalenter Bindungen (LOV-Domänenproteine) oder zu Elektronentransferreaktionen (Cryptochrome und UVR8-Proteine) im Chromophor. Diese Prozesse führen direkt oder indirekt zu strukturellen Veränderungen im Protein, welche Proteinsignalkaskaden auslösen und daraus folgend häufig die Genexpression beeinflussen.

Neben den Photorezeptoren besitzen Pflanzen auch **Antennenpigmente** (**akzessorische Pigmente**; ▪ Abb. 20.8), welche die Anregungsenergie von Photonen aus verschiedenen Wellenlängenbereichen zwischen UV/Blau und Rot auf die entsprechenden Photozentren oder Photorezeptoren übertragen können. Bei höheren Pflanzen handelt es sich hierbei vorwiegend um Carotinoide, bei den weiteren Gruppen der Archaeplastiden wie den Rotalgen und den Glaucophyten kommen auch Phycobiline zum Einsatz. Antennenpigmente und Chlorophyllmoleküle

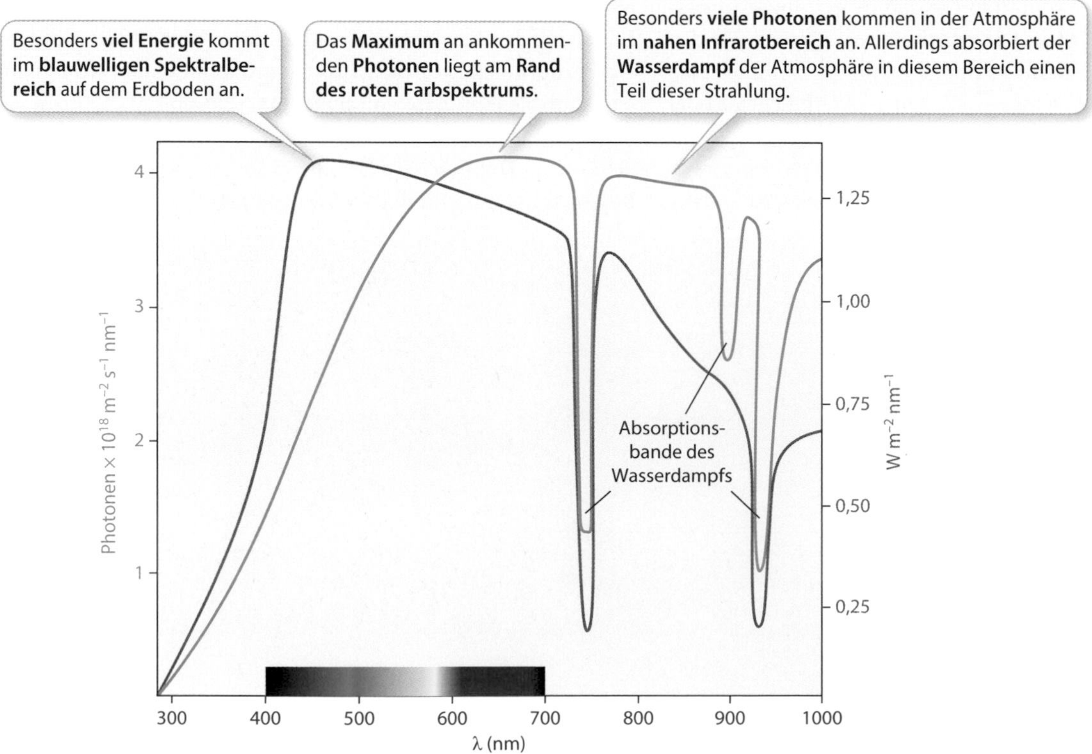

▪ **Abb. 20.6** Energiespektrum (braun) und Spektrum der Photonenflussdichte (grün) der Sonnenstrahlung auf dem Erdboden

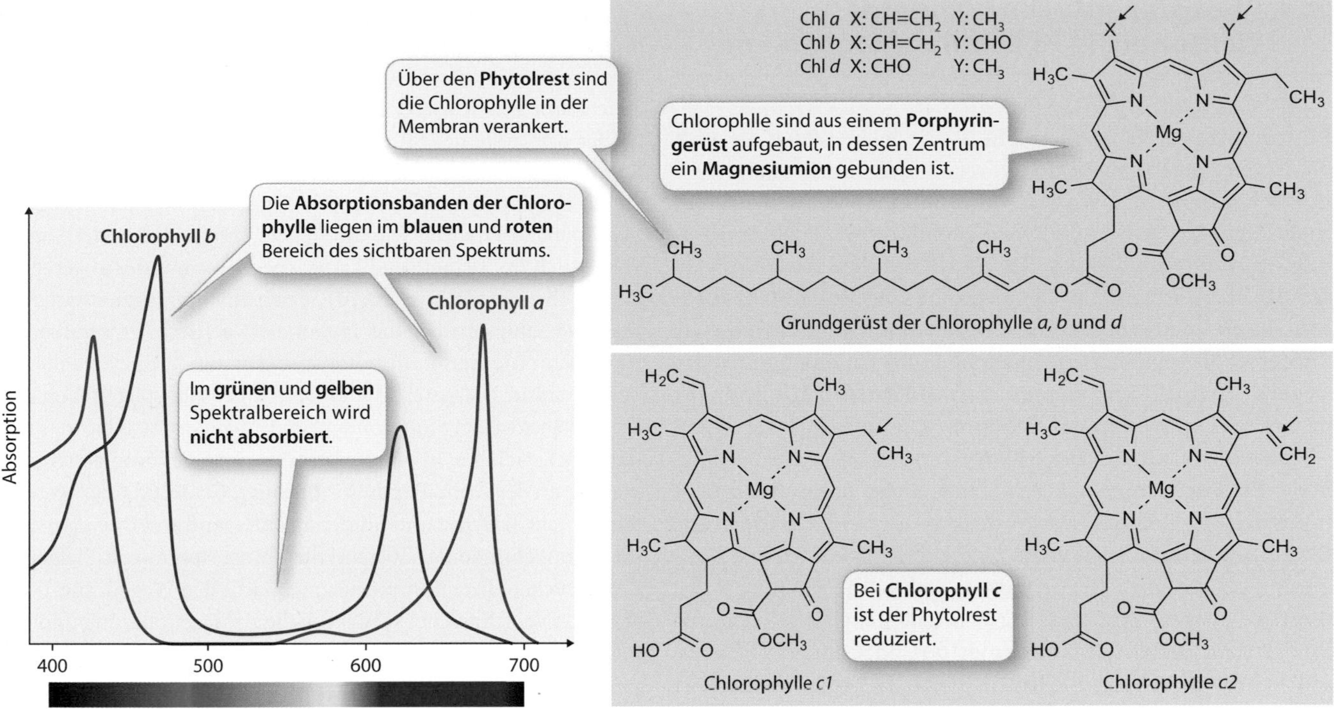

Abb. 20.7 Links: Absorptionsspektrum von Chlorophyll; rechts: Formel von Chlorophyll *a*, *b*, *c* und *d*

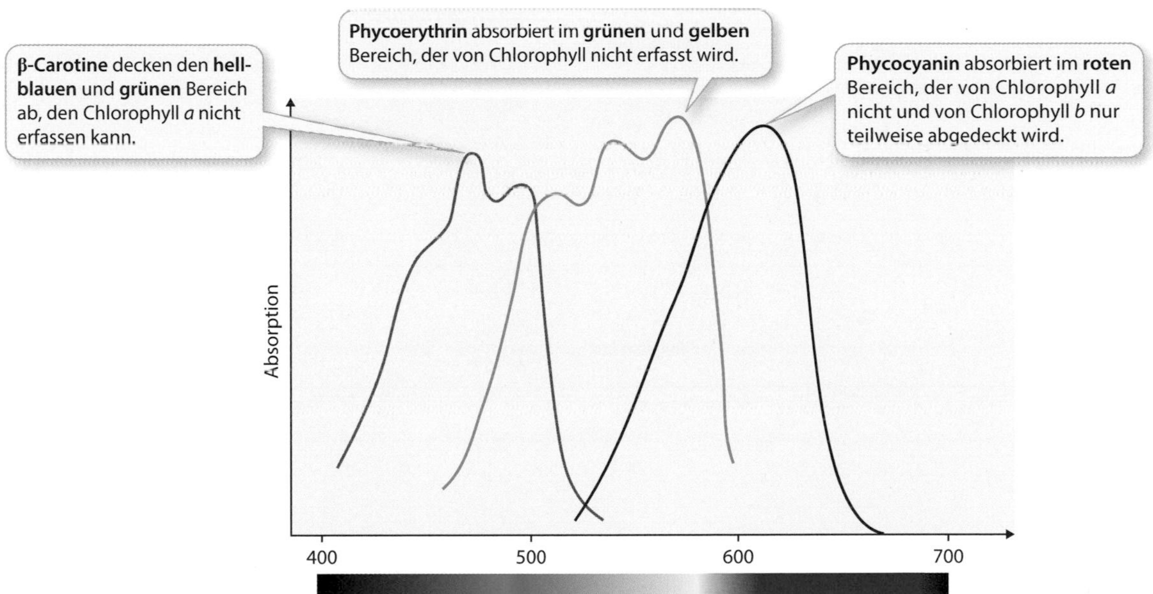

Abb. 20.8 Absorptionsspektrum akzessorischer Pigmente

finden sich in sogenannten Lichtsammelkomplexen (Membranproteinkomplexen) zusammen, in denen die Anregungsenergie **strahlungslos** zum Reaktionszentrum, einem speziellen Chlorophyllmolekül, weitergeleitet wird. Die auf der Überlappung der Emissions- und Absorptionsspektren beruhende strahlungslose Energieübertragung nennt man **Förster-Resonanz**, die auf dem Austausch von Elektronen beruhende Energieübertragung **Dexter-Resonanz**. Beide Anregungsarten findet man in den Lichtsammelkomplexen. Mehrere Studien legen nahe, dass die Weitergabe der Anregungsenergie auf das eigentliche Reaktionszentrum zwischen den Pigmenten synchronisiert stattfindet, in Form sogenannter Exzitonen. Dies führt schließlich zur Ladungstrennung an einem Chlorophyllmolekül des Reaktionszentrums (Chlorophyll *a*, P680) am Photosystem II und zur Abgabe eines Elektrons. Der Ladungsausgleich (Regeneration) erfolgt final mittels eines Elektrons, dass durch den am Photosystem II gebundenen wasserspaltenden Mangankomplex geliefert wird. Dabei stellt die Ladungstrennung (Anregung des P680 zu P680*) das notwendige Redoxäquivalent für die Wasseroxidation bereit (▶ Abschn. 13.10).

20.4 Photorezeptoren wandeln Lichtenergie in zelluläre Signale um

Phytochrome, die man sowohl bei Archaeplastiden als auch bei Pilzen und Bakterien findet, verwenden als Chromophoren **Biline** wie Biliverdin, Phytochromobilin (im pflanzlichen Chloroplast und Cytosol) und Phycocyanobilin sowie Phycoerythrobilin (im Phycobilisomen-Antennenkomplex von Rotalgen; ◻ Abb. 20.9). Pflanzliche Phytochrome sind **Rotlichtrezeptoren**, die ein breites Spektrum von Antworten auf Lichtreize wie Photomorphogenese, Samenkeimung und Chlorophyllbildung steuern. Phytochrome können in **zwei Konformationen** vorliegen, im Dunklen in der **Pr-Form** (von engl. *red*) mit einem Absorptionsmaximum bei 640–680 nm und nach Bestrahlung in der **Pfr-Form** (von engl. *far red*) mit einem Absorptionsmaximum bei 710–740 nm. Das Verhältnis der beiden Formen Pr/Pfr bestimmt das Einleiten der biologischen Antwort. Die Konversion beider Formen ist einerseits dadurch möglich, dass das thermodynamisch instabile Pfr lichtunabhängig wieder in die Pr-Form zurückkehrt (**Dunkelrevision**), oder durch Belichtung mit hellrotem oder dunkelrotem Licht. Hellrotes Licht führt dabei zur Bildung der Pfr-Konformation, dunkelrotes Licht zur Bildung der Pr-Konformation

Cryptochrome sind **Blaulichtphotorezeptoren**. Sie spielen eine Rolle bei der Aufrechterhaltung der circadianen Rhythmik, stimulieren Phototropismus oder unidirektionales Wachstum von Kotyledonen und Blättern. Außerdem sind sie an der Kontrolle der Blütezeit beteiligt, beeinflussen das Hypokotylwachstum, regulieren die Kotyledonenöffnung und induzieren die Chloroplastenentwicklung. Nach Blaulichtanregung sind manche Pflanzen wie die Ackerschmalwand in der Lage – vermutlich über einen Radikalpaarpechanismus des angeregten Cryptochroms (◻ Abb. 20.10) –, sensitiv auf Magnetfelder zu reagieren und darüber das Hypokotylwachstum zu regulieren. Cryptochrome sind mit Photolyasen verwandt, Enzyme, die bei der Reparatur UV-geschädigter DNA eine Rolle spielen. Von den drei bekannten Cryptochromen bei *Arabidopsis* ist allerdings nur das Cry3, welches in Mitochondrien und Chloroplasten vorkommt, an der DNA-Reparatur beteiligt. Cry1 und Cry2 werden durch Licht aktiviert und binden nachfolgend an Proteinpartner, die im ungebundenen Zustand die Transkription von Zielgenen unterdrücken. Ihre Komplexierung macht den Weg für die Transkription verschiedener Gene frei, die zur Deetiolierung und zur Blütenbildung beitragen.

LOV-Domänen-Proteine (von engl. *light, oxygen, voltage*) fungieren wie die Cryptochrome als **Blaulichtrezeptoren**. Zurzeit kennt man die **Zeitlupeproteine** und die **Phototropine**.

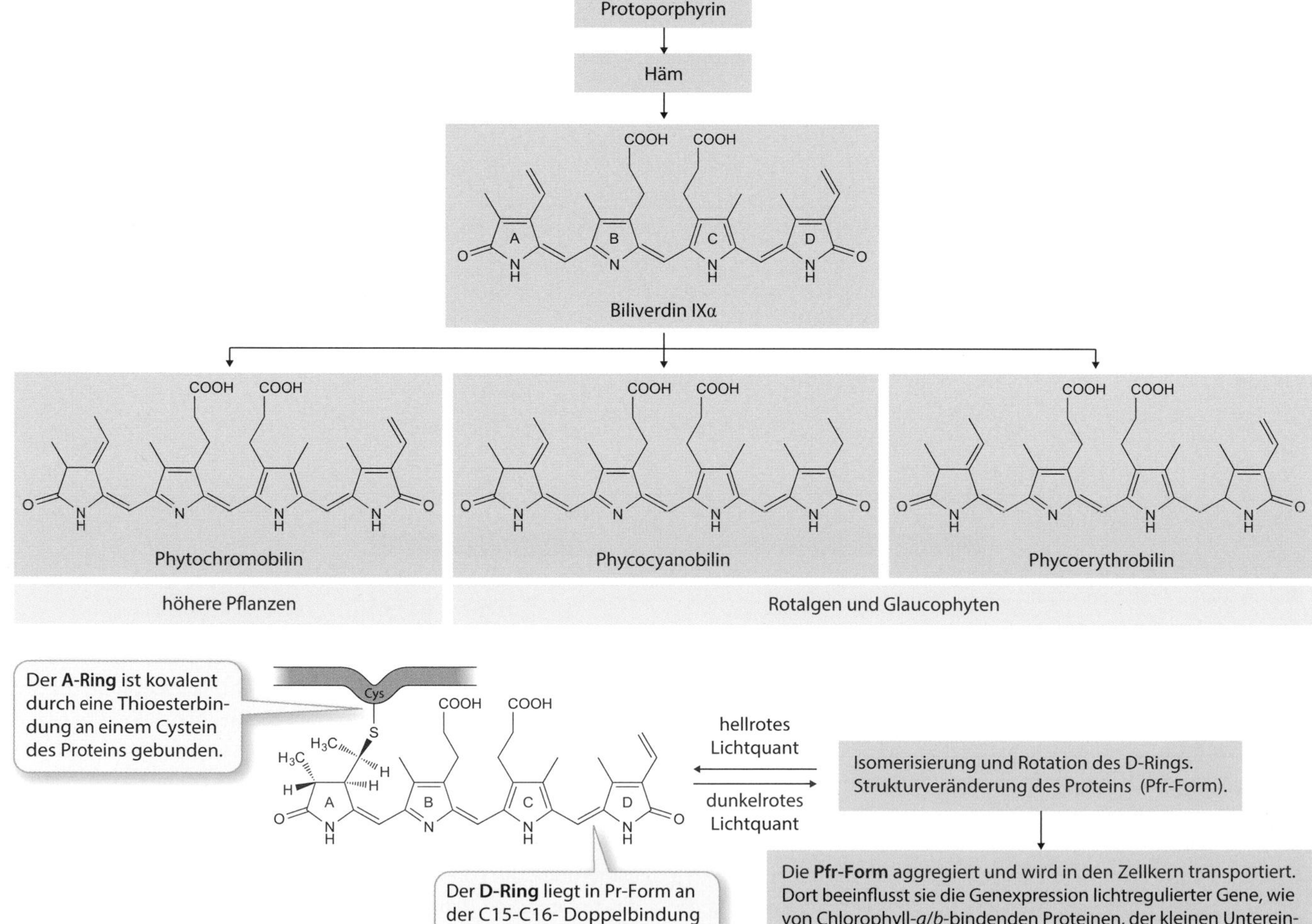

◻ **Abb. 20.9** Synthese und Aufbau der Phytochrom-Chromophoren von Archaeplastiden

20

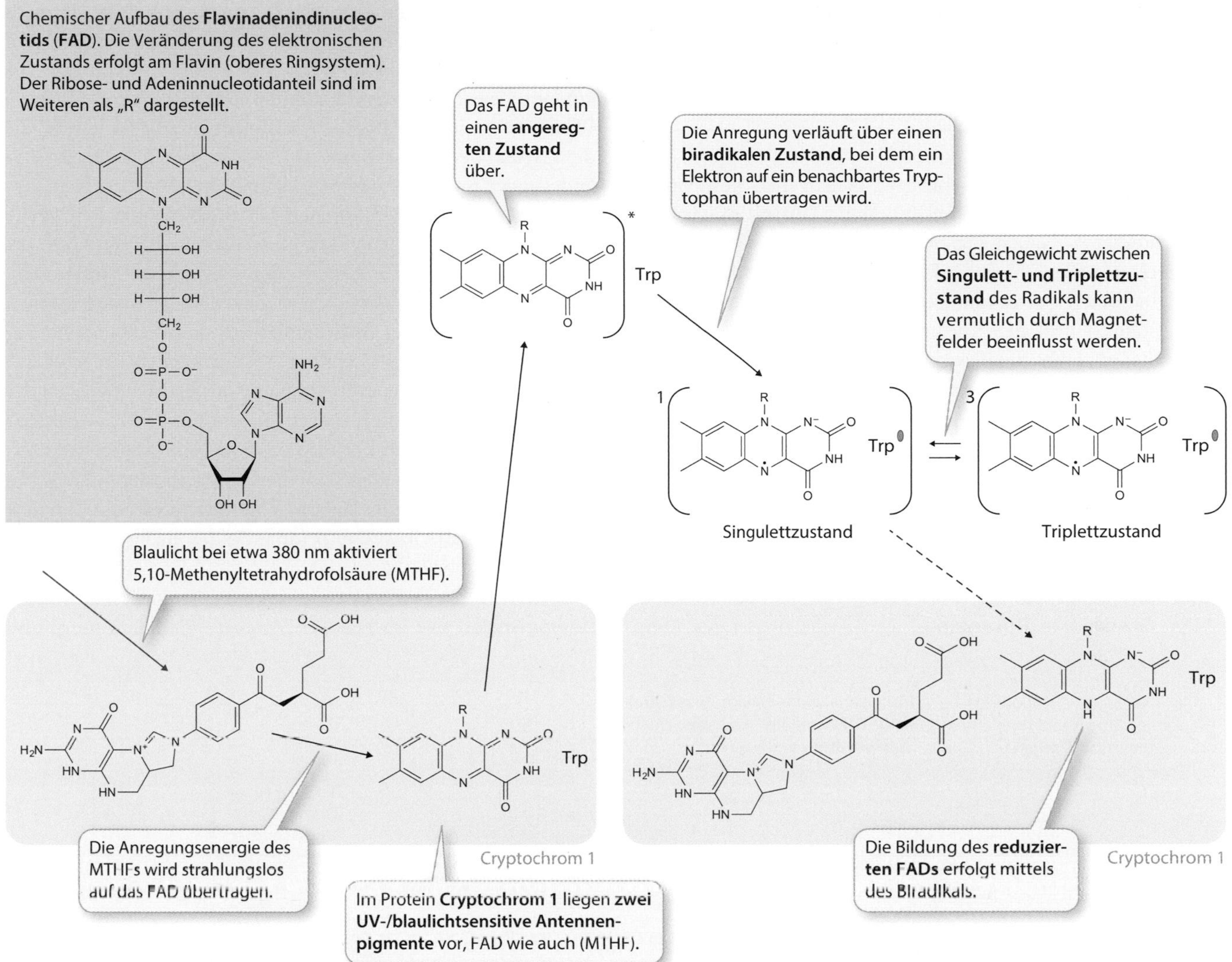

Abb. 20.10 Aufbau und Mechanismus der Cryptochrom-Chromophoren von Archaeplastiden

Letztere sind Plasmamembranproteine, welche zwei N-terminale LOV-Domänen enthalten, an die jeweils ein Flavinderivat als Chromophor gebunden ist. Am C-Terminus befindet sich eine Serin/Threonin-Kinase-Domäne, welche eine blaulichtabhängige Phosphorylierung von Substratproteinen betreibt. Phototropine vermitteln über diese posttranslationale Modifikation die Einleitung des Phototropismus, die Chloroplastenbewegung bei starkem Blaulicht, induzieren die Stomataöffnung sowie die Inhibition des Sprosswachstums und der Gametogenese (sexuelle Differenzierung bei Algen). Zeitlupeproteine sind hingegen an der Aufrechterhaltung der circadianen Rhythmik beteiligt. Ihre Vertreter, Zeitlupe (Ztl), das flavinbindende Kelch-Repeat-Protein Fkf1 und das LOV-Kelch-Protein Lkp2 enthalten N-terminal eine LOV-Domäne sowie eine daran anschließende F-Box-Domäne. Letztere ist an der Bildung eines Komplexes beteiligt, der die Eigenschaften einer E3-Ubiquitin-Ligase besitzt (SCF-Komplex) und seine Substrate zum Abbau für das Proteasom markiert. Substrate sind dabei Transkriptionsfaktoren, die die circadiane Rhythmik kontrollieren.

Die **Rhodopsine** der Archaeplastiden sind blaulichtsensitiv und ähneln in Aufbau und Funktionsweise dem Bakteriorhodopsin (▶ Abschn. 25.2). Es sind Proteine mit sieben die Membran durchspannenden Helices. Im Protein sitzt ein Retinalchromophor, das bei Lichtanregung von einer *all-trans-* in eine *cis*-Konformation wechselt. Durch die nachfolgende strukturelle Veränderung im Protein können Ionen wie z. B. Protonen gepumpt werden. Rhodopsine finden sich bei Archaeplastiden vor allem bei den Grünalgen wie im Falle von *Chlamydomonas reinhardii*, wo sie als Kanalrhodopsine genutzt werden und die lichtinduzierte Fortbewegung steuern (▶ Abschn. 22.2).

UVR8 (von engl. *ultraviolet resistance locus 8 family*) ist ein cytosolisches dimeres Protein mit sieben rotorartig angeordneten β-Faltblättern. Es gilt als **Sensor für UV-B-Strahlung**. UVR8 enthält keine prosthetische Gruppe. Das Licht wird von einem Tryptophan absorbiert, das zu einem Arginin über das Dimer-Interface eine Salzbrücke ausbildet. Durch UV-Licht kommt es zum Zerfall der Salzbrücke und damit des Dimers. Das UVR8-Monomer wandert in den Zellkern, wo es an **COP1** (*constitutive photomorphogenic 1*) bindet, eine E3-Ubiquitin-Ligase, die bestimmte Transkriptionsfaktoren dem proteasomalem Abbau zuführen kann. Dies initiiert metabolische und morphologische Anpassungen an den bestehenden UV-Stress.

20.5 Generierte elektrische und chemische Signale werden bei Pflanzen über Zellen und Zellverbände weitergeleitet

Parenchymzellen und der Siebröhren-Geleitzellen-Komplex stehen durch Zellwandöffnungen (einfache **Tüpfel**) miteinander in Verbindung. Zwischen den Tüpfeln werden cytoplasmatische Stränge ausgebildet, die **Plasmodesmen** (◘ Abb. 20.11). Dabei handelt es sich um Zell-Zell-Verbindungen, die dem Stoffaustausch und der Kommunikation zwischen einzelnen Zellen dienen. Über die Plasmodesmen bilden die endoplasmatischen Retikula (ER) der einzelnen Zellen eine Verbindung aus (**Desmotubulus**). Plasmodesmen kommen neben den Landpflanzen auch bei verschiedenen mehrzelligen Grünalgen wie *Volvox caterii* vor. Durch Plasmodesmen können nicht nur Stoffe über **Diffusion** transportiert, sondern auch **elektrische Signale** weitergeleitet werden.

Bei Pflanzen kommen verschiedene Formen von elektrischen Signalen vor: graduierte Potenziale und Aktionspotenziale (APs). **Graduierte Potenziale**, also Änderungen des Membranpotenzials, welche proportional zur Reizstärke sind, treten als **Rezeptorpotenziale** oder als **Variationspotenziale** (VPs) auf. Während Erstere eine kurze Reichweite haben und meist auf eine Zelle begrenzt sind, können sich VPs über die gesamte Pflanze ausbreiten. VPs werden in Parenchymzellen generiert, die dem Xylem benachbart sind. Als Auslöser fungieren meist Veränderungen im Turgor oder wundauslösende Substanzen im verholzten Leitgewebe. VPs klingen mit zunehmender Reichweite stark ab, können aber über die Geleitzellen in die Siebröhren vordringen, wo sie über die Plasmamembran weitergeleitet werden. Depolarisierungen in den Parenchymzellen der Blätter können zur Generierung eines **Aktionspotenzials** (Alles-oder-nichts-Reiz) führen, welches sich über den Siebröhren-Geleitzellen-Komplex – ähnlich den VPs – entlang der Plasmamembran der Siebzellen über die Pflanze vertikal und horizontal verbreiten kann. APs findet man bei mehrzelligen Algen (Armleuchteralgen) und Gefäßpflanzen (z. B. bei der Venusfliegenfalle). Ein eindrucksvolles Beispiel für die Verbreitung eines APs liefert die **Seismonastie** bzw. **Thygmonastie** der Fiederblättchen der Mimose (◘ Abb. 20.12).

Während die Funktionen von APs bei speziellen **Pflanzenbewegungen** wie im Fall der Mimose (Blatteinfaltung) und

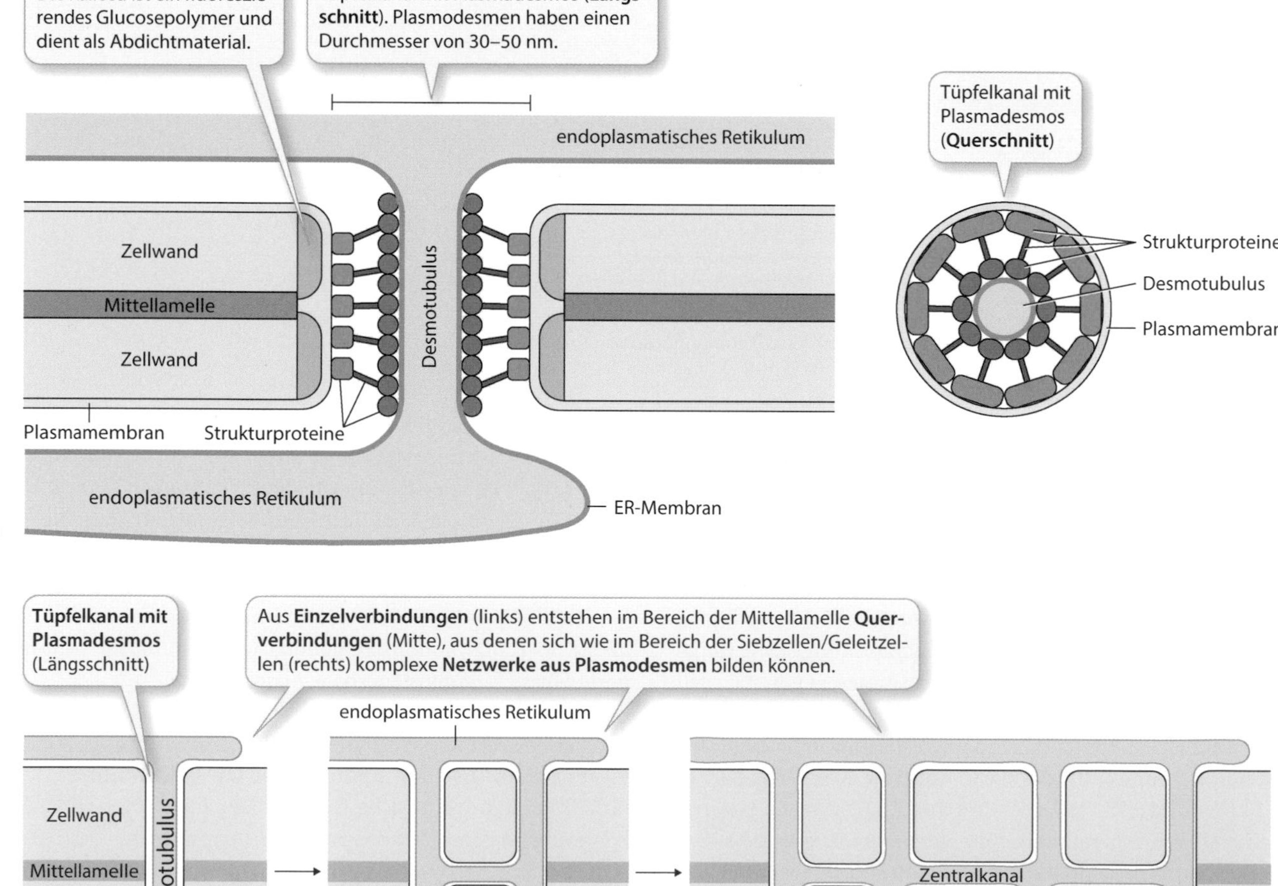

◘ **Abb. 20.11** Aufbau der Plasmodesmen. **a** Längsschnitt durch die Zellwand (links) und Querschnitt durch ein Plasmodesmos (rechts). **b** Ausbildung komplexer Plasmodesmen

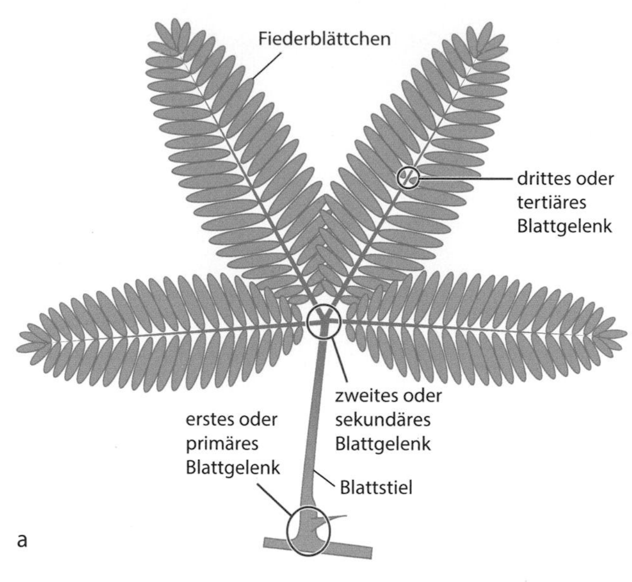

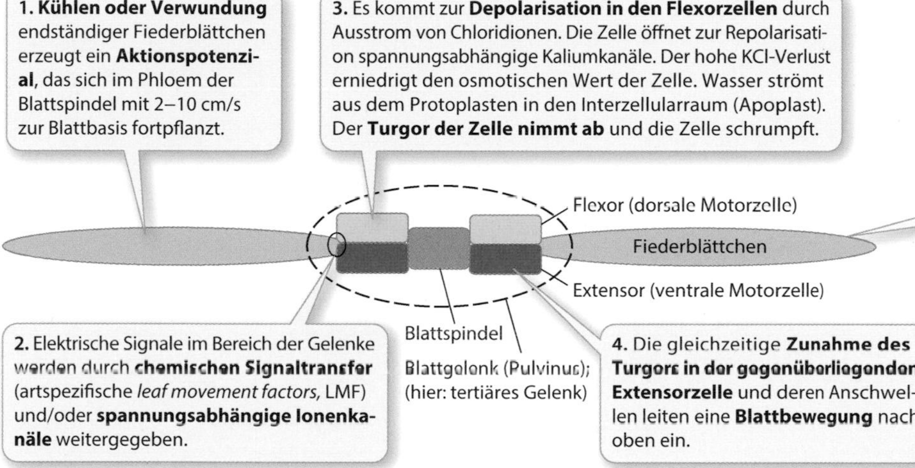

Abb. 20.12 **a** Aufbau eines Mimosenblattes. **b** Generierung und Ausbreitung eines Aktionspotenzials im Fiederblatt der Mimose (Seismonastie/Thygmonastie)

der Venusfliegenfalle (Insektenfangen) klar definiert sind, ist ihre allgemeine Bedeutung bei höheren Pflanzen noch nicht geklärt. APs werden mit der Regulation des Ionentransports, dem Turgor-Phloem-Zusammenspiel und der interzellulären Signalweitergabe in Verbindung gebracht.

Die Information einer **Gewebsschädigung** kann in Blättern mit hoher Geschwindigkeit von bis zu mehreren Zentimetern pro Sekunde durch **induzierte Oberflächenpotenziale** (engl. *wound activated surface potentials*; WASPs) weitergeleitet werden. Dabei spielen **glutamatähnliche Rezeptoren** (GLRs) eine entscheidende Rolle. Im Rahmen solcher Potenziale kommt es zum Abbau von Jasmonatrepressorproteinen (JAZ) in den beteiligten Zellen und zum Anstieg der Jasmonsäurekonzentration (▶ Abschn. 21.7).

Generell könnten elektrische Signale, die sich innerhalb einer Pflanze ausbreiten, auch der **Interaktion mit anderen Organismen** dienen. Obwohl dieses Forschungsgebiet noch nicht gut untersucht ist, gibt es einige Beobachtungen, die auf solche Phänomene hinweisen. So können z. B. Hummeln von Blüten generierte Unterschiede in den elektrischen Feldern wahrnehmen und gezielt ansteuern. Durch den nachfolgenden Kontakt verändern die elektrischen Felder an den Blüten ihre Eigenschaften, was als Signal zwischen Bestäuber und Pflanze genutzt werden könnte. In ähnlicher Weise kommt es bei Befall einer Pflanze mit Bakterien oder Pilzen zu Depolarisierungen der Plasmamembranen der entsprechenden Zellen, die mit der Regulation spezifischer Abwehrgene korreliert werden kann. Besonders im Apexbereich der Wurzeln weisen manche Zellen eine hohe elektrische Aktivität auf, die von symbiotischen oder pathogenen Organismen angesteuert oder zu einem Quorum sensing genutzt werden könnte.

Neben elektrischen Signalen können Pflanzen Reize auch in Form **chemischer Signale** über die gesamte Pflanze weiterleiten. Zu diesen Substanzen gehören **Phytohormone** (▶ Abschn. 21.3) wie die Auxine, Gibberelline und Abscisinsäure, sowie Cytokinine, Strigolactone, die Brassinosteroide, Oxylipine und Salicylate oder Ethylen. Ihr Transport erfolgt entweder passiv durch Xylem und Phloem, aktiv von Zelle zu Zelle über Transportproteine (Carrier) und Cotransporter oder über den Interzellularraum bei gasförmigen Transmittern.

Weiterführende Literatur

1. Kadereit JW, Körner C, Kost B, Sonnewald U (2014) Strasburger – Lehrbuch der Pflanzenwissenschaften, 37. Aufl. Springer Spektrum, Berlin, Heidelberg
2. Lüttge U, Kluge M (2012) Botanik – Die einführende Biologie der Pflanzen, 6. Aufl. Wiley-VCH, Weinheim
3. Lymperopoulos P, Msanne J, Rabara J (2018) Phytochrome and phytohormones: working in tandem for plant growth and development. Front Plant Sci 9:1037
4. Möglich A, Yang X, Ayers RA, Moffat K (2010) Structure and function of plant photoreceptors. Annu Rev Plant Biol 61:21–47
5. Monshausen GB, Haswell ES (2013) A force of nature: molecular mechanisms of mechanoperception in plants. J Exp Bot 64:4663–4680
6. Weiler EW, Nover L (2008) Allgemeine und molekulare Botanik. Thieme, Stuttgart

Spezielle Physiologie der Pflanzen: Entwicklung

Peter Bayer

J. Boenigk (Hrsg.), *Boenigk, Biologie,* https://doi.org/10.1007/978-3-662-61270-5_21

21.1 Zellzyklus und -wachstum unterliegen einer strengen Regulierung, die von Phytohormonen gesteuert wird

Das **kontinuierliche Wachstum von Pflanzen** ist verbunden mit einer andauernden Neubildung von Zellen und Organen. Diesen Neubildungen liegen ständige **Zellteilungsprozesse** zugrunde, welche sich vorwiegend in den **Meristemen**, den Bildungsgeweben, wachsender Sprosse und Wurzeln abspielen. Die Zellteilung wird auf molekularer Ebene durch den **Zellzyklus** eingeleitet. Dieser verläuft bei nahezu allen höheren Eukaryoten in ähnlicher Weise. Man unterscheidet eine Synthese-(S-)Phase und eine mitotische (M-)Phase, mit meist ein oder mehreren dazwischenliegenden Gap-(G-)Phasen.

Ein solcher Verlauf weist auf eine universelle und hoch **konservierte Regulation** hin. Dabei kontrollieren **cyclinabhängige Kinasen** (**CDKs**; von engl. *cyclin-dependent kinases*) die Übergänge von einer Phase zur anderen. CDKs verbinden und koordinieren auch verschiedene Zellprozesse, damit es zu einer Replikation der DNA, zur Chromosomensegregation und schließlich zur Zellteilung kommt. Die CDKs benötigen entsprechende **Cycline** und nachfolgende Phosphorylierungen, um ihre Aktivität zu erhalten. Die Aktivierung der CDKs und ihre Deaktivierung durch ubiquitinvermittelten proteasomalen Abbau erfolgen während des Zellzyklus oszillierend. Pflanzen exprimieren fünf bis acht unterschiedliche Familien von CDKs, von denen die wichtigsten Vertreter CDKAs und CDKBs sind. Die CDKAs enthalten ein konserviertes Aminosäuremotiv (PSTAIRE) in der Cyclinbindedomäne. Die Kontrolle der G1-S-Phase durch

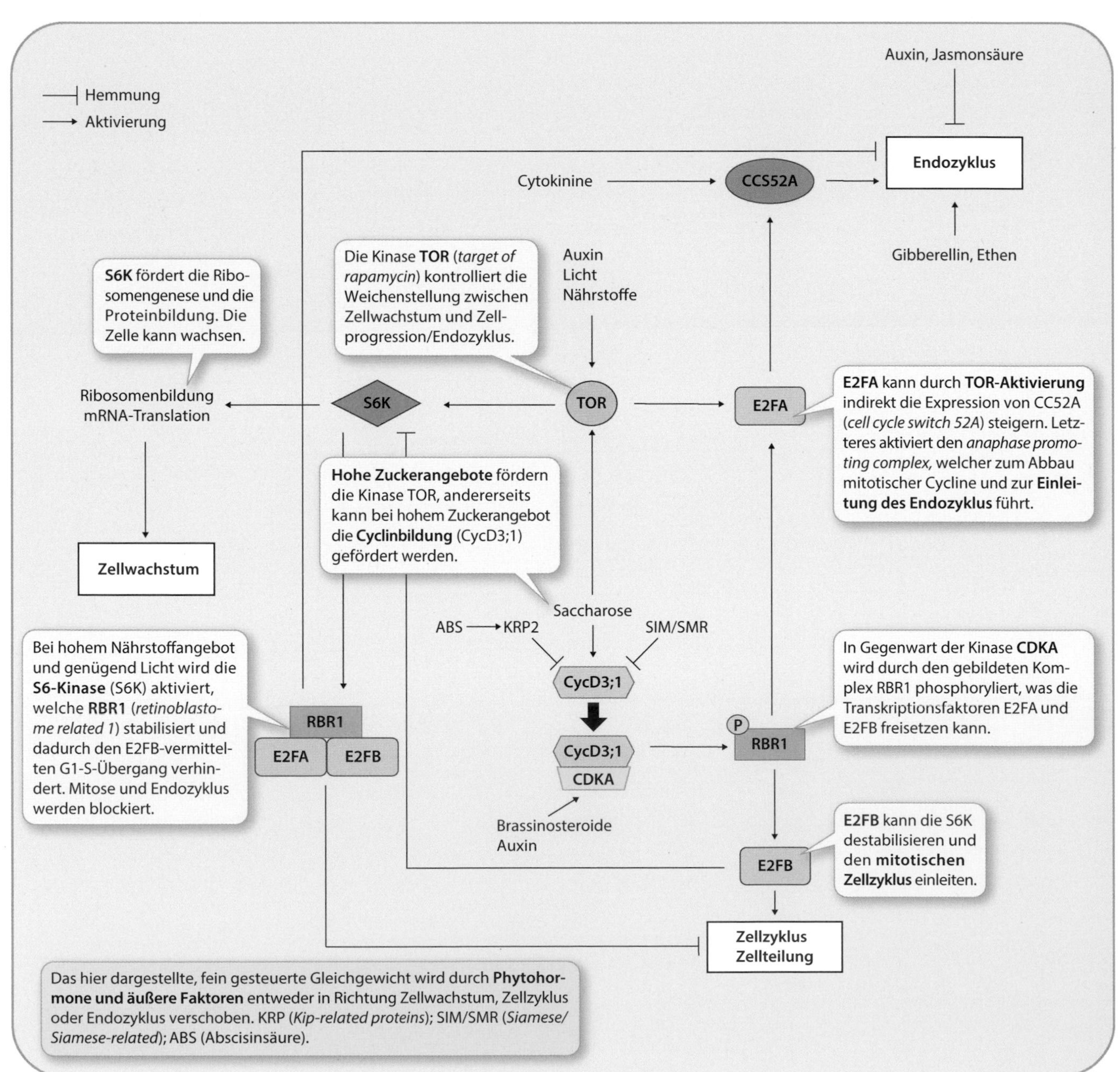

Abb. 21.1 Vereinfachte Darstellung der Regulation von Zellwachstum, Progression und Endoreplikation

CDKA verläuft bei Pflanzen, Grünalgen und Diatomeen wie bei den meisten höheren Eukaryoten über G1-Cycline, die an retinoblastomverwandte Proteine (RBRs) binden und mithilfe der Transkriptionsfaktoren vom E2F-Typ die S-Phase einleiten können (◘ Abb. 21.1). Zudem scheint eine genügend große Zellgröße notwendig für den G1-S Übergang zu sein.

Die **S-Phase** beinhaltet neben der DNA-Verdopplung auch die Modifizierung der DNA und die Veränderung der Chromatinarchitektur. Die Einleitung des G2-M-Übergangs obliegt vorwiegend den CDKBs (aber auch CDKAs), die bei DNA-Schäden durch die WEE1-Kinase an dieser Stelle des Zyklus negativ reguliert werden können. Höhere Pflanzen haben zwei CDKBs, welche nur in teilenden Zellen von der S- bis zur M-Phase exprimiert werden. Sie spielen eine Rolle im **Endozyklus**, der durch die **Endoreplikation** (Polyploidisierung) der DNA charakterisiert ist. Die CDKs selbst können durch Kip-verwandte Proteine (KRPs) in ihrer Aktivität reguliert werden. KRPs modulieren auch CDKB beim Übergang zum Endozyklus. Darüber hinaus regulieren Proteine aus der SIAMESE-Familie (SIMs) und deren Verwandte, die SMRs, den Zellzyklus über die CDKs, z. B. bei der Stressantwort.

Zellteilung und Zellwachstum beinhalten die Neusynthese von Proteinen. Da dieser Prozess energetisch sehr aufwendig für die Zelle ist, müssen die Bereitstellung von Ribosomen sowie der Prozess von der Transkription zur Translation und der Energiestoffwechsel im Zellzyklus streng geregelt sein. Dies geschieht, indem bestimmte Regulatoren des Wachstums angesteuert werden. Einer der angesteuerten Wege ist dabei der TOR-Signalweg. TOR (von engl. *target of rapamycin*) steuert über die S6-Kinase und das ribosomale S6-Protein das Zellwachstum, die Aufrechterhaltung der Meristeme und reguliert Stoff- und Energiemetabolismus von wachsenden Pflanzen (◘ Abb. 21.1). Eine entscheidende Rolle kommt TOR bei der Integration von Phytohormonen und der Regulation des Zellwachstums im Zellzyklus zu.

Zellzyklus und Wachstum von Zellen werden direkt wie auch indirekt von **Phytohormonen** gesteuert (◘ Abb. 21.1).

Auxin (► Abschn. 21.4) ist ein Phytohormon, das seine Wirkung sowohl auf kurze als auch über lange Distanzen vermittelt. Es kontrolliert verschiedene Entwicklungsprozesse auf unterschiedlichen Ebenen wie z. B. das Zellwachstum und die Zellentwicklung. Dabei stimuliert Auxin im Allgemeinen die Zellteilung. Es induziert hierzu die Expression der cyclinabhängigen Kinase A-1 (CDKA-1) und wirkt damit stabilisierend auf den Transkriptionsfaktor E2FB, der die mitotische Phase einleitet. Außerdem beeinflussen Auxine den proteasomalen Abbau von Zellzyklusproteinen und fördern damit die Zellteilung. Auxin ist auch in der Lage, über die GTPase ROP2 die TOR-Kinase und deren Signalweg zu aktivieren.

Cytokinine (► Abschn. 21.4) treiben die Zellproliferation z. B. in Wurzel und Kallus voran. Dabei induzieren sie die Expression von Cyclin D3 und damit den Übergang des Zellzyklus von der G1- zur S-Phase. Cytokinine vermitteln ihre Aktivität über drei Transmembranrezeptoren, die sogenannten *Arabidopsis*-Histidinkinasen (AHKs). Eine nachfolgende Protein-Phosphorylierungskaskade transduziert das Signal schließlich in den Zellkern. Am Ende dieser Kaskade steht letztlich die Aktivierung von Transkriptionsfaktoren, der B-Typ-*Arabidopsis*-Response-Regulatoren (ARRs). Diese induzieren nun wiederum die Expression primärer cytokininabhängiger Gene, zu denen auch die A-Typ-ARRs gehören.

Auch **Gibberelline** (► Abschn. 21.5) spielen eine Rolle bei der Zellteilung und beim Zellwachstum, indem sie KRPs und SIMs hemmen und auf E2FA/B aktivierend wirken sowie auf die Mikrotubulidynamik einwirken können. Im Entwicklungsprozess befördern Gibberelline vorwiegend das Zellwachstum. Sie binden dazu an den Gibberellinrezeptor GID1. Dadurch werden sogenannte DELLA-Proteine, die als Repressoren des Gibberellinsignalwegs fungieren, mittels Ubiquitinierung dem proteasomalen Abbau zugeführt.

Bei den **Brassinosteroiden** (► Abschn. 21.5) handelt es sich um eine Gruppe von polyhydroxylierten Steroidhormonen, die eine Vielzahl von Entwicklungsprozessen in Pflanzen regulieren wie z. B. das Zellvolumen und das Zelllängenwachstum. In ähnlicher Weise wie die Cytokinine bewirken Brassinosteroide Änderungen des Cytoskeletts und regulieren über die Aktivierung von Protonenpumpen das Zellwachstum. Bezüglich des Zellzyklusses stimulieren sie die Expression von Cyclin D3. Darüber hinaus beeinflussen sie die Aktivitäten mehrerer cyclinabhängiger Kinasen im Wurzelmeristem. Hier fördern sie auch die Expression des Ethylen Response Factor 115 (ERF115). Dieser fungiert als der ratenlimitierende Faktor bei der Teilung des QCs (*quiescent center*) am apikalen Ende des Wurzelmeristems, der für die Erhaltung undifferenzierter Stammzellen verantwortlich ist.

Im Gegensatz zu Auxin und Gibberellin wirkt **Abscisinsäure** (► Abschn. 21.5) oft inhibierend auf den Zellzyklus, indem sie die Expression von Cyclinen moduliert (z. B. Unterdrückung der Expression von Cyclin B1). Abscisinsäure steigert u. a. im proximalen Meristem der Wurzel auch die Expression des CDK-Inhibitors KRP1, wodurch die Zellteilung inhibiert wird.

21.2 Organisatorzellen in den Meristemen kontrollieren die Embryogenese und Organbildung bei Pflanzen

Im Laufe der Entwicklung einer Pflanze entsteht der Embryo aus der befruchteten Eizelle durch **asymmetrische, mitotische Zellteilung und Differenzierung** einzelner Zellen. Bei **eudikotylen Angiospermen** erfolgt die Befruchtung durch einen zweikernigen Pollen (männlicher Gametophyt). Jeder Kern trägt dabei einen haploiden Chromosomensatz. Der weibliche Gametophyt (Embryosack), der sich meist aus nur einer Megaspore entwickelt, enthält u. a. die haploide Eizelle und eine zweikernige Zentralzelle (sekundärer Embryosack). Ein Kern des Pollens verschmilzt dabei mit dem weiblichen Gameten zur **diploiden Zygote**, aus der sich anschließend der Embryo entwickelt. Der zweite Kern fusioniert mit der zentralen zweikernigen Zelle, woraus sich das **triploide Endosperm** bildet, welches später den Embryo mit Nährstoffen versorgt und von der Samenschale umgeben ist. Bei der ersten Teilung der Zygote entstehen eine **apikale Zelle** und eine **Basalzelle**, der **Suspensor**. Die Basalzelle durchläuft verschiedene Entwicklungsstufen, aus denen schließlich der **Keimling** hervorgeht (▶ Abschn. 31.1). Die verschiedenen Stadien lassen sich auf genetischer und molekularer Ebene durch die Expression spezifischer Gene in den einzelnen Zellen beschreiben (◘ Abb. 21.2). Diese Genexpression determiniert das zukünftige Schicksal jeder Zelle und regelt damit die Differenzierung in einzelne Gewebsschichten. Die **Embryogenese bei Monokotyledonen** verläuft in den ersten Entwicklungsstufen ähnlich wie bei den zweikeimblättrigen Pflanzen – mit dem Unterschied, dass Monokotyledonen einen **mehrschichtigen Suspensor** aufweisen. Man unterscheidet zwischen dem Proembryo, dem Kugelstadium, der skutellären und der koleoptilären Phase. In Letzterer erfolgen die Bildung von **Koleoptile** und **Koleorhiza**, einem spezialisierten Gewebe, das die Embryoachse umgibt. Bei **Gymnospermen** wie der Kiefer reift meist eine Zygote zu einer **mehrkernigen Riesenzelle** heran. Diese bildet Zellwände aus und differenziert in embryonales und Suspensorgewebe. Letzteres teilt sich in Röhren- und primäre Suspensorzellen (**Rosettazellen**). Die **Röhrenzellen** wachsen in Längsrichtung und teilen sich wiederum. Sie tragen dann an ihren Spitzen je ein embryonales Gewebe. Aus einem dieser Gewebe bildet sich schließlich der Keimling.

Pflanzen entwickeln vielfältige, unterschiedlich funktionelle **Organe und Gewebe**. Die ihnen zugrunde liegenden spezialisierten Zellen gehen aus pluri- und multipotenten **Stammzellen** hervor. Stammzellen finden sich in Nischen wieder, den sogenannten **Organisatoren**. Sie liegen in den Zellbildungsgeweben, den **Meristemen**. Hierzu zählen die Organisatoren im Spross- und im Wurzelmeristem (◘ Abb. 21.3). Für die Neubildung und das Wachstum der Organe und Gewebe sind meristemale Stammzellen unabdingbar. Ihre Population muss ein Leben lang aufrechterhalten werden. Wenn sich eine Stammzelle teilt, entstehen zwei Tochterzellen, von denen wiederum eine als Stammzelle und die andere als sich differenzierende Zelle hervorgeht. Man spricht von Identität und **Identitätswechsel**. Beide Zellen werden durch zelleigene Proteine determiniert, deren Expression wiederum von Phytohormonen gesteuert wird. Wie aus Studien an *Arabidopsis* bekannt ist, beginnt die **Differenzierung von Wurzel- und Sprossgewebe** bereits im Oktantstadium und ihre Festlegung wird im Kugelstadium abgeschlossen. In Letzterem findet neben der Spezifizierung der Organisatorzellen von Wurzel- und Spossmeristemen durch die Expression bestimmter Transkriptionsfaktoren, wie WUS und WOX5, auch die Bildung der Gefäßgewebe Phloem und Xylem unter **Einfluss von Auxin** statt (◘ Abb. 21.3). Ein hoher Auxingehalt in den prävaskulären Zellen, aus denen später die Leitbündel hervorgehen, initiiert während des Kugelstadiums die Freisetzung des Proteins **Monopteros** (**MP**). Dieses führt zur Expression von **Auxintransportern** (**PINs**) und einer Umverteilung des Phytohormons in den angrenzenden Suspensor und die benachbarten Zellen. Im Zusammenspiel mit dem Protein TMO (*target of monopteros*) bewirkt der Auxinanstieg im Suspensor letztendlich die Bildung der Columella und in den angrenzenden Zellen – angeregt durch die Proteine DRN (Dornröschen) und CUC (*cup-shaped cotyledon*) – die Ausbildung des späteren Keimlings.

Das **apikale Sprossmeristem** bildet die gesamte primäre Sprossachse einschließlich der Blätter aus. In ähnlicher Weise gehen aus dem **Wurzelmeristem** alle späteren Wurzelgewebe hervor. Die Bildung neuer Sprossachsen oder Seitenwurzeln erfolgt durch die Anlage von **Lateralmeristemen**. Bildung und

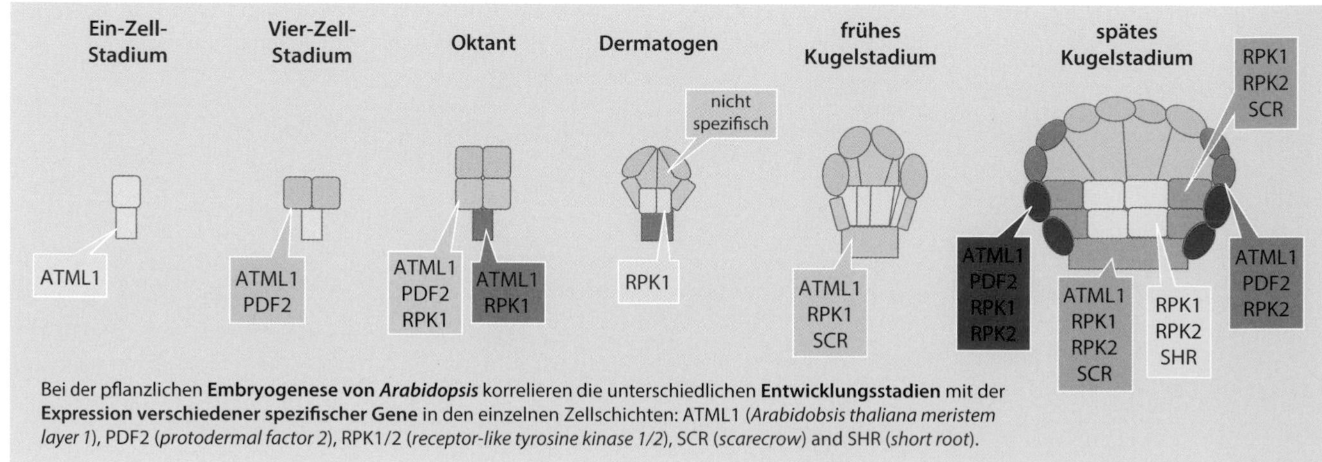

Bei der pflanzlichen **Embryogenese von *Arabidopsis*** korrelieren die unterschiedlichen **Entwicklungsstadien** mit der **Expression verschiedener spezifischer Gene** in den einzelnen Zellschichten: ATML1 (*Arabidobsis thaliana meristem layer 1*), PDF2 (*protodermal factor 2*), RPK1/2 (*receptor-like tyrosine kinase 1/2*), SCR (*scarecrow*) and SHR (*short root*).

◘ **Abb. 21.2** Differenzielle Genexpression in den Zellen des Embryos von *Arabidopsis thaliana*

21

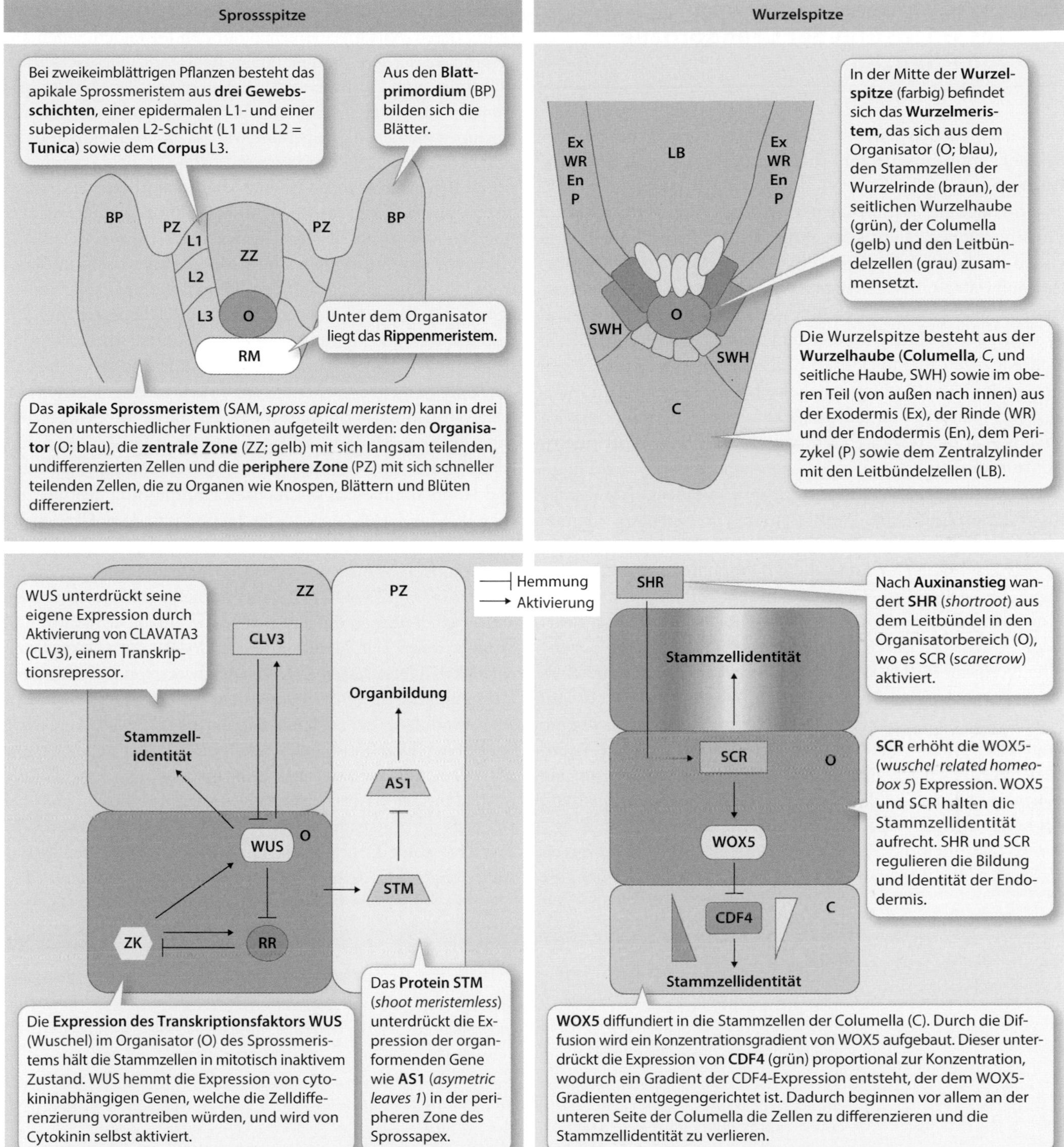

Abb. 21.3 Regulation der Zelldifferenzierung im Meristem von Sprossspitze und Wurzelspitze

Unterdrückung von lateralen Sprossmeristemen werden meist vom apikalen Sprossmeristem gesteuert, man spricht von **Apikaldominanz**. Lateralmeristem findet man bei dikotylen Pflanzen in den Achselgegenden der Blätter, im Bereich des Perizykels der Wurzelspitzen und der Sprosslängsachse (sekundäres Dickenwachstum durch Kambium und Phellogen).

21.3 Phytohormone regulieren das Wachstum der Grundorgane von Pflanzen

Die verschiedenen Entwicklungsprozesse einer Pflanze von der Samenkeimung bis hin zur Fruchtbildung werden durch **Phytohormone** reguliert.

In Analogie zu tierischen Hormonen versteht man unter Phytohormonen **chemische Botenstoffe**, die nach Bildung in einem Pflanzenteil ihre Wirkung in bereits geringer Konzentration auf weiter entfernte Pflanzenteile ausüben. Als Produktionsstätten von Phytohormonen fungieren dabei Blätter, Spross- und Wurzelspitzen, Blüten, Früchte und Samen. Die physiologischen Konsequenzen auf molekularer und biochemischer Ebene zeigen sich in der Veränderung metabolischer Prozesse oder in induzierten Signaltransduktionsprozessen, die über Proteinkaskaden letztendlich die zelluläre **Genexpression** am Wirkort **beeinflussen** können. Chemisch gesehen handelt es sich bei Phytohormonen um eine heterogene Gruppe organischer Moleküle, da Abkömmlinge von Aminosäuren (Tryptophan), Lipiden (Terpene) und Purinen als Grundbausteine dienen.

Als klassische Hormone, die das **Wachstum von Pflanzen** regulieren, gelten gemeinhin Auxine, Gibberelline und Cytokinine sowie die Abscisinsäure (◘ Tab. 21.1). Sie bewirken entweder Wachstum durch Zellvermehrung und Zellvergrößerung oder Verhindern das Wachstum durch Unterbinden der Zellteilung und der Zellwandelongation. Bei all diesen Prozessen beeinflussen sich die verschiedenen Hormone wechselseitig; im Englischen spricht man vom „**Crosstalk**" (◘ Abb. 21.4). So induzieren ein niedriger Spiegel des Auxins Indolessigsäure und ein hoher Spiegel von Cytokininen das **Wurzelwachstum**, während ein hoher Spiegel von Auxin bei gleichzeitig niedrigem Spiegel von Cytokininen das **Sprosswachstum** fördert. Neben diesen klassischen Phytohormonen kennt man heute noch Ethen, die Brassinosteroide, die Strigolactone sowie Jasmon- und Salicylsäure, deren Wirkmechanismen auf den folgenden Seiten angesprochen werden. Darüber hinaus findet man Oligosaccharide, Polyamine und Derivate von Fettsäuren, von denen allerdings weniger Einzelheiten bekannt sind. Zunehmend an Bedeutung gewinnen kleinere Signalpeptide wie das Phytosulfokin und das *peptide containing sulfated tyrosine 1* (PSY1). Beide regulieren neben Wachstumsprozessen auch die Antwort auf abiotischen Stress. Phytosulfokin sorgt z. B. für den frühzeitigen Blütenabfall und den Abwurf unreifer Früchte bei Trockenstress.

Phytohormone regulieren über die klassische Wachstumskontrolle hinaus auch die **Reifung von Früchten** (Ethen), die **Seneszenz** von Zellen und Pflanzengeweben sowie die **Stressantwort**, **Feindabwehr** und **Immunität** (▶ Abschn. 22.7). Diese bemerkenswerten Eigenschaften machen die Biosynthese sowie die Signaltransduktionsketten solcher Phytohormone zu Angriffszielen von pathogenen Mikroorganismen wie Pilzen und Oomyceten. Letztere haben dabei verschiedene Strategien entwickelt. Sie sezernieren lösliche Effektoren wie Toxine, Proteine/Enzyme oder Polysaccharide und Hormonmimetika, welche nach Eindringen in den pflanzlichen Wirt die einzelnen metabolischen Wege und Signalketten der Phytohormone unterbinden oder manipulieren können.

Genomanalysen deuten darauf hin, dass die Phytohormonsignalwege in ihrer Evolution unterschiedliche zeitliche Ursprünge aufweisen. Während die Signalwege von Auxin, Cytokinin und Strigolactonen sich bereits in einer Gruppe der Charophyten entwickelt haben, lassen sich die Signalwege von Abscisinsäure, Jasmonat und Salicylsäure auf einen gemeinsamen Vorfahren zurückverfolgen, der zu den Landpflanzen zählte. Der Signalweg der Gibberelline entwickelte sich innerhalb der Landpflanzen nach dem Auftreten der ersten Bryophyten, während sich die Ausbildung des klassischen Signalwegs der Brassinosteroide wohl erst nach der Aufspaltung von Nackt- und Bedecktsamern vollzogen hat. Kurz danach findet man auch erste Anzeichen für das Auftreten des klassischen Ethensignalwegs.

◘ **Tab. 21.1** Wirkungen der verschiedenen Phytohormone

Phytohormone	Wirkung bei Pflanzen (Beispiele)
Abscisinsäure	involviert in Trockenstressantwort; Schließen der Stomata; fördert die Keimruhe; wirkt generell antagonistisch zu Gibberellinen und Brassinosteroiden
Auxine	steuern Zellteilung und -differenzierung sowie Zelllängenwachstum; involviert in Geo- und Phototropismus; verhindern Blattabfall; fördern in hohen Konzentrationen die Produktion von Ethen, die Fruchtentwicklung und hemmen Spross- und Wurzelwachstum
Brassinosteroide	Längen- und Wurzelwachstum, Zellteilung, Photomorphogenese, Differenzierung von Gefäßen und Stomata, Pollenschlauchbildung, Samenkeimung, Verteidigung, Stressantwort
Cytokinine	Verlangsamung von Seneszenz; Stimulation der Dunkelkeimung von Samen; involviert in Stressantwort und Chloroplastendifferenzierung; beschränken Verzweigung und Wachstum von Wurzeln; Einleitung des Sprosswachstums; stimulieren Zellteilung und induzieren das Ergrünen eines Kallus; involviert in Organbildung sowie Sprossmeristembildung und -aufrechterhaltung
Ethen	initiiert Zelltod; fördert Blattwelken und -abwurf; bewirkt Knospenbildung und Blühvorgang; initiiert Wurzelbildung; beteiligt an der Stressantwort und Feindabwehr
Gibberelline	bewirken Keimung und Stängelwachstum sowie die Bildung von Trichomen; fördern Pollenreifung
Jasmonsäure	induziert Verteidigung, Einsetzen der Blüte, Wachstumsinhibition
Salicylsäure	Verteidigung, Entwicklung, Keimung, Temperaturanpassung
Strigolactone	Induktion von Mykorrhizabildung, Reduktion von Knospung und Verzweigung

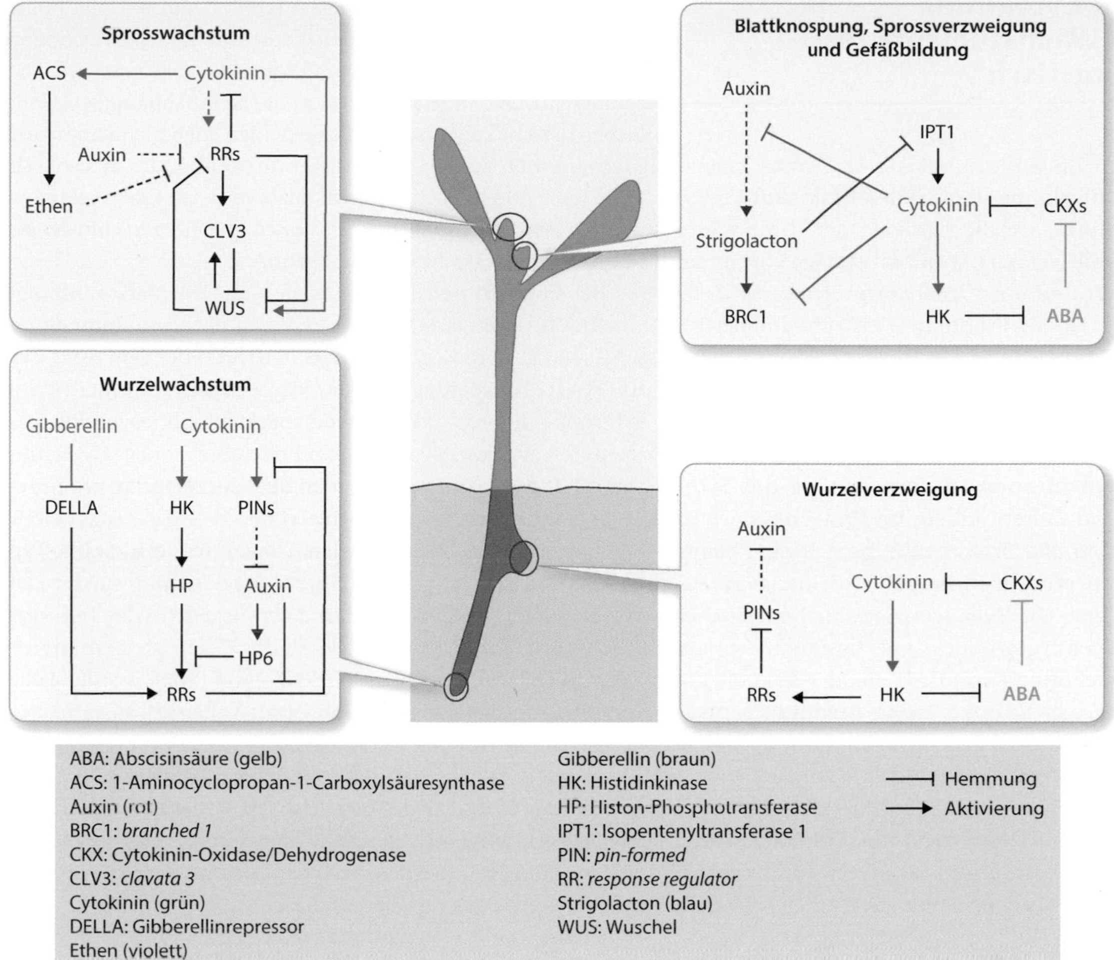

Abb. 21.4 Regulation und Crosstalk von Phytohormonen

Phytohormone werden nicht ausschließlich über ihre metabolischen Wege (Biosynthese und Degradation) oder ihre Signalwege (durch externe Stimuli) reguliert, sondern auch mithilfe **kleiner RNA-Moleküle** (sRNA). Diese sRNAs, zu denen Mikro-RNAs (miRNA) und *small interfering* RNAs (siRNA) gehören, findet man bei allen eukaryotischen Spezies. Sie sind an der Regulation der Genexpression (z. B. Gen-Silencing durch DNA-Methylierung), am Abbau von mRNA oder an der Inhibition der Translation beteiligt, wobei ihre Wirkung überwiegend prozessunterdrückend ist. Hoch konservierte sRNAs spielen im Allgemeinen Schlüsselrollen bei der Regulation des Pflanzenwachstums und der Pflanzenentwicklung. Heutzutage sind mehr als 20 stark konservierte miRNA-Familien bekannt, von denen sich neun bei Landpflanzen (Embryophyten) und zwölf bei Samenpflanzen (Spermatophyten) entwickelt haben. Zudem kennt man auch einige konservierte siRNA-Familien. Diese siRNAs werden sowohl aus codierenden als auch aus nichtcodierenden DNA-Sequenzen erzeugt.

Wie neuere Untersuchungen gezeigt haben, werden nahezu alle bekannten Phytohormone auch über sRNAs oder über die an deren Biosynthese beteiligten Proteine reguliert. Ein Beispiel dafür ist die siRNA miR390-TAS3-ARF, welche bei allen Landpflanzen vorkommt und u. a. den Auxinsignalweg reguliert. Dabei sind einige dieser sRNAs in der Lage, mehrere Phytohormonwege gleichzeitig zu modulieren. Da sRNAs auch das Wachstum, die Reifung und die Fruchterträge von Gemüse und Obstpflanzen erheblich beeinflussen, sind sie in den letzten Jahren in den Fokus der land- und forstwirtschaftlichen wie auch der industriellen Forschung gerückt.

Die umfangreichen Kenntnisse über Phytohormone verdanken wir ausgeklügelten Versuchen an Modellpflanzen, zu denen unter anderem *Avena* (Hafer), *Pisum* (Erbse) und in den letzten Jahrzehnten vor allem *Arabidopsis* (Ackerschmalwand) gehören. Daher geben die hier dargestellten Signalwege und Proteine eine grobe Generalisierung wieder. Bei den verschiedenen Pflanzenfamilien und Gattungen ist im Einzelnen sicherlich gemäß Spezialisierungen an Standort, Klima und Metabolismus mit Abweichungen von den gezeigten Schemata zu rechnen.

21.4 Auxine und Cytokinine regulieren Wachstumsprozesse oft antagonistisch

Auxine zählen zu den am längsten bekannten Klassen pflanzlicher Hormone. Dazu gehören die **Indol-3-Essigsäure** (IES) und deren Abkömmlinge, welche Derivate der Aminosäure Tryptophan sind. Auxine werden in den Meristemen von Spross und Wurzel produziert und über Transportproteine von Zelle zu Zelle weitergeleitet. Da die Produktion im Spross höher ist, erfolgt der Auxintransport *de facto* in Richtung Wurzelspitze. Für diesen **polaren Auxintransport** und die physiologische Wirkung der Auxine ist die unterschiedliche, polare Verteilung von Influx- und Effluxtransportern in der Zelle verantwortlich. **In niedrigen Konzentrationen fördern Auxine das Streckungswachstum von Zellen**, indem sie Proteinpumpen in der Membran aktivieren und Protonen in die Zellwand befördern. Der daraus resultierende niedrige pH-Wert induziert zellwandzerlegende Enzyme. Die Zelle wird hierdurch plastischer und kann ihr Volumen vergrößern. Gleichzeitig bewirken Auxine über die Ausschüttung von Ca^{2+} aus der Vakuole die Aktivierung Ca-abhängiger Enzyme. **Hohe Auxinkonzentrationen hemmen Wurzel- und Sprosswachstum**, da sie die Produktion von Ethen fördern.

Einige der klassischen Experimente zum Auxinmechanismus wurden in den 1930er-Jahren von Wend und Thimann durchgeführt. Zu den ersten Beobachtungen der Auxinwirkung gehört das Biegewachstum einer Sprosskoleoptile auf einen seitlichen Lichteinfall hin (◘ Abb. 21.5).

Die Auxinwirkung wird im Zellkern über das Ablesen auxinabhängiger Gene vermittelt. Unter geringen Konzentrationen von Auxin verweilt der für das Ablesen dieser Gene notwendige und an das Auxin-Response-Element (AUX-Re) gebundene Transkriptionsfaktor ARF in einem Komplex mit den Proteinen Aux/IAA und Topless (TPL). Letzteres bewirkt über Aktivierung einer Histon-Deacetylase einen Umbau (Remodeling) an der DNA des AUX-Re und verhindert damit das Ablesen der auxinabhängigen Gene. In Gegenwart von hohen Auxinkonzentrationen bindet das Protein $SCF^{TIR1/AFB}$ an den Repressor Aux/IAA, wodurch dieser polyubiquitiniert und vom Proteasom abgebaut wird. Dies ermöglicht nun die Transkription der auxinabhängigen Gene. Neben diesem kanonischen Weg scheinen auch nichtkanonische Mechanismen zu existieren, wobei Auxin über das cytosolische TIR1 nucleotidabhängige Ionenkanäle (z. B. CNGC14) aktiviert, was zu einem Einstrom von Ca^{2+}-Ionen und einer nachfolgenden Membrandepolarisation führen kann.

Bei **Cytokininen** handelt es sich um Purinabkömmlinge. Chemisch lassen sich zwei Grundtypen der Cytokinine unterscheiden, die dem Isopentenyladenin- (IPA) oder dem *trans*-Zeatin-Typ (tZ) zugeordnet werden, welche sich nur in einer Hydroxylgruppe unterscheiden. Davon abgeleitet gibt es bei Pflanzen mehrere Variationen von Cytokininphytohormonen. Cytokinine vom **tZ-Typ** werden vorwiegend **in der Wurzelspitze** produziert und wandern entgegen der Schwerkraft über das Leitsystem zu den überirdischen Pflanzenteilen. Umgekehrt werden **IPA-Typ-Cytokinine** überwiegend **im Spross** gebildet und wandern zur Wurzelspitze. Die Cytokinine sind vorwiegend in das **Teilungswachstum** von Zellen involviert. In Zellen steigern sie die DNA-Replikationsrate sowie die RNA- und Proteinsynthese über verschiedene Signalwege (◘ Abb. 21.6). Außerdem steuern Cytokinine die Entwicklung von Samenanlage und Pollen und sind im Zusammenspiel mit Auxinen an der Entwicklung des Embryos und der Homöostase des apikalen Sprossmeristems sowie der Wurzelmeristeme beteiligt. Neue Forschungen weisen auch auf eine wichtige Rolle bei der Pathogenresistenz, der Stresstoleranz und der Seneszenz von Blättern hin.

Auxine und Cytokinine wirken bei vielen Prozessen wie der Embryogenese, der Sprossmeristemhomöostase oder der Gefäßbildung **antagonistisch**. Dieser Antagonismus gelingt indirekt über die Regulation der Transkription von Genen des jeweiligs anderen Phytohormonsignalwegs. So kann z. B. Auxin die Expression der Histon-Phosphotransferase 6 (HP6) erhöhen, welche durch Cytokinin unterdrückt wird. Gleichzeitig regulieren Cytokinine die Expression verschiedener Auxin-Effluxtransporter (◘ Abb. 21.6).

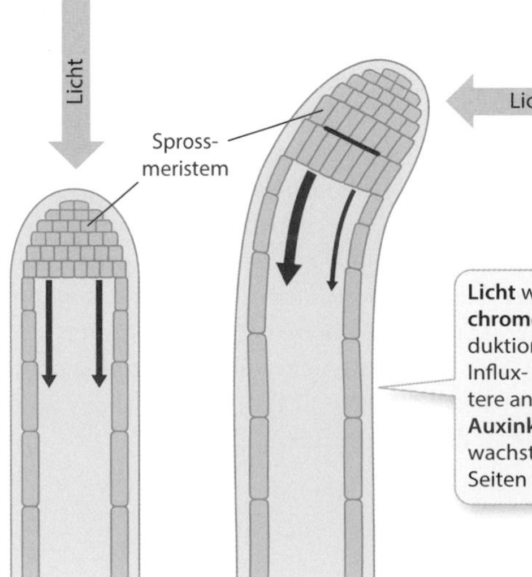

◘ **Abb. 21.5** Regulation des lichtabhängigen Biegewachstums der Sprossachse durch Auxin

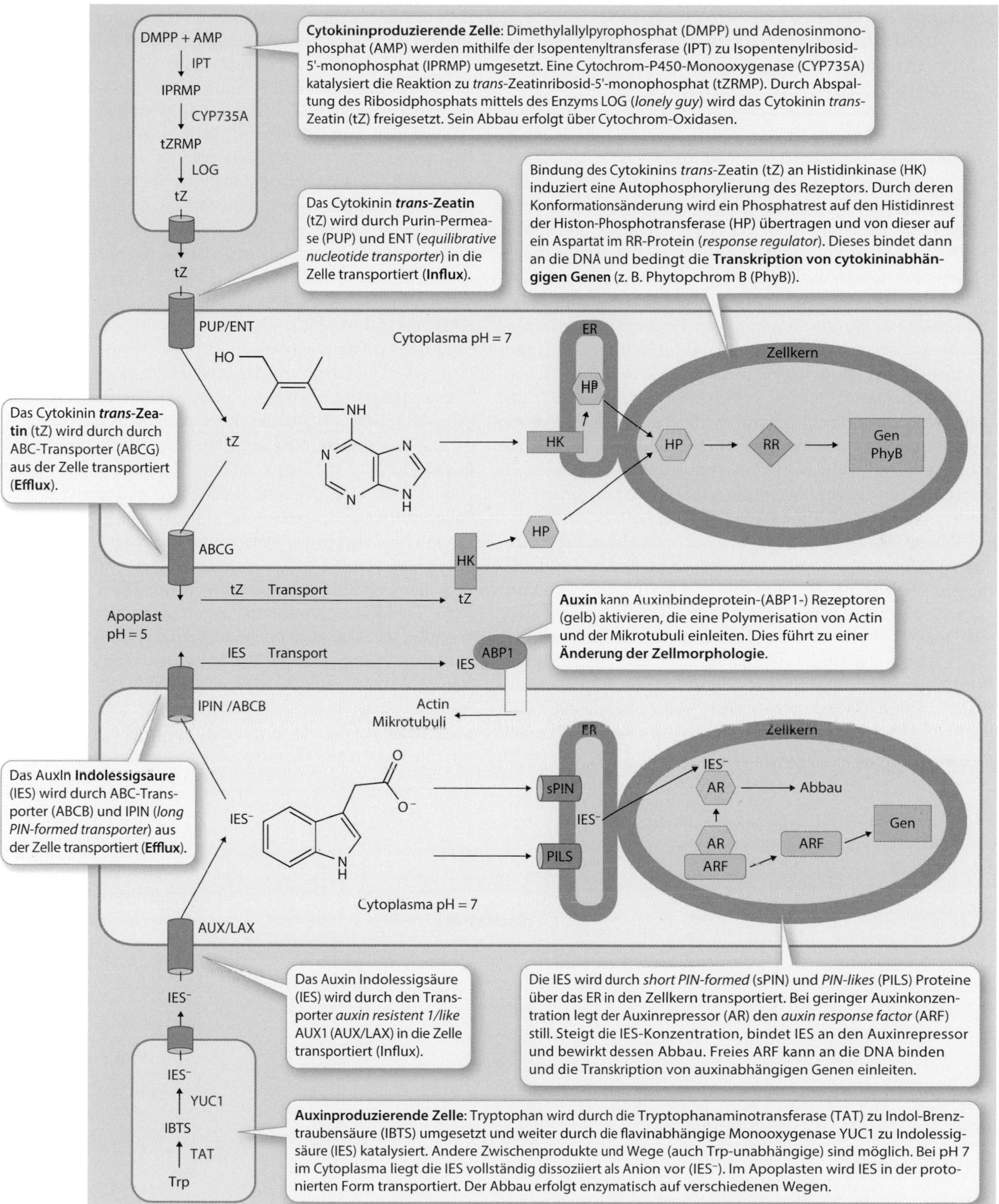

Abb. 21.6 Wirkmechanismen von Cytokinin und Auxin

21.5 Die Aktivität von Wachstums- und Entwicklungsgenen wird von einer Reihe weiterer Phytohormone gesteuert

Gibberelline sind **wachstumsfördernde** Phytohormone. Seit ihrer Entdeckung 1938 hat man mehr als 130 Gibberelline nachgewiesen, aber nur einige wenige davon sind biologisch aktiv. Sie fördern die Samenkeimung, steigern das Wurzel- und Sprosswachstum und die Bildung von Blättern, lösen sowohl die Blütenbildung aus als auch die Reifung der Pollen und fördern die Entwicklung parthenokarper Früchte, wie z. B. Äpfel, Auberginen und Kürbisse. Bei der Keimung von Grassamen bewirkt eine Wasseraufnahme die Produktion und Freisetzung von Gibberellinen im Keimling, wodurch aus der Aleuronschicht hydrolytische Enzyme abgegeben werden, die wiederum Zucker und Aminosäuren aus dem Endosperm freisetzen und die **Keimung** vorantreiben. All dies bewirken Gibberelline indirekt über den Abbau von Proteinen, die diese Wachstumsprozesse hemmen, die sogenannten **Gibberellinrepressoren** (GRAS), zu denen unter anderem die DELLA-Proteine gehören (◘ Abb. 21.7).

Abscisinsäure (**ABA**, von engl. *abscisic acid*) ist ein **Wachstumsinhibitor**, der die **Samenkeimung hemmt** und an der Seneszenz beteiligt ist, wo er **Frucht- und Blattfall fördert**. Unter Stressbedingungen ermöglicht ABA die Anpassung der Pflanze an Trockenheit, hohen Salzgehalt und extreme Temperaturen. Bei Wasserstress bindet Abscisinsäure in den Stomata an die Rezeptoren der Schließzellen und induziert dort einen Ionenausstrom, wodurch Wasser austritt und die Stomata schließen. ABA kann darüber hinaus die Wurzelarchitektur modulieren und die Samenruhe einleiten. Im Zusammenspiel mit Gibberellinen hält ABA so das Gleichgewicht zwischen Samenruhe und Keimung aufrecht. Ihre biochemische Wirkung entfaltet die ABA über die indirekte Aktivierung der Proteinkinase SnRK2, deren Zielproteine die physiologische ABA-Antwort vermitteln (◘ Abb. 21.8). Die ABA-Response-Gene werden **epigenetisch** z. B. durch DNA-Methylierung (▶ Abschn. 11.1) oder Mikro-RNA-Bildung (▶ Abschn. 11.9, 11.13) reguliert. ABA ist zudem ein **positiver Regulator der Cytokinine**, indem sie die Expression der cytokininabbauenden Cytochrom-Oxidasen hemmt. Die Biosynthese der Abscisinsäure erfolgt großteils in den Plastiden der Pflanzenzelle. Dort werden aus β-Carotin über Zeaxanthin und weitere Zwischenprodukte das Xanthoxin produziert sowie Xanthophyllepoxid, das im Cytoplasma enzymatisch mithilfe von NAD^+ und O_2 zu Abscisinsäure umgewandelt wird. Nicht mehr benötigte ABA kann entweder durch Cytochrom-P450-Enzyme hydroxyliert und abgebaut oder an Glucose konjugiert und in der Vakuole stillgelegt werden. Aus den glykosidischen Konjugaten kann ABA, falls nötig, wieder enzymatisch freigesetzt werden.

Die **Brassinosteroide regulieren** das **Wachstum** und die **Entwicklung** (z. B. Längen- und Wurzelwachstum, Zellteilung, Photomorphogenese, Differenzierung von Gefäßen und Stomata, Pollenschlauchbildung sowie die Samenkeimung) von Pflanzen. Sie sind involviert in den Metabolismus und die Signalweiterleitung (Oxidation von Radikalen, Ethensynthese und Wurzelgravitropismus) sowie die **Adaptation an Stress** (Frost, Trockenheit, Hitze, Krankheit, Salz und Nährstoffmangel) und die Abwehr gegen Feinde. Brassinosteroide entfalten ihre Wirkung über eine Rezeptor-Tyrosinkinase (BRI), deren Heterodimerisation und Autophosphorylierung sie einleiten. Es folgt eine Aktivierung mehrerer Enzyme, die schließlich zum Anschalten der brassinosteroidabhängigen Genexpression führt (◘ Abb. 21.9). Über verschiedene Transkriptionsfaktoren regulieren Brassinosteroide

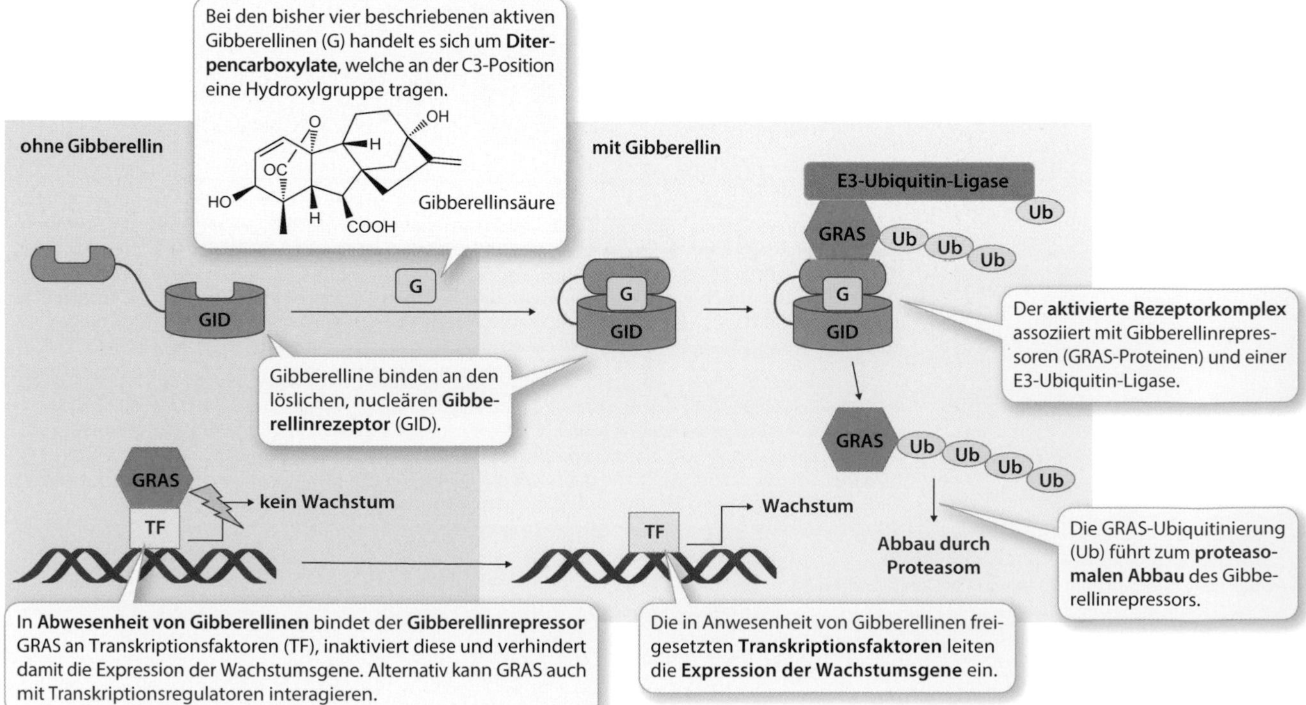

◘ **Abb. 21.7** Regulation der Genaktivität durch Gibberelline

21

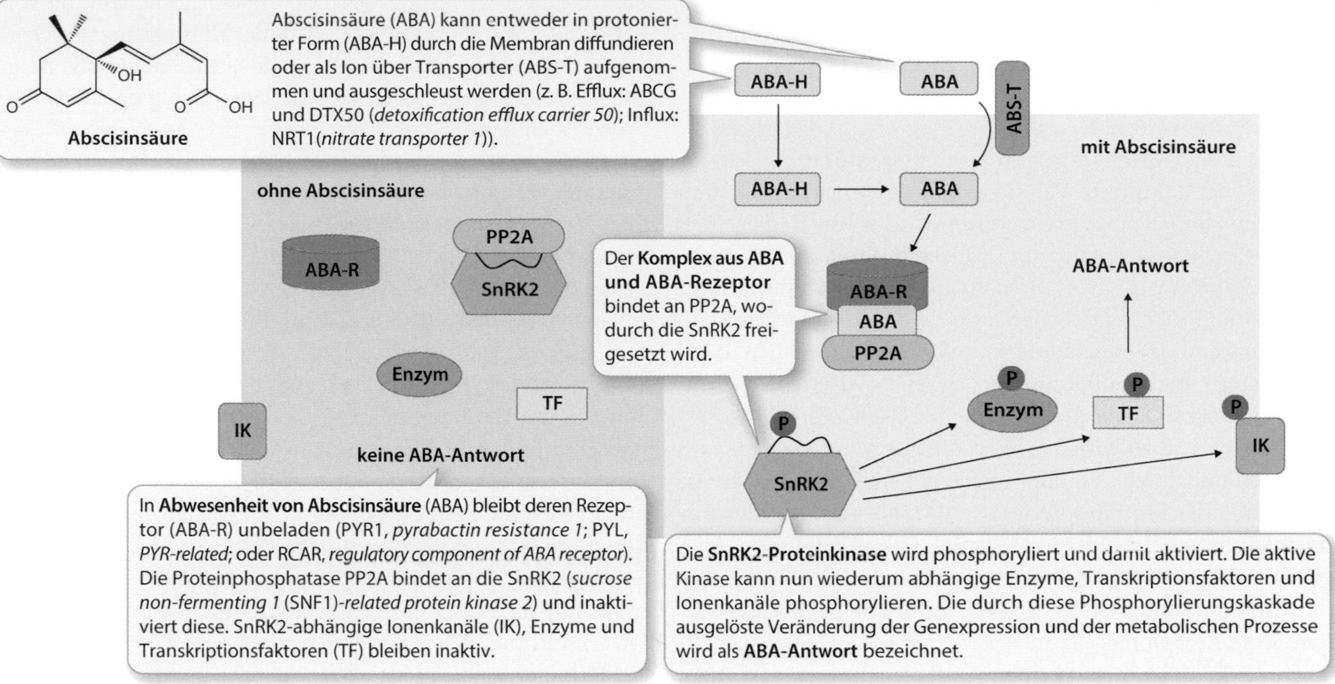

Abb. 21.8 Regulation der Genaktivität durch Abscisinsäure

die Promotoren von auxinabhängigen Genen und von Genen, die für Enzyme codieren, welche an der Biosynthese der Gibberelline beteiligt sind. Bei den Brassinosteroiden handelt es sich um **Cholesterinabkömmlinge** mit Ähnlichkeit zu den tierischen Steroidhormonen und den Ecdysteroiden der Insekten. Aktive Brassinosteroide besitzen generell 27 bis 29 Kohlenstoffatome, deren Cholestangrundgerüst ein in *trans*-fusioniertes A/B-Ringsystem bildet, wobei zwei Hydroxylgruppen an Ring A und eine Ketogruppe (C6) oder Oxo-Ketogruppe (C6/C7) an Ring B sitzen (**Abb. 21.9**). Die hoch komplexe Biosynthese der Brassinosteroide verläuft über die Zwischenprodukte Squalenepoxid und Episterin, einen Vorläufer des Ergosterins. Die Inaktivierung der Brassinosteroide erfolgt entweder durch chemische Modifikation und Abbau oder durch Konjugation an Fette und Kohlenhydrate.

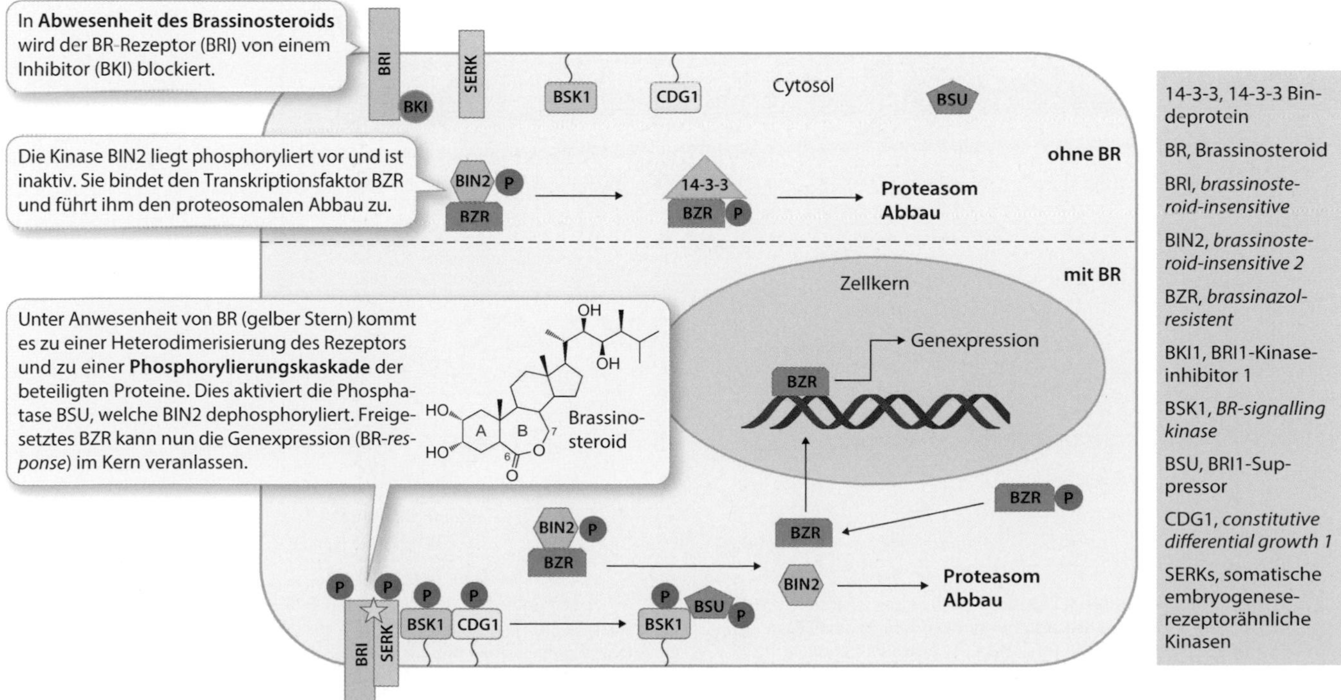

Abb. 21.9 Regulation der Genaktivität durch Brassinosteroide

21.6 Die Phytohormone Ethen, Strigolactone und Karrikinolide wirken auch auf andere Organismen

Ethen, oft auch **Ethylen** genannt, ist ein **gasförmiges Phytohormon**. Es kann über Parenchymgewebe transportiert und durch die Stomata abgegeben werden und so die Entwicklung und Reifung vergesellschafteter Pflanzen beeinflussen (**allochemische Wirkung**). Ethen gilt als typisches **Reifungshormon**, welches die Fruchtreife fördert und den Blatt- und Fruchtfall einleiten kann. In bodenbedeckten Sprossen und im Wurzelwerk kann Ethen die Bildung von Parenchymgewebe (Aerenchym) einleiten. Zugleich scheint es bei der Knospung wachstumsinhibierend zu wirken. Diese Wirkung wird durch Auxin stimuliert und durch Cytokinine aufgehoben. Ethen reguliert die Schließung der **Stomata**, indem es als **Gegenspieler der Abscisinsäure** wirkt, welche wiederum die Expression von Genen des Ethenbiosynthesewegs unterdrücken kann.

Seine physiologische Wirkung vermittelt Ethen über verschiedene Rezeptoren, die in der Membran des endoplasmatischen Retikulums sitzen (◻ Abb. 21.10). Die Bindung des Ethens induziert eine Signalkaskade, die zur Aktivierung der Expression ethenabhängiger Gene im Zellkern führt. Unterbindet man die Aktivierung der Ethenrezeptoren durch Antagonisten wie das 1-Methylcyclopropen (1-MCP) oder verdrängt man Kupferionen, die als Cofaktoren an den Rezeptoren beteiligt sind, mithilfe von Silbersalzen, kann man eine Blockade der ethenabhängigen Genexpression erzielen. Daher werden die letztgenannten Stoffe in Industrie- und Lagerprozessen zur Verzögerung der Reife von Früchten eingesetzt.

Die **Biosynthese des Ethens** beginnt mit der enzymatischen Spaltung von **S-Adenoslymethionin** (SAM) durch die ACC-Synthase (*1-aminocyclopropane-1-carbonic acid synthase*), bei der zwei Produkte entstehen. Die Regeneration des ersten gebildeten Produkts, 5′-Methylthioadenosin, zu SAM erfolgt über den sogenannten **Methioninzyklus** (**Yang-Zyklus**). Das für die Ethensynthese entscheidende Produkt ist allerdings die bei der Umsetzung gebildete **1-Aminocyclopropancarbonsäure** (**ACC**), eine Aminosäure, die durch die ACC-Oxidase mithilfe von Sauerstoff und Ascorbinsäure unter Freisetzung von Kohlenstoffdioxid und Blausäure zu Ethen umgewandelt wird. Ethen aktiviert in nicht cyanogenen Pflanzen das Enzym β-Cyanoalanin-Synthase (oder deren Produktion), welche mithilfe der Aminosäure L-Cystein Blausäure zu β-Alanin und H_2S umwandeln kann. Hierdurch wird ein Anstieg der Blausäurekonzentration auf cytotoxisches Niveau verhindert.

Strigolactone wurden als eine allochemisch wirkende Substanzklasse entdeckt, die von Pflanzen im Wurzelsystem freigesetzt werden, um die **Mykorrhizabildung** (▶ Abschn. 35.15) mit symbiotischen Pilzen einzuleiten. **Parasitäre Pflanzen** ohne Photosynthesemöglichkeit, wie die Sommerwurz (*Orobanche* spp.) oder

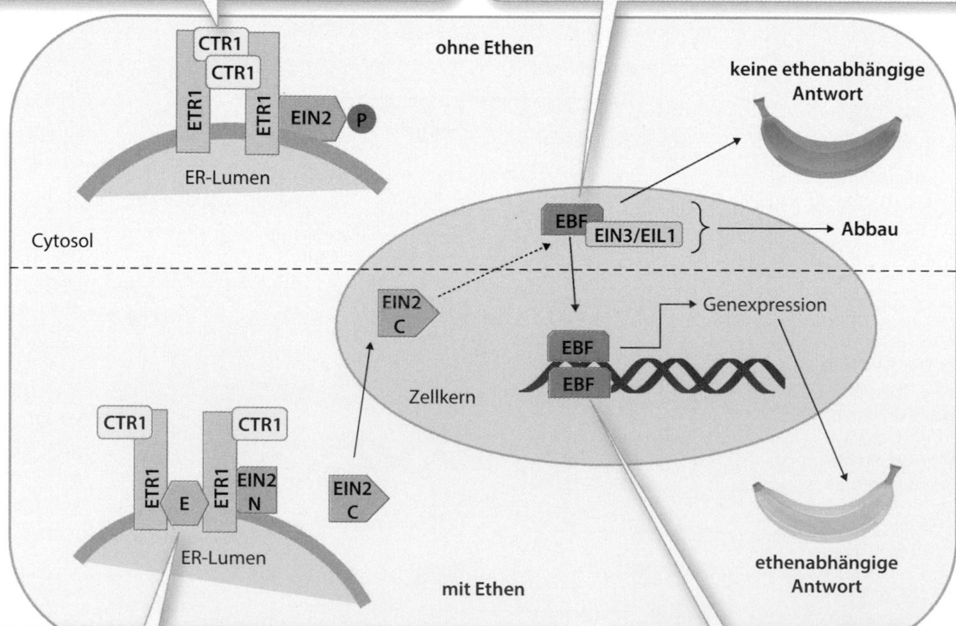

◻ **Abb. 21.10** Wirkungsweise von Ethen

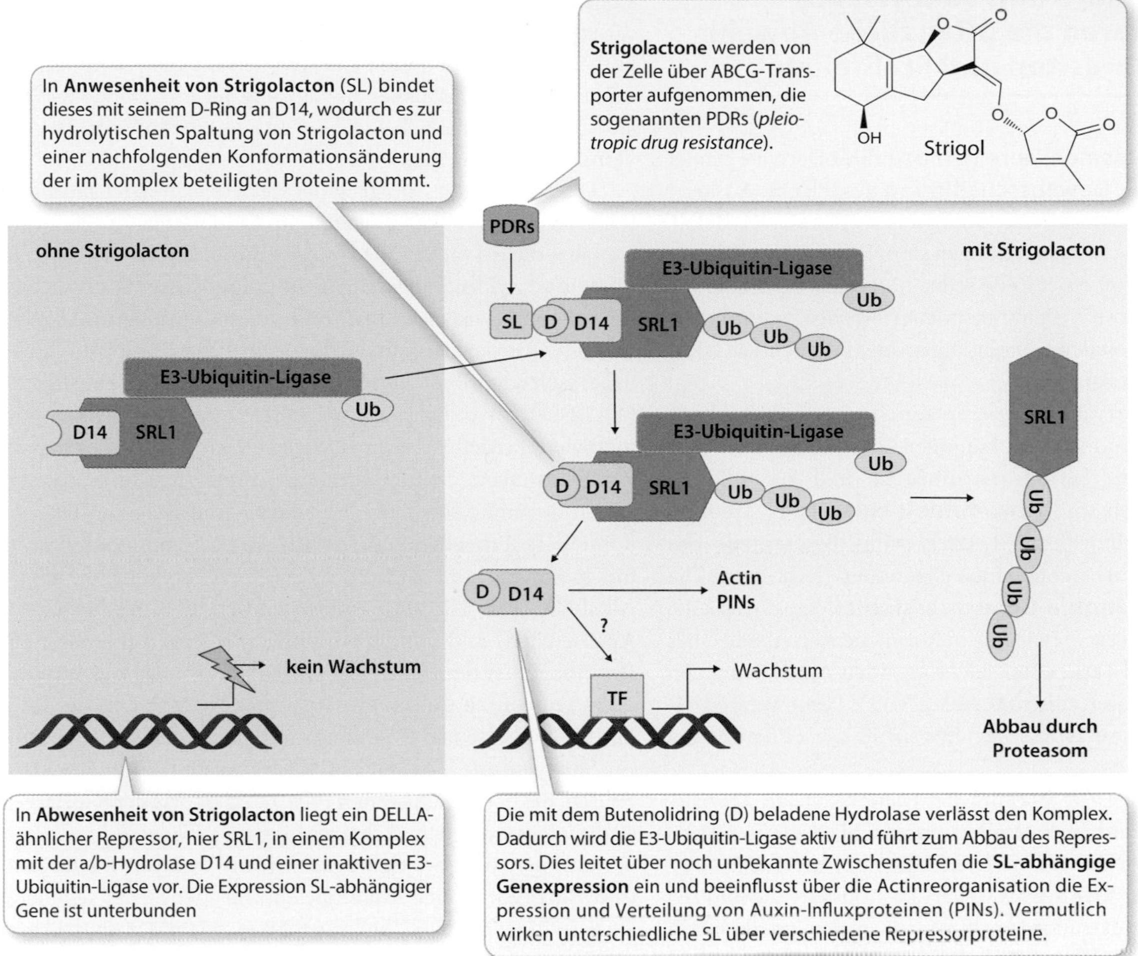

Abb. 21.11 Wirkungsweise von Strigolactonen

das Afrikanische Hexenkraut (*Striga* spp.), nutzen Strigolactone als Zeiger für potenzielle Wirtspflanzen, von denen sie Wasser und Nährstoffe erhalten können. Die **Keimung ihrer Samen** wird daher ausschließlich durch einen Strigolactonstimulus hervorgerufen.

Stringolactone wirken vorwiegend auf die Wurzelarchitektur von Pflanzen. Sie verhindern zwar die Bildung von Wurzelverzweigungen (im Zusammenspiel mit Auxinen), stimulieren aber die Bildung von Wurzelhärchen und das Wachstum der Wurzelkrone. Darüber hinaus befördern sie gemeinsam mit Auxinen das Dickenwachstum des Sprosses und das Längenwachstum der Internodien. Sie begünstigen die Verzweigung des Sprosses, beschleunigen die Blattalterung und steuern die Adaptation der Pflanze an veränderte Nährstoffbedingungen (z. B. Phosphat). Mangel oder Überschuss von Nährstoffen beeinflusst dabei direkt die Expression von Genen der Strigolactonbiosynthese.

Ihre physiologische Wirkung entfalten die Strigolactone mittels eines ähnlichen Repressorsystems wie es bei den Gibberellinen zu finden ist (▶ Abschn. 21.5). In Anwesenheit von Strigolactonen werden Repressoren der strigolactonabhängigen Genexpression, die DELLA-Proteine, dem proteasomalen Abbau zugeführt (Abb. 21.11). Dies aktiviert die strigolactonabhängige Zellantwort.

Strigolactone zeichnen sich durch einen **Butenolidring** (Lacton einer ungesättigten Buttersäure; Furanon) aus (Abb. 21.11), der über eine Enol-Ether-Brücke mit einem α,β-ungesättigten Carbonylrest verbunden ist. Das Carbonylgerüst wird entweder durch ein Drei-Ring-System (ABC-Ringe) wie bei Strigol oder durch einen Ring wie im Fall des Carlactons (β-Jonon-Ring) ergänzt. Strigolactone werden vermutlich vorwiegend in den Wurzeln gebildet. Die Biosynthese der Strigolactone erfolgt in den Plastiden mittels des **Isoprensynthesewegs** über die Zwischenstufe β-Carotin bis zum Carlacton. Der weitere Syntheseweg zu den verschiedenen Strigolactonvarianten verläuft dann im Cytoplasma der Zelle. Die Strigolactone werden aus den Wurzeln vermutlich über das Xylem zum Spross und den Blättern transportiert. In die Zelle werden sie durch ABC-Transporter aufgenommen und im Laufe der Signalweiterleitung hydrolysiert und inaktiviert. Kürzlich wurde gezeigt, dass **Karrikinolide**, die ein Furopyranongerüst aufweisen und daher auch zu den Butenoliden zählen, ähnliche Wirkungen auf Pflanzen haben wie die Strigolactone. Man könnte daher beide Klassen zu Butenolidphytohormonen zusammenfassen. Allerdings wurden Karrikinolide bisher als Syntheseprodukte von Pflanzen nicht nachgewiesen. Sie entstehen vielmehr bei der Verbrennung pflanzlichen Materials, z. B. durch Buschfeuer, aus Polysacchariden und induzieren die Keimung neuer Pflanzen nach einsetzendem Regen aufgrund ihrer chemischen Ähnlichkeit zu Strigolactonen (Strigolacton-Mimetika).

21.7 Jasmonsäure und Salicylsäure organisieren die pflanzliche Abwehr gegen Parasiten und Fraßfeinde

Die Synthese von **Jasmonsäure** (JA) und ihrer Derivate erfolgt als Antwort auf eine **Gewebsschädigung** der Pflanze. Auslöser können dabei Fraßfeinde, mikrobiotischer oder viraler Befall, aber auch mechanische Schädigungen sein. Jasmonsäurederivate können entweder von einer Zelle selbst hergestellt oder über die Leitbündel zu anderen Zellen transportiert werden, wodurch die Information einer lokalen Schädigung an alle Pflanzenteile kommuniziert werden kann.

Jasmonsäurederivate induzieren durch eine Signalkaskade die Expression jasmonsäureabhängiger Gene, was zu **Wachstumsverzögerung**, **Schadensreparatur** und zur Bildung von **Phytoalexinen** und **Abwehrmolekülen** (z. B. Thionin, Osmotin, JIP60 etc.) führt. Letztere sind Bestandteile des pflanzlichen Abwehrmechanismus gegenüber Herbivoren. Die **jasmonsäureabhängige Genexpression** erfolgt durch eine jasmonsäureinduzierte Signaltransduktion, die zum Abbau eines Repressorkomplexes und einer nachfolgenden Aktivierung von Transkriptionsfaktoren führt (◘ Abb. 21.12). Jasmonsäurederivate tragen auch zur **erworbenen Immunität** von Pflanzen bei (► Abschn. 22.7).

Während die typische Wirkung der Jasmonsäure als Abwehrreaktionen gegen herbivore Organismen im Blatt und Spross zu beobachten ist, regt das Hormon im Blütengewebe die Bildung des Nektars an. Darüber hinaus steuert Jasmonsäure die Bildung des sogenannten „extrafloralen Nektars“ in den extrafloralen Nektarien, speziellen Drüsen, die mit Leitbündeln in Kontakt stehen. Dadurch werden Ameisen angelockt und so als Verteidiger gegen die Herbivoren rekrutiert. Der extraflorale Nektar enthält neben dem hohen Zuckeranteil oft auch Aminosäuren und Proteine und ist daher als Nahrung begehrt. Der hohe Nährstoffgehalt führt deshalb zu einem oft aggressiven Verteidigungsverhalten der Ameisen.

Die Biosynthese erfolgt in der Zelle teils in den Chloroplasten, teils in den Peroxisomen und im Cytoplasma. Ausgangsstoff ist dabei die α-Linolensäure, welche durch Oxidations-, Reduktions- und Zyklisierungsschritte in Jasmonsäure (◘ Abb. 21.12) umgewandelt wird. Als bioaktive Jasmonsäuresubstanzen gelten die (+)-7-iso-Jasmonsäure selbst sowie ihre Konjugate Jasmonyl-L-Isoleucin (JA-Ile) und Jasmonyl-L-Leucin (JA-Leu), die *cis*-(+)-12-Oxophytodiensäure (12-OPDA) und der Jasmonsäuremethylester (Methyljasmonat; MJ). Letzterer ist für die Drehung von Blattranken, die Inhibition des Wurzelwachstums, das Einsetzen der Blüte sowie für die Samen- und Fruchtreifung (Induktion der Ethenbildung) verantwortlich. Jasmonsäurederivate induzieren auch die Bildung antimikrobieller Stoffe, die einiger Alkaloide (z. B. Nicotin), Antioxidantien (z. B. Anthocyane in Apfelschalen) und Proteinaseinhibitoren (gegen Insektenfraß). Der Abbau der bioaktiven Jasmonsäurederivate erfolgt enzymatisch, teils durch Carboxylierung oder Hydroxylierung, sowie durch Hydrolyse und Dekonjugation.

Salicylsäure (SA) und ihre Derivate sind sekundäre Metaboliten, die bei verschiedenen Pflanzenarten wie der Silberweide (*Salix alba*) oder dem Echten Mädesüß (*Filipendula ulmaria*) vorkommen und bei der **Verteidigung gegen Pathogene und Herbivoren** eine Rolle spielen. Darüber hinaus regulieren sie verschiedene Entwicklungsprozesse, wie das Zellwachstum, die Keimung, die Respiration, das Schließen der Stomata, Tem-

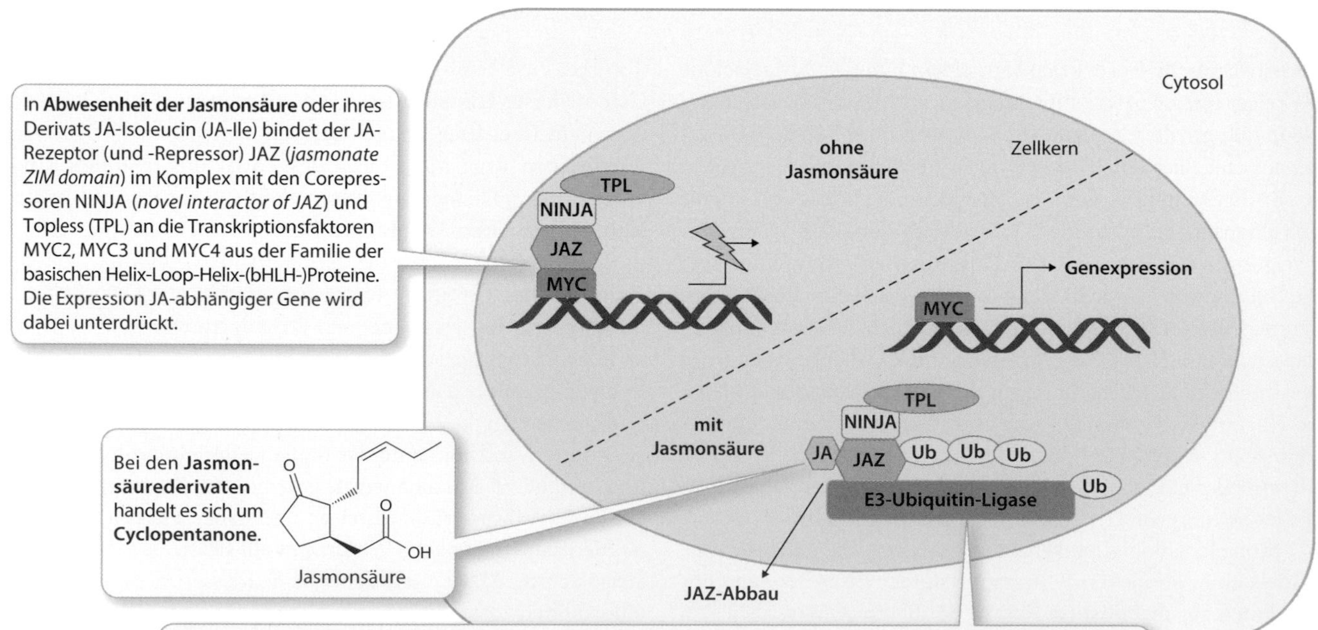

◘ **Abb. 21.12** Wirkungsweise von Jasmonsäure

21

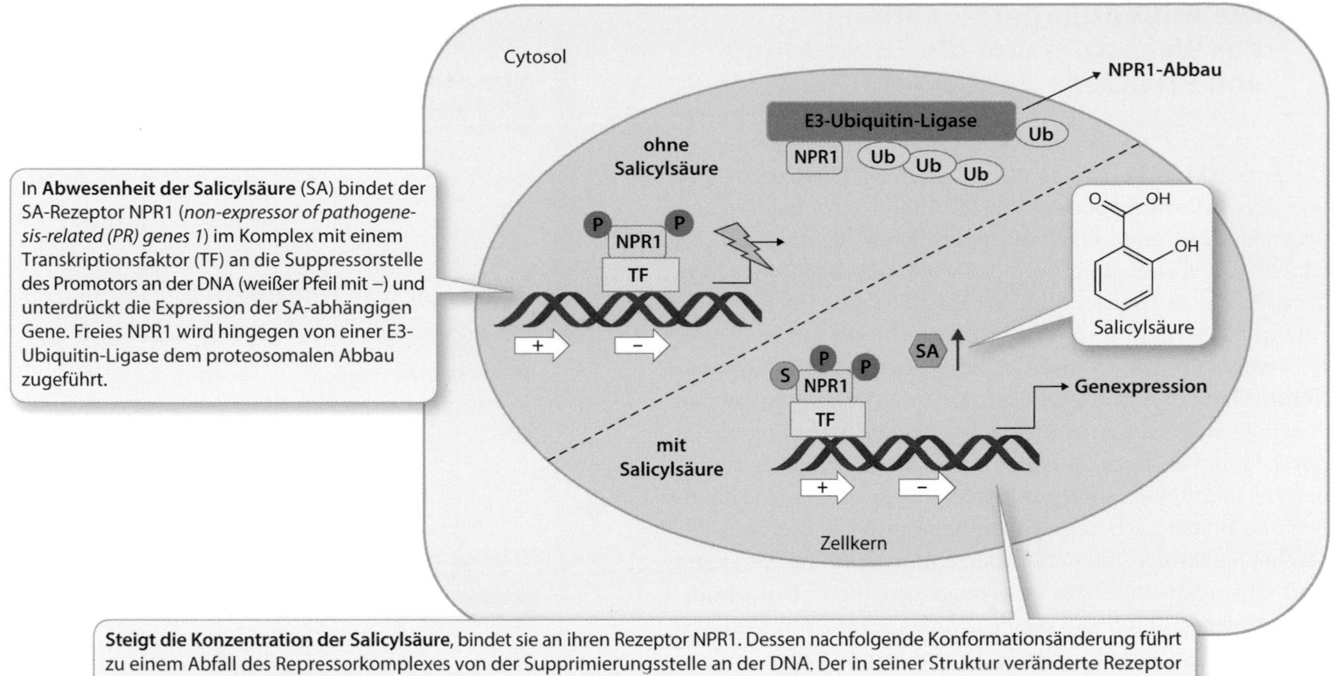

Abb. 21.13 Wirkungsweise von Salicylsäure

peraturtoleranz, die Fruchtausbeute, die Blattsenezenz und die Nodulation. Ähnlich der Jasmonsäure tragen sie zur erworbenen Immunität von Pflanzen bei (▶ Abschn. 22.7) und beeinflussen die im endoplasmatischen Retikulum vermittelte *protein unfol ding response* sowie die DNA-Reparatur. Obwohl Salicylsäurederivate bei *Arabidobsis* an mehr als 20 verschiedene Zielproteine binden können, verläuft das Salicylsäure-Signalling vorwiegend über eine Familie von Rezeptorproteinen (■ Abb. 21.13), die als Regulatoren der salicylsäureabhängigen Gene wirken.

Die Biosythese der Salicylsäure verläuft über den Shikimat- und Chorismatweg in den Plastiden/Chloroplasten. Der genaue weitere Verlauf ist noch Gegenstand der Forschung. Zwei unterschiedliche Synthesewege können hier (je nach Spezies) beschritten werden. Entweder wird Salicylsäure aus Chorismat mittels der Isochorismat-Synthase (ICS) zu Salicylsäure konvertiert oder auf einem „Umweg" aus der Aminosäure Phenylalanin gewonnen. Im letzteren Fall wird Phenylalanin im Cytoplasma der Zelle mithilfe des Enzyms Phenylalanin-Ammoniak-Lyase (PAL) über Zimt- und Benzoesäure zur Salicylsäure umgewandelt. Salicylate finden sich in Pflanzen vorwiegend in β-glykosidischer Form als Salicylalkoholglykoside (z. B. als Salicin) wieder. Durch Hydrolyse (z. B. Bildung von Saligenin) und Oxidation wird daraus die Salicylsäure oder eines ihrer Derivate gebildet. Bei den Derivaten handelt es sich meist um Ester der Salicylsäure, aber auch um Amorfrutine, bei denen die H-Atome des aromatischen Rings der Salicylsäure durch Alkyl-, Isoprenyl- oder aromatische Gruppen substituiert sind. Weitere wichtige Modifikationen sind Konjugationen der Salicylsäure an Aminosäuren, die vermutlich im Katabolismus eine Rolle spielen. Die Hydroxylierung der Salicylsäure hingegen führt zu Derivaten der Benzoesäure. Eine besondere Aufgabe kommt dem **Salicylsäuremethylester** (Methylsalicylat; MeSA) zu. Er ist ein volatiler Stoff, mit dem Nachbarpflanzen umgehend über herannahende Pathogene und Herbivoren informiert werden können. Vor Kurzem wurde eine Glykosyltransferase entdeckt, die Methylsalicylat in ein Methylsalicylat-Glucosid (MeSAG) konvertieren kann.

Da Salicylsäure die systemisch erworbene Immunabwehr (▶ Abschn. 22.7) aktivieren kann, besonders nach einer kurzen Lichtperiode nach dem Eindringen eines pathogenen Organismus, ist die Kontrolle der SA- und MeSA-Homöostase besonders wichtig. Pathogene haben daher Mechanismen entwickelt, zu ihren Gunsten in den Biosyntheseweg der Salicylsäure einzugreifen. Meist geschieht dies dadurch, dass in die pflanzliche Zelle Enzyme, oft Mutasen, als Effektoren geschleust werden, die Chorismat oder Isochorismate in andere Synthesebausteine konvertieren.

21.8 Die Außentemperatur steuert das Wachstum und die Entwicklung von Pflanzen

Die **Entwicklung und das Wachstum von Pflanzen** hängen von der **Außentemperatur** ab (◘ Abb. 21.14). Jede Pflanze hat einen **optimalen Wachstumsbereich**, in dem sie sich entwickeln und fortpflanzen kann. Extreme Hitze und Kälte setzen dem Überleben Grenzen. Daher haben Pflanzen Mechanismen entwickelt, geringe **Temperaturunterschiede** von bis zu nur 1 °C **wahrzunehmen** und sich an Kälte und Hitze zu **adaptieren**. Darüber hinaus sind Pflanzen in der Lage, Temperaturen über längere Phasen zu integrieren und auf derartige Stimuli mit physiologischen Konsequenzen zu reagieren. Ein prominentes Beispiel hierfür ist die **Vernalisation**, das Austreiben von Knospen und Blüten nach einer vorangegangenen Kälteperiode. Die Mechanismen der Temperaturperzeption und ihrer Sensoren sind teils noch ungeklärt. Allerdings verändern Temperatursprünge den Zustand und die Zusammensetzung von Membranen sowie den Zustand von Nucleosomen und haben Einfluss auf die Stabilität und das Spleißen von mRNA in Pflanzenzellen.

Die Außentemperatur beeinflusst die Physiologie einer Pflanze mittels einer Vielzahl von **Phytohormonen**, die je nach Temperatur und Organ/Gewebe hoch- oder herunterreguliert werden. Phytohormone steuern wiederum die Expression von ihnen abhängiger Gene und induzieren epigenetische Veränderungen, die vor allem die Anpassung an Temperaturänderungen (Hitze- und Kälteadaptation) regulieren. Während Gibberelline, Salicylsäure und Cytokinine vorwiegend das Wachstum bei kühleren Temperaturen kontrollieren, spielen Auxine bei höheren Graden eine entscheidende Rolle (◘ Abb. 21.15).

Wesentliche Elemente bei der temperaturinduzierten Signalkaskade stellen Transkriptionsfaktoren wie die **phytochrom-assoziierten Faktoren** (PIFs von engl. *phytochrome interacting factors*) dar. Sie sind zentrale Moleküle für das Zusammenspiel von Licht und Temperatur und deren Auswirkung auf Wachstum, Entwicklung und Anpassung von Pflanzen. So wird bei warmen Temperaturen vermehrt PIF4 gebildet. PIF4 stimuliert die Auxinproduktion, wodurch in Zusammenspiel mit Brassinosteroiden und Gibberellinen das Längenwachstum von Spross und Blattstielen angeregt und die **Hyponastie** – ein verstärktes Wachstum auf der Unterseite, das zum Entfalten führt –, sowie das Dickenwachstum von Blättern gefördert werden. Ein weiteres zentrales Molekül ist das Protein **Flowering Time** (FT), welches während der Vernalisation bei steigenden Temperaturen den Übergang des vegetativen Meristems zur Entwicklung der Blüte und der Reproduktionsorgane einleitet. Während der vorausgehenden Kälteperiode verhindert Abscisinsäure diesen Übergang, indem sie die Transkription des Repressors **Flowering Locus C** (FLC) erhöht, der das Ablesen von Genen, welche die Blüte einleiten, verhindert. Gibberelline wirken antagonistisch zu Abscisinsäure. Allerdings inhibieren kalte Temperaturen die Expression der Gibberellinsynthesegene und aktivieren zudem den Abbau von Gibberellinen. Erst im Frühjahr steigt ihre Konzentration und verursacht Knospentrieb und Blüte. Bei kalten Temperaturen kommt es zu einer Unterdrückung des Wachstums, vermutlich um Ressourcen in die Adaption und die Kältetoleranz

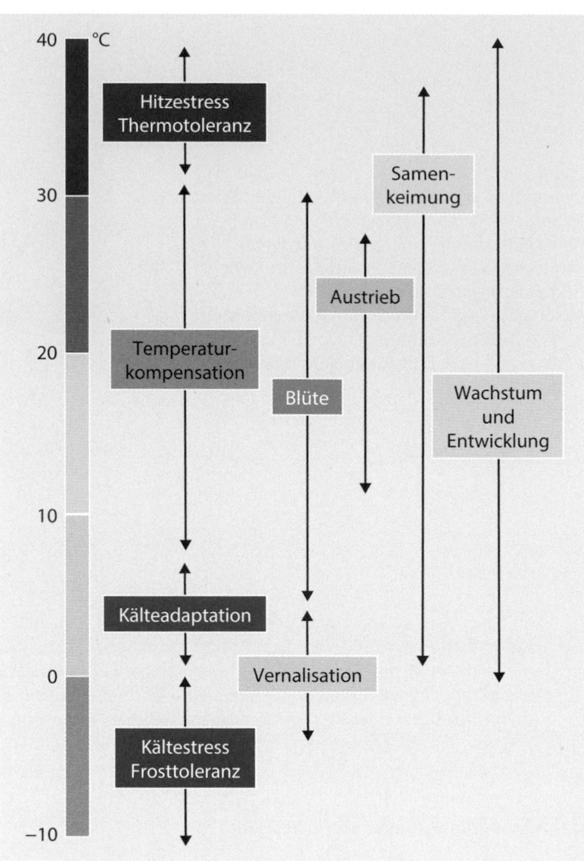

◘ **Abb. 21.14** Einfluss der Temperatur auf die pflanzliche Entwicklung

umzuleiten. Dabei fördert ein starker Calciumionenanstieg in den Zellen die Bildung reaktiver Sauerstoffspezies (ROS) und die Einlagerung von kälteprotektiven Metaboliten und Proteinen. Diese Adaptation wird durch bestimmte Gene (CBF-Regulon), die gemeinsam über den kälteinduzierbaren C-repeat Binding Factor (CBF) gesteuert werden, eingeleitet. Allerdings halten Cytokinine auch bei tieferen Temperaturen (< 4 °C) ein geringes Zellwachstum aufrecht.

Auch die rhythmische Änderung der Temperatur durch den **Tag-Nacht-Zyklus** und die daraus resultierende Temperaturdifferenz haben einen Einfluss auf die Entwicklung von Pflanzen. Eine stärkere Temperaturdifferenz (kalte Nacht, warmer Tag) kann das Auxinniveau erhöhen und das Sprosslängenwachstum und das Wachstum der Blätter stimulieren.

Auf extreme Temperaturänderungen reagieren Pflanzen mit einer **Stressantwort**. Sowohl Kälte als auch Hitze wirken sich meist negativ auf die photosynthetische Aktivität aus und steigern die Produktion von reaktiven Sauerstoffmolekülen (ROS). Diese wiederum senken die Produktivität biochemischer Prozesse und verlangsamen das Wachstum von Pflanzen. Während Hitzestress zudem die Denaturierung von Proteinen bewirkt und damit ein metabolisches Ungleichgewicht erzeugt, gehen ein Kälteschock oder Frosteinfall meist mit starken Membranschäden einher. Eines der ersten Phytohormone, das auf diese extremen abiotischen Faktoren und auf eine drohende Dehydrierung reagiert, ist die Abscisinsäure, da sie die Schließung der Stomata und die Bildung protektiver Substanzen in den Zellen kontrolliert. Darüber hinaus stimulieren extreme Temperaturen die Expression von **Hitze-** oder **Kälteschockfaktoren** (HSFs) und **-proteinen** (HSPs).

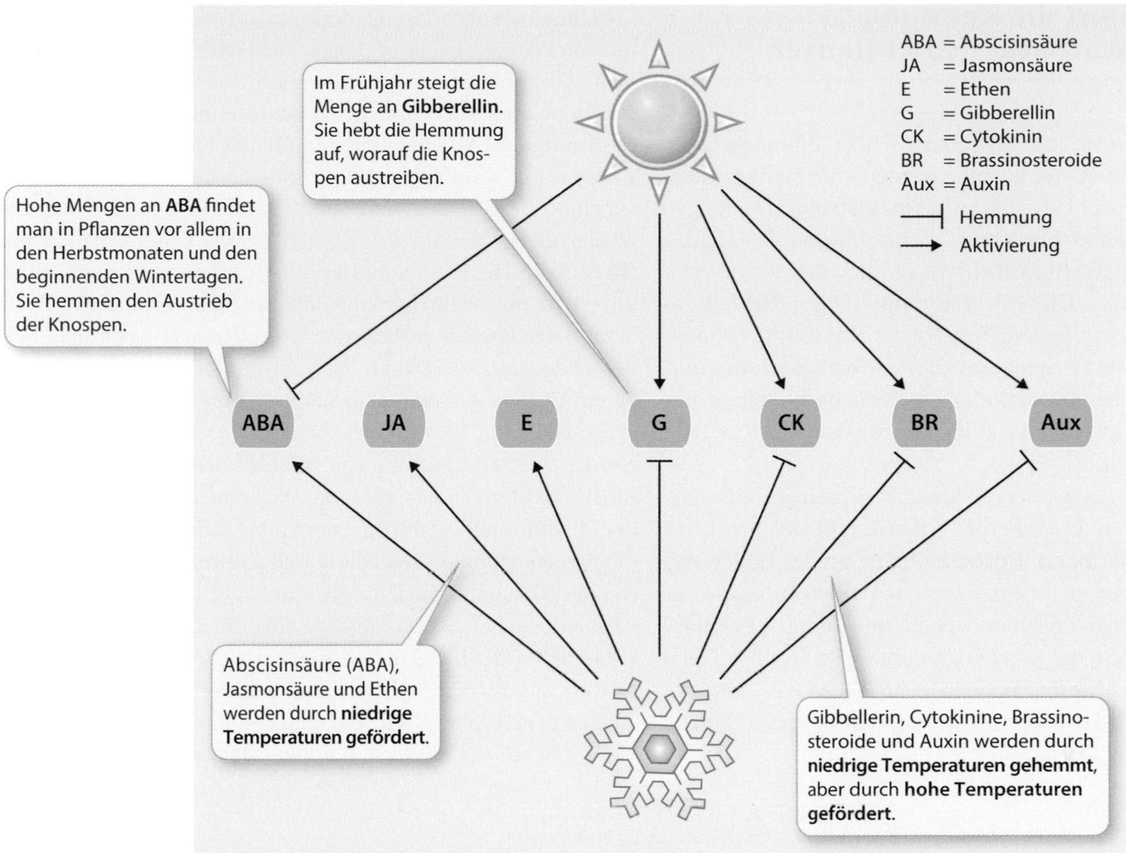

Abb. 21.15 Einfluss der Temperatur auf den Phytohormonhaushalt einer Pflanze. In einzelnen Organen und Geweben kommt es durch Einfluss der Temperatur zu Abweichungen von diesem generalisierten Schema, ebenso bei extremer Kälte oder Hitze

Bei der Ackerschmalwand wirken die *dehydration-responsive element (DRE) binding protein 1/C-repeat binding factors* (DREB1/CBFs) als Masterregulatoren bei der Expression von Genen der **Kältestressantwort**. Diese können auf verschiedenen Wegen aktiviert werden, je nachdem, ob der Kälteeinbruch rasch oder nur graduell vonstattengeht. Im Fall einer schnellen Kälteantwort kommt es binnen Sekunden zu einem Anstieg der Ca^{2+}-Konzentration, worauf die sogenannten calmodulinbindenden Transkriptionsaktivatoren (CAMTA3/5) „angeschaltet" werden, welche wiederum die DREB1 aktivieren können. Fällt die Temperatur allerdings langsam ab, reagieren Transkriptionsfaktoren, welche auch bei der circadianen Rhythmik mitwirken, wie CIRCADIAN CLOCK ASSOCIATED 1 und LATE ELONGATED HYPOCOTYL. Letztere können daraufhin ebenso die DREB1-Expression einleiten.

In ähnlicher Weise wie bei Kältestress reagieren Pflanzen bei **Hitzestress** mit der Aktivierung von Masterregulatoren wie z. B. DREB2. Dieses Protein ist unter gemäßigten Temperaturen instabil und wird nach der Translation umgehend vom Proteasom abgebaut. Während eines starken Temperaturanstiegs wird DREB2 allerdings durch eine posttranslationale Modifikation, eine SUMOylierung, stabilisert. Hierdurch wird eine Adaptation an Hitze eingeleitet. Hohe Temperaturen richten in erster Linie Schäden an den Chloroplasten an. Daher reagieren viele Pflanzen bei Hitzeschock zuerst mit der Aktivierung von Acyltransferasen zur Behebung der Membranschäden und mit der Bildung von Hitzeschockfaktoren zur Stabilisierung von Proteinen und metabolischen Enzymen, die an der Photosynthese und dem Kohlenstoffzyklus beteiligt sind (vor allem PSI and PSII, Cytochrom-b_6f-(Cytb_6f-)Komplex und RubisCO).

21.9 Licht steuert die Keimung und das Wachstum von Pflanzen

Die **Entwicklung und das Wachstum der Pflanzen** vom Samen bis zum adulten Organismus werden vom **Licht** geprägt (◘ Abb. 21.16). Sowohl die **Strahlungsleistung** (Leistungsdichte, W/m^2), die **absorbierbaren Wellenlängen** als auch die **Länge der Lichteinstrahlperiode** wirken sich auf die Entwicklung von Pflanzen aus. Diese Faktoren unterliegen den Jahreszeiten sowie insbesondere dem **Tag-Nacht-Rhythmus** (Photoperiode). Prominente Beispiele für diesen **Photoperiodismus** sind die artspezifischen Induktionen der Blüte nach verschieden lang andauernden Lichtzyklen oder Tageslängen der Kurztag- und Langtagpflanzen.

Eine Bestrahlung mit verschiedenen Wellenlängen aus dem sichtbaren Spektrum bewirkt bei Pflanzen unterschiedliche physiologische Reaktionen. **Rotes Licht** ist an der Einleitung der **Samenkeimung** vieler Pflanzen nach einer Ruheperiode (**Dormanz**) sowie am Ergrünen der Blätter und der Beschattungsvermeidung, also der Konkurrenz um Licht, beteiligt. Licht des **blauen Spektralbereichs** reguliert dagegen das **Längenwachstum** sowie die **Stomataöffnung** und initiiert den **Phototropismus** mancher Arten.

Um eine angemessene Reaktion auf Lichtreize einzuleiten, müssen Pflanzen in der Lage sein, unterschiedliche Wellenlängen und Lichtintensitäten zu registrieren und zu integrieren. Dies erfolgt über spezielle **Photorezeptoren** und **Pigmentsysteme** (► Abschn. 20.4). Die aufgenommenen Lichtreize führen zur Aktivierung von Proteinenkaskaden, an deren Ende die Transkription bestimmter Gene steht, deren Expressionsprodukte wiederum für die physiologische Antwort verantwortlich sind (◘ Abb. 21.16). Eine Schlüsselrolle in diesem Prozess spielen die phytochromassoziierten Faktoren (PIFs) als negative Regulatoren der Photomorphogenese (von den acht bekannten PIFs bei *Arabidopsis* ist PIF4 an der Thermomorphogenese beteiligt, einem Prozess, bei dem eine Temperaturerhöhung die Wurzeln veranlasst, eine Vorstufe des Signalstoffs Gibberellin freizusetzen, die zur Ausschüttung von Wachstumshormonen im Spross führt). Licht verändert auf diese Weise auch die Konzentration der Phytohormone. So regulieren Ethen, Salicylsäure und Auxine die Samenkeimung, Zellteilung und Entwicklung sowie bei extremen Lichteinfall auch die Stressantwort. Im Fall der Schattenvermeidungsreaktion steuern Auxine die Zellvermehrung und Gibberelline das Längenwachstum, während Cytokinine antagonistisch auf die morphologischen Veränderungen wirken.

Ein experimentell gut zugängliches Beispiel für den Einfluss von Licht auf die Entwicklung von Pflanzen stellt die **Samen-**

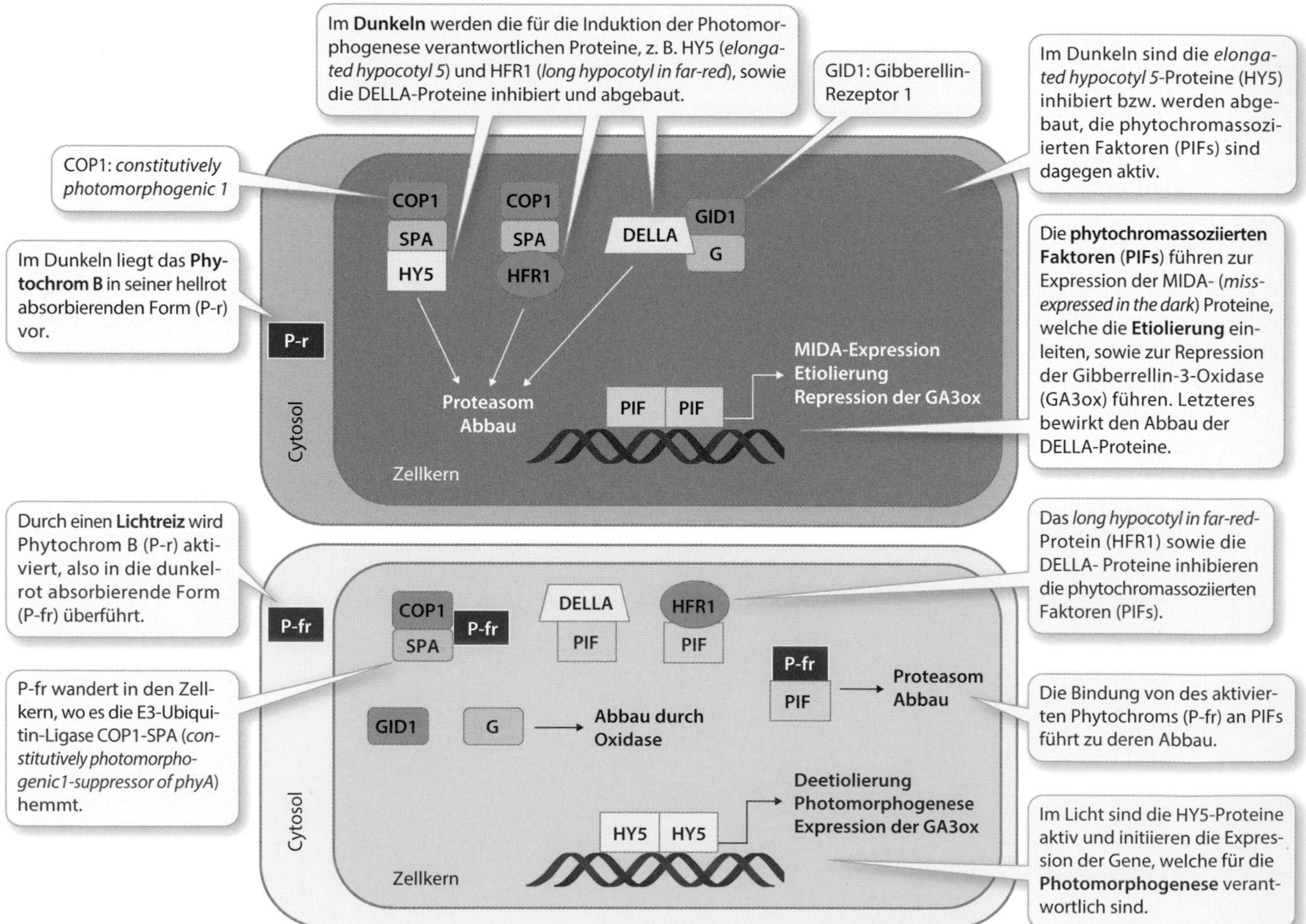

◘ **Abb. 21.16** Lichtabhängige Regulation der Samenkeimung

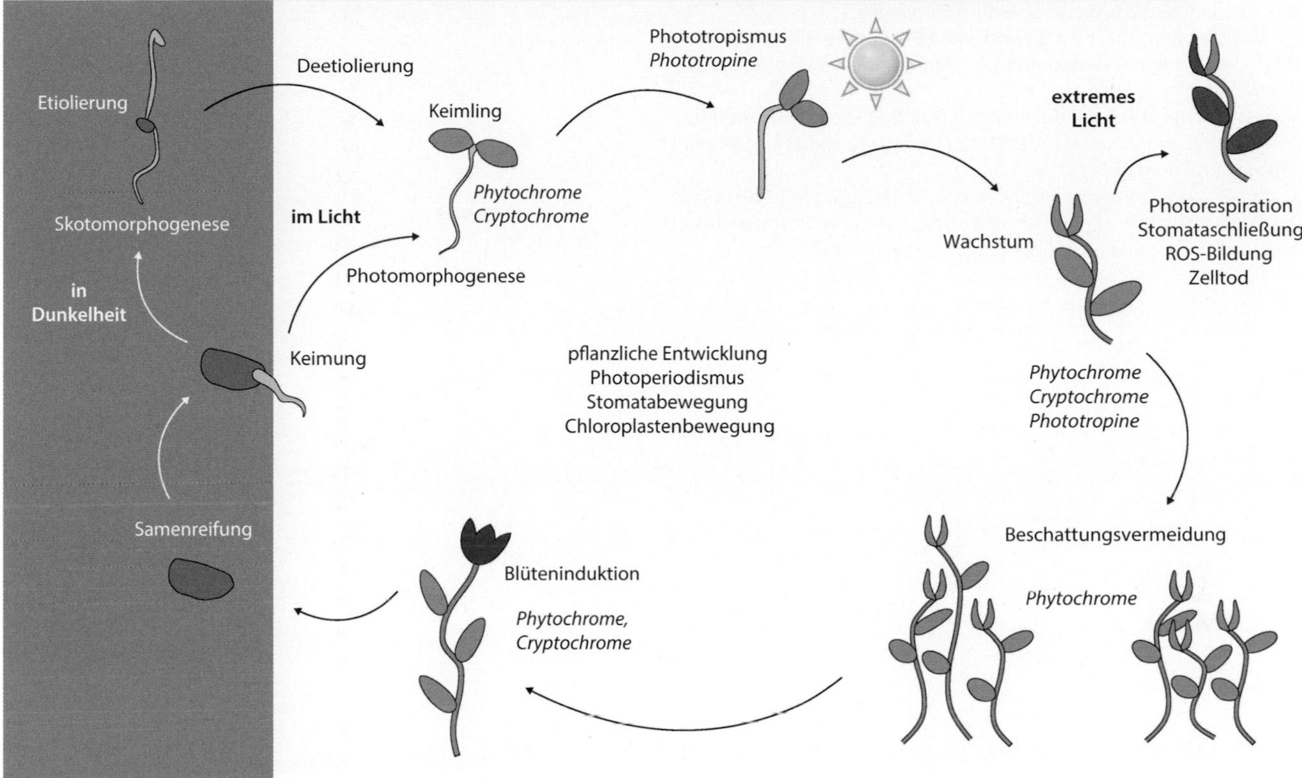

Abb. 21.17 Die Entwicklung einer Pflanze von der Samenkeimung bis zur Blütenbildung wird durch den Außenfaktor Licht geprägt

keimung dar (Abb. 21.17). Bei vielen Pflanzen erfolgt die Keimung im Dunkeln und wird durch vorhandene Nährstoffe im Endosperm und die Umgebung reguliert. In diesem Fall setzt ein schnelles Wachstum des Keimlings ein, welches zu einem lang ausgebildeten **Hypokotyl** führt, dessen Längenwachstum durch eine gleichzeitige Ethenproduktion gemäßigt wird, was zu einer Verdickung des Hypokotyls führt. Das Ergrünen, sowie die Ausbildung der Keimblätter und das Wurzelwachstum werden unter Lichtabwesenheit gehemmt, und es kommt zur Vergeilung (**Etiolierung**). Dieser Wachstumsvorgang unter Lichtabwesenheit wird **Skotomorphogenese** genannt. Sobald der Keimling auf einen Lichtreiz stößt, wird die Skotomorphogenese gestoppt und als „normales" Wachstum fortgesetzt (**Deetiolierung**). Diese durch Licht bewirkte Veränderung von Wachstum und Entwicklung heißt **Photomorphogenese**. Die Samenkeimung wird bei im Licht keimenden Pflanzen durch Phytochrom B (PhyB) induziert. Allerdings kann die Keimung bei geringen Lichtraten oder hohen Anteilen an dunkelrotem Licht auch durch Phytochrom A (PhyA) induziert werden. In ähnlicher Weise wird die Deetiolierung bei rotem Licht durch das Phytochrom B oder bei Blaulichtreizen mittels Cryptochromen (Cry1) eingeleitet.

Sehr hohe Lichtintensitäten können sich negativ auf die Pflanzenentwicklung auswirken. Überschreiten die ATP- und NADPH-Konzentrationen die Menge, die für die Prozesse der Kohlenstofffixierung notwendig sind, bilden sich vermehrt reaktive Sauerstoffmoleküle (ROS). Während diese in niedrigen Konzentrationen Stressabwehrreaktionen steuern, führen sie in höheren Mengen zur Schädigung der Photosysteme (Photoinhibierung; Abb. 21.16). Pflanzen reagieren daraufhin mit der Abgabe von Wärme (Dissipation der Energie) durch einen Prozess, der als nichtphotochemische Löschung der Lichtenergie (*non-photochemical quenching*, NPQ) bekannt ist. Dabei wird die Energie des angeregten Chlorophyllmoleküls auf das Carotinoid Violaxanthin übertragen, welches über den sogenannten Xanthophyllzyklus aus Zeaxanthin gebildet wird und die überschüssige Energie in Form von Wärme abführen kann. Dieser Zyklus wird mittels der vermehrten Freisetzung von Protonen im Thylakoidlumen durch die gesteigerte Rate der Elektronentransportkette bei hohen Lichtintensitäten und die daraus resultierende Aktivierung von pH-sensitiven Enzymen induziert.

Weiterführende Literatur

1. Galun E (2010) Phytohormones and patterning: the role of hormones in plant architecture. World Scientific, Singapore
2. Kadereit JW, Körner C, Kost B, Sonnewald U (2014) Strasburger – Lehrbuch der Pflanzenwissenschaften, 37. Aufl. Springer Spektrum, Berlin, Heidelberg
3. Lymperopoulos P, Msanne J, Rabara J (2018) Phytochrome and phytohormones: working in tandem for plant growth and development. Front Plant Sci 9:1037
4. Ojolo SP, Cao S, Priyadarshani SVGN, Li W, Yan M, Aslam M, Zhao H, Qin Y (2018) Regulation of plant growth and development: a review from a chromatin remodeling perspective. Front Plant Sci 9:1232

Spezielle Physiologie der Pflanzen: Funktionelle Stoffwechselphysiologie

Peter Bayer

J. Boenigk (Hrsg.), *Boenigk, Biologie,* https://doi.org/10.1007/978-3-662-61270-5_22

22.1 Pflanzen verfügen über Kurz- und Langstreckentransportwege für Stoffe

Für die „Umwandlung" von Kohlenstoffdioxid in Kohlenhydrate und für den Aufbau von Aminosäuren und Sekundärmetaboliten benötigen grüne Pflanzen neben Licht und Wasser auch **Mineralsalze**. Diese müssen bei höheren Pflanzen über die Wurzeln und die Sprossachse **an die Orte der Assimilation transportiert** werden, in der Regel ist dies die Mesophyllschicht der Blätter. Gleichzeitig müssen die **Assimilate in Speichergewebe** wie Samen, Früchte und Wurzeln abgeleitet werden. Hierzu benötigen Pflanzen effektive Transportmechanismen und effiziente Transportbahnen.

Der **Kurzstreckentransport** zwischen den Zellen eines Gewebes kann auf zwei Wegen erfolgen: lateral, über **Plasmodesmen** innerhalb des Cytoplasmas (**symplastisch**), oder innerhalb der Zellwände, zwischen den Mittellamellen (**apoplastisch**) (◘ Abb. 22.1). In den Blättern dient der Kurzstreckentransport der Einspeisung von Assimilaten/Sekundärmetaboliten in die Leitbahnen, dem Gasaustausch mittels der Spaltöffnungen (Stomata) und der Bereitstellung von Substraten für die Photosynthese. Der Transport von CO_2 aus der Luft und von Wasser in die Umgebung wird durch Turgorbewegungen der Schließzellen der Spaltöffnungen reguliert und wird von der Temperatur, vom Wind und vom Lichteinfall angetrieben. In Früchten und Samen werden aus den Leitbahnen Assimilate, Sekundärmetaboliten und Wasser über kurze Strecken transportiert. In den Wurzeln werden ebenfalls Assimilate über Kurzstreckentransport aus den Leitbahnen freigesetzt, dazu aber auch Wasser und Mineralsalze aus dem Boden gewonnen (◘ Abb. 22.2).

Für den **Langstreckentransport** sind die **Leitbahnen** der Gefäßpflanzen verantwortlich (► Abschn. 31.11). Hier unterscheidet man generell das für den **Wasser- und Mineralstofftransport** verantwortliche **Xylem** (► Abschn. 19.5), eine oft verholzte Fernleitung aus Rohrsystemen, die sich von den Wurzeln zu den oberen Pflanzenorganen erstreckt. Von ihm unterscheidet sich das für den **Assimilattransport** verantwortliche aus lebenden Siebelementen bestehende **Phloem** (► Abschn. 19.5), welches Substanzen entlang eines **Konzentrationsgradienten** von der **Quelle** (Speicher- oder Syntheseort; ***source***) zu ihrem **Verbrauchsort** (Senke; ***sink***) transportiert und daher je nach Bedarf einem **Wechsel in der Transportrichtung** unterliegt. Der Assimilattransport ist **osmotisch** bedingt und daher unabhängig

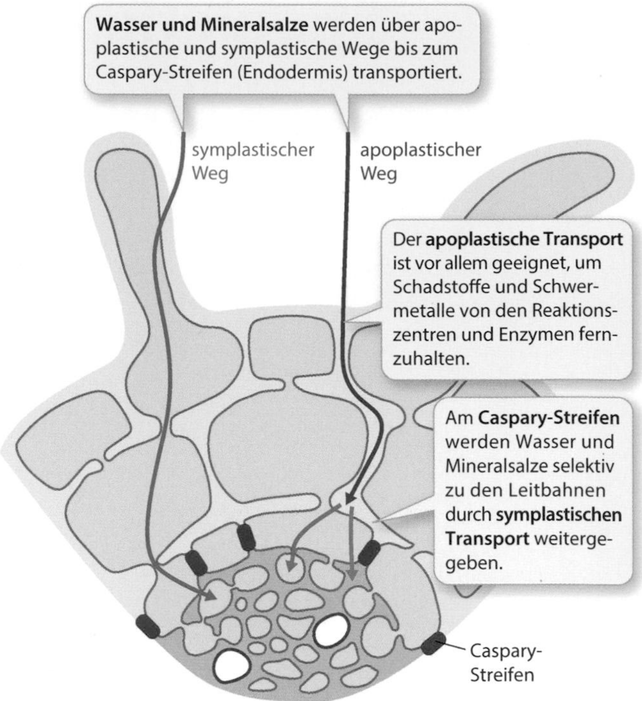

◘ **Abb. 22.1** Symplastischer und apoplastischer Transport

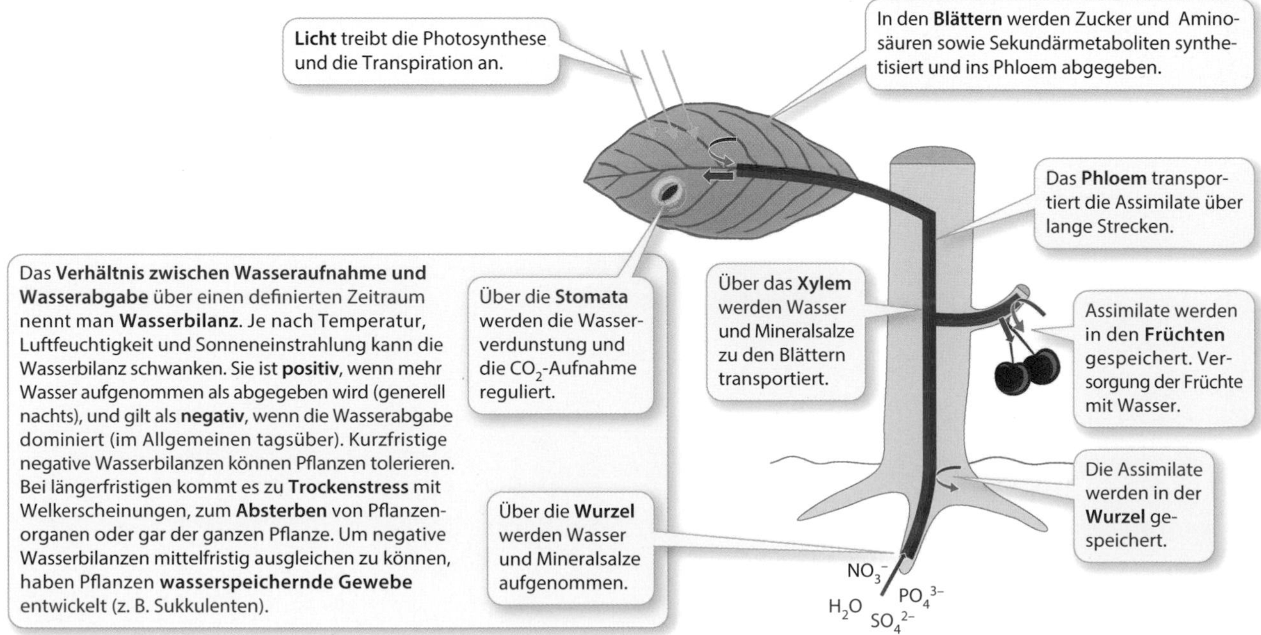

◘ **Abb. 22.2** Wasser- und Stofftransport in der Pflanze

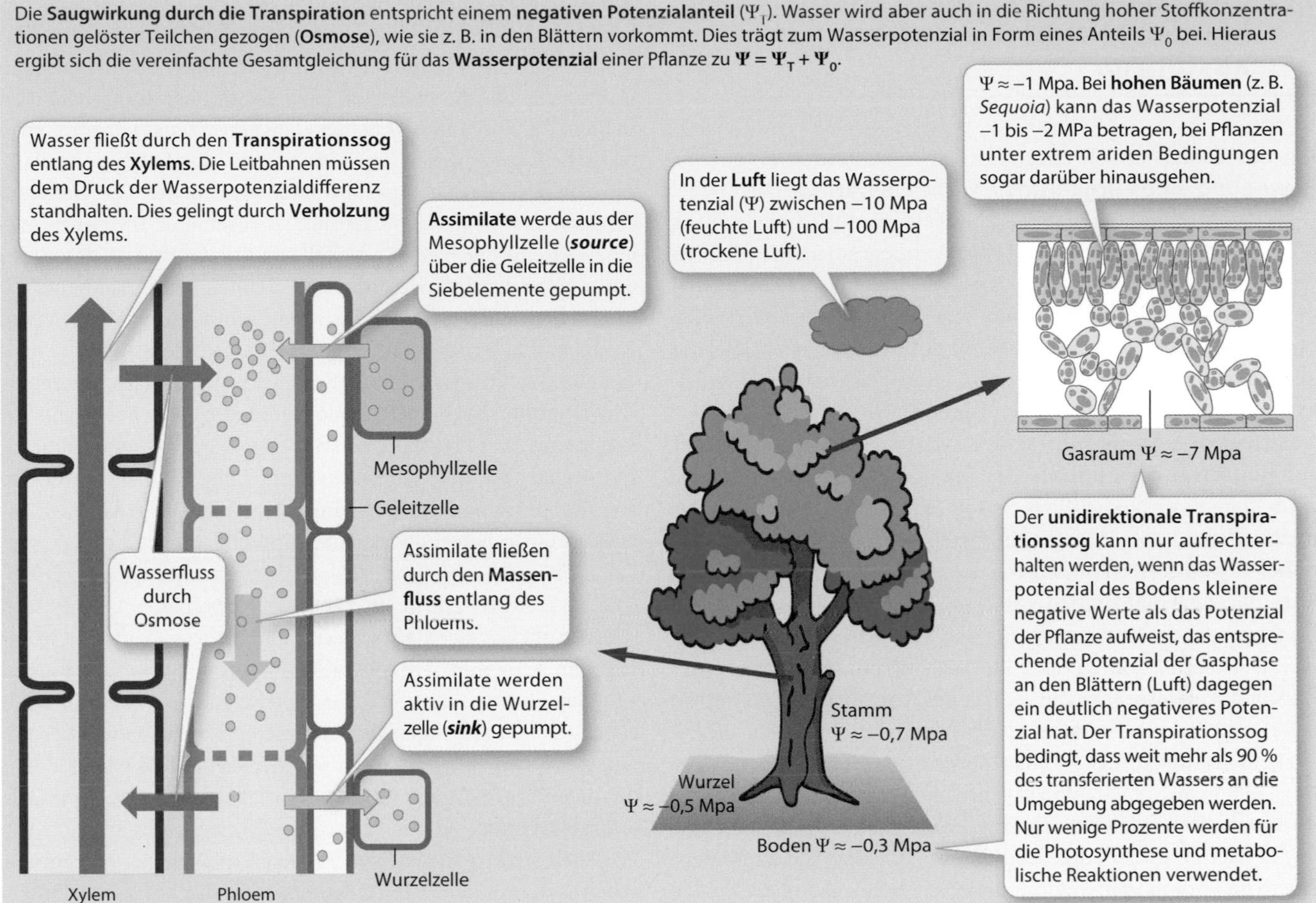

Abb. 22.3 Ferntransport und Wasserpotenzial

vom Transpirationssog. Da Assimilate zudem reich an Kohlenstoffen sind, kann der Phloemtransport vereinfacht als Fluss von der Kohlenstoffquelle (Einspeisungsort im Phloem) zum Kohlenstoffverbrauchsort beschrieben werden (***carbon source* – *carbon sink***). Im **Phloemsaft** ist **Saccharose** der bedeutendste Transportzucker (10–30 %ige Lösung). Daneben findet man bei einigen Pflanzenfamilien auch Raffinose und deren Abkömmlinge Stachyose, Verbascose und Ajugose im Saft. Hier sind vor allem Vertreter der Lamiales (Lippenblütlerartige) und Fabales (Hülsenfrüchte) zu nennen. Zudem sind auch einige Zuckeralkohole, im Wesentlichen Sorbit, Mannit und Galactit, sind zu finden. Zudem sind auch Zucker(-alkohole) wie Mannoheptulose und Sedoheptulose sowie ihre entsprechenden Polyole Volemitol und Perseitol vereinzelt bei Pflanzen nachzuweisen. So ist z. B. die Frucht der Avocado reich an Perseitol und Mannoheptulose. Polyole gelten allgemein als Osmoregulantien und schützen bei Trocken- und Kältestress.

Der **Wassertransport** von der Wurzel zu den Blättern wird durch die Verdunstung über die Stomata reguliert (**Lichtpumpeneffekt**). Das verdampfende Wasser erzeugt über die Gesamtzahl aller Blätter eine Sogwirkung, den **Transpirationssog**. Dieser ist die wesentliche treibende Kraft für den Wassertransport bei den Gefäßpflanzen. Einen kleineren variablen Anteil als treibende Kraft hat der durch Osmose getriebene Einstrom des Wassers über die Wurzel in den Zentralzylinder, der sogenannte **Wurzeldruck**.

Der Transpirationssog (Abb. 22.3) ist das Resultat von **Adhäsion** (**Kapillarkräfte**) und vor allem des Zusammenhalts der Wassermoleküle durch **Kohäsionskräfte** (**Kohäsionsmodell**), welche die „Sogwirkung" auf die gesamte in den pflanzlichen Leitbahnen gehaltene Wassersäule übertragen und die Moleküle von den Wurzeln zu den Blättern ziehen. Die Arbeit, die geleistet werden muss, um ein bestimmtes Volumen an Lösungsmittel in einem System umzulagern, heißt chemisches Potenzial; im Fall von Wasser spricht man von **Wasserpotenzial** (Ψ). Dabei wird das chemische Potenzial des Wassers auf ein Einheitsvolumen bezogen, wodurch sich als Einheit des Wasserpotenzials Megapascal (Druckeinheit, 1 MPa = 10 bar) ergibt. Gemäß dieser Definition fließt das Wasser von positiven zu negativen Druckwerten. Bei kleineren und mittelgroßen Pflanzen bis zu einer Höhe von mehreren Metern können vor allem in den dünneren Tracheiden hohe Kapillarkräfte entstehen, die erheblich zu einem Anstieg der Wassersäule in den Leitbahnen beitragen können. In den rauen, verholzten Leitbahnen, die mit vielen Unebenheiten und Kavitäten ausgestattet sind, wird die Bildung von Luftbläschen (und damit das Abreißen des Transpirationssogs; **Champagnereffekt**) durch die Bildung von Phospholipiden oder ähnlichen Substanzen verhindert.

22.2 Pflanzliche Zellen und Zellorganellen können reizinduzierte Bewegungen ausführen

Bei der **Taxis** handelt es sich um eine **reizinduzierte, freie Bewegung eines Organismus**. Je nach Reizart wie chemischer Reiz, elektrisches oder magnetisches Feld, osmotischer Gradient, Schwerkraft, akustischer Reiz, Licht, Wärmegradient bzw. Tastreiz (etc.) spricht man von Chemo-, Galvano- oder Gravi-, Magneto-, Osmo-, Phono-, Photo-, Thermo- bzw. Thigmotaxis (etc.). Eukaryoten können **Reizgradienten** oft auflösen (Konzentrations-, Temperatur- oder Lichtgradient etc.) und sich nach ihnen orientieren. Ist die Bewegung zum Reiz hin gerichtet, spricht man von **positiver oder topischer Taxie**, ist sie entgegengesetzt gerichtet, von **negativer oder phobischer Taxie**. Bei den Archaeplastiden sind Taxien nur bei begeißelten oder amöboiden Einzellern, bei mehrzelligen Kolonien oder bei einzelligen Entwicklungsstadien höher organisierter Formen wie den Gameten von *Ulva lactuca* oder den Spermatozoiden von Moosen, Farnen und manchen Nacktsamern zu beobachten. Bei den Volvocales wie *Chlamydomonas, Gonium* und *Volvox* findet man oft positive und negative Phototaxis. Gut untersucht ist das **phototaktische Verhalten** der zweigeißeligen Grünalge *Chlamydomonas reinhardtii*. Sie besitzt einen **Augenfleck** an einer Zellseite am Zelläquator und bewegt sich beim Schwimmen um ihre Längsachse. Eine Belichtung des Augenflecks aktiviert den Photorezeptor, ein Kanalrhodopsin in der Membran der Alge, wodurch es zu einem Calciumioneneinstrom kommt, der wiederum die Schlagbewegung der beiden Geißeln unterschiedlich beeinflusst (◘ Abb. 22.4). Die Alge bewegt sich auf diese Weise zum Lichtreiz hin. Bei der Art *C. allensworthii* hat man **chemotaktisches Verhalten** der männlichen Gameten beobachtet, die sich nach einem Pheromongradienten richten, der von den weiblichen Gameten erzeugt wird. Chemotaktische Algengameten reagieren generell auf niedrigmolekulare, ungesättigte, meist zyklische Kohlenwasserstoffe. Die Gameten von *C. reinhardtii* zeigen Chemotaxis gegenüber Tryptonextrakten, während die vegetativen Zellen auf L-Arginin, Ammonium und Zucker reagieren. Ähnliches Verhalten kann man bei *Chlorococcum* und *Dunaliella* in Bezug auf Aminosäuren beobachten. Auch bei den begeißelten Gameten höherer Pflanzen findet man Chemotaxis. So reagieren die Spermatozoide einiger Moose positiv chemotaktisch auf L-Malonsäure, die mancher Farne auf Saccharose oder Dicarbonsäuren. Vegetative Zellen und Gameten von Archaeplastiden spüren den chemischen Gradienten mithilfe von Rezeptoren an der Plasmamembran auf. Die genauen molekularen Grundlagen des Sensing sind überwiegend unbekannt. Für *Chlamydomonas* und *Volvox* konnte nachgewiesen werden, dass auch elektrische Reize das Schwimmverhalten beeinflussen (**Galvanotaxis** oder **Elektrotaxis**). Die Grünalge *Volvox* ist in der Lage, ihr Schwimmverhalten auf komplexere Stimulisituationen wie den Einfluss von Licht bei gleichzeitigem Vorliegen eines elektrischen Feldgradienten integrierend anzupassen. Bei der Detektion des Feldgradienten werden vermutlich partielle Änderungen im Plasmamembranpotenzial (Polarisation) der Zelle wahrgenommen.

Auch Zellorganellen von Pflanzen unterliegen physiologischen Bewegungen. Am bedeutendsten und am besten unter-

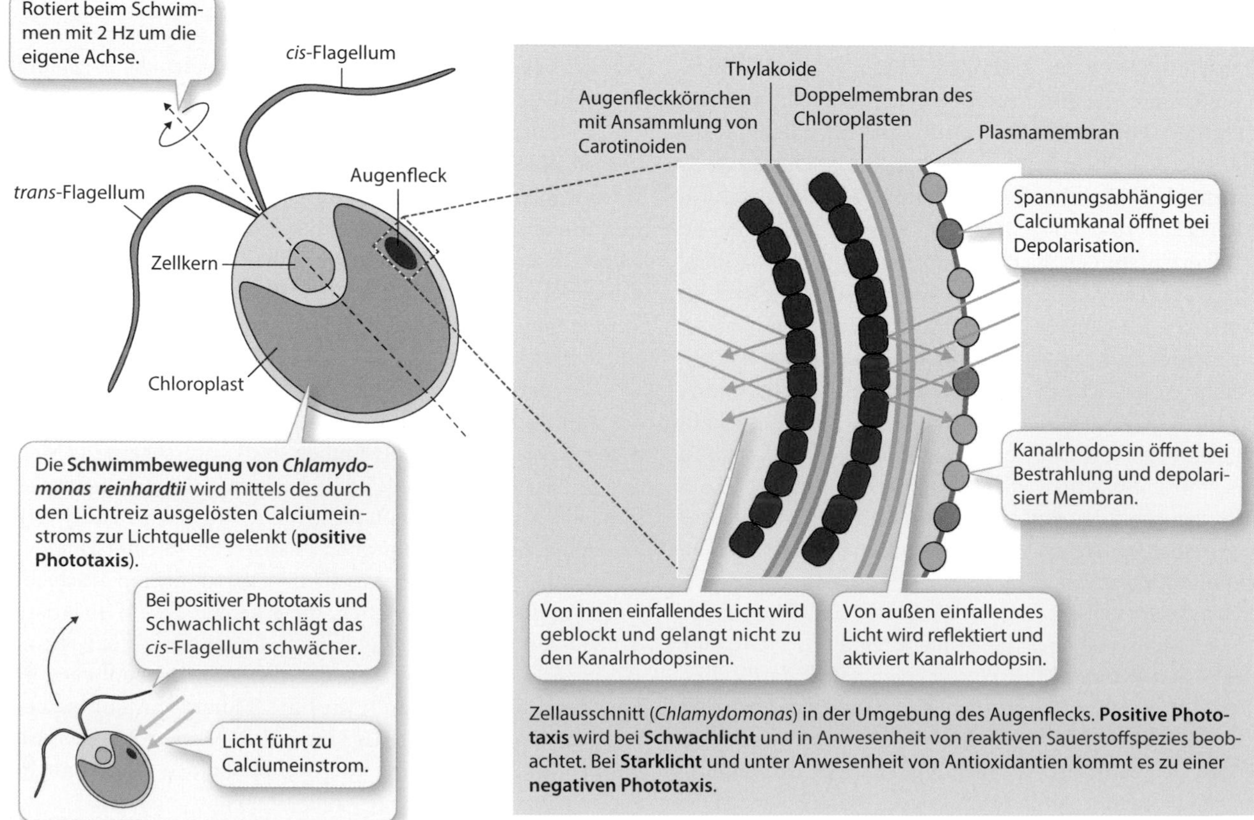

◘ **Abb. 22.4** Phototaxis bei der Grünalge *Chlamydomonas reinhardtii*

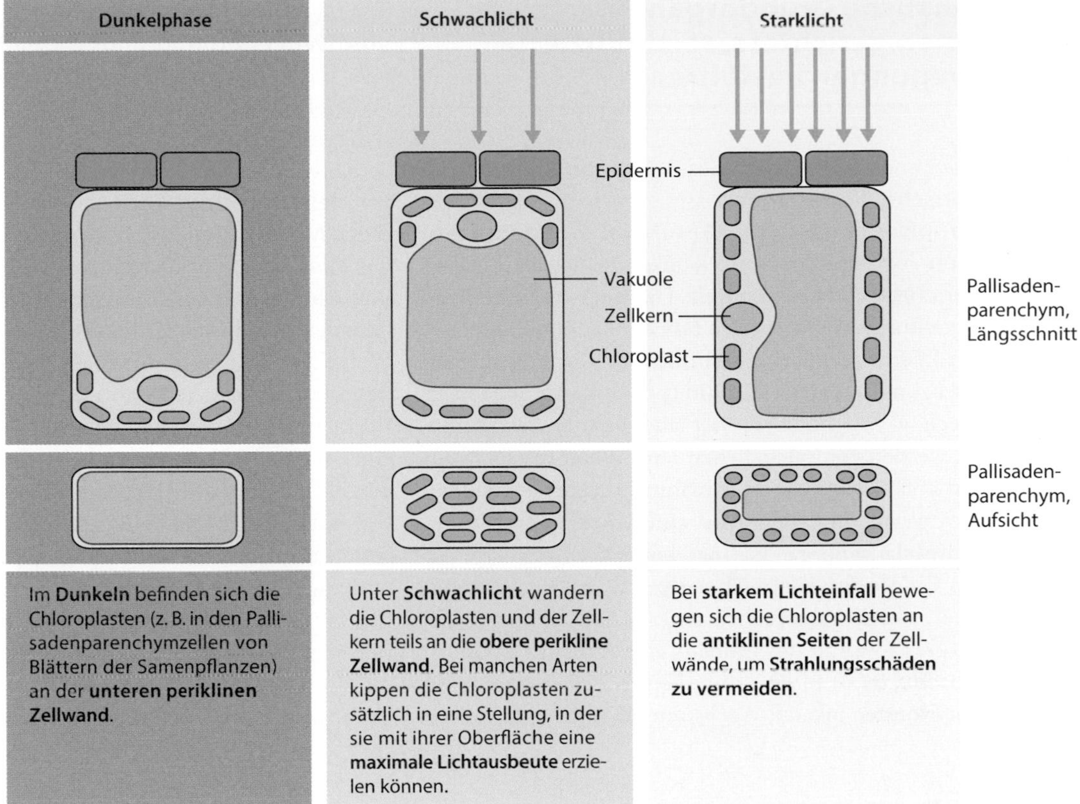

Abb. 22.5 Lichtinduzierte Wanderung von Chloroplasten und Zellkern in Palisadenparenchymzellen des Blattes

sucht ist die **belichtungsabhängige Lage- und Ortsveränderung von Chloroplasten** (Abb. 22.5). Während die Reaktion auf Schwachlicht im Bereich von Stunden abläuft, vollzieht sich die Rückzugsreaktion unter Starklicht im Minutenbereich. Chloroplasten reagieren vor allem auf den Blaulichtanteil (aber auch auf Rotlicht) im Spektrum. Verantwortlich für die Chloroplastenbewegung sind bestimmte Photorezeptoren (▶ Abschn. 20.4), die Phototropine und Neochrome. Die Bewegungen werden durch Motorproteine veranlasst (KACs), die sich an speziellen Actinstrukturen, an den Chloroplast-Actinfilamenten, bewegen.

Auch **Zellkerne** können ihre **Lage verändern** und **Ortsbewegungen ausführen**. Beispiele dafür sind die Wanderung des vegetativen Zellkerns durch den Pollenschlauch bei Angiospermen oder die Wanderungsbewegungen von Zellkernen, die bei der Trichombildung beobachtet werden und bei der bakteriellen Besiedlung von Rhizobien oder beim Eindringen von Oomyceten in Pflanzenzellen auftreten. Auch mechanische Stimuli können Bewegungen von Zellkernen hervorrufen, wie es bei Kernen von Epidermiszellen in Blättern des Tabaks beobachtet wurde. Ähnlich den Chloroplasten ändern Zellkerne ihre Ortsposition in Zellen durch Lichtstimuli. Während sie bei Schwachlicht in den Palisadenzellen des Blattes eher in der unteren Mitte umgeben von Chloroplasten zu finden sind, wandern sie bei Starklicht mit diesen an die antiklinen Zellwände, um DNA-Schäden durch UV-Licht zu verhindern (Abb. 22.5).

Ähnlich wie die Bewegung von Chloroplasten beruht die lichtabhängige Migration des Zellkerns auf dem Sensing durch Photorezeptoren und der Polymerisation von Actin. Linkerkomplexe zwischen dem Kern- und dem Cytoskelett (LINCs) sind für die Anheftung der Kerne an die Actinfilamente verantwortlich. Bei den LINCs handelt es sich um Membranproteine der inneren und äußeren Zellkernmembran, welche miteinander in Wechselwirkung stehen. Über sie scheint nicht nur die Relokalisation des Zellkerns, sondern auch die Positionierung und Ausrichtung des Chromatins reguliert zu werden.

Relokalisationsbewegungen von Zellkernen können allerdings nicht nur unter Lichteinfluss beobachtet werden, sondern sind auch durch Kälte induzierbar. So zeigen manche Farne und Lebermoose eine Ausrichtung dieser Zellkerne zur antiklinen Wand aufgrund von Temperatursenkungen unter 10 °C.

22.3 Pflanzliche Grundorgane können gerichtete, reizinduzierte Bewegungen ausführen

Bei Tropismen und Nastien handelt es sich um **ortsgebundene (statomotorische) Bewegungen**.

Unter **Tropismen** (◘ Abb. 22.6) versteht man **gerichtete Bewegungen** von Pflanzen oder Pflanzenorganen als Antwort auf einen **gerichteten, externen Reiz**. Darunter fasst man überwiegend Wachstumsveränderungen (aber auch Turgorveränderungen) von Pflanzenorganen zusammen, die im Allgemeinen zu einer Bewegung zu einem Reiz hin (positiv) oder von einem Reiz weg (negativ) führen. Diese eher langsameren Wachstumsänderungen werden von pflanzlichen Hormonen gesteuert, im Allgemeinen von **Auxinen**. Die Annahme, dass eine stimulusabhängige Umverteilung von Auxin eine Wachstumsveränderung in einem Pflanzenorgan bedingt, bildet die Grundlage der sogenannten **Chlolodny-Went-Theorie**. Auf Zellebene führen verschiedene externe Faktoren zu einer Verschiebung (Polarität) der Expression und des Einbaus von Auxintransportern (PINs; ► Abschn. 21.4) in den stimulierten Zellen und damit zu einem veränderten lokalen Wachstum (◘ Abb. 22.6). Solche Stimuli sind beispielsweise Blaulicht, worauf die Pflanze mit **positivem Phototropismus** wie im Fall von Sprosswachstum oder mit **negativem Phototropismus** oder **Skototropismus** (Wurzelwachstum) reagieren kann. Blätter hingegen können sich senkrecht zum Lichteinfall stellen, sich also **diaphototrop** verhalten, oder der Sonne folgen. Im letzteren Fall spricht man von **Heliotropismus**. Die reversible Bewegung der Blätter wird durch **Motorzellen** in den Blattgelenken (**Pulvini**) ermöglicht. Die Motorzellen sind besondere Zellen, deren Turgor sich durch Beleuchtung und Beschattung mit dem Verlauf des Lichteinfalls oder des Sonnenstandes ändert. Auch der **Gravitropismus** von Wurzel und Stängel gehört zu den vornehmlich durch Auxin gesteuerten Tropismen (◘ Abb. 22.6). Jedoch liefern auch andere Phytohormone wie Cytokinine oder Ethylen zusätzlich zu Auxin einen Beitrag zu dieser tropistischen Bewegung. Im Gegensatz zu den bisher erörterten Tropismen scheint der **Hydrotropismus** von Wurzeln (◘ Abb. 22.6) vorwiegend von der Abscisinsäure gesteuert zu werden. Dabei wird das Signal für den Wasserpotenzialgradienten vermutlich von rezeptorverwandten Kinasen (RLKs) in Zusammenspiel mit Wasserkanälen in den Wurzelspitzen wahrgenommen.

Hinsichtlich ihrer molekularen Ursachen noch unbekannt ist die propriozeptive Bewegung, die auch „Selbstbegradigung“

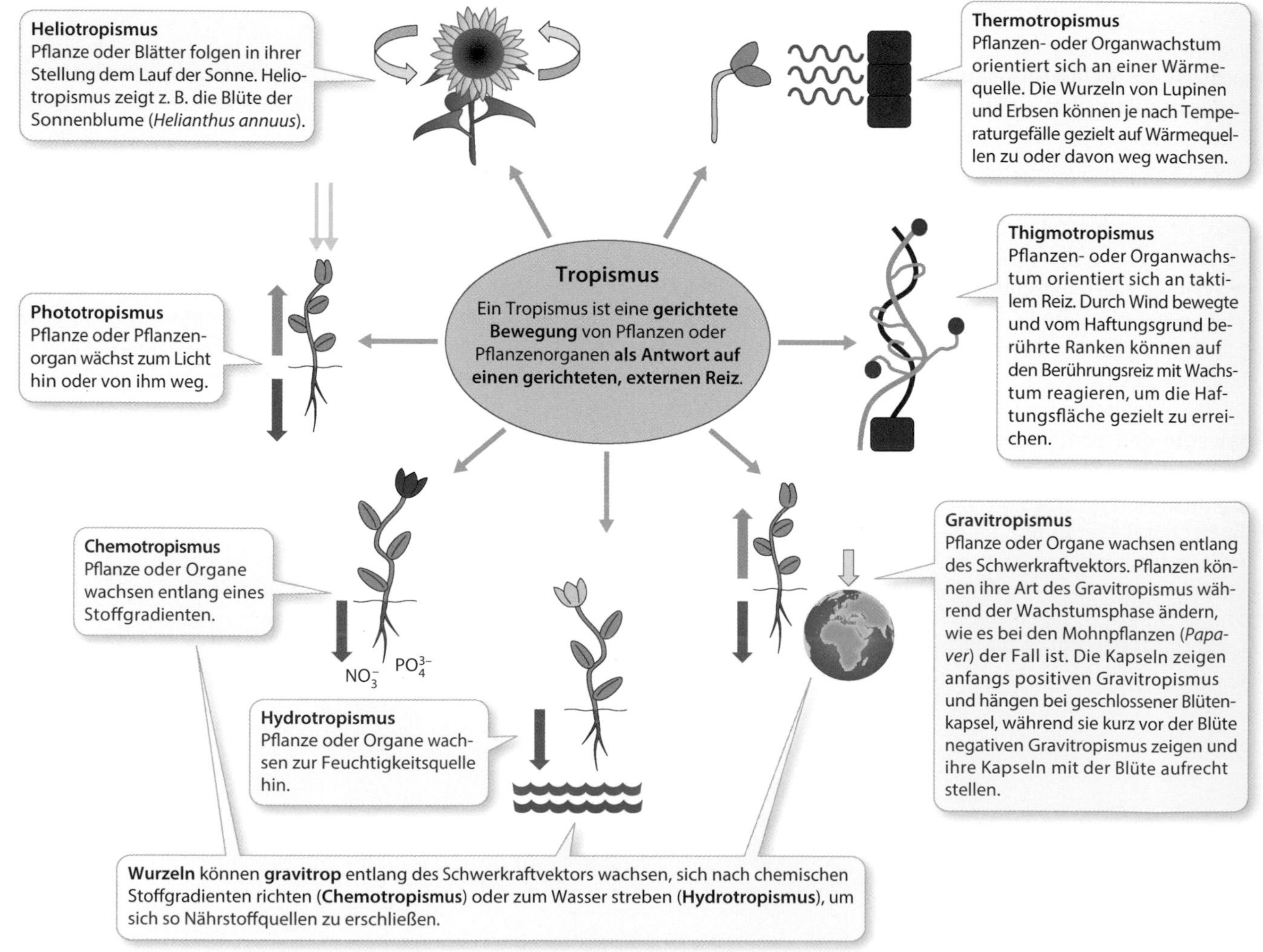

◘ **Abb. 22.6** Beispiele verschiedener Tropismen

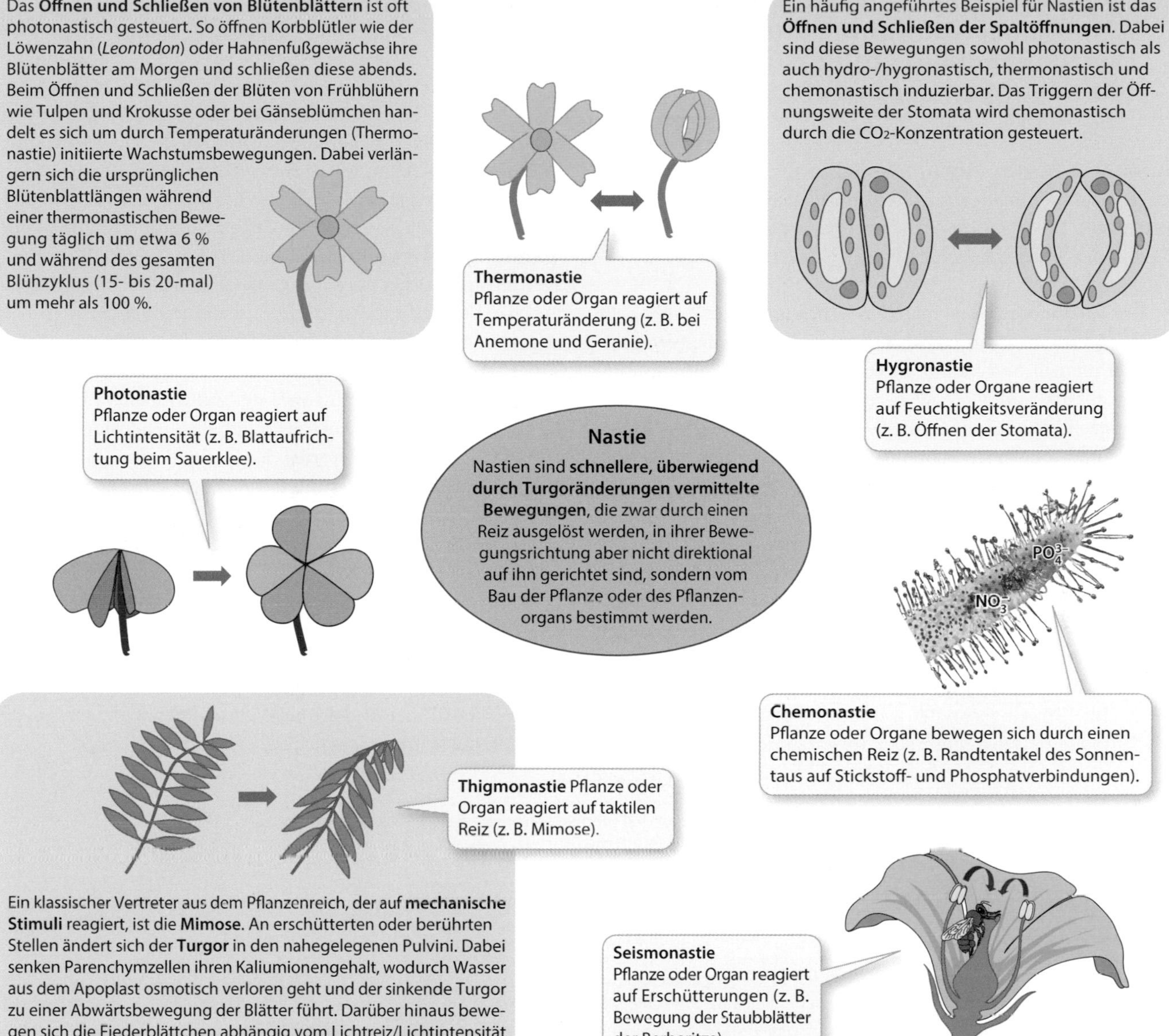

Abb. 22.7 Beispiele nastischer Bewegungen

(engl. *autostraightening*) genannt wird und vermutlich auf einem mechanosensorischen Mechanismus beruht. Dabei können Pflanzen feststellen, ob und inwiefern es zu einer Deformation eines Organs kommt, und diese Abweichung durch Wachstum ausgleichen, um wieder einen „geraden" Habitus anzunehmen.

Neben den in Abb. 22.6 gelisteten Beispielen werden weitere Arten von Tropismen diskutiert. Darunter fallen mögliche zielgerichtete Bewegungen bedingt durch elektrische und magnetische Feldänderungen (Elektro- und Magnetotropismus), durch Sauerstoffgradienten (Oxytropismus) oder durch Schallvibrationen (Phonotropismus). Ihre molekularen Grundlagen sind allerdings weitgehend ungeklärt und in der wissenschaftlichen Gemeinschaft teils umstritten.

Unter **Nastien** (Abb. 22.7) versteht man **schnellere, überwiegend durch Turgoränderungen vermittelte Bewegungen**, die zwar durch einen Reiz ausgelöst werden, in ihrer Bewegungsrichtung aber nicht direktional auf ihn gerichtet sind, sondern vom Bau der Pflanze oder des Pflanzenorgans bestimmt werden. So können Erschütterungen (**Seismonastie**) oder Berührungen (**Thigmonastie**) zu Reaktionen von Pflanzenorganen führen. Als pflanzliche Rezeptoren von Mechanoreizen (Berührung, Fraß, Erschütterung etc.) treten häufig spezialisierte, reizbare, oft mit Fühlborsten (**Triggerhärchen**) bestückte Zellen auf. So funktionieren die Fallen fleischfressender Pflanzen häufig auf mechanische Berührung hin (z. B. bei der Venusfliegenfalle).

22.4 Änderungen in den zellulären Stoffkonzentrationen können reizunabhängige pflanzliche Bewegungen hervorrufen

Autonome Bewegungen im Pflanzenreich lassen sich nicht auf eine Reizstimulation zurückführen, sondern sind **endogen gesteuert**. Ursachen dieser Bewegungen können Turgorkräfte, Quell- oder Spannungskräfte sein oder auch uneinheitliches Zellwachstum.

Als **Turgor** bezeichnet man den Druck im Inneren einer Zelle auf die Zellwand (◘ Abb. 22.8; ► Abschn. 4.5). Da die Permeabilität der pflanzlichen Membran wie auch die Stoffkonzentration im Cytoplasma von der Zelle geregelt werden können, kann die Pflanzenzelle den Turgor für Bewegungsvorgänge nutzen. Einige Nastien und Tropismen haben daher ihren Ursprung in **Turgorbewegungen**. Allerdings können Turgorkräfte im Pflanzenreich auch ohne Reizstimulation zu Bewegungen führen. Hierzu zählen die reversiblen Turgorveränderungen in den Blattgelenken des Wiesenklees zur Optimierung der Transpiration und die **nyktinastischen periodischen „Schlafbewegungen"** (z. B. Leguminosen). Eindrucksvolle Beispiele turgorinduzierter Bewegungen sind irreversible **Schleuder- und Explosionsbewegungen**, welche auf Gewebespannungen zurückzuführen sind und mit deren Hilfe Samen verbreitet werden (**Hygroballochorie**, Saftdruckstreuung). Dabei nimmt der Turgor in Zellen spezialisierten Gewebes (**Schwellgewebe**) so zu, dass es in diesem Organ an vorgegebenen Trennstellen entlang eines Widerstandsgewebes zu Rissen kommt. Beispiele hierfür sind die Fruchtwände des Wiesenschamkrauts (*Cardamine pratensis*) und der Stielansatz der Spritzgurke (*Ecballium elaterium*; ◘ Abb. 22.9). Die Schleuderbewegung der Springkräuter ist zwar durch einen schwachen Berührungsreiz bedingt, wird aber nicht zu den Nastien, sondern den reizunabhängigen Bewegungen gezählt.

Autonome Bewegungen entstehen auch durch **Quell- und Spannungsbewegungen**. So kann es durch starke Wassereinlagerungen in vorher trockenes Gewebe zum Öffnen von Kapseln und zur Verbreitung der darin enthaltenen Samen kommen. Andererseits kann ein Gewebe, welches durch Trocknen Wasser verliert, an Grenzstellen aufreißen. Beispiele hierfür sind das Öffnen von Mohnkapseln sowie der Zapfen bei Nadelbäumen (◘ Abb. 22.10). Dieser Vorgang kann auch explosionsartig vor sich gehen (**Xeroballochorie**). Beispiele hierfür sind die Mechanismen der Austrocknungsstreuer wie Ginster und Platterbse, aber auch die Verbreitung von Sporen der Lebermoose durch ruckartige Entladungen von Spannungen der Elateren (► Abschn. 31.10).

Exemplarisch für endogen gesteuerte autonome Bewegungen aufgrund von **Zellwachstum und Elongation** seien die **(Circum-)Nutationen**, kreisende Bewegungen von Windegewächsen und Ranken, etwa beim Hopfen (*Humulus lupulus*), oder das rhythmische Öffnen und Schließen des Blütenköpfchens bei der Ringelblume (*Calendula officinalis*) genannt.

Der **Stoffgradient** erzeugt einen Druck, den osmotischen Druck, der proportional zum Konzentrationsunterschied des gelösten Stoffes ist. Der **osmotische Druck Π** berechnet sich aus der Konzentrationsdifferenz c multipliziert mit der universellen Gaskonstante R (8,314 J mol^{-1} K^{-1}) und der absoluten Temperatur T [K].

$$\Pi = c \times R \times T$$

Da der Ausgleich des Stoffgradienten durch einen Massenfluss über diese Membran verhindert wird, kann es zu einem entgegengesetzten Strömen von Wasser kommen. Das Potenzial einer Zelle, Wasser durch Stoffgradienten aufnehmen zu können, heißt **osmotisches Potenzial** ψ_s und besitzt den negativen Wert des osmotischen Drucks:

$$\psi_s = -\Pi = -c \times R \times T$$

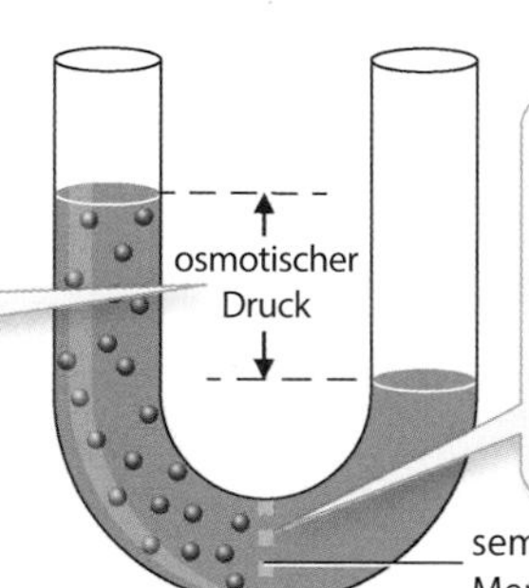

Gradienten löslicher Stoffe entlang einer **semipermeablen Membran** bedingen ein **passives Nachfließen von Wasser** und wirken sich so auf den osmotischen Druck (bzw. den Turgor von Zellen) aus.

Als **Turgor** wird der Druck im Inneren einer Zelle auf die Zellwand bezeichnet. Er kann von Zellen durch Ein- oder Ausströmen von Wasser (**Osmose**) verändert werden, wodurch die Zelle anschwellen oder schrumpfen kann. Zellen können den Turgor aktiv durch Pumpen von löslichen Stoffen durch eine semipermeable Membran beeinflussen.

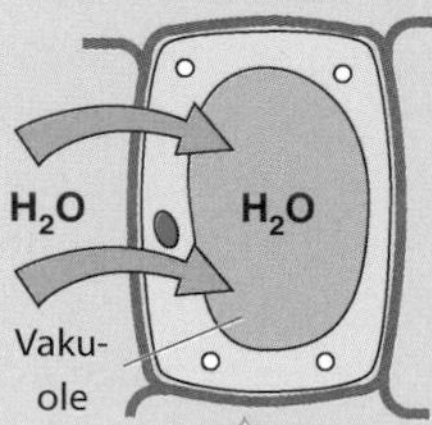

Bei **voll turgeszenten** Zellen ist der **osmotische Druck der Zentralvakuole größer als der osmotische Druck der Umgebung**. Wasser strömt ein und die Plasmamembran liegt dicht an der Zellwand an.

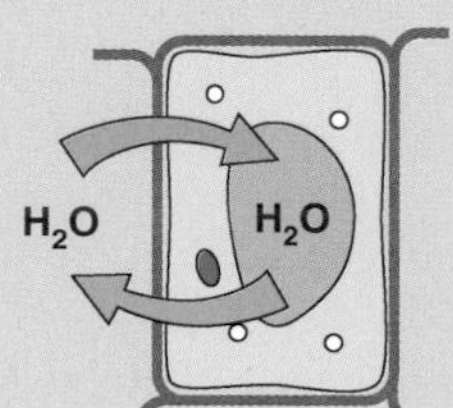

Bei der **Grenzplasmolyse** ist der **osmotische Druck der Zentralvakuole gleich groß wie der osmotische Druck der Umgebung**. Wasserein- und ausstrom sind im Gleichgewicht. Die Zellmembran beginnt sich an einigen Stellen von der Zellwand abzulösen.

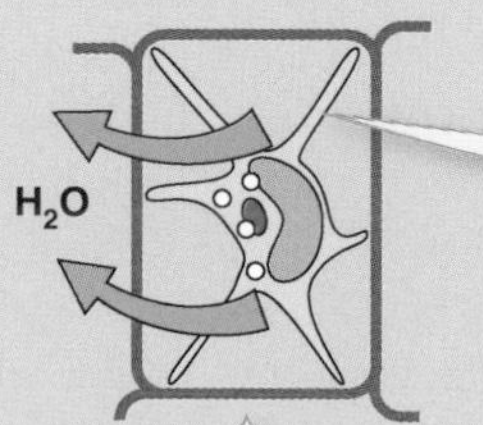

Ist der **osmotische Druck der Zentralvakuole geringer als der osmotische Druck der Umgebung**, strömt Wasser aus der Zelle aus. Die Zellmembran ist von der Zellwand abgelöst.

Nur an den **Plasmodesmen**, also den Verbindungen zu benachbarten Zellen, bleibt die Membran in Kontakt zur Zellwand. Die sich ausbildenden **Cytoplasmafäden** zwischen Plasmodesmos und Zellkörper werden als **Hecht'sche Fäden** bezeichnet.

◘ **Abb. 22.8** Osmotischer Druck, Turgor und Plasmolyse

22

Nach einem **Turgoranstieg** auf mehr als 0,6 Mpa reißt der Stilansatz an einer Sollbruchstelle ab.
Bewegungsrichtung der Samen mit 30–40 km/h
Stielansatz
Samen
Stiel mit Stängel reißen ab.
Die Samen der Spritzgurke sind von einem Quellgewebe umgeben, das ein hohes osmotisches Potenzial aufbaut.
Widerstandsgewebe
Querschnitt durch eine Frucht der Spritzgurke (*Ecballium elaterium*)
Bewegungsrichtung der Spritzgurke
Die elastische Fruchtwand zieht sich nach dem Abreißen zusammen und das Innere der Frucht wird ausgeschleudert.

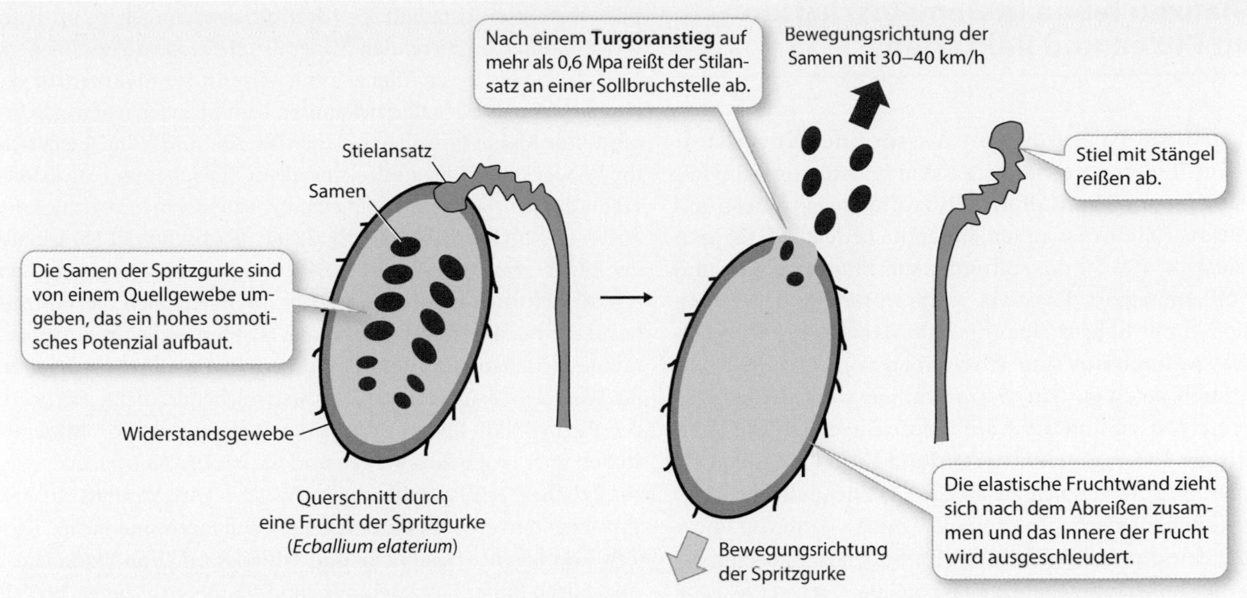

■ **Abb. 22.9** Samenverbreitung durch turgorinduzierte Bewegungen bei der Spritzgurke (*Ecballium elaterium*)

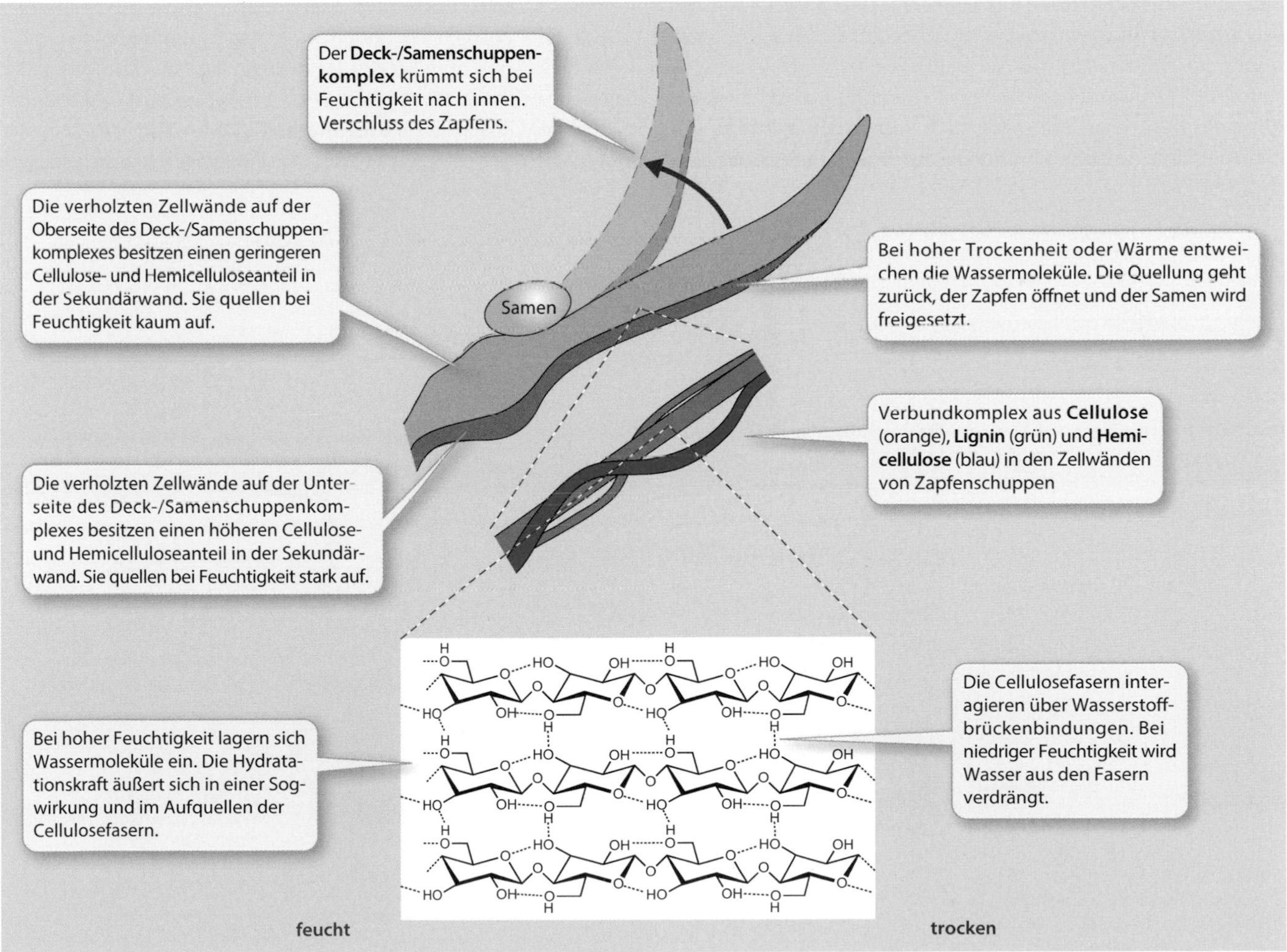

Der **Deck-/Samenschuppenkomplex** krümmt sich bei Feuchtigkeit nach innen. Verschluss des Zapfens.
Die verholzten Zellwände auf der Oberseite des Deck-/Samenschuppenkomplexes besitzen einen geringeren Cellulose- und Hemicelluloseanteil in der Sekundärwand. Sie quellen bei Feuchtigkeit kaum auf.
Samen
Bei hoher Trockenheit oder Wärme entweichen die Wassermoleküle. Die Quellung geht zurück, der Zapfen öffnet und der Samen wird freigesetzt.
Verbundkomplex aus **Cellulose** (orange), **Lignin** (grün) und **Hemicellulose** (blau) in den Zellwänden von Zapfenschuppen
Die verholzten Zellwände auf der Unterseite des Deck-/Samenschuppenkomplexes besitzen einen höheren Cellulose- und Hemicelluloseanteil in der Sekundärwand. Sie quellen bei Feuchtigkeit stark auf.
Bei hoher Feuchtigkeit lagern sich Wassermoleküle ein. Die Hydratationskraft äußert sich in einer Sogwirkung und im Aufquellen der Cellulosefasern.
Die Cellulosefasern interagieren über Wasserstoffbrückenbindungen. Bei niedriger Feuchtigkeit wird Wasser aus den Fasern verdrängt.
feucht
trocken

■ **Abb. 22.10** Quellbewegungen bei der Zapfenöffnung von Nadelbäumen

22.5 Pflanzen leben in Gemeinschaften mit Pilzen und Bakterien

Pflanzen sind auf die **Zufuhr von Wasser und Mineralstoffen** aus dem Boden angewiesen. Zu den wichtigsten Mineralstoffen zählen vor allem **Kalium, Phosphat** sowie **Nitrat** und **Ammonium**. Kalium ist unter anderem bedeutend für den Wasserhaushalt, die Stomataöffnung, die Photosynthese und den Assimilattransport. Es ist vor allem in sandreichen Böden und in Böden mit hohem Humingehalt Mangelware. Phosphat und Nitrat/Ammonium sind am Aufbau von Proteinen und Nucleinsäuren beteiligt. Nitrat/Ammonium wird für die Synthese der Kernbasen und die Aminosäuren benötigt und kann in nitratarmen Böden zum **limitierenden Faktor** für das Wachstum werden. Phosphat spielt zusätzlich im Energiestoffwechsel in Form hochenergetischer Intermediate und in Form von Phospholipiden eine dominierende Rolle. Im Boden ist Phosphat für Pflanzen meist nur unzulänglich zugängig, da es schwer lösliche Metalloxide oder Calciumverbindungen eingehen kann oder in organischen Materialien (z. B. Waldböden) fixiert vorliegt. Das lösliche, verwertbare anorganische Phosphat ist meist nur in niedrigen mikromolaren oder submikromolaren Konzentrationen vorhanden. Da die Aufnahme in die Wurzeln entweder durch Diffusion oder ATP-verbrauchenden aktiven Transport erfolgen muss, wird Phosphat zum limitierenden Wachstumsfaktor. Pflanzen können mit niederen Organismen Beziehungen mit wechselseitigem Nutzen (**Symbiosen**) eingehen, um sich die genannten limitierenden Mineralstoffe besser zu erschließen.

Die Symbiose von Pflanzen mit Pilzen wird **Mykorrhiza** genannt. Mehr als 80 % aller bekannten Landpflanzen leben in Symbiose mit Mykorrhizapilzen, denen sie Assimilate im Austausch für Wasser und Mineralsalze, vor allem Phosphat und Stickstoffverbindungen, liefern. Prinzipiell unterscheidet man verschiedene Arten der Mykorrhiza (◘ Abb. 22.11; ► Abschn. 35.15) gemäß der Pilz-Wurzel-Interaktion. Bei der in unseren Breiten häufigsten Art, der **Ektomykorrhiza**, ersetzen die Pilzhyphen die Wurzelhaare der Pflanze. Dabei dringen die Hyphen in die Extrazellularräume zwischen den äußeren Wurzelzellen ein und ummanteln die Wurzelenden der Pflanze. Das weit reichende, dichte Netzwerk der Pilzhyphen (Mycel) erlaubt den Antransport von Mineralstoffen über große Reichweiten und die bessere Nutzbarmachung zusätzlicher Feldkapazitat beim Wasser (Adsorptionswasser). Typische Vertreter von Ektomykorrhizapflanzen sind Fichte, Kiefern und Lärche, Hainbuche und Walnuss und von Ektomykorrhizapilzen Pfifferlinge, Steinpilze und Maronenröhrlinge. Im Fall der endotrophen Mykorrhiza (**Endomykorrhiza**) dringen Teile der Hyphen in die Zellen der Wurzeln ein. Dies erlaubt es den Pflanzen, sich z. B. besonders nährstoffarme Böden zu erschließen. Besondere Formen der Endomykorrhiza sind unter anderem bei den Erikagewächsen wie der Heidelbeere und der Preiselbeere zu finden (**ericoide Mykorrhiza**) und bei Süßgräsern und anderen krautigen Pflanzen (**arbuskuläre Mykorrhiza**; **AM**). Bei der arbuskulären Mykorrhiza bilden die Pilzhyphen bäumchenartige

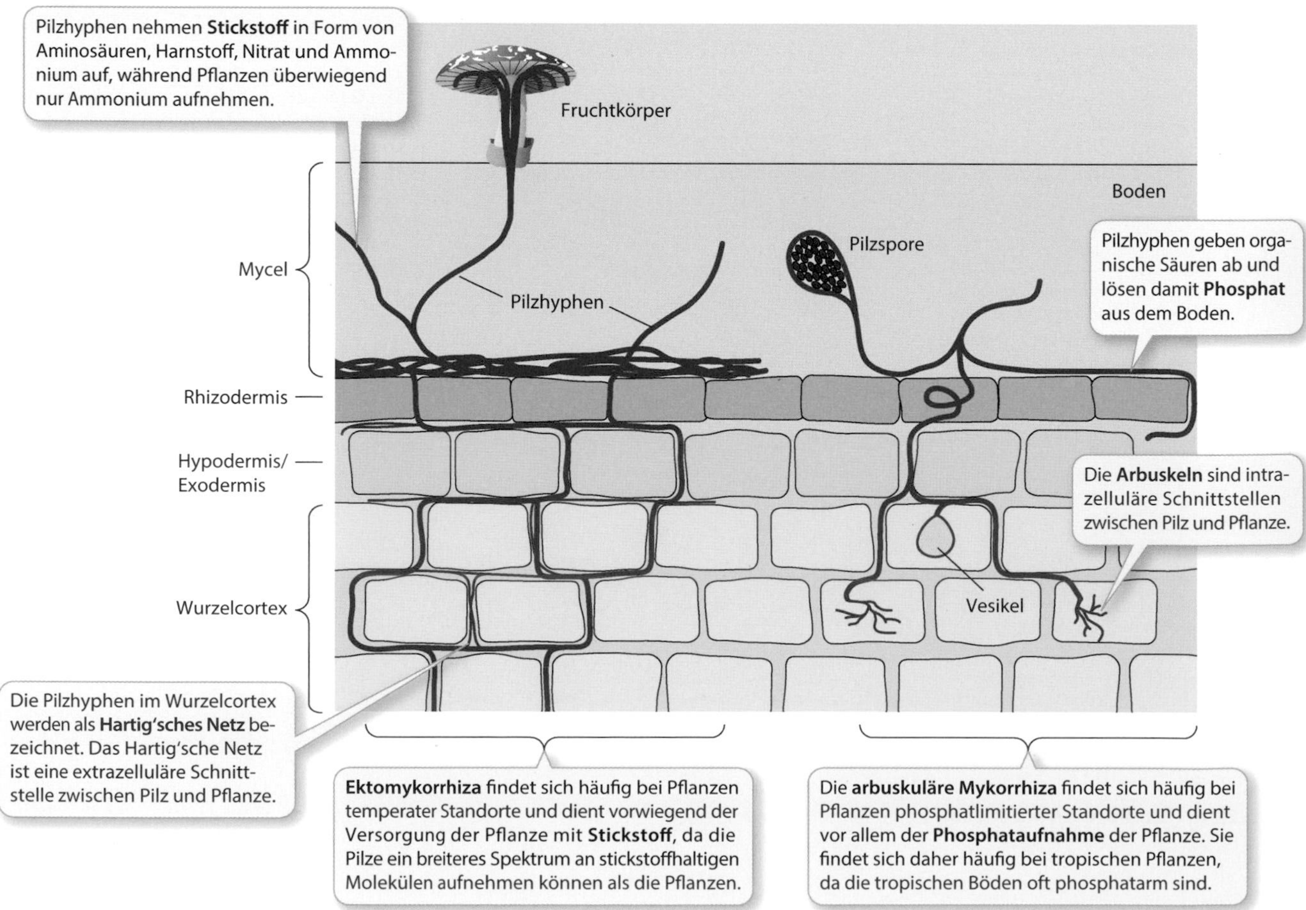

◘ **Abb. 22.11** Ektomykorrhiza und arbuskuläre Mykorrhiza

Abb. 22.12 Ausbildung von Symbiosomen durch Rhizobien in der Wurzel von Leguminosen

Verzweigungen (**Arbuskeln**) und Vesikel in den Wurzelzellen aus. Die Partner bei diesen Mykorrhizen sind Pilze der Abteilung Glomeromycota. Die Bildung und das Wachstum ihrer Pilzhyphen werden durch die Strigolactone der Pflanzen stimuliert. Heimische Bäume wie Eiche, Buche und Birke gehen sowohl Ekto- als auch Endomykorrhizabildung ein. Mykorrhizen sind nicht immer symbiontisch. Bei der **Mykorrhiza** des Fichtenspargels (*Monotropa*) oder bei Mykorrhizen der Orchideen profitiert die Pflanze auf Kosten ihres Pilzwirtes (▶ Abschn. 35.15).

Die Symbiose von Pflanzen mit **Rhizobien (Knöllchenbakterien)** dient der besseren **Erschließung von Ammonium** (Abb. 22.12). Dabei bedienen sich die Pflanzen der Fähigkeit von Rhizobien, Ammonium durch Reduktion aus dem Luftstickstoff zu synthetisieren (▶ Abschn. 25.9). Dies gelingt den Bakterien mithilfe eines speziellen Enzyms, einer molybdänhaltigen **Nitrogenase**, unter hohem Energieaufwand. Leguminosen wie die Lupine locken durch Abgabe organischer Stoffe die Rhizobien an, die daraufhin chemotaktisch zu den Wurzelhaarspitzen wandern und dort über spezifische Rezeptor-Kohlenhydrat-Wechselwirkung in die Zellen eindringen. Pflanzliche organische Verbindungen aktivieren die Rhizobien dazu, die Pflanze zur lokalen Produktion von Cellulose anzuregen; diese ermöglicht die Ausbildung von Knöllchen (**Nodulation**), in welche die Bakterien einwandern. Im Gegenzug für das Ammonium erhalten Rhizobien organische Materialien für den Citratzyklus. Zusätzlich stellt die Pflanze ein für die Reduktion des Stickstoffs ideales Gasgemisch in den Knöllchen zur Verfügung.

Neben Rhizobien gibt es Symbiosen mit Actinomyceten (z. B. bei der Erle) und bei Moosen und Farnen auch mit Cyanobakterien.

Die Symbiose mit Bakterien ermöglicht Pflanzen allerdings nicht nur die Erschließung von Nährstoffen, sondern stärkt auch deren Toleranz gegenüber abiotischem Stress. Wie sich zeigte, überstehen Pflanzen wie *Arabidopsis* saline Bedingungen besser, wenn sie mit Kulturen von bestimmen Streptomyceten versetzt werden. Überdies sezernieren viele Bakterien extrazelluläre Enzyme (z. B. Nucleasen, Glucanasen, Xylanasen, Chitinasen, Ligninasen, Keratinasen etc.), die gegen eine breite Vielfalt von phytopathogenen Organismen wirken. Darüber hinaus stimulieren einige Bakterien die pflanzeneigene Immunantwort gegen bestimmte Pathogene wie z. B. *Fusarium* und *Phytophtera*. Auch sekundäre Metaboliten werden von Bakterien erzeugt wie etwa Makrolide, Actinomycine, Aminoglykoside, Cyclopolylactone, and Chinoxalin-Peptide (und viele mehr). Ihre Bedeutung für den Stoffwechsel und das Wachstum der Pflanzen bleibt in den meisten Fällen allerdings noch ungeklärt.

Es gibt einige Untersuchungen zu additiven Effekten bei gleichzeitiger Symbiose von Pflanzen mit Pilzen und Bakterien. So konnte man z. B. für Hülsenfrüchtler zeigen, dass beide Symbiosestrategien sich gegenseitig komplementieren. Die Pflanzendiversität nimmt dabei zu, die Samenkeimung wird verstärkt durchgeführt und Nährstoffe werden vermehrt aufgenommen. Im Vergleich zu einer Symbiose nur mit einem Pilz oder nur mit Bakterien konnte dabei die Produktivität der Pflanzen um bis zu 15 % zulegen.

22.6 Pflanzen können sich von Tieren oder anderen Pflanzen ernähren

Manche Pflanzenarten können auf anderen Pflanzen parasitieren, man nennt sie daher **Phytoparasiten**. Sie dringen mithilfe spezialisierter Saugorgane, der **Haustorien** (► Abschn. 23.2, 35.12), in die Grundorgane ihrer Wirtspflanzen ein, wo sie bis zu den Leitbündeln vordringen und sich in deren Stoffwechsel „einklinken". Haustorien können je nach Phytoparasitenart aus Spross oder Wurzel hervorgehen. Vollschmarotzer (**Holoparasiten**) wie die in den Subtropen und gemäßigten Klimazonen vorkommenden Sommerwurzen (z. B. *Orobranche*) und Schuppenwurzen (z. B. *Lathraea*) oder manche Windengewächse (wie *Cuscuta*; Hexenseide/Teufelszwirn) beziehen dabei alle Nährstoffe aus dem Wirt und sind von ihm völlig abhängig (■ Abb. 22.13). Sie betreiben keine Photosynthese mehr oder stellen diese nahezu ein. Vollschmarotzende Phytoparasiten können schwere landwirtschaftliche Schäden verursachen. Halbschmarotzer (**Hemiparasiten**; z. B. Mistel) entnehmen vor allem Wasser und Mineralstoffe, haben aber selbst noch die Fähigkeit zur Photosynthese. Während die meisten Holo- wie auch Hemiparasiten alle mitochondrialen Gene für die Energiegewinnung durch oxidative Phosphorylierung beibehalten haben, fehlt der Mistel (*Viscum album*) und der neotropischen *Krameria lanceolata* ein wesentlicher Bestandteil dieser Enzymkaskade (Komplex I). Andere Komponenten der Atmungskette sind zusätzlich in ihren Aktivitäten herabgesetzt (Mistel: Komplex IV, ATP-Synthase). Die Mistel gewinnt ATP daher wohl vorwiegend aus der Glykolyse.

Manche Pflanzen, die keine Photosynthese betreiben, aber mit Pilzgeflechten ähnlich den Mykorrhizapflanzen Verbindungen eingehen, werden als **mykoheterotroph** bezeichnet. Beispiele sind der Fichtenspargel (*Monotropa hypopitys*), viele Orchideenarten (z. B. Korallenwurze) und Rafflesien. Viele davon haben im Laufe der Evolution ihr gesamtes Chloroplastengenom verloren (z. B. Rafflesien). Sie beziehen ihre Nährstoffe aus dem Pilz auf parasitäre Weise. Man kann diese Art der Wechselwirkung als Extremform der ericoiden oder arbuskulären Mykorrhiza ansehen. Die frühere Bezeichnung für derartige Pflanzen als „Saprophyten", die von totem Material leben, ist unzutreffend. Entsprechend ihrer Ernährungsweise werden die mykoheterotrophen Pflanzen ähnlich den Phytoparasiten in voll myko-

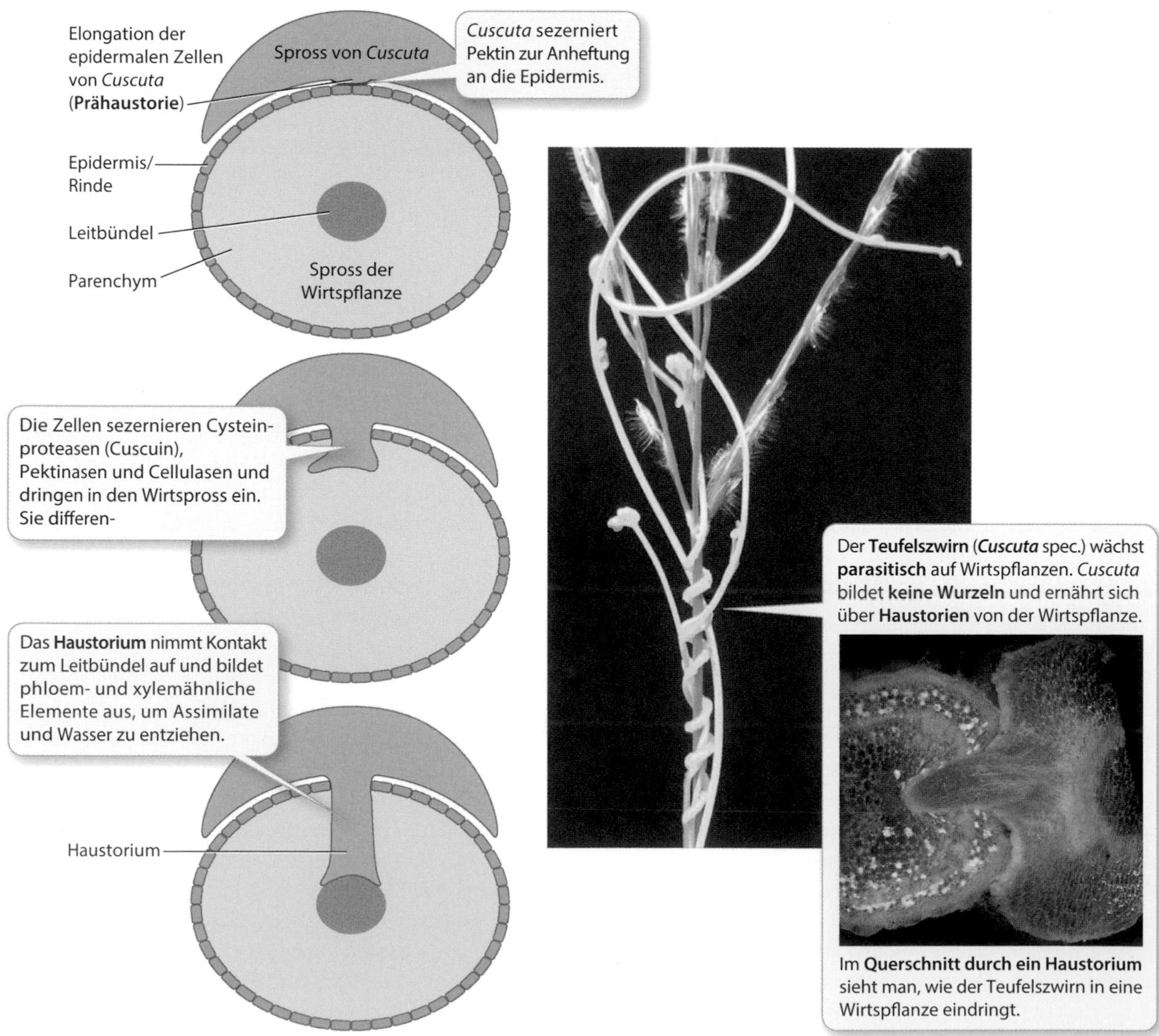

■ **Abb. 22.13** Ausbildung von Haustorien beim Teufelszwirn (*Cuscuta* spec.)

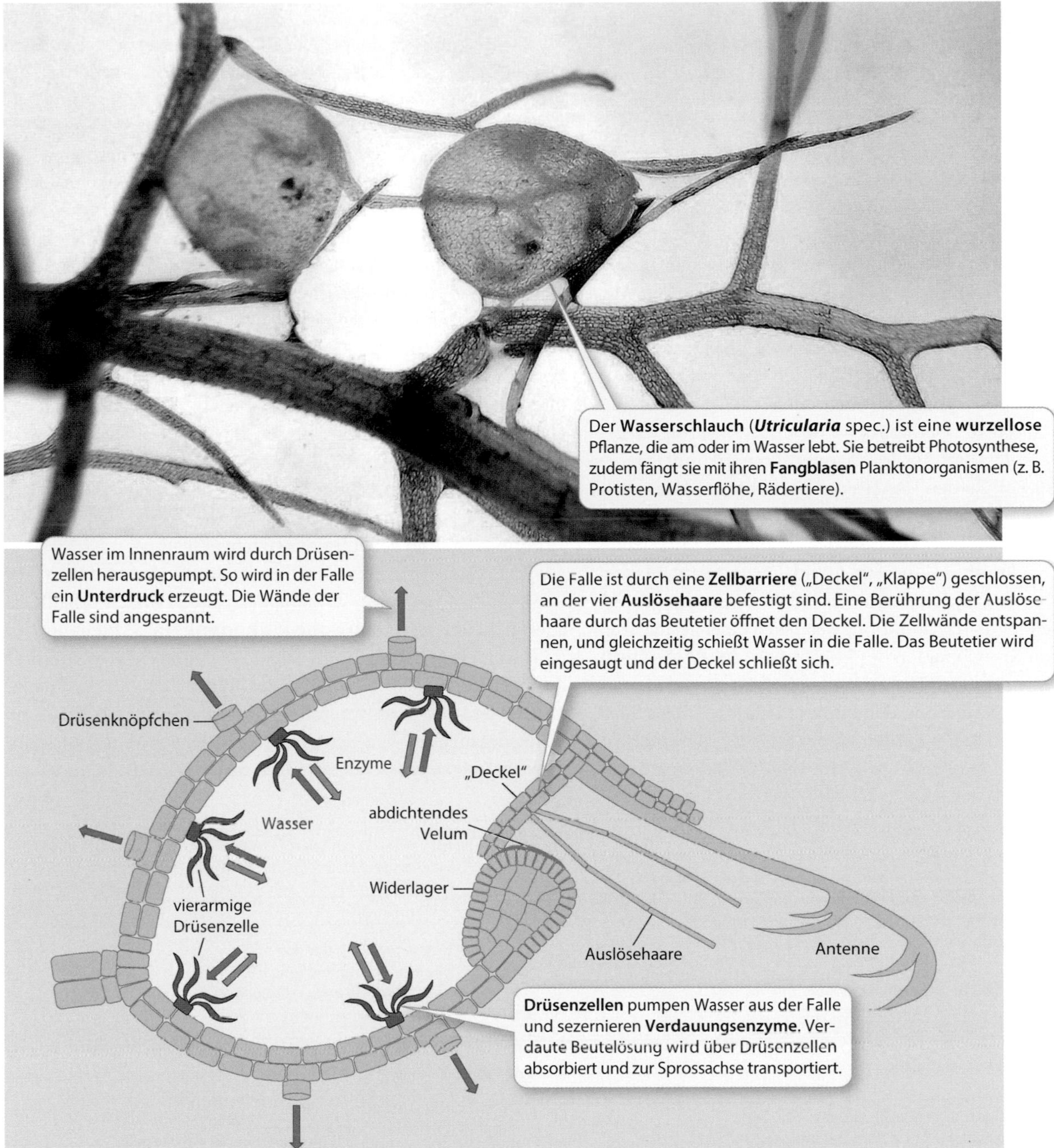

Abb. 22.14 Prinzip der Saugfalle des Wasserschlauchs (*Utricularia* spec.)

heterotrophe (**mykotrophe**) und partiell mykoheterotrophe (**mixotrophe**) Arten eingeteilt.

Manche Pflanzen können sich wichtige Mineralstoffe und teils organische Verbindungen auch über den Abbau tierischen Materials zuführen. **Carnivore** Pflanzen sind in der Lage, kleine Tiere (Einzeller, Arthropoden etc.) zu fangen und mithilfe von Sekreten zu verdauen. Tiere bieten sich in Mooren und an mineralstoffarmen Standorten als zuverlässige Stickstoffquelle an. Bei den carnivoren Pflanzen sind Grundorgane, häufig spezialisierte Blätter, zu Beutefallen umgebildet. Die Venusfliegenfalle (*Dionaea*) an der Südostküste der USA liefert den Prototyp einer Klappfalle, der Sonnentau (*Drosera*) unserer Moore den einer Klebefalle. Die Fangmechanismen dieser beiden Sonnentaugewächse (Droseraceae) werden durch nastische Bewegungen und Tropismen gesteuert (► Abschn. 22.3). Die Saugfallen des Wasserschlauchs (*Utricularia*), die mit einem Unterdruckprinzip arbeiten, vermitteln eine der schnellsten Pflanzenbewegungen im Pflanzenreich (Abb. 22.14). Hier werden Beutetiere mit dem Mehrhundertfachen der Erdbeschleunigung eingefangen. Die südostasiatischen Kannenpflanzen (*Nepenthes*) haben hingegen passive Fallen ausgebildet. In die glatten, trichterförmigen Kannen werden Verdauungsenzyme sezerniert, die Beutetiere in einem stark sauren Milieu in wenigen Stunden zersetzen.

22.7 Pflanzen haben Mechanismen zum Schutz vor Fraßfeinden und Pathogenen entwickelt

Da Pflanzen kein den Tieren vergleichbares zirkulierendes Immunsystem besitzen, müssen sie die **Immunantwort** gegen pathogene Eindringlinge vor Ort **auf Zellebene** bewerkstelligen. Dazu nutzen sie ein System ausgeprägter **Rezeptorproteine**, die zwischen eigenen (endogenen) und fremden (exogenen) Molekülen unterscheiden können.

In Pflanzenzellen eindringende **Mikroorganismen** und Herbivoren weisen im Allgemeinen komplexe chemische Merkmale auf, die für diese Invasoren charakteristisch sind (**MAMP/PAMP**, *microbe/pathogen associated molecular pattern*) und von der Wirtspflanze über spezielle Rezeptoren (**PRR**, *pattern recognition receptors*) an der Plasmamembran erkannt werden (► Abschn. 35.12). Zu den PAMPs gehören unter anderem Peptidoglykane, Lipopolysaccharide, Chitin von Pilzen, Flagellin, der Elongationsfaktor Tu, die β-Glucane der Oomyceten sowie bakterielle Kälteschockproteine und Superoxid-Dismutasen. Pflanzen reagieren auf diese Moleküle mit einer PAMP-vermittelten calciumabhängigen Signaltransduktion, welche zu einer gesteigerten Expression von Komponenten des Immunsystems (**PAMP-induzierte Immunantwort, PTI**, von engl. *PAMP-triggered immune response*) und zur Steigerung der Bildung von Molekülen führt, die reaktiven Sauerstoff enthalten (◘ Abb. 22.15). Rezeptorproteine sind auch für die Erkennung von **HAMPs** (*herbivore associated molecular patterns*) durch Verwundungen infolge von Fraß oder Verletzung verantwortlich. Durch die Verletzung der Zellen werden zellabgeleitete Stoffe freigesetzt und/oder generiert, die ihrerseits von Rezeptoren an der Plasmamembran erkannt werden (**DAMPs**, *damage associated molecular patterns*). Gleichzeitig können Pektinmoleküle über PRRs detektiert werden.

Einige pathogene Mikroorganismen wie die Oomyceten haben allerdings **Effektorproteine** (z. B. AVR-Proteine) entwickelt, welche die PTI unterdrücken können. Die Pflanze antwortet darauf mit spezifischen Erkennungsproteinen, den **NBS-LRR-Proteinen** (für *nucleotide binding site-leucine rich repeat*) im Cytoplasma der Zellen. Sie erkennen diese Effektoren und aktivieren die Expression von **Resistenzproteinen** (R-Proteine), welche die Effektorproteine komplexieren und somit unschädlich machen. Man spricht von ***effector-triggered immune response*** (**ETI**). Zur Bekämpfung von Herbivoren können Pflanzen gezielt chemische Stoffe absondern, wie z. B. die Aminosäure GABA gegen Insektenfraß oder **GLVs** (*green leaf volatiles*), flüchtige Stoffe, die direkt gegen die Insekten gerichtet sind oder andere Pflanzen über die potenziellen Angreifer „informieren" und deren Immunsystem aktivieren.

Pflanzen besitzen **zwei Immunsystemkomponenten**. Die Reaktion auf pathogene Organismen, die Pflanzen schädigen, aber nicht abtöten (**biotrophe Pathogene**) führt nicht nur zur PTI, sondern auch zu langfristiger Immunität, die vermutlich durch epigenetische Veränderungen in der Zelle für die Pflanze konserviert und sogar vererbbar wird. Man spricht in Bezug auf Mikroorganismen von der **systemisch erworbenen Immunabwehr** (*systemic aquired resistance*, **SAR**). Wird die Pflanze lokal

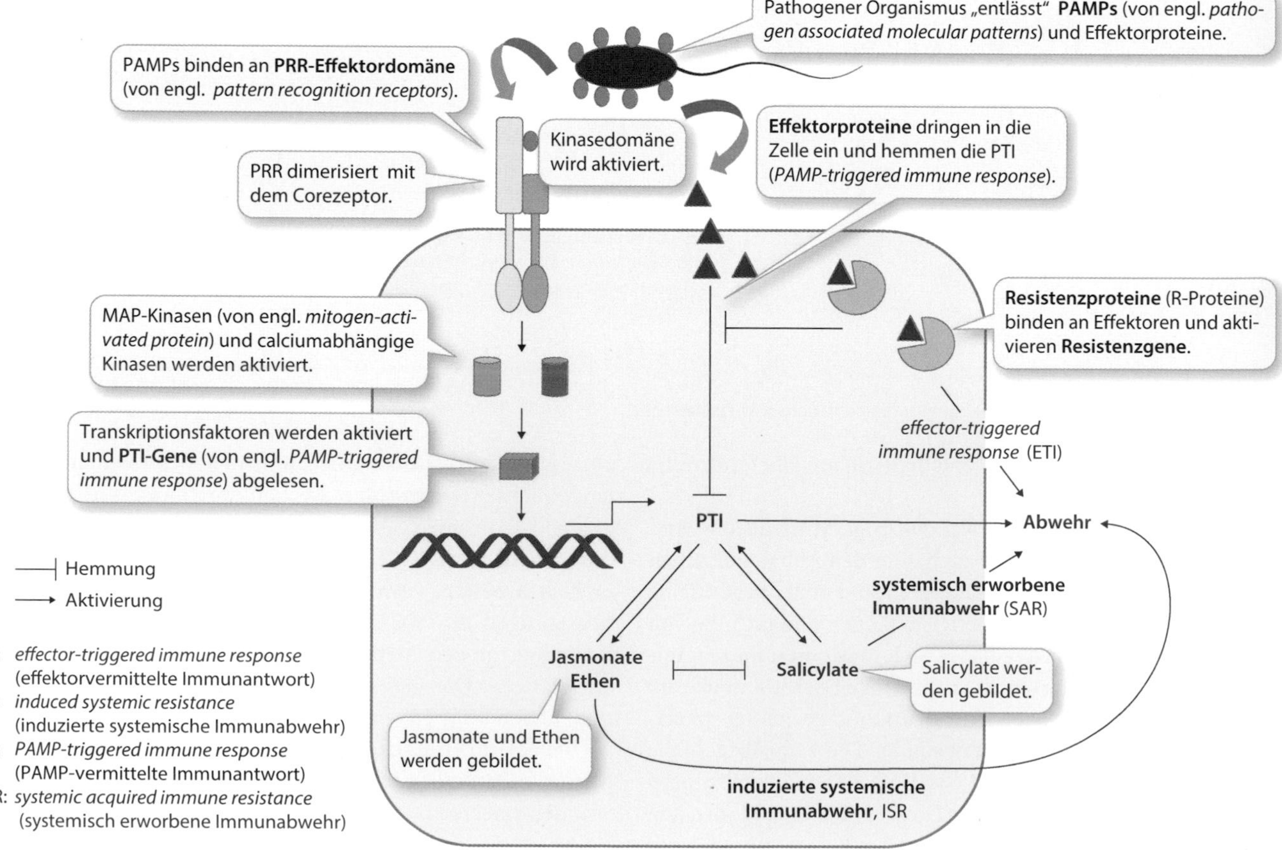

◘ Abb. 22.15 PAMP-induzierte Immunantwort

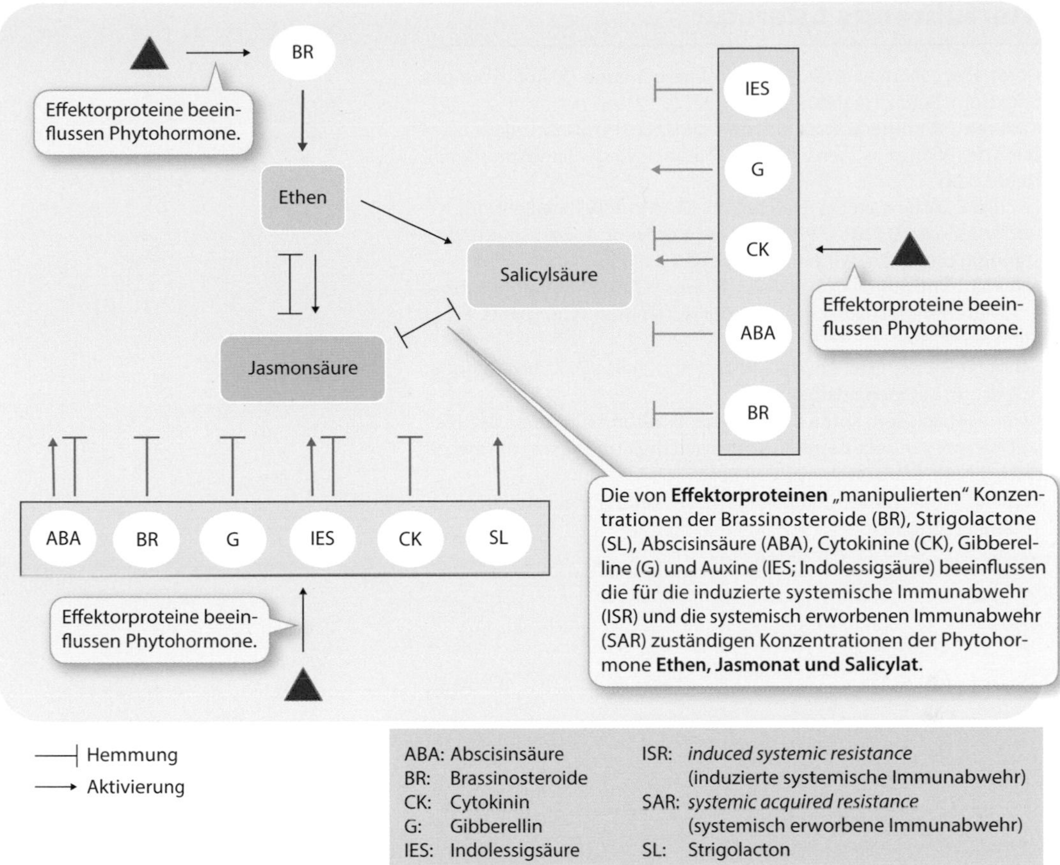

Abb. 22.16 Beeinflussung der induzierten systemischen Immunantwort und der systemisch erworbenen Immunantwort durch Phytohormone

infiziert, wird hierbei das Phytohormon **Salicylsäure** gebildet, welches die Immunabwehr aktiviert (Abb. 22.16). Salicylsäure und weitere kleinere Substanzen wie Dehydroabietinal, Azelainsäure, N-Hydroxypipecolinsäure (NHP) etc. werden über das Leitbündel in die gesunden Pflanzenorgane transportiert, in denen sie die Immunabwehr induzieren. Dies geschieht zum Teil mittels Transportproteinen. Bei der SAR-Vermittlung scheinen auch glutamatähnliche Rezeptoren eine Rolle zu spielen, die bisher noch wenig untersucht sind.

NHP wurde erst kürzlich als pflanzlicher Metabolit entdeckt und stellt eine wesentliche Komponente des SAR dar. Nach einer Attacke durch einen pathogenen Organismus steigt die Konzentration von NHP stark an, ähnlich der Konzentration von SA. Der Grund dafür liegt in der pathogeninduzierten Aktivierung der Master-Immunregulatoren calmodulinbindendes Protein 60 (CBP60) und *systemic acquired resistence deficient 1* (SARD1), welche direkt an die Promotorregionen der Gene der Biosynthese sowohl von SA als auch von NHP binden und deren Expression steigern. Darüber hinaus binden CBP60 and SARD1 auch an die Promotoren einer Reihe anderer Gene und stimulieren hierdurch die PTI, ETI und SAR.

Mit Bezug auf Fraßfeinde unterscheidet man von der SAR die **herbivorinduzierte Resistenz** (*herbivore induced resistence*, **HIR**). Zellfraß induziert dabei die Bildung von Oxilipinen aus den Membranen, darunter viele Jasmonatderivate. Letztere bilden die Schlüsselmoleküle des HIR und führen zum Abbau von JAZ-Proteinen (*Jasmonate ZIM-domain*), die wiederum das Ablesen von jasmonsäureabhängigen Genen zur Herbivorverteidigung in unbefallenen Zellen unterdrücken.

Neben SAR und HIR gibt es noch eine weitere Immunkomponente. Sie wird in jungen Pflanzen aktiviert, wenn diese durch symbiotische Mikroorganismen wie Mykorrhizapilze und Rhizobien besiedelt werden. Diese Form der Immunität nennt man **induzierte systemische Immunabwehr** (*induced systemic resistance*, **ISR**). Dabei handelt es sich um einen Mechanismus, bei dem die Symbionten durch ihre Anwesenheit für eine verstärkte Immunantwort auf Pathogene und Fraßfeinde primen. Ähnlich wie im Fall der SAR benötigt es einen mobilen Träger, der die Information zur Immunabwehr an die oberirdischen Teile weiterleitet und ihre Manifestation einleitet. Dieser Träger ist bisher noch unbekannt, vermutlich handelt es sich aber um Jasmonsäure. ISR wird durch die Infektion mit nekrotrophen, also potenziell tödlichen, Pathogenen und Herbivoren lokal aktiviert und führt über die Produktion der Phytohormone Jasmonsäure und Ethen zur Expression von Resistenzgenen (Abb. 22.16).

Weiterführende Literatur

1. Heldt HW, Piechulla B (2015) Pflanzenbiochemie, 5. Aufl. Springer Spektrum, Berlin, Heidelberg
2. Kadereit JW, Körner C, Kost B, Sonnewald U (2014) Strasburger – Lehrbuch der Pflanzenwissenschaften, 37. Aufl. Springer Spektrum, Berlin, Heidelberg
3. Liscum E, Askinosie SK, Leuchtman DL, Morrow J, Willenburg KT, Roberts Coats D (2014) Phototropism: growing towards an understanding of plant movement. Plant Cell 26:38–55
4. Newman MA, Sundelin T, Nielsen JT, Erbs G (2013) MAMP (microbe-associated molecular pattern) triggered immunity in plants. Front Plant Sci 4:139
5. Schopfer P, Brennicke A (2010) Pflanzenphysiologie, 7. Aufl. Springer Spektrum, Berlin, Heidelberg
6. Wagner K, Krause K, Kothe E (2016) Chemical communication between soil microorganisms, basidiomycetes and their tree host in the mycorrhizosphere. Endocytobiosis Cell Res 27:47–55
7. Weiler EW, Nover L (2008) Allgemeine und molekulare Botanik. Thieme, Stuttgart

Spezielle Physiologie der Pilze

Martin Kemler, Dominik Begerow

J. Boenigk (Hrsg.), *Boenigk, Biologie*, https://doi.org/10.1007/978-3-662-61270-5_23

23.1 Die Hyphengeflechte der Pilze sind keine echten Gewebe, sondern Plektenchyme

Pilze wachsen entweder als einzellige **Hefen** oder mit **Hyphen** (▶ Abschn. 32.2). Bei Hyphen handelt es sich um lange, häufig **septierte** Zellschläuche. Um Nährstofftransport und Zellplasmabewegungen zwischen den Zellen zu gewährleisten, sind die Septen mit einem **Septenporus** versehen, dessen Aufbau charakteristisch für bestimmte pilzliche Untergruppen ist (◻ Abb. 23.1). Eine Besonderheit der Hyphen ist, dass sie nur **apikal** wachsen (◻ Abb. 23.2) und unter günstigen Nährstoffbedingungen theoretisch unendlich wachsen können. So stammt zum Beispiel der größte bekannte Organismus (bekannt als *humongous fungus*) aus der Wurzelfäule erzeugenden Gattung *Armillaria* (Hallimasch), besiedelt mehrere Hektar Waldboden in Oregon und wiegt mehrere Tonnen. Auch die Bildung von Hexenringen, bei denen die Fruchtkörper einer Art in einem Kreis stehen, basiert auf dieser Form des stetigen apikalen Hyphenwachstums: Ausgehend von einer Spore wachsen und verzweigen sich die Hyphen in alle Richtungen. Da alle Hyphen bei entsprechendem Nahrungsangebot mit derselben Geschwindigkeit wachsen, sind sie an der Spitze gleich alt und bilden die Fruchtkörper auch zum gleichen Zeitpunkt.

Darüber hinaus orientiert sich das Verhalten des Pilzes und damit die Richtung des Hyphenwachstums je nach Funktion der Hyphe an unterschiedlichen Umweltfaktoren. So wachsen z. B. Paarungshyphen aufgrund von Pheromonen auf die Hyphen eines kompatiblen Partners zu. Vegetative Hyphen hingegen zeigen meist einen negativen Autotropismus und verringern damit die Konkurrenz um Nährstoffe zwischen Hyphen desselben Individuums und erhöhen die Aufnahme von Nährstoffen des gesamten Organismus. Inter- und intrazelluläre Hyphen von Parasiten zeichnen sich durch verschiedene Anpassungen aus und können z. B. Appressorien oder Haustorien bilden. Diese übernehmen dann in der Regel spezifische Funktionen und sind durch Septen von den restlichen Hyphen getrennt.

Die Gesamtheit der Hyphen eines pilzlichen Individuums bezeichnet man als **Mycel**. Das Mycel bildet jedoch kein echtes Gewebe, sondern ein **Plektenchym** aus, da Zell-Zell-Verbindungen nur zwischen den Zellen einzelner Hyphen bestehen und nicht zwischen Zellen verschiedener Hyphen. Ausnahmen sind sogenannte **Anastomosen**, bei denen verschiedene Hyphen nachträglich miteinander verschmelzen. Daher gibt es bei Pilzen auch keine Gewebedifferenzierung, jedoch liegen Hyphen entsprechend ihrer Funktionen in unterschiedlichsten Formen vor. Erstaunlicherweise können viele Pilze trotz der im Vergleich zu anderen Organismengruppen recht simplen Grundbausteine dennoch komplexe makromorphologische Strukturen (z. B. die Fruchtkörper der Agaricomycotina) ausbilden (◻ Abb. 23.3).

Hyphen sind die Grundbausteine aller **filamentösen Pilze.** Diese **coenocytischen Zellschläuche** werden in vielen Pilzgruppen, besonders bei Asco- und Basidiomycota, durch **Septen** in einzelne Kompartimente geteilt. Auch wenn es sich dabei eigentlich nicht um Mehrzelligkeit im eigentlichen Sinn handelt, da Septen nachträglich eingezogen werden und die Kompartimente eine gemeinsame Zellmembran besitzen, wird durch die Septen eine **effektive Mehrzelligkeit** erreicht. Die **Kompartimentierung** ist, neben eventueller Stabilitätserhöhung, Hauptaufgabe der Septen und dient außer zur **Differenzierung** einzelner Hyphenkompartimente vor allem zum **Schutz** vor komplettem Auslaufen des Zellinhalts bei Verwundungen.

Einfacher Porentyp und Woronin-Körper der Ascomycota
Die Septen der Ascomycota besitzen einfache Poren, durch welche die angrenzenden Kompartimente miteinander verbunden sind. Durch den **Septenporus** können sowohl Cytoplasma als auch Organellen inklusive der Zellkerne zwischen den Zellen wandern.

An den Septenporen befinden sich proteinhaltige, membranumgrenzte Organellen, die sogenannten **Woronin-Körper**, welche durch Proteinketten (Lah) mit dem Septum verbunden sind. Der eigentliche Woronin-Körper setzt sich durch Selbstorganisation aus Untereinheiten (HEX) zusammen.

Im Fall einer **Verwundung**, kommt es passiv aufgrund der entstehenden Cytoplasmaströmung und eventuell durch aktive Mechanismen zu einer **Verstopfung des Septenporus** durch die Woronin-Körper. Dieser Mechanismus gewährleistet, dass der Zellinhalt benachbarter Kompartimente nicht ebenso ausläuft und die Verwundung nur lokale Auswirkungen hat.

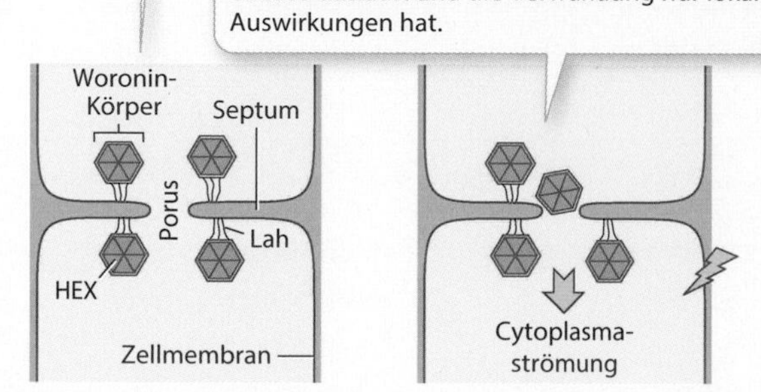

Porentypen der Basidiomycota
Die Basidiomycota besitzen sehr viele verschiedene Septenporentypen, welche charakteristisch für bestimmte Untergruppen sind. Am bekanntesten ist der **Doliporus** der **Agaricomycotina.** Bei diesem verdicken sich die Septen um den Porus, sodass dieser eine tonnenförmige Struktur hat. Oberhalb des Porus befindet sich häufig eine Membrankappe, das sogenannte **Parenthesom,** welche mit dem endoplasmatischen Retikulum (ER) verbunden ist. Das Parenthesom ist je nach Untergruppe unperforiert, perforiert, tubulär und in einigen Fällen auch gar nicht vorhanden.

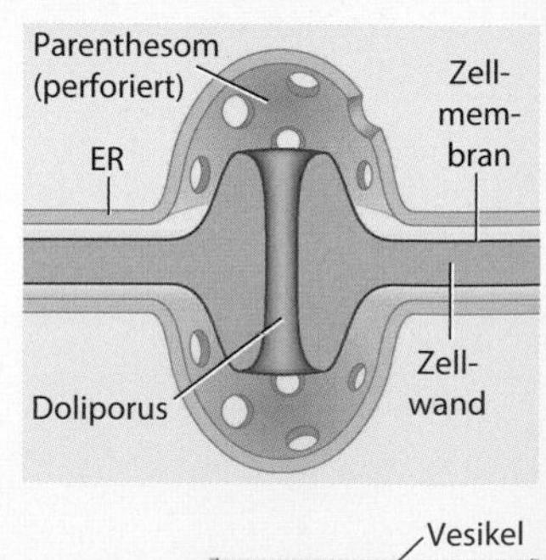

Bei den **Pucciniomycotina** finden wir einen **einfachen Septenporus,** welcher von Vesikeln umgeben ist.

Die **Ustilaginomycotina** besitzen ebenfalls einen **einfachen Porus,** welcher aber zusätzlich mit **Membranbändern** bislang unbekannter Funktion verknüpft ist.

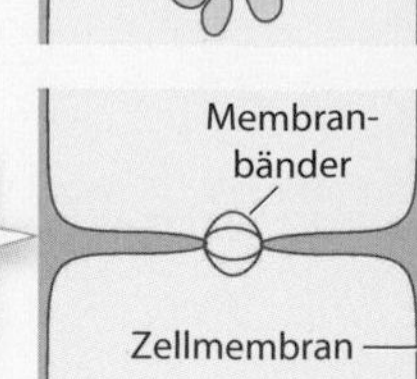

◻ **Abb. 23.1** Septenporen und deren Funktion

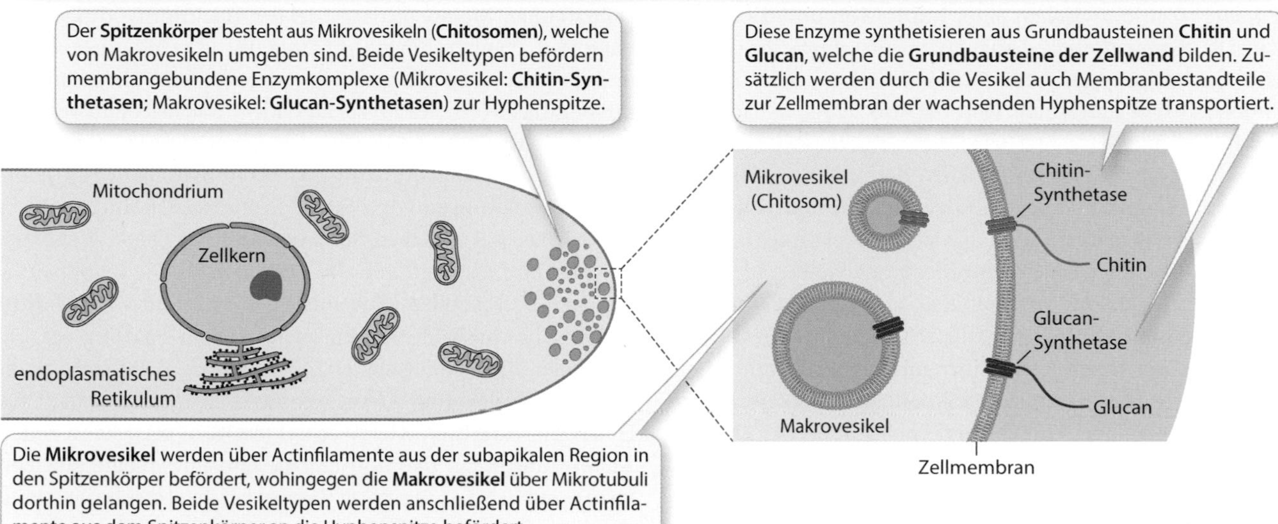

Abb. 23.2 Hyphenwachstum findet an der Hyphenspitze statt

Die **echten Pilze** sind neben Pflanzen, Tieren und Heterokontophyta eine der wenigen phylogenetischen Großgruppen, bei denen **funktionelle Mehrzelligkeit** entstanden ist, welche **makromorphologische Strukturen** ausbildet. Dabei ist dieses Merkmal innerhalb der Pilze mindestens acht Mal unabhängig voneinander entstanden. Besonders prominent sind dabei die **Fruchtkörper** der **Agaricomycotina**. Während der Entwicklung eines Fruchtkörpers heben sich am dikaryotischen, vegetativen Mycel zuerst Lufthyphen ab und bilden ein **Hyphenknäuel** (engl. *nodule*). Diese entwickeln sich zu den sogenannten **Primordien**, welche vom **Velum universale** umgeben sind. In den Primordien sind die verschiedenen **Plektenchymtypen** des Fruchtkörpers schon abschließend angelegt. Auch die Fruchtschicht (**Hymenium**; a), welche später aus **Holobasidien** (b) und dazwischen liegenden **Cystiden** besteht, ist in diesem frühen Stadium schon vorhanden. Das Hymenium kann zusätzlich noch vom sogenannten **Velum partiale** geschützt sein, dabei haben die meisten Hutpilze entweder Velum universale oder Velum partiale, manche hingegen besitzen beide Typen. In der weiteren Entwicklung reißen die Vela auf, wobei das Velum partiale dann die Manschette (**Annulus**) am oberen Teil des Stiels bildet und der untere Teil des Velum universale die am Grund befindliche Scheide (**Volva**). Der obere Teil des Velum universale bleibt häufig auf dem Hut (**Pileus**) sichtbar, so z. B. beim Fliegenpilz.

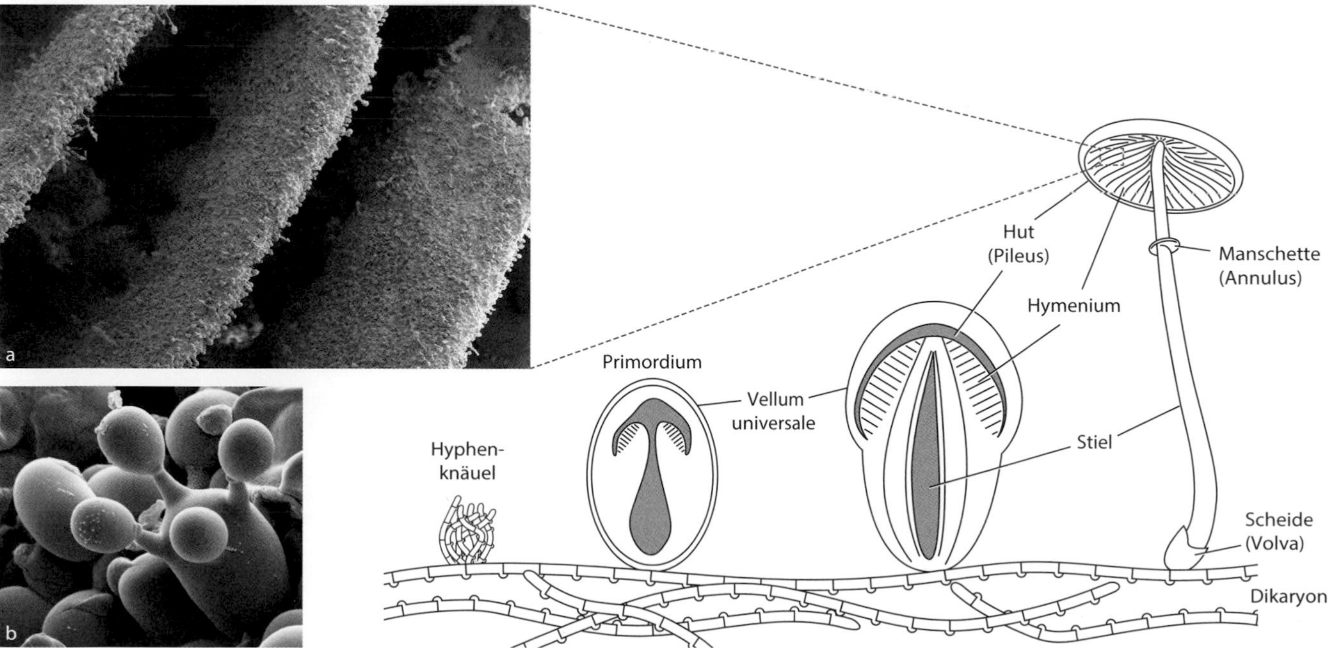

Abb. 23.3 Entwicklung komplexer Fruchtkörper der Agaricomycotina

23.2 Zentrale Prozesse sind bei Pilzen an den Lebenszyklus gekoppelt

Im **Lebenszyklus der Pilze** erfolgt, wie bei den meisten Eukaryoten, ein Wechsel zwischen einer **haploiden und diploiden Phase**. Die Kompatibilität der Partner wird durch im Genom codierte **Paarungstypen** bestimmt, welche am besten für Vertreter der Dikarya untersucht sind (◘ Abb. 23.4). Je nachdem, welche Pilzgruppe betrachtet wird, kann die haploide oder diploide Kernphase die vegetative Form dominieren, oder beide Kernphasen können sich vegetativ vermehren und verbreiten. Bei den **Mucoromycotina** ist das vegetative Mycel haploid, wohingegen bei den **Chytridiomycota** der vielkernige (**coenocytische**) Thallus sowohl haploid als auch diploid sein kann. **Glomeromycota** besitzen ebenfalls ein coenocytisches Mycel, wobei einige Individuen Kerne nur eines Genotyps aufweisen, während andere Individuen stabile Populationen zweier Genotypen enthalten können. Eine Besonderheit tritt bei den **Dikarya** (die Gruppe, welche Ascomycota und Basidiomycota beinhaltet) auf, da es hier zu einer **zeitlichen Trennung** zwischen der **Somatogamie** der haploiden Partner und der anschließenden **Karyogamie** und **Meiose** der kompatiblen Kerne kommt. Bei den **Ascomycota** ist das vegetative Mycel haploid und die Somatogamie mit einer kompatiblen Hyphe führt zur Bildung der dikaryotischen, ascogenen Hyphen. Diese bilden dann in der Regel die Fruchtkörper (Ausnahme: Pseudothecium) aus und ebenfalls zeitnah unter Meiose die Asci. Bei den **Basidiomycota** sind die haploiden Hyphen hingegen häufig nur kurzzeitig lebensfähig und als Paarungshyphe ausgebildet. Sie müssen früh fusionieren, um ein dikaryotisches Mycel zu bilden, welches dann vegetativ weiterwächst. Dieser grundlegende Lebenszyklus ist vor allem bei den **Agaricomycotina** gegeben (◘ Abb. 23.5). Es gibt jedoch viele Abwandlungen von diesem Grundmuster, und häufig ist an den Wechsel zwischen den verschiedenen Generationen ein Wechsel im Lebensstil und der Ernährungsweise gekoppelt. So bilden z. B. **Rostpilze** (Pucciniales) ein haploides **Pyknidium** aus, welches haploide Sporen bildet, die zur Paarung befähigt sind, oder die haploide Generation ist wie bei den **Brandpilzen** (Microbotryales und Ustilaginomycotina) durch langlebige Hefen charakterisiert. Der Wechsel der Kernphase kann zudem Auswirkungen auf die Morphologie und Physiologie pilzlicher Strukturen haben, wie es zum Beispiel bei den Interaktionsstrukturen der Rostpilze zu beobachten ist (◘ Abb. 23.6).

Sexuelle Fortpflanzung erhöht die Anpassung an gegebene Umweltbedingungen und ist für viele Organismen vorteilhaft. Für die sexuelle Fortpflanzung relevante Genregionen finden sich bei Pilzen in **Paarungsloci** (*MAT*, von engl. *mating loci*). Über das entsprechende Allel wird der **Paarungstyp** (engl. *mating type*) vermittelt. Unter anderem werden in den Paarungstypen die **Pheromone und Pheromonrezeptoren**, welche die Erkennung potenzieller Paarungspartner ermöglichen, sowie heterodimere **Transkriptionsfaktoren** für wichtige physiologische Funktionen im sich bildenden **diploiden oder dikaryotischen Mycel** codiert. Die genaue Anordnung der genetischen Information in den Paarungstypen verschiedener Arten kann dabei aber stark voneinander abweichen, und das Paarungssystem der Pilze erscheint evolutionär gesehen sehr dynamisch.

Bipolare und tetrapolare Paarungstypen
Grundsätzlich finden sich die Paarungstypen in zwei Konstellationen wieder. Bei Pilzen mit **bipolarem Paarungstyp** wird die Zellidentität über einen einzigen *MAT*-Locus mit zwei Allelen gesteuert. Um kompatibel zu sein, müssen die Partner unterschiedliche *MAT*-Allele für den gesamten Locus besitzen. Nachkommen einer meiotischen Teilung haben daher eine 50%ige Chance, sich zu paaren. Bei Pilzen mit **tetrapolaren Paarungstypen** befinden sich die genetischen Information auf zwei im Genom unverlinkten Loci. Bei diesem Paarungssystem müssen die Partner für beide Loci unterschiedliche Allele besitzen und die Nachkommen einer meiotischen Teilung haben nur eine 25%ige Chance, sich zu paaren. Beim tetrapolaren System gibt es aber häufig mehrere Allele pro Locus, was im Extremfall zur Ausbildung Tausender Geschlechter führen kann und in einigen Systemen eine nahezu 100%ige Chance auf kompatible Partner gibt.

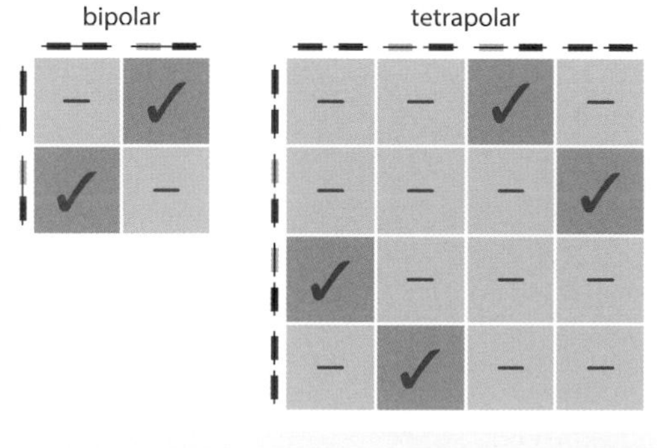

Paarungstypwechsel bei *Saccharomyces*
Die passive Verbreitung vieler Pilze bereitet ihnen unter Umständen Schwierigkeiten, einen Paarungspartner zu finden. Einige Pilze, darunter *Saccharomyces cerevisae*, besitzen einen besonderen genetischen Mechanismus, welcher es ihnen erlaubt, trotzt fehlender kompatibler Partner eine sexuelle Reaktion einzuleiten: Sie können ihren **Paarungstyp wechseln**. Wie genomische Untersuchungen bei *S. cerevisae* gezeigt haben, befinden sich im Genom neben der aktiven Form des Paarungstyps zusätzlich jeweils stillgelegte Paarungstypen beider Genotypen (HML und HMR). Durch Doppelstrangbrüche am aktiven *MAT*-Locus und homologievermittelte Doppelstrangreparatur, bei welcher einer der stillgelegten Loci als Vorlage dient, wird der *MAT*-Locus ausgetauscht.

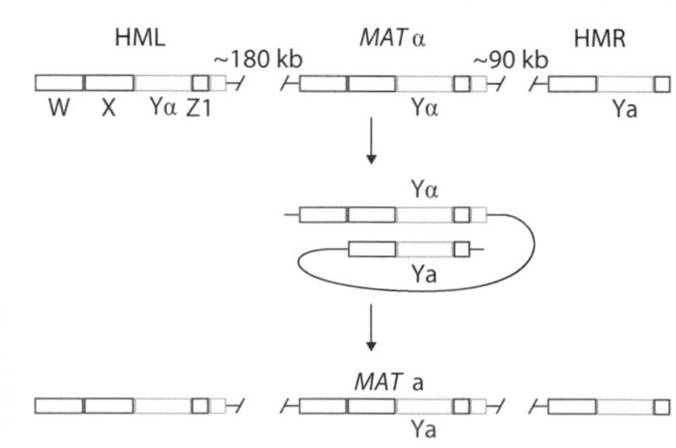

◘ **Abb. 23.4** Paarungstypen der Dikarya

Ein wichtiges Merkmal der Basidiomycota ist die **Assoziation zweier getrennter haploider Kerne** unterschiedlichen Genotyps in einer Zelle, dem sogenannten **Dikaryon**. Um dieses zu erzeugen, muss vorher eine **Hyphenverschmelzung unterschiedlicher Genotypen** erfolgen, wobei sich bei den Basidiomycota im Vergleich zu anderen Pilzen meist keine besonderen Gametangien bilden, welche die Verschmelzung der kompatiblen Partner einleiten. Die **Karyogamie** ist zeitlich entkoppelt und erfolgt in der Regel erst im Rahmen der Fruchtkörperbildung.

Die **haploide Phase** ist bei den Agaricomycotina häufig nur kurzlebig. Innerhalb des **Monokaryons** kommt es auch zur Bildung von **Anastomosen** (Zellverbindungen zwischen Hyphen).

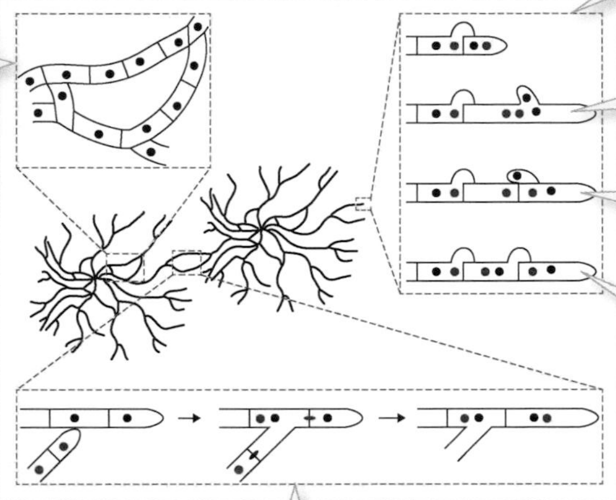

Die **Schnallenbildung** beginnt mit einer Hyphenausstülpung an der apikalen Zelle, welche in Richtung der subapikalen Zelle wächst.

Während beide Kerne der apikalen Zelle Mitosen unterlaufen, wandert einer der vorderen haploiden Tochterkerne in die entstehende **Schnalle** ein. Der vordere der distalen Tochterkerne wandert in den apikalen Teil der Zelle.

Durch **synchrone Zellwandbildung** teilt sich die apikale Zelle, und ebenso wird die Schnalle von dieser abgetrennt.

Anschließend verschmilzt die Schnalle mit der subapikalen Zelle, um auch dort die haploiden Kerne beider Genotypen wieder zu vereinen.

Durch **Fusion von zwei monokaryotischen Hyphen** wird das charakteristische **Dikaryon** der Basidiomycota gebildet, ein Vorgang welcher vor allem bei einigen Vertretern der Agaricomycotina gut untersucht ist. Dabei ist die **Somatogamie** der beiden Partner unabhängig von den **Paarungstypen**, und erst nach der Fusion entscheidet sich, ob die beteiligten Genotypen kompatibel sind. Bei einer kompatiblen Verschmelzung dienen beide Partner als Empfänger wie auch als Spender. Nach der Befruchtung wandert der jeweils kompatible Kern in das bereits bestehende Monokaryon des anderen Partners ein und verbreitet sich dort unter Mitosen bis in die **Hyphenspitzen**. Einmal dort, wächst das dikaryotische Mycel häufig unter **Schnallenbildung** weiter, um die Verteilung der beiden Genotypen auf die Einzelzellen zu gewährleisten.

Abb. 23.5 Somatogamie und Dikaryonbildung der Agaricomycotina

Auch bei Pilzen ist die **Differenzierung von Zellen** in der Regel an den Lebenszyklus gebunden. Vor allem bei der Bildung von Fruchtkörpern differenzieren sich die Hyphen und übernehmen unterschiedliche Funktionen. Der Aufbau von Hymenien, in denen die Asco- oder Basidiosporen gebildet werden, kann beliebig komplex werden. Für verschiedene Pilze konnte inzwischen gezeigt werden, dass dabei **zentrale Faktoren der Zellzyklusregulation** eine Rolle spielen. Auch der Lebenszyklus der Rostpilze ist eng mit dem Kernphasenwechsel verbunden und macht deutlich wie komplex die physiologische Regulation für diese Pflanzenparasiten sein muss. Zum einen werden in den unterschiedlichen Kernphasen oft unterschiedliche Wirtsarten mit ihren jeweils eigenen Abwehrmechanismen und Physiologie befallen. Zum anderen werden unterschiedliche morphologische Anpassungen ausgebildet.

Die Ausdifferenzierung von besonderen Hyphen zur Nährstoffaufnahme ist bei Rostpilzen an den Zellzyklus gebunden. So sind z.B. die Haustorien, die für die Aufnahme von Nährstoffen unterschiedlich gestaltet. Es wurde gezeigt, dass ein bestimmter Haustorien-Typ erst nach der Paarung in der dikaryotischen Phase gebildet wird – das sogenannte **D-Haustorium**. Während in der haploiden, monokaryotischen Phase in der Regel unstrukturierte, mehrzellige und mehrkernige intrazelluläre Hyphen als **M-Haustorien** ausgebildet werden, sind die D-Haustorien in der dikaryotischen Phase hochgradig differenziert.

D-Haustorium

Das **Dikaryon** stellt die lange Phase zwischen Somatogamie und Karyogamie dar. Offensichtlich dient diese Phase auch der Regulation bestimmter Zelldifferenzierung und verschiedener physiologischer Anpassungen.

Das sog. **Neckband** ist typisch für D-Haustorien und grenzt die extrahaustorielle Matrix vom restlichen Interzellularraum ab. Es entsteht zeitgleich mit der Entwicklung des Haustoriums und scheint für die effiziente Nährstoffaufnahme wichtig zu sein. Es verbindet die pilzliche mit der pflanzlichen Membran.

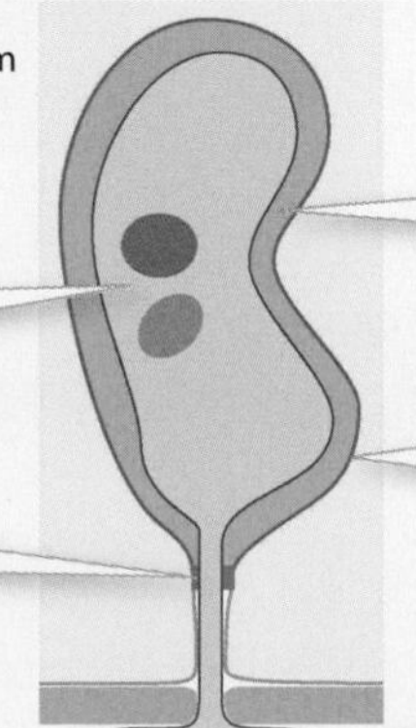

Der eigentliche Interaktionsraum ist die **extrahaustorielle Matrix** – der Raum zwischen Pflanze und Pilz. Es wurde gezeigt, dass bestimmte *in planta* induzierte Gene (PIGs) für Hexose- und Aminosäuretransporter codieren und diese Transporter dann nur in die Pilzmembran innerhalb des Haustoriums integriert werden. Insgesamt sind über 30 PIG-Gene spezifisch in den D-Haustorien hochreguliert.

Das Haustorium wird durch die **extrahaustorielle Membran**, die in die Plasmamembran der Pflanze übergeht, abgegrenzt. Damit sind die beiden Organismen stets von einander getrennt. Eine Zellwand wird hier nicht ausgebildet.

Die **Haustorienmutterzelle** wird zu Beginn außerhalb der jeweiligen Pflanzenzelle gebildet und scheint beim Aufbau des D-Haustoriums eine Rolle zu spielen. Es ist durch eine sehr dünnen Schlauch (Hals = Neck) mit dem eigentlichen Haustorium verbunden.

Abb. 23.6 Einfluss der Kernphase auf Rostpilzhaustorien

23.3 Pilzliche Sekundärmetaboliten haben vielfältige Funktionen

Pilze verfügen über ein enormes Repertoire unterschiedlichster chemischer Stoffe, welche sie über den Sekundärstoffwechsel herstellen. Bei den **Sekundärmetaboliten** handelt es sich um bioaktive, niedrigmolekulare Stoffe, welche im Gegensatz zu den Primärmetaboliten nicht zwingend notwendig für das Wachstums des Organismus sind. Pilzliche Sekundärmetaboliten haben dabei vielfältige Funktionen. Sie sind integraler Bestandteil sowohl der Antwort des Organismus auf Umweltstressoren (z. B. UV-Strahlung für auf Blättern lebende Hefen; ◻ Abb. 23.7) als auch der Interaktion mit anderen Organismen (z. B. Fraßschutz, Anlockung von Insekten zur Sporenverbreitung, Unterdrückung von Konkurrenten). Besonders aufgrund der letzteren Eigenschaft haben sie auch eine große Auswirkung auf den Menschen. Zum einen machen wir uns die Eigenschaft vieler pilzlicher Sekundärmetaboliten als **Antibiotika** in der Medizin zunutze (z. B. Penicillin und Cephalosporin), um mikrobielle Krankheitserreger abzutöten oder in ihrem Wachstum zu hemmen. Zum anderen können **Mykotoxine** (z. B. Aflatoxin, Fumonisin oder Amatoxine) zu schwerwiegenden Erkrankungen bei Menschen und Tieren führen (◻ Abb. 23.8). Pilzliche Sekundärmetaboliten sind aber ebenso wichtig in der Biotechnologie und bei der Herstellung von Lebensmitteln (◻ Abb. 23.9).

Sekundärmetaboliten werden in verschiedenen Stoffwechselwegen unter Einbindung vieler, teilweise spezifischer Enzyme gebildet. Je nachdem, welche Enzyme an der Synthese hauptsächlich beteiligt sind, teilt man die Sekundärmetaboliten in **Polyketide** (Polyketid-Synthase; PKS), **nichtribosomale Peptide** (nichtribosomale Peptid-Synthetase; NRPS), **Terpene** (Terpen-Cyclase) oder **Indolalkaloide** (Dimethylallyltryptophan-Synthetase; DMATS) ein. Meist werden sie erst in bestimmten Phasen des Lebenszyklus (z. B. bei der Sporenbildung) gebildet. Diese zeitlich bedingte Produktion hängt mit der Beeinflussung durch interne und externe Faktoren zusammen, welche für die Pilze erst ab einer bestimmten Phase relevant werden. Da die Produktion von Sekundärmetaboliten durch komplexe Stoffwechselwege erfolgt, welche viele enzymatische Schritte benötigen und auf die Anhäufung von chemischen Vorstufen angewiesen sind, werden sie häufig neben internen Faktoren (z. B. Sporenbildung) durch externe Faktoren wie z. B. Nahrungskonkurrenten reguliert. Eine wichtige Rolle kommt Sekundärmetaboliten bei der **Sporenbildung** zu. Häufig werden sie als **Pigmente** in die Sporenwand eingelagert und dienen dem UV-Schutz. Andere, toxische Metaboliten in den Sporen könnten zusätzlich als Fraßschutz dienen. So ist z. B. der Toxingehalt oft erst nach geraumer Zeit im reifen Fruchtkörper am höchsten. Von einigen Pilzen ist außerdem bekannt, dass Sekundärmetaboliten die Sporulation initiieren.

Die **Phyllosphäre** (d. h. die Gesamtheit der oberirdischen Organe von Pflanzen) bildet einen der größten terrestrischen Lebensräume auf unserem Planeten, und auch Pilze haben sich daran angepasst. Auf der Oberfläche von Blättern, der **Phylloplane**, findet man viele verschiedene Hefearten als ständige Mitglieder pilzlicher Gemeinschaften. Auch wenn es auf den ersten Blick nicht so erscheint, ist dieses Habitat ein **Extremstandort**, da die Umweltbedingungen (z. B. Wasserverfügbarkeit und UV-Einstrahlung) stark fluktuieren können und Nährstoffe nur begrenzt verfügbar sind. **Pigmente** (farbgebende Substanzen) sind Sekundärmetaboliten, welche es diesen Pilzen ermöglichen, solche Standorte zu besiedeln, da sie **vor gefährlicher UV-Strahlung schützen.**

Carotinoide werden aus Isoprenuntereinheiten gebildet und finden sich in vielen Pilzgruppen. Rot und gelb erscheinen sie durch die Wechselwirkung elektromagnetischer Strahlung mit den Doppelbindungen. Besonders eindrucksvoll sind sie in den roten Hefen innerhalb der **Pucciniomycotina** und **Agaricomycotina,** welche häufig in der Phylloplane auftreten. Der Mensch macht sich die Eigenschaft der Carotinoidbildung dieser Hefen zunutze und gewinnt aus einigen unter anderem den Farbstoff **Astaxanthin.** Dieser wird in der Aquakultur verwendet und führt z. B. zur typischen Rotfärbung von Hummer und Lachs.

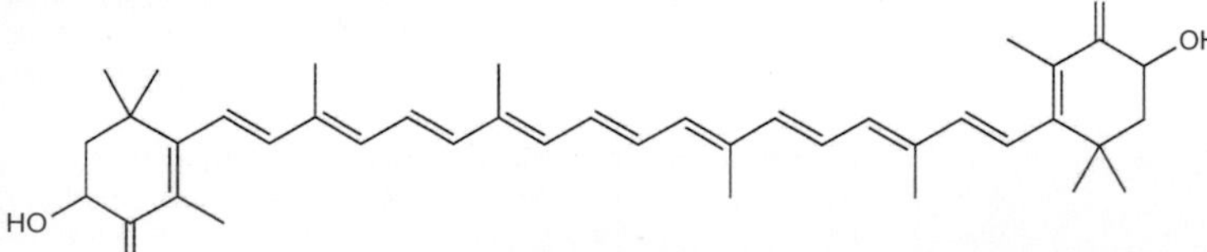

Astaxanthin

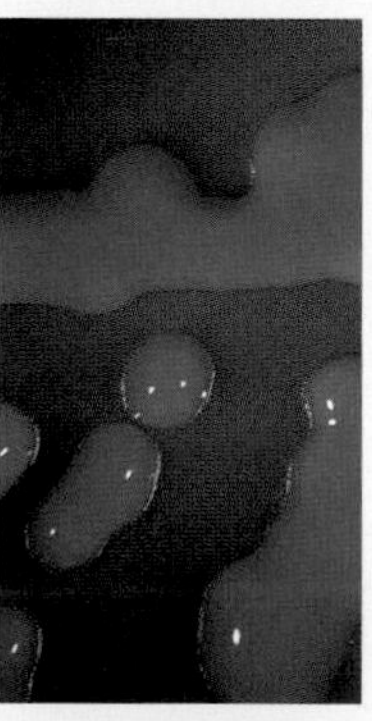
Rhodotorula

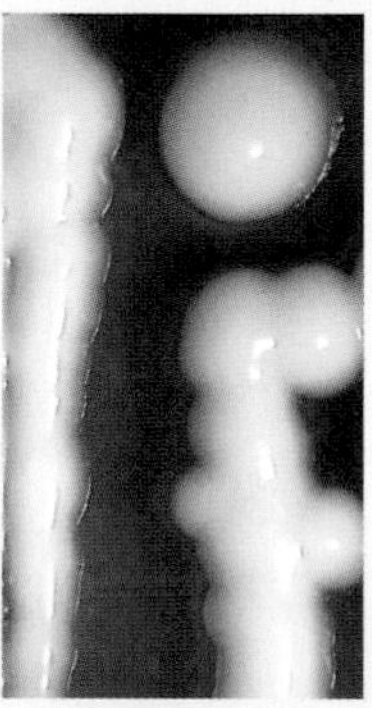
Vishniacozyma

Melanine sind komplexe Polyphenole und bilden eine weitere Pigmentgruppe, welche von vielen Pilzen (z. B. *Aureobasidium pullulans*) der Blattoberfläche genutzt wird. Die Synthese von Melaninen wird durch mehrere Enzyme bewerkstelligt, dabei sind **Polyphenol-Oxidasen** Schlüsselenzyme für die Oxidation der Vorläufermoleküle. Neben dem **Schutz vor Strahlung** haben pilzliche Melanine unter anderem auch Bedeutung als **Antioxidantien**, bei der **Thermoregulation** und als **Schutz gegen Austrocknung.**

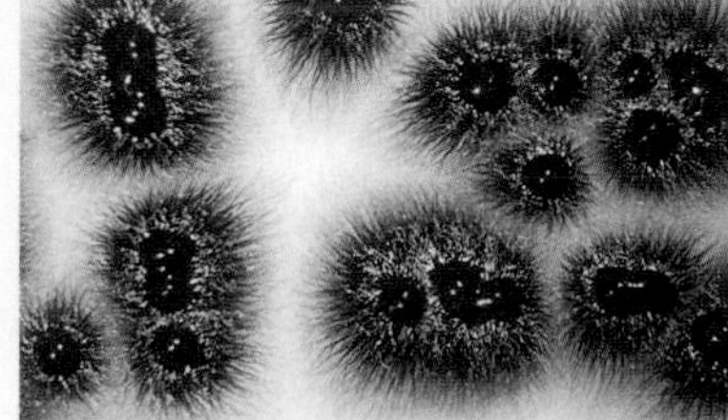
Aureobasidium

Melanin (Strukturformel: O, O, H N, O, O, HN)

◻ **Abb. 23.7** Pigmentierung von auf Blättern lebenden Hefen

Pilze leben in artenreichen Gemeinschaften mit anderen Organismen und müssen sich sowohl gegen Fraß schützen, als auch im inner- und zwischenartlichen Wettbewerb behaupten. Daher haben sie ein Repertoire an Sekundärmetaboliten evolviert, dass es ihnen erlaubt, diese Situationen zu meistern. Diese **Mykotoxine** werden bei vielen Arten konstitutiv gebildet, wohingegen manche Abwehrstoffe erst bei Kontakt mit Fraßfeinden oder Konkurrenten produziert werden. Zudem unterscheidet man noch zwischen Arten, welche ihre Mykotoxine in die Umgebung sekretieren (z. B. Penicillin) und solchen, die zellulär in den Pilzen lokalisiert sind und erst bei Verletzung (z. B. Fraß) freigesetzt werden.

Zellulär lokalisierte Mykotoxine sind in Fruchtkörpern der Agaricomycotina weit verbreitet. Besonders die Gattung ***Amanita*** (Wulstlinge) ist bekannt für ihre Giftigkeit und die Vertreter dieser Gattung sind für 90 % der tödlichen **Pilzvergiftungen** weltweit verantwortlich. Bekannte Arten sind Fliegenpilz (*Amanita muscaria*), Grüner Knollenblätterpilz (*Amanita phalloides*) und Pantherpilz (*Amanita pantherina*). Die Giftigkeit dieser Pilze beruht hauptsächlich auf einer Mischung sog. **Amatoxine**. Dabei handelt es sich um eine Gruppe sehr ähnlicher **Oktapeptide**, welche interessanterweise klassisch durch Ribosomen und nicht durch NRPS gebildet werden. Das bekannteste und gefährlichste Amatoxin, **α-Amanitin**, hemmt die RNA Polymerase II und wird im Verdauungstrakt des Menschen und anderer Säugetiere nicht abgebaut, sondern vom Körper aufgenommen. Erfolgt nach der Aufnahme des Pilzes nicht eine unverzügliche ärztlichen Behandlung, dann kann es zu irreversiblen **Leberschäden mit Todesfolge** kommen. Schon geringste Mengen (LD50: ~0,1 mg/kg) sind tödlich, wobei ein Pilz durchschnittlich 10–12 mg des Giftes beinhaltet.

Fliegenpilz (*Amanita muscaria*)

α-Amanitin

Abb. 23.8 Mykotoxine

Gene die am Stoffwechsel von Sekundärmetaboliten beteiligt sind, befinden sich häufig in physikalischer Nähe auf dem Genom in sog. **Metabolischen Genclustern (MGC)**. Zusätzlich zu den Hauptenzymen befinden sich in den MGCs Gene für weitere Hilfsenzyme, Transportproteine und regulierende Transkriptionsfaktoren. Auch wenn sie eine funktionelle Einheit bilden, werden die Gene in MGCs denoch meist einzeln und nicht als Gesamtheit, wie prokaryotische Operons, transkribiert.

Besonders gut sind Sekundärmetaboliten bei den Eurotiomycetes der Gattungen ***Penicillium*** und ***Aspergillus*** untersucht, da diese für den Menschen wichtige Stoffe bilden, darunter viele Antibiotika und Mykotoxine. Auch in der **Lebensmittelherstellung** sind die Vertreter dieser Gruppe wichtige Organismen. Bei der Käseherstellung wird ***Penicillium roqueforti*** eingesetzt, um **Blauschimmelkäse** zu erzeugen, wobei der Pilz die typische Blaufärbung und den charakteristischen Geschmack durch die Bildung **volatiler Stoffe** hervorruft. Der Pilz produziert aber auch in geringen Mengen verschiedene **Mykotoxine**. Aufgrund der geringen Dosen im Käse sind sie aber nicht gefährlich für den Menschen, und es wird sogar eine gesundheitsfördernde Wirkung diskutiert. Eines der bekannteren unter diesen Mykotoxinen ist **Roquefortin C**. Wie vergleichende Studien mit *P. chrysogenum* gezeigt haben, besitzt *P. roqueforti* ein reduziertes MGC für den Roquefortin-/Meleagrin-Stoffwechselweg, welches als Endprodukt Roquefortin C erzeugt. Die Art *P. chrysogenum* stellt zwar auch Roquefortin C her, hier handelt es sich aber nur um ein Zwischenstufe, welche weiter zu Meleagrin metabolisiert wird. Roquefortin C besitzt **antibakterielle Wirkung** und könnte dem Pilz einen Vorteil gegenüber anderen Mikroorganismen in seiner Umwelt verschaffen.

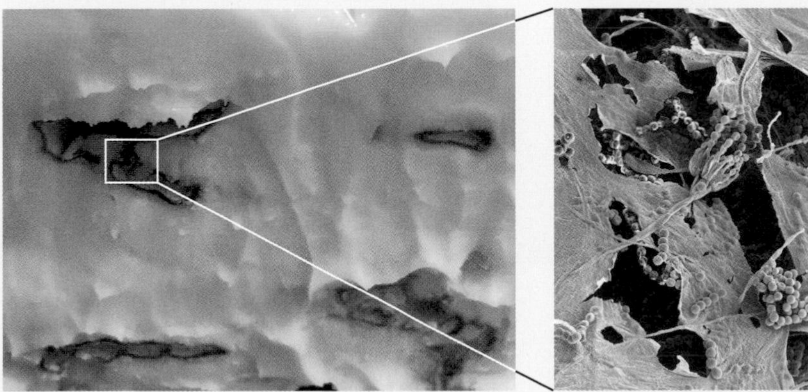

Blauschimmelkäse

Konidienträger von *P. roqueforti*

Roquefortin C

Abb. 23.9 Sekundärmetaboliten in der Lebensmittelindustrie

Weiterführende Literatur

1. Heitman J, Kronstad JW, Taylor JW, Casselton LA (2007) Sex in fungi: molecular determination and evolutionary implications. ASM, Washington
2. Pelkmans JF, Lugones LG, Wösten HAB (2016) Fruiting body formation in basidiomycetes. In: Wendland J (Hrsg) The mycota – growth, differentiation and sexuality. Springer, Berlin, Heidelberg, New York, S 387–405
3. Riquelme M, Aguirre J, Bartnicki-García S, Braus GH, Feldbrügge M, Fleig U, Hansberg W, Herrera-Estrella A, Kämper J, Kück U, Mourino-Perez RR, Takeshita N, Fischer R (2018) Fungal morphogenesis, from the polarized growth of hyphae to complex reproduction and infection structures. Microbiol Mol Biol Rev 82:e00068-17
4. Rokas A, Wisecaver JH, Lind AL (2018) The birth, evolution and death of metabolic gene clusters in fungi. Nat Rev Microbiol 16:731–744

Spezielle Physiologie der Protisten

Peter Bayer

J. Boenigk (Hrsg.), *Boenigk, Biologie*, https://doi.org/10.1007/978-3-662-61270-5_24

24.1 In anoxischen Habitaten lebende Protisten besitzen funktionell abgewandelte Mitochondrien

Mitochondrien sind Kompartimente eukaryotischer Zellen, die für die Bildung von ATP von zentraler Bedeutung sind. Nach der **Endosymbiontentheorie** (► Abschn. 4.1) wanderte der Vorfahre aller Mitochondrien, ein **α-Proteobakterium**, in ein zu den Taxa der Asgard gehörendes **Archaeon** ein und integrierte sich im Laufe der Evolution funktionell. Diese Wandlung von einem selbstständigen bakteriellen Organismus hin zu einem permanenten Organell ging mit Veränderungen seines genetischen Materials sowie mit Veränderungen in den Proteinimportsystemen und Membranproteinen einher. Heute besitzen alle Nachfahren dieses ursprünglichen Eukaryoten Mitochondrien. Die Anpassung vieler Protisten an spezielle Lebensräume, besonders unter anaeroben Bedingungen, führte jedoch zu einem weiteren **funktionellen Wandel** ihrer Mitochondrien.

Unter dem evolutionären Druck, sich an **anaerobe Bedingungen** anzupassen, haben sich die Mitochondrien einiger dieser Arten dahingehend verändert, dass Wandlungen in der Energieproduktion vonstattengingen (◘ Abb. 24.1). Diese funktionellen Änderungen betreffen vor allem den Verlust oder eine funktionelle Abänderung von Proteinen in der Elektronentransportkette und die Reduktion der Cristae, der vergrößerten Oberflächen der inneren Membran. Heute findet man neben den **aeroben Mitochondrien** auch **anaerobe Mitochondrien**, die in Anpassung an die Lebensweise ihrer „Wirtszellen" sowohl in Anwesenheit als auch in Abwesenheit von Sauerstoff ATP produzieren können. Einige obligatorisch anaerob lebende eukaryotische Spezies entwickelten Mitochondrien, die ATP durch die Produktion von Wasserstoff erzeugen (**H_2-produzierende Mitochondrien**). Daneben bildeten sich bei einigen meist parasitär lebenden Organismen Mitochondrien aus, die komplett auf die Ausbildung der Elektronentransportkettenproteine verzichten, jedoch weiterhin in der Lage sind, ATP zu generieren (**Hydrogenosomen**).

Mitochondrien beherbergen nicht nur die **Elektronentransportkette**, mit deren Hilfe Elektronen auf Sauerstoff übertragen werden, wobei durch chemiosmotische Kopplung ATP generiert werden kann, sondern haben im Laufe der Entwicklung der Eukaryoten weitere wichtige Funktionen für die Zelle übernommen (◘ Abb. 24.2). Eine der wesentlichen Aufgaben ist die Bildung von **Eisen-Schwefel-Clustern** (Fe-S-Cluster), die als Cofaktoren für Proteine benötigt werden. Für den Aufbau des Fe-S-Cluster bilden Mitochondrien – bei nahezu allen Eukaryoten – 18 spezielle Proteine (Fe-S-System) aus. Diese Proteine sind nicht nur am Aufbau der Fe-S für mitochondriale Proteine, sondern auch an der Generierung von Fe-S-Proteinen des Cytosols und des Kerns beteiligt. Es ist daher nicht verwunderlich, dass es Eukaryoten gibt, deren Mitochondrien zwar kein ATP mehr produzieren, die jedoch noch die Aufgaben zur Herstellung der Fe-S erfüllen (**Mitosomen**; ◘ Abb. 24.1). Um all den Varianten der Mitochondrien Rechnung zu tragen, spricht man heute ganz allgemein von **mitochondrienabgeleiteten Organellen** (**MROs**, von engl. *mitochondria-related organells*).

Die funktionelle Abwandlung der Mitochondrien geschah graduell, in kleinen Schritten. Auch heute findet man solche graduellen Anpassungen bei Mitochondrien (z. B. vergrößerte *mt*-Genome der Jakobida und von *Ancoracysta*; lokale DNA-Konzentration im Kinetoplasten der Trypanosomatidae, ► Abschn. 33.11). Derartige Abwandlungen sind jedoch nicht auf Protisten beschränkt, sondern lassen sich in ähnlicher Weise auch bei anderen Taxa beobachten, die Anpassungen an anaerobe oder andere extreme Habitate eingegangen sind. Selbst bei uns Menschen finden wir bei Mitochondrien Spezialisierungen (Mitochondrien der braunen Fettzellen) und die Übernahme neuer Aufgaben (Kontrolle/Regulation der Immunfunktion durch Mitochondrien von T-Zellen, Makrophagen und dendritischen Zellen). Die funktionelle Reduktion oder das Fehlen von Mitochondrien bei Eukaryoten sind evolutionär gesehen sekundäre Ereignisse (► Abschn. 33.3), ein Verlust von Vorhandenem, vergleichbar dem Verlust von Plastiden (► Abschn. 33.2), den man in vielen Linien der Eukaryoten beobachten kann.

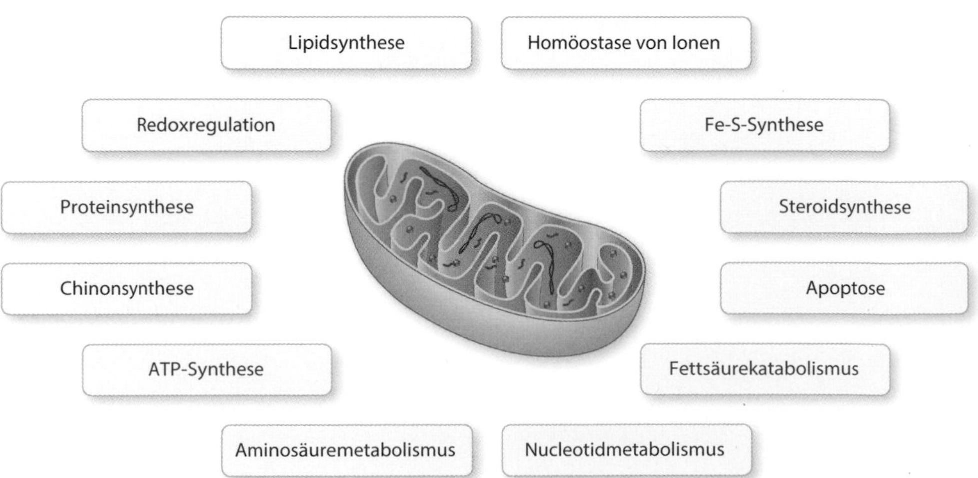

◘ **Abb. 24.1** Übersicht über verschiedene Funktionen von Mitochondrien

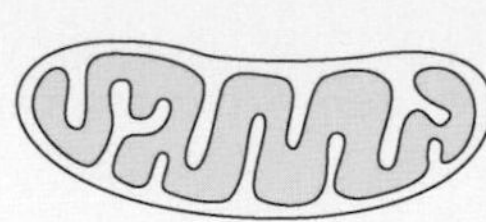

Übergänge von mitochondrienabgeleiteten Organellen (MROs) finden sich z. B. in *Paratrimastix pyriformis*, einem frei lebenden Vertreter der anaerob lebenden Gruppe Metamonada, zu der vorwiegend parasitäre Organismen wie *Giardia intestinalis* und *Trichomonas vaginalis* gehören. *Paratrimastix* besitzt ein hydrogenosomenähnliches MRO ohne Genom. In diesem fehlen zwar Proteine zum Aufbau der Fe-S-Cluster, aber man findet dafür Proteine des Glycin-Decarboxylase-Komplexes und solche, die für den Cofaktormetabolismus und den Transport von Proteinen und Metaboliten zuständig sind. Übergänge zwischen den hier funktionell eingeteilten MROs findet man in allen Linien der Protisten.

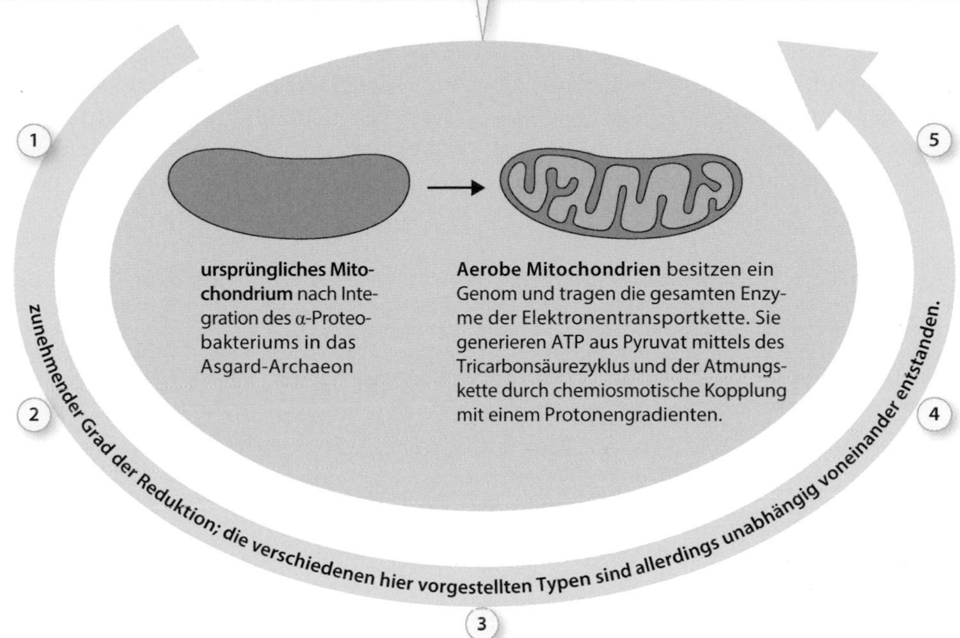

1

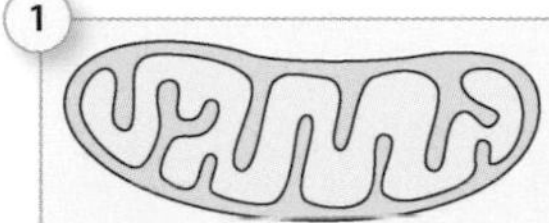

Anaerobe Mitochondrien besitzen ein Genom und tragen die gesamten Enzyme der Elektronentransportkette. Da die Lebenszyklen ihrer „Wirte" sowohl unter oxidativen als auch unter anaeroben Phasen verlaufen, können sie Sauerstoff reduzieren (aerob) oder unter anaeroben Bedingungen Fumarat reduzieren. Im weiteren Verlauf dieses Metabolimus (Malatdismutation) wird ATP sowohl über einen Protonengradienten als auch über Substratkettenphosphorylierung erzeugt.

2

H_2-produzierende MROs besitzen ein eigenes Genom, allerdings fehlen ihnen die Komplexe III und V der Atmungskette. Ähnlich den Hydrogenosomen generieren sie ATP ausschließlich mittels Substratkettenphosphorylierung durch Pyruvatabbau und die Reduktion von Protonen zu H_2. Ein Vertreter dieser Gruppe ist der zu den SAR gehörende Darmparasit *Blastocystis* spec.

3

Hydrogenosomen besitzen ähnlich wie die Mitosomen kein eigenes Genom. Da ihnen die Enzyme der Atmungskette fehlen, generieren sie ATP ausschließlich mittels Substratkettenphosphorylierung. Dabei wird Pyruvat abgebaut, und H_2 entsteht.

4

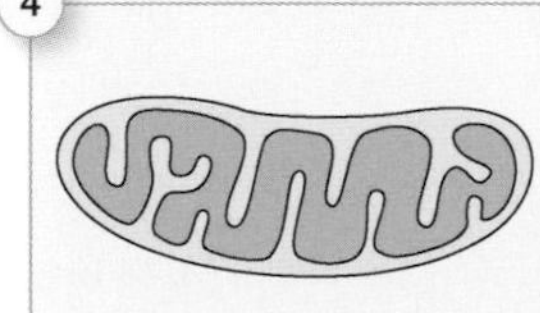

Mitosomen besitzen kein eigenes Genom. Ihre Proteine werden aus dem Cytoplasma importiert. Mitosomen produzieren weder ATP noch H_2. Ihre Aufgabe ist auf die Produktion von Fe-S-Clustern beschränkt. Mitosomen finden sich bei *Cryptosporidium parvum* oder bei *Giardia intestinalis*. Einige Vertreter mit Mitosomen zeigen Übergänge zu stärker reduzierten MROs. *Mastigamoeba balamuthi* besitzt z. B. zwei Cluster von Fe-S- produzierenden Enzymen; eines davon, das in die Stickstofffixierung involviert ist, ist im Cytoplasma angesiedelt, ein zweites im MRO. Der humanpathogene Protist *Entamoeba histolytica* hingegen beherbergt nur einen cytosolischen Cluster solcher Enzyme. Allerdings werden im MRO noch spezielle schwefelhaltige Komplexe produziert, die für die Cystenbildung des Parasiten notwendig sind.

5

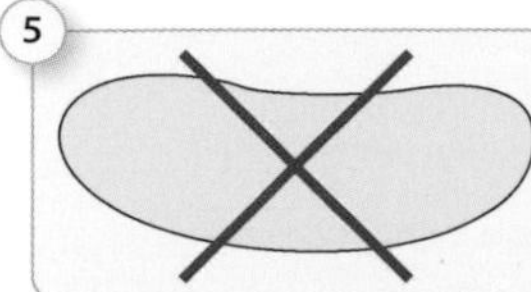

Die zu den Oxymonaden (Excavata) gehörende Spezies *Monocercomonoides* spec. ist der bisher einzige Eukaryot, bei dem **keine Mitochondrien** nachgewiesen werden konnten. ATP gewinnt dieser Protist vermutlich aus der Glykolyse und dem Abbau von Arginin. Die Reoxidation der Reduktionsäquivalente wird in einem anschließenden Gärungsprozess erreicht. Selbst die Produktion von Eisen-Schwefel-Clustern gelingt dem Organismus ohne Fe-S-C-System. An dessen Stelle übernimmt ein nucleär codiertes, cytosolisches Eisenmobilisierungssystem (SUF) den Aufbau der Fe-S-Cluster.

Abb. 24.2 Funktionelle Anpassungen von Mitochondrien bei Protisten

24.2 Parasiten besitzen gegen die Immunantwort ihrer Wirte gerichtete Schutzmechanismen

Parasiten (► Abschn. 35.11) sind Lebewesen, die von einem anderen Organismus, dem **Wirt**, einseitig Nutzen ziehen. Dabei erwerben Parasiten von ihrem Wirt Nährstoffe, Metaboliten und/oder können sich in diesem Wirt vermehren. Sie sind meist kleiner als der Wirtsorganismus und vollbringen Teile ihres Lebenszyklus in ihm. Manche Parasiten nutzen für die Fortpflanzung mehrere Wirte. Da Parasiten häufig in die Wirtsorganismen eindringen, sind sie mit dessen Immunabwehr konfrontiert. Daher haben sie im Laufe der Evolution Anpassungsstrategien entwickelt, um die **Abwehrmechanismen der Wirtsorganismen zu umgehen oder zu tolerieren**.

Viele einzellige Parasiten wie Protozoen (z. B. *Plasmodium*, *Leishmania*, *Trypanosoma*) und Bakterien (z. B. *Shigella*, *Lysteria*), aber auch Viren (z. B. HI-Virus) verlagern Teile ihrer Lebenszyklen in das Innere von Wirtszellen (◘ Abb. 24.3), oftmals Immunzellen. Dadurch können sie sich vor dem Immunsystem „verstecken". Durch gezielten Einbau von **wirtsspezifischen Oberflächenmolekülen** können manche Organismen das Immunsystem ihrer Wirte täuschen (z. B. *Leishmania*) oder durch häufige **Variation**

Plasmodium falciparum kann das dem Immunsystem ausgesetzte Oberflächenprotein PfEMP1 auf den Erythrocyten zeitlich sequenziell in mehreren Dutzend **sequenzveränderten Varianten** produzieren. Dadurch muss das Immunsystem ständig **neue Antikörper bilden**, die – einmal gebildet – schon nicht mehr wirksam sind.

Spezielle mechanische Proteine wie **SPECT** (*spororozoite microneme protein essential for cell traversal*) oder **TRAP** (*thrombospondin-related anonymous protein*) erlauben ***Plasmodium***, durch die Zellen der Dermis in den Blutkreislauf zu gelangen. Sie nutzen diese Proteine, um in eine Hautzelle einzudringen, durch das Cytoplasma zu wandern und aus der Zelle wieder zu entkommen. Durch das Zell-„Hopping" **entgehen die Parasiten den Immunzellen.**

Sporozoiten von *Plasmodium* dringen mittels ihres Oberflächenproteins (**CSP**) vorwiegend über heparinsulfattragende Proteoglykane (HSPGs) der Wirtszellen in Leberzellen (Hepatocyten, Kupffer-Zellen) ein. Dort interferieren die Parasiten mit verschiedenen Signalwegen, die dazu dienen, das **Immunsystem zu schwächen** (z. B. NFkB) und das Überleben der Zelle zu sichern (z. B. mTOR).

Die **Merozoiten von *Plasmodium*** dringen über Glykophorine auf den Erythrocyten und den Anionenaustauscher in Erythrocyten in rote Blutkörperchen ein.

Plasmodium falciparum induziert in Erythrocyten die Bildung des **Oberflächenproteins PfEMP1** (*P. falciparum erythrocyte membrane protein 1*). Dieses bindet an Rezeptoren der Endothelzellen und erlaubt infizierten Erythrocyten, sich an die Kapillarwände zu heften. Dadurch wird die Passage durch die Milz verhindert/verzögert, und die **Erythrocyten werden nicht oder verzögert abgebaut.**

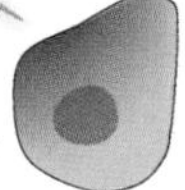

Plasmodium kann die **Sequenz des MSP-Oberflächenproteins** (*merozoite surface protein*) der Merozoiten, das dem Immunsystem ausgesetzt ist, variieren.

Das MSP-Protein von ***Plasmodium falciparum*** wird endoproteolytisch prozessiert. Diese Prozess ist notwendig für die Reifung der Merozoiten. Ihre Reifung kann von Antikörpern verhindert werden, die an die zu prozessierenden Epitope des MSPs binden (**neutralisierende Antikörper**). Merozoiten bilden daher Epitope am MSP aus, die eine Produktion von Antikörpern hervorrufen, deren MSP-Bindung die Bindung neutralisierender Antikörper verhindert (**blockierende Antikörper**).

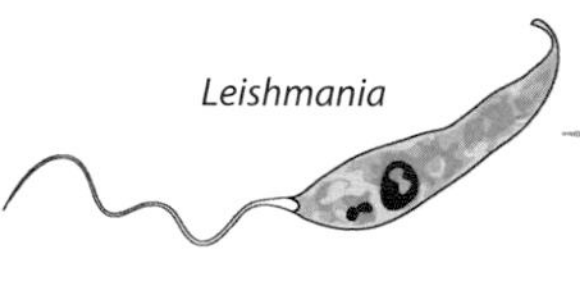

Die mit Flagellen ausgestatteten promastigoten Formen von ***Leishmania*** täuschen durch in ihren Membranen vorhandenes Phosphatidylserin eine apoptotische Zelle vor. So verhindern sie, dass Immunzellen (die polymorphonucleären neutrophilen Granulocyten, PMN) in der Umgebung der Eindringstelle Sauerstoffradikale ausschütten und eine Entzündung hervorrufen. Das **apoptotische Signal** veranlasst die Granulocyten, die Leishmanien aufzunehmen. Diese induzieren in den PMNs die Ausschüttung von Chemokinen, die Makrophagen anlocken. Letztere nehmen die PMNs mit den Leishmanien auf.

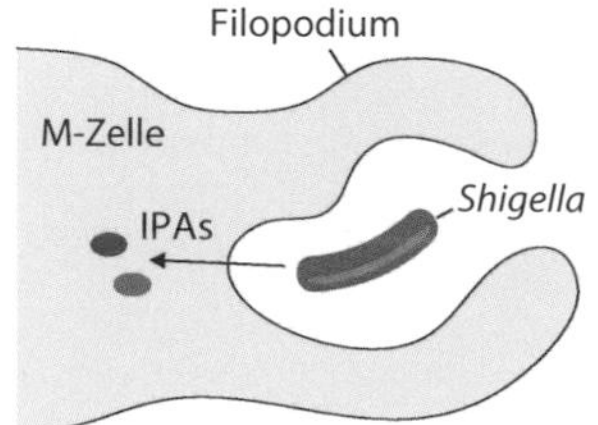

Shigella (darmpathogenes *E. coli*) dringt im Darm in die M-Zellen über den Peyer-Plaques ein. Es injiziert Proteine in die Wirtszelle (**IPAs**), die mit Vinculin interagieren. Sie verändern die Eigenschaften der Zellmembran und des Cytoskeletts und zwingen die Zelle, Poren zu formen und Zellausläufer (**Filopodien**) zu bilden. Die Filopodien umfließen *Shigella* und nehmen dieses in einer Art Vakuole in die Zelle auf, aus der es durch spätere Lyse ins Cytoplasma entkommt.

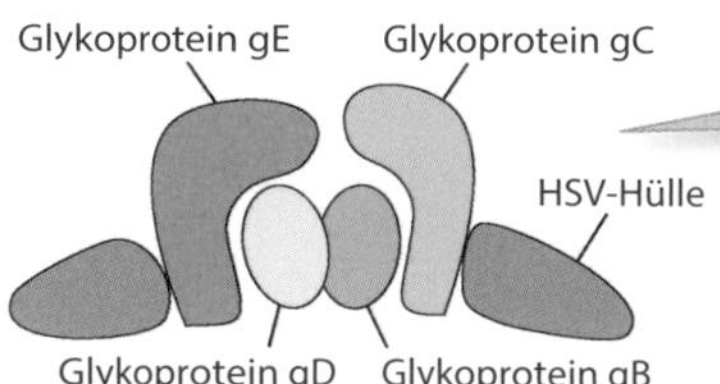

Einige **Glykoproteine** (gE, gC) des **Herpes-simplex-Virus** (HSV) blockieren die Bindung von neutralisierenden Antikörpern. Sie umhüllen die für die Fusion und das Eindringen des Virus notwendigen antigenen Epitope der Proteine gB und gD und verhindern damit die Bildung von Antikörpern gegen diese Proteine.

Tarnung vor dem Immunsystem durch Antigenvariation (Camouflage)
Verstecken vor dem Immunsystem
Umgehen der körpereigenen Abfallentsorgung
Blocken von Antigenen
Täuschen des Immunsystems

◘ **Abb. 24.3** Parasiten schützen sich auf vielfältige Weise vor der Immunantwort des Wirtes

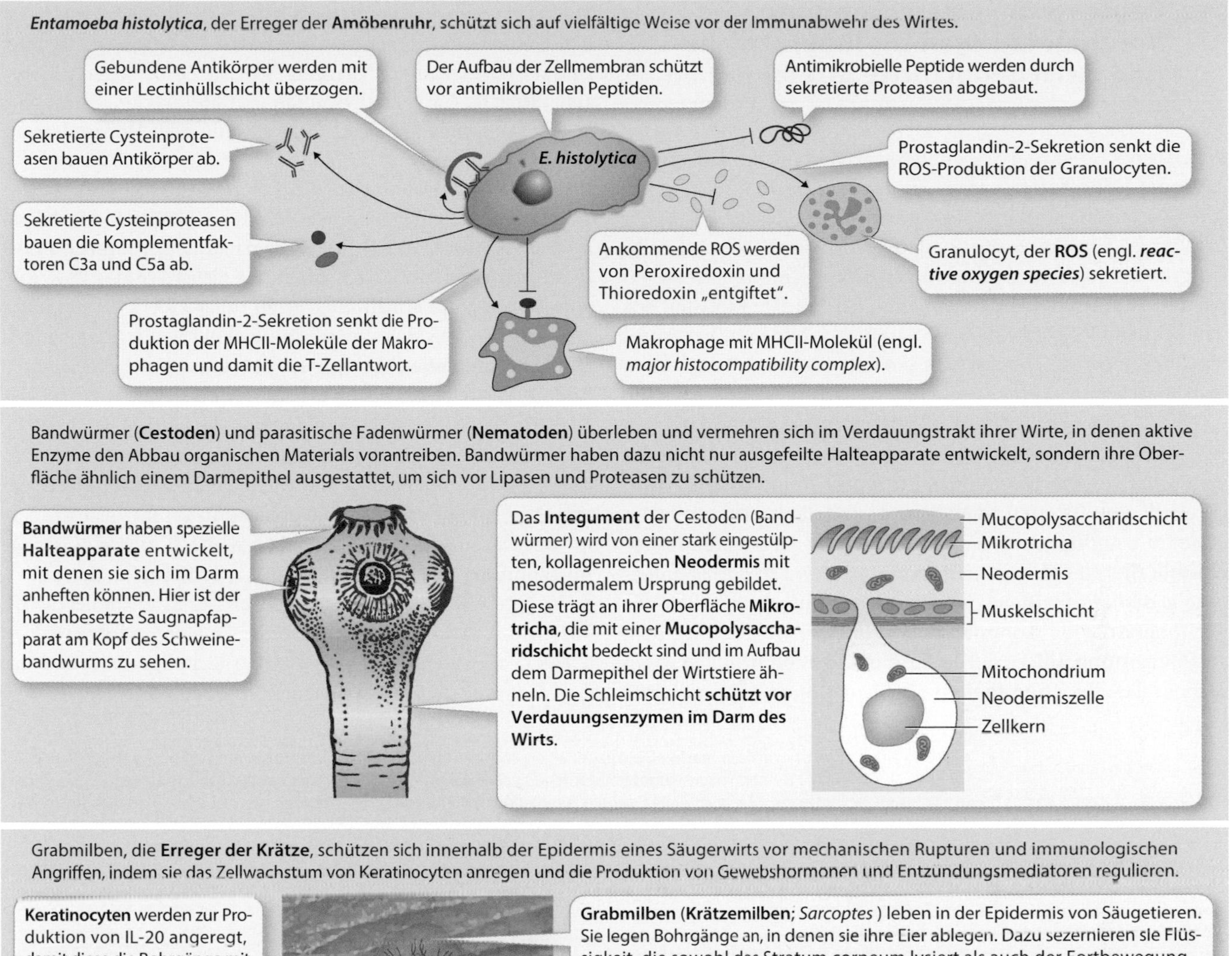

Grabmilben, die **Erreger der Krätze**, schützen sich innerhalb der Epidermis eines Säugerwirts vor mechanischen Rupturen und immunologischen Angriffen, indem sie das Zellwachstum von Keratinocyten anregen und die Produktion von Gewebshormonen und Entzündungsmediatoren regulieren.

Keratinocyten werden zur Produktion von IL-20 angeregt, damit diese die Bohrgänge mit einer starken verhornten Schicht umgeben, was mechanischen Schutz für die Milben und Eier bedeutet.

C1q des Komplements wird durch Serinprotease-Paraloge (SMIPPs) abgebaut und das Assembly der Komplementkomponenten durch sekretorische Proteine (Serpine) verhindert.

Grabmilben (**Krätzemilben**; *Sarcoptes*) leben in der Epidermis von Säugetieren. Sie legen Bohrgänge an, in denen sie ihre Eier ablegen. Dazu sezernieren sie Flüssigkeit, die sowohl das Stratum corneum lysiert als auch der Fortbewegung (Schwimmen) in den Bohrgängen dient.

Herabregulation der Expression von Zelladhäsionsmolekülen wie E-Selectin und VCAM-1 (*vascular cell adhesion molecule-1*) verhindert das Zuwachsen der Gänge.

Die Signalwege für Entzündungsprozesse und Chemokine (IL-8 und GM-CSF; *granulocyte-macrophage colony stimulating factor*) werden herabreguliert, um das Immunsystem zu deaktivieren. Regulatorische T-Zellen werden dazu stimuliert, die T-Zellantwort zu minimieren. Ähnlich wie Zecken produziert die Milbe ein IL-8 bindendes Protein, um die Rekrutierung von Granulocyten zu verhindern.

■ **Abb. 24.4** Protisten wie *E. histolytica* nutzen ähnliche Strategien wie vielzellige Parasiten: Sie schützen und tarnen ihre Oberfläche (vgl. Bandwürmer) und sezernieren Stoffe, die die Signalwege in den Zellen ihrer Wirtsorganismen verändern (vgl. Krätzmilbe).

ihrer Oberflächenantigene den gebildeten Antikörpern und der T-Zellantwort entkommen (z. B. *Plasmodium*, HI-Virus). Viren wie das Influenzavirus können ihre **Antigene neu kombinieren** (▶ Abschn. 38.9), während das HI-Virus (▶ Abschn. 10.6) durch seine reverse Transkriptase mit hoher Replikationsrate und großer Fehleranfälligkeit Unmengen an **Escape-Mutanten** schafft, die das Immunsystem überfordern. Antigene Bereiche von Oberflächenproteinen können durch **blockierende Antikörper**, die keine weitere Immunreaktion auslösen oder die Aktivität der Oberflächenproteine nicht beeinflussen, vor aktiven Antikörpern geschützt werden. Der Malaria-Erreger *Plasmodium* spp. (▶ Abschn. 33.16) und das Herpes-simplex-Virus können auf diese Weise ihre Antigene vor dem Immunsystem „verstecken" (■ Abb. 24.3). Plasmodien gelingt es sogar, der körpereigenen Qualitäts- und „Abfall"kontrolle in der Milz zu entgehen.

Parasiten schützen sich nicht nur passiv vor den Abwehrmechanismen ihrer Wirte, sondern **„reprogrammieren" zelluläre Signaltransduktionswege**, um z. B. die Bildung von Chemokinen und Entzündungs- sowie Proliferationsfaktoren zu kontrollieren (z. B. *Plasmodium* und *Leishmania*; ■ Abb. 24.3). Diese Reprogrammierung kann so weit gehen, dass Parasiten wie der Kleine Leberegel oder *Toxoplasma gondii* die Neurokontrolle beeinflussen und damit das Verhalten ihrer Wirte steuern können. Manche Parasiten können selbst den unwirtlichsten Bedingungen widerstehen, wie es bei den Endoparasiten im Darm von Tieren der Fall ist (■ Abb. 24.4).

24.3 Beute- und Selbsterkennung sind Voraussetzungen für innerartliche und zwischenartliche Interaktionen

Protisten sind als eukaryotische Einzeller auf die **Aufnahme externer Nährstoffe** angewiesen. Diese Nährstoffe müssen vor ihrer Zuführung **spezifisch erkannt** werden, bei heterotropher Lebensweise in Form von Beuteorganismen. Beute und Nahrungsquelle werden oft **chemotaktisch** erschlossen, hingegen werden Feinde chemotaktisch gemieden. Einige Protisten wie der Schleimpilz *Dictyostelium discoideum* bilden in bestimmten Phasen ihres Lebenszyklus „soziale Aggregate" und einen Fruchtkörper aus, mit dessen Hilfe sie sich vermehren können. Auch bei derartigen **intraspezifischen Interaktionen** müssen sich Individuen einer Art erkennen können, um miteinander zu wechselwirken. Die richtige **Erkennung von „Selbst" und „Fremd", von Beute und Nahrung**, sind daher Schlüsselereignisse für das Überleben. Sie werden über Rezeptoren und **Infochemikalien** (engl. *communications involving chemicals containing actual information*, Cues) gesteuert. Infochemikalien, die der innerartlichen Kommunikation dienen, werden allgemein als **Pheromone**, solche die der Kommunikation zwischen Arten dienen, als **Allelochemikalien** bezeichnet. Stoffe mit gemischter Funktion nennt man **Semichemikalien**. Bei den Allelochemikalien handelt es sich meist um sekundäre Metaboliten, darunter sind oft sehr volatile Substanzen (**VOCs**). Zu Letzteren gehören z. B. einfache Gase, Methylsulfide und Methylhalogenide, aber auch organische Substanzen wie Geosmin oder Isoprenderivate (und vieles mehr).

Die **Arterkennung** erfolgt bei einer Reihe von Taxa wie den Wimpertierchen (Ciliophora; ▶ Abschn. 33.17) oder den Archamöben (▶ Abschn. 33.4) mittels sogenannter ***proliferation activating factors***, die je nach Taxon beispielsweise als EPAF (*Entamoeba proliferation activating factors*) oder TPAFs (*Tetrahymena proliferation activating factors*) bezeichnet werden. Es handelt sich dabei um **Zelladhäsionsrezeptoren**. Ähnliche Rezeptoren sind für Vertreter der Dikarya (Fungi) wie *Saccharomyces* (FLO1) oder für den Schleimpilz *Dictyostelium discoideum* beschrieben. Sie sind nicht nur für die Erkennung der eigenen Art, sondern auch (der Subspezies sowie) für die folgende **Aggregation**, das „Flocken" oder die **Fruchtkörperbildung** verantwortlich.

Bei *Dictyostelium discoideum* werden z. B. durch pulsartige Ausschüttung von **cAMP** und vereinzelte Kontakte der Individuen untereinander die Gene solcher Adhäsionsmoleküle induziert und exprimiert. Zu den erzeugten Genprodukten zählen CAD-1, ein calciumabhängiges Oberflächenprotein, und das CsA-Genprodukt gp80, welche jeweils homodimere Strukturen

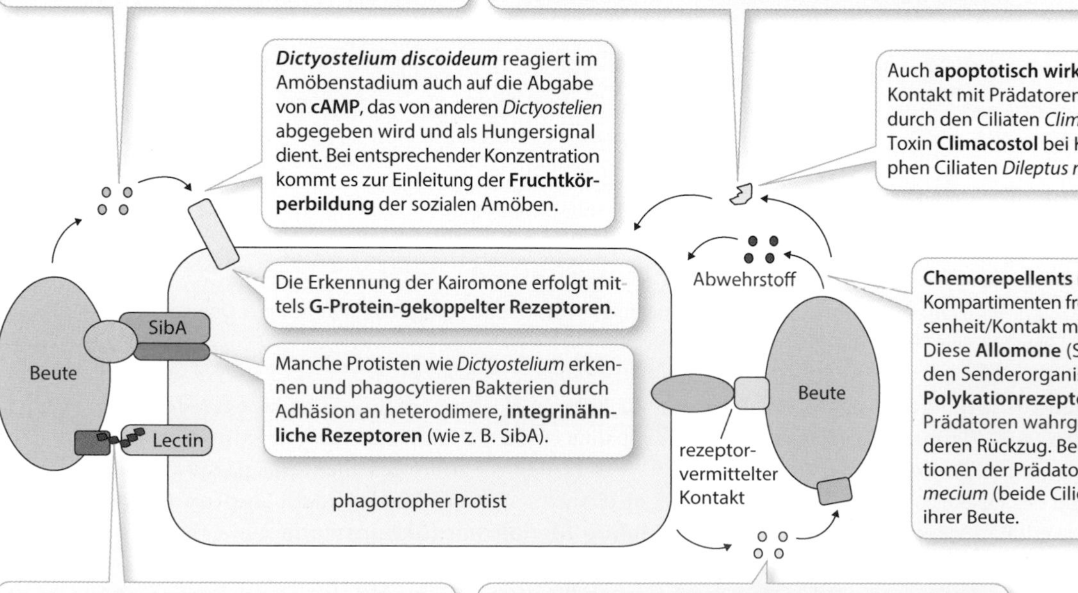

Abb. 24.5 Übersicht über Mechanismen der Beute- und Signalerkennung bei Protisten

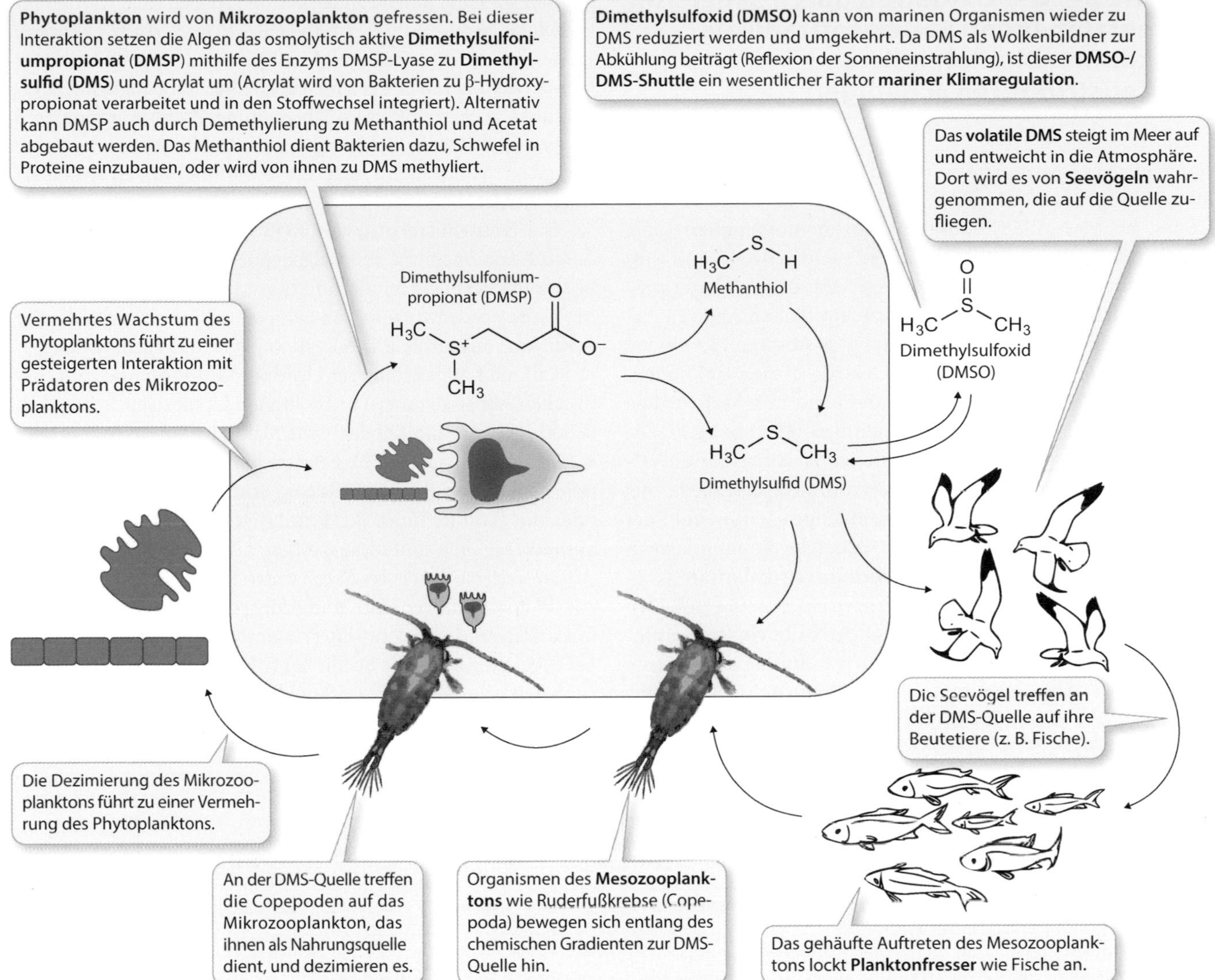

Abb. 24.6 Dimethylsulfid (DMS) der Protisten als Infochemikalie und ihr Einfluss auf marine Kreisläufe

zwischen zwei Individuen bilden und damit die „Aggregation" der Amöben einleiten. Im Laufe der weiteren Phase werden diese Zell-Zell-Kontakte zwischen den Individuen durch die immunglobulinähnlichen Oberflächenproteine TgrB1 und TgrC1 ersetzt, die als Heterodimere interagieren. Letztere ermöglichen die Fruchtkörperbildung.

Heterotrophe Protisten phagocytieren ihre Beuteorganismen mittels Bindung an Rezeptoren (Abb. 24.5). Sie erkennen dabei spezifische Oberflächenbereiche von Membranproteinen ihrer Beute. Die Abgabe von **Kairomonen** durch die Beuteorganismen weist den Protisten den Weg zu ihrer Nahrungsquelle. Diese Beuteorganismen (oftmals selbst Protisten) wehren sich durch Abgabe von Substanzen, die als Abwehrstoffe (**Allomone**) auf die Prädatoren wirken. Diese Allomone können den Angreifer zur Flucht bewegen, ihn schädigen oder töten (Abb. 24.5). Auch Prädatoren verraten ihre Anwesenheit durch Abgabe von Substanzen, die wiederum von Beuteorganismen erkannt werden können. Diese Erkennung kann zur Flucht der Beute oder zur Modifizierung von deren Oberflächenstrukturen (z. B. Proteinsequenz, Glykosylierungsmuster) führen, wodurch sich Beuteorganismen der Erkennung durch den Prädator entziehen. Bestimmte Kairomone (Primerkairomone) der Prädatoren verursachen sogar morphologische Veränderungen in den Beuteorganismen (**räuberinduzierter Polyphänismus**), die Letztere vor Verfolgung und Fressen schützen (▶ Abschn. 26.6).

Eine der am besten untersuchten interspezifisch wirksamen niedrigmolekularen Stoffe ist **Dimethylsulfid (DMS)**. Diese als Infochemikalie wirksame, volatile Substanz wird von vielen marinen Haptophyten und Dinoflagellaten bei Interaktion mit Prädatoren des Mikrozooplanktons (z. B. Ciliaten) freigesetzt (Abb. 24.6). DMS beeinflusst nicht nur ein weites, über verschiedene Taxa verknüpftes Nahrungsnetz, sondern dient zudem als „Cooling-Gas" der Regulation des marinen und damit globalen Klimas.

24.4 Die bei der Oxidation durch Sauerstoff entstehenden Sauerstoffradikale können Biomoleküle und Zellstrukturen schädigen

Vor mehr als 3 Mrd. Jahren ist es den ersten Organismen gelungen, **Wasser zu oxidieren** und die dabei gewonnenen Elektronen auf Moleküle (Reduktionsäquivalente) zu übertragen. Bei dieser Reaktion (Photosynthese; ▶ Abschn. 13.10) wird **molekularer Sauerstoff (O_2)** freigesetzt, der den heterotrophen Organismen als Elektronenakzeptor beim oxidativen Abbau von organischen Stoffen (Atmung; ▶ Abschn. 13.4) dient. Dieser O_2, der je ein ungepaartes Elektron in zwei antibindenden π-Orbitalen (π*) besitzt, ist in der Lage, in Einzelschritten insgesamt zwei Elektronen aufzunehmen (◻ Abb. 24.7). Die Ein-Elektronen-Reduktion des Sauerstoffs sättigt nur ein π*-Orbital ab, während das zweite Elektron ungepaart bleibt. Bei diesem Vorgang, der an vielen metallhaltigen Enzymen in der Zelle (als Nebenreaktion) abläuft (z. B. bei der Atmungskette in Mitochondrien), entsteht das **Superoxidradikalanion** ($\cdot O_2^-$). Dieses Molekül kann anderen Substanzen ein Elektron entreißen und zwei H^+ aufnehmen (Wasserstoffperoxid), ein Proton binden (Perhydroxylradikal) oder mit Stickstoffmonoxid reagieren (Peroxynitrit). Über Reduktionsschritte kann $\cdot O_2^-$ daher in eine Reihe weiterer **reaktiver Sauerstoffspezies (ROS;** ***reactive oxygen species***) umgewandelt werden (neben ROS werden intrazellulär auch reaktive Stickstoffspezies (RNS; *reactive nitrogen species*) wie Stickstoffmonoxid und Peroxynitrit gebildet). ROS können in höheren Organismen auch über Nahrungsmittel, Xenobiotika (z. B. Arzneistoffe, Nitrosamine, Hydroxylamine) und Drogen (z. B. Tabakrauch) eingetragen (◻ Abb. 24.7) oder durch energiereiche Strahlung (z. B. UV-Strahlung) in den Zellen erzeugt werden.

Die **Neutralisierung der ROS** (bzw. RNS) geschieht oft durch Reaktionen mit den umgebenden Biomolekülen, die dabei modifiziert und häufig funktionsunfähig gemacht werden. Moleküle werden vor allem an Doppelbindungen (**radikalische Addition**) angegriffen. Die Reaktion von ROS (z. B. Hydroxylradikal) mit Lipiden führt zur **Lipidperoxidation** und zum chemischen Abbau der meist ungesättigten Lipide. Dabei entstehen reaktive Ketone und Aldehyde wie Malondialdehyd (MDA) oder 4-Hydroxynonenal (HNE). Letztere können z. B. mit Proteinen (wie dem B100 des LDLs (**Bildung von oxLDL**) bei Menschen) oder mit Aminosäuren der **katalytischen Zentren von Enzymen** reagieren und diese oxidieren. Der Angriff der ROS an Aminosäuren oder (Poly-)Sacchariden führt in ähnlicher Weise zur Bildung reaktiver Keto- und Aldehydgruppen, die wiederum mit anderen Molekülen weiterreagieren. Man spricht daher je nach Ausgangssubstanz bei diesen Folgereaktionen von Lipidierung, Glykolierung oder Carbonylierung und bei den Endprodukten von **ALEs** (*age-related/advanced lipidation/lipoxidation*

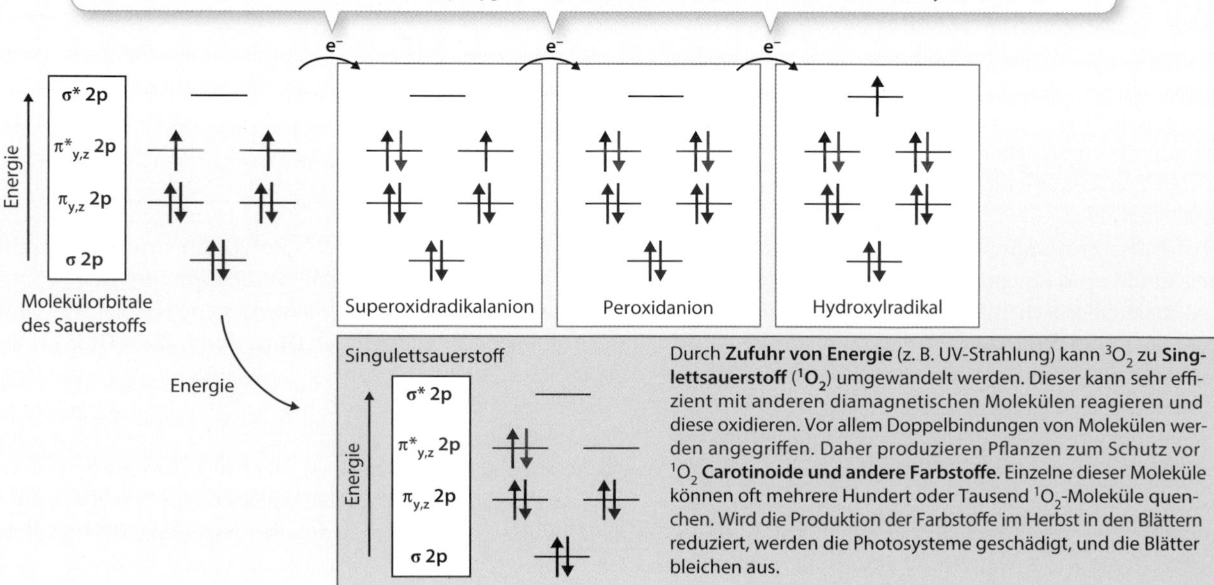

◻ **Abb. 24.7** Bildung reaktiver Sauerstoffspezies (ROS). Dargestellt sind die Orbitalstrukturen des Sauerstoffs und einiger reaktiver Folgeverbindungen. Die Spins der Elektronen sind als Pfeile abgebildet. Antibindende Orbitale sind mit einem * markiert

Art des Radikalpaares Radikal / reduzierte Form	Ein-Elektron-Reduktionspotenzial bei pH7 (10^2 mV)
·OH (Hydroxyl), H^+ / H_2O	+23,3
·OR (aliphat. Alkoxyl), H^+ / ROH	+16
LOO• (Peroxyl), H^+ / ROOH	+10
O_2^-, $2H^+$ / H_2O_2	+9,4
RS• (Cystein, z. B. in Glutathion) / RS^-	+9,2
$^1O_2$ / O_2^-	+6,5
·HU^- (Harnsäure), H^+ / HU^-	+5,9
·Toc (Tocopherol), H^+ / Toc	+5,0
·Asc^- (Ascorbinsäure), H^+ / Asc^-	+2,8

Primaten, zu denen auch wir Menschen gehören, fehlt eines der Enzyme für die Synthese von Ascorbinsäure aus Glucose, die **Gulonolacton-Oxidase**. Sie müssen Vitamin C daher aus der Nahrung zuführen. Allerdings besitzen Primaten ein weiteres antioxidatives System im Blut, die **Harnsäure**. Menschen haben sogar sehr hohe Harnsäurespiegel, die nahe an deren Löslichkeitsprodukt liegen. Harnsäure dient allerdings auch als **Chelator** für reduzierte Eisenionen. Sie kann Komplexe mit Fe^{3+} bilden und damit eine durch Ascorbinsäure induzierte Fenton-Reaktion verhindern.

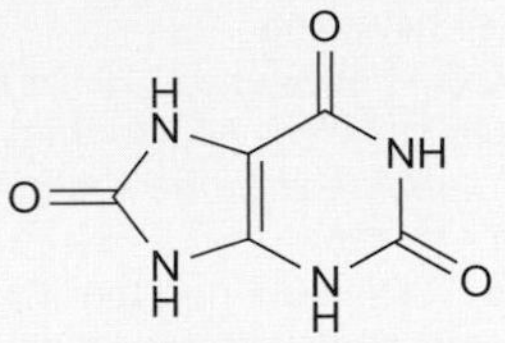

Lactamform der Harnsäure

Die **reduzierte Form einer Radikalspezies** kann andere Radikale dann **neutralisieren**, wenn das Reduktionspotenzial des Radikalpaares höher liegt als das des eigenen Radikalzustands. Vitamin C kann daher Hydroxylradikale (·OH), Peroxyl- (LOO·) und Alkoxylradikale (·OR) sowie die Radikale des Vitamin E (Tocopherol), des Gluthathions und der Harnsäure neutralisieren.

Ascorbinsäureanion + R· → Ascorbinsäureanionradikal + RH

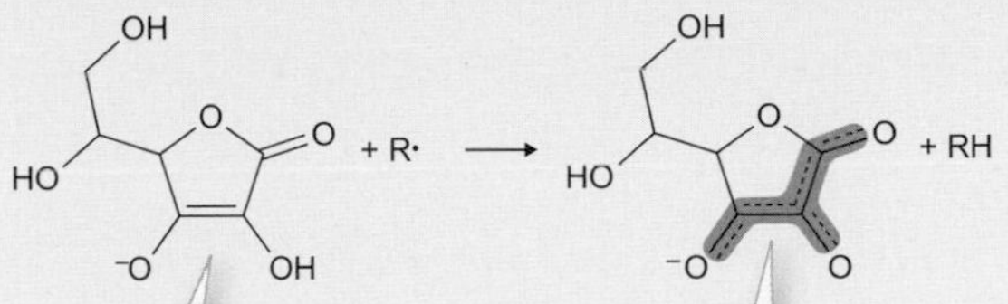

Die Nachteile des Vitamin C zeigen sich bei Anwesenheit freier oxidierter Kupfer- und Eisenionen im Blut. Dann wird Eisen durch Ascorbinsäure reduziert (Fe^{3+} + $AscH^-$ → Fe2+ + ·Asc^- + H^+). H_2O_2 kann mit reduziertem Fe^{2+} **Hydroxylradikale** bilden (**Fenton-Reaktion**: Fe^{2+} + H_2O_2 —> Fe^{3+} + ·OH + OH^-) oder mit Kupfer **Singulettsauerstoff** und damit Biomoleküle schädigen. Normalerweise sind diese **Übergangsmetallionen** im Blut an Plasmaproteine gebunden und liegen nur in geringer Konzentration frei vor. Allerdings können sie durch Umwelteinflüsse wie Tabakrauch in höherer Konzentration eingetragen werden und in ungebundener Form im Blut vorliegen.

Vitamin C neutralisiert Radikale, indem es ein Wasserstoffatom auf das Radikal überträgt und dabei selbst zum Radikal wird (·Asc^-).

Das ·Asc ist **resonanzstabilisiert** (farbig unterlegter Bereich), da es dem Elektron über die durch Mesomerie beschreibbaren konjugierten Doppelbindungen einen großen Aufenthaltsraum zur Verfügung stellen kann. Es kann schließlich von NADH- oder NADPH-abhängigen Dehydrogenasen wieder neutralisiert werden.

Abb. 24.8 Vitamin C und Harnsäure als Antioxidantien

end products) oder **AGEs** (*age-related/advanced glycosation/glycoxidation end products*). Sie sammeln sich in Zellen (vor allem höhere Säugetiere, Mensch) an, korrelieren mit dem Alter des Individuums und können die Ursache von induziertem Zelltod (bei langlebigen Mehrzellern wie Vertebraten zusätzlich von Alterserkrankungen) sein. Auch die Basen der DNA sind Angriffen von ROS ausgesetzt. Die Reaktion mit **Singulettsauerstoff** (Abb. 24.7) führt z. B. zur Bildung von 8-Oxoguaninen. Diese Modifikationen können zu Replikationsfehlern und schließlich zu Mutationen führen.

Die Zelle entwickelte im Laufe der Evolution Gegenmaßnahmen, die die Bildung von ROS – also **oxidativen Stress** – minimieren und die Schäden an Biomolekülen reparieren oder die Entsorgung von funktionsunfähigen Molekülen beschleunigen (**Stressantwort**). Eukaryoten (aber auch aerobe Bakterien) besitzen Enzyme wie die **Superoxid-Dismutase**, die ·O_2^- zu O_2 und H_2O_2 disproportionieren kann. Das anfallende Peroxid wird mithilfe der Katalase oder der Glutathion-Peroxidase zu Wasser umgewandelt. Auch besitzen Zellen nichtenzymatische reduktive Substanzen wie Glutathion zum Quenchen von Radikalen. Darüber hinaus nehmen Eukaryonten mit der Nahrung **Radikalfänger** (**Antioxidantien**) wie Vitamin C, Vitamin E oder Carotinoide und andere Moleküle mit alternierenden Doppelbindungen auf. Sie können Radikale neutralisieren und dabei oft selbst zu einem meist resonanzstabilisierten, reaktionsträgen Radikal werden, das ausgeschieden oder regeneriert werden kann (Abb. 24.8). Protisten (und viele andere Eukaryoten) können Radikalfänger wie Ascorbinsäure selbst aus Glucose über Galacturonsäure synthetisieren, während wir Menschen die Bildung von ROS minimieren (z. B. Melaninbildung in der Haut zum UV-Schutz) oder deren Schäden reparieren. Geschädigte Basen der DNA werden durch **DNA-Reparaturmechanismen** ausgetauscht, aggregierte Proteine durch Proteasen verdaut, geschädigte Membranen werden durch Lipidsynthese erneuert. Die **Sauerstofftoleranz** von Organismen (vor allem anaerober Mikroorganismen) korreliert mit ihrer antioxidativen Ausstattung. Die effiziente Verminderung oder Beseitigung ROS-induzierter Schäden wirkt sich vor allem bei langlebigen Organismen positiv auf die Lebensspanne aus.

ROS werden allerdings nicht nur in Nebenreaktionen erzeugt, so produzieren Heterokonten und Dinoflagellaten ROS aktiv und sekretieren diese Moleküle in die Umgebung. Der Grund dafür ist noch unbekannt. Den „reaktiven" Charakter von ROS machen sich im Laufe der Evolution auch **Immunzellen** wie Makrophagen zunutze, um durch **gezielte enzymatische ROS-Synthese** (an NADPH-Oxidasen) eingedrungene Bakterien, Viren oder andere Parasiten abzutöten. Darüber hinaus können Immunzellen auch entartete Zellen abtöten und auf diese Weise Tumoren in Schach halten. Gemäß diesen letzten Beobachtungen erscheint ein gewisser ROS-Spiegel im Körper ontologisch vorteilhaft, ein zu starker antioxidativer Einfluss (z. B. durch Zufuhr hoch dosierter Antioxidantien und Vitamine) dagegen zumindest fragwürdig.

Weiterführende Literatur

1. Espinosa A, Paz-y-Mino-C G (2014) Evidence of taxa-, clone-, and kin-discrimination in protists: ecological and evolutionary implications. Evol Ecol 28:1019–1029
2. Gray MW, Lang BF, Burger G (2004) Mitochondria of protists. Annu Rev Genet 38:477–524
3. Karnkowska A, Hampl V (2016) The curious case of vanishing mitochondria. Microb Cell 3:494–494
4. Müller M, Mentel M, van Hellemond JJ, Henze K, Woehle C, Gould SB, Yu RY, van der Giezen M, Tielens AG, Martin WF (2012) Biochemistry and evolution of anaerobic energy metabolism in eukaryotes. Microbiol Mol Biol Rev 76:444–495
5. Roberts EC, Legrand C, Steinke M, Wootton EC (2011) Mechanisms underlying chemical interactions between predatory planktonic protists and their prey. J Plankton Res 33:833–841
6. Roger AJ, Munoz-Gomez SA, Kamikawa R (2017) The origin and diversification of mitochondria. Curr Biol 27:R1177–R1192
7. West CM, Blader IJ (2015) Oxygen sensing by protozoans: how they catch their breath. Curr Opin Microbiol 26:41–47

Spezielle Physiologie der Prokaryoten

Alexander Probst, Andreas Klingl, Jens Boenigk, Jana Schlechter, Reinhard Wirth, Hans-Curt Flemming

J. Boenigk (Hrsg.), *Boenigk, Biologie,* https://doi.org/10.1007/978-3-662-61270-5_25

25.1 Prokaryoten zeichnen sich durch eine große Stoffwechselvielfalt aus

Prokaryoten bauen auf unterschiedlichste Weise Biomasse auf und nutzen dazu verschiedene Energiequellen. Grundsätzlich lassen sich **Ernährungstypen** danach einteilen, woher die Organismen die Energie und die Elektronen für Redoxreaktionen beziehen und welche Kohlenstoffquelle sie nutzen (◘ Abb. 25.1)

Energie wird für die Aufrechterhaltung aller lebensnotwendigen Prozesse wie Wachstum oder Vermehrung benötigt. Sie kann entweder aus Licht oder aus Redoxreaktionen gewonnen werden (▶ Abschn. 25.2). **Phototrophie** bezeichnet die Gewinnung von Energie durch die Absorption von Licht (▶ Abschn. 13.10). Bei der Photosynthese wird Lichtenergie in chemische Energie umgewandelt und meist in Form von ATP nutzbar gemacht. **Chemotrophe** Organismen gewinnen Energie durch die Oxidation von energiereichen chemischen Verbindungen, aus denen durch Redoxreaktionen neben Energie energiearme Verbindungen hergestellt werden. Zu den chemotrophen Formen der Energiegewinnung gehören auch die **Atmung** (▶ Abschn. 13.4, 25.6) und die **Gärung** (▶ Abschn. 13.5, 25.5).

Weiterhin werden Organismen nach der Art der **Kohlenstoffquelle** für die Assimilation unterschieden (▶ Abschn. 25.7). Das Element Kohlenstoff ist essenziell, um beispielsweise Proteine, Kohlenhydrate, Lipide und Nucleinsäuren aufzubauen. **Autotrophe** Organismen nutzen durch die **CO_2-Fixierung** Kohlenstoffdioxid (CO_2) als Kohlenstoffquelle. Zu den Wegen der CO_2-Fixierung zählen unter anderem der Calvin-Zyklus, der reduktive Citratzyklus oder der 3-Hydroxypropionat/Malyl-CoA-Zyklus. Durch die Assimilation und Reduzierung des atmosphärischen CO_2 bauen autotrophe Organismen komplexe organische Verbindungen auf, wovon sich der Ausdruck autotroph („sich selbst ernähren") herleitet.

Heterotrophe Organismen nutzen dagegen **organische Substanzen** als Kohlenstoffquelle und sind somit von den autotrophen Organismen abhängig. Einige wenige Organismen können sowohl auf heterotrophem als auch auf autotrophem Weg Biomasse erzeugen.

Für die biochemischen Reaktionen des Stoffwechsels und den Aufbau von Biomasse werden neben der Energie- und der Kohlenstoffquelle auch **Elektronen** zur Reduktion chemischer Verbindungen benötigt (▶ Abschn. 25.3). Stammen die Elektronen aus der Oxidation anorganischer Stoffe, spricht man von **Litotrophie**. Beispiele für litotrophe Stoffwechselwege sind die **Wasserspaltung** oder die **Nitrifikation**. Bei der **Organotrophie** stammen die Elektronen dagegen aus organischen Substanzen. Häufig dienen Nicotinamidadenindinucleotid (NAD^+) oder Nicotinamidadenindinucleotidphosphat ($NADP^+$) als Elektronenüberträger.

Nicht alle Kombinationen aus Energiequellen, Elektronendonatoren und Kohlenstoffquelle sind realisiert. Von den Makroorganismen geläufig sind uns die Chemoorganoheterotrophie der Tiere und Pilze sowie die Photolithoautotrophie der Landpflanzen. Bei den Mikroorganismen finden sich aber weit mehr Kombinationen.

Die Cyanobakterien sind wie die Landpflanzen und Algen Beispiele für **photolithoautotrophe** Organismen (◘ Abb. 25.2). Sie nutzen Licht als Energiequelle und Kohlenstoffdioxid als Kohlenstoffquelle; die Elektronen stammen aus der Spaltung von Wasser am Photosystem II. Photolithoautotroph sind auch verschiedene Bakterien, die anoxygene Photosynthese betreiben – also eine Photosynthese, bei der die Elektronen nicht aus der Wasserspaltung stammen und entsprechend auch kein Sauerstoff freigesetzt wird.

Photoorganoheterotrophe Organismen nutzen wie die Photolithoautotrophen Licht als Energiequelle, im Gegensatz zu diesen beziehen sie allerdings die Elektronen aus organischen Molekülen und nutzen auch als Kohlenstoffquelle organische Moleküle (◘ Abb. 25.3).

Chemolithoautotrophe Organismen verwenden als Energiequelle nicht Licht, sondern in Redoxrreaktionen freigesetzte chemische Energie (◘ Abb. 25.2). Ähnlich nutzen auch die **chemolithoheterotrophen** Organismen Energie aus Redoxreaktionen. Während Chemolithoautotrophen CO_2 als Kohlenstoffquelle dient, sind es bei Chemolithoheterotrophen organische Moleküle. Die **chemoorganoheterotrophen** Organismen beziehen darüber hinaus auch die Elektronen aus organischen Molekülen. Zu den Chemoorganoheterotrophen gehören neben Tieren und Pilzen auch die meisten Bakterien. Chemoorganoheterotrophe sind in allen aeroben Lebensräumen verbreitet. In Ökosystemen spielen sie eine wichtige Rolle, da sie den Großteil des Abbaus organischer Substanzen übernehmen. Auch das Belebtschlammverfahren in Kläranlagen (▶ Abschn. 38.7) macht sich den chemoorganoheterotrophen Stoffwechselweg von Prokaryoten zunutze, indem sie organische Verunreinigungen im Abwasser abbauen.

Energiequelle	Elektronendonator	Kohlenstoffquelle	Ernährungstyp
Licht (Photo-)	organisch (-organo-)	organisch (-heterotroph)	photoorganoheterotroph
		Kohlenstoffdioxid (-autotroph)	(kein Organismus bekannt)
	anorganisch (-litho-)	organisch (-heterotroph)	(kein Organismus bekannt)
		Kohlenstoffdioxid (-autotroph)	photolithoautotroph
Redoxreaktion (Chemo-)	organisch (-organo-)	organisch (-heterotroph)	chemoorganoheterotroph
		Kohlenstoffdioxid (-autotroph)	(kein Organismus bekannt)
	anorganisch (-litho-)	organisch (-heterotroph)	chemolithoheterotroph
		Kohlenstoffdioxid (-autotroph)	chemolithoautotroph

Je nach Verfügbarkeit von Substanzen und Redoxbedingungen der Umgebung können viele Prokaryoten **unterschiedliche Stoffwechselwege** nutzen. Diese können nach der genutzten **Energiequelle**, den **Elektronendonatoren** und der **Kohlenstoffquelle** kategorisiert werden.

◘ Abb. 25.1 Einteilung der Ernährungstypen nach der Energiequelle, den Elektronendonatoren und der Kohlenstoffquelle

Die **Photolithoautotrophen** umfassen sowohl Organismen, die **oxygene Photosynthese** betreiben (Landpflanzen, Algen und Cyanobakterien), als auch solche, die **anoxygene Photosynthese** betreiben (z. B. Chlorobiaceae oder Knallgasbakterien). Auch Grüne Nichtschwefelbakterien (Chloroflexi) können photolithoautotroph wachsen. Gemeinsam haben alle diese Organismen, dass sie ihre **Energie aus Licht** beziehen (phototroph durch Photosynthese). In Gewässern mit anoxischen Tiefenwasser nimmt mit zunehmender Tiefe die Sauerstoffverfügbarkeit ab, dagegen steigt die Sulfidkonzentration an. Verschiedene photolithoautotrophe Organismen nischen sich entsprechend ihrer **Sulfidtoleranz** in diesem Gradienten ein.

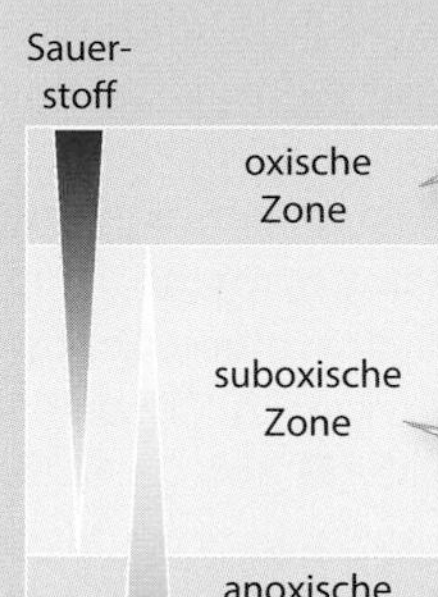

In der **oxischen Zone** finden sich Organismen, die **oxygene Photosynthese** betreiben (**Landpflanzen, Algen** und **Cyanobakterien**). Als Elektronendonor dient Wasser, der Kohlenstoffdioxideinbau erfolgt über den Calvin-Zyklus.

In **anoxischen Bereichen**, in denen Licht noch als Energiequelle genutzt werden kann, finden sich **anoxygene Photosynthese** betreibende Bakterien. Als Elektronendonor dient häufig Sulfid.

Schwefelpurpurbakterien (Ectothiorhodospiraceae und Chromatiaceae) finden sich in sauerstoffarmen, sulfidhaltigen Gewässerschichten. Viele Taxa tolerieren Sauerstoff oder nutzen sogar Sauerstoff zur Sulfidoxidation. Der Kohlenstoffdioxideinbau erfolgt vorwiegend über den Calvin-Zyklus.

Grüne Schwefelbakterien (Chlorobiaceae) sind strikt anaerob. Kohlenstoffdioxid wird über den reversen Citratzyklus eingebaut.

Chemolithoautotrophe Organismen nutzen **Redoxreaktionen als Energiequelle.** Sie finden sich in einer Vielzahl von Habitaten und unter verschiedensten Redoxbedingungen. Zu den Chemolithoautotrophen gehören beispielsweise die in Böden weit verbreiteten **Nitrifizierer** wie *Nitrosomonas europaea* sowie die in sulfathaltigen Habitaten und durch die Bildung von Schwefelsäure für die Biokorrosion an Beton und Röhren bedeutenden **Schwefeloxidierer** (z. B. *Thiobacillus* und *Acidithiobacillus*). Einige Arten sind speziell an **extreme Standorte** angepasst, wie heiße Quellen oder hydrothermale Kamine der Tiefsee. Ein interessantes Beispiel ist das in der Tiefsee in der Nähe von thermalen Quellen in Symbiose mit dem bis zu 3 m langen und in Röhren lebenden Bartwurm *Riftia pachyptila* lebende Bakterium *Candidatus* Endoriftia persephone.

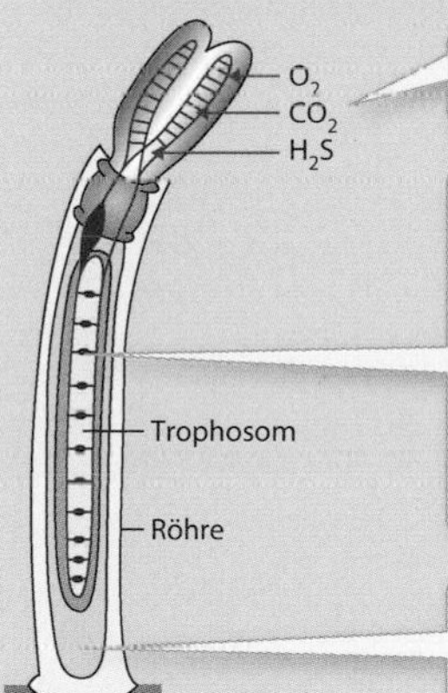

Über die Kiemen nimmt der Bartwurm Schwefelwasserstoff (H_2S), Sauerstoff (O_2), Kohlenstoffdioxid (CO_2) und andere Gase auf.

Diese Gase diffundieren in ein aus der Leibeshöhle gebildetes Organ (Trophosom), welches den Großteil des Körpers einnimmt. Die in spezialisierten Zellen des Trophosoms lebenden chemolithoautotrophen Bakterien nutzen von ihm aufgenommenes Hydrogensulfat, Kohlenstoffdioxid und Sauerstoff für ihren Stoffwechsel. Sie bilden ATP und reduzierte Kohlenstoffverbindungen.

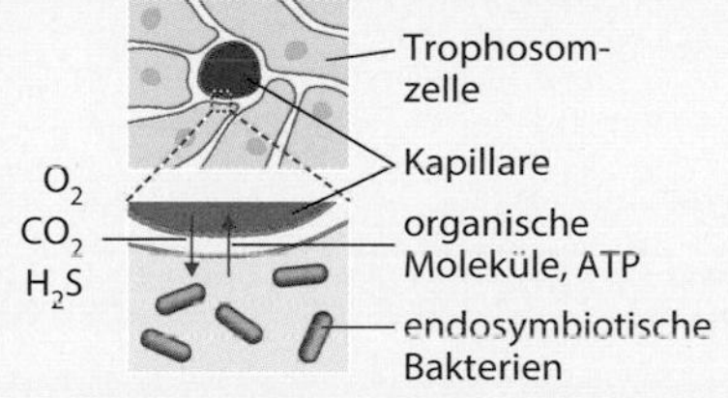

Die durch die symbiotischen Bakterien synthetisierten Produkte verwertet der Wurm wiederum als Nahrungsquelle – da Mundöffnung und Darm des Wurms reduziert sind, ist er vollkommen von dieser Symbiose abhängig.

Abb. 25.2 Beispiele für lithoautotrophe Stoffwechselwege

Photoorganoheterotrophie findet sich beispielsweise bei **schwefelfreien Purpurbakterien** (z. B. *Rhodospirillum, Rhodobacter* und *Rubrivivax*) sowie bei **Grünen Nichtschwefelbakterien** (Chloroflexi). Letztere können jedoch zwischen Photoorganoheterotrophie, Chemoorganoheterotrophie und photoautotrophem Stoffwechsel wechseln.

Die Grand Prismatic Spring im Yellowstone-Nationalpark ist die größte Thermalquelle in den USA. Hier sorgen die Photopigmente verschiedener Mikroorganismen für farbenfrohe **Biofilme**. Zu ihnen zählen neben **photolithoautotrophen** Cyanobakterien (Gattung ***Synechococcus***) auch die **photoorganoheterotrophen** Prokaryoten der Gattung ***Chloroflexus***. *Chloroflexus aurantiacus* gehört zu den Grünen Nichtschwefelbakterien. Es ist ein filamentäres Bakterium, welches bei Temperaturen von 52–60 °C lebt. Zu seinen Pigmenten zählen Carotinoide und Bakteriochlorophylle. Oft ist es mit Cyanobakterien assoziiert, da es deren organische Nebenprodukte für seinen Stoffwechsel verwertet.

Abb. 25.3 Beispiele für Photoorganoheterotrophie

25.2 Prokaryoten können Redoxreaktionen oder Licht als Energiequelle nutzen

Die **Energiegewinnung bei Prokaryoten** kann zum einen durch Absorption von Licht und zum anderen durch Nutzung chemischer Verbindungen stattfinden.

Eine **phototrophe** Lebensweise ermöglicht die **Nutzung von Lichtenergie** für die Aufrechterhaltung lebensnotwendiger Prozesse (◘ Abb. 25.4). Wie die Energie des Lichts genutzt wird, unterscheidet sich zwischen verschiedenen Organismen erheblich und reicht von der Protonenpumpe Bacteriorhodopsin über die Nutzung von Photosystem I oder II in der anoxygenen Photosynthese bis hin zum oxidativen Z-Schema bei grünen Pflanzen und Cyanobakterien. Gemeinsam ist allen phototrophen Organismen, dass die Energie der durch Licht angeregten Elektronen von speziellen **lichtabsorbierenden Pigmenten** dazu verwendet wird, einen **elektrochemischen Protonengradienten** aufzubauen. Dieser wird für die **Erzeugung von chemischer Energie**, meist in Form von ATP, genutzt. Bei den lichtabsorbierenden Pigmenten handelt es sich beispielsweise um Chlorophylle, Bacteriochlorophylle, Phycobiline und Rhodopsine. Diese finden sich bei Prokaryoten in der Biomembran oder speziellen Memraneinfaltungen und Membransäckchen.

Man unterscheidet zwischen **anoxygener** und **oxygener Photosynthese**, wobei die anoxygene Photosynthese die ursprünglichere Form von beiden ist. Die Photosynthese läuft sowohl in der oxygenen als auch in der anoxygenen Variante an membrangebundenen Proteinkomplexen ab (◘ Abb. 25.4). Bei grünen Bakterien befinden sich diese in spezialisierten Membrankompartimenten, den **Chlorosomen**, die auf der Plasmamembran anliegen. Oxygene und anoxygene Photosynthese

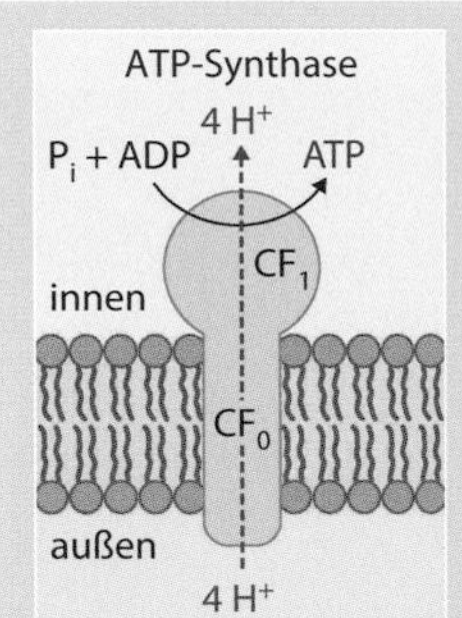

Die Translokation der Elektronen bedingt genau wie bei der oxygenen Photosynthese den Aufbau eines **chemiosmotischen Protonengradienten**, der der Synthese von ATP mittels ATP-Synthase dient. Der auf der Membran sichtbare Teil der ATP-Synthase wird als CF_1 bezeichnet, der in der Membran liegende Teil als CF_0.

Bei der **oxygenen Photosynthese** kommen sowohl das **Photosystem I** als auch das **Photosystem II** zum Einsatz, wodurch sowohl ATP als auch NADPH gebildet werden. Bei der oxygenen Photosynthese fungiert Wasser als Elektronendonor, sodass molekularer Sauerstoff entsteht. Die Enzyme der Photosysteme sind membrangebunden und in den Thylakoiden lokalisiert. Die **Thylakoide** bilden sich aus Einstülpungen der Cytoplasmamembran (Cyanobakterien) bzw. aus Einstülpungen der inneren Plastidenmembran.

Bei der **anoxygenen Photosynthese** kommt jeweils **nur ein Photosystem** zum Einsatz. Es entstehen daher je nach genutztem Photosystem entweder nur ATP oder NADH und ATP. Auch die anoxygene Photosynthese findet bei Bakterien an membrangebundenen Proteinkomplexen statt.

Purpurbakterien bilden artspezifische **Einfaltungen der Zellmembran**.

Rhodospirillum rubrum

Thiocapsa pfennigi

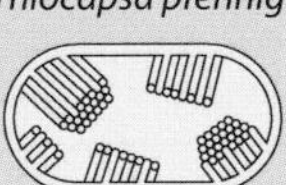

Rhodospirillum molischianum

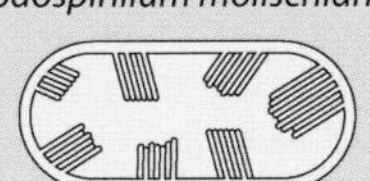

Rhodopseudomonas viridis

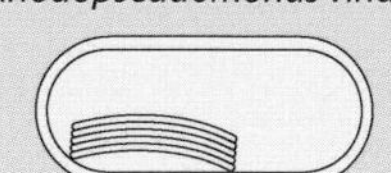

Rhodopseudomom palustris

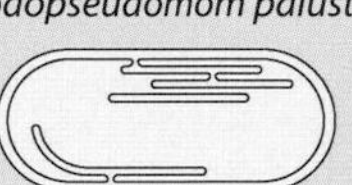

Rhodomicrobium vannielii

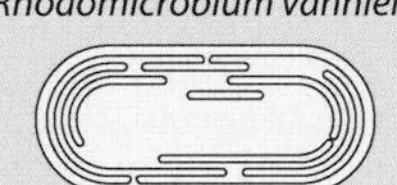

Rhodospirillum tenue

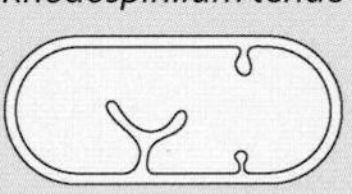

Vertreter der grünen Bakterien wie *Chlorobium* oder *Chloroflexus* besitzen spezielle Kompartimente, die **Chlorosomen**.

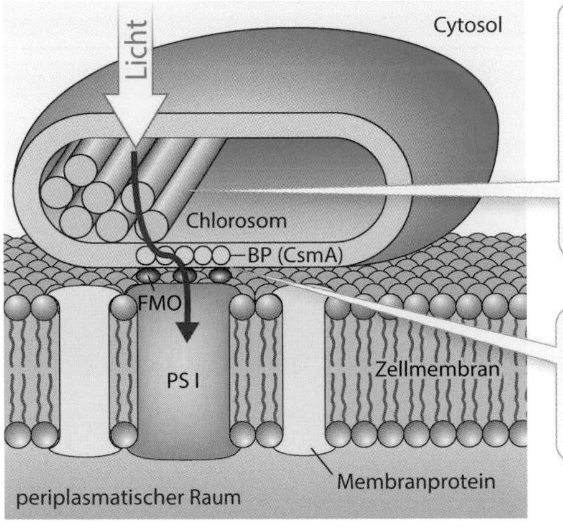

Bei **grünen Bakterien** befindet sich eine hohe Anzahl von Bacteriochlorophyllmolekülen in spezialisierten Strukturen, den **Chlorosomen**, welche als **Antennenkomplexe** dienen. Neben 200.000 bis 250.000 Bacteriochlorophyllmolekülen (Bacteriochlorophylle *c*, *d* und *e*, je nach Art) enthalten sie auch die akzessorischen Carotinoide. Die Chlorosomen liegen auf der cytoplasmatischen Membranseite und sind von einer Monolipidschicht (Monogalactosyl-Diglycerid) ummantelt.

Die Chlorosomen sind über eine Basalplatte (BP) aus dem Bacteriochlorophyll *a*-bindenden Protein CsmA mit dem FMO-Pigment-Protein-Komplex verbunden, der dem Energietransfer zum Reaktionszentrum des Photosystems I (PS I) dient.

◘ **Abb. 25.4** Photosynthese findet an membrangebundenen Proteinkomplexen statt

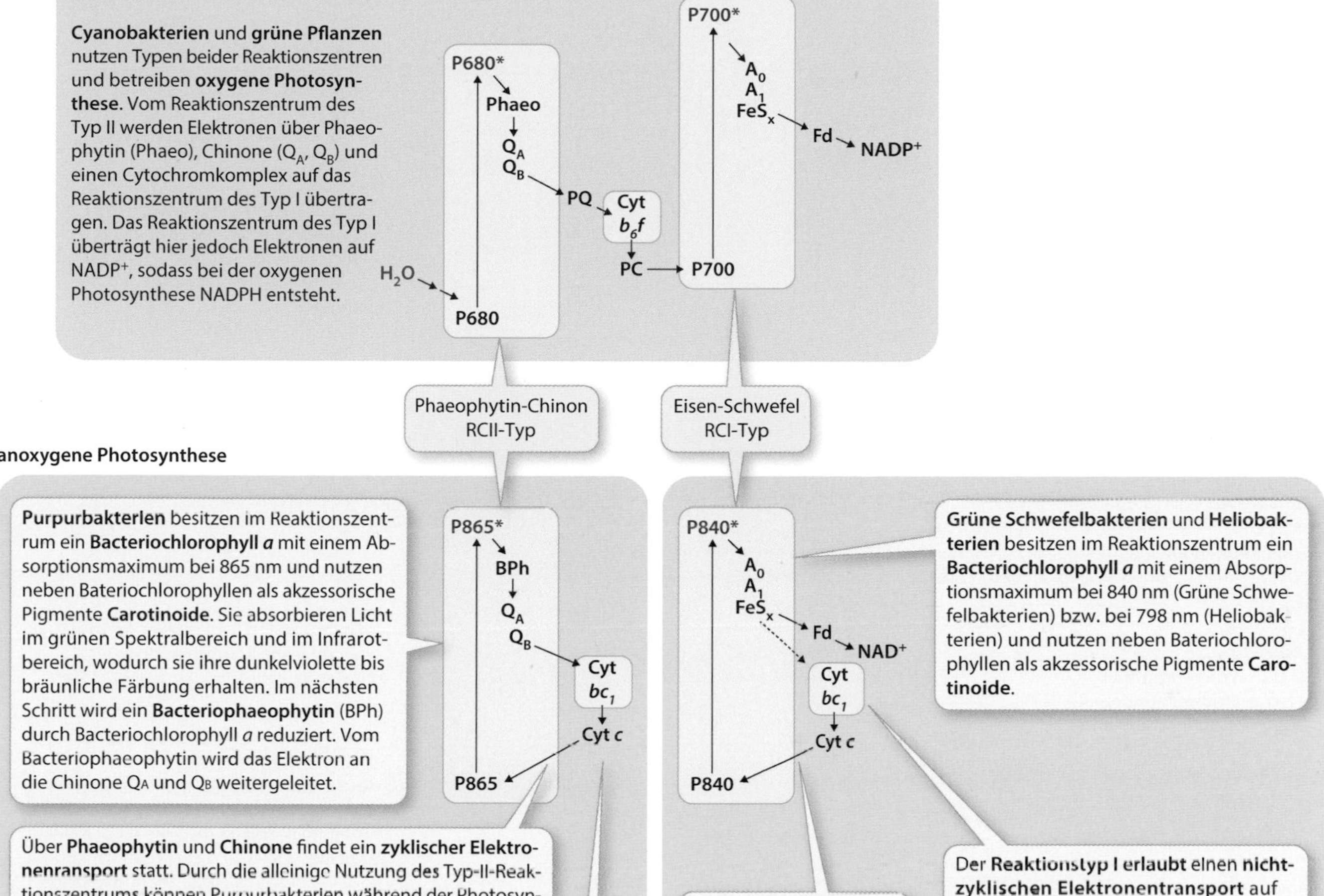

Abb. 25.5 Die anoxygene Photosynthese nutzt jeweils nur ein Photosystem, die beiden in der oxygenen Photosynthese genutzten Photosysteme entsprechen den beiden verschiedenen Typen der anoxygenen Photosynthese

unterscheiden sich insbesondere in Bezug auf die vorhandenen Photosysteme und deren Reaktionszentren (Abb. 25.5). Das Reaktionszentrum des **Photosystems I** gehört dem **Eisen-Schwefel-Typ** an, das Reaktionszentrum des **Photosystems II** hingegen dem **Phaeophytin-Chinon-Typ**.

Bei der anoxygenen Photosynthese sind die **Bacteriochlorophylle** die vorherrschenden Pigmente. Grüne Schwefelbakterien sowie Heliobakterien nutzen dabei lediglich das Reaktionszentrum vom Typ I, Purpurbakterien und grüne Bakterien nur den Typ II. Durch Anregung der Elektronen in den Pigmenten in den Reaktionszentren werden Elektronen auf Akzeptorproteine übertragen. Die entstehende Elektronenlücke wird durch eine Redoxreaktion wieder geschlossen. Da das Redoxpotenzial der Bacteriochlorophylle jedoch geringer ist als das des Chlorophylls, kann die Elektronenlücke im Bacteriochlorophyll nicht durch die Reduktion von Wasser (wie bei der oxygenen Photosynthese, ► Abschn. 13.10) geschlossen werden. Bei der anoxygenen Photosynthese entsteht daher auch kein molekularer Sauerstoff. Die

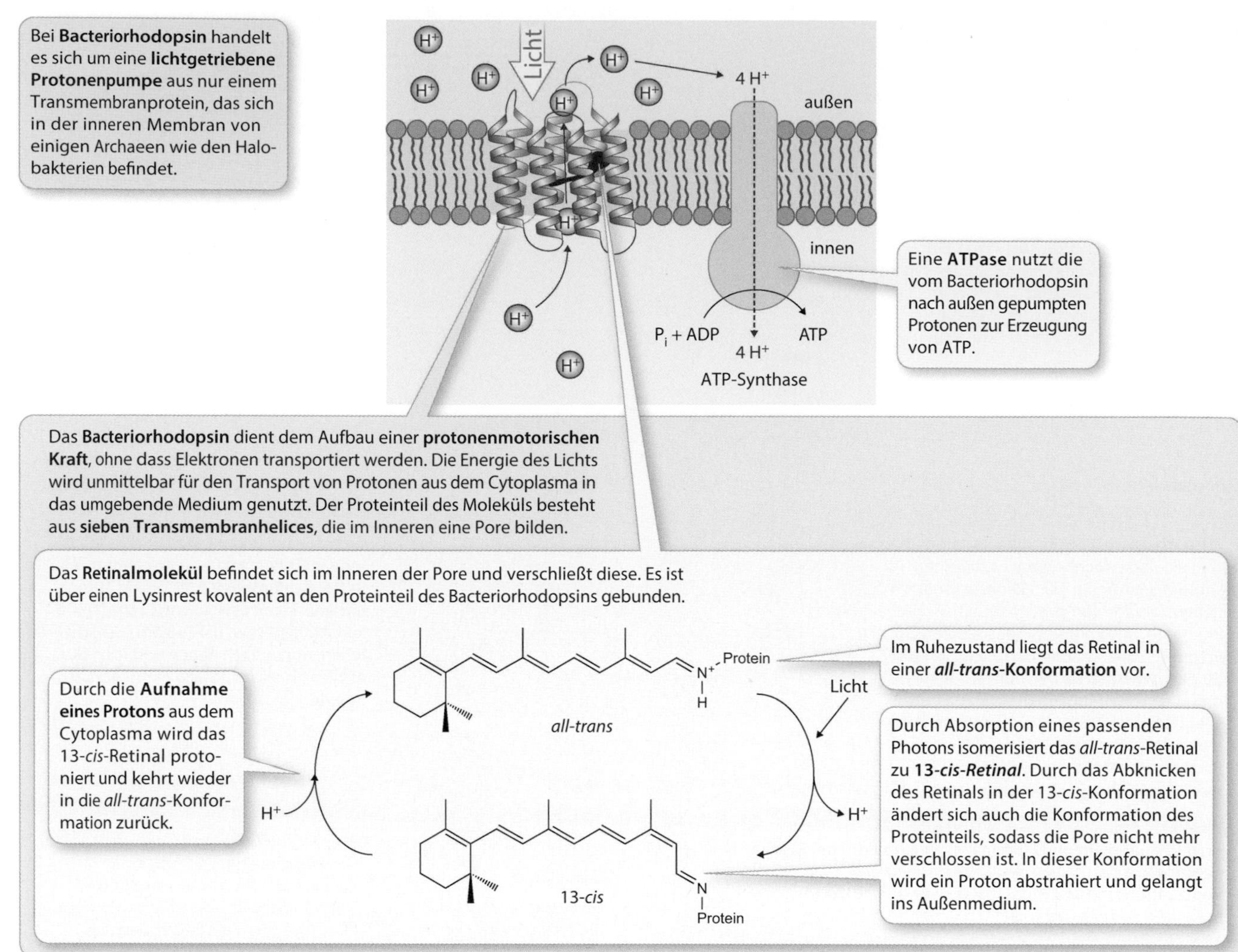

Abb. 25.6 Aufbau und Nutzung eines Protonengradienten durch Bacteriorhodopsin

Elektronenlücke kann über **zyklischen Elektronentransport** geschlossen werden (in diesem Fall wird kein NADP reduziert, bei der anoxygenen Photosynthese mit PS II ist dies die Regel). Nur das PS I ermöglicht die Synthese von NADPH, bei diesem Photosynthesetyp können auch andere Substrate genutzt werden – der häufigste Elektronendonator für diese Reaktion ist der **Schwefelwasserstoff**. Andere Elektronendonatoren sind zweiwertiges Eisen oder Nitrit.

Während bei der anoxygenen Photosynthese nur ein Photosystem genutzt wird, sind bei der oxygenen Photosynthese Photosysteme beider Typen in Serie geschaltet („Z-Schema"; ▶ Abschn. 13.11). Bei dieser wird, ähnlich wie bei der Photosynthese grüner Pflanzen, die Lichtenergie in elektrische und danach in chemische Energie umgewandelt. Die Elektronenlücke, die bei der Umwandlung von Licht- in elektrische Energie entsteht, wird durch die Oxidation von Wasser zu Sauerstoff wieder geschlossen.

Einige Archaeen, die Halobacteria, nutzen das Transmembranprotein **Bacteriorhodopsin** mit **Retinal** als chromophorer Gruppe, um über Lichtenergie einen Protonengradienten zwischen Cytosol und Außenmedium aufzubauen (Abb. 25.6). Das Transmembranprotein ist in die Zellmembran eingelassen, wo die Proteine Trimere bilden, die zu hexagonalen Strukturen arrangiert werden – ein spezifisches Merkmal der Purpurmembran von Halobakterien.

Bei der **Chemotrophie** (Abb. 25.7) erfolgt die Gewinnung von Stoffwechselenergie durch **Redoxreaktionen** organischer (**Chemoorganotrophie**) oder anorganischer (**Chemolithotrophie**) Substanzen. Unter verschiedenen Umweltbedingungen kann dies durch aerobe Atmung, anaerobe Atmung oder durch Gärung geschehen. Bei der **Gärung** (▶ Abschn. 13.5, 25.5) wird das Substrat nur unvollständig abgebaut, sie dient der Energiebereitstellung unter anaeroben Bedingungen. Bei der Atmung werden die Substrate dagegen vollständig oder zumindest fast vollständig abgebaut. Bei der **aeroben Atmung** (▶ Abschn. 13.4) werden die Elektronen im letzten Schritt auf Sauerstoff übertragen, während bei der **anaeroben Atmung** nicht Sauerstoff, sondern oxidierte Substanzen, wie beispielsweise Sulfat, Fumarat, Nitrat oder Eisen, als Elektronenakzeptoren dienen (▶ Abschn. 25.6).

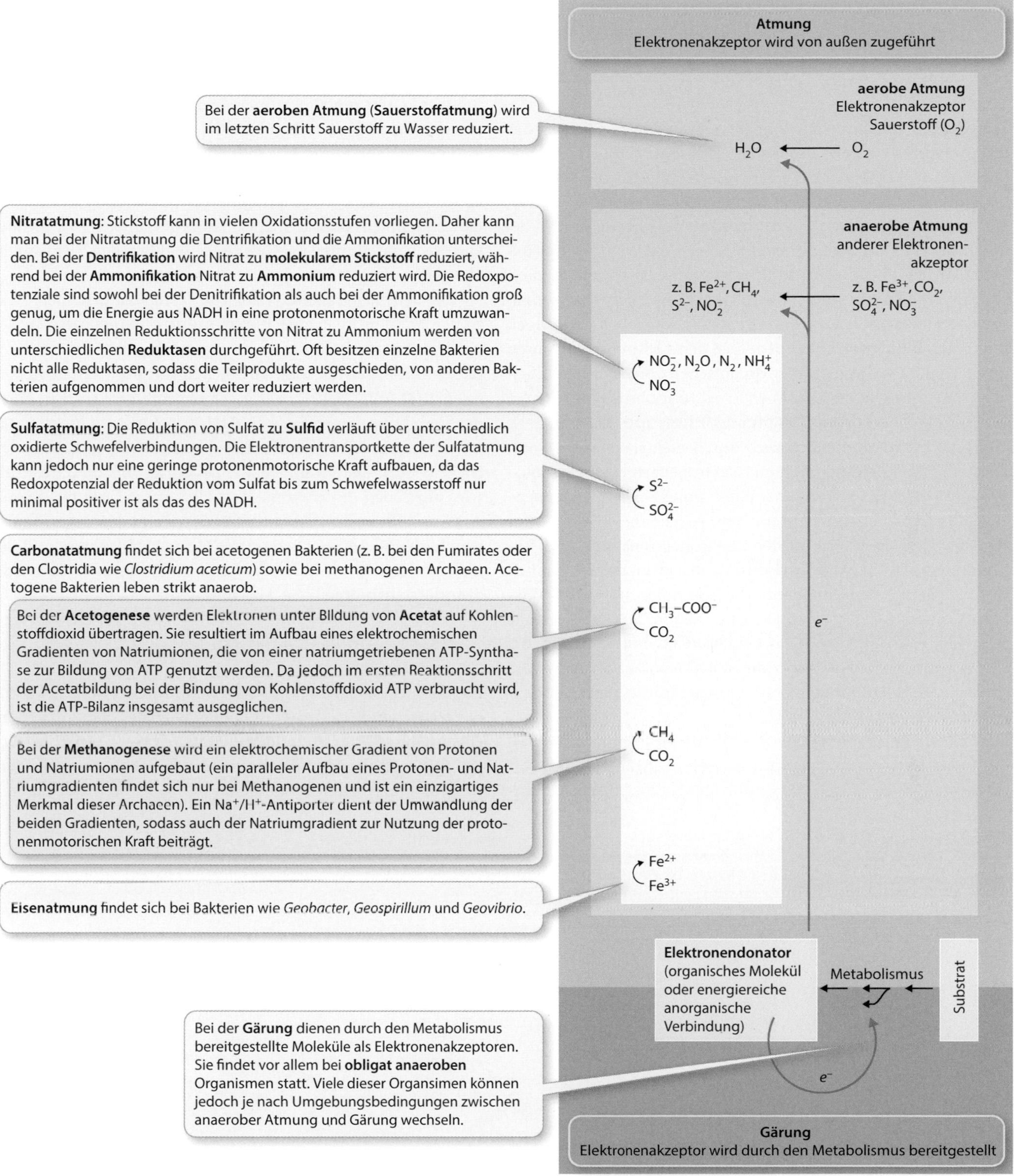

Abb. 25.7 Aerobe und anaerobe Atmung sowie Gärung nutzen die Energie aus Redoxreaktionen

25.3 Prokaryoten können ein breites Spektrum von Elektonendonatoren nutzen

Mikroorganismen verfügen über verschiedenste Formen des **Energiestoffwechsels**, also der Art, Energie für zelluläre Abläufe in Form von ATP bereit zu stellen. Neben phototrophen Organismen, deren Energiequelle das Sonnenlicht ist (▶ Abschn. 25.2), gibt es auch sogenannte **Chemotrophe**. Üblicherweise wird bei ihnen die Energie chemischer Bindungen mittels einer **Redoxreaktion** für die Zellen nutzbar gemacht. Für diese Redoxreaktionen braucht man eine Elektronenquelle, welche man auch als **Elektronendonator** oder Reduktionsmittel bezeichnet, und einen **Elektronenakzeptor**. Bei den Elektronendonatoren unterscheidet man zwischen organischen und anorganischen Elektronenquellen, die jeweiligen Ernährungsformen nennt man dementsprechend **organotroph** und **lithotroph** (◘ Abb. 25.8).

Der Elektronendonator wird durch Elektronenabgabe oxidiert, und das korrespondierende elektronenärmere Oxidationsprodukt stellt wiederum selbst einen potenziellen Elektronenakzeptor dar, man spricht von einem sogenannten **Redoxpaar** (◘ Abb. 25.9). Definiert werden Elektronendonatoren und -akzeptoren durch ihr **Standardreduktionspotenzial** $E^{0\prime}$ (Einheit mV). Je negativer das Standardreduktionspotenzial eines Redoxpaares ist, desto besser ist es als Elektronendonator geeignet, wie beispielsweise das Redoxpaar Glucose/CO_2 mit −500 mV. Bei einem positiven bzw. stark positiven Redoxpotenzial des Redoxpaares (z. B. H_2O/O_2 mit 820 mV) fungiert dieses meist als Elektronenakzeptor.

Bei sauerstoffabhängigen (aeroben) Mikroorganismen ist der finale Elektronenakzeptor meist **elementarer Sauerstoff** (O_2) mit Wasser (H_2O) als Endprodukt. Elektronenakzeptoren bei anaeroben Organismen sind beispielsweise **Schwefel** (Endprodukt H_2S) oder Fe^{3+}-Ionen (Endprodukt Fe^{2+}). Die Auswahl potenzieller Elektronendonatoren ist schier endlos und führt durch eine Vielzahl an möglichen Kombinationsmöglichkeiten mit Elektronenakzeptoren mit einem positiveren Standardreduktionspotenzial zu einer großen Auswahl an Energiequellen für Mikroorganismen. Notwendig für die Nutzung bestimmter Elektronendonatoren und -akzeptoren ist lediglich das Vorhandensein eines passenden Enzyms, das die Oxidation des Elektronendonators gewährleistet, und eines entsprechenden Enzyms, welches schließlich den Elektronenakzeptor reduziert.

Die vom Elektronendonator zur Verfügung gestellten Elektronen werden über eine **Elektronentransportkette** in der Cytoplasmamembran der Mikroorganismen von Proteinkomplexen mit negativeren $E^{0\prime}$ zu solchen mit positiverem weitergeleitet (◘ Abb. 25.10). Dies geschieht mitunter auch in Form des Reduktionsäquivalents NADH. Im Zuge des Elektronentransports werden Protonen über die Zellmembran nach außen transportiert. Die so aufgebaute **protonenmotorische Kraft** wird durch den Proteinkomplex ATP-Synthase genutzt, um aus ADP und Phosphat ATP zu bilden. Anhand der Differenz der Standardreduktionspotenziale des Elektronendonators und des Elektronenakzeptors ($\Delta E^{0\prime}$) lässt sich die **Änderung der freien Standardenthalpie** ($\Delta G^{0\prime}$) bestimmen.

$$NADH + \tfrac{1}{2}\,O_2 + H^+ \rightarrow H_2O + NAD^+$$

Für das Redoxpaar $NAD^+/NADH$ und ½ O_2/H_2O beträgt die Differenz der Standardreduktionspotenziale +1138 mV. Dies entspricht einer freien Standardenthalpie von −218 kJ/mol. Je geringer $\Delta E^{0\prime}$ ist, desto öfter muss die Redoxreaktion ablaufen, um 1 mol ATP bilden zu können.

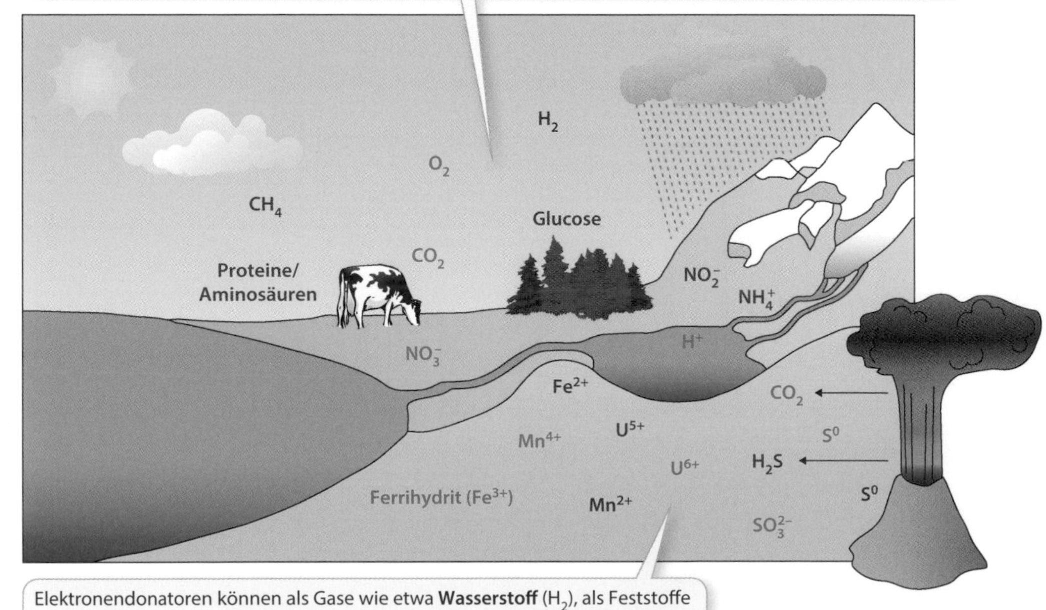

◘ **Abb. 25.8** Die Vielfalt an Elektronendonatoren und -akzeptoren ist groß

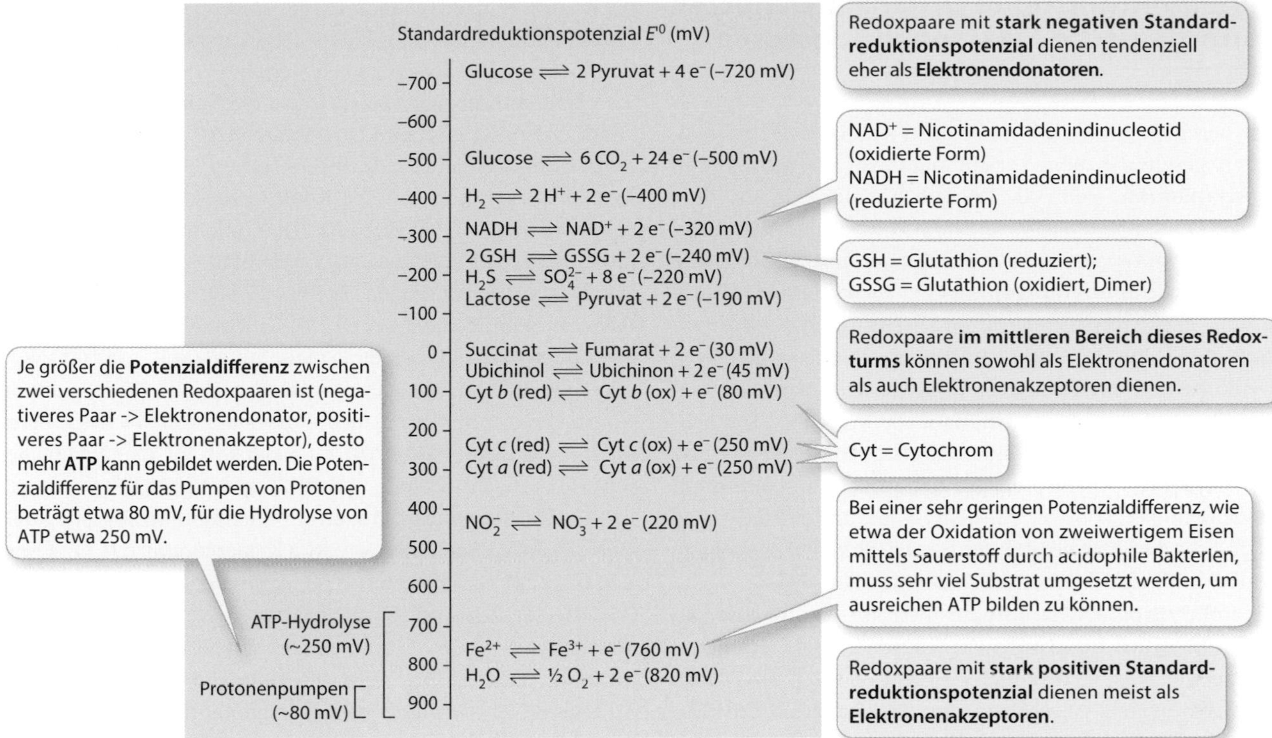

Abb. 25.9 Ausgewählte Redoxpaare und ihre Standardreduktionspotenziale

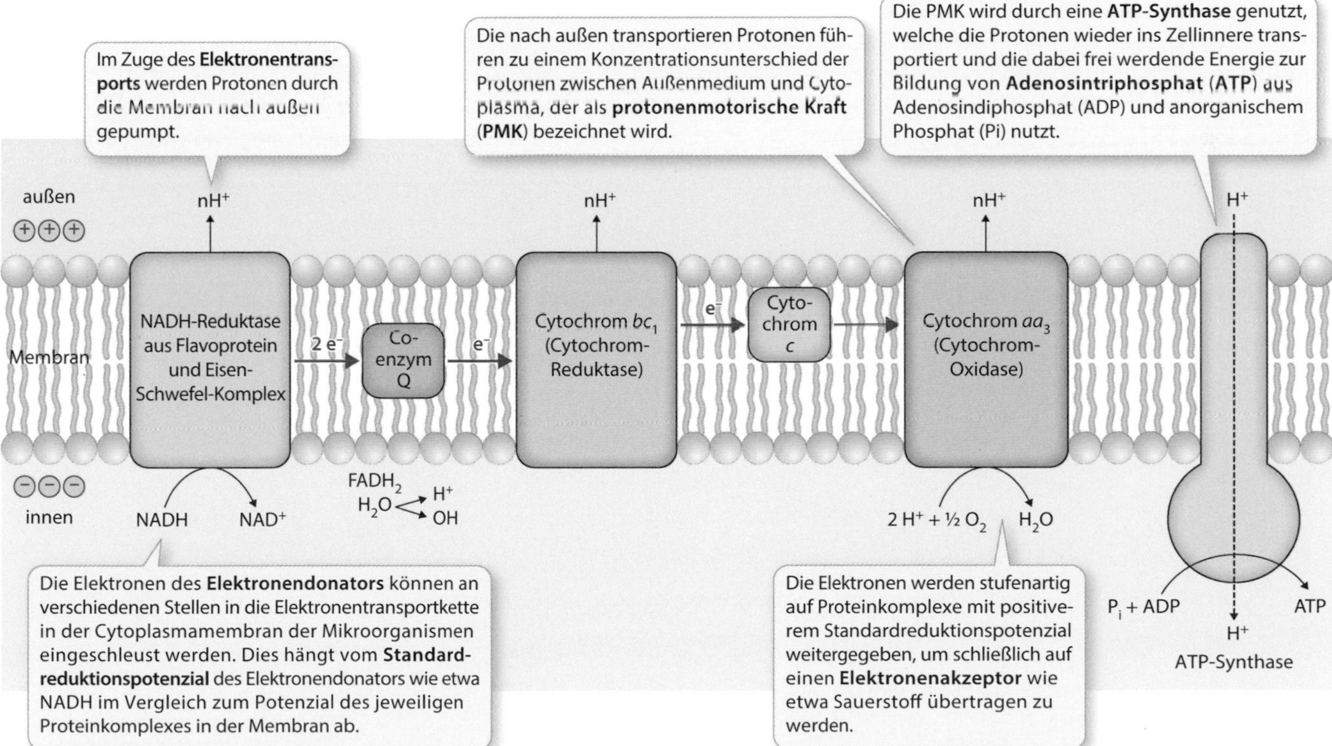

Abb. 25.10 Elektronentransportkette, protonenmotorische Kraft und ATP-Synthese

25.4 Chemolithotrophe Organismen nutzen anorganische Elektronendonatoren

Wie wir bereits im Abschnitt über die Vielfalt der Elektronendonatoren gesehen haben, spricht man von **chemotrophen Mikroorganismen**, wenn die Energie für die Zelle aus einer Redoxreaktion bereitgestellt wird. Handelt es sich bei dem Elektronendonator um einen anorganischen Stoff, nennt man diesen Stoffwechseltyp **Chemolithotrophie** oder auch **Chemosynthese** (lithotroph: „sich von Stein ernährend"). Bezüglich der **Kohlenstoffquelle** (C-Quelle) für den Aufbau von Biomasse benötigen diese Mikroorganismen lediglich $\mathbf{CO_2}$, weshalb man auch von **Chemolithoautotrophie** spricht (autotroph: „sich selbst ernährend"). Ausnahmen hiervon bilden **chemolithoheterotrophe** oder **mixotrophe** Organismen, die **organischen Kohlenstoff** als C-Quelle nutzen können. Für die C-Fixierung aus CO_2 muss zusätzlich Energie aufgewendet werden. Die Reduktion erfolgt in diesem Fall mithilfe des lithotroph erzeugten NADPH.

Chemolithotrophe Mikroorganismen nutzen also **anorganische Elektronendonatoren** (Reduktionsmittel), um damit Coenzyme wie NAD^+ zu reduzieren und dadurch NADH als Reduktionsäquivalent zu regenerieren. Die Oxidation der Elektronendonatoren und der folgende Elektronentransport über die Cytoplasmamembran führen zu einem Transport von Protonen nach außen oder zur Akkumulation von Protonen außerhalb der Zelle (◼ Abb. 25.11). Durch diese Ladungstrennung entsteht ein sogenanntes **chemiosmotisches Potenzial**. Beim Rückfluss der Protonen durch eine ATP-Synthase wird dieses Potenzial zur **Bildung von ATP** genutzt, dem universellen Energielieferanten für Biosynthesen und zelluläre Prozesse, welcher in einer endothermen Reaktion aus ADP und Phosphat entsteht.

Je größer der Unterschied des Redoxpotenzials zwischen Elektronendonator und Elektronenakzeptor ist, desto mehr Energie kann hierbei gewonnen werden.

Chemolithotrophe Organismen, die **Sauerstoff** als starkes Oxidationsmittel und **Elektronenakzeptor** nutzen, nennt man **aerob**. Ein Beispiel hierfür ist *Aquifex*, ein Bakterium, das Wasserstoff in einer sogenannten **Knallgasreaktion** mit Sauerstoff zu Wasser umsetzt (◼ Abb. 25.11). Ähnlich verhält es sich bei nitritoxidierenden Bakterien, die ebenfalls Sauerstoff als Elektronenakzeptor verwenden (◼ Abb. 25.12). Viele Archaeen und Bakterien können aber auch ohne Sauerstoff auskommen, sind also **anaerob** und nutzen dann meist **Sulfat** (SO_4^{2-}), **Nitrat** (NO_3^-) oder $\mathbf{CO_2}$ als Elektronenakzeptor (◼ Abb. 25.13). Können die Organismen sowohl mit als auch ohne Sauerstoff wachsen, nennt man sie **fakultativ anaerob**. Ist Sauerstoff für die Organismen sogar toxisch, spricht man von **strikt anaerober** Lebensweise.

Als **Elektronendonatoren** für chemolithotrophe Organismen dienen Verbindungen wie etwa Kohlenmonoxid (CO), Eisen-II-ionen (Fe^{2+}), Wasserstoff (H_2), Ammoniak bzw. Ammonium (NH_3/NH_4^+), Schwefel (S^0) Mangan-II (Mn^{2+}), Arsenit (AsO_3^{3-}) oder Sulfid (S^{2-}) und vermutlich auch Kupfer-I-oxid (Cu_2O), Antimon-III-oxid (Sb_2O_3), Selen (Se^0) oder Urandioxid (UO_2).

Sofern Licht verfügbar ist, stellen photolithoautotrophe Lebewesen wie Pflanzen und Cyanobakterien die **Primärproduzenten** von Biomasse dar (C-Quelle: CO_2). In lichtlosen Lebensräumen wie etwa der Tiefsee können jedoch auch chemolithoautotrophe Bakterien und Archaeen die Primärproduzenten repräsentieren. Ein Beispiel für eine solche Nahrungskette sind sogenannte *black smokers* („Schwarze Raucher"), kaminartige heiße Tiefseequellen die man unter anderem im Bereich des mittelatlantischen Rückens findet. Dort wird Biomasse z. B. aus vulkanisch produziertem H_2S generiert. Die Ähnlichkeit dieser Biotope mit den Bedingungen

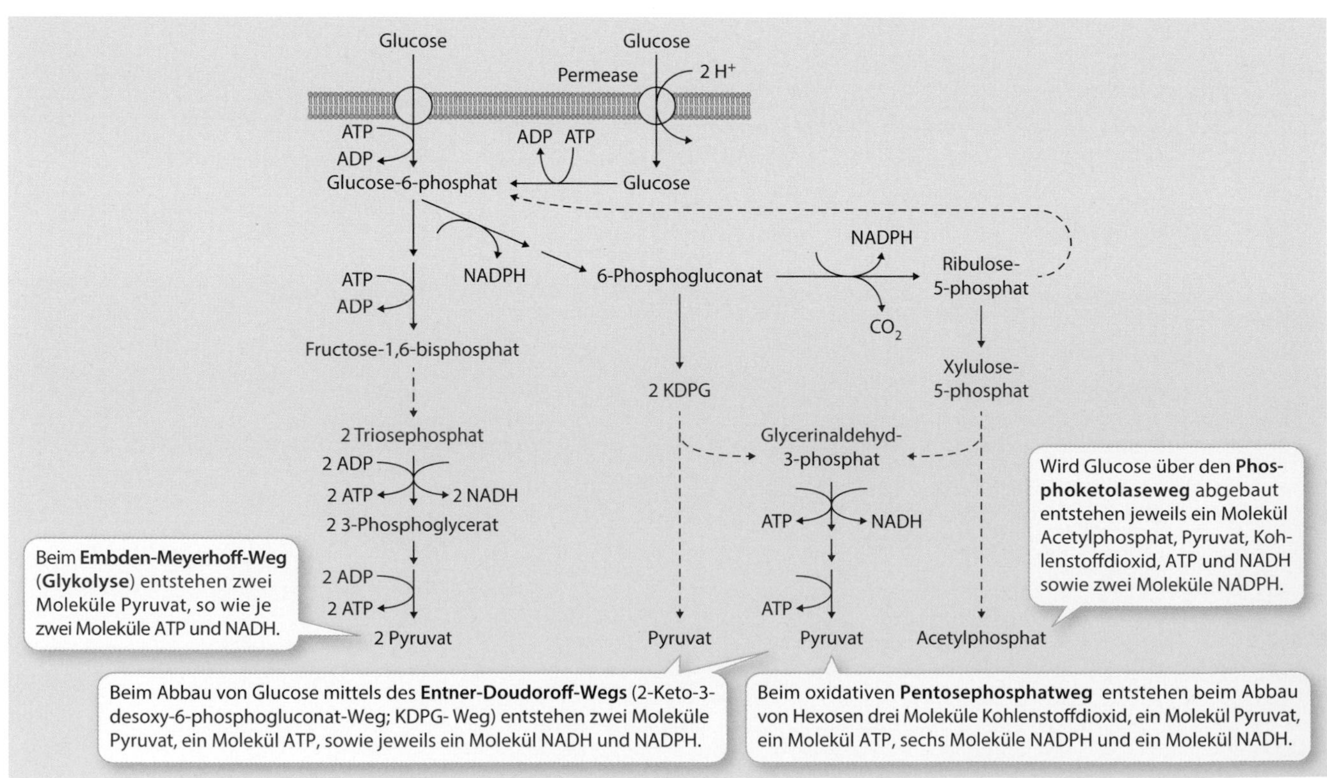

◼ **Abb. 25.11** Knallgasreaktion des chemolithotrophen Bakteriums *Aquifex aeolicus*

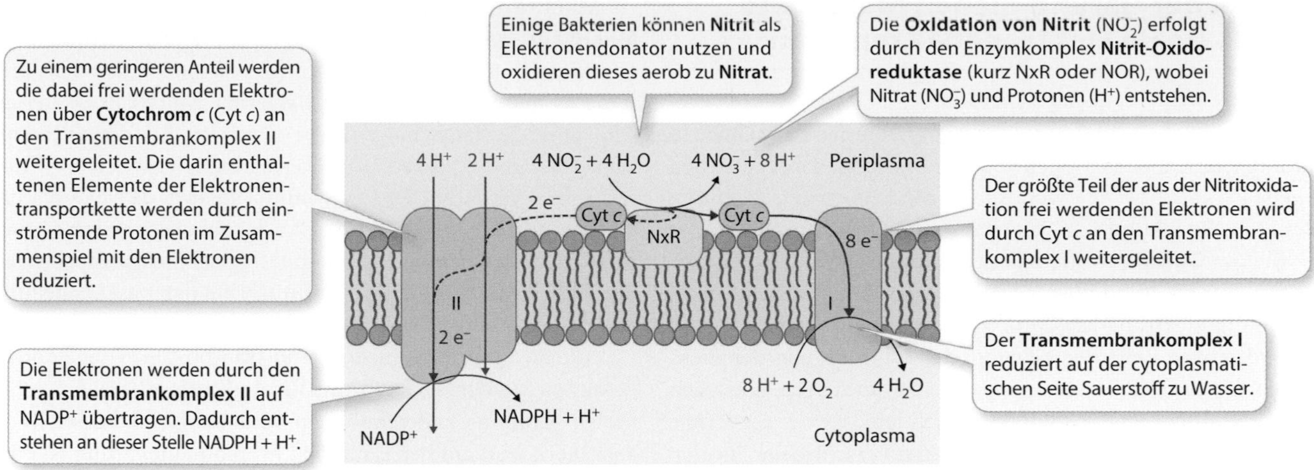

Abb. 25.12 Die Oxidation von Nitrit zu Nitrat an der Cytoplasmamembran eines nitritoxidierenden Bakteriums

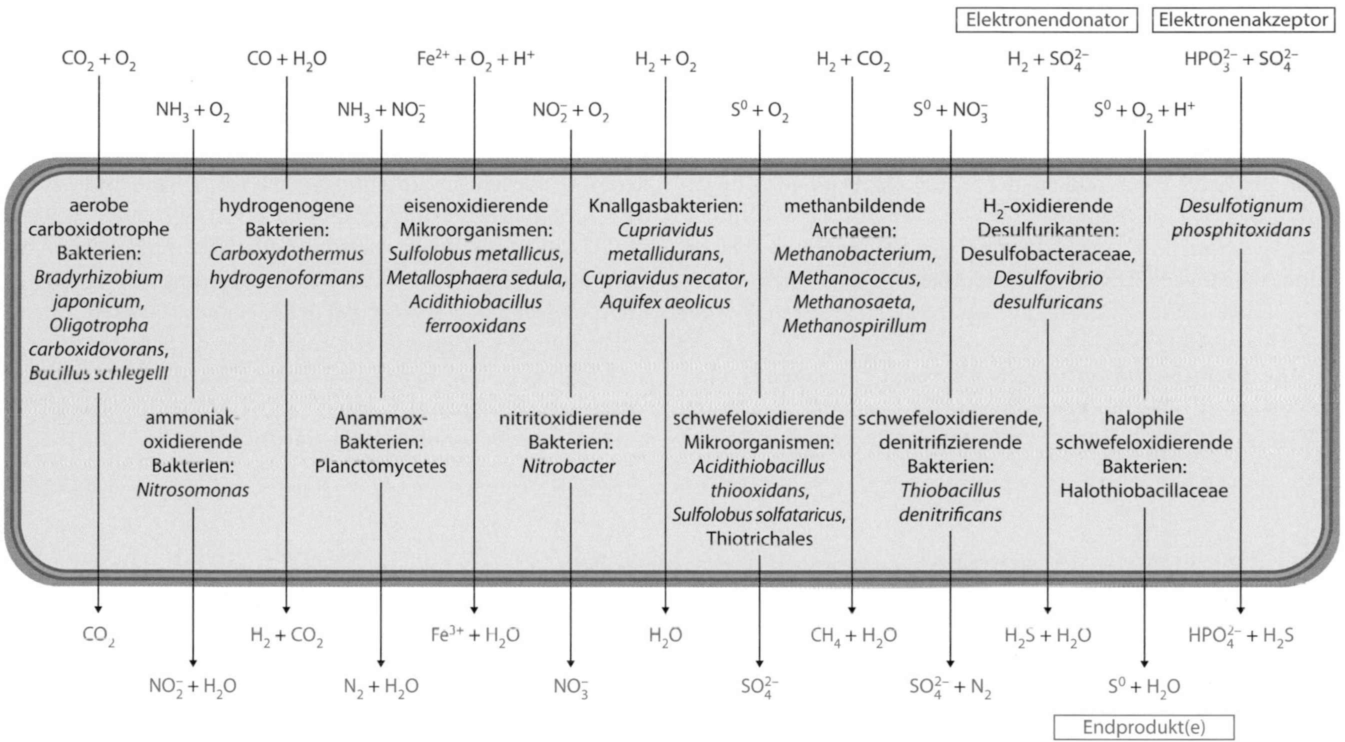

Abb. 25.13 Ausgewählte Beispiele für chemolithoautotrophe Stoffwechselprozesse

der frühen Erde geben Grund zur Annahme, dass die ersten Lebewesen und somit auch Biomasseproduzenten auf der Erde chemolitho(auto)trophe Bakterien und Archaeen waren. Untersuchungen an eben diesen extremophilen, heute lebenden Mikroorganismen erlauben daher Rückschlüsse auf die Entstehung des Lebens an sich. Das Vorhandensein der oben genannten diversen Elektronendonatoren auf anderen Planeten gibt zudem Hinweise darauf, dass auch dort Leben, wie wir es kennen, prinzipiell möglich ist. So konnte im Labor für einige thermoacidophile Archaeen (Mikroorganismen, die bei hohen Temperaturen und niedrigem pH-Wert wachsen) gezeigt werden, dass diese unter den lebensfeindlichen Bedingungen auf dem Mars überleben können.

25.5 Bei der Gärung dienen Metabolite als finale Elektronenakzeptoren

Abhängig von der Enzymaustattung der Bakterien kann **Glucose** auf unterschiedlichen Wegen abgebaut werden, dabei entstehen jeweils Pyruvat bzw. Acetylphosphat sowie eine unterschiedliche Menge an Reduktionsäquivalenten und ATP (◘ Abb. 25.14).

Bei der **Gärung** werden dann Pyruvat oder andere Metabolite zur Regeneration von NAD(P)H benutzt, sodass Letzteres wieder als Elektronenakzeptor zur Verfügung steht. Während des reduktiven Teils der Gärung, der Übertragung der Elektronen des NAD(P)H auf organische Verbindungen, entstehen unterschiedliche Endprodukte. Je nachdem, welche reduzierte Verbindung entsteht, unterscheidet man verschiedene Formen der Gärung (► Abschn. 13.5).

Energie in Form von **ATP** wird bei der Gärung durch **Substratkettenphosphorylierung** im Verlauf des **Glucoseabbaus** gewonnen. Hierbei wird die Phosphatgruppe des C3-Körpers Phosphoenolpyruvat auf ATP übertragen, sodass das Endprodukt der Glykolyse, das **Pyruvat**, entsteht. Dies ist bei vielen Gärungswegen der einzige ATP-generierende Schritt.

Gärung wird meist mit anaeroben Bedingungen in Verbindung gebracht, kann jedoch auch unter aeroben Bedingungen stattfinden. Da die Synthese von Enzymen für die Zellatmung mit energetischen Kosten verbunden ist, greifen viele Bakterien – sofern genügend Zuckervorräte vorhanden sind – auch in Anwesenheit von Sauerstoff auf die Gärung als schnelleren Weg der Energiegewinnung zurück.

Die **alkoholische Gärung** (► Abschn. 13.5) ist weit verbreitet und auch bei Eukaryoten bedeutend, die alkoholische Gärung der **Hefen** ist von enormer kommerzieller Bedeutung.

Milchsäuregärung (◘ Abb. 25.15) findet sich bei den **Milchsäurebakterien**. Die meisten gehören zur Gattung *Lactobacillus*, aber auch in den Gattungen *Streptococcus* oder *Enterococcus* finden sich Milchsäurebakterien. Milchsäurebakterien sind unter Luftausschluss in der Natur oft Erstbesiedler von zuckerhaltigen Substraten. Sie werden beispielsweise zur Konservierung verderblicher Lebensmittel genutzt, da sie durch die Ansäuerung der Milchsäure das Wachstum vieler anderer anaerober Bakterien hemmen. Weiterhin tragen Milchsäurebakterien zur Geschmacksausbildung bei. Auch bei der Käseherstellung sind Milchsäurebakterien essenziell.

Alle zur **Propionsäuregärung** (◘ Abb. 25.16) befähigten Bakterien werden als **Propionsäurebakterien** bezeichnet. Sie finden sich unter anderem in den Verdauungstrakten von Wiederkäuern und auf der Haut. Die Propionsäuregärung ist eine sekundäre Gärung, sie nutzt das Lactat, welches aus der primären Gärung entsteht, als Substrat. Zwei Mol Lactat werden zu Propionat reduziert und ein Mol Lactat zu Acetat und Kohlenstoffdioxid oxidiert. Im Käse dienen die zugesetzten Propionsäurebakterien vor allem der Aromaentwicklung. Daneben sorgt das entstehende Kohlenstoffdioxid aber auch für die Löcher im Käse.

Die **Buttersäuregärung** (◘ Abb. 25.17) findet bei normalem bis alkalischem pH statt. Hauptprodukt ist die Buttersäure, weiterhin entstehen beim Abbau von Hexosen, wie beispielsweise der Glucose, neben der Buttersäure auch Wasserstoff und Kohlenstoffdioxid. Die Buttersäuregärung findet sich unter anderem bei *Clostridium butyricum*. Die **Lösemittelgärung** (◘ Abb. 25.17) findet dagegen bei Ansäuerung des Mediums statt, und es entstehen Butanol, Acetat und Isopropanol. So bildet beispielsweise unter sauren Bedingungen *C. butylicum* Butanol und Isopropanol (**Butanol-Isopropanol-Gärung**) und *C. acetobutylicum* Aceton und Butanol (**Butanol-Aceton-Gärung**).

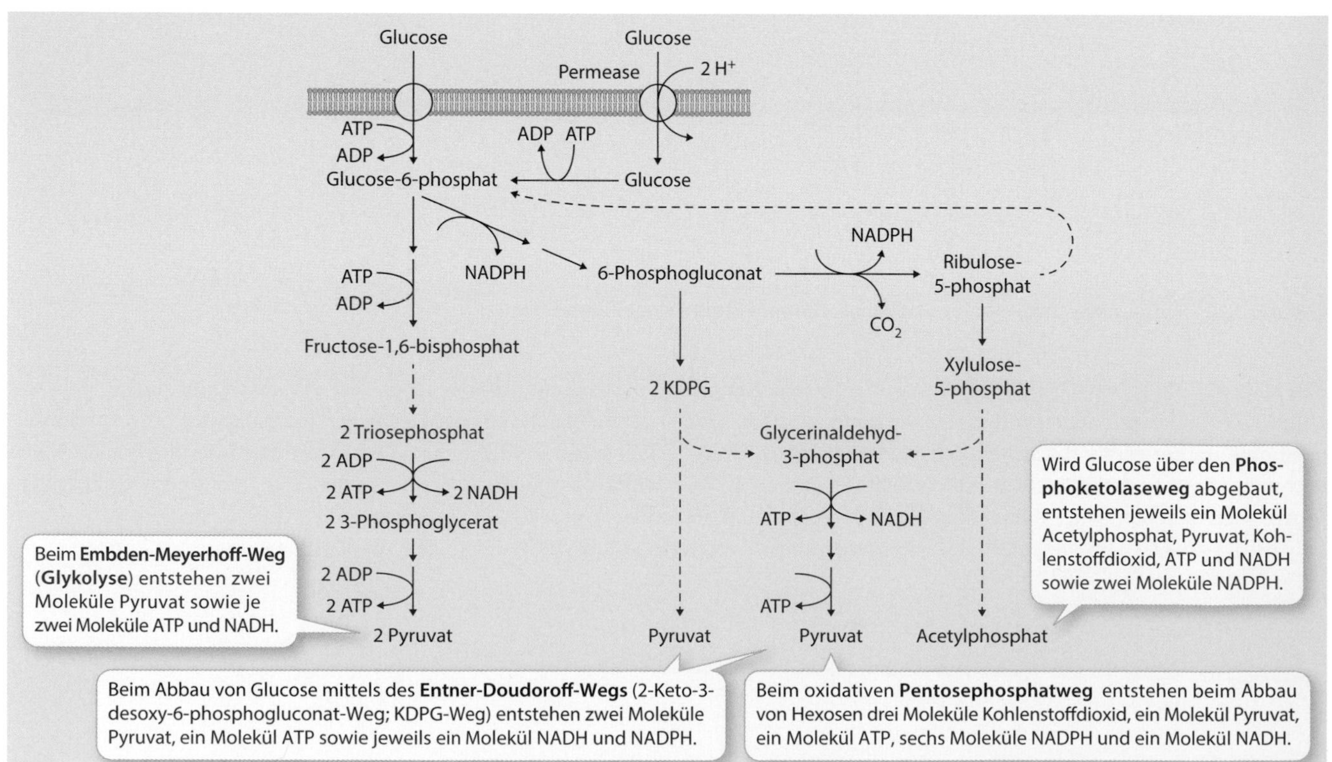

◘ **Abb. 25.14** Je nach Enzymausstattung bauen Bakterien Hexosen auf unterschiedlichen Wegen ab

Bei der **gemischten Säuregärung** (◘ Abb. 25.18) können Bakterien auf unterschiedlichen Wegen die Redoxbilanz ausgleichen. Die Zusammensetzung der Endprodukte ist daher stark von den Umweltbedingungen und der Bakterienart abhängig. Die gemischte Säuregärung kommt vor allen bei **Enterobakterien** vor.

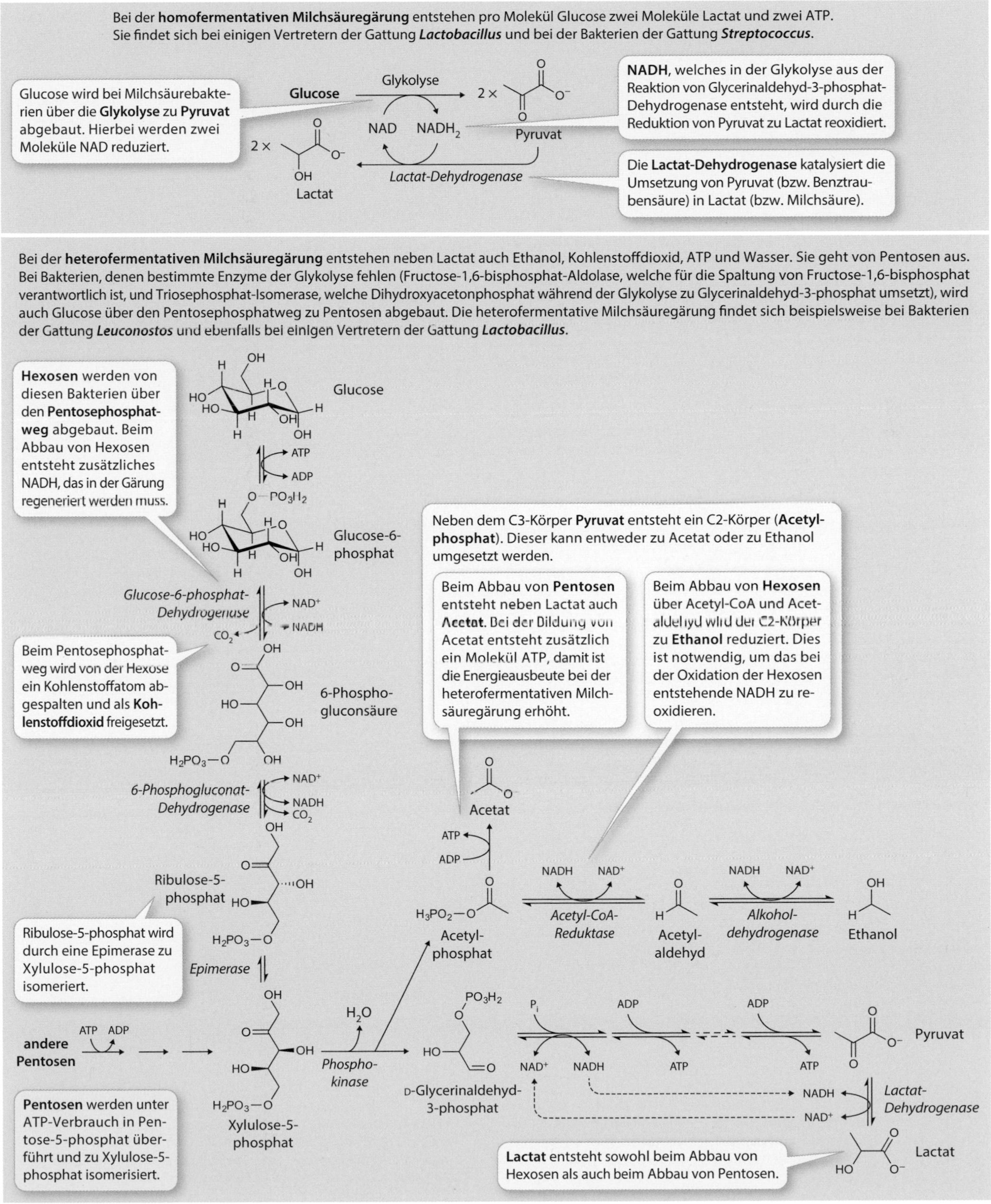

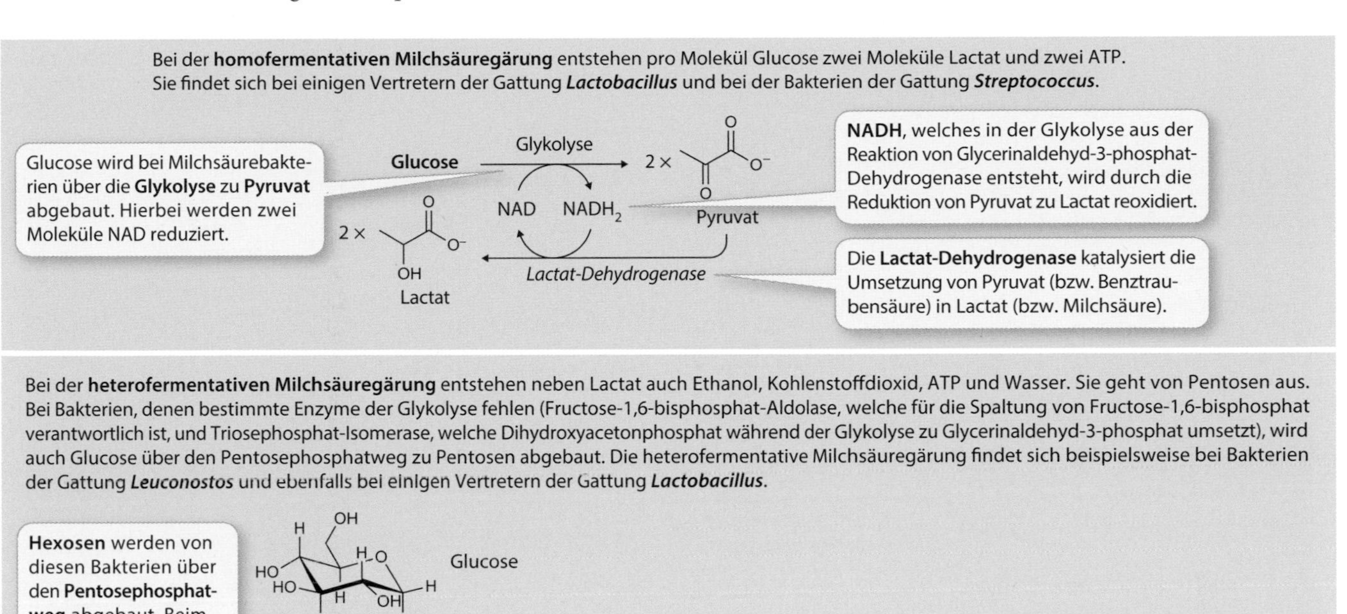

◘ **Abb. 25.15** Bei der Milchsäuregärung wird Pyruvat zu Lactat umgesetzt

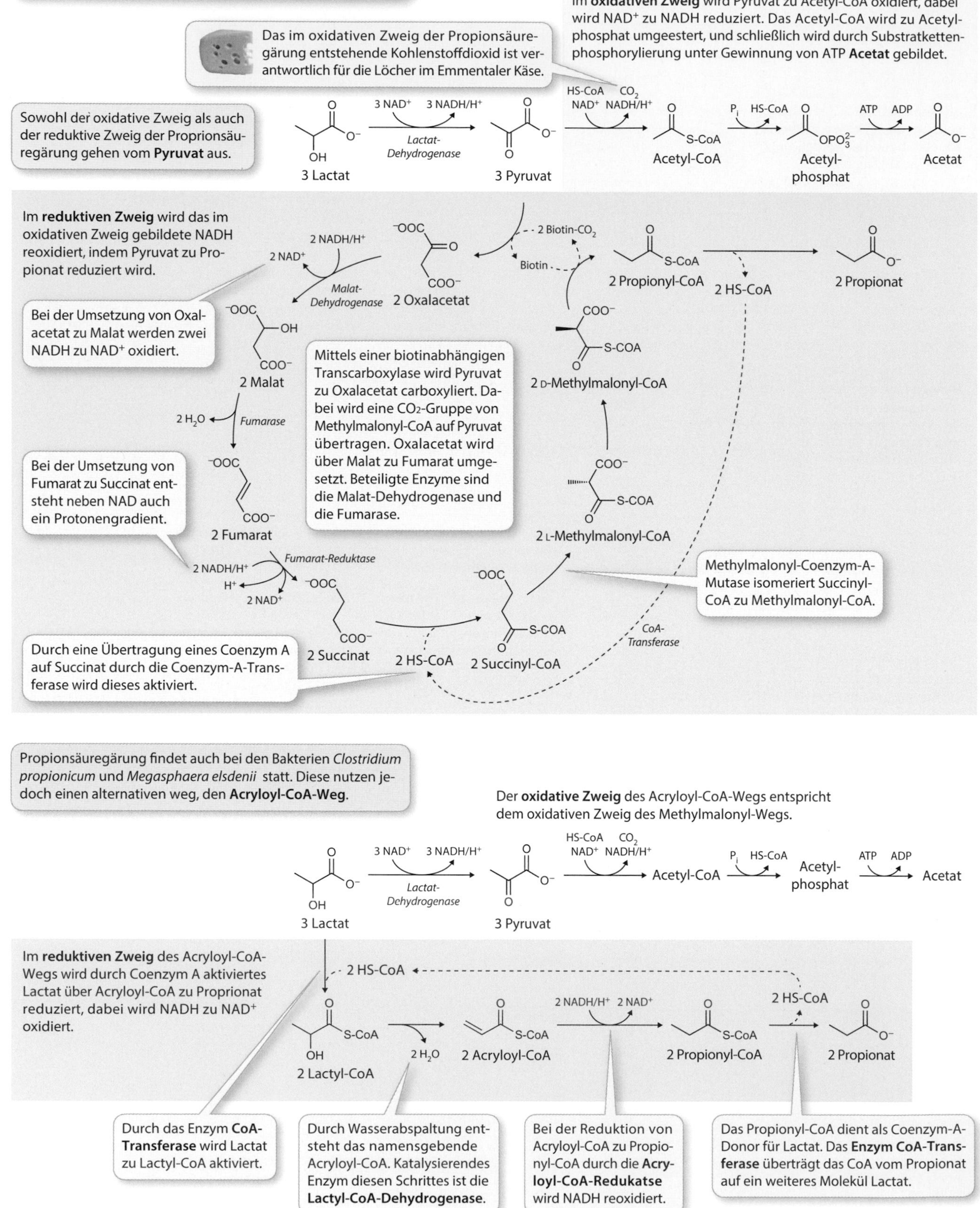

Abb. 25.16 Die Propionsäuregärung kann über den Methylmalonylweg oder den Acryloyl-CoA-Weg verlaufen

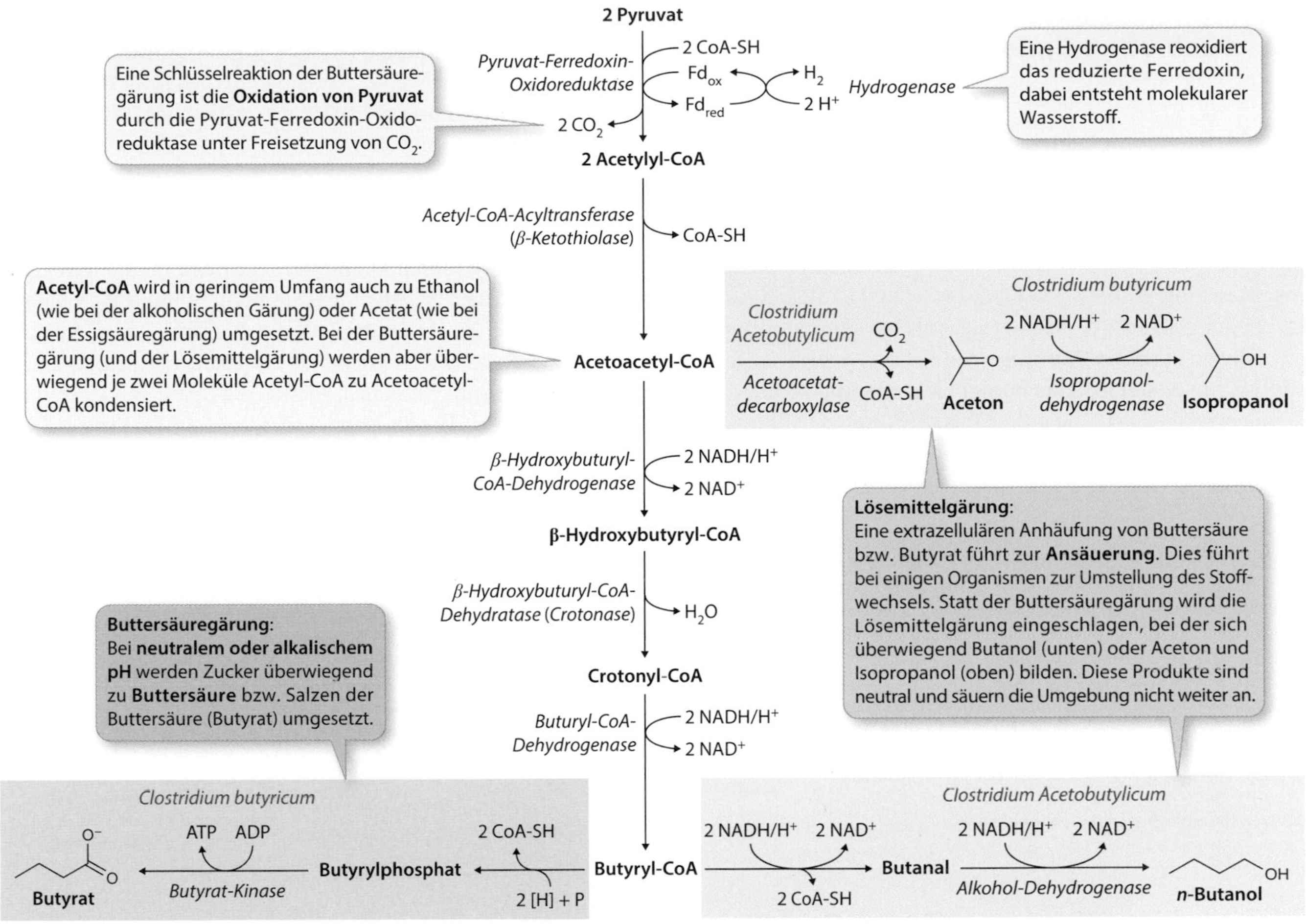

2 Pyruvat

Pyruvat-Ferredoxin-Oxidoreduktase

2 CoA-SH

Fd_{ox}

Fd_{red}

H_2

2 H^+

Hydrogenase

2 CO_2

2 Acetylyl-CoA

Eine Schlüsselreaktion der Buttersäuregärung ist die **Oxidation von Pyruvat** durch die Pyruvat-Ferredoxin-Oxidoreduktase unter Freisetzung von CO_2.

Eine Hydrogenase reoxidiert das reduzierte Ferredoxin, dabei entsteht molekularer Wasserstoff.

Acetyl-CoA-Acyltransferase (β-Ketothiolase)

CoA-SH

Acetyl-CoA wird in geringem Umfang auch zu Ethanol (wie bei der alkoholischen Gärung) oder Acetat (wie bei der Essigsäuregärung) umgesetzt. Bei der Buttersäuregärung (und der Lösemittelgärung) werden aber überwiegend je zwei Moleküle Acetyl-CoA zu Acetoacetyl-CoA kondensiert.

Acetoacetyl-CoA

Clostridium Acetobutylicum

Acetoacetat-decarboxylase

CO_2

CoA-SH

Aceton

Clostridium butyricum

2 NADH/H⁺ 2 NAD⁺

Isopropanol-dehydrogenase

Isopropanol

β-Hydroxybuturyl-CoA-Dehydrogenase

2 NADH/H⁺

2 NAD⁺

β-Hydroxybutyryl-CoA

β-Hydroxybuturyl-CoA-Dehydratase (Crotonase)

H_2O

Crotonyl-CoA

Butyryl-CoA-Dehydrogenase

2 NADH/H⁺

2 NAD⁺

Lösemittelgärung:
Eine extrazellulären Anhäufung von Buttersäure bzw. Butyrat führt zur **Ansäuerung.** Dies führt bei einigen Organismen zur Umstellung des Stoffwechsels. Statt der Buttersäuregärung wird die Lösemittelgärung eingeschlagen, bei der sich überwiegend Butanol (unten) oder Aceton und Isopropanol (oben) bilden. Diese Produkte sind neutral und säuern die Umgebung nicht weiter an.

Buttersäuregärung:
Bei **neutralem oder alkalischem pH** werden Zucker überwiegend zu **Buttersäure** bzw. Salzen der Buttersäure (Butyrat) umgesetzt.

Clostridium butyricum

Butyrat

ATP ADP

Butyrat-Kinase

Butyrylphosphat

2 CoA-SH

2 [H] + P

Butyryl-CoA

Clostridium Acetobutylicum

2 NADH/H⁺ 2 NAD⁺

2 CoA-SH

Butanal

2 NADH/H⁺ 2 NAD⁺

Alkohol-Dehydrogenase

***n*-Butanol**

Abb. 25.17 Während die Produkte der Buttersäuregärung die Umgebung ansäuern, sind die Produkte der Lösemittelgärung neutral

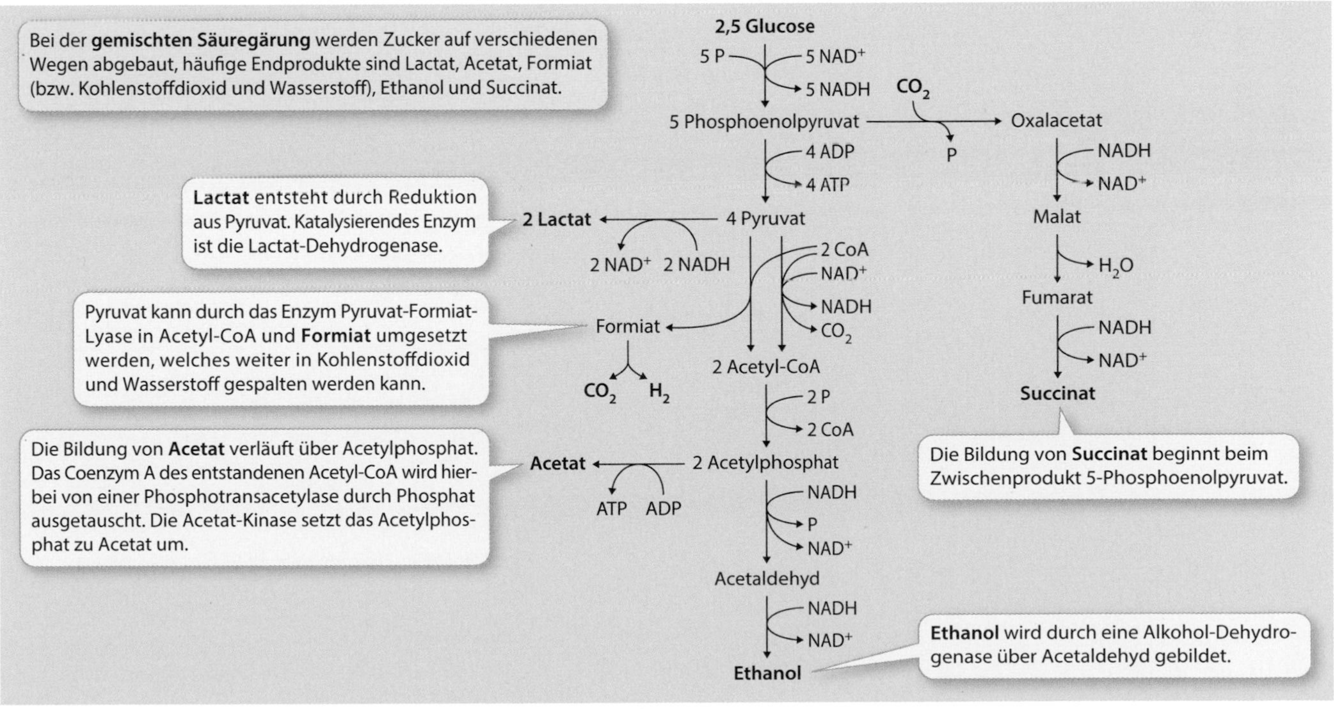

Abb. 25.18 Bei der gemischten Säuregärung entstehen verschiedene Abbauprodukte

25.6 Manche Bakterien können auch ohne Sauerstoff atmen

Sowohl die sauerstoffabhängige als auch die anaerobe Atmung dürfen nicht mit der Gärung verwechselt werden. Während bei der Gärung (z. B. Milchsäuregärung, alkoholische Gärung) ein Zwischenprodukt des Stoffwechsels als finaler Elektronenakzeptor dient, werden bei der Atmung die Elektronen auf einen externen Stoff (z. B. O_2, NO_3^-) übertragen. Die Energieausbeute ist bei der Gärung deutlich geringer als bei einer Atmung.

Bei der **aeroben Atmung** wird für den oxidativen Energiestoffwechsel **Sauerstoff als finaler Elektronenakzeptor** genutzt. Dem gegenüber steht die **anaerobe Atmung** von Mikroorganismen, in welcher diese auf alternative Elektronenakzeptoren (Oxidationsmittel) zurückgreifen. Hierzu gehören **Nitrat** (NO_3^-), **Mangan-IV-Ionen** (Mn^{4+}), **Eisen-III-Ionen** (Fe^{3+}), **Schwefel** (S^0), **Sulfat** (SO_4^{2-}), **Fumarat** oder auch **Kohlenstoffdioxid** (CO_2). Entsprechend nennt man solche Atmungstypen dann auch Nitrat-, Eisen-, Schwefel-, Fumarat- oder Carbonatatmung (◘ Abb. 25.19; ► Abschn. 25.2).

In Bezug auf die Atmung unterscheidet man Mikroorganismen grundsätzlich hinsichtlich ihrer Abhängigkeit von bzw. der Toleranz gegenüber Sauerstoff (◘ Abb. 25.20). Durch spezielle Kultivierungsverfahren kann man ermitteln, ob die jeweiligen Mikroorganismen zu einem bestimmten Atmungstyp befähigt sind (◘ Abb. 25.21). Aufgrund der Tatsache, dass die Erdatmosphäre vor der Entwicklung der Photosynthese anoxisch war (umgangssprachlich auch als anaerob bezeichnet), geht man heute davon aus, dass die ersten Lebewesen auf der **Erde obligat anaerobe Mikroorganismen** waren.

Für die **Kultivierung von sauerstoffempfindlichen oder auch fakultativ anaeroben Mikroorganismen unter anoxischen Bedingungen** sind spezielle technische Lösungen erforderlich. Zum einen muss im Wachstumsmedium vorhandener Sauerstoff durch Durchblubbern mit Stickstoff größtenteils entfernt werden. Etwaig vorhandener Restsauerstoff wird durch Zugabe von Natriumsulfid (Na_2S) reduziert. Das Abfüllen des Mediums in Kulturgefäße erfolgt in einer sogenannten **Anaerobenkammer.** Diese enthält ein **Kammergas**, welches aus 10 Vol.-% H_2, 10 Vol.-% CO_2 und 80 Vol.-% N_2 besteht. Zusammen mit einem Platinkatalysator und dem H_2 kann in Spuren vorhandener Sauerstoff zu Wasser abreagieren. Nach dem Abfüllen lässt sich das Kammergas noch ergänzen durch weitere Gase wie Gemische aus H_2/CO_2 für methanogene Archaeen. Mit dieser Herangehensweise ist es durch Zugabe eines **anorganischen Elektronenakzeptors** wie NO_3^- oder Fe^{3+} und eines entsprechenden **Elektronendonators** möglich zu bestimmen, ob der jeweilige Organismus zu einer **anaeroben Atmung** wie etwa der Nitrat- oder Eisenatmung in der Lage ist.

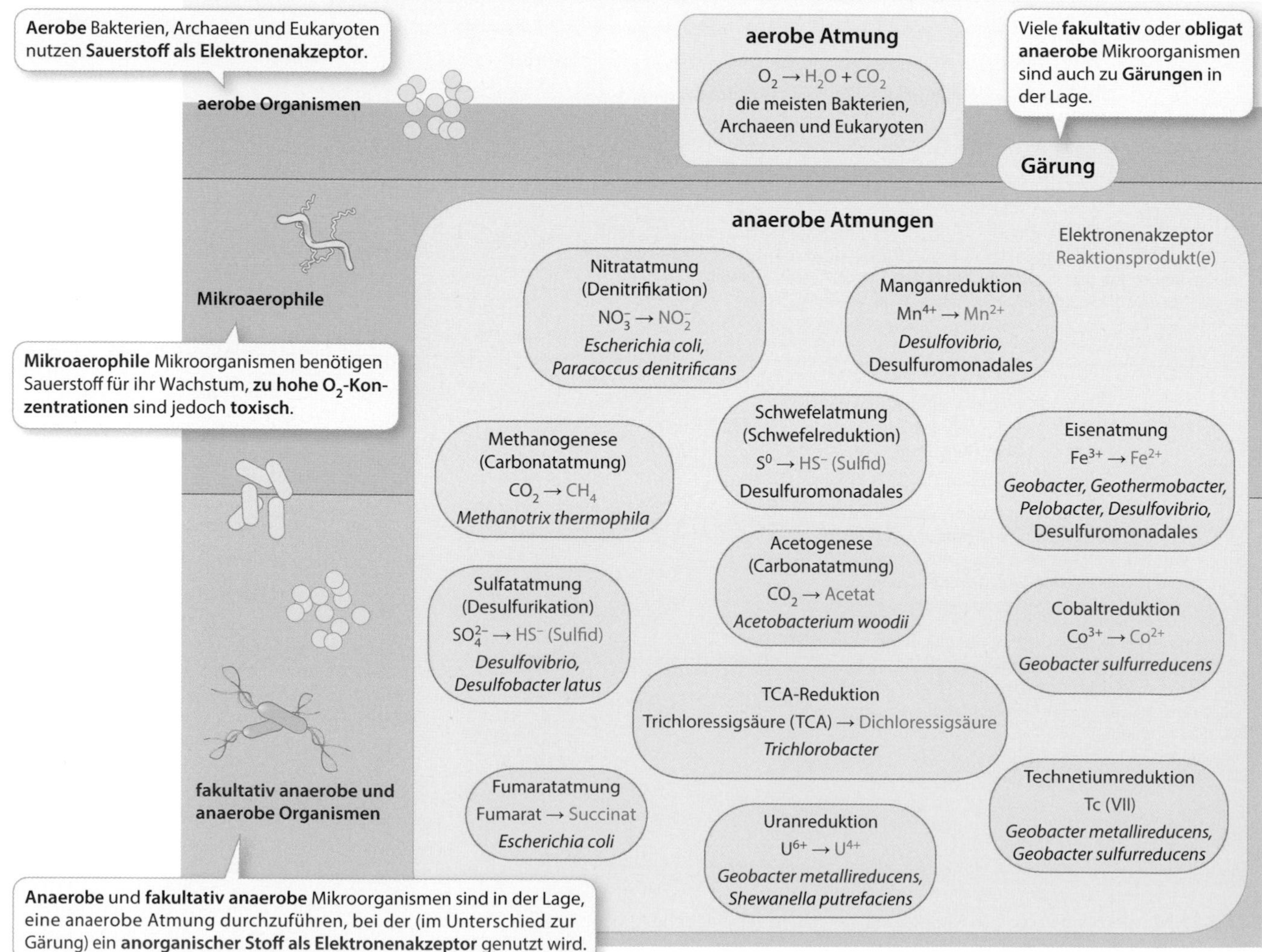

◘ **Abb. 25.19** Durch spezielle Kultivierungsverfahren lässt sich die Vielfalt der Atmungstypen ermitteln

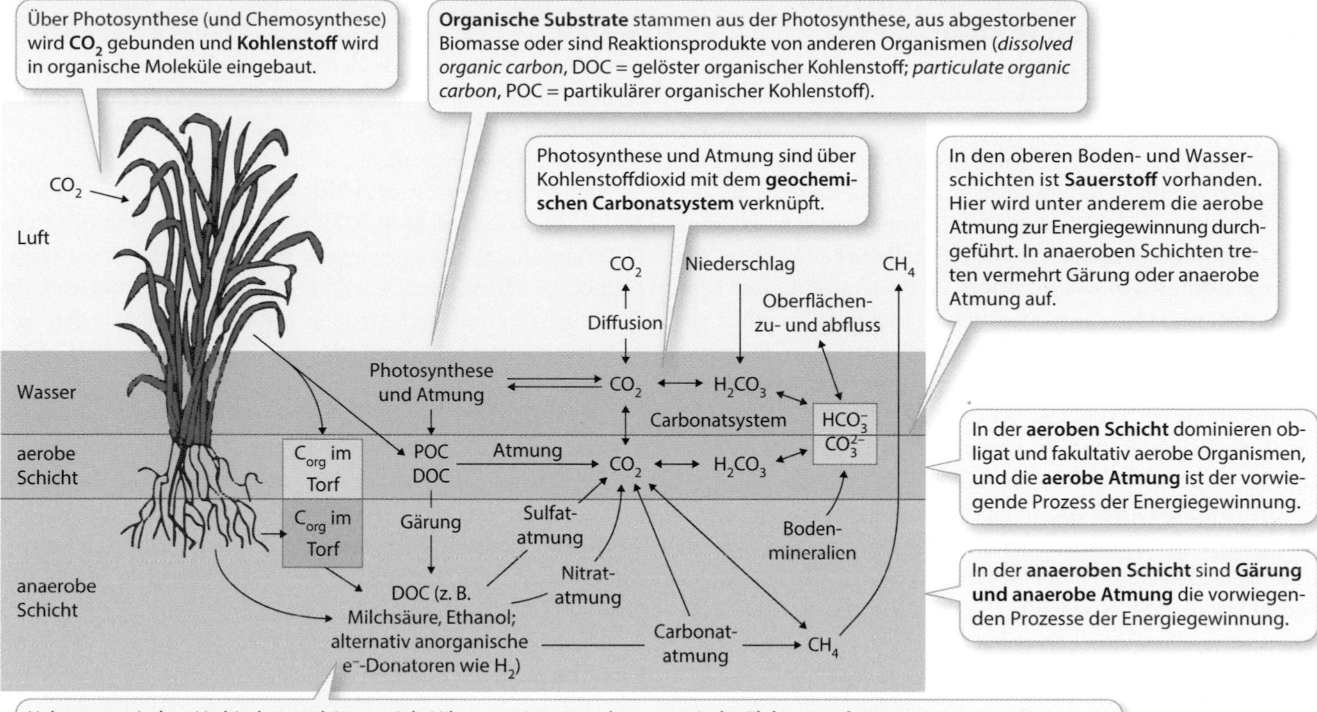

Abb. 25.20 Verteilung von aerober und anaerober Atmung sowie Gärung in einem Gewässerökosystem

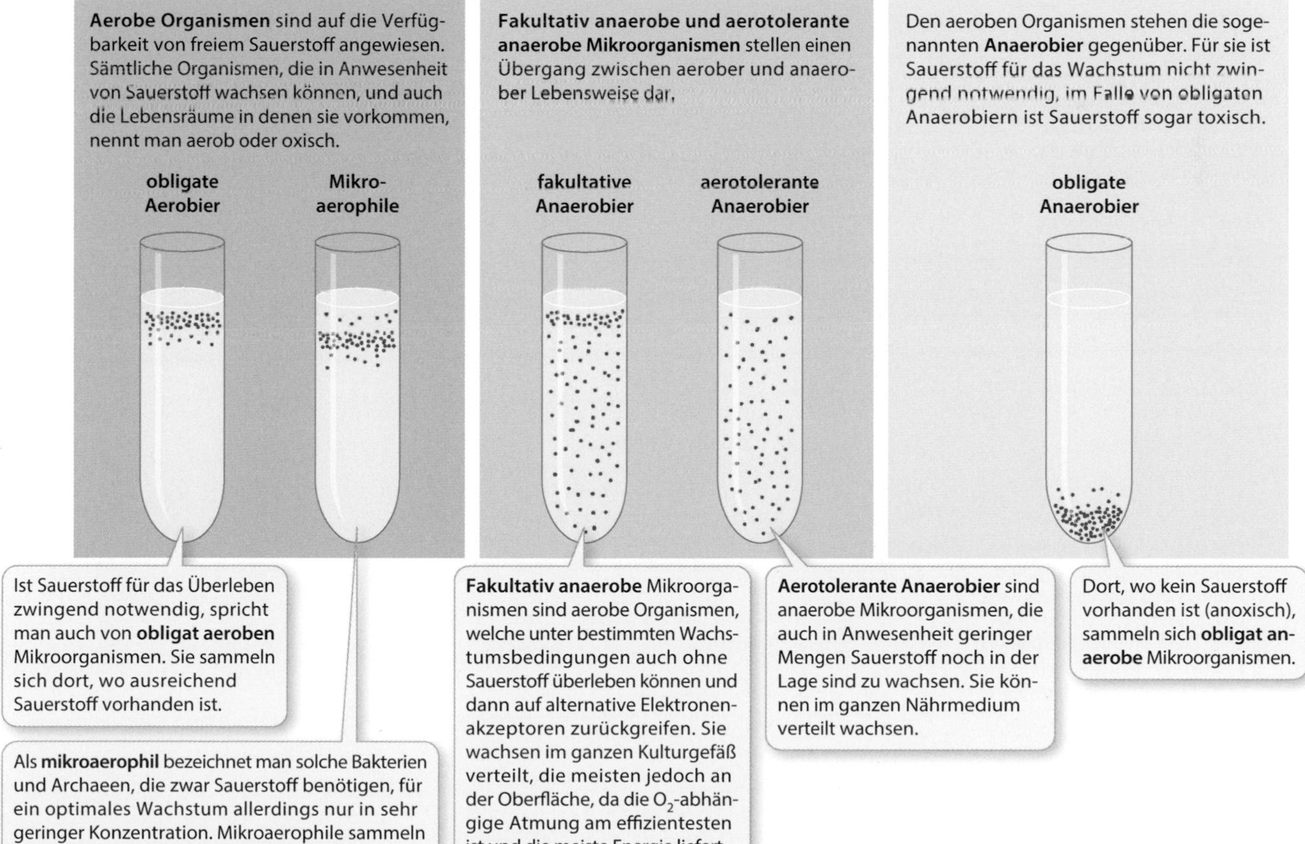

Abb. 25.21 Das Verhalten von Mikroorganismen gegenüber Sauerstoff kann man mithilfe eines Sauerstoffkonzentrationsgradienten in einem einseitig offenen Gelnährmedium bestimmen

25.7 Anorganische oder organische Verbindungen dienen als Kohlenstoffquellen

Als **Assimilation** bezeichnet man den Stoff- und Energiewechsel, durch den Organismen in der Lage sind, körperfremde, aus der Umwelt aufgenommene Substanzen in komplexe, körpereigene Stoffe umzuwandeln. Eine besondere Rolle für alle Lebewesen spielt die **Kohlenstoffassimilation**, da Proteine, Enzyme, Fettsäuren oder auch Nucleinsäuren neben anderen Elementen vor allem aus einem Kohlenstoffgerüst aufgebaut sind. Als Kohlenstoffquelle ist vor allem $\mathbf{CO_2}$ bedeutend. Kohlenstoffdioxid ist seit der Entstehung der Erde Bestandteil der Atmosphäre und wurde schon von Bakterien und Archaeen auf der Urerde für die Biosynthese organischer Verbindungen als Substrat genutzt.

Autotrophe Organismen können aus dieser anorganischen atmosphärischen Kohlenstoffquelle komplexe organische Verbindungen aufbauen. Dieser Aufbau komplexer Verbindungen beginnt mit der $\mathbf{CO_2}$**-Fixierung**. So vielfältig, wie die Stoffwechselwege der unterschiedlichen Bakterien sind, so vielfältig sind auch die unterschiedlichen Wege der CO_2-Fixierung.

Die meisten Prokaryoten nutzen den **Calvin-Zyklus** (▶ Abschn. 13.12). Neben den grünen Pflanzen und den Cyanobakterien findet er sich vielfach bei den chemolithotrophen aeroben Bakterien sowie bei den meisten anoxygenen phototrophen Purpurbakterien. Bei Archaeen konnte er jedoch noch nicht nachgewiesen werden.

Der **reduktive Citratzyklus** (reduktiver Tricarbonsäurezyklus, TCA-Zyklus; ◻ Abb. 25.22) als weiterer Weg der CO_2-Fixierung findet sich vorwiegend bei obligat anaeroben Organismen. Nachgewiesen wurde er unter anderem bei Grünen Schwefelbakterien und Grünen Nichtschwefelbakterien, die trotz photoautotropher Lebensweise CO_2 nicht über den Calvin-zyklus fixieren.

Der **reduktive Acetyl-CoA-Weg** (◻ Abb. 25.23) findet sich bei vielen sulfatreduzierenden Bakterien, er ist der dominierende Stoffwechselweg autotropher, anaerober Organismen. Neben der Kohlenstoffassimilation gewinnen die Organismen über diesen Weg auch Energie in Form von ATP. Im Gegensatz zum Calvin-Zyklus oder zum reduktiven Citratzyklus handelt es sich um einen nichtzyklischen Weg der CO_2-Fixierung.

Der **3-Hydroxypropionat-Zyklus** (◻ Abb. 25.24) stellt einen besonderen Weg der CO_2-Fixierung dar. Er wurde bei

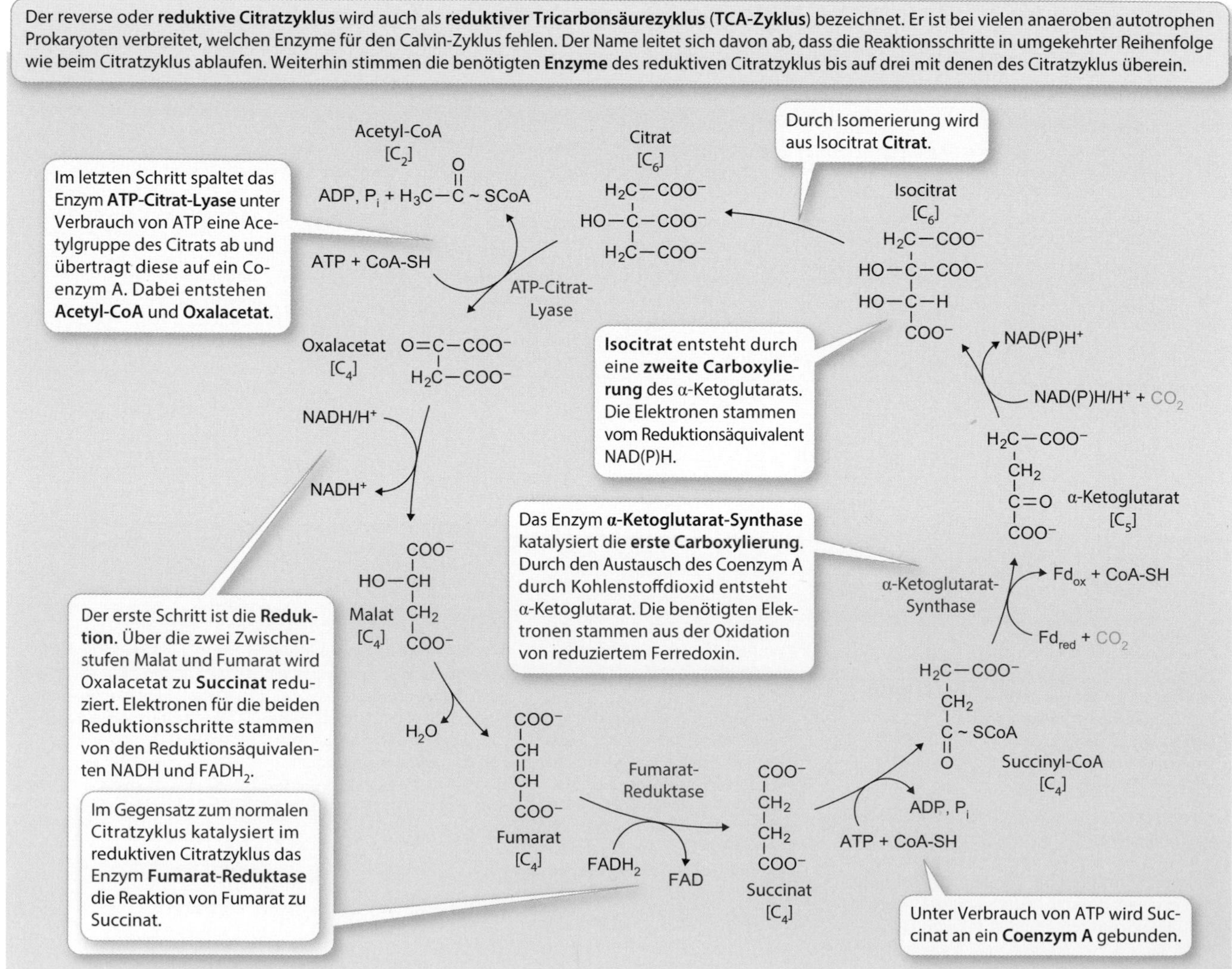

◻ **Abb. 25.22** Der reduktive Citratzyklus ist bei vielen anaeroben autotrophen Prokaryoten verbreitet

Bakterien bis heute lediglich im mikroaerophilen Grünen Nichtschwefelbakterium *Chloroflexus aurantiacus* nachgewiesen. Für andere Arten der Gattung *Chloroflexus* konnte bis heute noch kein autotrophes Wachstum belegt werden.

Beim **reduktiven Acetyl-CoA-Weg** handelt es sich um einen **nichtzyklischen Weg der CO_2-Fixierung** bzw. der Fixierung anderer C1-Verbindungen wie Formiat oder Kohlenstoffmonoxid. Er findet sich bei Sulfatreduzierern, aeroben Carboxidbakterien, anaeroben Acetogenen, wie *Closdridium aceticum*, aber auch bei methanogenen Archaea. Der reduktive Acetyl-CoA-Weg kann in zwei unterschiedliche Abschnitte unterteilt werden, den **Methylzweig** und den **Carbonylzweig**. In beiden Zweigen wird jeweils ein Molekül Kohlenstoffdioxid fixiert, beide werden schließlich zu Acetyl-CoA kondensiert. Der Weg kann bei Bakterien und Archaeen unterschiedlich ablaufen, wobei die beteiligten Enzyme große Homologien aufweisen. Dargestellt ist hier nur der reduktive Acetyl-CoA-Weg der Bakterien. Im Gegensatz zum reduktiven Citratzyklus verbraucht der Acetyl-CoA-Weg ein ATP weniger pro zwei oxidierten Molekülen CO_2.

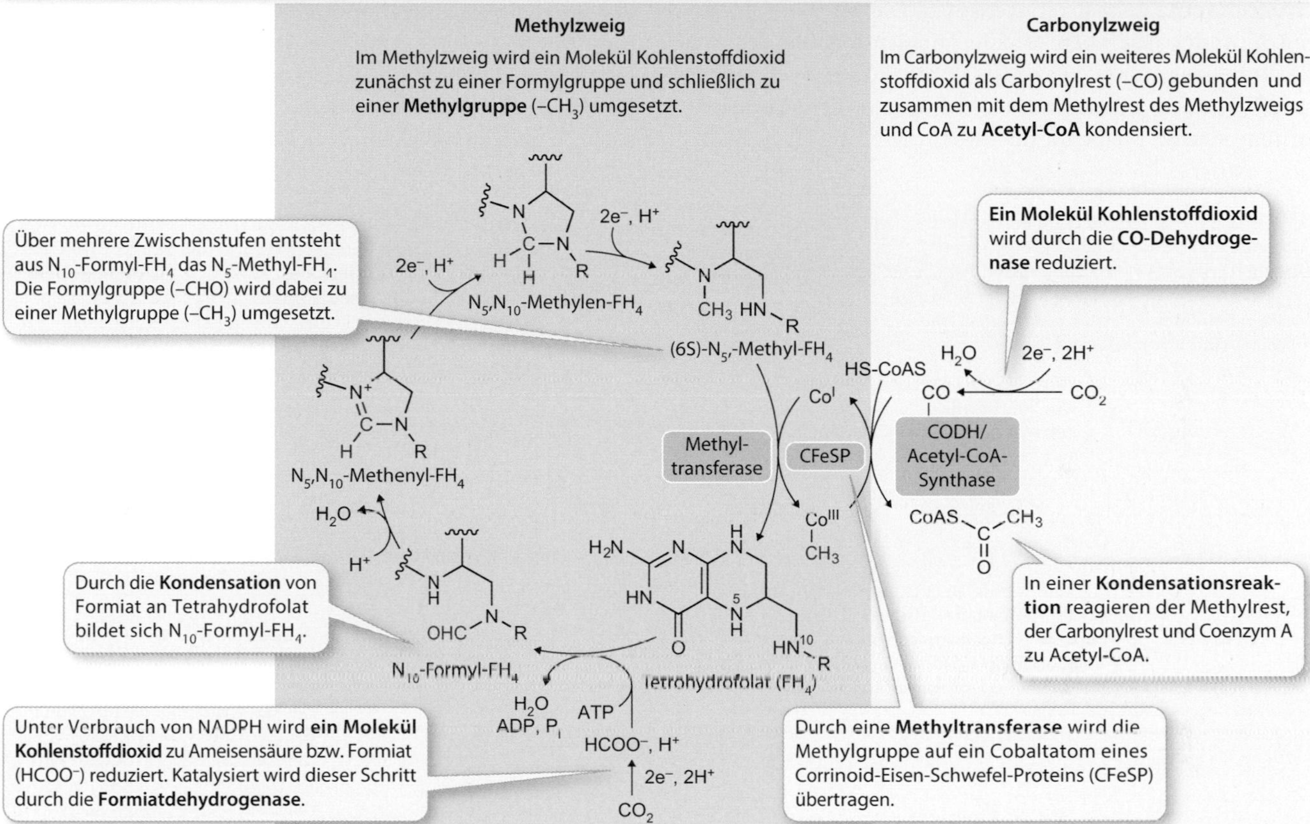

Abb. 25.23 Reduktiver Acetyl-CoA-Weg

Im **3-Hydroxypropionat-Zyklus** werden **zwei Moleküle Hydrogencarbonat** zu einem Molekül **Glyoxylat** umgesetzt. Er ist bei dem mikroaerophilen, phototrophen Grünen Nichtschwefelbakterium *Chloroflexus aurantiacus* nachgewiesen und vermutlich bei vielen thermophilen Crenarchaeota wie der Gattung *Sulfolobus* verbreitet.

Durch weitere Reaktionen über Zwischenstufen wie beispielsweise Succinyl-CoA, Succinat und Fumarat entsteht **Malyl-CoA**. Das Malyl-CoA wird gespalten, sodass zwei C2-Körper entstehen, **Acetyl-CoA** und **Glyoxylat**.

Reagiert anstatt Hydrogencarbonat **Glyoxylat** mit Propionyl-CoA, kann in einem zweiten Zyklus auch das Endprodukt **Pyruvat** entstehen.

Glyoxylat

(*S*)-Malat → Malyl-CoA → Acetyl-CoA

HCO_3^- + ATP → ADP + P_i

Fumarat

Malonyl-CoA

Succinat

2 NADPH + 2 H^+ → 2 $NADP^+$ + CoA

Succinyl-CoA

3-Hydroxypropionat

(*R*)-Methylmalonyl-CoA

CoA + NADPH + H^+ + ATP → $NADP^+$ + AMP + PP_i + H_2O

(*S*)-Methylmalonyl-CoA ← Propionyl-CoA

ADP + P_i ← HCO_3^- + ATP

Der Zyklus beginnt mit einer **Carboxylierung** durch die Aufnahme eines **Hydrogencarbonats** durch Acetyl-CoA und der Entstehung des C3-Körpers **Malonyl-CoA** unter Verbrauch von ATP.

Über eine **zweischrittige Reduktion** wird das Malonyl-CoA zu Propionyl-CoA reduziert. Zwischenstufe ist das Namensgebende **3-Hydroxypropionat**. Hierbei werden drei Reduktionsäquivalente NADPH und ein ATP benötigt.

Bei **Propionyl-CoA** handelt es sich um einen C3-Körper. Durch Aufnahme eines weiteren Hydrogencarbonats entsteht unter Verbrauch von ATP der C4-Körper **Methylmalonyl-CoA**.

Abb. 25.24 3-Hydroxypropionat-Zyklus

25.8 Methan wird von einigen Archaeen gebildet

Methan ist eines der potentesten Treibhausgase auf der Erde und entsteht entweder durch abiotische Prozesse (z. B. vulkanische Aktivität) oder durch mikrobielle Prozesse, auch **Methanogenese** genannt. Methanproduzierende Prokaryoten gehören der Domäne **Archaea** an (► Abschn. 34.9) und sind im Phylum **Euryarchaeota** sehr divers vertreten. Die Methanogenese ist eine Form der anaeroben Atmung (Kohlenstoffatmung), wobei es sich bei der zu reduzierenden Kohlenstoffverbindung meist um CO_2 handelt, jedoch sind auch weniger oxidierte Formen wie Formiat, Acetat, Methanol oder Methylamin möglich. Elektronendonor in der Methanogenese ist **molekularer Wasserstoff**, dessen Verfügbarkeit allgemein in natürlichen Ökosystemen sehr begrenzt ist, sodass Methanogene oft in Konkurrenz mit z. B. sulfatreduzierenden Mikroorganismen stehen.

Zentral im Kohlenstoffmetabolismus fast aller Methanogenen ist der **reduktive Acetyl-CoA-Weg** (= Wood-Ljungdahl-Weg; ► Abschn. 25.7), durch den CO_2 sukzessiv zu Methan reduziert wird (◘ Abb. 25.25). Involvierte Redoxäquivalente sind in der Regel **Ferredoxin** und **Faktor 420** (F_{420}), aufgrund seiner hohen Spezifität auch **methanogener Cofaktor** genannt. Dieser sorgt für die typische Autofluoreszenz von Methanogenen, da er mit nah-ultraviolettem Licht angeregt blaugrün fluoresziert (◘ Abb. 25.26). Weitere involvierte Cofaktoren sind Methanophenazin, Tetrahydromethanopterin, Coenzym B und Coenzym M.

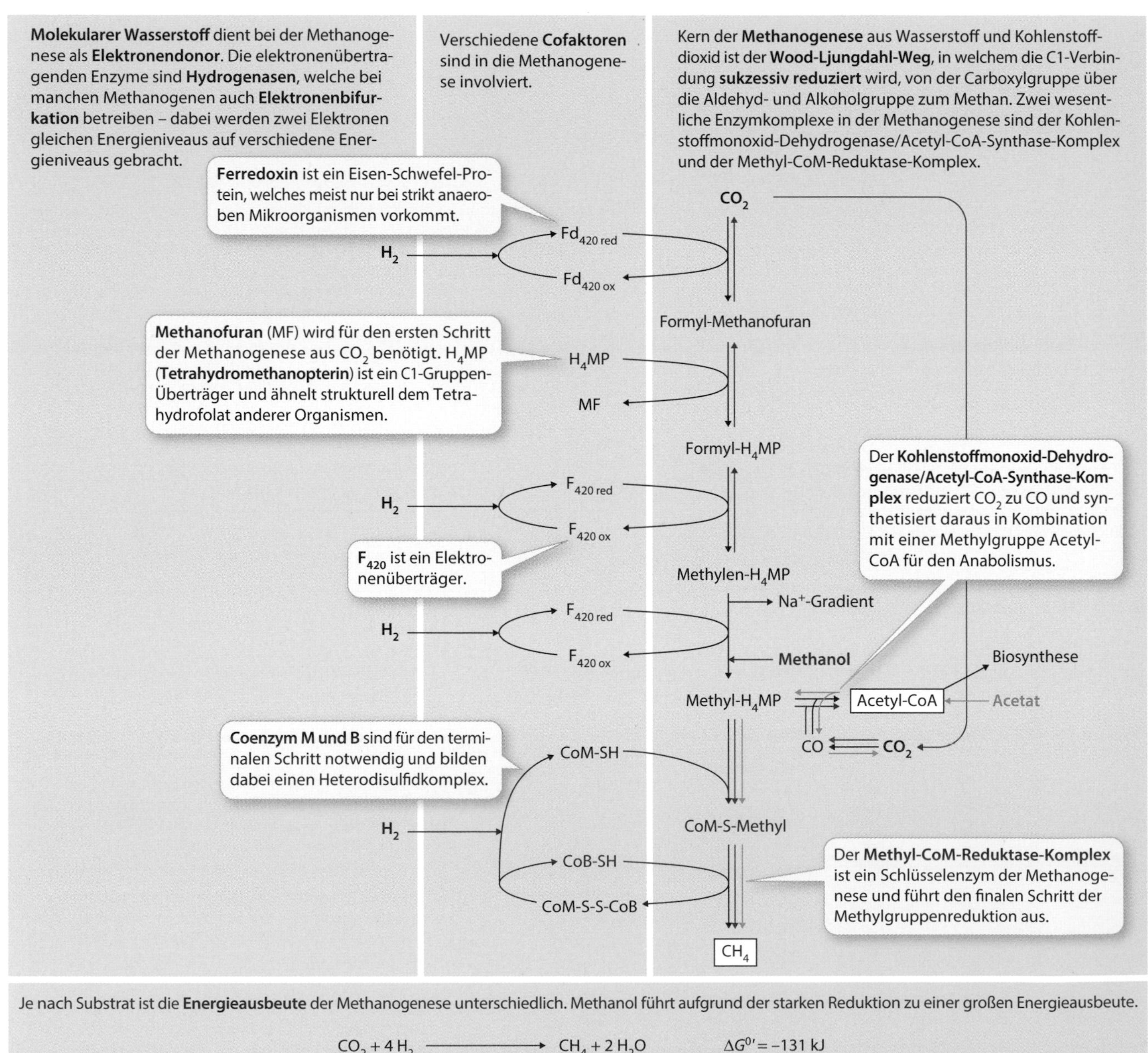

◘ **Abb. 25.25** Methanogenese aus den Edukten Wasserstoff, Kohlenstoffdioxid, Methanol und Acetat. MF = Methanofuran, H_4MP = Tetrahydromethanopterin, CoM = Coenzym M, CoB = Coenzym B

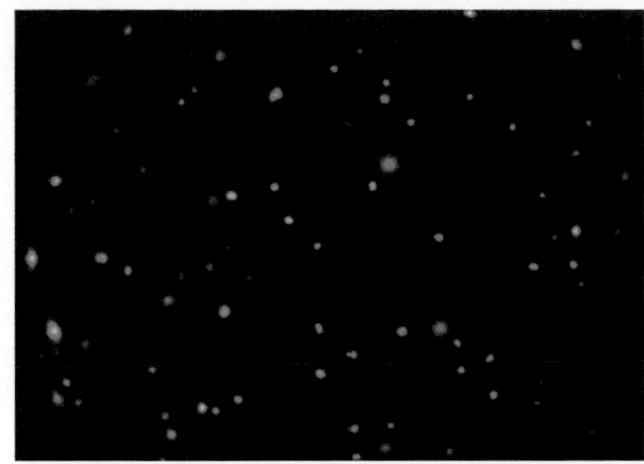

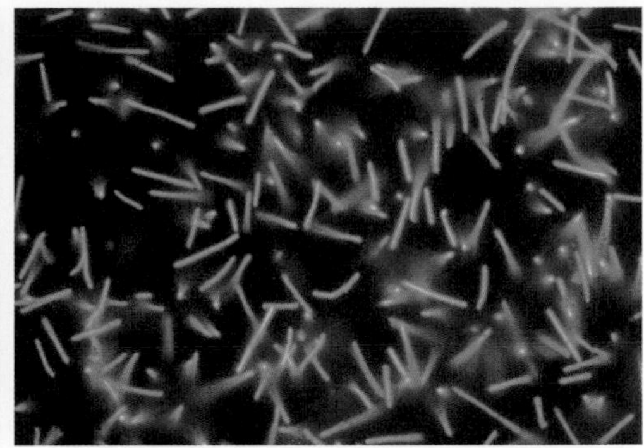

Abb. 25.26 Durch die Autofluoreszenz des Faktors F420 erscheinen Methanogene unter UV-Anregung blaugrün

Methanothermococcus thermolithotrophicus ist ein chemolithoautotropher Euryarchaeot. Die Kokken haben einen Durchmesser von ca. 1,5 µm. Sie wachsen bei 60 °C und benötigen ein Gasgemisch aus H_2 und CO_2, idealerweise im Verhältnis 80:20, entsprechend der Summengleichung der Methanogenese.

Methanopyrus kandleri ist obligat chemolithoautotroph. Die Stäbchen haben eine Länge von bis zu 5 µm. Sie wachsen optimal bei 98 °C, mit einer Temperaturspanne von 84–110 °C, und sind somit echte hyperthermophile Mikroorganismen. Ursprünglich wurden sie von Schwarzen Rauchern in der Tiefsee isoliert.

Methanogene können physiologisch in zwei Großgruppen eingeteilt werden: **Methanogene mit und ohne Cytochrome**. Beide Gruppen weisen viele Gemeinsamkeiten, jedoch auch sehr spezifische Charakteristika auf (Tab. 25.1).

Neben methanogenen Euryarchaeota gibt es auch noch andere Mikroorganismen, die zur Methanproduktion befähigt sind. Organismen des ***Candidatus*** **Phylums Bathyarchaeota** besitzen Gene der Methyl-CoM-Reduktase (*mcr*) und sind vermutlich ebenfalls Methanproduzenten. Darüber hinaus gibt es sogenannte Mini-Methanproduzierer. Zu diesen gehört unter anderem das hyperthermophile, sulfatreduzierende Archaeon *Archaeoglobus fuldigus*, das den Wood-Ljungdahl-Weg nutzt, jedoch kein *mcr* besitzt, sodass Methan über das chemische Gleichgewicht der Reaktion in minimalem Ausmaß erzeugt wird. Ähnliches wird auch für viele saprophytische Pilze in Böden, aber auch für bestimmte Cyanobakterien angenommen, welche somit zur weltweiten Methanproduktion beitragen.

Es sei hier auch angemerkt, dass sich die Methanogenese unter bestimmten Bedingungen (u. a. hoher Methangehalt) auch umkehren lässt. Sogenannte anaerobe methanoxidierende Archaeen besitzen ebenfalls den reduktiven Acetyl-CoA-Weg und oxidieren Methan zu Kohlenstoffdioxid. Dies wird meist an Sulfat- oder Nitratatmung gekoppelt und benötigt häufig eine Symbiose mit z. B. sulfatreduzierenden Bakterien (► Abschn. 36.10).

Tab. 25.1 Unterschiede zwischen Methanogenen mit und ohne Cytochrom

Eigenschaft	Methanogene mit Cytochromen	Methanogene ohne Cytochrome
Substrate	Acetat, Methanol, Methylamin; H_2 und CO_2 nur für wenige *Methanosarcina*-Spezies; kein Wachstum auf Formiat	H_2 und CO_2 (Ausnahme *Methanosphaera stadtmaniae*); viele wachsen auf Formiat; kein Wachstum auf Acetat oder Methylaminen
Wasserstoffpartialdruck	> 10 Pa	< 10 Pa
Biomasseproduktion (auf H_2 und CO_2)	7 g/Mol Methan	3 g/Mol Methan
Generationszeit	> 10 h	1 h (oder höher)
Wachstumstemperatur	keine Hyperthermophilen	viele hyperthermophile Spezies
Methanophenazin	vorhanden (als Menachinon-Analogon)	nicht vorhanden

25.9 Biologische Stickstofffixierung ist ein Monopol der Prokaryoten

Die **Stickstofffixierung** ist von überragender Bedeutung für die Ökologie unserer Erde: Über verschiedene Prozesse wird Stickstoff in gasförmige Produkte, insbesondere $\mathbf{N_2}$, umgewandelt. Dieser Stickstoff ist für keinen einzigen Eukaryoten mehr verfügbar, Eukaryoten können Stickstoff nicht fixieren und ihn nicht in Zellmaterial einbauen. Nur **Prokaryoten** (viele Bakterien und einige Archaeen) können die **Dreifachbindung im molekularen Stickstoff enzymatisch „aufbrechen"** und so $\mathbf{NH_3}$ erzeugen; sie schließen also den Stickstoffkreislauf auf unserem Planeten.

Im sogenannten **Haber-Bosch-Verfahren** kann N_2 mit H_2 **chemisch** zu NH_3 umgesetzt werden; es handelt sich um eine thermodynamisch gesehen sehr ungünstige Reaktion, die nur unter mehreren Hundert Bar Druck abläuft und Reaktionstemperaturen von über 300° C benötigt. **Mikroorganismen** können diese Reaktion **unter Normaldruck bei Raumtemperatur** durchführen! Es ist also nicht überraschend, dass sie dafür viel Energie (mindestens **16 ATP**) benötigen.

Die Stickstofffixierung war wohl schon bei LUCA (*last universal common ancestor*) vorhanden, wahrscheinlich diente das ursprüngliche Enzym zur **Entgiftung von Cyanid**, welches in der frühen Erdatmosphäre in beträchtlicher Menge vorkam. Zu dieser Zeit kam auch kein Sauerstoff in der Erdatmosphäre vor (die sauerstoffproduzierenden Cyanobakterien erschienen erst später in der Evolution). Dies macht verständlich, dass alle bisher gefundenen Enzyme zur Stickstofffixierung – die sogenannten Nitrogenasen – extrem **sauerstoffempfindlich** sind.

Die **Nitrogenasen** selbst bestehen aus zwei Enzymkomplexen: der **Dinitrogenase-Reduktase** und der **Di-Nitrogenase** (▪ Abb. 25.27). Beide Enzymkomplexe enthalten Metalle, die durch Sauerstoff aus den Enzymen entfernt werden; die Halbwertszeiten der Aktivität an Luft betragen 10 min für die Di-Nitrogenase, aber nur 30 sec für die Dinitrogenase-Reduktase.

Die klassischen Nitrogenasen enthalten in ihrer Di-Nitrogenase einen sogenannten **Eisen-Molybdän-Cofaktor**, der über Histidin, Cystein und Homocitrat an den Enzymkomplex gebunden und direkt an der Umsetzung von N_2 in NH_3 beteiligt ist. Sogenannte alternative Nitrogenasen kommen bei einigen Bakterien und Archaeen vor; sie enthalten keinen Fe-Mo-Cofaktor, sondern einen Fe-V-Cofaktor oder einen Fe-Fe-Cofaktor. Die **alternativen Nitrogenasen werden unter Molybdänmangel exprimiert**, der z. B. in verschiedenen Bodenformationen (insbesondere in China) auftritt; ihre Aktivität ist deutlich geringer als die der klassischen Nitrogenasen.

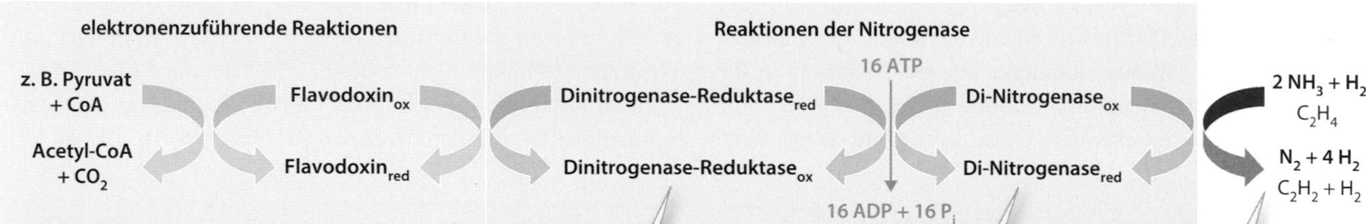

Die **Nitrogenase** ist extrem **sauerstoffempfindlich**, O_2 inaktiviert die Metallzentren in Minuten! Die **Halbwertszeiten** der Aktivität an Luft betragen 10 min für die Di-Nitrogenase und nur 30 sec für die Dinitrogenase-Reduktase.

Die **Dinitrogenase-Reduktase** ist ein 120 kDa-Homodimer aus zwei α-Untereinheiten mit einem **eisenhaltigen Cofaktor** (4 Fe : 4 S).

Die **Di-Nitrogenase** ist ein 220 kDa-Heterotetramer aus zwei α- und zwei β-Untereinheiten mit einem **Eisen-Molybdän-Cofaktor** (1 Mo : 7 Fe : 9 S plus 1 Homocitrat).

Die **Gesamtreaktion der Nitrogenase** ist zu formulieren als

$$N_2 + 4\,H_2 + 16\,ATP \rightarrow H_2 + 2\,NH_3 + 16\,ADP + 16\,P_i$$

Insgesamt werden also **acht Elektronen** benötigt um **ein Molekül N_2 zu reduzieren**; die Erzeugung eines Moleküls H_2 ist durch den Reaktionsmechanismus bedingt. Die Umsetzung läuft in „einem Schritt" durch, es sind keine Zwischenstufen wie HN=NH oder $H_2N–NH_2$ greifbar. Für den **Nachweis der Enzymaktivität** wird meist eine „Nebenaktivität" der Nitrogenase verwendet: die Reduktion von Acetylen (C_2H_2) zu Ethen (C_2H_4).

Verschiedene **Bakterien** haben unterschiedliche Strategien entwickelt, um die **Nitrogenase vor Sauerstoff zu schützen**:

- **Strikt anaerobe Mikroorganismen** brauchen keinen Schutzmechanismus, da sie selbst durch O_2 abgetötet werden.
- **Fakultativ anaerobe Mikroorganismen** fixieren Stickstoff bevorzugt unter anaeroben Bedingungen, sie können aber auch:
  - im Aeroben **schützende Schleimschichten** ausbilden, welche die Diffusion von O_2 erschweren und den „Restsauerstoff" sehr effizient veratmen;
  - im Aeroben **Schutzproteine** ausbilden, welche die Metallzentren vor Oxidation schützen, die Nitrogenase aber auch gleichzeitig reversibel inaktivieren.

Cyanobakterien, die bei ihrer Photosynthese O_2 erzeugen, lösen das Problem, indem sie:

- **tagsüber Photosynthese betreiben** (wobei sie O_2 erzeugen) und nur **in der Nacht Stickstoff fixieren**, oder
- Stickstofffixierung in speziellen Zellen betreiben, den **Heterocysten**, die verdickte Zellwände haben und nur das **Photosystem I** besitzen. Sie können somit das für die Nitrogenase notwendige ATP generieren, das Photosystem II, an dem die Wasserspaltung stattfindet, fehlt dagegen in den Heterocysten, es entsteht also kein Sauerstoff.

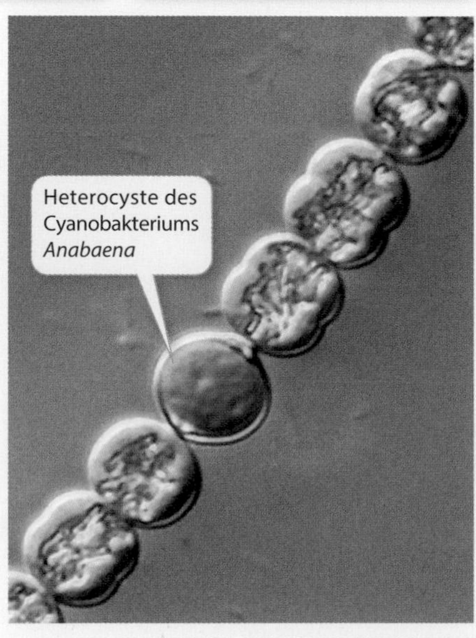

▪ **Abb. 25.27** Die Stickstofffixierung wird über das sauerstoffempfindliche Enzym Nitrogenase katalysiert

Es gibt vielfältige **Symbiosen zwischen Eukaryoten und stickstofffixierenden Bakterien**; dabei stellt der **eukaryotische Wirt** den Bakterien **Energie und Kohlenstoff** zur Verfügung, und die **Bakterien** dem Wirt **fixierten Stickstoff**. Solche Symbiosen betreffen Systeme zwischen:

- Kulturpflanzen (wie Sojabohne, Klee etc.) und Bakterien, wobei sehr komplexe Erkennungsmechanismen greifen
- Schiffsbohrwürmern und Bakterien
- Bakterien im Termitendarm
- vielen Pilzen, Algen und Pflanzen, die mit Cyanobakterien Symbiosen eingehen

Die **„Gründüngung"** der Landwirtschaft mit Fabaceen wie Wicken, Klee oder Lupinen (links oben: Gründüngung mit Lupinen) beruht darauf, dass Stickstoff aus der Luft durch Bakterien in **Wurzelknöllchen** der Pflanzen (links unten) fixiert und im Boden durch das Unterpflügen dieser Düngerpflanzen festgehalten wird.

Abb. 25.28 Fabaceen bilden Symbiosen mit Knöllchenbakterien, die in Wurzelknöllchen der Pflanze Stickstoff fixieren

Um fixierten Stickstoff direkt aufnehmen zu können, gehen einige Pflanzen (z. B. Leguminosen) eine Symbiose mit Bakterien ein (Abb. 25.28). Dabei entsteht eine direkte Interaktion, bei welcher das Bakterium als Bacteroid in der Pflanzenzelle lebt, jedoch passen nur bestimmte Partner zueinander. Um die Symbiose zwischen z. B. einer Leguminose und *Rhizobium* spp. zu initiieren, erkennen die Bakterien die Wurzelhaare der Pflanze (▶ Abschn. 31.4). Mithilfe spezifischer Botenstoffe veranlassen die Rhizobien, dass sich das Wurzelhaar krümmt und sie in selbiges eindringen können. Dabei bilden sie einen sogenannten Infektionsschlauch aus und vermehren sich darin, bis sie in die Wurzelzelle eindringen. Darin verwandeln sich die Bakterien schlussendlich zum Bacteroid. Die Symbiose zwischen den Rhizobien und der Pflanze besteht auf der Grundlage des Austauschs von reduziertem Kohlenstoff und reduziertem Stickstoff: Während die Pflanze Zucker zur Verfügung stellt, die die Bakterien über den Citrat-Zyklus (▶ Abschn. 13.4) decarboxylieren und letztlich zu Energie umwandeln, fixieren die Bakterien Stickstoff und stellen diesen im Gegenzug als Aminosäuren (z. B. Glutamat) der Pflanze zur Verfügung. Wesentlich für die Symbiose ist auch die Produktion von Leghämoglobin durch die Pflanze. Dieses Molekül besitzt eine sehr hohe strukturelle Ähnlichkeit zum tierischen Hämoglobin (▶ Abschn. 15.6) und reguliert die Versorgung mit Sauerstoff, aber schützt auch die Nitrogenasen der Bakterien vor zu hohen Sauerstoffkonzentrationen.

25.10 Extremophile Organismen besitzen spezielle Anpassungen, um die Funktionen der Membran sowie die Stabilität von DNA und Proteinen zu schützen

Aus Sicht des Menschen bieten manche Ökosysteme unseres Planeten **extreme Bedingungen** hinsichtlich Temperatur, pH-Wert, Salzgehalt und anderer Eigenschaften. Nichtsdestotrotz kommen in diesen Ökosystemen Mikroorganismen vor, die man je nach ihrer Anpassung entsprechend einteilt (◘ Tab. 25.2).

Der **Temperaturbereich** von mikrobiellem Leben reicht von Temperaturen unterhalb des Gefrierpunkts von Wasser bis hin zu 122 °C (Spitzenreiter Stand Juni 2018: ein Stamm von *Methanopyrus kandleri*, ► Abschn. 25.8). Entsprechend werden Organismen nach ihrem Temperaturspektrum eingeteilt, in welchem sie Wachstum zeigen (◘ Abb. 25.29). **Hyperthermophile** Mikroorganismen zeigen definitionsgemäß unter 60 °C kein Wachstum und ein optimales Wachstum oberhalb von 80 °C. **Psychrophile** Mikroorganismen können unterhalb des Gefrierpunkts von Wasser wachsen. Beide extremen Formen des Lebens benötigen verschiedene zelluläre und molekulare Anpassungsmechanismen (◘ Abb. 25.30). So müssen Organismen generell sicherstellen, dass ihre Membran aktiv bleibt (► Abschn. 3.5, 3.6), die Stabilität von DNA und Proteinen gewährleistet ist, sowie Enzyme aktiv bleiben. Bei Psychrophilen gilt es zusätzlich, die Eisbildung in der Zelle zu vermeiden.

◘ **Tab. 25.2** Verschiedene Extremophilien von Lebewesen

Parameter	Extremophilie
niedrige Temperaturen	Psychrophilie
hohe Temperaturen	Thermophilie, Hyperthermophilie
niedriger pH-Wert	Acidophilie
hoher pH-Wert	Alkaliphilie
geringe Wasseraktivität	Halophilie, extreme Halophilie
hoher Zuckergehalt	Osmophilie
Trockenheit	Xerophilie
hoher Druck	Barophilie

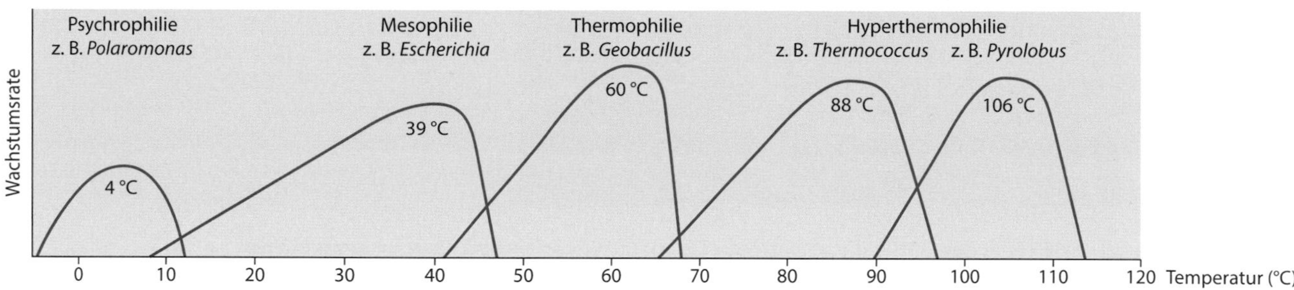

◘ **Abb. 25.29** Das Temperaturspektrum von Mikroorganismen. Außerhalb des Spektrums kommt deren Metabolismus zum Erliegen

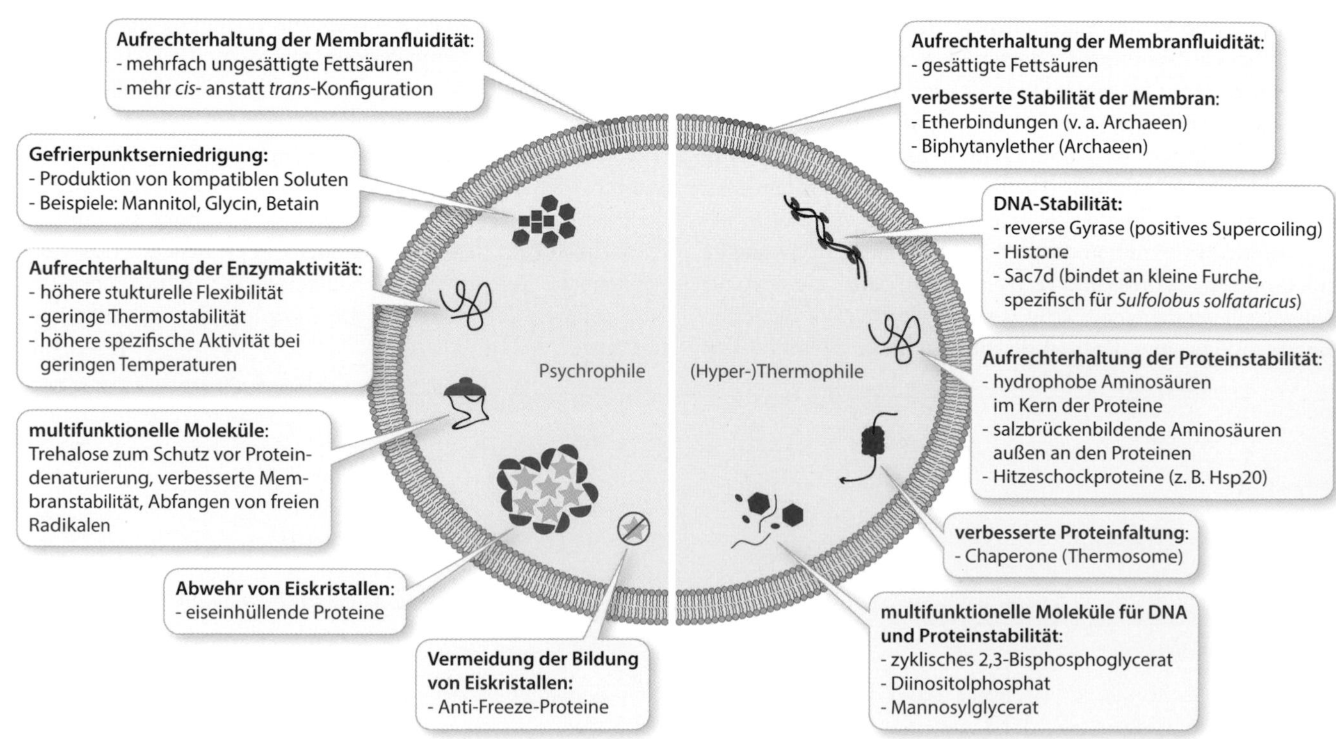

◘ **Abb. 25.30** Anpassungen von Psychrophilen und (Hyper-)Thermophilen an die Temperaturbedingungen

Die **Wasseraktivität (a_w)** stellt das Verhältnis des Wasserdampfpartialdrucks des Mediums und des Sättigungsdampfdrucks von reinem Wasser dar. Während z. B. reines Wasser eine a_w von 1,0 hat, weisen Salami oder getrocknete Früchte im Durchschnitt einen Wert von 0,85 bzw. 0,70 auf. Ein Medium mit geringer Wasseraktivität bedingt bei nichthalophilen Organismen **osmotischen Stress.**

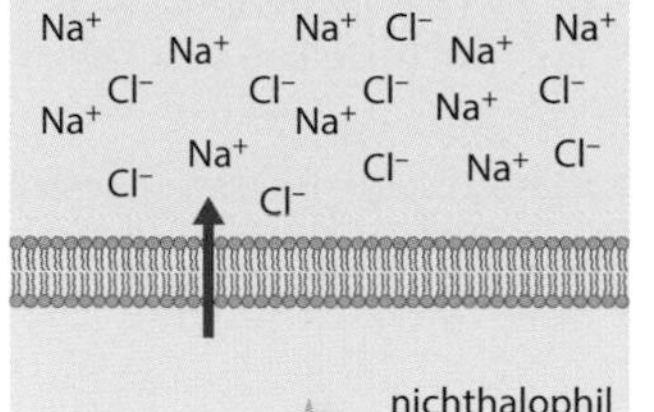

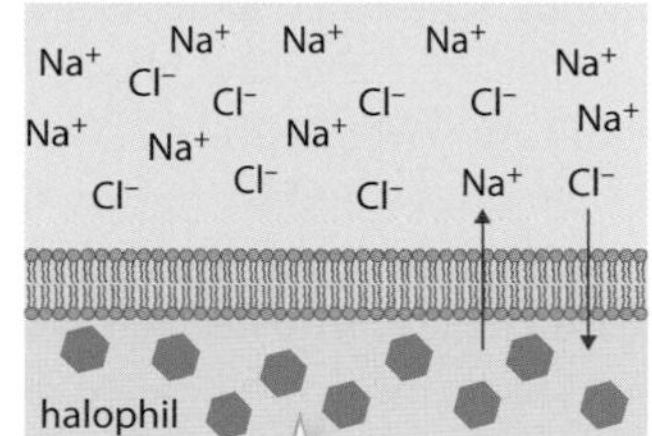

Aufgrund von Osmose diffundiert Wasser immer von Bereichen hoher zu solchen mit niedriger a_w. Dies stellt für nichthalophile Organismen in Medien mit geringer a_w einen entsprechenden Stress dar. Es kommt zur Diffusion von Wasser aus dem Zellinneren. Dies führt zur Erlahmung des Zellwachstums oder zum Zelltod.

Halophile Organismen besitzen verschiedene Anpassungen an Habitate mit geringer a_w. So synthetisieren sie **kompatible Solute**, z. B. Saccharose, Dimethylsulfoniopropionat, Glycin, Betaine, Ectoine und Glycerol. Diese gleichen den osmotischen Stress aus. Wassereinstrom und -ausstrom stehen im Gleichgewicht.

Abb. 25.31 Nichthalophile und halophile Organismen in einem Medium mit geringer Wasseraktivität

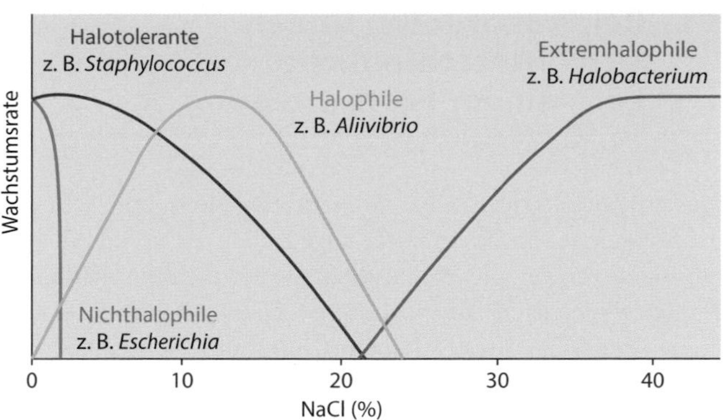

Abb. 25.32 Einteilung von Mikroorganismen basierend auf der Wachstumsrate in Abhängigkeit vom Salzgehalt im Nährmedium

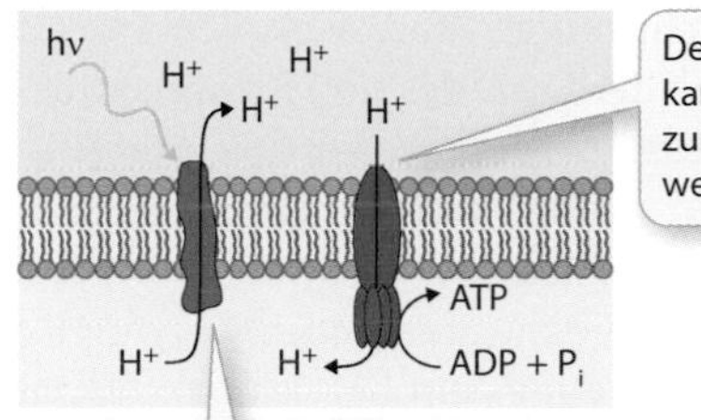

Der erzeugte Protonengradient kann von einer **ATP-Synthase** zur Energieerzeugung genutzt werden.

Halobacterium salinarum besitzt in seiner Zellmembran Proteine, sogenannte Bacteriorhodopsine, die mit Licht einer Wellenlänge von 570 nm angeregt werden können und daraufhin ihre Konformation von *trans* zu *cis* ändern. Dabei wird ein Proton translokiert und stellt somit eine einfache Form der **Phototrophie** dar.

Abb. 25.33 Phototrophie des Archaeons *Halobacterium salinarum*

Die Habitate von Psychrophilen sind mannigfaltig auf der Erde, da mehr als drei Viertel der Oberfläche unseres Planeten relativ kalt sind (z. B. Permafrostböden, Eiswüste der Antarktis, Tiefe des Ozeans).

Ebenso teilt man die Habitate der (hyper-)thermophilen Organismen in marin und terrestrisch ein. Terrestrische heiße Quellen haben Temperaturen bis 100° C und variieren zwischen 0,5 und 9,0 im pH-Spektrum. In der Tiefsee erreichen Gebiete von vulkanischer Aktivität bis zu 400° C (pH zwischen 3 und 11). Vor allem der Mittelozeanische Rücken stellt einen großen Lebensraum für **chemolithoautotrophe** (► Abschn. 25.1) Mikroorganismen dar, da sich dort reduzierte chemische Verbindungen (H_2, H_2S, etc.) mit oxidiertem Meerwasser mischen. Tiefseevulkane, sogenannte **Schwarze Raucher** (*black smokers*), sind typisch für den Mittelozeanischen Rücken und von Mikroorganismen verschiedener trophischer Ebenen besiedelt. Die meisten bekannten hyperthermophilen Organismen gehören der Domäne der Archaea an (► Abschn. 34.9). Darunter finden sich auch die – bezogen auf die Körpergröße – schnellsten bekannten Lebewesen der Erde: *Methanocaldococcus villosus* siedelt sich an Schwarzen Rauchern an und erreicht eine Schwimmgeschwindigkeit von nahezu 500 Körperlängen pro Sekunde. Thermophile und hyperthermophile Organismen sind auch von großer Bedeutung hinsichtlich biotechnologischer Anwendungen. So hat z. B. die DNA-Polymerase von ***Thermus aquaticus*** die **Polymerasekettenreaktion (PCR)** revolutioniert, da sie aufgrund ihrer Hitzestabilität durch alle Zyklen der PCR hinweg aktiv bleibt.

Analog zum Temperaturspektrum gibt es für jeden Mikroorganismus einen **pH-Bereich**, in welchem eine Reproduktion stattfinden kann, dieser umfasst in der Regel zwei bis drei pH-Einheiten. Organismen, die im neutralen pH Bereich (~ 7) leben, nennt man **Neutrophile**, während säureliebende Organismen als **Acidophile** bezeichnet werden (bis pH < 0, z. B. *Picrophilus*). Ein Charakteristikum der acidophilen Mikroorganismen der Gattung *Thermoplasma* und *Ferroplasma* ist das **Fehlen einer Zellwand**, die Zellmembran liegt also „nackt" vor. **Alkaliphile** Organismen leben bei hohen pH-Werten bis pH 14. Viele Alkaliphile, wie die Archaeen der Gattung *Natronococcus*, sind gleichzeitig auch Halophile (s. u.) und kommen z. B. in Sodaseen vor.

Wasser bildet zwar die Grundlage aller Lebensformen auf unserem Planeten, ist jedoch in verschiedenen Habitaten ganz unterschiedlich verfügbar, die Habitate sind unterschiedlich trocken oder feucht. Das grundlegende Maß für die **Verfügbarkeit von Wasser** wird durch die **Wasseraktivität (a_w)** ausgedrückt (Abb. 25.31). Eine geringe Wasseraktivität kann für Lebewesen einen entsprechenden Stress darstellen, in Ökosystemen mit geringer a_w besitzen **halophile Mikroorganismen** verschiedene Anpassungen an diese Bedingungen (Abb. 25.31). Diese Ökosysteme sind z. B. von hohem Salzgehalt oder hohem Zuckergehalt dominiert, sodass man je nach Anpassung von halophilen bzw. osmophilen Mikroorganismen spricht (Abb. 25.32). Halophile Mikroorganismen sind weit verbreitet und finden sich z. B. in Trockenbecken von Meerwasser, wo sie aufgrund ihrer Pigmentbildung zu starker Rotfärbung der Becken führen. **Extrem halophile** Mikroorganismen gehören in der Regel der Domäne Archaea (Halobacteria innerhalb der Euryarchaeota; ► Abschn. 34.9) an und bestreiten ihren Stoffwechsel i. d. R. durch organischen Verbindungen, Phototrophie (Abb. 25.33) oder aber auch mittels Schwefelreduktion (*Halodesulfurarchaeum*). Es gibt viele Organismen, die sich auch außerhalb ihres optimalen Wachstumsbereichs an bestimmte Bedingungen anpassen können. Diese kategorisiert man als z. B. **halotolerant** im Falle von Wasseraktivität.

25.11 Bei Prokaryoten finden sich unterschiedliche Formen der Fortbewegung

Viele prokaryotische Zellen sind **unbeweglich**; um nicht mit Strömungen aus ihrem Habitat abgetrieben zu werden, haben mehr oder weniger alle Prokaryoten die Möglichkeit, **Adhäsine** auf der Zelloberfläche zu exprimieren. Diese „Klebstoffe" heften sie auf Oberflächen fest (Stichwort Biofilme); sie bestehen aus verschiedensten Molekülen wie Proteinen (u. a. auch Pili) und Kohlenhydraten (z. B. LPS).

Andere Prokaryoten haben die Fähigkeit, sich mittels ihrer Flagellen **schwimmend** zu bewegen. Der Begriff „Flagelle" ist der Wortherkunft nach (lat. *flagellum* = „Peitsche") nicht sinnvoll, da Bakterien nicht mittels einer Peitschenbewegung schwimmen. Die **Flagellen** der Bakterien und Archaeen treiben die Zellen aber über ihre **Drehbewegung** voran – jedenfalls ist keine peitschende Bewegung zu beobachten! Trotzdem hat sich in Unterscheidung zu den eukaryotischen Strukturen der Begriff Flagellum durchgesetzt (die entsprechenden Strukturen der Archaeen werden auch als **Archaellum** bezeichnet). Flagellen sind dünne (im Lichtmikroskop nicht sichtbare), halbstarre Fäden, die bis zu 10 µm lang werden können. Sie können in verschiedener Weise über die Zelle verteilt sein und als **Zug- oder Schubflagellen** funktionieren (▶ Abschn. 4.11).

Insbesondere bei Bakterien kennt man **weitere Arten der Fortbewegung** (Archaeen sind mit einer Ausnahme diesbezüglich kaum untersucht): Dazu gehören insbesondere die Auftrieb verleihenden Gasvesikel und gleitende Bewegungen auf festen Oberflächen.

Gasvesikel kommen bei Cyanobakterien und Archaeen in Vielzahl als mehr oder weniger zigarrenförmige, stark lichtbrechende Strukturen in der Zelle vor. Gasvesikel sind dicht gegen Flüssigkeiten, aber durchlässig für Gas, und verleihen den Zellen somit Auftrieb (◘ Abb. 25.34).

Für das **Gleiten** haben unterschiedliche Bakterienarten verschiedene Strategien/Strukturen entwickelt; fast immer sind beim Gleiten **oberflächenaktive Substanzen** (Schleime und Benetzungsmittel) mit beteiligt. Das begeißelte Bakterium *Proteus mirabilis* besitzt in flüssiger Umgebung etwa fünf Flagellen, auf festen Oberflächen kann es zu Riesenzellen (ca. 50 µm Länge) mit mehr als 1000 Geißeln auswachsen, die für das Gleiten nötig sind (◘ Abb. 25.35). Das filamentöse, multizelluläre Cyanobakterium *Oscillatoria* scheidet auf festen Oberflächen durch spezielle „Drüsen" langkettige Kohlenhydrate aus (◘ Abb. 25.36).

Das Flexibakterium *Flavobacterium johnsonae* besitzt Proteine, die durch die äußere Membran ragen und auf einer Oberfläche das Gleiten mittels einer Art „Ratschenmechanismus" ermöglichen (◘ Abb. 25.37).

Für die Ausbildung seiner Fruchtkörper müssen 10^9 Individuen des Bakteriums *Myxococcus xanthus* zueinander finden. Dies geschieht über Gleitbewegungen, für die *M. xanthus* zwei Mechanismen benutzt: kontraktile Pili und „Adhäsionspunkte" auf der Oberfläche (◘ Abb. 25.38).

◘ **Abb. 25.34** Meersalzgewinnungsanlage auf Lanzarote (Kanarische Inseln)

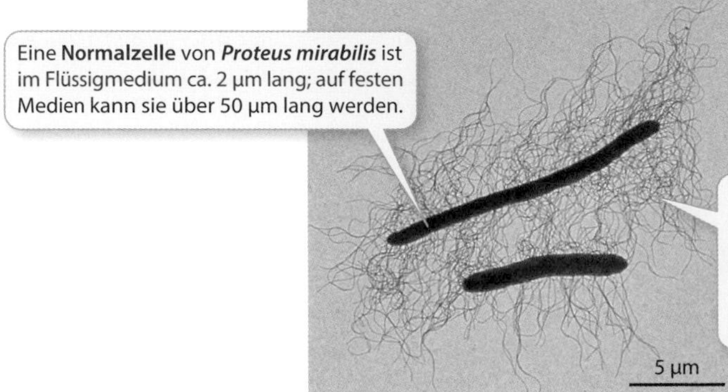

◘ **Abb. 25.35** Riesenzellen von *Proteus mirabilis* mit mehreren Hundert Flagellen

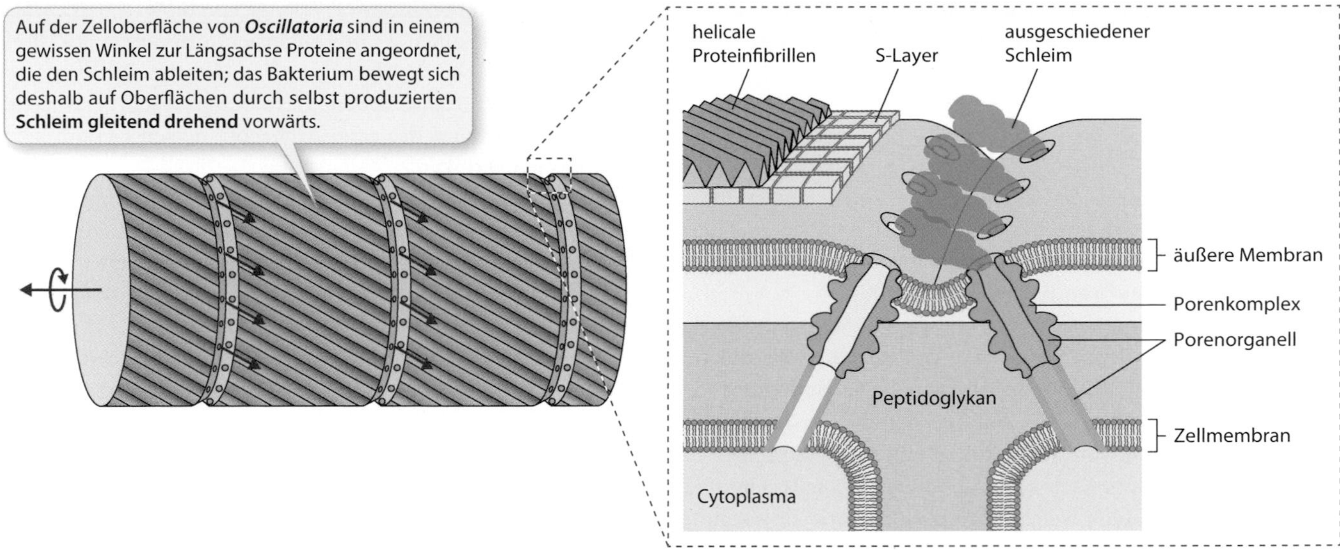

Abb. 25.36 Die Gleitbewegung von *Oscillatoria*

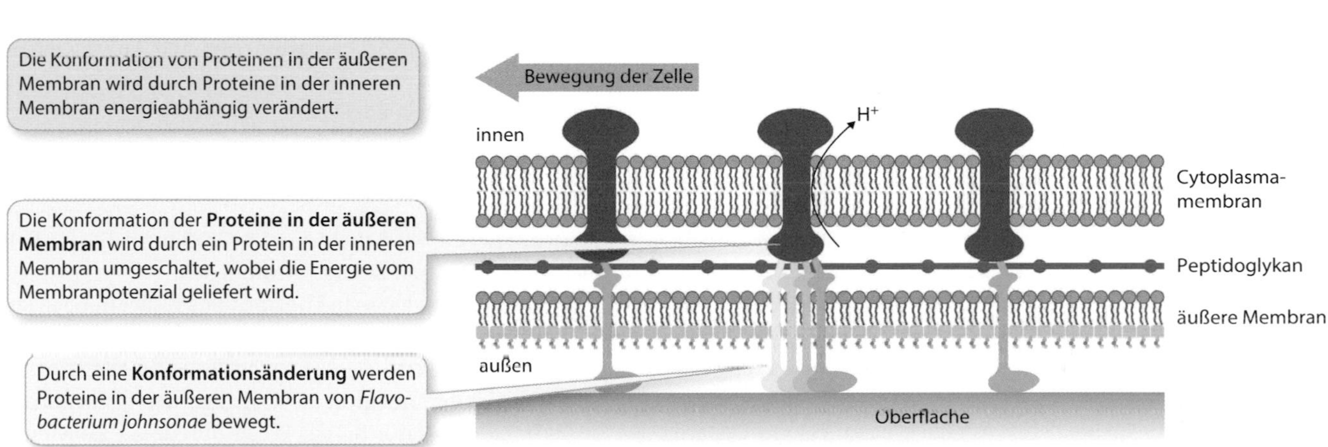

Abb. 25.37 Die Gleitbewegung von *Flavobacterium*

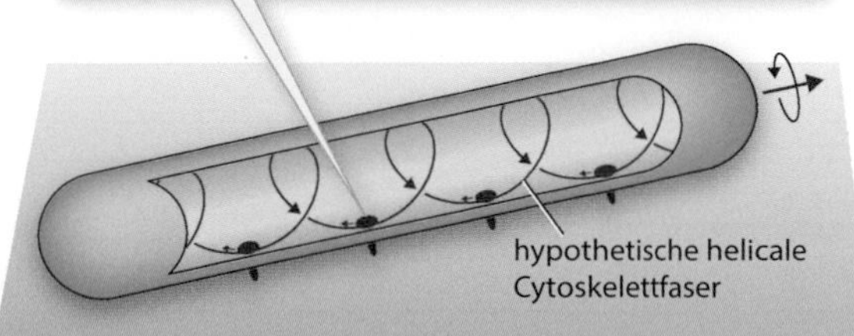

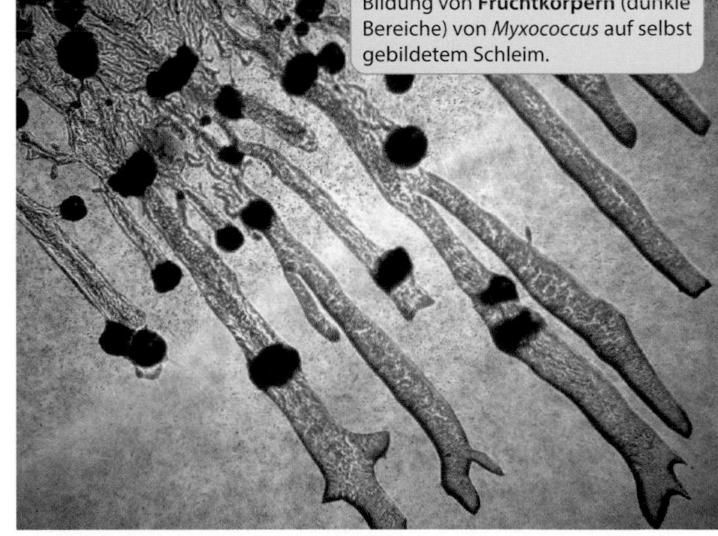

Abb. 25.38 Die Gleitbewegung von *Myxococcus xanthus*

25.12 Beweglichkeit ermöglicht eine Änderung der Lebensumstände: Taxien

Bei ungünstigen Lebensumständen ist es **schwimmfähigen Prokaryoten** möglich, in bessere Habitate zu gelangen. Bakterien können unter anderem verschiedene Chemikalien, Sauerstoff, Licht, die Osmolarität und sogar das Magnetfeld der Erde **messen und darauf reagieren.**

Bakterien und Archaeen messen z. B. die Konzentration eines Zuckers und schwimmen bei zu geringen Konzentrationen in Regionen mit höherer Konzentration. Die Bewegung wird durch einen Reiz ausgelöst (**Taxis**), es ist aber **keine direkte**, auf die Zuckerquelle hin **gerichtete Bewegung**. So schwimmt das Modellbakterium *Escherichia coli* in eine Zufallsrichtung in +/− geraden „Läufen", welche durch eine „Taumelbewegung" unterbrochen werden. Wird während eines Laufs die Zuckerkonzentration höher, führt dies zu einer Verlängerung des Laufs; bei abnehmender Konzentration dagegen wird der Lauf kürzer. Das Taumeln richtet die Zelle zufällig neu im Raum aus, wodurch die Zelle insgesamt auf die Zuckerquelle zuschwimmt. Dieses Schwimmverhalten ergibt sich aus der Kleinheit der Zelle und der extremen Sensitivität der Rezeptoren. Die Zelle kann Konzentrationsunterschiede nicht über ihre Länge messen, sondern muss diese über die Zeit (zwei bis vier Sekunden) integrieren (◘ Abb. 25.39). *Escherichia coli* schwimmt ca. 50 µm/s schnell; hyperthermophile Archaeen können über 500 µm/s erreichen. Geschwindigkeiten bei Lebewesen werden oft in Bezug auf ihre Größe gemessen, also in *bodies per second* (bps). *Methanocaldococcus jannaschii* ist basierend auf dieser Messung das schnellste bekannte Lebewesen und wurde mit bis zu 420 bps beobachtet (380 ± 40 bps)! Im Vergleich dazu legt ein Gepard bis zu 120 km/h bei einer Körperlänge von bis zu 1,5 m zurück, was gerade mal guten 22 bps entspricht. *M. jannaschii* ist ein hyperthermophiler Methanogener (▶ Abschn. 25.8), dessen chemolithoautotrophe Lebensweise bereits 1983 beschrieben wurde. Er war auch das erste Archaeon, dessen Genom komplett sequenziert wurde.

Da für die aerobe Atmung – die energieeffizienteste Stoffwechselmöglichkeit – **Sauerstoff** benötigt wird, können viele Mikroorgansimen diesen über **Chemorezeptoren** wahrnehmen, welche den Redoxstatus der Cytoplasmamembran messen (◘ Abb. 25.40a).

Photosynthetische Mikroorganismen besitzen **Photopigmente**, die bei verschiedenen Wellenlängen absorbieren. Dies erklärt ihre unterschiedliche Farbe und ihr Vorkommen in verschiedenen Schichten von Gewässern: Nahe der Oberfläche sammeln sich die oxygenen, blaugrünen Cyanobakterien an, am Grund die anoxygenen, rot bis braun gefärbten „Purpurbakterien" (◘ Abb. 25.40b).

Magnetotaktische Bakterien enthalten kleine **Magnetitkristalle**, welche in komplexer Weise synthetisiert werden und über die Längsachse der Zellen ausgerichtet sind. So erhalten die Zellen einen magnetischen Dipol, mit dem sie das Erdmagnetfeld messen können (◘ Abb. 25.41).

Osmotaxis wird z. B. von *Escherichia coli* verwendet, um in nährstoffreiche Bereiche („dicke Medien" wie den Darm) zu gelangen und verdünnte Medien (wie das Wasser eines Sees) zu vermeiden. Hierfür wird nicht die Drehrichtung der Geißeln reguliert, sondern deren Drehgeschwindigkeit.

Interessanterweise hat man **Thermotaxis** bisher nur bei dem Modellbakterium *Escherichia coli* und dem hyperthermophilen Archaeum *Thermococcus stetteri* nachweisen können. Letztere Art sammelt sich bevorzugt in 80 °C heißen Bereichen an; dies ist die Optimaltemperatur für das Wachstum des Organismus.

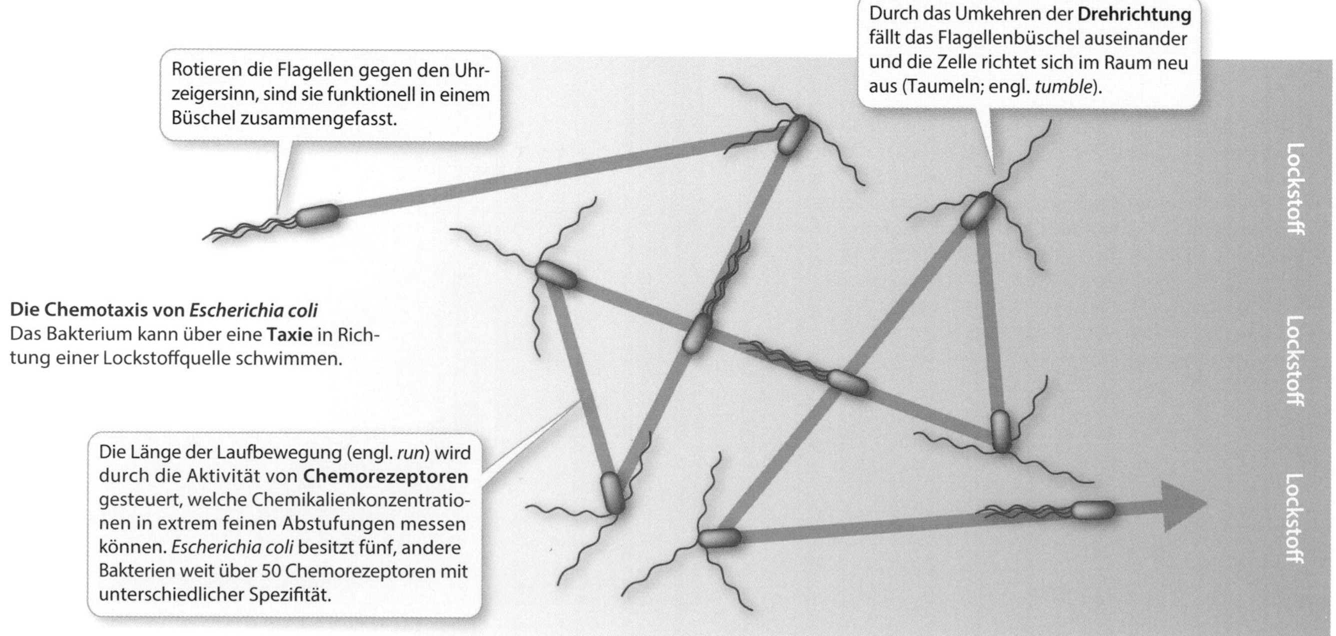

◘ **Abb. 25.39** Aufgrund der Kleinheit der Organismen werden Gradienten durch Zufallsbewegungen (*„run and tumble"*) über die Zeit integriert

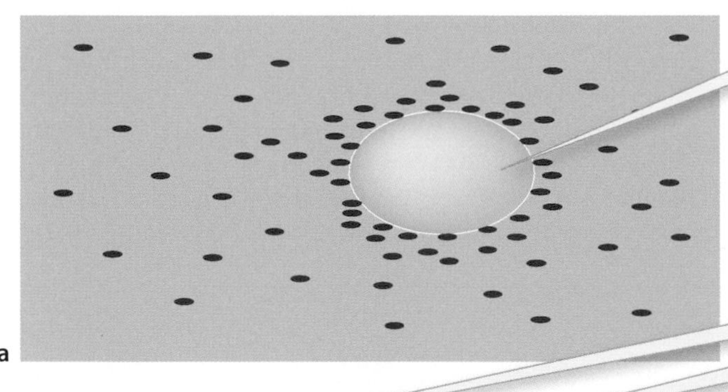

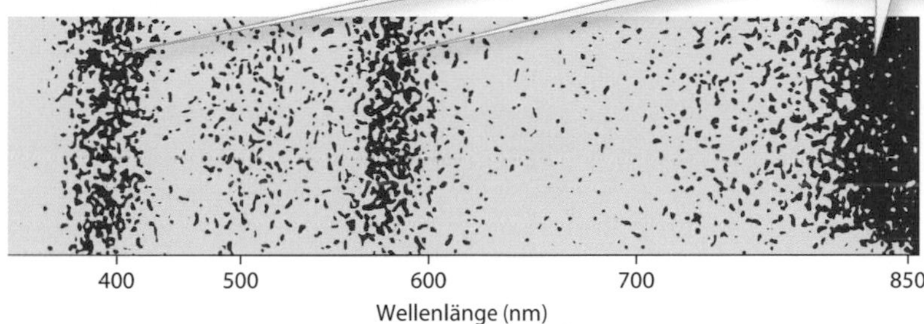

Abb. 25.40 Aerotaxis (**a**) und Phototaxis (**b**)

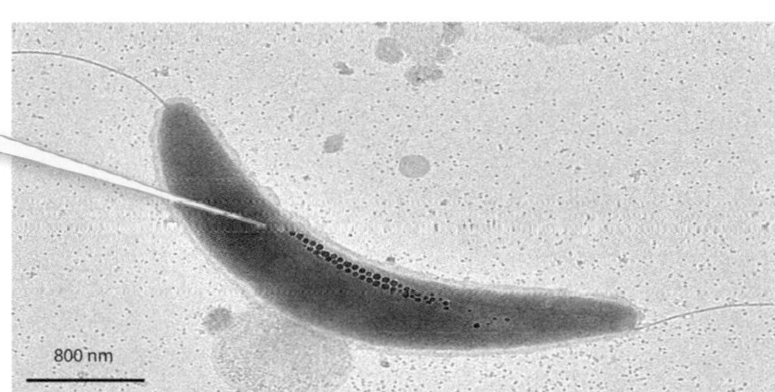

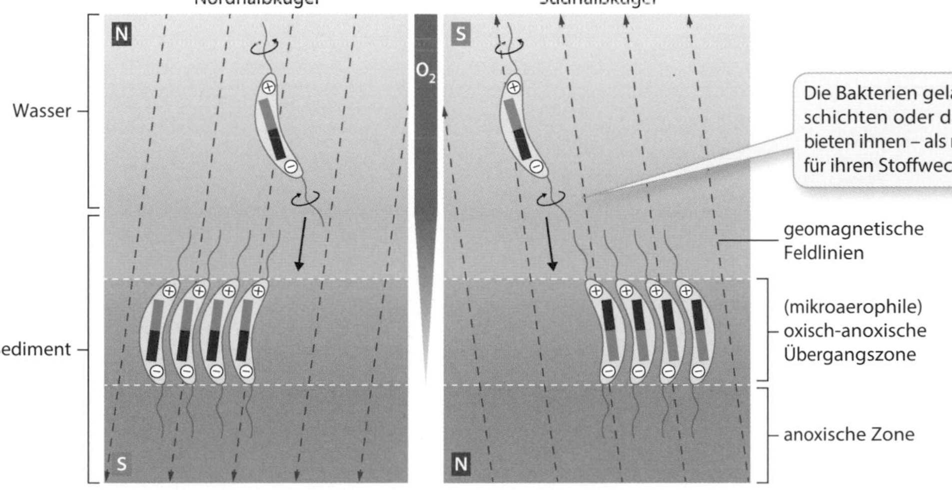

Abb. 25.41 Magnetotaxis bei Bakterien. TEM-Aufnahme: *Magnetospirillum gryphiswaldense*

25.13 Biofilme – wie Mikroorganismen ihr Gesellschaftsleben organisieren

Auf der Erde gibt es **über 10^{30} Mikroorganismen** – die Zahl der Sterne im Universum liegt im Vergleich dazu bei ca. 10^{22}. Über 80 % dieser Mikroorganismen existieren tief im Untergrund der Ozeane und Kontinente, meist unter extremem Nährstoffmangel, sowie in den ersten Metern der Meeressedimente und im Boden. Der Rest lebt in den Ozeanen, im Grundwasser, in der Atmosphäre, auf Blättern und in Menschen und Tieren.

Die meisten dieser Mikroorganismen leben nicht als Singles, sondern in Aggregaten, die man als **Biofilme** bezeichnet – eine etwas unscharfe Bezeichnung für eine riesige Vielfalt von Erscheinungsformen, die von **Mikro-Clustern** bis zu **Schlämmen** und riesigen **mikrobiellen Matten** reichen (◻ Abb. 25.42). Biofilme sind die Träger der globalen wie auch der kleinräumigen biogeochemischen Kreisläufe des Planeten und bestim-

Allen in Biofilmen lebenden Bakterien ist gemeinsam, dass sie von einer Matrix aus **extrazellulären polymeren Substanzen (EPS)** umschlossen werden, die sie zusammenhält. Die wichtigsten Charakteristika von Biofilmen sind:

- Die EPS-Matrix bietet räumliche **Stabilität**.
- Die Matrix mit aktivierter, funktioneller Architektur dient als **externes „Verdauungssystem"**.
- Durch Gradienten verschiedenster Substanzen entsteht eine Vielfalt an **Mikrohabitaten**, durch die **Biodiversität** aufgebaut und erhalten wird.
- Die matrixstabilisierten **Mikroverbünde** (engl. *microconsortia*) erlauben die **synergistische Nutzung von Nährstoffen.**
- **Wasserrückhaltung** und Schutz vor Dehydrierung
- erhöhte Nährstoffkonzentrationen durch Anreicherung (**Sorption**) und Rückhalt (**Retention**)
- **Nährstoffrecycling** aus der umgebenden Phase
- erhöhte **Toleranz** gegenüber Desinfektionsmitteln, Bioziden und anderen Stressoren
- erleichterte **Kommunikation** zwischen Zellen (engl. *signalling*) sowie Regulation der Matrixsynthese und von z. B. Virulenzfakoren
- erleichterter **Gentransfer** zwischen Zellen
- umfangreiches Archiv genetischer Information aus **Umwelt-DNA** (engl. *e-DNA*) in der unmittelbaren Nähe der Zellen
- gemeinsames, **koordiniertes** und durch Signalmoleküle gesteuertes Verhalten
- Ausbildung phänotypischer, heterogener **Mikroumgebungen**

Die EPS bestehen aus hoch hydratisierten Polysacchariden, Proteinen und Nucleinsäuren, enthalten aber auch unlösliche Polymere wie z. B. Cellulose oder Amyloide sowie Huminstoffe. In der rasterelektronenmikroskopischen Aufnahme eines Biofilms von *Pseudomonas putida* auf einer Glasoberfläche ist deutlich die Einbettung der Zellen in die (hier dehydratisierte) Matrix zu erkennen.

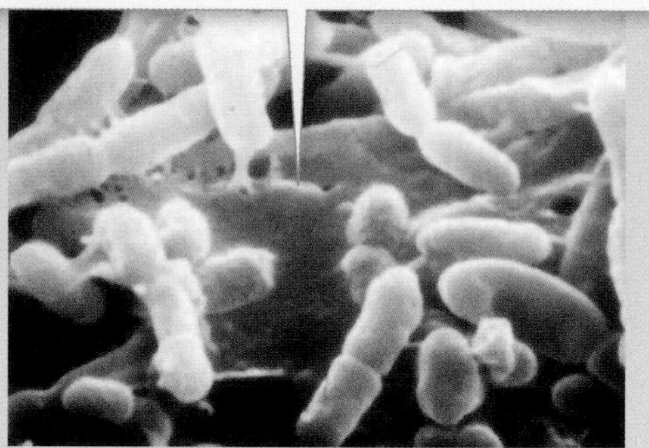

Mikroorganismen können Flocken, Schwimmschichten und Granula bilden.

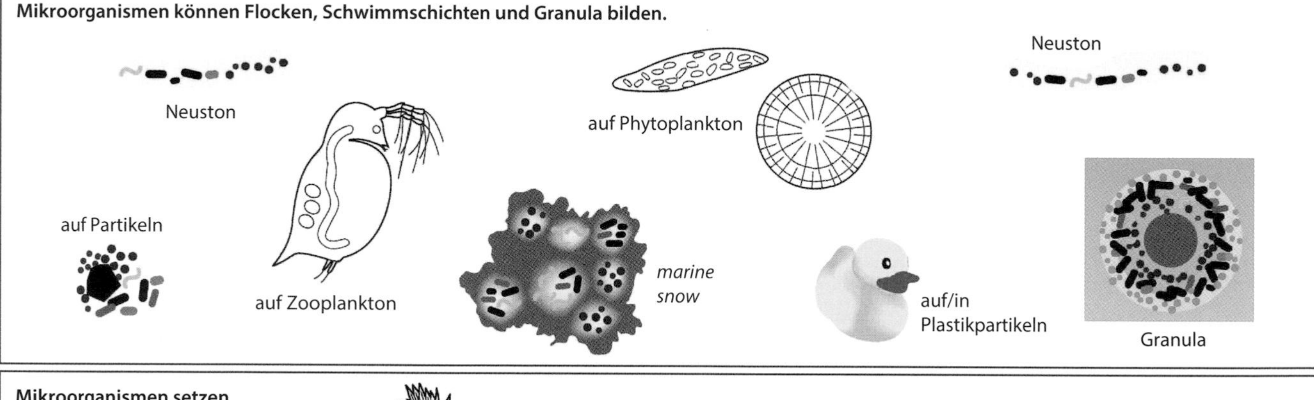

Mikroorganismen setzen sich auf Oberflächen fest.

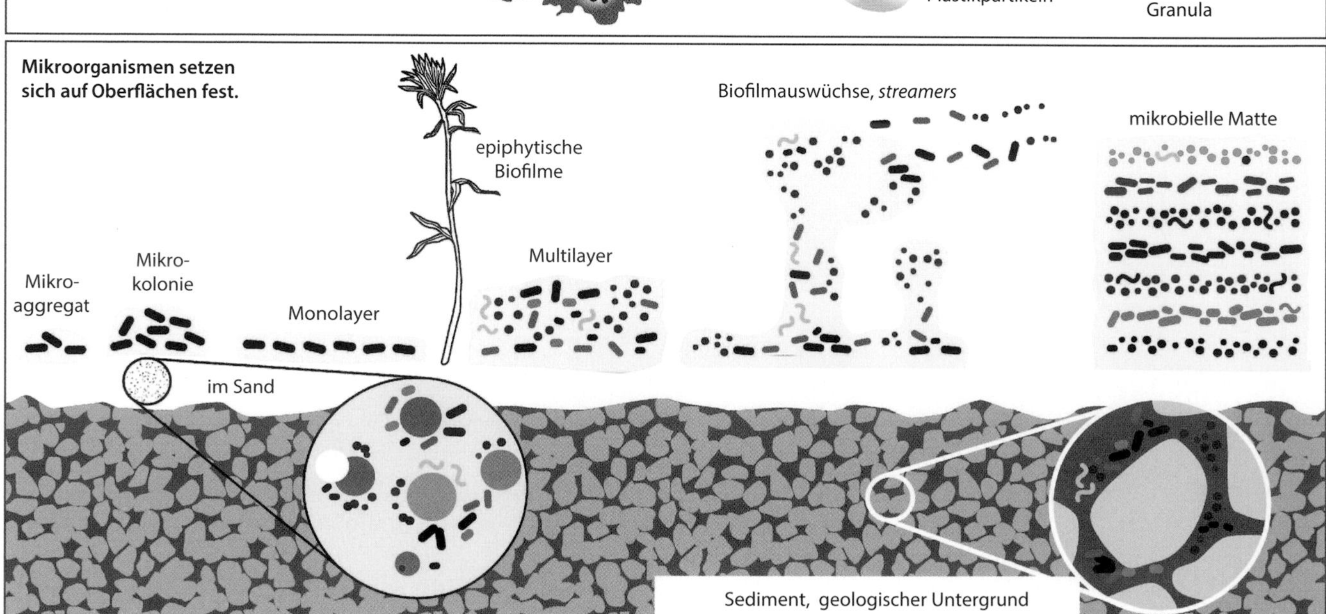

◻ **Abb. 25.42** Erscheinungsformen und Habitate von Biofilmen

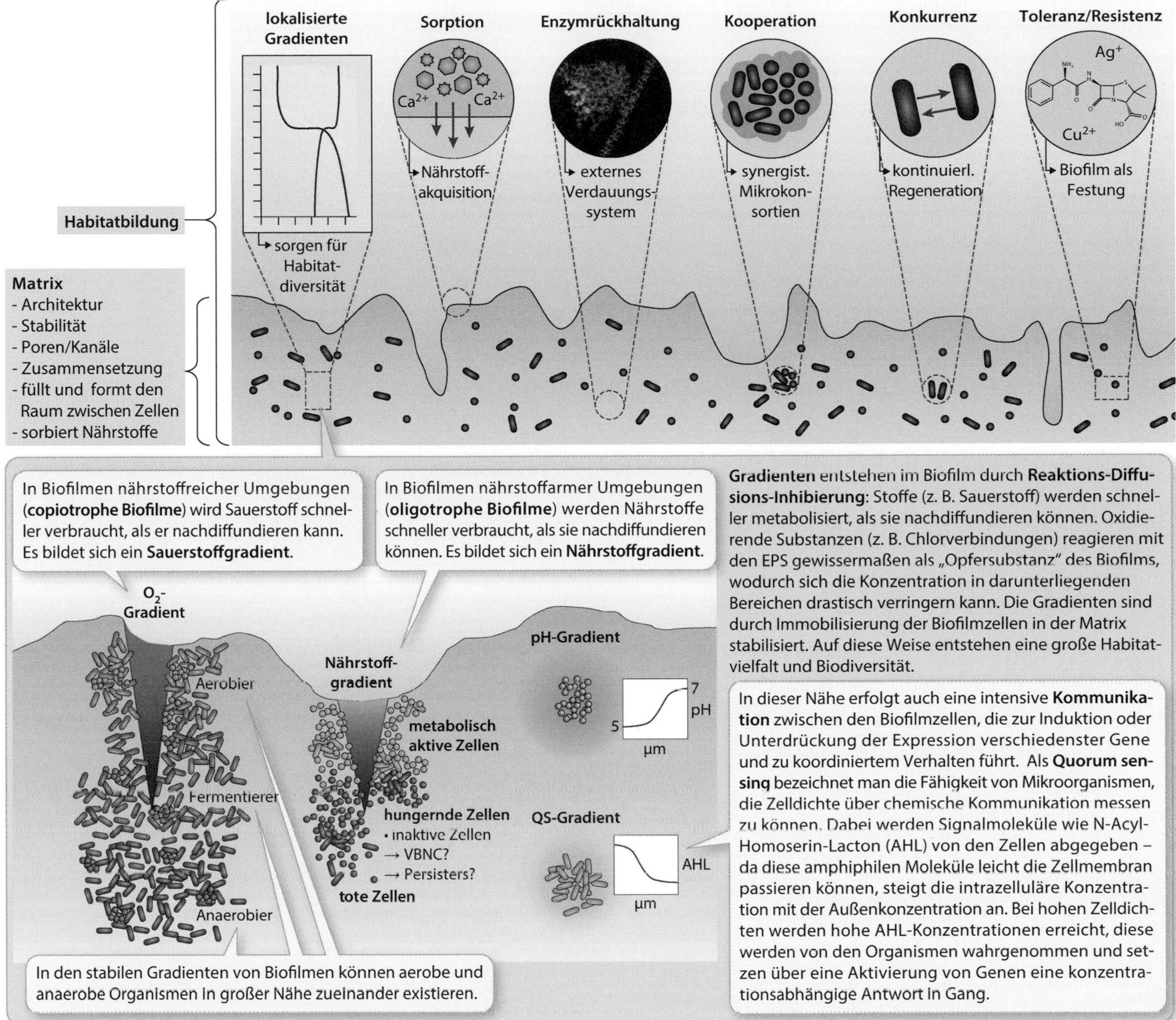

Abb. 25.43 Emergente Eigenschaften von Biofilmen und die Rolle der EPS-Matrix für den Aufbau stabiler Gradienten

men indirekt, aber entscheidend unsere Lebensbedingungen. Sie können sich aber auch sehr drastisch direkt auswirken. Ein Beispiel dafür sind Infektionen von Knochen, Implantaten und akuten wie chronischen Wunden. Hier setzen sich pathogene Organismen fest und können hohen Konzentrationen an Antibiotika widerstehen. Insgesamt gesehen sind Biofilme die älteste, erfolgreichste und am weitesten verbreitete Form des Lebens auf (und in) der Erde.

Im Biofilm verändern sich die Fähigkeiten und das Verhalten der darin wohnenden Zellen stark gegenüber jenen isolierter Einzelorganismen. Diese Veränderungen werden als **emergente Eigenschaften** bezeichnet (Abb. 25.43). Entscheidend für das Leben im Biofilm sind die **extrazellulären polymeren Substanzen (EPS)**. Sie füllen und formen den Raum zwischen den Zellen und fixieren sie. Die EPS beeinflussen das Transportverhalten von Substraten und Produkten, weil in ihnen überwiegend nur diffusiver Stofftransport stattfindet. Dadurch verursachen sie **Konzentrationsgradienten**, die auf engstem Raum in Dimensionen weniger Mikrometer zur Entwicklung ganz unterschiedlicher Habitate führen. Stabilisiert werden sie durch die physiologische Aktivität von Zell-Clustern, z. B. Verbrauch von Sauerstoff, oder die Bildung von Säuren. In den stabilen Gradienten von Biofilmen können aerobe und anaerobe Organismen in großer Nähe zueinander existieren.

Durch die Fixierung in der EPS-Matrix können sich synergistische Wechselwirkungen entwickeln; z. B. werden dann in Kooperation Stoffe abgebaut, die von einer Spezies allein nicht voll verstoffwechselt werden können. Dies ist eines der Elemente der **biologischen Selbstreinigung von Böden und Sedimenten**. Die Interaktionen können aber auch antagonistisch sein, z. B. wenn Toxine und Antibiotika gebildet werden, um Konkurrenten zu inhibieren oder auszuschalten (Abb. 25.44)

Ein großer Vorteil des Lebens in der EPS-Matrix besteht in der **Anreicherung von Nährstoffen** aus der Umgebung (Abb. 25.45), die durch die Aktivität extrazellulärer Enzyme umgesetzt werden können. Diese Enzyme werden von der Matrix

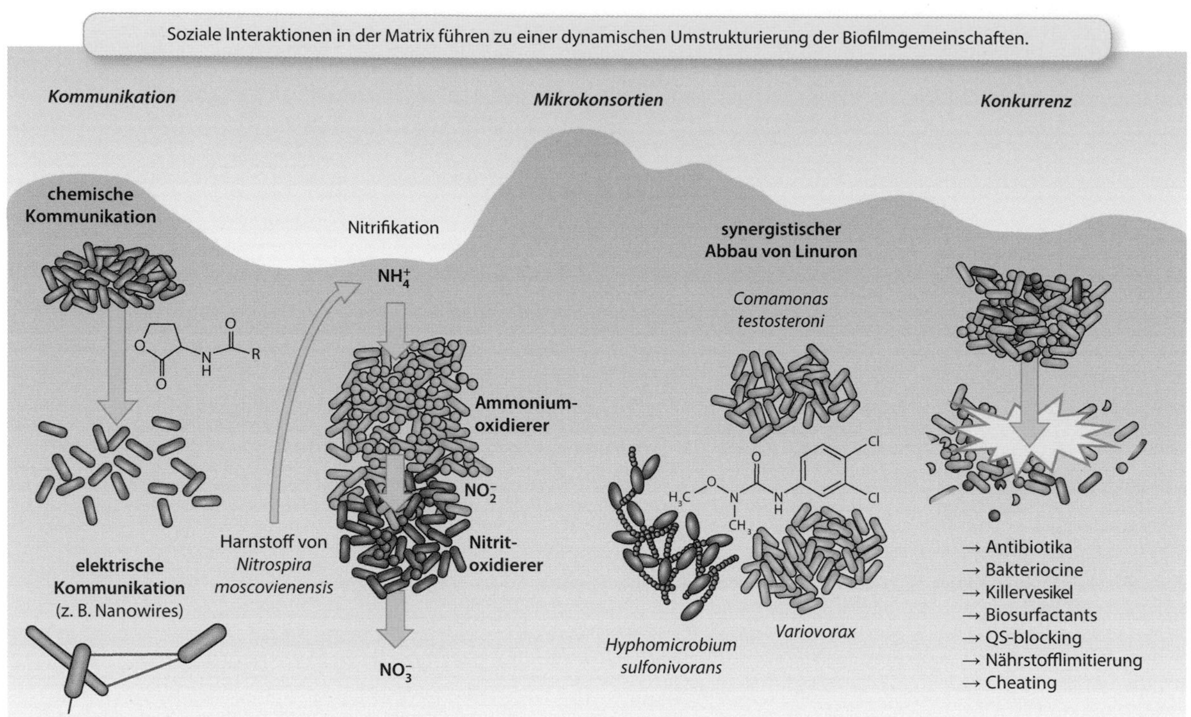

Abb. 25.44 Beispiele der Entwicklung stabiler Mikrokonsortien sowie von Konkurrenzsituationen durch Immobilisierung der Zellen in der EPS-Matrix

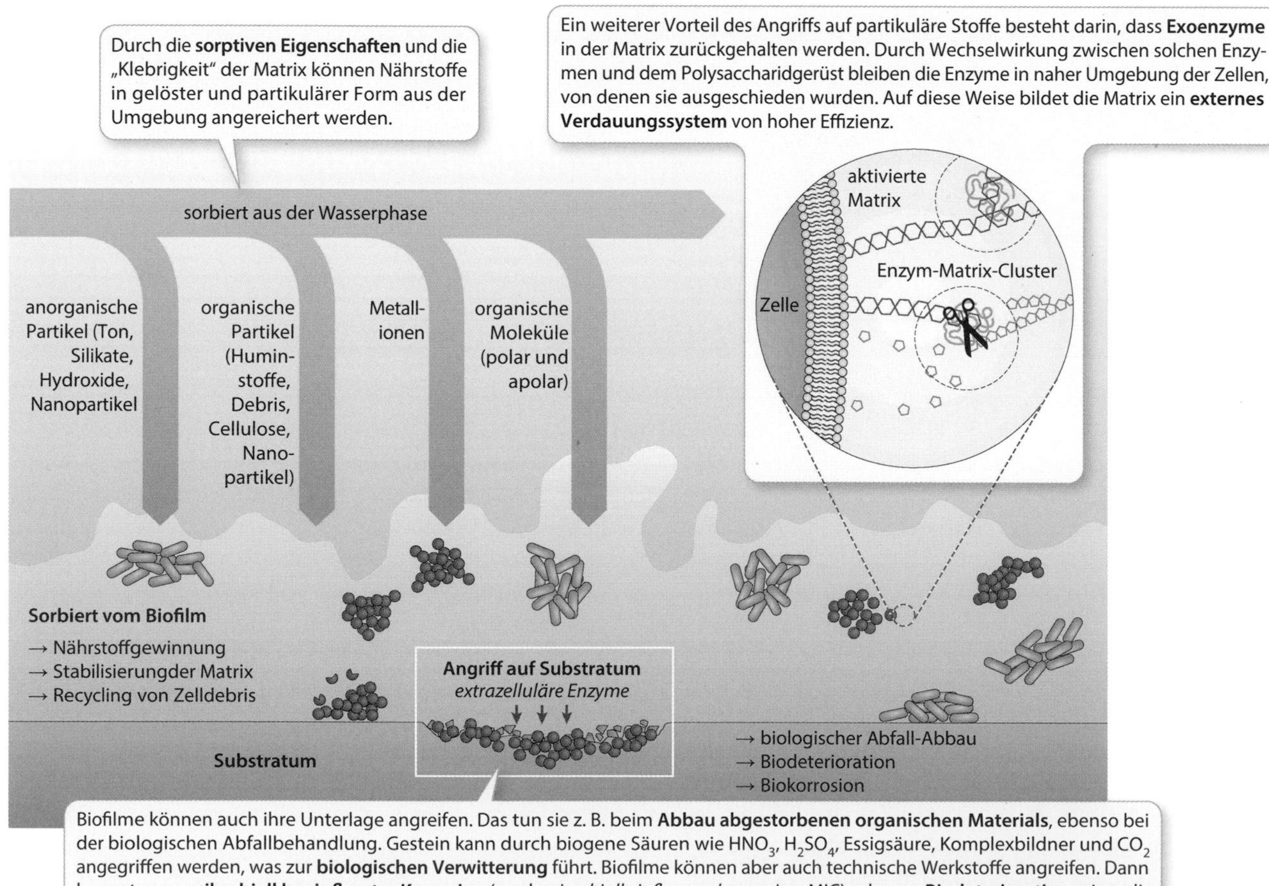

Abb. 25.45 Nährstoffgewinnung von Biofilmen durch Sorption von Partikeln und gelösten Stoffen, enzymatischen Angriff auf Substrate, Rückhalt von Enzymen und Entstehung eines externen Verdauungssystems

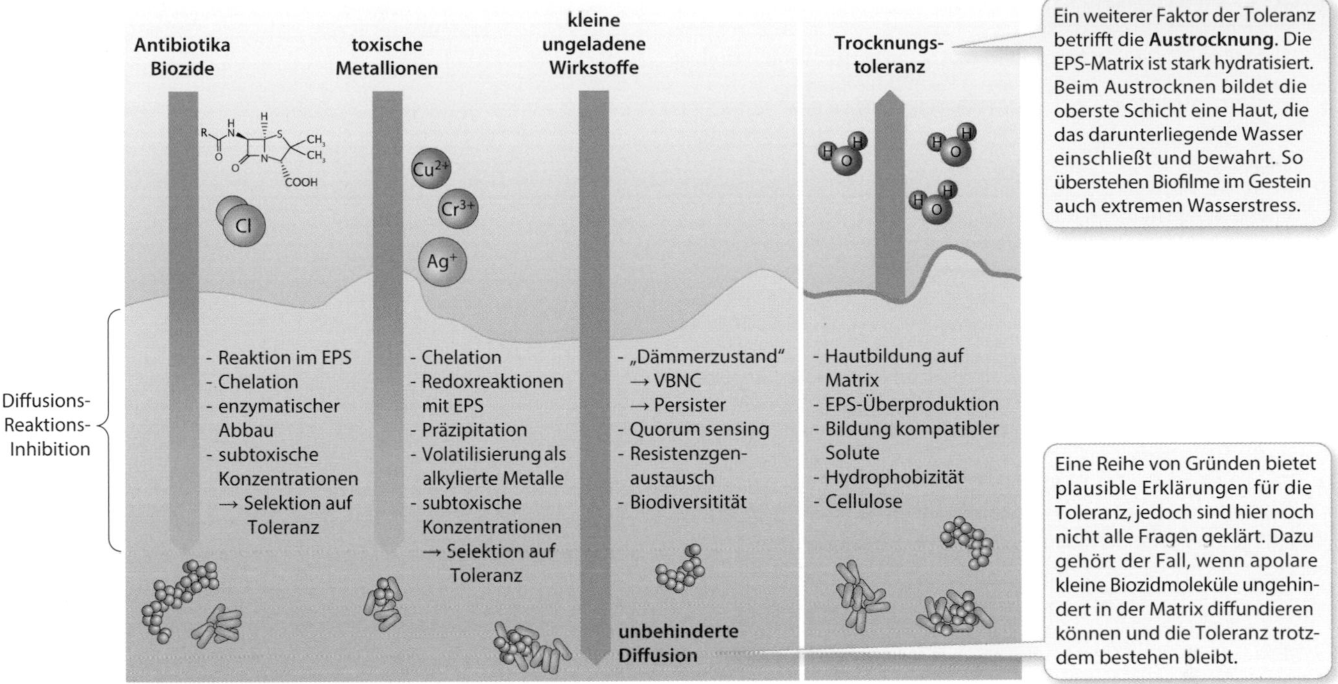

Abb. 25.46 Erhöhte Toleranz von Biofilmorganismen gegenüber Antibiotika, Desinfektionsmitteln und toxischen Metallen sowie gegenüber Austrocknung

komplexiert und zurückgehalten, wodurch sie aktiviert wird und ein extrazelluläres Verdauungssystem entsteht. Dies erlaubt Biofilmen auch den Abbau von unlöslichen Polymeren, z. B. Lignin und Cellulose. Bei der biologischen Behandlung von Abwasser und Abfällen macht man sich dieses Verdauungssystem zunutze.

Einen weiteren großen Vorteil des Lebens im Biofilm bildet die **erhöhte Toleranz** gegenüber Antibiotika, toxischen Metallen und Organika, Bioziden, Desinfektionsmitteln und anderen antimikrobiellen Faktoren im Vergleich zu Einzelzellen (Abb. 25.46). Hierbei ist zwischen Toleranz und Resistenz zu unterscheiden. Im Biofilm tritt überwiegend Toleranz auf Die Zellen verlieren sie, sobald sie aus der Matrix herausgelöst werden. Häufig besteht Toleranz darin, dass die Zellen als Stressreaktion, etwa auf Desinfektionsmittel oder Antibiotika, in eine Art vorübergehenden Dämmerschlaf verfallen. Dann sind sie zwar nicht tot, aber sie sind mit Methoden der Kultivierung nicht mehr nachzuweisen. Dieser Zustand wird *viable but nonculturable* (VBNC) genannt und spielt gerade bei der Bekämpfung von Kontaminationen und Infektionen eine wichtige Rolle. Ein weiteres Phänomen ist, dass kleinste Subpopulationen extreme Konzentrationen antimikrobieller Stoffe aushalten können. Sie werden als „Persisters" bezeichnet; die zugrunde liegenden Mechanismen sind noch nicht völlig aufgeklärt. Resistenz hingegen ist eine genetisch festgelegte Eigenschaft. Sie kann sich im Biofilm z. B. als Reaktion auf subtoxische Konzentrationen entwickeln.

Biologisch gesehen gehören Biofilme in die Klasse der kollektiven Lebensformen, zusammen mit Wäldern, Korallenriffen, Bienenstöcken oder Kelp-Feldern im Meer. Ihnen allen ist gemeinsam, dass ihre Individuen im Kollektiv völlig andere, neue und höchst komplexe Verhaltensformen aufweisen. Sie schaffen sich ihre eigene Umgebung, die sie kontrollieren und gestalten. In solchen Systemen zeigt sich die Stärke der Gemeinsamkeit: das Ganze ist sehr viel mehr als die Summe seiner Bestandteile – aus dem Studium der Bestandteile allein sind sie nicht zu verstehen. Daher kommt der Begriff „emergente Eigenschaften".

Weiterführende Literatur

1. Flemming HC, Neu TR, Wingender J (2016) The perfect slime: microbial extracellular polymeric substances (EPS). IWA, London
2. Flemming HC, Wingender J, Kjelleberg S, Steinberg P, Rice SA, Szewzyk U (2016) Biofilms: an emergent form of bacterial life. Nat Rev Microbiol 14:563–575
3. Flemming HC, Wuertz S (2019) Bacteria and Archaea on Earth and their abundance in biofilms. Nat Rev Microbiol 17:247–260
4. Fuchs G (2017) Allgemeine Mikrobiologie, 10. Aufl. Thieme, Stuttgart
5. Madigan MT, Martinko JM, Stahl DA, Clark DP (2020) Brock Mikrobiologie, 15. Aufl. Pearson, London (Biologie)
6. Munk K (2008) Mikrobiologie. Taschenlehrbuch Biologie. Thieme, Stuttgart
7. Ottow JCG (2011) Mikrobiologie von Böden. Biodiversität, Ökophysiologie und Metagenomik. Springer, Berlin, Heidelberg, New York
8. Stolz A (2017) Extremophile Mikroorganismen. Springer Spektrum, Berlin, Heidelberg
9. Thauer RK, Kaster AK, Seedorf H, Buckel W, Hedderich R (2008) Methanogenic archaea: ecologically relevant differences in energy conservation. Nat Rev Microbiol 6:579–591

Evolution und Systematik

Grundlagen der evolutionären und systematischen Biologie

Jens Boenigk, Florian Leese

J. Boenigk (Hrsg.), *Boenigk, Biologie,* https://doi.org/10.1007/978-3-662-61270-5_26

26.1 Die systematische Einteilung von Lebewesen entwickelte sich aus philosophischen und theologischen Überlegungen

Ziel der biologischen Systematik ist es, die Vielfalt der Organismen zu ordnen und zu benennen. Die Systematik beschäftigt sich mit der Einteilung (**Taxonomie**), Benennung (**Nomenklatur**) und Bestimmung von Lebewesen (◘ Abb. 26.1). Die Rekonstruktion der Stammesgeschichte (**Phylogenie**) und die Aufklärung der Prozesse und Mechanismen, die zur heutigen Vielfalt der Lebewesen führten (**Evolutionsbiologie**), werden je nach Sichtweise als eigene Disziplinen oder als Teildisziplinen der biologischen Systematik angesehen.

In den historisch gewachsenen Klassifikationssystemen wurden Organismen in Tiere und Pflanzen eingeteilt und der unbelebten Natur gegenübergestellt. Tiere werden in der historischen Klassifikation im Allgemeinen über freie Ortsbeweglichkeit und über die Fähigkeit der sensorischen Wahrnehmung definiert. Dem Menschen wurde meist eine Sonderrolle in diesem System zuerkannt. Diese Einteilung bildet auch die Grundlage für die immer noch an vielen Universitäten übliche Einteilung der Fachdisziplinen in Geowissenschaften (unbelebte Natur), Biologie mit Botanik (Pflanzen) und Zoologie (Tiere) sowie Medizin (Mensch).

Für die Klassifizierung der Organismen stand die Suche nach einer „natürlichen Ordnung" der Lebewesen im Vordergrund – unter der Annahme, dass es eine vorgegebene Ordnung und Einteilung der Lebewesen gebe und diese lediglich gefunden werden müsse. Mit dem fortschreitenden Verständnis der Evolution wurde eine solche vorgegebene Ordnung immer mehr infrage gestellt, die Frage nach einer sinnvollen Einteilung blieb aber bestehen (◘ Abb. 26.1). Mit der Etablierung der Erkenntnisse der Evolutionsbiologie rückte die Verwandtschaft zwischen Organismengruppen und die gemeinsame Abstammung, die Phylogenie, in den Fokus. Molekulare Daten haben viele vormals unklare Verwandtschaftsbeziehungen entschlüsselt. Durch die Einführung von Hochdurchsatzsequenziertechniken wird die molekulare Phylogenie derzeit zunehmend von der Analyse einzelner Gene auf die Analyse ganzer Genome oder Transkriptome erweitert. Entsprechend der Entwicklung der konzeptuellen Grundlagen und des methodischen Fortschritts hat sich die biologische Systematik in den letzten zwei Jahrhunderten dramatisch verändert. Die über Jahrhunderte tradierte grundlegende Einteilung der Lebewesen in Tiere und Pflanzen ist einer Einteilung in drei Domänen und mehrere Supergruppen innerhalb der Eukaryota gewichen. Tiere im engeren Sinne (Metazoa) und Pflanzen im engeren Sinne (Landpflanzen) sind nur Seitenzweige in diesem komplexen System der Eukaryoten. Nichtsdestotrotz schwingt in der modernen Wissenschaft die Differenzierung von Tieren und Pflanzen aufgrund der Ernährungsweise und der Fortbewegung immer noch mit.

Carl von Linné

Carl von Linné (1707–1778) war ein schwedischer Naturforscher. Neben Beiträgen zur Ökologie und Geobotanik beschäftigte er sich mit der Gliederung der Natur in die drei Naturreiche Lapides (Mineralien), Plantae (Pflanzen) und Animalia (Tiere) sowie der systematischen Aufnahme der zu seiner Zeit bekannten Biodiversität. Obwohl er bestrebt war, ein „natürliches System" zu schaffen, kam er aber über Ansätze nicht hinaus: Gattungen und Arten hielt er für natürlich und ordnete sie daher unter Verwendung einer Vielzahl von Kennzeichen entsprechend ihrer Ähnlichkeit. Für höhere taxonomische Kategorien verwendete Linné dagegen ein künstliches System anhand künstlich ausgewählter Merkmale wie Anzahl, Form, Größenverhältnis und Lage von Körperteilen oder Organen. Sein einflussreichster Beitrag lag in der Einführung der binären Nomenklatur, mit der er die Grundlagen der modernen botanischen und zoologischen Taxonomie schuf. In seinen beiden Werken *Species Plantarum* (1753) und *Systema Naturae* (in der 10. Auflage von 1758) gab er zu jeder beschriebenen Art zusätzlich zum Gattungsnamen ein Epitheton an. Mit der Verwendung solcher zweiteiliger Namen zur Benennung von Arten trennte er konsequent die Benennung einer Art von ihrer Beschreibung. Damit begründete er die bis heute verwendete wissenschaftliche Nomenklatur in der Botanik und der Zoologie. Auf den Vorschlag des Botanikers William Thomas Stearn hin wurde das im Dom von Uppsala bestattete Skelett von Carl von Linné zum Lectotypus für die Art *Homo sapiens* und *Homo sapiens* damit als die Tierart definiert, zu der Carl von Linné gehört.

Charles Darwin

Charles Robert Darwin (1809–1882) war ein britischer Naturforscher und leistete bedeutende Beiträge zur Geologie, Zoologie und Botanik. Basierend auf seinen Erkenntnissen im Rahmen der Forschungsreise auf der HMS Beagle von 1831 bis 1836 entwickelte er eine Theorie zur Entstehung von Arten durch Variation und natürliche Selektion, für die er weitere 20 Jahre Belege sammelte, bevor er sie 1859 in seinem Buch *On the Origin of Species by Means of Natural Selection* (*Über die Entstehung der Arten durch natürliche Zuchtwahl*) publizierte. Aufbauend auf Darwins Erkenntnissen entwickelten sich die Evolutionsbiologie und die Phylogenie zu modernen Disziplinen der Biologie. Die Erkenntnisse Darwins haben das Weltbild, auch außerhalb der Biologie, stark verändert, da seine Theorie auch die gemeinsame Abstammung von Menschen und Tieren postulierte und damit im Widerspruch zum vorherrschenden theologisch geprägten Weltbild stand.

Eine Grundlage der Systematik ist die Bildung von Kategorien zur Einteilung von Lebewesen
Aristoteles (384–322 v. Chr.) teilte Materie basierend auf verschiedenen Eigenschaften bzw. Fähigkeiten in verschiedene Gruppen ein. Die Pflanzen unterschied er von der unbelebten Natur durch die Fähigkeit zur Assimilation und Fortpflanzung, den Tieren schrieb er darüber hinaus die Fähigkeit der Empfindung zu. Diese Gruppierung bildete die Grundlage für die Einteilung in drei Naturreiche – Mineralreich, Pflanzenreich und Tierreich, entsprechend der naturwissenschaftlichen Disziplinen Geowissenschaften, Botanik und Zoologie.
Aus vergleichenden anatomischen und physiologischen Untersuchungen leitete Aristoteles **Kategorien** zur Einteilung von Tieren ab und legte damit den Grundstein einer zoologischen Systematik. Entsprechend leitete sein Schüler Theophrast (371–287 v. Chr.) Kategorien zur Einteilung der Pflanzen aus der pflanzlichen Morphologie und Physiologie ab und legte den Grundstein der botanischen Systematik. Die Definition der Kategorien hat sich in der Folgezeit verändert, eine Einteilung von Lebewesen in Kategorien verschiedener Hierarchiestufen ist aber bis heute ein zentrales Element der biologischen Systematik.

Die Grundeinheit der biologischen Systematik ist die Art
John Ray (1627–1705) definierte den Begriff „Art" oder „Spezies" erstmals abweichend von früheren philosophischen Definitionen als Gruppe von Organismen gemeinsamer Abstammung, also als Gruppe von miteinander verwandten Organismen. So definierte er Pflanzen einer Art zugehörig, „die vom gleichen Samen abstammen und ihre Eigenart durch Aussaat weiter fortpflanzen" (zitiert nach Mägdefrau 1992, S. 51). Die geschlechtliche Fortpflanzung wurde von Ray und später von Linné als wichtiger Unterschied zur unbelebten Natur angesehen. Ray definierte Arten als lückenlose Reihe von Nachkommen und legte die Basis für die wissenschaftliche Definition der **Artkonstanz**. Die geschlechtliche Fortpflanzung erlaubte auch eine Unterscheidung zwischen Arten einerseits und Zuchtformen und Varietäten andererseits. Aus heutiger Sicht treffen diese Überlegungen für viele Arten nicht zu, sie schufen aber eine wissenschaftliche Basis für die Definition der Art als Grundeinheit der biologischen Systematik.

Arten sind miteinander verwandt
Die Selektion als die treibende Kraft der Veränderlichkeit von Arten und ihre Bedeutung für die Entstehung neuer Arten wurden erstmals von Charles Darwin (1809–1882) in seinem Buch *On the Origin of Species* dargestellt und bilden die Basis der **Evolutionsbiologie**. Vor Darwin wurden Arten als voneinander unabhängige Einheiten angesehen. Die Veränderlichkeit von Arten wurde zwar schon früh erkannt und in der Pflanzen- und Tierzucht angewandt, diese wurde aber als rein innerartliche Variation verstanden. Darwin ersetzte die Theorie einer getrennten Entstehung (oder Schöpfung) aller Arten durch eine Theorie der gemeinsamen Abstammung. Basierend auf der Erkenntnis der gemeinsamen Abstammung von Arten erforscht die **Phylogenie** die Stammesgeschichte und die Abstammungsverhältnisse der Organismen. Die Evolutionsbiologie beschäftigt sich darüber hinaus auch mit den Mechanismen der stammesgeschichtlichen Abläufe. Die Wandelbarkeit der Arten und deren Entstehung aus anderen Spezies führte zu Schwierigkeiten der Abgrenzung von Arten und der Definition des Artbegriffs, eine Diskussion, die bis heute anhält.

Die Taxonomie nutzt ein hierarchisches Klassifizierungssystem, das auf Homologien beruht
Aufbauend auf den Grundlagen der griechischen Philosophen und den darauf beruhenden Systemen entwickelte John Ray ein echtes Klassifikationssystem und damit eine Basis für ein modernes **natürliches System** auf der Basis von Homologien – sowohl in Botanik als auch in Zoologie. Diesen Versuch, ein natürliches Klassifizierungssystem zu schaffen, brachte Carl von Linné (1707–1778) zu einem vorläufigen Abschluss. Im Gegensatz zu den früheren künstlichen Systemen beruhen die von Ray und Linné entwickelten Klassifizierungssysteme auf Homologien und damit auf der Verwandtschaft der Organismen. Die evolutionären Grundlagen für diese Homologien wurden allerdings erst später erkannt.

Die Nomenklatur regelt die Benennung von Lebewesen
Arten wurden vor Linné meist nach ihren Eigenschaften benannt, diese Praxis führte zu langen und oft nicht eindeutigen Artnamen. Carl von Linné führte aus dem **Gattungsnamen** und einem Beiwort (**Epitheton**) zusammengesetzte Namen für die Arten ein. Dieses System der Benennung, die **binäre Nomenklatur**, setzte sich durch. Die Werke Linnés, in denen er diese Benennung erstmals konsequent für die Pflanzen (*Species plantarum*, 1753) und für die Tiere (10. Auflage von *Systema naturae*, 1758) anwandte, legten die Basis für die moderne Nomenklatur. Falls eine Art unabhängig mehrfach benannt wurde, gilt jeweils die frühere Benennung, Namen vor Einführung der binären Nomenklatur durch Linné haben jedoch keine Gültigkeit.

Die Organismenreiche sind nicht unabhängig voneinander entstanden
Basierend auf der Evolutionstheorie Darwins und der Zelltheorie (der Theorie, dass alle Lebewesen aus Zellen aufgebaut sind) entwickelte sich die Erkenntnis, dass auch Tier- und Pflanzenreich miteinander verwandt sind. Die Entdeckung von Mikroorganismen nach Entwicklung der ersten Mikroskope durch Antoni van Leeuwenhoek (1632–1723) stellte zudem die grundlegende Einteilung der Organismen in Tier- und Pflanzenreich infrage – zumal die Experimente von Louis Pasteur (1822–1895) belegten, dass auch Mikroorganismen nicht spontan aus unbelebter Materie entstehen und die Erkenntnisse der Evolutionsbiologie somit für Mikroorganismen ebenfalls gelten. Das urspüngliche Klassifizierungssystem mit Tier- und Pflanzenreich wurde durch zunehmend komplexere Systeme ersetzt. 1925 führte Edouard Chatton die Unterscheidung zwischen **Prokaryoten** und **Eukaryoten** ein. Die Zellorganisation von Prokaryoten und Eukaryoten als Kriterium für die Einteilung der Organismen setzte sich erst in den 1960er-Jahren durch. Seit den 1990er-Jahren setzte sich zunehmend das auf molekularen Sequenzdaten der ribosomalen RNA basierende, von Carl Woese propagierte **Domänenmodell** durch, nach dem Lebewesen in die drei Domänen **Archaea**, **Bacteria** und **Eukarya** eingeteilt werden. Innerhalb der Eukaryoten wurde die Unterteilung in Tiere und Pflanzen zunehmend durch ein System mehrerer Supergruppen ersetzt. Die Verwandtschaftsbeziehungen der Großgruppen sind Forschungsgegenstand der **Megasystematik**.

Abb. 26.1 Überblick über die biologische Systematik und Evolutionsbiologie

26.2 Alles Leben auf der Erde geht auf einen gemeinsamen Ursprung zurück

Alle heutigen Lebewesen bestehen aus Zellen, die von einer Membran umgeben sind. Es lässt sich grundsätzlich eine prokaryotische Organisation von einer eukaryotischen Zellorganisation unterscheiden. **Prokaryoten** sind vergleichsweise einfach gebaut, insbesondere fehlen ihnen in der Regel ein komplexes Endomembransystem und Organellen, die von mehreren Membranen umgeben sind (◘ Abb. 26.2; ▶ Abschn. 3.2). **Eukaryoten** besitzen dagegen wesentlich stärker differenzierte Zellen (▶ Abschn. 3.4).

Alle Lebewesen, also Eukaryoten und Prokaryoten, haben gemeinsame Eigenschaften (◘ Abb. 26.3). Diese Eigenschaften und phylogenetische Analysen weisen auf einen gemeinsamen Ursprung, also die Abstammung von einem gemeinsamen Vorfahren, hin. Der letzte gemeinsame Vorfahr (**LUCA**, von engl. *last universal common ancestor*) ist aber mit dem ersten Lebewesen gleichzusetzen. Vor der Radiation und Aufspaltung in die heutigen Linien könnten die frühen Lebewesen eine Evolution und auch frühere Radiationen durchlaufen haben. Die LUCA-Hypothese postuliert lediglich, dass andere, möglicherweise parallel existierende Linien ausgestorben sind und alle heute lebenden Organismen auf den LUCA zurückzuführen sind (◘ Abb. 26.3). Die Evolution der allen heutigen Lebewesen gemeinsamen Eigenschaften hat nach dieser Hypothese vorher stattgefunden. Der LUCA entspricht daher nicht notwendigerweise der einfachsten und ursprünglichsten Organisation eines Lebewesens. Allerdings lässt die Rekonstruktion der physiologischen Fähigkeiten Rückschlüsse auf die Eigenschaften sehr früher Lebensformen zu. Diese Rekonstruktion ist allerdings nicht einfach. Eigenschaften und Gene, die allen Großgruppen der Lebewesen gemeinsam sind, werden als ursprünglich angesehen.

Es gilt dabei als unwahrscheinlich, dass gleiche Merkmale mehrfach unabhängig entstanden sind. Schließt man eine solche mehrfache Entstehung der Merkmale aus, müssen die Merkmale bei dem letzten gemeinsamen Vorfahren bereits vorhanden gewesen sein und über **vertikalen Gentransfer** von der Elterngeneration auf die Nachkommen vererbt worden sein. Diese Annahme ist aber für die Rekonstruktion der Verwandtschaftsbeziehungen zwischen den Großgruppen nicht unbedingt richtig. Viele Eigenschaften wurden auch über **lateralen Gentransfer** zwischen den verschiedenen Großgruppen ausgetauscht. Solche Merkmale können also durchaus erst später entstanden sein und wären dann keine Merkmale des gemeinsamen Vorfahren, obwohl verschiedene Nachkommenlinien diese Merkmale aufweisen (▶ Abschn. 28.7).

Die höchste Klassifizierungskategorie für Lebewesen ist die **Domäne**. Allgemein hat sich die Einteilung des Lebens in drei Domänen etabliert – in die **Bacteria**, die **Archaea** und die **Eukaryota** bzw. **Eukarya**. Bacteria und Archaea weisen eine **prokaryotische Zellorganisation** auf, die Eukaryoten dagegen eine **eukaryotische Zellorganisation**. Die Eukaryoten haben einige Merkmale mit den Bakterien gemeinsam, insbesondere gehen Mitochondrien und Plastiden auf Bakterien zurück. Viele Merkmale teilen die Eukaryoten aber auch mit den Archaea (◘ Abb. 26.3). Phylogenetische Analysen, die auf wenigen Genen oder auf Merkmalen (und Genen) beruhen, die Bakterien, Archaeen und Eukaryoten gemeinsam sind, unterstützen meist das Drei-Domänen-Modell. Es ist allerdings umstritten, ob die Eukaryoten als Schwestergruppe der Archaea, und damit als dritte Domäne des Lebens, anzusehen sind, oder ob sie eine phylogenetische Linie innerhalb der Archaea darstellen. Neuere Analysen unter Einbeziehung genomweiter Daten legen den Ursprung der Eukaryota innerhalb der Archaea nahe (Eocyten-Hypothese). Sollte sich dies bestätigen, wären die Eukaryota keine von den Archaea unabhängige monophyletische Gruppe. Dies würde also für nur zwei Domänen, Bacteria und Archaea, sprechen.

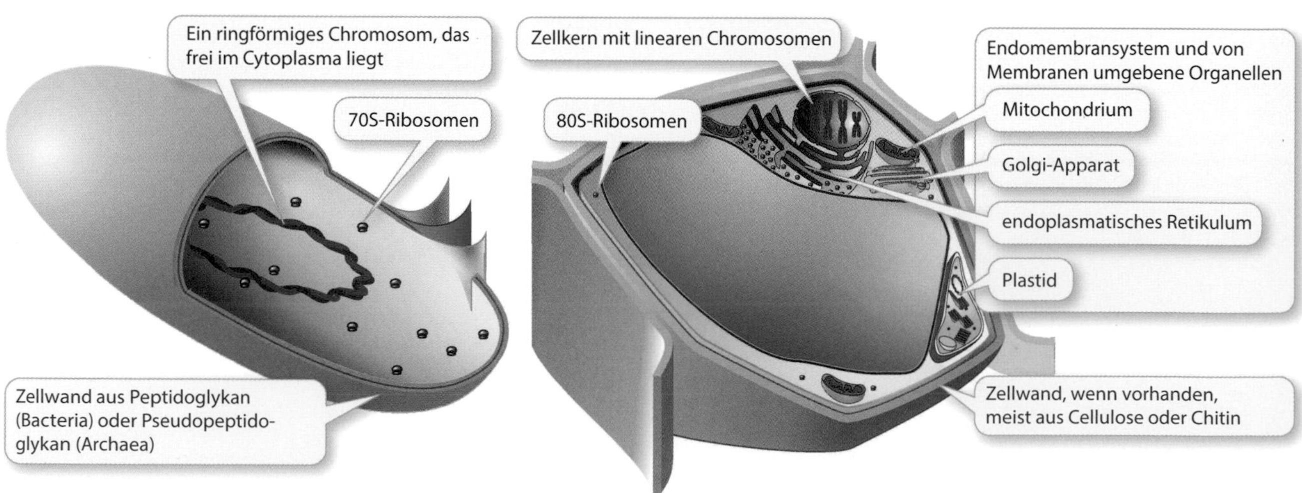

◘ **Abb. 26.2** Zellorganisation der Prokaryoten (links) und der Eukaryoten (rechts)

Gemeinsame Merkmale aller Domänen
- in einer von einer Membran umgebenen Zelle organisiert
- ATP-Synthasen
- DNA als Erbmaterial
- einheitlicher genetischer Code (Abweichungen in der Codierung einzelner Aminosäuren sind möglich)
- mRNA und tRNA
- Translation läuft über Ribosomen

Gemeinsame Merkmale der Bacteria...
prokaryotische Zellorganisation:
- kein Zellkern
- meist nur ein ringförmiges Chromosom
- Plasmide
- keine membranumschlossene Organellen
- 70S-Ribosomen

Abweichende Merkmale der Eukaryota
eukaryotische Zellorganisation:
- membranumschlossenener Zellkern
- meist viele lineare Chromosomen
- keine Plasmide
- membranumschlossene Organellen
- 80S-Ribosomen

... und der Archaea
prokaryotische Zellorganisation:
- kein Zellkern
- meist nur ein ringförmiges Chromosom
- Plasmide
- keine membranumschlossene Organellen
- 70S-Ribosomen

Gemeinsame Merkmale der Bacteria und der Eukaryota
- Aufbau der Membranen aus unverzweigten Esterlipiden

Abweichende Merkmale der Archaea
- Membran aus verzweigten Etherlipiden

Abweichende Merkmale der Bacteria
- Gene in der Regel ohne Introns
- Transkription mit Pribnow-Box
- abweichender Ablauf der Translation mit Initiator-tRNA, die Formylmethionin überträgt

Gemeinsame Merkmale der Archaea und der Eukaryota
- Gene häufig mit Introns
- ähnlicher Ablauf der Transkription mit TATA-Box in der Promotorregion der Gene
- ähnlicher Ablauf der Translation mit ähnlichen Initiations- und Translationsfaktoren, die Initiator-tRNA überträgt Methionin

Alleinstellungsmerkmale (Bacteria)
- Zellwand aus Peptidoglykan

Alleinstellungsmerkmale (Eukaryota)
- Zellwand, wenn vorhanden, meist aus Cellulose oder Chitin

Alleinstellungsmerkmale (Archaea)
- Zellwand aus Pseudopeptidoglykan

Bacteria **Eukaryota** **Archaea**

Physiologische Überlegungen und phylogenetische Analysen, unter der Annahme von lateralem Gentransfer zwischen den Domänen, deuten auf einen Ursprung der Eukaryota innerhalb der Archaea hin. Nach diesen Vorstellungen ist das Leben in **zwei Domänen**, Bacteria und Archaea, einzuteilen. Diese Überlegungen legen nahe, dass die ersten Lebewesen anaerobe, autotrophe Organismen waren und insbesondere die Reduktion von CO_2 durch H_2 eine zentrale Rolle in der Physiologie dieser frühen Organismen spielte.

Die Eukaryoten werden nach verbreiteten Vorstellungen als Schwestergruppe der Archaea und damit als dritte Domäne des Lebens angesehen. Organismen aller **drei Domänen** besitzen Gene, die unter anderem für die Glykolyse codieren. Die Präsenz dieser und weiterer Gene impliziert (sofern ein Austausch von Genen zwischen den Domänen ausgeschlossen wird), dass die ersten Lebewesen organoheterotroph waren.

Der letzte gemeinsame Vorfahre aller Lebewesen (**LUCA**, von engl. *last universal common ancestor*) ist nicht das erste Lebewesen. Andere frühe phylogenetische Linien, sofern es sie gegeben hat, sind aber ausgestorben. Alle heute lebenden Linien lassen sich daher auf einen gemeinsamen Vorfahren zurückführen.

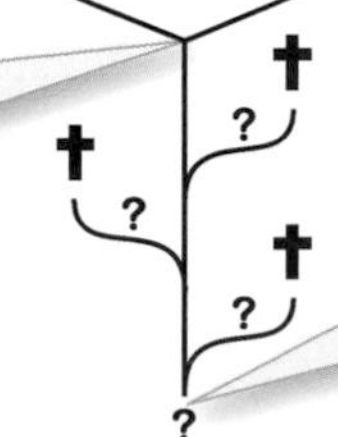

Die Entstehung des Lebens und die Eigenschaften der ersten Lebewesen sind hypothetisch. Erstes Leben auf der Erde lässt sich aber aufgrund geochemischer Beweise auf etwa 4 Mrd. Jahre datieren.

Abb. 26.3 Die Lebewesen werden in drei oder zwei Domänen eingeteilt

26.3 Die meisten Arten sind ausgestorben und die meisten heute lebenden Arten sind noch nicht wissenschaftlich beschrieben

Die **Art** (oder Spezies) ist die basale Einheit der biologischen Systematik. Bislang sind rund 1,6 Mio. Arten beschrieben. Die Gesamtzahl lebender Eukaryoten wird auf etwa 9 Mio. geschätzt, davon ca. 5 Mio. Tiere und ca. 400.000 Pflanzen (■ Abb. 26.4). Wirbeltiere und Landpflanzen sind vergleichsweise gut untersucht. Man geht davon aus, dass von diesen Gruppen über 80 % der Arten bekannt und wissenschaftlich beschrieben sind. Bei den Mollusken ist immerhin noch über die Hälfte der Arten beschrieben. In allen anderen Organismengruppen ist der Großteil der Artenvielfalt allerdings noch unbekannt. Dies gilt insbesondere für mikrobielle Arten, also Arten, die kleiner als 1 mm sind. Obwohl mikrobielle Taxa in fast allen Lebensräumen die individuenreichsten Organismengruppen stellen, sind weniger als 10 % der mikrobiellen Eukaryoten bekannt. Die Diversität der Prokaryoten ist wahrscheinlich noch weitaus größer: Der „Stammbaum des Lebens“, basierend auf molekularen Analysen, spiegelt eine enorme Diversität von Bakterien und Archaeen wider. Die Zahl der prokaryotischen Arten ist kaum abzuschätzen.

Trotz der enormen Vielfalt ist die rezente **Biodiversität** nur ein Schnappschuss der seit 4 Mrd. Jahren andauernden und durch Artneubildung und Aussterben von Arten verursachten Fluktuation der Artenvielfalt. Die heutige Artenvielfalt und deren Verteilung auf der Erde sind das Ergebnis von über 4 Mrd. Jahren

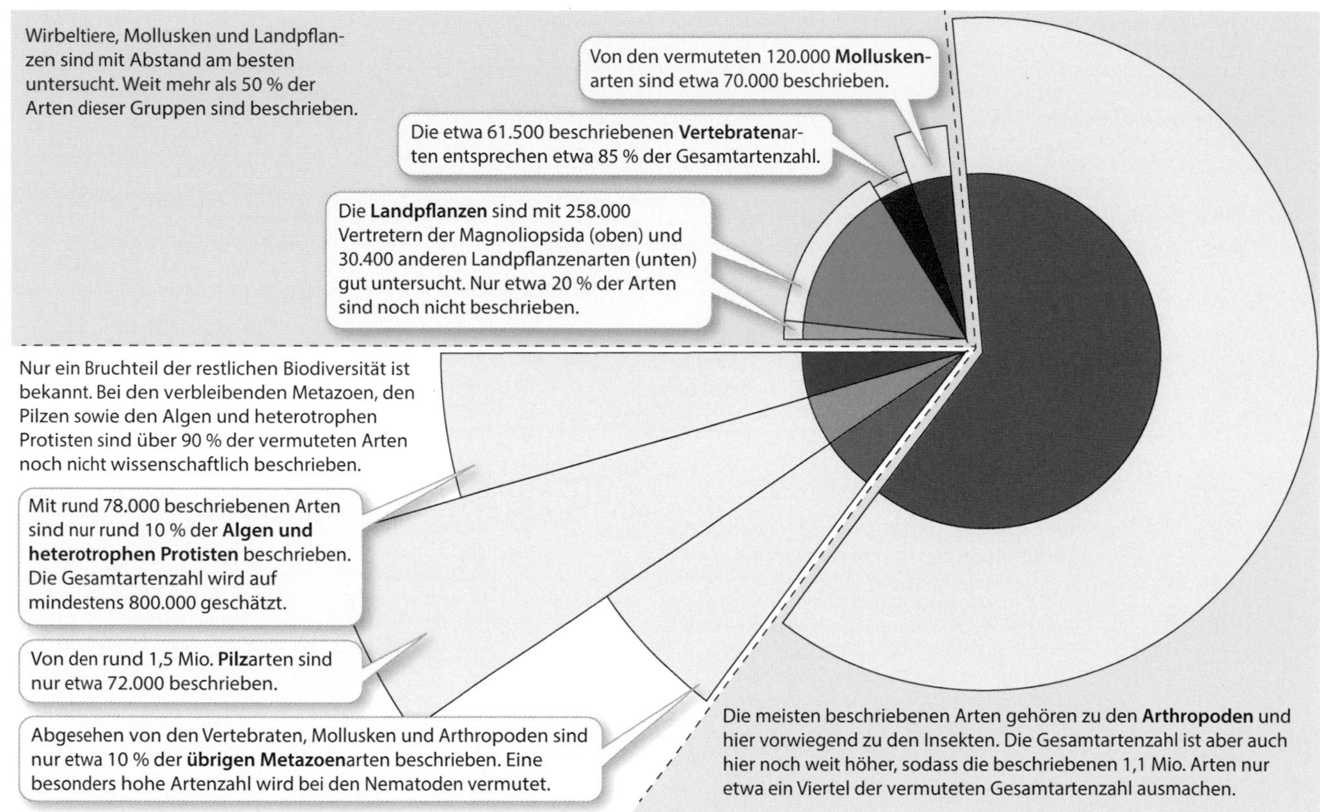

■ **Abb. 26.4** Globale Zahlen bekannter Eukaryotenarten (farbig) und geschätzte Anteile der noch nicht wissenschaftlich beschriebenen Arten (grau)

Die marine Fauna des unteren Paläozoikums war besonders artenreich an **Trilobiten**.

In den Meeren des oberen Paläozoikums waren die **Brachiopoden** sehr reich an Arten.

Ab dem Mesozoikum waren die **Mollusken**, vor allem Muscheln und Kopffüßer, sehr artenreich.

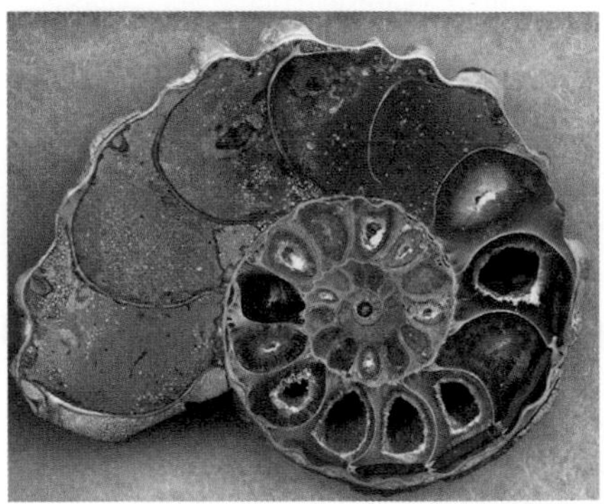

■ **Abb. 26.5** Die weitaus meisten Arten sind ausgestorben

Evolution. Seit der Entstehung des Lebens bis heute nahm die Artenvielfalt grundsätzlich zu, ist aber von mehreren erheblichen Rückgängen im Verlaufe der Erdgeschichte gekennzeichnet. Allein seit dem Entstehen vielzelliger komplexer Lebensformen kam es zu fünf großen und vielen kleineren Aussterbeereignissen und damit zu plötzlichen starken Einbrüchen der globalen Biodiversität (▶ Abschn. 29.6). Die Anzahl der Tier- und Pflanzenarten, die seit Beginn des Phanerozoikums, also in den letzten 542 Mio. Jahren, auf der Erde lebten, wird auf rund 4 Mrd. geschätzt. Dem stehen „nur" wenige Millionen heute lebende Tier- und Pflanzenarten gegenüber. Mit weit über 99 % der Arten sind nahezu alle Arten ausgestorben, die je auf der Erde gelebt haben (◘ Abb. 26.5).

Arten existieren meist nur zwischen mehreren Tausend und mehreren Millionen Jahren. Die überwiegende Anzahl der heute lebenden Arten ist erst im Quartär, also den letzten 2,6 Mio. Jahren, entstanden. Daher sind das Aussterben von Arten und die Entstehung neuer Arten ein zentraler Schlüssel zum Verständnis der heutigen Artenvielfalt.

Der heutige, vorwiegend durch den Menschen verursachte Verlust der Artenvielfalt erreicht oder übersteigt sogar die Raten der fünf großen Aussterbeereignisse der jüngeren Erdgeschichte. Die **Aussterberate** der letzten 500 Jahre, also der Anteil an Arten, die in diesem Zeitintervall ausgestorben sind, liegt so hoch oder höher als alle aus der Erdgeschichte bekannten Aussterberaten. Die Geschwindigkeit des Artenverlusts ist daher in der jüngeren Erdgeschichte einmalig. Die Zahl der in den letzten 500 Jahren ausgestorbenen Arten ist dagegen recht niedrig und liegt in den verschiedenen Organismengruppen meist unter 1 %. Die Anzahl der gefährdeten Arten ist jedoch hoch – rund jede vierte Wirbeltierart und jede sechste Landpflanzenart gilt als gefährdet (◘ Abb. 26.6). Das Ausmaß des gegenwärtigen Artensterbens ist also (noch) überschaubar, die Geschwindigkeit des Artensterbens ist dagegen extrem hoch (▶ Abschn. 35.1). Daher ist es wahrscheinlich, dass der Anteil der ausgestorbenen Arten in den kommenden Jahrhunderten ein ähnliches Ausmaß erreicht wie während der großen **Massenaussterben** der Erdgeschichte.

Die Erfassung der Artenvielfalt und das Verständnis der Mechanismen, die zum Aufbau und zur Erhaltung der Artenvielfalt beitragen, sind das Thema dieses Kapitels: Systematik und Evolutionsbiologie.

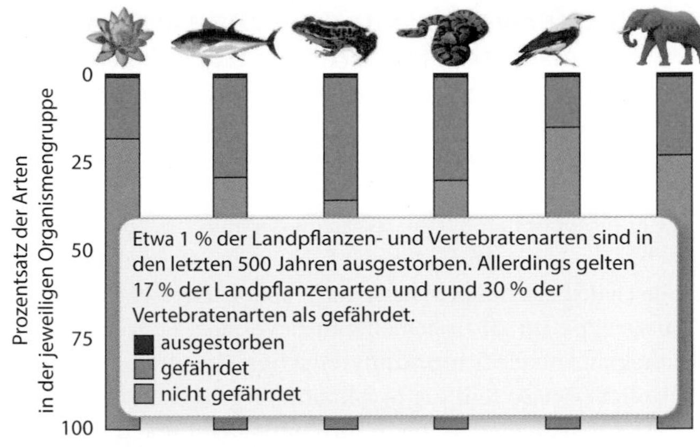

◘ **Abb. 26.6** Der Anteil der in den letzten 500 Jahren ausgestorbenen Arten ist gering, der Anteil gefährdeter Arten aber sehr hoch

26.4 Die Verwandtschaftsverhältnisse der Organismen lassen sich nur begrenzt mit taxonomischen Hierarchieebenen abbilden

Ziel der biologischen Systematik ist in der Regel die Einordnung von Organismen in das System der Lebewesen aufgrund ihrer Verwandtschaftsbeziehungen. Lassen sich alle Arten einer Verwandtschaftsgruppe auf einen gemeinsamen Vorfahren zurückführen, spricht man von einer **monophyletischen Gruppe** oder **Klade**.

Üblicherweise teilt die Systematik Organismen in taxonomische Rangstufen ein. Von der Art ausgehend sind die nächsthöheren Rangstufen die Gattung, die Familie, die Ordnung, die Klasse und der Stamm bzw. Phylum (◘ Abb. 26.7). Die stammesgeschichtlichen Beziehungen, wie sie beispielsweise durch **phylogenetische Bäume** (▶ Abschn. 30.12) ausgedrückt werden, lassen sich aber nur unzureichend mit den taxonomischen Rangstufen abbilden. Entsprechend nutzt die moderne Systematik häufig weitere Hierarchieebenen, die keiner formalen taxonomischen Rangstufe entsprechen.

Hinzu kommt, dass Organismen häufig auch basierend auf einer morphologischen oder funktionellen Ähnlichkeit zu Gruppen zusammengefasst werden, diese Gruppen aber in vielen Fällen nicht einer monophyletischen Gruppe entsprechen. Dies gilt insbesondere für viele umgangssprachlich gebräuchliche Organismengruppen. Prominente Beispiele sind die Zuordnung der Krokodile zu den Reptilien (◘ Abb. 26.8), die Einteilung der Protisten in Algen und Protozoen oder auch die Einteilung in Tiere und Pflanzen. So scheint die Zugehörigkeit von Lebewesen zu entweder den Tieren, den Pflanzen oder den Pilzen intuitiv klar. Hinterfragt man diese Begriffe jedoch, ist häufig nicht mehr

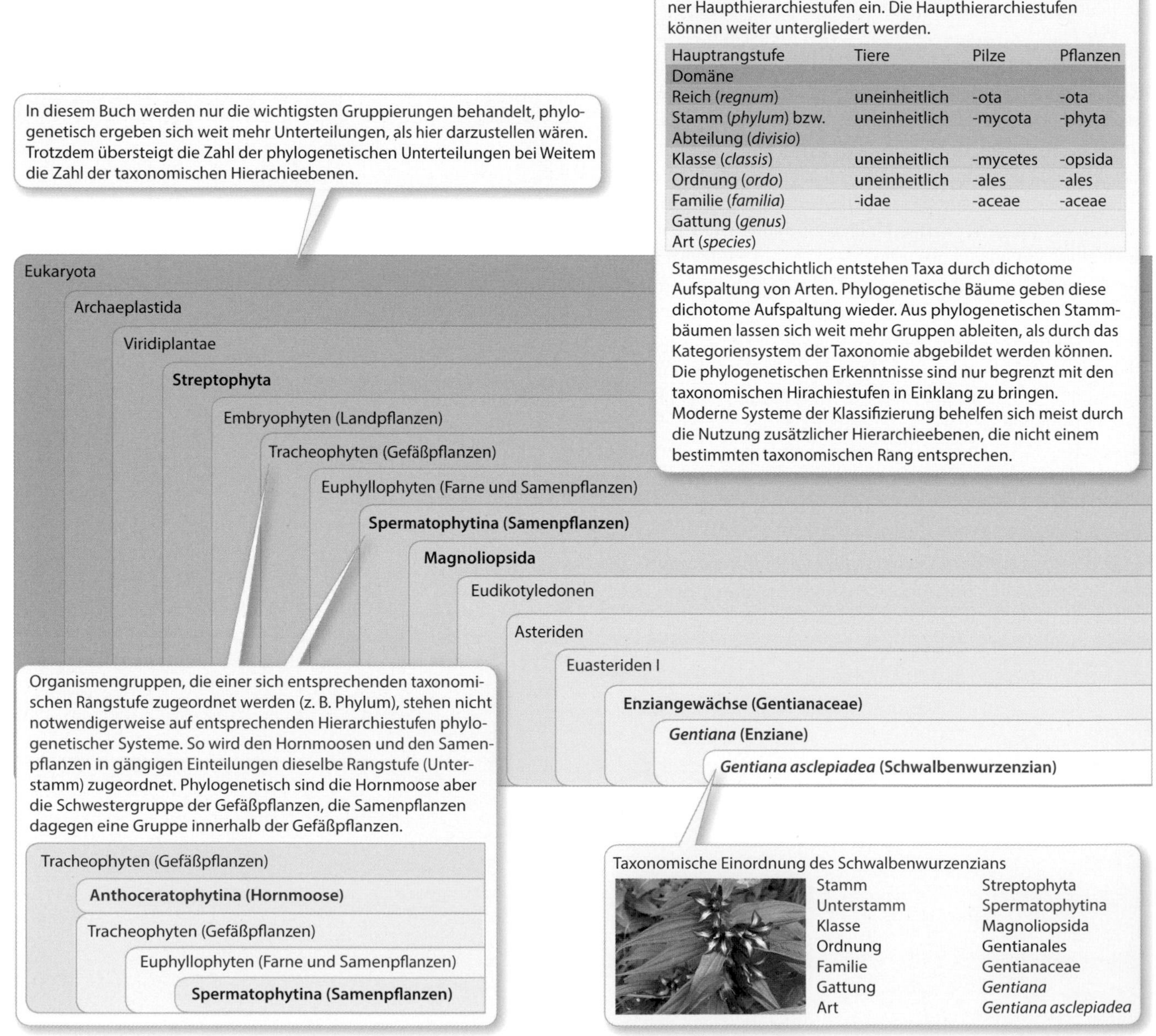

◘ **Abb. 26.7** Die in diesem Buch dargestellte Systematik geht über die taxonomischen Hauptrangstufen hinaus. Trotzdem ist sie, wie jede Gruppierung von Organismen, eine Vereinfachung der tatsächlichen Verhältnisse

Abb. 26.8 Die historische Sichtweise, die die Reptilien den Vögeln gegenüberstellt, entspricht nicht der Phylogenie

so eindeutig, welche Organismen genau gemeint sind. Dies ist auf eine Vermischung einer funktionell-ökologischen Definition mit dem Versuch einer systematischen Definition zurückzuführen.

So steht die **funktionelle Einteilung** in Tiere, Pflanzen und Pilze nicht im Einklang mit der Phylogenie: Funktionell werden in der Regel die zur Photosynthese befähigten Organismen als Pflanzen bezeichnet (Abb. 26.9). Photosynthese betreiben aber neben den Landpflanzen auch eukaryotische Algen und Cyanobakterien, die nicht mit den Landpflanzen verwandt sind. Organismen, die sich frei fortbewegen und partikuläre Nahrung fressen, werden meist als Tiere eingestuft. Auch hier ist die Ernährungsweise aber für Organismen vieler verschiedener Verwandtschaftslinien charakteristisch. Dasselbe gilt für die Pilze. Organismen, die sich osmotroph ernähren, werden häufig als Pilze klassifiziert. Diese Ernährungsweise ist jedoch ebenfalls in vielen phylogenetischen Gruppen zu finden.

Im phylogenetischen Kontext entsprechen am ehesten die monophyletischen Landpflanzen – also Moose, Farne, Bärlappe und Samenpflanzen – dem Begriff Pflanze. Entsprechend umfasst die phylogenetische Linie der Metazoa die makroskopischen Tiere und die phylogenetische Linie der Fungi die makroskopischen Pilze. Diese phylogenetisch definierten Gruppen sind daher nur durch die Verwendung der taxonomischen bzw. phylogenetischen Gruppennamen, also Embryophyten, Metazoa und Nucletmycea (bzw. Fungi), eindeutig bezeichnet.

Mit dem Begriff Tier werden freie Ortsbewegung und phagotrophe Ernährung assoziiert (links). Diese Eigenschaften treffen aber nicht auf alle Metazoa zu. Mit dem Begriff Pflanze werden photoautotrophe Ernährung und sessile Lebensweise assoziiert (Mitte). Aufgrund der sessilen, nicht phagotrophen Lebensweise werden Pilze (rechts) meist in der Botanik behandelt, auch wenn sie näher mit den Metazoa verwandt sind.

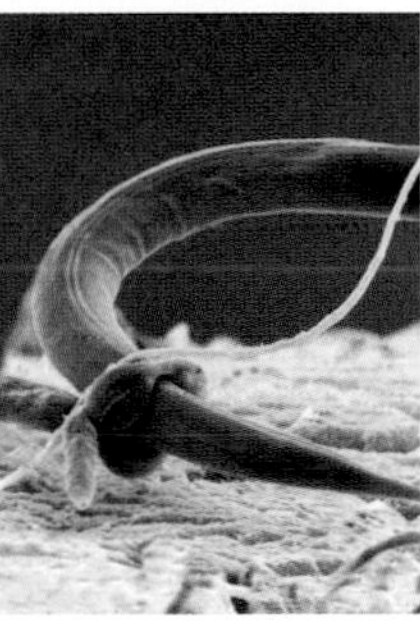

Schwämme, Korallen und Tunicaten (links) sind Beispiele für auf dem Substrat festgewachsene Metazoa. Der zu den Embryophyta gehörende Fichtenspargel (*Monotropa hypopitys*; Mitte) ernährt sich myko-heterotroph. Er betreibt keine Photosynthese, die Plastiden sind chlorophyllfrei. Der Pilz *Zoophagus* spec. fängt mithilfe schlingenförmiger Hyphen Nematoden.

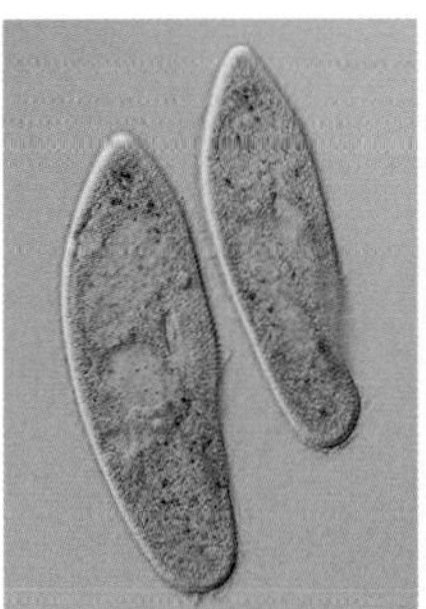
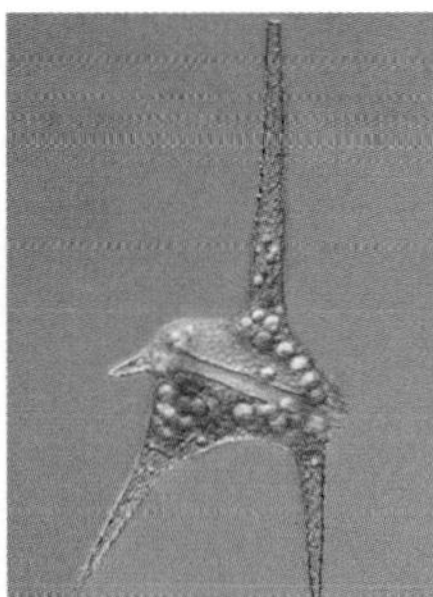

Mit Tieren, Pflanzen oder Pilzen assoziierte Eigenschaften finden sich auch in ganz anderen Organismengruppen wie beispielsweise den Alveolata und Stramenopiles: Pantoffeltierchen (*Paramecium* spec.; links) ernähren sich von Bakterien und anderen Kleinstorganismen. Sie gehören aber als Ciliaten zu den Alveolata. Der Dinoflagellat *Ceratium hirundinella* (Mitte) betreibt Photosynthese. Dinoflagellaten sind aber nicht mit den Embryophyten verwandt, sondern gehören wie die Ciliaten zu den Alveolata. Der Fischschimmel (*Saprolegnia* spec.; rechts) ist ein Eipilz (Peronosporomycetes) und gehört zu den Stramenopiles. Seine Lebensweise und Morphologie ähneln aber der von Schimmelpilzen.

Abb. 26.9 Die phylogenetischen Gruppen der Metazoa, Embryophyta und Nucletmycea werden oft synonym mit den Begriffen Tiere, Pflanzen und Pilze verknüpft. Eigenschaften, die typischerweise mit Tieren, Pflanzen und Pilzen assoziiert werden, finden sich aber auch in anderen Verwandtschaftsgruppen

26.5 Erkenntnisse des 19. Jahrhunderts veränderten die Evolutionstheorie grundlegend

Die Frage nach dem Ursprung des Menschen, anderer Lebewesen, des Lebens ganz allgemein sowie nach den Verwandtschaftsbeziehungen zwischen den Arten beschäftigte Menschen schon seit der Antike. Zunächst stand eine Suche nach einer **„natürlichen Ordnung" der Lebewesen** im Vordergrund – unter der Annahme, dass es eine vorgegebene Ordnung und Einteilung der Lebewesen gibt und diese lediglich gefunden werden müsse.

Theologische und philosophische Schriften bildeten über lange Zeit eine einflussreiche Quelle des biologischen Diskurses, auch die an Bedeutung gewinnenden Universitätsbibliotheken waren zunächst theologisch geprägt.

Mit fortschreitendem Verständnis der biologischen Diversität wurde eine vorgegebene Ordnung immer mehr infrage gestellt, und Mitte des 19. Jahrhunderts veränderte sich aufgrund verschiedenster Beobachtungen von Naturforschern das biologische Grundverständnis grundlegend:

- Naturkundliche Expeditionen im 18. und 19. Jahrhundert, neue paläontologische und geographische Erkenntnisse führten dazu, dass **Charles Darwin** (▶ Abschn. 26.1) und

Artbegriff und Artverwandtschaft

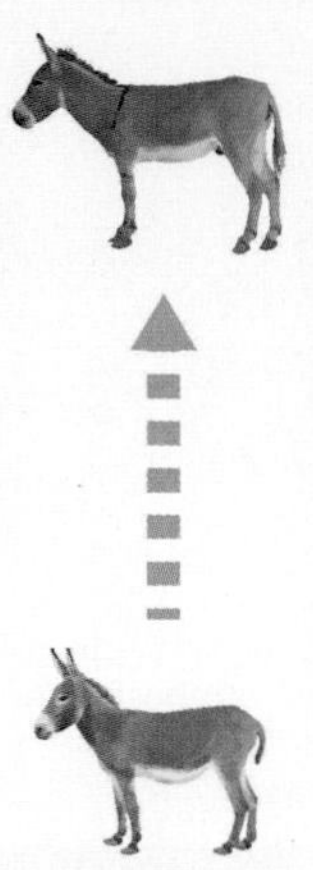

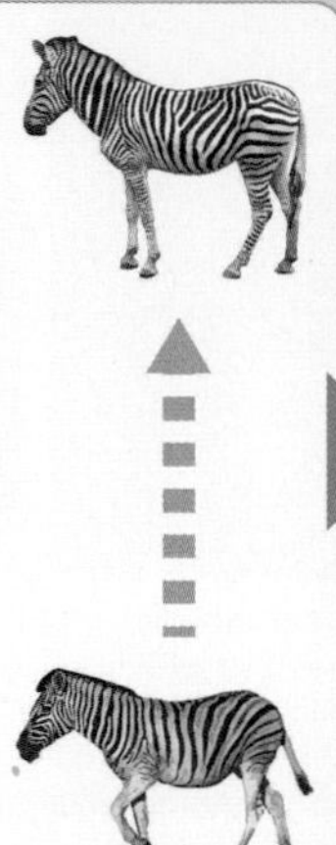

Arten wurden vor dem 19. Jahrhundert als unveränderlich angesehen (**Artkonstanz**) – eine gewisse Variation innerhalb der Arten und auch eine graduelle gerichtete Veränderlichkeit (**Gradualismus**), wie es beispielsweise der praktischen Erfahrung der Tier- und Pflanzenzüchtung entsprach, standen dabei außer Frage.

Übergangsformen – sowohl bei nahe verwandten Arten, als auch zwischen höheren taxonomischen Einheiten

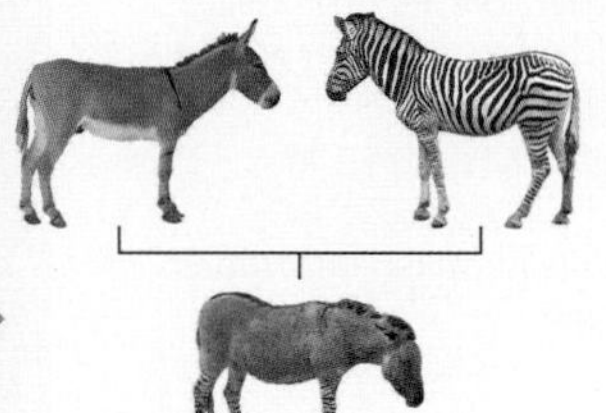

Übergangsformen und Hybriden zwischen Arten waren zwar schon früh bekannt, deren Bedeutung im Sinne der Evolutionstheorie wurde aber erst im 19. Jahrhundert erkannt.

Übergangsformen zwischen systematischen **Großgruppen**: Das *Archaeopteryx*-Fossil mit Reptilien- und Vogelmerkmalen als *missing link* wurde noch zu Darwins Lebzeiten entdeckt.

Im 19. Jahrhundert entwarf der französische Biologe **Jean-Baptiste de Lamarck** (* 1. August 1744 in Bazentin-le-Petit, † 18. Dezember 1829 in Paris) eine Evolutionstheorie, die annahm, dass graduelle Änderungen der Umgebung zu einer Veränderung der Lebensweise der Organismen und damit zu einer Veränderung der Organismen selbst führen. Eine Vererbung dieser erworbenen Eigenschaften wird heute in den Fragestellungen der Epigenetik wieder aktuell. Darüber hinaus nahm Lamarck einen „Vervollkommnungstrieb" an, der dazu führt, dass die Organismen im Laufe der Evolution immer komplexer werden. Die Existenz von einfach organisierten Lebewesen erklärte Lamarck dabei mit einer weiterhin stattfindenden Rate an Spontanzeugungen.
Auf solchen Überlegungen aufbauend präsentierten **Charles Darwin** (* 12. Februar 1809 in Shrewsbury, † 19. April 1882 in Downe) und **Alfred Russel Wallace** (* 8. Januar 1823 in Usk, † 7. November 1913 in Broadstone) im Jahr 1858 Arbeiten zur Theorie der Evolution, die die Basis für das heutige Verständnis der Evolution legten. Anstelle des von Lamarck postulierten Vervollkommnungstriebes trat die **natürliche Selektion** als treibender Mechanismus. Diese Überlegungen wurden von Darwin 1859 in seinem umfassenden Buch *On the Origin of Species* untermauert.

Jean-Baptiste de Lamarck

Charles Darwin

Abb. 26.10 Die Evolutionstheorie lieferte Beweise für die Entstehung von Arten aus anderen Arten

Entstehung von Lebewesen

Es entsprach der generellen Ansicht, dass niedere Lebensformen jederzeit aus geeigneten Medien (Wasser, Schlamm, Erde) entstehen konnten. Die Existenz von einfach organisierten Lebewesen wurde noch von Lamarck mit einer weiterhin stattfindenden Rate an Spontanzeugungen erklärt.

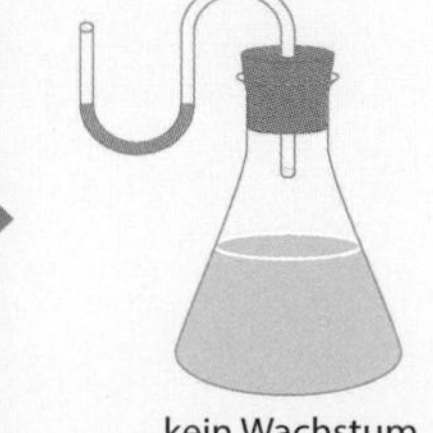

kein Wachstum

Wachstum

Louis Pasteur

Die Experimente von Louis Pasteur (* 27. Dezember 1822 in Dole, Département Jura; † 28. September 1895 in Villeneuve-l'Étang bei Paris) zeigten, dass eine spontane Entstehung von Leben nicht möglich ist, sondern Leben immer aus Leben entsteht. Die vermeintlichen Spontanzeugungen waren auf Kontaminationen mit Keimen aus der Luft oder aus anderen Quellen zurückzuführen. Daraus ergab sich die Folgerung, dass die Evolutionstheorie für alle Lebewesen gültig ist und nicht nur für höher entwickelte Lebensformen.

Abb. 26.11 Die Versuche Pasteurs widerlegten die Idee der Abiogenese von einfachen Lebensformen

In den **historisch gewachsenen Klassifikationssystemen** wurden Organismen in Tiere und Pflanzen eingeteilt und der unbelebten Natur gegenübergestellt. Diese Einteilung bildet auch die Grundlage für die immer noch an vielen Universitäten übliche Einteilung der Fachdisziplinen in Geowissenschaften (unbelebte Natur), Biologie mit Botanik (Pflanzen) und Zoologie (Tiere) sowie Medizin (Mensch).

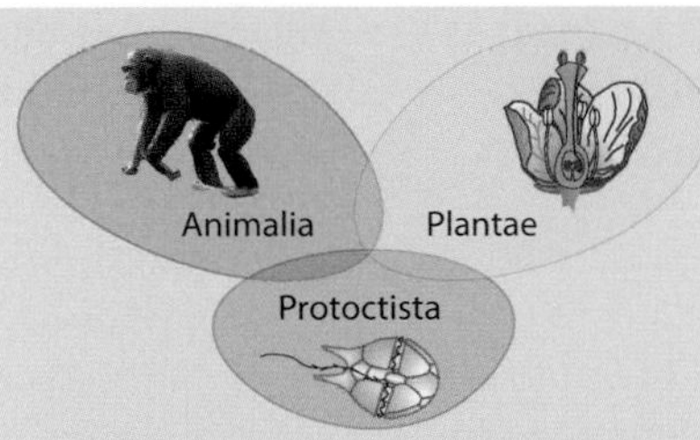

Im Allgemeinen wurden **Tiere** in den historischen Klassifikationssystemen über freie Ortsbeweglichkeit und die Aufnahme partikulärer Nahrung definiert. **Pflanzen** dagegen wurden diese Eigenschaft abgesprochen – die Behandlung der Pilze in der Botanik erklärt sich über diese Argumentation. Im Jahr 1861 stellte **John Hogg** (* 21.03.1800 in Norton; † 16.09.1869 in der Grafschaft Durham) den Reichen Animalia und Plantae das Reich **Protoctista** gegenüber.

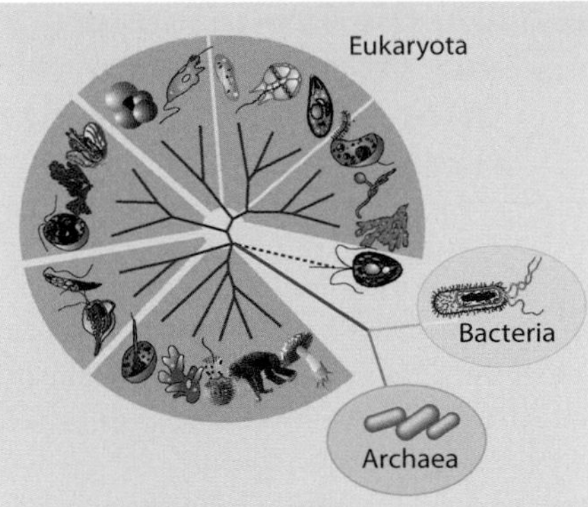

In der heute akzeptierten Einteilung geht man von **drei Domänen** aus und mehreren eukaryotischen Großgruppen, die Tiere und Pflanzen stellen nur Seitenzweige in diesem System der Eukaryota dar.

Abb. 26.12 Der Versuch, Mikroorganismen in das System der Organismen einzuordnen, erforderte eine Erweiterung der Organismenreiche

Aufbau und Organisation von Lebewesen

Artbeschreibung des Einzellers *Monas vivipara* Ehrenberg, 1835: „Diese neue Form der bekannten Gattung hat das schon oben erwähnte Interesse, dass sie lebendige Junge mit sich führt, was keine der früheren zeigte. Sie hat übrigens alle Charaktere der Gattung, auch den fadenförmigen einfachen Rüssel und eine kugelförmige Samendrüse, welche bei der Selbsttheilung sich spaltet."

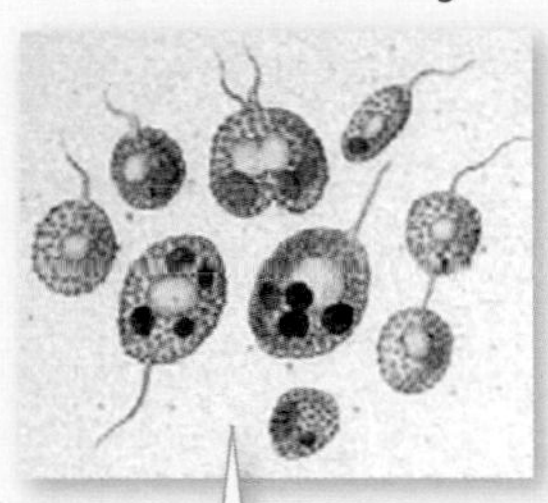

Monas vivipara

Alle Lebewesen sind aus Zellen aufgebaut.

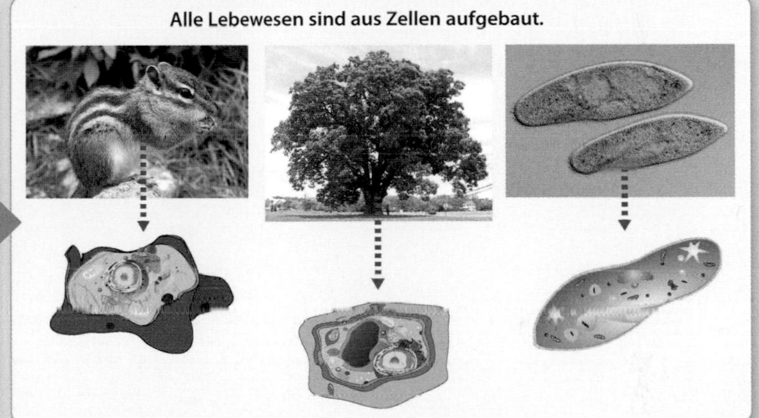

Zellen und die Organisation von Tieren und Pflanzen als Vielzeller waren unbekannt. Dagegen wurde eine tierische oder pflanzliche Organisation mit **Organen** angenommen. Mikroorganismen wurden als Miniaturen von Tieren und Pflanzen angesehen mit deren innerer Struktur.

Im Jahr 1838/39 veröffentlichten **Matthias Jacob Schleiden** (* 5. April 1804 in Hamburg, † 23. Juni 1881 in Frankfurt am Main) und **Theodor Ambrose Hubert Schwann** (* 7. Dezember 1810 in Neuss, † 11. Januar 1882 in Köln) die **Zelltheorie**, also die Tatsache, dass alle Lebewesen aus Zellen aufgebaut sind und die Zellen die organisatorische Grundeinheit aller Lebewesen ist. Die prinzipielle Ähnlichkeit von Tieren und Pflanzen legte nahe, dass die Evolutionstheorie für alle Lebewesen Gültigkeit besitzt und auch Tiere und Pflanzen auf einen gemeinsamen Ursprung zurückzuführen sind.

Matthias Jacob Schleiden

Theodor Ambrose Hubert Schwann

Abb. 26.13 Die Zelltheorie legte die Verwandtschaft aller Organismen über die Grenzen der einzelnen Organismenreiche hinaus nahe

Alfred Wallace ein Konzept zur **Veränderlichkeit von Arten** durch natürliche Selektion entwarfen (Abb. 26.10).

- Die Experimente **Pasteurs** belegten schließlich, dass eine spontane Entstehung von Leben (**Abiogenese**) auch für niedere Lebensformen nicht möglich ist, sondern Leben immer aus Leben entsteht (Abb. 26.11).
- Insbesondere verschiedene Mikroorganismen ließen sich nicht in das traditionelle Klassifikationssystem von Tier- und Pflanzenreich einordnen, daher postulierte **John Hogg** ein weiteres Reich: **Protoctista** (Abb. 26.12).
- Mit der **Zelltheorie** und deren Anwendung auf Mikroorganismen erwuchsen das Verständnis einer zellulären Organisation von Lebewesen und ein Verständnis von Einzellern. Diese Befunde legten nahe, dass die **Evolutionstheorie** für alle Lebewesen Gültigkeit besitzt und auch Tiere und Pflanzen auf einen gemeinsamen Ursprung zurückzuführen sind (Abb. 26.13).

Die Phänomene, die die Verwandtschaftsbeziehungen der Organismen beschreiben und der Entstehung und Erhaltung von Diversität zugrunde liegen, wurden Mitte des 19. Jahrhunderts erkannt und ihre Grundzüge beschrieben. Die Mechanismen für diese Zusammenhänge verstand man damals allerdings noch nicht, da Gene und die molekulare Grundlage der Vererbung nicht bekannt waren. Trotzdem legten sie in weiten Teilen die Basis für das bis heute gültige Grundverständnis der Evolution und Phylogenie.

26

26.6 Um die Evolution und Verwandtschaft von Organismen zu verstehen, sind Informationen über den Genotyp unerlässlich

Um die Evolution der Organismen zu verstehen, ist es unabdingbar, ihre natürlichen **Verwandtschaftsbeziehungen** zu rekonstruieren. Dies ist die zentrale Aufgabe der **Phylogenetik** innerhalb der Evolutionsforschung. Traditionell vergleicht man bei den Analysen äußerliche phänotypische Merkmale, die aufgrund gemeinsamer Abstammung ähnlich sind (**homologe Merkmale**), und leitet daraus die Stammesgeschichte ab (▶ Abschn. 27.12). Klassischerweise sind dies Merkmale des Körperbaus wie Form, Anzahl und Aufbau der Extremitäten, Aufbau, Form und Lage der Organe, sowie Färbungsmerkmale (◘ Abb. 26.14). Seit den Untersuchungen von Mendel an den Phänotypen von Erbsenpflanzen wurde deutlich, dass distinkte Phänotypen auf genetischen Grundlagen basieren. Während es auch eindeutige Fälle gibt, bei denen ein genotypisches Merkmal, in der Regel Allel(e) an einem Genlocus, für ein bestimmtes Merkmal codiert, so sind in den meisten Fällen die Zusammenhänge von **Phänotyp** und **Genotyp** komplizierter. Dies liegt daran, dass Merkmale häufig **polygen**, d. h. durch mehrere Gene, codiert werden und zudem **Dominanzeffekte** der unterschiedlichen Allele an einem Genlocus die Interpretation erschweren (▶ Abschn. 7.6).

Ferner ist der **Einfluss der Umwelt** auf die Ausprägung vieler Merkmale ebenfalls maßgeblich. Dies wird besonders am Beispiel der **phänotypischen Plastizität** deutlich (◘ Abb. 26.14), die das Phänomen beschreibt, dass ein Genotyp mehrere Phänotypen hervorbringen kann. So können sich z. B. Klone von Wasserflöhen (*Daphnia* spec.) in Abhängigkeit der Umwelt sehr unterschiedlich entwickeln. Genetisch identische Organismen bestimmter Arten bilden unter Räuberdruck durch Fische teils lange Helmstrukturen oder Stacheln aus. Unter UV-Einfluss kommt es zu anderen Färbungen etc. Ähnliche Phänomene phänotypischer Plastizität sind von Einzellern bis zu Wirbeltieren dokumentiert. Entsprechend kann es leicht passieren, dass basierend auf phänotypischen Merkmalen die evolutive Verwandtschaft der Organismen falsch eingeschätzt wird.

Aber auch das Gegenteil kann der Fall sein, wie bei **Homoplasien** (▶ Abschn. 27.12). Hier finden sich bei verschiedenen Organismen ähnliche oder gleiche Phänotypen, obwohl ihr Genotyp sehr unterschiedlich ist (◘ Abb. 26.14). Eine Ursache dafür kann **parallele** oder **konvergente Evolution** sein. Auch wenn das Resultat genau das Gegenteil dessen bei phänotypischer

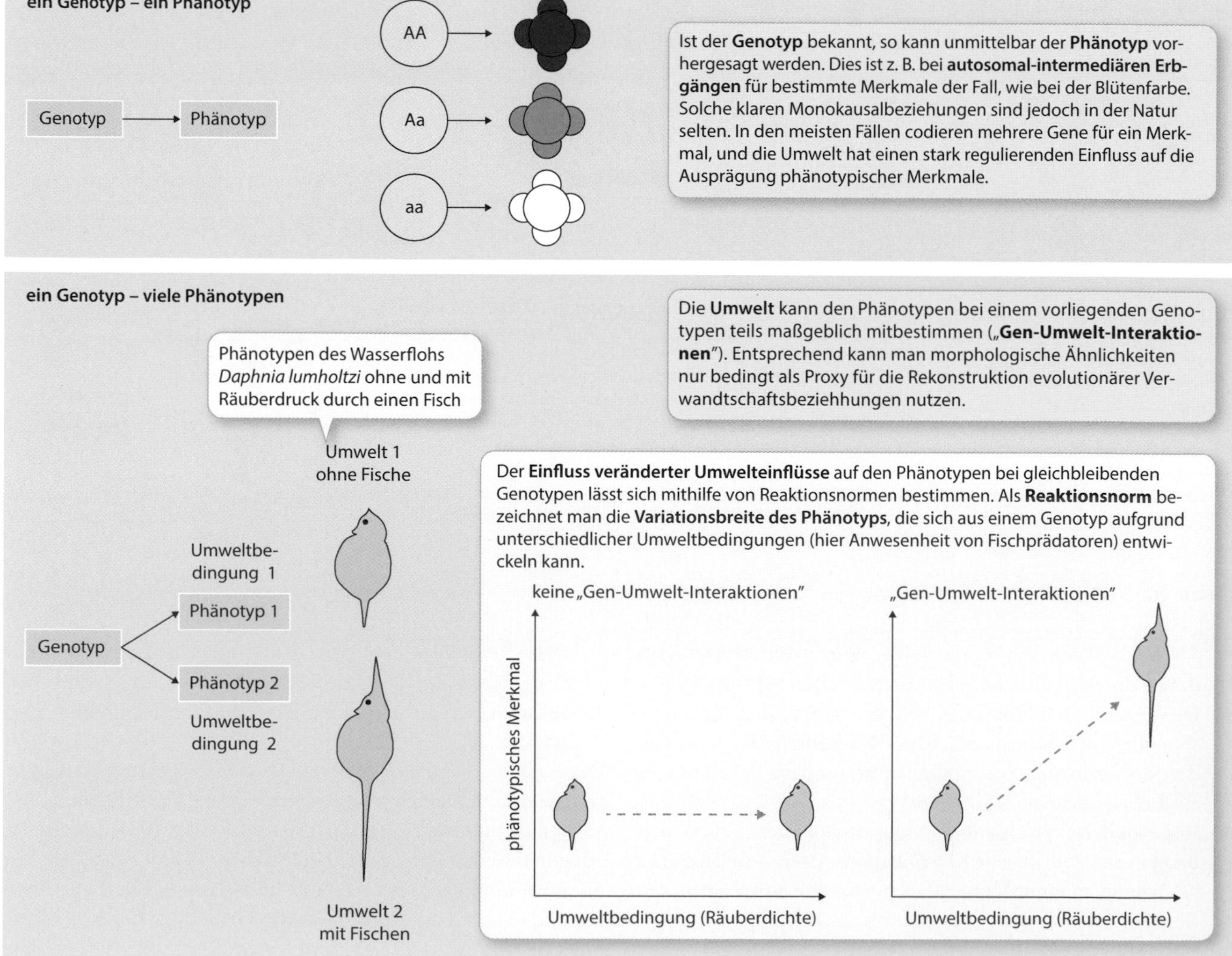

◘ **Abb. 26.14** Beispiele für die Beziehung zwischen Genotyp und Phänotyp

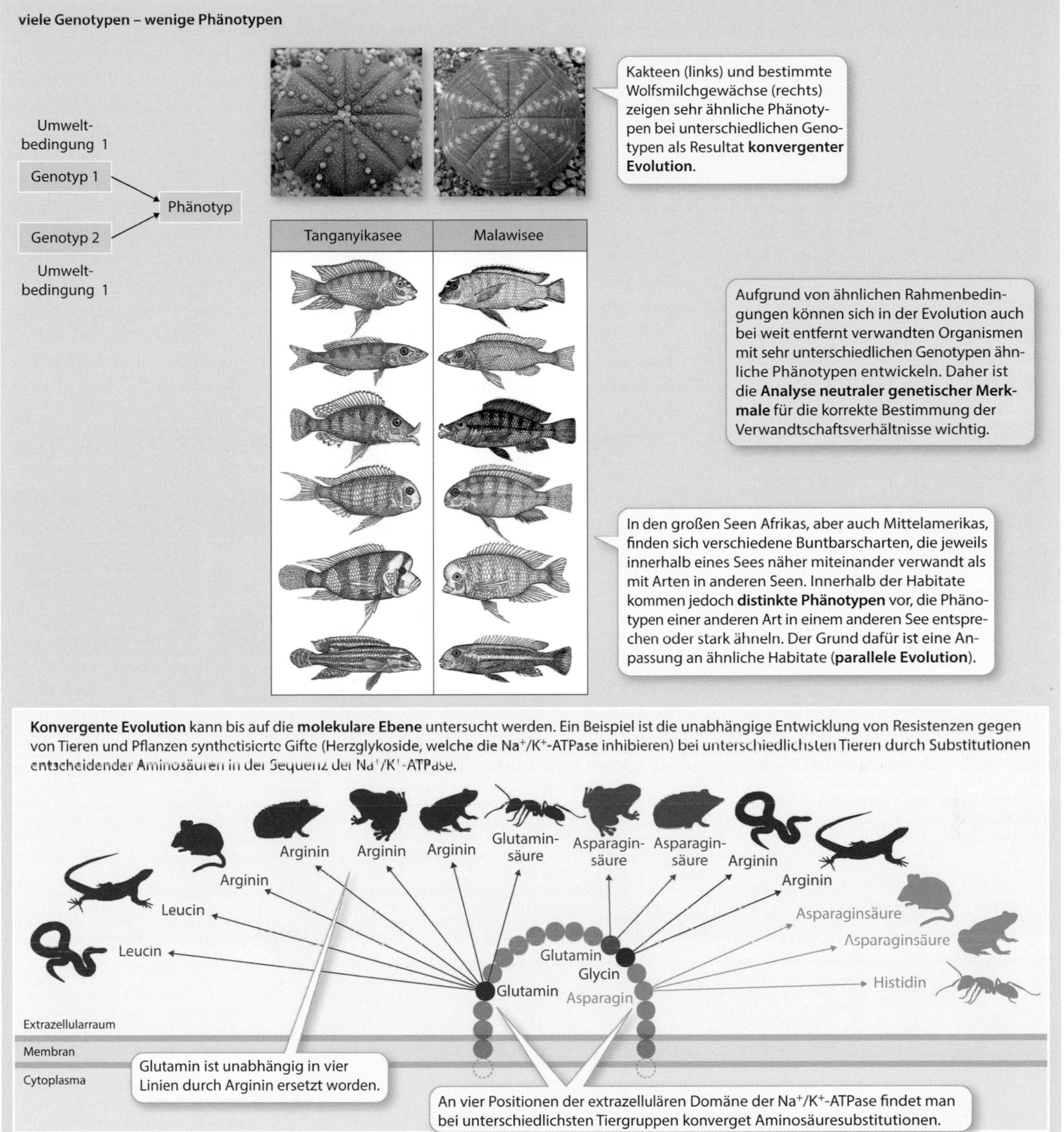

Abb. 26.14 *(Fortsetzung)*

Plastizität ist, so ist auch in solchen Fällen klar, dass Informationen über den Genotyp entscheidend sind, um die evolutionären Beziehungen richtig einordnen zu können. Beispiele von konvergenter Evolution auf molekularer Ebene (Abb. 26.14) verdeutlichen die Bedeutung neutraler Marker für die Rekonstruktion der Verwandtschaftsbeziehungen. In der Regel zeigen nur einzelne Gene durch Selektion konvergent Ähnlichkeiten. Für die Analyse der Verwandtschaftsbeziehungen ist es wichtig, möglichst neutral evolvierende Bereiche zu betrachten, also solche Genloci, die **nicht unter Selektionsdruck** stehen.

Für die Erfassung der Verwandtschaft ist der Genotyp somit unerlässlich. Für ein umfassendes Verständnis von Evolutionsprozessen sind jedoch Informationen von allen drei Parametern – Genotyp, Phänotyp und Umwelt – erforderlich.

26.7 Hypothesen der Evolutionsforschung lassen sich experimentell überprüfen

Darwin, Wallace und weitere Forscher im 19. Jahrhundert legten wichtige Grundlagen der **modernen Evolutionsbiologie**. Über konkrete Mechanismen konnten sie jedoch nur spekulieren. Im Laufe des 20. und 21. Jahrhunderts wurden **Methoden** entwickelt, die eine Analyse der **molekularen Grundlagen der Evolution** erlaubten (◘ Abb. 26.15).

Die heutige **Evolutionsforschung** kann auf ein breites Spektrum von **Methoden** zurückgreifen, durch welche die evolutionäre Vergangenheit detailliert erfasst werden kann sowie mikroevolutionäre Prozesse wie Selektion identifiziert und sogar experimentell validiert werden können. Hierfür sind insbesondere genetische Hochdurchsatzmethoden (Next-Generation Sequencing) und umfassende bioinformatische Analysemethoden und Algorithmen von Bedeutung.

Viele Fragen zur Stammesgeschichte werden nach wie vor kontrovers diskutiert. Auf der Basis molekularer Phylogenien und kalibrierter molekularer Uhren kann man die ungefähren Aufspaltungszeiten ermitteln (► Abschn. 28.5; ◘ Abb. 26.16).

Evolution ließ sich lange Zeit nur *a posteriori*, quasi in detektivischer Arbeit und durch Korrelation von beobachteten Merkmalen und Umweltbedingungen, ableiten. Zahlreiche Studien, insbesondere an Bakterien und eukaryotischen Einzellern (◘ Abb. 26.17a), aber auch experimentelle Freilandforschung (◘ Abb. 26.17b) ermöglichen heute einen vollkommen neuen, experimentellen Zugang zur evolutionären Forschung. Viele weitere „natürliche Experimente“, wie die unabhängige Besiedlung von Süßwasser durch marine Populationen, liefern zusätzliche Belege für die genetische Basis evolutionärer Prozesse.

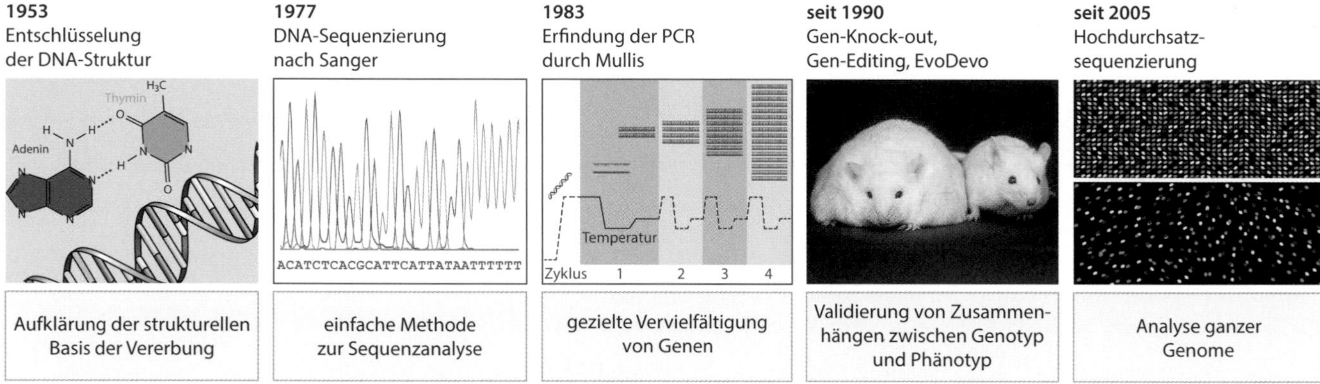

◘ **Abb. 26.15** Wesentliche technische Meilensteine für den Erfolg der modernen Evolutionsbiologie

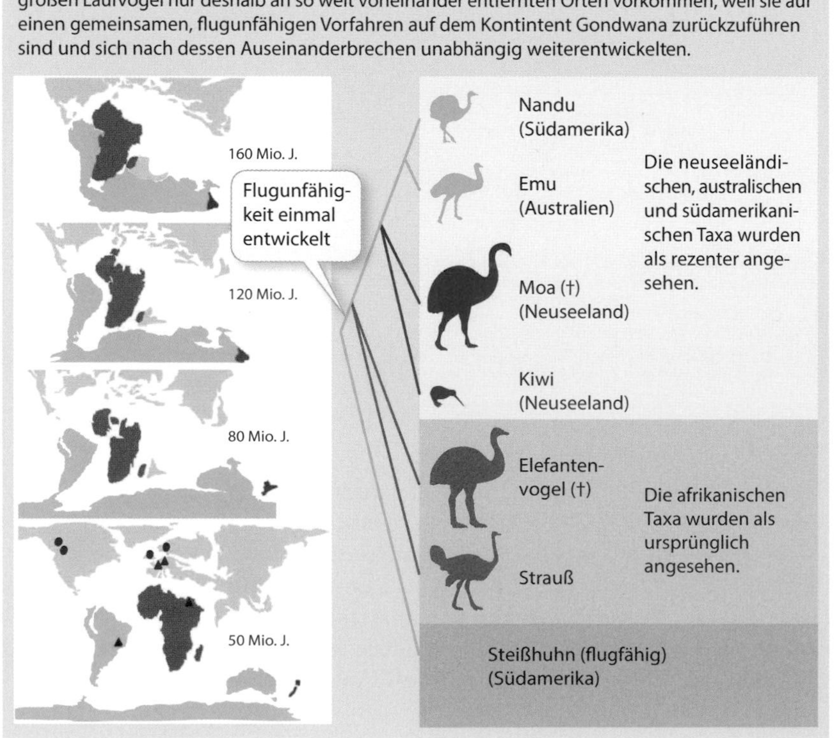

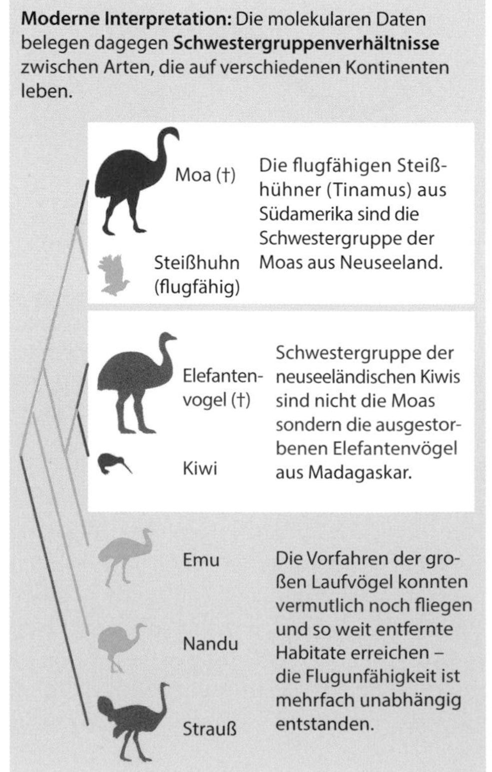

◘ **Abb. 26.16** Detaillierte Informationen zur Stammesgeschichte liefern Einblicke in die Evolution auf unserem Planeten

Der US-amerikanische Forscher Richard Lenski hat 1988 ein **ökologisches Langzeitexperiment mit *E. coli*-Bakterien** gestartet. Jeden Tag werden die Bakterien in neue Medien überführt. Über 65.000 Generationen haben die zwölf Populationen bislang produziert, und daraus konnten zahlreiche evolutionäre Erkenntnisse abgeleitet weden. Unter anderm konnte gezeigt werden, dass nach über 31.500 Generationen eine der Populationen unter Glucosemangelbedingungen in der Lage war, das verfügbare Citrat zu nutzen.

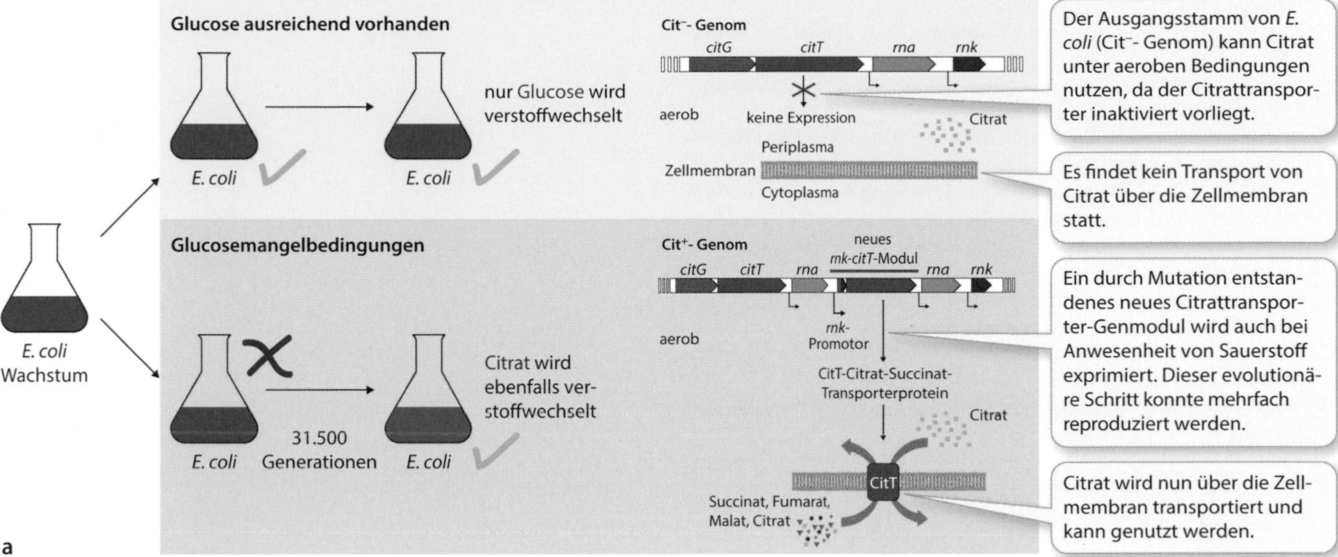

a

Im Genom von Stichlingspopulationen sind unterschiedliche Allele vorhanden, die für verschiedene Phänotypen codieren. **Stichlinge** weisen daher eine große **phänotypische Vielfalt** auf. In einem bestimmten Gewässer kommt jedoch oft nur ein Typ bzw. ein vorherrschender Typ vor.

Auf der kanadischen Inselgruppe Haida Gwaii wurden aus einer Population eines großen, dunklen Sees mit Fischräubern und Zooplankton 100 Individuen entnommen und in einem kleinen, klaren, von Makroinvertebraten dominierten Tümpel ohne Fische ausgesetzt.

Im Ursprungshabitat – einem großen, dunklen See, in dem andere Fische und Vögel als Prädatoren dominieren – besteht die Stichlingspopulation aus sehr **großen** und **dunklen Fischen** mit **ausgeprägten Stacheln** (Fraßschutz); diese Fische haben sich auf **Zooplankton als Nahrung** spezialisiert.

Im neuen Habitat – einem klaren Tümpel ohne Fische und mit Makroinvertebraten als dominante Prädatoren – entwickelte sich in nur 19 Jahren (nach 19 Generationen) eine Stichlingspopulation aus **kleinen, hellen Fischen** mit **kurzen Stacheln**; diese Fische haben sich auf **Makroinvertebraten als Nahrung** spezialisiert.

b

Bei dem Getreideschädling *Bradysia odoriphaga*, einer Trauermücke, wurde eine zunehmende Toleranz gegen Pestizide festgestellt. Über korrelative Untersuchungen (F_{st}-Outlier) konnten die verantwortlichen Kandidatengene identifziert werden. Diese gehörten insbesondere zu den P450-Cytochromen.

postulierte Evolution: Selektion durch Pestizideinsatz

Larven der Trauermücke als Schädlinge in der Landwirtschaft → Einsatz von Pestiziden erhöht Mortalität der Trauermücken → Ausbildung von Resistenzen durch Selektion → geringe Mortalität durch Resistenzgene

experimentelle Überprüfung (funktionelle Validierung)

Mortalität der Trauermücken wieder erhöht ← Gen-Silencing durch siRNA, Gen-Knock-out oder CRISPR/Cas ← Identifizierung der Resistenzgene im Genom ← Larven der Trauermücken mit Resistenzen

c

◻ Abb. 26.17 Experimentelle und Freilandbefunde für Evolution. **a** Experimentelle Evolution am Beispiel von *Escherichia coli*. **b** Anpassung an eine neue Umwelt am Beispiel des Dreistacheligen Stichlings in kanadischen Seen. **c** Validierung von Genfunktionen unter Selektion

Verfahren wie das Gen-Knock-out, die experimentelle „Stilllegung“ der Regulation über siRNAs sowie die gezielte Editierung von Genen im Erbgut über das CRISPR/Cas-Verfahren bieten neben evolutionären Experimenten die Möglichkeit, die Konsequenzen von Mutationen auf den Phänotyp und die biologische Fitness von Organismen zu überprüfen (◻ Abb. 26.17c).

Weiterführende Literatur

1. Dawkins R (2010) Der erweiterte Phänotyp: Der lange Arm der Gene. Springer, Berlin, Heidelberg, New York
2. Futuyma DJ, Kirkpatrick M (2017) Evolution, 4. Aufl. Sinauer Associates, Oxford University Press, Oxford
3. Kunz W (2018) Wohin steuert die Taxonomie? Biol Unserer Zeit 48:170–178
4. Lefèvre W (2009) Die Entstehung der biologischen Evolutionstheorie. Suhrkamp, Berlin
5. Martin WF, Zimorski V, Weiss MC (2017) Wo lebten die ersten Zellen – und wovon? Biol Unserer Zeit 47:186–192
6. Pigliucci M (2001) Phenotypic plasticity: Beyond nature and nurture. Johns Hopkins University Press, Baltimore
7. Raupach MJ, Knebelsberger T (2015) Taxonomie im Wandel. Biol Unserer Zeit 45:315–321
8. Riedl R (2003) Riedls Kulturgeschichte der Evolutionstheorie. Springer, Berlin, Heidelberg, New York
9. Storch V, Welsch U, Wink M (2013) Evolutionsbiologie, 3. Aufl. Springer Spektrum, Berlin, Heidelberg
10. Wägele JW (2001) Grundlagen der phylogenetischen Systematik. Pfeil, München
11. Zachos FE (2016) Species concepts in biology: historical development, theoretical foundations and practical relevance. Springer, Cham

Mechanismen der Evolution und Phylogenie

Hynek Burda, Jens Boenigk, Florian Leese

J. Boenigk (Hrsg.), *Boenigk, Biologie,* https://doi.org/10.1007/978-3-662-61270-5_27

27.1 Abweichungen der Verteilung von Allelfrequenzen in Populationen von theoretischen Erwartungswerten können auf Selektion oder Gendrift hinweisen

Zu den wichtigsten Voraussetzungen in der Populationsgenetik zählen sogenannte **Nullmodelle**, die Erwartungswerte unter neutralen Bedingungen, also ohne den Einfluss von Evolutionsfaktoren, formulieren. Mit diesen Erwartungswerten kann man beobachtete Werte vergleichen und die Abweichungen statistisch quantifizieren. Die **Hardy-Weinberg-Regel**, auch als Hardy-Weinberg-Gesetz bezeichnet, formuliert ein solches Nullmodell für die **Beziehung zwischen Allel- und Genotyphäufigkeiten** (◘ Abb. 27.1). Es wurde zu der wohl bekanntesten populationsgenetischen Regel.

Bei diploiden Organismen können an einem Genort mit zwei Allelen, *A* und *a*, drei mögliche Genotypen vorkommen: Die homozygoten Genotypen *AA* und *aa* sowie der heterozygote Genotyp *Aa* (◘ Abb. 27.1). Unter der Annahme einer normalen Mendel'schen Segregation der Allele in der Meiose kann man nach der Hardy-Weinberg-Regel die Häufigkeit dieser drei Genotypen durch Multiplikation der Allelhäufigkeiten berechnen (◘ Abb. 27.2). Die Zusammenhänge der Hardy-Weinberg-Regel gelten allerdings nur unter **idealisierten Bedingungen**. Dazu zählen insbesondere:

- **unendlich große Populationen**, der zufällige Verlust eines Individuums führt also nicht zu einer Änderung der Allelhäufigkeit
- die Wahrscheinlichkeit für Paarungen ist zwischen allen Genotypen gleich groß (**Panmixie**)
- es kommen **keine Mutationen** vor, die zur Bildung neuer Allele führen
- die Allelhäufigkeit wird nicht durch Zu- oder Abwanderung verändert, es findet also **keine Migration** von Individuen statt, die Einfluss auf die Allelhäufigkeit hätte
- der Fortpflanzungserfolg ist für alle Genotypen gleich groß, es findet somit **keine Selektion** statt

Die Hardy-Weinberg-Regel wird dazu eingesetzt, Abweichungen von diesen Nullmodellannahmen durch mikroevolutionäre Prozesse wie Drift, Selektion, Inzucht oder Populationsstruktur zu erkennen. Hierfür werden aus beobachteten Genotyphäufigkeiten die Allelhäufigkeiten berechnet und Abweichungen von der Erwartungswerten ermittelt (◘ Abb. 27.3). Sofern man eine Abweichung findet, sind weitere spezifische Analysen notwendig, zum Beispiel F-Statistik-Analysen, um die Ursache für die Abweichung aufzuspüren.

Die Hardy-Weinberg-Regel wurde1908 durch den englischen Mathematiker **Godfrey H. Hardy** (links) und den deutschen Mediziner **Wilhelm Weinberg** (rechts) unabhängig voneinander publiziert. Sie formuliert den mathematischen Zusammenhang zwischen Allel- und Genotyphäufigkeiten.

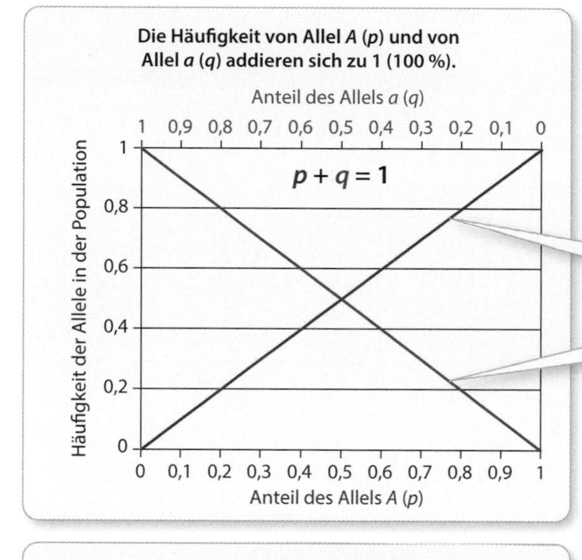

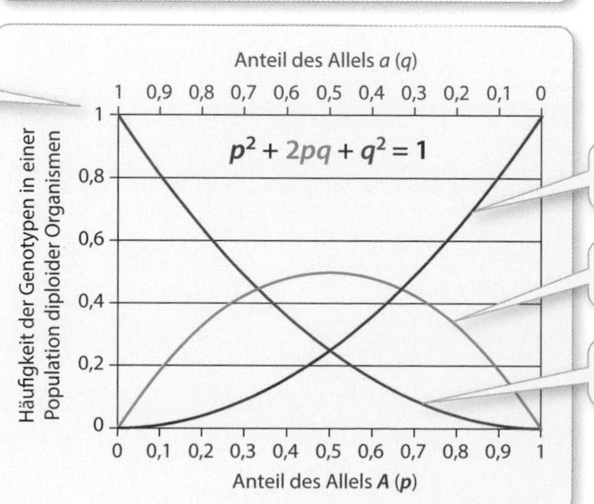

Die **Hardy-Weinberg-Regel** kann auch auf mehrere Allele erweitert werden. Bei drei Allelen *A1*, *A2* und *A3* mit den Häufigkeiten *p*, *q* und *r* (mit $p + q + r = 1$) kann man für die sechs möglichen Genotypen (*A1A1*, *A1A2* , *A1A3*, *A2A2*, *A2A3*, *A3A3*) deren Häufigkeiten wie folgt berechnen:
$p^2 + 2pq + 2pr + q^2 + 2qr + r^2 = 1$

◘ **Abb. 27.1** Nach der Hardy-Weinberg-Regel lässt sich die Genotyphäufigkeit aus den Allelhäufigkeiten ableiten

Abb. 27.2 Anwendung der Hardy-Weinberg-Regel zur Ermittlung der „stillen" Träger des Allels der Phenylketuronie

Genotyp	*AA*	*Aa*	*aa*
Phänotyp	**gesund**	**gesund !**	**krank !**
Frequenz der Genotypen	?	?	0,01 %

Die Erbkrankheit **Phenylketonurie** wird **autosomal-rezessiv** vererbt. Die homozygoten Genotypen *AA* und die heterozygoten Genotypen *Aa* sind daher aufgrund des dominanten Allels *A* gesund, nur die Homozygoten *aa* zeigen das Krankheitsbild.

In Deutschland sind rund 8000 Menschen, also ein Anteil von 0,0001 (0,01 %) der Gesamtbevölkerung, von Phenylketonurie betroffen.

Nach der Hardy-Weinberg-Regel lässt sich aus dem Anteil des homozygot-rezessiven Genotyps *aa* (q^2 = 0,0001) der Anteil der Allele *a* und *A* berechnen:

Allel *a*: $q = \sqrt{0{,}0001} = 0{,}01$ (also 1 %)
Allel *A*: $p = 1 - 0{,}01 = 0{,}99$ (also 99 %)

Aus den Allelfrequenzen kann dann auch die Verteilung der anderen Genotypen berechnet werden.

AA: $p^2 = 0{,}99^2 = 0{,}9801$ (also 98,01 %)
Aa: $2pq = 2 \times 0{,}99 \times 0{,}01 = 0{,}0198$ (also 1,98 %)
aa: $q^2 = 0{,}01^2 = 0{,}0001$ (also 0,01 %)

Es sind also insgesamt 1,99 % der Gesamtbevölkerung Träger des *a*-Allels (0,01 % homozygot und 1,98 % heterozygote stille Träger). Dies entspricht etwa 1,6 Mio. Menschen.

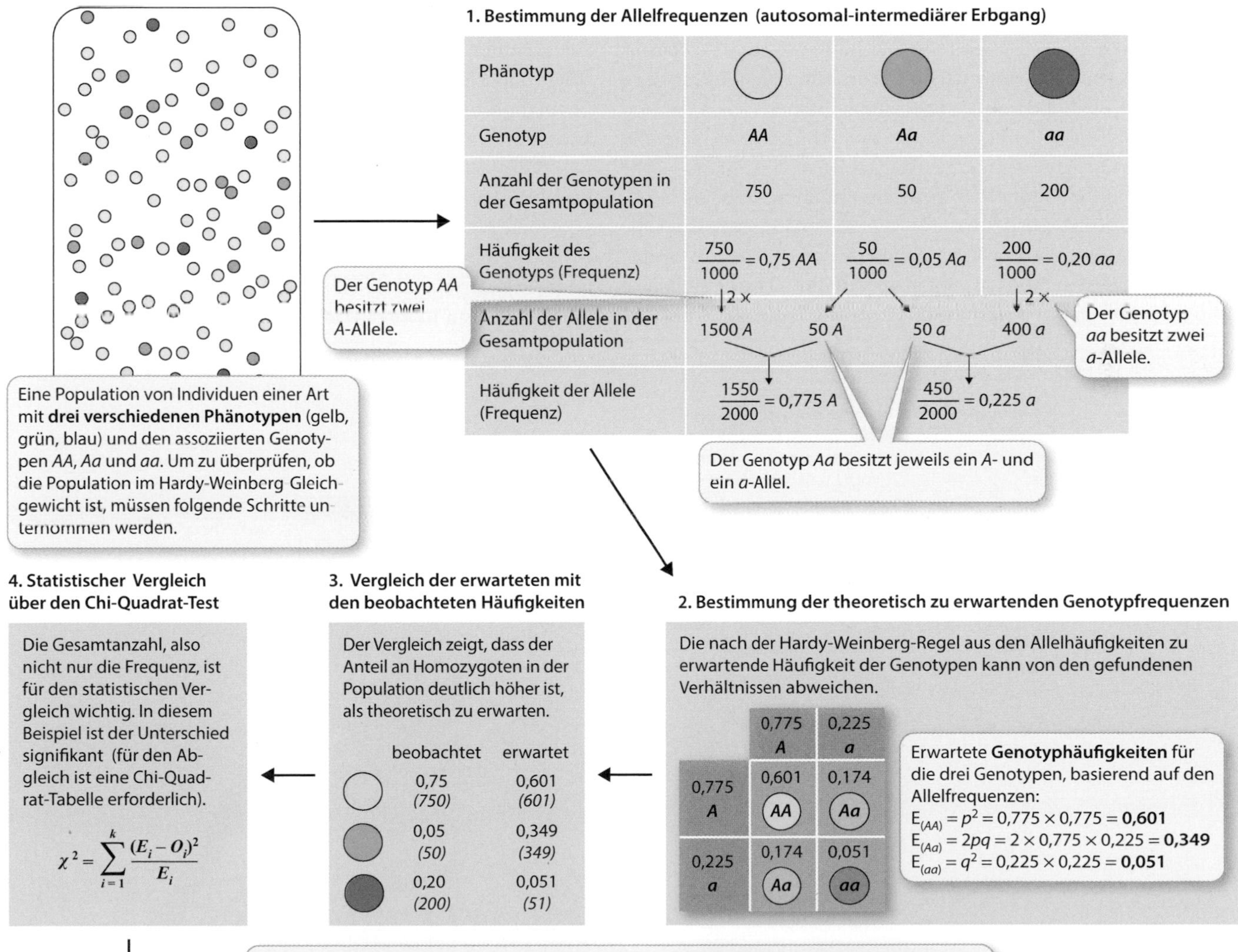

Abb. 27.3 Die Überprüfung, ob eine beobachtete Genotypverteilung den Erwartungen nach der Hardy-Weinberg-Regel entspricht, erfordert mehrere Schritte

27

27.2 Die effektive Populationsgröße und die Mutationsrate beeinflussen die Entstehung und den Erhalt genetischer Variation

Biodiversität beschreibt die Vielfalt des Lebens von der Ebene der **genetischen Vielfalt** über die **Artenvielfalt** bis hin zur **Diversität der Ökosysteme**. Der Schutz der biologischen Vielfalt auf diesen Ebenen wird in internationalen Regel- und Gesetzeswerken wie der Convention on Biological Diversity oder durch die Internationale Naturschutzorganisation IUCN festgelegt.

Biodiversität ist für eine Anzahl von **Funktionen** im Ökosystem verantwortlich, z. B. das Filtern von Schmutzstoffen aus der Luft durch Wälder, die Produktion von Sauerstoff in Wäldern, Seen und Meeren oder die Regulation von Stoffkreisläufen über insbesondere bakterielle Produktion. Diese Funktionen sind in vieler Hinsicht direkt als **Ökosystemleistungen** für den Menschen nutzbar. Die Leistungen können verfügbare Biomasse (Nahrung, Rohstoffe), aber auch regulatorische (Gewässer- und Luftreinigung, Bestäuben von Pflanzen etc.) oder unterstützende (Bodenbildung, Nährstoffrecycling etc.) sowie kulturelle Leistungen (Erholung, Tourismus) sein. Die **genetische Diversität**, d. h. die Gen- und Allelvielfalt, stellt die basalste Ebene biologischer Vielfalt dar und beeinflusst alle über ihr liegenden Ebenen (◘ Abb. 27.4). Während Arten über Konzepte definiert werden (► Abschn. 27.9), sind Gene und Allele in Individuen klar messbare Entitäten.

Die **Populationsgröße** und die **Mutationsrate** sind die wichtigsten Faktoren, welche die genetische Diversität beeinflussen: Neue Variation entsteht über Mutation. Häufig sind neue Mutationen neutral oder nachteilig für die biologische Fitness, seltener können Sie auch Vorteile für den Organismus bringen. In der Regel variiert die Mutationsrate über kurze Zeiträume nur wenig, Ausnahmen existieren aber beispielsweise bei Mikroorganismen.

Setzt man eine konstante Mutationsrate voraus, ist die Anzahl der Individuen einer Population entscheidend für die genetische Diversität (◘ Abb. 27.5). Je mehr Individuen vorhanden sind, desto mehr Mutationen können stattfinden. Viele Individuen sterben jedoch, ohne sich zu reproduzieren. Relevant im evolutionären Kontext ist daher die Anzahl der Individuen, die tatsächlich zum Genpool der kommenden Generationen beitragen – die **effektive Populationsgröße (N_e)**.

Die effektive Populationsgröße ist hierbei eine theoretische Größe. Ist die Mutationsrate bekannt, so kann aus der genetischen Diversität einer Population (Θ) die effektive Populationsgröße (als Langzeit-N_e) berechnet werden. Insbesondere bei K-Strategen (► Abschn. 35.4) mit langen Generationszeiten und niedrigen Mutationsraten beeinflussen vergangene **Flaschenhals**-Ereignisse (► Abschn. 27.4) die genetische Diversität und entsprehend N_e (◘ Abb. 27.5).

Im Gegensatz zur Langzeit-N_e werden für den Nachweis der aktuellen effektiven Populationsgröße Veränderungen von Allel- und Heterozygotiefrequenz im Vergleich zu einer Idealpopulation bestimmt. Der Verlust von Heterozygotie ist direkt antiproportional zu N_e. Diverse Faktoren (Geschlechterverhältnis, Reproduktionsmodus, Varianz im Fortpflanzungserfolg) beeinflussen N_e.

Da die Effekte von zufälliger genetischer Drift (► Abschn. 27.4) bei einer großen effektiven Populationsgröße geringer sind, nimmt auch die Wahrscheinlichkeit zu, dass die vorteilhaften Mutationen durch Selektion in ihrer Häufigkeit zunehmen (**positive Selek-**

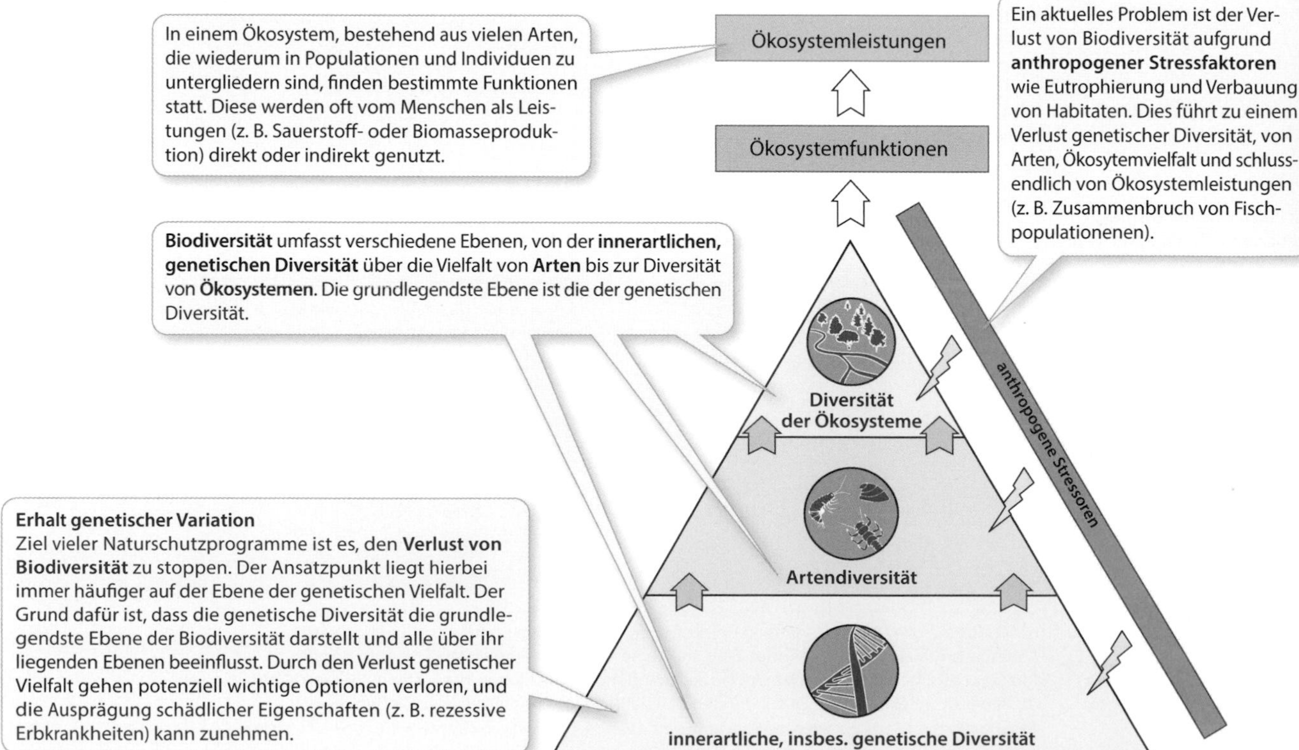

◘ **Abb. 27.4** Der Erhalt von Biodiversität setzt oft bei der genetischen Vielfalt an

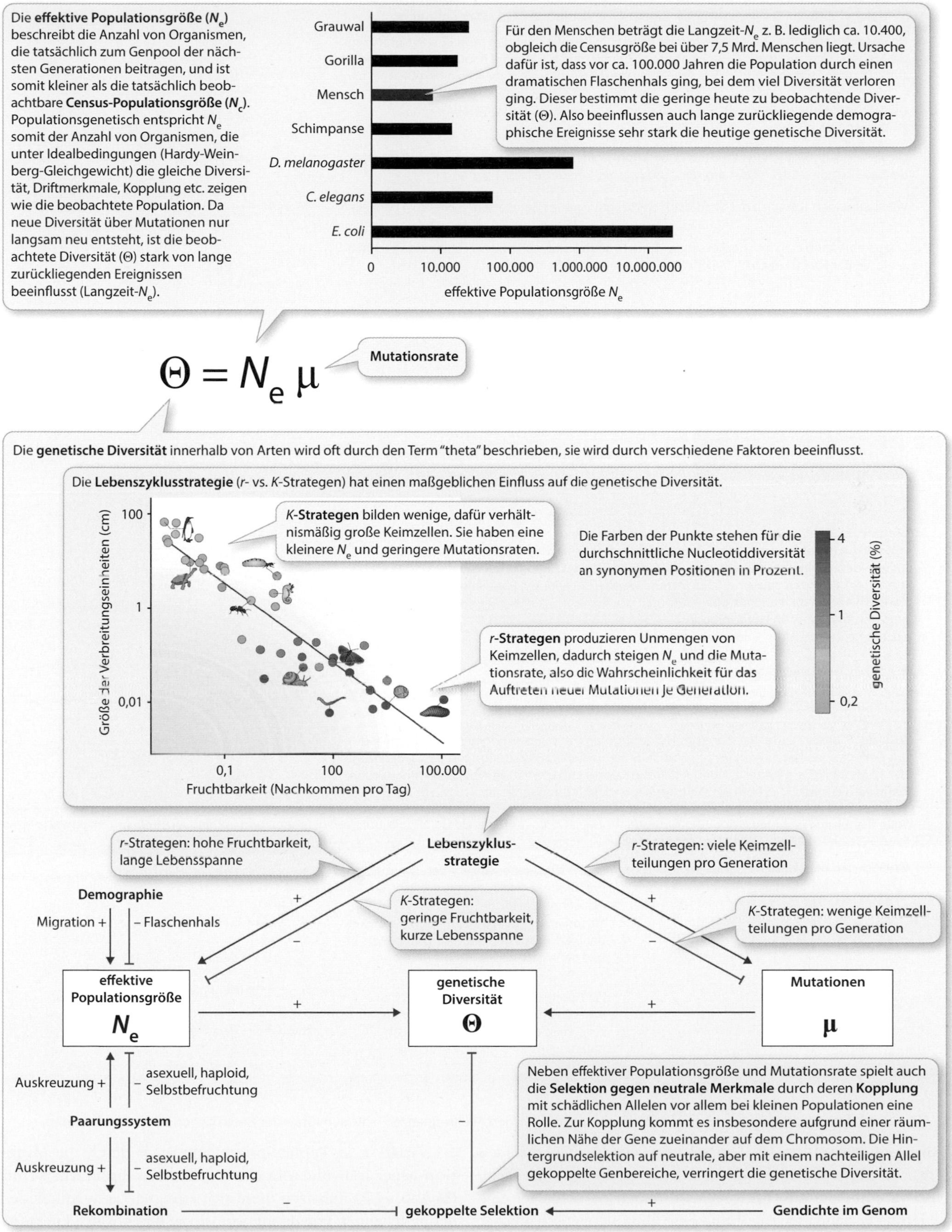

Die effektive Populationsgröße (N_e) beschreibt die Anzahl von Organismen, die tatsächlich zum Genpool der nächsten Generationen beitragen, und ist somit kleiner als die tatsächlich beobachtbare Census-Populationsgröße (N_c). Populationsgenetisch entspricht N_e somit der Anzahl von Organismen, die unter Idealbedingungen (Hardy-Weinberg-Gleichgewicht) die gleiche Diversität, Driftmerkmale, Kopplung etc. zeigen wie die beobachtete Population. Da neue Diversität über Mutationen nur langsam neu entsteht, ist die beobachtete Diversität (Θ) stark von lange zurückliegenden Ereignissen beeinflusst (Langzeit-N_e).
Grauwal
Gorilla
Mensch
Schimpanse
D. melanogaster
C. elegans
E. coli
0
10.000
100.000
1.000.000
10.000.000
effektive Populationsgröße N_e
Für den Menschen beträgt die Langzeit-N_e z. B. lediglich ca. 10.400, obgleich die Censusgröße bei über 7,5 Mrd. Menschen liegt. Ursache dafür ist, dass vor ca. 100.000 Jahren die Population durch einen dramatischen Flaschenhals ging, bei dem viel Diversität verloren ging. Dieser bestimmt die geringe heute zu beobachtende Diversität (Θ). Also beeinflussen auch lange zurückliegende demographische Ereignisse sehr stark die heutige genetische Diversität.
$\Theta = N_e \mu$
Mutationsrate
Die genetische Diversität innerhalb von Arten wird oft durch den Term "theta" beschrieben, sie wird durch verschiedene Faktoren beeinflusst.
Die Lebenszyklusstrategie (r- vs. K-Strategen) hat einen maßgeblichen Einfluss auf die genetische Diversität.
Größe der Verbreitungseinheiten (cm)
100
1
0,01
0,1
100
100.000
Fruchtbarkeit (Nachkommen pro Tag)
K-Strategen bilden wenige, dafür verhältnismäßig große Keimzellen. Sie haben eine kleinere N_e und geringere Mutationsraten.
Die Farben der Punkte stehen für die durchschnittliche Nucleotiddiversität an synonymen Positionen in Prozent.
4
1
0,2
genetische Diversität (%)
r-Strategen produzieren Unmengen von Keimzellen, dadurch steigen N_e und die Mutationsrate, also die Wahrscheinlichkeit für das Auftreten neuer Mutationen je Generation.
r-Strategen: hohe Fruchtbarkeit, lange Lebensspanne
Lebenszyklus-strategie
r-Strategen: viele Keimzellteilungen pro Generation
Demographie
Migration +
– Flaschenhals
K-Strategen: geringe Fruchtbarkeit, kurze Lebensspanne
K-Strategen: wenige Keimzellteilungen pro Generation
+
–
+
–
effektive Populationsgröße N_e
genetische Diversität Θ
Mutationen μ
+
+
Auskreuzung +
– asexuell, haploid, Selbstbefruchtung
Paarungssystem
Auskreuzung +
– asexuell, haploid, Selbstbefruchtung
–
Neben effektiver Populationsgröße und Mutationsrate spielt auch die Selektion gegen neutrale Merkmale durch deren Kopplung mit schädlichen Allelen vor allem bei kleinen Populationen eine Rolle. Zur Kopplung kommt es insbesondere aufgrund einer räumlichen Nähe der Gene zueinander auf dem Chromosom. Die Hintergrundselektion auf neutrale, aber mit einem nachteiligen Allel gekoppelte Genbereiche, verringert die genetische Diversität.
Rekombination
–
gekoppelte Selektion
+
Gendichte im Genom

Abb. 27.5 Mutationsrate (μ) und effektive Populationsgröße (N_e) bestimmen die genetische Variation innerhalb von Arten (Pfeil rot mit Spitze: positiver Einfluss; Pfeil blau mit T-Ende: negativer Einfluss)

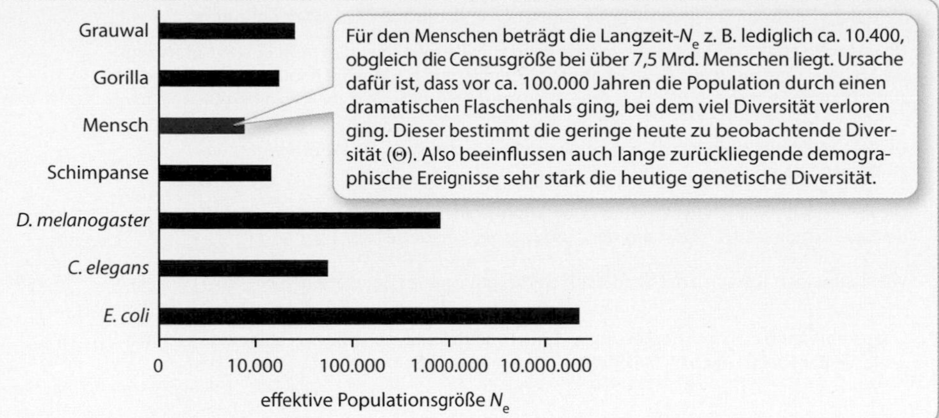

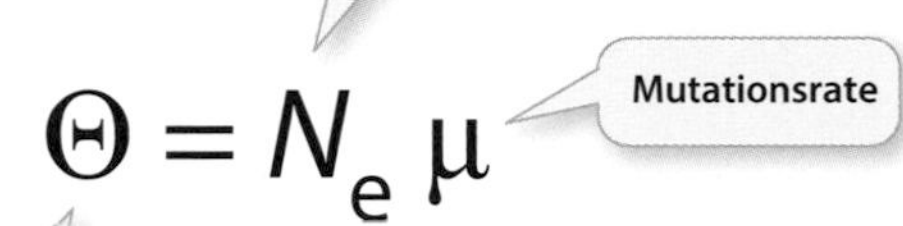

27

Messen der effektiven Populationsgröße durch Veränderungen über kurze Zeiträume

Die **aktuelle effektive Populationsgröße** kann zum Beispiel über den **Verlust von Heterozygotie** ΔH berechnet werden. Dieser ist abhängig von N_e und bei kleinen Populationen besonders stark. Er berechnet sich mit Blick auf die Ausgangsheterozygotie H_0 bei diploiden Organismen:

$$\Delta H = \frac{1}{2N_e} H_0$$

Die Heterozygotie nach einer Generation ergibt sich dann aus der Heterozyotie zum Zeitpunkt 0 (H_0):

$$H_1 = H_0 - \Delta H = H_0 - \frac{1}{2N_e} H_0 = \left[1 - \frac{1}{2N_e}\right] H_0$$

Die Heterozygotie nach der zweiten Generation ergibt sich entsprechend aus der Heterozygotie zum Zeitpunkt 1 (H_1), bzw. aus der Ausgangsheterozygotie (H_0):

$$H_2 = \left[1 - \frac{1}{2N_e}\right] H_1 = 1\left[\frac{1}{2N_e}\right]^2 H_0$$

Verallgemeinert lässt sich der Grad der Heterozygotie nach t Generationen wie folgt darstellen:

$$H_t = \left[1 - \frac{1}{2N_e}\right]^t H_0 \approx e^{\frac{-t}{2N_e}} H_0$$

Umgekehrt kann aus dem gemessenen Verlust von Heterozygotie über t Generationen durch Auflösen der Formel nach N_e die effektive Populationsgröße berechnet werden:

$$N_e = \frac{-t}{2 \ln\left(\frac{H_t}{H_0}\right)}$$

Fallbeispiel Nördlicher Haarnasenwombat – eine der gefährdetsten Arten Australiens:

1870:	>1000 Individuen
1990er-Jahre:	70 Individuen
Generationszeit:	10 Jahre

$$N_e = \frac{-12}{2 \times \ln(0{,}41)} = 6{,}74$$

Die effektive Populationsgröße ist verschwindend gering!

Feststellung:
Nach 12 Generationen (120 Jahre/10 Jahre) waren nur noch 41 % der ursprünglichen Heterozygotie vorhanden.

Messen der Inzucht

Unter **Inzucht** versteht man die Fortpflanzung unter nahe verwandten Individuen. Als **Inzuchtdepression** bezeichnet man die Verringerung der biologischen Fitness aufgrund von Inzucht im Vergleich zu sich zufällig fortpflanzenden Individuen. Populationsgenetische Konsequenzen von Inzucht sind:
- ein höherer Anteil an Homozygoten
- ein höherer Anteil von Genotypen mit rezessiven Erbrankheiten

Erwartung für Heterozygotie gemäß Hardy-Weinberg-Gleichgewicht: $H_{erw} = 2pq$ (1)

Bei Inzucht ist die Heterozygotie um einen Koeffizienten (F) verringert: $H_{beob} = 2pq\,(1 - F)$ (2)

Je höher F, desto kleiner der Anteil an Heterozygoten ($2pq$). Aus experimentellen Daten kann F aus dem beobachteten Wert (H_{beob}) und dem theoretischen Erwartungswert (H_{erw}), der nach der Hardy-Weinberg-Regel aus den Allelfrequenzen p und q ermittelt wird, bestimmt werden. Dafür wird Formel (1) in Formel (2) eingesetzt und nach F aufgelöst:

$$F = 1 - H_{beob} / H_{erw} = (H_{erw} - H_{beob}) / H_{erw} \quad (3)$$

Fallbeispiel: Für eine Mauspopulation wurden für einen Genlocus folgende Genotypfrequenzen gefunden und aus den Allelfrequenzen gemäß Hardy-Weinberg-Regel Erwartungswerte generiert:

Variation am *Est*-4 Locus

	beobachtet	erwartet
AA	0,226	0,181
AB	0,400	0,489
BB	0,374	0,329

Die Häufigkeit des Allels *A* berechnet sich aus der Häufigkeit des Genotyps *AA* und der Hälfte des Genotyps *AB*. Entsprechend berechnet sich die Häufigkeit des Allels *B* aus derjenigen des Genotyps *BB* und der Hälfte des Genotyps *AB*.

$p = 0{,}226 + 0{,}4/2 = 0{,}426$

$q = 0{,}374 + 0{,}4/2 = 0{,}574$

$H_{erw} = 2 \times 0{,}426 \times 0{,}574 = 0{,}489$

$H_{beob} = 0{,}4$ (Häufigkeit des Genotyps *AB*)

Für Geschwister wäre ein F von 0,25 zu erwarten, der hier berechnete Wert von 0,182 zeigt, dass die Mäuse starker Inzucht unterliegen.

$F = (0{,}489 - 0{,}4) / 0{,}489 = 0{,}182$

Abb. 27.6 Effektive Populationsgröße und Inzucht können aus den Allelfrequenzen bzw. dem Grad der Heterozygotie berechnet werden

tion) sowie schädliche Allele ausselektiert werden. Bei haploiden Organismen wie Bakterien wirken sich schädliche und vorteilhafte Allele unmittelbar aus. Entsprechend finden viel schneller eine Fixierung vorteilhafter Allele und eine Eliminierung schädlicher Allele statt. Eine wissenschaftlich relativ neue Erkenntnis ist, dass insbesondere auch der Verlust von neutraler Variation durch Hintergrundselektion die genetische Diversität stark reduziert (Abb. 27.5).

Variation in Populationen kann auch durch die **Migration** neuer Individuen in eine Population eingebracht werden (Abb. 27.6). Pflanzen diese sich erfolgreich mit Mitgliedern der bestehenden Population fort, so hat dies positive Effekte auf N_e und damit auf die genetische Diversität. Je größer der Genfluss zwischen vereinzelten Populationen ist, desto größer ist N_e.

Ein aktuelles Problem im Hinblick auf den Erhalt genetischer Vielfalt ist die **Fragmentierung von Lebensräumen**

Messen der Fragmentierung

Um festzustellen, wie verbunden zwei oder mehr Populationen einer Art sind, ist die **F-Statistik** ein geeignetes Mittel. In der Regel werden hierfür bei diploiden Organismen codominante Marker (z. B. *AA*, *AB* und *BB* als Genotypen) verwendet.

totale Population (T)

Subpopulation S1	Subpopulation S2
$AA = 10$	$AA = 30$
$AB = 20$	$AB = 10$
$BB = 20$	$BB = 10$

Schritt 1:
Berechnen der erwarteten gesamten Heterozygotie (H_T) basierend auf den abgeleiteten **Allelfrequenzen** (beider Subpopulationen).
Zunächst werden die Allelfrequenzen nach Hardy-Weinberg berechnet (im Beispiel sind die beobachteten Anzahlen von Genotypen angegeben):

$p = (10 + 30 + 20/2 + 10/2)/100 = 0{,}55$ (55 %)
$q = 20 + 10 + 20/2 + 10/2 = 0{,}45$ (oder $1-p$; 45 %)
$H_T = 2 \times 0{,}55 \times 0{,}45 = 0{,}495$

Daraus ergibt sich ein Erwartungswert für Heterozygote in der gesamten Population von 49,5 % ($H_T = 0{,}495$).

Schritt 2:
Berechnen der erwarteten Heterozygotie in den Subpopulationen S1 und S2, d.h. H_{S1} und H_{S2}, aus den Allelfrequenzen in den jeweiligen Populationen:

$H_{S1} = 2pq$; $p = 20/50 = 0{,}4$, $q = 1-p = 0{,}6$
$H_{S1} = 2 \times 0{,}4 \times 0{,}6 = 0{,}48$
analog für $H_{S2} = 2pq$; $p = 35/50 = 0{,}7$, $q = 0{,}3$
$H_{S2} = 2 \times 0{,}7 \times 0{,}3 = 0{,}42$

Aus den beobachteten Werten für die Subpopulationen ergibt sich der Beobachtungswert für die Gesamtpopulation als Mittelwert:

$H_S = (0{,}48 + 0{,}42)/2 = 0{,}45$

Schritt 3:
Berechnen des F_{ST}-Index:

$F_{ST} = (H_T - H_S)/H_T$

Der **F_{ST}-Index** kann Werte von 0 (keine Differenzierung) bis 1 (beide Populationen für verschiedene Allele fixiert) annehmen. Der Wert von 0,09 belegt eine moderate Differenzierung.

$F_{ST} = (0{,}495 - 0{,}45) / 0{,}495 = 0{,}09$

Habitatverlust führt zur **Fragmentierung von Lebensräumen**

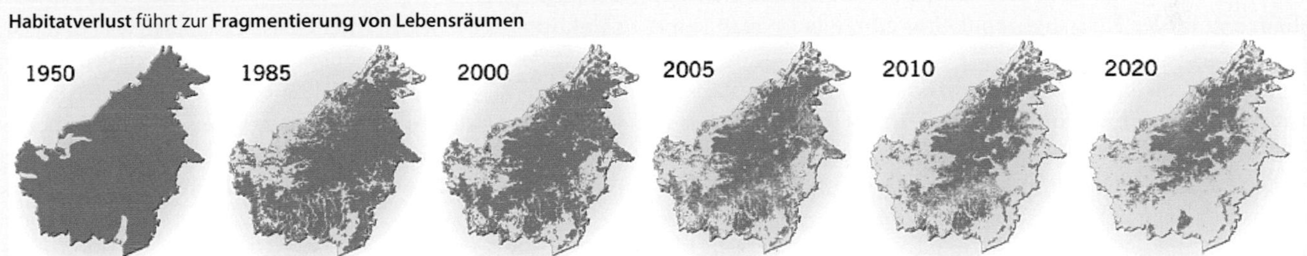

Durch den Habitatverlust aufgund menschlicher Siedlungsfläche oder landwirtschaftlicher Produktion, hier veranschaulicht am Beispiel der Waldflächen (dunkelgrün) der Insel Borneo, kommt es zu einer Dezimierung der natürlichen Populationen.

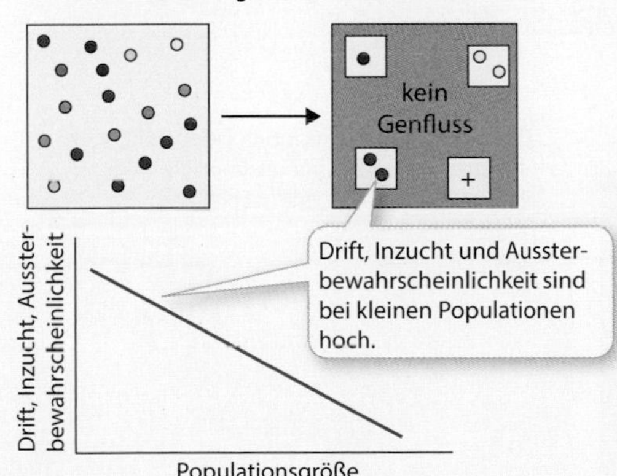

Die biologische Fitness hängt in vielen Fällen von der genetischen Diversität ab, daher ergeben sich durch Habitatverlust und Fragmentierung verschiedene Probleme:

- Genetische Drift wirkt stärker bei kleinen Populationen und führt zur **Fixierung schädlicher Allele**.
- Die Wahrscheinlichkeit für **Inzucht** ist bei kleinen Populationen höher.
- Bei gleicher Mutationsrate sind kleine Populationen **weniger divers** als große Populationen, da die Wahrscheinlichkeit, dass neue vorteilhafte Mutationen auftreten, absolut geringer ist.

Für den Erhalt genetischer Variation muss N_e möglichst groß gehalten werden. Dafür sind Maßnahmen nötig, die Habitate erhalten bzw. die **Konnektivität isolierter Habitate** (z. B. durch Korridore) verbessern. Dadurch wird in der Regel auch N_e erhöht. Die **effektive Populationgröße** ist somit eine der wichtigsten Zielgrößen im praktischen Naturschutz. Sie kann, wie oben dargstellt, über verschiedene Methoden erfasst werden, und die Einflüsse von Genfluss und Inzucht können über Statistiken quantifiziert werden.

Abb. 27.7 Eine Fragmentierung von Lebensräumen und somit von Populationen führt zum Verlust von Diversität

(► Abschn. 35.6). Hierdurch kommt es zu keinem oder nur einem geringen genetischen Austausch zwischen den isolierten Populationen (Abb. 27.7). Entsprechend sind genetische Drift aufgrund kleiner Populationsgrößen sowie die Effekte von Inzucht, also der Fortpflanzung unter nahe verwandten Individuen, stärker. Um geeignete Schutzstrategien zu entwickeln, ist es wichtig, die effektive Populationsgröße, den Effekt von Inzucht sowie den Genfluss zwischen Populationen zu bestimmen (Abb. 27.7).

27.3 Evolution setzt Variabilität von Merkmalen voraus

Die Verteilung der Merkmale von Organismen ist meist nicht zufällig, sondern korreliert mit Eigenschaften der Umwelt (◘ Abb. 27.8). Die Ursache dieser Korrelation verschiedenartiger Merkmalsausprägungen mit Umweltfaktoren ist die natürliche **Selektion**.

Als Selektion bezeichnet man eine Auslese, die zu einer Veränderung der Zusammensetzung der Eigenschaften (Merkmale) in der nächsten Generation führt. Selektion setzt an erblichen Eigenschaften der Organismen an. Nicht vererbbare Eigenschaften können zwar auch einer Selektion unterliegen, diese Selektion wirkt sich aber nicht auf die folgenden Generationen aus und führt somit nicht zu Evolution. Die Selektion greift auf der Ebene des Individuums, und zwar bei den Allelen der Gene, denn nur diese können über die Keimbahn in die nächste Generation gelangen. Umgekehrt bedeutet dies, dass Selektion einerseits eine **Variabilität von Merkmalsausprägungen** voraussetzt, andererseits **Konkurrenz um Fortpflanzung** bzw. Vermehrung – wenn es keine Variabilität und keine Konkurrenz um die Fortpflanzung in der Ausgangspopulation gibt, gibt es auch keine Selektion.

Der Prozess der Selektion bewirkt also, dass aufgrund der **unterschiedlichen biologischen Fitness** (also dem unterschiedlichen Fortpflanzungserfolg) der Genotypen günstige erbliche Eigenschaften in den Folgegenerationen häufiger vertreten sind als in der Ausgangspopulation, und zwar auf Kosten der ungünstigen Merkmale (Allele). Gegenstand der Selektion sind alle erblichen Merkmale, die zu einem **Unterschied in der Fortpflanzungsrate** führen können. Neben dem Tod des Individuums sind z. B. auch solche Individuen selektiv benachteiligt, die eine geringere natürliche Reproduktionsrate aufweisen oder die gegenüber Artgenossen bzw. Individuen anderer Arten in der Konkurrenz benachteiligt sind. Entscheidend ist dabei nicht die Fortpflanzungsrate als solche, sondern ausschließlich der **Anteil der erfolgreichen Nachkommen** (d. h. derjenigen, die selbst Nachkommen hinterlassen).

Je nach Auslöser unterscheidet man zwischen natürlicher Selektion und künstlicher Selektion, also der Zuchtwahl durch den Menschen. Die **natürliche Selektion** wirkt aufgrund abiotischer und biotischer Faktoren der Umwelt (◘ Abb. 27.8). Durch den Einfluss des Menschen auf verschiedenste Umweltfaktoren ist der Mensch zu einem wichtigen Selektionsfaktor geworden. Ist die Selektion auf unbeabsichtigte Folgen des menschlichen Handelns (und nicht auf bewusste Auswahl) zurückzuführen, handelt es sich um eine Form der natürlichen Selektion (◘ Abb. 27.9). Die **künstliche Selektion** bezeichnet dagegen eine gezielte Auswahl durch den Menschen, also die Zuchtwahl von Nutz- und Zierpflanzen, Haus-, Nutz- und Labortieren. Individuen mit unerwünschten Eigenschaften werden hier gezielt von der Fortpflanzung ausgeschlossen.

Der natürlichen und küstlichen Selektion wird die **sexuelle Selektion** gegenübergestellt (▶ Abschn. 27.6). Die **Verwandtenselektion** stellt eine Form der Genselektion dar, bei der die Steigerung der Gesamtfitness durch die Hilfe von Verwandten entscheidend ist. Verwandtenselektion spielt eine wichtige Rolle bei der Erklärung altruistischer Verhaltensweisen (▶ Abschn. 27.7). Als **elterliche (parentale) Selektion** bezeichnet man die Auslese bevorzugter Merkmale durch die Eltern (z. B. gelber Rachen bei Vogelküken).

Je nach Intensität der Selektion wird zwischen harter und weicher Selektion unterschieden (◘ Abb. 27.10) und nach Richtung der Selektion zwischen stabilisierender, aufspaltender und gerichteter Selektion (◘ Abb. 27.11).

◘ **Abb. 27.8** Kopfform und Fellfarbe bei Füchsen verschiedener Klimazonen

Abb. 27.9 Das bekannteste Beispiel für durch den Menschen bedingte natürliche Selektion ist der Industriemelanismus des Birkenspanners

Abb. 27.10 Harte und weiche Selektion

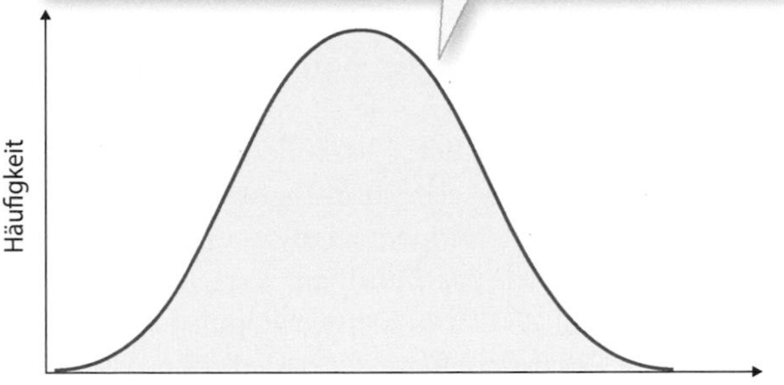

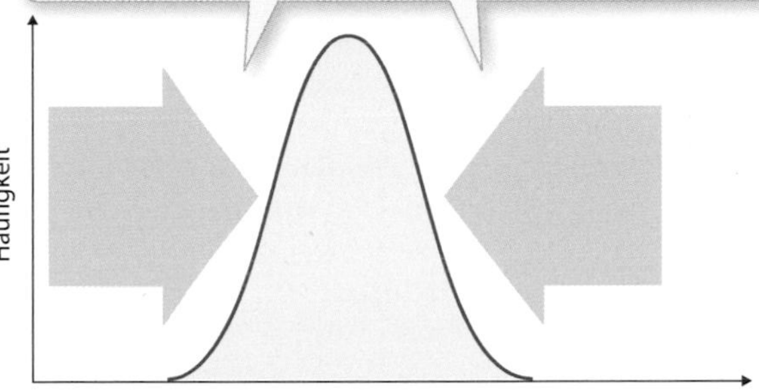

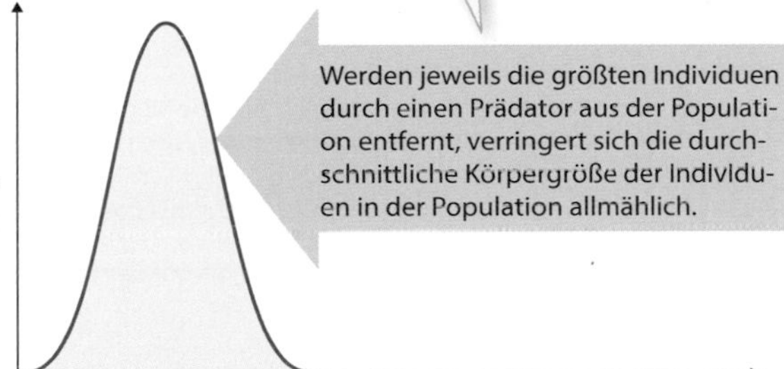

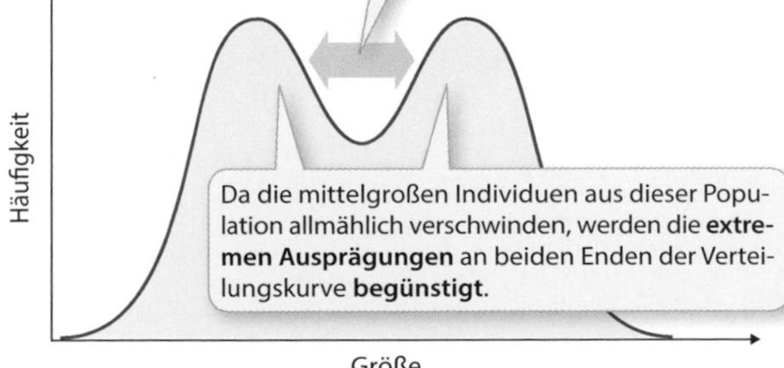

Abb. 27.11 Stabilisierende, gerichtete und disruptive Selektion

27.4 In kleinen Populationen wirken sich zufällige Änderungen der Allelfrequenzen besonders stark aus

Die **Verteilung von Merkmalsausprägungen** in Populationen, insbesondere von verschiedenen Allelen von Genen, unterliegt einer ständigen Veränderung. Diese Veränderung kann gerichtet erfolgen, insbesondere durch Selektion (► Abschn. 27.5), oder zufällig. Je geringer die Individuenanzahl in einer Population ist, desto stärker wirkt sich der **Zufall** auf Verschiebungen der Merkmale aus (◘ Abb. 27.12). In kleinen Populationen ist nur ein Teil der in der Gesamtpopulation existierenden Allele vorhanden (◘ Abb. 27.12).

Zufällige Veränderungen in der Verteilung einzelner Allele im Genpool einer bestimmten Population bezeichnet man als **genetische Drift** (genauer Alleldrift, Sewall-Wright-Effekt). Meistens geht die Gendrift darauf zurück, dass der Genpool einer zufällig abgetrennten Teilpopulation nur einen kleinen Anteil der möglichen Allele repräsentiert und die in der Teilpopulation vorkommenden Allele in einem anderen Verhältnis zueinander stehen als die in der (ursprünglichen) Gesamtpopulation. In endlich großen Populationen führt Gendrift zur Fixierung einiger Allele. Ein Allel wird fixiert, wenn seine Frequenz in einer Population 100 % erreicht. Gendrift sollte nicht mit Genfluss verwechselt werden, worunter man den Austausch genetischen Materials zwischen Populationen einer Art versteht.

Der **Flaschenhalseffekt** beschreibt eine genetische Verarmung der Population, die stattfindet, wenn die Population aufgrund irgendeines plötzlich und nur vorübergehend auftretenden Faktors stark in der Größe dezimiert wird (◘ Abb. 27.13). Etliche heutige Tierarten sind in ihrer Geschichte durch genetische Flaschenhälse gegangen, Beispiele sind die ostafrikanischen Buntbarsche (◘ Abb. 27.13), der Gepard, der Alpensteinbock, der Wisent und der Kalifornische Kondor. Vermutlich hat auch der Mensch (*Homo sapiens*) vor ca. 75.000 Jahren einen Flaschenhals passiert – verursacht durch die massive Eruption des Vulkans Toba auf Sumatra und die nachfolgende Kälteperiode. In der jüngeren Menschheitsgeschichte führte die Beulenpest in Europa erneut zu einem Flaschenhalseffekt.

Auch der **Gründereffekt** führt zur genetischen Verarmung der Population, jedoch hat er andere Ursachen als der Flaschenhalseffekt: In diesem Fall wird eine neue Lokalität durch eine kleine Gruppe (im extremen Fall durch ein einzelnes befruchtetes oder sich parthenogenetisch fortpflanzendes Weibchen) besiedelt. Die wenigen Gründerindividuen repräsentieren nur einen Teil des Genpools der Stammpopulation (◘ Abb. 27.13).

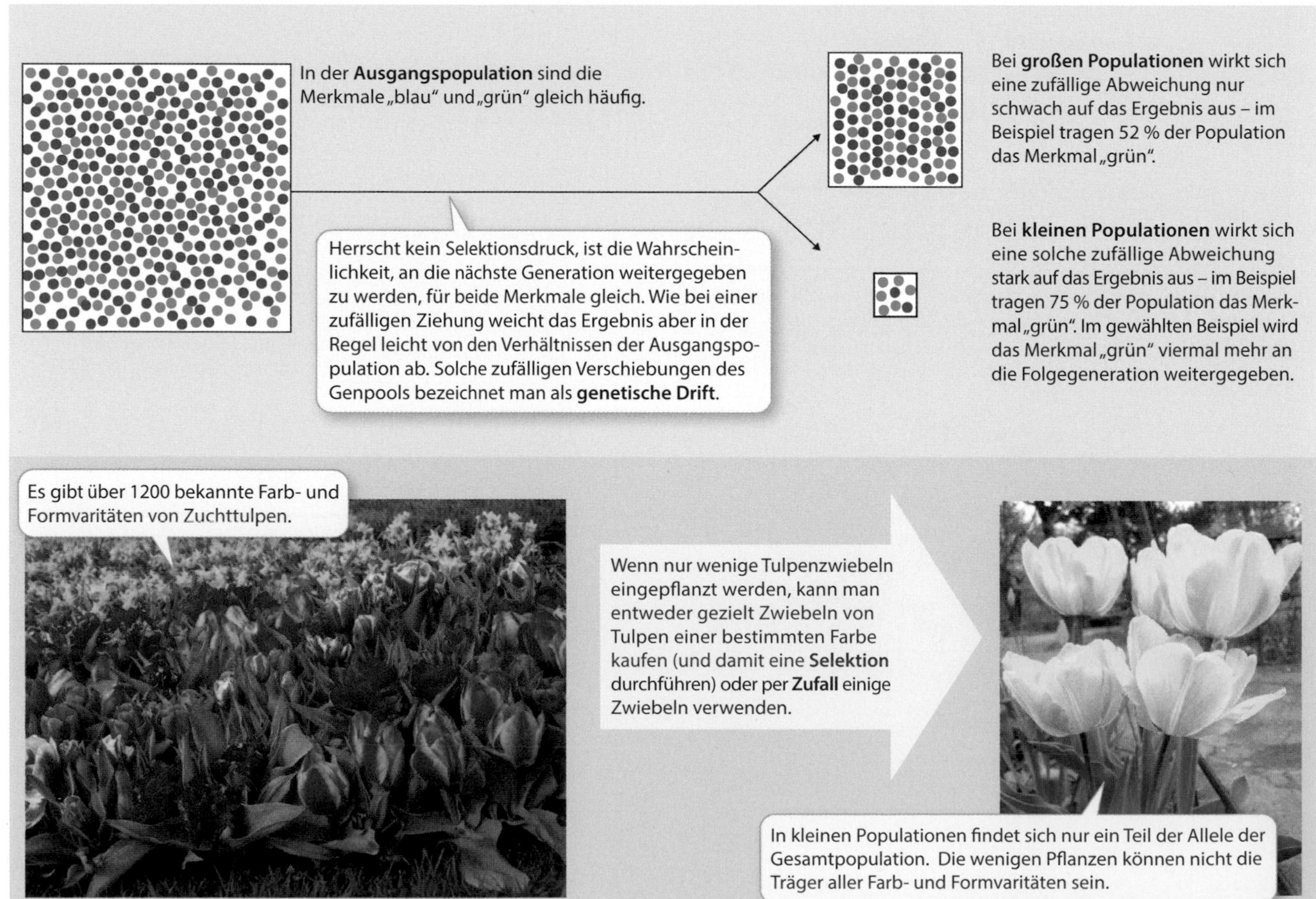

◘ **Abb. 27.12** Genetische Drift wirkt sich in kleinen Populationen besonders stark aus

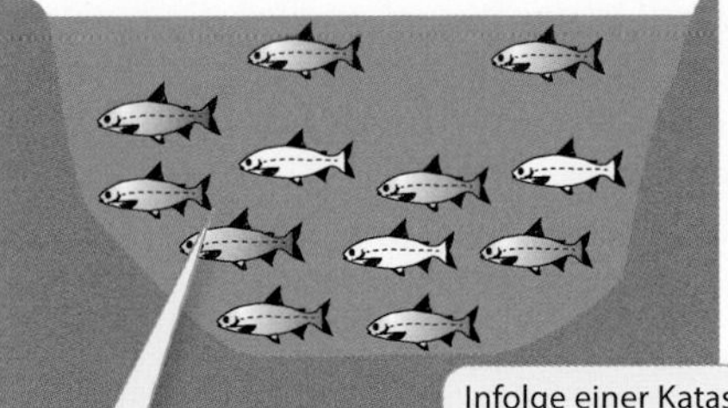

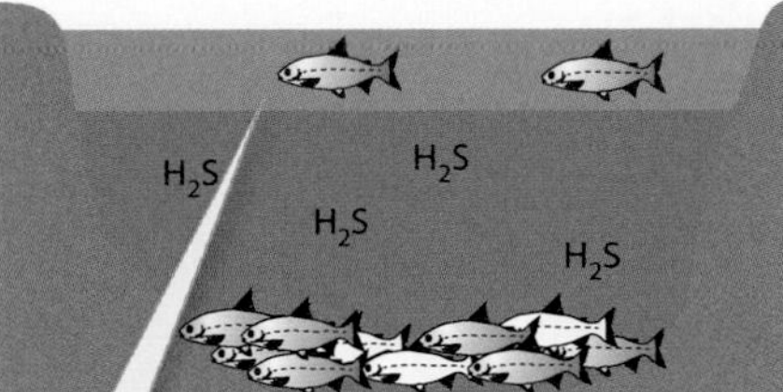

Die **Individuen der Ausgangspopulation** tragen verschiedene Allele.

Infolge einer Katastrophe verkleinert sich die Population drastisch. Damit **ändern sich** auch die **Allelfrequenzen**, wobei vor allem die seltenen Allele verschwinden. Dieser Effekt der **Reduktion der genetischen Vielfalt** durch eine plötzliche Verkleinerung der Populationsgröße wird als Flaschenhalseffekt bezeichnet. Der Polymorphismus der Population muss allerdings nicht unbedingt markant reduziert worden sein.

In der nachfolgenden Phase der Erholung und des Populationswachstums ist die **Wirkung der Selektion begrenzt**, die Population expandiert im freien Raum, die Rolle der Konkurrenz ist beschränkt: Die meisten Träger der noch vorhandenen Allele können ihre Gene an die Nachkommen weitergeben. Ein Allel, das die Reduktion der Population „überlebt", wird im folgenden Zeitraum des exponentiellen Wachstums wahrscheinlich nicht mehr eliminiert. Es können auch neu entstandene, leicht schädliche Allele in der Population erscheinen.

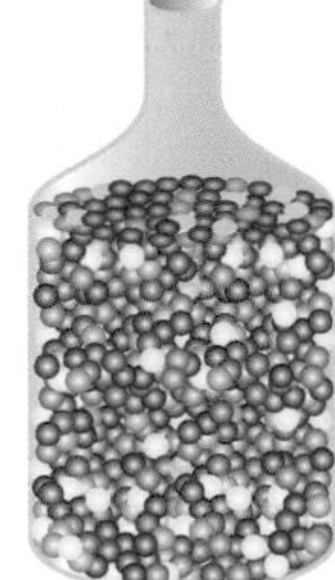

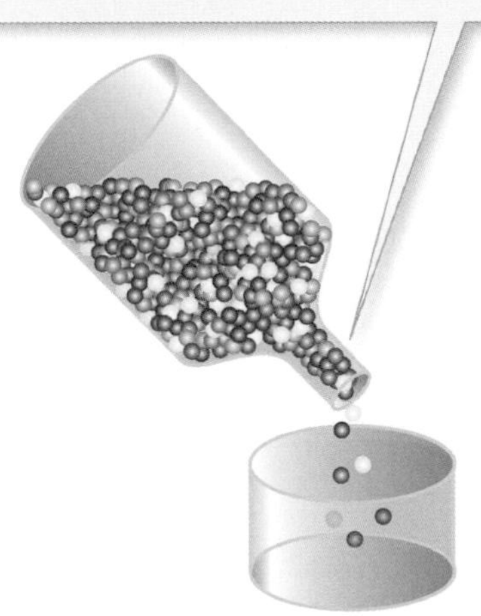

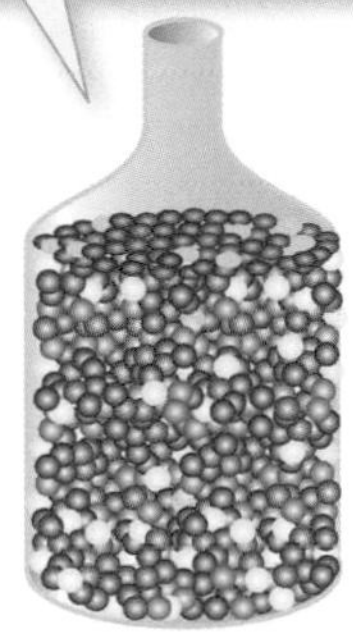

Der **Falschenhalseffekt** kann beispielsweise bei Absinken des Wasserspiegels eines Sees in verschiedenen Teilbecken zu **unterschiedlich zusammengesetzten Populationen** führen. Dauert die Isolierung lange genug, kann dies zur Artbildung führen. Durch die verschiedenen parallel ablaufenden Entwicklungen in den einzelnen Teilbecken kann sich so eine **hohe Artenvielfalt** aufbauen.

Die verschiedenen Teilpopulationen entwickeln sich unterschiedlich weiter.

Beim **Gründereffekt** ist die Rolle des Zufalls sehr ausgeprägt:

Befruchtete Fischeier können im Gefieder von Wasservögeln in einen anderen, noch nicht von diesen Fischen besiedelten See übertragen werden.

Die übertragenen Fischeier können eine neue Fischpopulation begründen, welche die Allele weniger oder nur eines einzigen Elternpaars trägt.

Die Individuen der Ausgangspopulation tragen verschiedene Allele.

Der genetische Unterschied entsteht aufgrund der geringen Anzahl der bei den Gründerindividuen der Population vorhandenen Allele und nicht infolge unterschiedlicher Selektionsbedingungen. Der Gründereffekt kann zur Entstehung neuer Arten führen, wie beispielsweise bei den Darwinfinken auf den Galapagosinseln.

Abb. 27.13 Der Flaschenhalseffekt bezeichnet eine Verringerung der Diversität durch eine plötzliche Verkleinerung der Populationsgröße während der Aufbau einer Population durch nur wenige Individuen mit der damit verbundenen geringen Diversität als Gründereffekt bezeichnet wird

27.5 Die natürliche Selektion führt zu einer Anpassung der Organismen an ihre Umwelt

Jeder Organismus lebt in einer bestimmten Umwelt, d. h. in einem bestimmten Habitat unter bestimmten Umweltbedingungen und hat eine charakteristische Lebensweise. Zur Umwelt gehören dabei nicht nur abiotische Bedingungen, sondern auch andere Organismen. Unter für einen Organismus jeweils **optimalen Bedingungen** hat dieser die besten Überlebenschancen, die geringsten energetischen Kosten und die höchste Fortpflanzungsrate. Der Organismus ist an diese Bedingungen adaptiert, also evolutionär angepasst (◘ Abb. 27.14 oben). Verschiedene Organismen, die in derselben Umwelt leben, weisen häufig ähnliche **Anpassungen** oder **Adaptationen** auf. Diese gehen vielfach auf eine **konvergente Evolution** zurück, also eine unabhängige Entstehung ähnlicher Merkmale (◘ Abb. 27.14).

Der Begriff „Adaptation" gehört zu den am häufigsten verwendeten Begriffen in der ökologischen, ethologischen und evolutionsbiologischen Forschung. Allerdings wird er nicht immer korrekt verwendet, da es manchmal nicht einfach ist, eine Adaptation eindeutig zu erkennen. Eine Adaptation muss

Phylogenetische Analyse: Die sukkulenten Kakteen (Cactaceae) und Wolfsmilchgewächse (Euphorbiaceae) sind **stammesgeschichtlich** nicht näher miteinander verwandt.

Ob eine **Konvergenz** vorliegt, erkennen wir nicht durch eine **funktionelle Analyse** allein, sondern wir brauchen auch die **phylogenetische Analyse**, um mögliche Plesiomorphien (ursprüngliche, durch Abstammung bedingte Merkmale) von konvergenten Merkmalen unterscheiden zu können.

Euphorbiaceae
Krautige Wolfsmilchgewächse (Euphorbiaceae) sind typische Pflanzen unserer einheimischen Flora.

In den afrikanischen Savannen und Halbwüsten wachsen sukkulente Euphorbiaceae.

Cactaceae
Alle Kakteen sind sukkulent, bei einigen Arten sind die Sprossachsen allerdings blattartig verbreitert (Platykladien)

In den mittelamerikanischen Halbwüsten wachsen sukkulente Cactaceae.

Funktionelle Analyse: Die **Wuchsformen** der Euphorbiaceae in den afrikanischen Halbwüsten und der Cactaceae in den amerikanischen Halbwüsten sind ähnlich, da es sich um eine **Adaptation** an die trockenen Bedingungen der Halbwüste handelt. Diese Merkmale haben sich **konvergent**, also unabhängig, in den beiden Pflanzenfamilien entwickelt. Weitere Beispiele für Konvergenzen im Pflanzenreich sind u. a. die Entstehung von Flugsamen, die eine Verbreitung durch den Wind ermöglichen, die Anpassungen für Symbiosen mit Ameisen, die Produktion von gleichen oder ähnlichen Abwehrstoffen (z. B. Koffein durch Kaffee- und Teepflanzen), Anpassungen der Blüten an den gleichen Typ der Bestäubung, zur ähnlichen Ernährung (z. B. Carnivorie), Kletteranpassungen, Bildung der Speicherorgane etc.

Subterrane Säugetiere sind an die Bedingungen ihres Lebensraums adaptiert: Nur ausnahmsweise verlassen sie ihre unterirdischen Gangsysteme, wo sie auch ihre Nahrung finden. Sie leben in einer dunklen, feuchten, sauerstoffarmen und kohlenstoffdioxidreichen, mechanisch resistenten Umgebung, wo Windstille herrscht und nur Schall bestimmter Frequenzen weitergeleitet wird. Auch diese Tiere müssen sich aber fortbewegen können, in Raum und Zeit orientieren, Nahrung und Artgenossen finden und miteinander kommunizieren. Trotz der phylogenetischen Unterschiede sehen alle subterranen Säugetiere auf den ersten Blick ziemlich ähnlich aus: Sie sind **klein bis mittelgroß**, haben einen **walzenförmigen Körper**, **kurze Extremitäten**, **reduzierte Ohrmuscheln und Augen** und sie besitzen **spezialisierte Grabwerkzeuge**. Ähnlichkeiten finden sich auch in der Physiologie, Ethologie und Verhaltensökologie und sogar auf molekularbiologischer Ebene.

◘ **Abb. 27.14** Adaptationen fallen oft durch konvergente Evolution auf. Beispiele sind die Sukkulenz bei Pflanzen, also die Fähigkeit, Wasser zu speichern, und die Anpassung von grabenden Säugetieren an das Leben unter Tage

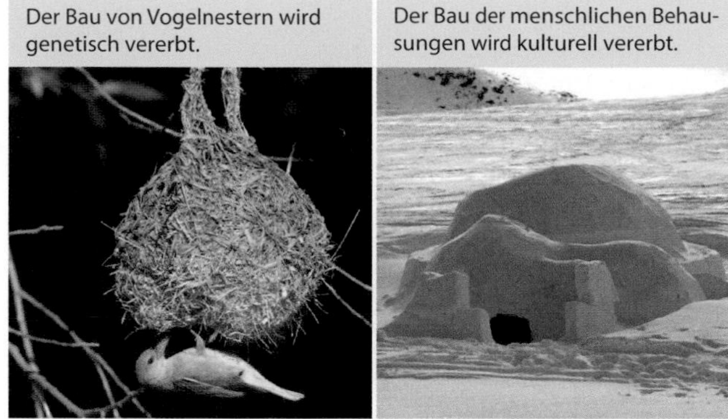

■ **Abb. 27.15** Genetisch und memetisch vererbte Adaptationen

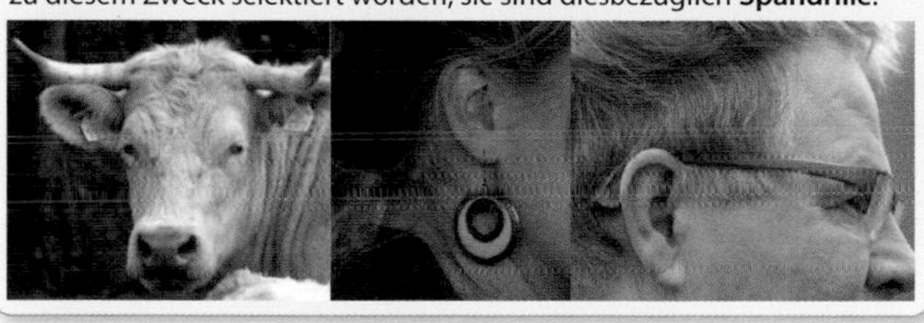

■ **Abb. 27.16** Spandrille am Beispiel der Ohrmuschel

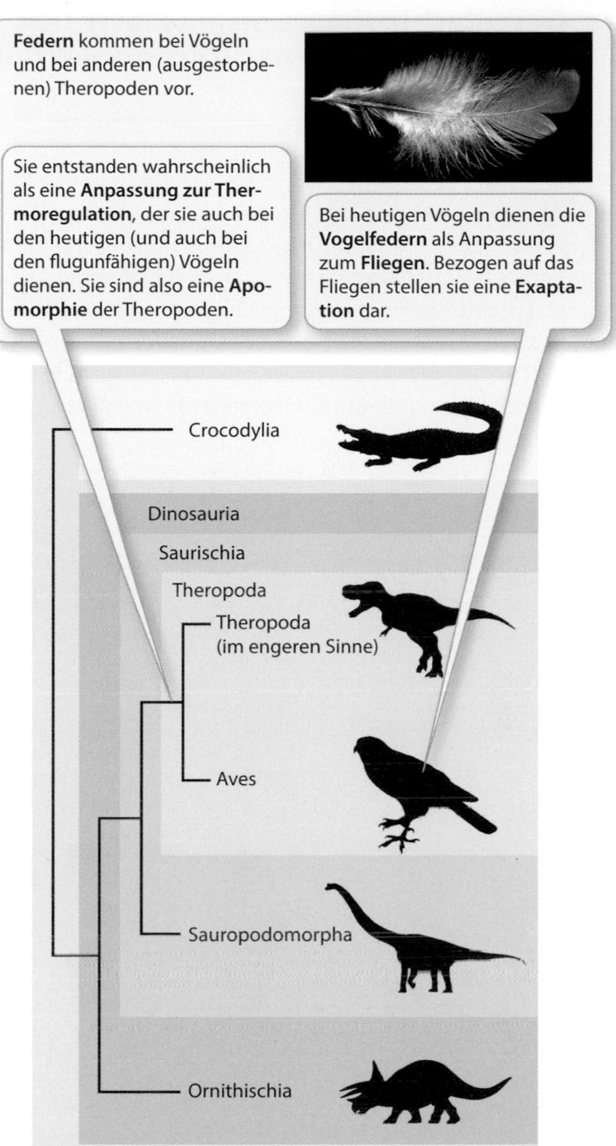

■ **Abb. 27.17** Vogelfedern sind ein Beispiel für eine Exaptation

als evolutionäre Anpassung unterschieden werden von einer **Akklimatisierung**, einer individuellen physiologischen Anpassung, und einer **Habituation**, einer psychologischen Gewöhnung: Eine Adaptation ist eine zweckdienliche Eigenschaft, die unter dem Einfluss der Selektion entstanden ist. Adaptive Merkmale und Eigenschaften werden **genetisch** (wie z. B. Bau eines Vogelnestes) oder **memetisch** (kulturell, wie z. B. der Bau der menschlichen Behausungen) vererbt (■ Abb. 27.15). Durch **Selektionsdruck** wird die jeweilige Funktion dieser Adaptation gefördert, wodurch sich wiederum der Fortpflanzungserfolg, also die biologische Fitness, erhöht. Adaptationen gibt es auf verschiedenen Organisationsebenen: auf der Ebene von Molekülen, Zellen, Organen und Organismen. Sie betreffen die Morphologie, die Physiologie sowie das Verhalten, und dies auch auf der Ebene des erweiterten Phänotyps. Adaptationen können durch vergleichende wie auch experimentelle Untersuchungen erkannt und erforscht werden. Auf der jeweiligen taxonomischen Hierarchieebene sollte eine Adaptation gleichzeitig auch eine **Apomorphie** (evolutionäre Neuheit, „Erfindung"; ► Abschn. 27.12) darstellen. Ein Merkmal mit mehreren Funktionen kann allerdings auch unterschiedlichen, möglicherweise gegensätzlich wirkenden Selektionsdrücken unterliegen.

Nicht alle Besonderheiten, die Organismen auf den verschiedenen taxonomischen Ebenen charakterisieren, sind als Adaptationen zu werten. Solche Merkmale können nicht nur durch natürliche, sondern auch durch sexuelle Selektion (wie auch künstliche Zuchtwahl) oder infolge von genetischer Drift entstanden sein. Hat ein Merkmal sekundäre Funktionen übernommen, die als solche aber keiner Selektion unterliegen, spricht man von einer **Spandrille** (■ Abb. 27.16) Ein Merkmal mit adaptiver Funktion, das unter einem anderen Selektionsdruck entstanden ist, bezeichnet man als **Exaptation** (■ Abb. 27.17).

Sowohl Adaptationisten als auch Kreationisten versuchen gleichermaßen, in jedem Merkmal, jeder Eigenschaft unkritisch eine Angepasstheit zu sehen – Erstere, um die Rolle der Selektion zu betonen, Letztere, um zu zeigen, dass der Schöpfer nach einem durchdachten Plan gearbeitet hat.

27.6 Geschlechtsdimorphismus lässt sich meist nicht durch natürliche Selektion erklären

Charles Darwin postulierte 1871 die **sexuelle Selektion**, um die Existenz des **Geschlechtsdimorphismus** (◘ Abb. 27.18) und insbesondere die damit oft verbundenen nachteilig erscheinenden Eigenschaften zu erklären, da diese nicht mit dem Konzept der natürlichen Selektion zu begründen sind. Die Partnerwahl erfolgt vorwiegend durch das Geschlecht, das mehr in die Fortpflanzung investiert. Ursächlich sind also grundlegende Unterschiede bei der Investition in einen Nachkommen: Weibchen haben ein viel größeres Interesse an der Qualität ihrer Nachkommen, denn aus energetischen und zeitlichen Gründen können sie nicht viele davon haben. Hinweis auf eine vorausgegangene sexuelle Selektion als Ursache des Geschlechtsdimorphismus ist, dass dieser erst in späteren Entwicklungsstadien (beispielsweise in der Pubertät oder später) ausgeprägt wird, mit dem Sexualverhalten in Verbindung steht (Zurschaustellung, Imponieren und ein bestimmtes Erscheinungsbild, das vom anderen Geschlecht als „attraktiv" wahrgenommen wird; ◘ Abb. 27.18).

Die sexuelle Selektion umfasst die intrasexuelle Konkurrenz – meist ein „Männerkampf", bei dem die Männchen anderen männlichen Konkurrenten den Zugang zu den Weibchen ver-

Gute-Gene-Hypothese: Bei den Weibchen einiger Tierarten, insbesondere Vogel- und Säugetierarten, aber auch beim Menschen, wurde eine **Präferenz für Männchen mit symmetrischen Ornamenten und Strukturen** (Tasthaar-Anordnung, Geweih, Schwanzfeder) beschrieben. Die Symmetrie spiegelt die Qualität der Ontogenese wider und könnte damit ein Korrelat der „guten Gene" darstellen.

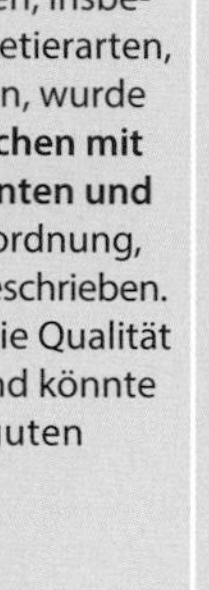

Mode-Hypothese: Da sowohl die Merkmale als auch die Präferenzen genetisch bedingt sind, werden wahrscheinlich die Söhne der Männchen mit besonders ausgeprägten Eigenschaften diese Merkmale ebenfalls tragen und von den Weibchen in der nächsten Generation auch bevorzugt gewählt werden. Da bei den Menschen auch die Männer in die Nachkommen investieren und daher wählerisch sind, gilt dies für beide Geschlechter. So entstehen auch **modische Schönheitsideale.**

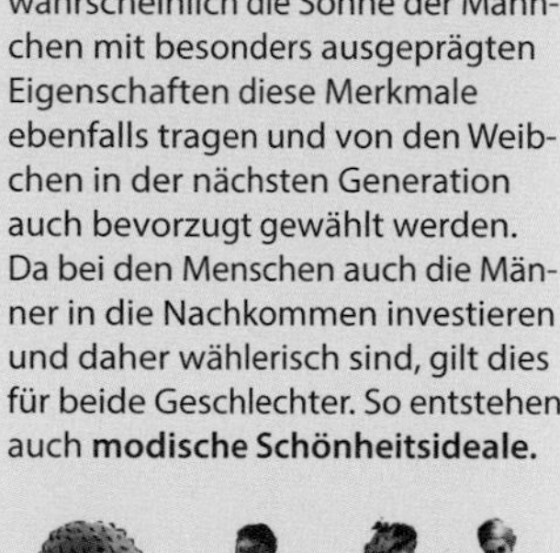

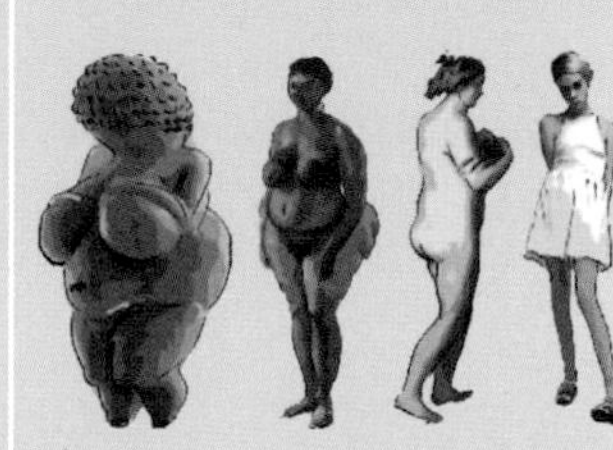

Handicap-Hypothese: Das Handicap-Prinzip ist die von Amotz Zahavi geprägte Idee, dass exzessive, offensichtlich nicht adaptive Strukturen und riskante Verhaltensweisen eine ehrliche Werbung für die eigene genetische Qualität darstellen, denn sie zeigen, dass das Individuum (üblicherweise ein Männchen) auch mit diesem Handicap noch sehr erfolgreich ist. „Ein Kerl, der sich so viel erlauben kann und alles überlebt, muss schon ganz besonders sein!"

Der Geschlechtsdimorphismus des Pfaus ist durch intersexuelle Selektion entstanden

◘ **Abb. 27.18** Verschiedene zum Teil komplementäre Hypothesen versuchen zu erklären, warum beim Partner bestimmte Merkmale gewählt werden

◘ **Abb. 27.19** Bei Arten, bei denen die Männchen Kommentkämpfe (ritualisierte Kämpfe) um den Zugang zu Weibchen austragen, ist in der Regel das Männchen größer als das Weibchen

Investieren beide Geschlechter in die Nachkommen (Revierverteidigung, Nestbau, Verteidigung und Ernährung der Nachkommen), nähern sich die Investitionen beider Eltern an und auch die Männchen sind stärker selektiv in der Partnerwahl. Der **Geschlechtsdimorphismus** ist bei diesen Arten **schwächer ausgeprägt**.

Beim **Seepferdchen** tragen die Männchen die Jungen in einer Bauchtasche aus. Während die Männchen in den Schutz der Embryonen und der Jungtiere investieren, investieren die Weibchen in dotterreiche Eier, die beim Geschlechtsakt in die Bauchtasche des Männchens gespritzt werden. Beide Geschlechter investieren also in den Nachwuchs.

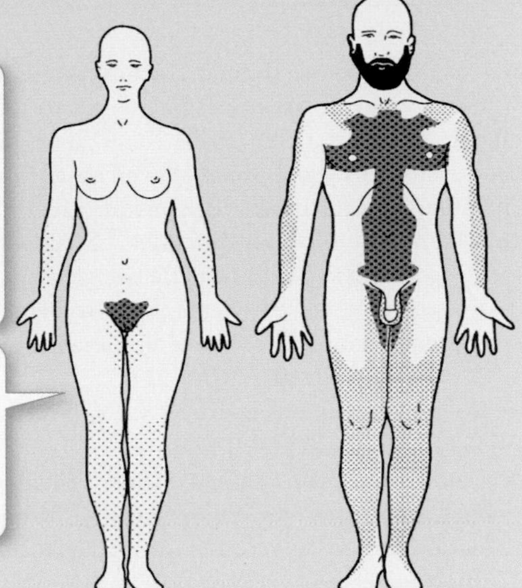

Beim **Menschen** investieren beide Geschlechter in den Nachwuchs, der Geschlechtsdimorphismus ist entsprechend nur schwach ausgeprägt. Schon Darwin hat das Konzept der sexuellen Selektion auch auf den Menschen bezogen.

Abb. 27.20 Bei monogamen Arten und Arten, bei denen beide Geschlechter in den Nachwuchs investieren, ist der Sexualdimorphismus durch intrasexuelle Selektion nur schwach ausgeprägt

wehren oder sich diesen Zugang erzwingen müssen – sowie die intersexuelle Partnerwahl, die meist durch „Damenwahl" erfolgt.

Die **intrasexuelle Selektion** ist für den Geschlechtsdimorphismus bei Körpergröße und Kraft sowie die höhere Aggressivität der Männchen verantwortlich (Abb. 27.19). Dies betrifft aber nur **polygame Arten**, also Arten, bei denen die Männchen keine oder nur geringfügige Brutfürsorge betreiben. Bei polygamen Arten ist die Variabilität des Fortpflanzungserfolgs in der Regel zwischen verschiedenen Männchen einer Spezies viel höher als zwischen verschiedenen Weibchen. Investieren beide Geschlechter in die Nachkommen, sind auch beide Geschlechter wählerisch und der Sexualdimorphismus ist in der Regel schwächer ausgeprägt (Abb. 27.20).

Die **intersexuelle Selektion** geht auf eine Bevorzugung bestimmter Merkmale bei der Partnerwahl zurück. In der Regel wählt das Geschlecht mit dem höheren Aufwand den Partner. Abhängig von den sensorischen Fähigkeiten und Präferenzen haben sich durch intersexuelle Selektion bestimmte geschlechtsspezifische Merkmale ausgebildet (Abb. 27.21). Es handelt sich um Eigenschaften, die etwas über den potenziellen Partner aussagen, also um Indikatoren des Alters, der Gesundheit und der Fruchtbarkeit. Dabei erfolgte immer eine Coevolution zweier Eigenschaften, nämlich der tatsächlichen Eigenschaft eines Geschlechts und der Präferenz für diese Eigenschaft bei dem zweiten Geschlecht (Abb. 27.18).

Auf die sexuelle Selektion sind auch manche Merkmale zurückzuführen, die beide Geschlechter gleichermaßen charakterisieren und die wir als **artspezifische Merkmale** wahrnehmen (Abb. 27.22). Auch Merkmale, die **Populations- oder Stammeszugehörigkeit** signalisierten (beim Menschen z. B. Haut- und Haarfarbe, Struktur und Farbe der Kopfhaare) unterliegen sexueller Selektion. Zudem kann sich sexuelle Selektion auch auf das **Verhalten** erstrecken, beim Menschen beispielsweise hinsichtlich Sprache, bildender Kunst, Tanz, Musik, Erzählung, und Humor. Geschlechtsdimorphismus findet sich daher auch in kulturellen Aktivitäten.

Vögel vieler Arten (hier Zebrafinken) haben eine Vorliebe für die rote Farbe. Wenn ein Männchen noch mehr Rot als ein anderes trägt, z. B. dank eines Erkennungsrings, wird es noch beliebter.

Abb. 27.21 Welche Merkmale die Weibchen wählen, hängt meistens von deren sensorischen Vorlieben ab

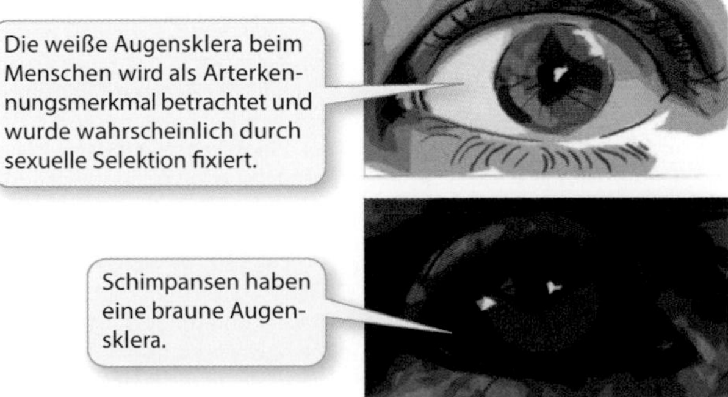

Die weiße Augensklera beim Menschen wird als Arterkennungsmerkmal betrachtet und wurde wahrscheinlich durch sexuelle Selektion fixiert.

Schimpansen haben eine braune Augensklera.

Abb. 27.22 Artspezifische Merkmale können sich auch durch sexuelle Selektion entwickelt haben

27

27.7 Kooperation mit anderen Organismen kann vorteilhaft sein

Verhaltensweisen der **sozialen Interaktion** lassen sich danach einteilen, ob sie für Geber und Empfänger vorteilhaft oder nachteilig sind (◘ Abb. 27.23). In der Natur gibt es viele Beispiele für Kooperationen sowohl innerhalb von als auch zwischen Arten. Unter dem Gesichtspunkt der Evolution unterscheidet man **drei Haupttypen der Kooperation**, die sich aber nicht ausschließen und zwischen denen keine scharfe Grenze verläuft:

- Kooperationen, die Nebenprodukt bzw. Folge der anfänglich egoistisch motivierten individuellen Aktionen zum Nutzen der Gruppe sind (◘ Abb. 27.23).
- Kooperationen, die aufgrund der Verwandtenselektion entstehen (◘ Abb. 27.24, 27.25).
- Das Auftreten von **Helfern** und das Phänomen der **Eusozialität**, wobei sich einige Individuen nie fortpflanzen und sich stattdessen um andere kümmern (**reproduktiver Altruismus**), widersprechen scheinbar dem Prinzip der natürlichen Selektion. Die natürliche Selektion begünstigt grundsätzlich Merkmale, die dem Individuum bzw. dem eigenen Erbgut nutzen, die also „eigennützig" (egoistisch) sind. Die Idee der **Verwandtenselektion** (engl. *kin selection*) basiert auf der Tatsache, dass nahe miteinander verwandte Individuen viele Allele gemeinsam haben. Der Anteil der Allele eines Individuums kann daher im Genpool der nächsten Generation nicht nur durch eigene Fortpflanzung zunehmen, sondern auch dadurch, dass der Überlebens- und Fortpflanzungserfolg von nahen Verwandten erhöht wird, wie dies bei eusozialen Tieren der Fall ist.
- Der Anteil der Allele, die bei zwei Individuen aufgrund gemeinsamer Abstammung identisch sind, wird durch den **Verwandtschaftskoeffizienten** (r) ausgedrückt. Die Nachkommen der ersten Generation teilen durchschnittlich die Hälfte ($r = 0{,}5$), Enkel ein Viertel ($r = 0{,}25$) und Urenkel ein Achtel ($r = 0{,}125$) ihrer Allele. In gleicher Weise ist das Erbgut von Vollgeschwistern im Durchschnitt zur Hälfte ($r = 0{,}5$; bei eineiigen Zwillingen $r = 1$), von Halbgeschwistern zu einem Viertel ($r = 0{,}25$) und von Vettern und Cousinen zu einem Achtel ($r = 0{,}125$) miteinander identisch.
- Mathematisch ergibt sich der durch **Hamiltons Regel** (◘ Abb. 27.26) dargestellte Zusammenhang, dass eine kostspielige Aktion zugunsten verwandter Organismen aus evolutionärer Sicht sinnvoll ist, wenn der damit verbundene Aufwand geringer ist als das Produkt aus Verwandtschaftsgrad und individuellem Nutzen für die Verwandten. Der Verwandtenaltruismus setzt voraus, dass Individuen ihre Familienzugehörigkeit erkennen können. Dieses Erkennen ist allerdings nicht nur für den Verwandtenaltruismus und den Nepotismus, also die Vorteilsbeschaffung für Verwandte, nützlich, sondern spielt auch bei der Inzesthemmung eine wichtige Rolle.
- Wechselseitige Kooperationen zwischen nichtverwandten Individuen („Wie du mir, so ich dir" – *tit for tat*).

Eine Kooperation kann auch Ergebnis eines Spiels sein. Als **Spiel** wird eine Situation bezeichnet, in der der Erfolg eines Akteurs von den Reaktionen seiner Gegner abhängt. Für die

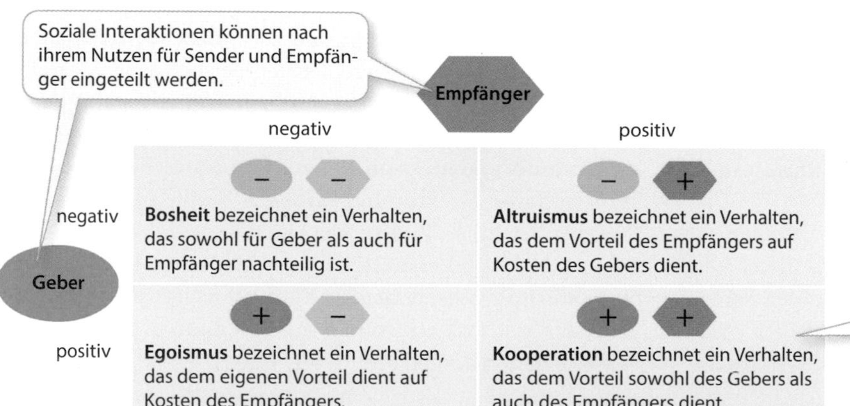

Bei **Kooperationen als Nebenprodukt einer egoistisch motivierten Handlung** verfolgt jedes Individuum seine eigenen egoistischen Ziele (den eigenen endogen gesteuerten Trieb zu befriedigen und dabei am Werk eines anderen „zu parasitieren"). Dennoch entsteht eine effektive Zusammenarbeit, die wir sogar als Arbeitsteilung interpretieren.

Die Bewachung der Kolonie erscheint bei **Erdmännchen** zunächst altruistisch: Die Wächter wenden Energie und Zeit auf, die sie nicht zur Nahrungssuche verwenden können, und setzen sich gleichzeitig der Gefahr aus, von Feinden angegriffen zu werden. Trotzdem ist dieses Verhalten egoistisch motiviert. Einerseits übernehmen Erdmännchen den Wachdienst nur, wenn sie satt sind. Andererseits bringt der Wachdienst mehrere Vorteile mit sich: Je früher ein Tier einen Feind entdeckt, desto höher sind seine Chancen, sich in Sicherheit zu bringen. Die Wächter bei Erdmännchen hüten also vor allem sich selbst. Zudem können die Erdmännchen durch den Wachdienst Gruppenmitgliedern imponieren und so das eigene Prestige steigern. Hier hat sich aus zunächst egoistisch motivierten Handlungen ein Verhalten entwickelt, das zusätzlich auch für die ganze Gruppe von Nutzen ist.

Die **Händler-Käufer-Beziehung** ist ein Beispiel für ein kooperatives Spiel (allerdings mit kompetitiven Elementen). Jeder von beiden Spielern will sich durchsetzen und gewinnen. Gewinn des Händlers bedeutet aber einen Verlust für den Käufer und umgekehrt. Bei wiederholten Interaktionen ist es allerdings im Interesse von beiden Spielern, einen Kompromiss zu finden. Gewinnt der Händler deutlich, verliert er den Kunden, gewinnt der Kunde deutlich, beendet der Händler das Geschäftsverhältnis.

◘ **Abb. 27.23** Egoistisch motiviertes Verhalten kann zu kooperativem Verhalten führen

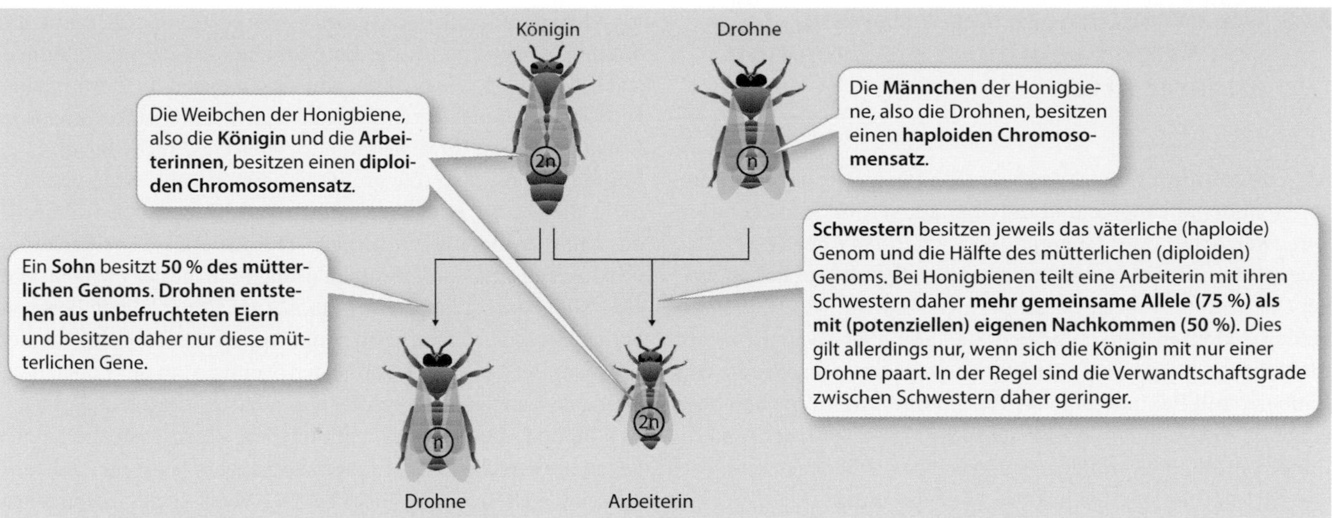

Abb. 27.24 Wegen des besonderen Fortpflanzungssystems und der Geschlechtsbestimmung (Haplodiploidie) ist bei den Arbeiterinnen der Honigbienen ein erhöhter Verwandtschaftskoeffizient unter Geschwistern anzunehmen

beiden unverwandten Spieler muss eine Kooperation langfristig lohnend sein; ansonsten gewinnen die Betrüger. Bei „Wie-Du-mir-so-ich-dir"-Strategien bieten wir **Kooperation** an, reagieren auf kooperatives Verhalten gleichfalls, stellen aber bei Verrat das kooperative Verhalten ein. Kooperative Spiele sind Spiele mit Wiederholung, keine einmaligen Ereignisse. „Egoisten" kooperieren niemals mit jemandem, „Altruisten" arbeiten immer und mit jedem zusammen, und „Opportunisten" kooperieren nur unter bestimmten Bedingungen. Beispiele für **kooperative Spiele** (allerdings mit kompetitiven Elementen) sind die Eltern-Kind-Beziehung oder die Händler-Käufer-Beziehung (Abb. 27.23).

Symbiose (► Abschn. 35.5), also das Zusammenleben von Individuen verschiedener Arten zum gegenseitigen Nutzen, kann man auch als Kooperation zwischen Individuen fremder Arten auffassen. Eine Symbiose kann **obligat**, also für beide Partner lebensnotwendig, oder **fakultativ** sein. Lehrbuchbeispiele für Symbiosen sind Mykorrhiza (Pflanzen und Pilze), Flechten (Pilze und Grünalgen oder Cyanobakterien), Blüten und Bestäuber, Einsiedlerkrebse und Seeanemonen, Putzerfische oder Madenhacker (Singvögel der Gattung *Buphagus*) und ihre „Wirte" (Putzsymbiosen), Wiederkäuer und cellulosespaltende Magenbakterien und -einzeller oder intrazelluläre Endosymbionten. Häufig sind solche Kooperationen egoistisch motiviert.

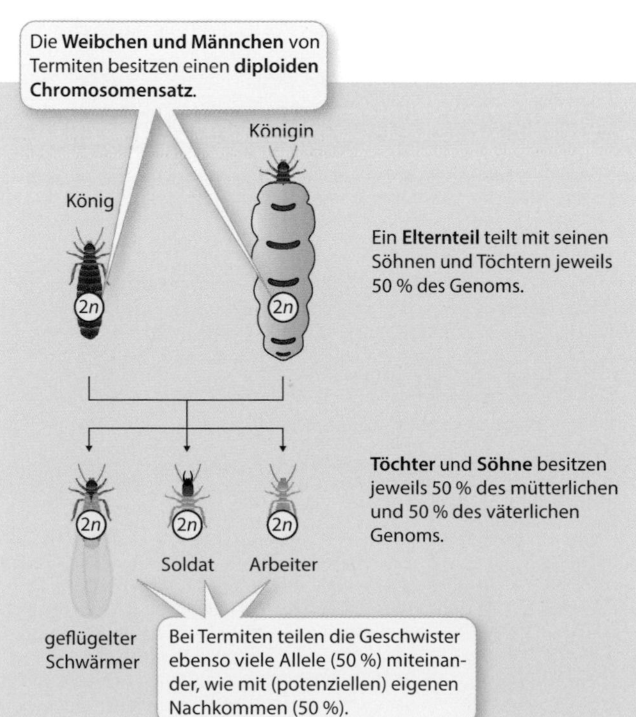

Abb. 27.25 Eusozialität kommt auch bei diploiden Organismen wie Termiten vor

Hamiltons Regel vergleicht den mit einem Verhalten verbundenen **Aufwand** mit dem **Produkt aus Verwandtschaftsgrad und individuellem Nutzen für die Verwandten.**

genetische Verwandtschaft (engl. *relatedness*) zwischen Akteur und Empfänger

$$c < (r \times b)$$

Fitnesskosten (engl. *cost*) des Akteurs

Fitnessnutzen (engl. *benefit*) des Empfängers

Kosten und Nutzen der Fitness werden in Fekundität (Zahl der Nachkommen eines Individuums pro Leben) gemessen.

Abb. 27.26 Hamiltons Regel bezeichnet die Bedingungen, welche altruistische Verhaltensweisen fördern

27.8 Die evolutionäre Veränderung von Arten beeinflusst die Evolution anderer Arten

Als **Coevolution** bezeichnen wir die aufeinander abgestimmte, voneinander abhängige und miteinander verbundene Evolution von zwei Arten oder Gruppen von Arten (◘ Abb. 27.27). Die Coevolution kann den Charakter einer **Symbiose** haben, wie bei Pflanzen und ihren Bestäubern (► Abschn. 35.14), die also beiden Akteuren Nutzen bringt. Sie kann aber auch mit einem **Wettrüsten** verglichen werden, wie bei der Coevolution von Räubern und Beutetieren, von Wirten und ihren Parasiten oder von zwei miteinander konkurrierenden Arten (► Abschn. 35.5). In der Natur gilt es, mit den anderen Arten, mit denen man in – wie auch immer gearteten – Wechselbeziehungen steht, Schritt zu halten. Dies wird **Rote-Königin-Prinzip** (engl. *Red Queen principle*) bezeichnet, das nach der gleichnamigen Figur aus dem Buch *Alice hinter den Spiegeln* benannte Evolutionsprinzip, bei dem jede Art in einem evolutionären Wettlauf mit seinen Konkurrenten, Parasiten bzw. Wirten, Prädatoren bzw. Beuteorganismen steht und sich so schnell wie möglich an die Bedingungen anpassen muss, um mithalten zu können (◘ Abb. 27.27).

Die **evolutionär stabile Strategie** (**ESS** von engl. *evolutionary stable strategy*) ist ein spieltheoretisches Konzept, das von John Maynard Smith und George R. Price 1973 in die Evolutionsbiologie eingeführt wurde. Eine Strategie ist dann evolutionär stabil, wenn sie – sobald sie von den meisten Spielern befolgt wird – von keiner anderen Strategie mehr verdrängt werden kann. Dabei muss diese Strategie ihren „Spielern" gar nicht den größten Reproduktionserfolg (die größte Fitness) gewährleisten. Sie mag nicht die „beste" sein, aber sie ist stabil. Dies wird am Beispiel des Falke-Taube-Spiels illustriert (◘ Abb. 27.28). Die Evolution führt hier zu einer „Kompromisslösung". Ein idealer Zustand, also ein „Falke" unter „Tauben" zu sein, hat auf Dauer keinen Bestand. Welche Strategie die beste ist, hängt vom Kontext ab, also von der Frequenz der Vertretung der beiden Strategien in der Population. Ähnliche Prinzipien wirken auch in menschlichen Populationen: Der Befund, dass aus der menschlichen Gesellschaft die Kriminellen nie verschwinden, ist eine seit Langem bekannte und auch experimentell bestätigte Tatsache: Der Versuch, alle Kriminellen und Prostituierten aus Britannien nach Australien abzuschieben, endete nicht mit dem gewünschten Ergebnis. In Britannien wurde die kriminelle Nische wieder besetzt und in Australien ist eine normale Gesellschaft mit relativ niedriger Kriminalität entstanden.

Das Verhalten einzelner Arten wird nicht nur durch eigene Gene und eigene Interessen bestimmt, sondern auch durch Gene und Verhaltensweisen der Konkurrenten, Familienangehörigen oder sogar von Prädatoren und Parasiten beeinflusst. Die Gene eines Organismus mit ihren phänotypischen Ausprägungen kön-

Prädation als treibende Kraft der Coevolution

Bei Beuteorganismen haben sich zur Abwehr von Prädatoren verschiedene Strukturen, wie Panzer, Gehäuse, Schalen, Borke, Stacheln oder Dornen entwickelt. Umgekehrt haben sich bei den Räubern Strategien und morphologische Anpassungen entwickelt, um mit diesen Schutzvorrichtungen der Beute umzugehen, wie beispielsweise kräftigere Kiefermuskeln und Zähne, eine lange, bewegliche Zunge oder spezialisierte Jagdstrategien. Auf molekularer Ebene könnte die Beute Giftstoffe bilden, was bei den Räubern zur Entwicklung von Enzymen führt. Die Resistenz mancher Bakterien gegen verschiedene Antibiotika mit der daraus folgenden Notwendigkeit, stets neue Antibiotika zu entwickeln, ist auch ein Beispiel für das evolutionäre Wettrüsten.

Die Anhäufung von Skelettelementen an der Grenze des Präkambriums zum Phanerozoikum („**kambrische Explosion**") wurde durch einen verstärkten **Fraßdruck durch vielzellige Eukaryoten** begünstigt. Dieser wirkte sich in vielen verschiedenen Organismengruppen aus. Entsprechend entwickelten sich in vielen Organismengruppen unabhängig voneinander **Außenskelette als Prädationsschutz**. Der ursprüngliche Auslöser für die Ablagerung von Kalk durch die Organismen war vermutlich nicht der zunehmende Fraßdruck, sondern eine **erhöhte Calciumausscheidung** infolge einer Veränderung der Ionenzusammensetzung der Ozeane. Der Fraßdruck führte dann aber vermutlich in einem evolutionär kurzen Zeitraum zur Fixierung dieses Merkmals. Nach Ansicht mancher Paläontologen wurden die schnellen Diversifizierungen in den Faunen (wie z. B. im Kambrium) insbesondere durch ein **Wettrüsten zwischen Prädatoren und Beutearten** ausgelöst. Die Entstehung und Evolution der **Blütenpflanzen** werden dem Einfluss der **Dinosaurier**, die der **Gräser** dem Einfluss **herbivorer Säugetiere** zugeschrieben. Sobald eine Art im Tempo dieses evolutionären Wettrüstens nicht mithalten kann, wird sie eliminiert, auch wenn sie ansonsten sehr gut an die abiotischen Umweltbedingungen angepasst ist.

Dornen und Stacheln sind verbreitete **Schutzmechanismen vor Prädation**, die sich sowohl bei Tieren (links: Seeigel) und Pflanzen (Mitte: Akazie), aber auch bei anderen Organismengruppen (rechts: Stramenopiles: Diatomee) finden. Allerdings bieten sie keinen absoluten Schutz, da sich die Jagd- und Fraßstrategien der Prädatoren ebenfalls entsprechend entwickelt haben.

Konkurrenz als treibende Kraft der Coevolution

Hohe Bäume in einem hohen Wald bekommen nicht mehr Licht als niedrige Bäume in einem niedrigen Bestand. Niedrige Bäume werden jedoch von höheren Bäumen beschattet, daher erhalten hohe Bäume in einem hohen Wald viel mehr Licht als niedrige. Diese Konkurrenz um Licht führte zu einem coevolutiven Wettrennen und zur Ausbildung großer (hoher) Pflanzenkörper.

Ein Vogelküken schreit, um die Eltern und somit die Nahrung herbeizurufen, wobei es lauter als notwendig schreit, damit es von den Geschwistern nicht übertönt wird. Es wäre bestimmt für beide Seiten vernünftig, wenn die Küken ruhig blieben, um Prädatoren nicht auf sich aufmerksam zu machen. Allerdings würde ein stummes Küken zwischen seinen kreischenden Geschwistern verhungern.

◘ **Abb. 27.27** Prädation und Konkurrenz als treibende Kräfte der Coevolution (Rote-Königin-Prinzip)

Mit einem spieltheoretischen Ansatz kann man ermitteln, unter welchen Szenarien verschiedene Strategien vorteilhaft sind oder auch zu einem Gleichgewicht finden. **„Falke" (aggressiv, risikobereit)** und **„Taube" (nichts riskierend)** symbolisieren zwei **idealisierte spieltheoretische Grundstrategien** im Wettstreit um eine mangelnde Ressource:

Abb. 27.28 Spieltheoretisches Konzept der evolutionär stabilen Strategie

nen somit auch auf Körper und Verhalten anderer Organismen wirken (Abb. 27.29). Beispielsweise setzen einige Parasiten die Angst des Wirts herab, wodurch die Wahrscheinlichkeit des Kontakts mit anderen Tieren (z. B. Tollwutüberträger), ja sogar mit Prädatoren, erhöht ist. Viele Fische vermeiden es, sich nahe an der Wasseroberfläche aufzuhalten, da dort die Wahrscheinlichkeit höher ist, dass sie von Wasservögeln erbeutet werden. Fische, die mit einem Bandwurm der Gattung *Schistocephalus* befallen sind, haben einen höheren Bedarf an Sauerstoff. Dadurch sind sie gezwungen, sich in der Nähe der Wasseroberfläche aufzuhalten, da dort der Sauerstoffpartialdruck höher ist (► Abschn. 35.11). Ebenso halten sich Fische, in deren Augenlinsen Saugwürmer der Gattung *Diplostomum* parasitieren, in der Nähe der Wasseroberfläche auf. Andere Parasiten beeinflussen die Fluchtreaktion, sodass das parasitierte Individuum leichter erbeutet werden kann und Parasiten, die durch Geschlechtsverkehr übertragen werden, können höhere sexuelle Aktivität und häufigeren Wechsel der Sexualpartner auslösen.

Abb. 27.29 Stabiles Gleichgewicht bei drei Paarungsstrategien

27.9 Die Art ist nicht eindeutig definiert, obwohl sie die grundlegende Einheit der biologischen Systematik darstellt

Die Art ist die taxonomische **Grundeinheit der biologischen Systematik**. Der Begriff der **biologischen Art** umfasst die Definition einer Art (**Artkonzept**), die Abgrenzung der systematischen Einheit (**Taxonomie**), die Praxis der Beschreibung (**Artdiagnose**), die Benennung von Arten (**Nomenklatur**) sowie deren Bestimmung (**Identifikation** oder **Determination**).

Das Problem der **Artdefinition** (Artkonzept) beinhaltet zum einen die Frage, welche Individuen zusammenzufassen sind, und zum anderen die Frage, welche Ebene der Gruppen abgestufter Ähnlichkeit der taxonomischen Ebene der Art entspricht (◘ Abb. 27.30). Unabhängig von ihrem Rang bezeichnen Taxonomen eine Gruppe von Lebewesen als **Taxon** (Plural: **Taxa**). Die Art ist eine Rangstufe der klassischen, auf Carl von Linné zurückgehenden Taxonomie. Üblicherweise versteht man unter einer Art die kleinste evolutionär isolierte phylogenetische Linie. Es gibt jedoch etliche unterschiedliche theoretische (naturphilosophische und taxonomische) Auffassungen und Definitionen des Artbegriffs, von denen keine völlig befriedigend ist:

- **Artdefinitionen, die auf der Fortpflanzungsfähigkeit beruhen.**
  Das in der Biologie am häufigsten verwendete Artkonzept ist das **biologische Artkonzept**. Nach seiner inzwischen klassischen Lehrbuchdefinition wird hiernach eine Art als eine Gruppe von Populationen definiert, deren Mitglieder sich untereinander sexuell fortpflanzen können und fruchtbare Nachkommen hervorbringen, wobei diese Gruppe von anderen Gruppen reproduktiv isoliert ist (◘ Abb. 27.31). Auf Organismen, die sich asexuell und parthenogenetisch fortpflanzen, wie Bakterien, viele Protisten, aber auch verschiedene Metazoen und Pflanzen, ist das biologische Artkonzept nicht anwendbar.
- **Typologische Artdefinitionen.**
  Sie beruhen darauf, dass die zu einer Art gehörenden Individuen untereinander phänotypisch ähnlicher sind als Individuen verschiedener Arten (◘ Abb. 27.32). Typologische Artkonzepte nutzen zur Klassifizierung morphologische, physiologische oder ethologische Eigenschaften der Organismen. Zu den typologischen Artkonzepten gehören das **morphologische Artkonzept** und das **chronologische Artkonzept**. Auch das bei Prokaryoten oft angewendete **physiologische Artkonzept** ist typologisch, bezieht sich aber auf physiologische Merkmale.
- **Evolutionäre bzw. phylogenetische Artdefinitionen.**
  Eine phylogenetische Art ist eine Gruppe von Individuen, die bestimmte einzigartige Merkmale teilen, welche in keiner anderen Gruppe vorkommen. Das betrachtete Merkmal ist also artspezifisch. Auch das **ökologische Artkonzept** kann als eine Variante der evolutionären Artdefinitionen aufgefasst werden. Es fordert für die Individuen einer Art das Vorkommen in derselben ökologischen Nische oder derselben adaptiven Zone. Das genotypische Clusterkonzept geht schließlich von genotypischen Clustern aus, fordert aber lediglich eine niedrige Frequenz von intermediären Formen – nicht das völlige Fehlen solcher intermediären Formen. In der derzeit gängigen Praxis führt die Anwendung der „phylogenetischen Art" dazu, dass allopatrische Populationen, die sich vielleicht nur geringfügig, dafür aber in einzigartigen Merkmalen unterscheiden, zu selbstständigen Arten ernannt werden, während eine graduelle Variabilität innerhalb einer Population ihren taxonomischen Wert zunehmend verliert.

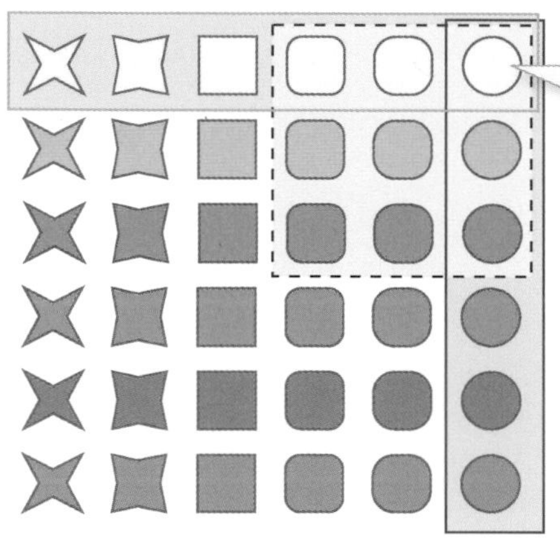

Nach welchen Kriterien werden die Individuen gruppiert?
Ausgehend vom gelben Kreis können die Symbole entweder nach der Ähnlichkeit der Farben, nach der Form der Symbole oder nach einer Kombination der Merkmale gruppiert werden.

Welche Ebene der Gruppierung entspricht der Artebene?
Selbst wenn die Kriterien für die Gruppierung feststehen, können die Gruppen unterschiedlich weit gefasst werden. Welche dieser Abgrenzungen der Artebene entspricht, ist häufig unklar – eine Gruppierung von Individuen kann der Ebene einer Art entsprechen, aber ebenso auch Ebenen unterhalb (z. B. Unterarten oder Rassen) oder oberhalb von Arten (z. B. Gattungen).

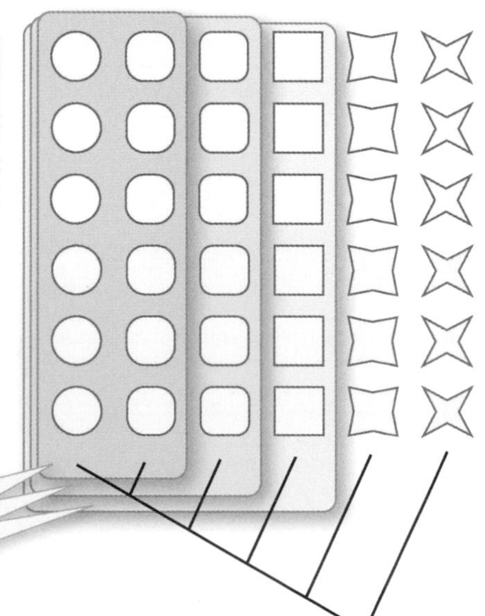

◘ **Abb. 27.30** Prinzipielle Schwierigkeiten der Definition von Arten

Das Kriterium des **biologischen Artkonzepts** ist die **reproduktive Isolation**. Nach diesem Konzept sind Arten Gruppen von tatsächlich oder potenziell verpaarbaren natürlichen Populationen, die in ihrer Fortpflanzung von anderen solchen Gruppen isoliert sind. Die Definition der „biologischen Art", das vielleicht älteste Konzept einer Art als natürliches Taxon, stammt von G.-L. L. Buffon (1855). Populär wurde dieses Konzept aber erst durch den berühmten Evolutionsbiologen Ernst Mayr (1963).

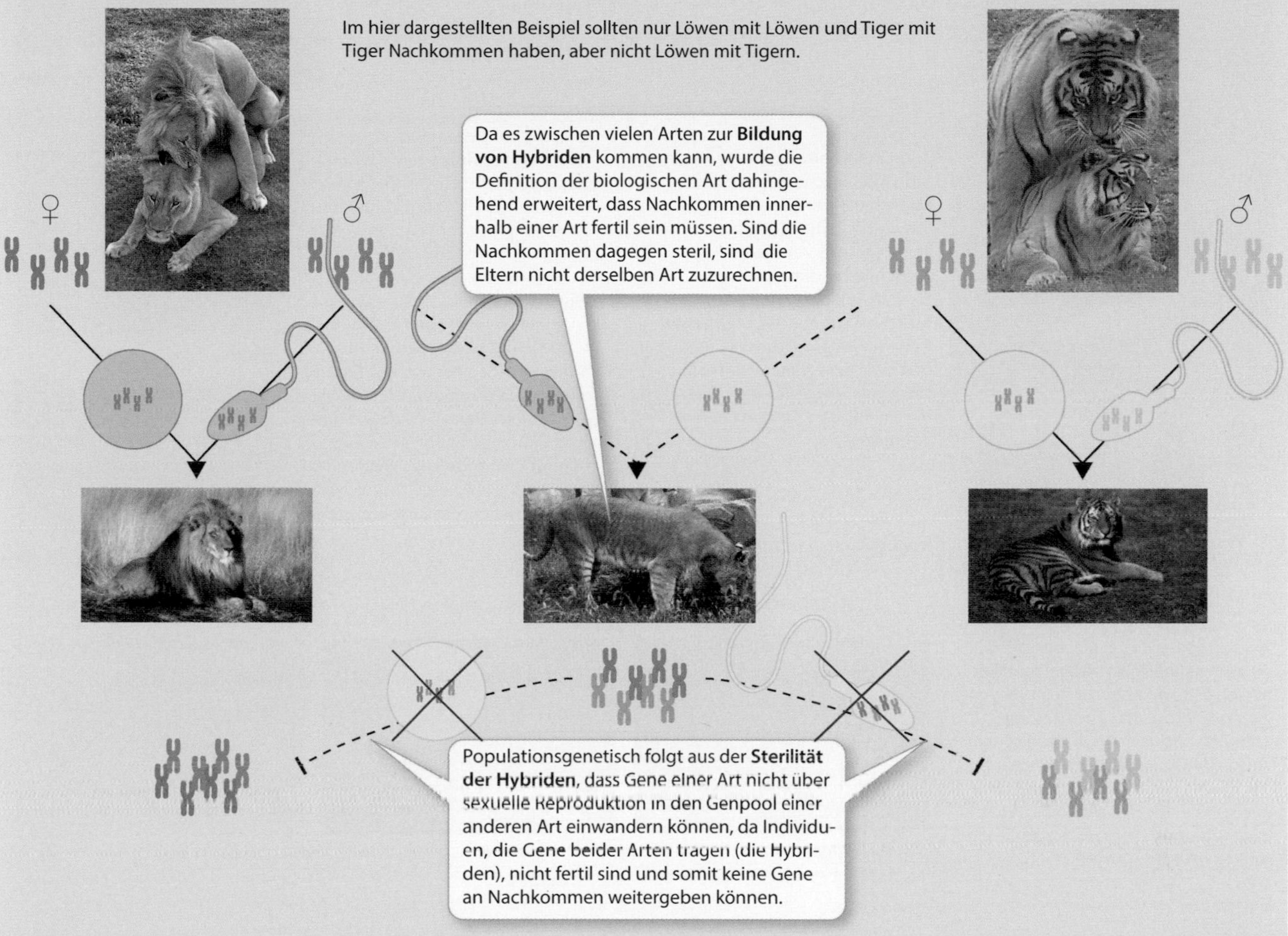

Im hier dargestellten Beispiel sollten nur Löwen mit Löwen und Tiger mit Tiger Nachkommen haben, aber nicht Löwen mit Tigern.

Da es zwischen vielen Arten zur **Bildung von Hybriden** kommen kann, wurde die Definition der biologischen Art dahingehend erweitert, dass Nachkommen innerhalb einer Art fertil sein müssen. Sind die Nachkommen dagegen steril, sind die Eltern nicht derselben Art zuzurechnen.

Populationsgenetisch folgt aus der **Sterilität der Hybriden**, dass Gene einer Art nicht über sexuelle Reproduktion in den Genpool einer anderen Art einwandern können, da Individuen, die Gene beider Arten tragen (die Hybriden), nicht fertil sind und somit keine Gene an Nachkommen weitergeben können.

In vielen Fällen, wie auch beim hier dargestellten Beispiel von Löwe und Tiger, sind die Hybriden zwar eingeschränkt fortpflanzungsfähig, aber nicht unbedingt steril. Die vom biologischen Artkonzept geforderte Trennung ist daher nur zu einem gewissen Grad realisiert (bei Löwen und Tigern z. B. unter natürlichen Bedingungen).

Allopatrische Populationen, deren Mitglieder sich zwar theoretisch miteinander fortpflanzen können, dies in der Natur aber aufgrund einer geographischen Trennung nicht tun, werden teilweise als eigene Arten aufgefasst. Die Auftrennung solcher Populationen als eigene Arten ist allerdings problematisch, weil die geographische Trennung in evolutionären Zeiträumen häufig nur temporär ist oder ihre Dauerhaftigkeit nicht beurteilt werden kann. Veränderungen der geographischen Verhältnisse oder des Klimas können zu einer Überschneidung der Verbreitungsgebiete führen – daher ist die **räumliche Trennung** von Populationen **als Kriterium** der Trennung von Arten stark **subjektiv**.

Die heute in Nordosteuropa, Schottland und im Alpenraum isolierten Populationen von Schneehasen stellen klar abgegrenzte Evolutionslinien dar. Sie lassen sich allerdings kreuzen, wenn man sie in Gefangenschaft zusammenbringt.

Abb. 27.31 Das biologische Artkonzept

27

Das **morphologische Artkonzept** zieht für die Artdiagnose morphologische Kriterien heran. Die meisten der ca. 1,5 Mio. beschriebenen Arten der Organismen (und sämtliche fossilen Arten) sind nach morphologischen Kriterien beschrieben worden. Die zwei europäischen Wieselarten, Hermelin (links) und Mauswiesel (rechts), beschrieb schon Linné aufgrund der morphologischen Merkmale am Körper und Schädel als verschiedene Morphospezies.

Die weiße Winterform ist nur eine saisonale Farbvariante des Hermelins, sie ist kein Differenzialkriterium für die Artdiagnose.

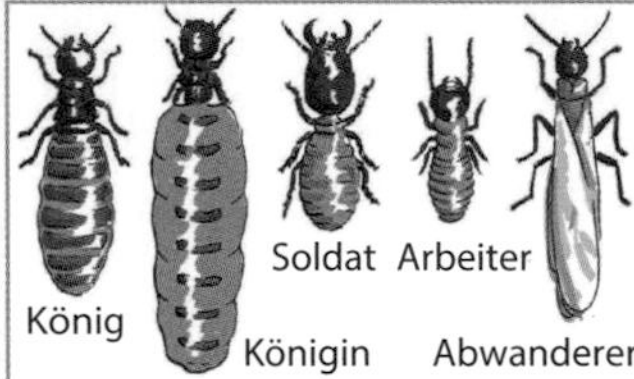

Auch innerhalb einer Art können morphologische Unterschiede auftreten: Der Phänotyp von Individuen einer Art kann sich in Abhängigkeit vom Geschlecht (**Geschlechtsdimorphismus**), Alter (**Alterspolymorphismus**) oder Sozialstatus (**ethologischer Polymorphismus**) unterscheiden bzw. eine **klinale Variabilität** aufweisen, d. h. einen Gradienten abhängig vom Ort des Vorkommens.

Bei Termiten unterscheiden sich die verschiedenen sozialen Kasten einer Art deutlich.

In der **Paläontologie** sind meist nur morphologische Merkmale der Fossilien vorhanden, daher wird hier meist ebenfalls ein morphologisches Artkonzept verwendet. Allerdings muss die Paläontologie im Unterschied zur Biologie die Veränderung von Arten im Verlauf evolutionärer Zeiträume berücksichtigen. Das oft verwendete **chronologische Artkonzept** basiert auf dem morphologischen Artkonzept, bezieht aber die Variation von Arten über die Zeit mit ein. Genau genommen handelt es sich hier weniger um ein alternatives Artkonzept, als um eine abweichende Praxis der Arterkennung.

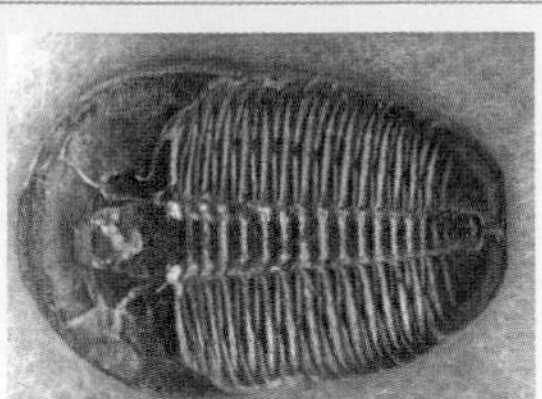

Elathria kingi

Olenoides serratus

Verschiedene Arten können morphologisch sehr ähnlich oder sogar fast gleich sein, obwohl sie sich cytogenetisch, ethologisch oder ökologisch deutlich unterscheiden. Man spricht in solchen Fällen von **Zwillingsarten** (engl. *sibling species*). Sind zwei oder mehrere Arten morphologisch gar nicht zu unterscheiden, spricht man von **kryptischen Arten**.

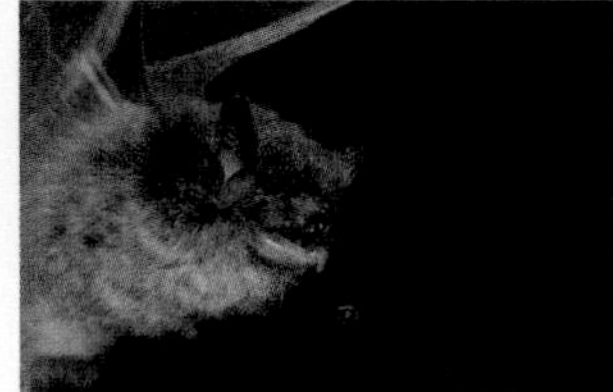

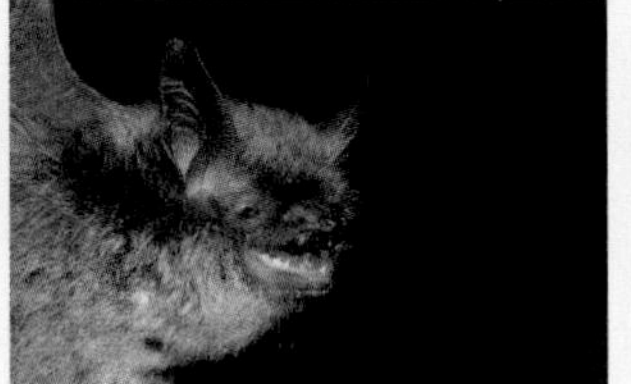

Nymphenfledermaus (*Myotis alcathoe*; links), Bartfledermaus (*M. brandti*; Mitte) und Kleine Bartfledermaus (*M. mystacinus*; rechts) sind Beispiele für Zwillingsarten.

Abb. 27.32 Typologische Artkonzepte unterscheiden Arten anhand „typischer", in der Regel morphologischer, Merkmale

Beschreibung und Benennung von Arten

Die **Nomenklatur** regelt die Namensfindung und Benennung der Organismen. Die Praxis der **Artbeschreibung** ist für verschiedene Organismengruppen unterschiedlich geregelt. Grundsätzlich sind aber bestimmte Elemente Teil einer guten Artbeschreibung (Abb. 27.33). Die Benennung wird durch die entsprechenden Codes der Nomenklatur geregelt. Der zunehmende Einsatz von molekularen Daten führt bei einigen morphologisch beschriebenen Arten zu einer Aufspaltung in mehrere biologische oder phylogenetische Arten. Dies hat auch praktische Konsequenzen für den Arten- und Naturschutz: War einst der Orang-Utan „stark gefährdet", so müssen wir nun den „stark gefährdeten" Borneo-Orang-Utan und den „vom Aussterben bedrohten" Sumatra-Orang-Utan sowie den kürzlich (2017) beschriebenen Tapanuli-Orang-Utan retten.

Praxis der Bestimmung von Arten

Die **Bestimmung von Arten**, beispielsweise in ökologischen Studien und Biodiversitätserfassungen, basiert in der Regel auf morphologischen Merkmalen – unabhängig davon, welche Artkonzepte bei der Beschreibung der Arten zugrunde gelegt wurden. Die bei der Artidentifikation genutzten Kriterien entsprechen daher nicht unbedingt den konzeptionellen Überlegungen. Die morphologische Bestimmung von Organismen und die Identifizierung von Arten erfordern Expertenwissen und sind sehr zeitaufwendig. In den letzten Jahren verstärkten sich daher die Bemühungen, DNA-Sequenzabschnitte zur eindeutigen Identifizierung von Organismen einzusetzen. Diese Methode wird, abgeleitet von den Barcodes von Produkten in Supermärkten, als **DNA-Barcoding** bezeichnet (Abb. 27.34).

Chlorella pulchelloides C. Bock, Krienitz et Pröschold, sp. nov. 2011

Diagnosis. Cells colonial, planktonic, with mucilaginous envelope. Colonies 4–32 celled, diameter of colonies 25–35 µm. Adult cells spherical 4.5–6.5 µm, connected via mucilaginous stalks. Young cell oval to ovoid, 3.5–4.5 × 4–6 µm, attached to the stalks at their broader side. Chloroplast single, parietal, cup- or saucer-shaped with ellipsoid to spherical pyrenoid, covered by two starch grains. Reproduction by 2–4 autospores. Release of autospores after rupture of mother cell wall horizontally or slightly obliquely. Differs from other species of this genus by the order of nucleotides in ITS-1 and ITS-2 and the barcoding signatures.

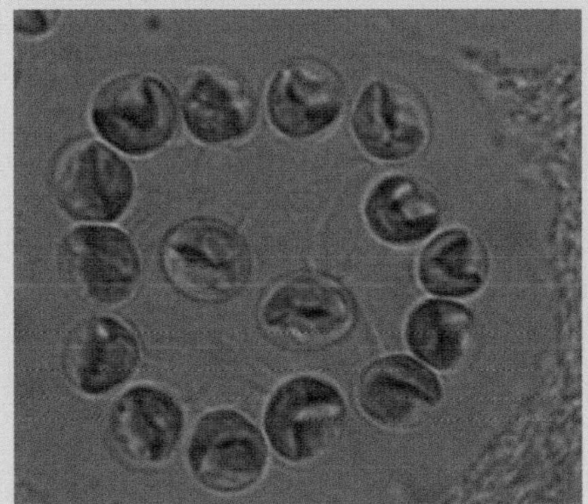

Holotype: Material of the authentic strain CCAP 211/118 is cryopreserved at the Culture Collection of Algae and Protozoa, Oban, Scotland.
Isotype: An air-dried as well as a formaldehyde-fixed sample of strain CCAP 211/118 was deposited at the Botanical Museum at Berlin-Dahlem under the designation B40 0040664.

Type locality: Lake Feldberger Haussee, Brandenburg, Germany (53°20'27,35"N; 13°26'10,89"E).
Etymology: from Latin: pulchella = nice
Authentic strain: CCAP 211/118

Der **wissenschaftliche Name** einer Art (oft lateinischen oder griechischen Ursprungs) setzt sich nach der von **Carl von Linné** 1753 eingeführten binären Nomenklatur aus zwei Teilen zusammen, die beide kursiv geschrieben werden. Der erste Teil dieses Namens ist der groß geschriebene **Gattungsname**. Der zweite Teil wird immer klein geschrieben und in der Botanik und bei Prokaryoten als **Epitheton** (engl. *specific epithet*) bezeichnet, in der Zoologie als **Artname** oder Artzusatz (engl. *specific name*). Die wissenschaftlichen Artnamen setzen sich aus Gattungsnamen und Artepitheton zusammen. Zu einer vollständigen Benennung gehören auch die Namen der/des Beschreibers sowie das Jahr der Beschreibung.

Zentrales Element der Artbeschreibung ist die **Artdiagnose**, also die genaue Beschreibung der neuen Art – besonders unter Angabe von **Differenzialkriterien** (Unterscheidungsmerkmalen) zu nahe verwandten Arten. Die Artdiagnose enthält meist eine morphologische Beschreibung. In neueren Artbeschreibungen finden sich zunehmend auch DNA-Sequenzdaten. Die Beschreibung geschieht anhand eines Exemplars mit arttypischen Merkmalen. Dieses sollte idealerweise in Forschungssammlungen von Museen oder wissenschaftlichen Institutionen als **Holotypus** archiviert werden. Häufig wird zusätzlich DNA in DNA-Banken hinterlegt.

Ein **Bild** oder eine Zeichnung von charakteristischen Merkmalen des Holotypus sollte die Artdiagnose in der Publikation begleiten.

In der Regel muss von neu beschriebenen Arten der **Typ** hinterlegt werden. In welcher Form dies geschieht – beispielsweise als Herbarbeleg, als konservierter Organismus oder als (kryopräservierte) Lebendkultur –, ist je nach Organismengruppe unterschiedlich.

Zu einer vollständigen Artbeschreibung gehören auch Angaben zum **Fundort**.

Abb. 27.33 Elemente einer Artbeschreibung am Beispiel einer Grünalge

Die **Sequenzvariabilität** ist in der Regel zwischen verschiedenen Arten deutlich höher als innerhalb einer Art. Dieser sprunghafte Unterschied der Sequenzähnlichkeit wird als **Barcode-Lücke** (engl. *barcoding gap*) bezeichnet und zur Abgrenzung von Arten genutzt.

Auch innerhalb einer Art gibt es verschiedene Varianten einer Gensequenz. Diese sind in der Regel aber zueinander recht ähnlich.

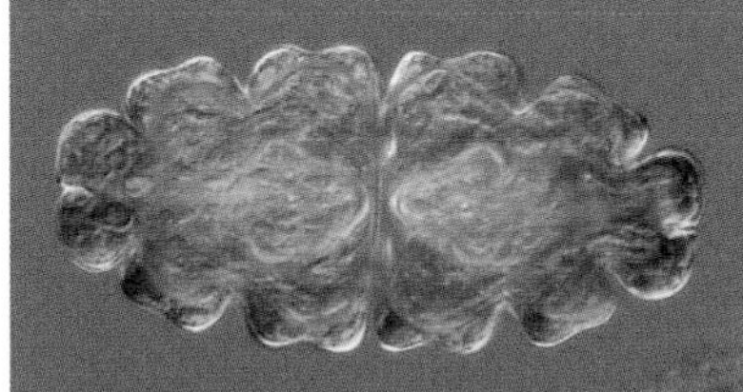

Euastrum oblongum

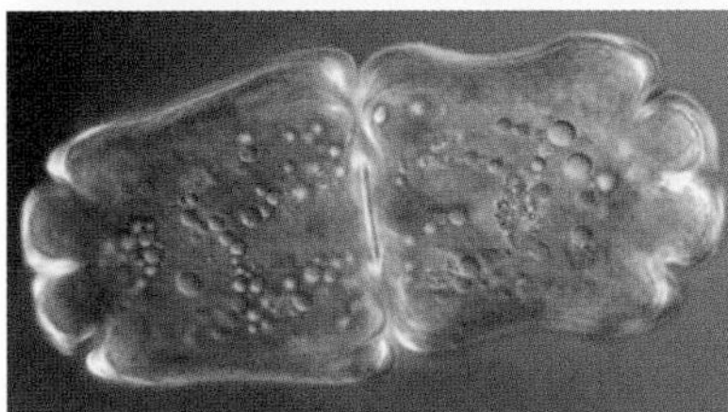

Euastrum crassum

Bestimmte **Gensequenzen als Barcodes** werden für Arten entwickelt, die basierend auf anderen Merkmalen beschrieben wurden. Ähnlich den Barcodes im Supermarkt sollen sie eine eindeutige Zuordnung einer Gensequenz zur Art und umgekehrt erlauben. Häufig als Barcodes verwendete Gene sind beispielsweise das mitochondrielle COX-1-Gen und der *internal transcribed spacer* der ribosomalen RNA (ITS).

Abb. 27.34 Barcoding verwendet molekulare Marker zur Identifizierung von Arten

27.10 Eine eingeschränkte Durchmischung des Genpools kann zur Bildung neuer Arten führen

Die **Phylogenese** (Stammesentwicklung) schließt zwei unterschiedliche Prozesse ein: Die **Kladogenese** bezeichnet die Aufspaltung von evolutionären Linien (◘ Abb. 27.35), die **Anagenese** die Entstehung von evolutionären Neuheiten, also von abgeleiteten Merkmalen oder **Apomorphien** (▶ Abschn. 27.12) innerhalb einzelner Stammlinien (◘ Abb. 27.35). Während sich Charles Darwin vor allem mit der Anagenese beschäftigt hat (obwohl sein Hauptwerk *Über die Entstehung der Arten* heißt), hat die theoretischen Grundlagen zu Mechanismen der **Artbildung** (**Speziation**) erst später Ernst Mayr ausgearbeitet. Er hob die Tatsache hervor, dass Artbildung nicht nur in der Zeit, sondern auch im Raum stattfindet. Er teilte die Speziation in zwei Grundtypen ein, die allopatrische und die sympatrische Speziation (◘ Abb. 27.35).

Sympatrische Speziation kann durch Kreuzung von zwei Arten (**Hybridisierung**) zustande kommen, wenn dabei lebensfähige Individuen entstehen, die sich aber mit keiner der Elternarten mehr kreuzen können. Dies ist oft mit einer **Polyploidisierung**, also einer Vervielfältigung (üblicherweise Verdoppelung), des Chromosomensatzes verbunden (◘ Abb. 27.36). Polyploidie ist auch von Bakterien bekannt. Ein Extrembeispiel stellt das bis zu 0,6 mm große Riesenbakterium *Epulopiscium fishelsoni* dar, das bis zu 200.000 Kopien seines Genoms enthält. Bei Tieren kommt Polyploidie selten vor. Triploidie ($3n$) gibt es beim Teichfrosch (*Rana esculenta*), der eigentlich ein Hybrid aus Seefrosch (*Rana ridibunda*) und Kleinem Wasserfrosch (*Rana lessonae*) ist. Tetraploidie ($4n$) ist u. a. von bestimmten Taufliegen (Drosophilidae) und Tellerschnecken (Planorbidae) bekannt. Auch die Arten der Familie Lachsfische (Salmonidae) entstanden durch Polyploidisierung. Im Extremfall kann die **Mutation nur eines einzigen Gens** zur reproduktiven Isolation und damit zur Entstehung von zwei getrennten Arten führen (◘ Abb. 27.37).

Bei der **sympatrischen ökologischen Artbildung** (adaptive Divergenz) findet zunächst eine jeweils unterschiedliche verhaltensökologische Spezialisierung statt, die auch die intraspezifische Konkurrenz reduziert. So kann es z. B. zur Verschiebung des Aktivitätsmusters bei einigen Individuen kommen, oder Individuen können sich auf unterschiedliche Biotope oder Ernährungsweisen spezialisieren (◘ Abb. 27.38). Hier beginnt dann die **disruptive Selektion** (▶ Abschn. 27.3) zu wirken.

Eine Sonderform stellt die **Extinktionsspeziation** dar (◘ Abb. 27.35), bei der Restpopulationen einer ehemals verbreiteten Art sich getrennt voneinander entwickeln. So haben sich auch in Europa in prähistorischer Zeit neue Unterarten oder Arten differenziert, die als Glazialrelikte in den Gebirgen überlebt haben und von den heutigen skandinavischen Populationen getrennt sind (Schneehase; ▶ Abschn. 27.9). Die **phyletische Artbildung** bezeichnet eine allmähliche (graduelle) Umwandlung einer Stammart in eine neue, unterschiedliche Form im Laufe der Zeit. Beispiele sind vielfältig, auch die Evolution des Menschen geht mit der graduellen Änderung von Eigenschaften einher, die im Verlaufe der Zeit so groß werden, dass die Populationen als verschiedene Arten (und verschiedene Gattungen) eingestuft werden (▶ Abschn. 29.11).

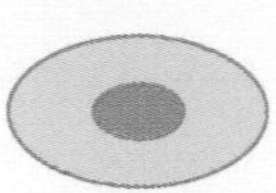

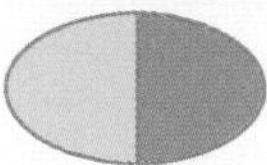

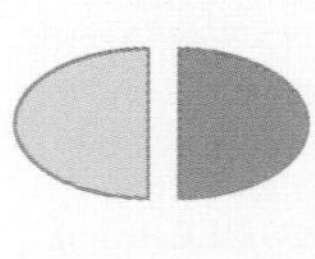

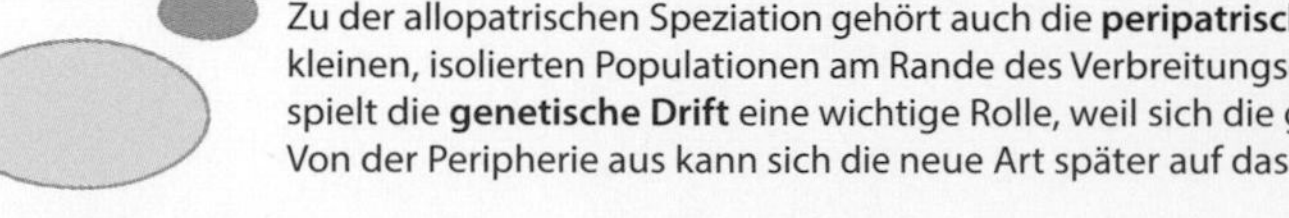

◘ **Abb. 27.35** Bei der Kladogenese unterscheidet man zwischen allopatrischer und sympatrischer Artbildung

Die Vorfahren des Saatweizens, das Einkorn (*Triticum monococcum*) und eine weitere *Triticum*-Art, besaßen einen „normalen" **diploiden** Chromsomensatz.

Triticum monococcum
$2n = 28$

Triticum spec.
$2n = 28$

Vor etwa 10.000 Jahren bildete sich durch Hybridisierung von *Triticum monococcum* mit einer weiteren *Triticum*-Art und nachfolgender Polyploidisierung der **tetraploide** Wilde Emmer (*Triticum turgidum*).

Triticum turgidum
$4n = 28$

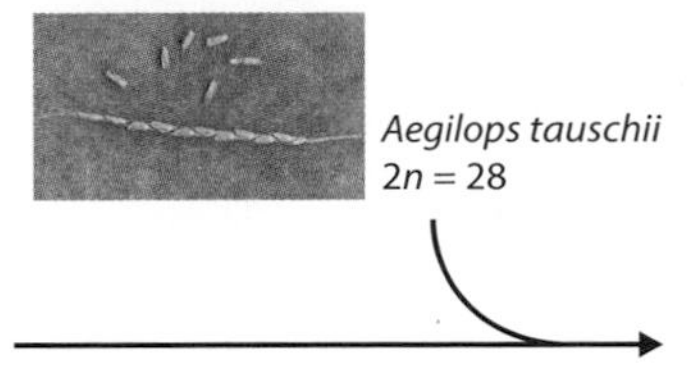

Aegilops tauschii
$2n = 28$

Durch eine weitere Hybridisierung des Wilden Emmers mit *Aegilops tauschii*, einer diploiden Art, entstand durch weitere Polyploidisierung der Saatweizen. Saatweizen ist hexaploid, besitzt also einen sechsfachen Chromosomensatz.

Triticum aestivum
$6n = 42$

Abb. 27.36 Artbildung durch Polyploidisierung kommt bei Pflanzen häufig vor, manchmal sogar mehrfach unabhängig wie beim Saatweizen

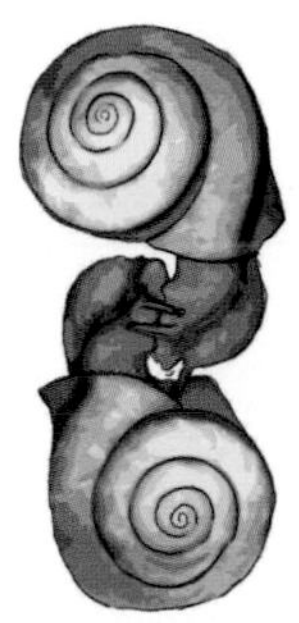

Schnecken der Gattung *Euhadra* besitzen in der Regel rechtsgewundene Gehäuse. Individuen mit solchen rechtsgewundenen Gehäusen können sich miteinander paaren.

„Linksgewundene" und „rechtsgewundene" Schnecken können sich nicht paaren, weil sie ihre Genitalien nicht aufeinander legen können (genauso, wie man jemandem nicht mit der rechten Hand die linke Hand schütteln kann).

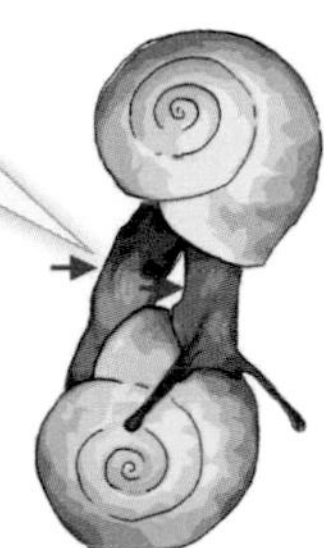

Die **Mutation eines einzigen Gens** verursacht bei den Schnecken der Gattung *Euhadra* eine Änderung der Chiralität, d. h. des rechtsgewundenen Gehäuses in ein linksgewundenes. Diese Änderung geht allerdings auf eine **Vertauschung der Rechts-Links-Polarität** des gesamten Körpers zurück, wodurch die Geschlechtsöffnung auf der anderen Seite erscheint.

Abb. 27.37 Inkompatibität kann durch Mutation eines einzigen Gens hervorgerufen werden

Umwelteinflüsse können zu morphologischen und ökologischen Unterschieden zwischen Individuen und Teilpopulationen führen, obwohl die Populationen genetisch nicht völlig getrennt sind. Solche Arten bestehen aus aus ökologisch spezialisierten Populationen, sie lassen sich aber trotzdem miteinander kreuzen. Die natürliche Selektion, die zur Differenzierung der Teilpopulationen führt, kann innerhalb einer Art stärker sein als der homogenisierende Effekt des Genflusses zwischen den Populationen.

Die **Saumfingerechsen** (Gattung *Anolis*) haben sich auf jeder karibischen Insel ökologisch nach dem gleichen Muster diversifiziert: Zunächst hat sich eine Form abgespalten, die sich auf den niedrigeren Ästen bewegt, dann große Echsen, die oben in Baumkronen leben, und letztendlich zwei Formen, die auf den Baumstämmen laufen, eine in den niedrigen Regionen, eine in den höheren Regionen. Diese Populationen sind aber nicht genetisch isoliert und gehören einer einzigen Art an.

In Nordamerika leben mehrere **Ökotypen** des **Fichtenkreuzschnabels**, die auf das Knacken von Zapfen diverser Baumarten spezialisiert sind. Sie unterscheiden sich in kleinen Details der Schnabelform, aber auch in Lautäußerungen, und kreuzen sich meistens nicht miteinander. Die Populationen sind also ökologisch getrennt, auch wenn sie noch nicht genetisch getrennt sind.

Ein Beispiel für die **ökologische Speziation** sind Stichlinge, die sich in einzelnen Seen in zwei ökologische Formen getrennt haben.

Wären die Populationen der beiden Seen nicht getrennt, würden sich jeweils (vorwiegend) die Individuen desselben Ökotyps miteinander fortpflanzen.

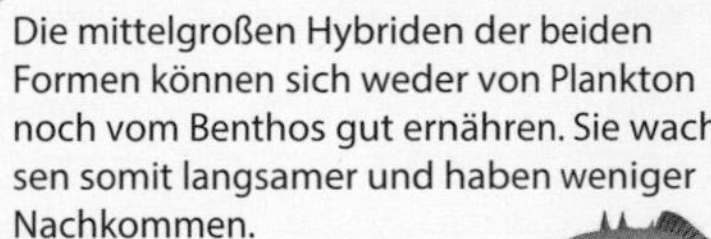

Eine kleinere Form ernährt sich von Plankton.

Die mittelgroßen Hybriden der beiden Formen können sich weder von Plankton noch vom Benthos gut ernähren. Sie wachsen somit langsamer und haben weniger Nachkommen.

Eine größere Form ernährt sich von den Bodenbewohnern (Benthos).

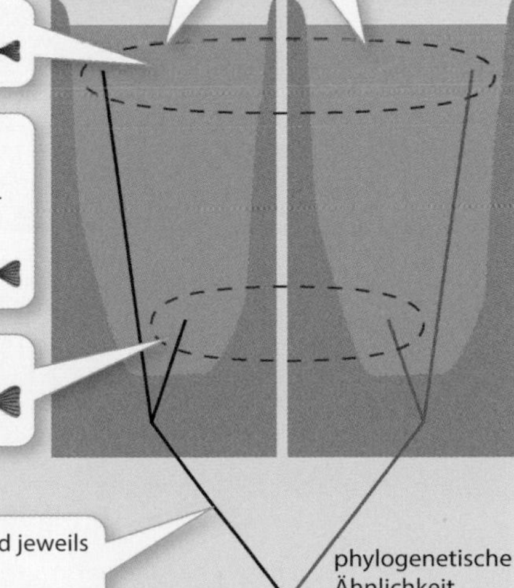

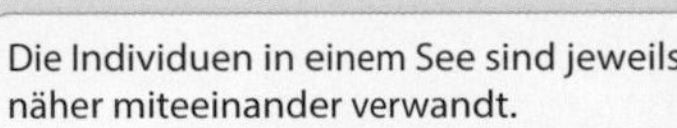

Die Individuen in einem See sind jeweils näher miteinander verwandt.

Abb. 27.38 Ökologische Spezialisierung kann zur Trennung von Populationen führen

27.11 Arten sind reproduktiv von anderen Arten getrennt

Arten sind Gruppen von Individuen, deren gemeinsame Evolution durch die Durchmischung der genetischen Information und die Weitergabe dieser Information von einer Generation an die nächste gewährleistet ist. Bei Arten mit asexueller Fortpflanzung ist der Austausch genetischer Information grundsätzlich eingeschränkt oder nicht vorhanden. Bei Spezies mit sexueller Fortpflanzung kann es zur Entstehung neuer Arten (Speziation) kommen, wenn der genetische Austausch unterbrochen ist und sich eine Art in zwei oder mehrere Tochterlinien aufspaltet, deren Evolution dann unabhängig verläuft.

Die **reproduktive Isolation** ist also eine Bedingung für die Entstehung der Arten, wobei es nicht wesentlich ist, ob die Isolation vollkommen ist; es genügt, dass sie eine Verbreitung der Allele zwischen den neu entstehenden Arten verhindert, welche die Unterschiede zwischen ihnen wieder verwischen könnte. Verhindert wird die Kreuzung durch **Reproduktionsbarrieren**. Einfache aber wirksame Reproduktionsbarrieren entstehen durch eine geographische, geomorphologische, ökologische oder ethologische Trennung, z. B. durch Verschiebung des Aktivitätsrhythmus von Tag- auf Nachtaktivität (◘ Abb. 27.39) (► Abschn. 27.10).

Präzygotische Reproduktionsbarrieren wirken noch vor der Befruchtung und damit vor der Entstehung der Zygote. Solche Barrieren beruhen z. B. auf der Ablehnung der Angehörigen einer anderen Art als Fortpflanzungspartner, auf unterschiedlichen Paarungsverhaltensmustern, auf unterschiedlichen Zeiten oder Orten der Paarung, auf der mechanischen Unfähigkeit zur zwischenartlichen Kopulation oder der Unfähigkeit der Gameten, sich zu treffen und/oder miteinander zu verschmelzen (◘ Abb. 27.40). Präzygotische Reproduktionsbarrieren entstehen üblicherweise durch natürliche Selektion.

Postzygotische Reproduktionsbarrieren sind Mechanismen, die eine normale Entwicklung der durch zwischenartliche Kreuzung entstandenen Zygoten oder Embryonen verhindern oder anderweitig die Lebensfähigkeit und/oder die Fortpflanzungsfähigkeit der Hybriden herabsetzen. Postzygotische Reproduktionsbarrieren entstehen meist durch allmähliche Akkumulation von zufälligen inkompatiblen Veränderungen im Genpool beider Arten. Kennzeichnend für die Nachkommen einer solchen zwischenartlichen Kreuzung ist oft eine herabgesetzte Fruchtbarkeit. Das heterogametische Geschlecht, also das Geschlecht mit zwei verschiedenen Geschlechtschromosomen, ist davon stärker betroffen (**Haldane-Regel**), bei Vögeln also die Weibchen, bei Säugetieren die Männchen.

Als **Hybridzone** bezeichnet man das Gebiet, in dem sich die Verbreitungsgebiete von zwei Arten oder Unterarten berühren und in dem sich diese beiden Arten oder Unterarten (auch fruchtbar) kreuzen können. Man unterscheidet die **primäre Hybridzone**, die Kontaktzone der neu entstehenden Arten, von der **sekundären Hybridzone**, dem Gebiet, in dem sich zwei

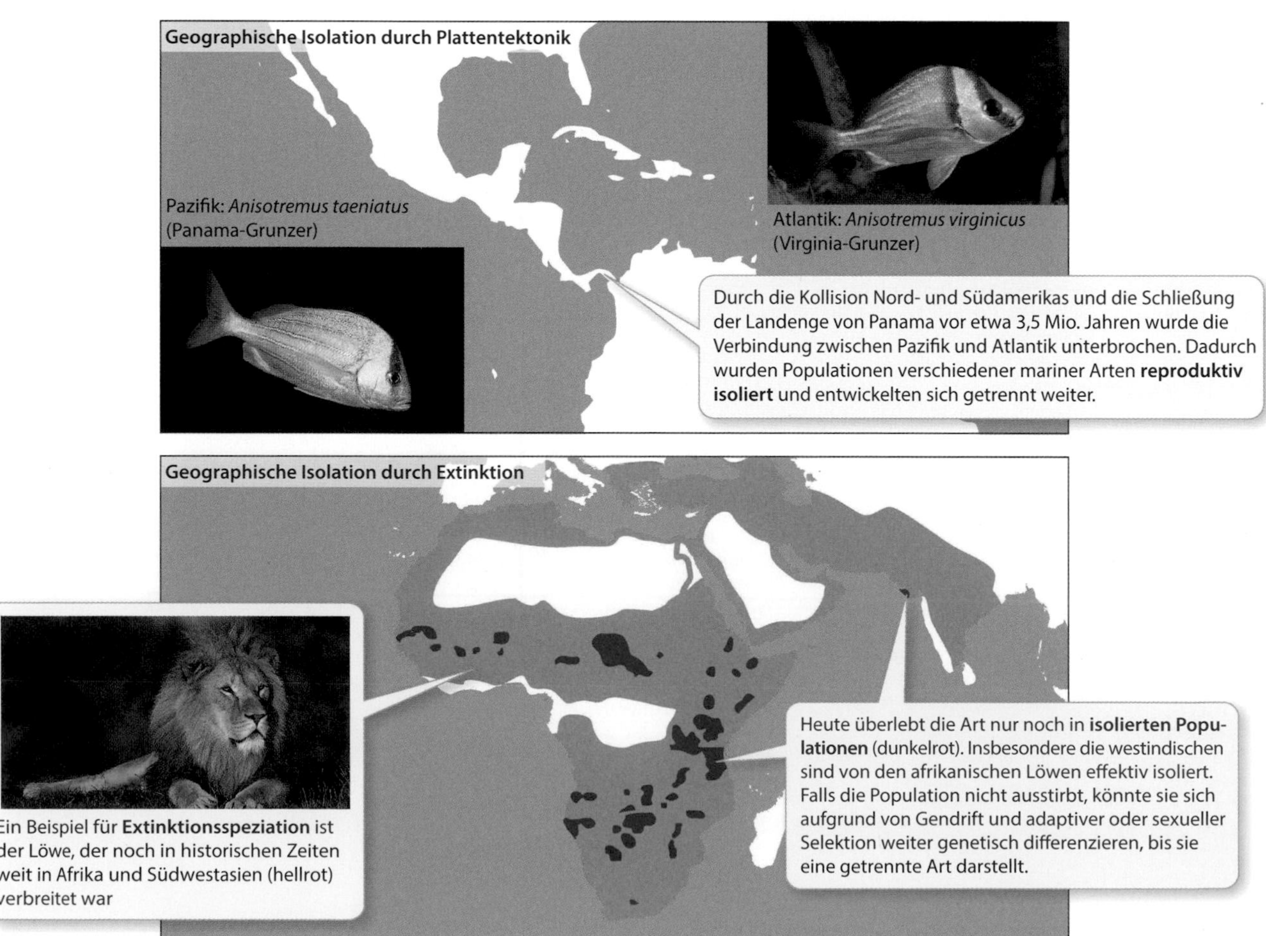

◘ **Abb. 27.39** Artbildung durch geographische Isolation

Verhalten und Partnerwahl

Zwei Partner müssen sich zur richtigen Zeit am richtigen Ort treffen und sich als Angehörige derselben Art und des jeweils anderen Geschlechts erkennen. Ihr wechselseitiges Verhalten muss dabei auf die Kopulation abzielen, was nicht ganz trivial ist. Verschiedene Arten haben unterschiedliche Auslöser sexuellen Interesses, und wenn sich ein Individuum anders verhält, als man es von ihm in dieser Situation erwartet, werden sich die potenziellen Paarungspartner kaum als solche erkennen.

Die afrikanischen **Witwenvögeln** (Gattung *Vidua*) sind **Brutparasiten** ähnlich unseren Kuckucken.

♂ Rotfuß-Atlaswitwe ♀
(*Vidua chalybeata*)

Die jungen Weibchen erkennen ihren Partner auch anhand des Gesangs.

Für die Entstehung einer neuen Art reicht es, dass das Weibchen Eier irrtümlich in das Nest einer anderen Wirtsart legt.

Die jungen Männchen der Witwenvögel lernen den Gesang von ihrer Wirtsart.

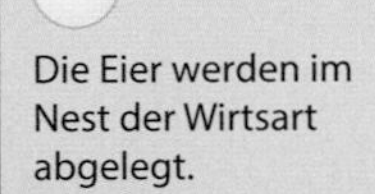

Die Eier werden im Nest der Wirtsart abgelegt.

Die Weibchen der Witwenvögel werden auf den Gesang ihrer Wirtsart geprägt.

♀ ♂
Senegalamarant (*Lagonosticta senegala*)

Schlüpfen ein Männchen und ein Weibchen bei einer neuen Wirtsart, werden sie sich fortan nur noch untereinander paaren.

Männliche Nachkommen lernen den Gesang der neuen Wirtsart.

Weibliche Nachkommen sind auf den Gesang der neuen Wirtsart geprägt.

Spitzschwanz-Bronzemännchen (*Lonchura striata*)

Morphologische Inkompatibilität

Die Kopulation muss auch mechanisch realisierbar sein, denn viele Arten unterscheiden sich in der Körpergröße oder haben kompliziert gestaltete Genitalien, die nicht zusammenpassen („**Schlüssel-Schloss-Prinzip**"). Solche komplexen Genitalien (in der Abb. zwei Arten der Gattung *Drosophila*) können zur Isolation verschiedener Populationen führen, da eine zwischenartliche Kopulation technisch unmöglich ist. Tatsächlich wird die mechanische Isolation wahrscheinlich überbewertet, denn die weiblichen Genitalien sind bei verschiedenen Insektenarten üblicherweise ziemlich einfach (und elastisch) gebaut, sodass sie die Kopulation mit einem breiten Spektrum an männlichen Genitalien ermöglichen.

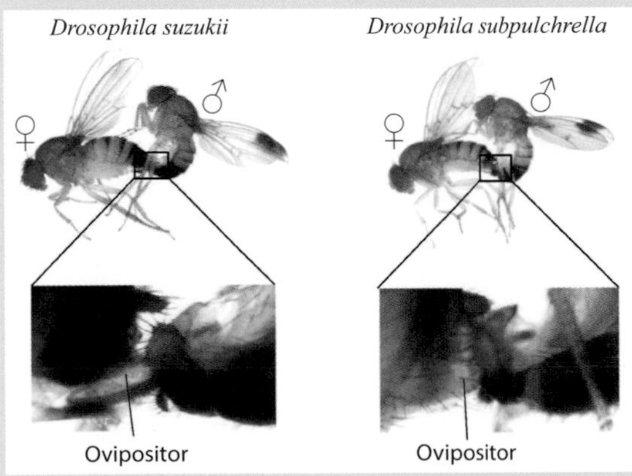

Chemische Inkompatibilität

Die Bildung einer Zygote kann auch durch **chemische Inkompatibilität der Gameten** bedingt sein. So kann bei Pflanzen das Auskeimen der Pollenkörner auf der Narbe gehemmt oder die Verschmelzung der Gameten verhindert werden. Ein Auskeimen des Pollenschlauchs kann verhindert werden, wenn die Pollenkörner aufgrund chemischer Erkennungsmoleküle als eigene Pollenkörner erkannt werden. Es wird zwischen gametophytischer und sporophytischer Selbstinkompatibilität unterschieden. Diese beiden Mechanismen unterscheiden sich darin, ob die Genprodukte des haploiden gametophytischen Genotyps oder des diploiden sporophytischen Genotyps der Elterngeneration ein Auskeimen verhindert.

Sporophytische Inkompatibilität: Die äußere Schicht der Pollenkörner, die Exine, wird von der diploiden Elterngeneration gebildet. Sie enthält daher Erkennungsmoleküle beider „väterlicher" Allele. Stimmt mindestens eines der beiden Allele überein, wird das Auskeimen verhindert.

Gametophytische Inkompatibilität: Der auskeimende Pollenschlauch wird von haploiden Gameten gebildet und enthält daher nur die Erkennungsmoleküle des im Gametophyten vorliegenden Allels. Das Pollenkorn keimt auf der Narbe aus, bei Übereinstimmung des Allels wird ein weiteres Wachstum des Pollenschlauchs allerdings unterdrückt.

Wenn die väterlichen Allele mit den mütterlichen nicht übereinstimmen, kann der Pollenschlauch auskeimen und zur Samenanlage wachsen.

Abb. 27.40 Beispiele für präzygotische Reproduktionsbarrieren

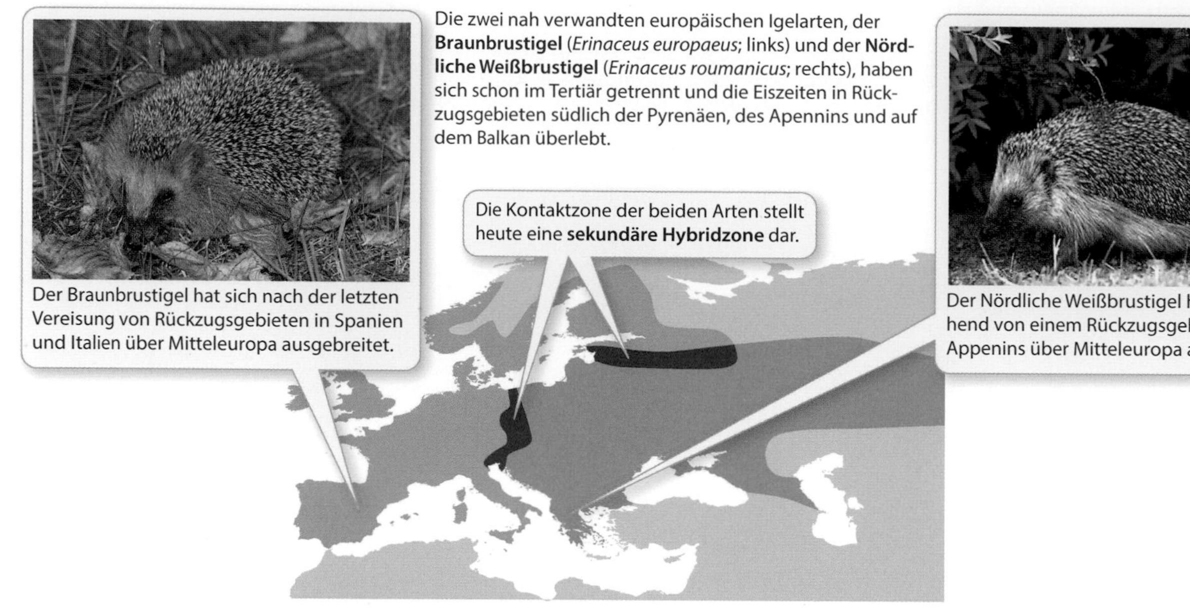

Abb. 27.41 Hybridzonen bei Igel und Aaskrähe

verwandte Arten beispielsweise nach Wegfall einer ökologischen oder geomorphologischen Barriere erneut treffen (Abb. 27.41). Unter biologischen Gesichtspunkten ist die Existenz von Hybridzonen ein interessantes Phänomen, da sie nicht einfach zu erklären sind: Während sich zwei verschiedene Arten dem biologischen Artkonzept zufolge nicht kreuzen sollten, ist es im Fall der Unterarten schwierig zu erklären, warum sie sich nur in der Kontaktzone kreuzen und sich die Hybridzone nicht erweitert. Die klassische Erklärung geht davon aus, dass die Hybriden bzw. ihre Nachkommen eine geringere biologische Fitness aufweisen und so in Konkurrenz zu den Elternarten nicht bestehen können (Abb. 27.42, 27.43).

Die **Verbreitungsgebiete der Westlichen Hausmaus** (*Mus domesticus*) **und der Östlichen Hausmaus** (*Mus musculus*) überlappen sich entlang einer ca. 2000 km langen Linie. Diese **Hybridzone** ist 20–30 km breit. Allele einzelner Gene, die für die eine oder andere Art charakteristisch sind, dringen in das Areal der jeweils anderen Art unterschiedlich tief ein (man spricht von Introgression). Die Zone ist für verschiedene Gene also unterschiedlich breit, oft auch asymmetrisch.

Das Verbreitungsgebiet der **Westlichen Hausmaus** (*Mus domesticus*) umfasst das nördliche Westeuropa und die britischen Inseln. Der **Parasitierungsgrad ist gering.**

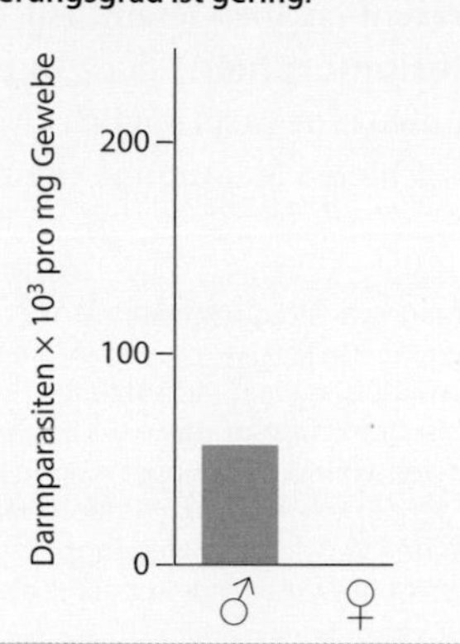

Bei **Hybriden** der beiden Hausmausarten wurden **signifikant mehr Darmparasiten** gefunden als bei den jeweiligen Elternarten. Auch die Resistenz gegenüber der Infektion mit Coccidien war bei den Hybriden viel geringer als bei den Elternarten.

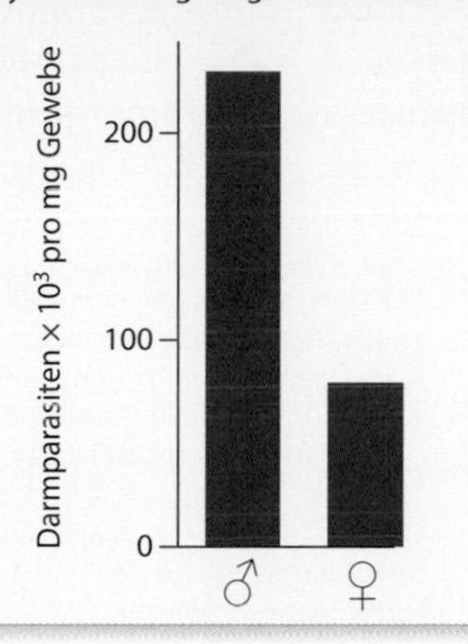

Das Verbreitungsgebiete der **Östlichen Hausmaus** (*Mus musculus*) umfasst Nord- und Osteuropa und die britischen Inseln. Der **Parasitierungsgrad ist gering.**

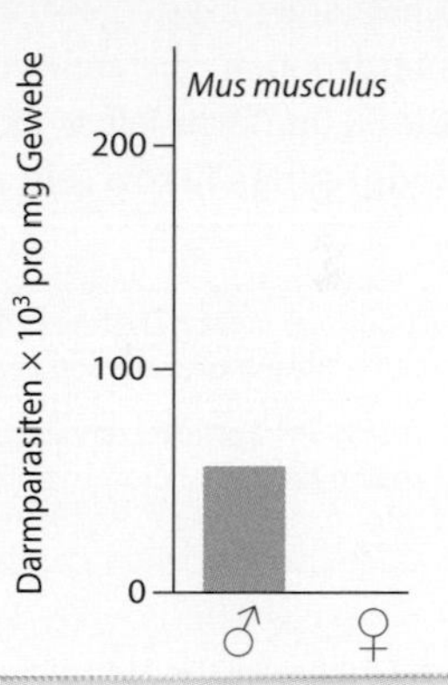

Abb. 27.42 Reduzierte biologische Fitness ist eine Erklärung für stabile Hybridzonen

Die **Männchen der Trauerschnäpper** (*Fidecula hypoleuca*) sind entweder kontrastreich schwarzweiß oder braungrau gefärbt. Für die Trauerschnäpperweibchen sollte es sich lohnen, diejenigen Männchen auszuwählen, die sich möglichst stark von den Männchen der verwandten Art unterscheiden.

Die schwarzweißen Individuen finden sich außerhalb des Verbreitungsgebiets des Halsbandschnäppers.

Dort, wo nur eine Art vorkommt, wählen die Weibchen immer die kontrastreichen Männchen.

Der **Halsbandschnäpper** (*F. albicollis*) ist im südlichen Mitteleuropa verbreitet (gestrichelte Linie). Die Männchen ähneln den kontrastreichen Trauerschnäppermännchen. Die beiden Arten kreuzen sich gelegentlich, allerdings sind die Töchter dieser Hybriden steril.

Die braungrauen Männchen leben nur in Regionen **Mitteleuropas**, in denen gleichzeitig auch der Halsbandschnäpper vorkommt.

In überlappenden Verbreitungsgebieten wählen die Weibchen die grauen Männchen, von denen sie „wissen“, dass es ihre Artgenossen sind.

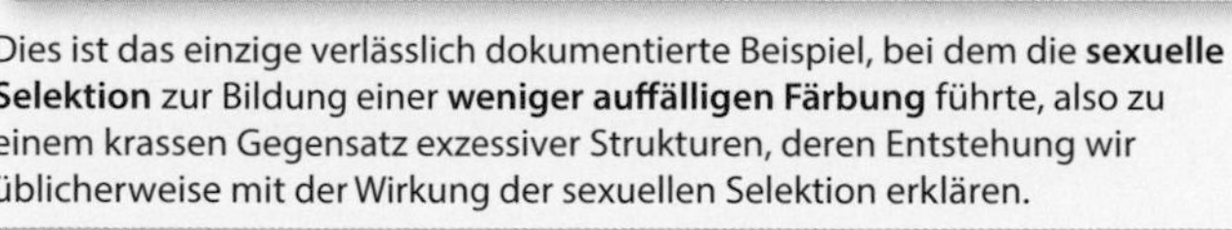

Dies ist das einzige verlässlich dokumentierte Beispiel, bei dem die **sexuelle Selektion** zur Bildung einer **weniger auffälligen Färbung** führte, also zu einem krassen Gegensatz exzessiver Strukturen, deren Entstehung wir üblicherweise mit der Wirkung der sexuellen Selektion erklären.

Abb. 27.43 Sexuelle Selektion kann in Hybridzonen die Artabgrenzung stabilisieren

27

27.12 Nur gemeinsame Merkmale, die auf einen gemeinsamen Ursprung zurückgehen, sind für die Rekonstruktion der Verwandtschaft wichtig

Da die Verwandtschaftsbeziehungen zwischen Organismen auf Vorgängen beruhen, die meist mehrere Millionen Jahre in der Vergangenheit liegen, lassen sie sich nur indirekt aufgrund gemeinsamer Merkmale rekonstruieren – mit dem Ziel, ein natürliches System zu erstellen, das die tatsächlich abgelaufene Evolution wiedergibt. Das Ergebnis einer kladistischen Analyse ist eine Verwandtschaftshypothese, die als Kladogramm dargestellt wird. Die so rekonstruierten Verwandtschaftsgruppen gehen dabei auf eine gemeinsame Stammart zurück – sie sind monophyletisch (◘ Abb. 27.44). Ein **monophyletisches Taxon** (Monophylum, Klade) hat eine jüngste gemeinsame Stammform und umfasst alle Untergruppen, die sich von dieser Stammform herleiten, sowie die Stammform selbst, jedoch keine anderen Gruppen. Ein **paraphyletisches Taxon** geht zwar auf eine jüngste gemeinsame Stammform zurück, enthält aber nicht alle Untergruppen, die auf diese Stammform zurückgehen. Ein **polyphyletisches** Taxon umfasst Arten, die von zwei oder mehr Ursprungsarten abstammen, und lässt sich somit nicht auf eine gemeinsame Stammform zurückführen.

Monophyletische Gruppen auf der Basis von Apomorphien zu konstruieren, ist das Ziel der Kladistik oder phylogenetischen Systematik. Als **Apomorphien** bezeichnet man in der Systematik der Phylogenese solche Merkmale, die im Vergleich zum Vorfahren der jeweils betrachteten Stammlinie neu erworben wurden („abgeleitetes Merkmal"). Eine **Autapomorphie** ist in der Kladistik ein apomorphes Merkmal, das allen Taxa einer Gruppe gemeinsam ist und bei der Schwestergruppe nicht auftritt. Eine **Synapomorphie** ist der homologe, gemeinsame Besitz eines apomorphen Merkmalszustands bei zwei Schwestertaxa. Synapomorphien begründen also ein Schwestergruppenverhältnis und bilden die Grundlage für die Erstellung monophyletischer Gruppen (◘ Abb. 27.45).

Das Grundmuster repräsentiert die Gesamtheit der nicht abgeleiteten Merkmale (**Plesiomorphien**) der Gruppen. Als **Plesiomorphie** bezeichnet man eine ursprüngliche Merkmalsausprägung, die vor der betrachteten Stammlinie entstanden ist

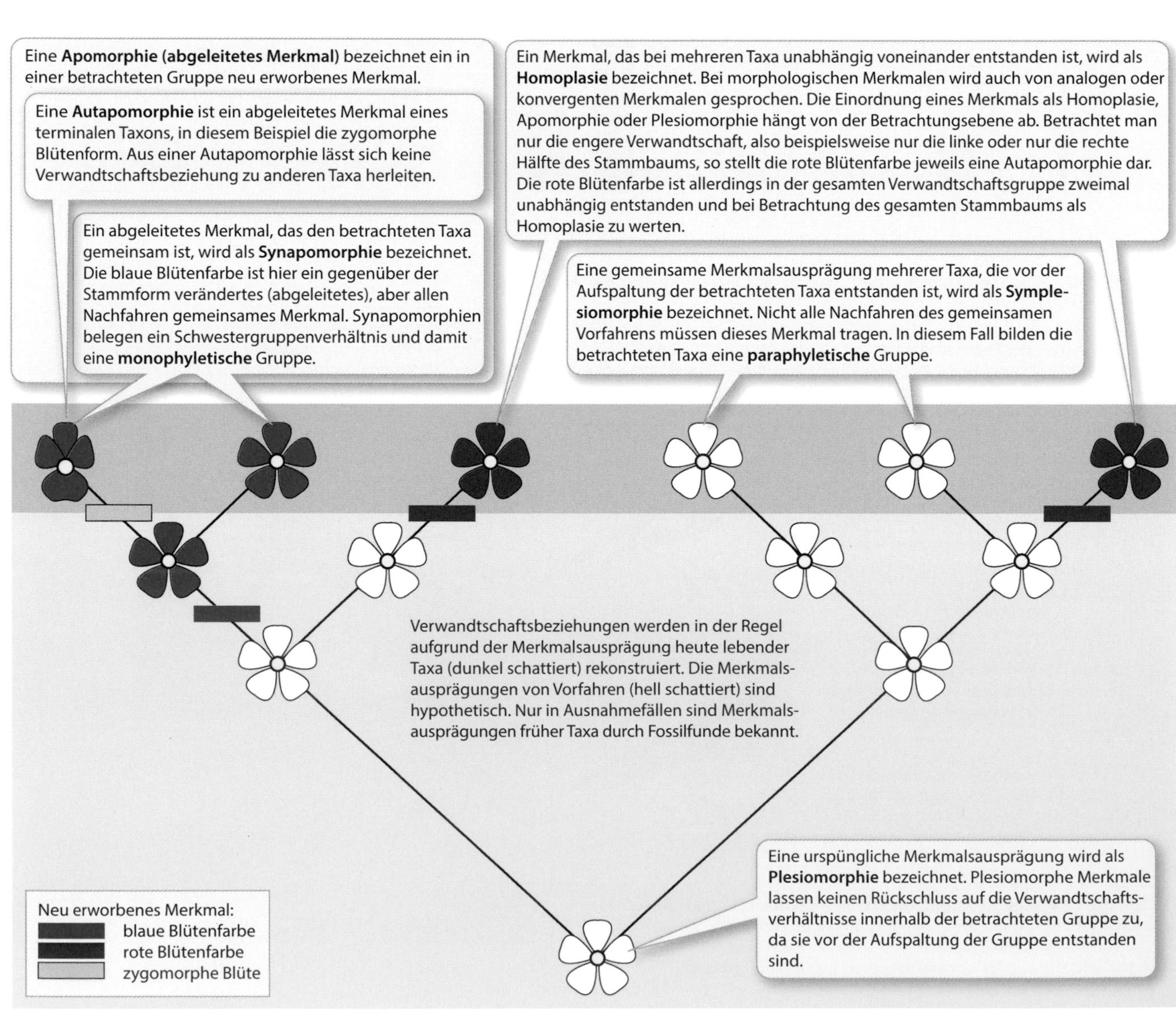

◘ **Abb. 27.44** Die Bedeutung von Apomorphien und Plesiomorphien zur Rekonstruktion von Verwandtschaftsverhältnissen

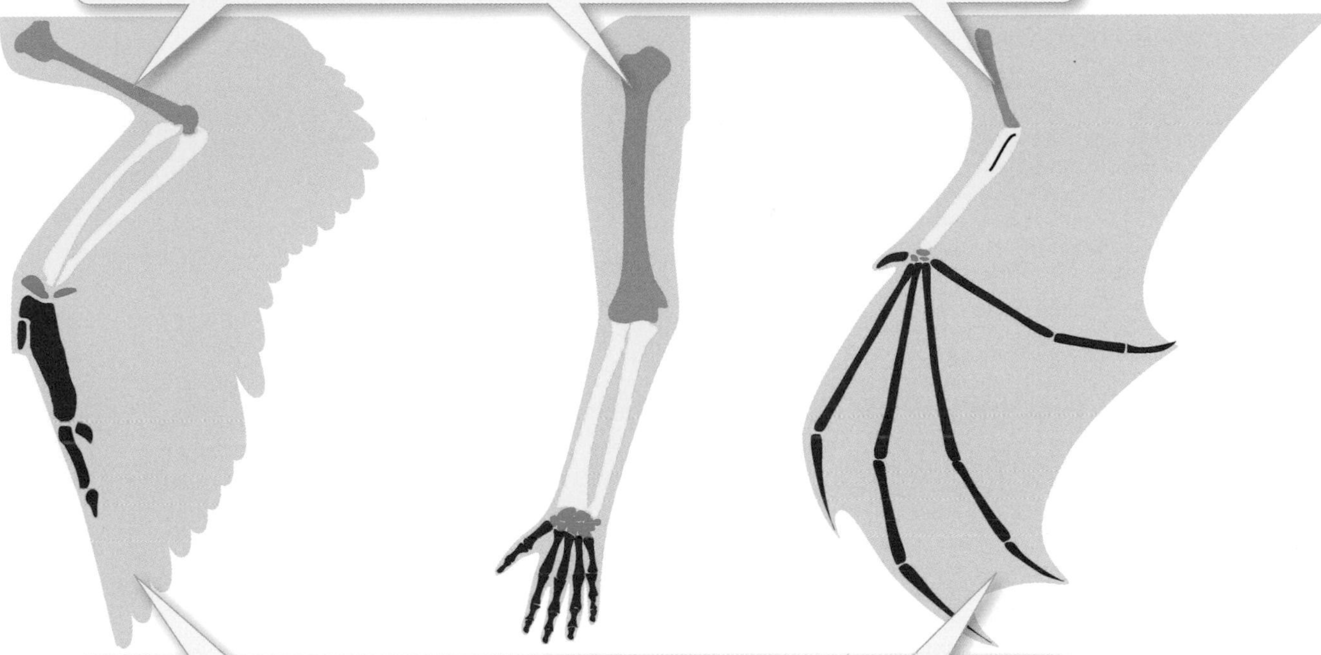

Abb. 27.45 Homologie und Konvergenz am Beispiel der Tetrapodenextremitäten

und in dieser unverändert erhalten blieb. Besitzen zwei verschiedene Taxa eine Übereinstimmung in ursprünglichen Merkmalsausprägungen, also eine herkunftsgleiche (homologe) Plesiomorphie, wird diese als **Symplesiomorphie** bezeichnet. Da der Vorfahre einer Symplesiomorphie außer den zwei betrachteten auch weitere Nachfahren haben kann, begründen Symplesiomorphien zwischen Gruppen allein keine Monophylie, da diese alle Nachfahren enthalten muss. Sind einzelne Untergruppen ausgeschlossen, wie z. B. früher die Vögel von den eigentlichen Reptilien, bilden diese nur eine paraphyletische Gruppe.

Die Einordnung eines Merkmals als Plesiomorphie, Synapomorphie oder Autapomorphie hängt von der betrachteten Ebene des phylogenetischen Systems ab.

Als **Homologie** bezeichnet man in der biologischen Systematik und der vergleichenden Anatomie die grundsätzliche Übereinstimmung von Organen, Organsystemen, Körperstrukturen, physiologischen Prozessen oder Verhaltensweisen zweier Taxa aufgrund ihres gemeinsamen evolutionären Ursprungs (Abb. 27.45). Strukturen sind dann homolog, wenn sie trotz unterschiedlicher Ausprägung in Gestalt und Anzahl in einem vergleichbaren Gefügesystem stets die gleiche Lagebeziehung aufweisen (Kriterium der Lage), sie in zahlreichen Sondermerkmalen übereinstimmen (Kriterium der spezifischen Qualität und Struktur) oder sich über Zwischenformen in Verbindung bringen lassen (Kriterium der Kontinuität).

Eine **Analogie** ist in der Biologie eine Ähnlichkeit der Struktur von Organen, Proteinen, Genen oder Verhaltensweisen unterschiedlicher Lebewesen (Taxa), deren gemeinsame Vorfahren diese Ausprägung nicht aufwiesen; sie ist oft an eine einander entsprechende Funktion gebunden.

Weiterführende Literatur

1. Boenigk J, Wodniok S (2014) Biodiversität und Erdgeschichte. Springer Spektrum, Berlin, Heidelberg
2. Burda H, Bayer P, Zrzavý J (2014) Humanbiologie. UTB Basics. Ulmer, Stuttgart
3. Burda H, Hilken G, Zrzavý J (2016) Systematische Zoologie, 2. Aufl. UTB Basics. Ulmer, Stuttgart
4. Ellegren H, Galtier N (2016) Determinants of genetic diversity. Nat Rev Genet 17:422–433
5. Frankham R, Ballou JD, Ralls K, Eldridge M, Dudash MR, Fenster CB, Lacy RC, Sunnucks P (2016) Genetic management of fragmented populations. Oxford University Press, Oxford
6. Futuyma D (2007) Evolution: Das Original mit Übersetzungshilfen. Spektrum, Heidelberg (Easy Reading Edition)
7. Futuyma DJ, Kirkpatrick M (2017) Evolution, 4. Aufl. Sinauer Associates, Oxford University Press, Oxford
8. Hartl DL, Clark AG (2007) Principles of population genetics. Sinauer Associates, Oxford University Press, Oxford
9. Kutschera U (2015) Evolutionsbiologie, 4. Aufl. Ulmer, Stuttgart
10. Munk K, Brose U, Kronberg I, Misof B, Pohl-Apel G (2009) Ökologie, Evolution. Thieme, Stuttgart
11. Nosil P (2012) Ecological speciation. Oxford University Press, Oxford
12. Stephan W, Hörger A (2019) Molekulare Populationsgenetik. Springer Spektrum, Berlin, Heidelberg
13. Storch V, Welsch U, Wink M (2013) Evolutionsbiologie, 3. Aufl. Springer Spektrum, Berlin, Heidelberg
14. Tomiuk J, Löschcke V (2017) Grundlagen der Evolutionsbiologie und Formalen Genetik. Springer Spektrum, Berlin, Heidelberg
15. Zrzavý J, Burda H, Storch D, Begall S, Mihulka S (2018) Evolution: Ein Lese-Lehrbuch, 2. Aufl. Springer Spektrum, Berlin, Heidelberg

Molekulare Evolution

Florian Leese, Dominik Heider

mit Beiträgen von Jens Boenigk

J. Boenigk (Hrsg.), *Boenigk, Biologie,* https://doi.org/10.1007/978-3-662-61270-5_28

28

28.1 Die in Genomen und Transkriptomen codierte Information ist enorm

Die Gesamtheit des Erbmaterials eines Organismus wird als **Genom** bezeichnet, die Gesamtheit der transkribierten, also abgelesenen und in RNA übersetzten, Sequenzen als **Transkriptom** (◼ Abb. 28.1). Werden Organismengesellschaften mit vielen Individuen und verschiedenen Arten betrachtet, spricht man von **Metagenomen** und **Metatranskriptomen**. Die genetische Information in Genomen und Transkriptomen, und erst recht in Metagenomen und Metatranskriptomen, ist enorm hoch. Erst durch Hochdurchsatzsequenziertechnologien kann diese genetische Vielfalt analysiert werden.

Im Gegensatz zur klassischen Sanger-Sequenzierung kann mit der **Hochdurchsatzsequenzierung** (Next-Generation Sequencing, NGS) sowohl in der Tiefe als auch in der Breite sequenziert werden (◼ Abb. 28.2). Es ist beispielsweise möglich, ganze Genome (obgleich nicht am Stück) zu sequenzieren. Man spricht in diesem Kontext von **Genomik** (**Genomics**). Ferner ist es auch möglich, die Genexpression zu untersuchen. Bei der **Transkriptomik** (**Transcriptomics**) wird die in den Zellen vorhandene RNA sequenziert. Zudem kann man auch ganze Populationen, beispielsweise von Mikroorganismen oder Viren, sequenzieren und erhält dadurch Einblicke in die Plastizität der Population. Man spricht in diesem Kontext von ***targeted sequencing***, wenn nur ein bestimmtes oder wenige Gene, bzw. von **Metagenomik** (**Meta-Genomics**) und **Metatranskriptomik** (**Meta-Transriptomics**), wenn viele Genome bzw. Transkriptome gleichzeitig untersucht werden (► Abschn. 38.5). Die Anwendungsfelder der Hochdurchsatzsequenzierung sind vielfältig und reichen von Biodiversitätsanalysen bis zur personalisierten Medizin, beispielsweise bei Krebserkrankungen oder viralen Infektionen.

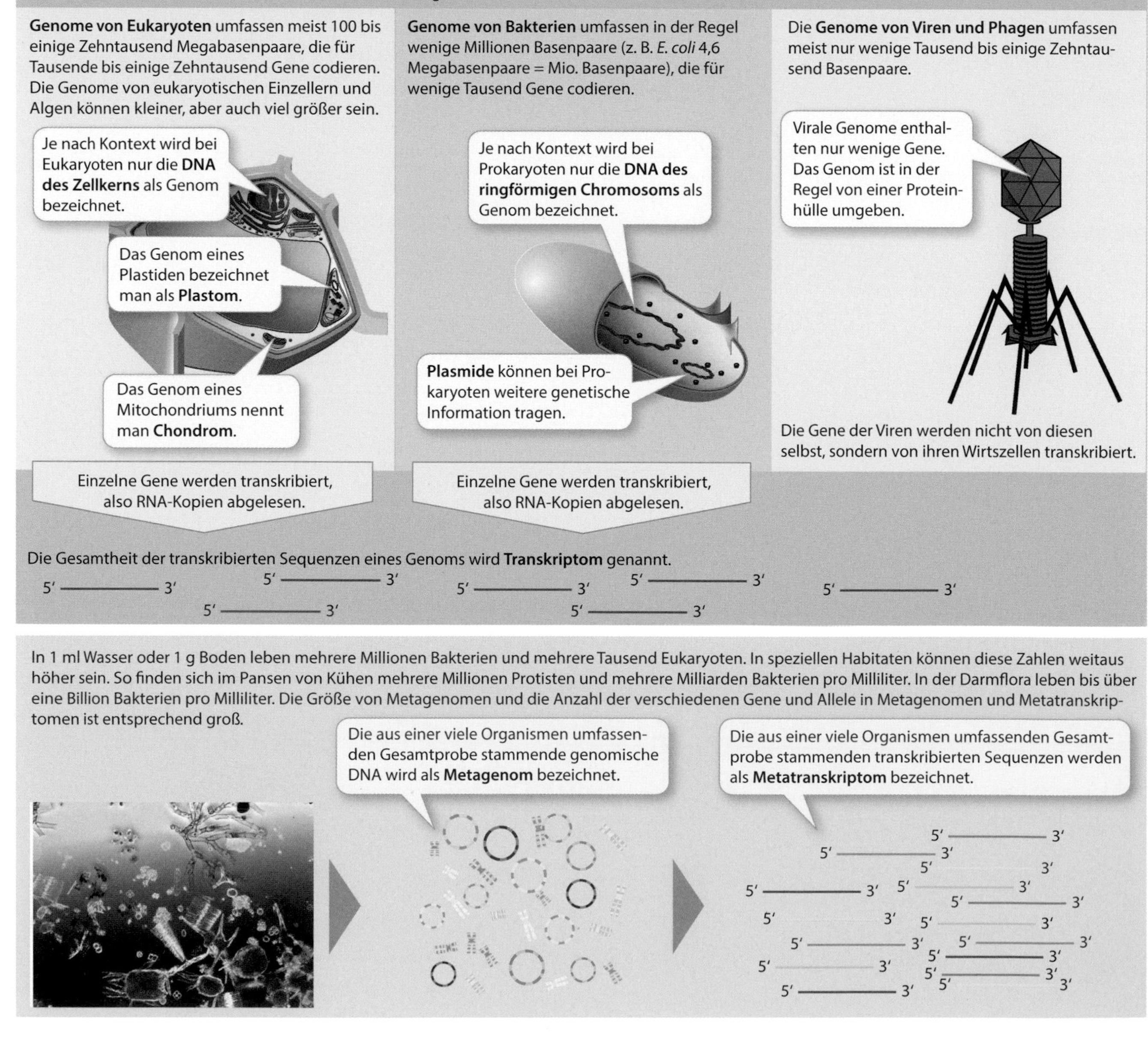

◼ **Abb. 28.1** Genom, Transkriptom, Metagenom und Metatranskriptom

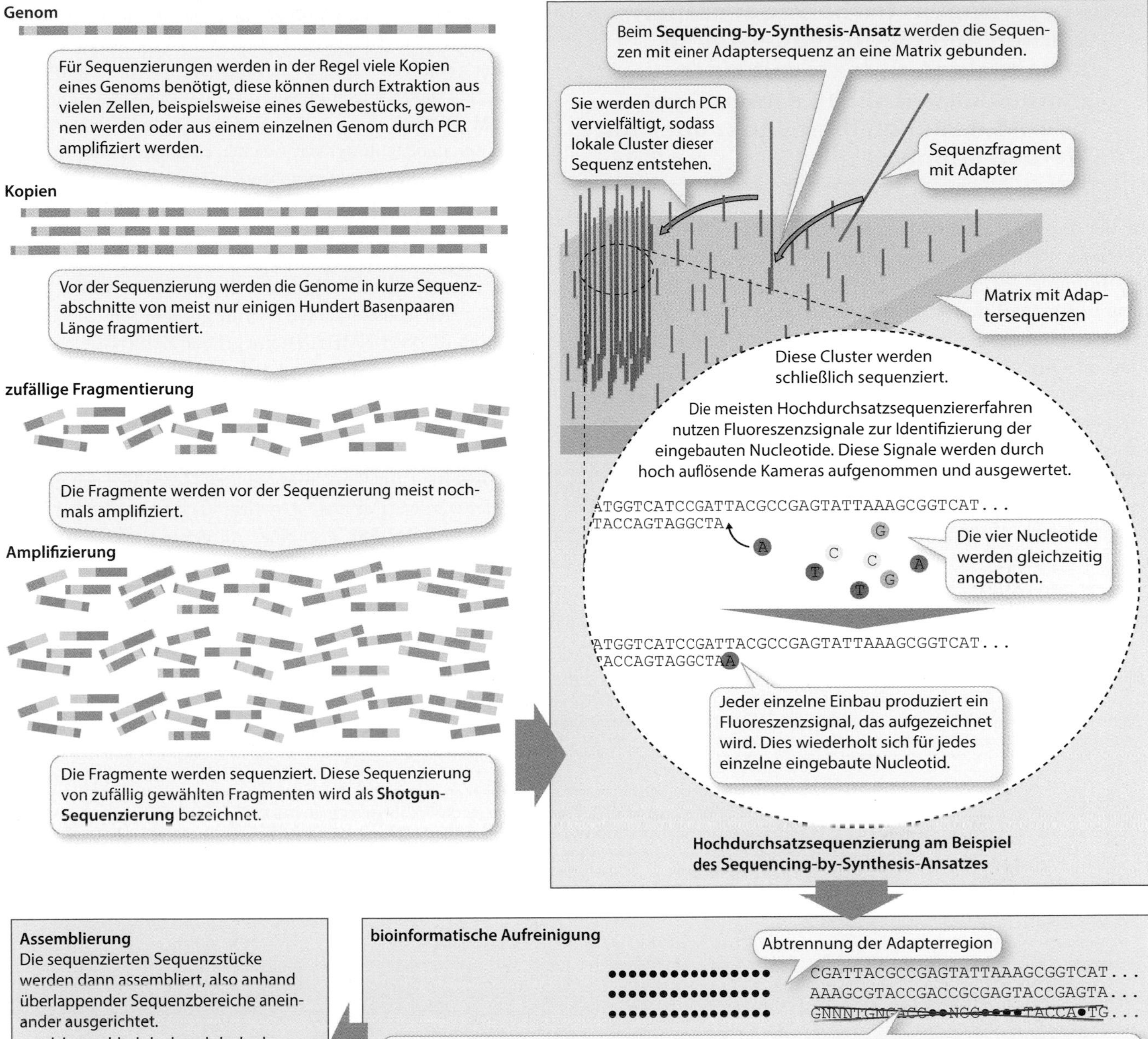

Qualität (Q)	*p*-Wert
10	0,1
20	0,01
30	0,001

Abb. 28.2 Das Prinzip der Hochdurchsatzsequenzierung

Es existieren verschiedene **Technologien** und diese werden auch stetig weiterentwickelt. Daher ist es wenig sinnvoll, über spezielle Kennzahlen, wie z. B. die Anzahl der Sequenzen pro Durchlauf oder die Länge der einzelnen Sequenzen, zu sprechen. Die Technologien unterscheiden sich auch in der Art, wie die Sequenzierung durchgeführt wird. Gemeinsam haben die Technologien jedoch das standardisierte Ausgabeformat, welches sowohl die einzelnen Teilsequenzen beinhaltet als auch die dazugehörigen Qualitätswerte (Abb. 28.2). Die **Qualitätswerte** spiegeln die Qualität (Q) der Sequenzierung an jeder einzelnen Base wider, wobei diese Werte log-skaliert sind mit $Q = -10 \times \log_{10} p$, d. h. $Q = 10$ entspricht beispielsweise einer Fehlerwahrscheinlichkeit von $p = 0{,}1$.

Die **Datenverarbeitung** von Sequenzen aus Hochdurchsatzverfahren umfasst in der Regel das Entfernen der Adaptersequenzen, eine Qualitätsfilterung und ein Mapping auf Referenzsequenzen beziehungsweise eine Genomassemblierung. Für jeden Einzelschritt steht eine Vielzahl von Tools zur Verfügung, welche leider derzeit nicht standardisiert sind und daher leicht unterschiedliche Ergebnisse liefern. Die Standardisierung der bioinformatischen Analysen und Tools ist insbesondere für den Bereich der personalisierten Medizin derzeit ein stark diskutiertes Feld.

28

28.2 Für phylogenetische Sequenzanalysen werden homologe Sequenzen so ausgerichtet, dass sie mit einer minimalen Anzahl an Änderungen oder Mutationen ineinander überführt werden können

In der Biologie nennt man verwandte Sequenzen, d. h. Sequenzen mit einem gemeinsamen Vorfahren, **homolog**. Zur Bestimmung der Ähnlichkeit zweier Sequenzen benötigen wir sowohl ein **Maß der Ähnlichkeit** als auch einen Algorithmus zur Berechnung dieser Ähnlichkeit. Die einfachste Möglichkeit zur Quantifizierung der Ähnlichkeit ist die Nutzung der **Identität**: Die Ähnlichkeit von zwei Aminosäuren bzw. von zwei Nucleotiden ist genau dann 1, wenn die beiden Aminosäuren bzw. Nucleotide identisch sind, und 0, wenn es sich um unterschiedliche handelt. Erweitert man dieses Konzept nun auf Aminosäuresequenzen bzw. DNA- oder RNA-Sequenzen, so wird die Ähnlichkeit der Sequenzen einfach durch die Summe der 1 und 0 der Einzelvergleiche gebildet. Die **Ähnlichkeit von Sequenzen** wird auch über sogenannte **Scores (S)** quantifiziert (■ Abb. 28.3).

Für Proteine ist die Identität zur Berechnung eines Scores nicht sensitiv genug, daher haben sich in der Praxis andere Maße als besser geeignet herausgestellt. Zu diesen Maßen gehören unter anderem die Matrizen **PAM** (Point Accepted Mutation) und **BLOSUM** (BLOcks SUbstitution Matrix). Diese Matrizen basieren auf der Beobachtung, mit welcher Häufigkeit eine Aminosäure durch eine andere Aminosäure in verwandten Sequenzen im Laufe der Evolution ausgetauscht wurde. Die PAM- und BLOSUM-Matrizen werden jeweils mit einer Zahl versehen, die die Sensitivität der Matrix widerspiegelt. Im Falle von PAM ist die Matrix umso sensitiver, je größer diese Zahl ist. Bei BLOSUM stehen dagegen kleinere Zahlen für eine größere Sensitivität. Daher werden BLOSUM-Matrizen mit großen Zahlen für sehr nah verwandte Sequenzen verwendet, während BLOSUM mit kleinen Zahlen für den Vergleich von entfernt verwandten Sequenzen genutzt wird.

Neben der Quantifizierung von Alinierungen sollten auch die Algorithmen zur Berechnung dieser Quantifizierung näher betrachtet werden. Der erste Algorithmus zum Auffinden einer **optimalen Alinierung**, also einer Alinierung mit dem größtmöglichen Score, wurde im Jahr 1970 von Needleman und Wunsch entwickelt. Die optimale Alinierung wird auf Basis von Pfaden entlang der höchsten Scores in einer **Alinierungs-**

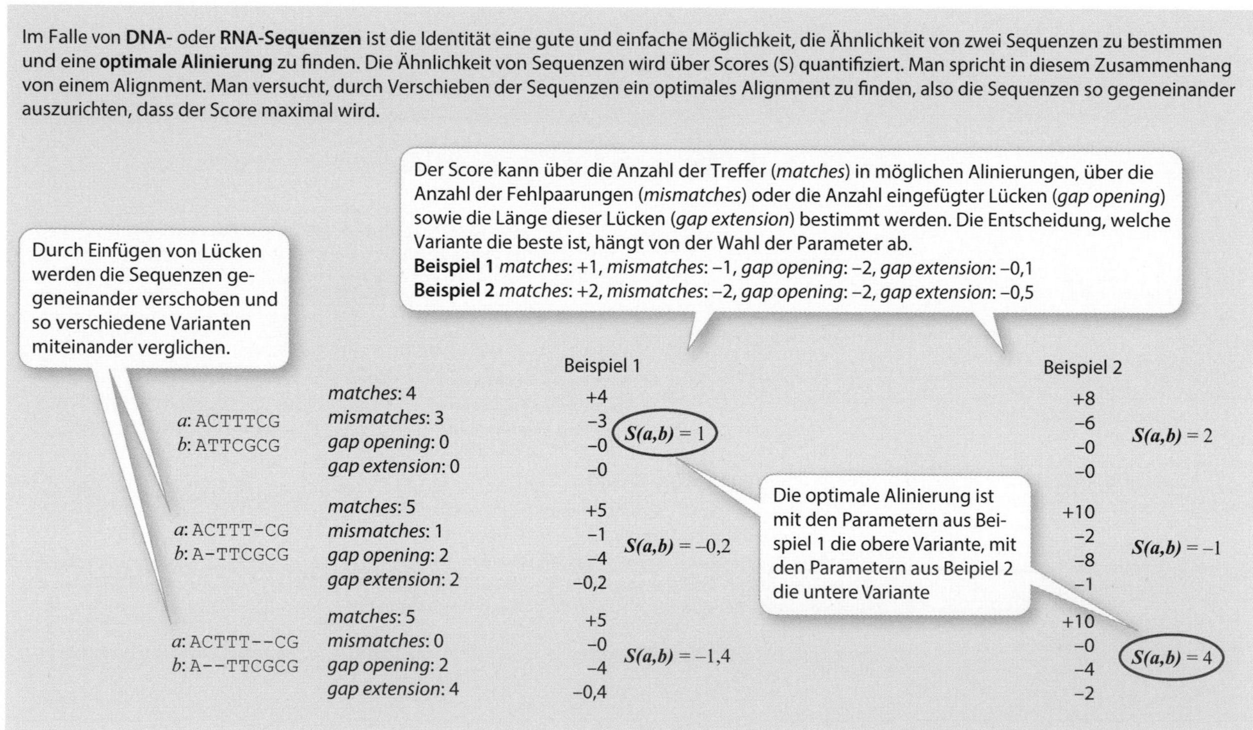

■ **Abb. 28.3** Alinierung von Nucleotid- und Proteinsequenzen

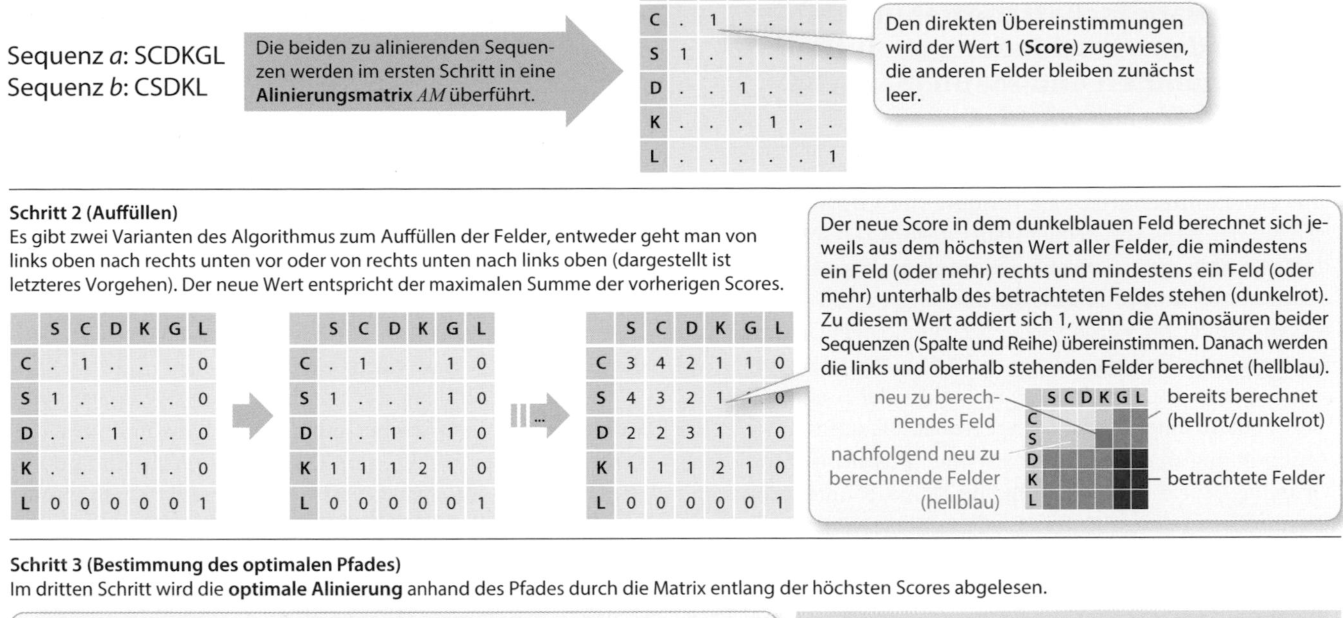

Schritt 3 (Bestimmung des optimalen Pfades)

Im dritten Schritt wird die **optimale Alinierung** anhand des Pfades durch die Matrix entlang der höchsten Scores abgelesen.

1) Zur Bildung der Alinierung wird mit der Zelle des **höchsten Scores** begonnen. Von dort arbeitet man sich jeweils nach rechts und nach unten zur Zelle mit dem zweithöchsten Score vor. In diesem Beispiel gibt es zwei Möglichkeiten (die zu verschiedenen Alinierungen führen). Wir fangen hier zunächst mit der durch einen Kreis markierten Zelle an.

	S	C	D	K	G	L
C	3	4	2	1	1	0
S	4	3	2	1	1	0
D	2	2	3	1	1	0
K	1	1	1	2	1	0
L	0	0	0	0	0	1

Alinierung 1

```
SC-DKGL
-CSDK-L
```

2) Für die erste Aminosäure (S) in der Sequenz SCDKGL finden wir in der zweiten Sequenz keine Entsprechung. Wir gehen einen Schritt nach rechts – die zweite Sequenz beginnt mit einem Gap.

3) Das C entspricht sich (Score 4).

4) Den Score 3 in einer Zelle, die sowohl links als auch unterhalb der betrachteten Zelle liegt, kennzeichnet eine Übereinstimmung für die Aminosäure D. Um dorthin zu gelangen, müssen wir zunächst einen Schritt nach unten (Gap in der ersten Sequenz, da das S keine Entsprechung in der ersten Sequenz hat) und dann diagonal gehen.

5) Wenn man entsprechend weiter verfährt, ergeben sich eine Entsprechung für die Aminosäure K, ohne eine Zeile oder Spalte überspringen zu müssen (also ohne Einfügen von Gaps), anschließend ein Gap in der zweiten Sequenz als Entsprechung der Aminosäure G in der ersten Sequenz und abschließend die Aminosäure L in beiden Sequenzen.

6) Beginnt man die Bildung der Alinierung bei der zweiten mit einem Score von 4 markierten Zelle, ergibt sich eine zweite ebenso gute Alinierung.

Alinierung 2

```
-SCDKGL
CS-DK-L
```

In diesem Beispiel haben wir bereits **Gaps** (Lücken) eingefügt. Diese Gaps entsprechen **Insertionen** bzw. **Deletionen** in den Sequenzen. Jedoch ist es auch für sehr unähnliche Sequenzen möglich, durch das Einfügen von beliebigen Gaps einen relativ hohen Score zu erzielen. Daher wird in der Regel das Einfügen von Gaps in den Alinierungen durch einen **negativen Score** bestraft. Dabei unterscheidet man zwischen einem ersten (oder einzelnen) Gap und zusätzlichen Gaps an der gleichen Stelle. Letztere werden weniger stark bestraft, da es biologisch wahrscheinlicher ist, dass ein Gap mehr als eine Aminosäure ausmacht, als dass zwei Insertionen bzw. Deletionen unabhängig voneinander stattgefunden haben.

Abb. 28.4 Funktionsweise des Needleman-Wunsch-Algorithmus am Beispiel einer Aminosäuresequenz (dargestellt im Einbuchstabencode)

matrix abgelesen (Abb. 28.4). Obgleich der **Needleman-Wunsch-Algorithmus** die optimale Alinierung liefert, müssen Sequenzalinierungen immer kritisch hinterfragt werden, da das mathematische Optimum nicht notwendigerweise biologisch sinnvoll ist. Der Needleman-Wunsch-Algorithmus eignet sich vor allem für **globale Alinierungen**, also Alinierungen von ähnlich langen Sequenzen, die zudem eine (relativ) starke Sequenzhomologie (Ähnlichkeit) aufweisen. Für die Suche nach Sequenzmotiven bzw. gemeinsamen Teilsequenzen, wie z. B. Domänen, ist ein globales Alignment jedoch nicht geeignet. Stattdessen brauchen wir ein **lokales Alignment**. Der bekannteste Algorithmus zur Berechnung einer lokalen Alinierung ist der **Smith-Waterman-Algorithmus**. Die Funktionsweise ist dabei ähnlich zum Needleman-Wunsch-Algorithmus, jedoch wird nicht nach vollständigen Pfaden in der Matrix gesucht. Beide Algorithmen können beispielsweise über die Webseite des EBI (▶ https://www.ebi.ac.uk/Tools/psa/) genutzt werden.

Sowohl der Needleman-Wunsch- als auch der Smith-Waterman-Algorithmus liefern optimale Alignments. Sie sind jedoch aufgrund ihrer Laufzeit nicht für Datenbanksuchen geeignet. Als Alternative bieten sich heuristische Verfahren an, die zwar nicht immer das Optimum finden, dafür aber eine vergleichsweise geringe Laufzeit haben. Zu diesen Verfahren gehört **BLAST** (Basic Local Alignment Search Tool). BLAST ist eine Sammlung verschiedener Programme zur Datenbanksuche bzw. für Sequenzvergleiche und umfasst beispielsweise blastn zur Suche einer Nucleotidsequenz in einer Nucleotiddatenbank und blastp zur Suche einer Proteinsequenz in einer Proteindatenbank. BLAST lässt sich beispielsweise über die Seite des NCBI aufrufen (▶ http://blast.ncbi.nlm.nih.gov).

28

28.3 Für die Berechnung der Verwandtschaftsbeziehungen werden verschiedene evolutionäre Annahmen und mathematische Modelle verwendet

Die **Verwandtschaftsbeziehungen** von Organismen lassen sich auf der Basis von Sequenzdaten rekonstruieren. Grundlage dafür ist immer zunächst eine **Homologiehypothese**, welche durch eine **multiple Sequenzalinierung** erstellt wird. Bei der Sequenzalinierung werden Sequenzen homologer Gene einzelner Organismen in Zeilen geschrieben (◘ Abb. 28.5). Hierbei werden jeweils die Buchstaben für die Nucleotide oder Aminosäuren aus der Sequenz untereinander angeordnet, die aufgrund gleicher Abstammung an dieser Stelle existieren (**Positionshomologie**). Grundlage für die Berechnung von Stammbäumen sind somit Positionen, an denen Unterschiede zwischen Gruppen von Organismen zu finden sind.

Für die Erstellung von Stammbäumen kann man entweder die **Nucleotidalinierung** (DNA) oder die **Aminosäurealinierung** (Protein) als Grundlage für die Stammbaumrekonstruktion nutzen. Dabei macht man sich die Anzahl der Unterschiede, also die Anzahl der vermutlichen Mutationsereignisse (▶ Abschn. 9.1), zunutze, um die Verschiedenheit und damit die evolutionäre Distanz zu beurteilen.

Im Laufe der Evolution kann es an einer bestimmten Basenposition mehrfach zu Mutationen kommen. Eine beobachtete Änderung der Basen- oder Aminosäureabfolge kann daher auf eine, aber auch auf mehrere aufeinanderfolgende Substitutionen an dieser Position zurückzuführen sein. Da die DNA aus nur vier unterschiedlichen Basen aufgebaut ist, kann eine bereits substituierte Base mit einer Wahrscheinlichkeit von 25 % wieder durch die ursprüngliche Base ersetzt werden.

Bei der Berechnung der Verwandtschaft zweier Sequenzen kann das Auftreten solcher mehrfachen Substitutionen dazu führen, dass die evolutionäre Distanz zu gering und gegebenenfalls Verwandtschaftsgruppen dadurch falsch rekonstruiert werden. Um die aus Mehrfachsubstitutionen resultierenden Fehler zu minimieren, wurden **Sequenzevolutionsmodelle** eingeführt. Diese korrigieren, basierend auf der beobachteten Anzahl von Substitutionen, die beobachtete Distanz nach oben,

Multiple Sequenzalinierung am Beispiel des TRIM5-alpha-Gens

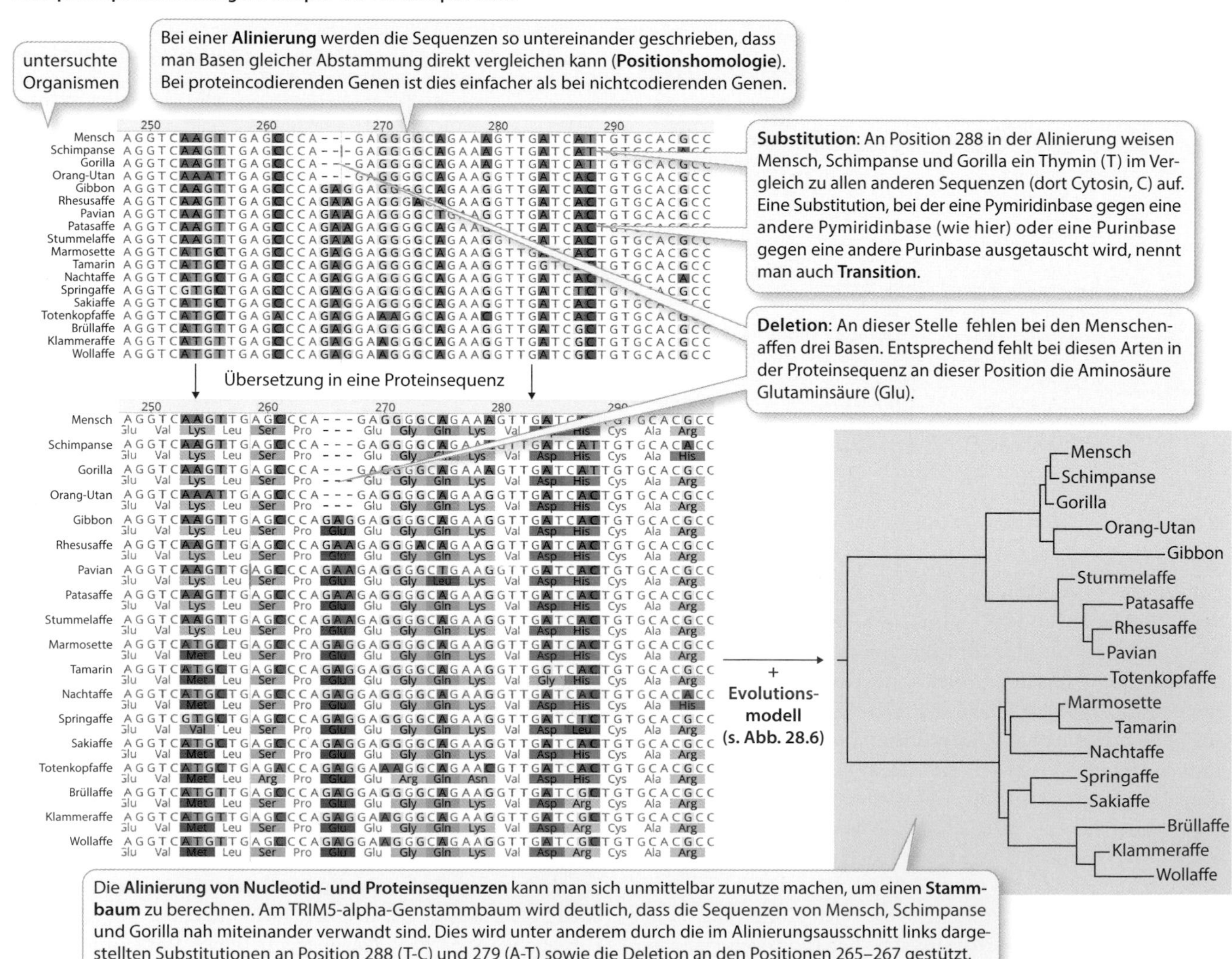

◘ **Abb. 28.5** Evolutionäre Modelle nehmen die unterschiedliche Wahrscheinlichkeit verschiedener Mutationen in die Berechnung von Verwandtschaftsverhältnissen auf

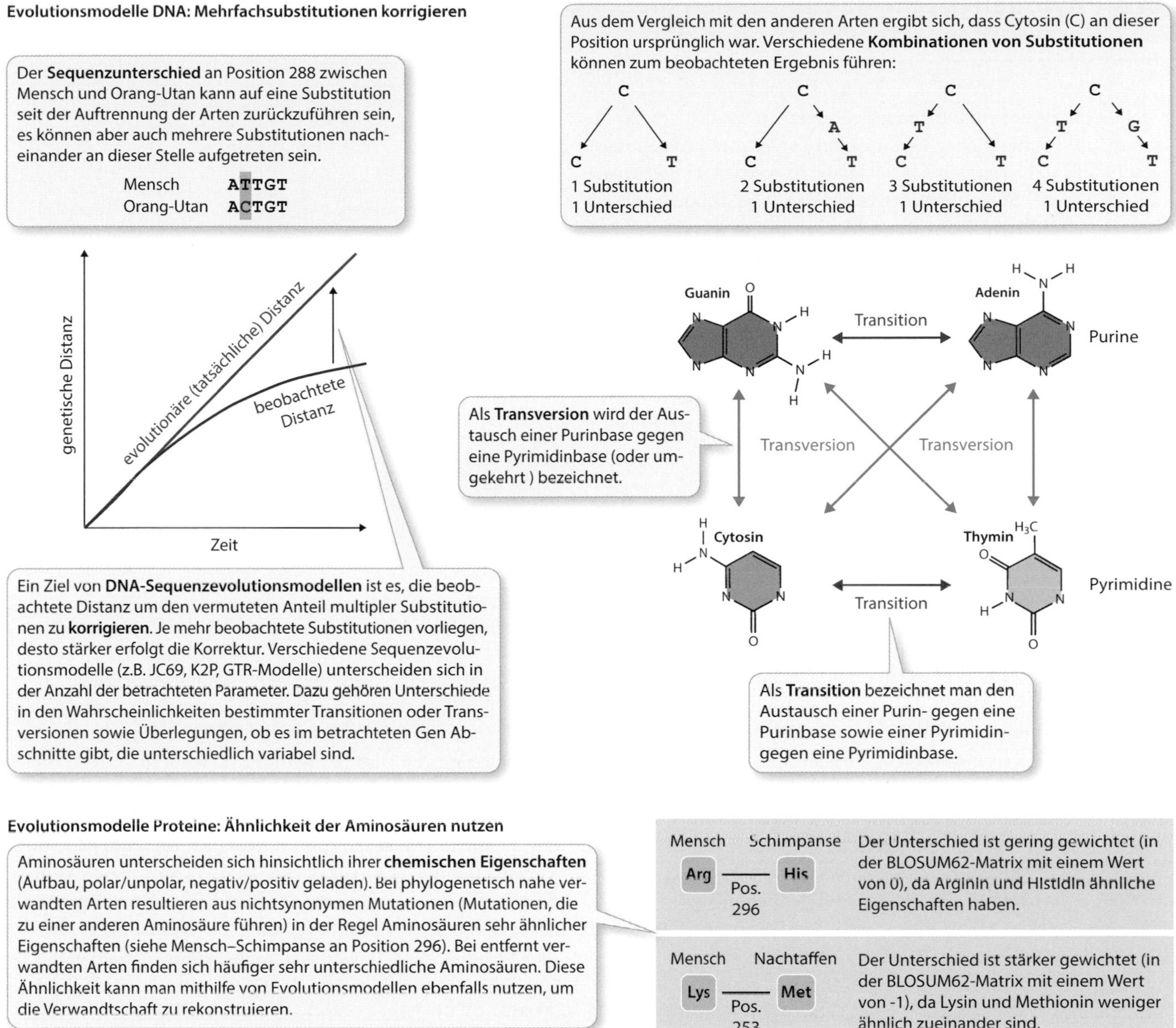

Abb. 28.6 Übersicht über Sequenzsubstitutionsprozesse

um die tatsächliche evolutionäre Distanz möglichst exakt widerzuspiegeln (■ Abb. 28.6). Einfache Substitutionsmodelle wie das **Jukes-Cantor-Modell** (JC) nehmen hierzu nur eine konstante Substitutionsrate α an, unabhängig davon, ob es sich um eine Transition oder Transversion handelt (■ Abb. 28.6). Bei den komplexeren Evolutionsmodellen wird zwischen verschiedenen Substitutionstypen unterschieden. So unterscheidet das **Kimura-2-Parameter-Modell** (K2P) Transitionen und Transversionen (α und β). Im komplexesten **General-Time-Reversible-Modell** (GTR) werden alle Substitutionstypen einzeln betrachtet. Generell steigt die Wahrscheinlichkeit von Mehrfachsubstitutionen mit der Anzahl der Unterschiede in der Alinierung.

Welches Evolutionsmodell jeweils am besten geeignet ist, kann man mit Computerprogrammen ermitteln, welche basierend auf einer vorliegenden Alinierung die Wahrscheinlichkeit für verschiedene Evolutionsmodelle berechnen.

Bei proteincodierenden Genen führt nicht jede Substitution zu einer veränderten Aminosäure, da verschiedene Nucleotidtripletts für dieselbe Aminosäure codieren können (**degenerierter genetischer Code**). Entsprechend sind Stammbäume, die auf einer Aminosäurealinierung beruhen, weniger variabel als solche, die auf einer Nucleotidalinierung beruhen. Trotzdem ist es sinnvoll, auch auf Proteinebene verschiedene Austausche unterschiedlich zu gewichten, da einige Aminosäuren sehr viel ähnlicher (strukturell, aber auch hinsichtlich ihrer physikochemischen Eigenschaften) zueinander sind als zu anderen. Mutationen, die zu einer Aminosäure mit sehr unterschiedlichen Eigenschaften führen, wirken sich meist auf die Konformation des codierten Proteins und damit auf dessen Funktionalität aus (▶ Abschn. 9.2). Bei nahe verwandten Organismen, die unter ähnlichen Bedingungen leben, sind solche Änderungen nur in Ausnahmen zu erwarten. Häufiger ist der Austausch einer Aminosäure gegen eine chemisch ähnliche Aminosäure festzustellen (■ Abb. 28.5; ▶ Abschn. 28.2).

28.4 Phylogenetische Bäume stellen die Verwandtschaftsbeziehungen dar

Ziel vieler evolutionärer Fragestellungen ist es, die Verwandtschaft unterschiedlicher Organismen sowie ihre Entstehungsgeschichte zu klären. Für solche Analysen werden im Fachgebiet der Phylogenie **Stammbäume** berechnet. Als Grundlage für die Berechnung dienen **homologe Merkmale** (▶ Abschn. 27.12), d. h. phänotypische oder genotypische Merkmale, die aufgrund gemeinsamer Abstammung ähnlich sind (◘ Abb. 28.7). Diese Merkmale werden für eine phylogenetische Analyse entweder in Distanzen umcodiert oder direkt als solche (charakterbasiert) betrachtet. Aufgrund der Möglichkeit, viele Sequenzinformationen, selbst ganze Genome, in kurzer Zeit zu sequenzieren, spielen insbesondere **Sequenzinformationen** in der Phylogenie heute eine zentrale Rolle.

Um sie zu nutzen, werden die Sequenzen in der Regel angeordnet (aliniert). Wichtig hierfür ist eine sogenannte **Rahmenhomologiehypothese** – bei Sequenzen die sogenannte **Alinierung**. Hierbei werden die Sequenzen so übereinander geschrieben, dass die Positionen im Gen, die aufgrund von Abstammung ähnlich sind, übereinander stehen (▶ Abschn. 28.2).

Dadurch kann man die Unterschiede zwischen den Sequenzen erfassen und bewerten. Einfach und schnell geht eine Stammbaumrekonstruktion, wenn lediglich die Unterschiede (z. B. der prozentuale Anteil unterschiedlicher Basen zwischen Sequenzen) bewertet werden und basierend auf einem Algorithmus wie dem **Neighbor-Joining-Verfahren** (◘ Abb. 28.8) ein Stammbaum rekonstruiert wird. Hierbei ist selbst für Hunderte von Sequenzen von einem normalen Computer in kurzer Zeit ein Resultat zu erwarten. Ein anderes Verfahren ist das sogenannte UPGMA-Verfahren, welches aufgrund der vereinfachten Annahmen einer einheitlichen zugrunde liegenden **molekularen Uhr** (▶ Abschn. 28.5) nur noch selten zum Einsatz kommt.

Die Zuverlässigkeit der gefundenen Stammbäume respektive ihrer Verzeigungen lässt sich über eine sogenannte **Bootstrap-Analyse** ermitteln (◘ Abb. 28.8). Bootstrap (engl. für „Schnürsenkel") ist hierbei eine statistische Möglichkeit der **Pseudoreplikation**. Da keine echten Replikate zur Überprüfung der Daten vorliegen, werden für eine Alinierung der Länge n insgesamt n Mal aus der ursprünglichen Alinierung Positionen „mit Zurücklegen" gezogen und darauf basierend eine neue Alinierung berechnet. Dies wird mehrfach wiederholt und geschaut, wie häufig sich in den auf den Pseudoreplikaten basierenden Bäumen bestimmte Verzeigungen im Stammbaum finden.

Basierend auf Distanzen können auch Bäume anhand sogenannter **Optimalitätskriterien** berechnet werden. Hier ist insbesondere das **Minimum-Evolution-Verfahren** wichtig.

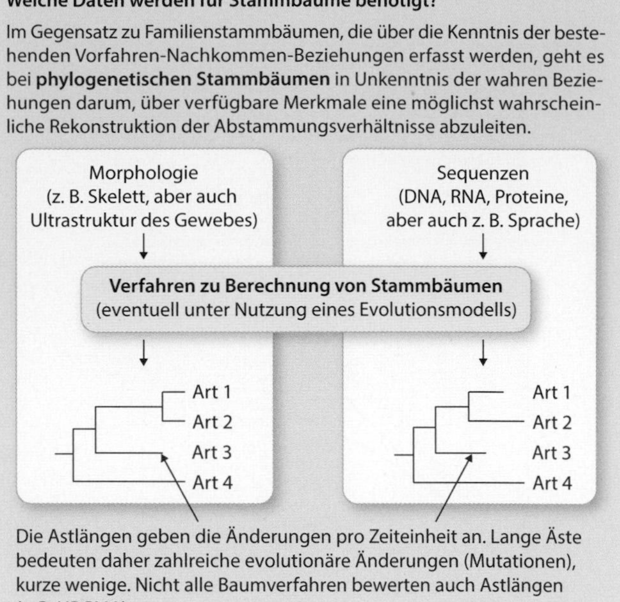

◘ **Abb. 28.7** Stammbäume können aus morphologischen und genetischen Daten berechnet werden

Bei diesem Verfahren werden Distanzbäume berechnet, die Topologien jedoch immer wieder nach sogenannten heuristischen Verfahren neu angeordnet, mit dem Ziel, den Baum mit der insgesamt geringsten Distanz zu finden (◘ Abb. 28.9). Als Problem bei der Berechnung erweist sich die extrem große Anzahl möglicher Topologien. Für vier untersuchte Objekte (in der Regel Organismen, Sequenzen) gibt es lediglich drei mögliche ungewurzelte Bäume (A,B)(C,D); (A,C)(B,D); (A,D)(B,C). Da dieser Vier-Taxon-Baum jedoch bereits fünf Äste (einen internen, vier terminale) besitzt, gibt es fünf gewurzelte Bäume. Folgt man dieser Kombinatorik, so ergibt sich rasch, dass die Anzahl möglicher Stammbäume mit Zunahme der Objekte exponentiell anwächst (◘ Abb. 28.9). Dies ist bei Neighbor-Joining und UPGMA in der Regel nicht der Fall. Ähnliche Kriterien nehmen die drei Verfahren **Maximum Parsimony**, **Maximum Likelihood** und **Bayes'sche Analyse** als Grundlage, um die „besten" Stammbäume unter der Annahme bestimmter Modelle zu finden. Bei Maximum Parsimony („maximale Sparsamkeit", Parsimonie-Prinzip) geht es darum, den Baum zu finden, der die Anzahl der Evolutionsannahmen (Änderungen der betrachteten Merkmale) minimiert. Reine Sparsamkeit (auch als „Okhams Rasiermesser" bezeichnet) ist jedoch häufig ungeeignet, und mit der Maximum-Likelihood- oder Bayes'schen Analyse lassen sich – unter der Annahme statistischer Modelle zur Sequenzevolution – sehr viel präzisere Bäume berechnen (◘ Abb. 28.10).

Neighbor-Joining

Der **NJ-Algorithmus** gehört zur Gruppe der Clustermethoden.

1. Schritt: sternförmige Anordnung der Sequenzen

2. Schritt: Auswahl der zwei Sequenzen mit kleinstem Abstand

3. Schritt: iterative Neuberechnung der Distanzen

Die Auswahl, welche Sequenzen miteinander verbunden werden, erfolgt über die durchschnittlichen Distanzen (**Netto-Divergenz** r_i) zwischen den Sequenzen $r_i = \frac{1}{N-2}\sum_{k=1}^{N} d_{i,k}$ mit N = Anzahl der Taxa.

Beispiel:

Gegeben sei eine Distanzmatrix D zwischen den folgenden Organismen.

	Mensch	Maus	Rose	Tulpe
Mensch	0	3	14	12
Maus		0	13	11
Rose			0	
Tulpe				0

Im nächsten Schritt werden die Netto-Divergenzen r_i berechnet:

Mensch: $r_1 = \frac{0+3+14+12}{4-2} = 14{,}5$

Maus: $r_2 = \frac{3+0+13+11}{4-2} = 13{,}5$

Rose: $r_3 = \frac{14+13+0+4}{4-2} = 15{,}5$

Tulpe: $r_4 = \frac{12+11+4+0}{4-2} = 13{,}5$

Es wird eine neue Matrix M erstellt mit $M_{i,j} = d_{i,j} - (r_i + r_j)$, also beispielweise für Mensch/Maus

$M_{1,2} = d_{1,2} - (r_1 + r_2) = 3 - (14{,}5 + 13{,}5) = -25$

	Mensch	Maus	Rose	Tulpe
Mensch		-25	-16	-16
Maus			-16	-16
Rose				-25
Tulpe				

Jetzt wird das Minimum ausgewählt (hier entweder Mensch zu Maus oder Rose zu Tulpe, beide –25) und der Teilbaum u wird erzeugt. Die Berechnung der Kantenlänge zur Abzweigung erfolgt mit

$$v_{i,u} = \frac{d_{i,j} + r_i - r_j}{2}$$

$$v_{j,u} = d_{i,j} - v_{i,u}$$

Also im Beispiel von **Mensch** zu **Maus (MeMau)** $\frac{3+14{,}5-13{,}5}{2} = 2$

MeMau wird an die Tabelle angefügt und der Abstand der Taxa zu **MeMau** wird mit $d_{u,k} = \frac{d_{i,k}+d_{j,k}-d_{i,j}}{2}$ berechnet. Dabei werden die Einträge i und j zu u zusammengefasst. Beispielsweise die Distanz von Rose zu **MeMau** $d_{5,3} = \frac{d_{1,3}+d_{2,3}-d_{1,2}}{2} = \frac{14+13-3}{2} = 12.$

Maus und **Mensch** werden dann aus der Datenmatrix D entfernt.

	Rose	Tulpe	MeMau
Rose	0	4	12
Tulpe		0	10
MeMau			0

Bootstrapping

Gegeben sei ein phylogenetischer Baum auf Basis eines multiplen Sequenzalignments. Mithilfe des **Bootstrapping** ist es möglich, **Konfidenzintervalle** zu den Abzweigungen im Baum zu errechnen und damit eine statistische Analyse durchzuführen. Bootstrapping bedeutet ein zufälliges Ziehen mit Zurücklegen, wodurch ein sogenanntes Bootstrapping-Sample der gleichen Größe wie der ursprüngliche Datensatz erstellt werden kann. Im Fall von DNA- oder Proteinsequenzen werden pro Durchlauf n zufällige Positionen auf dem Alignment gezogen (mit n = Länge des ursprünglichen Alignments) und diese dann zur Erzeugung eines neuen Baumes genutzt. Dies wird S Mal wiederholt. Zuletzt wird dann verglichen, wie oft eine bestimmte Abzweigung im Baum in den Bootstrapping-Samples vorkommt. Der Wert wird an die Verzweigung geschrieben.

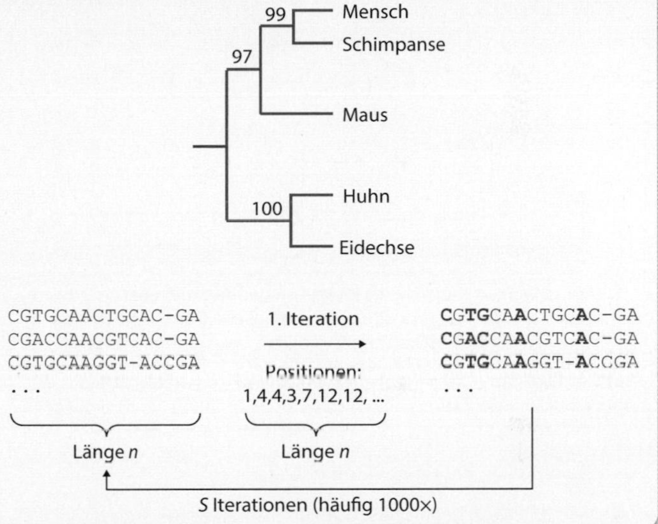

Posterior Probabilities

Ein weiteres Verfahren zu Berechnung statistischer Unterstützungswerte für einen phylogenetischen Baum sind sogenannte **Posterior Probabilities** (PP). Während Bootstrap-Werte nach einem sehr einfachen Prinzip berechnet werden, sind PP komplex und werden mithilfe Bayes'scher Statistik erfasst. Hierbei wird für jede Substitution im Alignment unter Annahme bestimmter Evolutionsmodelle eine Wahrscheinlichkeit (Likelihood) berechnet.

Abb. 28.8 Prinzip der Berechnung von Stammbäumen am Beispiel von Neighbor-Joining (distanzbasiert) sowie Möglichkeiten der Überprüfung von Stammbaumknotenpunkten

Bäume – mit und ohne Wurzeln

Verzweigungen, auch Knoten genannt, weisen auf **Aufspaltungereignisse** (z. B. Artbildungen) hin.

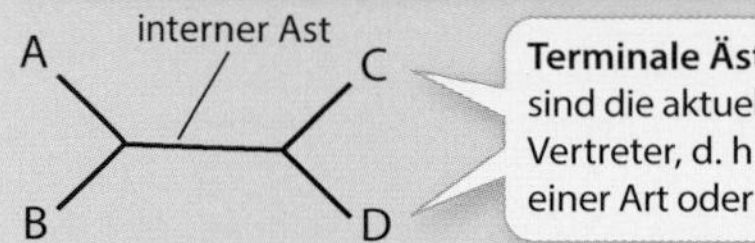

Terminale Äste (engl. *tip*) sind die aktuell untersuchten Vertreter, d. h. Individuen einer Art oder eine Sequenz.

Die Anordnung der Buchstaben an den terminalen Ästen sagt hier lediglich aus, dass A und B (A,B) eine **Abstammungsgruppe** bilden, ebenso C und D (C,D). In der Regel ist es in der Stammesgeschichte jedoch wichtig zu wissen, welche Abzweigungsereignisse früh und welche spät erfolgt sind. Um dies herauszufinden muss der Stammbaum eine Richtung erhalten (alt → neu). Dies geschieht, indem der Baum eine **Wurzel** (= ältester Teil des Baums) erhält. Eine Wurzelung erfolgt indem man eine sogenannte **Außengruppe**, d. h. ein Organismus (oder mehrere), der weit(er) entfernt zu den Vertretern der untersuchten Gruppe steht, mit in die Analyse einbezieht und an dem Ast zu dieser Außengruppe der älteste Verzweigungspunkt gesetzt wird.

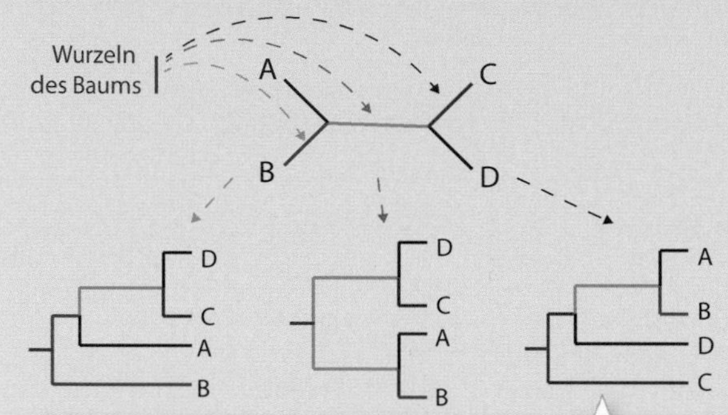

Ebenso wäre es möglich, die Wurzel an den Ast zu A oder zu D zu setzen, d. h. für vier Taxa gibt es fünf mögliche gewurzelte Bäume.

Für vier Taxa gibt es fünf Möglichkeiten zum Wurzeln (ein interner und vier terminale Äste)

Die Zahl möglicher Stammbäume wächst schnell

Abhängig von der Anzahl untersuchter Organismen oder Sequenzen (generell: Objekte *n*) wächst die Anzahl möglicher Stammbäume. Der Anstieg ist so schnell, dass es bereits bei wenigen Dutzend selbst mit einem leistungsfähigen Computer nicht mehr möglich ist, alle Möglichkeiten zu testen.

Anzahl Taxa *n*	Anzahl ungewurzelter Bäume $(2n-5)!!$	Anzahl gewurzelter Bäume $(2n-3)!!$
1	1	1
2	1	1
3	1	3
4	3	15
5	15	105
6	105	945
7	945	10.395
8	10.395	135.135
9	135.135	2.027.025
10	2.027.025	34.459.425
50	$2{,}84 \times 10^{74}$	$2{,}75 \times 10^{80}$

Schon bei sehr wenigen Taxa ist es auch für schnelle Computer nicht mehr möglich, alle Kombinationen zu testen.

Verfahren zu Berechnung von Stammbäumen:

Schnell, aber relativ unpräzise!

	distanzbasiert	**charakterbasiert**
Cluster-Verfahren	UPGMA, Neighbor-Joining (NJ)	–
Optimalitätskriterium-Verfahren	Minimum Evolution (ME)	Maximum Parsimony, Maximum Likelihood, Bayes

Langsam und „Heuristiken" erforderlich, konkrete Evolutions-Modell-Annahmen nötig, die Bäume sind aber sehr präzise. ML und Bayes sind die gängigen Methoden.

Den Stammbaum des Lebens entschlüsseln

Mit komplexen Rekonstruktionsprogrammen lassen sich heutzutage die Verwandtschaftsbeziehungen aller lebener Organismen rekonstruieren. Auch wenn viele Unsicherheiten hinsichtlich der Abfolge und verwandtschaftlichen Nähe bei zahlreichen Taxa existieren, so hat die molekulare Phylogenie in den letzten zwei Jahrzehnten unsere Erkenntnisse zur Abstammung fundamental verbessert.

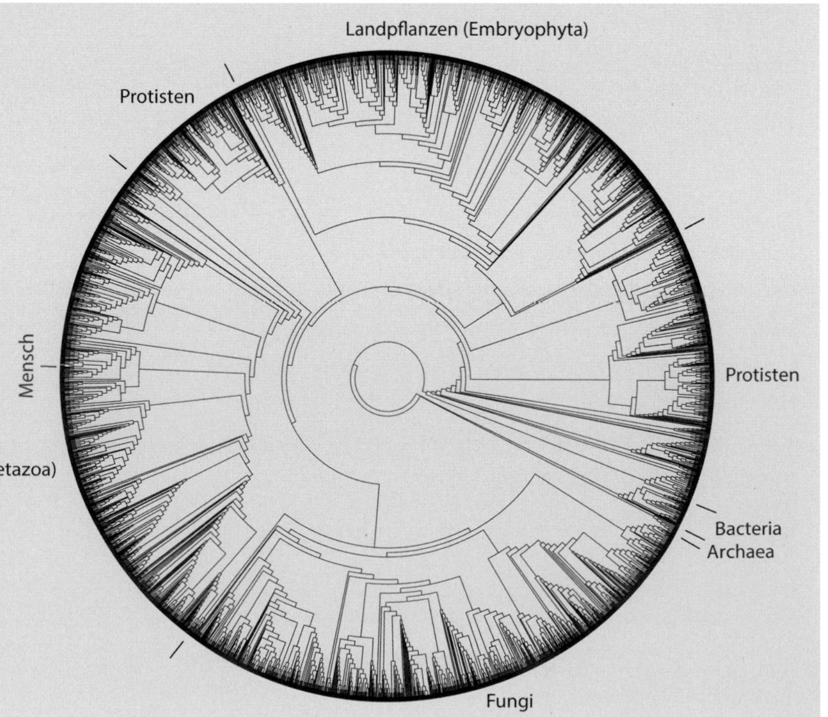

Abb. 28.9 Die Zahl möglicher Bäume (insbesondere gewurzelter Bäume) wächst exponentiell mit der Anzahl untersuchter Taxa

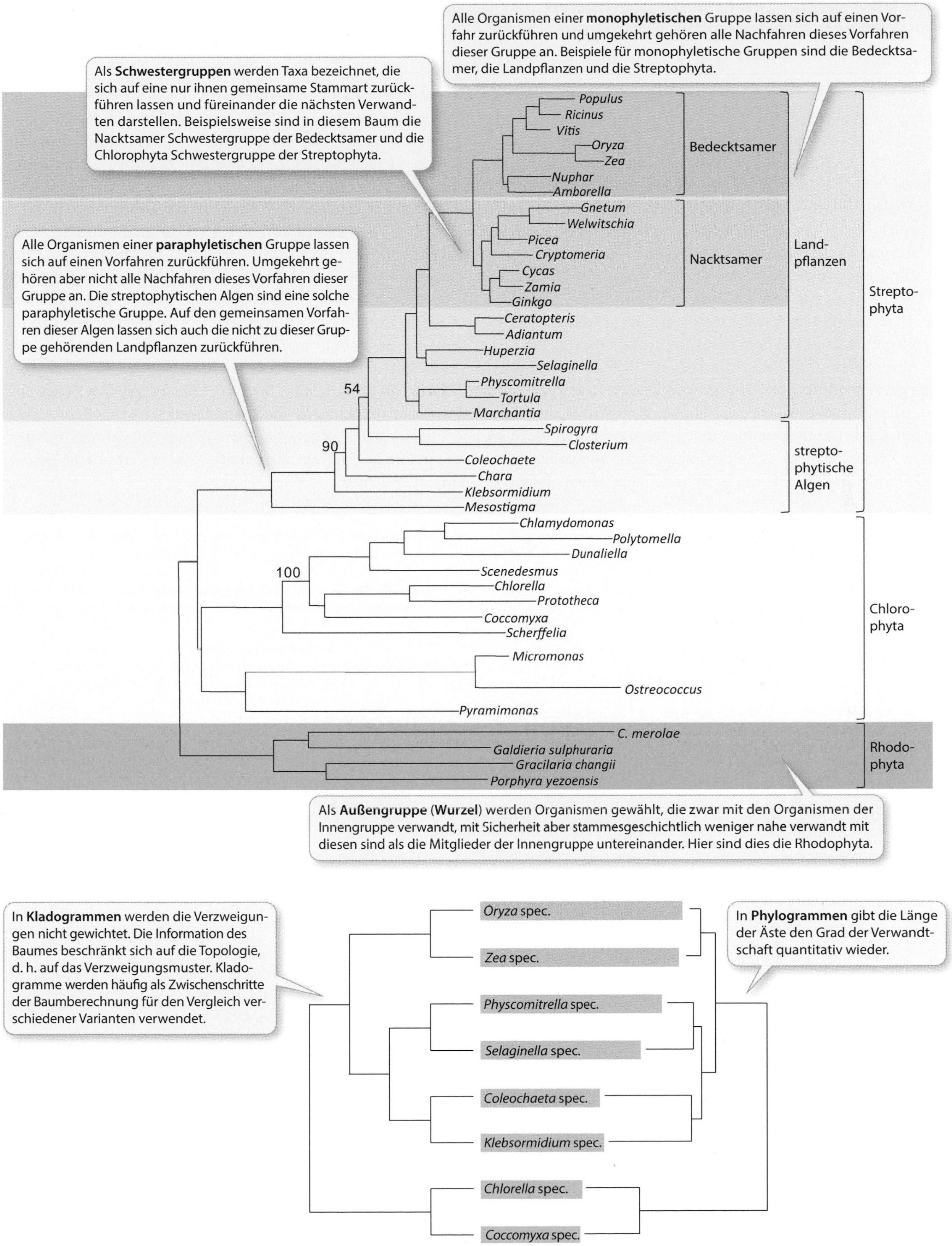

Alle Organismen einer **monophyletischen** Gruppe lassen sich auf einen Vorfahr zurückführen und umgekehrt gehören alle Nachfahren dieses Vorfahren dieser Gruppe an. Beispiele für monophyletische Gruppen sind die Bedecktsamer, die Landpflanzen und die Streptophyta.
Als **Schwestergruppen** werden Taxa bezeichnet, die sich auf eine nur ihnen gemeinsame Stammart zurückführen lassen und füreinander die nächsten Verwandten darstellen. Beispielsweise sind in diesem Baum die Nacktsamer Schwestergruppe der Bedecktsamer und die Chlorophyta Schwestergruppe der Streptophyta.
Alle Organismen einer **paraphyletischen** Gruppe lassen sich auf einen Vorfahren zurückführen. Umgekehrt gehören aber nicht alle Nachfahren dieses Vorfahren dieser Gruppe an. Die streptophytischen Algen sind eine solche paraphyletische Gruppe. Auf den gemeinsamen Vorfahren dieser Algen lassen sich auch die nicht zu dieser Gruppe gehörenden Landpflanzen zurückführen.
Populus
Ricinus
Vitis
Oryza
Zea
Nuphar
Amborella
Bedecktsamer
Gnetum
Welwitschia
Picea
Cryptomeria
Cycas
Zamia
Ginkgo
Nacktsamer
Landpflanzen
Ceratopteris
Adiantum
Huperzia
Selaginella
Physcomitrella
Tortula
Marchantia
54
Streptophyta
Spirogyra
Closterium
90
Coleochaete
Chara
Klebsormidium
Mesostigma
streptophytische Algen
Chlamydomonas
Polytomella
Dunaliella
100
Scenedesmus
Chlorella
Prototheca
Coccomyxa
Scherffelia
Micromonas
Ostreococcus
Pyramimonas
Chlorophyta
C. merolae
Galdieria sulphuraria
Gracilaria changii
Porphyra yezoensis
Rhodophyta
Als **Außengruppe** (**Wurzel**) werden Organismen gewählt, die zwar mit den Organismen der Innengruppe verwandt, mit Sicherheit aber stammesgeschichtlich weniger nahe verwandt mit diesen sind als die Mitglieder der Innengruppe untereinander. Hier sind dies die Rhodophyta.
In **Kladogrammen** werden die Verzweigungen nicht gewichtet. Die Information des Baumes beschränkt sich auf die Topologie, d. h. auf das Verzweigungsmuster. Kladogramme werden häufig als Zwischenschritte der Baumberechnung für den Vergleich verschiedener Varianten verwendet.
Oryza spec.
Zea spec.
Physcomitrella spec.
Selaginella spec.
Coleochaeta spec.
Klebsormidium spec.
Chlorella spec.
Coccomyxa spec.
In **Phylogrammen** gibt die Länge der Äste den Grad der Verwandtschaft quantitativ wieder.

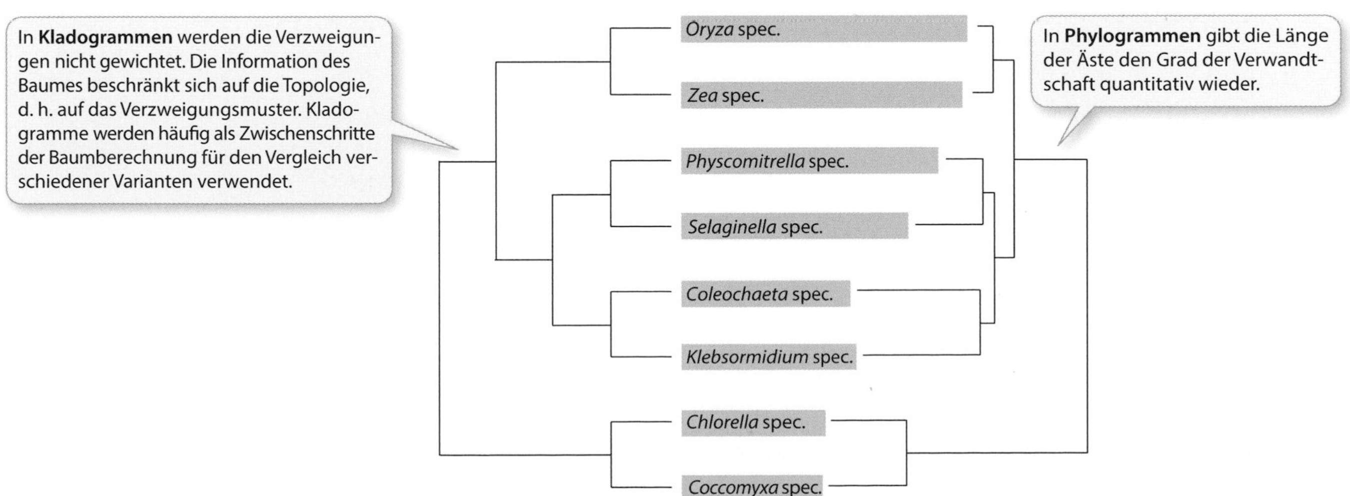

Abb. 28.10 Stammbaumbeispiele zur Verdeutlichung genereller Charakteristika

28

28.5 Über phylogenetische Methoden können evolutionäre Ereignisse datiert werden

Neben der Rekonstruktion der Verwandtschaft versucht die Evolutionsforschung auch möglichst präzise zu **datieren**, wann sich bestimmte Organismengruppen aufgespalten haben. Bereits Mitte des 20. Jahrhunderts wurde postuliert, dass die **Mutationsrate relativ konstant** sei und entsprechend über die Unterschiede zwischen zwei Sequenzen Rückschlüsse auf deren Verwandtschaft bzw. deren Divergenz erlaube.

Die **Divergenzereignisse** wurden hierbei vor allem **über geologische Ereignisse kalibriert**. Beispielsweise kann man die Divergenz zwischen zwei Organismengruppen auf zwei Kontinenten über den Zeitpunkt des Auseinanderbrechens der Kontinente datieren. Genauere Informationen liefern z. B. Fossilien. Über **geochronologische Methoden** wie die Radiocarbonmethode lassen sich Fossilien bestimmten Zeitepochen zuordnen. Liegen Kalibrierungspunkte oder präzise erfasste molekulare Raten vor, kann man über phylogenetische Methoden einen zeitkalibrierten Stammbaum berechnen, über den man dann an der Achse unmittelbar die Zeit von Aufspaltungsereignissen ablesen kann (◘ Abb. 28.11). Dadurch lassen sich **biologische Ereignisse mit erdgeschichtlichen Ereignissen in Bezug** setzen und vergleichen.

Molekulare Uhren unterliegen allerdings komplexen und sich ändernden Prozessen. Eine statische Anwendung einer konstanten Mutationsrate (in Prozent je Million Jahre) ist nur in wenigen Fällen realistisch (◘ Abb. 28.12). Durch Einbeziehung verschiedener Fossilien aus unterschiedlichen Organismengruppen und geologischen Epochen ist jedoch eine erheblich größere Sicherheit gegeben. Ferner kann man mit Maximum-Likelihood- und Bayes'schen Methoden (▶ Abschn. 28.4) Unsicherheiten der Zeitschätzungen in diesen Modellen bewerten und quantifizieren. Dadurch war und ist es möglich, konkret die Abstammungsgeschichte von Organismengruppen zu ermitteln. So konnte man beispielsweise die Aufspaltung der Affen oder die Entstehung des Insektenflugs zeitlich einordnen (◘ Abb. 28.13). Allerdings ist die Rekonstruktion der Zeitpunkte phylogenetischer Aufspaltungen nicht exakt, weshalb es wichtig ist, molekulare Datierungen generell mit Vorsicht zu interpretieren und die Konfidenzintervalle, also die Vertrauensbereiche, mitzubetrachten.

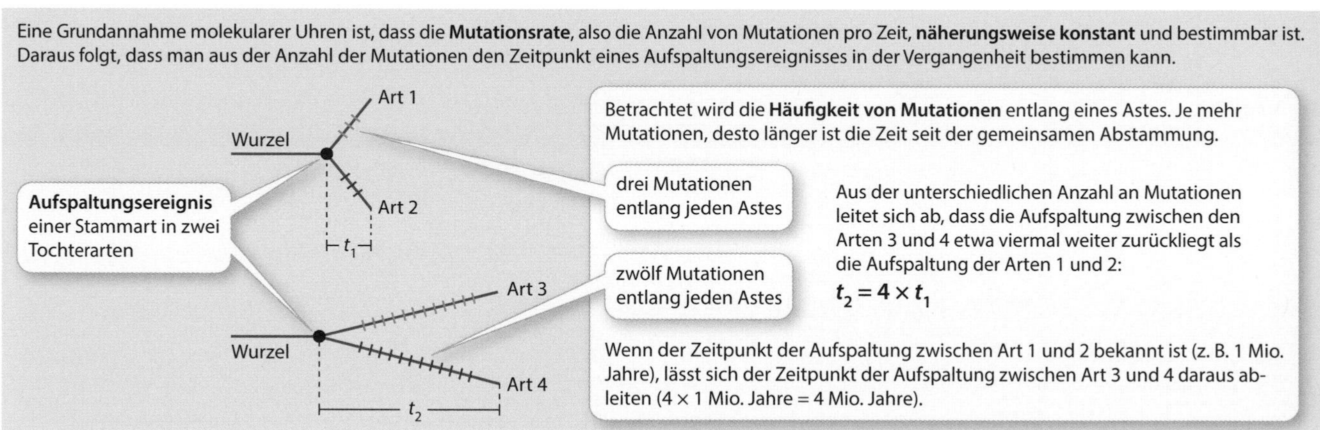

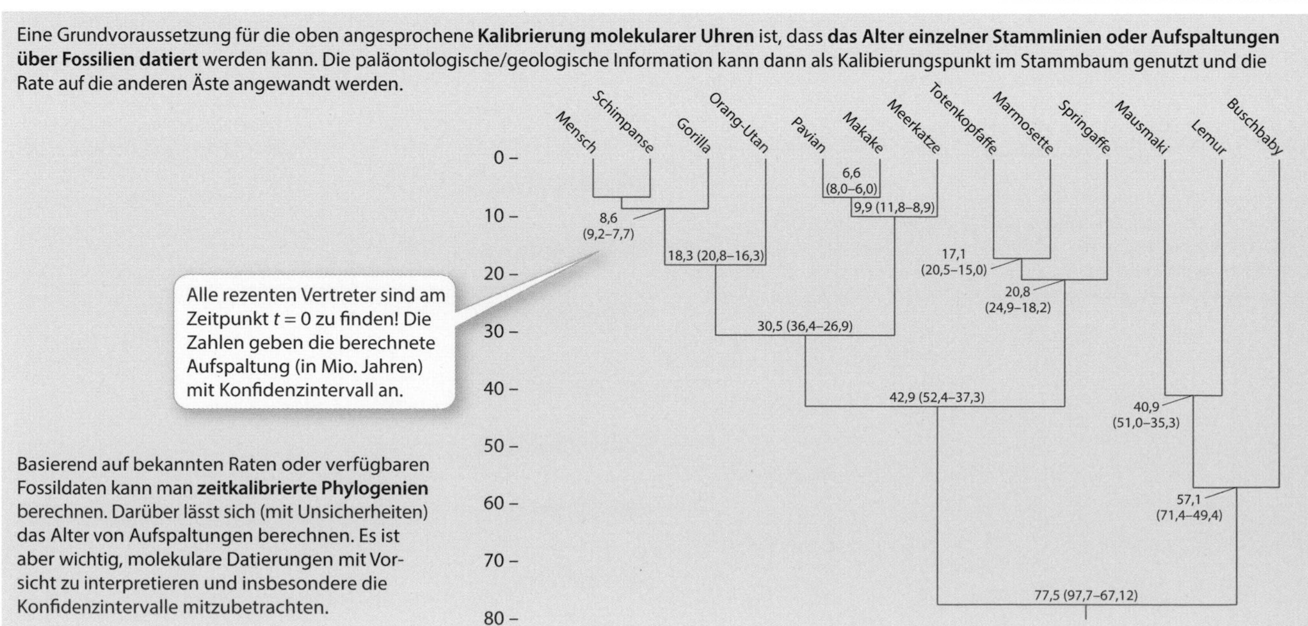

◘ Abb. 28.11 Molekulare Uhren dienen zur zeitlichen Einordnung vergangener Aufspaltungsereignisse

Auch innerhalb engerer Verwandtschaftsgruppen können die Mutationsraten sich stark unterscheiden, wie beispielsweise zwischen Quastenflosser und Strahlenflossern. Mutationsraten können von Organismus zu Organismus, von Gen zu Gen und auch unter verschiedenen Umweltbedingungen variieren. Entsprechend wichtig ist es, rekonstruierte Datierungen basierend auf molekularen Daten mit Vorsicht zu genießen. Generell gilt, dass die Kalibrierung der molekularen Daten mithilfe von geologischen Ereignissen oder Fossilbelegen die Sicherheit der Datierungen des molekularen Stammbaums erhöht.

Unter der Annahme einer gleichen Mutationsrate ergeben sich gleiche Astlängen.
Unter der Annahme unterschiedlicher Mutationsraten ergeben sich unterschiedliche Astlängen.
Hohe Mutationsraten (entsprechend einer „schnellen" Evolution) spiegeln sich in langen Astlängen wider.
Niedrige Mutationsraten (entsprechend einer „langsamen" Evolution) spiegeln sich in kurzen Astlängen wider.
Innerhalb der Fleischflosser (Sarcopterygii) ist der Ast, der zum Quastenflosser führt, kurz. Nur wenige Mutationen haben seit der Abspaltung von den Lungenfischen und Tetrapoden stattgefunden. Eine solche vergleichsweise kurze Astlänge ist typisch für die „lebenden Fossilien".
Sarcopterygii
Hund
Mensch
Maus
Elefant
Gürteltier
Wallaby
Opossum
Schnabeltier
Huhn
Truthahn
Zebrafink
Eidechse
Krallenfrosch
Grasfrosch
Lungenfisch
Quastenflosser
Actinopterygii
Tilapia
Kugelfisch
Zebrafisch
Chondrichthyes
Katzenhal
Igelrochen
Pflugnasenchimäre
0.1
Der zu den Strahlenflossern (Actinopterygii) führende Ast ist lang. Viele Mutationen haben in dieser Linie seit der Abspaltung von den Fleischflossern stattgefunden.

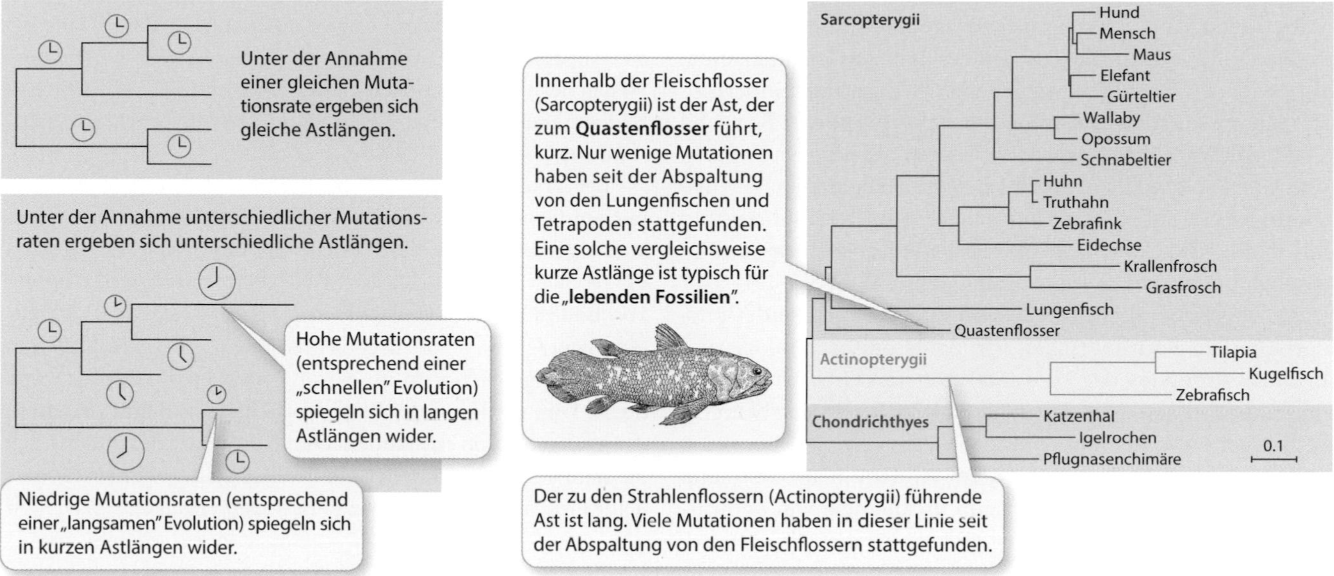

Abb. 28.12 Molekulare Uhren „ticken" nicht gleichmäßig

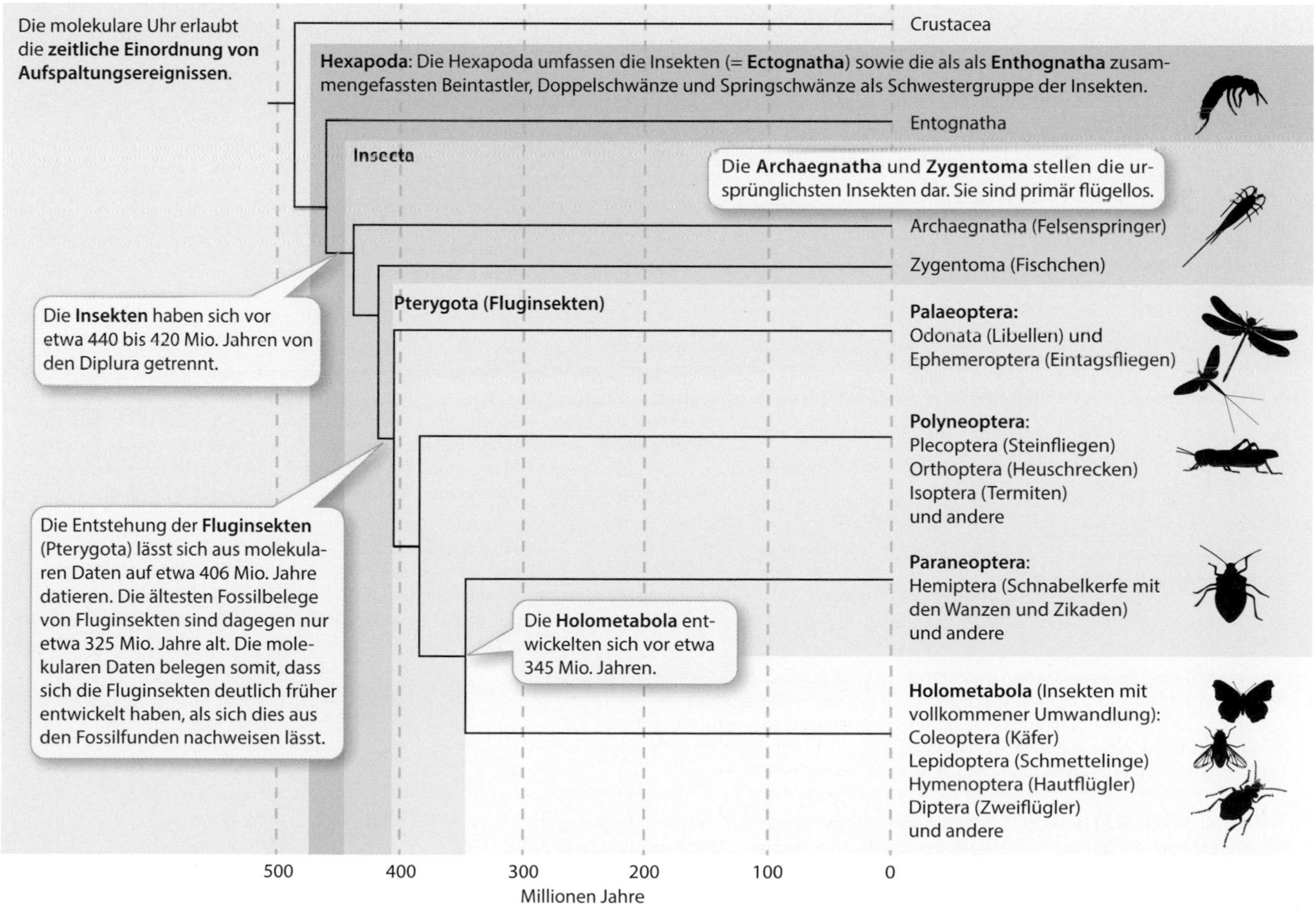

Die molekulare Uhr erlaubt die zeitliche Einordnung von Aufspaltungsereignissen.
Crustacea
Hexapoda: Die Hexapoda umfassen die Insekten (= Ectognatha) sowie die als als Enthognatha zusammengefassten Beintastler, Doppelschwänze und Springschwänze als Schwestergruppe der Insekten.
Entognatha
Insecta
Die Archaegnatha und Zygentoma stellen die ursprünglichsten Insekten dar. Sie sind primär flügellos.
Archaegnatha (Felsenspringer)
Zygentoma (Fischchen)
Die Insekten haben sich vor etwa 440 bis 420 Mio. Jahren von den Diplura getrennt.
Pterygota (Fluginsekten)
Palaeoptera:
Odonata (Libellen) und
Ephemeroptera (Eintagsfliegen)
Polyneoptera:
Plecoptera (Steinfliegen)
Orthoptera (Heuschrecken)
Isoptera (Termiten)
und andere
Die Entstehung der Fluginsekten (Pterygota) lässt sich aus molekularen Daten auf etwa 406 Mio. Jahre datieren. Die ältesten Fossilbelege von Fluginsekten sind dagegen nur etwa 325 Mio. Jahre alt. Die molekularen Daten belegen somit, dass sich die Fluginsekten deutlich früher entwickelt haben, als sich dies aus den Fossilfunden nachweisen lässt.
Paraneoptera:
Hemiptera (Schnabelkerfe mit den Wanzen und Zikaden)
und andere
Die Holometabola entwickelten sich vor etwa 345 Mio. Jahren.
Holometabola (Insekten mit vollkommener Umwandlung):
Coleoptera (Käfer)
Lepidoptera (Schmetterlinge)
Hymenoptera (Hautflügler)
Diptera (Zweiflügler)
und andere
500
400
300
200
100
0
Millionen Jahre

Abb. 28.13 Die ältesten bekannten Fossilien sind zum Teil deutlich jünger als die entsprechende Organismengruppe. Mithilfe kalibrierter molekularer Uhren lässt sich der Zeitpunkt der Entstehung von Organismengruppen bestimmen

28.6 Neue Eigenschaften können durch Genduplikation und anschließende Modifikation entstehen

Gene, die aufgrund gemeinsamer Abstammung ähnlich sind, bezeichnet man als **homolog**. Kommt es zu einer Genduplikation, so bezeichnet man die verschiedenen Genvarianten innerhalb des Genoms eines Organismus als **paraloge Gene** (z. B. α- und β-Hämoglobin des Menschen). Im Gegensatz dazu sind **orthologe Gene** solche, die in verschiedenen Arten vorkommen, insgesamt jedoch auf ein Ursprungsmolekül zurückzuführen sind und in aller Regel auch die gleiche Funktion erfüllen (z. B. α-Hämoglobin bei Mensch und Schimpanse; ◘ Abb. 28.14). Nur Sequenzbereiche solcher Gene sind für eine Analyse der phylogenetischen Verwandtschaft von Arten gültig. Paraloge sind für die Bestimmung der Verwandtschaft von Organismen zwar ungeeignet, sie sind jedoch von besonderer Bedeutung beim Erwerb neuer Eigenschaften.

Das durch **Genduplikation** entstandene neue Gen kann durch Mutation und Selektion nun unabhängig von dem ursprünglichen Gen, d. h. dem nun paralogen Gen, **neue Eigenschaften** erwerben. So findet man z. B. beim Wasserfloh *Daphnia* zahlreiche paraloge Genfamilien. Funktionelle Analysen haben gezeigt, dass sich die Regulation dieser paralogen Gene mit zunehmender Divergenzzeit immer stärker unterscheidet (◘ Abb. 28.15). Dies belegt die Bedeutung dieser Gene bei der Anpassung der Organismen an neue Umweltbedingungen. Wegen der vielen paralogen Genfamilien mit unterschiedlichen Bedeutungen wird das Genom von *Daphnia* auch als „ökoresponsiv" bezeichnet.

Die unterschiedlichen Funktionen der verschiedenen paralogen Gene können durch positive Selektion auch innerhalb kurzer evolutiver Zeiträume entstehen. Ein Beispiel hierfür sind die paralogen Ribonucleasen EDN (*eosinophil-derived neurotoxin*) und ECP (*eosinophil cationic protein*), welche unterschiedliche neuro- bzw. cytotoxische Funktionen, z. B. im Kontext von Entzündungsreaktionen im Körper, ausüben. Beide Gene sind durch Duplikation eines EDN-Vorläufergens beim Vorfahren der heutigen Affen entstanden. Durch positive Selektion hat sich das antipathogen wirkende Gen für ECP stark verändert, sodass beide Gene nun verschiedene Funktionen erfüllen.

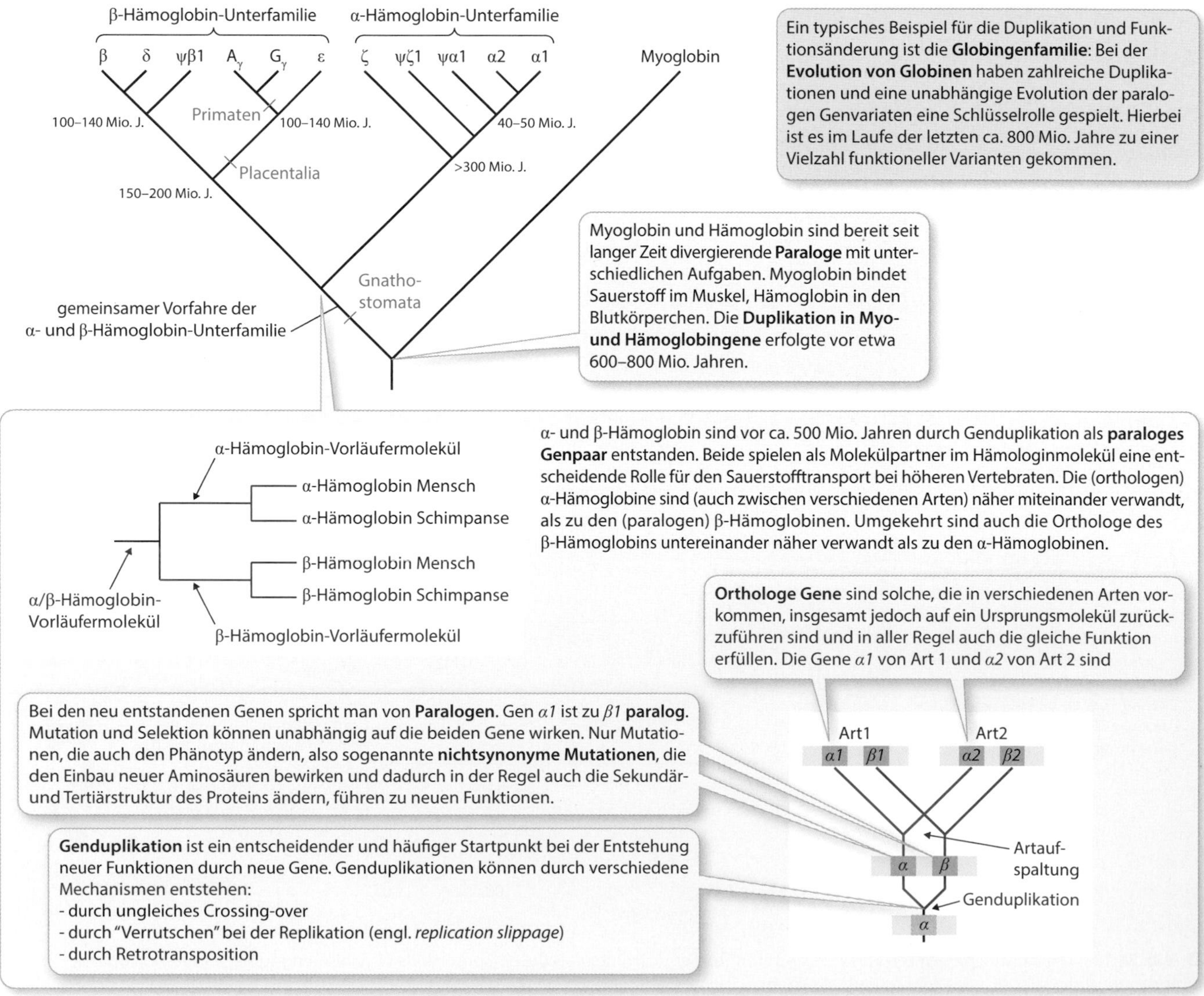

◘ **Abb. 28.14** Die Evolution der Globine ist ein Beispiel für Genduplikation und unabhängige Entwicklung der Paralogen

Neben dem Zugewinn neuer Funktionen kann eine Genduplikation ohne Funktionsänderung auch wichtig sein, um die **Gendosis** zu erhöhen (◘ Abb. 28.16). Hierbei spielt die sogenannte **konzertierte Evolution** eine wichtige Rolle – aber auch stabilisierende Selektion kann zu dem beobachteten Phänomen fehlender Unterschiede zwischen paralogen Genen führen. Ein typisches Beispiel sind die ribosomalen Gencluster, die in vielen Kopien hintereinander sowie teils auf verschiedenen Chromosomen vorkommen. Experimentelle Untersuchungen bestätigen, dass bei konzertierter Evolution zwei konsekutive Mechanismen eine Rolle spielen. Einerseits werden paraloge Genkopien innerhalb eines chromosomalen Clusters durch Genkonversion und/oder ungleiche Rekombination der Schwesterchromatiden angeglichen (**intrachromosomale Homogenisierung**, ◘ Abb. 28.16a). Andererseits werden paraloge Genkopien auf anderen Chromosomen durch nichthomologe Rekombination sowie Genkonversion übertragen (◘ Abb. 28.16b). Typischerweise führen die hier am Beispiel einer neuen Variante dargestellten Prozesse ebenfalls dazu, dass neue Mutationen eliminiert werden und somit die Variation zwischen paralogen Genfamilien gering gehalten wird.

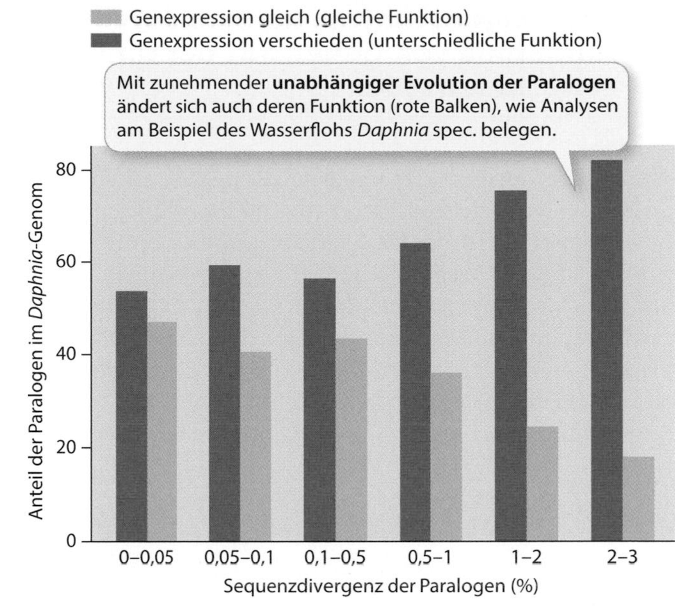

◘ **Abb. 28.15** Verschiebung der Genexpression mit zunehmender Divergenzzeit am Beispiel von Daphnien

Konzertierte Evolution ist insbesondere für die ribosomalen Gencluster bekannt. Sie spielt aber bei vielen Genen, z. B. auch Hämoglobingenen, eine Rolle. Beim Wasserfloh *Daphnia pulex* gibt es Hinweise darauf, dass knapp 10 % der proteincodierenden Gene konzertierter Evolution unterliegen. Durch konzertierte Evolution wird die **Funktion konserviert.**

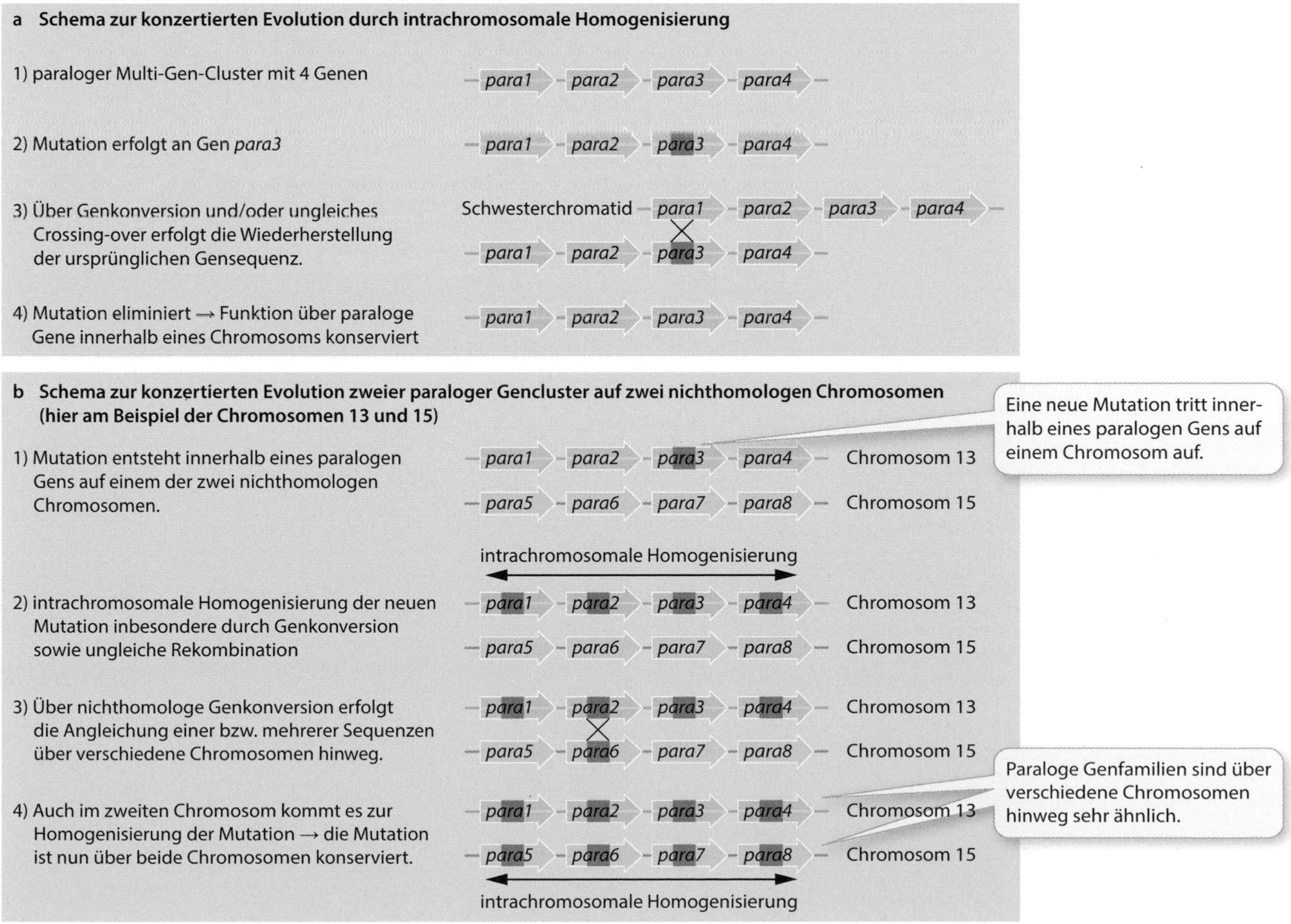

a Schema zur konzertierten Evolution durch intrachromosomale Homogenisierung

1) paraloger Multi-Gen-Cluster mit 4 Genen — *para1* – *para2* – *para3* – *para4* —

2) Mutation erfolgt an Gen *para3* — *para1* – *para2* – *para3* – *para4* —

3) Über Genkonversion und/oder ungleiches Crossing-over erfolgt die Wiederherstellung der ursprünglichen Gensequenz.
Schwesterchromatid — *para1* – *para2* – *para3* – *para4* —
— *para1* – *para2* – *para3* – *para4* —

4) Mutation eliminiert → Funktion über paraloge Gene innerhalb eines Chromosoms konserviert — *para1* – *para2* – *para3* – *para4* —

b Schema zur konzertierten Evolution zweier paraloger Gencluster auf zwei nichthomologen Chromosomen (hier am Beispiel der Chromosomen 13 und 15)

Eine neue Mutation tritt innerhalb eines paralogen Gens auf einem Chromosom auf.

1) Mutation entsteht innerhalb eines paralogen Gens auf einem der zwei nichthomologen Chromosomen.
— *para1* – *para2* – *para3* – *para4* — Chromosom 13
— *para5* – *para6* – *para7* – *para8* — Chromosom 15

intrachromosomale Homogenisierung

2) intrachromosomale Homogenisierung der neuen Mutation inbesondere durch Genkonversion sowie ungleiche Rekombination
— *para1* – *para2* – *para3* – *para4* — Chromosom 13
— *para5* – *para6* – *para7* – *para8* — Chromosom 15

3) Über nichthomologe Genkonversion erfolgt die Angleichung einer bzw. mehrerer Sequenzen über verschiedene Chromosomen hinweg.
— *para1* – *para2* – *para3* – *para4* — Chromosom 13
— *para5* – *para6* – *para7* – *para8* — Chromosom 15

4) Auch im zweiten Chromosom kommt es zur Homogenisierung der Mutation → die Mutation ist nun über beide Chromosomen konserviert.
— *para1* – *para2* – *para3* – *para4* — Chromosom 13
— *para5* – *para6* – *para7* – *para8* — Chromosom 15

intrachromosomale Homogenisierung

Paraloge Genfamilien sind über verschiedene Chromosomen hinweg sehr ähnlich.

◘ **Abb. 28.16** Eine Maximierung bestehender Eigenschaften kann ebenfalls durch Verdopplung und anschließende konzertierte Evolution erfolgen

28.7 Neue Eigenschaften können durch Aufnahme von Genen aus der Umwelt erworben werden

Gene werden von einer Generation an die nächste vererbt. Dies geschieht in der Regel entlang der Abstammungslinie und wird als **vertikaler Gentransfer** bezeichnet. Gene können aber auch auf anderem Weg in Genome integriert werden. Zu den häufigsten Mechanismen der Übertragung von DNA zwischen verschiedenen Arten gehören die Aufnahme freier DNA, die Übertragung durch Viren und Phagen sowie die Übertragung von DNA durch Konjugation zweier Zellen (◘ Abb. 28.17). Diese Übertragung bezeichnet man als **horizontalen Gentransfer**.

Gene, die durch horizontalen Gentransfer in ein Genom gelangen, weichen in ihrer evolutionären Historie von anderen Genen des Genoms ab. Häufig weisen solche Gene auch abweichende GC-Verhältnisse auf.

Horizontaler Gentransfer ist vor allem bei Prokaryoten häufig. Ein großer Teil der Gene ist auf diesem Weg und nicht durch vertikalen Gentransfer in die Bakteriengenome gelangt. Allerdings erfolgt ein horizontaler Gentransfer **häufiger zwischen nahe verwandten Organismen** als zwischen entfernt verwandten Organismen. Aber auch das Auftreten neuer (systematischer) Großgruppen ist häufig mit massivem horizontalem Gentransfer gekoppelt. Beispiele sind die Entstehung der Eukaryoten sowie der Archaeplastida (◘ Abb. 28.18; ► Abschn. 33.2).

Üblicherweise wird genetische Information von einem Vorfahen auf dessen Nachfahren übertragen, also **entlang einer (vertikalen) Abstammungslinie.** Dies gilt sowohl für sexuelle als auch für asexuelle Fortpflanzung.

Genomreplikation und Zellteilung

Mechanismen des horizontalen Gentransfers: Beim horizontalen Gentransfer gelangt genetische Information unabhängig von dieser Vorfahr-Nachfahr-Kette in einen Organismus und wird in das Genom integriert. Diese Aufnahme von genetischem Material aus fremden Quellen, insbesondere der Austausch von genetischem Material zwischen verschiedenen Arten, bezeichnet man als horizontalen Gentransfer. Die über horizontalen Gentransfer erworbenen Gene weisen damit eine vom Genom der Empfängerzelle abweichende evolutionäre Geschichte auf und führen daher zu abweichenden phylogenetischen Stammbäumen.

Transformation bezeichnet die nichtvirale Übertragung von DNA, in der Regel von Plasmiden in kompetente Bakterienzellen.

Bei der **Transduktion** wird DNA durch Viren von einer auf eine andere Bakterienzelle übertragen.

Bei der **Konjugation** wird DNA durch direkten Kontakt zwischen zwei Einzelzellen übertragen.

◘ **Abb. 28.17** Vertikaler und horizontaler Gentransfer – neue Gene können durch Duplikation vorhandener Gene entstehen oder durch Aufnahme aus fremden Quellen

Die Häufigkeit von horizontalem Gentransfer ist bei **Prokaryoten** umso geringer, je größer die evolutionäre Distanz zwischen den Linien ist.

Zwischen **nah verwandten Arten** ist horizontaler Gentransfer häufig.

Zwischen **entfernt verwandten Organismen** findet nur selten ein horizontaler Gentransfer statt.

Logarithmus der Häufigkeit von HGT

evolutionäre Distanz (Basenpaarsubstitutionen pro Position)

Die Entstehung der **Eukaryoten** sowie die Bildung von **Mitochondrien und Plastiden** durch Endosymbiose von Bakterien sind Paradebeispiele für horizontalen Gentransfer.

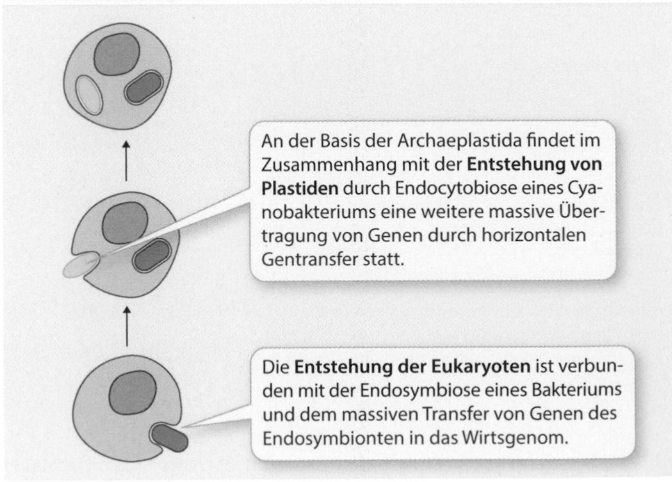

◘ **Abb. 28.18** Bei Prokaryoten kommt horizontaler Gentransfer (HGT) deutlich häufiger vor als bei Eukaryoten

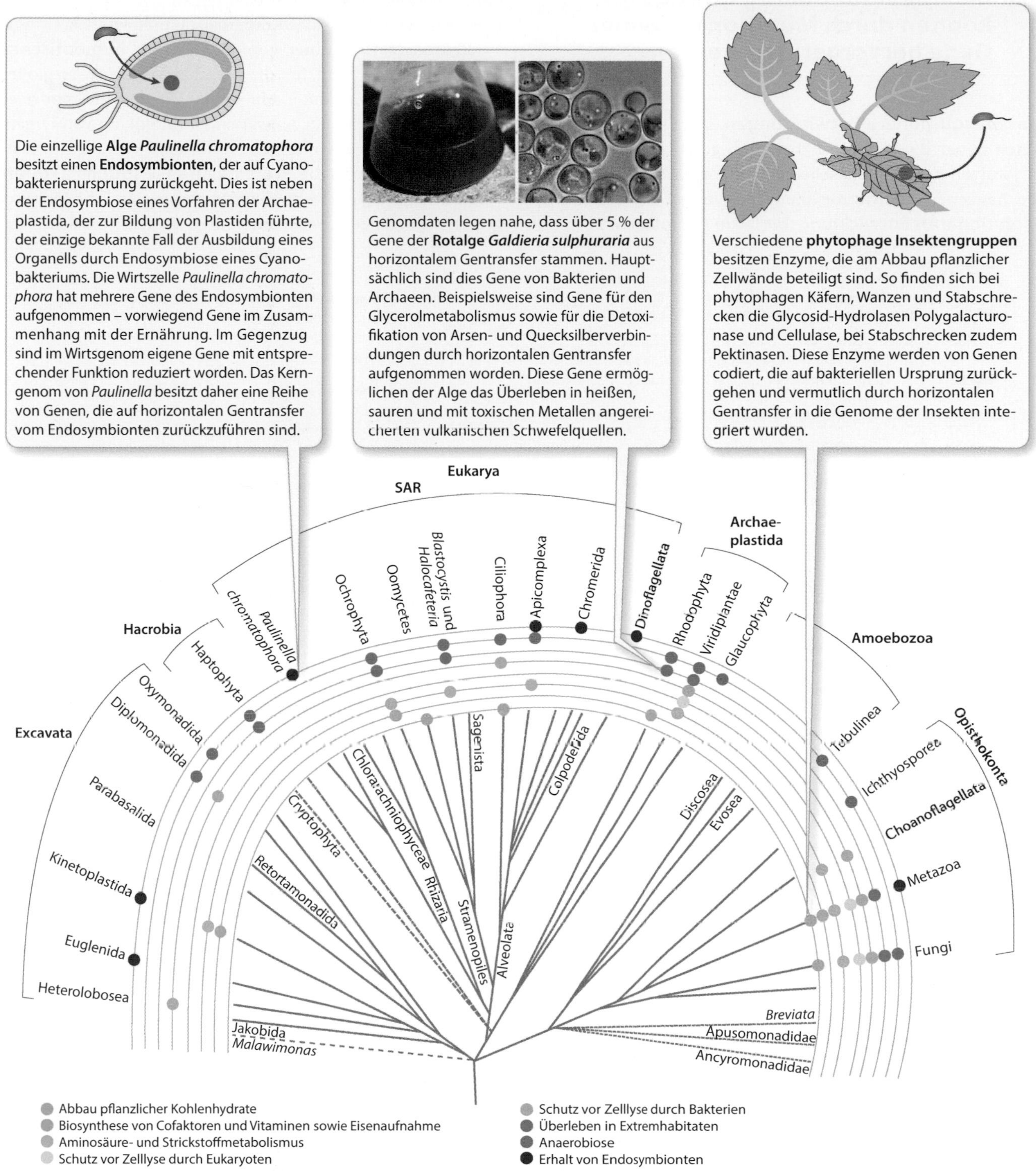

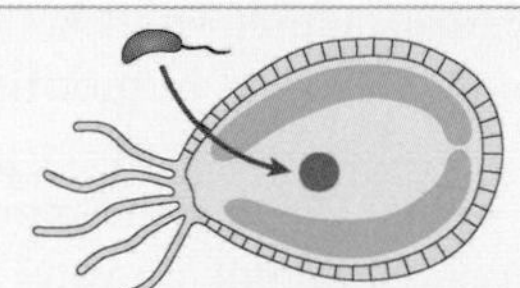

Die einzellige **Alge *Paulinella chromatophora*** besitzt einen **Endosymbionten**, der auf Cyanobakterienursprung zurückgeht. Dies ist neben der Endosymbiose eines Vorfahren der Archaeplastida, der zur Bildung von Plastiden führte, der einzige bekannte Fall der Ausbildung eines Organells durch Endosymbiose eines Cyanobakteriums. Die Wirtszelle *Paulinella chromatophora* hat mehrere Gene des Endosymbionten aufgenommen – vorwiegend Gene im Zusammenhang mit der Ernährung. Im Gegenzug sind im Wirtsgenom eigene Gene mit entsprechender Funktion reduziert worden. Das Kerngenom von *Paulinella* besitzt daher eine Reihe von Genen, die auf horizontalen Gentransfer vom Endosymbionten zurückzuführen sind.
Genomdaten legen nahe, dass über 5 % der Gene der **Rotalge *Galdieria sulphuraria*** aus horizontalem Gentransfer stammen. Hauptsächlich sind dies Gene von Bakterien und Archaeen. Beispielsweise sind Gene für den Glycerolmetabolismus sowie für die Detoxifikation von Arsen- und Quecksilberverbindungen durch horizontalen Gentransfer aufgenommen worden. Diese Gene ermöglichen der Alge das Überleben in heißen, sauren und mit toxischen Metallen angereicherten vulkanischen Schwefelquellen.
Verschiedene **phytophage Insektengruppen** besitzen Enzyme, die am Abbau pflanzlicher Zellwände beteiligt sind. So finden sich bei phytophagen Käfern, Wanzen und Stabschrecken die Glycosid-Hydrolasen Polygalacturonase und Cellulase, bei Stabschrecken zudem Pektinasen. Diese Enzyme werden von Genen codiert, die auf bakteriellen Ursprung zurückgehen und vermutlich durch horizontalen Gentransfer in die Genome der Insekten integriert wurden.
Eukarya
SAR
Archaeplastida
Hacrobia
Amoebozoa
Excavata
Opisthokonta
Paulinella chromatophora
Ochrophyta
Oomycetes
Blastocystis und Halocafeteria
Ciliophora
Apicomplexa
Chromerida
Dinoflagellata
Rhodophyta
Viridiplantae
Glaucophyta
Haptophyta
Oxymonadida
Diplomonadida
Parabasalida
Kinetoplastida
Euglenida
Heterolobosea
Sagenista
Chlorarachniophyceae
Cryptophyta
Rhizaria
Colpodellida
Stramenopiles
Alveolata
Retortamonadida
Discosea
Evosea
Tubulinea
Ichthyosporea
Choanoflagellata
Metazoa
Fungi
Breviata
Apusomonadidae
Ancyromonadidae
Jakobida
Malawimonas
Abbau pflanzlicher Kohlenhydrate
Biosynthese von Cofaktoren und Vitaminen sowie Eisenaufnahme
Aminosäure- und Strickstoffmetabolismus
Schutz vor Zelllyse durch Eukaryoten
Schutz vor Zelllyse durch Bakterien
Überleben in Extremhabitaten
Anaerobiose
Erhalt von Endosymbionten

Abb. 28.19 Beispiele für die Entstehung neuer Gene durch horizontalen Gentransfer bei Eukaryoten

Bei Eukaryoten erfolgt ein horizontaler Gentransfer deutlich seltener als bei Prokaryoten. Es finden sich aber auch innerhalb der Eukaryoten viele Beispiele. Nahezu ausgeschlossen ist horizontaler Gentransfer bei Genen, die in komplexer Weise mit Zellorganellen und anderen Genen interagieren, wie beispielsweise die Gene für die Transkription und Translation sowie den Aufbau der Ribosomen. Haushaltsgene (*housekeeping genes*) interagieren dagegen weniger stark, sodass ein Austausch über Artgrenzen hinweg entsprechend einfacher ist. So stehen auch die meisten Gene von Eukaryoten, die über horizontalen Gentransfer erworben wurden, im Zusammenhang mit der Ernährung und dem Schutz vor schädlichen (biotischen und abiotischen) Umweltbedingungen (Abb. 28.19). Horizontaler Gentransfer ist somit insbesondere für die **Anpassung an neue Umweltbedingungen** relevant.

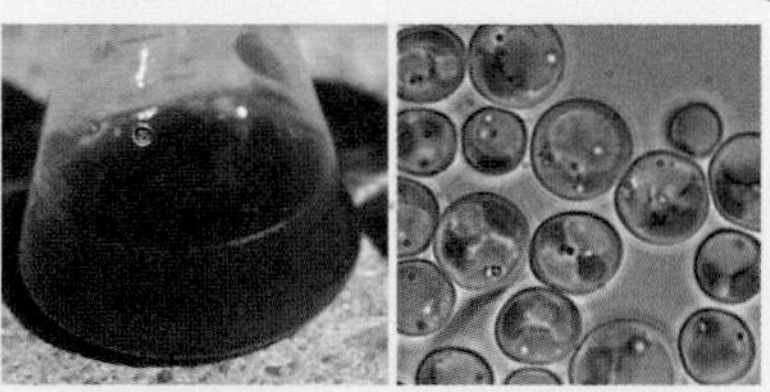

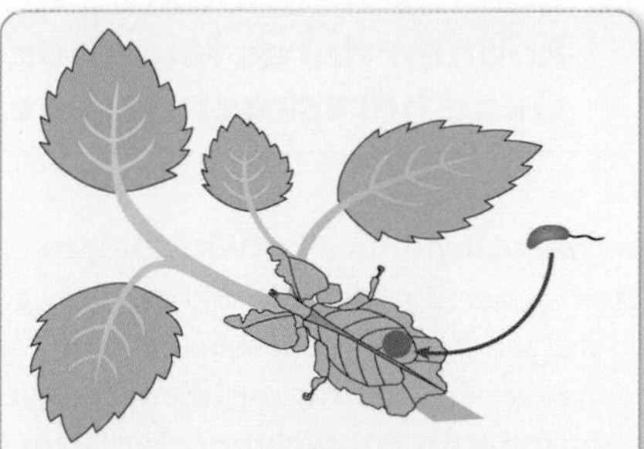

28

28.8 Makroevolutionäre „Sprünge" können durch Mutation einzelner Gene hervorgerufen werden

Makroevolutionäre Entwicklungen, insbesondere das Auftreten neuer Baupläne innerhalb von entwicklungsgeschichtlich kurzen Zeiträumen, scheinen auf den ersten Blick mit den Mechanismen der Mikroevolution unvereinbar. Beispiele der **evolutionären Entwicklungsbiologie** („**EvoDevo**") belegen, dass Mutationen in einzelnen oder nur wenigen Genen zu einer massiven Veränderung des Körperbaus führen können.

Besondere Bedeutung kommt hier den **homöotischen Genen** zu. Diese sind für die Identität von Körperregionen bzw. -segmenten zuständig. Mutationen dieser Gene können zu einer vollständigen oder teilweisen Umwandlung von Organstrukturen oder Körpersegmenten führen. Homöotische Gene codieren **regulatorische Proteine** (**Transkriptionsfaktoren**; ▶ Abschn. 10.1), welche die Differenzierung und die Morphogenese mehrzelliger Lebewesen steuern. Durch Hox-Gen-indu-

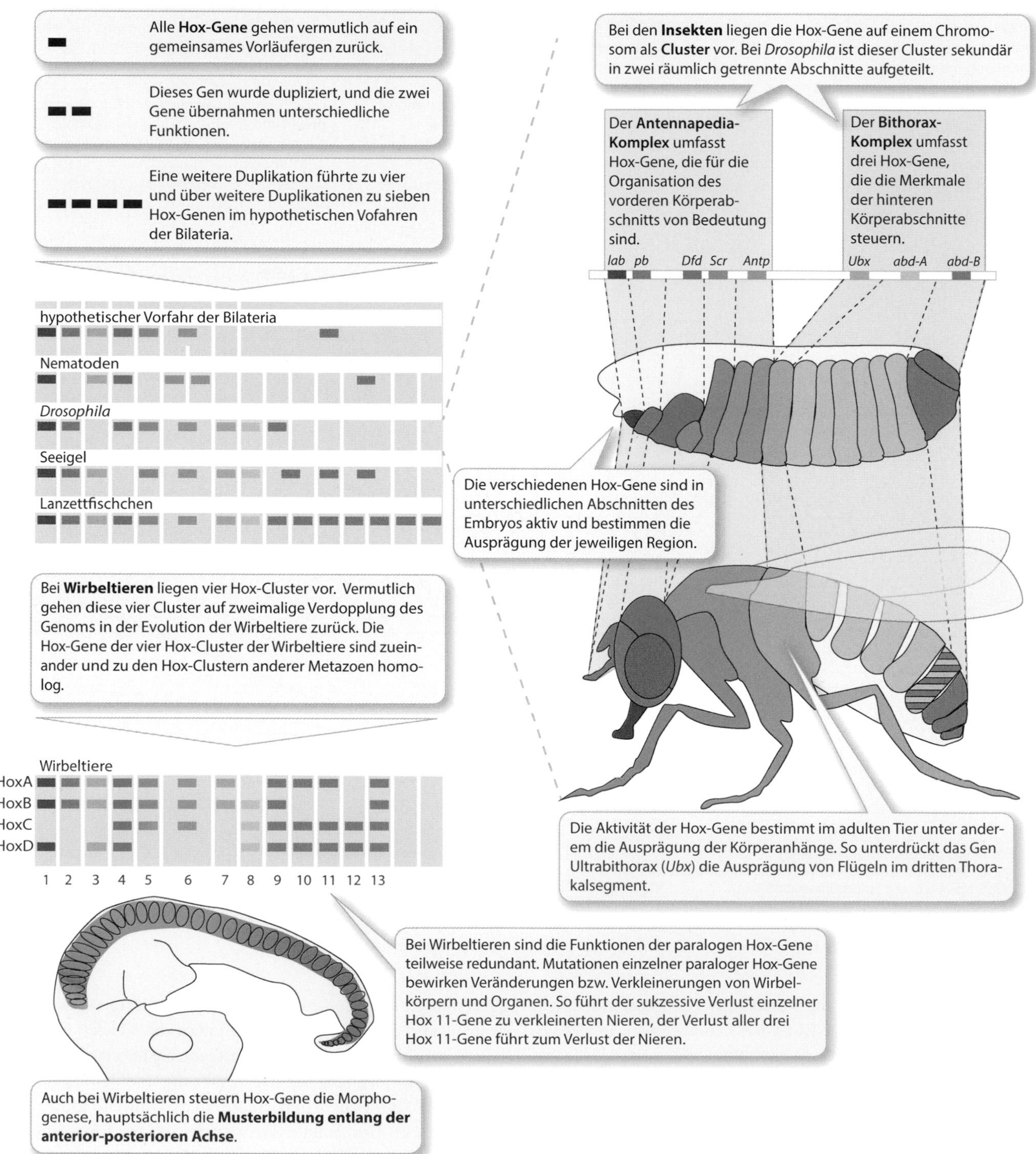

Abb. 28.20 Die Entwicklung verschiedener Körperregionen entlang der anterior-posterioren Achse wird von Hox-Genen gesteuert

Die unterschiedliche **Ausbildung der Flügel** bei verschiedenen Insektenordnungen wird durch **regulatorische Gene** gesteuert. Neben Hox-Genen sind hieran auch weitere regulatorische Gene beteiligt. Die Bedeutung der Hox-Gene bei den Dipteren verdeutlicht aber das Prinzip, dass solche **grundlegenden evolutionären Änderungen** des Bauplans auf Mutationen bzw. unterschiedliche Regulation weniger oder nur einzelner Gene und somit auf **Mechanismen der Mikroevolution** zurückzuführen sein können.

Die **Strepsiptera** (Fächerflügler) besitzen am zweiten Thorakalsegment Halteren, am dritten Thorakalsegment sind dagegen Flügel ausgebildet.

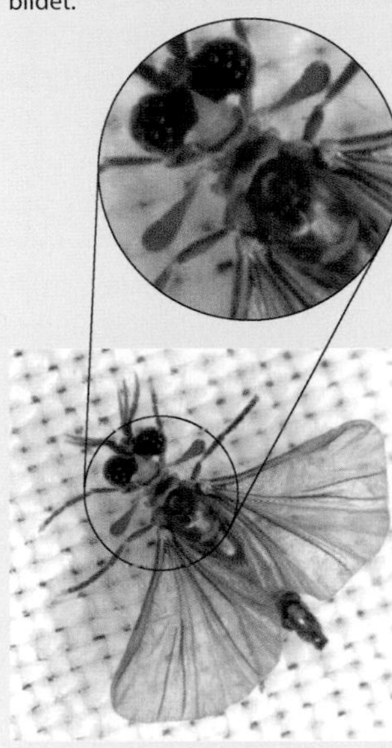

Die **Diptera** (Zweiflügler) besitzen am zweiten Thorakalsegment Flügel und am dritten Thorakalsegment Halteren.

Die **Hymenoptera** (Hautflügler) besitzen am zweiten und am dritten Thorakalsegment häutige Flügel.

Die **Coleoptera** (Käfer) besitzen am zweiten Thorakalsegment Flügeldecken (Elytren) und am dritten Thorakalsegment häutige Flügel.

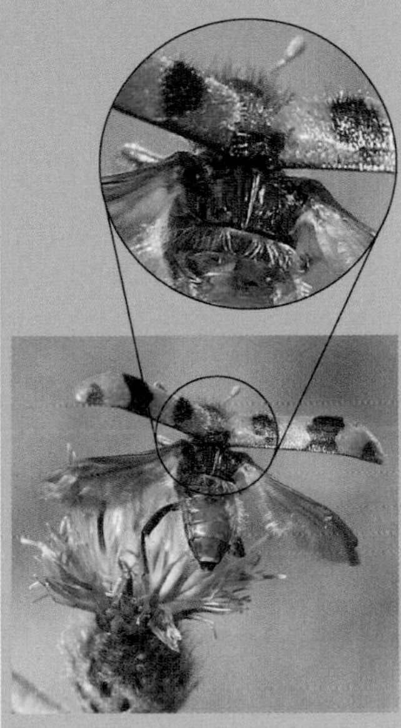

Bei Dipteren ist die **Regulation der Morphogenese** besonders gut untersucht. Grundlegende **Änderungen des Bauplans** können durch Mutationen weniger oder nur eines einzigen Gens hervorgerufen werden, wie das Beispiel *Drosophila* zeigt: Durch den gezielten Austausch oder die Mutation eines Hox-Gens verändert sich der Phänotyp drastisch. Die Expression des Hox-Gens Ultrabithorax (*Ubx*) unterdrückt in den Segmenten des Thorax die Ausbildung von Flügeln. Beim Wildtyp von *Drosophila* ist dies im dritten Thoraxsegment der Fall – es werden Halteren ausgebildet. Mutation bzw. Änderung der Expression kann zum völligen Fehlen von Flügeln oder auch zur Ausbildung von zwei Flügelpaaren führen. Diese Mutationen belegen den modularen Aufbau aus sehr ähnlichen, ancestralen Hox-Genen entlang der anterior-posterioren Achse.

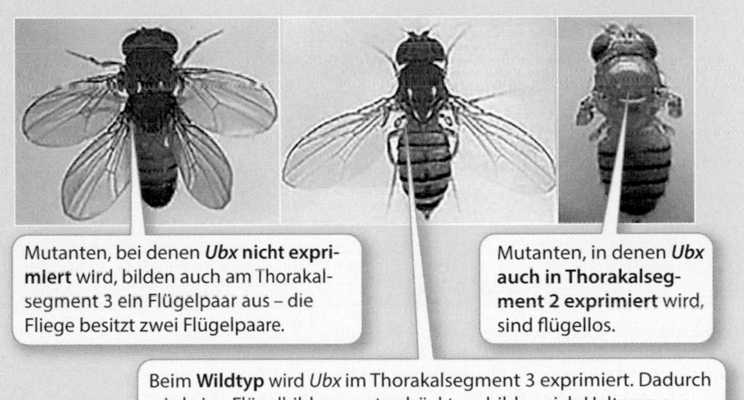

Abb. 28.21 Auch große Unterschiede des Bauplans können auf die Mutation nur weniger Gene zurückgehen. Gut untersucht ist die Morphogenese der Insekten, wie hier am Beispiel der Ausbildung der Flügel gezeigt

zierte Umstrukturierung der DNA können ganze Genbereiche stillgelegt werden.

Hox-Gene sind homöotische Gene, die primär für die Gliederung des Körpers entlang der anterior-posterioren Achse während der Embryonalentwicklung zuständig sind (Abb. 28.20). Ein Beispiel ist das Hox-Gen Ultrabithorax (*Ubx*), welches unter anderem die Flügelbildung bei Insekten reguliert. Bei *Drosophila* wird es im dritten Thoraxsegment exprimiert und unterdrückt die Flügelbildung, es bilden sich hier stattdessen Halteren. Mutationen dieses Gens bzw. Störungen in der Regulation dieses Gens können zur Anlage eines weiteren Flügelpaars oder auch zum völligen Fehlen von Flügeln führen (Abb. 28.21).

Mit zunehmend komplexerem Körperbau findet sich bei den Metazoa auch eine Zunahme von Hox-Genen durch Gen- oder Genomduplikationen (Abb. 28.20). Homöotische Gene sind zweifellos von elementarer Bedeutung für die Entwicklung, und zahlreiche Studien belegen teils drastische Auswirkungen von Mutationen dieser Gene auf den Grundbauplan der Organismen. Trotzdem ist bislang unklar, ob und in welchem Umfang sich makroevolutionäre Änderungen tatsächlich auf die Mutationen homöotischer Gene zurückführen lassen (Abb. 28.21). Trotz dieser Zweifel zeigt die evolutionäre Entwicklungsbiologie aber, dass plötzlich auftretende große Änderungen des Bauplans (**„makroevolutionäre Sprünge"**) nicht notwendigerweise im Widerspruch zu mikroevolutionären Mechanismen stehen und prinzipiell durch Mutation weniger Gene oder nur eines Gens denkbar sind (Abb. 28.21).

28.9 Große Teile des Eukaryotengenoms bestehen aus nichtcodierenden Abschnitten

Die **Genomgröße** bezeichnet die **Anzahl der Basenpaare** der DNA (bei einigen Viren auch RNA) innerhalb einer Zelle (oder eines Virus). Bezugspunkt der Anzahl ist in der Regel der haploide (1*n*) Chromosomensatz. Teilweise wird auch der **C-Wert** angegeben, dieser gibt die Masse des haploiden Chromosomensatzes in Pikogramm (pg) an. Dabei entspricht 1 pg DNA 978 Mbp (**Megabasenpaaren**, also Million Basenpaaren).

Es gibt keine klare Beziehung zwischen der Größe des Genoms und der Komplexität der Organismen. Bakterien und Viren besitzen kleine Genome, jedoch gibt es zahlreiche einzellige Eukaryoten, die viel größere Genome haben als komplexe vielzellige Eukaryoten – dies bezeichnet man als **C-Wert-Paradoxon** (◘ Abb. 28.22). Diese unklare Beziehung bleibt auch bestehen, wenn man nur die codierenden Bereiche des Genoms betrachtet. Die Anzahl der Gene fluktuiert bei den Eukaryoten allerdings deutlich weniger stark als die Anzahl der nichtcodierenden Basenpaare. Entsprechend wird klar, dass die Genomgröße bei Eukaryoten unabhängig vom Komplexitätsgrad von nichtcodierenden Bereichen bestimmt wird. Diese sogenannte **Junk-DNA** besteht häufig aus vielen **repetitiven Bereichen**, insbesondere mobilen Elementen („springende Gene").

Die Genomgröße hängt zudem auch mit der Lebensweise zusammen – so weisen parasitisch und symbiontisch lebende Arten in der Regel kleinere Genome auf als frei lebende Arten (◘ Abb. 28.23; ► Abschn. 34.7).

Hinsichtlich der Ursachen der Expansion der Junk-DNA wurden verschiedene Hypothesen postuliert. Die **„Selfish-DNA"**-Hypothese und die **„Bulk-DNA"**-Hypothese sind zwei Extremformen (◘ Abb. 28.24). Aktuelle Forschungsarbeiten belegen, dass Elemente beider Theorien benötigt werden, um die Expansion der Genomgröße zu erklären: Paarweise Vergleiche der Genome von Artenpaaren mit unterschiedlichen Populationsgrößen zeigen, dass die Genome der Arten mit großen Populationen kleiner sind. Die größten Genome haben in der Regel höhere Tiere oder Landpflanzen mit deutlich geringeren effektiven Populationsgrößen als Organismen mit großen effektiven Populationsgrößen.

Die Verfügbarkeit der Elemente Stickstoff und Phosphor ist ein Faktor, der zumindest bei Bakterien unter **Nährstofflimitierung** Auswirkungen auf die Genomgröße haben kann. So besitzt *Candidatus* Pelagibacter ubique (► Abschn. 34.4) ein extrem kleines Genom mit wenigen Genen. Die Evolution dieses Bakteriums erfolgte vermutlich in der Sargassosee unter nährstoffarmen Bedingungen.

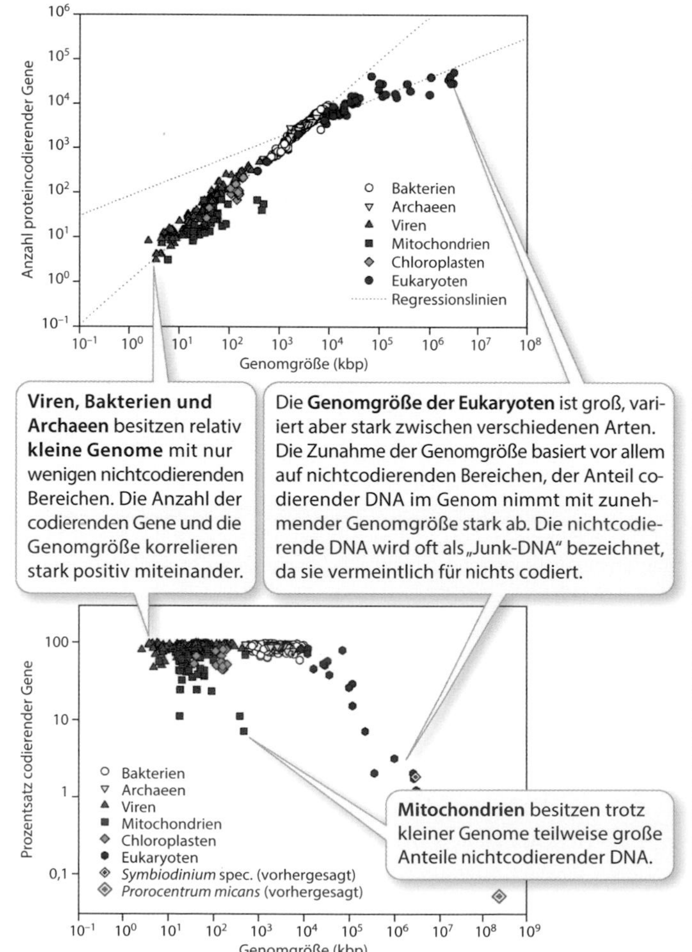

Organismus	Genomgröße [bp]	Gene
HIV	9700	
Bakteriophage Lambda (Virus)	50.000	
Carsonella ruddii (Blattfloh-Endosymbiont)	160.000	182
Escherichia coli (Darmbakterium)	4.600.000	4500
Saccharomyces cerevisiae (Backhefe)	13.000.000	6000
Thalassiosira pseudonana (Kieselalge)	34.500.000	11.242
Trichoplax adhaerens (Placozoa)	40.000.000	11.500
Caenorhabditis elegans (Fadenwurm)	80.000.000	19.000
Arabidopsis thaliana (Ackerschmalwand)	100.000.000	25.500
Tetrahymena thermophila (Ciliat)	104.000.000	27.000
Emiliana huxleyi (Kalkalge)	141.700.000	30.570
Drosophila melanogaster (Taufliege)	200.000.000	13.500
Daphnia pulex (Wasserfloh)	200.000.000	31.000
Takifugu rubripes (Kugelfisch)	365.000.000	
Homo sapiens (Mensch)	$3{,}27 \times 10^9$	23.000
Brassica oleracea (Gemüsekohl)	$5{,}99–8{,}68 \times 10^8$	100.000
Lepidosiren paradoxa (Lungenfisch)	$7{,}8 \times 10^{10}$	
Polychaos dubium (Amoebozoa)	$6{,}7 \times 10^{11}$	

Viren besitzen mit meist unter 10.000 bp die kleinsten Genome, Amphibien, einige Fische, aber auch z. B. Amöben dagegen extrem große (teilweise >10 Gbp) Genome.

◘ **Abb. 28.22** Die Genomgröße unterscheidet sich zwischen verschiedenen Organismengruppen stark, zu einem Großteil handelt es sich dabei jedoch um nichtcodierende DNA („Junk-DNA")

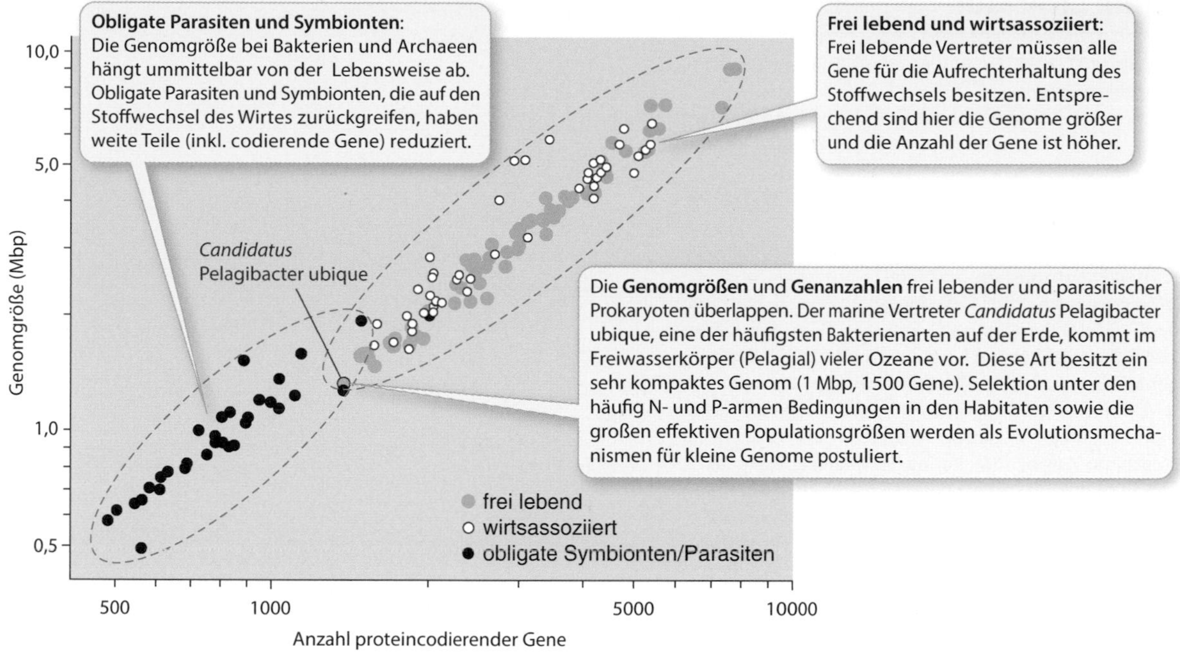

Abb. 28.23 Parasiten und Symbionten haben in der Regel kleinere Genome als frei lebende Arten

Daher bot die Reduktion der Genomgröße vermutlich einen Selektionsvorteil. Die enormen Abundanzen und die Tatsache, dass bei haploiden Organismen Selektion sehr schnell und effizient wirkt (direkte Merkmalsausbildung, keine Dominanzeffekte), können daher gut die beobachteten Phänomene erklären. Inwiefern jedoch die metabolischen Kosten der DNA-Synthese auch bei anderen Organismen auf die Genomgröße wirken, ist noch nicht vollständig geklärt.

Insbesondere bei Bakterien und Archaeen, aber auch bei eukaryotischen Mikroorganismen kann die Genomgröße auch innerhalb einer Art stark variieren. Ein einzelnes Individuum bzw. eine lokale Population trägt hier nur einen Teil der genetischen Information der Art. Die Gesamtheit dieser genetischen Information aller Populationen einer Spezies wird als **Pangenom** bezeichnet – kein einziges Individuum besitzt allerdings die vollständige Information des Pangenoms. Insbesondere Individuen von Arten mit großen effektiven Populationsgrößen, die unterschiedlichste Habitate besiedeln, weisen oft distinkte Genzusammensetzungen auf. Dieses variable oder „akzessorische Genom" ist für das Überleben unter den spezifischen Umweltbedingungen entscheidend für das Individuum bzw. für die lokale Population, nicht jedoch für die Art insgesamt. Ein bekanntes Beispiel ist die kosmopolitisch verbreitete Kalkmikroalgae *Emiliania huxleyi* (► Abschn. 33.20). Von den über 33.000 identifizierten Genen im ersten sequenzierten Klon wurde ein Viertel in fast keiner anderen Population gefunden, d. h. rund 75 % der Gene machen das sogenannte *core genome* dieser Art aus, der Rest des Genoms ist variabel und unterscheidet sich zwischen den Populationen.

Theorie I: **Selfish-DNA**

Die **Selfish-DNA-Hypothese** (egoistische Gene) postuliert, dass die Expansion von Genomen insbesondere auf mobilen Elementen basiert, die in der Lage sind, sich selbst zu replizieren (**Transposons**). Für diese Hypothese spricht, dass es sich bei einem Großteil der in stark expandierten Genomen gefundenen DNA tatsächlich häufig um repetitive DNA (mobile Elemente) handelt. Andererseits expandieren ebenfalls andere, nicht selbstreplizierbare Bereiche (Tandem-Repeats, Introns), was durch diese Hypothese nicht erklärt wird.

Synthese

Das Zusammenspiel verschiedener Prozesse kann die beobachtete Variation der Genomgröße erklären.

- Transposable aber auch andere repetitive Elemente (Mikro- und Minisatelliten) spielen bei der Expansion eine große Rolle. Auch Duplikationen und ungleiche Crossing-over-Mutationen führen zu Expansionen.
- Selektion wirkt langfristig und stabilisierend. Da höhere Eukaryoten in der Regel kleinere effektive Populationsgrößen haben, finden sich hier die größten Genome.

Theorie II: **Bulk-DNA**

Die **Bulk-DNA-Hypothese** wurde bereits in den 1960er-Jahren aufgestellt und postuliert, dass **Selektion** der entscheidende Faktor bei der Regulation der Genomgröße ist. Die Größe des Genoms bedingt wesentliche Faktoren wie die Zellgröße, die Zellteilungsrate (je größer das Genom, desto langsamer) und andere Faktoren. Diese beeinflussen unmittelbar den Aufbau und den Fortpflanzungserfolg eines Organismus.

Metabolische Kosten von DNA

Eine bislang nicht vollständig geklärte Frage ist die nach den metabolischen Kosten von DNA. Die **Synthese von Nucleotiden** benötigt v. a. die Elemente N und P sowie Energie. Am Beispiel von Bakterien wurde gezeigt, dass für die Synthese der DNA nur 2–5 % der verfügbaren Energie benötigt werden, weshalb der Verlust und Zugewinn von weiteren Basenpaaren als nicht besonders dramatisch postuliert wurden. Andererseits legt das Beispiel von *Candidatus* Pelagibacter nahe, dass N- und P-Mangel Ursachen für die geringe Genomgröße sein können. Gerade bei großen effektiven Populationsgrößen, bei denen auch geringe Fitnessunterschiede selektive Konsequenzen haben, kann dies eine Rolle spielen.

Ist Junk-DNA Müll?

Ein Großteil der nichtcodierenden DNA ist vermutlich **funktionslos.** Andererseits werden immer häufiger auch **regulatorische Funktionen** der nichtcodierenden DNA postuliert. Daher ist bis heute nicht genau geklärt, was wirklich Junk ist und was gegebenenfalls doch adaptive Bedeutung besitzt.

Abb. 28.24 Verschiedene Faktoren tragen zur Entwicklung großer oder kleiner Genome bei

28

Weiterführende Literatur

1. Futuyma DJ, Kirkpatrick M (2017) Evolution, 4. Aufl. Sinauer Associates, Oxford University Press, Oxford
2. Gregory TR (2005) The evolution of the genome. Elsevier, Amsterdam
3. Knoop V, Müller K (2009) Gene und Stammbäume, 2. Aufl. Springer Spektrum, Berlin, Heidelberg
4. Lynch M (2007) The origins of genome architecture. Sinauer Associates, Oxford University Press, Oxford
5. Mallet J (2013) Species, concepts of. In: Levin SA (Hrsg) Encyclopedia of biodiversity. Elsevier, Amsterdam, S 679–691
6. Misof B, Liu SL, Meusemann K, Peters RS, Donath A, Mayer C, Frandsen PB, Ware J, Flouri T, Beutel RG, Niehuis O, Petersen M, Izquierdo-Carrasco F, Wappler T, Rust J, Aberer AJ, Aspöck U, Aspöck H, Bartel D, Blanke A, Berger S, Böhm A, Buckley TR, Calcott B, Chen J, Friedrich F, Fukui M, Fujita M, Greve C, Grobe P, Gu S, Huang Y, Jermiin LS, Kawahara AY, Krogmann L, Kubiak M, Lanfear R, Letsch H, Li Y, Li Z, Li J, Lu H, Machida R, Mashimo Y, Kapli P, McKenna DD, Meng G, Nakagaki Y, Navarrete-Heredia JL, Ott M, Ou Y, Pass G, Podsiadlowski L, Pohl H, von Reumont BM, Schütte K, Sekiya K, Shimizu S, Slipinski A, Stamatakis A, Song W, Su X, Szucsich NU, Tan M, Tan X, Tang M, Tang J, Timelthaler G, Tomizuka S, Trautwein M, Tong X, Uchifune T, Walzl MG, Wiegmann BM, Wilbrandt J, Wipfler B, Wong TK, Wu Q, Wu G, Xie Y, Yang S, Yang Q, Yeates DK, Yoshizawa K, Zhang Q, Zhang R, Zhang W, Zhang Y, Zhao J, Zhou C, Zhou L, Ziesmann T, Zou S, Li Y, Xu X, Zhang Y, Yang H, Wang J, Wang J, Kjer KM, Zhou X (2014) Phylogenomics resolves the timing and pattern of insect evolution. Science 346:763–767
7. Saitou N, Nei M (1987) The neighbor-joining method: a new method for reconstructing phylogenetic trees. Mol Biol Evol 4:406–425
8. Selzer PM, Marhöfer RJ, Koch O (2018) Angewandte Bioinformatik: Eine Einführung, 2. Aufl. Springer Spektrum, Berlin, Heidelberg
9. Straiton J, Free T, Sawyer A, Martin J (2019) From Sanger sequencing to genome databases and beyond. BioTechniques 66:60–63
10. Wägele JW (2001) Grundlagen der Phylogenetischen Systematik. Pfeil, München
11. Wiesemüller B, Rothe H, Henke W (2003) Phylogenetische Systematik: Eine Einführung. Springer, Berlin, Heidelberg, New York
12. Zvelebil M, Baum J (2007) Understanding bioinformatics. Garland Science, New York

Erdgeschichte

Jens Boenigk

J. Boenigk (Hrsg.), *Boenigk, Biologie,* https://doi.org/10.1007/978-3-662-61270-5_29

29

29.1 Evolution des Lebens und Evolution der Erde sind wechselseitig miteinander verknüpft

Das Universum entstand vor 13,7 Mrd. Jahren. Unser Sonnensystem ist vergleichsweise jung und entstand erst vor 4,7 Mrd. Jahren, die Erde dann kurze Zeit später – vor 4,6 Mrd. Jahren – aus Staub und Gesteinsbrocken, die in elliptischen Bahnen um die Sonne kreisten. Die Geschichte der Erde unterteilt man in das Präkambrium und das Phanerozoikum. Das Präkambrium wird weiter unterteilt in Hadaikum, Archaikum und Proterozoikum (◘ Abb. 29.1). Das **Hadaikum** umfasst die unbelebte Urgeschichte der Erde. Zum Ende des Hadaikums, vor 4 Mrd. Jahren, kühlte sich die Erde auf unter 100 °C ab. Erstmals trat nun flüssiges Wasser auf und die Ozeane bildeten sich.

Die Geschichte des Lebens ist mit 4 Mrd. Jahren deutlich kürzer als die unseres Universums und beginnt im **Archaikum**. Das Archaikum umfasst den Zeitraum der Entstehung und Etablierung des Lebens unter vorwiegend anaeroben Bedingungen. Im Archaikum entstanden alle wichtigen Genfamilien sowie alle bedeutenden Stoffwechselwege. Molekularer Sauerstoff entstand seit dem mittleren Archaikum durch die oxygene Photosynthese der Cyanobakterien. Allerdings wurde der molekulare Sauerstoff durch Reaktionen mit Schwefel und Eisenverbindungen zunächst chemisch gebunden. Erst als sich Cyanobakterien in flachmarinen mikrobiellen Matten ausbreiteten, stieg die Sauerstoffkonzentration in der Atmosphäre an (► Abschn. 29.3).

Im **Proterozoikum** war freier Sauerstoff vorhanden, wenn auch zunächst nur in geringen atmosphärischen Konzentrationen um etwa 2 %. Das Leben im Proterozoikum war von ein- und wenigzelligen Lebewesen geprägt. Freier Sauerstoff bildete die Voraussetzung für die Entstehung der eukaryotischen Zelle vor 1,8 Mrd. Jahren. Vielzellige Organismen gewannen erst vor rund 700 Mio. Jahren an Bedeutung, nachdem die Sauerstoffkonzentration aufgrund der Ausbreitung eukaryotischer Algen weiter anstieg (► Abschn. 29.4).

Das **Phanerozoikum** umfasst den Zeitraum, in dem sich vielzellige und skelettbildende Organismen ausbreiteten. Die Grenze zwischen Präkambrium und Phanerozoikum ist durch das plötzliche Auftreten von Fossilien gekennzeichnet. Dieser plötzliche Anstieg der fossilen Überlieferung wird auch als kambrische Explosion bezeichnet.

Geologische Altersdatierung

Das Alter von Fossilien und Gesteinsschichten kann von Geologen absolut oder im Verhältnis zu anderen Fossilien und Gesteinsschichten ermittelt werden.
Die **absolute Altersbestimmung** macht sich den **Zerfall radioaktiver Elemente** in den Gesteinen zunutze. Bei der Bildung von Gesteinen werden auch radioaktive Elemente eingeschlossen. Aus dem Verhältnis des radioaktiven Elements und der Elemente, die beim radioaktiven Zerfall entstehen, kann man das Alter einer Gesteinsschicht bestimmen. Unterschiedliche Elemente mit verschiedenen Halbwertszeiten eignen sich dabei für die Datierung unterschiedlich alter Gesteinsschichten. Für die Altersbestimmung von Fossilien der jüngeren Vergangenheit verwendet man das radioaktive Kohlenstoffisotop ^{14}C. Es hat eine Halbwertszeit von 5730 Jahren, nach dieser Zeit ist also die Hälfte des ehemals vorhandenen ^{14}C zu Stickstoff zerfallen. Aufgrund der recht kurzen Halbwertszeit ist die ^{14}C-Datierung für junge Gesteine und Fossilien bis zu einem Alter von etwa 70.000 Jahren angebracht. Radioaktive Isotope von Kalium, Uran und Rubidium haben dagegen Halbwertszeiten von mehreren Milliarden Jahren und eignen sich dementsprechend für die Datierung von sehr alten Gesteinen und Fossilien.
Die **relative Altersbestimmung** ermittelt das Alter von Fossilien basierend auf ihrer **Lage im Gestein**. In der Regel sind tiefer liegende Gesteinsschichten älter als darüber liegende Schichten. Aus diesem Prinzip kann man das Alter einer fossilführenden Gesteinsschicht relativ zu darüber und darunter liegenden Schichten einordnen. Ist das Alter dieser anderen Schichten bekannt, lässt sich das Alter der fraglichen Fossilien recht genau eingrenzen. Fossilien, deren Alter bekannt ist und die zur Datierung von Gesteinsschichten herangezogen werden können, bezeichnet man als Leitfossilien. Durch die Vielzahl bekannter Leitfossilien lässt sich das Alter unbekannter Gesteine und Fossilien mit dieser Methode oftmals genauer bestimmen als über die absolute Altersbestimmung.
Um eine möglichst präzise Datierung zu ermöglichen, sollten Leitfossilien nur in einer kurzen geologischen Zeit vorkommen. Gleichzeitig sollten diese Fossilien aber in möglichst vielen Lebensräumen auftreten und auch biogeographisch weit verbreitet sein. Wie wahrscheinlich solche Leitfossilien gefunden werden, hängt von deren Häufigkeit ab, Leitfossilien sollten also recht häufig sein. Entsprechend dieser Anforderungen sind die meisten Leitfossilien Mikrofossilien, also Reste von kleinsten Tieren und Mikroorganismen.

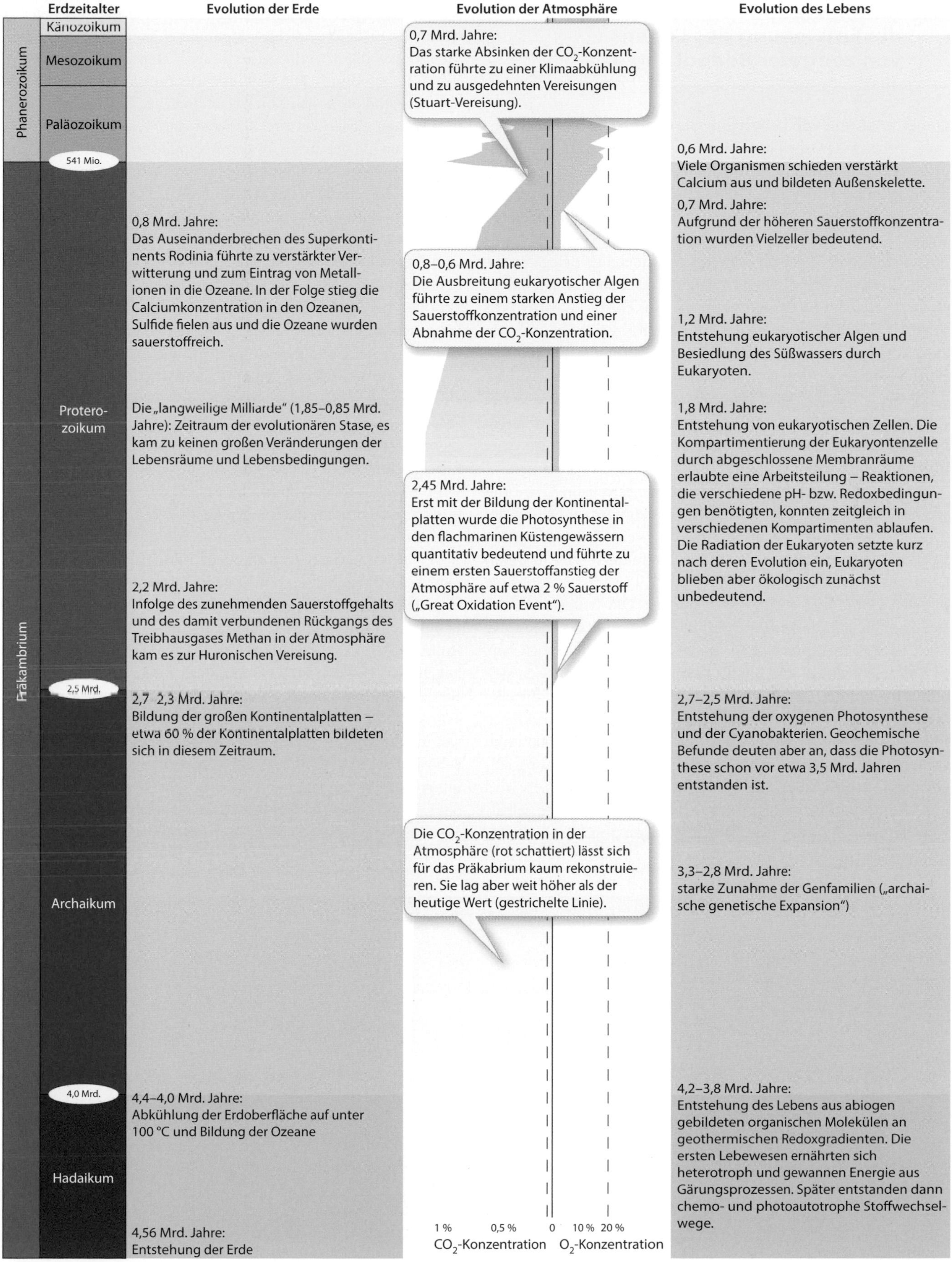

Erdzeitalter

Phanerozoikum: Känozoikum, Mesozoikum, Paläozoikum

541 Mio.

Präkambrium: Proterozoikum

2,5 Mrd.

Archaikum

4,0 Mrd.

Hadaikum

Evolution der Erde

0,8 Mrd. Jahre:
Das Auseinanderbrechen des Superkontinents Rodinia führte zu verstärkter Verwitterung und zum Eintrag von Metallionen in die Ozeane. In der Folge stieg die Calciumkonzentration in den Ozeanen, Sulfide fielen aus und die Ozeane wurden sauerstoffreich.

Die „langweilige Milliarde" (1,85–0,85 Mrd. Jahre): Zeitraum der evolutionären Stase, es kam zu keinen großen Veränderungen der Lebensräume und Lebensbedingungen.

2,2 Mrd. Jahre:
Infolge des zunehmenden Sauerstoffgehalts und des damit verbundenen Rückgangs des Treibhausgases Methan in der Atmosphäre kam es zur Huronischen Vereisung.

2,7–2,3 Mrd. Jahre:
Bildung der großen Kontinentalplatten – etwa 60 % der Kontinentalplatten bildeten sich in diesem Zeitraum.

4,4–4,0 Mrd. Jahre:
Abkühlung der Erdoberfläche auf unter 100 °C und Bildung der Ozeane

4,56 Mrd. Jahre:
Entstehung der Erde

Evolution der Atmosphäre

0,7 Mrd. Jahre:
Das starke Absinken der CO_2-Konzentration führte zu einer Klimaabkühlung und zu ausgedehnten Vereisungen (Stuart-Vereisung).

0,8–0,6 Mrd. Jahre:
Die Ausbreitung eukaryotischer Algen führte zu einem starken Anstieg der Sauerstoffkonzentration und einer Abnahme der CO_2-Konzentration.

2,45 Mrd. Jahre:
Erst mit der Bildung der Kontinentalplatten wurde die Photosynthese in den flachmarinen Küstengewässern quantitativ bedeutend und führte zu einem ersten Sauerstoffanstieg der Atmosphäre auf etwa 2 % Sauerstoff („Great Oxidation Event").

Die CO_2-Konzentration in der Atmosphäre (rot schattiert) lässt sich für das Präkabrium kaum rekonstruieren. Sie lag aber weit höher als der heutige Wert (gestrichelte Linie).

1 % 0,5 % 0 10 % 20 %

CO_2-Konzentration O_2-Konzentration

Evolution des Lebens

0,6 Mrd. Jahre:
Viele Organismen schieden verstärkt Calcium aus und bildeten Außenskelette.

0,7 Mrd. Jahre:
Aufgrund der höheren Sauerstoffkonzentration wurden Vielzeller bedeutend.

1,2 Mrd. Jahre:
Entstehung eukaryotischer Algen und Besiedlung des Süßwassers durch Eukaryoten.

1,8 Mrd. Jahre:
Entstehung von eukaryotischen Zellen. Die Kompartimentierung der Eukaryontenzelle durch abgeschlossene Membranräume erlaubte eine Arbeitsteilung – Reaktionen, die verschiedene pH- bzw. Redoxbedingungen benötigten, konnten zeitgleich in verschiedenen Kompartimenten ablaufen. Die Radiation der Eukaryoten setzte kurz nach deren Evolution ein, Eukaryoten blieben aber ökologisch zunächst unbedeutend.

2,7–2,5 Mrd. Jahre:
Entstehung der oxygenen Photosynthese und der Cyanobakterien. Geochemische Befunde deuten aber an, dass die Photosynthese schon vor etwa 3,5 Mrd. Jahren entstanden ist.

3,3–2,8 Mrd. Jahre:
starke Zunahme der Genfamilien („archaische genetische Expansion")

4,2–3,8 Mrd. Jahre:
Entstehung des Lebens aus abiogen gebildeten organischen Molekülen an geothermischen Redoxgradienten. Die ersten Lebewesen ernährten sich heterotroph und gewannen Energie aus Gärungsprozessen. Später entstanden dann chemo- und photoautotrophe Stoffwechselwege.

Abb. 29.1 Überblick über die Erdgeschichte und die Entstehung des Lebens

29.2 Ribonucleotide waren für die Entstehung des Lebens von zentraler Bedeutung

Der **Entstehung von Leben** ging die **chemische Evolution** voraus, insbesondere die Entstehung organischer Moleküle aus anorganischen Bausteinen. Autotrophe Lebewesen sind in der Lage, diese heute selbstständig zu bilden. Bei der Entstehung der ersten Lebewesen müssen solche Moleküle aber bereits vorhanden gewesen sein, also **abiogen** (ohne die Beteiligung von Lebewesen) entstanden sein. Einen der ersten experimentellen Belege für die Entstehung von organischen Molekülen aus anorganischen Bausteinen lieferte 1953 das **Experiment von Harold C. Urey und Stanley L. Miller**. In einem geschlossenen Kreislauf konnten sie aus anorganischen Verbindungen unter Zufuhr von Energie in Form elektrischer Entladungen komplexere organische Verbindungen wie Aminosäuren und niedere Carbon- und Fettsäuren erzeugen. In Folgeexperimenten konnten sowohl Aminosäuren, Lipide, Purine und Zucker als auch die komplexeren Porphyrine und Isoprene erzeugt werden.

Leben entstand auf der Erde vor etwa 4 Mrd. Jahren, wie und wo ist jedoch nicht bekannt. Die Ionenzusammensetzung des Cytoplasmas heutiger Zellen legt allerdings eine **Entstehung des Lebens in terrestrischen Hydrothermalfeldern oder in tiefen Gesteinsschichten** nahe (◘ Abb. 29.2). Organische Moleküle bildeten sich in dieser Umgebung abiogen. Die Temperatur- und Redoxgradienten in diesen Umgebungen lieferten die chemische Energie, um Lebensprozesse der ersten Lebewesen zu ermöglichen.

Alle Lebewesen sind aus **Zellen** aufgebaut, es müssen sich daher früh in der Evolution Strukturen gebildet haben, die eine **Abgrenzung zur Außenwelt** ermöglichten. Diese Strukturen müssen sich zudem vermehren und dabei gezielt Reaktionen steuern und Informationen weitergeben. Die Entstehung solcher **selbstreplizierender Systeme** ist hypothetisch. Es wird eine Kombination von **Hyperzyklen**, als katalytische selbstreplizierende Systeme, und **Mikrosphären** angenommen. Als Mikrosphären werden einfache, von einer Doppelmembran umschlossene Reaktionsräume bezeichnet. Da die ersten Zellen nur einfache – nicht ionendichte – Membranen besaßen, entsprachen die intrazellulären Verhältnisse dieser Zellen weitgehend denen des Außenmediums. Die Kalium-/Natrium-Konzentrationsverhältnisse und die hohen Konzentrationen an Zink und Phosphat in heutigen Zellen entsprechen eher den Verhältnissen in terrestrischen Umgebungen als den Bedingungen im Urozean und legen daher eine Entstehung der ersten Zellen in einer terrestrischen Umgebung nahe (◘ Abb. 29.2).

Bei heutigen Lebewesen wird die **Informationsspeicherung** in der Regel von Nucleinsäuren übernommen und die **Katalyse von Reaktionen** von Enzymen, also von Proteinen. Daneben benötigen Lebewesen Moleküle, die Energie für chemische Reaktionen bereitstellen können. Diese zentralen Funktionen des Lebens können theoretisch durch Varianten eines einzigen Moleküls, von RNA und deren Einzelbausteinen, den Nucleotiden, geleistet werden (◘ Abb. 29.3): **Adenosintriphosphat** (**ATP**), ein Mononucleotid, ist der zentrale Energieträger für chemische Reaktionen, **Nicotinamiddinucleotid** (**NAD**), ein Dinucleotid, dient als Überträger von Elektronen bei Redoxreaktionen, und **Ribonucleinsäure** (**RNA**), also ein aus vielen Nucleotiden zusammengesetztes Polynucleotid, ist Träger von Erbinformation und kann chemische Reaktionen katalysieren.

Unklar ist, welche Moleküle diese Funktionen bei den ersten Lebewesen und deren hypothetischen Vorläufern übernommen haben. Es ist jedoch eine interessante Tatsache, dass die RNA für viele dieser Funktionen infrage kommt. Bei allen heutigen Lebewesen spielen RNA und Ribonucleotide eine wichtige Rolle. Neben ihrer Bedeutung im Energiemetabolismus (ATP, NAD(P)H) (▶ Abschn. 13.1) und ihrer Rolle als Primer bei der Replikation der Chromosomen (▶ Abschn. 6.1) sowie bei der Translation (▶ Abschn. 8.1) übernimmt RNA bei allen Lebewesen katalytische Funktionen, beispielsweise als rRNA in den Ribosomen (▶ Abschn. 8.4). Diese **zentrale Rolle der RNA bei allen Lebewesen** legt nahe, dass sie bereits bei der Entstehung des Lebens, spätestens aber beim letzten gemeinsamen Vorfahren allen heutigen Lebens (**LUCA**, engl: *last universal common ancestor*) von zentraler Bedeutung war.

◘ **Abb. 29.2** Das Leben entwickelte sich vermutlich in terrestrischen Hydrothermalfeldern (links), eine Entstehung des Lebens an den „Schwarzen Rauchern" der Tiefsee (rechts) gilt inzwischen als weniger wahrscheinlich. Diese spielten aber eine wichtige Rolle für das Überleben des frühen Lebens

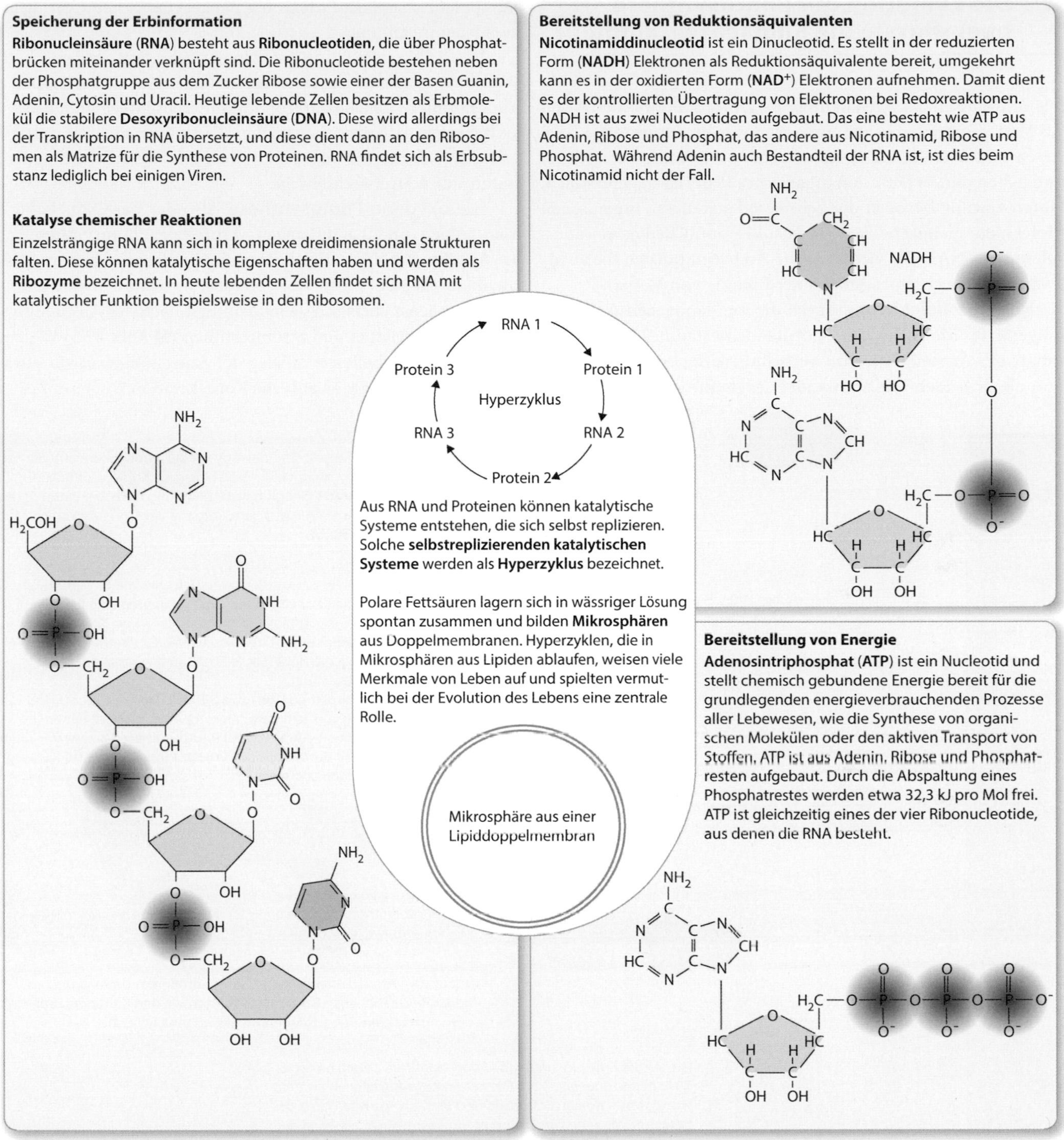

Speicherung der Erbinformation

Ribonucleinsäure (RNA) besteht aus **Ribonucleotiden**, die über Phosphatbrücken miteinander verknüpft sind. Die Ribonucleotide bestehen neben der Phosphatgruppe aus dem Zucker Ribose sowie einer der Basen Guanin, Adenin, Cytosin und Uracil. Heutige lebende Zellen besitzen als Erbmolekül die stabilere **Desoxyribonucleinsäure (DNA)**. Diese wird allerdings bei der Transkription in RNA übersetzt, und diese dient dann an den Ribosomen als Matrize für die Synthese von Proteinen. RNA findet sich als Erbsubstanz lediglich bei einigen Viren.

Katalyse chemischer Reaktionen

Einzelsträngige RNA kann sich in komplexe dreidimensionale Strukturen falten. Diese können katalytische Eigenschaften haben und werden als **Ribozyme** bezeichnet. In heute lebenden Zellen findet sich RNA mit katalytischer Funktion beispielsweise in den Ribosomen.

RNA 1 → Protein 1 → RNA 2 → Protein 2 → RNA 3 → Protein 3 → RNA 1 (Hyperzyklus)

Aus RNA und Proteinen können katalytische Systeme entstehen, die sich selbst replizieren. Solche **selbstreplizierenden katalytischen Systeme** werden als **Hyperzyklus** bezeichnet.

Polare Fettsäuren lagern sich in wässriger Lösung spontan zusammen und bilden **Mikrosphären** aus Doppelmembranen. Hyperzyklen, die in Mikrosphären aus Lipiden ablaufen, weisen viele Merkmale von Leben auf und spielten vermutlich bei der Evolution des Lebens eine zentrale Rolle.

Mikrosphäre aus einer Lipiddoppelmembran

Bereitstellung von Reduktionsäquivalenten

Nicotinamiddinucleotid ist ein Dinucleotid. Es stellt in der reduzierten Form (**NADH**) Elektronen als Reduktionsäquivalente bereit, umgekehrt kann es in der oxidierten Form (**NAD^+**) Elektronen aufnehmen. Damit dient es der kontrollierten Übertragung von Elektronen bei Redoxreaktionen. NADH ist aus zwei Nucleotiden aufgebaut. Das eine besteht wie ATP aus Adenin, Ribose und Phosphat, das andere aus Nicotinamid, Ribose und Phosphat. Während Adenin auch Bestandteil der RNA ist, ist dies beim Nicotinamid nicht der Fall.

NADH

Bereitstellung von Energie

Adenosintriphosphat (ATP) ist ein Nucleotid und stellt chemisch gebundene Energie bereit für die grundlegenden energieverbrauchenden Prozesse aller Lebewesen, wie die Synthese von organischen Molekülen oder den aktiven Transport von Stoffen. ATP ist aus Adenin, Ribose und Phosphatresten aufgebaut. Durch die Abspaltung eines Phosphatrestes werden etwa 32,3 kJ pro Mol frei. ATP ist gleichzeitig eines der vier Ribonucleotide, aus denen die RNA besteht.

Abb. 29.3 Die Vielfalt der Funktionen von Ribonucleotiden bei Lebewesen

In der Frühphase der Entstehung des Lebens war die Erde immer wieder starken und häufigen Meteoriteneinschlägen ausgesetzt. Für das Überleben der frühen Lebewesen war die Besiedlung stabilerer und vor Meteoriteneinschlägen geschützter Lebensräume wichtig. Für die weitere Entwicklung des Lebens dürfte die Tiefsee im Umfeld hydrothermaler Austritte (**Schwarze Raucher**) eine große Rolle gespielt haben (Abb. 29.2). Chemische Energie konnte hier beispielsweise durch die Reduktion von Eisen in Eisen-Schwefel-Mineralen wie Pyrit (FeS_2) mit elementarem Wasserstoff (H_2) bereitgestellt werden. Ein Indiz für die Entstehung des Lebens in diesen reduzierenden Eisen-Schwefel-Umgebungen ist die weite Verbreitung von Eisen-Schwefel-Zentren in vielen Enzymen.

29

29.3 Die Evolution der Photosynthese beeinflusste die Klimaentwicklung

Die Biozönosen des Archaikums, des Zeitraums zwischen 4 und 2,5 Mrd. Jahren vor heute, umfassten nur **Prokaryoten** – Bakterien und Archaeen. Die ersten Lebewesen waren heterotroph und haben mittels Diffusion organisches Material aufgenommen. Durch Gärung bezogen die Lebewesen aus diesen organischen Molekülen chemische Energie (als ATP) und Reduktionsäquivalente (als NADH). Methanogene Archaeen nutzten die anfallenden Stoffwechselprodukte unter Bildung von Methan.

Kohlenstoffdioxid und durch die methanogenen Archaeen freigesetztes Methan waren bedeutende Bestandteile der Atmosphäre des Archaikums. Eine verhältnismäßig hohe Konzentration dieser beiden **Treibhausgase** sorgte für lebensfreundliche Temperaturen auf der Erde trotz einer gegenüber heute geringen Sonneneinstrahlung.

Da die Konzentration an abiogen gebildeten organischen Molekülen gering war, waren die ersten Lebewesen stark nahrungslimitiert. Chemoautotrophe Stoffwechselwege und die anoxygene Photosynthese entstanden bereits kurz nach der Entstehung des Lebens und waren im Archaikum die vorherrschenden autotrophen Stoffwechselwege.

Die **oxygene Photosynthese**, also der bei Cyanobakterien, Algen und Landpflanzen verbreitete Photosynthesetyp (▶ Abschn. 13.10), entwickelte sich ebenfalls bereits im Archaikum (◘ Abb. 29.4). Der gebildete Sauerstoff wurde allerdings zunächst chemisch gebunden. Erst nach der Ausbreitung mikrobieller Matten und Stromatolithen (◘ Abb. 29.5) in den flachmarinen Schelfmeeren stieg der Sauerstoffgehalt vor etwa 2,5 Mrd. Jahren stark an auf eine Konzentration von etwa 2 % –

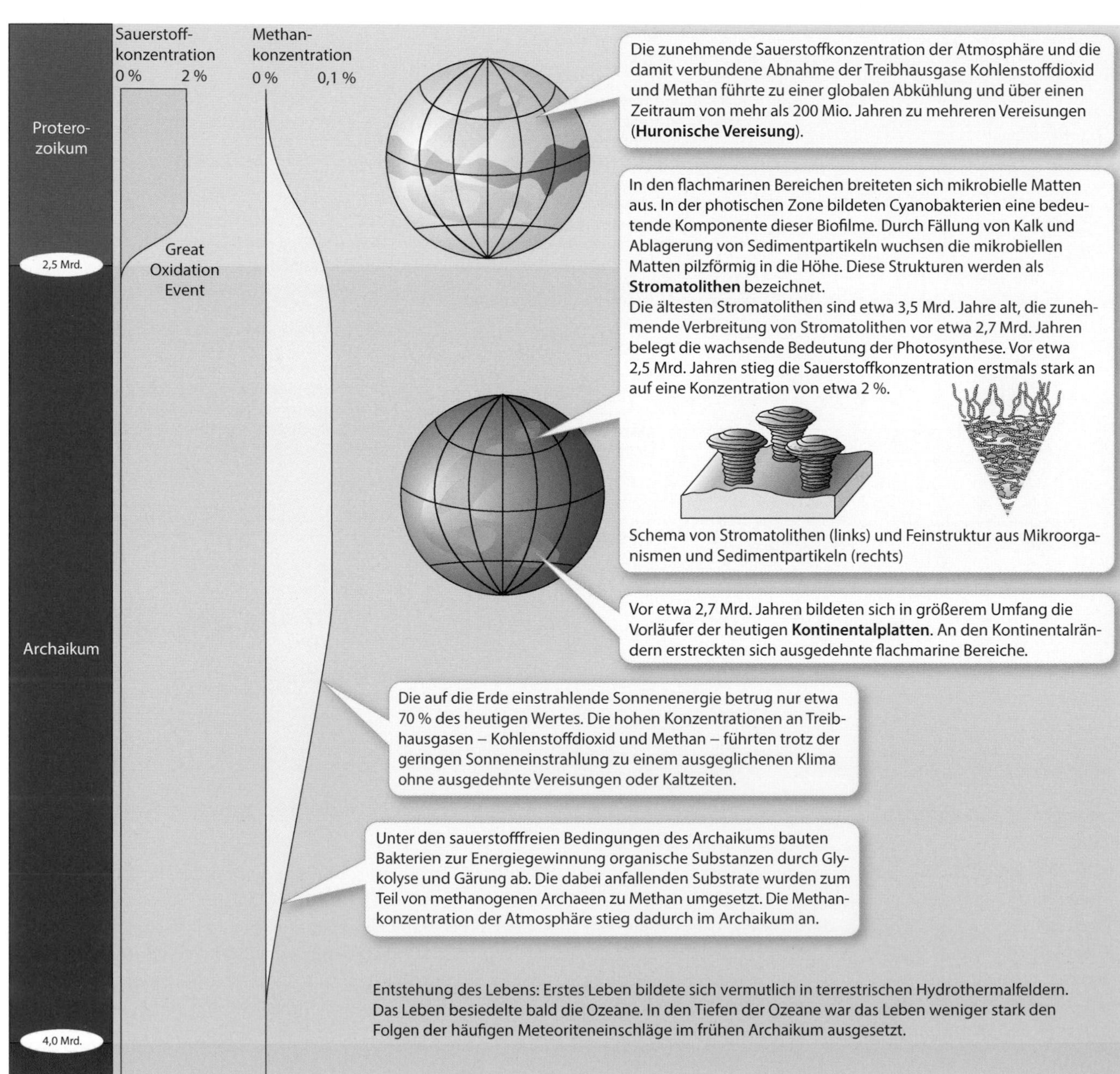

◘ **Abb. 29.4** Entwicklung der Erde und des Lebens im Archaikum und im frühen Proterozoikum

dies entspricht etwa einem Zehntel des heutigen Wertes. Diese Sauerstoffanreicherung wird auch als Great Oxidation Event bezeichnet.

Mit der Zunahme der Sauerstoffkonzentration ging eine Abnahme der Methan- und Kohlenstoffdioxidkonzentration einher. Die Abnahme dieser Treibhausgase verursachte eine starke Abkühlung der Erde und eine Vergletscherung bis in die Äquatorialregion. Erst rund 300 Mio. Jahre später wurde das Klima wieder wärmer.

Auch für das Leben hatte die **Sauerstoffanreicherung** direkte Folgen, da der freie Sauerstoff und Sauerstoffradikale organische Moleküle oxidierten. Oxidasen, Superoxid-Dismutasen und Katalasen sind Enzyme, die Sauerstoff und reaktive Sauerstoffverbindungen abbauen (▶ Abschn. 24.4). Vermutlich starb ein Großteil der Lebewesen, die solche Enzyme nicht besaßen, aufgrund der toxischen Wirkung des Sauerstoffs aus. Nach der Sauerstoffanreicherung der Atmosphäre entstand schließlich auch die **Atmungskette** (▶ Abschn. 13.4), die im Vergleich zur Gärung ein wesentlich effizienterer Weg der Energiegewinnung ist.

Nach der Huronischen Vereisung waren die geochemischen Bedingungen auf der Erde für 1 Mrd. Jahre stabil (◻ Abb. 29.6). Während dieser Zeit blieb der Ozean unterhalb der obersten Wasserschicht anoxisch; ähnliche Bedingungen finden sich heute im Schwarzen Meer. In den anoxischen Wasserschichten wurde Sulfat durch sulfatreduzierende Bakterien zu Sulfid reduziert (▶ Abschn. 25.2, 25.6). Die sulfidischen Bedingungen waren für Eukaryoten toxisch. Zudem wurden viele essenzielle Nährstoffe wie Molybdän und Eisen durch die Sulfide ausgefällt. Obwohl in diesem Zeitraum die eukaryotische Zelle und die Großgruppen der Eukaryoten entstanden, blieben die Eukaryoten unbedeutend. Erst vor 800 Mio. Jahren, als sich die chemischen Bedingungen in den Ozeanen änderten, nahm die Bedeutung der Eukaryoten zu.

◻ **Abb. 29.5** Stromatolithen sind pilzförmige Bildungen aus Wechsellagen von Mikroorganismen und Sedimenten

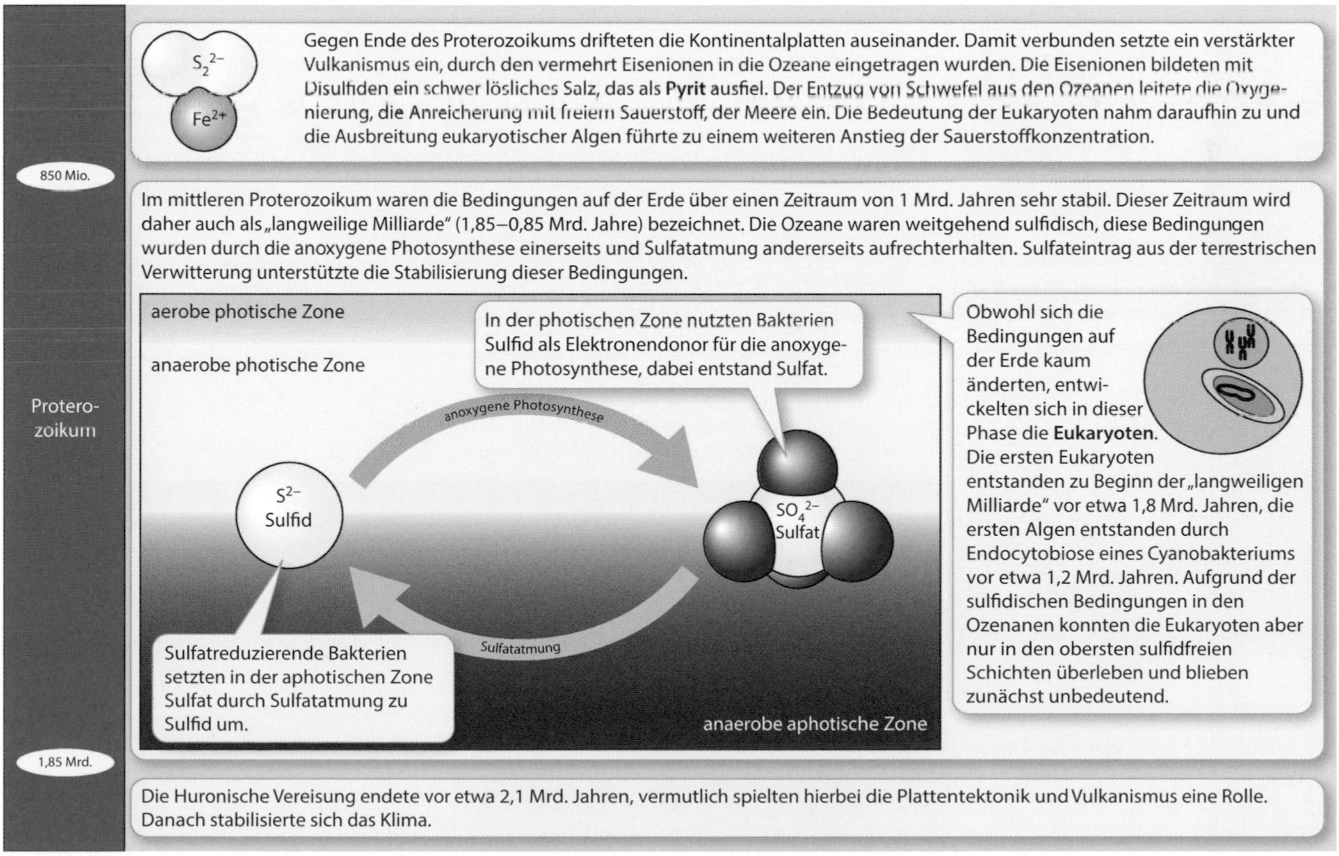

S_2^{2-}
Fe^{2+}
Gegen Ende des Proterozoikums drifteten die Kontinentalplatten auseinander. Damit verbunden setzte ein verstärkter Vulkanismus ein, durch den vermehrt Eisenionen in die Ozeane eingetragen wurden. Die Eisenionen bildeten mit Disulfiden ein schwer lösliches Salz, das als **Pyrit** ausfiel. Der Entzug von Schwefel aus den Ozeanen leitete die Oxygenierung, die Anreicherung mit freiem Sauerstoff, der Meere ein. Die Bedeutung der Eukaryoten nahm daraufhin zu und die Ausbreitung eukaryotischer Algen führte zu einem weiteren Anstieg der Sauerstoffkonzentration.

850 Mio.

Im mittleren Proterozoikum waren die Bedingungen auf der Erde über einen Zeitraum von 1 Mrd. Jahren sehr stabil. Dieser Zeitraum wird daher auch als „langweilige Milliarde" (1,85–0,85 Mrd. Jahre) bezeichnet. Die Ozeane waren weitgehend sulfidisch, diese Bedingungen wurden durch die anoxygene Photosynthese einerseits und Sulfatatmung andererseits aufrechterhalten. Sulfateintrag aus der terrestrischen Verwitterung unterstützte die Stabilisierung dieser Bedingungen.

Proterozoikum

aerobe photische Zone
anaerobe photische Zone
In der photischen Zone nutzten Bakterien Sulfid als Elektronendonor für die anoxygene Photosynthese, dabei entstand Sulfat.
anoxygene Photosynthese
S^{2-} Sulfid
SO_4^{2-} Sulfat
Sulfatatmung
Sulfatreduzierende Bakterien setzten in der aphotischen Zone Sulfat durch Sulfatatmung zu Sulfid um.
anaerobe aphotische Zone

Obwohl sich die Bedingungen auf der Erde kaum änderten, entwickelten sich in dieser Phase die **Eukaryoten**. Die ersten Eukaryoten entstanden zu Beginn der „langweiligen Milliarde" vor etwa 1,8 Mrd. Jahren, die ersten Algen entstanden durch Endocytobiose eines Cyanobakteriums vor etwa 1,2 Mrd. Jahren. Aufgrund der sulfidischen Bedingungen in den Ozenanen konnten die Eukaryoten aber nur in den obersten sulfidfreien Schichten überleben und blieben zunächst unbedeutend.

1,85 Mrd.

Die Huronische Vereisung endete vor etwa 2,1 Mrd. Jahren, vermutlich spielten hierbei die Plattentektonik und Vulkanismus eine Rolle. Danach stabilisierte sich das Klima.

◻ **Abb. 29.6** Entwicklung des Lebens im mittleren Proterozoikum – die „langweilige Milliarde"

29

29.4 Vielzelligkeit und die Ausbildung von Skelettelementen waren ein wirksamer Schutz vor Prädation durch einzellige eukaryotische Räuber

Die eukaryotische Zelle entstand vor etwa 1,8 Mrd. Jahren aus einer Symbiose zwischen einem Archaeon und einem Bakterium. Im Unterschied zu den Prokaryoten besitzen Eukaryoten ein umfangreiches **Intramembransystem** mit Golgi-Apparat, endoplasmatischem Retikulum, Zellorganellen, Vakuolen und Vesikeln (▶ Abschn. 3.4). Die Bildung von intrazellulären Membranräumen erlaubte eine Arbeitsteilung zwischen den Zellkompartimenten. Reaktionen konnten in den verschiedenen Kompartimenten unter verschiedenen Bedingungen zeitgleich ablaufen. Der letzte gemeinsame Vorfahr aller Eukaryoten besaß bereits ein Mitochondrium. Plastiden entstanden erst vor etwa 1,2 Mrd. Jahren durch Endocytobiose eines Cyanobakteriums (◘ Abb. 29.7).

Im Unterschied zu Prokaryoten können Eukaryoten auch durch Phagocytose Partikel aufnehmen. Die ersten Eukaryoten waren vermutlich phagotroph, ernährten sich also von Bakterien und anderen kleinen Eukaryoten. Diese Art des Nahrungserwerbs – das Fressen von Beuteorganismen – stellte eine neue Qualität des Nahrungserwerbs dar. Räuber-Beute-Interaktionen und **Prädation** (▶ Abschn. 35.5, 35.8) bildeten nun eine dominante Komponente in der Ökologie von Nahrungsnetzen.

Organismen, die sich wirksam vor Fraß schützen konnten, besaßen einen Selektionsvorteil und setzten sich in vielen Organismengruppen durch. Ein evolutionärer Trend hin zu größeren

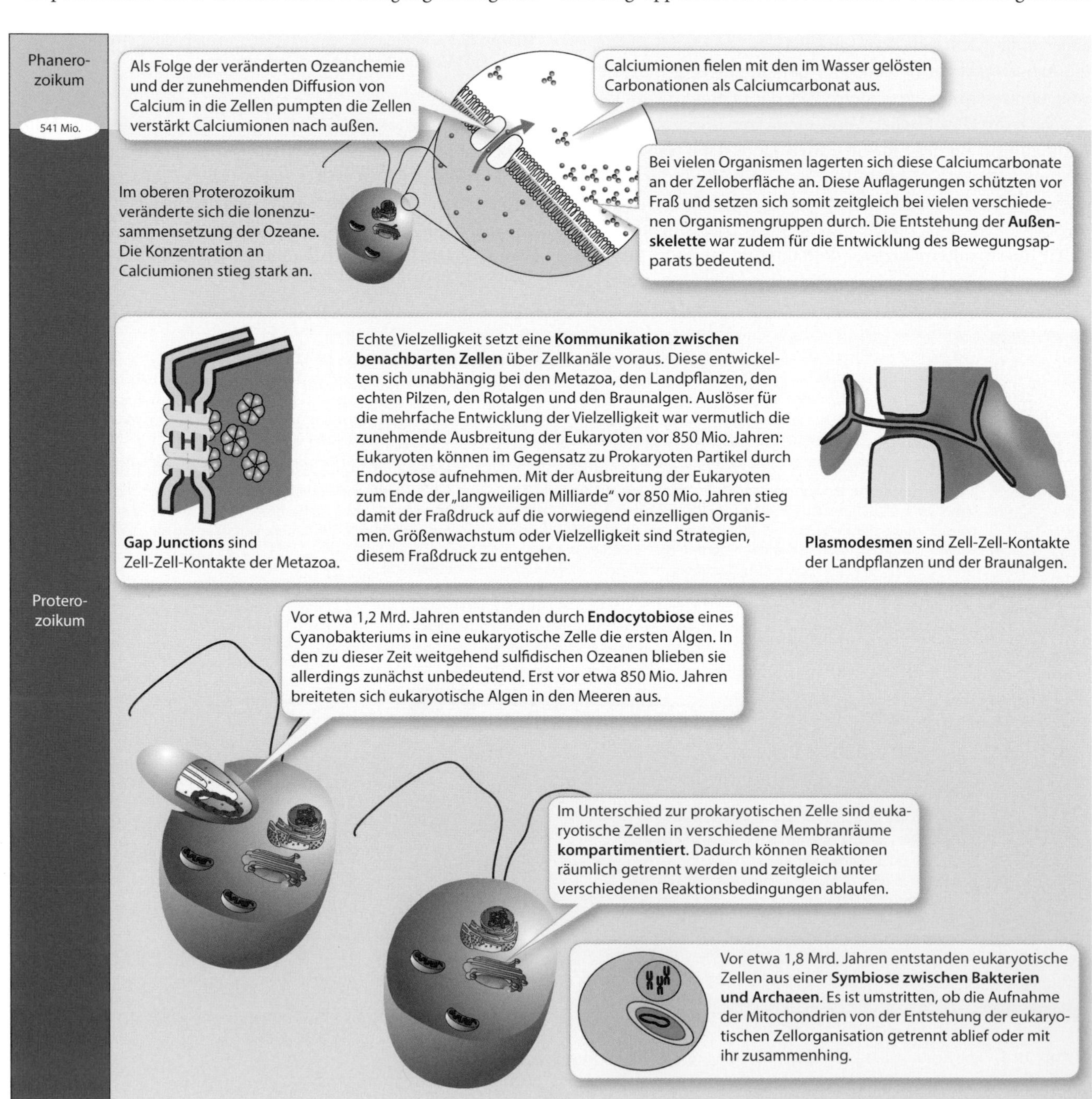

◘ **Abb. 29.7** Entstehung der Eukaryoten, der komplexen Vielzelligkeit und von Außenskeletten im mittleren und oberen Proterozoikum

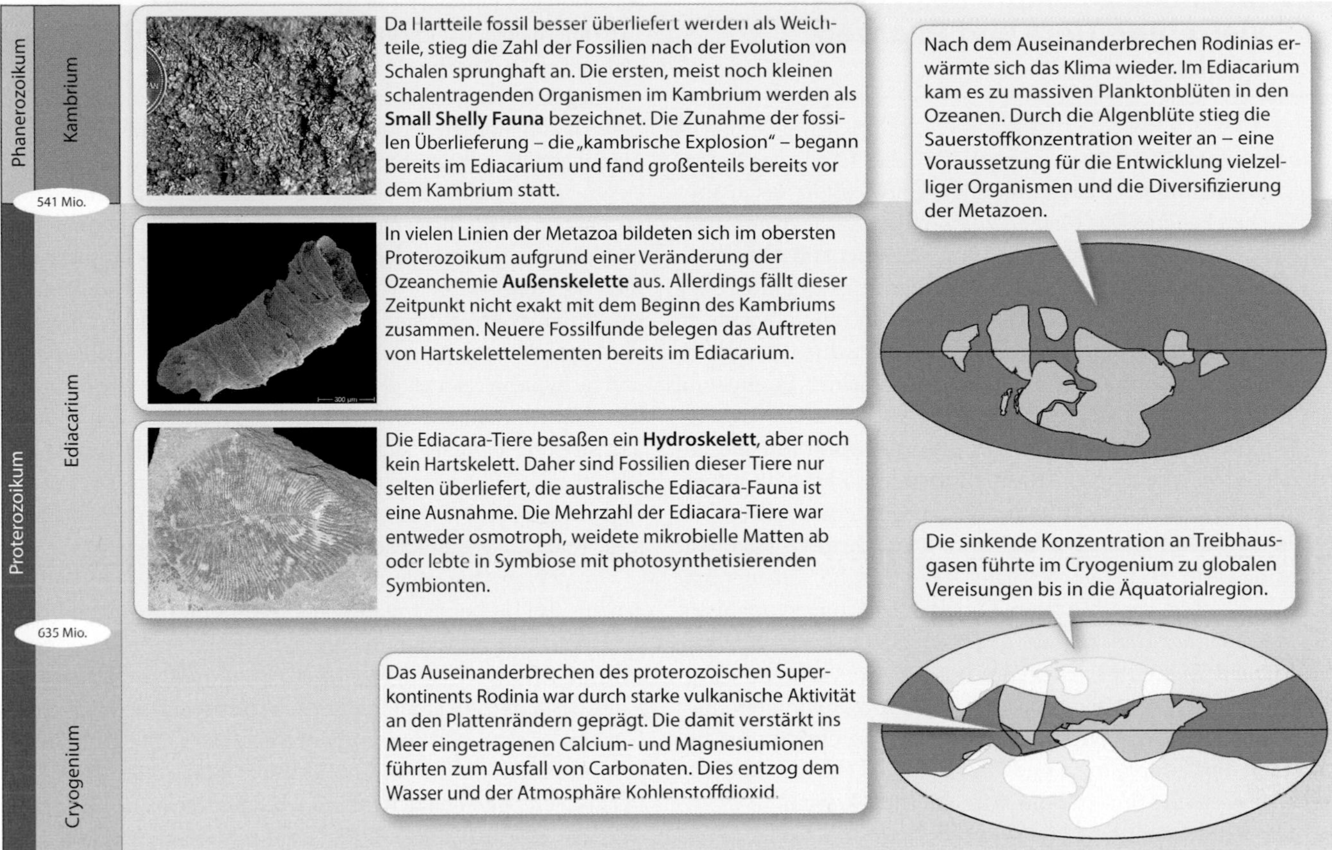

Abb. 29.8 Fossilien früher Vielzeller (hier: *Dickinsonia* spec.) und schalentragender Organismen (hier *Cloudina* spec.) aus dem obersten Proterozoikum und dem unteren Kambrium

Organismen lässt sich in verschiedenen Organismengruppen und in verschiedenen Erdzeitaltern beobachten. Neben einer **Vergrößerung des Zellvolumens** kann auch koloniale Lebensweise den Fraßschutz erhöhen.

Prädation wird daher als eine Ursache für die Entwicklung der Vielzelligkeit angesehen. Im einfachsten Fall, der sogenannten **einfachen Vielzelligkeit**, handelt es sich bei diesen Vielzellern lediglich um einfache Filamente, Zellhaufen oder Zelllagen ohne weitergehende Differenzierung. Vielzellige Organismen sind allerdings auf höhere Sauerstoffkonzentrationen angewiesen als Einzeller: Sauerstoff gelangt durch Diffusion über die äußeren Zellen zu den inneren Zellen. Da aber alle Zellen Sauerstoff verbrauchen, nimmt die Sauerstoffverfügbarkeit nach innen hin ab. Um die innen gelegenen Zellen ausreichend mit Sauerstoff versorgen zu können, sind daher höhere Sauerstoffkonzentrationen notwendig.

Bei Vielzellern können verschiedene Zellen unterschiedliche Aufgaben übernehmen. Diese differenzierteren Vielzeller werden auch als **komplexe Vielzeller** bezeichnet. Eine Aufgabenteilung zwischen verschiedenen Zellen erlaubt eine noch weitergehende Differenzierung, als dies bei Einzellern und einfachen Vielzellern der Fall ist. Eine echte Aufgabenteilung setzt allerdings Strukturen voraus, über die die Zellen miteinander kommunizieren können (Abb. 29.7; ► Abschn. 5.4). Solche der Kommunikation dienenden Zell-Zell-Kontakte finden sich bei allen Eukaryotengruppen, in denen sich komplexe Vielzelligkeit entwickelt hat – bei den Landpflanzen, den vielzelligen Tieren (Metazoa), den Ständerpilzen (Basidiomycota und Ascomycota), den Rotalgen und den Braunalgen.

Neben Größenwachstum und Vielzelligkeit schützt auch die Ausbildung von Außenpanzern und **Außenskeletten** vor Fraß. Im oberen Proterozoikum traten nahezu zeitgleich in vielen verschiedenen Organismengruppen Außenskelette auf (Abb. 29.8). Ausgelöst wurde die Bildung von Außenskeletten vermutlich durch eine Änderung der Ozeanchemie: Steigende Calciumkonzentrationen führten zu einer verstärkten Ausscheidung von Calcium aus den Zellen. Dieses fiel mit den im Wasser verfügbaren Carbonationen aus und lagerte sich auf den Zelloberflächen an (Abb. 29.7). Der eher zufällige Nebeneffekt der Regulation der Ionenkonzentration des Cytoplasmas stellte einen gewissen Fraßschutz dar und setzte sich dementsprechend in vielen Organismengruppen unabhängig voneinander durch. Da Skelettelemente und Schalen fossil wesentlich besser überliefert werden als Weichteile, finden sich ab dem obersten Proterozoikum deutlich mehr Fossilien. Dieses plötzliche Auftreten vieler Fossilien wird auch als kambrische Explosion bezeichnet (Abb. 29.8).

29

29.5 Im Phanerozoikum besiedelten vielzellige Tiere und Pflanzen das Land

Das Phanerozoikum ist das jüngste Zeitalter (Äon) der Erdgeschichte und umfasst den Zeitraum der Entwicklung des makroskopischen Lebens. Das Phanerozoikum wird in die Ären Paläozoikum, Mesozoikum und Känozoikum unterteilt (◘ Abb. 29.9).

Die Zusammensetzung der Atmosphäre, insbesondere die Kohlenstoffdioxid- und die Sauerstoffkonzentration, waren im Phanerozoikum starken Schwankungen unterworfen. Die wechselnden Konzentrationen dieser Gase hatten einen Einfluss auf das Klima, aber auch auf die Evolution der Tiere und Pflanzen.

Im **Paläozoikum** waren **Fische** und **Amphibien** die dominierenden Wirbeltiere, **Algen**, **Moose** und **Farne** dominierten die Flora. In vielen Organismengruppen entwickelten sich Anpassungen an ein Leben an Land. Der Schritt an Land war allerdings kein einmaliger Vorgang. Terrestrische Vertreter entwickelten sich in verschiedenen Organismengruppen unabhängig voneinander und zu ganz unterschiedlichen Zeitpunkten. Mikrobielle Matten besiedelten schon seit dem mittleren Präkambrium Landlebensräume, im Paläozoikum folgten nun schließlich vielzellige Organismengruppen: Im Ordovizium besiedelten die Landpflanzen und Pilze das Land (▶ Abschn. 29.8), Arthropoden im Silur und die Wirbeltiere im Devon.

Die Besiedlung des Landes durch Pflanzen im oberen Ordovizium, aber auch die Ausbreitung von Wäldern im Karbon, führten jeweils zu einer Abnahme der Kohlenstoffdioxidkonzentration in der Atmosphäre. Damit verringerte sich der Treibhauseffekt und die Temperaturen auf der Erde sanken. Sowohl im oberen Ordovizium als auch im oberen Karbon kam es daher zu ausgedehnten Vereisungen und Gletschervorstößen. Umgekehrt stieg mit der Besiedlung des Landes durch Pflanzen die Sauerstoffkonzentration. Im oberen Karbon lag die Sauerstoffkonzentration mit 35 % fast doppelt so hoch wie heute. Unter diesen Bedingungen konnten auch Tiere mit wenig effizienten Atemorganen Luftsauerstoff nutzen. Es ist daher kein Zufall, dass sich innerhalb der Wirbeltiere zu dieser Zeit landlebende Formen etablierten (▶ Abschn. 29.9).

Gegen Ende des Paläozoikums löste starker Vulkanismus im Bereich von Sibirien beträchtliche Klimaschwankungen aus und die Sauerstoffkonzentration brach erheblich ein. Als Folge davon ereignete sich das größte Massenaussterben des Phanerozoikums (▶ Abschn. 29.6): Bis zu diesem Massensterben waren Amphibien die dominierenden Landwirbeltiere, im **Mesozoikum** übernahmen nun **Reptilien** die Vorherrschaft. Die Dinosaurier besaßen ein effizientes Atemsystem – vergleichbar mit dem Luftsacksystem der Vögel. Dies war vermutlich ein Grund, warum die Reptilien und nicht die in etwa zeitgleich entstandenen Säugetiere die Landlebensräume dominierten (▶ Abschn. 29.10). Bereits im oberen Paläozoikum breiteten sich **nacktsamige Pflanzen** aus, in den Wäldern des Mesozoikums waren dann verschiedene Nacktsamer (Gymnospermen) vorherrschend. Dazu gehörten vor allem Palmfarne und Ginkgogewächse, aber auch Koniferen.

Im oberen Mesozoikum breiteten sich bedecktsamige Pflanzen aus. Im bis heute andauernden **Känozoikum** waren **Vögel** und **Säugetiere** die dominierenden Wirbeltiere und **bedecktsamige Pflanzen** (Angiospermen) dominierten die Flora. Im Laufe des Känozoikums breiteten sich **Gräser** aus, erstmals traten Grasländer als Vegetationseinheiten auf. Die Kohlenstoffdioxidkonzentration sank im Laufe des Känozoikums stark ab. Bei den Pflanzen entwickelten sich im mittleren Känozoikum die C_4- und die CAM-Photosynthese. Diese Photosynthesetypen waren bei den nun sehr geringen Kohlenstoffdioxidkonzentrationen effizienter als die C_3-Photosynthese. Auch im Känozoikum hatten die sinkenden Kohlenstoffdioxidkonzentrationen klimatische Auswirkungen und es kam zu einer Eiszeit, die bis heute andauert (▶ Abschn. 29.11).

Tiere, Pflanzen und Mikroorganismen besiedelten im Phanerozoikum erfolgreich sowohl marine und limnische als auch terrestrische Lebensräume. Die Zonen extremer Trockenheit – die Wüsten – setzen aber der Besiedlung des Landes durch Lebewesen auch heute noch Grenzen.

Ära	Periode	Evolution der Erde	Evolution des Lebens
Känozoikum	Neogen (2,6 Mio. – 23 Mio.)	Im oberen Neogen kühlte sich das Klima stark ab, die nun folgende Vereisung wird als Quartär vom Neogen abgetrennt.	Im oberen Neogen trennten sich die Hominiden von den Menschenaffen ab.
Känozoikum	Paläogen (23 Mio. – 66 Mio.)	Das Klima war warm und feucht. Die einsetzende Gebirgsbildung verstärkte die Verwitterung und führte zu einer erhöhten Carbonatausfällung in den Meeren. Im oberen Paläogen kühlte sich das Klima ab.	Zu Beginn des Paläogens kam es zu einer Ausbreitung und weiteren Differenzierung der Vögel und Säugetiere. Bei den Pflanzen entwickelten sich die C_4- und die CAM-Photosynthese.
Mesozoikum	Kreide (66 Mio. – 145 Mio.)	Das Klima der Kreide war weiterhin warm und ausgeglichen. Ein Meteoriteneinschlag an der Kreide-Paläogen-Grenze führte zu einem weiteren Massensterben und dem Aussterben der Dinosaurier mit Ausnahme der Vögel.	In der unteren Kreide traten bedecktsamige Pflanzen auf und begannen die Flora zu dominieren, auch Gräser traten erstmals in Erscheinung. Außerdem entstanden die großen staatenbildenden Insektengruppen. Vögel setzten sich zunehmend gegen die Flugsaurier durch. Die Säugetiere machten eine Radiation durch, blieben aber gegenüber den Dinosauriern unbedeutend.
Mesozoikum	Jura (145 Mio. – 201 Mio.)	Das Klima im Jura war ausgeglichen und warm. Es bestanden keine großen Temperaturgradienten zwischen Äquator und den Polen, die Jahreszeiten waren aber ausgeprägt.	Die Dinosaurier setzten sich als dominierende Landwirbeltiere durch. Der Fraßdruck herbivorer Dinosaurier trug zur Evolution und Dominanz hartlaubiger Nadelbäume bei. Im Meer durchliefen die Dinophyta eine Radiation.
Mesozoikum	Trias (201 Mio. – 252 Mio.)	Das Klima der Trias war warm und trocken, zwischen den Polen und dem Äquator war das Klima recht ausgeglichen. In der oberen Trias wurde das Klima etwas kühler und feuchter, es kam zu einem erneuten Massensterben.	In den Meeren dominierten Cephalopoden (Ammonoideen und Belemniten) neben wasserlebenden Reptilien und Fischen, Muscheln lösten die Brachiopoden als benthische Filtrierer ab. An Land dominierten nacktsamige Pflanzen und Reptilien.
Paläozoikum	Perm (252 Mio. – 298 Mio)	Durch eine Klimaerwärmung kam es zu vier Eindampfungszyklen, in denen sich die weltweit größten Salzvorkommen ablagerten. Die durch starken Vulkanismus verursachte Klimaänderung bedingte das größte Massensterben des Phanerozoikums.	An Land breiteten sich Gymnospermen aus, in den gemäßigten Breiten dominierte die *Glossopteris*-Flora. Die Vorfahren der Säugetiere entstanden, sinkende O_2-Konzentrationen begünstigten die Entstehung effizienter Atemsysteme.
Paläozoikum	Karbon (298 Mio – 359 Mio.)	Es kam im Laufe des Karbons zu mehreren Abkühlungen und teilweisen Vergletscherungen. Die stärkste Abkühlung war die permo-karbonische Vereisung, bei der große Teile Gondwanas vergletscherten. Gletschergeschiebe dieser Vereisung finden sich beispielsweise heute in der Sahara.	An den Küsten und Flussniederungen enstanden ausgedehnte Wälder. Da Pilzen und Herbivoren zunächst noch die Enzymsysteme für den Abbau der pflanzlichen Biomasse fehlten, wurde diese abgelagert und bilden heute die weltweit größten Kohlevorkommen.
Paläozoikum	Devon (359 Mio. – 419 Mio.)	Das Klima war warm und trocken. Die Temperaturunterschiede zwischen der Äquatorialregion und den Polargebieten waren geringer als heute. Der Meeresspiegel lag weiterhin recht hoch. Im Oberdevon kam es wieder zu einer Abkühlung mit Vergletscherungen und einem Massensterben.	In den Meeren durchliefen die Korallen und Cephalopoden eine Radiation. Es dominierten die Panzerfische (Placodermi) und die ersten Landwirbeltiere entstanden. An Land entstanden baumartige Bärlappe und Farne, im Oberdevon entwickelten sich flächige Blätter. Mykorrhizen sind fossil nachweisbar.
Paläozoikum	Silur (419 Mio. – 443 Mio.)	Das Klima wurde wieder wärmer und Flachmeere breiteten sich vor allem in den gemäßigten Breiten aus.	Arthropoden besiedelten das Land, die ersten Gefäßpflanzen entstanden und innerhalb der Fische die Gnathostomata.
Paläozoikum	Ordovizium (443 Mio. – 485 Mio.)	Im unteren Ordovizium war es sehr warm. Am Ende des Ordoviziums kam es dann aber zu einer der größten Vereisungen des Phanerozoikums. Diese Klimaabkühlung führte zu einem Massensterben.	Die Diversität der marinen Metazoen, insbesondere der Brachiopoden und Mollusken, nahm stark zu. Im oberen Ordovizium besiedelten Pflanzen das Land, dadurch verstärkte sich die Verwitterung.
Paläozoikum	Kambrium (485 Mio. – 541 Mio.)	Zu Beginn des Kambriums stieg der Meeresspiegel stark an und überflutete die Ränder der Kontinentalplatten, es bildeten sich ausgedehnte Schelfmeere. Durch diese Transgression der Meere kam es zu einer erhöhten Silikatverwitterung und zu einem verstärkten Eintrag von Ionen in die Meere.	Die Biomineralisation nahm aufgrund steigender Calciumkonzentrationen in den Ozeanen stark zu. In vielen Metazoengruppen entwickelten sich Hartskelette. Das Land war nur durch Mikroorganismen besiedelt.

Abb. 29.9 Überblick über die Entwicklung der Erde und des Lebens im Phanerozoikum

29

29.6 Geologische Ereignisse und Klimaschwankungen führten mehrfach zu katastrophalen Aussterbeereignissen

Seit der Entstehung des Lebens gehören sowohl die Entstehung neuer Arten als auch das Aussterben von Arten zur Entwicklung der biologischen Vielfalt auf der Erde. Einzelne Arten überleben meist zwischen mehreren Tausend und mehreren Millionen Jahren. Das Aussterben von einigen Prozent der bestehenden Arten innerhalb von 1 Mio. Jahre ist daher ein ganz natürlicher Prozess. Von **Massenaussterben** spricht man, wenn die Artenzahl in einem geologisch kurzen Zeitraum überproportional stark abnimmt – in der Regel um mehr als 75 %.

Massenaussterben können, wie es der Name nahelegt, durch ein massenhaftes Aussterben von Arten gekennzeichnet sein, wie beispielsweise an der Perm-Trias-Grenze und auch an der Kreide-Paläogen-Grenze. Im Gegensatz dazu sind das devonische und das triassische Massensterben hauptsächlich auf eine verminderte Rate der **Artenneubildung** zurückzuführen. Es gab in der Erdgeschichte eine Vielzahl von Massensterben, gefolgt jeweils von Radiationen der überlebenden Taxa. Die Ursachen waren meist vielfältig, häufig spielten geologische Ursachen wie starker Vulkanismus oder Meteoriteneinschläge eine Rolle. Fünf dieser Massensterben waren besonders ausgeprägt.

Das größte Massensterben des Phanerozoikums markiert die **Perm-Trias-Grenze** und damit die Grenze zwischen Paläozoikum und Mesozoikum vor 252 Mio. Jahren (◘ Abb. 29.10). Am Ende des Perms kam es im Bereich von Sibiria zu den stärksten vulkanischen Aktivitäten des Phanerozoikums. Durch die Folgen des Vulkanismus erwärmte sich das Klima dramatisch um bis zu 10 °C. Die Klimaerwärmung und die geochemischen Folgen des Vulkanismus hatten das umfangreichste Massensterben des Phanerozoikums zu Folge. Es verschwanden viele dominierende Organismen entweder ganz oder wurden von anderen Gruppen in ihrer Bedeutung abgelöst. Erste Reptilien entstanden zwar bereits im Paläozoikum, diese waren aber bis zum Oberperm im Gegensatz zu den Fischen und Amphibien vergleichsweise unbedeutend. Erst nach dem Massensterben an der Perm-Trias-Grenze dominierten an Land die Reptilien, insbesondere die Saurier. In der marin-benthischen Fauna lösten die Muscheln die Brachiopoden als dominierende Filtrierer ab, die Trilobiten verschwanden ganz (◘ Abb. 29.11). Insgesamt starben 96 % der marinen Tierarten aus.

Beim jüngsten der großen fünf Massensterben verschwanden die Dinosaurier (mit Ausnahme der Vögel) und nachfolgend etablierten sich die heute dominierenden Tier- und Pflanzengruppen (◘ Abb. 29.11). Durch einen Meteoriteneinschlag und vulkanische Aktivitäten brachen terrestrische und aquatische Nahrungsnetze zusammen. Insbesondere waren die auf Primärproduzenten (Landpflanzen, Algen) beruhenden Nahrungsketten betroffen, während detritivore Organismen weniger Einbußen erlitten. An Land überlebten nur kleine Tierarten bis etwa Hasengröße, als einzige Dinosaurier überlebten die Vögel. Im Meer starben die Ammoniten aus.

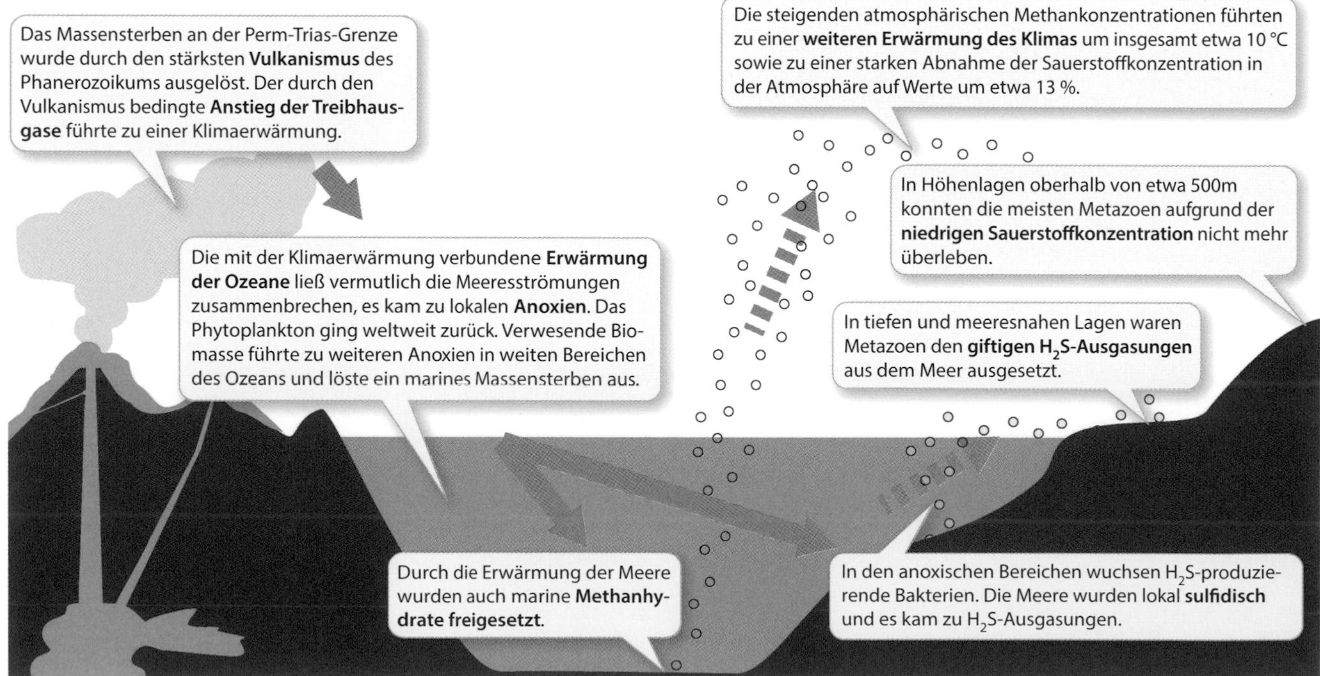

◘ **Abb. 29.10** Ursachen des Massensterbens an der Perm-Trias-Grenze

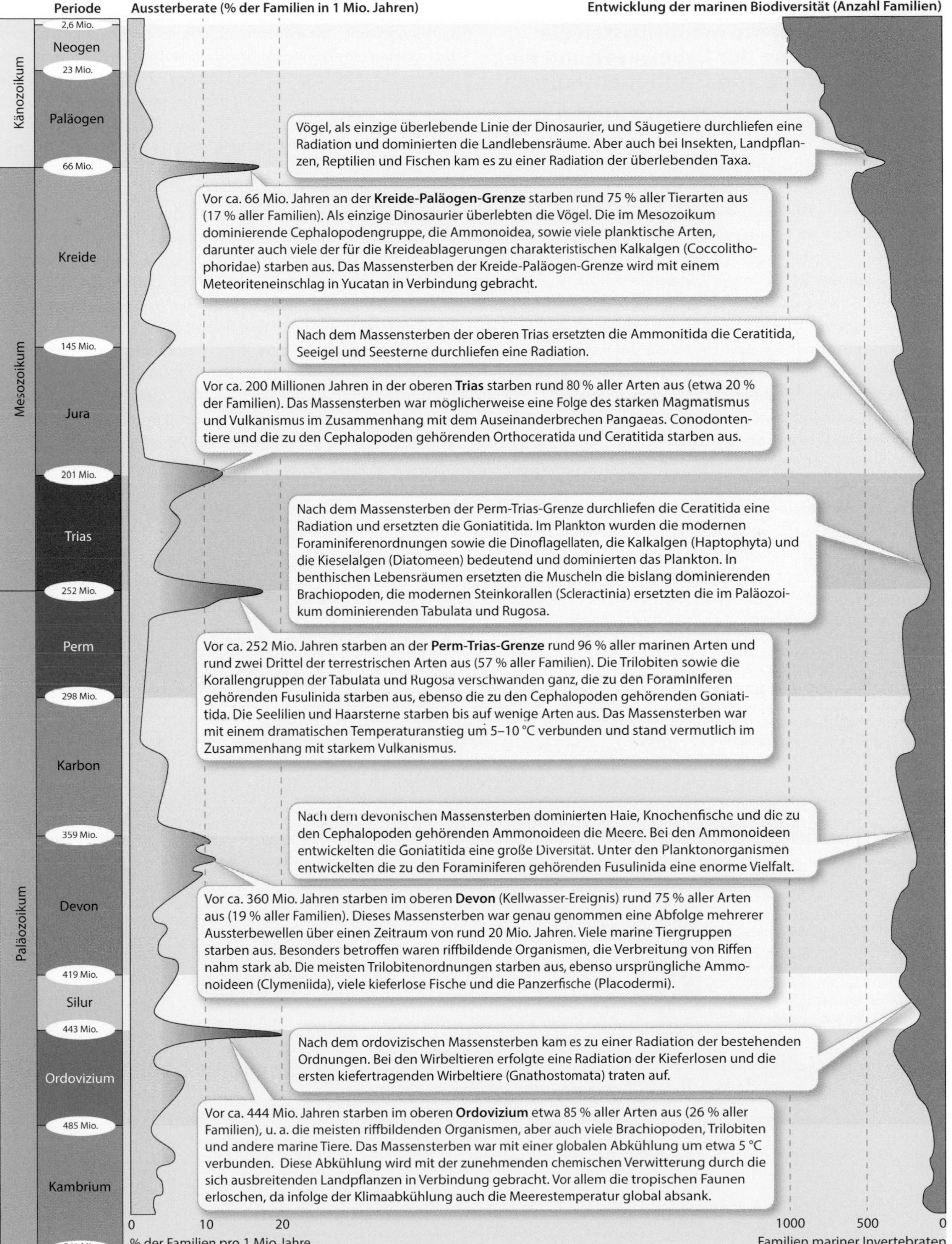

Abb. 29.11 Die großen fünf Massenaussterben des Phanerozoikums

29.7 Die Kontinentaldrift und die Lage der Kontinente beeinflussten die Ausbreitung der Lebewesen und die Verbreitung von Großlebensräumen

Die ältesten Bestandteile der Erdkruste sind etwa 4,2 Mrd. Jahre alt, die Kernbereiche der Kontinente bestehen seit 2,5 Mrd. Jahren. Durch die **Plattentektonik** wurden die Kontinente immer wieder gegeneinander verschoben. Insbesondere an ihren Rändern kam es aufgrund von Kollisionen verschiedener Platten zu Gebirgsbildungen (◻ Abb. 29.12). So ist der Himalaja das Ergebnis der Kollision der Indischen mit der Eurasischen Platte, die Alpen entstanden in der Folge des Zusammenpralls der Adriatischen Platte mit der Eurasischen Platte.

Für die Ausbreitung und Evolution des Lebens spielte die Lage der Kontinente eine Rolle: Die Verbindung der Kontinentalmassen erlaubte die Ausbreitung von Organismen, die Trennung einzelner Kontinente beim Auseinanderbrechen eines Superkontinents führte zu **Isolation** und anschließend oft zu **adaptiven Radiationen** der Organismen (◻ Abb. 29.13). Die heutige Verbreitung phylogenetischer Gruppen, die sich in den **Faunen- und Florenreichen** (▶ Abschn. 37.1) zeigt, spiegelt die Isolation und Verbindung von Kontinentalmassen vor allem der jüngeren Erdgeschichte wider. Im oberen Paläozoikum waren alle großen Landmassen zum Superkontinent **Pangaea** zusammengelagert. Die heutigen Nordkontinente waren über lange Zeiträume zum Großkontinent **Laurasia** vereint, ebenso die heutigen Südkontinente zum Großkontinent **Gondwana**. Im oberen Mesozoikum trennte sich Nordamerika von Eurasien, später auch Afrika von Südamerika, Australien, Indien und der Antarktis. Erst im Känozoikum kollidierten die Indische Platte und die der Afrikanischen Platte vorgelagerte Adriatische Platte mit Eurasien. Die Landbrücke von Panama zwischen Nord- und Südamerika schloss sich erst vor 4,6 Mio. Jahren. Die heutigen Faunenreiche und Florenreiche reflektieren diese erdgeschichtliche Vergangenheit der Landmassenverteilung, es sind geographische Regionen mit systematisch-taxonomisch ähnlicher Artenzusammensetzung.

Wie bereits erwähnt, lagerten sich die Kontinente mehrfach in der Erdgeschichte zu großen zusammenhängenden Landmassen zusammen, den Superkontinenten. Die Lage der Kontinente und besonders die Zusammenlagerung zu Superkontinenten wirkten sich auch auf das Klima und damit auf die Entwicklung des Lebens aus. Die Superkontinente waren durch wenige niederschlagsreiche Küsten und große Trockengebiete im Landesinnern gekennzeichnet. Das Klima bedingt wiederum die Verbreitung bestimmter Großlebensräume, der **Biome** (▶ Abschn. 37.1). Während also für die Faunen- und Florenreiche die Lage der Kontinente in der Vergangenheit bedeutend ist, spielen für die Verbreitung der Biome die klimatischen Verhältnisse und damit die aktuelle Lage der Kontinente die zentrale Rolle.

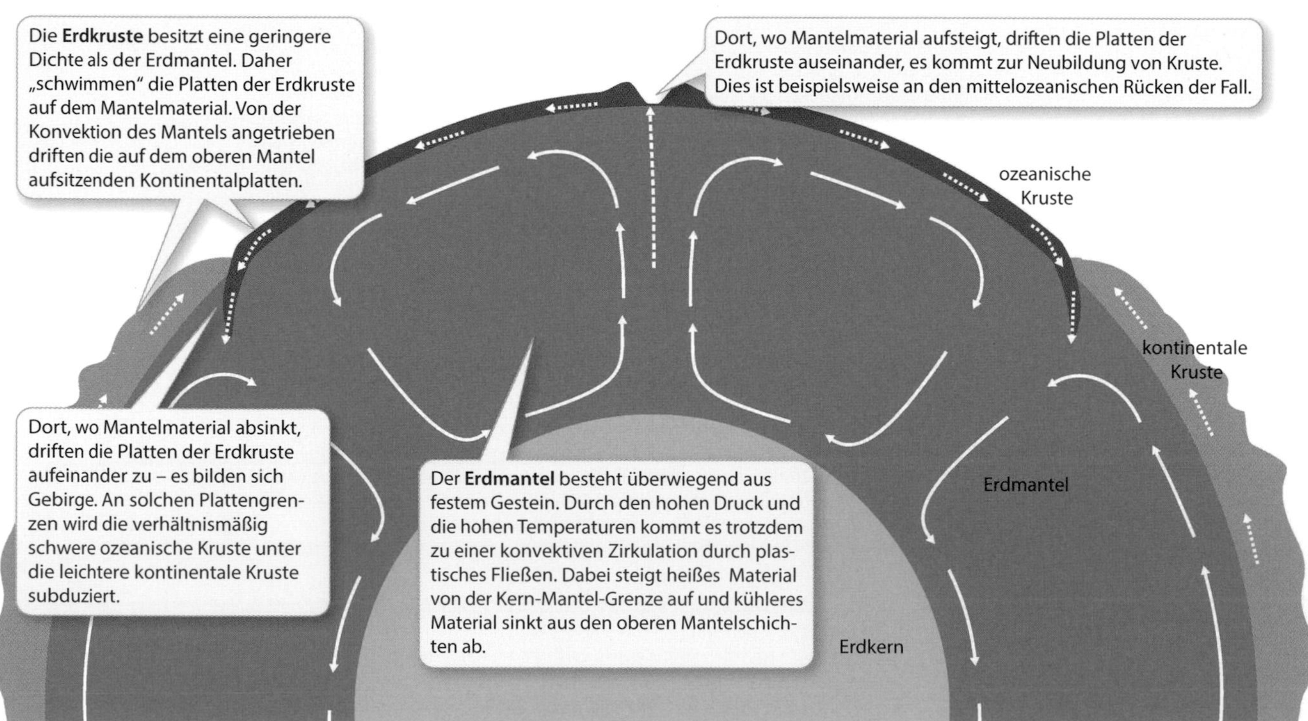

◻ **Abb. 29.12** Geologische Ursachen der Plattentektonik

Ära	Periode	Grenze	Evolution der Erde
		2,6 Mio	
Känozoikum	Neogen		Im Neogen bildeten sich Landbrücken zwischen Afrika und Eurasien. Erst im oberen Neogen bildete sich die Landbrücke zwischen Nord- und Südamerika.
		23 Mio.	
	Paläogen		Afrika und Indien waren von den anderen Südkontinenten getrennt. Bis zum Ende des Paläozäns bestand dagegen eine Landbrücke zwischen Eurasien und Nordamerika. Indien kollidierte mit der Asiatischen Platte unter Heraushebung des Himalaja und die Adriatische Platte mit Europa unter Auffaltung der Alpen. Die Tethys zerfiel in das Mittelmeer und die in Osteuropa liegende Paratethys.
		66 Mio.	
Mesozoikum	Kreide		In der Kreide begann auch der Südkontinent Gondwana zu zerfallen. Zwischen Afrika und Südamerika bildete sich der Südatlantik, auch Australien und die Antarktis trennten sich. Indien spaltete sich von Afrika ab und begann nordwärts zu driften.
		145 Mio.	
	Jura		Pangaea zerfiel weiter, die Nordkontinente trennten sich von den Südkontinenten. Zwischen der Eurasischen und der Nordamerikanischen Platte (Laurasia) begann sich der Nordatlantik zu bilden. So entstanden zunächst drei große Kontinente: Nordamerika, Eurasien und Gondwana. In den Grabensystemen kam es zunächst zu periodischen Meereseinbrüchen. Durch das Zerbrechen des Superkontinents Pangaea entwickelte sich ein ausgeprägter Provinzialismus der terrestrischen Fauna.
		201 Mio.	
	Trias		In der oberen Trias entstand ein Grabenbruchsystem zwischen dem späteren Nordamerika und dem späteren Europa, damit deutete sich die Entstehung des Nordatlantiks an.
		252 Mio.	
Paläozoikum	Perm		Die Kollision Sibirias mit dem entstehenden Superkontinent führte zur Auffaltung des Urals, alle Landmassen waren nun zum Superkontinent Pangaea vereint. Im Bereich des Äquators öffnete sich die Tethys. Im Oberperm kam es im Bereich Sibirias zu den stärksten vulkanischen Aktivitäten des Phanerozoikums mit dramatischen Folgen für das Klima und die Biodiversität.
		298 Mio.	
	Karbon		Laurussia und Gondwana drifteten aufeinander zu. Dies leitete die Variszische Orogenese (Gebirgsbildung) ein. Es kam zur Auffaltung von Gebirgen in großen Bereichen Mitteleuropas, Nordamerikas und Asiens. Mit der Kollision Laurussias mit Gondwana bildete sich der Superkontinent Pangaea, dessen Bildung mit der Kollision Sibirias im Perm abgeschlossen war.
		359 Mio.	
	Devon		Die Nordkontinente drifteten weiter nach Norden, zwischen diesen und Gondwana öffnete sich die Paläotethys.
		419 Mio.	
	Silur		Im unteren Silur kam es zur Kollision von Laurentia und Baltica, es entstand der Großkontinent Laurussia (= Old-Red-Kontinent, benannt nach den rötlichen Sandsteinen) unter Bildung des kaledonischen Faltengürtels.
		443 Mio.	
	Ordovizium		Laurentia und Sibiria drifteten im Ordovizium nach Norden zum Äquator. Auch Baltica driftete nordwärts und entfernte sich etwas von Gondwana. Laurentia und Baltica drifteten aufeinander zu und der Iapetus-Ozean zwischen den beiden Kontinenten begann sich zu schließen.
		485 Mio.	
	Kambrium		Die großen Landmassen lagen im Kambrium weitgehend südlich des Äquators. Dies waren Laurentia (Teile Nordamerikas und Grönlands), Baltica (Nordosteuropa) und Sibiria (Sibirien) sowie der große Südkontinent Gondwana. Zwischen Gondwana und den Nordkontinenten lag der Iapetus-Ozean, auf der Nordhalbkugel der Panthalassische Ozean.
		541 Mio.	

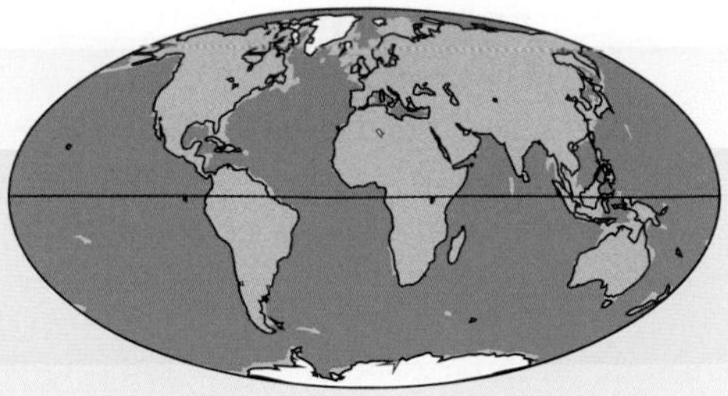

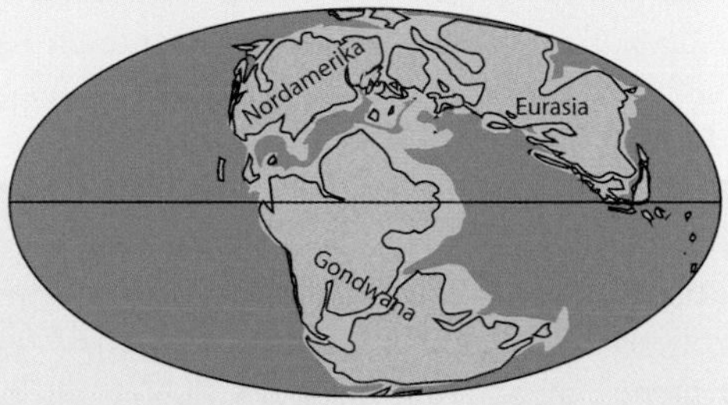

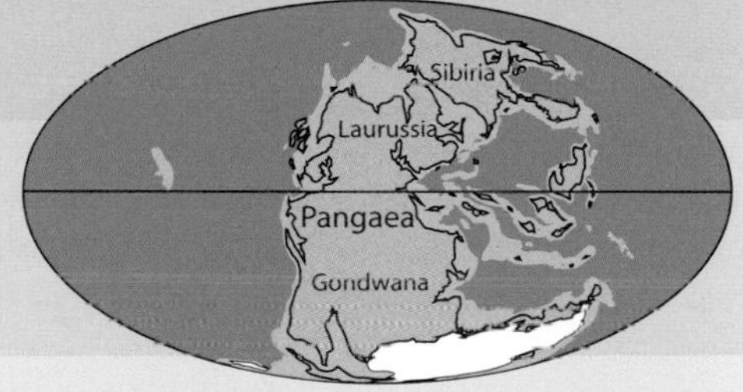

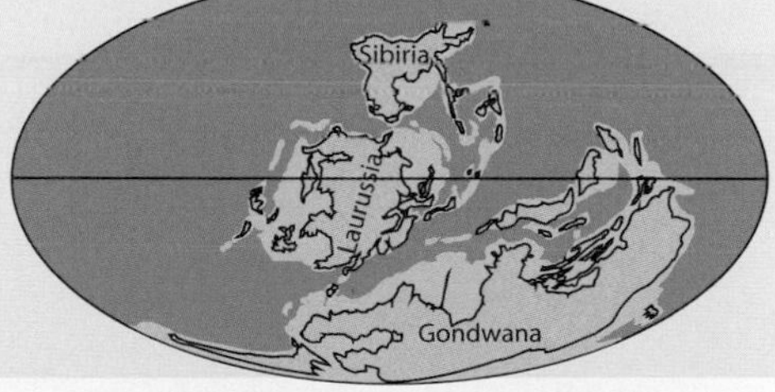

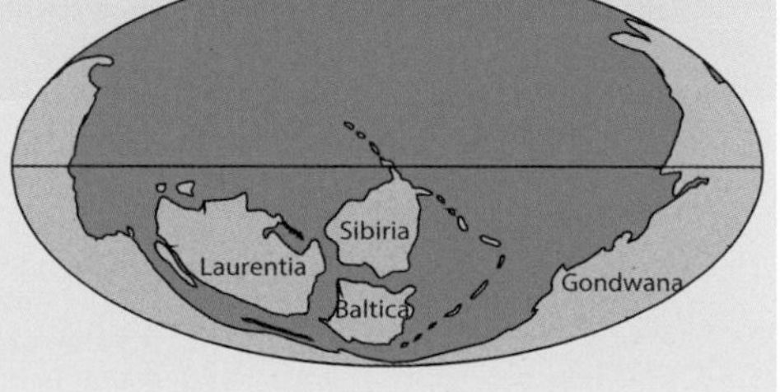

Abb. 29.13 Die Lage der Kontinente im Verlauf des Phanerozoikums

29

29.8 Die Entwicklung spezialisierter Kommunikations- und Leitungsgewebe war eine Voraussetzung für die Evolution großer landlebender Vielzeller

Im unteren **Paläozoikum** setzte sich die Diversifizierung der vielzelligen Organismen fort, die im oberen Proterozoikum begonnen hatte; im Kambrium hatten sich fast alle modernen Tierstämme entwickelt. Viele der im unteren Paläozoikum dominierenden Tiergruppen starben allerdings im Verlauf des Paläozoikums aus. Die Fauna des unteren Paläozoikums unterschied sich daher stark von der Fauna der jüngeren Erdgeschichte (◻ Abb. 29.14).

Die Riffe des unteren Paläozoikums wurden von Schwämmen (Archaeocyatha) und Korallen (Rugosa und Tabulata) dominiert. Alle diese Gruppen starben im Verlauf des Paläozoikums aus. Lediglich die ab dem Ordovizium ebenfalls vertretenen Stromatoporidea überlebten bis zur Kreide. Zu den größten benthischen Räubern gehörten die Trilobiten, zu den größten Tieren des freien Wassers die Nautiloideen (Cephalopoda) und die Wirbeltiere.

Kieferlose Fische sind bereits aus dem oberen Kambrium nachgewiesen und dominierten die Meere des Ordoviziums und Silurs. Auch Graptolithen und Conodonten werden in die Verwandtschaft der Wirbeltiere gestellt, diese Gruppen sind aber nur aus dem Paläozoikum und dem frühen Mesozoikum bekannt.

Effiziente Systeme für den Stoff- und Informationsaustausch waren für die Evolution großer Tiere und Pflanzen eine wichtige Voraussetzung. So entwickelten sich bei den Landpflanzen Leitgewebe, bei den Tieren entsprechend Blutkreislaufsysteme. Die entscheidenden Evolutionsschritte zur Entwicklung der Vertebraten waren die Entstehung eines neuen embryonalen Zelltyps, aus dem das **Neuralrohr** und später das zentrale Nervensystem mit Gehirn und Rückenmark hervorgingen, sowie eines Kiemenapparats und sensorischer Organe wie Augen und Nase (◻ Abb. 29.15). Der neue Zelltyp ermöglichte einen neuen Körperbauplan, insbesondere die Entwicklung eines Kopfes mit komplexen Sinnesorganen. Dies erlaubte den Organismen gerichtete Orientierung und stand damit vermutlich im Zusammenhang mit einem Wechsel von filtrierender Ernährung zu aktiven Beutegreifern. Ein Saugschlund, wie bei den heutigen Neunaugen, fand sich erstmals bei fossilen Kieferlosen des Kambriums.

Auch die **Myelinscheide** (▸ Abschn. 16.7) um die Nervenfasern ist ein Derivat der Neuralleistenzellen. Die Myelinscheide erlaubt eine schnellere Reizweiterleitung, als dies bei Invertebraten der Fall ist. Daher bildete die Myelinscheide eine zentrale Voraussetzung für die Evolution großer Tiere. Offenbar ging die Entwicklung der Myelinscheide mit jener des Kiefers einher: Rezente Kieferlose besitzen keine Myelinscheide, vermutlich fehlte diese auch noch bei den ausgestorbenen Ostracodermen und Conodonten. Die Chondrichthyes besaßen dann aber bereits eine Myelinscheide. Somit dürfte die Myelinscheide vor der Abspaltung der Chondrichthyes von den anderen Gnathostomata im Ordovizium entstanden sein (◻ Abb. 29.15).

Bei den Landpflanzen bildeten die Evolution des **Kormus** (▸ Abschn. 31.2), also eines aus den Grundorganen Sprossachse, Wurzel und Blatt aufgebauten Pflanzenkörpers, sowie von Leitgeweben die Voraussetzung für die Ausbildung großer Pflanzen-

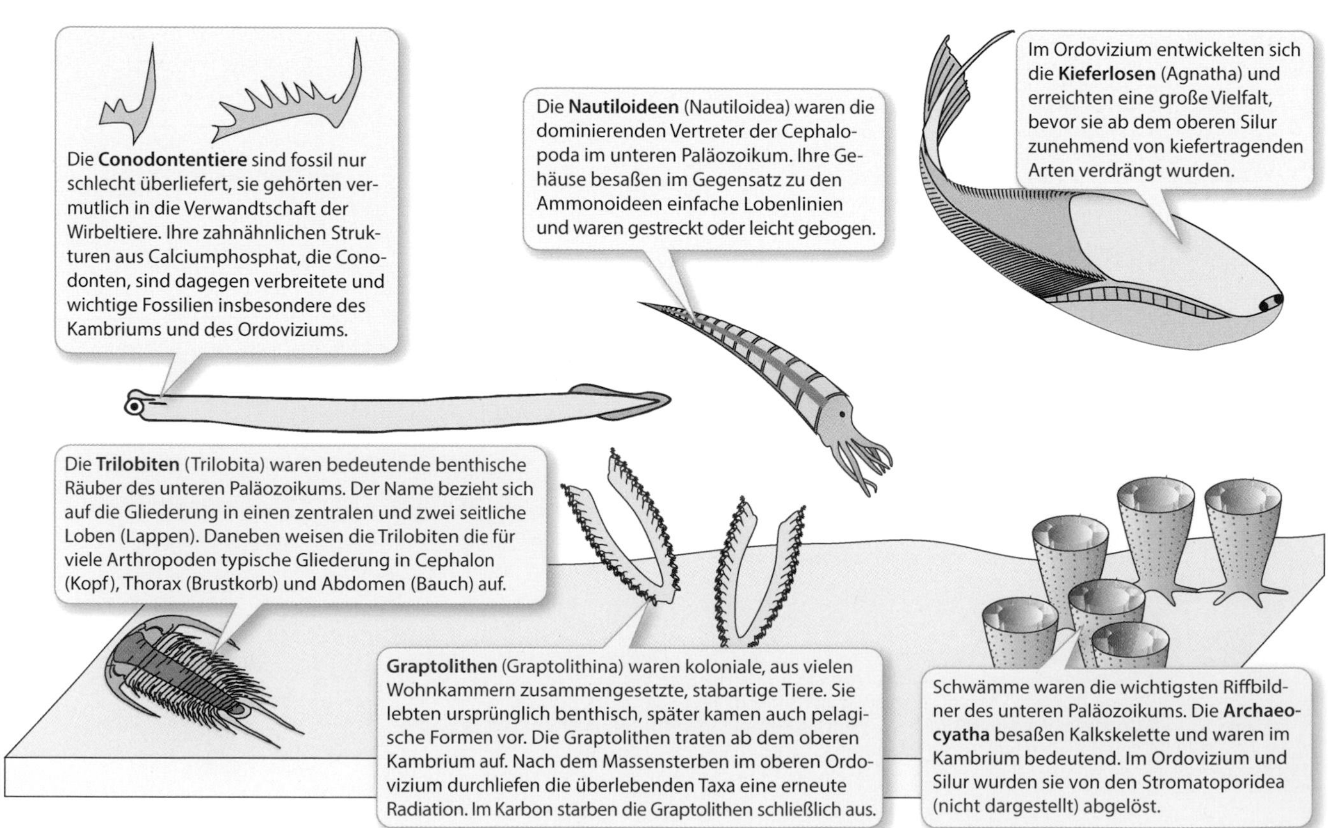

◻ **Abb. 29.14** Marine Fauna des unteren Paläozoikums

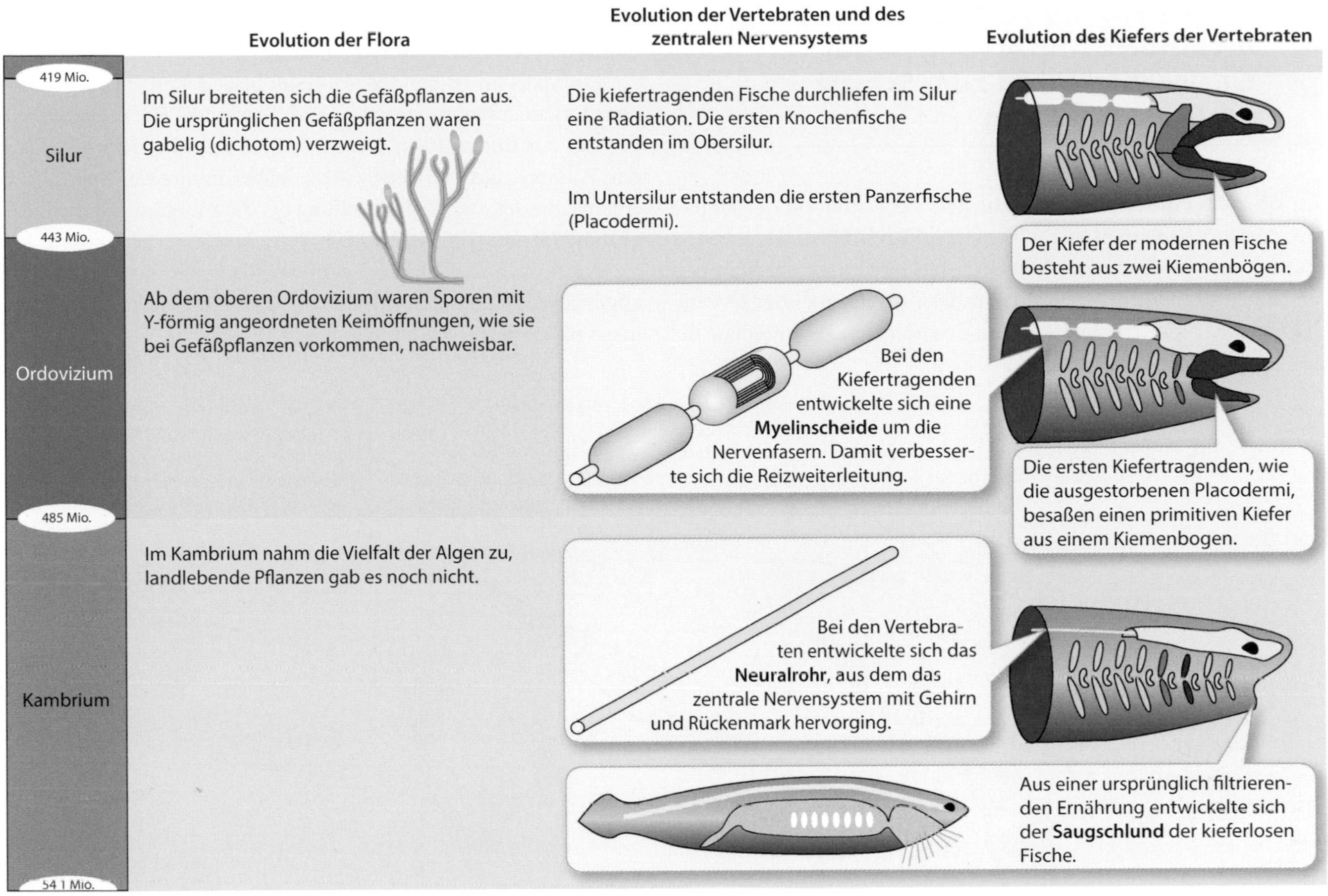

Abb. 29.15 Evolution der Landpflanzen und der Wirbeltiere im unteren Paläozoikum

körper. Im oberen Ordovizium besiedelten moosartige Pflanzen das Land, Gefäßpflanzen entwickelten sich erst später. Sporen von Gefäßpflanzen sind bereits aus dem obersten Ordovizium bekannt (Abb. 29.16), Körperfossilien von Gefäßpflanzen erst aus dem Silur (Abb. 29.17). Die ursprünglichen Landpflanzen waren dichotom verzweigt und kriechend, nur die terminalen Äste waren aufwärts gebogen; sie besaßen noch keine Blätter und die Sporangien waren endständig. Auch gesicherte Nachweise von Flechten stammen aus dem Silur. Die Besiedlung des Landes durch Pflanzen steht aufgrund einer verstärkten chemischen Verwitterung durch die Pflanzenwurzeln und einer vermehrten Fixierung von Kohlenstoffdioxid durch Photosynthese vermutlich in ursächlichem Zusammenhang mit der Abkühlung und Vereisung im oberen Ordovizium.

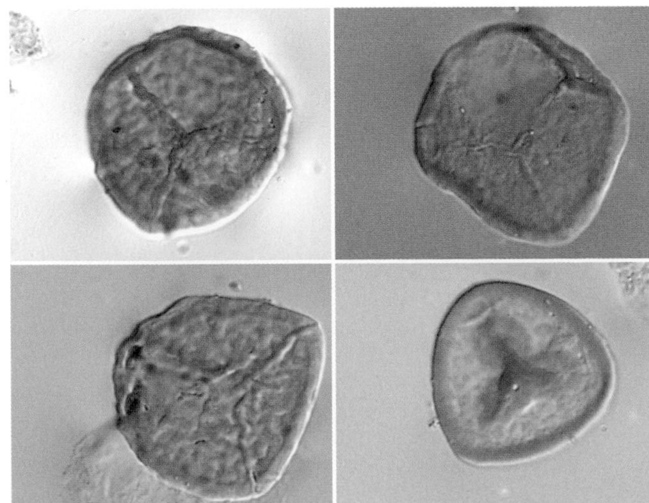

Abb. 29.16 Trilete Sporen, wie sie bei Bärlappen und Farnen vorkommen, traten erstmals im Ordovizium auf

Abb. 29.17 Körperfossilien von Pflanzen (links: Abdruck von *Cooksonia* spec.; rechts: Schnitt durch *Rhynia* spec.) sind ab dem Silur bekannt

29.9 Der Übergang zum Landleben erforderte Anpassungen des Gaswechsels und zum Schutz vor Austrocknung

Im **oberen Paläozoikum** setzte sich die Radiation der kiefertragenden Wirbeltiere fort, neben den Kopffüßern entwickelten sie sich mit den Panzerfischen und den Vorfahren der heutigen Fische zu den dominierenden Räubern im Pelagial der Ozeane (◘ Abb. 29.18). Am Meeresboden dominierten verschiedene filtrierende Organismen wie die Brachiopoden, die Seelilien und die zu den Korallen gehörenden Rugosa.

Ebenfalls im oberen Paläozoikum besiedelten viele verschiedene Organismengruppen das Land. Besondere Herausforderungen bei der **Besiedlung terrestrischer Lebensräume** stellten der Wasser- und Gaswechsel dar, insbesondere der Schutz vor Austrocknung und die Umstellung der Atemorgane auf die Luftatmung (► Abschn. 12.5, 12.8).

Auch die Fortpflanzung ist in der Regel auf flüssiges Wasser angewiesen, da bei den meisten aquatischen Organismen Spermien bzw. Spermatozoen ins Wasser abgegeben werden und zu

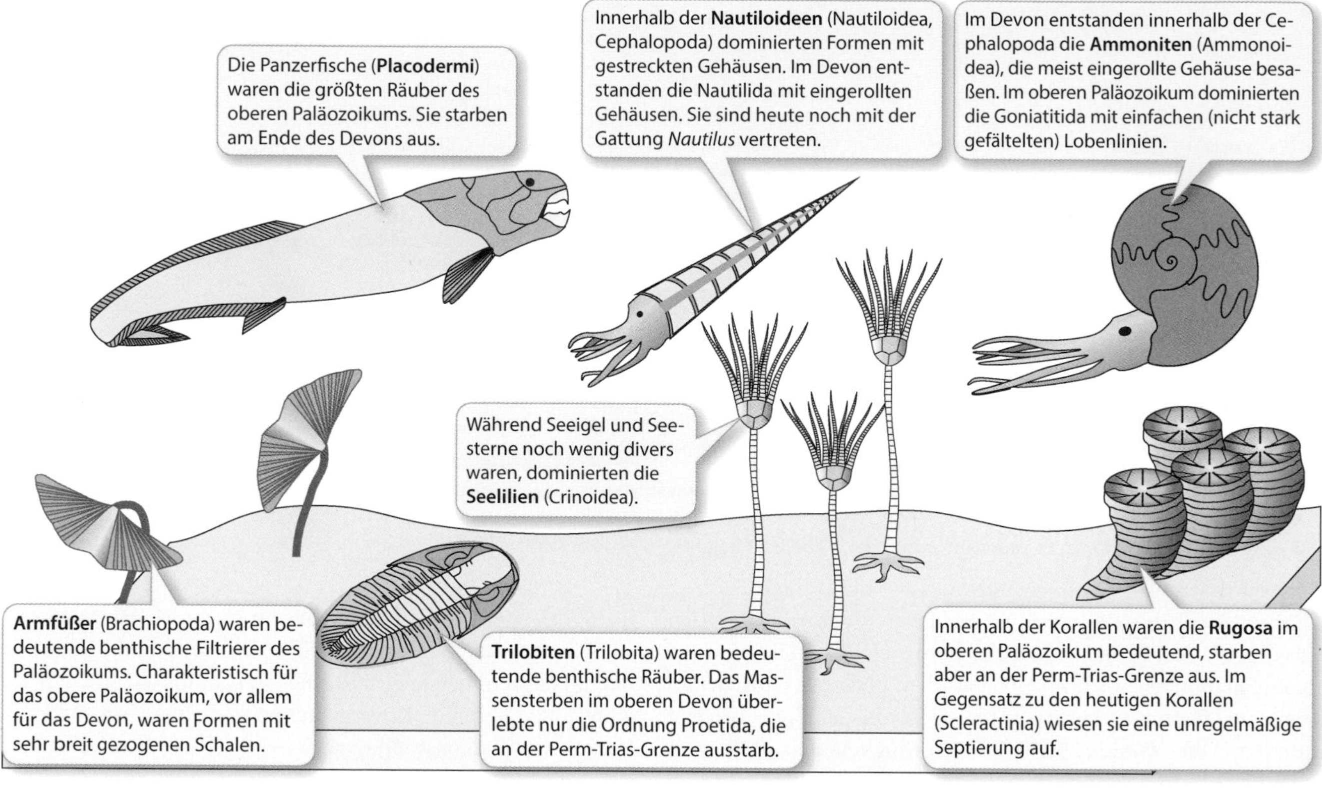

◘ **Abb. 29.18** Marine Fauna des oberen Paläozoikums

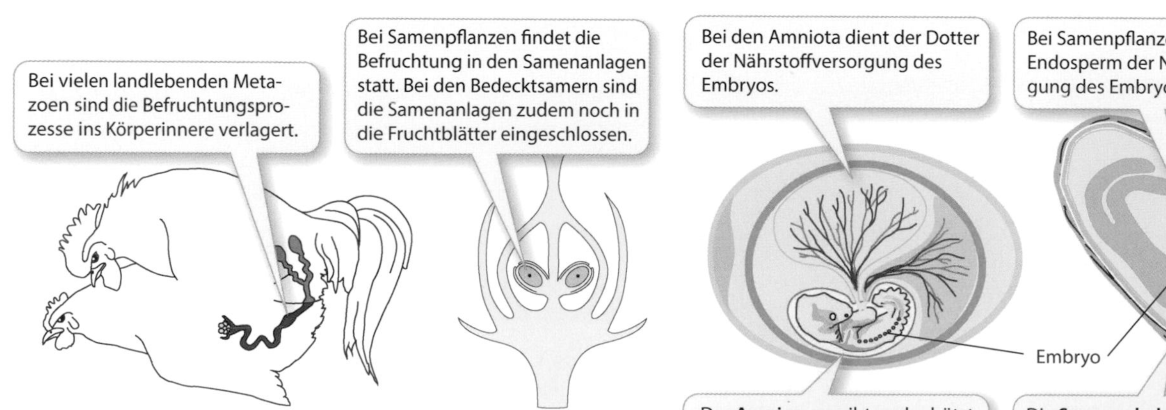

◘ **Abb. 29.19** Die Verlagerung der Befruchtung ins Körperinnere der Elterngeneration schützt die Gameten vor Austrocknung. Diese Strategie hat sich unabhängig bei Tieren und Pflanzen entwickelt

◘ **Abb. 29.20** Die Embryonen sind bei den Amniota und bei den Samenpflanzen von einer schützenden Hülle umgeben, dem Amnion bzw. der Samenschale. Diese Strukturen sind namensgebend für die jeweiligen Organismengruppe

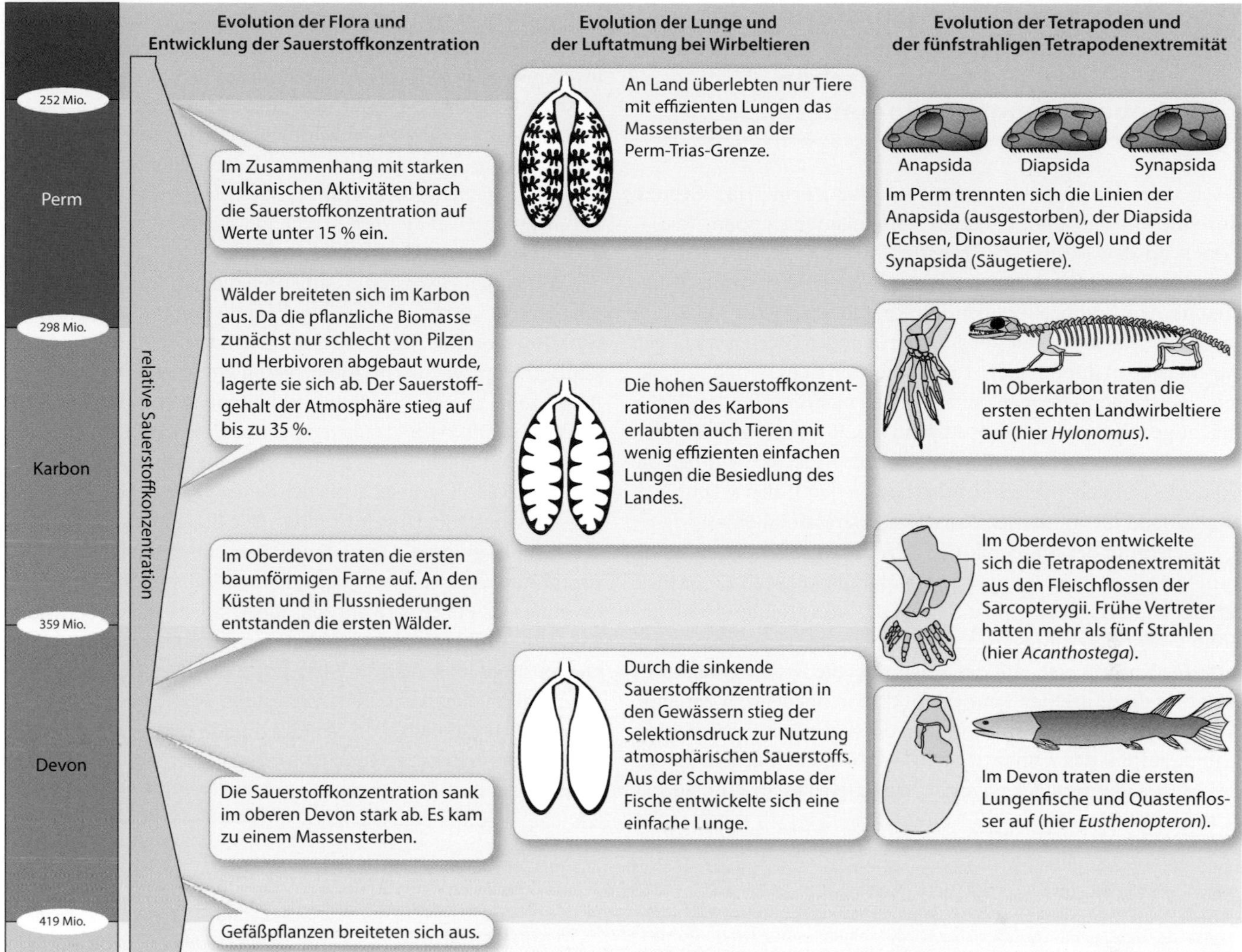

Abb. 29.21 Die Evolution der Landpflanzen und der Wirbeltiere im oberen Paläozoikum

den weiblichen Fortpflanzungsorganen schwimmen. Eine Unabhängigkeit der Fortpflanzung von freiem, flüssigem Wasser wurde in mehreren Linien durch die **Verlagerung des Befruchtungsvorgangs ins Innere** der Elternorganismen erreicht (Abb. 29.19; ▶ Abschn. 14.7). Beispiele sind die Amniota, die Samenpflanzen, aber auch viele Arthropodengruppen.

Aber nicht nur die Geschlechtszellen, sondern auch der sich entwickelnde Embryo ist wasserabhängig und von Austrocknung bedroht. Bei vielen landlebenden Gruppen wird ein Austrocknen des Embryos dadurch vermieden, dass dieser von schützenden Hüllen umgeben ist (z. B. von der Samenschale bei den Samenpflanzen oder vom Amnion und ggf. weiteren Hüllen bei den Amniota). Diese Hüllen schränken aber auch die Versorgung des Embryos mit Substanzen aus der Umwelt ein. Aus diesem Grund ging die Ausbildung schützender Hüllschichten einher mit der Einlagerung von Nährstoffen zur Versorgung des Embryos (Abb. 29.20).

Die **Evolution der Atmungsorgane** hing insbesondere mit der Verfügbarkeit von Sauerstoff zusammen (Abb. 29.21): Niedrige Sauerstoffkonzentrationen im Wasser begünstigten Organismen, die auch Luftsauerstoff nutzen konnten. Im Devon kam es zu einer globalen Klimaabkühlung und einem Massenaussterben, die Sauerstoffkonzentration brach dabei stark ein. Daher waren solche Tiere selektiv begünstigt, die Luftsauerstoff zu nutzen vermochten (wie die Lungenfische) und sich zumindest zeitweilig an Land aufhalten konnten (wie die Quastenflosser). Im Karbon breiteten sich dann entlang der Küsten und Flussniederungen Wälder aus. Die pflanzliche Biomasse konnte von den Herbivoren aber zunächst nicht abgebaut werden und lagerte sich als Kohle ab – aus dem Karbon stammen die weltweit größten Kohlevorkommen. Umgekehrt stieg die Sauerstoffkonzentration der Atmosphäre auf etwa 35 % an. Diese hohe Sauerstoffkonzentration ermöglichte auch Tieren mit wenig effizienten Atemsystemen die Besiedlung des Landes. Im Laufe des Karbons entwickelten sich dann effizientere Lungen. Im Zuge des Massensterbens an der Perm-Trias-Grenze sank die Sauerstoffkonzentration wieder stark ab. Nur Tiere mit effizienten Atemsystemen überlebten diesen Einbruch der Sauerstoffkonzentration. Bei den Vertebraten gehörten dazu die Vorläufer der Dinosaurier mit einem Luftsacksystem ähnlich dem der heutigen Vögel.

29

29.10 Nach dem Massenaussterben an der Perm-Trias-Grenze begannen Reptilien die terrestrischen Lebensräume zu dominieren

Nach dem **Massenaussterben an der Perm-Trias-Grenze** durchliefen die überlebenden Organismengruppen Radiationen. In den Meeren des **Mesozoikums** dominierten die zu den Kopffüßern gehörenden Ammonoideen neben Haien, Knochenfischen und wasserlebenden Reptilien (◘ Abb. 29.22). Im Plankton setzten sich die auch in den heutigen Meeren wichtigen Algengruppen durch. In der Kreide bildeten sich aus den verkalkten Oberflächenschuppen der Kalkalgen mehrere Hundert Meter mächtige Ablagerungen (▶ Abschn. 33.20). Am Meeresboden nahm die Diversität der Seesterne zu. Die Muscheln wurden die dominierenden benthischen Filtrierer. In den Riffen setzten sich zunehmend die modernen Korallen (Scleractinia) durch.

Zu Beginn des Mesozoikums waren alle großen Landmassen zum Superkontinent **Pangaea** vereint. Entsprechend waren viele landlebende Organismen zu Beginn des Mesozoikums weit verbreitet. Im oberen Mesozoikum zerfiel Pangaea zunehmend in einzelne Kontinente – mit der Folge, dass die Artenvielfalt durch Isolation der einzelnen Faunen- und Florenprovinzen zunahm. An Land stiegen die Amniota zur dominierenden Wirbeltiergruppe auf, aus den frühen Synapsida entwickelten sich im Verlauf des Mesozoikums sukzessive die Säugetiere (▶ Abschn. 30.26).

Die **Radiation der Säugetiere** fand im oberen Jura und der unteren Kreide statt – bedeutend wurden die Säugetiere aber erst im Känozoikum. Im Mesozoikum dominierten die **Reptilien**, ▶ Abschn. 30.24). in vielen Reptilienlinien entstanden riesige Formen – diese werden, obwohl sie untereinander nicht näher verwandt sind, zusammenfassend als Saurier bezeichnet. Eine dieser Gruppen, die **Dinosaurier**, erreichte eine besonders große Diversität und war die vorherrschende Wirbeltiergruppe im Jura und in der Kreide (◘ Abb. 29.23).

Bei den Landpflanzen dominierten die nacktsamigen Samenpflanzen (▶ Abschn. 31.15), vor allem die **Samenfarne** und die **Ginkgogewächse**. In der Kreide breiten sich dann die bedecktsamigen Pflanzen aus. Im Mesozoikum entwickelte sich auch die Assoziation zwischen Blüten und blütenbesuchenden Insekten (▶ Abschn. 35.14) und führte zu einer Diversifizierung sowohl der Blütenpflanzen als auch der blütenbesuchenden Insekten (◘ Abb. 29.24). Die ursprünglichen Samenpflanzen wurden durch den Wind bestäubt (**Anemophilie**). Die Bestäubung durch Tiere (**Zoophilie**) ging aus Assoziationen von Blüten mit Insekten hervor (◘ Abb. 29.24). Die ersten blütenbesuchenden Insekten nutzten einerseits Pollen als Nahrung, andererseits den von der Narbe windblütiger Pflanzen ausgeschiedenen Bestäubungstropfen (Pollinationstropfen; ▶ Abschn. 14.7). Es entwickelten sich schließlich spezialisierte Blüten und Blütenstrukturen wie Nektarblätter sowie spezialisierte Bestäuber. In der Oberkreide traten auch erstmals Gräser auf, zunächst in feuchten Lebensräumen, im Känozoikum verbreiteten sie sich dann auch in trockeneren Lebensräumen.

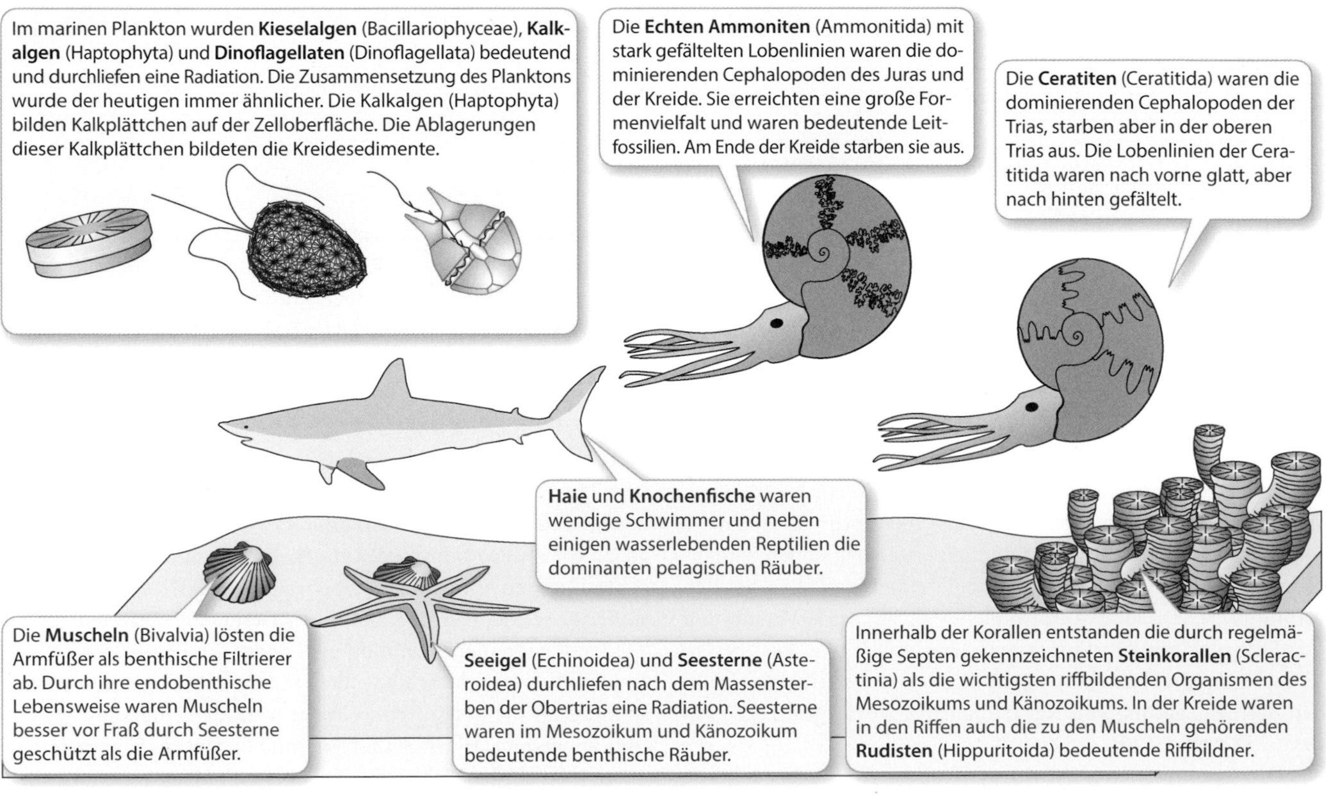

◘ **Abb. 29.22** Marine Fauna des Mesozoikums

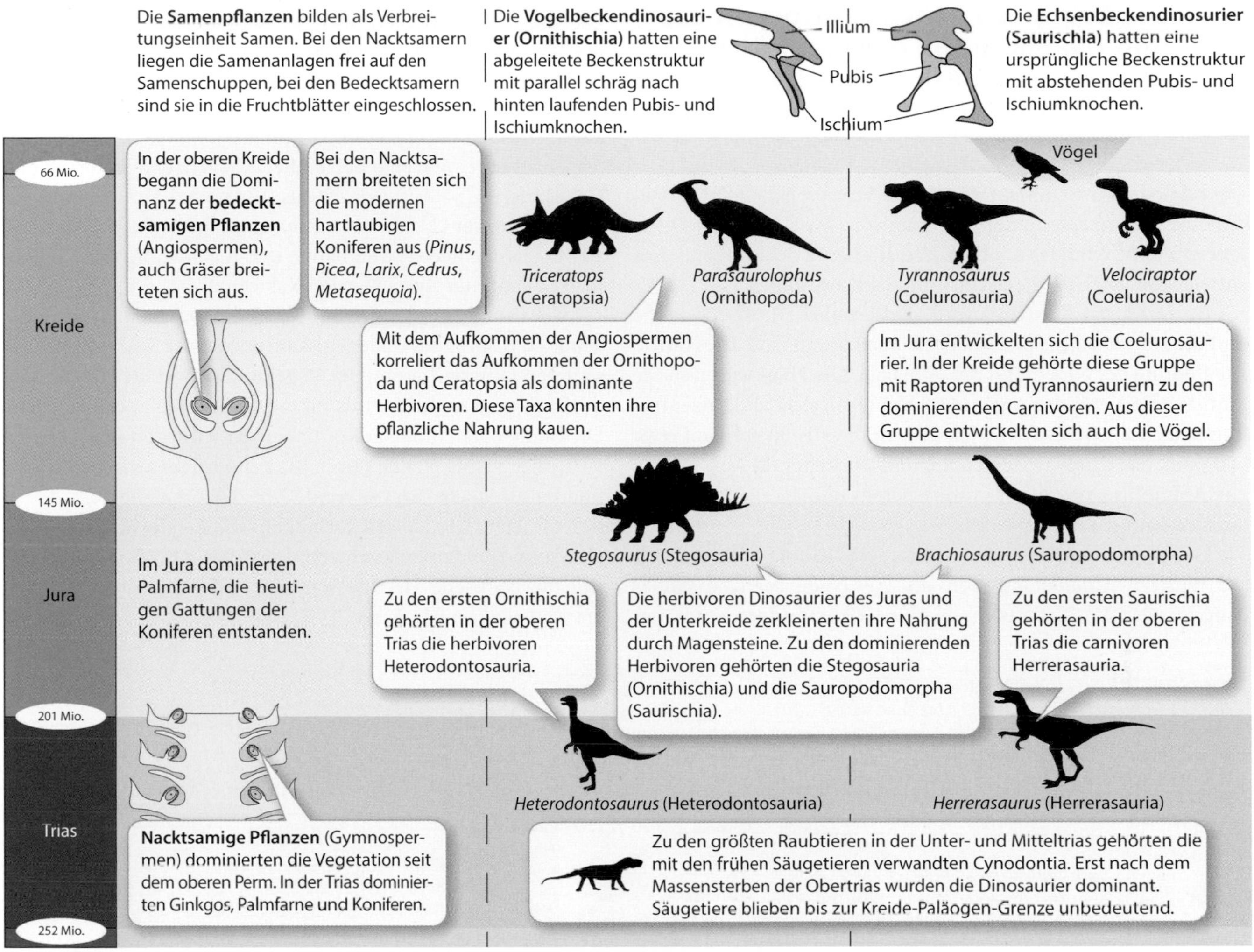

Die **Samenpflanzen** bilden als Verbreitungseinheit Samen. Bei den Nacktsamern liegen die Samenanlagen frei auf den Samenschuppen, bei den Bedecktsamern sind sie in die Fruchtblätter eingeschlossen.
Die **Vogelbeckendinosaurier (Ornithischia)** hatten eine abgeleitete Beckenstruktur mit parallel schräg nach hinten laufenden Pubis- und Ischiumknochen.
Illium
Pubis
Ischium
Die **Echsenbeckendinosaurier (Saurischia)** hatten eine ursprüngliche Beckenstruktur mit abstehenden Pubis- und Ischiumknochen.
66 Mio.
145 Mio.
201 Mio.
252 Mio.
Kreide
Jura
Trias
In der oberen Kreide begann die Dominanz der **bedecktsamigen Pflanzen** (Angiospermen), auch Gräser breiteten sich aus.
Bei den Nacktsamern breiteten sich die modernen hartlaubigen Koniferen aus (*Pinus, Picea, Larix, Cedrus, Metasequoia*).
Vögel
Triceratops (Ceratopsia)
Parasaurolophus (Ornithopoda)
Tyrannosaurus (Coelurosauria)
Velociraptor (Coelurosauria)
Mit dem Aufkommen der Angiospermen korreliert das Aufkommen der Ornithopoda und Ceratopsia als dominante Herbivoren. Diese Taxa konnten ihre pflanzliche Nahrung kauen.
Im Jura entwickelten sich die Coelurosaurier. In der Kreide gehörte diese Gruppe mit Raptoren und Tyrannosauriern zu den dominierenden Carnivoren. Aus dieser Gruppe entwickelten sich auch die Vögel.
Stegosaurus (Stegosauria)
Brachiosaurus (Sauropodomorpha)
Im Jura dominierten Palmfarne, die heutigen Gattungen der Koniferen entstanden.
Zu den ersten Ornithischia gehörten in der oberen Trias die herbivoren Heterodontosauria.
Die herbivoren Dinosaurier des Juras und der Unterkreide zerkleinerten ihre Nahrung durch Magensteine. Zu den dominierenden Herbivoren gehörten die Stegosauria (Ornithischia) und die Sauropodomorpha (Saurischia).
Zu den ersten Saurischia gehörten in der oberen Trias die carnivoren Herrerasauria.
Heterodontosaurus (Heterodontosauria)
Herrerasaurus (Herrerasauria)
Nacktsamige Pflanzen (Gymnospermen) dominierten die Vegetation seit dem oberen Perm. In der Trias dominierten Ginkgos, Palmfarne und Koniferen.
Zu den größten Raubtieren in der Unter- und Mitteltrias gehörten die mit den frühen Säugetieren verwandten Cynodontia. Erst nach dem Massensterben der Obertrias wurden die Dinosaurier dominant. Säugetiere blieben bis zur Kreide-Paläogen-Grenze unbedeutend.

Abb. 29.23 Evolution der Landpflanzen und der Wirbeltiere im Mesozoikum

Nacktsamige Pflanzen (Gymnospermen)
Bedecktsamige Pflanzen (Angiospermen)
Schmetterlinge (Lepidoptera)
Käfer (Coleoptera)
Zweiflügler (Diptera)
Hautflügler (Hymenoptera)
Känozoikum
Mesozoikum
Paläozoikum
Im Flachland stieg der Anteil der Angiospermen in der Kreide auf etwa 70 % der Pflanzenarten an.
Die Spezialisierung der Blüten auf nektarsammelnde Insekten erfolgte erst in der späten Kreide und im frühen Känozoikum. Dies führte zu einer weiteren Diversifizierung der blütenbesuchenden Insekten.
Gymnospermen dominierten die Vegetation des frühen und mittleren Mesozoikums.
Die Erschließung neuer Nahrungsquellen durch Insekten führte im mittleren Mesozoikum zu einer Diversifizierung in verschiedenen Insektengruppen. Diese Insekten besuchten die Blüten der Nacktsamer und der ersten Bedecktsamer.
Pollenkorn
Bestäubungstropfen
Narbe
Viele windblütige Pflanzen erhöhen die Wahrscheinlichkeit der Befruchtung durch das Ausscheiden eines Bestäubungstropfens. Durch die darin enthaltenen Zucker ist dieser so klebrig, dass Pollenkörner daran haften bleiben. Insekten mit leckend-saugenden Mundwerkzeugen haben sich diese Bestäubungstropfen als Nahrungsquelle erschlossen und so zur Verbreitung von Pollen beigetragen. Daraus entwickelte sich vermutlich die spezialisierte Insektenbestäubung.

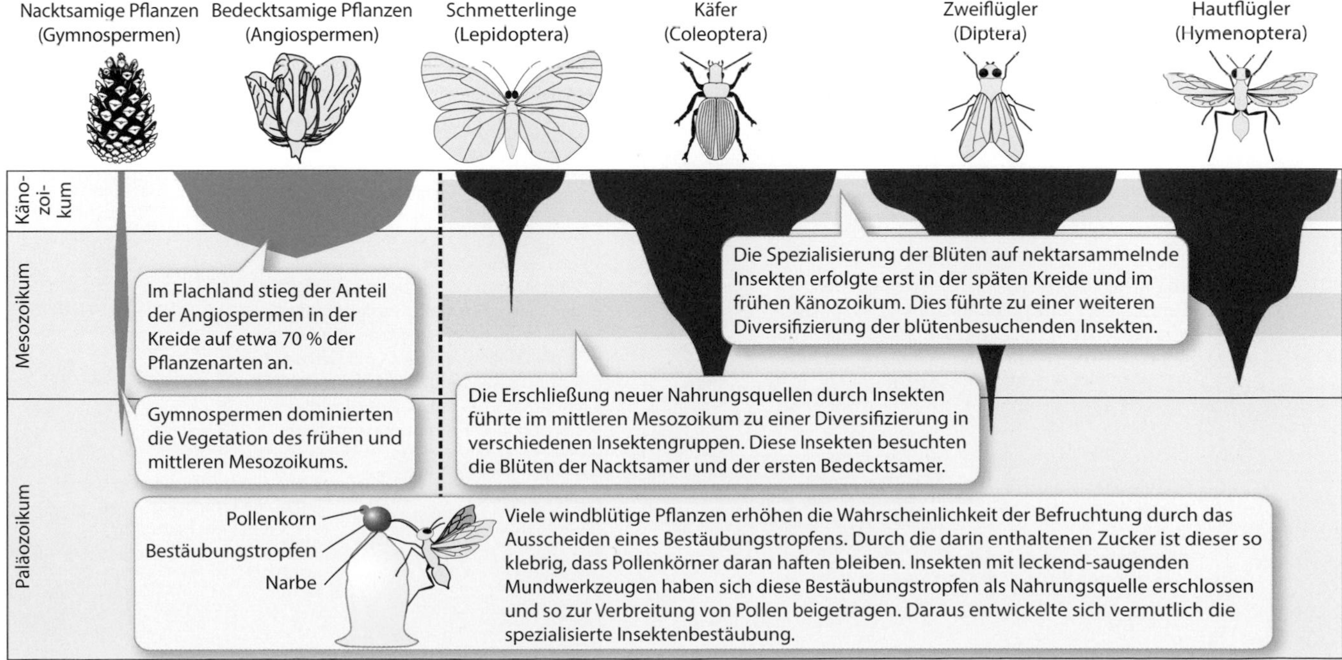

Abb. 29.24 Entwicklung der Diversität der Gymnospermen und Angiospermen und der wichtigsten Bestäubergruppen von insektenbestäubten Pflanzen

29.11 Die Evolution der C_4-Photosynthese und die Evolution des Menschen waren mit der Klimaentwicklung des Känozoikums verknüpft

Das **Känozoikum** umfasst die jüngste Vergangenheit der Erdgeschichte und umspannt den Zeitraum vom Aussterben der Dinosaurier vor 66 Mio. Jahren bis heute. Im Laufe des Känozoikums entwickelten sich die heutigen Organismengruppen.

Im mittleren Känozoikum kollidierten die Indische Platte und die Adriatische Platte mit der Eurasischen Platte. Dies führte zur Bildung der Alpen und des Himalaja. Die Folge waren starke klimatische Veränderungen: Die Kohlenstoffdioxidkonzentration sank vor etwa 30 Mio. Jahren von über 1000 ppm auf etwa 500 ppm, das Klima wurde kühler und trockener (◘ Abb. 29.25). Die Abkühlung des Klimas führte bereits damals zu ausgedehnten Vereisungen der Antarktis.

Durch das kühlere und trockenere Klima dehnten sich die Wüsten in den Subtropen aus. Als Folge der Klimaänderung wurden Wälder zunehmend von **Grasländern** verdrängt (◘ Abb. 29.26). Die Phase der stark sinkenden Kohlenstoffdioxidkonzentrationen korrespondiert aber auch mit der Evolution der **C_4-Photosynthese** (► Abschn. 13.13) vor etwa 30 Mio. Jahren. Anfangs erlangte die C_4-Photosynthese kaum Bedeutung. Erst als vor rund 10 Mio. Jahren die Kohlenstoffdioxidkonzentration weiter auf unter 300 ppm fiel, breiteten sich in den Savannen und Grasländern C_4-Pflanzen stark aus (► Abschn. 37.3). Parallel zur Ausbreitung der C_4-Pflanzen in den Grasländern kam es vor rund 10 Mio. Jahren auch zur Radiation und Ausbreitung vieler sukkulenter Pflanzengruppen wie den Kakteen.

Die Fauna änderte sich im Känozoikum ebenfalls grundlegend. Zu Beginn des Paläogens kam es zu einer Ausbreitung und weiteren Differenzierung der Vögel und Säugetiere, gegen Ende des Paläogens waren die Rüsseltiere die größten Landsäugetiere. Die Faunen der einzelnen Kontinente entwickelten sich zunächst weitgehend isoliert. Erst durch die Landbrücke zwischen Afrika und Eurasien, die sich vor rund 27 Mio. Jahren bildete, konnten sich die Tiere wieder weit verbreiten. Die Landbrücke zwischen Nord- und Südamerika entstand erst vor 4,6 Mio. Jahren, die südamerikanische Tierwelt war also auch für den größten Teil des Känozoikums isoliert.

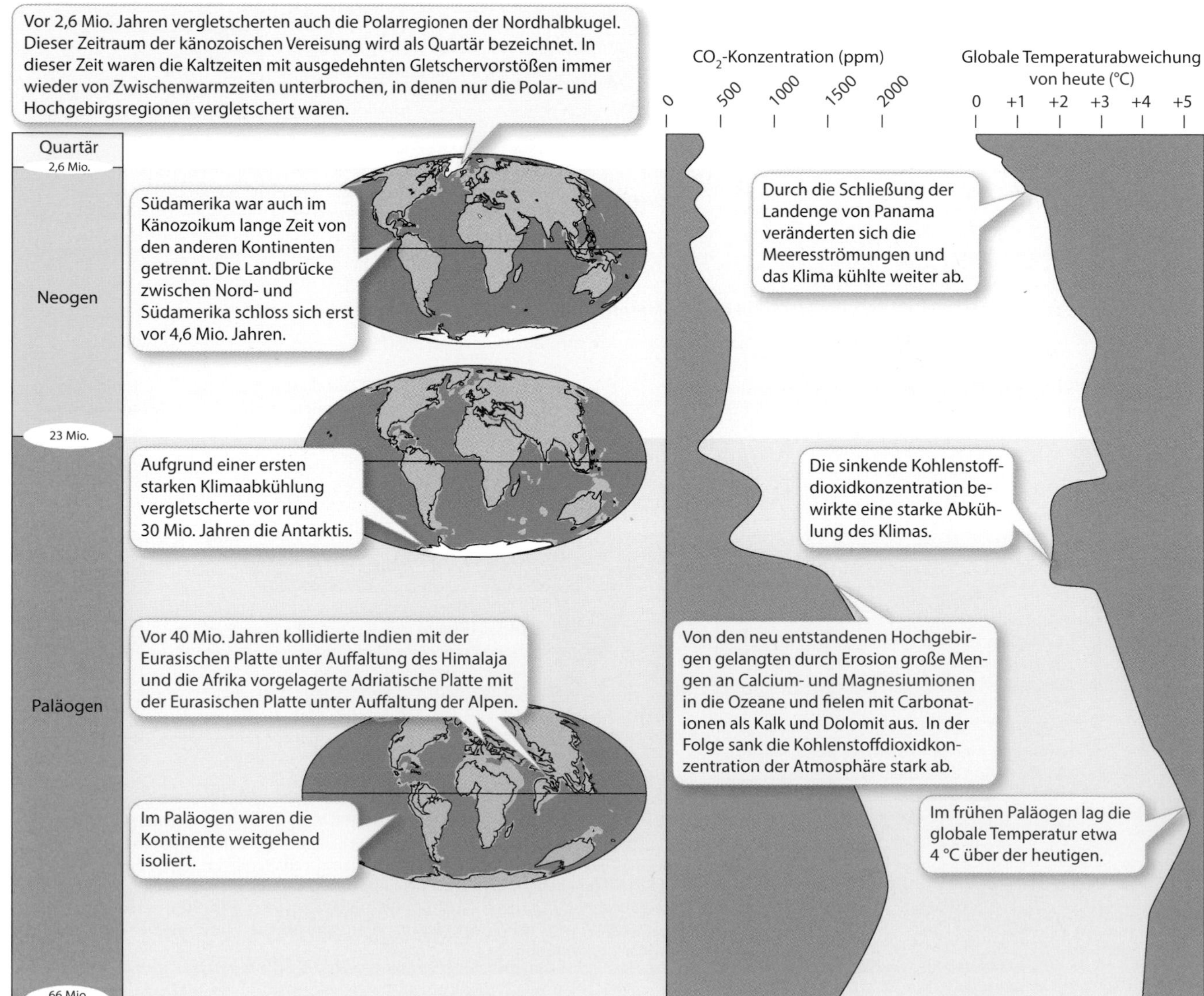

◘ **Abb. 29.25** Klimageschichte des Känozoikums

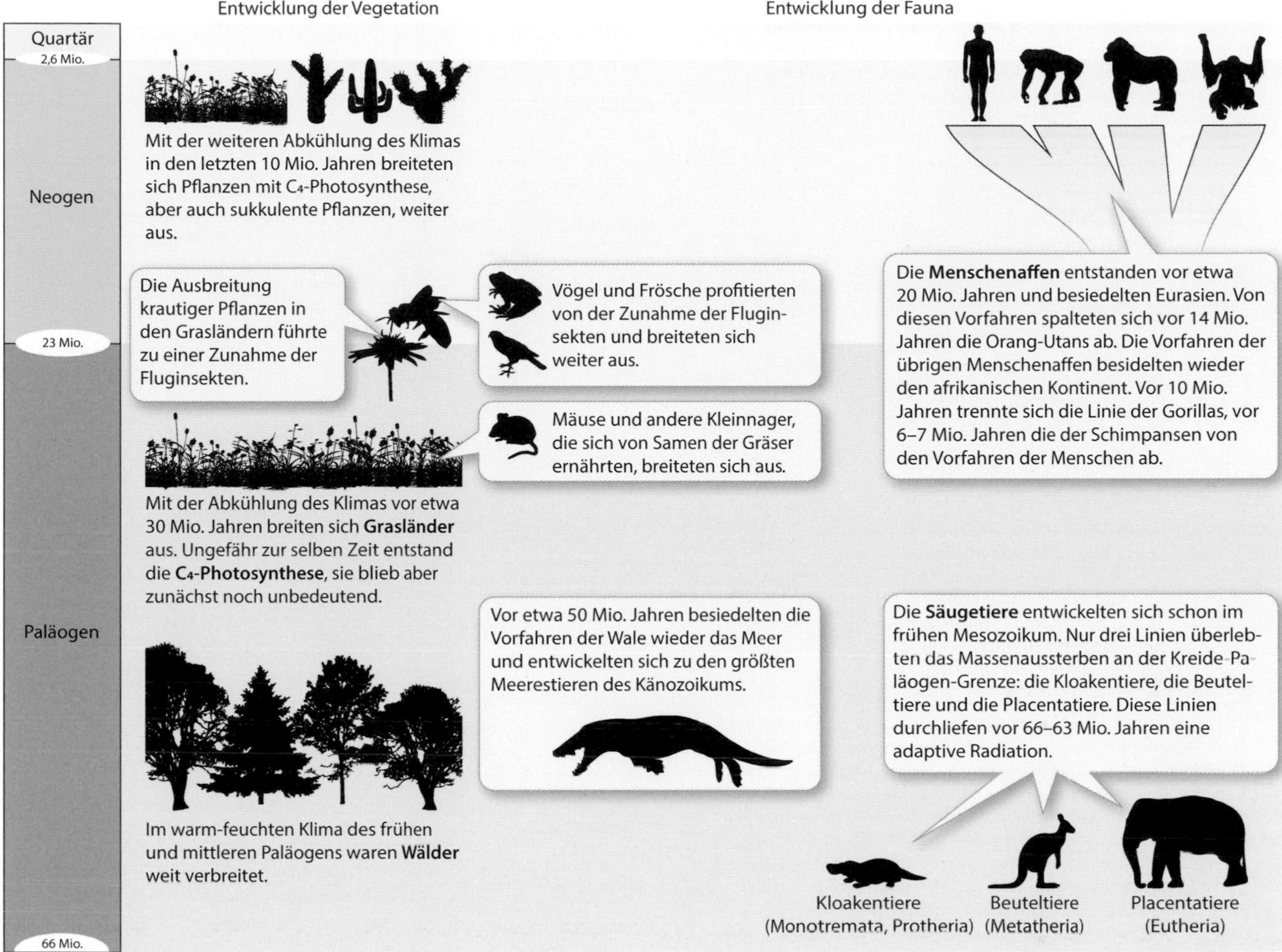

Abb. 29.26 Entwicklung der Vegetation und der Fauna im Känozoikum

Nach der Schließung der Landbrücke von Panama änderten sich die Meeresströmungen und die Temperatur sank weiter ab. Vor 2,6 Mio. Jahren vergletscherte auch die Nordhalbkugel – dies markiert den Beginn der **känozoischen Vereisung** (Abb. 29.25). Die zunehmende Vergletscherung bedingte ein Absinken des Meeresspiegels um bis zu 150 m. Dadurch fielen verschiedene Flachmeere trocken; dies führte unter anderem zum Anschluss der Iberischen Halbinsel an Europa und zur Anbindung von Europa an Asien. Fauna und Flora waren im Quartär stark durch die Gletschervorstöße und die damit verbundenen Schwankungen des Meeresspiegels geprägt. Insbesondere in Europa kam es durch die verschiedenen Gebirgskomplexe zur Verinselung vorher zusammenhängender Populationen und in der Folge zu einer ausgeprägten biogeographischen Differenzierung.

Der Wechsel von Wald zu Grasland einerseits und von C_3-Grasland zu C_4-Grasland andererseits waren zeitlich getrennte Ereignisse. Diese grundlegende Veränderung der tropischen und subtropischen Ökosysteme bildete die Voraussetzung für die Ausbreitung der Großherbivoren und damit der heutigen afrikanischen Savannennahrungsnetze (▶ Abschn. 37.6) sowie für die Evolution der Homininen und des Menschen.

Stammesgeschichtlich haben sich die Vorfahren der Schimpansen vor etwa 6,5–5,5 Mio. Jahren von der zum Menschen führenden Entwicklungslinie abgetrennt (Abb. 29.27). Die Vorfahren des Menschen lebten in den Wäldern Afrikas unter zunächst warm-feuchten klimatischen Bedingungen. Aus diesen Vorfahren gingen vor etwa 3,5 Mio. Jahren die Australopithecinen hervor. Aufgrund der klimabedingten Änderung der Vegetation entwickelten sich zunehmend Anpassungen an ein Leben in der Savanne. Die meisten **Australopithecinen** beherrschten den aufrechten Gang, hielten sich aber noch regelmäßig an oder auf Bäumen auf. Auch das Nahrungsangebot veränderte sich: Mit der Ausbreitung der Grasländer wurden weiche Blätter und Früchte als Nahrung knapper.

Die „robusten" Arten der Australopithecinen spezialisierten sich auf faserige, cellulosereiche Nahrung wie Gräser und Samen. Sie entwickelten verbreiterte Zähne und eine stark ausgeprägte Kaumuskulatur, die an einem deutlich sichtbaren Knochenkamm auf dem Scheitel des Schädels ansetzte. Die „grazilen" Arten entwickelten sich dagegen zu Allesfressern. Ein wichtiger Evolutionsschritt war die Entwicklung der Jagd und die damit verbundene Verbesserung der Kommunikation.

Aus den grazilen Australopithecinen ging vor etwa 2,6 Mio. Jahren die Gattung ***Homo*** hervor. Gegenüber den Australopithecinen sind bei ihr die Ober- und Unterkiefer kleiner, das Gehirnvolumen dagegen nahm stark zu. In der Jungsteinzeit setzten Viehhaltung und Ackerbau ein – in Europa etwa 5600 v. Chr.,

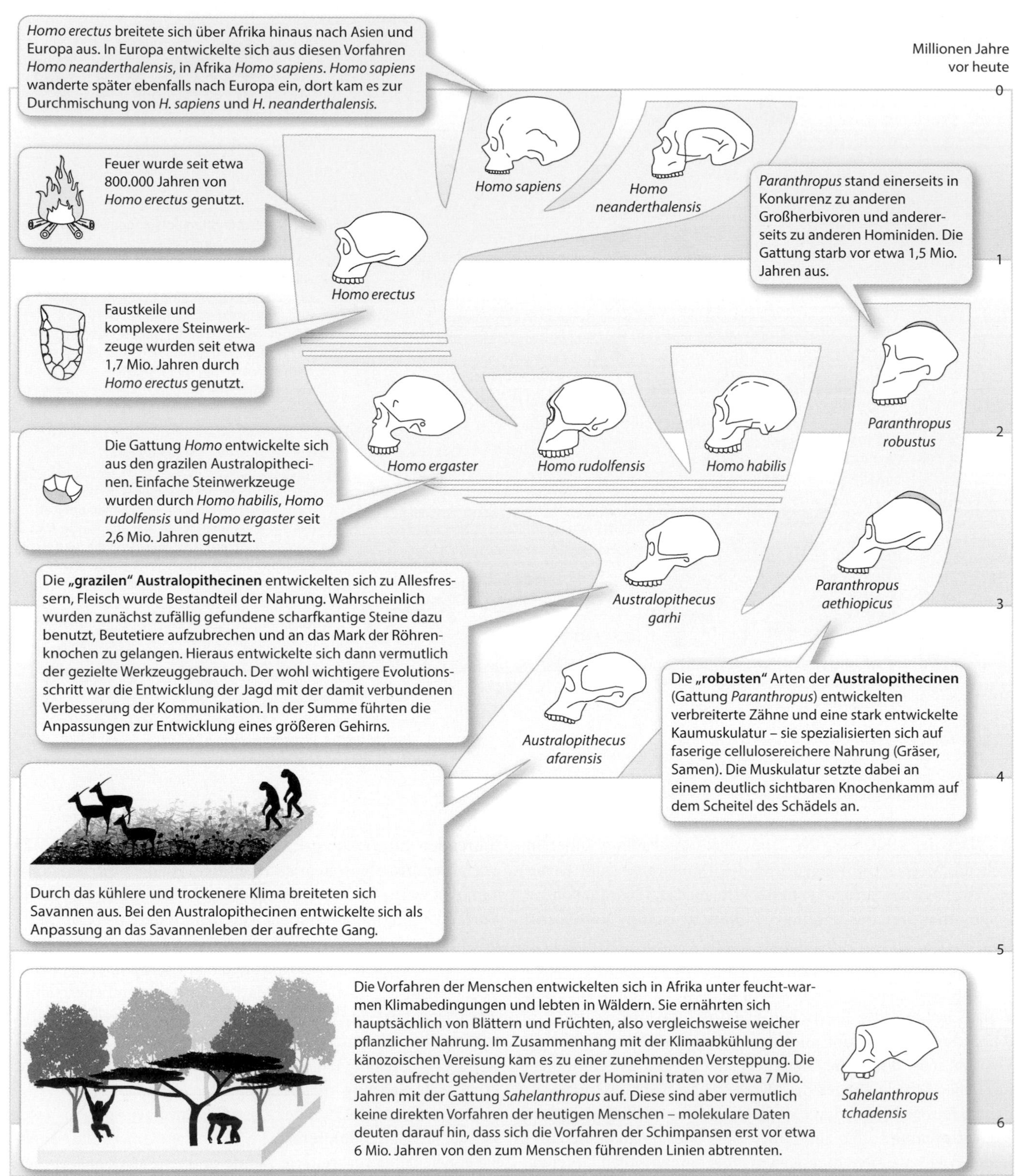

Abb. 29.27 Evolution des Menschen

in Mesopotamien bereits vor rund 13.000 Jahren. Die Nutzung von Metallen leitete dann etwa 2200 v. Chr. die Bronzezeit ein (Abb. 29.28).

Nach der letzten Vereisung vor ungefähr 11.700 Jahren starben viele Großwildarten aus. Es ist unklar, ob dies mit der Änderung des Klimas oder mit der veränderten Jagdtechnik der Menschen in Zusammenhang steht. Erst in der jüngeren Vergangenheit lässt sich das Aussterben vieler Arten eindeutig auf den Einfluss des Menschen zurückführen (▶ Abschn. 38.2). Das känozoische Massenaussterben setzte aber bereits früher ein – spätestens mit dem plötzlichen Temperaturanstieg vor 11.700 Jahren.

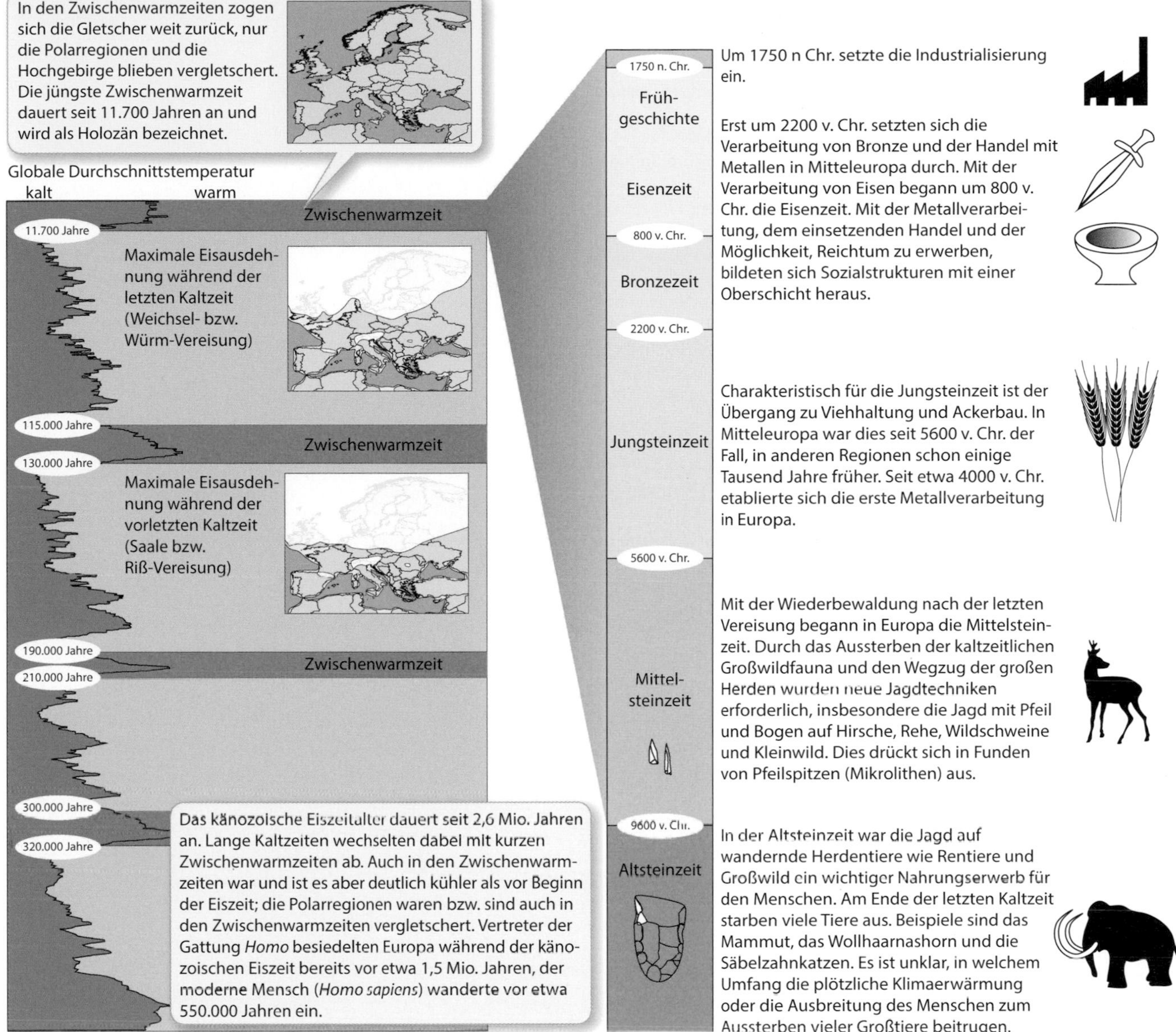

Abb. 29.28 Entwicklung der menschlichen Kultur in den letzten 300.000 Jahren

Weiterführende Literatur

1. Barnosky AD, Matzke N, Tomiya S, Wogan GOU, Swartz B, Quental TB, Marshall C, McGuire JL, Lindsey EL, Maguire KC, Mersey B, Ferrer EA (2011) Has the Earth's sixth mass extinction already arrived? Nature 471:51–57
2. Benton MJ (2017) Paläontologie der Wirbeltiere. Pfeil, München
3. Boenigk J, Wodniok S (2014) Biodiversität und Erdgeschichte. Springer Spektrum, Berlin, Heidelberg
4. Elicki O, Breitkreuz C (2016) Die Entwicklung des Systems Erde. Springer Spektrum, Berlin, Heidelberg
5. Oschmann W (2018) Evolution der Erde: Geschichte des Lebens und der Erde. UTB Basics. Haupt, Bern
6. Oschmann W (2018) Leben der Vorzeit: Grundlagen der Allgemeinen und Speziellen Paläontologie. UTB, Haupt, Bern
7. Steinmeyer D (2018) Chronik des Lebens – vom frühen Archaikum bis zum Quartär – eine Datensammlung. https://www.pdf-archive.com/2018/04/05/chronik-des-lebens-updateversion-2018-2/. Zugegriffen: 8. März 2020
8. Storch V, Küster H (2009) Evolution im Spiegel von Landschaft und Architektur. Zeit wurde Raum. Biol Unserer Zeit 39:206–214
9. Welsch U (2007) Die Fossilgeschichte des Menschen. Teil 1: Wie aus den ersten Primaten *Homo* wurde. Biol Unserer Zeit 37:42–50
10. Welsch U (2007) Die Fossilgeschichte des Menschen. Teil 2: Vom *Homo antecessor* bis zum *Homo sapiens*. Biol Unserer Zeit 37:94–103
11. Willis KJ, McElwain JC (2002) The evolution of plants. Oxford University Press, Oxford

Evolution und Systematik der Tiere

Bernd Sures

J. Boenigk (Hrsg.), *Boenigk, Biologie,* https://doi.org/10.1007/978-3-662-61270-5_30

30

30.1 Die Anlage der Keimblätter und die Embryonalentwicklung legen die verschiedenen Baupläne der Metazoa fest

Was man unter einem „Tier" versteht, scheint intuitiv klar – es ist in der Regel eindeutig, welche Organismen als Tiere einzuordnen sind und welche nicht. Allgemein werden Tieren verschiedene Merkmale zugeschrieben. Dazu gehören z. B. Vielzelligkeit, ein heterotropher Stoffwechsel mit innerer Verdauung, Ortsbeweglichkeit und ein Aufbau aus verschiedenen Gewebetypen (Epithelgewebe, Binde- und Stützgewebe, Muskelgewebe und Nervengewebe), die sich aus embryonalen Keimblättern entwickeln. Keines dieser Merkmale allein eignet sich allerdings als diagnostisches Merkmal. Bei vielen „ursprünglichen" Tierstämmen wie den Schwämmen und den Nesseltieren sind manche der genannten Merkmale nicht oder nur teilweise ausgeprägt.

Die **vielzelligen Tiere** (**Metazoa**) umfassen etwa **1,5 Mio. bekannte Arten**, zusammen mit den noch nicht beschriebenen Spezies werden die Metazoa auf etwa 6 Mio. Arten geschätzt (◘ Abb. 30.1). Die gemeinsame Abstammung aller Metazoa, ihre Monophylie, wird durch eine Vielzahl von Daten gestützt. Durch Abwandlung der Körpersymmetrie sowie durch verschiedene Entwicklungszyklen und Anpassungen an unterschiedliche Ernährungs- und Überlebensstrategien haben sich die verschiedenen Tierstämme herausgebildet. Grundlegend für die Einteilung der Metazoa in Tierstämme sind die **frühe Embryonalentwicklung** sowie der Bau und die Ausgestaltung ihrer **Leibeshöhle** (◘ Abb. 30.2).

Die aktuelle Einordnung der Arten ist nicht als endgültig anzusehen, da ständig neue Erkenntnisse zu den Verwandtschaftsverhältnissen der Spezies gewonnen werden. Dies führt dazu, dass immer wieder Veränderungen des Stammbaums bis in grundlegende Strukturen und Tierstämme notwendig werden. Das Internetprojekt „Tree of Life web project" liefert die wahrscheinlich umfassendste Darstellung der Phylogenie (► http://tolweb.org) und gibt jeweils den aktuellen Diskussionsstand wider.

Beispielsweise werden Schwämme (Porifera) meist den echten Metazoen oder Gewebetieren (Eumetazoa) gegenübergestellt, da sie keine echten Gewebe aufweisen, die sich von embryonalen Zellschichten ableiten lassen. Daher sieht man sie als sehr ursprüngliche Gruppe an. Aktuell werden jedoch auch die

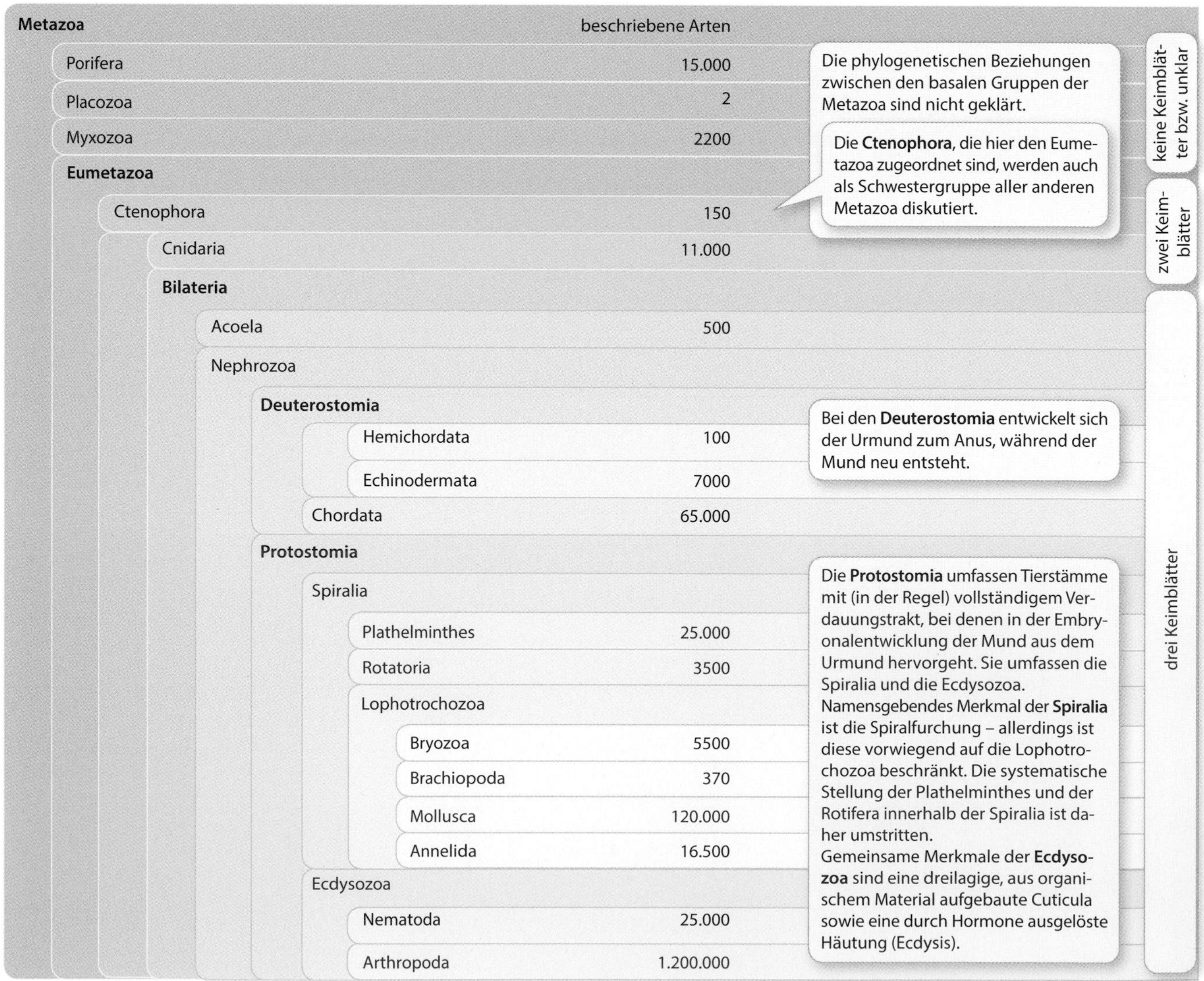

◘ **Abb. 30.1** Übersicht über die Phylogenie ausgewählter Stämme der Metazoa

Das Prinzip der Gastrulation und der Ausbildung von Keimblättern

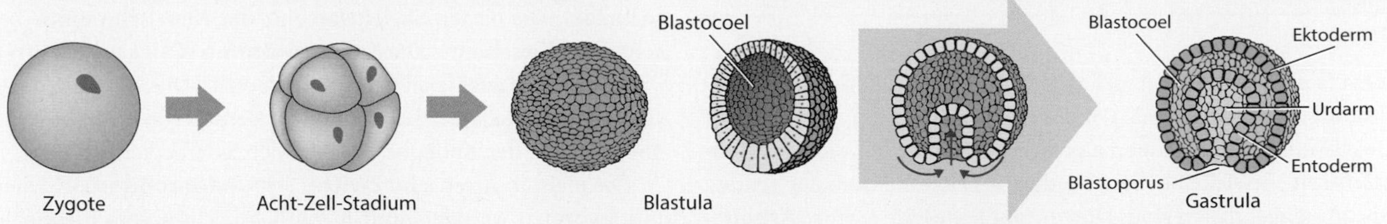

Aus der **Zygote** entsteht durch **Furchungsteilungen** über ein Zwei- und ein Vier-Zell-Stadium zunächst ein Acht-Zell-Stadium. Die Furchung, die zum Acht-Zell-Stadium führt, kann als **Radiär- oder Spiralfurchung** ablaufen und so zu verschiedenen Embryotypen führen. Durch weitere Teilungen entsteht schließlich ein vielzelliger Zellhaufen, die **Morula**.

Die **Blastula** (Blasenkeim) ist ein frühes Embryonalstadium. Sie ist in der Regel kugelförmig, die Zellen umschließen einen flüssigkeitsgefüllten Hohlraum, das **Blastocoel.**

Während der **Gastrulation** stülpt sich die Blastula ein. Dabei bilden sich die **Keimblätter** aus. Abgesehen von wenigen Ausnahmen (u.a. Schwämme, Myxozoa) bilden die Metazoa während der frühen Embryonalentwicklung mehrere Zellschichten, die als Keimblätter bezeichnet werden.

Zweikeimblättrige Metazoa (Diplobastica)

Zweikeimblättrige Tiere wie Nesseltiere (Cnidaria) und Rippenquallen (Ctenophora) bilden nur ein inneres (**Entoderm**) und ein äußeres Keimblatt (**Ektoderm**).

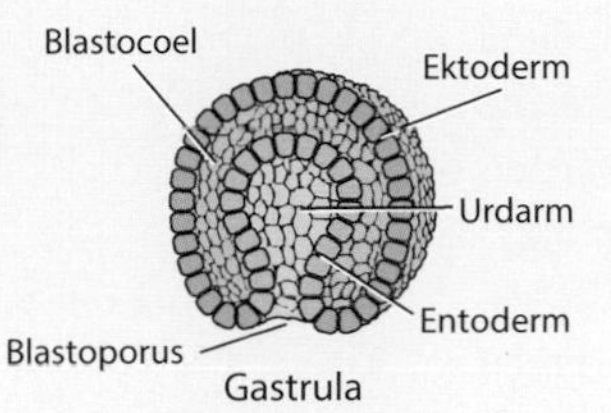

Dreikeimblättrige Metazoa (Triplobastica)

Im weiteren Verlauf der Embryonalentwicklung tritt bei den **Bilateria** das dritte Keimblatt hinzu, das je nach weiterer Entwicklung zur Ausbildung einer inneren flüssigkeitsgefüllten Leibeshöhle (**Coelom**) führt. Diese dreikeimblättrigen Tiere mit den Keimblättern **Ektoderm**, **Entoderm** und **Mesoderm** werden als Triploblastica bezeichnet.

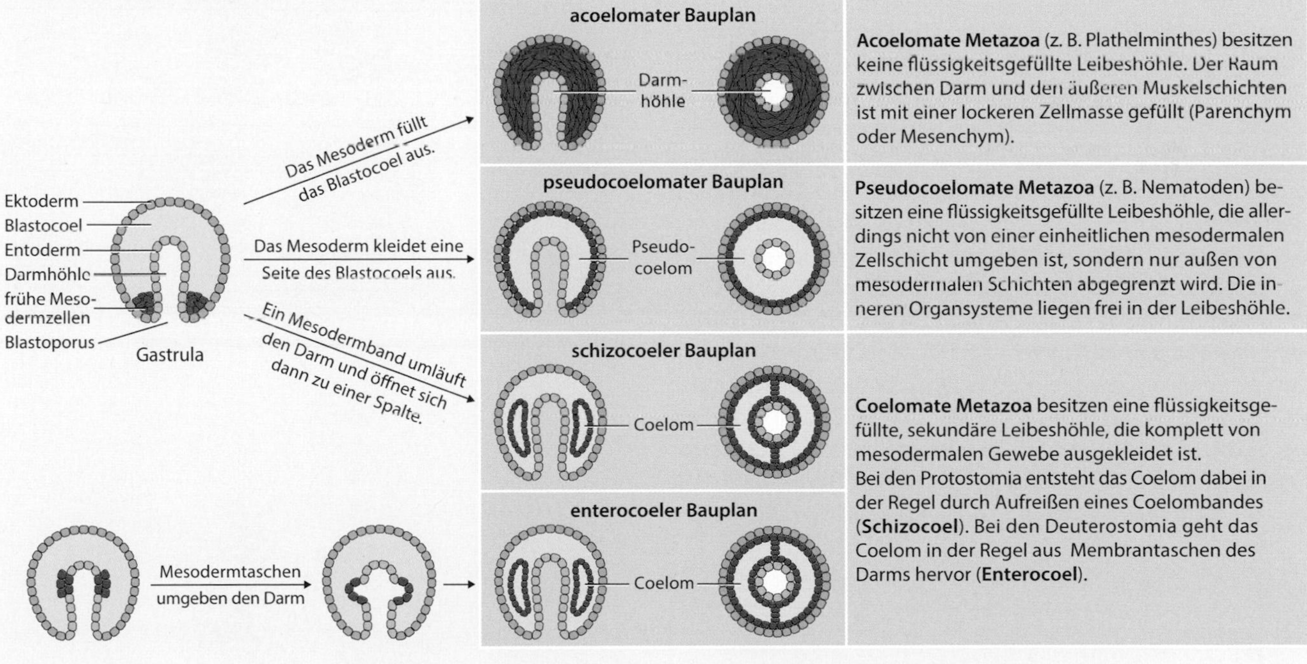

Acoelomate Metazoa (z. B. Plathelminthes) besitzen keine flüssigkeitsgefüllte Leibeshöhle. Der Raum zwischen Darm und den äußeren Muskelschichten ist mit einer lockeren Zellmasse gefüllt (Parenchym oder Mesenchym).

Pseudocoelomate Metazoa (z. B. Nematoden) besitzen eine flüssigkeitsgefüllte Leibeshöhle, die allerdings nicht von einer einheitlichen mesodermalen Zellschicht umgeben ist, sondern nur außen von mesodermalen Schichten abgegrenzt wird. Die inneren Organsysteme liegen frei in der Leibeshöhle.

Coelomate Metazoa besitzen eine flüssigkeitsgefüllte, sekundäre Leibeshöhle, die komplett von mesodermalen Gewebe ausgekleidet ist.
Bei den Protostomia entsteht das Coelom dabei in der Regel durch Aufreißen eines Coelombandes (**Schizocoel**). Bei den Deuterostomia geht das Coelom in der Regel aus Membrantaschen des Darms hervor (**Enterocoel**).

Abb. 30.2 Frühe Embryonalentwicklung und Bedeutung der Keimblätter für den Bau und die Ausgestaltung einer Leibeshöhle

Rippenquallen (Ctenophora) als ursprünglichste Gruppe der Tiere diskutiert. Somit wird es sicher noch viele Jahre dauern, bis sich ein allgemein akzeptiertes Abbild der Phylogenie ergibt. Die Beschreibung der Tierstämme bleibt hiervon jedoch weitgehend unbeeinflusst, sodass sich lediglich ihre Zuordnung im Gesamtsystem ändern kann.

30.2 Porifera: Vielzelligkeit ermöglicht die Differenzierung von Zellen

Metazoen stellen ein integriertes System von Zellen dar, die voneinander abhängig sind. Die einzelnen Zelltypen üben hierbei jeweils nur Teilfunktionen aus. Metazoen könnten sich aus **Zellkolonien** entwickelt haben, bei denen Zellklone nach der Teilung zusammengeblieben sind. Dies ermöglichte eine gewisse **Arbeitsteilung** und damit auch **Differenzierung und Spezialisierung von Zellen**. Im Laufe der Evolution verlief die Spezialisierung der Einzelzelle immer einseitiger und die Komplexität des Zellverbands (Organismus) wurde immer größer. Diese Spezialisierung einzelner Zelltypen bildete letztlich die Grundlage für die Entwicklung spezialisierter **Organe** und **Gewebe** (▶ Abschn. 15.1), die spezifische Funktionen innerhalb der Metazoen übernehmen konnten. An der Basis der Metazoen finden sich verschiedene vergleichsweise einfache Tierstämme, deren phylogenetische Einordnung noch umstritten ist. Als basale Metazoen werden die Schwämme (Porifera) und die Rippenquallen (Ctenophora) angesehen, wobei je nach Auslegung die Porifera oder die Ctenophora als ursprünglicher gewertet werden. Auch die Verwandtschaftsverhältnisse zwischen Schwämmen und Choanoflagellaten (▶ Abschn. 33.5) sind nicht endgültig geklärt. Zudem gelten auch die Plattentiere (Placozoa) als recht ursprünglich.

Die **Schwämme** (**Porifera**; ◘ Abb. 30.3), bilden **keine echten Gewebe** aus (◘ Abb. 30.4). Schwämme besitzen im Gegensatz zu den anderen Metazoen keine Muskelzellen und Nervenzellen, keinen Verdauungstrakt und keine Gonaden. Der Schwammkörper ist um ein **zentrales Wasserkanalsystem** herum aus nur wenigen Zelltypen aufgebaut: **Pinacocyten**, die als Pinacoderm die gesamte Oberfläche der Schwämme bedecken, Kragengeißelzellen (**Choanocyten**), die als Choanoderm die Geißelkammern des Körpers auskleiden, und **Amöbocyten**, die sich als bewegliche Zellen in der Körperwand bewegen können (◘ Abb. 30.5).

Es sind ca. 15.000 Arten bekannt. Bis in die Mitte des 18. Jahrhunderts hielt man Schwämme aufgrund ihr Farbenpracht und der sessilen Lebensweise für Pflanzen (◘ Abb. 30.6). Ihre Größe reicht von wenigen Millimetern bis hin zu mehreren Metern. Sie kommen in allen Gewässern als benthische Filtrierer vor, wobei die Mehrzahl der Arten im Meer lebt und nur ca. 50 Arten aus dem Süßwasser bekannt sind. Sie weisen eine hohe Regenerationsfähigkeit auf, sodass Fraßschäden toleriert werden und Teile eines Schwammes zu neuen Individuen auswachsen können. Die

- Metazoa
  - **Porifera**
    - Silicea (Kieselschwämme)
      - Demospongiae (Hornkieselschwämme)
      - Hexactinellidae (Glasschwämme)
    - Calcarea (Kalkschwämme)
  - Placozoa
  - Myxozoa
  - Eumetazoa

◘ **Abb. 30.3** Einordnung der Porifera in die Metazoa

Kieselschwämme (**Silicea**; ◘ Abb. 30.3) umfassen die Hornkieselschwämme (Demospongiae) und die Glasschwämme (Hexactinellidae). Die harten Skelettelemente der Kieselschwämme bestehen aus Kieselsäure. Die **Kalkschwämme** (**Calcarea**) besitzen Skelettelemente aus Calcit (Calciumcarbonat). Die Skelettelemente Kollagen und Skelettnadeln (Spiculae) werden von spezialisierten Amöbocyten, den Spongocyten und den Sklerocyten, gebildet.

Die meisten Arten sind **Zwitter** (**Hermaphroditen**). Eizellen und Spermien werden somit in zeitlich leicht unterschiedlicher

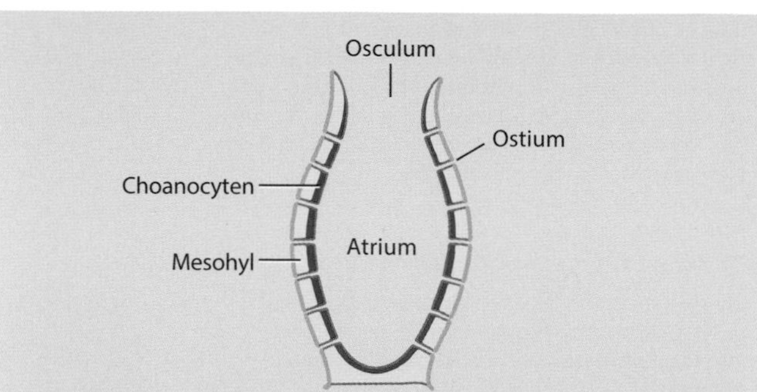

Der **Ascontyp** ist ein schlauchförmiger, dünnwandiger Körper mit zentralem Hohlraum (Atrium), undifferenzierter Wandung und nur einer zentralen Ausströmöffnung (Osculum). Die Choanocyten finden sich nur an der Innenseite. Diesen Schwammtyp findet man bei einigen Kalkschwämmen. Da das Verhältnis von Körperoberfläche zu Mesohyl bei diesen Schwämmen sehr ungünstig ist, sind sie meist nur wenige Millimeter groß.

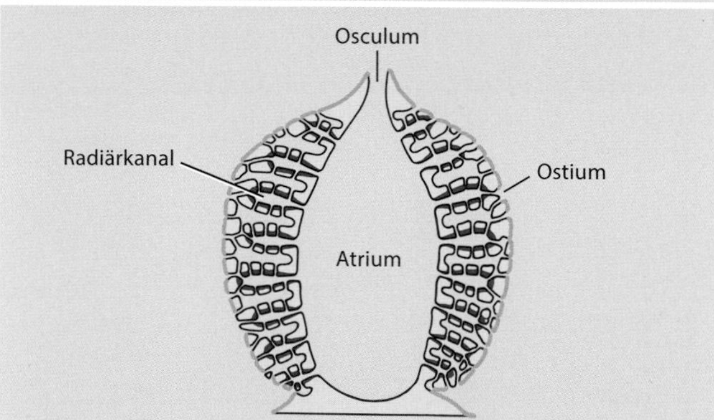

Beim **Sycontyp** befinden sich die Choanocyten entlang von radialen Kanälen im leicht verdickten Mesohyl. Diese Schwämme werden etwas größer als Schwämme des Ascontyps.

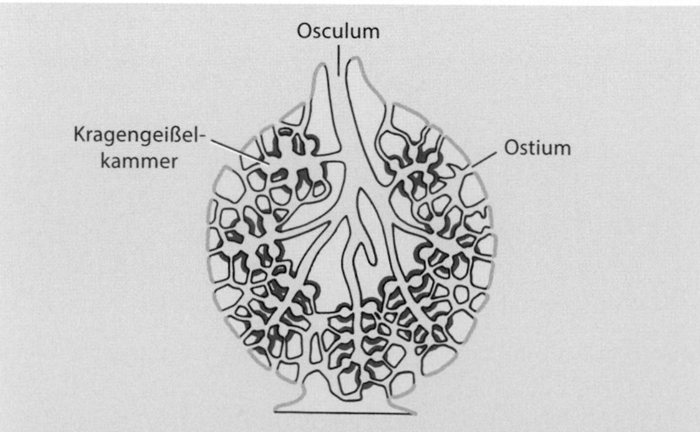

Am stärksten differenziert sind Schwämme des **Leucontyps.** Das Mesohyl ist hier von einem verzweigten Kanalsystem mit Geißelkammern durchsetzt, die Schwämme können sehr groß werden. Diesen Typ findet man bei Kalk- und Kieselschwämmen.

◘ **Abb. 30.4** Unterschiedlich komplex aufgebaute Schwammkörper mit **a** dem einfachen Ascontyp, **b** dem leicht verzweigten Sycontyp und **c** dem stark verzweigten Leucontyp

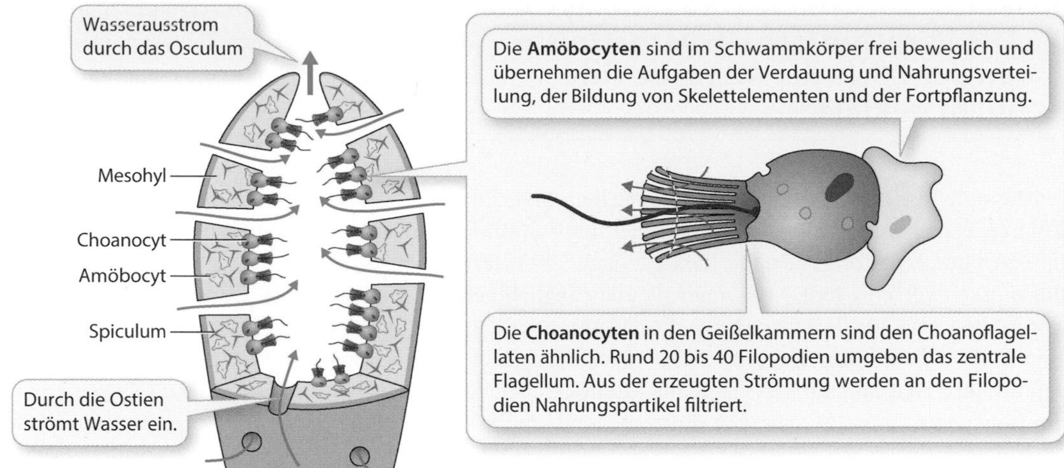

Abb. 30.5 Organisation des Schwammkörpers

Abfolge von dem gleichen Individuum gebildet. Durch die zeitliche Differenz wird eine Selbstbefruchtung vermieden. Die Spermien verlassen den Schwammkörper mit dem Wasserausstrom, werden von dem nächsten Schwamm eingestrudelt und können so die im Mesohyl liegenden Eizellen befruchten. Aus der Zygote entwickelt sich eine begeißelte Larve, die das Elterntier verlässt, sich festsetzt und zu einem neuen sessilen Schwamm heranwächst. Daneben kommen bei vielen Arten auch eine vegetative Vermehrung durch Knospung sowie eine somatische Embryogenese vor, bei der sich aus Einzelzellen ein vollständiges Tier ausbilden kann.

Siphonochalina spec. (Mittelmeer)
Guancha spec. (Mittelmeer)
Euplectella aspergillum (Indischer Ozean)
Microciona spec. (Malediven)
Clatherina clathrus spec. (Mittelmeer)
Spongia officinalis (Mittelmeer)
Axinella polypoides (Mittelmeer)

Abb. 30.6 Erscheinungsformen verschiedener Schwämme

30.3 Placozoa, Ctenophora und Myxozoa: Die Verwandtschaftsverhältnisse an der Basis der Metazoa sind nicht geklärt

Die Monophylie der Schwämme ist nicht gesichert. Manche molekularen Daten legen nahe, dass es sich bei den Schwämmen um eine paraphyletische Gruppe handelt. Sollte dies der Fall sein, müssen verschiedene Merkmale als ursprünglich gedeutet werden – also bei den Vorfahren aller Metazoa vorhanden gewesen sein. Dies wäre einerseits der Entwicklungszyklus mit planktischer Larve, andererseits die sessile Adultphase mit einem Filtrationssystem aus Choanocyten. Entsprechend könnte man annehmen, dass sich die Stammart der Metazoen filtrierend ernährt hat und nicht durch Prädation, also der Jagd nach größeren Nahrungspartikeln – wie es die traditionelle Sicht der Metazoenevolution darstellt.

Die Verwandtschaftsverhältnisse der Porifera, der Placozoa, der Myxozoa und der Ctenophora zueinander und zu den Bilateria sind aber noch ungeklärt (◘ Abb. 30.7). So ist insbesondere noch unklar, welche dieser Gruppen als Schwestergruppe der Bilateria anzusehen ist:

Die **Placozoa** (◘ Abb. 30.8) sind einfach gebaute Metazoen mit nur wenigen Zelltypen. Das dorsale Deckepithel besteht aus einem Zelltyp und ist ektodermalen Ursprungs. Entodermalen Ursprungs ist das ventrale Epithel, welches aus zwei Zelltypen aufgebaut ist. Es ist umstritten, ob der einfache Bau der Placozoa ursprünglich ist oder auf einer sekundären Vereinfachung ausgehend von komplexer gebauten Vorfahren beruht. Dementsprechend ist die systematische Einordnung dieser Gruppe umstritten.

Einige Wissenschaftler betrachten die **Ctenophora** (Rippenquallen; ◘ Abb. 30.9 und 30.10) als die ursprünglichste Gruppe der Metazoen, während andere Biologen sie als Schwestergruppe der Cnidaria (Nesseltiere) ansehen. Letzteres liegt vor allem daran, dass manche Ctenophora durch ihren Bau an die Medusen der Cnidaria erinnern (▶ Abschn. 30.4). Bei genaueren Vergleichen zeigt sich aber eine Reihe von Unterschieden bezüglich der Morphologie und Biologie dieser beiden Tierstämme. Rippenquallen sind durchweg marine Organismen; die meisten der ca. 150 Arten leben pelagisch, es gibt aber auch einige wenige benthische Arten.

Einige phylogenomische Studien deuten auf eine Monophylie der Schwämme hin und stellen diese als Schwestergruppe der aus Placozoa, Cnidaria und Bilateria gebildeten Gruppe gegenüber

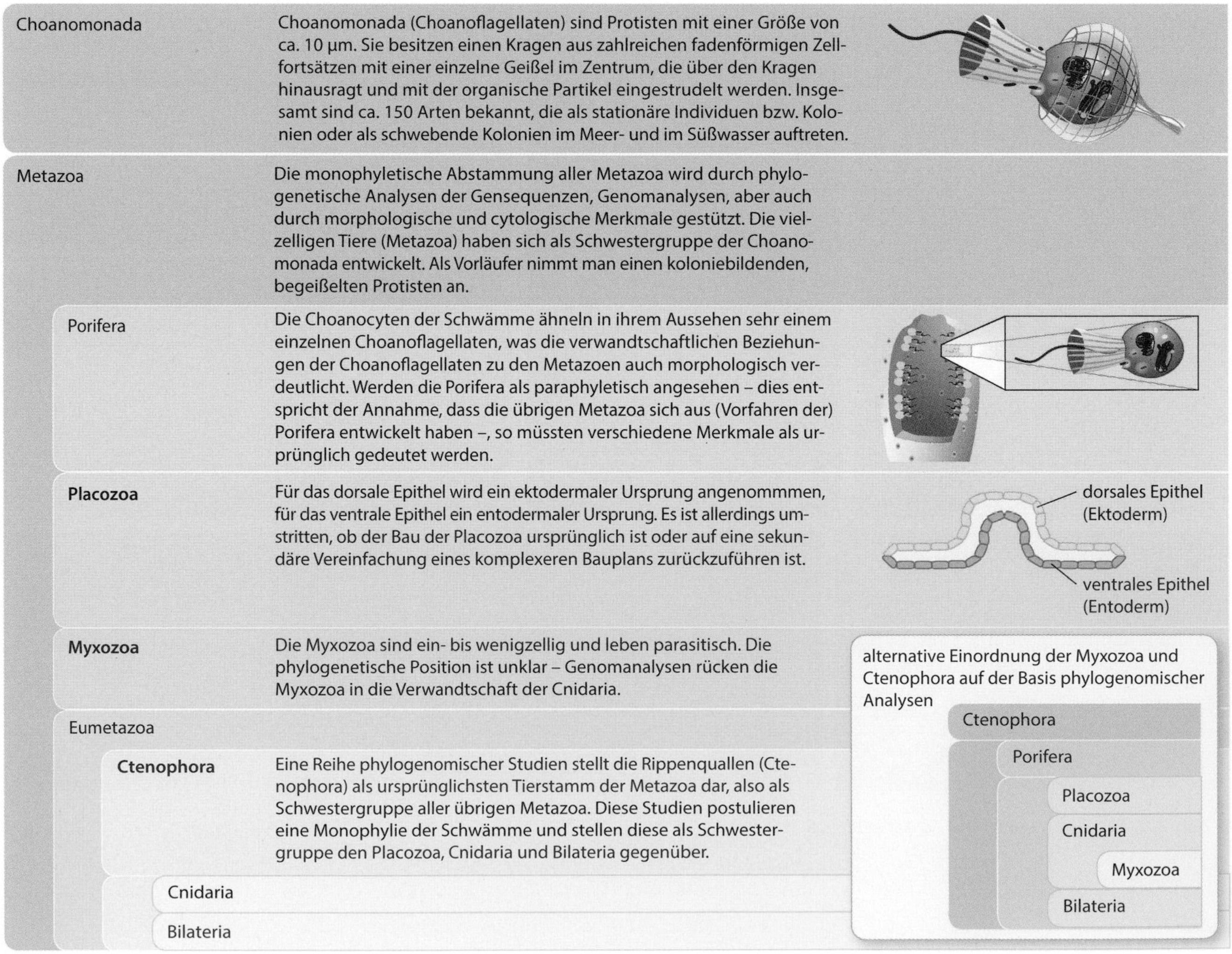

◘ **Abb. 30.7** Verwandtschaftsbeziehungen der früh abzweigenden Gruppen der Metazoa

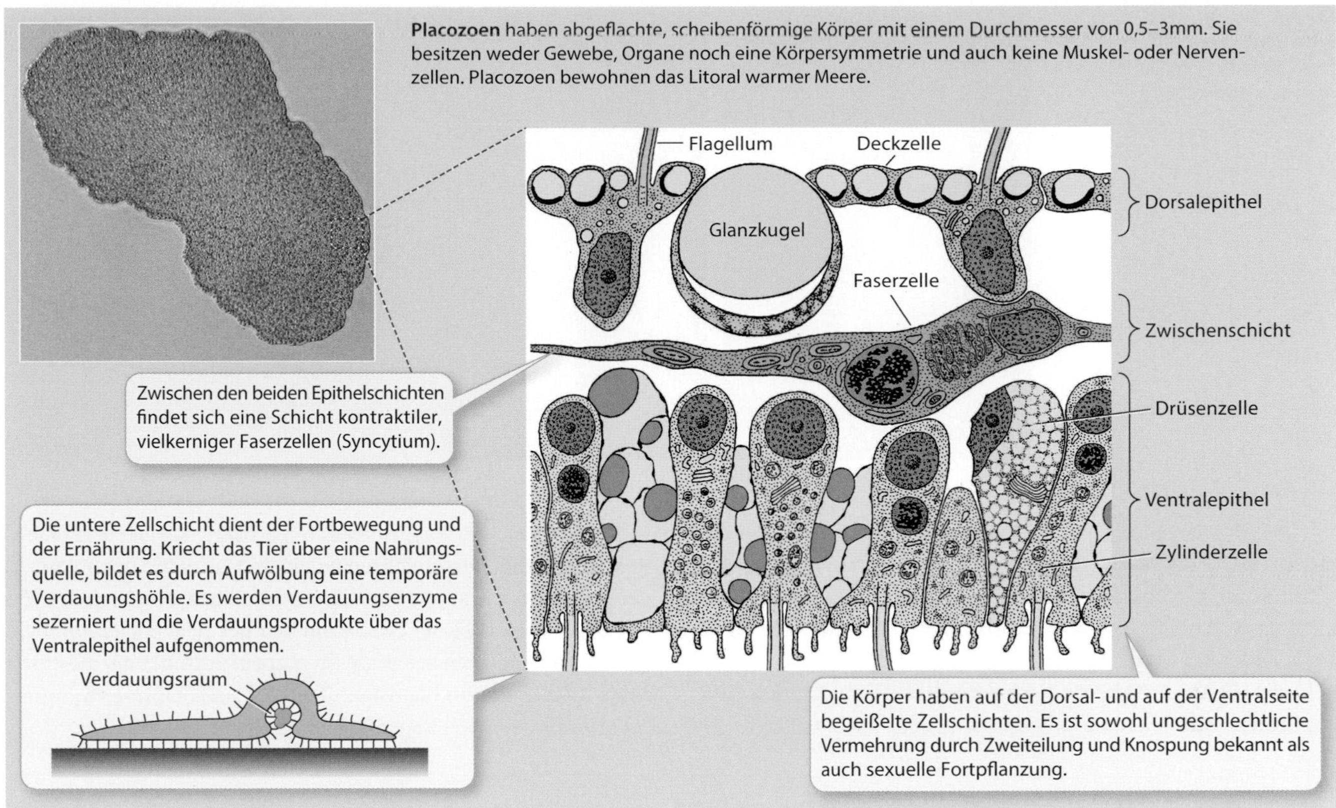

■ Abb. 30.8 *Trichoplax adhaerens* als Beispiel der Placozoa

(■ Abb. 30.7). In diesem Fall wären die Rippenquallen (Ctenophora) als ursprünglichstes Phylum der Metazoa anzusehen. Die letztliche Positionierung der verschiedenen hier genannten basalen Tierstämme und ihre Verwandtschaftsverhältnisse untereinander können erst in Zukunft endgültig geklärt werden, sodass hier nur die wesentlichen Charakteristika der einzelnen Gruppen vorgestellt werden. Diese sind charakteristisch für die verschiedenen Tierstämme, gleichzeitig aber von ihrer phylogentischen Zugehörigkeit unabhängig.

Die **Myxozoa** (■ Abb. 30.7) beinhalten zwei Klassen, die Malacosporea und die Myxosporea, mit ca. 2200 ausschließlich parasitischen Arten. Ihre infektiösen Stadien (**Actinosporen** und **Myxosporen**; ■ Abb. 30.11) bestehen aus mehrzelligen Sporen mit einer bis sechs Polkapseln, die je einen Polfaden enthalten.

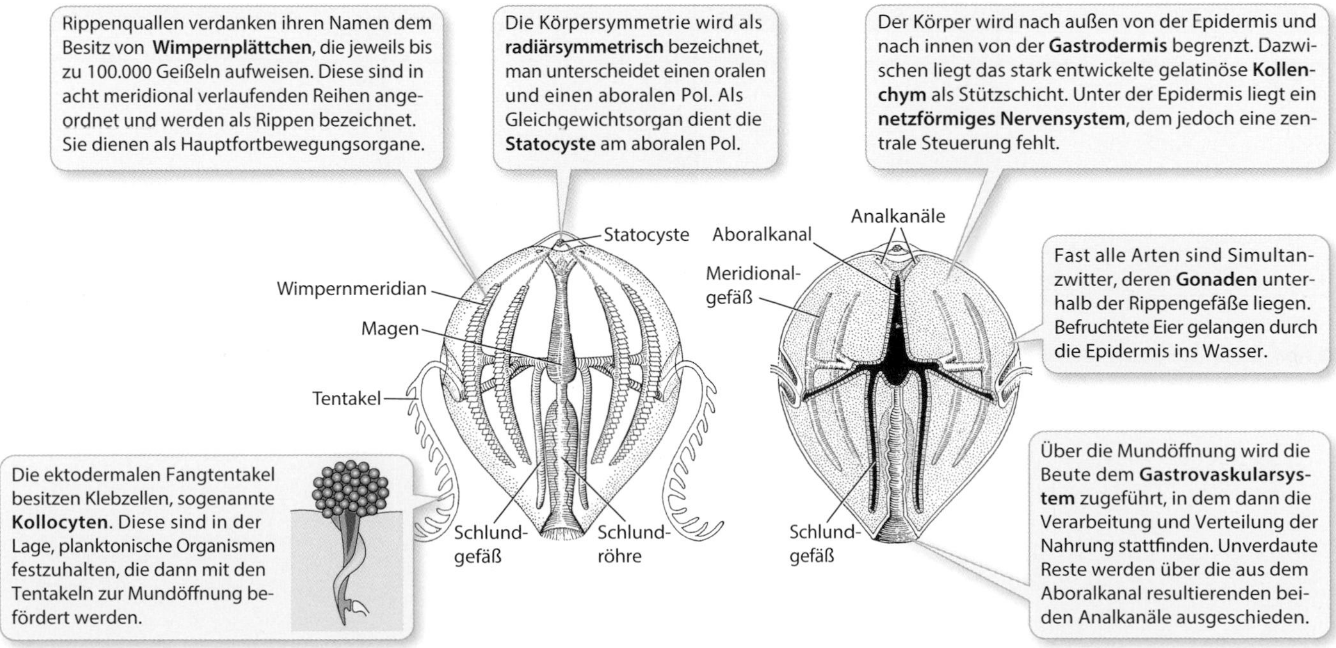

■ Abb. 30.9 Organisation und Morphologie der Ctenophora

30

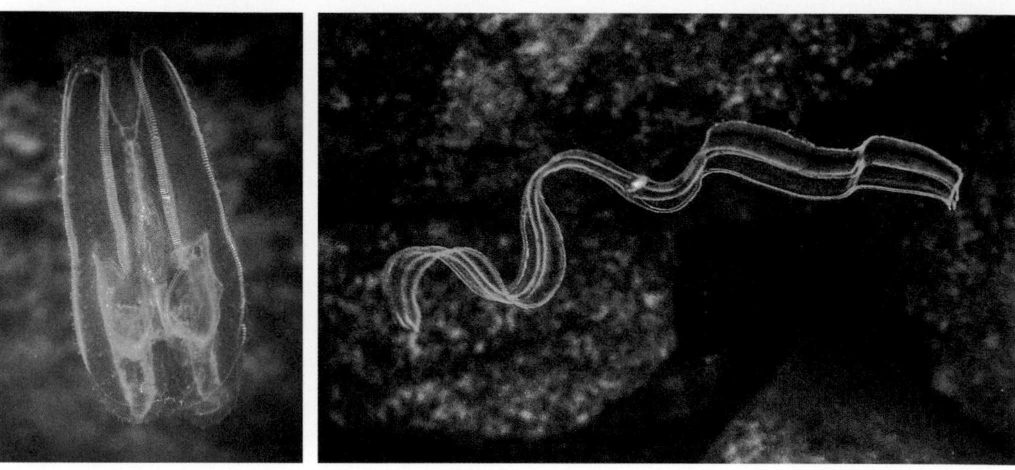

Abb. 30.10 Zwei verschiedene Ctenophoren (links *Eucharis multicornis*, rechts *Cestum ceneris*)

Die Myxozoen zeigen einen obligaten Wirtswechsel zwischen einem Wirbellosenwirt, in dem geschlechtliche Vermehrungsschritte auftreten, und einem Wirbeltierwirt, der als Zwischenwirt einer ungeschlechtlichen Reproduktion dient (◘ Abb. 30.12). Viele Arten der Myxozoen sind als Krankheitserreger von Fischen bekannt (◘ Abb. 30.13), zu den bekanntesten Krankheiten zählen die Proliferative Nierenkrankheit der Fische (PKD = Proliferative Kidney Disease, hervorgerufen durch *Tetracapsuloides bryosalmonae*), die in den letzten Jahren an einem Rückgang der Salmonidenpopulationen in der Schweiz mitbeteiligt zu sein scheint. Zu erwähnen ist ferner die Drehkrankheit der Regenbogenforellen, die wohl am längsten bekannte Myxozoen-Erkrankung, die durch *Myxobolus cerebralis* hervorgerufen wird und schwere Rückgratverkrümmungen bei Regenbogenforellen hervorruft.

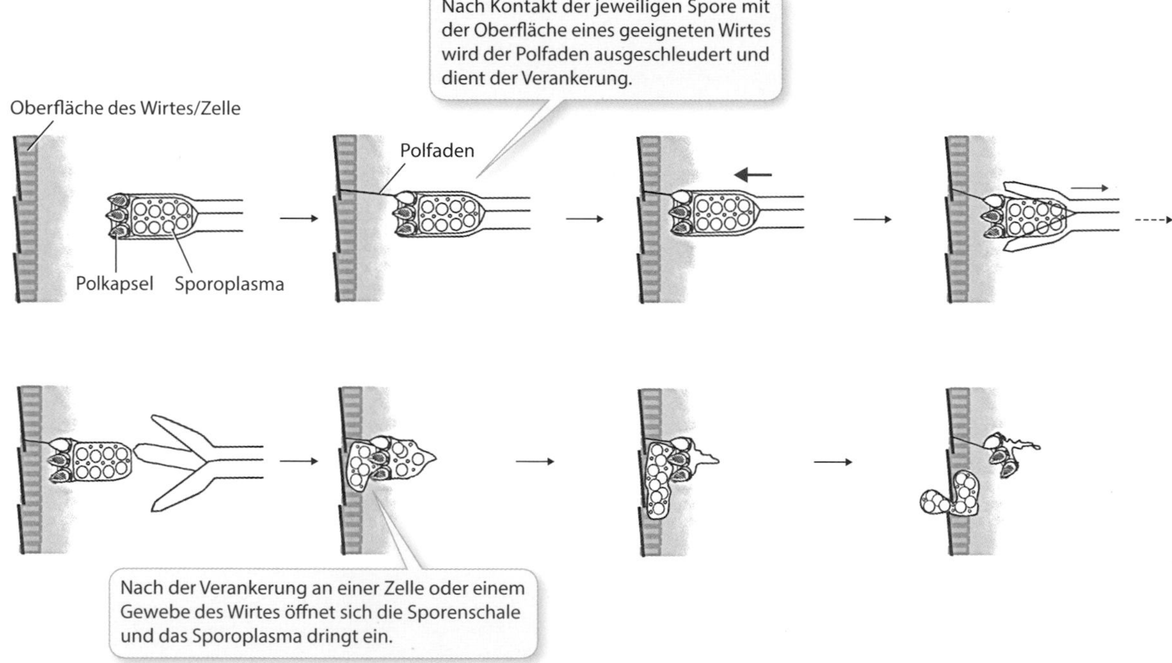

Abb. 30.11 Infektion von Wirtsoberflächen durch Sporen der Myxozoen

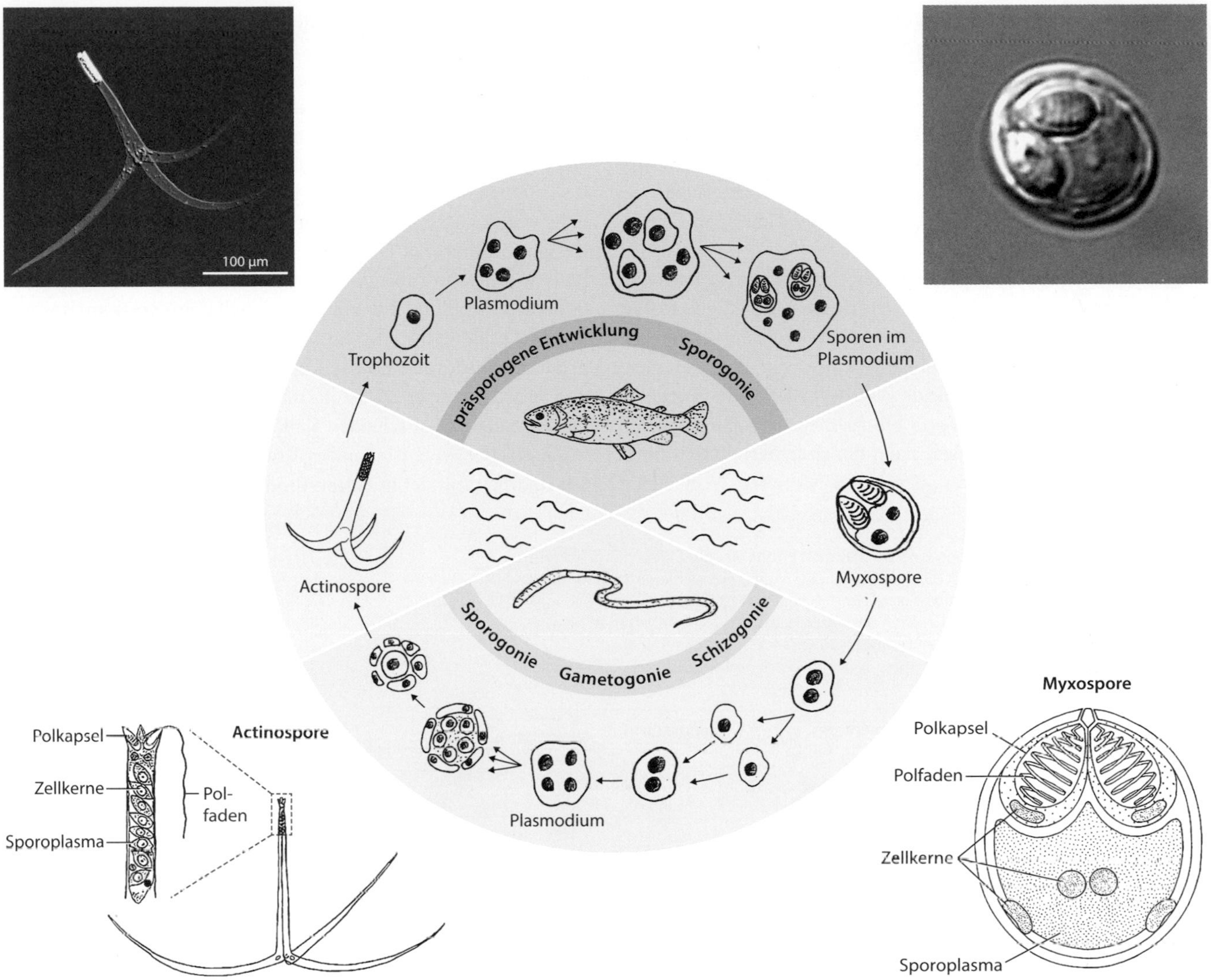

100 µm

Plasmodium

Trophozoit

präsporogene Entwicklung

Sporogonie

Sporen im Plasmodium

Myxospore

Actinospore

Sporogonie

Gametogonie

Schizogonie

Plasmodium

Polkapsel

Zellkerne

Sporoplasma

Polfaden

Actinospore

Myxospore

Polkapsel

Polfaden

Zellkerne

Sporoplasma

Abb. 30.12 Abfolge von Actinosporen und Myxosporen im Lebenszyklus der Myxozoa

Abb. 30.13 Cysten gefüllt mit Myxosporen in der Kieme (links) bzw. im Auge (rechts) von Tilapien

30.4 Cnidaria: Nesselzellen sind durchschlagende Waffen

Zu den **Cnidaria** (**Nesseltiere**) zählen ca. 11.000 Arten, die hauptsächlich im Meer vorkommen. Nur vergleichsweise wenige Arten leben im Süßwasser. Die Größe der Nesseltiere variiert zwischen einigen wenigen Millimetern bis zu über 2 m Durchmesser.

Viele Arten der Cnidaria treten in zwei verschiedenen Erscheinungsformen auf, der **Meduse** und dem **Polyp** (◘ Abb. 30.14 und 30.15). Die jeweiligen Formen vermehren sich im Rahmen eines als Metagenese bezeichneten Generationswechsels durch abwechselnde geschlechtliche und vegetative Schritte. Während die Polypen bis zu mehreren Jahren leben können, sterben die Medusen nach der geschlechtlichen Fortpflanzung meist im Alter von einigen Monaten. Von vielen Arten sind aktuell nur entweder die Polypen- oder die Medusengeneration bekannt.

Ausschließlich Polypengenerationen gibt es bei den **Anthozoa** (**Blumen- oder Korallentiere**), die sich geschlechtlich und ungeschlechtlich vermehren können (◘ Abb. 30.16). Die Anthozoa haben durch ihr Auftreten und Wachstum mancherorts zur Besiedlung von Lebensräumen durch den Menschen beigetragen oder waren dafür sogar die Voraussetzung, indem sie zum Teil riesige Korallenriffe erschufen (z. B. Malediven, Great Barrier Reef vor der Nordostküste Australiens; ◘ Abb. 30.17). Riffbildende Korallen sind mit Dinoflagellaten (**Zooxanthellen**) vergesellschaftet (▶ Abschn. 33.15, 38.2). Die Zooxanthellen produzieren durch Photosynthese Nährstoffe für die Korallen und verwerten deren stickstoff- und phosphorhaltige Abfallstoffe. Die Korallen selbst scheiden Kalk ab, auf dem weitere Korallen wachsen. Die so entstehenden Korallenriffe zählen zu den Lebensräumen mit der höchsten Biodiversität.

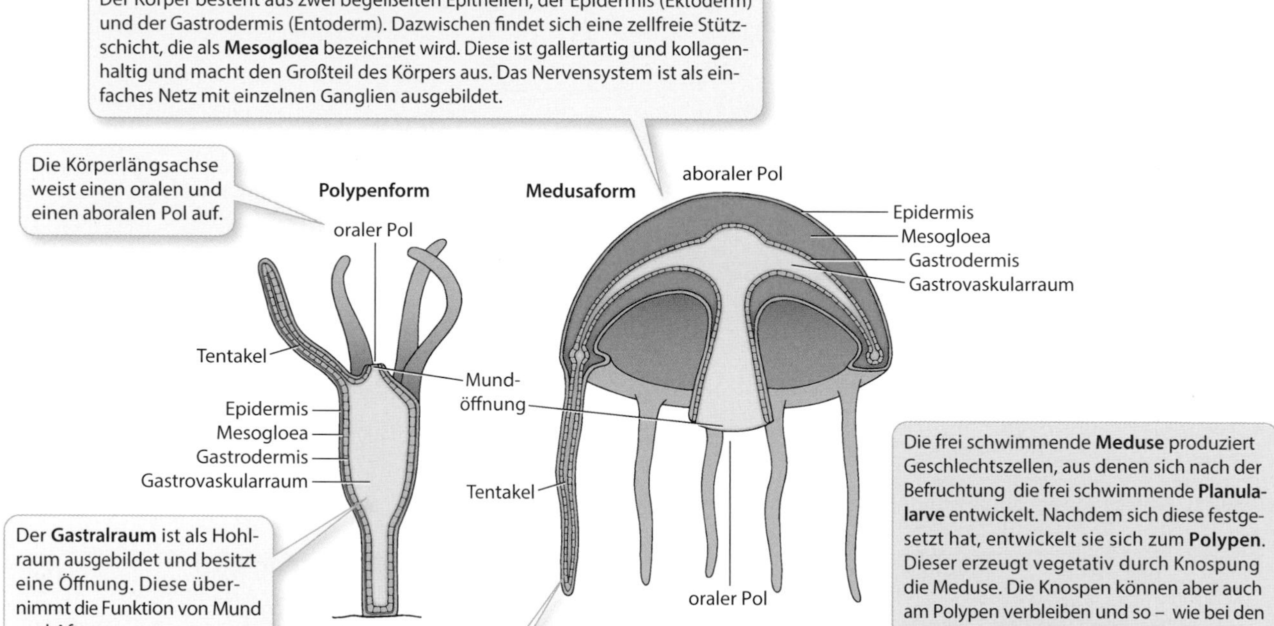

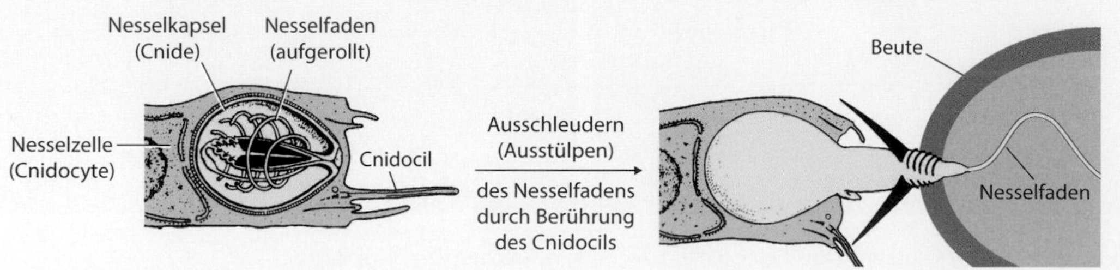

◘ **Abb. 30.14** Erscheinungsform der Medusen- und Polypengeneration der Cnidaria und Anordnung der Nesselzellen

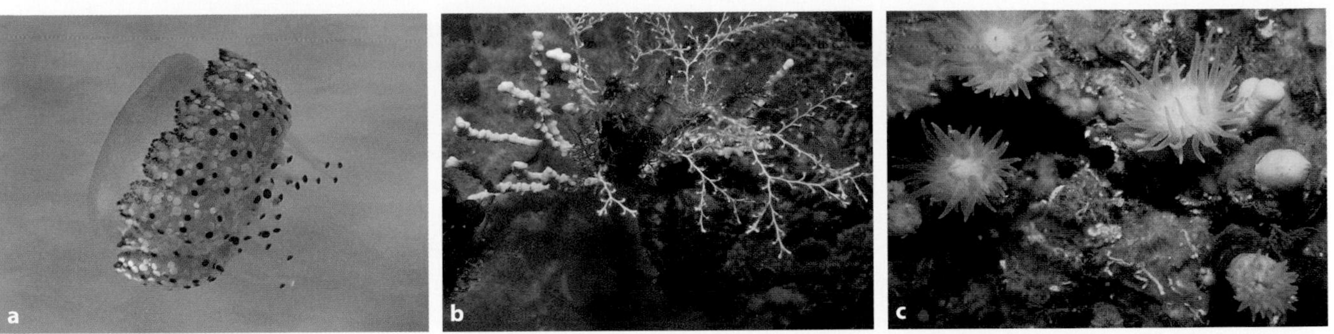

■ **Abb. 30.15** Erscheinungsformen der Cnidaria mit **a** Spiegeleiqualle (*Cotylorhiza tuberculata*, Mittelmeer), **b** *Eudendrium* spec. (Mittelmeer), **c** *Leptopsammia pruvoti* (Mittelmeer)

■ **Abb. 30.16** Typische Wuchsformen der Anthozoa mit **a** Blasenanemone (*Entacmaea quadricolor*, Rotes Meer), **b** Pferdeaktinie (*Actinia equina*, Mittelmeer), **c** verschiedenen Steinkorallen wie *Porites lutea* (groß) *und Pocillopora damicornis* (kleiner im Vordergrund) Rotes Meer

■ **Abb. 30.17** Korallen sind bedeutende riffbildende Organismen. **a** Profil eines Barriereriffs, **b** Korallenatolle in Palau, einem Inselstaat im Pazifischen Ozean, **c** und **d** Formationen verschiedener typischer Korallenarten des Roten Meeres mit massiven, langsam wachsenden *Porites*-Arten und schnell wachsenden, verzweigten Arten, vor allem Arten der Gattungen *Acropora* und *Pocillopora* (bei Hurghada, Makadi Bay)

30.5 Bilateralsymmetrie fördert die Cephalisation und die Bildung eines Darms

Die weitaus meisten Stämme der Metazoa gehören zu den **Bilateria** (■ Abb. 30.18). Sie weisen zumindest im Larvenstadium eine **bilaterale Symmetrie** auf – die linke Körperhälfte ist also spiegelbildlich zur rechten Körperhälfte aufgebaut, ferner kann man bei den Bilateria ein Vorder- und ein Hinterende unterscheiden (■ Abb. 30.19). Die damit verbundene gerichtete Bewegung in Richtung des Vorderendes führte in mehreren Entwicklungslinien zu einer Konzentration der Sinnesorgane am Vorderende und schließlich zur Bildung eines Gehirns sowie zur Entwicklung eines vom Rest des Körpers abgetrennten Kopfes (**Cephalisation**).

Mit dem Durchbruch einer zweiten Öffnung des Gastralraums an dem Blastoporus gegenüberliegenden Ende bildete sich in zwei Entwicklungslinien ein **durchgehender Darmkanal** – bei den **Protostomia** („Urmünder") entwickelt sich diese neue Öffnung zum Anus und der Blastoporus zum Mund, bei den **Deuterostomia** („Neumünder") gehen aus der neuen Öffnung der Mund und aus dem Blastoporus der Anus hervor (■ Abb. 30.18). Der durchgehende Darm ermöglicht eine Verdauung „am Fließband" und ist damit effizienter als die Verdauung in einem Gastralraum

30

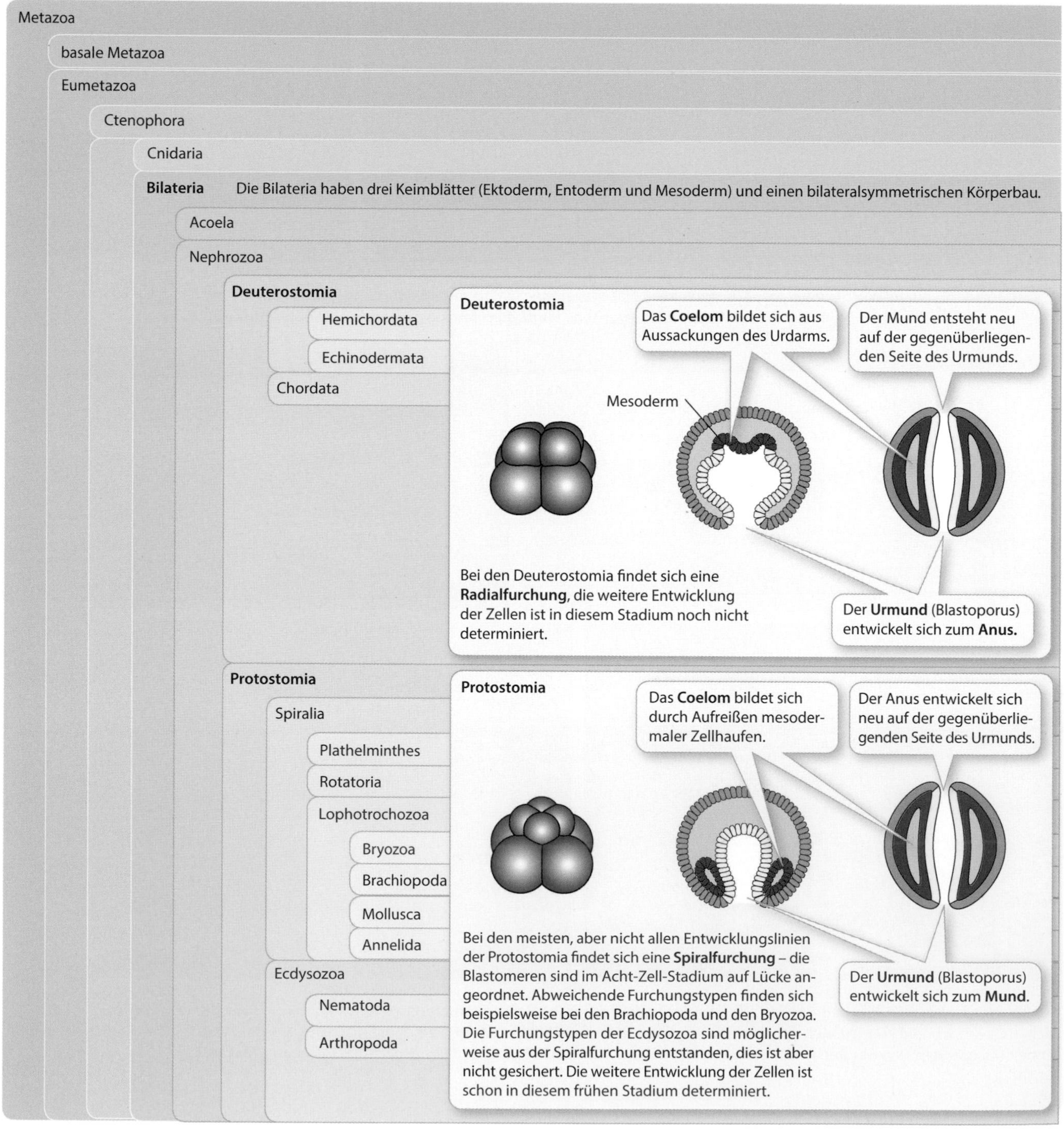

■ **Abb. 30.18** In zwei Entwicklungslinien der Bilateria bildete sich ein durchgehender Darmkanal

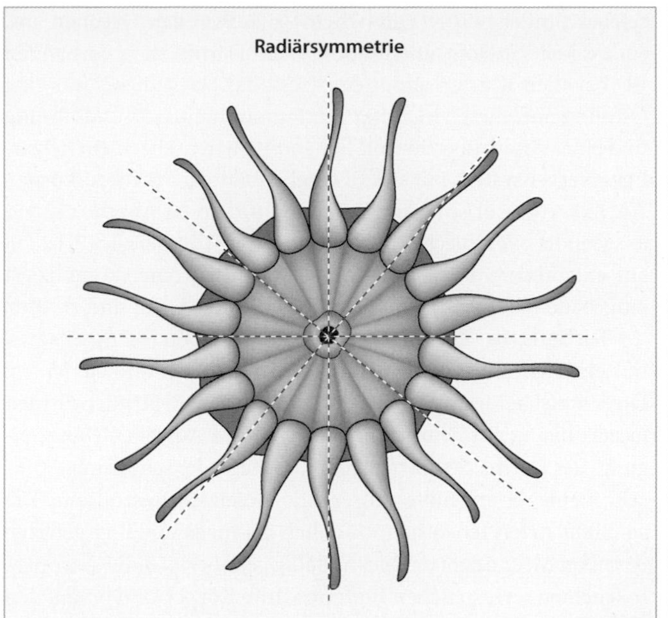

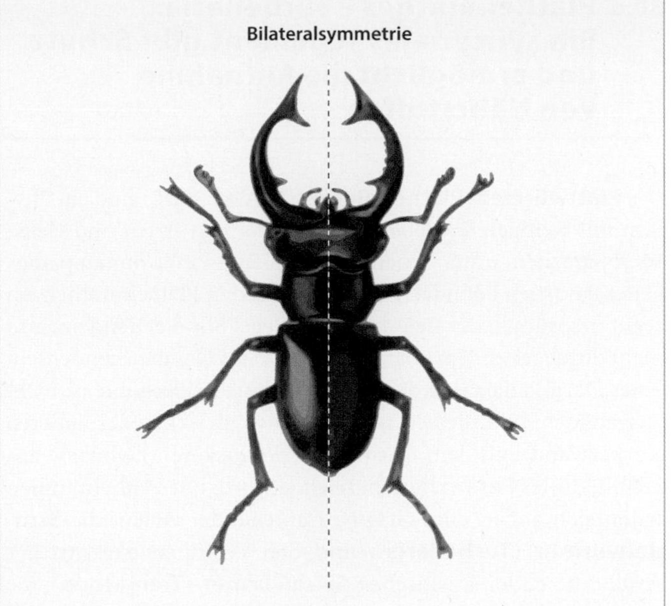

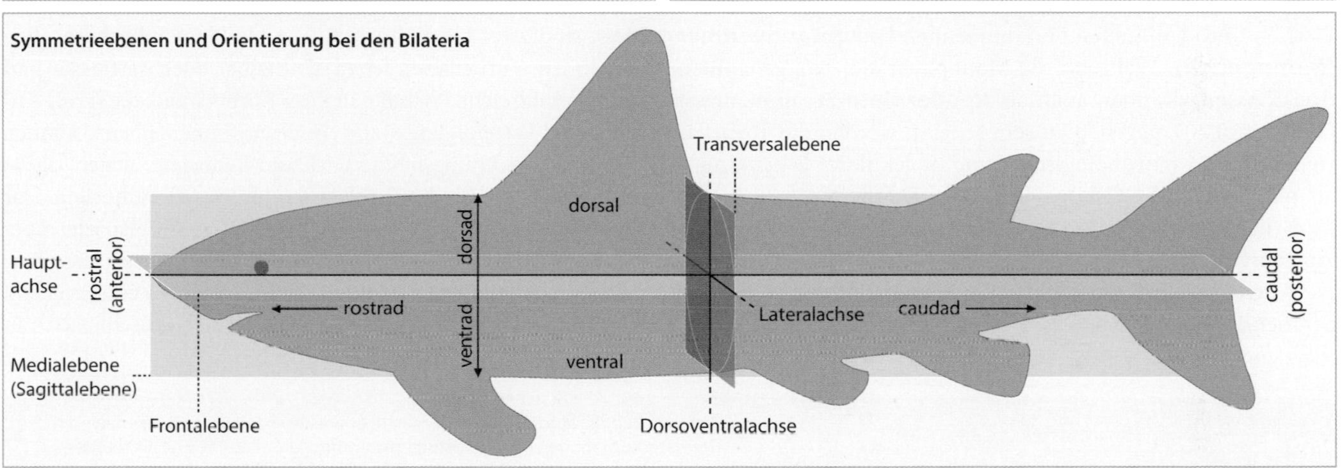

Abb. 30.19 Körpersymmetrie, Symmetrieebenen und Orientierung

mit nur einer Öffnung. Ein weiteres Merkmal der Bilateria ist das **dritte Keimblatt (Mesoderm)**. Aus dem Mesoderm werden die Muskulatur, das Bindegewebe und das Epithel um die **Coelom** genannte sekundäre Leibeshöhle gebildet. Zu den Bilateria gehören wenige Tierstämme ohne durchgehenden Darm (Acoela) und eine Vielzahl von Taxa mit durchgehendem Darm und Exkretionssystem (Nephrozoa). Letztere umfassen die Deuterostomia sowie die Protostomia mit den Ecdysozoa und den Spiralia (Abb. 30.18).

Die monophyletischen Bilateria werden in Nephrozoa und Acoela gegliedert. Die **Acoela** wurden zuvor zu den Plathelminthes gezählt, gelten mittlerweile aber als eigenes Phylum, das die Schwestergruppe der restlichen Bilateria darstellt. Bei ihnen handelt es sich um eine etwa 500 Arten umfassende Gruppe mikroskopisch kleiner, meist zwittriger Meeresbewohner mit direkter Entwicklung. Sie besitzen ein einfaches Nervensystem, es fehlen ihnen hingegen ein Anus sowie Exkretionsorgane wie Protonephridien.

Den Acoela gegenübergestellt werden die **Nephrozoa**, die sich ihrerseits in die Protostomia mit etwa 1,4 Mio. Arten und die Deuterostomia (▶ Abschn. 30.20) mit rund 75.000 Arten aufteilen. Die Deuterostomia umfassen die Echinodermata, die Hemichordata und die Chordata. Die Verwandtschaftsverhältnisse innerhalb der Protostomia sind nicht endgültig geklärt. Molekularbiologische Analysen legen nahe, dass innerhalb der Protostomia die **Häutungstiere (Ecdysozoa)** den Spiralia gegenübergestellt werden können. Demnach besitzen alle Ecdysozoa eine dreischichtige Cuticula, die während ihrer Entwicklung und des damit verbundenen Wachstums gehäutet werden muss. Die Ecdysozoa umfassen die Gruppen Nematoda und Arthropoda. Die **Spiralia** erhielten ihren Namen aufgrund der in dieser Gruppe während der Embryonalentwicklung vorherrschenden Spiralfurchung (Formen der Spiralfurchung finden sich aber auch bei den Ecdysozoa). Sie beinhalten die **Lophotrochozoa** sowie die Phyla Plathelminthes und Rotatoria, die teilweise als **Platyzoa** zusammengefasst werden. Neuere phylogenomische Daten legen für die Platyzoa jedoch eine Paraphylie nahe, sodass dieses Taxon nicht gerechtfertigt wäre.

30

30.6 Plathelminthes – Turbellaria: Ein syncytiales Tegument gibt Schutz und ermöglicht die Aufnahme von Nährstoffen

Die **Plattwürmer** (**Plathelminthes**; ◻ Abb. 30.20) sind ein Phylum mit wenigen frei lebenden, räuberischen Arten und vielen Endoparasiten, unter denen sich auch eine Reihe humanpathogener Parasiten befindet. Gemeinsam ist den Plathelminthen ein recht ursprünglicher Bau mit in der Regel blind endendem, also nicht durchgehendem, Darmkanal bzw. das Nichtvorhandensein eines Darmkanals (bei den Cestoda). Eine Leibeshöhle ist nicht ausgebildet – stattdessen ist der Bereich zwischen der äußeren Körperwand und dem Darm mit einer lockeren Zellmasse angefüllt, die als **Parenchym** bezeichnet wird. Die Plathelminthen teilen sich auf in eine Gruppe frei lebender Arten, die **Strudelwürmer** (**Turbellaria**), und drei Gruppen parasitischer Arten: die endoparasitischen **Saugwürmer** (**Trematoda**), die **Bandwürmer** (**Cestoda**) sowie die zumeist ektoparasitisch an Fischen und Amphibien vorkommenden **Hakensaugwürmer** (**Monogenea**). Während die Monophylie der letztgenannten drei Klassen, die man auch als **Neodermata** zusammenfasst (◻ Abb. 30.20), gegeben zu sein scheint, werden die Turbellarien aufgrund morphologischer und molekularer Erkenntnisse als paraphyletische Gruppe aufgefasst. Da die Neufassung der Turbellarienklassifikation noch in Bearbeitung ist, werden sie zunächst noch hier abgehandelt.

Allen Plathelminthen fehlen ein Blutgefäßsystem sowie eine Segmentierung des Körpers. Das Mesoderm bildet ein muskelreiches Bindegewebe (Parenchym) zwischen den Organen aus, sodass kein Coelom auftritt. Sofern ein Darmsystem vorhanden ist (bei allen Klassen außer den Cestoda), weist dieses nur eine Öffnung auf, die gleichzeitig die Funktion einer Mundöffnung und eines Afters übernimmt. Die Individuen besitzen ein netzartiges Nervensystem mit einer Ganglienbildung im Vorderkörper. Als Exkretionsorgane sind Protonephridien (► Abschn. 12.15) ausgebildet. Geschlechtliche Fortpflanzung tritt bei allen Klassen auf, entsprechend besitzen die Plathelminthen einen kompliziert aufgebauten Geschlechtsapparat; die meisten Arten sind Zwitter.

Turbellaria (◻ Abb. 30.21) sind frei lebende Organismen mit einer Größe zwischen wenigen Millimetern und ca. 50 cm. Die Unterscheidung der einzelnen Gruppen von Strudelwürmern basiert häufig auf dem Vorhandensein und Aussehen (Verzweigung) des Darms. Strudelwürmer kriechen oder schwimmen (nur sehr kleine Arten) mittels ihrer cilienbesetzten Ventralseite. Die ca. 3000 Arten leben hauptsächlich als meist auffällig gefärbte Arten im Meer oder (weniger auffällig gefärbt) im Süßwasser bzw. in feuchten terrestrischen Biotopen. Ihre Körper sind bis auf den Kopfbereich ungegliedert und von einem Wimpernkleid bedeckt. Meist sind zwei bis mehrere Augen als Pigmentbecherocellen vorhanden. Turbellarien leben als Räuber oder Aasfresser und besitzen zahlreiche Rhabdite in ihrer Körperwand, die sie als Angriffs- und Verteidigungswaffe einsetzen können. Ebenso können sie als Austrocknungsschutz und zum Beutefang dienen, da sie nach Abgabe durch die Turbellarien im Wasser aufquellen. Das zumeist strenge Verteilungsmuster von Süßwasserplanarien über den Längsverlauf eines Fließgewässers demonstriert ihre Einnischung entlang eines ökologischen Gradienten entsprechend ihrer ökologischen Ansprüche. So findet sich ausschließlich in

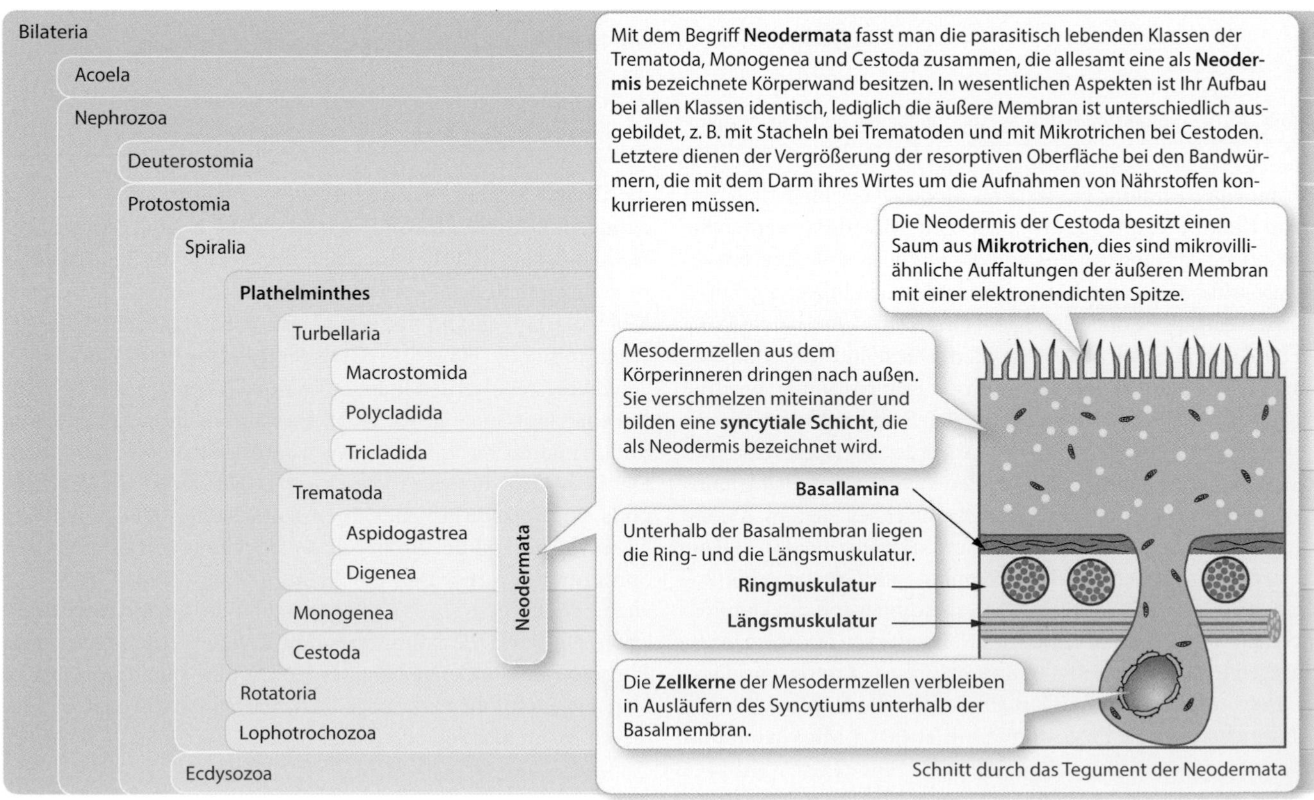

◻ **Abb. 30.20** Systematik der Plathelminthes

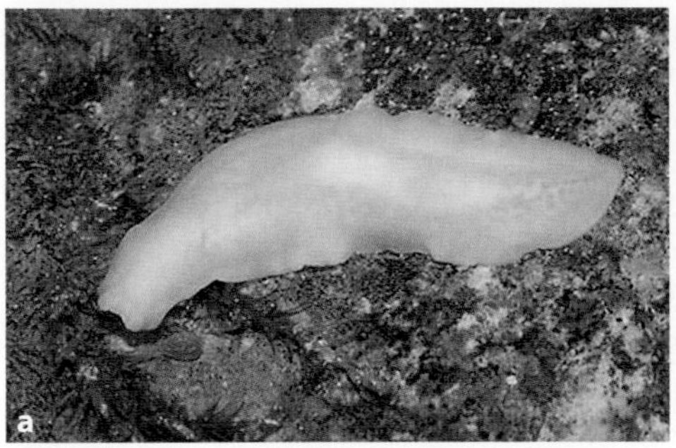

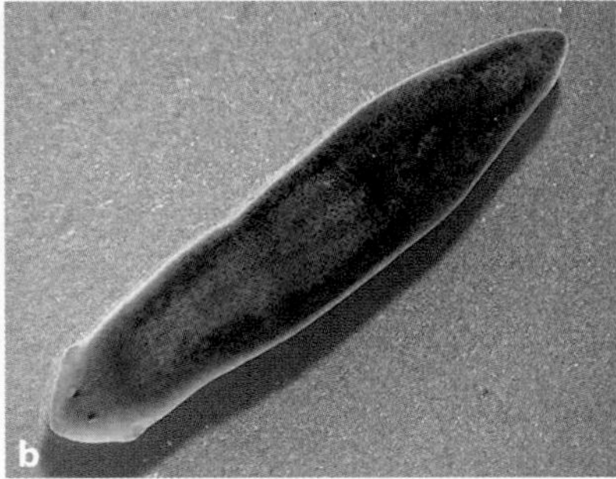

■ **Abb. 30.21** Verschiedene Turbellarien aus dem Süßwasser – **a** *Dendrocoelum cavaticum* und **b** *Dugesia sagitta* – und **c** ein auffällig gefärbter mariner Strudelwurm (*Pseudobiceros* spec.)

der Quellregion von Fließgewässern die streng kaltstenotherme (an einen engen Temperaturbereich angepasste) Art *Crenobia alpina*, gefolgt von *Polycelis felina* im weiteren Fließgewässerverlauf (Oberlauf). Im Unterlauf tritt dann die eurytherme (an einen breiten Temperaturbereich angepasste) Art *Dugesia gonocephala* auf. Durch solche strengen Verteilungsmuster eignen sich die Süßwasserplanarien sehr gut zur Indikation von Gewässerbedingungen und finden daher auch als Zeigerarten im Saprobiensystem (▶ Abschn. 38.4) Verwendung. Turbellarien sind Simultanzwitter und vermehren sich entsprechend geschlechtlich. Aufgrund ihrer hohen Regenrationsfähigkeit können sie sich jedoch auch asexuell vermehren, wenn ein Teil des Körpers abgeschnürt wird. Aus dem abgeschnürten Teilbereich kann wieder ein vollständiger Strudelwurm auswachsen (▶ Abschn. 14.2).

Die **Trematoda** sind allesamt endoparasitische Plattwürmer mit Generationswechsel und meist komplizierten Wirtswechseln. Entsprechend komplex ist das Geschlechtssystem der zumeist zwittrigen Individuen aufgebaut (■ Abb. 30.22).

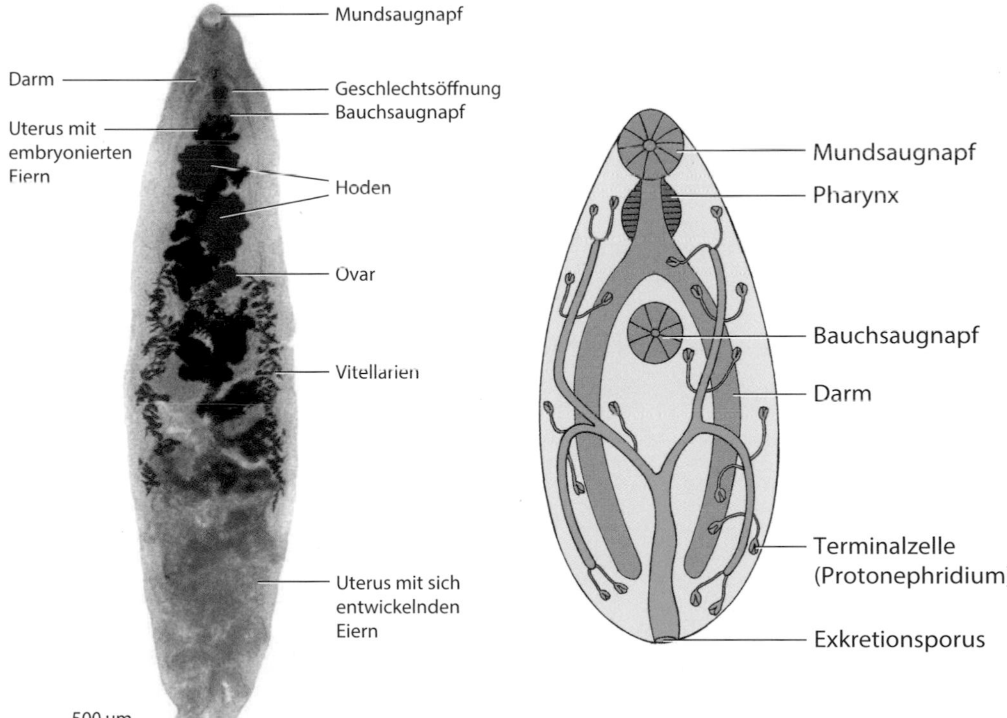

■ **Abb. 30.22** Totalpräparat eines adulten kleinen Leberegels (*Dicrocoelium dendriticum*, links) und schematische Darstellung des Verdauungs- und Exkretionssystems bei Trematoden

30.7 Plathelminthes – Trematoda: Wirtsmanipulation erleichtert die Übertragung auf den Endwirt

30

Trematoden (**Saugwürmer**) sind Parasiten mit einem **Generationswechsel** (◘ Abb. 30.23), in dem Entwicklungsstadien mit einer geschlechtlichen und einer ungeschlechtlichen Vermehrung auftreten (**Metagenese**). Im Regelfall dienen Weichtiere, vor allem Schnecken, aber teilweise auch Muscheln, als erste **Zwischenwirte**, in denen dann eine ungeschlechtliche Vermehrung stattfindet. Abhängig von der jeweiligen Trematodenart kann ein zweiter Zwischenwirt in den Entwicklungszyklus integriert sein. Hier findet dann eine Reifung der Parasitenstadien im Hinblick auf ihre Infektiosität für den Endwirt (Metacercarien, ◘ Abb. 30.24) statt. Oft ist mit der Übertragung von Parasiten auf ihren Endwirt eine Verhaltensmanipulation des entsprechenden Zwischenwirtes verbunden, um den Transmissionserfolg zu erhöhen. Als **Endwirte**, in denen (*per definitionem*) die geschlechtliche Fortpflanzung stattfindet, dienen zumeist Wirbeltiere aller Klassen. Aufgrund der Einbindung von Weichtieren als erste Zwischenwirte in den Lebenszyklus sind Trematoden vor allem in aquatischen Lebensräumen weit verbreitete Parasiten. Es können durchaus mehr als zehn Trematodenarten in einer Schneckenart vorkommen, woraus sich eine unerwartet hohe Diversität dieser Tiergruppe ergibt. Viele Trematodenarten sind zudem als wichtige Krankheitserreger bei Menschen und Tieren bekannt, in denen sie dann in inneren Organen wie der Leber, dem Darm, der Lunge oder auch im Blutgefäßsystem vorkommen.

Als Ausnahme innerhalb der zwittrigen Trematoden sind die Pärchenegel der Gattung *Schistosoma* getrenntgeschlechtlich (◘ Abb. 30.25). Allerdings sind Männchen und Weibchen dauerhaft miteinander verwachsen, ebenso wie ihre Geschlechtssysteme, und die Weibchen entlassen täglich mehrere Hundert Eier. Die humanrelevanten Arten leben im Blutgefäßsystem entlang der Harnblase oder des Darms. Die mit Stacheln versehenen Eier durchdringen die Blutgefäßwandungen und gelangen so in die Harnblase oder den Darm, von wo sie mit dem Urin oder Stuhl ausgeschieden werden. Da sich sehr viele Eier aber auch in inneren Organen wie der Leber verfangen, sorgen sie dort für schmerzhafte und entzündliche Prozesse,

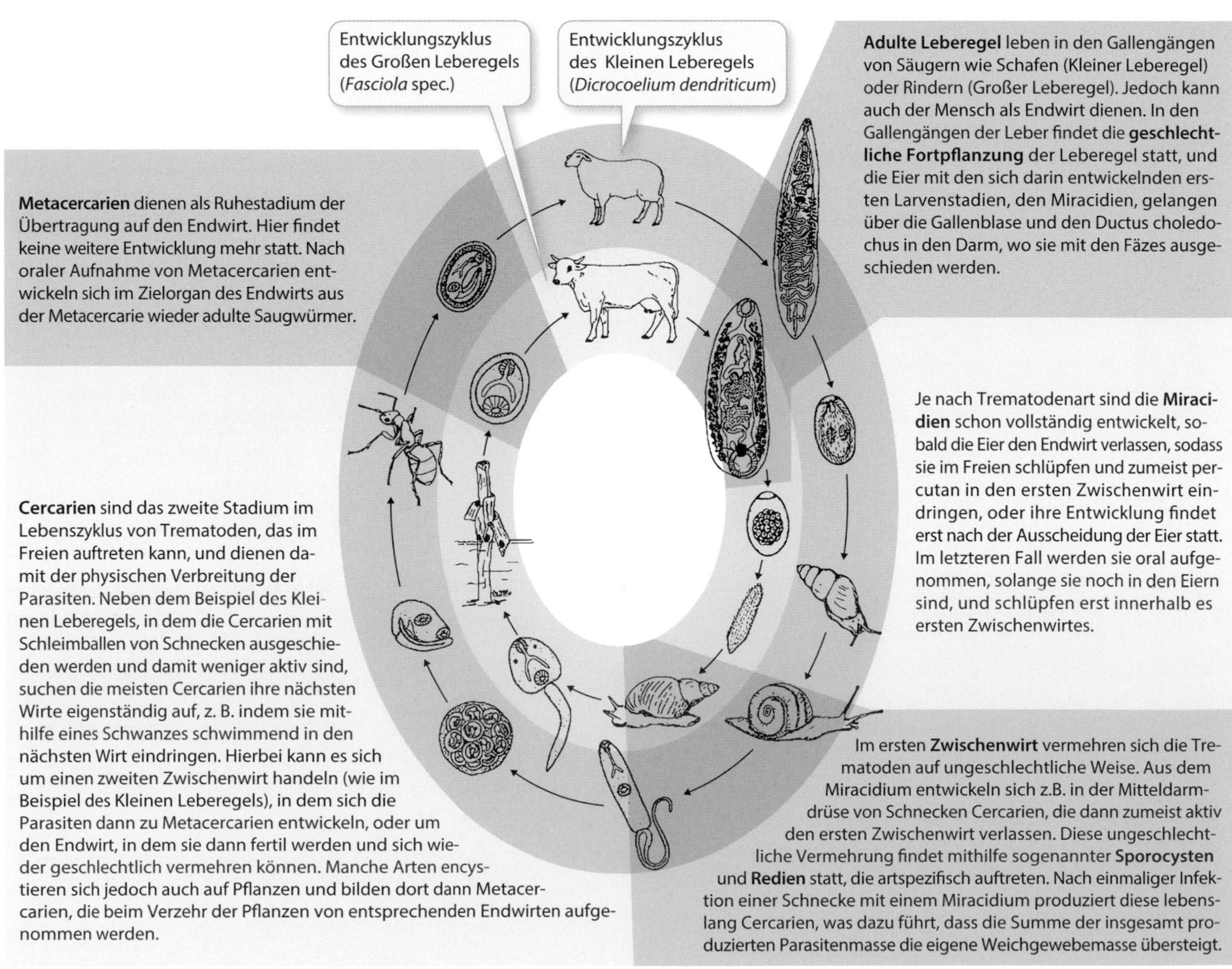

◘ **Abb. 30.23** Schematischer Lebens- und Entwicklungszyklus von Leberegeln

Abb. 30.24 Lichtmikroskopische Aufnahmen verschiedener Entwicklungsstadien von Trematoden

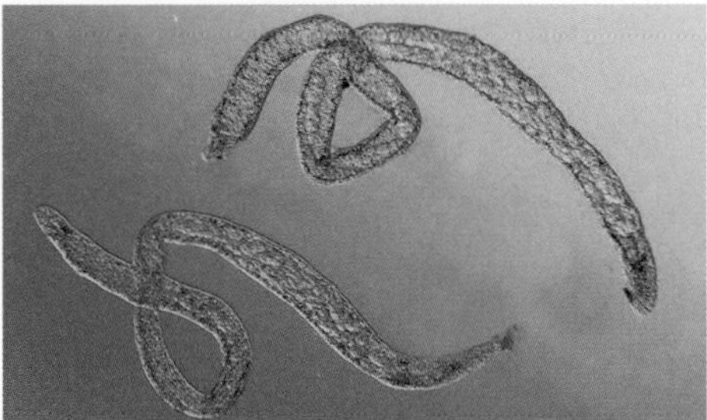

Sporocysten von *Cotylurus* spec., in denen sich Tochtersporocysten entwickeln, (hierin entwickeln sich danach die Cercarien)

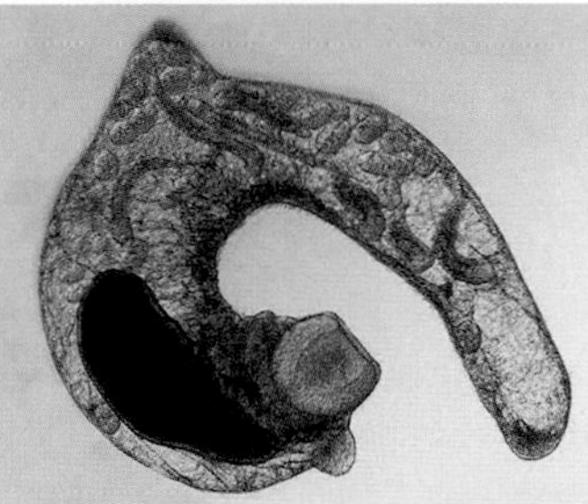

Redie von *Echinoparyphium aconiatum*, die Tochterredien enthält, aus denen sich Cercarien entwickeln

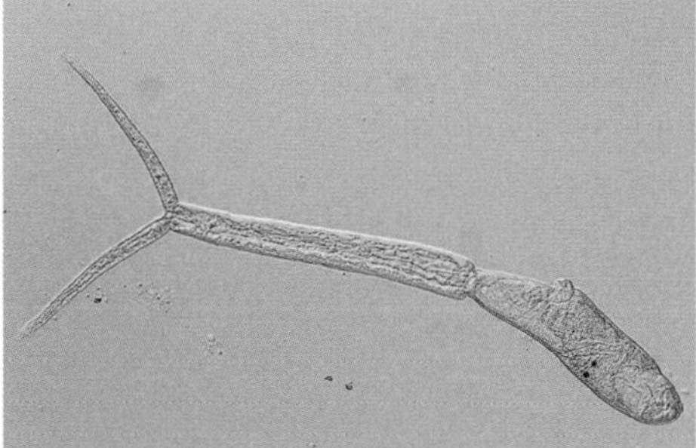

freischwimmende Cercarie von *Trichobilharzia franki*

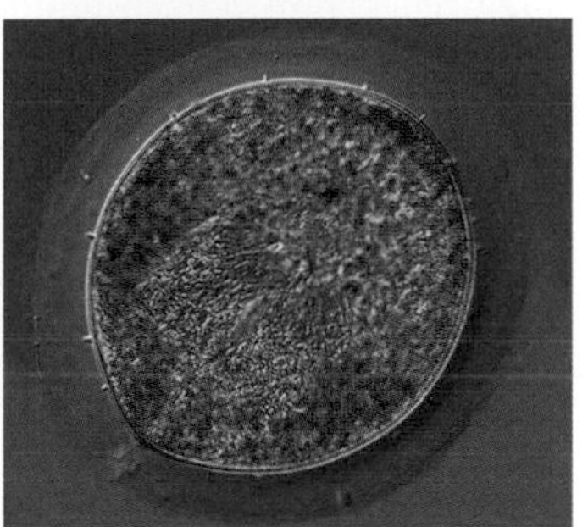

encystierte Metacercarie von *Cotylurus* spec.

die unbehandelt zum Tod der betroffenen Menschen führen. Weltweit sind mehr als 220 Mio. Menschen mit Arten der Gattung *Schistosoma* befallen und zeigen Erscheinungen einer **Bilharziose** oder **Schistosomiasis** (▶ Abschn. 35.11). Die Verbreitungsschwerpunkte liegen in Afrika, Südamerika und Asien. Die Grundlage für eine Infektion des Menschen bilden immer unzureichende sanitäre Bedingungen, denn erst wenn menschliche Ausscheidungen in Süßwasserökosystme gelangen, die Menschen beispielsweise zum Baden oder Wäschewaschen nutzen, können Cercarien percutan eindringen.

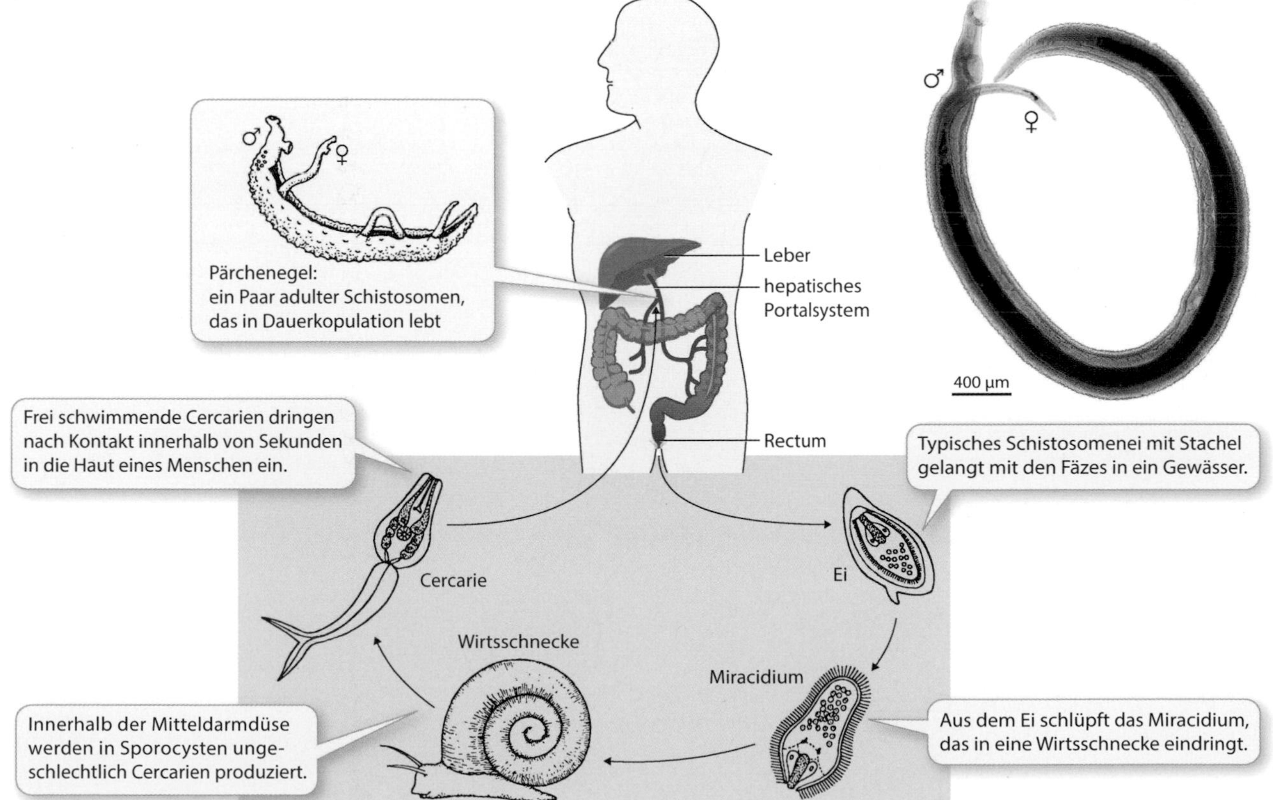

Abb. 30.25 Lebenszyklus und mikroskopisches Totalpräparat des Pärchenegels *Schistosoma mansoni*

30.8 Plathelminthes – Monogenea und Cestoda: Haken und Saugnäpfe ermöglichen das Verweilen beim Wirt

Neben den Trematoden besitzen auch die **Monogenea** (**Hakensaugwürmer**; ◘ Abb. 30.26) einen blind geschlossenen Darm und somit nur eine Öffnung für die Aufnahme und Abgabe von Nahrung. Wie der Name schon sagt, tritt bei dieser rein parasitisch lebenden Gruppe kein Generationswechsel auf. Die meisten Arten finden sich als Ektoparasiten bei Fischen und Amphibien, vereinzelt kommen auch endoparasitisch lebende Arten vor. Mit ihrem kräftig ausgebildeten und mit Haken versehenen hinteren Halteapparat (**Opisthaptor**) halten sich die Tiere an den Kiemenfilamenten oder der Haut ihrer Wirte fest, während sie mit der im vorderen Saugnapf lokalisierten Mundöffnung Wirtsgewebe oder Blut aufnehmen. Ein Massenbefall mit Monogeneen kann für die betroffenen Wirte zu starker Schädigung des Gewebes und nicht selten zum Tod führen. Das bekannteste Beispiel ist der gefürchtete Kiemensaugwurm des Lachses, *Gyrodactylus salaris*, der in Skandinavien verschiedene natürliche Lachsvorkommen nahezu ausgerottet hat.

Im Opisthaptor, dem Anheftungsorgan der Monogenea, sind die zentralen Haken deutlich sichtbar (hier bei *Gyrodactylus hamuli*).

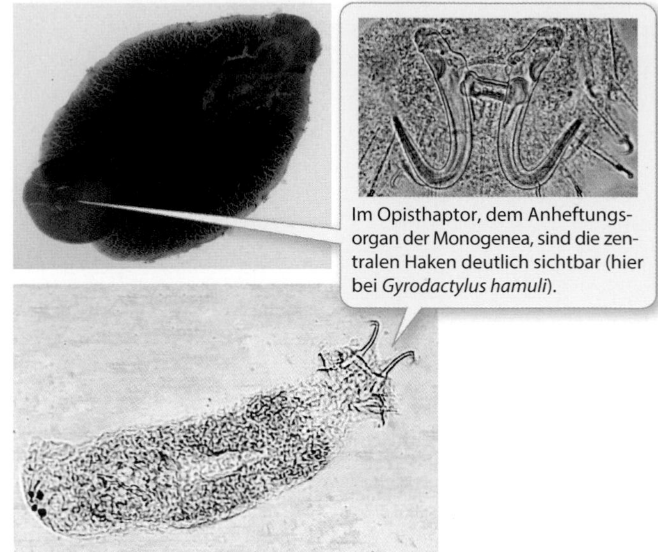

◘ **Abb. 30.26** Verschiedene Arten an Fischen parasitierender Monogenea (*Neoentobdella* spec. oben, *Dactylogyrus minutus*, unten) mit deutlich sichtbarem Opisthaptor und den darin befindlichen zentralen Haken

Die **Bandwürmer** (**Cestoda**) finden sich als Endoparasiten im Darmtrakt bei allen Vertebratenklassen. Bandwürmer sind in Kopf (**Scolex**), Sprossungszone (**Proliferationszone**) und Gliederkette (**Strobila**) gegliedert (◘ Abb. 30.27). Die Strobila besteht aus einzelnen **Proglottiden** (Singular: Proglottis), von denen artabhängig mehrere Tausend aneinandergereiht sein können. Entsprechend können Cestoden als Adulte in ihren Endwirten mehre Meter lang werden. Aber selbst Larvenstadien, wie Plerocercoide erreichen im Vergleich zu ihren Zwischenwirten teilweise erstaunliche Längen (◘ Abb. 30.28). Die Infektion

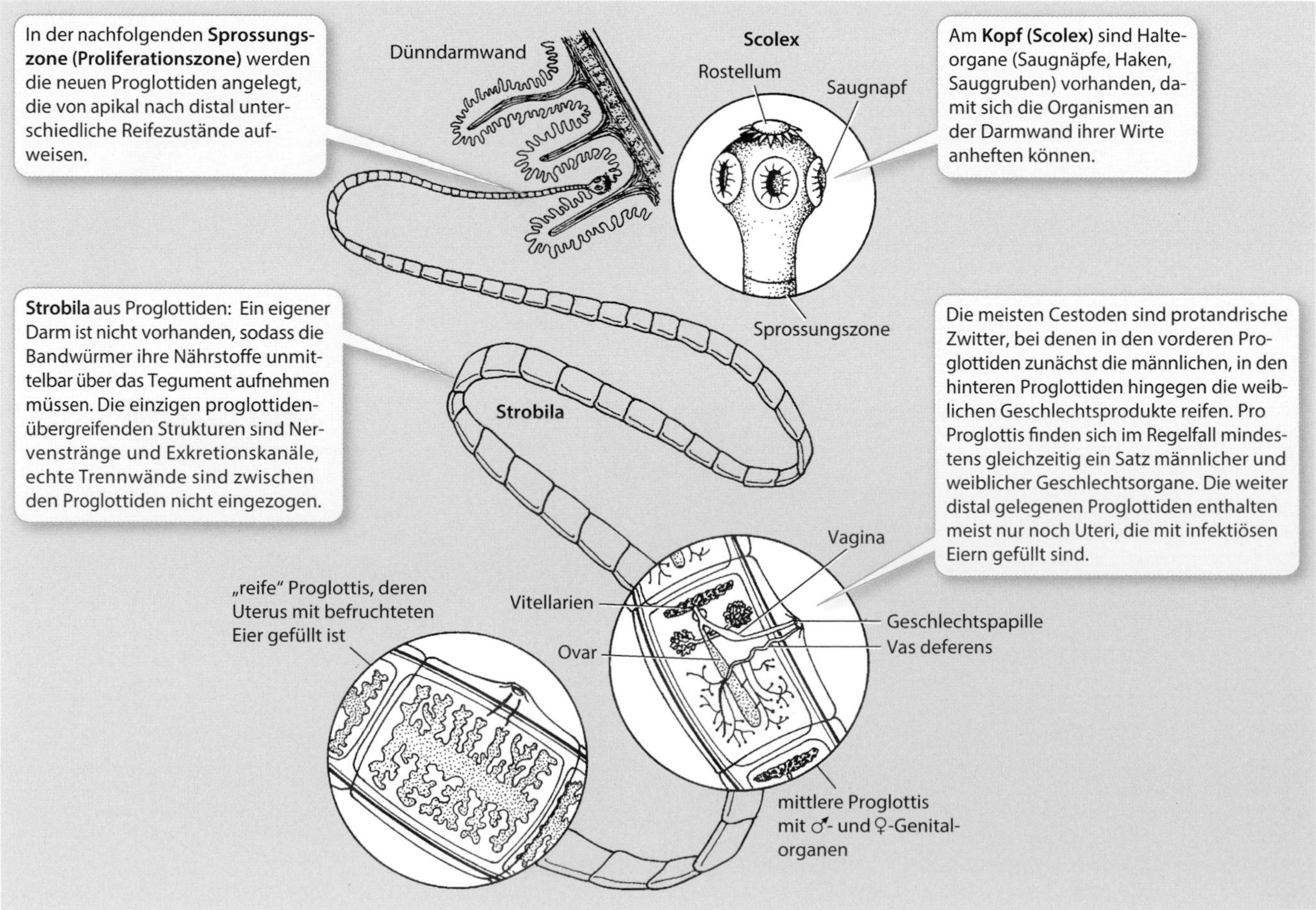

In der nachfolgenden **Sprossungszone (Proliferationszone)** werden die neuen Proglottiden angelegt, die von apikal nach distal unterschiedliche Reifezustände aufweisen.
Dünndarmwand
Scolex
Rostellum
Saugnapf
Am **Kopf (Scolex)** sind Halteorgane (Saugnäpfe, Haken, Sauggruben) vorhanden, damit sich die Organismen an der Darmwand ihrer Wirte anheften können.
Strobila aus Proglottiden: Ein eigener Darm ist nicht vorhanden, sodass die Bandwürmer ihre Nährstoffe unmittelbar über das Tegument aufnehmen müssen. Die einzigen proglottidenübergreifenden Strukturen sind Nervenstränge und Exkretionskanäle, echte Trennwände sind zwischen den Proglottiden nicht eingezogen.
Sprossungszone
Strobila
Die meisten Cestoden sind protandrische Zwitter, bei denen in den vorderen Proglottiden zunächst die männlichen, in den hinteren Proglottiden hingegen die weiblichen Geschlechtsprodukte reifen. Pro Proglottis finden sich im Regelfall mindestens gleichzeitig ein Satz männlicher und weiblicher Geschlechtsorgane. Die weiter distal gelegenen Proglottiden enthalten meist nur noch Uteri, die mit infektiösen Eiern gefüllt sind.
Vagina
„reife" Proglottis, deren Uterus mit befruchteten Eier gefüllt ist
Vitellarien
Ovar
Geschlechtspapille
Vas deferens
mittlere Proglottis mit ♂- und ♀-Genitalorganen

◘ **Abb. 30.27** Schematische Darstellung eines Bandwurms mit Detailvergrößerungen unterschiedlich weit entwickelter Proglottiden

der Endwirte erfolgt über trophische Interaktionen, indem ein räuberisch lebendes Wirbeltier ein infiziertes Beutetier frisst. (◘ Abb. 30.29). Abhängig von der jeweiligen Art werden vom Endwirt schließlich wieder ganze Proglottiden mit den Fäzes ausgeschieden oder die Proglottiden platzen im Darm der Wirte, sodass nur die Eier mit den enthaltenen Larven ausgeschieden werden.

Bedeutung für den Menschen hat auch der **Fuchsbandwurm** (*Echinococcus multilocularis*), der als sehr kleiner Bandwurm (unter 5 mm mit nur wenigen Proglottiden) im Darm des Fuchses lebt. Die erwachsenen Bandwürmer stoßen die letzte Proglottis ab, sobald diese mit befruchteten Eier gefüllt ist, sodass diese mit den Fäzes ausgeschieden werden. Als Zwischenwirte für den Fuchsbandwurm dienen hauptsächlich Kleinsäuger. Sie infizieren sich durch die orale Aufnahme von Fuchsbandwurmeiern. In den infizierten Zwischenwirten wachsen sogenannte **alveoläre Hydatiden** in Form von pilzmycelähnlichen Schläuchen, die ganze Gewebe und Organe durchziehen. In diesen Hydatiden vermehren sich die Larven und bilden **Protoscolices**. Wird ein solcher Kleinsäuger nun von einem Fuchs gefressen, wachsen die Protoscolices jeweils wieder zu Bandwürmern heran. Infiziert sich ein Mensch mit Eiern des Fuchsbandwurms, entwickelt er eine Krankheit, die als **alveoläre Echinococcose** bezeichnet wird. Auch hier kommt es zum Wachstum von alveolären Hydatiden, die die inneren Organe durchsetzen und unbehandelt zum Tod der betroffenen Personen führen. Mit Medikamenten ist lediglich eine Eindämmung des Wachstums der Hydatiden zu erreichen, eine Heilung von der Infektion ist nicht möglich.

◘ **Abb. 30.28** Entwicklungsstadien von Cestoden. **a** Plerocercoid von *Ligula intestinalis* aus der Leibeshöhle einer Brasse (*Abramis brama*). **b** Mehrere Meter lange adulte Bandwürmer des Menschen (von links nach rechts: Schweinebandwurm, *Taenia solium*, Fischbandwurm, *Diphyllobothrium latum*, Rinderbandwurm, *Taenia saginata*) aus der Helminthensammlung des Naturhistorischen Museums Wien

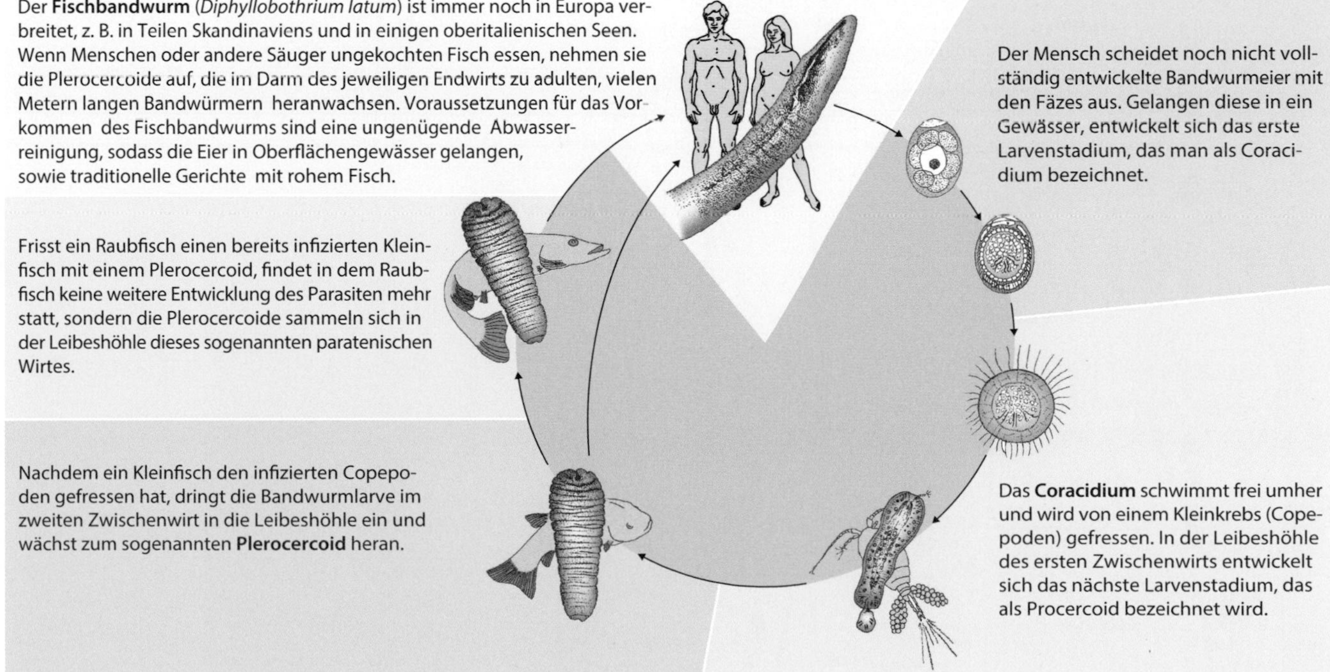

◘ **Abb. 30.29** Lebenszyklen des Cestoden *Diphyllobothrium latum*, dem Fischbandwurm des Menschen

30.9 Rotatoria – Acanthocephala: Apikale Strukturen bestimmen die Ernährungsweise

Gemeinsam mit den Trematoden gelten die **Rotatoria** (◘ Abb. 30.30) als Schwestergruppe der Lophotrochozoa. Während die für die Gruppe namensgebenden Rädertierchen ein sogenanntes **Räderorgan** besitzen (◘ Abb. 30.31), hat die zweite große Gruppe innerhalb der Rotatoria, die **Kratzwürmer** (**Acanthocephala**), ebenfalls einen charakteristisch umgewandelten apikalen Pol, der als **Proboscis** bezeichnet wird (◘ Abb. 30.32). Rädertierchen sind mikroskopisch kleine Organismen, die vorwiegend im Süßwasser vorkommen und sich mithilfe ihres Räderorgans strudelnd und filtrierend ernähren. Sie besitzen einen vollständigen Magen-Darm-Trakt sowie ein Nervensystem mit einem vergleichsweise hoch entwickelten dorsalen Gehirn. Da sie sich häufig an Substrat anheften, besitzen sie hierfür eine spezielle Klebdrüse.

Die Acanthocephala enthalten ausschließlich endoparasitische Arten, die als Adulte im Darm von Vertebraten sämtlicher Klassen auftreten. Von den bisher beschriebenen ca. 1300 Arten sind die weitaus meisten jedoch als Parasiten von Fischen bekannt (◘ Abb. 30.33). Wie die Bandwürmer besitzen auch die Acanthocephalen keinen eigenen Darm, sondern nehmen alle Nährstoffe über ihr Tegument auf. Entsprechend ist dieses Tegument durch Einfaltungen der äußeren Membran nach innen vergrößert, um mit dem Darm des Wirtes um die Aufnahme von Nährstoffen konkurrieren zu können. Häufig finden sich die getrenntgeschlechtlichen Parasiten in großer Zahl dicht beieinander, da sie im Darm ihrer Wirte entweder gar nicht oder nur wenig mobil sind. Nur so kann eine geschlechtliche Fortpflanzung gesichert werden.

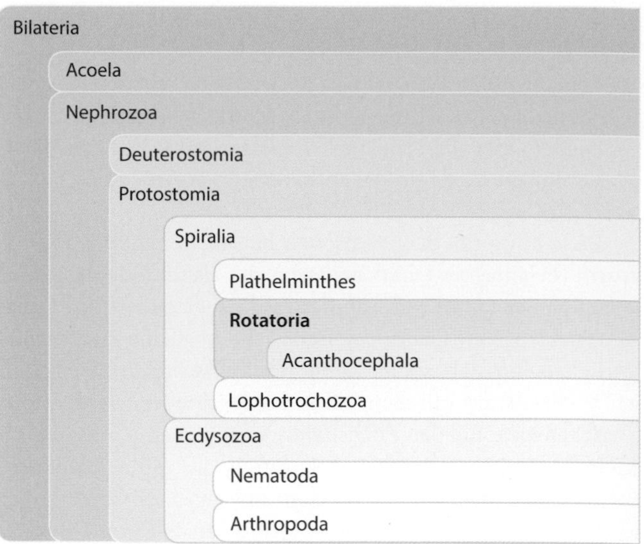

◘ **Abb. 30.30** Systematische Einordnung der Rotatoria

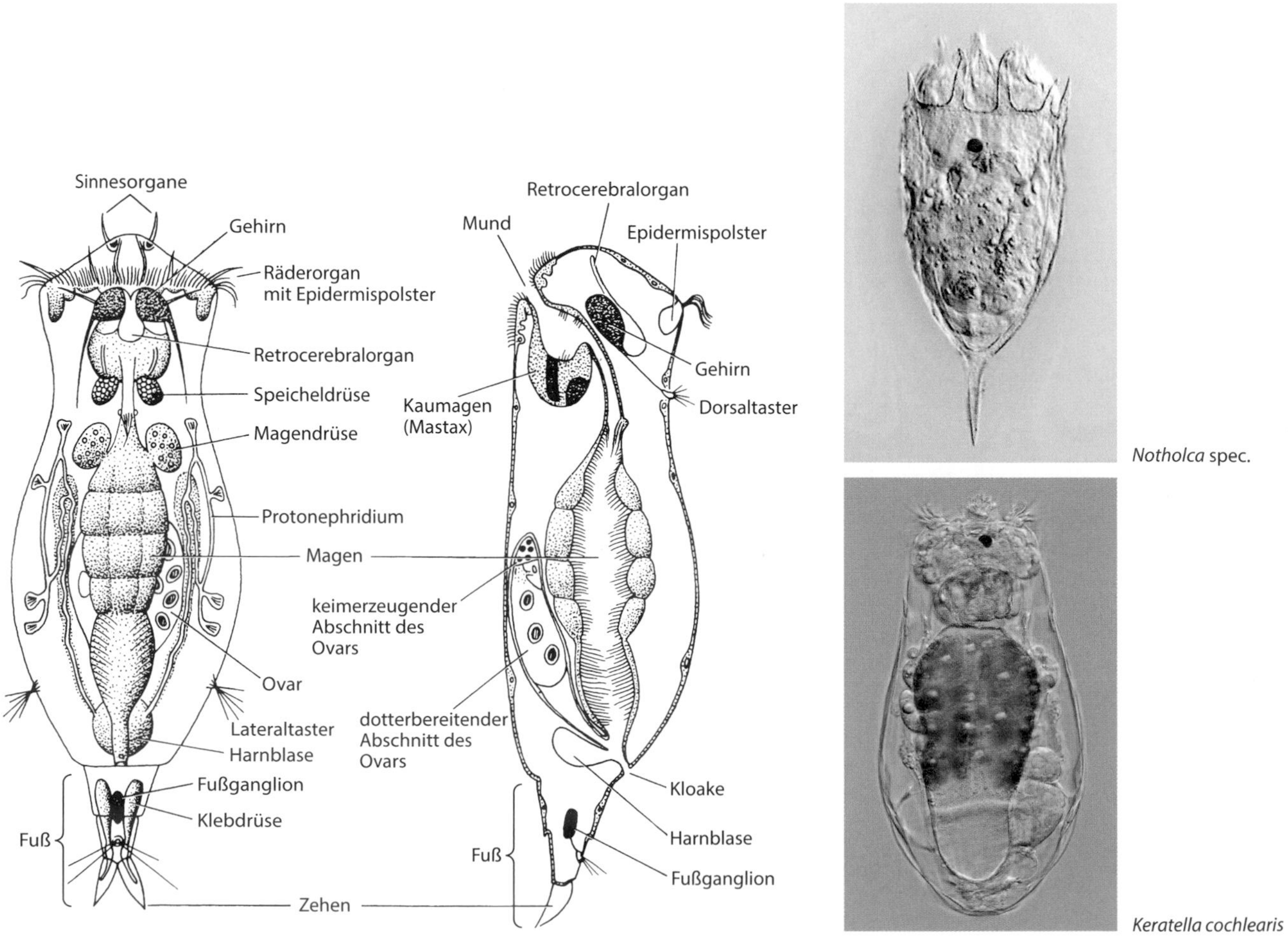

◘ **Abb. 30.31** Schematischer Bauplan von Rädertierchen sowie Fotos von *Notholca* spec. und *Keratella cochlearis*

Retraktor
Proboscis mit Haken
Gehirn
Lemnisk
Retraktor
Hoden
Zementdrüsen
Ductus ejaculatorius
Ganglion
Penis
Bursal-schlauch
Sinnespapillen
Rüsselscheide
Ligamentstrang
Ligamentsack
Lateralnerv
Protonephridien
Bursa copulatrix
Proboscis mit Haken
Gehirn
Uterus
Eier
Uterusglocke
Ovar

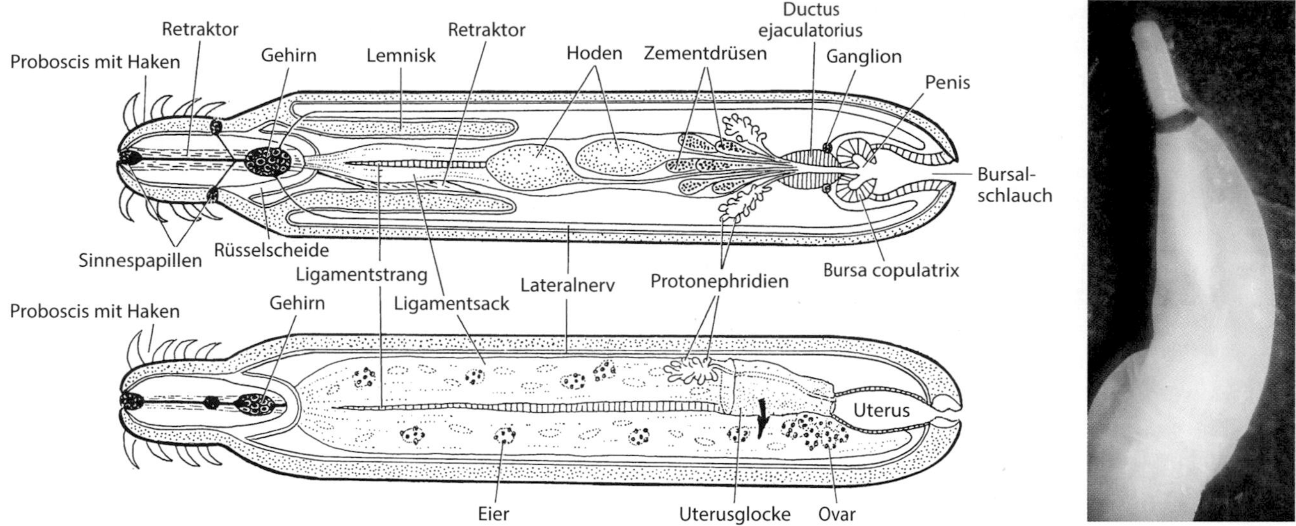

Abb. 30.32 Schematische Darstellung eines männlichen (oben) und eines weiblichen (unten) Acanthocephalen. Das Foto zeigt den vorderen Teil des Körpers von *Acanthocephalus rhinensis* aus dem Darm des Europäischen Aals (*Anguilla anguilla*)

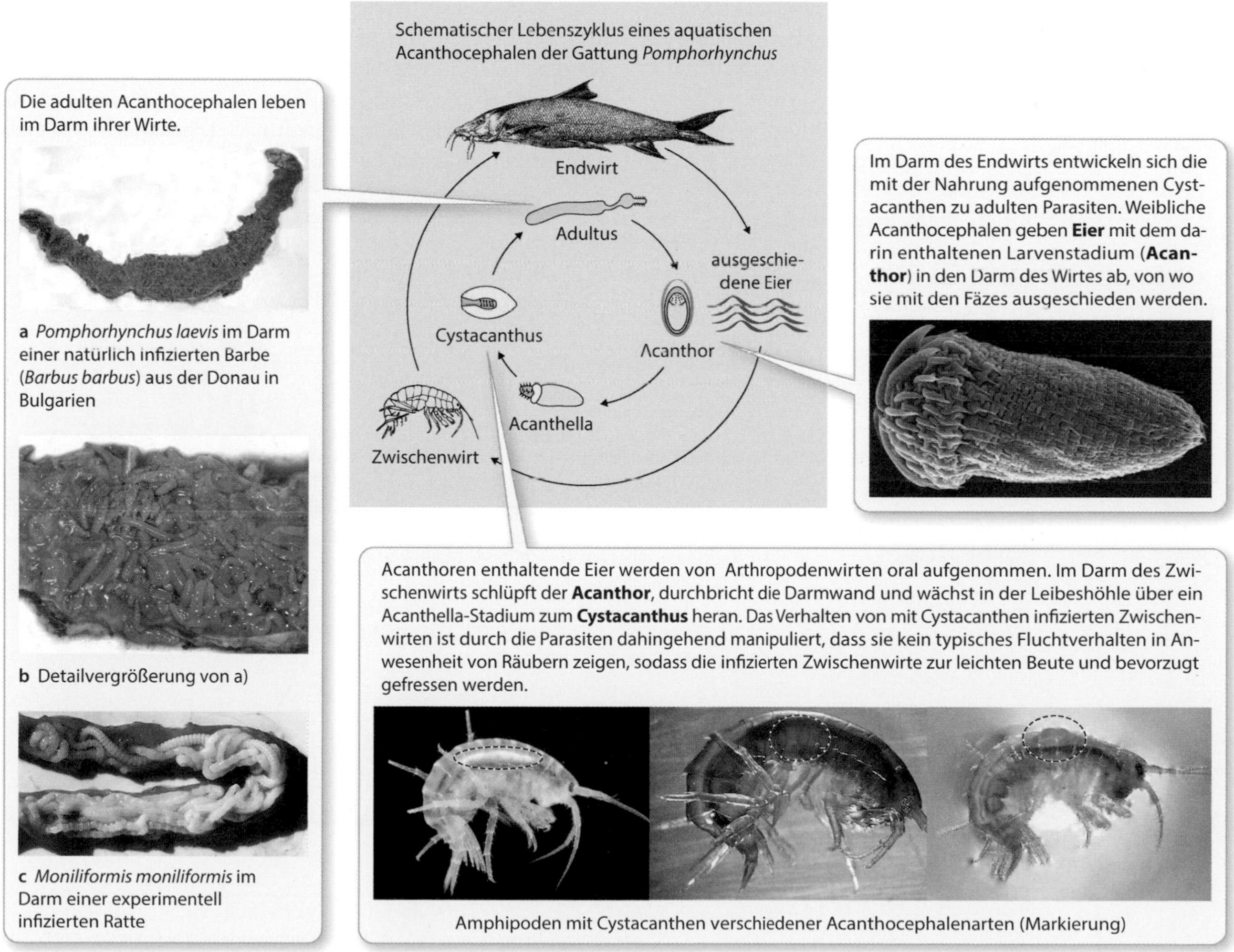

Schematischer Lebenszyklus eines aquatischen Acanthocephalen der Gattung *Pomphorhynchus*
Endwirt
Adultus
ausgeschie-dene Eier
Cystacanthus
Acanthor
Acanthella
Zwischenwirt
Die adulten Acanthocephalen leben im Darm ihrer Wirte.
a *Pomphorhynchus laevis* im Darm einer natürlich infizierten Barbe (*Barbus barbus*) aus der Donau in Bulgarien
b Detailvergrößerung von a)
c *Moniliformis moniliformis* im Darm einer experimentell infizierten Ratte
Im Darm des Endwirts entwickeln sich die mit der Nahrung aufgenommenen Cystacanthen zu adulten Parasiten. Weibliche Acanthocephalen geben **Eier** mit dem darin enthaltenen Larvenstadium (**Acanthor**) in den Darm des Wirtes ab, von wo sie mit den Fäzes ausgeschieden werden.
Acanthoren enthaltende Eier werden von Arthropodenwirten oral aufgenommen. Im Darm des Zwischenwirts schlüpft der **Acanthor**, durchbricht die Darmwand und wächst in der Leibeshöhle über ein Acanthella-Stadium zum **Cystacanthus** heran. Das Verhalten von mit Cystacanthen infizierten Zwischenwirten ist durch die Parasiten dahingehend manipuliert, dass sie kein typisches Fluchtverhalten in Anwesenheit von Räubern zeigen, sodass die infizierten Zwischenwirte zur leichten Beute und bevorzugt gefressen werden.
Amphipoden mit Cystacanthen verschiedener Acanthocephalenarten (Markierung)

Abb. 30.33 Schematischer Lebenszyklus eines aquatischen Acanthocephalen der Gattung *Pomphorhynchus* sowie rasterelektronenmikroskopische Aufnahme eines Acanthors

30

30.10 Lophotrochozoa: Lophophor und Trochophoralarve sind Kennzeichen der Lophotrochozoa

Als Schwestergruppe zu den Plathelminthes und Rotatoria beinhalten die **Lophotrochozoa** innerhalb der Spiralia vergleichsweise artenärmere Gruppen wie die Brachiopoda und Bryozoa aber auch die Annelida und vor allem die aus ca. 120.000 Arten bestehenden Mollusca (◘ Abb. 30.34).

Moostierchen (**Bryozoa**; ◘ Abb. 30.35) sind mikroskopisch kleine Organismen, die häufig in Kolonien aus mehreren einzelnen Individuen (**Zooiden**) vorkommen und dann leichter zu erkennen sind. Innerhalb von Kolonien kommt es zu morphologischen Spezialisierungen der Zooide, verbunden mit entsprechenden Arbeitsteilungen. Byrozoen kommen sowohl marin als auch im Süßwasser vor. Sie können sich geschlechtlich und ungeschlechtlich fortpflanzen. Nach der geschlechtlichen Fortpflanzung werden zwei verschiedene Larvenformen gebildet. Eine Larvenform setzt sich fest und es erfolgt eine Metamorphose zu einer Ancestrula, die durch ungeschlechtliche Knospung mehrere Zooide generiert und so eine Kolonie ausbildet. Die durch Knospung gebildeten Individuen einer Kolonie sind somit genetisch identisch (Klone).

Die **Armfüßer** (**Brachiopoda**) ähneln auf den ersten Blick Muscheln sind jedoch ein eigenes Taxon und weisen eine abweichende Anatomie und Morphologie auf. Wie Muscheln leben sie als aktive Filtrierer von planktonischen Organismen.

Die **Weichtiere** (**Mollusca**) beinhalten sieben verschiedene Klassen, von denen die Gastropoda (Schnecken), Scaphopoda (Kahnfüßer), Bivalvia (Muscheln) und Cephalopoda (Kopffüßer) die bekanntesten sind (◘ Abb. 30.34). Ihre Arten finden sich in allen Lebensräumen. Der Fuß ist in Gestalt und Funktion sehr variabel und dient der Fortbewegung, aber auch zum Graben oder zur dauerhaften Verankerung, wenn er über spezielle Fußdrüsen verfügt (Byssus). Im Dorsalbereich des Fußes findet sich der Eingeweidesack dessen dorsale Wandung als Mantel bezeichnet wird. Dieser bildet, sofern vorhanden, die Schale (◘ Abb. 30.36).

Das Verdauungssystem der Mollusca beginnt mit einer Mundöffnung, die in Form eines Schnabels (Cephalopoda) ausgebildet sein kann oder z. B. mit einer Raspelzunge (Radula bei Gastropoda) versehen ist. Hiermit können die Schnecken den Untergrund abweiden und somit Biofilme fressen. Es gibt auch eine räuberische Ernährungsweise, z. B. bei den Cephalopoda und einigen Gastropoda, sowie das aktive Filtrieren, das bei den Bivalvia (Muscheln) auftritt. Der Magen dient als Sortierraum, in dem unverdauliche Teile direkt in den Darm weitergeleitet, verwendbare Nahrungsbestandteile hingegen resorbiert werden. Hierbei spielt die Mitteldarmdrüse eine wichtige Rolle als Resorptions- und Sekretionsorgan. Je nach Lebensweise erfolgt die Atmung über Kiemen, Lungen oder durch Hautatmung. Dorsal

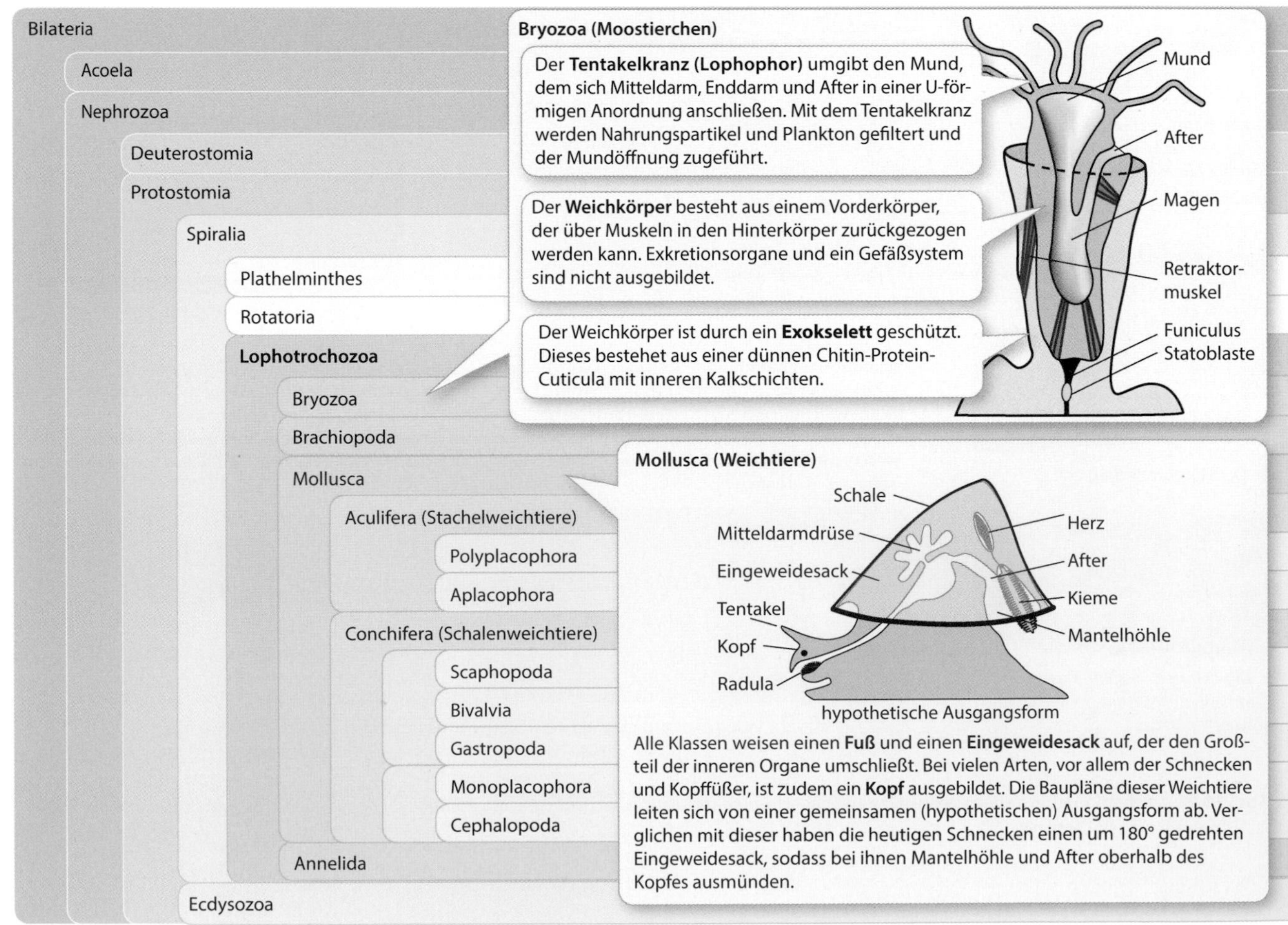

◘ **Abb. 30.34** Übersicht über die Systematik der Lophotrochozoa mit Bauplan der Bryozoa und Mollusca

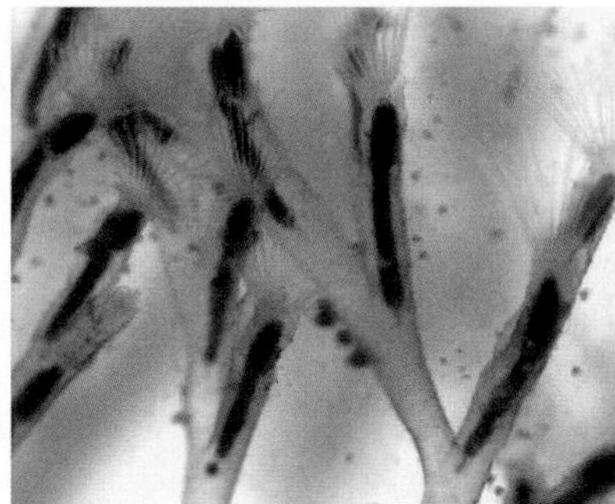

■ **Abb. 30.35** Kolonie des Moostierchens *Fredericella sultana* auf einem Stück Totholz sowie Detailvergrößerungen zur Darstellung der Zooiden und der Tentakelkränze

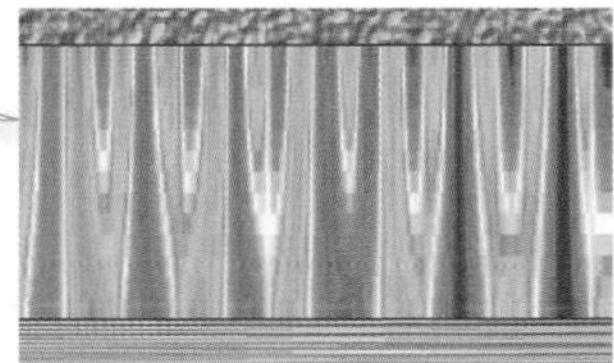

■ **Abb. 30.36** Vereinfachte Darstellung des Aufbaus der Schalen von Weichtieren

im Hinterkörper liegt ein arterielles Herz, das Blut wird über zwei starke Gefäße (Vorhöfe) von den Kiemen zum Herz gepumpt. Im weiteren Verlauf redet man von einem offenen Blutgefäßsystem, da die Blutflüssigkeit (Hämolymphe) durch Kanäle und Lakunen fließt, die die Organe umgeben. Als Blutfarbstoff treten Hämocyanin, teilweise aber auch Hämoglobin (speziell bei Arten, die unter Sauerstoffmangel leben) auf. Teile der Herzwand fungieren als Ultrafilter, mit deren Hilfe ein Primärharn produziert wird, der im Pericardraum gesammelt und über Gänge ausgeleitet wird. Das Nervensystem ist teilweise weit entwickelt (▶ Abschn. 15.7), beispielsweise dienten die sogenannten Riesenaxone der Tintenfische als wichtiger Grundstein zum Verständnis der Reizweiterleitung in Nerven. Mollusken sind teils getrenntgeschlechtlich, teils zwittrig; die Gameten einiger wasserlebender Arten werden äußerlich befruchtet, daneben kommt auch innere Befruchtung vor. Neben frei lebenden **Trochophora-** und **Veligerlarven** existieren bei den Teich- und Flussmuscheln auch als **Glochidien** bezeichnete parasitäre Larvenformen.

Die **Scaphopoda** (■ Abb. 30.37) leben eingegraben in weichen Sedimenten des Meeresbodens in Wassertiefen bis zu mehreren 1000 m. Die Gehäuse der ca. 500 bekannten Arten sind an beiden Enden offen. Die obere, kleine Öffnung ragt aus dem Sediment heraus und dient dem Wasseraustausch sowie der Aufnahme von Sauerstoff. Aus der größeren Öffnung ragen der Fuß sowie ausstreckbare Fangfäden, an denen Beuteorganismen wie Foraminiferen und andere Kleinstorganismen festkleben und so zur Mundöffnung transportiert werden können, um dann von der Radula zermahlen zu werden.

Die Fortbewegung im Sediment erfolgt durch den beweglichen Fuß. Die meisten Arten sind getrenntgeschlechtlich und geben ihre Geschlechtsprodukte über die obere Öffnung ins freie Wasser ab.

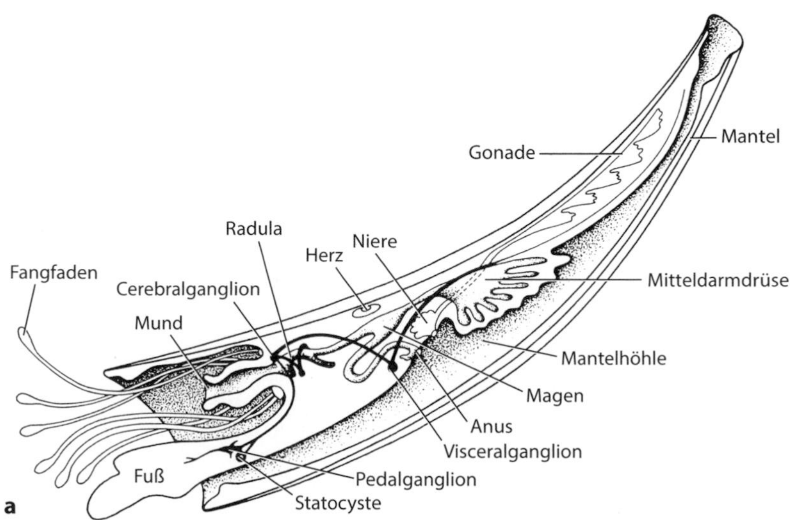

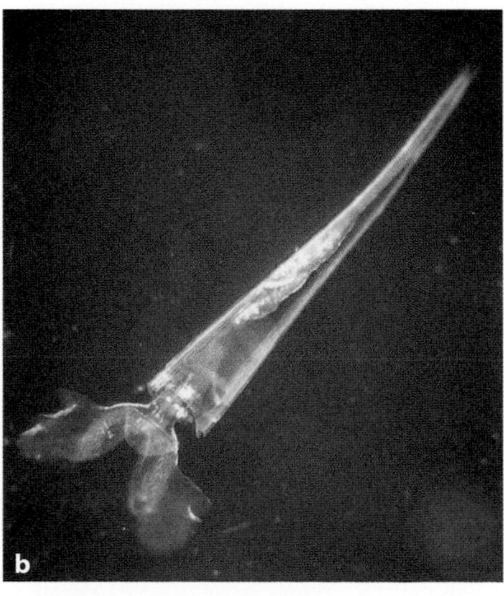

■ **Abb. 30.37** **a** Bauplan der Kahnfüßer, **b** Foto des Kahnfüßers *Creseis acicula* aus dem Mittelmeer

30.11 Mollusca: Die Kalkschale gibt Schutz und Stabilität

Muscheln (**Bivalvia**) leben als benthische Filtrierer (◘ Abb. 30.38), die Larven mancher Muschelarten allerdings für einige Zeit auch parasitisch (◘ Abb. 30.39). Das wesentliche Kennzeichen der Muscheln ist der Besitz einer zweiklappigen Schale, die sie aktiv mittels eines Muskels schließen (daher klafft die Schale bei toten Muscheln auseinander). Die größte Artenvielfalt findet sich mit ca. 8000 Spezies im Meer, während aus dem Süßwasser etwa 1200 Arten bekannt sind. Die Klasse der Bivalvia teilt sich in zwei Infraklassen auf, die **Protobranchia** und die **Autolamellibranchiata**, von denen Letztere die bei Weitem meisten Arten enthält. Verschiedene Muschelarten werden auch vom Menschen unmittelbar genutzt, z. B. als Nahrungsmittel oder zur Produktion von Perlen. So erreicht beispielsweise der Verzehr von Miesmuscheln in Europa mittlerweile 100.000 t. Entsprechend werden beliebte Speisemuscheln wie Austern und Miesmuscheln auch entlang von Küsten gezüchtet.

Schnecken (**Gastropoda**) leben sowohl in aquatischen als auch in terrestrischen Biotopen. Sie ernähren sich vorwiegend als Weidegänger, indem sie mit ihrer Radula Oberflächen abraspeln und dadurch beispielsweise eukaryotische Einzeller sowie

30

Muscheln nehmen als aktive **Filtrierer** Plankton und Detritus aus dem Wasser auf. Der Wasserstrom wird über ihre Siphone ermöglicht. Nahrungspartikel werden von den Kiemen ausgesiebt und in Richtung Mundöffnung transportiert. Nach der Passage des Magens werden unverdauliche Bestandteile wie auch entstandener Kot über den Anus in den Strom der Egestionsöffnung abgegeben und können so von der Muschel ausgeschieden werden.

zu Doppelröhren verwachsene Siphone bei *Corbicula* spec. (a) und bei *Mya arenaria* (b)

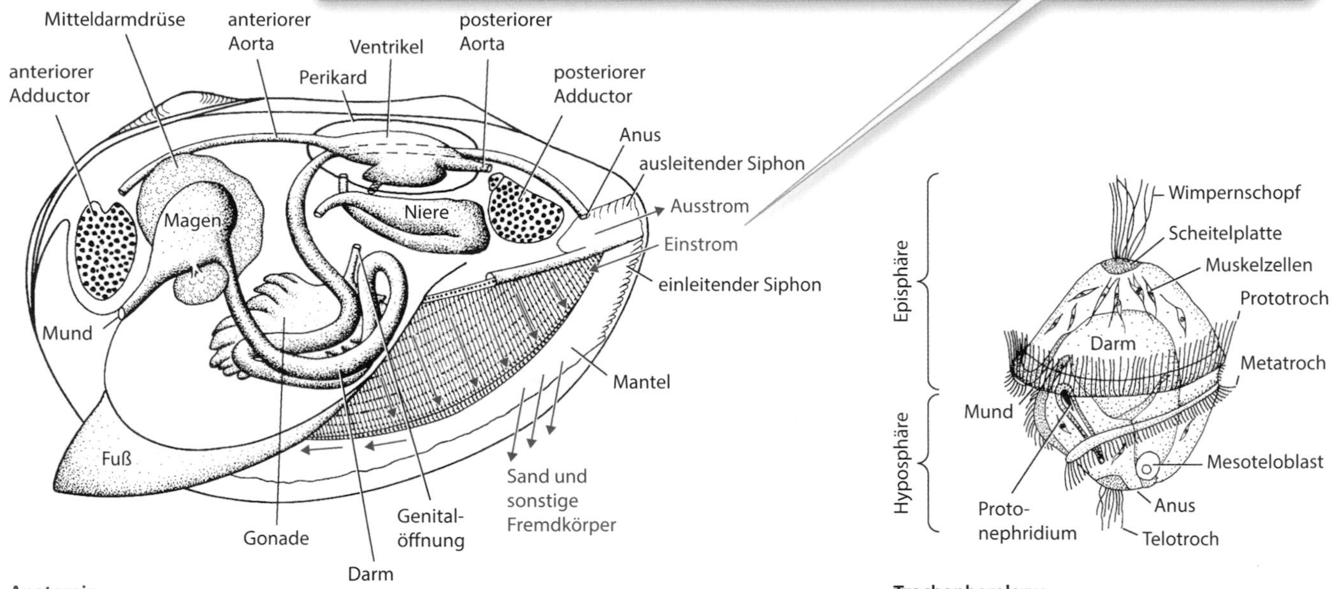

Die ursprünglich nichteinheimische Dreikantmuschel (*Dreissena polymorpha*) ist in Europa weit verbreitet.

Die Asiatische Körbchenmuschel *Corbicula* spec. ist seit den 1980er-Jahren in Deutschland nachgewiesen und in vielen Gewässern mittlerweile die abundanteste Muschelart.

Vorkommen der Steckmuschel *Pinna nobilis* im Mittelmeer (siehe Pfeile), einer geschützten Muschel, deren Bestände sich in den letzten Jahren wieder erholt haben.

◘ **Abb. 30.38** Schematische Darstellung der Anatomie und Ernährungsweise von Muscheln sowie der Trochophoralarve

Neben einer großen Vielfalt mariner Muscheln kommen zudem im Süßwasser lebende Muscheln vor. Etliche Arten der Teich- und Flussmuscheln, wie z. B. die Flussperlmuschel (*Margaritifera margaritifera*) sind hochgradig gefährdet.

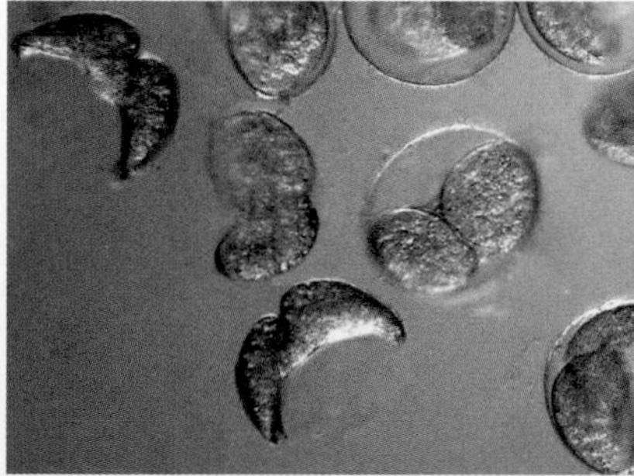

Nach der geschlechtlichen Fortpflanzung bilden diese Großmuscheln als erstes Larvenstadium Glochidien aus, die dann für ca. sieben Monate über die Winterzeit auf den Kiemenfilamenten von Bachforellen parasitieren.

Sobald die Wassertemperatur für mehrere Tage auf über 17 °C ansteigt, fallen die Jungmuscheln ab und leben nun als Filtrierer im Sediment.

Im Sediment sind sie nicht nur darauf angewiesen, genügend Nahrungspartikel filtrieren zu können, sondern auch darauf, dass nur wenig Feinsedimente in den Gewässerabschnitt eingetragen werden, da diese sie sonst bedecken würden. Entsprechend gilt der Feinsedimenteintrag als einer der wesentlichen Bedrohungsfaktoren für die Flussperlmuschel.

Abb. 30.39 Lebenszyklus der Flussperlmuschel (*Margaritifera margaritifera*)

mikrobielle Biofilme aufnehmen. Auch Herbivorie (z. B. Wegschnecken) sowie eine räuberische Lebensweise (z. B. Wellhornschnecke) sind bekannt.

Die systematische Unterteilung der Klasse Gastropoda (Abb. 30.40) ist aktuell in Bearbeitung. Gesichert erscheint die Aufteilung in die Unterklassen der Eogastropoda (ehemals Arten der Prosobranchia, vor allem Napfschneckenarten) und Orthogastropoda (Arten der Prosobranchia, Opisthobranchia und Pulmonata). Nach wie vor sind aber die alten Einteilungen in Prosobranchia, Opisthobranchia und Pulmonata gebräuchlich und erlauben eine relativ einfache Kategorisierung der Morphologie und Lebensweise der jeweils zu diesen Gruppen gehörenden Arten.

So gelten die **Prosobranchia** (**Vorderkiemer**; Abb. 30.41) als ursprüngliche Gruppe, bei ihnen liegen die Kiemen vor dem Herzen. Zu ihnen zählen die in marinen Ökosystemen vorkommenden Napfschnecken sowie Schnecken, deren Fuß einen Deckel (Operculum) trägt, mit dem die Tiere nach Rückzug in ihr Gehäuse dessen Mündung dicht verschließen können. Neben einigen limnischen Arten lebt die Mehrzahl der zu den Prosobranchia gehörenden Schnecken im Meer. Die meisten Spezies sind getrenntgeschlechtlich.

Auch die **Opisthobranchia** (**Hinterkiemer**; Abb. 30.41), deren Kiemen hinter dem Herzen liegen, umfassen fast ausschließlich marine Arten. Bei vielen fehlt ein Gehäuse und ihre Körper sind auffallend bunt mit oftmals frei ins Wasser reichenden Federkiemen. Hinterkiemer sind zwittrig.

Bei den **Pulmonata** (**Lungenschnecken**; Abb. 30.41) ist das Dach der Mantelhöhle von Blutgefäßen durchzogen und bildet so seitlich vorne eine Lunge, die mit einem verschließbarem Atemloch nach außen mündet. Diese Gruppe zumeist ebenfalls zwittriger Arten umfasst die meisten Landschnecken sowie die Hälfte der Süßwasserschnecken. Traditionell wurden die Lungenschnecken in die **Basommatophora** (**Wasserlungenschnecken**) und die **Stylommatophora** (**Landlungenschnecken**) unterteilt. Als einfaches Unterscheidungsmerkmal dient die Anzahl der Fühler, von denen es ein Paar bei den Basommatophora gibt, an deren Basis sich die Augen befinden. Die Stylommatophora weisen hingegen zwei Paar Fühler auf, mit Augen am Ende des großen, oberen Fühlerpaares. Wie bei den Wegschnecken kann die Schale reduziert sein: Der Bereich des Mantels wird dann durch den Mantelschild dargestellt.

Aktuell sind aus den Meeren etwa 1000 Arten von **Kopffüßern** (**Cephalopoda**; Abb. 30.42) bekannt, die als Räuber meist von Wirbellosen des Meeresbodens leben. Ursprünglichere Cephalopoden wie Perlboote der Gattung ***Nautilus*** (Abb. 30.43) besitzen noch eine **äußere Schale**, während alle anderen eine ins Innere verlagerte „Schale" aufweisen. Besonders anschaulich ist dies bei den **Sepien**, deren Schulp man häufig an den Küsten der Meere angespült findet. Der Schulp als typisches **Innenskelettelement** besteht aus Calciumcarbonat, kann aber durch Gaseinlagerungen für den Auftrieb genutzt werden. Bei Kalmaren sind die ursprünglich kalkigen Gebilde zu länglichen Hornstreifen im Mantel reduziert, während bei Kraken oftmals keinerlei vergleichbare Stützstrukturen mehr auftreten.

Zur Tarnung können viele Kopffüßer ihre Farbe und Musterung sehr schnell verändern und dem Untergrund anpassen (► Abschn. 12.6), sodass sie kaum von diesem zu unterscheiden sind (Abb. 30.44). Zudem stoßen sie gezielt ihre im **Tintenbeutel** gesammelte Tinte aus, um Feinde zu verwirren und in der trüben Wolke zu entkommen.

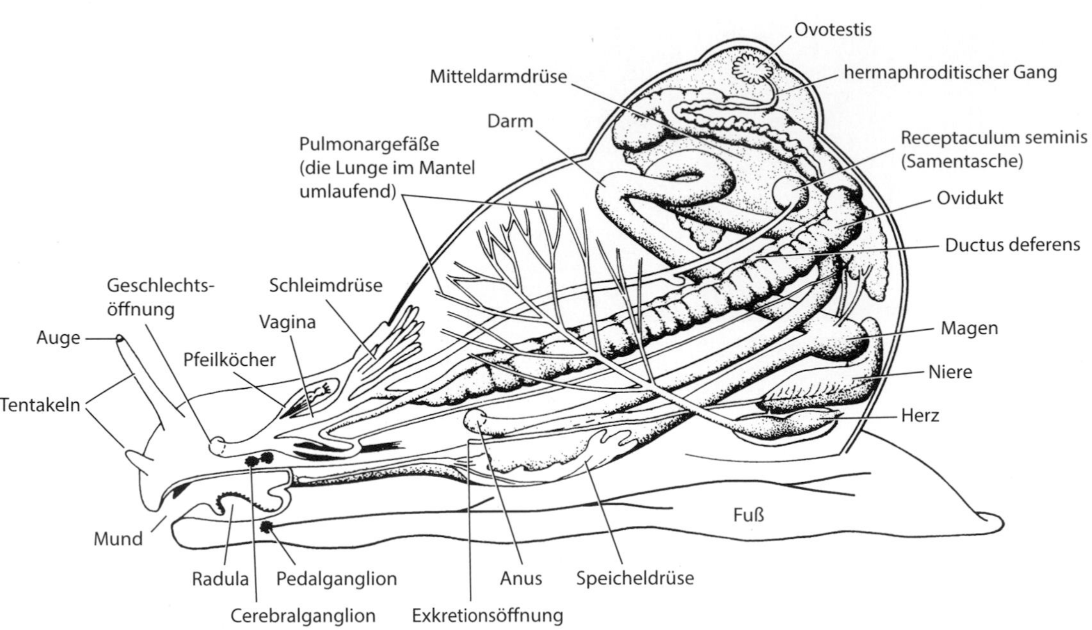

Abb. 30.40 Schematische Darstellung der Schneckenanatomie am Beispiel der Pulmonata

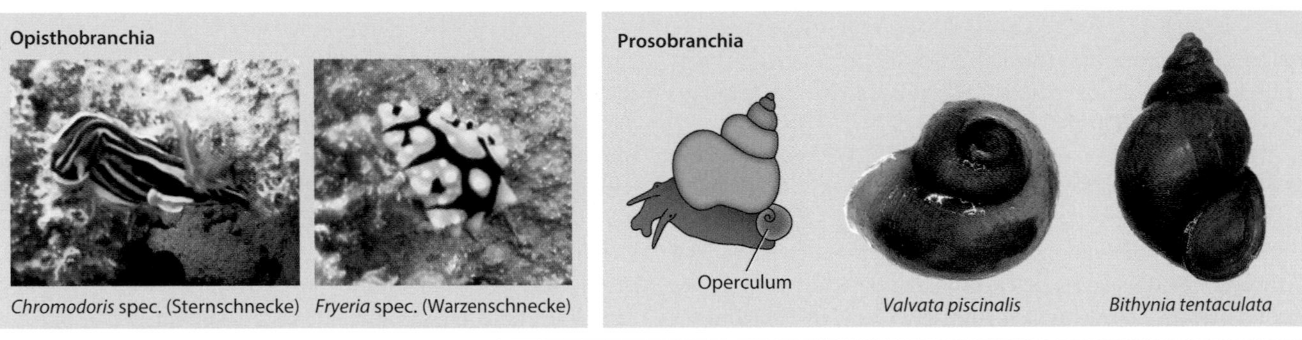

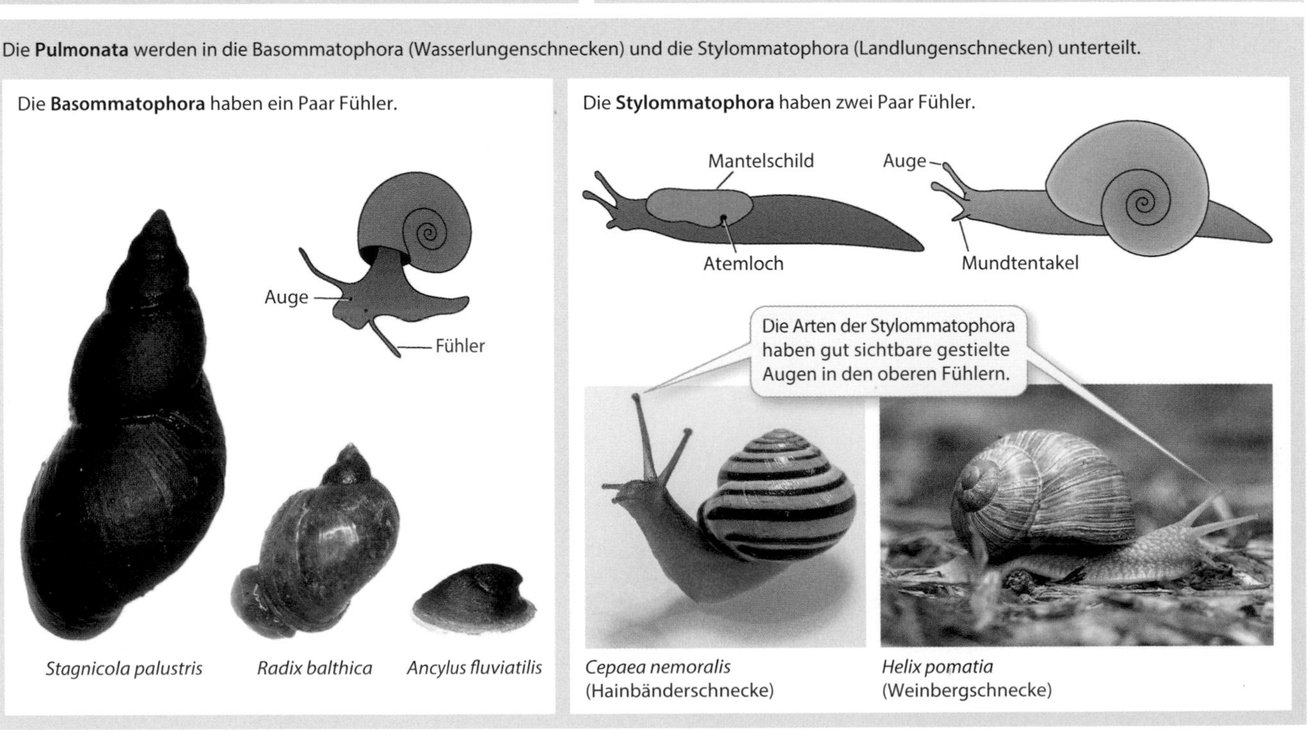

Abb. 30.41 Ophistobranchia aus dem Roten Meer, limnische Prosobranchia sowie verschiedene Pulmonata

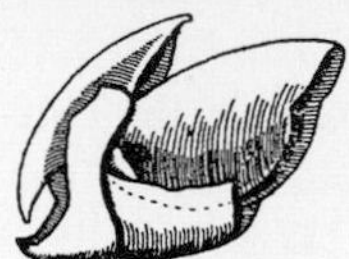

Kalmare und Kraken erbeuten auch Fische, die sie entweder durch einen Biss oder eine Injektion von Gift zunächst ruhigstellen. Die Nahrung wird mit dem papageiähnlichem **Schnabel aus Chitin** aufgenommen und anschließend durch den weiteren Verdauungstrakt transportiert. Unverdaute Reste gelangen über den Anus beim Ausstoßen des Wassers aus der Mantelhöhle durch den Trichter nach außen.

Das Nervensystem der Cephalopoden gilt als eines der leistungsfähigsten aller wirbellosen Tiere. Durch die Zusammenlegung von Ganglien (Cerebralganglien, Pedalganglien, Pleuralganglien) ist ein komplexes **Gehirn** entstanden. Auch die Augen sind weit entwickelt und funktionieren bei vielen Kopffüßern nach dem Prinzip von **Linsenaugen**.

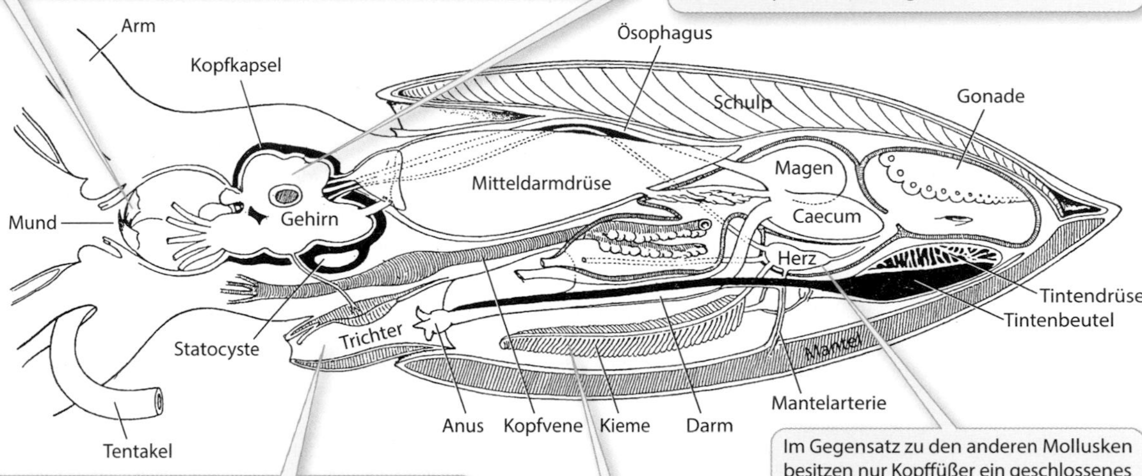

Im Gegensatz zu den anderen Mollusken besitzen nur Kopffüßer ein geschlossenes Kreislaufsystem. Hierbei wird das Blut vom **Herz** zu den Kiemen gepumpt.

Die Schwimmbewegungen der zumeist geschickt schwimmenden Cephalopoden beruhen im Wesentlichem auf einem **Rückstoßprinzip**. Hierbei wird mit hohem Druck Wasser durch den **Trichter** nach außen gepresst, wodurch sich der Körper ruckartig in die entgegengesetzte Richtung bewegt. Da die Ausrichtung des Trichters verändert werden kann, lässt sich auch die Schwimmrichtung steuern. Die bei Kalmaren und Sepien vorhandenen Flossen dienen ebenfalls der Fortbewegung, während sich Kraken vorwiegend auf dem Meeresboden aufhalten und mittels ihrer Tentakel kriechen (auch sie können aber das Rückstoßprinzip nutzen, vorwiegend zur Flucht).

An den **Kiemen** erfolgt die Anreicherung des Blutes mit Sauerstoff. Für den Sauerstofftransport sind kupferhaltige **Hämocyanine** im Blutplasma vorhanden. Sobald diese Sauerstoff binden, werden die zuvor farblosen Moleküle blau. Das an den Kiemen mit Sauerstoff angereicherte Blut wird dann zum restlichen Körpers gepumpt. Die für die Sauerstoffaufnahme nötigen Kiemen befinden sich in der Mantelhöhle. Entsprechend müssen sich Cephalopoden für einen effektiven Gasaustausch bewegen.

Abb. 30.42 Schematische Darstellung der Cephalopodenanatomie am Beispiel eines Kalmars

Nautilus-Arten besitzen ein Außenskelett.

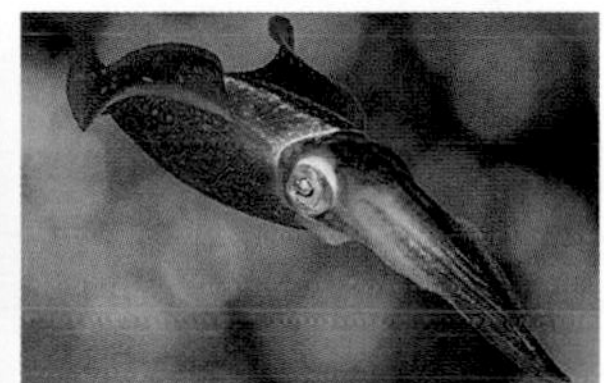

Bei den Kalmaren (hier *Sepioteuthis sepioidea*) ist die Schale zu einem länglichen Hornstreifen im Mantel reduziert

Bei Sepien ist das Skelett als Schulp (Foto rechts) nach innen verlagert.

Kraken (hier *Octopus vulgaris*) besitzen in der Regel keine Skelettelemente. Sie bewegen sich kriechend auf dem Boden fort, können aber auch mittels Rückstoßprinzip schwimmen.

Abb. 30.43 Die Ausbildung von Skelettelementen ist bei den Cephalopoda sehr unterschiedlich

Viele Kopffüßer sind in der Lage, ihre Färbung und Musterung in Bruchteilen von Sekunden zu verändern und beispielsweise dem wechselnden Untergrund anzugleichen, um nicht erkannt zu werden. Hierfür besitzen Cephalopoden **Chromatophoren** in der Haut, die Pigmente enthalten. An diese Hautzellen inserieren Muskeln, die bei Kontraktion die Chromotophorenzelle ausdehnen, wodurch sich die Farbe an dieser Stelle ändert. Die gezielte Veränderung von Farbe und Muster spielt neben der Tarnung auch eine wichtige Rolle zur Warnung und beim Paarungsverhalten. In Stresssituationen können Sepien beispielsweise Farbstreifen in wellenförmiger Form über ihren Körper laufen lassen und damit Bewegung vortäuschen.

Abb. 30.44 Die Pharao-Sepie (*Sepia pharaonis*) aus dem Roten Meer passt ihre Färbung und Musterung dem Untergrund an

30

30.12 Annelida: Segmentierung ermöglicht eine auf ähnlichen Grundeinheiten aufbauende Körperorganisation

Die deutliche **Segmentierung** verschiedener Tiergruppen, z. B. der **Ringelwürmer (Annelida**; ◘ Abb. 30.45) und der Gliederfüßer (Arthropopoda), legte nahe, dass diese Gruppen einem gemeinsamen Verwandtschaftskreis angehören, der als Articulata (Gliedertiere) bezeichnet wurde. Mittlerweile sind diese Annahmen verworfen und durch das **Ecdysozoa**-Konzept abgelöst, das die Arthropoda und die Annelida in verschiedene Verwandtschaftsgruppen stellt (▶ Abschn. 30.1, 30.5). Die **homonome Metamerie** bleibt aber Kennzeichen der Ringelwürmer, deren **Metamere** (Segmente) deutlich sichtbar sind, da sie äußerlich durch Ringfurchen abgegrenzt und innerlich durch **Septen** (Dissepimente) getrennt sind (◘ Abb. 30.46). Lediglich das erste und das letzte Segment sind anders gebaut. Zu den Anneliden zählen insgesamt etwa 18.000 Arten, die in allen Biotopen anzutreffen sind.

Die Annelida werden in zwei Klassen unterteilt, die Polychaeta und die Clitellata, von denen sich Letztere in die Unterklassen Oligochaeta und Hirudinea aufspalten (◘ Abb. 30.45).

Polychaeten (Vielborster) besitzen Parapodien, die meist lange Borsten tragen, haben aber keinen Drüsengürtel (Clitellum). Sie leben vorwiegend marin und weisen häufig Fangtentakel an ihrem Vorderkörper auf. Meist leben sie in Grabgängen, je nach Art auch in Röhren aus Sekreten oder Kalk.

Die **Clitellata** (Gürtelwürmer) besitzen das namensgebende Clitellum, eine drüsenreiche Epidermisregion von wenigen, hintereinanderliegenden Segmenten des Vorderkörpers. Mithilfe dieses Drüsengürtels scheiden die Clitellata einen Kokon ab, in dem sich ihre Eier entwickeln. Sie besitzen weder Parapodien noch Tentakel, einige weisen jedoch Borsten auf. Während die Clitellata zwittrig sind, sind die meisten anderen Anneliden getrenntgeschlechtlich. Die Gonaden sind segmental angeordnet,

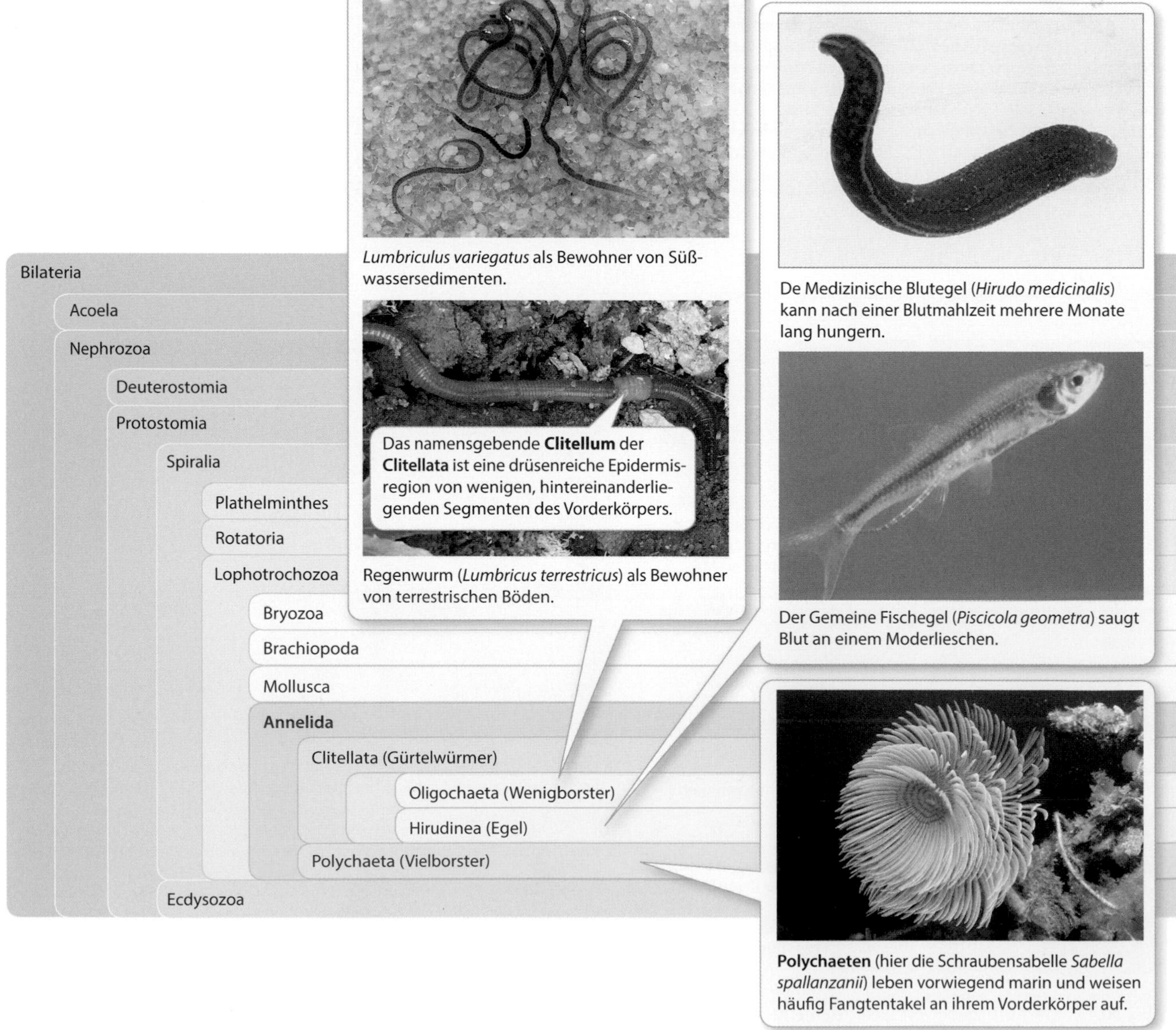

◘ **Abb. 30.45** Systematischer Überblick über die Annelida

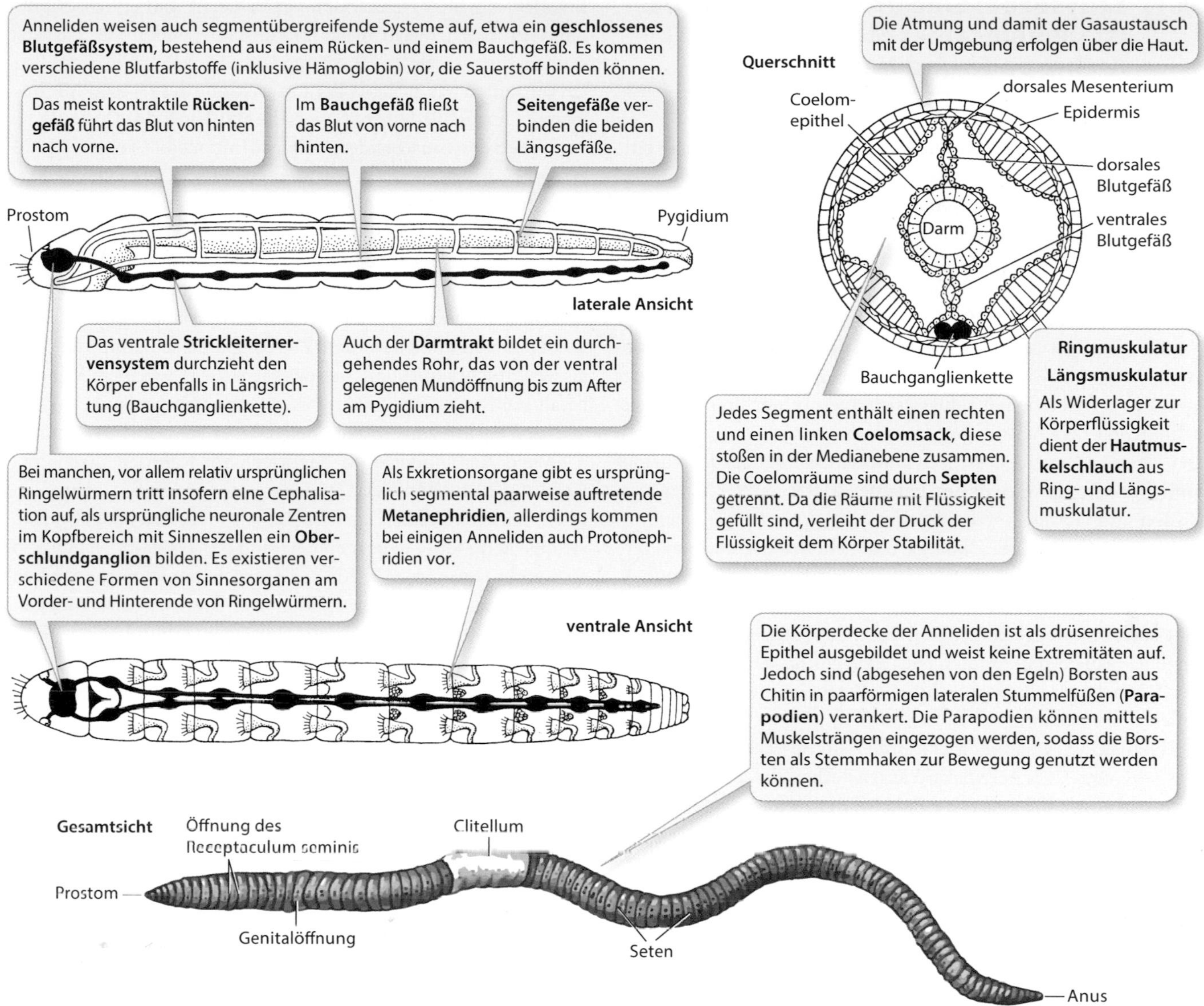

Abb. 30.46 Bau der Annelida

allerdings oft auf Regionen beschränkt oder auch auf ein Paar reduziert. Ursprünglich findet die geschlechtliche Fortpflanzung der Anneliden frei im Wasser statt, indem die Gameten ins Wasser abgegeben werden und dort verschmelzen. Eine direkte Übertragung des Spermas auf den Geschlechtspartner kommt ebenfalls bei mehreren Arten vor. Die ursprüngliche Larvalentwicklung erfolgt über eine Trochophoralarve, doch gibt es auch eine direkte Entwicklung. Neben der geschlechtlichen Fortpflanzung existieren auch ungeschlechtliche Prozesse. Bei manchen Arten reichen einzelne Segmente, aus denen dann wieder ein vollständiger Annelide regeneriert werden kann.

Oligochaeten (Wenigborster) leben als Räuber oder Detritusfresser und kommen an Land und im Süßwasser vor. Die bekanntesten Arten sind der Regenwurm (*Lumbricus terrestris*) und der Schlammröhrenwurm (*Tubifex* spec.). Im Gegensatz zu Oligochaeten weisen **Hirudineen** (Egel) keine Borsten auf, stattdessen besitzen sie Saugnäpfe an ihrem Vorder- und Hinterende. An der vorderen kleinen Haftscheibe befindet sich auch die Mundöffnung. Bei den Egeln fällt ihre Ringelung sehr deutlich auf. Sie leben zumeist im Süßwasser, ein kleinerer Teil lebt im Meer und Landegel kommen in feuchten, tropischen Wäldern vor. Neben den parasitisch lebenden Egeln, die Blut von geeigneten Wirten saugen, ernähren sich viele Hirudineen räuberisch z. B. von Schnecken. Der Medizinische Blutegel (*Hirudo medicinalis*) wird seit Jahrhunderten zur Behandlung von Krankheiten eingesetzt. Der durch ihn bewirkte Aderlass soll zu einer „Entgiftung" des Körpers beitragen. Zudem haben die im Speichel vorhandenen Substanzen verschiedene Wirkungen, z. B. Blutgerinnungshemmung oder das Lösen von Gefäßkrämpfen. Die natürlichen Bestände von *H. medicinalis* sind europaweit stark gefährdet, sodass die in Deutschland verwendeten Blutegel in entsprechenden Farmen gezüchtet und über Apotheken vertrieben werden. Um eine Übertragung von Krankheiten zu verhindern, dürfen die Blutegel nur eine Blutmahlzeit an einem Menschen bekommen und werden anschließend getötet oder bis zu ihrem Tod in Teichen gehalten.

30.13 Ecdysozoa: Eine dreilagige Cuticula ist gemeinsames Merkmal der Arthropoda und Nematoda

Während man lange Zeit aufgrund ihrer Segmentierung eine direkte Verwandtschaft zwischen Anneliden und Arthropoden annahm und diese Tiergruppen als Articulata (Gliedertiere) zusammenfasste, hat sich mittlerweile aufgrund molekularer Daten das Konzept der **Ecdysozoa (Häutungstiere)** durchgesetzt, bei dem die Nematoden als Schwestergruppe der Arthropoden gesehen werden (◘ Abb. 30.47).

Derzeit sind ca. 25.000 Arten von **Fadenwürmern (Nematoda)** bekannt, Schätzungen gehen aber eher von 100.000 Spezies aus. Diese Artenvielfalt schlägt sich auch in der Breite der verschiedenen Lebensstrategien der Nematoden wider, die sowohl frei lebend als auch parasitisch auftreten können. Fadenwürmer sind bedeutende Bewohner feuchter Habitate, vor allem von Böden und Gewässersedimenten.

Entsprechend ihrer Ökologie und Lebensweise sind auch ihre Morphologie (◘ Abb. 30.48) und Vermehrung unterschiedlich. Die Fadenwürmer sind getrenntgeschlechtlich oder zwittrig, es gibt sowohl zweigeschlechtliche Fortpflanzung als auch Parthenogenese (die Nachkommen entstehen aus unbefruchteten Eiern der Weibchen). Ungeschlechtliche Vermehrung ist bei Nematoden nicht bekannt.

Nematoden zeichnen sich durch Zellkonstanz (**Eutelie**) aus, was bedeutet, dass bereits im Larvenstadien das Entwicklungsschicksal sowie die definitive Zahl an Zellen festgelegt sind. Die Entwicklung aller Nematoden verläuft sehr einheitlich, beginnend mit befruchteten Eiern und anschließenden vier Larvenstadien, die man als L1, L2, L3 und L4 bezeichnet. Zwischen allen Larvalstadien wie auch bei der Entwicklung der L4 zum Adultus liegt die für die Ecdysozoen typische **Häutung der Cuticula**.

Neben den frei lebenden Fadenwürmern gibt es eine Vielzahl an Arten, die als Parasiten von Menschen und Tieren von Bedeutung sind. Der am weitesten verbreitete humanpathogene Nematode ist der Spulwurm (*Ascaris lumbricoides*; ◘ Abb. 30.49), der als Kosmopolit in ca. 20 % der menschlichen Weltbevölkerung zu finden ist. Unzureichende sanitäre Bedingungen können dazu führen, dass dessen Eier mit kontaminierter Nahrung oder Trinkwasser aufgenommen werden. Zudem gilt das Einatmen der Eier als wesentlicher Infektionsweg des Menschen. Bei einem Massenbefall mit Spulwürmern kann es zu schweren gesundheitlichen Schäden bis hin zum Tod der betroffenen Menschen kommen.

Viele Nematodenarten benötigen im Rahmen ihrer Entwicklung **Zwischenwirte**, in denen sich die für den Menschen infektiösen L3-Stadien entwickeln. Als vielleicht bedeutsamste Gruppe in diesem Zusammenhang sind die sogenannten **Filarien** zu nennen, bei denen die für den Menschen infektiösen Stadien von blutsaugenden Arthropoden wie Bremsen und Mücken übertragen werden. Die mit einer Filariose verbundenen Krankheitserscheinungen wie Blindheit oder Elephantiasis führen oft zu sozialer Isolation der betroffenen Menschen. Betroffen sind deutlich mehr als 100 Mio. Menschen der südlichen Hemisphäre in Asien, Südamerika und Afrika. Eine Behandlung von Filariosen ist mit entsprechenden Medikamenten gegen Nematoden im Regelfall möglich.

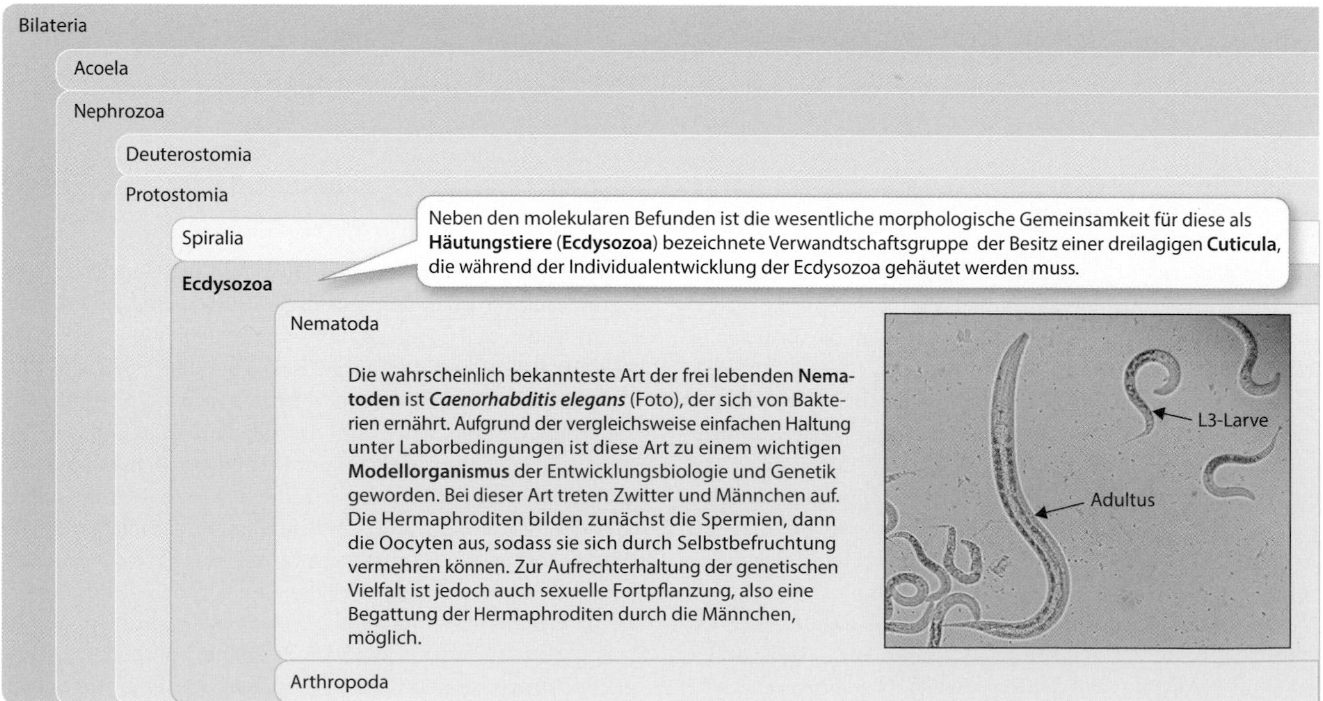

◘ **Abb. 30.47** Systematischer Überblick über die Ecdysozoa. Das mikroskopisches Bild zeigt verschiedene Stadien von *Caenorhabditis elegans*

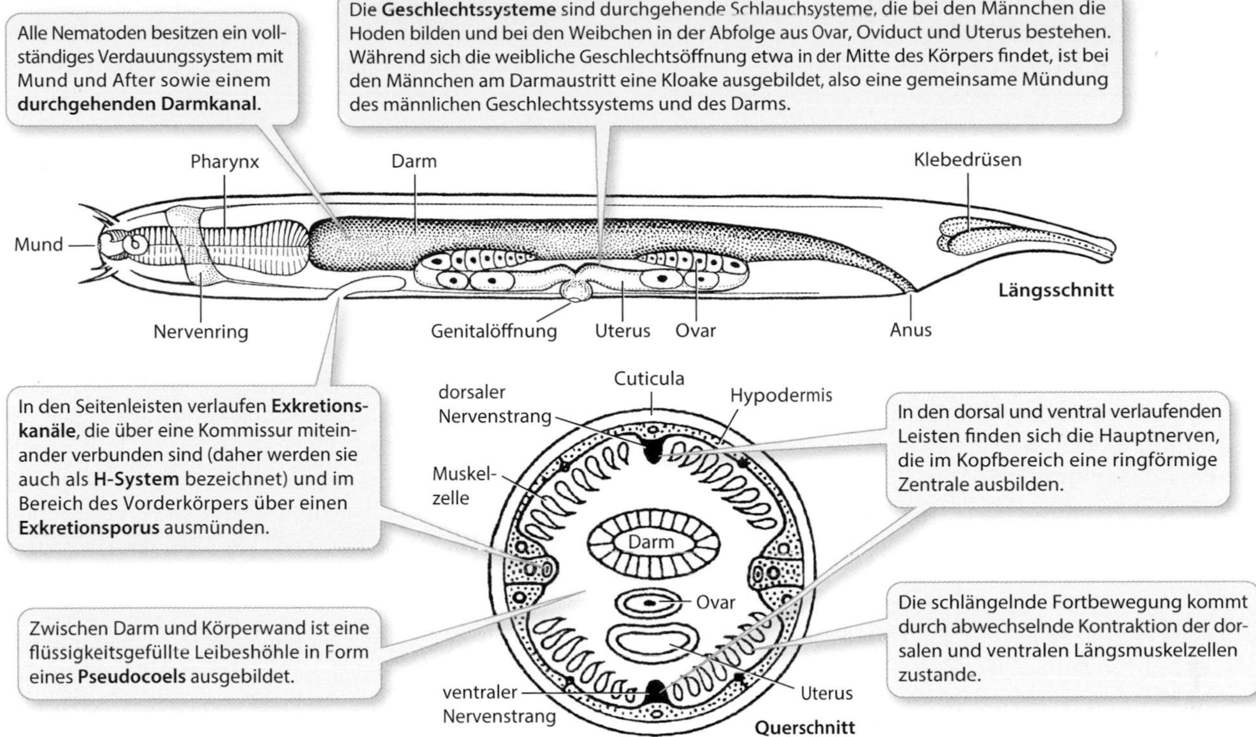

Abb. 30.48 Schematische Darstellung eines weiblichen Nematoden im Längsschnitt und im Querschnitt

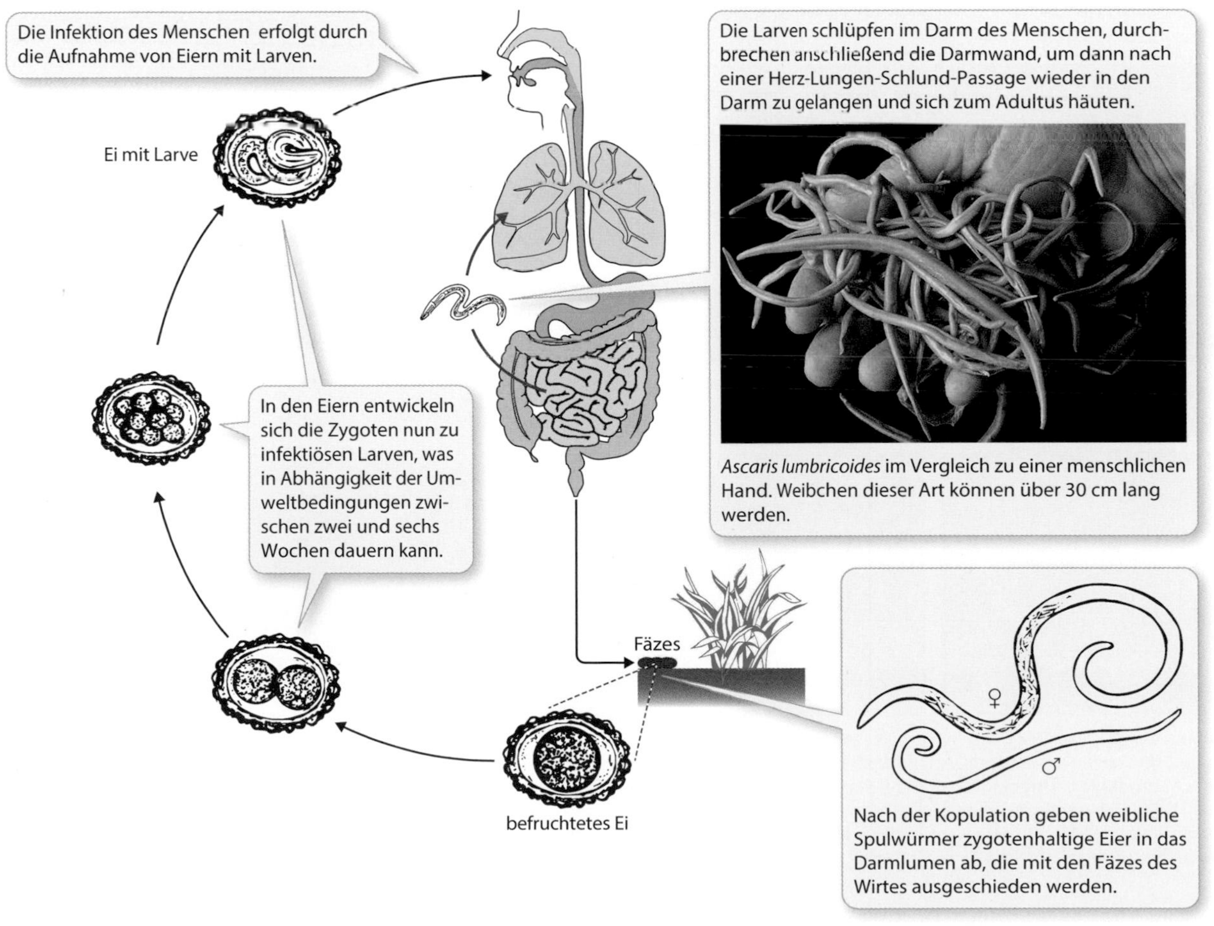

Abb. 30.49 Schematischer Lebenszyklus des menschlichen Spulwurms (*Ascaris lumbricoides*)

30.14 Arthropoda: Gegliederte Extremitäten erlauben vielfältige Bewegungen

Die **Gliederfüßer** (**Euarthropoden = Arthropoda**) bilden neben den Nematoden das zweite große Phylum der Ecdysozoa mit etwa 1,2 Mio. bekannten Arten (◻ Abb. 30.50; ▶ Abschn. 26.3). Gemeinsam mit den Bärtierchen (Tardigrada) und den Stummelfüßern (Onychophora) werden sie oftmals zu dem übergeordneten Taxon **Panarthropoda** zusammengefasst, dessen Verwandtschaftsverhältnisse jedoch zurzeit noch diskutiert werden (◻ Abb. 30.51). Der Körper der Panarthropoden ist segmentiert, an ihren Extremitäten finden sich paarige Krallen. Von dem komplexen Gehirn geht ein Bauchmark aus.

30

Bärtierchen (**Tardigrada**; ◻ Abb. 30.50) haben eine Körpergröße zwischen 50 μm und 1,5 mm. Sie leben im Meer, im Süßwasser oder in feuchten Landlebensräumen. Ihr Nahrungsspektrum reicht von Pflanzeninhaltsstoffen bis zu räuberischer Ernährung (z. B. Nematoden). Sie besitzen acht Beine und pflanzen sich zumeist geschlechtlich fort. Die **Stummelfüßer** (**Onychophora**; ◻ Abb. 30.50) erreichen Körpergrößen von 5 mm bis 15 cm und besitzen eine Vielzahl von Beinpaaren (je nach Art bis zu mehr als 40 Paare). Ihr Verbreitungsgebiet erstreckt sich hauptsächlich auf der Südhalbkugel der Erde, wo sie Bodenhabitate mit hoher Luftfeuchtigkeit besiedeln und sich zumeist räuberisch von kleineren Tieren wie Insekten ernähren. Sie vermehren sich geschlechtlich, sind lebendgebärend und zeichnen sich oftmals durch ausgefallene Begattungsformen aus. So können bei manchen Arten die Männchen die Spermatophoren über Kopforgane auf die Weibchen übertragen oder sie deponieren diese auf der Körperoberfläche der Weibchen.

Die **Arthropoden** (**Gliederfüßer**) sind durch eine Gliederung in verschiedene Körperregionen, sogenannte **Tagmata**, gekennzeichnet. Ein für den evolutiven Erfolg der Gruppe verantwortliches gemeinsames Merkmal ist der Besitz von **gegliederten Extremitäten**, die vielfältig für Bewegungen aller Art (z. B. Schwimmen, Laufen, Springen) einsetzbar sind (◻ Abb. 30.52). Zudem sind mundnahe, ebenfalls gegliederte Extremitäten als **Mundwerkzeuge** ausgebildet, wodurch sich eine enorme Erweiterung des Nahrungsspektrums ergibt. Die Arthropoda haben ein offenes Blutkreislaufsystem. Durch seitliche Spaltöffnungen (Ostien) tritt die Hämolymphe in ein pulsierendes Rückengefäß (Herz) ein und wird nach vorne gepumpt. Von dort fließt die Hämolymphe wieder durch das Hohlraumsystem, das die inneren Organe umgibt (Haemocoel), zurück bis in das Abdomen.

Zu den Gliederfüßern gehören Insekten, Tausendfüßer, Krebstiere, Spinnentiere und die ausgestorbenen **Trilobiten** (lat. Dreilapper, aufgrund einer Dreigliederung entlang der Längsachse; ◻ Abb. 30.51). Ungefähr 80 % aller bekannten rezenten Tierarten gehören zu den Arthropoden, mit etwa 1 Mio. **Hexapoda** (Insekten), ca. 16.000 **Myriapoda** (Tausendfüßer), 100.000 **Chelicerata** (Spinnentiere) und 50.000 **Crustacea** (Krebstiere).

Die **Ecdysozoa** (**Häutungstiere**) zeichnen sich durch eine mehrschichtige, sehr feste, **chitinhaltige Cuticula** aus. Diese wird von der Epidermis gebildet und bietet sowohl mechanischen und chemischen Schutz als auch Schutz gegen Austrocknung. Der Häutungsmechanismus wird durch Hormone, sogenannte **Ecdysteroide**, gesteuert und ist für das Wachstum unerlässlich. Die alte Cuticula, sprich die äußeren Zellschichten des Ektoderms, werden durch eine neuere und größere Cuticula ersetzt. Die verlassene Hülle wird häufig als **Exuvie** bezeichnet. Die Bezeichnung für den Häutungsvorgang, **Ecdysis**, leitet sich vom griechischen Wort *ecdysis* für „Herausschlüpfen" ab. Der Vorgang der Häutung ist evolutiv alt. Er ließ sich auch fossil bei einem 500 Milo. Jahre alten Fossil einer ausgestorbenen Arthropodenart aus dem Kambrium nachweisen.

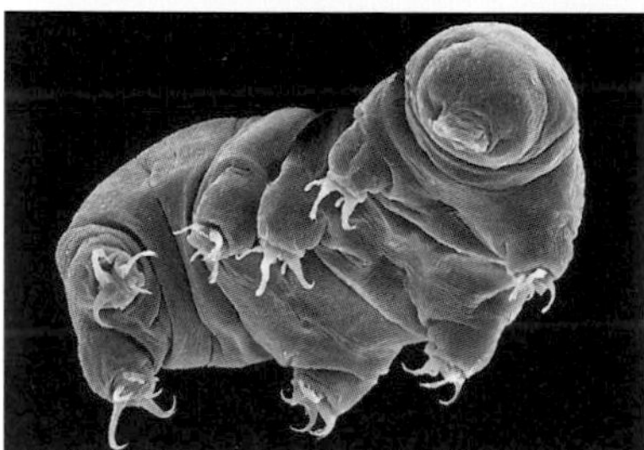

Bei den **Tardigrada** ist die Zellanzahl genetisch vordefiniert (Eutelie). Das Coelom und ein Gefäßsystem fehlen. Ungeklärt sind die Anzahl der Kopfsegmente an dem wenig segmentierten Körper und die phylogenetische Position.

Die **Onychophora** sind charakterisiert durch kurze Stummelbeine, die in zwei Krallen enden. Außerdem besitzen sie Tracheen. Dies sind Luftröhren, welche die Atemluft zu den Geweben transportieren.

Die **Arthropoda** besitzen gegliederte Extremitäten und umfassen die Insekten, Tausendfüßer, Krebstiere und Spinnentiere, die im Folgenden näher vorgestellt werden.

◻ **Abb. 30.50** Tardigrada, Onychophora und Arthropoda bilden neben den Nematoda das zweite große Phylum der Ecdysozoa (Häutungstiere)

Abb. 30.51 Übersicht über die Systematik der Panarthropoda

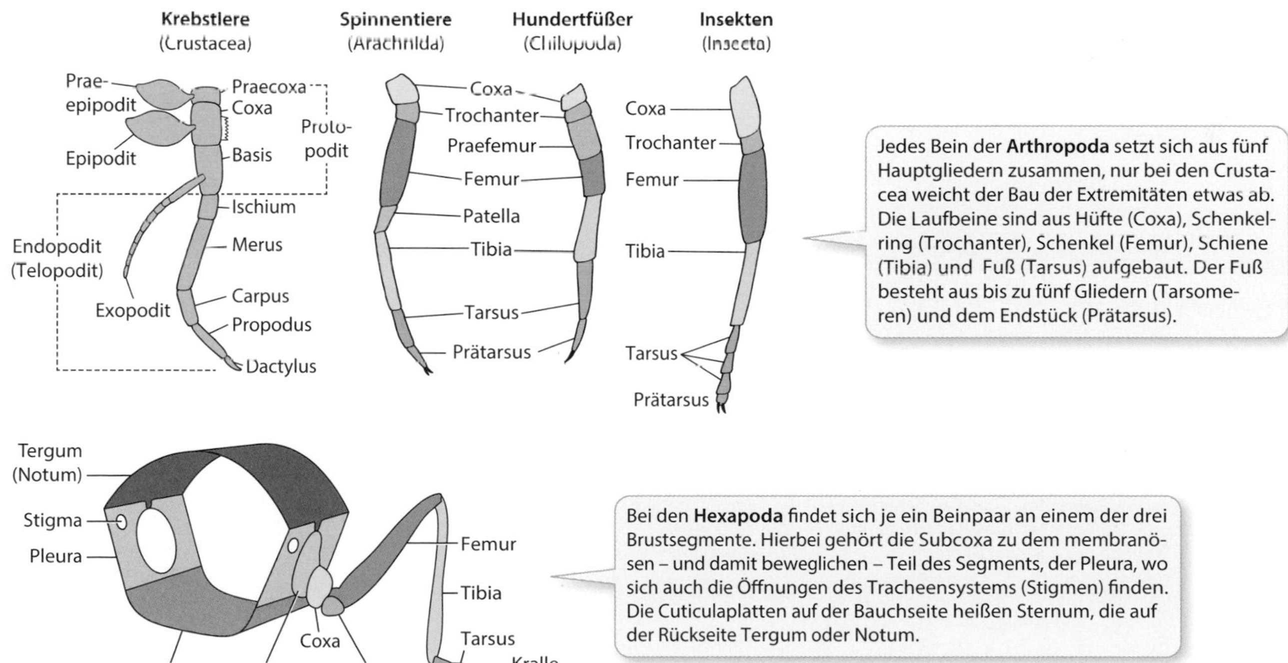

Abb. 30.52 Aufbau der gegliederten Extremitäten und der Brustsegmente (bei Hexapoden)

30

30.15 Chelicerata: Mundwerkzeuge vergrößern das Nahrungsspektrum

Die **Chelicerata** (**Kieferklauenträger** oder **Fühlerlose**; ◘ Abb. 30.53) umfassen neben einigen kleineren Taxa die Großgruppen der Xiphosura (Schwertschwänze), Arachnida (Spinnen), Scorpiones (Skorpione), Opiliones (Weberknechte) und Acari (Zecken und Milben). Auch bei den Chelicerata ist die Systematik in ständiger Diskussion, so werden beispielsweise die Pantapoda (Spinnenasseln) teilweise als Schwestergruppe der übrigen Chelicerata (Euchelicerata) gesehen, teilweise aber auch als Schwestergruppe der Euarthropoda. Kennzeichnend für die gesamte Gruppe sind das **Fehlen von Antennen** sowie die Umbildung des ersten Gliedmaßenpaars zu sogenannten **Cheliceren** (**Kieferklauen**). Die Cheliceren dienen zum Ergreifen von Beute und können zu Giftklauen umgewandelt sein, wie z. B. bei den Webspinnen.

Alle **Spinnen** (**Arachnida**) sind Räuber und erbeuten andere Arthropoden, vor allem Insekten. Zum Töten der Beute dient bei fast allen Arten ein Giftbiss mit den Cheliceren. Diese stellen **zweigliedrige Giftklauen** dar, in deren Spitze ein Giftdrüsenkanal ausmündet. Das injizierte Gift tötet die Beute meist erst nach einigen Minuten. Spinnengifte können auch Menschen Probleme bereiten, bis hin zum Tod. Von den einheimischen Spinnenarten können jedoch nur wenige, etwa der Ammen-Dornfinger, die menschliche Haut mit ihren Cheliceren durchdringen. Generell gilt, dass die kleineren Spinnen die am stärksten wirksamen Gifte besitzen, während die größeren Arten ihre Beute allein mit den Cheliceren töten können. Neben dem Beuteerwerb können die Cheliceren auch zum Transport von Eikokons und Beute oder sogar zum Graben von Wohnröhren genutzt werden.

Bezüglich des Beutefangs unterscheidet man Laufspinnen und Netzspinnen (◘ Abb. 30.54). **Laufspinnen** (wie die meisten Vogelspinnen) sind sehr beweglich und jagen ihre Beute ohne die Hilfe von Netzen. Krabbenspinnen und Springspinnen besitzen häufig große, auf Bewegungssehen spezialisierte Augen zum Wahrnehmen der Beutetiere, sodass diese mit den Cheliceren gepackt und getötet werden können. **Netzspinnen** hingegen sind sesshafte Tiere, die sich als Fallensteller und Leimrutenfänger betätigen. Entsprechend bauen sie z. B. schon vor dem Auftauchen der Beute unterschiedlich funktionierende Fallen mit Fäden, die so dünn sind, dass die Beutetiere sie gar nicht sehen können. Die Netze können sehr vielgestaltig ausgebildet sein, z. B. als Radnetz,

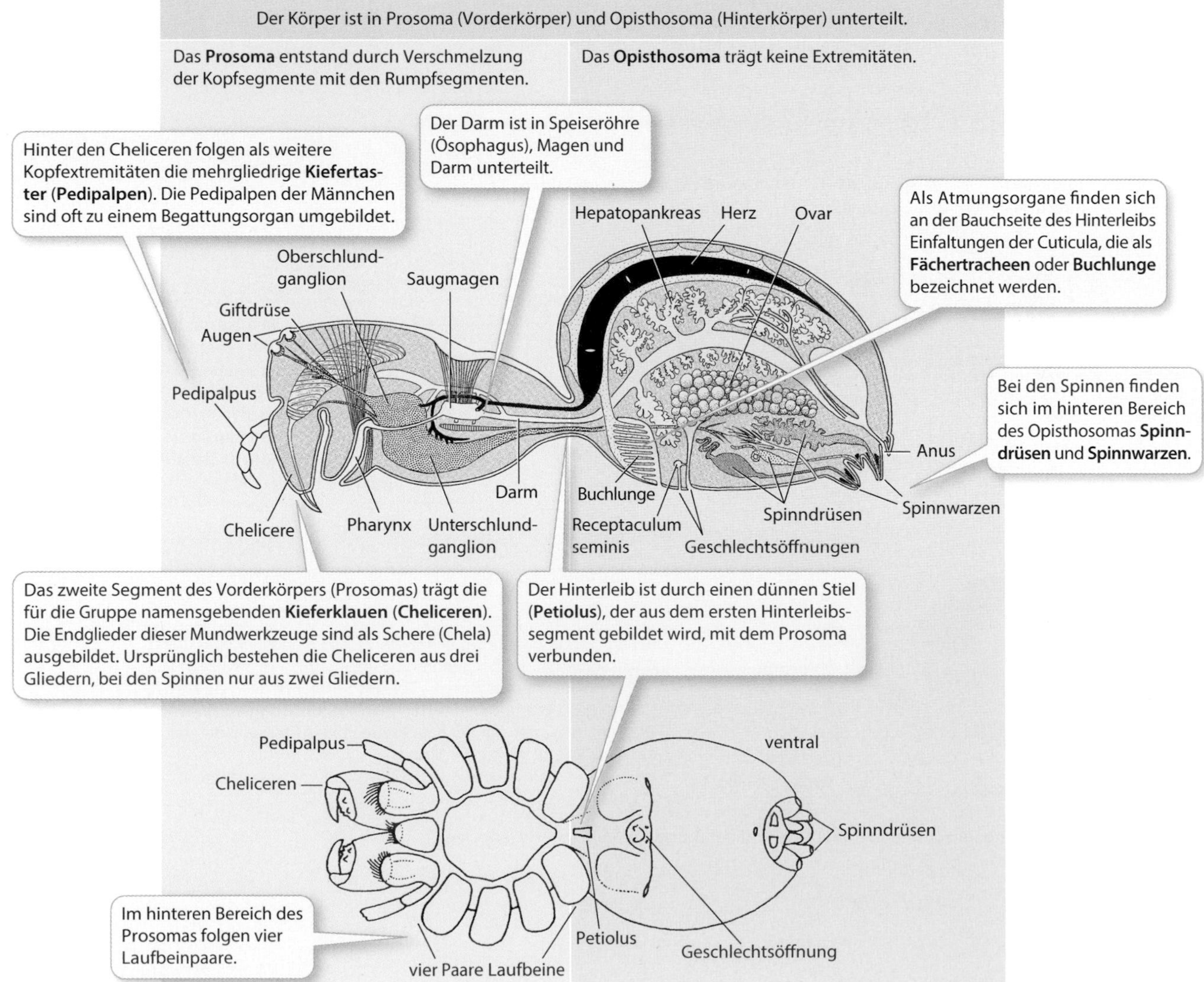

◘ **Abb. 30.53** Bauplan der Chelicerata

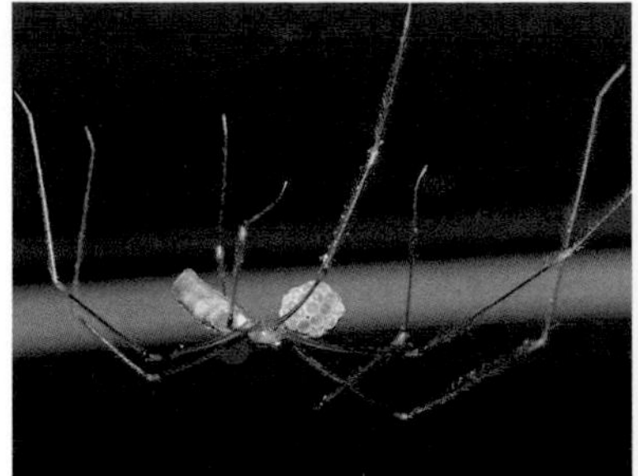
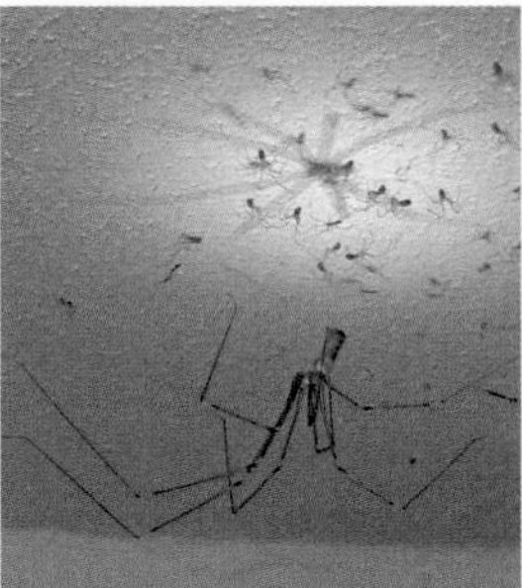

Die **Große Zitterspinne** (*Pholcus phalangioides*) findet sich in fast jedem Gebäude. Bei Gefahr bringt sie ihr Netz in Schwingung, was ihr den Namen eingebracht hat. In ihrer typischen Lauerstellung hängt sie mit dem Bauch nach oben in ihrem Netz. Links ein Weibchen mit einem Eigelege, rechts geschlüpfte Jungtiere.

Die **Veränderliche Krabbenspinne** (*Misumena vatia*) ist in Mitteleuropa weit verbreitet. Sie hält sich zum Beutefang auf Blüten auf, wo die Weibchen ihre Körperfarbe an die Blütenfarbe anpassen können. Hier erbeutet sie mit ihren stark vergrößerten Vorderbeinpaaren und einem anschließenden Biss verschiedene blütenbesuchende Insektenarten.

Zu den **Springspinnen** zählt die Art *Plexippus paykulli*, die keine regulären Spinnennetze baut, sondern ihre Seide zum Bau von Eikokons nutzt. Zudem webt sie einen Sicherungsfaden, mithilfe dessen sie sich nach Beutesprüngen schnell wieder zurückziehen kann. Ihre Beute sichtet die Spinne mit ihren Augen und springt diese dann an.

Die **Große Winkelspinne** (*Eratigena atrica*) ist eine oft in Häusern, Kellern und Schuppen anzutreffende Trichterspinne, die umgangssprachlich häufig als Hauswinkelspinne bezeichnet wird. Sie baut einen Trichter als Wohnhöhle, vor dem sie einen Teppich mit Stolperfäden webt. Darin verfangen sich Beutetiere, die sie dann mit ihren kräftigen Cheliceren tötet.

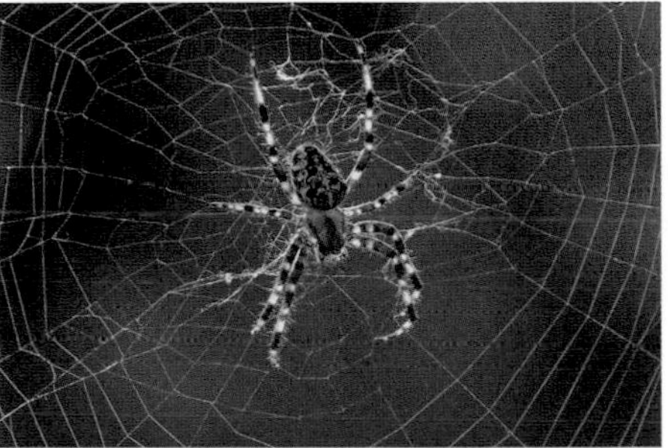

Die **Kreuzspinnen** (*Araneus* spec.) verdanken ihren Namen dem charakteristischen Kreuz auf dem vorderen Opisthosoma. Es rührt von Stoffwechselprodukten her, die unter dem Chitinpanzer abgelagert werden.

Stark von Südeuropa nach Norden breitet sich die **Zebra-** oder **Wespenspinne** (*Argiope bruennichi*) aus, die sonnige Standorte mit niedriger Vegetation bewohnt.

Nach der Paarung, die für das Männchen häufig tödlich endet, legt das Weibchen seine Eier in kugelförmige, bräunliche Kokons. Hierin können die geschlüpften Jungspinnen überwintern.

Sobald sich Beute in ihrem Netz verfangen hat, spinnt die Wespenspinne ihr Opfer ein (man erkennt sehr gut, wie die Spinnfäden ausgeschieden werden), tötet es mit Gift und verdaut das Innere der Beute außerhalb ihres Körpers vor, um es schließlich einzusaugen.

Der **Ammen-Dornfinger** (*Cheiracanthium punctorium*) ist eine wärmeliebende Art, die sich aus mediterranen Lebensräumen zunehmend nach Norden ausbreitet. Das nachtaktive Tier gilt als eine der giftigsten einheimischen Spinnen, da es – im Gegensatz zu den meisten anderen Spinnenarten – mit seinen Cheliceren die menschliche Haut durchdringen kann. Der Biss wird meist als ähnlich schmerzhaft empfunden wie ein Wespenstich.

Abb. 30.54 Verschiedene europäische Spinnenarten

Abb. 30.55 Der Pfeilschwanzkrebs *Limulus polyphemus* in ventraler (links) und dorsaler (rechts) Ansicht

Trichternetz, Baldachinnetz, Stolpernetz, Fangschlauch etc. In diesen Netzen verfangen sich Beutetiere und wickeln sich dadurch oftmals ein, zudem kleben sie fest, da die aus hochpolymeren Proteinen bestehenden Spinnfäden bei einigen Arten mit zähflüssigem Leim überzogen sind. Bei manchen Spezies ist der Netzbau sogar für die Fortpflanzung bedeutsam. Manche Männchen bauen Spermanetze und setzen hierauf Spermatropfen ab, die sie anschließend mit dem Endglied der **Pedipalpen** (Taster) aufnehmen. Mit derart gefüllten Tastern nähern sie sich nun den Weibchen und versuchen, ihre Spermien zu übertragen. Dies endet nach erfolgter Spermienübergabe oft tödlich für die Männchen, weil sie von den Weibchen gefressen werden. Entsprechend haben die Männchen verschiedenste Verhaltensweisen entwickelt, um dem Tod zu entgehen, z. B. durch Brautgeschenke oder Ablenkungsmanöver.

Die **Pfeilschwanzkrebse** (Limulidae) gehören zu den Chelicerata und nicht wie die eigentlichen Krebse zu den Mandibulata. Sie stellen die einzige rezente Familie innerhalb der Ordnung **Xiphosura** (**Schwertschwänze**) mit insgesamt vier Arten dar. Ihr Verbreitungsgebiet erstreckt sich entlang der nordamerikanischen Atlantikküste und in Südostasien. Pfeilschwanzkrebse besitzen am hufeisenförmigen Prosoma fünf Beinpaare (Abb. 30.55), die zum Laufen und Schwimmen genutzt werden. Sie leben auf dem Meeresboden, können aber auch mit ihrer Ventralseite nach oben schwimmen. Ihr Nahrungsspektrum beinhaltet Mollusken und andere Invertebraten sowie Aas. Zum Schutz vor Feinden können sie sich einrollen und in den Boden eingraben. Im Frühsommer sammeln sich die geschlechtsreifen Tiere in Flachwasserbereichen zum Ablaichen. Nach der Ablage der Eier durch die Weibchen in Mulden werden die Eier besamt und zugedeckt. Aus den frei schwimmenden Larven entwickeln sich die Adulten, die erst nach neun bis zwölf Jahren geschlechtsreif werden.

Skorpione (**Scorpiones**; Abb. 30.56) kommen vorwiegend auf sandigen oder steinigen Böden in den Tropen und Subtropen sowie Wüsten und Halbwüsten vor. Skorpione finden sich in Europa mit einer nördlichen Verbreitung bis in den Süden Österreichs und der Schweiz, ihr Hauptvorkommen ist auf die Mittelmeeranrainer konzentriert. Die Untergliederung des Körpers in Pro- und Opisthosoma ist weniger deutlich als bei den Arachnida, zudem ist das Opisthosoma in das breite Mesosoma und das schwanzartige Metasoma unterteilt. Die Cheliceren sind vergleichsweise klein und werden von den deutlich größeren Pedipalpen überragt. Der Giftstachel der Skorpione dient dem Töten von Beutetieren (verschiedenste Arthropoden) sowie der Verteidigung gegen Wirbeltiere. Neurotoxische Gifte mancher Skorpionarten sind allerdings auch für den Menschen schädlich oder sogar tödlich.

Mesobuthus gibbosus (Korfu)

Euscorpius spec. (Korfu)

Buthus occitanus mit einen Laufkäfer als Beute (Spanien)

Abb. 30.56 Verschiedene europäische Skorpionarten

Die **Weberknechte** (**Opiliones**) werden häufig auch als Kanker bezeichnet (Abb. 30.57). Der Tarsus (Fuß) ihrer sehr langen Laufbeine setzt sich meist aus sehr vielen (in Einzelfällen über 100) Tarsalgliedern zusammen. Diese können um Halme geschlungen werden, sodass sich die Tiere sehr schnell auf Gräsern und in Sträuchern bewegen können.

Die **Acari**, zu denen die **Zecken und Milben** gehören, bilden die artenreichste Ordnung der Spinnentiere (Abb. 30.58).

Im Gegensatz zu den Arachnida ist bei den Opiliones der **Hinterleib äußerlich sichtbar gegliedert** und sitzt in voller Breite dem Vorderkörper an, ein Petiolus fehlt. Weiterhin erfolgt die Spermienübertragung mit einem als Penis ausgebildeten, echten Begattungsorgan.

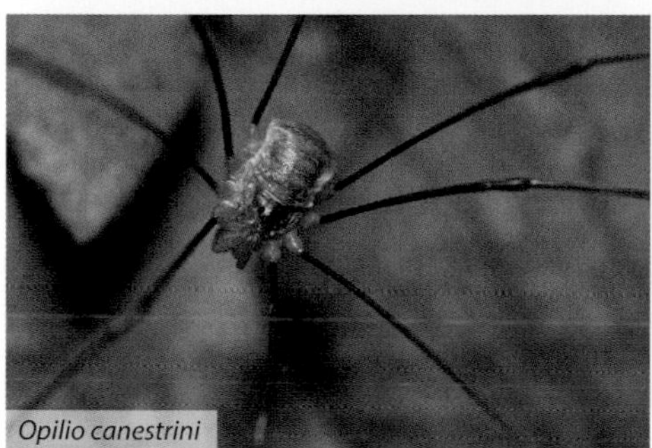

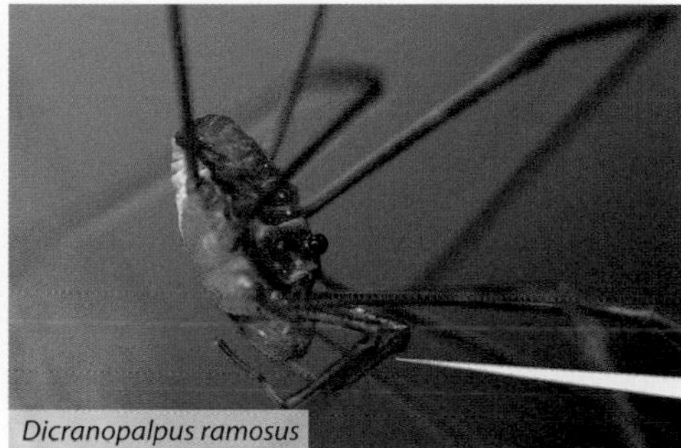

Viele Opiliones besitzen zum Teil **kräftige Cheliceren**, mit deren Hilfe sie lebende Arthropoden, aber auch Schnecken erbeuten. Gift- und Spinndrüsen sind nicht vorhanden, lediglich Stinkdrüsen, die giftige Substanzen absondern.

Abb. 30.57 Weberknechte

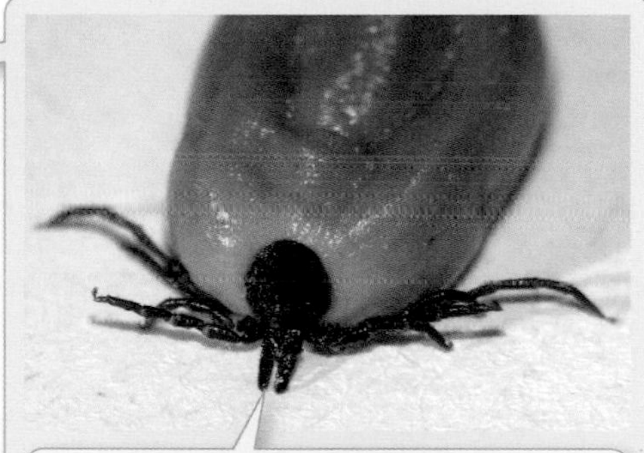

Die ursprünglich scherenförmigen **Cheliceren** sind (abhängig von der Ernährungsweise) oftmals **zu nadelförmigen Stiletten umgebildet** (bei Pflanzen- und Tierparasiten), die das bei Zecken zentrale Hypostom ergänzen. Bei einem Zeckenstich verursachen die Mundwerkzeuge eine Wunde, die voll Blut läuft, was dann von der Zecke aufgesaugt wird. Foto: Gemeiner Holzbock (*Ixodes ricinus*).

Blutsaugende Zecken wie der Gemeine Holzbock finden sich als temporäre **Ektoparasiten** bei vielen Wirbeltieren. Alle Entwicklungsstadien (Larve, Nymphe, Adultus) benötigen eine Blutmahlzeit und sind daher bedeutende Überträger von Krankheiten, wie Frühsommer-Meningoencephalitis (FSME) und Borreliose. Daher sollte ein Zeckenbefall von Haustier und Mensch sofort z. B. mit einer Zeckenzange entfernt werden.

Abb. 30.58 Auch Vögel können stark mit Zecken befallen sein, wie das Beispiel der Nestlinge der Uferschwalbe (*Riparia riparia*) eindrucksvoll zeigt

Unter den Milben finden sich ausgesprochene Kleinformen mit einer Körperlänge teilweise unter 0,1 mm. Adulte Acari besitzen acht, die Larvenstadien hingegen oft nur sechs Beine. Die Lebensweise der Acari ist sehr verschiedenartig und reicht von Pflanzengallen erzeugenden über bodenlebende Arten bis hin zu Formen, die in und an anderen Spezies leben, wie Haarbalgmilben, Krätzmilben und blutsaugende Zecken. Entsprechend ist auch ihre Körpergestalt durchaus variabel von lang gestreckt (Gall- und Haarbalgmilben) bis zu rundlich. Einige Arten gelten als Krankheitserreger. Durch Körperteile und Ausscheidungen von Hausstaubmilben werden beim Menschen z. B. Hausstauballergien ausgelöst, aus denen sich Asthma entwickeln kann. Krätze (bei Menschen) bzw. Räude (bei Tieren) wird durch in Hautgängen lebende Larven von Grabmilben hervorgerufen. Die Varroa-Milbe lebt als Parasit an Honigbienen und führt zu starker Schädigung der Bienenstöcke.

30.16 Mandibulata I – Crustacea: Eine Spezialisierung der Mundwerkzeuge erleichtert die Zerkleinerung und Aufnahme von Nahrung

Unter der Bezeichnung **Mandibulata** (**Mandibeltiere**) werden die Gruppen der Euarthropoden zusammengefasst, die eine Beißmandibel besitzen, namentlich die Myriapoda (Tausendfüßer), die Crustacea (Krebstiere) und die Hexapoda (Insekten). Auch innerhalb der Mandibulaten sind die verwandtschaftlichen Verhältnisse zwischen den einzelnen Großgruppen im ständigen Umbruch. So ist das lange Zeit gültige Taxon **Tracheata** als Sammelbegriff für Arthropoden, die mittels Tracheen atmen (Insekten und Tausendfüßer), überholt, und neuere Systematiken betrachten die Hexapoda als unmittelbar mit den Crustacea verwandt (Taxon: **Pancrustacea**; ◻ Abb. 30.59).

Die in diesem Kapitel gewählte Abfolge der Taxa orientiert sich an den Lebensräumen, sodass zunächst die vorwiegend aquatischen Mandibulaten (Crustacea) den terrestrischen (Myriapoda, Hexapoda) entgegengestellt werden. Auch innerhalb der **Crustacea** (**Krebstiere**) werden die verwandtschaftlichen Beziehungen aktuell stark diskutiert. Während in zurückliegen-

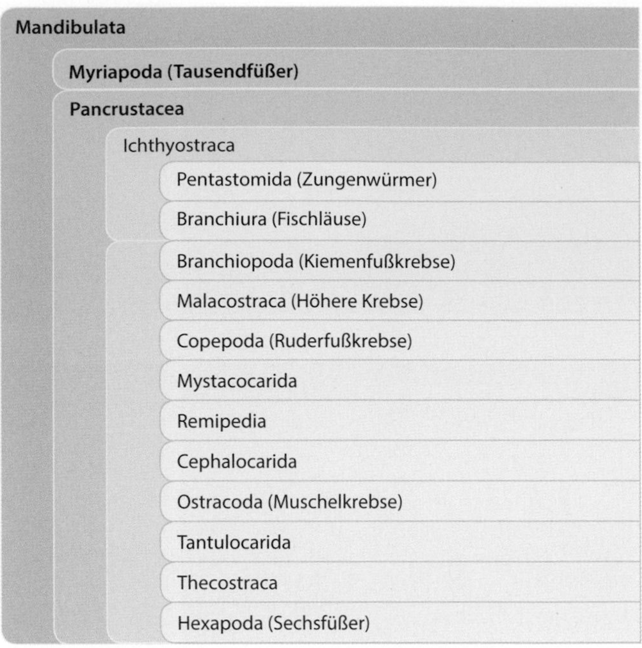

◻ **Abb. 30.59** Innere Systematik der Mandibulata

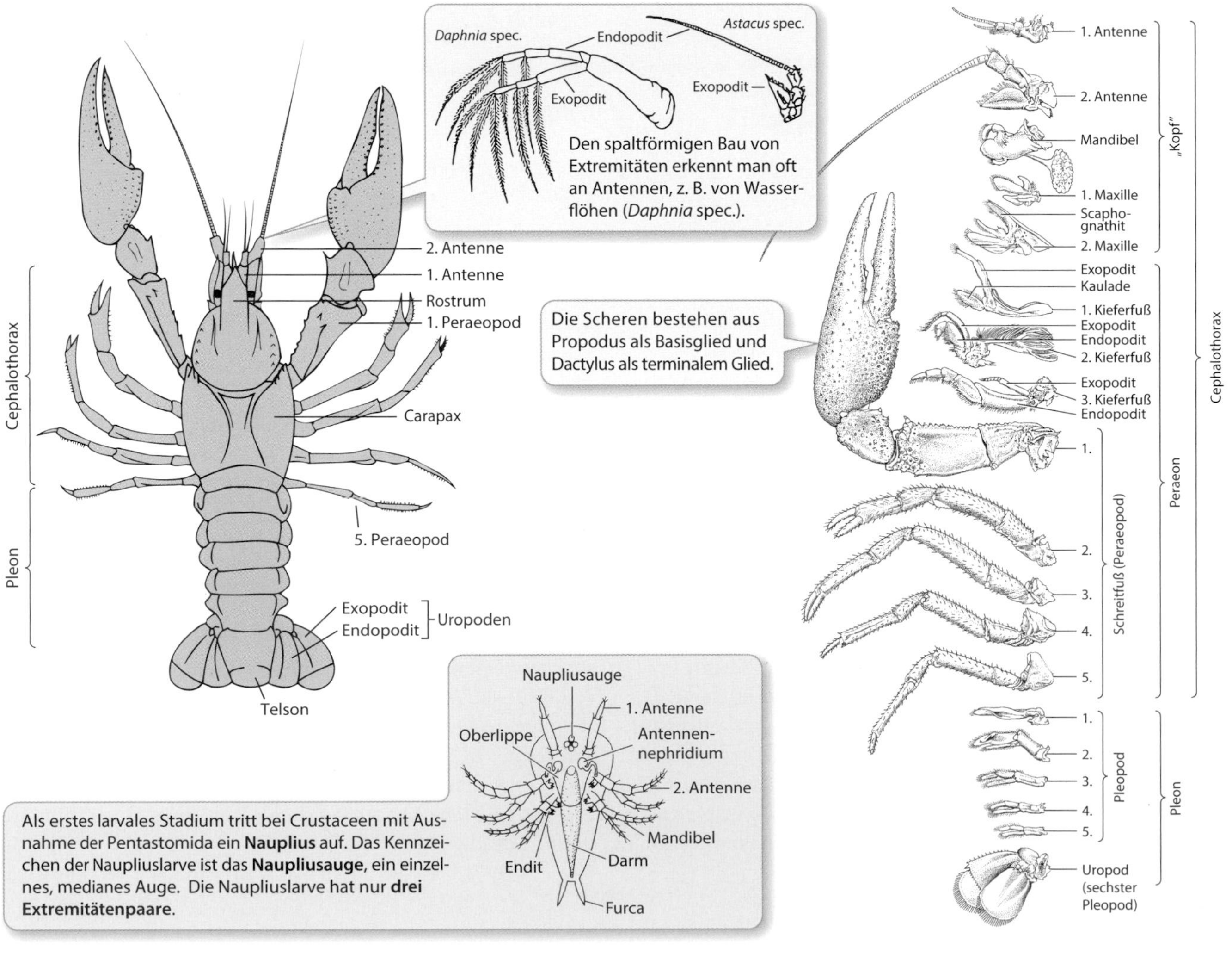

Den spaltförmigen Bau von Extremitäten erkennt man oft an Antennen, z. B. von Wasserflöhen (*Daphnia* spec.).

Die Scheren bestehen aus Propodus als Basisglied und Dactylus als terminalem Glied.

Als erstes larvales Stadium tritt bei Crustaceen mit Ausnahme der Pentastomida ein **Nauplius** auf. Das Kennzeichen der Naupliuslarve ist das **Naupliusauge**, ein einzelnes, medianes Auge. Die Naupliuslarve hat nur **drei Extremitätenpaare**.

◻ **Abb. 30.60** Schematische Darstellung adulter decapoder Krebse sowie der Naupliuslarve

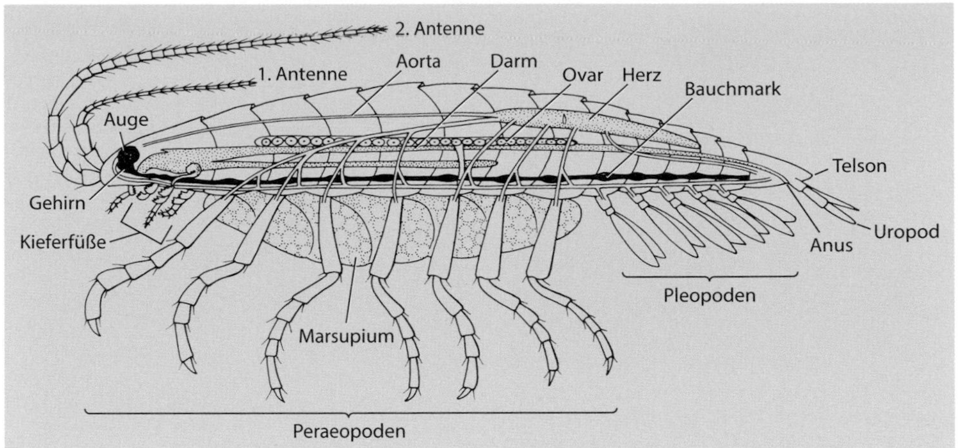

Abb. 30.61 Bauplan eines adulten Isopoden

den Jahren oft auf eine Unterteilung der Crustaceen in **Malacostraca** (Höhere Krebse) und **Entomostraca** (Niedere Krebse) zurückgegriffen wurde, setzt sich aktuell eine Aufteilung in elf Crustaceenklassen durch.

Aufgrund ihrer zum Teil stark unterschiedlichen Lebensweise weisen Krebstiere eine große Formenvielfalt auf, die es schwierig macht, neben dem Besitz von **zwei Paar Antennen** und Extremitäten, die ursprünglich als **Spaltfuß** ausgebildet sind, allgemeine Merkmale zu benennen (**Abb. 30.60**). Meist ist im Laufe der Entwicklung jedoch der Exopodit zurückgebildet worden, sodass der wesentliche (lange) Teil der Extremitäten aus dem Endopoditen besteht (z. B. Antenne von *Astacus* spec., Laufbeine). Die Scheren, die sich z. B. am ersten Schreitbein finden, sind keine Ausprägung des Spaltfußes, sondern lediglich die Abfolge von Pro-

die „Karpfenlaus" *Argulus* spec. auf einem Stichling

Ventralansicht von *Chonopeltis* spec. (links) und *Argulus* spec. (rechts)

Die zu den **Branchiura** zählenden „Fischläuse" sind temporäre ektoparasitische Blutsauger, deren Mundwerkzeuge zu einem Stechrüssel und die Antennen zu Haltehaken umgewandelt sind. Sie sind nicht wirtsspezifisch und parasitieren daher eine Vielzahl von Fischarten.

Unter den **Copepoda** (Ruderfußkrebse) findet sich eine große Vielfalt von Arten, die auf den Kiemen und der Haut von Fischen parasitieren. Die stärkste morphologische Anpassung hat hier sicher die Gattung *Lernea* (Ankerwürmer) erfahren.

Weibchen von *Lernea* spec. mit langen Eipaketen

Obwohl die **Pentastomida** im Deutschen als Zungenwürmer bezeichnet werden, zählen sie aufgrund molekularer und morphologischer Kriterien zu den Crustaceen. Als Adulte befallen sie hauptsächlich die Atmungsorgane von Reptilien wie Krokodilen. Neben der Mundöffnung befinden sich zwei Paar Haken als umgebildete Extremitäten.

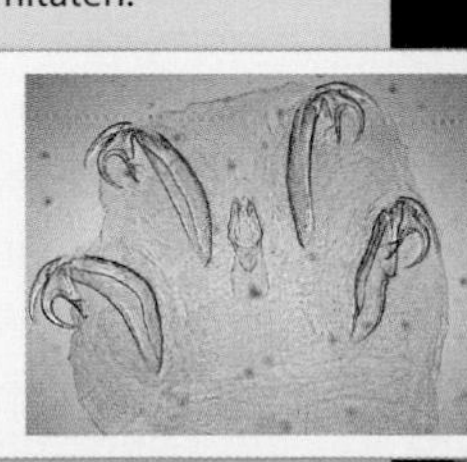

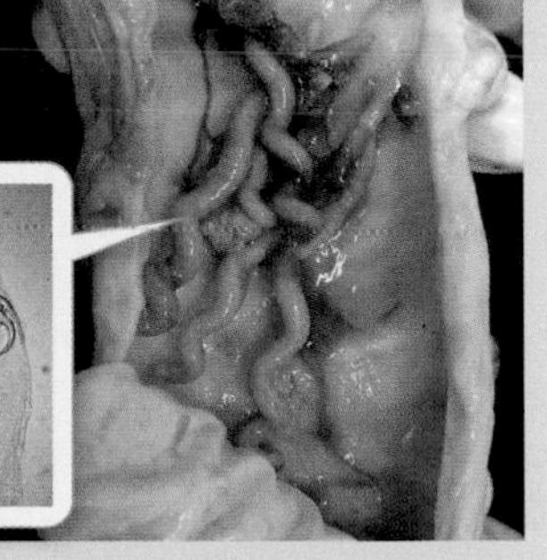

Adulte Pentastomiden der Art *Leiperia cincinnalis* in der Trachea eines Nilkrokodils. Links der Cephalothorax einer Larve von *Leiperia cincinnalis*.

Einige der zu den **Isopoden** und damit zu den **Malacostraca** zählenden Asseln haben ebenfalls eine parasitische Lebensweise entwickelt. Weibchen der Art *Ceratothoa famosa* (links, Mitte) beispielsweise fressen zunächst die Zunge ihres Wirtsfisches, um diese dann nachfolgend zu ersetzen. *Mothocya affinis* (rechts) hingegen lebt im Kiemenraum, sodass die Atmung der Fische deutlich erschwert wird.

Abb. 30.62 Beispiele für einige parasitische Gruppen (unterschiedlicher systematischer Zugehörigkeit) innerhalb der Crustaceen

30

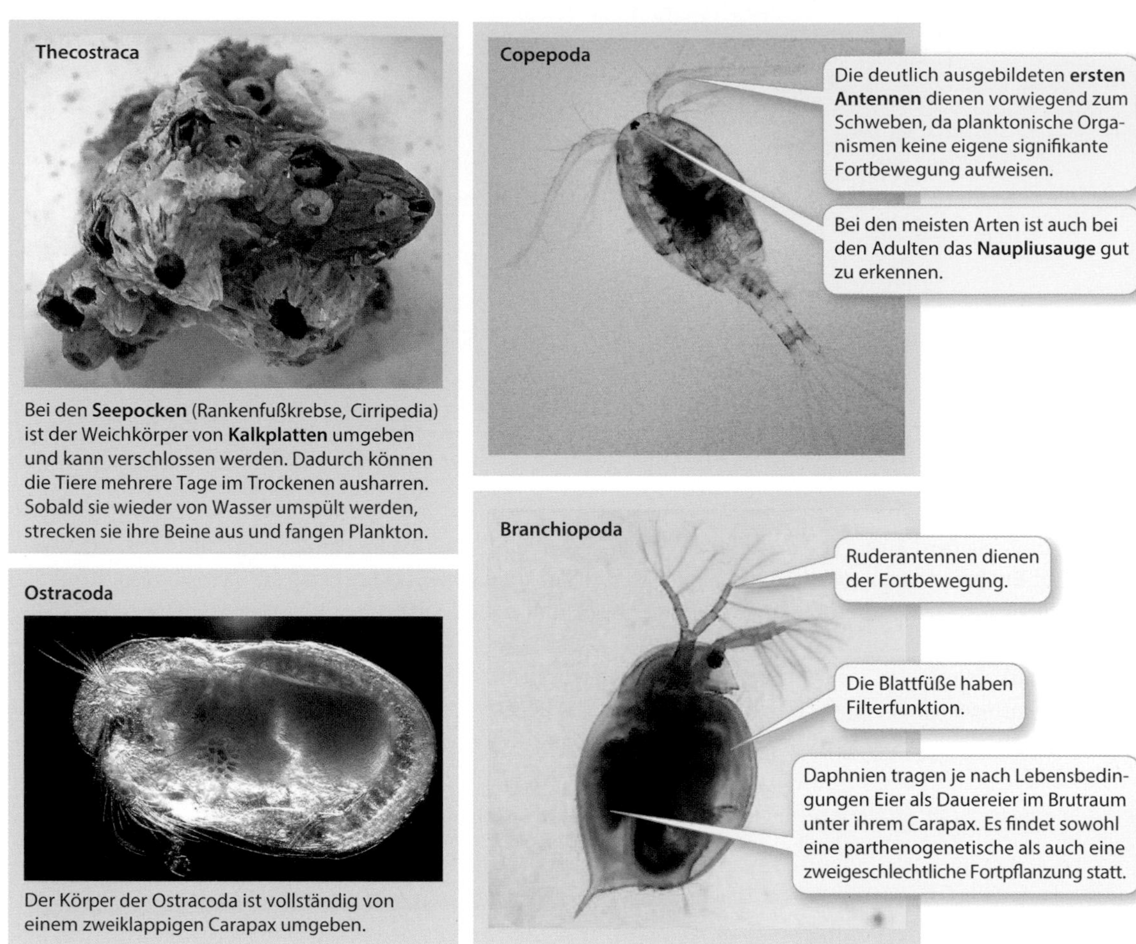

Abb. 30.63 Beispiele für einige Klassen von Crustaceen, die man früher zu den Niederen Krebsen („Entomostraca") gezählt hat

podus als Basisglied und Dactylus als terminales Beinglied (vgl. Abb. 30.52, ► Abschn. 30.14). Von den hier gezeigten Grundbauplänen gibt es etliche Abweichungen und Anpassungen, die, wollte man sie im Detail beschreiben, den Umfang dieses Kapitels sprengen würden. Daher wird bei der folgenden Kurzvorstellung der Klassen jeweils auf spezielle Anpassungen hingewiesen.

Crustaceen sind vornehmlich wasserlebende Arthropoden, allerdings gibt es auch echte Landtiere (z. B. unter den **Isopoden** (Asseln; Abb. 30.61) aber auch bei den Landeinsiedlerkrebsen wie dem Palmendieb). Bei der Fortpflanzung der Krebse tritt sowohl äußere Befruchtung auf, bei der Spermien und Eier in das freie Wasser entlassen werden, als auch innere Befruchtung mittels meist speziell umgestalteter Extremitäten. Während der Entwicklung zum adulten Tier tritt eine Reihe von Larvalstadien auf, wobei nach jeder Häutung die Anzahl der Segmente zunimmt (**anamere Entwicklung**). Seltener findet eine **epimere Entwicklung** statt, bei der alle Segmente bereits embryonal angelegt sind und nach jeder Häutung nur noch ein Dehnungswachstum stattfindet, wie bei den Wasserflöhen. Die Lebensweise der Krebstiere ist sehr vielfältig und reicht von festsitzenden und frei schwimmenden bis hin zu parasitischen Arten, deren Morphologie so stark an die parasitische Lebensweise angepasst ist, dass man sie oftmals nur noch anhand ihrer Larvalstadien (Abb. 30.60) als den Krebsen zugehörig identifizieren kann. **Parasitische Krebse** finden sich meist in und auf Fischen und Amphibien als Wirte (Abb. 30.62). Viele frei lebende Krebsarten dienen dem Menschen als Nahrung und werden umgangssprachlich oft als Krustentiere bezeichnet.

Zu den festsitzenden Crustaceen zählen die **Thecostraca** wie Entenmuscheln und Seepocken (Abb. 30.63). Die **Branchiopoda** (Abb. 30.63) umfassen die Anostraca (Kiemenfüßer; z. B. der Salinenkrebs, *Artemia salina*), die Notostraca (Rückenschaler; z. B. *Triops* spec.) sowie die Phyllopoda (Blattfußkrebse) mit dem Wasserfloh (*Daphnia* spec.) als bekanntestes Beispiel. Anostracen besitzen elf Paar Blattbeine zur Fortbewegung und mit Kiemenfunktion. Da einige Arten in nicht permanenten Lebensräumen wie ephemeren Stillgewässern leben, können sie Dauereier produzieren, die ein Austrocknen von Gewässern überstehen können. Von ihrem Aussehen ähneln die **Ostracoda** (Muschelkrebse; Abb. 30.63) Muscheln, da ihr Körper vollständig von einem zweiklappigen Carapax umgeben wird. Sie kommen hauptsächlich bodenlebend in Süßwasserökosystemen vor. Die **Copepoda** (Ruderfußkrebse; Abb. 30.63) stellen mit insgesamt ca. 13.000 Morphospezies die artenreichste Gruppe der Krebstiere dar. Zudem machen sie zahlenmäßig den weitaus größten Teil der Individuen aus, die man im Zooplankton findet. Entsprechend spielen sie in allen aquatischen Ökosystemen eine wichtige Rolle als Primärkonsumenten, die sich vom Phytoplankton ernähren und selbst eine wichtige Nahrungsquelle für Fische darstellen (► Abschn. 36.9). Charakteristisch für die Weibchen der Ruderfußkrebse ist der Besitz von Eipaketen, die sich seitlich der dem Telson entspringenden Furca befinden.

Der Europäische Hummer (*Homarus vulgaris*), eine der größten Krebsarten

Der Europäische Flusskrebs (*Astacus astacus*) ist eine im Bestand stark gefährdete Art der Decapoda.

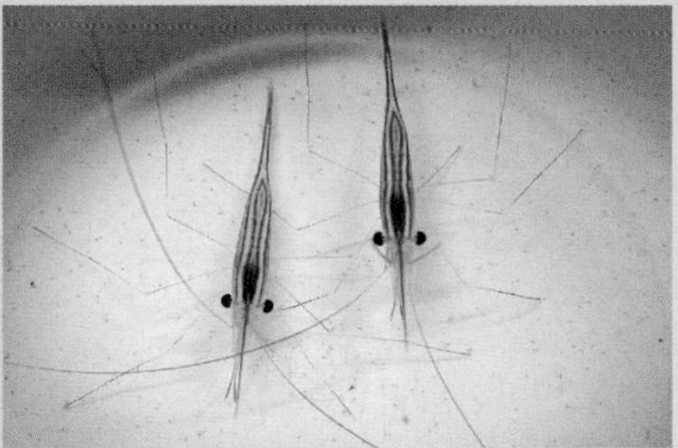

Die Einhorngarnele (*Plesionika narval*) aus dem Mittelmeer.

Der Taschenkrebs (*Cancer pagurus*) in Ventralansicht. Gut zu erkennen ist das längliche, umgeklappte Pleon (Pfeil).

Die Chinesische Wollhandkrabbe (*Eriocheir sinensis*), eine in Europa invasive Art

Die **Decapoda** (Zehnfußkrebse) erscheinen in unterschiedlichen Formen, mit einer lang gestreckten Gestalt (oben), einem breiten, rundlichen Carapax, unter den sie ihr Pleon klappen (links), und als Einsiedlerkrebse, die ihr Pleon in Gehäusen schützen (unten). Gemeinsam ist allen Gruppen, dass sie fünf Paar Schreitbeine am Peraeon besitzen. Die weitaus meisten Arten leben in Meeren, bevorzugt in den Küstenregionen, manche allerdings auch pelagisch, wie die Nordseegarnele (*Crangon crangon*), die umgangssprachlich meist als „Nordseekrabbe" bezeichnet wird.

Das Abdomen der **Einsiedlerkrebse** ist weich, weshalb es in kalkigen Gehäusen, z. B. von Schnecken, verborgen und damit geschützt wird. Analog zur Windung des Gehäuses ist auch das Pleon spiralig aufgewunden.

Oft sind die Gehäuse der Einsiedlerkrebse von Seeanemonen besiedelt, mit denen die Krebse in Symbiose leben. Der Große Rote Einsiedlerkrebs (*Dardanus calidus*) lebt in Symbiose mit der Schmarotzerrose (*Calliactis parasitica*), die er sich auf das Schneckenhaus pflanzt. Wenn das Schneckenhaus gewechselt wird, löst der Einsiedler die Anemone ab und zieht sie auf das neue Schneckenhaus um.

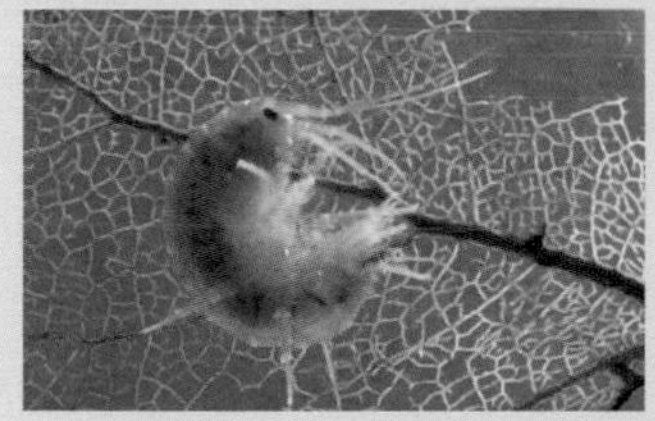

Typischerweise zählen **Amphipoda** (Flohkrebse; links: *Gammarus fossarum*) in den meisten Gewässern zu den Zerkleinerern, die Blätter bis auf die Nervatur abfressen und damit einen wichtigen Beitrag zum Abbau organischen Materials liefern. Unter den **Isopoda** (Asseln) gibt es echte Landtiere, wie die Kellerund die Mauerassel (*Oniscus asellus*; rechts). Darüber hinaus kommen Isopoden aber auch in aquatischen Habitaten im Süß- und Meerwasser vor.

Abb. 30.64 Verschiedene Lebensformen und Arten der Malacostraca

Die **Malacostraca** (Höhere Krebse) sind mit etwa 28.000 bekannten Arten die artenreichste Klasse der Crustaceen (Abb. 30.64). Sie kommen im Süß- und im Meerwasser, vereinzelt auch an Land vor. Zu ihnen zählen die Ordnungen **Decapoda** (Zehnfußkrebse), **Amphipoda** (Flohkrebse) und **Isopoda** (Asseln). Flohkrebse sind bedeutende Bewohner des Benthals von Süßwasserökosystemen und küstennahen Meeresbereichen, sind aber auch in Höhlengewässern und im Grundwasser anzutreffen. Ihre Körpergestalt ist seitlich abgeflacht, sodass sie sich zumeist auf der Seite liegend fortbewegen. Namensgebend für die Ordnung Amphipoda ist die Vielgestaltigkeit der Beine, die entsprechend unterschiedliche Aufgaben haben. Die Isopoda sind dorsoventral abgeflacht (Abb. 30.61). An den Coxen der gleich gestalteten Peraeopoden werden blattförmige Fortsätze gebildet, die man als Oostegite bezeichnet. Da die Oostegite beider Körperseiten überlappen, entsteht so ein Marsupium (Brutraum), in dem Asseln ihre Eier aufbewahren können, bis die Jungtiere schlüpfen.

30.17 Mandibulata II – Hexapoda: Tracheen ermöglichen das Leben an Land

Während die paraphyletischen Crustacea hauptsächlich durch wasserbewohnende **Mandibulata** repräsentiert sind, finden sich der Großteil der Arten und Lebensstadien bei den **Hexapoda** (Insekten) sowie alle Arten und Stadien der **Myriapoda** (Tausendfüßer) in Landlebensräumen. Für das **Leben an Land** haben sich bei beiden Gruppen unabhängig voneinander in einer konvergenten Entwicklung **Tracheen** ausgebildet. Dies sind Luftkanäle, die durch den Körper ziehen und den Sauerstoff in alle Regionen und Zellen verteilen. Die Öffnungen des Tracheensystems nach außen nennt man **Stigmata**. Zudem haben Tausendfüßer und Insekten im Gegensatz zu den Krebstieren nur ein Paar Antennen ausgebildet. Auch die Exkretionsorgane wurden in Form der **Malpighi-Gefäße** dem Leben an Land und damit der nur begrenzten Verfügbarkeit von Wasser angepasst.

30

Zu den Tausendfüßern (◘ Abb. 30.65) zählen die meist pflanzenfressenden **Diplopoda** (Doppelfüßer), die räuberischen **Chilopoda** (Hundertfüßer) sowie die **Symphyla** (Zwergfüßer) und die **Pauropoda** (Wenigfüßer). Der Körper der Myriapoden ist in zwei Tagmata aufgeteilt, die Kopfkapsel und den homonom gegliederten Rumpf.

Das verbindende Merkmal der **Hexapoda** (griech. *hexa* = „sechs“ und *poda* = „Füße“; ◘ Abb. 30.66) ist der namensgebende Besitz von **drei jeweils sechsgliedrigen Beinpaaren**. Zu den

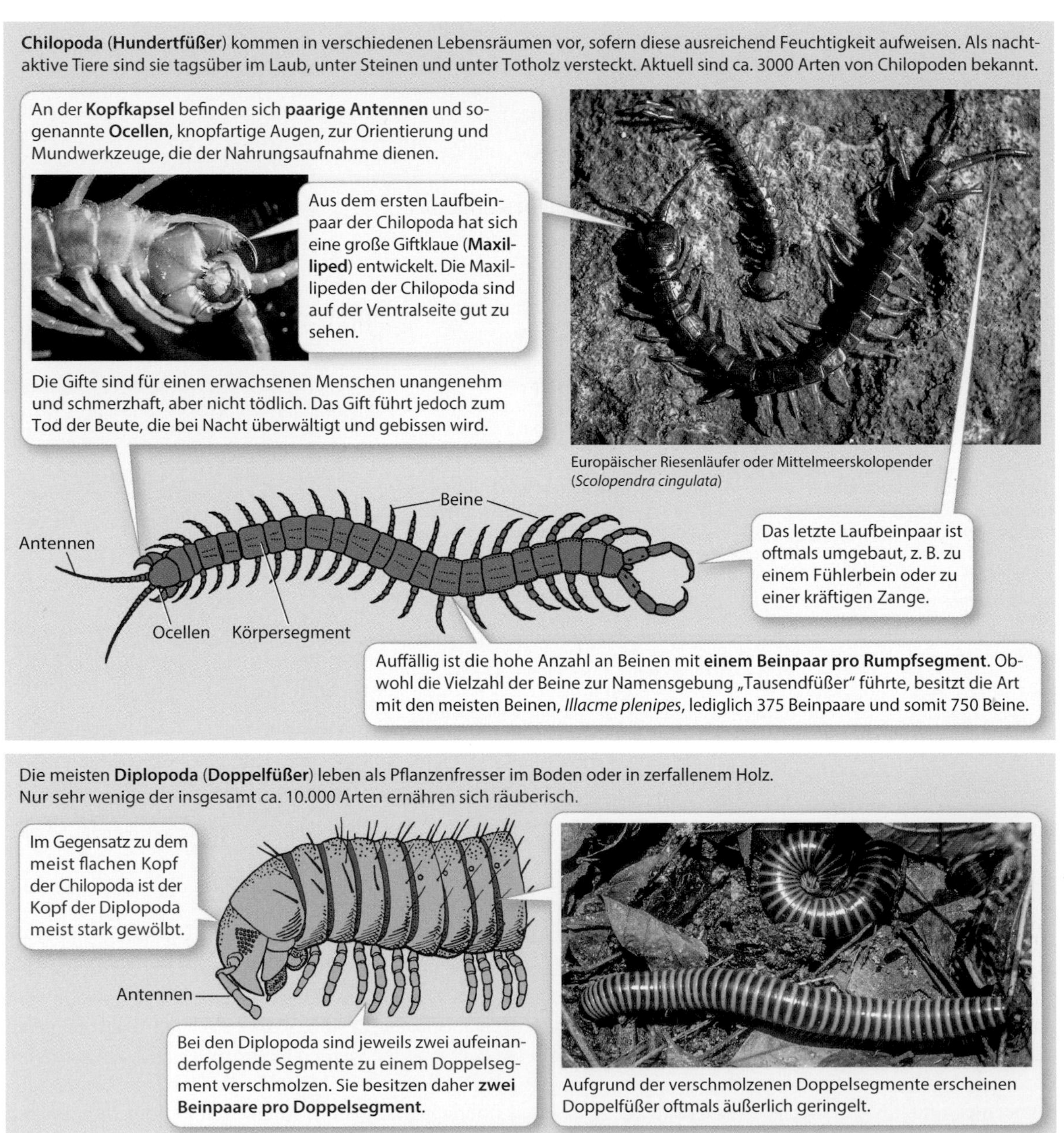

◘ **Abb. 30.65** Vergleich der artenreichsten Klassen der Myriapoda, der Chilopoda und Diplopoda

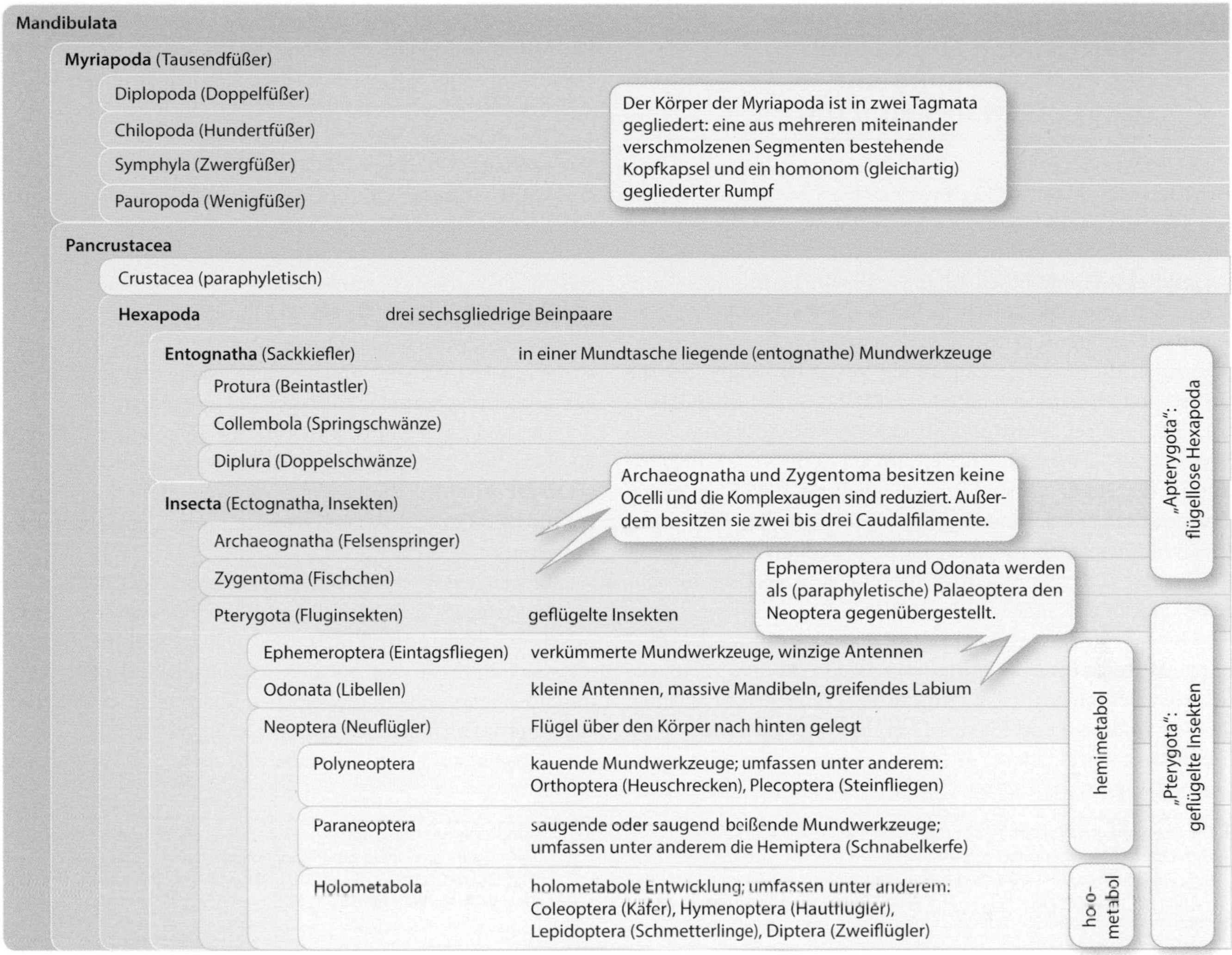

- **Mandibulata**
  - **Myriapoda** (Tausendfüßer)
    - Diplopoda (Doppelfüßer)
    - Chilopoda (Hundertfüßer)
    - Symphyla (Zwergfüßer)
    - Pauropoda (Wenigfüßer)
  - **Pancrustacea**
    - Crustacea (paraphyletisch)
    - **Hexapoda** – drei sechsgliedrige Beinpaare
      - **Entognatha** (Sackkiefler) – in einer Mundtasche liegende (entognathe) Mundwerkzeuge
        - Protura (Beintastler)
        - Collembola (Springschwänze)
        - Diplura (Doppelschwänze)
      - **Insecta** (Ectognatha, Insekten)
        - Archaeognatha (Felsenspringer)
        - Zygentoma (Fischchen)
        - Pterygota (Fluginsekten) – geflügelte Insekten
          - Ephemeroptera (Eintagsfliegen) – verkümmerte Mundwerkzeuge, winzige Antennen
          - Odonata (Libellen) – kleine Antennen, massive Mandibeln, greifendes Labium
          - Neoptera (Neuflügler) – Flügel über den Körper nach hinten gelegt
            - Polyneoptera – kauende Mundwerkzeuge; umfassen unter anderem: Orthoptera (Heuschrecken), Plecoptera (Steinfliegen)
            - Paraneoptera – saugende oder saugend beißende Mundwerkzeuge; umfassen unter anderem die Hemiptera (Schnabelkerfe)
            - Holometabola – holometabole Entwicklung; umfassen unter anderem: Coleoptera (Käfer), Hymenoptera (Hautflügler), Lepidoptera (Schmetterlinge), Diptera (Zweiflügler)

Der Körper der Myriapoda ist in zwei Tagmata gegliedert: eine aus mehreren miteinander verschmolzenen Segmenten bestehende Kopfkapsel und ein homonom (gleichartig) gegliederter Rumpf

Archaeognatha und Zygentoma besitzen keine Ocelli und die Komplexaugen sind reduziert. Außerdem besitzen sie zwei bis drei Caudalfilamente.

Ephemeroptera und Odonata werden als (paraphyletische) Palaeoptera den Neoptera gegenübergestellt.

„Apterygota": flügellose Hexapoda (Entognatha, Archaeognatha, Zygentoma)

„Pterygota": geflügelte Insekten

hemimetabol (Ephemeroptera, Odonata, Polyneoptera, Paraneoptera)

holometabol (Holometabola)

Abb. 30.66 Überblick über die Systematik der Myriapoda und der Hexapoda

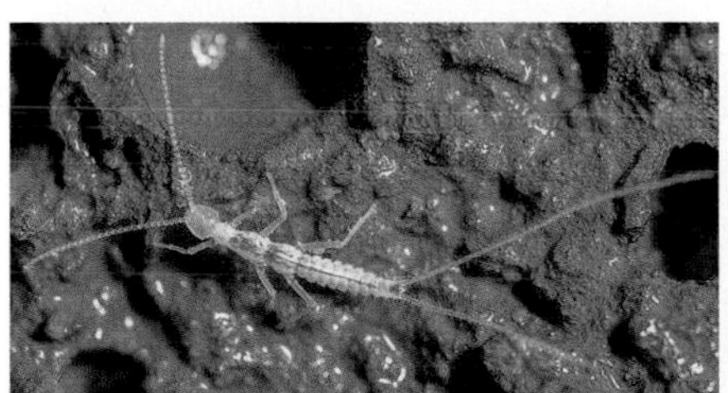

Aktuell sind ca. 1000 Arten der **Diplura (Doppelschwänze)** bekannt, die vor allem in den Tropen und Subtropen vorkommen. Sie leben in feuchten Lebensräumen versteckt unter Steinen und Laub sowie im Boden und ernähren sich je nach Art räuberisch oder von sonstigem organischen Material.

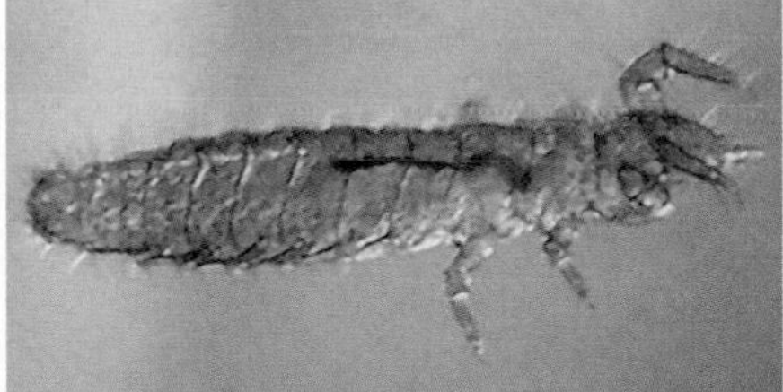

Von den **Protura (Beintastler)** sind ca. 750 einander sehr ähnliche Arten beschrieben, die nur Spezialisten unterscheiden können. Ihr Lebensraum sind Böden bis zu einer Tiefe von einigen Zentimetern. Auch sie sind feuchteliebend. Zur Ernährung saugen sie mittels ihrer stilettartigen Mundwerkzeuge Pilzhyphen aus.

Collembola (Springschwänze) finden sich in Dichten bis zu 400.000 Individuen in den oberen Bereichen der Humusschichten von nicht zu trockenen Böden. Hier sind sie als Detritusfresser maßgeblich an der Humusbildung beteiligt. Zurzeit kennt man ca. 9000 Arten, man geht jedoch von einer weit höheren Artenzahl aus. Die meisten Arten besitzen eine Sprunggabel, mit der sie zu Sprüngen eines Vielfachen ihrer Körperlänge fähig sind.

Abb. 30.67 Diplura, Protura und Collembola

Hexapoda zählen neben den **Insecta** (Insekten) die **Diplura** (Doppelschwänze), die **Protura** (Beintastler) sowie die **Collembola** (Springschwänze; Abb. 30.67). Zwar werden die phylogenetischen Beziehungen zwischen den Hauptgruppen der Hexapoda noch stark diskutiert, doch hat sich die frühere künstliche Unterteilung in **Apterygota** (primär ungeflügelte Insekten) und **Pterygota** (primär geflügelte Insekten) als phylogenetisch nicht valide erwiesen. Nach aktuellem Verständnis wären demnach alle Entognatha sowie die Archaeognatha und Zygentoma (ursprüngliche Ectognatha) den primär ungeflügelten Insekten zuzuordnen.

30

30.18 Insecta I: Körperanhänge übernehmen Funktionen der Fortbewegung und der Sinneswahrnehmung

Die Klasse der **Insecta** (Kerbtiere) ist die artenreichste Gruppe des Tierreichs überhaupt. Es wird vermutet, dass die Insekten mehrere Millionen Arten beinhalten, von denen knapp 1 Mio. derzeit bekannt und beschrieben ist. Ihr Körperbau ist entsprechend der unterschiedlichen Lebensweise der jeweiligen Arten angepasst ist, lässt sich aber auf einen gemeinsamen Grundbauplan zurückführen: eine Gliederung in **Caput** (Kopf), **Thorax** (Brust) und **Abdomen** (Hinterleib) (◼ Abb. 30.68). Charakteristisch ist zudem ein **ventrales Strickleiternervensystem**. Viele Sinnesorgane der Insekten finden sich am Kopf: große **Komplexaugen** (Facettenaugen), die aus weniger als 100 bis zu 30.000 **Ommatidien** (Einzelaugen) bestehen, auf dem Hinterkopf vieler Insekten finden sich zudem vereinzelte **Ocellen** (Punktaugen). Die **Fühler** sind mehrgliedrig und oft charakteristisch für einzelne Ordnungen oder Familien (◼ Abb. 30.69).

Der den Körper durchziehende Darmkanal ist in **Vorderdarm**, **Mitteldarm** und **Enddarm** gegliedert (◼ Abb. 30.70). Die Insekten werden auch als **Ectognatha** (Freikiefler) bezeichnet, da die Mandibeln und Maxillen frei sind und nicht wie bei den Entognatha (Sackkieflern) in Taschen liegen. Zu den Entognatha zählen die Protura, Collembola und Diplura (► Abschn. 30.17). Die **Mundwerkzeuge** der Insekten sind je nach Ernährungsweise unterschiedlich gestaltet, lassen sich jedoch immer auf die gleichen Elemente zurückführen (◼ Abb. 30.70).

Der Thorax der Insekten ist von besonderer Bedeutung für ihre Mobilität. So trägt jedes der drei Thorakalsegmente jeweils ein **Laufbeinpaar**. Obwohl die Beine immer die gleichen Grundelemente umfassen, können sie in Abhängigkeit von ihrer Funktion (Springen, Laufen, Schwimmen, Graben etc.) sehr unterschiedlich gestaltet sein. Mesothorax und Metathorax tragen jeweils ein Paar **Flügel** (◼ Abb. 30.71), die entsprechend der verschiedenen Insektenordnungen charakteristische Anpassungen aufweisen. Ursprünglich sind die Flügel häutig und durchsichtig, zur Versteifung besitzen sie Längs- und Queradern.

Am Abdomen gibt es abgewandelte Extremitäten (◼ Abb. 30.72), jedoch keine gegliederten Beine. So finden sich beispielsweise bei verschiedenen Larven sogenannte **Styli**. Einige Insekten besitzen **Cerci**, die meist wie nach hinten gerichtete Fühler fungieren.

Nahezu alle Insektenarten sind getrenntgeschlechtlich, nur wenige Arten sind Zwitter. Entsprechend herrscht eine **zweigeschlechtliche Fortpflanzung** vor, bei der Spermien(pakete) entweder indirekt (nur bei den Archaeognatha) oder direkt durch Kopulation auf die Weibchen übertragen werden. **Parthenogenese** (Jungfernzeugung) als eingeschlechtliche Form der Fortpflanzung tritt ebenfalls auf, meist im Wechsel mit

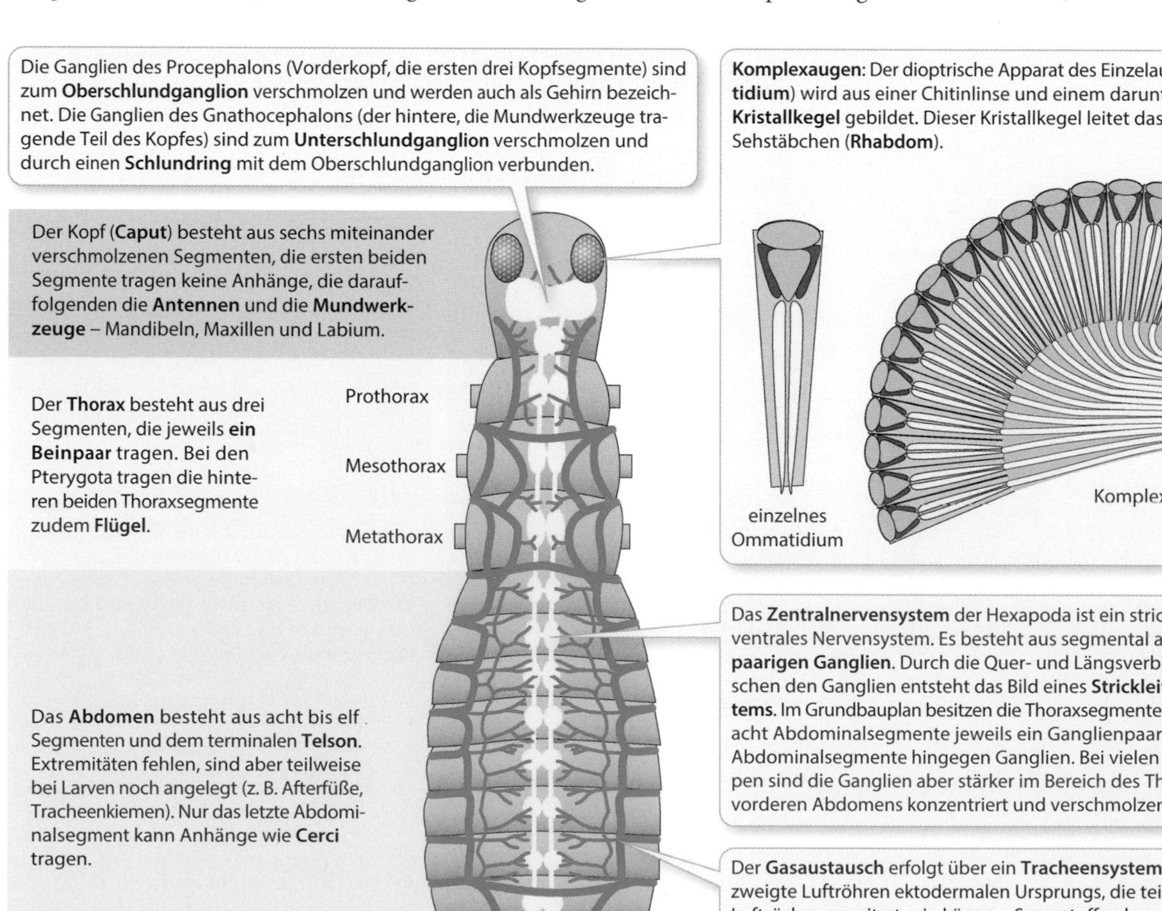

◼ **Abb. 30.68** Gliederung des Insektenkörpers

Im Vergleich zum menschlichen Linsenauge ist je nach Augentyp die räumliche Auflösung des **Komplexauges** niedriger, die zeitliche Auflösung höher und das Blickfeld größer.

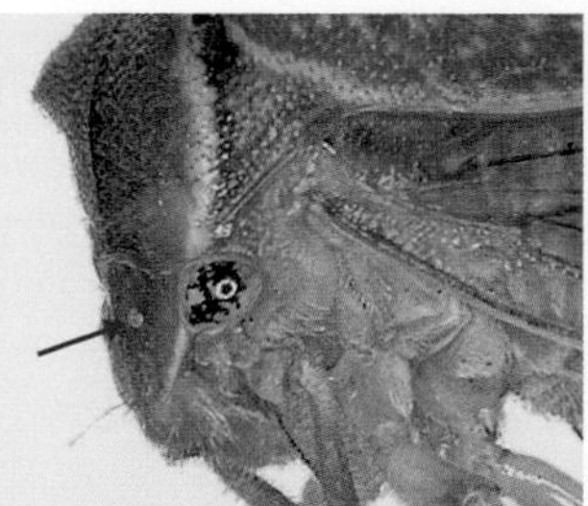

Ocellen dienen meist als Gleichgewichtsorgan sowie zur Kontrolle von Flugbewegungen, um etwa bei Angriffen schnell flüchten zu können.

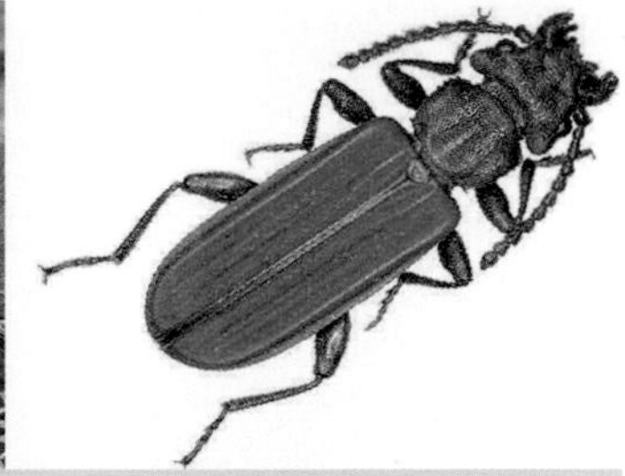

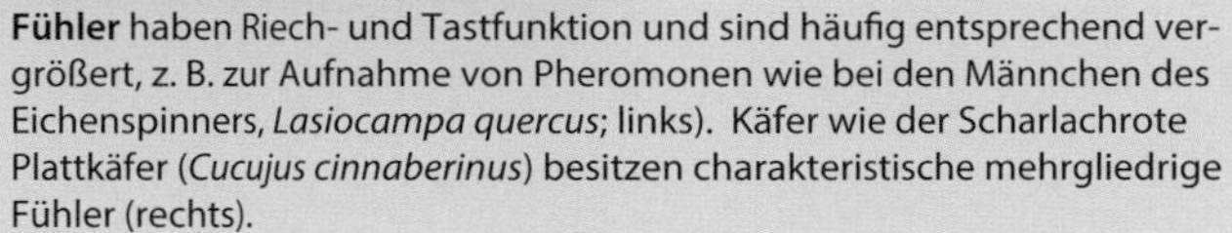

Fühler haben Riech- und Tastfunktion und sind häufig entsprechend vergrößert, z. B. zur Aufnahme von Pheromonen wie bei den Männchen des Eichenspinners, *Lasiocampa quercus*; links). Käfer wie der Scharlachrote Plattkäfer (*Cucujus cinnaberinus*) besitzen charakteristische mehrgliedrige Fühler (rechts).

Abb. 30.69 Sinnesorgane am Kopf von Insekten

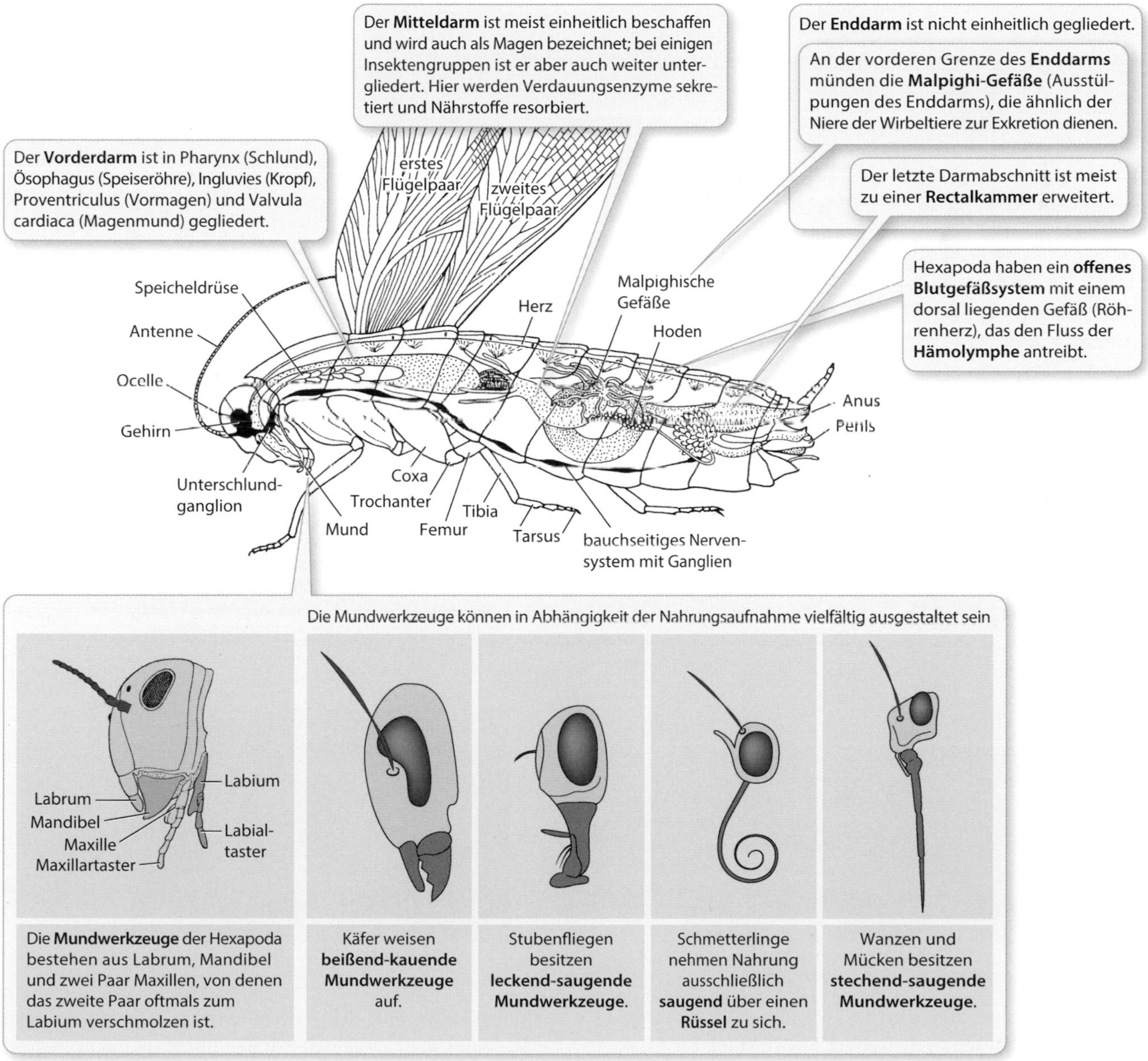

Der **Mitteldarm** ist meist einheitlich beschaffen und wird auch als Magen bezeichnet; bei einigen Insektengruppen ist er aber auch weiter untergliedert. Hier werden Verdauungsenzyme sekretiert und Nährstoffe resorbiert.

Der **Enddarm** ist nicht einheitlich gegliedert.

An der vorderen Grenze des **Enddarms** münden die **Malpighi-Gefäße** (Ausstülpungen des Enddarms), die ähnlich der Niere der Wirbeltiere zur Exkretion dienen.

Der letzte Darmabschnitt ist meist zu einer **Rectalkammer** erweitert.

Der **Vorderdarm** ist in Pharynx (Schlund), Ösophagus (Speiseröhre), Ingluvies (Kropf), Proventriculus (Vormagen) und Valvula cardiaca (Magenmund) gegliedert.

Hexapoda haben ein **offenes Blutgefäßsystem** mit einem dorsal liegenden Gefäß (Röhrenherz), das den Fluss der **Hämolymphe** antreibt.

erstes Flügelpaar
zweites Flügelpaar
Speicheldrüse
Antenne
Ocelle
Gehirn
Unterschlundganglion
Mund
Coxa
Trochanter
Femur
Tibia
Tarsus
bauchseitiges Nervensystem mit Ganglien
Herz
Malpighische Gefäße
Hoden
Anus
Penis

Die Mundwerkzeuge können in Abhängigkeit der Nahrungsaufnahme vielfältig ausgestaltet sein

Labrum
Mandibel
Maxille
Maxillartaster
Labium
Labialtaster

Die **Mundwerkzeuge** der Hexapoda bestehen aus Labrum, Mandibel und zwei Paar Maxillen, von denen das zweite Paar oftmals zum Labium verschmolzen ist.

Käfer weisen **beißend-kauende Mundwerkzeuge** auf.

Stubenfliegen besitzen **leckend-saugende Mundwerkzeuge**.

Schmetterlinge nehmen Nahrung ausschließlich **saugend** über einen **Rüssel** zu sich.

Wanzen und Mücken besitzen **stechend-saugende Mundwerkzeuge**.

Abb. 30.70 Schematischer Grundbauplan des Insektenkörpers

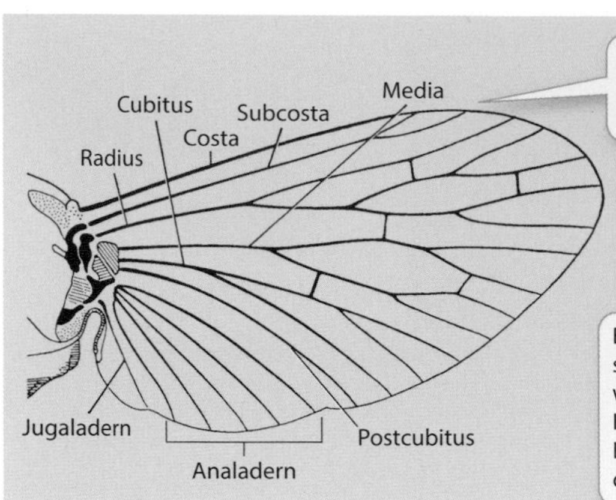

Insektenflügel sind charakteristisch geadert, die **Adern** werden nach festgelegten Regeln benannt.

Die durch Adern abgegrenzten Bereiche werden als **Zellen** bezeichnet. Eine besonders ausgeprägte Zelle ist das **Pterostigma** im Flügel der Libellen.

Bei ursprünglichen geflügelten Insekten sind die beiden Flügel ähnlich groß und weisen eine ursprüngliche Aderung auf. In Ruhestellung sind die Flügel bei den Libellen und den Eintagsfliegen seitlich oder nach oben gestellt.

Im Zentrum des Libellenflügels befindet sich eine Chitinverdickung, der **Nodus** (Knoten), welcher ein Abknicken der Adern verhindert.

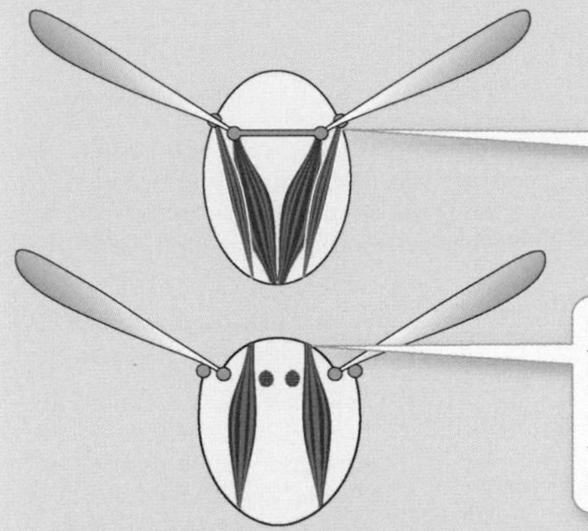

Die **direkte Flugmuskulatur** setzt direkt an den Flügeln an. Dieser Typ findet sich vor allem bei ursprünglichen Gruppen wie den Odonata (Libellen).

Bei der **indirekten Flugmuskulatur** erfolgt die Kraftübertragung indirekt über eine Verformung des Thorax. Die Hebung der Flügel beruht auf einer Kontraktion von dorsoventralen Muskeln, die Senkung auf einer Kontraktion von Längsmuskeln. Dieser Typ findet sich bei den meisten Insektengruppen.

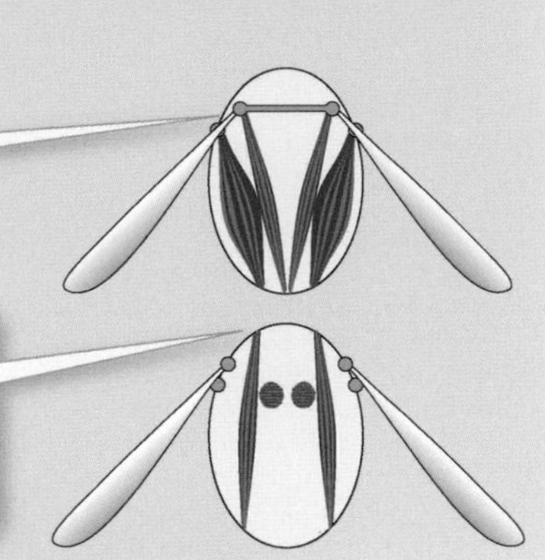

Bei Käfern wie dem Hirschkäfer (*Lucanus cervus*) sind die Vorderflügel sklerotisiert und werden als **Elytren** (**Deckflügel**) bezeichnet. Die häutigen Flügel liegen in Ruhestellung gefaltet unter den Deckflügeln. Letztere wirken während des Fluges stabilisierend ähnlich wie Tragflächen eines Flugzeugs.

Die **Hemielytren** der Wanzen sind nur teilweise sklerotsiert wie bei der Rotbeinigen Baumwanze (*Pentatoma rufipes*).

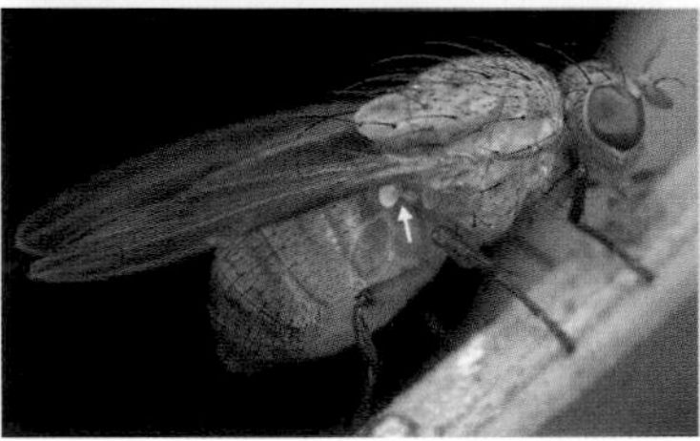

Die Hinterflügel der Diptera (Zweiflügler, hier *Drosophila* spec.) sind zu **Halteren**, kleinen **Schwingkölbchen**, reduziert. Sie dienen der Orientierung im Raum und sind für das Sirren der Mücken und Fliegen verantwortlich.

Die Flügel der Trichoptera (Köcherfliegen) sind mit feinen **Härchen** besetzt und werden in Ruhestellung dachartig über das Abdomen gelegt (oben). Bei den Lepidoptera (Schmetterlingen) wie dem Apollofalter (*Parnassius apollo*; unten) sind die Flügel auf der Ober- und Unterseite mit **Schuppen** bedeckt.

Abb. 30.71 Bau und Vielfalt der Insektenflügel

zweigeschlechtlicher Vermehrung (sogenannte **Heterogonie**, z. B. bei Pflanzenläusen). Die weitere Entwicklung der Insekten verläuft über **Larven**, die sich mehrfach **häuten**. Am Ende der Larvalphase verwandeln sich die Jugendstadien in ein erwachsenes Insekt (**Imago**), was als **Metamorphose** oder **Metabolie** bezeichnet wird (Abb. 30.73). Bei dem **hemimetabolen** Entwicklungsgang erfolgt die Umwandlung in die Imagines schrittweise, sodass die Larven den Adulten immer ähnlicher werden (z. B. Libellen, Steinfliegen, Wanzen), bei der **holometabolen** Entwicklung tritt neben mehreren Larvenstadien eine **Puppe** als Ruhestadium auf, in der eine vollständige Umwandlung stattfindet (z. B. Fliegen, Käfer, Schmetterlinge).

Abb. 30.72 Anhänge des Abdomens

Einige Insekten besitzen **Cerci**, die meist wie nach hinten gerichtete Fühler fungieren, z. B. bei Schaben.

Bei den Ohrwürmern sind die Cerci zu **Zangen** umgebildet.

Bei Eintagsfliegen gibt es zusätzlich zu den beiden Cerci ein **Terminalfilum** am Abdomen als Auswuchs des Telsons.

Im Bereich des achten und neunten Abdominalsegments wird bei den Weibchen verschiedener Ordnungen eine Röhre in Form eines **Ovipositors** (Legeapparat, Legebohrer, Legestachel oder Legeröhre) ausgebildet. Sie dient der Ablage der Eier in verschiedene Substrate (hier eine Schmalbauchwespe, *Gasteruption* spec.).

hemimetabole Entwicklung

Entwicklungsstadien der Deutschen Schabe (*Blattella germanica*)

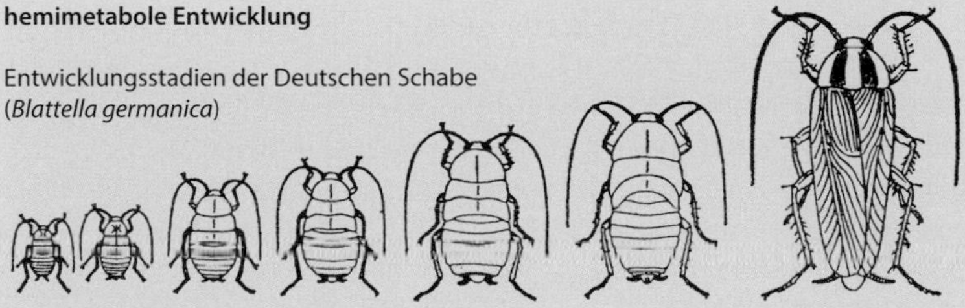

Hier sind beim Larvalstadium (hier *Aeshna cyanea*) schon die **Flügelscheiden** erkennbar.

holometabole Entwicklung

Entwicklungsstadien der Forleule (*Panolis flammea*)

Eine **Puppe** tritt als Ruhestadium auf.

Die **holometabole Entwicklung** am Beispiel des Großen Kohlweißlings (*Pieris brassicae*) von der Larve (links) über die Puppe (Mitte) zur Imago (rechts).

Abb. 30.73 Hemimetabole und holometabole Entwicklung

30.19 Insecta II: Über die Hälfte der heute beschriebenen Arten sind Insekten

Neben den primär flügellosen Insektenordnungen (◘ Abb. 30.74) der **Archaeognatha** (Felsenspringer) und **Zygentoma** (Silberfischchen) gibt es rund 25 Ordnungen der **Pterygota** (geflügelte Insekten), die man in Palaeoptera und Neoptera unterteilen kann. Hiervon werden ausgewählte Ordnungen im Folgenden kurz vorgestellt und charakterisiert.

Den **Palaeoptera** (Odonata und Ephemeroptera; ◘ Abb. 30.74) als recht ursprüngliche Gruppe der Pterygota fehlt ein Gelenk, um die Flügel gefaltet auf den Rücken legen zu können, wozu die Neoptera imstande sind. Diese Fähigkeit erlaubt den **Neoptera** eine einfachere Fortbewegung am Boden und damit die Besiedlung vieler verschiedener Habitate. Die Larven der Palaeoptera, aber auch einiger Neoptera, leben im Wasser, die Imagines dagegen an Land – sie sind **amphibiotisch** (◘ Abb. 30.75). **Hololimnische Insekten** gibt es nur unter den Käfern und Wanzen, von denen einzelne Arten als Larvalstadien wie auch als Imagines in Gewässern leben. Aufgrund ihrer starken Bindung an Gewässer und ihrer zumeist ausgeprägten Abhängigkeit von verschiedenen Wasserparametern werden viele dieser Arten als Gütezeiger für den ökologischen Gewässerzustand verwendet und spielen daher in der Gewässerbewertung nach der Europäischen Wasserrahmenrichtlinie eine wichtige Rolle.

Zur Ordnung **Hemiptera** (Schnabelkerfe; ◘ Abb. 30.76) zählen unter anderem die in ihrem Aussehen und ihrer Lebensweise sehr unterschiedlichen Gruppen der **Stenorrhyncha** (Pflanzenläuse), **Auchenorrhyncha** (Zikaden) und **Heteroptera** (Wanzen). Gemeinsam ist ihnen der Besitz von stechend-saugenden Mundwerkzeugen. Entsprechend saugen Hemiptera Pflanzensäfte, sind räuberisch oder saugen als Ektoparasiten Blut.

Zur Insektenordnung **Coleoptera** (Käfer) zählen aktuell knapp 390.000 Arten, mit weiter steigender Tendenz, da ständig neue Arten beschrieben werden. Somit ist diese Ordnung bei Weitem die artenreichste im Tierreich (◘ Abb. 30.77). Entsprechend der verschiedenen Habitate und Lebensbedingungen gibt es eine große Vielfalt an morphologischen Anpassungen, die von dem hier gezeigten Grundtypus abweichen. Als ursprünglich werden zoophage (räuberisch) oder saprophage (von totem organischen Material wie Detritus, Kot oder Aas lebend) Ernährungsweisen angesehen. Viele Arten ernähren sich auch phytophag (von Pflanzen) und sind mitunter wichtige Holz- und Vorratsschädlinge. Die systematische Unterteilung der Käfer wird immer noch kontrovers diskutiert, jedoch kann man von ca. 170 verschiedenen Käferfamilien ausgehen. Mehr als die Hälfte der einheimischen Käferarten gehört zu den großen Familien Staphylinidae (Kurzflügler), Curculionidae (Rüsselkäfer), Carabidae (Laufkäfer) und Chrysomelidae (Blattkäfer).

Neben Käfern zählen auch die **Hymenoptera** (Hautflügler; ◘ Abb. 30.78), die **Lepidoptera** (Schmetterlinge; ◘ Abb. 30.79) und die **Diptera** (Zweiflügler; ◘ Abb. 30.80) zu den besonders diversen und artenreichen Insektenordnungen. Unter den **Hymenoptera** (◘ Abb. 30.78) finden sich viele für die Pflanzenbestäubung notwendige Insekten wie z. B. Bienen. Innerhalb der Hymenopteren tritt auch die Vielzahl **eusozialer** Insektenarten (► Abschn. 27.7) auf, die riesige Staaten bilden können, wie beispielsweise die Ameisen. Daneben gibt es auch eine Vielzahl von **Parasitoiden** unter den Hautflüglern; so legen z. B. weibliche Schlupfwespen ihre Eier mit ihrem Legebohrer in die Larven anderer Insekten ab (► Abschn. 35.5). Die sich entwickelnden Schlupfwespenlarven ernähren sich von ihren Wirtslarven und fressen diese auf.

Weil sie nur das vordere häutige Flügelpaar besitzen, zählen die Nematocera (Mücken) und Brachycera (Fliegen) zu den **Diptera** (Zweiflügler; ◘ Abb. 30.80). Das hintere Flügelpaar ist zu **Halteren** umgebildet und erzeugt das für diese Insekten typische Sirren. Die Mücken bilden nach den vorliegenden Informationen keine monophyletische Einheit, sondern eine aufgrund ähnlichen Aussehens erstellte Gruppe.

Die **Archaeognatha** (**Felsenspringer**; links) und die **Zygentoma** (**Fischchen**; rechts) sind ungeflügelte Insekten.

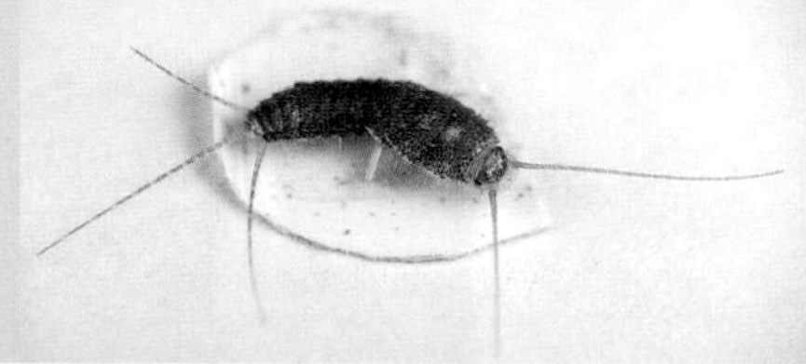

Ephemeroptera verdanken ihrer kurzen Lebensspanne von nur wenigen Tagen als Imagines den deutschen Namen **Eintagsfliegen**. Entsprechend besitzen sie nur verkümmerte Mundwerkzeuge und einen für die Ernährung weitgehend funktionslosen Darm. Als ursprünglichste Ordnung der Pterygota sind sie gleichzeitig die einzige Insektenordnung, bei der in Form der **Subimago** ein zusätzliches geflügeltes Stadium auftritt, das sich nochmals häutet, bevor es geschlechtsreif wird. Die eigentliche, im Wasser stattfindende Larvalentwicklung kann artabhängig bis zu drei Jahre dauern (Foto: Imago von *Rhithrogena* spec.).

Viele **Odonata** (**Libellen**) haben ihre Flügel in Ruhestellung im 90°-Winkel abgespreizt. Libellen sind als adulte und larvale Tiere ausgesprochene Jäger. Sie verbringen als Larve bis zu mehrere Jahre im Wasser, während die Imagines nur einige Wochen oder Monate leben (Foto: Vierfleck, *Libellula quadrimaculata*).

◘ **Abb. 30.74** Verschiedene ursprüngliche Insektenordnungen

Plecoptera (Steinfliegen)

adulte *Perla marginata*

Megaloptera (Schlammfliegen)

adulte *Sialis* spec. auf einem Blatt

Trichoptera (Köcherfliegen)

adulte Trichoptere

Neben den bereits erwähnten Eintagsfliegen und Libellen zählen vor allem die **Plecoptera** (Steinfliegen, links), die **Megaloptera** (Schlammfliegen, Mitte) sowie die **Trichoptera** (Köcherfliegen, rechts) zu den **amphibiotischen Insektenordnungen**, deren Imagines (oben) zumeist nur für sehr kurze Zeiträume an Land bzw. in der Luft leben, während die Larvalstadien (unten) teilweise mehrere Jahre in Gewässern verbringen.

larvale *Perla marginata*

larvale *Sialis* spec.

larvale Trichoptere in einem Steinköcher

Abb. 30.75 Auswahl einiger amphibiotisch lebender Insektenordnungen

Im Gegensatz zu den meist flach erscheinenden Wanzen legen **Zikaden** (**Auchenorrhyncha**) ihre Flügel in Ruhestellung dachartig auf den Hinterleib, wie hier die Rhododendronzikade (*Graphocephala fennahi;* links). Alle Zikaden kommunizieren über Schallwellen, aber nur die Laute der Singzikaden sind auch für Menschen hörbar. Sie werden durch das **Tymbalorgan** am Beginn des Hinterleibs produziert. Seit einigen Jahren macht die aus Nordamerika stammende und mittlerweile in Europa eingebürgerte Büffelzikade (*Stictocephala bisonia*; rechts) als Schädling im Wein- und Obstanbau von sich reden.

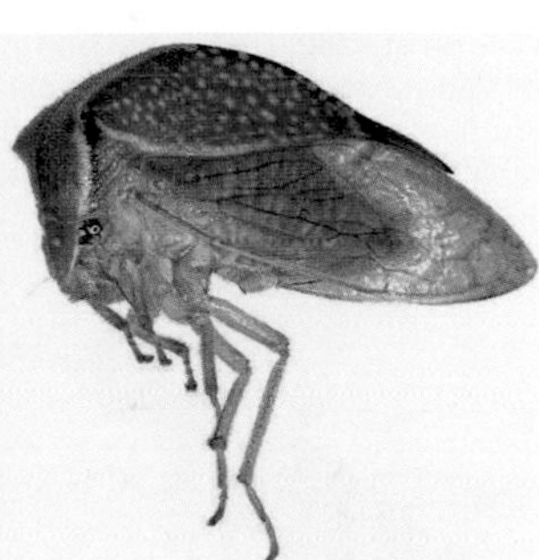

Coriomeris denticulatus (oben) als Beispiel der Randwanzen lebt an Fabaceae (Hülsenfrüchtler). Die Gemeine Feuerwanze (*Pyrrhocoris apterus*; unten) hat ein größeres Nahrungsspektrum.

Die weitaus größte Zahl bislang bekannter Arten der **Wanzen** (**Heteroptera**) lebt als Pflanzensaftsauger. Bei Wanzen entspringt der **Stechrüssel** am Vorderrand des Kopfes und nicht wie bei Zikaden und Pflanzenläusen an der Unterkante des Kopfes. Zu Beginn des Saugaktes wird über eine Nahrungspumpe ein Unterdruck erzeugt. Sobald die erste Flüssigkeit angesaugt ist, erfolgt die weitere Aufnahme passiv über den Pflanzenturgor oder den Blutdruck (bei Ektoparasiten).

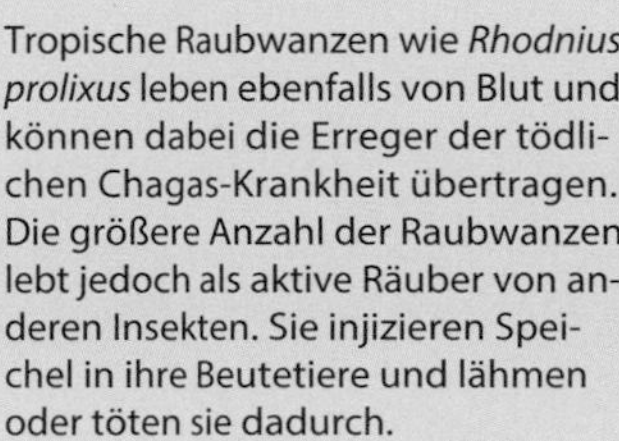

Die Bettwanze (*Cimex lectularius*) ernährt sich bevorzugt von menschlichem Blut. Nach einer Blutmahlzeit können Bettwanzen bis zu einem halben Jahr hungern. In den letzten Jahren ist weltweit eine Ausbreitung von Bettwanzen zu beobachten.

Tropische Raubwanzen wie *Rhodnius prolixus* leben ebenfalls von Blut und können dabei die Erreger der tödlichen Chagas-Krankheit übertragen. Die größere Anzahl der Raubwanzen lebt jedoch als aktive Räuber von anderen Insekten. Sie injizieren Speichel in ihre Beutetiere und lähmen oder töten sie dadurch.

Abb. 30.76 Verschiedene Unterordnungen der Schnabelkerfe (Hemiptera)

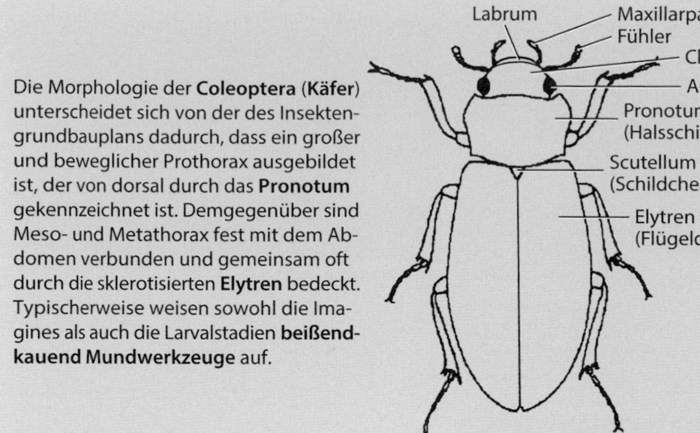

Die Morphologie der **Coleoptera** (**Käfer**) unterscheidet sich von der des Insektengrundbauplans dadurch, dass ein großer und beweglicher Prothorax ausgebildet ist, der von dorsal durch das **Pronotum** gekennzeichnet ist. Demgegenüber sind Meso- und Metathorax fest mit dem Abdomen verbunden und gemeinsam oft durch die sklerotisierten **Elytren** bedeckt. Typischerweise weisen sowohl die Imagines als auch die Larvalstadien **beißend-kauend Mundwerkzeuge** auf.

Massenauftreten von Käfern werden immer wieder beobachtet, z. B. im Herbst bei Marienkäferarten auf der Suche nach Winterquartieren.

Massenvorkommen des Maikäfers (*Melolontha melolontha*) können ganze Laubwälder kahl fressen.

Viele oft auffällige Käferarten sind in ihren Beständen gefährdet und daher streng geschützt. Der Nashornkäfer (*Oryctes nasicornis;* links), benötigt Holzmulm, z. B. von abgestorbenen Baumstämmen, als Lebensraum. Dem Hirschkäfer (*Lucanus cervus*; Mitte), der größten europäischen Käferart, fehlen ebenfalls geeignete Bruthabitate in Form von Totholz, das durch Pilzbefall zermürbt ist. Auf das Vorkommen von Kopfweiden, Auwälder und Erlenbrüche ist der zu den Bockkäfern zählende Moschusbock (*Aromia moschata*; rechts) angewiesen.

Kennzeichen der **Kurzflügler** sind stark verkürzte Flügeldecken und ein dadurch wenig geschütztes Abdomen (*Leptoplectus* spec.).

Rüsselkäfer wie der Rote Palmrüssler (*Rhynchophorus ferrugineus*) sind phytophag und weisen eine rüsselartige Verlängerung der Mundpartie sowie gekniete Fühler auf.

Obwohl die meisten **Laufkäfer** fliegen können, sind viele vor allem schnelle und geschickte Läufer (Dünensandlaufkäfer, *Cicindela hybrida*).

Blattkäfer ernähren sich von Blättern und können bei Massenbefall ihre Wirtspflanzen stark schädigen (Schildkäfer, *Cassida* spec.).

Abb. 30.77 Überblick über die Käfer (Coleoptera)

Honigbiene (*Apis mellifera*)

Erdhummel (*Bombus terrestris*)

Hornisse (*Vespa crabro*)

Deutsche Wespe (*Paravespula germanica*)

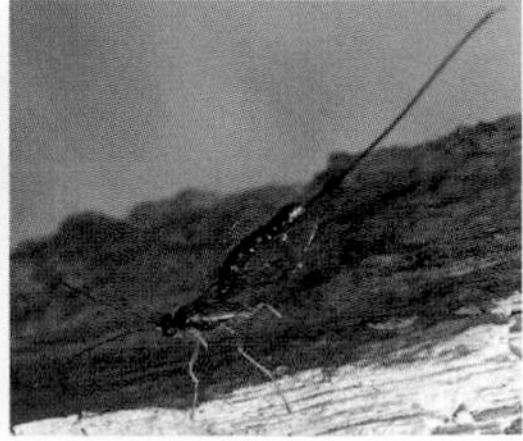

Riesenschlupfwespe (*Dolichomitus imperator*)

Abb. 30.78 Vielfalt der Hautflügler (Hymenoptera)

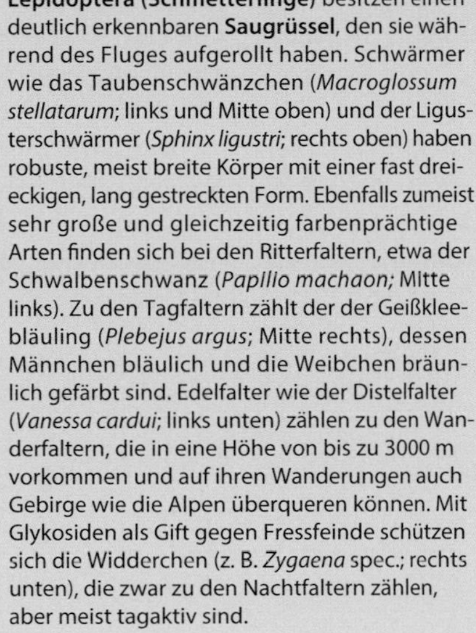

Lepidoptera (Schmetterlinge) besitzen einen deutlich erkennbaren **Saugrüssel**, den sie während des Fluges aufgerollt haben. Schwärmer wie das Taubenschwänzchen (*Macroglossum stellatarum*; links und Mitte oben) und der Ligusterschwärmer (*Sphinx ligustri*; rechts oben) haben robuste, meist breite Körper mit einer fast dreieckigen, lang gestreckten Form. Ebenfalls zumeist sehr große und gleichzeitig farbenprächtige Arten finden sich bei den Ritterfaltern, etwa der Schwalbenschwanz (*Papilio machaon;* Mitte links). Zu den Tagfaltern zählt der der Geißkleebläuling (*Plebejus argus*; Mitte rechts), dessen Männchen bläulich und die Weibchen bräunlich gefärbt sind. Edelfalter wie der Distelfalter (*Vanessa cardui*; links unten) zählen zu den Wanderfaltern, die in eine Höhe von bis zu 3000 m vorkommen und auf ihren Wanderungen auch Gebirge wie die Alpen überqueren können. Mit Glykosiden als Gift gegen Fressfeinde schützen sich die Widderchen (z. B. *Zygaena* spec.; rechts unten), die zwar zu den Nachtfaltern zählen, aber meist tagaktiv sind.

Abb. 30.79 Vielfalt der Schmetterlinge (Lepodiptera)

Die **Larvalentwicklung** etlicher Mücken- und Fliegenarten erfolgt in Gewässern. So kommen die Larven der Ibisfliege (*Atherix ibis*) vor allem in sauberen, schnell fließenden Gewässern mit kiesigem Grund vor.

Schwebfliegen können fliegend auf der Stelle in der Luft verharren. Häufig sind sie auffällig gefärbt: Sie imitieren dabei das Aussehen von wehrhaften Hautflüglern und wirken durch diese **Mimikry** abschreckend. Wie andere Familien der Fliegen besitzen auch sie große Facettenaugen sowie **leckend-saugende Mundwerkzeuge.**

Gewöhnl. Langbauchschwebfliege (*Sphaerophoria scripta*)

Hainschwebfliege (*Episyrphus balteatus*)

Totenkopfschwebfliege (*Myathropa florea*)

Neben den Echten Fliegen (links) gehören auch die Bremsen (rechts: *Tabanus bovinus*) zu den **Fliegen (Brachycera)**. Mit ihren Mundwerkzeugen reißen sie eine Wunde und ernähren sich von austretendem Blut und Lymphe. Hierbei werden von einigen Arten auch Parasiten übertragen, die zu schwerwiegenden Erkrankungen führen können.

Mücken (Nematocera) sind meist schlanke Insekten mit vielgliedrigen Antennen und langen Beinen. Viele Arten besitzen **stechend-saugende Mundwerkzeuge** und speziell die Weibchen sind bedeutende Blutsauger. Bei der Blutmahlzeit können Erreger übertragen werden, die zu schwerwiegenden Krankheiten führen (z. B. Malaria, Dengue-Fieber).

Abb. 30.80 Vielfalt der Zweiflügler (Diptera)

30.20 Echinodermata: Einige Bilateria besitzen eine sekundäre Radiärsymmetrie

Bei den Deuterostomia entwickelt sich der Blastoporus zum Anus, der Mund wird sekundär neu angelegt. Daraus ergibt sich ein grundlegend von den Protostomia abweichender Körperbau. Während die Protostomia ein Bauchmark entwickeln, findet sich bei den Deuterostomia ein Rückenmark. Dem Bauplan der Deuterostomia folgen die Kiemenlochtiere (Hemichordata), die Rückensaiten- oder Chordatiere (Chordata) sowie die Stachelhäuter (Echinodermata).

Zu den **Stachelhäutern** (**Echinodermata**) zählen viele ausgestorbene Gruppen sowie die folgenden fünf rezenten Klassen (◻ Abb. 30.81): Seelilien und Haarsterne (**Crinoidea**), Schlangensterne (**Ophiuroidea**), Seesterne (**Asteroidea**), Seeigel (**Echinoidea**) und Seegurken (**Holothuroidea**). Alle Stachelhäuter sind Meeresbewohner, die zumeist auf dem Boden flacherer Meeresbereiche vorkommen. Ihre Lebens- und Ernährungsweise reicht von Weidegängern (Seeigel) über mikrophage Formen (Schlangensterne) bis hin zu räuberischen Spezies (Seesterne). Mit ca. 7000 Arten bilden sie nach den Vertebraten die zweitgrößte Gruppe der Deuterostomia.

Namensgebend für die Stachelhäuter sind die vom Skelett gebildeten **gelenkigen Stacheln** (◻ Abb. 30.82). Das auffälligste morphologische Kennzeichen dieser Tiergruppe ist die **Pentamerie** (Fünfstrahligkeit), die sich auf viele Organsysteme erstreckt und beispielsweise bei den Seesternen aufgrund ihrer meist fünf Arme sehr deutlich zu sehen ist (◻ Abb. 30.83). Die Pentamerie ist von der Bilateralsymmetrie abgeleitet und weist eine Symmetrieachse auf, die durch Mund und After geht. Hiervon strahlen fünf Radien ab.

Der Darm führt von der Mundöffnung zum After und ist bei Weidegängern wie Seeigeln relativ lang, während Seesterne einen kräftigen Magen mit einem kurzen Darm besitzen. Das Coelom umfasst neben einer geräumigen Leibeshöhle mehrere coelomatische Kanalsysteme, unter anderem auch das **Ambulacralsystem**

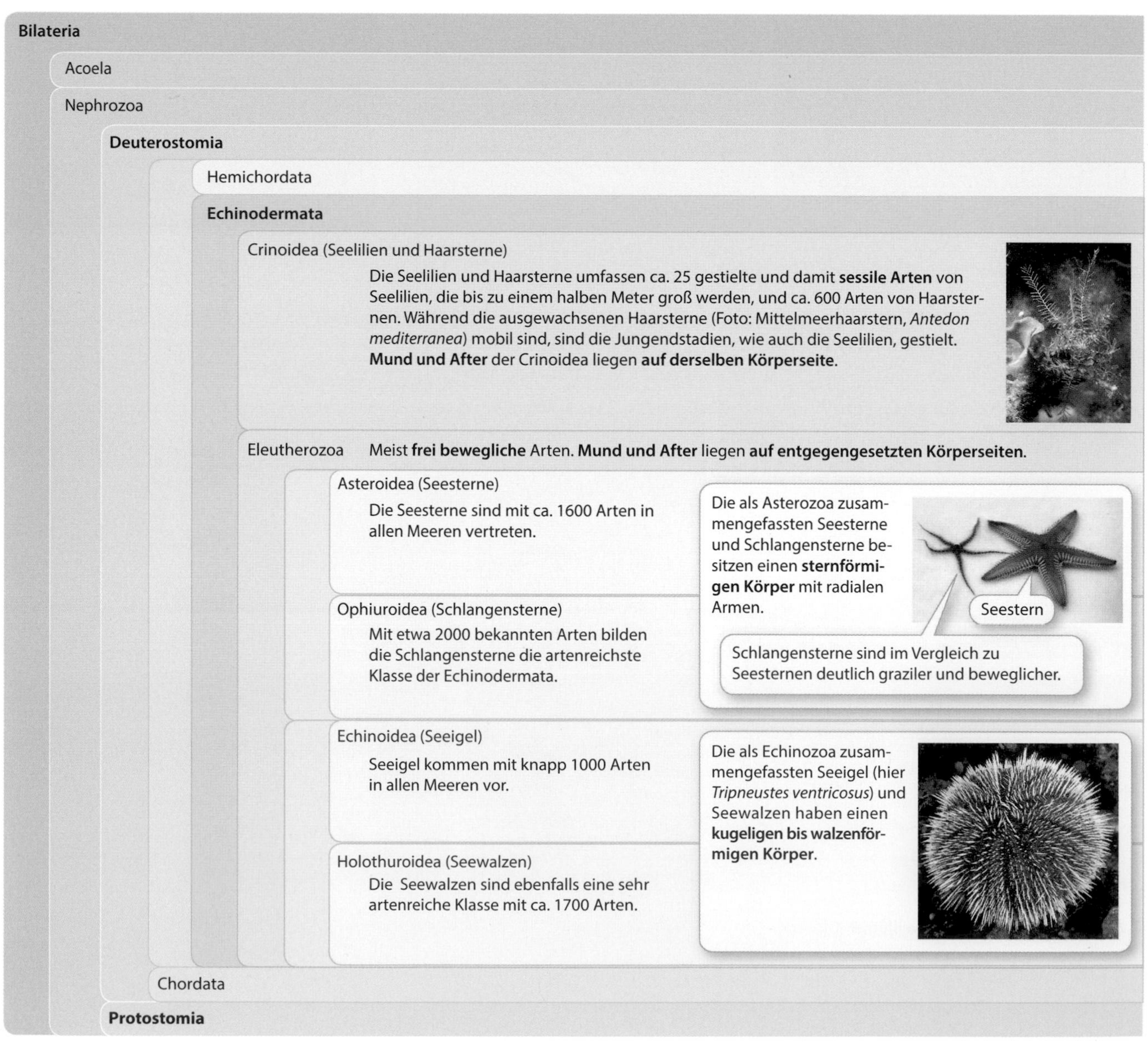

◻ **Abb. 30.81** Übersicht über die Systematik der Echinodermata

In die Unterhaut der Stachelhäuter sind mesodermale Kalkplatten (Ossikel) und winzige Greifzangen (Pedicellarien) eingelagert.

Die Kalkplatten (**Ossikel**) bilden ein Endoskelett, sind aber nicht miteinander verschmolzen. Daher können diese Platten beim Wachsen des Tieres mitwachsen und die Stachelhäuter müssen sich nicht häuten.

Das Verdauungssystem der Echinodermaten beginnt mit einer Mundöffnung und führt über einen **Darm** und mündet in einen After.

Von den Platten entspringen kugelgelenkartig inserierende **Stacheln**.

Spezielle Greiforgane (**Pedicellarien**) bei Seeigeln und Seesternen können pinzetten- oder scherenartig ausgebildet sein und dienen vor allem dem Beutefang sowie der Abwehr sich äußerlich festsetzender Organismen.

Das Nervensystem ist als Nervennetz unterhalb der Epidermis ausgebildet und bildet um den Schlund einen Ring.

Coelomsysteme der Echinodermaten

Aufgrund des über den **Madreporiten** vermittelten Kontakts zum Außenmedium ist kein eigens ausgebildetes Exkretionssystem vorhanden, sondern die Tiere sind mit dem Meerwasser isoosmotisch und geben lösliche Stoffe über den Madreporiten ab.

Über den **Steinkanal** ist das Ambulacralsystem mit einem Coelomporus (Madreporit) verbunden und steht damit im Austausch zum Außenmedium.

Aus dem Coelom wird ein Wassergefäßsystem, das als **Ambulacralsystem** bezeichnet wird. Dieses besteht aus einem um den Vorderdarm führenden ringförmigen Kanalsystem, von dem fünf radiale Kanäle abzweigen. Das Ambulacralsystem dient dem Gasaustausch, der Fortbewegung und der Nahrungsaufnahme.

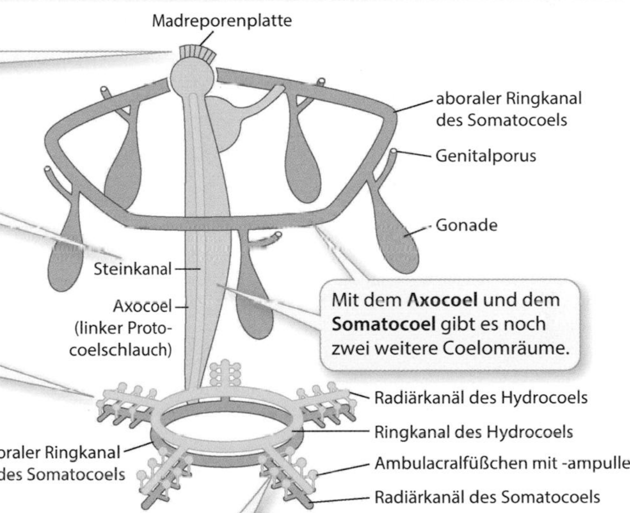

Mit dem **Axocoel** und dem **Somatocoel** gibt es noch zwei weitere Coelomräume.

über die Stacheln herausragende Ambulacralfüßchen eines Violetten Seeigels (*Sphaerechinus granularis*)

Ambulacralfüßchen eines Purpurseesterns (*Echinaster sepositus*)

Jeder **Radiärkanal** versorgt einen Körperstrahl und bildet hier die **Ambulacralfüßchen** aus. Die Ambulacralfüßchen können durch Flüssigkeitsdruck wie Ampullen bewegt werden und ermöglichen ein Festhalten wie mit einem Saugnapf. Sie dienen daher der Fortbewegung, der Tarnung und dem Nahrungserwerb.

Abb. 30.82 Bau der Echinodermata

Abb. 30.83 Haarstern, Seestern und Schlangenstern im Vergleich

(Abb. 30.82). Das Hämolymphsystem besteht aus einem zentralen Ring mit fünf Kanälen entlang der Ambulacralkanäle. Ein Herz ist nicht ausgebildet, als respiratorische Pigmente kommen z. B. Hämoglobin (Seegurken) und Hämerythrin (Seeigel) vor. Der Gasaustausch erfolgt im Wesentlichen über die **Ambulacralfüßchen**, ausstülpbare Anhänge der Mundseite (Seeigel) oder Wasserlungen (Seegurken), die in der Kloake als Einstülpungen entspringen. Sinnesorgane kommen nur wenige vor, z. B. Photorezeptoren, jedoch reagieren auch die Pedicellarien und Stacheln auf Reize.

Den Großteil des Körpers füllen bei Seeigeln und Seegurken die **Gonaden** aus, während sie bei den Seelilien und Seesternen in den Armen lokalisiert sind. Seegurken weisen lediglich eine im Körper verzweigte Gonade auf, die über eine Geschlechtsöffnung

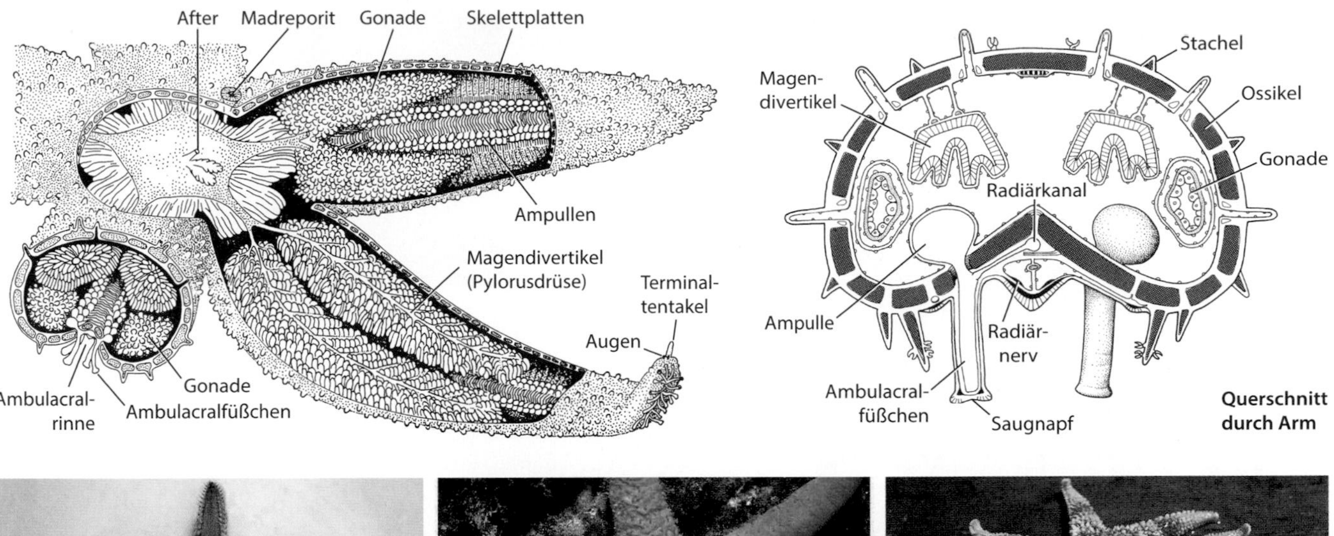

Seesterne haben einen sternförmigen Körper. Sie besitzen meist fünf Arme (z. B. *Astropecten* spec., links, und *Echinaster sepositus*, Mitte, aus dem Mittelmeer). Einige Arten weisen aber auch mehr Arme auf (z. B. *Solaster papposus*, rechts, aus der Nordsee).

Der Dornenkronenseestern (*Acanthaster planci*; links und Mitte) ist in tropischen Zonen des gesamten Indopazifiks verbreitet und ernährt sich von Steinkorallen (rechts). Diese Art weist sechs bis 23 Arme auf und besitzt Giftstacheln, die bei Menschen nach Berührung Schmerzen, Übelkeit und Lähmungen verursachen. Dornenkronenseesterne fressen ausschließlich Steinkorallen, die sie extraintestinal verdauuen, indem sie ihren Magen über die Korallen stülpen und Verdauungsenzyme abgeben. Hierdurch wird das Gewebe aufgelöst und resorbiert. Befallene Steinkorallen sterben anschließend ab (rechts). Durch diese Lebensweise sind Dornenkronenseesterne wesentlich am Absterben von Korallenriffen beteiligt.

Abb. 30.84 Anatomie der Seesterne

am Hinterende als Kloake ausmündet. Die Geschlechtsprodukte werden zumeist synchronisiert in das freie Wasser abgegeben, wo die Befruchtung stattfindet. Da meist keine Brutpflege auftritt, findet auch die Larvalentwicklung im Freiwasser statt. Diese beginnt mit einer Radiärfurchung. Mit der nachfolgenden Metamorphose, bei der aus den ursprünglich bilateralsymmetrischen Larven die pentamere Form entsteht, werden sehr unterschiedliche, aber für die Klassen typische Larvenformen gebildet. Diese ernähren sich entweder von ihrem eigenen Dotter oder von Plankton.

Die **Crinoidea (Seelilien und Haarsterne)** filtern mithilfe ihrer gefiederten Arme Partikel aus dem Wasser und transportieren diese zum Mund. Während Seelilien heute nur noch im Tiefseebereich südlich des Äquators auftreten, sind Haarsterne häufig anzutreffende Bewohner beispielsweise des Mittelmeers, wo man sie tagsüber leicht unter Steinen versteckt findet.

Bei den **Ophiuroidea (Schlangensterne)** ist die fünfstrahlige Symmetrie deutlich an ihren fünf Armen erkennbar, die von einer relativ kleinen Zentralscheibe abgehen. Im Vergleich zu den Seesternen sind die Arme der Schlangensterne deutlich beweglicher und agiler. Auf Berührung reagieren Schlangensterne zumeist empfindlich und können dabei teilweise einzelne Arme abwerfen, was man als **Autotomie** bezeichnet. Abgeworfene Arme können wieder regeneriert werden, sodass die Tiere dann wieder fünf Arme aufweisen. Wie auch die Haarsterne verstecken sie sich häufig unter Steinen, um nicht zu leichter Beute für Fische zu werden. Sie selbst ernähren sich vorwiegend von Plankton, Detritus, Aufwuchs und Aas.

Der Großteil der **Asteroidea (Seesterne**; Abb. 30.84) lebt räuberisch von langsamen oder sessilen Beutetieren wie Schnecken oder Muscheln oder von Aas. Daneben gibt es aber auch Arten, die sich von Detritus oder Algen ernähren. Viele

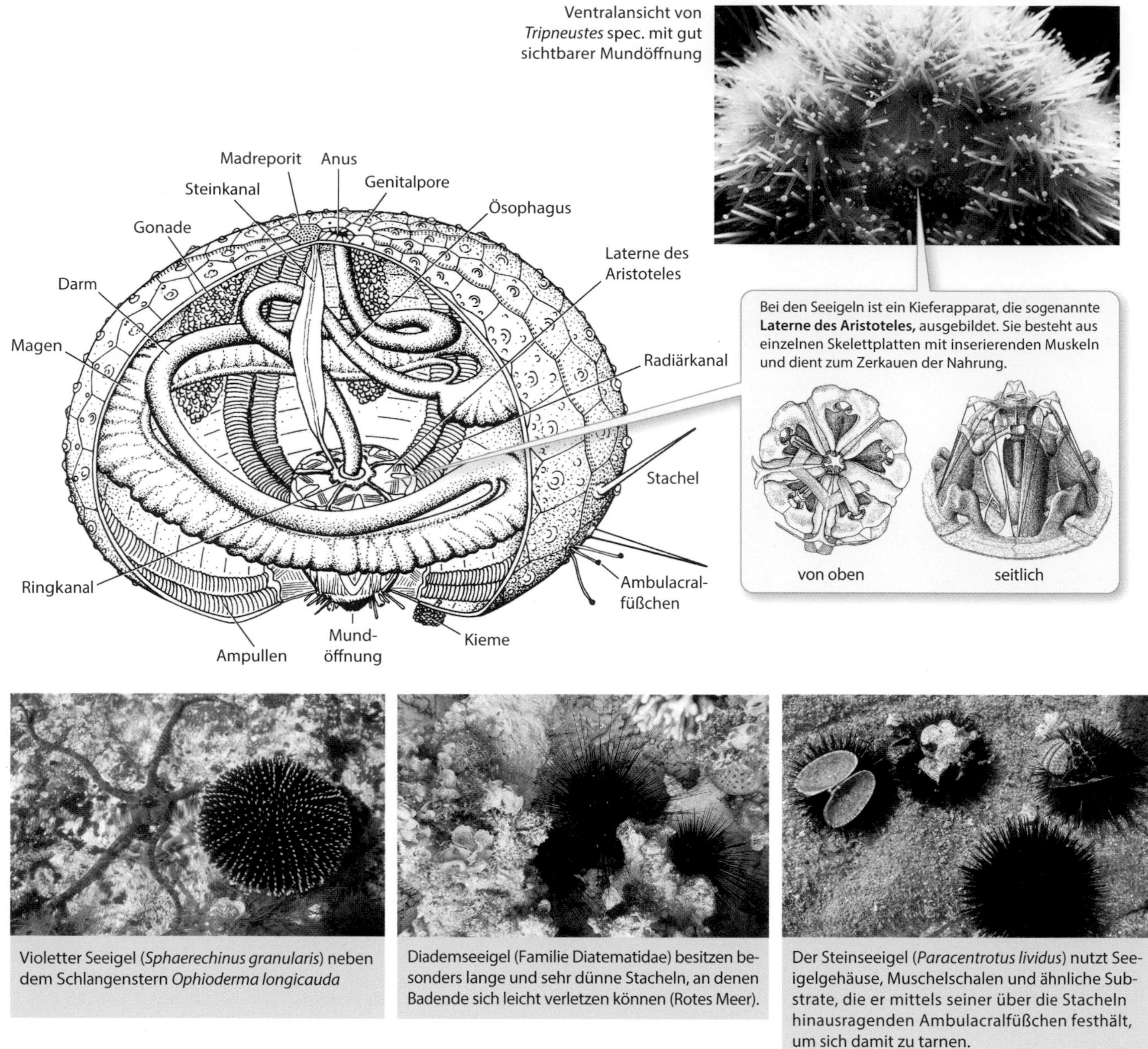

Violetter Seeigel (*Sphaerechinus granularis*) neben dem Schlangenstern *Ophioderma longicauda*

Diademseeigel (Familie Diatematidae) besitzen besonders lange und sehr dünne Stacheln, an denen Badende sich leicht verletzen können (Rotes Meer).

Der Steinseeigel (*Paracentrotus lividus*) nutzt Seeigelgehäuse, Muschelschalen und ähnliche Substrate, die er mittels seiner über die Stacheln hinausragenden Ambulacralfüßchen festhält, um sich damit zu tarnen.

Abb. 30.85 Anatomie der Seeigel

räuberische Arten können ihren Magen ausstülpen, wodurch eine extraintestinale Vorverdauung erfolgt. Neben typischen fünfarmigen Individuen existieren auch Tiere mit weniger oder mehr Armen. Abweichungen von dieser Grundgestalt treten auf, indem bei einigen Arten die Arme so weit verbreitert sind, dass ein Fünfeck entsteht.

Echinoidea (**Seeigel**; Abb. 30.85) sind bedeutende Weidegänger, die mit ihrer sogenannten **Laterne des Aristoteles** Untergründe abweiden. Hierbei handelt es sich um einen Kieferapparat aus Skelettplatten und Zähnen, die beweglich miteinander verbunden sind. Selbst werden sie vor allem von Bewohnern der Mittelmeerländer als Nahrungsmittel genutzt, hierbei werden vor allem die Gonaden entweder roh oder in Salzwasser gekocht verzehrt.

Die **Holothuroidea** (**Seegurken**, **Seewalzen**; Abb. 30.86) leben meist als Sedimentfresser am Meeresboden und nehmen organische Bestandteile aus dem Sediment auf. Planktonfressende Arten haben hingegen einen deutlich vergrößerten Tentakelkranz zum Filtern von Plankton. Ihre Größe liegt zwischen wenigen Millimetern und ca. 2 m. Da die Tiere lang gestreckt sind, wird ihre fünfstrahlige Symmetrie nur an den fünf Reihen von Ambulacralfüßchen ersichtlich. Die Mundöffnung am Vorderende ist bei einigen Arten von Tentakeln gesäumt. Als Besonderheiten besitzen verschiedene Seegurkenarten Wasserlungen als Aussackungen des Enddarms sowie Cuvier'sche Schläuche. Letztere werden zu Verteidigungszwecken ausgeschleudert, um mittels der klebrigen Fäden (die teilweise Gifte enthalten) Feinde zu täuschen.

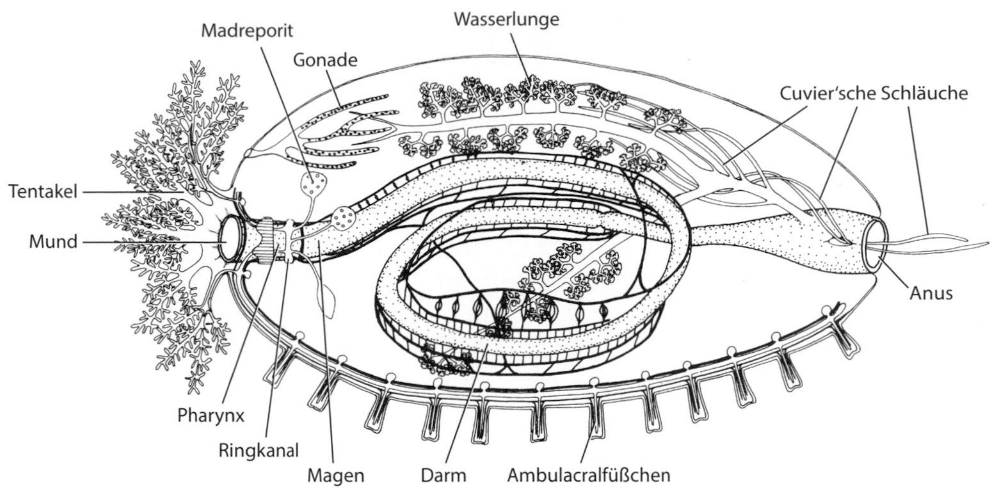

Actinopyga bannwarthi und *Synapta maculata* aus dem Roten Meer

ausgeschleuderte Cuvier'sche Schläuche bei der Seegurke *Actinopyga serratidens* (Rotes Meer)

deutlich sichtbare Mundtentakel bei *Enapta godeffroyi* aus dem Roten Meer

Abb. 30.86 Anatomie der Seewalzen

30

30.21 Chordata: Die Chorda dorsalis gibt Stabilität

Der Besitz der **Chorda dorsalis** ist das namensgebende Hauptcharakteristikum der **Chordata** (**Chordatiere**; ◘ Abb. 30.87), zu denen die **Urochordata** (= Tunicata, Manteltiere), die **Cephalochordata** (= Acrania, Lanzettfischchen) sowie die **Craniota** (= Craniata, Schädeltiere) gehören. Letztere werden häufig auch als **Vertebrata** (Wirbeltiere) bezeichnet, jedoch zählen hierzu im engeren Sinne nur die Taxa, die als Achsenskelett eine Wirbelsäule und nicht, wie beispielsweise die **Cyclostomata** (Rundmäuler), eine Chorda dorsalis aufweisen.

Die **Tunicata** (**Manteltiere**; ◘ Abb. 30.88) umfassen ca. 3000 Arten sessiler (Seescheiden) oder pelagischer (Salpen, Appendikularien) mariner Tiere, die als Einzeltiere oder in Form von Kolonien auftreten. Bei den Ascidiacea (Seescheiden) handelt es sich um einen Sammelbegriff für drei Gruppen nicht

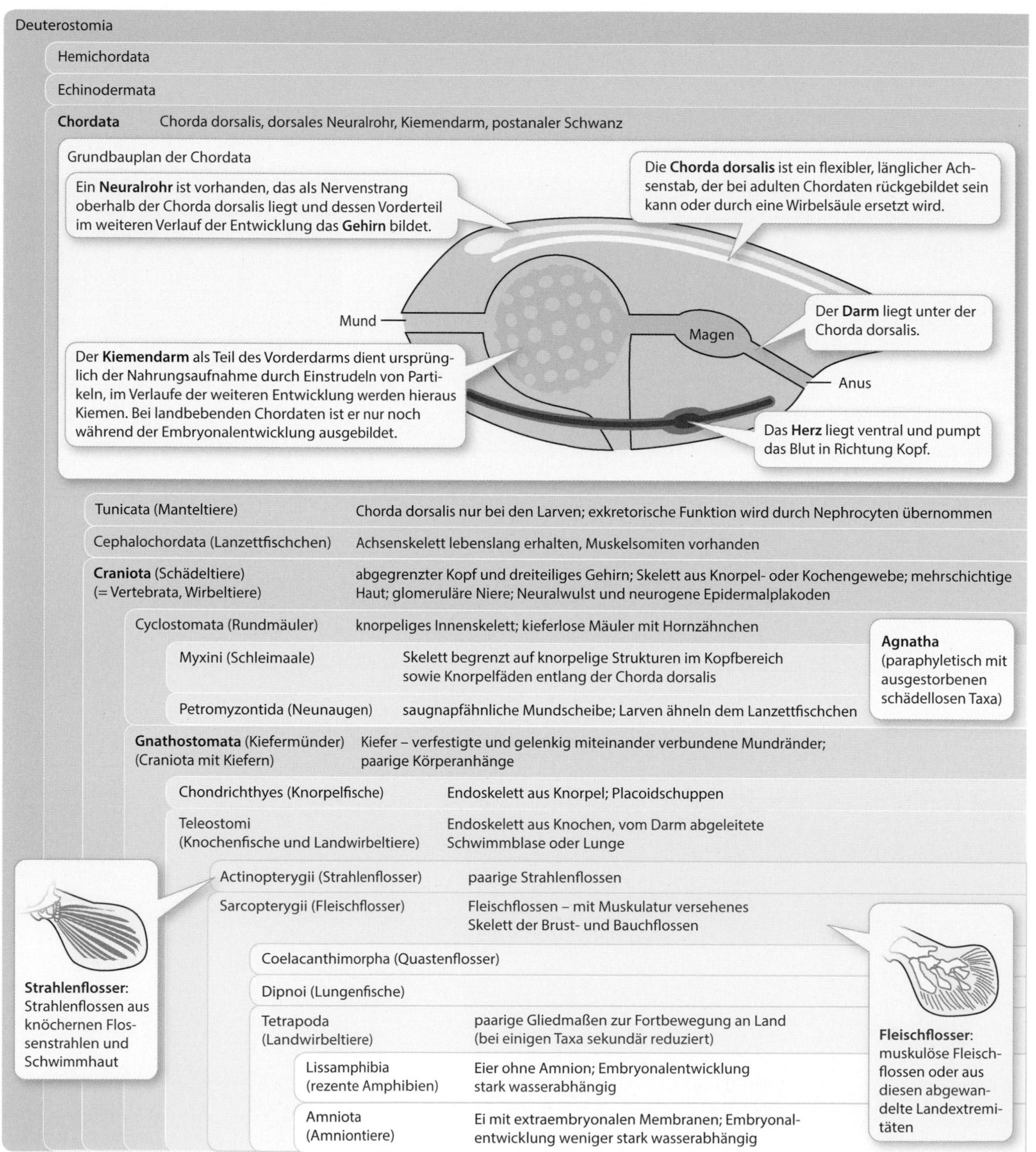

◘ **Abb. 30.87** Überblick über die Chordata

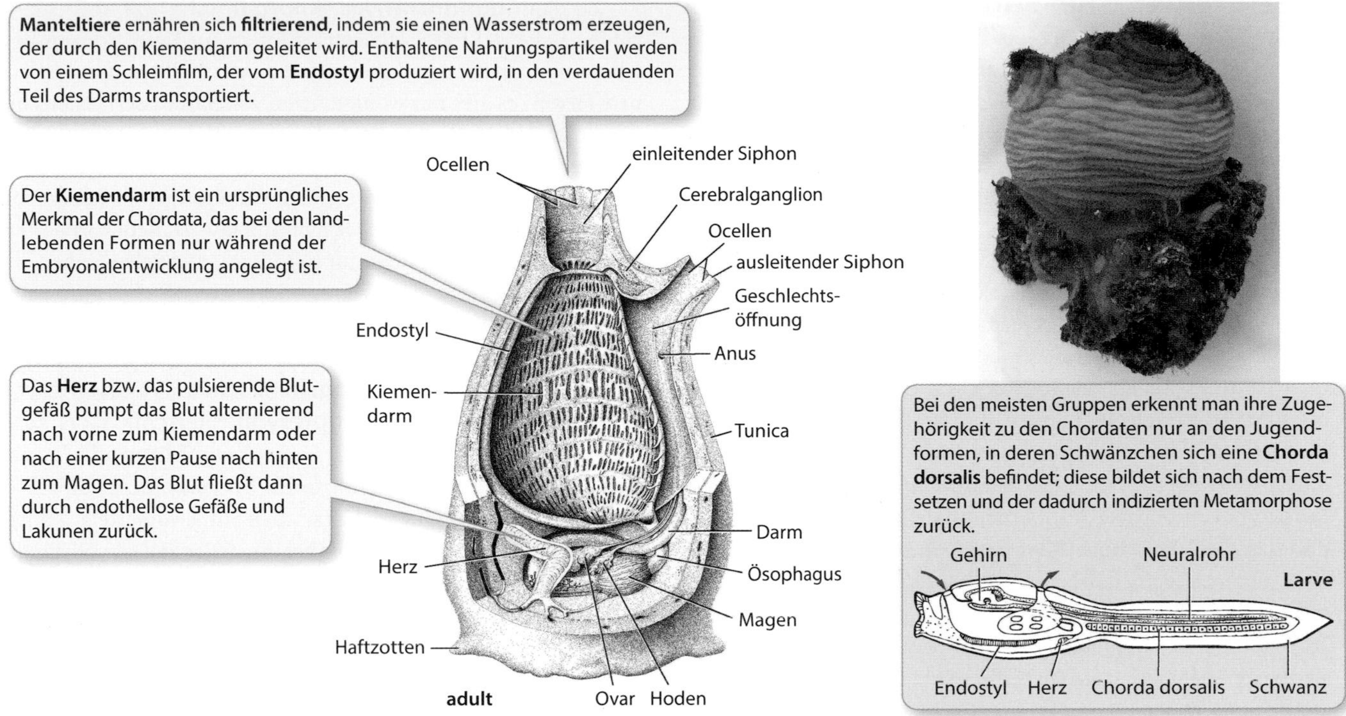

Abb. 30.88 Schematische Darstellung einer adulten und einer larvalen Seescheide. Foto: Rote Seescheide (*Halocynthia papillosa*) aus dem Mittelmeer

näher verwandter Taxa. Der Name Tunicata leitet sich von einem Mantel (**Tunica**) aus **Tunicin** ab. Hierbei handelt es sich um einen Cellulosetyp. Die Fortpflanzungsverhältnisse der Manteltiere sind unterschiedlich. Neben der Fähigkeit zur vegetativen Fortpflanzung sind die adulten Tiere simultane Hermaphroditen.

Cephalochordata haben keinen Schädel, aber eine permanente Chorda dorsalis ausgebildet. Sie sind mit drei Gattungen in den Meeren gemäßigter und warmer Zonen verbreitet. Durch ihre Lebensweise als **sessile Strudler** weisen Lanzettfischchen (Abb. 30.89) Organspezialisierungen auf und erzeugen einen Nahrungswasserstrom, um Partikel in den Kiemendarm aufzunehmen. Sie sind schnelle Schwimmer und können sich zügig in das Sediment eingraben.

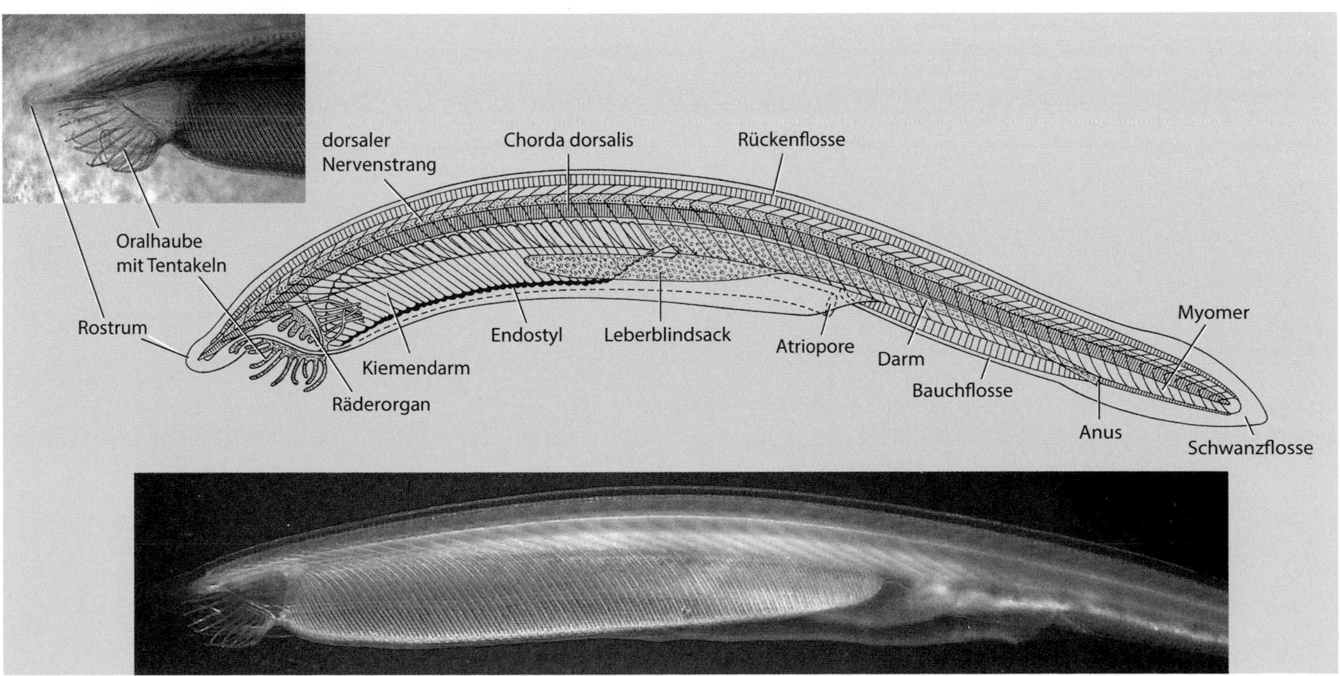

Abb. 30.89 Das Lanzettfischchen (*Branchiostoma lanceolatum*) aus dem Mittelmeer

30.22 Craniota: Ein Endoskelett ermöglicht Schwimmbewegungen

Nach aktuellem Verständnis zählen zu den **Cyclostomata** (**Rundmäuler**) die beiden ausschließlich aquatisch vorkommenden Klassen **Myxini** (**Schleimaale**, ca. 130 Arten) und **Petromyzontida** (**Neunaugen**, nahezu 50 Arten), von denen hier nur Letztere näher besprochen werden (◘ Abb. 30.90). Das Aussehen der Rundmäuler ist aalartig lang gestreckt mit ausschließlich unpaaren Flossen und einer schuppenlosen Haut. Sie haben ein knorpeliges Innenskelett mit der biegsamen **Chorda dorsalis** als wichtigstem Teil des Achsenskeletts. Die meisten Arten der Neunaugen sind **anadrome** Wanderer, die für mehrere Jahre als Parasiten im Meer leben, dann zurück in Flüsse aufsteigen, dort ablaichen und anschließend sterben, in Europa beispielsweise das Flussneunauge (*Lampetra fluviatilis*) und das Meerneunauge (*Petromyzon marinus*). Einige Wochen nach dem Laichen schlüpfen die Larven (Querder) und leben dann für mehrere Jahre im Sediment des Flusses. Ungefähr 20 Arten der Neunaugen sind nicht parasitisch, sondern leben als stationäre Neunaugen im Süßwasser, wie z. B. das Bachneunauge (*Lampetra planeri*), das sich als Larve in den Gewässergrund eingräbt und Kleinorganismen filtriert. Nach der Larvenzeit nehmen sie keine Nahrung mehr zu sich, vermehren sich und sterben dann. Als Larvenstadien erinnern die Neunaugen an Lanzettfischchen.

Auch wenn beispielsweise Neunaugen oftmals aus Unkenntnis zu den Fischen gezählt werden, stehen die kieferlosen Cyclostomata (Rundmäuler) den **Gnathostomata** (**Kiefermünder**) als Schwestergruppe gegenüber. Zu Letzteren zählen alle anderen Vertebraten, von den Knorpelfischen bis hin zu den Säugetieren einschließlich des Menschen.

Zu den **Chondrichthyes** (**Knorpelfische**) (◘ Abb. 30.91) zählen nahezu 1200 Fischarten, die sich auf Haie, Rochen und Chimären verteilen. Bei diesen fast ausschließlich marin lebenden Tieren (es gibt nur wenige Arten von Süßwasserrochen) besteht das Skelett aus **Knorpel**, der durch Kalk verfestigt ist. Die meisten Haiarten ernähren sich von Fischen und anderen großen Meerestieren, es gibt allerdings auch Planktonfresser wie den bis zu 14 m langen Walhai. Eine Schwimmblase ist nicht vorhanden, sodass Haie immer in Bewegung sind, um nicht abzusinken.

Nach aktuellem Verständnis bilden die „Fische" eine paraphyletische Gruppierung und somit im systematischen Sinne kein valides Taxon. Basierend auf der ursprünglichen Untergliederung der **Osteichthyes** (**Knochenfische**) in **Actinopterygii** (**Strahlenflosser**) und **Sarcopterygii** (**Fleischflosser**) zählt man aus Sicht der aktuellen Systematik die **Tetrapoda** (**Landwirbeltiere**) zu den Fleischflossern. Im Folgenden werden jedoch die Knochenfische im klassischen Sinne vorgestellt. Verglichen mit den Knorpelfischen ist bei ihnen das Skelett vollständig oder weitgehend **verknöchert**. Zur Gruppe der Strahlenflosser zählen neben Stören (30 Arten), Knochenhechten (7 Arten) und Kahlhechten (1 Art) vor allem die artenreiche Gruppe der **Teleostei** (Knochenfische im engeren Sinne, „moderne" Fische) mit ca. 30.000 beschriebenen Arten (◘ Abb. 30.92).

Das Aussehen der Knochenfische weist eine große Formenvielfalt auf, die von der typischen lang gestreckten Fischform über Plattfische (Scholle, Flunder), scheibenförmige Fische (Diskus, Fledermausfische) bis hin zu kugeligen (Mondfisch, Kugelfische), schlangenartigen (Aale, Muränen) oder bandförmigen (Bandfische) Arten reicht. Knochenfische besitzen meist eine **Schwimmblase**, ein **Operculum** (Kiemendeckel) und Schuppen, als kreisförmige und glatte **Cycloidschuppen** (z. B. bei Karpfenartigen) oder als bedornte **Ctenoidschuppen** (z. B. bei Barschartigen).

Der deutsche Name **Neunauge** ist irreführend, da diese Tiere lediglich zwei Augen besitzen. Er erklärt sich aus den sieben kreisförmigen Kiemenöffnungen, die mit je einem Auge sowie der unpaaren Nasenöffnung bei flüchtigem Betrachten als neun Augen gewertet werden können.

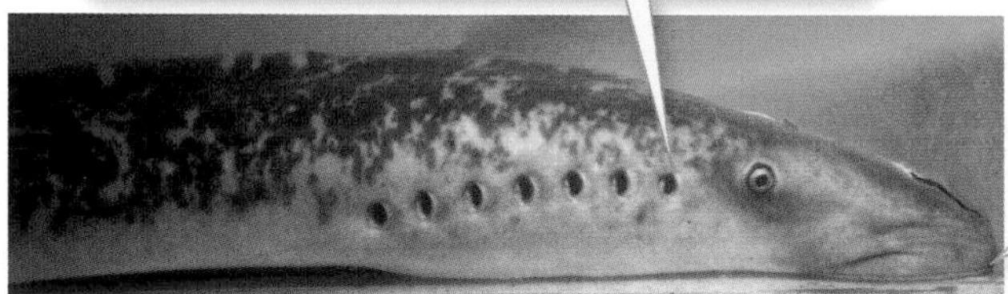

Ein Blick in das trichterförmige Maul der Neunaugen zeigt deutlich das Fehlen von Kiefern. Mithilfe ihres mit **Hornzähnen** bestückten **Saugmundes** ernähren sich die Adulten verschiedener Neunaugenarten **parasitisch**, indem sie sich außen am Körper von Fischen ansaugen, um dann Muskulatur herauszuraspeln und Blut aufzunehmen.

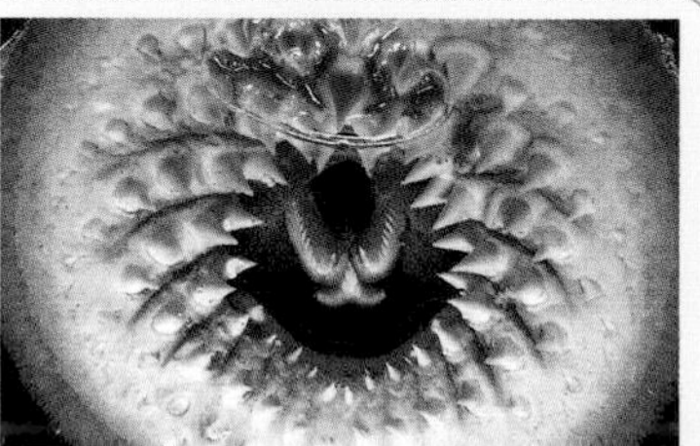

das geöffnete Maul des Meerneunauges (*Petromyzon marinus*), angesaugt an einer Aquariumscheibe

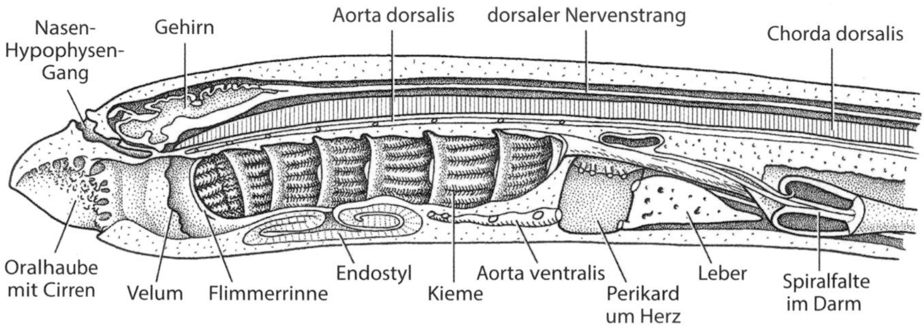

◘ **Abb. 30.90** Ausgewachsenes Exemplar eines Meerneunauges (*Petromyzon marinus*; oben) aus dem Rhein und schematische Darstellung eines Larvalstadiums von Neunaugen (Ammocoetes oder Querder genannt; unten)

Die **Haut** der Elasmobranchii (Haie und Rochen) ist von dentinhaltigen **Placoidschuppen** bedeckt.

Die **Schwanzflosse** ist oft **heterocerk**, da der oberen Flossenlappen deutlich größer ist als der untere.

Mit Ausnahme der Chimären ist bei Chondrichthyes kein Kiemendeckel vorhanden, sodass die vier bis sieben **Kiemenspalten** gut sichtbar sind.

Die paarigen **Bauchflossen** sind bei den Männchen mit paarigen **Klaspern**, den Kopulationsorganen der Haie, verbunden. Von diesen wird eines in die Kloake des Weibchens eingeführt. Etwas mehr als die Hälfte der Knorpelfische bringt lebende Junge zur Welt (ovovivipar oder vivipar), die anderen geben Eier ab (ovipar).

Abb. 30.91 Chondrichthyes: Schwarzspitzenriffhai (*Carcharhinus melanopterus*)

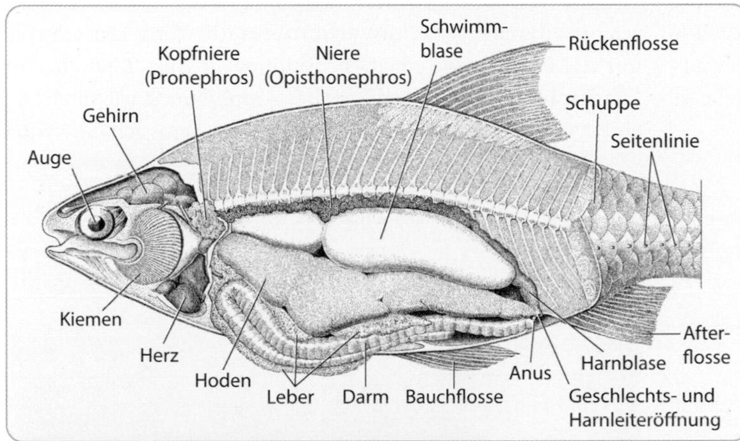

Barteln sind fadenförmige Hautorgane mit Geschmacksknospen und Tastkörperchen und sind für manche Fischfamilien charakteristisch, wie z. B. Dorschartige, Welse aber auch Karpfenartige, zu denen die hier gezeigte Barbe, *Barbus barbus*, zählt.

Der Döbel oder Aitel (*Squalius cephalus*) ist eine weit verbreitete Art der Karpfenartigen.

Ein nur wenig verknöchertes, dafür hauptsächlich aus **Knorpel** bestehendes Skelett weisen die **Chondrostei** (Knorpelganoiden, Störe) auf. Sie haben eine lang gestreckte Gestalt, eine zu einem **Rostrum** ausgezogene Schnauze mit einem unterständigen Maul und Barteln sowie Längsreihen verknöcherter Hautschuppen und eine **heterocerke Schwanzflosse**. Viele Störarten sind **anadrome** Wanderfische, die einen Großteil ihres Lebens im Meer verbringen und zum Laichen in Süßgewässer aufsteigen, manche Arten halten sich hingegen zeitlebens im Süßwasser auf. Die meisten Arten werden sehr groß (bis zu mehrere Meter) und gelten als gefährdet bzw. vom Aussterben bedroht.

Ursprünglich haben sich die Teleostei in Süßwasserökosystemen entwickelt, viele Gruppen haben dann jedoch eine marine Lebensweise angenommen, sodass nun ca. 41 % der Fische **limnisch** und der Rest **marin** leben wie der Riesenkugelfisch (*Arothron stellatus*).

Der Flussbarsch (*Perca fluviatilis*) ist ein in Europa weit verbreiteter Süßwasserfisch, der als Jungtier oft in großen Schwärmen auftritt.

Die **Teleostei** sind vorwiegend **getrenntgeschlechtlich**, die meisten Arten sind ovipar (eierlegend), aber auch vivipare (lebendgebärende) Arten wie die Zahnkarpfen treten auf.

Es gibt jedoch auch **Zwittrigkeit**. Bei Anemonenfischen tritt beispielsweise **Proterandrie** auf. Hierbei können sich Männchen bei Bedarf zu Weibchen umwandeln.

Selbst **Brutpflege** tritt gelegentlich auf, wie bei dem Dreistacheligen Stichling (*Gasterosteus aculeatus*), bei dem das Männchen ein Nest baut und die Jungen versorgt.

Bei den Bitterlingen (*Rhodeus amarus*) legen weibliche Tiere ihre Eier mithilfe einer **Legeröhre** in den Kiemenraum einer Teich- oder Flussmuschel, wo sich die Jungfische entwickeln.

Abb. 30.92 Bau und Vielfalt der Knochenfische

30

30.23 Tetrapoda: Muskulöse Extremitäten erlauben ein Leben an Land

Traditionell zählt man zu den **Tetrapoda** (**Landwirbeltiere**) die **Lissamphibia** (Amphibien, Lurche) und die **Amniota**. Wie bereits erwähnt, gehören die Tetrapoda gemeinsam mit den **Coelacanthimorpha** (Quastenflosser) und **Dipnoi** (Lungenfische) phylogenetisch zu den **Sarcopterygii** (Fleischflosser). Entsprechend haben sich die ursprünglichen Tetrapoden im Wasser entwickelt, wie auch jüngste Fossilfunde aufzeigen. Man schätzt, dass der Entwicklungsprozess von Fischen zu Amphibien ca. 9–14 Mio. Jahre dauerte. Da die genauen stammesgeschichtlichen Zusammenhänge noch Gegenstand intensiver Diskussionen sind, werden im Folgenden die rezenten Tetrapoden als aus Amphibien und **Amniota** (Amnion- oder Nabeltiere) bestehend vorgestellt.

Zu den **Amphibien** zählen Landwirbeltiere, die sich im Regelfall in Gewässern fortpflanzen. Hiervon gibt es natürlich Ausnahmen, wie beispielsweise der Alpensalamander (*Salamandra atra*), dessen Larvalentwicklung vollständig in den Uteri der Weibchen abläuft. Die rezenten Amphibien (◘ Abb. 30.93) werden oft auch als **Lissamphibia** bezeichnet und treten in drei Erscheinungsformen auf, den Salamanderartigen (**Schwanzlurche**; Caudata = Urodela), den Froschartigen (**Froschlurche**; Anura = Salientia) und den Wurmartigen (**Blindwühlen**; Gymniophiona = Apoda), von denen die Letztgenannten hauptsächlich in den Tropen und Subtropen vorkommen und keine Gliedmaßen besitzen. Amphibien gelten als ursprünglichste Gruppe der Landwirbeltiere und sind beispielsweise gekennzeichnet durch eine fast **unverhornte Haut**, Vorderextremitäten mit vier Fingern und eine hohe Bindung an Wasser bzw. feuchte Lebensräume. Die Entwicklung der Amphibien startet meist mit einem in ein Gewässer abgelegten Ei, aus dem sich eine aqua-

Kröten (links) und Frösche (rechts oben) lassen sich systematisch nicht eindeutig abtrennen.

Häufig versteht man unter **Kröten** eher gedrungene Tiere mit zumeist warziger und vergleichsweise trockener Haut.

Die Hinterbeine der Kröten sind oft kürzer als bei Fröschen, sodass sie weniger weit springen, aber gut laufen können, wie z. B. die Erdkröte (*Bufo bufo*).

Männliche Froschlurche besitzen **Schallblasen** in Form von Ausstülpungen der Mundbodenhaut als Resonanzraum für ihre Paarungsrufe zum Anlocken der Weibchen. Dies können einzelne, kehlständige Schallblasen sein, wie bei der Kreuzkröte (*Epidalea calamita*; Foto), oder paarige, laterale wie bei den Wasserfröschen.

Selbst Formen der **Brutpflege** treten auf, z. B. bei der Gemeinen Geburtshelferkröte (*Alytes obstetricans*). Männchen befestigen von den Weibchen frisch abgelegte Eischnüre an ihren Hinterbeinen und tragen diese mit sich umher, bis sie die Kaulquappen in ein Gewässer entlassen können.

Frösche sind im Allgemeinen schlanke, lebhafte Tiere mit einer glatten Haut und starken Sprungbeinen. Das linke Bild zeigt einen Moorfrosch (*Rana arvalis*) das rechte einen Laubfrosch (*Hyla arborea*).

Molche (links: Bergmolch, *Triturus alpestris*) und **Salamander** (rechts: Feuersalamander, *Salamandra salamandra*) zählen zu den **Schwanzlurchen**. Ihre Körpergestalt ist lang gestreckt, sie besitzen vier etwa gleich lange Beine und einen Schwanz. Auch Axolotl (*Ambystoma mexicanum*; unten) gehören zu den Schwanzlurchen.

Axolotl verbringen ihr Leben als **Dauerlarve** und werden ohne Metamorphose geschlechtsreif. Nahezu alle Amphibienarten sind weltweit stark in ihren Beständen bedroht und daher meist streng geschützt.

Die **Entwicklung der Amphibien** am Beispiel des Grasfrosches (*Rana temporaria*): Laichballen (links), junger Grasfrosch, der einen Tag zuvor das Wasser verlassen hat und neben vier Beinen noch seinen Schwanz aufweist (Mitte), sowie adultes Individuum (rechts)

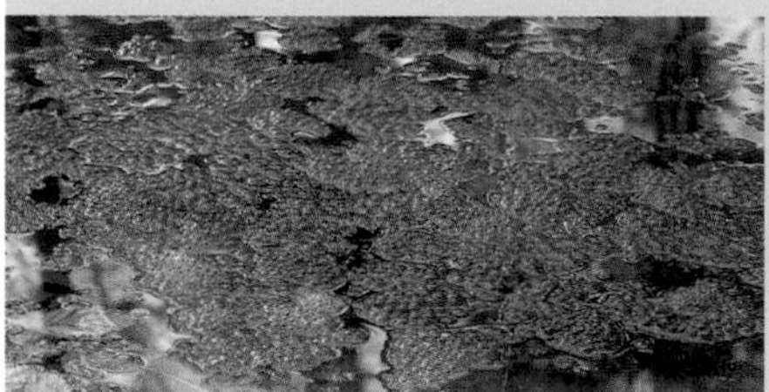

◘ **Abb. 30.93** Vielfalt und Entwicklung der Amphibien

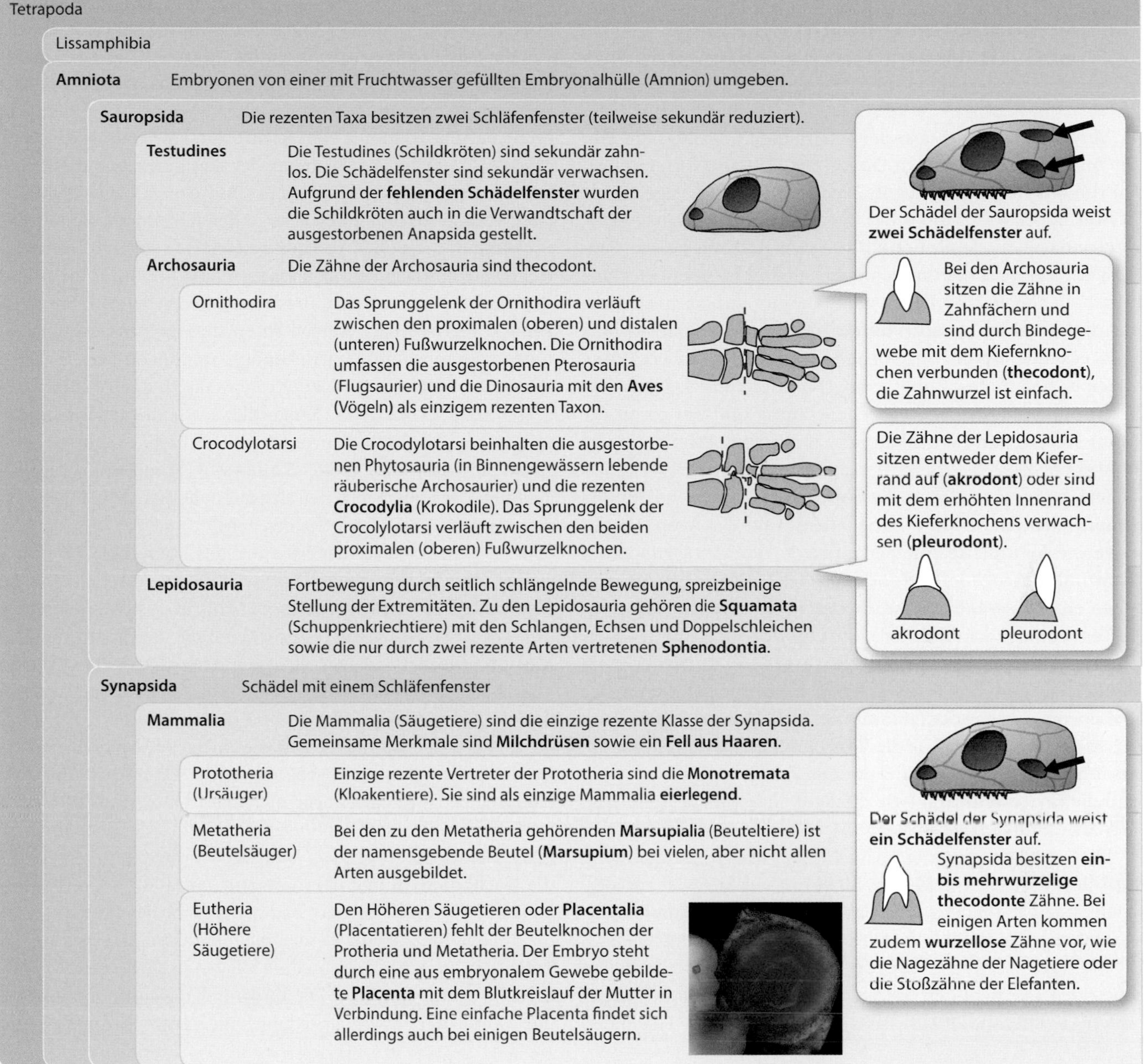

Abb. 30.94 Überblick über die Systematik der Amniota

tisch lebende Larve mit Schwanz (**Kaulquappe**) entwickelt, die über **Kiemen** atmet. Nach einer **Metamorphose** bildet sich ein adultes Individuum aus, das oftmals außerhalb von Gewässern lebt und über **Lungen** atmet. Aufgrund der unverhornten Haut, die bei vielen Amphibien Grundlage für eine **Hautatmung** ist, bevorzugen jedoch auch erwachsene Amphibien feuchte Lebensräume, um die Wasserverluste möglichst gering zu halten.

Die **Amniota** (**Amnion**- oder **Nabeltiere**; Abb. 30.94) als größte Gruppe der Tetrapoda (Landwirbeltiere) sind dadurch gekennzeichnet, dass ihre **Fortpflanzung vom Wasser losgelöst** ist und ihre im Vergleich zu den Amphibien längere Embryonalphase in einer mit Fruchtwasser gefüllten **Amnionhöhle** (**Fruchtblase**) stattfindet (▶ Abschn. 30.24). Entsprechend finden sich bei den Amnioten ein veränderter Aufbau der Eier sowie Anpassungen der frühen Embryonalentwicklung. Daneben hat die Entwicklung verschiedener Ernährungsstrategien (herbivor, carnivor, omnivor) und die Möglichkeit, Nahrung abbeißen zu können, zu Weiterentwicklungen des Kauapparats geführt. Hierzu zählen Verlagerungen der Kaumuskulatur und Modifikationen der Zähne. Innerhalb der Amniota unterscheidet man **drei Grundtypen von Schädeln** bezüglich des Auftretens und der Ausprägung von **Schädelfenstern** (Schläfenfenster). Die Kanten dieser Schädelfenster bilden geeignete Ansatzflächen für die **Kaumuskulatur**, die bei den Amniota kräftigere Gebisse ermöglichte.

30

30.24 Amniota: Embryonale Schutzhüllen ermöglichen eine Entwicklung außerhalb aquatischer Lebensräume

Im Vergleich zu den Eiern der Amphibien enthalten die **Eier der Amniota** einen großen **Dotter** als Nährstoffvorrat, umgeben von **Eiweiß** als Flüssigkeitsspeicher und Schutz gegen Stöße (◘ Abb. 30.95; ► Abschn. 14.4). Nach außen sind sie abgegrenzt durch eine relativ stabile **Schale**, z. B. aus Kalk, wie bei den Sauropsida. Neben der hierdurch möglichen Embryonalentwicklung außerhalb aquatischer Lebensräume ergibt sich auch die **Notwendigkeit einer inneren Befruchtung** und der Entwicklung entsprechender **Begattungsorgane** (z. B. Penis). Die Loslösung von einer aquatischen Entwicklungsphase erlaubte den Amniota die Erschließung neuer Landlebensräume und war damit die Voraussetzung für die flächenhafte Besiedlung der Kontinente (► Abschn. 29.9).

Die Amniota umfassen die **Sauropsida**, bestehend aus den paraphyletischen **Reptilia** (Kriechtiere) und den **Aves** (Vögel), sowie die **Synapsida** mit der einzigen rezenten Gruppe der **Mammalia** (Säugetiere). Innerhalb der Sauropsida existieren neben einer Vielzahl ausgestorbener Taxa als rezente Gruppen die **Testudines** (Schildkröten), die **Lepidosauria** mit den Echsen und Schlangen sowie die **Archosauria** mit den **Crocodylia** (Krokodile) und den **Aves** (Vögel). Letztere sind die einzige überlebende Gruppe der Dinosaurier. Innerhalb der Archosauria weisen die Ornithodira wie die Vögel ein **Mesotarsalgelenk** auf, was ihnen eine Fortbewegung auf den Zehen ermöglichte, während die **Crocodylotarsi** (wie die Krokodile) mit der gesamten Fußfläche auftreten (◘ Abb. 30.95).

Die im allgemeinen Sprachgebrauch übliche Bezeichnung **Reptilien** (Kriechtiere; ◘ Abb. 30.96) ist aus Sicht der zoologischen Systematik nicht valide, da sie nicht alle Nachkommen ihres letzten gemeinsamen Vorfahren enthält. Als monophyletisch gilt hingegen das Taxon **Sauropsida** (Sauropsiden), da hierzu neben den als „Reptilien" bezeichneten Tieren auch die **Vögel** zählen (► Abschn. 29.10). Insofern stellen die im Folgenden vorgestellten rezenten Tiergruppen der Schildkröten, Schuppenkriechtiere (mit Schlangen und Echsen) sowie Krokodile, ebenso wie die ausgestorbenen Dinosaurier, zwar den Kern der Reptilien, aber nur einen Ausschnitt der Sauropsida dar. Allgemeine Kennzeichen der in diesem Sinne verstandenen Reptilien sind ihre trockene Haut mit **Hornschuppen** sowie einige typische Merkmale der frühen Vertreter der Amnioten wie die **Poikilothermie** (wechselwarme Tiere) und das damit verbundene Nichtvorhandensein eines Haar- oder Federkleides. Die Entwicklung der Reptilien verläuft weitgehend von Gewässern getrennt, sie besitzen kein aquatisches Larvenstadium mehr und sind vollständig zur **Lungenatmung** übergegangen. Sie legen zumeist Eier (ovipar), wenige Arten sind vivipar (lebendgebärend) oder ovovivipar (eierlebendgebärend). Zu den Reptilien zählen die **Testudines** (Schildkröten), die zu den **Archosauria** gerechneten **Crocodylia** (Krokodile) sowie die **Lepidosauria**, zu denen die **Sphenodontia** (Brückenechsen, rezent nur zwei Arten in Neuseeland) und die **Squamata** (Schuppenkriechtiere) gehören. Die Squamata teilen sich auf in Echsen, Schlangen und die Amphisbaenia (Doppelschleichen).

Die systematische Unterteilung der Mammalia orientiert sich an der Gebärweise des Nachwuchses (► Abschn. 14.7), so unterscheidet man **Prototheria** und **Theria**. Erstere sind **ovipar** und enthalten neben ausgestorbenen Taxa die **Protheria** oder **Monotremata** (Ursäuger, Kloakentiere). Zu den **viviparen** Theria zählen die **Metatheria** oder **Marsupialia** (Beuteltiere) und die **Eutheria** oder **Placentalia** (Placentatiere).

Somit sind die Monotremata die einzigen Säugetiere, die keinen lebenden Nachwuchs gebären, sondern Eier legen. Ihre Eier haben einen Durchmesser von maximal 15 mm, sind dotterreich und ähneln Eiern von Reptilien und Vögeln. Die Eier werden je nach Tierart bis zu ca. zwei Wochen bebrütet, dann schlüpfen die Nachkommen in embryoartigem Zustand und verbleiben zunächst noch im Nest oder Bau in der Nähe der Mutter.

Bei den Marsupialia werden die Jungtiere nach einer kurzen Trächtigkeitsdauer von zehn bis 43 Tagen in einem embryoähnlichen Stadium geboren. Die Organe der Neugeborenen sind nur rudimentär entwickelt, lediglich die Vordergliedmaßen sind

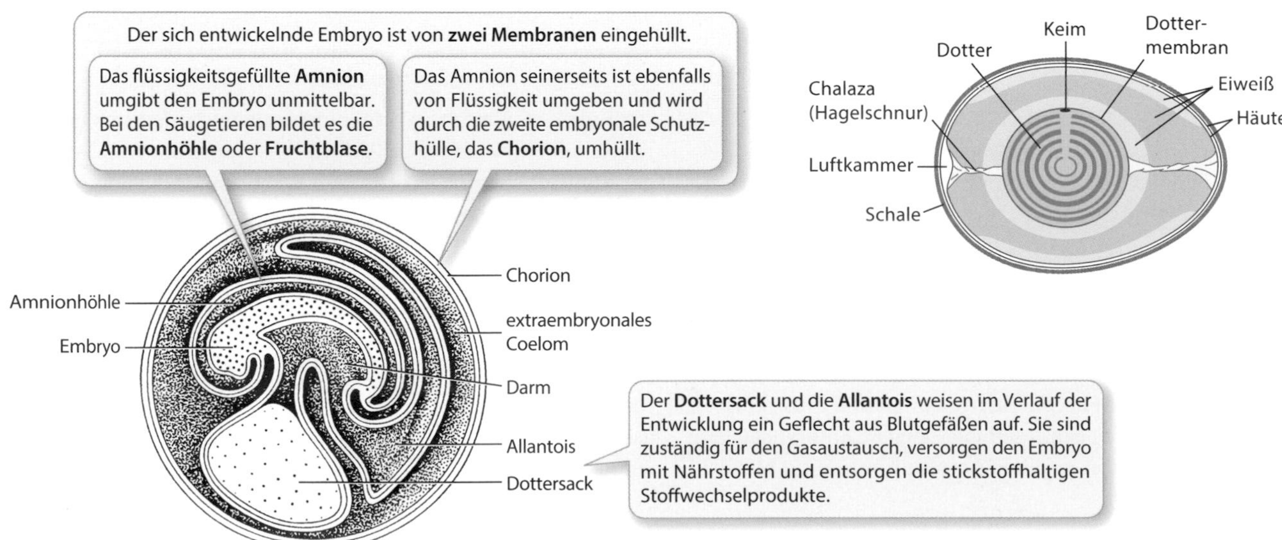

◘ **Abb. 30.95** Die Entwicklung embryonaler Schutzhüllen bei den Amniota: Aufbau des Vogeleies und Organisation der Embryonalhüllen der Amniota

Die Europäische Sumpfschildkröte (*Emys orbicularis*) ist die einzige natürlich in Deutschland vorkommende Schildkrötenart und stark im Bestand gefährdet.

Schildkröten weisen ein Körpergehäuse (**Panzer**) auf, das sich aus dem **Carapax** (Rückenpanzer) und **Plastron** (Bauchpanzer) zusammensetzt und alle Organe und Körperregionen schützt. Der Panzer besteht aus großen Deckknochenplatten, die mit Wirbelsäule und Rippen verwachsen und mit großflächigen Hornschildern überzogen sind. Schildkröten sind zahnlos, besitzen aber Kieferleisten aus Hornsubstanz. Viele Schildkröten sind Allesfresser mit artspezifischen Vorlieben für pflanzliche oder tierische Kost. Die meisten Arten sind in ihrem Bestand stark gefährdet.

Die Pantherschildkröte (*Stigmochelys pardalis*) ist eine Landschildkröte aus dem Süden und Osten Afrikas.

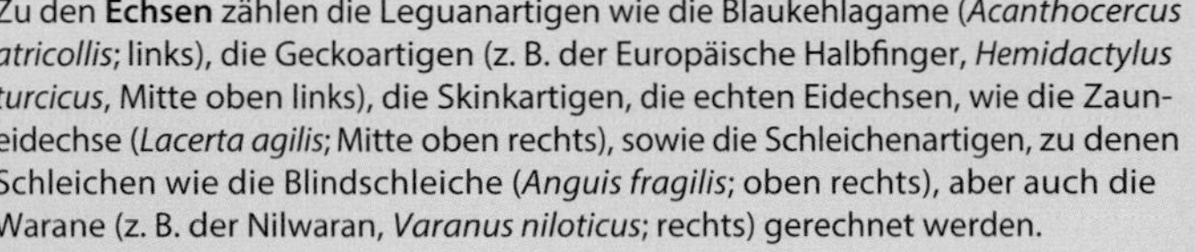

Zu den **Echsen** zählen die Leguanartigen wie die Blaukehlagame (*Acanthocercus atricollis*; links), die Geckoartigen (z. B. der Europäische Halbfinger, *Hemidactylus turcicus*, Mitte oben links), die Skinkartigen, die echten Eidechsen, wie die Zauneidechse (*Lacerta agilis*; Mitte oben rechts), sowie die Schleichenartigen, zu denen Schleichen wie die Blindschleiche (*Anguis fragilis*; oben rechts), aber auch die Warane (z. B. der Nilwaran, *Varanus niloticus*; rechts) gerechnet werden.

Neben den Echsen sind die **Schlangen** die zweite Gruppe der **Schuppenkriechtiere** (**Squamata**). Im Vergleich zu den Echsen ist der Körper der Schlangen deutlich verlängert und extremitätenlos, der Schwanz kann nicht wie bei den Echsen abgeworfen werden (**Autotomie**). Im Vergleich zu den Schleichen haben Schlangen **keine Augenlider**, sodass sie nicht wie die Blindschleichen blinzeln können. Als Knochen treten bei Schlangen Schädelknochen, Wirbel und Rippen auf, Beckengürtelknochen sind rudimentär, Schultergürtel und Brustbein nicht vorhanden. Die meisten Schlangenarten sind ovipar, ca. ein Drittel jedoch auch ovovivipar, wie die Kreuzotter (*Viperus berus*; oben adultes Tier, Mitte in Eihaut liegendes, frisch geborenes Jungtier). Schlangen sind Räuber, die ihre Beute erjagen (viele Nattern) oder ihr auflauern (viele Vipern). Etwa 600 der insgesamt auftretenden 3600 Schlangenarten sind **giftig**, wenige von ihnen auch tödlich für den Menschen. Ungiftige Schlangen wie die Ringelnatter (*Natrix natrix*; unten) sondern bei Gefahr ein stinkendes Sekret der Postanaldrüsen ab.

Die **Krokodile** wie das Nilkrokodil (*Crocodylus niloticus*) zählen mit den **Vögeln** zu den heute noch lebenden Taxa der **Archosaurier**, zu denen unter anderem auch die **Dinosaurier** gerechnet werden. Die nahe Verwandtschaft zu den Vögeln zeigt sich speziell durch **Ähnlichkeiten im Bau des Herz-Kreislauf-Systems**. Neben den Echten Krokodilen gibt es noch zwei weitere Familien, die Gaviale und die Alligatoren.

Abb. 30.96 Vielfalt der Reptilien

kräftig genug, dass die Jungtiere eigenständig zu den Zitzen der Mutter krabbeln und sich dort festsaugen können. Während dieser meist lang dauernden postnalen Entwicklungszeit sind die Jungtiere entweder in einem Beutel oder in einer Hautfalte untergebracht.

Die Placentalia gewährleisten eine länger dauernde Versorgung des Embryos mit Nährstoffen, woraus verglichen mit den Beuteltieren eine längere Tragzeit resultiert. Entsprechend zeichnen sich die Jungtiere bei der Geburt auch durch einen höheren Entwicklungsgrad aus. Von besonderer Bedeutung hierbei ist die Ausbildung einer **Placenta** (▶ Abschn. 14.4), die über die Leistungsfähigkeit der schon bei manchen Beuteltieren (z. B. Koala) vorkommenden, einfachen Placenta hinausgeht. Bei den höheren Säugetieren bildet die äußere Zellschicht einer befruchteten Eizelle, der sogenannte **Trophoblast**, eine Barriere gegen das mütterliche Immunsystem. Fehlt der Trophoblast (wie bei einigen Beuteltieren), muss die Tragzeit abgeschlossen sein, bevor die Immunabwehr der Mutter wirksam wird. Verbunden mit dem Trophoblasten wird eine Placenta gebildet, die unter anderem aus **Embryonalhüllen** (**Chorion** und **Allantois**) aufgebaut ist. Das embryonale Gewebe wächst in die **Gebärmutterschleimhaut** ein und ist mit Blutgefäßen von Mutter und Embryo durchzogen. So steht der Embryo mit dem Blutkreislauf der Mutter in Verbindung. Die Placenta ermöglicht die Versorgung des Embryos mit Nährstoffen und Sauerstoff sowie die Entsorgung von Exkretionsprodukten.

30

30.25 Aves: Ein leichtes Skelett ermöglicht das Fliegen

Die **Aves** (**Vögel**) mit ihren ca. 10.700 Arten gelten als das am stärksten abgeleitete Taxon der **Sauropsida**. Die bei den anderen Vertretern der Sauropsiden üblichen Drüsen sind bei den Vögeln auf die **Bürzeldrüse** reduziert, die sich auf der Oberseite der Schwanzwurzel (dem Bürzel) befindet und deren Sekret das Gefieder wasserabweisend macht. Charakteristische Kennzeichen der Vögel sind **Flügel** sowie eine aus **Federn** bestehende Körperbedeckung, die den Hornschuppen der Reptilien homolog ist (▶ Abschn. 27.5). Der Vogelkörper ist perfekt auf das **Fliegen** abgestimmt. Viele der morphologischen Anpassungen der Vögel stehen in Zusammenhang mit dem Flugvermögen: Hierzu zählen neben Luftsäcken und hohlen Knochen auch die fusionierten Knochenbereiche im Schulter- und Beckengürtel sowie der breite Brustbeinkamm, der eine sehr gute Ansatzstelle für die Flugmuskulatur bietet (◼ Abb. 30.97). Vögel sind **homoiotherme** Tiere mit einer Körpertemperatur um ca. 42 °C, die jedoch z. B. während der Nachtruhe bei Kohlmeisen bis auf 10 °C abgesenkt werden kann. Der leistungsfähige Kreislaufapparat von Vögeln mit getrennten Herzhälften zeichnet sich durch eine hohe Herzleistung aus, die bis ca. 1000 Schläge pro Minute betragen kann. Die Vogellunge ist nicht gelappt und wird durch Luftsäcke belüftet. Entsprechend der zurückgelegten Flugstrecken unterscheidet man **Standvögel**, die zeitlebens in einem Areal bleiben, **Strichvögel**, die nur aufgrund schlechter Witterung ziehen, und **Zugvögel** als **Kurzstrecken- oder Langstreckenzieher** (◼ Abb. 30.98), die nach einem artspezifischen Zeitplan zumeist über Magnetorientierung entsprechend des Erdmagnetfelds ihren Weg finden.

Alle Vögel legen **Eier**, die im Regelfall mithilfe der Wärme des eigenen Körpers ausgebrütet werden. Hierbei liegt die Bruttemperatur bei ca. 34 °C. Um eine gleichmäßige Temperaturverteilung sicherzustellen, werden die Eier im Nest regelmäßig gewendet. Da die brütenden Elternvögel teilweise sehr lange Zeiträume auf den Nestern verbringen, müssen diese geschützt und sicher errichtet werden. Hierbei werden unterschiedliche Strategien des Nestbaus verfolgt (◼ Abb. 30.99). Die aus den Eiern schlüpfenden Jungtiere sind entweder **Nesthocker**, die längere Zeit elterliche Brutpflege benötigen, oder **Nestflüchter**, die schon nach wenigen Stunden mobil sind.

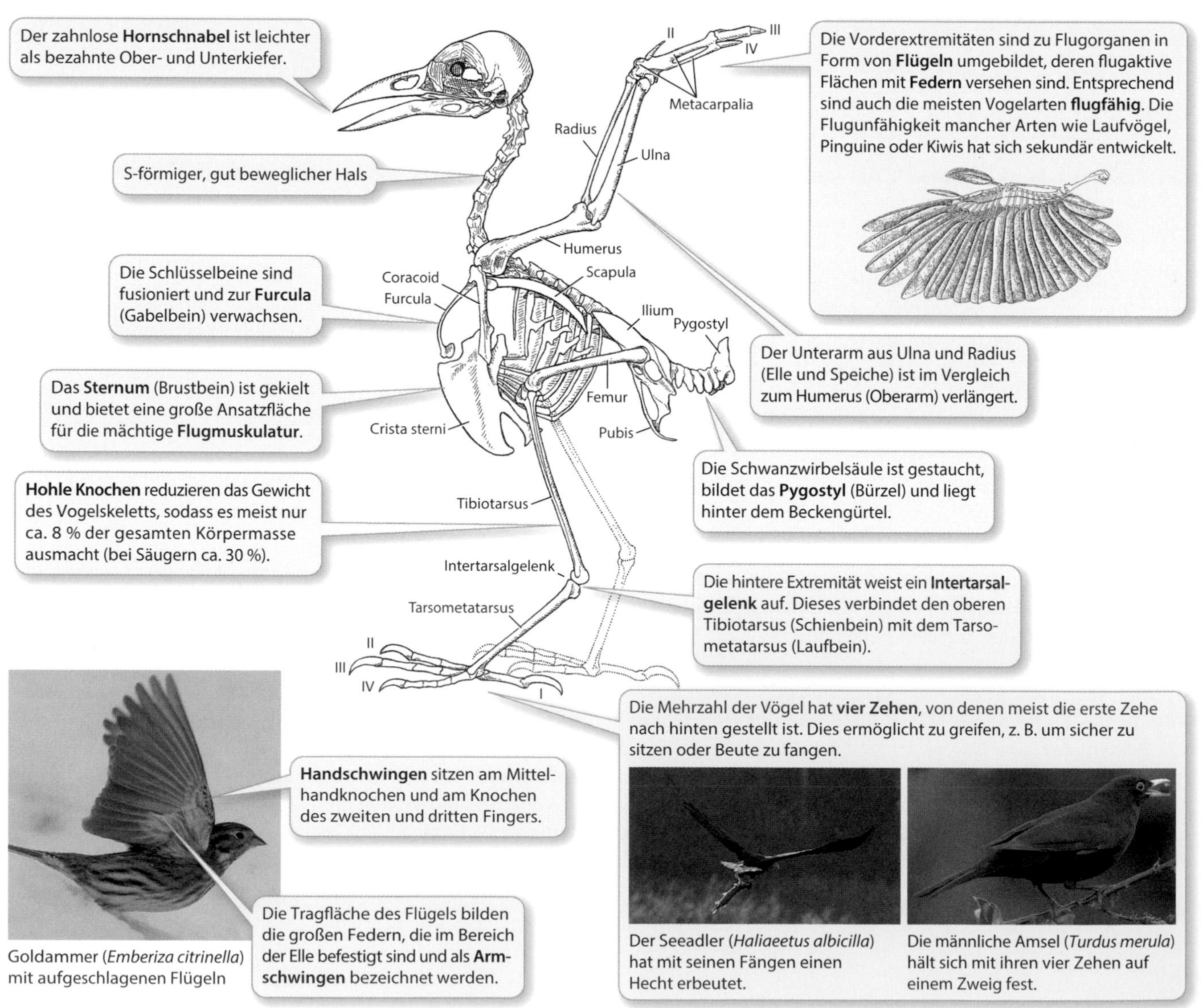

Goldammer (*Emberiza citrinella*) mit aufgeschlagenen Flügeln

Der Seeadler (*Haliaeetus albicilla*) hat mit seinen Fängen einen Hecht erbeutet.

Die männliche Amsel (*Turdus merula*) hält sich mit ihren vier Zehen auf einem Zweig fest.

◼ **Abb. 30.97** Bauplan der Vögel, mit zahlreichen Merkmalen, die in Zusammenhang mit dem Flugvermögen stehen

Die Weißwangen- oder Nonnengans (*Branta leucopsis*) ist ein Wintergast in Mitteleuropa. Zu Beginn des Zuges können sich etliche Zigtausend Tiere sammeln, die dann während des Fluges keine typischen Formationen aufweisen. Gänsetypische V-Formationen gibt es nur bei Kleingruppen.

Der Graue Kranich (*Grus grus*) ist ein ausdauernder Flieger und kann ohne Rast bis zu 2000 km zurücklegen. Hierbei erreicht er Durchschnittsgeschwindigkeiten von bis zu 65 km/h. Kraniche fliegen in Keilen oder schrägen Reihen, sodass sich der Luftwiderstand reduziert.

Als zirkumpolar verbreitete Vogelart brütet der Alpenstrandläufer (*Calidris alpina*) in arktischen Tundren und verbringt drei Viertel seines Lebens auf dem Zug oder in den Überwinterungsgebieten z. B. in Mitteleuropa. Die Tiere zeigen wendige Flugmanöver in den teilweise mehrere 100.000 Tiere großen Schwärmen.

Das **Nahrungsspektrum** der Vögel ist groß und beinhaltet unter anderem Pflanzenteile wie Samen (Kernbeißer, *Coccothraustes coccothraustes*; Mitte links), Insekten (Bienenfresser, *Merops apiaster*, oben links), Würmer (Kiebitz, *Vanellus vanellus*, oben rechts) und Fische (unten von links: Silberreiher, *Ardea alba*; Haubentaucher, *Podiceps cristatus*; Eisvogel, *Alcedo atthis*). Greifvögel jagen auch landlebende Wirbeltiere und Geier fressen Aas.

Abb. 30.98 Zug- und Fressverhalten ausgewählter Vogelarten

Bruthöhle des Bienenfressers (*Merops apiaster*) in einer Steilwand

Als typischer Bodenbrüter legt der Flussregenpfeiffer (*Charadrius dubius*) seine Eier fast unsichtbar in Kies- und Schotterbänke.

Der Uhu (*Bubo bubo*) brütet in Felsnischen und Steinbrüchen, verlassenen Greifvogelhorsten und zunehmend auch in Gebäuden wie Industriebauwerken und Kirchen.

Die Amsel (*Turdus merula*) sammelt Nistmaterial, um ein Nest in Bäumen oder Sträuchern zu bauen.

Das Schwimmnest des Haubentauchers (*Podiceps cristatus*) wird aus Wasserpflanzen gebaut.

Die Graugans (*Anser anser*) legt Nistmulden an geschützten Stellen in Gewässernähe an.

Abb. 30.99 Verschiedene Brutmöglichkeiten der Vögel

30.26 Mammalia: Milchdrüsen ermöglichen die Ernährung der Neugeborenen

Die **Mammalia** (**Säugetiere**) bilden eine monophyletische Klasse innerhalb der Vertebrata. Die rezenten Säugetiere teilen sich auf in die **Monotremata** (Kloakentiere, z. B. Schnabeltier), die **Marsupialia** (Beuteltiere, z. B. Känguru) und die **Placentalia** (Placentatiere, z. B. Mensch). Zu den allgemeinen Kennzeichen der Mammalia zählt der namensgebende Besitz von **Milchdrüsen** bei den Weibchen, die mithilfe der produzierten Milch ihren Nachwuchs ernähren. Milchdrüsen leiten sich von **Schweißdrüsen** ab, die neben Talgdrüsen in der Haut von Säugetieren vorkommen. Unabhängig von den Vögeln hat sich auch bei den Säugetieren **Homoiothermie** (gleichwarme Körpertemperatur im Bereich von ca. 30–37 °C) entwickelt, was mit dem Vorhandensein von **Haaren**, oft in Form eines **Fells**, in Zusammenhang steht. Abgesehen von den Monotremata sind die Säugetiere **lebendgebärend**. Säugetiere kommen in der Luft, im Wasser und am artenreichsten an Land vor, aktuell sind ca. 6400 rezente Arten bekannt.

Die **Kloakentiere** (▣ Abb. 30.100) sind die ursprünglichste Gruppe der Säugetiere und weisen noch **Oviparie** auf. Nachdem die Jungtiere aus den Eiern geschlüpft sind, nehmen sie Milch als Nahrung auf. Diese wird von dem Nachwuchs jedoch von einem **Milchdrüsenfeld** des Bauchbereichs abgeleckt, da den Weibchen Zitzen fehlen. Die Körpertemperatur der Monotremata liegt mit 30–32 °C deutlich niedriger als die Temperatur der anderen Säugetiere.

Das besondere Kennzeichen der **Beuteltiere** (▣ Abb. 30.101) sind in einem **embryonalen Zustand geborene Jungtiere**, die noch lange Zeit nach der Geburt gesäugt werden, meist im Schutz eines **Beutels** oder einer Hautfalte.

Die **Placentatiere** besitzen die eingangs genannten säugetiercharakteristischen Merkmale wie Haare und Milchdrüsen sowie drei **Gehörknöchelchen** im Mittelohr, ein **sekundäres Kiefergelenk** und ein auffallend großes **Gehirn** und (wie auch die Marsupialia) ein **heterodontes Gebiss** mit verschiedenen Zahntypen (während adulte Monotremata keine Zähne besitzen). Die wesentlichen Unterschiede der Höheren Säugetiere zu den beiden anderen Gruppen beziehen sich auf den Bau des Geschlechtsapparats (unpaare Vagina und Penis) und die Fortpflanzungsweise. Entsprechend ihrer vielfältigen Lebensweise gibt es nur wenige zusätzliche Exklusivmerkmale, die konstant bei allen höheren Säugern auftreten. Die phylogenetischen Beziehungen der Placentalia (▣ Abb. 30.102) werden speziell aufgrund neuer molekularbiologischer Analysen intensiv diskutiert.

Die **Monotremata** sind mit zwei Familien in Australien vertreten, den **Schnabeligeln** (vier Arten) und den **Schnabeltieren** (eine Art). Schnabeltiere leben aquatisch und besitzen Schwimmhäute und einen Paddelschwanz. Ihre Bauten liegen in Uferböschungen. Ameisenigel sind terrestrische Tiere ohne besondere Ansprüche an ihren Lebensraum. Kloakentiere gelten als dämmerungs- oder nachtaktiv.

Der Schädel ist lang gestreckt mit einer Schnauze, die an einen Vogelschnabel erinnert. Die Tiere besitzen statt Schnurrhaaren **Elektrorezeptoren**, mit denen sie elektrische Felder ihrer Beutetiere wahrnehmen und diese so lokalisieren und erbeuten können. Entsprechend sind die Kloakentiere carnivor und ernähren sich von Krebsen, Insektenlarven und Würmern (Schnabeltier) bzw. von Ameisen, Termiten und Würmern (Schnabeligel). Im ausgewachsenen Zustand haben Kloakentiere **keine Zähne**, lediglich bei den Jungtieren im Ei existiert ein **Eizahn**, um die Eischale zu durchbrechen.

Ihren Namen verdanken die **Kloakentiere** dem Umstand, dass die weiblichen Geschlechtsorgane, Harnleiter und Darm, in einer einzigen Öffnung, der **Kloake**, münden. Der Penis der Männchen dient ausschließlich der Abgabe von Spermien, Urin wird über die Kloake entlassen.

▣ **Abb. 30.100** Die Monotremata sind eierlegende Säugetiere. Foto: Kurzschnabel-Ameisenigel (*Tachyglossus aculeatus*)

Aufgrund der **kurzen Tragzeit** kann die Mutter nach relativ kurzer Zeit erneut ein Jungtier zur Welt bringen, z. B. bei frühzeitigem Tod des zuvor geborenen Jungtieres, zudem wird durch die im Vergleich zu den Placentalia deutlich kürzere Tragzeit die körperliche Belastung des Muttertieres reduziert. Nachdem die Jungtiere den Beutel der Mutter verlassen haben, werden sie teilweise immer noch gesäugt und auf dem Rücken der Mutter getragen.

Beuteltiere kommen im australischen Raum und Amerika (fast ausschließlich Südamerika) mit insgesamt etwa 330 Arten vor. Sie finden sich in nahezu allen Lebensräumen, selbst aquatische Arten sind bekannt, die einen wasserdicht verschließbarem Beutel aufweisen. Die meisten Arten sind Einzelgänger oder die Tiere treten in lockeren Verbänden ohne dauerhafte Sozialstrukturen auf. Die überwiegende Zahl der Arten ernährt sich herbivor und omnivor.

Marsupialia weisen einige Besonderheiten in ihrem Körperbau auf. Dazu zählen allen voran ihre Fortpflanzungsorgane, da diese bei ihnen in doppelter Ausführung vorliegen: Weibchen haben **zwei Uteri** und **zwei Vaginae**, zwischen denen sich vor einer Geburt ein Geburtskanal bildet; die Männchen haben einen **doppelten oder gespaltenen Penis**. Zudem existiert bei vielen Arten ein **Marsupium (Beutel)**, das entweder permanent vorhanden ist oder sich nur während der Tragzeit entwickelt. Je nach Art und Lebensweise weist die Beutelöffnung nach oben (Känguru) oder nach unten (Koala). Vereinzelt haben auch männliche Tiere eine Beutel, wie beispielsweise der Schwimmbeutler, der hierin bei Bedarf seinen Hodensack unterbringen kann.

▣ **Abb. 30.101** Die Marsupialia haben kurze Tragzeiten und gebären embryoähnliche Jungtiere. Foto: Koala (*Phascolarctos cinereus*)

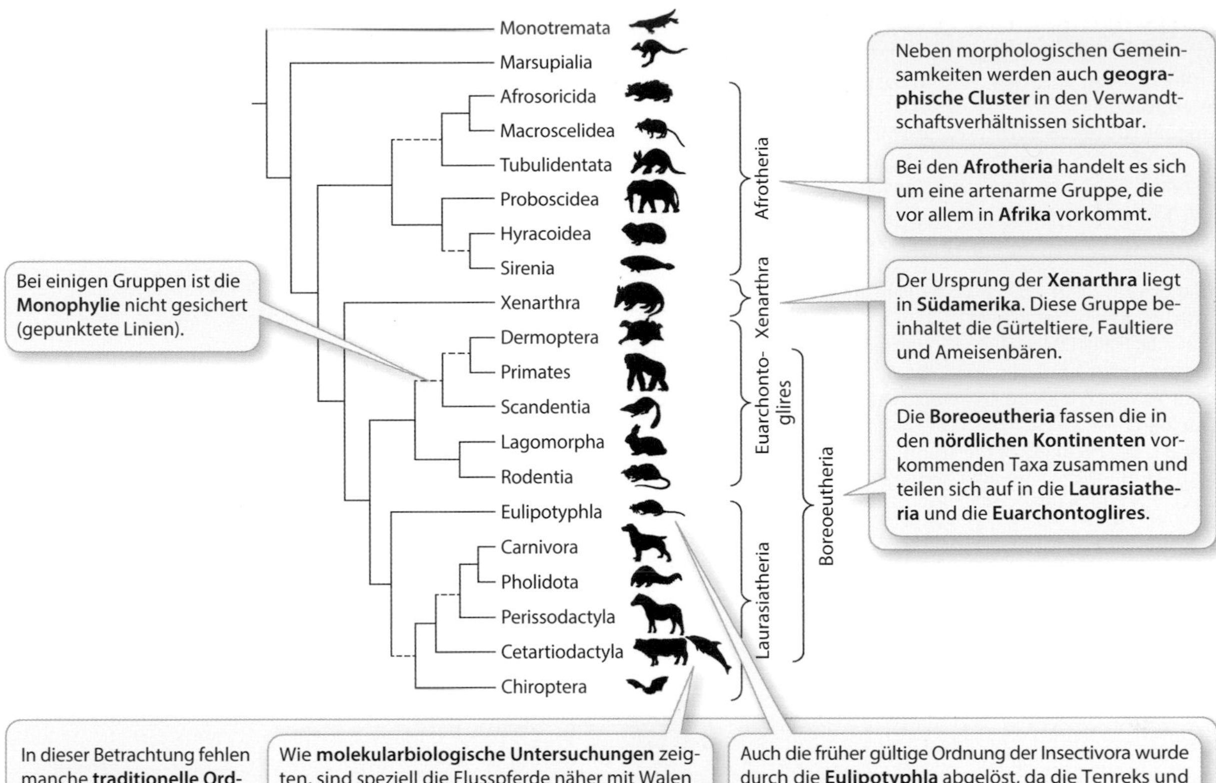

Der Europäische Maulwurf (*Talpa europaea*) zählt zu den **Eulipotyphla** (**Insektenfresser**) und weist mit 44 Zähnen ein vollständiges Gebiss auf, mit drei Incisivi, einem Caninus, vier Prämolaren und drei Molaren. Zu den Eulipotyphla zählen auch die Igel, Spitzmäuse und Schlitzrüssler.

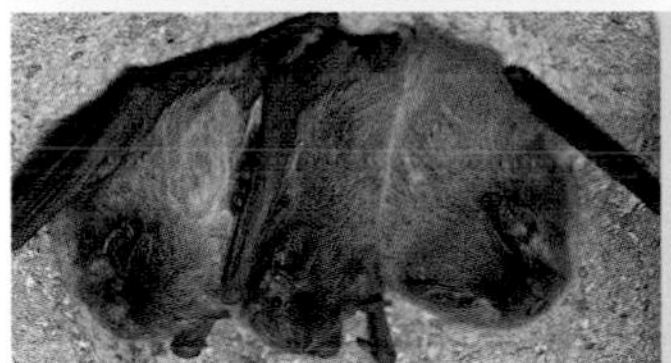

Die einzige Gruppe aktiv fliegender Säugetiere sind die **Chiroptera** (**Fledertiere**), die eine Flughaut an den Vorderextremitäten aufweisen. Hierfür haben sie verlängerte Finger und Oberarmknochen wie die Rauhautfledermaus (*Pipistrellus nathusii*).

Die **Rodentia** (**Nagetiere**) sind mit etwa 2500 Arten die artenreichste Ordnung. Sie besitzen jeweils zwei vergrößerte Nagezähne im Ober- und Unterkiefer, die aufgrund der Abnutzung dauerhaft wachsen. Neben den Hörnchen wie dem Eichhörnchen (*Sciurus vulgaris*) zählen hierzu auch Mäuse-, Biber-, Dornschwanzhörnchen- und Stachelschweinverwandte.

Als Schwestergruppe der Rodentia haben auch die **Lagomorpha** (**Hasenartige**) ein Nagergebiss, das allerdings noch ein Paar Stiftzähne hinter den Nagezähnen aufweist (Feldhase, *Lepus europaeus*).

Das Kennzeichen der landlebenden **Carnivora** (**Raubtiere**) sind ihre lang ausgezogenen Eckzähne, die sogenannten Fangzähne. Die Raubtiere teilen sich auf in die Katzen- und Hundeartigen, zu Letzteren zählen neben dem Wolf (*Canis lupus*) z. B. auch Bären, Walrosse und Robben.

Zu den **Perissodactyla** (**Unpaarhufer**) zählen Pferde (z. B. Hauspferde wie das Dülmener Pferd, *Equus caballus*), Nashörner und Tapire. Bei allen ist die dritte Zehe die größte, meist liegt eine ungerade Anzahl an Zehen vor (nur Tapire besitzen an den Vorderfüßen noch vier Zehen). Die Füße sind mit Hufen versehen.

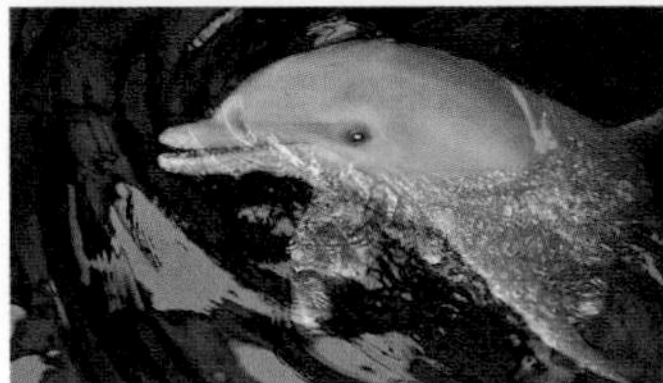

Die **Cetartiodactyla** beinhalten Arten, die sich aufgrund ihrer Morphologie und Ökologie deutlich unterscheiden und daher früher in die **Artiodactyla** (**Paarhufer**) und die **Cetacea** (**Wale**) eingeteilt wurden. Mittlerweile stellen sich jedoch die Wale als eine Schwestergruppe der Flusspferde dar. Landlebende Arten wie der Rothirsch (*Cervus elaphus*) sind im Regelfall gute Läufer mit einem auf pflanzliche Nahrung angepassten Verdauungssystem. Wale wie der Große Tümmler (*Tursiops truncatus*) gelten als die am besten an das Leben im Wasser angepassten Meeressäuger.

Abb. 30.102 Überblick über die Systematik der Placentalia (oben) mit Beispielen der einheimischen Ordnungen (unten)

Weiterführende Literatur

1. Burda H, Hilken G, Zrzavy J (2015) Systematische Zoologie, 2. Aufl. Ulmer, Stuttgart
2. Campbell NA, Reece JB, Urry LA, Cain ML, Wasserman SA, Minorsky PV, Jackson RB (2015) Campbell Biologie, 10. Aufl. Pearson, München
3. Hickman CP, Roberts LS, Larson A, l'Anson H, Eisenhour DJ (2008) Zoologie, 13. Aufl. Pearson, München
4. Lucius R, Loos-Frank B (2018) Biologie von Parasiten, 3. Aufl. Springer, Berlin, Heidelberg, New York
5. Mehlhorn H (2002) Grundriss der Parasitenkunde, 6. Aufl. Springer Spektrum, Berlin, Heidelberg
6. Sadava D, Hillis DM, Heller HC, Hacker SD (2019) Purves Biologie. Springer Spektrum, Berlin, Heidelberg
7. Storch V, Welsch U (2004) Systematische Zoologie, 6. Aufl. Spektrum, Heidelberg
8. Sures B (2013) Ecology of the acanthocephala. In: Schmidt-Rhaesa A (Hrsg) Handbook of zoology, Gastrotricha, Cycloneuralia and Gnathifera. de Gruyter, Berlin, S 337–344

Evolution und Systematik der Pflanzen

Jens Boenigk

J. Boenigk (Hrsg.), *Boenigk, Biologie,* https://doi.org/10.1007/978-3-662-61270-5_31

31.1 Gemeinsames Merkmal der Landpflanzen (Embryophyten) ist die Ausbildung eines Embryos

Moose, Bärlappe, Farne und Samenpflanzen werden als **Embryophyten** (Landpflanzen) zusammengefasst. Bei diesen Pflanzen wird der Sporophyt während der frühen Entwicklung als **mehrzelliger Embryo** von der gametophytischen Mutterpflanze ernährt.

Die Landpflanzen sind eine monophyletische Gruppe innerhalb der Streptophyta und bilden mit den streptophytischen Algen zusammen die Schwestergruppe der Chlorophyta. Beide Gruppen zusammen mit Ausnahme der Landpflanzen werden auch als Grünalgen zusammengefasst. Phylogenetisch sind die Landpflanzen daher eine vielzellige und komplex organisierte Gruppe der Grünalgen. Monophyletisches Merkmal der Streptophyta ist ein von den Chlorophyta abweichender Bau des Wurzelsystems des Geißelapparats mit *multilayered structures* (MLS) (◘ Abb. 31.1; ► Abschn. 33.9).

Die zu den Streptophyta gehörenden vielzelligen Charophytina werden von den meisten Autoren nicht mehr als Schwestergruppe der Landpflanzen diskutiert. Dagegen werden die Jochalgen (Zygnematophytina), einzellige oder in seltenen Fällen auch koloniebildende oder fädige Süßwasseralgen, als nächste Verwandte der Landpflanzen angesehen. Diese Verwandtschaft lässt sich vor allem aus genomischen Daten rekonstruieren, da viele morphologische und biochemische Merkmale bei den Jochalgen sekundär reduziert sind.

Viele typische Merkmale und Eigenschaften der Embryophyten sind bereits bei den Vorfahren der Landpflanzen entstanden. Wichtige Entwicklungen der streptophytischen Algen für die Evolution der Landpflanzen waren die **Vielzelligkeit mit Zelldifferenzierung und Ausbildung dreidimensionaler Gewebe**, die Bildung einer **Cellulosezellwand mit Plasmodesmata** als Kommunikationskontakte zwischen benachbarten Zellen, **apikales Wachstum** sowie eine **Zellteilung mittels Phragmoplasten**. Während die basalen streptophytischen Algen bei der Zellteilung einen Phycoplasten ausbilden, bilden die Landpflanzen und deren nächste Verwandte, neben den Zygne-

Bei den meisten Chlorophyta und den basalen Streptophyta verläuft die Zellteilung unter Ausbildung eines Phycoplasten. Als **Phycoplast** wird eine charakteristische Ausrichtung der Mikrotubuli während der Zellteilung bezeichnet. Nach der Kernteilung zerfällt der Spindelapparat, es bildet sich eine **parallel zur neuen Zellwand angeordnete Mikrotubulistruktur.** Die Zellteilung erfolgt bei einigen Arten über eine Trennungsfurche, bei anderen über die Ausbildung einer temporären Zellplatte.

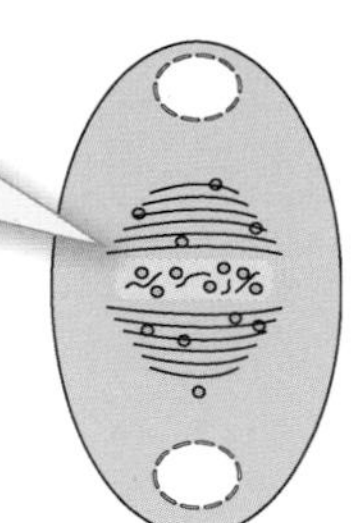

Bei den Landpflanzen und einigen streptophytischen Algen verläuft die Zellteilung unter Ausbildung eines Phragmoplasten. Als **Phragmoplast** wird die **Anordnung von Mikrotubuli senkrecht zur neuen Zellwand unter Ausbildung einer temporären Zellplatte** bezeichnet. Dieser Typ der Zellteilung kommt allerdings vereinzelt auch bei einigen Arten der Chlorophyta vor.

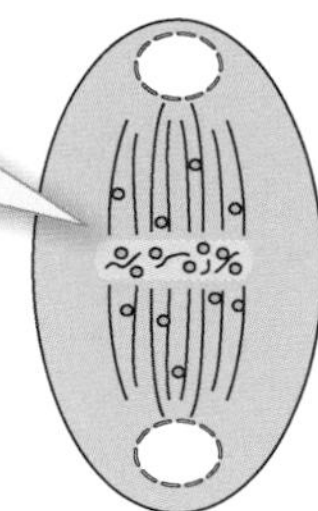

◘ **Abb. 31.2** Die Zellteilung (Cytokinese) erfolgt bei den Viridiplantae (Grünalgen und Landpflanzen) auf verschiedene Weise. Bei den Chlorophyta und den basalen Streptophyta bildet sich meist ein Phycoplast aus, bei den Landpflanzen und einigen Linien der streptophytischen Algen dagegen ein Phragmoplast

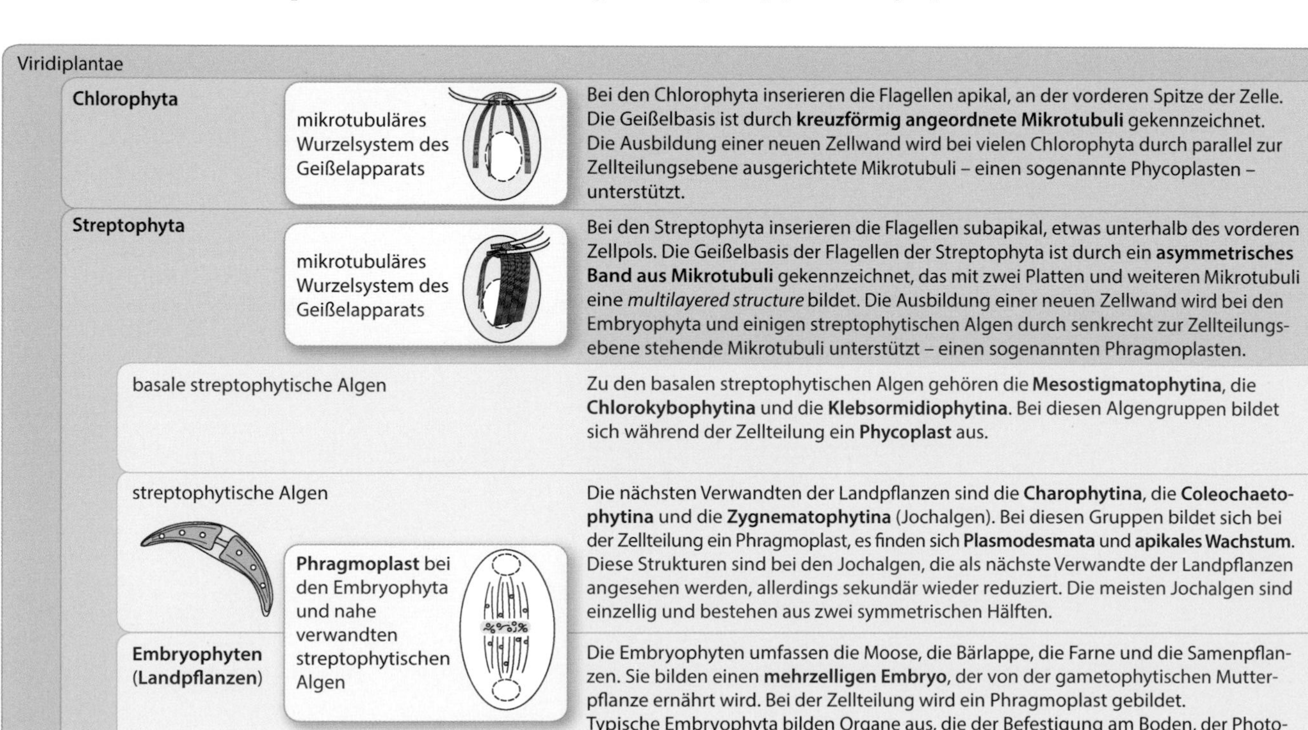

◘ **Abb. 31.1** Äußere Systematik der Landpflanzen (Embryophyten)

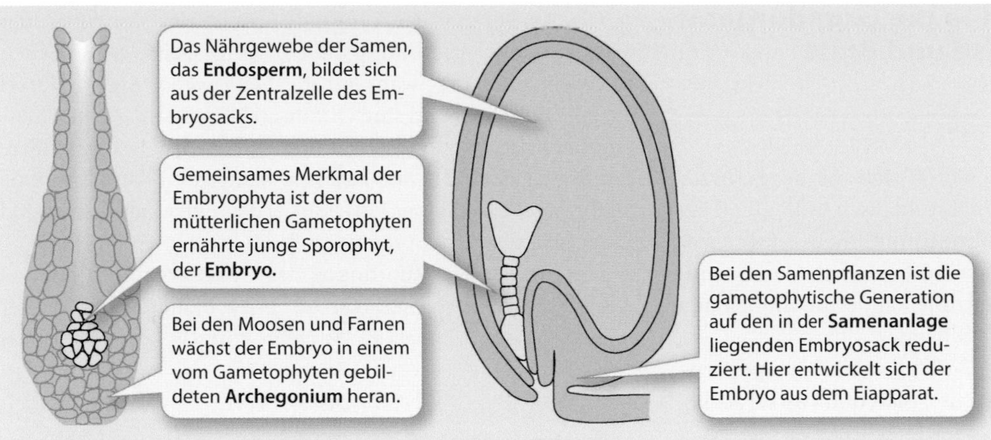

Abb. 31.3 Der Embryo bei Sporenpflanzen und Samenpflanzen

matophytina (Jochalgen) auch die Coleochaetophytina und die Charophytina, einen Phragmoplasten aus (Abb. 31.2). Eine Zellteilung über einen Phragmoplasten findet sich allerdings auch bei wenigen Chlorophyta und kann daher nicht als monophyletisches Merkmal angesehen werden.

Das charakteristische und namensgebende Merkmal der Embryophyten ist der **Embryo** (Abb. 31.3; ▶ Abschn. 21.2). Dieser entwickelt sich aus der befruchteten Eizelle und wird in der Regel von der Mutterpflanze ernährt (Abb. 31.4). Bei den Samenpflanzen besteht der reife Embryo aus der Keimwurzel (Radicula), einem unterhalb der Keimblätter gelegenen Achsenstück (Hypokotyl) und den Keimblättern (Kotyledonen). Meist legt der Embryo vor der Keimung eine Ruhephase ein.

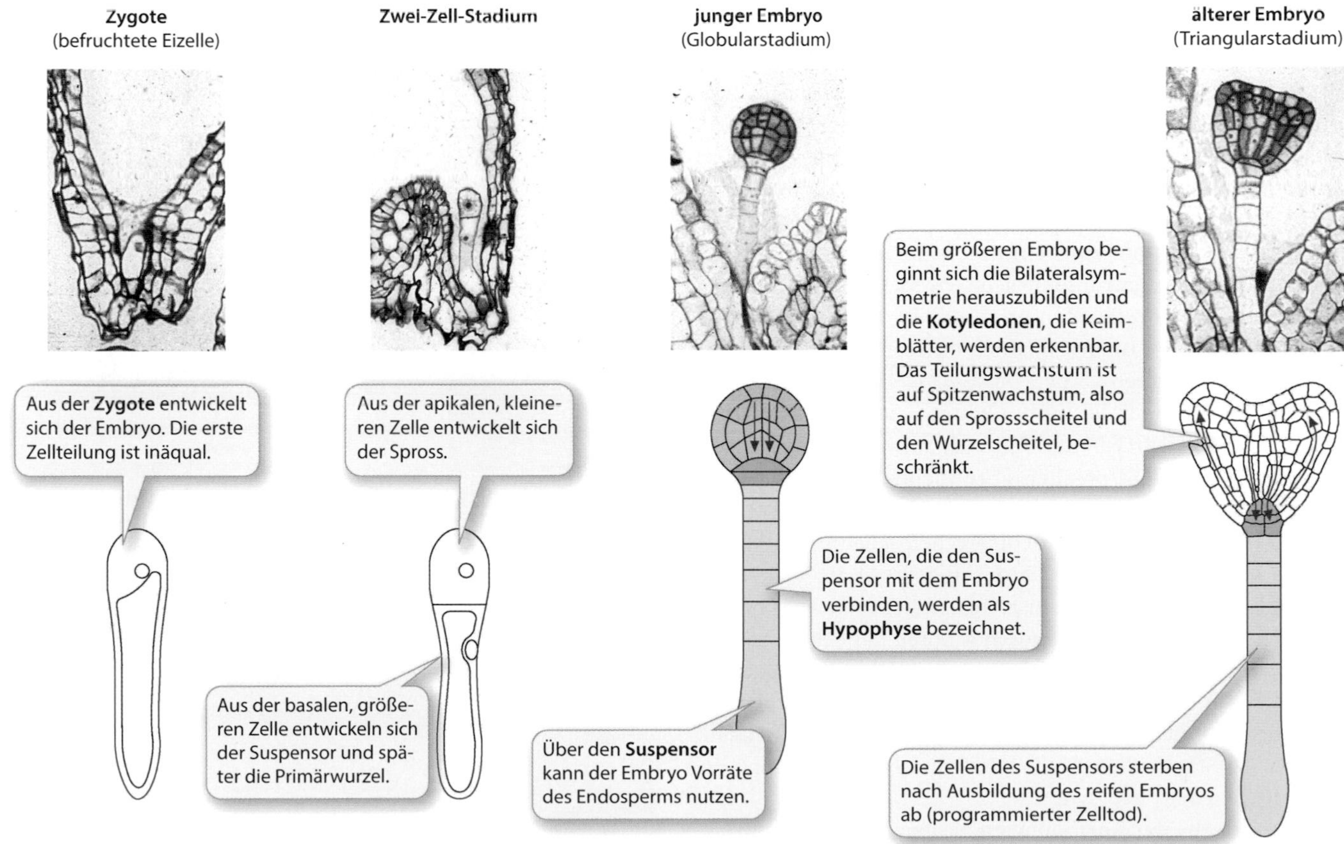

Abb. 31.4 Entwicklung des Embryos bei zweikeimblättrigen Samenpflanzen, hier dargestellt bei der Acker-Schmalwand (*Arabidopsis thaliana*)

31.2 Kormophyten sind in die Grundorgane Wurzel, Sprossachse und Blatt differenziert

Die **Pflanzenmorphologie** beschäftigt sich mit der Struktur und Form der Pflanzen sowie der makroskopisch sichtbaren Lage der Pflanzenorgane, die **Pflanzenanatomie** mit der mikroskopischen Untersuchung von Gewebeanordnungen in den Grundorganen. Beide Aspekte hängen eng miteinander zusammen und werden im Folgenden gemeinsam behandelt.

Der Pflanzenkörper der Farne, Bärlappe und Samenpflanzen ist in die drei Grundorgane Sprossachse, Blatt und Wurzel gegliedert. Dieser Bau wird als **Kormus** bezeichnet, Pflanzen mit dieser Organisation entsprechend als **Kormophyten** (◘ Abb. 31.5). Alle Vegetationskörper, die nicht die typische Gliederung des Kormus aufweisen, bezeichnet man dagegen als **Thallus**, Pflanzen mit einer solchen Organisation als **Thallophyten**. Dazu gehören die Algen und die Moose.

Da der Begriff Thallus alle Organisationsformen mit Ausnahme der Kormophyten einschließt, werden mit diesem Begriff sehr verschiedene Formen zusammengefasst. Die einfachsten Formen sind der Zellthallus und der vielkernige Schlauchthallus (Siphonoblast) verschiedener Algen. Beim Fadenthallus sind Zellen in einer Dimension aneinandergereiht. Neben verschiedenen Algen entspricht auch das Haptonema der Moose (► Abschn. 31.10) einem Fadenthallus. Beim Flechtthallus sind einzelne Fäden miteinander verflochten, diese Organisation findet sich bei vielen Rotalgen und Chitinpilzen. Zum Teil finden sich bereits recht komplexe, gewebeähnliche Strukturen (Scheingewebe oder Pseudoparenchym), diese Thalli werden aber durch fadenförmiges Wachstum gebildet. Im Gegensatz zum eindimensionalen Wachstum der Faden- und Flechthalli bilden sich Gewebethalli durch Teilung der Zellen in mehreren Raumrichtungen. Die Zellen der Gewebethalli können unterschiedlich differenziert sein und sich arbeitsteilig verhalten.

Die Gewebethalli der Moose können zwar eine Gliederung in Stämmchen, Blättchen und Rhizoide aufweisen (◘ Abb. 31.5), diese Strukturen entsprechen aber nicht den Grundorganen des Kormus. Solche Moose, die auf den ersten Blick der Gliederung der Kormophyten zu entsprechen scheinen, werden als foliose Moose den thallosen Moosen gegenübergestellt, deren Pflanzenkörper lappig, thallusartig erscheint. Sowohl bei den thallosen als auch bei den foliosen Moosen handelt es sich aber um Thallophyten. Sie besitzen keine echten Wurzeln, Blätter und Sprossachsen, auch wenn ihre Strukturen funktionell ähnliche Aufgaben übernehmen: Die Rhizoide dienen der Nährstoffaufnahme, die Stämmchen der Wasser- und Nährstoffleitung und die Blättchen der Photosynthese.

Die Gewebe der Kormophyten besitzen hoch differenzierte Gewebekomplexe. Vor allem die Festigungsgewebe und Abschlussgewebe stellen eine Anpassung an das Landleben dar. Die Festigungsgewebe (► Abschn. 19.3) sorgen für die mechanische Steifigkeit, die Abschlussgewebe (► Abschn. 19.4) vermindern den Wasserverlust und effiziente Leitgewebe (► Abschn. 19.5) erlauben einen Wasser- und Stofftransport über große Distanzen und somit den Aufbau großer Pflanzenkörper.

Die Anordnung der Leitgewebe ist in der Wurzel in der Regel von der Anordnung in der Sprossachse verschieden (► Abschn. 31.11) – während die Leitgewebe in der Wurzel sternförmig angeordnet sind (Aktinostele), gehen diese im Übergangsbereich zwischen Wurzel und Sprossachse in eine andere Anordnung über: Bei den zweikeimblättrigen Pflanzen in eine ringförmige Anordnung (Eustele), bei den Einkeimblättigen sind sie dagegen über den Sprossquerschnitt verteilt (Ataktostele).

Die gegenseitige Zuordnung der Grundorgane ist bei den Gefäßpflanzen stets gleich (◘ Abb. 31.6): Blätter stehen immer an Sprossachsen, niemals an Wurzeln. Wurzeln können auch an

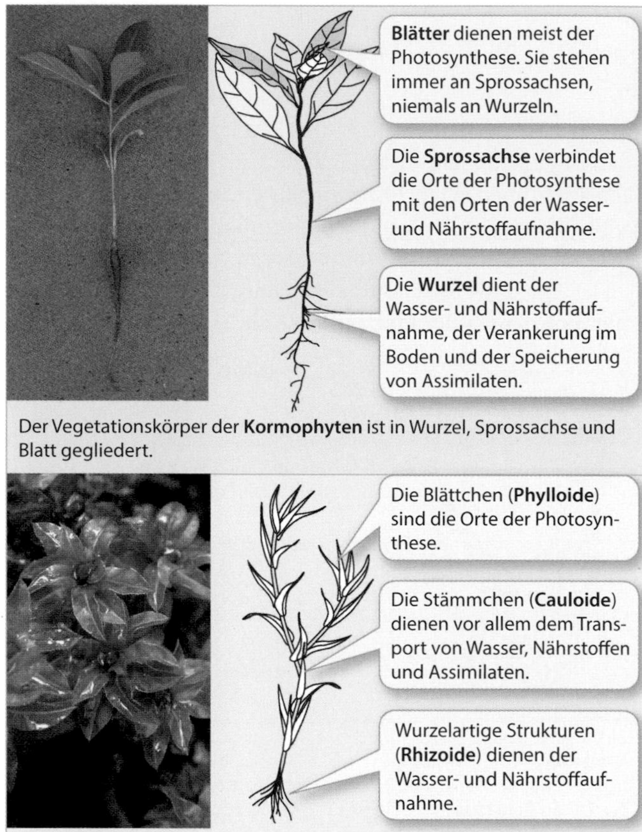

Der Vegetationskörper der **Kormophyten** ist in Wurzel, Sprossachse und Blatt gegliedert.

Der Vegetationskörper der Laubmoose und einiger Lebermoose ist beblättert. Diese Ausprägung wird als folios bezeichnet. Der Vegetationskörper der **foliosen Moose** ist aber ein **Thallus**.

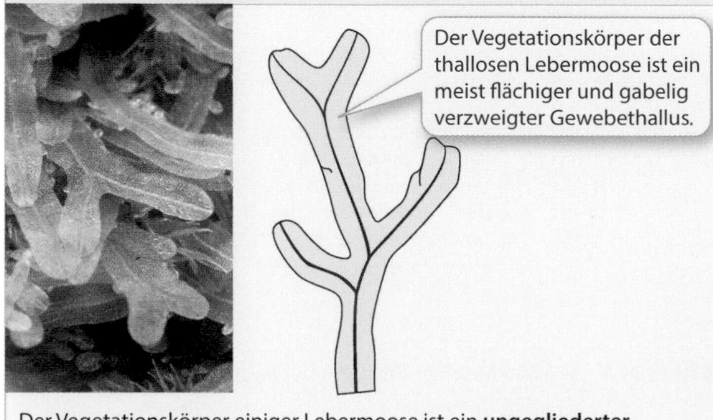

Der Vegetationskörper einiger Lebermoose ist ein **ungegliederter Thallus**. Diese Ausprägung wird als thallos bezeichnet.

◘ **Abb. 31.5** Kormus der Samen- und Farnpflanzen und Thallus der foliosen und thallosen Moose

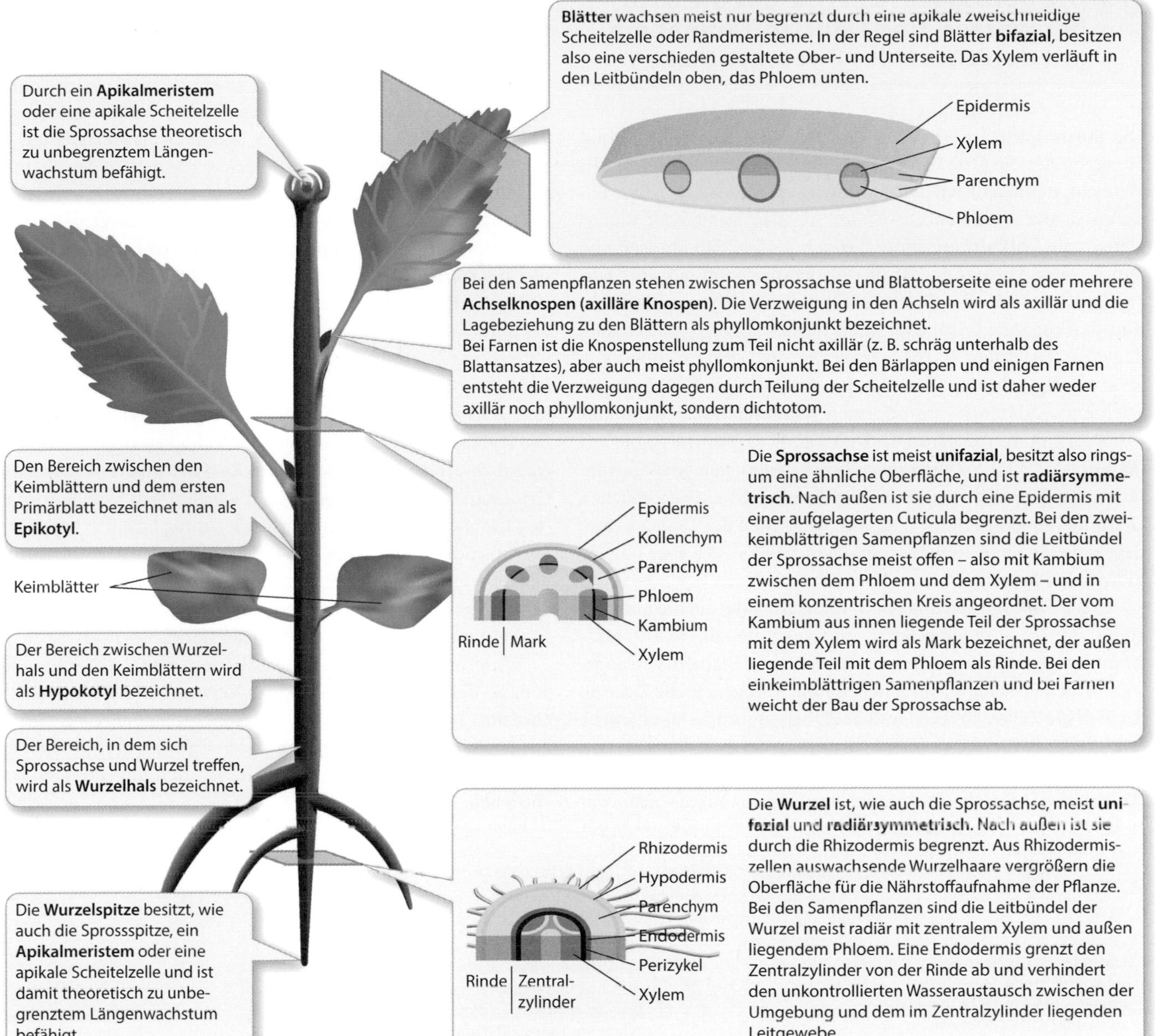

Abb. 31.6 Der Kormus einer zweikeimblättrigen Samenpflanze

Sprossen entstehen (sprossbürtige Wurzeln) sowie umgekehrt Sprosse an Wurzeln (Wurzelsprosse).

Sprossachsen und Wurzeln wachsen in der Regel nur an apikalen Bildungsgeweben oder Scheitelzellen. Seitenwurzeln werden endogen gebildet, während Seitensprosse exogen durch Verzweigung entstehen. Nach Verletzungen können aber durch Reembryonalisierung an fast beliebiger Stelle Spross- oder Wurzelvegetationspunkte entstehen. Blätter wachsen durch eine zweischneidige Scheitelzelle oder Randmeristeme.

31.3 Die Sprossachse verbindet die Orte der Wasser- und Nährstoffaufnahme mit den Orten der Photosynthese

Die Sprossachse ist eines der drei Grundorgane des Kormus. Sie verbindet die Orte der Wasser- und Nährstoffaufnahme, die Wurzeln, mit den Orten der Photosynthese, den Blättern. Die Bildungsgewebe (▶ Abschn. 19.1) der Sprossachse und der Wurzel werden als **Apikalmeristeme** bezeichnet. Bei den Moosen und den meisten Farnen besitzt das Apikalmeristem nur eine einzige große Initialzelle (◼ Abb. 31.7). Bei den Bärlappgewächsen und den meisten Gymnospermen besteht das Apikalmeristem dagegen aus einem Initialenkomplex, also einer Gruppe von gleichwertigen Initialzellen. Bei den Angiospermen und einigen hoch entwickelten Gymnospermen ist dieser Initialenkomplex in einen inneren **Corpus** und eine äußere **Tunica** gegliedert (◼ Abb. 31.7). Die Zellen des Corpus teilen sich periklin (parallel zur Oberfläche) und antiklin (senkrecht zur Oberfläche), allerdings vergleichsweise langsam. Die Zellen der Tunica weisen dagegen eine hohe Teilungsaktivität auf, teilen sich aber nur antiklin (▶ Abschn. 21.2).

In der Längsgliederung der Sprossachse folgt auf die nur etwa 10–50 µm lange teilungsaktive Initialenzone zunächst die 20–80 µm lange Differenzierungszone, in der die Blattanlagen angelegt werden, und daran anschließend die histogenetische Zone, in der sich die Zellen strecken und der Übergang zum Dauergewebe erfolgt. Die Blattanlagen und die Knospen der Seitensprosse entstehen dabei aus Zellwucherungen der Oberfläche, also exogen (◼ Abb. 31.7). Da das Wachstum der Blätter zunächst schneller erfolgt als das des Sprossscheitels, wird dieser von den Blättern umwachsen und ist so geschützt. Die Seitentriebe wachsen bei den Samenpflanzen aus den Achseln von Blättern, verzweigen also **phyllomkonjunkt** (in Bezug zu einem Blatt stehend) und **axillär** (in den Achseln). Die betreffenden Blätter werden als Trag- oder Deckblätter bezeichnet, in Blüten als Hochblätter.

Ist das Wachstum der Hauptachse gegenüber den Seitentrieben gefördert, nennt man das resultierende Verzweigungssystem **monopodial**, sind die Seitentriebe stärker gefördert, **sympodial**. Bei Letzterem unterscheidet man Systeme in denen nur ein (Monochasium), zwei (Dichasium) oder mehrere (Pleiochasium) Seitentriebe gefördert werden. Die Förderung der Sprossachsen wird durch die Phytohormone Auxin und Cytokinin reguliert. **Apikaldominanz** bezeichnet die bevorzugte Förderung der Endknospe im Vergleich zu den Seitenknospen und führt zur Ausbildung monopodialer Verzweigungssysteme. Die Apikaldominanz beruht auf der Fähigkeit der Endknospe, Auxin zu produzieren und an den Rest der Pflanze abzugeben. Cytokinine fördern dagegen das Wachstum von Seitenknospen (▶ Abschn. 21.4). Im Laufe der Entwicklung lässt die Apikaldominanz meist nach, sodass sich die Pflanzen nach einer Phase des Längenwachstums stärker verzweigen, wie dies bei Laubbäumen der Fall ist. Dagegen ist bei den meisten Nadelbäumen die Apikaldominanz auch in älteren Pflanzen stark ausgeprägt.

Viele Bärlappe und einige Farne verzweigen sich über eine Teilung des Apikalmeristems, das Verzweigungssystem ist **dichotom**. Triebe können auch, insbesondere als Folge von Verletzungen des Pflanzenkörpers, an anderen Stellen des Sprosses, an den Wurzeln oder auch an den Blättern durch Adventivknospen entstehen.

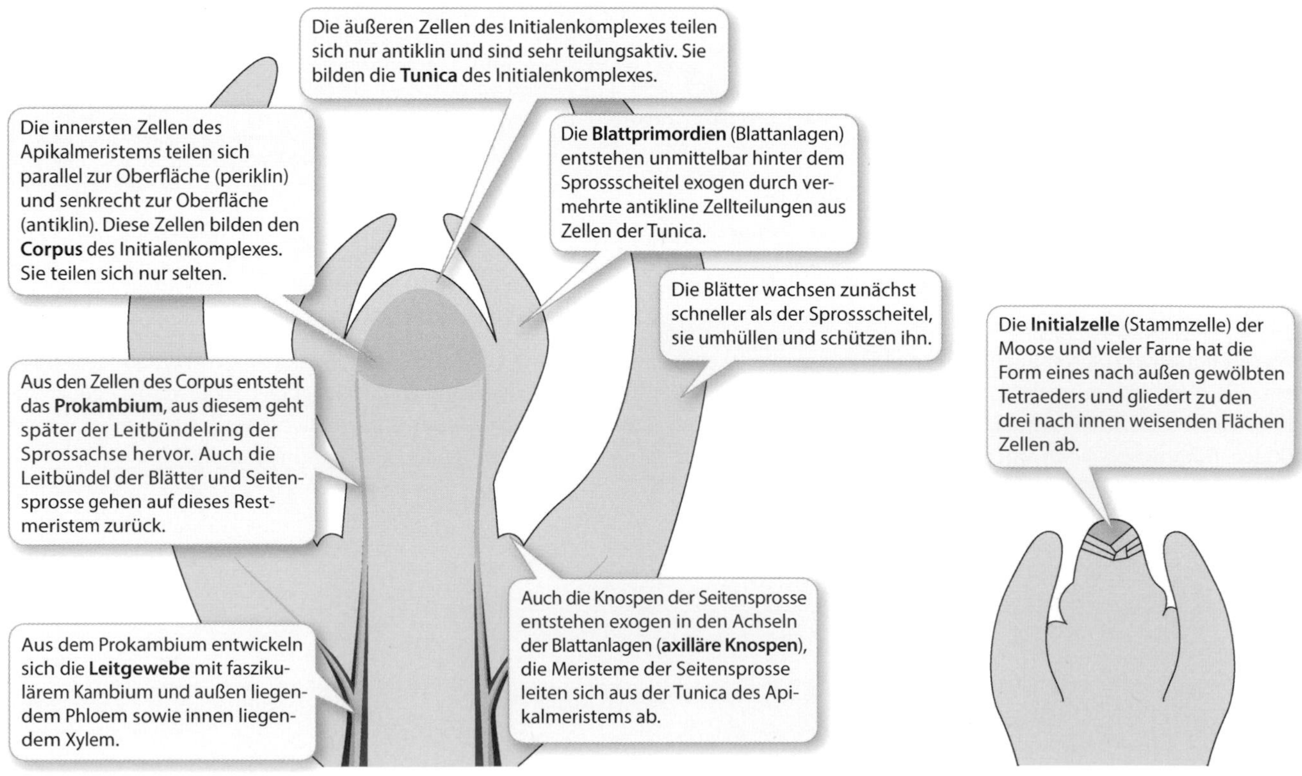

◼ **Abb. 31.7** Aufbau der Sprossspitze bei Angiospermen (links) und bei Farnen (rechts)

Der Zustand des differenzierten Sprosses vor dem Einsetzen der Aktivität des vaskulären Kambiums wird als primärer Zustand bezeichnet. Krautige Pflanzen verbleiben in diesem Zustand, während bei verholzenden, ausdauernden Pflanzen eine weitere Modifizierung durch sekundäres Dickenwachstum einsetzt.

Im primären Zustand ist die Sprossachse nach außen durch eine **Epidermis** und eine der Epidermis aufgelagerten **Cuticula** abgeschlossen. Der Gasaustausch des Pflanzenkörpers erfolgt über Spaltöffnungen. Unter der Epidermis liegt das **Rindenparenchym**, das in den äußeren Schichten meist als **Kollenchym** ausgebildet ist. Dieses außen liegende Festigungsgewebe verleiht der Sprossachse Stabilität. Im Parenchym eingebettet liegen die **Leitbündel**. Bei den dikotylen Angiospermen sind diese ringförmig angeordnet (◘ Abb. 31.8), bei den Monokotylen sind sie über den gesamten Achsenquerschnitt verteilt.

Die Insertionsstellen von Blättern an der Sprossachse werden als Knoten (Nodi, Singular: Nodus) bezeichnet, oft sind diese Bereiche der Sprossachse verdickt. Den zwischen zwei Knoten liegenden Sprossabschnitt nennt man **Internodium**. Die Organe können durch Verlängerung der Internodien weit auseinander gerückt sein oder auch durch verkürzte Internodien eng beieinander liegen. Verkürzte Internodien (Kurztriebe) führen zu Blattrosetten und Zwiebeln, verlängerte Internodien (Langtriebe) führen zu Schäften und Ausläufern (◘ Abb. 31.9).

Die **Epidermis** bildet die äußere Zellschicht der primären Sprossachse. Die Zellen der Epidermis grenzen lückenlos aneinander und schließen den Spross nach außen hin ab, sie besitzen in der Regel Leukoplasten; aber keine photosynthetisch aktiven Plastiden. Der Gasaustausch des Pflanzenkörpers erfolgt über Spaltöffnungen. Der Epidermis ist meist eine Cuticula aufgelagert.

Das **Rindenparenchym**, das Gewebe zwischen Epidermis und Leitbündelkranz, enthält Chloroplasten und ist oft als Chlorenchym ausgeprägt. Im peripheren Bereich ist es häufig als Kollenchym ausgebildet.

Die offen kollateralen **Leitbündel** sind rund um das Mark angeordnet, zwischen dem außen liegenden Phloem und dem innen liegenden Xylem befindet sich das faszikuläre Kambium.

Das Markparenchym kann Speicherfunktion übernehmen. Zum Teil sind die Zellen abgestorben, im Inneren kann durch Gewebezerreißung eine **Markhöhle** entstehen.

Die einzelnen Leitbündel sind durch **Markstrahlen** aus Parenchym voneinander getrennt.

◘ **Abb. 31.8** Schematischer Querschnitt durch den primären Spross einer zweikeimblättrigen bedecktsamigen Pflanze

◘ **Abb. 31.9** Die Stauchung oder Streckung von Internodien modifiziert die Morphologie der Sprossachse

31

31.4 Die Wurzel dient der Aufnahme von Wasser und Nährstoffen

Die **Wurzeln** verankern die Pflanze im Boden und dienen der Wasser- und Nährstoffaufnahme. Für die **Verankerung** der Pflanzen müssen die Wurzeln teils starke Zugbelastungen aushalten. Der Bau der Wurzel mit zentralem Leit- und Festigungsgewebe, umgeben von einer flexibleren Rinde, spiegelt diese Anpassung an hohe Zugbelastungen wider (■ Abb. 31.10). Um eine gute **Nährstoffaufnahme** zu gewährleisten, ist die Oberfläche der Wurzel stark vergrößert. Zum einen kann Wasser extrazellulär in die Rinde einströmen, sodass die gesamte Oberfläche des Rindenparenchyms für den Nährstoffaustausch genutzt werden kann. Zum anderen wachsen einzelne Rhizodermiszellen zu Wurzelhaaren von einigen Millimetern Länge aus. So ist beispielsweise die gesamte Wurzeloberfläche einer Roggenpflanze größer als die Fläche eines Tennisplatzes, obwohl die Pflanze nur ein Erdvolumen von wenigen Litern durchwurzelt. Hinzu kommt bei den meisten Pflanzen eine weitere Oberflächenvergrößerung, die durch eine Symbiose mit Mykorrhizapilzen über das Hyphengeflecht der Pilze erreicht wird.

Bei vielen Samenpflanzen wächst die Keimwurzel zur Hauptwurzel heran (**allorhize Bewurzelung**) und ist dann meist als Pfahlwurzel ausgeprägt, sekundäre Wurzeln verlaufen bei diesem Bewurzelungstyp meist horizontal (■ Abb. 31.11). Bei den Farnen entstehen die Wurzeln dagegen nicht aus einer Keimwurzel (da Farne keine Samen bilden), sondern entstehen sprossbürtig. Es bilden sich viele gleichrangige Wurzeln aus, die oft nicht oder nur mäßig weiter verzweigt sind. Dieses Wurzelsystem nennt

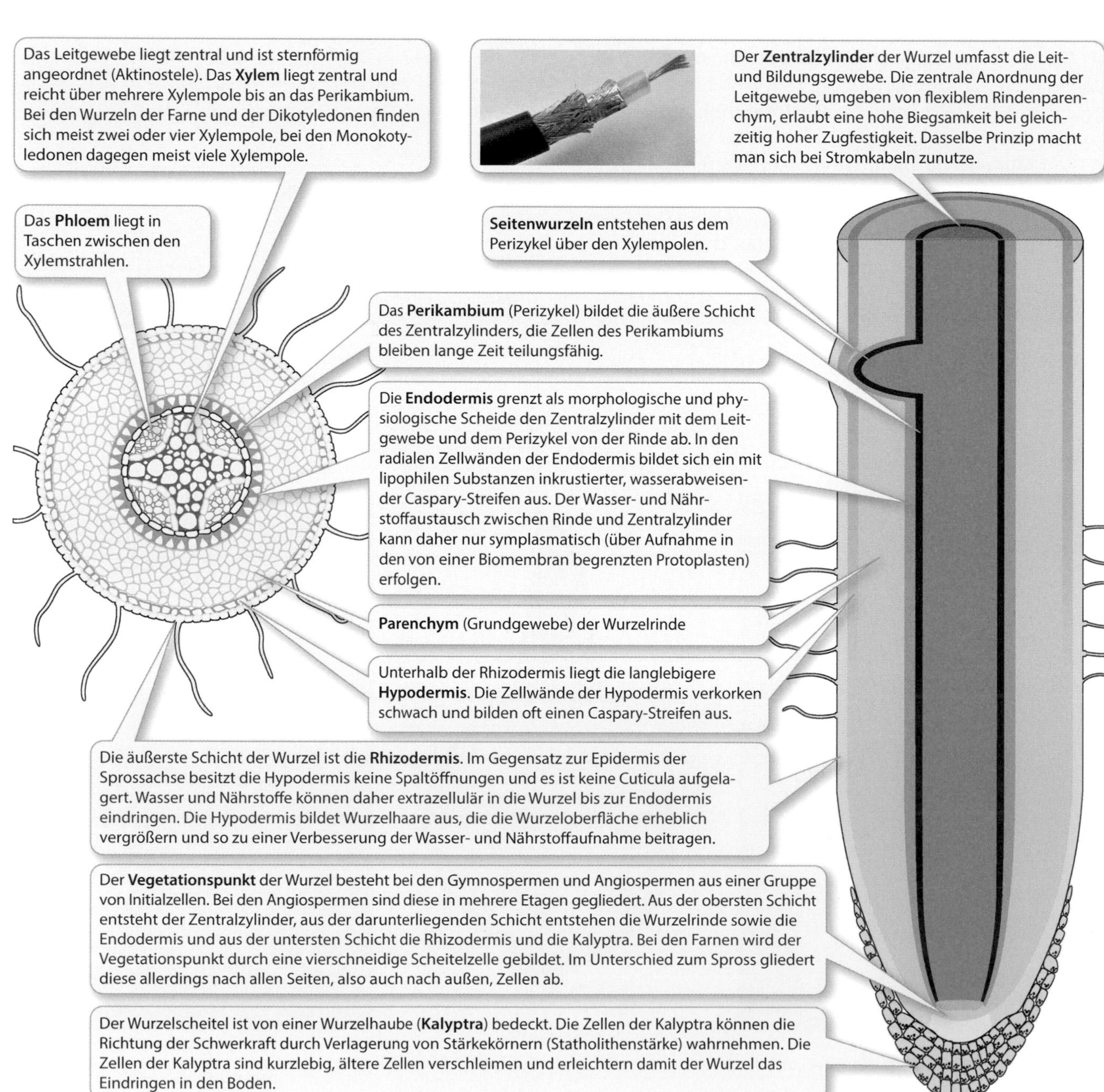

■ **Abb. 31.10** Schematischer Querschnitt und Längsschnitt durch eine Wurzel

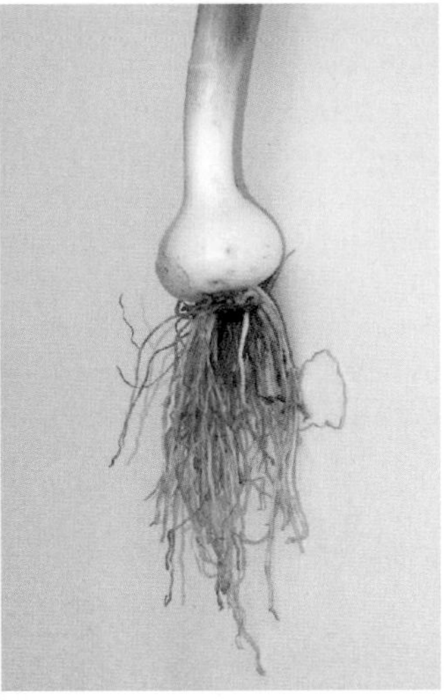

Abb. 31.11 Allorhize Bewurzelung beim Löwenzahn (*Taraxacum officinale*; links) und homorhize Bewurzelung bei der Zwiebel (*Allium cepa*; rechts)

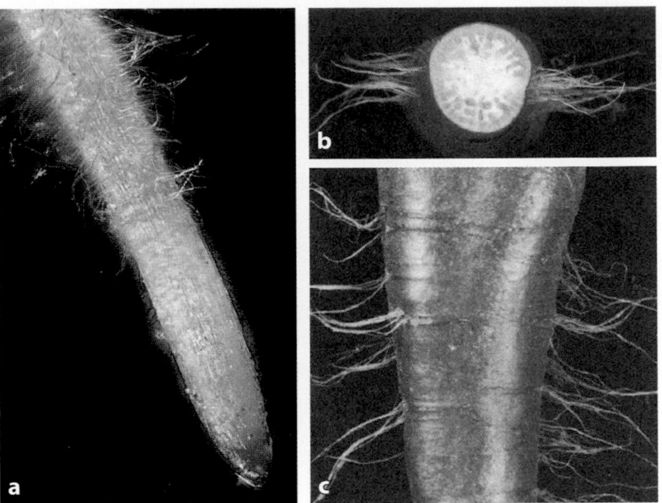

Abb. 31.12 Wurzelspitze mit Wurzelhaarzone. **a** Wurzelspitze der Keimwurzel des Kürbis (*Curcubita maxima*) mit Kalyptra und Wurzelhaarzone. **b** und **c** Rhizostiche des Rettichs (*Raphanus* spec.)

man **homorhiz**. Ein ähnliches Wurzelsystem findet sich auch bei einigen Samenpflanzen – bei den Monokotyledonen entstehen beispielsweise aus den unteren Sprossknoten zahlreiche Wurzeln, während die ursprüngliche Keimwurzel verkümmert. Bei den Farnen ist diese Bewurzelung ursprünglich (primäre Homorhizie), bei den Samenpflanzen sekundär (sekundäre Homorhizie).

Die Wurzel lässt sich im Längsverlauf in mehrere funktionell unterschiedliche Bereiche einteilen (Abb. 31.10). Die Wurzelspitze wird von der Wurzelhaube (**Kalyptra**) gebildet, die einerseits die junge Wurzel durch verschleimende Zellen und eine sezernierte Polysaccharidschicht (Mucigel) schützt und das Eindringen in den Boden erleichtert, andererseits dient sie der Graviperzeption, also der Wahrnehmung der Schwerkraft, und damit der Orientierung des Wurzelwachstums. Der Vegetationspunkt der Wurzel ist von der Kalyptra umhüllt, auf diesen folgt zunächst eine Zone der Zellteilung und Zellstreckung. Daran schließt sich die **Wurzelhaarzone** an, in der ein maximaler Wasser- und Nährstoffaustausch mit der Umgebung erfolgt (Abb. 31.12a). Dahinter kommt es schließlich zu Verzweigungen der Wurzel. Verzweigungen entstehen in der Wurzel im Unterschied zum Spross aus dem Perizykel und damit endogen. Da die Seitenwurzeln immer über den Xylempolen des radiären Leitgewebes entstehen, sind die Seitenwurzeln im Verlauf der Wurzel in Längsreihen (Rhizostichen) angeordnet (Abb. 31.12b,c).

Im Querschnitt weist die Wurzel eine Gliederung in die äußere **Rinde** und einen innen liegenden **Zentralzylinder** auf (Abb. 31.10). Die Endodermis trennt den Zentralzylinder und die Rinde der Wurzel morphologisch und physiologisch. In der Absorptionszone kann sich in die Wurzel einströmendes Wasser im Bereich der Interzellularen und Zellwände extrazellulär verteilen. Ähnlich erfolgen der Wasser- und Ionentransport im Leitgewebe des Zentralzylinders im Xylem extrazellulär. Die **Endodermis** (▶ Abschn. 19.4) verhindert den unkontrollierten Austausch zwischen diesen Kompartimenten. Im primären Zustand sind in einem bandförmigen Bereich Lignin und lipophile Substanzen in die radialen Zellwände der Endodermis eingelagert. Dieser Bereich wird als **Caspary-Streifen** bezeichnet. Die Plasmamembran der Zelle haftet fest am Caspary-Streifen und löst sich auch bei Plasmolyse nicht von ihm ab. Auf diese Weise wird der extrazelluläre Diffusionsweg versperrt, Wasser und Ionen können nur symplasmatisch, also durch das Cytoplasma nach Übertritt durch eine Membran, in den Zentralzylinder gelangen. In älteren Abschnitten der Wurzel sind die Zellwände der Endodermis oft suberinisiert (sekundärer Zustand) und schließlich stark asymmetrisch verdickt (tertiärer Zustand) – über diese Zellen ist kein Wasseraustausch mehr möglich; die Endodermis besitzt im sekundären und tertiären Zustand allerdings Durchlasszellen, die im primären Zustand verbleiben und über die ein Wasseraustausch erfolgen kann.

31.5 Sekundäres Dickenwachstum führt zu einer Umfangerweiterung von Sprossachse und Wurzel

Bei vielen annuellen Kräutern ist die Differenzierung der Sprossachse und der Wurzel im primären Zustand abgeschlossen. Bei mehrjährigen und verholzenden Samenpflanzen entwickelt sich die Achse durch einsetzende Aktivität des lateralen Kambiums weiter. Die Transport- und Stützfunktion der Sprossachse erfordern bei ausdauernden und großen Pflanzen eine Verdickung der Achsen, die durch **sekundäres Dickenwachstum** erreicht wird. Verantwortlich für das sekundäre Dickenwachstum sind **laterale Meristeme** (**Kambien**), die in den Achsen zwischen Holz und Bast liegen.

Im Bereich der Leitgewebe liegt bereits im primären Zustand zwischen Xylem und Phloem das **faszikuläre Kambium**. Durch Reembryonalisierung von Parenchymzellen bildet sich zwischen den Leitbündeln **interfaszikuläres Kambium**, sodass schließlich ein geschlossener **Kambiumzylinder** entsteht. In der Wurzel rundet sich das **Perizykel** durch ungleiche Teilungsaktivität ab, das weitere Dickenwachstum erfolgt dann in der Wurzel ähnlich wie in den Sprossachsen. Der Kambiumzylinder ist nur eine Zelllage dick und scheidet abwechselnd nach innen und nach außen Zellen ab. Die Gesamtheit der nach innen abgegebenen Zellen bildet das Holz, die Gesamtheit der nach außen abgegeben Zellen den Bast.

31

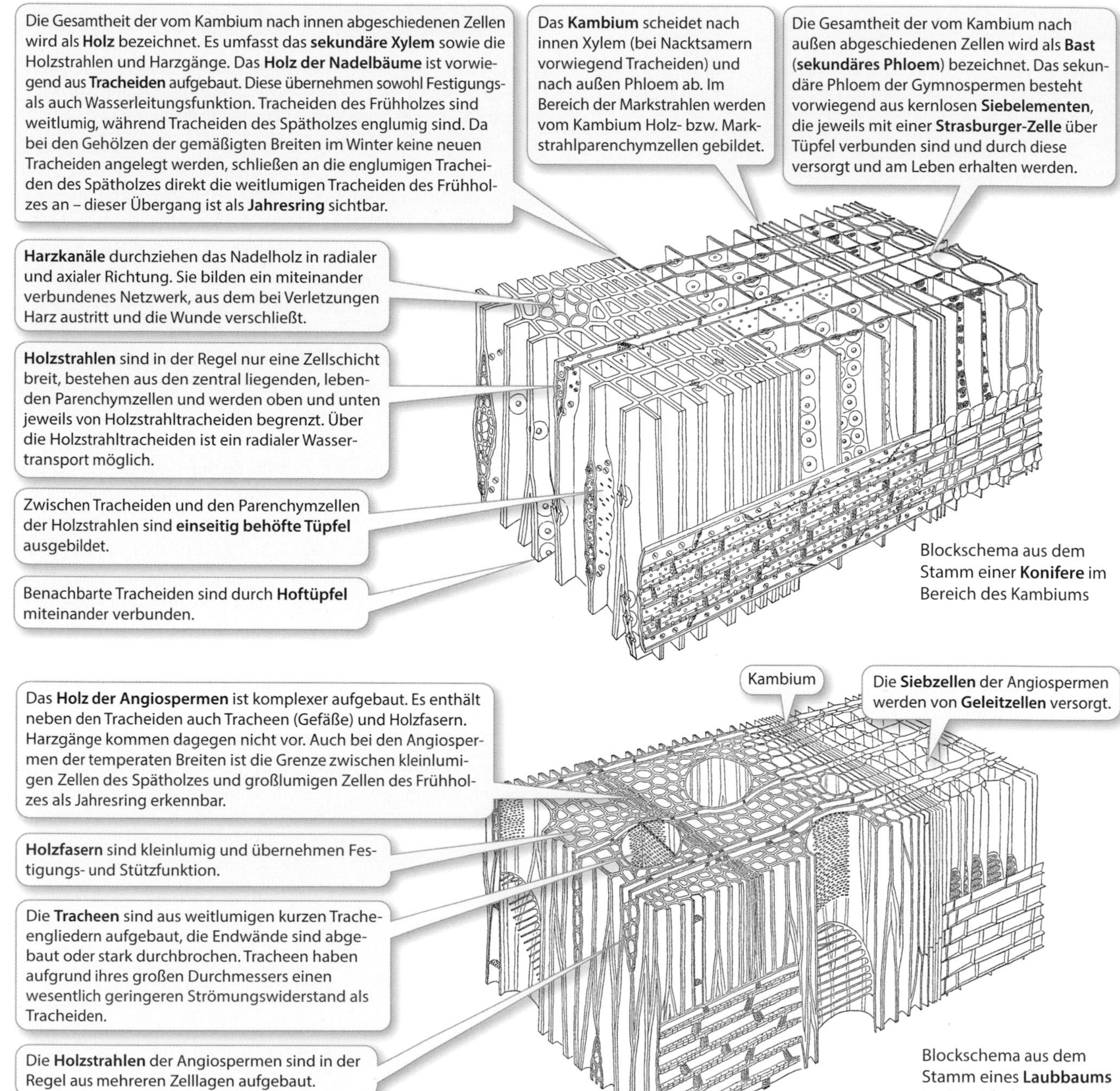

Abb. 31.13 Aufbau von Holz und Bast bei Nadelbäumen und bei Laubbäumen

Das „lebende" äußere Holz wird als **Splintholz** bezeichnet. Insbesondere bei ringporigen Hölzern ist dieser Bereich auf meist nur wenige Jahreszuwächse beschränkt.

Im zentralen Bereich des Stamms finden sich nach fortgesetztem sekundären Dickenwachstum keine lebenden Zellen mehr. Durch Einlagerung von Gerbstoffen und Harzen wird die Dauerhaftigkeit des Holzes erhöht und die Anfälligkeit gegenüber Pathogenen wird vermindert. Dieser Bereich unterscheidet sich oft farblich vom äußeren Splintholz und wird als **Kernholz** bezeichnet.

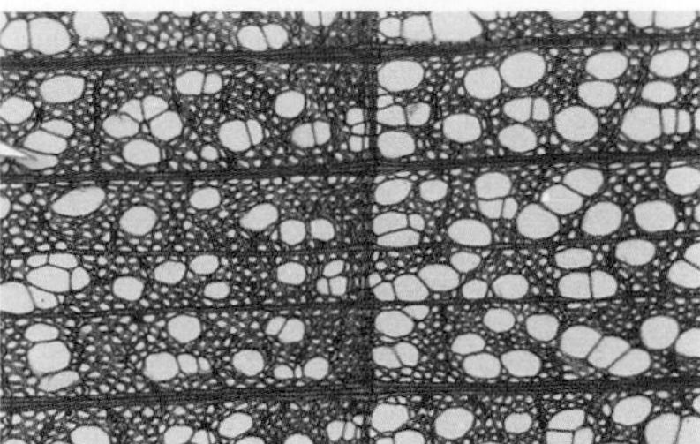

Bei **zerstreutporigem Holz** finden sich Gefäße mit einem meist geringerem Durchmesser über den Jahreszuwachs verteilt, wie hier bei der Linde (*Tilia platyphyllos*) mit Gefäßdurchmessern um 100 µm.

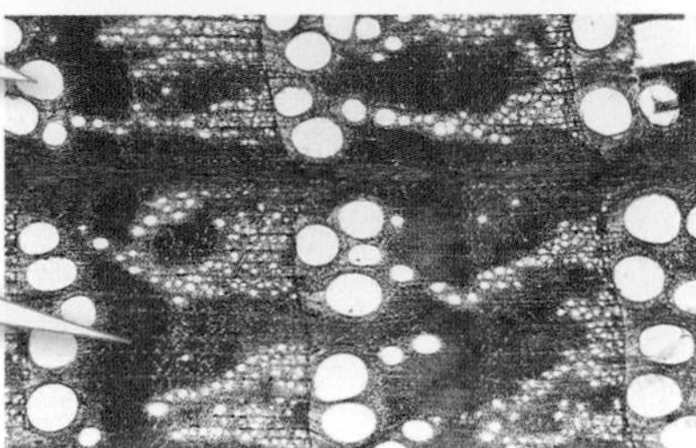

Ringporiges Holz besitzt im Frühholz große Gefäße, wie bei der Eiche (*Quercus robur*) mit einem Durchmesser bis zu 500 µm. Im Spätholz finden sich dagegen nur englumige Gefäße.

Bei **Harthölzern** ist der Anteil an Zellwandmaterial besonders hoch, beispielsweise durch einen hohen Anteil dicht gepackter Holzfasern (dunkle Bereiche).

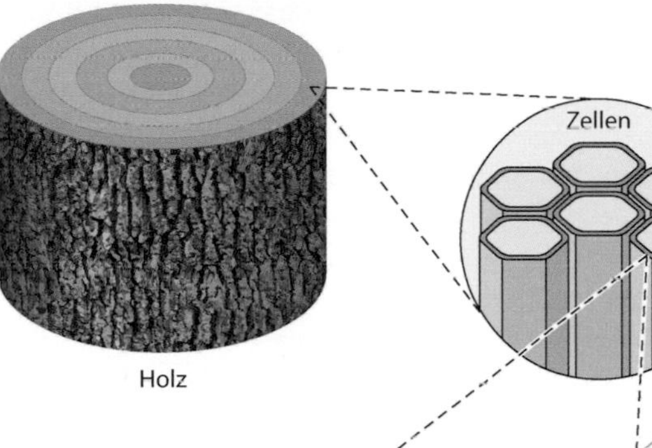

Zellwand

Der Anteil an **Cellulose** beträgt etwa 25–50 %. Cellulose besteht aus langen unverzweigten Ketten aus β-1,4-glykosidisch verknüpften Glucoseeinheiten.

Der Anteil an **Hemicelluosen** beträgt etwa 25–30 %. Hemicellulosen sind ein Gemisch verschiedener Polysaccharide. Die häufigsten Monomere sind Glucose, Xylose und Arabinose. Die häufigsten Hemicellulosen sind **Glucane** aus β-1,3- und β-1,4-glykosidisch verknüpften Glucoseeinheiten, **Xyloglucane**, also Glucanketten mit Seitenketten aus Xylose, sowie **Xylane**, also Polysaccharide aus Xylose mit Seitenketten aus Arabinose und anderen Zuckern. Die Hemicellulose vernetzt die Cellulosefibrillen miteinander.

Der Anteil an **Lignin** beträgt 15–25 %. Als Lignine werden verschiedene stark vernetzte Makromoleküle aus aromatischen Grundbausteinen (insbesondere Cumarylalkohol, Coniferylalkohol und Sinapylalkohol) bezeichnet. Sie besitzen daher viele phenolische Gruppen. Die Ligninpolymere vernetzen sich über die Zellwände verschiedener Zellen hinweg, sodass der Ligninanteil eines Baums oft nur als ein einziges oder wenige Ligninmoleküle vorliegt, die entsprechend ein Gewicht von mehreren Tonnen aufweisen können.

Abb. 31.14 Aufbau und chemische Zusammensetzung von Holz

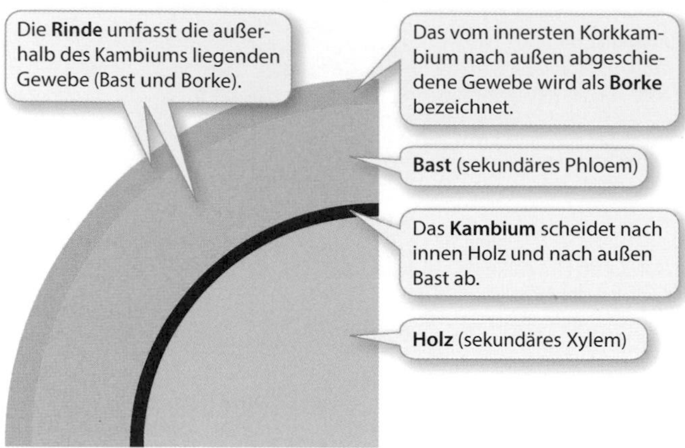

Abb. 31.15 Schematischer Aufbau einer Sprossachse nach Einsetzen der Aktivität des Korkkambiums (oben) und Aufbau des Basts am Beispiel der Linde (unten)

Das Holz entspricht einem **sekundären Xylem**, das von Holzstrahlen durchzogen ist, der Bast entspricht einem **sekundären Phloem**, das von Baststrahlen durchzogen ist (Abb. 31.13).

Das **Holz** hat einerseits **Stütz- und Festigungsfunktion**, andererseits die Funktion der **Wasser- und Nährstoffleitung**. Der Holzkörper ist aus verschiedenen Elementen aufgebaut: Tracheiden, Tracheen, Holzfasern und Holzparenchymzellen (▶ Abschn. 19.5). **Nadelholz** ist vergleichsweise einfach aufgebaut und besteht vorwiegend aus Tracheiden. Tracheen fehlen dagegen vollständig und das Parenchym ist auf die Holzstrahlen und, soweit vorhanden, auf das Drüsenepithel von Harzgängen beschränkt. Das **Holz von Laubbäumen** ist dagegen komplexer aufgebaut (Abb. 31.13).

Die Tracheiden und Tracheen werden bei vielen Bäumen der gemäßigten Klimazonen im Frühjahr weitlumig, im Spätsommer und Herbst dagegen zunehmend englumiger angelegt, während im Winter der Zuwachs des Holzkörpers zum Erliegen kommt. Dadurch entstehen die typischen **Jahresringe** im Holzkörper (Abb. 31.14). Die verholzten Zellwände bestehen vorwiegend aus Cellulose, Hemicellulose und Lignin, die inneren Bereiche des Holzkörpers können zudem noch durch Einlagerung von Gerbstoffen und Harzen verkernen (Abb. 31.14).

Durch die Abscheidung von Zellen nach innen erweitert sich mit fortschreitendem Dickenwachstum der Umfang des Kambiumzylinders (Abb. 31.15). Die Umfangserweiterung wird durch antikline Teilung (also Teilung senkrecht zur Oberfläche der Sprossachse) der Kambiumzellen ausgeglichen.

Der nach außen abgeschiedene **Bast** erfüllt vorwiegend Funktionen des **Assimilattransports** und der Festigung sowie des mechanischen Schutzes der Sprossachse. Die **Siebelemente** sind lebende, aber kernlose Zellen, überwiegend für den Transport von Assimilaten. Sie werden über Tüpfel von Parenchymzellen am Leben gehalten (▶ Abschn. 19.5). Diese Parenchymzellen werden bei Angiospermen als Geleitzellen, bei Gymnospermen als Strasburger-Zellen bezeichnet.

Holzstrahlen im Holzteil und deren Fortsetzung im Bast, die **Baststrahlen**, verbinden Holz- und Bastteil und dienen dem Stoffaustausch zwischen beiden Bereichen. Die zunehmende Umfangerweiterung des außerhalb des Kambiumzylinders liegenden Gewebes kann durch Dilatationswachstum, also Umfangerweiterung durch tangentiale Teilung, vor allem der Parenchymzellen der Baststrahlen, nur zum Teil kompensiert werden. Schließlich reißen die Epidermis und die äußere Rinde aber ein und werden durch ein sekundäres Abschlussgewebe, das Periderm, ersetzt (Abb. 31.15): Durch Reembryonalisierung entsteht außerhalb des Kambiums ein Meristem, das **Phellogen**, das nach innen meist nur eine Zelllage, das **Phelloderm**, und nach außen mehrere Zelllagen, das **Phellem**, abscheidet. Zusammen bilden sie das **Periderm** (**Kork**). Die Zellwände des Phellems sind durch Suberineinlagerungen wasserundurchlässig und besitzen keine Interzellularen. Der Gasaustausch wird im Bereich der ehemaligen Schließzellen durch **Lenticellen** (Korkporen) ermöglicht (▶ Abschn. 19.4). Durch wiederholtes Einziehen von Korkkambien entsteht schließlich das tertiäre Abschlussgewebe, die **Borke** (Abb. 31.16).

Einkeimblättrige (Monokotyledonen) besitzen geschlossene Leitbündel, die unregelmäßig über den Sprossquerschnitt verteilt sind. Ein sekundäres Dickenwachstum kommt bei diesen Pflanzen in der Regel nicht vor – Palmen beispielsweise erreichen ihren Stammdurchmesser durch **primäres Dickenwachstum**. Sekundäres Dickenwachstum tritt nur bei wenigen einkeimblättrigen Arten wie dem Drachenbaum (*Dracaena draco*) sowie bei einigen *Yucca*- und *Aloe*-Arten auf (Abb. 31.17). Bei diesen Arten bildet sich das Kambium außerhalb der Leitgewebe und scheidet nach innen Zellen ab, die sich dann in Parenchym oder Leitbündelelemente (Xylem- oder in Phloemelemente) differenzieren.

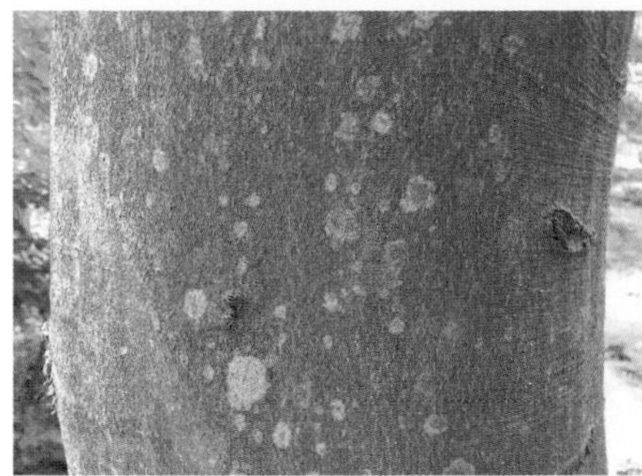

Wenn das erste Korkkambium (**Oberflächenperiderm**) lange aktiv bleibt und der Umfangserweiterung durch Dilatationswachstum folgt, entsteht wie bei der Rotbuche (*Fagus sylvatica*) ein meist dünnes Oberflächenperiderm (oben). Die Aktivität des Oberflächenperiderms kann aber auch zur Bildung von Massenkork wie bei der Korkeiche (*Quercus suber*, unten im Querschnitt) führen – die Korkschichten des Oberflächenperiderms ereichen hier eine Dicke von mehreren Zentimetern.

Ringelborke wie bei älteren Stämmen der Hängebirke (*Betula pendula*) bildet sich, wenn die Korkkambien in ringsum laufenden Kreisen gebildet werden.

Viele Bäume bilden wie die Weißtanne (*Abies alba*) eine **Schuppenborke.** Diese entsteht, wenn die Korkkambien bogenförmig gebildet werden und allseitig an die älteren, weiter außen liegenden Korkkambien anschließen. Ältere Schuppen können abblättern, was durch besondere Trennschichten gefördert wird.

Bei den meisten Bäumen wird aber das Oberflächenperiderm infolge der andauernden Stammverdickung aufgerissen und durch tieferliegende Korkkambien abgedichtet (**Tiefenperiderm**). Diese tiefer liegenden Korkkambien sind meist nur kurze Zeit aktiv und werden sukzessiv durch noch tiefer liegende Kambien abgelöst. So bildet sich eine dicke **Borke** aus totem Gewebe.

Abb. 31.16 Sekundäres Abschlussgewebe bei Bäumen mit Oberflächenperiderm und tertiäres Abschlussgewebe (Borke) bei Bäumen mit Tiefenperiderm

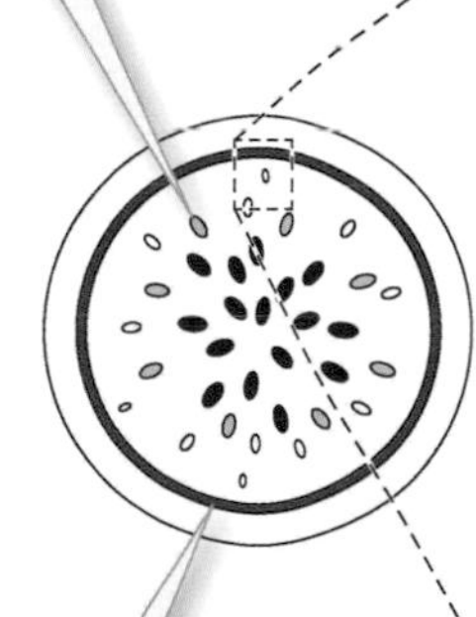

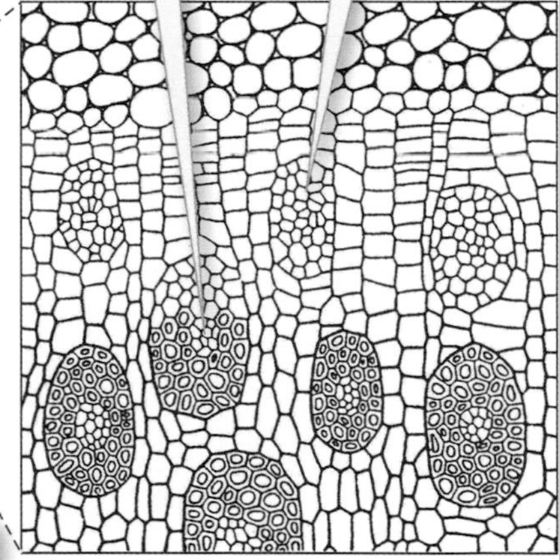

Die **Leitbündel der Monokotyledonen** sind geschlossen und über den Stammquerschnitt verteilt.

Die vom Kambium abgeschiedenen Zellen differenzieren sich teilweise zu Leitbündeln mit Xylem und Phloemelementen.

Das Kambium bildet sich beim sekundären Dickenwachstum des Drachenbaums außerhalb des zentralen, mit Leitbündeln durchsetzten Bereichs.

Abb. 31.17 Der Kanarische Drachenbaum (*Dracaena draco*) ist eine der wenigen Pflanzen mit sekundärem Dickenwachstum

31.6 Flächige Blätter optimieren die Lichtausnutzung und die Gasversorgung für die Photosynthese

Das **Blatt** (Phyllom) ist eines der drei Grundorgane des Kormus, in der Regel dienen die Blätter als Orte der **Photosynthese** und der für den Nährstofftransport wichtigen **Transpiration**. Die Blätter der Farn- und Samenpflanzen sind **flächige Organe** und optimieren durch ihre große Oberfläche die Lichtausbeute. Sie weisen einen typischen Bau auf: Das Unterblatt umfasst den Blattgrund und die Nebenblätter, das Oberblatt den Blattstiel und die Blattspreite (◘ Abb. 31.18). In den Achseln der Blätter sitzen **axilläre Knospen**, aus denen **Seitentriebe** entstehen können. Das Unterblatt ist häufig stark reduziert, bei vielen Monokotyledonen ist der Blattgrund dagegen an den Knoten stängelumfassend und zu einer röhrenförmigen Blattscheide verlängert.

Das typische **Laubblatt** ist **bifazial**, weist also einen unterschiedlichen Aufbau der Oberseite und der Unterseite auf (◘ Abb. 31.19). Das Blatt ist von einer Epidermis umgeben, der eine Cuticula aufgelagert ist. Während die Zellen der Epidermis keine Chloroplasten enthalten, besitzen die Schließzellen der **Spaltöffnungen** (**Stomata**) Chloroplasten und regulieren über die Wasser- und Kohlenstoffdioxidverfügbarkeit den Gasaustausch der Blätter. In der Regel weist nur die untere Epidermis Stomata auf (hypostomatisch). Bei Schwimmblättern liegen die Stomata allerdings in der oberen Epidermis (epistomatisch), bei wenigen Pflanzen auch auf beiden Blattseiten (amphistomatisch). Zwischen oberer und unterer Epidermis befindet sich das photosynthetisch aktive Mesophyll. Die obere Mesophyllschicht ist häufig als Palisadenparenchym ausgeprägt, die untere als mit großen Interzellularen durchsetztes Schwammparenchym (◘ Abb. 31.19).

Im Unterschied zum Laubblatt ist das **Nadelblatt äquifazial** gebaut, also mit gleichem Aufbau der Ober- und Unterseite. Es ist in der Regel **xeromorph**, zeichnet sich also durch eine Reihe von Trockenheitsanpassungen aus (◘ Abb. 31.20). Die Leitbündel der Laubblätter verlaufen bei den Dikotyledonen netzartig (netznervig), während sie bei den Monokotyledonen parallel verlaufen (parallelnervig). Bei den Nadelblättern sind die Leitbündel auf in der Regel zwei parallel verlaufende Bündel reduziert.

Blätter entstehen ontogenetisch aus Gewebehöckern des Sprossapikalmeristems (▶ Abschn. 19.1, 31.2). Sie bilden sich

Blattstiel und Blattspreite bilden das **Oberblatt**. Die **Blattspreite** (**Lamina**) ist das eigentliche Assimilationsorgan und kann sehr vielgestaltig sein. Beim Lorbeer (links) ist das Blatt einfach und ganzrandig, bei der Rose (rechts) unpaarig gefiedert und gezahnt.

Der **Blattstiel** (**Petiolus**) kann die Blattspreite durch Wachstumsbewegungen in eine optimale Position zum Lichteinfall bringen. Er hat meist einen rundlichen Querschnitt, kann aber auch flächig verbreitert sein (Phyllodium) und Funktionen der Spreite übernehmen.

Blattgrund und Nebenblätter bilden das **Unterblatt**. Der **Blattgrund** ist meist nur eine Verbreiterung der Basis des Blattstiels. Beim Lorbeer sind die **Nebenblätter** (**Stipulae**) reduziert, bei der Rose mit dem Blattgrund verwachsen.

◘ **Abb. 31.18** Die Blätter der Samenpflanzen sind sehr vielgestaltig, lassen sich aber auf einen gemeinsamen Grundbauplan zurückführen

Die zwischen der oberen und unteren Epidermis liegenden Zellen bilden das **Mesophyll**. Die Photosynthese findet in den Mesophyllzellen des Blattes statt.

Die oberen Schichten des Mesophylls bestehen häufig aus palisadenartig gestreckten Zellen (**Palisadenparenchym**). Die Zellen sind reich an Chloroplasten, das Palisadenparenchym ist der Hauptort der Photosynthese.

Die untere Schicht des Mesophylls (**Schwammparenchym**) besitzt große Interzellularen, die die Gasversorgung gewährleisten. Die Zellen besitzen im Vergleich zum Palisadenparenchym nur wenige Chloroplasten.

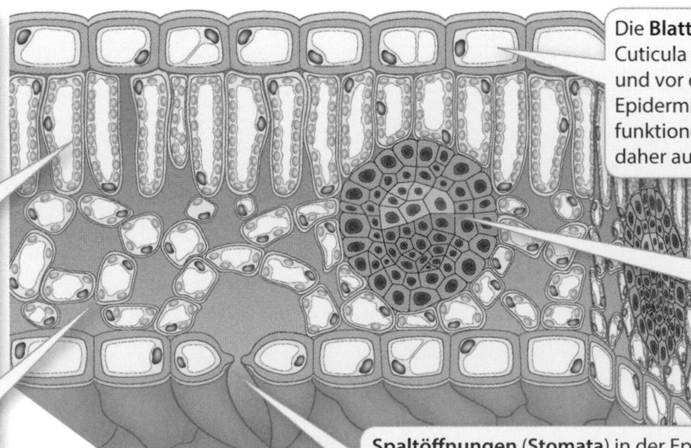

Die **Blattepidermis** und die ihr aufgelagerte Cuticula schützten das Blatt vor Wasserverlust und vor dem Eindringen von Pathogenen. Die Epidermiszellen besitzen in der Regel keine funktionellen Chloroplasten und betreiben daher auch keine Photosynthese.

Die das Blatt durchziehenden **Leitbündel** werden als Blattadern bezeichnet. Im oberen Teil verläuft das Xylem, im unteren Teil das Phloem.

Spaltöffnungen (**Stomata**) in der Epidermis regulieren den Gasaustausch. Sie bestehen aus einer Pore und zwei Schließzellen, die die Öffnung der Pore regulieren. Spaltöffnungen befinden sich in der Regel in der unteren Epidermis – hier ist einerseits der Wasserverlust geringer, andererseits ist die Blattunterseite weniger stark Pilzsporen und Staub ausgesetzt.

◘ **Abb. 31.19** Anatomie eines typischen Laubblattes

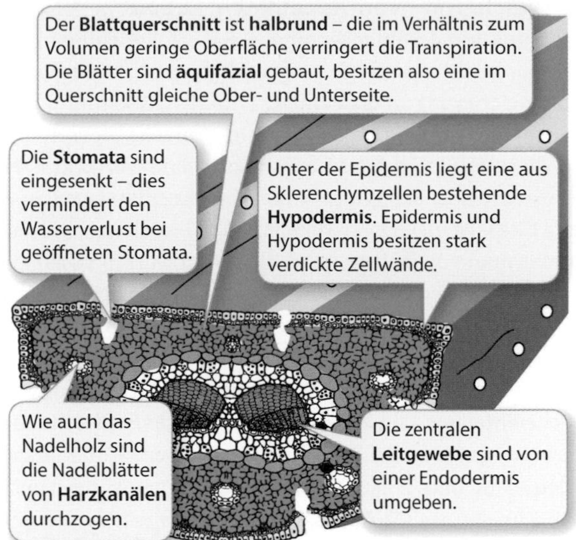

Abb. 31.20 Das Nadelblatt weist verschiedene Anpassungen an trockene Bedingungen auf

grundsätzlich nur an Sprossachsen, nicht an Wurzeln. Umgekehrt tragen Sprossachsen grundsätzlich Blätter, bei älteren Sprossachsen fehlen diese jedoch, da Blätter im Vergleich zu den Sprossachsen kurzlebig sind. Die Blätter können insbesondere an spezialisierten Abschnitten der Sprossachse unauffällig sein, wie beispielsweise die Niederblätter der Erdsprosse.

Fossile, ursprüngliche Landpflanzen zeigen noch nicht die Gliederung in Spross, Wurzel und Blatt.

Die ersten Landpflanzen waren Photosynthese betreibende Sprosssysteme. Für die Entstehung des Kormus und die Entstehung der Blätter gibt es verschiedene Hypothesen. Insbesondere sind die Makrophylle der Samenpflanzen und Farne nicht mit den Mikrophyllen der Bärlappe homologisierbar und gehen vermutlich auf einen verschiedenen evolutionären Ursprung zurück. Die **Telomtheorie** (Abb. 31.21) erklärt die Entstehung der **Makrophylle** von Farnen und Samenpflanzen aus Achsenelementen (Telomen), die in eine Ebene verlagert wurden und miteinander verwuchsen. Die **Mikrophylle** der Bärlappe dagegen entwickelten sich wahrscheinlich aus Emergenzen, in die sekundär Leitbündel einwuchsen. Diese Entwicklung wird von der **Enationstheorie** postuliert (Abb. 31.22).

Die Anordnung der Blätter an der Sprossachse, die **Phyllotaxis** (Blattstellung), lässt sich auf drei Grundformen zurückführen. Bei der wirteligen Blattstellung stehen jeweils mehr als zwei Blätter an einem Knoten, dabei sind die Winkel zwischen den Blattansatzstellen stets gleich (dies wird als Äquidistanzregel bezeichnet) und die Blätter eines Knotens stehen jeweils auf Lücke zu den Blättern des folgenden Knotens. Bei der zweizeiligen Blattstellung steht nur ein Blatt an einem Knoten und die Blätter an aufeinanderfolgenden Knoten sind um 180° versetzt. Bei wirteliger und zweizeiliger Blattstellung ergeben sich daher

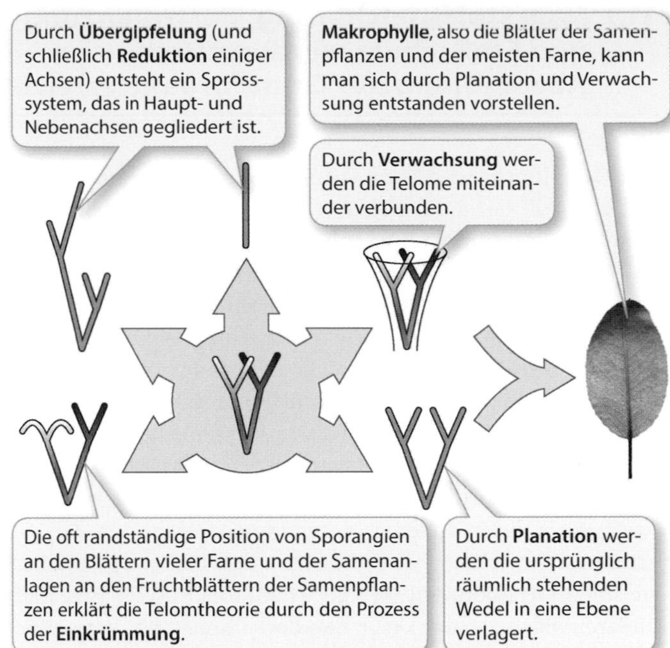

Abb. 31.21 Die Telomtheorie erklärt die Entstehung des Kormus und damit auch der Makrophylle, also der Blätter der Samenpflanzen und vieler Farne, aus einem ursprünglichen Achsensystem aus blattlosen Achsen (Telomen) durch fünf Elementarprozesse

charakteristische Längsreihen von Blättern (Orthostichen). Bei schraubiger (disperser) Blattstellung bilden die Blätter aufeinanderfolgender Knoten dagegen eine Schraubenlinie.

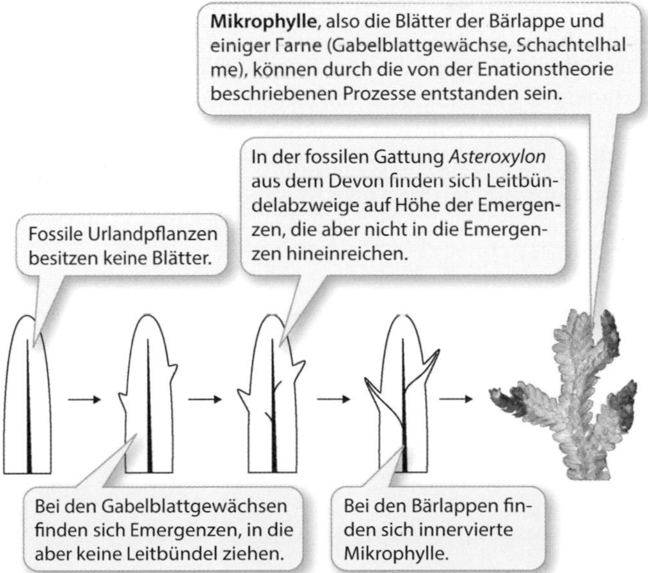

Abb. 31.22 Die Enationstheorie beschreibt die Entstehung von Mikrophyllen, wie sie bei Bärlappen vorkommen, aus Emergenzen (= Enationen), in die nachträglich Leitbündel eingewachsen sind

31

31.7 Nährstoffspeicherung, Fortpflanzung und Fraßschutz werden durch Abwandlung der Grundorgane erreicht

Die Grundorgane des Kormus können durch Abwandlung ganz unterschiedliche Funktionen übernehmen. Solche Abwandlungen werden als **Metamorphosen** bezeichnet. Sie können zur Speicherung von Assimilaten oder auch von Wasser dienen, sie können im Dienste der Vermehrung, der Ausbreitung und der Überdauerung stehen sowie eine Reihe anderer Funktionen übernehmen. Oft sind mehrere dieser Funktionen miteinander verknüpft.

Bei Pflanzen trockener Standorte finden sich Metamorphosen zur Aufnahme und Speicherung von Wasser. Alle Grundorgane können der **Wasserspeicherung** dienen. Bei vielen Dickblattgewächsen (Crassulaceen) und den lebenden Steinen (*Lithops* spp.) sowie vielen anderen Mittagsblumengewächsen der südafrikanischen Wüsten wird Wasser in den Blättern gespeichert, sie sind **blattsukkulent** (◘ Abb. 31.23). Bei Kakteen und vielen anderen Pflanzen trockener Standorte findet die Wasserspeicherung dagegen im Stamm statt, sie sind **stammsukkulent** (◘ Abb. 31.23). Generell weisen die Blätter von Pflanzen trockener Standorte Anpassungen zur Einschränkung der Transpiration auf (► Abschn. 37.5). Bei stammsukkulenten Pflanzen sind die Blätter oft zu Schuppen umgewandelt oder zu Dornen und dienen dann dem Fraßschutz. So sind die Blätter der Kakteen zu Dornen reduziert und der Stamm übernimmt – neben der Wasserspeicherung (Sukkulenz) – die Photosynthese. Bei verschiedenen Pflanzen sind Sprossabschnitte im Dienste der Photosynthese auch flächig verbreitert (Platykladien), wie bei den Opuntien (◘ Abb. 31.23).

Anpassungen zur Reduktion der Verdunstung weisen auch Pflanzen auf, die nicht sukkulent sind. Das Nadelblatt ist ein typisches Beispiel für ein solches xeromorphes Blatt (► Abschn. 31.6). Xeromorphe Blätter finden sich auch bei vielen Epiphyten. Obwohl diese insbesondere in recht feuchten Lebensräumen vorkommen, wie den tropischen Regenwäldern, sind sie durch ihre Lebensweise auf anderen Pflanzen während der Niederschlagspausen einem zeitweisen Wassermangel ausgesetzt und zeigen daher oft Anpassungen an Trockenheit.

Die **Speicherung von Assimilaten** ist eine weitere wesentliche Funktion der Pflanzenorgane. Sie erfolgt häufig in der Wurzel, aber auch Spross- und sogar Blattorgane können eine Nährstoffspeicherung übernehmen. Durch Ausdehnung und Vermehrung des Grundgewebes kann in Wurzeln, Achsen und Blättern diese Funktion besonders betont sein. Verdickungen der Sprossachse oder der Wurzel werden als **Knollen** bezeichnet (◘ Abb. 31.24). Ist die Primärwurzel in die Verdickung einbezogen, spricht man von **Rüben**. Sind Blätter an Kurzsprossen zur Nährstoffspeicherung zusammengezogen und verdickt, spricht man von **Zwiebeln** (◘ Abb. 31.24).

Pflanzen und insbesondere Organe zur Speicherung von Assimilaten oder Wasser dienen als Nahrung für viele Tiere. Entsprechend stehen Metamorphosen auch im Dienste des **Fraßschutzes**, beispielsweise sind **Dornen** solche umgewandelten Grundorgane. Neben den schon oben angesprochenen Blattdornen können auch verholzte Kurzsprosse (◘ Abb. 31.25) oder Wurzeln zu Dornen umgewandelt sein. Bei **Stacheln** handelt es sich im Gegensatz zu Dornen nicht um umgewandelte Grundorgane, sondern um **Emergenzen**, also Bildungen der äußeren Zellschichten (◘ Abb. 31.25).

Metamorphosen dienen aber auch dem Wachstum, der **Ausbreitung und Vermehrung** von Pflanzen. Kletterpflanzen wachsen mit dünnen Sprossachsen dem Licht entgegen, ohne einen starken tragenden Spross zu entwickeln. Sie nutzen andere Pflanzen oder Substrate, um in die Höhe zu wachsen. Bei Schlingpflanzen wächst die gesamte Sprossachse windend (Bohne), bei Wurzelkletterern wie dem Efeu bilden sich kurze **Haftwurzeln**. Bei den Rankenkletterern sind dagegen Sprosse oder Blätter zu **Ranken** umgewandelt und übernehmen die Haltefunktion (◘ Abb. 31.25), die Ranken wachsen unter ständigen Suchbewegungen und sind empfindlich für Bewegungsreize. Der Ausbreitung und oft auch der asexuellen Vermehrung dienen Sprossausläufer und Erdsprosse. **Sprossausläufer** (**Stolonen**) sind dünne Seitentriebe mit stark verlängerten Internodien (z. B. Erdbeere, ◘ Abb. 31.25). Unterirdisch wachsende Sprossachsen werden als **Rhizome** (**Erdsprosse**, Wurzelstöcke) bezeichnet, sie besitzen meist schuppenartige Niederblätter. Stolonen und Rhizome bilden sprossbürtige Wurzeln; wenn verbindende Segmente absterben, führt das zu vegetativer Vermehrung.

◘ **Abb. 31.23** Metamorphosen im Dienste der Wasserspeicherung und der Verminderung der Transpiration

Bei der Kartoffel sind die Enden von Sprossausläufern (Stolonen) als Sprossknollen verdickt und übernehmen Speicherfunktion. Die Augen sind ruhende Knospen, aus denen Seitensprosse austreiben können.
Bei der Kohlrabi bildet die beblätterte Sprossachse eine Knolle. Die Blattnarben zeigen, dass es sich um eine Verdickung der Sprossachse handelt.
Das Radieschen bildet eine Hypokotylknolle, bei der der Bereich zwischen Wurzelansatz und Keimblättern in die Knollenbildung einbezogen ist.
Das Scharbockskraut (*Ranunculus ficaria*) bildet Wurzelknollen.
Ist die Primärwurzel in die Verdickung einbezogen, wie bei der Möhre, spricht man von einer Rübe.
Bei der Zwiebel übernehmen fleischige Blätter, die an einer gestauchten Strossachse stehen, die Speicherfunktion.

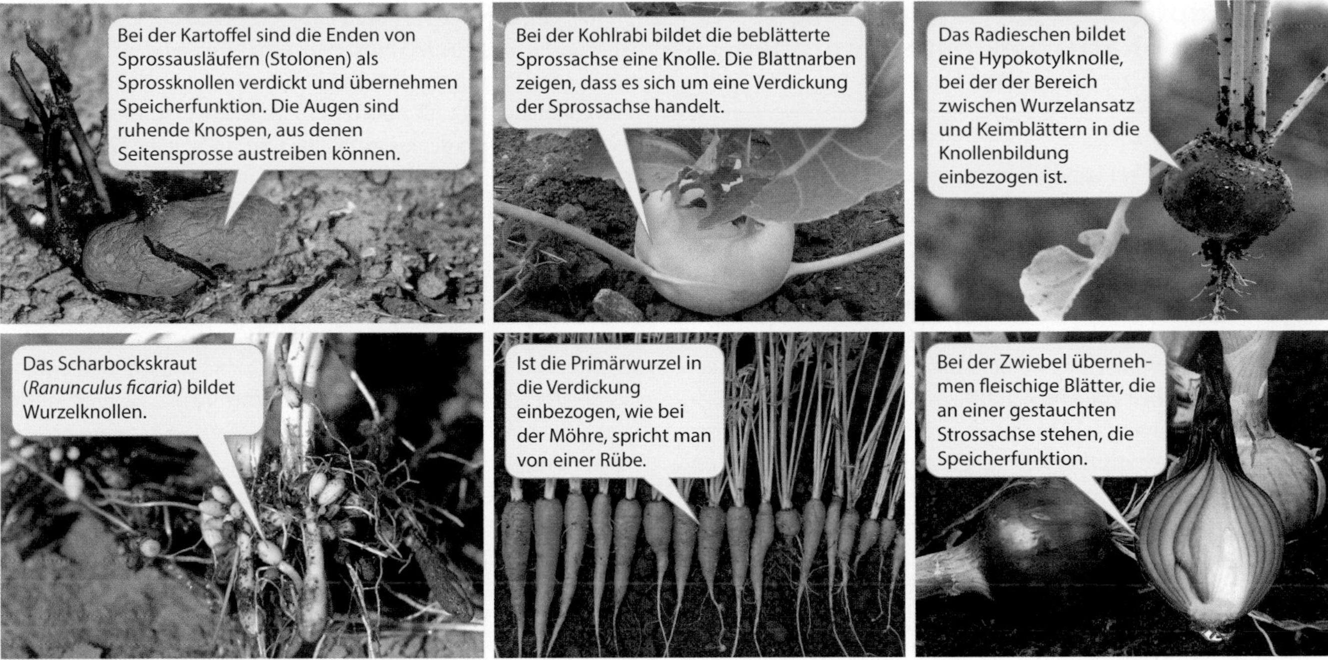

Abb. 31.24 Metamorphosen im Dienste der Nährstoffspeicherung

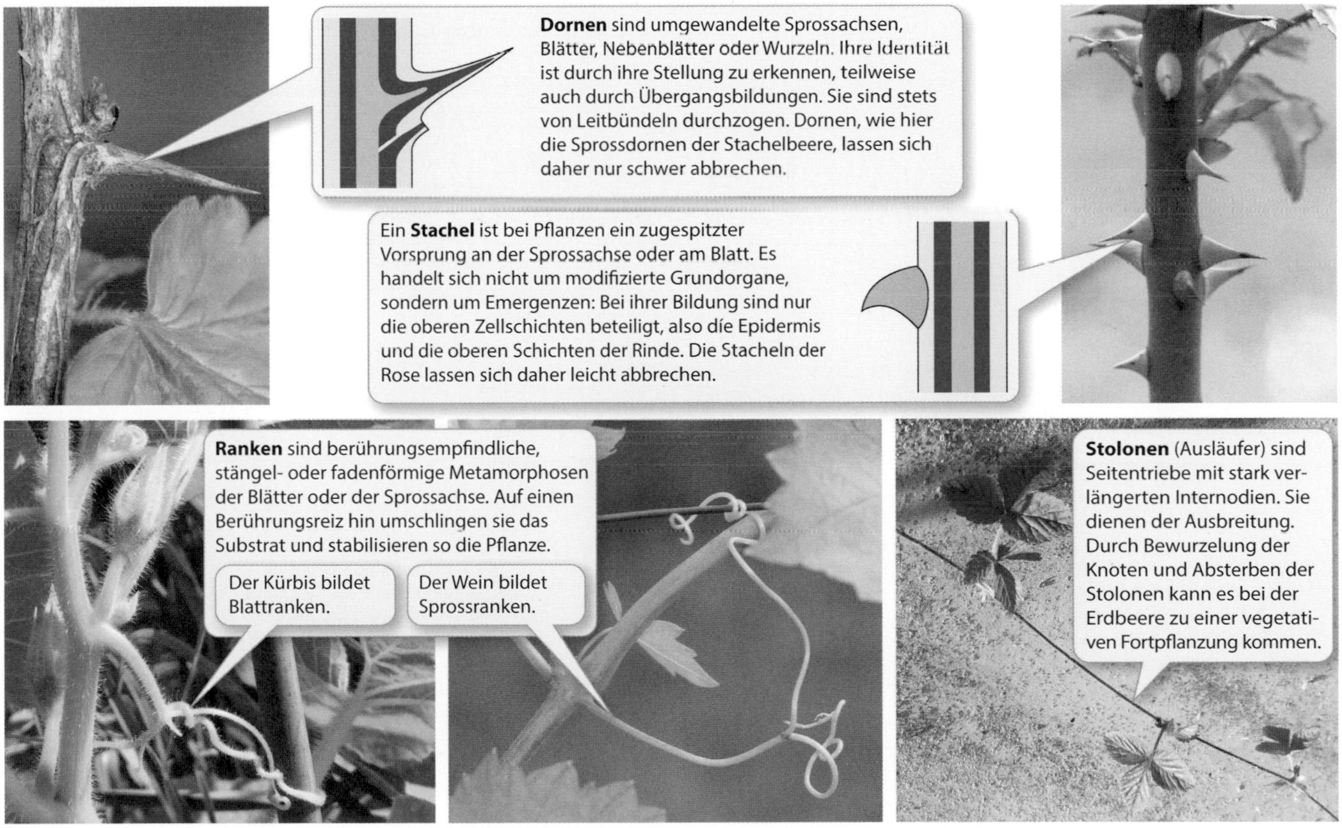

Dornen sind umgewandelte Sprossachsen, Blätter, Nebenblätter oder Wurzeln. Ihre Identität ist durch ihre Stellung zu erkennen, teilweise auch durch Übergangsbildungen. Sie sind stets von Leitbündeln durchzogen. Dornen, wie hier die Sprossdornen der Stachelbeere, lassen sich daher nur schwer abbrechen.
Ein **Stachel** ist bei Pflanzen ein zugespitzter Vorsprung an der Sprossachse oder am Blatt. Es handelt sich nicht um modifizierte Grundorgane, sondern um Emergenzen: Bei ihrer Bildung sind nur die oberen Zellschichten beteiligt, also die Epidermis und die oberen Schichten der Rinde. Die Stacheln der Rose lassen sich daher leicht abbrechen.
Ranken sind berührungsempfindliche, stängel- oder fadenförmige Metamorphosen der Blätter oder der Sprossachse. Auf einen Berührungsreiz hin umschlingen sie das Substrat und stabilisieren so die Pflanze.
Der Kürbis bildet Blattranken.
Der Wein bildet Sprossranken.
Stolonen (Ausläufer) sind Seitentriebe mit stark verlängerten Internodien. Sie dienen der Ausbreitung. Durch Bewurzelung der Knoten und Absterben der Stolonen kann es bei der Erdbeere zu einer vegetativen Fortpflanzung kommen.

Abb. 31.25 Dornen, Stacheln, Ranken und Stolonen

31

31.8 Landpflanzen durchlaufen einen heterophasischen, heteromorphen Generationswechsel

Die Fortpflanzung bei Landpflanzen verläuft als heterophasischer, heteromorpher Generationswechsel. Von einem **Generationswechsel** spricht man, wenn geschlechtliche und ungeschlechtliche Fortpflanzung im Lebenszyklus abwechselnd auftreten. Die beiden Generationen der Landpflanzen haben eine unterschiedliche Gestalt – sind also **heteromorph**. **Heterophasisch** verläuft der Generationswechsel, weil eine Generation haploid, die andere hingegen diploid ist (◘ Abb. 31.26).

Die Grundzüge des Generationswechsels sind bei Moosen, Farnen und Samenpflanzen vergleichbar, **Sporophyt** und **Gametophyt** sind aber unterschiedlich stark ausgebildet. Bei den Moosen ist der Gametophyt die dominierende Generation, während der Sporophyt nur kurzlebig ist und vom Gametophyten ernährt wird. Bei den Farnen sind beide Generationen frei lebend, der Sporophyt stellt aber die dominierende Generation. Bei den Samenpflanzen ist der Gametophyt stark reduziert und wird vom Sporophyten ernährt. Die Fortpflanzungsstrukturen sind an spezialisierten Blättern, Staubblättern und Fruchtblättern, angeordnet und in Blüten zusammengefasst (► Abschn. 31.16).

Aus den haploiden Sporen entwickelt sich der Gametophyt – bei Moosen ist dies die Moospflanze, bei Farnen das Prothallium und bei den Samenpflanzen das Pollenkorn bzw. der Embryosack in der Samenanlage (◘ Abb. 31.27). Auf dem Gametophyten entstehen Behälter, in denen weibliche und männliche Geschlechtszellen gebildet werden, die **Archegonien** und **Antheridien** (► Abschn. 14.5). Bei den bedecktsamigen Samenpflanzen sind diese Strukturen allerdings bis auf wenige Zellen reduziert. Durch Mitose werden Gameten erzeugt. Die **Zygote** entsteht durch Verschmelzen eines männlichen Gameten mit der Eizelle. Aus der Zygote wächst der Embryo und schließlich der Sporophyt aus. Bei den Moosen besteht der Sporophyt nur aus einer auf einem Stil (Seta) sitzenden Sporenkapsel (**Sporangium**). Dagegen ist der Sporophyt bei den Farnen als beblätterte Farnpflanze ausgebildet. Die Sporangien sitzen hier in Gruppen zusammengefasst an sporangientragenden Blättern (**Sporophyllen**). Bei den Samenpflanzen sind diese sporangientragenden Blätter als Fruchtblätter (Megasporophylle) und Staubblätter (Mikrosporophylle) ausgebildet und in den Blüten in Gruppen zusammengefasst. Die weibliche Samenanlage und der männliche Pollensack entsprechen den Sporangien der Farne und Moose. In den Sporangien (bzw. den Samenanlagen und im Pollensack) durchlaufen Sporenmutterzellen (Embryosackmutterzellen, Pollenmutterzellen) die Reduktionsteilung und bilden haploide Sporen bzw. bei Samenpflanzen die weibliche Embryosackzelle und das männliche Pollenkorn.

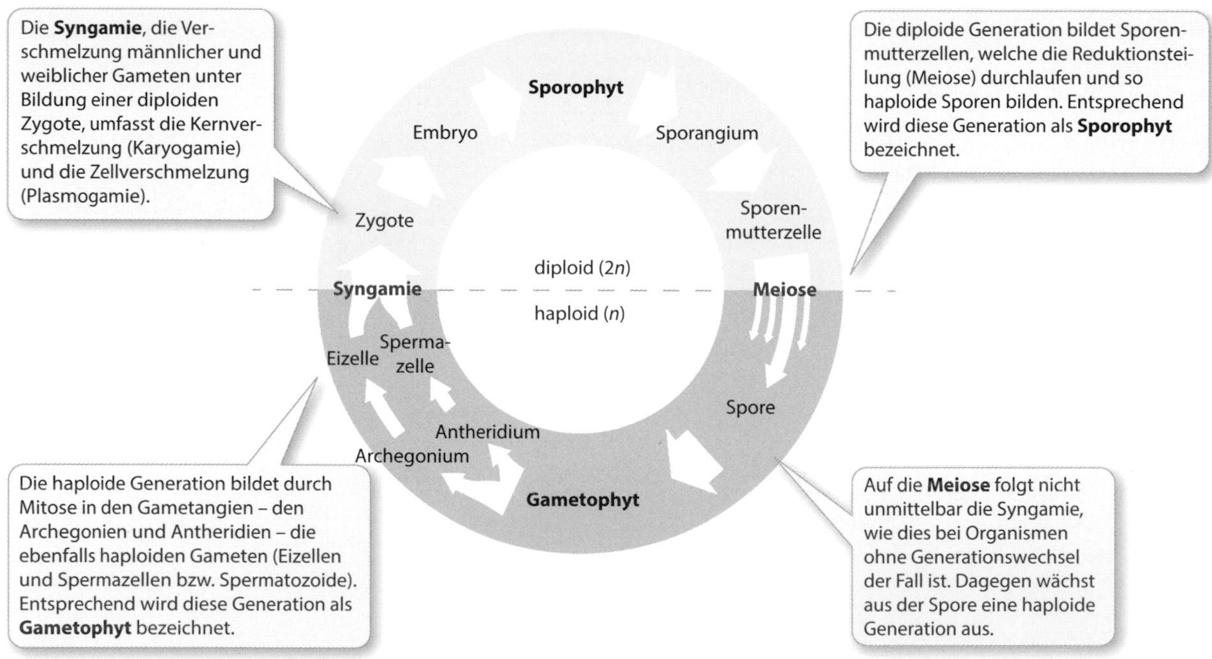

◘ **Abb. 31.26** Der Generationswechsel der Landpflanzen ist heterophasisch – eine diploide sporenbildende Generation (Sporophyt) wechselt mit einer haploiden gametenbildenden Generation (Gametophyt)

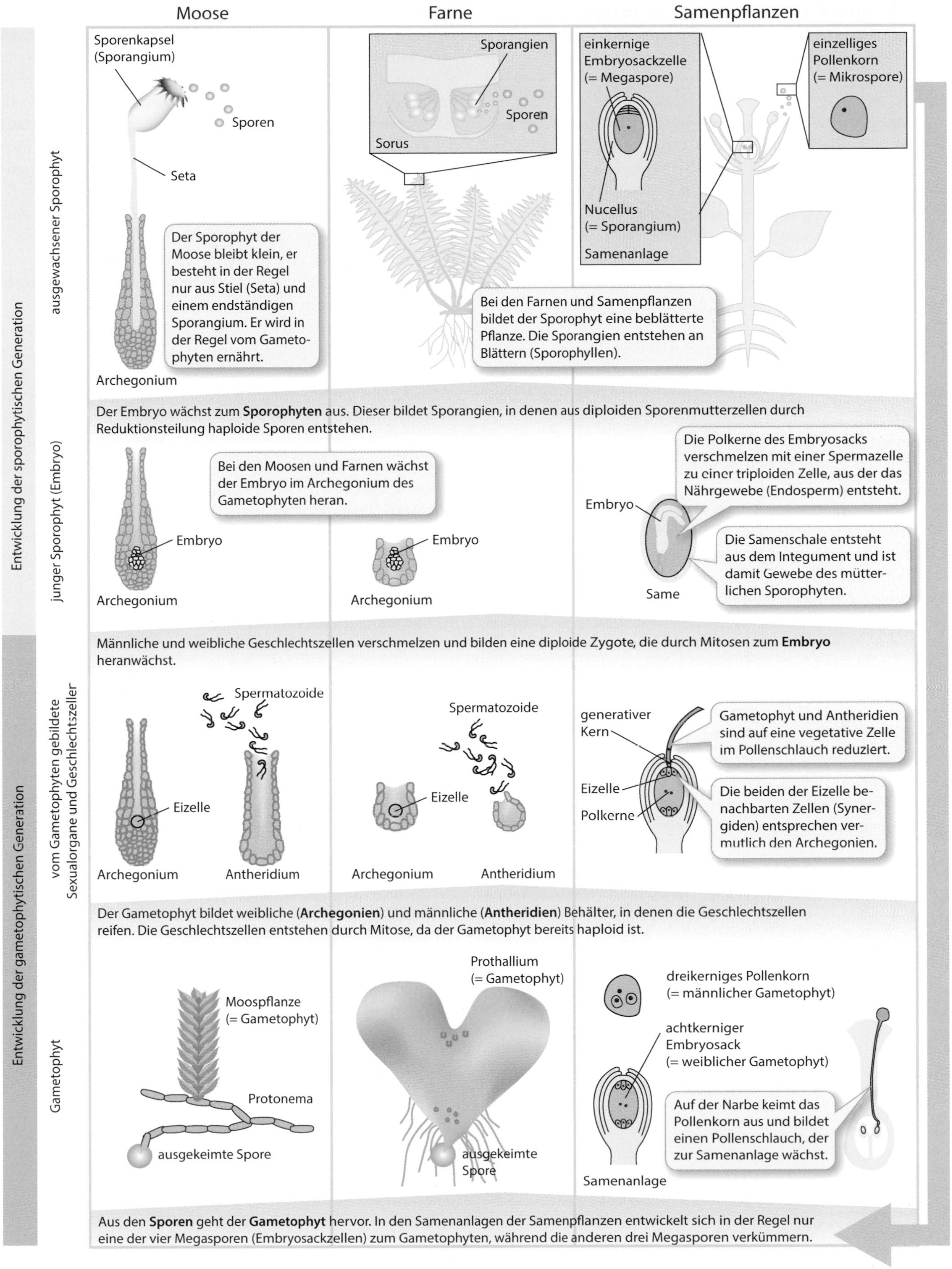

Abb. 31.27 Vergleich des Generationswechsels von Moosen, Farnen und bedecktsamigen Samenpflanzen

31

31.9 Pflanzen können phylogenetisch oder nach der Organisationform eingeteilt werden

Als **Embryophyten** werden diejenigen Pflanzen zusammengefasst, deren junger Sporophyt als mehrzelliger Embryo von der Mutterpflanze ernährt wird. Die typischen Embryophyten sind primär an ein Leben an Land angepasst, dementsprechend wird diese Gruppe auch als Landpflanzen bezeichnet. Mit zunehmender Anpassung an das Landleben erlangte die diploide, sporophytische Generation mehr Bedeutung und aus einer ursprünglich thallosen Organisation entwickelte sich der Kormus mit stärkerer Funktionsteilung zwischen Wurzel, Sprossachse und Blatt.

Die verschiedenen **phylogenetischen Linien** der Embryophyten sind unterschiedlich stark an das Leben an Land angepasst. Neben der phylogenetischen, auf Verwandtschaft beruhenden, Einteilung werden die Embryophyten auch anhand der **Organisationsform** eingeteilt (◘ Abb. 31.28). Bei dieser Unterteilung spielen insbesondere die Ausbreitung über Sporen oder Samen und die Ausprägung von echten Leitgeweben mit wasserleitenden Tracheiden eine Rolle. Entsprechend dieser Merkmale untergliedert man die Embryophyten in **Sporenpflanzen** und **Samenpflanzen**. Die Sporenpflanzen werden wiederum in solche ohne echte Leitgewebe (Moose) und Gefäßsporenpflanzen mit echten Leitgeweben (Farne und Bärlappgewächse) unterteilt. Die Samenpflanzen werden je nachdem, ob die Samenanlagen frei auf den Fruchtblättern liegen oder von diesen eingeschlossen sind, in **Nacktsamer** (Gymnospermen) und **Bedecktsamer** (Angiospermen) klassifiziert. Da die Ökologie und Verbreitungsbiologie innerhalb dieser Gruppen jeweils gewisse Ähnlichkeiten aufweisen, erfolgt diese Einteilung nach Organisationsformen immer noch recht häufig, wenngleich sie nicht die phylogenetische Verwandtschaft widerspiegelt.

Phylogenetisch sind die als Moose und Gefäßsporenpflanzen zusammengefassten Gruppen nicht näher miteinander verwandt. Die Lebermoose (Marchantiophytina) sind die Schwestergruppe aller anderen Landpflanzen, also der aus Gefäßpflanzen, Laubmoosen und Hornmoosen gebildeten phylogenetischen Gruppe. Ähnlich bilden die Laubmoose (Bryophytina) innerhalb der verbleibenden Gruppe die Schwestergruppe von Hornmoosen und Gefäßpflanzen und die Hornmoose schließlich die Schwestergruppe der Gefäßpflanzen. Die Gefäßpflanzen umfassen die Lycopodiophytina (Bärlappgewächse und Brachsenkräuter), die Monilophyten (Farne) und die Spermatophytina (Samenpflanzen) mit den Acrogymnospermae und den Magnoliopsida. Innerhalb der Gefäßpflanzen bilden die Lycopodiophytina die Schwestergruppe aller anderen Gefäßpflanzen. Die Monilophytina sind die Schwestergruppe der Spermatophytina und mit diesen näher verwandt als mit den Lycopodiophytina. Aufgrund der ähnlichen Organisation werden Lycopodiophytina und Monilophyten aber als Organisationsform „Gefäßsporenpflanzen“ zusammengefasst, dies entspricht jedoch nicht den phylogenetischen Verwandtschaftsbeziehungen. Bei den Samenpflanzen entsprechen sich dagegen Organisationsform und phylogenetische Gruppe weitgehend. Die Nacktsamer (Gymnospermen) entsprechen dem Taxon Acrogymnospermae und die Bedecktsamer (Angiospermen) dem Taxon Magnoliopsida.

Der **Organisationstyp** „Moose“ fasst Gruppen zusammen, die relativ einfach organisiert sind. Im Generationswechsel der Moose dominiert der photoautotrophe Gametophyt. Der Vegetationskörper der Moose ist ein Thallus – dieser ist entweder ein wenig gegliederter und gelappter Thallus oder, bei den foliosen Lebermoosen und den Laubmoosen, ein Stämmchen, das Blättchen trägt und Rhizoide besitzt. Die Blättchen, Stämmchen und Rhizoide sind aber nicht homolog zu den Strukturen der Kormophyten (Blatt, Sprossachse und Wurzel) und einfacher organisiert. Der Sporophyt der Moose wächst auf dem Gametophyten und wird von diesem ernährt. In der Regel besteht der Sporophyt nur aus einem Sporangium und einem Stiel, der Seta. Die Verbreitung der Moose erfolgt über Sporen.

Der Vegetationskörper der Gefäßpflanzen (Tracheophyta) ist aus den Grundorganen Blatt, Sprossachse und Wurzel aufgebaut. Diese Organisation wird als Kormus bezeichnet, die Gefäßpflanzen entsprechend als Kormophyten. Sie sind durch den Besitz von echten Leitgeweben gekennzeichnet und umfassen die Organisationstypen Gefäßsporenpflanzen und Samenpflanzen. Bei den Gefäßsporenpflanzen dominiert bereits der Sporophyt, die Verbreitung erfolgt wie bei den Moosen über Sporen.

Bei den Lycopodiophytina ist der Sporophyt meist gabelig verzweigt und besitzt kleine schmale Blätter (Mikrosporophylle), die vermutlich aus Emergenzen entstanden sind (▶ Abschn. 31.6).

Die Schwestergruppe der Lycopodiophytina, die Euphyllophyten, besitzen Blätter mit komplexer Nervatur, die vermutlich aus Telomen entstanden sind (▶ Abschn. 31.6). Die Monilophyten umfassen dabei verschiedene Gefäßsporenpflanzen wie die Schachtelhalme, die Gabelblattgewächse, die Echten Farne und die Samenpflanzen. Bei den Samenpflanzen ist der Gametophyt stark reduziert und wird vom Sporophyten ernährt.

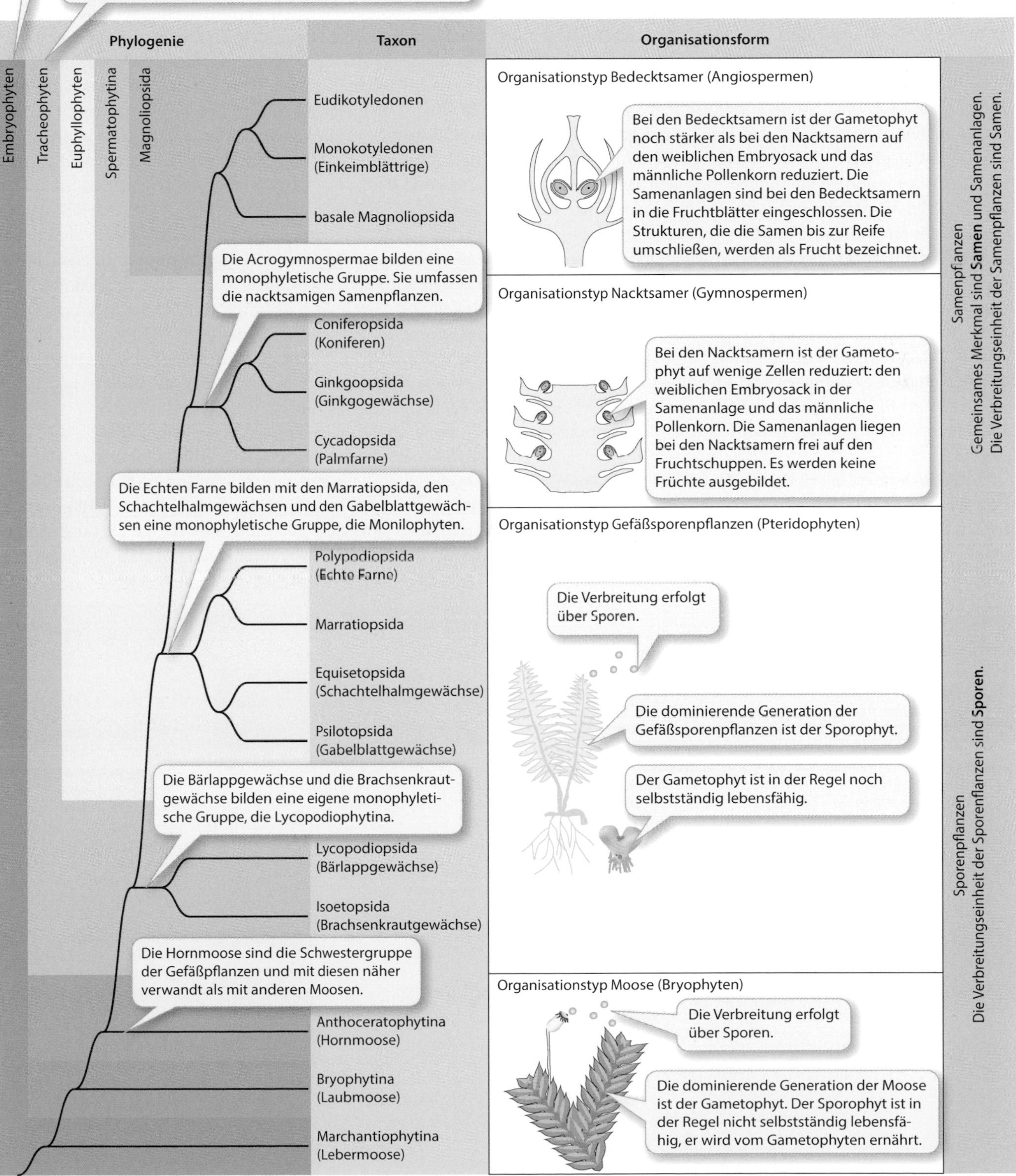

Abb. 31.28 Phylogenetische Verwandtschaft (links) und Organisationstypen (rechts) der Landpflanzen

31.10 Bryophyten: Die geschlechtliche Fortpflanzung der Moose ist wasserabhängig

Als **Moose** (**Bryophyten**) werden verschiedene basale Linien der Landpflanzen, die nicht näher miteinander verwandt sind, aufgrund ihrer ähnlichen Organisationsform zusammengefasst (◘ Abb. 31.29). Moose unterscheiden sich grundlegend von den Gefäßpflanzen: Einerseits dominiert im Generationswechsel der Moose der haploide Gametophyt, bei den Gefäßpflanzen dagegen der diploide Sporophyt. Andererseits ist der Vegetationskörper der Moose nicht wie bei den Gefäßpflanzen in Sprossachse, Wurzel und Blatt gegliedert und wird daher als **Thallus** bezeichnet.

31

Alle Moose sind Thallophyten, bezogen auf das Erscheinungsbild der Moose unterscheidet man zudem zwischen thallosen und foliosen Moosen. **Thallose Moose** (einige Lebermoose und die Hornmoose) besitzen einen gelappten und unterseits mit Rhizoiden versehenen Thallus. Der Thallus der **foliosen Moose** (einige Lebermoose und die Laubmoose) ist ein „Stämmchen" (Cauloid), das „Blättchen" (Phylloide) und Rhizoide aufweist und somit äußerlich der Organisation der Gefäßpflanzen ähnelt. Blättchen, Stämmchen und Rhizoide sind aber einfacher organisiert als Blätter, Wurzel und Sprossachse der Gefäßpflanzen. Auch der Pflanzenkörper der foliosen Moose ist daher ein Thallus.

Viele Moose besitzen **Hydroiden**, also Zellen für den Wassertransport, und **Leptoiden**, also Zellen für den Nährstofftransport. Im Gegensatz zu den Gefäßpflanzen weisen sie aber keine echten Leitgewebe auf. Sie verfügen daher nicht über einen Wasserferntransport und sind damit auch im Längen- und Höhenwachstum limitiert. Moose sind im Vergleich zu Gefäßpflanzen stark von der Verfügbarkeit flüssigen Wassers abhängig und leben dementsprechend vorwiegend in feuchten Lebensräumen. So haben sie nur eine schwach ausgeprägte Cuticula und die männlichen Gameten benötigen frei verfügbares Wasser, um bei der Befruchtung zur Eizelle schwimmen zu können.

Wie schon erwähnt, ist im Entwicklungszyklus der Moose der **Gametophyt** die dominierende Generation (◘ Abb. 31.30). Aus der haploiden Spore keimt ein fädiger (**Protonema**) oder lappiger Vorkeim aus, aus dem der Gametophyt hervorgeht (◘ Abb. 31.30). Das Wachstum der Gewebe erfolgt meist mit dreischneidigen Scheitelzellen. Der Gametophyt bildet in Gametangien Spermatozoide und Eizellen. Die Befruchtungsvorgänge und damit die Fortpflanzung sind bei den Moosen noch stark wasserabhängig (▶ Abschn. 14.7). Nach der Befruchtung wächst aus der Zygote ein Embryo, der schließlich zum diploiden Sporophyten heranreift. Der **Sporophyt** ist bei den meisten Moosen nur kurzlebig und wird vom Gametophyten mit Nährstoffen und Metaboliten versorgt. Nur bei den Hornmoosen ist der Sporophyt langlebig und ernährt sich selbst. In der Sporenkapsel durchlaufen die Sporenmutterzellen des sporenbildenden Gewebes, des Archespors, schließlich die Meiose und bilden wieder haploide **Sporen**.

Trotz dieser Gemeinsamkeiten bilden die Moose keine phylogenetische Verwandtschaftsgruppe, sondern sind eine paraphyletische Gruppe von Landpflanzen (◘ Abb. 31.29). Sie umfassen die Lebermoose (Marchantiophytina) mit etwa 5500 Arten, die Laubmoose (Bryophytina) mit etwa 9500 Arten und die Hornmoose (Anthoceratophytina) mit etwa 100 Arten.

◘ **Abb. 31.29** Moose sind eine paraphyletische Gruppe einfach gebauter Landpflanzen

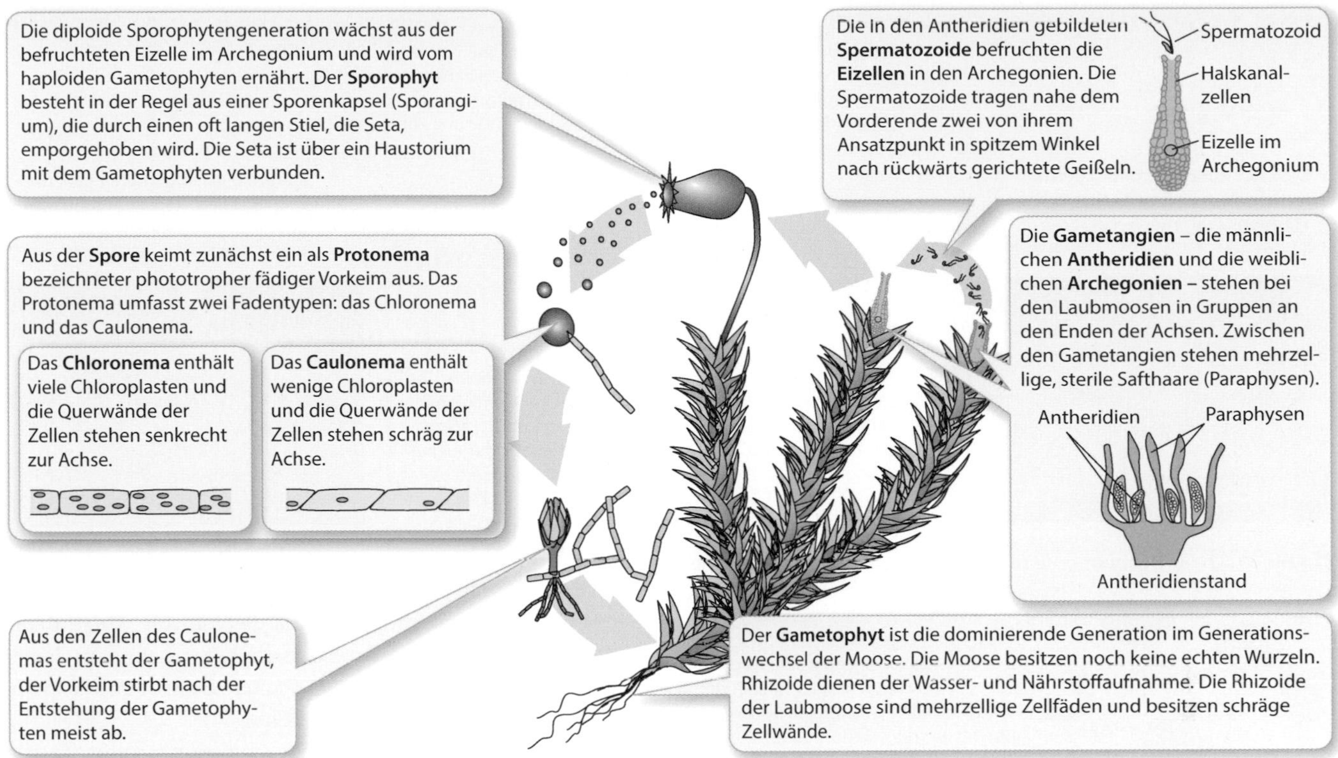

Abb. 31.30 Im Generationswechsel der Moose dominiert der Gametophyt

Die **Lebermoose** (Marchantiophytina) sind die ursprünglichste Gruppe der Embryophyten. Der Thallus der Lebermoose ist thallos oder folios (Abb. 31.31). Die Zellen der Lebermoose können von einer Membran umgebene **Ölkörper** enthalten, in denen Terpene gespeichert werden. Die Gametangien sind in Gametangienständen zusammengefasst, bei den Lebermoosen trägt

Abb. 31.31 Der Gametophyt der Lebermoose kann in Stämmchen, Blättchen und Rhizoide gegliedert, also folios (links: *Lophocolea bidentata*), oder thallos (rechts: *Marchantia polymorpha*) sein

Die **Spermatozoide** sammeln sich auf der Oberfläche der Antheridienstände. Bei Regen werden sie durch auftreffende Regentropfen mit dem Spritzwasser verbeitet und gelangen so auf die Antheridienstände.

Die Archegonien sondern **Lockstoffe** ab, welche die Spermatozoide chemotaktisch anlocken. Die Spermatozoide schwimmen aktiv zu den Archegonien und in diesen zur Eizelle. Nach der Befruchtung entwickelt sich der klein bleibende und kurz gestielte Sporophyt.

Die männlichen Gametangien, die Antheridien, sind zu **Antheridienständen** zusammengefasst.

Die weiblichen Gametangien, die Archegonien, sind zu **Archegonienständen** zusammengefasst.

Die **Antheridien** sind oft kugelig oder keulenförmig verdickt und befinden sich an der Oberseite der Antheridienstände.

Die **Archegonien** sind flaschenförmig und befinden sich an der Unterseite der Archegonienstände.

Abb. 31.32 Die Lebermoose sind diözisch – eine Pflanze bildet entweder nur männliche (links) oder nur weibliche (rechts) Gametangien

Abb. 31.33 Die Archesporzellen der Lebermoose teilen sich in eine Sporenmutterzelle und eine Elatere

eine Pflanze entweder nur männliche (Antheridien) oder weibliche (Archegonien) Gametangien (Abb. 31.32). Der Sporophyt der Lebermoose bleibt in der Regel sehr klein. Die Sporenkapseln sind während der Reifung von Gewebe des Gametophyten umgeben und reifen bei den Lebermoosen vor der Streckung des Stiels. Die Archesporzellen im reifenden Sporogon teilen sich in eine Sporenmutterzelle, aus der durch Meiose die Sporen entstehen, und eine sterile, fadenförmige **Elatere** (Abb. 31.33). Die Zahl der Sporen ist immer höher als die der Elateren. **Brutkörper** (**Gemmen**), die sich auf den Gametophyten befinden, dienen der vegetativen Vermehrung; dabei fallen die Brutkörper ab und wachsen zu einem neuen Thallus heran.

Die **Laubmoose** (Bryophytina) sind immer folios (Abb. 31.34). Bei einigen Laubmoosen sorgen spezielle Zelltypen, die Hydroiden, für den Wassertransport. Die Sporophyten sind bei den Laubmoosen in der Regel größer als bei den Lebermoosen. Die **Seta**, also der Stiel der Sporenkapsel, streckt sich bei den Laubmoosen schon vor der Reifung der Sporenkapsel. Das Archespor bildet nur Sporenmutterzellen, Elateren kommen bei den Laubmoosen nicht vor. Der Vorkeim (**Protonema**) ist in der Regel ein Geflecht aus Zellfäden, nur bei den Torfmoosen ist der Vorkeim thallos.

Die **Hornmoose** (Anthoceratophytina) sind immer thallos (Abb. 31.35) und umfassen nur rund 100 Arten. Der Gametophyt der Hornmoose kann im Gegensatz zu dem der Lebermoose und Laubmoose Spaltöffnungen aufweisen, die Zellen des Thallus enthalten in der Regel nur einen Chloroplasten pro Zelle. Die Antheridien entstehen endogen aus subepidermalem Gewebe, die Archegonien entstehen aus epidermalem Gewebe, sind aber ebenfalls eingesenkt. Die Sporophyten sind langlebig und können sich im Gegensatz zu denen der anderen Moose selbst ernähren. Das Archespor bildet Sporenmutterzellen und Elateren, durch weitere mitotische Teilung der Elateren überwiegt bei den Hornmoosen im Unterschied zu den Lebermoosen die Anzahl der Elateren.

Der diploide **Sporophyt** wächst auf dem Gametophyten und wird von diesem ernährt. In der Regel besteht der Sporophyt nur aus einem Sporangium, das auf einem Stil (Seta) sitzt.

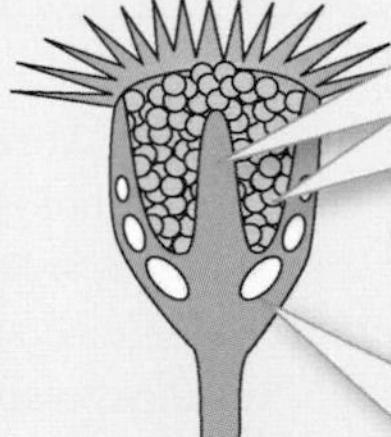

Das innere Gewebe der Sporenkapsel, das **Endothecium**, entwickelt sich in die zentrale, sterile Columella und das Archespor, welches sich in Sporenmutterzellen teilt.

Das äußere Gewebe der Sporenkapsel, das **Amphithecium**, ist steril. Es umfasst photosynthetisch aktives Assimilationsgewebe. Die Kapselwand besitzt Spaltöffnungen.

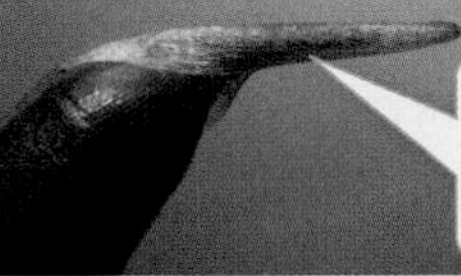

Der junge Sporophyt wird von der **Kalyptra** geschützt. Diese reißt bei der Streckung der Seta ab und sitzt zunächst der Kapsel auf.

Der obere Teile der Sporenkapsel wird als Deckel (**Anulus**) ausgebildet und löst sich bei Reife ab.

Unterhalb des Deckels liegen die **Peristomzähne**, die durch hygroskopische Bewegung zu einer Öffnung der Sporenkapsel bei trockenen Bedingungen führen.

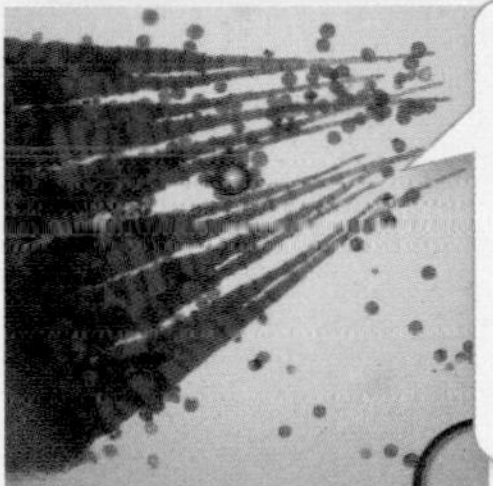

Bei trockener Witterung öffnen sich die Peristomzähne und die **Sporen** werden freigesetzt. Bei den Laubmoosen finden sich im Gegensatz zu den Lebermoosen und Hornmoosen keine Elateren. Aus den Sporen entwickelt sich zunächst ein Protonema und aus diesem dann der Gametophyt.

Die grüne Moospflanze ist der haploide **Gametophyt**.

Bei den Laubmoosen ist der Thallus in Stämmchen, Blättchen und Rhizoide gegliedert, die allerdings einfacher organisiert sind als die Organe der Gefäßpflanzen. Die **Blättchen** sind meist schraubig angeordnet.

Die Blättchen laufen meist in **eine einzige Spitze** aus. Sie sind mit Ausnahme der **Mittelrippe** in der Regel einschichtig, die Zellen sind häufig lang gestreckt (prosenchymatisch).

Die **Stämmchen** besitzen keine Leitgewebe, aber spezialisierte Zellen für den Wassertransport (**Hydroiden**) und den Transport von Assimilaten (**Leptoiden**).

Abb. 31.34 Der Gametophyt der Laubmoose (hier: *Brachythecium rutabulum*) ist grundsätzlich in Stämmchen, Blättchen und Rhizoide gegliedert

Der **Sporophyt** der Hornmoose ist hornförmig, phototroph und langlebig.

In der Längsachse befindet sich die sterile **Columella**.

Das **Archespor** umhüllt die Columella mit einer dünnen Schicht. Es bildet Sporenmutterzellen und teilungsfähige Zellen, die durch mitotische Teilung Elateren bilden. Die Zahl der Elateren ist daher viel höher als die der Sporen.

Der Sporophyt wächst an der Basis mit einem **interkalaren Meristem** und verlängert sich dadurch fortwährend.

Der **Gametophyt** der Hornmoose ist gelappt und thallos.

Abb. 31.35 Die Hornmoose sind monözisch – eine Pflanze bildet männliche und weibliche Gametangien

31.11 Tracheophyten: Effiziente Leitgewebe erlauben die Ausbildung großer Pflanzenkörper

Landpflanzen nehmen Nährstoffe und Wasser vorwiegend über spezialisierte Strukturen im Boden auf, die Photosynthese findet dagegen in oberirdischen Strukturen statt. Diese räumliche Trennung von Nährstoff- und Wasseraufnahme einerseits und Assimilation andererseits erfordert einen Austausch von Stoffen innerhalb des Pflanzenkörpers. Die Evolution von effizienten Transportgeweben erlaubt den Austausch von Nährstoffen und Assimilaten über größere Distanzen und ist damit Voraussetzung für die Ausbildung größerer Pflanzenkörper.

Die ältesten fossil überlieferten **Gefäßpflanzen** waren blattlose isospore Pflanzen, die dichotome, untereinander gleichwertige, achsenförmige Triebe bildeten und nicht in Wurzel, Sprossachse und Blätter unterteilt waren. Sie existierten vom mittleren Silur bis zum mittleren Devon und bilden keine einheitliche Verwandtschaftsgruppe, sondern umfassen eine Reihe von Gruppen an der Basis der Gefäßpflanzen, deren Verwandtschaftsbeziehungen nicht endgültig geklärt sind. Im Gegensatz zu den Sporophyten dieser fossilen Vertreter sind die Sporophyten der rezenten Gefäßpflanzen Kormophyten, also in die Grundorgane Sprossachse, Blatt und Wurzel gegliedert. Die Entstehung dieser Grundorgane aus einfachen Achsen (Telomen) wird durch die **Telomtheorie** erklärt (▶ Abschn. 31.6). Die rezenten Gefäßpflanzen umfassen die Gefäßsporenpflanzen (Pteridophyten) und die Samenpflanzen (◘ Abb. 31.36). Im Gegensatz zu den Moosen dominiert im Generationswechsel der Gefäßpflanzen der Sporophyt. Bei den Gefäßsporenpflanzen ist der Gametophyt kurzlebig, in der Regel aber noch vom Sporophyten unabhängig.

Kennzeichnendes Merkmal der Gefäßpflanzen (Tracheophyten) sind echte **Leitbündel** mit Tracheiden. Die Leitbündel sind gegliedert in einen Holzteil und einen Siebteil. Der Holzteil (**Xylem**) leitet Wasser und Mineralstoffe, der Siebteil (**Phloem**) leitet Assimilate (▶ Abschn. 19.5). Im Holzteil der Leitbündel finden sich echte Tracheiden und teilweise Tracheen mit Lignineinlagerungen sowie mit ring- oder schraubenförmigen Verdickungen. Nach der Anordnung von Holz- und Siebteil unterscheidet man konzentrische, radiale und kollaterale Leitbündel (◘ Abb. 31.37a). Bei geschlossenen Leitbündeln grenzen Holz- und Siebteil direkt aneinander, bei offenen Leitbündeln sind Holz- und Siebteil durch ein Kambium (weiß) voneinander getrennt.

Die Gesamtheit des Leitbündelsystems im primären Zustand wird als **Stele** bezeichnet (◘ Abb. 31.37b). Nach der Anordnung der Leitgewebe kann man verschiedene Stelentypen unterscheiden. Wenn das Achsenzentrum von Leitgewebe eingenommen wird, gibt es in der Regel kein Mark, bei anderen Leitgewebesystemen kann sich im Zentrum der Achse Mark befinden und eine Markhöhle aufreißen.

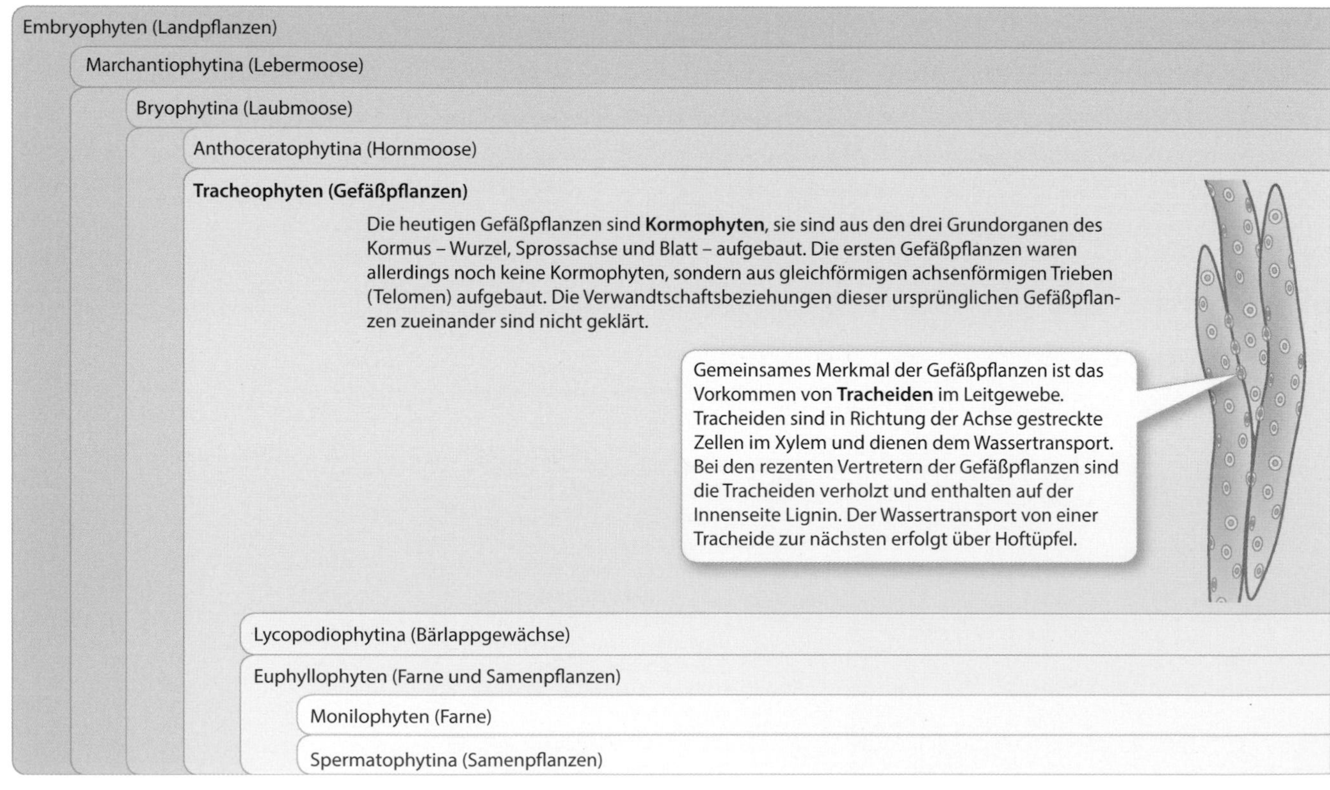

◘ **Abb. 31.36** Systematischer Überblick über die Gefäßpflanzen

a) Leitbündeltypen der Landpflanzen

Konzentrische Leitbündel sind typisch für Farne und die Rhizome von Monokotyledonen.

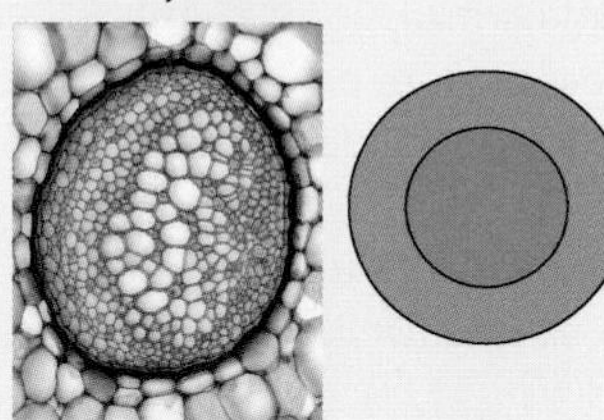

Bei **konzentrischen Leitbündeln mit Innenxylem** umgibt das Phloem das Xylem (periphloematisch). Dieser Leitbündeltyp findet sich in den Rhizomen und Blättern vieler Farne.

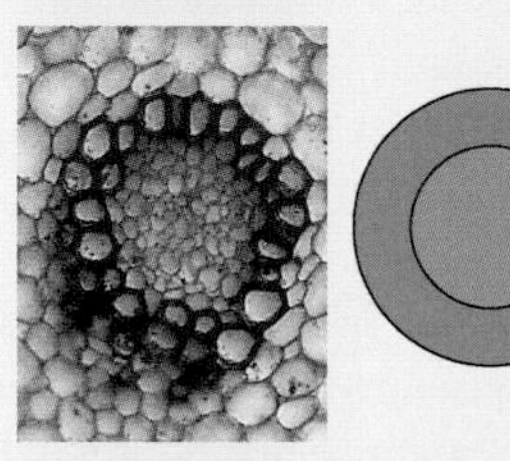

Bei **konzentrischen Leitbündeln mit Außenxylem** umgibt das Xylem das Phloem (perixylematisch). Dieser Leitbündeltyp findet sich in den Rhizomen von Monokotyledonen.

Radiale Leitbündel sind typisch für die Wurzeln vieler Gefäßpflanzen und die Sprossachsen der Gabelblatt- und einiger Bärlappgewächse.

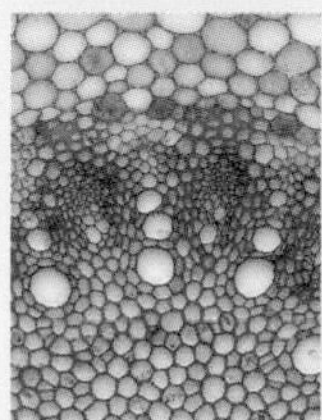

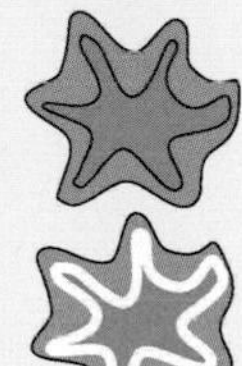

Geschlossene radiale Leitbündel finden sich im Zentralzylinder der Wurzel von Monokotyledonen und bei Gabelblatt- und Bärlappgewächsen.
Offene radiale Leitbündel finden sich im Zentralzylinder der Wurzel von Gymnospermen, basalen Angiospermen und Eudikotyledonen.

Kollaterale Leitbündel sind typisch für die Sprossachsen der Samenpflanzen.

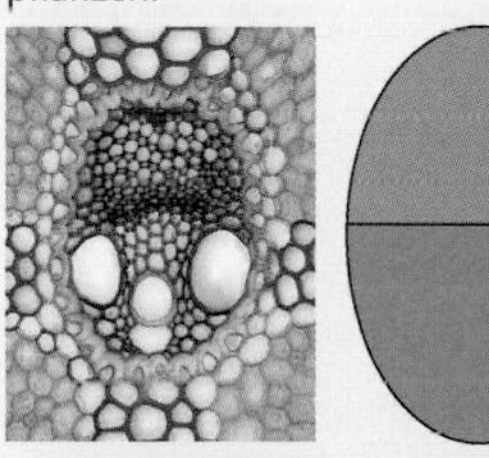

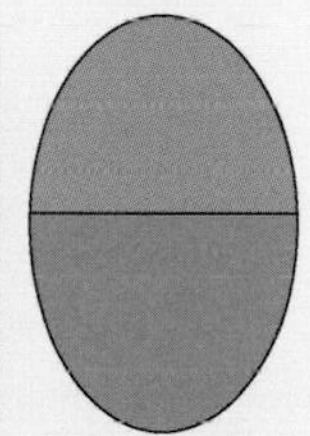

Geschlossen kollaterale Leitbündel finden sich in der Sprossachse der Monokotyledonen.

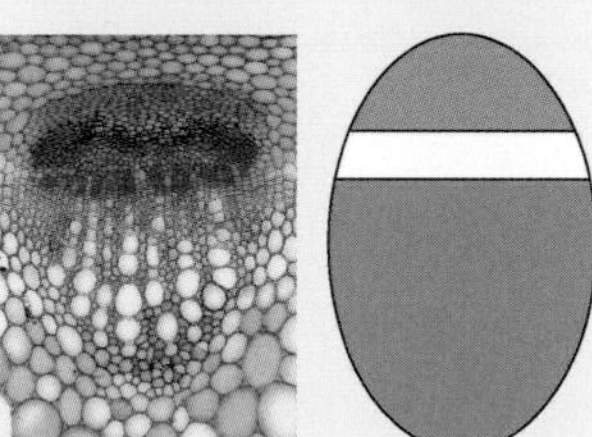

Offen kollaterale Leitbündel finden sich in der Sprossachse der meisten Gymnospermen sowie der Eudikotyledonen und der basalen Angiospermen.

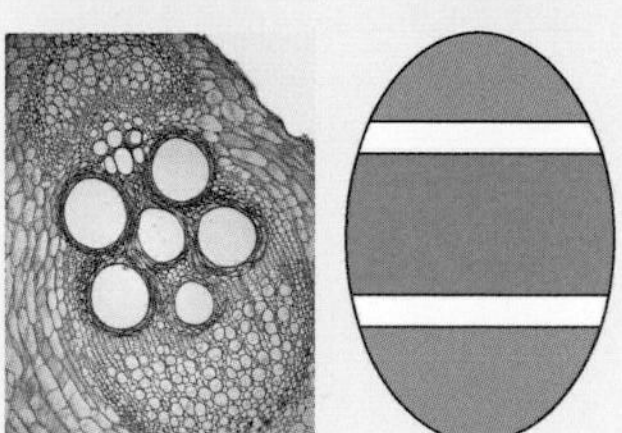

Offen bikollaterale Leitbündel finden sich in der Sprossachse von Kürbis- und Nachtschattengewächsen. Auch wenn zwei Kambien angelegt sind, wird nur eins aktiv

b) Gesamtheit des Leitbündelsystems (Stele) der Landpflanzen

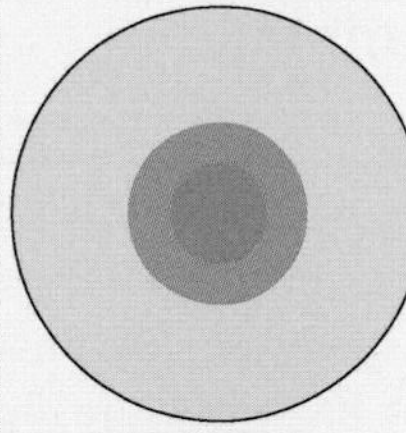

Die **Protostele** ist ein sehr ursprüngliches Leitsystem mit nur **einem zentralen, konzentrischen Leitbündel.** Sie ist typisch für die ersten Landpflanzen, findet sich aber auch in Jugendformen einiger Farne.

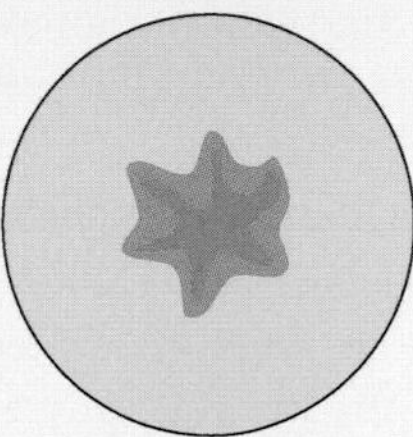

Die **Aktinostele** ist ein einzelnes zentrales Leitbündel, bei dem das innen liegende Xylem **sternförmig** zerklüftet ist. Das Phloem liegt zwischen den Xylemstrahlen. Das Leitsystem im Zentralzylinder der Wurzeln entspricht diesem Typ, er findet sich aber auch bei vielen Gabelblattgewächsen und Bärlappgewächsen.

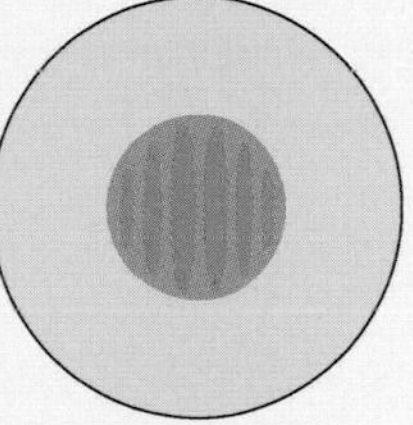

Die **Plektostele** ist ein einzelner zentraler Leitgewebestrang, der aber stärker zerklüftet ist als die Aktinostele. Die Plektostele weist **mehrere voneinander getrennte Xylem- und Phloembereiche** auf. Bei den Bärlappgewächsen ist dies der häufigste Typ.

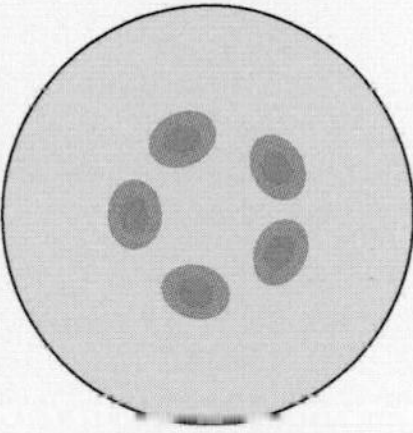

Von der Plektostele leitet sich durch zunehmende Zerklüftung die **Polystele** ab, bei der **mehrere meist konzentrische Leitbündel** über den gesamten Achsenquerschnitt verteilt sind. Jedes Leitbündel ist dabei durch eine **eigene Gewebescheide** vom umgebenden Gewebe abgegrenzt.

Die **Siphonostele** ist ein **röhrenförmiger Leitbündelstrang**, der das zentrale Mark umschließt. An den Ansatzstellen der Blätter weist der Leitbündelstrang begrenzte Lücken auf, da hier Leitbündel (Blattspuren) in die Blätter abzweigen. Bei der **Dictyostele** ist der Leitbündelschlauch durch viele abzweigende Blattspuren stärker **netzartig** gegliedert, diese Stelentypen sind für die meisten Farne typisch.

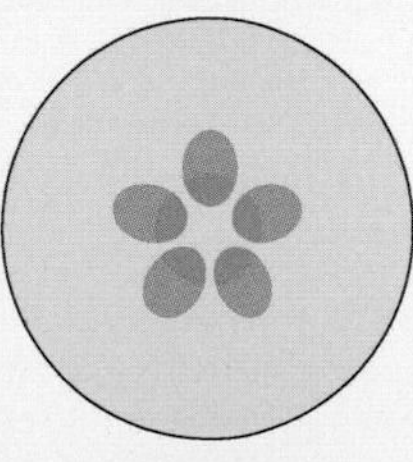

Die **Eustele** ist der Stelentyp der basalen Angiospermen und der Eudikotyledonen (Zweikeimblättrige). Die einzelnen **kollateralen Leitbündel sind kreisförmig angeordnet** und entsprechen in ihrer Gesamtheit somit einem konzentrischen Leitbündel mit zentralem Mark, das durch Markstrahlen in mehrere unabhängige Leitbündel aufgespalten ist.

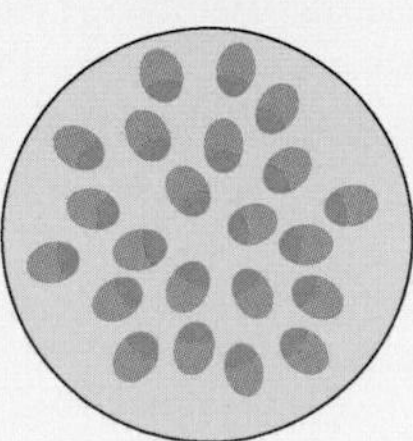

Die **Ataktostele** ist der Stelentyp der Monokotyledonen (Einkeimblättrige). Die einzelnen **kollateralen Leitbündel sind über den gesamten Sprossquerschnitt verteilt**, Xylem liegt dabei jeweils innen und Phloem außen. Im Gegensatz zur Polystele ist die gesamte Stele durch eine **gemeinsame** (oft nur angedeutete) **Gewebescheide** umgeben.

Abb. 31.37 Anordnung der Leitgewebe bei Landpflanzen. **a** Anordnung von Holz- und Siebteil im Leitbündel. **b** Gesamtheit der Leitbündelsysteme (Stelen) in den Achsen. Blau: Phloem, rot: Xylem, weiß: Kambium

31.12 Lycopodiophytina: Im Generationswechsel der Gefäßpflanzen dominiert der Sporophyt

Die **Bärlapppflanzen** (Lycopodiophytina) sind die Schwestergruppe aller anderen Gefäßpflanzen (Euphyllophyten). Sie umfassen die Bärlappartigen (Lycopodiales) mit 400 Arten und die als Isoetopsida zusammengefassten Moosfarnartigen (Selaginellales) mit 750 Arten und Brachsenkrautartigen (Isoetales) mit 130 Arten (◘ Abb. 31.38).

Der **Sporophyt** der Lycopodiophytina ist in der Regel gabelig (**dichotom**) verzweigt und besitzt einfache, kleine Blätter (**Mikrophylle**). Diese Blätter entstanden vermutlich aus Emergenzen der Sprossachse, wie es die Enationstheorie (► Abschn. 31.6) postuliert, und gehen damit auf einen anderen Ursprung zurück als die Blätter der Euphyllophyten. Die Wurzeln der Bärlapppflanzen entstehen nicht aus dem Wurzelpol des Embryos, wie dies bei den Samenpflanzen der Fall ist, sondern werden endogen gebildet und sind sprossbürtig. Die Bewurzelung ist daher **primär homorhiz**.

Der Gametophyt der Lycopodiales ist frei lebend, bleibt aber klein und lebt in Symbiose mit Mykorrhizapilzen (◘ Abb. 31.39). Er bildet Antheridien und Archegonien, in denen die Gameten gebildet werden. Im Unterschied zu den Echten Farnen sind die Spermatozoide der Lycopodiales zweigeißelig. Bei den Isoetopsida ist der Gametophyt dagegen sehr klein und entwickelt sich innerhalb der Spore (endospor). Nur *Isoetes* weist vielgeißelige Spermatozoide auf.

Die Sporophylle der Lycopodiales stehen häufig in Sporophyllständen, die durch einen blattärmeren Sprossabschnitt abgesetzt sind (◘ Abb. 31.39). Die Sporangien sind nierenförmig und abgeflacht. Ihre Zellwände sind eusporangiat, bestehen also aus mehreren Zellschichten.

Die heterosporen Selaginellales bilden Megasporangien an Megasporophyllen und Mikrosporangien an Mikrosporophyllen. Mikro- und Megasporangien entstehen am selben Sporophyllstand (◘ Abb. 31.40).

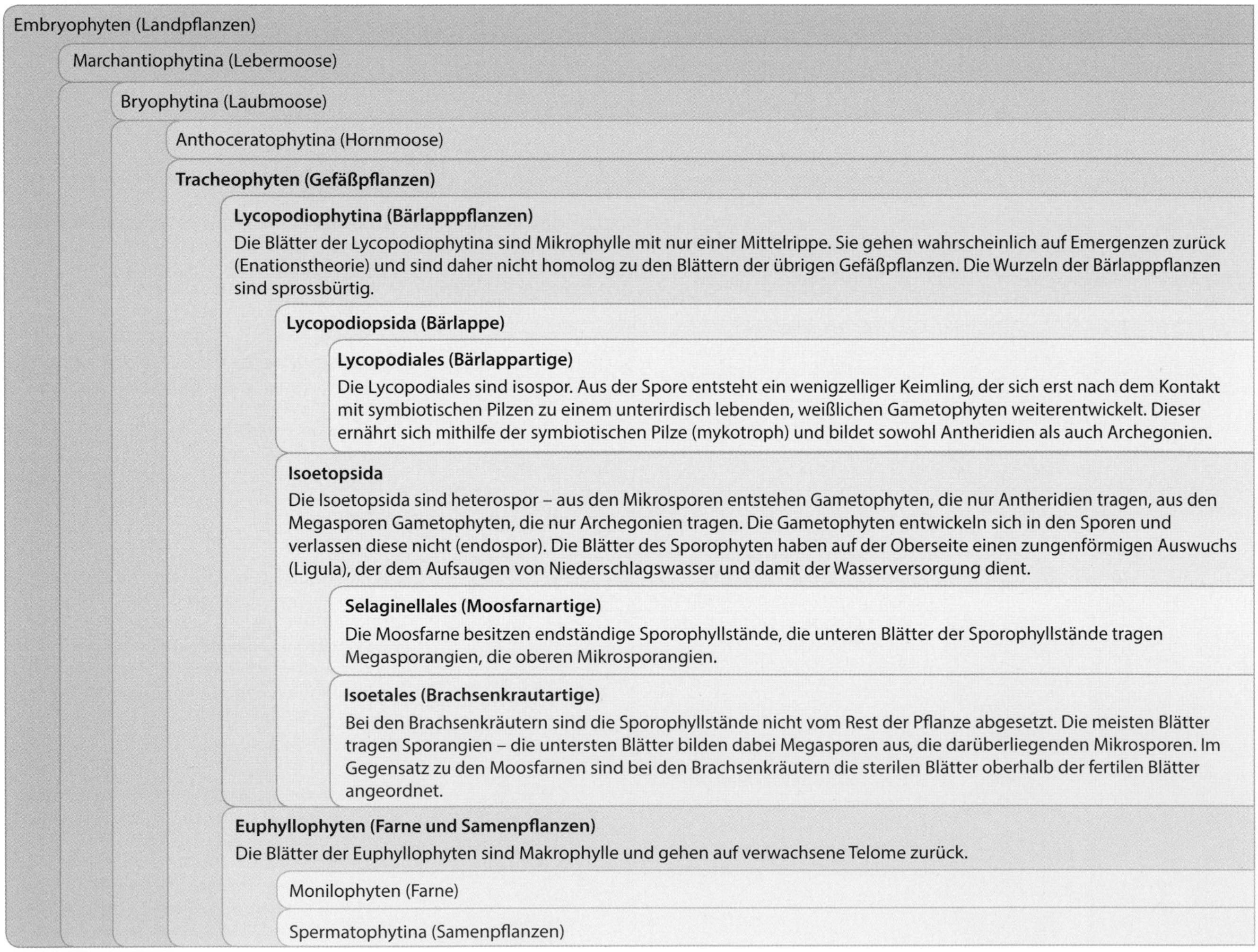

- Embryophyten (Landpflanzen)
  - Marchantiophytina (Lebermoose)
  - Bryophytina (Laubmoose)
    - Anthoceratophytina (Hornmoose)
    - **Tracheophyten (Gefäßpflanzen)**
      - **Lycopodiophytina (Bärlapppflanzen)**
        Die Blätter der Lycopodiophytina sind Mikrophylle mit nur einer Mittelrippe. Sie gehen wahrscheinlich auf Emergenzen zurück (Enationstheorie) und sind daher nicht homolog zu den Blättern der übrigen Gefäßpflanzen. Die Wurzeln der Bärlapppflanzen sind sprossbürtig.
        - **Lycopodiopsida (Bärlappe)**
          - **Lycopodiales (Bärlappartige)**
            Die Lycopodiales sind isospor. Aus der Spore entsteht ein wenigzelliger Keimling, der sich erst nach dem Kontakt mit symbiotischen Pilzen zu einem unterirdisch lebenden, weißlichen Gametophyten weiterentwickelt. Dieser ernährt sich mithilfe der symbiotischen Pilze (mykotroph) und bildet sowohl Antheridien als auch Archegonien.
        - **Isoetopsida**
          Die Isoetopsida sind heterospor – aus den Mikrosporen entstehen Gametophyten, die nur Antheridien tragen, aus den Megasporen Gametophyten, die nur Archegonien tragen. Die Gametophyten entwickeln sich in den Sporen und verlassen diese nicht (endospor). Die Blätter des Sporophyten haben auf der Oberseite einen zungenförmigen Auswuchs (Ligula), der dem Aufsaugen von Niederschlagswasser und damit der Wasserversorgung dient.
          - **Selaginellales (Moosfarnartige)**
            Die Moosfarne besitzen endständige Sporophyllstände, die unteren Blätter der Sporophyllstände tragen Megasporangien, die oberen Mikrosporangien.
          - **Isoetales (Brachsenkrautartige)**
            Bei den Brachsenkräutern sind die Sporophyllstände nicht vom Rest der Pflanze abgesetzt. Die meisten Blätter tragen Sporangien – die untersten Blätter bilden dabei Megasporen aus, die darüberliegenden Mikrosporen. Im Gegensatz zu den Moosfarnen sind bei den Brachsenkräutern die sterilen Blätter oberhalb der fertilen Blätter angeordnet.
      - **Euphyllophyten (Farne und Samenpflanzen)**
        Die Blätter der Euphyllophyten sind Makrophylle und gehen auf verwachsene Telome zurück.
        - Monilophyten (Farne)
        - Spermatophytina (Samenpflanzen)

◘ **Abb. 31.38** Systematischer Überblick über die Bärlapppflanzen

Die **Lycopodiopsida** umfassen nur eine Ordnung – die Bärlappartigen (Lycopodiales).

Der Sporophyt der **Lycopodiales** ist ein kriechender oder aufrechter Spross mit dichotomen Wurzeln. Die Siebzellen besitzen **Siebfelder**, aber noch keine Siebplatten. Das Leitsystem ist eine **Plektostele**. Das Leitgewebe ist von einer Scheide aus unverholzten Zellen umgeben, die wiederum von einer Endodermis aus Zellen mit Lignineinlagerungen umgeben ist.

Die **Isoetopsida** umfassen die Ordnungen der Moosfarnartigen (Selaginellales) und Brachsenkrautartigen (Isoetales).

Der Sporophyt der **Selaginellales** ist ein kriechender, gabeliger Spross, das Leitsystem ist eine **Protostele**, eine **Distele** oder eine **Siphonostele**. Die Mikrophylle stehen meist gegenständig in vier Zeilen oder seltener spiralig.

Der Sporophyt der **Isoetales** trägt eine kurze fleischige **unterirdische Achse**, die auf ihrer Oberseite rosettenförmig viele lange **Mikrophylle** trägt. Diese können bis zu 1 m lang sein, haben aber nur einen Mittelnerv.

Abb. 31.39 Die Bärlapppflanzen umfassen die Bärlappartigen, die Moosfarnartigen und die Brachsenkrautartigen. Fotos: *Lycopodium clavatum*, Gametophyt von *Lycopodium* spec., *Selaginella canaliculata, Isoetes melanospora*

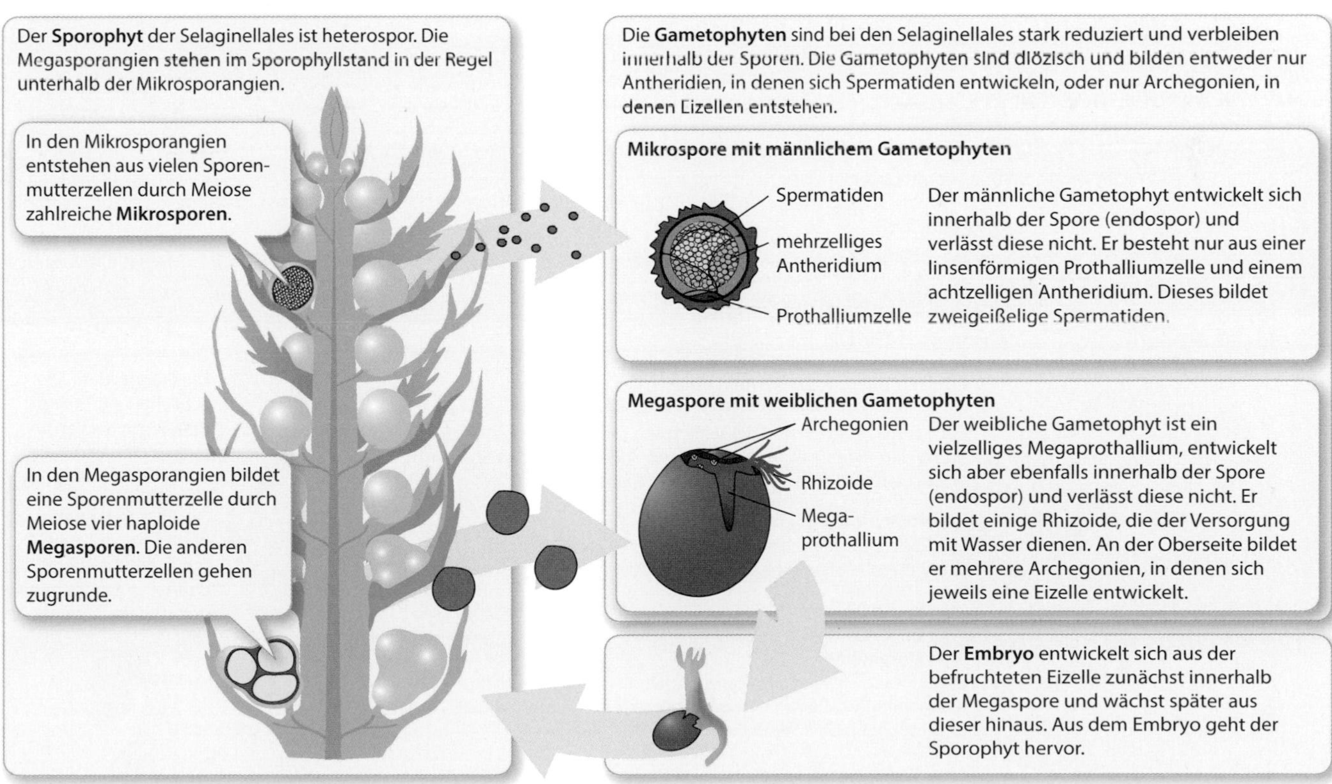

Abb. 31.40 Die Moosfarnartigen sind heterospor, sie bilden männliche Mikrosporen und weibliche Megasporen. Die Geschlechtsfestlegung erfolgt bereits in der diploiden Phase

31

31.13 Monilophyten: Sporen sind austrockungsresistente Verbreitungseinheiten

Die **Monilophyten** (Farne) und ihre Schwestergruppe, die Samenpflanzen, werden als Euphyllophyten zusammengefasst. Die Euphyllophyten besitzen Blätter mit komplexer Nervatur, also mit verzweigten Blattnerven. Im Plastidengenom haben sie zudem eine 30 kb große Inversion, die den Bärlappgewächsen und den Moosen fehlt.

Innerhalb der Euphyllophyten bilden die Monilophyten eine monophyletische Verwandtschaftsgruppe, welche die Equisetophytina (Schachtelhalme), die Psilotophytina (Gabelblattfarne und Natternzungengewächse), die Marattiophytina (eusporangiate Farne) und die Polypodiophytina (leptosporangiate Farne) umfasst (◘ Abb. 31.41). Gemeinsames und namensgebendes Merkmal der Monilophyten ist die Ausbildung des Protoxylems: Bei den Monilophyten ist es auf bestimmte Lappen des Xylemstrangs beschränkt. Der Name Monilophyten leitet sich von dieser halsbandförmigen Xylemanordnung ab.

Die Achsen, Blätter und Wurzeln wachsen meist mit Scheitelzellen, seltener mit mehrzelligen Bildungsgeweben. Die Primärwurzel der Monilophyten entsteht sprossbürtig (primäre Homorhizie), stirbt in der Regel schnell ab und wird durch viele weitere sprossbürtige Wurzeln ersetzt. Die Sporangien bilden sich an Blättern; diese werden als Sporophylle den assimilierenden grünen Blättern (Trophophylle) gegenübergestellt. Wenn Blätter beide Aufgaben übernehmen, also Sporangien tragen und assimilieren, werden sie als Sporotrophophylle bezeichnet. Oft sind mehrere Sporophylle zu einem Sporophyllstand vereint. Ein molekulares Merkmal der Gruppe ist eine Insertion von neun Nucleotiden im Gen rpS4 (Small Ribosomal Protein) der Plastiden.

Die Sporangienwand der Farne ist ursprünglich **eusporangiat**, also aus mehreren Zellschichten aufgebaut. Dieser Bau findet sich noch bei den Psilotopsida, den Equisetopsida und den Marattiopsida. Bei der heute artenreichsten Farngruppe, den Polypodiopsida (Echte Farne), ist die Sporangienwand **leptosporangiat**, sie besteht nur aus einer Zellschicht. Die meisten Farne sind isospor, die Prothallien in der Regel klein, unter 1 cm, und zweigeschlechtlich.

Die Schachtelhalme (**Equisetophytina**) umfassen rezent nur die Gattung *Equisetum* mit 15 Arten. Der Sporophyt ist deutlich in Nodien und Internodien gegliedert (◘ Abb. 31.42), die Blätter sind zu kleinen, miteinander verwachsenen Blättern reduziert. Die äußeren Zellwände der Sprossepidermis sind mit Kieselsäure imprägniert. Mit Ausnahme Australiens und Neuseelands sind die Schachtelhalme weltweit verbreitet.

Die Gabelblattgewächse (**Psilophytina**) umfassen zwei recht unterschiedliche Gruppen, die Gabelblattfarnartigen (Psilotales) mit zwölf Arten und die Natternzungenartigen (Ophioglossales) mit rund 80 Arten. Der Sporophyt der Natternzungengewächse bildet Blätter mit flachem assimilierenden Teil und senkrecht

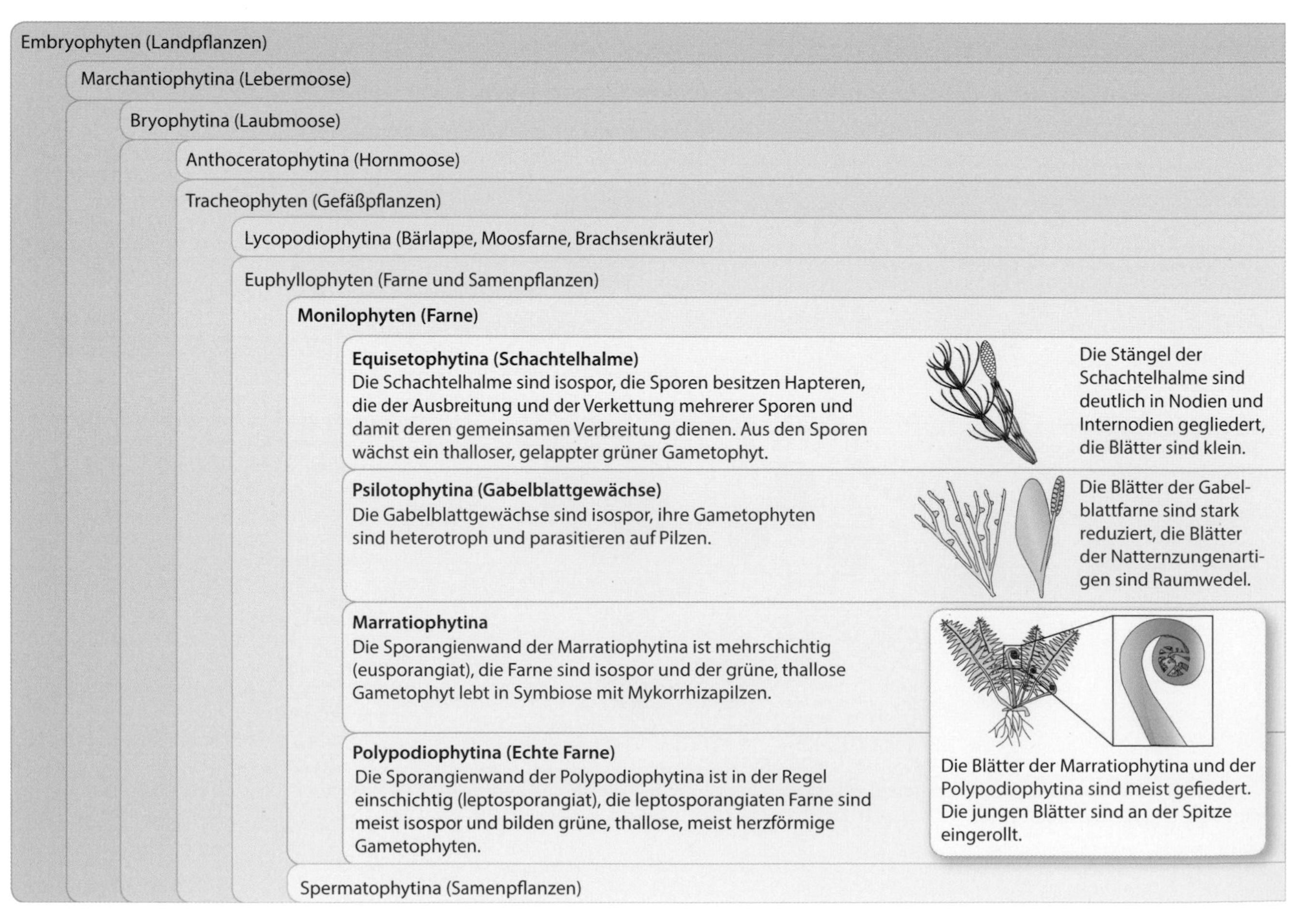

◘ **Abb. 31.41** Systematischer Überblick über die Farne

dazu stehendem sporangientragenden Teil (◘ Abb. 31.43). Der Sporophyt der Gabelblattfarne besitzt keine Wurzeln, bildet aber Rhizoide am Rhizom und lebt in Symbiose mit Mykorrhizapilzen. Die Blätter sind klein und schraubig angeordnet, die Sporangien sind zu zwei bis drei zu einem Synangium verwachsen und befinden sich auf der Blattoberseite (◘ Abb. 31.43).

Die eusporangiaten Farne (**Marattiophytina**) umfassen etwa 300 Arten. Sie bilden große, mehrfach gefiederte Blätter, die jungen Blätter sind eingerollt (◘ Abb. 31.41).

Die Farne im engeren Sinne, die leptosporangiaten Farne (**Polypodiophytina**), umfassen etwa 7500 Arten. Die oberirdische Achse kann bei den tropischen Baumfarnen bis zu 20 m hoch werden, ist aber bei den meisten Arten sehr kurz (◘ Abb. 31.44). Die überwiegende Zahl der Arten zeichnet sich durch große, gefiederte Blätter aus, bei einigen wenigen Arten sind die Blätter ungeteilt. Die jungen Blätter sind wie bei den Marattiophytina eingerollt. Die Sporangienwand ist in der Regel einschichtig (leptosporangiat) und besitzt einen Anulus aus Zellen mit verdickten Radial- und Innenwänden, welche die Öffnung des Sporangiums und das Ausschleudern der Sporen bewirken. Die Sporangien stehen häufig in Gruppen, die als **Sori** bezeichnet werden. Die leptosporangiaten Farne sind meist isospor und bilden grüne, thallose, meist herzförmige Gametophyten.

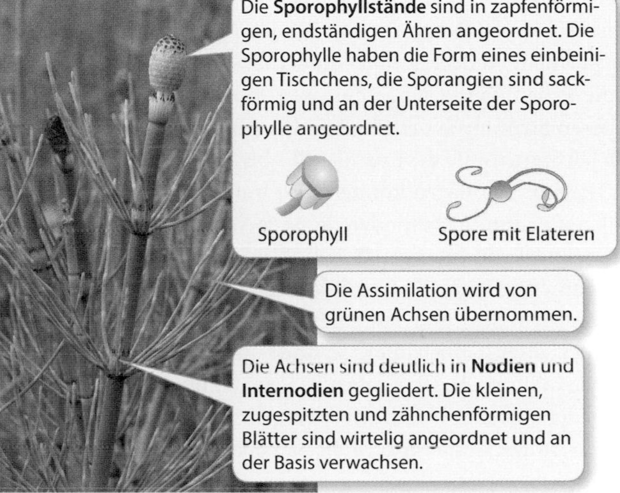

◘ **Abb. 31.42** Die Sporophylle der Schachtelhalme sind deutlich von den sterilen Blättern verschieden

◘ **Abb. 31.43** Die Gabelblattgewächse umfassen die deutlich verschiedenen Natterzungenartigen und Gabelblattfarnartigen. Fotos: Gewöhnliche Natternzunge (*Ophioglossum vulgatum*, links), Gabelblattgewächs (*Psilotum nudum*, rechts)

◘ **Abb. 31.44** Der Sporophyt der leptosporangiaten Farne (links) kann bis zu 20 m groß werden, die Sporangien stehen meist zu mehreren in Sori (Mitte). Der Gametophyt bleibt klein (rechts)

31.14 Spermatophytina: Samen schützen die Embryonen vor Austrocknung

Die **Samenpflanzen** (Spermatophytina) stellen mit über 250.000 Arten die artenreichste Gruppe der Landpflanzen und umfassen die Nacktsamer (Gymnospermen) und die Bedecktsamer (Magnoliopsida) (■ Abb. 31.45). Die Vorläufer der heutigen Samenpflanzen, die Progymnospermen, entstanden im Devon und vermitteln in ihren Merkmalen zwischen den Farnen und Samenpflanzen. Es handelte sich um Sträucher und Bäume mit pseudomonopodialer Verzweigung und Blättern mit dichotomer Nervatur. Die Sporangien standen seitlich an Seitenzweigen oder an modifizierten Blättern. Bei den Samenpflanzen stehen die **Samenanlagen** dagegen immer an modifizierten Blättern, den **Samenschuppen** der Nacktsamer oder den **Fruchtblättern** der Bedecktsamer. Aus der befruchteten Samenanlage entwickelt sich der Samen, der die Ausbreitungseinheit der Samenpflanzen darstellt (■ Abb. 31.45). Der Samen (■ Abb. 31.46) besteht aus einer **Samenschale** (Testa), dem **Embryo** und dem **Endosperm** (Nährgewebe).

Durch die Bildung von Samen als Verbreitungseinheiten und die damit einhergehende Reduktion der gametophytischen Generation (► Abschn. 31.8) sind die Samenpflanzen gut an die trockenen Bedingungen an Land angepasst. Der Gametophyt ist stark reduziert und verbleibt im **Nucellus** (Megasporangium), der sich im Gegensatz zu den Megasporangien der Sporenpflanzen nicht öffnet. Die Befruchtungsvorgänge finden auf der Mutterpflanze statt und sind weitgehend unabhängig von der Verfügbarkeit freien Wassers. Der weibliche Gametophyt entwickelt sich auf der sporophytischen Mutterpflanze. Der Nucellus ist von ein oder zwei sterilen Gewebehüllen, den **Integumenten**, umgeben (■ Abb. 31.46). Die Integumente sind eine Neubildung der Samenpflanzen, aus ihnen entwickelt sich bei der Samenreife die Samenschale. Die **Samenschale** umschließt den Embryo und **schützt** diesen so vor **Austrocknung**, aber auch vor anderen schädlichen Einflüssen. Diese weitgehende Abschottung des Embryos von der Außenwelt schneidet ihn aber auch von der Versorgung mit Nährstoffen ab. Als Nährstoffreservoir für den sich entwickelnden Embryo dient das Endosperm (■ Abb. 31.46).

Die Samenpflanzen umfassen zwei Großgruppen, die sich in der Lage der Samenanlage unterscheiden: Bei den **Gymnospermen** (Nacktsamern) liegen die Samenanlagen frei auf der Samenschuppe (■ Abb. 31.47). Bei den **Magnoliopsida** (= Angiospermen; Bedecktsamer) sind die Samenanlagen dagegen in die Fruchtblätter eingeschlossen. Aus diesen und eventuell weiteren Strukturen der Blüte und des Blütenstands entwickeln sich bei Samenreife die Früchte (■ Abb. 31.47).

Die Samenanlagen können eine unterschiedliche Orientierung aufweisen, insbesondere können sie in unterschiedlichem Maße eingekrümmt sein (■ Abb. 31.48). Als **atrop** bezeichnet man Samenanlagen, wenn sich die Mikropyle gegenüber dem Funiculus (dem Stiel und damit der Ansatzstelle der Samenanlage) befindet. Ist die Samenanlage so stark eingekrümmt, dass die Mikropyle in der Nähe des Funiculus liegt, nennt man sie **anatrop**. Wenn der Nucellus in sich selber eingekrümmt ist und somit eine nierenförmige Gestalt hat, ist die Samenanlage **campylotrop**.

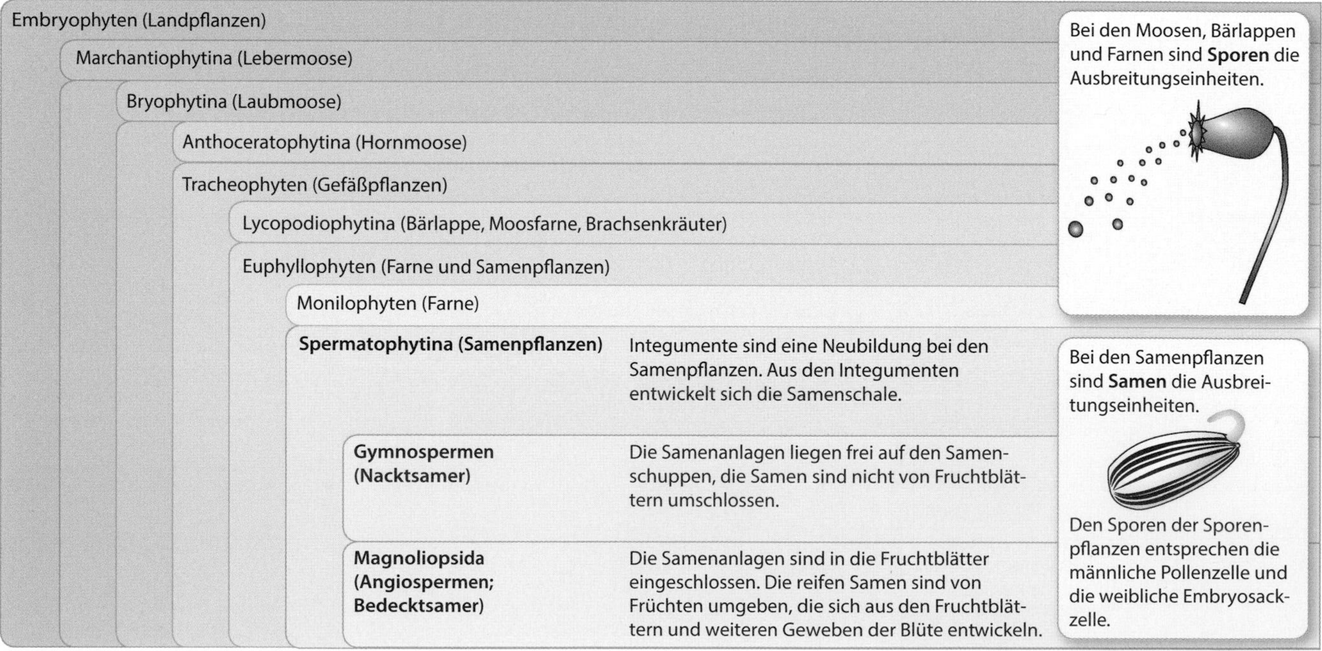

■ **Abb. 31.45** Überblick über die Systematik der Samenpflanzen

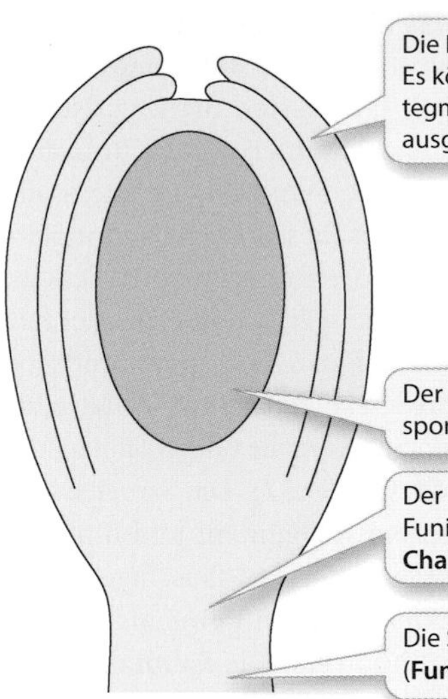

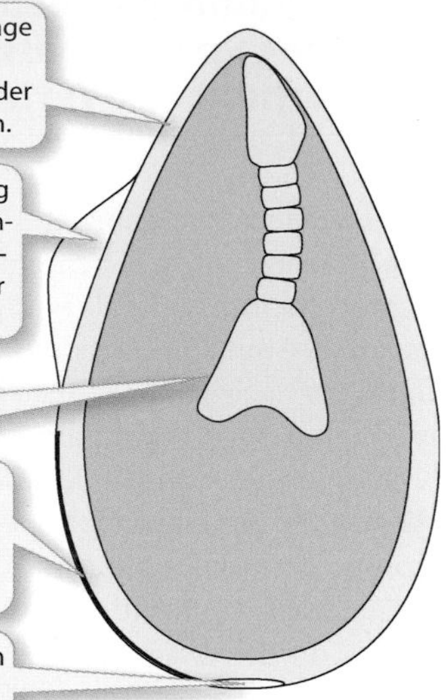

Abb. 31.46 Bau von Samenanlage (links) und Samen (rechts)

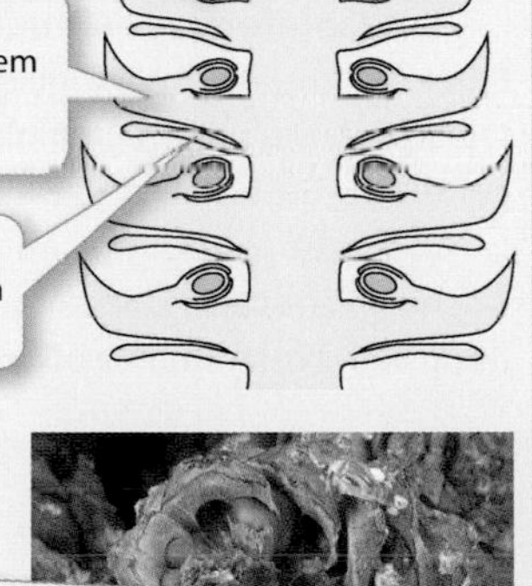

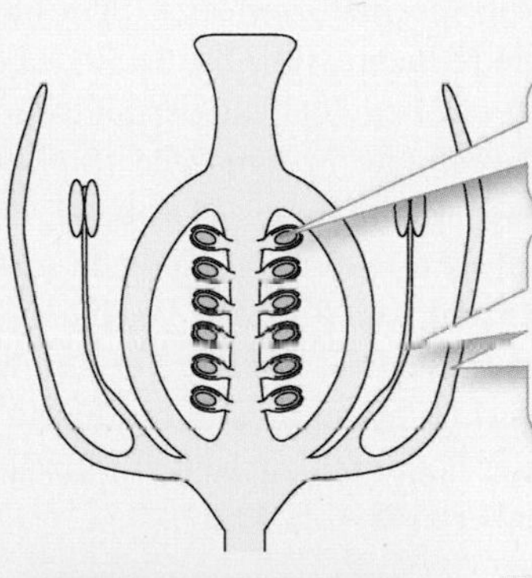

Abb. 31.47 Lage der Samenanlagen bei Nacktsamern und Bedecktsamern

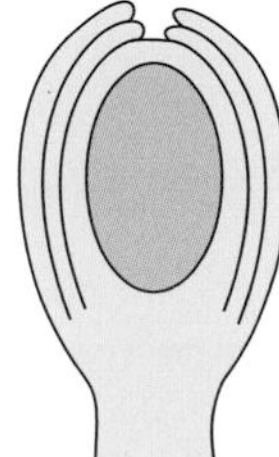

Die Samenanlagen aller Nacktsamer und vieler Bedecktsamer sind **atrop**: Die Mikropyle liegt in gerader Linie gegenüber dem Funiculus.

Die Samenanlagen einiger Bedecktsamer, z. B. die der Apiaceae und der Asteraceae, sind **anatrop**: Die Mikropyle liegt durch eine Umbiegung von Funiculus und Chalaza in der Nähe des Funiculus, der Nucellus bleibt aber gerade.

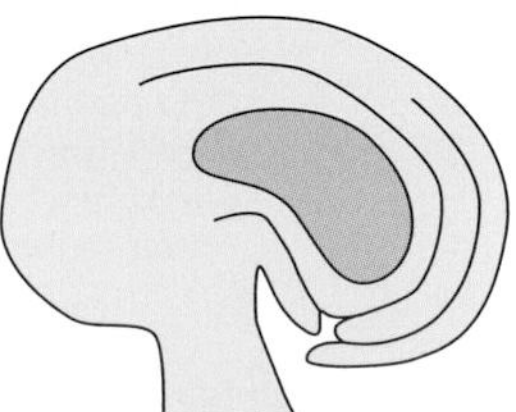

Die Samenanlagen der Brassicaceae und Caryophyllaceae sowie einiger weiterer Familien der Bedecktsamer sind **campylotrop**: Die Mikropyle liegt durch eine Umbiegung von Funiculus und Chalaza in der Nähe des Funiculus, der Nucellus ist dabei nierenförmig um das obere Ende des Funiculus gekrümmt.

Abb. 31.48 Orientierung der Samenanlage

31

31.15 Gymnospermen: Eine Konzentration der Sporophylle an der Sprossspitze erhöht die Verbreitungschancen

Die rezenten **Nacktsamer** (**Gymnospermen**) sind Bäume und Sträucher mit sekundärem Dickenwachstum. Das Holz der Gymnospermen weist als Festigungs- und Leitgewebe lediglich Tracheiden auf, die Holzstrahlen bestehen aus nur einer Reihe von Quertracheiden (► Abschn. 31.5). Die rezenten Gymnospermen werden in die Palmfarne (Cycadopsida), die Ginkgos (Ginkgopsida) und die Koniferen (Coniferopsida) eingeteilt (◘ Abb. 31.49). Die artenarme, aber erdgeschichtlich recht alte Gruppe der Nacktsamer lässt sich bis ins obere Devon nachweisen. Seit der Kreide wurden die Gymnospermen zunehmend von den Magnoliopsida verdrängt. Heute dominieren sie nur noch in wenigen (wenn auch ausgedehnten) Biomen wie der Taiga. Die **Zapfen** der Gymnospermen sind **getrenntgeschlechtlich**, meist sind viele Blüten in einem Zapfen zusammengefasst. Die Samenanlagen der Nacktsamer sind von nur einem Integument umgeben und liegen frei, es werden also keine Früchte gebildet. Der männliche Gametophyt (das mehrzellige Pollenkorn) ist bis auf eine Pollenschlauchzelle und zwei Prothalliumzellen sowie die Spermatozoide bzw. Spermazellen bildende generative Zelle reduziert (◘ Abb. 31.50). Die Befruchtung der Eizelle durch ein begeißeltes Spermatozoid (Zoidiogamie) oder eine unbegeißelte Spermazelle (Siphonogamie) ist von freiem Wasser unabhängig (◘ Abb. 31.49; ► Abschn. 14.7). Bei der Zoidiogamie der Cycadopsida und Ginkgopsida wird das Spermatozoid vom Pollenschlauch in die Bestäubungskammer, eine mit Flüssigkeit gefüllte Vertiefung am Nucellusscheitel, entlassen und schwimmt aktiv zur Eizelle. Bei der Siphonogamie wächst der Pollenschlauch bis zur Eizelle und entlässt dort einen Spermakern (◘ Abb. 31.51).

Die rezenten **Cycadopsida** (◘ Abb. 31.52) sind palmenähnliche, bis zu 20 m hohe immergrüne Bäume mit schraubig angeordneten, einfach oder doppelt gefiederten Blättern. Neben dem Stamm bilden die Palmfarne auch unterirdische Rhizome. Die Wurzeln der Palmfarne gehen eine Symbiose mit stickstofffixierenden Cyanobakterien ein, die es diesen Pflanzen ermöglichen, auch sehr nähstoffarme Böden erfolgreich zu besiedeln. Palmfarne sind diözisch, ein Individuum trägt also entweder nur männliche oder nur weibliche Zapfen. Die Zapfen sind aus schraubig angeordneten Sporophyllen aufgebaut und stehen endständig am Spross. Die weiblichen Sporophylle bilden Samen, die durch Tiere verbreitet werden (◘ Abb. 31.52). Die Samenschale entsteht bei der Samenreife aus dem Integument und differenziert sich in eine äußere, meist rötlich gefärbte, fleischige Sarkotesta, eine mittlere verholzte Sklerotesta und eine als dünnes Häutchen ausgebildete inneren Endotesta. Die Palmfarne umfassen elf Gattungen mit ca. 320 Arten und sind vorwiegend tropisch oder subtropisch verbreitet.

Die **Ginkgopsida** (◘ Abb. 31.53) sind bis zu 30 m hohe Bäume. Ihre Blätter weisen eine dichotome Nervatur auf und sind schraubig angeordnet. Rezent gibt es nur eine Art, *Ginkgo biloba*, im Mesozoikum waren die Ginkgopsida aber divers und weit verbreitet. *G. biloba* ist ein sommergrüner, stark in Lang- und Kurztriebe gegliederter, diözischer Baum. Die Samenschale differenziert sich in eine äußere, nach Buttersäure riechende Sarkotesta, eine mittlere verholzende Sklerotesta und eine innere weiche Endotesta.

Die **Coniferopsida** umfassen mit den Koniferen und den Gnetales zwei morphologisch sehr unterschiedliche Gruppen. Die Koniferen oder Nadelhölzer (Pinales) umfassen die Kieferngewächse, die Zypressengewächse und die Eibengewächse.

Mit zehn Gattungen und 200 Arten bilden die Kieferngewächse (**Pinaceae**) die artenreichste rezente Gruppe der Coniferopsida. Fossil sind sie bis in den oberen Jura vor etwa 150 Mio.

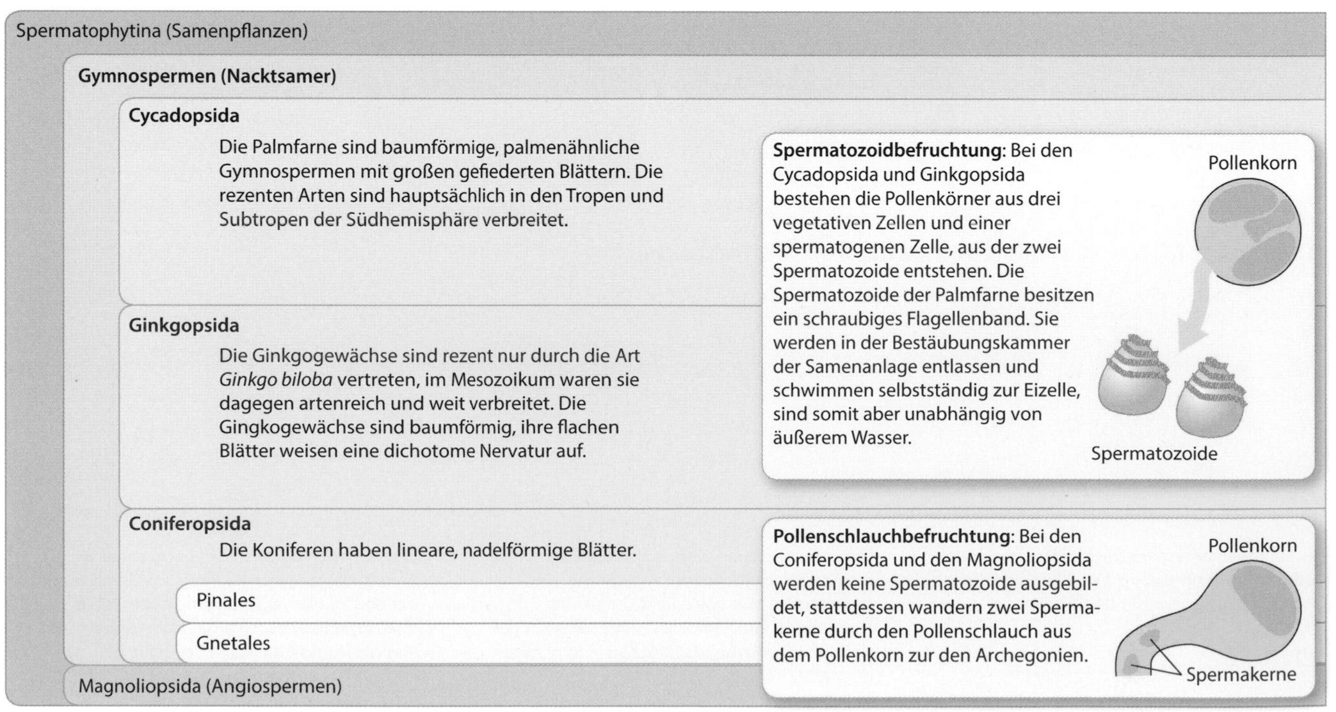

◘ **Abb. 31.49** Systematik der Gymnospermen

Die äußere Pollenwand, die **Exine**, besteht hauptsächlich aus Sporopollenin und umschließt das eigentliche Pollenkorn sowie zwei Luftsäcke.

Die innere Pollenwand, die **Intine**, besteht aus Cellulose und Pektin. Aus ihr entwickelt sich beim Auskeimen des Pollenkorns die Wand des Pollenschlauchs.

Aus der **Pollenschlauchzelle** wächst der Pollenschlauch aus.

Die **generative Zelle** bildet nach der Bestäubung eine Stielzelle und zwei Spermakerne.

Zwei weitere Zellen entsprechen einem reduzierten Prothallium und werden daher als **Prothalliumzellen** bezeichnet. Diese sind zum Zeitpunkt der Pollenausbreitung bereits degeneriert, das Pollenkorn umfasst daher nur zwei intakte Zellen.

Abb. 31.50 Die Pollenkörner (Mikrosporen) der Pinales werden durch den Wind verbreitet. Die durch die äußere Pollenwand, die Exine, gebildeten Luftsäcke verbessern die Flugeigenschaften

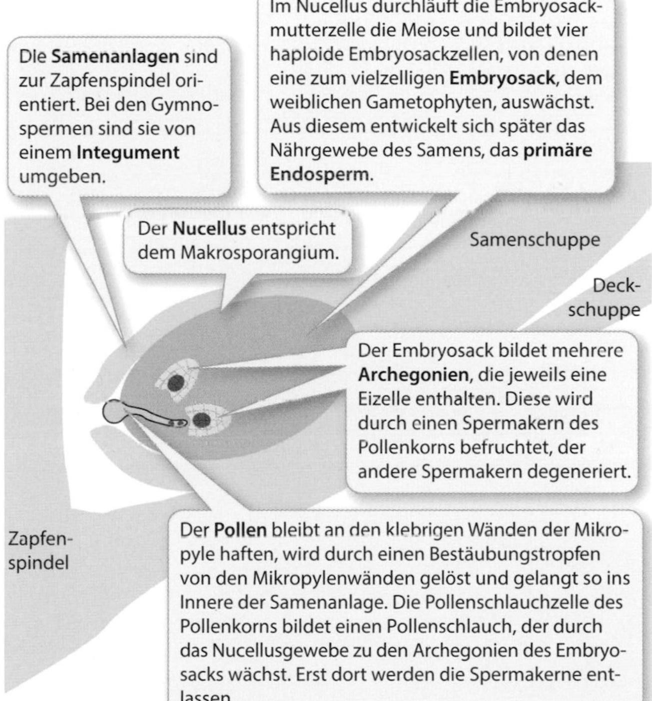

Abb. 31.51 Samenschuppe mit Samenanlage und Befruchtung bei den Coniferopsida

Abb. 31.52 Bau der Palmfarne

Jahren nachweisbar. Sie umfassen unsere wichtigsten Nadelbäume mit den Kiefern (*Pinus* spp.), Tannen (*Abies* spp.), Fichten (*Picea* spp.) und Lärchen (*Larix* spp.). Es handelt sich um immergrüne Nadelbäume, nur die Lärchen sind winterkahl, werfen das Laub also im Herbst ab. Bei einigen Arten ist das Sprosssystem deutlich in Lang- und Kurztriebe gegliedert (▶ Abschn. 31.3). Ihre Nadelblätter sind durch einen zentralen, in der Mitte durch Parenchym in zwei Leitbündel geteilten Leitbündelstrang charakterisiert. Die Pinaceae sind einhäusig (monözisch) – die männlichen Pollenzapfen und die weiblichen Samenzapfen finden sich auf demselben Individuum (**Abb. 31.54**).

Eine weitere bedeutende Gruppe bilden mit 130 Arten aus 28 Gattungen die Zypressengewächse (**Cupressaceae**). Diese immergrünen Bäume und Sträucher lassen sich fossil bis zum Mitteljura vor rund 165 Mio. Jahren nachweisen. In Mitteleuropa ist nur der Wacholder (*Juniperus* spp.) heimisch (**Abb. 31.55**)

– er bildet nadelförmige Blätter, wie auch die Mammutbäume (*Sequoia sempervirens, Metasequoia glyptostroboides* und *Sequoiadendron giganteum*). Die in Parkanlagen und Gartenbepflanzungen häufigen Zypressen (*Cupressus* spp.), Scheinzypressen (*Chamaecyparis* spp.) und Lebensbäume (*Thuja* spp.) besitzen dagegen schuppenförmige Blätter. Die Cupressaceae sind wie die Pinaceae monözisch. Die Deck- und Samenschuppen sind stark reduziert, die Samenanlagen inserieren in der Achsel dieser stark reduzierten Schuppe.

Die Eibengewächse (**Taxaceae**) umfassen immergrüne Bäume oder Sträucher, deren Holz frei von Harzkanälen ist. Sie treten erdgeschichtlich erstmals im Mitteljura vor etwa 175 Mio. Jahren auf. Die Taxaceae sind zweihäusig (diözisch), eine Pflanze bildet also entweder nur männliche oder nur weibliche Zapfen. Die männlichen Pollenzapfen tragen Staubblätter mit mehreren radiär um den Staubblattstiel angeordneten Pollensäcken. Die weiblichen Samenzapfen sind fast bis auf die Samenanlagen reduziert, die endständig an Seitenachsen stehen. In Mitteleuropa verbreitet ist die Eibe (*Taxus baccata*; ◻ Abb. 31.55). Ihre Nadeln sind spiralig angeordnet, gescheitelt und stachelspitzig. Auf der Oberseite der Nadeln ist eine Mittelader erkennbar. Alle Pflanzenteile mit Ausnahme des Samenmantels (Arillus) sind durch Taxanderivate (Taxin, Taxol) giftig.

Die **Gnetales** (◻ Abb. 31.56) sind immergrüne holzige Pflanzen und umfassen drei Gattungen: die strauchartige Gattung *Ephedra* mit rund 40 Arten, die Sträucher und Lianen umfassende Gattung *Gnetum* mit rund 30 Arten und die nur mit der Art *Welwitschia mirabilis* vertretene Gattung *Welwitschia*. Die Gnetales sind diözisch. Im Unterschied zu allen anderen Gymnospermen weist ihr Holz Tracheen auf, diese Tracheen sind aber nicht den Tracheen der Magnoliopsida homolog. *Welwitschia mirabilis* ist eine Wüstenpflanze mit ausgeprägter Pfahlwurzel und nur zwei parallelnervigen Blättern, die zeitlebens an der Basis weiterwachsen. Bei *Ephedra* sind die Blätter stark reduziert, bei *Gnetum* dagegen gut ausgebildet und weisen Netznervatur auf; diese ist allerdings nicht homolog zur Nervatur der Magnoliopsida, sondern leitet sich von einer dichotomen Nervatur ab.

Die **Blätter** haben eine dichotome Aderung.

Die **Blüten** sitzen in den Achseln von Schuppenblättern. Die **männliche Blüte** ist kätzchenartig und besitzt zahlreiche Staubblätter aus jeweils zwei Pollensäcken.

Die **weiblichen Blüten** sind meist auf zwei auf einem Stiel sitzende Samenanlagen reduziert.

Bei der Samenreife differenziert sich das Integument der Samenanlage in eine äußere, nach Buttersäure riechende Sarkotesta und eine innere harte Sklerotesta.

◻ **Abb. 31.53** Die Ginkgopsida sind rezent nur durch die Art *Ginkgo biloba* vertreten

Der **weibliche Zapfen** entspricht einem Blütenstand. An der zentralen Achse stehen **Deckschuppen**, in deren Achseln jeweils eine **Samenschuppe** sitzt. Die Deckschuppen entsprechen dem Tragblatt der Blüte, die Samenschuppe entspricht der Blüte. Auf der Oberfläche der Samenschuppen befinden sich die Samenanlagen.

Bei jungen Zapfen sind die Komplexe aus dünner Deckschuppe und dickerer Samenschuppe gut zu erkennen. Auf den Schuppen sind einzelne Pollenkörner erkennenbar.

Erst einige Monate nach der Bestäubung kommt es zur Befruchtung. Die Samen reifen bei der Kiefer erst im dritten Jahr.

Die Blätter sind meist nadelförmig und haben parallel verlaufende zentrale Leitbündel.

Bei der Kiefer stehen die **männlichen Zapfen** in Gruppen. Der männliche Zapfen entspricht einer Blüte; an deren zentraler Achse stehen **Staubblätter** (Mikrosporophylle), die auf ihrer Unterseite zwei miteinander verwachsene Pollensäcke tragen.

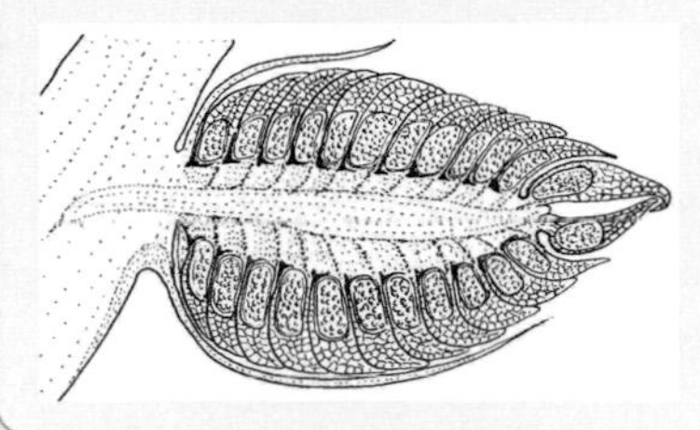

Abb. 31.54 Bau der Pinales am Beispiel von *Pinus sylvestris*

Die Samen der Eibe werden bei Samenreife vom fleischigen **Arillus** (Samenmantel) umgeben. Der Arillus ist als einziger Teil der Eibe nicht durch Taxanderivate giftig, er wird von Vögeln gefressen und dient so der Verbreitung der Samen.

Abb. 31.55 Cupressaceae und Taxaceae: Wacholder (*Juniperus communis*; links) und Europäische Eibe (*Taxus baccata*; rechts)

Abb. 31.56 Übersicht über die Gnetales. Fotos von links nach rechts: *Ephedra* spec., *Gnetum gnemon*, *Welwitschia mirabilis*

31.16 Magnoliopsida I: Bei den bedecktsamigen Pflanzen sind die Samenanlagen in die Fruchtblätter eingeschlossen

Die **Magnoliopsida** (= Angiospermen; Bedecktsamer) bilden mit rund **250.000 Arten** die artenreichste Gruppe der Landpflanzen (◘ Abb. 31.57). Sie entstanden vermutlich bereits im unteren Jura und sind ab dem Übergang des Jura zur Kreide (vor etwa 160 Mio. Jahren) fossil sicher nachzuweisen.

Die **Blüten** der Magnolipsida sind in der Regel zwittrig und bestehen aus schraubig oder in mehreren Wirteln angeordneten Blättern (◘ Abb. 31.58). Die äußeren Blätter bilden das **Perianth (Blütenhülle)**, das zumeist aus einem äußeren Kreis unscheinbarer grüner **Sepalen (Kelchblätter)** und einem inneren Kreis meist auffällig gefärbter **Petalen (Kronblätter)** besteht. Sind sämtliche Perigonblätter gleich gestaltet, bezeichnet man sie als Tepalen. Das Perianth schützt die Sporophylle und dient bei tierbestäubten Blüten der Anlockung der Bestäuber. Bei windbestäubten Blüten sind die Blätter des Perianths teilweise stark reduziert oder fehlen ganz. Nach innen folgen die **Stamina (Staubblätter)**, die Mikrosporophyllen entsprechen, und die **Karpelle (Fruchtblätter)**, die Megasporophyllen entsprechen. Die **Samenanlagen** der Bedecktsamer **sind in die Fruchtblätter eingeschlossen** (◘ Abb. 31.57) – entsprechend sind geschlossene Fruchtblätter mit Narbe ein gemeinsames Merkmal der Magnoliopsida.

Die Differenzierung der Blütenorgane in Kelchblätter, Kronblätter, Staubblätter und Fruchtblätter wird durch nur wenige regulatorische Gene gesteuert (► Abschn. 28.8). Die Entstehung der Blüte der Magnoliopsida ist dennoch unklar, es gibt zwei konkurrierende Theorien zur Phylogenie: Nach der **Euanthientheorie** ist die Blüte aus einem zwittrigen Sporophyllstand ähnlich dem von *Selaginella* (► Abschn. 31.12) entstanden, nach der **Pseudanthientheorie** entstand die Blüte dagegen durch Verwachsung und Reduktion von eingeschlechtlichen männlichen und weiblichen Zapfen – ein solches Zusammenziehen männlicher und weiblicher Zapfen ist beispielsweise bei den Gnetales (► Abschn. 31.15) zu beobachten. Auch wenn die Phylogenie der Blüte umstritten ist, bieten die neuen Entwicklungen Vorteile im Zusammenhang mit der Insektenbestäubung – dies betrifft die Zwittrigkeit, die Bildung von Fruchtblättern und die Bildung eines zweiten Integuments um die Samenanlagen sowie die Ausbildung der Schaufunktion der Kronblätter.

Je nach Stellung des Fruchtknotens in Relation zu den anderen Blütenorganen unterscheidet man zwischen **unterständigen, oberständigen** sowie **halbunterständigen** und **mittelständigen Fruchtknoten** (◘ Abb. 31.59). Neben der Bedecktsamigkeit gibt es eine Reihe weiterer gemeinsamer Merkmale der Magnoliopsida: Die Staubblätter besitzen zwei seitlich sitzende Pollensackpaare. Die Siebröhren und Geleitzellen des Phloems gehen aus einer gemeinsamen Mutterzelle hervor und das Holz weist mit Ausnahme einiger basaler Gruppen echte Gefäße (Tracheen) auf.

Bei den Magnoliopsida dominiert die sporophytische Generation, die **gametophytische Generation ist dagegen stark reduziert** (► Abschn. 14.5): Der männliche Gametophyt ist auf zwei Zellen reduziert, die Pollenschlauchzelle (vegetative Zelle) und die generative Zelle (◘ Abb. 31.60). Aus der generativen Zelle gehen die zwei Spermazellen hervor, die Teilung kann vor oder nach der Pollenkeimung erfolgen. Die Pollenkörner keimen unter Bildung eines Pollenschlauchs, an dessen Bildung die innere Pollenkornwand, die Intine, beteiligt ist. Durch den Pollenschlauch gelangen die unbeweglichen Spermazellen zum weiblichen Gametophyten.

Der ebenfalls stark reduzierte weibliche Gametophyt, der **Embryosack**, besteht in der Regel aus sieben Zellen mit insgesamt acht Kernen (◘ Abb. 31.61). An der der Öffnung der Samenanlage zugewandten Seite des Embryosacks liegen die Eizelle sowie zwei Synergiden, die als reduziertes Antheridium interpretiert werden. Der Eizelle gegenüber liegen drei als Antipoden bezeichnete Zellen, die Embryosackzelle ist zweikernig. Nach der Pollination kommt es zu einer **doppelten Befruchtung** –

Die **Fruchtblätter schließen** bei den Magnoliopsida **die Samenanlagen ein.** Je nachdem, ob die Fruchtblätter einzeln stehen oder mehrere Fruchtblätter miteinander verwachsen sind, unterscheidet man zwischen chorikarpen und synkarpen Gynoeceen.

Bei **chorikarpen Gynoeceen** sind die einzelnen Fruchtblätter nicht miteinander verwachsen. Bei Magnolien (*Magnolia* spp.) sind die Karpelle spiralig angeordnet.

Bei **synkarpen Gynoeceen** ist der Fruchtknoten aus mehreren Fruchtblättern verwachsen. Synkarpe Gynoeceen werden auch als Pistill (Stempel) bezeichnet. Beim Bärlauch (*Allium ursinum*) sind die drei Fruchtblätter noch deutlich zu erkennen. Sie bilden einen gemeinsamen Griffel aus.

◘ **Abb. 31.57** Die Magnoliopsida sind die Schwestergruppe der Gymnospermen

Die Gesamtheit der Megasporophylle, der Fruchtblätter (Karpelle), bildet das **Gynoeceum**. Durch Verwachsung schließen sie die Samenanlagen im Fruchtknoten ein. In den Samenanlagen durchläuft im **Nucellus** (= **Megasporangium**) die Embryosackmutterzelle die Meiose und bildet die **Embryosackzelle** (= **Megaspore**), aus der sich der **Embryosack** (= **Gametophyt**) entwickelt.

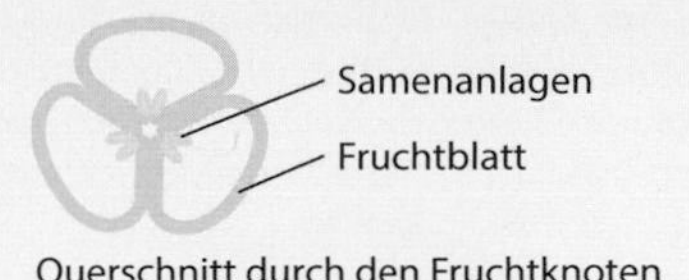

Querschnitt durch den Fruchtknoten

Die **Stamina** (Staubblätter) sind in Staubfaden (Filament) und Staubbeutel (Anthere) gegliedert. Die Anthere besteht aus zwei durch ein Konnektiv verbundene Theken. Die Theken wiederum bestehen aus je zwei **Pollensäcken** (= **Mikrosporangien**), in denen die Pollenmutterzellen die Meiose durchlaufen und haploide **Pollen** (= **Mikrosporen**) bilden. Aus diesen entwickeln sich mehrzellige **Pollenkörner** (= **Gametophyten**).

Querschnitt durch eine Anthere

Die Blütenkrone (**Corolla**) besteht bei tierblütigen Blüten aus meist großen gefärbten Blütenblättern (**Petalen**). Bei windblütigen Blüten sind diese unscheinbar oder reduziert.

Der Kelch (**Calyx**) besteht aus meist grünen Kelchblättern (**Sepalen**), die dem Schutz der Blüte dienen.

Bei einigen Blüten, wie bei der Tulpe, ist die Blütenhülle (**Perianth**) nicht in Kelch- und Kronblätter differenziert. Eine solche nicht differenzierte Blütenhülle wird als **Perigon** bezeichnet, die einheitlichen Blütenblätter als **Tepalen**.

Abb. 31.58 Die Fortpflanzungsstrukturen der Samenpflanzen sind in Blüten organisiert. Blüten sind endständige Kurzsprosse begrenzten Wachstums, die die Sporophylle (Staubblätter und Fruchtblätter) tragen

ein Spermakern verschmilzt mit dem der Eizelle, während der andere Spermakern mit der diploiden Embryosackzelle unter Bildung eines sekundären Endosperms verschmilzt.

Aus den Fruchtblättern und eventuell weiteren Strukturen bildet sich bei Samenreife die **Frucht.**

Dementsprechend sind Früchte ein charakteristisches Merkmal der Bedecktsamer. Die Frucht schließt die Samen bis zur Reife ein und dient ihrer Ausbreitung. Die **Fruchtwand** (**Perikarp**) besteht aus drei Schichten: dem äußeren Exokarp, dem mittleren Mesokarp und dem inneren Endokarp (Abb. 31.62). Die verschiedenen Schichten der Fruchtwand können fleischig oder verholzt sein.

An der Bildung der Frucht können neben den Fruchtblättern auch die Blütenhülle und Achsengewebe beteiligt sein.

Ist bei einer **perigynen** Blüte das Gynoeceum frei (nicht mit dem Blütenboden verwachsen), bezeichnet man den Fruchtkonten als **mittelständig.**

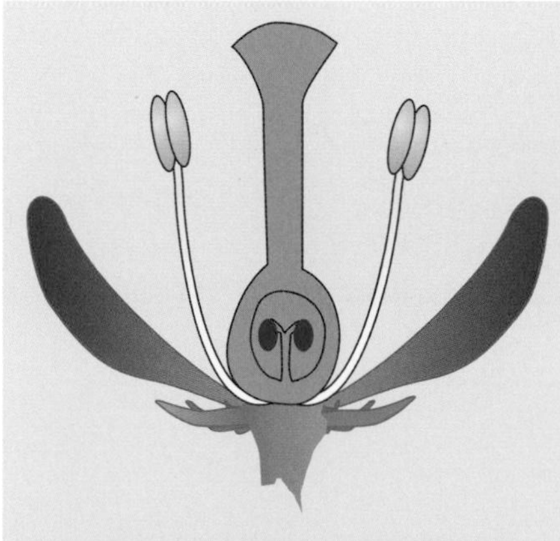

Bei einer **hypogynen** Blüte setzen alle übrigen Blütenorgane unterhalb des Fruchtknotens an. Der Fruchtknoten ist **oberständig.**

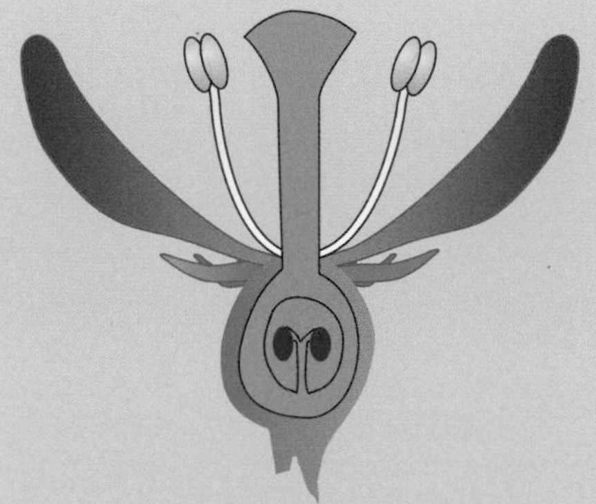

Bei einer **epigynen** Blüte setzen alle übrigen Blütenorgane oberhalb des Fruchtknotens an. Der Fruchtknoten ist **unterständig.**

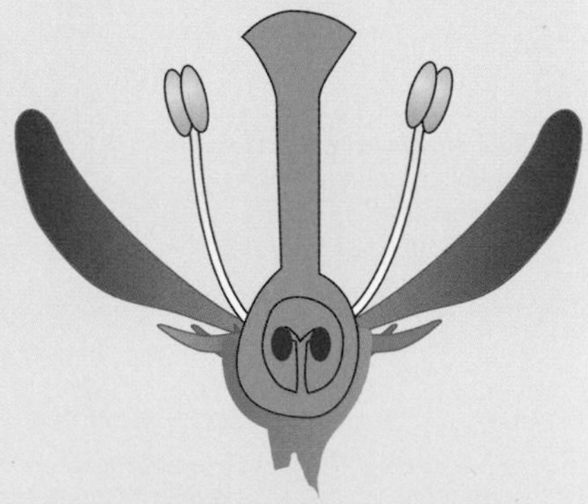

Bei einer **perigynen** Blüte setzen alle übrigen Blütenorgane auf Höhe des Fruchtknotens an. Ist das Gynoeceum mit dem Blütenbecher verwachsen, bezeichnet man diesen als **halbunterständig.**

Abb. 31.59 Oberständige, halbunterständige und unterständige Stellung des Fruchtknotens

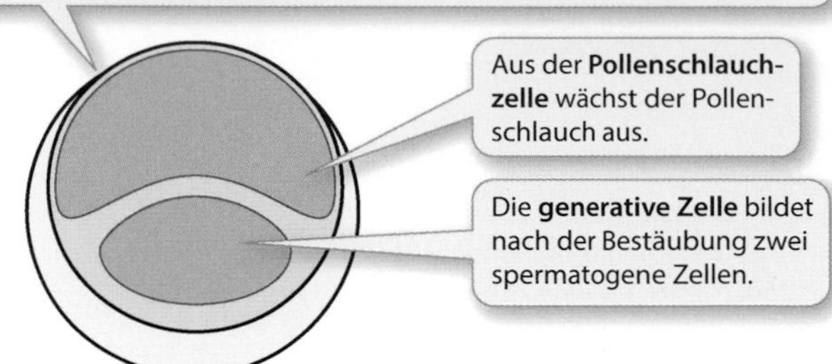

Abb. 31.60 Der männliche Gametophyt

Man unterscheidet **Schließfrüchte**, bei denen die Samen in den Früchten eingeschlossen sind und mit diesen verbreitet werden (Abb. 31.62), von **Öffnungsfrüchten**, die sich bei Samenreife öffnen und die Samen freisetzen (Abb. 31.63).

Bei Balgfrüchten öffnet sich das einzelne Fruchtblatt eines chorikarpen Gynoeceums bei der Reife entlang der Bauchnaht. Hülsen entstehen ebenfalls aus einem Fruchtblatt, öffnen sich aber an Bauch- und Rückenseite. Kapselfrüchte entwickeln sich dagegen aus synkarpen Gynoeceen. Sie öffnen sich entweder entlang der Karpellgrenze, wie bei den Schoten der Brassicaceae, entlang des Kapselrückens oder mit nur kleinen Öffnungen (Poren), wie beim Mohn. Viele Öffnungsfrüchte sind trocken, einige aber auch fleischig. Ein Beispiel für eine fleischige Öffnungsfrucht sind die Explosionsfrüchte von *Impatiens*.

Auch Schließfrüchten können aus einem oder aus mehreren miteinander verwachsenen Karpellen entstehen. Bei Nüssen ist das Perikarp vollständig verholzt, Beispiele für Nüsse eines chorikarpen Gynoeceums sind die Nüsse von *Anemone* und *Ranunculus*, Beispiele für Nüsse eines synkarpen Gynoeceums die von *Betula* und *Ulmus*. Bei den Nüssen der Gräser (Karyopsen) und der Asteraceae (Achänen) sind Samenschale und Fruchtwand eng aneinandergepresst. Im Gegensatz zu den Nüssen ist bei den Steinfrüchten nur der innere Teil des Perikarps verholzt, während der äußere Teil fleischig bleibt. Auch hier gibt es chorikarpe (z. B.) Kirsche und synkarpe Steinfrüchte (z. B. Olive und Holunder). Bei den Beeren schließlich bleibt das gesamte Perikarp fleischig. Chorikarpe Beeren bildet beispielsweise die Dattel, synkarpe Beeren der Wein und die Johannisbeere.

Stehen die Früchte einzeln, spricht man von **Einzelfrüchten**. Bilden Blüten mit mehreren Fruchtknoten mehrere Früchte aus, die aber zusammen verbreitet werden, nennt man dies **Sammelfrüchte**. Beispiele sind die Erdbeere als Sammelnussfrucht, die Himbeere als Sammelsteinfrucht und die Sammelbalgfrucht der Magnolie. Wenn die Früchte eines Blütenstands eine Gesamtheit bilden, bezeichnet man das als **Fruchtstand** (z. B. Getreideähren oder Weintrauben). Sind die einzelnen Früchte eines Fruchtstands miteinander verwachsen, wie bei der Ananas durch Verwachsung von Blütenhülle, Blütenachsen und Früchten, spricht man von einem **Fruchtverband**.

Die Evolution und Radiation der Blüten und der Früchte der Magnoliopsida ging einher mit einer Radiation einerseits der Bestäubergruppen, insbesondere verschiedener Insekten-

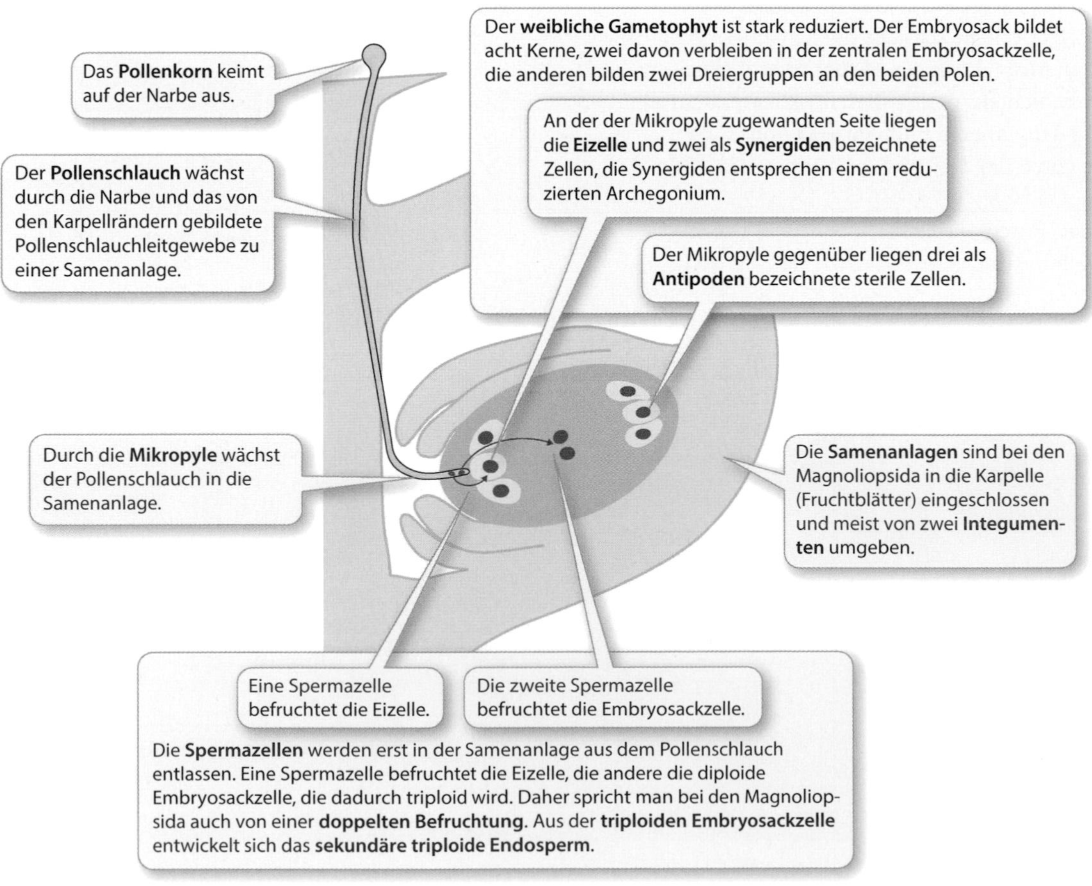

Abb. 31.61 Weiblicher Gametophyt und doppelte Befruchtung bei den Magnoliopsida

Bei **Nüssen** ist das gesamte Perikarp verholzt.

Bei **Beeren** ist das gesamte Perikarp fleischig.

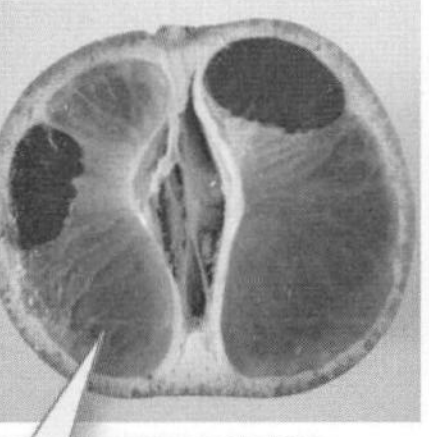

Abb. 31.62 Schließfrüchte bleiben auch bei der Samenreifung geschlossen

gruppen (▶ Abschn. 29.10 und 35.14), und andererseits der an der Fruchtverbreitung beteiligten Tiergruppen, insbesondere der Säugetiere und Vögel. Entsprechend hat die Diversität all dieser Organismengruppen ab dem oberen Mesozoikum stark zugenommen. Die Coevolution vor allem der Blüten und ihrer Bestäuber hat zum Teil zu stark spezialisierten Blütenformen geführt. In einigen Linien haben sich aber auch sekundär wieder windbestäubte Blüten entwickelt. Bei diesen sind insbesondere die dem Anlocken von Bestäubern dienenden Blütenorgane, wie die Kronblätter, stark reduziert. Auch für die Fruchtverbreitung spielen nicht nur Tiere, sondern auch Wind und Wasser eine große Rolle, bei vielen Früchten haben sich entsprechend Strukturen gebildet, die für Auftrieb im Wasser sorgen oder das Absinken in der Luft verlangsamen. Beispiele für Anpassungen an Wasserverbreitung sind die Früchte der Seerose, aber auch der Kokosnuss, Beispiele für Luftverbreitung die Achänen des Löwenzahns oder die geflügelten Nussfrüchte des Ahorns.

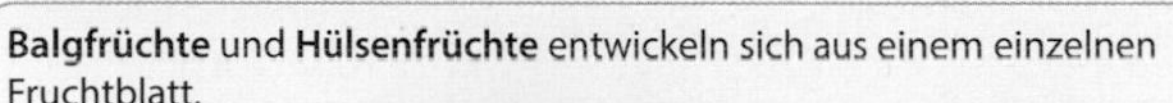

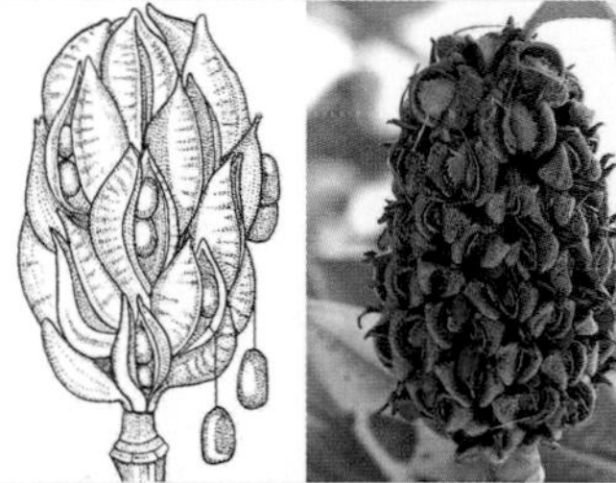

Balgfrüchte sind bei Reife meist trocken und **öffnen sich entlang der Bauchnaht.** Bei Magnolien (*Magnolia* spp.) stehen viele Balgfrüchte in einem Fruchtstand (**Sammelbalgfrucht**) zusammen.

Hülsen, wie die des Goldregens (*Laburnum anagryoides*), **öffnen sich an Bauch- und Rückenseite.**

Kapselfrüchte entwickeln sich aus mehreren Fruchtblättern synkarper Fruchtknoten

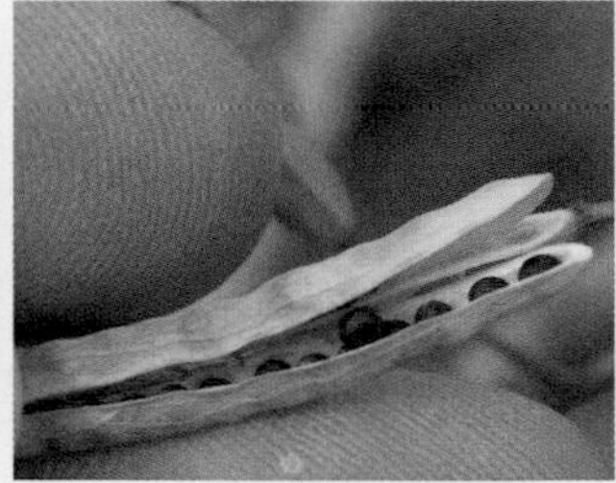

Bei den **Porenkapseln** des Mohns (*Papaver* spp.) bildet jedes Fruchtblatt eine Öffnung, aus der die Samen ausgestreut werden.

Die **Schoten** der Brassicaceae (hier: Raps, *Brassica napus*) sind Kapseln, die sich entlang der Scheidewand der Fruchtblätter öffnen.

Abb. 31.63 Bei den Öffnungsfrüchten öffnet sich die Frucht bei Samenreife und entlässt die Samen

31.17 Magnoliopsida II: Die Wechselbeziehungen mit Tieren zur Bestäubung und Fruchtverbreitung führten zu einer Radiation der Bedecktsamer

Vor rund 140–100 Mio. Jahren, in der unteren und mittleren Kreide, setzte die Radiation der Bedecktsamer ein. Bis zur Oberkreide breiteten sich die Bedecktsamer weiter aus und dominieren seitdem den Großteil der Landlebensräume. Sowohl in der Bestäubungsbiologie als auch in der Ausbreitungsbiologie der Früchte der Bedecktsamer spielen Tiere eine zentrale Rolle. Die Coevolution mit einerseits Insekten als dominierender Bestäubergruppe und andererseits mit Vögeln und Säugetieren im Hinblick auf die Fruchtverbreitung war von grundlegender Bedeutung für die Entstehung der heutigen Vielfalt dieser Pflanzengruppe (▶ Abschn. 35.14).

Die Magnoliopsida sind eine phylogenetisch sehr diverse Gruppe, die meisten Arten gehören aber einer der hier dargestellten drei größeren Gruppen an (◘ Abb. 31.64).

Die **basalen Ordnungen** umfassen etwa 8600 Arten und sind hinsichtlich ihrer Merkmale noch deutlich variabel. Grundsätzlich handelt es sich um meist holzige Pflanzen, bei vielen Vertretern fehlen aber noch echte Gefäße oder sind nicht typisch ausgebildet. Die Blütenorgane der basalen Ordnungen sind noch meist schraubig angeordnet. Die Fruchtblätter sind meist frei (chorikarp).

Aus den paraphyletischen basalen Ordnungen sind die übrigen Magnoliopsida mit den Monokotyledonen und den Eudikotyledonen entstanden. Während bei den basalen Ordnungen holzige Pflanzen überwiegen, dominieren bei den übrigen Magnoliopsida krautige Pflanzen.

Die **Monokotyledonen** umfassen etwa 70.000 Arten (22 %). Sie sind fossil seit etwa 90 Mio. Jahren nachweisbar. Im Unterschied zu den basalen Magnoliopsida stellen die Monokotyledonen eine einheitliche Verwandtschaftsgruppe dar, die durch eine Vielzahl von Synapomorphien (▶ Abschn. 27.12) gestützt wird. Es sind meist krautige Pflanzen mit sympodialer Verzweigung und sprossbürtigen Wurzeln (**sekundäre Homorhizie**). Die Leitbündel liegen über den Sprossquerschnitt verstreut, ein sekundäres Dickenwachstum wie bei den Gymnospermen und den zweikeimblättrigen Magnoliopsida ist daher nicht möglich. Es findet sich

Spermatophytina (Samenpflanzen)

Gymnospermen (Nacktsamer)

Magnoliopsida (Angiospermen, Bedecktsamer)

basale Magnoliopsida und Magnoliiden
Die basalen Ordnungen der Angiospermen stellen keine monophyletische Gruppe dar, sondern umfassen eine Reihe paraphyletischer Taxa mit ursprünglichen Merkmalen. Hierher gehören unter anderem die Seerosenartigen (Nymphaeales) und die Sternanisartigen (Austrobaileyales). Es sind meist holzige Pflanzen mit ätherischen Ölen in Idioblasten. Die Blütenorgane sind meist schraubig gestellt und der Pollen ist monocolpat, weist also nur eine Keimfurche auf. Auch die Magnoliiden mit den Magnolienartigen (Magnoliales), Pfefferartigen (Piperales), Lorbeerartigen (Laurales) und den Canellales haben ähnliche Merkmale.

zwei Keimblätter, Blätter meist netznervig, meist mit Pfahlwurzel

Blüten meist schraubig, Fruchtblätter meist frei (chorikarp)

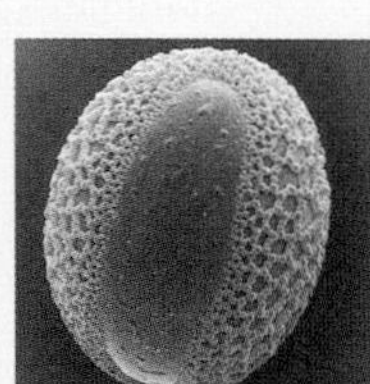
Pollen mit nur einer Keimfurche (monocolpat)

Monokotyledonen
Die Monokotyledonen bilden die Schwestergruppe der Eudikotyledonen und stellen eine monophyletische Gruppe innerhalb der Magnoliopsida dar. Sie umfassen unter anderem die Lilienartigen (Liliales), die Froschlöffelartigen (Alismatales), die vor allem in den Tropen bedeutenden Palmenartigen (Arecales) und Spargelartigen (Asparagales, hierher gehören auch die Orchideen) sowie die weltweit bedeutenden Süßgrasartigen (Poales). Die Monokotyledonen besitzen nur ein Keimblatt und weichen auch in anderen Merkmalen vom Bau der zweikeimblättrigen Magnoliopsida ab.

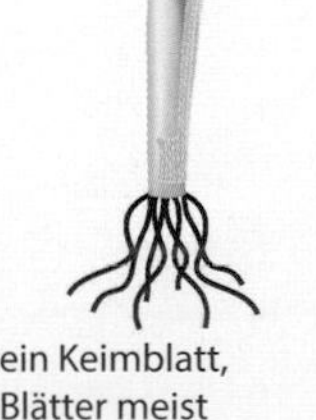
ein Keimblatt, Blätter meist parallelnervig, Wurzeln sprossbürtig

Blüten meist dreizählig, Fruchtblätter meist verwachsen (synkarp)

Eudikotyledonen
Viele artenreiche und weit verbreitete krautige Pflanzen sowie die meisten Laubbäume gehören in diese Gruppe. Die Eudikotyledonen bilden eine monophyletische Gruppe und umfassen die beiden Großgruppen Rosiden und Asteriden neben einer Reihe weiterer Ordnungen. Sie besitzen zwei Keimblätter, im Gegensatz zu den basalen Magnoliopsida fehlen ihnen aber ätherische Öle in Idioblasten.

zwei Keimblätter, Blätter meist netznervig, meist mit Pfahlwurzel

Blüten meist vier- oder fünfzählig, Fruchtblätter meist verwachsen (synkarp)

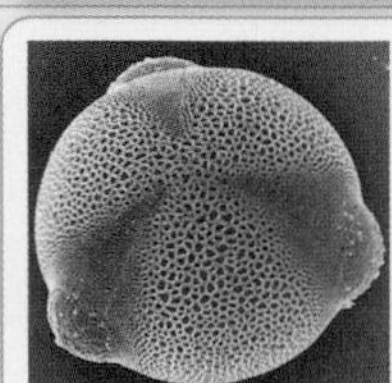
Pollen mit drei Keimfurchen (tricolpat)

◘ **Abb. 31.64** Überblick über die Systematik der bedecktsamigen Pflanzen

Abb. 31.65 Merkmale der Monokotyledonen am Beispiel der Küchenzwiebel (*Allium cepa*) und der Eudikotyledonen am Beispiel des Birnbaums (*Pyrus communis*)

aber bei einigen Arten ein **irreguläres sekundäres Dickenwachstum** durch sukkzessives Einziehen neuer Kambiumschichten (▶ Abschn. 31.5). Namensgebend für die Gruppe ist der Besitz nur eines Keimblatts. Die Blätter sind **parallelnervig** und die Blüten meist dreizählig (■ Abb. 31.65). Zu den Monokotyledonen gehören Kalmus (*Acorus*), Froschlöffel (*Alisma*), Laichkraut (*Potamogeton*), Aronstab (*Arum*), Wasserlinse (*Lemna*), Lilie (*Lilium*), Einbeere (*Paris*), Orchideen (*Orchidaceae*), Spargel (*Asparagus*) und Maiglöckchen (*Convallaria*). Bekannte Vertreter aus den Tropen sind die Palmen (Arecaceae), die Banane (*Musa*) und Ingwer (*Zingiber*).

Die bedeutendste Gruppe der Monokotyledonen bilden die **Gräser** mit den Süßgrasgewächsen (Poaceae), den Riedgrasgewächsen (Cyperaceae) und den Binsengewächsen (Juncaceae). Gräser dominieren seit der oberen Kreide in semiariden Lebensräumen wie Prärien und Savannen. Es handelt sich um **ein- bis mehrjährige Kräuter**, deren Stängel abgesehen von den verdickten Knoten (Nodien) in der Regel hohl ist. Die Nodien sind basal meristematisch und daher zu **interkalarem Wachstum**, also einem Wachstum zwischen bereits ausdifferenzierten Geweben, fähig. Die Blätter sind aus einer den Halm umschließenden Scheide und der Blattspreite aufgebaut. An deren Grenze findet sich eine häutige oder als Härchen ausgebildete Ligula. Gräser sind **windblütig**, daher ist die einzelne Blüte stark reduziert (■ Abb. 31.66), die Blütenanzahl dagegen meist hoch. Die einzelnen Blüten sind zu **Ährchen** zusammengefasst, diese wiederum zu Ähren oder Rispen. An der Basis eines Ährchens stehen zwei Hüllspelzen. Darauf folgen die Einzelblüten mit jeweils einer **Deckspelze** (dem Tragblatt der Blüte) sowie einer **Vorspelze** und meist zwei **Schwellkörpern** (**Lodiculae**), die durch Wasseraufnahme und die dadurch bedingte Vergrößerung eine Öffnung der Blüte bewirken. Vorspelze und Schwellkörper werden als Reste der Blütenhülle aufgefasst. Grasblüten weisen meist drei Staubblätter und einen aus zwei oder drei Fruchtblättern aufgebauten Fruchtknoten auf (■ Abb. 31.66). Bei verschiedenen Grasarten können die Blüten auch eingeschlechtlich oder steril sein. Die Frucht der Gräser ist eine Nuss, bei der die Samenwand der Fruchtwand eng anliegt. Diese Form der Nussfrucht wird als **Karyopse** bezeichnet. Gräser, insbesondere die Süßgräser, sind

Die Vorspelze entspricht einem Vorblatt oder den Resten eines äußeren Blütenhüllblattkreises.
Der oberständige Fruchtknoten ist aus zwei oder drei Fruchtblättern verwachsen und trägt ein bis drei Narbenäste.
Die Grasblüte umfasst meist drei Staubblätter.
Die Deckspelzen entsprechen den Tragblättern der Einzelblüten.
Durch Anschwellen der Schwellkörperchen (Lodiculae) öffnen sich die Spelzen, die Lodiculae sind aus den Blütenhüllblättern hervorgegangen.
Das Ährchen der Gräser (der Teilblütenstand) ist von zwei Hüllspelzen umgeben und umfasst eine oder mehrere Blüten.

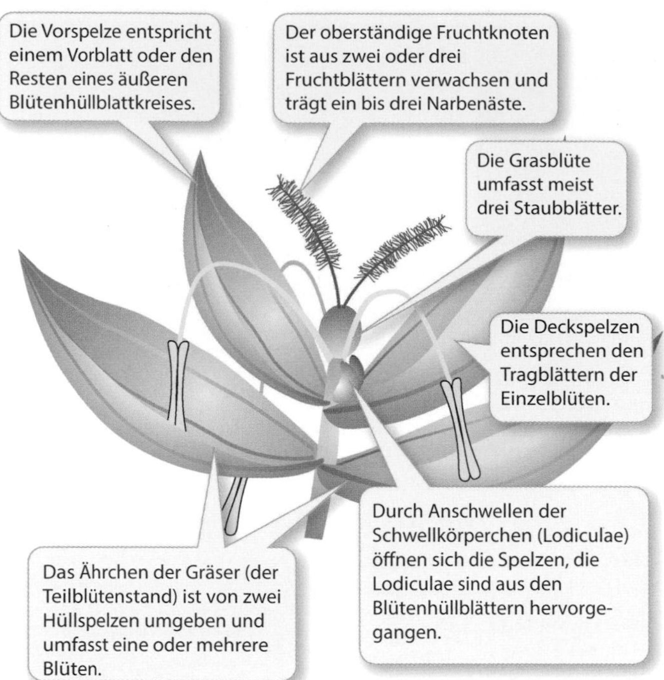

Abb. 31.66 Einblütiges Ährchen der Süßgräser

von herausragender Bedeutung für die Welternährung. Alleine auf Zuckerrohr, Mais, Reis und Weizen entfallen rund zwei Drittel der weltweiten Ernteerträge (**Abb. 31.67**).

Die **Eudikotyledonen** umfassen etwa 170.000 überwiegend krautige Arten. Im Unterschied zu den basalen Ordnungen und den Monokotyledonen ist der Pollen der Eudikotyledonen tricolpat (**Abb. 31.64**), weist also drei Keimfurchen auf. Die Blüten der meisten Eudikotyledonen sind in Kelch und Krone gegliedert und die Blütenhülle ist in der Regel vier- oder fünfzählig (**Abb. 31.65**). Bei den basalen Eudikotyledonen finden sich allerdings noch häufig Abweichungen von diesem Blütenbau.

Innerhalb der Eudikotyledonen hat sich eine große morphologische Vielfalt an Blüten entwickelt (**Abb. 31.68**), die Coevolution von Blüten und blütenbestäubenden Insekten war von zentraler Bedeutung für die Radiation der Eudikotyledonen und der Blütenformen. Die bestäubungsbiologische Einheit wird als Blume bezeichnet, sie entspricht nicht unbedingt der morphologischen Einheit der Blüte (**Abb. 31.68**).

Blüten sind bei vielen Arten nicht als Einzelblüten ausgebildet, sondern in Infloreszenzen (Blütenständen) zusammengefasst (**Abb. 31.69**). Die einzelnen Blüten sitzen jeweils in der Achsel eines Tragblatts, das aber stark reduziert sein kann. Ist die Blütenstandsachse unverzweigt, spricht man von einfachen Infloreszenzen, ist sie dagegen verzweigt, von zusammengesetzten Infloreszenzen. Zu den Eudikotyledonen gehören die großen Verwandtschaftsgruppen der Rosiden und der Asteriden, diese Gruppen innerhalb der Eudikotyledonen werden vorwiegend durch molekulare Merkmale gestützt.

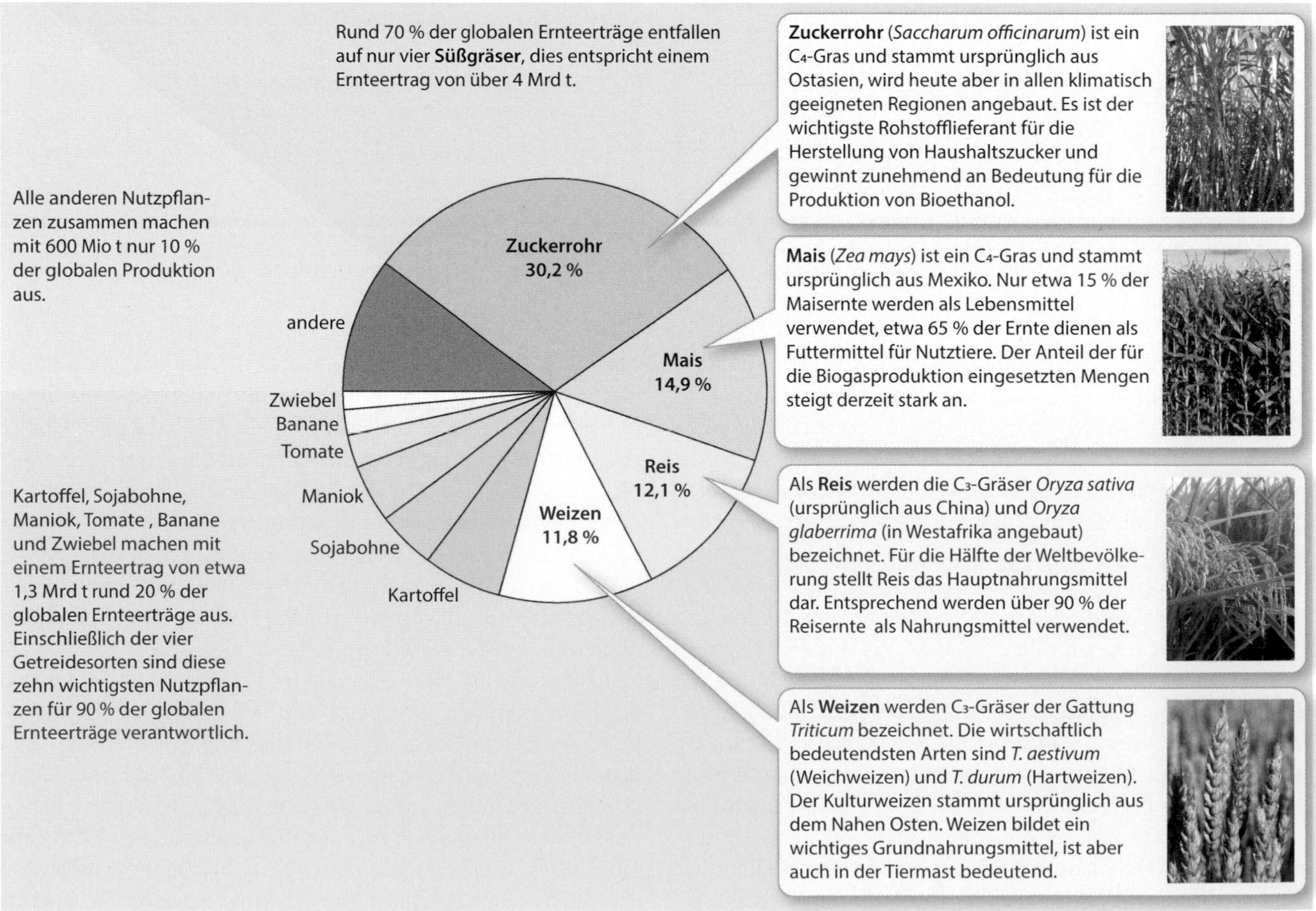

Rund 70 % der globalen Ernteerträge entfallen auf nur vier **Süßgräser**, dies entspricht einem Ernteertrag von über 4 Mrd t.
Alle anderen Nutzpflanzen zusammen machen mit 600 Mio t nur 10 % der globalen Produktion aus.
Kartoffel, Sojabohne, Maniok, Tomate , Banane und Zwiebel machen mit einem Ernteertrag von etwa 1,3 Mrd t rund 20 % der globalen Ernteerträge aus. Einschließlich der vier Getreidesorten sind diese zehn wichtigsten Nutzpflanzen für 90 % der globalen Ernteerträge verantwortlich.
Zuckerrohr 30,2 %
Mais 14,9 %
Reis 12,1 %
Weizen 11,8 %
Kartoffel
Sojabohne
Maniok
Tomate
Banane
Zwiebel
andere
Zuckerrohr (*Saccharum officinarum*) ist ein C4-Gras und stammt ursprünglich aus Ostasien, wird heute aber in allen klimatisch geeigneten Regionen angebaut. Es ist der wichtigste Rohstofflieferant für die Herstellung von Haushaltszucker und gewinnt zunehmend an Bedeutung für die Produktion von Bioethanol.
Mais (*Zea mays*) ist ein C4-Gras und stammt ursprünglich aus Mexiko. Nur etwa 15 % der Maisernte werden als Lebensmittel verwendet, etwa 65 % der Ernte dienen als Futtermittel für Nutztiere. Der Anteil der für die Biogasproduktion eingesetzten Mengen steigt derzeit stark an.
Als **Reis** werden die C3-Gräser *Oryza sativa* (ursprünglich aus China) und *Oryza glaberrima* (in Westafrika angebaut) bezeichnet. Für die Hälfte der Weltbevölkerung stellt Reis das Hauptnahrungsmittel dar. Entsprechend werden über 90 % der Reisernte als Nahrungsmittel verwendet.
Als **Weizen** werden C3-Gräser der Gattung *Triticum* bezeichnet. Die wirtschaftlich bedeutendsten Arten sind *T. aestivum* (Weichweizen) und *T. durum* (Hartweizen). Der Kulturweizen stammt ursprünglich aus dem Nahen Osten. Weizen bildet ein wichtiges Grundnahrungsmittel, ist aber auch in der Tiermast bedeutend.

Abb. 31.67 Süßgräser sind die wichtigsten Nahrungspflanzen

Choripetale Blüten haben bis zum Grund unverwachsene Kelch- und Kronblätter.

Zygomorphe Blüten wie die der Lippenblütler (Lamiaceae) besitzen nur eine Symmetrieebene.

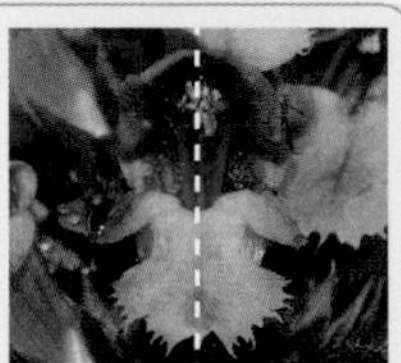

Die bestäubungsbiologische Einheit wird als **Blume** bezeichnet. Entspricht die Blume einer Blüte, spricht man von einem **Euanthium**.

Sympetale Blüten haben verwachsene Kelch- und/oder Kronblätter und bilden eine Kelch- oder Kronröhre aus.

Disymmetrische Blüten wie die der Kreuzblütler (Brassicaceae) besitzen zwei Spiegelebenen.

Bei einem **Pseudanthium** wird die Blume aus vielen Einzelblüten aufgebaut. Dies ist für die Korbblütler (Asteraceae) typisch.

Radiärsymmetrische Blüten wie die der Blutwurz (*Potentilla erecta*) haben mehr als zwei Symmetrieebenen.

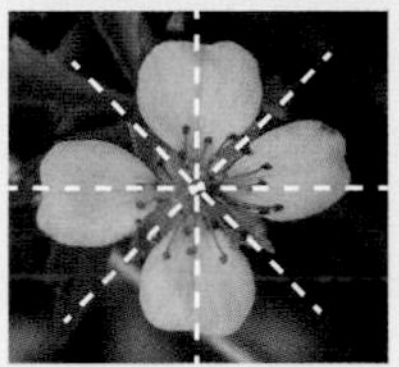

Eine einzelne Blüte kann auch, wie bei der *Iris*, in mehrere bestäubungsbiologische Einheiten aufgeteilt sein. Diese werden als **Meranthium** bezeichnet.

Abb. 31.68 Morphologische und bestäubungsbiologische Merkmale der Blüten

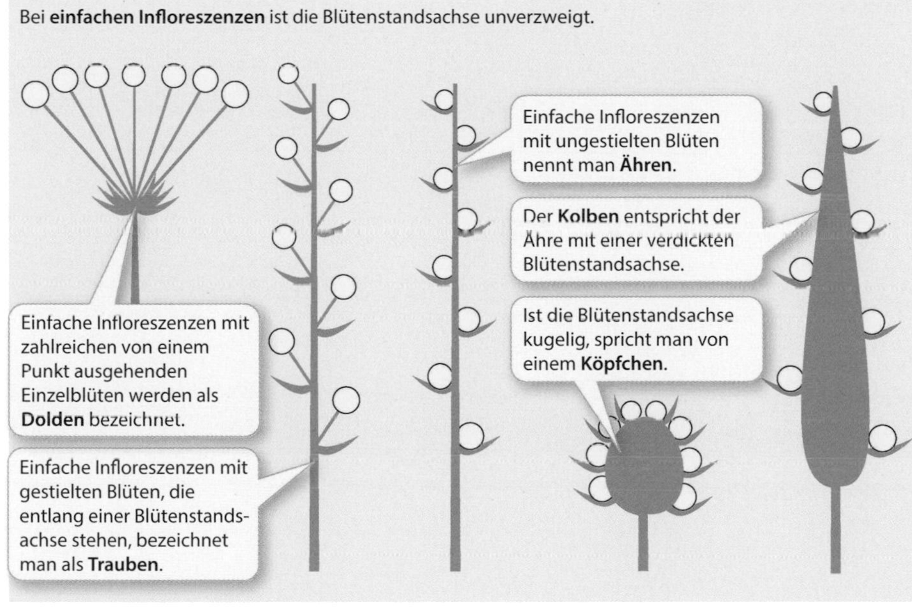

Abb. 31.69 Blütenstände der Magnoliopsida

Weiterführende Literatur

1. Gemeinholzer B (2018) Systematik der Pflanzen kompakt. Springer Spektrum, Berlin, Heidelberg
2. Judd WS, Campbell CS, Kellog EA, Stevens PF, Donoghue MJ (2015) Plant systematics: a phylogenetic approach. Sinauer Associates, Oxford University Press, Oxford
3. Kadereit JW, Körner C, Kost B, Sonnewald U (2014) Strasburger – Lehrbuch der Pflanzenwissenschaften, 37. Aufl. Springer Spektrum, Berlin, Heidelberg
4. Leins P, Erbar C (2008) Blüte und Frucht: Morphologie, Entwicklungsgeschichte, Phylogenie, Funktion und Ökologie, 2. Aufl. Schweitzerbart, Stuttgart
5. Niklas KJ (2016) Plant evolution: an introduction to the history of life. University of Chicago Press, Chicago
6. Wanner G (2017) Mikroskopisch-botanisches Praktikum, 3. Aufl. Thieme, Stuttgart
7. Willis KJ, McElwain JC (2013) The evolution of plants. Oxford University Press, Oxford

Evolution und Systematik der Pilze

Dominik Begerow

mit Beiträgen von Martin Kemler

J. Boenigk (Hrsg.), *Boenigk, Biologie,* https://doi.org/10.1007/978-3-662-61270-5_32

32

32.1 Echte Pilze sind eine wichtige Abstammungslinie der Eukaryoten

Pilze vereinen sowohl Merkmale von Tieren, wie die **heterotrophe Ernährungsweise** oder das Vorhandensein von **Chitin**, als auch von Pflanzen, wie die Immobilität oder das Vorhandensein von **Zellwänden**. Nicht nur diese Mischung aus Merkmalen, sondern auch ihre ökologische Bedeutung und ihre große Diversität machen deutlich, dass Pilze eine eigene wichtige Großgruppe der Eukaryoten bilden. Die Kombination verschiedener Merkmale, die auch in anderen Gruppen vorkommen, macht ihre Abgrenzung nicht immer einfach. Früher wurden verschiedene Gruppen als „Pilze" zusammengefasst (■ Abb. 32.1). Die Myxomyceten, die Dictyostelida und die Peronosporomycetes (Oomycota/Oophyta) werden hier an anderer Stelle (▶ Abschn. 33.4 und 33.13) behandelt, da detaillierte morphologische Untersuchungen sowie molekulare Daten gezeigt haben, dass es sich bei der ursprünglichen Zusammenfassung der „Pilze" um eine künstliche Gruppierung handelte. Die Gruppe der „Fungi" – auch als „echte Pilze" oder „Chitinpilze" bezeichnet – umfasst die Schwestergruppe der Holozoa (Metazoa und Choanoflagellaten) – also pilzliche Gruppen, die Chitin als ein Baustein der Zellwand nutzen und ursprünglich **opisthokont** begeißelt waren. Im Laufe der Evolution wurden die begeißelten Stadien offensichtlich in Anpassung an das Landleben reduziert. Im Vergleich zu Tieren und Pflanzen haben Pilze keine echten Gewebe entwickelt. Neben einzelligen Formen und Stadien ist die **Hyphe** (■ Abb. 32.2) das grundlegende Strukturelement, das in Pseudoparenchymen (Plektenchymen) komplexe Strukturen aufbauen kann und die morphologische Differenzierung ermöglicht. Dabei sind sowohl auf zellulärer als auch auf anatomisch-morphologischer Ebene Strukturen entstanden, die nur bei den echten Pilzen zu finden sind. Vor allem die Fruchtkörper sind sehr formenreich.

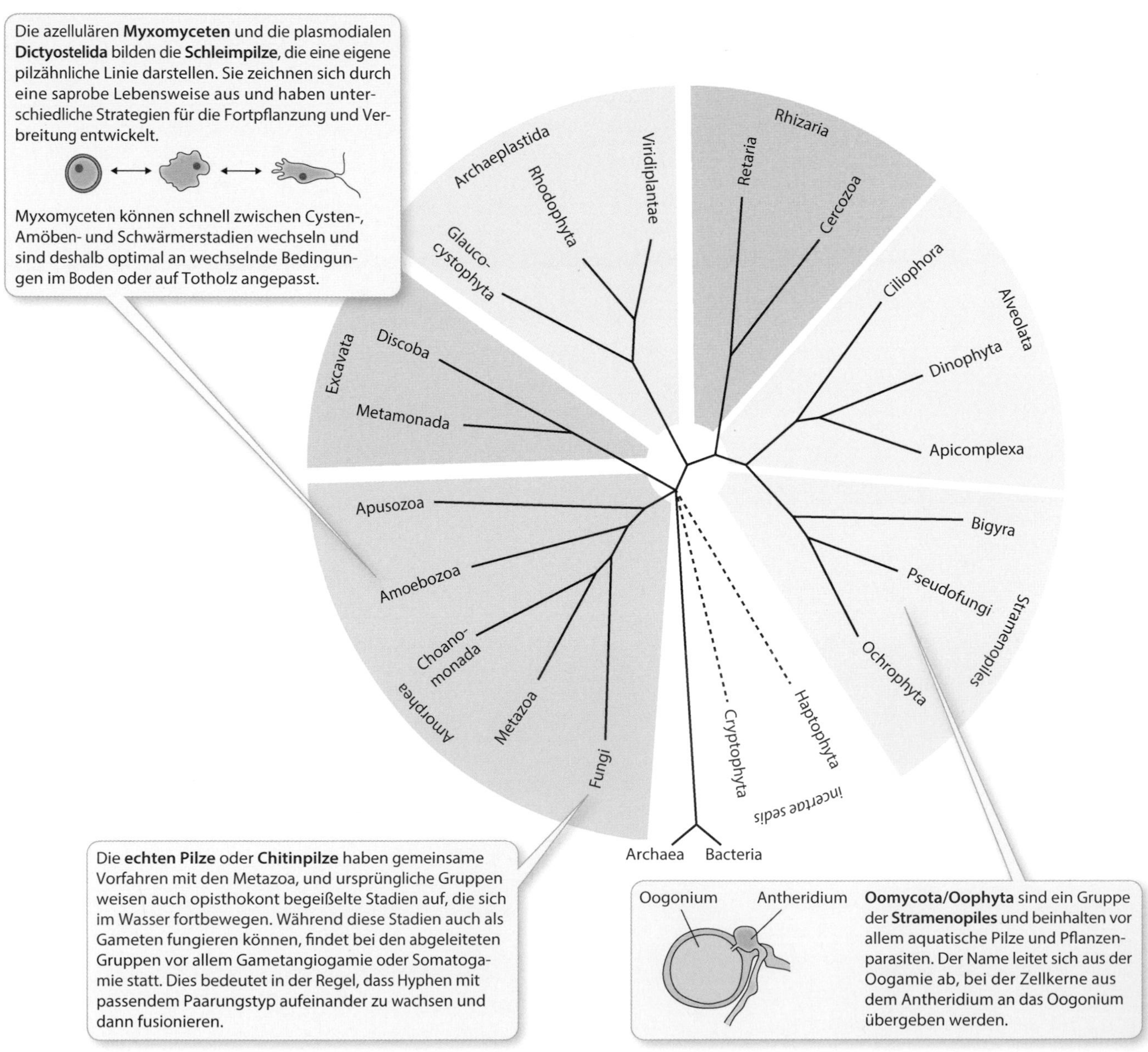

■ **Abb. 32.1** Neben den echten Pilzen oder Chitinpilzen gibt es in verschiedenen Großgruppen pilzähnliche Organismen, die früher als „Pilze" zusammengefasst wurden

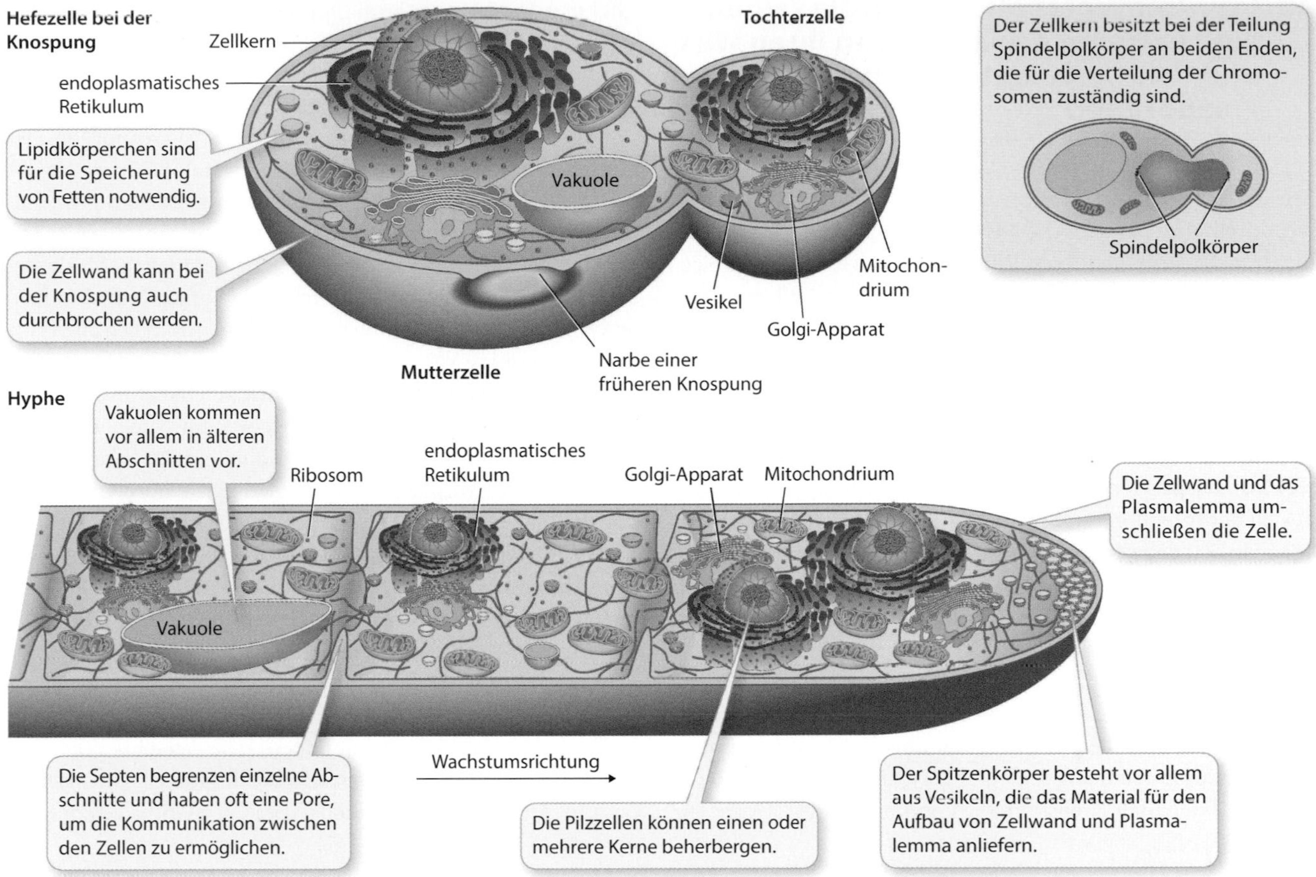

Hefezelle bei der Knospung
Zellkern
endoplasmatisches Retikulum
Lipidkörperchen sind für die Speicherung von Fetten notwendig.
Die Zellwand kann bei der Knospung auch durchbrochen werden.
Vakuole
Tochterzelle
Mitochondrium
Vesikel
Golgi-Apparat
Narbe einer früheren Knospung
Mutterzelle
Der Zellkern besitzt bei der Teilung Spindelpolkörper an beiden Enden, die für die Verteilung der Chromosomen zuständig sind.
Spindelpolkörper
Hyphe
Vakuolen kommen vor allem in älteren Abschnitten vor.
Ribosom
endoplasmatisches Retikulum
Golgi-Apparat
Mitochondrium
Die Zellwand und das Plasmalemma umschließen die Zelle.
Vakuole
Die Septen begrenzen einzelne Abschnitte und haben oft eine Pore, um die Kommunikation zwischen den Zellen zu ermöglichen.
Wachstumsrichtung
Die Pilzzellen können einen oder mehrere Kerne beherbergen.
Der Spitzenkörper besteht vor allem aus Vesikeln, die das Material für den Aufbau von Zellwand und Plasmalemma anliefern.

Abb. 32.2 Hyphe und knospende Hefezelle mit typischen Organellen der Pilze

Exobasidium myrtilis parasitiert auf der Rauschbeere und verursacht typische Blattflecken.
Die Cryptococcose wird von einem Pilz hervorgerufen, der die Lunge oder das Hirn befällt, und ist für den Schatten im linken Lungenflügel verantwortlich.
Viele Pilze ernähren sich von abgestorbenem Pflanzenmaterial und sind in Form von Schimmelpilzen auch für das Verderben von Lebensmitteln verantwortlich.

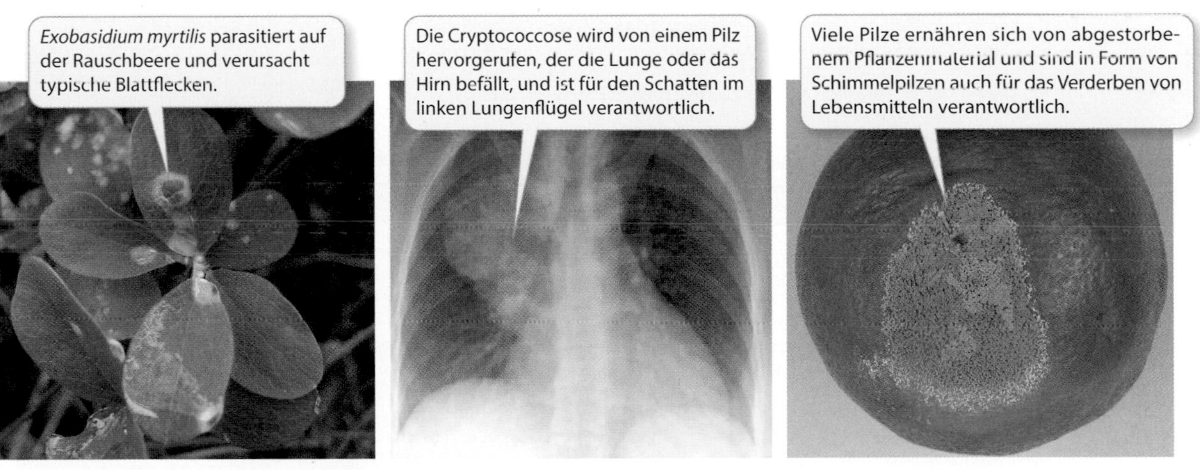

Abb. 32.3 Pilze können ganz unterschiedliche ökologische Nischen besetzen

Insgesamt lässt sich die Diversität der echten Pilze vor allem als eine Radiation in verschiedene ökologische Nischen verstehen. Viele Gruppen innerhalb der Pilze sind hoch spezialisiert und durch eine bestimmte Form der Interaktion charakterisiert. Dabei nutzen Pilze als heterotrophe Organismen sämtliche verfügbaren organischen Kohlenstoffquellen (Abb. 32.3). Die meisten Arten haben sich auf lebende oder tote pflanzliche Substrate spezialisiert. Jedoch sind einige Pilze auch wichtige Krankheitserreger von Tieren und Menschen oder wachsen unspezifisch, sobald Kohlenstoff in irgendeiner Form verfügbar wird. Dabei haben die echten Pilze nicht nur verschiedene Strategien und Strukturen zur Nährstoffaufnahme entwickelt, sondern haben ihren Lebenszyklus stets auch an die Besonderheiten der jeweiligen ökologischen Nische angepasst. Nahezu alle Pilze haben einzellige Stadien, die nicht nur der Paarung bzw. Fortpflanzung dienen, sondern die auch als Verbreitungseinheiten fungieren oder gar als eigenständige Individuen existieren. Auf der anderen Seite wachsen Hyphen im Substrat unbegrenzt und die oberirdischen Fruchtkörper, die wir z. B. beim Fliegenpilz oder Champignon sehen, sind nur Bruchteile eines Individuums.

32.2 Cryptomycota: Microsporidia zeigen eine extreme Anpassung an ihren Wirt und sind systematisch schwer einzuordnen

Viele der aus frühen Vorfahren der Pilze entstandenen Gruppen sind durch eine parasitische Lebensweise gekennzeichnet. Sie kommen auf Algen, anderen Pilzen oder Tieren vor. Die Zugehörigkeit der **Microsporidia** (◘ Abb. 32.4) zu den Pilzen wurde erst mithilfe von molekularen Stammbäumen entdeckt. Sie zeichnen sich durch Merkmale aus, die für **Parasiten** sehr typisch sind und auch bei anderen Organismengruppen immer wieder vorkommen: Zum einen ist dies eine **starke Reduktion des Zellaufbaus**, zum anderen haben sie einen hoch **spezialisierten Infektionsapparat** entwickelt (◘ Abb. 32.5). In dieser Form findet sich der Infektionsapparat allerdings bei keinen anderen Organismen. Zu den Microsporidia gehören Vertreter der Gattung *Nosema*, die vor allem von Imkern gefürchtet werden, da sie zum Absterben von ganzen Bienenvölkern führen können. Während einige Gattungen natürlicherweise vorwiegend in Fischen (z. B. *Pseudoloma*) oder Haustieren (z. B. *Encephalitozoon*) vorkommen, können manche Arten auch im Menschen überleben und Parasitosen verursachen. Insbesondere bei reduzierter Immunabwehr in Zusammenhang mit einer HIV-Infektion, einer Transplantation oder einer Krebstherapie kommt es immer wieder zur Infektion mit Microsporidia. Einige Arten, die Wirbeltiere als Wirte haben, befallen vor allem Hirn und Nieren, andere sind auf Darmepithelzellen spezialisiert. Die Sporen werden dann über den Urin oder über den Darm ausgeschieden.

Als intrazelluläre Parasiten haben sich Microsporidia nicht nur morphologisch, sondern auch physiologisch an die besondere Situation in einer Wirtszelle angepasst. So sind die **Mitochondrien stark reduziert** und nur ein als **Mitosom** (▶ Abschn. 24.1) bezeichneter Rest ist bei manchen erhalten. Somit sind sie für die Energieversorgung auf die Mitochondrien der Wirte angewiesen. Diese sind in befallenen Zellen auch rund um die parasitäre Vakuole zu finden. Während Gene für die Synthese von Nucleotiden bei Microsporidia fehlen, finden sich in ihrem Genom Gene für den Transport von Nucleotiden und deren Modifikation. Wie Genomstudien gezeigt haben, ist das Genom der Microsporidia durch relativ viele horizontale Gentransfers verschiedener Herkunft charakterisiert (◘ Abb. 32.6).

An der Basis des Stammbaums der Pilze sind die Verwandtschaftsbeziehungen noch nicht final geklärt. Zumal der Begriff Cryptomycota schon darauf hindeutet, dass viele dieser Arten kryptisch, also unscheinbar und klein, sind. Innerhalb der Cryptomycota werden neben den Microsporidia noch zwei weitere Linien geführt: die Gattung *Rozella* und das Phylum Aphelida (auch als Aphelidiomycota zu finden). Die Aphelida gelten derzeit als Schwestergruppe zu den echten Chitinpilzen. Die Arten der Gattung *Aphelidium* sind Endoparasiten von Grünalgen des Süß-

Fungi

Cryptomycota

Microsporidia	spezialisierte Parasiten von Wirbeltieren und Insekten; Mitochondrien fehlen; Vakuole, Polfaden und Polaroplast bilden eine funktionelle Einheit zum Eindringen in die Wirtszelle.
Rozella	zellwandlose Parasiten an Chytridiomycota und Peronosporomycetes mit begeißelten Gameten
Aphelida	intrazelluläre, amöboide Parasiten von Algen mit begeißelten Zoosporen zur Verbreitung

Die Cryptomycota werden aufgrund molekularer phylogenetischer Daten den Eumycota gegenübergestellt, die Monophylie der Gruppe ist aber umstritten. Im Gegensatz zu den Eumycota ist bei den Cryptomycota kein Chitin in den Zellwänden nachgewiesen.

Eumycota Pilze mit **Chitin** in der Zellwand und mit **osmotropher** Ernährungsweise

Dikarya	Nach der Plasmogamie verschmelzen die Kerne nicht direkt zu einem diploiden Kern. Für einen gewissen Zeitraum werden beide Kerne bei Zellteilungen getrennt weitergegeben (dikaryotische Phase im Lebenszyklus). Hierher gehören auch die Speise- und Giftpilze.
Zygomycota (Jochpilze)	Die phylogenetischen Verbindungen der enthaltenen Gruppen sind nicht endgültig geklärt, jedoch sind alle Gruppen für sich monophyletisch und sehr gut ökologisch und morphologisch charakterisiert. Die meisten Gruppen umfassen saprobe Jochpilze mit charakteristischer Gametangiogamie.
Glomeromycota	obligate Symbionten von Pflanzen, die eine arbuskuläre Mykorrhiza bilden
Blastocladiomycota	begeißelte Einzeller mit Kernkappe aus Ribosomen und konischem Kern; Pilze unterschiedlicher Ökologie von saprober Ernärhungsweise bis hin zu Parasiten von Pflanzen und Tieren. Da kaum auffällige Strukturen gebildet werden, ist diese Gruppe sehr schlecht untersucht.
Chytridiomycota	Töpfchenpilze mit begeißelten Stadien, vorwiegend parasitisch an Pflanzen und Algen oder auch symbiotisch im Pansen von Wiederkäuern; der die Chytridiomykose der Amphibien verursachende *Batrachochytrium dendrobatidis* (Bd) gehört aber ebenfalls in diese Gruppe.
Zoopaginomycota	Parasiten von Tieren oder Pilzen
Entomophthoromycotina	Parasiten von Insekten, die ihren Wirt vollständig töten und anschließend großflächig auf dem ganzen Körper sporulieren

◘ **Abb. 32.4** Systematik der Fungi mit Eumycota und Cryptomycota

Die **Zellwand** der Mikrosporidien ist mehrschichtig und schützt die Sporen vor Austrocknung. Dadurch sind diese Sporen auch außerhalb des Wirtes sehr langlebig.

lamellärer Polaroplast

tubulärer Polaroplast

Kern

Polfaden

Vakuole

Der **Polaroplast** bildet mit dem Polfaden und der Vakuole eine funktionelle Einheit, die das Eindringen in die Wirtszelle ermöglicht.

Mikrosporidien besitzen einen Zellkern, jedoch keine funktionsfähigen Mitochondrien. Manche Arten haben ein **Mitosom**, das als Rest eines Mitochondriums interpretiert wird. Dadurch ist der Stoffwechsel außerhalb eines Wirtes stark reduziert.

Der **Polfaden** ist für die Penetration der Wirtszelle verantwortlich. Sobald der Druck in der Spore groß genug wird, stülpt sich diese schlauchähnliche Struktur nach außen und dringt in die Wirtszelle ein. Durch den Polfaden wird das Sporoplasma in die Wirtszelle eingeschleust und in einer **parasitären Vakuole** bilden sich Meronten, Sporonten und später neue Sporen, die durch Platzen der Wirtszelle freigesetzt werden.

Die rückwärtige Vakuole kann, sobald die Spore in den Wirt gelangt und Wasser zur Verfügung steht, sehr schnell anschwellen. Der entstehende Druck leitet die **Penetration der Wirtszelle** ein.

Abb. 32.5 Aufbau der Microsporidia

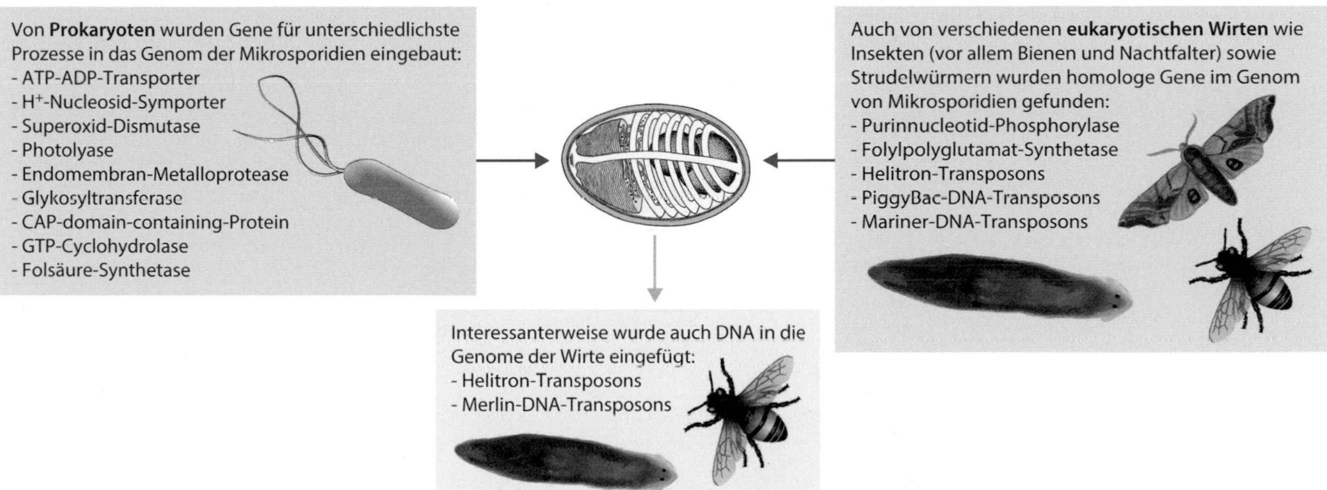

Abb. 32.6 Microsporidia sind ein Beispiel für umfangreiche horizontale Gentransfers, die im Rahmen der Anpassung an den Parasitismus im Laufe der Evolution erfolgt sind

wassers. Auch wenn sie schon seit über 100 Jahren bekannt sind, versteht man erst langsam ihre systematische Stellung und Ökologie. Unterschiedliche Stadien in ihrem Lebenszyklus erinnern auch an andere Einzeller, wie z. B. Flagellaten oder Amöben. Sie befallen einzelne Zellen von Grünalgen, stoßen beim Eindringen ihr Flagellum ab und bilden dabei ein Pseudopodium. Das Eindringen in die Wirtszelle über einen Infektionskanal und eine dahinterliegende Vakuole, die den Druck zum Eindringen aufbaut, erinnert entfernt an den Mechanismus bei den Microsporidia. Die Arten der Gattung *Rozella* sind obligate Endoparasiten, haben ein breites Wirtsspektrum und kommen auf Oomycota, Chytridiomycota und Blastocladiomycota vor. Morphologisch haben sie wenige Merkmale und bestehen auch nur aus wenigen Zellen. Sie wurden vor allem molekular in Umweltproben nachgewiesen, sodass viele Fragen bisher unbeantwortet blieben. Derzeit wird diskutiert, ob die Gattung *Rozella* mit den Microsporidia als Schwestergruppe zu den Chitinpilzen (inkl. *Aphelidium*) oder gemeinsam mit *Aphelidium* als Cryptomycota behandelt werden sollte.

32.3 Zygomycota: Am Ursprung der echten Pilze findet sich eine große phylogenetische Diversität von ökologisch sehr verschiedenen Gruppen

Die frühe **Radiation** der echten Pilze (Fungi) fand vor ungefähr 1 Mrd. Jahren im Wasser statt. Nahezu alle Linien besitzen **Flagellen**, wie sie auch bei den Metazoa vorkommen. Häufig weisen sie einzellige Stadien auf, die sehr schwer voneinander zu unterscheiden sind. Deshalb ist die Phylogenie nur mithilfe von molekularen Stammbäumen zu klären, und die Verwandtschaftsbeziehungen vieler Gruppen sind bisher nur sehr unzureichend verstanden (◘ Abb. 32.7). Dies gilt insbesondere für die aufgrund der Bildung von **Zygosporen** (◘ Abb. 32.8) zusammengefassten „Zygomycota".

Die Ökologie der einzelnen Gruppen ist allerdings sehr unterschiedlich und reicht von **Pflanzenparasiten** über **Saprophyten** bis hin zu **Symbionten**. Wahrscheinlich sind die verschiedenen Gruppen in einem evolutionär kurzen Zeitraum entstanden, der Stammbaum und die Vielfalt der phylogenetischen Gruppen spiegeln die Vielfalt der ökologischen Nischen in dieser Epoche wider. Erst sehr viel später haben sich dann **Assoziationen mit den frühen Landpflanzen** etabliert, die eine starke Radiation eingeleitet haben und bis heute eine große Diversität hervorbrachten. Damit verlief die erste Radiation der Pilze zeitgleich mit dem Landgang der Pflanzen und Tiere – wenn sich auch verschiedene Gruppen unterschiedlich schnell diversifiziert und verbreitet haben dürften. Interessant ist, dass einzelne Gruppen bis heute immer noch an dieser Grenze zwischen Süßwasser und Landleben ihre Nische haben. Vermutlich verlief die Evolution der Pilze jedoch aus dem Salzwasser, ähnlich wie wir das von verschiedenen Tiergruppen kennen. Dabei scheint der Erfindung der **Osmotrophie** eine große Bedeutung zuzukommen. Verschiedene basale Pilzgruppen haben rhizoide Verankerungen im Substrat, die auch der osmotrophen Ernährung dienen. Ebenso war vermutlich die Weiterentwicklung der Zellwand sehr bedeutsam beim Landgang der Pilze.

Zu den wichtigen Gruppen gehören neben den **Glomeromycota**, die eine besondere Form der Mykorrhiza (▶ Abschn. 35.15) bilden, und den **Endogonales**, die mit verschiedenen Arthropoden assoziiert sind, vor allem die **Mucorales** und **Mortierella-**

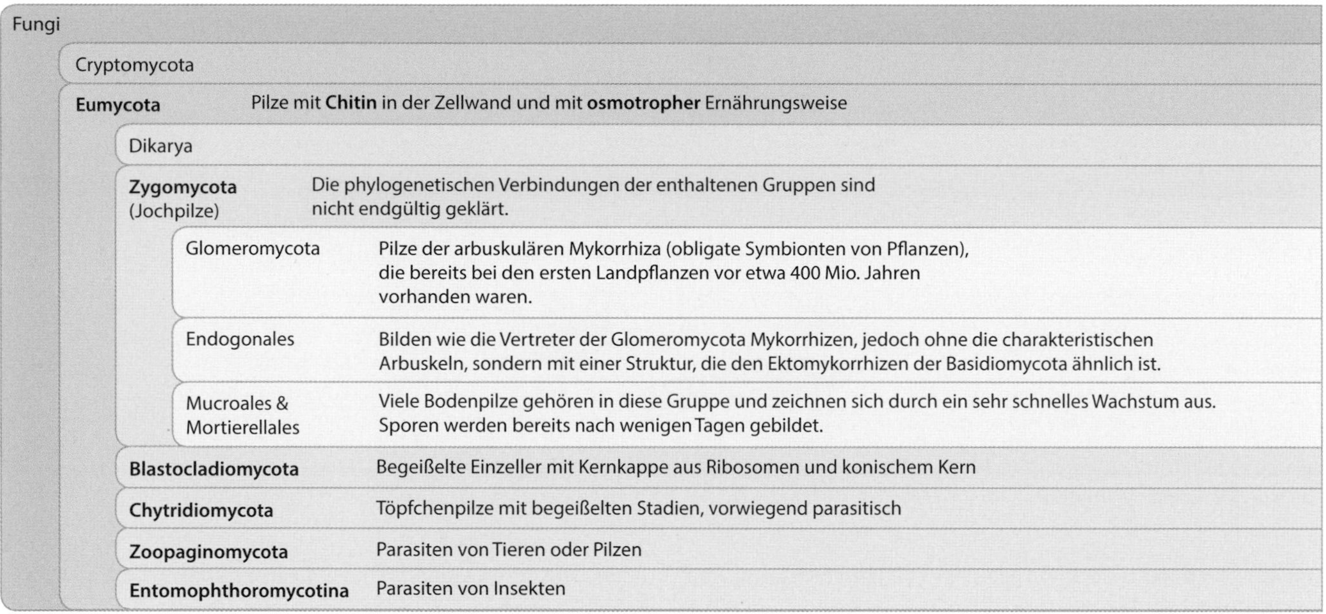

◘ **Abb. 32.7** Übersicht über die Gruppen am Ursprung der echten Pilze

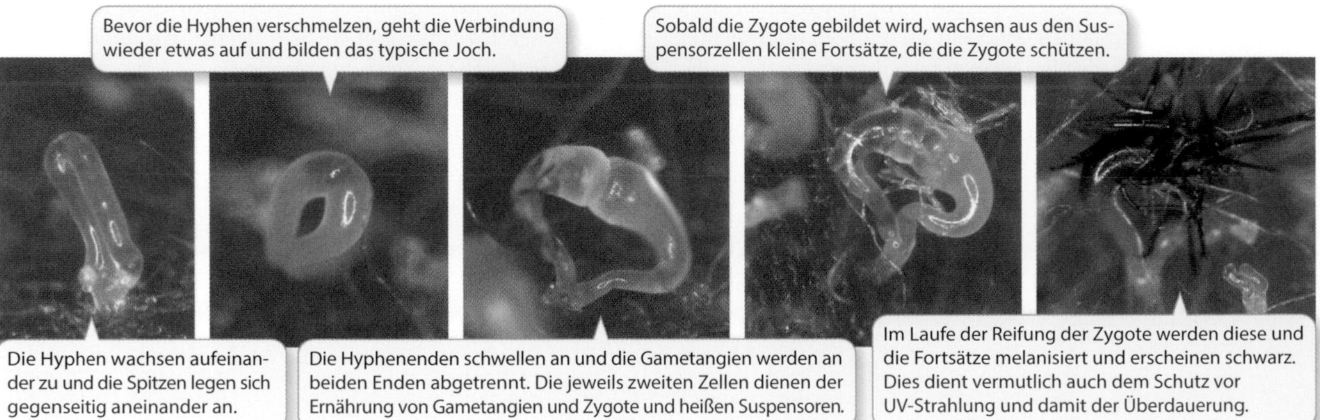

◘ **Abb. 32.8** Ablauf der Gametangiogamie bei den Zygomyceten am Beispiel von *Phycomyces blakesleeanus*

les. Die letzten beiden Gruppen sind besonders artenreich und bilden einen Großteil der Biomasse im Boden. Weltweit sind sie am Abbau von organischem Material beteiligt und verschiedenste Arten können aus nahezu jeder Bodenprobe isoliert werden. Andere Arten sind hingegen bisher nur ein einziges Mal isoliert worden und scheinen sehr enge ökologische Nischen zu besitzen. Während man also ihre ökologische Rolle prinzipiell sehr gut versteht, sind die Ursachen für ihre geographische Verteilung und ihre Redundanz im Ökosystem erst in Ansätzen untersucht.

Im Gegensatz zu den Jochpilzen, die sehr gut an das Landleben angepasst sind, weisen die Vertreter der Blastocladiomycota und Chytridiomycota (Box 32.1) viele Merkmale von aquatischen Organismen auf. Vor allem die Flagellen in den verschiedensten Stadien zeugen von einer engen Bindung an das Wasser. Erst die modernen molekularen Methoden, bei denen Umweltproben auf die enthaltene DNA hin untersucht werden, machen deutlich, wo diese mikroskopischen Organismen überhaupt vorkommen, und so wundert es nicht, dass die Erforschung dieser Gruppen noch in den Kinderschuhen steckt. Die Lebenszyklen und sexuellen Stadien sind deshalb auch häufig noch unbekannt. Die unklare Taxonomie, in der die verschiedenen Gruppen mal als Ordnungen, Klassen oder Reiche geführt werden, wird erst mit weiteren Daten aufgelöst werden können.

Box 32.1: *Batrachochytrium dendrobatidis* – Amphibiensterben

Batrachochytrium dendrobatidis (Bd) gehört zu den **Chytridiomycota** und ist mitverantwortlich für den weltweiten Rückgang der Amphibien. Ursprünglich in Korea oder Afrika verbreitet, wurde dieser Flagellatenpilz mit den Krallenfröschen, die weltweit zur Durchführung von Schwangerschaftstests eingesetzt wurden, in Amerika, Europa und Australien eingeschleppt. Während die Amphibien in Afrika weitestgehend immun erscheinen, sind die Bedingungen für die Ausbreitung vor allem und Süd- und Nordamerika offensichtlich sehr gut. Dabei spielt der Klimawandel eine wichtige Rolle, auch wenn bisher nicht abschließend geklärt ist, ob dieser die Amphibien stärker stresst und sie deshalb anfälliger sind oder ob der Pilz sich im neuen Klima besser vermehrt und aggressiver ist. In manchen Regionen ist das Ausmaß epidemieartig und ganze Populationen von Amphibien werden ausgelöscht. Der Pilz ist sehr unspezifisch und infiziert verschiedenste Arten und Populationen. Während juvenile Stadien weitestgehend schadlos bleiben, sind ausgewachsene Tiere besonders anfällig. Dies mag mit der besonderen Lebensweise des Pilzes als Ektoparasit zusammenhängen.

ventrale Hautverletzungen (Läsionen) durch Bd bei einem Harlekinfrosch (*Atelopus limosus*)

Morphologie und Lebenszyklus: *Batrachochytrium dendrobatidis* kommt im Süßwasser als Zoopore (A) vor und kann sich mit Rhizoiden verankern, um dann in ca. vier Tagen asexuell neue Zoosporen zu produzieren (B–E). Auf Amphibien incystiert sich der Pilz zuerst (F) und befällt dann mit einem Keimschlauch die obersten Hautschichten (G, H). Dort bildet er dann neue Zoosporen, die durch den Schlauch schließlich wieder ins Freie gelangen (I).

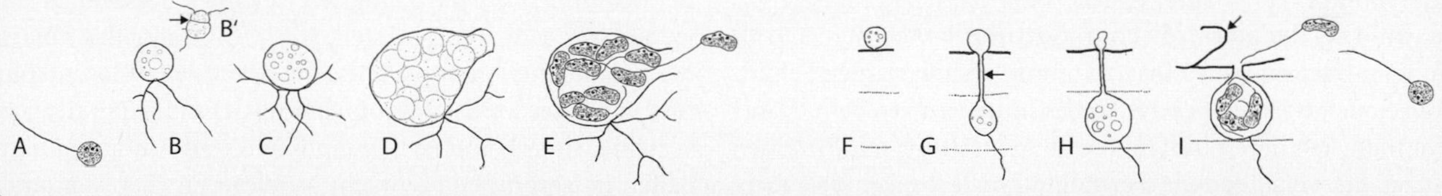

Infektion und Ökologie: Die Zoosporen von Bd sind begeißelt und verbreiten sich offensichtlich im Süßwasser. Dort können sich diese Sporen an nahezu beliebigen Substraten mit Rhizoiden anheften und innerhalb von wenigen Tagen neue Zoosporen hervorbringen. Ebenso können sie jedoch auch Zellen der äußeren Amphibienhaut mit hohem Keratingehalt befallen. Dort scheint der Pilz Toxine abzugeben bzw. den Elektrolythaushalt der Amphibien empfindlich zu stören. Zusammen mit anderen Faktoren führt er in vielen Populationen zu massiven Einbrüchen der Individuenzahlen. So sind inzwischen viele Amphibienarten durch diesen unspezifischen Parasit vom Aussterben bedroht.

Die Sporangien laufen in einen charakteristischen Schlauch aus (Pfeile).

Sporangien mit mehreren Sporen in der Haut von *Atelopus varius*.

Verbreitung: In Amerika ist *Batrachochytrium dendrobatidis* nicht gleichmäßig verbreitet, und die Verbreitung ist direkt an bestimmte klimatische Bedingungen gebunden. Somit wird deutlich, dass weitere Faktoren für den Krankheitsverlauf und die Verbreitung relevant sind. Die Karte zeigt neben den tatsächlichen Fundorten in den verschiedenen Farben von Gelb nach Rot die potenzielle Eignung für die Verbreitung des Pilzes. Neben Süd- und Nordamerika stellt der Pilz vor allem in Australien eine große Bedrohung dar, aber auch Madagaskar und Indien sind wichtige Verbreitungsgebiete.

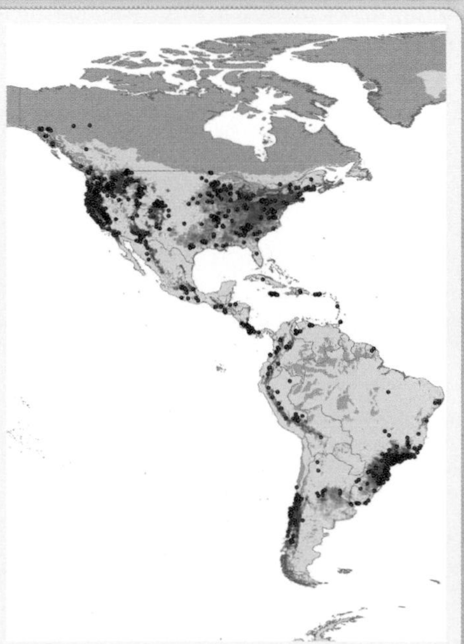

32.4 Mucorales und Eurotiales: Pilze sind effizient in der Verwertung von einfachen Nährstoffquellen – Brotschimmel & Co.

Der Erfolg der Pilze gründet sich auch auf deren Fähigkeit viele verschiedene Kohlenstoffquellen effizient zu nutzen (◘ Abb. 32.9). Besonders einfache Kohlenhydrate wie Glucose, Fructose oder Saccharose können schnell umgesetzt werden. Einige Hefen und Schimmelpilze haben ihren Stoffwechsel darauf optimiert, die relevanten Enzyme rasch zu aktivieren, und können innerhalb weniger Stunden viel eigene Biomasse aufbauen. **Schimmelpilze** der Gruppen **Mucorales** und **Eurotiales** bilden oft bereits nach 48 bis 72 Stunden neue **Konidien** (◘ Abb. 32.10). Die Bildung der Konidien erfolgt rein **asexuell**, wodurch Paarung und Meiose umgangen werden. Diese Art der Verbreitung ist sehr effizient, weshalb Schimmelpilze nahezu in jedem Substrat und jeder Nische zu finden sind. Neben einzelnen Arten, die der Gesundheit nicht zuträglich sind, gibt es viele andere, die sich der Mensch zunutze gemacht hat und die aus unserem Alltag nicht mehr wegzudenken sind.

Die verschiedenen Arten werden anhand der Morphologie der Konidienträger unterschieden. Jedoch sind die Arten auch in ihrer Enzymausstattung teilweise sehr unterschiedlich, was sich vor allem bei der Bildung von Sekundärmetaboliten bemerkbar macht. Während einzelne Arten wie *Aspergillus oryzae* oder *Penicillium roquefortii* teilweise seit Jahrhunderten in der Lebensmittelherstellung eingesetzt werden, sind andere, teilweise nah verwandte Arten wie z. B. *Aspergillus niger* giftig.

Am wichtigsten für die Lebensmittelproduktion ist sicher ***Saccharomyces cerevisiae*** (Bäcker- oder Bierhefe), ein Hefepilz, der sowohl bei der **alkoholischen Gärung** (▶ Abschn. 13.5) als auch beim **Backen** zum Einsatz kommt. Häufig werden Schimmelpilze auch dazu eingesetzt, Lebensmittel zu veredeln. Dabei macht man sich deren umfangreiche Ausstattung mit Enzymen zunutze, die verschiedene Fermentationstechniken erlauben. Zudem entstehen durch ihre Sekundärmetabolite neue Geschmacksstoffe. So kommen verschiedene *Aspergillus*-Arten z. B. bei der Herstellung von Sojasauce oder von Sake zum Einsatz. Für den chinesischen Schnaps Baijiu werden neben *Aspergillus*-Arten zusätzlich *Rhizopus*- oder *Mucor*-Arten verwendet. Stets geht es dabei darum, komplexe Kohlenstoffverbindungen zu Glucose abzubauen, die dann in einem zweiten Schritt von *Saccharomyces cerevisiae* zu Alkohol fermentiert wird. Neben Alkohol entstehen in den verschiedenen Fermentationsschritten viele Sekundärmetabolite, die den Geschmack des jeweiligen Getränks nachhaltig bestimmen. In Europa ist die Nutzung von Schimmelpilzen bei der Käseherstellung ein wichtiger Wirtschaftszweig. Sogenannte **Edelschimmel** wie *Penicillium camembertii* oder *P. roquefortii* sind dabei die wichtigsten Vertreter (◘ Abb. 32.11).

Die Konidien von Schimmelpilzen sind in der Regel sehr klein und werden über die Luft verbreitet. Man findet sie sogar auf den Meeren weit ab von Landmassen und bis in 10 km Höhe. Dort sind sie auch häufig für die Wolkenbildung mitverantwortlich, weil sie den größten Anteil des biogenen Staubes bilden, an dem Wasser in der Atmosphäre kondensiert. In Gebäuden ist die Konidienkonzentration in der Luft meist viel geringer als draußen, jedoch sind Konidien auch hier Teil des Hausstaubes. Wenn die Bedingungen es zulassen, beginnen Schimmelpilze auch zu wachsen. So ist Schimmel ein häufiger Begleiter von feuchten Wänden und falsch gelüfteten Räumen und spielt als sogenannter „indoor"-Pilz eine wichtige Rolle für den Menschen. Über die Atemluft nehmen wir die Konidien auf, und neben Bakterien sind verschiedene Pilze im Atemtrakt von gesunden und kranken Menschen zu finden. Dabei ist die Artenzusammensetzung vor allem von der Umgebung und den dort vorkommenden Pilzen abhängig. Es konnte jedoch gezeigt werden, dass einzelne Krankheitsbilder mit Veränderungen in der Artenzusammensetzung einhergehen. Stets sind jedoch verschiedene Gattungen der Schimmelpilze die häufigsten Vertreter. Tatsächlich sind es jedoch nur sehr wenige Arten, wie z. B. *Aspergillus fumigatus*, die Krankheiten verursachen oder Allergien auslösen können. Immer wieder werden Mycotoxine aus Schimmelpilzen auch mit verschiedenen komplexen Symptomen und Autoimmunkrankheiten in Verbindung gebracht – Belege für diese Zusammenhänge gibt es jedoch nicht und die betreffenden Studien halten einer wissenschaftlichen Überprüfung nicht stand.

Ohne Zusatzstoffe beginnen sämtliche kohlenhydrathaltigen Nahrungsmittel zu **schimmeln**. Die Konzentration der Pilzsporen in der Luft ist so hoch, dass es nur eine Frage der Zeit ist, bis einige auf dem richtigen Substrat landen. Auf Brot breiten sich z. B. Arten wie *Rhizopus stolonifer* und *Aspergillus flavus* in wenigen Tagen über die Oberfläche aus.

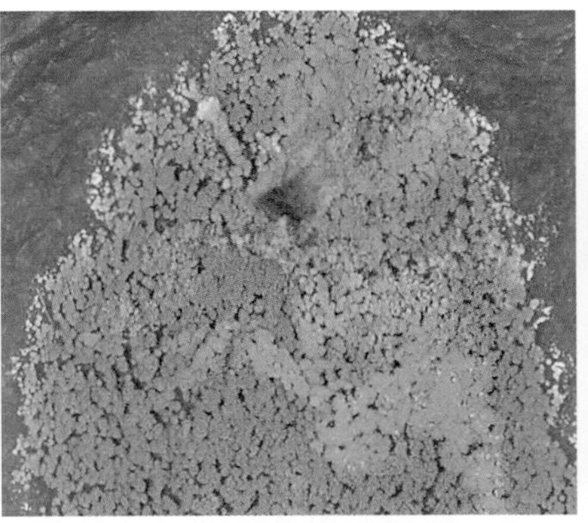

Obwohl ein **hoher Zuckergehalt** für viele Mikroorganismen osmotischen Stress darstellt, der ein Wachstum verhindert oder verzögert, können einige Pilze auch auf Konfitüren und Obst wachsen.

Neben den Nährstoffen sind vor allem **Feuchtigkeit** und **Temperatur** Faktoren, die das Wachstum von Schimmelpilzen begünstigen.

◘ **Abb. 32.9** Schimmel im Alltag

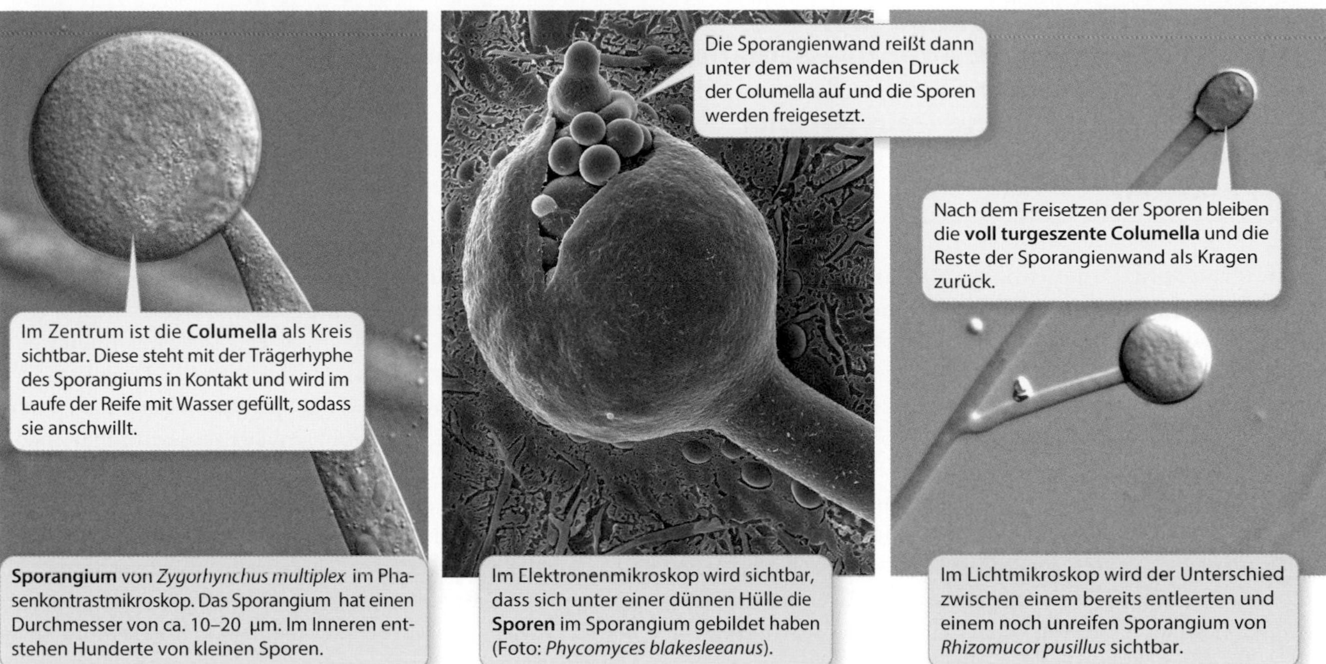

Abb. 32.10 Sporenverbreitung der Schimmelpilze am Beispiel von Sporangienträgern der Mucorales

Abb. 32.11 Pilze in der Käseherstellung: *Penicillium roquefortii*

32

32.5 Entomophtoromycotina und Zoopaginomycota: Adaptive Radiation nach erfolgreicher Erschließung einer Nahrungsgrundlage – ein Beispiel für effiziente Spezialisierung von Parasiten

Als **heterotrophe Organismen** waren die Pilze ursprünglich wahrscheinlich saprob und haben sich im aquatischen Milieu vor allem durch die osmotische Aufnahme von Nährstoffen ernährt. Innerhalb der Pilze ist jedoch häufig und in ganz verschiedenen Linien **Parasitismus** entstanden. Immer wieder haben sich Pilze darauf spezialisiert, an Pilzen, Tieren oder Pflanzen zu parasitieren.

Innerhalb der Jochpilze ist dies mindestens einmal – vermutlich jedoch öfter – geschehen. Wie sich die Gattung *Basidiobolus* auf Vertebraten spezialisiert hat, so sind Vertreter der Entomophthorales auf Insekten spezialisiert (◘ Abb. 32.12). Die Entomophthorales sind vermutlich eine der Gruppen, die sehr früh diese Ernährungsweise entwickelt und perfektioniert haben. Die **Spezialisierung auf Insekten** deutet auch darauf hin, dass die Entstehung dieser Gruppe relativ weit zurückliegt. Andere Gruppen, wie z. B. die Laboulbeniomycetes auf Arthropoden oder die Malasseziales, die an Säugetiere angepasst sind, oder vor allem die verschiedenen **Pflanzenparasiten** – sind vermutlich viel später entstanden. So sind z. B. die Ustilaginomycotina oder die Rostpilze (Pucciniales) zwei pflanzenparasitische Gruppen der Basidiomycota, die sich nach der Anpassung an die Biologie der Wirte jeweils durch eine starke Radiation auszeichneten. Auch bei den **mutualistischen Interaktionen** wie etwa den **arbuskulären Mykorrhizen** (Glomeromycota; ▶ Abschn. 32.6) oder den **Flechten** (▶ Abschn. 35.16) der Lecanoromycetes kann man diese adaptive Radiation beobachten. Auch wenn nicht für jede Gruppe eindeutig ist, welches die entscheidende Neuerung für die Etablierung in einer neuen ökologischen Nische war, so scheinen doch die Erschließung einer neuen Nahrungsquelle und eine neuen Interaktion mit lebenden Organismen jeweils wesentliche Schritte in der Evolution und Radiation der Pilze gewesen zu sein.

Die **Entomophthorales** wurden in der Forschung stark vernachlässigt, deshalb ist nur wenig über sie bekannt. Die Untersuchungen an *Entomophthora muscae* brachten jedoch einen sehr **hohen Spezialisierungsgrad** ans Licht, der den ganzen Lebenszyklus betrifft. Da die Paarung zwischen zwei Pilzstämmen auch mittels einer **Gametangiogamie** geschieht, werden sie den Zygomyceten zugeordnet, obwohl ihre systematische Einordnung noch nicht abschließend geklärt ist. Auch eine enge Verwandtschaft zu den Zoopagales oder zu den Gattungen *Basidiobolus* und *Conidiobolus* wird diskutiert. Interessant ist dabei, dass bestimmte Stadien im Lebenszyklus von *Basidiobolus* auch auf Insekten vorkommen, wenn gleich unklar ist, ob diese durch den Befall sterben.

Am besten sind die Parasiten von Blattläusen und Fliegen untersucht, obwohl vermutlich fast alle Insektengruppen befallen werden. Bei Blattläusen wurde bereits überlegt, ob sich die parasitischen Pilze auch zur biologischen Bekämpfung von Getreideschädlingen einsetzen lassen. Alle bisher bekannten Arten der Entomophthorales zeichnen sich durch eine starke Anpassung an die besondere Situation als Insektenpathogene aus – von der Keimung der Konidien über den Infektionsmechanismus bis hin zur Konidienbildung (◘ Abb. 32.13). Dabei sind die einzelnen Arten und Gattungen morphologisch nur schwer voneinander zu unterscheiden, weil einige Merkmale durch die Anpassungen kaum Variationen erkennen lassen. Eine solche adaptive Radiation zeigen nicht nur die Entomophthorales, sondern auch andere pilzliche Parasiten von Pflanzen und Tieren. Insbesondere bei der parasitischen Interaktion von Pilzen und Pflanzen sind die ökologischen Anpassungen bereits gut untersucht (▶ Abschn. 35.12), sodass man die Relevanz für die adaptive Radiation gut nachvollziehen kann.

Auch bei anderen Pilz-Insekten-Interaktionen ist die adaptive Radiation nach erfolgter Spezialisierung zu erkennen. Da

Nahezu alle Insektengruppen werden von Vertretern der Entomophthorales befallen. Ein Befall mit diesen Parasiten führt zum Tod der Insekten. Über einen langen Zeitraum scheinen die Pilze in dem Insekt unbemerkt zu wachsen, bevor das Tier stirbt und der Pilz dann den Kadaver nahezu komplett überwuchert. In der Regel findet man Vertreter der Entomophthorales daher an toten Insekten.

◘ **Abb. 32.12** Bilder verschiedener Entomophthorales

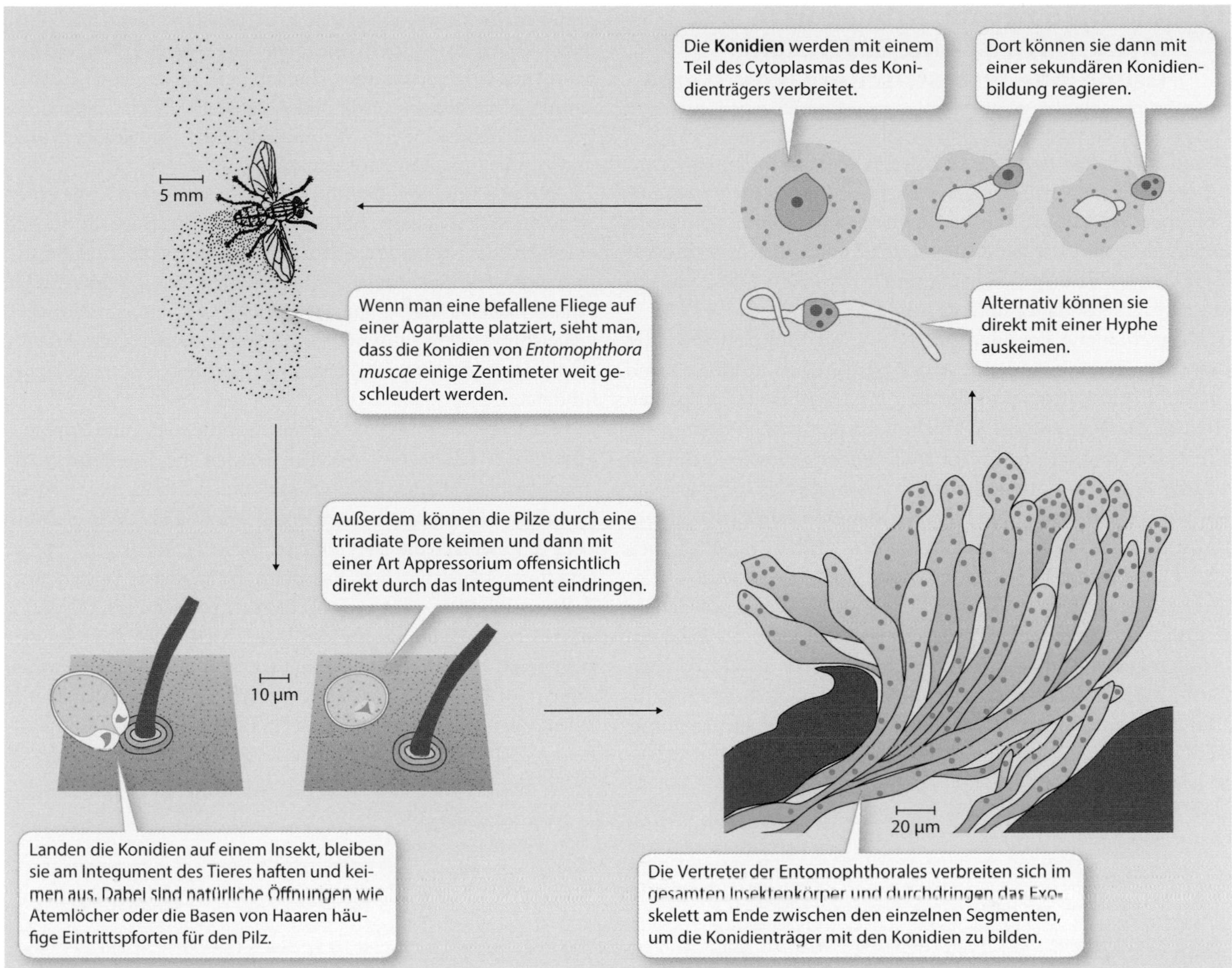

Abb. 32.13 Lebenszyklus der Entomophthorales am Beispiel von *Entomophthora muscae*

vielen Tieren die Enzymausstattung zum Verdau von Cellulose, dem wichtigsten Baustein pflanzlicher Zellwände, fehlt, gehen sie eine Symbiose mit Pilzen ein. Während bei den Wiederkäuern vor allem Protozoa wie Ciliaten und Flagellaten im Darm vorhanden sind (▶ Abschn. 35.18), sind das bei Insekten häufig Pilze. Bei holzbewohnenden Käfern findet man eine Vielzahl an Hefearten im Darm, die sich offensichtlich auf den Abbau von Cellulose spezialisiert haben. Soziale Insekten wie Ameisen und Termiten haben für die Symbiose mit Pilzen einen anderen Weg gewählt. Die tropischen Blattschneiderameisen kultivieren Pilze der Gattung *Leucoagaricus* in sogenannten Pilzgärten, „füttern" diese mit den gesammelten Blättern und ernähren sich dann von Zellen, die vom Pilz gezielt unter der Pflege durch die Ameisen gebildet werden. Die Pflege der Pilzgärten beinhaltet dabei nicht nur das regelmäßige Zuführen von frischem Pflanzenmaterial, sondern auch das Fernhalten von pilzlichen Parasiten durch eine besondere Bakterienflora mit den spezifischen Antimykotika. Eine konvergente Evolution kann man bei einigen Termiten beobachten (▶ Abschn. 35.18). Während ursprüngliche Arten vermutlich vor allem Holz gefressen und durch Endosymbionten abgebaut haben, zeichnen sich die modernen Gruppen auch durch das Anlegen von Pilzgärten aus. Die Pilzgattung *Termitomyces* ist sogar nach dieser Interaktion benannt, weil sie ausschließlich in dieser Assoziation überleben kann.

32

32.6 Glomeromycota: Arbuskuläre Mykorrhiza ist eine essenzielle Grundlage terrestrischer Ökosysteme

Wie bei Pflanzen und Tieren ist auch bei den Pilzen eine Evolution von aquatischer zu terrestrischer Lebensweise erkennbar. Vor über 400 Mio. Jahren ist die Gruppe der **Glomeromycota** entstanden, deren rezente Vertreter fast ausschlich als **arbuskuläre Mykorrhiza (AM)** bekannt und mit ca. 80 % aller Pflanzenarten vergesellschaftet sind (◻ Abb. 32.14; ► Abschn. 35.15).

Verschiedene Fossilien deuten darauf hin, dass Vertreter dieser Pilzgruppe zu den ersten Pilzen an Land gehörten und für die **Ernährung von Pflanzen** eine Schlüsselrolle spielten (Box 32.2). Während die Wurzeln bei aquatischen Pflanzen vor allem der Verankerung im Substrat dienen, müssen sie an Land zudem auch die Nährstoffaufnahme bewältigen. Neben vielen Spurenelementen sind für Pflanzen insbesondere Stickstoff und Phosphor essenzielle Elemente für den Aufbau von Proteinen und Nucleinsäuren. In Agrarökosystemen werden diese Elemente in verschiedenen Verbindungen als Dünger zugegeben. In natürlichen Ökosystemen werden diese Elemente den Pflanzen größtenteils von Pilzen zur Verfügung gestellt, da die Wurzeln häufig viel zu dick sind, um die kleinsten Zwischenräume im Boden zu erschließen. Interessanterweise hat sich die Anatomie dieser Interaktion seit Entstehung dieser Gruppe kaum verändert. Um die Interaktionsfläche zu vergrößern, bilden diese Pilze in den Zellen des Wurzelparenchyms sogenannte **Arbuskeln** aus, bäumchenartige Strukturen, die von dem pflanzlichen Plasmalemma umschlossen werden (◻ Abb. 32.15). Über Hyphen haben diese Arbuskeln eine Verbindung in das Umfeld der Wurzel und können dort Nährstoffe rekrutieren.

Während die Waldbaumarten der gemäßigten Zone einen weiteren Mykorrhizatyp bilden, die Ektomykorrhiza, ist die AM vor allem bei **krautigen Pflanzen** und in **tropischen Regionen** weit verbreitet. Trotz der hohen Diversität der assoziierten Pflanzenarten ist die Zahl der Pilzarten mit einigen Hundert, vielleicht wenigen Tausend, relativ gering. Dies könnte auf eine eher unspezifische Interaktion bzw. ein breites Wirtsspektrum hindeuten.

Auch wenn typische Merkmale wie die Joch- und Zygotenbildung nie beobachtet wurden, werden die Glomeromycota immer wieder als eine Untergruppe zu den Zygomycota gestellt. Vor allem die wenigen Septen und die hohe Zahl der Kerne pro Zelle unterstützen diese Hypothese. Bisher ist unbekannt, wie die genetische Diversität zwischen den verschiedenen Kernen einer Zelle zustande kommt und ob überhaupt meiotische Prozesse auftreten. Die Glomeromycota lassen sich nicht ohne Pflanze kultivieren, weshalb Experimente sehr mühselig sind. Trotzdem zeigen vor allem die genetischen Untersuchungen der letzten Jahre, wie umfassend die Interaktion der beiden Symbiosepartner ist und welche grundlegende Bedeutung diese Symbiose für

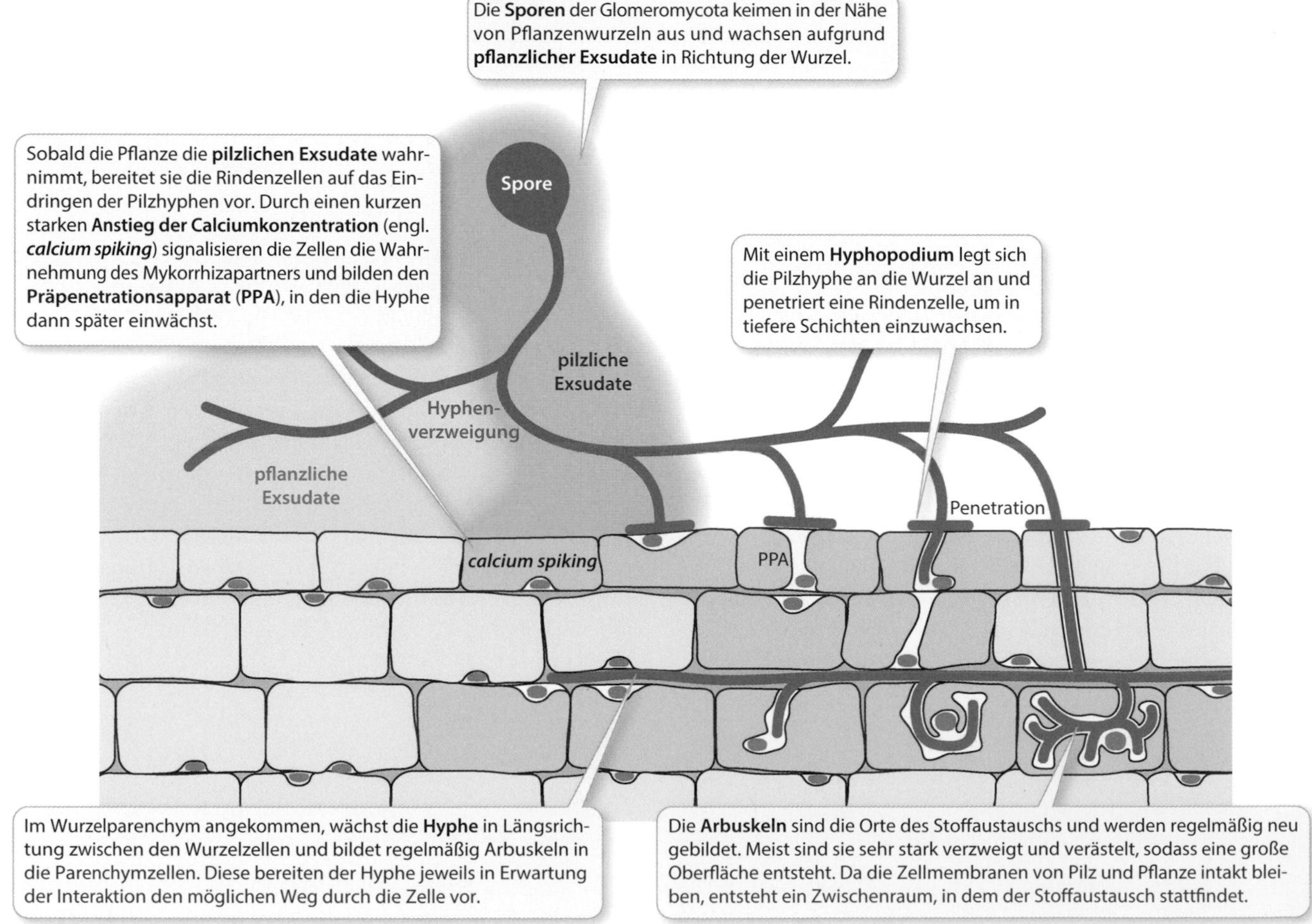

◻ **Abb. 32.14** Besiedlung einer Pflanzenwurzel durch AM-Pilze

die Evolution der Pflanzen und Pilze hatte. Die Kommunikation zwischen Pilz und Pflanze auf molekularer Ebene ist so gut aufeinander abgestimmt, dass die Pflanzen z. B. sehr gut zwischen Mykorrhizapilzen und Wurzelparasiten unterscheiden können.

Box 32.2: Glomeromycota sind so alt wie die ersten Landpflanzen

Während Wasserpflanzen nahezu über ihre gesamte Oberfläche Wasser und Mineralien aufnehmen können, sind Landpflanzen darauf angewiesen, dass beides entweder leicht verfügbar ist oder durch Pilze verfügbar gemacht wird. Diese können mit ihren Hyphen wesentlich weiter ins Substrat eindringen und durch Abgabe organischer Säuren Nährstoffe (z. B. Phosphate) aus dem Gestein lösen. Diese Symbiose hat eventuell erst den Landgang der Pflanzen ermöglicht, da die ursprünglichen Landpflanzen noch keine spezialisierten Wurzeln besaßen und somit wahrscheinlich auf eine Versorgung mit Nährstoffen durch die Symbiose mit Pilzen angewiesen waren.

Insgesamt sind Pilze sehr schlecht als Fossilen erhalten und nur in wenigen Lagerstätten zu finden. Eine große Ausnahme stellen die **Rhynie Cherts** in Schottland dar. Dort wurden 1912 Hornsteine aus dem unteren Devon (vor ca. 400 Mio. Jahren) gefunden, die zahlreiche Rhizome und ganze Pflanzen enthalten. In einem offenbar sumpfähnlichen Habitat sind einige Pflanzenarten der Gattungen *Rhynia*, *Aglaophyton*, *Horneophyton* und *Asteroyxlon* fossilisiert, die heute als wichtige Zwischenschritte beim Landgang der Pflanzen interpretiert werden. Interessanterweise sind dort nicht nur die Pflanzen, sondern auch Tiere und vor allem die pilzlichen Symbiosepartner sehr gut erhalten. In Dünnschliffen des Gesteins lassen sich mikroskopische Strukturen erkennen, die denen von heutigen arbuskulären Mykorrhizen sehr ähnlich sehen.

In den Rhizomen von *Aglaophyton major* sind die Parenchymzellen angefüllt mit Arbuskeln, die mikroskopisch identisch zu denen heutiger Mykorrhizen sind. Diese Symbiose ist damit offensichtlich schon bei frühen Landpflanzen zu finden.

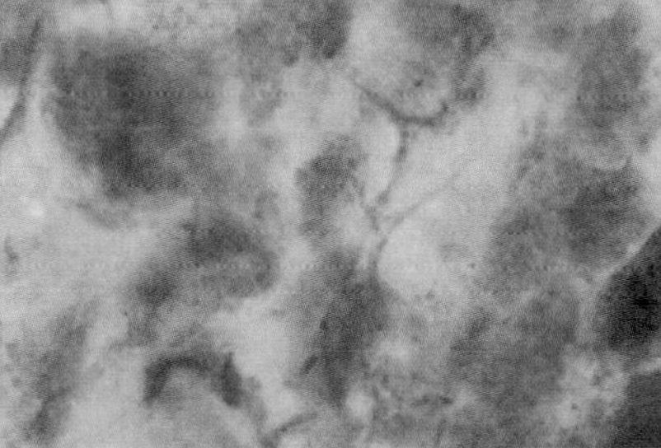

fossile arbuskuläre Mykorrhiza aus den Rhynie Cherts des unteren Devons

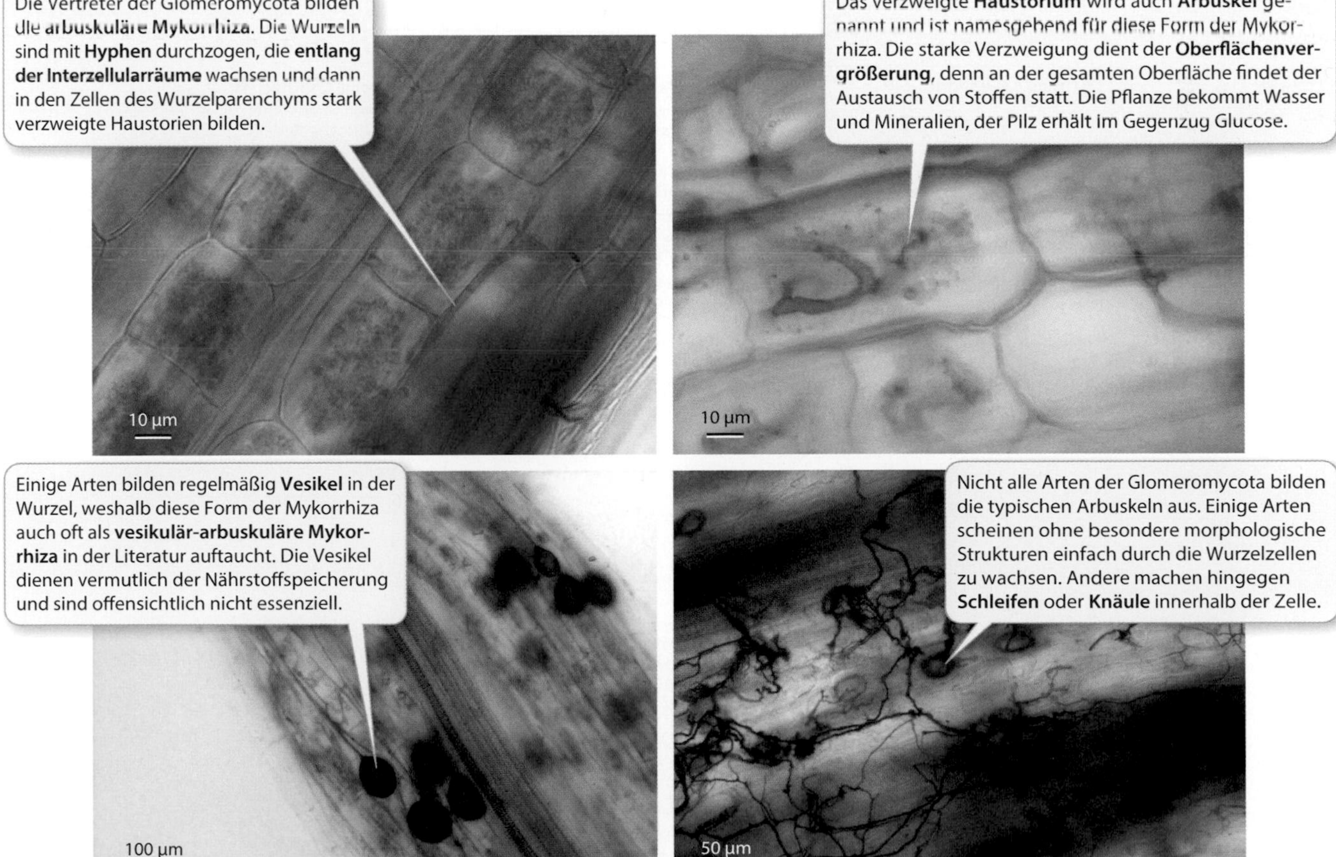

Abb. 32.15 Mikroskopische Aufnahmen verschiedener arbuskulärer Mykorrhizen oder Mykorrhizatypen

32.7 Ascomycota: Der Ascus und die Vielfalt der Fruchtkörper ermöglichen unzählige Spezialisierungen

Die **Ascomycota** (**Schlauchpilze**) bilden mit ca. 80.000 beschriebenen Arten die größte Gruppe der Eumycota (◘ Abb. 32.16). Das charakteristische Merkmal dieser Abteilung ist der **Ascus**, ein Meiosporangium, in welchem **Ascosporen** endogen gebildet werden (◘ Abb. 32.17). Meist werden acht Ascosporen gebildet, jedoch immer zumindest vier oder ein Vielfaches davon, welche meist am oberen Ende des Ascus durch spezielle Mechanismen entlassen werden. Einige Arten der Ascomycota, wie zum Beispiel die Morcheln (*Morchella* spec.), bilden makroskopische sexuelle Fruchtkörper aus (◘ Abb. 32.18), viele Vertreter sind jedoch Mikropilze und bilden makroskopisch kaum erkennbare Strukturen. Nichtsdestotrotz haben die Ascomycota eine Vielzahl an morphologischen Strukturen entwickelt, was insbesondere an der großen Vielfalt von Sporen und Sporenträgern erkennbar ist (◘ Abb. 32.19).

Um Ascosporen zu bilden, muss eine Hyphe des haploiden Mycels der Ascomycota erst mit einer anderen, kompatiblen Hyphe verschmelzen, wobei es zur Bildung des **Dikaryons** kommt. Dieses entsteht, da es nach der Somatogamie der beiden Hyphen

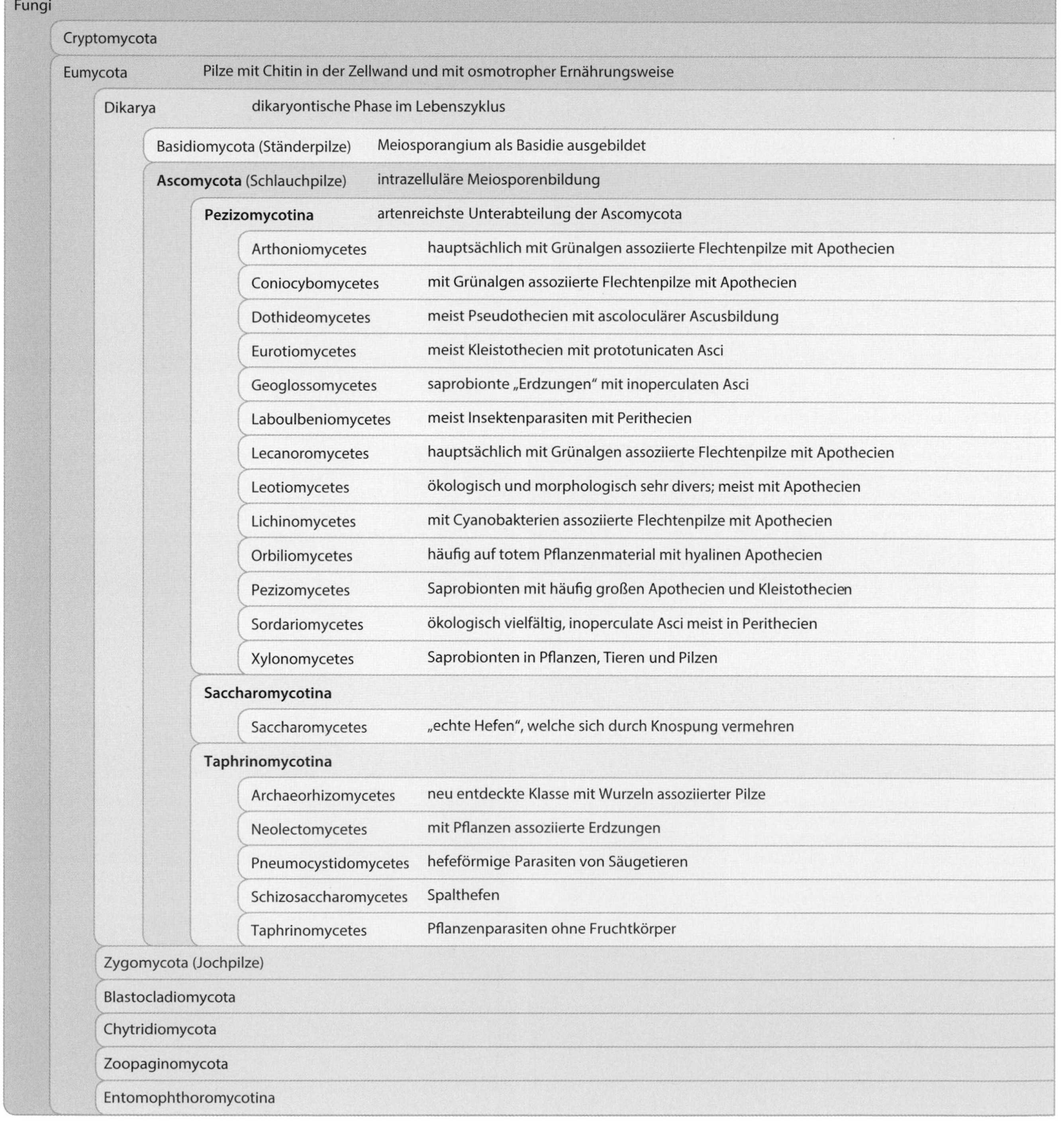

◘ **Abb. 32.16** Systematischer Überblick über die Ascomycota

Die Ascomycota bilden wie die Basidiomycota ein **Dikaryon** aus. Im Gegensatz zu den Basidiomycota wird dieses jedoch erst kurz vor der Meiosporangienentstehung gebildet. Daher ist der größte Teil des Mycels der Ascomycota haploid. Dieses **haploide Mycel** kann sich asexuell durch **Konidienbildung** vermehren.

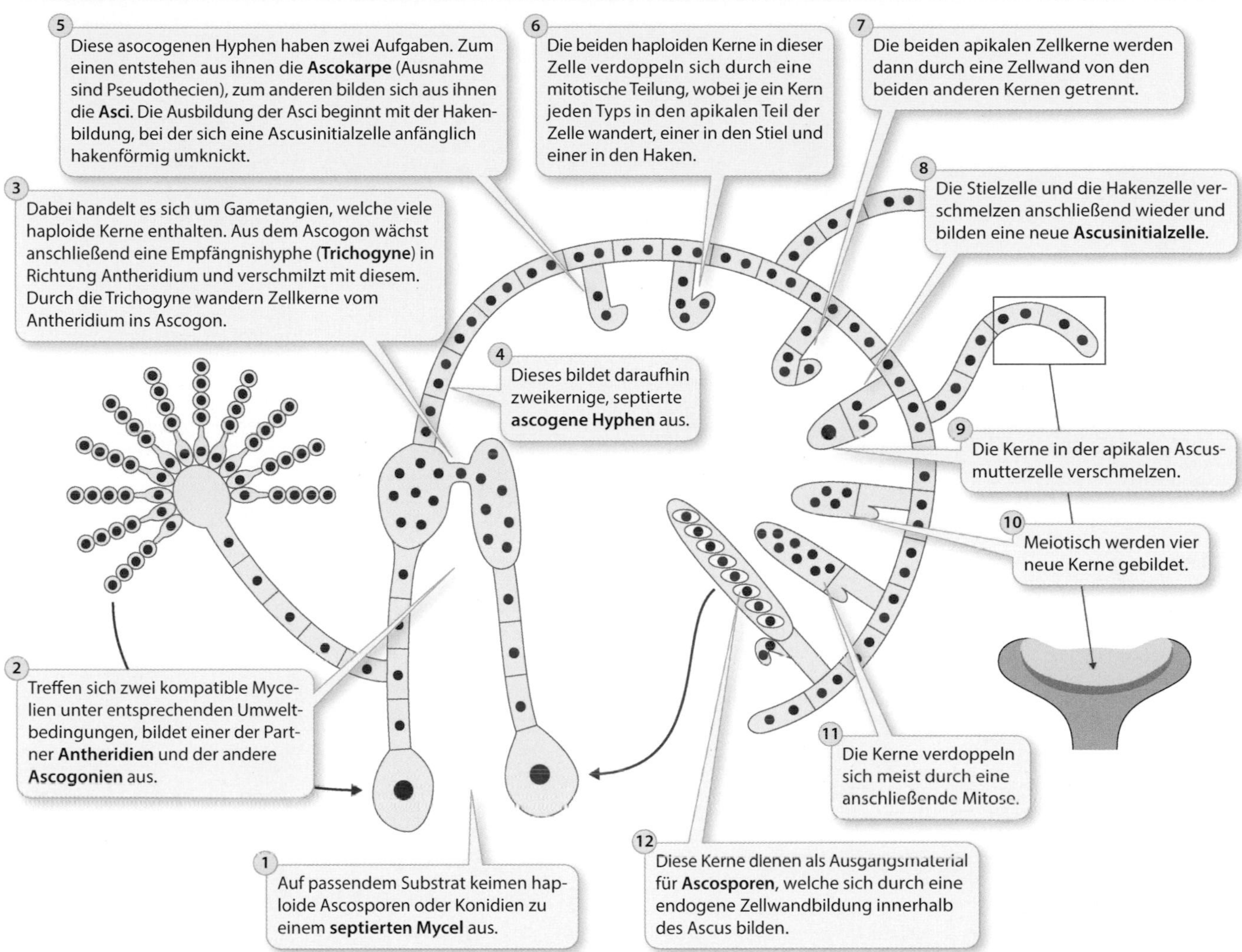

Abb. 32.17 Lebenszyklus der Ascomycota

nicht sofort zur Karyogamie kommt, sondern sogenannte ascogene Hyphen mit zwei Kernen pro Zelle weiterwachsen. Verschmelzen die Hyphen zweier genetisch unterschiedlichen Individuen, bezeichnet man die Pilze als **heterothallisch**. Interessanterweise müssen die kompatiblen Hyphen für die Verschmelzung bei vielen Arten nicht von zwei genetisch unterschiedlichen Mycelien kommen, sondern es kann zur Verschmelzung verschiedener Hyphen desselben Mycels kommen. Pilze, welche auf diese Art das Dikaryon bilden, werden als **homothallisch** bezeichnet. In der Regel können jedoch homothallische Pilze auch mit genetisch unterschiedlichen Mycelien verschmelzen und sind dann ebenso heterothallisch. Dies liegt unter anderem in einem komplexen und gleichzeitig flexiblen Paarungssystem der Pilze begründet.

Neben den sexuell gebildeten Ascosporen bilden die meisten Vertreter der Ascomycota, wie auch viele Arten der Zygomycota und Basidiomycota, asexuell Sporen aus. Da die Bildung von sexuellen und asexuellen Sporen bei vielen Arten nicht zur selben Zeit oder auf demselben Substrat geschieht, war es vor dem Einsatz molekularer Artidentifizierung häufig nicht möglich, die verschiedenen Stadien einer Art einander zuzuordnen. Dies spiegelt sich auch heute noch in der Vielzahl von Synonymen für einzelne Arten wider. Dabei wird das Stadium eines Pilzes, welches Ascosporen bildet, als **Teleomorph** bezeichnet und das Stadium der asexuellen Sporenbildung als **Anamorph**. Gemeinsam bilden sie das **Holomorph**. Arten die nur als Anamorph bekannt sind, wurden früher den **Deuteromycota** oder ***Fungi imperfecti*** zugeordnet. Es war jedoch schon immer klar, dass dies keiner natürlichen Einordnung entspricht. Seit der Einführung molekularer Methoden findet diese Gruppe dementsprechend auch keine Anwendung mehr, da alle Arten ihren richtigen Gruppen zugeordnet werden können. Dennoch ist es wichtig, die verschiedenen typologischen Gruppen zu kennen, da in der Natur das Anamorph viel häufiger anzutreffen ist. Viele Arten sind für den Menschen vor allem in diesem Stadium relevant und für Anwender (z. B. Ärtze, Land- oder Forstwirte) sind sie nur unter dem Namen dieses Stadium bekannt. Genau wie Asci häufig in Fruchtkörpern (**Ascomata/Ascokarpien**) gebildet werden, werden asexuelle Sporen häufig an Sporenträgern in größeren Sporenlagern (**Konidiomata**) gebildet. Anamorphe Pilze, welche solche Lager bilden, werden

Ascustypen

prototunicat

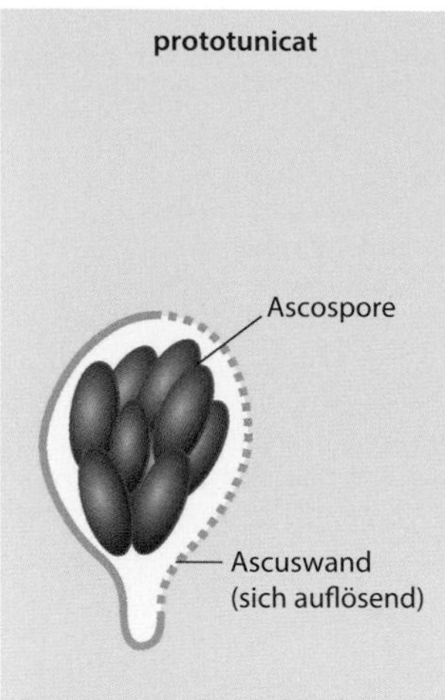

Prototunicate Asci haben keinen speziellen Öffnungsmechanismus. Bei ihnen zerfällt die Ascuswand bei Reife der Ascosporen.

unitunicat

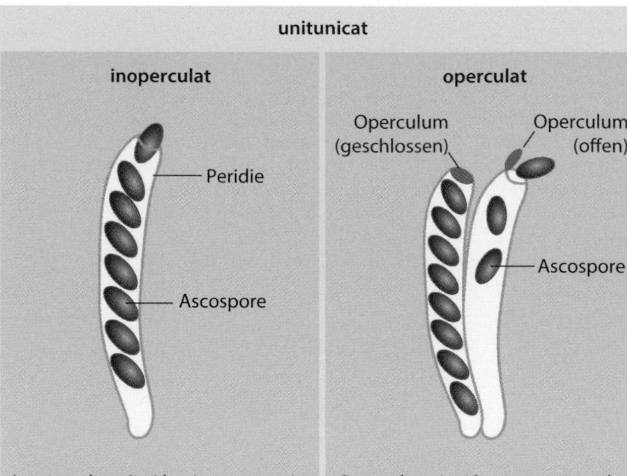

Inoperculate Asci besitzen am apikalen Ende ein Pore, durch welche die reifen Ascoporen entlassen werden. Die Ascosporen bei diesem Ascustyp sind häufig asymmetrisch.

Operculate Asci besitzen am apikalen Ende einen Deckel, das sogenannte Operculum. Dieser klappt bei der Sporenausschleuderung entweder zur Seite oder entfernt sich komplett.

bitunicat

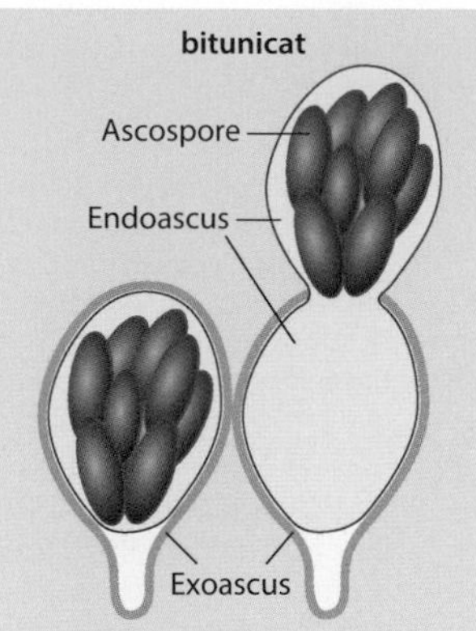

Bitunicate Asci besitzen zwei getrennte Ascuswandschichten. Bei Reife der Ascosporen schiebt sich die innere, elastische Wandschicht mit den darin enthaltenen Ascosporen (Endoascus) aus der äußeren, versteiften Wandschicht (Exoascus) heraus, um anschließend die Sporen entlassen.

Fruchtkörpertypen

Apothecium

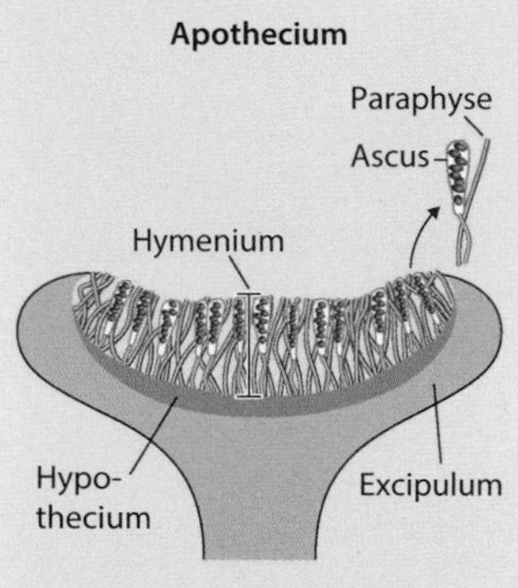

Apothecien sind schüsselförmige Ascokarpien. Sie besitzen eine frei liegende Fruchtschicht (Hymenium), welche aus Asci und Paraphysen besteht. Das Hymenium entsteht aus dem darunterliegenden Hypothecium und wird von einer sterilen Hyphenschicht (Excipulum) eingegrenzt. Ascomycota mit Apothecien werden klassischerweise als Discomyceten bezeichnet, wobei diese jedoch keine natürliche Verwandtschaftsgruppe bilden.

Kleistothecium

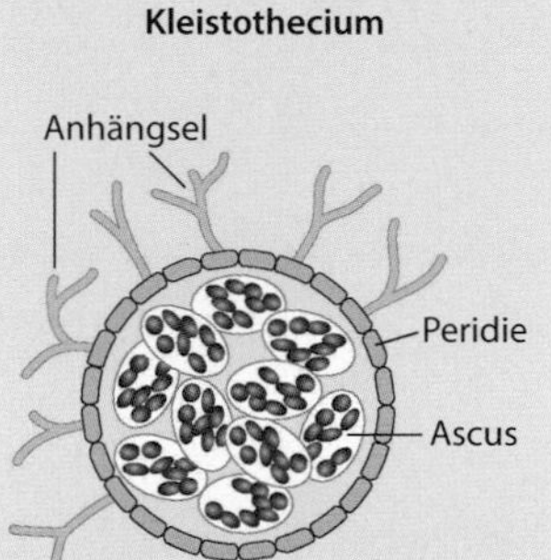

Kleistothecien sind geschlossene, meist runde Ascokarpien mit einer ein- oder mehrschichtigen Peridie. Viele Kleistothecien besitzen keine vorgegebene Öffnungsstruktur, jedoch ist eine solche z. B. bei den Erysiphales vorhanden. Kleistothecien besitzen häufig Anhängsel, da sie in ihrer Gesamtheit als Verbreitungseinheit dienen. Die Anhängsel können für ein Anhaften an tierische Vektoren oder beim Landen auf neuen Blättern mit Blatthaaren eine wichtige Rolle spielen.

Perithecium

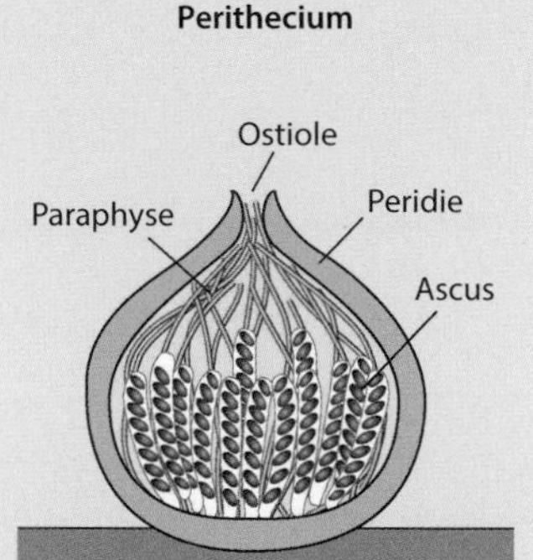

Perithecien sind flaschenförmige Ascokarpien mit einer Öffnung (Ostiole) an ihrem apikalen Ende. Das Hymenium besteht wie bei den Apothecien aus Asci und Paraphysen. Perithecien können frei stehend auf dem Mycel gebildet werden, häufig sind sie jedoch in das Pilzgeflecht oder das Wirtsgewebe eingesenkt. Ascomycota mit Perithecien werden klassischerweise als Pyrenomyceten bezeichnet, wobei diese jedoch keine natürliche Verwandtschaftsgruppe bilden.

Pseudothecium

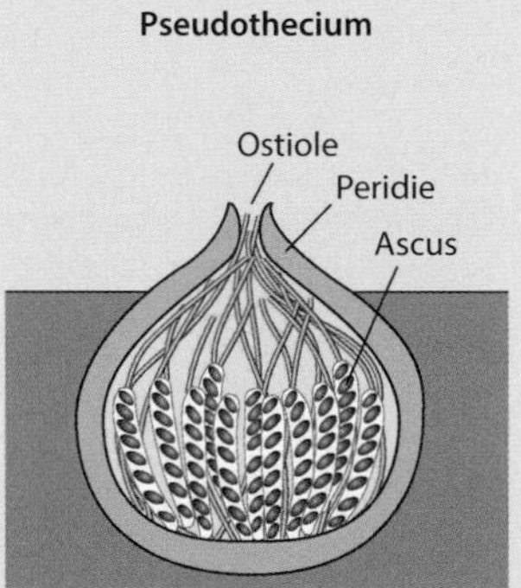

Pseudothecien ähneln Perithecien und sind meist flaschen- oder kugelförmig. Im Gegensatz zu allen anderen Fruchtkörpertypen wird bei Pseudothecien die Anlage des Fruchtkörpers jedoch nicht von den ascogenen Hyphen gebildet, sondern diese wachsen in bereits vorher im haploiden Mycel angelegte Höhlungen ein und bilden dort bitunicate Asci aus. Diese spezielle Fruchtkörperbildung wird auch als ascoloculär bezeichnet.

Abb. 32.18 Ascustypen und Fruchtkörpertypen der Ascomycota

als **Coelomycetes** bezeichnet. Anamorphe Ascomycota, bei denen Sporen und Sporenträger ohne erkennbare Struktur am gesamten Mycel entstehen können, bezeichnet man als **Hyphomycetes**.

Entsprechend ihrer großen Artenzahl sind die Ascomycota auch ökologisch sehr divers und finden sich in allen terrestrischen und aquatischen Habitaten. Viele Ascomycota sind **Pathogene** von Pflanzen und Tieren (Box 32.3), aber auch **Saprobionten** und **Symbionten** (z. B. als Pilzpartner in Flechten; ▶ Abschn. 35.16) sind häufig anzutreffen. Durch diese große ökologische Vielfalt sind Ascomycota auch relevant für den Menschen. Unter den Ascomycota gibt es viele landwirtschaftlich relevante Pflanzenpathogene, welche zu beträchtlichen Ernteausfällen führen können. Vor allem im Rahmen globaler Veränderung steigt jedoch auch ihre Bedeutung als Humanpathogene. Zusätzlich werden einige Ascomycota in der **Lebensmittelherstellung** verwendet, darunter die **Bäckerhefe *Saccharomyces cerevisiae***, eine der ältesten vom Menschen domestizierten Arten.

Konidien sind durch Mitose gebildete, asexuelle Sporen, welche der vielfachen Vermehrung dienen. Die Konidienbildung erfolgt generell auf zwei unterschiedlichen Wegen: durch blastische oder thallische Konidiogenese.

Bei der **blastischen Konidiogenese** stülpen sich die Konidien an der Hyphenspitze aus und sind schon während der Entstehung sichtbar.

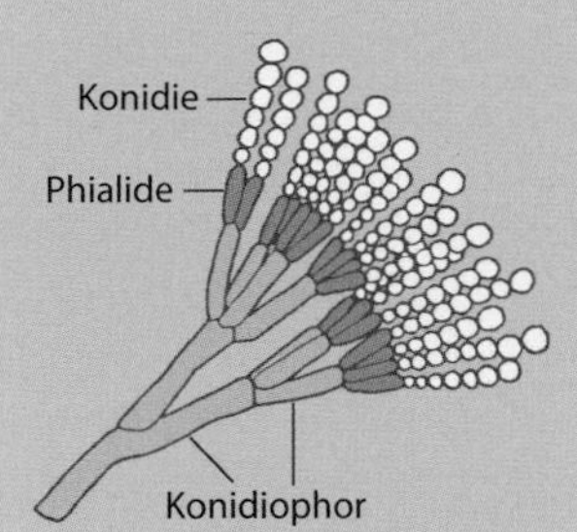

Bei Hyphenpilzen werden Konidien häufig exogen an speziellen Trägern (**Konidiophoren**) gebildet. Je nach Art können Konidiophoren dabei einzeln aus dem Mycel wachsen oder in speziell dafür gebildete Strukturen (Konidiomata). Innerhalb der Konidiophoren wird häufig zwischen Stielzelle (Konidiophor *s. s.*), Trägerzellen (Metulae oder Vesikel) und konidienbildenden Zellen (Phialide) unterschieden.

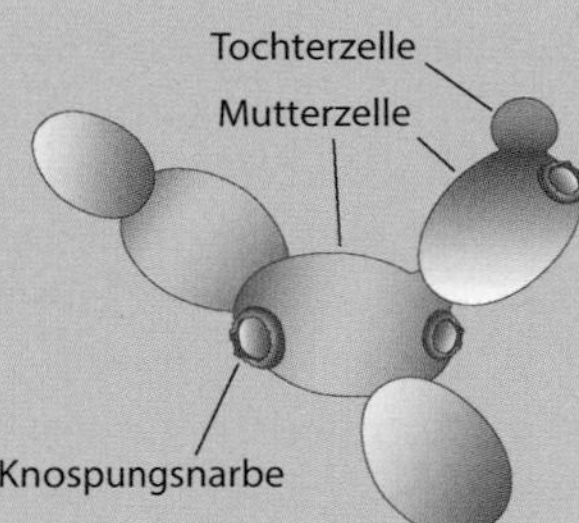

Auch die **Knospung** der Hefen entspricht einer blastischen Konidiogenese. Hierbei stülpen sich asexuell gebildete Tochterzellen aus der Mutterzelle aus und werden anschließend abgeschnürt. An den Mutterzellen verbleiben nach dieser Abschnürung häufig deutlich sichtbare Narben. An diesen Narben können keine weiteren Tochterzellen entstehen, daher kann sich eine Hefezelle auch nur begrenzt durch Knospung vermehren.

Bei der **thallischen Konidiogenese** werden Konidien aus schon bestehenden Hyphen durch nachträgliches Einziehen von Quersepten gebildet.

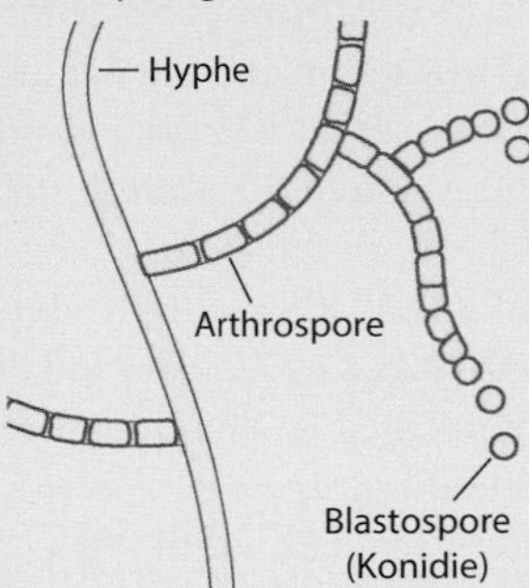

Arthrokonidien, auch Oidien genannt, werden von einigen Pilzen gebildet, stellen aber meist nicht die hauptsächliche Form der Vermehrung dar. Diese Art der Konidienbildung kann an normalen Hyphen, aber auch an speziellen Konidiophoren stattfinden (z. B. *Oidiodendron* spp.).

Chlamydosporen sind asexuell gebildete Konidien mit dicken Zellwänden und dienen meist als Dauerstadien zur Überwindung widriger Umweltbedingungen. Häufig werden Chlamydosporen interkalar, also innerhalb des Hyphengeflechts, gebildet. Anders als bei Arthrokonidien zerfällt das Mycel hierbei jedoch nicht und bleibt vital. Erst wenn die Hyphen absterben, vereinzeln sich die Chlamydosporen, um mit einer Hyphe auszuwachsen, sobald die Umweltbedingungen sich bessern.

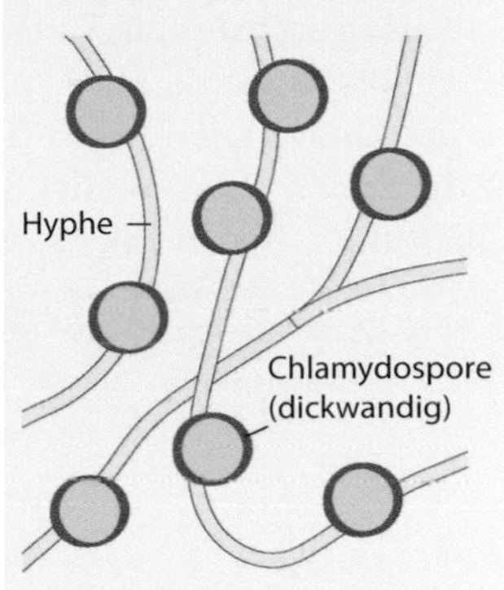

Abb. 32.19 Asexuelle Sporen (Konidien)

Box 32.3: Laboulbeniomycetes sind mit Arthropoden assoziierte Pilze

Die Laboulbeniomycetes sind für ihre Verbreitung auf Arthropoden angewiesen (Pyxidiophorales) oder Ektoparasiten von Arthropoden (Herpomycetales und Laboulbeniales). Letztere sind stark differenziert und hoch spezialisiert auf verschiedenen Insekten als Wirte. Sie sind meist kleiner als 1 mm und gerade noch so mit dem Auge zu sehen. Erst ein starker Befall (Foto) beeinträchtigt die Wirte und häufig scheint ein moderater Befall die Wirte nicht zu stören. Sie sind auf wenige Zellen reduziert, die fast ausschließlich der Fortpflanzung dienen. Die gesamte Morphologie ist auf eine effiziente Befruchtung und Sporenverbreitung ausgelegt. Die systematische Einordung war aufgrund der reduzierten Morphologie lange schwierig, erst molekulare Untersuchungen konnte die Eingruppierung in die Pezizomycotina als Schwestergruppe zu den Sordariomycetes unterstützen. Durch ihre spezifischen morphologischen Anpassungen und die Übertragung durch direkten Kontakt sind sie für pilzliche Parasiten von Tieren ungewöhnlich spezifisch. Arten, die bei der Paarung der Wirte übertragen werden, sind deshalb bei Männchen und Weibchen häufig an unterschiedlichen Stellen zu finden.

Hesperomyces virescens auf der Bauchseite von *Olla v-nigrum*: Der Marienkäfer ist sehr stark befallen. Die einzelnen Thalli sind jedoch nur 0,2 mm groß.

Das **Perithecium** bildet sich nach der Befruchtung aus und enthält später die Asci mit den reifen Ascosporen. Die Terminalprojektionen könnten bei der Übertragung der Ascosporen auf neue Wirte eine Rolle spielen. Die Ascosporen werden in der Regel durch direkten Kontakt zwischen Individuen, z. B. bei der Kopulation, übertragen.

Thallus von *Hesperomyces virescens*

Der seitliche Anhang trägt die männlichen **Antheridien**. Hier werden also die Spermatien gebildet.

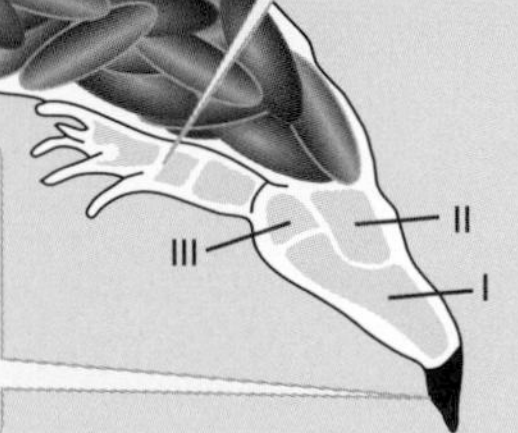

Der gesamte Thallus ist mit einem **Haustorium** in der Cuticula des Insekts verankert und wird darüber mit Nahrung versorgt. Die Zellen darüber sind bei vielen Arten in ihrer Lage zueinander konserviert und werden deshalb zum Vergleich auch durchnummeriert. Die Zellen I–III entsprechen hier z. B. dem Receptaculum, das das Perithecium und den seitlichen Anhang mit den Antheridien trägt.

32.8 Basidiomycota: Die Interaktion von Pilzen und Pflanzen hat die Evolution und Radiation der Basidiomycota vorangetrieben

Zeitgleich mit den Ascomycota sind die **Basidiomycota** (**Ständerpilze**; ◘ Abb. 32.20) als deren Schwestergruppe entstanden. Das Meiosporangium wird als **Basidie** oder Ständer bezeichnet, darin finden sowohl die Karyogamie als auch die Meiose statt. In der Regel werden direkt im Anschluss an die Meiose exogen **vier Basidiosporen** gebildet und meist aktiv durch einen Schleudermechanismus verbreitet (◘ Abb. 32.21). Während die Morphologie der Basidie in den unterschiedlichen Linien stark variiert und den jeweiligen Umweltbedingungen angepasst ist, ist die Ernährungsweise der Basidiomycota häufig auf Pflanzen abgestimmt. Neben einer **saproben Lebensweise** auf pflanzlichen Überresten finden sich in nahezu allen Klassen Vertreter, die entweder als **Symbionten in Form von Ektomykorrhiza** oder als **biotrophe Parasiten** (z. B. als Brand- oder Rostpilze; ► Abschn. 35.12) auf lebende Pflanzen angewiesen sind. Das Alter der Basidiomycota wird auf 600 Mio. Jahre geschätzt, es gab diese Gruppe damit bereits, bevor sich die Landpflanzen auf den Kontinenten ausgebreitet haben. Erst mit der Radiation der Landpflanzen sind die verschiedenen Linien entstanden, somit lässt sich auch die **enge Assoziation mit den höheren Pflanzen** verstehen. Die Grundlagen der Pilz-Pflanze-Interaktion geht auf die frühe Evolution der Glomeromycota und Dikarya zurück. Innerhalb der Basidiomycota haben sich die Formen der Interaktionen jedoch stark differenziert. Basierend auf molekularen Stammbäumen verstehen wir langsam die Evolution der Basidiomycota und können wichtige Entwicklungsschritte anhand der Evolution spezifischer Enzymausstattungen wesentlich besser verstehen.

32

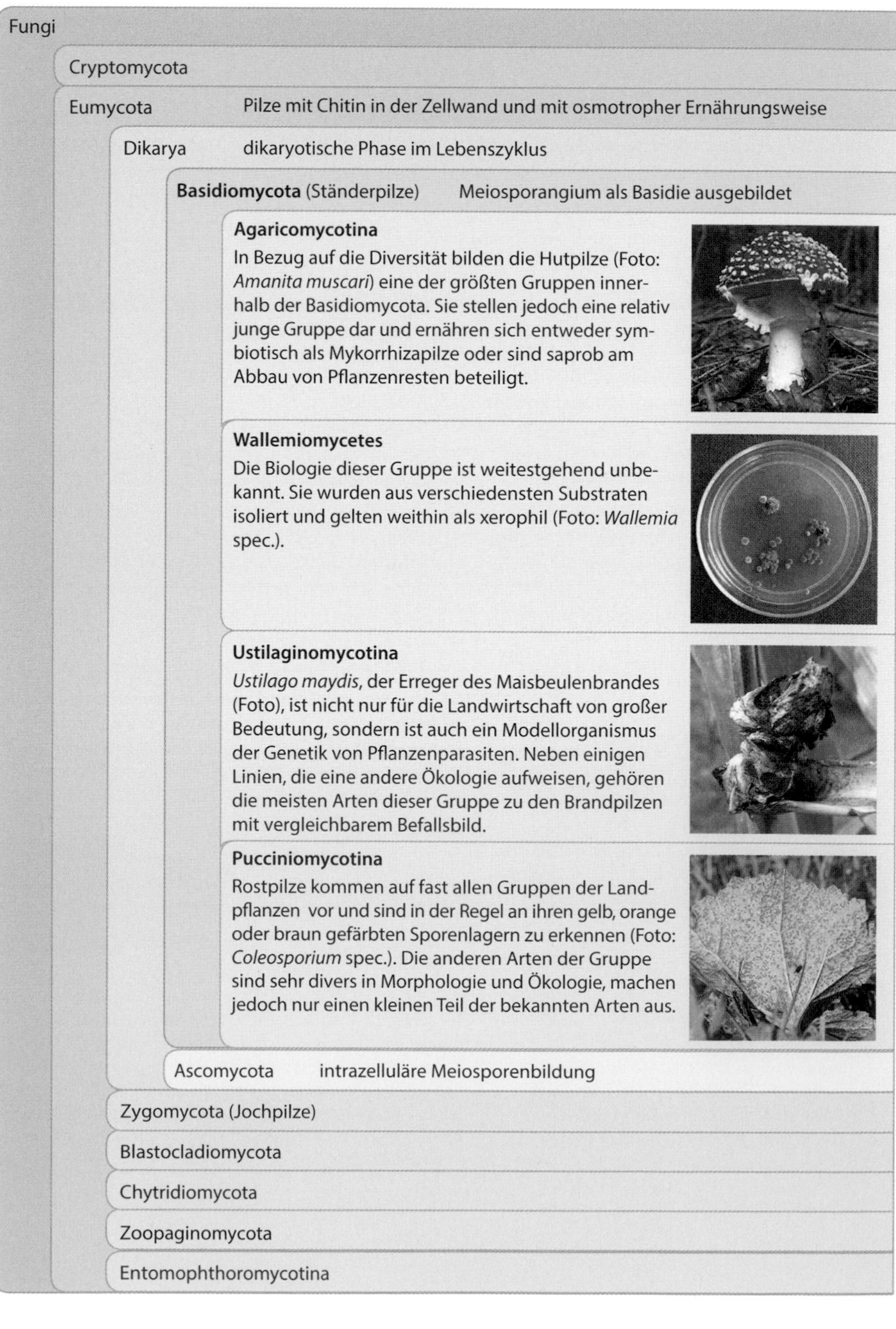

◘ **Abb. 32.20** Systematischer Überblick über die Basidiomycota

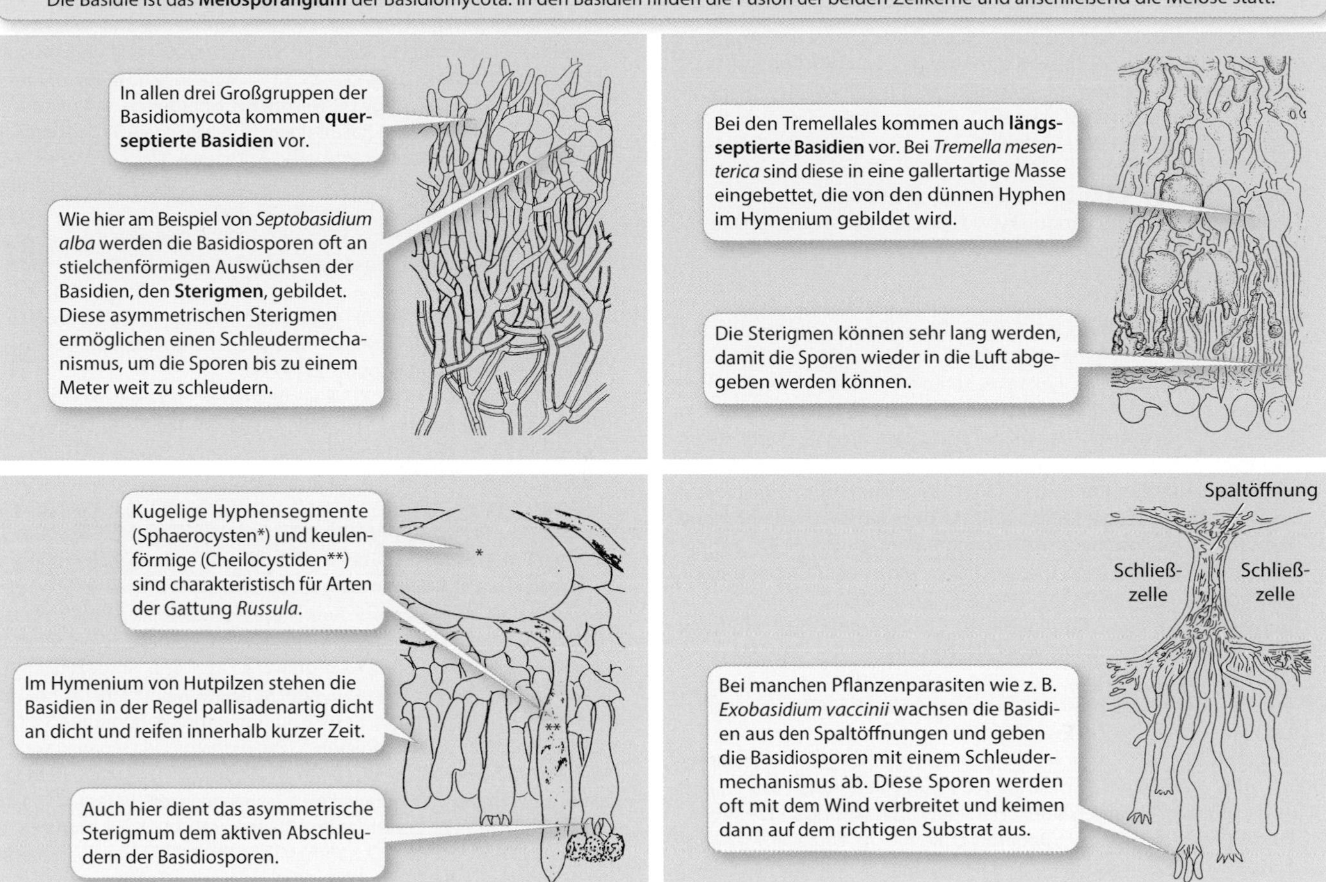

Abb. 32.21 Diversität der Hymenien und Basidien

Innerhalb der **Pucciniomycotina** bilden die **Rostpilze** die größte Gruppe. Da sie auch Getreide und andere Agrarpflanzen befallen, sind sie von großer ökonomischer Bedeutung. Sie zeichnen sich durch eine hohe Wirtsspezifität aus und wechseln im Laufe des Generationswechsels häufig den Wirt. Daneben finden sich unter den Pucciniomycotina viele Mikropilze, die entweder pflanzenparasitisch, mykoparasitisch oder saprob sind. Über Gruppen, die vor allem als einzellige Hefen aus verschiedenen Substraten isoliert werden, ist wenig bekannt.

Bis auf wenige Ausnahmen sind die Vertreter der **Ustilaginomycotina** pflanzenparasitisch und haben sich vor allem mit den Gräsern und Offenlandschaften in den letzten 70 Mio. Jahren diversifiziert. Den Großteil stellen die **Brandpilze**, die sich durch resistente Teliosporen auszeichnen, welche auch starkem Frost und längerer Trockenheit standhalten.

Im Vergleich zu allen anderen Gruppen ist die Ökologie der Vertreter der **Agaricomycotina** sehr unterschiedlich. Neben **Mykorrhizapilzen** finden sich auch **Holzzersetzer** oder **Mykoparasiten** unter ihnen (▶ Abschn. 36.11). Einige Vertreter, wie z. B. *Cryptococcus neoformans* oder *Trichosporon*-Arten, sind auf tierisches Substrat spezialisiert und können auch Krankheiten beim Menschen auslösen. Die Agaricomycotina umfassen mit den Hutpilzen die bekanntesten Vertreter der Pilze. **Hutpilze** besitzen komplexe Fruchtkörper, die der Sporenverbreitung dienen. Diese stellen jedoch nur einen Bruchteil der Biomasse dar und erscheinen oft nur für kurze Zeit. Der Großteil des Mycels bleibt unterirdisch und verborgen. Die bekannten Vertreter der Hutpilze, wie Fliegenpilz, Champignon oder Steinpilz, zeichnen sich durch ein **Hymenium** aus, das sich entlang von Röhren oder Lamellen auf der Unterseite des Hutes entwickelt und in dem die Basidien und Basidiosporen entstehen.

Je nach Gruppe sind die Hymenien und Basidien jedoch sehr unterschiedlich gestaltet, weshalb die Morphologie und Anatomie der Basidien als Leitmerkmal zur Einteilung der Arten der Agaromycotina dient (Abb. 32.21). Dabei spielen neben der möglichen Septierung von Hyphen auch die Form der Sterigmen und die Ornamentierung der Basidiosporen eine Rolle für die Systematik. Auf übergeordneten Ebenen werden vor allem Merkmale der Ultrastruktur herangezogen, wie der Aufbau der Septenporen oder die Struktur der Spindelpolkörper, die bei der Kernteilung eine wichtige Rolle beim Aufteilen der Chromosomen spielen. In den anderen Gruppen finden sich zum Teil auch komplexe Hymenien, viel häufiger sind jedoch unscheinbare und oft hinfällige Fruchtkörper oder Sori, die nur wenige Millimeter messen. Vor allem die Pflanzenparasiten bilden oft Sporen **als Überdauerungsstadien**, die dann unter den richtigen Bedingungen wieder auskeimen und eine neue Generation bilden. Dabei ist der Lebenszyklus oft an die Ökologie der Wirte angepasst.

Weiterführende Literatur

1. Adl SM, Bass D, Lane CE, Lukes J, Schoch CL, Smirnov A, Agatha S, Berney C, Brown MW, Burki F, Cardenas P, Cepicka I, Chistyakova L, del Campo J, Dunthorn M, Edvardsen B, Eglit Y, Guillou L, Hampl V, Heiss AA, Hoppenrath M, James TY, Karnkowska A, Karpov S, Kim E, Kolisko M, Kudryavtsev A, Lahr DJG, Lara E, Le Gall L, Lynn DH, Mann DG, Massana R, Mitchell EAD, Morrow C, Park JS, Pawlowski JW, Powell MJ, Richter DJ, Rueckert S, Shadwick L, Shimano S, Spiegel FW, Torruella G, Youssef N, Zlatogursky V, Zhang Q (2019) Revisions to the classification, nomenclature, and diversity of eukaryotes. J Eukaryot Microbiol 66:4–119
2. Aime MC, Toome M, McLaughlin DJ (2014) Pucciniomycotina. In: McLaughlin DJ, Spatafora JW (Hrsg) The mycota – systematics and evolution. Springer, Berlin, Heidelberg, New York, S 271–294
3. Begerow D, Schäfer AM, Kellner R, Yurkov A, Kemler M, Oberwinkler F, Bauer R (2014) Ustilaginomycotina. In: McLaughlin DJ, Spatafora JW (Hrsg) The mycota – systematics and evolution. Springer, Berlin, Heidelberg, New York, S 295–329
4. Benny GL, Humber RA, Voigt K (2014) Zygomycetous fungi: phylum entomophthoromycota and subphyla kickxellomycotina, mortierellomycotina, mucoromycotina, and zoopagomycotina. In: McLaughlin DJ, Spatafora JW (Hrsg) The mycota – systematics and evolution. Springer, Berlin, Heidelberg, New York, S 209–250
5. Berbee ML, James TY, Strullu-Derrien C (2017) Early diverging fungi: diversity and impact at the dawn of terrestrial life. Annu Rev Microbiol 71:41–60
6. Burki F, Roger AJ, Brown MW, Simpson AGB (2020) The new tree of eukaryotes. Trends Ecol Evol 5:43–55
7. Didier ES, Becnell JJ, Kent ML, Sanders JL, Weiss LM (2014) Microsporidia. In: McLaughlin DJ, Spatafora JW (Hrsg) The mycota – systematics and evolution. Springer, Berlin, Heidelberg, New York, S 115–140
8. He MQ, Zhao RL, Hyde KD, Begerow D, Kemler M, Yurkov A, McKenzie EHC, Raspe O, Kakishima M, Sanchez-Ramirez S, Vellinga EC, Halling R, Papp V, Zmitrovich IV, Buyck B, Ertz D, Wijayawardene NN, Cui BK, Schoutteten N, Liu XZ, Li TH, Yao YJ, Zhu XY, Liu AQ, Li GJ, Zhang MZ, Ling ZL, Cao B, Antonin V, Boekhout T, Barbosa da Silva BD, De Crop E, Decock C, Dima B, Dutta AK, Fell JW, Geml J, Ghobad-Neijhad M, Giachini AJ, Gibertoni TB, Gorjon SP, Haelewaters D, He SH, Hodkinson BP, Horak E, Hoshino T, Justo A, Lim YW, Menolli N Jr., Mesic A, Moncalvo JM, Mueller GM, Nagy LG, Nilsson RH, Noordeloos M, Nuytinck J, Orihara T, Ratchadawan C, Rajchenberg M, Silva-Filho AGS, Sulzbacher MA, Tkalcec Z, Valenzuela R, Verbeken A, Vizzini A, Wartchow F, Wei TZ, Weiß M, Zhao CL, Kirk PM (2019) Notes, outline and divergence times of basidiomycota. Fungal Divers 99:105–367
9. Kück U, Nowrousian M, Hoff B, Engh I (2009) Schimmelpilze. Lebensweise, Nutzen, Schaden, Bekämpfung, 3. Aufl. Springer, Berlin, Heidelberg, New York
10. Redecker D, Schüßler A (2014) Glomeromycota. In: McLaughlin DJ, Spatafora JW (Hrsg) The mycota – systematics and evolution. Springer, Berlin, Heidelberg, New York, S 251–270
11. Wijayawardene NN, Hyde KD, Rajeshkumar KC, Hawksworth DL, Madrid H, Kirk PM, Braun U, Singh RV, Crous PW, Kukwa M, Lücking R, Kurtzman CP, Yurkov A, Haelewaters D, Aptroot A, Lumbsch HT, Timdal E, Ertz D, Etayo J, Phillips AJL, Groenewald JZ, Papizadeh M, Selbmann L, Dayarathne MC, Weerakoon G, Jones EBG, Suetrong S, Tian Q, Castañeda-Ruiz RF, Bahkali AH, Pang KL, Tanaka K, Dai DQ, Sakayaroj J, Hujslová M, Lombard L, Shenoy BD, Suija A, Maharachchikumbura SSN, Thambugala KM, Wanasinghe DN, Sharma BO, Gaikwad S, Pandit G, Zucconi L, Onofri S, Egidi E, Raja HA, Kodsueb R, Cáceres MES, Pérez-Ortega S, Fiuza PO, Monteiro JS, Vasilyeva LN, Shivas RG, Prieto M, Wedin M, Olariaga I, Lateef AA, Agrawal Y, Fazeli SAS, Amoozegar MA, Zhao GZ, Pfliegler WP, Sharma G, Oset M, Abdel-Wahab MA, Takamatsu S, Bensch K, de Silva NI, De Kesel A, Karunarathna A, Boonmee S, Pfister DH, Lu YZ, Luo ZL, Boonyuen N, Daranagama DA, Senanayake IC, Jayasiri SC, Samarakoon MC, Zeng XY, Doilom M, Quijada L, Rampadarath S, Heredia G, Dissanayake AJ, Jayawardana RS, Perera RH, Tang LZ, Phukhamsakda C, Hernández-Restrepo M, Ma X, Tibpromma S, Gusmao LFP, Weerahewa D, Karunarathna SC (2017) Notes for genera: ascomycota. Fungal Divers 86:1–594

Evolution und Systematik der Protisten

Jens Boenigk

J. Boenigk (Hrsg.), *Boenigk, Biologie,* https://doi.org/10.1007/978-3-662-61270-5_33

33

33.1 Die Phylogenie der Eukaryoten lässt sich durch molekulare Daten rekonstruieren

Die **Vielfalt der Eukarya**, insbesondere der mikrobiellen Eukarya, ist riesig. Bevor man molekulare Daten für die Aufklärung der Großgruppensystematik nutzen konnte, wurden viele dieser Organismen als basale Tiere oder Pflanzen angesehen. In der Benennung einiger Gruppen spiegelt sich dies immer noch wider, denn für viele Organismengruppen ist sowohl ein zoologischer als auch ein botanischer Name in Gebrauch. In verschiedenen biologischen Fachdisziplinen werden diese Organismen nach wie vor auch nach funktionellen Kriterien zu Gruppen zusammengefasst: Beispielsweise bezeichnet der Begriff **Protist** Eukaryoten, die keine echten Gewebe bilden, umfasst also einzellige und koloniale Formen mit Ausnahme der Tiere, Pflanzen und Pilze sowie der gewebebildenden Rotalgen und Braunalgen. Als **Algen** werden die photosynthetisch aktiven Eukarya mit Ausnahme der Landpflanzen zusammengefasst. Diesen werden die frei lebenden heterotrophen Protisten und die parasitischen Taxa gegenübergestellt. Nach der Fortbewegungsart werden **Flagellaten** von **Ciliaten** und von **Amöben** unterschieden. Sowohl die verschiedenen Ernährungsformen als auch die verschiedenen Fortbewegungsarten haben sich aber in mehreren Linien unabhängig voneinander entwickelt.

Erst durch molekulare Daten gelang die Aufklärung der Phylogenie dieser Organismen und damit der Stammesgeschichte der gesamten Eukarya. Einige dieser Großgruppen sind durch **Apomorphien**, also durch evolutiv neu erworbene Eigenschaften, definiert (► Abschn. 27.12). Andere Gruppen wurden dagegen rein phylogenetisch über die Abstammung von einem gemeinsamen Vorfahren festgelegt – da in diesem Fall in einem phylogenetischen Baum alle Nachfahren dieses gemeinsamen Vorfahren auf einen Abzweig (oder Knoten) zurückzuführen sind, wird dies auch als **knotenbasierte Definition** bezeichnet (◻ Abb. 33.1).

Basierend auf molekularen Daten lassen sich verschiedene Großgruppen voneinander abgrenzen (◻ Abb. 33.2). Die Domäne Eukarya umfasst die Amorphea, zu denen die Tiere und Pilze gehören, die Archaeplastida, zu denen die Pflanzen zählen, die Excavata, die Rhizaria, die Alveolata und die Stramenopiles. Stramenopiles, Alveolata und Rhizaria sind miteinander enger verwandt als mit den anderen Großgruppen. Bezugnehmend auf die Anfangsbuchstaben dieser Gruppen werden sie daher als SAR-Klade zusammengefasst. Zu den bekannten Großgruppen kommen einige weitere Gruppen, deren Verwandtschaftsbeziehungen bislang noch ungeklärt sind. Letztere werden als *incertae sedis* (lat. „unbekannter Sitz") bezeichnet, Beispiele sind die Cryptophyta und die Haptophyta.

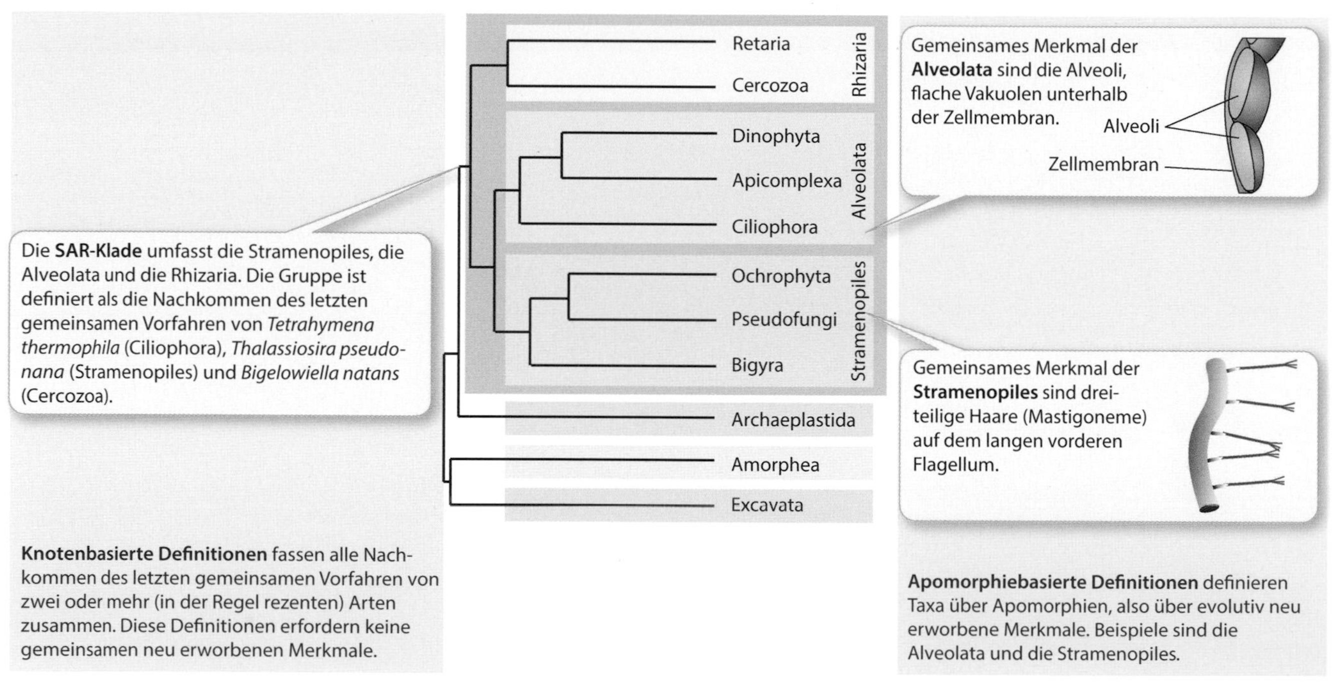

◻ **Abb. 33.1** Knotenbasierte und apomorphiebasierte Definition von Taxa am Beispiel der SAR-Klade

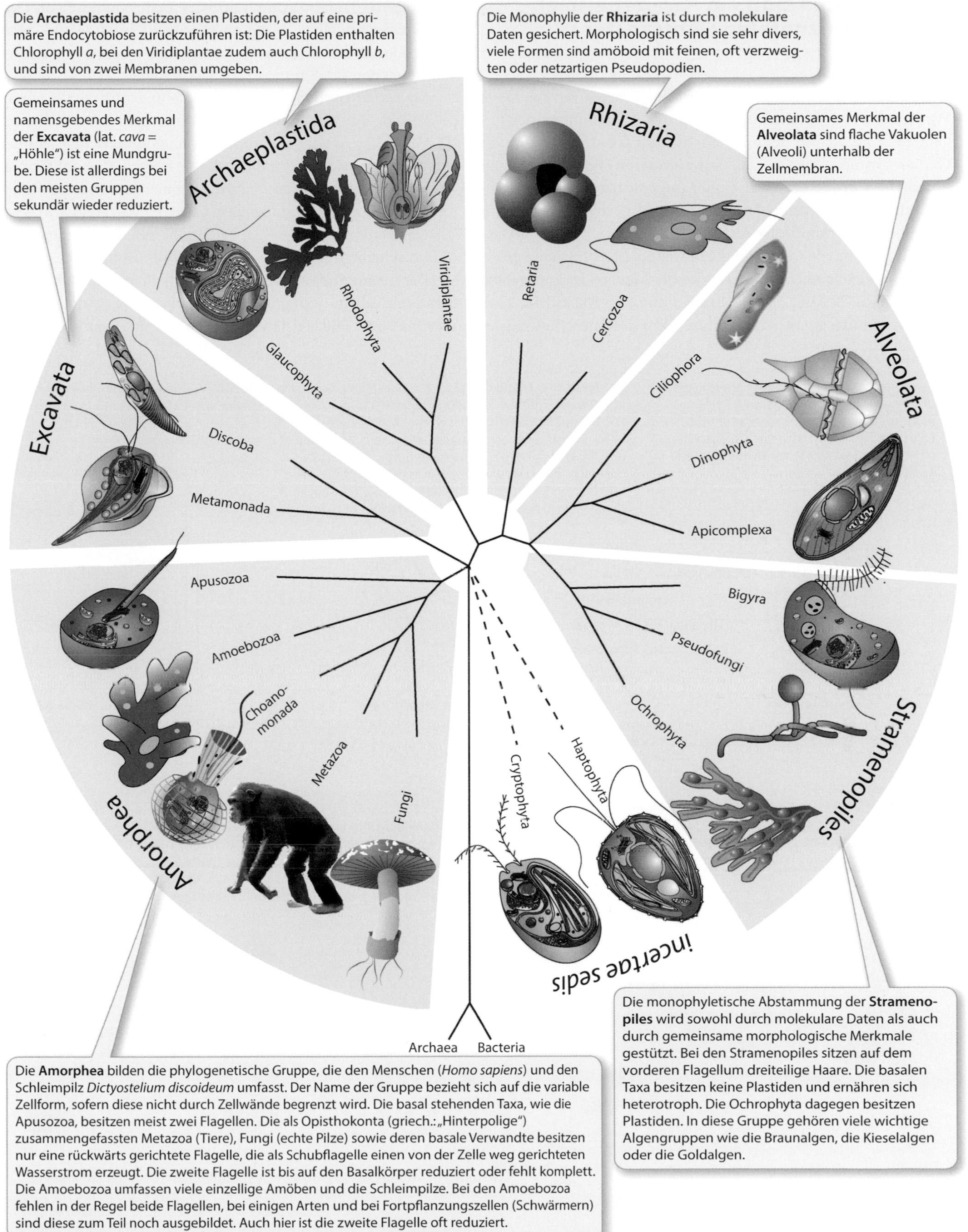

Abb. 33.2 Die Großgruppen der Eukarya

33

33.2 Plastiden sind ein Paradebeispiel für horizontalen Gentransfer

Gene werden von einer Generation zur nächsten vererbt. Diese Weitergabe von Genen in Richtung der Abstammung der Organismen bezeichnet man als **vertikalen Gentransfer**. Einige Gene stammen dagegen aus ganz anderen Verwandtschaftslinien, sie wurden sozusagen quer oder horizontal zu den Abstammungsverhältnissen der Organismen übertragen. Dieser **horizontale Gentransfer** (▶ Abschn. 28.7) ist zwar vergleichsweise selten, spielt in evolutionären Zeiträumen allerdings eine große Rolle. Ein anschauliches und für die Phylogenie der Eukaryoten bedeutendes Beispiel ist die Entstehung der **Plastiden**. Hier wurden Hunderte von Genen durch horizontalen Gentransfer übertragen – zunächst durch primäre Endocytobiose von Cyanobakterien auf einen Vorfahren der Archaeplastida und später durch sekundäre, tertiäre und quartäre Endocytobiosen zwischen verschiedenen Großgruppen der Eukaryoten.

Molekulare und morphologische Befunde stützen die monophyletische Abstammung aller Plastiden von Cyanobakterien (◘ Abb. 33.3). Dazu gehören neben phylogenetischen Bäumen verschiedener Gene auch die 16S-Ribosomen, das ringförmige Plastidengenom (= Plastom) und die Pigmentaustattung mit Chlorophyll *a* und Phycobilisomen. Die Glaucophyta (▶ Abschn. 33.6) besitzen zudem zwischen den beiden Plastidenmembranen eine Mureinschicht, die der bakteriellen Zellwand entspricht.

Die Aufnahme von Cyanobakterien, die zur Entstehung der Plastiden führte, erfolgte durch eine primäre Endocytobiose (◘ Abb. 33.4). Die meisten Algenlinien besitzen anders gebaute

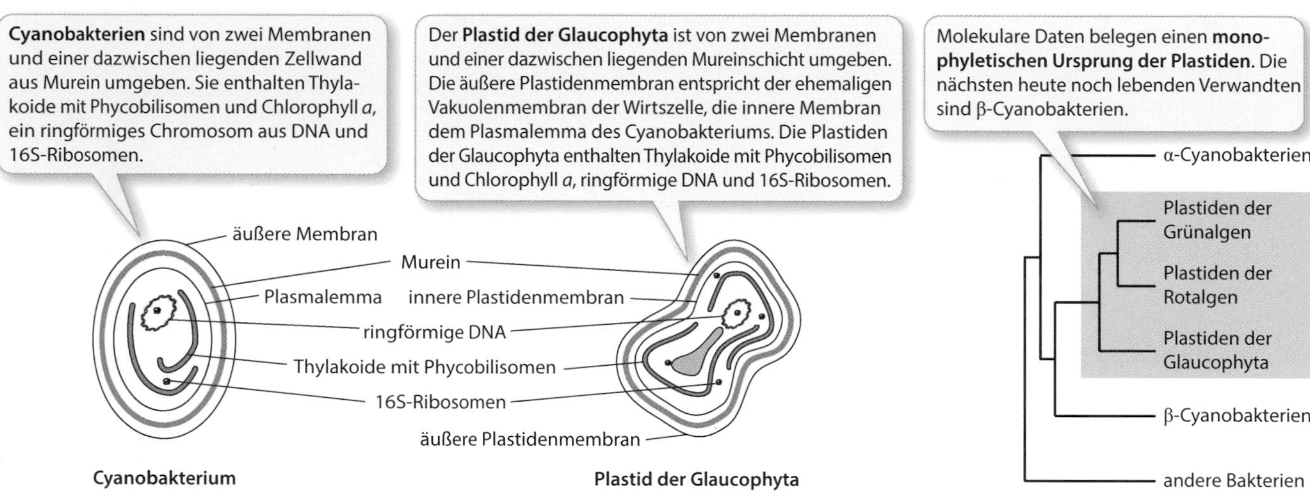

◘ **Abb. 33.3** Plastiden stammen von Cyanobakterien ab

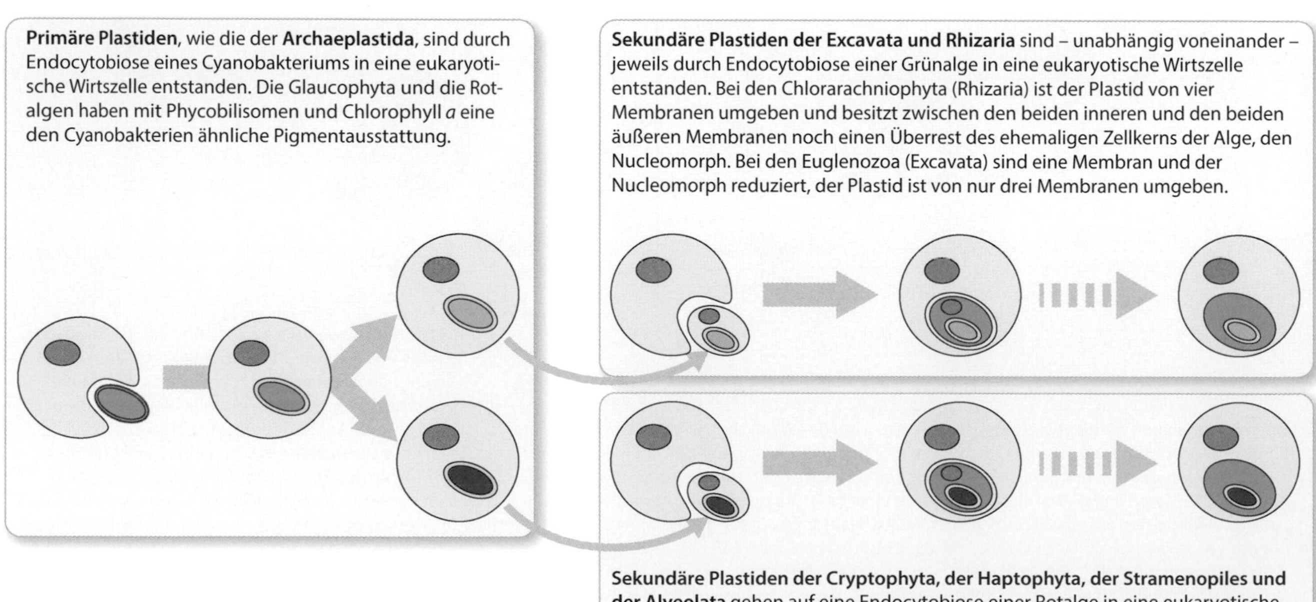

◘ **Abb. 33.4** Evolution der Plastiden durch primäre und sekundäre Endocytobiose

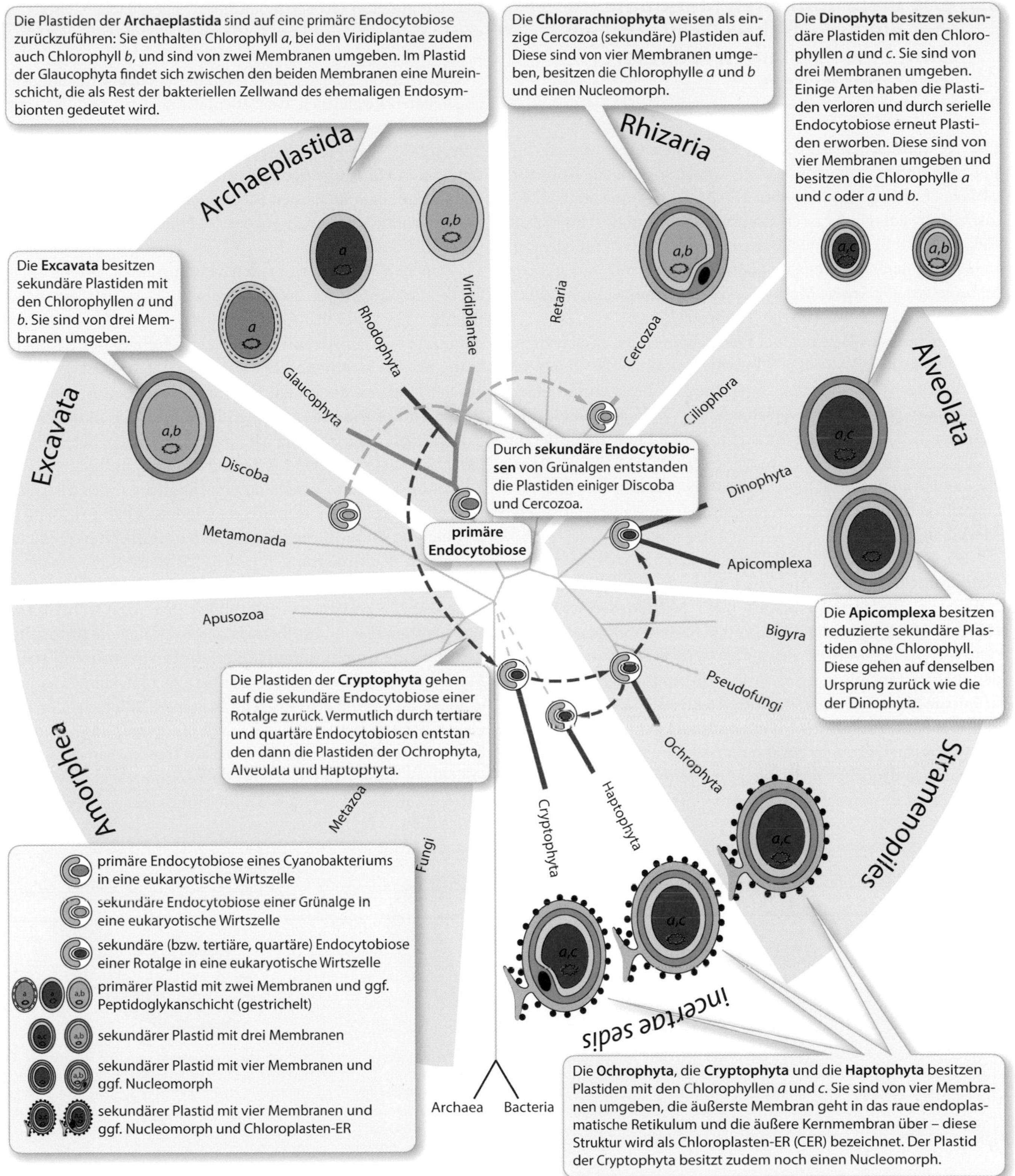

Abb. 33.5 Bau und hypothetischer Transfer von Plastiden zwischen eukaryotischen Großgruppen

Plastiden, die sich allerdings von diesen primären Plastiden ableiten lassen. Sie entstanden durch Endocytobiose von Algen, die bereits einen primären Plastiden besaßen, was man als sekundäre Endocytobiose bezeichnet. Die daraus hervorgegangenen Plastiden sind von mehr als zwei Membranen umgeben und besitzen zum Teil auch noch Reste des ehemaligen Zellkerns der aufgenommenen Alge – den Nucleomorph. In verschiedenen Linien wurde der Nucleomorph komplett reduziert und auch eine der ursprünglich vier Membranen ist in einigen Linien reduziert. Molekulare Daten, aber auch die Pigmentausstattung, erlauben Rückschlüsse darauf, ob der sekundäre Plastid durch Endocytobiose einer Grünalge (Chlorophylle *a* und *b*) oder einer Rotalge (kein Chlorophyll *b*) entstanden ist (Abb. 33.5).

33

33.3 Die ursprünglichen Merkmale der eukaryotischen Großgruppen sind in vielen Linien reduziert oder modifiziert

Die Verwandtschaftsbeziehungen zwischen Organismengruppen werden über gemeinsame Merkmale, sogenannte **Apomorphien**, erschlossen (▶ Abschn. 27.12). Dies können morphologische, physiologische oder molekulare Merkmale sein. Für die Rekonstruktion der Phylogenie der Eukaryoten sind dabei einerseits gemeinsame ursprüngliche Merkmale aller Eukaryoten, andererseits abgeleitete Merkmale der einzelnen eukaryotischen Großgruppen von besonderem Interesse.

Gemeinsames Merkmal der Eukaryoten ist die eukaryotische Zellorganisation mit Zellkern, einem intrazellulären Membransystem und Mitochondrien. Ursprünglich besaßen die Eukaryoten zwei Geißeln. Die verschiedenen Großgruppen bildeten sich schon bald nach der Entstehung der Eukaryoten heraus und führten zu einer großen morphologischen Diversität. Dabei entstanden in den verschiedenen eukaryotischen Großgruppen abgeleitete (neue), für die jeweilige Großgruppe charakteristische Merkmale.

Ein kennzeichnendes Eukaryotenmerkmal ist der Besitz von **Mitochondrien**. Diese sind zwar in einigen anaerob lebenden Linien zu **Hydrogenosomen** oder **Mitosomen** reduziert (◘ Abb. 33.6), aber alle Eukaryoten besitzen Organellen, die sich von Mitochondrien ableiten lassen (▶ Abschn. 24.1). Bei den meisten Organismen finden sich voll funktionelle Mitochondrien, die Sauerstoff als terminalen Elektronenakzeptor verwenden. Die Ultrastruktur der Mitochondrien ist meist für die jeweilige Organismengruppe charakteristisch. In der SAR-Klade, aber auch bei den Amoebozoa, ist die innere Mitochondrienmembran in der Regel in röhrenförmige (= tubuläre) Cristae ausgezogen. Bei den anderen Großgruppen überwiegen flache Cristae, bei den Discoba mit Ausnahme der basalen Jakobida sind die Cristae scheibenförmig.

Bei anaerob lebenden Arten sind die von den Mitochondrien abgeleiteten Organellen zwar ebenfalls noch vorhanden, allerdings stark reduziert. Von typischen aeroben Mitochondrien unterscheidet man Hydrogenosomen und Mitosomen. Gemeinsam ist den Mitochondrien und den (meisten) davon abgeleiteten Organellen, dass sie für den Schwefelstoffwechsel, insbesondere für die Synthese von Eisen-Schwefel-Komplexen, bedeutend sind (▶ Abschn. 24.1).

Daneben haben sich in den verschiedenen Großgruppen auch charakteristische morphologische Merkmale entwickelt (◘ Abb. 33.7). Bei den **Alveolata** sind dies beispielsweise die namensgebenden **Alveoli** (Vakuolen unterhalb der Zellmembran), bei den **Stramenopiles** dreiteilige Haare (**Mastigoneme**) auf der längeren der beiden Geißeln und bei den **Archaeplastida primäre Plastiden**. In verschiedenen Linien haben sich jedoch auch ursprüngliche Merkmale zurückgebildet und sind daher bei vielen rezenten Arten nicht mehr zu finden. So besitzen die **Excavata** zwar eine ursprüngliche morphologische Gemeinsamkeit – die namensgebende **Fraßgrube** (lat. *cava* = „Höhle“) –, diese ist aber bei vielen heutigen Arten reduziert. In einigen der Großgruppen lassen sich überhaupt keine morphologischen Gemeinsamkeiten ausmachen, die diese von den anderen eukaryotischen Großgruppen abgrenzen würden. Dies ist beispielsweise für die **Rhizaria** der Fall. Auch die **Amorphea** weisen **keine gemeinsamen abgeleiteten morphologischen Merkmale** auf. Allerdings besitzen sie eine molekulare Gemeinsamkeit, die sie von den anderen Eukaryoten unterscheidet: Drei Gene für Enzyme zur Synthese von Uridinmonophosphat – Carbamoylphosphat-Synthase II, Aspartat-Transcarbamoylase und Dihydroorotase – sind zu einem Gen verschmolzen, während sie bei den anderen Eukaryoten als getrennte Gene vorliegen.

Mitochondrien

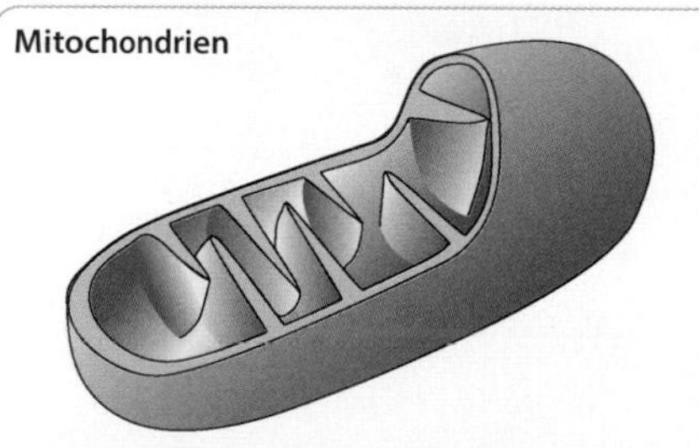

Mitochondrien produzieren ATP über oxidative Phosphorylierung und besitzen ein mitochondriales Genom (Chondrom). In der Regel nutzen sie Sauerstoff als terminalen Elektonenakzeptor.

Hydrogenosomen

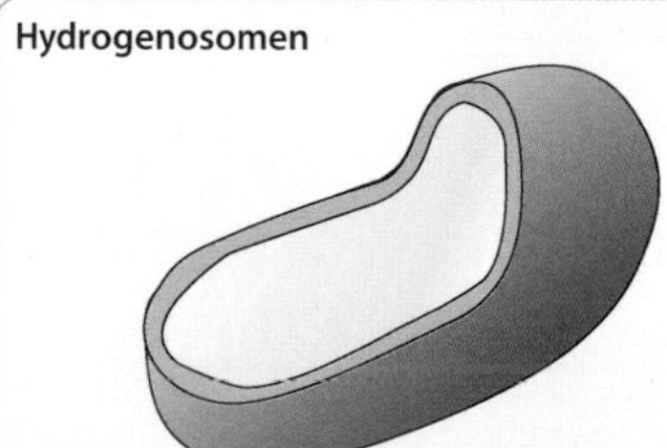

Hydrogenosomen produzieren ATP über Gärungsprozesse, bei denen Wasserstoff freigesetzt wird. Hydrogenosomen fehlen die membrangebundene Elektronentransportkette sowie ein eigenes Genom. Hydrogenosomen sind von Trichomonaden und einigen anderen Excavata sowie bei einigen Ciliaten, Chytridien (Fungi) und den Loricifera (Metazoa) bekannt.

Mitosomen

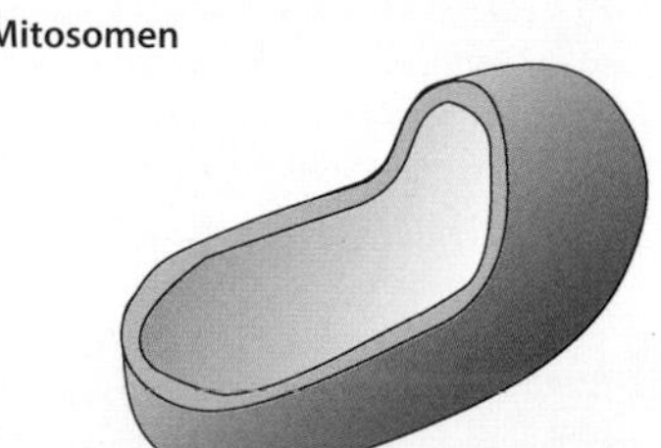

Mitosomen produzieren kein ATP. Sie beitzen Enzyme des Schwefelstoffwechsels – entweder der Eisen-Schwefel-Cluster-Synthese oder der Sulfataktivierung. Mitosomen sind von Apicomplexa, Diplomonaden (Excavata), Archamoeba (Amoebozoa) und Microsporidien (Fungi) bekannt.

◘ **Abb. 33.6** Mitochondrien und davon abgeleitete Organellen

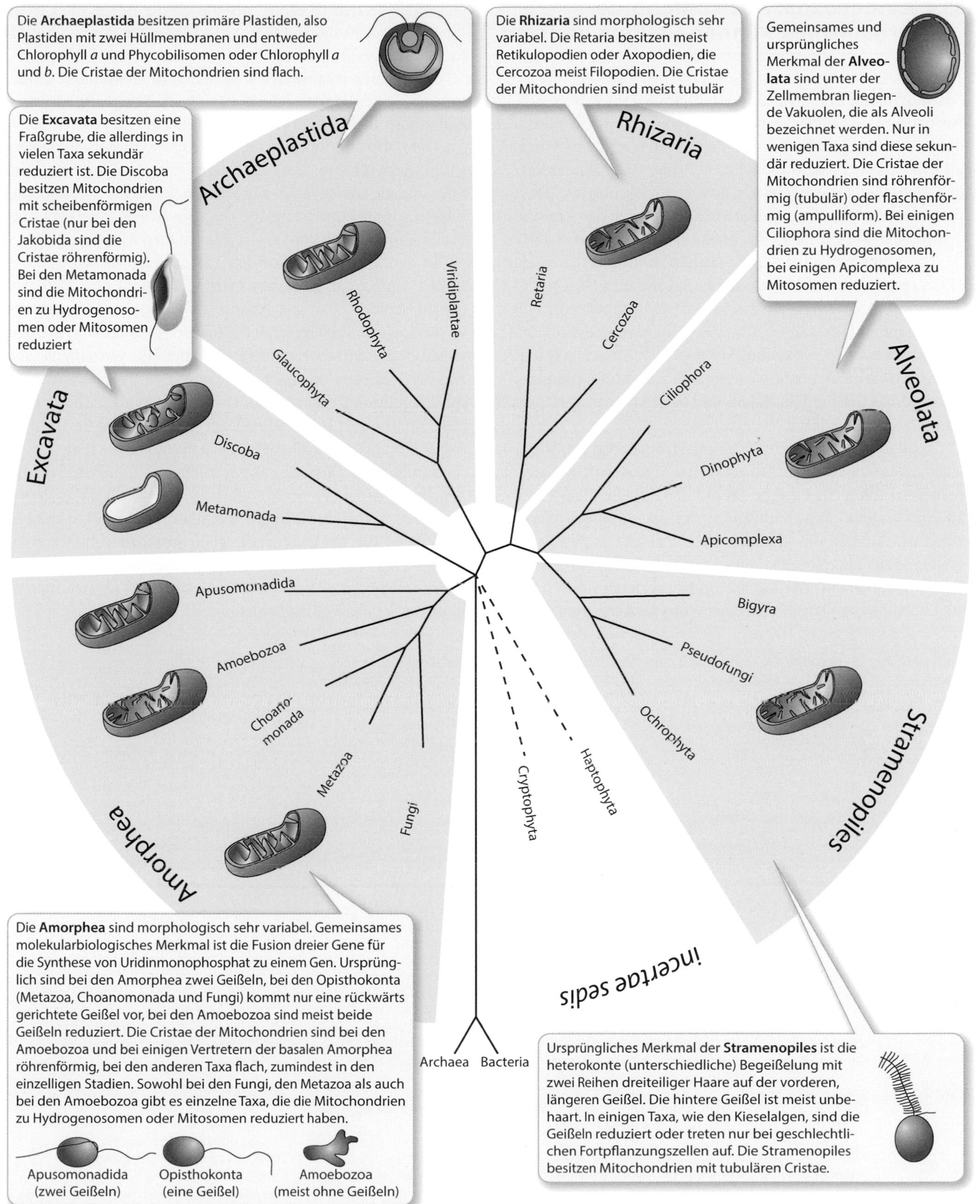

Abb. 33.7 Ausbildung der Mitochondrien und charakteristische morphologische Merkmale der eukaryotischen Großgruppen

33.4 Amoebozoa: Auch amöboide Organismen können Geißeln besitzen

Als morphologisch sehr vielgestaltige Gruppe lassen sich die **Amorphea** nicht über gemeinsame morphologische Merkmale definieren. Basierend auf molekularen Daten werden sie vielmehr als die kleinste mögliche phylogenetische Gruppe definiert, die den Menschen (*Homo sapiens*), den zu den Ascomycota gehörenden Schimmelpilz *Neurospora crassa* und den zu den Amoebozoa gehörenden Schleimpilz *Dictyostelium discoideum* einschließt.

Die Amorphea umfassen die **Opisthokonta** mit den Metazoa (Tiere; ▶ Abschn. 30.1) und den Fungi (Pilze, ▶ Abschn. 32.1), die **Amoebozoa** sowie die basalen Verwandtschaftslinien dieser drei Gruppen (Apusomonadida, Breviatea und vermutlich Ancyromonadida). Die basalen Gruppen der Amorphea weichen in ihren Merkmalen stark voneinander ab und umfassen vorwiegend benthische Flagellaten und Amöboflagellaten, die sich von Bakterien ernähren.

Zu den genetisch sehr diversen Amoebozoa gehören vorwiegend amöboide Organismen – diese Eigenschaft war auch namensgebend für die Gruppe (◘ Abb. 33.8). Allerdings kommen auch in anderen Verwandtschaftsgruppen amöboide Vertreter vor. Insbesondere die Rhizaria, aber auch die zu den Excavata gehörenden Heterolobosea, umfassen ebenfalls großenteils amöboide Organismen. Die amöboide Körperform ist daher nicht ausreichend, um Organismen den Amoebozoa zuzuordnen. Im Gegensatz zu den Opisthokonta weisen die Amoebozoa in der Regel röhrenförmige (tubuläre) Einstülpungen der inneren Mitochondrienmembran auf.

Die Amoebozoa werden traditionell in Lobosa und Conosa unterteilt, allerdings sind die Verwandtschaftsverhältnisse innerhalb der Amoebozoa in vielen Fällen noch nicht geklärt.

Die **Lobosa** besitzen keine Geißeln und ihre Pseudopodien sind stumpf (◘ Abb. 33.9). Zu dieser Gruppe gehören die Tubulinea und die Discosea. Bei den Tubulinea sind die Pseudopodien tubulär, also röhrenförmig, die Discosea haben anders geformte Pseudopodien und einen meist abgeflachten Körper.

In den übrigen, als **Conosa** zusammengefassten Gruppen finden sich bei verschiedenen Arten Geißeln (◘ Abb. 33.9). Solche amöboiden, aber gleichzeitig geißeltragenden Organismen werden als Amöboflagellaten bezeichnet. Neben den einzelligen anaeroben Archamoebea und den ebenfalls einzelligen, aber aeroben Variosea umfassen die Conosa eine Reihe von Arten mit komplexen Lebenszyklen. Diese werden als „Schleimpilze" zusammengefasst, auch wenn die phylogenetischen Beziehungen dieser Organismen zueinander noch nicht geklärt sind.

Schleimpilze kommen als frei lebende amöboide Stadien vor, sie bilden aber auch komplexe, makroskopische Aggregate sowie Fruchtkörper, die an die Fruchtkörper von Pilzen erinnern (◘ Abb. 33.10). Die makroskopischen Strukturen entstehen entweder durch Zusammenlagerung vieler individueller Zellen (zelluläre Schleimpilze) oder durch wiederholte Kernteilung ohne Zellteilung (plasmodiale Schleimpilze).

Gruppe	Merkmale	Anmerkung
Amorphea	molekular phylogenetisch definierte Gruppe, die den Menschen (*Homo sapiens*), den Schimmelpilz *Neurospora crassa* und den Schleimpilz *Dictyostelium discoideum* umfasst	
Breviatea	anaerobe oder mikroaerophile amöboide Zellen mit einzelner vorwärts gerichteter Geißel, mitochondriale Cristae röhrenförmig oder fehlend	Die phylogenetische Position einiger basaler Gruppen ist noch unklar. Diese Gruppen umfassen Amöboflagellaten und benthisch-gleitende Flagellaten, die morphologisch und ultrastrukturell aber von den Amoebozoa und den Opisthokonta abweichen.
Ancyromonadida	benthisch gleitende dorsoventral abgeflachte Amöboflagellaten mit zwei Geißeln und linksorientiertem Rostrum, Cristae der Mitochondrien flach	
Apusomonadida	gleitende Zellen mit zwei Geißeln, die vordere Geißel von einer hülsenartigen Struktur umgeben, tubuläre mitochondriale Cristae	
Amoebozoa	Die Amoebozoa umfassen Amöben und Amöboflagellaten. Wenn die Zellen **Geißeln** besitzen, dann sind diese **vorwärtsgerichtet (Zuggeißel)**.	 Die **Cristae** der Mitochondrien der Amoebozoa sind **röhrenförmig (tubulär)**.
Archamoebea	Einzellige anaerobe Amöben oder Amöboflagellaten, der Mikrotubulikegel umschließt den Basalkörper vollständig. Die Mitochondrien sind zu anaeroben Organellen reduziert.	Bei verschiedenen der als **Conosa** zusammengefassten Arten sind Geißeln vorhanden. Der vordere Basalkörper (das Verankerungsorganell der Geißeln) ist ganz oder teilweise von einem Kegel aus einer einfachen Lage aus Mikrotubuli umgeben. Dieser Kegel (engl. *cone*) ist namensgebend für die als Conosa zusammengefasste Gruppe.
Variosea	Einzellige aerobe Amöben, die Geißeln sind bei vielen Arten reduziert. Der Mikrotubulikegel umschließt den Basalkörper nur teilweise.	
Mycetozoa (Schleimpilze)	Neben einzelligen werden auch vielzellige oder plasmodiale Stadien gebildet, aus denen sich Fruchtkörper entwickeln. Die Schleimpilze sind möglicherweise polyphyletisch.	
Tubulinea	Amöben mit in der Regel röhrenförmigen (tubulären) Pseudopodien, Geißeln sind nicht vorhanden	Die als **Lobosa** zusammengefassten Tubulinea und Discosea besitzen keine Cilien.
Discosea	Amöben nie mit röhrenförmigen Pseudopodien, Geißeln sind nicht vorhanden	
Opisthokonta		
Holozoa		
Nucletmycea		

◘ **Abb. 33.8** Systematischer Überblick über die Amoebozoa

Bei den **Lobosa** (Tubulinea und Discosea) kommen niemals Geißeln vor. Trotzdem sind die Zellform und die Art der Pseudopodien bei verschiedenen Amöben recht charakteristisch.
Viele Arten der **Tubulinea** besitzen breite röhrenförmige (tubuläre) Pseudopodien, einige aber auch netzwerkartige (retikulate) Pseudopodien.

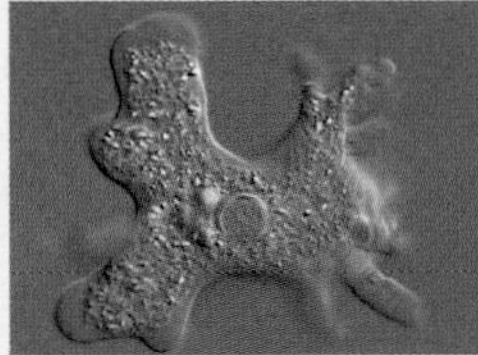

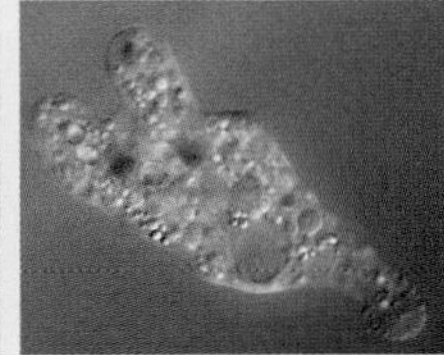

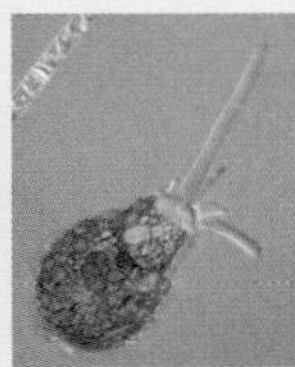

Viele Arten sind schalenlos (hier: *Polychaos* spec. (oben links) und *Saccamoeba* spec. (oben Mitte)). Einige Arten der Tubulinea sind testat (schalentragend). Die testaten Amöben bauen entweder aus selbst sezernierten Materialien kalk-, silikat- oder chitinhaltige Schalen auf oder bilden eine Schale aus kleinen Mineralpartikeln (oben rechts: *Nebela* spec.).
Einige Arten, wie *Leptomyxa* spec. sind gestaltlich sehr variabel. Sie kommen als zylindrische Zellen, aber auch als netzwerkartige Zellen vor (rechts).

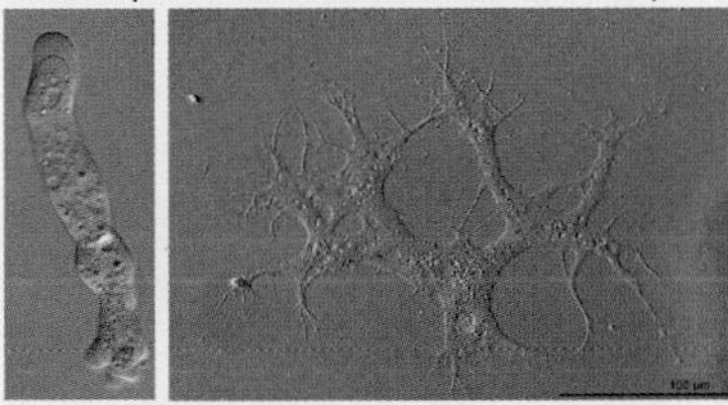

Die **Discosea** besitzen niemals tubuläre Pseudopodien. Der äußere durchscheinende und wenig strukturierte Bereich des Cytoplasmas kann bei einigen Arten einen großen Teil des Zellvolumens einnehmen (Discosea: *Cochliopodium* spec. (unten links) und *Thecamoeba* spec. (unten rechts)).

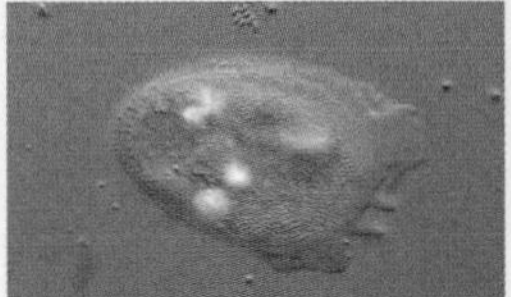

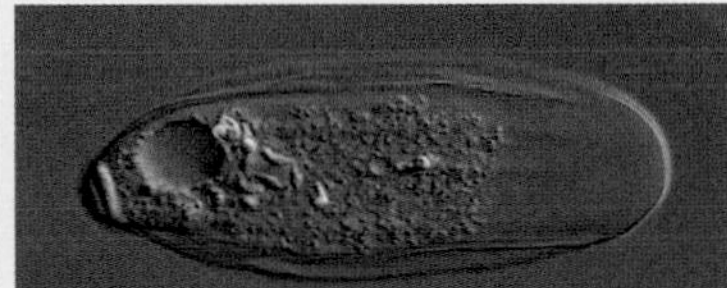

Bei einigen Gruppen der **Conosa** kommen Geißeln vor. Wenn Geißeln vorhanden sind, ist der Basalkörper der Geißel von einem kegelförmigen Kranz (engl. *cone*) aus Mikrotubuli umgeben, der sich bis zum Zellkern fortsetzt.
Die **Archamoebea** (hier: *Mastigamoeba* spec.) leben in anaeroben oder sauerstoffarmen (mikroaerophilen) Habitaten. Die Mitochondrien der Archamoebea sind zu nicht-aeroben Organellen umgebildet.

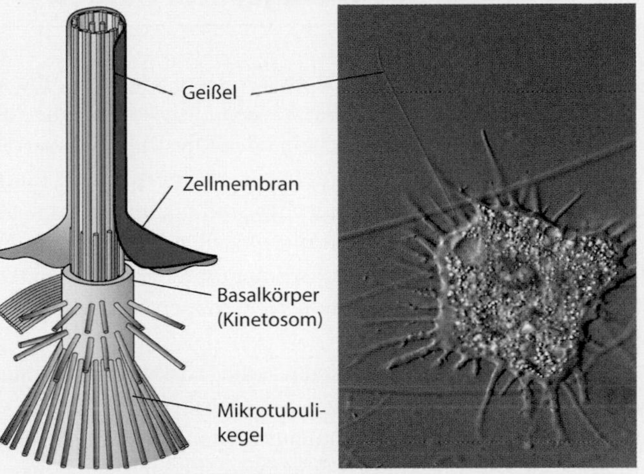

Die in die Verwandtschaft der Conosa gestellten **Gracilipodida** besitzen keine Geißeln, die Pseudopodien sind sehr dünn (filiform) und können verzweigt bis retikulat (netzartig) ausgebildet sein (hier: *Darbyshirella* spec.).

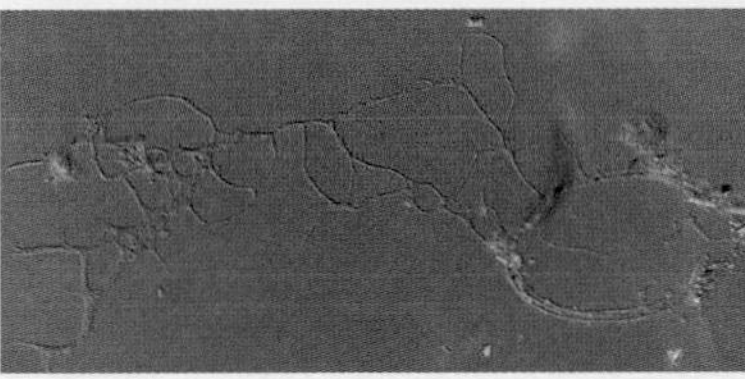

Die Verwandtschaftsverhältnisse der verschiedenen Amöbengruppen zueinander sind noch nicht geklärt. Insbesondere die hier als Conosa zusammengefassten Gruppen sind möglicherweise polyphyletisch.

Abb. 33.9 Die amöboiden Zellen der Amoebozoa weisen nicht viele Merkmale auf, die für eine morphologische Differenzierung verwendet werden können

Die Schleimpilze durchlaufen im Laufe ihres Lebens mehrere morphologisch sehr verschiedene Stadien. Ihr jeweiliges Erscheinungsbild ist je nach Lebenszyklus stark unterschiedlich. Im Übergang zur Ausbildung eines Fruchtkörpers entstehen aus einzelnen einkernigen Zellen entweder durch wiederholte Kernteilung ohne Zellteilung vielkernige Plasmodien oder durch Zusammenfließen individueller amöboider Zellen als Pseudoplasmodien bezeichnete Zellverbände.

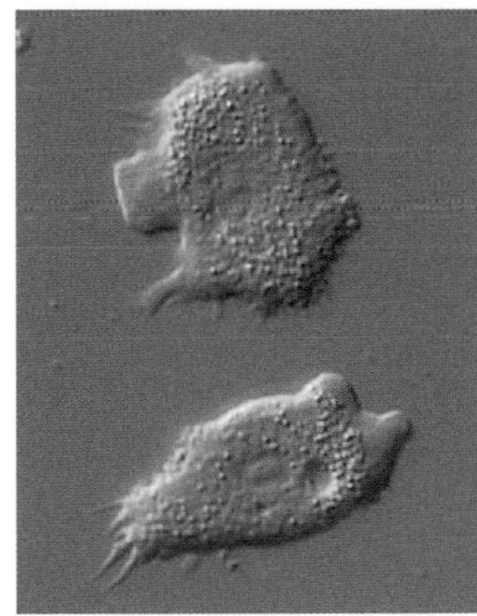

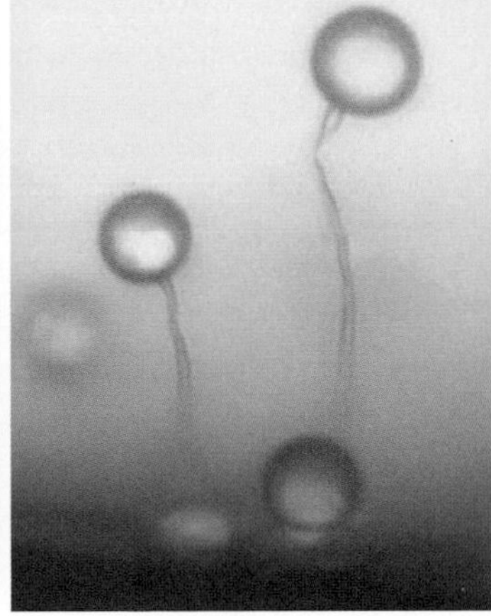

Abb. 33.10 Schleimpilze können morphologisch sehr unterschiedlich aussehen. Fotos: *Protostelia*, Einzelzellen (links); *Protostelia*, Fruchtkörper (Mitte); Myxomycota (rechts)

33.5 Opisthokonta: Die Schubgeißel erzeugt eine von der Zelle weg gerichtete Strömung und kann daher nur in Verbindung mit einem Mikrovillisaum zum Fang von Futterpartikeln eingesetzt werden

Zu den Amorphea gehören auch die Tiere und Pilze, die als Opisthokonta zusammengefasst werden. Insbesondere die Zahl und Stellung der Geißeln weicht bei den Opisthokonta von den Verhältnissen bei basalen Gruppen der Amorphea ab. Einige der basalen Gruppen der Amorphea sind bikont, besitzen also zwei Geißeln. Es handelt sich um einzellige Protisten, die im Boden oder in Gewässern an Sedimentoberflächen leben. Die Verwandtschaftsbeziehungen dieser Gruppen sind noch nicht geklärt.

Die **Opisthokonta** besitzen eine rückwärts gerichtete Schubgeißel (■ Abb. 33.11). Zu den Opisthokonta gehören einerseits die als Holozoa zusammengefassten Eumetazoa („Tiere" im engeren Sinn), Porifera, Choanomonada und einige basale Holozoa; zum anderen die als Nucletmycea zusammengefassten Chitinpilze (Basidiomycota, Ascomycota, Chytridiomycota und Mucoromycotina), die Microsporidia und die Nucleariida. Obwohl die Pilze (► Abschn. 32.1) traditionell meist in der Botanik behandelt werden, gehören sie in die Verwandtschaft der Tiere, nicht in die Verwandtschaft der Pflanzen.

Eine ökologisch und evolutionsbiologisch hervorzuhebende Gruppe innerhalb der Opisthokonta sind die **Choanomonada** (**Choanoflagellaten**, „Kragengeißeltierchen"). Sie sind die nächsten Verwandten der Metazoa und daher bedeutend für das Verständnis der Evolution der Tiere. Die Choanomonada sind **einzellige oder koloniale Protisten**, die frei schwimmend oder an Substraten angeheftet vor allem limnisch und marin verbreitet sind. Einige Arten besitzen eine extrazelluläre Matrix oder **Lorica**, die entweder aus Cellulose oder Silikat aufgebaut sein kann.

Choanoflagellaten und auch begeißelte Metazoenzellen besitzen neben dem **Kinetosom** der Geißel noch ein zweites Kinetosom, das im rechten Winkel zum Kinetosom der Geißel angeordnet ist (■ Abb. 33.12). Dies wird als Hinweis auf ein ursprünglich vorhandenes, aber im Laufe der Evolution reduziertes zweites Flagellum gedeutet. Die zentrale Geißel dient als **Schubgeißel** und erzeugt einen von der Zelle weg gerichteten Wasserstrom. Ein Heranstrudeln von Nahrungspartikeln, wie bei

Gruppe	Merkmale	Anmerkung
Amorphea		
Breviatea		Einige basale Amorphea besitzen zwei Geißeln.
Ancyromonadida		
Apusomonadida		
Amoebozoa		
Opisthokonta	Die Zellen weisen zumindest in einem Lebensstadium eine einzelne **rückwärtsgerichtete Geißel (Schubgeißel)** ohne Mastigoneme auf.	Die **Cristae** der Mitochondrien der Opisthokonta sind **flach** (zumindest die der einzelligen Stadien).
Holozoa	Rein phylogenetisch definiert als die größte Klade um den Menschen, die aber den Schimmelpilz *Neurospora crassa* ausschließt.	
Filasterea	phagotrophe Zellen mit gleichmäßig nicht verjüngten Tentakeln	Die basalen Holozoa umfassen verschiedene Linien mit vorwiegend parasitisch lebenden Organismen.
Aphelidea	intrazelluläre Parasitoide von Algen mit komplexem Lebenszyklus, der begeißelte, unbegeißelte amöboide und plasmodiale Stadien umfasst	
Ichthyosporea	einzellige Organismen mit hyphenartigen vielkernigen Filamenten; die meisten Taxa sind Fischparasiten, einige Taxa sind aber auch frei lebend und ernähren sich saprotroph	
Choanomonada „Kragengeißeltierchen"	phagotrophe Flagellaten mit einem um die zentrale Geißel stehenden Kragen aus Mikrovilli	
Metazoa	vielzellig, die interzelluläre Matrix in der Regel mit Kollagen	
Nucletmycea	Rein phylogenetisch definiert als die größte Klade um den Schimmelpilz *Neurospora crassa*, die aber den Menschen ausschließt.	
Nuclearia	Amöben mit einem abgerundeten Körper, von dem lang gestreckte Filopodien ausgehen	Die basalen Nucletmycea umfassen verschiedene Linien mit vorwiegend saprotroph oder parasitisch lebenden Organismen. Im Gegensatz zu den Fungi besitzen sie keine chitinhaltige Zellwand.
Fonticula	Schleimpilze mit amöboiden Einzelzellen, die durch Aggregation einen vielzelligen Organismus und schließlich einen gestielten Fruchtkörper ausbilden. Trotz der morphologischen Ähnlichkeit sind diese Arten nicht mit den zu den Amoebozoa gehörenden Schleimpilzen (Mycetozoa) verwandt.	
Rozella	Zellwandlose Parasiten, im Lebenszyklus wechseln begeißelte Stadien mit unbegeißelten endobiotischen Protoplasten ab.	
Fungi	Saprotrophe oder parasitische Organismen, meist mit chitinhaltiger Zellwand (Chitinpilze). Im Gegensatz zu anderen Eukaryoten wird die Aminosäure Lysin über den Aminoadipinsäure-Stoffwechselweg synthetisiert.	

■ **Abb. 33.11** Systematischer Überblick über die Opisthokonta

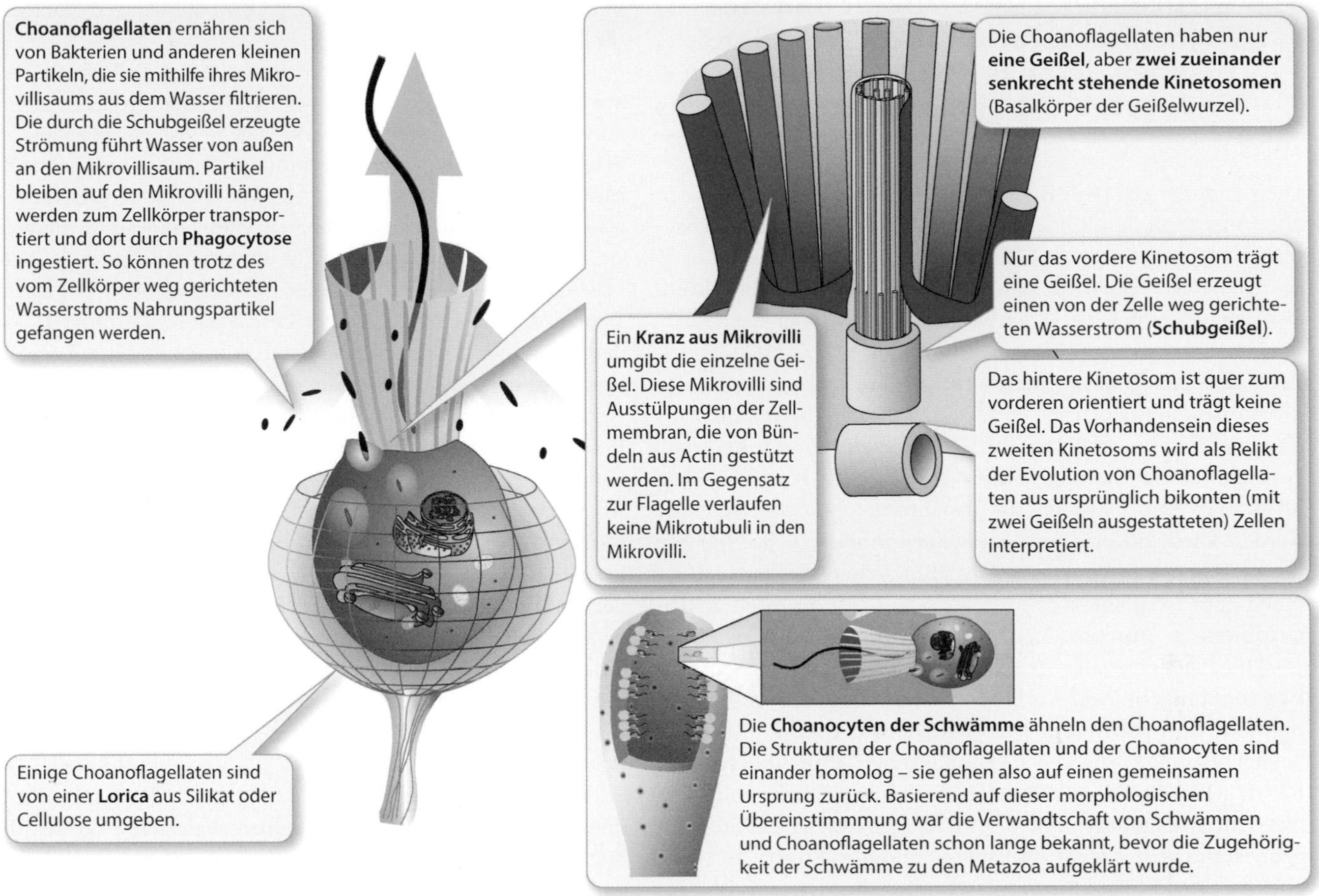

Choanoflagellaten ernähren sich von Bakterien und anderen kleinen Partikeln, die sie mithilfe ihres Mikrovillisaums aus dem Wasser filtrieren. Die durch die Schubgeißel erzeugte Strömung führt Wasser von außen an den Mikrovillisaum. Partikel bleiben auf den Mikrovilli hängen, werden zum Zellkörper transportiert und dort durch **Phagocytose** ingestiert. So können trotz des vom Zellkörper weg gerichteten Wasserstroms Nahrungspartikel gefangen werden.

Die Choanoflagellaten haben nur **eine Geißel**, aber **zwei zueinander senkrecht stehende Kinetosomen** (Basalkörper der Geißelwurzel).

Nur das vordere Kinetosom trägt eine Geißel. Die Geißel erzeugt einen von der Zelle weg gerichteten Wasserstrom (**Schubgeißel**).

Ein **Kranz aus Mikrovilli** umgibt die einzelne Geißel. Diese Mikrovilli sind Ausstülpungen der Zellmembran, die von Bündeln aus Actin gestützt werden. Im Gegensatz zur Flagelle verlaufen keine Mikrotubuli in den Mikrovilli.

Das hintere Kinetosom ist quer zum vorderen orientiert und trägt keine Geißel. Das Vorhandensein dieses zweiten Kinetosoms wird als Relikt der Evolution von Choanoflagellaten aus ursprünglich bikonten (mit zwei Geißeln ausgestatteten) Zellen interpretiert.

Die **Choanocyten der Schwämme** ähneln den Choanoflagellaten. Die Strukturen der Choanoflagellaten und der Choanocyten sind einander homolog – sie gehen also auf einen gemeinsamen Ursprung zurück. Basierend auf dieser morphologischen Übereinstimmmung war die Verwandtschaft von Schwämmen und Choanoflagellaten schon lange bekannt, bevor die Zugehörigkeit der Schwämme zu den Metazoa aufgeklärt wurde.

Einige Choanoflagellaten sind von einer **Lorica** aus Silikat oder Cellulose umgeben.

Abb. 33.12 Bau der Choanoflagellaten und Homologie mit den Choanocyten der Schwämme (Porifera)

anderen Flagellaten, ist somit nicht möglich. Für den Fang von Bakterien und anderen Beutepartikeln sind daher bei den Zellen der Opisthokonta weitere Strukturen notwendig: Um die Geißel sind 30 bis 40 **Mikrovilli** angeordnet, auf denen Bakterien und andere kleine Partikel zurückgehalten werden. Diese werden auf den Mikrovilli zum Zellkörper transportiert und dort ingestiert. Choanoflagellaten gehören zu den bedeutendsten bakterivoren Organismen in Gewässerökosystemen (Abb. 33.13).

Der Zellbau der Choanoflagellaten ähnelt dem der Choanocyten der Schwämme (Abb. 33.12; ► Abschn. 30.2), die Strukturen sind einander homolog und belegen auch morphologisch die Verwandtschaft zwischen Choanoflagellaten und Metazoen. Molekulare Daten unterstützen die Abgrenzung zwischen Schwämmen und kolonialen Choanoflagellaten. Es ist derzeit allerdings noch ungeklärt, ob die Choanoflagellaten monophyletisch oder paraphyletisch sind. Im zweiten Fall wären die Metazoa als eine Verwandtschaftsgruppe innerhalb der Choanoflagellaten zu interpretieren.

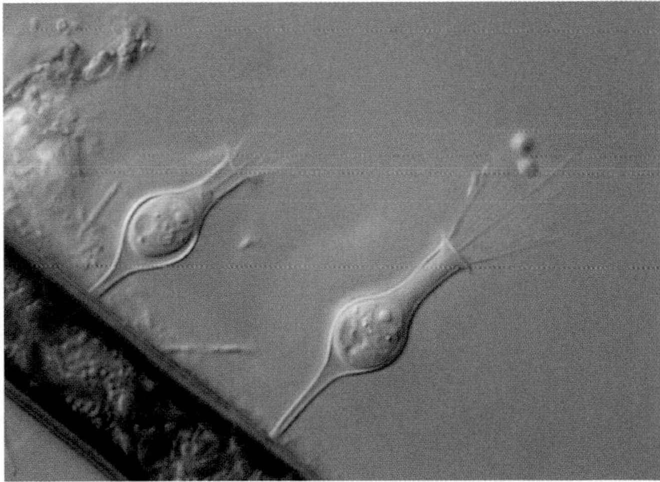

Abb. 33.13 Der Choanoflagellat *Salpingoeca* spec. auf einer filamentösen Alge

33.6 Glaucophyta: Die Struktur und die Pigmentausstattung von Plastiden belegen deren Entstehung durch Endocytobiose eines Cyanobakteriums

Die Landpflanzen (▶ Abschn. 31.1) und die Grünalgen werden zusammen mit den Rotalgen und den Glaucophyta als Archaeplastida zusammengefasst (◘ Abb. 33.14).

Die **Archaeplastida** besitzen einen **primären Plastiden**, also einen Plastiden, der durch Aufnahme eines Cyanobakteriums in eine eukaryotische Wirtszelle entstanden ist. Die Plastiden anderer Algengruppen sind auf eine sekundäre Endocytobiose, also die Aufnahme einer Grünalge oder einer Rotalge in eine eukaryotische Wirtszelle, zurückzuführen. Es gibt eine einzige bekannte Ausnahme: die Gattung *Paulinella* (Rhizaria) besitzt analoge Strukturen zum Plastiden, die als Chromatophoren bezeichnet werden. Diese gingen ebenfalls aus einer primären Endocytobiose hervor. Abgesehen von dieser Ausnahme gehen alle Plastiden auf einen gemeinsamen Vorfahren zurück. Diese **primäre Endocytobiose** (▶ Abschn. 33.2) fand vor etwa 1,2 Mrd. Jahren statt.

33

Die Plastiden aller Archaeplastida sind von **zwei Membranen** umgeben (◘ Abb. 33.15). Sie enthalten als Hauptpigment **Chlorophyll *a***. Die Glaucophyta und die Rotalgen besitzen zudem wie die Cyanobakterien **Phycobilisomen**. Bei den Phycobilisomen handelt es sich um Proteinkomplexe mit Antennenpigmenten, die im Gegensatz zu Chlorophyll grünes und gelbes Licht absorbieren und die absorbierte Lichtenergie an das Reaktionszentrum des Photosystems II weiterleiten (▶ Abschn. 13.10). Die Phycobilisomen enthalten in der Regel die Pigmente Allophycocyanin, Phycocyanin und Phycoerythrin, die genaue Pigmentzusammensetzung variiert jedoch zwischen Cyanobakterien, Glaucophyta und Rotalgen (◘ Abb. 33.15).

Die Archaeplastida besitzen in der Regel **Zellwände**, die aus **Cellulose** aufgebaut sind oder zumindest größere Anteile an Cellulose enthalten. Ein ebenfalls gemeinsames Merkmal ist Stärke als das primäre Speicherprodukt der Photosynthese. Die **Mitochondrien** der Archaeplastida weisen **flache Cristae** auf, also flache Einfaltungen der inneren Mitochondrienmembran.

Die **Glaucophyta** sind die Gruppe innerhalb der Archaeplastida mit dem ursprünglichsten Bau der Plastiden. Die artenarme Gruppe enthält nur acht beschriebene Gattungen, von denen bislang aber nur vier kultiviert wurden und ihre Zugehörigkeit zu den Glaucophyta durch molekulare Daten belegt ist. Auch ökologisch spielen die Glaucophyta eine untergeordnete Rolle. Für das Verständnis der Plastidenevolution sind sie aber von Bedeutung. Im Gegensatz zu den Plastiden aller anderen Algengruppen findet sich bei den Glaucophyta eine Schicht aus **Murein** (Peptidoglykan) zwischen den beiden Plastidenmembranen (◘ Abb. 33.16). Diese Schicht wird als Rest der Zellwand der Cyanobakterien gedeutet. Auch die Pigmentausstattung mit Chlorophyll *a* und Phycobilisomen ähnelt jener der Cyanobakterien. Das Plastidengenom ist allerdings deutlich kleiner als das der Cyanobakterien und belegt die Verwandtschaft der Plastiden der Glaucophyta zu denen anderer Eukaryoten. Die Zellen sind unbegeißelt (z. B. bei der Gattung *Glaucocystis*, ◘ Abb. 33.14) oder ungleich begeißelt (◘ Abb. 33.16). Unter der Plasmamembran finden sich bei den Glaucophyta abgeflachte Vesikel, die durch Mikrotubuli verankert sind. Diese Strukturen ähneln den Alveoli der Alveolata. Die Cytokinese läuft durch mediane Durchschnürung ohne Phycoplasten und Phragmoplasten ab. Die asexuelle Fortpflanzung erfolgt durch Zoosporen oder Autosporen. Eine sexuelle Fortpflanzung ist nicht bekannt.

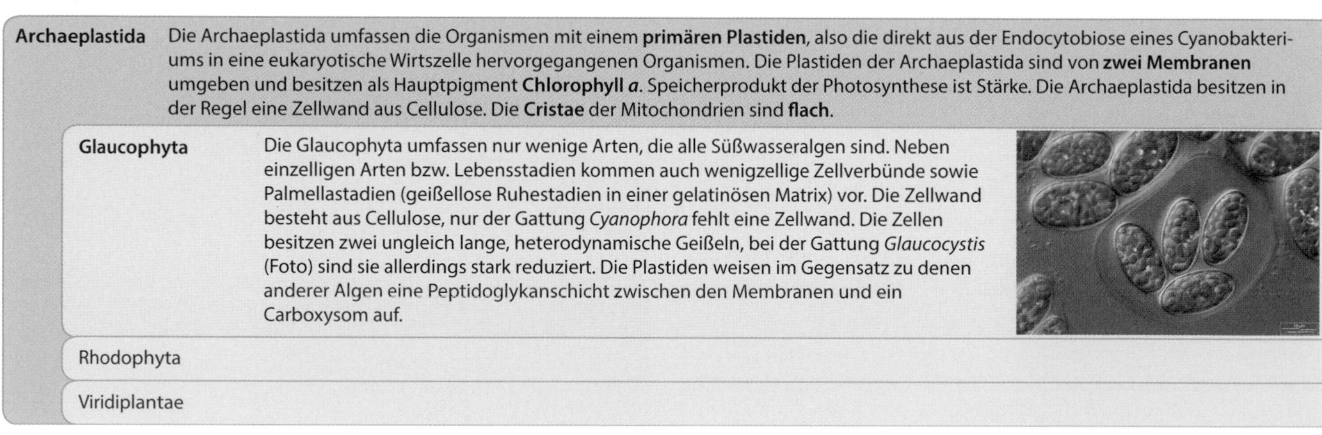

◘ **Abb. 33.14** Überblick über die Archaeplastida

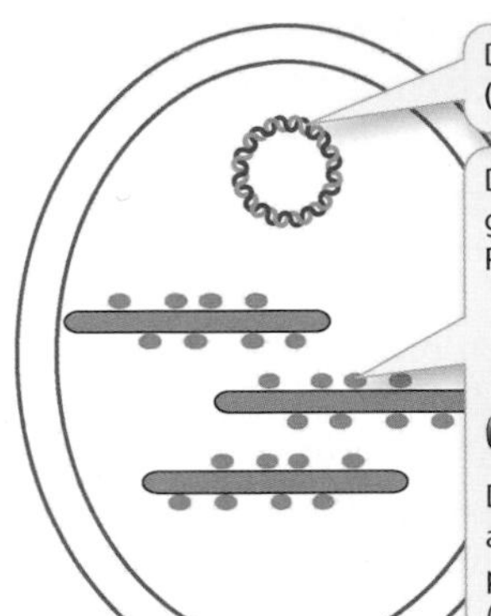

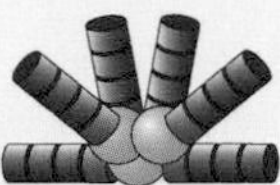
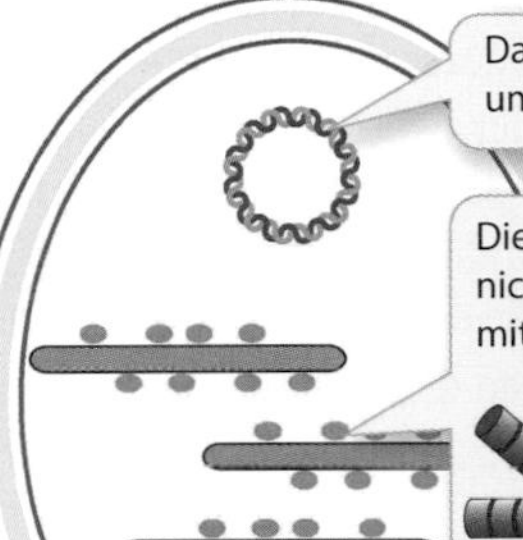
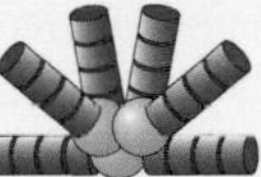
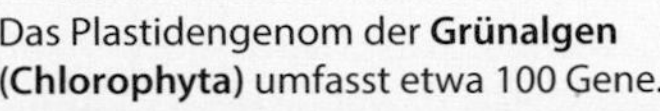

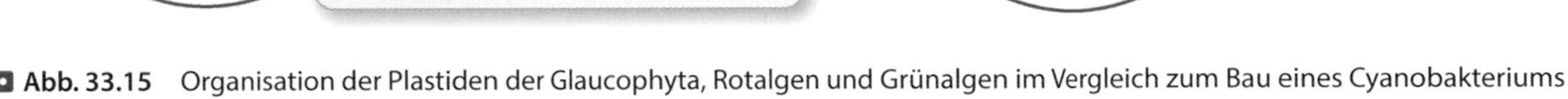

Abb. 33.15 Organisation der Plastiden der Glaucophyta, Rotalgen und Grünalgen im Vergleich zum Bau eines Cyanobakteriums

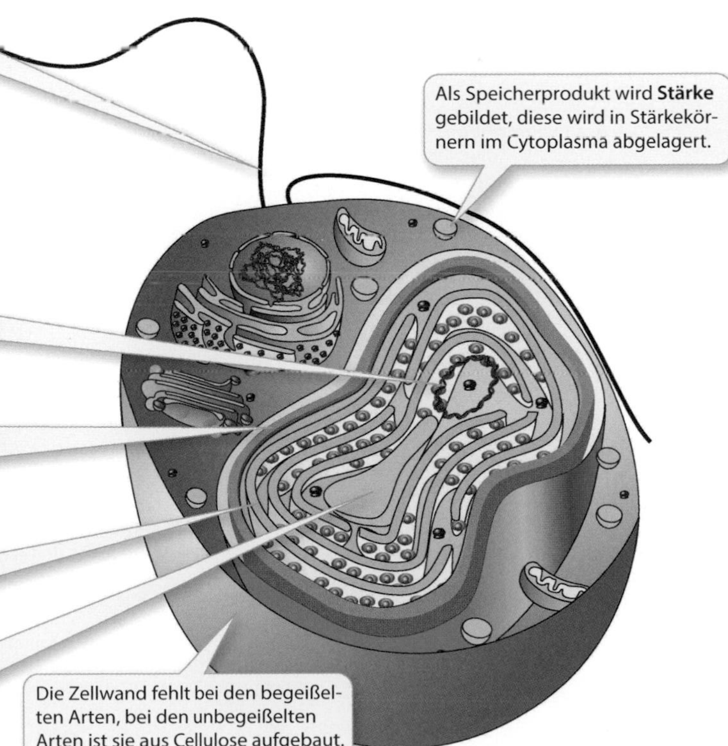

Abb. 33.16 Schematische Darstellung einer Zelle der Glaucophyta mit den wesentlichen Merkmalen des Plastiden

33.7 Rhodophyta: Aufgrund ihrer Pigmentausstattung können Rotalgen auch in großen Wassertiefen noch effizient Photosynthese betreiben

Die **Rhodophyta** (**Rotalgen**) besitzen primäre Plastiden mit zwei Hüllmembranen sowie Chlorophyll *a* und Phycobilisomen. Die meisten Rotalgen sind rötlich bis tiefrot gefärbt. Diese Färbung geht auf das akzessorische Pigment **Phycoerythrin** in den Phycobilisomen auf der Thylakoidmembran der Plastiden zurück, das blaues und grünes Licht absorbiert. Bei einigen parasitisch lebenden Arten ist die Photosynthese reduziert, diese Arten sind farblos bis gelblich.

Die überwiegende Zahl der Rotalgen lebt in oder etwas unterhalb der periodisch trockenfallenden Bereiche der Gezeitenzonen. Sie reagieren allerdings sehr sensitiv auf Austrocknung und wachsen daher in den Gezeitenzonen häufig unter Braunalgen, die sie bei Trockenfallen des Habitats bedecken und ihnen auf diese Weise ein sehr feuchtes Mikrohabitat schaffen. Aufgrund ihrer Pigmentausstattung können Rotalgen blaues und grünes Licht sehr effizient ausnutzen. Da in tieferen Wasserschichten diese Lichtfarben dominieren, finden sich Rotalgen noch in Wassertiefen von über 200 m, in denen andere Algen nicht mehr wachsen können.

Die Rotalgen werden in die beiden Stämme Cyanidiophytina und Rhodophytina unterteilt (◘ Abb. 33.17). Bisher sind etwa 500 Gattungen mit über 5000 Arten beschrieben. Die **Cyanidiophytina** bilden eine artenarme Gruppe einzelliger Rotalgen, die Extremhabitate besiedeln. Die **Rhodophytina** umfassen einzellige und fädige Formen sowie Arten mit komplexen Flechtthalli. Sie werden in sechs Klassen unterteilt, deren Verwandtschaftsverhältnisse noch nicht abschließend geklärt sind. Die **älteste bekannte fossile Alge** ist die aus dem Mesoproterozoikum (vor etwa 1200 Mio. Jahren; ► Abschn. 29.4) beschriebene Rotalge *Bangiomorpha pubescens*.

Die Zellen der Rotalgen sind von einer extrazellulären Matrix aus einem losen Netzwerk aus Cellulosefibrillen umgeben. Die **Zellwand** ist durch den hohen Anteil an amorphem Schleim und Galactanpolymeren (die zu den Hemicellulosen gehören) weniger starr als die Zellwand der Grünalgen und Landpflanzen. Die Galactanpolymere sind der Hauptbestandteil von **Agar** und **Carrageen**, die unter anderem in der Mikro- und Molekularbiologie verwendet werden (◘ Abb. 33.18). Carrageen ist stark sulfatiert, Agar dagegen deutlich weniger sulfatiert.

Geißeln, Kinetosomen und andere 9+2-Strukturen fehlen bei den Rotalgen. An den Spindelpolen des mitotischen Spindelapparats finden sich anstelle der Centriolen als Mikrotubuli-Organisationszentren **polare Ringe**, die auch als kernassoziiertes Organell bezeichnet werden. Die Kernhülle bleibt während der Mitose intakt. Einige, insbesondere basale, Rotalgen pflanzen sich asexuell durch Bildung von Sporen fort. Bei den meisten Rotalgen erfolgt die Fortpflanzung dagegen sexuell durch Oo-

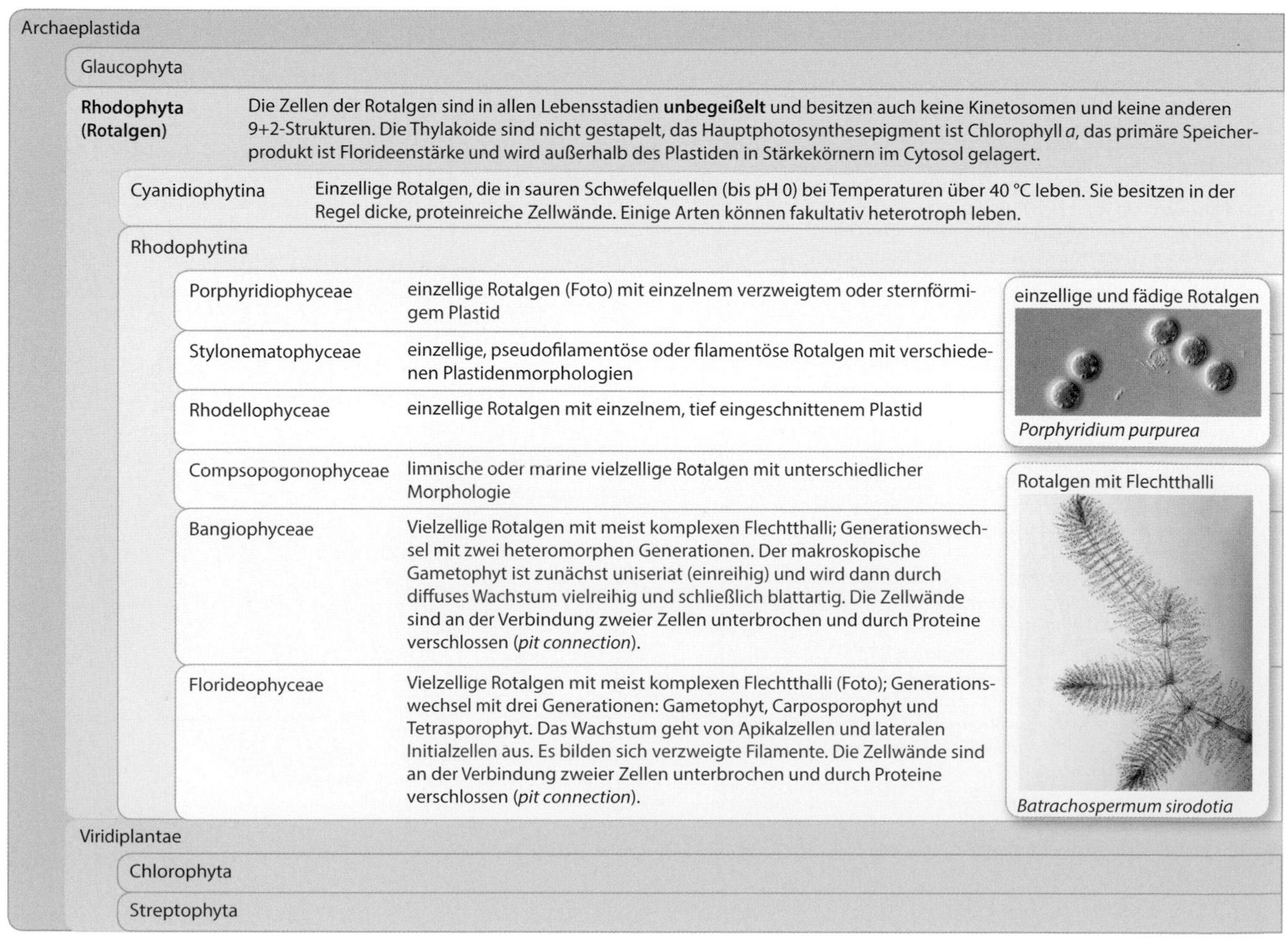

◘ **Abb. 33.17** Systematischer Überblick über die Rhodophyta

Ungewöhnlich für Eukaryoten ist das komplette **Fehlen von Geißeln und Centriolen.**

Speicherprodukt der Photosynthese ist **Florideenstärke** (ein α-1,4-Glucosepolymer). Dieses wird außerhalb des Plastiden im Cytosol abgelagert.

Die **Plastiden** sind von zwei Membranen umgeben und enthalten nur Chlorophyll *a* sowie Phycobilisomen.

Die **Thylakoide** sind nicht gestapelt und sind mit Phycobilisomen besetzt. Die Phycobilisomen enthalten als akzessorische Pigmente Allophycocyanin, Phycocyanin und Phycoerythrin. Der hohe Anteil des im blauen und grünen Bereich absorbierenden Phycoerythrins im Plastiden ist verantwortlich für die rötliche bis tiefrote Färbung der Rotalgen.

Die RubisCO der Rotalgen ist im Plastidgenom codiert. Nur in den Plastiden weniger basaler Linien ist die RubisCO in einem Pyrenoid konzentriert, die meisten Rotalgen besitzen dagegen kein Pyrenoid.

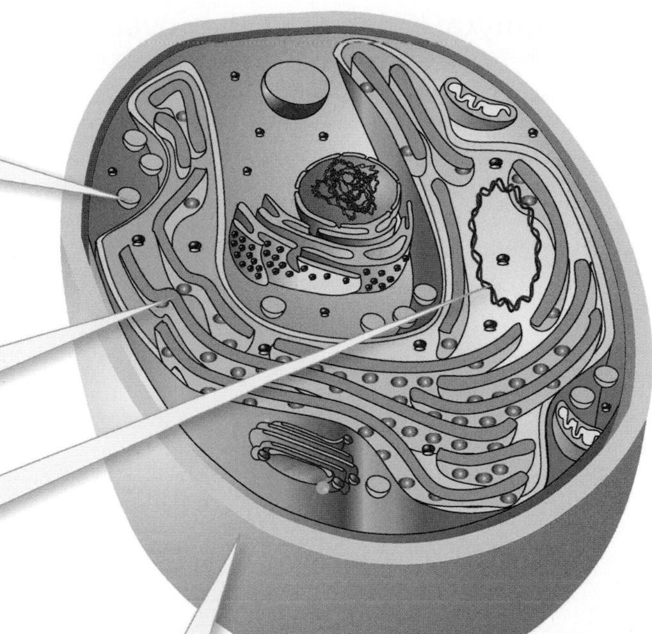

Die **Zellwände** der Rotalgen sind aus einer lockeren Schicht aus Cellulosefibrillen und einem an Galactanen reichen Schleim aufgebaut. Galactan ist eine hauptsächlich aus Galactose und Anhydrogalactose aufgebaute Hemicellulose. Agar und Carrageen sind wirtschaftlich bedeutende Galactane.

Kappa-Carrageen: $[$sulfatierte Galactose (CH$_2$OH, O_2SO, OH) – Anhydrogalactose (CH$_2$, OH)$]_n$

Agarose: $[$Galactose (CH$_2$OH, HO, OH) – Anhydrogalactose (CH$_2$, OH)$]_n$

Carrageen bezeichnet verschiedene langkettige Kohlenhydrate aus **sulfatierten** Galactose- und Anhydrogalactosemonomeren. Carrageen wird als Geliermittel in der Lebensmittelindustrie eingesetzt, z. B. Kappa-Carrageen zur Stabilisierung von Kakaogetränken.

Agarose ist ein langkettiges Kohlenhydrat aus Galactose und Anhydrogalactose und findet beispielsweise in der Molekularbiologie Verwendung. **Agar** ist weniger stark aufgereinigt und wird sowohl als Trägermaterial für Nährlösungen in der Mikrobiologie eingesetzt als auch in Lebensmitteln. Vor allem in subtropischen bis tropischen Regionen werden Rotalgen für die Produktion von Galactanen in mariner Aquakultur gezüchtet.

Abb. 33.18 Schematische Darstellung einer Rotalgenzelle

gamie, also durch Befruchtung eines größeren unbeweglichen Gameten durch einen kleineren beweglichen Gameten. Auch der männliche Gamet ist unbegeißelt und bewegt sich gleitend bis amöboid fort. Die amöboide Bewegung wird durch die lockere extrazelluläre Matrix ermöglicht. Die sexuell reproduzierenden Taxa weisen einen Generationswechsel zwischen einem gametenbildenden Gametophyten und einer sporenbildenden Generation (oder bei den Florideophyceae zwei) auf.

Die Zellteilung erfolgt ausschließlich durch zentripetale Furchung. Bei den Florideophyceae verläuft die Furchung abgesehen von der Bildung der Tetrasporen unvollständig. Die verbleibende Pore wird durch eine körnige Proteinmasse verschlossen, diese Struktur wird als ***pit plug*** oder ***pit connection*** bezeichnet. Bei einigen Bangiophyceae und Florideophyceae erreichen die Zellverbände die Komplexität von parenchymatischem Gewebe. Im Gegensatz zu den echten Geweben der Landpflanzen und der Braunalgen sind die Zellen aber nicht durch Plasmodesmata verbunden. Bei den Florideophyceae wächst der Thallus durch Teilung einer apikalen Zelle (apikales Wachstum). Basale Rotalgen sind dagegen einzellig oder bilden einfache Filamente oder Kolonien, in der Regel ohne Ausbildung von *pit plugs*.

33.8 Chlorophyta: Koloniale Lebensweise hat sich bei den Grünalgen mehrfach unabhängig entwickelt

Die Grünalgen und Landpflanzen werden als **Viridiplantae** (= Chloroplastida, = Chlorobionta, = Plantae) zusammengefasst (◘ Abb. 33.19). Die aus der primären Endocytobiose entstandenen Plastiden sind von zwei Membranen umgeben und weisen die Chlorophylle *a* und *b* auf, Phycobilisomen fehlen bei den Viridiplantae. Als **Speicherpolysaccharid** wird **Stärke in den Chloroplasten** gespeichert (◘ Abb. 33.20; bei anderen Algengruppen werden die Speicherpolysaccharide außerhalb der Plastiden gespeichert). Die Viridiplantae umfassen die zwei monophyletischen Gruppen Chlorophyta und Streptophyta. Während die Chlorophyta verschiedene Algengruppen beinhalten, umfassen die Streptophyta die monophyletischen Landpflanzen und eine Ansammlung von paraphyletischen Algen. Unter dem Begriff „Grünalge" versteht man alle Viridiplantae mit Ausnahme der Landpflanzen, also die Chlorophyta und die streptophyti-

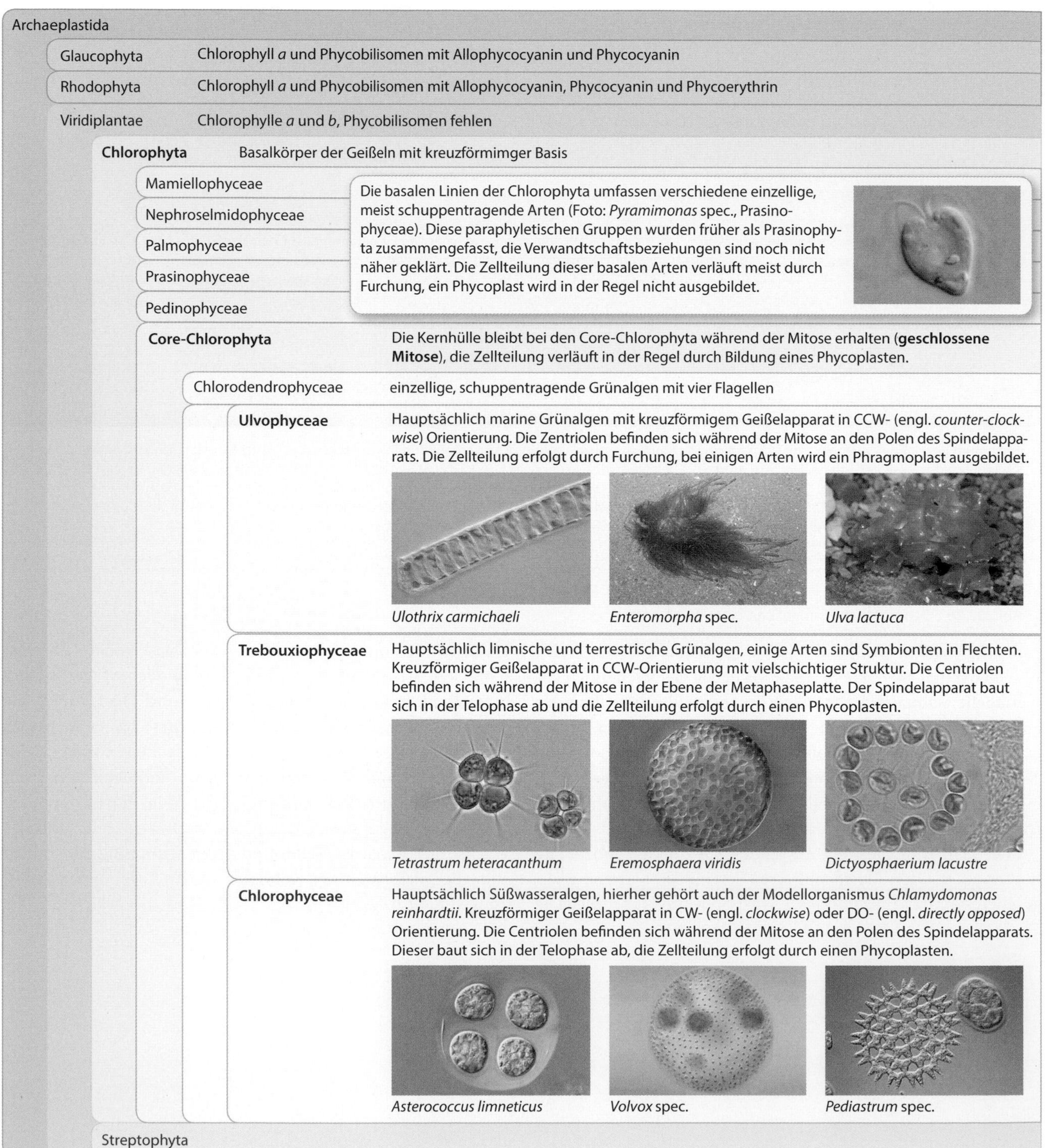

◘ **Abb. 33.19** Überblick über die Chlorophyta

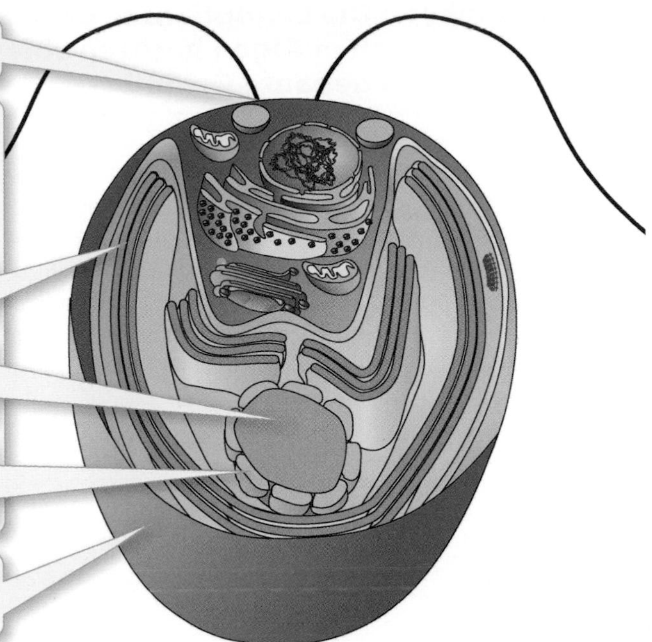

Abb. 33.20 Schematische Darstellung einer Zelle der Chlorophyta

schen Algen. Somit bilden die Grünalgen keine monophyletische Gruppe.

Die **Chloropyhyta** umfassen mit etwa 17.000 Arten den größten Teil der Grünalgen. Diese Algengruppe ist in allen Habitaten vertreten, die meisten Arten leben jedoch im Süßwasser. Charakteristisch sind die Anordnung der Geißelbasis und die kreuzförmige Anordnung der Mikrotubuli, welche die Geißelbasis in der Zelle verankern (Abb. 33.21). Innerhalb der Chlorophyta werden die Chlorodendrophyceae, die Trebouxiophyceae, die Ulvophyceae und die Chlorophyceae als „Core-Chlorophyta" zusammengefasst. Diese Taxa sind durch eine geschlossene Mitose charakterisiert, bei der die Kernhülle während der Mitose erhalten bleibt.

Die **Trebouxiophyceae** umfassen begeißelte und unbegeißelte einzellige Arten sowie verzweigte und unverzweigte fädige Formen. Sie besiedeln Süß- und Meerwasserhabitate, einige Arten kommen auch terrestrisch oder als Algensymbionten in Flechten vor. Manche Arten leben als Zoochlorellen endosymbiotisch in einzelligen Eukaryoten und verschiedenen Tieren.

Im Gegensatz zu den meisten anderen Chlorophyta sind die meisten Arten der **Ulvophyceae** marin, nur wenige Arten bewohnen limnische oder terrestrische Habitaten. Sie umfassen einzellige, fadenförmige und gewebeartige, flächige Thalli bildende Arten.

Die **Chlorophyceae** umfassen begeißelte oder unbegeißelte Einzeller, Kolonien sowie fädige Formen. Die meisten Arten der Chlorophyceae leben im Süßwasser, einige Arten besiedeln marine oder terrestrische Habitate. In vielen Grünalgenlinien haben sich koloniale und einfache vielzellige Formen entwickelt. Anhand von rezenten Arten kann man die Entwicklung von einzelligen Formen wie *Chlamydomonas* zu vielzelligen Formen mit differenzierten Zelltypen wie *Volvox* gut nachvollziehen. Die verschiedenen Arten der zu den Chlorophyceae gehörenden Volvocales zeigen zudem einen unterschiedlichen Grad fortschreitender Differenzierung in somatische und vegetative Zellen. Auch wenn diese Arten nicht in die engere Verwandtschaft der Landpflanzen gehören, können sie daher als Modelle zum Verständnis grundlegender Entwicklungen hin zu funktionell differenzierten vielzelligen Organismen dienen.

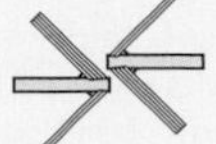
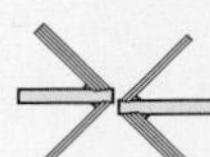
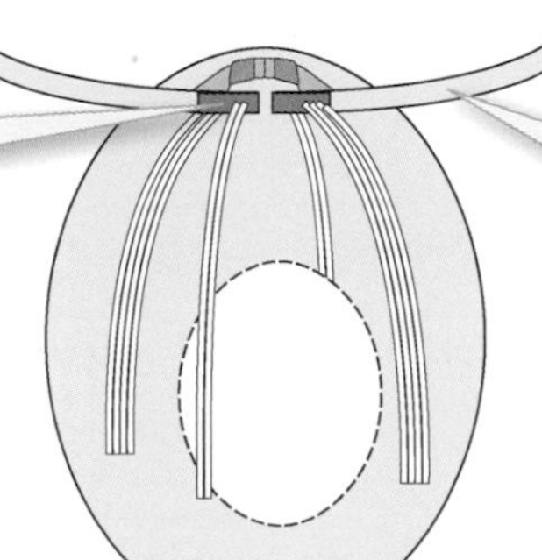

Abb. 33.21 Geißelbasis der Chlorophyta

33

33.9 Streptophyta: Die Landpflanzen und streptophytischen Algen besitzen eine asymmetrisch gebaute Geißelbasis

Die Landpflanzen (Embryophyten; ► Abschn. 31.1) und eine Reihe von Süßwassergrünalgen werden als Streptophyta zusammengefasst (◘ Abb. 33.22). Die **Streptophyta** bilden die Schwestergruppe der Chlorophyta. Die Verwandtschaft der streptophytischen Algen und der Landpflanzen sowie die Stellung der Streptophyta als Schwestergruppe der Chlorophyta werden durch molekulare und ultrastrukturelle Befunde belegt. Innerhalb der Viridiplantae hat sich lediglich in der zu den Streptophyta gehörenden Linie der Landpflanzen eine komplexe Vielzelligkeit entwickelt.

Charakteristisch für die Streptophyta ist die **Anordnung der Mikrotubuli** am Basalkörper der Geißeln. Mehrere bis viele Mikrotubuli ziehen hier einseitig (unilateral) von den Basalkörpern der Geißeln zum entgegengesetzten Zellpol. Die unter Beteiligung dieser Mikrotubuli gebildete Struktur ist elektronenmikroskopisch als **vielschichtige Struktur (*multi-layered structure* oder MLS)** sichtbar (◘ Abb. 33.23). Die Chlorophyta sind dagegen durch eine kreuzförmige Anordnung der Mikrotubuli an den Basalkörpern der Geißeln gekennzeichnet.

Auch die Kern- und Zellteilung der Strepotphyta weichen von den Verhältnissen bei den Chlorophyta ab. Die Kernteilung erfolgt unter Abbau der Kernhülle (**offene Mitose**; ► Abschn. 6.5). Die Zellteilung erfolgt bei den basalen Gruppen durch Furchung,

Gruppe	Merkmale
Archaeplastida	
Glaucophyta	Chlorophyll *a* und Phycobilisomen mit Allophycocyanin und Phycocyanin
Rhodophyta	Chlorophyll *a* und Phycobilisomen mit Allophycocyanin, Phycocyanin und Phycoerythrin
Viridiplantae	Chlorophylle *a* und *b*, Phycobilisomen fehlen
Chlorophyta	Basalkörper der Geißeln mit kreuzförmiger Basis. Die Kernhülle bleibt zumindest bei den Kern-Chlorophyta während der Mitose meist erhalten (geschlossene Mitose).
Streptophyta (= Charophyta)	Basalkörper der Geißeln mit vielschichtiger Struktur. Die Kernhülle wird während der Mitose abgebaut (**offene Mitose**). Als Überdauerungsform bilden sich austrocknungsresistente Zygosporen.
Mesostigmatophytina	Einzellige Algen (nur Gattung *Mesostigma*) mit zwei Geißeln (bikont). Die Oberfläche ist mit Celluloseschuppen bedeckt.
Chlorokybophytina	Terrestrische unbegeißelte Algen (nur Gattung *Chlorokybus*) aus Paketen weniger Zellen. Sie bilden zweigeißelige Zoosporen.
Klebsormidiophytina	Limnische oder terrestrische Algen. Die meisten Arten bilden unverzweigte Filamente (Foto: *Klebsormidium* spec.). Einige Arten sind auch einzellig oder bilden Zellaggregate.
Kern-Streptophyta (= Phragmoplastophyten)	Die Zellteilung erfolgt in der Regel unter Ausbildung eines **Phragmoplasten**. Zell-Zell-Verbindungen in der Regel mit Plasmodesmata.
Charophytina	Vielzellige Algen. Der Thallus ist in Knoten (Nodien) und Stängelglieder (Internodien) untergliedert und mit Rhizoiden im Substrat verankert. Die Vielzelligkeit und die Gliederung des Thallus haben sich unabhängig von den Landpflanzen entwickelt. Die Zygote durchläuft die Meiose, von den vier Kernen degenerieren aber drei, sodass nur ein Keimling entsteht.
Coleochaetophytina	Algen mit einem vielzelligen scheibenförmigen Thallus oder aus verzweigten Filamenten aufgebaut. Sie wachsen auf festen Substraten oder auf Wasserpflanzen. Aus der durch sexuelle Befruchtung hervorgehenden Zygote entstehen acht bis 32 haploide Zoosporen (Foto: *Coleochaete scutata*).
Zygnematophytina (Jochalgen)	Einzellige oder unverzweigte filamentöse Algen ohne Centriolen und ohne Geißeln (Foto: *Micrasterias apiculata*). Die Fortpflanzung erfolgt unter Jochbildung, bei der zwei gleich gestaltete Protoplasten zur Zygote verschmelzen. Bei den Jochalgen sind Plasmodesmata sowie Geißeln und Kinetosomen sekundär reduziert.
Embryophyten (Landpflanzen)	

Die basalen Gruppen der Streptophyta sind entweder einzellig (Mesostigmatophytina, Chlorokybophytina) oder filamentös (Klebsormidiophytina). Die Zellteilung dieser Gruppen erfolgt durch Furchung.

Die Kern-Streptophyta umfassen einzellige, fädige, flächige und dreidimensional gegliederte Algen sowie die Landpflanzen. Die Zellteilung erfolgt bei diesen Gruppen durch Ausbildung eines Phragmoplasten. Die Charophytina wurden aufgrund ihres in Knoten und Stängelglieder unterteilten Thallus lange als nächste Verwandte der Landpflanzen angesehen. Molekulare Untersuchungen belegen dagegen, dass die Jochalgen (Zygnematophytina) die nächsten Verwandten der Landpflanzen sind.

◘ **Abb. 33.22** Übersicht über die Streptophyta

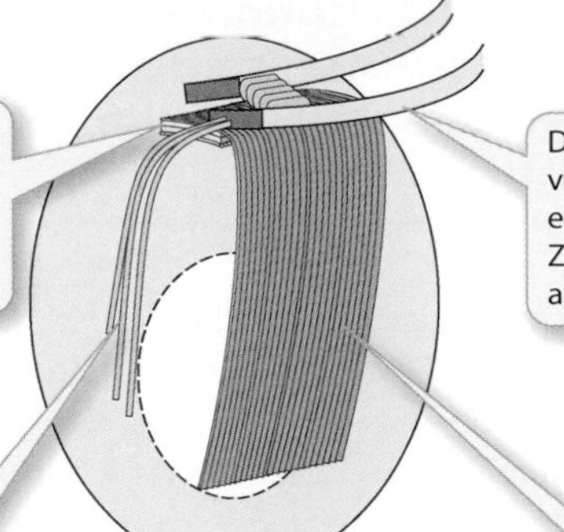

Abb. 33.23 Geißelbasis der Streptophyta mit vielschichtiger Struktur

bei den enger mit den Landpflanzen verwandten Kern-Streptophyta dagegen unter Ausbildung eines Phragmoplasten.

Biochemisch sind die Streptophyta durch nur bei dieser Gruppe vorkommende Enzymklassen charakterisiert. Dazu gehören Enzyme des **Glykolatmetabolismus** (▶ Abschn. 13.12), insbesondere Glykolat-Oxidasen in den Peroxisomen, Klasse-I-Aldolasen und Cu/Zn-Superoxid-Dismutasen.

Die Streptophyta bilden an der Zellmembran Cellulosefibrillen in rosettenförmig angeordneten Membranpartikeln, die Cellulose-Synthase enthalten. Bei anderen Grünalgen sind diese Komplexe dagegen linear angeordnet. Die abweichende Anordnung der **Cellulose-Synthase-Komplexe** hat Auswirkungen auf die Struktur der gebildeten Cellulose: Zum einen bilden die Streptophyta sehr dünne Cellulosefibrillen mit einem Durchmesser von nur wenigen Mikrometern, zum anderen bestehen diese Fibrillen vorwiegend aus einer als Cellulose Iβ bezeichneten Kristallstruktur der Cellulose. Diese Celluloseform ist durch die Cellulasen von Pilzen deutlich schlechter abbaubar als die bei anderen Grünalgen verbreitete Cellulose, die wesentlich höhere Anteile an Cellulose Iα enthält. Zudem sind die Cellulosefibrillen anderer Grünalgen deutlich dicker.

Die streptophytischen Algen umfassen rund 4000 Arten. Die meisten Vertreter finden sich im Süßwasser, einige Arten leben terrestrisch. Die basalen Gruppen sind artenarm und weichen zum Teil noch stark von den für die Kern-Streptophyta charakteristischen Merkmalen ab.

Innerhalb der Kern-Streptophyta sind die Charophytina auf den ersten Blick ähnlich organisiert wie die Landpflanzen. Phylogenetische Analysen weisen aber auf eine engere Verwandtschaft der Landpflanzen mit den Jochalgen (Zygnematophytina) hin. Diese Verwandtschaft erscheint überraschend, da die Jochalgen nur einzellige oder filamentöse Algen umfassen und einige charakteristische Merkmale, wie Plasmodesmata, Geißeln und Basalkörper, bei ihnen reduziert sind. Die Fortpflanzung erfolgt durch Konjugation unbegeißelter Gameten (◼ Abb. 33.24).

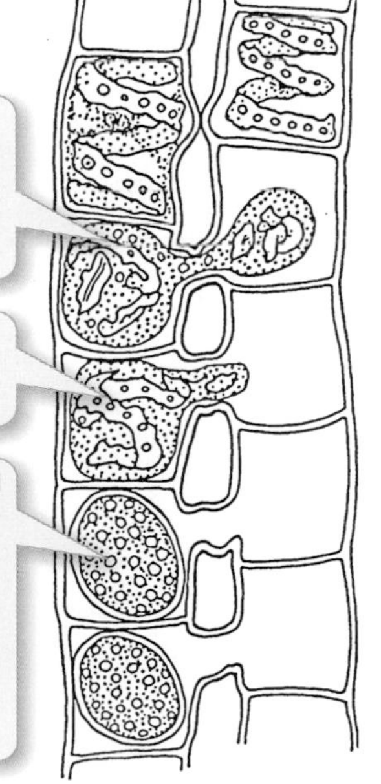

Abb. 33.24 Konjugation bei der fädigen Jochalge *Spirogyra*

33.10 Metamonada: Die Mitochondrien von anaeroben Eukaryoten sind zu Hydrogenosomen oder Mitosomen reduziert

Die **Excavata** sind eine Großgruppe der Eukaryoten. Sie umfassen eine Gruppe anaerober Flagellaten mit reduzierten Mitochondrien, die Metamonaden, und eine Gruppe aerober Flagellaten und Amöben mit Mitochondrien, die Discoba (◘ Abb. 33.25). Namensgebend für die Excavata ist der typisch geformte Zellmund (Cytostom) mit einer ausgeprägten Mundgrube für den Fang und die Ingestion von Beutepartikeln. Diese Fraßgrube ist aber in vielen Taxa sekundär reduziert.

Die **Metamonada** sind anaerob oder mikroaerophil und ihre Mitochondrien sind zu **Hydrogenosomen** oder **Mitosomen** reduziert (► Abschn. 24.1). Das Fehlen voll ausgebildeter Mitochondrien wurde früher fälschlicherweise als ursprünglich interpretiert und daraus eine basale Stellung der Excavata innerhalb der Eukaryota abgeleitet. Molekulare Daten belegen aber, dass die Mitochondrien erst sekundär reduziert wurden. Man geht daher davon aus, dass die ursprünglichen Eukaryoten bereits Mitochondrien besaßen und es keine primär mitochondrienfreien Eukaryoten gibt. Die meisten Vertreter der Metamonada leben endobiotisch als Kommensalen, als Symbionten oder parasitisch. Einige Arten kommen frei lebend in anaeroben Habitaten vor. Die meisten Arten besitzen vier Geißeln, bei einigen fehlen die Geißeln aber auch oder sind auf bis über 1000 Geißeln vermehrt.

Die Metamonada umfassen die Diplomonadida, die Oxymonadida und die Parabasalia.

Zu den **Diplomonadida** (◘ Abb. 33.25) gehören sowohl frei lebende Arten, die in organisch belasteten Süßgewässern mit niedrigem Sauerstoffgehalt vorkommen, als auch Kommensalen im Verdauungstrakt verschiedener Invertebraten und Vertebraten. Die Diplomonadida besitzen eine **diplomonade Zellorganisation** mit zwei Zellkernen und zwei Geißelapparaten, die Mitochondrien sind zu Mitosomen reduziert und es ist kein Dictyosom vorhanden. Einige Taxa sind bedeutende Krankheitserreger: Flagellaten der Gattung *Giardia*, Erreger der Durchfallerkrankung **Giardiasis**, parasitieren im Dünndarm verschiedener Wirbeltiere, unter anderem auch des Menschen. Nach der oralen Aufnahme und Magenpassage schlüpfen aus den vierkernigen Cysten zwei Trophozoiten, die sich mithilfe ihrer Bauchhaftscheibe an der Darmwand des Wirts festsetzen. Sie exprimieren variable Oberflächenproteine (engl: *variant surface proteins*, VSP), die resistent gegen den Abbau durch die Proteasen im Dünndarm sind. Aufgrund massiver Vermehrung auf dem Darmepithel behindern sie die Nährstoffaufnahme des Darms und es kommt zu Durchfall. Dehydrierung und Zeichen von Mangelernährung sind häufige Begleitsymptome. Treten ungünstige Bedingungen auf, encystieren die Giardien und werden ausgeschieden. Die Cysten können in der Umwelt mehrere Monate überleben. Diese Parasiten lassen sich nur schlecht durch Chlorierung und UV-Behandlung abtöten. In Gebieten mit schlechter Trinkwasseraufbereitung verursacht *Giardia* daher Probleme – in solchen Regionen können bis zu 30 % der Bevölkerung infiziert

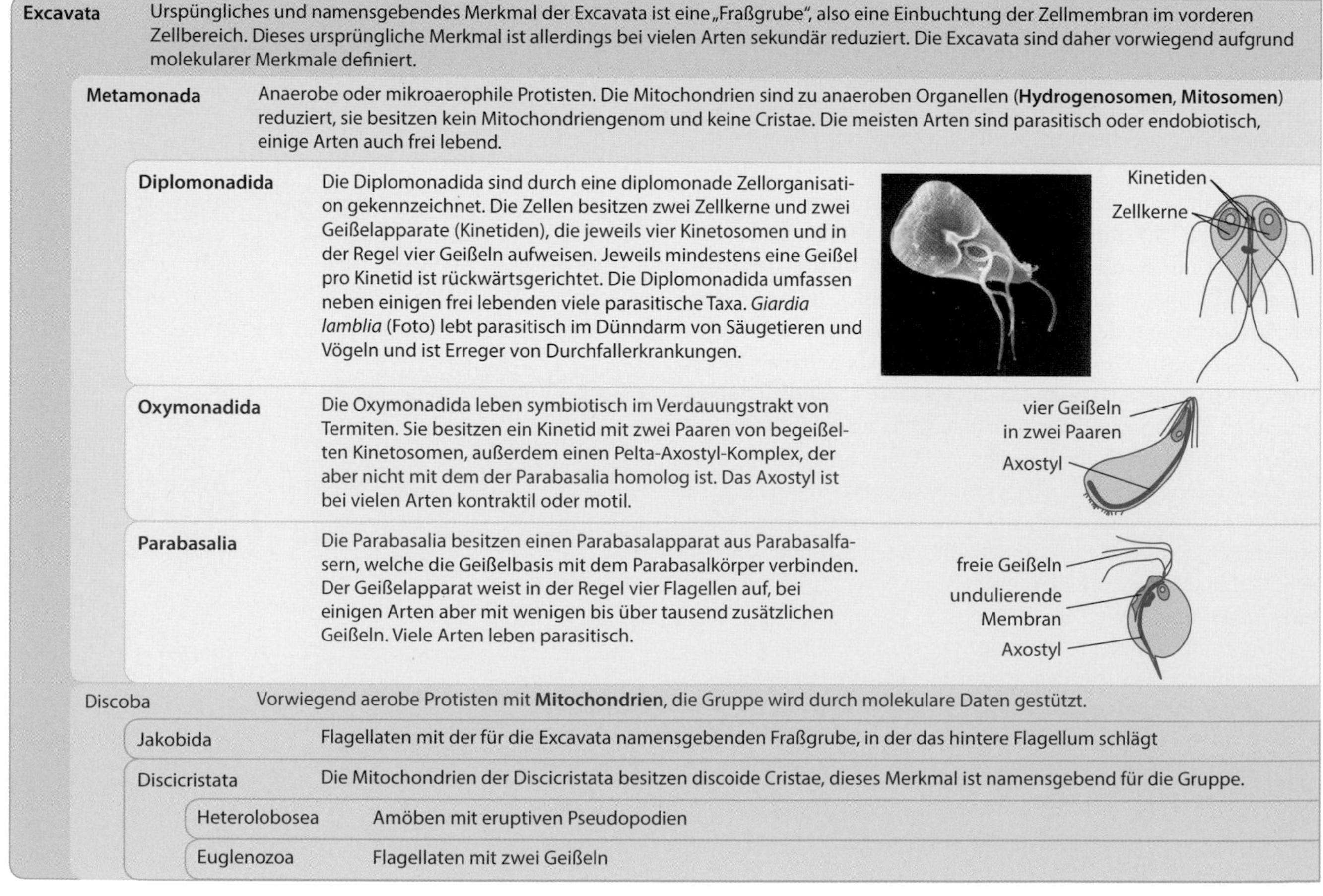

◘ **Abb. 33.25** Systematischer Überblick über die Metamonada

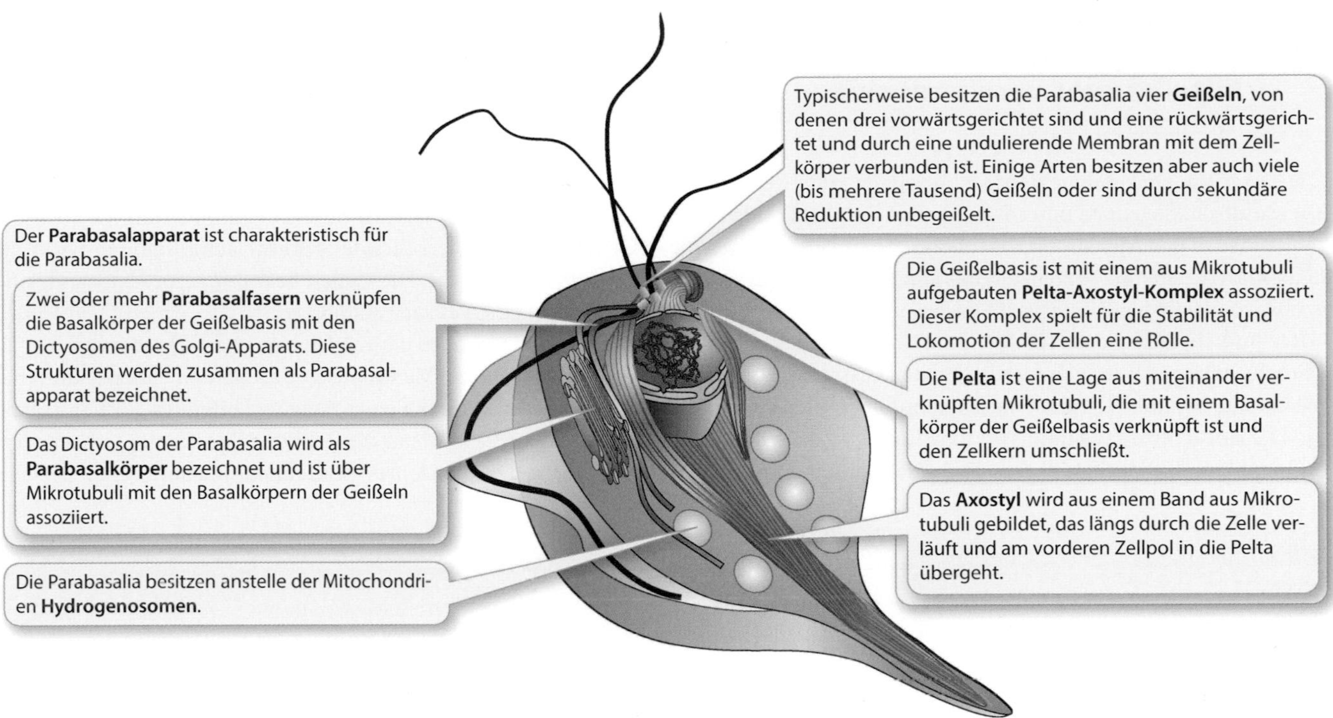

Abb. 33.26 Zellbau der Parabasalia

sein. Giardiasis gehört damit zu den bedeutendsten durch Parasiten verursachten Krankheiten des Menschen (▶ Abschn. 35.11). Die Erkrankungen verlaufen allerdings meist harmlos und die Zahl der auf Gardiasis zurückzuführenden Todesfälle ist gering.

Eine für die **Parabasalia** charakteristische Struktur ist der **Parabasalapparat** (■ Abb. 33.26). Dieser besteht aus speziell angeordneten Dictyosomen (**Parabasalkörper**), die durch Mikrotubuli, die sogenannten **Parabasalfasern**, mit dem Geißelapparat verbunden sind. Von den in der Regel vier bis sechs Geißeln ist eine als Schleppgeißel nach hinten gerichtet, während die übrigen Geißeln nach vorne zeigen. Die zu den Parabasalia gehörenden **Trichomonaden** befallen den Urogenitaltrakt. *Trichomonas vaginalis* führt weltweit jährlich zu rund 170 Mio. Neuinfektionen und ist damit die häufigste nicht-virale sexuell übertragene Infektionskrankheit weltweit (▶ Abschn. 35.11). Die Übertragung von *Trichomonas vaginalis* erfolgt direkt von Mensch zu Mensch. Aus den frei schwimmenden, birnenförmigen Trophozoiten bilden sich innerhalb von Minuten nach Kontakt mit den Zielzellen im Harn- und Geschlechtstrakt des Menschen amöboide Formen. Andere Übertragungswege sind unbedeutend, da *T. vaginalis* keine Cysten bildet und nur kurz in der Umwelt überlebt.

Die **Oxymonadida** leben endobiotisch als **Kommensalen** oder als **Symbionten** im Verdauungstrakt von Invertebraten. Sie sind zusammen mit Bakterien und Archaeen am Celluloseabbau im Magen-Darm-Trakt von Termiten beteiligt. Die Stoffwechselprodukte der Oxymonaden werden unter anderem von methanogenen Archaeen als Substrat genutzt, dabei entsteht Methan – rund 5 % der globalen Methanemissionen gehen auf diesen symbiotischen Celluloseabbau im Termitendarm zurück (▶ Abschn. 35.18). Viele Arten der Oxymonadida heften sich mit dem **Rostellum**, einem Haftorgan, an der Darmwand des Wirts fest und ernähren sich durch Phagocytose kleiner organischer Partikel und von Bakterien sowie Archaeen. Die Oxymonadida besitzen einen Zellkern und in der Regel vier Geißeln; Mitochondrien fehlen, vermutlich auch Hydrogenosomen. Selbst Gene für Stoffwechselwege, die sogar bei Eukaryoten mit stark reduzierten Mitochondrien noch in den reduzierten Mitochondrien ablaufen, wie die Synthese von Eisen-Schwefel-Clustern (▶ Abschn. 24.1), fehlen bei einigen Oxymonaden – die Synthese erfolgt hier über einen von Bakterien über horizontalen Gentransfer aufgenommenen Stoffwechselweg im Cytosol.

Sowohl die Parabasalia als auch die Oxymonadida besitzen ein **Axostyl** (■ Abb. 33.26). Dieses besteht aus mehreren Tausend Mikrotubuli und sorgt für die Stabilität der Zelle, vergleichbar mit der Funktion eines Skeletts. Bei den Oxymonadida ist das Axostyl frei beweglich in der Zelle, bei den Parabasalia dagegen unbeweglich. Die mit den Oxymonadida verwandten **Retortamonadida** besitzen nur einen Zellkern und einen Geißelapparat. Sie leben als Kommensalen und Parasiten im Verdauungstrakt von Tieren oder frei lebend in anaerober Umgebung und nur wenige sind Krankheitserreger.

33.11 Discoba: Frei lebende und parasitische Arten können eng miteinander verwandt sein

Die **Discoba** sind neben den Metamonada die zweite große Verwandtschaftsgruppe innerhalb der Excavata und besitzen im Gegensatz zu den Metamonada Mitochondrien. Sie umfassen die Jakobida, frei lebende Flagellaten mit einer ausgeprägten Geißelgrube, sowie die als Discicristata zusammengefassten Heterolobosea und die Euglenozoa (◘ Abb. 33.27). Während die Jakobida Mitochondrien mit tubulären oder flachen Cristae besitzen, sind die Cristae bei den Discicristata scheibenförmig (discoid).

Die **Heterolobosea** umfassen eine Reihe frei lebender Amöben und Amöboflagellaten, aber auch die humanpathogene Art *Naegleria fowleri*, die über die Nase und entlang des Riechnervs ins Gehirn vordringen und zu Hirnhautentzündung führen kann. Die explosionsartige Ausbildung von Pseudopodien ist typisch für viele Arten der Heterolobosea.

Die **Euglenozoa** sind Flagellaten mit zwei Geißeln, von denen eine aber stark oder komplett reduziert sein kann. Durch eine als **Paraxonemalstab** bezeichnete und zum Axonem der Geißeln parallel verlaufende Struktur aus Proteinen wirkt die Geißelbasis verdickt. Die Zellen besitzen keine Zellwand, sind aber durch eine Pellicula stabilisiert.

Die zwei Gruppen der Euglenozoa unterscheiden sich vor allem durch folgende Merkmale: Die Euglenida besitzen eine charakteristische **Pellicula** aus schräg verlaufenden Proteinstreifen (◘ Abb. 33.28), während die Zellhülle der Kinetoplastea anders gestaltet ist. Die Kinetoplastea zeichnen sich durch eine spezielle,

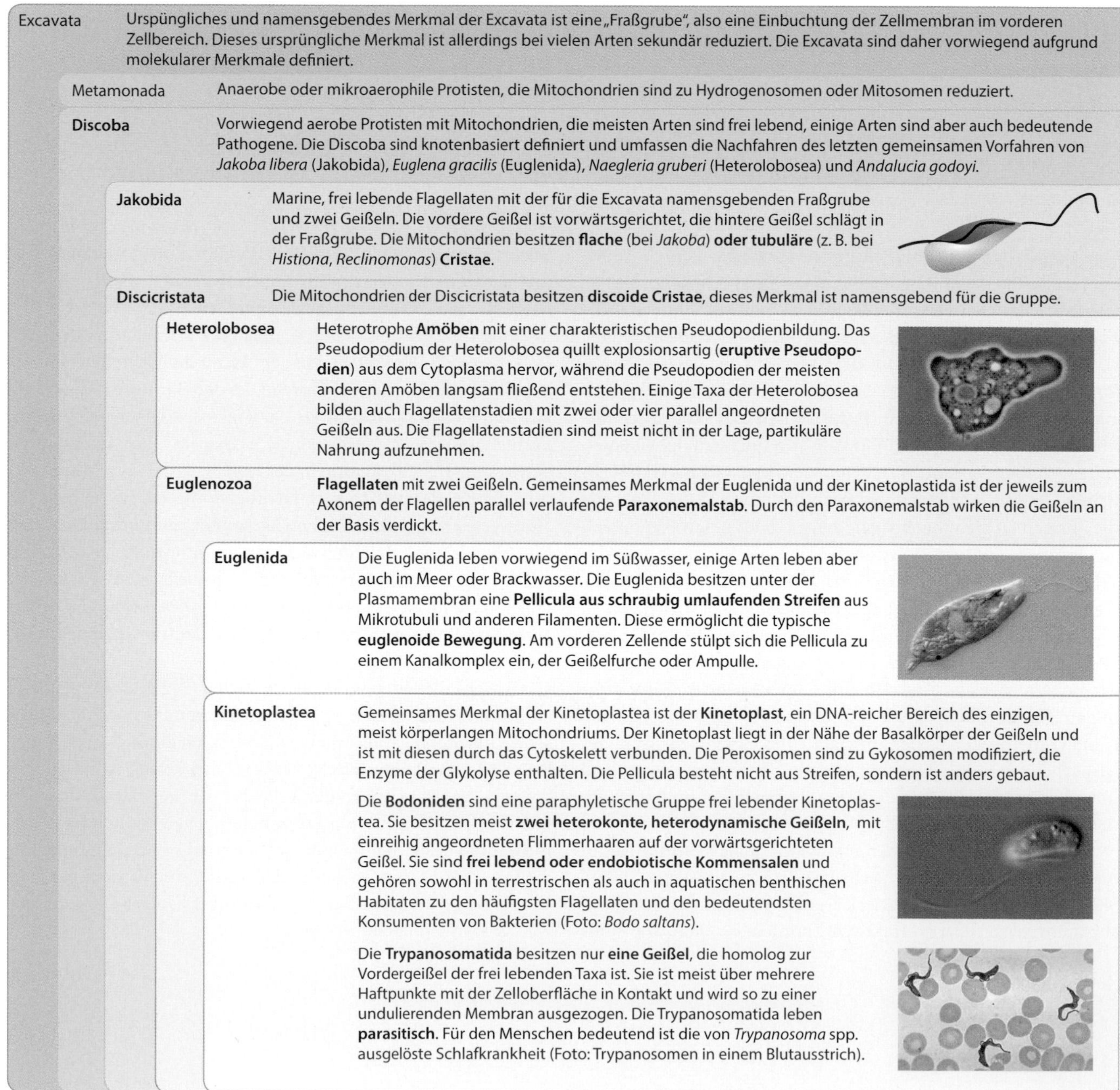

◘ **Abb. 33.27** Systematischer Überblick über die Discoba

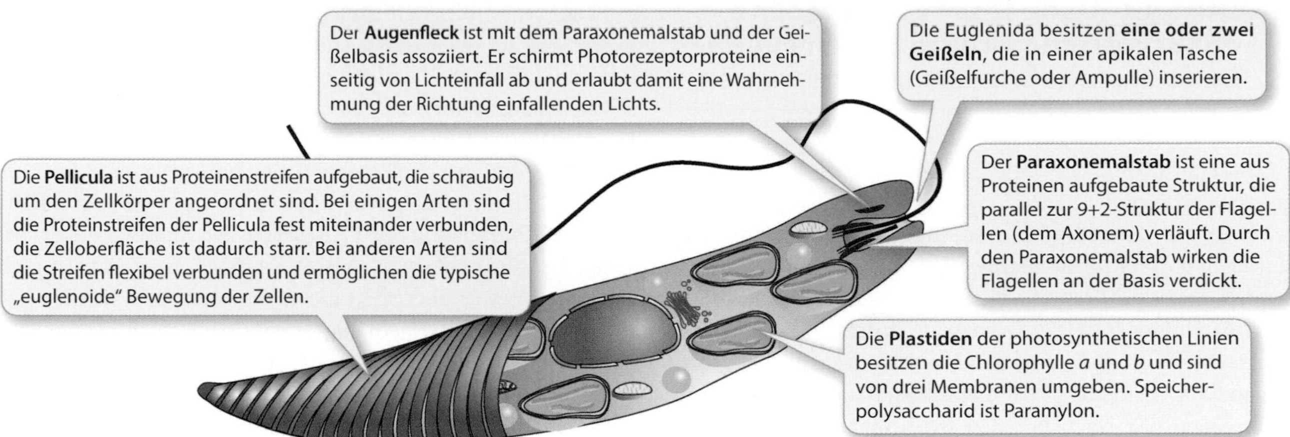

Abb. 33.28 Zellbau der Euglenida

als **Kinetoplast** bezeichnete Struktur im Mitochondrium aus (Abb. 33.29), die sich bei keiner anderen Gruppe der Eukarya findet. Ferner bilden die Euglenida, und zwar sowohl die phototrophen als auch die heterotrophen Formen, **Paramylon** als Speicherpolysaccharid.

Die meisten Arten der **Euglenida** leben in Süßgewässern, die reich an organischem Material sind. Die Euglenida umfassen phagotrophe, osmotrophe und photoautotrophe Arten. Die ursprünglichen Euglenida waren heterotroph und besaßen keine funktionsfähigen Chloroplasten. Die phagotrophen Euglenida (z. B. *Peranema*, *Entosiphon* oder *Petalomonas*) besitzen spezielle Ingestionsapparate, mit deren Hilfe sie größere Beuteorganismen aufnehmen können, während den osmotrophen Euglenida (z. B. *Distigma*) solche Ingestionsapparate fehlen. Die phototrophen Eugleniden (z. B. *Euglena*; Abb. 33.28) sind durch sekundäre Endocytobiose einer Grünalge entstanden, von diesen Eugleniden leben wiederum einige Arten sekundär osmotroph – sie weisen in der Regel noch Plastiden auf, können allerdings keine Photosynthese mehr betreiben.

Die **Kinetoplastea** umfassen einzellige Flagellaten. Charakteristisches Merkmal der Kinetoplastea ist eine DNA-reiche und über das Zellskelett mit der Geißelbasis verbundene Struktur im Mitochondrium, der Kinetoplast. Die Bodoniden sind meist frei lebend und gehören zu den wichtigsten Bakterienkonsumenten in Bodenökosystemen und im Benthos. Die Trypanosomatida (Abb. 33.29) leben parasitisch. Bedeutende pathogene Trypanosomatida sind *Leishmania* spp. (Verursacher der Leishmaniose; ▶ Abschn. 35.11) und *Trypanosoma* spp. (Verursacher der Chagas-Krankheit, der Schlafkrankheit sowie der Tierseuchen Nagana und Surra). Eine medikamentöse Behandlung ist meist schwierig, da die Oberflächenproteine der Trypanosomatida sehr variabel sind (▶ Abschn. 24.2).

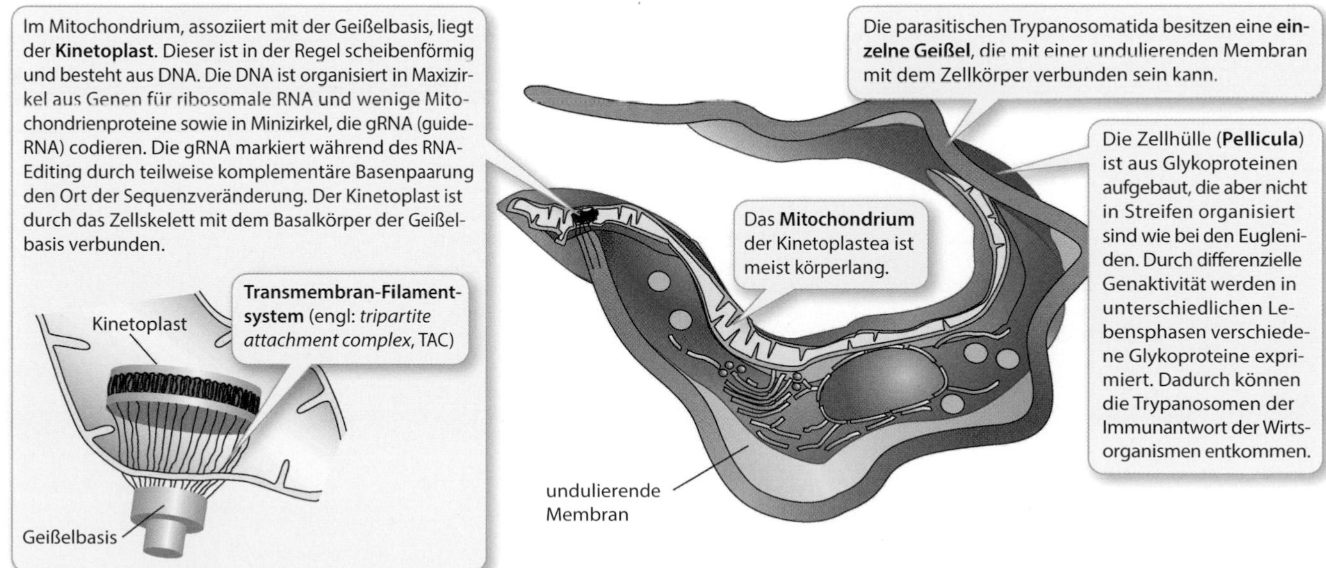

Abb. 33.29 Zellbau der Trypanosomatida

33.12 Die SAR-Klade fasst verschiedene eukaryotische Großgruppen auf der Basis molekularer Daten zusammen

Die **Eukaryota** umfassen eine enorme Vielfalt verschiedener Organismengruppen und nur in wenigen dieser Gruppen haben sich **komplexe vielzellige Linien** entwickelt, die meisten dieser Linien wurden in den vorangegangenen Abschnitten bereits behandelt. Dazu gehören die Tiere und Pilze, die beide zu den Amorphea gehören, sowie die zu den Archaeplastida gehörenden Rotalgen und Grünalgen mit den Landpflanzen. Neben diesen Gruppen finden sich komplexe Vielzelligkeit und die Ausbildung von Geweben nur noch bei den **Braunalgen** oder **Tangen** (**Phaeophyceae**). Die Braunalgen gehören zu einer enorm diversen Gruppe, den Stramenopiles, deren meiste Vertreter allerdings mikroskopisch kleine Einzeller sind. Zusammen mit zwei weiteren, ebenfalls sehr diversen Gruppen – den Alveolata und den Rhizaria – werden diese nach den Anfangsbuchstaben der drei Gruppen als **SAR-Klade** zusammengefasst.

Die Verwandtschaft dieser drei Gruppen wird durch eine Reihe molekularer Daten gestützt. Die SAR-Klade ist **phylogenetisch definiert** als die kleinste gemeinsame Klade, die die Kieselalge *Thalassiosira pseudonana* (Bacillariophyceae, Stramenopiles), das Wimpertierchen *Tetrahymena thermophila* (Ciliophora, Alveolata) und den phototrophen Amöboflagellaten *Bigelowiella natans* (Chlorarachniophyta, Rhizaria) umfasst (◘ Abb. 33.30).

Eine Abgrenzung der SAR-Klade von anderen eukaryotischen Gruppen aufgrund morphologischer Merkmale ist nicht möglich. Dies ist aber auch nicht verwunderlich, da die SAR-Klade extrem unterschiedliche Organismen zusammenfasst und die molekulare Diversität dieser Gruppen weit größer als die der Tiere und Landpflanzen ist.

Auch die drei Gruppen der SAR-Klade umfassen jeweils noch eine enorme Diversität. Zumindest die Stramenopiles und Alveolata weisen neben molekularen Gemeinsamkeiten aber auch bereits gemeinsame morphologische Merkmale auf, die zur Abgrenzung von anderen Gruppen herangezogen werden können.

Die **Stramenopiles** umfassen verschiedene bedeutende Algengruppen, außerdem verschiedene heterotrophe sowie pa-

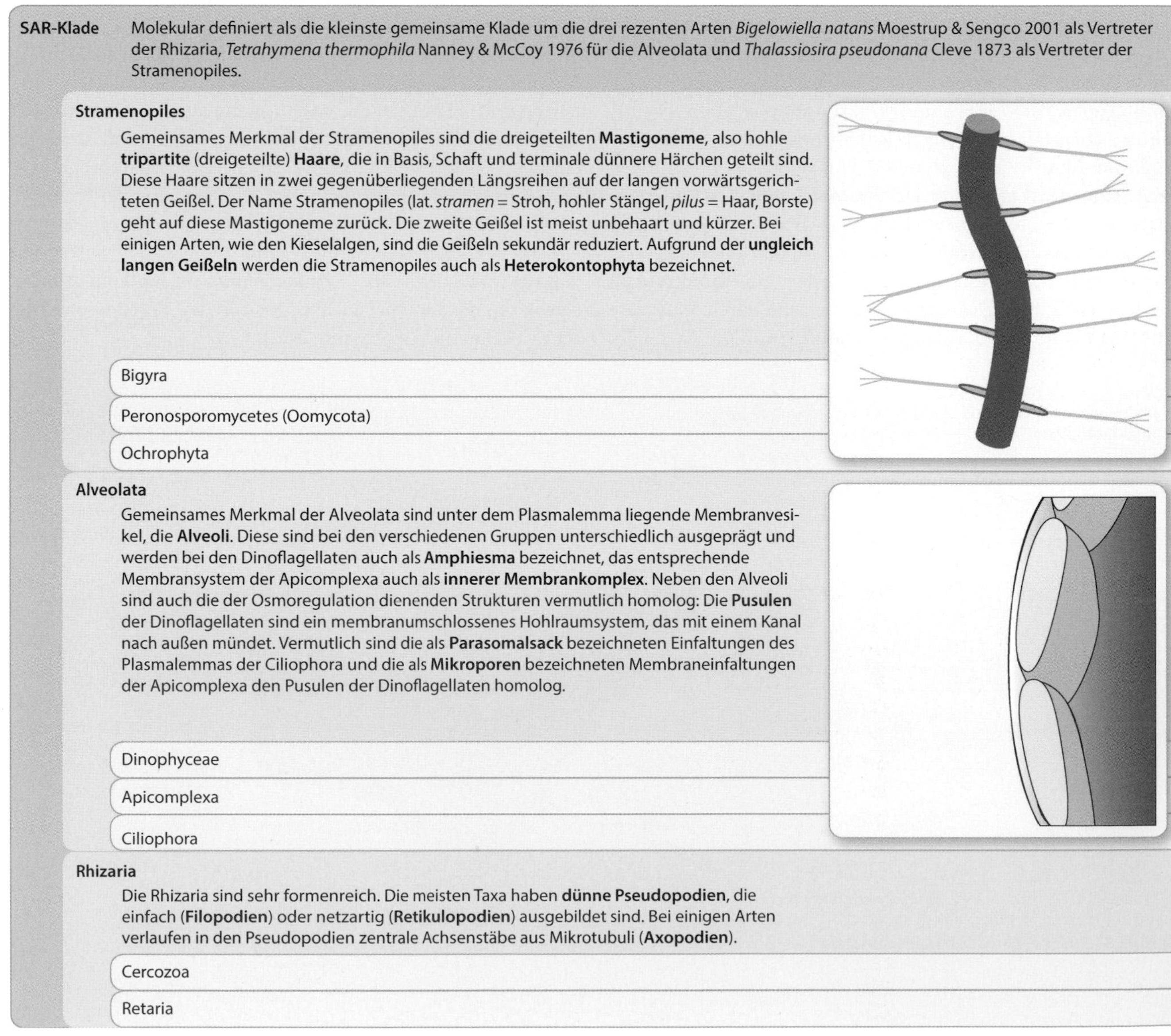

◘ **Abb. 33.30** Systematischer Überblick über die SAR-Klade

rasitische Gruppen. Die meisten Arten sind einzellig oder bilden wenigzellige Kolonien. Mit den Braunalgen gehören aber auch Mehrzeller mit einer starken Gewebedifferenzierung zu den Stramenopiles. Gemeinsames morphologisches Merkmal der Stramenopiles sind **tripartite Haare** auf der **vorwärts gerichteten Geißel** (■ Abb. 33.30).

Zu den farblosen Stramenopiles gehören einerseits **frei lebende, bakterivore Taxa** wie die Bicosoecida, andererseits **parasitische Taxa** wie die Eipilze (Peronosporomycetes), zu denen bedeutende, auch landwirtschaftlich relevante Pflanzenparasiten zählen.

Die photosynthetischen Stramenopiles werden als **Ochrophyta** zusammengefasst und den farblosen Gruppen gegenübergestellt. Zu diesen gehören die bereits angesprochenen Braunalgen (Phaeophyceae), aber auch viele ein- und wenigzellige Algen wie die Kieselalgen (Bacillariophyceae) und die Goldalgen (Chrysophyceae). Die Zellen der Ochrophyta besitzen in der Regel einen oder zwei **Plastiden**, die auf eine **sekundäre Endocytobiose einer Rotalge** zurückgehen. Sie sind von **vier Membranen** umgeben. Die äußere Membran geht in das endoplasmatische Retikulum (ER) über. Dieser Komplex wird als **Chloroplasten-ER** (CER) bezeichnet. Bei vielen Arten geht das CER zudem in die äußere Kernmembran über. Die Thylakoide der Plastiden liegen in Dreierstapeln vor, bei den meisten Arten läuft ein solcher als **Gürtellamelle** bezeichneter Thylakoidstapel entlang der inneren Plastidenmembran. Die Plastiden besitzen die Chlorophylle *a* und *c* und als akzessorische Pigmente in der Regel β-Carotin sowie verschiedene Xanthophylle (häufig sind Fucoxanthin, Violaxanthin und Vaucheriaxanthin).

Bei einigen Arten der Ochrophyta sind die Plastiden sekundär zu **Leukoplasten** reduziert. Diese sind nicht mehr photosynthetisch aktiv, spielen aber eine Rolle bei der Synthese von Fettsäuren und Aminosäuren sowie bei der Hämsynthese. Speicherkohlenhydrat ist in der Regel Chrysolaminarin (β1→3- und β1→6-glykosidisch verbundene D-Glucose).

Zu den **Alveolata** gehören die Dinophyta (Dinoflagellaten), die Ciliophora und die parasitischen Apicomplexa. Gemeinsames Merkmal der Alveolata ist ein unter der Zellmembran liegendes **Endomembransystem aus kleinen Vakuolen**, den **Alveoli** (■ Abb. 33.30). Die Plastiden der phototrophen Arten sowie die stark reduzierten Plastiden der Apicomplexa haben vermutlich einen gemeinsamen Ursprung. Wie auch bei den Stramenopiles lassen sich die Plastiden der Apicomplexa auf eine sekundäre Endocytobiose einer Rotalge zurückführen. Der normale Plastidentyp der Dinoflagellaten, der sogenannte **Peridinplastid**, ist von **drei Membranen** umgeben. Anders als bei den Stramenopiles ist die äußere Membran nicht mit dem endoplasmatischen Retikulum verbunden. Die Thylakoide liegen in Dreierstapeln vor, die Plastiden besitzen die Chlorophylle *a* und *c* sowie als akzessorisches Pigment Peridin. Bei einigen Dinoflagellaten kommen aber auch abweichende Plastidentypen vor, die auf eine tertiäre oder eine serielle sekundäre Endocytobiose zurückgehen. Der Plastid der Apicomplexa ist dagegen stark reduziert und nicht zur Photosynthese fähig. Er ist von vier Membranen umgeben und weist bei einigen Arten tubuläre Membranstrukturen auf, die den Thylakoiden ähneln.

Die **Rhizaria** sind eine morphologisch sehr diverse Gruppe und im Gegensatz zu den Stramenopiles und den Alveolata nicht durch gemeinsame morphologische Strukturen charakterisiert. Die meisten Arten bilden **feine** und **oft verzweigte Rhizopodien** aus. Ein Großteil der Taxa besitzt keine Plastiden, eine Ausnahme bilden die Chlorarachniophyta. Im Unterschied zu den Plastiden der Stramenopiles und der Alveolata gehen die Plastiden der Chlorarachniophyta auf die sekundäre Endocytobiose eine Grünalge zurück. Der Plastid ist von **vier Membranen** umgeben, die äußere Plastidenmembran geht, wie auch bei den Stramenopiles, in das endoplasmatische Retikulum über (CER) und ist mit der äußeren Kernmembran verbunden. Die Thylakoide der Plastiden liegen in lockeren Dreierstapeln vor, neben den Chlorophyllen *a* und *b* besitzen die Plastiden als akzessorische Pigmente β-Carotin sowie verschiedene Xanthophylle. Wie auch bei den Stramenopiles ist Chrysolaminarin das Hauptspeicherpolysaccharid. Zwischen den inneren beiden und den äußeren beiden Membranen weisen die Plastiden der Chlorarachniophyta einen **Nucleomorph** auf.

33

33.13 Bigyra und Pseudofungi: Die basalen Stramenopiles umfassen bakterivore und parasitische Taxa

Die basalen Stramenopiles umfassen heterotrophe Taxa, die keine Plastiden besitzen. Sie werden in die Bigyra und die Pseudofungi unterteilt (◻ Abb. 33.31). Zu den Bigyra gehören vorwiegend frei lebende, bakterivore Formen, aber auch saprophytische sowie einige als Kommensalen oder Parasiten lebende Arten. Die Bicosoecida sind bedeutende bakterivore Flagellaten, einige Arten leben frei schwimmend, andere substratassoziiert. Die Pseudofungi umfassen dagegen vorwiegend parasitische Arten. Die bedeutendste Gruppe innerhalb der Pseudofungi sind die Eipilze.

Die **Eipilze** (**Peronosporomycetes** oder **Oomycota**) sind heterotrophe Einzeller oder bilden vielkernige Hyphen ohne Septen (Querwände). Sie ernähren sich **osmotroph** und kommen sowohl in Gewässern als auch in terrestrischen Lebensräumen vor. Die Zellwand der Eipilze besteht vorwiegend aus **Cellulose** und enthält **kein Chitin**. Dies unterscheidet die Eipilze von den Fungi, den echten Pilzen (► Abschn. 32.1). Die Gattung *Phytophtora* befällt höhere Pflanzen, viele Arten auch Nutzpflanzen und sind daher von ökonomischer Bedeutung. Die Eipilze bilden als seitliche Auswüchse der Hyphen **Haustorien** (◻ Abb. 33.32), die in das Gewebe der Wirtspflanzen einwachsen. Das Haustorium selbst enthält keinen Zellkern, aber Lipidtröpfchen, Mitochondrien und (wenig) endoplasmatisches Retikulum. Die asexuelle Reproduktion erfolgt über die Bildung von Sporangien, die einzeln oder in Gruppen an den Enden von Sporangiophoren stehen. Die Sporangien werden als Ganzes durch Wasser oder Wind verbreitet und können wie Konidien direkt zu neuen Hyphen auswachsen oder als Zoosporangien bei der Reifung Zoosporen mit zwei Geißeln freisetzen (◻ Abb. 33.33). Sexuelle Reproduktion ist vergleichsweise selten und erfolgt durch Oogamie.

Der wohl bekannteste Vertreter der Eipilze ist der Erreger der **Kraut- und Knollenfäule der Kartoffel**, ***Phytophtora infestans***. *P. infestans* befällt neben Kartoffeln auch andere Nachtschattengewächse (z. B. Tomate) und Vertreter einiger weiterer Pflanzenfamilien. Das Mycelium ist **coenocytisch** (vielkernig), **aseptat** (ohne Zwischenwände), monopodial verzweigt und wächst in die Wirtszellen ein. Die Infektion erfolgt durch die Spaltöffnungen der oberirdischen Pflanzenteile oder über die Lenticellen (Korkporen) der Kartoffelknollen. Daher kann *P. infestans* auch gelagerte Kartoffeln befallen. Von den befallenen Stellen, in der Regel von den Blatträndern und der Blattspitze ausgehend, bilden sich schwarze Bereiche, die schließlich zum Verrotten der befallenen Pflanzenteile führen. *P. infestans* ver-

Stramenopiles Gemeinsames Merkmal sind tripartite Haare auf der vorwärtsgerichteten Geißel.

Bigyra Die Bigyra umfassen verschiedene heterotrophe Gruppen der Stramenopiles, insbesondere die Bicosoecida und die Labyrinthulida. Die Verwandtschaftsverhältnisse innerhalb der Bigyra und deren Abgrenzung zu anderen farblosen Stramenopiles sind noch unsicher.

Bei den **Bicosoecida** handelt es sich um aquatische bakterivore Flagellaten. Die hintere Geißel verläuft entlang einer Furche des Zellkörpers rückwärts, viele Arten heften sich mit dieser Geißel am Substrat an. Das vordere Flagellum ist vorwärtsgerichtet und wird zum Herbeistrudeln von Bakterien und anderen Nahrungspartikeln genutzt. Einige Arten leben kolonial, manche besitzen eine Lorica aus Chitin.

Die **Labyrinthulida** umfassen vorwiegend marine Protisten, einige Arten kommen aber auch im Süßwasser oder in terrestrischen Lebensräumen vor. Sie bilden ein Netzwerk aus Schleimfasern, in denen sich die spindelförmigen Einzelzellen bewegen. Einige Arten parasitieren auf Algen, andere leben saprophytisch.

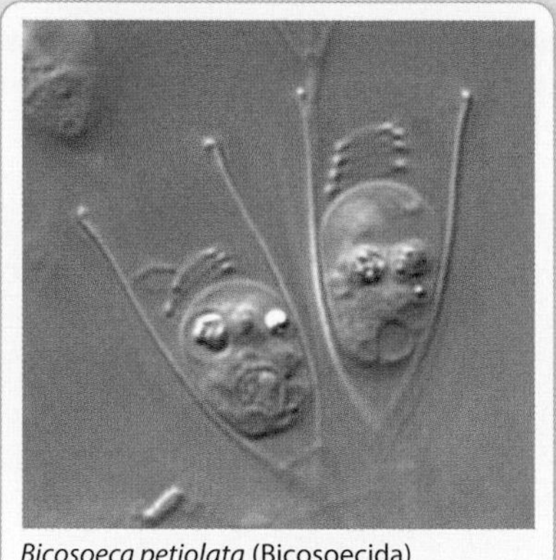

Bicosoeca petiolata (Bicosoecida)

Pseudofungi Die Pseudofungi ähneln in ihrer Morphologie vielen echten Pilzen. Aufgrund biochemischer, genetischer und ultrastruktureller Merkmale sind sie aber den Stramenopiles zuzuordnen. Die bedeutendste Gruppe innerhalb der Pseudofungi bilden die Eipilze (**Peronosporomycetes** oder **Oomycota**). Da ihre Zellwand im Gegensatz zu jener der echten Pilze nicht aus Chitin, sondern aus **Cellulose** besteht, werden sie auch als Cellulosepilze bezeichnet. Ihre Lebensweise ähnelt jener der echten Pilze, sie unterscheiden sich aber von diesen in biochemischen, genetischen und ultrastrukturellen Merkmalen. Neben der Zellwand aus Cellulose besitzen die Schwärmer der Eipilze die für die Stramenopiles charakteristischen Geißeln mit tripartiten Haaren auf der vorwärtsgerichteten Geißel.

Eine vom Eipilz *Phytophtora infestans* befallene Kartoffel

Ochrophyta Die Ochrophyta besitzen Plastiden.

◻ **Abb. 33.31** Systematischer Überblick über die basalen Stramenopiles

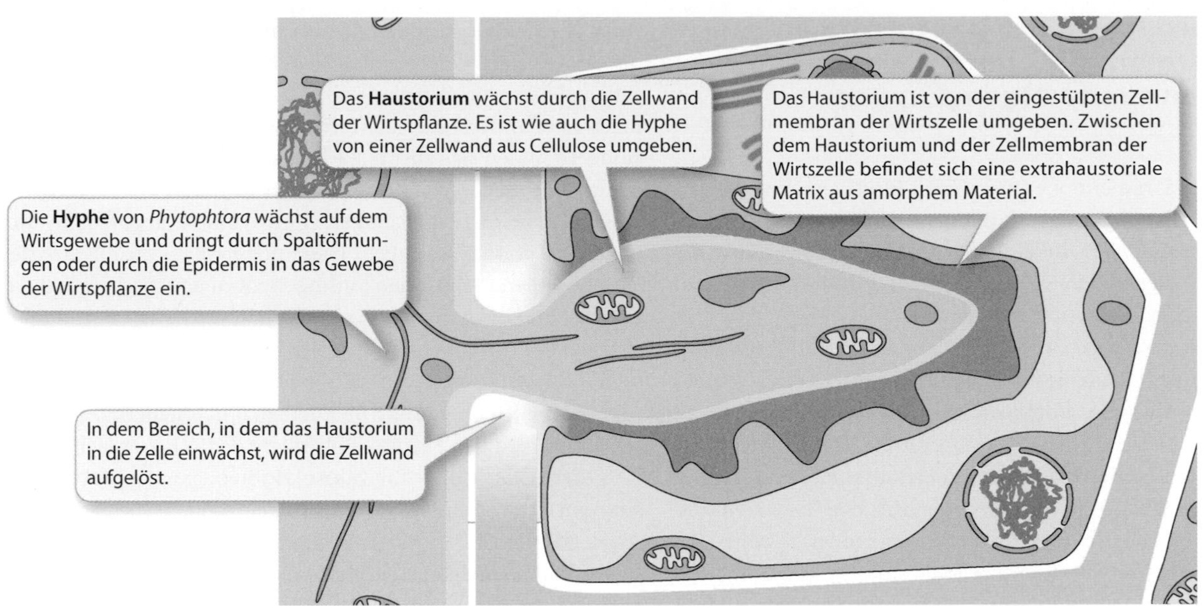

Abb. 33.32 Der Erreger der Kraut- und Knollenfäule (*Phytophtora infestans*) wächst mit Haustorien in die Wirtszellen ein

breitet sich sehr schnell, zum einen durch Transport befallener Früchte und Pflanzen, zum anderen durch Windverbreitung der Sporen. Der erste dokumentierte Ausbruch der Krankheit ereignete sich im Jahr 1843 in den östlichen USA (New York, Philadelphia). Zwei Jahre später war die Krankheit bereits über große Teile der östlichen USA verbreitet und löste nach einer Verschleppung mit Saatgut nach Europa zwischen 1845 und 1853 in Irland die große irische Hungersnot aus, die über 1 Mio. Tote forderte und zu einer der größten Auswanderungswellen aus Europa führte.

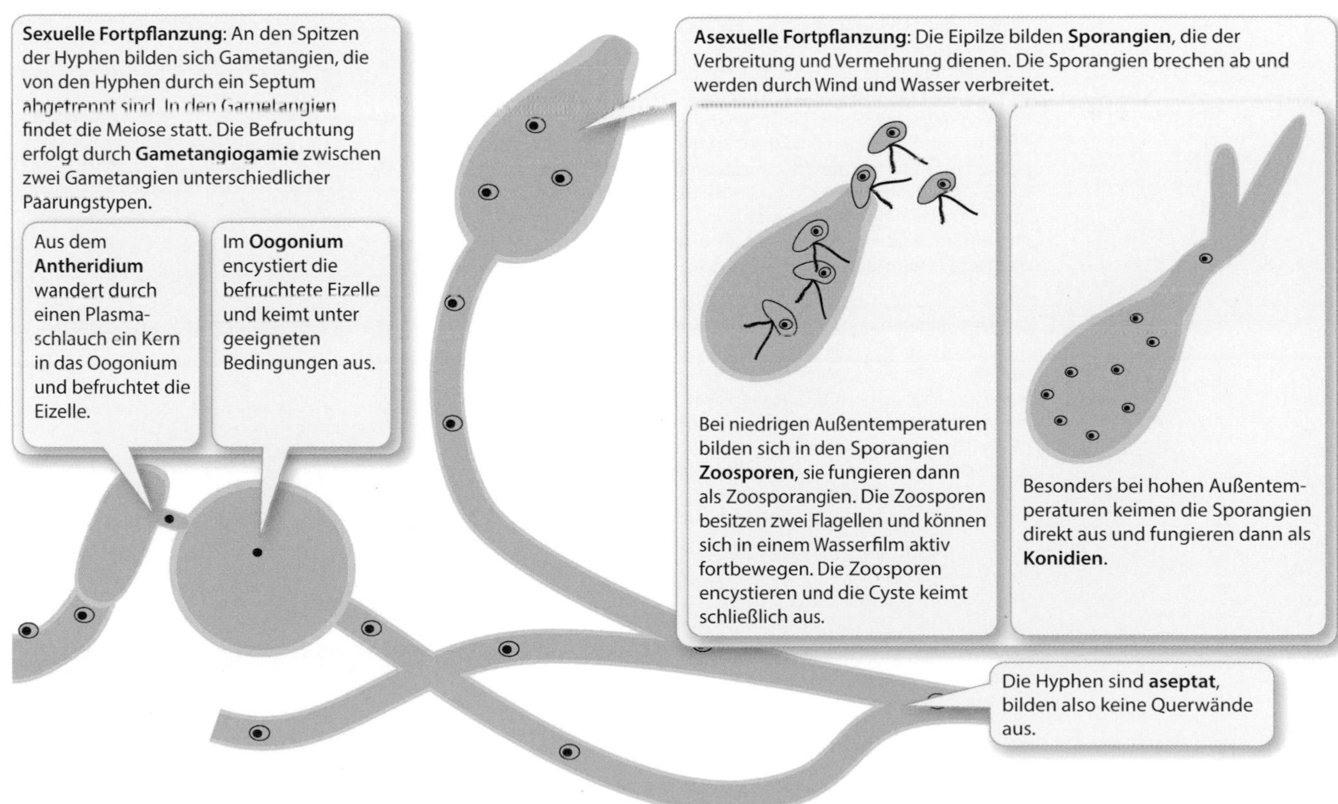

Abb. 33.33 Sexuelle und asexuelle Reproduktion von *Phytophtora infestans*

33.14 Ochrophyta: Die phototrophen Stramenopiles umfassen viele bedeutende Algengruppen

Die Linien der Stramenopiles, bei denen Plastiden vorkommen, werden als Ochrophyta zusammengefasst (◘ Abb. 33.34). Bedeutende Vertreter sind die Goldalgen, die Kieselalgen und die Braunalgen. Die Plastiden weisen die **Chlorophylle *a* und *c*** und als akzessorisches Pigment **Fucoxanthin** auf.

Die **Chrysophyceae** (**Goldalgen**) umfassen sowohl einzellige als auch koloniebildende Formen (◘ Abb. 33.35). Die Zellen besitzen in der Regel zwei Geißeln, die kurze Geißel kann bei einigen Arten aber stark verkürzt sein. Die längere vorwärtsgerichtete Geißel wird als Schwimmgeißel und zum Heranstrudeln von Bakterien und anderen Nahrungspartikeln genutzt. Die Goldalgen sind typische Vertreter des Phytoplanktons und besonders in nährstoffarmen Seen verbreitet. Die meisten Arten sind zur Aufnahme von Nahrungspartikeln fähig und ernähren sich **mixotroph** – durch eine Kombination von Photosynthese und phagotropher Ernährung. Ihre Hauptnahrung bilden planktische Bakterien, weshalb die Goldalgen zu den bedeutendsten Konsumenten von Bakterien zählen. Durch die Aufnahme von Bakterien verschaffen sich viele in nährstoffarmen Lebensräumen lebende Arten zusätzliche Nährstoffe. Es finden sich aber alle Übergänge von vorwiegend phototrophen zu vorwiegend heterotrophen Arten. In vielen Linien der Goldalgen ist die Fähigkeit zur Photosynthese unabhängig voneinander verloren gegangen. Diese obligat heterotrophen Arten sind bedeutende Bakterienkonsumenten in aquatischen und terrestrischen Ökosystemen. Auch die heterotrophen Formen besitzen aber noch zu Leukoplasten reduzierte Plastiden. Goldalgen bilden **Dauerstadien** (Stomatocysten; ▶ Abschn. 5.5) aus Silikat und können so ungünstige Bedingungen überdauern. Einige Arten besitzen zudem Silikatschuppen auf der Zelloberfläche.

Die **Bacillariophyceae** (**Kieselalgen** oder auch **Diatomeen**) sind eine artenreiche Gruppe vorwiegend aquatischer, einzelliger Algen (◘ Abb. 33.36). Bei einigen Arten finden sich auch einfache Zellverbände. Sie besiedeln marine, limnische und terrestrische Habitate. Im Meer sind sie die hinsichtlich der Photosyntheseleistung bedeutendste Algengruppe und für etwa ein Viertel der

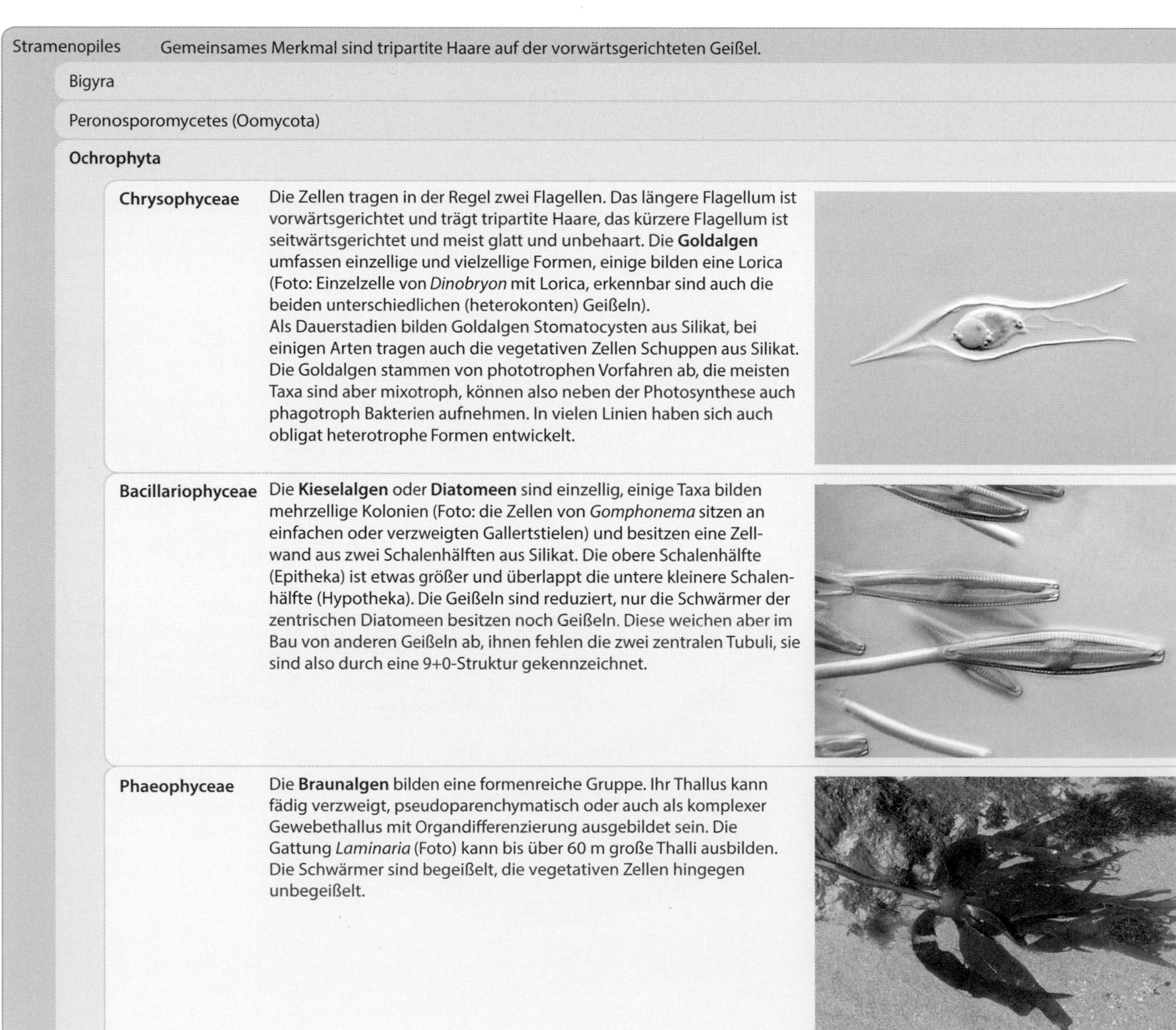

◘ **Abb. 33.34** Systematischer Überblick über die Ochrophyta (Stramenopiles)

Die Goldalgen (Chrysophyceae) umfassen photoautotrophe und heterotrophe (phagotrophe) Arten sowie Spezies, die beide Ernährungsweisen kombinieren (mixotrophe Arten). Alle besitzen einen Plastiden, bei den heterotrophen Formen ist dieser aber zum Teil stark reduziert.

Die **phototrophen Goldalgen** (hier *Synura uvella*) sind hauptsächlich in nährstoffarmen Süßgewässern verbreitet. Neben den Chlorophyllen *a* und *c* besitzen sie die akzessorischen Pigmente Fucoxanthin, Violaxanthin, Anthaxanthin und Neoxanthin.

Die Ernährungsstrategien der **mixotrophen Goldalgen** (hier *Dinobryon divergens*) reichen von vorwiegend phototroph – die Phagocytose dient hierbei vorwiegend der Aufnahme von Nährstoffen – bis vorwiegend heterotroph – die Photosynthese dient hier lediglich der Bereitstellung von ATP.

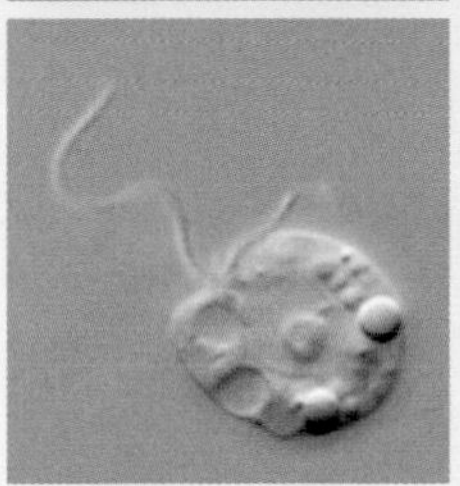

Die **heterotrophen Goldalgen** (hier *Chromulinospumella sphaerica*) sind bedeutende Bakterivore in terrestrischen und aquatischen Ökosystemen. Da Heterotrophie bei den Goldalgen mehrfach unabhängig entstanden ist, können sie als Modellorganismen für das Verständnis des Übergangs von phototropher zu heterotropher Ernährung dienen.

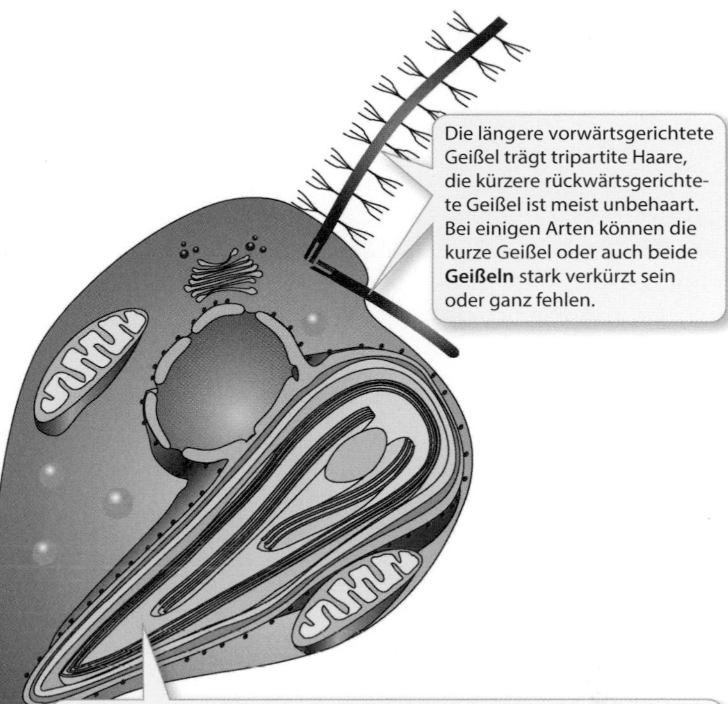

Die längere vorwärtsgerichtete Geißel trägt tripartite Haare, die kürzere rückwärtsgerichtete Geißel ist meist unbehaart. Bei einigen Arten können die kurze Geißel oder auch beide **Geißeln** stark verkürzt sein oder ganz fehlen.

Der **Plastid** der Ochrophyta geht auf die sekundäre Endocytobiose einer Rotalge zurück. Der Plastid ist von vier Membranen umgeben, die äußere Membran ist mit dem endoplasmatischen Retikulum (ER) und der äußeren Membran der Kernhülle verbunden. Dieser Membrankomplex wird als Chloroplasten-ER (CER) bezeichnet. Die Thylakoide liegen in Dreierstapeln vor.

Abb. 33.35 Goldalgenzellen besitzen die für die Stramenopiles typischen tripartiten Geißeln und weisen die für die Ochrophyta typische Organisation des Plastiden auf

Die Zellhülle (**Frustel**) der Kieselalgen oder Diatomeen besteht aus einer aus zwei Hälften aufgebauten Silikatschale. Die Komponenten der Schale werden in Vesikeln des Golgi-Apparats gebildet.

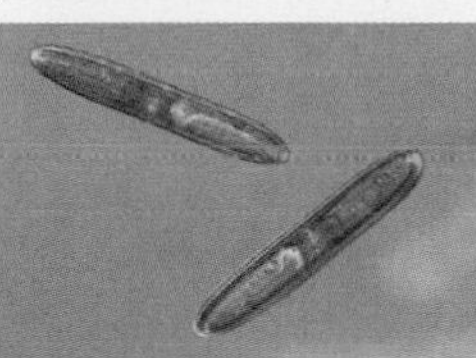

Die in Aufsicht lang gestreckten, bilateralsymmetrischen Arten werden als **pennate Kieselalgen (Pennales)** zusammengefasst.

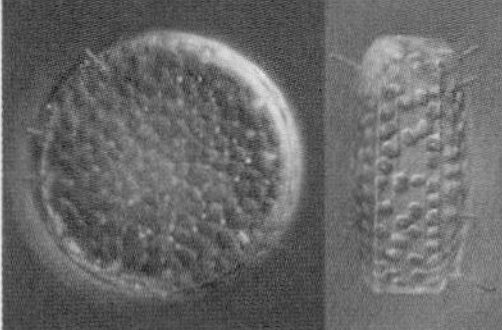

Die in Aufsicht runden, radiärsymmetrischen Arten werden als **zentrische Kieselalgen (Centrales)** zusammengefasst.

Die Aufteilung in Centrales und Pennales ist für die Bestimmung der Arten wichtig, entspricht aber nicht den Verwandtschaftsverhältnissen.

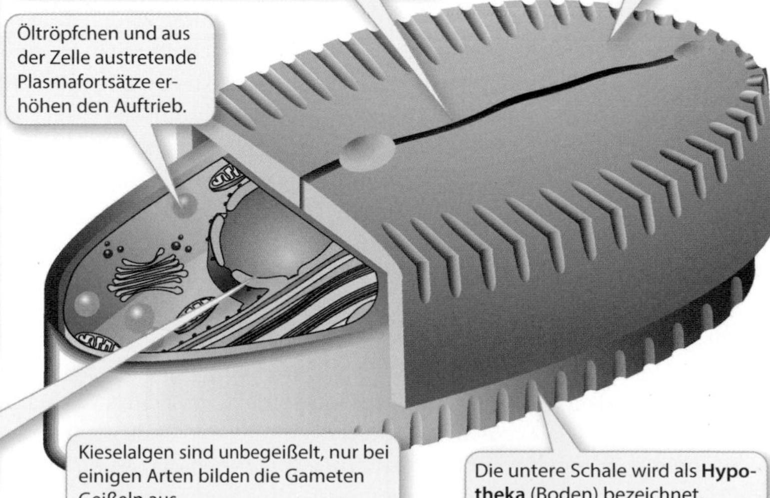

Die pennaten Kieselalgen besitzen einen **Raphe** genannten Durchbruch entlang der Längsachse der Schale. Durch die Raphe scheidet das Cytoplasma einen Schleim aus, auf dem sich die Kieselalge kriechend auf dem Substrat fortbewegen kann.

Die obere Schale wird als **Epitheka** (Deckel) bezeichnet.

Öltröpfchen und aus der Zelle austretende Plasmafortsätze erhöhen den Auftrieb.

Im Gegensatz zu den meisten anderen Algen sind die Kieselalgen **Diplonten**, besitzen also einen doppelten Chromosomensatz. Nur die durch Meiose entstehenden Gameten weisen einen einfachen Chromosomensatz auf.

Kieselalgen sind unbegeißelt, nur bei einigen Arten bilden die Gameten Geißeln aus.

Die untere Schale wird als **Hypotheka** (Boden) bezeichnet.

Abb. 33.36 Kieselalgen besitzen Schalen aus Silikat

Die Braunalgen sind vielzellige Stramenopiles. Einige Arten bilden einfache Zellfäden (einen Fadenthallus), andere Gewebethalli. Braunalgen dominieren vor allem die Felsküsten der temperaten Meere.

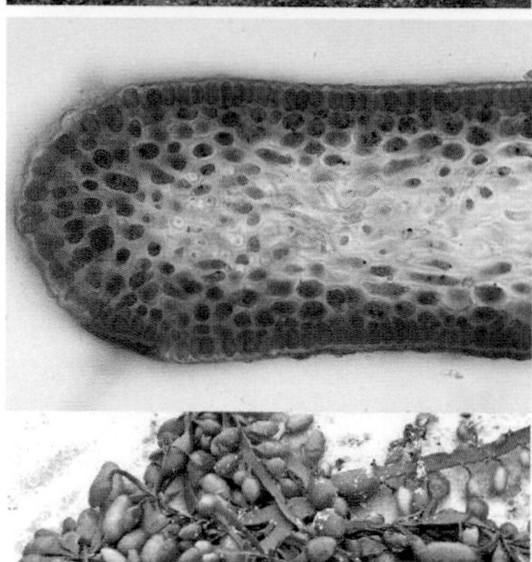

Viele Arten bilden komplexe Gewebe aus. Wachstum findet durch interkalare Zellteilung oder durch Apikalzellen statt. Die Zellwand besteht neben Cellulose aus Alginaten (Salze der Alginsäure). Benachbarte Zellen sind über Plasmodesmata miteinander verbunden.

Schwimmblasen verleihen dem Thallus vieler Arten Auftrieb.

Abb. 33.37 Die gewebebildenden Braunalgen sind meist in Organe gegliedert

globalen Primärproduktion verantwortlich (▶ Abschn. 36.6). Die Geißeln sind bei den Kieselalgen reduziert, auch die Basalkörper der Geißeln sind meist reduziert. Nur bei den Schwärmen einiger Arten finden sich noch die für die Stramenopiles typischen Geißeln. Kieselalgen besitzen eine aus Silikat aufgebaute, **zweiteilige Schale** (▶ Abschn. 5.2), die aus einer oberen **Epitheka** und einer unteren **Hypotheka** aufgebaut ist. Bei der Zellteilung werden die beiden Schalenhälften auf die Tochterzellen aufgeteilt und werden jeweils zur Epitheka der neuen Zelle; die kleinere Hypotheka wird jeweils neu gebildet. Somit nimmt die Zellgröße im Schnitt mit jeder Generation ab. Nur nach einer sexuellen Reproduktion wird eine zellwandlose Zygote gebildet, die zum Größenwachstum befähigt ist und schließlich beide Schalenhälften neu bildet. Daher sind regelmäßige sexuelle Fortpflanzungszyklen notwendig, um der fortschreitenden Verkleinerung der Zellgröße durch asexuelle, mitotische Teilung entgegenzuwirken. Im Gegensatz zu den meisten anderen Algen sind die Kieselalgen **Diplonten**, besitzen also einen doppelten Chromosomensatz. Nur die aus der Meiose hervorgehenden Fortpflanzungszellen sind haploid.

Aus den Schalen abgestorbener Kieselalgen können mächtige Sedimentpakete entstehen, die als **Kieselerde** kommerziell bedeutend sind. Die Schalen der Kieselalgen finden vielseitig Verwendung: beispielsweise im Putzkörper von Zahnpasta, als Reflektormaterial in Straßenmarkierungen, als Trägermaterial für Nitroglycerin im Dynamit sowie als Poliermittel, Filtermittel oder auch in Insektiziden, da die Schalen die Tracheen von Insekten verstopfen. Weil die Schalen eine taxonspezifische Struktur aufweisen, sind Kieselalgen zudem wichtige Indikatororganismen für die Bestimmung der Gewässergüte.

Die **Phaeophyceae** (**Braunalgen**) sind vorwiegend marine, vielzellige Algen (Abb. 33.37). Einige Arten bilden einfache Fadenthalli, andere komplexe Gewebethalli, die bis über 60 m groß werden können. Die Braunalgen bilden neben den Grünalgen inklusive der Landpflanzen, den Rotalgen, den Tieren und den Chitinpilzen **komplexe Gewebe mit Zell-Zell-Kontakten** und sind damit die einzige Organismengruppe innerhalb der SAR-Klade, die diesen Grad an Komplexität erreicht. Der Thallus von Braunalgen, die große Gewebethalli bilden, ist in verschiedene Abschnitte differenziert. Die festsitzenden Formen bilden wurzelähnliche Haftorgane (**Rhizoide**), sprossartige **Cauloide** und blattartige **Phylloide**. Bei vielen Arten dienen gasgefüllte Blasen (**Aerocysten**) dem Auftrieb. Die Zellwände der Braunalgen bestehen aus Cellulosefibrillen, die in eine gelartige Matrix aus Alginaten eingebettet sind. Als **Alginate** werden die Salze der aus 1,4-glykosidisch verknüpfter Galuronsäure und Mannuronsäure bestehenden Alginsäure zusammengefasst. Dieser Bau der Zellwand gewährleistet Festigkeit und Flexibilität. In den strömungsreichen Gezeitenzonen ist diese Kombination von Eigenschaften von Vorteil. Die Plastiden der Braunalgen enthalten neben den Chlorophyllen *a* und *c* vor allem das akzessorische Pigment Fucoxanthin. Fucoxanthin absorbiert insbesondere im grünen Lichtspektrum und bedingt die bräunliche Färbung der Braunalgen. Braunalgen vollziehen einen heterophasischen Generationswechsel, bei dem sich haploide und diploide Generation abwechseln. Bei einigen Arten sind beide Generationen gleich gestaltet (isomorph), bei anderen ist der Gametophyt gegenüber dem Sporophyten reduziert (heteromorph) oder auch ganz reduziert, diese Algen sind also Diplonten. Geißeln finden sich nur bei den Fortpflanzungszellen der Braunalgen (Abb. 33.38).

Die Gattung *Dictyota* durchläuft einen **isomorphen Generationswechsel**. Die Meiosporen wachsen zu einer haploiden Generation aus, die der diploiden Generation stark ähnelt.

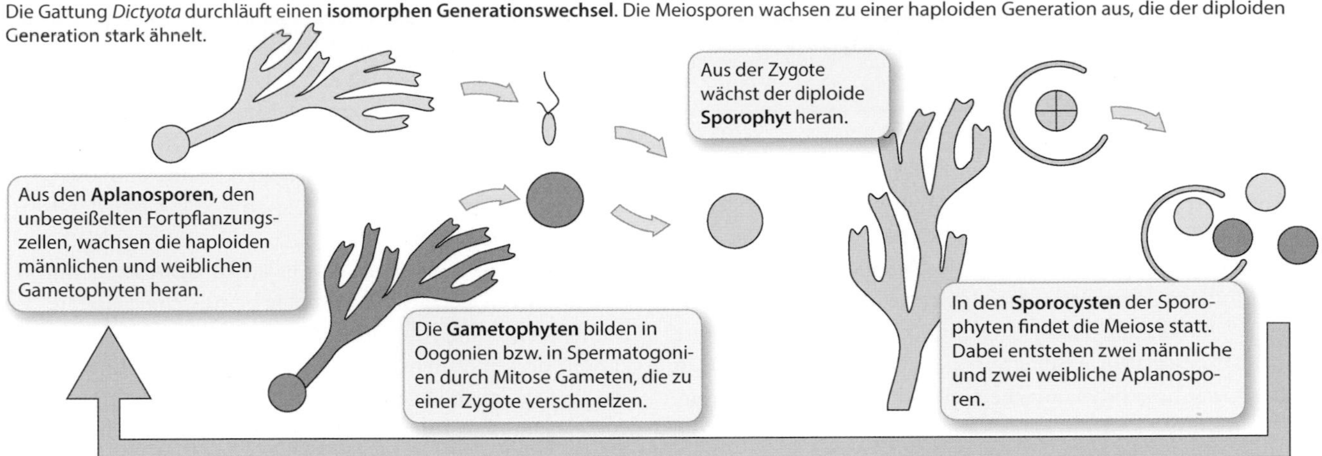

Die Gattung *Fucus* ist **diplontisch**. Durch Meiose entstehen Spermatozoide und Eizelle, die direkt zur Zygote verschmelzen.

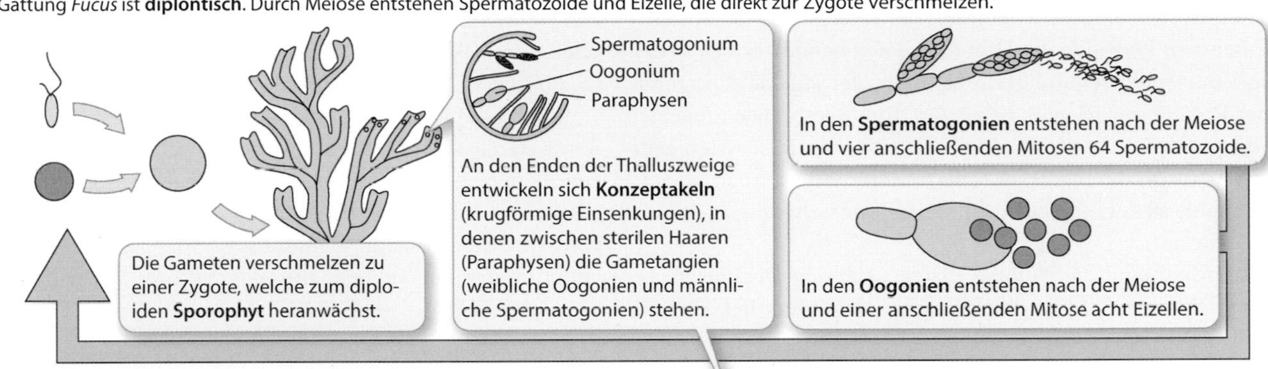

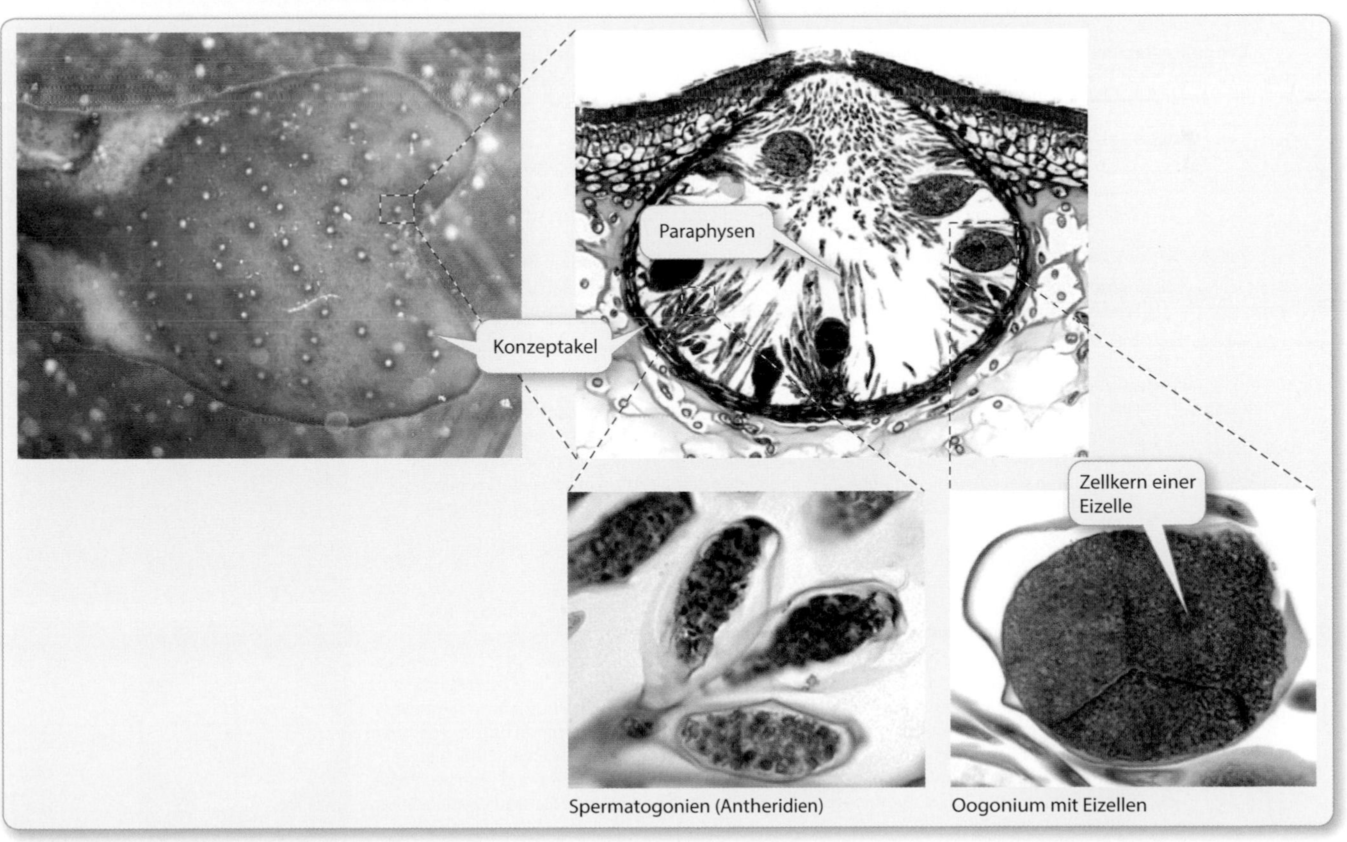

Abb. 33.38 Generationswechsel bei Braunalgen

33

33.15 Dinoflagellata: Die Zelloberfläche der Alveolata wird durch Vesikel stabilisiert

Die **Dinoflagellaten** oder **Panzergeißler** umfassen sowohl heterotrophe Arten ohne Plastiden als auch phototrophe Spezies, die einen Plastiden besitzen (◘ Abb. 33.39). Die unter der Zellmembran liegenden Alveoli werden als **Amphiesmata** bezeichnet und sind bei den meisten Arten mit zu Platten verdickter Cellulose gefüllt (◘ Abb. 33.40). Die charakteristische Anordnung dieser Platten wird zur Artdiagnose genutzt. Die Dinoflagellaten besitzen zwei heterodynamische Geißeln: Die eine Geißel verläuft transversal entlang einer Querfurche (**Cingulum**), die andere Geißel verläuft longitudinal entlang einer Längsfurche (**Sulcus**). Im Zellkern der Dinoflagellaten fehlen Histone und die Chromosomen sind auch während der Interphase kondensiert.

Bei dem Plastiden der Dinoflagellaten handelt es sich in der Regel um einen sekundären Plastiden, der auf die Aufnahme einer Rotalge zurückgeht. Er ist von drei Membranen umgeben und besitzt die Chlorophylle *a* und *c*. Bei einigen Arten geht der Plastid auf die Ingestion einer anderen Alge zurück, ist entsprechend anders gebaut und weist unterschiedliche Photopigmente auf.

Im Meer sind die Dinoflagellaten nach den Diatomeen die zweitwichtigste Gruppe der Primärproduzenten. Bei starkem Nährstoffeintrag in küstennahen Regionen, vor allem in den subtropischen und tropischen Klimazonen, können einige Arten Algenblüten hervorrufen (◘ Abb. 33.41; ► Abschn. 36.6). Aufgrund der Photosynthesepigmente der Dinoflagellaten haben diese Algenblüten oft eine rötliche Färbung (**Rote Tiden**). Da verschiedene blütenbildende Arten starke Gifte enthalten, sind diese Algenblüten oft toxisch – die Toxine konzentrieren sich über die Nahrungskette auf.

Die meisten Dinoflagellaten leben in Gewässern und besiedeln sowohl pelagische als auch benthische Habitate. Ein Großteil der Arten ist frei lebend, etwa 90 % der Dinoflagellaten gehören dem marinen Plankton an. Neben den phototrophen Arten gibt es auch viele heterotrophe Formen. Bei den heterotrophen Dinoflagellaten finden sich verschiedene Grundtypen der Nahrungsaufnahme. Die athecaten Dinoflagellaten nehmen Nahrung vor allem durch Phagocytose in eine Fraßvakuole auf, während thecate Formen hauptsächlich durch Myzocytose oder durch Ausbildung eines Palliums Nahrung aufnehmen (► Abschn. 4.2). Bei der Ernährung durch Myzocytose wird vom Sulcus ein Plasmastrang ausgestülpt, der die Zellhülle der Beute durchstößt. Die Beute wird dann über den Pedunkel in eine Fraßvakuole im Innern des Dinoflagellaten gesaugt. Beim „Pallium-feeding" wird ein Pseudopodium aus dem Sulcus ausgestülpt. Dieses Pseudopodium umgibt die gesamte Beute und bildet so eine Fraßvakuole, die außerhalb der Theka des Dinoflagellaten liegt.

Alveolata mit membranumschlossenen Vesikeln (Alveoli) unter der Zellmembran

Dinoflagellata Mit zwei Geißeln, von denen eine longitudinal (längs der Zellachse) und eine transversal schlägt. Die Chromosomen bleiben im Zellkern (Dinokaryon) in der Regel auch während der Interphase kondensiert.

Noctilucales (basale athekate Dinoflagellaten)
Die basalen Dinoflagellaten sind ungepanzert, sie besitzen keine Celluloseplatten in den Amphiesmata (◘ Abb. 33.40). Anders als bei anderen Dinoflagellaten ist die ausgewachsene Zelle diploid. Nur die haploiden Gameten bilden die für Dinoflagellaten typische Organisation des Zellkerns (Dinokaryon) aus. Die Zellen sind heterotroph, können aber zudem symbiotische Grünalgen enthalten. Sie sind frei lebend, beweglich und werden bis 2 mm groß. Die namensgebende Gattung *Noctiluca* (Foto) kann Algenblüten ausbilden und ist zur Biolumineszenz fähig; diese wird unter anderem durch mechanische Stimulierung angeregt. Dichte Populationen von *Noctiluca* können das sogenannte Meeresleuchten hervorrufen.

Gymnodiniales als Beispiel für athekate Dinoflagellaten
Die Gymnodiales besitzen keine Celluloseplatten in den Amphiesmata. Sie sind daher nur schlecht fossil überliefert, bilden aber eine bedeutende Komponente rezenter Planktongesellschaften. Einige Vertreter, wie die hier dargestellte Gattung *Amphidinium*, können Algenblüten hervorrufen. *Amphidinium* und einige andere Arten produzieren zudem Neurotoxine und sind daher oft an toxischen Algenblüten (engl. *harmful algal blooms*, HABs) beteiligt.

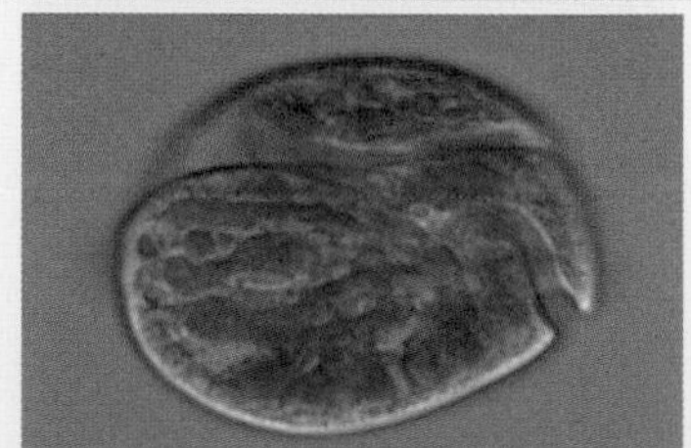

Gonyaulacales und **Peridiniales** als Beispiel für thekate Dinoflagellaten
Die thekaten Dinoflagellaten besitzen Celluloseplatten in den Amphiesmata. Die Gonyaulacales sind seit der Trias, die Peridiniales seit dem Jura fossil überliefert. Die zu den Peridiniales gehörende Gattung *Peridinium* (links: die elektronenmikroskopische Aufnahme zeigt die Anordnung der Celluloseplatten) und die zu den Gonyaulacales gehörende Gattung *Ceratium* (rechts: in der lichtmikroskopischen Aufnahme sind das Cingulum und die deutlich ausgeprägten Hörner – ein Apikalhorn und zwei Antapikalhörner zu erkennen) sind photoautotroph. Auch die als intrazelluläre Symbionten ("Zooxanthellen") bedeutende Gattung *Symbiodinium* gehört zu Peridiniales.

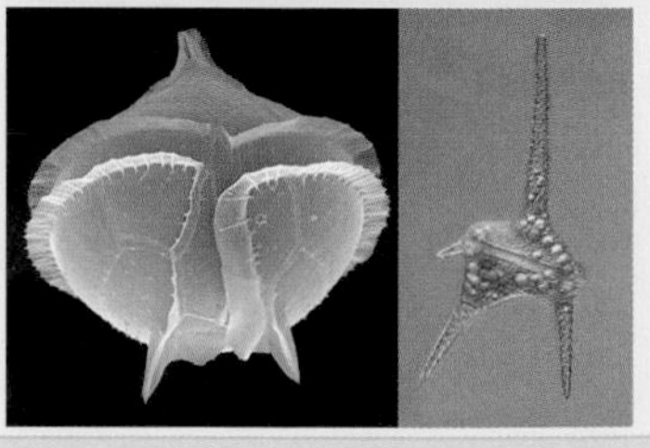

Apicomplexa

Ciliophora

◘ **Abb. 33.39** Systematischer Überblick über die Dinoflagellaten

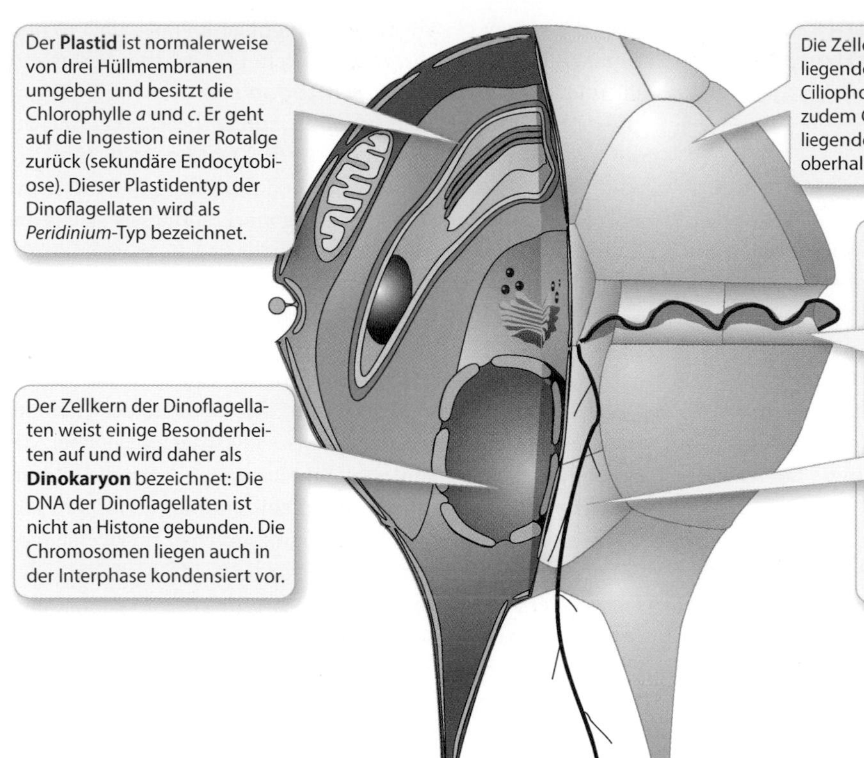

Abb. 33.40 Zellbau der Dinoflagellaten

Abb. 33.41 Dinoflagellaten können Algenblüten verursachen, hier eine Algenblüte an der spanischen Costa Brava

Einige Arten leben aber auch parasitisch oder als Symbionten (Zooxanthellen) in Korallen, Muscheln oder anderen Protisten. Die Korallen nutzen die von den Symbionten durch Photosynthese produzierten Zucker. Durch Hitze und andere Stressoren wird deren Photosyntheseapparat geschädigt. Es kommt zur Bildung von Sauerstoffradikalen, welche für den Wirt toxisch sind. Die Abstoßung der symbiotisch lebenden Dinoflagellaten durch Korallen aufgrund von Temperatur- oder pH-Änderungen infolge des Klimawandels verursacht die Korallenbleiche (Abb. 33.42), die meist zum Absterben der betroffenen Korallen führt (► Abschn. 38.2).

Dinoflagellaten der Gattung *Symbiodinium* leben **in Symbiose mit Korallen**. Die Algen leben als intrazelluläre Symbionten im Entoderm der Korallen. Die Koralle versorgt die Algen mit Nährstoffen, umgekehrt profitiert die Koralle von den Photosyntheseprodukten der Algen.

Abb. 33.42 Die Abstoßung symbiotischer Dinoflagellaten durch Korallen führt zur Korallenbleiche

33.16 Apicomplexa: Die Apicomplexa sind ein Beispiel für Parasiten, die sich aus Algen entwickelt haben

Die **Apicomplexa** (▣ Abb. 33.43) sind **obligate Endoparasiten** von Tieren. Es sind über 6000 Arten bekannt, die meist eine **hohe Wirtsspezifizität** aufweisen. Viele dieser Arten sind hoch pathogen. Der Name Apicomplexa (lat. *apex* = Spitze, *complexus* = Einfaltungen) und bezieht sich auf eine gemeinsame Struktur der Gruppe, den **Apikalkomplex**. Dabei handelt es sich um eine Reihe spezieller Strukturen am apikalen, spitz zulaufenden Ende der Zelle: **Conoide** dienen der Penetration der Wirtszellen, ebenso die **Rhoptrien** (flaschenförmige Sekretionsorganellen) und die **Mikronemen**, enzymgefüllte Derivate des Golgi-Systems (▣ Abb. 33.44).

Innerhalb der Zellmembran verläuft ein Doppelmembransystem, der den Alveoli anderer Alveolata homologe **innere Membrankomplex**. Am vorderen und hinteren Zellende finden sich Verdickungen des inneren Membrankomplexes, die als **Polringe** bezeichnet werden.

Die Apicomplexa besitzen einen stark reduzierten Plastiden, den **Apicoplasten**, der auf die Ingestion einer Rotalge zurückgeht. Der Apicoplast ist ein von meist **vier Membranen** umgebenes Organell. Es befindet sich in räumlicher Nähe zum Zellkern und zu einem Mitochondrium. Der Apicoplast hat die photosynthetischen Funktionen verloren, und auch sein Genom ist stark reduziert. Er ist aber an der Biosynthese von Fettsäuren und Isoprenoiden beteiligt und daher wichtig für den Metabolismus der Apicomplexa.

Die Apicomplexa durchlaufen einen meist **zwei- oder dreiphasigen Generationswechsel**, oft verbunden mit einem Wirtswechsel. Bekannteste Vertreter sind *Plasmodium* spp. als Erreger der **Malaria** (▣ Abb. 33.45). Die Malaria ist vor allem in den Tropen verbreitet und zählt mit jährlich über 200 Mio. Infektionen und über 0,5 Mio. Todesopfern zu den weltweit bedeutendsten Infektionskrankheiten (► Abschn. 35.11). Die verschiedenen Arten der Plasmodien befallen vor allem Primaten, seltener andere Säugetiere, manche befallen auch Vögel (Vogelmalaria) oder Reptilien.

Alle Plasmodien haben einen **komplexen Lebenszyklus mit obligatem Wirtswechsel** zwischen Insekten, in denen eine geschlechtliche Vermehrung stattfindet, und Wirbeltieren, in denen eine ungeschlechtliche Vermehrung erfolgt.

Durch den Speichel infizierter Stechmücken werden beim Saugakt **Sporozoiten** in den Körper eines Wirbeltiers übertragen. Diese wandern in die Blutgefäße ein und infizieren von dort aus Leberzellen, bei Vögeln und Reptilien können auch weitere Organe und Gewebe befallen werden. In der Leber vermehren sich die Sporozoiten durch **Schizogonie** (► Abschn. 14.2) und bilden schließlich kleine, als **Merozoiten** bezeichnete Zellen, die wieder in die Blutbahn gelangen. Die Merozoiten befallen schließlich die roten Blutkörperchen, in welchen es wiederum zu einer Vermehrung durch Schizogonie kommt. Der synchrone Entwicklungszyklus führt zu einer nahezu zeitgleichen Freisetzung der Parasiten, welche die typischen **Fieberschübe** der Malaria bedingt. Da die Entwicklungszeiten bei den verschiedenen *Plasmodium*-Arten unterschiedlich sind, ist der Rhythmus der Fieberschübe charakteristisch für verschiedene Formen der Malaria. Verschiedene Mutationen, insbesondere der Gene für Hämoglobin, können zu einer gewissen Resistenz gegenüber Malaria führen. Die bekannteste Mutation ist die durch die Bildung von Hämoglobin S bedingte **Sichelzellanämie** (► Abschn. 9.5). Während diese Mutation in der homozygoten Form zu einer verminderten Lebenserwartung führt, bedingt sie bei heterozygoten Trägern der Mutation einen milderen Verlauf der Malaria. Daher ist sie in einigen Malariagebieten recht verbreitet.

Einige Zellen entwickeln sich in den Erythrocyten aber auch zu **Gametocyten**, die beim Saugakt durch eine Mücke von dieser aufgenommen werden. Im Darm der Mücke bilden die männlichen Gametocyten durch Exflagellation mehrere Mikrogameten. Nach der Befruchtung entsteht aus der Zygote eine Oocyste, in der viele Sporozoiten gebildet werden, die schließlich in die Speicheldrüse einwandern. Neben *Plasmodium* umfassen die Apicomplexa viele weitere human- und tierpathogene Arten, Beispiele sind *Toxoplasma* und *Eimeria*.

Toxoplasma gondii ist der Erreger der **Toxoplasmose** (► Abschn. 14.11). Endwirt von *Toxoplasma* sind Katzen, als Zwischenwirt dienen andere Wirbeltiere, unter anderem auch der Mensch. Toxoplasmose ist weit verbreitet, in Deutschland sind bei rund 50 % der Bevölkerung Antikörper nachgewiesen. Beim Menschen verläuft die Erkrankung meist ohne Symptome, kann aber auch Fieber, Gliederschmerzen sowie Schwellungen der Lymphknoten auslösen. Die aus den Lymphknoten ins Blut freigesetzten Zellen können allerdings bei Schwangeren auch über die Placenta ins Blut der Nachkommen übergehen und bei Föten zu schweren Schädigungen führen.

Im Gegensatz zu *Plasmodium* und *Toxoplasma* durchlaufen Arten der Gattung *Eimeria* nur einen einwirtigen (**monoxenen**) Lebenszyklus. Sie befallen den Magen-Darm-Trakt insbesondere von Säugetieren und Vögeln und lösen die von teils schweren, blutigen Durchfällen begleitete **Kokzidiose** aus. Unbehandelt kann die Kokzidiose zum Tod der betroffenen Tiere führen.

Alveolata	mit membranumschlossenen Vesikeln (Alveoli) unter der Zellmembran
Dinoflagellata	
Apicomplexa	Die Apicomplexa sind **obligate Endoparasiten von Tieren** und durchlaufen einen **zwei- oder dreiphasigen Generationswechsel**. Die infektiösen Stadien besitzen am apikalen Ende eine Reihe spezialisierter Strukturen, die der Fortbewegung im Wirtsgewebe und dem Eindringen in Wirtszellen dienen. Diese apikalen Strukturen werden als **Apikalkomplex** zusammengefasst. Die Apicomplexa besitzen zudem einen Apicoplasten. Der **Apicoplast** ist ein stark reduzierter Plastid, der auf die sekundäre Endocytobiose einer Rotalge zurückgeht. Er ist nicht mehr zur Photosynthese fähig, spielt aber im Metabolismus der Apicomplexa eine wichtige Rolle, unter anderem bei der Synthese von Fettsäuren und Isoprenoiden.
Ciliophora	

▣ **Abb. 33.43** Systematische Einordnung der Apicomplexa

Die Apicomplexa besitzen im vorderen Bereich der Zelle verschiedene **sekretorische Organellen**, die Rhoptrien und die Mikronemen. Sie dienen der gleitenden Fortbewegung im Wirtsgewebe und dem Eindringen in die Wirtszellen.

Mikronemen sind kleine stäbchenförmige membrangebundene Strukturen im vorderen (apikalen) Bereich der Zelle. Sie scheiden adhäsive Proteine aus, die an die Zellmembran des Wirtes binden und eine gleitende Zellbewegung durch das Wirtsgewebe und das Eindringen in die Wirtszellen unterstützen.

Rhoptrien sind flaschenförmige Sekretionsorganellen. Sie scheiden Sekrete vor allem während des Eindringens in die Wirtszellen aus und stehen damit in unmittelbarem Zusammenhang mit der Infektion der Wirtszelle.

Am vorderen Zellpol vieler Arten findet sich ein **Conoid**, eine kegelförmige Struktur aus Mikrotubuli, die mechanisch das Eindringen in die Wirtszellen unterstützt. Bei einigen Arten, wie den Malaria-Erregern (*Plasmodium* spp.) fehlt diese Struktur allerdings.

Die den Alveoli entsprechenden Membransäckchen unterhalb der Zellmembran werden bei den Apicomplexa als **innerer Membrankomplex** bezeichnet. Dieser Membrankomplex verläuft entlang der Zelloberfläche. Im Bereich des vorderen und hinteren Zellpols sind diese Strukturen zu **Polringen** verdickt.

Der **Apicoplast** ist ein von meist **vier Membranen** umgebenes Organell, das einem reduzierten Plastiden entspricht. Er geht auf die **sekundäre Endocytobiose einer Rotalge** zurück. Der Apicoplast hat ein stark reduziertes Genom und befindet sich in räumlicher Nähe zum Zellkern und zu einem Mitochondrium. Er ist an der Biosynthese von Fettsäuren und Isoprenoiden beteiligt.

Abb. 33.44 Zellbau der Apicomplexa

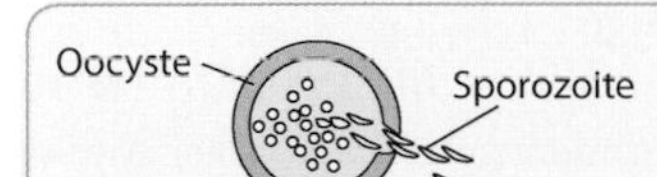

In den **Oocysten** entstehen bis zu 1000 **Sporozoiten**. Diese wandern in die Speicheldrüse der Mücke, sie sind das **infektiöse Stadium**.

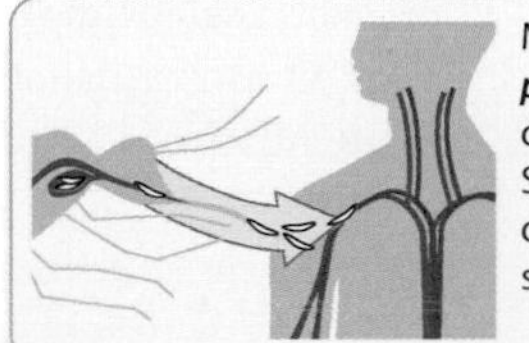

Mit dem Stich einer ***Anopheles*-Mücke** gelangen die Sporozoiten aus dem Speichel der Mücke in die Blutbahn des Menschen als **Zwischenwirt**.

Beim Stich einer Mücke werden die **Gametocyten** von der Mücke (dem **Endwirt**) aufgenommen und entwickeln sich im Darm zu Gameten. Aus der durch die Befruchtung entstehenden Zygote entwickeln sich über ein mobiles Stadium (**Ookineten**), die sich in die Darmwand einlagern, schließlich die Oocysten.

Die **Sporozoiten** dringen in Leberzellen ein und reifen dort zu **Schizonten** heran. Die Schizonten vermehren sich durch ungeschlechtliche Teilung. Die aus dieser ungeschlechtlichen Teilung (**Schizogonie**) hervorgehenden Zellen werden als **Merozoiten** bezeichnet. Diese gelangen wieder in die Blutbahn. Bei einigen Formen der Malaria können sich Zellen bilden, die in der Leber persistieren und so zu Rückfällen und chronischen Erkrankungen führen können.

Ein Teil der Merozoiten entwickelt sich zu männlichen Mikrogametocyten und weiblichen Makrogametocyten.

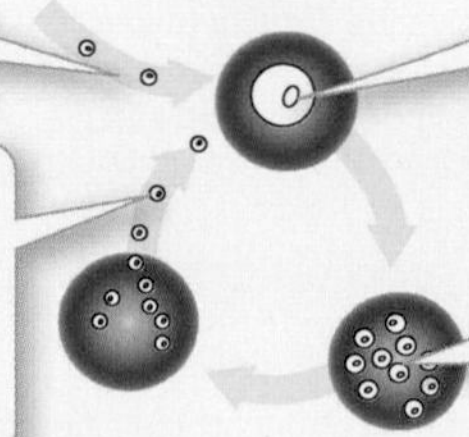

Die **Merozoiten** dringen in rote Blutkörperchen ein.

Die heranreifenden Zellen werden als **Trophozoiten** bezeichnet und reifen zu Schizonten heran.

Die Schizonten bilden durch Schizogonie wieder Merozoiten.

Die Merozoiten werden durch ein Aufplatzen der Wirtszelle zusammen mit Bruchstücken der Wirtszelle freigesetzt und befallen erneut rote Blutkörperchen.

Die Schizogoniezyklen laufen mehrfach ab und verlaufen synchron. Die synchrone Freisetzung der Merozoiten führt zu den charakteristischen **Fieberschüben**.

Abb. 33.45 Generationswechsel von *Plasmodium* spec., dem Erreger der Malaria

33.17 Ciliophora: Ciliaten besitzen einen somatischen Makronucleus und einen generativen Mikronucleus

Die **Ciliophora** sind eine morphologisch sehr vielfältige Gruppe (◘ Abb. 33.46). Sie besitzen in der Regel eine Vielzahl von als **Cilien** oder Wimpern bezeichneten Geißeln, die aber meist kürzer sind als die Geißeln anderer Protisten und auch im Schlagmuster von diesen abweichen. Im Gegensatz zu den meisten anderen Eukaryoten sind die Ciliophora durch zwei unterschiedlich große Zellkerne charakterisiert, einen großen **Makronucleus** und einen kleineren **Mikronucleus**. Der Mikronucleus ist diploid und dient der sexuellen Reproduktion (generativer Kern). Der Makronucleus ist polyploid – viele für den Zellmetabolismus wichtige Gene liegen in hoher Kopienzahl vor – und dient dem allgemeinen Zellmetabolismus (vegetativer Kern; ▶ Abschn. 11.11).

Unter der Zelloberfläche verläuft ein Netz aus Actin-Myosin-Filamenten und Mikrotubuli. Dieses Zellskelett ermöglicht den Ciliophora eine koordinierte Bewegung. Neben den Elementen des Zellskeletts, den Cilien und den Alveoli sind **Trichocysten** regelmäßig an der Zelloberfläche angeordnet (◘ Abb. 33.47). Die Trichocysten können auf einen Reiz hin einen Proteinfaden ausschleudern (▶ Abschn. 5.6).

Die Fortpflanzung der Ciliophora erfolgt meist durch Mitose und anschließende Zellteilung. Da der für die vegetativen Prozesse verantwortliche Makronucleus dabei aber einer Alterung unterliegt, sind regelmäßig sexuelle Fortpflanzungszyklen notwendig, in deren Rahmen der Makronucleus regeneriert wird. Die sexuelle Fortpflanzung erfolgt durch **Konjugation** (◘ Abb. 33.48; ▶ Abschn. 11.11). Die Konjugation als sexueller Prozess der Ciliophora führt also nicht zu einer Vermehrung. Die Vermehrung findet durch Mitose mit anschließender Zellteilung statt. Die Konjugation dient daher einerseits der Regeneration des Makronucleus, andererseits einer Rekombination der Gene.

Die Ciliophora umfassen Arten mit ganz unterschiedlichen Ernährungsweisen. Die meisten Spezies sind frei lebend und ernähren sich von Bakterien oder von anderen Protisten (Algen, heterotrophe Flagellaten und Amöben). Einige Arten leben räuberisch von anderen Ciliaten oder anderen größeren Organismen. Die am Cytostom (dem Zellmund) gebildeten Nahrungsvakuolen mit der aufgenommenen Nahrung wandern bei vielen Arten auf einem charakteristischen Pfad durch den Zellkörper. Unverdaubare Reste werden durch die Cytopyge (Zellafter) wieder ausgeschieden.

Manche Arten kommen in anaeroben Habitaten vor, beispielsweise frei lebend in überschwemmten anoxischen Böden oder im Verdauungstrakt verschiedener Tiere. Bei diesen an anaerobe Lebensräume angepassten Ciliaten sind die Mitochondrien zu Hydrogenosomen reduziert. Diese Formen leben in Symbiose mit methanogenen Archaeen. Einige Ciliaten besitzen auch phototrophe Endosymbionten und machen sich so die Photosyntheseleistung dieser Algen zunutze.

Der Osmoregulation dienen kontraktile Vakuolen (◘ Abb. 33.47; ▶ Abschn. 12.15), diese finden sich in der Regel aber nur

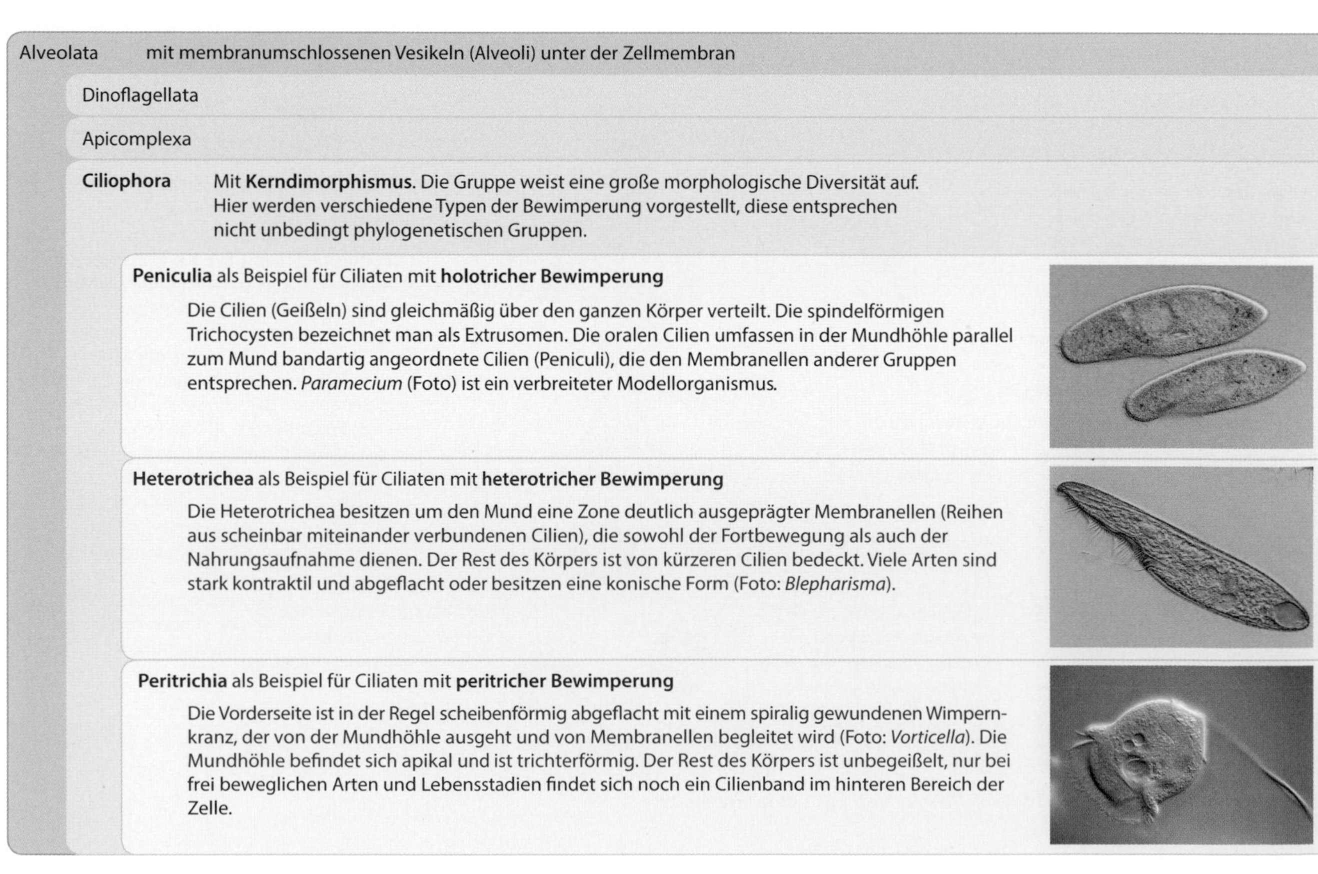

◘ **Abb. 33.46** Systematischer Überblick über die Ciliophora

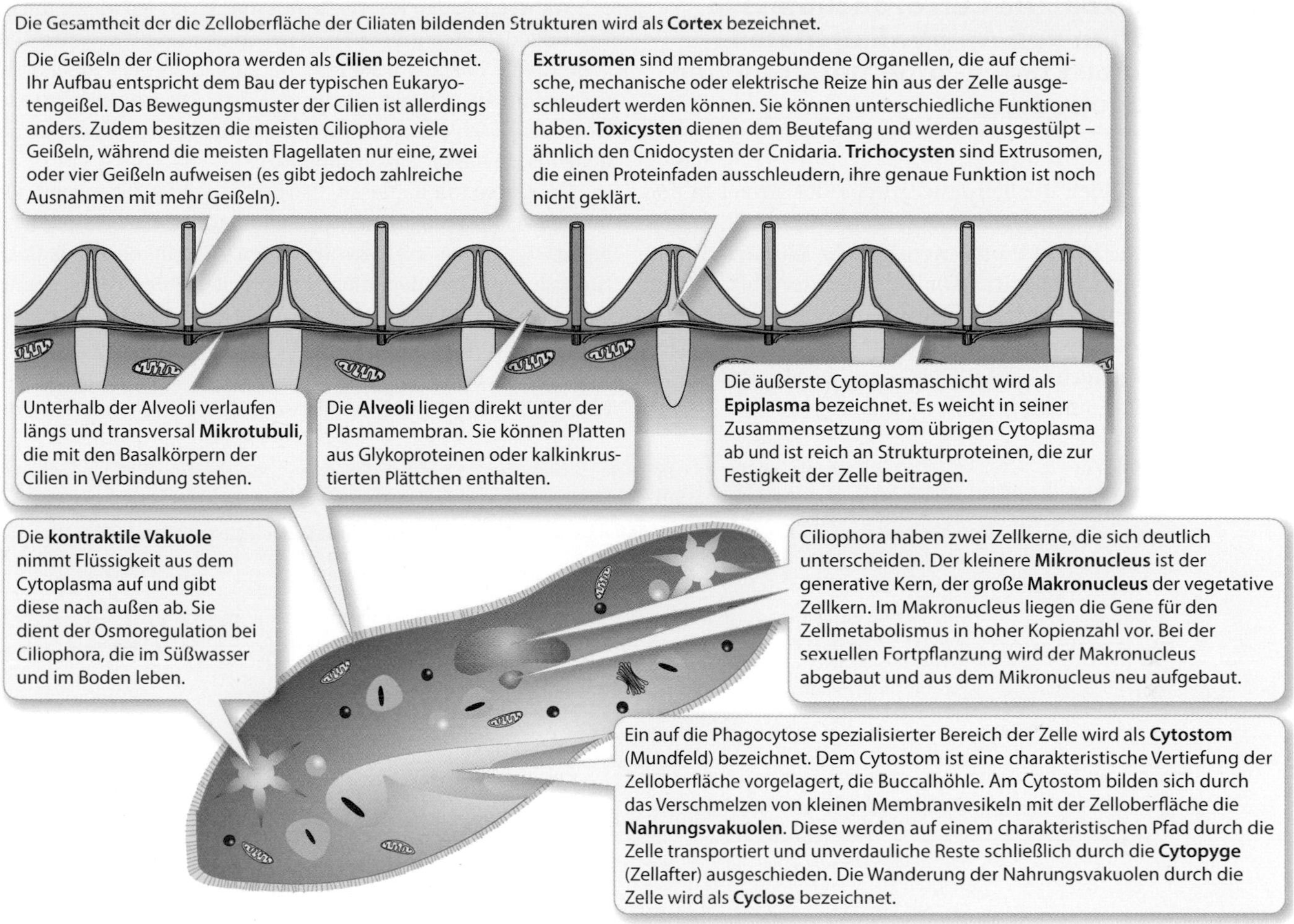

Die Gesamtheit der die Zelloberfläche der Ciliaten bildenden Strukturen wird als **Cortex** bezeichnet.
Die Geißeln der Ciliophora werden als **Cilien** bezeichnet. Ihr Aufbau entspricht dem Bau der typischen Eukaryotengeißel. Das Bewegungsmuster der Cilien ist allerdings anders. Zudem besitzen die meisten Ciliophora viele Geißeln, während die meisten Flagellaten nur eine, zwei oder vier Geißeln aufweisen (es gibt jedoch zahlreiche Ausnahmen mit mehr Geißeln).
Extrusomen sind membrangebundene Organellen, die auf chemische, mechanische oder elektrische Reize hin aus der Zelle ausgeschleudert werden können. Sie können unterschiedliche Funktionen haben. **Toxicysten** dienen dem Beutefang und werden ausgestülpt – ähnlich den Cnidocysten der Cnidaria. **Trichocysten** sind Extrusomen, die einen Proteinfaden ausschleudern, ihre genaue Funktion ist noch nicht geklärt.
Unterhalb der Alveoli verlaufen längs und transversal **Mikrotubuli**, die mit den Basalkörpern der Cilien in Verbindung stehen.
Die **Alveoli** liegen direkt unter der Plasmamembran. Sie können Platten aus Glykoproteinen oder kalkinkrustierten Plättchen enthalten.
Die äußerste Cytoplasmaschicht wird als **Epiplasma** bezeichnet. Es weicht in seiner Zusammensetzung vom übrigen Cytoplasma ab und ist reich an Strukturproteinen, die zur Festigkeit der Zelle beitragen.
Die **kontraktile Vakuole** nimmt Flüssigkeit aus dem Cytoplasma auf und gibt diese nach außen ab. Sie dient der Osmoregulation bei Ciliophora, die im Süßwasser und im Boden leben.
Ciliophora haben zwei Zellkerne, die sich deutlich unterscheiden. Der kleinere **Mikronucleus** ist der generative Kern, der große **Makronucleus** der vegetative Zellkern. Im Makronucleus liegen die Gene für den Zellmetabolismus in hoher Kopienzahl vor. Bei der sexuellen Fortpflanzung wird der Makronucleus abgebaut und aus dem Mikronucleus neu aufgebaut.
Ein auf die Phagocytose spezialisierter Bereich der Zelle wird als **Cytostom** (Mundfeld) bezeichnet. Dem Cytostom ist eine charakteristische Vertiefung der Zelloberfläche vorgelagert, die Buccalhöhle. Am Cytostom bilden sich durch das Verschmelzen von kleinen Membranvesikeln mit der Zelloberfläche die **Nahrungsvakuolen**. Diese werden auf einem charakteristischen Pfad durch die Zelle transportiert und unverdauliche Reste schließlich durch die **Cytopyge** (Zellafter) ausgeschieden. Die Wanderung der Nahrungsvakuolen durch die Zelle wird als **Cyclose** bezeichnet.

Abb. 33.47 Cortex der Ciliophora

Die Vermehrung erfolgt in der Regel durch Mitose und anschließende Zellteilung. Die geschlechtliche Fortpflanzung erfolgt durch **Konjugation**, also das Aneinanderlagern von zwei Zellen verschiedener Paarungstypen und den anschließenden Austausch von Erbmaterial über eine Plasmabrücke.
Meiose I
Meiose II
Mitose
Austausch der Wanderkerne
Karyogamie
Mitose und Polyploidisierung des Makronucleus
Bei der Konjugation lagern sich zwei Individuen verschiedener Paarungstypen aneinander an. Der Makronucleus löst sich nach und nach auf, während der Mikronucleus die Meiose durchläuft. So entstehen aus dem Mikronucleus vier haploide Kerne.
Drei der vier haploiden Kerne lösen sich auf, der verbleibende Kern teilt sich nochmals. Je ein Kern verbleibt in der Mutterzelle (stationärer Kern), während der andere Kern in die benachbarte Zelle wandert (Wanderkern).
Die beiden haploiden Kerne verschmelzen zu einem diploiden Kern. Nach der Trennung der Zellen teilt sich dieser nochmals und aus einem der Kerne wird ein neuer Makronucleus aufgebaut.

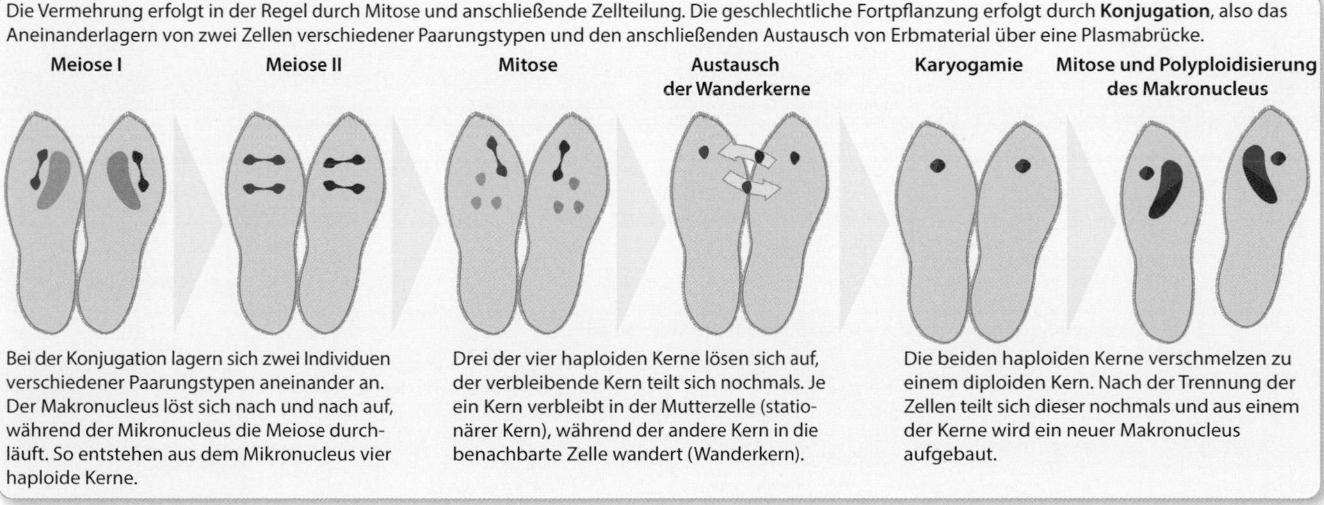

Abb. 33.48 Konjugation bei *Paramecium*

bei Formen, die im Süßwasser oder Brackwasser sowie im Boden leben. Bei marinen Arten ist eine Ausscheidung von Wasser über kontraktile Vakuolen aufgrund der osmotischen Verhältnisse nicht notwendig.

Mit den Pantoffeltierchen (*Paramecium* spp.) und *Tetrahymena* stellen die Ciliophora wichtige Modellorganismen, insbesondere für Fragen der Zellbiologie und der Genetik.

33.18 Cercozoa: Die Cercozoa umfassen Amöben und Amöboflagellaten mit meist faden- oder netzförmigen Pseudopodien

Die **Rhizaria** bilden die Schwestergruppe der Alveolata und Stramenopiles und werden mit diesen als SAR-Klade zusammengefasst. Die diverse Protistengruppe der Rhizaria umfasst die Cercozoa und die Retaria. Die Vertreter der Rhizaria sind morphologisch vielfältig und besitzen keine gemeinsamen morphologischen Merkmale. Die meisten Arten sind amöboid, viele Taxa tragen aber auch Geißeln. Die Gruppe wird aufgrund molekularer Daten definiert.

Während zu den Retaria (► Abschn. 33.19) vorwiegend schalenbildende Arten gehören und neben den rezenten Arten auch viele fossile Formen bekannt sind, umfassen die Cercozoa bis auf wenige Ausnahmen schalenlose Taxa. Die meisten Cercozoa leben benthisch oder im Boden und sind in diesen Ökosystemen bedeutende Bakterienkonsumenten.

Die **Cercozoa** umfassen die vorwiegend frei lebenden Filosa und die vorwiegend parasitischen Endomyxa. Bei den **Filosa** amöboide Organismen mit entweder filosen (fädigen) oder retikulosen (netzartigen) Pseudopodien. Entsprechend des vorwiegenden Typs der Pseudopodien werden sie in Monadofilosa und Reticulofilosa unterteilt (◘ Abb. 33.49). Die meisten Gruppen sind heterotroph, neben den farblosen, heterotrophen Taxa gehören aber auch zwei pigmentierte, photosynthetische Gruppen zu den Cercozoa.

Taxon				Beschreibung
Rhizaria				Die Rhizaria sind sehr formenreich. Die meisten Taxa haben dünne Pseudopodien, die einfach (Filopodien) oder netzartig (Retikulopodien) ausgebildet sind. Bei einigen Arten verlaufen in den Pseudopodien zentrale Achsenstäbe aus Mikrotubuli (Axopodien).
	Cercozoa			Morphologisch sehr variable Gruppe, die **Flagellaten mit zwei Geißeln** und **amöboide Organismen mit Filopodien oder Retikulopodien** umfasst. In der Regel sind die Cristae der Mitochondrien tubulär. Viele Arten bilden Cysten, die Kinetosomen sind durch das Cytoskelett mit dem Zellkern verbunden.
		Endomyxa		Vorwiegend **parasitische** Arten. Die Endomyxa umfassen plasmodiale Endoparasiten anderer Eukaryoten und frei lebende, vorwiegend parasitische und räuberische Amöben und Amöboflagellaten. Zu den Phytomyxea gehören Amöben und Plasmodien, die als Parasiten von Pflanzen und Stramenopiles leben. Die Ascetosporea sind dagegen Parasiten von Invertebraten, vor allem von marinen Mollusken und Anneliden. Sie verbreiten sich durch komplexe Cysten, die vom Wirt aufgenommen werden. Im Wirt entwickeln sie sich zu vielkernigen Plasmodien. Die Vampyrelliden (Foto: *Vampyrella lateritia*) leben dagegen parasitisch an Algen: Sie perforieren die Zellwände und saugen anschließend die Algenzellen aus.
		Filosa		Vorwiegend **frei lebende** Arten. Amöboide Organismen mit Filopodien oder bikonte Flagellaten. Die Mitochondrien mit tubulären Cristae. Die Gruppe ist vorwiegend aufgrund molekularer Merkmale definiert. Die Filosa sind eine sehr umfangreiche Organismengruppe, hier werden nur einige Beispiele vorgestellt.
			Monadofilosa	vorwiegend **bikonte Amöboflagellaten**
			Imbricatea	Zumeist bikonte Flagellaten, die Zelloberfläche ist mit Silikatschuppen bedeckt. Zu den Imbricatea gehören auch die Paulinellidae mit der Gattung *Paulinella* (Foto). *Paulinella* ist die einzige bekannte Gattung, deren Chromatophoren unabhängig von den Plastiden anderer Algen und denen der Landpflanzen entstanden sind. Daher ist *Paulinella* evolutionsbiologisch bedeutend für das Verständnis der Endocytobiosetheorie und der Entstehung von Plastiden durch Aufnahme eines Cyanobakteriums.
			Sarcomonadea	Amöboflagellaten mit zwei heterodynamischen Geißeln. In der Regel ist eine der Geißeln vorwärts orientiert, während die andere Geißel zurückgerichtet ist und in der Ordnung Cercomonadida am Zellkörper anliegt. Vor allem zur Nahrungsaufnahme werden Pseudopodien ausgebildet (Foto: *Cercomonas* spec.).
			Reticulofilosa	vorwiegend **Amöben mit Retikulopodien**
			Granofilosea	Heterotrophe Amöben mit sehr feinen und in der Regel stark netzartig verzweigten Pseudopodien (Foto: *Reticulamoeba* spec.) oder mit Axopodien. In den Pseudopodien verlaufen Mikrotubuli, zudem enthalten sie auffällige Extrusomen. Bei einigen Arten sind bikonte Verbreitungsstadien bekannt.
			Chlorarachniophyta	Amöboide Protisten mit netzartigen Pseudopodien (Retikulopodien) mit bikonten Verbreitungsstadien. Die Chlorarachniophyta (Foto: *Chlorarachnion reptans*) besitzen Plastiden, die durch sekundäre Endocytobiose entstanden sind. Sie lassen sich auf die Aufnahme einer Grünalge zurückführen und enthalten die Chlorophylle *a* und *b*. Die Plastiden besitzen einen Nucleomorph, ein Rest des ursprünglichen Zellkerns der Grünalge, und sind von insgesamt vier Membranen umgeben.
	Retaria			beschalte amöboide Protisten mit Retikulopodien oder Axopodien, marin

◘ **Abb. 33.49** Systematischer Überblick über die Cercozoa

■ **Abb. 33.50** *Cercomonas* ist ein Amöboflagellat. Die Zellen sind amöboid und besitzen zwei heterodynamische Geißeln

Zu den **Monadofilosa** gehören viele farblose **Amöboflagellaten**, wie die hier exemplarisch vorgestellten **Sarcomonadea** mit der für die Cercozoa namensgebenden Gattung *Cercomonas* (■ Abb. 33.50). *Cercomonas* ist ein frei lebender Amöboflagellat ohne Zellwand. Die beiden heterodynamischen Geißeln tragen keine Mastigoneme. Der Lebenszyklus von *Cercomonas* umfasst einkernige Amöboflagellaten, vielkernige Plasmodien und einkernige Cysten (Dauerstadien). Plasmodien entstehen durch wiederholte Kernteilung ohne korrespondierende Zellteilung. Sie sind vielkernig und besitzen (oft) viele Geißeln. Die ebenfalls zu den Monadofilosa gehörenden **Imbricatea** umfassen innerhalb der ansonsten meist schalenlosen Cercozoa eine Reihe von mit Silikatschuppen bedeckten Taxa. Die zu den Imbricatea gehörende Gattung ***Paulinella*** stellt eine evolutionsbiologische Besonderheit dar. Während sich die Plastiden aller übrigen eukaryotischen Algen auf die Aufnahme eines Cyanobakteriums durch einen Vorfahren der Archaeplastida zurückführen lassen, sind die **Chromatophoren** bei *Paulinella* durch eine unabhängige Endocytobiose eines Cyanobakteriums entstanden. Dies stellt damit die einzige Ausnahme von der Monophylie der Plastiden der eukaryotischen Algen dar. Da die Reduktion des Cyanobakteriums noch nicht so weit fortgeschritten ist wie bei den Plastiden, bezeichnet man die Endocytobionten von *Paulinella* auch als Chromatophoren. Im Gegensatz zu frei lebenden Cyanobakterien haben sie aber bereits über zwei Drittel ihrer Gene reduziert.

Die **Reticulofilosa** umfassen viele **Amöben** mit retikulosen Pseudopodien, die in der Regel durch innere Mitochondrien unterstützt sind. Auch innerhalb der Reticulofilosa gibt es eine Linie mit Plastiden: Die **Chlorarachniophyta** sind Amöben mit sekundären Plastiden, die auf die Aufnahme einer Grünalge durch sekundäre Endocytobiose zurückzuführen sind. Die Plastiden der Chlorarachniophyta sind von vier Membranen umgeben und besitzen die Chlorophylle *a* und *b*. Als Rest des ursprünglichen Zellkerns der aufgenommenen Grünalge wird der zwischen der zweiten und dritten Plastidenmembran liegende Nucleomorph interpretiert.

Die zu den **Endomyxa** gehörenden Phytomyxea sind amöboide oder plasmodiale Endoparasiten von Pflanzen und Stramenopiles. Die Zellen bilden aus Differenzierungen des endoplasmatischen Retikulums feste Extrusomen, mit denen sie in die Wirtszellen eindringen. Die Art *Plasmodiophora brassicae* ist ein bedeutender Wurzelschädling von Kohlpflanzen (■ Abb. 33.51). Die ebenfalls zu den Endomyxea gestellten Vampyrellida (■ Abb. 33.49) heften sich an Algenzellen an und saugen nach Perforation der Zellwand den Zellinhalt aus.

■ **Abb. 33.51** Durch *Plasmodiophora brassicae* hervorgerufene Kohlhernie an den Wurzeln von Blumenkohl

33.19 Retaria: Die Kalk- und Silikatskelette der Foraminiferen und Radiolarien können mächtige marine Sedimente bilden

Die **Retaria** (◘ Abb. 33.52) umfassen eine monophyletische Gruppe mit bis auf wenige Ausnahmen schalenbildenden Arten. Die bekanntesten Vertreter sind die Foraminiferen und die Radiolarien. Es handelt sich um marine heterotrophe Amöben, die Pseudopodien sind als Axopodien mit zentralem Achsenstab oder als netzartige Retikulopodien ausgebildet.

Die Schalen der Foraminiferen (**Foraminifera**) sind aus **Kalk** oder aus mit Kalk agglutinierten (verklebten) Partikeln aufgebaut (◘ Abb. 33.53). Die meisten Arten leben benthisch, die **Globigerinen** stellen als planktische Foraminiferen eine Ausnahme dar. Viele Arten zeigen eine ausgeprägte Habitatspezifität, kommen also nur in bestimmten Meeresregionen vor. Die Schalen solcher fossilen Foraminiferen werden daher auch zur Exploration von Rohstoffvorkommen, insbesondere von Erdöl, herangezogen. Aus diesem Grund sind fossile Foraminiferen vergleichsweise gut untersucht und den etwa 10.000 beschriebenen rezenten Arten stehen rund 40.000 beschriebene fossile Arten gegenüber. Foraminiferen sind einzellig, bilden aber ein in der Regel mehrkammeriges **Gehäuse** aus. Sie können weit über 100 µm groß werden, die größten fossilen Arten erreichten einen Durchmesser von bis zu 20 cm. Die aus den Poren ragenden **Retikulopodien** dienen der Fortbewegung und dem Beutefang. Häufig sind symbiotische Algen mit den Foraminiferen assoziiert, diese Algen können bis zu drei Viertel des Gehäusevolumens einnehmen. In flachmarinen Bereichen und Meerestiefen bis etwa 5000 m bilden Foraminiferen bedeutende Sedimente. Aus solchen Foraminiferenkalken wurden beispielsweise die ägyptischen Pyramiden gebaut.

Die **Polycystinea** und die **Acantharia** werden auch als **Radiolarien** zusammengefasst, die Radiolarien bilden aber keine monophyletische Verwandtschaftsgruppe. Die Schalen der im marinen Plankton lebenden **Polycystinea** sind aus **Silikat** aufgebaut. Da sich die Silikatschalen im Gegensatz zu den Kalkschalen der Foraminiferen auch in tieferen Wasserschichten der

33

Taxon	Beschreibung
Rhizaria	Die Rhizaria sind sehr formenreich. Die meisten Taxa haben dünne Pseudopodien, die einfach (Filopodien) oder netzartig (Retikulopodien) ausgebildet sind. Bei einigen Arten verlaufen in den Pseudopodien zentrale Achsenstäbe aus Mikrotubuli (Axopodien).
Cercozoa	morphologisch sehr variable Gruppe, meist bikonte Flagellaten oder Amöben
Retaria	Marine heterotrophe, amöboide Protisten mit **Retikulopodien** oder **Axopodien.** Die meisten Arten bilden Skelette aus Silikat, Carbonat oder Strontiumsulfat.
Acantharia	Kugelförmige bis längliche Protisten mit einer Größe zwischen 50 µm und 5 mm. Sie sind von einer Kapsel außerhalb der Zellmembran umgeben, diese Kapsel wird von einer Vielzahl von Pseudopodien durchbrochen, die zu einem äußeren hyalinen Ektoplasma zusammenfließen. Die Zellen besitzen 20 Stacheln aus **Strontiumsulfat,** die im Zentrum der Zelle zusammenlaufen. Das innere Endoplasma ist granulär und enthält die Organellen sowie häufig auch endosymbiotische Algen. Da Strontiumsulfat in Meerwasser löslich ist, sind Skelette von Acantharia fossil nicht überliefert.
Foraminifera	Amöboide Protisten mit Kapseln, die meist aus **Kalk** aufgebaut sind. Sie bilden feine Filopodien, die verzweigt oder netzartig ausgebildet sein können (Retikulopodien). Im Unterschied zu den Filopodien vieler anderer Protisten fließt das granuläre Cytoplasma in den Filopodien bidirektional, also zur selben Zeit in beide Richtungen. Diese Cytoplasmaströmungen können mit bis zu 10 mm/s recht schnell sein. Der Feinbau der Schalen variiert und ist charakteristisch für die verschiedenen Arten bzw. Ordnungen. Die Schale wird zunächst aus Glykoproteinen aufgebaut, später wird Kalk eingelagert. Es finden sich amorphe bis feinkristalline Kalkschalen neben agglutinierten Gehäusen, die durch Anlagerung von Partikeln entstehen. Die meisten Foraminiferen leben benthisch, die Globigerinen (Foto) dagegen planktisch. Sie sind durch große aufgeblasene Kammern gekennzeichnet.
Polycystinea	Amöboide Protisten mit Kapseln aus amorphen **Siliciumdioxid.** Sie sind 30 µm bis 2 mm groß, die zentrale Kapsel aus Siliciumdioxid ist in der Ordnung Spumellaria kugelig und gleichmäßig mit Poren durchsetzt (obere Abbildung). In der Ordnung Nasselaria ist die Kapsel dagegen konisch gebaut, die Poren sind an einem Pol der Kapsel konzentriert (untere Abbildung). Die Ordnung Collodaria umfasst eine Reihe skelettloser Arten (nicht dargestellt). Filopodien und Axopodien dienen der Nahrungsaufnahme und dem Schweben im Wasser. Die Polycystinea sind heterotroph und ernähren sich sowohl von gelösten Nährstoffen als auch von kleinen Partikeln wie Bakterien und Protisten, die sich an den Axopodien verfangen. Im äußeren Cytoplasma finden sich manchmal auch einzellige symbiotische Algen. Die Polycystinea leben planktisch, vor allem in den oberen Schichten warmer Meere.

◘ **Abb. 33.52** Systematischer Überblick über die Retaria

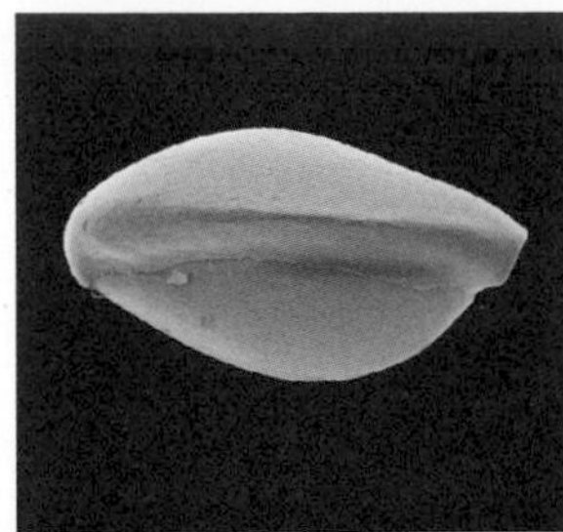

Die Miliolida sind seit dem Karbon bekannt und besitzen zwei- bis vielkammerige Gehäuse ohne Poren (imperforat). Die Gehäuse sind agglutiniert oder aus mikrokristallinem und dadurch porzellanartig wirkendem Calcit aufgebaut.

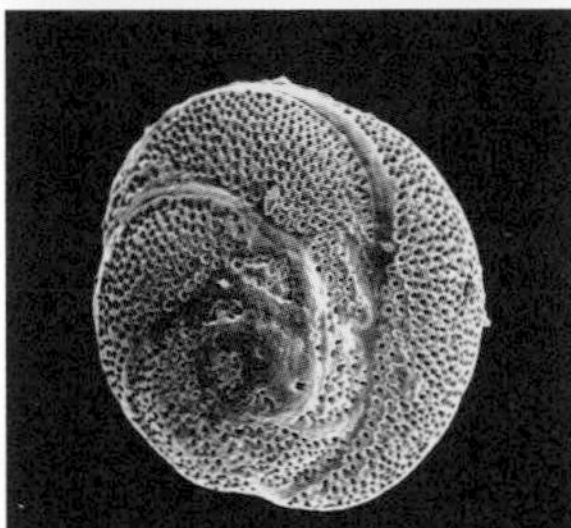

Die Rotaliida (Jura bis rezent) bilden vielkammerige Gehäuse aus hyalinem Calcit. Die zu den Rotaliida gehörenden Nummulitidae („Nummuliten") gehören zu den größten bekannten Einzellern. Die größten Arten erreichten Größen von über 15 cm. Sie lebten benthisch in flachmarinen Meeresbereichen.

Rezente Foraminiferen können einige Zentimeter groß werden (links: *Amphisorus* spec., Miliolida). Fossile Foraminiferen können eine bedeutende Komponente von marinen Kalkablagerungen bilden. Die fossilen Nummuliten (oben: *Ammonia* spec., Rotaliida) waren die größten bekannten Foraminiferen.

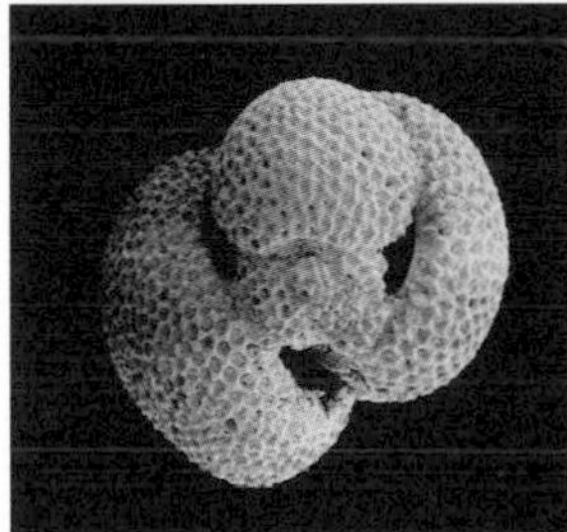

Die Globigerinida sind seit dem oberen Jura bis heute weit verbreitet und artenreich. Sie leben planktisch, ihre Gehäuse bestehen aus hyalinem Calcit, die Kammern sind nahezu kugelig (globulär) gebaut und fein perforiert.

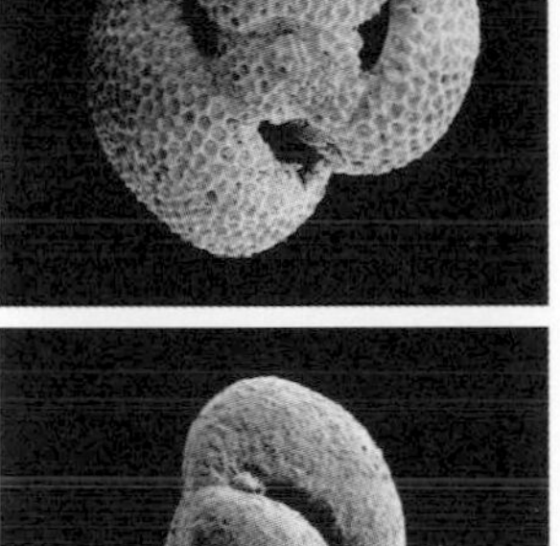

Die Textulariida sind seit dem Kambrium bekannt, besonders bedeutend sind sie im Jura und in der Kreide. Die Gehäuse sind mehrkammerig und aus agglutinierten Sedimentpartikeln aufgebaut.

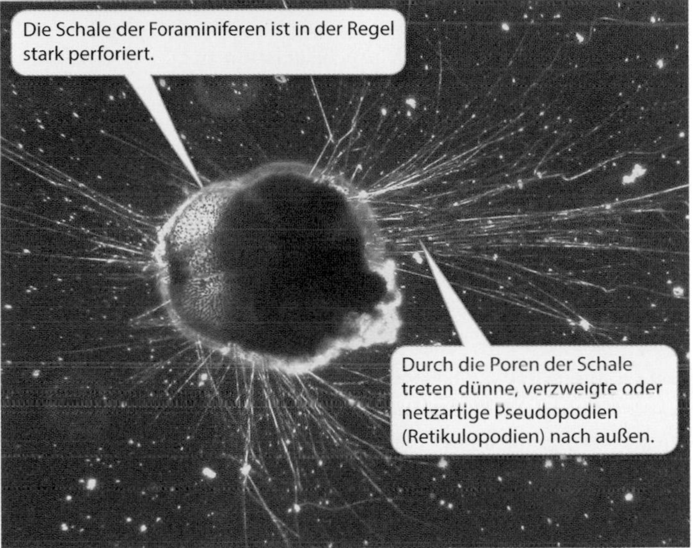

Abb. 33.53 Vielfalt der Gehäuseformen und Lebensweise der Foraminiferen

Ozeane nicht auflösen, bilden die Gehäuse der Polycystinea eine bedeutende Komponente von Tiefseesedimenten (Radiolarienschlamm und Radiolarit). Die Skelette der **Acantharia** bestehen aus **Strontiumsulfat**. Strontiumsulfat ist als Skelettsubstanz selten und eine Besonderheit dieser Organismengruppe. Da Strontiumsulfat wasserlöslich ist, sind Skelette von Acantharia im Gegensatz zu denen von Foraminiferen und Radiolarien nicht fossil überliefert.

33

33.20 Die phylogenetische Position einiger Eukaryotengruppen ist noch nicht geklärt

Die Verwandtschaftsverhältnisse zwischen den Großgruppen sind in vielen Fällen noch unsicher und einige Organismengruppen, wie die Haptophyta und die Cryptophyta, können bislang noch nicht endgültig im System der Eukarya eingeordnet werden. Da die Verwandtschaftsbeziehungen dieser Gruppen noch unklar ist, werden sie hier als ***incertae sedis* Eukaryota**, also als **Eukaryoten unsicherer phylogenetischer Stellung**, eingeordnet. Die hier behandelten Algengruppen besitzen einen Plastiden, der auf eine sekundäre Endocytobiose einer Rotalge zurückzuführen ist (▶ Abschn. 33.2). Dies lässt aber nicht direkt Rückschlüsse auf eine Verwandtschaft mit den Stramenopiles und den Alveolata zu, deren Plastiden ebenfalls auf eine sekundäre Endocytobiose einer Rotalge zurückgehen.

Die **Haptophyta** sind vermutlich eine Schwestergruppe der SAR-Klade. Es handelt sich um Flagellaten mit zwei Geißeln und einem **Haptonema**, einer geißelähnlichen Struktur, die sich im Feinbau und ihrer Funktion von Geißeln unterscheidet (◼ Abb. 33.54). Das Haptonema besteht aus sechs oder sieben Mikrotubuli und dient zur Anheftung, zur (gleitenden) Fortbewegung oder zum Nahrungserwerb. Die Haptophyta besitzen sekundäre Plastiden mit vier Hüllmembranen, den Chlorophyllen *a* und *c* und den akzessorischen Pigmenten Fucoxanthin oder Diatoxanthin. Die Thylakoide liegen in Dreierstapeln vor. Das Hauptspeicherpolysaccharid ist Chrysolaminarin, daneben dienen Öl und selten auch Paramylon als Reservestoffe. Die Reservestoffe werden in Vakuolen außerhalb der Plastiden abgelagert. Die äußere Membran der Plastiden geht in das endoplasmatische Retikulum über.

Die Haptophyta bilden eine bedeutende Gruppe des marinen, photosynthetischen Nanoplanktons. Ihre Zelloberfläche ist mit Celluloseplättchen bedeckt, die vom Golgi-Apparat gebildet werden. Bei einigen Haptophyta, den Coccolithales (Coccolithophoridae), sind diese Plättchen calcifiziert und werden als **Coccolithen** bezeichnet. Diese Kalkplättchen können in flachmarinen Bereichen zum Teil mächtige Sedimente aufbauen. In der Kreide, die nach solchen kalkreichen Ablagerungen benannt ist, erreichten die Coccolithophoridae die höchste Diversität und hohe Populationsdichte: **Kreideablagerungen** wie die Kreidefelsen auf Rügen und die englische Kreideküste bei Dover bestehen überwiegend aus Coccolithen.

Aber auch in heutigen Meeren können die Coccolithophoridae in hohen Dichten auftreten, die häufigste heute lebende Art ist ***Emiliana huxleyi***. Sie ist weltweit verbreitet mit Ausnahme der Polarmeere und kann großräumige Algenblüten verursachen. Sie ist einer der bedeutendsten marinen **Produzenten von Calciumcarbonat** und spielt somit im Kohlenstoffkreislauf eine große Rolle. Damit tragen die Coccolithophoridae zu den größten anorganischen Kohlenstoffspeichern der Erde bei. Die Algen bilden (wie auch andere Algenarten) **Dimethylsulfid**, welches in die Atmosphäre ausgast. Nach Oxidation über Dimethylsulfoxid (DMSO) entstehen Schwefeldioxid und Schwefelsäure, welche zu Tröpfchen kondensiert und somit als **Kondensationskeime** die Wolkenbildung beeinflusst. Die massiven **Algenblüten** von *E. huxleyi* wirken sich somit sowohl auf den Kohlenstoffkreislauf als auch das Klima und über eine Veränderung der Reflexion des Sonnenlichts auch direkt auf die Temperatur der Ozeane aus.

Die **Cryptophyta** sind möglicherweise enger mit den Archaeplastida verwandt. Es handelt sich um einzellige Protisten aquatischer Lebensräume. Sie können hohe Abundanzen (Zelldichten) erreichen und stellen daher einen wesentlichen Anteil der Planktonbiomasse. Neben den phototrophen Cryptophyceae

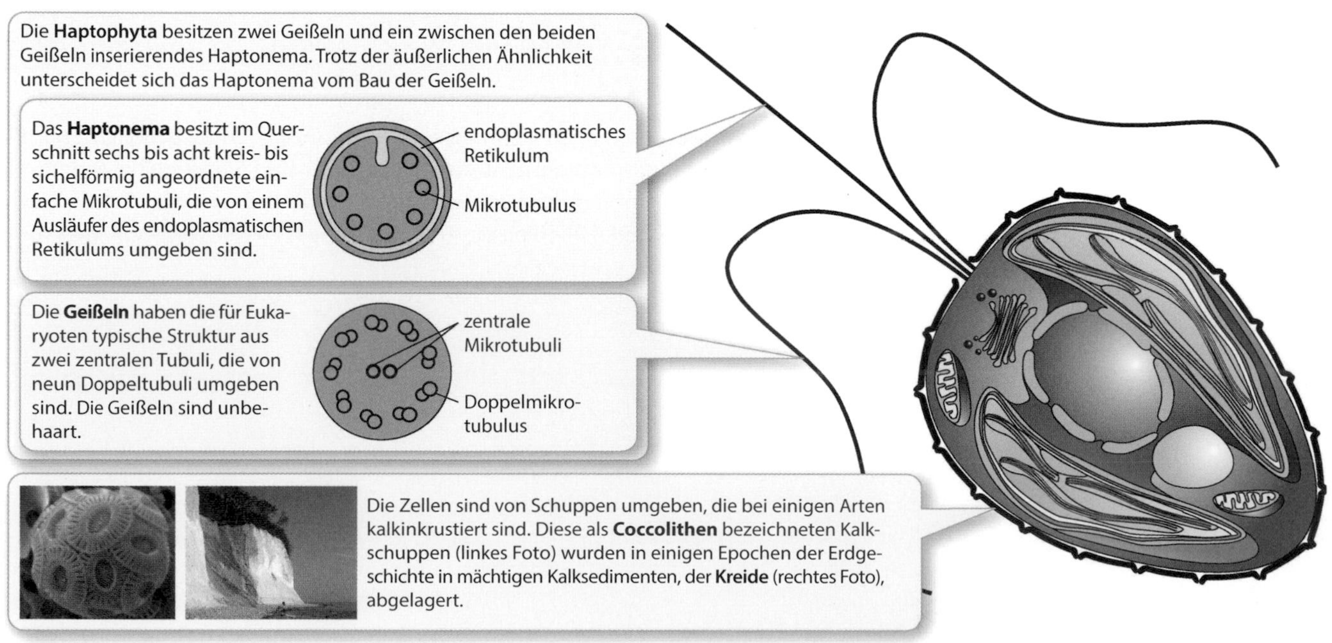

◼ **Abb. 33.54** Zellbau der Haptophyta

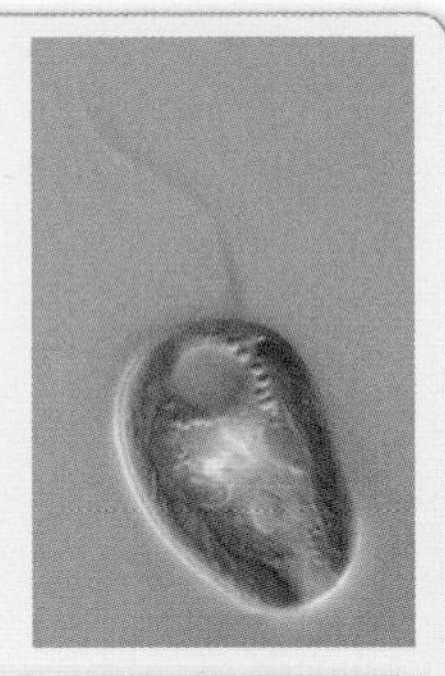

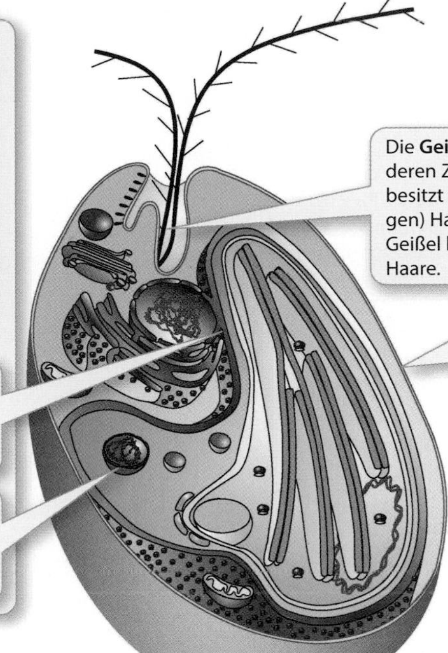

Abb. 33.55 Zellbau der Cryptophyta

umfassen die Cryptophyta auch die heterotrophen Kathablepharidaceae, welche einen bedeutenden Teil des heterotrophen Nano- und Mikroplanktons stellen können.

Der Plastid der Cryptophyceae ist von vier Hüllmembranen umgeben (Abb. 33.55). Die Thylakoide liegen in Zweierstapeln vor, neben den Chlorophyllen *a* und *c* besitzen die Cryptophyta als akzessorische Pigmente Phycobiline, die aber anders als bei den Rotalgen nicht in Phycobilisomen organisiert sind. Aufgrund ihrer Pigmentausstattung können die Cryptophyceae die Grünlücke nutzen, sind somit Schwachlichtspezialisten und können dichte Populationen in größeren Tiefen nahe der Chemokline bilden. Das Hauptreservepolysaccharid der Cryptophyceae ist Stärke, diese wird in **Stärkekörnern** zwischen den beiden inneren und den beiden äußeren Membranen abgelagert. Zwischen den inneren beiden und den äußeren beiden Membranen des Plastids befindet sich ein **Nucleomorph**, dabei handelt es sich um die Reste des Zellkerns der Rotalge, auf die der Plastid der Cryptophyceae zurückgeht.

Cryptophyta besitzten charakteristische Extrusomen, die als **Ejectosomen** bezeichnet werden (► Abschn. 5.6). Wie auch bei anderen Extrusomen handelt es sich dabei um membrangebundene Strukturen, die Substanzen nach außen abgeben können. Die Ejectosomen enthalten miteinander verbundene, zylinderartig aufgerollte Proteinstreifen, welche vermutlich von Vesikeln des Golgi-Apparats gebildet werden. Die Proteinstreifen können sich auf eine Reizung hin schlagartig entrollen und die Zelle so (von der Reizquelle weg) beschleunigen.

Die Zellen der Cryptophyceae sind in Breit- und Schmalseitensicht asymmetrisch, wodurch während des Schwimmens bei gleichzeitiger Rotation um die Längsachse eine typische schaukelnd-schwankende Fortbewegung entsteht. Anstelle einer Zellwand besitzen die Cryptophyta einen **Periplasten**, bestehend aus einer inneren und einer äußeren Proteinschicht und der dazwischen eingebetteten Plasmamembran. Die Zellen weisen **zwei Geißeln** auf, die aus einer Zelleinstülpung (Furchenöffnung) herausragen. Auf der längeren Geißel sitzen steife, aus Schaft und Terminalfilamenten bestehende (bipartite) Geißelhaare. Diese längere Geißel dient als Zuggeißel zur Fortbewegung.

Weiterführende Literatur

1. Adl SM, Bass D, Lane CE, Lukes J, Schoch CL, Smirnov A, Agatha S, Berney C, Brown MW, Burki F, Cardenas P, Cepicka I, Chistyakova L, del Campo J, Dunthorn M, Edvardsen B, Eglit Y, Guillou L, Hampl V, Heiss AA, Hoppenrath M, James TY, Karnkowska A, Karpov S, Kim E, Kolisko M, Kudryavtsev A, Lahr DJG, Lara E, Le Gall L, Lynn DH, Mann DG, Massana R, Mitchell EAD, Morrow C, Park JS, Pawlowski JW, Powell MJ, Richter DJ, Rueckert S, Shadwick L, Shimano S, Spiegel FW, Torruella G, Youssef N, Zlatogursky V, Zhang Q (2019) Revisions to the classification, nomenclature, and diversity of eukaryotes. J Eukaryot Microbiol 66:4–119
2. Hausmann K, Hülsmann N, Radek R (2003) Protistology. Schweizerbart, Stuttgart
3. Lee RE (2018) Phycology. Cambridge University Press, Cambridge
4. Lynn D (2008) The ciliated protozoa: characterization, classification, and guide to the literature. Springer, Berlin, Heidelberg, New York
5. Patterson DJ, Hedley S (1996) Free-living freshwater protozoa: a colour guide. Manson, London
6. Wiser MF (2010) Protozoa and human disease. Garland Science, New York

33

Evolution und Systematik der Prokaryoten

Martin Hahn

J. Boenigk (Hrsg.), *Boenigk, Biologie*, https://doi.org/10.1007/978-3-662-61270-5_34

34.1 Die Beschreibung von Prokaryotenarten erfordert einen polyphasischen Ansatz

Die Grundeinheit der Prokaryotensystematik ist der **Stamm** (engl. *strain*; im Gegensatz zum taxonomischen Stamm = Phylum). Unter einem solchen Stamm versteht man eine **Reinkultur** eines Bakteriums oder Archaeons, also eine **klonale Kultur**, die auf eine einzelne Zelle zurückgeht. Das Konzept der Reinkultur und die Entwicklung der für die Gewinnung solcher klonalen Kulturen notwendigen Methodik und Technik gehen hauptsächlich auf den deutschen Mikrobiologen Robert Koch und seine Mitarbeiter zurück. Die klassische Methode zur Gewinnung von Reinkulturen ist das Aussäen von Proben auf Nähragarplatten zur Gewinnung von Kolonien (◘ Abb. 34.1).

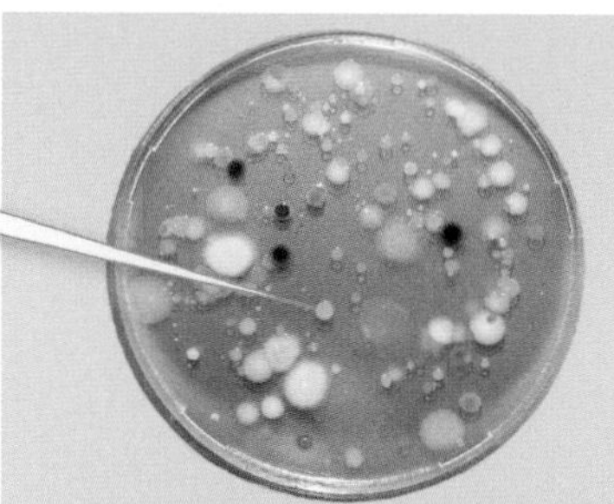

polyphasische Charakterisierung:
Für die Beschreibung sind eine umfassende Charakterisierung des Typstammes und, wenn möglich, weiterer Stämme der neuen Art erforderlich.

phänotypische Merkmale
- Morphologie
- Assimilation von Substraten
- Antibiotikaresistenzen
- weitere Merkmale

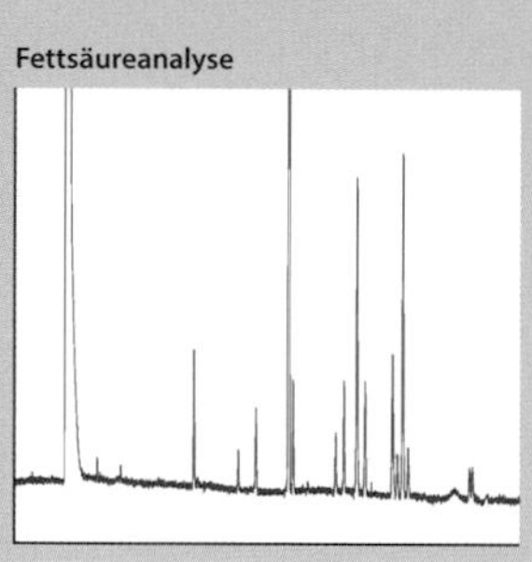

chemotaxonomische Merkmale
- Fettsäuremuster
- GC-Gehalt der DNA
- Chinone u. a. Substanzen

Fettsäureanalyse

genetische Merkmale
- 16S-rRNA-Gensequenz
- Genomsequenz
- DNA-DNA-Reassoziationsexperimente

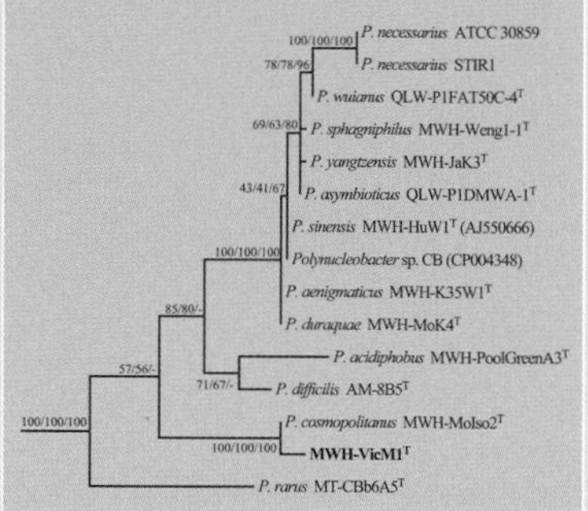

Hinterlegung in zwei anerkannten Kultursammlungen:
Neue Arten können nur beschrieben werden, wenn eine Reinkultur des Typstammes, der die neue Art repräsentiert, in zwei Kultursammlungen lebend hinterlegt werden konnte. Dort werden diese tiefgefroren oder in getrockneter Form wachstumsfähig gehalten und können dann anderen Forschenden als Referenzmaterial zur Verfügung gestellt werden.

Ampullensammlung des Leibniz-Instituts DSMZ in Braunschweig. Hier lagern Tausende lebende Kulturen in Form von gefriergetrocknetem Material.

Klassifizierung und Beschreibung des Taxons:
Die Beschreibung der neuen Art erfolgt in der Form eines wissenschaftlichen Artikels, der vor der Veröffentlichung von Experten begutachtet werden muss (Peer-Review-Verfahren).

International Journal of Systematic and Evolutionary Microbiology (2014), 64, 3254–3263 DOI 10.1099/ijs.0.065292-0

Rhodoluna lacicola gen. nov., sp. nov., a planktonic freshwater bacterium with stream-lined genome

Martin W. Hahn,[1] Johanna Schmidt,[1] Sami J. Taipale,[2] W. Ford Doolittle[3] and Ulrike Koll[1]

Correspondence
Martin W. Hahn
martin.hahn@uibk.ac.at

[1]Research Institute for Limnology, University of Innsbruck, Mondseestrasse 9, A-5310 Mondsee, Austria

[2]Department of Biological and Environmental Science, University of Jyväskylä, PL 35 (YA), 40014 Jyväskylä, Finland

[3]Department of Biochemistry and Molecular Biology, Dalhousie University, Halifax, Nova Scotia, Canada

A pure culture of an actinobacterium previously described as '*Candidatus* Rhodoluna lacicola' strain MWH-Ta8 was established and deposited in two public culture collections. Strain

◘ **Abb. 34.1** Vorgehensweise bei der Beschreibung einer Prokaryotenart am Beispiel eines Gewässerbakteriums

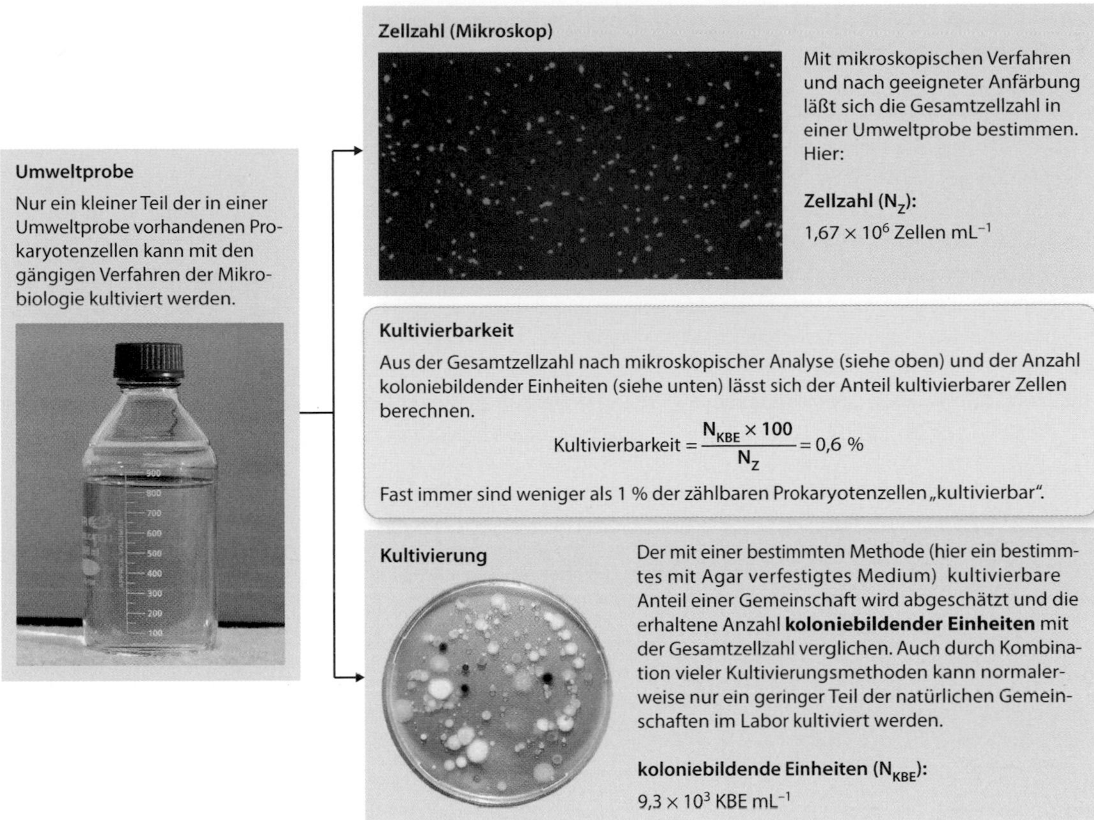

Abb. 34.2 Den Anteil „kultivierbarer" Prokaryotenzellen kann man durch den Vergleich von Kultivierung und direkter Auszählung ermitteln

Stämme werden zu Arten zusammengefasst, die – wie in der Systematik der Eukaryoten – nach ihrem jeweiligen Verwandtschaftsgrad zu Gattungen, Familien, Ordnungen, Klassen und Phyla gruppiert werden (► Abschn. 26.4). Für die Gruppierung von Prokaryotenstämmen zu Arten können jedoch, von einigen wenigen Ausnahmen abgesehen, die für Eukaryoten entwickelten Artkonzepte (► Abschn. 27.9) nicht angewendet werden. Hierfür sind vor allem das Fehlen der sexuellen Fortpflanzung (biologisches Artkonzept) sowie die Abwesenheit taxonomisch verwertbarer morphologischer Merkmale (morphologisches Artkonzept) bei fast allen Prokaryoten verantwortlich. Ausnahmen bilden die morphologisch vielfältigen, koloniebildenden Cyanobakterien (Phylum Cyanobacteria), die Streptomyceten (Phylum Actinobacteria) und die Myxobakterien (Phylum Proteobacteria, Klasse Deltaproteobacteria). Das **Artkonzept für Prokaryoten** umschreibt eine Art als „monophyletische und genomisch kohärente Gruppe von Organismen (Stämmen), die in vielen Merkmalen einen hohen Grad von Ähnlichkeiten aufweisen und durch mindestens ein diagnostisches Merkmal von anderen Arten diskriminiert werden kann" (Rossello-Mora & Amann, 2001). Aufgrund dieses Artkonzepts muss bei **Neubeschreibungen von Arten** eine große Zahl von Merkmalen für mindestens einen Stamm (Typstamm) vorgelegt werden. Diese als „polyphasisch" umschriebene Vorgehensweise umfasst die **Charakterisierung von phänotypischen, chemotaxonomischen und genetischen Merkmalen** (Abb. 34.1). Eine neue Art muss zu allen bisher beschriebenen nächstverwandten Arten auf der Genomebene eine Unähnlichkeit unterhalb eines empirisch festgelegten Schwellenwerts aufweisen. Hierfür wird die Genomähnlichkeit der Typstämme durch DNA-DNA-Reassoziationsexperimente oder durch Vergleich der Genomsequenzen mit speziellen Computerprogrammen abgeschätzt.

Eine zwingende Voraussetzung für die Beschreibung neuer Prokaryotenarten ist die Deponierung mindestens eines Stammes (Typstamm) in zwei anerkannten Kultursammlungen, also die **Hinterlegung von lebendem Referenzmaterial**. Auch in diesem Punkt unterscheidet sich die Taxonomie der Prokaryoten grundlegend von der für Eukaryoten gebräuchlichen Vorgehensweise. Da nur ein sehr kleiner Teil der prokaryotischen Diversität mit Routinemethoden der Mikrobiologie kultiviert werden kann, limitiert diese Bedingung die taxonomische Erfassung des prokaryotischen Artenreichtums (Abb. 34.2).

34.2 Die phylogenetische Diversität der Bacteria ist weitaus höher als die der Archaea

Die **Prokaryoten**, also Organismen mit Zellen ohne Zellkern, wurden der Wissenschaft erst recht spät bekannt. Zunächst wurden **Mikroorganismen** durch den Niederländer Antoni van Leeuwenhoek im Jahre 1675 mithilfe selbst entwickelter Mikroskope entdeckt und beschrieben. Bei den von Leeuwenhoek dokumentierten, von ihm als Animalcula („Tierchen") bezeichneten Organismen dürfte es sich um Prokaryoten und Protisten gehandelt haben. Bis in die 1930er-Jahre wurden die Bakterien (und alle anderen Mikroorganismen) ziemlich unumstritten den Pflanzen zugerechnet, bis der französische Protistologe Édouard Chatton basierend auf grundsätzlichen Unterschieden im Zellaufbau eine Aufteilung der Organismen in Pro- und Eukaryoten vorschlug, wobei die Prokaryoten alle Bakterien umfassten. Im Jahr 1977 schlugen die Mikrobiologen Carl Woese und George Fox eine weitere Unterteilung der Prokaryoten in zwei Domänen vor, was zu der noch heute gültigen Unterteilung aller Organismen in die **drei Domänen** Eukarya, Bacteria und Archaea führte (▶ Abschn. 26.2). Die Archaea sind nicht zum Zeitpunkt dieser Revision neu entdeckt worden – einige Vertreter waren bekannt, aber den Bakterien zugeordnet gewesen und wurden als Archaebacteria bezeichnet (◘ Abb. 34.3). Die Viren (▶ Abschn. 10.6, 10.7) stehen außerhalb der Drei-Domänen-Systematik.

Lange Zeit gebräuchlich war die Gliederung der Bakterien durch Differenzierung in **Gram-positive** und **Gram-negative**

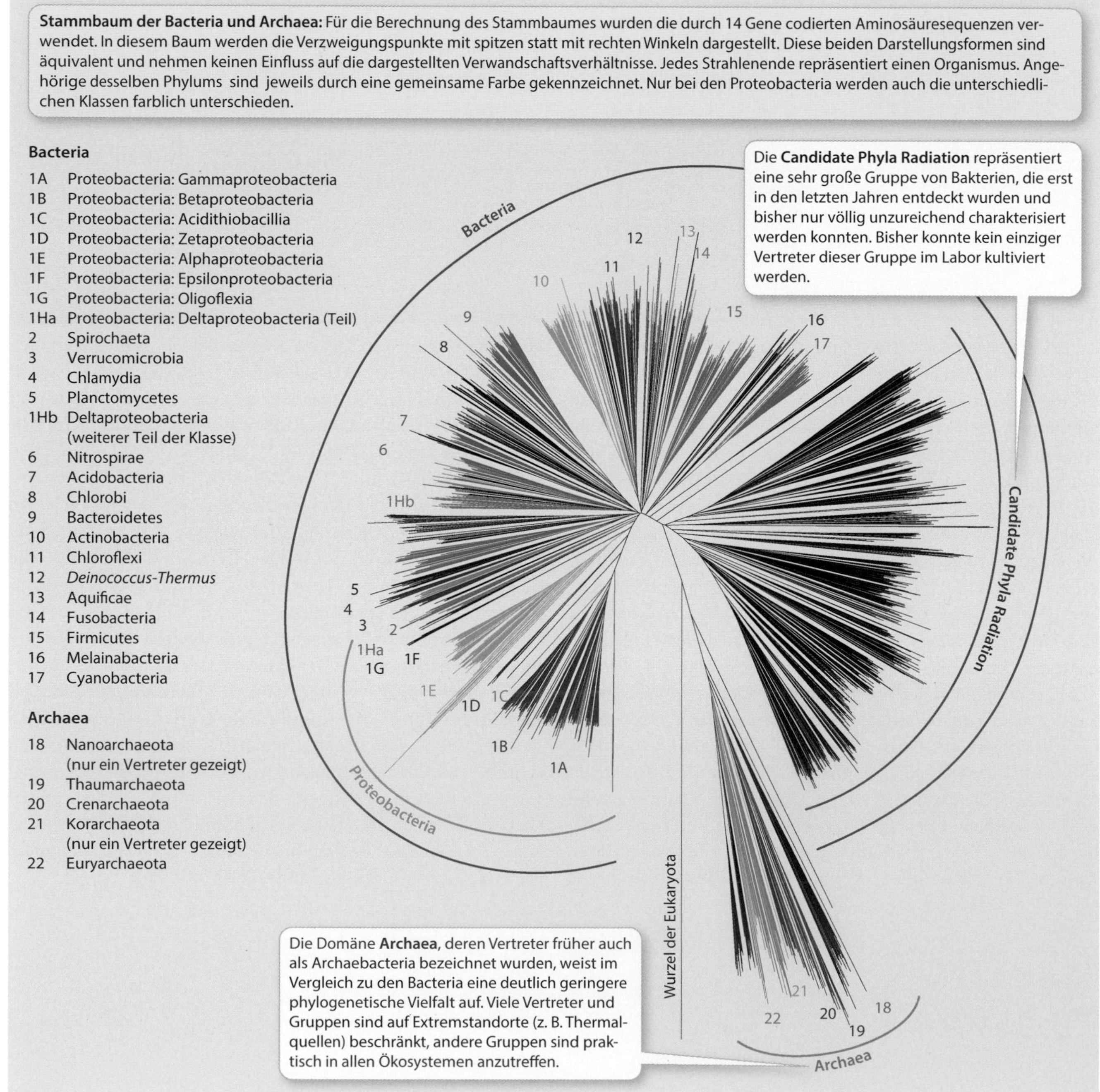

◘ **Abb. 34.3** Phylogenetische Diversität der Prokaryoten

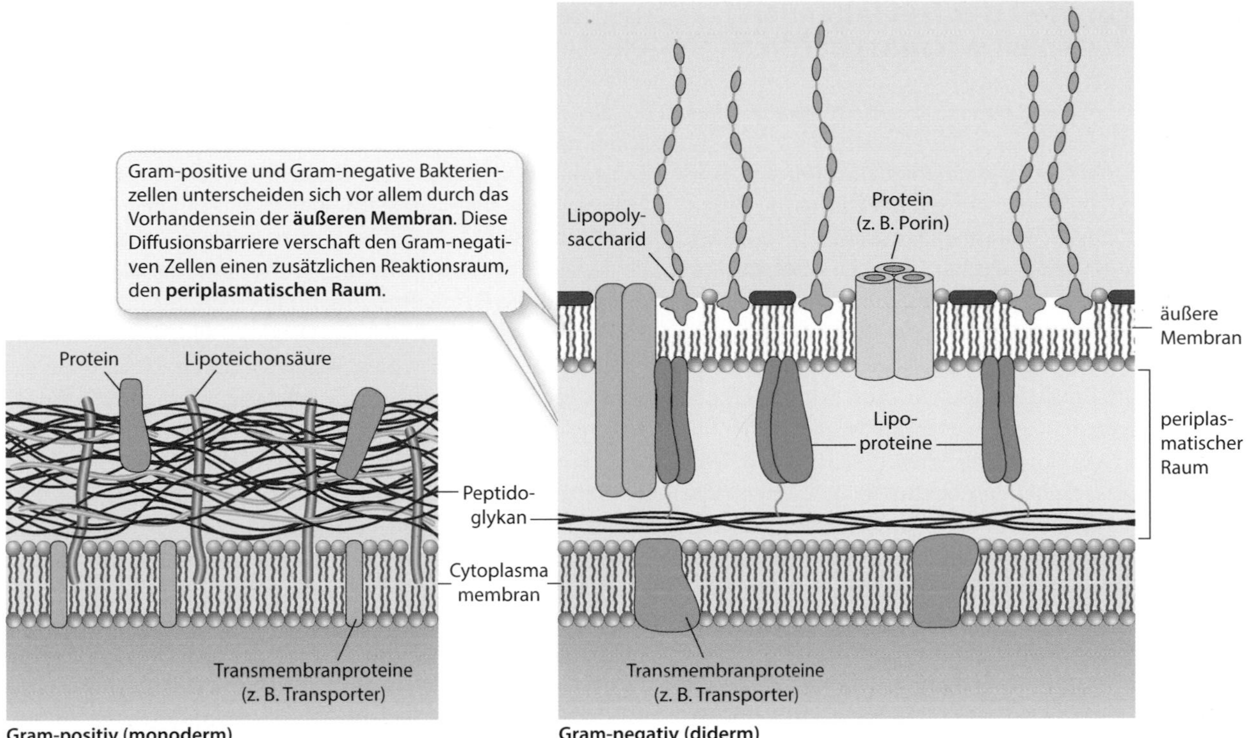

Abb. 34.4 Typischer Zellwandaufbau von Bakterienzellen

Bakterien. Diese Einteilung beruhte auf einem durch den dänischen Arzt Hans Christian Gram entwickelten Färbeverfahren, das auch heute noch in der Bakterientaxonomie und medizinischen Diagnostik eine gewisse Rolle spielt. Das Färbeverhalten der Bakterienzellen ist in erster Linie vom **Aufbau der Zellwand** abhängig (Abb. 34.4). Im Allgemeinen zeigen Bakterien mit einer Zellwand mit dicker, mehrschichtiger Peptidoglykanschicht (Mureinschicht) mit Teichonsäureinlagerungen ein Gram-positives und jene mit dünnerer Schicht ohne Teichonsäuren ein Gram-negatives Färbeverhalten. Bakterienzellen mit dünnerer Peptidoglykanschicht weisen in der Regel eine weitere, auf die Peptidoglykanschicht aufgelagerte Zellwandschicht auf, die äußere Membran (engl. *outer membrane*). Ein Aufbau der Zellwand aus Cytoplasmamembran, Peptidoglykanschicht und äußerer Membran wird mit Bezug auf die zwei vorhandenen Membranen als **diderm** (zweihäutig) bezeichnet. Bakterien mit fehlender äußerer Membran nennt man **monoderm** (einhäutig). Somit kann man Bakterien hinsichtlich des Zellwandaufbaus und des Gram-Färbeverhaltens in zwei Gruppen einteilen, die Gram-positiven und die Gram-negativen Bakterien. Ein Gram-positiver Zellwandaufbau findet sich vor allem bei Bakterien der Phyla Firmicutes und Actinobacteria, die daher zusammen auch als Gram-positive Bakterien bezeichnet werden.

Die Prokaryoten werden aufgrund ihrer Phylogenie in Großgruppen, die **Phyla**, untergliedert. Die genaue Anzahl der Phyla in den beiden Domänen ist noch unbekannt, da noch viele Prokaryoten unentdeckt oder nur unzureichend untersucht sind. Es zeichnet sich jedoch ab, dass die Bacteria im Vergleich zu den Archaea eine deutlich größere phylogenetische Vielfalt aufweisen (Abb. 34.3). Auch die derzeitige Einteilung der bereits charakterisierten Vielfalt der Bacteria darf nicht als abgeschlossen angesehen werden. Einerseits wird durch Beschreibungen neuer Taxa die Systematik der Prokaryota beständig erweitert. Andererseits gelingen durch Verbesserungen bei bestehenden Methoden und durch die Etablierung neuer Verfahren bessere Einblicke in die Phylogenie der Prokaryoten, was in manchen Fällen taxonomische Revisionen nach sich zieht. Insbesondere die Sequenzierung der kompletten Genome von Typstämmen (▶ Abschn. 26.1) hat sich für die Systematik der Prokaryota als sehr hilfreich erwiesen. Während traditionell die Phylogenie der Bacteria und Archaea nur anhand der Sequenzen eines einzelnen rRNA-codierenden Gens (16S-rRNA-Gen) rekonstruiert wurde, können nun durch die meist verfügbaren Genomsequenzen eine größere Zahl von proteincodierenden Genen bzw. die durch diese Gene codierten Aminosäuresequenzen für die Rekonstruktion der Phylogenien genutzt werden (▶ Abschn. 28.4). Derzeit sind Verfahren gebräuchlich, die auf den Aminosäuresequenzen von 14 (Abb. 34.3) oder 120 Genen basieren. Die Sequenzen dieser Gene evolvieren schneller als die der rRNA-codierenden Gene, was zusammen mit der Ausweitung der Sequenzlängen (bei 120 Genen auf ca. 30.000 Aminosäuren statt ca. 1500 Basen beim 16S-rRNA-Gen) für eine deutliche Verbesserung der phylogenetischen Auflösung der Rekonstruktionen sorgt. Die hierdurch gewonnenen neuen Erkenntnisse deuten in verschiedenen Fällen an, dass die Einteilung in Phyla und andere taxonomische Einheiten überarbeitet werden muss. Die Systematik der Prokaryoten ist also noch immer im Fluss. Insbesondere beim Phylum Proteobacteria, das derzeit in acht Klassen untergliedert wird, deutet sich der Bedarf einer taxonomischen Revision an, die zu einer Aufgliederung in mehrere Phyla führen dürfte.

34.3 Nur ein Bruchteil der frei lebenden Bakterienarten ist wissenschaftlich beschrieben

Wie gut erfasst die Prokaryotensystematik die natürliche Diversität der Prokaryoten? Bis heute wurden in etwa 13.000 Prokaryotenarten beschrieben. Die Mikrobiologen sind sich einig, dass diese Zahl nur einem Bruchteil der tatsächlichen **Artenzahl rezenter Prokaryoten** entspricht. Verschiedenen Schätzungen zufolge liegt die tatsächliche Artenzahl im Bereich von 10^6 bis 10^7, andere Schätzungen gehen dagegen von einer noch viel höheren Zahl – von bis zu 10^{12} Prokaryotenarten – aus. Selbst nach den geringeren Schätzungen der Gesamtartenzahl wurden bisher nur lediglich 0,1–1 % der vorhandenen Arten beschrieben. Dieser geringe Anteil an wissenschaftlich beschriebenen Arten steht enorm hohen Prokaryoten-Abundanzen (Zellzahlen) an den meisten Standorten gegenüber. So enthält ein Milliliter Meerwasser typischerweise 10^5 bis 10^6 Prokaryotenzellen, ein Milliliter eines Sees 10^6 bis 10^7 und ein Gramm Boden ca. 10^9 Prokaryotenzellen (▶ Abschn. 36.8, 36.9).

Im Meer- und Süßwasser sowie im Boden repräsentieren die Phyla Proteobacteria, Actinobacteria und Bacteroidetes zusammen meist 50–80 % der **Prokaryotendiversität** (◘ Abb. 34.5). Dies sind grobe Richtwerte, die Zusammensetzung der Gemeinschaften ist allerdings in der Regel dynamisch, und es treten saisonale und räumliche Schwankungen auf. Im Darm des Menschen und zahlreicher anderer Organismen stellen die Phyla Bacteroidetes und Firmicutes die Mehrheit der Gemeinschaft, die Proteobacteria spielen dagegen zahlenmäßig nur eine kleine Rolle (▶ Abschn. 35.17). Global betrachtet stellen die vier genannten Phyla, die **Proteobacteria**, die **Actinobacteria**, die **Bacteroidetes** und die **Firmicutes**, zusammen mehr als die Hälfte der Prokaryotenzellen der Biosphäre. Dies korrespondiert erstaunlich gut mit dem Anteil, den diese vier Phyla an der Gesamtzahl der beschriebenen Prokaryotenarten haben, nämlich ca. 92 %. Trotzdem repräsentieren die beschriebenen Prokaryotenarten in der Regel nur einen sehr kleinen Teil der Prokaryotengemeinschaften der verschiedenen Standorte. Das bedeutet, dass die Mehrheit der in natürlichen Systemen häufigen Prokaryoten noch nicht wissenschaftlich als Arten beschrieben werden konnte, was vor allem darauf zurückzuführen ist, dass noch keine Kulturen der Organismen etabliert werden konnten (▶ Abschn. 34.1). Andererseits repräsentieren die meisten der bisher beschriebenen Prokaryotenarten in der Natur eher seltene Organismen, die in vielen Fällen zwar vergleichsweise einfach kultiviert und taxono-

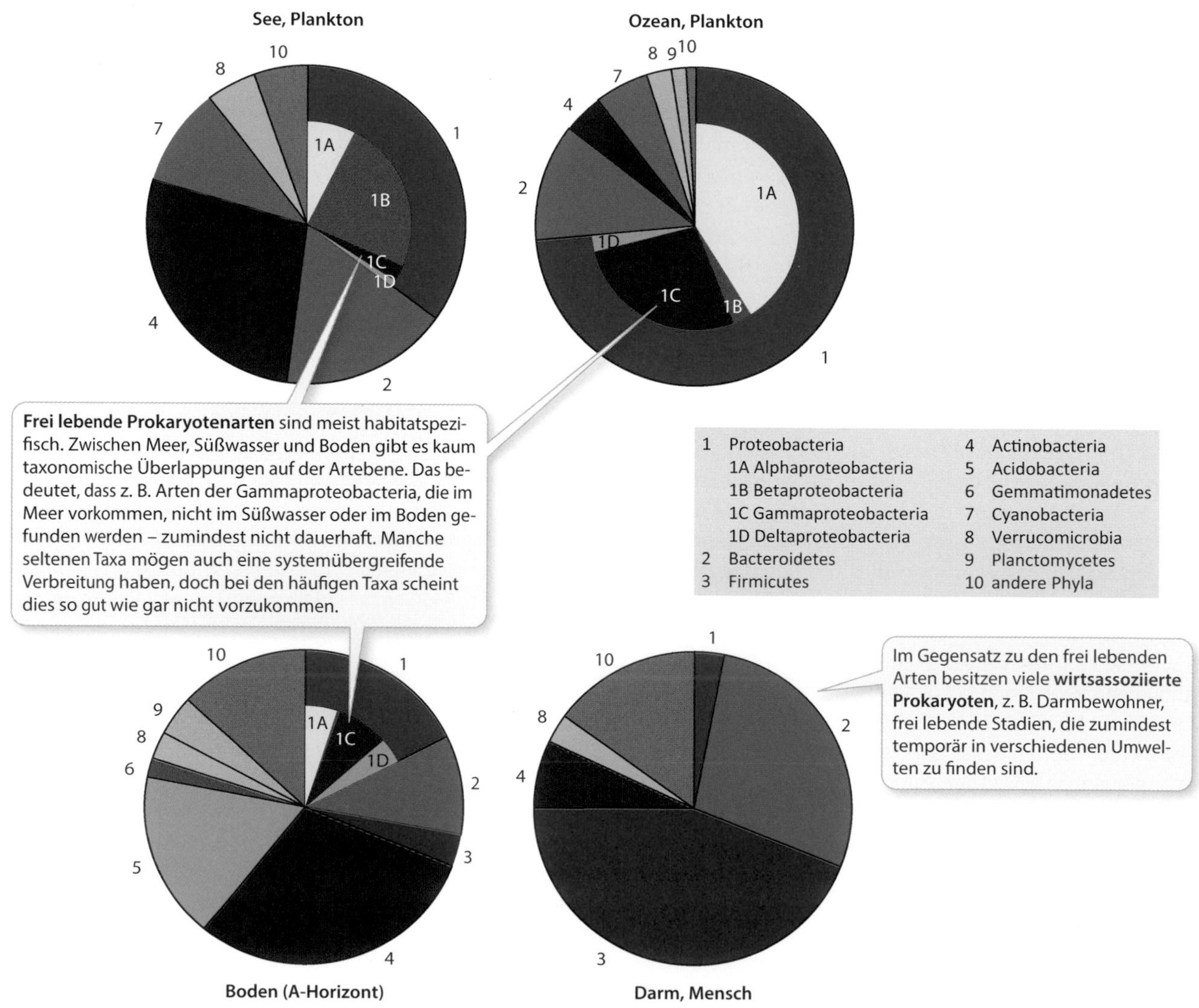

◘ **Abb. 34.5** Zusammensetzung der Prokaryotengemeinschaften in wichtigen Lebensräumen nach Großgruppen

Tab. 34.1 Anteil verschiedener Phyla der Bacteria sowie der Domäne Archaea an der Gesamtzahl (ca. 13.000) der beschriebenen Prokaryotenarten

Phylum/Domäne	Artenzahl (%)
Proteobacteria	36
Actinobacteria	26
Firmicutes	18
Bacteroidetes	12
übrige Phyla der Bacteria	4
Archaea	4
Summe	100

misch beschrieben werden konnten, aber in natürlichen Ökosystemen meist keine prominente Rolle im Stoffhaushalt der Systeme spielen.

Die Domäne **Archaea** steuert nur etwa 4 % zu den beschriebenen Prokaryotenarten bei (Tab. 34.1). Auch in den wichtigsten nichtextremen Habitaten – im Oberflächenwasser der Ozeane, in der Freiwasserzone von Süßwasserseen oder im Boden – stellen die Archaeen normalerweise nur sehr kleine Anteile an den Prokaryotengemeinschaften (meist < 1 %). An **Extremstandorten**, wie heißen Quellen, Salzseen oder Standorten mit extrem sauren (pH < 3) oder extrem alkalischen (pH > 10) pH-Wert, sieht dies jedoch anders aus. Unter solchen Extrembedingungen stellen Archaeen typischerweise die Mehrheit oder, je nach Umweltbedingungen, die Gesamtheit der Prokaryotengemeinschaften (Abb. 34.6; ► Abschn. 25.10).

Unter den beschriebenen Prokaryotenarten dürften pathogene und insbesondere humanpathogene Bakterien im Vergleich zu ihrer natürlichen Häufigkeit weit überrepräsentiert sein. Tatsächlich hat die medizinische Mikrobiologie (zumindest im Bereich der Humanmedizin) im Normalfall keine Probleme, die angetroffenen pathogenen Prokaryoten auf Artebene zu identifizieren, während in der Umweltmikrobiologie nur ein sehr kleiner Teil der in der Natur angetroffenen prokaryotischen Organismen einer bereits beschriebenen Art zugeordnet werden kann. In vielen Fällen ist auch nicht die Zuordnung zu einer beschriebenen Gattung möglich, und nicht selten wurde bislang noch nicht einmal eine entsprechende Familie beschrieben.

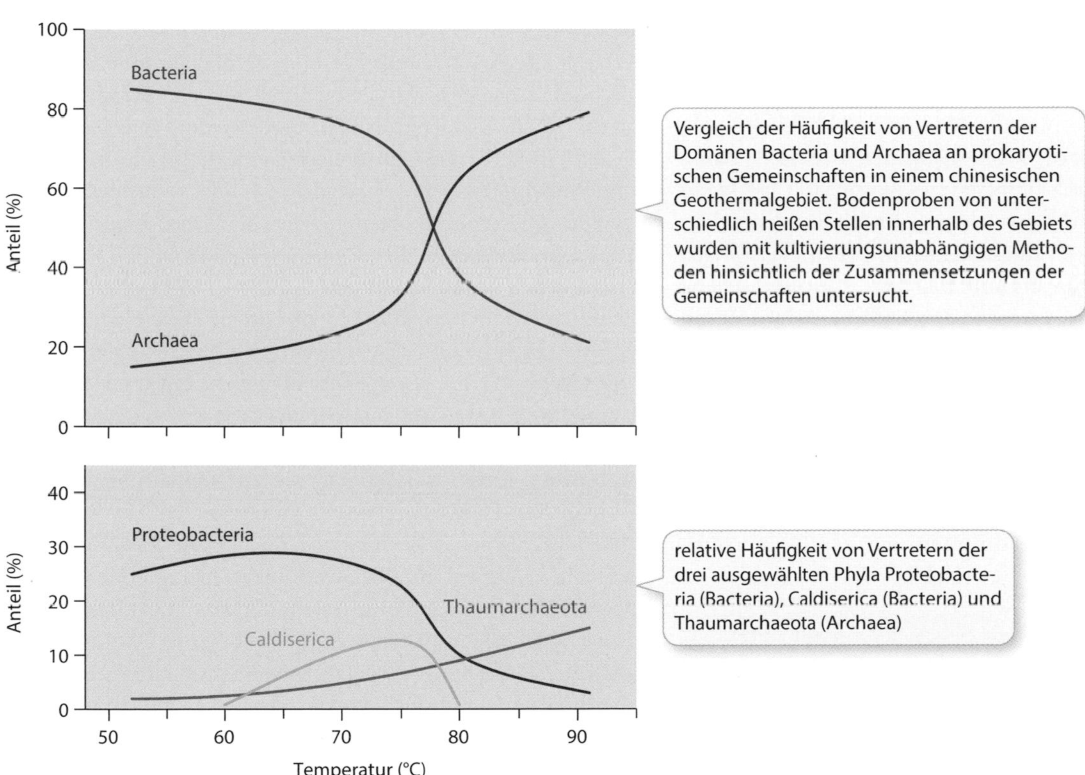

Abb. 34.6 Verschiebung der Bedeutung der Bacteria und der Archaea an der Prokaryotengemeinschaft zwischen mesophilen und extremophilen Bedingungen

34.4 Proteobacteria: Die Proteobacteria sind ein artenreiches und diverses Phylum

Die **Proteobacteria** bilden derzeit hinsichtlich der Anzahl der beschriebenen Arten das größte Phylum der Prokaryota. Diese Großgruppe gliedert sich in mehrere Klassen, von denen wiederum die **Alpha-**, **Beta-**, **Gamma-** und **Deltaproteobacteria** die artenreichsten Gruppen repräsentieren. Einige Systematiker stellen die derzeitige Taxonomie der Proteobacteria infrage und schlagen vor, verschiedene Klassen selbst in den Rang von Phyla anzuheben.

Bei der Betrachtung des Stammbaums der Proteobacteria (◘ Abb. 34.7) fällt auf, dass einige Vertreter durch **ungewöhnlich lange Äste** charakterisiert sind. In der Regel handelt es sich hierbei um Bakterien, die obligat mit Wirtsorganismen assoziiert sind und im Laufe ihrer wirtsassoziierten Evolution eine **beschleunigte molekulare Evolution** durchlaufen haben. Die erhöhten Substitutionsraten spiegeln sich in den überproportional langen Ästen im Stammbaum wider. Es kann sich bei diesen Organismen um **obligate Parasiten/Krankheitserreger** handeln. Dies ist beispielsweise bei den Vertretern der Ordnung Rickettsiales (*Rickettsia* spp. (19; Zahl bezieht sich jeweils auf die Position im Stammbaum (◘ Abb. 34.7)), *Anaplasma* spp. (18)) der Fall. Andererseits kann es sich auch um **obligate Symbionten** handeln, wie beispielsweise *Buchnera aphidicola* (3), ein Endosymbiont von Blattläusen. Viele Insektenarten beherbergen obligate Symbionten, die für die Wirtorganismen essenzielle Funktionen ausüben (◘ Tab. 34.2). Ein anderes Beispiel ist *Candidatus* Ruthia magnifica (11), ein schwefeloxidierendes Bakterium, das als obligater Endosymbiont durch seine Stoffwechselleistungen die Lebensgrundlage für bestimmte marinen Muscheln schafft. Die Muscheln leben am Meeresgrund an Stellen, wo Wasser mit hohen Konzentrationen an Schwefelwasserstoff austritt. Die chemolithoautotrophen Endosymbionten oxidieren das H_2S und bilden aus CO_2 organische Verbindungen, mit denen auch die Wirtsorganismen versorgt werden. *Candidatus* Photodesmus katoptron (7) und *Aliivibrio fischeri* (8) sind biolumineszente Bakterien, also lichterzeugende Organismen, die obligate bzw. fakultative Symbiosen mit bestimmten marinen Organismen eingehen.

◘ **Tab. 34.2** Beispiele für obligate Symbionten und ihre Wirte. Zahlen in Klammern kennzeichnen die Organismen im Stammbaum

Symbiont	Wirt
Buchnera aphidicola (3)	Blattläuse
Wigglesworthia glossinidia (4)	Tsetsefliegen (Überträger der Schlafkrankheit)
Candidatus Blochmannia spp. (5)	Ameisen
Candidatus Riesia pediculicola (6)	Laus des Menschen
Candidatus Carsonella ruddi	Asiatischer Zitrusblattfloh
Candidatus Profftella armature (15)	Asiatischer Zitrusblattfloh
Candidatus Photodesmus katoptron (7)	mariner Fisch (*Anomalops katoptron*)
Candidatus Ruthia magnifica (11)	marine Muscheln (*Calyptogena magnifica*)

Auch verschiedene Pflanzenschädlinge wie *Xylella fastidiosa* (12) und *Candidatus* Liberibacter americanus (22) gehen temporäre Assoziationen mit Insekten ein und nutzen diese als Vektor für die Übertragung auf neue Wirtspflanzen (◘ Abb. 34.8). *X. fastidiosa* lässt sich praktisch von allen am Xylem der Wirtspflanzen saugenden Insekten übertragen und befällt auch unterschiedliche Pflanzen (z. B. Reben und Zitruspflanzen), während *Candidatus* L. americanus ausschließlich Zitruspflanzen befällt und nur durch *Diaphorina citri* (◘ Abb. 34.8) übertragen wird.

Die **Enterobacteriaceae**, eine wichtige Familie der Gammaproteobacteria, beherbergt nicht nur **obligate Endosymbionten** verschiedener Insekten (3–6), sondern mit *Salmonella* spp. (1), *Shigella* spp. (1) und *Yersinia pestis* (2) auch wichtige **humanpathogene Erreger** (Diarrhö und Pest). Die beiden erstgenannten Bakterien sind eng mit *Escherichia coli* (1) verwandt und auch manche Stämme von *E. coli* sind in der Lage, beim Menschen gefährliche Infektionen zu verursachen. Alle drei genannten Taxa sind primär Darmbewohner des Menschen und anderer Vertebraten. *Moraxella catarrhalis* (9) verursacht beim Menschen chronische Lungeninfektionen. Zwei ökologisch und physiologisch sehr vielfältige Gattungen der Proteobacteria sind *Pseudomonas* (10) und *Burkholderia* (14). Beide umfassen zahlreiche beschriebene Arten, darunter in beiden Fällen human- bzw. tierpathogene und pflanzenpathogene Vertreter, aber auch jeweils harmlose Bodenbewohner. Taxonomisch unterscheiden sich die beiden Gattungen jedoch in ihrer Zugehörigkeit zu unterschiedlichen Klassen der Proteobacteria.

Auch in der Klasse Alphaproteobacteria finden sich in der Ordnung **Rhizobiales** zahlreiche Bodenbewohner. Verschiedene Vertreter dieser Ordnung gehen mit unterschiedlichen Pflanzen **fakultative Symbiosen** ein. *Rhizobium leguminosarum* (24) bilden mit verschiedenen Leguminosen eine Symbiose, wobei es zur Bildung von **Wurzelknöllchen** (◘ Abb. 34.9) kommt. Diese Bakterien sind zur Fixierung von Luftstickstoff befähigt (▶ Abschn. 25.9) und versorgen hierdurch ihre Wirtspflanzen mit bioverfügbaren Stickstoffverbindungen, was in der Landwirtschaft von großer Bedeutung ist.

Eine andere Ordnung der Alphaproteobacteria, die **Rhodobacterales**, umfasst Bakterien, die zur Durchführung einer **anoxygenen Photosynthese** befähigt sind (▶ Abschn. 25.2). Diese Organismen, z. B. *Rhodobacter sphaeroides* (23), nutzen Licht als Energiequelle, besitzen aber einen Photosyntheseapparat mit nur einem Photosystem und sind nicht in der Lage, Wassermoleküle zu spalten, weshalb im Zuge der Photosynthese kein Sauerstoff gebildet wird. Die Fähigkeit zur anoxygenen Photosynthese findet sich auch bei Vertretern der Gammaproteobacteria (Familie Chromatiaceae), der Betaproteobacteria (Gattung *Rhodoferax*), der Chlorobi (Phylum), der Chloroflexi (Phylum) und der Gattung *Heliobacterium* (Firmicutes).

Magnetospirillum magnetotacticum (21) ist ein **mikroaerophiles Gewässerbakterium** und darauf spezialisiert, die Übergangszone zwischen sauerstofffreien (anoxischen) Sedimentschichten und sauerstoffreichen (oxischen) Schichten zu besiedeln. Es bevorzugt Bedingungen mit stark reduzierter Sauerstoffkonzentration (1–3 % Sauerstoffsättigung), die meist nur in sehr dünnen Grenzschichten vorliegen. Um diese Übergangszonen aufzufinden, kombiniert das Bakterium eine **Aerotaxis** (Sauerstoffkonzentration) mit der richtungsgebenden **Magnetotaxis**. Die Magnetotaxis wird durch Magnetosomen (◘ Abb. 34.10), kettenförmig angeordnete, von einer Lipiddoppelschicht umhüllte

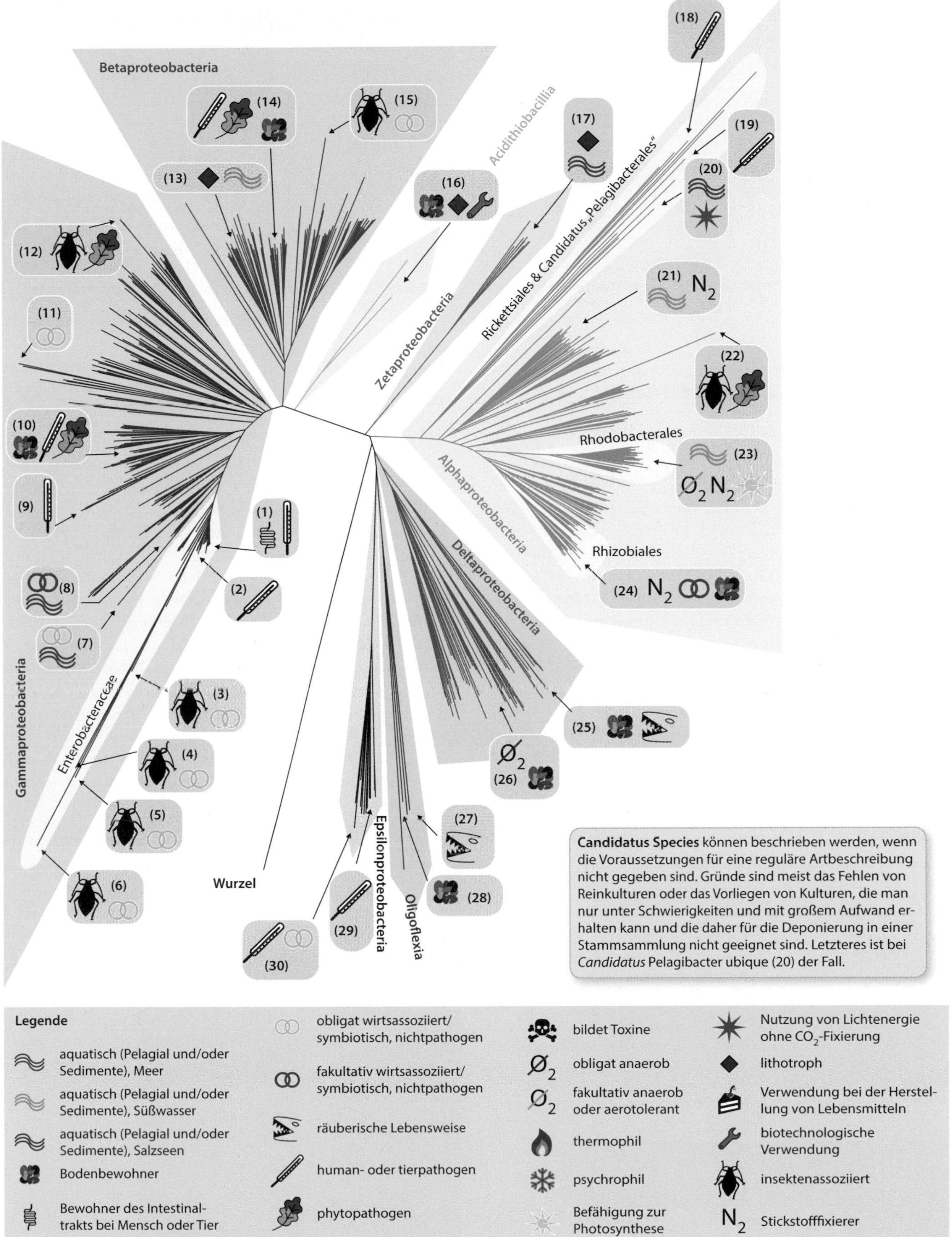

Abb. 34.7 Überblick über die Vielfalt der Proteobacteria. Die Zahlen in Klammern beziehen sich auf die Verweise im Text

Abb. 34.8 *Diaphorina citri* (Asiatischer Zitrusblattfloh)

Abb. 34.9 Wurzelknöllchen beim Rotklee (*Trifolium pratense*)

Magnetitkristalle, ermöglicht. Mithilfe der Magnetosomen richten sich die Zellen magnetotaktischer Bakterien parallel zu den Feldlinien des Erdmagnetfelds aus und bewegen sich dann (unter oxischen Bedingungen) entlang der Feldlinien. **Magnetotaktische Bakterien** der Nordhalbkugel bewegen sich nordwärts, jene der Südhalbkugel südwärts entlang der Feldlinien (▶ Abschn. 25.12). Aufgrund der Inklination der Feldlinien bewegen sich die Bakterienzellen hierdurch stets auf den Gewässerboden zu. Durch die Magnetotaxis wird das dreidimensionale Suchproblem der Bakterien auf eine Dimension reduziert. Als obligat mikroaerophiles Bakterium kann *M. magnetotacticum* zwar hohe Sauerstoffkonzentrationen und anoxische Bedingungen tolerieren, ist aber nur bei sehr geringen Sauerstoffkonzentrationen wachstumsfähig. Magnetotaktische Bakterien wurden bisher in drei Klassen der Proteobacteria (Alpha-, Gamma- und Deltaproteobacteria) sowie im Phylum Nitrospirae nachgewiesen.

Die Schwestergruppe der bereits erwähnten Rickettsiales bilden die marinen **Pelagibacterales**. Vertreter dieser marinen Gruppe können nur sehr schwer kultiviert werden, und so gelang bisher noch keine reguläre Artbeschreibung. Diese große Gruppe wird bisher nur durch *Candidatus* Pelagibacter ubique (20) repräsentiert (**Abb. 34.11**), die sich durch sehr kleine Zellgrößen und eine stark reduzierte Genomgröße auszeichnen. Die Pelagibacterales gelten als Taxon, das in der Biosphäre global die größte Zellzahl aufweist. In den oberen 200 m der Ozeane stellt diese diverse Gruppe durchschnittlich etwa 30 % des Bakterioplanktons.

Die Klasse **Acidithiobacillia** (16) ist derzeit nur durch zehn Arten in zwei Gattungen vertreten. Es handelt sich durchweg um

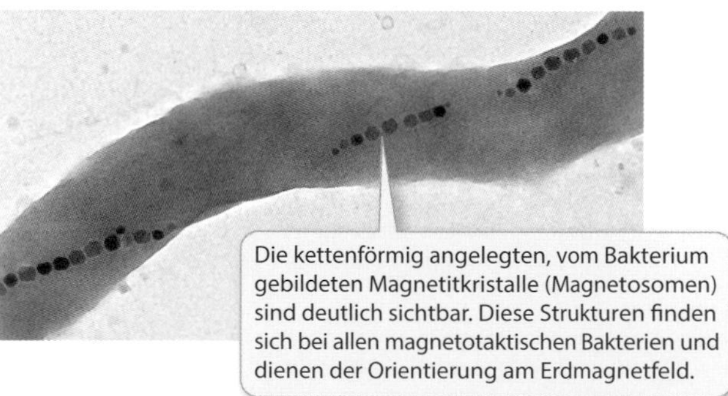

Abb. 34.10 Das magnetotaktische Bakterium *Magnetospirillum magneticum* (eng verwandt mit (21)) im elektronenmikroskopischen Bild

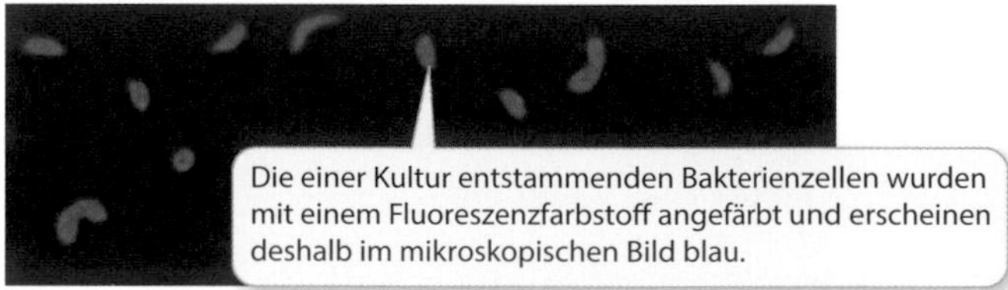

Abb. 34.11 *Candidatus* Pelagibacter ubique (20)

Abb. 34.12 Biofilm in einer mexikanischen Höhle (Cueva de las Sardinas Ciegas)

chemolithotrophe Schwefeloxidierer (▶ Abschn. 25.4), die im terrestrischen Umfeld an H_2S-reichen Standorten auftreten und den Schwefelwasserstoff zu Schwefelsäure oxidieren. In Höhlen und Bergwerken können diese Organismen herabhängende schleimige Biofilme bilden (▶ Abschn. 25.13), die häufig durch Schwefelsäuretröpfchen geschmückt sind (◘ Abb. 34.12). Ein typischer Vertreter dieser derzeit artenarmen Gruppe ist *Acidithiobacillus thiooxidans* (16).

Eine ebenfalls artenarme und physiologisch wenig vielfältige Klasse bilden die **Zetaproteobacteria**. *Mariprofundus ferrooxydans* (17), ein mariner **Eisenoxidierer**, ist ein typischer Vertreter dieser Klasse (◘ Abb. 34.13). Eisenoxidierer finden sich auch in anderen Bakteriengruppen. Sie zeichnen sich durch die Oxidation von gelösten Fe(II)- zu weitgehend unlöslichen Fe(III)-Verbindungen aus. In sauerstoffarmen, eisenreichen Süßwasserquellen und deren Abflüssen bildet das Betaproteobacterium *Gallionella ferruginea* (13) durch Oxidation der Fe^{2+}-Ionen charakteristische Eisenockerablagerungen (◘ Abb. 34.13).

Die **Deltaproteobacteria** enthalten viele **anaerobe Sulfatatmer** (▶ Abschn. 25.3), also Prokaryoten, die statt Sauerstoff Sulfat als terminalen Elektronenakkzeptor nutzen und hierdurch Sulfat zu H_2S reduzieren. Dies geschieht nur unter anoxischen Bedingungen. Wenn das H_2S beispielsweise aus anoxischen Sedimenten in angrenzende sauerstoffhaltige Wasserschichten austritt, kommt es zur spontanen Oxidation, oder schwefeloxidierende Prokaryoten katalysieren diese Reaktion zur Energiegewinnung. Ein typisches Beispiel für einen Sulfatatmer ist *Desulfobacter postgatei* (26). Andere sehr interessante Deltaproteobacterien sind die **Myxobacteria**. Es handelt sich um **soziale Bakterien mit ausgeprägtem Schwarmverhalten** und der Fähigkeit zur kooperativen Bildung von Fruchtkörpern, die durch den gesamten Bakterienschwarm gemeinschaftlich gebildet werden, in denen aber nur spezialisierte Zellen der Ausbreitung dienende Sporen bilden. Ein typischer Vertreter dieser ungewöhnlichen Bakterien ist *Myxococcus fulvus* (25). Die Klasse **Oligoflexia** wurde erst 2014 beschrieben und enthält derzeit nur recht wenige Arten. Die namensgebende Art ist *Oligoflexus tunisiensis* (28), ein filamentöses Bakterium, das aus Saharasand isoliert wurde. Erst kürzlich wurde auch eine Gruppe von räuberischen Bakterien, zu denen *Bdellovibrio bacterivorus* (27) zählt, von den Deltaproteobacteria zu den Oligoflexia überführt. Diese Bakterien parasitieren andere Bakterien mit Gram-negativem Zellwandaufbau, indem sie in den periplasmatischen Raum eindringen, sich dort unter Ausbeutung der befallenen Zelle vermehren, um schließlich die Wirtszelle bei der Freisetzung der Tochterzellen zu lysieren.

Die Klasse **Epsilonproteobacteria** umfasst sowohl **frei lebende** als auch **parasitische Vertreter**. Zu Letztgenannten zählt *Campylobacter jejuni* (29), das normalerweise Geflügel parasitiert und bei ungenügender Hygiene beim Menschen Lebensmittelvergiftungen hervorruft. *Helicobacter pylori* (30) ist ein stetiger Begleiter (obligat wirtsassoziiert) des Menschen und hat sich mit diesem über die gesamte Erde ausgebreitet. Dieses Bakterium lebt in der Magenschleimhaut und trotzt aufgrund verschiedener Anpassungen der Magensäure. Je nach Land tragen 30 % bis über 50 % der Bevölkerung *Helicobacter*. In manchen Fällen verursacht die Infektion Magenschleimhautentzündungen, die in schwerwiegenden Fällen bis hin zu Magenkrebs führen können.

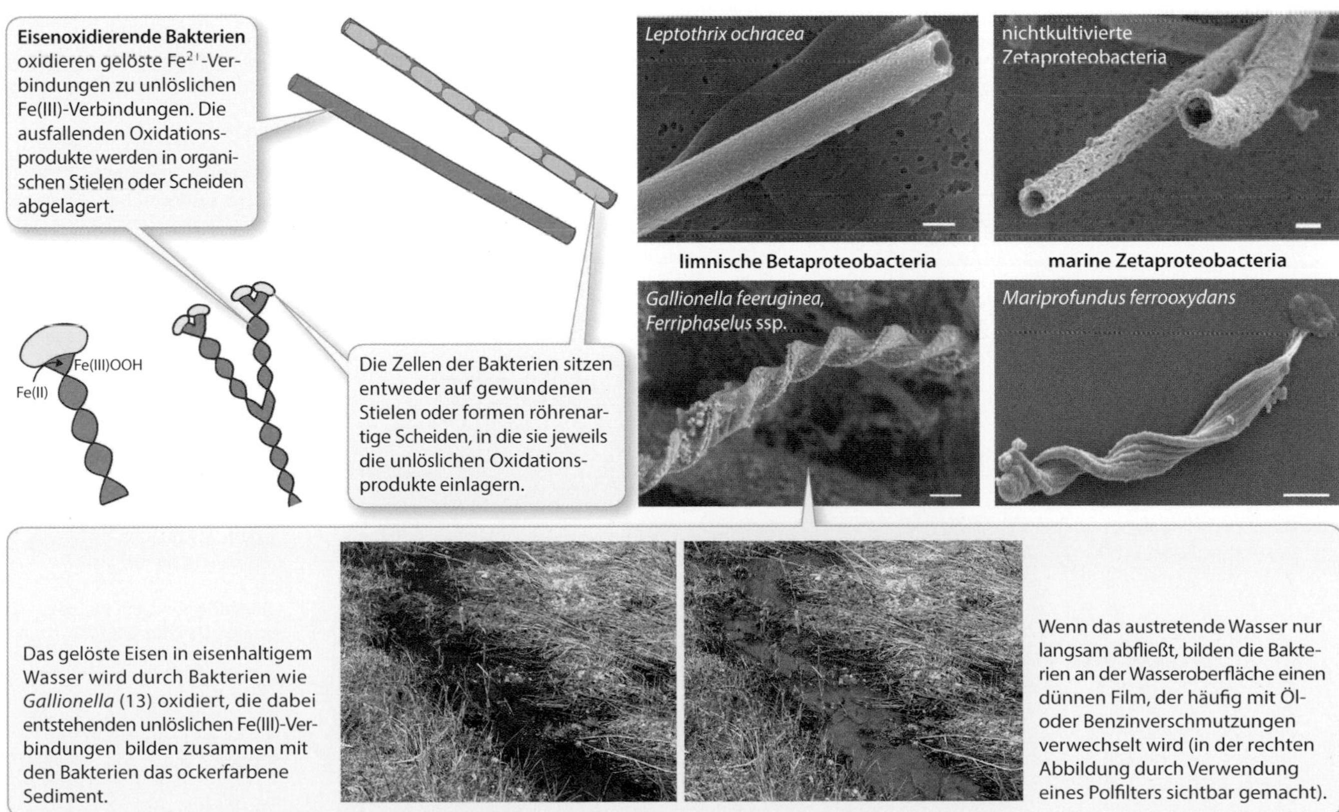

◘ **Abb. 34.13** Die durch eisenoxidierende Bakterien ausgefällten Eisenverbindungen werden oft als ockerfarbige Sedimente oder dünne Filme an Gewässeroberflächen sichtbar

34.5 Actinobacteria: Die Actinobacteria sind Gram-positive Bakterien mit hohem GC-Gehalt

Das Phylum **Actinobacteria** umfasst derzeit **mehr als 3400 Arten** und gliedert sich derzeit in sechs Klassen, von denen die größte Klasse ebenfalls den Namen Actinobacteria trägt (◘ Abb. 34.14). Die übrigen fünf Klassen sind im Vergleich zur Klasse Actinobacteria sehr artenarm und umfassen im Extremfall (Nitriliruptoria) nur vier Arten, die sich allerdings auf vier unterschiedliche Ordnungen verteilen. Bakterien des Phylums weisen meist, wie auch die Firmicutes, einen **Gram-positiven** Zellwandaufbau auf (▶ Abschn. 34.2). Wie auch viele andere Phyla vereinen die Actinobacteria eine große physiologische und ökologische Vielfalt. Viele Vertreter sind Bodenbewohner, einzelne Gruppen besiedeln aber auch Süßgewässer oder die Ozeane. Ähnlich den Proteobacteria finden sich unter den Actinobacteria frei lebende, symbiotische und pathogene/parasitische Lebensformtypen. Die sehr artenreiche Gattung ***Mycobacterium*** (1; Zahl bezieht sich jeweils auf die Position im Stammbaum (◘ Abb. 34.14)) umfasst sowohl pathogene

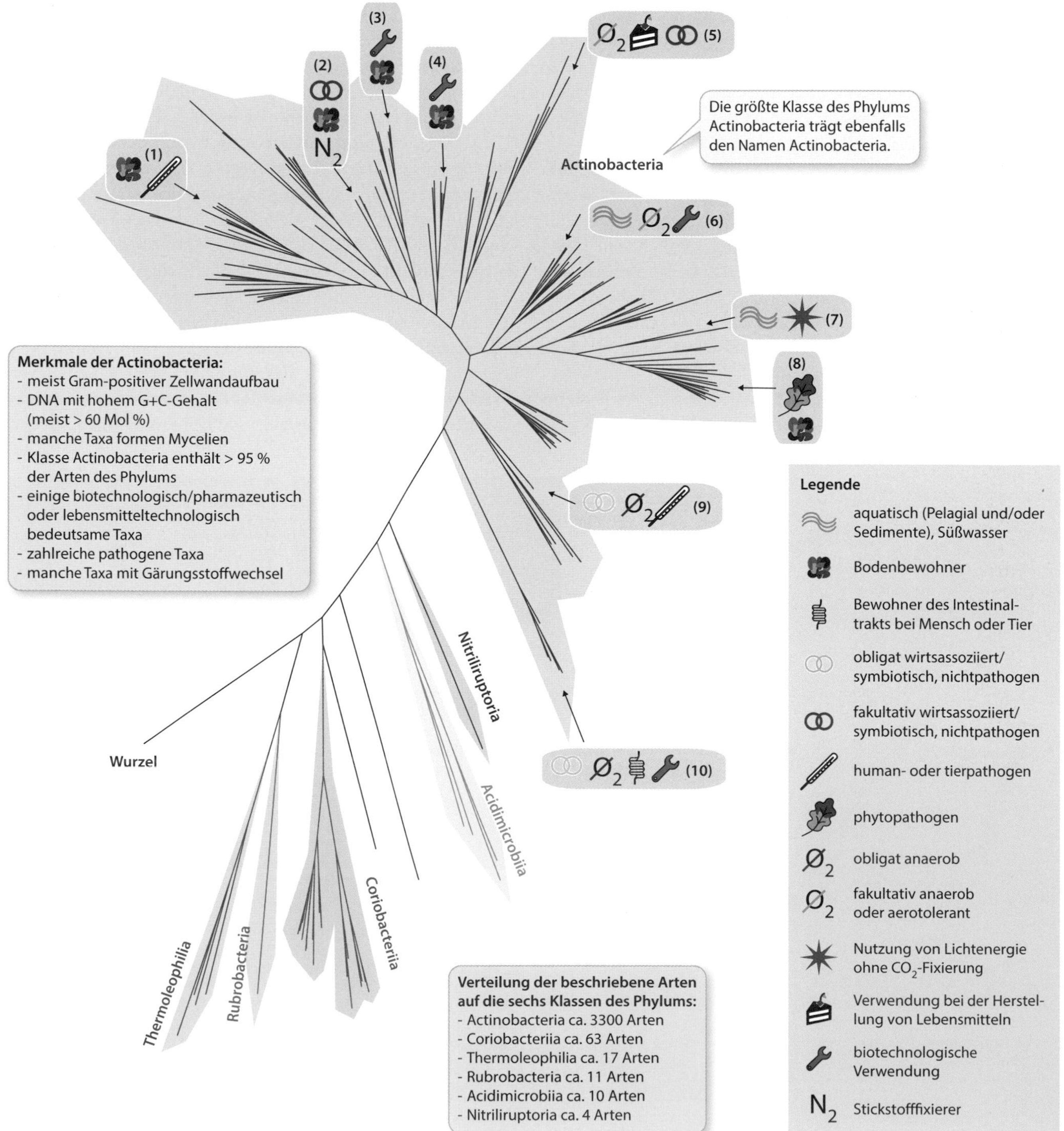

◘ **Abb. 34.14** Übersicht über das Phylum Actinobacteria. Die Zahlen in Klammern beziehen sich auf die Verweise im Text

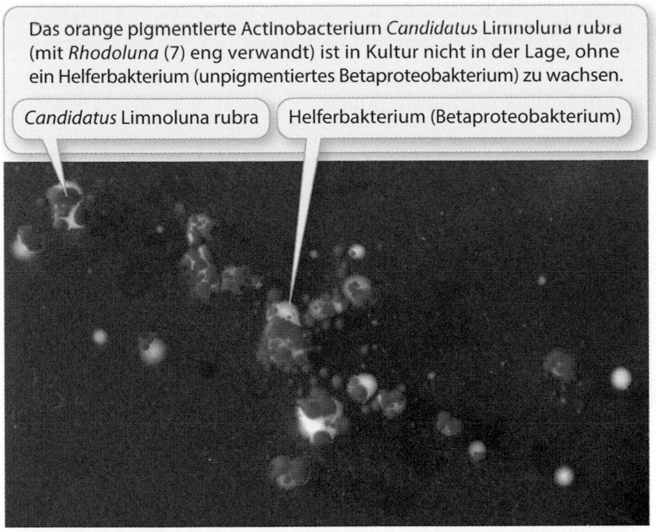

Das orange pigmentierte Actinobacterium *Candidatus* Limnoluna rubra (mit *Rhodoluna* (7) eng verwandt) ist in Kultur nicht in der Lage, ohne ein Helferbakterium (unpigmentiertes Betaproteobakterium) zu wachsen.

Candidatus Limnoluna rubra

Helferbakterium (Betaproteobakterium)

Abb. 34.15 Das Actinobacterium *Candidatus* Limnoluna rubra

als auch nichtpathogene Vertreter. Die bedeutendsten Erreger sind *M. tuberculosis* (Tuberkulose) und *M. leprae* (Lepra). Der Lepraerreger zeichnet sich durch eine obligate Wirtsbindung – es treten also keine frei lebenden Stadien auf – sowie durch sehr langsames Wachstum aus. Andere Mykobakterien finden sich als fakultative Krankheitserreger beim Menschen und/oder Tieren oder leben als Saprophyten im Boden. Allen gemeinsam ist eine wachsartige Schicht in der Zellwand, die durch langkettige Mykolsäuren gebildet wird und zum Teil als Virulenzfaktor wirkt. Bakterien der Gattung ***Frankia*** (2) sind fakultative, Wurzelknöllchen bildende Symbionten bestimmter Pflanzenarten. Die Symbiosepartner sind fast ausschließlich Sträucher und Bäume (z. B. alle Erlenarten) verschiedener Pflanzenordnungen. Wie die Rhizobien (Alphaproteobacteria) fungieren die verschiedenen *Frankia*-Arten als Stickstofffixierer. Verschiedene Stämme der Gattungen *Nonomuraea* (3) und *Streptomyces* (4) zeichnen sich unter den bisher untersuchten Actinobacteria durch die größten Genome (ca. 13 Mio. Basen) aus. Vertreter beider Gattungen sind typischerweise Bodenbewohner mit reichem Sekundärmetabolismus. Unter den Sekundärmetaboliten finden sich verschiedene **Antibiotika**, wie z. B. das medizinisch eingesetzte Streptomycin. Bei der Gattung *Streptomyces* dürfte es sich mit ihren derzeit 668 wissenschaftlich beschriebenen Arten um die aktuell artenreichste Prokaryotengattung handeln. Die Gattung *Propionibacterium* (5) umfasst Bakterien, die zur Propionsäuregärung (▶ Abschn. 25.5) befähigt sind. Manche Stämme sind in der Lebensmittelindustrie von Bedeutung (Schweizer Käse), andere leben als Kommensalen auf der Haut des Menschen. *Tetrasphaera* (6) spielt in Kläranlagen mit biologischer Phosphateliminierung eine wichtige Rolle. Die Bakterien speichern große Mengen an Phosphat in Form von Polyphosphaten in ihren Zellen, sodass dieses mit dem Klärschlamm aus dem Abwasser entfernt werden kann. Während sehr viele unterschiedliche Actinobacteria typische Bodenbewohner sind, konnten sich nur wenige Gruppen an ein Leben in der Freiwasserzone (Pelagial) von Süßgewässern anpassen. Diese pelagischen Actinobacterien und einige andere häufig auftretende Planktonbakterien, wie z. B. *Candidatus* Pelagibacter ubique (Proteobacteria), zeigen gemeinsame Merkmale, die sie von ihren nächsten Verwandten unterscheiden und als Anpassungen an das Leben in den oberen Schichten des Pelagials zu werten sind. Einerseits weisen diese planktischen Bakterien vergleichsweise kleine Genomgrößen auf (1,3–1,5 Mio. Basen), was für frei lebende Bakterien ungewöhnlich klein ist. Andererseits besitzen diese Bakterien häufig lichtgetriebene Protonenpumpen (Proteorhodopsine oder Actinorhodopsine), die der Konvertierung von Lichtenergie in physiologisch verfügbare Energieträger (z. B. ATP) dienen (▶ Abschn. 25.2). Beide Merkmale werden als Anpassungen an stark nährstoff- und energielimitierte Umgebungen, eben das marine oder limnische Pelagial, gesehen. Die einzige bisher beschriebene Art dieser planktischen Actinobacteria ist *Rhodoluna lacicola* (7), die eng mit dem nicht als Reinkultur kultivierbaren *Candidatus* Limnoluna rubra (▪ Abb. 34.15) verwandt ist. *Clavibacter michiganensis* (8) ist eine phytopathogene Art, die in fünf Unterarten gegliedert wird. Die Unterarten unterscheiden sich durch ihre Wirtsspezifität, alle infizieren und schädigen jedoch wichtige Nutzpflanzen wie Kartoffel, Tomate, Mais und Weizen. Die meisten Arten der Gattung *Actinomyces* (9) sind tier- oder humanpathogen und zeichnen sich wie die bereits genannten *Streptomyceten* (4) durch die Bildung von Mycelien aus. Die Gattung *Bifidobacterium* (10) besteht derzeit aus mehr als 50 Arten. Es handelt sich überwiegend um wichtige Bewohner des Gastrointestinaltrakts des Menschen und verschiedener Tiere (▶ Abschn. 35.17). Nur wenige Vertreter (*B. dentium*) stehen im Verdacht, pathogen zu sein. Es handelt sich um anaerobe Bakterien mit besonderem Gärungsstoffwechsel. Verschiedene *Bifidobacterium*-Stämme werden neben diversen *Lactobacillus*-Stämmen (Firmicutes) am häufigsten als Probiotika eingesetzt.

34.6 Firmicutes: Das Phylum Firmicutes umfasst Gram-positive Bakterien mit niedrigem GC-Gehalt

Das Phylum **Firmicutes** umfasst derzeit **mehr als 2000 beschriebene Arten**. Nach neueren Erkenntnissen aus vergleichenden Genomanalysen sind auch die **obligat wirtsassoziierten Tenericutes** dem Phylum Firmicutes zuzurechnen. Manche Taxonomen klassifizieren diese Gruppe von abgeleiteten, zellwandlosen Organismen jedoch noch immer als eigenständiges Phylum. Die Firmicutes gliedern sich derzeit in sechs Klassen, von denen die vier artenreichsten (Clostridia, Bacilli, Negativicutes und Erysipelotricha) sowie die Tenericutes im abgebildeten Stammbaum repräsentiert sind (■ Abb. 34.16, ■ Tab. 34.3).

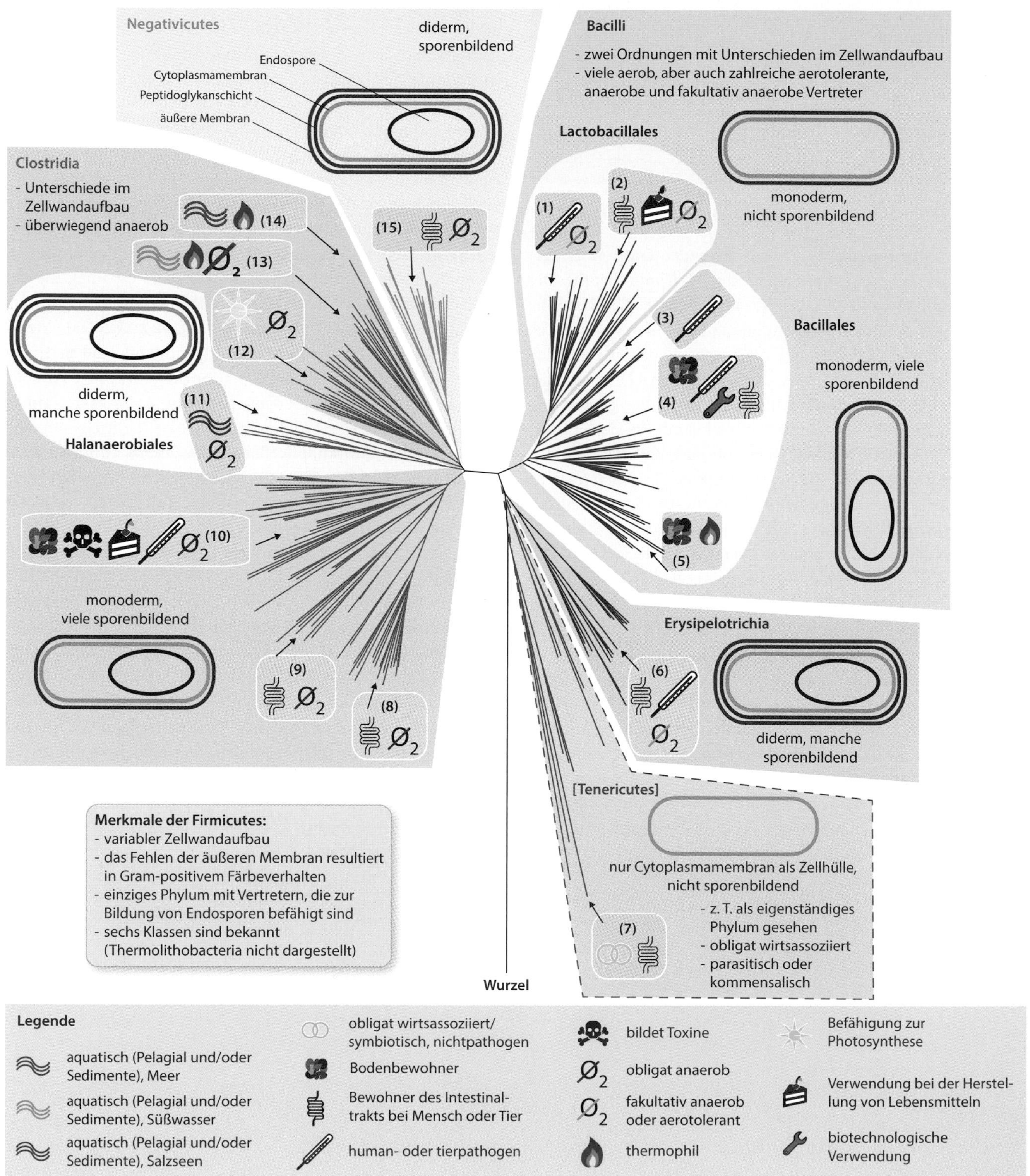

■ **Abb. 34.16** Übersicht über das Phylum Firmicutes

Tab. 34.3 Beispiele für Vertreter der Firmicutes. Zahlen in Klammern kennzeichnen die Organismen im Stammbaum (Abb. 34.16)

Taxon	Besonderheit
(1) *Globicatella sulfidifaciens*	fakultativ anaerob, tierpathogen (Kühe, Schafe)
(2) *Lactobacillus* spp.	sauerstofftolerante Anaerobier, Milchsäuregärung
(3) *Listeria monocytogenes*	Bodenbewohner, fakultativ pathogen, Lebensmittelinfektionen
(4) *Bacillus* spp.	meist Bodenbewohner, aerob bis fakultativ anaerob
B. subtilis	bestuntersuchtes Gram-positives Bakterium (Modellorganismus)
B. anthracis	Bodenbewohner, Erreger des Milzbrands (Anthrax), hochgiftiges Toxin, mögliche Biowaffe
B. thuringiensis	Endosporen enthalten insektizide Proteinkristalle, biotechnologische Bedeutung
(5) *Thermobacillus composti*	moderat thermophil, Boden, optimale Wachstumstemperatur 50 °C (max. 61 °C)
(6) *Erysipelothrix* spp.	eine Art tier- und humanpathogen, andere Arten sind nichtpathogene Darmbewohner
(7) *Ureaplasma felinum*	Kommensale auf der Schleimhaut von Katzen, kann Harnstoff spalten
(8) *Butyrivibrio fibrisolvens*	Darmbewohner bei vielen Wiederkäuern und anderen Tieren, Buttersäuregärung
(9) *Ruminococcus flavefaciens*	Darmbewohner, Abbau von Cellulose
(10) *Clostridium* spp.	meist Boden- oder Darmbewohner, obligat anaerob, einige Krankheitserreger
C. butyricum	Bodenbakterium, Buttersäuregärung, in Japan als Probiotikum therapeutisch eingesetzt
C. botulinum	Lebensmittelvergiftungen durch Botulinumtoxin, dieses auch in der Kosmetik (Botox)
C. tetani	Bodenbewohner, Erreger des Wundstarrkrampfs (Tetanus), Wundinfektionen, Toxin
(11) *Halanaerobium* spp.	alkaliphil, pH > 11, Sodaseen
(12) *Heliobacterium* spp.	Bewohner anoxischer Böden, anaerobe anoxygene Photosynthese, photoheterotroph
(13) *Caldicoprobacter guelmensis*	obligat anaerobes, thermophiles (Bereich 44–77 °C) Bakterium, aus Schafskot isoliert
(14) *Thermaerobacter marianensis*	aus Schlamm aus 11.000 m Meerestiefe (kalt!) isoliert, aber nur wachstumsfähig bei 50–80 °C
(15) *Veillonella* spp.	Darmbewohner, auch beim Menschen, vergären Lactat zu Acetat, Propionat und CO_2

Obwohl die Firmicutes zur Gruppe der Bakterien mit **Gram-positivem (monodermen) Zellwandaufbau** gerechnet werden, finden sich in diesem Phylum auch **Untergruppen mit didermer Zellwandarchitektur** (► Abschn. 34.2). So weisen die Zellen der Bakterien der Klassen Negativicutes und Erysipelotrichia sowie die zur Klasse Clostridia gehörende Ordnung Halanaerobiales eine **äußere Membran** auf. Viele Firmicutes, aber insbesondere die Vertreter der Gattungen *Bacillus* (4) und *Clostridium* (10), sind in der Lage, **Endosporen** zu bilden. Diese extrem langlebigen (Jahrzehnte bis Jahrhunderte) Überdauerungsstadien sind nur von den Firmicutes bekannt. Sie dienen neben der Überdauerung von Perioden mit ungünstigen Wachstumsbedingungen auch der Ausbreitung. So wurde der Transport von keimungsfähigen *Bacillus*-Sporen mit Saharasand von Afrika bis in die Karibik nachgewiesen.

Firmicutes kommen an fast allen natürlichen bis hin zu moderat extremen Standorten vor. Sie machen jedoch im Pelagial von Meeren und Seen nur einen sehr kleinen Anteil (< 0,1 % der Zellzahlen) der Bakteriengemeinschaften aus. Insbesondere in nährstoffreichen Systemen, wie z. B. dem Darmsystem von Tieren, treten die Firmicutes mit hohen bis sehr hohen Zellzahlen (> 10 % der Gesamtzellzahlen) auf. Viele Firmicutes sind obligate Gärer oder zumindest fakultative Anaerobier, können also auch bei Sauerstoffmangel wachsen. Die Firmicutes umfassen ein sehr **breites Spektrum von Lebensformtypen**, das von frei lebenden Formen (z. B. im Boden und Sediment), über wirtsassoziierte Darmbewohner bis hin zu Krankheitserregern reicht. Auch die **metabolische Vielfalt** in diesem Phylum ist sehr groß. Unter den Firmicutes sind vielerlei Typen von Gärungsstoffwechsel zu finden (► Abschn. 25.5), Anpassungen an moderat extreme Lebensbedingungen (Temperatur, Salzkonzentration) und auch Organismen, die zur anoxygenen Photosynthese (► Abschn. 25.2) befähigt sind. Manche Vertreter bilden hochgiftige Toxine wie etwa das Botulinumtoxin (*Clostridium botulinum*) oder das Anthraxtoxin des Milzbranderregers (*Bacillus anthracis*). Verschiedene Vertreter der Ordnung Lactobacillales repräsentieren wichtige Stämme der Lebensmittelindustrie, die bei der Herstellung verschiedener Milchprodukte (Joghurt, Käse, Sauermilch), häufig zusammen mit anderen Bakterien, zum Einsatz kommen. Traditionell spielen Lactobacillen auch eine bedeutende Rolle bei der Haltbarmachung von Lebensmitteln durch Ansäuerung, wie etwa beim Sauerkraut. Hierbei erfolgt die Ansäuerung durch die Stoffwechselprodukte der Milchsäuregärung (► Abschn. 25.5). Dies macht man sich auch bei der Herstellung von Silage (Futtermittel für Nutztiere) zunutze, bei der insbesondere Vertreter der Lactobacilliales eine wichtige Rolle spielen. Weiterhin kommen Milchsäuregärer bei der Zubereitung von Sauerteig, Rohwurst (z. B. als Starterkulturen bei der Salamiherstellung) sowie beim Brauen mancher Bierspezialitäten (z. B. Berliner Weiße) zum Einsatz.

34.7 Bacteroidetes: Vertreter der Bacteroidetes finden sich in fast allen Lebensräumen

Das Phylum **Bacteroidetes** (◘ Abb. 34.17, ◘ Tab. 34.4) ist in fast allen Lebensräumen vertreten, ausgenommen sind lediglich wirkliche Extremstandorte, die durch das alleinige Auftreten von Archaea gekennzeichnet sind (▶ Abschn. 25.10). Die Bacteroidetes stellen vergleichsweise **große Anteile des Bakterioplanktons** der Ozeane, Seen und Flüsse. Viele im Plankton vorkommende Bacteroidetes neigen zur **Blütenbildung**, treten also mit zeitlich sehr stark schwankenden Zellzahlen auf. Weitere typische Planktonvertreter aus anderen Phyla, wie etwa *Candidatus* Pelagibacter (Proteobacteria) oder *Prochlorococcus* (Cyanobacteria), weisen im zeitlichen Verlauf eine bedeutend geringere Variabilität der Zellzahlen auf. Die Bacteroidetes-Blüten folgen häufig Algenblüten, die die Substrate für das Wachstum der auftretenden Bakterien liefern. Wie auch bei anderen Phyla kommen im Süßwasser fast ausnahmslos andere Arten vor als im Meerwasser. Nur in brackigen Übergangszonen wie Flussmündungen sind marine und limnische Arten regelmäßig gemeinsam anzutreffen. Die Gattung ***Flavobacterium*** (4; Zahl bezieht sich jeweils auf die Position im Stammbaum (◘ Abb. 34.17)) ist beispielhaft für die ökologische Vielfalt und die Besiedlung unterschiedlicher Habitate. Unter den rund 200 beschriebenen *Flavobacterium*-Arten finden sich viele marine Vertreter, die häufig auf Oberflächen (Tiere, Pflanzen, sonstige Oberflächen) leben (z. B. *F. algicola*), aber auch im Plankton anzutreffen sind (z. B. *F. chilense*), andere kommen im Süßwasser (z. B. *F. anatoliense*) oder im Boden vor (z. B. *F. soli*), wieder andere sind mit Tieren oder Pflanzen assoziiert (z. B. *F. phragmitis*) oder treten

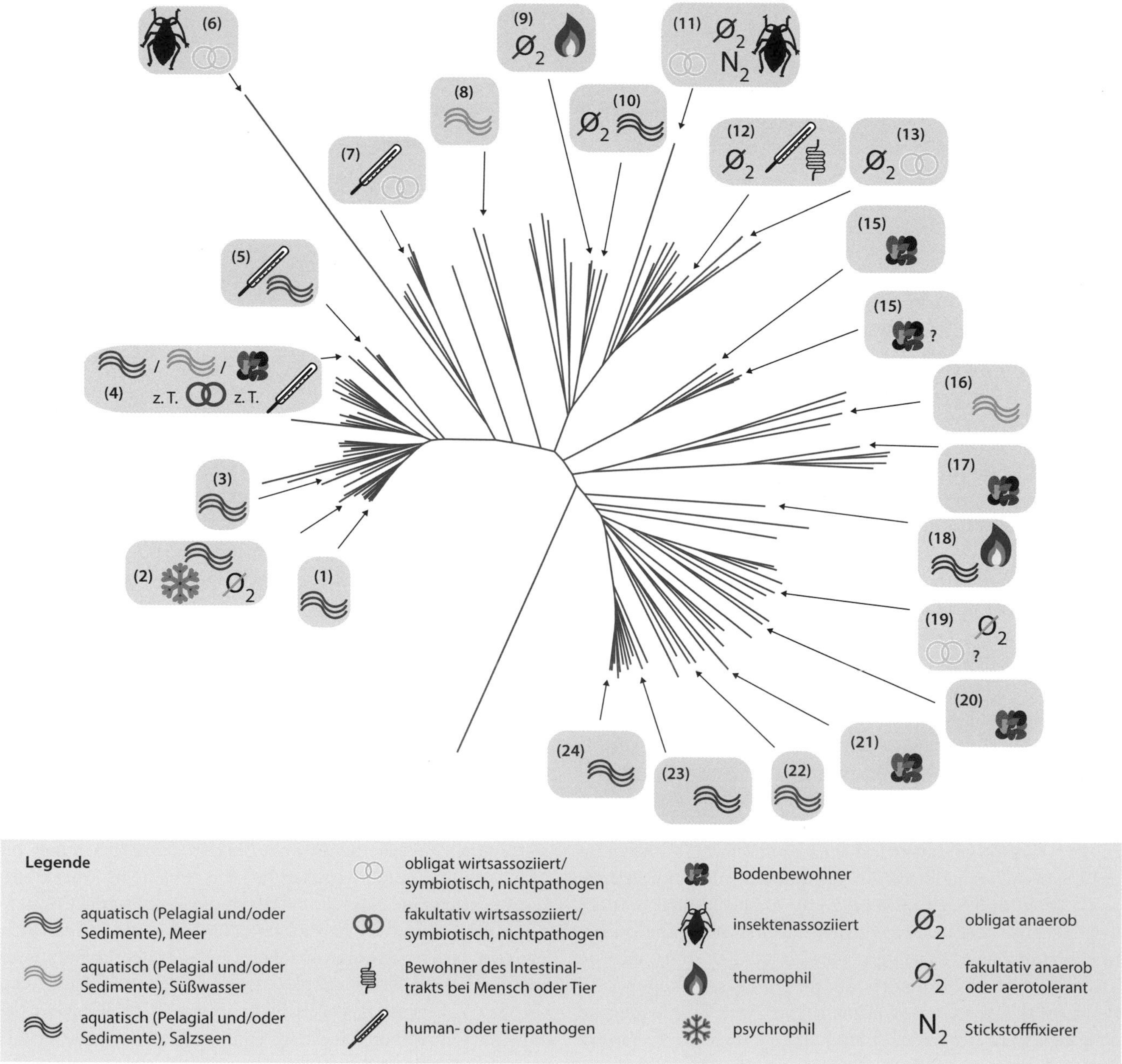

◘ **Abb. 34.17** Übersicht über die Vielfalt der Bacteroidetes. Die Zahlen in Klammern beziehen sich auf die Verweise im Text

Tab. 34.4 Beispiele für Vertreter der Bacteroidetes. Zahlen in Klammern kennzeichnen die Organismen im Stammbaum (Abb. 34.17)

Taxon	Ökologie, Lebensraum, Besonderheiten
(1) *Mesoflavibacter zeaxanthinifaciens*	marine Küstengewässer, Japan
(2) *Winogradskyella psychrotolerans*	marines Sediment, Arktis, psychrophil
(3) *Leeuwenhoekiella blandensis*	Plankton, marine Küstengewässer, Mittelmeer
(4) *Flavobacterium* spp.	große Gattung mit ca. 200 Arten, weite Verbreitung, marin, limnisch, terrestrisch, frei lebend bis pathogen
(5) *Tenacibaculum ovolyticum*	Fischpathogen, insbesondere Larven und Eier des Heilbutt (*Hippoglossus* spp.)
(6) *Blattabacterium* sp. strain B	obligater Endosymbiont der Deutschen Schabe (*Blattella germanica*)
(7) *Bergeyella zoohelcum*	nichtpathogener Schleimhautbewohner bei Hunden und Katzen, fakultativ humanpathogen, wird durch Bisse übertragen
(8) *Fluviicola taffensis*	limnisch, Fließgewässer, verwandte Arten kommen auch im Plankton von Seen vor
(9) *Anaerophaga thermohalophila*	tiefere Bereiche der Erdkruste mit erhöhten Temperaturen und erhöhter Salinität, obligater Gärer
(10) *Alkaliflexus imshenetskii*	aus Sodasee isoliert, wächst bis pH 10,2, ausschließlich Gärungsstoffwechsel
(11) *Candidatus* Azobacteroides pseudotrichonymphae	intrazellulärer Endosymbiont eines Flagellaten, der als Endosymbiont im Darm von Termiten lebt
(12) *Bacteroides fragilis*	kommensalischer Darmbewohner des Menschen, fakultativ pathogen, tritt bei Mischinfektionen mit anderen Erregern auf
(13) *Prevotella dentalis*	Mundflora des Menschen, anaerob, wie auch bei *Bacteroides* spp. mit Gärungsstoffwechsel
(14) *Solitalea canadensis*	Bodenbakterium, gleitende Fortbewegung, bildet bis zu 60 µm lange Filamente aus
(15) *Olivibacter sitiensis*	aus Pressrückständen einer Olivenmühle isoliert, wie bei vielen Arten sind Ökologie und primärer Lebensraum unbekannt
(16) *Haliscomenobacter hydrossis*	Plankton großer Seen, Typstamm allerdings aus Kläranlage isoliert, bildet bis zu 200 µm lange Filamente
(17) *Chitinophaga pinensis*	Bodenbakterium, von Kiefernnadeln isoliert, sehr großes Genom, kann Chitin abbauen (Gattungsname)
(18) *Thermonema rossianum*	thermophil (Optimumtemperatur 60 °C), wurde aus einer leicht salzhaltigen Thermalquelle am Golf von Neapel isoliert
(19) *Dyadobacter fermentans*	endophytisches (in Pflanzen lebendes) Bakterium, aus Maisstängeln isoliert, wahrscheinlich Kommensale, fakultativer Gärer
(20) *Leadbetterella byssophila*	aus Kompost isoliertes, strikt aerobes Bakterium, wahrscheinlich frei lebendes Bodenbakterium
(21) *Cytophaga hutchinsonii*	Bodenbakterium, gleitende Fortbewegung, Celluloseabbau, bereits 1927 beschriebene Art
(22) *Fulvivirga imtechensis*	marines Bakterium, an der Küste Indiens isoliert
(23) *Nitritalea halalkaliphila*	aus indischem Sodasee isoliert, halophil (bis 22 % NaCl, Meerwasser = 3,5 % NaCl), wächst im pH-Bereich 7,5–12
(24) *Indibacter alkaliphilus*	aus indischem Sodasee isoliert, halophil (bis 8 % NaCl), wächst im pH-Bereich 7,5–12 und bei Temperaturen von 15–40 °C

gar als Krankheitserreger bei Fischen auf (z. B. *F. psychrophilum*, *F. columnare*, *F. branchiophilum*). Diese fischpathogenen Arten sind in der Aquakultur gefürchtete Krankheitserreger, die unterschiedliche kommerziell genutzte Fischarten befallen können. Manche Erreger treten ausschließlich bei Kaltwasserfischen (insbesondere Salmoniden wie Lachsen und Forellen) auf, aber auch bei tropischen Arten, wie z. B. Tilapien, können Flavobakterien (z. B. *F. columnare*) großen Schaden verursachen. Wie auch bei Prokaryoten anderer Phyla spiegelt sich die ökologische Anpassung der Organismen in ihrer Genomgröße wider. Obligatorisch mit Wirtsorganismen assoziierte Vertreter besitzen häufig Genomgrößen mit weniger als 2×10^6 Basenpaaren (< 2 Mbp), häufig sogar < 1 Mbp (Abb. 34.18). Fakultative Symbionten und Krankheitserreger sind normalerweise eher durch mittelgroße Genome charakterisiert, was auch für viele frei lebende aquatische Vertreter zutrifft. So weisen die meisten Vertreter der Gattung *Flavobacterium* Genomgrößen von 2,5–5,0 Mbp auf. Vergleichsweise große Genomgrößen (> 6 Mbp) finden sich überdurchschnittlich häufig bei Boden- und Sedimentbakterien, wie z. B. *Chitinophaga* spp. (17), aber auch spezialisierte Planktonbakterien, wie z. B. *Haliscomenobacter* spp. (16), können sich durch große Genome auszeichnen.

Ein besonders interessanter Vertreter der strikt wirtsgebundenen Bacteroidetes ist *Candidatus* Azobacteroides pseudo-

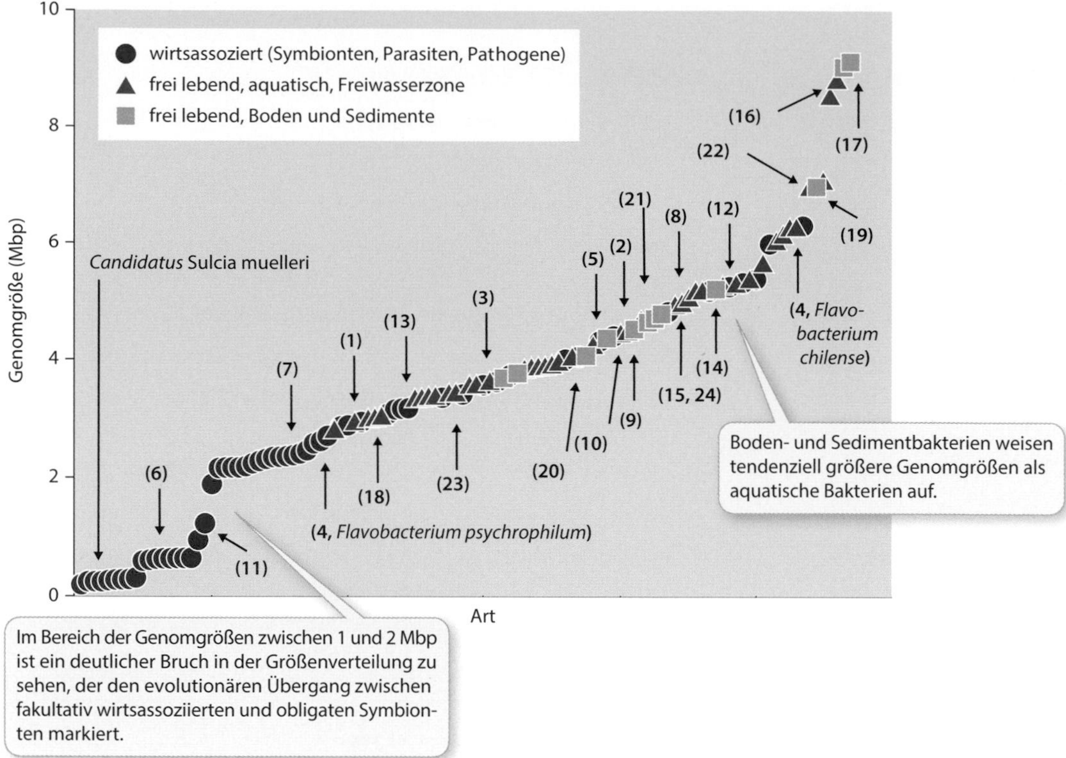

Abb. 34.18 Genomgrößen (in 10^6 bp = Mbp) verschiedener Bakterien des Phylums Bacteroidetes und deren überwiegende Lebensweise. Die Zahlen in Klammern beziehen sich auf den Stammbaum (Abb. 34.17)

34

trichonymphae (11). Dieses Bakterium lebt als **intrazellulärer Symbiont** in dem Flagellaten *Trichonympha* spp., der wiederum als Symbiont im Darmtrakt bestimmter Termiten lebt. Das Bakterium besitzt ein reduziertes Genom von 1,1 Mbp und zeichnet sich durch die Fähigkeit aus, molekularen Stickstoff (N_2) zu fixieren. Diese Symbionten ermöglichen der Termite die Nutzung von Holz als einzige Nahrungsquelle (▶ Abschn. 35.18). Die obligaten Endosymbionten, die derzeit unter der Bezeichnung *Candidatus* Sulcia muelleri zusammengefasst werden, fallen durch noch kleinere Genome (0,25 Mbp) auf. Bakterien dieser Gruppe finden sich bei verschiedenen pflanzensaftsaugenden Insekten in einem speziellen Organ (Bakteriom) und werden vertikal, also direkt, an die Nachkommen übertragen. Wie auch die endosymbiotischen *Buchnera* spp. (Proteobacteria, Gammaproteobacteria) ermöglichen diese Endosymbionten Ihren Wirten ein Auskommen mit ihrer praktisch proteinfreien, aber kohlenhydratreichen Diät. Vertreter des Taxons *Candidatus* Cardinium sind parasitische Bakterien mit obligater Wirtsbindung, die in Insekten und Nematoden gefunden wurden. Sie weisen Genomgrößen von 1,0–1,2 Mbp auf und werden wie Vertreter der Gattung *Wolbachia* (Proteobacteria, Gammaproteobacteria, Genomgrößen 0,9–1,6 Mbp) als Parasiten betrachtet, die die Vermehrung ihrer Wirte zu ihrem eigenen Vorteil negativ beeinflussen können. Alle genannten obligat wirtsassoziierten Organismen mit kleinen Genomgrößen können aufgrund ihrer endosymbiotischen Anpassung und der daraus resultierenden Abhängigkeiten von den jeweiligen Wirtsorganismen nicht als Reinkulturen kultiviert werden. Die Genomsequenzen dieser Organismen wurden daher mit metagenomischen Verfahren gewonnen (Box 34.1).

In der **Darmflora des Menschen** (▶ Abschn. 35.17) sind Bakterien der Gattung ***Prevotella*** und ***Bacteroides*** zahlreich vertreten. Kultivierungsunabhängige Untersuchungen (Box 34.1) zur Zusammensetzung des humanen Darmmikrobioms stießen einerseits auf eine enorme mikrobielle Vielfalt, zeigten aber andererseits, dass die Darmflora einzelner Individuen sich tendenziell einer von drei **Mikrobiomtypen (Enterotypen)** zuordnen lässt. Charakteristisch für diese drei Enterotypen ist das besonders häufige Auftreten einer der drei Leittaxa *Prevotella*, *Bacteroides* und *Rumminococcus* (Firmicutes). Beim Enterotyp 1 stellen *Bacteroides* spp. ca. 25–35 % der Darmflora, bei den anderen beiden Enterotypen entfällt auf diese Gattung jedoch ein deutlich geringerer Anteil (< 10 %). Der Enterotyp 2 zeichnet sich durch einen Anteil von *Prevotella* spp. im Bereich von 15–30 % der Prokaryotenzellen aus. Diese Gattung ist bei den beiden anderen Enterotypen zwar ebenfalls vorhanden, aber nur mit sehr geringen Anteilen nachweisbar. Beim Enterotyp 3 tritt *Ruminococcus* spp. viel häufiger als bei den anderen beiden Enterotypen auf und gilt, trotz des vergleichsweisen geringen Anteils an der gesamten Darmflora (typischerweise nur 1,5–3,0 %), als Leittaxon für diesen Enterotyp. Bei allen drei Enterotypen wird jeweils nur ein sehr geringer Anteil der Darmflora durch das als Darmbakterium, Modellorganismus der molekularbiologischen Forschung und Indikatororganismus für fäkale Verunreinigungen (Trinkwasser, Badegewässer) bekannte Bakterium *Escherichia coli* (Proteobacteria, Gammaproteobacteria) gestellt. Inwieweit individuelle Ernährungsunterschiede und andere Faktoren die Ausildung der unterschiedlichen Enterotypen beeinflussen, ist noch nicht abschließend geklärt. Interessant ist, dass sich wie beim Menschen auch bei der Darmflora des Schimpansen drei unterschiedliche Enterotypen finden. Diese sind allerdings durch andere Leittaxa als beim Menschen charakterisiert, die bei allen drei Enterotypen durch Firmicutes gestellt werden.

Ein Merkmal vieler Vertreter der Bacteroidetes ist die Fähigkeit, Makromoleküle wie beispielsweise die Polysacharide Cellulose und Chitin abzubauen. Als Beispiele für diese Fähigkeit können *Cytophaga* spp. (21) und *Chitinophaga* spp. (17) genannt werden. Da diese Makromoleküle durch Pflanzen bzw. Arthropoden in sehr bedeutendem Umfang synthetisiert werden, ist offensichtlich, dass viele Bacteroidetes als Destruenten im Naturstoffhaushalt und insbesondere im Kohlenstoffkreislauf eine bedeutende Rolle spielen. Der Abbau dieser Polysaccharide erfolgt in den ersten Abschnitten über Exoenzyme, die von den Bakterien ausgeschieden werden und die Makromoleküle zu Oligo- und Monomeren hydrolysieren.

Box 34.1: Diversitätsforschung, Taxonomie und kultivierungsunabhängige Methoden

Die Erforschung der Diversität der Prokaryoten und die Etablierung einer umfassenden Taxonomie für diese große Organismengruppe werden sehr stark durch die **Limitierungen bei der Kultivierung** dieser Organismen eingeschränkt. Anders als bei anderen Organismengruppen kann die Diversität der Prokaryoten nicht anhand von morphologischen Merkmalen erforscht werden. Es werden zumindest **genetische Merkmale benötigt, um Diversitätsabschätzungen vornehmen zu können**. Da nur ein Bruchteil der Vielfalt der Bacteria und Archaea durch Kultivierung im Labor zugänglich ist, wurden kultivierungsunabhängige Verfahren entwickelt, um die Diversität der Prokaryoten erforschen zu können. Das derzeit wichtigste Verfahren basiert auf der **Sequenzierung des 16S-rRNA-Gens der Prokaryoten**, wobei dieses Gen gewissermaßen als **phylogenetische Visitenkarte** seines Trägers fungiert. Die Sequenzen (meist nur Teile der gesamten Gensequenz) werden aus Umweltproben (z. B. aus einer Bodenprobe oder einem Hautabstrich eines Probanden) gewonnen. Hierfür wird die in der Umweltprobe enthaltene DNA im Labor extrahiert und die 16S-rRNA-Gene der enthaltenen Prokaryoten werden mittels **Polymerasekettenreaktion (PCR)** kopiert und vervielfältigt. Hierbei sind verschiedene Vorteile des 16S-rRNA-Gens entscheidend. Im Gegensatz zu vielen anderen Genen besitzen alle Prokaryoten dieses Gen und aufgrund seiner relativ großen evolutiven Konserviertheit stehen **universelle Primer** zur Verfügung, die entweder bei (fast) allen Bacteria oder bei (fast) allen Archaea die Amplifikation (Vervielfältigung) der Gene mittels PCR ermöglichen. Proteincodierende Gene, die bei allen Organismen den weit überwiegenden Teil der codierenden Gene stellen, weisen diese Vorteile nicht auf. Es ist nicht möglich, für eines der wenigen proteincodierenden Gene, die bei allen Bacteria bzw. bei allen Archaea vorhanden sind, universelle Primer zu generieren, die das betreffende Gen bei allen Bakterien bzw. allen Archaeen amplifizieren können. Hierfür sind die Sequenzunterschiede zwischen den einzelnen Organismen viel zu groß. Die mittels PCR vervielfältigten Kopien der 16S-rRNA-Gene werden nachfolgend vereinzelt und sequenziert. Moderne Hochdurchsatzsequenziergeräte ermöglichen die Sequenzierung von Hunderttausenden oder, wenn gewünscht, gar Millionen von Genkopien aus einzelnen Umweltproben. **Durch Sequenzanalysen kann man anhand von Sequenzunterschieden zwischen den Genen der verschiedenen in der Umweltprobe vorhandenen Organismen die Diversität in der untersuchten Probe abschätzen und mit der in anderen Proben gefundenen Diversität vergleichen.** Diese kultivierungsunabhängige Methode erlaubt allerdings nicht die exakte Ermittlung der Artenzahlen in den Proben, denn einerseits wurde bisher nur ein Bruchteil der prokaryotischen Diversität als Arten beschrieben und andererseits bietet das evolutiv konservierte Gen (die Sequenzen ändern sich im Laufe der Evolution vergleichsweise langsam) bei vielen Taxa keine ausreichende phylogenetische Auflösung, um Arten sicher differenzieren zu können.

Das derzeitig gültige Regelwerk für die Beschreibung von prokaryotischen Arten verlangt unter anderem die Deponierung von wachstumsfähigen Reinkulturen des Typstammes als Referenzmaterial in zwei anerkannten Kultursammlungen. Da dies für noch nicht kultivierte und kultivierungsresistente Organismen nicht möglich ist, diese aber mithilfe von kultivierungsunabhängigen Methoden genetisch und ökologisch charakterisiert werden können, kann man dennoch eine vorläufige taxonomische Beschreibung als **Candidatus-Taxon** vornehmen. Beispiele hierfür sind das marine Bakterium *Candidatus* Pelagibacter ubique (Proteobacteria, Alphaproteobacteria) sowie die obligaten Endosymbionten *Candidatus* Azobacteroides pseudotrichonymphae (Bacteroidetes) und *Candidatus* Sulcia muelleri (Bacteroidetes). Obwohl keine obligaten Endosymbionten mit kleinen Genomgrößen bekannt sind, die als Reinkultur kultiviert werden konnten, gibt es dennoch Vertreter, die als reguläre Arten beschrieben wurden. Beispiele hierfür sind *Buchnera aphidicola* (Proteobacteria, Gammaproteobacteria), *Wolbachia pipientis* (Proteobacteria, Alphaproteobacteria) und *Blattabacterium cuenoti* (Bacteroidetes). Diese Arten wurden beschrieben, bevor die Pflicht zur Deponierung von Reinkulturen in das taxonomische Regelwerk eingeführt wurde. Aus dem Vorliegen einer validen Artbeschreibung kann man also nicht schließen, dass auch eine Reinkultur des jeweiligen Typstammes verfügbar ist.

Bei **metagenomischen Verfahren** wird die gesamte DNA einer Lebensgemeinschaft aus einer Umweltprobe extrahiert und die erhaltenen DNA-Fragmente werden sequenziert. Aus den erhaltenen Sequenzen lassen sich dann Genomfragmente und gegebenenfalls (fast) vollständige Genomsequenzen rekonstruieren. Die erhaltenen metagenomischen Daten geben wie die Untersuchungen der 16S-rRNA-Gene Auskunft über die taxonomische Zusammensetzung der Lebensgemeinschaften, ermöglichen aber eine höhere taxonomische Auflösung (Artebene). Darüber hinaus ermöglichen diese Daten auch die Abschätzung des physiologischen/metabolischen Potenzials der untersuchten Lebensgemeinschaften.

34.8 Cyanobacteria und Melainabacteria: Die Cyanobacteria besitzen zwei Photosysteme und betreiben oxygene Photosynthese

Bei den Vorfahren der heutigen **Cyanobacteria** evolvierte die Fähigkeit zur **oxygenen Photosynthese**. Dieser enorm wichtige Schritt der Evolution vollzog sich stammesgeschichtlich wahrscheinlich erst nach der Trennung der beiden Linien, die heute durch die Schwesterphyla Cyanobacteria und Melainabacteria repräsentiert werden (◘ Abb. 34.19, ◘ Tab. 34.5). Infolge der Nutzung der oxygenen Photosynthese zur Energiekonservierung entstand, quasi als Abfallprodukt, molekularer Sauerstoff, der sich in der Atmosphäre anreicherte. Infolgedessen änderten sich Lebensbedingungen an sehr vielen Standorten von anaerob zu aerob (▶ Abschn. 29.3). Die **Anreicherung von Sauerstoff in der Atmosphäre** bewirkte auch die Bildung der Ozonschicht, die wiederum eine deutliche Verringerung der UV-Strahlung nach sich zog und hierdurch eine Besiedlung terrestrischer Lebensräume durch Makroorganismen erst möglich machte.

Im Gegensatz zur anoxygenen Photosynthese, die in verschiedenen Variationen in mehreren Bakterienphyla präsent ist, wurde die oxygene Photosynthese vermutlich nie erfolgreich durch horizontalen Gentransfer auf andere Organismengruppen übertragen. Zwar üben eukaryotische Algen und höhere Pflanzen ebenfalls eine oxygene Photosynthese aus, doch erwarben sie diese Fähigkeit durch Aufnahme von Cyanobakterien als Endosymbionten, die nachfolgend zu den Plastiden der Pflanzenzellen evolvierten (▶ Abschn. 33.2).

Cyanobakterien sind ökologisch sehr **vielgestaltig** (◘ Abb. 34.20) und kommen **in fast allen Ökosystemen** mit ausreichender Lichtversorgung vor. Dies schließt alle Arten von aquatischen Lebensräumen bis hin zu heißen Quellen, aber auch eine Vielzahl terrestrischer Systeme einschließlich heißer und kalter Wüsten ein. Die Vertreter der Gattung ***Prochlorococcus*** (3; Zahl bezieht sich jeweils auf die Position im Stammbaum (◘ Abb. 34.7)) sind global betrachtet die häufigsten Cyanobakterien. Schätzungen zufolge entspricht die globale Biomasse dieser marinen Planktonorganismen dem Gewicht von 220 Mio. Autos (VW Käfer). Diese enorme Biomasse ist für ca. 5 % der globalen Photosyntheseleistung verantwortlich. Während *Prochlorococcus* seine höchsten Populationsdichten in nährstoffarmen Meeresregionen erreicht, tritt

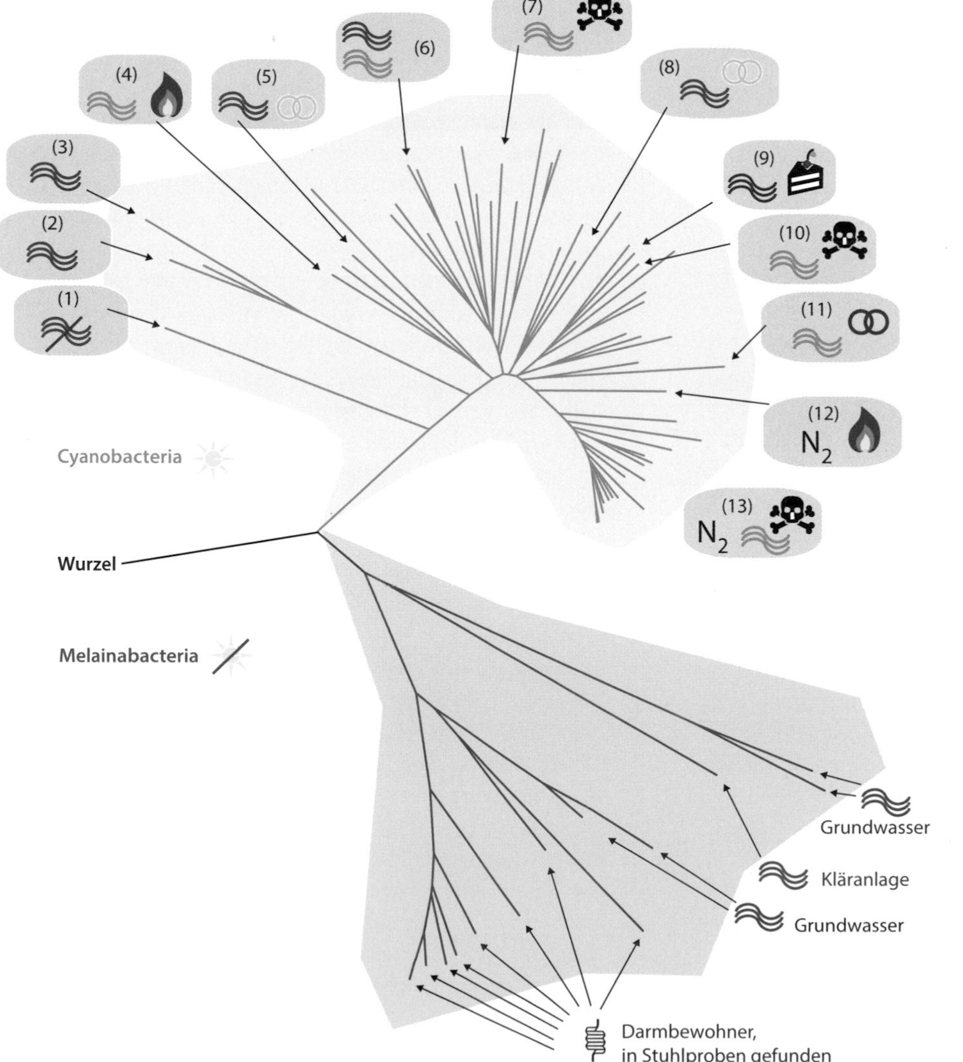

◘ **Abb. 34.19** Systematischer Überblick über die Cyanobacteria und Melainabacteria. Die Zahlen in Klammern beziehen sich auf die Verweise im Text

Das *Spirulina*-Nahrungsergänzungsmittel besteht aus getrockneter Biomasse von *Arthrospira platensis* (9), die hauptsächlich unter der synonymen Bezeichnung *Spirulina platensis* bekannt ist. Dieses Cyanobakterium wächst natürlicherweise in flachen tropischen Salzseen und wird zur Biomasseproduktion in künstlichen Teichen gezüchtet.

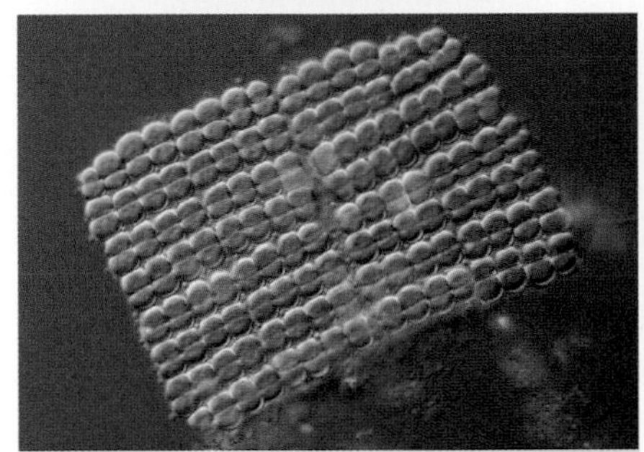

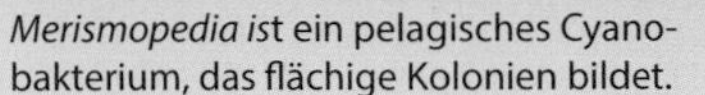

Merismopedia ist ein pelagisches Cyanobakterium, das flächige Kolonien bildet.

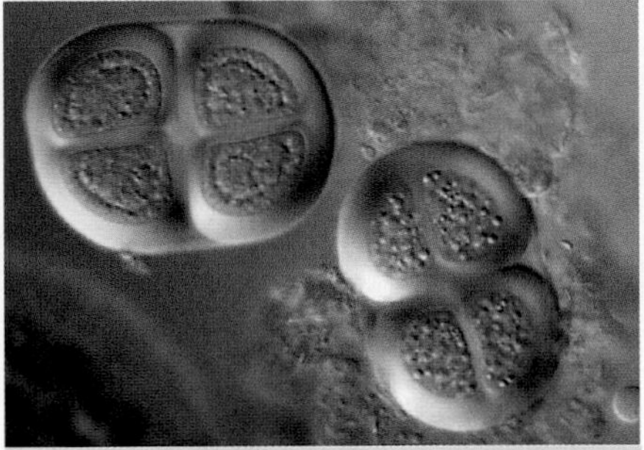

Chroococcus bildet wenigzellilge Kolonien und ist aus dem Süß- und Salzwasser bekannt.

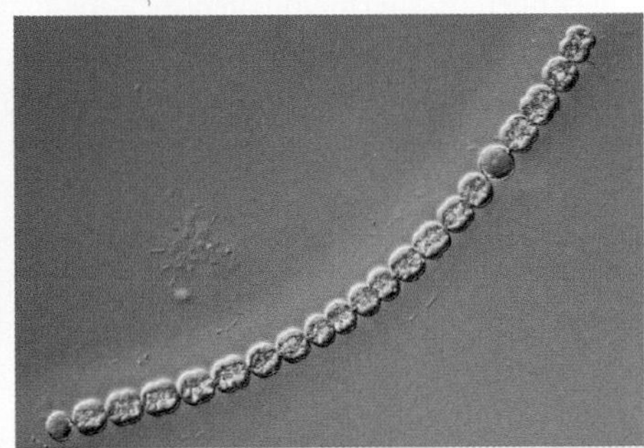

Anabaena bildet unverzweigte Fäden. Manche Arten bilden das Nervengift Anatoxin.

Abb. 34.20 Verschiedene Cyanobakterien

die Gattung *Synechococcus* (2) hauptsächlich in nährstoffreicheren Küstenregionen, aber auch im Süßwasser auf.

Verschiedene Cyanobakterien besiedeln auch Standorte mit sehr geringer Wasserverfügbarkeit wie Eiswüsten sowie heiße und kalte Trockenwüsten. In trockenen Wüsten finden sich hypo- und endolithische Cyanobakterien, die an der Unterseite von etwas lichtdurchlässigen Quarzsteinen leben. Typische Vertreter der hypolithischen Cyanobakterien sind die zahlreichen Arten der Gattung *Chroococcidiopsis* (12), die sowohl in heißen als auch in kalten Wüsten (z. B. in der arktischen Tundra) vorkommen. Manche Cyanobakterien bilden **Toxine**, die bei Massenentwicklung dieser Bakterien (**giftige Algenblüten**) für Badegäste, Weidevieh und Wildtiere, aber auch für die Trinkwassergewinnung zum Problem werden können (Abb. 34.21; ► Abschn. 36.6). Aus Afrika wurden mehrfach Tiersterben infolge von Vergiftungen durch Cyanobakterienblüten in Wasserstellen bekannt, dem auch sehr große Tiere wie Elefanten zum Opfer fielen. Gattungen mit toxischen Vertretern sind z. B. *Microcystis* (7), *Planktothrix* (10) und *Anabaena* (13).

Die **Melainabacteria** repräsentieren ein Schwesterphylum der Cyanobacteria und werden teilweise auch als nichtphotosynthetische Cyanobakterien bezeichnet. Diese diverse Bakteriengruppe ist derzeit lediglich durch eine einzige beschriebene Art repräsentiert. Dabei handelt es sich um *Vampirovibrio chlorellavorus*, ein obligatorisch parasitisches Bakterium, das Grünalgen befällt. Vertreter der Melainabacteria wurden ansonsten bisher hauptsächlich im Darm von Tieren, auch des Menschen, in Grundwassersystemen sowie in Kläranlagen gefunden. Genomuntersuchungen legen nahe, dass viele Vertreter dieser Gruppe einen reinen Gärungsstoffwechsel aufweisen, andere codieren jedoch auch einen Atmungsstoffwechsel.

Tab. 34.5 Beispiele für Vertreter der Cyanobacteria. Zahlen in Klammern kennzeichnen die Organismen im Stammbaum (Abb. 34.19)

Taxon	Besonderheit
(1) *Gloeobacter* spp.	terrestrisch, auf Steinen und Felsen
(2) *Synechococcus* spp.	marin, auch Süßwasserarten, Plankton
(3) *Prochlorococcus marinus*	marin, oligotrophe Meeresgebiete, Plankton
(4) *Thermosynechococcus elongatus*	heiße Quellen, Japan, Temperaturoptimum 55 °C
(5) *Acaryochloris marina*	Symbiont in Ascidien, Chlorophyll *d* als Hauptpigment
(6) *Synechocystis* spp.	überwiegend aquatisch, marin und limnisch
(7) *Microcystis aeruginosa*	kolonienbildend, toxische Algenblüten, Microcystin
(8) *Prochloron didemni*	extrazellulärer Symbiont in Ascidien (Seescheiden)
(9) *Arthrospira platensis*	Synonym *Spirulina*, Nahrungsergänzungsmittel
(10) *Planktothrix rubescens*	Burgunderblutalge, filamentöse Kolonien, toxisch
(11) *Chamaesiphon* sp.	Aufwuchsalgen, meist auf anderen Organismen
(12) *Chroococcidiopsis thermalis*	heiße Süßwasserquellen, thermophil
(13) *Anabaena* spp.	Heterocysten zur Stickstofffixierung, Toxine

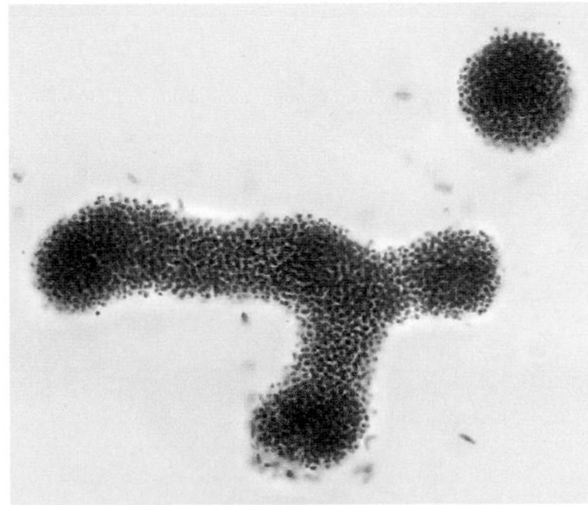

Abb. 34.21 Zwei Kolonien des in toxischen Algenblüten häufig auftretenden Cyanobacteriums *Microcystis aeruginosa* (7)

34

34.9 Archaea: In Extremhabitaten dominieren meist Archaea

Extremstandorte, wie beispielsweise **heiße Thermalquellen**, galten lange als nicht von Organismen, auch nicht durch Bakterien, besiedelbare Systeme. Rosa-, orange- oder ockerfarbene Ablagerungen in Thermalquellen hielt man lange für Ausfällungen von im Thermalwasser gelösten Mineralien (◘ Abb. 34.26). 1965 begann Thomas D. Brock mit mikrobiologischen Untersuchungen an den Thermalquellen im Yellowstone-Nationalpark (USA) und konnte bald zeigen, dass es sich bei diesen scheinbaren Ausfällungen um durch Mikroorganismen gebildete **mikrobielle Matten** handelt. Im Laufe dieser Untersuchungen konnte ein Mikroorganismus isoliert werden, der über einen Temperaturbereich von 50–80 °C wachstumsfähig ist. Die Arbeiten zu diesem Organismus, 1969 als ***Thermus aquaticus*** (Phylum *Deinococcus-Thermus*, Domäne Bacteria) beschrieben, stimulierten eine intensive Forschung über thermophile und hyperthermophile Mikroorganismen. Aus Thermalquellen und anderen Extremstandorten (z. B. Salzseen) wurden einige extremophile Prokaryoten isoliert, die anfänglich für Bakterien gehalten wurden,

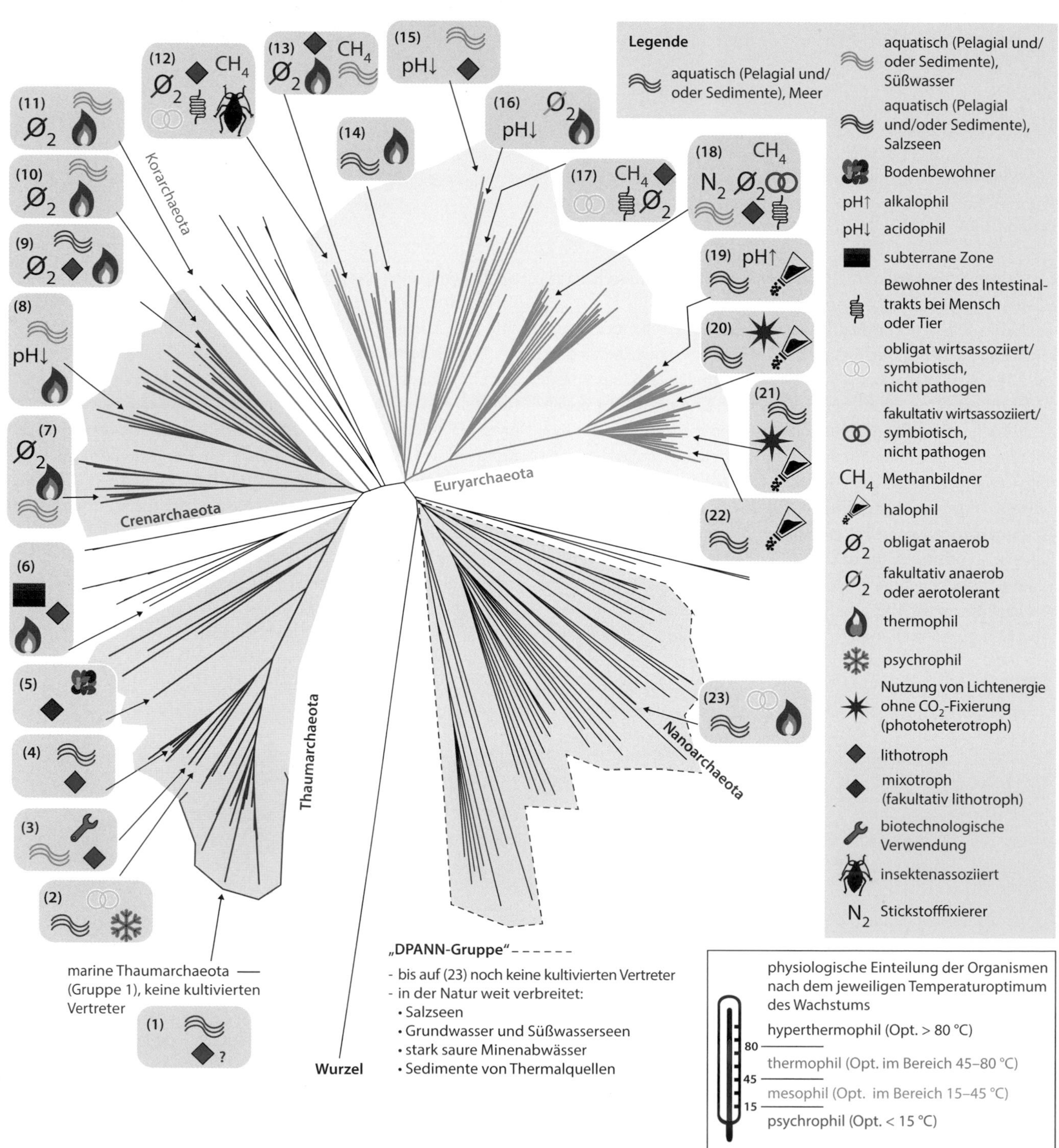

◘ **Abb. 34.22** Systematischer Überblick über die Archaea. Die Zahlen in Klammern beziehen sich auf die Verweise im Text

Tab. 34.6 Systematischer Überblick über die Archaea. Zahlen in Klammern kennzeichnen die Organismen im Stammbaum (Abb. 34.22)

Taxon	Charakterisierung
(1) marine Thaumarchaeota (Gruppe 1)	marin, bisher keine kultivierten Vertreter, wahrscheinlich chemolithoautotrophe Ammoniumoxidierer
(2) „Cenarchaeum symbiosum"	psychrophiler Symbiont eines marinen Schwammes, keine valide Artbeschreibung
(3) *Candidatus* Nitrosotenuis cloacae	Ammoniumoxidierer, aus einer Kläranlage isoliert
(4) *Candidatus* Nitrosopumilus koreensis	mariner Ammoniumoxidierer, chemolithoautotroph
(5) *Nitrososphaera viennensis*	Boden, Ammoniumoxidierer, chemolithoautotroph oder mixotroph
(6) „Caldiarchaeum subterraneum"	thermophil, chemolithoautotroph, H_2- und CO-Oxidierer, Geothermalwasser, Goldmine, 320 m Tiefe
(7) *Vulcanisaeta distributa*	hyperthermophil, saure Thermalquelle, heterotropher Sulfatatmer
(8) *Sulfolobus acidocaldarius*	(hyper)thermophil, acidophil (pH 2–3), saure Thermalquellen in vulkanischen Regionen, Oxidation organischer Verbindungen oder Schwefeloxidation
(9) *Ignicoccus hospitalis*	hyperthermophil, anaerob, chemolithoautotropher, H_2 oxidierender Schwefelatmer, Wirt von „Nanoarchaeum equitans"
(10) *Thermosphaera aggregans*	hyperthermophil, anaerob, obligater Chemoorganoheterotropher, aus „Obsidian Pool", Yellowstone-Nationalpark
(11) *Candidatus* Korarchaeum cryptofilum	hyperthermophil, anaerob, obligater Fermentierer (Peptide), aus „Obsidian Pool", Yellowstone-Nationalpark
(12) *Methanobrevibacter* spp.	mesophil, strikt anaerob, Methanbildner (meist aus CO_2 und H_2), Darmbewohner, insbesondere von Termiten, anderen Insekten und Wirbeltieren
(13) *Methanothermobacter thermautotrophicus*	thermophil, strikt anaerob, Methanbildung aus CO_2 und H_2, chemolithoautotroph, aus Faulturm (Kläranlage) isoliert
(14) *Pyrococcus furiosus*	hyperthermophil, strikt anaerob, chemoorganoheterotroph, aus marinem Sediment (Vulkangebiet)
(15) *Ferroplasma acidophilum*	mesophil, strikt acidophil, chemolithoautotropher Eisenoxidierer, in Bergwerksabwässern
(16) *Thermoplasma acidophilum*	thermophil, strikt acidophil (Optimum pH 2), heterotropher Schwefelatmer, fakultativ aerob, in Solfataren und Abraumhalden
(17) *Methanomassiliicoccus luminyensis*	mesophil, strikt anaerob, metabolisiert Methanol und H_2 zu Methan, Darm des Menschen
(18) *Methanosarcina barkeri*	mesophil, strikt anaerob, Methanbildner, kann größeres Spektrum an Substraten verwerten, aus Klärschlamm (Kläranlage), Gewässersedimenten, Pansen von Kühen
(19) *Natronococcus occultus*	haloalkaliphil, aerob, heterotroph, aus Sodasee (Magadisee), wächst bei pH 8,5–11,0 (Optimum 9,5), Salzgehalt (in Kultur) 8–30 % NaCl (Optimum 22 %)
(20) *Halobacterium salinarium*	strikt halophil, aerob, photoheterotroph, Bacteriorhodopsine, Salzseen, wurde von gesalzenem Klippfisch isoliert, rote Pigmentierung
(21) *Haloquadratum walsbyi*	extrem halophil, mesophil, aerob, heterotroph, einzigartige Zellmorphologie, Meerwassersalinen zur Gewinnung von Speisesalz
(22) *Halohasta litchfieldiae*	halophil, mesophil, aerob, heterotroph, von einem Salzsee in Antarctica (trotzdem nicht psychrophil)
(23) „Nanoarchaeum equitans"	thermophiler obligater Ektosymbiont, wurde auf *Ignicoccus* (Crenarchaeota) entdeckt, marin, klein, sehr kleines Genom

aber aufgrund ihrer Bevorzugung von Extrembedingungen als biologische Relikte aus den Frühphasen der organismischen Evolution galten. Daher wurden diese Organismen unter der Bezeichnung **Archaebacteria** zusammengefasst. Erst die phylogenetischen Arbeiten von Carl Woese deckten auf, dass zahlreiche dieser extremophilen Organismen und insbesondere jene, die unter den extremsten Bedingungen vorkommen, eine dritte Domäne neben den Bacteria und den Eukarya bilden, die man nachfolgend als **Archaea** bezeichnete. Einige Arten der Archaea wurden noch vor der Entdeckung der Eigenständigkeit der Gruppe wissenschaftlich beschrieben, was sich in manchen taxonomischen Bezeichnungen wie *Methanobacterium* oder *Halobacterium* (20) (Abb. 34.22, Tab. 34.6) widerspiegelt.

Nach der taxonomischen Separierung der Archaea waren in dieser Domäne fast ausschließlich **extremophile Organismen** (Temperatur, pH-Wert, Salzkonzentration, Redoxbedingungen; ► Abschn. 25.10) und solche mit „extremen" Stoffwechselfähigkeiten (Methanbildung) zusammengefasst (► Abschn. 25.8). Dies führte zu der Vorstellung, dass Archaea nur an Standorten mit Extrembedingungen auftreten. Erst die Einführung von

Überwiegend aus Methan bestehendes **Faulgas** ist aus dem Sediment des Sees entwichen und wurde beim Zufrieren des Sees im entstehenden Eis gefangen. Gebildet wurde das Methan von **methanogenen Archaeen** aus einfachen Stoffwechselprodukten anderer anaerober Organismen wie H_2, CO_2, Methanol, Ameisensäure und Acetat. Ausschließlich verschiedene Linien der Euryarchaeota sind zur Bildung von Methan befähigt.

Abb. 34.23 Methan wird ausschließlich von methanogenen Euryarchaeota gebildet

Salzgärten zur Gewinnung von Speisesalz durch Verdunstung von Meerwasser. Im Zuge der Verdunstung steigt die **Salzkonzentration**, was **halophilen Mikroorganismen** das Wachstum ermöglicht. Typischerweise finden sich in solchen Salzteichen verschiedene Vertreter der Gattung *Halobacterium* (z. B. (20)) oder auch *Haloquadratum walsbyi* (21). Die Färbung der Teiche wird ausschließlich durch Mikroorganismen verursacht und ist abhängig von der Zusammensetzung der Gemeinschaft, die wiederum durch die Salzkonzentration gesteuert wird.

Abb. 34.24 Halophile Archaea leben in gesättigten oder hoch konzentrierten Salzlösungen

34

kultivierungsunabhängigen Methoden in die Mikrobiologie zeigte, dass Archaea zwar unter den verschiedenen extremsten Bedingungen im Regelfall die einzigen wachstumsfähigen Organismen stellen, dass sie aber auch praktisch an allen anderen Standorten mit **nichtextremen Lebensbedingungen** vorhanden sind. So werden alle Wasserschichten und die Sedimente der Meere, Seen und Flüsse sowie verschiedenste terrestrische Standorte von einer großen Vielzahl von Archaea besiedelt. Auch in Assoziation mit zahlreichen Eukaryoten wurden Archaeen nachgewiesen. Während methanogene Archaea im Darmtrakt von Termiten und Wiederkäuern stets in großer Zahl vorhanden sind (▶ Abschn. 35.18), wurden diese beim Menschen nur in 50 % der Fälle nachgewiesen. Im Unterschied zu den Bakterien und den eukaryotischen Mikroorganismen sind unter den Archaea bisher **keine Krankheitserreger** bekannt. Zwar werden methanogene Archaea beim Menschen in Zusammenhang mit bestimmten Darmerkrankungen gebracht, ein kausaler Nachweis für die Verursachung der Erkrankung durch Archaea wurde jedoch noch nicht erbracht. Ein zweiter Unterschied zu den beiden anderen Domänen ist das Fehlen von photoautotrophen Organismen. Bisher wurden unter den Archaeen zwar Organismen nachgewiesen, die mithilfe von membranständigen Proteinen (Bakteriorhodopsinen) Lichtenergie in chemische Energie konvertieren können, aber keiner der bisher bekannt gewordenen Organismen mit dieser Fähigkeit ist in der Lage, CO_2 als Kohlenstoffquelle zu nutzen. Im Gegensatz zu den grünen Pflanzen, eukaryotischen Algen und den Cyanobakterien sind diese Organismen also allenfalls zu einer mixotrophen Lebensweise fähig, bei der zumindest ein Teil der Stoffwechselenergie solaren Ursprungs ist, als Kohlenstoffquelle (und partielle Energiequelle) müssen jedoch aus der Umwelt aufgenommene organische Substanzen dienen.

Wie bei den Bacteria finden sich unter den Archaea zahlreiche **chemolithoautotrophe** Organismen, die ihre Stoffwechselenergie aus der Oxidation anorganischer Verbindungen (z. B. Ammonium, molekularer Wasserstoff, Schwefelwasserstoff) gewinnen und auch nur anorganische Verbindungen als Kohlenstoffquelle nutzen. Beispiele hierfür sind die wasserstoffoxidierenden Methanogenen (12, 13; Zahlen beziehen sich jeweils auf die Position im Stammbaum (Abb. 34.7)) oder ammoniumoxidierende Thaumarchaeota (3, 4).

Im Vergleich zur Domäne Bacteria, scheinen die Archaea insgesamt eine geringere Diversität aufzuweisen. Ähnlich wie bei den Bakterien ist der weitaus größte Teil der Diversität der Archaeen bisher noch nicht taxonomisch erfasst worden, allerdings deuten kultivierungsunabhängige Untersuchungen an, dass die Gesamtzahl der Archaeentaxa im Vergleich zu den Bacteria geringer ist. Bisher wurden in der Domäne Archaea nur **fünf Phyla** taxonomisch erfasst, wobei zwei dieser fünf Phyla jeweils nur durch einen einzigen Vertreter charakterisiert sind. Das Phylum **Euryarchaeota** weist derzeit die höchste Zahl beschriebener Arten auf. Dieses Phylum umfasst thermophile, halophile, aber auch viele nichtextremophile Taxa. Nur in diesem Phylum finden sich **methanogene** Organismen. Diese Organismen produzieren das **Treibhausgas Methan**, entweder durch Oxidation von H_2 mit CO_2 oder anderen C1-Verbindungen (z. B. Methanol) oder durch Spaltung von durch gärende Prokaryoten produziertem Acetat (▶ Abschn. 25.8, 38.5). Bei den methanogenen Archaea handelt es sich stets um anaerobe, in der Regel sauerstoffempfindliche Organismen, die am Ende der anaeroben Nahrungskette stehen, also sekundäre Gärprodukte zu Methan verstoffwechseln (Abb. 34.23). Unter den Euryarchaeota findet sich auch eine große Gruppe **halophiler** Organismen, die z. T. auch noch in **gesättigten Salzlösungen** wachsen können (Abb. 34.24). Ein besonders auffälliger Vertreter dieser Gruppe ist *Haloquadratum walsbyi* (21), der als einziger bekannter Prokaryot Zellen in Form von flachen Quadern aufweist. **Acidophile** Euryarchaeota, die bei **pH-Werten im Bereich 2–3** leben, sind die Eisenoxidierer *Ferroplasma* spp. (15), die beispielsweise im Rio Tinto oder in Minenabwässern vorkommen (Abb. 34.25), oder die heterotrophen Schwefelatmer *Thermoplasma* spp. (16), die aus glimmenden (Selbstentzündung) Kohleabraumhalden oder aus

Der Rio Tinto in Spanien ist ein Fluss mit rot gefärbtem, sehr saurem (pH 2,0–2,5) eisen- und schwefelhaltigem Wasser. Die **hohen Konzentrationen gelöster anorganischer Salze** stellen keine anthropogene Verschmutzung dar, sondern entstammen einer natürlichen Oxidation von Eisenschwefelerzen (Pyrit). In diesem Fluss kommen beispielsweise *Ferroplasma* spp. (15) und *Acidithiobacillus* spp. (Proteobacteria) vor.

Abb. 34.25 Einige Archaea leben in stark sauren Umgebungen

Thermalquelle Emerald Pool im Yellowstone-Nationalpark in Wyoming, USA. Das Wasser im Quellbecken hat eine Temperatur von etwa 83 °C. Die Ockertönung entlang der Ränder wird von mikrobiellen Matten erzeugt, die überwiegend durch Archaeen gebildet werden, was der Mikrobiologe Thomas D. Brock erstmals erkannte. In solchen Thermalquellen kommen beispielsweise *Thermosphaera* spp. (10) vor.

Abb. 34.26 In Thermalquellen leben thermophile Archaea

Solfataren bekannt sind. Manche *Ferroplasma*-Stämme senken unter Kulturbedingungen den pH-Wert bis auf 0 ab. An Bedingungen am anderen Ende des pH-Spektrums haben sich **haloalkalophile** Euryarchaeota (19) angepasst, die in natürlichen Sodaseen noch bei pH 11 wachstumsfähig sind.

Arten des Phylums **Crenarchaeota** sind wahrscheinlich **ausschließlich thermo- bis hyperthermophil**, und viele Vertreter nutzen Schwefelverbindungen zur Energiegewinnung, entweder durch **Oxidation reduzierter Schwefelverbindungen** (als Elektronendonatoren, z. B. H_2S), die in vulkanischen Schwefelquellen in hohen Konzentrationen vorhanden sind (Abb. 34.26), oder sie nutzen Schwefelverbindungen unter anaeroben Bedingungen als Elektronenakzeptoren (z. B. Sulfat, Sulfatatmung). Andere Stoffwechselformen kommen jedoch auch vor; so können viele *Sulfolobus*-Stämme auch rein heterotroph auf organischen Substraten leben. Mit „Strain 121" ist ein Crenarchaeot der derzeitige Rekordhalter unter den hyperthermophilen Organismen. Dieses Archaeon oxidiert unter anaeroben Bedingungen Ameisensäure (Elektronendonator) zu CO_2 und überträgt Elektronen statt auf molekularen Sauerstoff auf Fe^{3+} (Elektronenakzeptor). Dieser Stamm wurde von einem marinen Schwarzen Raucher (unterseeische Hydrothermalquelle) isoliert und vermag bei Temperaturen von 85–121 °C zu wachsen, besitzt ein Temperaturoptimum von 107 °C, kann durch Autoklavieren nicht abgetötet werden und überlebt selbst Temperaturen von 130 °C.

Vertreter des Phylums **Thaumarchaeota** wurden zunächst zu den Crenarchaeota gerechnet, unterscheiden sich jedoch von diesen phylogenetisch, was zur Etablierung eines separaten Phylums führte. Im Gegensatz zu den Crenarchaeota sind Vertreter der Thaumarchaeota nicht thermophil, sondern **meso-** oder gar **psychrophil**. Bei fast allen bisher untersuchten Thaumarchaeota handelt es sich um **chemolithoautotrophe Ammoniumoxidierer**. Das Phylum ist in der Natur in nichtextremen und kalten Lebensräumen weit verbreitet. So kommen verschiedene Vertreter im Boden, im Meer und in Süßgewässern vor. Im Boden stellen die Thaumarchaeota im Gegensatz zu früheren Lehrmeinungen wohl meist die wichtigsten Ammoniumoxidierer dar und machen diese Rolle somit ammoniumoxidierenden Bakterien streitig. Nach heutigem Kenntnisstand bilden die Thaumarchaeota global betrachtet hinsichtlich Biomasse und Zellzahl das mit großem Abstand bedeutendste Phylum der Archaea.

Die **Korarchaeota** sind ein *Candidatus* Phylum, das hauptsächlich durch *Candidatus* Korarchaeum cryptofilum (11) repräsentiert wird. Wie kultivierungsunabhängige Untersuchungen zeigten, besiedeln Korarchaeoten **terrestrische Thermalquellen** auf mehreren Kontinenten, sind aber stets nur in geringen Zellzahlen anzutreffen.

Auch das Phylum **Nanoarchaeota** wird bisher mit **„Nanoarchaeum equitans"** (23) nur durch einen einzigen, taxonomisch nicht valide beschriebenen Vertreter repräsentiert. Bei diesem Organismus handelt es sich um einen **obligaten Ektosymbionten**, der auf dem Crenarchaeoten *Ignicoccus hospitalis* (9) lebt. Der Wirtsorganismus ist auf die Anwesenheit von N. equitans nicht angewiesen, der Symbiont ist jedoch ohne den Wirt nicht überlebensfähig. N. equitans zeichnet sich sowohl durch eine sehr **geringe Zellgröße** als auch durch eine **geringe Genomgröße** aus. Die Nanoarchaeoten sind in die phylogenetisch und ökologisch sehr diverse DPANN-Gruppe (**D**iapherotrites, **P**arvarchaeota, **A**enigmarchaeota, **N**anoarchaeota, **N**anohaloarchaea) eingebettet. Vertreter dieser Gruppe haben sich bisher allen Kultivierungsversuchen entzogen, konnten aber durch kultivierungsunabhängige Untersuchungen in einer Vielzahl unterschiedlicher Habitate nachgewiesen werden. Dieses Taxon ist in der Lage, sowohl Extremstandorte wie heiße Quellen, stark saure Minenabwässer und Salzseen als auch nichtextreme Habitate wie Süßwasserseen und Grundwasserleiter zu besiedeln. Über die physiologischen Eigenschaften der verschiedenen DPANN-Vertreter ist bisher kaum etwas bekannt.

Neben den hier angesprochenen Großgruppen wurden weitere Linien entdeckt, die den Archaea zugerechnet wurden und zum Teil bereits den Status von *Candidatus* Phyla tragen. Es gibt jedoch keinen Zweifel, dass unsere Kenntnisse über die Archaea noch immer sehr unvollständig sind und dass mit weiteren spannenden Entdeckungen zu rechnen ist.

Weiterführende Literatur

1. Hedlund BP, Dodsworth JA, Staley JT (2015) The changing landscape of microbial biodiversity exploration and its implications for systematics. Syst Appl Microbiol 38:231–236
2. Madigan MT, Bender KS, Buckley DH, Sattley WM, Stahl DA (2020) Brock Mikrobiologie, 15. Aufl. Pearson, London
3. Oren A (2013) Cyanobacteria: biology, ecology and evolution. In: Sharma NK, Rai AK, Stal LJ (Hrsg) Cyanobacteria: an economic perspective. Wiley-Blackwell, Hoboken
4. Rosselló-Móra R, Amann R (2015) Past and future species definitions for bacteria and archaea. Syst Appl Microbiol 38:209–216
5. Trujillo ME (2016) Actinobacteria. In: Bergey's manual of systematics of archaea and bacteria. John Wiley & Sons Inc., Hoboken https://doi.org/10.1002/9780470015902.a0020366.pub2
6. Vitorino LC, Bessa LA (2018) Microbial diversity: the gap between the estimated and the known. Diversity 10:1424–2818

Ökologie

Interaktionen von Individuen und Arten als Grundlage der Biodiversität

Jens Boenigk, Bernd Sures

mit Beiträgen von Dominik Begerow, Martin Kemler, Martin Hahn

J. Boenigk (Hrsg.), *Boenigk, Biologie,* https://doi.org/10.1007/978-3-662-61270-5_35

35.1 Biodiversität ist die Basis der Funktion und Stabilität von Ökosystemen

Biodiversität oder **biologische Vielfalt** – also die Diversität innerhalb von Arten (genetische Vielfalt), zwischen Arten und zwischen Habitaten und Ökosystemen – ist die Grundlage für die Funktion, Produktivität und Stabilität von Ökosystemen. Somit bildet sie auch die Grundlage menschlichen Lebens (◘ Abb. 35.1). Auf **globaler Ebene** beeinflussen vor allem die Energiezufuhr – in der Regel durch die Intensität der Sonneneinstrahlung – sowie die klimatische und tektonische Vergangenheit die Biomasse und die Artenzahl in den verschiedenen **Ökoregionen** der Erde (▶ Abschn. 37.1). **Innerhalb eines Ökosystems** ist die Artenvielfalt ebenfalls nicht gleichmäßig verteilt, sondern durch das Einwirken abiotischer Faktoren, aber auch biotischer Interaktionen, strukturiert.

Bedeutsam für die Stabilität von Ökosystemen ist nicht nur die absolute Anzahl an Arten (**Artenvielfalt**, engl. *species richness*; ▶ Abschn. 35.2), sondern vor allem auch die **Artenzusammensetzung** im Hinblick auf die Verschiedenartigkeit der Eigenschaften der Arten. Eine Zunahme der Artenvielfalt kann über eine Zunahme der **Variation von Eigenschaften** (*trait variation*) und somit über **komplementäre Ressourcennutzung** die Ausnutzung der jeweiligen Ressourcen und dadurch die entsprechenden Ökosystemfunktionen steigern (◘ Abb. 35.2). Das Vorkommen mehrerer Arten mit ähnlichen ökologischen Rollen, also **funktionell redundanter Arten**, erhöht zwar nicht die Ressourcennutzung, kann aber Auswirkungen des Verlusts einzelner Arten auf die Ökosystemfunktionen abpuffern und somit stabilisierend wirken (◘ Abb. 35.2). Die Stabilität von Ökosystemen wird mit den Begriffen Resilienz und Resistenz näher beschrieben. Als **Resistenz** (**Beständigkeit**) bezeichnet man die Stabilität von Ökosystemen und ihrer Funktionen trotz schwankender oder sich verändernder Umweltbedingungen. Unter **Resilienz** (**Belastbarkeit**) versteht man die Fähigkeit eines Ökosystems, nach einer Störung wieder in den Ursprungszustand zurückzukehren (**ökologische Regenerationsfähigkeit**). Artenvielfalt wirkt sich sowohl auf die **Ökosystemfunktionen** (▶ Abschn. 38.6) positiv aus (durch komplementäre Ressourcennutzung) als auch auf die **Stabilität von Ökosystemen** (durch funktionell redundante Arten).

Grundsätzlich unterliegt die Zahl der Arten in einem Habitat, auch unter natürlichen Bedingungen, ständigen Veränderungen: der Neubildung von Arten (Speziation; ▶ Abschn. 27.10) und der Einwanderung von Arten steht der Verlust von Arten durch (lokales) Aussterben gegenüber (▶ Abschn. 35.6). Stehen diese Prozesse im Gleichgewicht, ist die Artenzahl stabil – obwohl das Artinventar, also die tatsächlich vorhandenen Arten, sich ändert. Überwiegen dagegen bestimmte Prozesse, resultiert dies in einer **Zu- oder Abnahme der Artenvielfalt**.

Auf globaler Ebene steht der Artneubildung eine Hintergrundaussterberate (durchschnittliche Aussterberate) von etwa 0,1 bis einem Aussterbeereignis jährlich pro Million Arten gegenüber.

Seit der Evolution und Ausbreitung des Menschen hat sich die **Aussterberate** allerdings deutlich erhöht (◘ Abb. 35.3). Schätzungen der aktuellen Aussterberate reichen von einigen Hundert bis mehreren Tausend Arten pro Million Arten und Jahr, diese Rate übersteigt selbst die Aussterberaten der fünf großen Massensterben des Phanerozoikums (▶ Abschn. 29.6). Das aktuelle Artensterben ist eng verknüpft mit menschlichen Aktivitäten (◘ Abb. 35.3): Fast überall auf der Welt sind die Menschen im Vergleich zu früheren Zeiten mit mehr Nahrungsmitteln, Energie und anderen Materialien versorgt. Diese Versorgung wird oft auf Kosten der Nachhaltigkeit erreicht, also auf Kosten der Fähigkeit der Natur, diese Dienstleistungen auch künftig in ausreichendem Maß be-

◘ **Abb. 35.1** Der Mensch ist in allen Lebensbereichen auf Biodiversität und Ökosystemdienstleistungen angewiesen

Umweltänderungen wirken sich unterschiedlich auf verschiedene Arten einer funktionellen Gruppe aus. Während die Abundanz einzelner Arten abnimmt, kann dies durch die Zunahme anderer Arten kompensiert und so die Funktion auf Ökosystemebene stabilisiert werden. Dies kann auch durch Zuwanderung von Arten aus benachbarten Habitaten geschehen, setzt aber eine ausreichende Biodiversität auf regionaler Ebene voraus. Die Stockente (*Anas platyrhynchos*, links) und die Krickente (*Anas crecca*, rechts) sind Gründelenten, ihre Ernährungsweise ist sehr ähnlich – sie sind hinsichtlich der Nahrungsnutzung **funktionell redundant**, können sich in dieser Funktion also gegenseitig ersetzen.

Die Schwimmenten oder **Gründelenten** (Anatini) ernähren sich von Algen, Wasserpflanzen und wirbellosen Tieren, die sie von der Wasseroberfläche oder gründelnd vom Grund flacher Gewässerbereiche aufnehmen. Beim Gründeln tauchen die Vögel nicht komplett, sondern nur mit Kopf, Hals und Vorderkörper unter.

Die Reiherente (*Aythya fuligula*) ist eine **Tauchente**, sie taucht in tieferen Bereichen der Gewässer bis über 4 m tief und ernährt sich vorwiegend von Muscheln, Schnecken und anderen Wirbellosen.

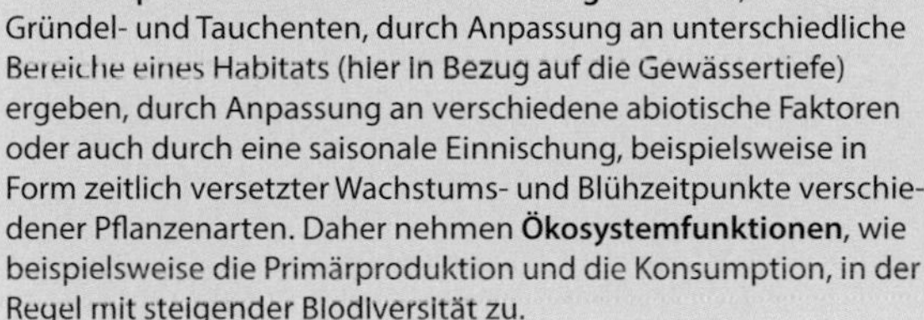

Eine **komplementäre Ressourcennutzung** kann sich, wie bei den Gründel- und Tauchenten, durch Anpassung an unterschiedliche Bereiche eines Habitats (hier in Bezug auf die Gewässertiefe) ergeben, durch Anpassung an verschiedene abiotische Faktoren oder auch durch eine saisonale Einnischung, beispielsweise in Form zeitlich versetzter Wachstums- und Blühzeitpunkte verschiedener Pflanzenarten. Daher nehmen **Ökosystemfunktionen**, wie beispielsweise die Primärproduktion und die Konsumption, in der Regel mit steigender Biodiversität zu.

a

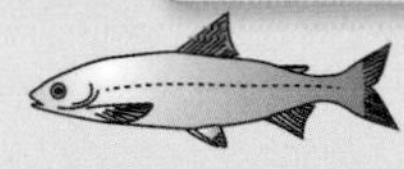

In den **oberen trophischen Ebenen** ist die **Artenzahl gering** – die funktionelle Redundanz ist daher in der Regel geringer als in den unteren trophischen Ebenen.

Änderungen der Biodiversität haben systematisch unterschiedliche Effekte, je nachdem, welche trophische Ebene und welche Struktur der Organismengemeinschaft sie betreffen.

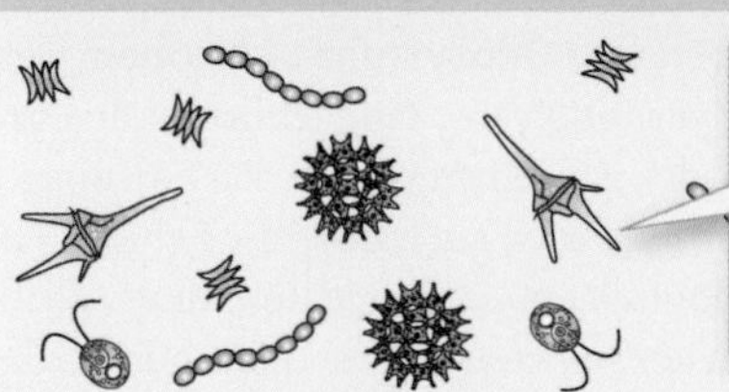

In den **unteren trophischen Ebenen** und insbesondere im mikrobiellen Nahrungsnetz ist die **Artenzahl besonders groß** – entsprechend ist die funktionelle Redundanz hoch.

Parasiten stellen einen signifikanten Beitrag der gesamten Artenvielfalt. Wenn man als Faustregel annimmt, dass jede frei lebende Art von mindestens einer wirtsspezifischen Parasitenart befallen ist, ergibt sich ein 50 %-iger Anteil von Parasiten an der Gesamtartenvielfalt. Sie haben einen starken, bislang unterschätzten **Einfluss auf die trophische Struktur und die Biomasse- und Energieflüsse**. Von dieser Vielfalt parasitischer Arten ist bisher allerdings nur ein kleiner Teil bekannt. Noch weniger bekannt sind mögliche Einflüsse, die Parasiten auf ökosystemare Prozesse haben. Einige Arten können das Fressverhalten frei lebender Arten manipulieren, indem infizierte Zwischenwirte zur bevorzugten Beute der Endwirte von Parasiten werden.

Mit **Acanthocephalenlarven** (Cystacanthen) infizierte Amphipoden (Flohkrebse) verlassen den Gewässerboden bei Gefahr und orientieren sich gerichtet zur Wasseroberfläche hin. Somit sind sie einem erhöhten Prädationsrisiko ausgesetzt. Fressen Enten nun die entsprechenden Amphipoden, gelangen Acanthocephalen wie etwa die Art *Polymorphus minutus* in ihren **Endwirt**, in dem dann die **geschlechtliche Vermehrung** der Parasiten stattfindet. Somit können Parasiten gezielt die Nahrungssuche frei lebender Arten zu ihrem Vorteil manipulieren.

b

Abb. 35.2 Funktionell komplementäre und redundante Arten verändern die Stabilität und Produktivität von Ökosystemen. **a** Funktionelle Komplementarität und Redundanz bei Entenarten. **b** Änderungen der Biodiversität wirken sich auf verschiedenen trophischen Ebenen unterschiedlich aus

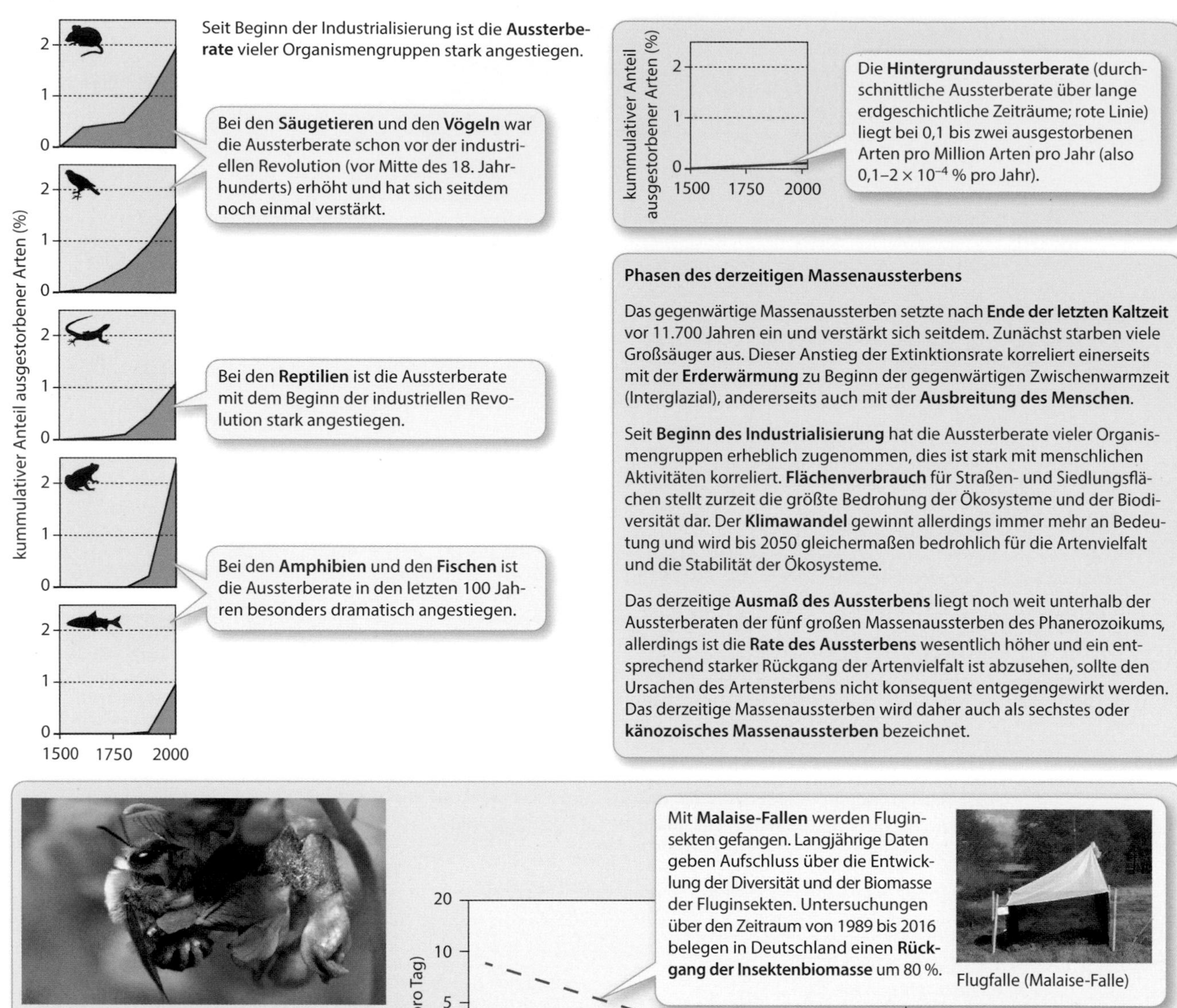

Abb. 35.3 Die gegenwärtige Aussterberate übersteigt die Aussterberaten der großen Massenaussterben der Erdgeschichte

reitzustellen. Gefährdet ist die Artenvielfalt durch physikalisch-chemische Faktoren wie den Klimawandel (▶ Abschn. 38.2), den Eintrag von Nährstoffen (▶ Abschn. 36.6) und von Schadstoffen (▶ Abschn. 38.3), aber auch durch biotische Faktoren wie die Ausbreitung invasiver Arten (▶ Abschn. 38.1). Der Klimawandel und andere durch den Menschen verursachte, also **anthropogene Umweltänderungen** werden in den nächsten Jahrzehnten zu weiteren drastischen Verlusten der Biodiversität führen. Daher wird das gegenwärtige Artensterben bereits jetzt als das sechste Massensterben – diesmal verursacht durch den Menschen – bezeichnet.

Der **Verlust von Arten und Ökosystemfunktionen**, welche durch die Biodiversität vermittelt werden, gehört zu den größten Herausforderungen des 21. Jahrhunderts. Das Ausmaß des gegenwärtigen Artensterbens wird auch über die Lebensspanne von Menschen, also geologisch extrem kurze Zeiträume, deutlich und die durch das Artensterben verursachte Bedrohung unserer Lebensgrundlage wird zunehmend auch in unserer direkten Umgebung wahrgenommen (◘ Abb. 35.3). Wie Renaturierungsmaßnahmen weltweit zeigen, sind trotz einer gewissen Erholung der Ökosystemfunktionen der Aufbau von Biodiversität und ins-

Abb. 35.4 Insbesondere in artenarmen Gesellschaften kann es zu Massenentwicklungen einzelner Arten kommen

besondere die Rückkehr von vormals ansässigen Arten schwierig und scheitern vielfach.

Während Artenreichtum sich in der Regel positiv auf die Ökosystemfunktionen und deren Stabilität auswirkt, sind die Populationen einzelner Arten in artenreichen Ökosystemen meist klein und damit stärkeren Schwankungen unterworfen. Artenvielfalt korreliert somit positiv mit der Funktion und Stabilität von Ökosystemen, aber negativ mit der Stabilität der konkreten Artenzusammensetzung.

Die konkreten Auswirkungen des Verlusts einzelner Arten in bestimmten Habitaten sind allerdings oft schwierig abzuschätzen, da nur ein Bruchteil der Arten bislang wissenschaftlich beschrieben ist (▶ Abschn. 26.3) und sich unsere Kenntnisse über die Wechselbeziehungen zwischen verschiedenen Arten oft auf gut untersuchte Modellarten oder funktionelle Gruppen beschränken. Während in artenreichen Gesellschaften die Folgen anfangs durch eine hohe funktionelle Redundanz noch abgepuffert werden können, schlägt mit zunehmendem Artenschwund der Verlust einzelner Arten immer stärker auf die Funktionalität und Stabilität der Ökosysteme durch. Insbesondere in artenarmen Gesellschaften werden die Effekte geringer Biodiversität deutlich. Hier dominieren wenige Arten, welche in hoher Individuenzahl auftreten können. Dies kann zu **Massenentwicklungen** potenzieller Prädatoren oder Krankheitserreger führen (▶ Abschn. 38.8). Offensichtlich werden die fehlende Stabilitität und die fehlende Redundanz beispielsweise in Monokulturen, die als Ökosystem meist nur durch massive Eingriffe des Menschen erhalten werden können (◻ Abb. 35.4). In den letzten Jahren nehmen Massenentwicklungen einzelner Arten zu – besonders auffällig sind sie bei Arten, die für den Menschen negative Auswirkungen haben (◻ Abb. 35.4).

35

35.2 Artenvielfalt und relative Häufigkeit von Arten werden von Diversitätsindizes unterschiedlich stark gewichtet

Biodiversität umfasst die Anzahl vorhandener Arten in einem Habitat – die **Artenvielfalt** oder den **Artenreichtum** (S; von engl. *species richness*) und das Maß der **Gleichverteilung** oder **Evenness** (E; von engl. *evenness*) dieser Arten (◘ Abb. 35.5). Von den verschiedenen **Diversitätsindizes** wird Diversität in unterschiedlichem Maß einerseits als Funktion der Anzahl von Einheiten (Arten) und andererseits als zunehmender Grad der Ungleichverteilung der Arten (oder der „Unsicherheit", angelehnt an den Entropiebegriff der Physik) charakterisiert. Meist geht daher neben der Anzahl der Arten auch die Verteilung dieser Spezies in die Berechnung ein.

Die Beurteilung der Biodiversität bezieht sich immer auf einen bestimmten Raum, also ein Habitat (**α-Diversität**) oder eine Region (**γ-Diversität**) oder auf den Vergleich zwischen solchen Räumen (**β-Diversität**). Während man α- und γ-Diversität durch Zählung der Arten und deren Häufigkeiten direkt messen kann, wird die β-Diversität grundsätzlich berechnet (◘ Abb. 35.6).

Wenn zwei Lebensgemeinschaften eine gleiche Verteilung aufweisen, sollte die Diversität proportional zur Anzahl der Einheiten (Arten) sein. Einen solchen Zusammenhang gibt die Artenvielfalt wieder, der **Shannon-Index** und der **Simpson-Index** als die gebräuchlichsten Diversitätsindizes dagegen steigen bei gleicher Verteilung der Spezies nicht proportional zum Artenreichtum (◘ Abb. 35.7).

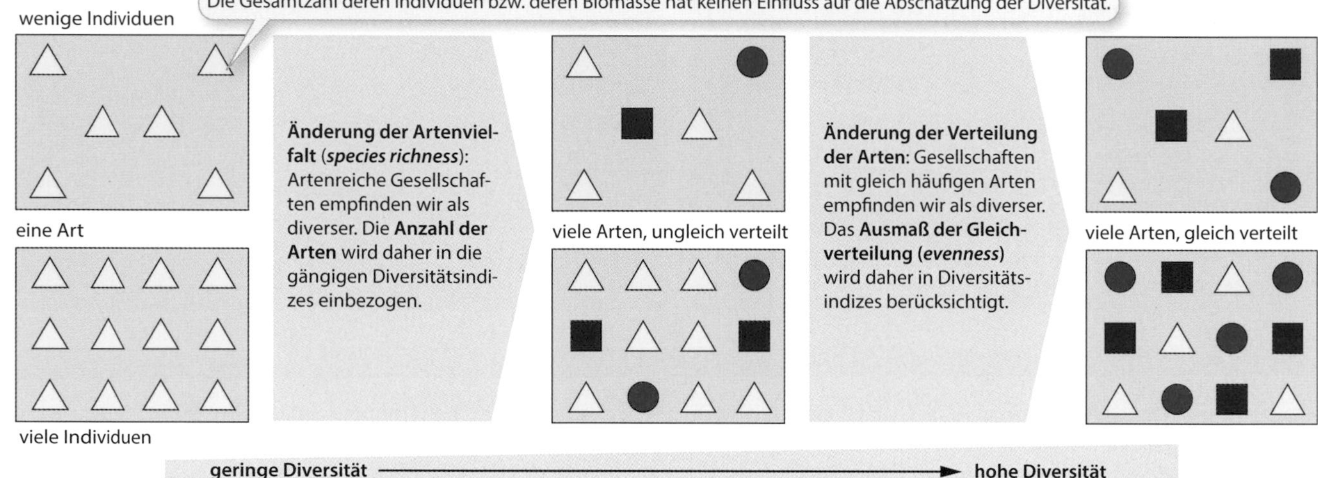

◘ **Abb. 35.5** Artenzahl und Verteilung der Arten gehen in die Berechnung von Diversitätsindizes ein, die absolute Individuenzahl (Abundanz) dagegen nicht

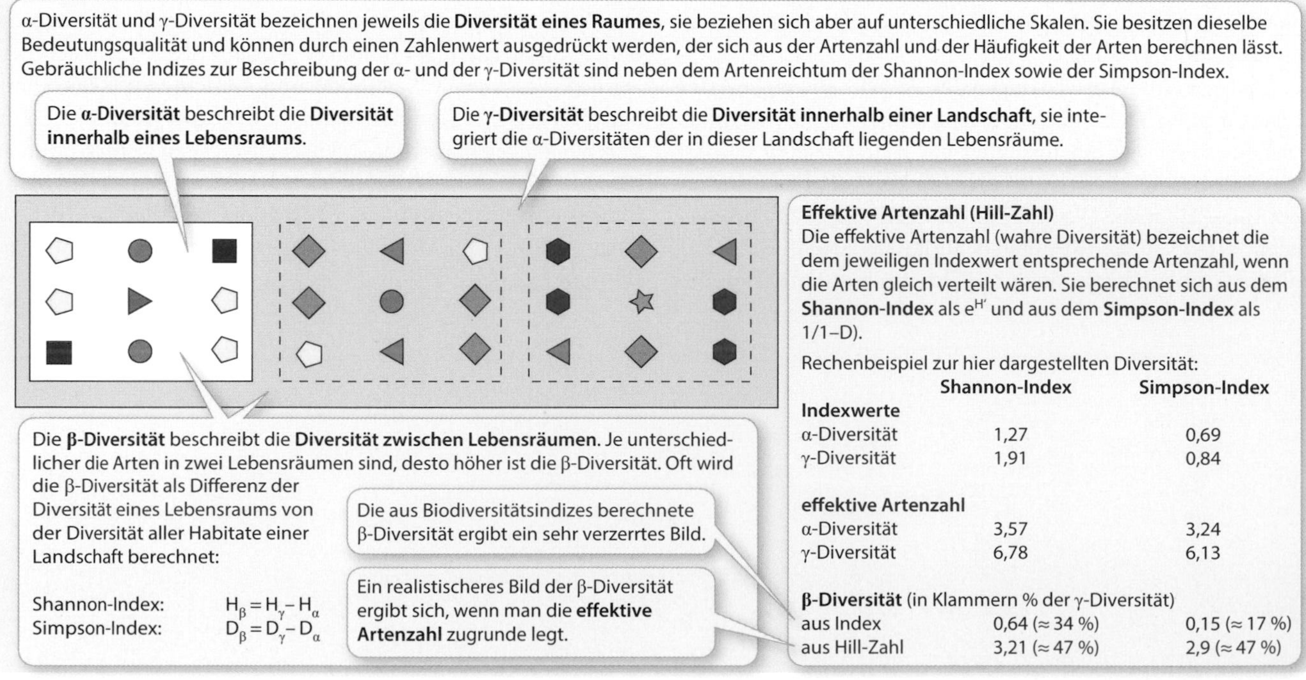

	Shannon-Index	Simpson-Index
Indexwerte		
α-Diversität	1,27	0,69
γ-Diversität	1,91	0,84
effektive Artenzahl		
α-Diversität	3,57	3,24
γ-Diversität	6,78	6,13
β-Diversität (in Klammern % der γ-Diversität)		
aus Index	0,64 (≈ 34 %)	0,15 (≈ 17 %)
aus Hill-Zahl	3,21 (≈ 47 %)	2,9 (≈ 47 %)

◘ **Abb. 35.6** Die α- und γ-Diversität beschreiben die Diversität eines Raumes auf verschiedenen Skalen, während die β-Diversität den Unterschied zwischen α- und γ-Diversität beschreibt und aus diesen berechnet wird

Häufigkeitsverteilung als Basis für die unten dargestellten Diversitätsindizes: **gleich verteilt** (rot) und **ungleich verteilt** (blau)

In die Berechnung von Diversitätsindizes für die α- und γ-Diversität fließen die Artenzahl und deren Verteilung ein. Diese beiden Aspekte werden allerdings von den verschiedenen Indizes unterschiedlich stark gewichtet. Die Zu- oder Abnahme von Arten wirkt sich unterschiedlich stark auf die Indizes in artenarmen und artenreichen Gesellschaften aus.

Die Entwicklung gebräuchlicher Indizes ist hier für Gemeinschaften aus null bis 100 Arten dargestellt. Um den **Einfluss der Gleichverteilung** zu veranschaulichen, sind hier eine Gesellschaft mit gleich häufigen Arten (gleich verteilt) und eine Gesellschaft, bei der die jeweils nächsthäufige Art eine Abundanz von 75 % der häufigeren Art ausmacht (ungleich verteilt), gegenübergestellt.

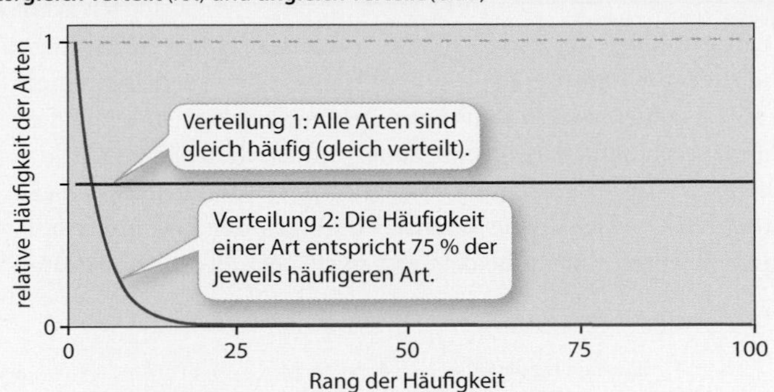

Die **Artenvielfalt** (***species richness*; S**) berücksichtigt nur die Anzahl der Arten, nicht deren relative Häufigkeit. Beide Verteilungen führen daher zur selben Kurve.

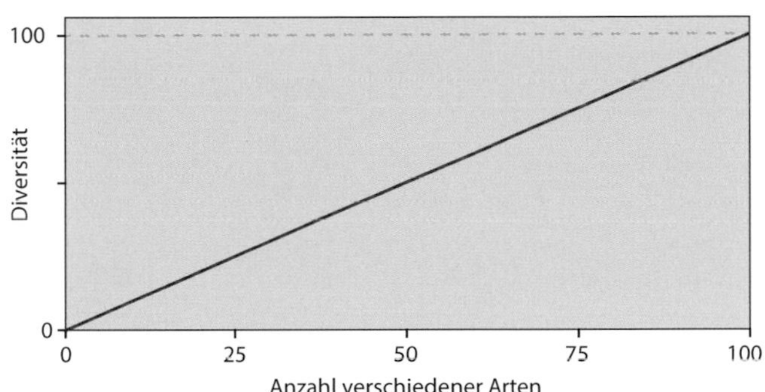

Die **Gleichverteilung** wird meist durch die **Evenness (E)** angegeben. Sie berechnet sich aus dem Shannon-Index (H') und dem Logarithmus der Anzahl der Arten (S).

$$E = H'/\ln S$$

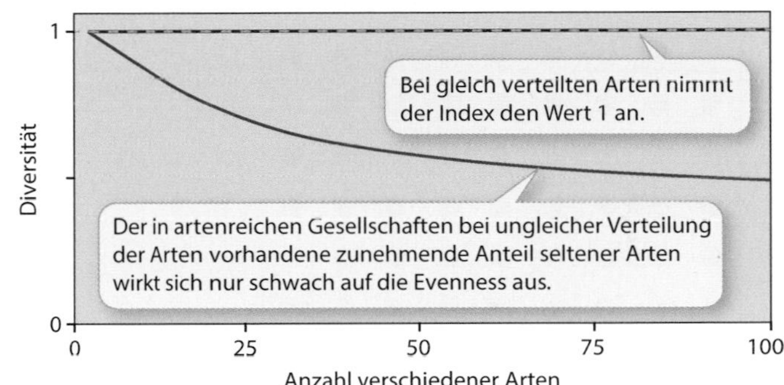

Der **Shannon-Index** entspricht dem Entropiebegriff der Physik und ist ein Maß für die Unsicherheit des Ergebnisses eines Probenahmeprozesses, er ist nach oben unbegrenzt. Er berechnet sich aus der Summe der Produkte der **relativen Häufigkeiten der einzelnen Arten** (p_i) und dem Logarithmus dieses Wertes:

$$H' = -\sum_{i=1}^{S} p_i \ln p_i$$

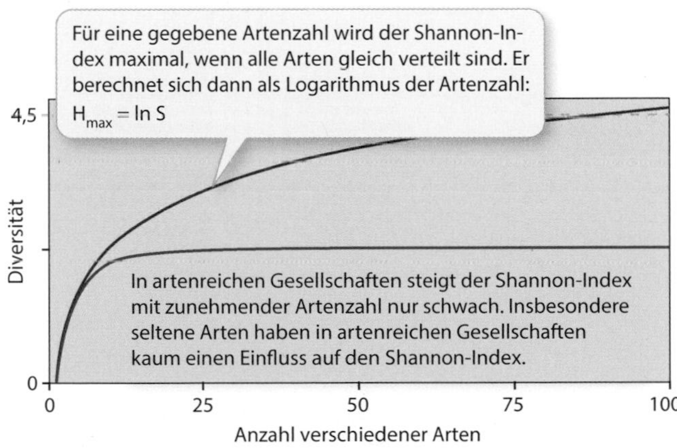

Der **Simpson-Index** kann Werte zwischen 0 und 1 annehmen. Er gewichtet die relativen Häufigkeiten überproportional und drückt die Wahrscheinlichkeit aus, dass zwei zufällig ausgewählte Individuen nicht der gleichen Art angehören.

Der Index berechnet sich aus der Summe der Quadrate der Häufigkeiten der einzelnen Arten.

$$D = 1 - \sum_{i=1}^{S} p_i^2$$

Ausgehend von (unterschiedlich großen) Individuen berechnet sich der Index aus der **Gesamtindividuenzahl** (n) und der **Individuenzahl der einzelnen Arten** (n_i).

$$D = 1 - \sum_{i=1}^{S} \frac{n_i(n_i-1)}{n(n-1)}$$

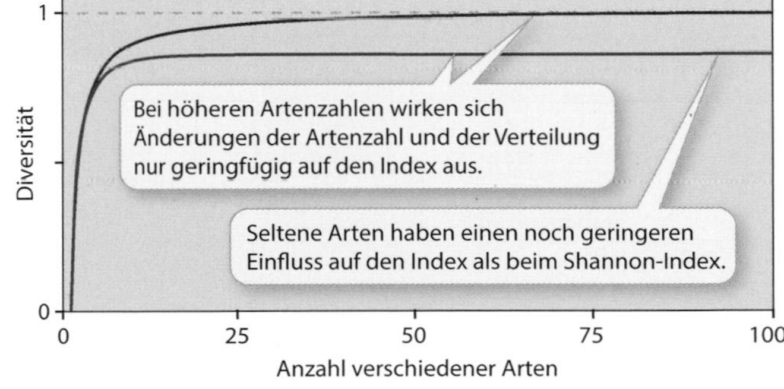

Die **Diversität von zwei Habitaten** kann basierend auf Präsenz-Absenz-Daten (also dem **Vorkommen oder Fehlen von Arten**) oder basierend auf den **Dominanzverhältnissen**, also den relativen Häufigkeiten, berechnet werden.

Der Sørensen-Index und der Jaccard-Index beziehen nur **Präsenz-Absenz-Daten** ein, die relative Häufigkeit der Arten geht in diese Indizes nicht ein.

Sørensen-Index
$QS = 2C/(A+B)$

Jaccard-Index
$J = C/(A+B-C)$

Renkonen-Index

$$R_e = \sum_{i=1}^{C} (\min (p_{iA}/p_{iB})$$

Der Renkonen-Index (R_e) basiert auf den **relativen Häufigkeiten der Arten.** Er summiert für alle Arten, die in beiden Habitaten vorkommen, den jeweils kleineren Anteil der Art an der Gemeinschaft A (p_{iA}) und B (p_{iB}) auf. Er kann Werte zwischen 0 und 1 annehmen.

Der **Wainstein-Index** (K_w) **verknüpft Präsenz-Absenz-Daten mit den relativen Häufigkeiten.** Er berechnet sich als Produkt aus Renkonen-Index und Jaccard-Index: $K_w = R_e \times J$

A: Gesamtzahl der Arten in Habitat A
B: Gesamtzahl der Arten in Habitat B
C: Anzahl der Arten, die in beiden Habitaten vorkommen

p_{iA}: Anteil der Art i in Habitat A
p_{iB}: Anteil der Art i in Habitat B

Abb. 35.7 Berechnung und Interpretation von Indizes zur Beschreibung der Diversität

35.3 Individuen treten in Gemeinschaft auf

Die Grundlage der Biodiversität sind Arten, deren Individuen meist zu mehreren gemeinsam auftreten. Die Individuen einer Art, die gemeinsam in Raum und Zeit vorkommen, miteinander interagieren und eine Fortpflanzungsgemeinschaft bilden, werden als **Population** bezeichnet. Populationen werden multifaktoriell durch viele verschiedene Wechselwirkungen der Individuen mit ihrer belebten und unbelebten Umwelt beeinflusst. **Dichteunabhängige Faktoren** wirken auf Populationen unabhängig von deren Populationsdichte. Dazu gehören katastrophale Ereignisse sowie Wetterbedingungen, aber auch zwischenartliche Konkurrenz. Dagegen werden die Stärke und Ausprägung von **dichteabhängigen Faktoren** von der Populationsdichte beeinflusst. Intraspezifische Konkurrenz und sozialer Stress nehmen mit zunehmender Individuenzahl zu (▶ Abschn. 35.6), ebenso breiten sich Krankheiten und Parasiten bei hohen Individuendichten schneller aus (▶ Abschn. 38.8). Aber auch die Vermehrungsrate

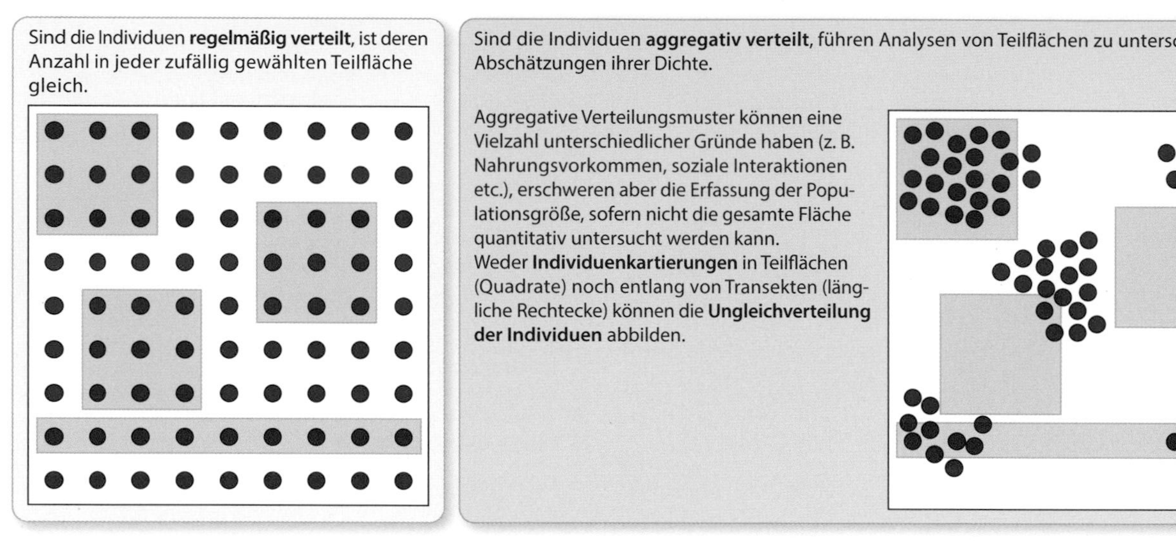

Abb. 35.8 Die Individuen einer Population sind oft nicht gleichmäßig verteilt

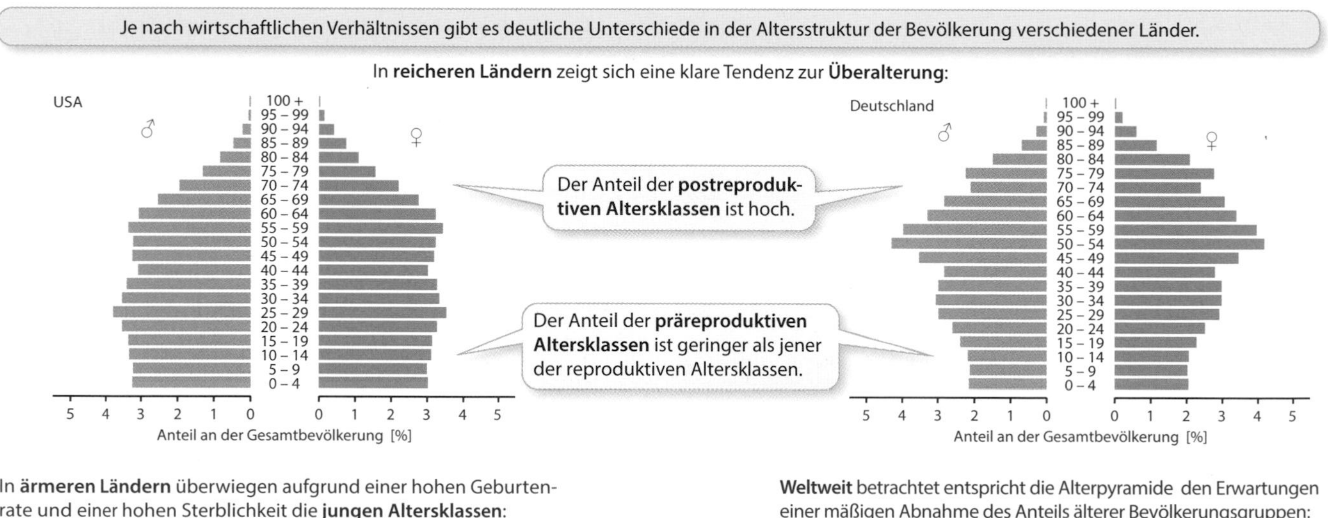

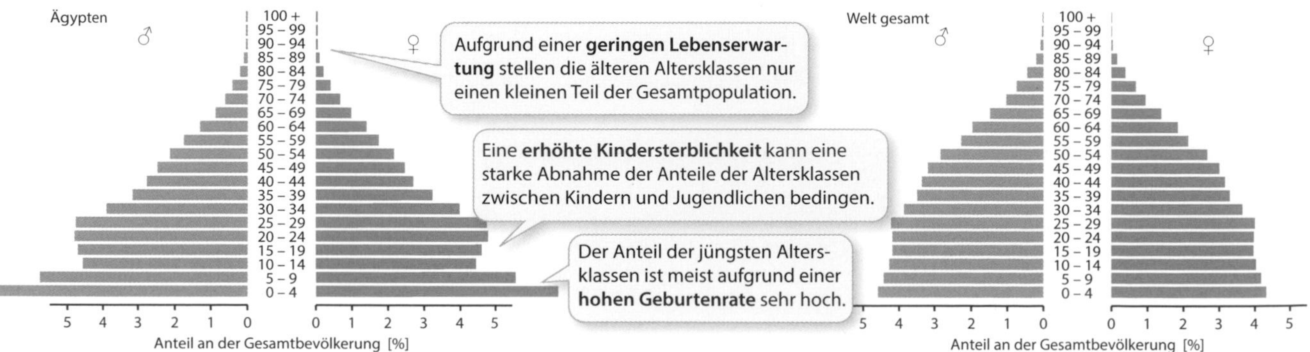

Abb. 35.9 Alterspyramiden der Bevölkerung verschiedener Länder (2018) sowie der Welt (2016)

Exponentielles Wachstum

Zum Zweck der quantitativen Betrachtung versehen wir den Anteil der Individuen, der sich in einem gegebenen Zeitraum neu bildet, mit dem Buchstaben „b" (für Geburtenrate, engl.: *birth rate*); Todesfälle werden mit „m" (engl.: *mortality rate*) bezeichnet. Die intrinsische Wachstumsrate (Zuwachsrate) wird mit „r", in der Mikrobiologie auch mit „μ" bezeichnet. Entsprechend lässt sich die Veränderung der Individuenzahl über die Zeit folgendermaßen erfassen:

Die **Änderung der Populationsgröße (*N*)** zu einem Zeitpunkt (*t*) wird als d*N*/d*t* oder N'_t dargestellt.

Die **intrinsische Zuwachsrate (*r*)** errechnet sich als Differenz zwischen der Geburtenrate (*b*) und der Mortalitätsrate (*m*).

$$N'_t = (b - m) \times N_t = r \times N_t$$

Die **Geburtenrate (*b*)** bezeichnet die Anzahl Geburten pro Individuum und pro Zeit.

Die **Mortalitätsrate (*m*)** bezeichnet die Zahl der Sterbefälle pro Individuum und pro Zeit.

Populationsgröße zum Zeitpunkt *t*

b: Geburtenrate
m: Mortalitätsrate
N: Anzahl der Individuen mit
N_0: Anzahl zum Zeitpunkt 0
N_t: Anzahl zum Teitpunkt *t*
t: Zeit
r: spezifische (intrinsische) Zuwachsrate

Das exponentielle Wachstum kann auch grafisch dargestellt werden, logarithmiert man dabei die y-Achse, ergibt sich eine Gerade, aus der die Wachstumsrate *r* abgelesen werden kann:

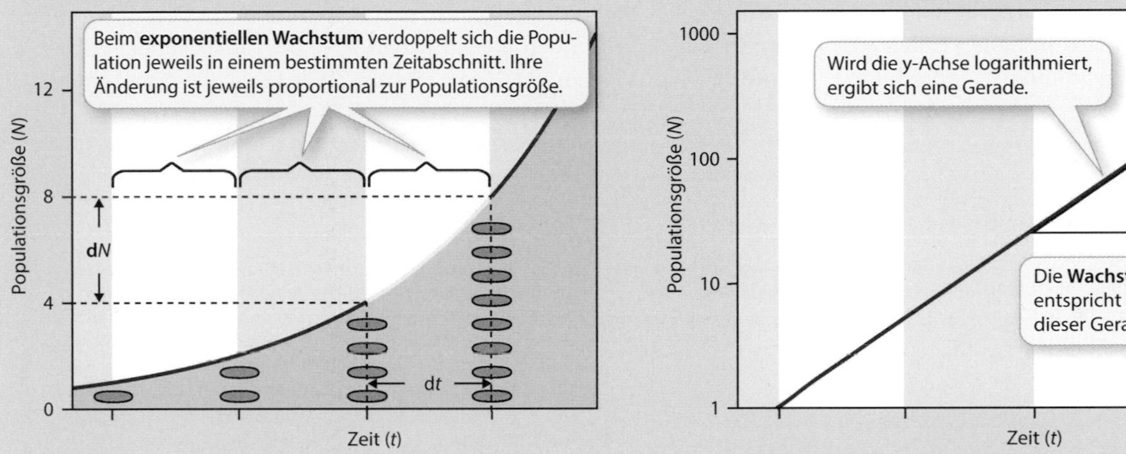

Die **intrinsische Zuwachsrate** (*r*) bestimmt die Entwicklung der Population. Beim exponentiellen Wachstum ist *r* konstant und unabhängig von der Populationsgröße:

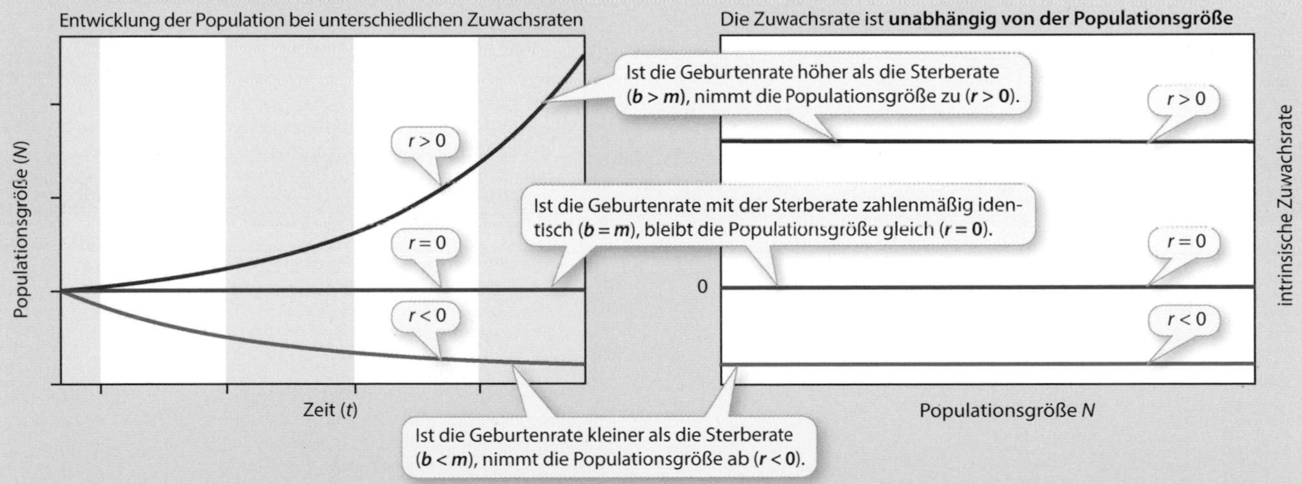

Zusammenhänge, bei denen die Ableitung einer Funktion, also N'_t, proportional zur Ausgangsfunktion, also N_t, ist werden durch die e-Funktion wiedergegeben. Durch Integration der Ausgangsformel ($N'_t = r \times N_t$) ergibt sich eine Formel, mit der für eine bekannte Ausgangsgröße der Population (N_0) die Populationsgröße zu jedem beliebigen Zeitpunkt *t* berechnet werden kann:

$$N_t = N_0 \times e^{r \times t}$$

N_t: Populationsgröße zum Zeitpunkt *t*; N_0: Populationsgröße zu Beginn; r: intrinsische Wachstumsrate

Löst man diese Formel nach *r* auf, lässt sich die Wachstumsrate aus den Populationsgrößen zu zwei Zeitpunkten (0 und *t*) berechnen.

$$r = \frac{\ln (N_t / N_0)}{t}$$

Abb. 35.10 Exponentielles Wachstum nimmt idealisierte Bedingungen an

35

spezifischer Fressfeinde hängt von der Beuteverfügbarkeit ab, weshalb sich der Fraßdruck dieser Prädatoren dichteabhängig ändert. Populationen weisen eine innere Strukturierung anhand der **Altersverteilung** der Individuen, der **Populationsdichte** sowie der **räumlichen Verteilung** auf. Selbst wenn in zwei Flächen die gleiche Anzahl an Individuen vorhanden ist und man demnach von gleicher Populationsgröße sprechen kann, kann ihre Verteilung unterschiedlich sein (◘ Abb. 35.8).

Daneben sind Populationen keine statischen Gebilde, sondern zeigen eine durch verschiedene Prozesse bedingte **Dynamik**. So nehmen z. B. die Geburten- und Sterberate ebenso wie die Zu- und Abwanderungsrate Einfluss auf die Individuendichte und die Altersstruktur innerhalb einer Population. Innerhalb von Populationen leben meist verschiedene Generationen zusammen, zumindest bei mehrjährigen Pflanzen- und Tierarten. Entsprechend bildet sich in diesen Fällen eine **Altersstruktur** aus, die zumeist präreproduktive, reproduktive und postreproduktive Altersklassen beinhaltet. Bei Menschen lassen sich die Altersklassen zumeist deutlich einfacher erheben als bei Pflanzen oder Tieren (◘ Abb. 35.9).

Oft weisen Organismen eine gewisse Mobilität auf, sodass die Zusammensetzung von Populationen ebenso wie ihre Altersstruktur natürlich auch von **Migrationsprozessen** bestimmt wird. Hierbei unterscheidet man die **Immigration** (Zuwanderung) und die **Emigration** (Abwanderung). Solche Wanderungsprozesse sind von erheblicher Bedeutung für die Dynamik von Metapopulationen sowie für den Erhalt des Genflusses (▶ Abschn. 27.2). Speziell Pflanzen sind auf – zumeist passive – Ausbreitungsmechanismen wie **Anemochorie** (Verbreitung durch Wind) oder **Hydrochorie** (Verbreitung durch Wasser) angewiesen, um sich neue Lebensräume zu erschließen. Mobile Tiere können sich aktiv ausbreiten. Dies geschieht zum Teil in den Jugendstadien, z. B. bei rudellebenden Tieren wie Wölfen und Löwen. Sobald die männlichen Nachkommen die

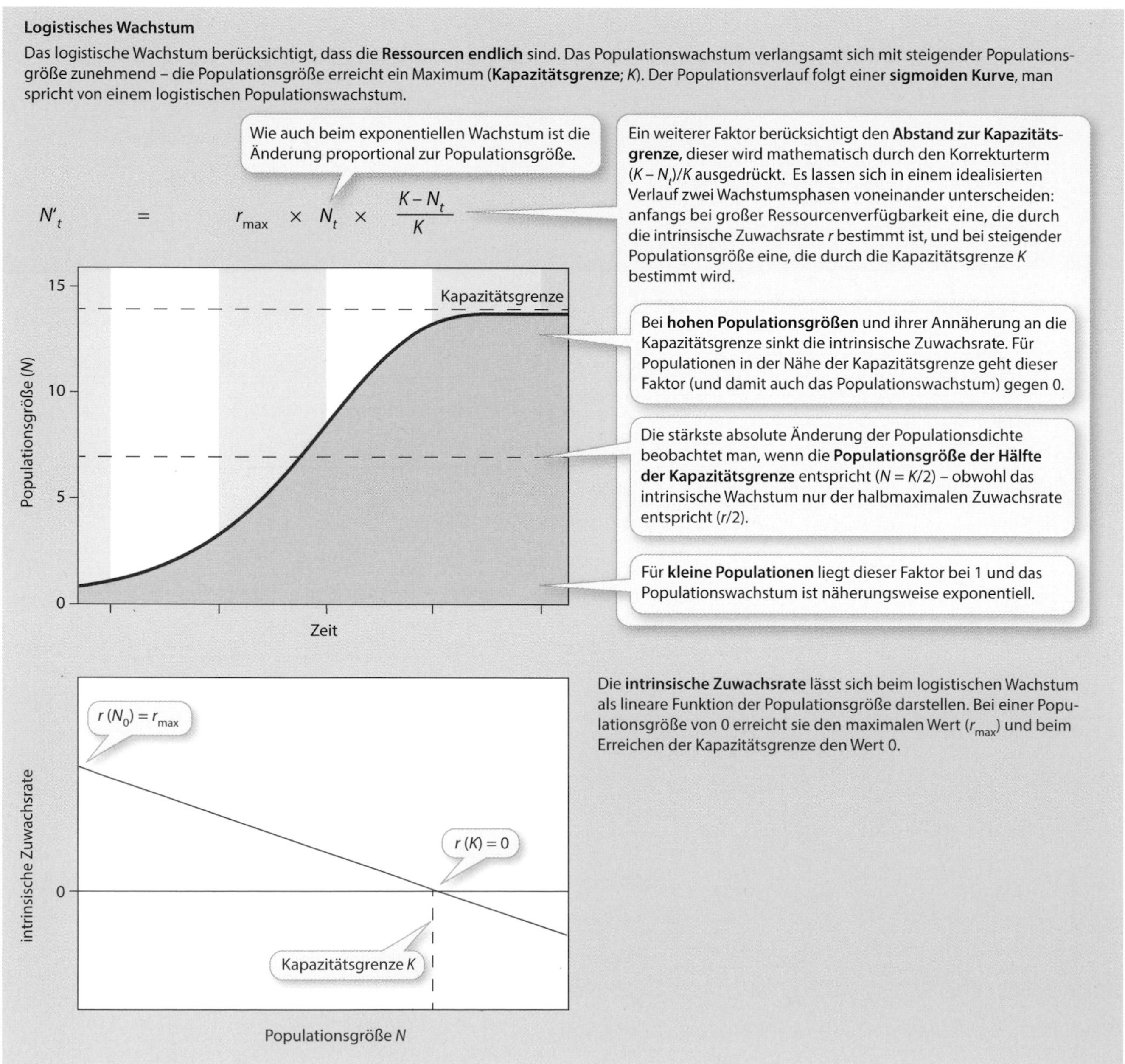

◘ **Abb. 35.11** Logistisches Wachstum berücksichtigt eine maximal mögliche Populationsdichte

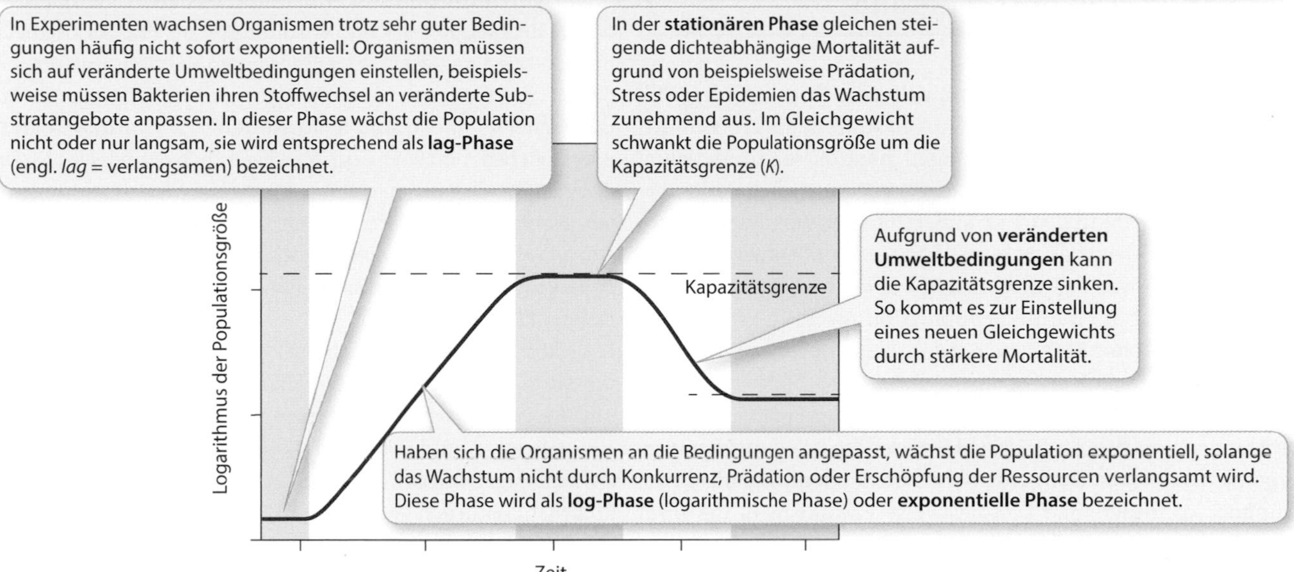

Abb. 35.12 Mikroorganismen sind gute Modelle zur Untersuchung der Populationsdynamik

Geschlechtsreife erlangt haben, müssen sie das elterliche Rudel verlassen und unternehmen in der Folge oftmals jahrelange sehr weite Wanderungen, bis sie selbst ein Rudel gründen oder aber nach einem entsprechenden Machtkampf ein existierendes Rudel übernehmen. Auch die bei Makrozoobenthosarten wie Insektenlarven häufig beobachtete **Drift** (das Verlassen strömungsberuhigter Bereiche im Fließgewässer, vor allem in den Abendstunden, und das nachfolgende Verdriften durch die Strömung) kann als Emigration gedeutet werden und führt zu einer Ausbreitung der Individuen stromabwärts. Diese Abwanderung wird in vielen Fällen im Vorhinein von den geflügelten Adultstadien durch den sogenannten **Kompensationsflug** ausgeglichen, indem sie stromaufwärts fliegen, um dort Ihre Eier abzulegen.

Neben Migrationsprozessen bestimmen vor allem die Geburten- und Sterberate die Größe und Struktur von Populationen. Die Differenz zwischen diesen beiden Größen gibt das **Populationswachstum** an. Für den Fall, dass die **Geburten- oder Reproduktionsrate** höher ist als die **Sterberate**, wächst eine Population. Ist hingegen die Sterberate höher, nimmt die Anzahl der Individuen ab und die Population schrumpft (Abb. 35.10)

Als **Populationsdynamik** bezeichnet man die Veränderung der Größe von Populationen (▶ Abschn. 35.7). Je größer Populationen sind, desto besser beschreiben **idealisierte Modelle** die Populationsentwicklung, während bei kleinen Populationen zufällige Abweichungen stärker ins Gewicht fallen. Für die Beschreibung des Populationswachstums werden meist idealisierte Bedingungen angenommen. Aus der Annahme einer Verdopplung der Zellzahl nach jeweils konstanten Zeitabschnitten, beispielsweise in Bakterienkulturen, ergibt sich das **exponentielle Wachstum** als das in der Biologie am häufigsten verwendete Wachstumsmodell (Abb. 35.10). Ein solches exponentielles Wachstum führt zu einer stark zunehmenden Populationsgröße, solange die **intrinsische Zuwachsrate** konstant ist.

Die Annahme einer konstanten Wachstumsrate ist jedoch nicht realistisch, da vor allem dichteabhängige Faktoren wie die intraspezifische Konkurrenz oder die Verfügbarkeit von Ressourcen mit steigender Zahl an Individuen das Wachstum zunehmend begrenzen. Insofern wird das Populationswachstum durch eine maximale Populationsdichte, die **Kapazitätsgrenze**, bestimmt. Ein verbreitetes Modell, das eine Abhängigkeit der intrinsischen Wachstumsrate von der Populationsdichte annimmt, ist das **logistische Wachstum** (Abb. 35.11).

Alle diese Modelle setzen aber eine bereits an die Bedingungen akklimatisierte Population voraus und betrachten nur bestimmte Phasen einer realen Populationsentwicklung. Reale Populationen in Experimenten verhalten sich meist anders, da sie sich zunächst an die Bedingungen anpassen müssen (Abb. 35.12). Man unterscheidet zwischen **lag-Phase**, **exponentieller Phase** (**log-Phase**) und **stationärer Phase**. Ändern sich die Umweltbedingungen, kann sich die Kapazitätsgrenze verschieben – so kommt es zu weiteren Änderungen der Populationsgröße (in Experimenten in der Regel zu einer Abnahme).

35.4 Reproduktionserfolg und Lebenserwartung sind für die Entwicklung der Population entscheidend

Bei den Überlegungen zur **Dynamik von Populationsentwicklungen** muss man sich vor Augen führen, dass es sich im Regelfall um isolierte Betrachtungen handelt, da immer nur von Systemen mit nur einer Art ausgegangen wird, die es unter natürlichen Bedingungen nur äußerst selten gibt. Tatsächlich spielt aber die Vielzahl **interspezifischer Wechselwirkungen** wie z. B. Antibiosen (► Abschn. 35.6) eine große Rolle, da beispielsweise Räuber eine Beutepopulation merklich reduzieren können (► Abschn. 35.7), auch wenn diese noch weit von der Kapazitätsgrenze entfernt ist.

Gleichzeitig können wir aus den Phasen der Populationsentwicklungen wesentliche Rückschlüsse auf die Lebenszyklen von Organismen ziehen. Betrachten wir verschiedene Organismengruppen, so findet man beispielsweise Organismen, die ihre Ressourcen vorwiegend für die **Reproduktion**, also eine **hohe Wachstumsrate**, nutzen. Andere Organismen verwenden dagegen einen großen Teil ihrer Ressourcen für den **Erhalt einer Populationsgröße** (meist in der Nähe der Kapazitätsgrenze) durch **Verringerung des Mortalitätsrisikos** – beispielsweise durch Brutpflege oder die Ausbildung von Fraßschutzmechanismen wie Panzerung oder Bildung von Giften. Entsprechend dieser verschiedenen Vermehrungs- und Besiedlungsstrategien unterscheidet man ***r*- und *K*-Strategen** bzw. ***r*- und *K*-selektionierte Arten**. Letzterer Begriff ist eigentlich der besser passende, da nicht die Organismen selbst strategische Entscheidungen fällen, sondern die entsprechenden Lebensstrategien selektioniert wurden. Einen wesentlichen selektionierenden Einfluss auf den Lebenszyklus der Organismen haben beispielsweise die Lebensräume (◘ Abb. 35.13).

Natürlich handelt es sich bei *r*- und *K*-selektionierten Arten um die beiden Extreme eines weiten Bereichs von Vermehrungs- und Besiedlungsstrategien. Organismen, die den verschiedenen Vermehrungs- und Besiedlungsstrategien folgen, unterscheiden sich entsprechend der typischen Lebensräume, in denen sie vorkommen, natürlich auch in ihren individuellen Charakteristika (◘ Abb. 35.13).

Merkmal	*r*-Selektion	*K*-Selektion
Körpergröße	meist klein	eher groß
Lebensdauer	eher kurz	eher lang
Populationswachstum	schnell mit kurzen Generationszeiten, Parthenogenese, frühe Geschlechtsreife	Fortpflanzung oft erst nach langem Zeitraum
Nachkommen	oft viele, eher klein	oft wenige, eher groß
Versorgung der Nachkommen	nicht oder kaum vorhanden	Brutfürsorge, Brutpflege, Reservestoffe
Konkurrenzstärke	gering	hoch
Ausbreitungsfähigkeit	hoch	gering

Der **Lebensraumtyp der *r*-selektionierten Arten** ist **häufig kurzlebig**, weist oft günstige Phasen mit vielen Ressourcen auf, denen meist ungünstige Perioden mit starken Störungen folgen. Dies führt zu variablen Sterblichkeitsverhältnissen, bei denen oftmals Populationseinbrüche und massive Sterblichkeit der Nachkommen auftreten. Die **Populationsgröße** ist **extrem schwankend** und erreicht selten die Kapazitätsgrenze. Entsprechend ist die Mortalität weitgehend unabhängig von der Populationsdichte. Insgesamt sind die in solchen Lebensräumen auftretenden Populationen somit durch Störungen limitiert.

Demgegenüber finden ***K*-selektionierte Arten** meist einen relativ konstanten und langlebigen Lebensraum vor, sodass ihre Populationen durch Konkurrenz limitiert sind. Meist handelt es sich um gesättigte, eher ältere Habitate. Die **Populationsgröße** bleibt hier **relativ konstant** mit stabilen Sterberaten und einer niedrigen Sterblichkeit der jungen Nachkommen.

Ruderalflächen, also teilweise brachliegende Rohböden, stellen das geeignete Habitat für *r*-selektionierte **Pionierpflanzen** dar, die diese Bereiche schnell und flächendeckend besiedeln. Im Rahmen der natürlichen Sukzession verändern sich diese Lebensräume und bieten dann konstantere Umweltbedingungen.

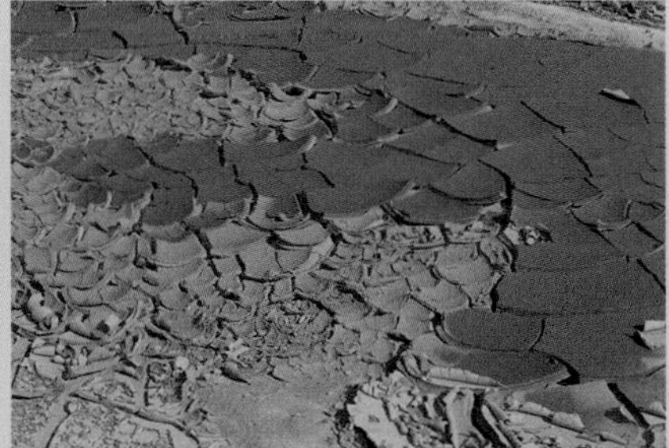

Temporäre Gewässer sind ein eindrucksvolles Beispiel eines Lebensraums für *r*-selektionierte Arten. In austrocknenden Gewässern müssen sich die entsprechend angepassten Arten fortpflanzen, solange noch Wasser vorhanden ist.

Die **Wälder** gemäßigter Breiten stellen in einem naturnahen Zustand einen Lebensraum mit **konstanten Umweltbedingungen** dar, sodass sie eine Vielzahl *K*-selektionierter Tier- und Pflanzenarten beherbergen.

◘ **Abb. 35.13** Vorherrschende Körpermerkmale, Lebenseigenschaften und Lebensräume von *r*- und *K*-selektionierten Arten

r-selektionierte Arten

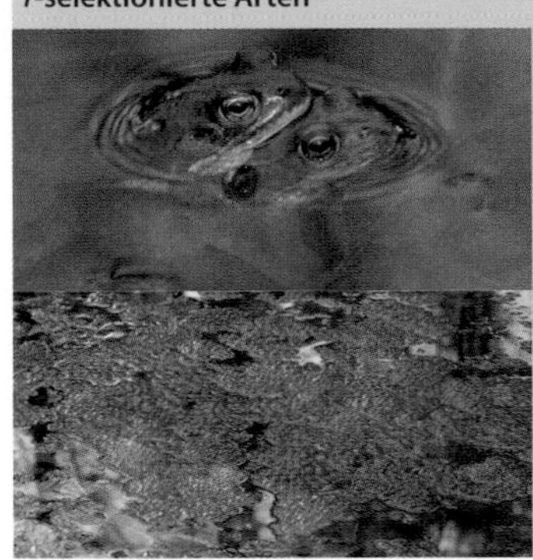

Den **Grasfrosch** (*Rana temporaria*) wie auch die meisten anderen Amphibienarten kann man als ***r*-selektionierte** Arten ansehen: Die Weibchen entlassen Laichballen mit bis zu 4400 Eiern. Nach der Besamung durch die Männchen werden die Eier und die sich später darin entwickelnden Larven sich selbst überlassen und treiben in Form von Klumpen an der Wasseroberfläche. Die Elterntiere verlassen die Laichgewässer und gehen zum Landleben über.

K-selektionierte Arten

Der **Afrikanische Elefant** (*Loxodonta africana*) ist ein typisches Beispiel für eine ***K*-selektionierte Art.** Erst ab einem Alter von ca. 13 Jahren bringen weibliche Elefanten erstmals ein Kalb zur Welt, das ca. zwei Jahre lang von der Mutter gesäugt wird. Kühe gebären etwa alle vier bis fünf Jahre ein Kalb, Zwillingsgeburten sind sehr selten. Junge Kälber bleiben meist sehr nah bei der Mutter, werden aber auch durch die Herde geschützt.

Mikroorganismen gehören im Vergleich zu Makroorganismen eher zu den *r*-selektionierten Arten. Aber auch hier gibt es große Unterschiede zwischen Arten, die in eine Maximierung der Wachstumsrate investieren (***r*-selektionierte Arten**), und solchen, die in eine niedrige Mortalität – beispielsweise durch Fraßschutzmechanismen – investieren (***K*-selektionierte Arten**).

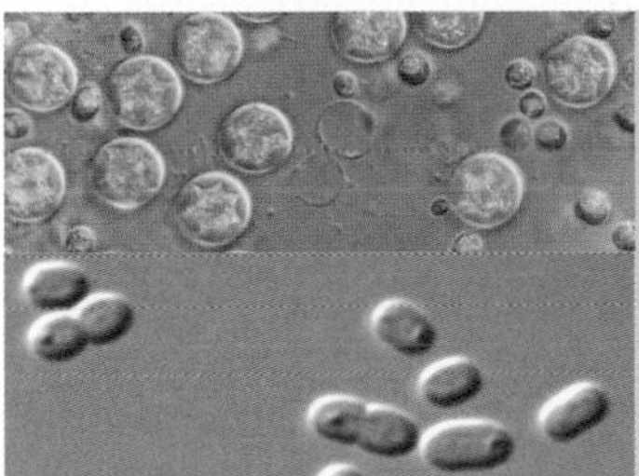

Die **Grünalge *Chlorella vulgaris*** (oben) teilt sich unter optimalen Bedingungen etwa alle zehn Stunden, das **Cyanobakterium *Synechococcus* spec.** (unten) etwa alle zwei Stunden. Diese ***r*-selektionierten** Algen erreichen in nährstoffreichen Gewässern hohe Populationsdichten.

Microcystis aeruginosa bildet dichte Populationen in der Nähe der Kapazitätsgrenze. Dieses ***K*-selektionierte** Cyanobakterium wächst unter optimalen Bedingungen mit einer Verdopplungszeit von etwa zwei Tagen sehr langsam, ist dagegen durch Bildung von Kolonien und von Giften gut vor Fraßfeinden geschützt.

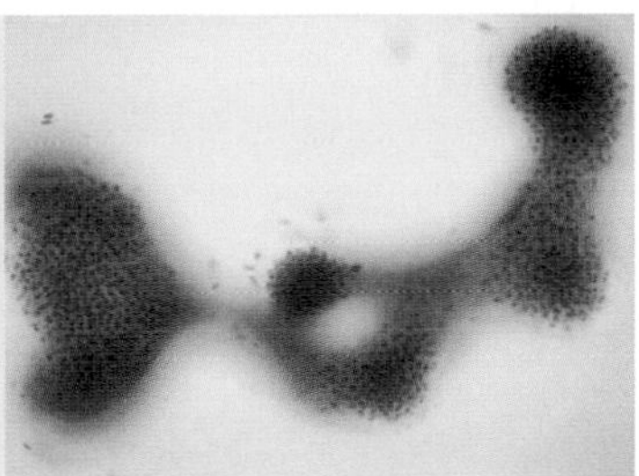

Abb. 35.14 Beispiele für *r*- und *K*-selektionierte Arten

Entsprechend dieser Gegenüberstellung gehören vergleichsweise **kleinere Organismen** wie Mikroorganismen, Schimmelpilze, typische Pionierpflanzen, planktische Krebse oder Wasserfrösche eher zu den ***r*-selektionierten Arten**, während **große Organismen** wie z. B. Vögel und (größere) Säugetiere, wie Elefanten, Wale und der Mensch, mit meist nur wenigen Nachkommen ***K*-selektionierte Arten** darstellen (Abb. 35.14). Dies sind aber immer nur **relative Vergleiche**, da im unmittelbaren Vergleich zweier Arten eine immer etwas stärker *K*-, die andere etwas stärker *r*-selektioniert ist.

Verschiedene Arten können je nach Lebensumständen auch unterschiedliche Vermehrungsstrategien einsetzen. So ist eine **asexuelle Vermehrungsstrategie** (► Abschn. 14.2, 14.3) beispielsweise durch einfache Zellteilung eher *r*-selektioniert, eine **geschlechtliche Fortpflanzung** (► Abschn. 14.4) dagegen meist eher *K*-selektioniert. Verschiedene Organismen nutzen gezielt einen **Wechsel zwischen ungeschlechtlicher und geschlechtlicher Vermehrung** zum Aufbau einer stabilen Population, wie beispielsweise Wasserflöhe (Abb. 35.15), Kieselalgen (► Abschn. 33.14) oder Ciliaten (► Abschn. 33.17). Für einige Organismengruppen ist ein solcher Wechsel sogar fester Bestandteil ihres Lebenszyklus, wie bei verschiedenen Parasitentaxa (► Abschn. 35.11), z. B. den Apicomplexa (► Abschn. 33.16) oder den Trematoda (► Abschn. 30.7). So führt die ungeschlechtliche Schizogonie z. B. bei *Plasmodium* spec. zu einem Massenbefall der menschlichen Erythrocyten und damit zu den typischen Erscheinungen einer Malaria (► Abschn. 33.16). Die geschlechtliche Vermehrung hingegen findet in Mücken der Gattung *Anopheles* statt. Auch die zu den Plattwürmern gehörenden Trematoden vermehren sich in ihren Zwischenwirten ungeschlechtlich und bilden hierbei aus einem eingedrungenen Miracidium über ungeschlechtliche Vermehrungsschritte Cercarien, die von einer einmalig infizierten Schnecke ihr Leben lang ausgeschieden werden. Adulte Trematoden in ihren Endwirten hingegen vermehren sich geschlechtlich und geben ihre Eier mit den sich entwickelnden Larven in die Umwelt ab.

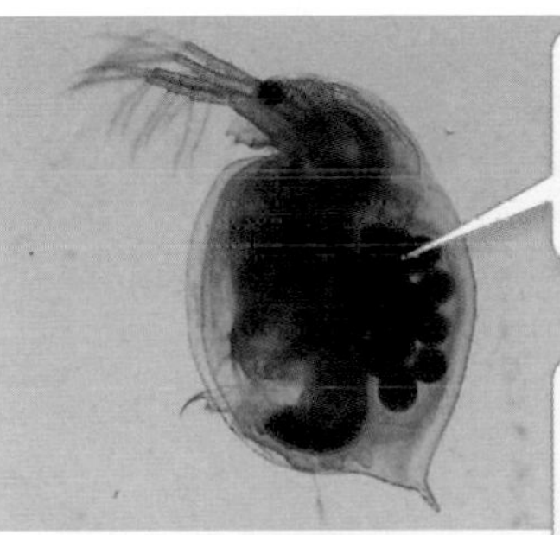

Wasserflöhe (*Daphnia* spec.) vermehren sich meist **parthenogenetisch**, d. h., Weibchen bekommen **Nachkommen aus unbefruchteten Eizellen**.

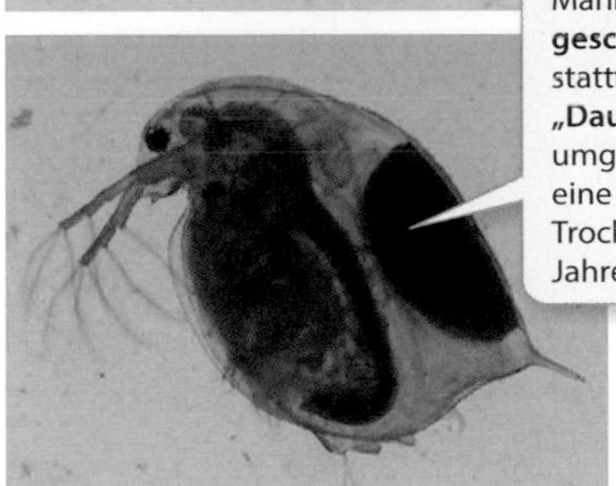

Sobald sich die Umweltbedingungen, z. B. durch Trockenheit, verschlechtern, werden auch Männchen geboren, sodass eine **geschlechtliche Vermehrung** stattfindet. Hieraus resultieren **„Dauereier"**, die von einer Hülle umgeben sind, mit der sie sogar eine länger andauernde Trockenzeit (bis zu mehreren Jahren) überstehen können.

Abb. 35.15 Wasserflöhe nutzen je nach Umweltbedingungen verschiedene Vermehrungsstrategien

35.5 Wechselbeziehungen zwischen Arten lassen sich in verschiedene Kategorien einteilen

Organismen leben nicht isoliert, sondern koexistieren mit Individuen der gleichen oder anderer Arten. Entsprechend wechselwirken sie mit anderen Individuen. Bei innerartlichen Interaktionen liegt, wie zuvor schon erläutert, eine **intraspezifische Beziehung** vor, während Wechselwirkungen zwischen artfremden Organismen als **interspezifische Interaktionen** bezeichnet werden. Interaktionssysteme zweier Organismen, sogenannte **Bisysteme**, können zu einseitigem oder beiderseitigem Vorteil der Interaktionspartner führen. Ebenso kann die Wechselwirkung für einen oder beide Partner negativ oder ohne erkennbare Auswirkung sein (◘ Tab. 35.1).

◘ **Tab. 35.1** Einteilung interspezifischer Interaktionen

Wirkung auf Partner A	Interaktion	Wirkung auf Partner B
ohne Wirkung	**Neutralismus**	ohne Wirkung
	Probiose	
positive Wirkung	Metabiose, Parabiose, Kommensalismus	ohne Wirkung
positive Wirkung	Symbiose	positive Wirkung
	Antibiose	
positive Wirkung	Weidegang Prädation, Parasitismus	negative Wirkung
negative Wirkung	Konkurrenz	negative Wirkung

Neutralismus ist so zu verstehen, dass keiner der Partner eines Bisystems von der Interaktion profitiert (◘ Abb. 35.16), naturgemäß ist ein solcher Neutralismus schwer nachzuweisen. Demgegenüber gibt es eine Reihe von Beziehungen, die für die jeweiligen Partner von unterschiedlichem, teilweise gegensätzlichem Wert sind und allgemein als **Dualismus** bezeichnet werden.

Wenn ein Dualismus keine negativen Effekte auf einen der beteiligten Partner hat, redet man von **Probiose**, also einer Beziehung, die entweder nur für einen Partner (Metabiose, Parabiose, Kommensalismus) oder für beide Partner (Symbiose) Vorteile bietet.

Die **Parabiose** beschreibt Probiosen, bei denen die beiden Partner zeitgleich vorkommen. Sie tritt in vielen Erscheinungsformen auf (◘ Tab. 35.2). Die **Metabiose** bezeichnet dagegen eine zeitlich versetzte Anwesenheit von Organismen, bei denen die eine Art von der vorherigen Anwesenheit einer anderen Art profitiert, während die erste Art weder Nutzen noch Nachteil hat (◘ Abb. 35.17). Beim **Kommensalismus** profitiert der eine Partner von der Nahrung des anderen, ohne diesen allerdings zu schädigen (◘ Abb. 35.17), dies kann entweder zeitgleich oder zeitlich versetzt stattfinden.

Symbiosen sind dagegen Beziehungen, die für beide Seiten mit positiven Effekten verbunden sind (◘ Abb. 35.17). Auch Symbiosen können in unterschiedlicher Ausprägung auftreten. Zu den auf permanente Verbundenheit ausgerichteten **Eusymbiosen** zählen beispielsweise Flechten und viele Korallen, bei denen die Polypen mit Zooxanthellen dauerhaft vergesellschaftet sind. Unter **Mutualismen** versteht man Bisysteme, bei denen zwar beide Partner von der Kooperation profitieren, prinzipiell aber auch als Einzelindividuen lebensfähig sind. Schließlich existieren noch **Allianzen**, die auch als **Protokooperation**

◘ **Tab. 35.2** Ausprägungen der Parabiose

Parabiose	Interaktion
Parökie	Leben in Nachbarschaft, um Schutz oder Nahrung zu erlangen, z. B. artfremde Vögel zwischen kolonielebenden Vögeln
Synökie	Nutzung der Wohnstätte sowie ggf. der Nahrungsvorräte einer anderen Art wie bei den „Ameisengästen"; dies sind z. B. verschiedene Springschwanzarten und andere Insektenarten
Epökie	dauerhafte Ansiedlung eines Organismus auf einem anderen Lebewesen ohne dieses zu schädigen, z. B. Algenbewuchs auf den Panzern von Schildkröten
Entökie	Bewohnen eines fremden Körpers ohne Schädigung, z. B. Partnergarnelen suchen Schutz in der Tentakelkrone von Seeanemonen oder Eingeweidefische verstecken sich in den Körperhöhlen von marinen Wirbellosen (z. B. Seegurken, Muscheln)

Profitiert keiner der Partner eines Bisystems von der Interaktion, spricht man von **Neutralismus**. Balaniden (Seepocken) beispielsweise setzten sich auf Hartsubstraten fest. Dies können sowohl Steine sein (links) als auch Schalen von Muscheln (Mitte) oder Panzer mobiler Tiere wie Pfeilschwanzkrebse (rechts). Letztere sorgen zwar für eine gewisse Mobilität der Seepocken, ein unmittelbarer Vorteil ist für diese hierdurch jedoch nicht abzuleiten. Genauso wenig werden die besiedelten Organismen Vor- oder Nachteile durch den Aufwuchs haben.

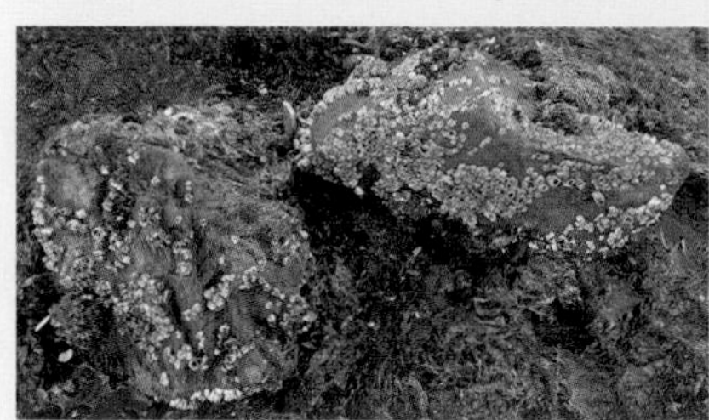

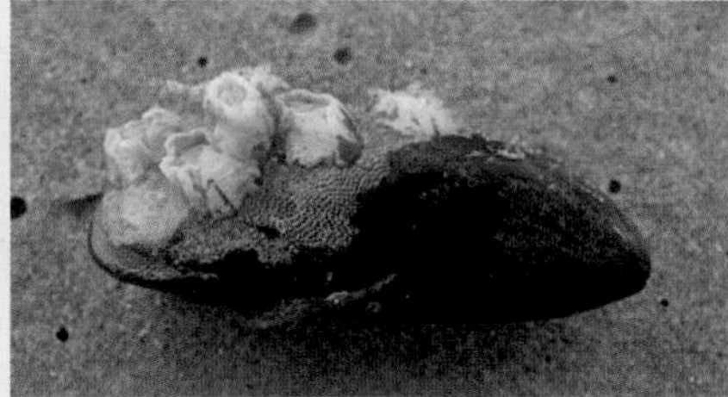

◘ **Abb. 35.16** Neutralismus ist schwer nachzuweisen

Parabiose, Metabiose und Kommensalismus: Ein Partner profitiert.

Metabiose: Ein Partner profitiert zeitlich versetzt.
Grünspechte beziehen Höhlen, die von Buntspechten erstellt wurden, da ihre eigenen Schnäbel nicht hart genug zum Bau von Bruthöhlen sind.

Als typische **Kommensalen** gelten Aasfresser, wie z. B. Geier (Kapgeier, *Gyps coprotheres*), die sich von Aas ernähren, das von Räubern, z. B. Löwen (*Panthera leo*) erlegt und nicht komplett aufgefressen wurde.

Symbiose: Beide Partner profitieren.

Bei **Eusymbiosen** sind beide Partner dauerhaft miteinander vergesellschaftet.

Flechten sind fest miteinander verbundene Bisysteme aus **Mykobionten** (Pilzen) und **Photobionten** (Grünalgen oder Cyanobakterien), die als individuelle Organismen nicht lebensfähig wären.

Die **Große Riesenmuschel** (*Tridacna gigas*) ist mit **Zooxanthellen** vergesellschaftet. Die Algen stellen der Muschel Sauerstoff sowie einige organische Substanzen zur Verfügung.

Mutualismus bezeichnet Symbiosen, bei denen beide Partner auch als Einzelindividuen lebensfähig sind.

Anemonenfische leben in enger Verbindung zu **Seeanemonen**, mit spezifischen Vorlieben für einzelne Arten. Bei dem hier gewählten Beispiel ist der Rotmeer-Anemonenfisch (*Amphiprion bicinctus*) mit einer Blasenanemone (*Entacmaea quadricolor*) eine mutualistische Partnerschaft eingegangen. Dem schlechten Schwimmer bietet die Anemone Schutz vor Fressfeinden, während seinerseits auch der Anemonenfisch seine Anemone vor Fressfeinden wie Falter- oder Feilenfischen schützt. Aus der Partnerschaft ziehen somit beide beteiligten Parteien einen klaren Vorteil, dennoch sind letztlich sowohl die Fische als auch die Anemonen ohne den jeweils anderen Partner lebensfähig.

Allianzen sind lockere Kooperationen zwischen verschiedenen Arten.

Madenhacker, wie diese Rotschnabel-Madenhacker (*Buphagus erythrorhynchus*) an einer **Kap-Giraffe** (*Giraffa giraffa giraffa*) und auf einem **Afrikanischen Büffel** (*Syncerus caffer*), sind ein Beispiel für Allianzen. Sie suchen das Fell der Wildtiere ab und fressen die Parasiten, zudem warnen sie ihre Wirte vor Räubern. Beide Seiten profitieren, treten aber nur zwischenzeitlich gemeinsam auf.

Abb. 35.17 Probiosen lassen sich in Parabiosen und Symbiosen einteilen

Bei **Räuber-Beute-Beziehungen** nutzt der **Prädator** einen anderen Organismus, die **Beute**, als Nahrung und tötet diesen. Meistens nutzen Prädatoren mehrere verschiedene Organismen als Beute. Die Beutetiere werden getötet und direkt ganz oder zu großen Teilen gefressen.

In Europa gilt der Eurasische Luchs (*Lynx lynx*) nach Braunbär und Wolf als größtes Landraubtier.

Ein Leopard (*Panthera pardus*) frisst nach erfolgreicher Jagd seine Beute.

Der Braune oder Einfarb-Schlangenadler (*Circaetus cinereus*) jagt und frisst bevorzugt Schlangen.

Herbivore Fraßbeziehungen werden als **Weidegang** den carnivoren Fraßbeziehungen gegenübergestellt. Es kann sich um größere Weidegänger wie Rinder oder Antilopen handeln, die Gräser fressen, oder auch um kleinere Organismen wie Seeigel oder Schnecken, die Algen oder Biofilme abweiden. Oft werden nur Teile der Pflanzen gefressen, sodass diese die Beweidung überleben.

Das Hausrind (*Bos taurus*) ist ein typischer Weidegänger, der zur Verdauung der pflanzlichen Kost vier Mägen ausgebildet hat.

Als typische Weidegänger der offenen Savanne im südöstlichen Bereich Afrikas gelten die Impalas (*Aepyceros melampus*).

Die zu den Pulmonata zählende *Ampullaceana balthica* weidet Biofilme und Algen von Steinen ab.

Beim **Parasitismus** ist der **Parasit** meist deutlich kleiner als der **Wirt**, der Wirt überlebt meist den Parasitenbefall.

Larvale Bandwürmer, wie dieses Plerocercoid von *Ligula intestinalis* in einem Güster, schwächen ihren Zwischenwirt nachweislich. Allein die Größe der Bandwurmlarve sorgt dafür, dass sich die inneren Organe des Fisches nicht normal entwickeln können und der Fisch diverse Fehlfunktionen aufweist. Häufig wird auch das natürliche Fluchtverhalten ausgeschaltet, sodass die Zwischenwirte eine einfache Beute für die Endwirte (z. B. fischfressende Vögel) werden.

Adulte Bandwürmer, wie der Fischbandwurm, *Diphyllobothrium latum* (links), haben nur einen geringen Effekt auf den Endwirt Mensch.

Abb. 35.18 Antibiosen, bei denen ein Partner profitiert, lassen sich in Prädation, Weidegang und Parasitismus einteilen

bezeichnet werden und eher locker verbundene Bisysteme repräsentieren.

Mit negativen Konsequenzen zumindest für einen Partner sind **Antibiosen** verbunden. In vielen Fällen profitiert gleichzeitig der andere Partner solcher Gemeinschaften: Wenn Antibiosen auf Fraßbeziehungen beruhen, redet man gemeinhin von **Räuber-Beute-Beziehungen**. Dies umfasst im weiteren Sinn sowohl carnivore und herbivore Fraßbeziehungen als auch Parasitismus. Im engeren Sinn werden nur carnivore Nahrungsbeziehungen als Räuber-Beute-Beziehung oder **Prädation** dem Weidegang sowie dem Parasitismus gegenübergestellt (Abb. 35.18). Die vielleicht einfachste Form einer Antibiose

Holzwespenlarven fressen Gänge in Holz und werden durch den Geruch der von ihnen mitgebrachten holzabbauenden Pilze von der **Holzwespen-Schlupfwespe** (*Rhyssa persuasoria*) erkannt. Diese erkundet die Oberfläche mit ihren Antennen und führt ggf. einige Probebohrungen durch, bis sie dann in einem bis zu einer halben Stunde dauernden Bohrakt ihr Ei an die Larve einer Holzwespe ablegt.

Weibchen der Holzwespen-Schlupfwespe legen mit ihrem Ovipositor (Legebohrer) ihre Eier an die Larve einer Holzwespe. Hierfür streckt das Weibchen sein Abdomen nach oben, um dann den fast körperlangen Legebohrer in das von Holzwespen befallene Holzstück hineinzubohren.

Bei der Ablage eines Eies wird die Holzwespenlarve durch einen Giftstich immobilisiert. Die Larve der Schlupfwespe beißt sich mit den Mandibeln von außen an der Wirtslarve fest und ernährt sich von austretender Hämolymphe. Das vierte Larvenstadium der Schlupfwespe frisst die Holzwespenlarve schließlich auf.

Die Larven verschiedener Holzwespenfamilien können bedeutende ökonomische Schäden verursachen. Wird von Holzwespen befallenes Holz verbaut, zerstören die sich entwickelnden Larven dieses, sobald sie sich zur Imago verwandeln. Teilweise werden Schlupfwespen zur biologischen Schädlingsbekämpfung eingesetzt.

Abb. 35.19 Parasitoide sind ein Spezialfall parasitischer Entwicklung

Abb. 35.20 Konkurrenz ist eine für beide Partner negative Antibiose

stellt der **Weidegang** dar, bei dem ein herbivorer Organismus pflanzliche Nahrung zu sich nimmt (Abb. 35.18).

Während Räuber-Beute-Beziehungen durch einen vergleichsweise großen Prädator und deutlich kleineren Beuteorganismen charakterisiert sind, ist die Körpergröße von **Parasiten** (▶ Abschn. 35.11) im Vergleich zu ihren **Wirten** deutlich kleiner. Dennoch leben die als Parasiten bezeichneten Organismen von ihren Wirten, indem sie von ihnen Nahrung beziehen. Die hiermit einhergehende Schädigung des Wirtes richtet sich vornehmlich nach der Bedeutung des betreffenden Wirtsorganismus für den Parasiten. So werden Zwischenwirte, in denen lediglich eine Reifung der Parasitenstadien oder vegetative Vermehrungsschritte stattfinden, deutlich stärker geschädigt als Endwirte, in denen die Parasiten ihre Geschlechtsreife erlangen und sich sexuell vermehren. Hierbei wirkt sich eine Schwächung des Zwischenwirts positiv auf die Übertragung der Parasitenstadien auf den Endwirt aus.

Ein Spezialfall parasitischer Entwicklung, der immer zum Tod des Wirtes führt, ist das Auftreten von **Parasitoiden**. Hierbei handelt es sich fast ausschließlich um Insekten und von diesen in 75 % aller Fälle um Hymenoptera (Hautflügler), vor allem um Schlupf-, Brack- und Erzwespen (Ichneumonidae, Braconidae und Chalcidoidea). Nur die Larvalstadien leben als Parasitoide, während die Imagines frei lebend sind. Je nach Aufenthaltsort unterscheidet man Endoparasitoide, die sich im Inneren ihres Wirtes befinden und diesen von innen konsumieren, sowie Ektoparasitoide, die meist mit ihren Mundwerkzeugen außen am Wirt verankert sind und diesen dann von außen auffressen (Abb. 35.19).

Unter **Konkurrenz** versteht man eine wechselseitige Beeinträchtigung von Lebewesen, die auf gleiche Ressourcen angewiesen sind (Abb. 35.20). Hierbei kann es sich um eine Konkurrenz um gleiche Nahrungsressourcen wie auch um den verfügbaren Lebensraum handeln. Wenn beide Partner die gleichen Ressourcen benötigen, reduziert sich die Verfügbarkeit genau dieser Ressource für beide, und die Organismen werden somit zu Konkurrenten (▶ Abschn. 35.6). Daher sind diese Antibiosen meist für beide beteiligten Seiten mit negativen Konsequenzen verbunden. Abhilfe schaffen hier Mechanismen zur **Konkurrenzvermeidung**, beispielsweise durch räumliche Einnischung oder zeitlich verschiedene Aktivitätsmuster (z. B. Tag- und Nachtaktivität).

35

35.6 Die Anzahl der Organismen in einem Lebensraum ist begrenzt

Die Zahl der in einem Lebensraum vorkommenden Organismen ist begrenzt. Dies bezieht sich sowohl auf die Anzahl an Individuen einer Art (aufgrund **intraspezifischer Konkurrenz**) als auch auf die Anzahl der Arten (aufgrund **interspezifischer Konkurrenz**), die miteinander um die verfügbaren Ressourcen des Lebensraums konkurrieren. Konkurrenz führt dazu, dass Überleben, Wachstum und/oder Fortpflanzung von wenigstens einem der Beteiligten beeinträchtigt werden.

Entsprechend führt die innerartliche Konkurrenz beispielsweise zur Regulation der Populationsdichte (◘ Abb. 35.21). Je ähnlicher die Ansprüche verschiedener Arten sind, desto konkurrenzstärker müssen die jeweiligen Organismen sein. Intraspezifische Konkurrenz kann sich auch auf die Partnerwahl beziehen (◘ Abb. 35.21). Da diese Wahl häufig anhand sekundärer Geschlechtsmerkmale erfolgt, wirkt die innerartliche Konkurrenz um Paarungspartner auf die Güte der entsprechenden Merkmale (z. B. Körpergröße, Färbungen, Geweihe, Zierschwänze bei Vögeln, etc.) und führt zu einer **sexuellen Selektion** (▶ Abschn. 27.6).

Auch unterschiedliche Arten können miteinander um verschiedenste Ressourcen konkurrieren. Hierzu zählen z. B. die Konkurrenz um Nahrung oder Nährstoffe, Licht und Raum. Weisen Arten identische Ansprüche an ihren Lebensraum auf, wird sich entsprechend des **Konkurrenzausschlussprinzips** dauerhaft nur die konkurrenzstärkere Art durchsetzen. Entsprechend können Arten nur koexistieren, wenn sie unterschiedliche Ansprüche bezüglich ihrer biotischen und abiotischen Umweltfaktoren haben. Die Gesamtheit dieser Umweltfaktoren bezeichnet man als **ökologische Nische**. Jeder dieser Faktoren muss für den betreffenden Organismus in der passenden Intensität vorliegen (◘ Abb. 35.22).

Artenzusammensetzungen in Ökosystemen sind einerseits stark determiniert durch Konkurrenz und gewisse Variationen der Umweltfaktoren, aus deren Miteinander sich die ökologische Nische einer Art ergibt. Daneben spielen aber auch übergeordnete Prozesse wie das Aussterben und Einwandern von Arten in Lebensräume eine Rolle. Diese sind zunächst von MacArthur und Wilson als Theorie der **Inselbiogeographie** beschrieben worden (◘ Abb. 35.23). Sie beziehen sich dabei auf das Artengleichgewicht, das sich zwischen Zuwanderung und Aussterben auf Inseln ausbildet. Im übertragenen Sinne gelten diese Erkenntnisse nicht nur für Inseln im physischen Sinne, sondern ebenso für isolierte Lebensräume anderer Art, wie z. B. Teiche oder Waldflächen inmitten urbaner Regionen.

Fast zeitgleich zur Inselbiogeographie schlug Levins ein Modell zur **Dynamik von Metapopulationen** vor. In beiden Fällen wird letztlich die Idee von Habitatmosaiken verfolgt, die weniger lokale Prozesse und Interaktionen berücksichtigt, als vielmehr auf Besiedlung und Aussterben von Arten fokussiert. Hierbei betrachteten MacArthur und Wilson das Festland als Quelle für die Besiedlung von Inseln, während in einer Metapopulation einzelne isolierte Habitate mit Individuen der gleichen Art existieren.

Diese Erkenntnisse sind für den **Arten- und Biotopschutz** höchst relevant, da sie – wie auch die Metapopulationstheorie – die Relevanz der Konnektivität herausstellen. Solange eine genügende Verbindung zwischen den einzelnen Patches gegeben und damit die Möglichkeit eines Genflusses gewährleistet ist, bleibt die Aussterbewahrscheinlichkeit für eine gegebene Art gering.

Die Bedürfnisse der **Individuen einer Art** sind identisch, sodass sie **um dieselben Ressourcen konkurrieren**. Sind die Ressourcen, z. B. Nährstoffe, begrenzt, führt dies zu einem Mangel bei den entsprechenden konkurrierenden Organismen, der sich dann beispielsweise in geringerem Wachstum oder erhöhten Sterberaten ausdrückt.

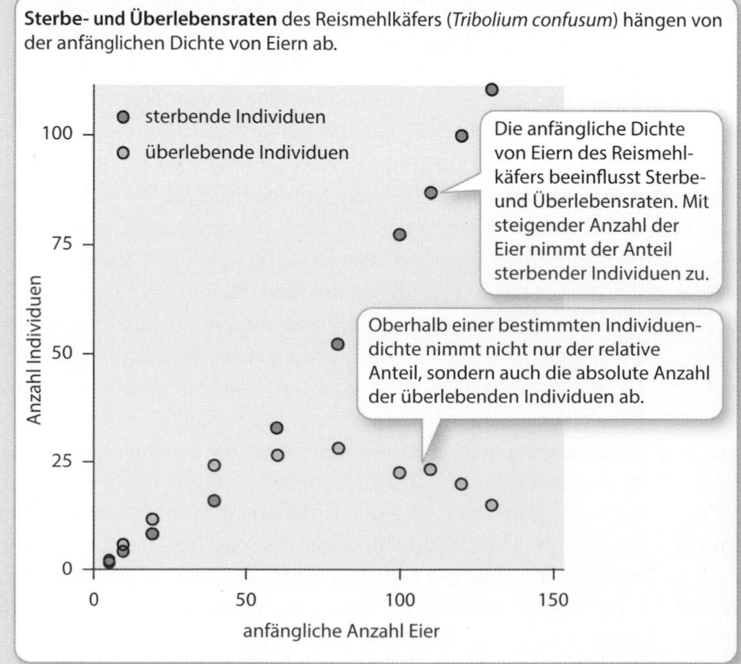

Auch die **Partnerwahl** kann der **intraspezifischen Konkurrenz** unterliegen.

Meist konkurrieren Männchen um die Weibchen bzw. die Weibchen wählen Männchen als Paarungspartner. Stichlingsweibchen (*Gasterosteus* spec.) wählen anhand der Intensität der Rotfärbung von Kehle, Brust und Bauchseite das Männchen für die Paarung.

Eine Abnahme der Individuenzahl in einem Lebensraum kann ihrerseits wieder durch eine steigende Geburtenrate oder eine sinkende Sterberate kompensiert werden, sodass sich ein **stabiles Gleichgewicht** durch eine **Ausbalancierung von Sterbe- und Geburtenrate** ausbildet. Die **maximale Populationsdichte** für einen gegeben Lebensraum bezeichnet man als **Tragfähigkeit** (*carrying capacity*).

◘ **Abb. 35.21** Intraspezifische Konkurrenz wirkt stabilisierend auf die Populationsgröße

Entsprechend der Vielzahl der Umweltfaktoren definiert sich die **ökologische Nische** als ein *n*-dimensionaler Raum, der für manche Faktoren ein Optimum für eine Art darstellt und sich bei anderen Faktoren vielleicht eher im Toleranzraum bewegt.

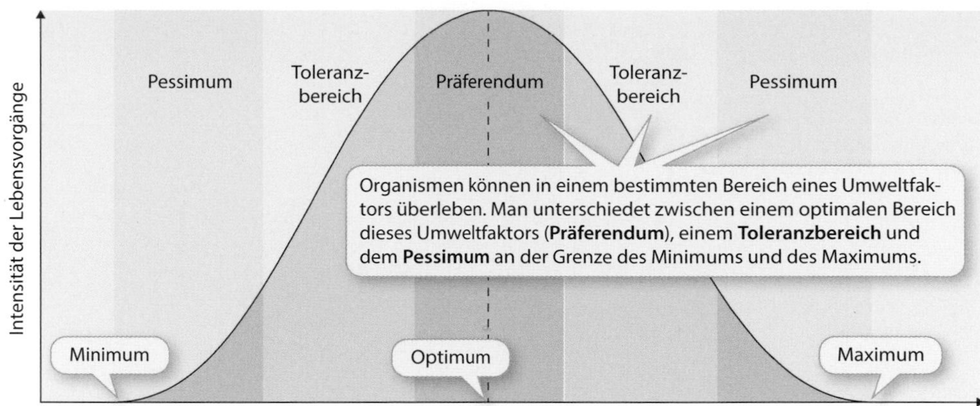

Gerade die Option, auch außerhalb des Optimums leben zu können, stellt eine Möglichkeit zur **Koexistenz von Arten** dar. Entsprechend unterscheidet man zwischen einer Fundamentalnische und einer Realnische. Anhand des Wachstums von zwei Pflanzenarten, die bezüglich der Bodenfeuchtigkeit vergleichbare Ansprüche haben, also bezogen auf diesen Faktor die gleiche ökologische Nische aufweisen, lässt sich der Unterschied zwischen fundamentaler und realisierter Nische verdeutlichen.

Das gesamte Feuchtigkeitsspektrum, in dem die Pflanzen vorkommen können, wird als **Fundamentalnische** bezeichnet – mit einem Bereich, der das Optimum darstellt, in dem die Pflanzen besonders gut wachsen können, sowie den Toleranzbereichen. Ermitteln lässt sich die Fundamentalnische fast nur unter standardisierten Laborbedingungen.

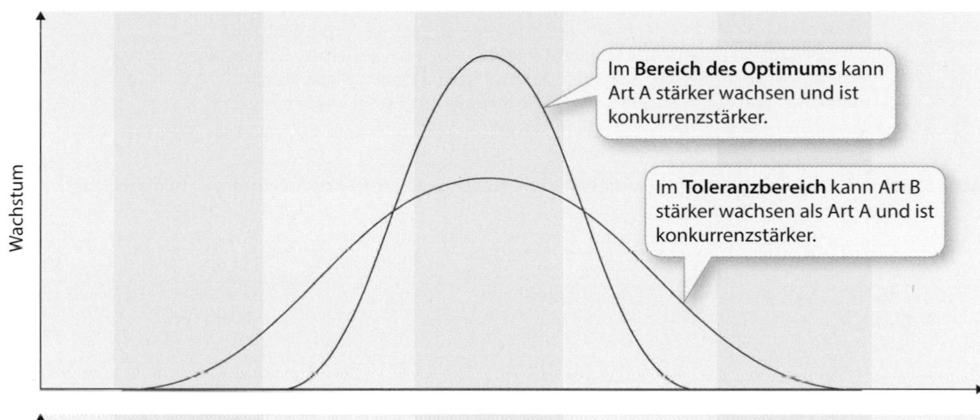

Die ökologische Wachstumskurve zeigt das Wachstum beider Arten unter realen Bedingungen. Kommen beide Pflanzen gleichzeitig vor, ermöglichen verschiedene **Realnischen** die Koexistenz beider Arten.

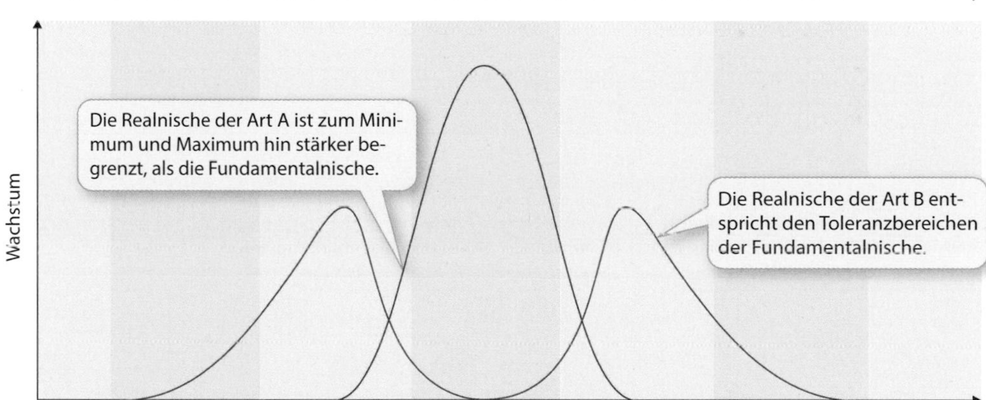

Abb. 35.22 Die ökologische Nische beschreibt den Bereich von Umweltfaktoren, in dem eine Art überleben kann

Die Konstellation von Lebensgemeinschaften kann gründerkontrolliert oder dominanzkontrolliert sein. Bei **gründerkontrollierten Lebensgemeinschaften** finden alle Arten freie Nischen, die sie besetzen und unter normalen Bedingungen auch nicht mehr verlassen. In **dominanzkontrollierten Lebensgemeinschaften** unterscheiden sich die Konkurrenzeigenschaften der einzelnen Arten (Abb. 35.24). Hier können die ersten Kolonisierer nach einiger Zeit von späteren, konkurrenzstärkeren Ankömmlingen ausgelöscht werden, sodass im Laufe der Zeit eine Sukzession stattfindet.

Auf den theoretischen und empirischen Erkenntnissen der Inseltheorie und der Metapopulationstheorie beruht das Konzept des **Biotopverbunds** bzw. der **Biotopvernetzung** (Abb. 35.25). Durch die Gewährleistung eines funktionalen Kontakts zwischen Biotopen sollen die darin vorkommenden Arten miteinander in Beziehung stehen können. Entsprechend bedarf es zwischen vergleichbaren Habitaten geeigneter Korridore, über die ein **Austausch von Individuen** erfolgen kann. Nach der Inseltheorie können kleinere Populationen (deren Größe z. B. durch das Habitat beschränkt ist) aufgrund zufälliger Populationsschwankungen aussterben. Verringert sich demnach die Größe eines Lebensraumes, können Arten selbst dann verschwinden, wenn sich die Lebensraumqualität nicht verschlechtert hat. Daher ist es wichtig, dass Habitate nicht isoliert sind, sondern im Verbund mit vergleichbaren Habitaten stehen. Entsprechend der Metapopulationstheorie werden all

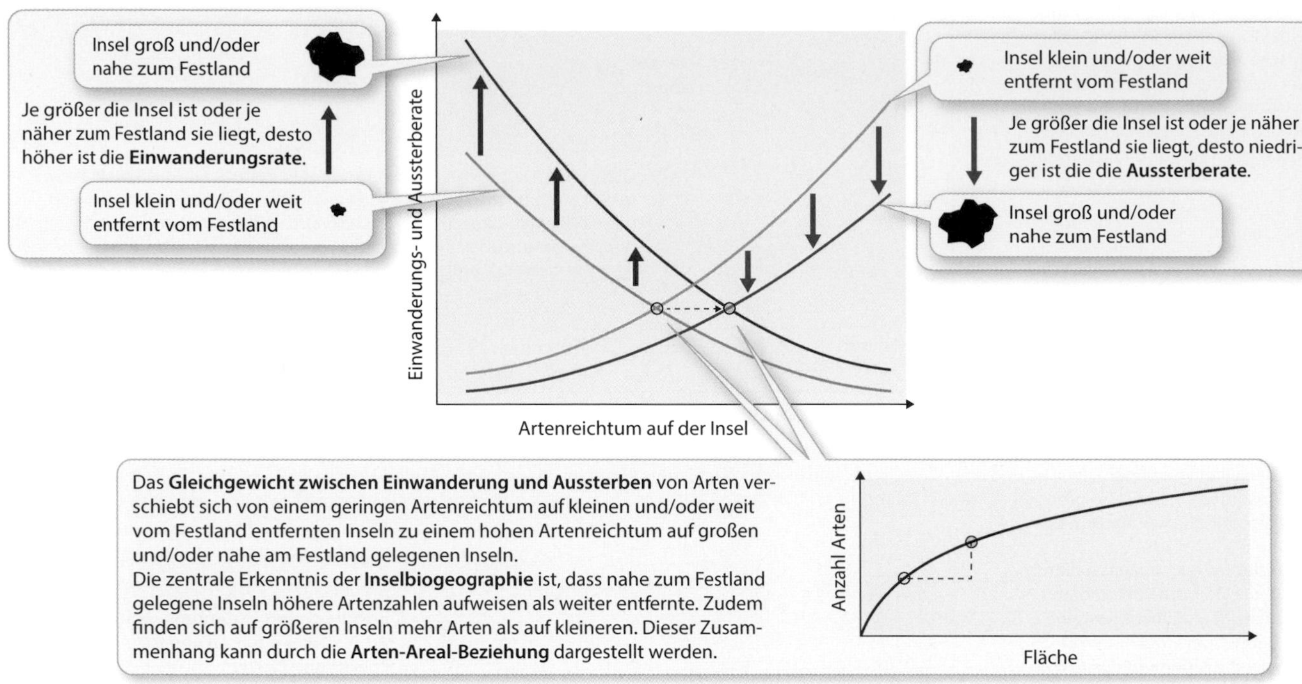

Abb. 35.23 Die Inselbiogeographie untersucht dieAbhängigkeit des Artenreichtums von der Fläche

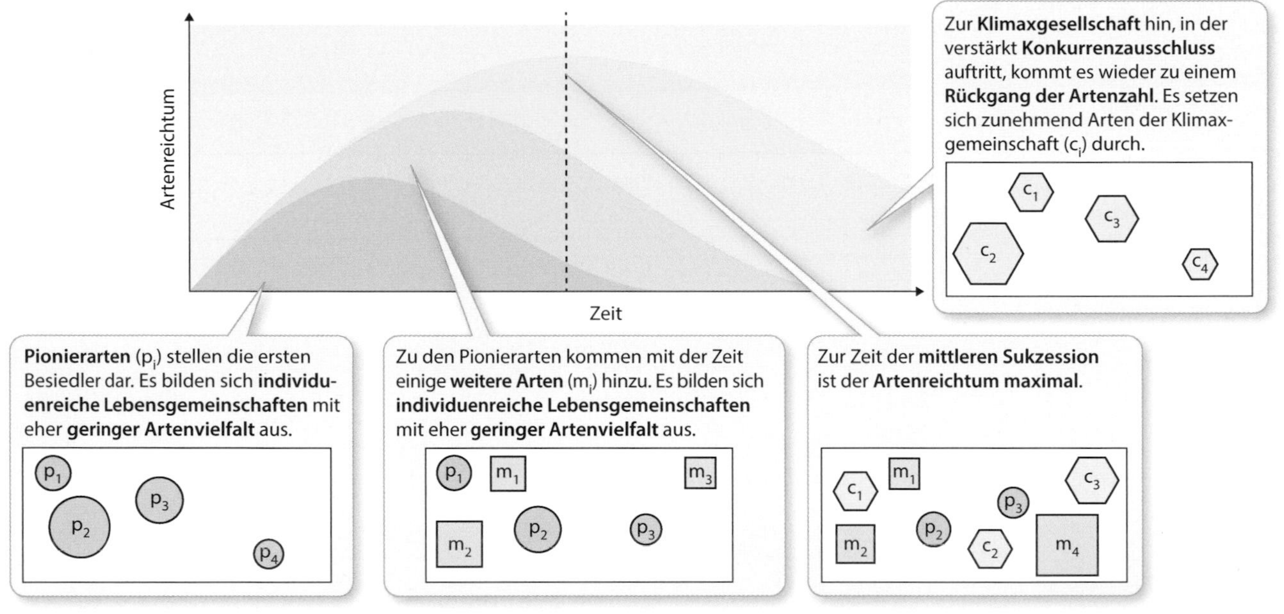

Abb. 35.24 Hypothetische Sukzession auf einer freien Besiedlungsfläche

die Einzelpopulationen der miteinander verbundenen Habitate als Metapopulation betrachtet, unter der Voraussetzung, dass die Subpopulationen miteinander durch Austausch von Individuen in Wechselwirkung stehen.

Als weiterer Aspekt spielt auch die **Erhaltung der genetischen Variabilität** (► Abschn. 27.2) eine wesentliche Rolle. So kann die genetische Variabilität kleiner Populationen durch einwandernde Individuen aus anderen Populationen erhöht werden, was ebenfalls zu Stabilisierung dieser Art beiträgt. Somit geht es im Kern bei einem Biotopverbund darum, über sogenannte **Trittsteinbiotope** Populationen miteinander zu verknüpfen. Oftmals sind dies linienhafte Strukturen wie Hecken, aber auch Grünbrücken, um Straßen zu überwinden und damit die Zielbiotope physisch miteinander zu verbinden.

Zum Schutz von Gewässern vor äußeren Belastungsfaktoren, z. B. aus der Landwirtschaft, sind Uferrandstreifen entlang von Oberflächengewässern sinnvoll (◘ Abb. 35.26). Ein Großteil unserer Oberflächengewässer, die einen wichtigen Beitrag zum **Erhalt der Artenvielfalt** sowie als Quelle zur **Gewinnung von Trinkwasser** beitragen, ist durch eine Vielzahl von **Belastungsfaktoren** gestresst. Frühere Belastungsfaktoren wie der Eintrag von Nährstoffen in Form von Abwasser spielen in Mitteleuropa heute zumeist keine große Rolle mehr, aber dafür zeigt sich, dass speziell die **Gewässerumfeldnutzung** einen

Ackerrandstreifen stellen wichtige **Saumbiotope** dar, die eine zumeist intensiv genutzte landwirtschaftliche Fläche abgrenzen. Sie sind Habitat für eine Vielzahl von Ackerwildkräutern und werden oft von Kamille, Klatschmohn und Kornblume dominiert. Im Vergleich zu der landwirtschaftlich genutzten Fläche, die meist eine Monokultur darstellt, bieten sowohl die **Artenvielfalt** als auch die **Strukturvielfalt** durch den aufgelockerten Wuchs innerhalb eines Ackerrandstreifens vielen verschiedenen Insektenarten Futterquellen und gleichzeitig einen Anziehungspunkt, u. a., um Paarungspartner zu treffen. Entsprechend sind Ackerrandstreifen wichtige Elemente der Kulturlandschaft, um die Artenvielfalt zu erhöhen. Dies wirkt sich gleichzeitig oftmals auch positiv auf die landwirtschaftlich genutzten Flächen aus, da Ackerrandstreifen die Entwicklung von Räubern oder Parasitoiden von Ackerschädlingen fördern und damit sogar zu einer Ertragssteigerung beitragen können. Als zumeist linienförmige Biotope sind sie zudem eine wichtiges Element zur **Vernetzung von Biotopen.**

fehlender Ackerrandstreifen

blühender Ackerrandstreifen mit Kamille und Klatschmohn

Abb. 35.25 Landschaftsstrukturen wie Baumsäume, Hecken und nicht bewirtschaftete Ackerrandstreifen bilden geeignete Strukturen, um einen Austausch zwischen Populationen auch in der Kulturlandschaft zu ermöglichen

Uferrandstreifen, die mit verschiedenen Pflanzen bewachsen sind, sind ein wichtiger Beitrag zum **Gewässerschutz**. Sie helfen, die ökologischen Funktionen oberirdischer Gewässer zu verbessern sowie den Eintrag von in der Landwirtschaft verwendeten Giftstoffen zu reduzieren.

Uferrandstreifen liegen unmittelbar zwischen der Gewässerböschung und der landwirtschaftlich genutzten Fläche.

Bei der **Gewässerrenaturierung** versucht man, durch verschiedene Elemente, z. B. durch Aufweitung des Gewässerbettes oder durch Verzweigung desselben, durch Anlegen von Überflutungs- und Auflächen, durch Einbringen von Totholz und Aufbrechen der Uferstruktur, die **Habitatvielfalt** in und am Gewässer zu erhöhen.

Wiederverzweigung schafft unterschiedliche Lebensräume an Land und im Gewässer.

Abb. 35.26 Gewässerrandstreifen und eine Erhöhung der Strukturvielfalt erlauben eine größere Artenvielfalt

häufig überprägenden Einfluss auf den ökologischen Zustand von Gewässern hat.

Eine naturnahe Besiedlung mit Organismen ist für Oberflächengewässer ein in Europa gesetzlich geregeltes Ziel, dem sich die **Europäische Wasserrahmenrichtlinie** widmet (► Abschn. 38.6). Hiernach sollen bis zum Jahr 2027 alle Gewässer in Europa einen guten **ökologischen Zustand** und einen guten chemischen Zustand aufweisen. Da viele europäische Fließgewässer trotz weitgehender Abwasserreinigung und damit stark gesunkener Nährstoffeinträge derzeit noch keinen guten ökologischen Zustand aufweisen, werden in großem Umfang **Renaturierungsmaßnahmen** durchgeführt (Abb. 35.26). **Habitatvielfalt** wie auch der Wechsel von schnell strömenden und ruhigen Fließabschnitten (*riffles* und *pools*) ermöglichen die **Wiederbesiedlung** ehemals degradierter Gewässer mit einer Vielzahl systematisch unterschiedlicher Organismen der Gewässersohle. Oftmals können bei solchen Renaturierungsmaßnahmen jedoch nicht die kompletten Gewässerläufe renaturiert werden, sodass man auf ökologische Trittsteine setzt, die jeweils Populationen in ihrem stromabwärts gerichteten Vorkommen miteinander verbinden sollen (**Strahlwirkungskonzept**).

35.7 Die Populationsdichten von Prädatoren und ihrer Beute beeinflussen sich gegenseitig

Individuen und Populationen interagieren mit anderen Organismen. Populationen entwickeln sich nicht unabhängig voneinander, sondern beeinflussen sich gegenseitig. So haben die Populationsgrößen von **Räuber- und Beutepopulationen** einen wechselseitigen Einfluss aufeinander. Bei einer hohen Beutedichte kann die Räuberpopulation stark wachsen, während sie bei geringer Beutedichte zurückgeht. Umgekehrt geht die Beutepopulation bei einer hohen Räuberdichte aufgrund der starken Prädation zurück. Bei geringer Räuberdichte kann die Beutepopulation dagegen wachsen.

In den Jahren 1925 und 1926 wurden unabhängig voneinander vom Chemiker Alfred J. Lotka und dem Mathematiker und Physiker Vito Volterra die mathematischen Grundlagen der Populationsentwicklung zweier Arten in Räuber-Beute-Systemen entwickelt. Die von ihnen aufgestellten Beziehungen entsprechen der Gleichung für **exponentielles Wachstum** (► Abschn. 35.3), enthalten aber einen Wachstums- und einen Sterbeterm. Der Wachstumsterm der Räuberpopulation hängt hierbei von der Beutedichte ab und der Sterbeterm der Beutepopulation hängt von der Räuberdichte ab. Die idealisierten Beziehungen zwischen den Populationsdichten von Räuber und Beute und die daraus abgeleiteten Regeln sind als **Lotka-Volterra-Regeln** Grundlage der **Theorie der Populationsdynamik von Räuber-Beute-Systemen** (◘ Abb. 35.27).

Die von diesen mathematischen Beziehungen vorhergesagten **Räuber-Beute-Zyklen** sind **experimentell nur schwer nachzubilden**. Zu den ersten Belegen gehören die Studien des russischen Mikrobiologen G. F. Gause aus dem Jahr 1934: Das von ihm genutzte Modellsystem aus dem räuberischen Ciliaten *Didinium nasutum* und *Paramecium caudatum* als Beute zeigt grundsätzlich die durch die Theorie vorhergesagten Schwankungen, offenbart aber auch die Limitierung experimenteller Systeme (◘ Abb. 35.28).

Obwohl im Freiland natürliche Populationsschwankungen von vielen Arten bekannt sind, sind auch hier Belege für die durch die Lotka-Volterra-Regeln vorhergesagten Beziehungen oft fraglich (◘ Abb. 35.29).

Änderung der Beutepopulation

Änderung der Populationsgröße zum Zeitpunkt t

Die Änderung der Beutepopulation ist in diesem Modell proportional zur **momentanen Größe der Beutepopulation.**

$$N_B'(t) = N_B(t) \times [\varepsilon_B - \gamma_B \times N_R(t)]$$

Die Abhängigkeit der Änderungsrate wird einerseits durch die **Reproduktionsrate der Beute** bestimmt.

Zum anderen bestimmt der **Fraßverlust** die Entwicklung der Beutepopulation. Der Fraßverlust berechnet sich aus dem Fraßverlust pro Räuber (γ_B) und der Anzahl an Räubern $N_R(t)$.

Änderung der Räuberpopulation

Änderung der Populationsgröße zum Zeitpunkt t

Die Änderung der Räuberpopulation ist in diesem Modell proportional zur **momentanen Größe der Räuberpopulation.**

$$N_R'(t) = N_R(t) \times [-\varepsilon_R + \gamma_R \times N_B(t)]$$

Die Populationsentwicklung wird einerseits durch die **Sterberate der Räuber** (in Abwesenheit von Beute) bestimmt.

Zum anderen bestimmt die **Reproduktion** die Entwicklung der Räuberpopulation. Die Reproduktion berechnet sich aus einer Reproduktionsrate pro gefressenem Beutetier (γ_R) und der Beutedichte $N_B(t)$.

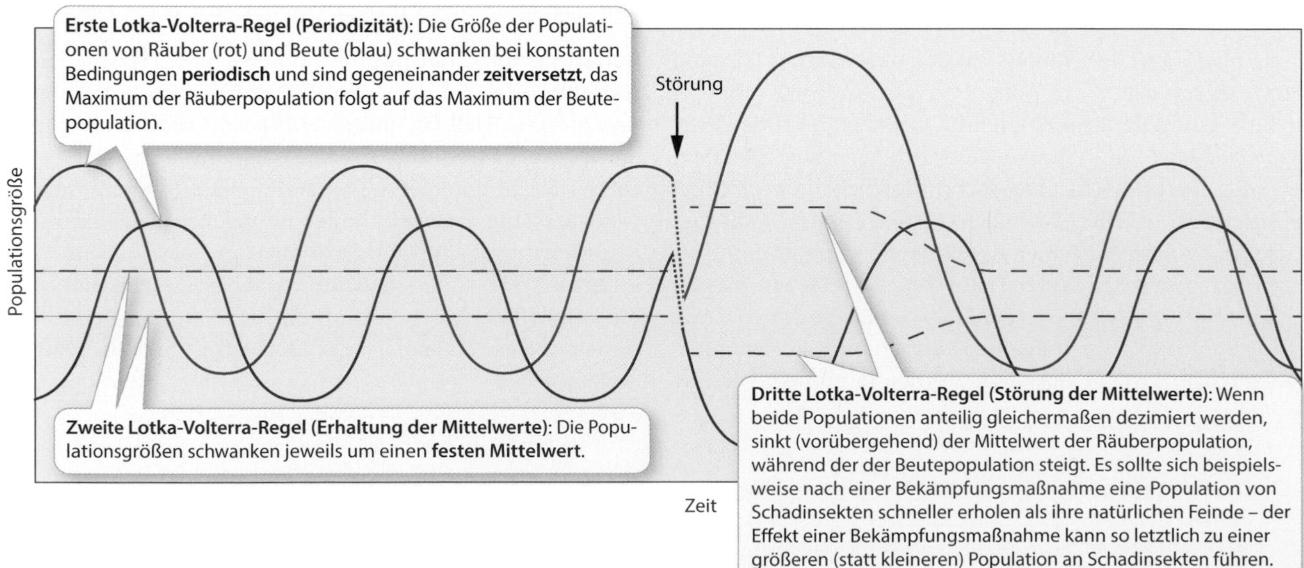

◘ **Abb. 35.27** Die Dynamik von Räuber-Beute-Systemen wird durch die Lotka-Volterra-Regeln beschrieben

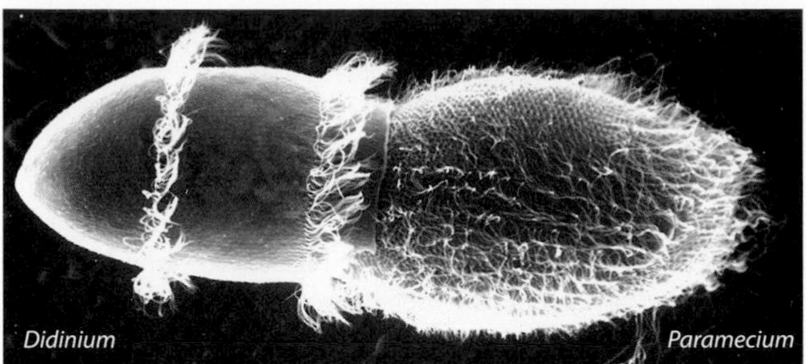

Gause nutzte in seinen Experimenten die Ciliaten ***Didinium nasutum*** und ***Paramecium caudatum*** (hier eine Aufnahme von *Didinium* mit erbeutetem *Paramecium*, das bereits teilweise von *Didinium* ingestiert ist).

Experiment 1: In einem einfachen Experiment mit beiden Arten kommt es zwar zu einem zeitversetzten Anstieg und einem anschließenden Abfall der Populationsdichten, es sterben aber beide Arten aus.

Bei einer **hohen Beutedichte** beginnt die Population des räuberischen *Didinium* – wie aus der Theorie vorhergesagt – anzusteigen.

Die **steigende Räuberdichte** führt – ebenfalls in Übereinstimmung mit der Theorie – zu einem Rückgang der Beutedichte.

Didinium vermehrt sich allerdings **zeitverzögert** auch noch nach dem Rückgang der *Paramecium*-Population und verhungert, nachdem alle Paramecien aufgefressen sind.

Individuen

— *Didinium*
— *Paramecium*

Zeit (Tage)

Experiment 2: Wird *Paramecium* eine Rückzugsmöglichkeit geboten (in diesem Fall Sediment), verhungert *Didinium* bei niedrigen Beutedichten – die Paramecien steigen nach dem Aussterben von *Didinium* stark an. Auch in diesem Experiment kommt es nicht zu Räuber-Beute-Zyklen.

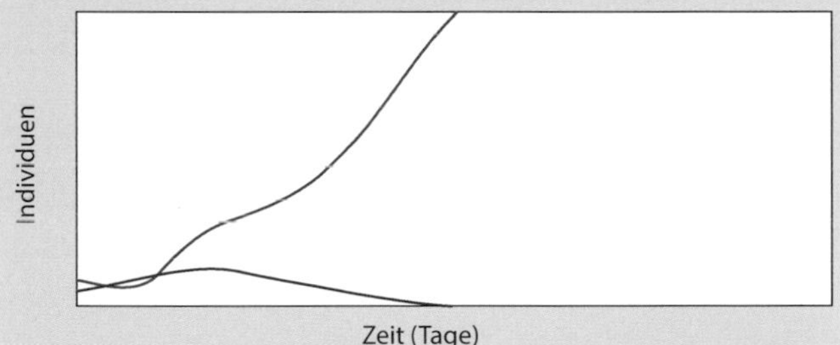

Experiment 3: Durch regelmäßige **Immigration** können im Experiment Räuber-Beute-Zyklen erzeugt werden. Im Experiment wird die Immigration durch Zugabe von jeweils einem Individuum beider Arten simuliert (Pfeile).

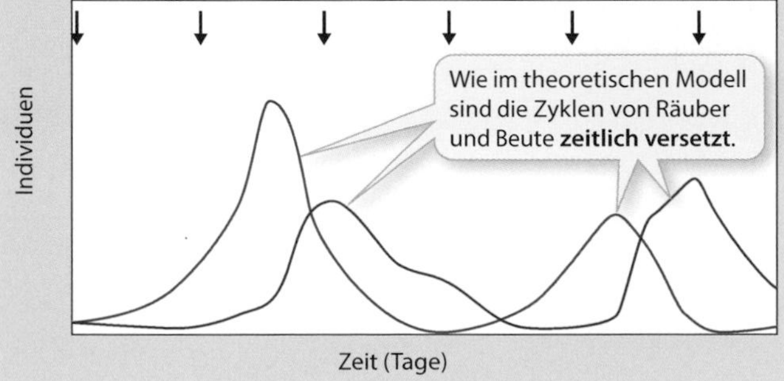

Abb. 35.28 Experimentelle Belege für Räuber-Beute-Zyklen

Das bekannteste Beispiel sind die **Populationszyklen von Luchs und Schneeschuhhase** im Osten Kanadas, basierend auf Zahlen der Hudson-Bay-Company. Die Zyklen entsprechen weitgehend den Modellvorhersagen und zeigen zeitlich versetzte Schwankungen der Dichte von Luchs und Hase, wobei die Populationsentwicklung des Luchses derjenigen des Schneeschuhasen in der Regel um einige Jahre versetzt folgt. Auch wenn diese Daten dem Modell gut entsprechen und somit oft als Beleg für die theoretischen Überlegungen angeführt werden, ist der Zusammenhang nicht ganz geklärt:

Die **Schwankungen der Hasenpopulation** sind vermutlich nur teilweise auf die Prädation durch den Luchs zurückzuführen. So zeigen Schneeschuhhasen ähnliche Populationszyklen auch in Gebieten, in denen es keine Luchse gibt. Sowohl eine Abhängigkeit der Hasen von Schwankungen der Nahrungspflanzen als auch eine Abhängigkeit von anderen Prädatoren werden als Ursache der Populationsschwankungen diskutiert.

Schneeschuhhase (*Lepus americanus*)

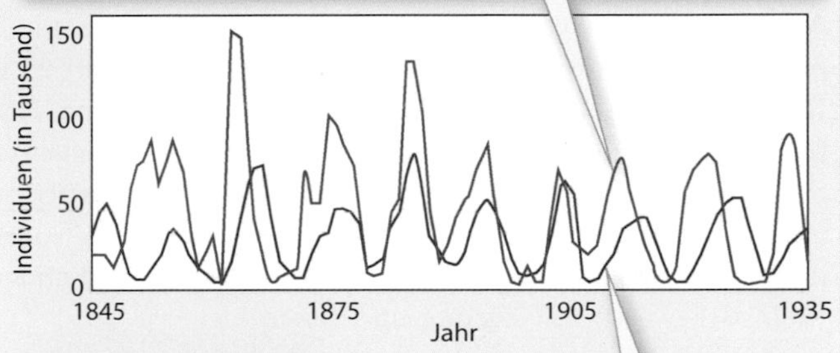

Die **Populationsdichte der Luchse** folgt nach heutigem Wissensstand derjenigen der Hasen. Die Schwankungen der Räuberpopulation entsprechen somit den Modellüberlegungen, sie wirken allerdings nicht oder nur schwach auf die Beutepopulation zurück.

Kanadischer Luchs (*Lynx canadensis*)

Bisamratte und Mink zeigen ebenfalls eine zyklische Entwicklung der Populationsdichte. Im Gegensatz zu dem oben dargestellten System sind die Zyklen der beiden hier betrachteten Arten auffällig synchron – dies entspricht nicht den Erwartungen:

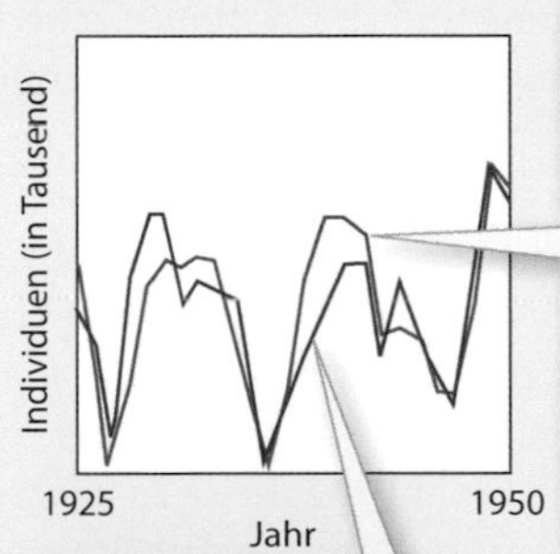

Die Bisamratte (*Ondatra zibethicus*) ist vorwiegend ***K*-selektioniert**, ihre Populationsdichte wird eher durch die Nahrungsverfügbarkeit gesteuert. Die Zyklen sind hier nicht oder kaum auf den Fraßdruck durch den Mink zurückzuführen.

Die Populationsentwicklung des Minks (*Neovison vison*) ist **nicht zeitversetzt** – wie bei Räuber-Beute-Zyklen zu erwarten –, sondern verläuft parallel. Dies deutet auf eine gemeinsame Ursache der Populationsschwankungen beider Arten hin.

Die **synchronen Schwankungen** gehen vermutlich auf Fraßverluste beider Arten durch einen gemeinsamen Fraßfeind wie den Luchs zurück und interagieren somit auch mit den oben dargestellten Zyklen von Luchs und Schneeschuhhase.

Abb. 35.29 Populationsschwankungen im Freiland haben viele Ursachen

35.8 Das Größenverhältnis zwischen Räuber und Beute hängt von der Ernährungsweise ab

Die Nahrungsbeziehungen zwischen Organismen sind vielfältiger Natur und können nach den verschiedensten Kriterien eingeteilt werden. Häufige Kriterien sind die Art der Nahrungssuche, der Nahrungsaufnahme sowie der aufgenommenen Nahrung.

Betrachtet man die Vielfalt der Ernährungsweisen ganz allgemein, so kann man Organismen entsprechend ihrer Stoffwechseltypen klassifizieren. Nach verwendeter Energiequelle unterscheidet man **Phototrophe** (Licht) und **Chemotrophe** (Redoxreaktionen), nach dem verwendeten Elektronendonor **Organotrophe** (organische Quelle) und **Lithotrophe** (anorganische Quelle) sowie nach der verwendeten Kohlenstoffquelle **Autotrophe** (anorganische Quelle, in der Regel Kohlenstoffdioxid) und **Heterotrophe** (organische Quelle) (▶ Abschn. 25.1). Landpflanzen sind dementsprechend photolithoautotroph, Tiere und Pilze chemoorganoheterotroph. Organismen, die mehrere Stoffwechseltypen kombinieren, werden als **mixotroph** bezeichnet. Häufig findet sich Mixotrophie bei einzelligen Algen, die Photosynthese betreiben, aber auch Bakterien und andere Kleinstlebewesen als Nahrung aufnehmen.

Nach der Art der aufgenommenen Nahrung unterteilt man in Allesfresser (**Omnivoren**), Fleischfresser (**Carnivoren**) und Pflanzenfresser (**Herbivoren**). Über die Position in trophischen Nahrungsnetzen werden den Primärproduzenten die Herbivoren als Konsumenten erster Ordnung und die Carnivoren als Konsumenten höherer Ordnung gegenübergestellt (◻ Abb. 35.30). Omnivoren, die sich sowohl von Pflanzen als auch von Tieren ernähren, sind nicht eindeutig einer dieser Ebenen zuzuordnen. Ähnlich sind Prädatoren, die sich von Beuteorganismen verschiedener trophischer Ebenen ernähren, meist nicht einer bestimmten trophischen Ebene zuzuordnen.

Die Art der Nahrungsaufnahme und des Nahrungserwerbs gehen mit spezifischen morphologischen Anpassungen einher. **Beutegreifer** verfügen oft über spezielle Strukturen zum Festhalten und Erlegen von Beuteorganismen wie Reißzähne und Klauen. **Filtrierer** besitzen dagegen spezielle Filtrationsstrukturen, wie den Kiemendarm der Lanzettfischchen, die Barten der Bartenwale und die Choanocyten der Schwämme.

Auch die Größe von Organismen im Verhältnis zur Größe ihrer Beute hängt mit der Ernährungsweise zusammen (◻ Abb. 35.31). Filtrierende Organismen fressen verhältnismäßig kleine Beute – Wasserflöhe ernähren sich von Bakterien und kleinen Algen, Schwämme, Muscheln und Korallen von kleinsten Planktonorganismen und Bartenwale von nur wenige Zentimeter großen planktischen Krebsen (Krill). Prädatoren, die einzelnen Beuteindividuen nachstellen, jagen größere Beuteorganismen. Die mit den Wasserflöhen vergleichbar großen Ruderfußkrebse fressen größere Algen, Zahnwale ernähren sich von Fischen, Robben, Tintenfischen und anderen verhältnismäßig großen Tieren. Das Größenverhältnis zwischen Räuber und Beute gleicht sich noch mehr an, wenn die Jäger in Gruppen jagen. Während die einzeln jagenden Leoparden vorwiegend Kleintiere und kleine Antilopen erbeuten, jagen Löwen auch große Antilopen, Zebras und sogar vereinzelt Afrikanische Büffel, Flusspferde, Elefanten und Giraffen.

Da filtrierende Organismen sehr kleine Beute fressen, sind Nahrungsnetze bzw. Nahrungsketten mit filtrierenden Organismen oft kurz (◻ Abb. 35.32). Nahrungsketten ohne Filtrierer sind länger, umfassen also mehr trophische Stufen. Filtrierer sind typisch für aquatische Nahrungsnetze, während sie in terrestrischen Nahrungsnetzen fehlen. Nur im Wasser ist die Partikeldichte hoch genug, zudem würden feine Filterelemente an der Luft verkleben.

Nach der trophischen Ebene werden die **Konsumenten** den **Produzenten** gegenübergestellt und bei den Konsumenten unterscheidet man zwischen Herbivoren und Carnivoren. Organismen, die sich von Pflanzen und Tieren – oder allgemeiner von Organismen verschiedener trophischer Ebenen – ernähren, werden als Omnivoren bezeichnet:

Top-prädatoren

Carnivoren (Konsumenten zweiter Ordnung)

Herbivoren (Konsumenten erster Ordnung)

Primärproduzenten

Von einer **Trophieebene** zur nächsten werden nur etwa 10–20 % der aufgenommenen Nahrung auch als Biomasse festgelegt. Dagegen fallen etwa 20–30 % der Nahrung als Detritus an und etwa 50–70 % werden veratmet.

Prädatoren im weiteren Sinne sind Organismen, die sich von anderen Organismen ernähren. Nach der Art der Interaktion zwischen den beteiligten Organismen unterscheidet man verschiedene Typen der Prädation:

Echte Räuber (oben: Gepard) erbeuten Organismen, töten diese und fressen sie ganz oder teilweise. In einer enger gefassten Definition wird nur diese Beziehung als Prädation bezeichnet.

Weidegänger (Mitte: Zebra) weiden viele andere Organismen ab und nehmen zumeist nur Teile dieser Organismen auf. Die Futterorganismen überleben die Beweidung in der Regel. Bei Weidegängern, die sich von Kleinstorganismen ernähren, verschwimmt die Grenze zwischen Weidegänger und Räuber. Beispielsweise ernähren sich aquatische Schnecken und Insektenlarven von Biofilmen und Aufwuchs. Die meisten von ihnen gefressenen Organismen werden ganz aufgenommen – wie es bei echten Räubern der Fall ist. Da aber nur Teile des Biofilms abgeweidet werden, bezeichnet man diese Organismen trotzdem als Weidegänger.

Parasiten (unten: Fichtenspargel) ernähren sich von einem (oder wenigen) Wirtsorganismen. Diese überleben in der Regel den Parasitenbefall. Als **Parasitoide** werden Organismen bezeichnet, die parasitisch leben, den Wirt zum Ende der Parasitierung jedoch töten.

◻ **Abb. 35.30** Trophische Ebenen und Formen der Prädation

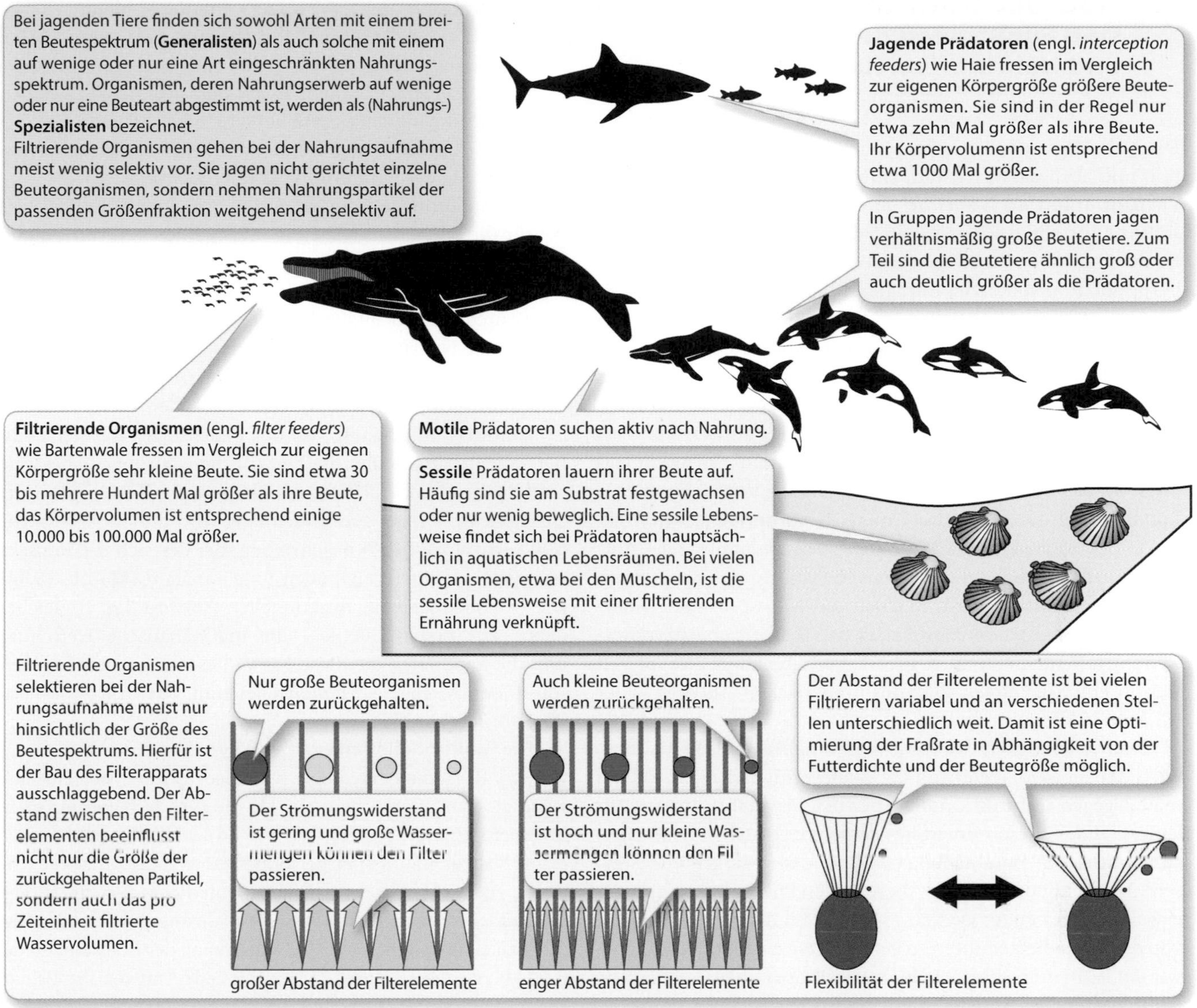

Bei jagenden Tiere finden sich sowohl Arten mit einem breiten Beutespektrum (**Generalisten**) als auch solche mit einem auf wenige oder nur eine Art eingeschränkten Nahrungsspektrum. Organismen, deren Nahrungserwerb auf wenige oder nur eine Beuteart abgestimmt ist, werden als (Nahrungs-) **Spezialisten** bezeichnet.
Filtrierende Organismen gehen bei der Nahrungsaufnahme meist wenig selektiv vor. Sie jagen nicht gerichtet einzelne Beuteorganismen, sondern nehmen Nahrungspartikel der passenden Größenfraktion weitgehend unselektiv auf.
Jagende Prädatoren (engl. *interception feeders*) wie Haie fressen im Vergleich zur eigenen Körpergröße größere Beuteorganismen. Sie sind in der Regel nur etwa zehn Mal größer als ihre Beute. Ihr Körpervolumenn ist entsprechend etwa 1000 Mal größer.
In Gruppen jagende Prädatoren jagen verhältnismäßig große Beutetiere. Zum Teil sind die Beutetiere ähnlich groß oder auch deutlich größer als die Prädatoren.
Filtrierende Organismen (engl. *filter feeders*) wie Bartenwale fressen im Vergleich zur eigenen Körpergröße sehr kleine Beute. Sie sind etwa 30 bis mehrere Hundert Mal größer als ihre Beute, das Körpervolumen ist entsprechend einige 10.000 bis 100.000 Mal größer.
Motile Prädatoren suchen aktiv nach Nahrung.
Sessile Prädatoren lauern ihrer Beute auf. Häufig sind sie am Substrat festgewachsen oder nur wenig beweglich. Eine sessile Lebensweise findet sich bei Prädatoren hauptsächlich in aquatischen Lebensräumen. Bei vielen Organismen, etwa bei den Muscheln, ist die sessile Lebensweise mit einer filtrierenden Ernährung verknüpft.
Filtrierende Organismen selektieren bei der Nahrungsaufnahme meist nur hinsichtlich der Größe des Beutespektrums. Hierfür ist der Bau des Filterapparats ausschlaggebend. Der Abstand zwischen den Filterelementen beeinflusst nicht nur die Größe der zurückgehaltenen Partikel, sondern auch das pro Zeiteinheit filtrierte Wasservolumen.
Nur große Beuteorganismen werden zurückgehalten.
Der Strömungswiderstand ist gering und große Wassermengen können den Filter passieren.
großer Abstand der Filterelemente
Auch kleine Beuteorganismen werden zurückgehalten.
Der Strömungswiderstand ist hoch und nur kleine Wassermengen können den Filter passieren.
enger Abstand der Filterelemente
Der Abstand der Filterelemente ist bei vielen Filtrierern variabel und an verschiedenen Stellen unterschiedlich weit. Damit ist eine Optimierung der Fraßrate in Abhängigkeit von der Futterdichte und der Beutegröße möglich.
Flexibilität der Filterelemente

Abb. 35.31 Die Ernährungsweise als Jäger oder Filtrierer steht in Zusammenhang mit dem Größenverhältnis zwischen Räuber und Beute sowie der Selektivität der Nahrungsbeziehung

In Nahrungsketten mit filtrierenden Organismen ist die bakterielle Produktion über wenige trophische Stufen mit den Topprädatoren verknüpft. Wasserflöhe (Cladoceren) sind planktische Kleinkrebse, die sich filtrierend ernähren. Neben Algen und heterotrophen Protisten gehören auch größere Bakterien zu ihrem Nahrungsspektrum.
In Nahrungsketten mit jagenden Organismen ist die bakterielle Produktion über eine Reihe trophischer Stufen von den Topprädatoren getrennt. Heterotrophe Nanoflagellaten fressen Bakterien und werden wiederum von Ruderfußkrebsen (Copepoden) gefressen. Diese ernähren sich jagend durch direktes Abfangen einzelner Beuteorganismen (engl. *direct interception feeding*).
Nahrungskette mit filtrierenden Prädatoren
Nahrungskette mit jagenden Prädatoren
Nahrungsketten mit filtrierenden Organismen sind vergleichseweise kurz, Biomasse und Energie gelangen über weniger trophische Stufen zu den Topprädatoren. Da so mehr Energie in die oberen trophischen Ebenen gelangt, sind die Populationen der Topprädatoren umso größer, je höher der Anteil filtrierender Organismen im Nahrungsnetz ist.

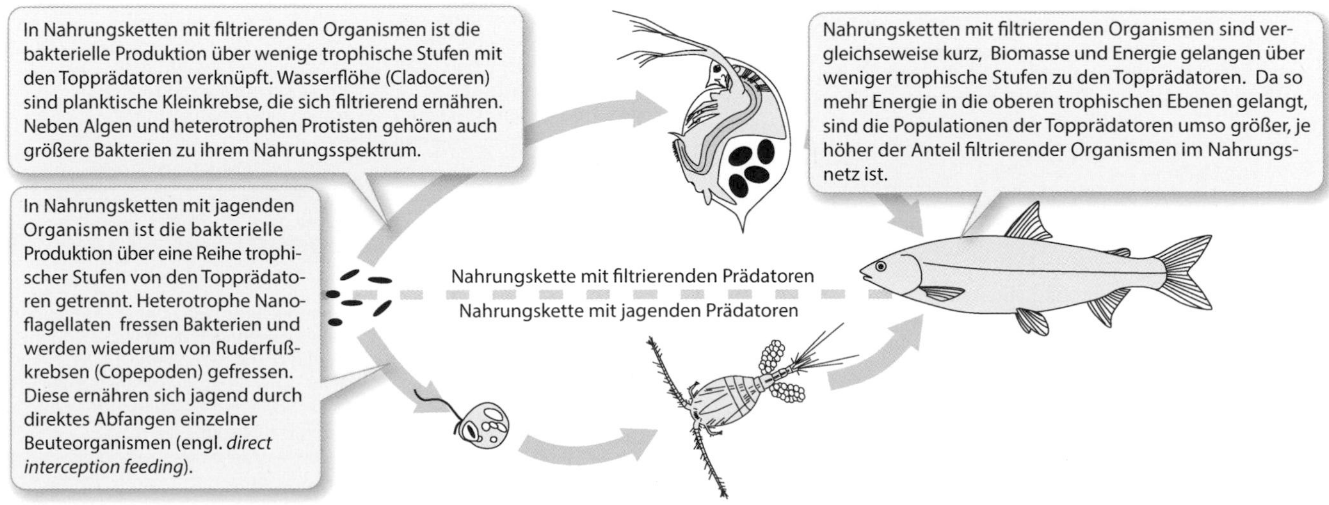

Abb. 35.32 Der Anteil filtrierender und jagender Prädatoren wirkt sich auf die Struktur der Nahrungsnetze aus

35.9 Fraß- und Wachstumsraten sind Funktionen der Nahrungs- und Nährstoffverfügbarkeit

Die Nahrungsaufnahme eines Individuums bzw. einer Population und auch das Wachstum einer Population hängen von der **Verfügbarkeit an Nahrung** ab. Bei einer hohen Beutedichte sollte es für einen Räuber kein Problem darstellen, genügend Beuteorganismen zu erlegen und zu fressen. Eine solche Räuberpopulation sollte viel Energie in die Reproduktion stecken können, sodass ihr Populationswachstum hoch sein sollte. Bei einer niedrigen Beutedichte sieht das ganz anders aus. Die Räuber erlegen und fressen nur wenige Beuteorganismen, haben daher Schwierigkeiten, ihren Energiebedarf zu decken, und können auch nur wenig Energie für die Fortpflanzung aufwenden.

Die Abhängigkeit der Populationswachstumsrate der Prädatoren von der Nahrungsverfügbarkeit, also die Veränderung ihrer Populationsgröße, bezeichnet man als **numerische Antwort**. Bei hoher Beuteverfügbarkeit nähert sich die numerische Antwort einer maximalen Populationswachstumsrate asymptotisch an. Bei niedriger Beutedichte sinkt die Wachstumsrate. Unterhalb einer minimalen, zum Erhalt der Räuberpopulation notwendigen Beutedichte stirbt die Räuberpopulation; dies spiegelt sich in einer negativen Rate der numerischen Antwort wider (◻ Abb. 35.33).

35

Die Abhängigkeit der Nahrungsaufnahme (der Prädationsrate oder Ingestionsrate) von der Beuteverfügbarkeit bezeichnet man dagegen als **funktionelle Antwort**. Der **Nahrungserwerb** kann in zwei Phasen unterteilt werden: das Suchen nach Nahrung und deren Handhabung (Fangen, Überwältigen und Fressen). Die Zeitbudgets, die für diese beiden Phasen des Nahrungserwerbs aufgewendet werden müssen, und deren Abhängigkeit von der Beutedichte führen zu verschiedenen funktionellen Antworten. Man unterscheidet üblicherweise zwischen drei Formen der funktionellen Antwort, die sich aus verschiedenen Strategien und Mechanismen des Nahrungserwerbs der Prädatoren herleiten und als Typ I, Typ II und Typ III bezeichnet werden. Allen ist gemein, dass sie bei hoher Dichte an Beuteorganismen eine Sättigung, also eine maximale Ingestionsrate, erreichen. Zudem sinkt die Nahrungsaufnahme bei fehlenden Beuteorganismen auf null ab, die Kurven der funktionellen Antwort schneiden also den Ursprung des Diagramms (◻ Abb. 35.33).

Die funktionelle Antwort ergibt sich aus den Zeitbudgets, die für die Suche von Nahrung und für deren Verzehr aufgewendet werden. Ein typischer Prädator sucht und jagt einzelne Beuteorganismen. Die Zeit für die **Nahrungssuche** ist von der Beutedichte abhängig: Bei geringer Beutedichte muss viel Zeit für die Nahrungssuche investiert werden, bei einer hohen Beutedichte sinkt der Zeitbedarf für die Beutesuche. Die **Nahrungsaufnahme** selbst benötigt ebenfalls Zeit, dieser Zeitraum ist allerdings unabhängig von der Beutedichte. Bei steigender Beutedichte sinkt daher die Zeit für die Nahrungssuche, während die Zeit für die Nahrungsaufnahme pro Beuteorganismus gleich bleibt. Dieser Zusammenhang wird durch die **funktionelle Antwort Typ II** beschrieben, bei der sich die Fraßrate asymptotisch einer maximalen Rate annähert (◻ Abb. 35.34). Die Überlegungen zur funktionellen Antwort Typ II gleichen denen zur Enzymkinetik – die mathematische Herleitung und die Parameter, die diese Kurve beschreiben, entsprechen somit der Michaelis-Menten-Gleichung der Enzymkinetik (◻ Abb. 35.35).

Die **funktionelle Antwort von Typ III** ist eine Abwandlung von Typ II. Ist die Beutedichte sehr niedrig, lohnt sich eine aufwendige Nahrungssuche nicht, da die für die Nahrungssuche investierte Energie gleich groß oder größer als die durch erfolgreiche Nahrungsaufnahme gewonnene Energie ist. Entsprechend ist die Aktivität bei sehr geringer Beutedichte verringert oder der Prädator weicht auf alternative Nahrungsquellen aus. Dies führt zu einem sigmoiden Zusammenhang der Fraßrate mit der Beutedichte, wie sie durch die funktionelle Antwort Typ III dargestellt wird.

Die **numerische Antwort** zeigt das Wachstum der Räuberpopulation in Abhängigkeit von der Dichte der Beutepopulation.

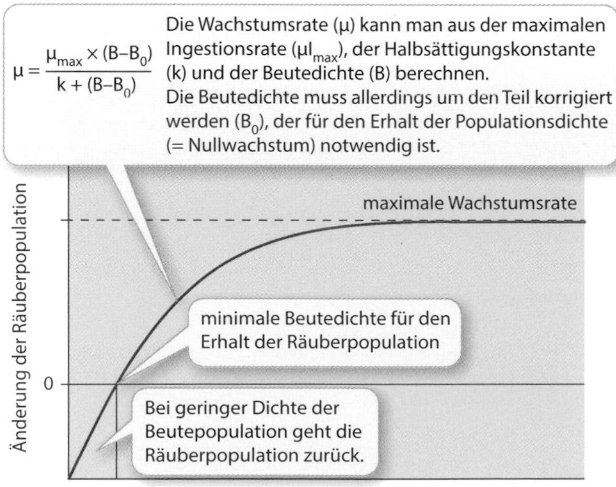

Die **funktionelle Antwort** beschreibt die Fraßrate der Räuber in Abhängigkeit von der Dichte der Beutepopulation.

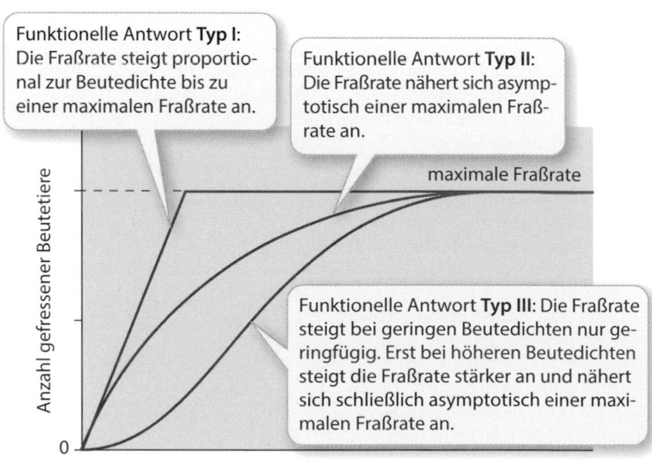

◻ **Abb. 35.33** Numerische und funktionelle Antwort

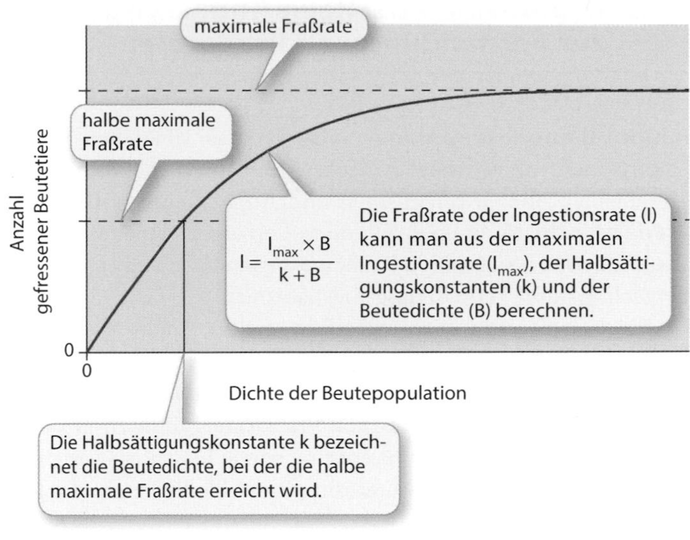

Abb. 35.34 Die funktionelle Antwort Typ I ist typisch für viele filtrierende Organismen, die funktionelle Antwort Typ II für Organismen, die einzelne Beuteorganismen jagen

Wird für die Nahrungsaufnahme nur sehr wenig Zeit aufgewendet, spielt nur die Zeit für die Nahrungssuche eine Rolle. In diesem Fall ergibt sich ein linearer Zusammenhang zwischen Beutedichte und Fraßrate bis zu einer Beutedichte, die zur Sättigung des Räubers ausreicht. Oberhalb dieser Beutedichte steigt die Fraßrate nicht weiter an. Filtrierende Organismen können viele Partikel zeitgleich aufnehmen und unterbrechen den Filtrationsprozess zur Nahrungsaufnahme nicht oder nur kurz. Daher zeigen Filtrierer häufig eine **funktionelle Antwort des Typs I** (Abb. 35.34).

Filtrierende Ernährung und funktionelle Antwort Typ I

Filtrierende Organismen machen in der Regel keine Pause für die Nahrungsaufnahme – sie filtrieren während der Nahrungsaufnahme weiter. Daher spielt die Nahrungsaufnahme für das Zeitbudget keine Rolle.

Da die Nahrungssuche nicht zum Fressen unterbrochen wird, wird eine maximale Fraßrate nur durch Sättigung des Räubers erreicht.

Zeitanteile von Nahrungssuche und Fraß

Fraß

Suche

Anzahl gefressener Beute

Bei der **funktionellen Antwort Typ I** ist die Fraßrate linear mit der Beutedichte korreliert. Oberhalb der Beutedichte, bei der der Räuber gesättigt ist, bleibt die Fraßrate dann konstant.

Dichte der Beutepopulation

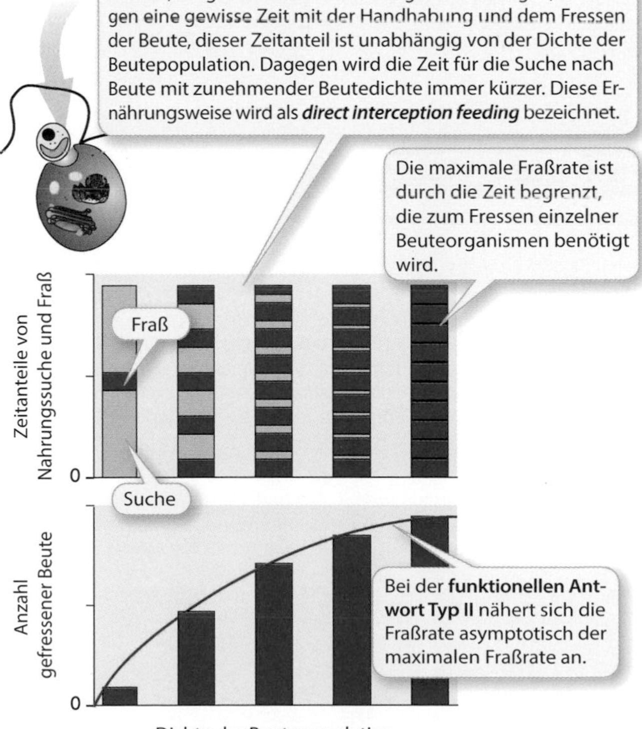

Abb. 35.35 Die Parameter der funktionellen Antwort Typ I und Typ II

35.10 Organismen besitzen Anpassungen zur Vermeidung von Prädatoren

Räuber-Beute-Interaktionen sind für das Überleben von Organismen von zentraler Bedeutung. Entsprechend verfügen Organismen über Mechanismen und Anpassungen, um dem **Prädationsdruck** zu entgehen oder die Folgen von Prädation abzumildern. Dazu gehören Räubervermeidungsstrategien sowie Fraßschutz- und Verteidigungsmechanismen.

Räubervermeidungsstrategien zielen darauf ab, von einem Prädator gar nicht erst oder nur schwer gefunden zu werden. Versteckte Lebensweise, Nachtaktivität und die tageszeitlichen Wanderungen z. B. von Planktonorganismen in der Wassersäule sind Beispiele für entsprechende Verhaltensweisen. Auch Körperform und -färbung können der Räubervermeidung dienen (◘ Abb. 35.36).

Als **Krypsis** oder **Tarnung** bezeichnet man Anpassungen der Körperfärbung und -form sowie des Verhaltens, um von Fraßfeinden nicht wahrgenommen zu werden. Von **Somatolyse** spricht man, wenn der Körper eines Organismus durch Form und/oder Färbung optisch mit der Umwelt „verschmilzt". Eine solche Auflösung der Körperformen muss auf die sensorischen Fähigkeiten der Empfänger (also in der Regel der Prädatoren) abgestimmt sein. Ein gutes Beispiel ist die auffällige Streifenzeichnung der Zebras. Während uns diese Musterung sehr auffällig erscheint, ist die Silhouette der Zebras aufgrund ihrer Musterung von den Komplexaugen der Tsetsefliege vor allem bei Schwachlicht kaum aufzulösen und verringert somit für die Zebras eine Krankheitsübertragung durch diese blutsaugenden Insekten. Im Gegensatz zur Somatolyse bezeichnet die **Mimese** eine Tarnung durch Nachahmung von Strukturen der Umgebung – die so getarnten Organismen sind also sehr wohl sichtbar, werden aber mit diesen Strukturen verwechselt und somit nicht erkannt.

Warnfärbungen und -verhalten, die darauf abzielen, Fraßfeinde abzuschrecken, nennt man dagegen **Aposematismus**. Aposematistisch gefärbte Tiere sind meistens entweder wehrhaft oder ungenießbar bzw. giftig und besitzen somit eine aktive oder eine passive Wehrhaftigkeit. Die Fressfeinde müssen die Vermeidung aposematistisch gefärbter Tiere in der Regel erst erlernen, weshalb immer wieder einzelne Tiere gefressen oder verletzt werden. Die Kosten der erhöhten Auffälligkeit wie auch die Schutzwirkung durch erlernte Aversion sind über die Population verteilt.

Die Färbung solcher wehrhaften oder ungenießbaren Arten wird häufig von anderen Arten nachgeahmt, dies nennt man **Mimikry**. Der typische Fall von Mimikry, bei der ein harmloses Tier die Färbung eines wehrhaften Tiers nachahmt, wird als **Bates'sche Mimikry** bezeichnet, besitzen verschiedene wehrhafte Arten eine gemeinsame Warntracht, spricht man von **Müller'scher Mimikry**. Mimikry ist jedoch nicht nur auf die Färbung eines Tieres beschränkt. Eine **akustische Mimikry** existiert beispielsweise bei Schmetterlingen. Exemplare aus der Gruppe der Oleanderbärenspinner (*Syntomeida epilais*) oder auch der Tigerspinner (*Cycania tenera*) warnen Fledermäuse durch Ultraschallklicken vor ihrer Ungenießbarkeit. Einige ungiftige Exemplare ahmen diese Ultraschallgeräusche nach. Auch findet sich die

Krypsis (Tarnung) ist ein effektiver Mechanismus zur Verringerung des Prädationsrisikos. Tarnung ist auch eine Anpassung von Prädatoren, diese werden weniger leicht von ihren Beuteorganismen wahrgenommen.

Eine häufige Form der Tarnung ist die **Somatolyse**, die Auflösung der Körperkonturen, meist durch Färbung oder Musterung (Foto: Skorpion).

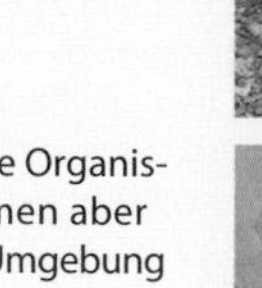

Bei der **Mimese** sind die Organismen zu erkennen, ahmen aber einen Gegenstand der Umgebung nach und werden mit diesem verwechselt (Foto: Spannerraupe).

Im Gegensatz zur Tarnung zielt **Aposematismus (Warnfärbung)** auf eine gute Wahrnehmbarkeit und signalisiert Ungenießbarkeit oder Giftigkeit. **Mimikry** bezeichnet dabei eine gestaltliche Ähnlichkeit zu anderen Tieren, die mit Überlebens- oder Vermehrungsvorteilen verbunden ist.

Müller'sche Mimikry bezeichnet die Anpassung verschiedener wehrhafter Arten, beispielsweise von Bienen und Wespen, an eine gemeinsame Warntracht.

Als **Bates'sche Mimikry** wird das Nachahmen eines wehrhaften Tieres (z. B. Wespe) durch ein harmloses Tier (z. B. Schwebfliege, rechts) bezeichnet.

◘ **Abb. 35.36** Krypsis und Aposematismus

Flucht ist eine effektive Methode, sich der Prädation zu entziehen. Dies setzt allerdings **Motilität** und eine effiziente **Räuberwahrnehmung** voraus.

Lebensweise und Ernährungsstrategie setzen Rahmenbedingungen, inwieweit diese beiden Mechanismen ausgeprägt sind. Sessile Organismen wie Landpflanzen oder Korallen können sich ihren Fraßfeinden nicht durch Flucht entziehen. Bei diesen Organismen sind **Tarnung** und **Fraßschutzmechanismen** daher umso bedeutender. Zudem besitzen viele sessile Organismen eine offene Organisation, verschiedene Teile des Organismus können alle lebensnotwendigen Funktionen übernehmen – Fraßschäden werden daher in einem gewissen Umfang toleriert. Dies ist beispielsweise bei Landpflanzen und Schwämmen der Fall.

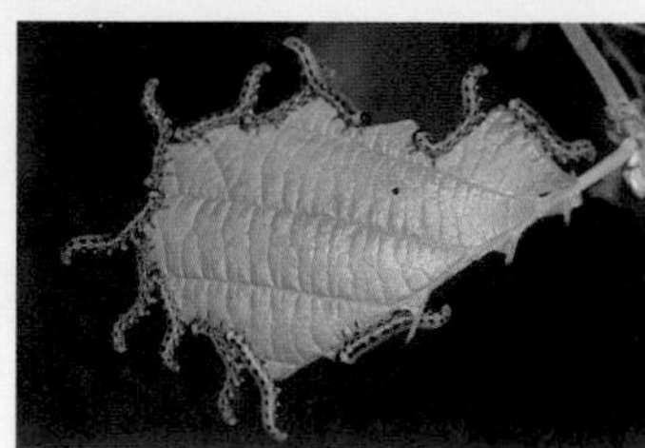

◘ **Abb. 35.37** Flucht als Fraßschutzstrategie

Morphologischer Schutz vor Prädation umfasst die Bildung von Panzern und Stacheln oder Dornen. Auch Größenwachstum und die Bildung vielzelliger Kolonien bei Einzellern sind Anpassungen zur Verminderung der Prädation.

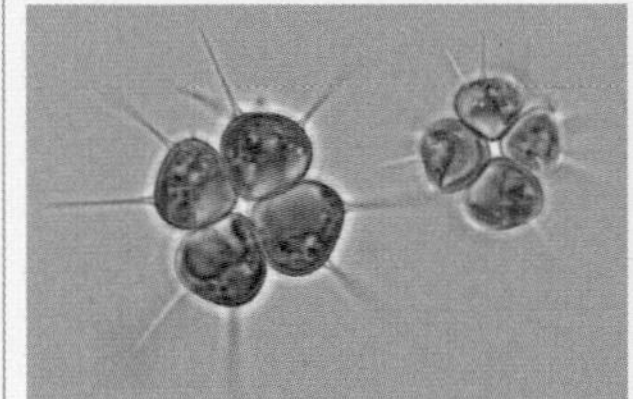

Chemischer Schutz umfasst (z. B. bittere) Geschmacksstoffe, verdauungshemmende Substanzen sowie Gifte. Aktiv **giftige Organismen** injizieren Gift über Stiche oder Bisse in andere Organismen, passiv giftige Organismen besitzen dagegen in die Zellen oder Gewebe eingelagerte Gifte, die sich erst durch Verzehr auf die Prädatoren auswirken. Giftigkeit, die vorwiegend im Zusammenhang der Räuberabwehr und des Fraßschutzes steht, geht oft mit **Aposematismus** einher (z. B. Fliegenpilz). Dient die Giftigkeit dagegen vorwiegend dem Nahrungserwerb, ist sie meist mit **Krypsis** kombiniert (z. B. Klapperschlange).

Biologische Abwehr bezeichnet die Räuberabwehr unter Einbeziehung anderer Arten – oft sind dies Fraßfeinde oder Parasitoide der Prädatoren. Ein Beispiel ist die Anlockung von Schlupfwespen durch von Raupen befallene Pflanzen.

■ **Abb. 35.38** Morphologische, chemische und biologische Mechanismen des Fraßschutzes

akustische Mimikry bei Meisen, die bei Bedrohung das zischende Geräusch einer Schlange nachahmen können.

Fraßschutz- und Verteidigungsmechanismen schützen den Organismus vor Fraß, auch nach Entdeckung durch einen Prädator. Diese Mechanismen sind in der Regel mit energetischen Kosten verbunden, die nicht für Wachstum und zur Reproduktion zur Verfügung stehen. Die Organismen müssen daher einen

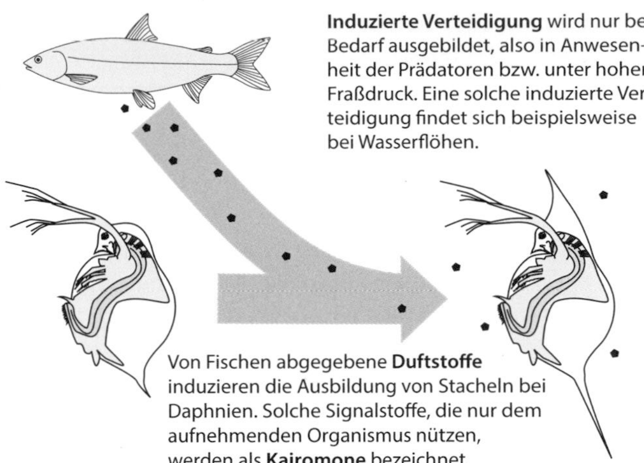

■ **Abb. 35.39** Induzierte Verteidigung – die Ausbildung von Stacheln bei Daphnien wird durch von Fischen ausgeschiedene Kairomone induziert

Kompromiss (engl. ***trade-off***) zwischen Fraßschutz und Reproduktion eingehen. Organismen mit hohen Reproduktionsraten haben entsprechend meist nur schwach ausgeprägte Fraßschutzmechanismen, während diese bei Organismen mit niedrigen Reproduktionsraten in der Regel stark ausgeprägt sind. **Flucht**, also das räumliche Ausweichen, ist bei motilen Organismen verbreitet (■ Abb. 35.37). Der Abwehr von Fraßschäden dienen morphologische und chemische Schutzmechanismen (■ Abb. 35.38). Ein besonderer Fall der Abwehr von Fraßfeinden ist die Interaktion mit anderen Organismen (■ Abb. 35.38)

Investitionen in die Verteidigung können höher sein – und sind auch oft höher –, wenn die Kosten für den Grundmetabolismus und für Anpassungen an die abiotische Umwelt geringer sind. In klimatisch begünstigten Regionen wie den Tropen müssen die Organismen nicht in Frostschutz- oder Trockenheitsanpassungen investieren. Prädation ist in diesen Klimazonen eine der Hauptmortalitätsursachen – der Anteil giftiger Tiere und Pflanzen und die Stärke dieser Gifte sind daher in den Tropen auffällig hoch.

Grundsätzlich ist die Ausbildung von Fraßschutzmechanismen aber mit energetischen Kosten verbunden. Um den Energieaufwand für die Ausbildung solcher Mechanismen zu minimieren, bilden viele Organismen diese Strukturen nur unter (hohem) Fraßdruck – eine solche Strategie wird als **induzierte Verteidigung** bezeichnet (■ Abb. 35.39; ► Abschn. 26.6). Auch die biologische Abwehr ist in vielen Fällen eine induzierte Verteidigung. Viele Pflanzen setzen infolge mechanischer Beschädigung flüchtige organische Verbindungen frei. Diese werden von natürlichen Feinden der Herbivoren wahrgenommen und locken diese somit an.

35.11 Parasiten leben auf Kosten ihres Wirtes

Eine besonders erfolgreiche Form der Antibiose stellt die **Parasitose** dar. Wenn man davon ausgeht, dass jeder frei lebende Organismus zumindest eine spezifische parasitische Art beherbergt, ergibt sich hieraus unmittelbar, dass die Hälfte aller Organismen eine parasitische Lebensweise verfolgen muss. Hier stellt sich dann natürlich unmittelbar die Frage nach der Definition von Parasitismus und den zugehörigen Organismengruppen.

Im angelsächsischen Sprachraum zählt man zu den **Parasiten** im Sinne von „Pathogenen“ die Viren sowie pathogene Bakterien, Eukaryoten, Pilze und Metazoen, während deutsche Lehrbücher der Parasitologie klassischerweise ausschließlich auf einige Protistengruppen (vor allem Excavata, Apicomplexa, Ciliata) und Metazoen (Myxozoa, Plathelminthes, Nematoda, Acanthocephala, Pentastomida, Arthropoda) fokussieren. Hierbei stehen dann Tiere und Menschen als Wirte im Vordergrund. Umfassendere Betrachtungen müssten zudem noch Pilze und Pflanzen mit parasitischer Lebensweise berücksichtigen (■ Abb. 35.40).

Gemeinsam ist den als Parasiten bezeichneten Organismen, dass es sich immer um Lebewesen handelt, die in oder auf einem artfremden Organismus leben und von diesem Nahrung beziehen. Im Regelfall ist hiermit auch ein unterschiedlich starkes

Hemiparasiten (Halbschmarotzer) entziehen ihrem Wirt über mit dem Xylem verbundene Haustorien Nährsalze und Wasser. Sie betreiben aber selbst Photosynthese.

Misteln (*Viscum album*) leben als Hemiparasiten zumeist ektoparasitisch auf Ästen von Bäumen. Aufgrund des Besitzes von Chlorophyll sind sie auch selbst zur **Photosynthese** befähigt.

Über spezialisierte Saugorgane, die **Haustorien**, bezieht die Mistel von ihrer Wirtspflanze hauptsächlich Wasser und Nährsalze.

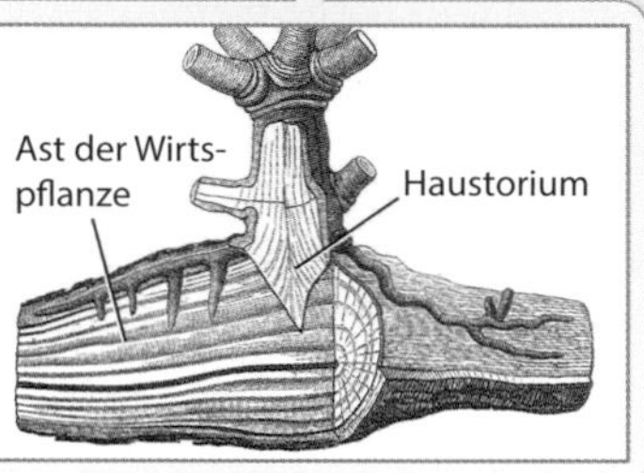

Holoparasiten (Vollschmarotzer) hängen hinsichtlich ihrer Ernährung vollständig vom Wirt ab, sie betreiben keine Photosynthese und entziehen ihrem Wirt – in der Regel über mit dem Phloem verbundene Haustorien – neben Wasser auch organische Nährstoffe.

Die zu den Orchideen zählende **Vogel-Nestwurz** (*Neottia nidus-avis*) besitzt als Holoparasit kein Blattgrün und kann daher auch **keine Photosynthese** durchführen. Sie parasitiert an Mykorrhizapilzen an Baumwurzeln, z. B. von Buchen. Diese Form der Parasitose durch indirekte Ausbeutung eines Individuums mithilfe eines dritten Partners (in diesem Fall der Mykorrhizapilz) wird als **Epiparasitismus** bezeichnet.

■ **Abb. 35.40** Bei pflanzlichen Parasiten unterscheidet man zwischen Halb- und Vollschmarotzern

Heteroxene (mehrwirtige) Parasiten wechseln in ihrem Lebenszyklus ein- oder mehrfach den Wirt.

Plerocercoide (**Bandwurmlarven**), die enorme Körperlängen erreichen können, beeinträchtigen das Schwimmvermögen und Fluchtverhalten von Fischen, ihren **Zwischenwirten.**

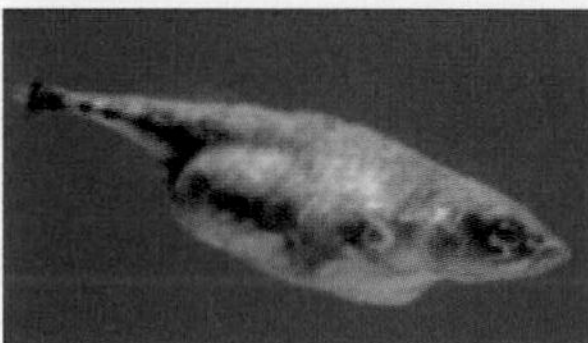

Stichling infiziert mit *Schistocephalus solidus*

Rotauge infiziert mit *Ligula intestinalis*

Infizierte Fische werden eine leichte und bevorzugte Beute von fischfressenden Wasservögeln, den **Endwirten**. Eine Schädigung der Endwirte durch die Parasiten findet in diesem Fall nicht statt.

Silberreiher erbeutet einen Hecht

Bei monoxenen (einwirtigen) Parasiten tritt kein Wirtswechsel auf.

Bei **einwirtigen Parasiten** kann die Schadwirkung groß oder klein sein – abhängig von der Art des Parasiten.

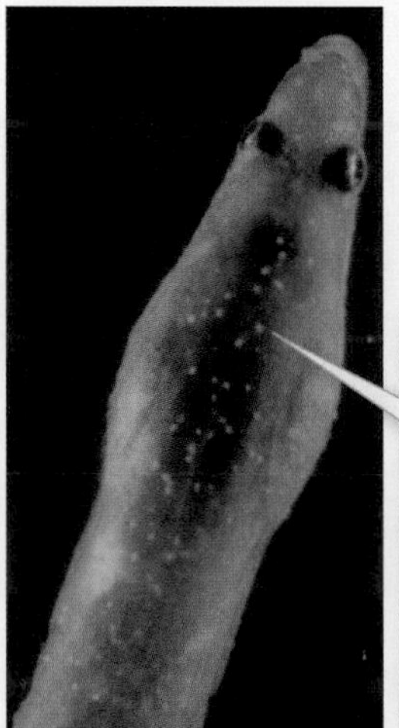

mit *I. multifiliis* befallener Aal

Beim hier dargestellten Befall des Europäischen Aals mit dem Ciliaten *Ichthyophthirius multifiliis*, der als monoxener Parasit bei Fischen auftritt, wird der Fischwirt meist innerhalb weniger Tage getötet.

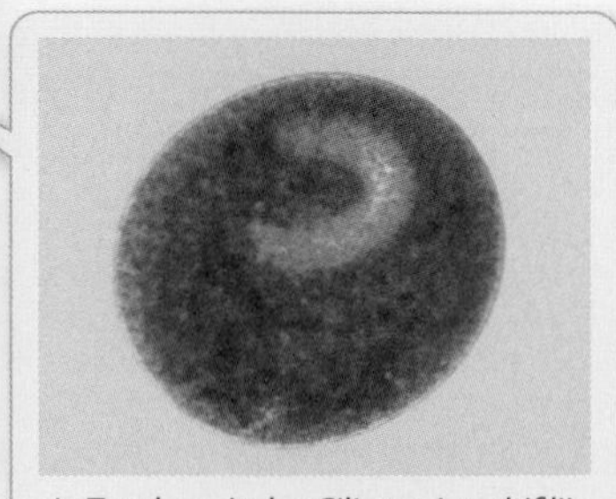

ein Trophozoit des Ciliaten *I. multifiliis*

■ **Abb. 35.41** Vergleich der Lebensweise monoxener und heteroxener Parasiten

Zecken zählen zu den **temporären Ektoparasiten**. Sie befallen verschiedene Vertebraten, vor allem Vögel (hier: Zeckenbefall an Nestlingen der Uferschwalbe, *Riparia riparia*) und Säugetiere. Während der Blutmahlzeit können Zecken verschiedenste Erreger in ihre Wirte injizieren. Einige Zeckenarten übertragen beispielsweise zu den Sporozen zählende Arten der Gattungen *Babesia* und *Theileria*, die bei Rindern, Hunden und teilweise auch Menschen malariaähnliche Erkrankungen mit hohem Fieber hervorrufen können. Daneben werden zahlreiche Viren und Bakterien durch Zeckenstiche verbreitet. Als wichtigste Krankheiten sind hier für Mitteleuropa die **Frühsommer-Meningoencephalitis** (FSME, Erreger ist ein Virus) und die **Borreliose** (Erreger sind Spirochäten (Bakterien) der Gattung *Borrelia*) zu nennen.

Abb. 35.42 Zecken sind ein Beispiel für temporäre Ektoparasiten

Maß an **Schädigung** verbunden (Abb. 35.40). Neben dem Entzug von Nährstoffen zählen hierzu vor allem physiologische Beeinträchtigungen (z. B. Modulation der Hormonregulation des Wirtes), die Abgabe toxischer Substanzen, morphologische Schäden und Verhaltensänderungen.

Bei Parasiten, die in ihrem Lebenszyklus auf mehrere Wirte angewiesen sind (**heteroxene Parasiten**), werden vor allem die **Zwischenwirte** geschädigt (Abb. 35.41). Zur Wirkung und Bedeutung der meisten Parasiten wissen wir bisher sehr wenig, die bekanntesten Parasiten von Mensch und Haustieren sind hingegen relativ gut erforscht.

Da Parasiten, wie erwähnt, auf oder innerhalb ihrer Wirte leben, von denen sie ihre Nährstoffe erlangen, unterscheidet man entsprechend zwischen Ektoparasiten und Endoparasiten. **Ektoparasiten** können stationär oder temporär ihre Wirte aufsuchen (Abb. 35.42). Kopfläuse als Beispiel für stationäre Parasiten verlassen ihren Wirt nicht, und wenn sie versehentlich abgestreift werden (sollten), können sie ohne Blutmahlzeit maximal einen Tag überleben. Entsprechend erfolgt die Übertragung ausschließlich über unmittelbaren Kopfkontakt mit einer Person, die Kopfläuse beherbergt, und nahezu gar nicht über Mützen oder gemeinschaftlich genutzte textile Oberflächen (Sitzgarnituren etc.). Die zahlenmäßig bedeutendsten temporären Ektoparasiten sind blutsaugende Stechmücken, die oftmals gleichzeitig als Vektoren weiterer Pathogene oder Parasiten fungieren können, welche zu schwerwiegenden Erkrankungen führen (z. B. Dengue-Fieber, Malaria). Aber auch einige Arten der Hirudinea (Egel) wie der Medizinische Blutegel (*Hirudo medicinalis*; ► Abschn. 30.12) können zur Gruppe der temporären Ektoparasiten gezählt werden.

Endoparasiten leben als **Makroparasiten** (z. B. Trematoda, Cestoda, Acanthocephala, Nematoda etc.) innerhalb ihrer Wirte in verschiedensten Geweben, Organen oder Hohlräumen oder als **Mikroparasiten** (Excavata, Apicomplexa, Ciliata etc.), oftmals intrazellulär (z. B. Apicomplexa; ► Abschn. 33.16). Einige der wichtigsten Humanparasiten sind in Tab. 35.3 aufgeführt. Obwohl die Zusammenstellung aktueller Befallszahlen des Menschen durchaus mit Fehlern behaftet sein kann, sind die Größenordnungen relativ verlässlich. Als weltweit häufigste Parasiten mit mehr als 1 Mrd. infizierter Menschen gelten *Toxoplasma gondii* (Apicomplexa) sowie Spulwürmer der Gattung *Ascaris* (v. a. *A. lumbricoides* und *A. suum*). Zahlen zu den Todesfällen liegen nur für einige Parasitenarten vor.

Tab. 35.3 Übersicht über die wichtigsten humanpathogenen Endoparasiten

Parasitenart	Krankheit/Parasiten	Infizierte (in Mio.)	Vorkommen	Todesfälle pro Jahr
Leishmania spp.	viscerale und cutane Leishmaniose	0,7–1,5	Naher u. Mittlerer Osten, Asien, Afrika, Südeuropa	14.500
Giardia lamblia	Giardiasis	700	weltweit	
Trichomonas vaginalis	Trichomoniasis	170	weltweit	
Plasmodium ssp.	Malaria	> 200	Afrika, Asien, Zentral- und Südamerika	500.000
Toxoplasma gondii	Toxoplasmose	> 1.500	weltweit	
Clonorchis sinensis	Leberegel	20–30	Ostasien	
Schistosoma spp.	Schistosomiasis, Bilharziose	> 220	Afrika, Asien, Südamerika	24.000
Ancylostoma duodenale, Necator americanus	Hakenwürmer	900	Tropen, Subtropen	60.000
Trichuris trichiura	Peitschenwürmer	750	Tropen, Subtropen	
Ascaris spp.	Spulwürmer	800–1.200	weltweit	6.000
Enterobius vermicularis	Enterobiasis (Kindermadenwurm)	500	weltweit, häufig Europa und Asien	
Loa loa, Onchocerca volvulus, Wuchereria bancrofti, Brugia malayi u. a.	Filariose	100–200	Tropen	

35.12 Die molekularen Mechanismen der Interaktionen parasitischer Pilze mit Pflanzen sind mehrfach unabhängig voneinander entstanden

Parasitismus ist eine äußerst erfolgreiche Lebensweise, und ein großer Teil der Organismen durchläuft zu irgendeinem Zeitpunkt des Lebenszyklus eine parasitäre Phase (▶ Abschn. 35.11). Auch viele Pilze sind parasitisch, wobei sie vor allem Pflanzen befallen und einige der verheerendsten landwirtschaftlich relevanten **Pflanzenkrankheiten** verursachen. Die parasitische Lebensform ist dabei so erfolgreich, dass pflanzenparasitische Pilze in nahezu allen Pilzgruppen entstanden sind (◘ Abb. 35.43). Einige bekannte Gruppen sind **Echte Mehltaupilze** (Erysiphales, Ascomycota), **Falsche Mehltaupilze** (Peronosporales, Stramenopiles), **Brandpilze** (Ustilaginomycotina, Basidiomycota) und **Rostpilze** (Pucciniales, Basidiomycota). **Pilzparasitismus an Tieren**, inklusive des Menschen, ist noch von relativ geringer Bedeutung. Jedoch hat die Zahl von Pilzerkrankungen tierischer Organismen vor allem aufgrund anthropogener Umweltveränderungen in den letzten Jahrzenten stark zugenommen (s. ***Batrachochytrium***, ▶ Abschn. 32.3).

Durch die Anpassung an unterschiedliche Wirte entwickelte sich im Laufe der Evolution eine hohe Artenzahl parasitischer Pilze, welche meist eine hohe **Wirtsspezifität** aufweisen. Nahm man früher an, dass vor allem **Cospeziation** von Wirts- und Parasitenart eine wichtige Rolle bei der Entstehung der Diversität spielten, geht man heutzutage davon aus, dass hauptsächlich **Wirtssprünge** auf neue Wirte zur heutigen Artenvielfalt geführt

Pflanzenparasitische Pilze haben sich in allen Großgruppen der Pilze entwickelt. Pflanzenparasiten, die Pflanzen einmal infizieren und dann in diesen dauerhaft vorkommen, um ihre **Sori** (Orte der Sporenbildung) zum Teil über mehrere Jahre zu bilden, bezeichnet man als **systemisch**. Demgegenüber gibt es aber auch viele Arten, die ihre Wirte immer wieder aufs Neue infizieren müssen und ihre Verbreitungsstrukturen nur lokal ausbilden. Beispiele für pflanzenparasitische Basidiomycota sind die Rostpilze und die Brandpilze. Innerhalb der Ascomycota sind die Echten Mehltaupilze oder Rußtaupilze wichtige Beispiele und eine bedeutende Gruppe in den Oomycota sind die Falschen Mehltaupilze.

Die größte monophyletische Gruppe pflanzenparasitischer Pilze bilden mit über 8500 Arten die **Rostpilze** innerhalb der Pucciniomycotina (Foto: *Trachyspora intrusa*).

Eine weitere bekannte Gruppe sind die **Brandpilze** innerhalb der Ustilaginomycotina.

Die durch *Exobasidium rhododendri* befallenen Triebe von Rhododendronarten sind oft blasig aufgetrieben („Alpenrosenapfel").

Schizonella melanogramma befällt die Polstersegge, die Sporenmassen sind als kurze schwarze Streifen auf den Blättern sichtbar.

Auch innerhalb der Ascomycota gibt es viel bekannte Pflanzenparasiten, darunter die **Echten Mehltaupilze** oder das **Mutterkorn** (Foto: Purpurbrauner Mutterkornpilz, *Claviceps purpurea*; Pezizomycotina).

◘ **Abb. 35.43** Beispiele pflanzenparasitischer Pilze

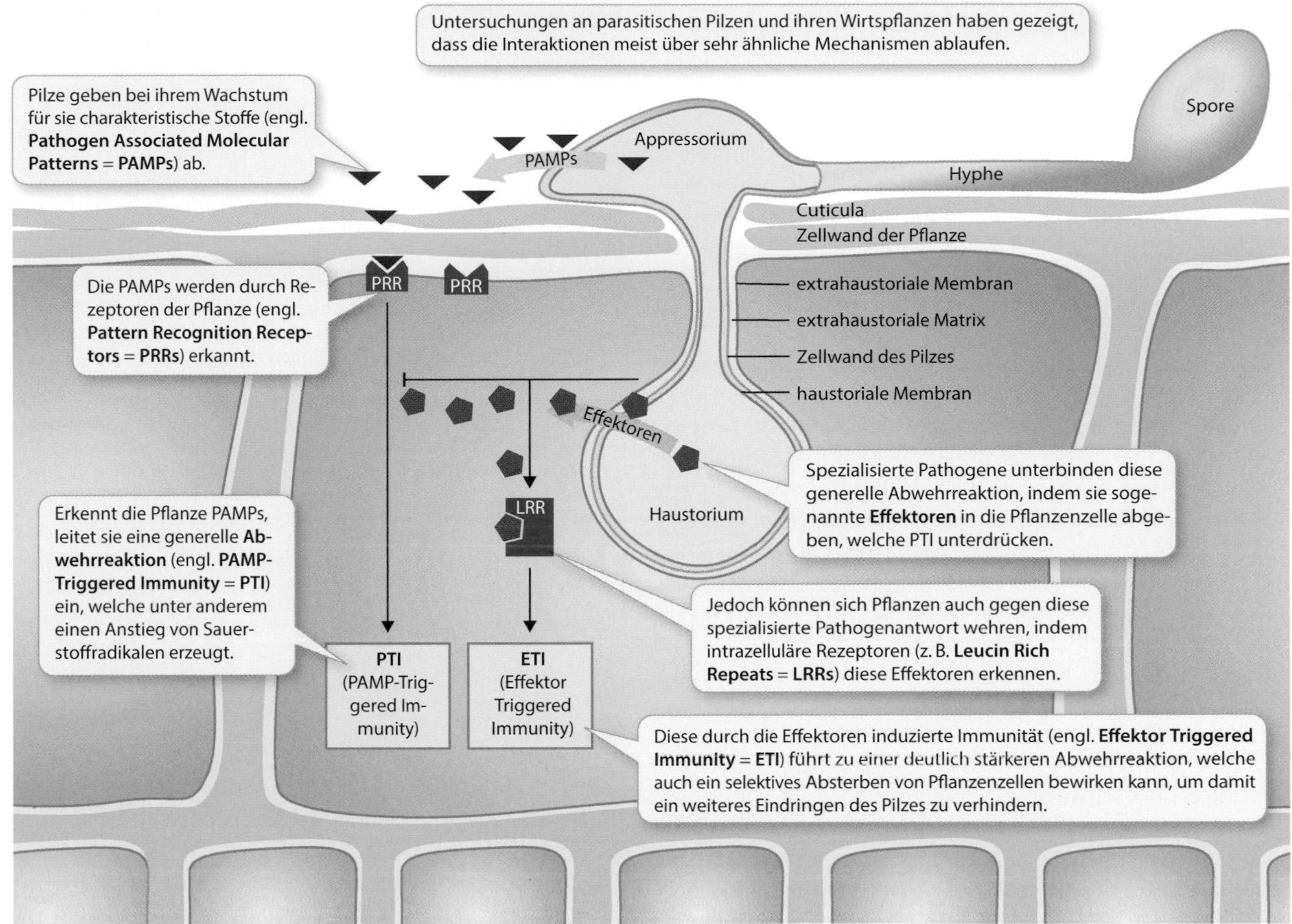

Abb. 35.44 Schematische Darstellung der Interaktion von pflanzenparasitischen Pilzen und ihren Wirten

haben. Zu erforschen, welche Mechanismen genau die Wirtsspezifität von parasitischen Pilzen beeinflussen, ist dabei aktueller denn je. Durch den globalen Handel mit lebenden Pflanzen und Tieren sowie Produkten aus diesen werden immer wieder unabsichtlich parasitische Pilze in neue Habitate verschleppt und können gravierende Folgen für die dort heimische Fauna und Flora haben.

Obwohl Parasitismus in vielen pilzlichen Evolutionslinien entstanden ist, beruht die Interaktion mit den Wirten häufig auf ähnlichen molekularen Mechanismen, und auch die morphologischen Interaktionsstrukturen sind sich zum Teil sehr ähnlich (Abb. 35.44). Vor dem Nährstoffaustausch müssen die Pilze in ihre Wirte einwachsen, was entweder durch die Spaltöffnungen der Blätter oder über die Abschlussgewebe von Blättern, Sprossachsen und Wurzeln geschieht. Das Eindringen über Epidermis oder Rhizodermis wird dabei meist durch ein **Appressorium** bewerkstelligt, welches es dem Pilz mithilfe von Überdruck und/oder lytischen Enzymen ermöglicht, in den Wirt zu gelangen. Einmal eingedrungen, durchwachsen viele Parasiten ihren Wirt mit **inter-** oder **intrazellulärem Mycel** und bilden häufig **Haustorien** in der Wirtszelle, über welche sie mit dem Wirt interagieren und diesem Nährstoffe entziehen. Dabei verschmelzen die Zellen von Wirt und Parasit jedoch nie und sind durch die pilzliche **haustoriale Membran** und Zellwand, die **extrahaustoriale Matrix** sowie die von der Pflanze gebildete **extrahaustoriale Membran** voneinander abgegrenzt (▶ Abschn. 23.2). Durch Coevolution haben die Wirte ein komplexes Abwehrsystem entwickelt, um sich vor Parasiten zu schützen, wohingegen die Pilze ein Arsenal von Botenstoffen entwickelten, um diese Wirtsabwehr zu überwinden (Abb. 35.44; ▶ Abschn. 22.7).

35.13 Individuen einer Art können kooperieren und in einem Verband leben

Viele Tierarten leben zeitweilig oder dauerhaft in mehr oder weniger großen Gruppen zusammen. Man redet dann von **sozialen** Tierarten im Gegensatz zu den eher als Einzelindividuen auftretenden, **solitären** Arten. Bei den in Vergesellschaftung oder in Gruppen aus Individuen derselben Art langfristig zusammenlebenden Organismen bildet sich eine **Sozialstruktur** aus, in der die einzelnen Individuen bestimmte Positionen einnehmen.

Als am stärksten organisierte und strukturierte Verbände gelten **Tierstaaten**, die aus miteinander verwandten Individuen bestehen (◘ Abb. 35.45). Sie zeichnen sich durch eine **Arbeitsteilung** der Individuen aus, die sich je nach Kastenzugehörigkeit auch morphologisch und physiologisch unterscheiden. Solche Tierstaaten kennt man hauptsächlich bei Insekten, vor allem bei Termiten, Ameisen, Wespen und Bienen (▶ Abschn. 27.7). Innerhalb der Säugetiere weisen einzig einige Arten der Mulle ein **eusoziales Verhalten** auf (▶ Abschn. 27.7), während andere Mullarten als Einzelgänger leben. Auch bei Bienen und Wespen gibt es alle Übergänge von solitärer zu staatenbildender Lebensweise.

35

Neben sehr strikt organsierten Verbänden wie Tierstaaten können sich Individuen beispielsweise auch zu **Rudeln**, **Herden**, **Kolonien** und **Schwärmen** zusammenfinden (◘ Abb. 35.46). Die Charakteristika des Zusammenlebens können je nach Form des Verbands sehr unterschiedlich sein. So gibt es offene und geschlossene Verbände ebenso wie anonyme und individualisierte Gruppen. Gemeinsam ist allen Verbänden jedoch, dass die Gruppenmitglieder miteinander **kooperieren** und sich hieraus für die Individuen Vorteile ergeben.

Daneben gibt es auch das gleichzeitige Vorkommen von Individuen einer Art an einem Ort, ohne dass die Tiere miteinander kooperieren oder in sozialen Beziehungen zueinander stehen. In diesem Fall spricht man von **Aggregationen**, die zufällig oder durch äußere Umstände bedingt auftreten. Häufig führen spezielle Umweltbedingungen zum Zustandekommen von Aggregationen, wie das Vorhandensein von Wasserstellen bei Trockenheit, optimales Futterangebot an einem Ort oder vergleichbare Faktoren.

Das Leben in Gemeinschaft hat für die beteiligten Individuen eine Reihe von **Vorteilen**. So wacht und warnt zwar jedes Einzeltier vor Feinden und Gefahren, Flucht und Verteidigung erfolgen aber im Gruppenverband. Hierbei sind die Laute vieler Individuen für Räuber abschreckender als die einzelner Tiere, gleichzeitig wird es für Feinde sehr schwierig, aus einer Gruppe einzelne Organismen zu identifizieren und zu verfolgen. Häufig wird zudem der Nachwuchs gemeinsam aufgezogen, sodass die Nachkommen voneinander lernen können. Auch Aspekte wie gegenseitige Fellpflege (z. B. bei Affen), Temperaturregulation (z. B. bei Pinguinen) oder Arbeitsteilung (z. B. bei Ameisen) bringen allen beteiligten Tieren Vorteile und sind somit nicht nur für das Individuum, sondern auch für den Erhalt der Art von Vorteil. Daneben sind aber auch **Nachteile** mit dem Gruppenleben verbunden. So gibt es meist eine deutliche intraspezifische Konkurrenz, z. B. um Nahrung, Nist- und Schlafplätze oder Sexualpartner. Schwächere Tiere sind hier deutlich benachteiligt. Auch Pathogene können sich innerhalb von Sozialverbänden schneller verbreiten als bei solitär lebenden Arten.

Die **Honigbiene** (*Apis mellifera*), lebt in einem **Staat**, der bis zu 60.000 Tiere umfassen kann. Neben der **Königin** besteht der Staat meist nur aus unfruchtbaren Weibchen, den **Arbeiterinnen**, die Nahrung sammeln und die Larven aufziehen. Erst ab dem Frühsommer erscheinen männliche Bienen (**Drohnen**), die aus unbefruchteten Eiern der Königin entstehen. Spezielle Fütterung und eine besondere Wabenform bestimmen, ob sich aus einem befruchteten Ei eine Königin oder Arbeiterin entwickelt. Ab einer gewissen Größe teilt sich das Bienenvolk, indem etwa die Hälfte des Volkes mit der alten Königin ausschwärmt und eine neue Kolonie gründet, bevor die erste neue Königin schlüpft.

Hornissen (*Vespa crabro*) bauen ihre Nester gerne in Hohlräumen, nutzen aber auch Vogelnistkästen oder Dachböden. Die Königin beginnt allein mit dem Nestbau, bis ihr nach einem bis zwei Monaten die ersten Arbeiterinnen helfen. Danach fliegt die Königin selbst nicht mehr aus und konzentriert sich ausschließlich darauf, Eier zu legen. Nur die Arbeiterinnen bauen an dem Nest weiter.

Ansells Graumulle (*Fukomys anselli*) leben unterirdisch und sozial in **Kolonien** mit bis zu 25 Individuen und normalerweise einem reproduktiven Paar. Dessen Nachkommen pflanzen sich nicht miteinander fort, um Inzucht zu vermeiden, helfen aber bei der Nestpflege und Nahrungssuche.

◘ **Abb. 35.45** Tierstaaten sind strikt organisierte Sozialgefüge

Eine **Herde** bezeichnet das Zusammenleben von meist großen, pflanzenfressenden Tieren wie Säugetieren und Laufvögeln. Die Größe der Herde kann von wenigen Tieren bis zu vielen Tausenden reichen, entsprechend finden sich **sowohl anonyme als auch individualisierte Sozialverbände**, bei denen die Tiere miteinander vertraut sind. Kleinere Herden können hierarchisch mit einem **Leit- oder Alphatier** organisiert sein oder ohne ein (permanent) führendes Tier.

Herden des **Afrikanischen Büffels** (*Syncerus caffer*) bestehen aus miteinander verwandten Kühen mit Jungtieren und gelegentlich Bullen. Es gibt auch Gruppen männlicher Tiere. Die Herden verändern sich in ihrer Zusammensetzung durch Aufspalten und Wiedervereinen.

Auch **Pferde** sind Herdentiere mit einem Leittier, das meist eine erfahrene Stute ist. Sie führt die Herde zu Futter- und Wasserstellen und gibt auf der Flucht Richtung und Tempo vor. Die Herde der Dülmener Wildpferde ist in Familienverbände aufgeteilt, die jeweils von einer Leitstute geführt werden.

Im Gegensatz zur Herde bezeichnet man ein Sozialgefüge von Räubern als **Rudel**. Hierbei handelt es sich um eine geschlossene Gruppe mit einer klaren Rangordnung. Ein Löwenrudel besteht aus mehreren untereinander verwandten Weibchen und ihren Nachkommen sowie einigen Männchen. Die Größe des Rudels liegt bei drei bis 30 Individuen. Junge Männchen müssen nach Erreichen der Geschlechtsreife das Rudel verlassen und schließen sich mit anderen jungen Männchen zusammen. Um ein eigenes Rudel zu erobern, werden alte Revierbesitzer im Kampf geschlagen und vertrieben. Nach der Übernahme des Rudels töten die neuen Rudelführer oft den Nachwuchs der Vorgänger (Infantizid), um sich schneller selbst mit den Weibchen paaren zu können. Weibliche Tiere verbleiben lebenslang in einem Rudel, während die dominanten Männchen durchschnittlich alle zwei bis drei Jahre wechseln. Neben den in Afrika anzutreffenden Rudeln von Löwen, Hyänen und Wildhunden ist auch der in Europa wieder heimisch werdende Wolf ein typisches Rudeltier.

Ein Rudel **Löwen** (*Panthera leo*) ruht unter Bäumen. Die Löwinnen werden von mehreren außerhalb des Bild befindlichen Männchen begleitet.

Bei **Vögeln** finden sich vor allem zwei Formen des Zusammenlebens, einerseits in **Kolonien**, die hauptsächlich zum Brüten genutzt werden, andererseits aber auch bei der Bildung von **Schwärmen**. Viele Vögel wie Stare oder Watvögel fliegen in Schwärmen mit Tausenden Individuen. Neben dem Sammeln für den Vogelzug oder der Nahrungssuche dient die Schwarmbildung der Sicherheit, um Angriffen von Beutegreifern zu entgehen. Einen dauerhaften „Leitvogel" gibt es nicht, vielmehr wechseln sich die Flugpositionen im Schwarm ständig ab.

Die **Trottellumme** (*Uria aalge*) bezieht ihre Brutplätze auf steilen Felsklippen. Nur zur Brutzeit sucht sie das Land auf, ansonsten ist sie ein reiner Meeresvogel, der auf Tauchen spezialisiert ist. Sie schwimmt unter Wasser mithilfe ihrer Flügel und erbeutet hierbei kleine Fische.

Nistende **Basstölpel** (*Morus bassanus*) in einer Felsenkolonie auf Helgoland. Mehrere Tausend Individuen ziehen hier gemeinsam ihre Nachkommen auf. Für den Nestbau verwenden die Basstölpel auch Plastik (blaue und orange Strukturen), was mit erheblichen Gefahren für sie verbunden ist.

Der **Alpenstrandläufer** (*Calidris alpina*) bildet riesige Schwärme, wenn er im Frühjahr und Herbst auf seiner Reise zwischen seinen Überwinterungsgebieten in Frankreich und Mauretanien und seinem Brutgebiet in der nördlichen Tundra im Wattenmeer auftaucht.

Abb. 35.46 Sozialverbände bei Säugetieren und Vögeln

35.14 Die Blume ist die bestäubungsbiologische Einheit der Blütenpflanzen

Die Beziehung zwischen Blütenpflanzen und blütenbestäubenden Tieren entwickelte sich bereits im Mesozoikum (▶ Abschn. 29.10). Sowohl bei den beteiligten Tier- als auch bei den beteiligten Pflanzengruppen haben sich Anpassungen an die Tierbestäubung zunehmend spezialisiert und zu einer adaptiven Radiation in beiden Organismengruppen beigetragen. Die Diversität beider Organismengruppen und ihre Bedeutung für heutige Ökosysteme sind enorm.

Die **Blüte**, also die der Fortpflanzung dienende morphologische Einheit der Blütenpflanzen (▶ Abschn. 31.16), entspricht häufig auch der bestäubungsbiologischen Einheit, der **Blume** (◼ Abb. 35.47). Blume und Blüte sind aber nicht synonym. Es können sowohl mehrere Blüten zu einer Blume zusammengefasst als auch eine Blüte in mehrere Blumen aufgeteilt sein.

Der Vorteil der **Zoophilie**, also der Bestäubung durch Tiere, liegt für die Pflanzen in der gerichteten gezielten Bestäubung und damit in einer erhöhten Bestäubungswahrscheinlichkeit auch bei einer nur kleinen Pollenmenge. Für die Bestäuber liegt der Vorteil in der durch die Pflanzen angebotenen Nahrung, insbesondere in Form von Nektar. Der eiweißreiche Pollen wird zwar ebenfalls häufig als Nahrung von den Tieren genutzt, ist für die Pflanzen jedoch deutlich aufwendiger zu produzieren als der vorwiegend aus Kohlenhydraten und Wasser bestehende Nektar. Für die Evolution der Zoophilie war das Angebot von Nektar im Bereich der Blüte als Ersatznahrung daher ein zentraler Aspekt. Die wichtigsten Zucker im Nektar sind Saccharose, Fructose und Glucose. Der Gesamtgehalt an Zuckern schwankt von 5–20 % bei Vogelblumen bis zu 30–40 % bei den meisten Bienenblumen, kann aber bei einzelnen Arten wie der Rosskastanie (*Aesculus hippocastanum*) oder bei Oregano (*Origanum vulgare*) bis zu etwa 75 % erreichen. Der niedrige Zuckeranteil bei Vogelblumen erklärt sich dadurch, dass diese den aufgenommenen Zucker nur für den eigenen Metabolismus verwenden, während Bienen den Großteil des aufgenommenen Zuckers für die Aufzucht der Brut benötigen.

Anemophile, also windbestäubte, Pflanzen erhöhen die Bestäubungswahrscheinlichkeit, indem sie einen durch Zucker klebrigen Bestäubungstropfen im Bereich der Narbe ausscheiden (▶ Abschn. 14.7). Gelangt ein Pollenkorn auf diesen Tropfen, wird dieser wieder von der Pflanze absorbiert und es kommt zur Bestäubung. Vermutlich war die Erschließung solcher Bestäubungstropfen und eine damit einhergehende zunächst zufällige Bestäubung durch Tiere ein Ausgangspunkt für die Coevolution (▶ Abschn. 27.8, 29.10) zwischen Blüten und ihren Bestäubern (◼ Abb. 35.48).

Die gerichtete Bestäubung durch Tiere ist insbesondere bei Pflanzen, die eher vereinzelt stehen, effektiv. Die **Blütenstetigkeit** der Bestäuber, also das bevorzugte Anfliegen derselben Blütenarten (◼ Abb. 35.49), erhöht die Effizienz der Tierbestäubung zusätzlich. Für in dichten Beständen wachsende Pflanzenarten kann dagegen die Windbestäubung effektiver sein (◼ Abb. 35.48). Viele primär windblütige Arten wie Nadelbäume und sekundär windblütige Arten wie Gräser bilden daher meist individuenreiche, dichte Bestände.

viele Blüten – eine Blume

eine Blüte – viele Blumen

Die Begriffe Blüte und Blume werden oft synonym gebraucht, sind aber unterschiedlich definiert.

Die **Blüte** ist die morphologische Einheit der an einem Kurzspross im Dienste der geschlechtlichen Fortpflanzung stehenden Organe.

Als **Blume** bezeichnet man dagegen die bestäubungsbiologische Einheit. In vielen Fällen entspricht eine Blüte einer Blume.

Es können aber auch viele Blüten in einem Blütenstand als eine Blume fungieren, wie bei den meisten Asteraceen (oben). Umgekehrt kann auch eine Blüte mehrere bestäubungsbiologische Einheiten (Blumen) bilden (unten: die Blüte der *Iris* bildet drei Blumen).

◼ **Abb. 35.47** Die Blüte als morphologische Einheit entspricht nicht unbedingt der Blume als bestäubungsbiologischer Einheit

Die Beziehung zwischen Pflanzen und blütenbestäubenden Insekten hat sich vermutlich aus einer Nahrungsbeziehung zwischen Insekten und den Blüten anemophiler (windblütiger) Nacktsamer entwickelt. Viele windblütige Pflanzen bilden an der Narbe einen **Bestäubungstropfen.** Durch diesen Tropfen wird die Oberfläche der Narbe vergrößert und damit die Wahrscheinlichkeit einer Befruchtung erhöht. Durch gelöste Zucker ist der Bestäubungstropfen klebrig und hält damit Pollen effizient zurück. Insekten haben diese zuckerhaltigen Tropfen als Nahrungsquelle erschlossen und gezielt diese Blüten angeflogen.

Die meisten heutigen Blütenpflanzen werden durch Tiere bestäubt (**Zoophilie**). Die Morphologie der Blüten ist teilweise hoch spezialisiert auf die Morphologie bestimmter Bestäubergruppen abgestimmt.

Einige Pflanzengruppen sind sekundär wieder zur **Anemophilie** (Windblütigkeit) zurückgekehrt. Windblütigkeit kann vor allem bei Arten, die große, dichte Populationen bilden, vorteilhaft sein. Eine weltweit verbreitete und erfolgreiche sekundär windblütige Pflanzengruppe sind die Gräser (hier Blütenstand von Mais, *Zea mays*).

◼ **Abb. 35.48** Evolution der Zoophilie und Bedeutung von Zoophilie und Anemophilie

Die Blume, also die bestäubungsbiologische Einheit der Blütenpflanzen, lässt morphologisch und farblich, aber auch in Bezug auf Blütendüfte und die angebotene Nahrung, Rückschlüsse auf die Bestäubergruppe zu. Entsprechend unterscheidet man zwischen **ökologischen Blumentypen**, die auf die Bestäubung durch verschiedene Bestäubergruppen spezialisiert sind (◘ Abb. 35.50).

Die Blüten der meisten Blütenpflanzen sind zwittrig, tragen also sowohl männliche als auch weibliche Fortpflanzungsorgane (► Abschn. 31.16), und könnten sich im Prinzip selbst bestäuben. Da eine **Fremdbestäubung** aber aus Sicht der genetischen Rekombination gegenüber der **Selbstbestäubung** vorteilhaft ist, finden sich viele Mechanismen, um eine Selbstbestäubung zu verhindern oder zumindest zu erschweren (◘ Abb. 35.51).

Viele Insekten bevorzugen Blüten, auf denen ihnen viel Nahrung, in der Regel Pollen oder Nektar, geboten wurde. Sie fliegen daher gezielt dieselben Pflanzenarten an. Dieses Verhalten, die **Blütenstetigkeit**, erhöht umgekehrt für die Pflanzen die Wahrscheinlichkeit einer erfolgreichen Bestäubung.

◘ **Abb. 35.49** Blütenstetigkeit

Es lassen sich **ökologische Blumentypen** unterscheiden. Diese Blumentypen beziehen sich auf bestäubungsbiologisch wichtige Merkmalskombinationen, die nicht unbedingt mit den morhologischen Gestalttypen der Blüten übereinstimmen. Bestimmte Blüten werden (vorwiegend) von bestimmten Tiergruppen bestäubt und weisen an diese Tiere angepasste Merkmalskombinationen auf. Als Beispiel sind hier typische Merkmalskombinationen für Bienenblumen, Nachtfalterblumen und Vogelblumen angeführt.

Bienenblumen sind meist gelb oder blau und besitzen zudem oft Farbmale im UV-Bereich. Für uns rot erscheinende Blüten weisen oft eine Färbung im UV-Bereich auf. Ein Beispiel ist der Klatschmohn, der für Menschen rot, für die Bienen aber blauviolett aussieht. Bienenblumen bieten meist Pollen und Nektar als Nahrung und duften häufig honigartig süß.

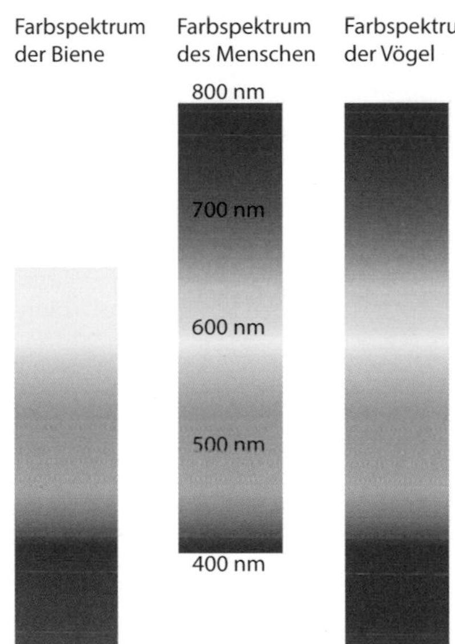

Vogelblumen sind kräftig gebaute Röhren- oder Rachenblumen. Sie sind meist kräftig rot oder in stark kontrastierenden „Papageienfarben" (blau, gelb, rot, seltener auch grün) gefärbt. Duft fehlt oder ist schwach ausgeprägt. Der Nektar ist meist tief geborgen und sehr wasserhaltig, da die Vögel oft auch ihren Wasserbedarf über den Nektar decken.

Nachtfalterblumen duften meist sehr stark süßlich. Die Färbung spielt eine untergeordnete Rolle, oft sind die Blüten weiß oder weißlich; Farbmale fehlen. Nachtfalterblumen bieten einen zuckerreichen Nektar, der in Röhrenblüten sehr tief geborgen ist.

◘ **Abb. 35.50** Ökologische Blumentypen am Beispiel der Bienenblumen, Vogelblumen und Nachtfalterblumen

Viele Blüten sind zwittrig, besitzen also Staubblätter und Fruchtblätter. Diese Blüten könnten sich selbst bestäuben, aus Gründen der Rekombination ist aber eine **Fremdbestäubung**, also die Bestäubung durch Pollen anderer Pflanzen, vorteilhaft. Bei zwittrigen Blüten finden sich verschiedene Anpassungen, um eine **Selbstbestäubung** zu erschweren oder ganz zu verhindern.

Oberflächenproteine der Pollenkörner können auf der Narbe den Ursprung des Pollenkorns von Blüten derselben Pflanze oder von anderen Individuen signalisieren. So kann das Auskeimen von Pollenkörnern auf der Narbe von Blüten derselben Pflanze unterdrückt werden. Diesen Mechanismus bezeichnet man als **Inkompatibiltät**.

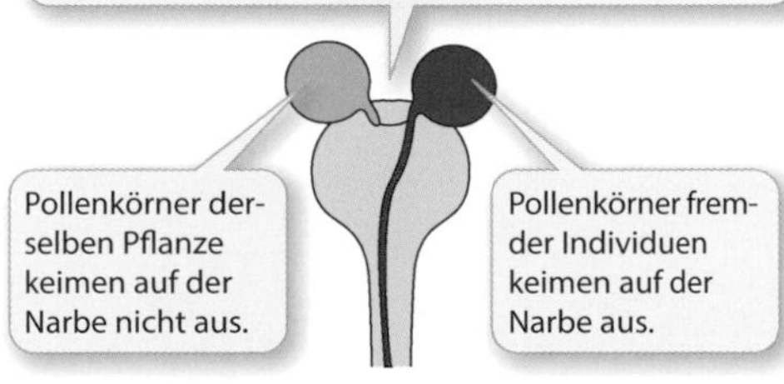

Pollenkörner derselben Pflanze keimen auf der Narbe nicht aus.

Pollenkörner fremder Individuen keimen auf der Narbe aus.

Durch verschiedene Anordnung von Staub- und Fruchtblättern oder durch Reifung der Staub- und Fruchtblätter zu unterschiedlichen Zeiten kann Selbstbestäubung über den Blütenbau und die Blütenentwicklung verhindert werden. Die unterschiedliche Länge der Griffel (und der Staubblätter) verschiedener Blüten bezeichnet man als **Heterostylie**. Dargestellt ist hier die Distylie der Schlüsselblume (*Primula vulgaris*). Allgemein wird ein abweichender Blütenbau bei Individuen derselben Art als **Heteromorphie** bezeichnet.

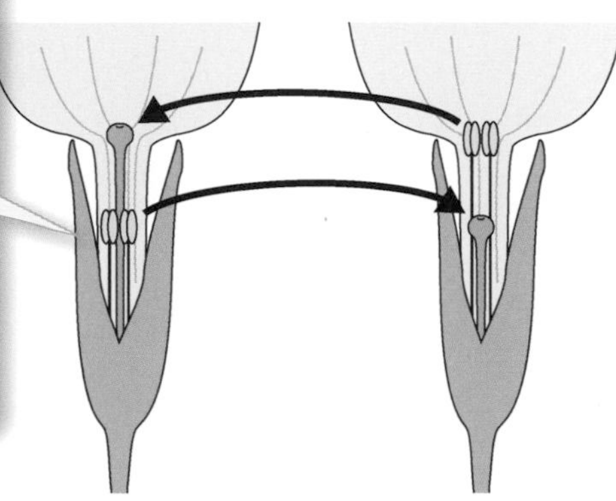

◘ **Abb. 35.51** Mechanismen zur Erschwerung der Selbstbestäubung

35

35.15 Verschiedene Formen der Mykorrhiza bilden die Grundlage unserer terrestrischen Ökosysteme

Die Evolution und damit die heutige Diversität der Pilze und Pflanzen ist nur aufgrund der engen Wechselbeziehung dieser beiden Eukaryotengruppen zu verstehen. Eine der wichtigsten Assoziationen in terrestrischen Ökosystemen ist die **Mykorrhiza** („Pilzwurzel"), eine **mutualistische Symbiose** zwischen den Wurzeln von Pflanzen und bodenbewohnenden Pilzen. Diese Strategie der Zusammenarbeit ist so erfolgreich, dass sie zwischen vielen Gruppen von Pilzen und Pflanzen unabhängig voneinander entstanden ist und **über 80 % aller Landpflanzen** mykorrhiziert sind. Sie beziehen den Großteil ihrer wachstumslimitierenden Nährstoffe, hauptsächlich N und P, über den Pilzpartner (▶ Abschn. 22.5). Im Gegenzug versorgt die Pflanze den heterotrophen Pilz mit bis zu 20 % ihrer Photosyntheseprodukte. Da Mykorrhizen in nahezu allen terrestrischen Ökosystemen vorkommen (◻ Abb. 35.52), haben sie eine enorme, aber meist wenig beachtete Auswirkung auf Ökosystemfunktionen weltweit. Diese Form der Symbiose ist nicht nur an den Stoffkreisläufen

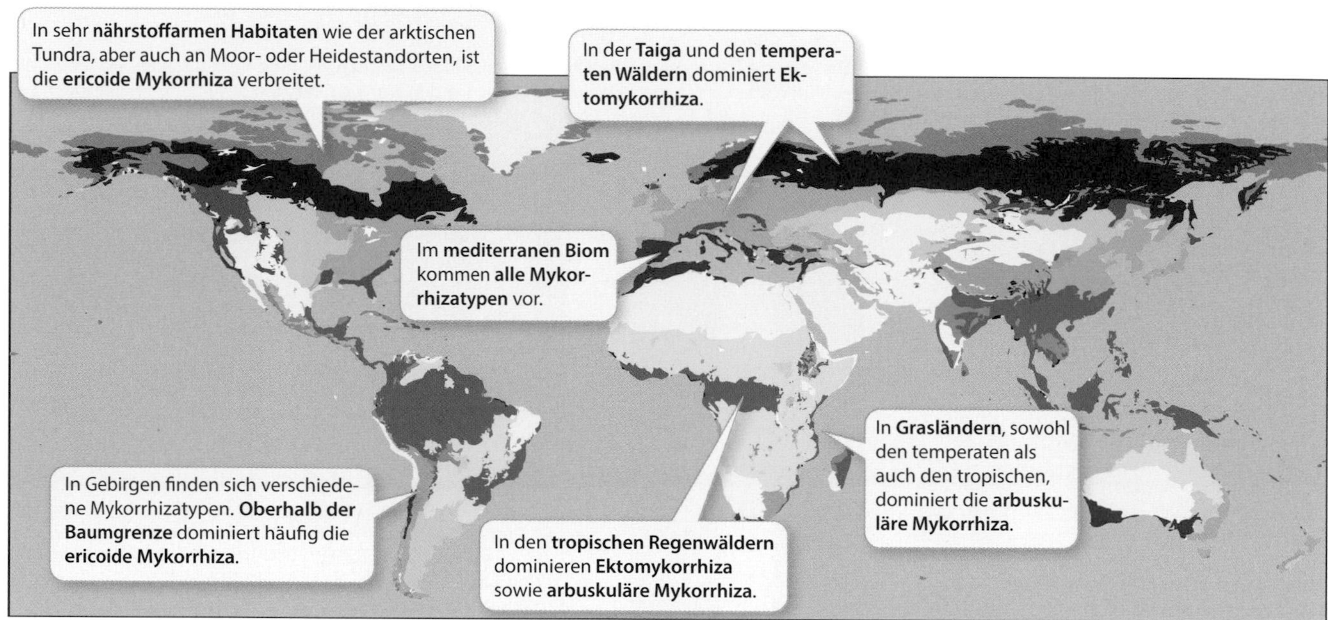

Mykorrhizapilze kommen in allen Ökosystemen mit Pflanzen vor. Doch sind die vorkommenden Arten und **Mykorrhizatypen** sehr unterschiedlich. Bezogen auf die Anzahl der Pflanzenarten sind die arbuskuläre Mykorrhiza (AM) der Glomeromycota und die Orchideenmykorrhiza der Basidiomycota die häufigsten Mykorrhizen. Obwohl die Anzahl der Pflanzen, die eine Ektomykorrhiza (EM) mit meist Agaricomycetidae eingehen, deutlich geringer ist, ist dieser Mykorrhizatyp in den Laubwäldern der gemäßigten Breiten und den borealen Nadelwäldern dominierend. Ein weiterer wichtiger Typ ist die ericoide Mykorrhiza, welche vor allem in den nördlichen Tundra zwischen Ericaceae und meist Helotiales vorkommt.

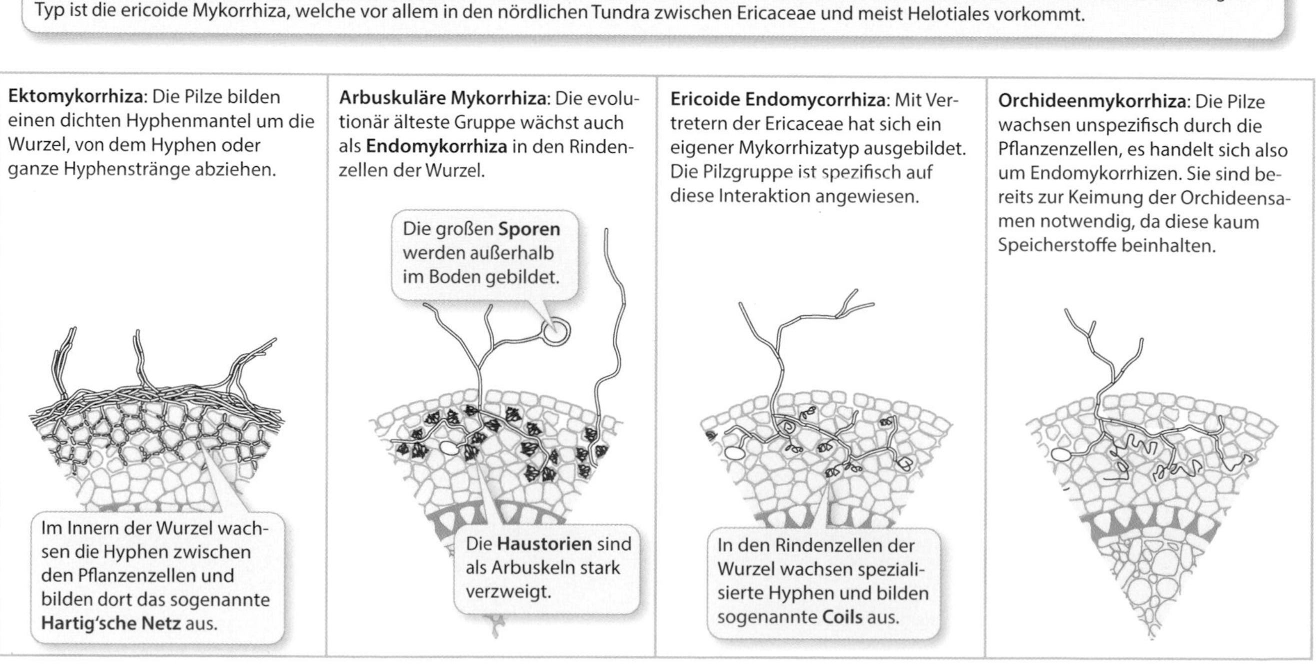

◻ **Abb. 35.52** Mykorrhizatypen und ihre Verbreitung

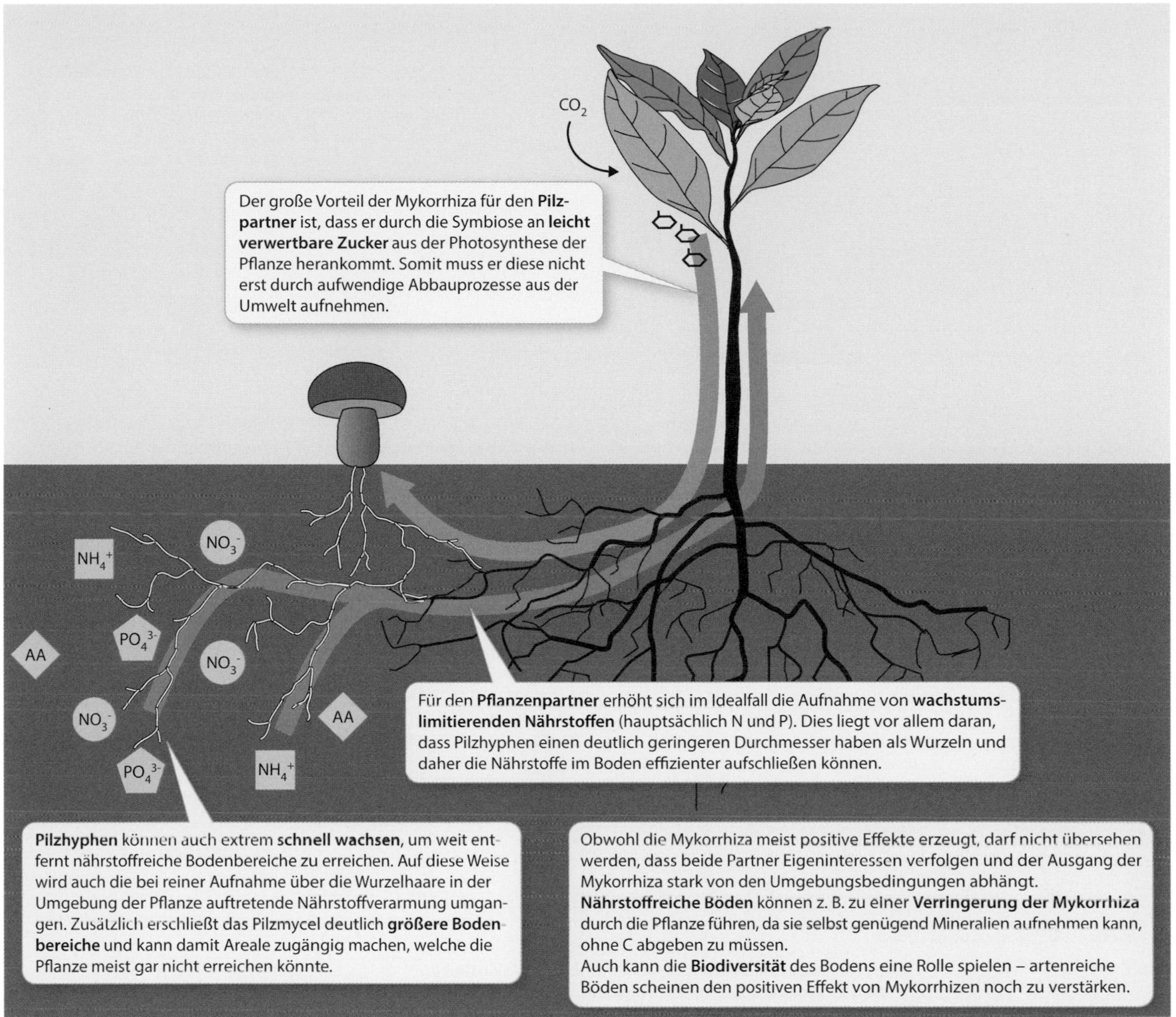

Abb. 35.53 Auswirkungen von AM-Pilzen auf das Pflanzenwachstum

von C, N und P beteiligt, sondern sie beeinflusst auch die Bodenstruktur durch das Einwachsen der Hyphen in den Boden und hat damit z. B. Einfluss auf die Bodenfeuchte. Die Hyphen der Mykorrhizen vernetzen sogar verschiedene Pflanzen innerhalb eines Lebensraums (Stichwort: „Wood Wide Web") und wirken sich dadurch auf die Produktivität und Vielfalt von ganzen Pflanzengemeinschaften aus. Andersherum ist diese Form des Zusammenlebens zwischen Pflanzen und Pilzen so erfolgreich, dass sie auch zur Artenvielfalt der Pilze auf der Erde beigetragen hat. Die Fähigkeit zur Bildung von Mykorrhizen ist **mehrfach unabhängig** voneinander in mehreren Pilzgruppen (z. B. Glomeromycota, Agaricomycetidae, Pezizales) **entstanden**. Schätzungen zufolge sind **zwischen 40.000 und 50.000 Pilzarten** an einer Mykorrhizasymbiose beteiligt.

Die Symbiose zwischen den Wurzeln von Pflanzen und verschiedensten Pilzpartnern beeinflusst die physiologischen Prozesse der beiden Interaktionspartner (Abb. 35.53; ► Abschn. 22.5). Der Pflanzenpartner profitiert von einer verbesserten Nährstoffaufnahme, während der Pilzpartner mit leicht verwertbaren Zuckern der Pflanze versorgt wird (Abb. 35.54). Auch darüber hinaus sind die Vorteile vor allem für die Pflanzen vielfältig. Beispielsweise schirmt **Ektomykorrhiza (EM)** die Pflanzenwurzeln durch den Hyphenmantel vor Wurzelpathogenen ab (Abb. 35.55), wohingegen bei der **arbuskulären Mykorrhiza (AM)** die Pflanzen meist durch indirekte Effekte vor Pathogenen und Herbivoren geschützt werden. Dabei sollte aber nicht übersehen werden, dass beide Partner Eigeninteressen verfolgen und der Ausgang der Mykorrhiza stark von den Umgebungsbedingungen abhängt. Nährstoffreiche Böden können z. B. zu einer Verringerung der Mykorrhiza durch die Pflanze führen, da sie selbst genügend Mineralien aufnehmen kann, ohne C abgeben zu müssen. Auch kann die Biodiversität des Bodens eine Rolle spielen – artenreiche Böden scheinen den positiven Effekt von Mykorrhizen noch zu verstärken.

Als Interaktionstyp zwischen Pilz und Pflanze ist die Mykorrhiza eine sehr fein eingestellte Symbiose, bei deren Entwicklung beide Partner **morphologische Veränderungen** durchlaufen. **Mykorrhizapilze** besitzen im Vergleich zu parasitischen und

35

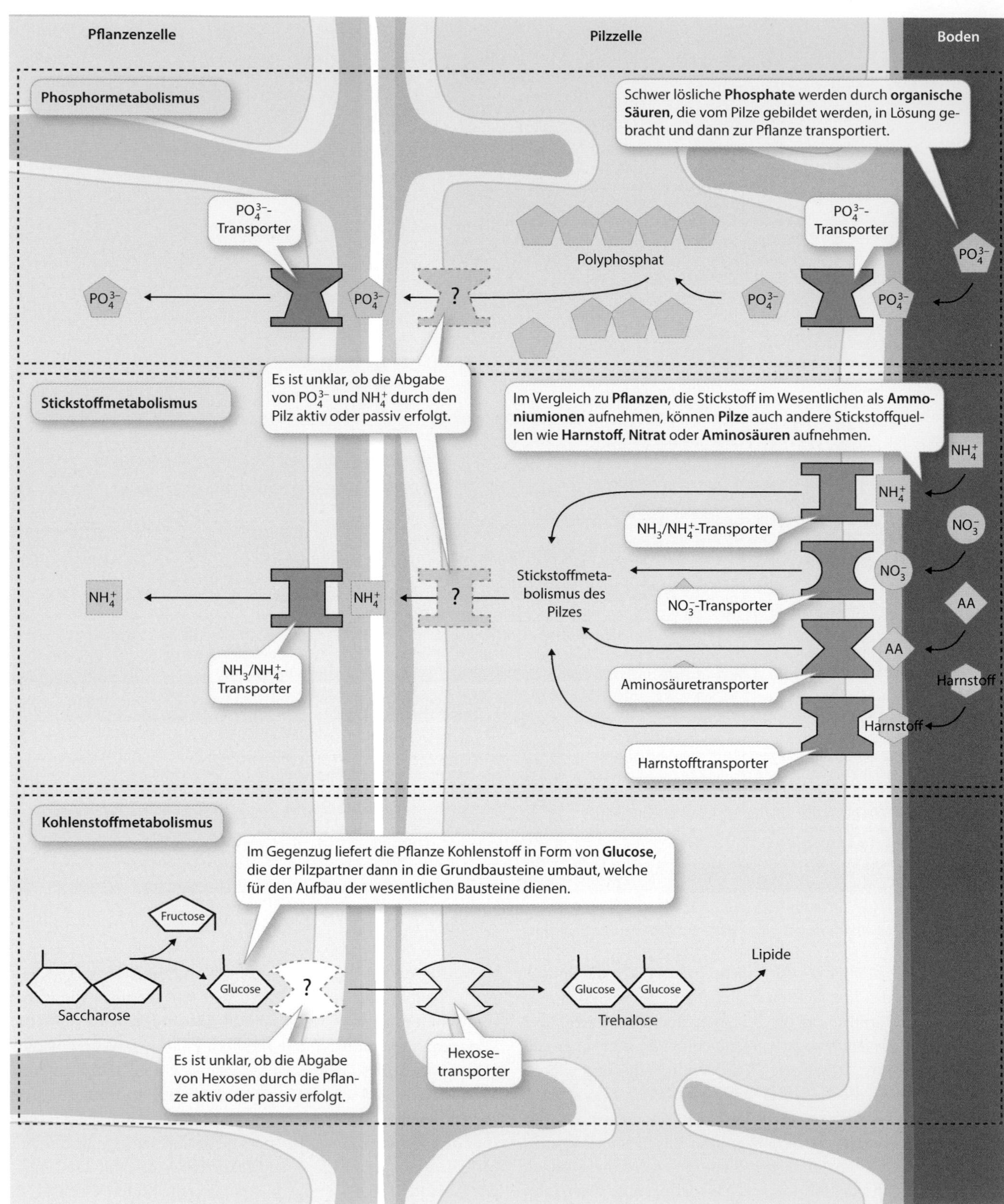

Abb. 35.54 Für die wichtigsten Elemente (P und N) ist inzwischen gut geklärt, wie sie von dem Pilzpartner aufgenommen und an die Pflanze weitergegeben werden

saprotrophen Pilzen meist deutlich **weniger Gene für zellwandabbauende Enzyme**. Diese Enzyme sind wichtig für das Eindringen der Hyphen in den Apoplasten der Rindenzellen und bei EM an der Bildung des Hartig'schen Netzes beteiligt. Während der Etablierung von AM und EM werden auf beiden Seiten Enzyme hochreguliert, die die Zellwände von Pflanze und Pilz modifizieren und so den Stoffaustausch und die Kommunikation während der Interaktion erleichtern. Zur erfolgreichen Etablierung der Mykorrhiza spielt auch die **Regulierung von Pflanzenhormonen** eine entscheidende Rolle. Für EM ist

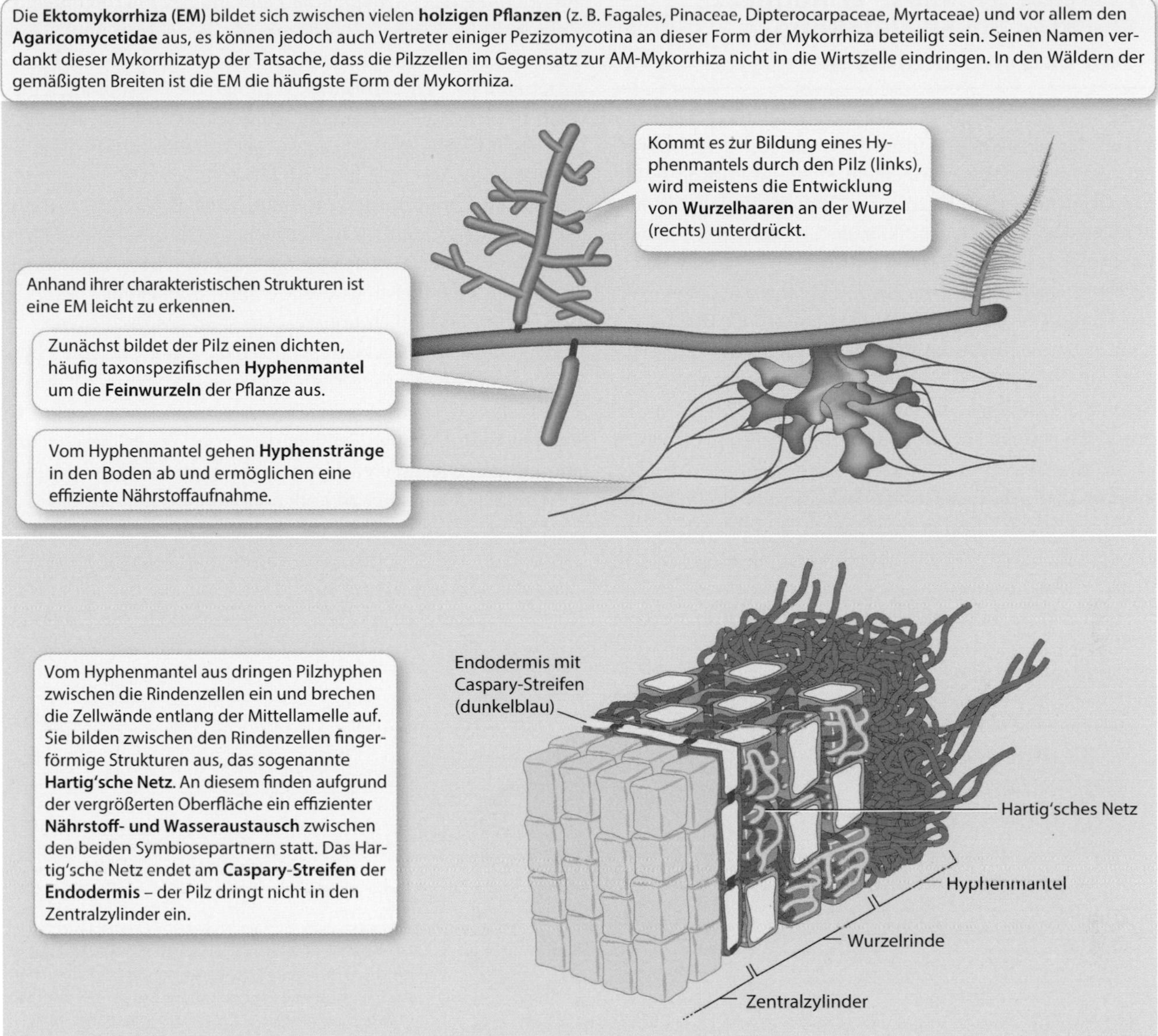

Abb. 35.55 Struktur und Entwicklung der Ektomykorrhiza

bekannt, dass eine veränderte Regulierung sich auf die Wurzelmorphogenese (Auxin; ► Abschn. 21.4), das Eindringen der Hyphen in die Wurzel (Ethylen; ► Abschn. 21.6) und die Bildung des Hartig'schen Netzes (Jasmonsäure; ► Abschn. 21.7) auswirkt. Für eine erfolgreiche Symbiose sind zudem vom Pilzpartner sekretierte Peptide, sogenannte **Mycorrhiza-induced Small Secreted Proteins (MiSSPs)**, von entscheidender Bedeutung. Von einigen MiSSPs ist bekannt, dass sie in die Pflanzenzelle eindringen und dort in die Physiologie des Wirtes eingreifen. Damit zeigt die mutualistische Interaktion zwischen Mykorrhizapilzen und Pflanzen eine verblüffende Ähnlichkeit zur Interaktion von parasitischen Pilzen und ihren Wirten. Auch dort findet ein Großteil der Kommunikation zwischen den Interaktionspartnern über die Sekretion von kleinen Proteinen statt (► Abschn. 22.7).

35.16 Perfekte Symbiose ermöglicht Flechten die Erschließung von Extremstandorten

Flechten erscheinen als eigene Individuen und sind doch Doppelwesen aus einem **Mycobionten**, einem Pilz, und **Photobionten** oder **Phycobionten**, Grünalgen oder Cyanobakterien. Sie sind durch eine eigene Biologie charakterisiert, welche erst aus dem Zusammenspiel der beiden Partner entsteht. Heterotrophe **Asco-** oder **Basidiomycota** (▶ Abschn. 32.7, 32.8) bilden in dieser Symbiose den **Thallus** der Flechte aus, in den autotrophe **Grünalgen** (▶ Abschn. 33.8) oder **Cyanobakterien** (▶ Abschn. 34.8) eingebettet sind (◘ Abb. 35.56). Zum Teil finden sich noch weitere Partner, meist Hefen der Basidiomycota oder Bakterien, als Mitglieder dieser Lebensgemeinschaft, auch können verschiedene Phycobionten in einer Flechte vorkommen. Die Assoziationen zwischen den Partnern sind dabei sehr spezifisch für verschiedene Flechtenarten.

Die Phycobionten können nur lose in die Pilzhyphen eingebettet oder von diesen fest umschlossen sein, in einigen Fällen dringen die Pilzhyphen auch mit einem **Haustorium** in die Phycobionten ein. Bei Ausbildung von Haustorien durchdringt eine Ausstülpung der Pilzhyphe die Zellwand des Phycobionten, die Zellinhalte bleiben jedoch getrennt, da das Plasmalemma beider Partner jeweils erhalten bleibt (▶ Abschn. 23.2). Beide Partner profitieren von der **Symbiose**. Während die Phycobionten meist auch frei lebend vorkommen, ist dies bei den Mycobionten in der Regel nicht der Fall, auch wenn diese in Kultur ohne den Phycobionten wachsen können. Ein Teil der vom Phycobionten gebildeten Photosyntheseprodukte wird abgegeben, meist als Glucose oder andere einfache Zucker. Dies geschieht auch bei frei lebenden Formen; in Symbiose mit dem Mycobionten wird durch den Pilz allerdings die Membranpermeabiliät verändert und somit ein deutlich höherer Anteil an ausgeschiedenen Zuckern induziert. Umgekehrt schützen die Pilzhyphen die Phycobionten vor äußeren Einflüssen, insbesondere verhindert die vom Pilz ausgebildete Rindenschicht weitgehend einen Verlust von Wasser, kann aber bei Verfügbarkeit von Wasser dieses schnell aufnehmen. Die äußeren Hyphenschichten schützen zudem die Phycobionten vor einer zu hohen Lichtintensität.

Die Symbiose ermöglicht es Flechten, an Standorten zu wachsen, die für die Pilze oder Algen alleine, aber auch für die meisten Landpflanzen ungeeignet sind. Durch die oft nur sporadische Wasserverfügbarkeit ist die Vegetationsperiode für Landpflan-

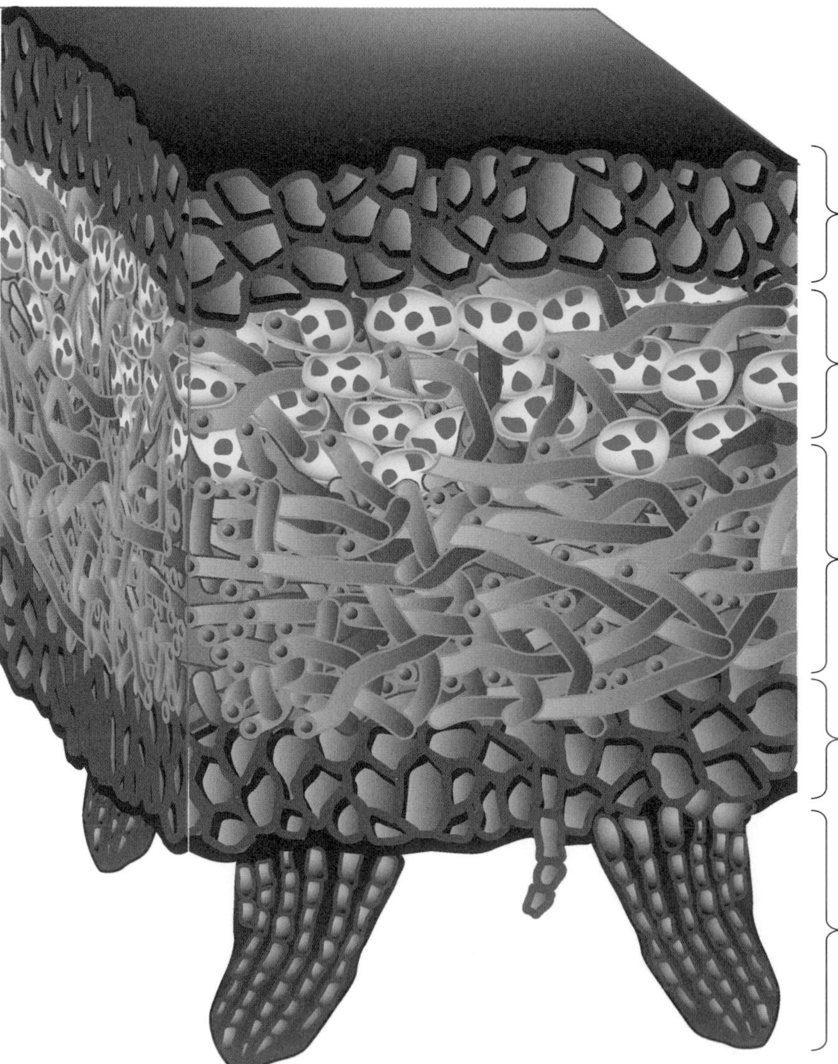

◘ **Abb. 35.56** Aufbau des Flechtenthallus

Wesentlich für den Erfolg der Flechten scheint auch deren Fähigkeit, Pilz und Alge **gemeinsam verbreiten** zu können. Diese enge Bindung über Generationen hinweg resultiert in einer **gegenseitigen evolutionären Anpassung**. Die **Verbreitung** erfolgt über Soredien oder Isidien. Beide Formen stellen eine Variante der asexuellen Vermehrung dar. Meist können sich beide Partner jedoch auch sexuell reproduzieren. Dabei entsprechen die Fruchtkörper jenen der Asco- oder Basidiomycota, je nachdem, zu welcher Gruppe der Pilzpartner gehört.

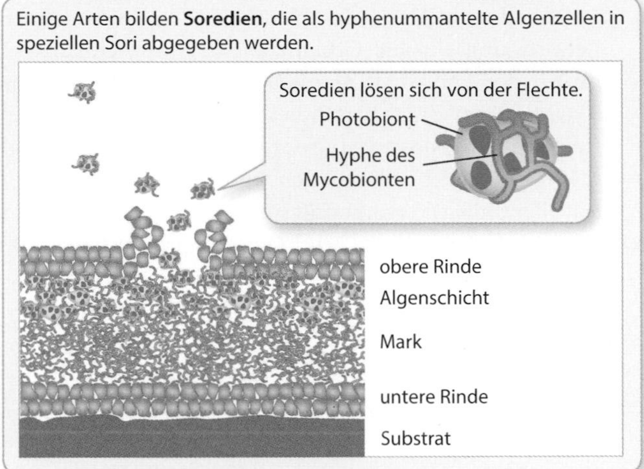

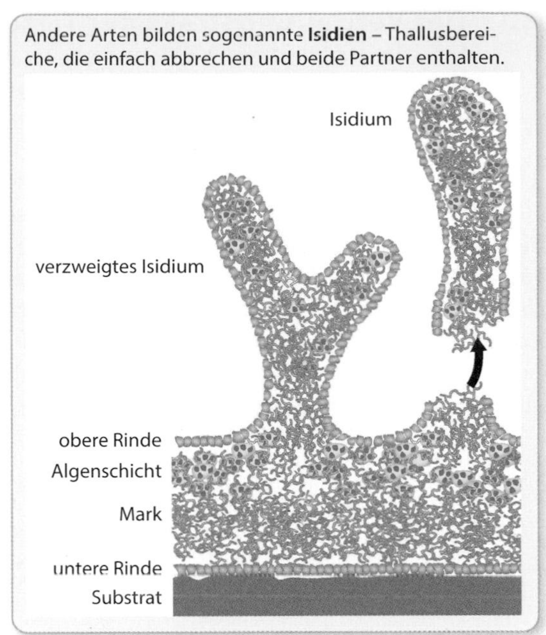

Abb. 35.57 Verbreitungsmechanismen von Flechten

zen zu kurz, während für Algen die Austrocknung ein zentrales Problem darstellt; den Pilzen fehlt dagegen organisches Substrat. Flechten sind dagegen meisterhaft an **trockene, nährstoffarme Extremstandorte** angepasst (Abb. 35.57, 35.58), was es ihnen ermöglichte, rund 8 % der Landfläche in meist arktisch-alpinen und ariden Gebieten zu besiedeln (▶ Abschn. 37.5). Auch wenn sie in den gemäßigten Breiten neben Landpflanzen eher unscheinbar erscheinen, so spielen sie in anderen Gebieten der Erde z. B. als Epiphyten eine wichtige Rolle. Da sie selbst auf nacktem Stein wachsen können, tragen sie auch zur Verwitterung des Gesteins bei – an Gebäuden oft zum Leidwesen des Menschen. Zusätzlich tragen sie mit über 18.000 Arten erheblich zur Biodiversität bei und etwa jede fünfte bekannte Art der Ascomycota kommt als Mycobiont in Flechten vor.

Cladonia rangiferina – Rentierflechte

Rhizocarpon spec. – langlebige Flechte auf Granit

Xanthoria spec. – jahrelanges Wachstum auf Zivilisationsmüll

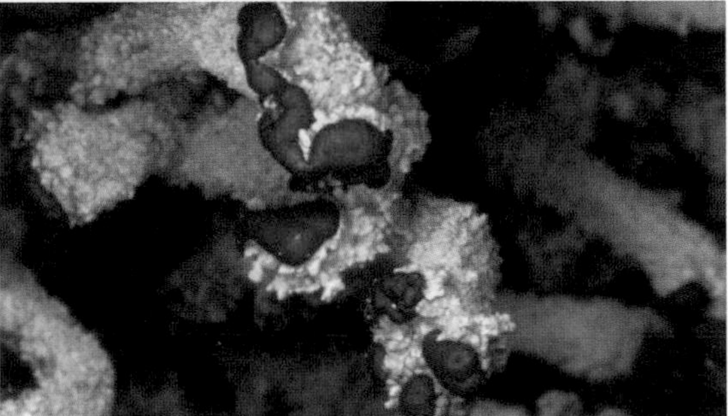

Usnea spec. – Apothecien des Pilzes

Abb. 35.58 Flechten in ihren Habitaten

35.17 Der Verdauungstrakt der Tiere ist ein komplexes Ökosystem mit verschiedenen Mikrohabitaten

Lebewesen sind zum Teil eng mit anderen Arten assoziiert und auf diese angewiesen. So sind für das **Verdauungssystem** der meisten Tiere Mikroorganismen unabdingbar, um Nahrungsanteile aufzuschließen, die den tierischen Enzymen nicht zugänglich sind. Ohne solche **kommensalen Mikroorganismen** wäre die Verdauung der Tiere stark eingeschränkt, und sie wären kaum (bzw. nicht) lebensfähig. Ein extremes Beispiel ist der Aufschluss von Holz durch Termiten (▶ Abschn. 35.18), aber auch im menschlichen Darm findet sich eine arten- und individuenreiche Mikroorganismengesellschaft.

Der Verdauungstrakt von Tieren einschließlich des menschlichen Darms (▶ Abschn. 12.12) wird von Mikroorganismen aller drei Domänen besiedelt; die Zahl der Bakterienzellen im Darm des Menschen liegt in derselben Größenordnung wie die Gesamtzahl der menschlichen Zellen im Körper. Die konstanten feucht-warmen Bedingungen im Magen-Darm-Trakt bieten besonders gute Voraussetzungen für daran angepasste Mikroorganismen. Neben den gleichmäßigen Umweltbedingungen werden sie hier kontinuierlich mit Nährstoffen versorgt und sind zudem vor Fraßfeinden und Pathogenen weitgehend geschützt. Umgekehrt tragen sie unter

Im **Längsverlauf des Dünndarms** verändern sich die physikalischen und (bio)chemischen Bedingungen.

Im Dünndarm ist molekularer Sauerstoff (in geringen Konzentrationen) verfügbar, zudem ist die Konzentration antimikrobieller Substanzen erhöht und der pH-Wert ist niedrig. Unter diesen Bedingungen ist die mikrobielle Gemeinschaft von schnellwüchsigen **aerotoleranten Anaerobiern** und **fakultativen Anaerobiern** dominiert, die vorwiegend Einfachzucker verstoffwechseln.

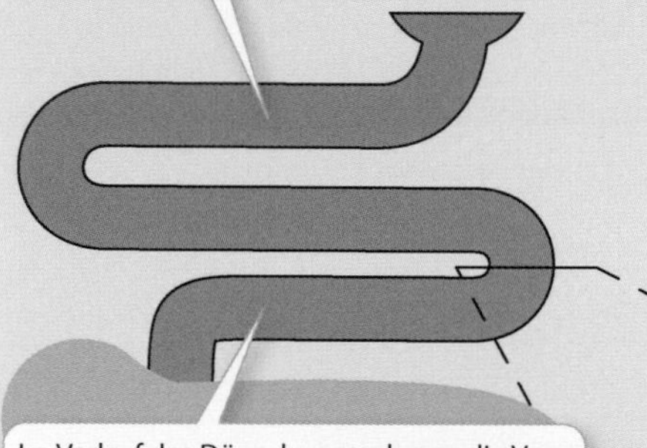

Im Verlauf des Dünndarms nehmen die Verfügbarkeit von Sauerstoff sowie die Konzentration antimikrobieller Substanzen ab. Die Bakterienkonzentration nimmt im Verlauf des Dünndarms zu. Die vom Darmepithel gebildeten äußeren Schleimschichten lösen sich fortwährend ab, sodass der Anteil dieser Schleimsubstanzen im Verlauf des Darmkanals ansteigt. Entsprechend nimmt der Anteil schleimabbauender Arten zu, vor allem im Dickdarm machen diese Arten einen größeren Anteil der Mikroorganismengemeinschaft aus.

Auch im **Querschnitt des Dünndarms** finden sich systematische Unterschiede. Durch die Längs- und Quergliederung ergibt sich somit eine vielfältige Gliederung mit zahlreichen Mikrohabitaten für die intestinalen Mikroorganismen.

Becherzellen (engl. *goblet cells*) scheiden eine **Schleimschicht** (**Mucus**) ab. Diese Schleimschicht vermindert den direkten Kontakt von Bakterien und Epithelzellen. Die Schleimschicht behindert mechanisch die Fortbewegung von Bakterien.

Drüsenzellen an der Basis der Krypten scheiden **antimikrobielle Substanzen** aus. Dadurch baut sich ein Gradient abnehmender Konzentrationen dieser Substanzen von den Krypten über die Region der Zotten bis zum Darmlumen hin auf. Auch die Sauerstoffverfügbarkeit nimmt zum Darmlumen hin ab.

Die Darmepithelzellen besitzen zum Darmlumen hin **Mikrovilli zur Oberflächenvergrößerung**. Ebenfalls der Oberflächenvergrößerung dienen Einsenkungen (**Krypten**) und Erhebungen (**Zotten**) des Darmepithels. Diese schaffen zugleich Mikrohabitate mit unterschiedlichen Bedingungen für die im Darm lebenden Mikroorganismen.

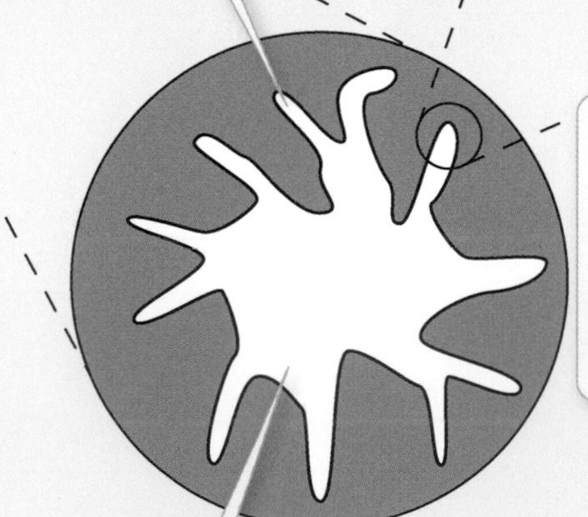

Zotte
Krypte
Darmlumen
Mucus

Von den Epithelzellen wird **Sauerstoff** und von den Drüsenzellen werden zudem **antimikrobielle Substanzen** abgegeben. So baut sich ein Gradient vom Epithel, insbesondere im Bereich der Krypten, zum Darmlumen hin auf. Zumindest für die obligat anaeroben Arten des Darmlumens ist Sauerstoff ein wirksames Zellgift.

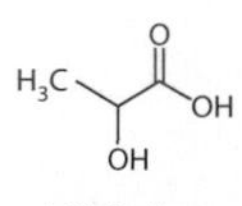

Milchsäure

Im Dünndarm wird der Nahrungsbrei vergleichsweise schnell transportiert, viele **Mikrobiota des Dünndarms** sind daher schnellwüchsig oder leben angeheftet an oder in der Nähe des Darmepithels. Im Dünndarm dominieren Vertreter der **Firmicutes**, insbesondere Lactobacillaceae (Milchsäurebakterien) und Erysipelotrichaceae, sowie Verteter der **Proteobacteria**, insbesondere Enterobacteriaceae. Die **aerotoleranten Milchsäurebakterien** können einfache Zucker als Substrate nutzen. Das durch Milchsäuregärung entstehende Lactat (Salze der Milchsäure) bewirkt unter anderem eine Senkung des pH-Werts im Darm. Durch ein säuerliches Darmmilieu wird es pathogenen Bakterien erschwert, sich im Darm anzusiedeln. Besonders bei gestillten Kindern ist der Anteil milchsäureproduzierender Bakterien (*Bifidobacterium* spp. und *Lactobacillus* spp.) an den Mikrobiota des Darms sehr hoch.

Abb. 35.59 Das Mikrobiom und seine Funktion im Dünndarm

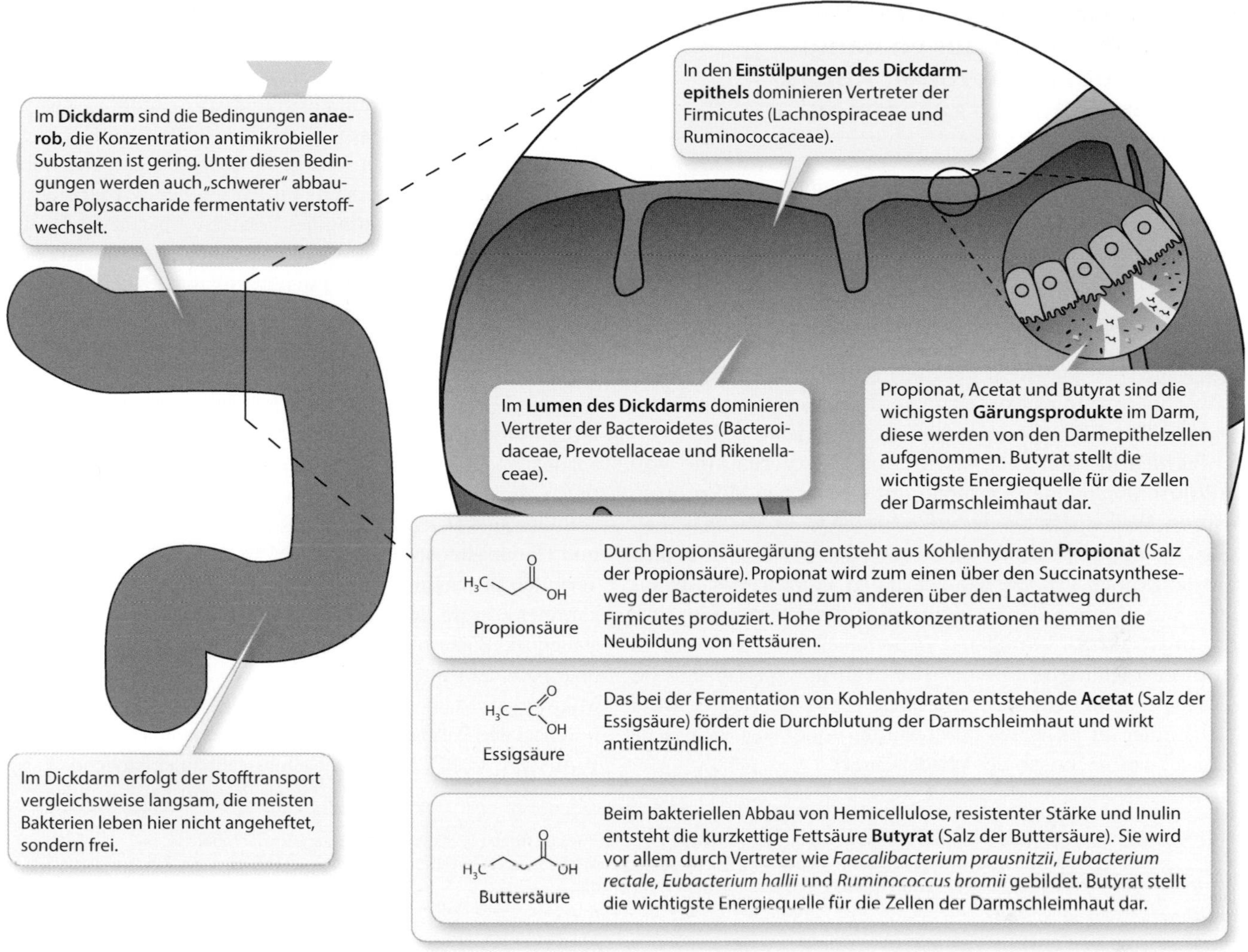

Abb. 35.60 Das Mikrobiom und seine Funktion im Dickdarm

anderem zur Energiegewinnung aus der Nahrung bei, schützen den Darm des Wirtes vor Kolonisierung durch pathogene Arten und spielen eine Rolle bei der Regulation des Metabolismus sowie des Immunsystems.

Bei erwachsenen Menschen schwankt die Zusammensetzung der normalen **Darmflora** nur gering. Die **Bakterien** stellen die wichtigste Gruppe dar und hier vor allem Vertreter der Phyla Firmicutes, Bacteroidetes, Proteobacteria und Actinobacteria (► Abschn. 34.4 und folgende). Auch wenn sich viele verschiedene Arten im Darm finden, machen nur rund 30 bis 40 Bakterienarten über 99 % der Darmflora aus. Der Darm stellt aber kein einheitliches Ökosystem dar, sondern ist sowohl im Längsverlauf als auch im Querschnitt stark gegliedert – so ergeben sich zahlreiche Mikrohabitate, die von unterschiedlichen Mikroorganismengesellschaften besiedelt sind. Die Gliederung ergibt sich einerseits aus der fortschreitenden Verdauung des Nahrungsbreis, andererseits aus der Interaktion des Darmepithels mit den Mikroorgansimen sowie dem Schutz des Darmepithels vor bakteriellem Befall. Es ändern sich somit die Beschaffenheit des Nahrungsbreis, die Konzentration von freiem Sauerstoff und antimikrobiellen Substanzen, aber auch die Transportgeschwindigkeit des Darminhalts sowie der Anteil und die Beschaffenheit des vom Darmepithel abgegebenen Schleims.

Während die oberen Abschnitte des **Dünndarms** (Abb. 35.59) aufgrund der Barrierewirkung des Magens (Magensäure!) weitgehend bakterienfrei sind, erreicht die Bakteriendichte in seiner unteren Hälfte 10^3 bis 10^7 Bakterien pro Gramm, im Lumen des Dünndarms finden sich freie, schnell wachsende Bakterien, die Zotten der Darmwand sind dagegen von angehefteten Bakterien besiedelt.

Im **Dickdarm** (Abb. 35.60) steigt die Bakteriendichte auf bis zu 10^{12} Bakterien pro Gramm an. Hier bedingen unterschiedliche Sauerstoffkonzentrationen der luminalen und der wandständigen Biota eine Kompartimentierung. Im Lumen finden sich vor allem obligat anaerobe Bakterien. Eine steigende Sauerstoffkonzentration auf wandständiger Seite verschiebt das Verhältnis von obligat anaeroben zu fakultativ anaeroben Bakterien.

Die kommensalen Mikroorganismen bauen unter anderem pflanzliche Polysaccharide wie resistente Stärke, Cellulose, Pektin oder auch Inulin ab. Zudem haben die Mikrobiota Einfluss auf das Immunsystem, und es gibt Hinweise, dass sie möglicherweise über die Mikrobiom-Darm-Gehirn-Achse (engl. *microbiome-gut-brain axis*, MGB) modulierend auf Gehirnfunktionen wirken können.

35.18 Der Großteil der globalen Methanemissionen hängt mit dem anaeroben Abbau von Cellulose zusammen

Methan gehört neben Gasen wie Kohlenstoffdioxid und Lachgas zu den bedeutendsten Treibhausgasen (► Abschn. 38.2). Neben dem Verbrennen von (nachwachsender und fossiler) Biomasse entsteht Methan hauptsächlich durch den **anaeroben Abbau von Biomasse**, insbesondere von Cellulose und Hemicellulose (◘ Abb. 35.61). Hier spielt der Abbau durch frei lebende Mikroorganismen (beispielsweise der Abbau von Cellulose durch Pilze; ► Abschn. 36.11) sowie durch im Verdauungssystem von Tieren lebende mikrobielle Gemeinschaften eine bedeutende Rolle.

Bei den meisten Lebewesen erfolgt die **Verdauung von Cellulose** durch eine **Symbiose mit anaeroben Mikroorganismen**. Weil es sich bei der mikrobiellen hydrolytischen Spaltung der β-glykosidischen Bindungen der Cellulose um einen sehr langsamen Prozess handelt, hängt Effizienz des Abbaus unter anderem von der **Verweildauer der Nahrung im Verdauungstrakt** ab. Vor allem Wiederkäuer und Termiten sind auf die Verdauung von pflanzlicher Nahrung spezialisiert, ihr Verdauungstrakt ermöglicht eine lange Verweildauer (z. B. in der Gärkammer im Enddarm der Termiten) oder eine mehrfache Passage (wie im Pansen der Wiederkäuer).

35

Unter den anaeroben Bedingungen des Pansens von **Wiederkäuern** wird die Cellulose hydrolytisch gespalten und fermentativ zu einfachen Fettsäuren abgebaut (◘ Abb. 35.62). Dabei entstehen auch Kohlenstoffdioxid und Wasserstoff, welche von **methanogenen Archaeen** (► Abschn. 34.9) als Substrate zur **Methanbildung** genutzt werden (► Abschn. 25.8). Der Abbau des entstandenen Wasserstoffs im Pansen der Wiederkäuer ist essenziell, um eine Senkung des Wasserstoffpartialdrucks und damit eine Regulation der Wasserstoffionenkonzentration (also des pH-Werts) zu erreichen. Eine Absenkung des pH-Werts und eine damit einhergehende verstärkte Milchsäurebildung würden zu einer Schädigung der Pansenschleimhäute führen.

Ein weiteres Beispiel der Methanproduktion bei Tieren sind die **Termiten**. Genau wie Wiederkäuer beherbergen sie in ihrem Verdauungstrakt Symbionten, die imstande sind, Cellulose abzubauen. Im Gegensatz zu den meisten anderen Tieren besitzen Termiten aber auch eigene Cellulasen. Bei den niederen Termiten sind anaerobe Flagellaten am Aufschluss der Cellulosen und Hemicellulosen beteiligt (◘ Abb. 35.63), bei den höheren Termiten übernehmen Bakterien diese Funktion. In der Gärkammer sowohl der niederen als auch der höheren Termiten stellen die Bacteroidetes, die Spirochaetes und die Firmicutes über 70 % der bakteriellen Darmmikrobiota. Die eukaryotischen Mikroorganismen in der Gärkammer der niederen Termiten gehören zu den Parabasalia und den Oxymonadida (Metamonada; ► Abschn. 33.10). Die beim Celluloseabbau entstehende Essig-

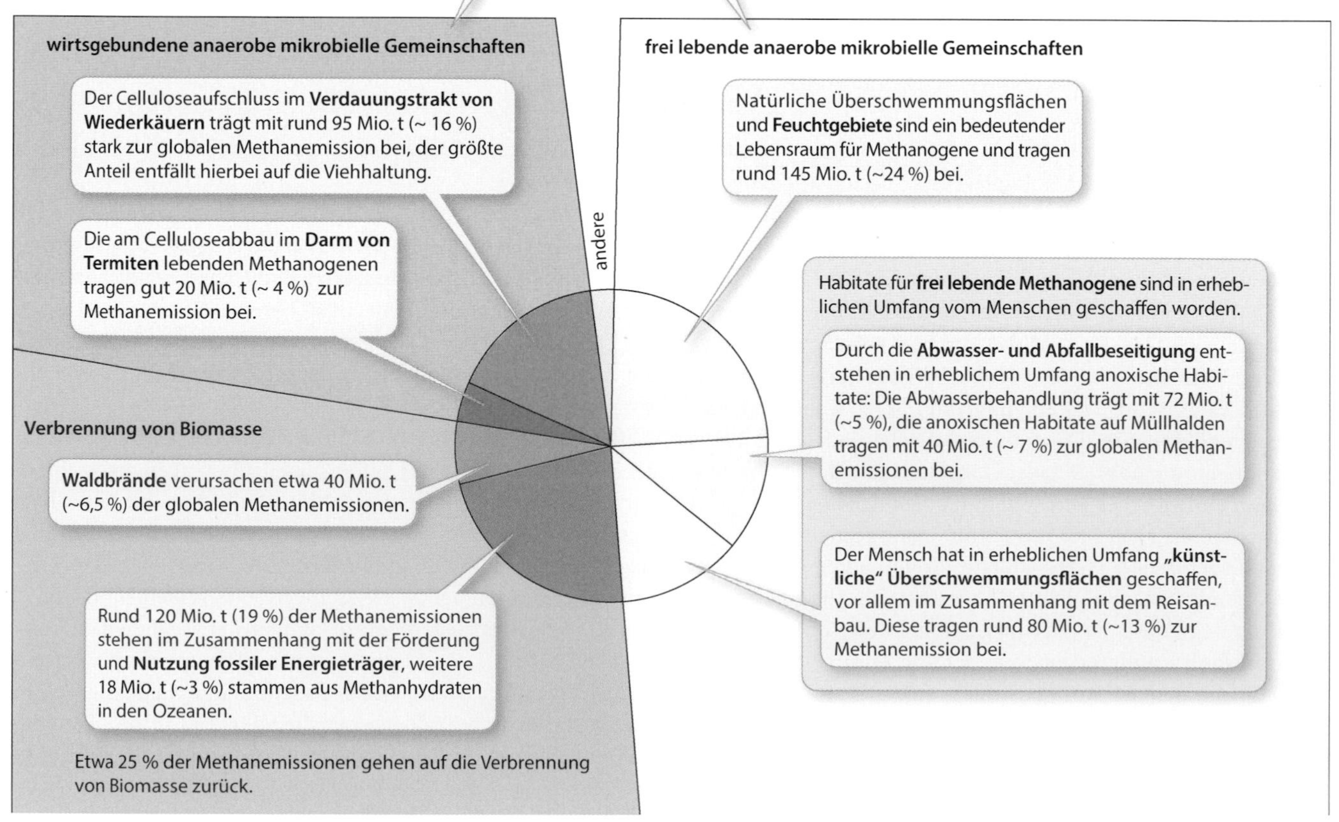

◘ **Abb. 35.61** Quellen der globalen Methanemission

Die **Verdauung von Cellulose** beginnt bei Wiederkäuern bereits im **Pansen**. Da den Tieren eine körpereigene Cellulase fehlt, übernehmen **kommensale Bakterien** den Aufschluss der Cellulose. Vor allem Vertreter der Gattungen *Fibrobacter*, *Butyrivibrio*, *Ruminococcus* und *Clostridium* haben eine cellulolytische Funktion. Ein effektiver Abbau der Cellulose erfordert ein Zusammenspiel von unterschiedlichen Bakterien, da sich die entstehenden Gärungsprodukte jeweils unterscheiden. Dabei entstehen **einfache Fettsäuren** (Essigsäure, Propionsäure und Buttersäure, die vom Wirt (dem Tier) aufgenommen werden.

Funktion	Spezies	Gärungsprodukte
cellulolytisch	*Fibrobacter succinogenes*	Succinat, Acetat, Formiat
	Butyrivibrio fibrisolvens	Acetat, Formiat, Lactat, Butyrat, Wasserstoff, Kohlenstoffdioxid
	Ruminococcus albus	Acetat, Formiat, Wasserstoff, Kohlenstoffdioxid
	Clostridium lochheadii	Acetat, Formiat, Butyrat, Wasserstoff, Kohlenstoffdioxid

Beim Abbau der Cellulose werden unter anderem auch **Kohlenstoffdioxid** und **Wasserstoff** gebildet. **Methanogene Archaeen** sorgen für eine Verringerung des Wasserstoffpartialdrucks, indem sie Wasserstoff und Kohlenstoffdioxid zu Methan metabolisieren. Dieses wird (im Wesentlichen) über die **Speiseröhre** an die Umwelt abgegeben. Vor allem die Gattungen *Methanobrevibacter*, *Methanomicrobium*, *Methanobacterium* und *Methanosarcina* sind zahlreich in den Mägen von Wiederkäuern zu finden.

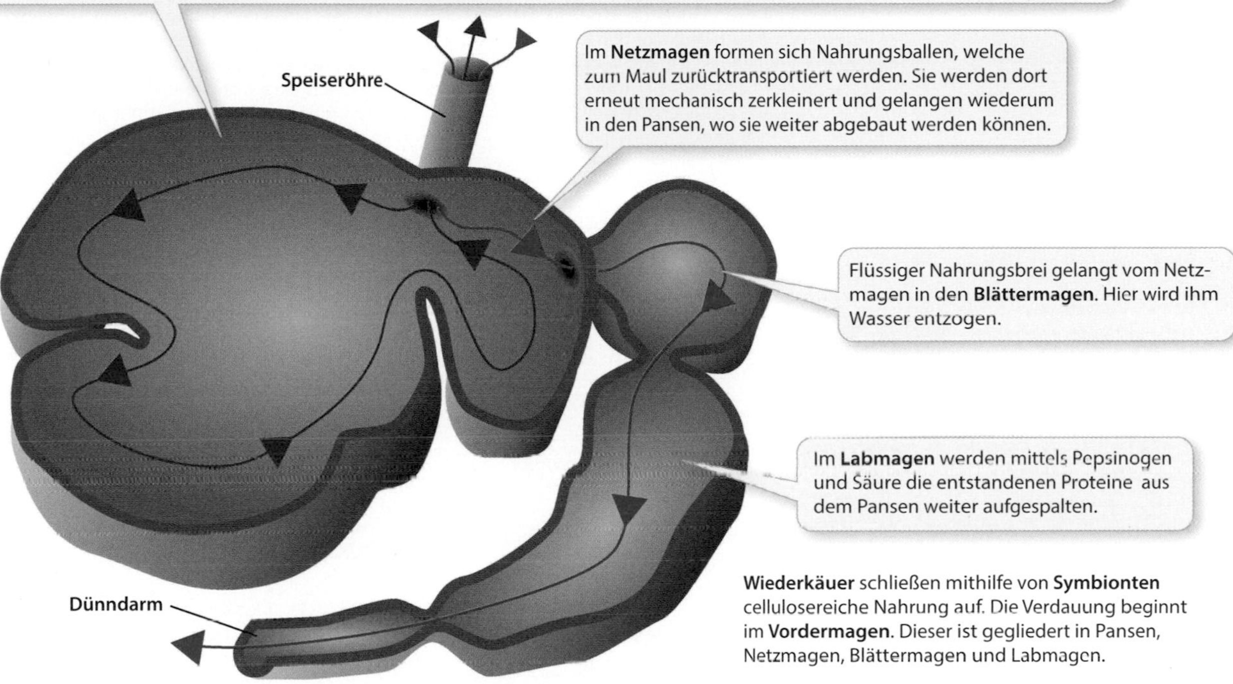

■ **Abb. 35.62** Cellulose wird im Pansen der Wiederkäuer fermentativ abgebaut

säure wird von den Termiten aufgenommen. Der beim Abbau ebenfalls entstehende Wasserstoff sowie Kohlenstoffdioxid wird von Archaeen der Gattung *Methanobrevibacter* für die Methanogenese genutzt (▶ Abschn. 25.8). Eine direkte Nutzung der Essigsäure für die Methanogenese (acetoklastische Methanogenese) spielt im Termitendarm aber vermutlich keine Rolle.

Termiten sind weltweit in den tropischen und subtropischen Klimazonen verbreitet (■ Abb. 35.64). Vor allem in Lebensräumen wie den Savannen, in denen ein mikrobieller Abbau aufgrund der Trockenheit stark eingeschränkt ist, spielen Termiten eine zentrale Rolle für den Abbau von pflanzlicher Biomasse (▶ Abschn. 37.6). Die höheren Termiten haben ein recht breites Nahrungsspektrum, einige Arten legen – ähnlich wie die Blattschneiderameisen – Pilzgärten in ihren Bauten an (▶ Abschn. 36.11). Die niederen Termiten ernähren sich dagegen vorwiegend von Holz (■ Abb. 35.63).

Für ihren Stickstoffhaushalt sind Termiten ebenfalls auf ihre Symbionten angewiesen: Insbesondere die sich von Holz ernährenden niederen Termiten nehmen kaum Stickstoff mit ihrer Nahrung auf. Einige der Bakterien in der Gärkammer des Enddarms können molekularen Stickstoff fixieren und in organische Stickstoffverbindungen einbauen (▶ Abschn. 25.9). Über die Bakterien und Flagellaten des Enddarms wird zudem der von den Tieren ausgeschiedene Harnstoff zu Ammonium umgesetzt und schließlich wieder in Aminosäuren eingebaut. Diese werden von den Tieren entweder direkt über die Darmwand oder über die Aufnahme von Fäzes mit der Nahrung aufgenommen (■ Abb. 35.65).

Im **Vorderdarm** beginnt der Verdau der Holzfasern durch körpereigene Enzyme, dabei entsteht aus Cellulose **Glucose**, die von der Termite im **Mitteldarm** aufgenommen wird.

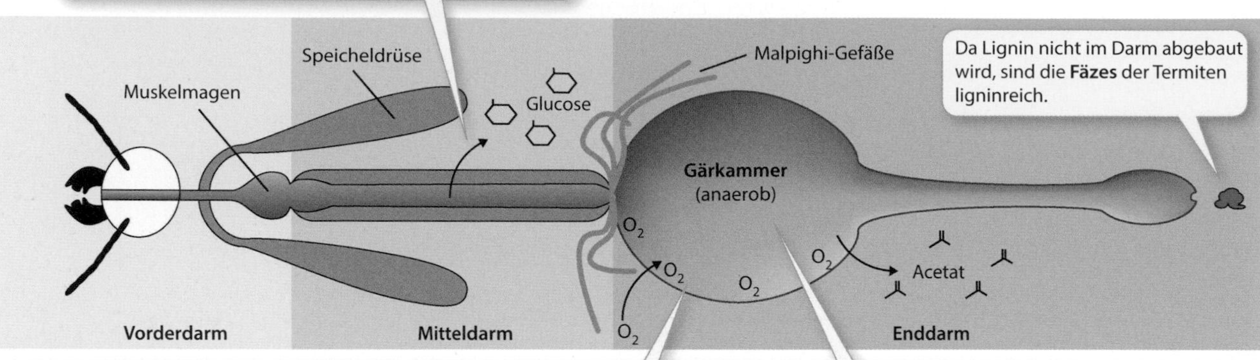

Da Lignin nicht im Darm abgebaut wird, sind die **Fäzes** der Termiten ligninreich.

Im **Enddarm** der niederen Termiten wird Cellulose durch eine Symbiose mit kommensalen Flagellaten, acetogenen Bakterien und methanogenen Archaeen abgebaut.

Von außen diffundiert Sauerstoff in den Darm der Termiten. Unter diesen Bedingungen wird **von aerotoleranten Bakterien** Lactat unter Sauerstoffverbrauch zu Acetat umgesetzt. Diese sauerstoffverbrauchenden Prozesse stabilisieren die anoxischen Bedingungen im Zentrum der Gärkammer.

Anaerobe Flagellaten, Bakterien und Archaeen sind am Abbau der Cellulose in der Gärkammer der niederen Termiten beteiligt, unter den anaeroben Bedingungen entsteht als Stoffwechselprodukt **Acetat**, das von der Termite aufgenommen wird.

Im anoxischen Innern der **Gärkammer** der niederen Termiten leben anaerobe Flagellaten, diese gehören zu zwei Gruppen der Excavata – den **Oxymonadida** und den **Parabasalia**.

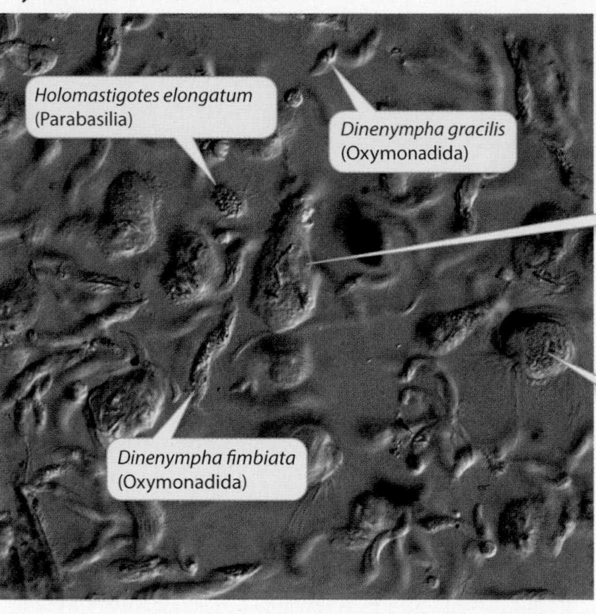

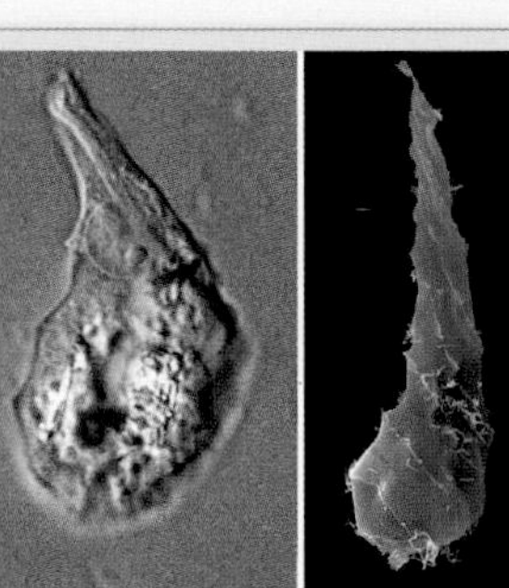

Pyrsonympha spec. (Oxymonadida) findet sich häufig angeheftet an der Wand des Hinterdarms und ist mit ekto- und endosymbiontischen Bakterien assoziiert.

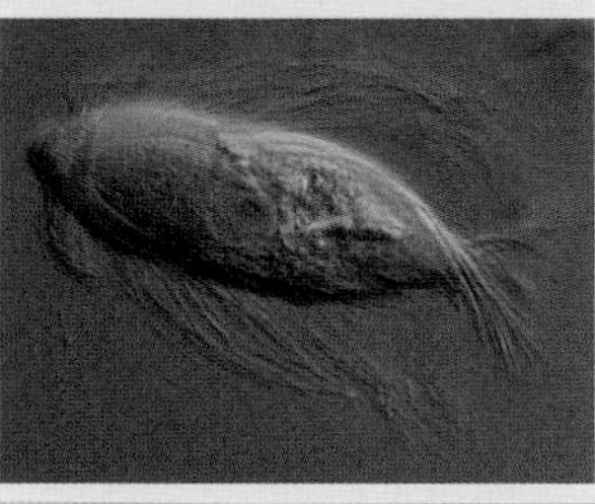

Trichonympha agilis (Parabasalia) besitzt eine Vielzahl von Flagellen. Die Flagellaten nehmen Holzfasern auf, die Cellulose dieser Fasern wird durch Cellulasen der Flagellaten abgebaut.

Die Flagellaten **hydrolisieren Cellulose** und fermentieren sie zu Acetat, Kohlenstoffdioxid und Wasserstoff:

$$C_6H_{12}O_6 + 2\,H_2O \longrightarrow (2\,CO_2 + 4\,H_2) + 2\,CH_3COOH$$

Aus einem Glucosemolekül können so bis zu drei Acetatmoleküle entstehen. Diese werden von den **Termiten** aufgenommen und als primäre Energiequelle genutzt.

methanogene Archaeen

$$CO_2 + 4\,H_2 \longrightarrow CH_4 + 2\,H_2O$$

$$4\,CO + 2\,H_2O \longrightarrow CH_4 + 3\,CO_2$$

Ein Teil des entstehenden Wasserstoffs und Kohlenstoffdioxids wird von methanogenen Archaeen zu **Methan** umgesetzt. Im Vergleich zu den höheren Termiten ist die Menge an produziertem Methan bei den holzfressenden niederen Termiten allerdings gering.

acetogene Bakterien

$$4\,H_2 + 2\,CO_2 \longrightarrow 2\,H_2O + CH_3COOH$$

CO_2-reduzierende acetogene Bakterien (vor allem Spirochäten) nutzen Wasserstoff und Kohlendioxid unter Bildung von **Acetat** und Wasser.

Abb. 35.63 Bedeutung von Symbionten für den Celluloseaufschluss bei niederen Termiten

Termiten sind global in den **warm-gemäßigten bis tropischen Klimazonen** verbreitet. Während der Abbau von Cellulose in den gemäßigten Klimazonen vorwiegend über das mikrobielle Nahrungsnetz – und hier vorwiegend über Pilze – erfolgt, wird diese Funktion in den subtropischen und tropischen Klimazonen zu einem großen Teil von Termiten übernommen. Die meisten Metazoen können keine Cellulose abbauen, da sie keine Cellulasen aufweisen. Termiten stellen eine Ausnahme dar – sie besitzen **eigene Cellulasen**, geben diese im Mitteldarm ab und können so cellulosehaltige Nahrung verdauen.

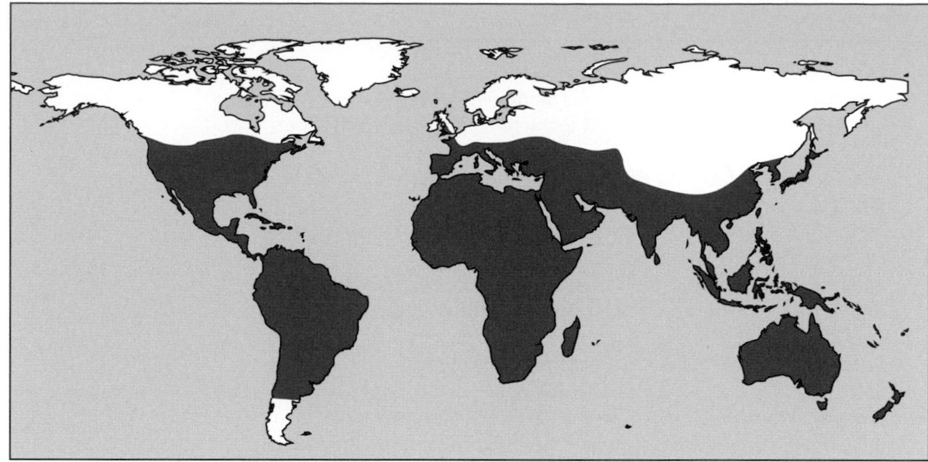

Höhere Termiten ernähren sich von **Humus und anderen pflanzlichen Substraten**. Sie nutzen damit eine Nahrung, die vergleichsweise reich an Peptiden ist, und können einen Großteil ihres Stickstoffbedarfs aus der Nahrung decken. Einige Arten der höheren Termiten kultivieren Pilze, die sie mit abgeernteteter organischer Substanz in Gärkammern „füttern". Die höheren Termiten nutzen hauptsächlich eigene Cellulasen sowie celluloseabbauende Bakterien für den Abbau von Cellulose, die pilzkultivierenden Arten machen sich zudem den Abbau durch Pilze zunutze. Nur bei diesen Arten wird über die Symbiose mit den Pilzen auch effektiv **Lignin** abgebaut, während die anderen Arten im Wesentlichen nur **Cellulose** (und **Hemicellulose**) abbauen. Vermutlich aufgrund der humusreichen Nahrung werden bei diesen Termiten erhebliche Mengen an Methan gebildet und freigesetzt – Termiten tragen so zu etwa 4 % der globalen Methanemissionen bei.

Niedere Termiten ernähren sich vorwiegend von **Holz**, nutzen also eine sehr stickstoffarme Nahrung. Sie sind teilweise mit Symbionten vergesellschaftet, die zur Stickstofffixierung befähigt sind. Zudem besitzen sie im Verdauungstrakt **symbiotische Flagellaten**, die am Celluloseabbau beteiligt sind. Diese hydrolysieren die Cellulose, die entstehenden Glucoseeinheiten werden unter Bildung von Essigsäure fermentiert. Lignin wird von diesen Termiten nicht verdaut.

Abb. 35.64 Verbreitung und Ernährungsweise von Termiten

Durch **Lysozyme** und **Proteinasen** werden Proteine zu Aminosäuren abgebaut und von der Termite aufgenommen. Der Anteil von Proteinen und Stickstoff ist in der eigentlichen Nahrung der Termiten (Holz) allerdings sehr gering und deckt nicht den Stickstoffbedarf. Ein wesentlicher Teil des Stickstoffbedarfs wird über **Recycling von Stickstoffverbindungen** im Darm und Aufnahme der Fäzes gedeckt.

Durch **Rückgewinnung von Stickstoffverbindungen** kann die Termite das Stickstoffdefizit durch die kohlenstoffreiche Nahrung (Holz) ausgleichen.

Abgebaute Stickstoffverbindungen werden von der Termite weitgehend als **Harnstoff** über die Malpighi-Gefäße abgegeben und gelangen so in die Gärkammer.

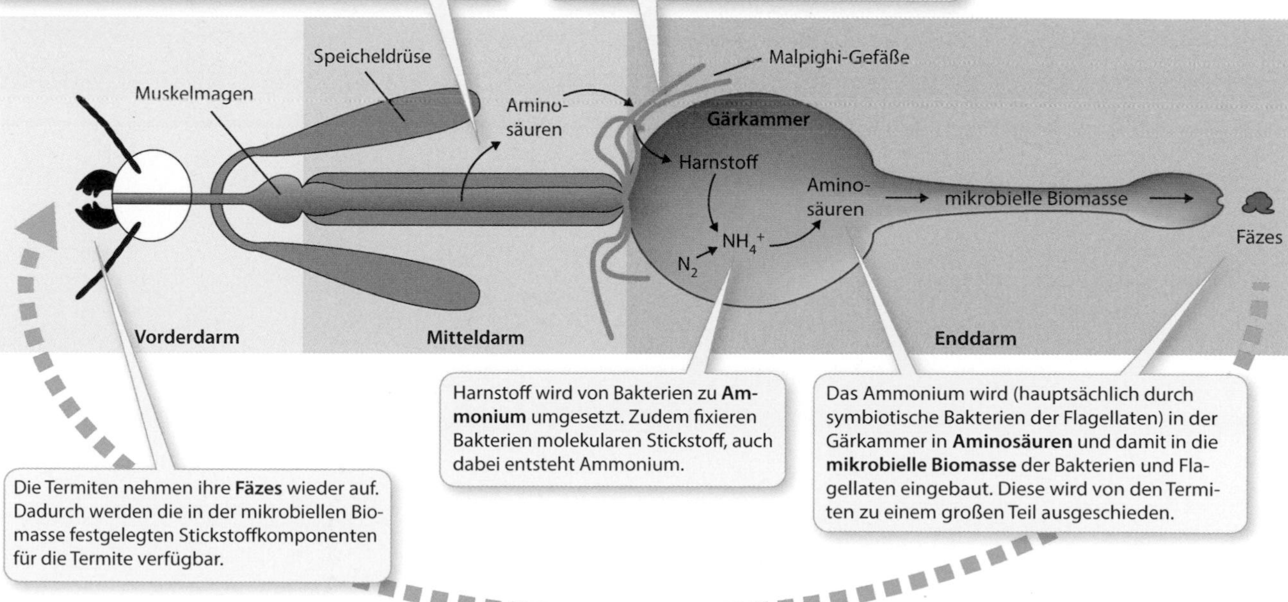

Abb. 35.65 Bedeutung von Symbionten für die Stickstoffregeneration bei niederen Termiten

Weiterführende Literatur

1. Barnosky AD, Matzke N, Tomiya S, Wogan GOU, Swartz B, Quental TB, Marshall C, McGuire JL, Lindsey EL, Maguire KC, Mersey B, Ferrer EA (2011) Has the Earth's sixth mass extinction already arrived? Nature 471:51–57
2. Beck A, Peršoh D (2009) Die ökologische Rolle der Flechten. Pfeil, München
3. Begon M, Howarth RW, Townsend CR (2013) Ökologie, 3. Aufl. Springer Spektrum, Berlin, Heidelberg
4. Beierkuhnlein C, Hahn I, Jentsch A, Schmitt T (2011) Inseln: Ursprung der Vielfalt. Biol Unserer Zeit 41:384–394. https://doi.org/10.1002/biuz.201110464
5. Jones JD, Dangl JL (2006) The plant immune system. Nature 444:323–329
6. Kadereit JW, Körner C, Kost B, Sonnewald U (2014) Strasburger – Lehrbuch der Pflanzenwissenschaften, 37. Aufl. Springer Spektrum, Berlin, Heidelberg
7. Madigan MT, Bender KS, Buckley DH, Sattley WM, Stahl DA (2020) Brock Mikrobiologie, 15. Aufl. Pearson, München
8. Martin F (2016) Molecular mycorrhizal symbiosis. Wiley-Blackwell, Hoboken
9. Schmid B (2003) Die funktionelle Bedeutung der Artenvielfalt. Biol Unserer Zeit 6:356–365. https://doi.org/10.1002/biuz.200310236
10. Schopf A (2007) Parasitoide – halb Parasit, halb Räuber. Biol Unserer Zeit 37:290–298. https://doi.org/10.1002/biuz.200610347
11. Schumann W (2011) Biotop Mensch. Biol Unserer Zeit 41:182–189. https://doi.org/10.1002/biuz.201110450
12. Smith SE, Read DJ (2008) Mycorrhizal symbiosis. Academic Press, London
13. Smith TM, Smith RL (2009) Ökologie, 6. Aufl. Pearson, München
14. Trigiano RN, Windham MT, Windham AS (2008) Plant pathology – concepts and laboratory exercises. CRC Press, Boca Raton
15. Wittig R, Streit B (2004) Ökologie. UTB Basics. Ulmer, Stuttgart

Stoffkreisläufe und Nahrungsnetze

Jens Boenigk

mit Beiträgen von Martin Hahn, Dominik Begerow, Martin Kemler

J. Boenigk (Hrsg.), *Boenigk, Biologie,* https://doi.org/10.1007/978-3-662-61270-5_36

36.1 Im Gegensatz zu Stoffkreisläufen ist der Energiefluss in Ökosystemen linear

Energie und verschiedene chemische Elemente sind für alle Lebewesen notwendig. In **offenen Systemen** wie Lebewesen wird **Energie stets von außen** bezogen und muss ständig nachgeliefert werden. **Photoautotrophe** Organismen beziehen sie in Form von **Sonnenstrahlung, chemolithoautotrophe** Organismen beziehen Energie aus **anorganischen Molekülen**. Die Energie wird durch die autotrophen Organismen chemisch festgelegt bzw. in Form von ATP für biochemische Reaktionen des Stoffwechsels bereitgestellt. **Heterotrophe** Lebewesen sind für ihren Energiemetabolismus auf die Aufnahme **organischer Moleküle** angewiesen. Als Faustregel in einem Ökosystem gilt, dass nur etwa 10 % der Energie von einer trophischen Stufe zur nächsten weitergegeben werden. Ein Großteil der verwertbaren Energie wird beispielsweise bei Atmungs-, Gärungs- oder Verdauungsprozessen in Form von Wärme abgegeben oder geht durch unvollständigen Nahrungsabbau in Form von Ausscheidungen verloren.

Der **Energiefluss in einem Ökosystem** ist auch immer an einen Stofffluss organischer Moleküle gekoppelt. Während Energie allerdings **linear** durch ein Ökosystem fließt und schließlich in **Wärmestrahlung** überführt wird (■ Abb. 36.1), sind Stoffflüsse als Kreisläufe zu verstehen und werden daher auch als **Stoffkreisläufe** bezeichnet. In ökologischen Stoffkreisläufen spielt auch immer der Energiefluss eine Rolle. So müssen verwertbare Nährstoffe zum Teil erst durch Redoxreaktionen unter Energieverbrauch aus anderen Molekülen gebildet werden. Stoffkreisläufe beschreiben den Austausch dieser Stoffe

36

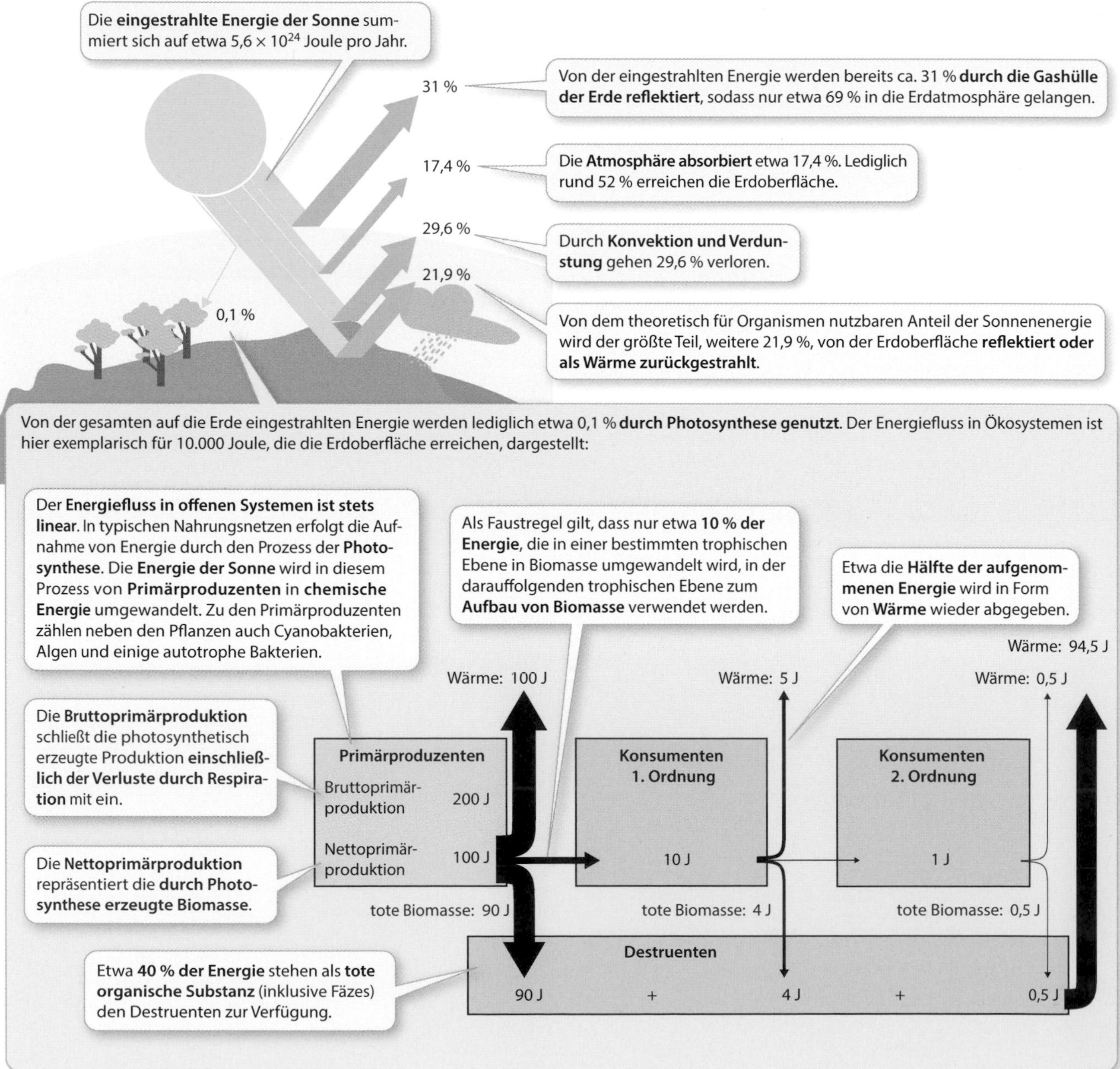

■ **Abb. 36.1** Energiefluss in Ökosystemen

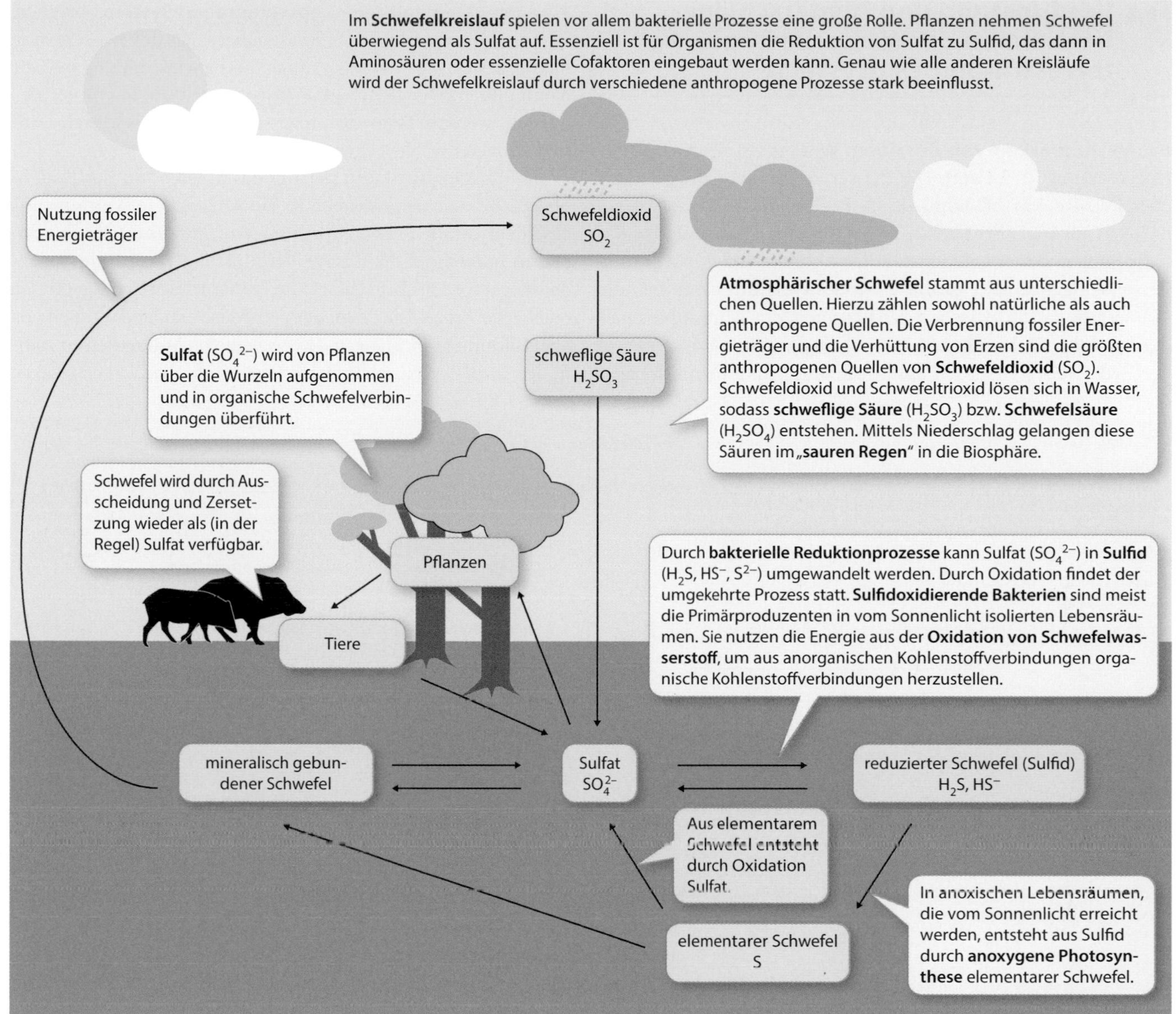

Abb. 36.2 Der Schwefelkreislauf verdeutlicht die enge Beziehung zwischen Energiefluss und Stoffkreisläufen

zwischen Biosphäre, Geosphäre, Hydrosphäre und Atmosphäre sowie gegebenenfalls die Umwandlung zwischen verschiedenen Oxidationsstufen.

Neben Licht können auch **Redoxreaktionen** Energie für autotrophe Organismen liefern, so können beispielsweise die verschiedenen **Oxidationsstufen des Schwefels** (z. B. Sulfat, Sulfit, Sulfid) Mikroorganismen als Elektronendonor oder -akzeptor und somit als Energiequelle dienen (▶ Abschn. 25.2, 25.6; Abb. 36.2). Ein Beispiel für Nahrungsnetze, die auf Energie aus anorganischen chemischen Verbindungen basieren, sind die an den Schwarzen Rauchern der Tiefsee lebenden Organismengemeinschaften (▶ Abschn. 29.2). Die dort mit dem Bartwurm *Riftia pachyptila* in Symbiose lebenden chemoautotrophen Bakterien nutzen als Primärproduzenten in der anoxischen Umgebung Schwefelwasserstoff als Energiequelle zur Synthese organischer Verbindungen (▶ Abschn. 25.1). Der **Schwefelkreislauf** ist ein Beispiel für die **enge Verknüpfung zwischen Energiefluss und Stoffkreislauf**. Neben der Bedeutung als chemische Energiequelle ist Schwefel für Lebewesen essenziell als Bestandteil der Aminosäuren Methionin und Cystein (▶ Abschn. 2.6), als Bestandteil von Coenzymen sowie in Metallion-Schwefel-Zentren verschiedener Proteine.

Schwefel liegt auf der Erde hauptsächlich als Sulfat, Sulfid oder elementarer Schwefel vor. Vor allem in Form von Schwefeloxiden gelangt Schwefel auch in die Atmosphäre; mit Wasser reagieren diese zu schwefliger Säure bzw. zu Schwefelsäue und kommen so als „saurer Regen" wieder auf die Erde. Während Pflanzen Schwefel hauptsächlich als Sulfat aufnehmen, können Mikroorganismen ganz verschiedene Oxidationsstufen des Schwefels nutzen (Abb. 36.2).

36.2 Verdunstung und Niederschläge bestimmen die Wasserverfügbarkeit terrestrischer Ökosysteme

Die **Verfügbarkeit von flüssigem Wasser** ist eine **Grundvoraussetzung für Leben**. Die Wasservorräte der Erde betragen etwa 1,4 Mrd. km^3, aber nur ein kleiner Teil dieser Wasservorräte ist leicht zugängliches Süßwasser (▶ Abschn. 37.8). Landökosysteme hängen daher von der ständigen Zufuhr von Wasser durch Niederschläge ab. Der **globale Wasserkreislauf** beschreibt die Wasserzirkulation zwischen den Ozeanen, der Atmosphäre und der Landoberfläche (◘ Abb. 36.3). Da die absolute Wassermenge der Erde weder zu- noch abnimmt, kann man beim globalen Wasserkreislauf von einem **geschlossenen System** sprechen. Während die verschiedenen Phasenübergänge des Wassers (fest, flüssig, gasförmig) vor allem durch Sonneneinstrahlung und die damit einhergehenden Temperaturunterschiede hervorgerufen werden, werden Transportprozesse beispielsweise durch Luftströmungen und die Schwerkraft angetrieben.

Durch **Verdunstung** gelangt das Wasser von der Bodenoberfläche und den Ozeanen in die Atmosphäre. Verdunstung geschieht durch Evaporation und Transpiration. Die **Evaporation** bezeichnet die direkte Verdunstung von freien Bodenoberflächen oder über Wasser, die **Transpiration** ist dagegen ein regulierter Prozess, bei dem beispielsweise durch das Öffnen von Spaltöffnungen in Blättern die Abgabe von Wasserdampf stattfindet. In der Atmosphäre wird Wasser oft über weite Strecken

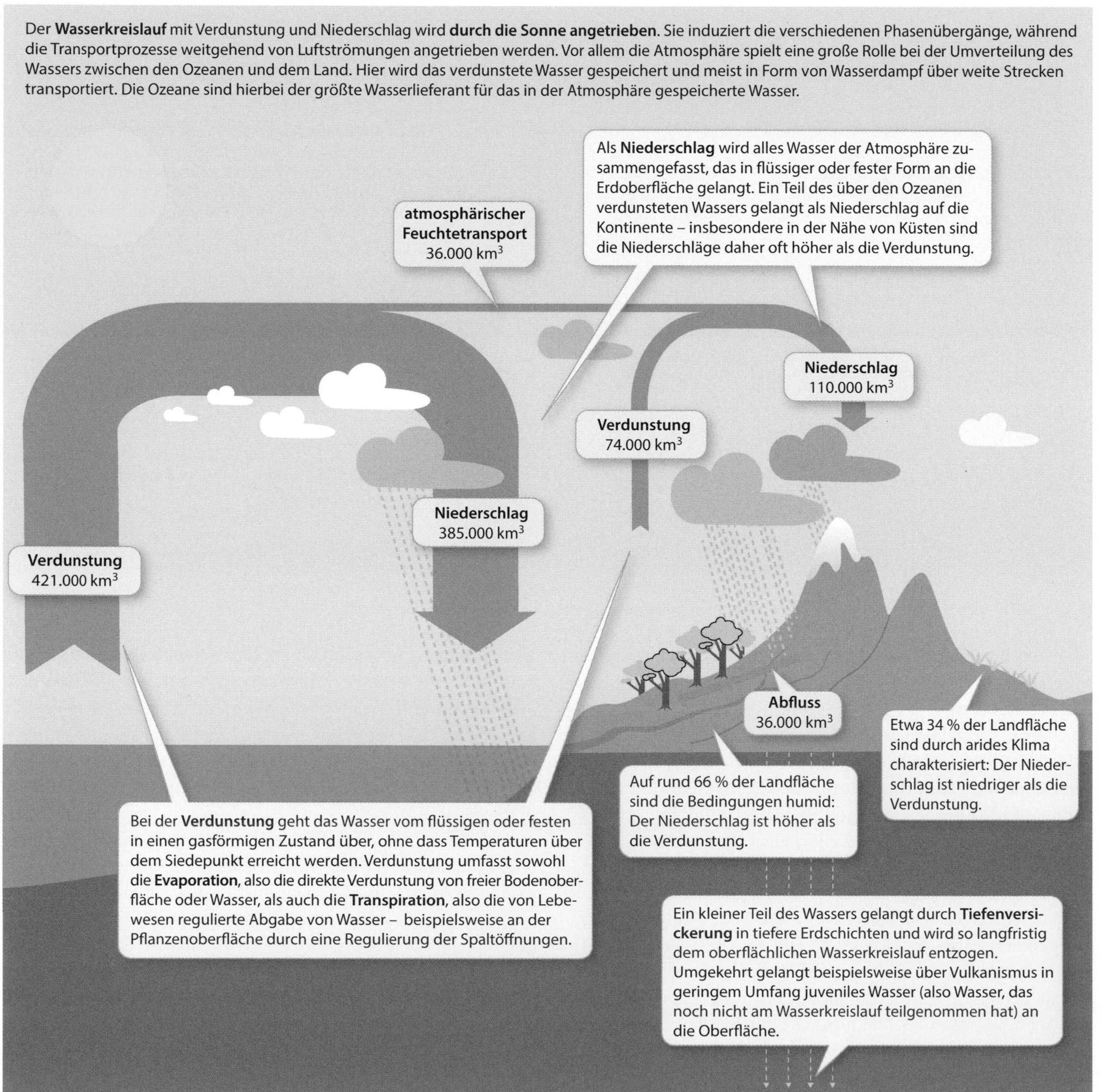

◘ **Abb. 36.3** Wassertransport in Kubikkilometern (km^3) pro Jahr

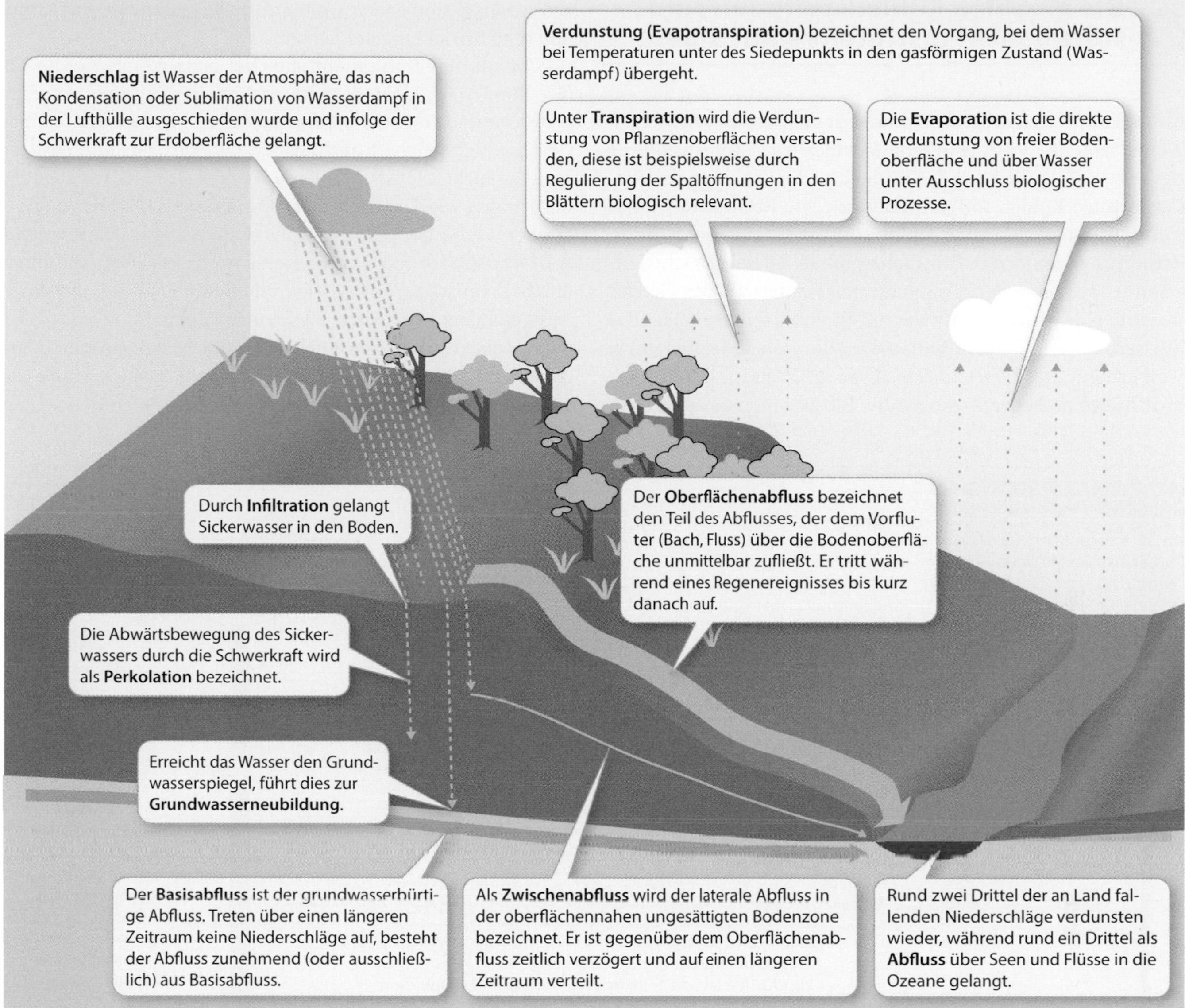

Abb. 36.4 Prozesse des Wasserkreislaufs

horizontal transportiert. Hier spielen vor allem Kondensation und Gefrieren, aber auch die Sublimation (direkter Übergang von Eis in die Gasphase) eine Rolle. Diese Prozesse führen zur Wolkenbildung und schließlich zu **Niederschlag**, sodass das Wasser wieder an die Landoberfläche oder in die Ozeane gelangt. Kondensation (bzw. bei Temperaturen unter 0 °C Kristallisation) wird durch kleine Partikel wie beispielsweise Meersalz oder Bodenstaub initiiert.

An der Erdoberfläche wird Wasser teilweise gespeichert oder sickert in den Boden ein. Sowohl über unterirdische als auch über oberirdische Wege gelangt das Wasser in die Fließgewässer und schließlich wieder in die Ozeane (Abb. 36.4). Auch hier wird zwischen unterschiedlichen Prozessen differenziert. **Infiltration** bezeichnet die Bewegung von Sickerwasser von oben in den Boden hinein. Hinzu kommen beispielsweise noch Oberflächenabfluss, Grundwasserabfluss, Zwischenabfluss und Grundwasserneubildung.

Auf all diese Prozesse wirkt sich auch der **Klimawandel** aus (► Abschn. 38.2). So nimmt die Verdunstung über den Meeren mit steigenden globalen Temperaturen zu, während sie über dem Land abnimmt. Die Einflüsse der Erwärmung auf Niederschlag und Abfluss sind regional stark unterschiedlich – grundsätzlich geht mit steigenden Temperaturen aber eine Zunahme der Niederschlagsmengen einher (► Abschn. 37.4).

36.3 Die globalen Kohlenstoffpools sind trotz hoher Flussraten relativ stabil

Kohlenstoff ist das **zentrale Element des Lebens** (▶ Abschn. 2.1). Neben seiner Bedeutung in Biomolekülen spielt Kohlenstoff eine besondere Rolle auch für das Klima und die Evolution der Erde. Gasförmige Kohlenstoffverbindungen wie **Kohlenstoffdioxid** und **Methan** in der Atmosphäre sind ausschlaggebend für das **Erdklima**. Die durchschnittliche globale Gleichgewichtstemperatur läge ohne den Treibhauseffekt unterhalb des Gefrierpunkts. Nur durch die Anwesenheit von Treibhausgasen wie Wasserdampf, CO_2 und Methan wird die globale Temperatur so weit erhöht, dass Leben auf der Erde möglich ist. Die **Kohlenstoffflüsse** zwischen Atmosphäre, Biosphäre, Lithosphäre und Hydrosphäre sind daher von zentraler Bedeutung für das Klima und die Entwicklung des Lebens.

Der **globale Kohlenstoffspeicher** beträgt etwa 75 Mio. Gt (Gigatonnen) C. Über 99 % davon sind allerdings in Carbonatgesteinen und (derzeit) nicht abbaubaren organischen fossilen Gesteinen gespeichert und für den kurzfristigen Kohlenstoffkreislauf nicht relevant. Kohlenstoff findet sich hier vor allem in Carbonaten wie $CaCO_3$, $CaMgCO_3$ und $FeCO_3$ sowie in organischen Verbindungen. Die Umverteilung dieses langfristig in der **Lithosphäre** festgelegten Kohlenstoffs geschieht vor allem durch chemische Verwitterung und Sedimentation, mit einer Austauschdauer von einigen Millionen Jahren.

Die aktiveren Kohlenstoffspeicher sind die Atmosphäre, die terrestrische Biosphäre und die Hydrosphäre sowie einige als fossile Energieträger und als Rohstoff der Zementherstellung

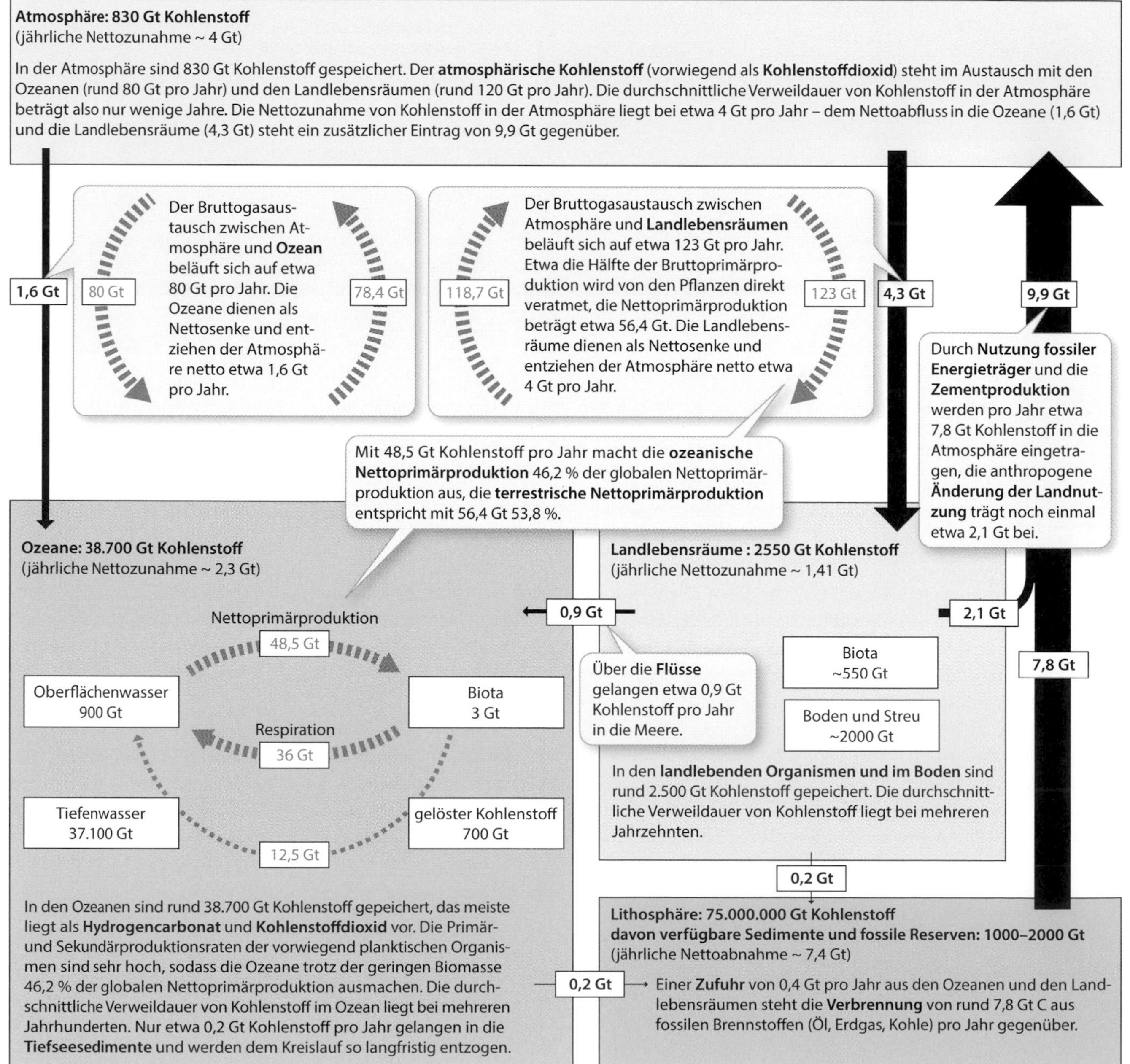

Abb. 36.5 Kohlenstoffbudgets und -flüsse (Gt: Gigatonne = 1 Mrd. t)

In der **terrestrischen Biosphäre** werden üblicherweise **drei Kohlenstoffspeicher** unterschieden. Durch Photosynthese und Respiration besteht zwischen der Biosphäre und der Atmosphäre ein starker Austausch.

In der **lebenden Vegetation** sind rund 550 Gt Kohlenstoff gespeichert.

Durch die **Photosynthese** wird Kohlenstoffdioxid aus der Atmosphäre in einem mehrstufigen Prozess zu komplexeren Kohlenstoffverbindungen aufgebaut. Hierbei werden rund 123 Gt Kohlenstoff pro Jahr assimiliert (**Bruttoprimärproduktion**). Durch **Respiration** geben die autotrophen Organismen aber etwa 66,6 Gt Kohlenstoff in Form von CO_2 wieder an die Atmosphäre ab. Die **Nettoprimärproduktion (NPP)**, also die Bruttoprimärproduktion abzüglich der durch Respiration wieder veratmeten Produktion, beträgt somit rund 56,4 Gt Kohlenstoff. 4,1 Gt Kohlenstoff pro Jahr gehen durch **Holznutzung und Verbrennung** verloren.

Die **Streu** enthält ungefähr 300 Gt Kohlenstoff.

Ein großer Teil der Biomasse fällt als **Streu**, insbesondere als Laub und Zweige, auf den Boden und wird dort von Organismen zersetzt. Durch die **Atmung der Bodenorganismen** werden so wieder 48 Gt des Kohlenstoffs an die Atmosphäre abgegeben.

Der **Boden** ist mit etwa 1700 Gt Kohlenstoff der größte Speicher.

Von dem durch die terrestrische Biosphäre aufgenommenen Kohlenstoff werden etwa 1,6 Gt in Form von schwer abbaubarem **Humus** über einen längeren Zeitraum gespeichert, während rund 1,7 Gt als **gelöster organischer Kohlenstoff** längerfristig gebunden bleiben. Gelöster Kohlenstoff wird mittelfristig aus den Böden wieder **ausgewaschen**, so gelangen etwa 0,2 Gt Kohlenstoff pro Jahr in die Litosphäre und rund 0,9 Gt in die Ozeane.

Abb. 36.6 Kohlenstoffspeicher und Kohlenstofffluss in terrestrischen Ökosystemen

genutzte Pools der Lithosphäre. Diese für den kurzfristigen Kohlenstoffkreislauf relevanten Pools belaufen sich auf nur rund 45.000 Gt C, die zwischen den verschiedenen Kompartimenten ständig ausgetauscht werden.

Unterschiedliche Prozesse treiben den Austausch und die Umwandlungen des Kohlenstoffs in den aktiven Speichern an. Würde man nur die Nettoflüsse berücksichtigen, ergäbe sich für CO_2-Moleküle eine durchschnittliche Verweildauer in der **Atmosphäre** von rund 120 Jahren, tatsächlich (unter Berücksichtigung der Bruttoflüsse; Abb. 36.5) beträgt die durchschnittliche Verweildauer lediglich vier bis fünf Jahre. So stehen die Pools der terrestrischen Biosphäre und der Atmosphäre vor allem über Photosynthese und Respiration in Verbindung (Abb. 36.6). Aus dem Verhältnis der kohlenstofffixierenden und -freisetzenden Prozesse ergibt sich, ob die jeweiligen Kompartimente eine **Kohlenstoffsenke** oder eine **Kohlenstoffquelle** darstellen, durch menschliche Eingriffe oder Änderungen der Umweltbedingungen kann sich das Gleichgewicht verschieben (Abb. 36.7).

In der **terrestrischen Biosphäre** ist der Großteil des Kohlenstoffs in **organischen Verbindungen** gespeichert, in der **Hydrosphäre** ist Kohlenstoff dagegen überwiegend **anorganisch (DIC**; engl. *dissolved inorganic carbon*) in Form von Hydrogencarbonat (91 %), Carbonat (8 %) und gelöstem Kohlenstoffdioxid (1 %) vorzufinden. Daneben spielen **gelöster organischer Kohlenstoff (DOC**; engl. *dissolved organic carbon*) und **partikulärer organischer Kohlenstoff (POC**; engl. *particulate organic carbon*) in den Ozeanen eine Rolle (Abb. 36.8). Das Verhältnis von DIC, DOC und POC liegt in etwa bei 2000 : 38 : 1. Auch die Hydrosphäre kann, genau wie die terrestrische Biosphäre, als Senke, aber auch als Quelle für Kohlenstoff fungieren. Hier sind Faktoren wie Temperatur, Druck, Salzgehalt oder auch die windabhängige Durchmischung des Wassers ausschlaggebend. Vor allem die Temperatur des Wassers spielt eine entscheidende Rolle, ein **Anstieg der Wassertemperatur** um Wasser 1 °C kann zu einer **Erhöhung des CO_2-Partialdrucks** des Oberflächenwassers um 7–10 ppm führen, was wiederum eine Senkung der CO_2-Aufnahmefähigkeit des Ozeans zur Folge hat. Der Austausch von CO_2 zwischen Atmosphäre und Oberflächenwasser erfolgt durch Diffusion. Kohlenstoff des Oberflächenwassers kann dann einerseits über die **physikalische Pumpe**, also durch Salz- und Temperaturunterschiede angetriebene Wasserströmungen, andererseits über die **biologische Pumpe**, also Kohlenstofffixierung durch Photosynthese, Absinken von Detritus und Respiration, mit dem Tiefenwasser ausgetauscht werden. Zudem steht die CO_2-Konzentration über das **Kalk-Kohlensäure-System** mit Hydrogencarbonat sowie (biogenen) Kalksedimenten im Gleichgewicht (Abb. 36.8).

Vor allem anthropogene Einwirkungen wie die **Entwaldung** wirken sich auf die terrestrische Biosphäre als Kohlenstoffspeicher aus. Während unangetastete **tropische Wälder** einen großen **Kohlenstoffspeicher** darstellen, sinkt diese Kapazität durch Rodung dramatisch und werden **gerodete tropische Wälder** zu einer **Kohlenstoffquelle**.

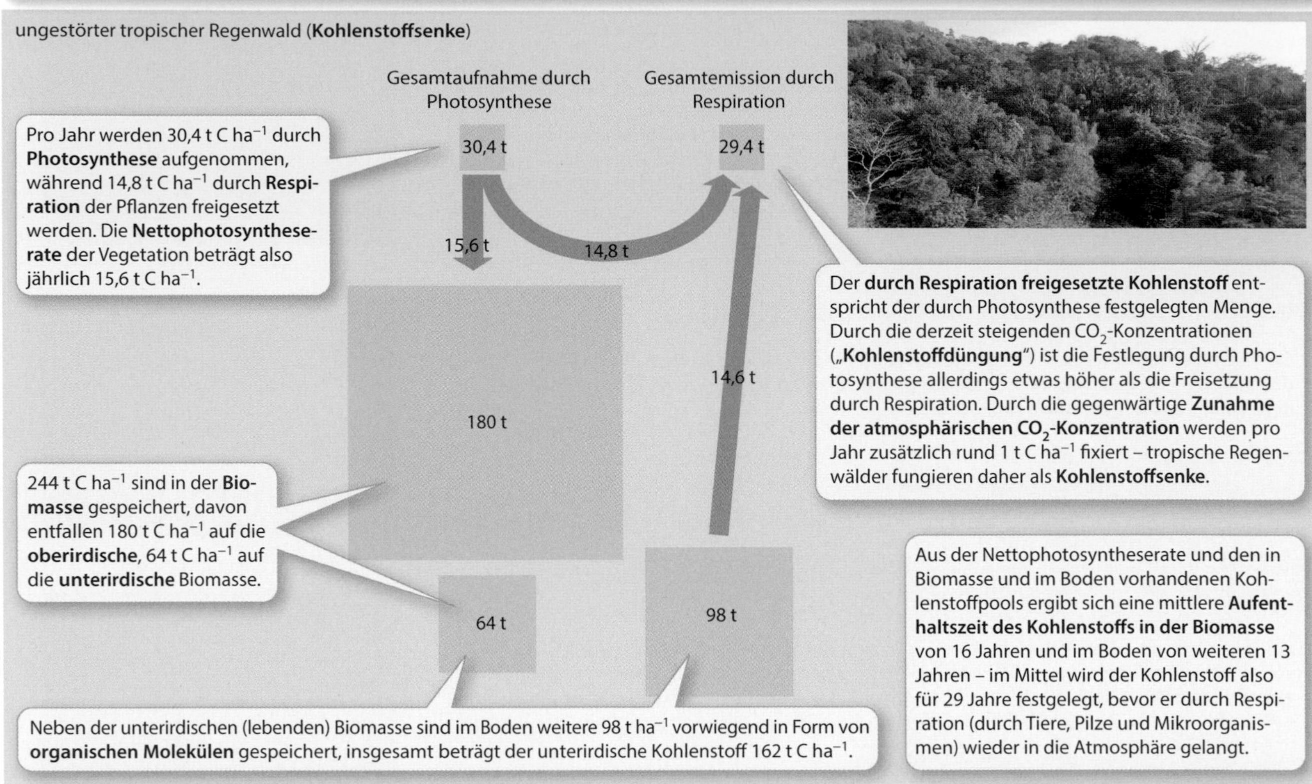

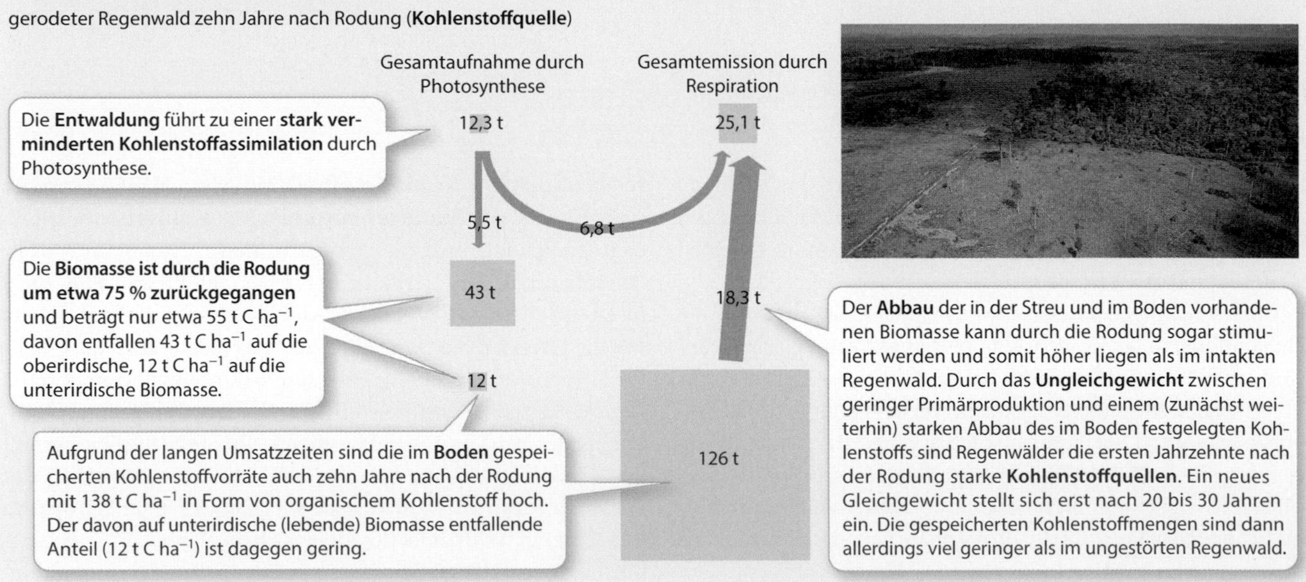

Abb. 36.7 Effekt von Kohlenstoffdüngung und Waldrodung auf das Kohlenstoffbudget tropischer Regenwälder

Vor allem anthropogene Einflüsse, wie die Nutzung fossiler Brennstoffe (Abb. 36.5) oder die Entwaldung zur Schaffung landschaftlicher Nutzflächen (Abb. 36.7) bedingen ein Ungleichgewicht der Kohlenstoffflüsse zwischen den Sphären. So ist der atmosphärische Partialdruck des Kohlenstoffdioxids von etwa 280 ppm aus der vorindustriellen Zeit bis heute auf 409,5 ppm angestiegen (► Abschn. 38.2).

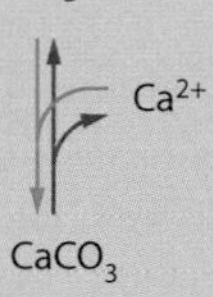

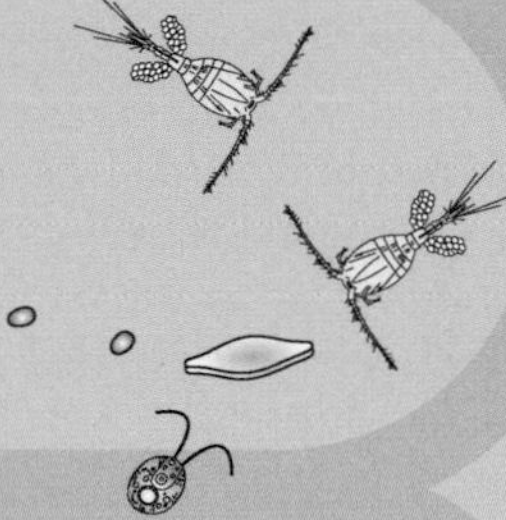

Abb. 36.8 Kohlenstofffluss im Ozean (Gt: Gigatonne = 1 Mrd. t)

36.4 Der Stickstoffkreislauf ist über Stickstofffixierung und Denitrifikation mit dem elementaren Stickstoff der Atmosphäre verknüpft

Der **Stickstoffkreislauf** gehört zu den wichtigsten biogeochemischen Kreisläufen (◻ Abb. 36.9), da **Stickstoff ein essenzieller Bestandteil aller Lebewesen** ist. In der Umwelt findet sich Stickstoff in den unterschiedlichsten **Oxidationsstufen**, für die Umwandlung in die verschiedenen Formen durch Reduktions- und Oxidationsreaktionen spielen vor allem Bakterien eine entscheidende Rolle. Ein großes Stickstoffreservoir ist die **Atmosphäre**: Sie besteht zu etwa 78 % aus **molekularem Stickstoff (N_2)** (► Abschn. 2.1). Obwohl Stickstoff hier also reichlich vorhanden ist, ist er in seiner elementaren Form größtenteils nicht nutzbar für Lebewesen.

Eine Umwandlung von elementarem Stickstoff in biologisch verfügbare Formen kann jedoch auf abiotischem und biotischem Weg stattfinden und wird als **Stickstofffixierung** bezeichnet. Sie ist sehr **energieaufwendig**, da die extrem stabile kovalente Dreifachbindung des molekularen Stickstoffs gespalten werden muss. Abiotische Stickstofffixierung geschieht beispielsweise durch Blitzeinschlag, industriell wird die Stickstofffixierung über das Haber-Bosch-Verfahren realisiert. Verschiedene **Prokaryoten** sind zur **biologischen Stickstofffixierung** befähigt (► Abschn. 25.9). Das entstehende Ammonium (NH_4^+) bzw. Ammoniak (NH_3) kann von **nitrifizierenden Bakterien** dann zu **Nitrat** (NO_3^-)umgewandelt werden (**Nitrifikation**) – der von Pflanzen bevorzugt aufgenommenen Form von Stickstoff. Sowohl Pflanzen als auch Mikroorganismen benötigen Stickstoff zum Aufbau organischer Verbindungen wie Proteinen und DNA. Umgekehrt wird organischer Stickstoff aus toten Organismen und Exkrementen abgebaut und durch **Ammonifikation** zu anorganischem Stickstoff umgewandelt. Unter anaeroben Bedingungen werden Nitrat und Nitrit (NO_2^-) durch **Denitrifikation** oder **anaerobe Ammoniumoxidation** (**Anammox**) schließlich wieder zu elementarem Stickstoff umgewandelt, der in die Atmosphäre abgegeben wird. Die Prozesse der Stickstofffixierung, der Nitrifikation und der Denitrifikation durch Mikroorganismen machen den Großteil der Umsetzung an Stickstoff aus (◻ Abb. 36.10).

Durch wachsende **anthropogene Stickstoffeinträge aus Landwirtschaft und Industrie** wird der Stickstoffkreislauf stark beeinflusst und zunehmend vom Kohlenstoffkreislauf entkoppelt. Die zunehmende Stickstoffverfügbarkeit verringert das C/N-Verhältnis – der Anstieg des Treibhausgases Kohlenstoffdioxid wirkt diesem Trend allerdings entgegen. Grundsätzlich erlaubt eine steigende Verfügbarkeit von Kohlenstoffdioxid und Stickstoff eine erhöhte Primärproduktion. Eine daraus resultierende starke Sauerstoffzehrung, vor allem in tieferen Gewässerschichten, kann aber auch zur Ausbildung von anaeroben Zonen („Todeszonen") führen. Die hohe Stickstoffverfügbarkeit resultiert zudem in einer erhöhten Freisetzung von Stickoxiden wie Lachgas (N_2O) und kann so verstärkend auf den Klimawandel wirken.

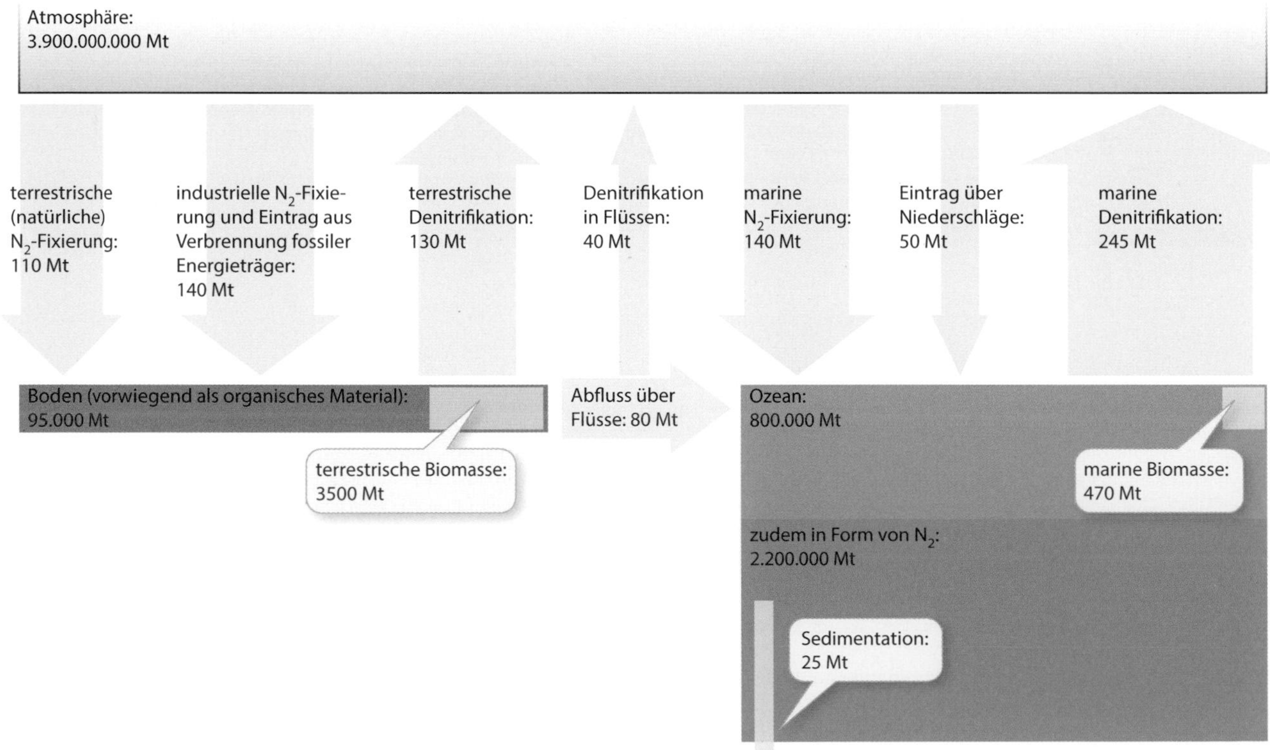

◻ **Abb. 36.9** Globale Stickstoffressourcen und -flüsse (Mt: Megatonne = 1 Mio. t)

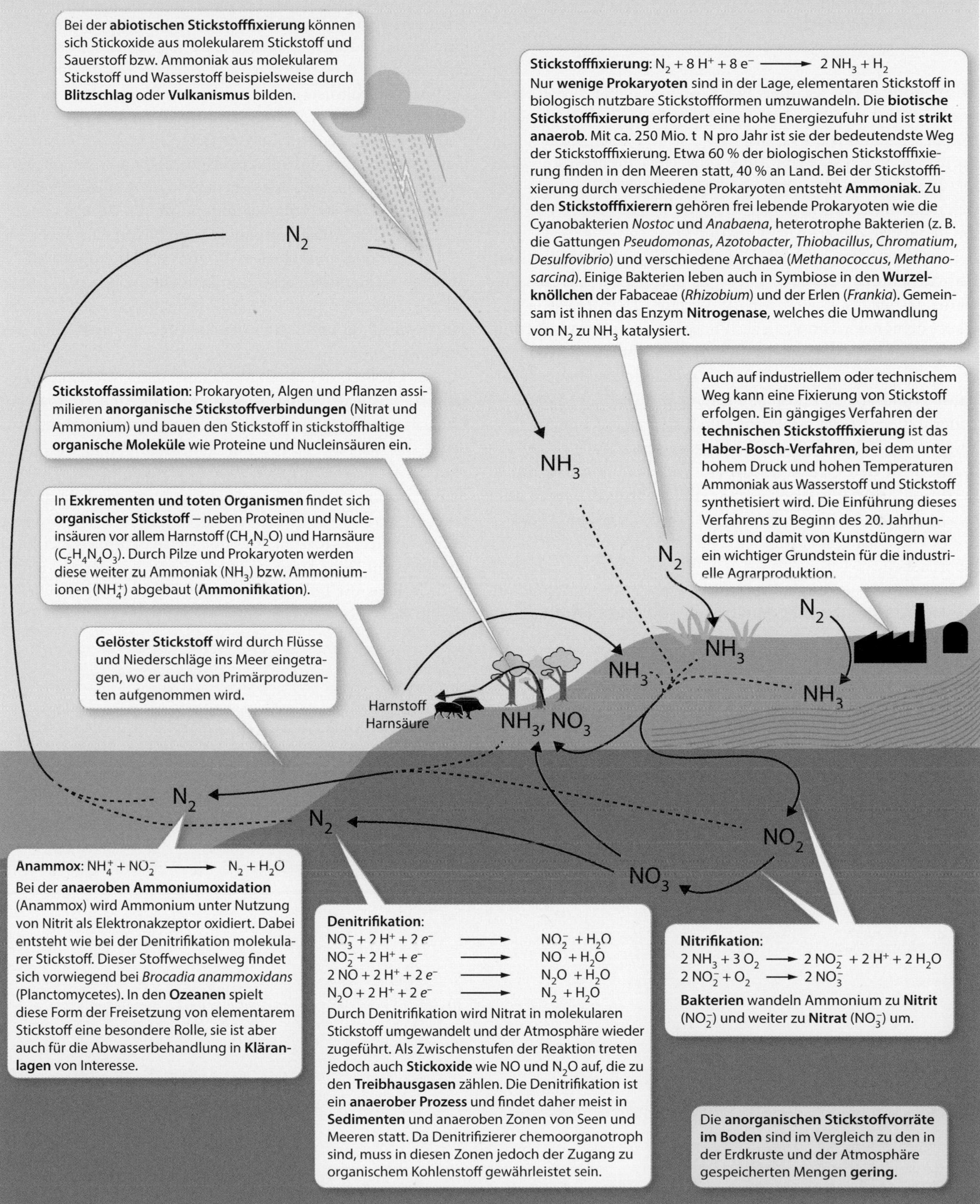

Abb. 36.10 Prozesse des globalen Stickstoffkreislaufs

36.5 Phosphor ist in vielen Ökosystemen limitierend

Phosphor wird als wichtiger Nährstoff von allen Lebensformen benötigt und spielt zudem eine essenzielle Rolle in biochemischen Reaktionen, wie beispielsweise dem Energietransfer in Form von ATP oder beim Aufbau der Nucleinsäuren. In vielen Ökosystemen ist Phosphor nur begrenzt verfügbar und wirkt sich daher **limitierend** auf das Wachstum der Primärproduzenten und damit die Primärproduktion aus.

In **Ökosystemen** wird ein großer Teil des **Phosphats im Nahrungsnetz recycelt**. Dies gilt sowohl für terrestrische Nahrungsnetze als auch für die Ozeane. Den terrestrischen Ökosystemen wird zusätzliches Phosphat durch **Verwitterung von Gesteinen** zugänglich, durch **Auswaschung und Abfluss** gelangt dieses auch in die Ozeane. Die Landökosysteme stellen daher grundsätzlich Phosphatquellen dar, allerdings ist die Verwitterung ein langsamer Prozess und die freigesetzten Mengen sind gering. Daher sind auch Landökosysteme häufig phosphatlimitiert. In den Ozeanen wird ein Teil des Phosphats durch **Sedimentation** langfristig dem Kreislauf entzogen. Durch geologische Prozesse (Plattentektonik, Subduktion, Hebung) gelangt dieses Phosphat erst in geologischen Zeiträumen wieder an die Oberfläche.

Für die meisten Organismen ist Phosphor nur gelöst in Form von **Hydrogenphosphat** (HPO_4^{2-}) oder **Dihydrogenphosphat** ($H_2PO_4^-$) oder durch Aufnahme von bereits in Biomasse eingebautem organischen Phosphat verfügbar. Der in Böden, Gesteinen und Sedimenten gebundene Phosphor ist für Lebewesen dagegen nicht direkt verfügbar. Der größte Teil des Phosphors liegt in der Erdkruste als anorganisches Phosphat in Form des Minerals **Apatit** vor. Durch chemische Verwitterung werden Phosphationen aus dem Gestein freigesetzt. Da diese nur sehr langsam durch geomorphologische Prozesse im Boden verfügbar werden, ist in der Landwirtschaft der Einsatz von Dünger üblich, um das Pflanzenwachstum zu fördern (◘ Abb. 36.11).

Durch den Abbau von Biomasse mittels entsprechender pflanzlicher oder mikrobieller Enzyme, als **Phosphatasen** bezeichnet, werden ebenfalls Phosphationen freigesetzt. Pflanzen nehmen Phosphor dann als Hydrogenphosphat oder Dihydrogenphosphat auf und setzen diese wieder zu organischen Verbindungen um.

Der Großteil des durch Verwitterung der Gesteine freigesetzten Phosphats gelangt jedoch in die Ozeane. Im **marinen Phosphatkreislauf** finden verschiedene Durchmischungsvorgänge statt (◘ Abb. 36.11). Durch Sedimentation wird Phosphor in marinen Sedimenten abgelagert und ist dann langfristig dem Kreislauf entzogen. Es gelangt erst durch geologische Prozesse im Verlauf von Millionen Jahren wieder an die Erdoberfläche. Im Gegensatz zum Stickstoffkreislauf umfasst der Phosphorkreislauf keine atmosphärische Phase, sondern ist auf die Hydrosphäre, die Lithosphäre und die Pedosphäre beschränkt (◘ Tab. 36.1).

36

◘ **Tab. 36.1** Vergleich der globalen Stickstoff- und Phosphorvorräte (Mt: Megatonne = 1 Mio. t)

Ein großer Teil der Stickstoffvorräte sind (vorwiegend als N_2) Bestandteil der Atmosphäre. Durch Stickstofffixierung kann so Stickstoff aus der Atmosphäre nachgeliefert werden. Im Gegensatz dazu gibt es keinen gasförmigen Phosphorpool.

	Stickstoffvorräte	**Phosphorvorräte**
Atmosphäre	3.900.000.000 Mt	0,00003 Mt
Land		
Böden (organisches Material)	95.000 Mt	150 Mt
terrestrische Biomasse	3500 Mt	3 Mt
Ozeane		
gelöster anorganischer N bzw. P	800.000 Mt	93,5 Mt
gelöster N_2	2.200.000 Mt	
ozeanische Biomasse	470 Mt	0,07 Mt
kontinentale Kruste	1.100.000.000 Mt	11.500.000.000 Mt
Erdmantel	7.970.000.000 Mt	240.000.000.000 Mt

Die globalen Phosphorvorräte sind riesig, Phosphor liegt allerdings vorwiegend in **mineralischer Form** in der Erdkruste und im Erdmantel vor. Durch **Verwitterung** kann aus Mineralen wie Apatit bioverfügbares gelöstes Phosphat entstehen. Da diese Prozesse aber **sehr langsam** sind, ist Phosphor trotz der großen Gesamtmenge häufig ein wachstumslimitierendes Element.

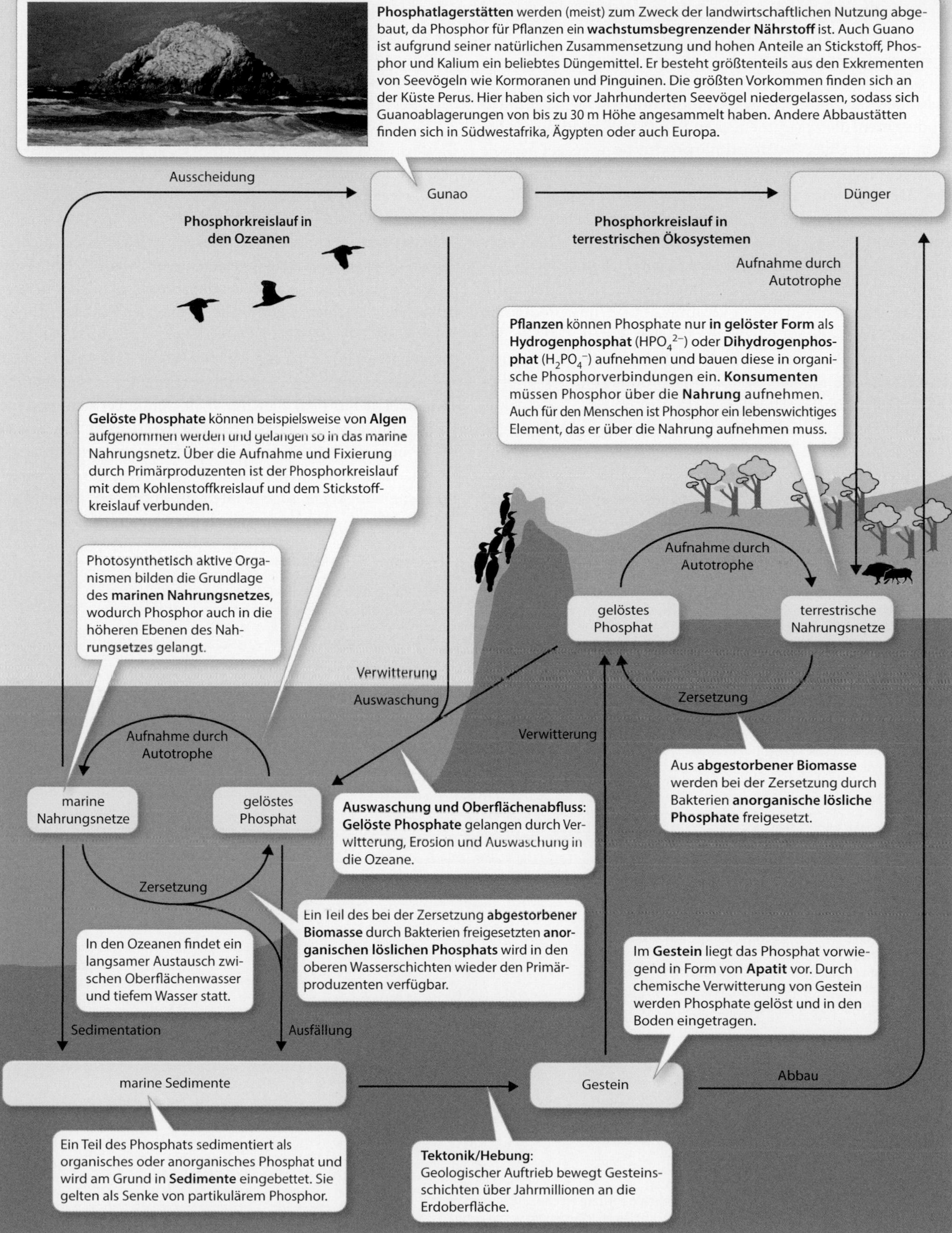

Abb. 36.11 Der Phosphorkreislauf

36

36.6 In einem Ökosystem stehen aufbauende und abbauende Prozesse im Gleichgewicht

Basis aller Nahrungsnetze ist die Produktion von Biomasse durch Produzenten, die zusammenfassend als **Primärproduktion** bezeichnet wird. Unter **Bruttoprimärproduktion** versteht man die gesamte von autotrophen Organismen fixierte Menge an Kohlenstoff. Der größte Anteil der Primärproduktion geht auf Photosynthese zurück, während Chemosynthese eine untergeordnete Rolle spielt. Dabei tragen Landpflanzen und Algen jeweils etwa zu 50 % zur globalen Primärproduktion bei (◘ Abb. 36.12).

Etwa ein Viertel bis die Hälfte des fixierten Kohlenstoffs wird von den Primärproduzenten veratmet. Die Primärproduktion abzüglich dieses direkt wieder veratmeten Anteils fließt in den Aufbau neuer Biomasse und wird als **Nettoprimärproduktion** bezeichnet. Die globale Nettoprimärproduktion beträgt etwa $104{,}9 \times 10^9$ t Kohlenstoff pro Jahr (◘ Abb. 36.12).

Aufbauende und abbauende Prozesse stehen in Ökosystemen in der Regel in einem Gleichgewicht miteinander. Die Anteile dieser beiden Prozesse charakterisieren die Produktivität von Ökosystemen. Das Ausmaß der Primärproduktion eines Ökosystems wird als **Trophie** bezeichnet, das Ausmaß an abbauenden Prozessen als **Saprobie**. Trophie und Saprobie sind wichtige Kenngrößen in der Beurteilung von Ökosystemen (◘ Abb. 36.13). Sowohl für die Abschätzung der Trophie als auch der Saprobie wird die Zusammensetzung der Organismengemeinschaft herangezogen und aus dieser ein entsprechender Trophie- bzw. Saprobienindex berechnet (**Bioindikation**; ▶ Abschn. 38.4).

Bisweilen sind aufbauende und abbauende Prozesse nicht im Gleichgewicht und die eine Form überwiegt. Dies ist beispielsweise in Ökosystemen früher Sukzessionsstadien der Fall, in denen der Biomasseaufbau auf Ökosystemebene den Abbau von Biomasse übertrifft. Produktion und Abbau von Biomasse sind innerhalb von Ökosystemen aber nicht notwendigerweise gleich verteilt. So überwiegen in aquatischen Ökosystemen beispielsweise in den oberen Gewässerschichten die aufbauenden Prozesse, in den tieferen, lichtarmen Schichten hingegen die abbauenden Prozesse. Ähnlich dominieren in terrestrischen Ökosystemen oberirdisch die aufbauenden und im Boden die abbauenden Prozesse (◘ Abschn. 36.8).

Geraten aufbauende und abbauende Prozesse auf Ökosystemebene aus dem Gleichgewicht, verändert sich das Ökosystem mit teilweise dramatischen Konsequenzen. Ein Beispiel ist der übermäßige Nährstoffeintrag, der in warmen Gewässern zu einer erhöhten Produktion und schließlich zur Massenvermehrung von Algen, sogenannten **Algenblüten**, führen kann (◘ Abb. 36.14) – in einer Algenblüte können die Mikroalgen

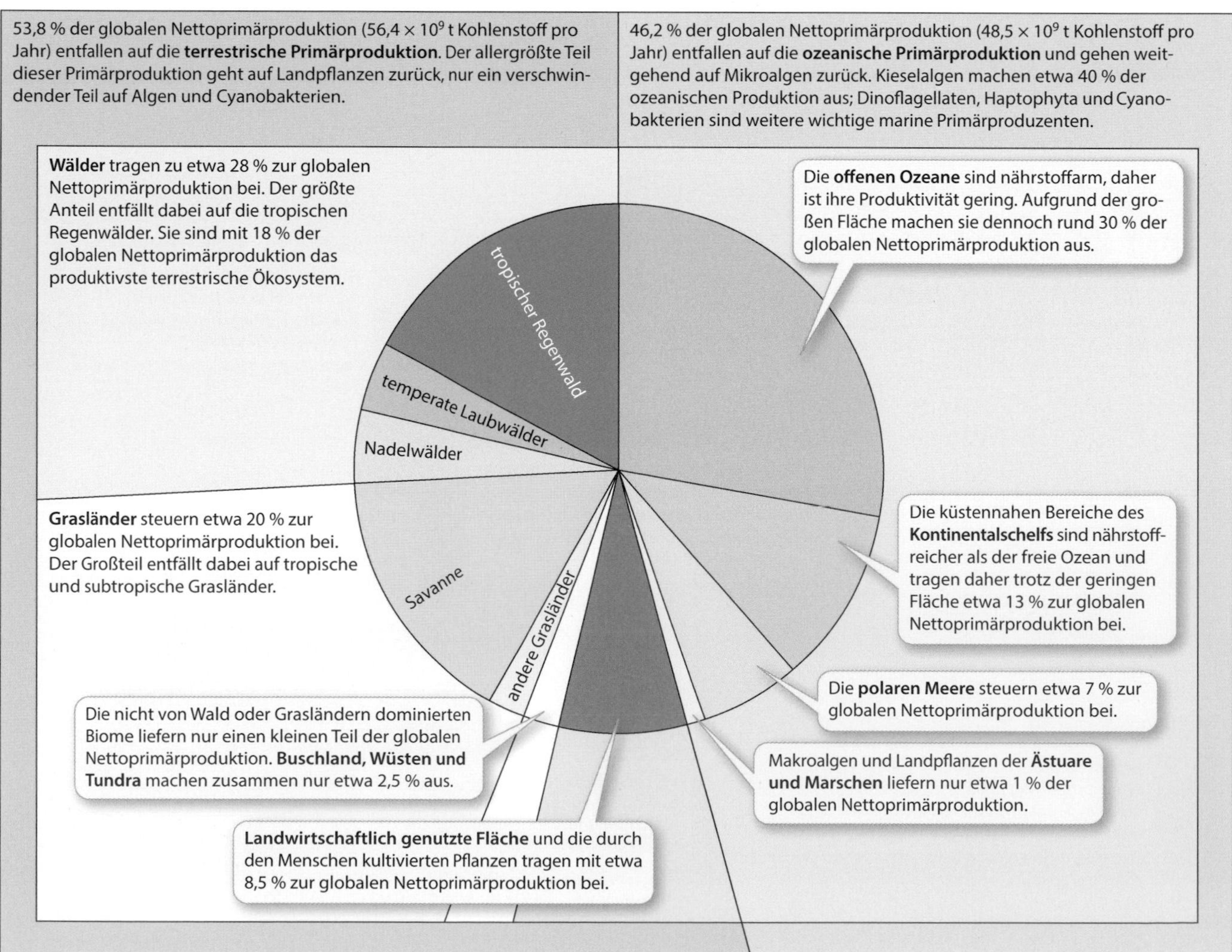

◘ **Abb. 36.12** Anteil verschiedener Habitattypen an der globalen Nettoprimärproduktion

eine Dichte Abundanz von mehreren Zehntausend bis mehreren Millionen Mikroalgen pro Milliliter erreichen.

Aufgrund der hohen Dichte an Mikroalgen erscheint das Wasser während einer Algenblüte meist gefärbt. Je nach beteiligter Algengruppe können verschiedene Färbungen auftreten – insbesondere Algenblüten von Dinoflagellaten erscheinen häufig rötlich und werden daher auch als **Rote Tide** (engl: *red tide*) bezeichnet (► Abschn. 33.15).

Die hohe Organismendichte während einer Algenblüte bedingt auch eine starke Sauerstoffzehrung – eine Folge ist Sauerstoffmangel bis hin zum kompletten Fehlen von Sauerstoff (**Anoxie**), in der Folge sterben viele Organismen ab und es können Fäulnisprozesse einsetzen. Einige blütenbildende Algenarten produzieren aber auch Toxine, sodass es zu einer direkten Vergiftung anderer Organismen, insbesondere der Konsumenten, kommt. Die Gifte können über die Nahrungskette aufkonzentriert werden – insbesondere der Verzehr filtrierender Organismen wie Muscheln kann daher auch beim Menschen zu gesundheitlichen Problemen führen. Solche Algenblüten giftiger Algen werden als schädliche Algenblüten (engl: *harmful algal bloom* (HAB)) zusammengefasst.

An marinen HABs sind häufig Dinoflagellaten der Gattungen *Amphidinium* (► Abschn. 33.15) und *Alexandrium* beteiligt. *Alexandrium* produziert unter anderem das Purinderivat Saxitoxin. **Saxitoxin** ist ein Neurotoxin und blockiert selektiv Natriumkanäle – dies führt schließlich zu Atemlähmung und Herzkreislaufstörungen. Bereits wenige Mikrogramm sind für einen erwachsenen Menschen tödlich, Saxitoxin wirkt etwa 1000 mal stärker als das Nerventgift Sarin und wird daher auch als biologischer Kampfstoff diskutiert.

Die **Stärke der Primärproduktion** bezeichnet man als **Trophie**. Sie wird vor allem zur ökologischen Charakterisierung von stehenden Gewässern eingesetzt. Da die Trophie nur schwer zu messen ist, wird oft die Konzentration limitierender Nährstoffe, insbesondere die Phosphatkonzentration, oder die Chlorophyllkonzentration als Näherung für die Biomasse der Primärproduzenten und deren Produktion herangezogen. Systeme mit geringer Produktion sind meist nährstoffarm und werden als oligotroph bezeichnet, solche mit mittlerer Produktion und meist mittlerem Nährstoffangebot als mesotroph. Systeme mit hoher Produktion sind nährstoffreich und werden eutroph genannt. Extrem produktive und nährstoffreiche Systeme, wie beispielsweise stark abwasserbelastete Systeme, bezeichnet man als hypertroph.

$$6\,CO_2 + 6\,H_2O \rightleftarrows C_6H_{12}O_6 + 6\,O_2$$

Die **Stärke des Abbaus** organischer Substanz bezeichnet man als **Saprobie**. Da beim Abbau Sauerstoff verbraucht wird, ist der Sauerstoffverbrauch eines Gewässers umso stärker, je höher die Saprobie ist. Daher wird der Sauerstoffverbrauch häufig als Maß für die Saprobie herangezogen. Die Saprobie wird vor allem zur ökologischen Charakterisierung von Fließgewässern genutzt. Man unterscheidet Systeme geringer Saprobie (oligosaprob) von solchen mittlerer (mesosaprob) und hoher Saprobie (polysaprob).

Abb. 36.13 Trophie und Saprobie

In Süßgewässern sind Blüten von Cyanobakterien (► Abschn. 34.8) häufiger, auch hier kommen toxinbildende Arten vor. So produzieren die Gattungen *Microcystis* und *Planktothrix* das Oligopeptid **Microcystin**, das Proteinphosphatasen hemmt und schließlich zu einem Abbau des Cytoskeletts führt.

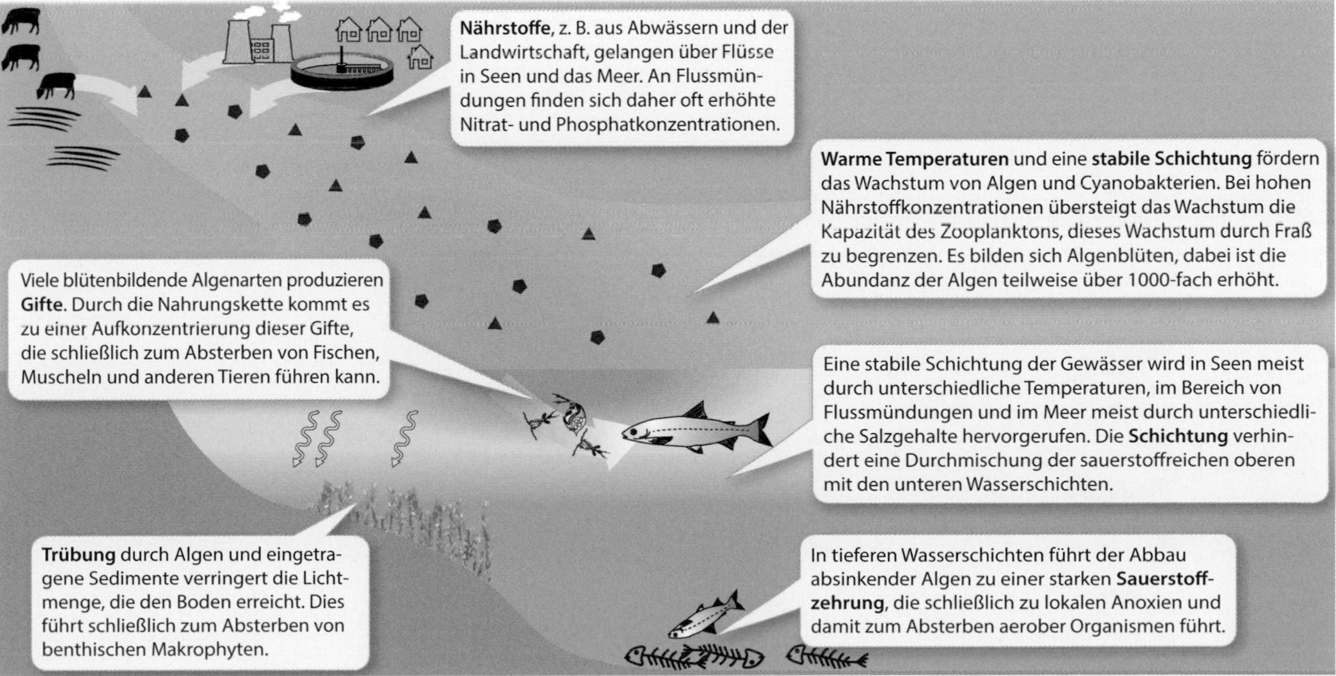

Abb. 36.14 Entstehung und Folgen von Algenblüten

36.7 Die energetische Effizienz zwischen trophischen Ebenen hängt von der Ernährungsart und Lebensweise ab

Die trophischen Beziehungen zwischen Organismen in einem Ökosystem werden meist als Nahrungsketten oder Nahrungsnetze dargestellt. Sie sind Modelle für die Stoff- und Energieflüsse in Ökosystemen, vereinfachen die tatsächlichen Verhältnisse aber oft stark.

Nahrungsketten stellen modellhaft die linearen Energie- und Stoffflüsse zwischen Lebewesen dar. Dabei sind die einzelnen Lebewesen einem bestimmten Trophieniveau (auch Trophiestufe oder trophische Ebene) zugeordnet (◘ Abb. 36.15). Sie beginnen mit den Primärproduzenten, gefolgt von Konsumenten erster Ordnung, den Herbivoren, und schließlich den Konsumenten höherer Ordnung bis hin zu einem Topprädator. **Nahrungsnetze** erlauben die Darstellung komplexerer Beziehungen zwischen den Organismen, die Zuordnung zu einem bestimmten trophischen Niveau wird dabei zunehmend schwieriger. Kannibalistische und parasitische Arten sowie Organismen, die sich von Lebewesen verschiedener Trophieniveaus ernähren (Omnivore), und die mikrobiellen Komponenten sind in Nahrungsketten meist nicht dargestellt, obwohl diese Organismen für den Großteil des Stoff- und Energieflusses verantwortlich sind.

Die **Energieumsätze** in Ökosystemen sind durch die Primärproduktion begrenzt. Von der aufgenommenen Energie wird ein Teil veratmet, ein weiterer Teil als Fäzes ausgeschieden während im Schnitt nur etwa 10 % der aufgenommenen Energie im nächsthöheren trophischen Level wieder als Biomasse festgelegt werden (▶ Abschn. 36.1). Diese Abnahme der fixierten Energie von einer trophischen Ebene zur nächsten wird in **Produktivitätspyramiden** dargestellt (◘ Abb. 36.16). In terrestrischen Ökosystemen spiegeln sich diese Zusammenhänge auch in der Biomassebeziehung zwischen den trophischen Ebenen wider. In aquatischen Ökosystemen dagegen ist die Biomasse der Primärproduzenten meist geringer als die der Konsumenten, das erwartete Verhältnis von 1 : 10 stellt sich erst in den höheren trophischen Ebenen ein. Diese Abweichung ist auf die hohen Wachstumsraten der Mikroalgen zurückzuführen, die trotz einer verhältnismäßig geringen Biomasse eine hohe Produktion erreichen (◘ Abb. 36.16; ▶ Abschn. 36.9).

Der Anteil der von einer zur nächsten trophischen Ebene als Biomasse weitergegebenen Energie wird als **trophische Effizienz** bezeichnet. Die trophische Effizienz weicht bei Fraßbeziehungen zwischen einzelnen Organismen stark von dem durch die Produktivitätspyramiden nahegelegten Durchschnittswert ab. Bei gleichwarmen Tieren wird viel Energie für den Erhalt einer konstanten Körpertemperatur investiert – der in die Sekundärproduktion fließende Anteil liegt nur bei 2–3 % (◘ Abb. 36.17). Umgekehrt können bei Mikroorganismen bis zu 40 % der aufgenommenen Energie in die Sekundärproduktion fließen. Insbesondere in mikrobiellen Nahrungsnetzen ergeben sich daher oft starke Abweichungen der trophischen Effizienz von den für größere Organismen ermittelten Durchschnittswerten. Ähnlich ist auch der Einfluss von Parasiten auf Verschiebungen der trophischen Effizienz nicht zu unterschätzen, wird aber selten separat betrachtet.

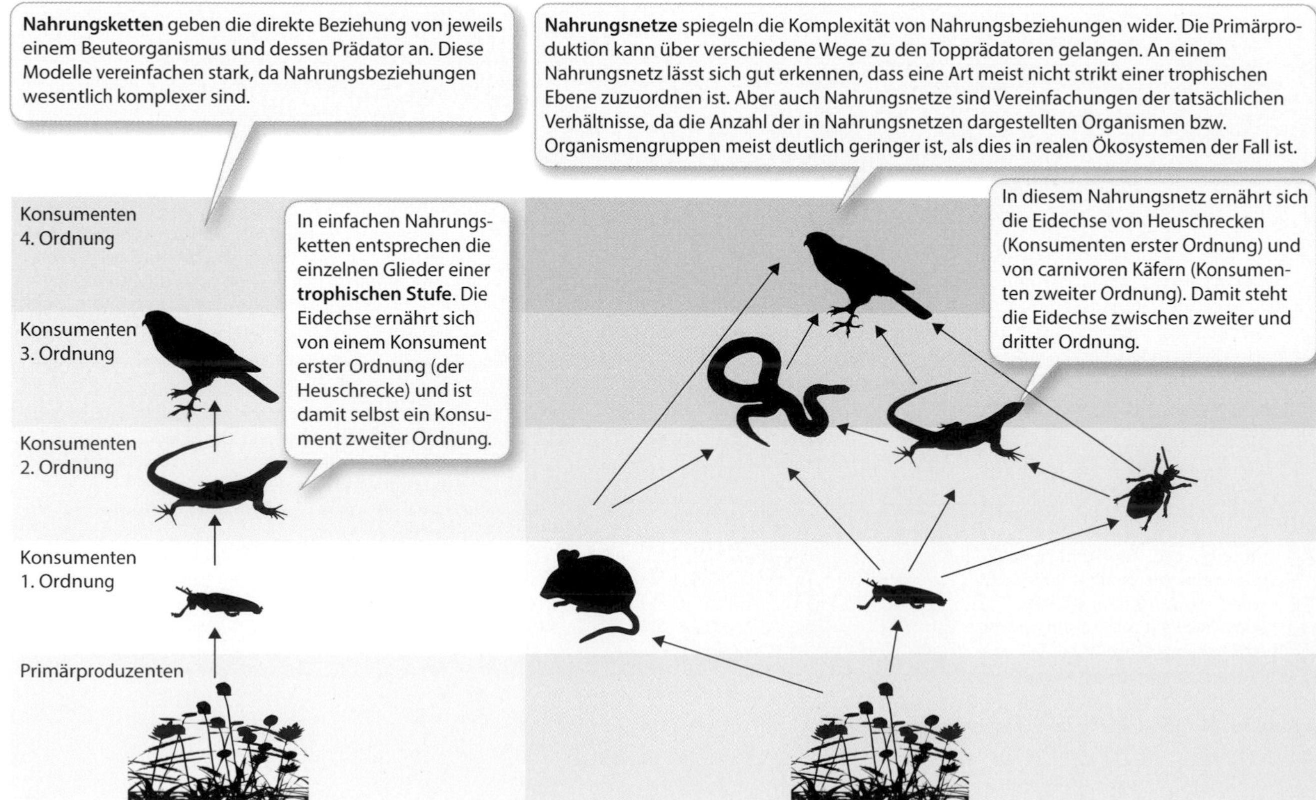

◘ **Abb. 36.15** Nahrungsketten und Nahrungsnetze als Modelle der Energie- und Stoffflüsse in Ökosystemen

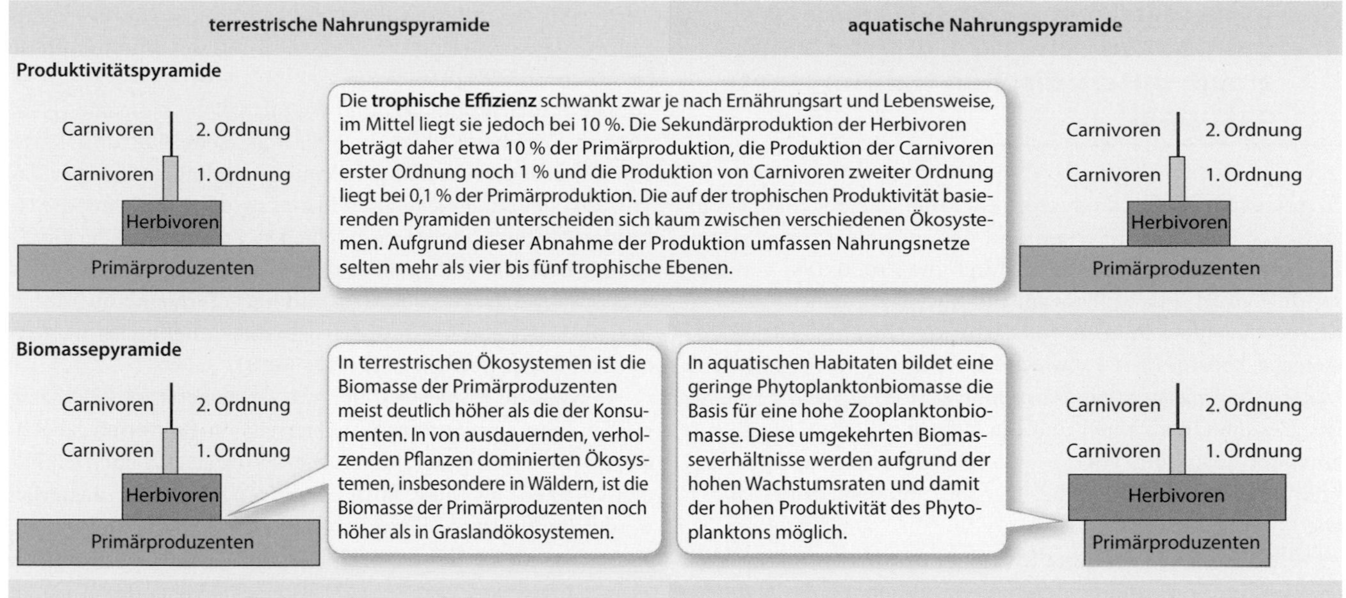

Abb. 36.16 Produktivitäts- und Biomassepyramiden in terrestrischen und aquatischen Ökosystemen

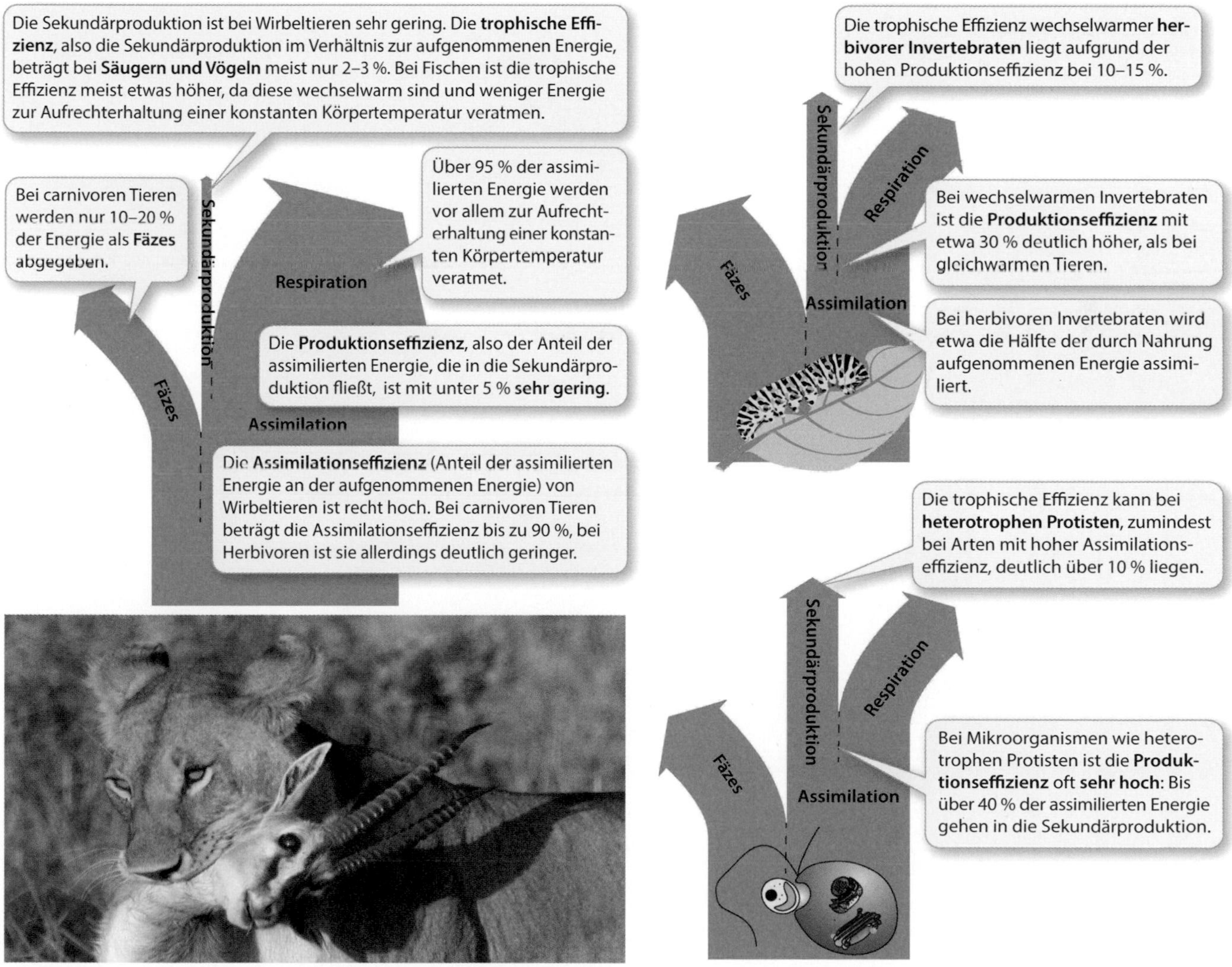

Die Sekundärproduktion ist bei Wirbeltieren sehr gering. Die **trophische Effizienz**, also die Sekundärproduktion im Verhältnis zur aufgenommenen Energie, beträgt bei **Säugern und Vögeln** meist nur 2–3 %. Bei Fischen ist die trophische Effizienz meist etwas höher, da diese wechselwarm sind und weniger Energie zur Aufrechterhaltung einer konstanten Körpertemperatur veratmen.

Bei carnivoren Tieren werden nur 10–20 % der Energie als **Fäzes** abgegeben.

Über 95 % der assimilierten Energie werden vor allem zur Aufrechterhaltung einer konstanten Körpertemperatur veratmet.

Sekundärproduktion

Respiration

Fäzes

Assimilation

Die **Produktionseffizienz**, also der Anteil der assimilierten Energie, die in die Sekundärproduktion fließt, ist mit unter 5 % **sehr gering**.

Die **Assimilationseffizienz** (Anteil der assimilierten Energie an der aufgenommenen Energie) von Wirbeltieren ist recht hoch. Bei carnivoren Tieren beträgt die Assimilationseffizienz bis zu 90 %, bei Herbivoren ist sie allerdings deutlich geringer.

Die trophische Effizienz wechselwarmer **herbivorer Invertebraten** liegt aufgrund der hohen Produktionseffizienz bei 10–15 %.

Sekundärproduktion

Respiration

Fäzes

Assimilation

Bei wechselwarmen Invertebraten ist die **Produktionseffizienz** mit etwa 30 % deutlich höher, als bei gleichwarmen Tieren.

Bei herbivoren Invertebraten wird etwa die Hälfte der durch Nahrung aufgenommenen Energie assimiliert.

Die trophische Effizienz kann bei **heterotrophen Protisten**, zumindest bei Arten mit hoher Assimilationseffizienz, deutlich über 10 % liegen.

Sekundärproduktion

Respiration

Fäzes

Assimilation

Bei Mikroorganismen wie heterotrophen Protisten ist die **Produktionseffizienz** oft **sehr hoch**: Bis über 40 % der assimilierten Energie gehen in die Sekundärproduktion.

Abb. 36.17 Die trophische Effizienz hängt von der Lebens- und Ernährungsweise ab

36.8 In terrestrischen Ökosystemen ist das oberirdische Nahrungsnetz mit einem unterirdischen Nahrungsnetz gekoppelt

In **terrestrischen Ökosystemen** unterscheidet man häufig zwischen dem oberirdischen und dem unterirdischen System. Das **oberirdische System** ist durch die Produktion von Biomasse geprägt – Landpflanzen sind hier die bedeutendsten Primärproduzenten. Prägend für das **unterirdische System** sind dagegen Abbauprozesse sowie die Speicherung von organischem Material, beispielsweise in Wurzeln. Der Stofffluss beider Systeme ist über die Organismen und die Nahrungsnetze vielfach miteinander verknüpft. Von besonderer Bedeutung für diese Verknüpfung sind einerseits die Pflanzen, andererseits Prädatoren wie Mikroarthropoden.

Pflanzen leben in enger Symbiose mit **Mykorrhizapilzen** (► Abschn. 32.6) und profitieren von diesen, da das Hyphengeflecht der Pilze den Boden wesentlich feiner durchdringt als die Pflanzenwurzeln und so die Nährstoffaufnahme der Pflanzen positiv beeinflusst wird. Umgekehrt versorgen die Pflanzen die Mykorrhizapilze mit Assimilaten der Photosynthese (► Abschn. 35.15).

Die Primärproduktion und die pflanzliche Biomasse gehen nur zum Teil über Herbivoren in die **klassische Nahrungskette** ein. Ein bedeutender Teil der Primärproduktion wird über das Wurzelsystem und die mit den Pflanzenwurzeln in Symbiose lebenden Mykorrhizapilze ausgeschieden. Zudem fließt der Großteil des Laubfalls und anderer toter Biomasse nicht in die klassische Nahrungskette, sondern wird nach Zerkleinerung durch Regenwürmer und Arthropoden dem **mikrobiellen Nahrungsnetz** im Boden verfügbar (◘ Abb. 36.18).

Der gelöste Kohlenstoff und die zerkleinerte tote Biomasse werden einerseits von **Pilzen**, andererseits von **Bakterien** genutzt, diese werden häufig (zusammen mit Mikroalgen der obersten Bodenschichten) als **Mikroflora** zusammengefasst. Die Bakterien werden im Boden von **Flagellaten** (vorwiegend Cercomonaden, Kinetoplastiden, Chrysophyceen, Eugleniden) und **Amöben** (Amoebozoa, Heterolobosea etc.) gefressen. Nematoden ernähren sich entweder von Pilzen, von Bakterien, von Protisten oder omnivor von allen diesen Organismengruppen. Diese phagotrophen,

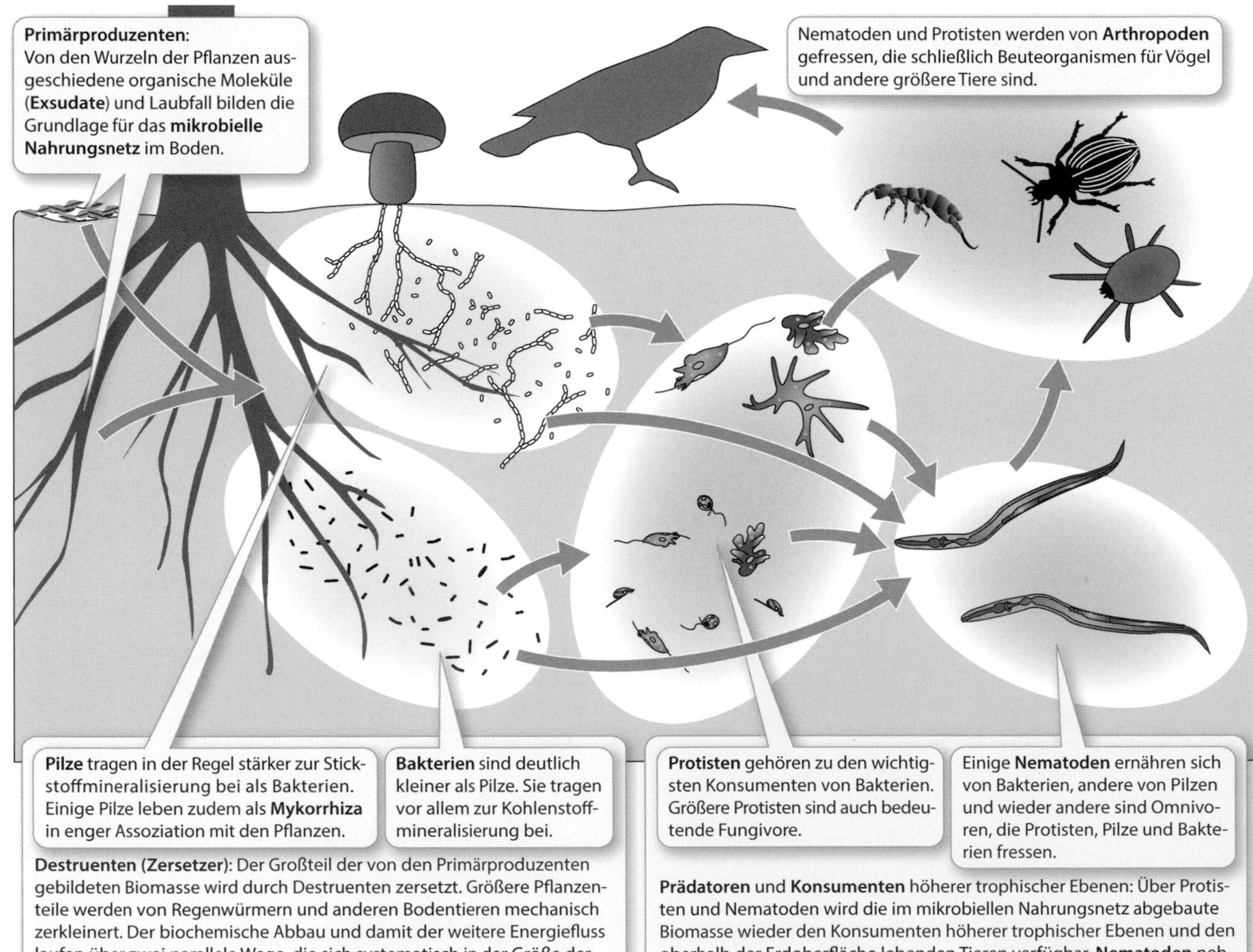

◘ **Abb. 36.18** Das unterirdische Nahrungsnetz in terrestrischen Ökosystemen

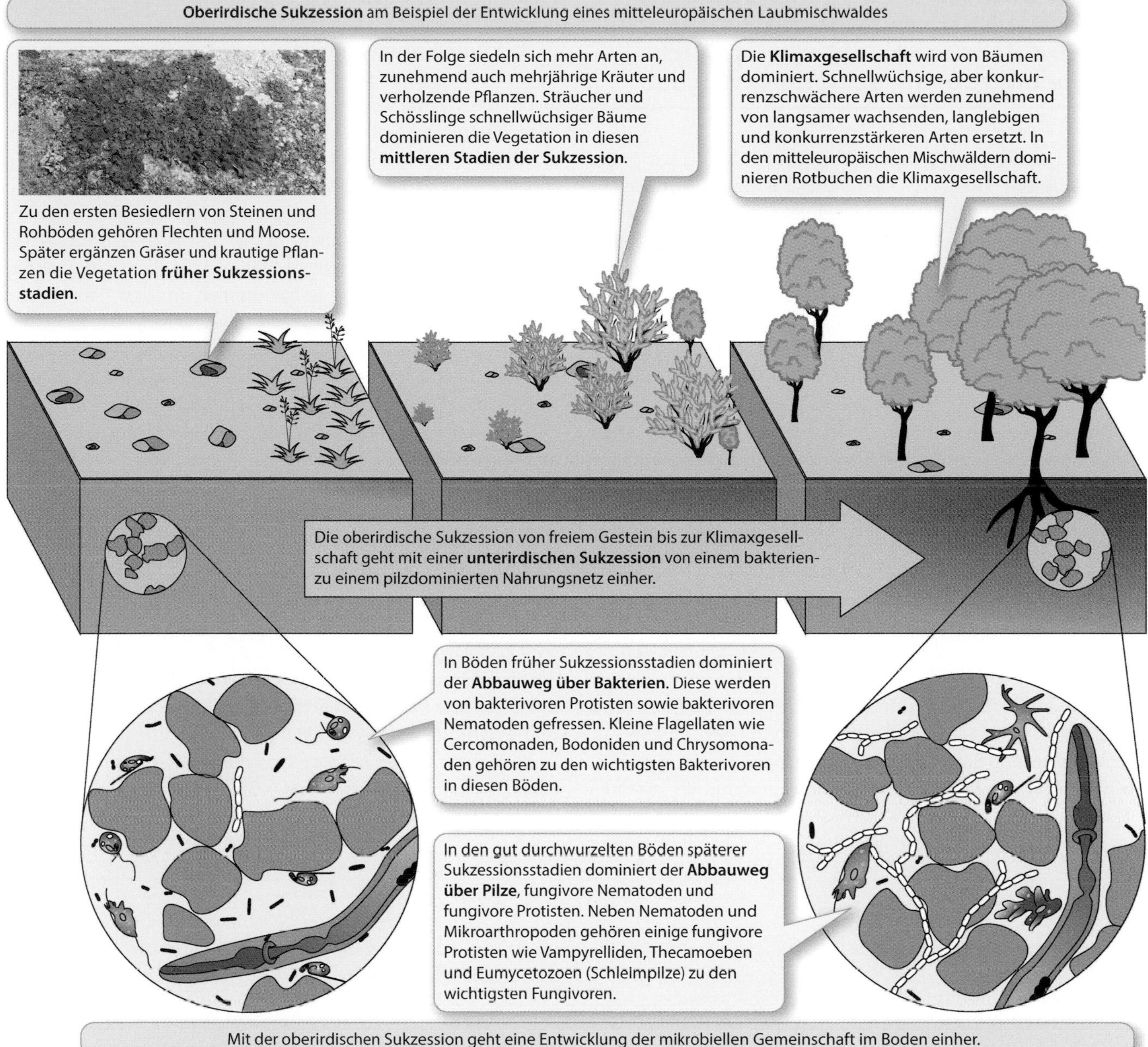

Abb. 36.19 Verknüpfung der oberirdischen mit der unterirdischen Sukzession

also sich durch Fressen kleiner Partikel ernährenden Organismen mit einer Größe unterhalb von 0,2 mm werden als **Mikrofauna** zusammengefasst und der **Mesofauna** (0,2–2 mm) gegenübergestellt. Im wassergefüllten Porenraum im Boden finden sich etwa 10 Mio. Bakterien pro Gramm Boden, etwa 10.000 Flagellaten und Amöben sowie einige Hundert **Nematoden**.

Die **Mikroarthropoden** der Mesofauna nutzen wiederum Nematoden als Nahrung, aber auch größere Protisten. Über diese Mikroarthropoden ist das unterirdische Nahrungsnetz mit dem oberirdischen Nahrungsnetz verknüpft.

Da das unterirdische Nahrungsnetz vollständig von der oberirdischen Primärproduktion abhängt, dominieren hier zersetzende Prozesse. Der biochemische Abbau läuft dabei im Wesentlichen über Bakterien und Pilze. Beide Organismengruppen tragen stark zur Kohlenstoffmineralisierung bei, während die Pilze tendenziell stärker an der Stickstoffmineralisierung beteiligt sind.

In frühen **Sukzessionsstadien** dominiert meist der Abbauweg über Bakterien, entsprechend dominieren kleine bakterivore Protisten sowie bakterivore und omnivore Nematoden das mikrobielle Nahrungsnetz (Abb. 36.19). In den gut durchwurzelten Böden späterer Sukzessionsstadien gewinnt der Abbauweg über Pilze an Bedeutung, entsprechend dominieren größere, fungivore Protisten sowie fungivore und omnivore Nematoden die mikrobielle Gemeinschaft.

36.9 Ein Großteil der Primärproduktion in planktischen Nahrungsnetzen wird dem Zooplankton erst durch die mikrobielle Schleife verfügbar

Im Fokus ökologischer Untersuchungen stehen meist große, makroskopisch sichtbare Tiere und Pflanzen. **Aquatische Nahrungsnetze** werden häufig reduziert dargestellt in Form einfacher Nahrungsketten von Algen als Primärproduzenten über Zooplankton zu Fischen. Betrachtet man die Verteilung der **Biomasse** oder die Produktion in einem See, sind dagegen die **mikrobiellen Komponenten** von größerer Bedeutung als die makroskopisch sichtbaren Organismen. Bakterien, Mikroalgen und heterotrophe Protisten stellen mehr als die Hälfte der in Organismen festgelegten Biomasse aquatischer Ökosysteme (■ Abb. 36.20a). In 1 ml Wasser leben über 1 Mio. Bakterien, einige Tausend heterotrophe Protisten und mehrere Hundert Mikroalgen. Ein großer Teil der Biomasse ist allerdings gar nicht in den Organismen festgelegt, sondern liegt als **gelöster organischer Kohlenstoff** (DOC, engl. *dissolved organic carbon*) vor. Der Großteil dieses gelösten Kohlenstoffs ist jedoch in biologisch schwer abbaubaren Verbindungen enthalten und daher für Organismen nicht oder nur teilweise verfügbar. Zooplankton und Fische stellen meist nur einen kleinen Teil der Biomasse.

36

Betrachtet man die **Produktivität**, wird die Bedeutung der Mikroorganismen noch deutlicher (■ Abb. 36.20b). Phytoplankton, heterotrophe Bakterien und heterotrophe Protisten machen bis über 90 % der Produktion aus und sind damit die zentralen funktionellen Gruppen in Bezug auf Stoff- und Energieflüsse durch aquatische Ökosysteme.

Die **Primärproduktion** in aquatischen Ökosystemen geht, zumindest in uferfernen Regionen, vorwiegend auf Mikroalgen und Cyanobakterien zurück. In Seen stellen Kieselalgen (Bacillariophyceae), Dinoflagellaten (Dinophyceae), Grünalgen (Chlorophyceae und streptophytische Algen), Goldalgen (Chrysophyceae) und Cryptophyceae meist die wichtigsten Algengruppen. Ein Teil der Primärproduktion wird durch Zooplankton aufgenommen und geht so direkt in die klassische Nahrungskette ein. Ein Großteil der Primärproduktion wird allerdings über die mikrobielle Schleife (s. u.) aufgenommen und erst über diesen Umweg den Zooplanktonorganismen verfügbar.

Einerseits werden Mikroalgen direkt von algivoren Flagellaten und Ciliaten gefressen, andererseits geben die Algen einen großen Teil ihrer durch Primärproduktion gewonnenen Zucker an ihre Umgebung ab, diese Abgabe organischer Moleküle nennt man **Exsudation**. Zudem wird ein Teil der von Zooplanktonorganismen gefressenen Algen nicht vollständig aufgenommen, sodass Bruchstücke der Algen und gelöste organische Moleküle in den Pool an gelöstem organischen Kohlenstoff eingehen. Diesen Kohlenstoff machen sich hauptsächlich Bakterien zunutze, die bakterielle Sekundärproduktion wird wiederum von bakterivoren Flagellaten und Ciliaten genutzt, die schließlich von Zooplanktonorganismen gefressen werden. Diesen Weg der Primärproduktion über gelösten organischen Kohlenstoff, Bakterien und bakterivore Protisten bezeichnet man als **mikrobielle Schleife** (engl. *microbial loop*). Auch diese ist allerdings keine Einbahnstraße, sondern ein komplexes Nahrungsnetz mit vielen Quervernetzungen (■ Abb. 36.21).

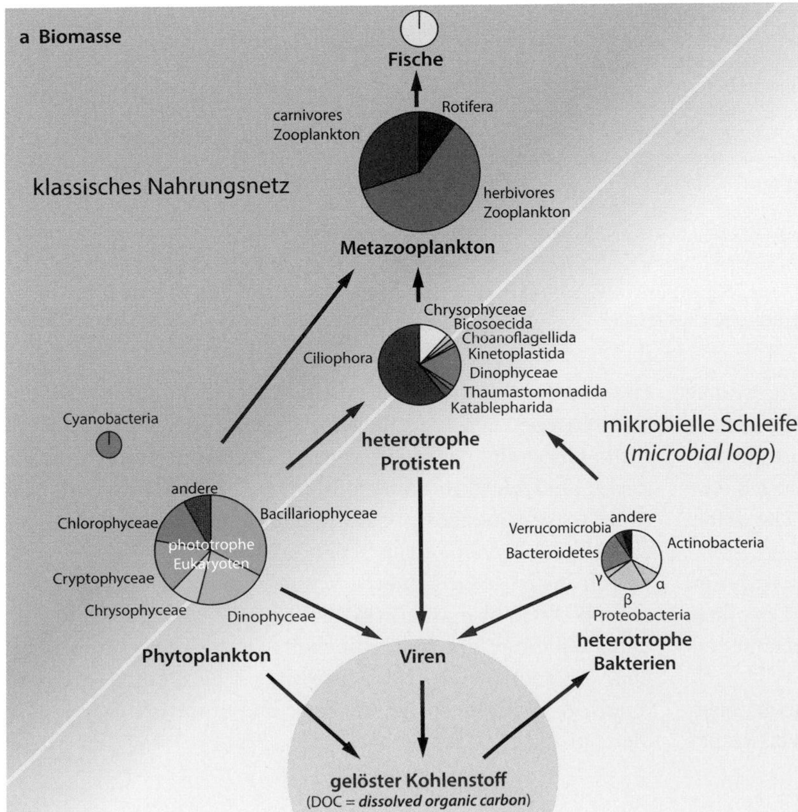

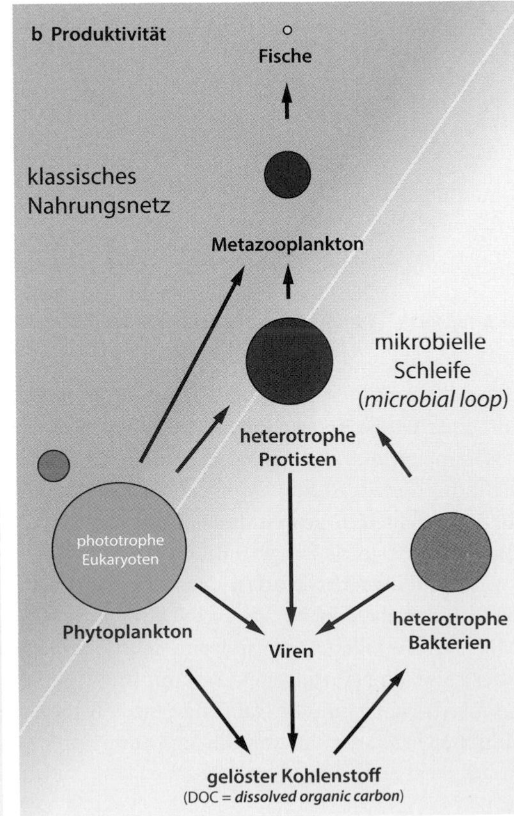

■ **Abb. 36.20** Biomasse (a) und Produktivität (b) der funktionellen Gruppen in einem See

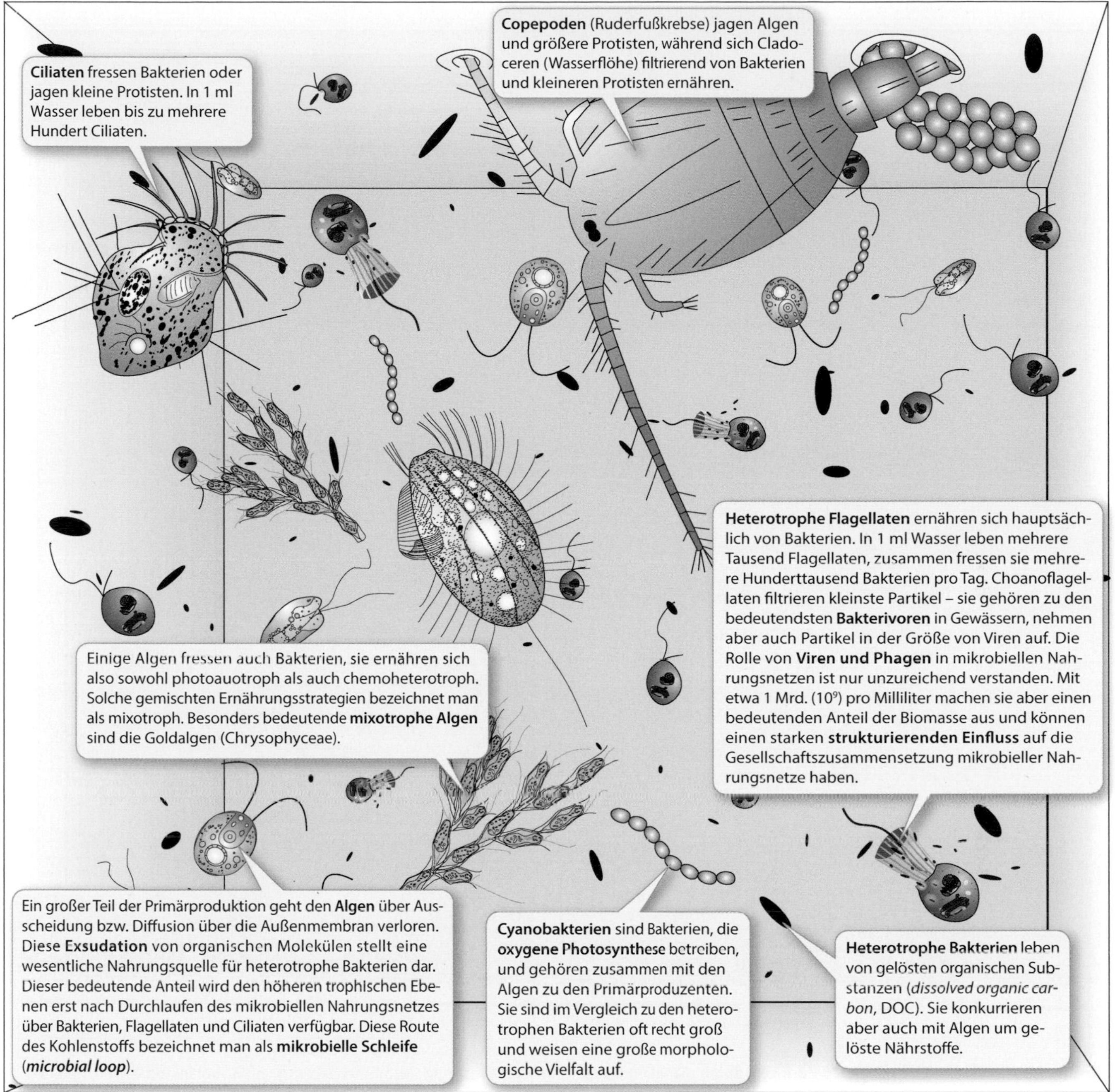

Abb. 36.21 Komponenten des mikrobiellen Nahrungsnetzes im Plankton von Seen und deren Interaktionen

Zwar dominieren die mikrobiellen Komponenten aquatische Nahrungsnetze in Bezug auf die Biomasse und Produktivität, Fische und Zooplankton haben dagegen einen starken **strukturierenden Einfluss** auf die Artenzusammensetzung und Struktur dieser Nahrungsnetze. Populationsdichte und Artenzusammensetzung der Fische wirken sich in den Nahrungsnetzen von den höheren trophischen Ebenen bis auf die untersten Ebenen der Primärproduzenten und mikrobiellen Gruppen aus. Bei einer solchen Kontrolle der Struktur von Nahrungsnetzen durch die Organismen der darüberliegenden trophischen Ebenen spricht man von ***Top-down*-Kontrolle** (Abb. 36.22). Die Populationsdichte piscivorer Fische (die sich von anderen Fischen ernähren) wirkt sich auf die Populationsdichte von planktivoren Fischen aus. Diese beeinflusst wiederum die Dichte des Zooplanktons und indirekt auch die der Algen und der Mikroorganismen, aber auch deren Artenzusammensetzung. Unter hohem Fraßdruck durch die höheren trophischen Ebenen dominieren insbesondere Arten mit entsprechenden Fraßschutzmechanismen (► Abschn. 35.10). Häufig besitzen diese Arten Stacheln oder Fortsätze und werden aufgrund ihrer Größe von den Prädatoren nicht oder nur schlecht gefunden und erbeutet.

Diese grundsätzlichen Zusammenhänge unterliegen zudem einer **saisonalen Sukzession**. Nach dem Winter ist die Dichte an Algen, heterotrophen Protisten und Zooplankton zunächst gering. Mit der Erwärmung der oberen Wasserschichten im Frühjahr setzt zuerst ein verstärktes Algenwachstum ein, in der Folge steigt dann auch die Abundanz, also die Individuendichte, der heterotrophen Planktonorganismen. Die Korrelation zwischen

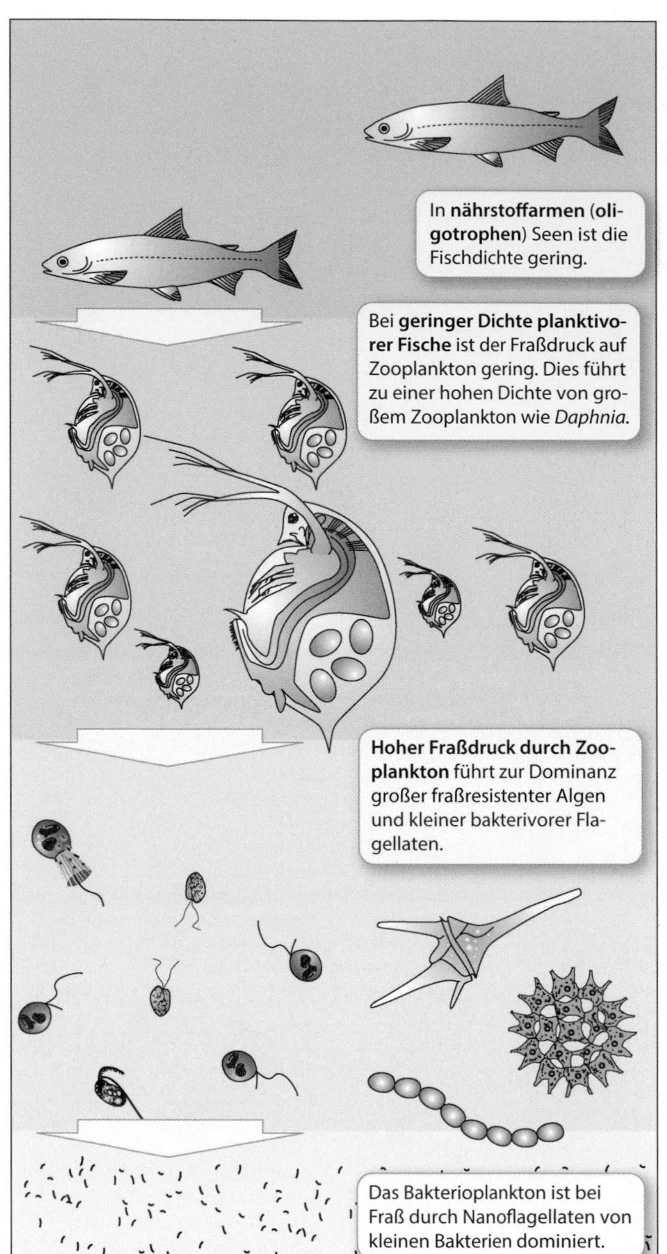

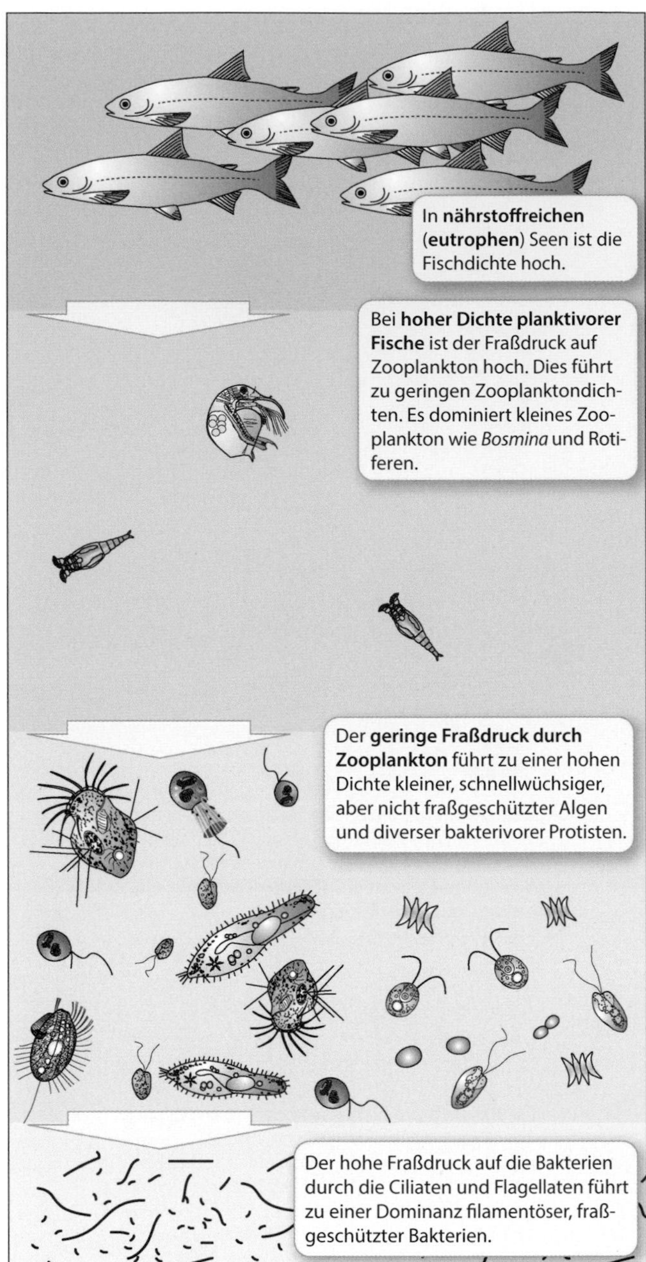

Abb. 36.22 Effekte der *Top-down*-Kontrolle durch planktivore Fische auf die Dichte und Zusammensetzung von Zooplankton, Algen, heterotrophen Protisten und Bakterien

dieser saisonalen Sukzession der verschiedenen funktionellen Gruppen und der **Nährstoffverfügbarkeit** sowie dem **Prädationsdruck** durch Fische wird durch die **PEG-Modelle** (von engl. Plankton Ecology Group) beschrieben (Abb. 36.23): Abhängig von der Nährstoffverfügbarkeit und der Dichte an planktivoren Fischen ist diese Entwicklung unterschiedlich stark ausgeprägt und zeitlich versetzt.

In **eutrophen**, also nährstoffreichen, Seen ist die Organismendichte hoch und Räuber-Beute-Interaktionen wirken sich stark aus. Die Entwicklung von Algen und Protisten einerseits und Zooplankton andererseits ist stark gekoppelt. Die Planktonentwicklung in eutrophen Seen ist zudem stark abhängig vom Prädationsdruck durch Fische, da dieser die Dichte des Zooplanktons und damit den Fraßdruck des Zooplanktons auf Algen und Protisten bestimmt.

In **oligotrophen**, also nährstoffarmen, Seen ist die Organismendichte aller trophischen Gruppen dagegen gering. Räuber-Beute-Interaktionen wirken sich daher nur schwach aus, und die Entwicklung ist im Vergleich zu eutrophen Gewässern zeitlich gestreckt. Prädationsdruck durch Fische spielt grundsätzlich eine geringere Rolle für die Entwicklung des Planktons. Aufgrund der geringen Nährstoffverfügbarkeit kann in oligotrophen Gewässern grundsätzlich keine hohe Fischdichte erreicht werden – starker Prädationsdruck findet sich daher nur in eutrophen Gewässern.

In **eutrophen Seen** ist durch die hohe Primärproduktion und damit die hohe Futterverfügbarkeit für Fische grundsätzlich eine hohe Fischdichte möglich. In Anwesenheit piscivorer Fische ist die Dichte planktivorer Fische und damit der Prädationsdruck auf das Zooplankton eher gering. Fehlen piscivore Fische, sind die Dichte an planktivoren Fischen und damit der Prädationsdruck auf das Zooplankton hoch. Der Prädationsdruck durch Fische auf das Zooplankton spielt in eutrophen Seen eine entscheidende Rolle für die saisonale Entwicklung von Zooplankton, Algen und Protisten.

Die Dichte an planktivoren Fischen ist aufgrund des geringeren Nahrungsangebots in **oligotrophen Seen** grundsätzlich eher gering. Zudem wirkt sich die Nahrungslimitierung des Zooplanktons durch geringe Algen- und Protistendichten stark auf die Zooplanktonentwicklung aus. Der Prädationsdruck durch Fische spielt eine untergeordnete Rolle für die jahreszeitliche Entwicklung der Planktongemeinschaften.

hoher Prädationsdruck durch Fische

Bei **hohem Fraßdruck** durch Fische ist die Zooplanktondichte ganzjährig gering. Die Dichte an Algen und heterotrophen Protisten wird durch die Nährstoff- und Lichtverfügbarkeit bzw. über die Futterverfügbarkeit begrenzt.

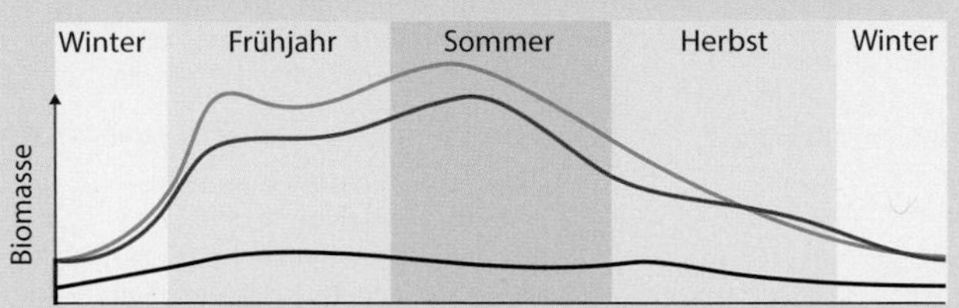

Eine hohe Fischdichte wird in oligotrophen Seen grundsätzlich nicht erreicht, da die geringe Primärproduktion und damit die geringe Zooplanktonverfügbarkeit nur ein begrenztes Fischwachstum zulassen.

mittlerer Prädationsdruck durch Fische

Bei **mäßigem Fraßdruck** durch Fische folgt die Zooplanktondichte zeitlich versetzt der Futterverfügbarkeit – also der Dichte von Algen und Protisten. Dies führt im späten Frühjahr zu einem Einbruch der Algen- und Protistendichte (**Klarwasserstadium**) und einem nachfolgenden Einbruch der Metazooplanktonbiomasse. Danach erholt sich das Plankton und erreicht im Sommer ein zweites Maximum.

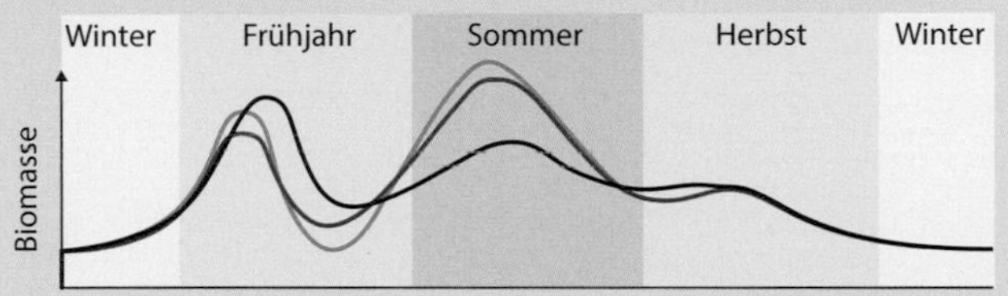

In oligotrophen Seen ist die Organismendichte gering. Im Vergleich zu eutrophen Seen ist das Wachstum der verschiedenen Organismengruppen deutlich schwächer. Sowohl die Entwicklung der Algen und Protisten als auch die darauffolgende Entwicklung des Zooplanktons sind über einen längeren Zeitraum gestreckt.

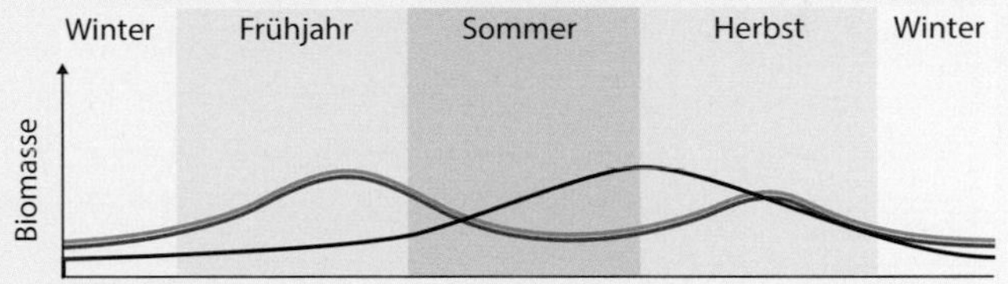

niedriger Prädationsdruck durch Fische

Bei **fehlendem Fraßdruck** durch Fische entwickelt sich das Zooplankton stark, die Dichte wird nur über die Nahrungsverfügbarkeit begrenzt. Die Dichte an Algen und heterotrophen Protisten bleibt aufgrund des starken Fraßdrucks durch Metazooplankton ganzjährig gering.

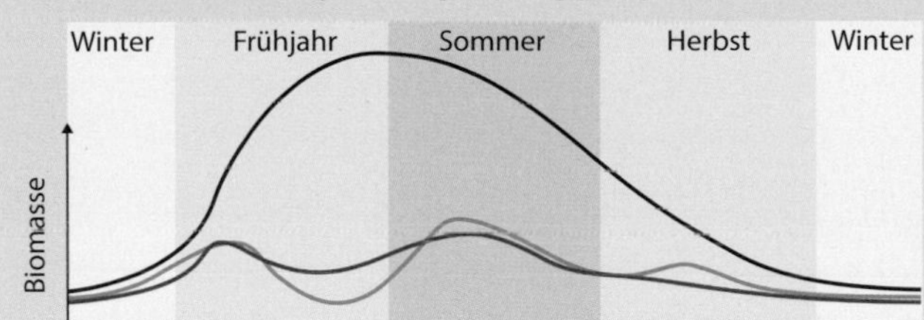

In oligotrophen Seen ist auch bei geringem Prädationsdruck durch Fische die Dichte an Metazooplankton begrenzt. Dadurch entwickelt sich im Gegensatz zu eutrophen Bedingungen auch unter geringem Prädationsdruck durch Fische auf das Zooplankton ein deutliches Maximum heterotropher Protisten und (schwächer) Algen im Frühjahr, gefolgt von einem Zooplanktonmaximum im Sommer.

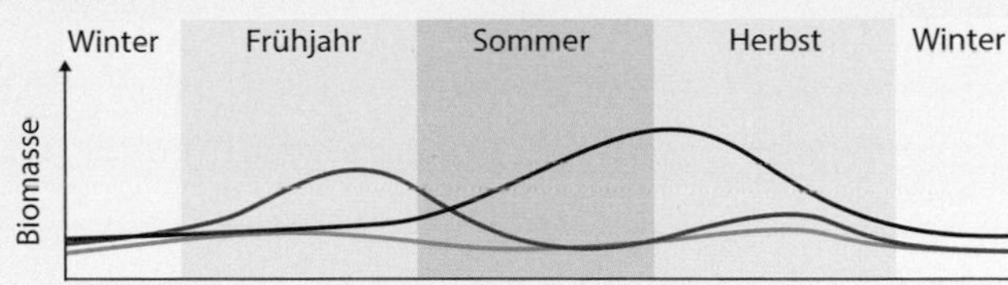

Abb. 36.23 Saisonale Entwicklung des Planktons in Seen in Abhängigkeit von der Trophie und vom Prädationsdruck durch planktivore Fische (verändert nach Modellen der Plankton Ecology Group)

36

36.10 Ein großer Teil der Biomasse wird unter anaeroben Bedingungen veratmet

Ein großer Teil der **Mineralisierung von Biomasse** verläuft **anaerob**, insbesondere in Gewässersedimenten und wassergesättigten Böden (◘ Abb. 36.24). Abgeleitet von den Stoffwechselwegen im Verdauungstrakt von Wiederkäuern wird dieser Abbau als „**anaerobe Nahrungskette**" bezeichnet. Mikroorganismen, die verschiedene Stoffwechselwege betreiben, sind in den Sedimenten entlang eines Redoxgradienten eingenischt (► Abschn. 25.6). In der suboxischen Zone dominieren Nitratatmung sowie Mangan- und Eisenatmung, in der anoxischen Zone Sulfatatmung und Methanogenese (◘ Abb. 36.24; ► Abschn. 25.6, 25.8).

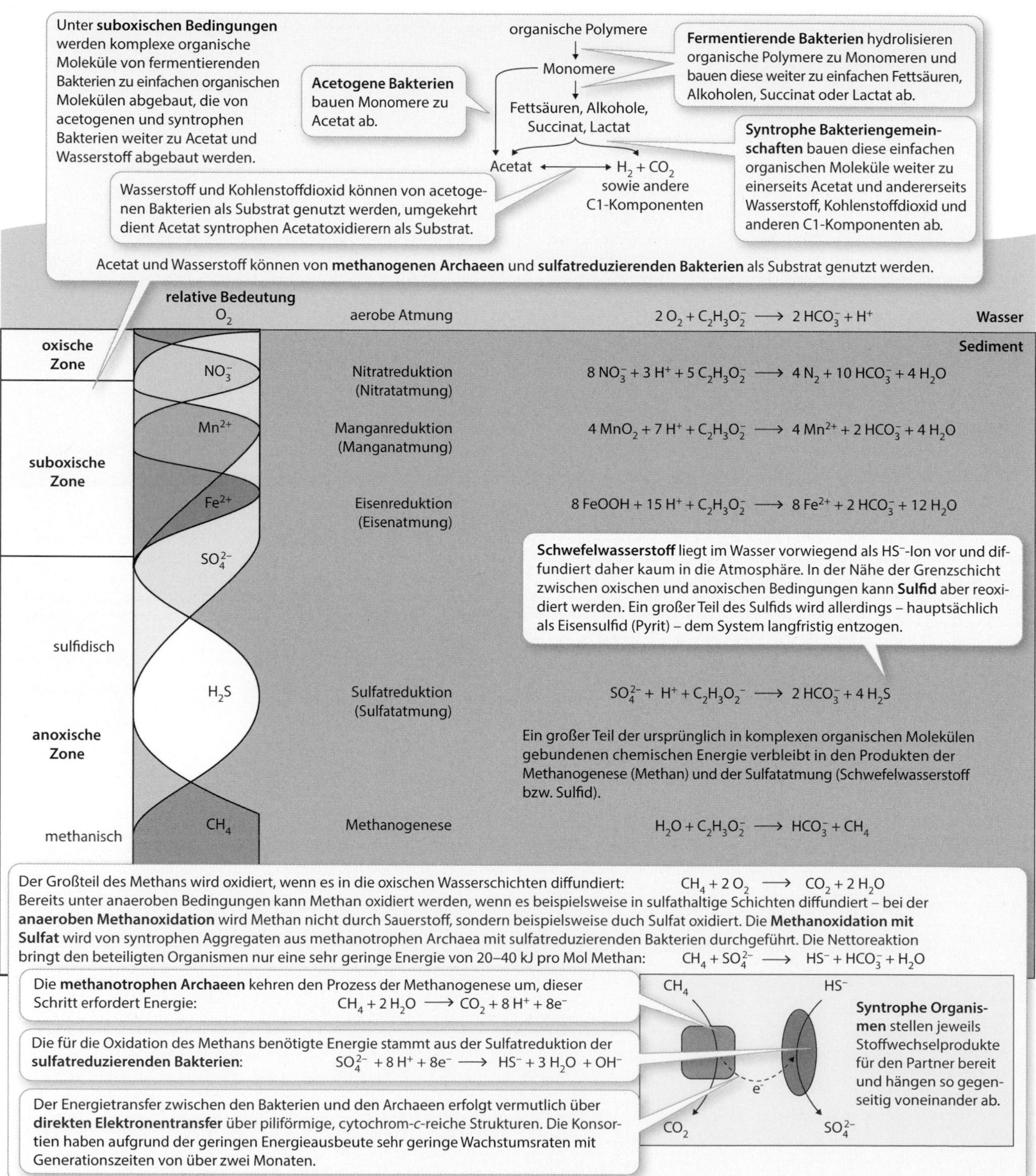

◘ **Abb. 36.24** In Sedimenten findet sich mit zunehmender Tiefe abhängig von der Substratverfügbarkeit eine typische Abfolge von Stoffwechselwegen der anaeroben Nahrungskette

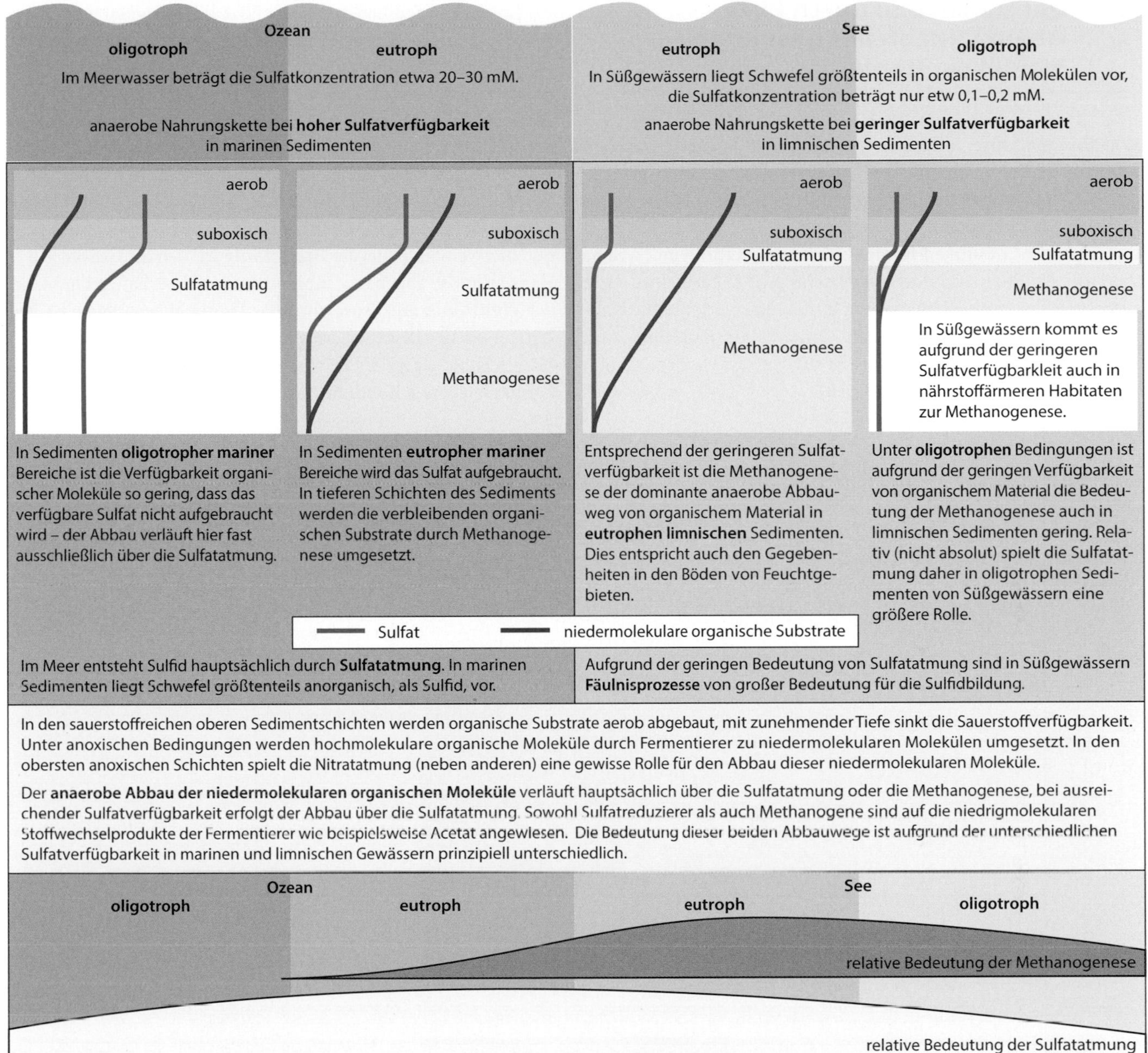

Abb. 36.25 Relative Bedeutung der Sulfatatmung und der Methanogenese in Sedimenten im Gradienten von oligotrophen über eutrophe limnische Systeme zu küstennahen (eutrophen) und hochozeanischen (oligotrophen) Gewässern

Organische Polymere werden durch Hydrolasen in Monomere gespalten (**Depolymerisation**). Diese werden durch **Fermentation** zu primären (hauptsächlich Fettsäuren und Alkohole) und sekundären Gärprodukten (hauptsächlich Acetat und molekularer Wasserstoff) abgebaut (▶ Abschn. 13.5, 25.5). Diese Gärprodukte werden schließlich durch **anaerobe Atmung** (▶ Abschn. 25.6) von Endkonsumenten weiter oxidiert, dabei werden die Elektronen auf verschiedene Elektronenakzeptoren übertragen – die bedeutendsten Endprodukte sind **Sulfid** als Produkt der **Sulfatatmung** und **Methan** als Produkt der **Methanogenese**.

Diese beiden Prozesse sind weitgehend räumlich getrennt – Methanogenese findet sich nur in Bereichen, die frei von Sulfat sind. Die unterschiedliche relative Bedeutung von Methanogenese und Sulfatatmung ist daher ein wesentlicher Unterschied zwischen marinen und limnischen Sedimenten (◻ Abb. 36.25).

Sowohl Methan als auch Sulfid können unter entsprechenden Redoxbedingungen für chemoautotrophe Prozesse genutzt werden, teilweise werden beide Produkte aber auch dem System entzogen: Sulfid fällt mit Eisen als Pyrit aus, während Methan als Gas in die Atmosphäre entweichen kann. Diffundiert das Methan in Schichten, in denen Sulfat verfügbar ist, kann es zur **anaeroben Methanoxidation** kommen (◻ Abb. 36.24), gelangt Methan durch Diffusion oder Bioturbation (durch die Aktivität von Tieren, wie z. B. gründelnde Fische) in die oxische Schicht, wird es aerob oxidiert. Gasförmig aufsteigendes Methan (Gasblasen) durchdringt diese Schichten, so kann Methan unter Umgehung der Methanoxidation in die Atmosphäre gelangen.

36.11 Der Holzabbau durch Pilze ist ein Stützpfeiler gesunder Waldökosysteme

Waldökosysteme bedecken große Teile der terrestrischen Oberfläche der Erde und spielen eine wichtige Rolle in planetaren Stoffkreisläufen. Bäume und Sträucher binden große Mengen an Kohlenstoff und wandeln diese unter anderem in die Polymere **Cellulose, Hemicellulose und Lignin** um, welche das Holz der Pflanzen bilden (► Abschn. 31.5). Auch wenn diese riesigen Mengen an Kohlenwasserstoffen eine verlockende Nahrungsgrundlage für heterotrophe Organismen darstellen, sind sie aufgrund ihrer Komplexität für die wenigsten Organismen zugänglich (► Abschn. 13.14, 35.18).

Im großen Stil haben nur die Pilze die Fähigkeit entwickelt, **Holz** in seine niedermolekularen Bestandteile **zu zersetzen**, um diese zu metabolisieren. Cellulosen und Hemicellulosen können nicht nur von Pilzen, sondern auch von verschiedenen Prokaryoten abgebaut werden. Lignin wird dagegen ausschließlich von Pilzen abgebaut. Vor allem die Basidiomycota haben **Enzymkaskaden** evolviert, um die verschiedenen Stoffklassen des Holzes zu zerstören. Der pilzliche Abbau von Holz wird als **Holzfäule** bezeichnet, die wichtigsten Typen sind die Braunfäule und die Weißfäule. Bei der **Braunfäule** werden die Cellulose und Hemicellulose abgebaut, während das Lignin erhalten bleibt. Bei der **Weißfäule** wird zusätzlich das Lignin abgebaut; sie ist derzeit der einzige bekannte Weg des Ligninabbaus (■ Abb. 36.26). Einige Forscher gehen davon aus, dass mit dem Aufkommen holzzersetzender Basidiomycota im späten Karbon kaum noch

Der **Abbau der Cellulose** erfolgt über **Cellulasen** und ist bei verschiedenen Vertretern der **Basidiomycota** zu beobachten. Die Fähigkeit, zusätzlich zur Cellulose auch das **Lignin** im Holz abzubauen, findet sich nur bei Vertretern der **Agaricomyetes**. Die Entstehung der mächtigen **Steinkohleflöze des Karbons** wird damit in Verbindung gebracht, dass die Weißfäule mit den zugehörigen Enzymen erst vor rund 300 Mio. Jahren evolvierte. Im Karbon wurde somit ein großer Teil des Lignins zu Steinkohle, während sich in der jüngeren Erdgeschichte Kohle nur noch unter Luftabschluss bilden konnte.

Bei der **Braunfäule** zersetzen die Pilze nur den Cellulosebestandteil des Holzes. Die charakteristische Braunfärbung ergibt sich durch das übrig bleibende Lignin. Holz, das durch Braunfäulepilze zersetzt wird, verliert schnell an Gewicht und Volumen. Zusätzlich zerfällt das Holz würfel- oder blockförmig, was auch auf die charakteristische Vernetzung des Lignins zurückzuführen ist.

Bei der **Weißfäule** wird das Lignin vor der Cellulose abgebaut, was zu einer faserigen Konsistenz des Holzes und zur charakteristischen Weißfärbung führt. Das Lignin wird durch **Oxidasen** abgebaut, dies bewirkt ein zusätzliches Ausbleichen des Holzes. Das Holzgefüge bleibt aber weitgehend erhalten.

■ **Abb. 36.26** Holzzersetzende Pilze zeigen artspezifische Typen von Holzabbau. Die beiden auffälligsten Typen sind Braunfäule und Weißfäule

Termiten sind mit die wichtigsten Holzzerstörer in tropischen und subtropischen Gebieten Afrikas. Bis zu 20 % der **Kohlenstoffmineralisierung** in Savannengebieten werden durch Termiten und ihre Symbiosepartner bewerkstelligt. Die Interaktion mit Pilzen der Gattung ***Termitomyces*** befähigt einige Arten, Holz effizient zu verwerten.

Die Termiten bauen dazu **Pilzgärten** in unterirdischen Kammern an, in denen das Holz von Pilzen zersetzt wird. Das dafür benötigte Holz wird von den Termiten gesammelt, zerkleinert und in den Termitenbau eingebracht. Auch für eine geeignete Belüftung wird durch den Aufbau des Nestes gesorgt.

Anschließend nutzen sie das in Knollen entstandene **Pilzmycel** als Nahrung und beziehen ihre gesamte Energie daraus. Einige Termitenarten nehmen Pilzsporen sogar mit auf den Hochzeitsflug.

Viele **holzbewohnende Insekten** sind mit Pilzen assoziiert. Die **Holzwespen** (Siricidae; links) sind Symbiosen mit Pilzen der Gattung ***Amylostereum*** (rechts) eingegangen.

Wie viele andere Holzinsekten besitzen Holzwespen spezielle Organe, sogenannte **Mycetangien**, in denen sie **Arthrokonidien** transportieren. Legt eine Holzwespe ihre Eier in einen Wirtsbaum, inokuliert sie diesen gleichzeitig mit dem Pilz. Die Larven fressen während ihrer Entwicklung das sich bildende Mycel und später mit Mycel durchwachsenes Holz.

Am Ende ihrer Entwicklung verlassen die Imagines den Stamm durch Löcher, um sich anschließend zu paaren. Man nimmt an, dass die adulten Tiere keine Nahrung mehr aufnehmen und sich von ihren Fettreserven ernähren.

◘ Abb. 36.27 Viele Invertebraten sind enge Symbiosen mit holzzersetzenden Pilzen eingegangen, um die im Holz enthaltenen großen Mengen an biologisch verwertbarer Energie zu nutzen

Kohle entstehen konnte, da das nötige organische Material vor der Ablagerung zersetzt wurde (▶ Abschn. 29.9). Natürlich haben sich im Laufe der Evolution viele andere Organismen die Fähigkeit der Pilze zum Abbau dieser Polymere zunutze gemacht und sind häufig sehr enge Symbiosen mit ihnen eingegangen (◘ Abb. 36.27; ▶ Abschn. 35.18).

Räumlich und zeitlich gesehen kommt dabei nicht nur eine Pilzart an einem Stück Holz vor. Bei noch lebenden Bäumen können **Parasiten** lebende wie tote Bestandteile von Stämmen zerstören und den Baum dadurch schwächen. Ist ein Baum oder Teile davon abgestorben, leben viele dieser Parasiten **saprotroph** weiter. Zudem kommen jetzt noch Pilzarten hinzu, die nur an abgestorbenen Bäumen und Ästen Holz abbauen können. Selbst an toten Bäumen finden sich unterschiedliche holzzersetzende Pilzarten. Zum einen können viele Pilzarten nicht alle Bestandteile des Holzes zersetzen, was verschiedene **Abbautypen** zur Folge hat (◘ Abb. 36.26). Zusätzlich führt aber auch die zwischenartliche Konkurrenz zur **Sukzession** von Pilzarten an einem toten Baum oder Ast. Verschiedene Formen der Sukzession, welche mit dem Vorhandensein verschiedener Stadien von Totholz einhergehen, beeinflussen daher nicht nur die **pilzliche Diversität** in Wäldern, sondern zusätzlich die **Stoffkreisläufe in Waldökosystemen**.

Weiterführende Literatur

1. Fritsche W (2008) Überlastetes Ökosystem Erde. Biol Unserer Zeit 38:390–399. https://doi.org/10.1002/biuz.200810380
2. Madigan MT, Bender KS, Buckley DH, Sattley WM, Stahl DA (2020) Brock Mikrobiologie, 15. Aufl. Pearson, München
3. Smith TM, Smith RL (2009) Ökologie, 6. Aufl. Pearson, München
4. Begon M, Howarth RW, Townsend CR (2013) Ökologie, 3. Aufl. Springer Spektrum, Berlin, Heidelberg
5. Wittig R, Streit B (2004) Ökologie. UTB Basics. Ulmer, Stuttgart

Globale Muster des Artenreichtums

Jens Boenigk

J. Boenigk (Hrsg.), *Boenigk, Biologie,* https://doi.org/10.1007/978-3-662-61270-5_37

37.1 Lebensformen und phylogenetische Verwandtschaftsgruppen sind unterschiedlich auf der Erde verteilt

Rund 2 Mio. Arten wurden bisher beschrieben, der weitaus größte Teil der Biodiversität ist aber bislang noch nicht wissenschaftlich erfasst. Die **Artenvielfalt** ist auf der Erde nicht gleichmäßig verteilt. In den niedrigen Breiten (Tropen) ist die Artenzahl sehr hoch, in den hohen Breiten (temperate und polare Zonen) dagegen auffällig niedriger. Die Ursache für die auffällige Häufung von Arten in den warmen Klimazonen ist nicht einfach zu erklären, entsprechend existiert eine Vielzahl von ganz unterschiedlichen Hypothesen zur Erklärung dieser Verteilung. Diese kann man in zwei Gruppen zusammenfassen: die Gleichgewichtstheorien und die Ungleichgewichtstheorien (◘ Abb. 37.1). Aussagekräftige Daten für die globale Verteilung von Arten gibt es allerdings nur für wenige Organismengruppen, insbesondere für Wirbeltiere und Landpflanzen. Die meisten Organismengruppen werden, vor allem aufgrund einer mangelnden Datengrundlage, gar nicht erst in die Betrachtungen mit einbezogen – so ist unklar, ob die Hotspots der Biodiversität von Pflanzen und Wirbeltieren auch Gebiete hoher Diversität von Pilzen, Protisten und Prokaryoten sind.

Die **Ungleichgewichtstheorien** gehen von einer langsamen (Wieder-)Besiedlung von Klimazonen durch Organismen aus. Die Besiedlung der kühleren Klimazonen nach der letzten Kaltzeit vor 12.000 Jahren (▶ Abschn. 29.11) wäre nach diesen Vorstellungen ein noch immer andauernder Prozess. Die geringe Artenzahl in den kühleren Klimaten ließe sich entsprechend durch eine noch nicht abgeschlossene postglaziale Wiederbesiedlung dieser Lebensräume erklären. Die **Gleichgewichtstheorien** gehen dagegen davon aus, dass die Artenvielfalt mit den Umweltbedingungen im Gleichgewicht steht. Die geringere Artenzahl der kühleren Klimazonen wird demnach vor allem auf den geringeren Energiefluss durch die Ökosysteme und die Notwendigkeit für Anpassungen an das Auftreten von Frösten zurückgeführt.

Die **Biogeographie** untersucht die heutige Verbreitung von Organismen und die erdgeschichtliche Entwicklung dieser Verbreitung. Während Biome Regionen zusammenfassen, in denen Tiere und Pflanzen ähnliche Anpassungen an die klimatischen Bedingungen zeigen, bezeichnen die Begriffe Faunenreich und Florenreich geographische Regionen mit systematisch-taxonomisch ähnlicher Artenzusammensetzung. Letztere lässt sich durch die Lage der Kontinente zueinander und die Kontinentaldrift erklären (▶ Abschn. 29.7).

Die Landlebensräume lassen sich entsprechend der dort lebenden Tierarten in **Faunenreiche** bzw. anhand der dort wachsenden Pflanzen in **Florenreiche** einteilen (◘ Abb. 37.2). An den Grenzen dieser Faunen- und Florenreiche ändert sich die Artzusammensetzung recht stark. Viele Verwandtschaftsgruppen, also beispielsweise bestimmte Pflanzen- oder Tierfamilien, sind auf eine dieser Regionen beschränkt. Beispiele sind die nur im mittelamerikanischen Raum heimischen Kakteen oder die weitgehend auf Australien beschränkten Beuteltiere. Die Grenzen der Florenreiche und der Faunenreiche verlaufen ähnlich, weichen im Detail aber voneinander ab. Die für eine Provinz oder Region typischen, zusammengehörenden Taxa werden als **Floren-** oder **Faunenelement** bezeichnet.

Betrachtet man dagegen nicht die Verwandtschaftsbeziehungen, sondern die dominierenden Lebensformen, kommt man zu einer anderen Einteilung der Landlebensräume. So finden sich in Trockengebieten sukkulente (wasserspeichernde) Pflanzen, die aber je nach Region zu ganz unterschiedlichen Verwandtschaftsgruppen gehören können. Tiere dieser Regionen sind häufig nachtaktiv, eher klein und überdauern die heißen Tageszeiten in Höhlen oder Spalten. Solche durch ähnliche Lebensformen charakterisierten Lebensräume bezeichnet man als **Biome** (◘ Abb. 37.3).

Die **Gleichgewichtstheorien** gehen davon aus, dass ein Gleichgewicht des Artenreichtums erreicht ist, die Obergrenze der Artenzahl aber in den kühlen und gemäßigten Breiten niedriger liegt als in den Tropen. Hierfür werden vor allem klimatische Gründe angeführt: Die **höhere Sonneneinstrahlung in den Tropen** und die damit verbundene höhere Primärproduktion bedingen ein höheres Nahrungsangebot. Dies erlaubt eine stärkere Spezialisierung der Organismen und damit eine ausgeprägtere Nischendifferenzierung. Zudem sollte die Überlebenswahrscheinlichkeit für neu evolvierende Arten aufgrund der günstigeren klimatischen Bedingungen in den Tropen höher sein.

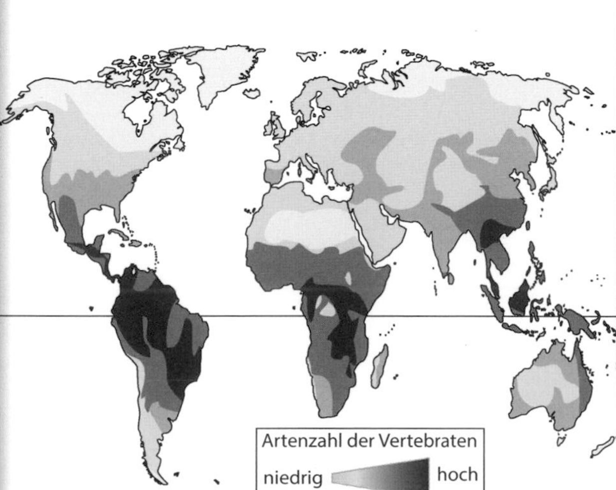

Die **Ungleichgewichtstheorien** gehen davon aus, dass die Artenzahlen in den gemäßigten und polaren Klimazonen letztlich die der Tropen erreichen können – bislang aber kein Gleichgewicht des Artenreichtums erreicht ist. Die Vereisungen der jüngeren Klimageschichte (hier: Ausdehnung der Gletscher während der letzten Vereisung) führten zu wiederholten massiven Aussterbeereignissen, vor allem in den gemäßigten und polaren Regionen. Die **Wiederbesiedlung der kühleren Klimazonen** wäre daher nach den Ungleichgewichtstheorien ein noch immer andauernder Prozess.

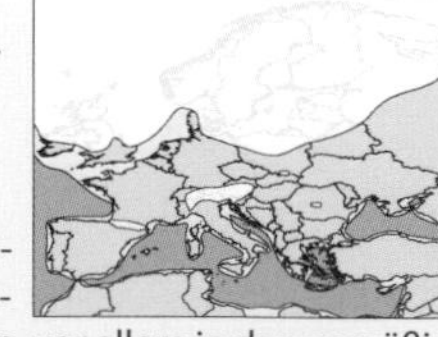

◘ **Abb. 37.1** Verteilung der Artenvielfalt bei Vertebraten. Die höchste Artenvielfalt findet sich in den tropischen Regionen, die geringste in den kalten und temperaten Klimazonen

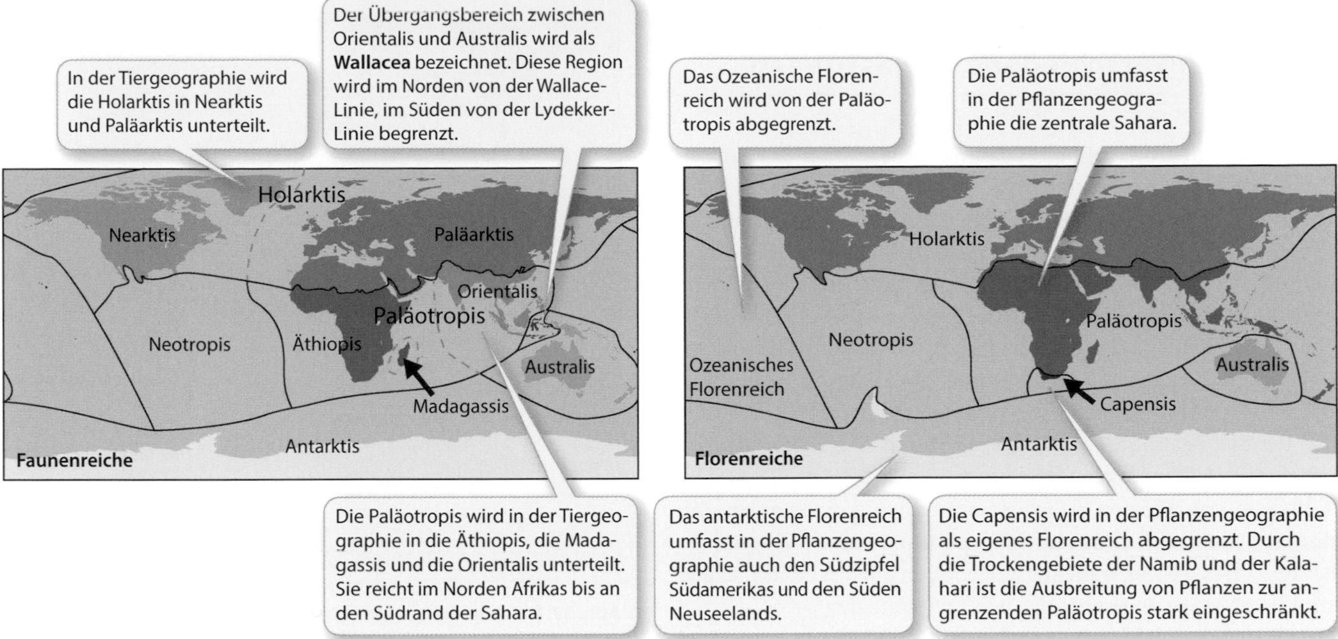

Abb. 37.2 Faunenreiche (links) und Florenreiche (rechts)

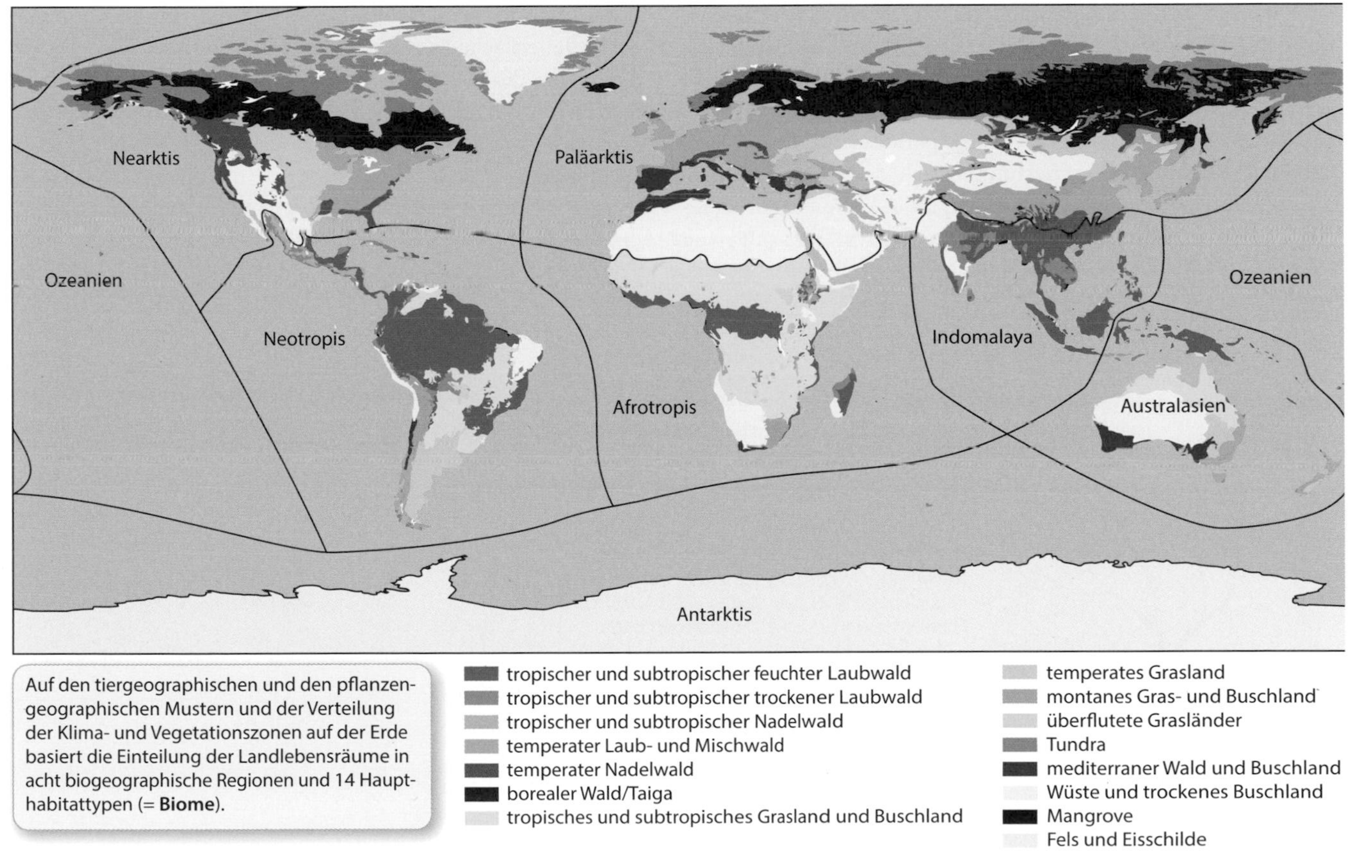

Abb. 37.3 Die von den Faunen- und Florenreichen abgeleiteten biogeographischen Regionen und die Haupthabitattypen (Biome) der Erde

37.2 Organismen kalter und temperater Klimazonen vermeiden Frostschäden durch verschiedene Anpassungen

Die **Temperaturen auf der Erde** und insbesondere das **Auftreten von Frost** haben einen starken Einfluss auf die globale Verteilung der Biodiversität. Bei Außentemperaturen unterhalb des Gefrierpunkts besteht die Gefahr des Gefrierens von Zellen und Geweben, zudem kann die Bildung von Eiskristallen zelluläre Strukturen irreversibel schädigen. Für das Ausmaß der möglichen Frostschäden sind das grundsätzliche Auftreten von Frösten und die tiefste erreichte Temperatur von zentraler Bedeutung, die Dauer der Frostphasen ist zweitrangig. Entsprechend werden die Landlebensräume anhand der tiefsten Durchschnittstemperaturen in **Winterhärtezonen** eingeteilt (◘ Abb. 37.4). Das Auftreten von Frösten erfordert zum einen Anpassungen, um direkte Frostschäden zu vermeiden, zum anderen ist während der kalten Jahreszeit das Nahrungsangebot oft eingeschränkt. Daher sind Frostanpassungen häufig auch mit Strategien gekoppelt, um eine Phase der Nahrungsknappheit zu überdauern – oftmals in Form von Ruhephasen, in denen der Energieverbrauch auf ein Minimum abgesenkt wird (► Abschn. 14.11).

Pflanzen können die ungünstige Jahreszeit durch verschiedene Anpassungen überdauern. Bei den Pflanzen der temperaten Zonen, in denen im Winter regelmäßig mit Frösten gerechnet werden muss, unterscheidet man verschiedene **Lebensformen** als Strategien zur Überdauerung von Frostperioden (◘ Abb. 37.5). In der Regel überdauern nur bestimmte Teile der Pflanze, während andere jedes Jahr neu gebildet werden. Diese Einteilung orientiert sich an der Lage der Erneuerungsknospen. Diese liegen entweder über der schützenden Schneeschicht (Phanerophyten), oberhalb des Erdbodens, aber im Bereich einer schützenden Schneeschicht (Chamaephyten), bodennah (Hemikryptophyten) oder unterhalb der Erdoberfläche (Kryptophyten). Bei den Therophyten überdauern nur die Samen, während der Pflanzenkörper neu gebildet wird. Grundsätzlich finden sich ähnliche Überdauerungsstrategien auch in anderen Klimazonen für das Überstehen von Trockenphasen.

Tiere haben ebenfalls verschiedene Strategien entwickelt, um die ungünstige Jahreszeit zu überstehen. Insbesondere große Tiere können ganzjährig aktiv sein, kleinere Tiere überstehen

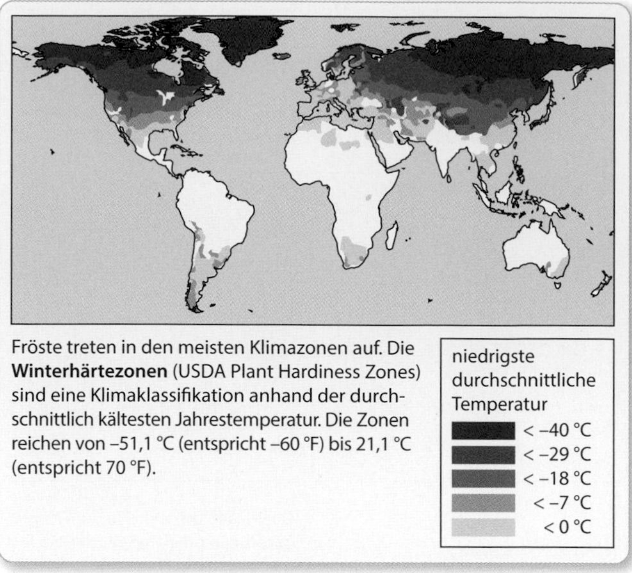

◘ **Abb. 37.4** Winterhärtezonen. Verändert nach USDA Plant Hardiness Zones und globalen Temperaturdaten

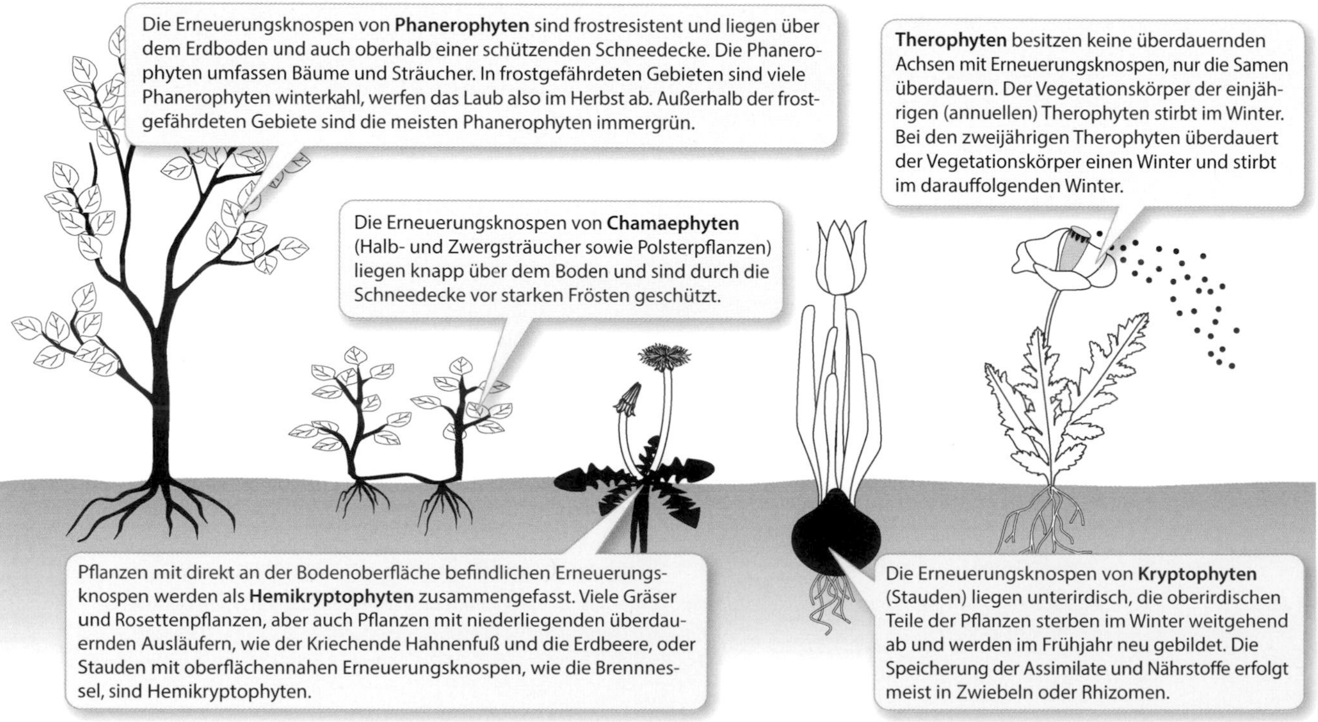

◘ **Abb. 37.5** Lebensformen von Pflanzen als Anpassung an die Überdauerung von Frost und Trockenheit. Die überdauernden Teile sind schwarz dargestellt

Abb. 37.6 Strategien der Tiere zur Überdauerung oder Vermeidung von Frost

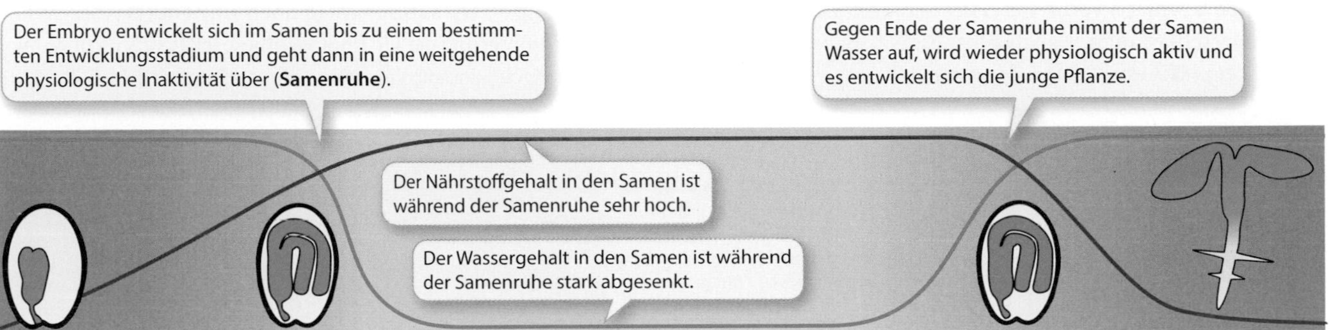

Abb. 37.7 Samenruhe als Überdauerungsstrategie von Pflanzen

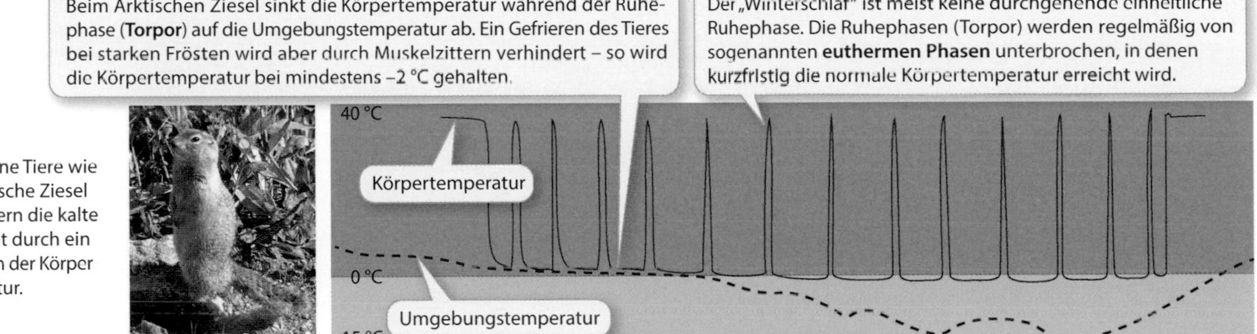

Abb. 37.8 Winterschlaf als Überdauerungsstrategie von Tieren

diese Periode meist durch Ruhephasen, oder indem sie räumlich ausweichen – entweder in frostgeschützte Mikrohabitate wie beispielsweise Erdbauten oder jahreszeitliche Wanderungen unternehmen (Abb. 37.6).

Die überdauernden Organismen oder Strukturen befinden sich während der ungünstigen Jahreszeit oft in einem Zustand verringerter metabolischer Aktivität. Gleichzeitig ist in diesen Phasen meist die Resistenz gegenüber ungünstigen Umweltfaktoren erhöht. Diese Phasen werden als **Dormanz** zusammengefasst. Bei Pflanzen ist die **Samenruhe** besonders stark ausgeprägt (Abb. 37.7; ► Abschn. 21.9), aber auch Knospen können hormonell gesteuert in längeren Ruhephasen verbleiben. Die meisten Samen von Pflanzen der temperaten Zonen gehen nach einer initialen Entwicklung des Embryos in die Samenruhe über. Diese kann je nach Art nur einige Tage bis mehrere Monate dauern, bei einigen Arten ist für die Beendigung der Samenruhe Frosteinwirkung erforderlich. Bei Tieren ist der **Winterschlaf** eine verbreitete Strategie, um die ungünstige Jahreszeit in einem Zustand verringerter Aktivität zu überstehen (Abb. 37.8). Dabei wird der Stoffwechsel erheblich reduziert und die Körpertemperatur wird stark abgesenkt. Diese Phasen weitgehender metabolischer Inaktivität sind in der Regel von kurzen Phasen höherer Aktivität unterbrochen. Ähnliche Anpassungen finden sich auch zur Überdauerung von Trocken- oder Hitzephasen und werden allgemein als **Torpor** (lat. „Erstarrung", „Betäubung") zusammengefasst.

37.3 In trockenen Klimazonen schränken Organismen den Wasserverlust durch physiologische, morphologische und Verhaltensanpassungen ein

Als trocken werden Lebensräume bezeichnet, in denen die jährliche **Niederschlagsmenge maximal 65 % der jährlichen Evapotranspiration** erreicht. Nach dem Grad der Trockenheit unterscheidet man aride, semiaride und subhumide Klimate (◘ Abb. 37.9). Wasserspeicherung (**Sukkulenz**; ▶ Abschn. 19.2, 31.7) ist eine verbreitete Strategie bei Pflanzen in frostfreien Regionen mit saisonalen Trockenphasen. Allerdings ist Trockenheit nicht auf warme Klimate begrenzt, sondern auch in temperaten und kalten Klimaten verbreitet. Hier schränkt neben der geringen Niederschlagsmenge auch Frost die Verfügbarkeit flüssigen Wassers ein (◘ Abb. 37.9).

Physiologische Anpassungen von Pflanzen an verschiedene Klimazonen werden hier am Beispiel der C_4-Photosynthese vorgestellt (▶ Abschn. 13.13): Die Evolution der **C_4-Photosynthese** stellt eine Anpassung an niedrige Kohlenstoffdioxidkonzentrationen dar, ermöglicht aber auch in trocken-heißen Klimaten eine effiziente Photosynthese (◘ Abb. 37.10).

Bei der C_3-Photosynthese wird CO_2 durch RubisCO als Substrat direkt fixiert, das erste Produkt der Kohlenstofffixierung ist ein Zucker mit drei Kohlenstoffatomen (3-Phosphoglycerat; ▶ Abschn. 13.12). Bei der C_4-Photosynthese wird dagegen zunächst Hydrogencarbonat als Substrat durch das Enzym PEP-Carboxylase fixiert. Aufgrund der höheren Verfügbarkeit von Hydrogencarbonat im Vergleich zu Kohlenstoffdioxid unter physiologischen Bedingungen ist die C_4-Photosynthese auch bei sehr geringer CO_2-Verfügbarkeit noch effizient (◘ Abb. 37.11).

Die Limitierung der C_3-Photosynthese leitet sich nicht nur von einer geringen Substratverwertung ab, sondern wird auch durch die

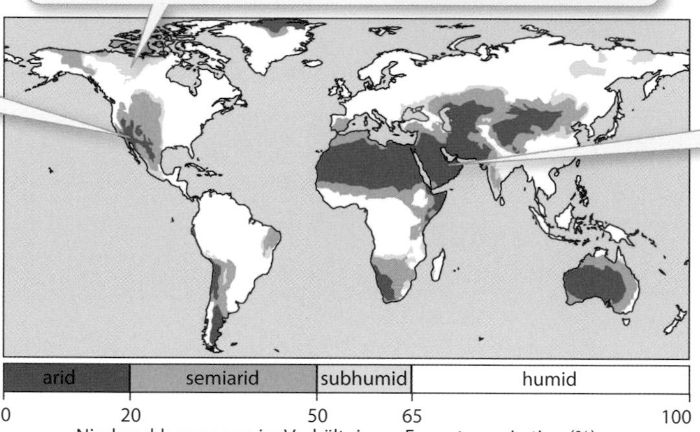

◘ **Abb. 37.9** Aride Klimazonen der Erde

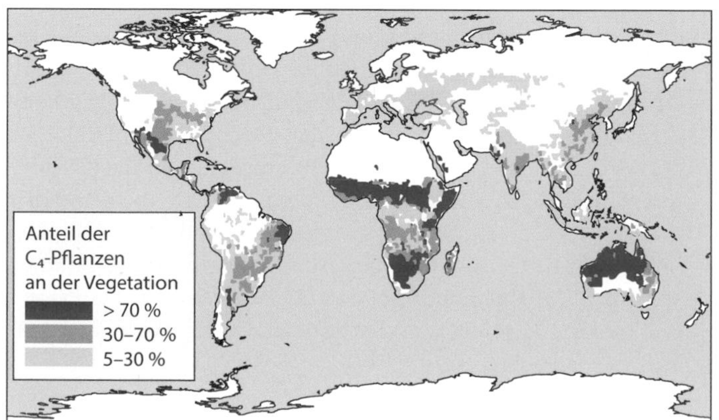

◘ **Abb. 37.10** Anteil der Pflanzenarten mit C_4-Photosynthese an der Vegetation

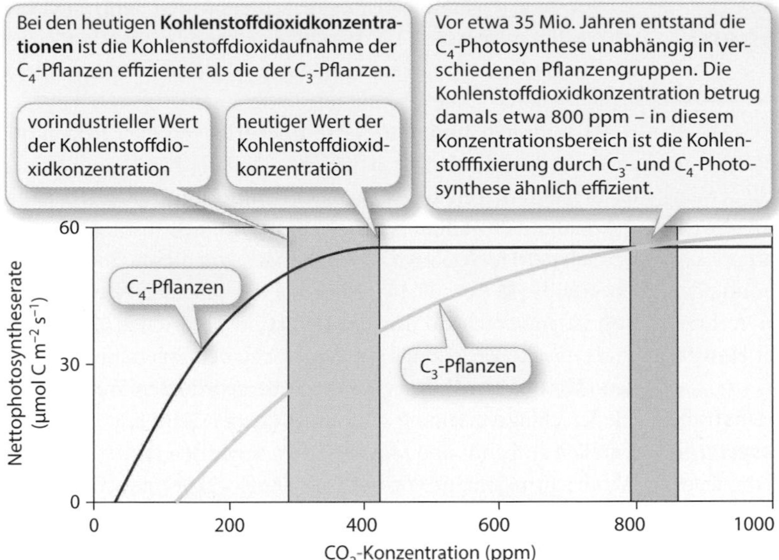

Die **C_4-Photosynthese** ist bei geringen CO_2-Konzentrationen effizienter als die C3-Photosynthese. C_4-Pflanzen bilden als erstes Produkt der Photosynthese einen C_4-Zucker (Oxalacetat). Dieser Syntheseweg benötigt wesentlich geringere CO_2-Konzentrationen als die Photosynthese der C_3-Pflanzen. Der Grund hierfür liegt in der unterschiedlichen Effizienz der beteiligten Enzyme. Das für die Vorfixierung der C_4-Pflanzen zuständige Enzym PEP-Carboxylase nutzt als Substrat das Hydrogencarbonatanion, während RubisCO Kohlenstoffdioxid als Substrat nutzt. Unter physiologischen Bedingungen ist Hydrogencarbonat im Cytoplasma wesentlich höher konzentriert als Kohlenstoffdioxid. Die Effizienz der C_4-Photosynthese geht daher im Wesentlichen auf die höhere Substratverfügbarkeit für die PEP-Carboxylase (Hydrogencarbonat) im Vergleich zur RubisCO (Kohlenstoffdioxid) zurück.

Abb. 37.11 Photosynthetische Effizienz der C_3- und C_4-Photosynthese in Abhängigkeit von der Kohlenstoffdioxidkonzentration

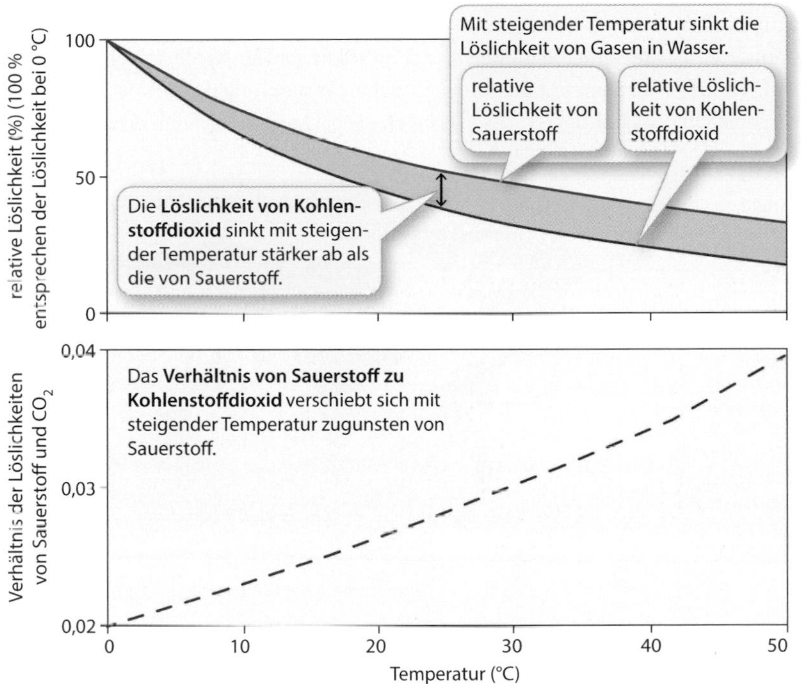

Die **C_4-Photosynthese** ist besonders unter warmen Klimabedingungen von Vorteil. Dies hängt mit der Temperaturabhängigkeit der Verfügbarkeit von Kohlenstoffdioxid zusammen – die Löslichkeit von Kohlenstoffdioxid in Wasser sinkt mit steigender Temperatur, daher erweisen sich Mechanismen zur Aufkonzentrierung wie die Vorfixierung in der C_4-Photosynthese als vorteilhaft.

Die Löslichkeit von Kohlenstoffdioxid in Wasser sinkt mit steigender Temperatur stärker ab als die Löslichkeit von Sauerstoff. Da sich das Verhältnis von Sauerstoff und Kohlenstoffdioxid mit zunehmender Temperatur zugunsten von Sauerstoff verschiebt, setzt RubisCO unter hohen Temperaturen zunehmend Sauerstoff um (Photorespiration) und die C_3-Photosynthese wird weniger effizient. In warmen Lebensräumen bringt die Vorfixierung von Kohlenstoffdioxid über den C_4-Weg daher grundsätzlich gewisse Vorteile. C_4-Photosynthese findet sich daher nicht nur bei Pflanzen trockener Lebensräume, sondern auch bei Pflanzen feuchter Lebensräume. Selbst einige aquatische Algen betreiben C_4-Photosynthese.

Abb. 37.12 Die Verfügbarkeit von Kohlenstoffdioxid und von Sauerstoff beeinflussen die Effizienz der Photosynthese, da das Enzym RubisCO sowohl die CO_2-Fixierung als auch als Nebenreaktion den Einbau von Sauerstoff katalysiert

auf die Oxidaseaktivität der RubisCO zurückgehende **Photorespiration** (▶ Abschn. 13.12), also den Einbau von Sauerstoff anstelle von Kohlenstoffdioxid, begrenzt. Das Verhältnis von Sauerstoff und Kohlenstoffdioxid beeinflusst die Effizienz der Photosynthese. Die Löslichkeit dieser beiden Gase in Wasser nimmt bei steigenden Temperaturen nicht proportional ab. Das Verhältnis verschiebt sich mit steigenden Temperaturen zu Ungunsten von Kohlenstoffdioxid (◘ Abb. 37.12). Aus diesem Grund ist gerade in warmen Klimaten die C_3-Photosynthese weniger effizient als die C_4-Photosynthese. Müssen die Pflanzen zudem die Spaltöffnungen partiell geschlossen halten, um den Verlust von Wasser durch Verdunstung einzuschränken, wird der Mangel an verfügbarem Kohlenstoffdioxid noch weiter verschärft. Daher ist die C_4-Photosynthese besonders in trocken-heißen Klimaten weit verbreitet.

37.4 Die Erdgeschichte und das Klima erklären die Verteilung der heutigen Biodiversität

Wie in den beiden vorangehenden Abschnitten erläutert, sind Wasserverfügbarkeit und Frostanfälligkeit von grundlegender Bedeutung für die Anpassung von Organismen an ihre Umwelt. Die Verbreitung spezieller Anpassungsstrategien, man spricht von Lebensformen, entspricht daher in etwa der Verteilung der Klimazonen. Diese organismengruppenübergreifenden Verbreitungsmuster der Lebensformen werden als **Biome** oder **Haupthabitattypen** bezeichnet (► Abschn. 37.1).

Die Niederschläge werden durch die globale **Sonneneinstrahlung** und die großen **atmosphärischen Zirkulationssysteme** bestimmt (◻ Abb. 37.13). Da warme Luft mehr Wasserdampf aufnehmen kann als kalte Luft, beeinflussen Temperaturänderungen der Luft auch die Wolkenbildung und die Niederschlagstätigkeit. Bereiche aufsteigender Luftmassen sind generell niederschlagsreich, da die aufsteigenden Luftmassen abkühlen und daher Wasserdampf kondensiert – es kommt zu Wolkenbildung und Niederschlägen. Umgekehrt sind Bereiche absinkender Luftmassen allgemein sehr niederschlagsarm, weil sich die absinkende Luft erwärmt und somit große Mengen an Wasserdampf aufnehmen kann. Dies bedingt die globalen Muster von niederschlagsreichen Tropen (aufsteigende Luft), niederschlagsarmen Subtropen (absinkende Luftmassen), niederschlagsreichen temperaten Zonen (aufsteigende Luftmassen) und einer wiederum niederschlagsarmen polaren Zone (absinkende Luftmassen).

Grundsätzlich nimmt die **Temperatur** von den Tropen und zu den Polen hin ab. Durch die Verteilung der Land- und Wasserflächen unterliegen diese generellen Temperaturgradienten jedoch regionalen Schwankungen, zudem finden sich insbesondere im Bereich der Hochgebirge Abweichungen von diesen überregionalen Trends (◻ Abb. 37.14). Auch bei den globalen **Niederschlägen** ist entsprechend der globalen atmosphärischen Zirkulation eine typische Verteilung vom Äquator zu den Polen hin zu erkennen (◻ Abb. 37.14). Neben diesen übergeordneten Trends ist die Niederschlagsverteilung stärker als die der Temperatur von den Anteilen an Land- und Meeresflächen sowie den vorherrschenden Windrichtungen und von der Lage der Hochgebirge abhängig. An den Küsten sind die Niederschläge relativ hoch und nehmen zum Landesinneren hin ab. Hochgebirge wirken als Niederschlagsscheide – an den windzugewandten Seiten fällt relativ viel Niederschlag, während die windabgewandte Seite niederschlagsarm ist.

Darüber hinaus schwankt die Wasserverfügbarkeit noch saisonal – besonders ausgeprägt ist dies in den Savannen und den mediterranen Regionen. Die Schwankungen der Niederschlagsintensität hängen mit der jahreszeitlichen Wanderung der Sonne zusammen (◻ Abb. 37.15): So gelangen die Savannengebiete im Sommer unter

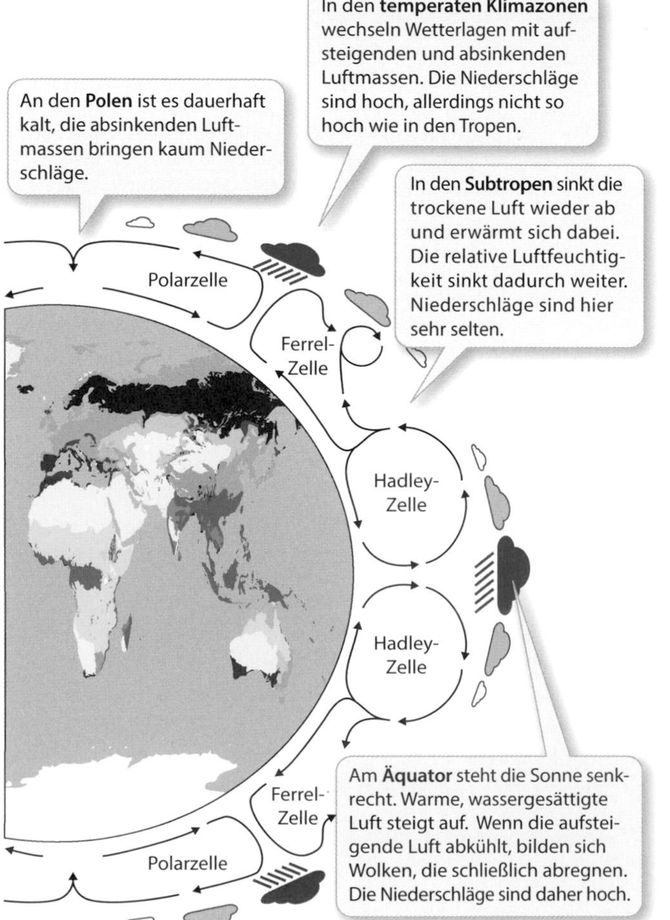

◻ **Abb. 37.13** Die globalen Windsysteme und ihre Auswirkungen auf die regionalen Niederschlagsmengen

Jahresdurchschnittstemperatur (°C): 40, 20, 0, −20, −40

Jahressumme der Niederschläge (mm): 4000, 2000, 1000, 500, 250, 0

◻ **Abb. 37.14** Globale Muster der Jahresdurchschnittstemperatur und Niederschlagssumme

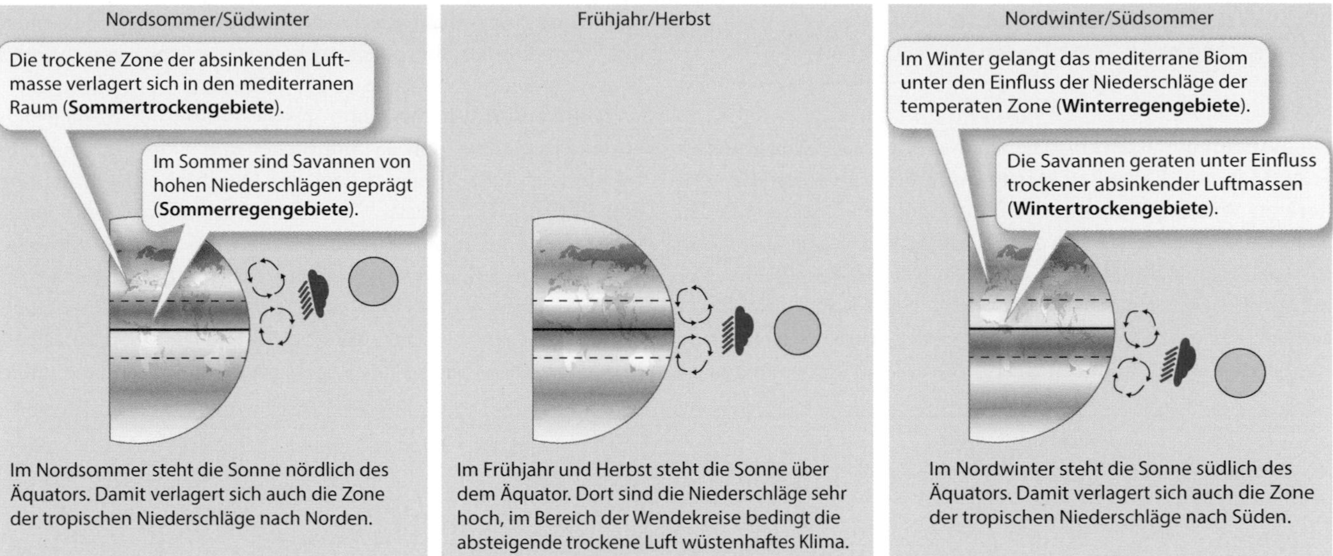

Abb. 37.15 Die jahreszeitliche Verschiebung des Sonnenstands bedingt den Wechsel von Trockenzeiten und Regenzeiten in den subtropischen und mediterranen Biomen

Einfluss der tropischen Niederschlagszone, im Winter dagegen in den Bereich der subtropischen Trockenzone. Die subtropischen Savannen sind daher **Sommerregengebiete** bzw. **Wintertrockengebiete** (▶ Abschn. 37.6). In den mediterranen Gebieten verhält es sich genau umgekehrt: Im Sommer gelangen diese unter den Einfluss der subtropischen Hochdruckzone, im Winter wirken sich hier die regenreicheren temperaten Klimazellen aus.

Die Verbreitung von Verwandtschaftsgruppen von Organismen ist dagegen vorwiegend auf **historische Faktoren**, insbesondere die **Plattentektonik** (▶ Abschn. 29.7) der jüngeren Erdgeschichte, zurückzuführen. Verbreitungsgrenzen wie Gebirge, Meere oder Wüstengebiete beeinflussen die Ausbreitung von Arten und damit deren Verbreitungsmuster. Entsprechend ändert sich die Artenzusammensetzung an solchen Barrieren vergleichsweise stark. Über längere erdgeschichtliche Zeiträume sind solche Verbreitungsbarrieren aber nicht statisch (■ Abb. 37.16): Durch **Kontinentaldrift** wurden im Verlauf der Erdgeschichte immer wieder Verbreitungsgrenzen aufgehoben oder es sind neue entstanden. Je länger diese Grenzen schon existieren, desto ausgeprägter sind die Unterschiede der Floren und Faunen. An diesen alten Grenzen umfasst die biogeographische Trennung daher auch Taxa höherer Rangstufen (Familien, Gattungen).

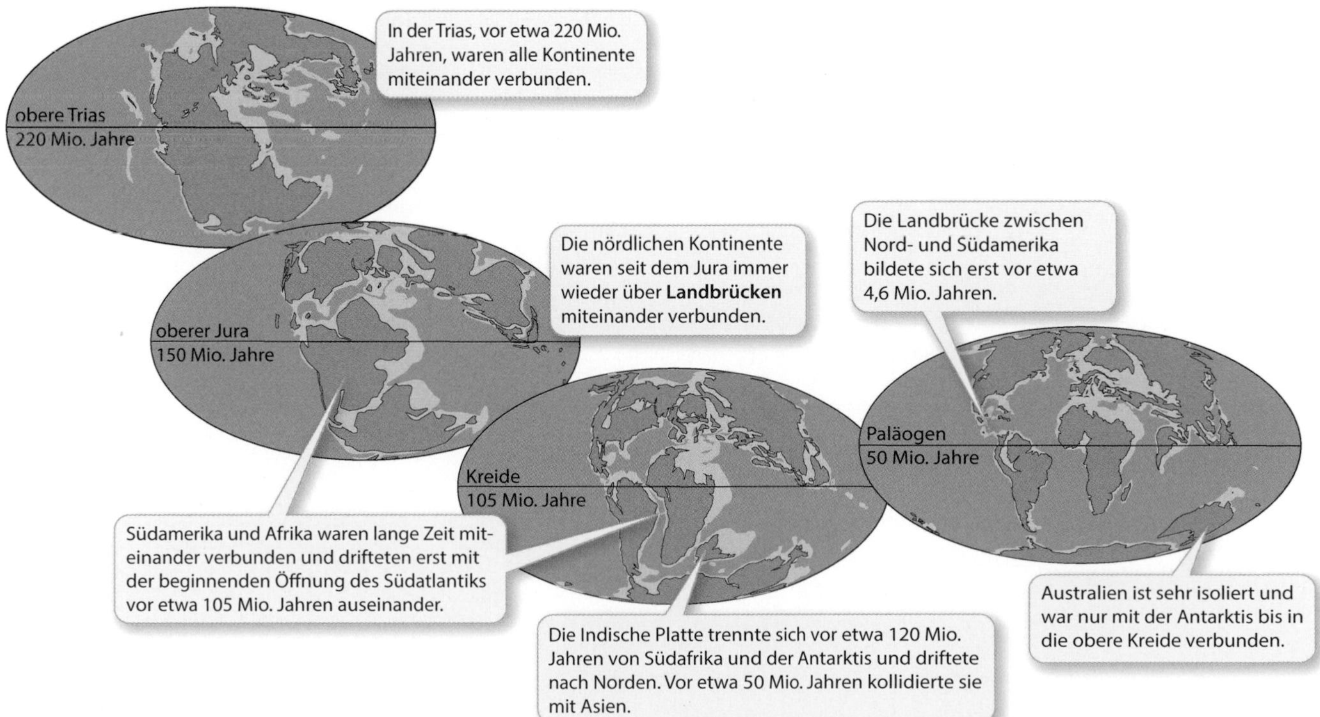

Abb. 37.16 Der Superkontinent Pangaea zerbrach seit der oberen Trias zunehmend in isolierte Kontinente, auf denen sich die Organismen dann weitgehend getrennt voneinander entwickelten

37.5 Wüsten sind Gebiete extremer Trockenheit

Die **Wüsten** umfassen etwa 33 % der Landfläche, davon entfallen etwa 13 % auf die heißen Wüsten und etwa 10 % auf die temperaten Wüsten. Hinzu kommen die polaren Wüsten mit den Kältewüsten, die rund 2 % der Landfläche umfassen, und den Eiswüsten (Eisschilden) mit weiteren 8 % der Landfläche. Gemeinsames Merkmal der Wüsten ist ein arides Klima mit sehr geringem Niederschlag. Flora und Fauna der Wüsten sind spärlich, die hier lebenden Pflanzen und Tiere weisen Anpassungen an starke und lang anhaltende Trockenheit auf. Da die Trockenheit des Wüstenklimas mikrobielle Abbauprozesse stark einschränkt, überwiegen hier chemische und physikalische Verwitterung.

Die **heißen Wüsten** (subtropische Wüsten) erstrecken sich etwa zwischen 20° und 25° nördlicher und südlicher Breite. In mindestens acht Monaten liegt die Durchschnittstemperatur hier über 10 °C. Nur etwa 20 % der Wüstenfläche sind Sandwüste, während rund 70 % der Fläche Kies- oder Geröllwüste sind. Die ausgedehntesten heißen Wüsten sind die Sahara in Nordafrika, die Kalahari im südlichen Afrika sowie die Wüsten Westindiens und Pakistans (◘ Abb. 37.17). Die **subtropischen Küstenwüsten** sind in der Regel kühler, da küstennahe kühle

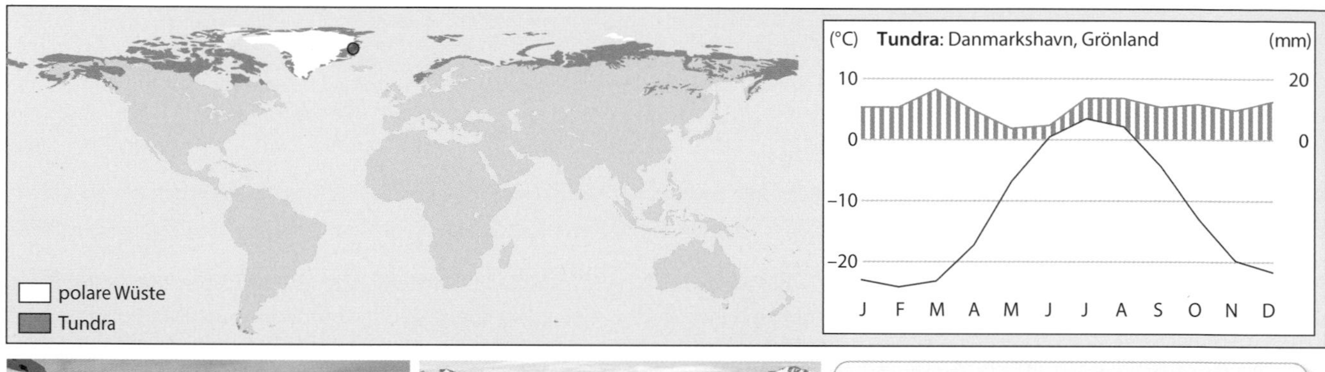

In den **polaren Wüsten** und in der **Tundra** können die Niederschläge durchaus höher als die Evapotranspiration sein. Die Wasserverfügbarkeit ist trotz ausreichender Niederschläge aufgrund der tiefen Temperaturen und langen **Fröste** gering. Die Zeit für das Pflanzenwachstum, die Vegetationsperiode, ist daher kurz.

Landschaft der polaren Wüste (links: Waterboat Point, Antarktis) und der Tundra (rechts: Lappland, Schweden)

Sowohl in den temperaten und heißen Wüsten als auch in den polaren Wüsten ist die **Wasserverfügbarkeit gering**, die **Vegetationsbedeckung** liegt in der Regel **unter 5 %**. Auch in der Tundra und im mediterranen Biom ist die Vegetationsperiode kurz und Pflanzenwachstum ist weitgehend auf die günstigere Jahreszeit beschränkt. Die klimatischen Ursachen für die kurzen Vegetationsperioden sind allerdings unterschiedlich.

In den **heißen Wüsten** und im **mediterranen Biom** sind die **Niederschläge gering.** Hier begrenzt die Wasserverfügbarkeit aufgrund fehlender Niederschläge die Vegetationsperiode.

Landschaft der heißen Wüste (links: Sossusvlei, Namibia) und des mediterranen Bioms (rechts: Fynbos, Südafrika)

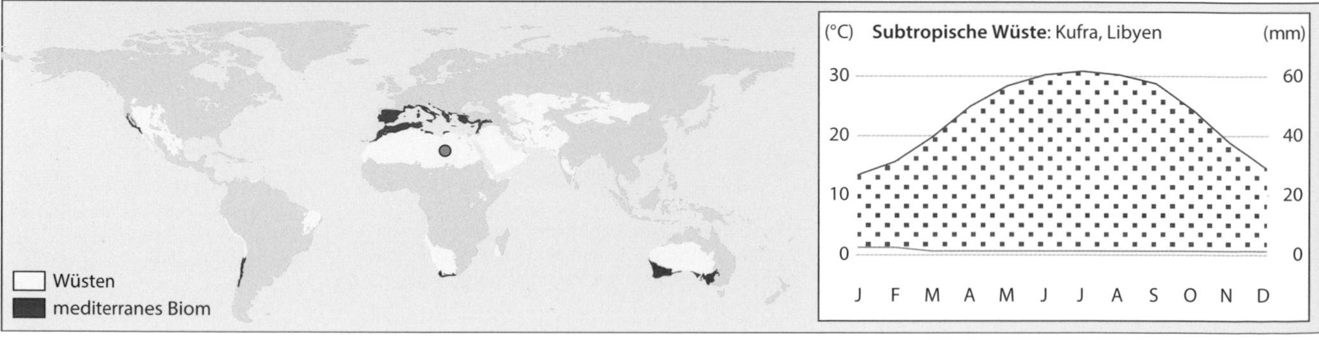

◘ **Abb. 37.17** Verbreitung, Vegetation und Klima der Eiswüsten, Kältewüsten und Tundren sowie der heißen und temperaten Wüsten und des mediterranen Bioms. Die Lage der zu den Klimadigrammen gehörenden Orte ist durch grüne Punkte markiert

Meeresströmungen die Luft abkühlen. Beispiele dieses Wüstentyps sind die Namib im südlichen Afrika und die Atacama in Südamerika. Durch diese Abkühlung kondensiert der in der Luft enthaltene Wasserdampf und zieht insbesondere in den kühleren Morgenstunden vom Meer als Nebel in die Wüste. Einige der hier lebenden Tiere und Pflanzen besitzen daher Anpassungen, um die Feuchtigkeit des Nebels aus der Luft „auszukämmen".

In den **temperaten Wüsten** (außertropische Wüsten) liegen die Durchschnittstemperaturen in vier bis acht Monaten über 10 °C. Diese Wüsten liegen im Windschatten großer Gebirge oder im Inneren der großen Kontinente. Zu den ausgedehntesten temperaten Wüsten gehören die Wüste Gobi und das Great Basin in Nordamerika.

Das **mediterrane Biom** umfasst etwa 3 % der Landfläche und findet sich vorwiegend zwischen dem 30. und 40. Breitengrad am Westrand der Kontinente, oft an der Grenze zu den heißen Wüsten. Es ist ein Winterregengebiet mit Sommerdürre zwischen den subtropischen Wüstengebieten und den gemäßigten Klimazonen. Hier herrscht arides bis humides Wüstenklima mit Winterregen- und Sommertrockenzeiten. Die Vegetationsperiode beträgt etwa fünf bis neun Monate. Das mediterrane Biom umfasst im Wesentlichen das Mittelmeergebiet, die Küsten Kaliforniens und Chiles sowie die Südwestspitzen Afrikas und Australiens. Diese Gebiete zählen neben den immerfeuchten Tropen zu den artenreichsten Regionen der Erde. Die Vegetation des mediterranen Bioms reicht von geschlossenen Baumbeständen bis zu Steppen. Es finden sich viele hartlaubige Arten (Sklerophyten) mit verdickter Epidermis und ausgeprägten Cuticulaschichten.

In den **polaren Wüsten** liegen die Durchschnittstemperaturen auch in den wärmsten Monaten nicht über 5 °C. Der Boden ist in der Regel gefroren und die Luft aufgrund der niedrigen Temperaturen sehr trocken. Die größten polaren Wüsten sind die Antarktis und weite Teile Grönlands. In den **Eiswüsten** lässt die permanente Eisbedeckung keine Vegetation zu, in den **Kältewüsten** ist die Vegetation auf Flechtenkrusten beschränkt, in geschützten Bereichen kommen zudem Moose und Gräser vor. Die Nahrungsnetze der polaren Wüsten stützen sich aufgrund der schwachen bis fehlenden Vegetation auf die marine Produktion.

An die polaren Wüsten schließt sich als Biom die **Tundra** an; sie bedeckt etwa 7,6 % der Landfläche. Das Klima der Tundra ist polar, die geringen Niederschläge fallen großenteils als Schnee (◘ Abb. 37.17). Die Niederschläge in der Tundra sind meist deutlich höher als die Evaporation. Trotzdem ist die Wasserverfügbarkeit gering, da Wasser und die Böden die meiste Zeit des Jahres gefroren sind. Die Sommer sind kurz, die Vegetationsperiode dauert nur zwischen sechs und 16 Wochen. Trotz dieser kurzen Vegetationsperiode ist die Assimilationszeit der Pflanzen aufgrund der langen Sommertage mit bis zu 24 Stunden Sonnenschein durchaus hoch. Die geringe Artenvielfalt umfasst vor allem Moose, Flechten, mikrobielle Krusten und Gräser, daneben finden sich vereinzelt Kräuter und Zwergpflanzen (◘ Abb. 37.18).

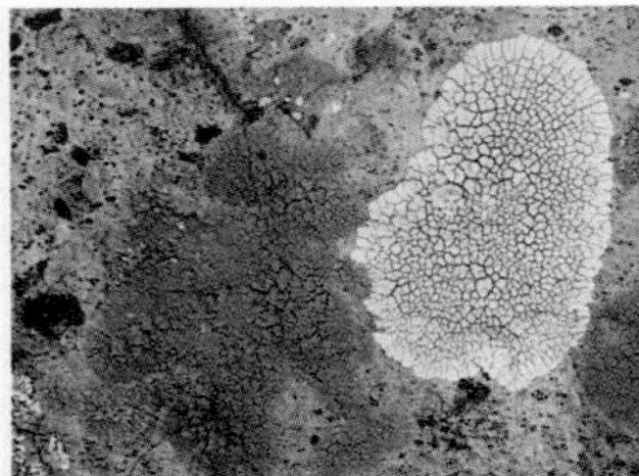

Flechten überstehen eine zeitweise Austrocknung und Temperaturextreme. Sie besiedeln auch extrem trockene Lebensräume und sind typisch für die Vegetation der kalten Biome (links: Rentierflechte) und der trocken-heißen Biome (rechts).

In den trocken-heißen Biomen ist **Sukkulenz** eine verbreitete Anpassung der Pflanzen. Auch in der Tundra kommt es trotz des humiden Klimas zu Trockenheit an Felsstandorten. Daher wachsen auch in der Tundra verschiedene sukkulente Pflanzen wie Steinbrechgewächse (links). In den Wüsten können Sukkulenten das Landschaftsbild prägen (rechts).

Halb- und Zwergsträucher gehören zur typischen Vegetation der Tundra (links: Polarweide) und des mediterranen Bioms (rechts: Butterbaum).

Bei Tieren finden sich Strategien zur Überdauerung der ungünstigen Jahreszeit (**Winterruhe bzw. Sommerruhe**), beispielsweise in unterirdischen Bauten.

Da das Beutespektrum vorwiegend aus Kleintieren besteht, sind auch die Prädatoren kleiner. Der Körperbau des Polarfuchses ist gedrungen, um den Wärmeverlust zu begrenzen, der Körperbau des wüstenbewohnenden Fenneks dagegen durch große Körperanhänge gekennzeichnet, die der **Thermoregulation** dienen.

◘ **Abb. 37.18** Anpassungen von Fauna und Flora an Kältewüsten und Tundra (links) sowie an heiße Wüsten und das mediterrane Biom (rechts)

37.6 Saisonale Trockenheit und Beweidung durch Großherbivoren erhalten die Vegetation der Grasländer

Die **Grasländer** umfassen etwa 29 % der Landfläche, davon entfallen rund 10 % auf die temperaten Grasländer, 14 % auf die subtropischen und tropischen Grasländer, 4 % auf die montanen Grasländer und 1 % auf die überschwemmten Grasländer (◘ Abb. 37.19).

Das Klima der Grasländer ist durch den Wechsel einer niederschlagsreichen Vegetationsperiode mit einer Trockenperiode gekennzeichnet, in den temperaten und montanen Grasländern kann die Vegetationsperiode zudem durch Frost eingeschränkt sein. Die Evaporation ist in der Regel höher als die Niederschläge, zumindest in der Regenzeit ist der Niederschlag aber höher als die Verdunstung.

Aufgrund der geringen Niederschläge in der warmen Jahreszeit ist kein Baumwachstum möglich, da Holzgewächse in der Regel längere Vegetationsperioden benötigen als Gräser und krautige Pflanzen. Es überwiegt Steppen- bis Wüstenvegetation, mit zunehmender Trockenheit gehen die Grasländer in Wüsten über. Beweidung durch Großherbivoren, aber auch Brände, sind für Grasländer von zentraler Bedeutung (◘ Abb. 37.20). Sie verhindern das übermäßige Aufkommen von Hemikryptophyten und Phanerophyten sowie einen übermäßigen Anfall von Streu. In den niederschlagsreicheren Gebieten überwiegen hohe und mehrjährige Gräser, es finden sich zudem Baumgruppen und Waldinseln. In den niederschlagsärmeren Gebieten dominieren

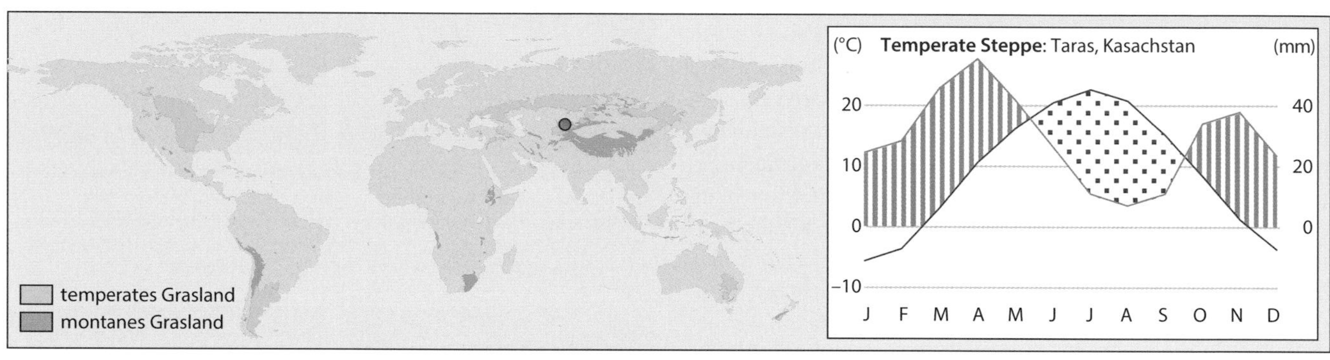

Die temperaten Grasländer liegen in den gemäßigten Klimazonen **im Inneren der Kontinente**, oft im Windschatten von Gebirgszügen. Montane Grasländer finden sich in verschiedenen Klimazonen in Hochlagen der Gebirgsregionen.

Die tropischen und subtropischen Grasländer erstrecken sich beiderseits des Äquators zwischen dem 5. und 20. Breitengrad zwischen den tropischen Regenwäldern und den subtropischen Wüstengebieten.

Der Temperaturverlauf zeigt in den **temperaten Grasländern** eine ausgeprägte Saisonalität mit warmen Sommern und kalten Wintern. Die Vegetationsperiode ist im Winter durch **tiefe Temperaturen und Fröste** verkürzt.

Langgrassteppe

Savanne

Grasländer sind durch den **Wechsel von trockenen (ariden) und feuchten (humiden) Jahreszeiten** gekennzeichnet.

In den **tropischen** und **subtropischen Grasländern** wechselt eine Sommerregenzeit mit einer Wintertrockenzeit ab, die Temperaturschwankungen sind dagegen gering. Die Vegetationsperiode ist im Winter durch **geringe Niederschläge** verkürzt.

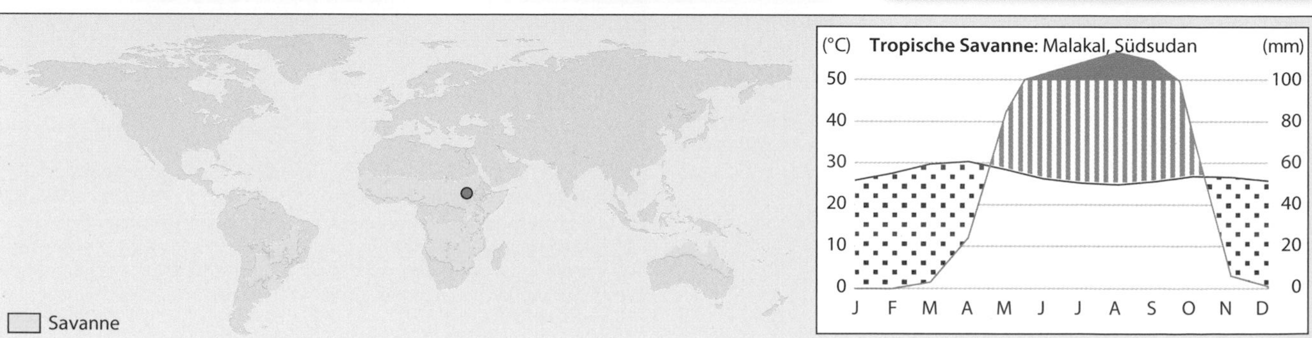

◘ **Abb. 37.19** Verbreitung, Vegetation und Klima der Grasländer. Die Lage der zu den Klimadigrammen gehörenden Orte ist durch grüne Punkte markiert

37

kürzere und einjährige (annuelle) Gräser, Bäume fehlen weitgehend.

Bei den Tieren finden sich zwei verschiedene Anpassungen an die saisonal unterschiedliche Wasserverfügbarkeit: Großherbivoren weichen der Nahrungsknappheit durch großräumige Wanderungen aus, während kleinere Tiere oft Erdbauten bewohnen – einige von ihnen überdauern ungünstige Jahreszeiten zudem durch verringerte Aktivität und Ruhephasen.

Auch der Abbau pflanzlicher Biomasse, vor allem in den tropischen und subtropischen Grasländern, unterscheidet sich aufgrund der saisonalen Wasserverfügbarkeit von den meisten anderen Biomen: Pflanzliche Biomasse fällt hier vorwiegend gegen Ende der Vegetationsperiode bzw. zu Beginn der Trockenzeit an. Aufgrund der dann geringen Wasserverfügbarkeit und der Trockenheit der Böden ist der mikrobielle Abbau durch Pilze und Bakterien stark eingeschränkt. Tiere wie Termiten, die sich einen Zugang zu feuchteren Bodenschichten und/oder dem Grundwasser erschließen können und in Symbiose mit Bakterien und Pilzen leben, sind hier für den Abbau von Cellulose und damit von pflanzlicher Biomasse bedeutend (▶ Abschn. 35.18).

Temperate Grasländer und Steppen finden sich vorwiegend zwischen dem 40. und 50. Breitengrad. Dazu gehören die Steppengebiete Russlands und Zentralasiens, die Prärien Nordamerikas und die Pampas in Südamerika. Die Jahresniederschlagssummen liegen bei 100–400 mm. Im Winter ist die Vegetationsperiode durch kühle Temperaturen und Frost, im Sommer durch geringe Niederschläge und eine ausgeprägte Trockenzeit begrenzt.

Die **tropischen und subtropischen Grasländer (Savannen)** erstrecken sich vorwiegend zwischen dem 5. und 20. Breitengrad. Die größten Savannen finden sich in Afrika, daneben sind in Südamerika und Australien Savannen verbreitet. Der Übergang von der Savanne zum tropischen Trockenwald ist fließend und eine Abgrenzung daher schwierig. Das Klima ist semihumid bis semiarid mit Sommerregenzeit und Wintertrockenzeit. Die Jahresniederschläge in den Savannen liegen zwischen 600 und 1500 mm, in der Dornsavanne an der Grenze der Wüsten erreichen sie nur bis zu 200 mm.

Montane Gras- und Buschländer sind in tropischen, subtropischen und temperaten Klimazonen in den montanen und alpinen Höhenstufen verbreitet. Bedeutende Regionen sind die südamerikanische Puna und Paramo sowie Steppenbereiche in Tibet. Das Klima ist meist kühl, die Sonneneinstrahlung und deren UV-Anteil sind aufgrund der Höhenlage hoch. Trotz der oft hohen Niederschläge handelt es sich bei den montanen Grasländern um trockene Lebensräume, da das Wasser aufgrund der Hangneigung schnell abfließt.

Im Gegensatz zu den typischen Grasländern sind die **überfluteten Grasländer** dauerfeucht. Sie liegen meist im Bereich von Flussdeltas und sind mosaikartig zusammengesetzt aus nur wenigen Zentimeter tief überschwemmten Grasländern, tieferen Wasserbecken und Inseln. Da die überfluteten Böden in der Regel sauerstofffrei oder sauerstoffarm sind, muss die Versorgung der Wurzeln mit Sauerstoff über die Pflanze erfolgen.

Beweidung und Steppen- oder Savannenbrände wirken einer Verbuschung und dem Aufkommen von Bäumen entgegen. Steppenbrände treten regelmäßig auf, die **Feuer** können sehr heiß sein, die Hitze dringt aber aufgrund der kurzen Branddauer nur wenig in den Boden ein.

Am und im Boden sind die Organismen vor den Einflüssen von Trockenheit, Feuer und Fraß besser geschützt. Gräser bilden **bodennahe Triebe** und Erneuerungsknospen. Viele Kleintiere leben in **unterirdischen Bauen.** In temperaten Grasländern wird Biomasse durch Mikroorganismen und Pilze recycelt, in subtropischen Grasländern übernehmen Termiten diese Aufgaben.

Kleinsäuger leben oft gesellig in teils ausgedehnten **Kolonien.** Kleinherbivoren wie Präriehunde (links) nutzen Gräser und Grassamen als Nahrung. Der Anteil bodenbewohnender Kleinnager ist in den frostgefährdeten, temperaten Grasländern höher als in tropischen Grasländern. Insekten und Kleintiere werden von Kleinprädatoren wie den Erdmännchen (rechts) als Nahrung genutzt.

Großherbivoren, wie die Bisons (links) der temperaten Grasländer oder die Zebras (rechts), Antilopen und Gazellen der Savannen, ziehen durch weite **Wanderungen** dem saisonalen Nahrungsangebot hinterher.

Die Großherbivoren bilden das Beutespektrum von großen, oft **in Familienverbänden lebenden Prädatoren.** In den temperaten Grasländern fehlen diese allerdings. Ursachen dafür können die Bejagung durch Urmenschen, aber auch der Klimawandel am Ende der letzten Vereisung vor 11.700 Jahren gewesen sein. Zu den größten Prädatoren der heutigen temperaten Grasländer gehören die Kojoten (links).

Abb. 37.20 Anpassungen von Fauna und Flora der temperaten (links) und tropischen (rechts) Grasländer

37.7 Wälder sind der dominante Vegetationstyp in humiden Klimaten mit langen Vegetationsperioden

Wälder dominieren auf etwa 38 % der Landoberfläche, davon entfallen 7,8 % auf boreale Nadelwälder (Taiga), 11 % auf temperate Laub- und Mischwälder und 19 % auf tropische Wälder.

Das Klima der Waldbiome ist ganzjährig **semihumid bis humid** (◘ Abb. 37.21). Während die tropischen Wälder ganzjährig frostfrei sind, kommt es in den temperaten Wäldern regelmäßig zu Frösten, in den borealen Nadelwäldern sind lange, kalte Winter typisch.

Die Anpassungen der Vegetation an die Stärke und Dauer der Fröste sind charakteristisch für die verschiedenen Waldbiome. In den tropischen Regenwäldern finden sich weder saisonaler Blattwurf, noch Anpassungen an Frost. Dagegen ist in den tropischen Trockenwäldern in der Übergangszone zwischen tropischem Regenwald und Savanne **saisonaler Laubabwurf** für viele Baumarten typisch. Ähnlich stellt der Laubabwurf in den temperaten Laub- und Mischwäldern eine Anpassung an die Winterkälte dar. Er dient hier einerseits dem Schutz vor Erfrieren, andererseits der Verringerung der Transpiration, da Pflanzen den Wasserverlust durch Verdunstung bei gefrorenem Boden nicht ausgleichen können. Die Neubildung der Blätter erfordert allerdings eine Vegetationsperiode von mindestens vier Monaten. Bei den kürzeren Vegetationsperioden in der Taiga und in höheren Gebirgsstufen dominieren daher Nadelbäume. Deren Blätter sind durch ihren xeromorphen, kompakten Bau mit eingesenkten Spaltöffnungen und Wachsauflagerungen an Fröste und Trockenheit angepasst.

Die **borealen Nadelwälder** (**Taiga**) erstrecken sich zwischen dem 50. Breitengrad und dem Polarkreis auf der Nordhalbkugel. Hier herrscht ein kalt-gemäßigtes Klima mit langen Wintern, die Vegetationsperiode ist mit 80 bis 150 Tagen kurz. Die Jahresniederschlagssummen fallen mit 250–500 mm niedrig aus, aufgrund der geringen Verdunstung ist das Klima jedoch trotzdem humid. Weite Bereiche des borealen Nadelwalds sind geprägt durch Permafrostboden, im Sommer tauen nur die oberen 50–100 cm des Bodens auf. Trotz der geringen Niederschläge kommt es dadurch zu Stauwasserbildung und zu einer Vermoorung. In den borealen Wäldern dominieren oft nur eine oder zwei Baumarten, charakteristisch sind Tannen, Fichten, Lärchen und Kiefern.

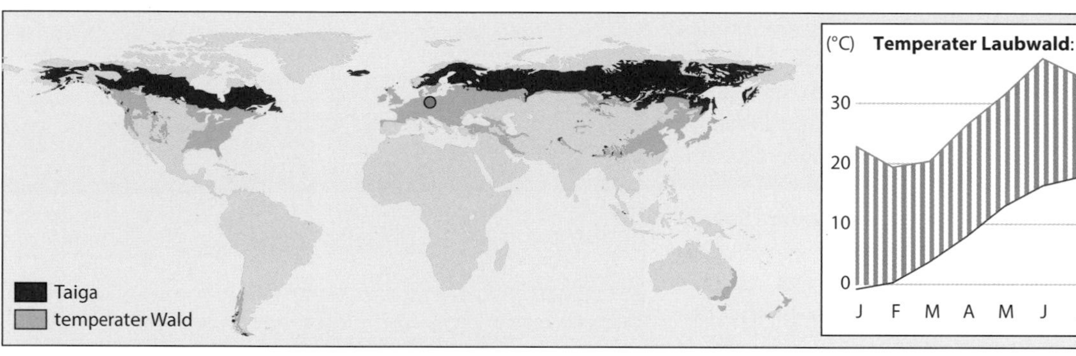

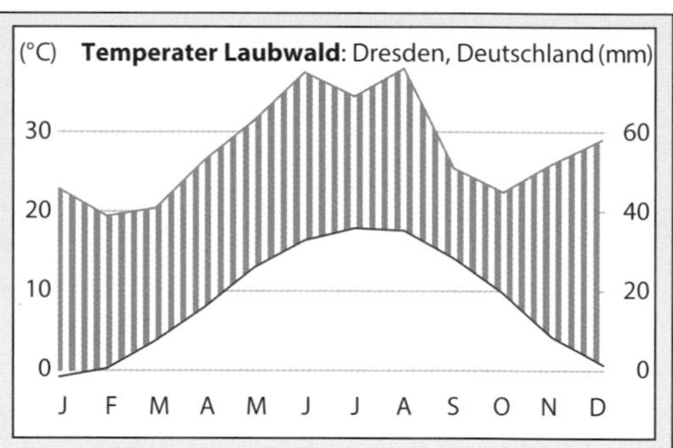

In Waldbiomen ist die **Wasserverfügbarkeit ganzjährig hoch.** Die Vegetationsperiode ist aufgrund von Wasserverfügbarkeit und milden bis höheren Temeraturen recht lang.

In den **temperaten Waldbiomen** sind **jahreszeitliche Temperaturschwankungen** deutlich ausgeprägt. Sommergrüner Laubwald findet sich in temperaten Regionen, in denen die Durchschnittstemperatur an mindestens 120 Tagen über 10 °C liegt. Im Bereich des **borealen Nadelwalds (Taiga)** ist dieser Zeitraum kürzer.

Taiga (boraler Nadelwald)

temperater Laubwald

tropischer Regenwald

Im **tropischen Regenwald** bleibt die Temperatur im Jahresverlauf recht konstant. Die Temperaturschwankungen im Tagesverlauf sind größer als die jahreszeitlichen Schwankungen – dies wird als **Tageszeitenklima** bezeichnet. Die Niederschläge sind ganzjährig hoch.

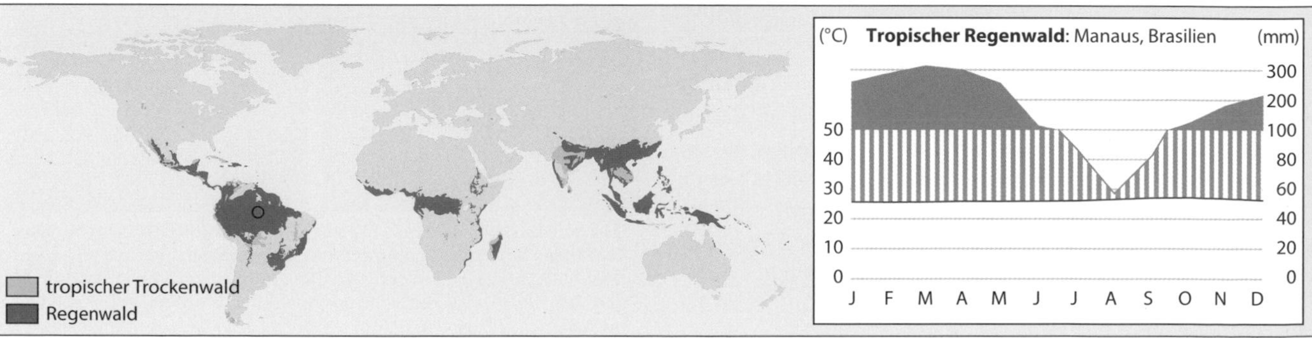

◘ **Abb. 37.21** Verbreitung, Vegetation und Klima der Waldbiome. Die Lage der zu den Klimadigrammen gehörenden Orte ist durch grüne Punkte markiert

Die **temperaten Wälder** (unten) sind meist in Krautschicht, Strauchschicht und Baumschicht gegliedert. Da ausreichend Licht bis zum Boden vordringt, ist die Krautschicht reich entwickelt. Viele Tiere leben zeitweise oder ganz am Boden oder in Bodennähe. Durch die periodisch auftretenden Fröste müssen Pflanzen und Tiere Anpassungen an Frost oder Überdauerungsstrategien entwickeln.
Die **tropischen Regenwälder** (rechts) sind frostfrei – während Tiere und Pflanzen nicht in Frostschutz investieren müssen, spielt der Schutz vor Prädation, beispielsweise durch Giftigkeit, eine große Rolle. Die reichen Baum- und Strauchschichten lassen nur wenig Licht bis zum Boden, weshalb die Krautschicht nur schwach entwickelt ist. Tiere sind entsprechend stark an das Baumleben angepasst.

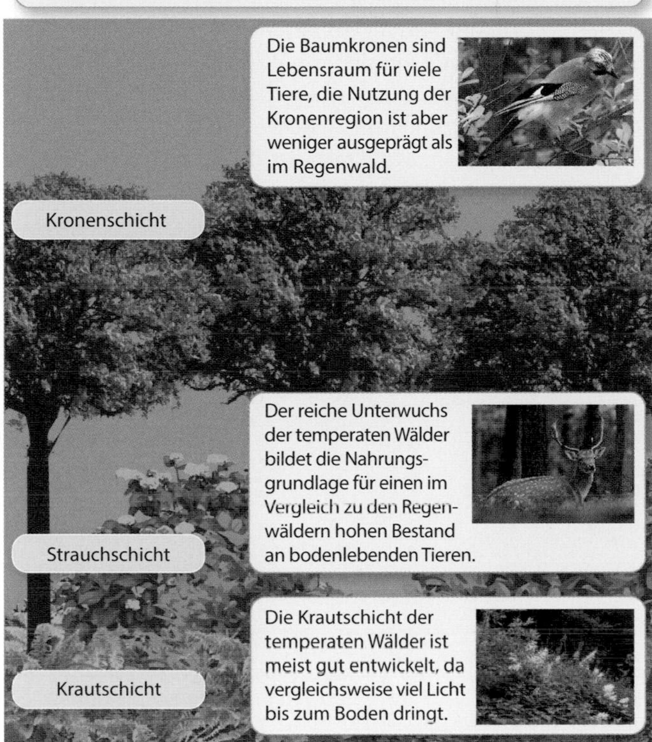

Abb. 37.22 Aufbau, Flora und Fauna der temperaten Wälder (links) und des tropischen Regenwalds (rechts)

Temperate Laub- und Mischwälder (Abb. 37.22) finden sich in Mitteleuropa sowie an der Ostküste Nordamerikas und Asiens. Das Klima ist hier gemäßigt mit ausgeprägten Jahreszeiten und kurzer Winterkälte, die Vegetationsperiode dauert mindestens 120 Tage. Die Jahresniederschlagssummen liegen zwischen 500 und 1000 mm. Zu den typischen Baumarten gehören Eichen, Buchen, Ahorne und Birken.

Die **immerfeuchten tropischen Regenwälder** (Abb. 37.22) erstrecken sich um den Äquator bis etwa zum 5. bis 10. Grad nördlicher und südlicher Breite aus. An den Grenzen zur subtropischen Savanne gehen die Regenwälder in tropische Trockenwälder über. Die Hauptverbreitungsgebiete der tropischen Wälder sind das Amazonasbecken in Südamerika, das Kongobecken in Afrika und der Malaiische Archipel zusammen mit den pazifischen Inseln. Die mittlere Monatstemperatur liegt zumindest in den ozeanisch geprägten Bereichen auch für die kältesten Monate über 18 °C. Die jahreszeitlichen Temperaturschwankungen sind geringer als die Temperaturschwankungen im Tagesverlauf (Tageszeitenklima). Die Jahresniederschlagssummen liegen zwischen 1000 und 15.000 mm, im Durchschnitt bei etwa 3000 mm. Die Vegetation ist von hohen Bäumen dominiert. Aufgrund der fehlenden Jahreszeiten weisen die Bäume keine Jahresringe auf. In den flachgründigen Böden wurzeln die Bäume meist nur flach – Stabilität erreichen sie durch die Ausbildung von Brettwurzeln. In den Regenwäldern sind meist drei Baumschichten ausgebildet: Die etwa 30–40 m hohe Hauptkronenschicht sowie eine darüberliegende Schicht der 50–70 m hohen Baumriesen und eine 20–30 m hohe untere Baumschicht. Darunter existiert noch eine bis zu 15 m hohe Strauchschicht. Eine Krautschicht gibt es nicht, da kaum Licht (< 1 %) bis zum Waldboden durchdringt.

37.8 In Gewässerökosystemen sind die Primärproduzenten meist klein und motil

Die **aquatischen Biome** umfassen marine Habitate und Süßwasserhabitate (limnische Habitate). Der Großteil des Wassers der Erde liegt als Salzwasser in den Weltmeeren vor (◘ Abb. 37.23). Nur 2,6 % des Wassers sind Süßwasser und der Großteil dieses Süßwassers ist als Eis und Schnee in den Polkappen und Gletschern gebunden. Lediglich 0,3 % des Wassers auf der Erde liegt als freies Süßwasser in Seen und Flüssen vor.

Süßwasser enthält nur geringe Konzentrationen an Salzen, die Salinität liegt unter 0,1 %. Wasser mit einer Salinität zwischen 0,1 und 1 % wird als Brackwasser und Wasser mit einer Salinität über 1 % als Salzwasser bezeichnet. Meerwasser hat eine Salinität von etwa 3,5 %. Die relative Zusammensetzung des Meersalzes ist dagegen aufgrund der guten Durchmischung nahezu konstant: Meersalz setzt sich zu 55 % aus Chlorid (1,9 g/l), zu 30,5 % aus Natrium (1,07 g/l), zu 7,7 % aus Sulfat (0,27 g/l), zu 3,7 % aus Magnesium (0,13 g/l), zu 1,2 % aus Calcium (0,04 g/l), zu 1,1 % aus Kalium (0,04 g/l) und zu 0,8 % aus anderen Ionen zusammen.

Die chemische Zusammensetzung von **Meerwasser** ist weltweit sehr ähnlich und auch die Salzkonzentration schwankt nur in geringem Maße. In abgetrennten Meeresbecken kann der Salzgehalt aber stark von dieser mittleren Salinität abweichen. So ist der Salzgehalt in der Ostsee durch die Süßwasserzufuhr der Flüsse geringer und liegt zwischen 0,3 % im Nordosten und 1,9 % im Westen. Im Mittelmeer ist die Salzkonzentration da-

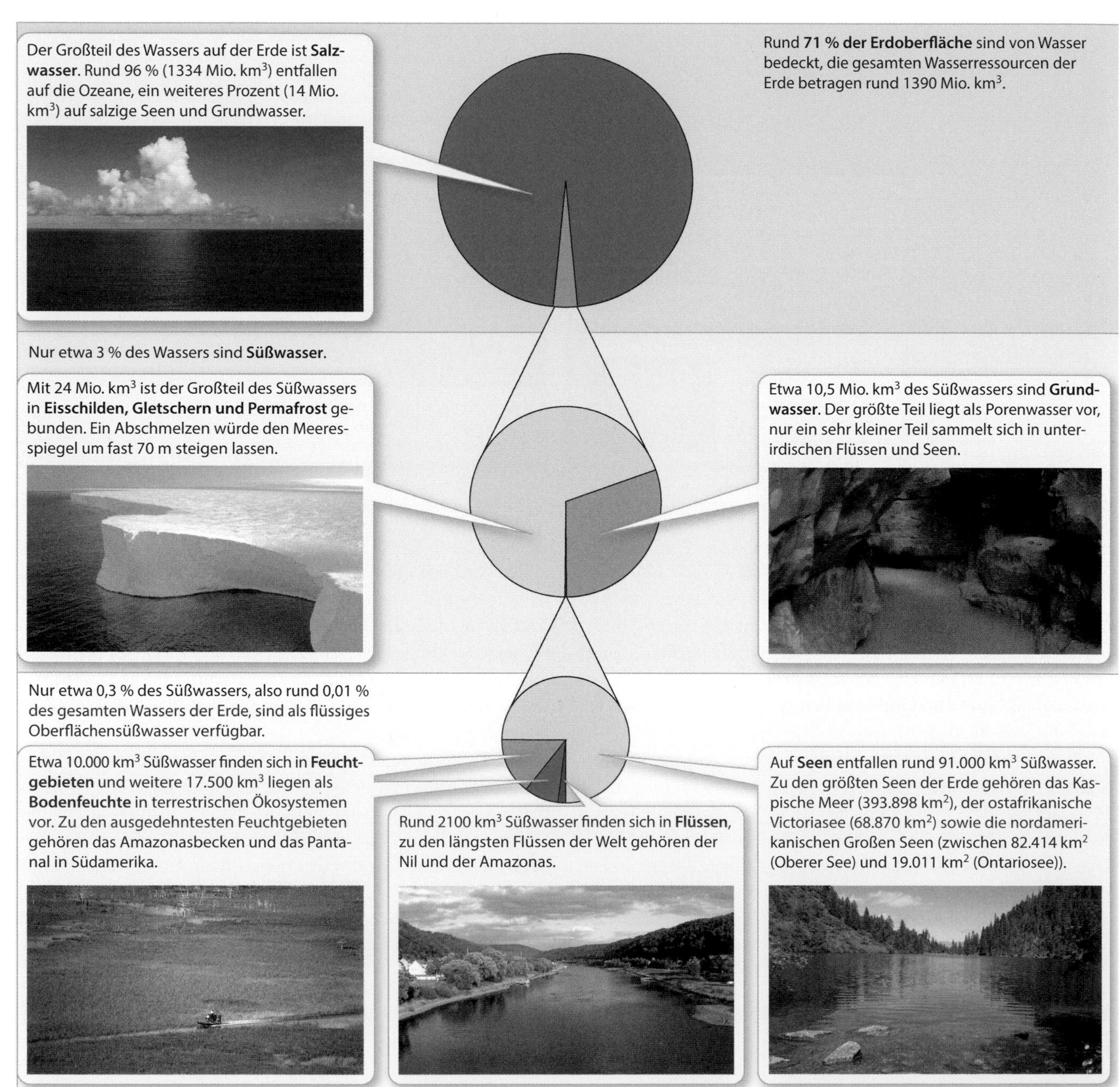

◘ **Abb. 37.23** Verteilung der Wasservorkommen auf der Erde

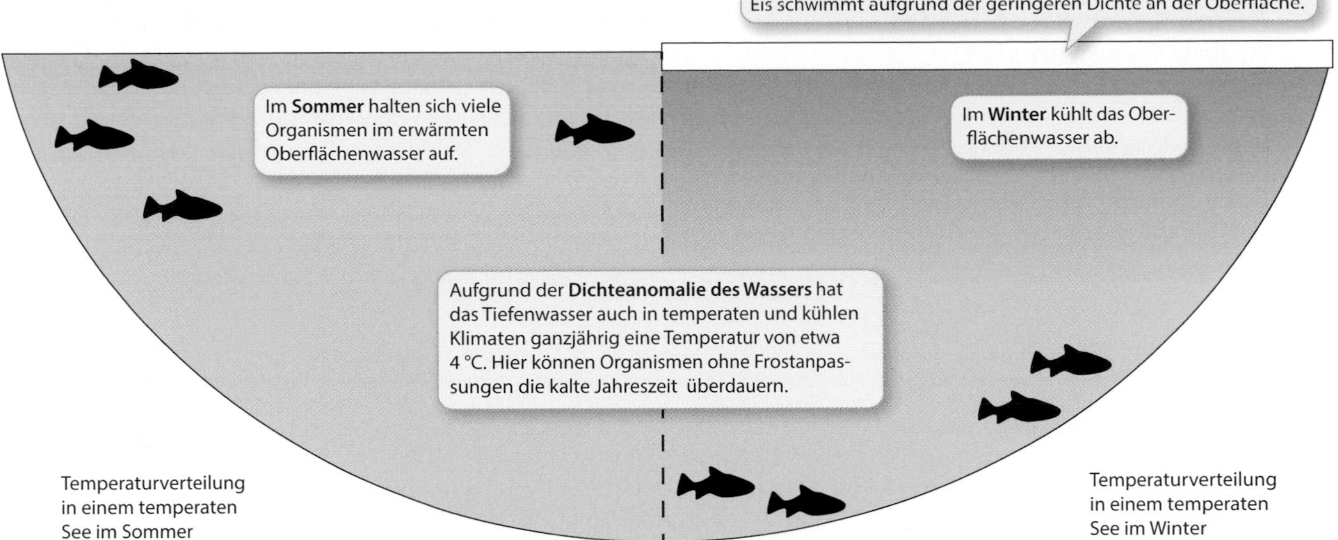

Abb. 37.24 Temperaturverteilung in einem See

gegen aufgrund der starken Verdunstung höher und beträgt 3,6 % im Westen und 3,9 % im Osten.

Die physikalischen und chemischen Bedingungen von **Binnengewässern** können je nach regionalen Gegebenheiten sehr unterschiedlich sein. So bewegen sich die realisierten pH-Werte in Binnengewässern in der Bandbreite von pH 2 bis pH 12. Es finden sich alle Salinitätsstufen von (fast) salzfreien Seen bis hin zu brackischen und schließlich hypersalinen Salzseen, wie dem Toten Meer mit einer Salinität von 28 %, und sämtliche Trophiestufen von ultraoligotroph bis hypertroph.

Das Leben der Organismen im Wasser und die Zusammensetzung der Lebensgemeinschaften sind durch die Beschaffenheit des Wassers geprägt. Aufgrund der hohen Dichte von Wasser ist das spezifische Gewicht der Organismen nur geringfügig höher und das Wasser ist sehr tragfähig. Daher sind Stützgewebe weniger wichtig als in Landlebensräumen. Sie dienen vorwiegend als Ansatzpunkte der Muskulatur und damit der Fortbewegung. Ebenfalls infolge der hohen Tragfähigkeit des Wassers kann der gesamte Freiwasserraum permanent von Organismen besiedelt werden.

Die **Primärproduktion** in aquatischen Lebensräumen erfolgt zum größten Teil durch mikroskopisch kleine planktische Algen (**Mikroalgen**). Die geringe Körpergröße der Mikroalgen ist für die Nährstoffaufnahme günstig, da die Oberfläche im Verhältnis zum Körpervolumen groß ist, zudem sinken kleine Organismen langsamer ab als große und verbleiben damit länger in den lichtdurchfluteten Oberflächenschichten. Nur in den Flachwasserbereichen der Uferzone spielen **Makrophyten** eine größere Rolle.

Wasser besitzt eine hohe Wärmekapazität von etwa 4200 J/kg/K, weshalb die **Wassertemperatur** daher im Vergleich zu den Schwankungen der Umgebungstemperatur recht gleichförmig ist. Insbesondere am Gewässergrund bleibt die Temperatur auch in Klimaten mit jahreszeitlich stark wechselnden Temperaturen stabil, da Wasser bei 4 °C die höchste Dichte von 1 g/cm^3 hat und sich am Grund sammelt. Wärmeres und kälteres Wasser ist jeweils leichter. Die Tatsache, dass auch kühleres Wasser und Eis eine geringere Dichte aufweisen als Wasser bei 4 °C, wird als **Dichteanomalie** des Wassers bezeichnet (Abb. 37.24). Eis ist mit einer Dichte von 0,918 g/cm^3 leichter als flüssiges Wasser und schwimmt daher an der Oberfläche, der Gewässergrund bleibt in der Regel eisfrei. Durch Rückzug in tiefere Gewässerregionen und an den Grund können Organismen daher während der kalten Jahreszeit ohne spezielle Frostanpassungen überleben.

37.9 Die Hälfte der globalen Primärproduktion findet in den Ozeanen statt

Die **Ozeane** bedecken rund 71 % der Erdoberfläche. Die küstennahen, flachmarinen Bereiche mit einer Wassertiefe bis zu 200 m werden als Schelf bezeichnet. Daran schließen sich der Bereich des steil bis zum Ozeanboden abfallenden Kontinentalhanges und der offene Ozean an.

Nur in der obersten, etwa 200 m tief reichenden **euphotischen Zone** des Ozeans ist Photosynthese möglich (■ Abb. 37.25). Zwar ist die durchschnittliche Nettoprimärproduktion in den Ozeanen gering, aufgrund der großen Fläche erfolgen hier trotzdem etwa die Hälfte der globalen **Primärproduktion**. Zu den bedeutendsten marinen Phytoplanktongruppen gehören die Kieselalgen oder Diatomeen, die Dinoflagellaten und die Haptophyta. Alleine die Diatomeen tragen rund 40 % zur marinen Primärproduktion bei und damit zu etwa 25 % der globalen Primärproduktion. Das Phytoplankton wird hauptsächlich von Kleinkrebsen wie Ruderfuß-

Der **Kontinentalschelf** ist die flachmarine Region der überfluteten Kontinentalränder. Die Wassertiefe beträgt weniger als 200 m. Die Schelfmeere sind sehr nährstoffreich und damit ausgesprochen produktiv. Am Rand des Kontinentalschelfs, dem Kontinentalhang, senkt sich der Meeresboden auf 2000–4000 m ab und wird als **Bathyal** bezeichnet. Die Wasserschichten der entsprechenden Meerestiefe nennt man **Bathypelagial**. In diesen Wassertiefen sind Calciumcarbonate (Kalk und Aragonit) stabil, hier können Lebewesen mit Kalkskelett, deren Schalen sich in den Sedimenten anreichern können, leben. Neben fossilen Korallenriffen stellen die Ablagerungen von Kalkalgen (Kreideablagerungen) bedeutende biogene Sedimente dar.

Organismen der **Brandungszone** sind dem Wellenschlag ausgesetzt. Meist sind sie an das Substrat angeheftet und vermeiden so ein Abdriften. Typische Vertreter der Brandungszone, insbesondere des Felswatts, sind Braunalgen (Phaeophyceae), Seepocken (Balanidae) und Miesmuscheln (*Mytilus edilus*).

Als **Wattenmeer** wird der regelmäßig im Gezeitenverlauf trockenfallende Bereich der Flachküsten mit Sand- oder Schlickwatten bezeichnet. Viele Tiere wie die Wattwürmer (*Arenicola marina*) sind speziell an diesen Lebensraum angepasst und kommen nur hier vor.

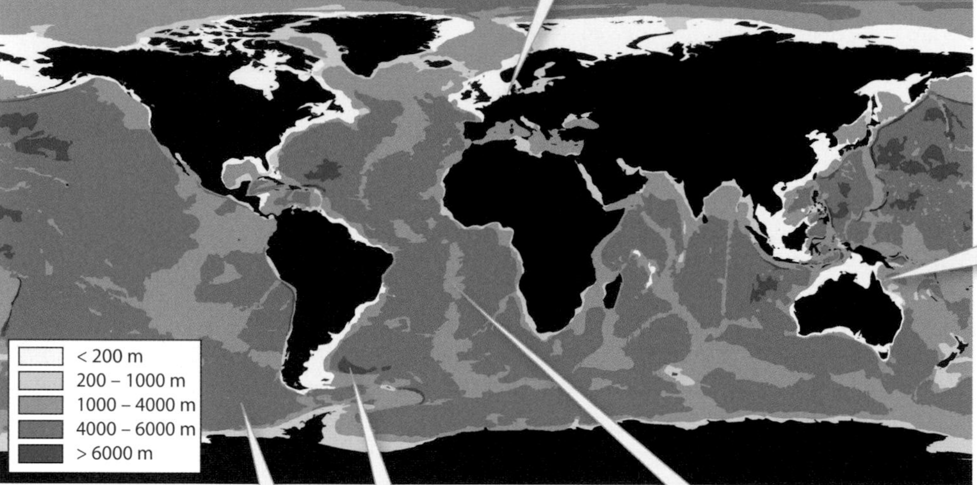

Korallenriffe gehören zu den Ökosystemen mit der höchsten Biodiversität. Neben der Vielfalt riffbildender Organismen bieten sie einen Lebensraum für viele Fischarten. Das größte Riff der Erde ist das Great Barrier Reef im Nordosten Australiens.

Das **Abyssal** umfasst den Ozeanboden von den tieferen Bereichen der Kontinentalsockel bis in etwa 6000 m Tiefe. Die Wasserschichten dieser Meerestiefe werden als **Abyssopelagial** zusammengefasst.

Die tiefsten Bereiche des Ozeanbodens ab einer Tiefe von etwa 6000 m bezeichnet man als **Hadal**, die Freiwasserbereiche dieser Tiefe als **Hadopelagial**. Zum Hadal gehören auch die bis zu 11.000 m tiefen Tiefseerinnen.

In den tiefen, lichtlosen Schichten der Ozeane leben vorwiegend Destruenten, hauptsächlich Mikroorganismen. Es kann keine Photosynthese stattfinden, andererseits werden aber unter Sauerstoffverbrauch organische Partikel abgebaut. Die Sauerstoffkonzentration nimmt entsprechend ab, die Konzentration von Kohlenstoffdioxid (und über Gleichgewichtsreaktionen auch von Kohlensäure) nimmt dagegen zu. Damit sinkt der pH-Wert, Carbonate wie Kalk und Aragonit lösen sich unterhalb einer Tiefe von 3500–5500 m auf. Tiefseesedimente sind daher frei von Carbonaten, die aus Silikat aufgebauten Skelettelemente der Radiolarien überwiegen in den Tiefseesedimenten.

Die **mittelozeanischen Rücken** sind Gebirgszüge in der Tiefsee, an denen zwei Platten auseinanderdriften. Entlang der Längsachse verläuft zentral ein Grabenbruchsystem mit vulkanischer Aktivität. Hydrothermale Quellen dieser vulkanisch aktiven Gebiete bilden die Grundlage für auf Chemosynthese beruhende Nahrungsnetze. Die vulkanischen Grabenbruchsysteme der mittelozeanischen Rücken sind daher sehr viel reicher besiedelt als andere Bereiche der Tiefsee. Die Basis der Nahrungsnetze bilden chemolithotrophe Bakterien und Archaeen, Krebse und Muscheln sind typische Vertreter der Fauna dieser Habitate.

■ **Abb. 37.25** Gliederung der Lebensräume der Weltmeere

Die **Nährstoffkonzentrationen** sind in weiten Bereichen der Ozeane sehr niedrig. Insbesondere der offene Ozean ist sehr nährstoffarm, vor allem der Mangel an Phosphat und Stickstoff begrenzt das Phytoplanktonwachstum. In einigen Bereichen der Ozeane sind die Nährstoffkonzentrationen durch Eintrag von den Kontinentalplatten oder nährstoffreiche Tiefenströmungen jedoch erhöht. Nährstoffeinträge von den Kontinenten spielen besonders im Bereich der Schelfmeere eine Rolle, während nährstoffreiches Tiefenwasser vor allem in den subpolaren Bereichen und auch im Bereich des Äquators aufsteigt.

In den Schelfregionen und Zonen aufsteigenden Tiefenwassers sind die Nährstoffkonzentrationen erhöht. Die verhältnismäßig nährstoffreichen Bedingungen in diesen Regionen fördern das Algenwachstum.

Die hochozeanischen Regionen sind sehr nährstoffarm (ultraoligotroph).

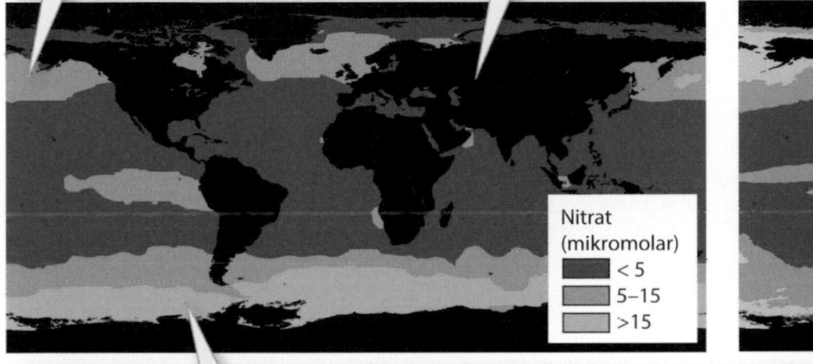

Insbesondere das Südpolarmeer ist nährstoffreich und weist hohe Phosphat- und Nitratkonzentrationen auf. Mikronährstoffe wie Eisen sind hier allerdings limitierend.

Etwa 50 % der globalen **Primärproduktion** finden in den Meeren statt, vor allem in Regionen aufsteigenden nährstoffreichen Tiefenwassers sowie in den kontinentalen Schelfregionen. Rund 25 % der globalen Photosyntheseleistung und 40 % der marinen Primärproduktion gehen auf marine Diatomeen zurück. Neben den Diatomeen sind Dinoflagellaten, Haptophyten (Kalkalgen) und Cyanobakterien bedeutende Primärproduzenten. Das Cyanobakterium *Prochlorococcus* ist vermutlich der zahlenmäßig häufigste photosynthetisch aktive Organismus der Erde.

In den hochozeanischen Regionen ist die Primärproduktion sehr gering. Trotz der großen Fläche (etwa 80 % der gesamten Meeresfläche) wird nur 1 % der Biomasse dort produziert.

In den Schelfregionen und den Bereichen aufsteigenden nährstoffreichen Tiefenwassers der Nordhemisphäre ist die Primärproduktion besonders hoch.

Chlorophyll (mg/m³)
< 0,2
0,2–1,0
> 1,0

Trotz der Verfügbarkeit von Phosphat und Nitrat ist das Algenwachstum im Südpolarmeer durch das Fehlen von Mikronährstoffen wie Eisen limitiert.

Die Gebiete der Weltmeere, die trotz hoher Konzentration an Makronährstoffen nur eine geringe Primärproduktion aufweisen, werden als HNLC-Gebiete (engl. *high nutrient, low chlorophyll*) zusammengefasst.

Abb. 37.26 Verteilung der Nährstoffe und Ausmaß der Primärproduktion in den Weltmeeren

krebsen und Krill konsumiert, die wiederum Fischen als Nahrung dienen. Von besonderer Bedeutung in marinen und allgemein in aquatischen Nahrungsnetzen sind filtrierende Organsimen wie Choanoflagellaten, Korallen oder Bartenwale.

Große Bereiche des **offenen Ozeans** sind ultraoligotroph. Gebiete mit aufsteigendem nährstoffreichen Tiefenwasser weisen aber vergleichsweise hohe Konzentrationen der Hauptnährstoffe Phosphat und Nitrat auf. Trotzdem ist das Algenwachstum in vielen dieser Gebiete gering, da Mikronährelemente wie Eisen das Phytoplanktonwachstum limitieren (Abb. 37.26). Im Zusammenhang mit dem Klimawandel wird daher die Düngung mit Mikronährstoffen zur Förderung der marinen Primärproduktion und damit der Kohlenstofffixierung diskutiert und experimentell untersucht.

Die **Schelfregionen** sind besonders nährstoffreiche und damit produktive Bereiche der Weltmeere. Durch den Eintrag von Nährstoffen, aber auch von Schadstoffen durch Flüsse sind die Schelfmeere stark vom Festland abhängig. In den flachmarinen Zonen bilden sich aufgrund der Gezeiten und infolge von Wellentätigkeit zudem Lebensräume, die periodisch trockenfallen, wie das Wattenmeer der Nordseeküste.

Durch eine besonders hohe Biodiversität sind die in den flachmarinen subtropischen und tropischen Schelfregionen verbreiteten **Korallenriffe** charakterisiert. Aufgrund des Klimawandels kommt es verbreitet zum Ausbleichen von Steinkorallenstöcken. Dieses als **Korallenbleiche** bezeichnete Phänomen ist die Folge der Abstoßung von symbiotischen Algen (Zooxanthellen) durch die Korallen (► Abschn. 38.2). Da die Korallenbleiche zum Absterben der Korallen führen kann, sind Korallenriffe durch die Klimaerwärmung und die damit verbundene Versauerung der Meere (► Abschn. 38.2) stark gefährdet.

37.10 Seen sind vielfältig gegliederte und stark von der regionalen Geologie und dem regionalen Klima geprägte Ökosysteme

Die **limnischen Standgewässer** variieren erheblich in ihrer Größe und den physikalisch-chemischen Bedingungen. Sie reichen von temporär trockenfallenden Pfützen und Tümpeln bis zu vielen Quadratkilometer großen und über 1000 m tiefen Seen. Die Lebenszonen innerhalb eines Sees können horizontal und vertikal gegliedert werden (■ Abb. 37.27). Man unterteilt Standgewässer in das **Pelagial**, die Freiwasserzone, und das **Benthal**, die Bodenzone. Das Benthal ist weiter untergliedert in das **Litoral** (Uferzone) und das **Profundal** (Tiefenzone).

Die Wassertiefe und die Verfügbarkeit von Licht am Gewässerboden beeinflussen den Bewuchs und die Gliederung des Litorals. Im Profundal reichen die Lichtverhältnisse nicht mehr für einen Bewuchs mit Wasserpflanzen und Makroalgen aus. Die jahreszeitliche Erwärmung und Abkühlung des Oberflächenwassers bedingen eine (in der Regel saisonale) Schichtung in das sauerstoffreiche **Epilimnion**, das sauerstoffarme **Hypolimnion** und eine dazwischenliegende Sprungschicht (**Metalimnion**) (■ Abb. 37.27). Je nach Häufigkeit der Durchmischung und der Einbeziehung des Tiefenwassers in die Durchmischung wird zwischen verschiedenen Durchmischungstypen unterschieden (■ Abb. 37.28).

Die physikalischen und chemischen Bedingungen des Seewassers sind stark vom geologischen Untergrund und der Nutzung des Einzugsgebiets geprägt. Der **Nährstoffgehalt** ist

Die an oder direkt unter der Wasseroberfläche lebenden Organismen werden als **Neuston** zusammengefasst. Im engeren Sinne bezieht sich der Begriff nur auf die mikroskopischen Organismen, während die an der Wasseroberfläche lebenden größeren Tiere und Pflanzen als **Pleuston** vom Neuston abgegrenzt werden. Typische Vertreter des Pleuston sind Wasserläufer (Familie Gerridae innerhalb der Wanzen (Heteroptera)) und Wasserlinsen (*Lemna* spp.).

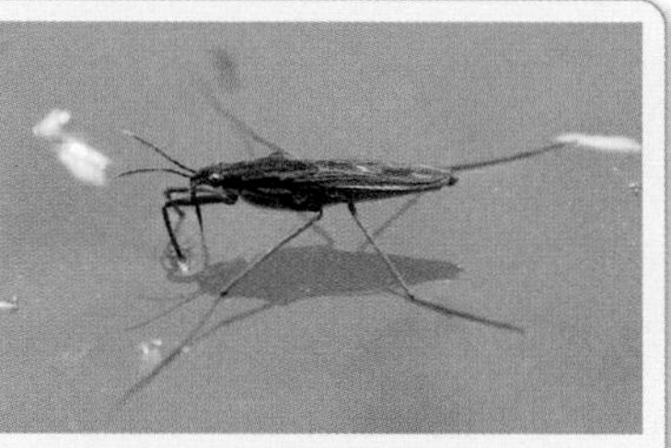

Das **Pelagial** (Freiwasserzone) ist Lebensraum von Organismen, die nicht oder nur zeitweise Kontakt zum Boden haben. Die im freien Wasser lebenden Organismen werden in Plankton und Nekton unterteilt. Das **Plankton** umfasst die Organismen, deren Schwimmrichtung durch die Wasserströmung vorgegeben wird, während die Organismen des **Nektons** aktiv gegen die Wasserströmung anschwimmen können. Beim Plankton unterscheidet man nach funktionellen Gruppen Bakterioplankton, Phytoplankton, Zooplankton und (weniger gebräuchlich) Mykoplankton oder nach der Größe der Organismen Femtoplankton (< 0,2 µm), Pikoplankton (0,2–2 µm), Nanoplankton (2–20 µm), Mikroplankton (20–200 µm), Mesoplankton (0,2–20 mm), Makroplankton (2–20 cm) und Megaplankton (> 20 cm).

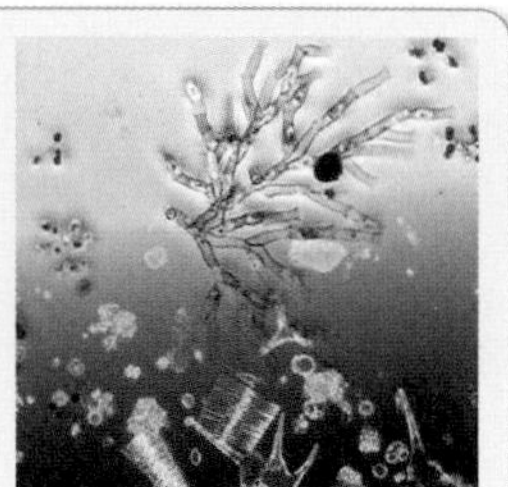

Temperaturprofil eines Sees der temperaten Klimazonen im Sommer

Das **Epilimnion** ist durch starke saisonale Temperaturschwankungen charakterisiert, ist also im Sommer warm und im Winter kalt. Es entspricht in etwa der durch Photosynthese und den Kontakt zur Atmosphäre sauerstoffreichen **trophogenen Zone** (Nährschicht).

Im Bereich des **Metalimnions** (Sprungschicht) liegt in etwa die **Kompensationsschicht**. Die Wassertemperatur, aber auch die Sauerstoffverfügbarkeit ändern sich hier stark.

Im **Hypolimnion** ist die Temperatur relativ konstant (in Seen der gemäßigten Klimazonen etwa 4 °C). Das Hypolimnion entspricht in etwa der sauerstoffarmen **tropholytischen Zone** (Zehrschicht).

Das **Litoral** ist die ufernahe Boden- und Flachwasserzone. Die Lichtverhältnisse lassen hier das Wachstum von Makrophyten zu. In den flachsten Bereichen dominieren über die Wasseroberfläche hinausragende Pflanzen (Schilfrohrzone), in den tieferen Regionen folgen die Schwimmblattpflanzenzone und schließlich die Unterwasserpflanzenzone. Neben Makrophyten sind von Mikroalgen dominierte Biofilmgesellschaften (Aufwuchs oder Periphyton) typisch, die sich auf Sedimenten, Totholz und lebenden Pflanzen finden.

Das **Profundal** umfasst die uferferne, lichtarme Bodenzone. Die Lebensgemeinschaft besteht aus Konsumenten, es überwiegen heterotrophe Prozesse. In nährstoffarmen Gewässern ist das Profundal artenreich, aber individuenarm, die Atmungsprozesse sind entsprechend gering und der Sauerstoffgehalt des Wassers ist meist hoch. Dagegen ist das Profundal in nährstoffreichen Gewässern zumindest während der Sommerstagnation sauerstoffarm oder sauerstofffrei. Die Fauna ist artenarm, aber individuenreich.

Das **Benthal** bezeichnet die Bodenzone eines Gewässers und wird in das ufernahe Litoral und das Profundal unterteilt. Die Lebewesen des Benthals (**Benthos**) leben überwiegend auf dem oder im Sediment.

Die **Tiefenzonierung** von Seen erfolgt zum einen anhand der Temperaturschichtung (Epilimnion, Metalimnion, Hypolimnion), zum anderen anhand der biotischen Faktoren: Während in der Nährschicht die Photosynthese überwiegt und die Wasserschichten daher sauerstoffreich sind, überwiegen in der Zehrschicht abbauende Prozesse und die Sauerstoffkonzentration ist entsprechend gering. In der dazwischenliegenden Kompensationsschicht halten sich beide Prozesse in etwa die Waage.

■ **Abb. 37.27** Gliederung der Lebensräume eines Standgewässers der temperaten Klimazone

Die überwiegende Zahl der Seen ist **holomiktisch**, wird also durch eine Vollzirkulation aller Wasserschichten komplett durchmischt. Während der Vollzirkulation sind die Temperaturverhältnisse sowie die Sauerstoff- und Ionenkonzentrationen in den verschiedenen Wasserschichten gleich. Eine stabile Schichtung wird in der Regel über Temperaturunterschiede erreicht, kann aber auch durch unterschiedliche Ionenkonzentrationen bedingt sein.

In **holomiktisch-dimiktischen** Seen werden die Wasserschichten zweimal im Jahr durchmischt. Die Vollzirkulation findet im Frühjahr und im Herbst statt, wenn sich die Temperatur des Epilimnions der des Hypolimnions angleicht. Im Sommer und im Winter bildet sich eine Schichtung aus.

In **holomiktisch-monomiktischen** Seen werden die Wasserschichten nur einmal im Jahr durchmischt. Die Vollzirkulation erfolgt in der Regel im Winter. Im restlichen Jahr liegen die Temperaturen des Epilimnions höher als die des Hypolimnions und der See ist geschichtet.

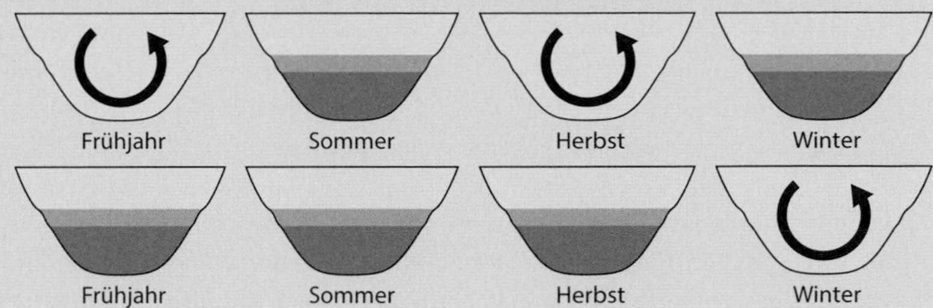

In **meromiktischen** Seen wird der untere Teil des Hypolimnions nicht mit in die Zirkulation einbezogen, da das Wasser dieser Wasserschichten (meist aufgrund der chemischen Zusammensetzung) eine höhere Dichte aufweist.

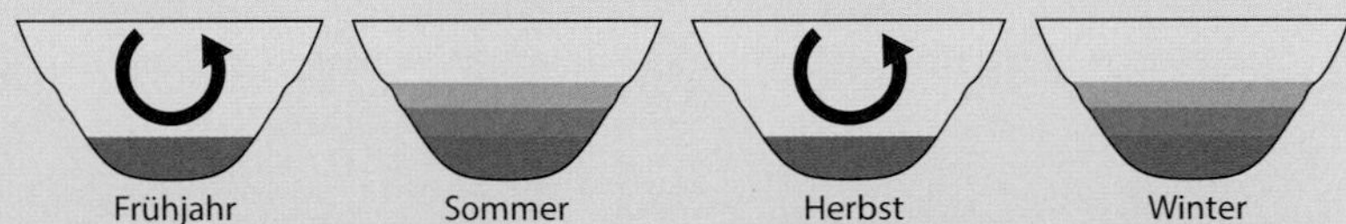

Der Hallstätter See im Salzkammergut (Österreich) wäre natürlicherweise holomiktisch-dimiktisch. Salzabbau im Einzugsgebiet des Sees führt allerdings zu hohen Chlorideinträgen. Das Chlorid reichert sich vor allem im Tiefenwasser an. In Jahren hoher Chlorideinträge ist der See daher **meromiktisch-dimiktisch**. Als Folge der verminderten Durchmischung sinkt die Sauerstoffkonzentration am Seegrund stark ab, während die Phosphatkonzentration ansteigt.

In **amiktischen** Seen ist die Schichtung entweder durch Salzgradienten oder, in den polaren Regionen, durch permanente Eisbedeckung dauerhaft.

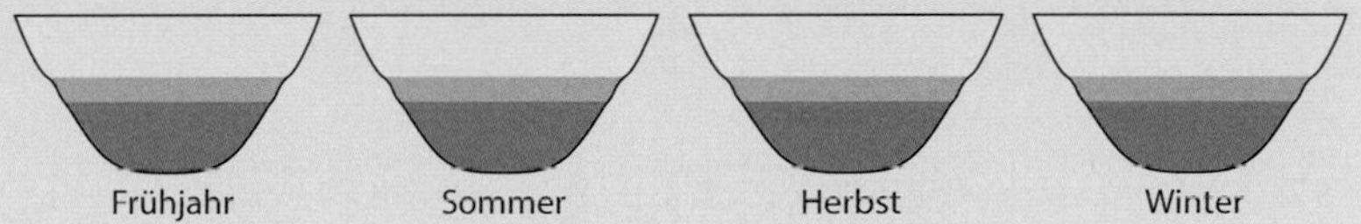

Abb. 37.28 Stagnation und Zirkulation in Stillgewässern

Die Intensität der photoautotrophen Primärproduktion wird als **Trophie** bezeichnet. Die Trophie hängt von der Dichte und Aktivität phototropher Organismen ab, die wiederum von der Nährstoffverfügbarkeit abhängig sind. Daher wird die Trophie eines Gewässers meist entweder über den **Phosphatgehalt** (da Phosphat in der Regel der limitierende Nährstoff ist) oder über den **Chlorophyllgehalt** (als Maß für die Phytoplanktonbiomasse) abgeschätzt. Entsprechend kann man Gewässer in verschiedene Trophiegrade einteilen. Die in der Tabelle angegebenen Werte sind Richtwerte für die verschiedenen Trophiestufen. Abhängig von der Jahreszeit und vom Seentyp können die angegebenen Parameter aber stark schwanken und von den angegebenen Werten abweichen. In eutrophen Gewässern ist die Primärproduktion stark und kann im Frühjahr und Sommer zu Algenblüten (Bild) führen. Neben der optischen Beeinträchtigung kann die hohe Organismendichte in diesen Seen auch Sauerstoffmangel verursachen.

	oligotroph (nährstoffarm)	**mesotroph** (mittlere Nährstoffverfügbarkeit)	**eutroph** (nährstoffreich)
Phosphat (µg/l)	< 10	10–35	> 35
Chlorophyll (µg/l)	< 3,5	3,5–7,0	> 7,0
Bakterien (Zellen/ml)	$0{,}1–0{,}5 \times 10^6$	$0{,}5–2 \times 10^6$	$2–5 \times 10^6$
Sichttiefe (m)	5–10	1–5	< 1

Abb. 37.29 Einteilung von Seen anhand der Trophie

durch den Eintrag von Nährstoffen aus der Landwirtschaft und menschliche Wassernutzung teils stark erhöht. Unter natürlichen Bedingungen ist Phosphat häufig der limitierende Makronährstoff in Seen, daher wirken sich Phosphateinträge besonders stark auf die Primärproduktion der Seen aus. Für die Beurteilung der ökologischen Gewässerqualität wird für Standgewässer häufig die Trophie, also die Intensität der photoautotrophen Primärproduktion, herangezogen (Abb. 37.29; ▶ Abschn. 36.6).

37.11 Der Einfluss des Einzugsgebiets nimmt in Fließgewässern von der Quelle zur Mündung hin ab

Als **Fließgewässer** werden die Wasserläufe des Binnenlands mit ständig oder zeitweise fließendem Wasser zusammengefasst.

Fließgewässer stehen in einer ausgeprägten Wechselwirkung mit der umgebenden Landschaft. Der Stoffhaushalt der Fließgewässer ist stark von den geochemischen Bedingungen der **Einzugsgebiete** und von der Vegetation sowie der anthropogenen Nutzung des Einzugsgebiets geprägt. Durch Niederschlagsabflüsse, Hochwasser und die Interaktion mit dem **Porenwasser** (dem **hyporheischen Interstitial**) und damit mit dem **Boden- und Grundwasser** stehen Fließgewässer in einem ständigen Austausch mit ihrer Umgebung (▶ Abschn. 36.2). Besonders deutlich wird dies im Bereich der Flussauen, in denen Fließgewässerarme mit Stillgewässern und periodisch überschwemmten Auenbereichen abwechseln.

In Süßgewässern, insbesondere in Fließgewässern, leben viele sekundär vom Land eingewanderte Tiere und Pflanzen. Dazu gehören die Larven verschiedener Insektenordnungen, Milben und Makrophyten. Die Anwesenheit oder Abwesenheit bestimmter

37

Wassertemperatur und chemische Wasserbeschaffenheit im **Krenal** sind stark vom Grundwasser beeinflusst. Die Temperatur ist ganzjährig recht konstant. Das Wasser ist meist nährstoffarm, der Sauerstoffgehalt gering. Die Produktion ist aufgrund der niedriegen Nährstoffkonzentration ebenfalls gering.

Das **Rhithral** ist durch eine schnelle Strömung gekennzeichnet. Arten des Rhithrals weisen typischerweise Anpassungen an die schnellen Strömungsbedingungen auf und sind an das Leben auf Hartsubstraten wie Steinen, Kies und Totholz angepasst. Makrophyten, aber auch Mikroalgen, spielen aufgrund der Beschattung durch Ufervegetation meist eine untergeordnete Rolle.

Als **Potamal** werden die meist langsam strömenden Tieflandflüsse und -ströme vom Rhithral abgegrenzt. Im strömungsärmeren und weniger beschatteten Potamal nehmen die Bedeutung des Phytoplanktons und der Makrophyten zu. Insgesamt ist die Produktion höher als die Respiration, im Unterlauf nimmt allerdings die Produktion durch einen zunehmenden Schwebstoffanteil wieder ab.

Fauna und Flora sind in der Regel sehr **artenarm.** Da sowohl die Primärproduktion gering ist als auch der Eintrag vom Ufer noch eine geringe Rolle spielt, sind die Nahrungsnetze der Quellregion stark vom umgebenden Ufer abhängig. Typisch sind Tiere wie der Feuersalamander (Foto), die auch den Landlebensraum nutzen. Fische fehlen weitgehend.

In den Nahrungsnetzen der Oberläufe dominieren Organismen, die das grobe pflanzliche Material zerkleinern (**Zerkleinerer**). Typische Vertreter des Makrozoobenthos sind Flohkrebse (Gammariden, Foto) sowie aquatische Insektenlarven wie Steinfliegen, Eintagsfliegen, Köcherfliegen. Typische Vertreter der Wirbeltiere sind Salmoniden.

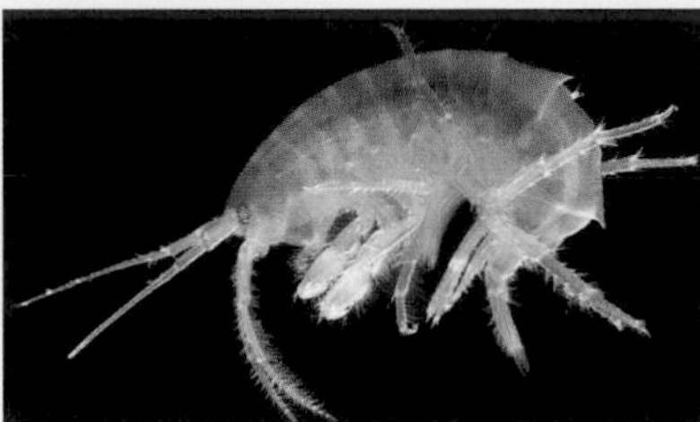

In den Nahrungsnetzen der Unterläufe spielt die **Primärproduktion** durch Makrophyten, Periphyton und planktische Mikroalgen eine große Rolle. Entsprechend sind planktivore Filtrierer wie Muscheln sowie das Periphyton abweidende Weidegänger wichtige Komponenten der Konsumenten.

Die stromaufwärts stattfindenden Prozesse wirken sich auf stromabwärts gelegene Abschnitte aus, Lebensgemeinschaften verändern sich daher systematisch im Verlauf des Fließgewässers. Das **River Continuum Concept** beschreibt diese von der Quellregion bis zur Mündung wechselnden Organismengemeinschaften und ihre Interaktionen.

Abb. 37.30 Limnologische Gliederung von Fließgewässern

Organismen lässt Rückschlüsse auf den Gewässerzustand zu (▶ Abschn. 38.4).

Da Fließgewässer in stärkerem Maße als Standgewässer von Einträgen aus der Umgebung beeinflusst werden, eignet sich das Ausmaß der Primärproduktion (Trophie) nicht gut zur Beurteilung der **Gewässerqualität**. Deshalb wird hierzu bei Fließgewässern in der Regel die Saprobie herangezogen. Die **Saprobie** bezeichnet den Stoffumsatz durch heterotrophe Organismen und kann durch den Sauerstoffverbrauch abgeschätzt werden.

Gewässer der **Güteklasse I** sind **oligosaprob.** Diese Gewässerabschnitte weisen einen sehr geringen Eintrag an organischer Belastung auf und sind durch einen hohen Sauerstoffgehalt und niedrige Nährstoffkonzentrationen gekennzeichnet. Eintagsfliegenlarven (Ephemeroptera), Steinfliegenlarven (Plecoptera) und Planarien (Strudelwürmer, Turbellaria) sind typische Organismen oligosaprober Gewässer.

Auch in **beta-mesosaproben** Gewässerabschnitten (**Güteklasse II**) ist die Sauerstoffkonzentration generell hoch, durch die zunehmende organische Belastung aber stärker schwankend, auch die Nährstoffkonzentrationen sind gering, Ammonium findet sich nur in geringen Konzentrationen. In beta-mesosaproben Gewässern leben ebenfalls viele Eintagsfliegenlarven, Steinfliegenlarven und Libellenlarven (Odonata) sowie Planarien, hier sind aber auch Gammariden (Flohkrebse) typisch.

Alpha-mesosaprobe Gewässerabschnitte (**Güteklasse III**) sind organisch stark belastet und durch eine starke Sauerstoffzehrung sowie oft niedrigen Sauerstoffgehalt gekennzeichnet. Lokal kann es zu Fäulnis kommen. Insektenlarven und Planarien fehlen weitgehend, die Diversität der Makroinvertebraten ist deutlich geringer – Chironomiden (Zuckmückenlarven), Egel (Hirudinea) und Wasserasseln (*Asellus aquaticus*) können zum Teil in hohen Abundanzen auftreten.

Übermäßig verschmutze Gewässerabschnitte (**polysaprob**) gehören der **Güteklasse IV** an und sind stark durch Abwässer verunreinigt. Sie sind durch eine geringe Sauerstoffkonzentration und teilweise hohe Konzentrationen an Ammonium gekennzeichnet. Durch Fäulnisprozesse kommt es zu oft erheblichen Geruchsbelästigungen. In solchen stark verschmutzten Gewässern können nur wenige spezialisierte Organismen leben: Schlammröhrenwürmer (*Tubifex*) und die als „Abwasserpilz" bezeichneten mikrobiellen Gemeinschaften mit dem Bakterium *Sphaerotilus natans* sind typische Zeigerorganismen polysaprober Bedingungen.

Limnologisch werden Fließgewässer entlang des Flusslängsprofils von der Quelle zur Mündung in das **Krenal** (Quellregion), das **Rhithral** (Bachregion) und das **Potamal** (Flussregion) gegliedert (◘ Abb. 37.30). An das Potamal schließt sich das **Ästuar**, der Mündungsbereich, an. In den Ästuaren vermischt sich Süßwasser mit Meerwasser und es bilden sich Salzgradienten aus. Diese limnologische Aufteilung ist auch für die ökologische Gliederung wichtig, da sich stromaufwärts stattfindende Prozesse auf stromabwärts gelegene Abschnitte auswirken, umgekehrt aber stromabwärts ablaufende Prozesse kaum Einfluss auf stromaufwärts gelegene Abschnitte haben. Die Nahrungsketten in Fließgewässern hängen zudem im Oberlauf stark vom Eintrag an organischem Material aus den umgebenden terrestrischen Habitaten ab.

Eine verbreitete **ökologische Einteilung** von Fließgewässern orientiert sich an den **dominanten Fischarten**. Diese Einteilung in **Fischregionen** gibt nicht nur Hinweise auf dominierende Fischarten, sondern auch auf die Fließgeschwindigkeit, die Temperatur und den Sauerstoffgehalt. So ist die **Forellenregion** (Oberlauf) nach ihrem Leitfisch benannt, daneben sind jedoch auch Groppen (*Cottus gobio*), Elritzen (*Phoxinus phoxinus*) oder Neunaugen (*Petromyzontiformes*) für diese Region typisch. In der Forellenregion ist das Wasser kalt und fließt schnell, der Untergrund ist durch größere Steine und Kies gekennzeichnet. Entsprechend bezeichnen im Mittellauf die **Äschenregion** und die **Barbenregion** langsamer fließende Bäche und kleine Flüsse. Der Untergrund ist steinig-kiesig mit zunehmendem Sandanteil und Pflanzenbewuchs. Die Temperaturen erreichen 15 °C (Äschenregion) oder steigen auch darüber (Barbenregion). Im Unterlauf schließt sich mit der **Brachsenregion** die artenreichste Fischregion an. Hier ist die Strömung langsam, der Untergrund entsprechend sandig bis schlickig mit starkem Pflanzenbewuchs. Die Temperaturen erreichen im Sommer über 20 °C, der Sauerstoffgehalt ist entsprechend gering. Die **Flunderregion** umfasst schließlich den Brackwasserbereich im Mündungsdelta der Flüsse.

Die von der Quellregion bis zur Mündung wechselnden **Interaktionen mit dem Uferbereich** und die daraus resultierenden Organismengemeinschaften werden vom **River Continuum Concept** (RCC) beschrieben. Das RCC betrachtet Fließgewässer als **offene Ökosysteme**, die im Austausch mit ihrem Einzugsgebiet und den Ufern stehen und sich im Verlauf von der Quelle bis zur Mündung stetig graduell verändern. Im Oberlauf sind die Gewässer durch den Eintrag von **allochthonem**, also von außen zugeführten, Material der Ufervegetation geprägt. Entsprechend dominieren hier Organismen, die das grobe pflanzliche Material zerkleinern. Mit der zunehmenden Größe des Gewässers nimmt die Bedeutung des Eintrags von allochthonem Material ständig ab, während die Produktion im Gewässer (**autochthones** Material) zunimmt. Der Anteil von Sammlern und Weidegängern steigt an, während der Anteil der Zerkleinerer zurückgeht. In den Tieflandströmen nimmt durch zunehmende Trübung die Bedeutung der Produktion gegenüber der Respiration schließlich wieder ab, es dominieren Sammler. Der Anteil an Prädatoren ist in allen Gewässerabschnitten ähnlich.

Weiterführende Literatur

1. Boenigk J, Wodniok S (2014) Biodiversität und Erdgeschichte. Springer Spektrum, Berlin, Heidelberg
2. Schmidt O (1994) Holz- und Baumpilze: Biologie, Schäden, Schutz, Nutzen. Springer, Berlin, Heidelberg, New York
3. Schwoerbel J, Brendelberger H (2013) Einführung in die Limnologie, 10. Aufl. Springer Spektrum, Berlin, Heidelberg
4. Smith TM, Smith RL (2009) Ökologie, 6. Aufl. Pearson, München
5. Begon M, Howarth RW, Townsend CR (2013) Ökologie, 3. Aufl. Springer Spektrum, Berlin, Heidelberg
6. Vega FE, Blackwell M (2005) Insect-fungal associations: ecology and evolution. Oxford University Press, Oxford
7. Wittig R, Niekisch M (2014) Biodiversität: Grundlagen, Gefährdung, Schutz. Springer, Berlin, Heidelberg, New York
8. Wittig R, Streit B (2004) Ökologie. UTB Basics. Ulmer, Stuttgart

Angewandte Ökologie

Bernd Sures, Jens Boenigk

mit Beiträgen von Martin Hahn, Martin Simon

J. Boenigk (Hrsg.), *Boenigk, Biologie*, https://doi.org/10.1007/978-3-662-61270-5_38

38.1 Menschliche Aktivitäten ermöglichen die Verbreitung von Arten

Die Zahl der Arten in Lebensräumen ist einem ständigen, natürlicherweise auftretenden Wechsel unterworfen. Daneben wird eine qualitative Veränderung von Biozönosen auch durch direkte oder indirekte Mithilfe des Menschen herbeigeführt. Sind menschliche Aktivitäten ursächlich für das Neuauftreten von Organismen in Lebensräumen verantwortlich, reden wir von **Neobiota** (Abb. 38.1). Unter den **Neozoen**, **Neophyten** und **Neomyceten** gilt ein spezielles Augenmerk den **invasiven Arten**. Das sind Tiere, Pflanzen und Pilze, die einheimische Arten verdrängen und damit im Extremfall sogar deren Bestand gefährden können.

Was aber macht eine nichteinheimische Art erfolgreich, sodass sie zur etablierten Art wird? Eine Reihe von Faktoren kann bei der Etablierung und Ausbreitung neuer Arten förderlich sein. Ein Blick auf den geographischen Ursprung der meisten erfolgreichen Einwanderer zeigt, dass diese oft **aus Gegenden mit variablen Umweltbedingungen** kommen. Dies hat den großen Vorteil, dass sich die Organismen im Lauf der Evolution schon oftmals wechselnden Bedingungen anpassen mussten und daher über eine **breite ökologische Amplitude** verfügen. Zudem sind solche Organismen im Vorteil, die eine **hohe Reproduktionsrate** aufweisen und damit ein neu erobertes Gebiet schnell mit einer großen Zahl von Individuen besiedeln können. Vereinfacht wird eine erfolgreiche Etablierung, wenn die ökologischen Bedingungen des neuen Areals denen des Ursprungsgebiets möglichst ähnlich sind und eine freie Nische vorhanden ist. Aber selbst wenn von einheimischen Arten Nischen bereits besetzt sind, schließt dies den Etablierungserfolg nichteinheimischer Arten nicht aus, wie das Beispiel des Grauhörnchens zeigt, das in vielen Teilen Europas zunehmend das einheimische Eichhörnchen ver-

Arten, die bereits vor dem Jahr 1492 durch Zutun des Menschen in fremde Gebiete verbracht wurden, werden **Archäobiota** genannt. Hierzu zählen beispielsweise der Fasan und die Hausratte, aber auch viele Ackerkräuter, die als Saatgutbegleiter verbreitet wurden, wie die Kornblume und der Klatschmohn.

Die Begrifflichkeiten für **gebietsfremde** (nichteinheimische) **Arten** werden oftmals nicht einheitlich benutzt. Wir folgen hier in der Einteilung der Begriffe dem Bundesamt für Naturschutz (BfN).

Bei **Neobiota** handelt es sich um gebietsfremde oder nichtheimische Arten. Während zu nichteinheimischen Bakterien und Pilzen (**Neomyceten**) nicht viel bekannt ist, bleiben nichteinheimische Tiere (**Neozoen**) und Pflanzen (**Neophyten**) nicht lange verborgen und sorgen für gesellschaftliche und wissenschaftliche Diskurse. Gemeinsam ist allen Neobiotaarten, dass sie ihren aktuellen neuen Lebensraum nicht ohne die Mithilfe des Menschen hätten erreichen können. Als zeitliche Basis, ab der Arten als gebietsfremd eingeordnet werden, dient die Entdeckung Amerikas durch Christoph Kolumbus im **Jahr 1492**, da dies den Startpunkt für den **interkontinentalen Handel** darstellte. Bereits Kolumbus selbst war unmittelbar mit der Thematik Neozoen konfrontiert, da er aus Mittelamerika die Schiffsbohrmuschel (*Teredo navalis*) mitbrachte, die zunächst sein eigenes Schiff zerfraß und sich dann rasant über alle wichtigen europäischen Hafenstädte ausbreitete.

Fauna, Flora und Funga
alle Tier-, Pflanzen- und Pilzarten, die in einem bestimmten Gebiet vorkommen

einheimische Arten
von Natur aus vorkommende oder ohne Mitwirkung des Menschen eingewanderte Arten oder aus einheimischen Arten evolutionär entstandene Arten

gebietsfremde Arten
durch menschlichen Einfluss beabsichtigt oder unbeabsichtigt eingebrachte Arten oder unter Beteiligung gebietsfremder Arten evolutionär entstandene Arten

Archäobiota
(Archäozoen, Archäophyten und Archäomyceten) vor 1492 eingebrachte und seitdem etablierte Arten

Neobiota
(Neozoen, Neophyten und Neomyceten) ab 1492 eingebrachte Arten

unbeständige Arten
nur gelegentlich und zerstreut auftretende Arten

etablierte Arten
über mehrere Generationen und/oder lange Zeit sich ohne Zutun des Menschen vermehrende Arten

38

Man unterscheidet zwischen invasiven, potenziell invasiven und bisher nicht invasiven Neobiota

bisher nicht invasiv
keine unerwünschten Auswirkungen verursachende Arten

potenziell invasiv
möglicherweise unerwünschte Auswirkungen verursachende Arten

invasiv
unerwünschte Auswirkungen verursachende Arten

Aus Sicht des Naturschutzes gilt besonders den **invasiven** und den **potenziell invasiven** Arten innerhalb der etablierten Neobiotaarten spezielle Aufmerksamkeit. Invasive Arten sind sehr anpassungsfähig, haben eine hohe Vermehrungsrate und können sich daher sehr schnell verbreiten.

Dreissena polymorpha auf Schale einer Teichmuschel

Ein Paradebeispiel für eine invasive Art ist die **Wander-** oder **Zebramuschel** (*Dreissena polymorpha*), die ursprünglich im Einzugsbereich der Ponto-Kaspis (Gebiet des Schwarzen Meeres) beheimatet war. Mittlerweile findet man diese Süßwassermuschel in vielen Gewässern Europas und Amerikas. Sie hat eine sehr hohe Reproduktionsrate und kann sich mittels ihrer Byssusfäden auf Hartsubstraten festsetzen, wozu neben Steinen auch die Oberfläche anderer Tiere (z. B. Großmuscheln, Krebse) zählt.

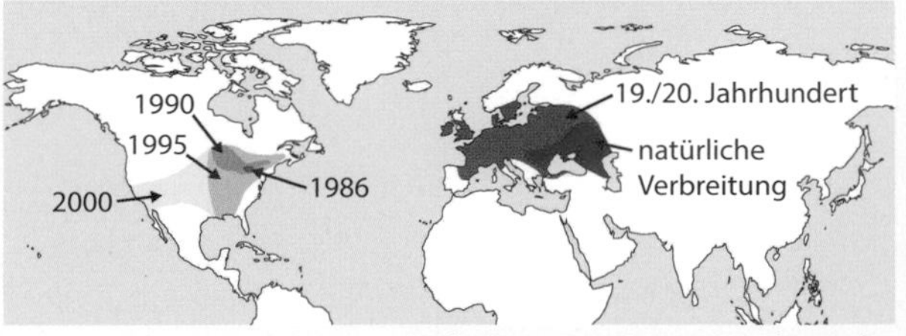

Verbreitung von *Dreissena polymorpha*

Abb. 38.1 Nur gebietsfremde Arten, die nach 1492 eingebracht wurden, werden als Neobiota bezeichnet

Die **Späte Goldrute** (*Solidago gigantea*) ist vor etwa 100 Jahren als Zierpflanze und Bienenweide nach Europa eingeführt worden. Sie ist mittlerweile ein weit verbreiteter Neophyt.

Die **Nilgans** (*Alopochen aegyptiaca*), die ursprünglich aus Afrika kommt, breitet sich in den letzten Jahren stark aus. Als Ursprung gelten Gefangenschaftsflüchtlinge. Gemeinsam mit der Kanadagans (*Branta canadensis*), deren Heimat in Nordamerika liegt, findet sie sich in teilweise hohen Dichten in städtischen Parks und an Badeseen. Dies sorgt häufig für Konflikte mit dem Menschen, da der Kot der Gänse die Qualität von Liegewiesen beeinträchtigt und die Gänse ihr Revier aggressiv verteidigen.

Der **Schmetterlingsstrauch** (*Buddleja davidii*) ist eine typische **Ruderalpflanze**, die gerne von Schmetterlingen besucht wird.

Der **Schwimmblasenparasit** des Aals, *Anguillicola crassus*, ist vor ca. 40 Jahren versehentlich mit dem Transport lebender Aale nach Europa eingeschleppt worden. Dieser Nematode ist mittlerweile in ca. 80 % aller Aale in Europa anzutreffen. Da der Parasit im Innern der Schwimmblase Kapillaren anbeißt und sich von Blut ernährt, wird die Schwimmblasenwand dauerhaft geschädigt, was zu einer Beeinträchtigung des Schwimmvermögens während der Laichwanderung führen und so den Rückgang der Population des Europäischen Aals noch zusätzlich beschleunigen könnte.

Das aus dem Himalaja stammende **Drüsige Springkraut** (*Impatiens glandulifera*) findet sich an feuchten Standorten, z. B. entlang von Flussläufen. Es blüht bis zum ersten Frost im Herbst und ist daher eine Nahrungsbereicherung für viele Insekten, verdrängt aber einheimische Pflanzen.

Der **Waschbär** (*Procyon lotor*) stammt aus Nordamerika. In Europa vorkommende Tiere sind aus Pelztierfarmen geflohen oder wurden ausgesetzt. Waschbären gelten als mit die erfolgreichsten Neozoen in Europa, unter anderem, da sie auch urbane Gebiete als Lebensraum nutzen. In Deutschland gilt Kassel als die Stadt mit der höchsten Dichte an Waschbären.

Unter den Neophyten gibt es einige Arten, die bei Menschen gesundheitliche Probleme hervorrufen können. Seit Langem bekannt ist die Wirkung des **Riesenbärenklaus** (*Heracleum mantegazzianum*) bei Berührung mit der menschlichen Haut. Die Pflanzen enthalten **phototoxisch wirkende Furanocumarine**, die nach Berührung bei Sonneneinstrahlung zu schweren Hautentzündungen mit starker Blasenbildung führen können. Die Hautreaktionen ähneln Verbrennungen dritten Grades und heilen nur langsam ab.

Abb. 38.2 Viele Neobiota haben sich in der einheimischen Flora und Fauna etabliert

drängt. Das Grauhörnchen (*Sciurus carolinensis*) ist ursprünglich eine nordamerikanische Nagetierart, wurde aber nach England, Irland und Italien eingeführt. In der Folge ist mittlerweile das Europäische Eichhörnchen (*Sciurus vulgaris*) durch die Konkurrenz mit dem Grauhörnchen in England nahezu ausgestorben.

Das Auftreten von Neobiota kann ganz unterschiedliche Gründe haben (Abb. 38.2). Absichtlich eingeführt wurden Arten in der Vergangenheit meist aus Gründen der Jagd, der Fischerei, der Landwirtschaft oder des Gartenbaus. Viele der Pflanzen, denen wir täglich begegnen, sind Neophyten, die ihren Ursprung außerhalb Europas haben. Sie sind oft zur Gartengestaltung eingeführt und gepflanzt worden und konnten sich dann selbstständig ausbreiten. Daneben werden Arten aber auch versehentlich in neue Areale verbracht und breiten sich dort dann stark aus. Unter diesen unbewusst verschleppten Arten sind oft auch Parasiten, die dann in und auf ihren (neuen) Wirten großen Schaden anrichten können.

Das Thema Neobiota wird kontrovers diskutiert, da sich sowohl positive als auch negative Beispiele finden. In Deutschland werden invasive Arten von staatlichen Behörden beobachtet. Man kennt ca. 1000 gebietsfremde Gefäßpflanzen, von denen ca. 400 als etabliert und ca. 40 als invasiv gelten. Ähnlich sieht es mit den Tieren aus. Von denen ca. 1100 nichteinheimischen Arten sind ca. 260 als etabliert anzusehen. Die Ansiedlung von invasiven Arten ist durch verschiedene europäische Richtlinien und nationale Gesetze geregelt. Insofern berührt dieses Thema auch die private Haltung von Tieren. Man denke nur an die Vielzahl ausgesetzter Gelbwangen- und Rotwangen-Schmuckschildkröten, Tierarten, die in Nordamerika beheimatet sind, in Deutschland aber mittlerweile an vielen urbanen Gewässern gesichtet werden können. Mitverantwortlich hierfür ist die Tatsache, dass diese Tiere dem Käufer irgendwann zu groß oder aus anderen Gründen lästig und dann in Gewässer ausgesetzt werden.

38.2 Der Klimawandel führt zu weitreichenden Veränderungen der Ökosysteme

Die mittlere globale Temperatur steigt seit Beginn der Industrialisierung an, seit den 1970er-Jahren hat sich die Geschwindigkeit noch einmal erhöht (◘ Abb. 38.3). Diese **globale Erwärmung** ist auf eine steigende Konzentration von **Treibhausgasen** in der Atmosphäre zurückzuführen – vor allem von Kohlenstoffdioxid und Methan.

Die **atmosphärische Kohlenstoffdioxidkonzentration** hat sich in den vergangen 100 Jahren von unter 300 ppm auf über 400 ppm erhöht, die **globale Durchschnittstemperatur** im gleichen Zeitraum um etwa 1 °C. Im Quartär, also dem känozoischen Eiszeitalter, waren diese Werte immer deutlich geringer. Vor Einsetzen der känozoischen Vereisung lagen diese Werte allerdings deutlich höher. Einmalig in der Erdgeschichte ist vor allem die **Geschwindigkeit des Wandels** – die meisten Tier- und Pflanzenarten können weder durch Adaption noch durch Wanderungsbewegungen ausreichend auf derart schnelle Änderungen der Temperatur reagieren.

Neben einem Anstieg der Temperatur geht der Klimawandel mit **Änderungen der Niederschlagsmenge und -verteilung** einher. Extremwetterlagen nehmen zu, Stürme treten häufiger und mit größeren Windgeschwindigkeiten auf.

Auf Lebewesen hat der Klimawandel vielfältigen Einfluss: Die Klimaerwärmung führt zu **Verschiebungen der jahreszeitlichen Aktivität** – viele Pflanzen blühen früher im Jahr, und der Rhythmus jahreszeitlich wandernder Tiere verschiebt sich oder diese stellen die Wanderung ganz ein. Die steigenden Temperaturen wirken sich auch auf die **metabolische Aktivität** aus: Der Stoffumsatz erhöht sich, und damit ändert sich auch der Aufbau von Nahrungsnetzen. Zudem verschieben die steigenden Kohlenstoffdioxidkonzentrationen auch die Effizienz verschiedener Photosyntheseformen – von einer höheren Effizienz der C_4-Photosynthese bei niedrigen CO_2-Konzentrationen hin zu einer besseren Effizienz der C_3-Photosynthese bei hohem CO_2-Gehalt.

Besonders drastisch wirkt sich der Klimawandel in **polaren Ökosystemen** aus. Zum einen ist der regionale Temperaturanstieg hier etwa doppelt so stark wie im globalen Mittel, zum anderen können die Lebewesen der Erwärmung nicht durch Wanderung in kühlere Regionen ausweichen. In den wärmeren Regionen können Tiere und Pflanzen der Erwärmung durch eine Ausbreitung in Richtung der Pole und somit in Richtung kühlerer Klimazonen begegnen. Dies ist auch für viele Arten zu beobachten. Weil die polaren Klimazonen die kältesten Lebensräume der Erde sind, ist ein Ausweichen in kühlere Lebensräume nicht möglich. Der in diesen Bereichen besonders stark ausgeprägte Temperaturanstieg führt somit zu einer Verkleinerung des Lebensraums, folglich sind viele polare Arten durch den Klimawandel akut vom Aussterben bedroht. Beispielsweise wird durch den Rückgang des Meereises der Lebensraum der Eisbären zunehmend fragmentiert (◘ Abb. 38.4).

Die Erwärmung des Klimas verstärkt sich durch eine Reihe **positiver Rückkopplungen**: Einerseits führt die Erwärmung zu einem Rückgang von schnee- und eisbedeckten Flächen

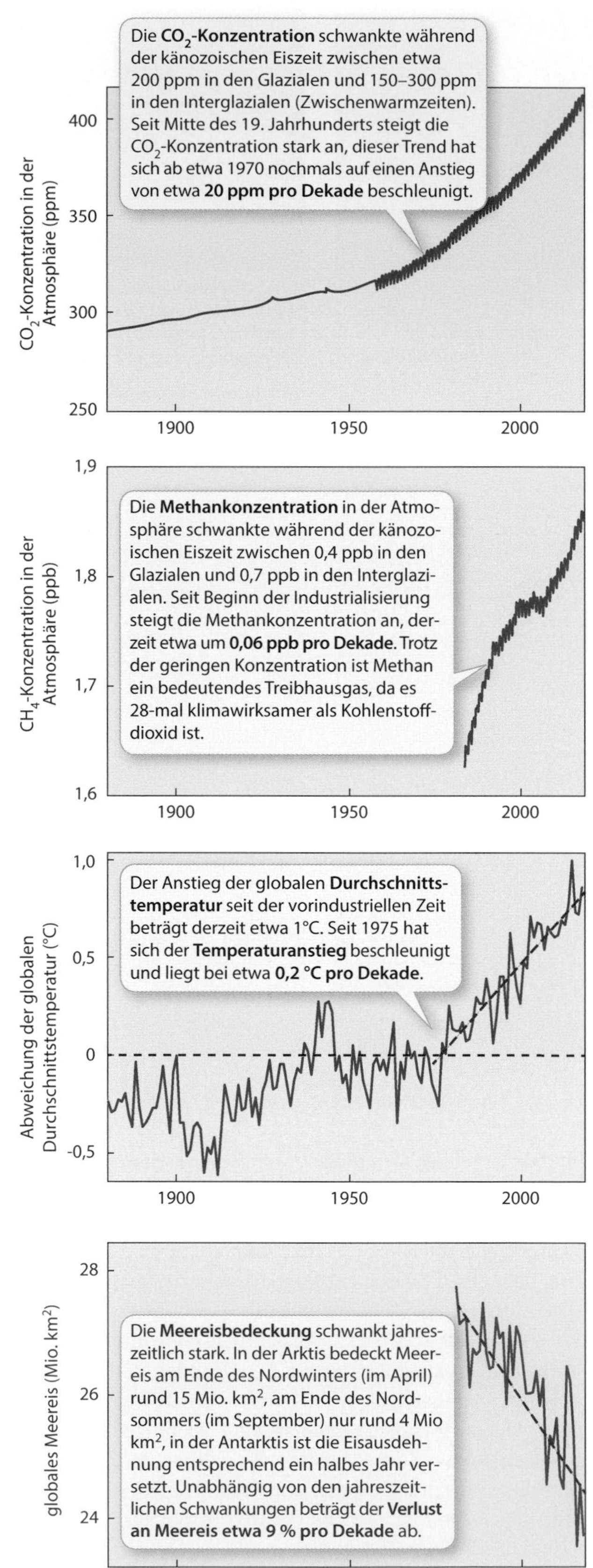

◘ **Abb. 38.3** Änderung der globalen Kohlenstoffdioxidkonzentration, der globalen Temperatur sowie der globalen Ausdehnung von Meereis

In der **Arktis** macht sich der Klimawandel besonders stark bemerkbar – der Temperaturanstieg ist hier etwa doppelt so hoch wie im globalen Mittel. Die prognostizierte Grenze des Permafrostes zum Ende diesen Jahrhunderts deutet eine **massive Verkleinerung der Permafrostregion** als Folge des Klimawandels an. Durch die steigenden Temperaturen vergrößert sich die im Sommer auftauende Oberflächenschicht und macht so bislang gefrorene Biomasse tieferer Schichten dem mikrobiellen Abbau zugänglich, ebenso wird durch die Erwärmung das Zeitfenster für den mikrobiellen Abbau verlängert – bis hin zum vollständigen Tauen des Permafrostes. Durch das **Auftauen des Permafrostes** wird im Boden gespeichertes Methan freigesetzt, zudem entstehen durch den mikrobiellen Abbau der im Permafrost festgelegten Biomasse **Kohlenstoffdioxid** und **Methan**.

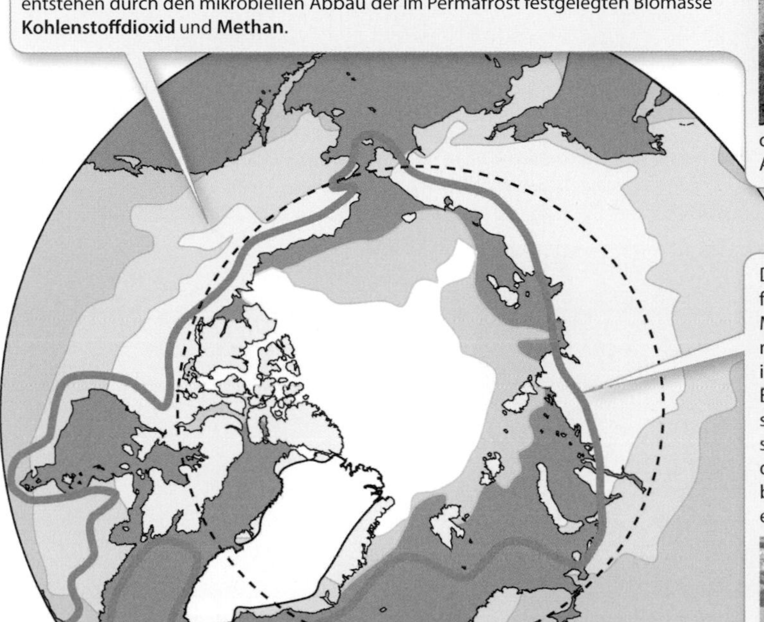

durch Erosion freigelegte Eislinse im Permafrost (Birch Creek, Alaska)

Das **Verbreitungsgebiet des Eisbären** (*Ursus maritimus*; rote Linie) folgt in etwa der Küstenlinie der arktischen Gewässer. Durch das Meereis im Polarmeer werden die verschiedenen Küstenbereiche miteinander verbunden. Die **Ausdehnung des Meereises** geht in den letzten Jahrzehnten stark zurück (im Winter ist der vereiste Bereich jeweils noch deutlich größer, auch hier ist aber ein entsprechender Rückgang zu beobachten; in der Abb. nicht dargestellt). Dieser Rückgang des Meereises verkleinert zunehmend den Lebensraum arktischer Tier- und Pflanzenarten. So wird beispielsweise für den Eisbären innerhalb der nächsten 50 Jahre ein Rückgang der Population um weit über 50 % erwartet.

Meereis – minimale jährliche Ausdehnung (September)
1982
2018

Permafrost
mittlere Ausdehnung 1980–1999
prognostizierte mittlere Ausdehnung 2080–2099

Abb. 38.4 In den Polargebieten ist der Klimawandel besonders deutlich zu spüren

(Abb. 38.3). Dies verringert die Reflexion und beschleunigt so die Erwärmung. Ein weiterer Aspekt ist eine verstärkte **Freisetzung von Treibhausgasen** durch die Erwärmung, erstens durch zunehmenden mikrobiellen Abbau von Biomasse, vor allem in den kalten Klimazonen, sowie zweitens durch die Freisetzung von Methan aus marinen Methanclathraten und von im Permafrost festgelegten Methanspeichern.

Als **Permafrost** bezeichnet man Boden, Sediment oder Gestein, das über einen Zeitraum von mindestens zwei Jahren gefroren ist. Permafrost bedeckt etwa 20–25 % der Landfläche. Ein Vergleich der Ausdehnung des Permafrostes gegen Ende des letzten Jahrhunderts mit der prognostizierten Ausdehnung gegen Ende dieses Jahrhunderts deutet ein starkes Schrumpfen der Permafrostregion an. Oberflächlich kann Permafrost im Sommer auftauen. Daher können in den Sommermonaten in Permafrostgebieten Pflanzen gedeihen und durch Photosynthese Biomasse aufbauen. Die niedrigen Temperaturen verhindern allerdings weitgehend den mikrobiellen Abbau dieser in den Sommermonaten aufgebauten Biomasse. Die Permafrostregionen sind somit **Kohlenstoffsenken** – es wird mehr Kohlenstoffdioxid in Biomasse festgelegt, als freigesetzt wird. In den Permafrostböden sind enorme Mengen Kohlenstoff gespeichert (etwa 1600–1700 Gigatonnen).

Beim Auftauen des Permafrostes würden große Mengen an Kohlenstoffdioxid und Methan freigesetzt und zu einer positiven Rückkopplung, also einer Verstärkung des Treibhauseffekts, beitragen. Beim **Tauen von Permafrost** entweicht einerseits im Boden gespeichertes Methan, andererseits entsteht beim mikrobiellen Abbau der im Permafrost gespeicherten Biomasse Kohlenstoffdioxid, aber auch Methan durch Methanogenese (▶ Abschn. 25.8). Auf diese Weise verwandeln sich die Permafrostregionen von Kohlenstoffsenken zu **Kohlenstoffquellen**.

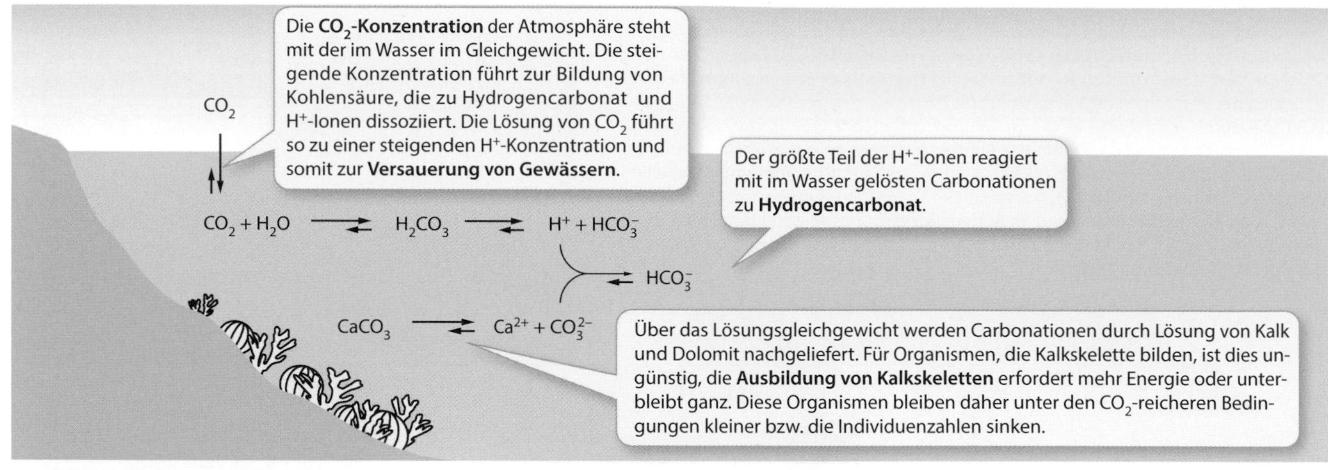

Die heutigen Riffe sind von kalkbildenden Korallen dominiert.

Bei einem Anstieg der CO_2-Konzentration nimmt die Carbonatkonzentration im Meer so weit ab, dass Riffe von nicht kalkbildenden Korallen dominiert werden.

Bei einem Anstieg der Temperatur um über 3 °C sind Riffe nicht mehr von Korallen dominiert.

38

Abb. 38.5 Einfluss der Versauerung der Ozeane auf Korallenriffe

Die steigenden Kohlenstoffdioxidkonzentrationen führen nicht nur zu einer Erwärmung, sondern auch – in wässriger Lösung – zur Bildung von Kohlensäure (► Abschn. 36.3). In Böden und Gewässern führt die Versauerung zu einer verstärkten Lösung von Carbonaten (z. B. Kalk, Aragonit und Dolomit), umgekehrt sinkt die Bildung von Carbonaten, beispielsweise durch calcifizierende Tiere.

Korallenriffe sind durch den Temperaturanstieg und die Versauerung der Meere besonders stark betroffen: Mit steigender Kohlenstoffdioxidkonzentration sinkt die Carbonatverfügbarkeit im Meerwasser (Abb. 38.5). Damit nimmt auch der Anteil an kalkbildenden Korallen ab. Bei Kohlenstoffdioxidkonzentrationen über etwa 450 ppm (entsprechend einer Carbonatkonzentration im Meerwasser von unter 200 µmol/kg) werden Riffe nicht mehr von kalkbildenden Korallen dominiert. Steigt zudem die Temperatur um über 2 °C, geht der Anteil von Korallen an den riffbildenden Organismen stark zurück.

Steigende Temperaturen und andere Stressfaktoren schädigen aber auch die Symbiose von Korallen mit ihren **phototrophen Endosymbionten**. Die als Zooxanthellen bezeichneten Algen der Gattung *Symbiodinium* (Dinoflagellata; ► Abschn. 33.15) leben intrazellulär in Zellen des Entoderms der Korallenpolypen (Abb. 38.6). Die Symbiose zwischen Koralle und Alge (*Symbiodinium* spec.) umfasst verschiedene Stoffwechselwege, vor allem des Austauschs von Nährstoffen und Assimilaten. Die Alge nutzt aus der Umwelt aufgenommene Nährstoffe sowie Stoffwechselprodukte des Wirtes. Die Photosyntheseprodukte nutzt die Alge für ihren Energiehaushalt, aber auch der Wirt deckt bis zu 95 % seines Energiehaushalts über Assimilate des Endosymbionten.

Durch Stress wird der Photosyntheseapparat der Alge geschädigt. Es kommt zur Bildung reaktiver Sauerstoffspezies (► Abschn. 24.4), welche vor allem als H_2O_2 auch in das Wirtsgewebe diffundieren. Die geschädigte Alge verlässt entweder aktiv die Wirtszellen oder wird vom Wirt abgestoßen. Dieser durch Stress bedingte Verlust der Endosymbionten wird als **Korallenbleiche** bezeichnet und führt häufig zum Absterben der betroffenen Korallen.

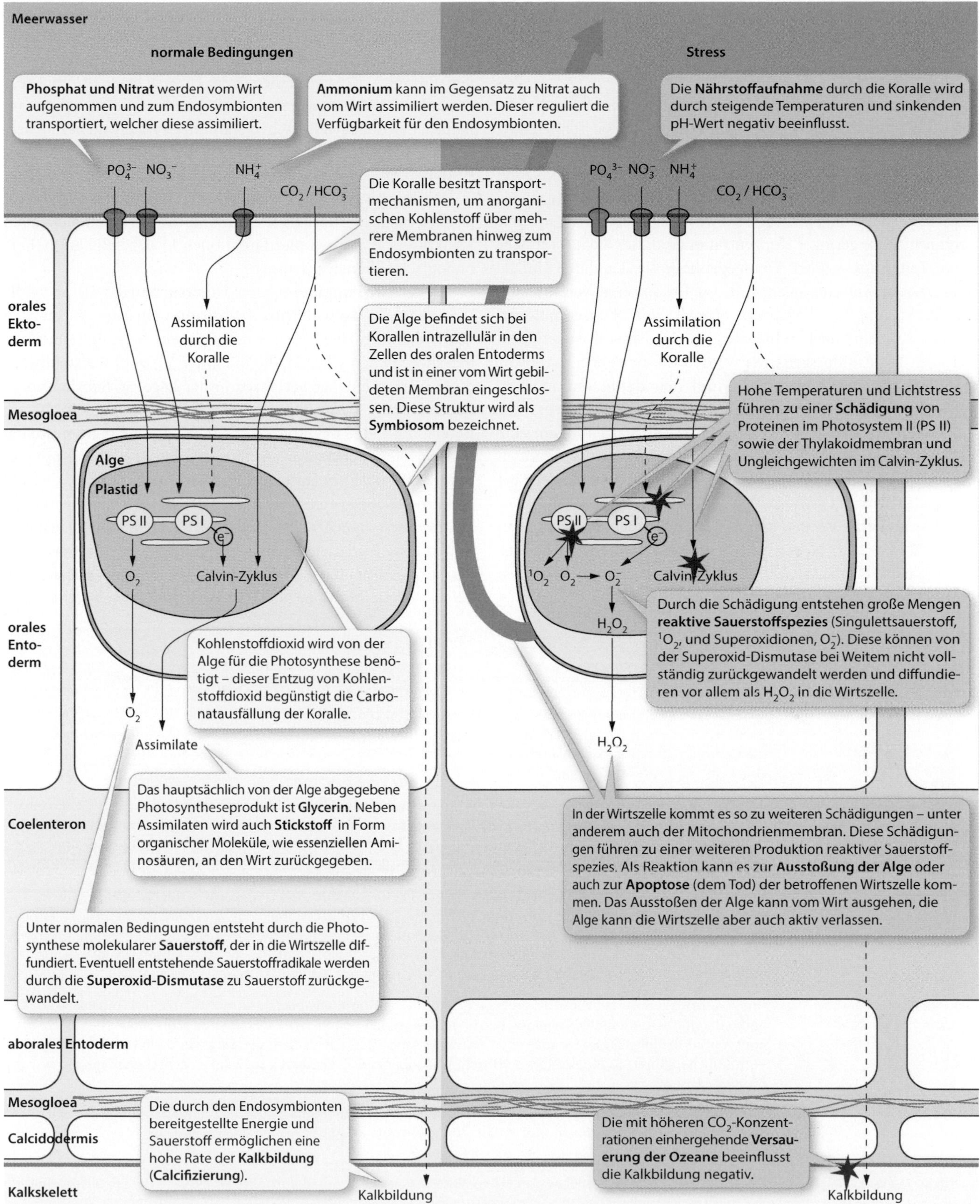

Abb. 38.6 Korallenbleiche – Effekt der Klimaerwärmung auf die Symbiose zwischen Korallen und Algen

38.3 Schadstoffe wirken auf Organismen und Ökosysteme

Weltweit werden ca. 100.000 **Chemikalien** gehandelt, deren Jahresproduktionsmengen mehrere Hundertmillionen Tonnen ausmachen. Viele dieser Chemikalien gelangen – oftmals ungewollt – in die Umwelt. Dies geschieht beispielsweise durch die Nutzung dieser Substanzen für die verschiedensten Anwendungen mittels Abrieb, Verdunstung, Lösung etc., was im Regelfall zur Emission vergleichsweise geringer Konzentrationen dieser Stoffe – oft über lange Zeiträume – führt. Demgegenüber werden durch Unfälle oder gezielte Anwendungen, z. B. zur Bekämpfung von Insekten oder unerwünschten Pflanzen, oftmals hohe Konzentrationen einzelner Chemikalien schlagartig in die Umwelt eingetragen. Bei allen Expositionsszenarien werden die Bewohner von Ökosystemen mit der Anwesenheit und den damit verbundenen Wirkungen dieser Chemikalien konfrontiert. Hierbei geht es nicht immer nur um die direkte Wirkung von Substanzen auf einzelne Zielorganismen, sondern auch um indirekte Effekte, z. B. vermittelt über **Anreicherungen entlang einer Nahrungskette**, die erst bei Topprädatoren zu negativen Effekten führen. Ein einschlägiges Beispiel hierfür ist die Verwendung von Dichlordiphenyltrichlorethan (DDT; ◘ Abb. 38.7). Neben Negativbeispielen wie DDT haben vor allem massive Unglücksfälle (vgl. ◘ Tab. 38.1) zu einem steigenden Problembewusstsein gegenüber Umweltchemikalien geführt.

All diese sowie eine Reihe weiterer Ereignisse hatten schließlich zur Folge, dass sich **Ökotoxikologie** und **Umweltchemie** als neue Fachdisziplinen bildeten, die sich mit dem Auftreten und der Wirkung von Chemikalien in der Umwelt beschäftigen. Diese Disziplinen befassen sich mit dem Studium toxischer Effekte von natürlichen oder synthetischen Substanzen auf die menschlichen, tierischen, pflanzlichen und mikrobiellen Bestandteile von Ökosystemen im Gesamtzusammenhang (◘ Abb. 38.8).

Wirkungen von Umweltchemikalien werden auf allen biologischen Ebenen erfasst, da sich auch Störungen von molekularen Strukturen, Prozessen und Funktionen in der Zelle auf höhere biologische Ebenen auswirken.

Neben wirkungsbezogenen Untersuchungen ist auch die Erfassung von **Umweltkonzentrationen** einzelner Substanzen von Bedeutung. Hier besteht ein fließender Übergang zu Inhalten der analytischen Chemie, die mit einer Vielzahl meist aufwendiger instrumenteller Verfahren in der Lage ist, Substanzen zu quantifizieren. Durch ständige Weiterentwicklungen in diesem Bereich und eine damit verbundene Steigerung der Sensitivität können viele Substanzen mittlerweile bis in den sub-ppt-Bereich (z. B. ng/L) quantifiziert werden. Aufgrund der Vielzahl von Fremdsubstanzen sowie der teilweise relativ niedrigen Konzentrationen mancher Chemikalien, die sich in Umweltmatrizes finden lassen, werden die analytisch-chemischen Nachweisverfahren zunehmend mit Wirkungsanalysen ergänzt. So lassen sich beispielsweise hormonelle Wirkungen von Umweltchemikalien

◘ Tab. 38.1 Ausgewählte Umweltdesaster mit schädlichen Wirkungen von Chemikalien auf Mensch und Umwelt

Name des Unglücks	Beschreibung des Geschehens
Itai-Itai-Krankheit	Chronische Cadmiumvergiftungen von Menschen in den 1950er-Jahren in der Präfektur Toyama, Japan, die zu Knochenerweichung und starken Schmerzen führten. Etliche Menschen starben hieran. Verursacht wurde die Cadmiumaufnahme der Menschen durch cadmiumhaltige Bergwerksabwässer, die zum Bewässern von Getreide-, Reis- und Gemüsefeldern genutzt wurden.
Minamata-Krankheit	Chronische Vergiftungen von Menschen mit organischen Quecksilberverbindungen, Mitte der 1950er-Jahre am Yatsushiro-See in der Umgebung der Stadt Minamata in Japan mit vermutlich mehreren Tausend Todesfällen. Als Ursache gilt die Einleitung von Methylquecksilberiodid ins Meerwasser und dessen Anreicherung über Algen bis hin in Fische, die den dort lebenden Menschen als Hauptlebensmittel dienten.
Seveso	Das Seveso-Unglück war ein Chemieunfall, bei dem am 10. Juli 1976 ein TCP-Reaktor in der Nähe von Mailand explodierte. Hierbei wurde eine unbekannte Menge 2,3,7,8-Tetrachlordibenzodioxin (TCDD) in die Umgebung emittiert. Speziell die nachfolgende schleppende Informationspolitik hat viele Diskussionen hervorgerufen. Insgesamt wurden 1800 ha Land kontaminiert, 78.000 Tiere notgeschlachtet, 700 Menschen mussten ihre Häuser verlassen und Hunderte Menschen erkrankten an Chlorakne und Hautverätzungen.
Reaktorkatastrophe von Tschernobyl	Am 26. April 1986 kam es zur Explosion von Reaktor 4 des Kernkraftwerks Tschernobyl, in deren Folge eine Radioaktivität von mehreren Trillionen Becquerel freigesetzt wurde. Der nachfolgende radioaktive Niederschlag kontaminierte viele Länder Europas und machte für lange Zeit den Verzehr von Pilzen und Wildtieren unmöglich. Verbindliche Zahlen zu Todesopfern sind nicht verfügbar, die Schätzungen schwanken zwischen 4000 und 60.000 Menschen.
Sandoz-Chemieunfall	Am 1. November 1986 geriet bei Basel eine Lagerhalle der Pharmafirma Sandoz in Brand. Das Löschwasser trug große Mengen Pflanzenschutzmittel in den Rhein, was zu massenhaftem Tod von Fischen und Makroinvertebraten führte.
Exxon Valdez	Der Öltanker Exxon Valdez lief am 24. März 1989 vor Alaska auf Grund und verursachte eine Ölpest, die als eine der größten Umweltkatastrophen der Seefahrt gilt. Insgesamt liefen 37.000 t Rohöl aus, die mehr als 2000 km Küste kontaminierten und in deren Folge Hunderttausende Fische, Seevögel und andere Tiere starben.
Nuklearkatastrophe von Fukushima	In Folge des Tōhoku-Erdbebens und eines dadurch ausgelösten Tsunamis ereigneten sich ab dem 11. März 2011 eine Reihe von Störfällen in dem japanischen Kernkraftwerk Fukushima Daiichi. Hierbei kam es in drei Reaktorblöcken zu Kernschmelzen und Explosionen, in deren Folge erhebliche Mengen radioaktiven Materials freigesetzt wurden. Zu dem Ausmaß der langfristigen Schäden gibt es derzeit keine konkreten Zahlen, jedoch führte die Katastrophe in Deutschland zu einem radikalen Wandel in der Energiepolitik, im Rahmen dessen ein vorzeitiger stufenweiser Atomausstieg bis 2022 vereinbart wurde.

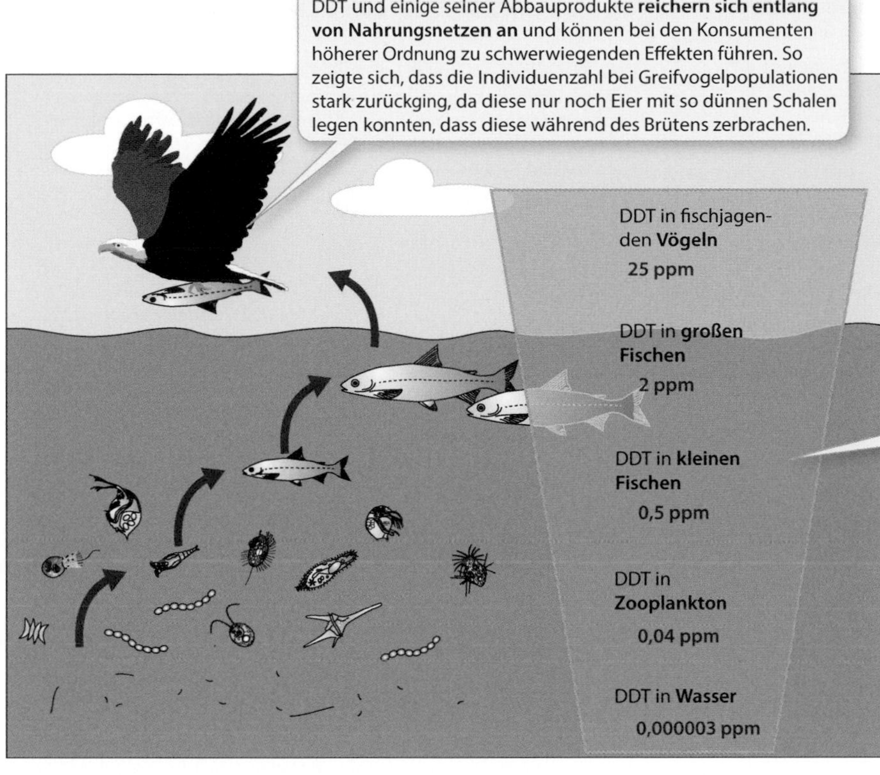

Seit Anfang der 1940er-Jahre wurde **DDT als Insektizid** eingesetzt, insbesondere zur Bekämpfung von krankheitsübertragenden Insekten wie Mücken und Wanzen. Als Kontakt- und Fraßgift zeigt es eine hohe Wirksamkeit gegen Insekten und tötet diese.

Erst nach etlichen Jahren der großflächigen Anwendung von DDT erkannte man die durch **Bioakkumulation** verursachten Probleme. Daraufhin wurde die Anwendung von DDT in vielen Ländern verboten. Mittlerweile wird es nur noch zur Bekämpfung von malariaübertragenen Mücken der Gattung *Anopheles* in einigen afrikanischen Ländern eingesetzt.
(1 ppm entspricht 1 mg/kg)

Abb. 38.7 Toxische Substanzen können sich über die Nahrungskette anreichern

Überblick über wichtige Begriffe in der Ökotoxikologie

akute Toxizität: schädliche Wirkungen, die sich in kurzer Zeit (Minuten, Stunden) nach einmaliger Exposition gegenüber einer Substanz manifestieren
Bioakkumulation: Prozess der Aufnahme und Speicherung von Substanzen durch Organismen
biologische Verfügbarkeit: für Organismen zur Aufnahme verfügbarer Anteil eines Schadstoffes; dies ist meist nur ein Bruchteil der insgesamt vorhandenen Schadstoffmenge
Biomagnifikation: Aufnahme und Weitergabe von Schadstoffen über Nahrungsnetze durch die Aufnahme kontaminierter Nahrung unter weitgehendem Ausschluss anderer Aufnahmewege
Biomarker: biologische Reaktion auf Schadstoffe, diese Reaktionen können auf allen Ebenen der biologischen Organisation auftreten, von der molekularen Ebene bis zur Ökosystemebene (Abb. 38.8)
Bioverfügbarkeit: Teil der durch einen Organismus aufgenommenen Substanzmenge, von der eine biologische Wirkung ausgeht
Dosis: durch einen Organismus aufgenommene Menge einer Substanz
Konzentration: die in der Umgebung eines Organismus vorhandene Menge einer Substanz, von der meist nur ein Teil aufgenommen wird
Mesokosmos: repräsentativer Ausschnitt aus einem Ökosystem (z. B. Enclosure, d. h. mittels eines Zylinders separierter Teil von einem See) oder künstlich geschaffenes Ökosystem (Fließrinne, Teich etc.)
Mikrokosmos: experimentell zusammengestelltes, relativ vereinfacht aufgebautes Ökosystem unter Laborbedingungen, anhand dessen z. B. Nahrungsketteneffekte von Schadstoffen untersucht werden können
Monitoring: Analysen, die der qualitativen und quantitativen Überwachung von Schadstoffen in der Umwelt dienen
ppm, ppb, ppt: allgemeine Angaben von Mengenverhältnissen, die oft synonym zur Angabe von Konzentrationsangaben genutzt werden, mit 1 : 1 Mio. (ppm, z. B. µg/g), 1 : 1 Mrd. (ppb, z. B. µg/kg) und 1 : 1 Trillion (ppt, z. B. µg/t)
REACH: Abbkürzung aus dem Englischen für „Regulation concerning the Registration, Evaluation, Authorisation and Restriction of Chemicals"; entsprechend dieser Richtlinie müssen die Hersteller, Importeure und weitere Involvierte die Verantwortung für die entsprechenden Chemikalien übernehmen
subakute (chronische) Toxizität: schädigende Wirkungen, die nach wiederholter Exposition gegenüber einer Substanz nach längerer Zeit (Tage, Wochen) auftreten
Testorganismen: Arten, die für toxikologische Labortests und bei Wasseruntersuchungen eingesetzt werden, häufig im Rahmen von nach DIN standardisierten Verfahren

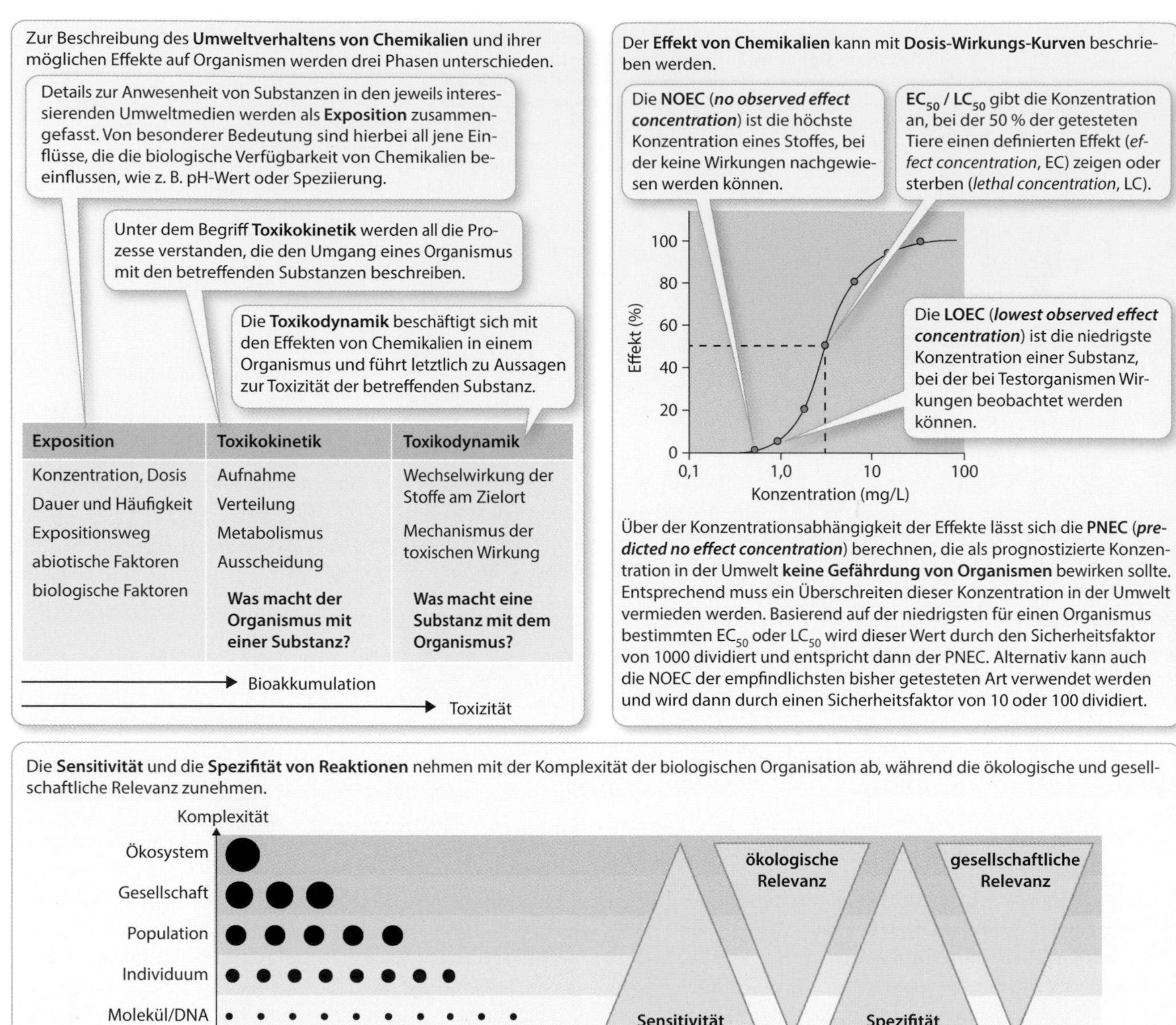

Abb. 38.8 Ökotoxikologie und Umweltchemie befassen sich mit den Effekten von Chemikalien auf Organismen und Ökosysteme

mittels eines Hefezelltests nachweisen, auch wenn die Konzentrationen der hormonähnlichen Substanzen unterhalb der analytischen Nachweisgrenze liegen.

Die Bedeutung der ökotoxikologischen Forschung ist in den letzten Jahren stark gestiegen. Abgesehen von Untersuchungen im Rahmen der beschriebenen Unglücks- und Kontaminationsfälle dienen ökotoxikologische Untersuchungen als Grundlage für Gesetze (z. B. Chemikaliengesetz, Pflanzenschutzgesetz, Bodenschutzgesetz, Europäische Wasserrahmenrichtlinie etc.). Hiermit kommt der Ökotoxikologie eine große Bedeutung bei der Minimierung von Gefahren durch die Herstellung, Verbreitung und Nutzung von Chemikalien zu.

Zur Beschreibung der Toxizität einzelner Stoffe werden häufig sogenannte **Dosis-Wirkungs-Kurven** erstellt (Abb. 38.8). Hierbei werden zumeist **Standardtestorganismen** verwendet und steigenden Konzentrationen oder Dosen der interessierenden Substanz exponiert. Je nach Testintention kann sowohl die akute Toxizität einer Substanz in Form der Letalität erfasst werden als auch alternativ ein bestimmter Effekt dieser Substanz auf den Organismus (z. B. Schwimmfähigkeit, Ventilationsrate etc.).

Die **REACH-Verordnung** ist seit 2007 in Kraft und ist die europäische Chemikalienverordnung zur Registrierung, Bewertung, Zulassung und Beschränkung chemischer Stoffe. Mit ihr sollen sowohl der Schutz der menschlichen Gesundheit und der Umwelt sichergestellt als auch der freie Verkehr von Chemikalien in der EU gewährleistet werden. Entsprechend sind die Hersteller und Importeure von Chemikalien seit der Einführung von REACH nun verpflichtet, Daten zu einer möglichen Gefährdung der Umwelt oder der menschlichen Gesundheit vorzulegen und die von den Stoffen ausgehenden Risiken zu bewerten. Hierbei muss der komplette Lebenszyklus des Stoffes (von der Herstellung über die Verwendung bis zur Entsorgung/Recyling) berücksichtigt werden. Somit können Chemikalien ohne einschlägige Registrierung nicht mehr in

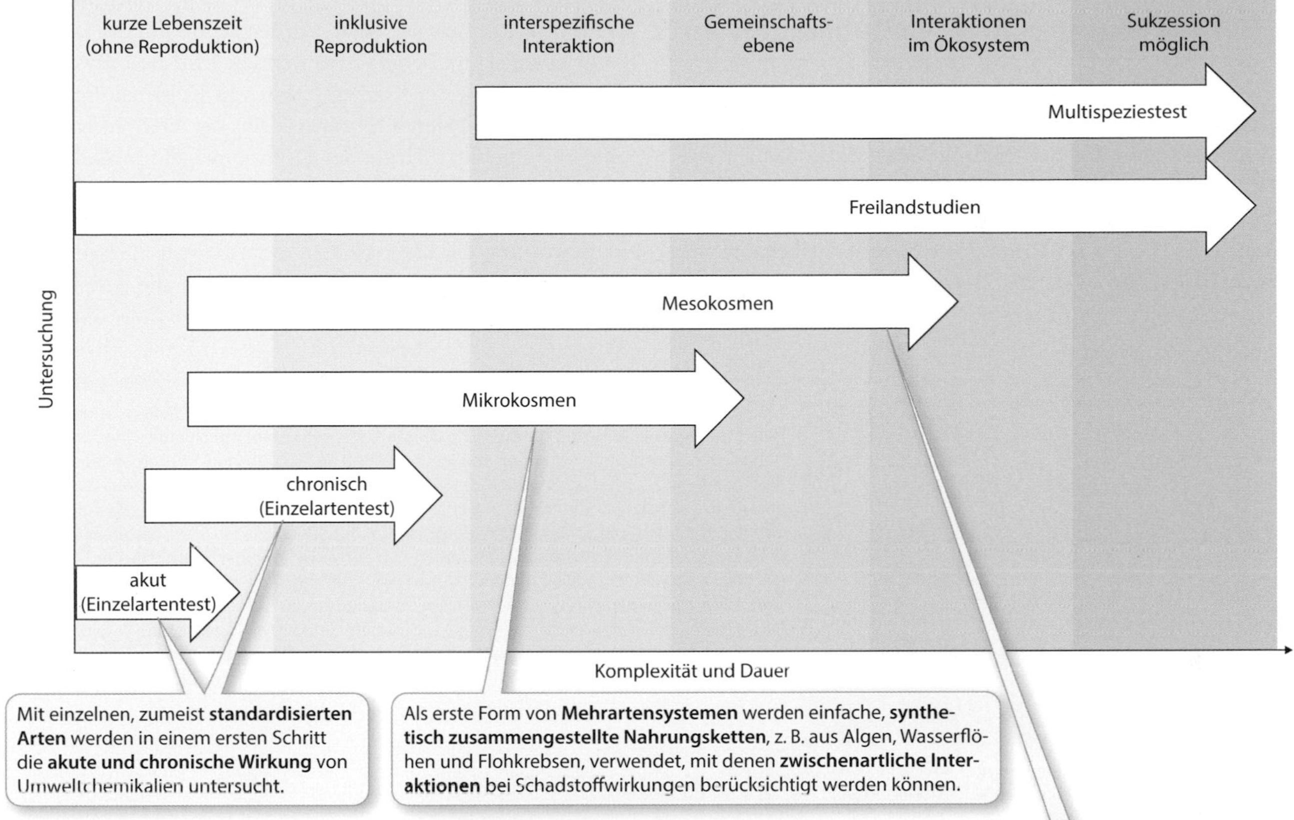

Mit einzelnen, zumeist **standardisierten Arten** werden in einem ersten Schritt die **akute und chronische Wirkung** von Umweltchemikalien untersucht.

Als erste Form von **Mehrartensystemen** werden einfache, **synthetisch zusammengestellte Nahrungsketten**, z. B. aus Algen, Wasserflöhen und Flohkrebsen, verwendet, mit denen **zwischenartliche Interaktionen** bei Schadstoffwirkungen berücksichtigt werden können.

Mesokosmenstudien verwenden natürlich vorkommende Organismengemeinschaften für Wirkungsuntersuchungen. Unter dem Begriff **Mesokosmen** werden sehr verschieden gestaltete Systeme subsummiert, die von artifiziell gestalteten Anlagen bis hin zu Ausschnitten aus natürlichen Ökosystemen reichen. Gemeinsam ist allen Systemen, dass sie **Lebensgemeinschaften mit mehreren Trophiestufen** beinhalten. Dies wird entweder durch gezielte Besatzmaßnahmen wie bei Fließrinnen oder durch natürliche Besiedlung erreicht. Für Untersuchungen an natürlichen Lebensgemeinschaften werden die Organismen entweder aktiv in das experimentelle System eingeführt (ExStream), oder ein Teil des Lebensraums mitsamt der Organismen wird isoliert (**Enclosures**). In allen Fällen hat man jedoch reale oder zumindest realitätsnahe Lebensgemeinschaften, sodass Untersuchungen zur Wirkung von Umweltchemikalien in diesen Systemen eine **hohe Ökosystemrelevanz** aufweisen.

In **Fließrinnen** kann man die Wirkungen von Schadstoffen an Lebensgemeinschaften unter experimentellen Bedingungen untersuchen.

Das mobile **ExStream-System** ermöglicht experimentelle Untersuchungen an Lebensgemeinschaften von Fließgewässerabschnitten.

Bei **Enclosures** handelt es sich um Zylinder, die einen Teil eines Gewässers (See, Meer) mitsamt den Organismen isolieren (im Bild das vom Leibniz-Institut für Gewässerökologie und Binnenfischerei betriebene Seelabor im Stechlinsee im Norden Brandenburgs). So ist es möglich, Studien an natürlich zusammengesetzten Lebensgemeinschaften durchzuführen. Die Zylinder können bis in das Sediment reichen und werden dann als Limnocorral bezeichnet.

Abb. 38.9 Testsysteme der Ökotoxikologie

Verkehr gebracht werden. Die Verordnung gilt seit dem 1. Juni 2018 für alle Chemikalien, deren Produktion 1 t pro Jahr überschreitet.

Da die Wirkung von Umweltchemikalien für die verschiedenen Umweltkompartimente (Boden, Luft, Wasser) unterschiedlich relevant sein kann, werden verschiedene Testverfahren und Testorganismen eingesetzt. Für aquatische Fragestellungen nutzt man im Regelfall Bakterien, Algen, Kleinkrebse und Fische, während bei terrestrischen Systemen Bakterien, höhere Pflanzen und Ringelwürmer untersucht werden. Für eine Reihe von Fragestellungen ist man zudem dazu übergegangen, Effekte von Substanzen auf Mehrartensysteme zu prüfen. Hierfür werden experimentell zusammengestellte oder natürlicherweise vorkommenden Lebensgemeinschaften mit Schadstoffen konfrontiert, um so direkte und indirekte Effekte (z. B. Nahrungsketteneffekte) ermitteln zu können (Abb. 38.9).

38.4 Organismen zeigen Bedingungen und Veränderungen ihres Lebensraums an

Ein Organismus oder eine Organismengemeinschaft reagiert mit Veränderungen der Lebensfunktionen und/oder der chemischen Zusammensetzung auf veränderte Umwelteinflüsse und lässt damit **Rückschlüsse auf den Zustand der Umwelt** zu (■ Abb. 38.10). Dieses Prinzip ist schon lange bekannt und wird von Menschen auch zur Bewertung von Umwelteigenschaften eingesetzt. Die hierbei zur Anwendung gebrachten Organismen bezeichnet man entsprechend als **Bioindikatoren** (■ Abb. 38.10). Beispielsweise wurden schon um das Jahr 1900 Kanarienvögel im Bergbau verwendet, um die Anwesenheit oder den Anstieg der Konzentration von Kohlenstoffmonoxid frühzeitig zu indizieren. Dazu wurden die Tiere in tragbaren Käfigen mitgeführt. Hörte der Kanarienvogel plötzlich auf zu singen, wurde dies als Warnsignal interpretiert, und die Bergleute verließen umgehend den Stollen. Auch aktuelle Ansätze zur Bewertung der ökologischen Qualität von Fließgewässern lassen sich zurückführen auf über 100 Jahre alte Arbeiten von Kolkwitz und Marsson, die das System „tierischer und pflanz-

Die Flechte *Flavoparmelia caperata*, hier auf Esche (*Fraxinus excelsior*), hat einen mittleren Luftgüte-Toxitoleranzwert.

Flechten stellen vergleichsweise **lang etablierte Bioindikatoren** dar. Sie gelten insbesondere als **Zeigerorganismen für die Luftqualität**, da sie sehr empfindlich auf Luftverunreinigungen reagieren. So hat man seit der zweiten Hälfte des 19. Jahrhunderts einen massiven Rückgang von Flechten speziell in Industrieregionen feststellen können. Dieser Rückgang konnte ursächlich auf den erhöhten Gehalt an Schwefeldioxid in der Luft zurückgeführt werden. Nachdem die **Schwefeldioxidemissionen** durch den Einbau von Schwefelfiltern in Industrieanlagen reduziert wurden, lassen sich mittlerweile selbst in Großstädten wieder Flechten finden. Auch aktuell wird im Rahmen sogenannter Flechtenkartierungen die Diversität epiphytischer Flechten aufgenommen. Im Gegensatz zu höheren Pflanzen besitzen Flechten keine Schutzschicht, sodass Luftschadstoffe direkt in die Flechte eindringen können. Zudem indizieren Flechten maßgeblich luftgetragene Schadstoffe, während bei höheren Pflanzen die Schadstoffaufnahme zumeist über die Wurzel erfolgt.

Im Rahmen **aktiver Monitoringprogramme** findet das **Welsche Weidelgras** (*Lolium multiflorum*) Verwendung. Hierbei wird das Gras unter standardisierten Bedingungen für vier Wochen an den zu untersuchenden Stellen exponiert. Nach dieser Zeit wird das Gras geerntet und kann dann im Labor z. B. auf die **Anreicherung von Metallen** untersucht werden. Auch dieses Verfahren dient im Wesentlichen dem Nachweis **luftgetragener Schadstoffe**, die auf den Blattoberflächen deponiert oder teilweise auch z. B. über die Stomata aufgenommen werden. Die Wasserversorgung wird mithilfe eines speziell konstruierten Wassertanks im Pflanzgefäß sichergestellt. In mehreren Bundesländern wird dieses Verfahren zur Überwachung der Immissionssituation verwendet.

Muscheln können als Reaktionsindikator und als Akkumulationsindikator eingesetzt werden.

Entsprechend der Definition, dass Bioindikatoren eine Veränderung von Lebensfunktionen aufzeigen können, gibt es **Reaktionsindikatoren**. Hierbei betreffen die Veränderungen alle möglichen Lebenserscheinungen von leichten physiologischen oder ethologischen Reaktionen bis hin zum Tod von Individuen. Wichtig ist, dass es sich insgesamt um **sensitive Bioindikatoren** handelt, die schnell, selektiv und sensibel auf Schadstoffeinträge in ihren Lebensraum reagieren.

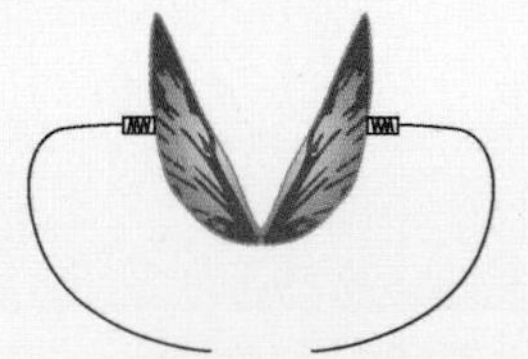

Der **Muschelmonitor** ist ein gutes Beispiel für einen Reaktionsindikator. Hier wird beispielsweise die Schalenöffnungsfrequenz gemessen und automatisch ausgewertet. Abweichungen von dem normalen Verhalten weisen auf die Anwesenheit von Schadstoffen hin.

Daneben gibt es die Organismen, die Schadstoffe stark in ihrem Körper anreichern und daher als **Akkumulationsindikatoren** bezeichnet werden. Diese Organismen sollten in der Lage sein, bestimmte Schadstoffe stark anzureichern ohne selbst Schäden zu zeigen.

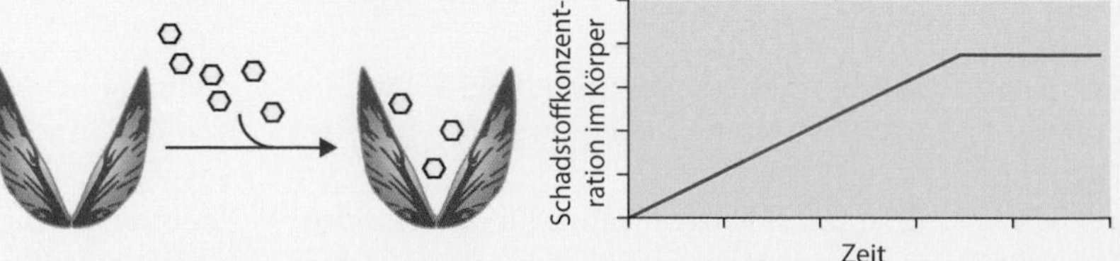

Auch die **Anreicherung von Schadstoffen** kann gut mithilfe von Muscheln untersucht werden, da sie als aktive Filtrierer in starkem Maße wasserbürtige Schadstoffe aufnehmen.

■ **Abb. 38.10** Bioindikatoren zeigen Änderungen bzw. die Qualität der Umwelt an

38

Unter dem Begriff **Biomarker** versteht man messbare physiologische Reaktionen, die in einem kausalen Zusammenhang zu Umweltbelastungen stehen. Auch wenn Biomarker auf allen Ebenen der biologischen Organisation auftreten, werden verstärkt **molekulare Veränderungen** in Organismen als Reaktion auf Schadstoffe untersucht. Als Nachweisebenen werden in Abhängigkeit von der jeweiligen Fragestellung Untersuchungen am Genom, Transkriptom und Proteom durchgeführt.

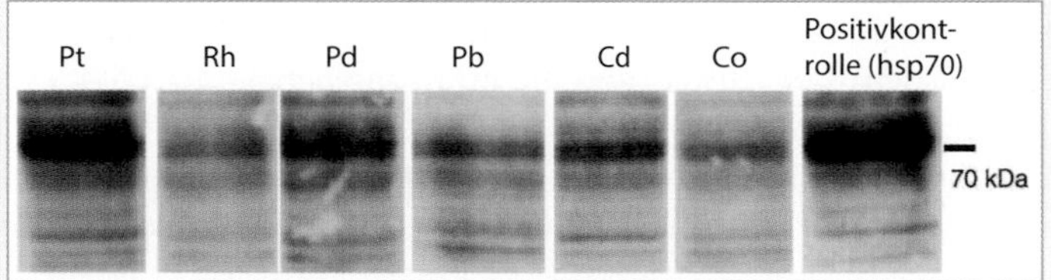

Western Blot zum Nachweis der Expression des Hitzeschockproteins mit dem Molekulargewicht von 70 kDa (hsp 70) in der Wandermuschel (*Dreissena polymorpha*), die mit verschiedenen Metallionenlösungen exponiert wurde.

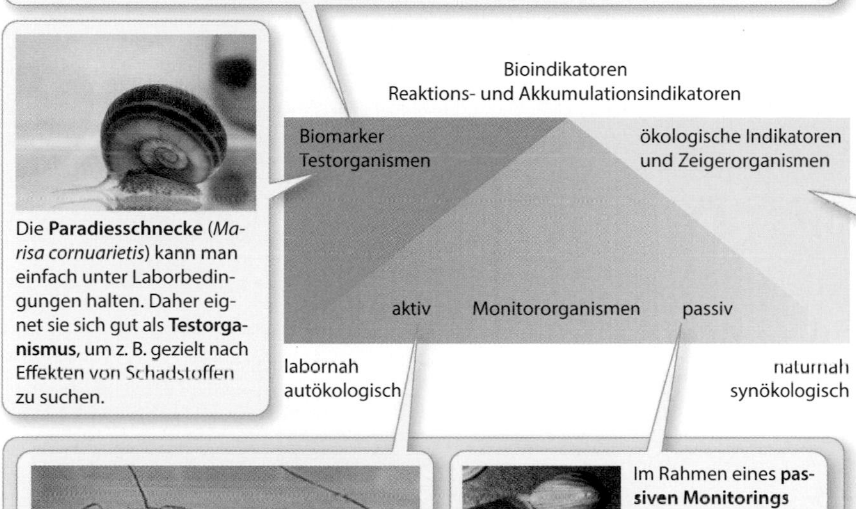

Die **Paradiesschnecke** (*Marisa cornuarietis*) kann man einfach unter Laborbedingungen halten. Daher eignet sie sich gut als **Testorganismus**, um z. B. gezielt nach Effekten von Schadstoffen zu suchen.

Organismen können als **aktive Monitoringorganismen** gezielt in Säckchen an zu untersuchenden Stellen ausgebracht werden.

Im Rahmen eines **passiven Monitorings** werden Organismen im Feld gesammelt und anschließend auf Schadstoffe untersucht.

Muscheln wie die **Körbchenmuschel**, *Corbicula* spec., finden häufig als Monitororganismen Verwendung.

Zeigerorganismen geben allein durch ihr Vorkommen Auskunft über Umweltzustände und Lebensbedingungen in einem Ökosystem.

Die **Große Brennnessel** (*Urtica dioica*) gilt als Zeiger für stickstoffreiche Böden und tritt dort als typische Ruderalpflanze auf.

Die **Flussperlmuschel** (*Margaritifera margaritifera*) ist eine Zeigerart für nicht verschmutze Fließgewässer mit geringem Sedimenteintrag.

Das **Saprobiensystem** ist ein Bewertungssystem zur Beschreibung der **Belastung von Fließgewässern** mit organischen, sauerstoffzehrenden Substanzen anhand von **Indikatorarten**. Weitere Belastungsfaktoren (z. B. toxische Wirkungen oder hydromorphologische Degradation) können mithilfe des Saprobiensystems nicht nachgewiesen werden, allerdings sind hierfür in den letzten Jahren eigene Indikationssysteme entwickelt worden. Das Vorkommen und die Häufigkeit einzelner Arten, deren Auftreten von dem Grad der organischen Belastung abhängt, können zur Indikation genutzt werden, wenn ihre Toleranzbereiche bekannt sind. Hierfür wird jeder Indikatorart ein **Saprobiewert** zugeordnet. Unter Berücksichtigung ihrer Häufigkeit und des Indikationsgewichts lässt sich so der **Saprobienindex** an einer Gewässerstelle bestimmen.

$$S = \frac{\sum_{i=1}^{n} s_i \times h_i \times g_i}{\sum_{i=1}^{n} h_i \times g_i}$$

S: Saprobienindex der Stichprobe
s_i: Saprobiewert der *i*-ten beobachteten Art
h_i: Häufigkeitswert der *i*-ten beobachteten Art
g_i: Indikationsgewicht der *i*-ten beobachteten Art
n: Anzahl der beobachteten Arten

Abb. 38.11 Bioindikation nutzt Indikatorarten und Biomarker

licher Saprobien" zur Wasserbeurteilung aufgestellt haben, das bis heute die Grundlage des **Saprobiensystems zur Bestimmung der biologischen Gewässergüte** bildet (Abb. 38.11; ▶ Abschn. 37.11). Die Basis für die Möglichkeit, die An- oder Abwesenheit von Organismen sowie Veränderungen ihrer Lebensfunktionen mit den Umweltbedingungen in Verbindung zu setzen, bildet das sogenannte **Kongruenzprinzip**, nach dem eine Übereinstimmung zwischen den herrschenden Umwelt- oder Standortfaktoren und den Lebensansprüchen einer Art existiert. Ändern sich die Umweltbedingungen, reagieren die Organismen entsprechend darauf.

Bioindikatoren werden entsprechend ihrer Einsatz- und Verwendungsmöglichkeiten in unterschiedliche Gruppen eingeteilt, die für eher naturnahe oder eher labornahe Einsatzbereiche qualifiziert sind (Abb. 38.11). Labornahe Testorganismen sind dann beispielsweise solche Organismen, wie sie im Rahmen standardisierter ökotoxikologischer Testverfahren eingesetzt werden (Bakterien, Algen, Wasserflöhe etc.).

Für **ideale Bioindikatorarten** gilt die **5-R-Regel**. Demnach müssen die Arten relevant, reliabel, robust, responsiv und reproduzierbar sein:

- **Relevant**: Der Bioindikator sollte im untersuchten Ökosystem eine wichtige Funktion haben.
- **Reliabel**: Der Bioindikator sollte weit verbreitet und leicht zugänglich sein, um Vergleiche zwischen Untersuchungsstellen zu ermöglichen.
- **Robust**: Moderate Schadstoffbelastungen sollten den Bioindikator nicht gefährden.
- **Responsiv**: Der Bioindikator sollte eine ausreichende Empfindlichkeit gegenüber Schadstoffen haben.
- **Reproduzierbar**: Die gewählte Art sollte an unterschiedlichen Orten vergleichbar reagieren.

38.5 Biodiversität bezeichnet Vielfalt auf allen Ebenen biologischer Organisation

Für die **Beurteilung von Ökosystemen** ist die **Erfassung der Biodiversität**, insbesondere der **Artenvielfalt**, eine wichtige Grundlage und setzt ein Wissen um die biologische Vielfalt voraus. Auch Ökosystemfunktionen werden durch die vorhandenen Arten bzw. die Veränderung des Artinventars moduliert.

Da bislang aber nur ein Bruchteil aller Arten wissenschaftlich beschrieben ist (▶ Abschn. 26.3), stellt eine umfassende Erhebung der Biodiversität eine schwierige Aufgabe dar. In der Regel macht man sich dazu morphologische Merkmale zunutze, mit der Entwicklung von **Hochdurchsatzsequenziertechnologien** werden jedoch zunehmend auch molekulare Daten für den Artnachweis und die Erfassung der Biodiversität eingesetzt (◘ Abb. 38.12).

Für bekannte Arten werden bestimmte, eindeutig der jeweiligen Art zugeordnete Sequenzen genutzt – diese bezeichnet

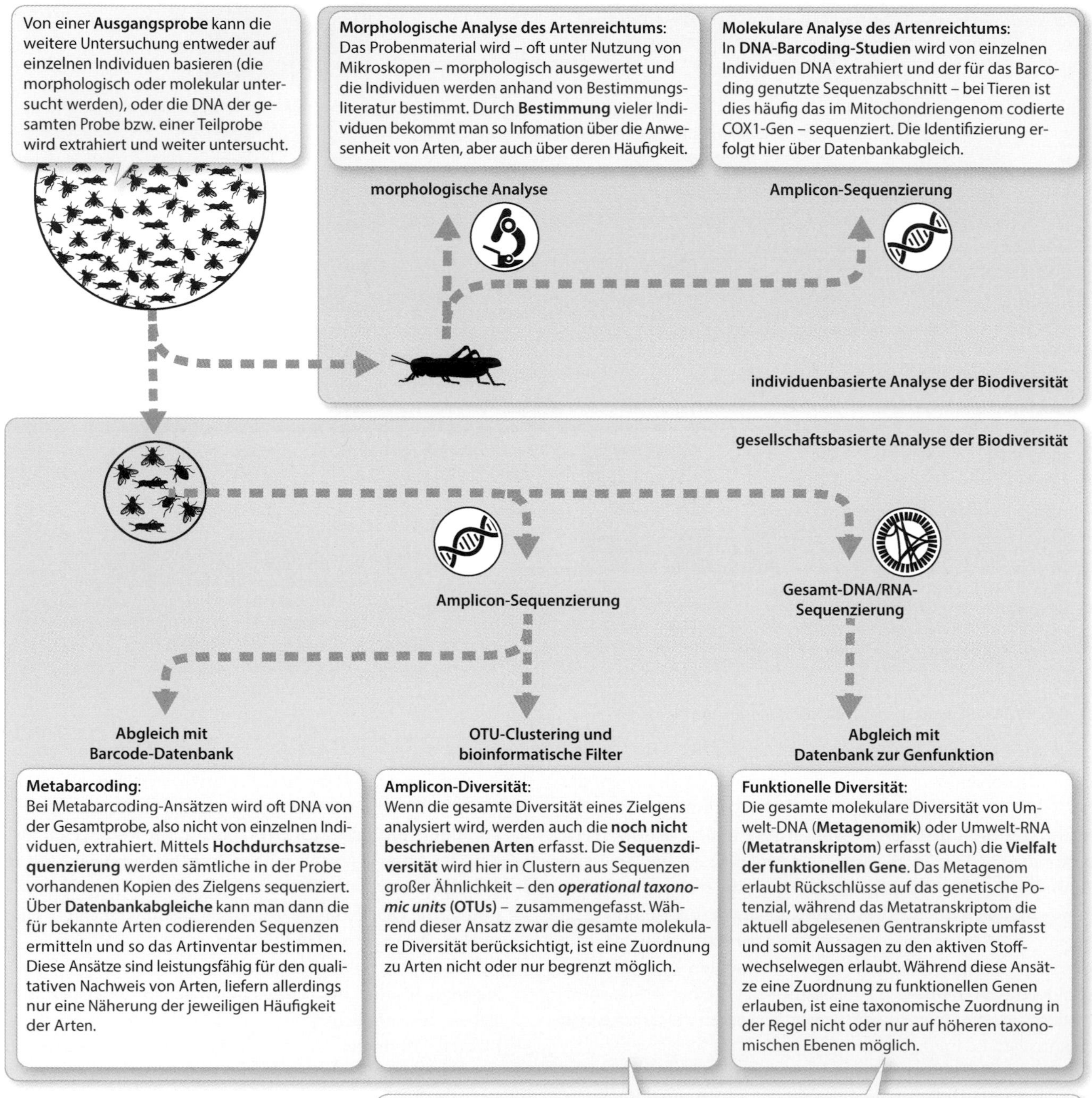

◘ **Abb. 38.12** Erfassung von Biodiversität nutzt molekulare Methoden auf unterschiedliche Weise

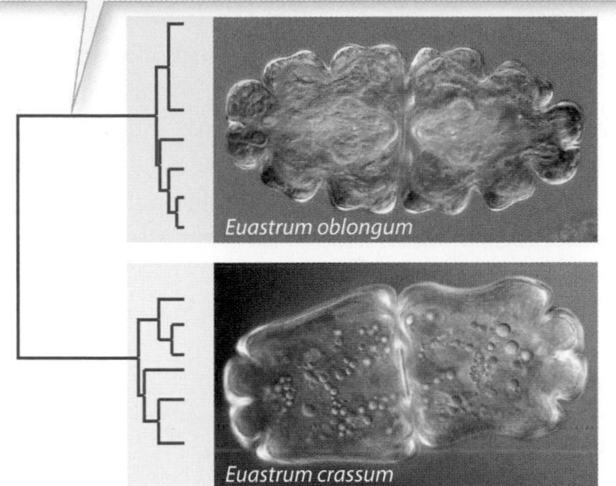

Abb. 38.13 Der Unterschied zwischen innerartlicher und zwischenartlicher Sequenzähnlichkeit wird zur Abgrenzung von Barcodes und OTUs herangezogen

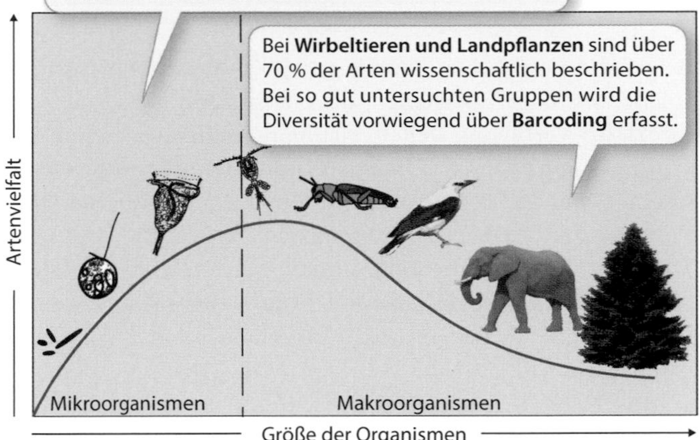

Abb. 38.14 Die Verwendung von Barcoding- oder OTU-Ansätzen hängt mit dem Anteil beschriebener Arten und somit auch mit der Organismengröße zusammen

man entsprechend der Codierung von Waren in Supermärkten als **DNA-Barcode** (**Abb. 38.13**). Durch Vergleich mit bekannten Barcodes lassen sich dann in DNA-Extrakten aus Umweltproben Arten anhand dieser Sequenzen nachweisen (***Metabarcoding***; Abb. 38.12), ohne dass eine aufwendige Bestimmung der einzelnen Individuen notwendig wäre. Die Hochdurchsatzsequenzierung erlaubt zudem die parallele Bearbeitung vieler Proben mit einer hohen Sequenziertiefe – erfasst also auch seltene Arten. Da die Entwicklung von DNA-Barcodes von beschriebenen Arten ausgeht, werden Sequenzartefakte ausgeschlossen – allerdings schließt dies (in der Regel) auch diejenigen Spezies aus, für die noch keine Barcodes bekannt sind.

Ein Ansatz, sich der Diversität auch bislang noch nicht beschriebener Arten zu nähern, basiert auf der Bildung von **OTUs** (engl. ***operational taxonomic units***; Abb. 38.12). Dieser Begriff stammt aus der numerischen Taxonomie, wird aber zunehmend für Cluster ähnlicher DNA-Sequenzen verwendet. Diese Zusammenfassung ähnlicher Sequenzen erlaubt eine Analyse der (molekularen) Biodiversität unabhängig davon, ob Barcodes bekannt oder die jeweiligen Arten überhaupt wissenschaftlich beschrieben sind. Dem Vorteil, die gesamte Biodiversität zu erfassen, steht der Nachteil gegenüber, sich nur auf Ebene von **Sequenzclustern** zu bewegen, die nicht notwendigerweise mit der Abgrenzung von Arten (oder anderen taxonomischen Einheiten) übereinstimmen müssen. Daher kann man von der OTU-Diversität nicht direkt auf die Artenvielfalt schließen, sie erlaubt jedoch Analysen der Verteilungsmuster der Biodiversität.

Entsprechend der Verlinkung zwischen Sequenz und Art (Barcode) oder der fehlenden Verlinkung macht man sich diese beiden Ansätze bei verschiedenen Organismengruppen in unterschiedlichem Ausmaß zunutze. Bei den Metazoen – mit einem sehr hohen Anteil beschriebener Arten (▶ Abschn. 26.3) – wird die molekulare Diversität überwiegend über Barcoding erfasst (Abb. 38.14). Bei Bakterien dagegen – von denen bislang sind nur wenige Prozent der Arten beschrieben sind – überwiegt die Erfassung von OTUs. Mit zunehmender Beschreibung von Arten und fortschreitender Abdeckung der molekularen Diversität in Datenbanken nähern sich die beiden Ansätze einander an: Einerseits kann man den Barcode-Ansatz nutzen, um Hinweise auf neue bzw. noch nicht beschriebene Arten zu erlangen, andererseits lassen sich OTUs über Datenbankabgleiche (teilweise) bekannten Arten zuordnen.

Biodiversität beschränkt sich aber nicht auf Artenvielfalt, sondern umfasst zudem die gesamte **genetische Diversität** (▶ Abschn. 28.1), also auch die Vielfalt funktioneller Gene (**Metagenomik**) oder Gentranskripte (mRNAs; **Metatranskriptomik**). Diese Diversität funktioneller Gene kann über Datenbankabgleiche jeweils einer Genfunktion bzw. einem Stoffwechselweg zugeordnet werden (Abb. 38.12), dagegen ist es in der Regel nicht möglich, eine bestimmte Art zuzuordnen. Solche Biodiversitätsanalysen, die auf eine taxonomische Zuordnung der Daten verzichten, bezeichnet man als **taxonomiefreie Ansätze**. Auch wenn hierbei auf Artnachweise verzichtet wird, liefern diese Ansätze wertvolle Informationen, da Ökosystemfunktionen letztlich auf bestimmten Stoffwechselwegen und damit auf der Anwesenheit der für diese Wege codierenden Gene beruhen.

38.6 Vielfältige Ökosystemprozesse bilden die Grundlage für Ökosystemleistungen

Allgemein gesprochen kann man als **Ökosystemleistungen** solche Leistungen verstehen, die Ökosysteme direkt oder indirekt zur Verfügung stellen. Häufig redet man in diesem Zusammenhang auch von **Ökosystemdienstleistungen**, womit in einer eher anthropozentrischen Sicht die Dienste von Ökosystemen für den Menschen betrachtet werden (▪ Abb. 38.15). Die Grundlage für wie auch immer geartete Ökosystemleistungen bilden **Ökosystemfunktionen**, die aus der Summe funktional ähnlicher Prozesse innerhalb eines Ökosystems resultieren.

Die Erkenntnis, dass menschliches Leben auf der Erde ohne Ökosystemdienstleistungen nicht möglich wäre, führt auch zu Überlegungen hinsichtlich der monetären Behandlung dieser Leistungen. Entsprechend ist klar geworden, dass mit diesen Leistungen ein Wert verbunden ist, der für wirtschaftliche Berechnungen Berücksichtigung finden sollte. Es existiert eine Reihe von Ansätzen, um den Nutzen von Ökosystemdienstleistungen für den Menschen zu bewerten. Beispielsweise wird die **Kosten-Wirksamkeits-Analyse** als ein Instrument zur Bewertung der Wirtschaftlichkeit von Projekten genutzt, deren Kosten ermittelbar sind, deren Nutzen monetär aber nicht angegeben werden kann; auf diese Weise wird dann die beste (sprich finanziell günstigste) Handlungsalternative zur Optimierung von Ökosystemdienstleistungen ermittelt. Neben den Ansätzen zur Inwertsetzung von Ökosystemdienstleistungen setzt sich auch zusehends die Erkenntnis durch, dass die Verfüg-

Um die **Vielfalt und Bedeutung von Ökosystemdienstleitungen** zu erfassen, haben die Vereinten Nationen im Jahr 2001 mit dem sogenannten **Millennium Ecosystem Assessment** eine groß angelegte Studie initiiert. Das Ergebnis war ein systematischer Überblick über den weltweiten Zustand von 24 Schlüssel-Ökosystemdienstleistungen. Gleichzeitig wurden die Ökosystemdienstleistungen in **vier Kategorien** eingeteilt. Alternative Klassifikationen verzichten auf die Kategorie der sogenannten unterstützenden Dienstleistungen und betrachten sie als **Habitatdienstleistungen**, was ihrer Bedeutung als Basis für die weiteren übrigen Dienstleistungen auch entspricht.

Unterstützende Dienstleistungen
Diese Kategorie von Dienstleitungen kann man auch als ökosystemare Basis verstehen, die die nachfolgenden Kategorien erst ermöglicht. Zu den unterstützenden Dienstleistungen zählen beispielsweise Prozesse wie Bodenbildung oder Nährstoffkreislauf ebenso wie der Erhalt der genetischen Vielfalt.

Bereitstellende Dienstleistungen
In dieser Kategorie werden die Dienstleitungen zusammengefasst, die letztlich das Leben von Menschen (aber auch Tieren und Pflanzen) erst ermöglichen. Hierzu rechnet man z. B. die Bereitstellung von Wasser und Nahrung, aber auch von Rohstoffen für Arzneimittel oder sonstige Bereiche des täglichen Lebens.

Regulierende Dienstleistungen
Neben der bloßen Bereitstellung von Ressourcen beinhaltet diese Kategorie Prozesse der Regulierung der Ressourcen. Konkret geht es beispielsweise um die Regulation von Klimabedingungen und des Wasserhaushalts, die Kontrolle von Schadorganismen, Selbstreinigungsprozesse, den Abbau von Schadstoffen sowie die Bestäubungsleistung, vor allem durch Insekten wie Bienen.

Kulturelle Dienstleistungen
Hierbei handelt es sich im Wesentlichen um ökosystemare Dienstleistungen, die der menschlichen Erholung dienen. Ökotourismus würde ebenso in diese Kategorie fallen wie beispielsweise der Aspekt der Landschaftsästhetik.

▪ **Abb. 38.15** Kategorien von Ökosystemdienstleistungen nach dem Millenium Ecosystem Assessment der Vereinten Nationen

Tab. 38.2 Die wichtigsten Abkommen und Gesetze zum Schutz von Artenvielfalt und Naturräumen mitsamt ihren Schwerpunktsetzungen

Vereinbarung	Inhalt und Ausführung
Washingtoner Artenschutzübereinkommen (CITES)	Das Washingtoner Artenschutzübereinkommen regelt seit 1973 den **internationalen Handel** mit gefährdeten frei lebenden Tieren und Pflanzen (Convention on International Trade in Endangered Species of Wild Fauna and Flora – CITES). Hiermit werden als wesentliches Kernelement Ein- und Ausfuhrgenehmigungspflichten geregelt, mit dem Ziel des Schutzes von Tieren und Pflanzen. Demnach dürfen Arten nur gehandelt werden, wenn hierdurch keine negativen Effekte auf den Erhalt einer Art resultieren. Dem Übereinkommen gehören weltweit 181 Vertragsparteien an und es umfasst derzeit etwa 5000 Tier- und 29.000 Pflanzenarten.
Übereinkommen über die biologische Vielfalt (Convention on Biological Diversity, CBD)	Im Jahr 1992 wurde die **Biodiversitätskonvention** in Rio de Janeiro beschlossen. Sie ist ein völkerrechtlicher Vertrag, der das Ziel hat, die Vielfalt des Lebens auf der Erde zu schützen und zu erhalten und alle Menschen an den daraus erwachsenen Vorteilen teilhaben zu lassen. Aktuell haben 196 Vertragsparteien das Übereinkommen unterzeichnet. Inhaltlich erstreckt sich die Konvention konkret auf drei Bereiche: 1. **Bewahrung der biologischen Vielfalt** in einem umfassenden Sinn, der die Artenvielfalt ebenso berücksichtigt wie die genetische Vielfalt innerhalb von Arten und die Vielfalt der Ökosysteme. 2. **Nachhaltige Nutzung der biologischen Vielfalt**, um eine möglichst langfristige Nutzung sicherstellen zu können. 3. **Zugangsregelung und gerechter Ausgleich von Vorteilen**, welche aus der Nutzung genetischer Ressourcen entstehen (Access and Benefit Sharing, ABS). Es ist ersichtlich, dass die Biodiversitätskonvention deutlich über rein klassische Schutzansätze hinausgeht. Vielmehr wird hiermit ein Versuch unternommen, ökologische, ökonomische und soziale Aspekte beim Umgang mit biologischer Vielfalt als Gesamtheit zu sehen. Als Konsequenz aus der Unterzeichnung der Biodiversitätskonvention hat Deutschland eine **Nationale Strategie zur biologischen Vielfalt** entwickelt, in der 330 Ziele und ca. 430 Maßnahmen mit Bezug zum Erhalt der biologischen Vielfalt aufgeführt sind.
Fauna-Flora-Habitat-Richtlinie (FFH-Richtlinie)	Die Fauna-Flora-Habitat-Richtlinie ist eine **Naturschutzrichtlinie der Europäischen Union** zum Erhalt und Schutz der natürlichen Lebensräume sowie der wild lebenden Tiere und Pflanzen. Sie stellt damit in logischer Folge die Umsetzung des Übereinkommens über die biologische Vielfalt auf europäischer Ebene dar. Ein wesentlicher Bestandteil dieser Richtlinie ist der **Aufbau bzw. Erhalt eines Verbunds von Schutzgebieten**, das **Natura 2000** genannt wird. Auf Bundesebene erfolgte die Umsetzung in Form des **Bundesnaturschutzgesetzes** (BNatSchG) und der **Bundesartenschutzverordnung** (BArtSchV), während die Umsetzung auf Landesebene als **Naturschutzgesetze der jeweiligen Bundesländer** erfolgt. Kernelement der FFH-Richtlinie sind ihre Anhänge, die auflisten, welche Arten und Lebensraumtypen geschützt werden sollen. Danach sind im **Anhang I Lebensraumtypen** aufgeführt, die im Schutzgebietsnetz NATURA 2000 Berücksichtigung finden sollen. Im **Anhang II** sind **Tier- und Pflanzenarten** gelistet, die von gemeinschaftlichem Interesse sind und für deren Erhalt und Schutz gezielte Gebiete ausgewiesen werden müssen. Die Kriterien zur Auswahl der **Schutzgebiete** finden sich im **Anhang III**. **Anhang IV** listet **geschützte Arten** auf und in **Anhang V** sind Arten enthalten, die nur unter besonderen Bedingungen der Natur entnommen werden dürfen. Verbotene Methoden des Fangs, der Tötung und Beförderung sind in **Anhang VI** gelistet.
Wasserrahmenrichtlinie der EU	Die Europäische Wasserrahmenrichtlinie (EU-WRRL) ist eine europaweite Richtlinie, die die Länder zu einer **nachhaltigen und umweltverträglichen Wassernutzung** anhalten soll. Die Umsetzung der EU-WRRL erfolgt in Deutschland durch das **Wasserhaushaltsgesetz** (WHG), die **Wassergesetze der Länder** sowie die **Oberflächengewässerverordnung**. Als allgemeines Ziel der Richtlinie gilt die Schaffung oder der Erhalt eines „guten Zustands" bis zum Jahr 2027. Fokussiert ist der gute Zustand auf den chemischen und den ökologischen Zustand. Während beim **chemischen Zustand** vor allem die Konzentrationen sogenannter prioritärer (Schad-)Stoffe erfasst wird, orientiert sich der **ökologische Zustand** an biologischen (Fische, Makroinvertebraten, Makrophyten, Phytoplankton), hydromorphologischen (Habitate, Substrate, Abfluss, Veränderungen der Uferlinie) und physikochemischen Qualitätskomponenten (Nährstoffe, Salz etc.).

barkeit und Bewahrung von Ökosystemleistungen vom Zustand der jeweiligen Ökosysteme abhängig ist. Entsprechend haben die Themen **Umweltverschmutzung** und **Verlust der Artenvielfalt** (▶ Abschn. 35.1) im Kontext der Ökosystemleistungen deutlich an Bedeutung gewonnen. Es bleibt zu hoffen, dass sich diese Erkenntnisse weiter durchsetzen, da sich der Nutzungsdruck weltweit bei 20 von 24 bereitstellenden, regulierenden und kulturellen Dienstleistungen erhöht, gleichzeitig aber laut Millennium Ecosystem Assessment 60 % der Ökosystemdienstleistungen von Degradation oder nicht nachhaltiger Nutzung geprägt sind.

Neben einem starken Nutzungsdruck auf viele Ökosystemdienstleistungen führt auch der zunehmende **Verlust der Biodiversität** (▶ Abschn. 35.1) zu einer stärkeren Wahrnehmung der Bedeutung der Artenvielfalt für das menschliche Wohlergehen. So haben sich mittlerweile Initiativen gebildet, die strategische Argumente zum Schutz der Biodiversität und weiterer Naturgüter erarbeiten – mit dem Ziel, diese bei politischen und gesellschaftlichen Entscheidungen einbringen zu können. In vielen Bereichen gehen die Bestrebungen dahin, **Ökosystemwerte** in politischen Entscheidungsprozessen zu berücksichtigen. Jedoch ist er **Schutz von Artenvielfalt und Naturräumen** nicht bloß ein freiwilliges Unterfangen, sondern in vielen Bereichen auch **gesetzlich geregelt** (Tab. 38.2).

38.7 Kläranlagen sind gemanagte Ökosysteme, in denen kontrolliert wechselnde Umweltbedingungen gezielt zum Abbau von organischer Substanz eingesetzt werden

Abwasser fließt aus vielen Haushalten oder industriellen Betrieben durch die Kanalisation in **Kläranlagen**. In den meisten Fällen durchläuft das Abwasser **drei aufeinanderfolgende Reinigungsstufen**, die mechanische, die biologische und die chemische Reinigungsstufe (■ Abb. 38.16).

Dieses Drei-Stufen-Prinzip beruht darauf, die in der Natur ablaufenden Reinigungsprozesse nachzubilden, zu beschleunigen oder auch zu optimieren. Moderne Kläranlagen beinhalten noch eine weitere (vierte) Reinigungsstufe.

Die **mechanische Reinigung** dient dem Abfangen von groben Materialien. Mittels Rechenanlage werden Fäkalien, Hygieneartikel oder andere Grobstoffe aufgefangen. Im Sand- und Fettfang macht man sich mittels verringerter Fließgeschwindig-

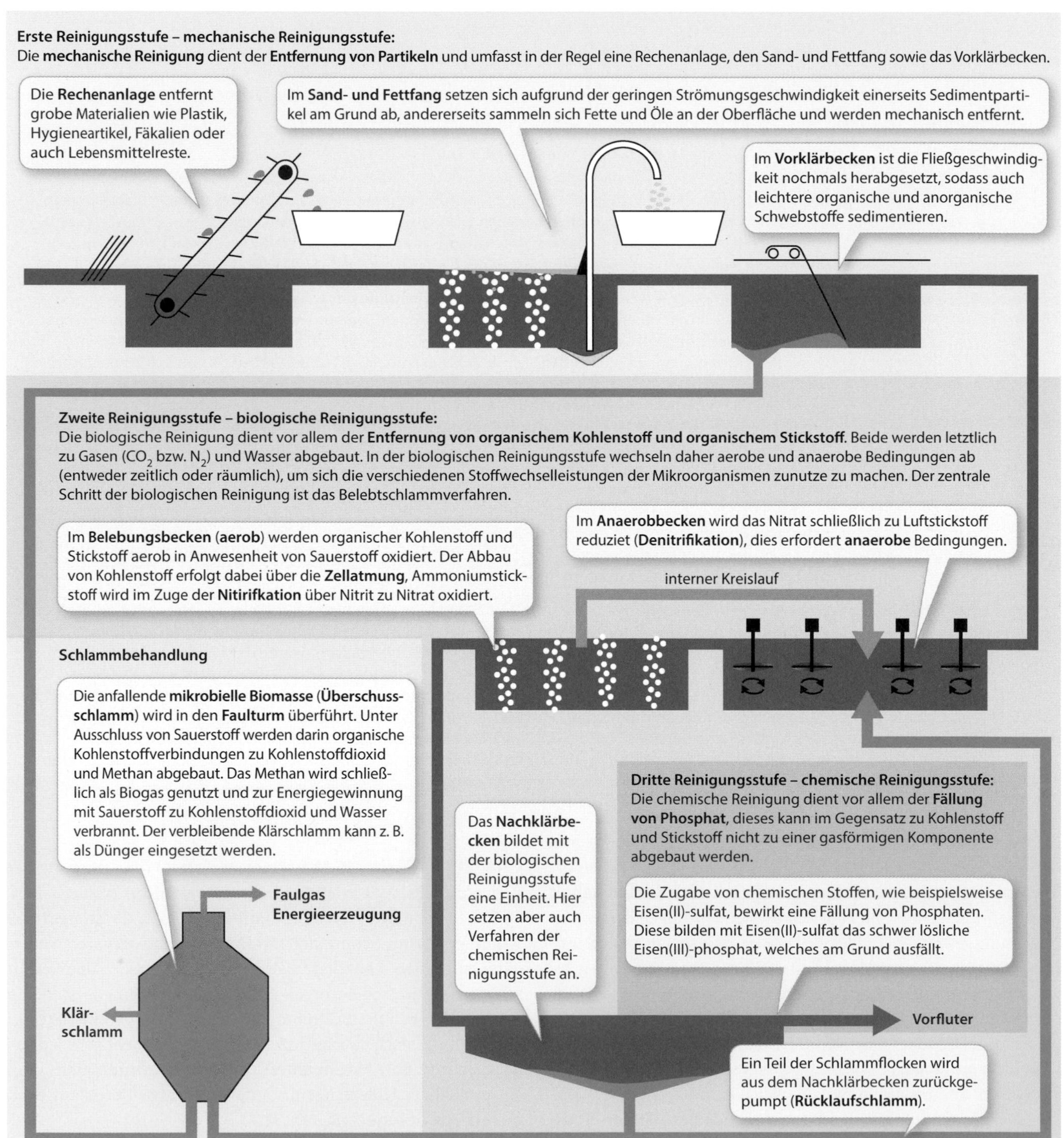

■ **Abb. 38.16** Die Reinigungsstufen einer Kläranlage

keit die physikalischen Eigenschaften von Fremdstoffen zunutze, wodurch Sand nach unten absinkt und Fette aufschwimmen und so vom Abwasser getrennt werden können. Auch im Vorklärbecken wird die Fließgeschwindigkeit verringert, sodass sich ungelöste Stoffe absetzen können.

Die **biologische Reinigung** umfasst den Abbau von organischen Kohlenstoff- und Stickstoffverbindungen und nutzt hierbei die Stoffwechselleistungen der im Abwasser lebenden Mikroorganismen (◘ Abb. 38.17). So wird beispielsweise der organische Stickstoff in Proteinen und Aminosäuren sowie der im Abwasser befindliche Harnstoff zu Ammonium/Ammoniak abgebaut, welcher über Nitrit schließlich zu Nitrat umgesetzt wird (**Nitrifikation**). Durch eine anschließende **Denitrifikation** (Nitratatmung; ► Abschn. 25.2, 25.6) mittels anderer Bakterien, wie z. B. *Thiobacillus denitrificans*, wird das Nitrat in Stickoxide (NO_x) und/oder molekularen Stickstoff (N_2) umgesetzt (► Abschn. 36.4). Kohlenstoffverbindungen werden letztlich zu Kohlenstoffdioxid umgesetzt. Einige dieser Prozesse (Atmung, Nitrifikation) laufen aerob ab, während andere Prozesse (Denitrifikation) anaerobe Bedingungen erfordern. Die Herausforderung für die biologische Stufe einer Kläranlage ist der aufeinander abgestimmte Wechsel aerober und anaerober Bedingungen, um den Abbau der Stickstoff- und Kohlenstoffverbindungen zu optimieren.

Im Nachklärbecken wird der **Belebtschlamm** schließlich vom gereinigten Wasser getrennt. Nach diesem Schritt ist das anfängliche Abwasser von etwa 90 % der biologisch abbaubaren Stoffe gereinigt. Die nun folgende **chemische Reinigung** beruht auf der Ausfällung von Phosphat in Form von schwer löslichen Salzen. Durch Zugabe von Eisen(II)-sulfat werden Phosphate als schwer lösliches Eisen(III)-phosphat ausgefällt.

Teilweise können noch weitere Reinigungsschritte folgen, die als **vierte Reinigungsstufe** zusammengefasst werden. Ziel der vierten Reinigungsstufe ist die Entfernung von Mikropartikeln und Mikroschadstoffen. Dies umfasst einerseits physikalische und chemische Verfahren, andererseits biologische Verfahren, bei denen die Aufnahme dieser Substanzen durch Mikroorganismen genutzt wird. Die meisten Verfahren der vierten Reinigungsstufe werden noch erforscht und derzeit vorwiegend in Test- und Versuchsanlagen untersucht. Dazu gehören Ultrafiltration, Aktivkohlefiltration und Ozonierung, aber auch biologische Verfahren, beispielsweise in nachgeschalteten Schönungsteichen.

Die während der Abwasserreinigung anfallende Biomasse wird durch eine Schlammbehandlung in Faultürmen wiederaufbereitet, und das entstehende methanreiche Faulgas in Biogasanlagen zur Energieerzeugung genutzt.

Ein essenzieller Schritt der **Abwasserreinigung** ist der **Abbau von Stickstoffverbindungen**. Bereits in der Kanalisation werden Stickstoffverbindungen wie Proteine und Aminosäuren mikrobiell abgebaut und Harnstoff wird durch das Enzym Urease zu Ammonium hydrolisiert. Hieran schließt sich die Nitrifikation an. Molekularer Stickstoff entsteht durch die Denitrifikation. Während die Nitrifikation aerob unter Zufuhr von Sauerstoff stattfindet, ist die Denitrifikation ein strikt anaerober Prozess.

Die **Nitrifikation** wird vor allem von Bakterien der Gattungen *Nitrosomonas* und *Nitrobacter* übernommen. Während *Nitrosomonas* Ammonium zu Nitrit umsetzt, ist die Gattung *Nitrobacter* in der Lage, das Nitrit weiter zu Nitrat zu oxidieren. In Kläranlagen sind auch *Nitrospira* spp. für beide Reaktionen von quantitativer Bedeutung.

$$2\,NH_4^+ + 3\,O_2 \xrightarrow{\textit{Nitrosomonas}} NO_2^- + H_2O + 2\,H^+$$

$$2\,NO_2^- + O_2 \xrightarrow[\textit{Nitrospira}]{\textit{Nitrobacter}} 2\,NO_3^-$$

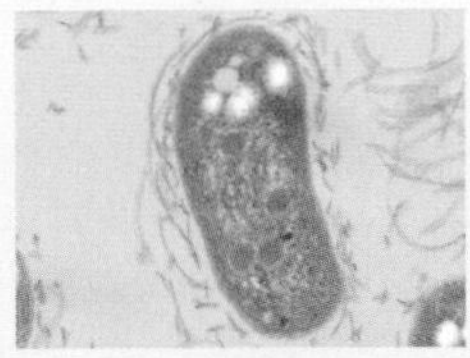

Zu den **nitrifizierenden Bakterien** im Belebtschlamm zählt unter anderem die Gattung *Nitrobacter*.

Denitrifikation (Nitratatmung) ist die Reduktion von oxidierten Stickstoffverbindungen, wie beispielsweise Nitrat (NO^{3-}) und Nitrit (NO^{2-}). Diese werden über Stickstoffmonoxid (NO) und Distickstoffoxid (N_2O) in elementaren Stickstoff (N_2) umgewandelt. Insgesamt sind hieran vier **Reduktasen** beteiligt:

$$NO_3^- \xrightarrow[\text{reduktase}]{\text{Nitrat-}} NO_2^- \xrightarrow[\text{reduktase}]{\text{Nitrit-}} NO \xrightarrow[\text{reduktase}]{\text{NO-}} N_2O \xrightarrow[\text{reduktase}]{N_2O\text{-}} N_2$$

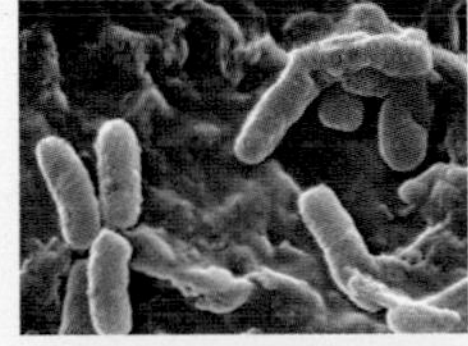

Im Belebtschlamm gibt es viele **denitrifizierende Bakterien**, wie unter anderem manche Vertreter der Gattung *Pseudomonas*.

Die Stoffumsätze der biologischen Abwasserreinigung gehen weitgehend auf **Bakterien** zurück. In den Klärbecken leben allerdings auch **Protisten** und **Metazoen** der Meiofauna. Deren Fraßaktivität trägt dazu bei, die mikrobiellen Prozesse im Gleichgewicht zu halten und die in der Bakterienbiomasse festgelegten Stoffe zu recyceln. Zudem zeigt das Vorhandensein bestimmter Arten das Alter und die Qualität des Belebtschlamms an. Das Glockentierchen *Vorticella convallaria* (Foto) weist beispielsweise auf eine mittlere Belastung hin.

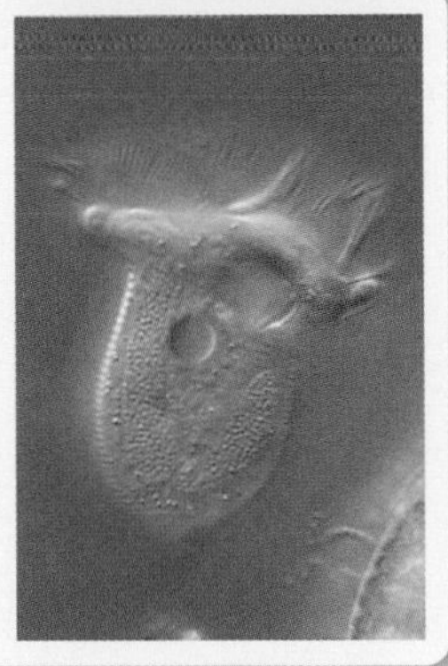

◘ **Abb. 38.17** Die Entfernung von Stickstoff ist ein zentraler Aspekt der biologischen Reinigungsstufe

38.8 Viren und Phagen wirken sich vor allem auf die Dynamik großer Wirtspopulationen aus

Viren sind infektiöse organische Strukturen, die sich nicht selbst vermehren, sondern auf den Metabolismus einer Wirtszelle angewiesen sind. Viren, die Prokaryoten befallen, nennt man **Bakteriophagen** (oder kurz **Phagen**). Außerhalb der Zelle befindliche Viruspartikel werden als **Virionen** bezeichnet und bestehen meist aus von einer Proteinkapsel, dem Capsid, umgebenen Nucleinsäuremolekülen (▶ Abschn. 16.6).

Virionen sind ein wichtiger Bestandteil aller Ökosysteme, in Gewässern finden sich typischerweise um 10^9 Virionen pro Milliliter. Während Prädatoren häufig auf viele verschiedene Beutearten Einfluss nehmen, sind Viren meist spezifisch für eine bestimmte Art oder nahe miteinander verwandte Arten. Infektionen durch Viren breiten sich insbesondere in dichten Populationen aus und wirken somit vorwiegend gegen abundante Arten (***kill the winner***). Die durch Viren verursachte Mortalität wirkt daher anders auf Nahrungsnetze als die durch Fraßfeinde verursachte Mortalität (◘ Abb. 38.18). Ein weiterer Unterschied zu Räuber-Beute-Systemen besteht darin, dass bei Prädation ein großer Anteil der Biomasse in Form von Biomasse der Prädatoren als Nahrung für höhere trophische Ebenen verfügbar wird bzw. bleibt. Bei Virusinfektionen ist dagegen die Biomasse lysierter Zellen (zumindest von einzelligen und wenigzelligen Organismen) höheren trophischen Ebenen nicht verfügbar, sondern wird in Form gelöster und kleinster partikulärer Kohlenstoffverbindungen freigesetzt und im mikrobiellen Nahrungsnetz verstoffwechselt (***viral shunt***).

Das Ausmaß der **Pathogenität** eines Virus, also das Potenzial in einer Wirtsart, Krankheiten zu verursachen, wird als **Virulenz** bezeichnet. Die Virulenz und damit die Ausbreitung von Virusinfektionen hängen von verschiedenen Faktoren ab. Dazu gehören die Übertragungswege und Stabilität der Virionen in der Umwelt ebenso wie die Populationsdichte der Wirtsart oder die Anzahl gebildeter Virionen pro infizierter Zelle bzw. pro infiziertem Individuum. Bezogen auf das Ausmaß und die räumliche (geographische) Verbreitung von Virusinfektionen unterscheidet man zwischen einer **Epidemie**, also einer sporadisch auftretenden, zeitlich und räumlich begrenzten Infektionserkrankung, und einer **Pandemie**, also einer weltweiten Häufung von Infektionen in einer Population. Die **Morbidität** beschreibt dabei den Anteil der Erkrankten einer Population, die **Mortalität** den Anteil der Verstorbenen. Im Unterschied zur Mortalität, die sich auf die Gesamtpopulation bezieht, beschreibt die **Letalität** die Zahl der Todesfälle bezogen nur auf die Gesamtzahl der von einer bestimmten Infektionskrankheit betroffenen Individuen.

Der mögliche Aufbau einer **Immunität** der Wirtszellen ist ebenfalls ein Unterschied zu Räuber-Beute-Systemen. Wirtsorganismen, welche die Krankheit durchlaufen haben, sind in den meisten Fällen durch Antikörper immun. Die Dynamik von Infektionen unterscheidet sich daher von der Dynamik einfacher Räuber-Beute-Systeme (◘ Abb. 38.19; ▶ Abschn. 35.3 und 35.7). Aber auch soziale Aspekte wirken auf die Ausbreitung von Virus-

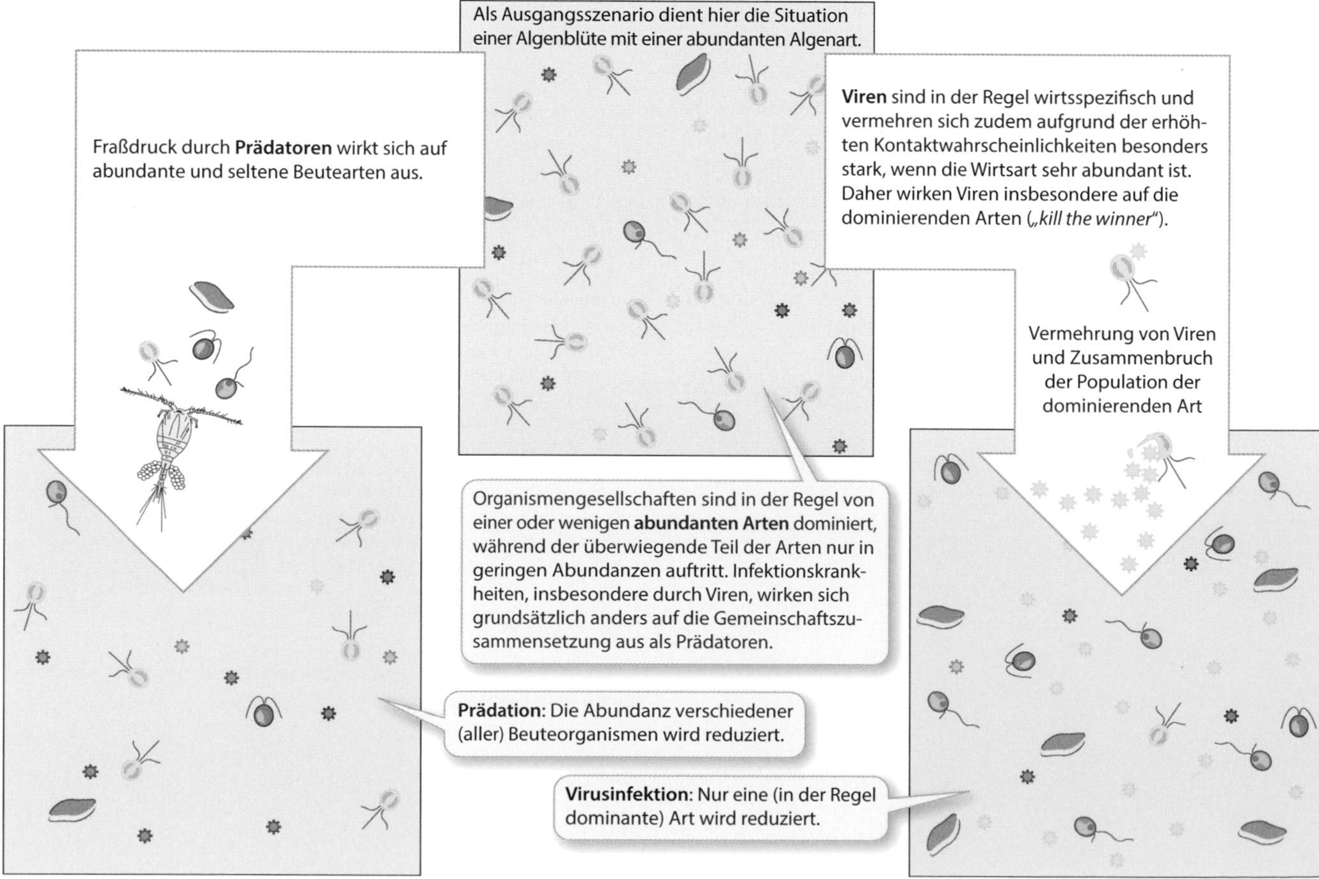

◘ **Abb. 38.18** Die durch Virusinfektionen bedingte Sterblichkeit wirkt spezifischer als die durch Prädation verursachte Mortalität

Verschiedene Modelle zur Beschreibung des Ausbreitung von Infektionskrankheiten
Die Modelle sind an die bereits besprochene Dynamik des exponentiellen Wachstums, des logistischen Wachstums und der Lotka-Volterra-Dynamik von Räuber-Beute-Systemen angelehnt. **Die hier diskutierten Modell entsprechen dem SI-, dem SIS- und dem SIR-Modell der Epidemiologie, sie sind aus Gründen der Vergleichbarkeit aber vereinfacht.** Insbesondere Geburten und (von der Infektion unabhängige) Sterbefälle werden nicht berücksichtigt. Bei der Modellierung der Ausbreitung von Infektionen wird zwischen gesunden, noch ansteckbaren Individuuen (S, *susceptible individuals*) und kranken, bereits angesteckten Individuen (I, *infectious individuals*) unterschieden.

Wird **keine Gesundung von erkrankten Individuen** angenommen, entspricht die Dynamik einer logistischen Gleichung (die zugrunde liegende Formel unterscheidet sich allerdings im Detail von der logistischen Gleichung des Bakterienwachstums):

Eine **Ansteckung** setzt einen Kontakt eines infizierten mit einem gesunden Individuum voraus. Die Zunahme der Anzahl infizierter Individuen (dI/dt) und die Abnahme gesunder Individuen (dS/dt) sind daher sowohl zur **Anzahl infizierter Individuen** (I) als auch zur **Anzahl gesunder Individuen** (S) **proportional**.

$$\frac{dI}{dt} = c \times I(t) \times S(t)$$

$$\frac{dS}{dt} = -c \times I(t) \times S(t)$$

Der Proportionalitätsfaktor c wird als **Infektionsrate** bezeichnet.

Unter diesen Annahmen wird schließlich die gesamte Population infiziert – die Geschwindigkeit der Ausbreitung der Infektion hängt von der Infektionsrate ab.

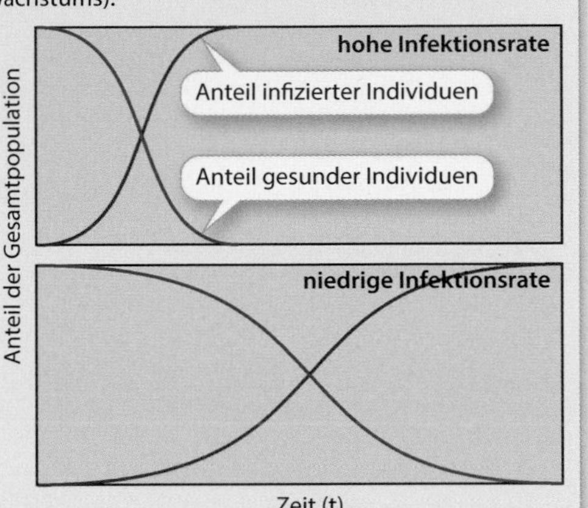

Wird eine **Gesundung infizierter Individuen** berücksichtigt, stellt sich ein Gleichgewicht zwischen Neuinfektionen und Gesundung ein.

$$\frac{dI}{dt} = c \times I(t) \times S(t) - \omega \times I(t)$$

$$\frac{dS}{dt} = -c \times I(t) \times S(t) + \omega \times I(t)$$

Die Änderung infizierter und gesunder Individuen ist um einen Term ergänzt, der die Gesundung infizierter Individuen (mit der Rate ω) annimmt.

Das Infektionsgeschehen läuft auch nach Einstellung des Gleichgewichts weiter. Da die Zahl der Gesundungen aber nach Erreichen des Gleichgewichts der der Neuinfektionen entspricht, bleibt die Zahl der aktuell Infizierten konstant.

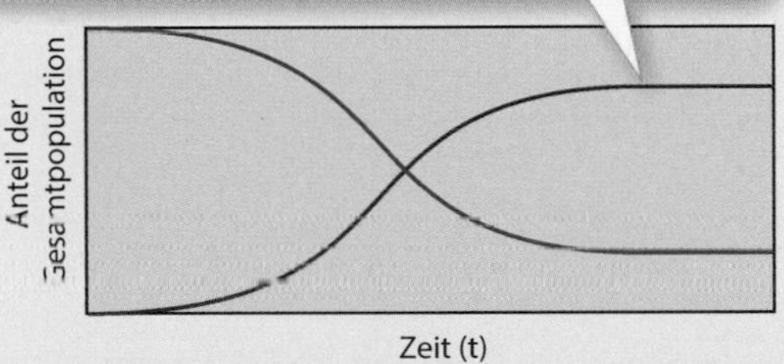

Nehmen die Individuen nach Durchlaufen der Infektion durch entweder **Erwerb einer Immunität** oder durch **Versterben** nicht mehr am Infektionsgeschehen teil (R, *removed individuals*), ebbt die Infektion bei Erreichen einer bestimmten Durchseuchung ab.

$$\frac{dI}{dt} = c \times I(t) \times S(t) - \omega \times I(t)$$

$$\frac{dS}{dt} = -c \times I(t) \times S(t)$$

$$\frac{dR}{dt} = \omega \times I(t)$$

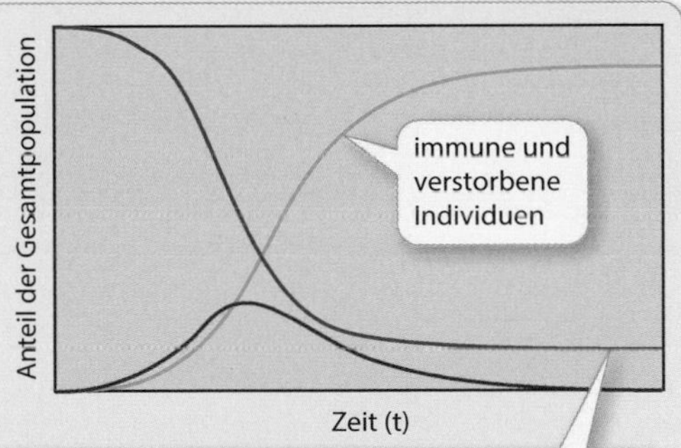

Das Verhältnis der Änderung von Neuinfektionen zu Gesundungen ist entscheidend dafür, ob sich eine Infektion weiter ausbreitet oder zurückgeht. Die **Nettoreproduktionszahl** gibt dabei an, wie viele gesunde Individuen durch ein infiziertes Individuum angesteckt werden – liegt dieser Wert über 1, steigt die Zahl der infizierten, liegt er unter 1, sinkt sie. Die Nettoreproduktionszahl zu Beginn einer Infektion (Anzahl der Gesunden ≈ Gesamtzahl der Individuen, keine immunen Individuen) wird als **Basisreproduktionszahl** bezeichnet. Die Basisreproduktionszahl berechnet sich aus dem Verhältnis von Infektionsrate zu Gesundungsrate.

Im Gegensatz zu den oben dargestellten Modellen kommt das Infektionsgeschehen hier tatsächlich zum Erliegen, der noch gesunde Anteil der Population erkrankt nicht mehr (**Herdenimmunität**). Der für die Herdenimmunität notwendige Grad der Durchseuchung lässt sich aus der Basisreproduktionszahl ableiten – je höher die Basisreproduktionszahl, desto höher ist der für das Erreichen der Herdenimmunität notwendige Anteil an Infizierten. Da die Basisreproduktionszahl auch von der Populationsdichte und von sozialen Faktoren abhängt, ist dies kein konstanter Wert.

Infizierte Individuen sind in der Regel nicht direkt infektiös, können die Infektion also erst **zeitverzögert** weitergeben. Dies ist in dem hier dargestellten Modell noch nicht berücksichtigt, die Dynamik ist aber auch mit dieser Zeitverzögerung grundsätzlich ähnlich dem hier dargestellten Fall.

Abb. 38.19 Die Möglichkeiten der Gesundung und des Aufbaus von Immunität unterscheiden die Dynamik von Infektionskrankheiten von einfachen Räuber-Beute-Modellen

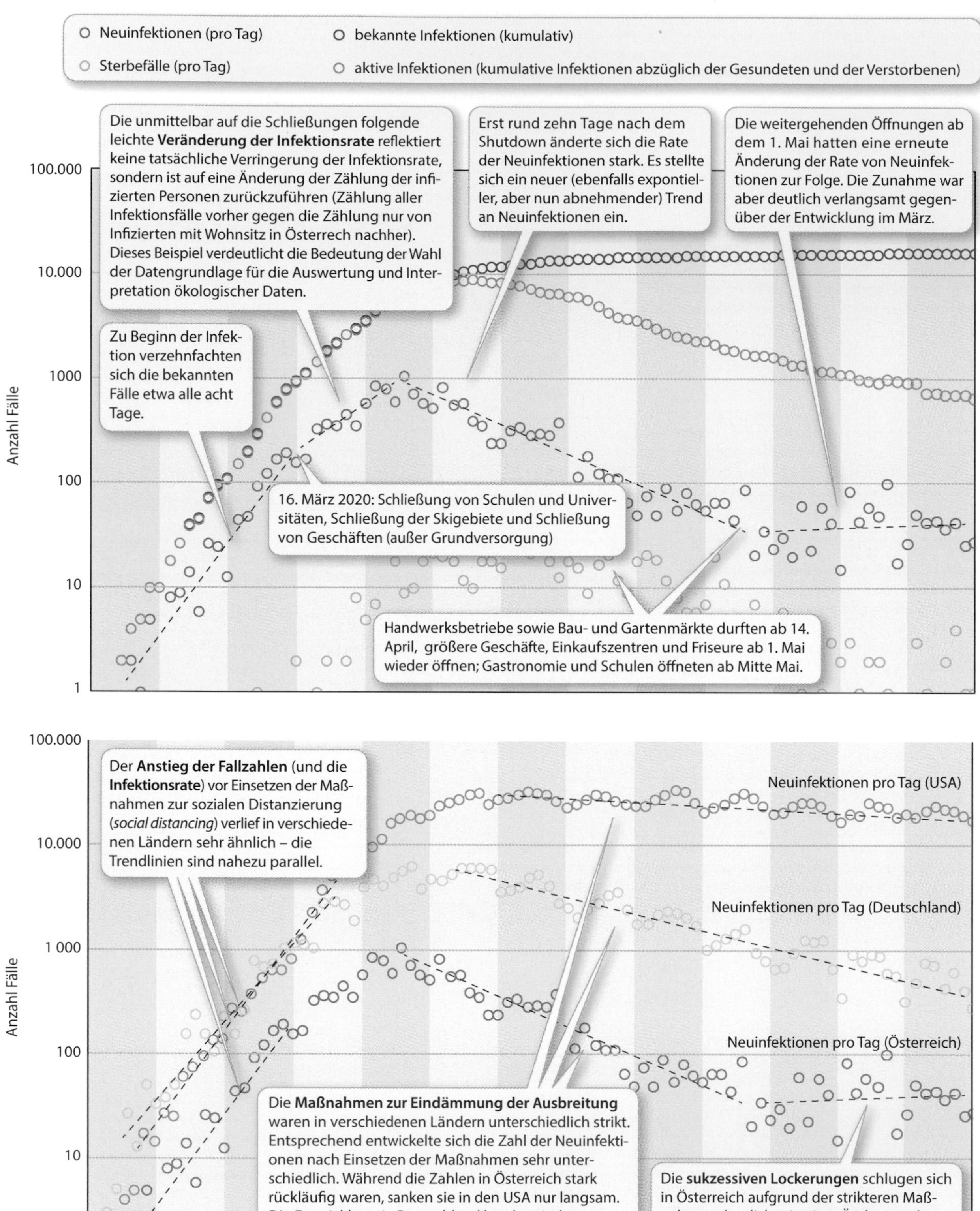

Abb. 38.20 Soziale Verhaltensweisen wirken sich auf die Dynamik von Infektionskrankheiten aus. Entwicklung der durch das Coronavirus SARS-CoV-2 verursachten Infektionskrankheit COVID-19 (*coronavirus disease 2019*) in Österreich (oben) und Vergleich der Fallzahlen in Deutschland, Österreich und den USA (unten)

0 % immun/geimpft: In einer Population ohne immune Individuen breitet sich eine Krankheit rasch aus und ein großer Teil der Population erkrankt.

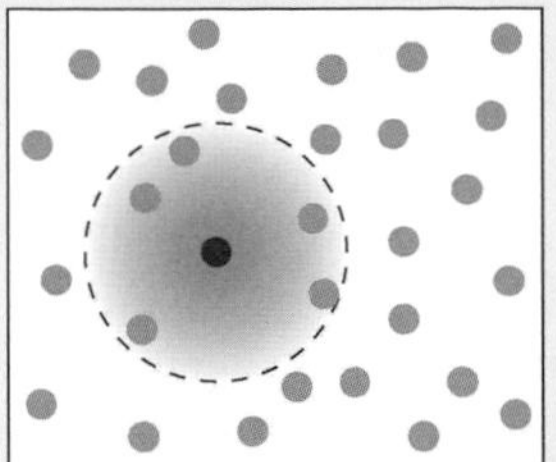
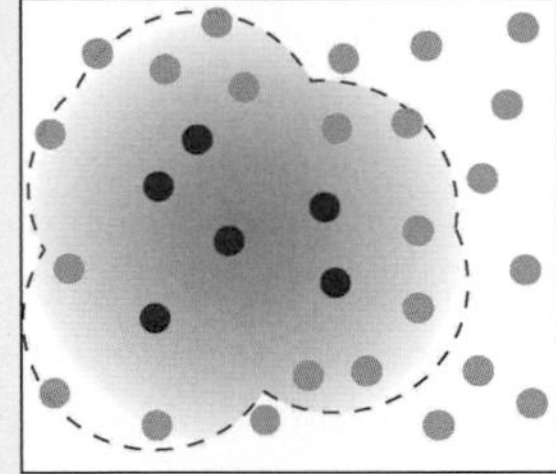
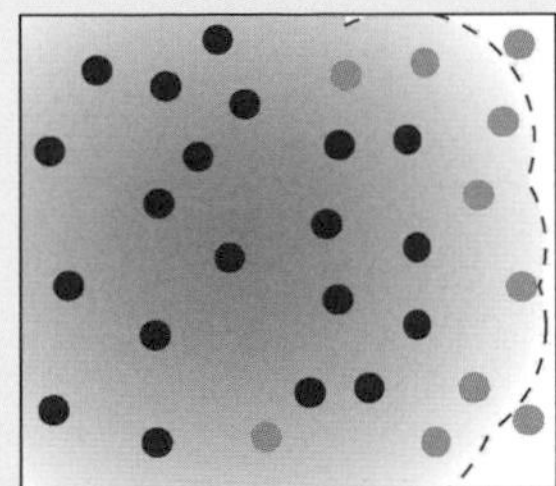

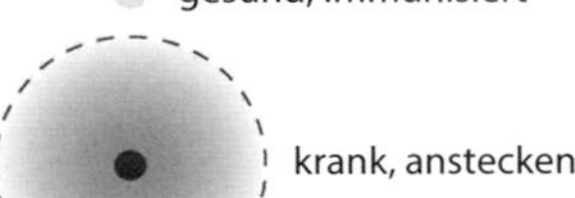

20 % immun/geimpft: Eine geringer Anteil immuner Individuen (eine geringe Durchimpfungsrate) hat kaum Einfluss auf die Ausbreitung der Krankheit. Ein großer Teil der Population erkrankt.

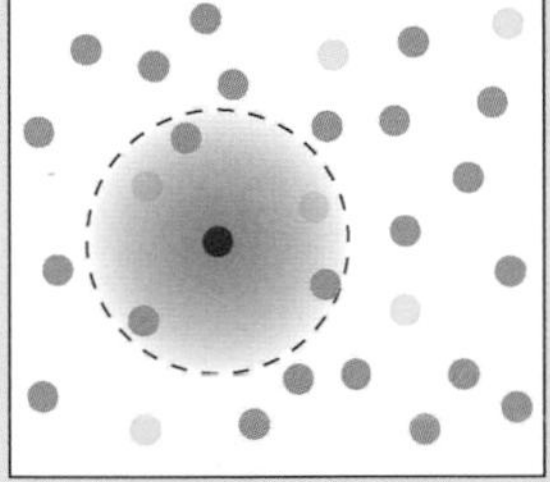
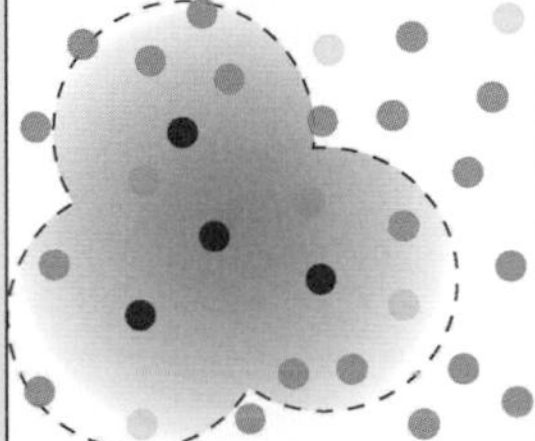
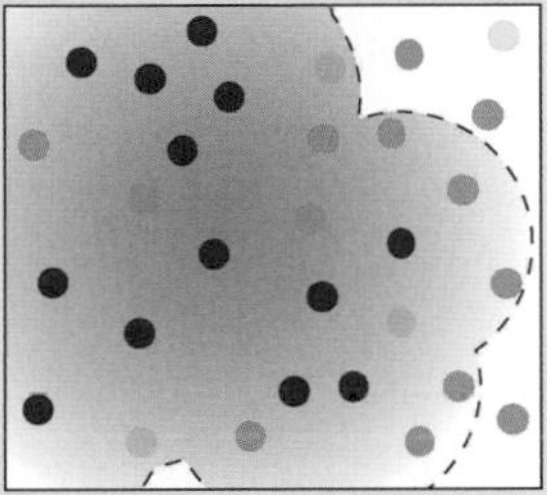

70 % immun/geimpft: Bei einem hohen Anteil immuner Individuen (einer hohen Durchimpfungsrate) wird die Ausbreitung der Krankheit eingedämmt. Auch die nicht immunen (nicht geimpften) Individuen sind geschützt. Dieser indirekte Schutz wird als **Herdenimmunität** bezeichnet.

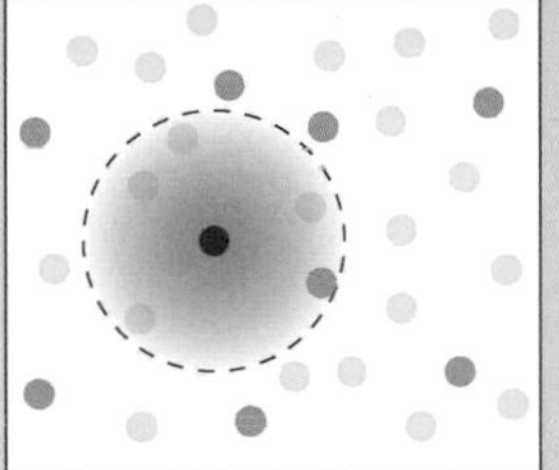
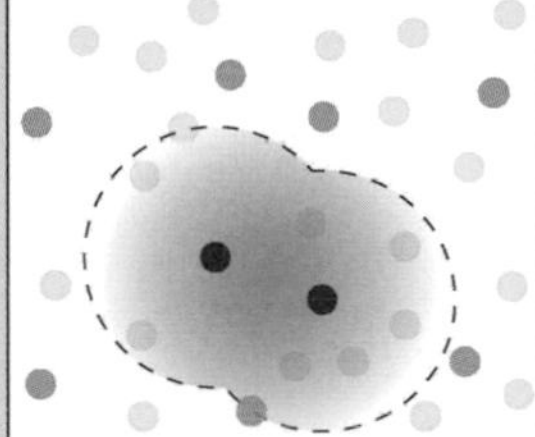
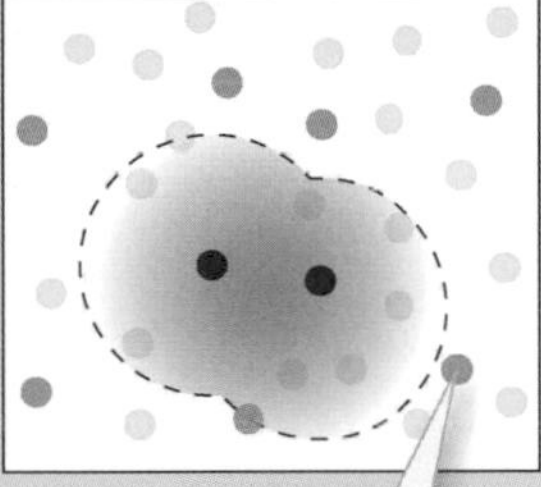

Herdenimmunität bedeutet einen Mehrwert für die Population: Einzelne Individuen, z. B. mit Erkrankungen des Immunsystems, Säuglinge, ältere Personen oder immunsupprimierte Patienten nach Organtransplantationen, können unter Umständen selbst keine Antikörper herstellen und sind für Infektionen extrem anfällig. Bei einer hohen Durchimpfung einer Population sind durch die geringere Kontaktwahrscheinlichkeit auch solche Individuen geschützt, welche nicht geimpft werden können. Somit trägt eine Impfung nicht nur zum individuellen Schutz vor Ansteckung bei, sondern ebenso zum Schutz von Risikogruppen und ist somit Teil unserer sozialen Verantwortung.

Die **Grippeimpfung** bewirkt in erster Linie die **Bildung von Antikörpern** gegen zwei Hüllproteine des Virus, die Neuraminidase und das Hämagglutinin. Da bei den Influenzaviren permanent neue Varianten entstehen und die Antikörper wenig Kreuzreaktivität zwischen verschiedene Virenstämmen zeigen, ist regelmäßig eine **saisonale Neu-Impfung** erforderlich. Die saisonale Grippeschutzimpfung richtet sich gegen neue Virenstämme und ist keine Auffrischung einer vorhergegangenen Impfung.

Weltweit entstehen permanent neue Grippeviren.

Weltweite Referenzlabore (in Deutschland das Robert-Koch-Institut) katalogisieren die zirkulierenden Grippevarianten.

Die Weltgesundheitsorganisation (WHO) schätzt ab, welche Stämme sehr virulent sind und das Potenzial haben sich auszubreiten. Darauf basierend gibt die WHO bis Februar eine Empfehlung für die Impfstoffe der kommenden Saison ab.

Bis Herbst werden die entsprechenden Impfstoffe gegen vier ausgewählte Virenstämme produziert.

Abb. 38.21 Eine hoher Anteil an immunen Individuen in der Population bzw. eine hohe Durchimpfungsrate schützen auch nicht immune Individuen wirksam vor Ansteckung

infektionen ein. Dies wird anschaulich durch den Infektionsverlauf mit COVID-19 in der Folge von Maßnahmen zur räumlichen Isolierung (*social distancing*) belegt (Abb. 38.20). Immunität kann auch durch eine **Impfung** erworben werden. Bei der Impfung werden inaktivierte Viren, einzelne Proteine oder die mRNA-Vorstufe zu Virusproteinen injiziert, das Immunsystem bildet daraufhin Antikörper gegen diese injizierten Partikel. Neben diesem Individualschutz führt ein hoher Anteil immuner Individuen auch zu einem passiven Schutz nicht immuner Individuen (**Herdenimmunität**; Abb. 38.21). So ist es ein Ziel von Schutzimpfungen, eine ausreichend hohe Durchimpfung zu erreichen, um eine Ausbreitung von Vireninfektionen einzudämmen oder zu verhindern. Dies trifft auch für die jährliche Grippeimpfung zu (Abb. 38.21). Die Entwicklung neuer Impfstoffe ist aber nicht immer so problemlos wie im Fall der Grippeimpfung. So ist beispielsweise die Entwicklung eines geeigneten Impfstoffs gegen das Coronavirus SARS-Cov-2 komplizierter. Hier sei nur ein Beispiel genannt: Das S-Protein der Virushülle gilt als erfolgversprechender Impfkandidat, der Teil des Proteins, welcher den Wirtsrezeptor erkennt, ist allerdings sehr variabel und das Protein macht bei der Bindung an die Wirtszelle zudem umfangreiche Konformationsänderungen durch. Dies erschwert den Zugang für Antikörper und somit die Identifikation eines geeigneten Impfstoffs.

38.9 Die Populationsdynamik der Wirtspopulation beeinflusst die Evolution und Diversität von Virenpopulationen

Für die Entstehung neuer Virenstämme sind bei Viren mit RNA-Genom zwei Mechanismen verantwortlich: der genetische Shift und die genetische Drift.

Bei der **genetischen Drift** kommt es durch sehr ungenau replizierende RNA-Polymerasen (▶ Abschn. 10.6) zu vielen **Replikationsfehlern** und dadurch zu Punktmutationen. Die Fehlerrate der viralen Polymerasen liegt oft bei einem falschen Nucleotid pro 1000 Nucleotiden – im Vergleich dazu macht die eukaryotische DNA-Replikation nur einen Fehler pro 10 Mio. Nucleotiden.

Der **genetische Shift** bezieht sich im Zusammenhang mit RNA-Viren auf die RNA-Rekombination, d. h. die **Neukombination von RNA-Genom-Abschnitten** zu neuen Genomen. Damit verschiedene virale Genome miteinander rekombiniert werden können, müssen sie miteinander in Kontakt kommen: Dies kann nur bei einer Doppelinfektion einer einzigen Zelle mit zwei Virenstämmen geschehen (◘ Abb. 38.22): **Grippeviren** haben ein **segmentiertes RNA-Genom**, die Gene können hier im Falle einer Doppelinfektion leicht rekombiniert, d. h. neu verteilt, werden. **Coronaviren** haben dagegen ein **unsegmentiertes Genom** und nutzen eine besondere Eigenschaft der Polymerase, um ihr Genom zu rekombinieren.

Viele Viren, darunter auch Influenza und Corona, können auch Tiere infizieren. Es gibt artspezifische Virenstämme, welche aber unter Umständen neben dem jeweiligen Hauptwirt zudem andere Tiere oder den Menschen infizieren können.

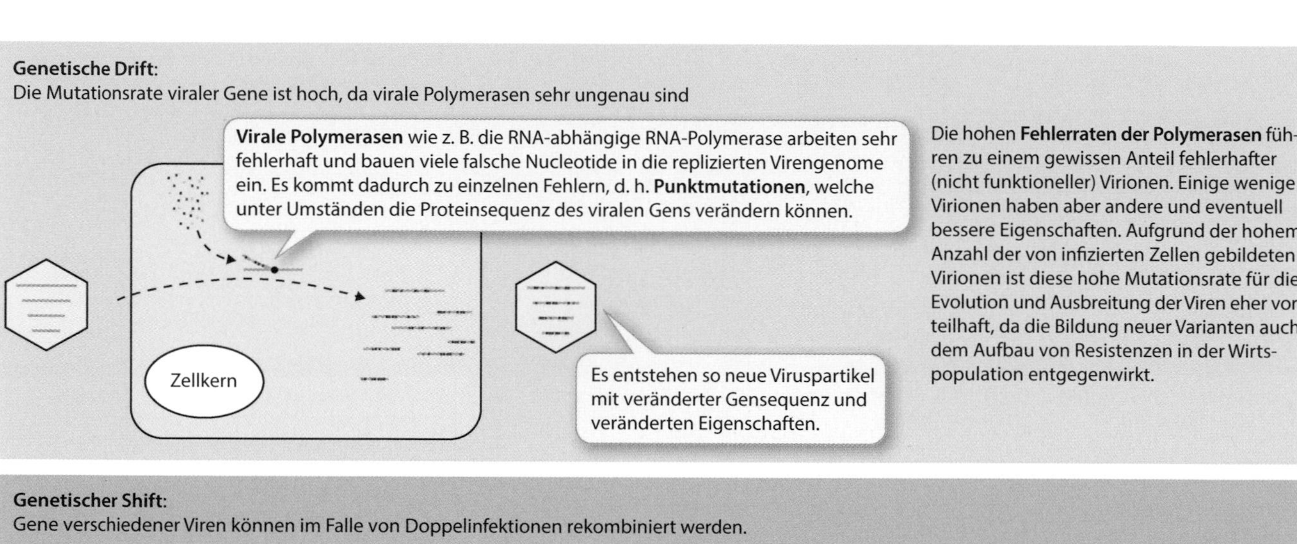

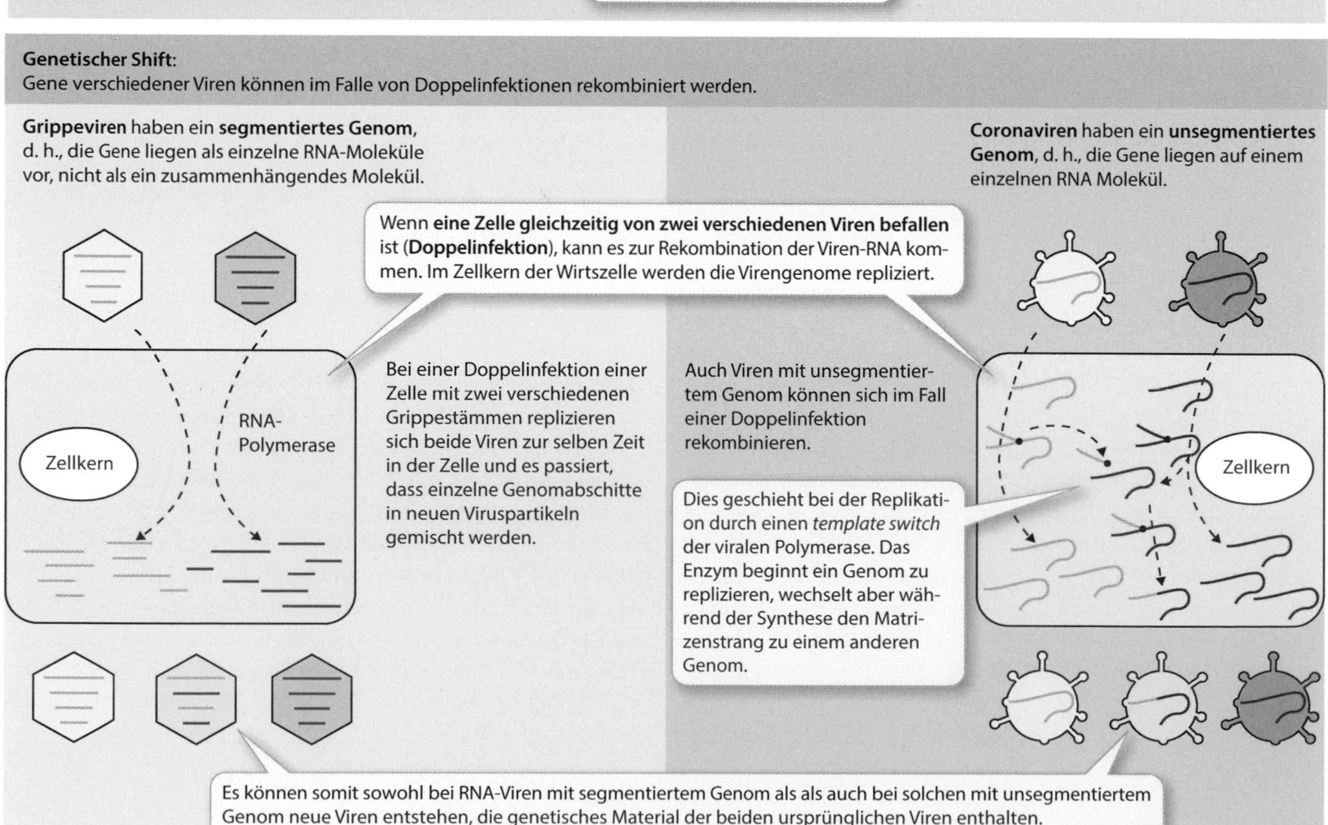

◘ **Abb. 38.22** Die Evolution neuer Virenstämme basiert auf genetischem Shift und genetischer Drift

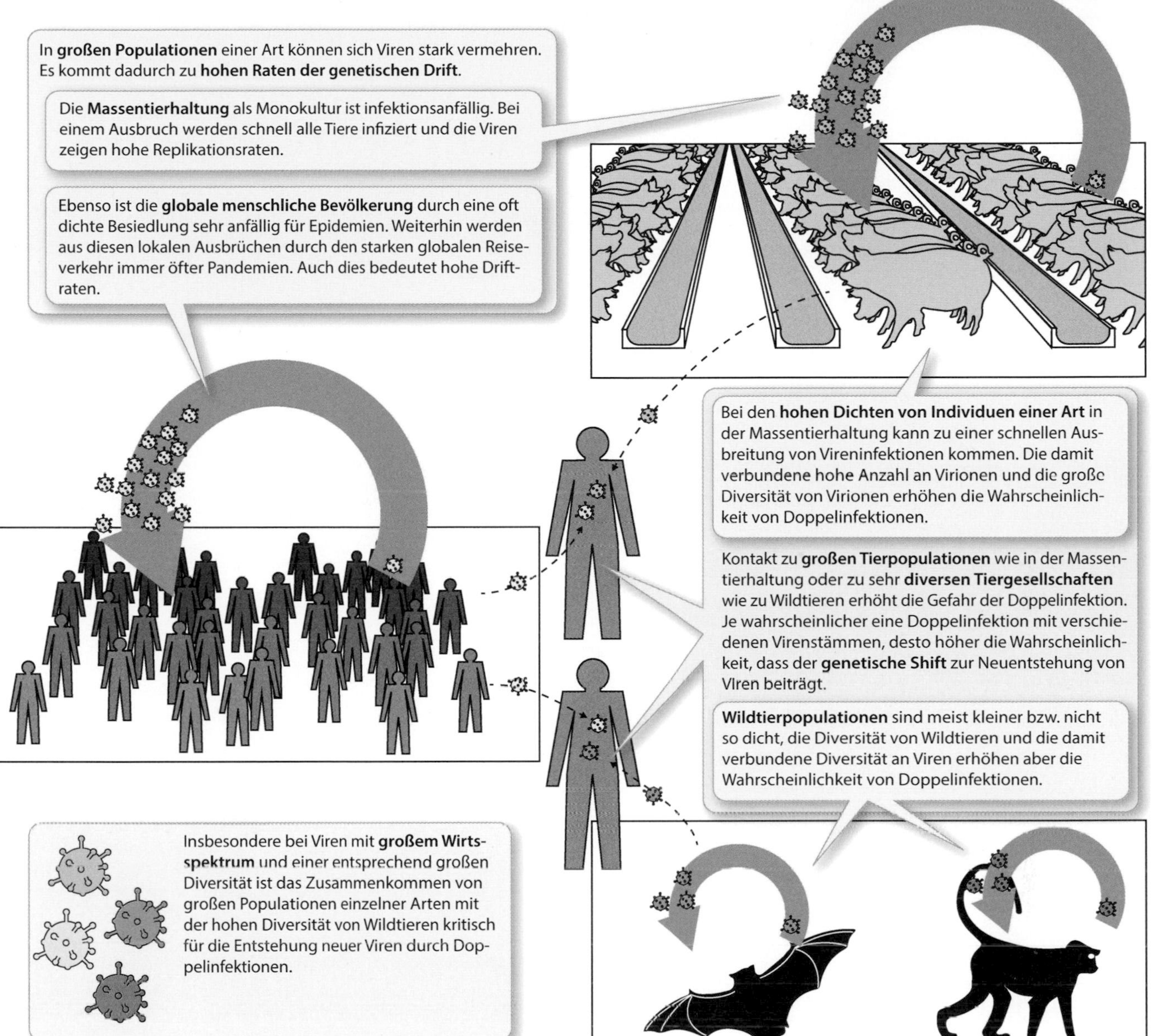

Abb. 38.23 Das Zusammentreffen hoher Populationsdichten einzelner Arten mit der Diversität von Wildtieren begünstigt die Entstehung neuer Virenstämme

An der Neukombination von neuen Viren sind somit die zwei oben genannten grundlegenden Mechanismen beteiligt (Abb. 38.23): Wenn viele Individuen einer Art zusammenkommen – Beispiele sind die dichte menschliche Besiedlung in Ballungsräumen, die Massentierhaltung, aber auch natürliche Phänomene wie beispielsweise Algenblüten (▶ Abschn. 36.6) –, kann sich ein Virus in dieser großen Population sehr rasant vermehren. Eine starke Vermehrung von Viren erhöht auch die Anzahl funktioneller Mutanten (genetische Drift), erhöht aber auch die Wahrscheinlichkeit für Doppelinfektionen und somit den genetischen Shift. Bei einer massiven Infektionswelle/Pandemie ist daher verstärkt mit dem Auftreten neuer Virusvarianten bzw. neuer Viren zu rechnen.

In menschlichen Population erhöht der zusätzliche Kontakt zu Wildtieren die Wahrscheinlichkeit von Doppelinfektionen weiter: Wildtierpopulationen sind zwar in der Regel eher klein, die Diversität von Wildtieren und die damit einhergehende Diversität von Virenpopulationen erhöhen aber ebenfalls die Wahrscheinlichkeit von Doppelinfektionen.

Weiterführende Literatur

1. Begon M, Howarth RW, Townsend CR (2013) Ökologie, 3. Aufl. Springer Spektrum, Berlin, Heidelberg
2. Gemeinholzer B, Demant L, Dieterich M, Eser U, Farwig N, Geske C, Feldhaar H, Lauterbach D, Reis M, Weisser W, Werk W (2019) Artenschwund trotz Naturschutz. Biol Unserer Zeit 49:444–455. https://doi.org/10.1002/biuz201910689
3. Smith TM, Smith RL (2009) Ökologie, 6. Aufl. Pearson, München
4. Wittig R, Niekisch M (2014) Biodiversität: Grundlagen, Gefährdung, Schutz. Springer Spektrum, Berlin, Heidelberg
5. Wittig R, Streit B (2004) Ökologie. UTB Basics. Ulmer, Stuttgart

Serviceteil

J. Boenigk (Hrsg.), *Boenigk, Biologie,* https://doi.org/10.1007/978-3-662-61270-5

Abb. 3.27 Adaptiert nach Fritsche (2015), Biologie für Einsteiger, © Springer-Verlag, Berlin, Heidelberg

Abb. 3.28 Adaptiert nach Fritsche (2015), Biologie für Einsteiger, © Springer-Verlag, Berlin, Heidelberg

Abb. 3.29 Adaptiert nach Fritsche (2015), Biologie für Einsteiger, © Springer-Verlag, Berlin, Heidelberg

Abb. 3.30 Adaptiert nach Fritsche (2015), Biologie für Einsteiger, © Springer-Verlag, Berlin, Heidelberg

Abb. 4.2 Foto: Algenchloroplasten © Wolfgang Bettighofer

Abb. 4.3 Fotos Wurzelknöllchen © Frank Vincentz/Wikimedia CommonsGFDL; Süßwasserpolyp © Frank Fox/www.mikro-foto.de/Wikimedia Commons; Korallenbleiche: NIST/public domain

Abb. 4.6 Foto Pantoffeltierchen © Gerd Günther

Abb. 4.8 Adaptiert nach Fritsche (2015), Biologie für Einsteiger, © Springer-Verlag, Berlin, Heidelberg

Abb. 4.9 Foto aus Fritsche (2015), Biologie für Einsteiger, © Springer-Verlag, Berlin, Heidelberg

Abb. 4.13 Foto Chloroplasten © Kristian Peters/Wikimedia Commons; Zeichnung adaptiert nach Fritsche (2015), Biologie für Einsteiger, © Springer-Verlag, Berlin, Heidelberg

Abb. 4.15 Adaptiert nach Fritsche (2015), Biologie für Einsteiger, © Springer-Verlag, Berlin, Heidelberg

Abb. 4.17 Adaptiert nach Fritsche (2015), Biologie für Einsteiger, © Springer-Verlag, Berlin, Heidelberg

Abb. 4.21 Adaptiert nach Fritsche (2015), Biologie für Einsteiger, © Springer-Verlag, Berlin, Heidelberg

Abb. 4.22 Zeichnung © Slonczewski, Foster (2012) Mikrobiologie, © Springer-Verlag, Berlin, Heidelberg

Abb. 4.23 Foto © Bolzer et al., PLOS Biol 3, CC-2.5

Abb. 4.24 Strukturmodell © Vossman/Wikimedia Commons

Abb. 4.32 Foto Fluoreszenz: ImageJ/Wikimedia Commons/gemeinfrei; Zeichnung adaptiert nach Fritsche (2015), Biologie für Einsteiger, © Springer-Verlag, Berlin, Heidelberg

Abb. 4.37 Adaptiert nach Fritsche (2015), Biologie für Einsteiger, © Springer-Verlag, Berlin, Heidelberg. Fotos: Querschnitt: Dartmouth Electron Microscope Facility, Dartmouth College, public domain; Längsschnitt: © Renate Radek

Abb. 4.38 Adaptiert nach Boenigk, Wodniok (2014), Biodiversität und Erdgeschichte, © Springer-Verlag, Berlin, Heidelberg

Abb. 4.39 Adaptiert nach Fritsche (2015), Biologie für Einsteiger, © Springer-Verlag, Berlin, Heidelberg

Abb. 5.1 Adaptiert nach Fritsche (2015), Biologie für Einsteiger, © Springer-Verlag, Berlin, Heidelberg

Abb. 5.6 Fotos: Augentierchen © David Shykind/Wikimedia Commons/CC0-1.0; Pantoffeltierchen © Gerd Günther; *Dinobryon* © Frank Fox/Wikimedia Commons; Dinoflagellat © CSIRO/Wikimedia Commons; Diatomeen © Mary Ann Tiffany, San Diego State University/ Bradbury J (2004) Nature's Nanotechnologists: Unveiling the Secrets of Diatoms. PLoS Biol 2(10): e306; Thekamöbe © Wolfgang Bettighofer

Abb. 5.7 Übersichtsschema adaptiert nach Fritsche (2015), Biologie für Einsteiger, © Springer-Verlag, Berlin, Heidelberg

Abb. 5.9 Adaptiert nach Fritsche (2015), Biologie für Einsteiger, © Springer-Verlag, Berlin, Heidelberg 2015

Abb. 5.10 Adaptiert nach Fritsche (2015), Biologie für Einsteiger, © Springer-Verlag, Berlin, Heidelberg

Abb. 5.11 Adaptiert nach Fritsche (2015), Biologie für Einsteiger, © Springer-Verlag, Berlin, Heidelberg

Buchteil Genetik

Abb. 6.6 Foto: Giemsa-Färbung von Chromosomen © Christian Johannes. Karyogramm aus Herder-Lexikon der Biologie. Band 3. 2000. © Spektrum Akademischer Verlag, Heidelberg

Abb. 6.9 Foto Chromosom © Christian Johannes

Abb. 6.13 Foto: Heterochromatin: aus Fritsche (2015), Biologie für Einsteiger, © Springer-Verlag, Berlin, Heidelberg, mit freundlicher Genehmigung von D.L. Schmucker, Dept. of Anatomy, University of California in San Francisco. Karyogramm © 2013 Di Tomaso et al., Chromatin Damage Patterns Shift According to Eu/ Heterochromatin Replication, DOI: 10.5772/51847, CC BY 3.0

Abb. 6.14 Polymer 3D © Erez Lieberman-Aiden et. al., Comprehensive Mapping of Long-Range Interactions Reveals Folding Principles of the Human Genome, DOI: 10.1126/science.1181369, URL: https://science.sciencemag.org/content/326/5950/289

Abb. 6.17 Fotos © Christian Johannes

Abb. 6.19 Foto Kernteilung © Christian Johannes

Abb. 6.22 Fotos © Christian Johannes

Abb. 6.23 Fotos: © Christian Johannes

Abb. 7.1 Fotos: Getreidesorten © John Doebley; Ziege © Anja Pitton; Relief aus Graw J (2015), Genetik, © Springer-Verlag Berlin Heidelberg

Abb. 7.17 Foto aus Graw J (2015), Genetik, © Springer-Verlag Berlin Heidelberg

Abb. 7.25 Foto aus Graw J (2015), Genetik, © Springer-Verlag Berlin Heidelberg

Abb. 7.27 Foto aus Graw J (2015), Genetik; © Springer-Verlag Berlin Heidelberg

Abb. 7.35 Foto Chromosom © Christian Johannes

Abb. 7.39 Foto Crossing-over © Christian Johannes

Abb. 8.7 Modifiziert nach © Wahl MC, et al. (2009), The Spliceosome: Design Principles of a Dynamic RNP Machine. Cell 136:701–718. © Elsevier

Abb. 8.10 Sekundär- und Tertiärstruktur © Woolford J & Baserga S (2013), Ribosome Biogenesis in the Yeast Saccharomyces cerevisiae. Genetics 195:643-681. Mit freundlicher Genehmigung der © Genetics Society of America

Abb. 9.15 Foto aus Graw J (2015), Genetik; © Springer-Verlag Berlin Heidelberg

Abb. 9.23 Aus Tichy H, Vucak I (1987), Chromosoma 95: 31-36; © Springer-Verlag

Tab. 9.1 Daten entnommen aus Graw, J (2015), Genetik; © Springer-Verlag Berlin Heidelberg

Abb. 10.2 RNA-Polymerasen aus © Albers et al. (2013), The legacy of Carl Woese and Wolfram Zillig: from phylogeny to landmark discoveries. Nature Reviews Microbiology 11,713-719, DOI: https://doi.org/10.1038/nrmicro3124, *all rights reserved*

Abb. 10.17 Foto © F. Drews, Uni Saarland

Abb. 11.3 Abbildung verändert nach Greer EL & Shi Y (2012), Histone methylation: a dynamic mark in health, disease and inheritance. Nat Rev Genetics 13:343-357

Abb. 11.5 Abbildung verändert nach Plass C et al. (2013), Mutations in regulators of the epigenome and their connections to global chromatin patterns in cancer. Nature Reviews Genetics 14:765-780

Abb. 11.8 verändert nach © Li E, Bird A (2007), DNA methylation in mammals. In Allis CD, Jenuwein T, Rheinberg D (eds) Epigenetics. CSH laborartory press

Abb. 11.18 Verändert nach Reik W & Walter J (2001), Genomic imprinting: parental influence on the genome. Nature Reviews Genetics 2:21-32

Abb. 11.23 Foto © Reinius, B., Shi, C., Hengshuo, L. et al. (2010), Female-biased expression of long non-coding RNAs in domains that escape X-inactivation in mouse. BMC Genomics 11:614

Abb. 11.24 verändert nach Brockdorff & Turner (2015), Dosage Compensation in mammals. In Allis CD, Jenuwein T, Rheinberg D (eds) Epigenetics. CSH laborartory press

Abb. 11.27 Barr-Körperchen: Brian P. Chadwick, Huntington F. Willard, Chromatin of the Barr body: histone and non-histone proteins associated with or excluded from the inactive X chromosome, Human Molecular Genetics, Volume 12, Issue 17, 1 September 2003, Pages 2167–2178, https://doi.org/10.1093/hmg/ddg229

Abb. 11.29 Foto Katze: © Martin Lay

Abb. 11.31 Verändert nach © Angrand P-O, Vennin C, Le Bourhis X and Adriaenssens E (2015), The role of long non-coding RNAs in genome formatting and expression. Frontiers in Genetics 6:165

Abb. 11.32 Verändert nach © Angrand P-O, Vennin C, Le Bourhis X and Adriaenssens E (2015), The role of long non-coding RNAs in genome formatting and expression. Frontiers in Genetics 6:165

Abb. 11.36 Verändert nach Chandler VL (2010), Paramutation's Properties and Puzzles. Science 330:628-629

Abb. 11.37 Verändert nach Hollick JB (2017) Paramutation and related phenomena in diverse species. Nat Rev Genetics 18: 5-23

Abb. 11.38 Foto © F. Drews & M. Simon

Abb. 11.48 verändert nach Umbach JL, Cullen BR (2009), The role of RNAi and microRNAs in animal virus replication and antiviral immunity. Genes Dev 23:1151-1164

Abb. 11.49 Verändert nach Yan N, Chen ZJ (2012), Intrinsic antiviral immunity. Nature Immunol 13:214-222

Abb. 11.50 Verändert nach Luteijn MJ, Ketting RF (2013), Nature Reviews Genetics 14,523–534

Buchteil Physiologie

Abb. 12.15 Bild: Frosch: Image by Pixel-mixer/Pixabay, Pixabay License Free for commercial use. No attribution required

Abb. 12.16 Fotos: Gecko © Martin Lay; Zehen Gecko: Skitterphoto/Pixabay, Pixabay License Free for commercial use. No attribution required; Fliege: VISHNU_KV/Pixabay, Pixabay License Free for commercial use. No attribution required; Spinne: mikadago/Pixabay, Pixabay License Free for commercial use. No attribution required

Abb. 12.41 Zeichnungen aus OpenClipart-Vectors, Pixabay

Abb. 14.3 Fotos aus Justine J, Winsor L, Gey D, Gros P, Thévenot J. 2018. Giant worms chez moi! Hammerhead flatworms (Platyhelminthes, Geoplanidae, Bipalium spp., Diversibipalium spp.) in metropolitan France and overseas French territories. PeerJ 6:e4672 https://doi.org/10.7717/peerj.4672

Abb. 14.4 Fotos: Brutblatt: © Peter Bayer; Brutzwiebeln Tigerlilie: Nadiatalent/Wikimedia Commons/public domain; Erdbeere © Jens Boenigk

Abb. 14.6 Foto: Prachtlibelle: © Volkmar Becher, Flickr

Abb. 14.26 Zeichnung: AdobeStock

Abb. 14.31 Foto © Jens Boenigk

Abb. 14.33 *Daphnia longispina* © Dieter Ebert, Basel, Schweiz/ Wikimedia Commons

Abb. 15.16 Blutzellen verändert nach © A. Rad und Mikael Häggström/wikimedia commons

Abb. 15.19 Abbildung: Hydra, Cephalopode, Seestern und Annelide, verändert nach Lexikon der Neurowissenschaften, Bd. 2 (2000), © Spektrum Akad. Verlag, Heidelberg. Insekt verändert nach Lexikon der Biologie, Bd. 10; © Spektrum Akad. Verlag (2002), Heidelberg. Mensch verändert nach © Medium69, Jmarchn /Wikimedia Commons

Abb. 15.21 Abbildung: oberer Teil der Abbildung verändert aus Schmidt et al. (2010), Physiologie des Menschen mit Pathophysiologie, 31. Auflage, © Springer-Verlag Heidelberg.

Abb. 15.23 endokrines System der Säuger verändert aus Hildebrandt et al. (2015), Penzlin - Lehrbuch der Tierphysiologie, 8. Aufl., © Springer-Verlag, Heidelberg

Abb. 15.30 Kopf (verändert) aus © Werner Müller et al. (2015), Tier- und Humanphysiologie: Eine Einführung, 5., überarbeitete und aktualisierte Auflage, © Springer-Verlag, Heidelberg

Abb. 16.4 Foto aus NIH Publication No. 97-4038/ Wikimedia Commons/ public domain

Abb. 16.7 Foto aus © Andreas Bringmann, Antje Grosche, Thomas Pannicke and Andreas Reichenbach (2013) GABA and glutamate uptake and metabolism in retinal glial (Müller) cells. Front. Endocrinol., doi.org/10.3389/fendo.2013.00048, CC-BY 4.0

Abb. 16.15 stark verändert nach Idan Segev (1998), Cable and Compartmental Models of Dendritic Tree. In: Bower, James M., Beeman, David (ed.) The Book of GENESIS: Exploring Realistic Neural Models with the General Neural Simulation System; © Springer-Verlag

Abb. 16.19 Foto aus © Hengstenberg M (1973) The effect of pattern movement on the impulse activity of the cervical connective of *Drosophila melanogaster*. Z. Naturforsch. 28 c, 593—596, CC BY 4.0

Abb. 16.34 Schemazeichnung Aplysia aus Kandel, E. R. (2001). Neuroscience – The molecular biology of memory storage: A dialogue between genes and synapses. [Review]. Science, 294(5544), 1030–1038. PMID: 11691980

Abb. 17.4 Messungen Kalt- und Warmrezeptoren aus Dudel, Menzel, Schmidt (2001), Neurowissenschaften, 2. Aufl. (S. 319), © Springer-Verlag, Heidelberg

Abb. 17.7 Abbildung Gehirn aus Müller et al. (2015), Tier- und Humanphysiologie: Eine Einführung 5., überarbeitete und aktualisierte Auflage, © Springer-Verlag, Heidelberg

Abb. 17.9 Ohr und Innenohr, sowie Bogengänge aus: RF Schmidt, F Lang, M Heckmann (Hrsg.) Physiologie des Menschen mit Pathophysiologie, 31., überarbeitete und aktualisierte Auflage. © Springer Verlag Heidelberg (2010)

Abb. 17.10 Darstellung der Wanderwellen adaptiert aus Dudel, Menzel, Schmidt (2001), Neurowissenschaften, 2. Aufl. (S. 367), © Springer-Verlag, Heidelberg

Abb. 17.11 „Corti-Organ“ verändert nach Madhero88/ wikimedia commons. Foto: Stereovilli: © B. Kachar, NIDCD, / WikimediaCommons/public domain

Abb. 17.12 Macula-Organ abgewandelt aus W Müller, S Frings, F Möhrlen (2015) Tier- und Humanphysiologie – Eine Einführung, 5., überarbeitete und aktualisierte Auflage, © Springer-Verlag, Heidelberg

Abb. 17.14 Foto Fledermaus: PD-USGov/Wikimedia Commons/ public domain; Gesichtschleier: © Michael Gäbler / Wikimedia Commons/ CC-BY 3.0

Abb. 17.15 Abbildung: Auge und Retina verändert aus © Fritsche, O (2010), Biologie für Einsteiger: Prinzipien des Lebens verstehen, © Springer-Verlag, Heidelberg

Abb. 17.16 Zeichnungen Komplexauge und Ommatidium verändert von © Jens Boenigk

Abb. 17.17 Zeichnung: © Patrick J. Lynch, medical illustrator, /Wikimedia Commons/ CC-BY 2.5

Abb. 17.21 Foto: verändert nach © MyPentaxK200d, /Wikimedia Commons. Grafik des rezeptiven Felds abgewandelt aus Müller W, Frings S (2015), Tier- und Humanphysiologie – Eine Einführung. 5. Überarbeitete und aktualisierte Auflage, © Springer-Verlag, Heidelberg

Abb. 17.27 Foto Himmel © RonAlmog/Wikimedia Commons/ CC BY 2.0

Abb. 17.32 Abbildung: Zeichnung Kopf: © Patrick J. Lynch, medical illustrator

Abb. 17.34 Zeichnung: Geschmacksknospen: verändert aus Schmidt et al. (2010), Physiologie des Menschen mit Pathophysiologie 31., überarbeitete und aktualisierte Auflage, © Springer-Verlag, Heidelberg

Abb. 17.38 Abbildung: Zeichnung Kopf: © Patrick J. Lynch, medical illustrator/ Wikimedia Commons/ CC BY 2.5

Abb. 17.39 Zeichnung Kopf: © Patrick Lynch/ Wikimedia Commons/ CC BY 2.5

Abb. 17.40 Foto Termitenbau: Anne Goodfellow//Pixabay. Free for commercial use. No attribution required

Abb. 18.3 nach Jänig (2000), Vegetatives Nervensystem. In: Schmidt, Thews, Lang (Hrsg.) Physiologie des Menschen, 28. Aufl. Heidelberg S.340-369, © Springer-Verlag, Heidelberg

Abb. 18.5 Hirn stark bearbeitet aus Christian Becker-Carus, Mike Wendt, Allgemeine Psychologie: Eine Einführung, 2. Auflage, ©Springer-Verlag, Heidelberg

Abb. 18.7 Zeichnung: Kleinhirn-Umriss adaptiert nach Dudel J, Menzel R, Schmidt RF (2001), Neurowissenschaft, 2. Auflage, © Springer-Verlag, Heidelberg

Abb. 18.9 Lageschema adaptiert nach Dudel J, Menzel R, Schmidt RF (2001), Neurowissenschaft, 2. Auflage, © Springer-Verlag, Heidelberg

Box 18.1 Foto: fMRT-Aufnahme: M.R.W.HH//Wikimedia Commons/gemeinfrei

Abb. 18.12 Kortex-Schnitt aus Gray's Anatomy of the Human Body, Tafel 717; gemeinfrei. Kortex Zeichnung verändert aus nach Dudel J, Menzel R, Schmidt RF (2001) Neurowissenschaft, 2. Auflage, © Springer-Verlag, Heidelberg

Abb. 18.13 Zeichnung aus Leydhecker W. (1968), Die Erkrankungen der Sehbahn. In: Grundriß der Augeneilkunde, © Springer-Verlag

Abb. 18.14 Fehlfarbenabbildung aus Grinvald ADS, A Shmuel, D.E Glaser, I Vanzetta, E Shtoyerman, H Slovin, C Wijnbergen, R Hildesheim, A Sterkin, A Arieli (1999), Invivo optical imaging of cortical architecture and dynamics. U Wind-horst, H Johansson (Eds), Modern Techniques in Neuroscience Research, 894–969, © Springer-Verlag, Heidelberg

Abb. 18.18 EEG-kurven © Markus Müller /wikipedia/public domain

Abb. 18.19 Balkendiagramm: Adapted by permission from American Association for the Advancement of Science (AAAS). Science 152 (3722): 604-619. Ontogenetic Development of the Human Sleep-Dream Cycle. Roffberg HP, Muzio JN, Dement WC. © 1966

Abb. 19.1 Foto aus Kadereit et al. (2014), Strasburger - Lehrbuch der Biologie, 37. Auflage © Springer-Verlag, Berlin, Heidelberg

Abb. 19.3 Fotos: Roggenhalm: © Jens Boenigk; Luftwurzel von Monstera: © Jens Boenigk

Abb. 19.5 Fotos: Sternparenchym: © Jens Boenigk; Aerenchym der Seerose: Kadereit et al. (2014) Strasburger - Lehrbuch der Biologie, 37. Auflage. Springer-Spektrum, © Springer-Verlag, Berlin Heidelberg. © Springer

Abb. 19.6 Fotos: Kaktus und Hydrenchym: © Jens Boenigk

Abb. 19.7 Foto von H.D. Ihlenfeldt aus © Kadereit et al. (2014), Strasburger - Lehrbuch der Biologie, 37. Auflage, © Springer-Verlag Berlin Heidelberg

Abb. 19.11 Foto: Epidermiszellen aus Kadereit et al. (2014) Strasburger - Lehrbuch der Biologie, 37. Auflage, © Springer-Verlag, Berlin Heidelberg

Abb. 19.12 Fotos: Trichome und Emergenzen: © Jens Boenigk

Abb. 19.13 Fotos: Wachskristalle aus Kadereit et al. (2014), Strasburger – Lehrbuch der Biologie, 37. Auflage, © Springer-Verlag, Berlin, Heidelberg

Abb. 19.15 Fotos von S. Porembski und W. Barthlott aus Kadereit et al. (2014), Strasburger - Lehrbuch der Biologie, 37. Auflage, © Springer-Verlag, Berlin, Heidelberg

Abb. 19.16 Foto: Stammausschnitt der Korkeiche: KoS, gemeinfrei; Foto Lentizellen: Rosser1954, public domain

Abb. 19.18 Fotos: Tüpfel Längsschnitt von H. Falk aus Kadereit et al. (2014), Strasburger - Lehrbuch der Biologie, 37. Auflage, © Springer-Verlag, Berlin, Heidelberg. REM-Aufnahme der Thyllen von S. Fink aus Kadereit et al. (2014), Strasburger - Lehrbuch der Biologie, 37. Auflage, © Springer-Verlag, Berlin, Heidelberg

Abb. 22.13 Fotos © 2015 Kaiser, Vogg, Fürst and Albert, aus Kaiser et al. (2015) Parasitic plants of the genus *Cuscuta* and their interaction with susceptible and resistant host plants. Frontiers Plant Sci. 6: 45. doi: 10.3389/fpls.2015.00045

Abb. 22.14 Wasserschlauch © Michal Rubeš, Wikimedia Commons CC BY 3.0

Abb. 23.3 Fotos: © Dominik Begerow und Martin Kemler

Abb. 23.7 Fotos: © Andrey Yurkov

Abb. 23.8 Foto © Dominik Begerow

Abb.23.9 Fotos: Blauschimmelkäse: © Martin Kemler; Konidienträger: © Dominik Begerow

Abb. 25.2 Foto: © NOAA//flickr/public domain

Abb. 25.3 Foto: Yellowstone National Park Service, US Department of the Interior /public domain/

Abb. 25.12 Abbildung verändert nach Asw-Hamburg/ Wikimedia Commons, URL:https://de.wikipedia.org/wiki/ Datei:Nitrobacter_2a.svg,

Abb. 25.16 Foto: Käse: garyzinc1221/pixabay/CC0

Abb. 25.26 Fotos © Dr. Harald Huber, Universität Regensburg

Abb. 25.27 Foto © Wolfgang Bettighofer

Abb. 25.28 Fotos: Gründüngung mit Lupinen © Shhewitt/ Wikimedia Commons/CC-BY-SA 4.0; © Frank Vincentz/ Wikimedia Commons

Abb. 25.34 Foto © R. Wirth, Uni Regensburg

Abb. 25.35 Foto © R. Wirth, Uni Regensburg

Abb. 25.36 modified from © Hoiczyk E and Baumeister W (1998) The junctional pore complex, a prokaryotic secretion organelle, is the molecular motor underlying gliding motility in cyanobacteria. Current Biology 8:1161-1168 with permission from Elsevier

Abb. 25.38 Foto © R. Wirth, Uni Regensburg

Abb. 25.41 Foto: *Magnetospirillum gryphiswaldense* © Emanuel Katzmann & Dirk Schüler

Abb. 25.42 Abbildung: Verändert nach © Hans-Curt Flemming. Foto: Rasterelektronenmikroskopische Aufnahme eines Biofilms von *P. aeruginosa* auf Glas © Hans-Curt Flemming

Abb. 25.43–Abb. 25.46 Abbildung verändert nach © Hans-Curt Flemming aus Flemming, H.-C., Wingender, J., Kjelleberg, S., Steinberg, P., Rice, S., Szewzyk, U. (2016): Biofilms: an emergent form of microbial life. Nat. Rev. Microbiol. 14, 563-575

Buchteil Evolution & Systematik

Abb. 26.2 © Jens Boenigk. *All Rights Reserved*

Abb. 26.3 © Jens Boenigk. *All Rights Reserved*

Abb. 26.4 © Jens Boenigk. *All Rights Reserved*

Abb. 26.5 © Jens Boenigk. *All Rights Reserved*. Fotos: *Dalmanites limulurus* (Trilobita): © Steve Hess/EXTINCTIONS.com; Ammonit: © John Alan Elson/Wikimedia Commons/ GFDL; Brachiopod: © Dwergenpaartje/Wikimedia Commons

Abb. 26.6 © Jens Boenigk. *All Rights Reserved*. Fotos: Tasmanischer Beutelwolf: William Percival/Wikimedia Commons/public domain; Sumatranashorn: © Willem v. Strien/ Flickr/CC-BY-2.0

Abb. 26.7 © Jens Boenigk. *All Rights Reserved*. Foto: Schwalbenwurzenzian: © Jens Boenigk

Abb. 26.8 © Jens Boenigk. *All Rights Reserved*

Abb. 26.9 © Jens Boenigk. *All Rights Reserved*. Fotos: Eichhörnchen: Toivo Toivanen & Tiina Toppila/Wikimedia Commons/gemeinfrei; Sonnenblume: © Skyseeker/flickr/ CC-BY-2.0; Parasol: © Maja Dumat/flickr/CC-BY-2.0;Tunicat: © Jens Boenigk; Fichtenspargel: © Holger Krisp, Ulm, Germany/Wikimedia Commons/CC-BY-3.0; *Zoophagus*: © Nancy Allin and George Barron/University of Guelph; *Paramecium*: © Gerd Günther; *Ceratium*: © Wolfgang Bettighofer; Fischschimmel: © Dr. Gerald Bassleer

Abb. 26.10 Portraits: Lamarck: Wikimedia Commons, Public domain; Darwin: Wikimedia Commons, Public domain

Abb. 26.11 Foto Maden: TimVickers, gemeinfreie; Portrait Pasteur: Wikimedia Commons, Public domain

Abb. 26.13 Fotos: *Monas vivipara*: aus Ehrenberg Ch.G. (1838) Die Infusionsthierchen als vollkommene Organismen, Leopold Voss, Leipzig: 6-18 (+Tafel I). Streifenhörnchen: AndiW/Wikimedia Commons/public domain; Eiche: Msact/Wikimedia Commons; *Paramecium* sp.: Gerd Günther; Schleiden: Wikimedia Commons/public domain, Schwann: Wikimedia Commons, Public domain

Abb. 26.14 Zeichnungen: *Daphnia*: reprinted by permission from Wiley Blackwell Publishing Ltd. © Dzialowski AR, Lennon JT, O'Brien WJ, Smith AH (2003) Freshwater Biology 48: 1593-1602. Predator-induced phenotypic plasticity in the exotic cladoceran *Daphnia lumholtzi*; Buntbarsche: reprinted by permission from © Macmillan Publishers Ltd: Nature Publishing Group. Heredity 97: 211–221. Genetic and developmental basis of cichlid trophic diversity. Albertson RC, Kocher TD; Copyright (2006); Kaktus (*Astrophytum asterias*) © Dr. David Midgley/Wikimedia Commons; Wolfsmilchgewächs (*Euphorbia obesa*) © Frank Vincentz/Wikimedia Commons; Toxinresistenz modifiziert aus Evolution, 4th Edition, Futuyma and Kirkpatrick, 2017

Abb. 26.15 Foto: Mäuse: Oak Ridge National Laboratory/ wikimedia commons/public domain; Hochdurchsatzsequenzierung: Suspencewl/Wikimedia Commons/public domain

Abb. 26.17 Duplikation des Citrat-Transporter-Moduls adaptiert nach Uncle Zooey/Wikimedia Commons; Zeichnungen der Stichlinge und genomische Differenzierung aus Marques et al. (2018): Experimental evidence for rapid genomic adaptation to a new niche in an adaptive radiation. Nature Ecology & Evolution 2:1128–1138 © Springer-Verlag

Abb. 27.1 Fotos: Portrait Godfrey Hardy: Wikimedia commons/public domain; Portrait Wilhelm Weinberg: https:// psychology.wikia.org, gemeinfrei

Abb. 27.4 © Jens Boenigk. *All Rights Reserved.* Abbildung: Erhalt der Biodiversität setzt oft bei der genetischen Vielfalt an: © Florian Leese; www.genestream.de

Abb. 27.5 © Jens Boenigk. *All Rights Reserved.* Grafik: effektive Populationsgröße Reprinted by permission from © Sinauer Associates: Oxford University Press: Evolution. 4th ed. Futuyma DJ, Kirkpatrick M. Copyright (2017); Zeichnung zu r- und K-Strategen: reprinted by permission from © Macmillan Publishers Ltd. Nature Reviews Genetics 17: 422–433. Determinants of genetic diversity. Ellegren H, Galtier N. Copyright (2016)

Abb. 27.6 © Jens Boenigk. *All Rights Reserved.* Foto Wombat: © Jason Pratt/Wikipedia Commons CC-BY-2.0

Abb. 27.7 © Jens Boenigk. *All Rights Reserved.* Karten: Habitatverlust: © Hugo Ahlenius/ http://www.grida.no/resources/8324

Abb. 27.8 © Jens Boenigk. *All Rights Reserved.* Fotos: Polarfuchs: © Marc Steensma/ Wikimedia Commons; Rotfuchs: © NPS Photo/Kent Miller /Wikimedia Commons/CC-BY-2.0; Fennek: © gotoole - Fotolia.com

Abb. 27.9 © Jens Boenigk. *All Rights Reserved.* Foto: Birkenspanner: © Maarten Sanne; Wikimedia Commons

Abb. 27.10 © Jens Boenigk. *All Rights Reserved*

Abb. 27.11 © Jens Boenigk. *All Rights Reserved*

Abb. 27.12 © Jens Boenigk. *All Rights Reserved.* Fotos: Tulpenfeld: © Pavel Chlouba; Gelbe Tulpen: © Tashkoskim; Wikimedia Commons

Abb. 27.13 © Jens Boenigk. *All Rights Reserved.* Abbildung: Flaschenhalseffekt: Verändert nach Burda aus Zrzavý et al. (2013), Evolution: Ein Lese- Lehrbuch, © Springer, Heidelberg

Abb. 27.14 © Jens Boenigk. *All Rights Reserved.* Fotos: Zypressenwolfsmilch: Anke Hüper, Karlsruhe, gemeinfrei; *Schlumbergera* © Medgyes/CC-BY-SA-1.2; *Euphorbia horrida*: © Christer Johansson; *Echinocactus grusonii* © André Karwath; *Euphorbia canariensis*: © Wollw; *Pachycereus weberi* © James Steakley/GFDL; Foto *Bathyergus suillus* © Jan Okrouhlik; Fotos *Fukomys anselli* und *Spalax carmeli* © Hynek Burda

Abb. 27.15 © Jens Boenigk. *All Rights Reserved.* Fotos: Webervogel: © Jaroslav Červený; Iglu: © Ansgar Walk, Wikimedia Commons, CC BY-2.5

Abb. 27.16 © Jens Boenigk. *All Rights Reserved.* Fotos: *Tupaia bellangeri*: © J.J. Harrison; /Wikimedia Commons; *Cercopithecus aethiops*: © Jaroslav Červený; Menschliches Ohr: © Jaroslav Červený; Kuh: © Jaroslav Červený; Ohrring: © Jaroslav Červený; Brille: © Jaroslav Červený

Abb. 27.17 © Jens Boenigk. *All Rights Reserved.* Vogelfeder: © Joao Estevao Andrade de Freitas, gemeinfrei

Abb. 27.18 © Jens Boenigk. *All Rights Reserved.* Männlicher Pfau: © Jaroslav Vogeltanz; Weiblicher Pfau: Ltshears- Trisha M Shears, gemeinfrei; Zeichnungen: Jan Burda aus Zrzavý et al. (2013), Evolution: Ein Lese- Lehrbuch, © Springer-Verlag, Heidelberg

Abb. 27.19 © Jens Boenigk. *All Rights Reserved.* Kämpfende Rothirsche © Jaroslav Vogeltanz; Löwen © Jaroslav Vogeltanz; Hirschkäfer © Marcus Schmitt

Abb. 27.20 © Jens Boenigk. *All Rights Reserved.* Fotos: Seepferdchen: Yinan Chen, public domain; Geschlechtsdimorphismus beim Menschen: Jan Burda aus Zrzavý et al. (2013), Evolution: Ein Lese- Lehrbuch, © Springer-Verlag, Heidelberg

Abb. 27.21 © Jens Boenigk. *All Rights Reserved*. Zeichnung: Jan Burda aus Zrzavý et al. (2013): Evolution: Ein Lese- Lehrbuch, © Springer, Heidelberg

Abb.27.22 © Jens Boenigk. *All Rights Reserved*. Zeichnung: Jan Burda aus Zrzavý et al. (2013): Evolution: Ein Lese- Lehrbuch, © Springer, Heidelberg

Abb. 27.23 © Jens Boenigk. *All Rights Reserved*. Fotos: Erdmännchen: © Jens Boenigk; Markt: © Jaroslav Červený

Abb. 27.24 © Jens Boenigk. *All Rights Reserved*

Abb. 27.25 © Jens Boenigk. *All Rights Reserved*

Abb. 27.26 © Jens Boenigk. *All Rights Reserved*

Abb. 27.27 © Jens Boenigk. *All Rights Reserved*. Fotos: Small shelly fauna: © Michael Steiner; Seeigel und Seestern: © Rein Ketelaars; Giraffe: © Hynek Burda; Diatomee: © Wolfgang Bettighofer; Wald © Hana Šebestová; Rauchschwalbe am Nest, © Jaroslav Vogeltanz

Abb. 27.28 © Jens Boenigk. *All Rights Reserved*. Spieltheoretisches Konzept der evolutionär stabilen Strategie. Strategien von „Tauben" und „Falken" im Vergleich. Modifiziert nach der Zeichnung: Jan Burda aus Zrzavý et al. (2013): Evolution: Ein Lese- Lehrbuch, © Springer-Verlag, Heidelberg

Abb. 27.29 © Jens Boenigk. *All Rights Reserved*. Foto Seitenfleckleguan: Bureau of Land Management, public domain

Abb. 27.30 © Jens Boenigk. *All Rights Reserved*

Abb. 27.31 © Jens Boenigk. *All Rights Reserved*. Fotos: Paarung Löwen: © Miroslav Duchacek, /Wikimedia Commons; Paarung Tiger: © Delphine Devos, /Wikimedia Commons/ CC BY 2.0; Löwe: ©Kevin Pluck/Wikimedia Commons/ CC-BY-2.0; Liger: Camphora/Wikimedia Commons/ public domain; Tiger: Fotolia_21125463_Subscription_Yearly_L © Nick Biemans/Fotolia; Schneehase: (*Lepus timidus*): © Miloš Anděra; Zeichnung Verbreitungsgebiet © Pio2009, Wikimedia Commons

Abb. 27.32 © Jens Boenigk. *All Rights Reserved*. Fotos: Hermelin © Miloš Anděra; Mauswiesel © Miloš Anděra; Hermelin im Winterkleid: © Kalabaha, Wikimedia Commons CC0 1.0; Termitenzeichnung: Jan Burda aus Zrzavý et al. (2013): Evolution: Ein Lese- Lehrbuch, © Springer, Heidelberg; Trilobit *Elathria kingi*: © John Alan Elson, Wikimedia Commons CC-BY-SA 4.0; Trilobit *Olenoides serratus*: © Mark A. Wilson, public domain; Fotos: Nymphenfledermaus, Bartfledermaus und kleine Bartfledermaus © Jaroslav Červený

Abb. 27.33 © Jens Boenigk. *All Rights Reserved*. Foto: © Christina Bock

Abb.27.34 © Jens Boenigk. *All Rights Reserved*. Fotos: Grünalgen: © Wolfgang Bettighofer

Abb. 27.35 © Jens Boenigk. *All Rights Reserved*

Abb. 27.36 © Jens Boenigk. *All Rights Reserved*. Fotos *Triticum monococcum* © Kurt Stoeber; *Triticum turgidum*: United States Department of Agriculture, Germplasm Resources Information Network (GRIN), public domain; *Aegilops tauschii*: United States Department of Agriculture, public domain; *Triticum aestivum* © INRA DIST; Wikimedia Commons CC-BY 2.0

Abb. 27.37 © Jens Boenigk. *All Rights Reserved*. Zeichnungen: Jan Burda aus Zrzavý et al. (2013): Evolution: Ein Lese-Lehrbuch, © Springer-Verlag, Heidelberg

Abb. 27.38 © Jens Boenigk. *All Rights Reserved*. Zeichnungen Anolis und Fichtenkreuzschnabel: Jan Burda aus Zrzavý et al. (2013), Evolution: Ein Lese- Lehrbuch, © Springer-Verlag, Heidelberg

Abb. 27.39 © Jens Boenigk. *All Rights Reserved*. Fotos: *Anisotremus taeniatus*: © Keoki Stender; *Anisotremus virginicus* © Brian Gratwicke/CC-BY-2.0; Löwe: safaritravelplus /Wikimedia commons/ public domain

Abb. 27.40 © Jens Boenigk. *All Rights Reserved*. Fotos Witwenvögel © Derek Keats, wikimedia commons, CC-BY 2.0; Senegalamarant Weibchen Foto: Veli Pohjonen, Wikimedia commons, public domain; Senegalamarant Männchen: © Francesco Veronesi, /wikimedia Commons; Spitzschwanz-Bronzemännchen (*Lonchura striata*) © LiCheng Shi/ Wikimedia Commons/ CC BY 2.0. Abbildung Ovipositor *Drosophila* © Muto L et al. (2018), An innovative ovipositor for niche exploitation impacts genital coevolution between sexes in a fruit-damaging *Drosophila*. Proceedings of the Royal Society B: Biological Sciences 285: 20181635

Abb. 27.41 © Jens Boenigk. *All Rights Reserved*. Fotos: Igel © Jaroslav Červený; Nebelkrähe © Marcus Schmitt; Rabenkrähe © Jaroslav Vogeltanz

Abb. 27.42 © Jens Boenigk. *All Rights Reserved*

Abb.27.43 © Jens Boenigk. *All Rights Reserved*

Abb. 27.44 © Jens Boenigk. *All Rights Reserved*

Abb. 27.45 © Jens Boenigk. *All Rights Reserved*

Abb. 28.1 © Jens Boenigk. *All Rights Reserved*

Abb. 28.2 © Jens Boenigk. *All Rights Reserved*

Abb. 28.9 Abbildung: Baum des Lebens: adaptiert nach Hillis DM, Zwickl D, Gutell R, University of Texas; URL:http://www.zo.utexas.edu/faculty/antisense/DownloadfilesToL.html

Abb. 28.10 © Jens Boenigk aus Boenigk J, Wodniok S (2014) Biodiversität und Erdgeschichte. Springer Spektrum. Springer-Verlag Berlin Heidelberg

Abb. 28.11 Bild: Adapted by permission from Sinauer Associates: Oxford University Press: Evolution. 4th ed. Futuyma DJ, Kirkpatrick M. Copyright (2017)

Abb. 28.12 Zeichnung Quastenflosser a aus Storch, Welsch (2004), Systematische Zoologie. © Springer-Verlag

Abb. 28.13 © Jens Boenigk. All Rights Reserved. Aufspaltungsereignisse: adapted by permission from American Association for the Advancement of Science (AAAS). Science 346(6210): 763-767. Phylogenomics resolves the timing and pattern of insect evolution. Mishof B et al. © 2014

Abb. 28.15 Bild: Adapted by permission from American Association for the Advancement of Science (AAAS). Science 331(6017): 555-561. The ecoresponsive genome of *Daphnia pulex*. Colbourne JK et al. © 2011

Abb. 28.17 Zeichnungen in Sprechblasen: Frequenz von horizontalem Gentransfer reprinted by permission from Macmillan Publishers Ltd. Nature Reviews Genetics 16: 472–482. Horizontal gene transfer: building the web of life. Soucy SM, Huang J, Gogarten JP

Abb. 28.18 Bild: Frequenz von horizontalem Gentransfer reprinted by permission from Macmillan Publishers Ltd. Nature Reviews Genetics 16: 472–482. Horizontal gene transfer: building the web of life. Soucy SM, Huang J, Gogarten JP. © 2015

Abb. 28.19 Bild: Reprinted by permission from Macmillan Publishers Ltd. Nature Reviews Microbiology 16: 67–79. Functional horizontal gene transfer from bacteria to eukaryotes. Husnik F, McCutcheon JP. © 2018; Fotos: Rotalge: reprinted by permission from American Association for the Advancement of Science(AAAS). Science 339 (6124): 1207-1210. Gene Transfer from Bacteria and Archaea Facilitated Evolution of an Extremophilic Eukaryote. Schönknecht G et al. © 2013; Zeichnungen: *Paulinella* und phytophage Insekten: adapted by permission from Macmillan Publishers Ltd. Nature Reviews Microbiology 16: 67–79. Functional horizontal gene transfer from bacteria to eukaryotes. Husnik F, McCutcheon JP. © 2018

Abb. 28.20 © Jens Boenigk. *All Rights Reserved*

Abb. 28.21 © Jens Boenigk. *All Rights Reserved*. Fotos: Strepsiptera © McKenna DD & Farrell BD, from McKenna DD, Farrell BD (2010) 9-Genes Reinforce the Phylogeny of Holometabola and Yield Alternate Views on the Phylogenetic Placement of Strepsiptera. PLOS ONE 5: e11887; Diptera © Thomas Bresson/Wikimedia Commons/CC BY 3.0; Hymenoptera © Didier Descouens/Wikimedia Commons; Coleoptera © Ian Alexander/Wikimedia Commons; Wildtyp und Mutanten von *Drosophila* aus © Slattery et al. (2011) Genome-Wide Tissue-Specific Occupancy of the Hox Protein Ultrabithorax and Hox Cofactor Homothorax in *Drosophila*. PLoS ONE 6(4): e14686. doi:10.1371/journal.pone.0014686

Abb. 28.22 Grafiken adapted by permission from PLOS One. PLOS One 4(9): e6978. Distinct Gene Number-Genome Size Relationships for Eukaryotes and Non-Eukaryotes: Gene Content Estimation for Dinoflagellate Genomes. Hou Y, Lin S. Copyright (2009)

Abb. 28.23 Adapted by permission from American Association for the Advancement of Science (AAAS). Science 309(5738): 1242-1245. Genome Streamlining in a Cosmopolitan Oceanic Bacterium. Giovannoni SJ et al. Copyright (2005)

Abb. 29.1 © Jens Boenigk. *All Rights Reserved*

Abb. 29.2 Fotos: terrestrisches Hydrothermalfeld © Flicka/Wikimedia Commons; Schwarzer Raucher: © MARUM – Zentrum für Marine Umweltwissenschaften, Universität Bremen. *All Rights Reserved*

Abb. 29.3 © Jens Boenigk. *All Rights Reserved*

Abb. 29.4 © Jens Boenigk. *All Rights Reserved*

Abb. 29.5 Foto: Stromatolithen: © C. Eeckhout/Wikimedia Commons/GFDL & CC-BY-3.0

Abb. 29.6 © Jens Boenigk. *All Rights Reserved*

Abb. 29.7 © Jens Boenigk. *All Rights Reserved*

Abb. 29.8 © Jens Boenigk. *All Rights Reserved*. Fotos: Small Shelly Fauna, *Dickonsonia*, *Cloudina*: © Michael Steiner

Abb. 29.9 © Jens Boenigk. *All Rights Reserved*

Abb. 29.10 © Jens Boenigk. *All Rights Reserved*

Abb. 29.11 © Jens Boenigk. *All Rights Reserved*

Abb. 29.12 © Jens Boenigk. *All Rights Reserved*

Abb. 29.13 © Jens Boenigk. *All Rights Reserved*

Abb. 29.14 © Jens Boenigk. *All Rights Reserved*

Abb. 29.15 © Jens Boenigk. *All Rights Reserved*

Abb. 29.16 Fotos Trilite Sporen ©Philippe Steemans/Université de Liège

Abb. 29.17 Fotos: *Rhynia*: © Plantsurfer/Wikimedia Commons; *Cooksonia*: © Ghedoghedo/Wikimedia Commons

Abb. 29.18 © Jens Boenigk. *All Rights Reserved*

Abb. 29.19 © Jens Boenigk. *All Rights Reserved*

Abb. 29.20 © Jens Boenigk. *All Rights Reserved*

Abb. 29.21 © Jens Boenigk. *All Rights Reserved*

Abb. 29.22 © Jens Boenigk. *All Rights Reserved*

Abb. 29.23 © Jens Boenigk. *All Rights Reserved*

Abb. 29.24 © Jens Boenigk. *All Rights Reserved*

Abb. 29.25 © Jens Boenigk. *All Rights Reserved*

Abb. 29.26 © Jens Boenigk. *All Rights Reserved*

Abb. 29.27 © Jens Boenigk. *All Rights Reserved*

Abb. 29.28 © Jens Boenigk. *All Rights Reserved*

Abb. 30.1 © Bernd Sures & Jens Boenigk. *All Rights Reserved*

Abb. 30.3 © Bernd Sures & Jens Boenigk. *All Rights Reserved*

Abb. 30.6 alle Fotos © Helmut Schuhmacher

Abb. 30.7 © Bernd Sures & Jens Boenigk. *All Rights Reserved*

Abb. 30.8 Epithel nachkoloriert aus Lexikon der Biologie, www.spektrum.de. © Spektrum

Abb. 30.9 Zeichnungen aus Storch, Welsch (2004), Systematische Zoologie, 6. Auflage, © Springer-Verlag

Abb.30.10 Fotos: © Helmut Schuhmacher

Abb. 30.11 Zeichnungen © Dennis Kallert

Abb. 30.12 Zeichnung Generationswechsel und Fotos © Dennis Kallert; Zeichnung Actinosporea-Spore © Lom, J., & Dyková, I. (2006). Myxozoan genera: definition and notes on taxonomy, life-cycle terminology and pathogenic species. Folia Parasitologica 53:1-36. doi: 10.14411/fp.2006.001. Zeichnung Myxosporea-Spore aus Mehlhorn, Piekarski (2002), Grundriß der Parasitenkunde, , © Springer-Verlag

Abb. 30.13 Fotos © Bernd Sures

Abb. 30.14 Zeichnung Meduse und Polyp aus Westheide, Rieger (2013), Spezielle Zoologie. 3. Auflage, © Springer-Verlag; Zeichnungen Nesselzelle aus Storch, Welsch (2004), Systematische Zoologie, 6. Auflage, © Springer-Verlag

Abb. 30.15 Foto a) © Bernd Sures; Foto b & c) © Helmut Schuhmacher

Abb. 30.16 a und c) © Michael Eisinger, b) © Christoph Singer

Abb. 30.17 Foto: b) © Helmut Schuhmacher, c) und d) © Michael Eisinger

Abb. 30.18 © Bernd Sures & Jens Boenigk. *All Rights Reserved*

Abb. 30.19 Zeichnung Käfer: Clker-Free-Vector-Images auf Pixabay; Symmetrieebenen der Bilateria aus Lexikon der Biologie, www.spektrum.de. © Spektrum

Abb. 30.20 © Bernd Sures & Jens Boenigk. *All Rights Reserved*

Abb. 30.21 Fotos: *Dendrocoelum* © H. Krisp /Wikimedia Commons/CC BY 3.0; *Dugesia* © Eduard Solà /Wikimedia Common/ CC BY SA 3.0; c) *Pseudobiceros* © Nathalie Rodrigues /Wikimedia Commons/ CC BY SA 3.0

Abb. 30.22 Foto: © Bernd Sures

Abb. 30.23 verändert aus Mehlhorn H (2001) Encyclopedic reference of parasitology. Springer. © Springer

Abb. 30.24 Fotos: Cerkarie von *Trichobilharzia frank* © Christian Selbach; andere Fotos © Jessica Schwelm

Abb. 30.25 Stadien aus Westheide, Rieger (2013), Spezielle Zoologie. 3. Auflage, © Springer-Verlag

Abb. 30.26 Fotos © Prof. Kurt Buchmann

Abb. 30.27 aus Westheide, Rieger (2013), Spezielle Zoologie. 3. Auflage, © Springer-Verlag

Abb. 30.28 Fotos: © Helmut Sattmann

Abb. 30.29 verändert aus Lucius, Loos-Frank (2008), Biologie von Parasiten, 3. Auflage, © Springer-Verlag

Abb. 30.30 © Bernd Sures & Jens Boenigk. *All Rights Reserved*

Abb. 30.31 Fotos: Notholca: © Wiedehopf20 /Wikimedia Commons; Keratella: © Treinisch at German Wikipedia / Wikimedia Commons

Abb. 30.32 Foto: © Bernd Sures

Abb. 30.33 Fotos: Acanthor © Felix Reitze; *Pomphorhynchus* sp. im Darm © Milen Nachev; *Moniliformis moniliformis* © Gaby Jürges; Amphipoden (von links nach rechts): © Armin Svoboda, © Bernd Sures, © Steffen Faust

Abb. 30.34 © Bernd Sures & Jens Boenigk. *All Rights Reserved.*; Zeichnung: Mollusca: adaptiert nach Storch & Welsch, 2004 (Spektrum): Systematische Zoologie

Abb. 30.35 Fotos: © Daniel Grabner

Abb. 30.37 Foto: © Helmut Schuhmacher

Abb. 30.38 Fotos: *Spiphone corbicula* © Nadine Ruchter; *Mya arenaria* © Helmut Schumacher; *Dreissena polymorpha* © Sabrina Keil; *Corbicula* spec. © Nadine Ruchter; *Pinna nobilis* © Bernd Sures. Schemazeichnungen: adaptiert nach Storch, Welsch (2004), Systematische Zoologie, © Springer-Verlag

Abb. 30.39 Fotos © Frankie Thielen

Abb. 30.40 Zeichnung aus Storch, Welsch (2004), Systematische Zoologie, 6. Auflage, © Springer-Verlag

Abb. 30.41 Fotos: Ophistobranchia © Philipp Sures; Prosobranchia und Basaommatophora: © Jessica Schwelm; Stylommatophora: © Barbara Sures

Abb. 30.42 Zeichnung aus Storch, Welsch (2009), Kükenthal – Zoologisches Praktikum. 26. Auflage, © Springer-Verlag

Abb. 30.43 Fotos: *Nautilus*: J. Baecker /Wikimedia Commons/ gemeinfrei; Kalmar: © Betty Wills/Wikimedia Commons/CC BY SA 4.0; *Sepia*: © Bernd Sures; Schulp: © Barbara Sures; Oktopus kriechend: © Helmut Schuhmacher

Abb. 30.44 Foto: © Philipp Sures

Abb. 30.45 © Bernd Sures und Jens Boenigk. *All Rights Reserved.* Fotos: *Lumbriculus variegatus* © Barbara Sures; *Lumbricus terrestricus* © Jens Boenigk; *Hirudo medicinalis* © Karl Ragnar Gjertsen/Wikimedia Commons/ CC BY SA 2.5; *Piscicola geometra* © Armin Svoboda; *Sabella spallanzanii* © Michael Eisinger

Abb. 30.46 Schemazeichnungen: adaptiert nach Storch, Welsch (2004), Systematische Zoologie, © Springer-Verlag

Abb. 30.47 Systematischer Überblick: © Bernd Sures & Jens Boenigk. *All Rights Reserved.*; Mikroskopisches Bild © Gerhard Schertzinger

Abb. 30.48 Schemazeichnungen: adaptiert nach Storch, Welsch (2004), Systematische Zoologie, © Springer-Verlag

Abb. 30.49 Foto: © Helmut Sattmann, aus der Helminthensammlung des Naturhistorischen Museums Wien

Abb. 30.50 Schlüpfende Zikade: © Toby Hudson; Wikimedia Commons; Tardigrada © Horst-Dieter Döricht und H.G. Kindlein; Onychophora: © Bruno Vellutini; Tagpfauenauge © Julian Enß

Abb. 30.51 © Bernd Sures und Jens Boenigk. *All Rights Reserved.* Tardigrada © Bob Goldstein and Vicky Madden, UNC Chapel Hill/Wikimedia Commons; Onychophora © Prof. J. E. Armstrong, Illinois State University; Chelicerata *Tarantula* © Trisha M Shears/Wikimedia Commons/public domain;Trilobit (*Phacops rana*) © James St. John; Wikimedia Commons CC BY 2.0; Myriapoda: © Norbert Böttger; Crustaceae © Maciek Stanikowski/ Wikimedia Commons/ public domain; Hexapoda Biene © Aphaia/ Wikimedia Commons/ GFDL; SEM of Metatarsus © Alexander Riedel

Abb. 30.52 Beine (obere Reihe) verändert und koloriert aus Westheide, Rieger (2013), Spezielle Zoologie. 3. Auflage, © Springer-Verlag

Abb. 30.53 aus Westheide, Rieger (2013), Spezielle Zoologie. 3. Auflage, Springer-Verlag

Abb. 30.54 Fotos: Kreuzspinne: Peggy Choucair auf Pixabay; Fotos Wespenspinne: © Barbara Sures; alle anderen Fotos © Marcus Schmitt

Abb. 30.55 Fotos: © Barbara Sures

Abb. 30.56 Fotos: © Marcus Schmitt

Abb. 30.57 Fotos: © Julian Enß

Abb. 30.58 Foto: Gemeiner Holzbock © Marcus Schmitt; Uferschwalben: © Barbara Sures

Abb. 30.59 © Bernd Sures & Jens Boenigk. *All Rights Reserved*

Abb. 30.60 verändert aus Westheide, Rieger (2013), Spezielle Zoologie. 3. Auflage, © Springer-Verlag. Nauplius aus Storch, Welsch (2004), Systematische Zoologie. 6. Auflage, © Spektrum-Verlag. Extremitäten aus Storch, Welsch (2009), Kükenthal – Zoologisches Praktikum. 26. Auflage, © Springer-Verlag

Abb. 30.61 aus Storch, Welsch (2004), Systematische Zoologie. 6. Auflage, © Spektrum-Verlag

Abb. 30.62 Fotos: Branchiura – Stichling, Karpfenlaus und *Lernea* spec. © Horst Taraschewski; Ventralansichten © Annemarie Avenant-Oldewage; Pentastomatida:© Kerstin Junker; Isopoda © Nico Smit

Abb. 30.63 Seepocken:© Christian Feld; *Daphnia magna*: © Marion Woermann; Ostracode © Anna33 at English Wikipedia, Wikimedia Commons/CC BY 2.5; Copepod: © Katrin Honka

Abb. 30.64 Fotos: Europäischer Hummer und Europäischer Flusskrebs © Helmut Schuhmacher; Einhorngarnele © Christian Feld; Taschenkrebs © Barbara Sures; Wollhandkrabbe © Armin Lorenz; Einsiedlerkrebs: © Christian Feld; Großer Roter Einsiedlerkrebs in Symbiose mit der Schmarotzerseerose © Katharina Sures; Flohkrebs © Helmut Schumacher; Assel © Jens Boenigk

Abb. 30.65 Fotos © Helmut Schuhmacher. Zeichnung Chilopoda verändert und koloriert aus Storch, Welsch (2004), Systematische Zoologie. 6. Auflage, © Spektrum-Verlag. Zeichnung Diplopoda verändert nach Klausnitzer B (2019), Stresemann – Exkursionsfauna von Deutschland. Band 1. 9. Auflage, © Springer-Verlag

Abb. 30.66 © Jens Boenigk und Bernd Sures. *All rights reserved*

Abb. 30.67 Diplura © Marshal Hedin from San Diego/wikimedia commons; Protura © Gregor ?nidar/wikimedia commons; Collembola (Kugelspringer, Sminthuridae) © Julian Enß

Abb. 30.68 Zeichnungen überarbeitet nach © Jens Boenigk

Abb. 30.69 Komplexaugen Libelle: WikimediaImages auf Pixabay; Ocellen © Thomas Hörren; Eichenspinner © Christian Feld; Scharlachrote Plattkäfer © Thomas Hörren

Abb. 30.70 Bauplan aus Storch, Welsch (2004), Systematische Zoologie. 6. Auflage, © Spektrum-Verlag

Abb. 30.71 Flügel aus Storch, Welsch (2004), Systematische Zoologie. 6. Auflage, © Spektrum-Verlag; Flügeladerung bei einer Großlibelle: Miroslaw Kolaczynski auf Pixabay; Hirschkäfer © Helmut Schuhmacher; Baumwanze © Darkone/Wikimedia Commons; *Drosophila* © Julian Enß; Köcherfliege © Thomas Hörren; Apollofalter © Julian Enß

Abb. 30.72 Eintagsfliege © James Lindsey's Ecology of Commanster Site/Wikimedia Commons; Schabe © Caroline Harding, MAF Plant Health & Environment Laboratory/Wikimedia Commons/CC BY 3.0; Ohrwurm © jacilluch/Wikimedia commons; *Gasteruption* sp. © Julian Enß

Abb. 30.73 Libellenlarve Foto: Kryp/Wikimedia Commons/CC0 1.0; Fotos Kohlweißling © Jens Boenigk. Zeichnungen der Entwicklungsstadien aus Dettner, Peters (2919), Lehrbuch der Entomologie, © Springer-Verlag

Abb. 30.74 Felsenspringer & Silberfischchen © Julian Enß; Eintagsfliege Foto: © Wolfram Graf/Astrid Schmidt-Kloiber; Libelle © Barbara Sures

Abb. 30.75 Larvale Trichoptere © Thomas Hörren; alle anderen Fotos © Wolfram Graf/Astrid Schmidt-Kloiber

Abb. 30.76 Rhododendronzikade © Rolf Behlert; Büffelzikade und Rundwanze © Thomas Hörren; Feuerwanze © Kathrin Januschke; Bettwanze und Raubwanze © Bernd Sures

Abb. 30.77 Zeichnung Käfer nach Klausnitzer (2011), Stresemann – Exkursionsfauna von Deutschland. Band 2. 11. Auflage, © Springer-Verlag. Kurzflügler © Thomas Hörren; Rüsselkäfer, Nashornkäfer © Barbara Sures; Sandlaufkäfer © Bernd Sures; Blattkäfer © Helmut Schuhmacher; Marienkäfer, Maikäfer, Hirschkäfer und Moschusbock © Rolf Behlert

Abb. 30.78 Hornisse © Julian Enß; alle anderen Bilder © Rolf Behlert

Abb. 30.79 alle Fotos © Rolf Behlert

Abb. 30.80 Fotos Ibisfliege © Helmut Schuhmacher; Schwebfliegenfotos © Julian Enß; Hausfliege © Joejhalda, wikimedia commons; Bremse © Ben Sale, wikimedia commons CC BY 2.0; Mücke: US Department of Agriculture, gemeinfrei

Abb. 30.81 © Bernd Sures & Jens Boenigk. *All Rights Reserved.* Fotos: Haarstern © Helmut Schuhmacher; Seestern und Schlagenstern © Christian Feld; Seeigel © Nick Hobgood/Wikimedia Commons/Cc BY SA 3.0

Abb. 30.82 Zeichnung Seeigel verändert aus Westheide, Rieger (2013), Spezielle Zoologie. 3. Auflage, © Springer-Verlag. Fotos: Pedicellarien bei *Tripneustes gratilla* © Helmut Schuhmacher; Seeigel © Sarah Pitronaci; Purpurseestern © Christian Feld

Abb. 30.83 Fotos: Schlangenstern © Helmut Schuhmacher; © Christian Feld

Abb. 30.84 Übersichtszeichnung aus Storch, Welsch (2004), Systematische Zoologie. 6. Auflage, © Spektrum-Verlag. Querschnittszeichnung aus Westheide, Rieger (2013), Spezielle Zoologie. 3. Auflage, © Springer-Verlag. Fotos: *Astropecten* sp.: © Sarah Pitronaci; alle anderen Fotos © Helmut Schuhmacher

Abb. 30.85 Übersichtszeichnung und Laterne des Aristoteles Aufsicht aus Storch, Welsch (2004), Systematische Zoologie. 6. Auflage, © Spektrum-Verlag. Laterne des Aristoteles seitlich aus Storch, Welsch (2009), Kükenthal – Zoologisches Praktikum. 26. Auflage, © Springer-Verlag; Foto Diademseeigel © Philipp Sures, alle anderen Fotos © Helmut Schuhmacher

Abb. 30.86 Übersichtszeichnung aus Storch, Welsch (2004), Systematische Zoologie. 6. Auflage, © Spektrum-Verlag. Fotos © Helmut Schuhmacher

Abb. 30.87 Abbildung: © Bernd Sures und Jens Boenigk. *All rights reserved*

Abb. 30.88 Foto © Christian Feld. Zeichnung Seescheide adult aus Storch, Welsch (2009), Kükenthal – Zoologisches Praktikum. 26. Auflage, © Springer-Verlag; Zeichnung Seescheide Larve aus Westheide, Rieger (2013), Spezielle Zoologie. 3. Auflage, © Springer-Verlag

Abb. 30.89 Foto © Christian Feld. Zeichnung aus Storch, Welsch (2004), Systematische Zoologie. 6. Auflage, © Spektrum-Verlag

Abb. 30.90 Fotos © Jürgen Würtz. Zeichnung aus Westheide, Rieger (2013), Spezielle Zoologie. 3. Auflage, © Springer-Verlag.

Abb. 30.91 Foto © Barbara Sures

Abb. 30.92 Barbe und Döbel © Barbara Sures; Sterlet © Armin Svoboda; Flussbarsch, Stichling, Bitterling © Rolf Behlert; Anemonenfisch und Riesenkugelfisch © Michael Eisinger. Zeichnung aus Storch, Welsch (2009), Kükenthal – Zoologisches Praktikum. 26. Auflage, © Springer-Verlag

Abb. 30.93 Feuersalamander und Axolotl © Louisa Roth; junger Grasfrosch © Peter Schütz; alle anderen Fotos © Rolf Behlert

Abb. 30.94 Abbildung © Bernd Sures und Jens Boenigk. *All rights reserved.* Foto Placenta: Wei Hsu and Shang-Yi Chiu/ Wikimedia Commons/CC BY 2.5; © Sedwick C PLoS Biology Vol. 6, No. 12, e312 doi:10.1371/journal.pbio.0060312.g001

Abb. 30.95 Organisation der Embryonalhüllen aus Storch, Welsch (2004), Systematische Zoologie. 6. Auflage, © Spektrum-Verlag

Abb. 30.96 Pantherschildkröte, Agame, Europäischer Halbfinger, Nilkrokodil © Barbara Sures; Waran © Bernd Sures; Ringelnatter © Marcus Schmitt; Fotos © Rolf Behlert

Abb. 30.97 Fotos © Rolf Behlert. Zeichnungen aus Westheide, Rieger (2013), Spezielle Zoologie. 3. Auflage, © Springer-Verlag.

Abb. 30.98 Kernbeißer © Barbara Sures; alle anderen Fotos © Rolf Behlert

Abb. 30.99 Fotos © Rolf Behlert

Abb. 30.100 Foto: Allan Whittome (Whitto)/wikimedia commons/public domain

Abb. 30.101 Koala © Barbara Sures

Abb. 30.102 Fotos Wolf, Pferd und Delfin © Barbara Sures; andere Fotos © Rolf Behlert

Abb. 31.1 © Jens Boenigk. *All Rights Reserved*

Abb. 31.2 © Jens Boenigk. *All Rights Reserved*

Abb. 31.3 © Jens Boenigk. *All Rights Reserved*

Abb. 31.4 Zeichnungen: aus Kadereit et al. (2014), Strasburger – Lehrbuch der Pflanzenwissenschaften, 37. Auflage, © Springer-Verlag, Berlin, Heidelberg. Fotos nach U. Mayer und G. Jürgens, Zeichnungen nach R. A. Torres Ruiz

Abb. 31.5 © Jens Boenigk. *All Rights Reserved.* Fotos: Kormophyt © Ton Rulkens/Flickr; *Mnium* © Dietmar Quandt; Metzgeria: © Dietmar Quandt

Abb. 31.6 © Jens Boenigk. *All Rights Reserved*

Abb. 31.7 © Jens Boenigk. *All Rights Reserved*

Abb. 31.8 © Jens Boenigk. *All Rights Reserved*

Abb. 31.9 Fotos: Lärche: © Jens Boenigk; Zwiebel: © Amada44/Wikimedia Commons/gemeinfrei; Hahnenfuß: © Harry Rose/Flickr/CC BY-2.0

Abb. 31.10 © Jens Boenigk. *All Rights Reserved.* Foto: © Fdominec/Wikimedia Commons

Abb. 31.11 Fotos: Löwenzahn: © Jens Boenigk; Zwiebel: © Jens Boenigk

Abb. 31.12 Fotos: Keimwurzel des Kürbis: © Jens Boenigk. Andere Fotos aus aus Kadereit et al. (2014), Strasburger – Lehrbuch der Pflanzenwissenschaften, 37. Auflage, © Springer-Verlag, Berlin, Heidelberg. Fotos: P. Sitte. *All Rights Reserved*

Abb. 31.13 Blockschemata adaptiert nach Mägdefrau K (1951), Botanik, © Winter-Verlag

Abb. 31.14 Bilder: ringporiges und zerstreutporiges Holz: aus Strasburger Abb. 3.49; Kernholz: © MPF, /Wikimedia Commons

Abb. 31.15 Foto: Rinde der Linde, Kadereit et al. (2014), Strasburger – Lehrbuch der Pflanzenwissenschaften, 37. Auflage, © Springer-Verlag, Berlin, Heidelberg

Abb. 31.16 Fotos: Ringelborke der Birke: © LBM1948, /Wikimedia Commons; Rinde der Rotbuche © Jugrü, /Wikimedia Commonos, gemeinfrei; Schuppenborke der Weißtanne *Abies alba* © Crusier, /Wikimedia Commons; Korkeiche: Plantsurfer/Wikipedia, gemeinfrei

Abb. 31.17 Foto Drachenbaum © Miguel303xm /Wikimedia Commons; Zeichnungen aus Kadereit et al. (2014), Strasburger – Lehrbuch der Pflanzenwissenschaften, 37. Auflage, © Springer-Verlag, Berlin, Heidelberg

Abb. 31.18 © Jens Boenigk. *All Rights Reserved*

Abb. 31.20 verändert und koloriert nach Kadereit et al. (2014), Strasburger – Lehrbuch der Pflanzenwissenschaften, 37. Auflage, © Springer-Verlag, Berlin, Heidelberg

Abb. 31.21 © Jens Boenigk. *All Rights Reserved*

Abb. 31.22 © Jens Boenigk. *All Rights Reserved*

Abb. 31.23 Fotos: Lebender Stein: © Dornenwolf/flickr/CC BY 2.0; Kaktus: © Jens Boenigk; Opuntie: Sarang/Wikimedia Commons/gemeinfrei

Abb. 31.24 Fotos: Kartoffel: © Jens Boenigk; Kohlrabi: © ArséniureDeGallium/Wikimedia Commons; Radieschen © Jeremy Bronson/Flickr/CC-BY-2.0; Scharbockskraut © Jens Boenigk; Möhre © woodleywonderworks/Wikimedia Commons/CC-BY-2.0; Zwiebel Querschnitt: Amada44/Wikimedia Commons/gemeinfrei; Hintergrundfoto: Stephen Ausmus, USDA ARS/Wikimedia/gemeinfrei

Abb. 31.25 Abbildung und Fotos © Jens Boenigk. *All Rights Reserved*

Abb. 31.26 © Jens Boenigk. *All Rights Reserved*

Abb. 31.27 © Jens Boenigk. *All Rights Reserved*

Abb. 31.28 © Jens Boenigk. *All Rights Reserved*

Abb. 31.29 © Jens Boenigk. *All Rights Reserved*. Fotos: *Riccia glauca* © Hermann Schacher/Wikimedia Commons/CC0-1.0, *Jungermannia subulata*: © Hermann Schacher/Wikimedia Commons/CC0-1.0; *Syntrichia ruraliformis* © Hermann Schacher/Wikimedia Commons/CC0-1.0; *Phaeoceros carolinianus* © Hermann Schacher/Wikimedia Commons/CC0-1.0

Abb. 31.30 © Jens Boenigk. *All Rights Reserved*

Abb. 31.31 © Jens Boenigk. *All Rights Reserved*. Fotos: Lopho*colea bidentata* © Hermann Schacher/Wikimedia Commons/CC0-1.0; *Marchantia polymorpha* © Hermann Schacher/Wikimedia Commons/CC0-1.0

Abb. 31.32 © Jens Boenigk. *All Rights Reserved*. Fotos: *Marchantia polymorpha*, männlich: © Hermann Schacher/Wikimedia Commons/CC0-1.0; weiblich: © Hermann Schacher/Wikimedia Commons/CC0-1.0

Abb. 31.33 Foto: *Sauteria alpina*: © Hermann Schacher/Wikimedia Commons/CC0-1.0

Abb. 31.34 © Jens Boenigk. *All Rights Reserved*. Fotos: © Hermann Schacher/Wikimedia Commons/CC0-1.0

Abb. 31.35 © Jens Boenigk. *All Rights Reserved*

Abb. 31.36 © Jens Boenigk. *All Rights Reserved*

Abb. 31.37 © Jens Boenigk. *All Rights Reserved*. Fotos © Jörg Weiß, Mikroskopisches Kollegium Bonn, www.mikroskopie-bonn.de

Abb. 31.38 © Jens Boenigk. *All Rights Reserved*

Abb. 31.39 © Jens Boenigk. *All Rights Reserved*. Fotos: *Lycopodium clavatum*: © Christian Fischer/Wikimedia Commons; *Lycopodium* spec. Gametophyt: © Curtis Clark/Wikimedia Commons; *Selaginella canaliculata* © Bastique/Wikimedia Commons/GFDL; *Isoetes melanospora* © AHR12/Wikimedia Commons

Abb. 31.40 © Jens Boenigk. *All Rights Reserved*

Abb. 31.41 © Jens Boenigk. *All Rights Reserved*

Abb. 31.42 © Jens Boenigk. *All Rights Reserved*. Foto: © Christian Fischer/Wikimedia Commons

Abb. 31.43 © Jens Boenigk. *All Rights Reserved*. Fotos: Gewöhnliche Natternzunge (*Ophioglossum vulgatum*, links): © Orchi/Wikimedia Commons/GFDL; Gabelblattgewächs (*Psilotum nudum*, rechts) © Forest&Kim Starr/Wikimedia Commons/CC BY 2.0

Abb. 31.44 © Jens Boenigk. *All Rights Reserved*. Fotos: Baumfarn: © Susomoinhos/Wikimedia Commons; *Blechnum gibbum Prothallium*: © Jens Boenigk; Sorus Farne: © Jens Boenigk. Frauenhaarfarn Sori: © Jens Boenigk

Abb. 31.45 © Jens Boenigk. *All Rights Reserved*

Abb. 31.46 © Jens Boenigk. *All Rights Reserved*

Abb. 31.47 © Jens Boenigk. *All Rights Reserved*. Fotos: Zapfen: US Forest Service/Flickr/public domain; Kiwi: Anika/Flickr/gemeinfrei

Abb. 31.48 © Jens Boenigk. *All Rights Reserved*

Abb. 31.49 © Jens Boenigk. *All Rights Reserved*

Abb. 31.50 © Jens Boenigk. *All Rights Reserved*

Abb. 31.51 © Jens Boenigk. *All Rights Reserved*

Abb. 31.52 © Jens Boenigk. *All Rights Reserved*. Fotos: weibliches Sporophyll und Samen: verändert nach © Yercaud-elango/Wikimedia Commons; männliches Sporophyll

(Zeichnung): nach L. C. Richard aus Kadereit et al. (2014), Strasburger – Lehrbuch der Pflanzenwissenschaften, 37. Auflage, © Springer-Verlag, Berlin, Heidelberg; Cycas, weiblicher Zapfen: © Michal Klajban/Wikimedia Commons; Cycas, männlicher Zapfen: © Stan Shebs/Wikimedia Commons; Cycas, Habitus: © Pásztörperc in Wikipedia auf Ungarisch/ Wikimedia Commons

Abb. 31.53 © Jens Boenigk. *All Rights Reserved.* Fotos: Blatt © Jl staub/Wikimedia Commons; männliche Blüte: © Marcin Kolasiński/Wikimedia Commons; weibliche Blüte: © Marcin Kolasiński/Wikimedia Commons; Frucht: © H. Zell/Wikimedia Commons; Baum: © Darkone/Wikimedia Commons

Abb. 31.54 © Jens Boenigk. *All Rights Reserved.* Fotos: junger weiblicher Zapfen: © BeenTree/Wikimedia Commons; alter weiblicher Zapfen: USDA-NRCS PLANTS Database/ Herman, D. E. et al. 1996. North Dakota tree handbook. USDA NRCS ND State Soil Conservation Committee; NDSU Extension and Western Area Power Admin., Bismarck, ND/ Wikimedia Commons/public domain; männlicher Zapfen: © BeenTree/Wikimedia Commons; Zeichnungen aus Kadereit et al. (2014), Strasburger – Lehrbuch der Pflanzenwissenschaften, 37. Auflage, © Springer-Verlag, Berlin, Heidelberg: Zweig nach O. C. Berg und C. F. Schmidt; männlicher Zapfen nach E. Strasburger

Abb. 31.55 Fotos: Wacholder, Landschaft ©Willy Horsch/ Wikimedia Commons/CC-BY-2.5; Wacholder, Details (Nadelblätter + Beeren) © Nova/Wikimedia Commons; Eibe: © AnRo0002/Wikimedia Commons/CC0 1.0; Eibe, Detail: © Balles2601/Wikimedia Commons

Abb. 31.56 Fotos: Ephedra: © Frank Vincentz/Wikimedia Commons; *Gnetum gnemon* © gbohne/Wikimedia Commons; *Welwitschia* Foto © Freddy Weber/Wikimedia Commons/gemeinfrei

Abb. 31.57 © Jens Boenigk. *All Rights Reserved.* Zeichnung aus Kadereit et al. (2014), Strasburger – Lehrbuch der Pflanzenwissenschaften, 37. Auflage; nach W. Troll, © Springer-Verlag; Berlin, Heidelberg; Fotos: © Jens Boenigk

Abb. 31.58 © Jens Boenigk. *All Rights Reserved.* Foto: © Jens Boenigk

Abb. 31.59 © Jens Boenigk. *All Rights Reserved*

Abb. 31.60 © Jens Boenigk. *All Rights Reserved*

Abb. 31.61 © Jens Boenigk. *All Rights Reserved*

Abb. 31.62 © Jens Boenigk. *All Rights Reserved.* Fotos: Pfirsich: Evan-Amos/Wikimedia Commons/CC0 1.0 Universal, Public domain; Pfirsichkern: © Philmarin/Wikimedia Commons; Haselnuss: abu a.k.a Andrzej Burak, public domain; Pusteblume: © Jose Luis Cernadas Iglesias/Wikimedia Commons/CC-BY-2.0; Erdbeere: © jfh686/Wikimedia Commons; Blaubeere: © Anne Burgess/Wikimedia Commons; Zitrusfrucht: Batholith/Wikimedia Commons/gemeinfrei; Himbeere: Peace656/Wikimedia Commons/gemeinfrei

Abb. 31.63 © Jens Boenigk. *All Rights Reserved.* Zeichnung nach A. Englers Syllabus aus Kadereit et al. (2014), Strasburger – Lehrbuch der Pflanzenwissenschaften, 37. Auflage; © Springer-Verlag; Berlin, Heidelberg; Fotos: Magnolie Frucht: © Berthold Werner/Wikimedia Commons/ CC-BY-SA3.0; Goldregen Frucht: © Roger Culos/Wikimedia Commons/CC-BY-SA3.0; Schlafmohn Kapsel: © Alastair Rae from London, United Kingdom/Wikimedia Commons/ CC-BY-SA2.0; Raps Schote: © Clinton & Charles Robertson from RAF Lakenheath, UK & San Marcos, TX, USA & UK/ Wikimedia

Abb. 31.64 © Jens Boenigk. *All Rights Reserved.* Fotos: Seerose: © Jens Boenigk; *Iris variegata*: © Stefan.lefnaer/Wikimedia Commons; *Raphanus sativus*: © Curtis Clark/Wikimedia Commons; Pollen, REM Aufnahmen: H. Halbritter und M. Hesse aus Kadereit et al. (2014), Strasburger – Lehrbuch der Pflanzenwissenschaften, 37. Auflage, © Springer-Verlag, Berlin, Heidelberg

Abb. 31.65 © Jens Boenigk. *All Rights Reserved.* Fotos: Zwiebelblüte © H. Zell/Wikimedia Commons; Zwiebelpflanze © Stephen Ausmus, USDA ARS/Wikimedia Commons/public domain; Zwiebel (Blattscheide und Wurzel), Birne (Blüte und Blatt) © Jens Boenigk; Birnbaum © AnRo0002 /Wikimedia Commons/public domain

Abb. 31.66 © Jens Boenigk. *All Rights Reserved*

Abb. 31.67 © Jens Boenigk. *All Rights Reserved.* Fotos: Zuckerrohr: © B.navez/Wikimedia Commons; Mais: © Christian Fischer/Wikimedia Commons; Reis: © David Nance, US Department of Agriculture/Wikimedia Commons/gemeinfrei; Weizen: © INRA DIST/Wikimedia Commons/CC-BY-2.0

Abb. 31.68 © Jens Boenigk. *All Rights Reserved.* Fotos: choripetale Blüte (Birne) © Jens Boenigk; zygomorphe Blüte (*Prunella vulgaris*) ©Philipp Weigell/Wikimedia Commons/ CC-BY-3.0; Euanthium (Magnolie) © Jens Boenigk; sympetale Blüte (Enzian): © Jens Boenigk; disymmetrische Blüte (*Cardamine amara*): Leo Michels/Wikimedia Commons/ gemeinfrei; Pseudanthium (Korbblütler) © Jens Boenigk; radiärsymmetrische Blüte (*Potentilla erecta*): © Daniel Villafruela/Wikimedia Commons; Meranthium (*Iris* spec.): © AnRo0002/Wikimedia Commons/public domain CC0-1.0

Abb. 31.69 © Jens Boenigk. *All Rights Reserved*

Abb. 32.3 Fotos © Dominik Begerow; Röntgenbild: Case courtesy of Dr Mahomed A. Osman, Radiopaedia.org, rID: 24211

Abb. 32.4 © Jens Boenigk & Dominik Begerow. *All Rights Reserved*

Abb. 32.5 Zeichnung aus Westheide, Rieger (2013), Spezielle Zoologie. 3. Auflage, © Springer-Verlag

Abb. 32.6 Zeichnung aus Westheide, Rieger (2013), Spezielle Zoologie. 3. Auflage, © Springer-Verlag. Strudelwurm © Eduard Solà /Wikimedia Common/ CC BY SA 3.0

Abb. 32.7 Abbildung © Jens Boenigk & Dominik Begerow. *All Rights Reserved*

Abb. 32.8 Fotos © Dominik Begerow

Box 32.1 *Atelopus limosus*: © Brian Gratwicke/Flickr/ CC-BY-2.0; Abbildung Lebenszyklus: Adapted by permission from John Wiley & Sons Ltd. James TY et al. (2015) Ecology and Evolution 5: 4079-4097. Copyright (2015); Foto Infektion: Peter Daszak, Lee Berger, Andrew A. Cunningham, Alex D., Hyatt, D. Earl Green, and Rick Speare; Centers for Desease Control and Prevention; public domain; Verbreitungskarte: Adapted by permission from John Wiley & Sons Ltd. James TY et al. (2015) Ecology and Evolution 5: 4079-4097. Copyright (2015)

Abb. 32.9 Foto Wandschimmel © Claus Drevermann; andere Fotos © Dominik Begerow

Abb. 32.10 Fotos: *Zygorhynchus multiplex* © Grit Walther; *Phycomyces blakesleeanus* © Tanja Rollnik; *Rhizomucor pusillus* © Dominik Begerow

Abb. 32.11 Fotos © Dominik Begerow

Abb. 32.12 Fotos: © Thorben Hülsewig

Abb. 32.15 Fotos. © Ingeborg Haug, Tübingen.

Box 32.2 Zeichnung *Rhynia* vektorisiert und koloriert aus Strasburger, Lehrbuch der Botanik 31. Auflage (1978), © Gustav Fischer Verlag. Foto © Dominik Begerow

Abb. 32.16 Abbildung © Jens Boenigk, Dominik Begerow & Martin Kemler. *All Rights Reserved*

Box 32.3 Foto © Danny Haelewaters

Abb. 32.20 © Jens Boenigk, Dominik Begerow & Martin Kemler. *All Rights Reserved*. Fotos: © Dominik Begerow

Abb. 32.21 Zeichnungen: adaptiert nach © Franz Oberwinkler

Abb. 33.1 © Jens Boenigk. *All Rights Reserved*

Abb. 33.2 © Jens Boenigk. *All Rights Reserved*

Abb. 33.3 © Jens Boenigk. *All Rights Reserved*

Abb. 33.4 © Jens Boenigk. *All Rights Reserved*

Abb. 33.5 © Jens Boenigk. *All Rights Reserved*

Abb. 33.6 © Jens Boenigk. *All Rights Reserved*

Abb. 33.7 © Jens Boenigk. *All Rights Reserved*

Abb. 33.8 © Jens Boenigk. *All Rights Reserved*

Abb. 33.9 © Jens Boenigk. *All Rights Reserved*. Fotos: *Saccamoeba*, *Nebela* und *Cochliopodium* © Wolfgang Bettighofer; *Polychaos* © Ferry Siemensma; *Leptomyxa* © Ferry Siemensma; *Thecamoeba* © Ferry Siemensma; *Mastigamoeba* © Ferry Siemensma; *Darbyshirella* © Ferry Siemensma

Abb. 33.10 Fotos: *Protostelia*, Einzelzellen: © John Shadwick, The Eumycetozoan Project/Wikimedia Commons/ public domain; Fruchtkörper © George Ndiritu, The Eumycetozoan Project/Wikimedia Commons/public domain; Myxomycota © Dominik Begerow

Abb. 33.11 © Jens Boenigk. *All Rights Reserved*

Abb. 33.12 © Jens Boenigk. *All Rights Reserved*

Abb. 33.13 Foto: Chanoflagellat (*Salpingoeca* spec.) © Wolfgang Bettighofer

Abb. 33.14 © Jens Boenigk. *All Rights Reserved*. Foto: Glaucocystis: © Wolfgang Bettighofer

Abb. 33.15 © Jens Boenigk. *All Rights Reserved*

Abb. 33.16 © Jens Boenigk. *All Rights Reserved*

Abb. 33.17 © Jens Boenigk. *All Rights Reserved*. Fotos: © Wolfgang Bettighofer

Abb. 33.18 © Jens Boenigk. *All Rights Reserved*. Foto: © School of Natural Resources/Wikimedia Commons/ CC BY 2.0

Abb. 33.19 © Jens Boenigk. *All Rights Reserved*. Fotos: *Pyramimonas* © Sabina Wodniok; *Ulothrix*, *Asterococcus*, *Volvox*, *Pediastrum*, *Eremosphaera* © Wolfgang Bettighofer; *Enteromorpha* © Ria Tan and/or www.wildsingapore.com; *Ulva* © H.Krisp/Wikimedia Commons/CC-BY-3.0; *Tetrastrum*, *Dictyospherium* © Christina Bock

Abb. 33.20 © Jens Boenigk. *All Rights Reserved*

Abb. 33.21 © Jens Boenigk. *All Rights Reserved*

Abb. 33.22 © Jens Boenigk. *All Rights Reserved*. Fotos: Klebsormidium und Micrasterias apiculata: © Wolfgang Bettighofer; Chara vulgaris und Coleochaete scutata: © Sabina Wodniok

Abb. 33.23 © Jens Boenigk. *All Rights Reserved*

Abb. 33.24 Nach H. Schenk aus Kadereit et al. (2014), Strasburger – Lehrbuch der Pflanzenwissenschaften, 37. Auflage, © Springer-Verlag, Berlin, Heidelberg

Abb. 33.25 © Jens Boenigk. *All Rights Reserved*. Foto: © CDC/Janice Haney Carr/Wikimedia Commons/ public domain

Abb. 33.26 © Jens Boenigk. *All Rights Reserved*

Abb. 33.27 © Jens Boenigk. *All Rights Reserved*. Fotos: Schizopyrenida © David Patterson; *Euglena gracilis* © Angelika Preisfeld und David Patterson; *Bodo saltans* © David Patterson; Trypanosomen: © CDC/Dr. Myron G. Schultz/ Wikimedia Commons/public domain

Abb. 33.28 © Jens Boenigk. *All Rights Reserved*

Abb. 33.29 © Jens Boenigk. *All Rights Reserved*

Abb. 33.30 © Jens Boenigk. *All Rights Reserved*

Abb. 33.31 © Jens Boenigk. *All Rights Reserved*. Fotos: *Bicosoeca petiolata* © William Bourland; befallene Kartoffe: © USDA/Wikimedia Commons/public domain

Abb. 33.32 © Jens Boenigk. *All Rights Reserved*

Abb. 33.33 © Jens Boenigk. *All Rights Reserved*

Abb. 33.34 © Jens Boenigk. *All Rights Reserved*. Fotos: *Dinobryon* und *Gomphonema* © Wolfgang Bettighofer; *Laminaria* © Manfred Jensen

Abb. 33.35 © Jens Boenigk. *All Rights Reserved*. Fotos: *Synura uvella*, *Dinobryon divergens* und heterotrophe Goldalge © Wolfgang Bettighofer

Abb. 33.36 © Jens Boenigk. *All Rights Reserved*. Fotos: *Pinnularia viridis* (Pennales) und *Thalassiosira punctigera* (Centrales) © Wolfgang Bettighofer

Abb. 33.37 © Jens Boenigk. *All Rights Reserved*. Fotos: *Laminaria* © Manfred Jensen; *Fucus*, histologischer Querschnitt © Jörg Weiß/Mikroskopisches Kollegium Bonn/www.mikroskopie-bonn.de; Aerocysten © Heidi Fahrenbruch; Thallus von *Saccorhiza polyschides* © Barolloco/Wikimedia Commons

Abb. 33.38 © Jens Boenigk. *All Rights Reserved*. Fotos: Überblick Rezeptakel © Curtis Clark. Wikimedia Commons ; alle anderen Fotos: © Jon Houseman. Wikimedia Commons

Abb. 33.39 © Jens Boenigk. *All Rights Reserved*. Fotos: *Noctiluca scintillans* © Gerd Günther; *Amphidinium* und *Protoperidinium* © Mona Hoppenrath; *Ceratium hirundinella* © Wolfgang Bettighofer

Abb. 33.40 © Jens Boenigk. *All Rights Reserved*

Abb. 33.41 Foto: Algenblüte an der spanischen Costa Brava © J. Camp

Abb. 33.42 Foto Korallenbleiche © NIST/public domain. *Symbiodinium*: Allisonmlewis / Wikimedia Commons

Abb. 33.43 © Jens Boenigk. *All Rights Reserved*

Abb. 33.44 © Jens Boenigk. *All Rights Reserved*

Abb. 33.45 © Jens Boenigk. *All Rights Reserved*

Abb. 33.46 © Jens Boenigk. *All Rights Reserved*. Fotos: Paramecium und Blepharisma © Gerd Günther; Vorticella: © Wolfgang Bettighofer

Abb. 33.47 © Jens Boenigk. *All Rights Reserved*

Abb. 33.48 © Jens Boenigk. *All Rights Reserved*

Abb. 33.49 © Jens Boenigk. *All Rights Reserved*. Fotos: *Vampyrella* © Sebastian Hess; *Paulinella chromatophora* © Sebastian Hess/Culture Collection of Algae at the University of Cologne (CCAC); *Cercomonas* spec. und *Reticulamoeba* © David Bass; *Chlorarachnion reptans* © NEON_ja/Wikimedia Commons

Abb. 33.50 © Jens Boenigk. *All Rights Reserved*

Abb. 33.51 Foto: © Rasbak/Wikimedia Commons

Abb. 33.52 © Jens Boenigk. *All Rights Reserved*. Fotos: *Acantharia* © David A. Caron, University of Southern California; Foraminifera © Stefanie Schumacher; Polycystinea © Georg Rosenfeldt, Michael Hesemann/www.mikrohamburg.de

Abb. 33.53 © Jens Boenigk. *All Rights Reserved*. Fotos: Miliolida © Stefanie Schumacher; Rotaliida, Globigerinida, Textulariida: © Georg Rosenfeldt, Michael Hesemann/www.mikrohamburg.de; Amphisorus © Michele Weber; Nummulitenkalk: © Hugo Soria /Wikimedia Commons/GFDL-1.2; Ammonia © Scott Fay/University of California

Abb. 33.54 © Jens Boenigk. *All Rights Reserved*. Fotos: Coccolithen © Dr. Karl-Heinz Baumann/Universität Bremen; Kreidefelsen: © Sascha Böhnke/pixelio.de

Abb. 33.55 © Jens Boenigk. *All Rights Reserved*. Fotos: *Cryptomonas ovata* © Wolfgang Bettighofer

Abb. 34.1 Probenahme © Sabine Wanzenböck; Agarplatte © Jannik Pitt; SEM-Bild © Manfred Rohde; Fettsäureanalyse © MIDI, Inc., Newark, DE USA; Phylogenetische Analyse © Martin Hahn; Ampullensammlung © Leibniz-Institut DSMZ

Abb. 34.2 Wasserprobe: © Jannik Pitt; Fluoreszenzmikroskopische Aufnahme: © Alexandra Pitt; Agarplatte: © Jannik Pitt

Abb. 34.6 Verändert nach Daten aus Hou et al. (2013) PLOS One, 8(1) e53350

Abb. 34.8 Foto: © Museums Victoria, Australia

Abb. 34.9 Fotos: © Harald Engelhardt, Martinsried

Abb. 34.10 Foto: © Alphandéry E (2014) Applications of magnetosomes synthesized by magnetotactic bacteria in medicine. Front. Bioeng. Biotechnol. 2:5

Abb. 34.11 Foto: © Matt Cottrell

Abb. 34.12 Foto: © Kenneth Ingham

Abb. 34.13 REM-Fotos: © 2016 Chan, McAllister, Leavitt, Glazer, Krepski and Emerson, aus Clara Chan et al. (2016) Frontiers in Microbiology 7, Article 796, CC-BY-4.0. Fotos: Aussickerung von eisenhaltigem Grundwasser: © Martin Hahn

Abb. 34.15 Foto: © Martin Hahn

Abb. 34.20 Fotos: *Spirulina*-Pulver © Music4thekids/Wikimedia Commons/CC BY SA 3.0; *Spirulina*-Tabletten © Perdita /Wikimedia Commons/ public domain; alle anderen Fotos © Wolfgang Bettighofer

Abb. 34.21 Foto *Microcystis aeruginosa* © Wolfgang Bettighofer

Abb. 34.23 Foto: Methanblasen: iStock © Metthew Skubis

Abb. 34.24 Foto: Salzteiche: iStock © NNehring

Abb. 34.25 Rio Tinto: /Wikimedia Commons/gemeinfrei

Abb. 34.26 Foto: Emerald Pool Yellowstone: iStock © EMiddelkoop

Buchteil Ökologie

Abb. 35.1 © Jens Boenigk. *All rights reserved*. Fotos: Brennholz © Sergey Pashko/Wikimedia commons/CC BY 3.0; Jamu traditionelle indonesische Medizin © Steve Mollman/Wikimedia Commons/CC BY 2.0; Gemüse: man ivy/Wikimedia Commons/ public domain; Abwasserrohr: US Department of Agriculture/ Wikimedia Commons/public domain

Abb. 35.2 © Jens Boenigk. *All rights reserved*. Fotos: Stockente: katcrazy/Wikimedia Commons/public domain; Krickente © Pazia/Wikimedia Commons; Stockente gründelnd: Marie-Lan Nguyen/Wikimendia Commons/public domain; Reiherente tauchend: © Rama/Wikimedia Commons fr; Reiherente © Jac. Janssen /Wikimedia Commons/ CC BY 2.0

Abb. 35.3 © Jens Boenigk. *All rights reserved*. Fotos: Bestäubung © Gilles San Martin/Wikimedia Commons; Malaise-Falle: CC BY 4.0; Hallmann CA, Sorg M, Jongejans E, Siepel H, Hofland N, Schwan H, et al. (2017) More than 75 percent decline over 27 years in total flying insect biomass in protected areas. PLoS ONE 12: e0185809

Abb. 35.4 © Jens Boenigk. *All rights reserved*. Fotos: Kiefernwald: Botaurus/Wikimedia Commons/ public domain; Kieferneule © Patrick Clement/Wikimedia Commons/ CC BY 2.0; Flugzeug © Julian Herzog/Wikipedia Commons/ CC BY 1.2; Kartoffelfeld: © Janet tench, Norfork potato field; Kartoffelkäfer: © Scott Bauer, USDA ARS, public domain; Kartoffelfeld Traktor © Chafer Machinery/Wikimedia Commons/ CC BY 2.0

Abb. 35.5 © Jens Boenigk. *All rights reserved*

Abb. 35.6 © Jens Boenigk. *All rights reserved*

Abb. 35.7 © Jens Boenigk. *All rights reserved*

Abb. 35.8 © Jens Boenigk. *All rights reserved*

Abb. 35.9 © Jens Boenigk. *All rights reserved*

Abb. 35.10 © Jens Boenigk. *All rights reserved*

Abb. 35.11 © Jens Boenigk. *All rights reserved*

Abb. 35.12 © Jens Boenigk. *All rights reserved*

Abb. 35.13 © Jens Boenigk. *All rights reserved*. Fotos © Rolf Behlert

Abb. 35.14 © Jens Boenigk. *All rights reserved*. Fotos: Grasfrosch © Rolf Behlert; Elefanten © Barbara Sures; *Chlorella* © Winfried Hölz; *Synechococcus* © Masur/Wikimedia Commons/ gemeinfrei; *Microcystis*: © Wolfgang Bettighofer

Abb. 35.15 © Jens Boenigk. *All rights reserved*. Fotos: Wasserflöhe © Marion Woermann

Abb. 35.16 © Jens Boenigk. *All rights reserved*. Fotos: Steine mit Seepocken © Thomas Hörren; Miesmuschel mit Seepocken © 4028mdk09/Wikimedia Commons; Pfeilschwanzkrebs mit Seepocken © C Watts, flickr, CC By 2.0

Abb. 35.17 © Jens Boenigk. *All rights reserved*. Fotos: Grünspecht © Rolf Behlert; Geier © Bernd Sures; Löwe © Bernd Sures; Flechten © Hardy Pfanz; Riesenmuschel © Bernd Sures; Anemonenfisch © Michael Eisinger; Giraffe © Barbara Sures; Büffel © Bernd Sures

Abb. 35.18 © Jens Boenigk. *All rights reserved*. Fotos: Luchs © Rolf Behlert; Leopard © Barbara Sures; Schlangenadler © Bernd Sures; Kuh © Birgit Woermann; Impalas © Barbara Sures; *Radix balthica* © Jessica Schwelm; Güster mit Bandwurm © Bernd Sures; Fischbandwurm © Archiv der Aquatischen Ökologie, Universität Duisburg-Essen

Abb. 35.19 © Jens Boenigk. *All rights reserved*. Fotos: Holzwespen-Schlupfwespe © Rolf Behlert

Abb. 35.20 © Jens Boenigk. *All rights reserved*. Fotos: Rotbuchenwald © Jens Boenigk; Buschwindröschen © Barbara Sures

Abb. 35.21 © Jens Boenigk. *All rights reserved*. Foto: Stichling © Rolf Behlert; Datenquelle Reismehlkäfer: Bellows, T. S. Jr. (1981) The descriptive properties of some models for density dependence. J. Anim. Ecol. 50, 139–56

Abb. 35.22 © Jens Boenigk. *All rights reserved*

Abb. 35.23 © Jens Boenigk. *All rights reserved*

Abb. 35.24 © Jens Boenigk. *All rights reserved*

Abb. 35.25 © Jens Boenigk. *All rights reserved*. Fotos: Fehlender Ackerrandstreifen © Rolf Behlert; Blühender Ackerrandstreifen © Rolf Behlert

Abb. 35.26 © Jens Boenigk. *All rights reserved*. Fotos: Uferrandstreifen © Rolf Behlert; Wiederverzweigtes renaturiertes Gewässer © Armin Lorenz

Abb. 35.27 © Jens Boenigk. *All rights reserved*

Abb. 35.28 © Jens Boenigk. *All rights reserved*. Foto: *Didinium* mit *Paramecium*: Gregory Antipa, Cell Image Library, CIL 17892, public domain

Abb. 35.29 © Jens Boenigk. *All rights reserved*. Fotos: Schneeschuhhase: Denali National Park and Preserve/Wikimedia Commons/ gemeinfrei; Kanadischer Luchs: Erwin and Peggy Bauer, U.S. Fish and Wildlife Service/Wikimedia commons/ public domain; Bisamratte © Jens Boenigk; Mink © Brendan Lally, /Wikimedia commons/CC BY 2.0

Abb. 35.30 © Jens Boenigk. *All rights reserved*. Fotos: Gepard © Rolf Volles; Zebra © bluefeeling/stock.adobe.com; Fichtenspargel © Holger Krisp, Ulm, Germany/Wikimedia Commons/CC BY 3.0

Abb. 35.31 © Jens Boenigk. *All rights reserved*

Abb. 35.32 © Jens Boenigk. *All rights reserved*

Abb. 35.33 © Jens Boenigk. *All rights reserved*

Abb. 35.34 © Jens Boenigk. *All rights reserved*

Abb. 35.35 © Jens Boenigk. *All rights reserved*. Fotos: Savanne: kolibri5/pixabay/gemeinfrei; Löwe mit Beute © Tom Lubbock/Flickr/CC BY 2.0

Abb. 35.36 © Jens Boenigk. *All rights reserved*. Fotos: Skorpion © Álvaro Rodríguez Alberich/Wikimedia Commons; Spannerraupe: Entomart/Wikimedia Commons/public domain; Biene © kallerna/Wikimedia Commons/CC-BY-3.0; Wespe © Thomas Bresson/Wikimedia Commons; Schwebefliege © Andreas Eichler/Wikimedia Commons/CC-BY-SA 4.0

Abb. 35.37 © Jens Boenigk. *All rights reserved*. Fotos: Gazellen © Stig Nygaard/Flickr/CC-BY-2.0; Raupen © Dietmar Buro/pixelio.de

Abb. 35.38 © Jens Boenigk. *All rights reserved*. Fotos: Schildkröte, Kaktus und Fliegenpilz © Jens Boenigk; *Tetrastrum heteracanthum* © Christina Bock; Klapperschlange: skeeze/Flickr/gemeinfrei; Schlupfwespe: USDA Foto von Scott Bauer /Wikimedia Commons/public domain

Abb. 35.39 © Jens Boenigk. *All rights reserved*

Abb. 35.40 © Jens Boenigk. *All rights reserved*. Fotos: Mistel © Andrew Dunn/Wikimedia Commons; Zeichnung: Wikimedia Commons/gemeinfrei; Vogel-Nestwurz © BerndH/Wikimedia Commons

Abb. 35.41 © Jens Boenigk. *All rights reserved*. Fotos: Stichling infiziert mit *Schistocephalus solidus* © Armin Svoboda; Rotauge infiziert mit *Ligula intestinalis*, © Sabrina Keil; Silberreiher erbeutet einen Hecht © Rolf Behlert; Europäischer Aal, befallen mit *I. multifiilis* © Armin Svoboda; Trophozoit von *I. multifiilis* © Kerstin Dangel

Abb. 35.42 © Jens Boenigk. *All rights reserved*. Foto: Zeckenbefall an Nestlingen der Uferschwalbe *Riparia riparia* © Barbara Sures.

Tab. 35.3 © Jens Boenigk. *All rights reserved*

Abb. 35.43 © Jens Boenigk. *All rights reserved*. Fotos © Martin Kemler

Abb. 35.44 © Jens Boenigk. *All rights reserved*

Abb. 35.45 © Jens Boenigk. *All rights reserved*. Fotos © Rolf Behlert

Abb. 35.46 © Jens Boenigk. *All rights reserved*. Fotos: Büffelherde © Bernd Sures; Pferdeherde © Barbara Sures; Löwenrudel © Bernd Sures; Trottellummen © Barbara Sures; Basstölpel © Barbara Sures; Alpenstrandläufer © Barbara Sures

Abb. 35.47 © Jens Boenigk. *All rights reserved*. Fotos: Korbblütler © Jens Boenigk; *Iris variegeta* © Stefan.lefnaer/Wikimedia Commons

Abb. 35.48 © Jens Boenigk. *All rights reserved*. Zeichnung Paläo-Bestäubung © Mary Parrish; Fotos © Jens Boenigk

Abb. 35.49 © Jens Boenigk. *All rights reserved*

Abb. 35.50 © Jens Boenigk. *All rights reserved*. Fotos: Bienenblume © Michael Hamann/Flickr/CC BY 2.0; Vogelblume: ADD/pixabay/gemeinfrei; Nachtfalterblume: © cristina.sanvito/Flickr/CC BY 2.0

Abb. 35.51 © Jens Boenigk. *All rights reserved*

Abb. 35.52 © Jens Boenigk. *All rights reserved*

Abb. 35.53 © Jens Boenigk. *All rights reserved*

Abb. 35.54 © Jens Boenigk. *All rights reserved*

Abb. 35.55 © Jens Boenigk. *All rights reserved*

Abb. 35.56 © Jens Boenigk. *All rights reserved*

Abb. 35.57 © Jens Boenigk. *All rights reserved*

Abb. 35.58 Fotos: Rentierflechte © Dominik Begerow, andere Abbildungen © Martin Kemler

Abb. 35.59 © Jens Boenigk. *All rights reserved*

Abb. 35.60 © Jens Boenigk. *All rights reserved*

Abb. 35.61 © Jens Boenigk. *All rights reserved*

Abb. 35.62 © Jens Boenigk. *All rights reserved*

Abb. 35.63 © Jens Boenigk. *All rights reserved*. Fotos: *Pyronympha* © Renate Radek; *Trichonympha* und Übersicht © Daniel Gage, University of Connecticut

Abb. 35.64 © Jens Boenigk. *All rights reserved*

Abb. 35.65 © Jens Boenigk. *All rights reserved*

Abb. 36.1 © Jens Boenigk. *All rights reserved*

Abb. 36.2 © Jens Boenigk. *All rights reserved*

Abb. 36.3 © Jens Boenigk. *All rights reserved*

Abb. 36.4 © Jens Boenigk. *All rights reserved*

Abb. 36.5 © Jens Boenigk. *All rights reserved*. Daten für Abbildung Kohlenstoffbudgets und -flüsse nach IPCC Bericht AR5 Climate Change – The Physical Science Basis: Carbon and Other Biogeochemical Cycles

Abb. 36.6 © Jens Boenigk. *All rights reserved*. Fotos: Wald: Karduelis/Wikimedia Commons/gemeinfrei; Streu: Fruitgoddess/Wikimedia commons/public domain; Boden © W. Zech

Abb. 36.7 © Jens Boenigk. *All rights reserved*. Fotos: Regenwald © Judgefloro,/Wikimedia Commons/gemeinfrei; Regenwald abgeholzt © Ibama from Brasil, /Wikimedia Commons/CC BY 2.0

Abb. 36.8 © Jens Boenigk. *All rights reserved*

Abb. 36.9 © Jens Boenigk. *All rights reserved*

Abb. 36.10 © Jens Boenigk. *All rights reserved*

Tab. 36.1 © Jens Boenigk. *All rights reserved*

Abb. 36.11 © Jens Boenigk. *All rights reserved*. Foto: Guano © Jose Camões Silva /CC BY 2.0

Abb. 36.12 © Jens Boenigk. *All rights reserved*

Abb. 36.13 © Jens Boenigk. *All rights reserved*

Abb. 36.14 © Jens Boenigk. *All rights reserved*

Abb. 36.15 © Jens Boenigk. *All rights reserved*

Abb. 36.16 © Jens Boenigk. *All rights reserved*

Abb. 36.17 © Jens Boenigk. *All rights reserved*. Foto: Löwe © Gerard McDonnell/fotolia.com

Abb. 36.18 © Jens Boenigk. *All rights reserved*

Abb. 36.19 © Jens Boenigk. *All rights reserved*. Foto: *Xanthoria ectaneoides* © Manfred Jensen

Abb. 36.20 © Jens Boenigk. *All rights reserved*

Abb. 36.21 © Jens Boenigk. *All rights reserved*

Abb. 36.22 © Jens Boenigk. *All rights reserved*

Abb. 36.23 © Jens Boenigk. *All rights reserved*

Abb. 36.24 © Jens Boenigk. *All rights reserved*

Abb. 36.25 © Jens Boenigk. *All rights reserved*

Abb. 36.26 © Jens Boenigk. *All rights reserved*. Fotos: Braunfäule © Dominik Begerow; Weißfäule © Dominik Begerow

Abb. 36.27 © Jens Boenigk. *All rights reserved*. Fotos Termiten © Wilhelm de Beer; Fotos holzzersetzende Insekten © Bernard Slippers

Abb. 37.1 © Jens Boenigk. *All rights reserved*

Abb. 37.2 © Jens Boenigk. *All rights reserved*

Abb. 37.3 © Jens Boenigk. *All rights reserved*

Abb. 37.4 © Jens Boenigk. *All rights reserved*

Abb. 37.5 © Jens Boenigk. *All rights reserved*

Abb. 37.6 © Jens Boenigk. *All rights reserved*

Abb. 37.7 © Jens Boenigk. *All rights reserved*

Abb. 37.8 © Jens Boenigk. *All rights reserved*. Foto: Turtle Tuttle/Wikimedia Commons/public domain

Abb. 37.9 © Jens Boenigk. *All rights reserved*. Fotos: Kaktus: Wikimedia Commons/public domain; Fichtennadel © Greg Hume/Wikimedia Commons; Wüstenrennmaus: Alastair Rae/Wikimedia Commons/public domain

Abb. 37.10 © Jens Boenigk. *All rights reserved*

Abb. 37.11 © Jens Boenigk. *All rights reserved*

Abb. 37.12 © Jens Boenigk. *All rights reserved*

Abb. 37.13 © Jens Boenigk. *All rights reserved*

Abb. 37.14 © Jens Boenigk. *All rights reserved*

Abb. 37.15 © Jens Boenigk. *All rights reserved*

Abb. 37.16 © Jens Boenigk. *All rights reserved*

Abb. 37.17 © Jens Boenigk. *All rights reserved*. Fotos: polare Wüste © Liam Quinn/Wikimedia Commons/CC BY 2.0; Tundra © Ökologix/Wikimedia Commons; Wüste © Patrick Giraud/Wikimedia Commons; Fynbos: S Molteno/Wikimedia Commons/gemeinfrei

Abb. 37.18 © Jens Boenigk. *All rights reserved*. Fotos: Rentierflechte © Matti Paavonen/Wikimedia Commons/GFDL; Flechte © Jason Hollinger/Wikimedia Commons/CC BY 2.0; *Saxifraga cespitosa* © Bjoertvedt/Wikimedia Commons/CC BY 3.0; Säulenkaktus (*Pachycereus weberi*) © James Steakley/Wikimedia Commons/GFDL; Polarweide © Bjoertvedt/Wikimedia Commons/CC BY 3.0; Butterbaum © Winfried Bruenken/Wikimedia Commons; Lemming © Lakkahillo/Wikimedia Commons/CC BY 3.0; Wüstenrennmaus © Yuriy Danilevsky/Wikimedia Commons/GFDL; Polarfuchs © Marc Steensma/Wikimedia Commons; Wüstenfuchs © Georges Seguin/Wikimedia Commons

Abb. 37.19 © Jens Boenigk. *All rights reserved*. Fotos: Langgrassteppe © Le.Loup.Gris/Wikimedia Commons/GFDL; Savanne: ProfessorX/Wikimedia Commons/public domain

Abb. 37.20 © Jens Boenigk. *All rights reserved*. Fotos: Präriebrand © Ghilarovus/Wikimedia Commons; Savannenbrand © Hans Thiele; Gras © Elke Freese/Wikimedia Commons/GFDL; Termitenbauten © Hans Thiele; Präriehund © Gunnar Ries/Wikimedia Commons; Erdmännchen © Jens Boenigk; Bison © Supercarwaar/Wikimedia Commons; Zebra © bluefeeling/Adobe Stock/45913128; Kojote © JoernHauke/Wikimedia Commons; Löwen © The Lilac Breasted Roller/Wikimedia Commons/CC BY 2.0

Abb. 37.21 © Jens Boenigk. *All rights reserved*. Fotos: Taiga © abdallahh/Wikimedia Commons/CC BY 2.0; Laubwald: Nikater/Wikimedia Commons/gemeinfrei; Regenwald © Ilosuna/Wikimedia Commons

Abb. 37.22 © Jens Boenigk. *All rights reserved*. Fotos: Eichelhäher © Didier Descouens/Wikimedia Commons; Hirsch © Jiří Nedorost/Wikimedia Commons; Krautschicht Wald © Puusterke/Wikimedia Commons; Kannenpflanze © Jens Boenigk; Ara © Captain-tucker/Wikimedia Commons; Affe © Matthias Bohnen/Wikimedia Commons; Pfeilgiftfrosch © Jens Boenigk

Abb. 37.23 © Jens Boenigk. *All rights reserved*. Fotos: Ozean © Tiago Fioreze/Wikimedia Commons; Eisberg: NSF/Josh Landis, employee 1999–2001/Wikimedia Commons/public domain; unterirdischer Fluss © Mateus Hidalgo/Wikimedia Commons BR; Everglades: National Park Service Digital Image Archives/Wikimedia Commons/public domain; Fluss © Chr95/Wikimedia Commons; See: © Jens Boenigk

Abb. 37.24 © Jens Boenigk. *All rights reserved*

Abb. 37.25 © Jens Boenigk. *All rights reserved*. Karte verändert nach NASA and NOAA Research 2012/public domain. Fotos: Brandung © Jens Boenigk; Watt © Jürgen Howaldt/Wikimedia Commons DE; Möwe © 4028mdk09/Wikimedia Commons; Priel © M.Buschmann/Wikimedia Commons/public domain; Korallenriff © Taso Viglas/Flickr/CC BY 2.0; Tiefseelebensgemeinschaft © Marum

Abb. 37.26 © Jens Boenigk. *All rights reserved.* Karten verändert nach NASA and NOAA Research 2012/public domain

Abb. 37.27 © Jens Boenigk. *All rights reserved.* Fotos: Wasserläufer © Webrunner/Wikimedia Commons; Mikroorganismen ©Jens Boenigk

Abb. 37.28 © Jens Boenigk. *All rights reserved.* Foto: Hallstätter See: Karelj/Wikimedia Commons/public domain

Abb. 37.29 © Jens Boenigk. *All rights reserved.* Foto: Algenmatte © Smaack/Wikimedia Commons

Abb. 37.30 © Jens Boenigk. *All rights reserved.* Fotos: Quelle © Freak-Line-Community/Wikimedia Commons/CC-BY-3.0; Bach © Brian Stansberry/Wikimedia Commons/CC-BY-2.5; Fluss © Ulla Niclaus/Wikimedia Commons; Feuersalamander © M. Linnenbach/Wikimedia Commons; *Gammarus* © Michal Maňas/Wikimedia Commons/CC-BY-2.5; Muscheln © Alexander Mrkvicka/Wikimedia Commons

Abb. 38.1 © Jens Boenigk. *All rights reserved.* Foto: Wandermuschel © Rolf Behlert

Abb. 38.2 © Jens Boenigk. *All rights reserved.* Fotos: Späte Goldrute © Bernd Sures; Schmetterlingsstrauch © Tanja Pottgiesser; Drüsiges Springkraut © Christian Feld; Riesenbärenklau © Christian Feld; Nilgans © Rolf Behlert; Schwimmblasenparasit des Aals: © Marcel Münderle; Waschbär: © Bernd Sures

Abb. 38.3 © Jens Boenigk. *All rights reserved*

Abb. 38.4 © Jens Boenigk. *All rights reserved.* Fotos: Permafrost © Bureau of Land Management Alaska; CC BY 2.0; Eisbär: NOAA Photo library; Public domain

Abb. 38.5 © Jens Boenigk. *All rights reserved.* Fotos: Reprinted by permission from American Association for the Advancement of Science (AAAS), © Hoegh-Guldberg et al. (2007) Coral Reefs Under Rapid Climate Change and Ocean Acidification. Science 318:1737-1742

Abb. 38.6 © Jens Boenigk. *All rights reserved*

Abb. 38.7 © Jens Boenigk. *All rights reserved*

Abb. 38.8 © Jens Boenigk. *All rights reserved*

Abb. 38.9 © Jens Boenigk. *All rights reserved.* Fotos: Fließrinnen © Jens Boenigk; ExStream © Florian Leese; Enclosure © Martin Oczipka IGB/HTW Dresden

Abb. 38.10 © Jens Boenigk. *All rights reserved.* Fotos: Flechten © Manfred Jensen; Weidelgras © Flughafen München

Abb. 38.11 © Jens Boenigk. *All rights reserved.* Fotos: Paradiesschnecke © Henrike Hamer; Körbchenmuschel © Nadine Ruchter; Brennnessel © Uwe H. Friese, Bremerhaven 2003/Wikimedia Commons; Flussperlmuschel © Tanja Eybe

Abb. 38.12 © Jens Boenigk. *All rights reserved*

Abb. 38.13 © Jens Boenigk. *All rights reserved.* Fotos © Wolfgang Bettighofer

Abb. 38.14 © Jens Boenigk. *All rights reserved*

Abb. 38.15 © Jens Boenigk. *All rights reserved.* Fotos: Bodenprofil (Cambisol) © W. Zech, „Böden der Welt"; Maisfeld © Christian Feld; Flusslauf © Christian Feld; Kanu © Christian Feld.

Tab. 38.2 © Jens Boenigk. *All rights reserved*

Abb. 38.16 © Jens Boenigk. *All rights reserved*

Abb. 38.17 © Jens Boenigk. *All rights reserved.* Fotos: Nitrobacter © Tan Le/Flickr/CC BY –SA 2.0; *Pseudomonas*: Janice Haney Carr, gemeinfrei; *Vorticella*: © Wolfgang Bettighofer

Abb. 38.18 © Jens Boenigk. *All rights reserved*

Abb. 38.19 © Jens Boenigk. *All rights reserved*

Abb. 38.20 © Jens Boenigk. *All rights reserved*

Abb. 38.21 © Jens Boenigk. *All rights reserved*

Abb. 38.22 © Jens Boenigk. *All rights reserved*

Abb. 38.23 © Jens Boenigk. *All rights reserved*

Glossar

abaxial die der Sprossachse abgewandte Seite von Blättern

Abdomen (1) Hinterleib der Arthropoden, der aus mehreren, vom Vorderkörper in der Regel deutlich abgetrennten Segmenten besteht; (2) Körperbereich der Wirbeltiere, der zwischen Brust und Becken liegt

abiogen nicht von Lebewesen gebildete Stoffe

Abiogenese Entstehung von Lebewesen aus anorganischen und organischen Substanzen und nicht durch Reproduktion anderer Lebewesen

abiotische Faktoren chemische und physikalische Faktoren der unbelebten Umwelt

aboral Bereich des Körpers, der von der Mundöffnung abgewandt ist; Gegenteil von → oral

Abschlussgewebe Bezeichnung für pflanzliches Gewebe, welches Pflanzen nach außen abgrenzt, wie beispielsweise → Epidermis und äußere Rinde

Abscisinsäure (ABA) Phytohormon mit allgemein hemmender Wirkung; hemmt bei den verschiedensten höheren Pflanzen das Wachstum und die Samenkeimung (→ Keimung), löst die Samenruhe aus, fördert den Blatt- und Fruchtfall, sorgt für das Schließen von → Spaltöffnungen; wird als Reaktion auf verschiedene stresserzeugende Umweltfaktoren (Kälte, Trockenheit, Salzstress) gebildet

Absorptionsspektrum grafische Darstellung, die die Absorption von Licht einer bestimmten chemischen Verbindung in Abhängigkeit von der Wellenlänge abbildet

Abundanz die Anzahl von Individuen einer Art in Bezug auf ihren Lebensraum oder eine definierte Fläche

Abyssal an den Steilabfall anschließende, lichtlose Zone des Tiefseebodens; reicht von etwa 1000–7000 m Tiefe; ohne Pflanzenwachstum, bewohnt von Mikroorganismen, Schwämmen, Hohltieren, Würmern und Krebsen

Abyssopelagial Tiefseezone, die das Freiwasser betrifft und von etwa 4000–6000 m Tiefe reicht

Acanthor Larve der Acanthocephala

Acetylcholin (ACh) Neurotransmitter, der bei Wirbeltieren an motorischen Endplatten und bei der Erregungsleitung im vegetativen Nervensystem freigesetzt wird; wird vom Enzym Cholinacetyltransferase auf- und von Acetylcholinesterase (ACh-Esterase) abgebaut

Acetyl-CoA Acetyl-Coenzym A, aktivierte Essigsäure; durch das hohe Gruppenübertragspotenzial der Thioestergruppe (S–C=O) spielt es eine Schlüsselrolle bei zahlreichen Stoffwechselreaktionen; reagiert zu Beginn des → Citratzyklus mit Oxalacetat zu Citrat

Achselknospe in den Blattachseln gebildete Knospe, die die Anlagen zur Bildung eines neuen (Seiten-)Sprosses enthält, treibt i. d. R. bedingt durch die → Apikaldominanz nicht aus; s. a. → axillär

Acidosom durch eine Membran begrenzte Zellorganelle in eukaryotischen Zellen, deren Inhalt durch einen sauren → pH-Wert gekennzeichnet ist

Actin als Strukturprotein Bestandteil der → Mikrofilamente des Cytoskeletts eukaryotischer Zellen; bildet dünne Filamente durch Polymerisation; eines von zwei kontraktilen Proteinen in Muskeln

Actinfilament → Mikrofilament

Actinosporen spezifisches infektiöses Sporenstadium der Myxozoa, meist radiärsymmetrisch gebaute und mit ankerförmigen Anhängen ausgestattete Sporen

Adaptation (Evolution, Ökologie) Evolutionsprozess, bei dem sich die genetische Ausstattung von Organismen durch Selektion als Antwort auf herrschende Umweltbedingungen bzw. Bedürfnisse anpasst und die biologische Fitness ihres Trägers erhöht

Adaptation (Physiologie) Verlust der Sensitivität/Erregbarkeit eines Sinnesorgans infolge stetiger Stimulierung, wobei der Zustand des reagierenden Systems nur vorübergehend verändert wird; im evolutionären Kontext als → Akklimatisation bezeichnet

adaptive Radiation Aufspaltung einer Stammart in neue Arten durch in verschiedene Richtungen divergierende Evolution (von Merkmalen, Eigenschaften, Linien) infolge der Selektion als Anpassung an unterschiedliche Umweltbedingungen

adaxial die der Sprossachse zugewandte Seite von Blättern

Adenosintriphosphat, ATP → ATP

Adhäsine (1) eukaryotische Glykoproteine in der Plasmamembran von Zellen, die mit der extrazellulären Matrix oder dem Cytoskelett interagieren und so Zell-Zell-Adhäsion, Zell-Zell-Verbindungen oder Substratadhäsion vermitteln; (2) von Bakterien produzierte Faktoren, die es ihnen ermöglichen, sich an Strukturen des Wirtes zu heften

Adhäsion (1) Haften von Molekülen an festen Grenzflächen, wie die Adhäsion des Wassers an Wänden der kapillaren Gefäße des Xylems durch zwischenmolekulare Wechselwirkungen; (2) Zusammenhalt zwischen Zellen an andere Zellen, Substanzen oder Substrate über → Adhäsine

additive Farbmischung es werden die Wellenlängenbereiche farbiger Lichter kombiniert

Adipocyten Fettzellen; spezialisierte Zellen des Bindegewebes mesenchymatischen Ursprungs, die der Speicherung von Fetten zur rasch mobilisierbaren Energiegewinnung dienen

Adipokine Proteine, die vom Fettgewebe gebildet und freigesetzt werden und als Signalmoleküle wirken

ADP Adenosindiphosphat; entsteht bei der Hydrolyse von → ATP

Adrenalin auch Epinephrin, Suprarenin, Vasotonin; im Nebennierenmark (Nebenniere) gebildetes Hormon, das vor allem in Stresssituationen (Kampf oder Flucht) gebildet wird; wirkt im Nervensystem auch als → Neurotransmitter

Adrenorezeptor adrenerger Rezeptor; membranständiger Rezeptor für Adrenalin und Noradrenalin

Adsorptionswasser an der Oberfläche von Bodenteilchen gebundenes Wasser, Bestandteil des Haftwassers, Summe des Adhäsionswassers und des Hydratationswassers

adult erwachsen, geschlechtsreif

Adventivknospen nicht an Sprossspitzen oder in Blattachseln, sondern an anderen Stellen der Sprossachse, der Blätter oder der Wurzel entstehende Knospen, die spontan oder nach Verletzung der Pflanze gebildet werden

Aerenchym pflanzliches, durch große → Interzellularen ausgezeichnetes Parenchymgewebe; wird auch Durchlüftungsgewebe genannt

aerob auf Sauerstoff angewiesen (Gegensatz zu → anaerob)

aerobe Atmung Typ der Atmung, bei welcher Sauerstoff als terminaler Elektronenakzeptor dient und bei der Wasser entsteht; es wird i. d. R. NADH aus dem Abbau von organischen Substraten (Zucker, Säuren, aromatische Verbindungen u. a.) als Elektronendonor verwendet oder anorganische Substanzen (z. B. Ammonium oder Nitrit, → Nitrifikation) werden unter Verbrauch von Sauerstoff zur Energiegewinnung vollständig oxidiert

Aerotaxis Sonderfall der → Chemotaxis, bei dem sich die Richtung von frei beweglichen Organismen nach dem Sauerstoffgradienten der Umgebung richtet

afferent, afferente Neuronen Klassifizierung der Leitungsrichtung von Nervenfasern; afferente Nervenfasern (Afferenzen) übertragen von Rezeptoren aufgenommene Informationen zum Zentralnervensystem

After Darmausgang, Anus; Austrittsöffnung des Darmkanals

Agamospermie die Entstehung eines Embryos mittels Samen, ohne dass eine Befruchtung oder ein Kernphasenwechsel stattgefunden haben

Aggregat Zusammenlagerung aus gleichartigen oder verschiedenartigen Teilchen; kann durch aktives Zusammenwandern von Einzelzellen oder durch passives Zusammenstoßen und Zusammenkleben beispielsweise von Zellen und Zellklumpen in Suspensionskulturen (Zelladhäsion) erfolgen

Agonist Gegensatz zu → Antagonist; (1) Chemische Substanz, die an einen spezifischen Rezeptor bindet und eine ähnliche Aktivierung bzw. Signaltransduktion hervorruft; (2) Muskel, der eine Bewegung bewirkt, die der seines Antagonisten entgegengesetzt ist

Akklimatisierung kurz- oder langfristige, reversible physiologische Anpassung an veränderte Umweltbedingungen

Akkomodation Schärfeeinstellung des Auges auf verschiedene Entfernungen durch dynamische Anpassung der Brechkraft

Akron auch Prostomium; der vor dem Mund gelegene Körperabschnitt der Gliedertiere (Articulata)

Aktinostele Anordnung von Leitbündeln; das im Zentrum liegende Xylem ist hier im Querschnitt sternförmig und birgt zwischen seinen Strahlen das Phloem

Aktionspotenzial elektrisches Signal in Form einer charakteristischen kurzen Umkehr des → Membranpotenzials zur Weiterleitung von Information

Aktivator Substanz, welche die Transkription eines regulierten Gens verstärkt; z. B. → Transkriptionsfaktor

aktive Echoortung Echos selbst generierter Rufe dienen der Orientierung und der Ortung von Beute; Jagdstrategie der Fledermäuse

aktive Membran Membran eines Neurons, die spannungsgesteuerte Ionenkanäle enthält

akzessorische Pigmente auch Antennenpigmente; lichtabsorbierende Photosynthesepigmente, deren Energie zu Reaktionszentren der Chlorophylle geleitet wird

Alarmstoff olfaktorisch wirksame → Pheromone, die bei Artgenossen Fluchtverhalten (Flucht) oder Angriff auslösen

Aldehyd organische Verbindungen mit Aldehydgruppe (–CHO) als funktioneller Gruppe

Algenblüte auch Wasserblüte; zyklische, oft in jahreszeitlicher Abfolge auftretende Massenvermehrung von Algen oder anderen Phytoplanktern; Auslöser sind eine erhöhte Nährstoffzufuhr (z. B. Phosphate) und hohe Lichteinstrahlung, Folge ist häufig eine Eutrophierung; durch die verstärkte Zufuhr von Nährstoffen (z. B. Überdüngung) können Algenblüten künstlich ausgelöst werden

Algorithmus Beschreibung der Berechnung von z. B. → Alignments

Alignment bioinformatischer Vergleich zweier oder mehrerer DNA- oder Proteinsequenzen; während beim globalen Alignment alle Positionen der Sequenz (Nucleotidbasen oder Aminosäuren) verglichen werden, werden beim lokalen Alignment lediglich Teilbereiche mit übereinstimmender Sequenz verglichen

aliphatisch azyklische Kohlenwasserstoffe, organische Verbindungen, die nicht aromatisch sind

alkalisch Eigenschaft wässriger Lösungen mit einem pH-Wert größer als 7; Gegensatz zu → sauer

Alkan aliphatische Kohlenwasserstoffe der allgemeinen Formel C_nH_{2n+2}; enthalten ausschließlich sp3-hybridisierte C-Atome, die bis zur Grenze ihrer Aufnahmefähigkeit mit Wasserstoff abgesättigt sind

Alken ungesättigte, C=C-Doppelbindungen enthaltende Kohlenwasserstoffe

Alkohol chemische Verbindung mit einer (einwertiger Alkohol) oder mehreren (mehrwertiger Alkohol) Hydroxylgruppen (–OH) als funktionellen Gruppen

alkoholische Gärung → Gärung

Alkylierung Einführung von Alkylgruppen wie Methylgruppe ($-CH_3$), Ethylgruppe ($-C_2H_5$) u. a. in organische Verbindungen

Allel Zustandsformen eines Gens, die auf identischen Abschnitten → homologer Chromosomen liegen

Allelfixierung das Allel eines gegebenen Gens innerhalb einer Population erreicht eine Frequenz von 100 %, es ist das einzige Allel dieses Gens innerhalb der Population und gilt als fixiert

Allelfrequenz, Allelhäufigkeit relative Häufigkeit, mit der ein spezifisches Allel in einer Population auftritt

Alles-oder-nichts-Regel Phänomen, dass eine Reaktion auf einen Reiz nur dann ausgelöst wird, wenn ein kritischer Schwellenwert überschritten wird

allochemisch Bezeichnung für unterschiedliche, umgelagerte Aggregate in Carbonatsedimenten

Allogamie Fremdbestäubung; der Pollen einer Blüte dient der Bestäubung der Blüte einer anderen Pflanze derselben Art

Allomone Wirkstoffe, die eine Signalwirkung zwischen Individuen verschiedener Arten ausüben, wie beispielsweise bei der pflanzlichen Abwehr von Herbivoren; werden über besondere Duftdrüsen abgeschieden; Gegensatz zu Pheromonen

allopatrisch geografisch getrennte Verbreitung

allorhiz Bewurzelungstyp, bei dem die senkrecht in den Boden wachsende Hauptwurzel stärker ausgeprägt ist als die Seitenwurzeln

allosterische Regulation Regulation von Enzymaktivität duch die Bindung eines nicht mit dem eigentlichen Substrat identischen allosterischen Effektors, der nicht an das aktive Zentrum des Enzyms bindet, sondern an eine andere Stelle – das allosterische Zentrum; die dadurch bedingte Konformationsänderung des Enzyms bewirkt eine Aktivierung oder Inaktivierung des aktiven Zentrums und damit eine Aktivierung bzw. Hemmung des entsprechenden Enzyms

allosterischer Ligand → Liganden

Altersbestimmung, absolute erlaubt eine Datierung von Ereignissen an Jahreszahlen, sodass das tatsächliche Alter so genau wie möglich ermittelt wird

Altersbestimmung, relative erlaubt keine exakte Altersbestimmung, sondern Aussagen über die zeitliche Abfolge von Ereignissen

Alterspolymorphismus phänotypische Merkmalsunterschiede innerhalb einer Art, die auf das Alter zurückzuführen sind

Altruismus/altruistisch uneigennütziges Verhalten eines Individuums zum Wohl anderer Individuen mit Steigerung der biologischen → Fitness der Empfänger auf Kosten des Gebers

Amakrinzellen Nervenzelltyp in der Netzhaut (→ Retina) der Wirbeltiere, die kein definiertes Axon besitzen; bilden Kontaktstellen mit den → Axonen der Bipolarzellen und mit den → Dendriten der Ganglienzellen, Signale können horizontal weitergeleitet werden und eine Modifikation der Signale, die an die Ganglienzellen weitergeleitet werden, ist ebenfalls möglich

Amboss (Incus) mittleres von drei Gehörknöchelchen der Säugetiere, die die mechanischen Schwingungen des Trommelfells auf das ovale Fenster der Hörschnecke im Innenohr übertragen; vgl. → Hammer, → Steigbügel

Ambulacralsystem auch Wassergefäßsystem; flüssigkeitsgefülltes Röhrensystem der Echinodermen (Stachelhäuter), mit muskulösen Ampullen und Füßchen, das über das → Axocoel in direkter Verbindung mit dem Meerwasser steht und der Atmung, der Reizaufnahme, dem Gasaustausch, der Nahrungsaufnahme und der hydraulischen Fortbewegung dient

amiktisch Bezeichnung für Seen, in denen keine Zirkulation des Wassers stattfindet

Aminogruppe funktionelle Gruppe (NH_2), die charakteristisch für primären Amine ist

Aminosäuren organische Verbindungen, mit einer oder mehreren Aminogruppen (NH_2), die entsprechend ihrer Position zur Carboxylgruppe (–COOH) als α-, β-, γ- usw. Aminosäuren bezeichnet werden; sie sind die Bausteine der Proteine

Aminosäuren, essenzielle proteinogene Aminosäuren, die für die Funktion eines Organismus erforderlich sind, welche er aber nicht selbst herstellen kann und daher mit der Nahrung aufnehmen muss

Ammonium auch Ammoniumion, Ammoniumkation; NH_4^+, die protonierte Form des Ammoniaks und damit das eigentliche Substrat der ammoniakumsetzenden Stoffwechselreaktionen

Amnion mit Fruchtwasser gefüllte, innerste Embryonalhülle der Amniota (Reptilien, Vögel und Säugetiere), in der sich der Embryo entwickelt

Amöbocyten frei bewegliche, der Verdauung und dem Nahrungstransport dienende Zellen, insbesondere bei den Schwämmen (Porifera)

amphiphil amphipathisch; Moleküle, die aus zwei funktionellen Teilen aufgebaut sind und sowohl polare als auch hydrophobe Regionen aufweisen

Ampholyt nach der Säure-Base-Definition von Brönsted ein Stoff, der sowohl als Säure als auch als Base, d. h. als Protonendonor wie als Protonenakzeptor, fungieren kann

Amplifikation Vervielfältigung; meist selektive Vermehrung spezifischer DNA-Abschnitte während der Polymerasekettenreaktion

Amplitude maximale Auslenkung einer sich periodisch ändernden Schwingung aus der Ruhelage im Laufe einer Periode

Amplitudencode Information wird als Stärke des Signals übermittelt (z. B. Amplitude eines graduierten elektrischen Signals oder Menge ausgeschütteter Neurotransmitter); Gegensatz: → Frequenzcode

Amygdala (Mandelkern) bilateral angelegte Struktur des → Temporallappens in der Großhirnrinde von Wirbeltieren, die Teil des → limbischen Systems ist, welches eine wichtige Rolle für emotionales Verhalten spielt

Amylasen Verdauungsenzyme, die in der Regel 1,4-glykosidische Bindungen von → Oligosacchariden und → Polysacchariden hydrolytisch spalten

Amyloplasten spezialisierte farblose, zu den Leukoplasten gehörige → Plastiden; dienen der Erzeugung und Speicherung von Stärke

anabol körperaufbauende Stoffwechselvorgänge betreffend

Anabolismus Gesamtheit der aufbauenden Stoffwechselreaktionen, die unter Zufuhr von Energie ablaufen; Gegenteil zu → Katabolismus

anaerob unter Abwesenheit von molekularem Luftsauerstoff ablaufend; Gegensatz zu → aerob

anaerobe Atmung Form der Atmung, bei welcher kein Sauerstoff sondern andere Verbindungen als terminale Elektronenakzeptoren (z. B. Nitrat, Sulfat oder Kohlenstoffdioxid) genutzt werden; als Elektronendonor dient entweder NADH oder Ferredoxin, die aus der Oxidation von organischen oder anorganischen Verbindungen gewonnen werden

Anagenese (Artwandel) auch als phyletische Evolution bezeichnet; Veränderungen einer Art bzw. Transformation von Merkmalen und die Entstehung von evolutionären Neuheiten im Verlauf aufeinanderfolgender Generationen, ohne dass es dadurch zu Artaufspaltungsereignissen kommen muss

Analkanal letzter Abschnitt des Magen-Darm-Traktes, endet im After (Anus)

analog gleichartiger Aufbau von Strukturen wie Organen oder Extremitäten, der nicht auf verwandtschaftliche Beziehungen zurückzuführen ist, sondern unabhängig voneinander durch z. B. gleiche Anforderungen des Lebensraums oder der Funktion entstanden ist

Analogie beschreibt ähnliche Strukturen bei verschiedenen Organismengruppen, die unabhängig voneinander durch z. B. gleiche Anforderungen des Lebensraums oder der Funktion entstanden ist; Analogien sind Anpassungsähnlichkeiten, die auf weitgehend gleichartiger Selektionswirkung (→ Selektion) beruhen; Beispiele sind die Flügel von Vögeln und Fledermäusen oder die Grabbeine von Maulwurfsgrille (Insekt) und Maulwürfen (Säugetier)

anamere Entwicklung Entwicklung, bei der die Anzahl an Segmenten einer Larve beim Durchlaufen mehrerer Larvalstadien und mit jeder Häutung zunimmt; vgl. → Epimerie, bei der die vollständige Ausbildung breits im Ei stattfindet

anamorph Stadium der Pilze, welches asexuelle Sporen bildet

Anaphase auf die → Metaphase folgender Abschnitt der Mitose und der Meiose, der der gleichmäßigen Verteilung der Schwesterchromosomen oder → homologen Chromosomen auf die Tochterzellen dient

Anastomosen natürliche Querverbindungen zwischen z. B. Adern, Lamellen, Nerven, Hyphen; Beispiel ist die Verbindung bzw. Verschmelzung zweier Hyphen der gleichen Pilzart

anaxonal Bezeichnung für eine Nervenzelle ohne → Axon

Androgene die zu den → Steroiden gehörigen männlichen Geschlechtshormone

Anemophilie Bestäubung einer Blüte durch Wind

Anion negativ geladenes Ion; Gegensatz zu → Kation

Anisogamie sexuelle Fortpflanzung, bei der sich die gegengeschlechtlichen → Gameten in ihrer Größe voneinander unterscheiden; der größere, unbeweglichere Gamet wird dabei als weiblich definiert; Gegensatz zu → Isogamie

Annulus (Manschette) ringförmiges Gebilde in der Anatomie und Morphologie: (1) bei Pilzen die Reste der Hülle (Velum) als ringförmiger Hautlappen am Stiel von Fruchtkörpern (Agaricales); (2) bei Laubmoosen (Bryopsida) die zwischen Kapsel und Deckel liegende kranzförmige Zone; (3) bei Farnen (Pteridopsida) die ringförmige Zellreihe an der äußeren Wand des → Sporangiums

Antagonist, antagonistisch Gegensatz zu → Agonist, agonistisch; (1) chemische Verbindung, die eine andere Substanz in ihrer Wirkung hemmt oder einen Rezeptor blockiert, ohne ihn zu aktivieren; (2) Muskel, der eine Bewegung bewirkt, die der seines Agonisten entgegengesetzt ist

Antennapedia-Komplex ein sehr großer und komplex organisierter DNA-Abschnitt, der die spezifischen Merkmale der einzelnen Segmente in der vorderen Körperhälfte der Taufliege *Drosophila melanogaster* steuert; Homöobox-Gen mit hoher Homologie zu Arthropoden- und Vertebraten-Entwicklungsgenen: → Hox-Gen-Familie.

Antennenkomplexe (Lichtsammelkomplexe) Ansammlung von Photosynthesepigmenten, die Lichtenergie absorbieren und diese an das Reaktionszentrum weiterleiten

Antennenpigmente Photosynthesepigmente, die Lichtenergie absorbieren und dem Chlorophyll des Reaktionszentrums zuführen

anterior Lagebezeichnung für den vorne oder kopfseitig gelegenen Teil bei bilateralsymmetrischen Tieren

anterior-posteriore Achse (AP-Achse) Körperachse; vom Kopf zum Schwanzende verlaufende Körperachse; Gegensatz zu dorsoventrale Achse

anterograder Transport stromabwärts, vom Zellkörper in Richtung Synapse verlaufender Transport; Gegenteil zu → retrograder Transport

Antheridium meist kugel- bis keulenförmiges, vielzelliges (oder einzelliges, aber vielkerniges) „männliches" Geschlechtsorgan (→ Gametangium) bei Moosen (Bryophyta), Farnen (Pteridophyta), Ascomycota und Oophyta/Oomycota, das die Keimzellen bzw. Spermazellen produziert

Antibiotika von Bakterien und Pilzen produzierte Stoffwechselprodukte, die der Abwehr von konkurrierenden Mikroorganismen dienen, da sie in geringer Konzentration deren Wachstum hemmen oder diese abtöten; es gibt auch synthetische Antibiotika

Anticodon aus drei Nucleotiden bestehendes Basentriplett der tRNA, welches durch komplementäre Basenpaarung mit dem → Codon der mRNA wechselwirkt

antidiuretisches Hormon (ADH) auch Adiuretin, Vasopressin; im → Hypothalamus gebildetes und von der → Hypophyse sezerniertes Peptidhormon, das die aktive Wasserresorption in der Niere erhöht, was zu einer Harnkonzentrierung führt

Antigen-Antikörper-Reaktion Bindung von spezifischen Antikörpern an individuelle Antigene zur Bildung eines Antigen-Antikörper-Komplexes

Antigene Moleküle, die im Körper eine Antikörperproduktion hervorrufen

antiklin Lagebezeichnung für die Zellteilungsebene, wenn diese senkrecht zur Oberfläche des betreffenden Gewebes oder Organs liegt; Gegensatz zu → periklin

Antikörper (Immunoglobine) von bestimmten Immunzellen gebildete Proteine, die spezifisch an → Antigene binden und eine Immunreaktion einleiten

Antioxidantien Bezeichnung für sehr verschiedenartige chemische Verbindungen, die Oxidationsprozesse unterdrücken und als Radikalfänger (Radikale) wirken, wie beispielsweise Polyphenole, Vitamin E und Ascorbinsäure

antiparallel gegenläufig orientiert

Antiporter Membrantransportprotein, das den gegenseitigen Austausch von mindestens zwei Molekülen oder Ionen vermittelt; Gegensatz zu → Symporter, → Uniporter

Antisense-RNA einzelsträngiges RNA-Molekül, dessen Sequenz komplementär zur Sequenz einer bestimmten proteincodierenden mRNA ist und die Translation des zugehörigen Gens hemmen kann

apikal an der Spitze gelegen (lat. *apex* = Spitze)

Apikaldominanz Unterdrückung des Austreibens von Achselknospen durch Bevorzugung des Wachstums der endständigen Knospe (Apikalknospe)

Apikalmeristem (Scheitelmeristem) teilungsfähige (meristematische) Zellen an der Spitze jeder Sprossachse und Wurzel, die für primäres Wachstum verantwortlich sind

apokrin Sekretionsform, bei der die Zelle ihr Sekret in Vesikeln durch Abschnürung des apikalen Teils des Zellleibs absondert

Apomixis, apomiktisch Fortpflanzung über ungeschlechtliche Samenbildung (→ Agamospermie), wie auch über vegetative Vermehrung (Apogamie sowie → Parthenogenese)

Apomorphie ein abgeleitetes Merkmal, evolutionäre Neuheit; Merkmal, das bei den (unmittelbaren) Vorfahren noch nicht vorhanden war

Apoplast Gesamtheit des freien Diffusionsraum bestehend aus Zellwänden und extrazellulären Räumen; Gegensatz zu → Symplast

Apoptose durch Caspasen vermittelter programmierter Zelltod bei Metazoen; kontrolliertes Absterben von Zellen durch strengstens geregelte genetische Vorgänge

Apothecium offener, becher- bis schüsselförmiger Fruchtkörper (Ascoma) der Schlauchpilze (Ascomycota)

Appressorium Bezeichnung für Pilz- und Pflanzenteile, die sich dicht an Objekte anlegen: (1) Die Haftorgane parasitischer und symbiotischer Pilze zur Penetration pflanzlicher Oberflächen; (2) sprossbürtige Haftorgane bei Kletterpflanzen

Aquaporine porenbildende Transmembranproteine prokaryotischer und eukaryotischer Zellen, die dem spezifischen Transport von Wassermolekülen entlang des osmotischen Gradienten über Plasmamembranen dienen

aquatisch im Wasser lebend

arbuskuläre Mykorrhiza (AM) veraltet auch vesikulär-arbuskuläre Mykorrhiza (VAM); als → Symbiose bezeichnete Assoziation zwischen den Wurzeln von Pflanzen und Pilzen mit der Ausbildung von bäumchenförmig verzweigte → Hyphen (Arbuskeln), die dem Nährstoffaustausch zwischen Pilzhyphen und Wurzelzellen dienen; eine Form der → Endomykorrhiza

Archaellum Flagellum (Geißel) der Archaeen, rotationsfähiger, der Fortbewegung dienender Zellfortsatz bei Archaeen, unterscheidet sich strukturell vom Flagellum der Bakterien

Archegonium meist flaschenförmiges, vielzelliges weibliches Geschlechtsorgan (Gametangium) bei Moosen (Bryophyta) und Farnen (Pteridophyta), das die Eizellen produziert; Gegensatz zu → Antheridium

Argonauten zentrale Komponente der RNA-Interferenz und des → RISC. Ihre Aufgabe ist die Bindung von → siRNA- oder → miRNA-Duplexen und die Selektion eines Stranges

arid trocken, Gebiete in denen die potenzielle Verdunstung den jährlichen Niederschlag übertrifft

Arrhenotokie Form der Jungfernzeugung (→ Parthenogenese), bei der aus den sich parthenogenetisch entwickelnden Eiern männliche Nachkommen hervorgehen

Art Spezies; Grundeinheit des taxonomischen Systems

Artbildung (Speziation) Entstehung neuer Arten

Artenvielfalt Maß, das sowohl die Anzahl verschiedener Arten in einem bestimmten Lebensraum als auch ihre relative Häufigkeit im Vergleich zu anderen Arten erfasst

Arterien Blutgefäße, die Blut vom Herzen in den Körper transportieren; Gegensatz zu Venen

Ascoma (syn. Ascocarp; pl. Ascomata) Fruchtkörper der Schlauchpilze (Ascomycota)

Ascogon (syn. Ascogonium) „weibliches" Geschlechtsorgan (Gametangium) der Schlauchpilze (Ascomycota)

Ascontyp die einfachste der drei Organisationsformen der Schwämme; besteht aus einem Schlauch oder einem verzweigten Schlauchsystem, dessen gesamte Innenauskleidung lediglich von Kragengeißelzellen (→ Choanocyten) gebildet wird; vgl: → Sycontyp, → Leucontyp

Ascosporen im → Ascus durch sexuelle Vermehrung gebildete Sporen der Schlauchpilze (Ascomycota); vgl. → Basidiosporen

Ascus (Pl. Asci) Fortpflanzungsorgan der Schlauchpilze; meist keulenförmiges → Sporangium, in dem durch Meiose Ascosporen gebildet werden

asexuelle Fortpflanzung ungeschlechtliche oder vegetative Fortpflanzung ohne Verschmelzung von → Gameten; Nachkommen sind sowohl untereinander als auch mit ihrem Elternorganismus genetisch identisch

Assemblierung Zusammensetzen einzelner Sequenzen aus der Sequenzierung zu einer langen Sequenz im Computer

Assimilation Aufnahme und → anabol ablaufende Überführung körperfremder Stoffe in eigene Biomasse

Assimilationseffizienz Quotient aus der im Verdauungstrakt über den Blutkreislauf aufgenommenen (assimilierten) und durch die Nahrung zugeführten Energie

Assimilationsparenchym (Chlorenchym) auch Assimilationsgewebe; zum Grundgewebe gehörendes Gewebe, dessen Hauptfunktion die Photosynthese ist

assoziatives Lernen Lernprozess, bei dem zwei nicht miteinander in Beziehung stehende Ereignisse miteinander verknüpft werden; Ereignisse können zwei Reize (→ klassische Konditionierung) oder eine Reaktion und ihre Folgen (→ operante Konditionierung) darstellen

Astrocyten Typ von → Gliazellen im zentralen Nervensystem der Wirbeltiere, die Neuronen als Nähr- und Stützzellen umgeben; Teil der → Blut-Hirn-Schranke

Ästuar trichterförmig erweiterte Flussmündung, deren Wasserkörper von ausströmendem Süßwasser wie auch von einströmendem Meerwasser beeinflusst wird

Ataktostele Form der Anordnung der geschlossen kollateralen → Leitbündel bei Einkeimblättrigen Pflanzen; die Leitbündel sind ungleichmäßig über den Sprossquerschnitt verteilt

Atmosphäre gasförmige Lufthülle oberhalb der Erdoberfläche mit den Hauptbestandteilen Stickstoff, Sauerstoff und Argon

Atmungskette aus zahlreichen Einzelschritten aufgebaute Kette chemischer → Redoxreaktionen und abschließender Schritt der Zellatmung, bei dem Elektronen von → NADH oder $FADH_2$ mittels verschiedener Elektronencarrier auf molekularen Sauerstoff oder anorganische Elektronenakzeptoren (z. B. Nitratatmung, Sulfatatmung) übertragen werden und ein entstehender elektrochemischer Protonengradient der Synthese von → ATP dient

Atmungskettenphosphorylierung auch oxidative Phosphorylierung, die an die Reaktionen der → Atmungskette gekoppelte Phosphorylierung von ADP (Adenosin-5′-diphosphat) zu ATP (Adenosintriphosphat)

Atmungsorgane mehr oder weniger spezialisierte Körperpartien wasser- und landbewohnender Tiere, die dem Transport von Sauerstoff (O_2) an eine respiratorische Oberfläche und der Abgabe des im Zellstoffwechsel gebildeten Kohlenstoffdioxids (CO_2) an das umgebende Medium dienen

ATP (Adenosintriphosphat) energiespeichernde Verbindung aus Adenin, Ribose und drei linear, kovalent aneinandergereihten Phosphaten; findet auch als → Neurotransmitter Verwendung

ATPase Enzym, das ATP hydrolytisch zu ADP und Phosphat spalten kann, um die daraus gewonnene Energie für andere Reaktionen zu nutzen; z. B. → Motorproteine, Na-K-Pumpe

ATP-Synthase Transmembranprotein, das – durch einen Protonengradienten angetrieben – der ATP-Synthese dient

Atrium (Hohlraum) (1) Vorkammer des Herzens; (2) in der Zoologie und Anatomie Begriff für die Eingangs- oder Ausgangskammern verschiedenster gegliederter Hohlorgane

auditorischer Cortex auch Hörcortex; Bereich der Großhirnrinde (Cortex), der für die Verarbeitung von akustischen Reizen wie Tonlage und Lautstärke verantwortlich ist

aufsteigendes retikuläres Aktivierungssystem (ARAS) Neuronengeflecht in der Formatio reticularis mit zum → Cortex aufsteigenden und absteigenden Verbindungen, dessen Erregung eine allgemeine Aktivierung des Thalamus, Cortex, Bewegungsapparats und des → autonomen Nervensystems bewirken

Ausläufer (Stolonen) horizontal wachsende Seitensprosse mit verlängerten → Internodien, die an ihren Knoten sprossbürtige Wurzeln bilden

Außenskelett auch Exoskelett; Sammelbezeichnung für äußere formgebende Stützstrukturen, die den Körper umgeben; Gegensatz zu → Endoskelett

Autapomorphie abgeleitetes Merkmal (Apomorphie), das nur innerhalb einer bestimmten Gruppe erworben wurde

Autogamie (1) Botanik: Bestäubung einer Blüte durch ihre eigenen Pollen (Selbstbefruchtung); Gegensatz zu → Allogamie (Fremdbestäubung); (2) Zoologie: Verschmelzung von Gameten, die vom selben Individuum stammen

Automixis, automiktisch Selbstbefruchtung; Verschmelzung von → Gameten desselben zwittrigen Individuums

autonomes Nervensystem auch vegetatives Nervensystem; Teil des Nervensystems, das für die Aufrechterhaltung grundlegender Lebensfunktionen zuständig ist und dessen Regulation der willkürlichen Kontrolle weitgehend entzogen ist

Autophagie programmierter Abbau von nicht benötigten Zellbestandteilen durch spezielle → Lysosomen

autosomaler Erbgang Vererbung von Genen, die auf den → Autosomen lokalisiert sind

Autosomen alle Chromosomen, die nicht zu den Gonosomen (→ Geschlechtschromosomen) zählen

Autotomie die Fähigkeit einiger Tiere, bei Verletzung oder Gefahr Körperteile abzuwerfen und im Anschluss wieder zu regenerieren

Autotrophie Fähigkeit von Organismen, ausschließlich von anorganischem Material zu leben; Energiegewinn kann → photoautotroph aus Sonnenlicht oder → chemoautotroph aus der Oxidation anorganischer Substrate erfolgen; Gegensatz zu → Heterotrophie

Auxine Gruppe von natürlichen (Phytohormone) und synthetischen (Herbizide) Verbindungen, die unterschiedlichste Prozesse des Pflanzenwachstums regulieren

axial Lagebezeichnung; längs der Achse, in der Achsenrichtung gelegen

axillär Lagebezeichnung; in der (Blatt-)Achsel stehend

Axocoel auch Procoel, Protocoel; vorderer von drei Abschnitten der Leibeshöhle (Coelom) der Stachelhäuter

Axon Fortsatz (Neurit) von Nervenzellen, der elektrische Impulse in Form von → Aktionspotenzialen vom Zellkörper (Soma) weg leitet

Axonhügel Ursprungsstelle des Axons an der Nervenzelle; Nach Summation von ankommenden Potenzialen führt eine Überschreitung des Schwellenwertes am Axonhügel zur Auslösung eines → Aktionspotenzials

Bacteriophagen → Phagen

Bacteroide intrazelluläre, luftstickstofffixierende Organellen in den Knöllchen von → Rhizobien, die sich aus stickstofffixierenden Bakterien differenzieren

Bahnung Form der Kurzzeitplastizität; eine sekunden- bis minutenlang anhaltende Verstärkung der Neurotransmission nach vorausgegangener Aktivität in der präsynaptischen Endigung

Baltica Kontinentalplatte, die im oberen Präkambrium entstand und große Teile des heutigen Nord- und Osteuropas umfasst

Balz arttypisches Verhaltensmuster, das der Paarung vorausgeht; bei Tieren, deren Verhalten stark ritualisiert ist oder die auffällige Auslöser benutzen, wie beispielsweise Vögel

Barorezeptor auch Pressorezeptoren; durch Dehnungs- und Druckreize erregbare Rezeptoren oder Zellen

Barr-Körperchen durch Heterochromatisierung inaktiviertes X-Chromosom im Säugerzellkern oder im Zellkern, der mehr als ein X-Chromosom besitzt (typischerweise in weiblichen Säugerzellen)

basal Lagebezeichnung; unten, nahe der Grundfläche, Basis, liegend

basal-apikale Achse die bei Pflanzen von der äußersten Sprossspitze zur Wurzelspitze verlaufende Hauptachse

Basalganglien Gruppe von fünf paarigen, grauen Kernmassen in der Tiefe der → weißen Substanz der beiden Großhirnhemisphären, die an der Steuerung der Gliedmaßen und der Augen sowie an der Verarbeitung und Wertung sensorischer Informationen beteiligt sind und bei der Anpassung des Verhaltens an den emotionalen Kontext eine Rolle spielen

Basalmembran auch Basallamina; extrazelluläre Zellauflagerung aus Bindegewebe an der Basis von Epithelgeweben, die die äußere Begrenzung des Bindegewebes darstellt; dient der mechanischen Stabilisierung, Isolation und als Stoffaustauschbarriere

Basenpaare die in doppelsträngiger DNA oder RNA gegenüberliegenden komplementären Basen, die durch → Wasserstoffbrückenbindungen zusammengehalten werden

Basidie Fortpflanzungsorgan der Ständerpilze; vielgestaltiges → Sporangium, an dem durch Meiose → Basidiosporen gebildet werden

Basidiokarp Fruchtkörper der Ständerpilze (Basidiomycota)

Basidiosporen an der Basidie durch sexuelle Vermehrung gebildete Sporen der Ständerpilze (Basidiomycota); vgl. → Ascosporen

Basilarmembran in der Hörschnecke (→ Cochlea) zwischen Vorhoftreppe und Paukentreppe gelegene Membran des Innenohrs, die durch Schwingungen für die Auslenkung der → Stereocilien der Haarsinneszellen am → Corti-Organ sorgt (wo die Umwandlung des mechanischen Reizes in einen elektrischen Reiz erfolgt)

basophile Granulocyten kleine Gruppe hoch entwickelter → Leukocyten, die intrazelluläre Einschlüsse (Granula) mit u. a. Histamin, Serotonin und Heparin enthalten und eine Rolle bei allergischen Reaktionen sowie bei der Abwehr von Parasiten spielen

Bast auch sekundäre Rinde; gesamtes vom → Kambium beim → sekundären Dickenwachstum der Pflanze nach außen abgegebenes Gewebe

Bates'sche Mimikry Nachahmung auffälliger Signale einer ungenießbaren oder wehrhaften Tierart durch eine – für einen Räuber – potenziell genießbare Art

Bathyal der gesamte lichtlose Bereich des Meeres zwischen 20 m und 4000 m Tiefe

Bauchmark auch Bauchganglienkette; allgemeine Bezeichnung für das ventral gelegene → Strickleiternervensystem von Ringelwürmern, Krebstieren und Insekten

Bauchspeicheldrüse (Pankreas) nahe dem Magen gelegene exokrin-endokrine Drüse bei Wirbeltieren; sezerniert Verdauungsenzyme in den Darm und gibt Hormone (Insulin und Glucagon) ins Blut ab

Baustoffwechsel → Anabolismus

B-DNA die häufigste rechtsgängige Form der DNA-Doppelhelix, bei der der Abstand zwischen den Basenpaaren 0,34 nm und der Durchmesser 2,0 nm beträgt und pro Windung zehn Basenpaare vorhanden sind; andere Formen sind die A-Form und die Z-Form

Becherzelle einzellige, der Produktion von Schleim dienende Drüse, die ihr saures oder neutrales Sekret durch → Exocytose oder → merokrine Exkretion absondern

Befruchtung Fertilisation, Syngamie; Verschmelzung von Keimzellen (→ Gameten) oder ganzer Fruchtkörper (Gametangiogamie) zu Bildung einer → Zygote

Begattung Kopulation, Kopula, Paarung; geschlechtliche Vereinigung zweier tierischer Individuen und Übertragung männlicher Keimzellen in den Körper des Weibchens zum Zweck der Befruchtung

benigne Tumore gutartige Tumore, die nicht streuen, also keine Metastasen bilden und nicht in gesundes Gewebe infiltrieren

Benthal, benthisch gesamter Bodenbereich eines Gewässers; die dort vorkommende Lebensgemeinschaft aus Mikroorganismen, Pflanzen und Tieren ist das Benthos

Bestäubung die Übertragung des Pollens mit darin enthaltenen Spermien auf die → Narbe bei Bedecktsamern (Angiospermen) oder auf eine → Samenanlage bei Nacktsamern (Gymnospermen)

Bestäubungstropfen bei Nacktsamern Bezeichnung für an der → Mikropyle abgesonderte Flüssigkeit, die dem Fang von Pollen dient

beta-Faltblatt auch Faltblattstruktur, β-Konformation; in Proteinen häufig vorkommende molekulare Struktur, die aus der (anti-)parallelen Anordnung zweier oder mehrerer durch → Wasserstoffbrücken miteinander verbundener Peptidketten besteht

BLOSUM *BLOcks SUbstitution Matrix*; dient zur Berechnung eines Alignmentscores

bidirektional in beide Richtungen verlaufend

Bienenblumen Blüten, die durch ihre bunten Farben (Bienenfarben) und (meist) ihren Duft solitäre und soziale Bienen (Honigbienen) anlocken

bifazial Bau von Blättern, deren → Mesophyll in Palisaden- und Schwammparenchym differenziert ist, wobei das Palisadenparenchym in der oberen, der Licht zugewandten, und das Schwammparenchym in der unteren Blatthälfte liegt

Bilateralsymmetrie Spiegelsymmetrie; Zustand, in dem die linke und die rechte Körperhälfte spiegelbildlich zueinander sind

Bildungsgewebe → Meristem

binäre Nomenklatur Grundprinzip der wissenschaftlichen Benennung von Organismengruppen, dass jeder Artname ein Binomen ist, also aus einem Gattungsnamen, dem Substantiv, und einem latinisierten Adjektiv (Epitheton) besteht

binaurales Richtungshören akustische Lokalisation durch den Vergleich des auf beiden Ohren auftreffenden Schalls

Bindegewebe tierische Grundgewebe, die eine Füllfunktion, Speicherfunktion oder Stützfunktion (Knochen- und Knorpelgewebe) übernehmen; die verzweigten Bindegewebszellen bilden mit der Kollagenmatrix ein Gitternetz mit großen → Interzellularen, die mit Interzellularflüssigkeit gefüllt sind

Biodiversität biologische Vielfalt auf unterschiedlichen Organisationsstufen, wie genetische Vielfalt innerhalb einer Art, Artenvielfalt und Vielfalt von Ökosystemen

Biofilm Lebensgemeinschaft von Mikroorganismen, eingehüllt in eine hoch hydratisierte Matrix aus extrazellulären polymeren Substanzen (EPS), die aus Polysacchariden, Proteinen, Nucleinsäuren und anderen Biopolymeren besteht; Biofilme sind kollektive Lebensformen wie Wälder, Korallenriffe oder Bienenstöcke

biogen von biologischen Systemen abstammend oder durch solche bedingt

biogeochemischer Kreislauf die unterschiedlichen Kreisläufe anorganischer chemische Elemente in und zwischen der Atmo-, Hydro-, Litho- und Biosphäre

Biogeografie Wissenschaft von Verbreitung und Ausbreitung der Organismen auf der Erde

biologisches Artkonzept Definition einer Art als Gruppe natürlicher Populationen; Mitglieder einer Art können sich paaren und fruchtbare Nachkommen erzeugen und sind von anderen Populationen reproduktiv isoliert

Biom konkreter Lebensraum mit charakteristischer Vegetation und Fauna

Biomasse Gesamtmasse der in einem definierten Lebensraum vorkommenden Lebewesen in Kilogramm Trockengewicht pro Quadratmeter

Biomineralisation Aufbau fester mineralischer Strukturen durch lebende Organismen

Biomoleküle Moleküle, die als Stoffwechselprodukte in lebenden Zellen vorkommen und für biologische Prozesse essenziell sind

Biosphäre der von Organismen bewohnbare Raum der Erde

biotisch belebt; Eigenschaften von Vorgängen der lebenden Organismen

Biotop räumlich begrenzter Lebensraum einer an diesen angepassten Lebensgemeinschaft

Biotransformation im tierischen Stoffwechsel die Umwandlung von niedermolekularen, körperfremden, vor allem aber → lipophilen und damit nur schwer über die Niere auszuscheidenden Stoffen in wasserlösliche, harnfähige Verbindungen; findet vor allem in der Leber statt

biotroph Bezeichnung für Organismen, die sich von lebenden Zellen und Geweben anderer Organismen ernähren

Bioverfügbarkeit/bioverfügbar (1) für Organismen verfügbar bzw. in der Umwelt in einer für die Organismen aufnehmbaren Form vorliegend; (2) pharmakologische Größe, die den Anteil einer Substanz angibt, der nach Aufnahme im Organismus (insbesondere im Blutkreislauf) in wirksamer Form zur Verfügung steht

Biozönose Lebensgemeinschaft aller Organismenarten eines → Biotops, die untereinander in Wechselbeziehung stehen

Bipolarzellen Zellen der Netzhaut, die Informationen der Photorezeptoren an Ganglienzellen weiterleiten

Blastochorie vegetative Vermehrung von Pflanzen durch Selbstausläufer

Blastocoel flüssigkeitsgefüllter Hohlraum der → Blastula, der zur primären Leibeshöhle wird

Blastocyste frühes Embryonalstadium der befruchteten Eizelle von Säugetieren, die eine Hohlkugel aus einer äußeren Zellschicht (Trophoblast) und einem inneren Zellhaufen (Embryoblast) bildet

Blastomere Bezeichnung für Zellen, die bei der Furchungsteilung der Zygote entstehen

Blastoporus → Urmund

Blastula (Blasenkeim) frühes Embryonalentwicklungsstadium vielzelliger Tiere, bei dem die Furchungszellen (Blastomere) eine hohle Epithelkugel bilden, die einen flüssigkeitsgefüllten Hohlraum (Blastocoel) umschließt

Blatt der Photosynthese und Transpiration dienendes Grundorgan der Gefäßpflanzen, das seitlich an der Sprossachse entspringt

Blattanlagen → Blattprimodien

Blattprimordien Blattanlagen, kleine höckerartige Erhebungen des Apikalmeristems seitlich des Sprossvegetationspunktes

Blattspreite der meist flächig verbreiterte Teil des Blattes

blinder Fleck Austrittsstelle des Sehnervs aus dem Augapfel; Bereich ohne Photorezeptoren, an dem keine Seheindrücke hervorgerufen werden können

blockierende Antikörper Antikörper, die andere Antikörper oder Lymphocyten an ihrer Aktivität hindern

Blume funktionelle Bestäubungseinheit, die sowohl eine Einzelblüte als auch ein Blütenstand sein kann

Blut in Kreislaufsystemen (Blutgefäßsystem, Blutkreislauf) oder in Hohlräumen der vielzelligen Tiere (Metazoen) zirkulierendes, flüssiges Gewebe

Blüte unverzweigter Kurzspross, der an zumeist gestauchten → Internodien sitzt und umgestaltete Blätter trägt, die indirekt oder direkt der geschlechtlichen Fortpflanzung dienen

Blütenstetigkeit erlernte Bevorzugung des Besuchs von Blüten derselben Art durch bestäubende Insekten

Blutgefäße auch Adern; röhren- oder kanalartige Gefäße, in denen das Blut vom Herzen oder funktionsgleichen Organen zu den Geweben und zurück zum Herzen strömt

Blutgruppen genetisch bedingte antigene Eigenschaften des Blutes bzw. von Blutbestandteilen (Blutzellen), die eine Einteilung nach verschiedenen serologisch bestimmbaren Kriterien innerhalb des Blutgruppensystems ermöglichen

Blut-Harn-Schranke selektive Filtrationsbarriere innerhalb der Niere, die Wasser und kleine gelöste Bestandteile des Blutes in die Nierenkanälchen passieren lässt und Proteine zurückhält

Blut-Hirn-Schranke selektiv durchlässige Barriere zwischen Blutgefäßen und zentralnervösen Neuronen, die die → Diffusion und den Transport von Substanzen ins Gehirn kontrolliert, sodass die Zusammensetzung der Interzellularflüssigkeiten im Gehirn konstant gehalten wird

Blutkreislauf Transportsystem des tierischen und menschlichen Körpers, das dem ständigen Umlauf der Körperflüssigkeiten (Blut, Hämolymphe) dient, um eine Versorgung der Gewebe mit Sauerstoff, Nahrungsstoffen und Signalstoffen zu gewährleisten und den Abtransport von Stoffwechselendprodukten zu sichern

Blutplasma flüssiger Bestandteil des Blutes, in dem die Blutzellen transportiert werden

Blutserum flüssiger Anteil des Blutes ohne → Gerinnungsfaktoren

Bogengänge drei mit Endolymphe gefüllte, verbundene Kanäle pro Körperseite im Gleichgewichtsorgan der Wirbeltiere; bilden in ihrer Gesamtheit das Bogengangorgan; vermitteln Drehbeschleunigungen

Bogengangorgan → Bogengänge des Gleichgewichtsorgangs

boreale Nadelwälder auch Taiga; Gebiet, das sich als riesiges Band südlich der polaren Waldgrenze durch den Norden Eurasiens und Nordamerikas erstreckt und in dem ein einheitlicher Klimatyp (Klima) vorherrscht; gekennzeichnet durch lange, vielfach extrem kalte Winter und kurze Vegetationszeiten mit kühlen Sommern

Borke aus abgestorbenen Korkzellen bestehender, äußerster Teil der Rinde, die vor Umwelteinflüssen schützt

Bowman-Kapsel Strukturbestandteil des Nierengewebes aus → Podocyten, das die Kapillarknäuel des Glomerulus umgibt; dient als Sammelstelle des Filtrats aus dem Glomerulus

Brackwasser Mischwassermassen aus dem Übergangsbereich zwischen Festlandsabfluss (Süßwasser) und Meerwasser

braunes Fettgewebe spezialisiertes Fettgewebe bei Säugern, das der Wärmeproduktion dient; zeichnet sich unter anderem durch zahlreiche → Mitochondrien und eine besonders gute Versorgung mit Blutkapillaren aus

Braunfäule durch Pilze (meist Basidiomycota) verursachter Celluloseabbau in Holz; das übrig bleibende → Lignin führt zu einer typischen Braunfärbung

Broca-Areal Bereich im Frontallappen des menschlichen Gehirns; dient der Sprachproduktion

Brown'sche Molekularbewegung andauernde, ungeordnete Bewegung von suspendierten Teilchen, verursacht durch Stöße einzelner Moleküle des umgebenden flüssigen oder gasförmigen Mediums

Brutknospen (Bulbillen) speziell geformte Knospen, die in den Blattachseln gebildet werden und als Ausbreitungskörper der vegetativen, ungeschlechtlichen Vermehrung dienen

Brutkörper (Gemmae) Ausbreitungseinheiten, die der vegetativen, ungeschlechtlichen Vermehrung dienen

Bruttoprimärproduktion die gesamte organische Substanz (→ Biomasse), die von Pflanzen unter Verwertung von Strahlungsenergie in der Photosynthese aus anorganischem Substrat gebildet wird

Bündelscheidenzellen Gewebezellen in Pflanzen, welche die → Leitbündel umgeben

C_3-Pflanzen Pflanzen, die bei der Photosynthese als erstes Produkt der Kohlenstoffdioxidfixierung eine Verbindung mit drei C-Atomen bilden und dieses direkt in den → Calvin-Zyklus einschleusen

C_4-Pflanzen Pflanzen, die bei der Photosynthese als erstes Produkt der Kohlenstoffdioxidfixierung eine Verbindung mit vier C-Atomen (C_4-Körper) bilden

Calmodulin in eukaryotischen Zellen vorkommendes, Ca^{2+}-bindendes Protein; vermittelt die Ca^{2+}-abhängige Regulation einer Reihe von Enzymen (insbesondere Proteinkinasen) und Ionenpumpen

Calvin-Zyklus auch reduktiver Pentosephosphatzyklus; zyklische Abfolge von enzymatisch katalysierten Reaktionen der Photosynthese, die das in den → Lichtreaktionen gebildete → ATP und → NADPH zur Fixierung von anorganischem CO_2 in organische Kohlenstoffverbindungen nutzt; gliedert sich in drei Abschnitte: Carboxylierung, Reduktion und Regeneration

cAMP zyklisches Adenosinmonophosphat; aus → ATP abgeleiteter sekundärer chemischer Botenstoff (*second messenger*), der der intrazellulären Signaltransduktion dient

CAM-Pflanze (CAM: engl. *crassulacean acid metabolism*); Pflanzen, die nachts ihre → Spaltöffnungen (Stomata) öffnen, um Kohlenstoffdioxid (CO_2) zu fixieren und die entstehenden C_4-Carbonsäuren tagsüber bei geschlossenen Stomata zur Bereitstellung von CO_2 für den → Calvin-Zyklus wieder decarboxylieren

Capsid komplexe, aus Proteinen aufgebaute, Virushülle, die das Virusgenom umschließt

carbon sink natürliches Reservoir, in dem Kohlenstoff akkumuliert und so zumindest zeitweise aus dem Kreislauf entfernt wird

carbon source Kohlenstoffquelle; bezieht sich auf kohlenstoffhaltige Substanzen, die ein Organismus zur Synthese seiner organischen Moleküle nutzt

Carbonatatmung auch CO_2-Atmung; → chemolithotropher Energiestoffwechsel (Chemolithotrophie) anaerober Prokaryoten, die Carbonat bzw. CO_2 als Elektronenakzeptor bei der Oxidation von molekularem Wasserstoff nutzen, wobei entweder Acetat (acetogene Bakterien) oder Methan (methanogene Archaeen) entsteht

Carbonylgruppe funktionelle Gruppe der Ketone, die durch ein Kohlenstoffatom mit Doppelbindung zu einem Sauerstoffatom gekennzeichnet ist

Carboxylgruppe funktionelle Gruppe der Carbonsäuren, die durch ein Kohlenstoffatom mit Doppelbindung zu einem Sauerstoffatom und einer Einfachbindung zu einer Hydroxyl-(OH-)Gruppe gekennzeichnet ist

Carnivore Organismen, die Tiere erbeuten und sich überwiegend oder ausschließlich von diesen getöten Tieren ernähren

Carotinoide gelbe, orangefarbene oder rote lipohile Pigmente, die eine wichtige Rolle bei der Photosynthese spielen

Caspary-Streifen wasserundurchlässige Einlagerung in den radialen Zellwänden der Wurzelendodermis, die durch Suberin und → Lignin gebildet wird; trennt den → Apoplasten der Wurzelrinde vom Apoplasten des → Zentralzylinders

CDKs (cyclinabhängige Kinasen) bei allen Eukaryoten vorkommende Gruppe von Kinasen, die einen Komplex mit Cyclinen bilden, um spezifische Substrate zu phosphorylieren, welche dann vor allem an der Steuerung des → Zellzyklus beteiligt sind

cDNA *complementary DNA*; einzelsträngiges DNA-Molekül, dessen Basensequenz sich zur Sequenz eines RNA-Moleküls komplementär verhält; wird durch eine → Reverse Transkriptase aus RNA gebildet und stellt ein essenzielles Zwischenprodukt der Retrovirenreproduktion dar

Cellulase Enzym, dass Cellulose hydrolytisch zu Cellobiose und Glucose abbaut

Cellulose unverzweigtes pflanzliches Polysaccharid, das neben Hemicellulosen und Pektinen den Hauptbestandteil der Gerüstsubstanzen pflanzlicher Zellwände bildet und als Festigungs- und Stützmaterial dient

Centriolen zylinderförmige, paarige Organellen in den meisten eukaryotischen Zellen, die eine essenzielle Rolle bei der Bildung des Spindelapparats haben

Centromer eingeschnürte Region eines Chromosoms, die die Schwesterchromatiden zusammenhält und in der Meta-/Anaphase von Mitose und Meiose als Anheftungsstelle für das → Kinetochor und die Spindelfasern dient

Centrosom neben dem Zellkern liegende Cytoplasmaregion, die als Bildungsort für → Mikrotubuli in tierischen Zellen dient

Cephalisation (Kopfbildung) stammesgeschichtlicher Vorgang, der dazu führte, dass der in der bevorzugten Bewegungsrichtung am weitesten vorne gelegene Körperabschnitt eines Tieres als Kopf vom Rest des Tierkörpers abgegrenzt wird

Cercarien Larvenform im Entwicklungsstadium bestimmter zu den Saugwürmern (Trematoda) gehörenden Parasiten

Chamaephyt Lebensform von Pflanzen, bei der die Überdauerungsknospen in 1–50 cm Höhe über dem Boden liegen und damit i. d. R. durch die Schneedecke geschützt sind

Chaperone Proteine, die an ungefaltete Abschnitte der Polypeptidkette binden und vor molekularen Interaktionen schützen, sodass der Faltungsprozess ungestört abläuft

Chemiosmose auch chemiosmotische Kopplung; neben der → Substratkettenphosphorylierung ein Weg zur ATP-Synthese; Protonen werden unter Verbrauch von Energie entgegen eines Konzentrations- und Ladungsgradienten durch eine Membran gepumpt; gewonnene Energie durch den Protonenrücktransport entlang des Konzentrationsgefälles dient der Kopplung der ATP-Synthese mittels ATP-Synthase

chemiosmotische Kopplung → Chemiosmose

chemiosmotischer Protonengradient → Chemiosmose

chemiosmotisches Potenzial → Chemiosmose

chemische Evolution die Bildung von Biomolekülen und deren Vorläufern als Voraussetzung für die Entstehung des Lebens und eine biologische Evolution

chemische Synapse spezialisierte Kontaktstelle zwischen zwei Nervenzellen, die aus einer präsynaptischen Zelle, dem synaptischen Spalt und einer postsynaptischen Zelle besteht; die Informationsübertragung findet mittels ausgeschütteter → Neurotransmitter durch die präsynaptische Zelle statt, welche Veränderungen in der postsynaptischen Zelle auslösen

chemoautotroph auch chemolithotroph; Form des Energiestoffwechsels, bei dem Energie in Form von → ATP durch die Oxidation anorganischer Verbindungen gewonnen wird und Kohlenstoffdioxid unter Verbrauch dieser gewonnenen Energie assimiliert wird

Chemokine Polypeptide, die als Antwort auf bakterielle und virale Infektionen von unterschiedlichen Zellen (z. B. Phagocyten, Gewebezellen etc.) gebildet werden und als chemotaktisch wirkende Signalproteine fungieren, um beispielsweise → Leukocyten anzulocken und zu aktivieren

chemolithotroph Form des Energiestoffwechsels, bei der anorganische Verbindungen als Energiequelle (Elektronendonor) verwertet werden und die meist mit einer autotrophen CO_2-Assimilation gekoppelt ist (chemolithoautotroph bzw. verkürzt chemoautotroph); werden organische Verbindungen als Kohlenstoffquelle genutzt, spricht man von Chemolithoheterotrophie

chemoorganotroph Form des Energiestoffwechsels, bei der organische Verbindungen als Energiequelle und Kohlenstoffquelle genutzt werden (chemoorganoheterotroph) oder die Energie für eine autotrophe CO_2-Assimilation durch die Oxidation von organischen Substraten gewonnen wird (Chemoorganoautotrophie)

Chemorezeptor Sinneszelle oder Rezeptormolekül, die bzw. das der Wahrnehmung von gelösten und gasförmigen chemischen Substanzen (z. B. → Pheromone) in der Umwelt dient; Beispiele: Geruchs- und Geschmacksinneszellen bzw. Rezeptoren

Chemosynthese Assimilation von Kohlenstoffdioxid bei bestimmten Bakterien durch die Verwendung anorganischer Verbindungen als Energiequelle

Chemotaxis/chemotaktisch durch chemische Stoffe und Konzentrationsgradienten ausgelöste gerichtete Bewegung (Taxis) von frei beweglichen Organismen

Chemotrophie Energiegewinnung durch Abbau organischer oder Oxidation anorganischer Substrate während chemischer Reaktionen

Chiasma in der späten → Prophase I der Meiose als Folge eines → Crossing-over auftretende Überkreuzung zweier Nicht-Schwesterchromatiden von gepaarten → homologen Chromosomen

Chiasma opticum Sehnervkreuzung; an der Basis des → Zwischenhirns liegende teilweise oder vollständige Kreuzungsstelle der beiden von den Augen kommenden Sehnerven

Chiralität Händigkeit, Bezeichnung für Moleküle, die sich zueinander wie Bild und Spiegelbild (→ Enantiomere) verhalten und durch einfache Drehung nicht miteinander zur Deckung gebracht werden können

Chitin Hauptbestandteil des Außenskeletts (Exoskelett) der Arthopoden (Gliederfüßer), das aus einem komplexen stickstoffhaltigen, geradkettigen Polysaccharid besteht

Chlamydosporen von Pilzen gebildete dickwandige Zellen oder kleine Zellkomplexe mit Überdauerungsfunktion zur Erhaltung unter ungünstigen Lebensbedingungen

Chlorenchym Chlorophyllparenchym; meist das aus Palisaden- und Schwammparenchym bestehende Mesophyll, im weiteren Sinne das Assimilationsgewebe

Chlorophyll Blattgrün; Blattpigment in den Chloroplasten von grünen Pflanzen und in photosynthetisch aktiven Algen und Cyanobakterien, welches die charakteristische Grünfärbung hervorruft und für die Absorption der Lichtenergie während der Photosynthese verantwortlich ist

Chloroplast bei Eukaryoten vorkommende photosynthesebetreibende Zellorganellen

Chlorosomen intrazelluläre Organellen phototropher grüner Bakterien, welche die charakteristischen Antennenpigmente, die Bakteriochlorophylle, des Photosyntheseapparats enthalten

Choanocyten Kragengeißelzellen; der Nahrungsaufnahme dienende Zellen bei Schwämmen

Choanoderm Gesamtheit der den Zentralraum (→ Ascontyp) und Geißelkammern (→ Leucontyp) auskleidenden → Choanocyten bei Schwämmen

cholinerge Synapse zu den chemischen Synapsen zählende Nervenzellen, die → Acetylcholin als Neurotransmitter produzieren

chondrale Ossifikation auch indirekte Ossifikation; Bildung von Knochengewebe (Ossifikation) aus Knorpel; Gegensatz zu → desmale Ossifikation, bei der das Knochengewebe aus embryonalem Bindegewebe gebildet wird

Chondroblasten Knorpelbildungszellen; teilungsfähige Vorläuferzellen der Knorpelzellen

Chondroklasten mehrkernige Zellen, die eine wichtige Rolle bei der Knochenbildung (Ossifikation) spielen. Sie bauen Knorpelgewebe ab, welches dann durch Knochengewebe ersetzt wird

Chondrom Gesamtheit der DNA eines → Mitochondriums oder aller Mitochondrien einer Zelle

Chromatiden die bei Mitose und Meiose lichtmikroskopisch sichtbaren Längshälften eines Chromosoms, die am Centromer miteinander verbunden sind; identische Chromatiden eines Chromosoms werden als Schwesterchromatiden bezeichnet

Chromatin Komplex aus DNA und Proteinen, kondensiert während der Zellteilung zu Chromosomen

Chromatophore pigmenthaltige Zelle, die kontraktile Fasern besitzt und sich zusammenziehen oder ausweiten kann, um eine Verstärkung oder Schwächung der Farbintensität des Pigments und so eine Farbänderung von Tieren zu bewirken

Chromoplasten durch Carotinoide rot, orange oder gelblich gefärbte photosynthetisch inaktive, vielgestaltige → Plastiden in Pflanzenzellen

Chromosomen (1) in den Zellkernen eukaryotischer Zellen vorhandene Strukturen aus DNA und Proteinen; sie sind die Träger der genetischen Information und werden in Mitose und Meiose auf die Tochterzellen verteilt; (2) bei Prokaryoten meist ringförmige DNA-Moleküle; meist besteht das gesamte Genom einer Prokaryotenzelle aus einem oder zwei Chromosomen und ggf. aus zusätzlichen Plasmiden

Chromosomenmutation Mutation, bei der die Struktur eines Chromosoms durch Verlust oder Veränderung der Lage eines Segments verändert wird

Chromosomensegregation Aufspaltung ursprünglich väterlicher bzw. mütterlicher Erbanlagen durch die zufallsgemäße Verteilung der → homologen Chromosomen während der Meiose

chronologisches Artkonzept in der Paläontologie verwendetes Artkonzept; ähnlich dem → morphologischen Artkonzept, berücksichtigt aber auch den Faktor Zeit

Ciliarmuskel innerer Augenmuskel, der die Augenlinse zum Zweck der Akkommodation in seiner Form verändert

Cilien Geißeln, Wimpern; härchenartige feine Plasmafortsätze eukaryotischer Zellen, die primär der Bewegungserzeugung oder der Erzeugung von Wasserströmungen dienen

circaannualer Rhythmus biologisch auftretende Rhythmik mit einer Periodenlänge von einem Jahr (± zwei Monaten), die beispielsweise das Verhalten, das Wachstum oder andere Aktivitäten beeinflusst

circadianer Rhythmus biologisch auftretende Rhythmik, die durch endogene Oszillation metabolischer oder physiologischer Aktivität oder des Verhaltens mit einer Periodizität von ungefähr 24 Stunden verursacht wird

cis-trans Form der Isomerie, bei der die Konfiguration von zwei Substituenten an Molekülen betrachtet wird; liegen diese auf derselben Seite, handelt es sich um ein *cis*-Isomer, liegen sie auf entgegengesetzten Seiten, handelt es sich um ein *trans*-Isomer

Citratzyklus auch Krebs-Zyklus, Tricarbonsäurezyklus; zyklische Reaktionsfolge der Zellatmung, bei der → Acetyl-CoA zu Kohlenstoffdioxid oxidiert wird und Wasserstoffatome auf die Coenzyme NAD^+ und FAD^+ übertragen werden

Citratzyklus, reduktiver auch umgekehrter Citatzyklus; Reaktionsweg, der zur Kohlenstofffixierung dient und dessen Schritte in entgegengesetzter Richtung zu denen des Citratzyklus ablaufen

Clathrin Protein, das in Form von Trimeren eine essenzielle Rolle bei der rezeptorvermittelten → Endocytose und der Bildung von Transportvesikeln (*clathrin-coated vesicles*) spielt

CO_2-Fixierung CO_2-Assimilation, Bezeichnung für die Assimilation von CO_2 in Kohlenhydrate; Redoxäquivalente für die Reduktion des CO_2 kommen z. B. aus der Photosynthese

Cochlea auch Hörschnecke; spiralförmige Röhre im Innenohr, die die Haarsinneszellen beinhaltet und der Schallempfindung dient

cochleärer Verstärker gezielte Verstärkung bestimmter Frequenbereiche durch aktive rhythmische Längenänderungen der äußeren Haarsinneszellen der → Cochlea unter Energieverbrauch

codogen Bezeichnung für den Einzelstrang der DNA-Doppelhelix, der während der → Transkription in mRNA umgeschrieben wird

Codominanz Merkmalsausprägung von Genen, bei der beide → Allele im heterozygoten Zustand aktiv sind und ihr Merkmal ausprägen, ohne dass eine Mischform im → Phänotyp entsteht

Codon Sequenz von drei aufeinanderfolgenden Nucleotiden (Basentriplett) in DNA und mRNA, die die genetische Information für den Einbau einer bestimmten Aminosäure enthält oder als Stopp-Codon zur Beendigung der → Translation dient

Coelom (Leibeshöhle) auch sekundäre Leibeshöhle; bei dreikeimblättrigen Tieren von Epithel umkleideter und mit Flüssigkeit gefüllter Hohlraum, in dem sich die meisten inneren Organe befinden

Coenoblast auch Coenocyte; Pilzhyphen mit vielkernigen, von einer einzigen Plasmamembran umgebenen Zellen; entsteht durch Kernteilung ohne darauffolgende räumliche Trennung der Zellen (→ Cytokinese)

Coenzym nichtproteinartiger Bestandteil eines Enzyms, der in den Ablauf der von dem Enzym katalysierten Reaktion direkt eingreift und bei der Umsetzung jedes Substratmoleküls selbst eine zyklische Reaktionsfolge durchläuft; nichtproteinartige, organische Moleküle, die sich immer neu an das jeweilige Enzym anlagern, dort umgesetzt werden und das Enzym wieder verlassen, nennt man Cosubstrat (z. B. NAD^+)

Cofaktor komplexe organische Moleküle, die meist nur locker oder vorübergehend, seltener aber auch kovalent an den Proteinanteil eines Enzyms gebunden sind und bei der Umsetzung von Substraten beteiligt sind

Connexine Transmembranproteine, die als Hexamer → Gap Junctions bilden und benachbarte tierische Zellen verbinden

Connexon Proteinkanal aus sechs gleichartigen Untereinheiten, den → Connexinen; zwei Connexone bilden die sogenannten → Gap Junctions und verbinden benachbarte tierische Zellen

Coracidium erstes Larvenstadium der Bandwürmer (Cestoda)

Cori-Zyklus Kreislauf von Glucose und deren Stoffwechselprodukten zwischen Skelettmuskulatur und Leber; die im Muskel anfallenden Stoffwechselprodukte (Lactat) werden in die Leber transportiert, wo sie in Glucose umgewandelt werden

Corpora allata paarige, endokrine Hormondrüsen der Insekten, die das → Juvenilhormon sezernieren

Corpora cardiaca paarige, endokrine Hormondrüsen der Insekten, die das prothoracotrope Hormon (PTTH) sezernieren

Corpus callosum (Balken) quer verlaufende Nervenfaserverbindung des Neopalliums der beiden Großhirnhemisphären bei Säugetieren

Cortex (1) pflanzliches Gewebe zwischen Epidermis und Leitbündel; (2) bei Tieren die äußere Schicht eines Organs, wie beispielsweise die Großhirnrinde

cortikale Säulen auch Kolumnen; Organisationsstruktur primärer Cortexregionen, z. B. des visuellen Cortex V1 oder des primären motorischen Cortex in Säulen

Corti-Organ Teil des Gehörorgans im Innenohr der Vögel und Säugetiere, auf dem die für die Schallwahrnehmung benötigten Sinneszellen (Haarzellen) sitzen

CpG-Insel eukaryotische DNA-Abschnitte, die einen hohen Gehalt der Cytosin-Guanin-Dinucleotidabfolgen aufweisen; das „p" verdeutlicht, dass es sich um eine lineare Sequenz auf einem DNA-Einzelstrang handelt und nicht um eine CG-Basenpaarung komplementärer Stränge

Cristae septenartige Einstülpungen der inneren Mitochondrienmembran; enthalten Enzyme der Atmungskette und der oxidativen Phosphorylierung

Crossing-over Mechanismus, bei dem es zum Austausch genetischer Informationen von Abschnitten zwischen zwei → homologen Chromosomen kommt

Crosstalk Interaktion zwischen verschiedenen Signaltransduktionswegen

Cryptochrome Rezeptorproteine bei Pflanzen und Tieren, die Blau- und UV-Licht absorbieren

C-Terminus auch Carboxylterminus; das freie, nicht an einer Peptidbindung beteiligte Ende eines Moleküls, an dem die Carboxylgruppe sitzt

Cuticula (1) lipophile Schicht, die der äußersten Oberfläche der → Epidermis von Pflanzen aufgelagert ist; sie besteht zum größten Teil aus Cutin, in das häufig Wachsschichten eingelagert sind; (2) äußere Körperhülle der Häutungstiere

Cuvier'sche Schläuche der Verteidigung dienende, 2–3 mm dicke und 20 cm lange Fortsätze einiger Gattungen der Seegurken, die ausgeschleudert werden und ein zähes klebriges Gewirr bilden, in dem sich Fische und Angreifer verfangen

cyclinabhängige Kinasen (CDKs) Gruppe von Kinasen, die einen Komplex mit → Cyclinen bilden, um dann spezifische Substrate zu phosphorylieren; sie sind vor allem an der Steuerung des → Zellzyklus beteiligt

Cycline Proteine, die eine wichtige Funktion bei der Kontrolle des → Zellzyklus spielen, indem sie die enzymatische Aktivität der cyclinabhängigen Kinasen modulieren und phasenspezifische Schaltvorgänge steuern

Cyclose festgelegter Weg einer Nahrungsvakuole durch das Plasma eines Wimpertierchens vom Zellmund (Cytostom) zum Zellafter (Cytopyge)

Cyste Dauerform bestimmter Organismen, die der Überdauerung ungünstiger Bedingungen und der Ausbreitung dient

Cytochrome Hämoproteine, die als Elektronenakzeptoren und als Elektronendonatoren dienen können und als Redoxkatalysatoren beispielsweise bei der Zellatmung, Photosynthese und Energiekonservierung essenziell sind

Cytokine Gruppe von regulatorischen Proteinen, die von Zellen des Immunsystems gebildet werden und der Signalübertragung zwischen Zellen des Immunsystems dienen wie auch ihre Proliferation und Differenzierung steuern

Cytokinese Teilung des Cytoplasmas, die sich an die Teilungsprozesse des Nucleus (Karyokinese) anschließt (Mitose); bei tierischen Zellen wird das Cytoplasma aktiv durch einen aus Actin und Myosin bestehenden kontraktilen Ring durchschnürt (Teilungsfurche); in pflanzlichen und manchen pilzlichen Zellen wird die Teilung durch die Bildung einer neuen Zellwand vollzogen; bei anderen Pilzen erfolgt die Cytokinese durch Sprossung

Cytokinine Gruppe von → Phytohormonen, die unter anderem Keimung, Blattalterung und Morphogenese beeinflussen

Cytoplasma Inhalt aller Zellen (mit Ausnahme des Zellkerns), der von der Plasmamembran nach außen hin abgegrenzt wird; setzt sich aus dem → Cytosol und allen darin enthaltenen Organellen zusammen

Cytopyge → Zellafter der Einzeller

Cytoskelett aus Mikrotubuli, Intermediärfilamenten und Mikrofilamenten aufgebautes Netzwerk in eukaryotischen Zellen, das die Stabilität der Form gewährleistet und u. a. die Bewegung von Organellen ermöglicht

Cytosol außerhalb der Organellen liegender, flüssiger Bestandteil des → Cytoplasmas

Cytostom Zellmund der Einzeller

DAMPs (*damage associated molecular patterns*) endogene Moleküle, die bei einer Verletzung als Gefahrensignale dienen und eine Entzündungsreaktion auslösen

Dauergewebe pflanzliches Gewebe, das sich im Gegensatz zum Bildungsgewebe (Meristem) nicht mehr teilt und in der Pflanze eine bestimmte Funktion übernimmt, z. B. Festigungsgewebe, Leitgewebe und Absorptionsgewebe

Dauerstadien Stadien von Organismen oder besonderen Zellen, die ungünstige Perioden überstehen können, z. B. Cysten, Dauereier, Dauersporen, Gemmulae, Samen

Deckblatt auch Tragblatt, Braktee; Blatt, aus dessen Achsel eine Achselknospe oder eine Blüte hervorgeht; im Blütenbereich wird ein solches Blatt als Deckblatt bezeichnet, im vegetativen Bereich als Tragblatt

Deduktion logische Vorgehensweise, bei der ausgehend von einer aufgestellten allgemeinen Hypothese Vorhersagen für Einzelfälle getroffen werden

degenerierter genetischer Code die Tatsache, dass die Anzahl der DNA-Codons die Anzahl an Aminosäuren übersteigt und somit eine Aminosäure von mehreren → Codons codiert werden kann

deklaratives Gedächtnis, deklaratives Lernen auch explizites Gedächtnis; Inhalte, die bewusst wahrgenommen und verbalisiert werden können, wie beispielsweise biografische Daten, Fakten, Erinnerungen an Personen; Einspeichern benötigt den → Hippocampus

Deletion zu den Chromosomenmutationen zählende Veränderung im Erbgut, bei der ein oder mehrere Basenpaare oder aber größere Abschnitte eines Gens oder Chromosoms fehlen können

Demografie Bevölkerungswissenschaft; Erforschung der Zusammensetzung der Bevölkerung und deren zeitlicher Veränderung durch Faktoren wie Geburtenrate, Zu- und Abwanderungen und Sterberate

Demethylierung Entfernung von Methylgruppen (z. B. von Proteinen oder der DNA)

Dendriten vielfach verzweigte Cytoplasmafortsätze von Nervenzellen (Neurite), die chemische oder elektrische Signale aufnehmen und diese ional in Richtung des Zellkörpers (Soma) weiterleiten

Dentin knochenähnliche Substanz, die unterm Zahnschmelz liegt und den Großteil der Zahnsubstanz ausmacht

Depolarisation kurzzeitige Reduktion oder Umkehr der Ladungsverhältnisse an der äußeren und inneren Seite von Membranen; Gegensatz zu → Hyperpolarisation

Dermis auch Corium, Lederhaut; zwischen → Epidermis (Oberhaut) und Subcutis (Unterhaut) liegende kollagenfaserreiche Bindegewebshautschicht

Desaturierung Umwandlung einer Fettsäure in die nächst höhere ungesättigte Fettsäure gleicher Kettenlänge durch Dehydrierung

desmale Ossifikation auch direkte Ossifikation; Bildung von Knochengewebe aus embryonalem Bindegewebe, Gegensatz zu → chondraler Ossifikation

Desmosomen punktförmige Haftstrukturen bei tierischen Zellen, insbesondere Epithelzellen, über die eine feste Verbindung der Zellen miteinander erfolgt

Desmotubulus in der Mitte von Plasmodesmenkanälen (→ Plasmodesmen) gelegene stäbchenförmige Cytoskelettelemente

Desoxyribonucleinsäure → DNA

Detritivoren auch Detritusfresser; Tiere, die ihre Energie aus zerkleinerter organischer Substanz (Detritus) beziehen

Detritus feines, durch die Zersetzung von toten Organismen entstandenes Material

Devon Periode des → Paläozoikums von vor ca. 419 Mio. Jahren bis vor ca. 359 Mio. Jahren

Diastereomere chemische Verbindungen mit der gleichen Anzahl und Art von Bindungen (Konstitution) und unterschiedlicher räumlicher Anordnung der Atome (Konfiguration) (= Stereoisomere), die sich nicht wie Bild und Spiegelbild zueinander verhalten

Dicer eukaryotische Endoribonuclease, die gezielt doppelsträngige RNA in kleine, doppelsträngige Fragmente (Mikro- oder miRNA, siRNA) zerschneidet

Dichasium Form der sympodialen Verzweigung bei Pflanzen (→ Sympodium), bei der jeweils das Wachstum von zwei Seitensprossen gleicher Ordnung gefördert ist und diese das Wachstum fortsetzen

dichotom gabelige Verzweigung, wobei sich durch Längsteilung die Spitze eines Sprosses in zwei gleichwertige Äste verzweigt

Dichteanomalie Effekt, bei dem die Dichte einiger Stoffe nicht wie bei den meisten Stoffen mit abnehmender Temperatur über alle Aggregatzustände hinweg zunimmt, sondern sich unterhalb einer bestimmten Temperatur wieder verringert, der Stoff sich also wieder ausdehnt

Dictyosom Stapel flacher Golgi-Zisternen, die zusammen eine den → Golgi-Apparat in eukaryotischen Zellen bilden

Diencephalon → Zwischenhirn

Differenzierungszone der histogenetische Bereich des pflanzlichen Vegetationspunktes, in dem Bildungsgewebe (Meristem) in Dauergewebe umgewandelt wird

Diffusion physikalischer Prozess, der durch die zufällige Eigenbewegung von Teilchen entsteht und zu einer gleichmäßigen Verteilung der Stoffe bzw. zum Ausgleich von Konzentrationsunterschieden führt; geht einher mit einer Zunahme der → Entropie; Gegensatz zu → aktivem Transport

dikaryotisch Zustand, in dem zwei genetisch verschiedene, haploide Zellkerne in einer Zelle vorkommen

dikotyl zweikeimblättrig; Pflanzen mit zwei Keimblättern

Dimer aus zwei gleichartigen Molekülen (Monomeren) aufgebaute chemische Verbindung; bei identischen Monomeren handelt es sich um ein Homodimer, bei zwei unterschiedlichen Monomeren um ein Heterodimer

dimiktisch Zirkulationstyp von Seen, bei dem im Herbst und im Frühjahr die gesamte Wassermasse durchmischt wird

diploblastisch Bezeichnung für diejenigen Tiergruppen mit echtem Epithelgewebe, deren Zelltypen sämtlich auf zwei Keimblätter, → Ektoderm und → Entoderm, zurückzuführen sind

diploid, diploider Chromosomensatz (2*n*) Zustand, in dem ein Zellkern den doppelten Chromosomensatz enthält, der aus den → homologen Chromosomen der Mutter und des Vaters besteht; Gegensatz zu → haploid

Diplont Organismen mit doppeltem Chromosomensatz (→ diploid), bei denen nur die Geschlechtszellen haploid sind; Gegensatz zu → Haplont

Disaccharide Kohlenhydrate, die aus zwei Monosaccharideinheiten aufgebaut und über eine glykosidische Bindung verknüpft sind

Disproportionierung chemische Reaktion, bei der eine Verbindung sowohl oxidiert als auch reduziert wird, sodass Produkte mit größerer Oxidationsstufe und mit niedrigerer Oxidationsstufe als das Edukt entstehen

disruptive (aufspaltende) Selektion Selektion, die phänotypische Extreme einer Population bevorzugt und

Merkmalsausprägungen, die dem Mittel der Population entsprechen, benachteiligt; Gegensatz zu → gerichtete Selektion → stabilisierende Selektion

distal Lagebezeichnung; weiter von der Körpermitte entfernt liegend

Distylie Bezeichnung für das Vorkommen von zwei auf verschiedene Individuen einer Art verteilten Blütentypen, die sich in der Länge des Griffels und entsprechend in der Ansatzhöhe der Antheren (Staubbeutel) unterscheiden

DNA (engl. *desoxribonucleic acid*), auch DNS, Desoxyribonucleinsäure; ein Makromolekül, das aus kettenförmig zusammengesetzten Desoxyribonucleotiden besteht und als Träger der Erbinformation fast aller Organismen dient; ist aus den vier Basen Adenin (Purinbase), Thymin (Pyrimidinbase), Guanin (Purinbase) und Cytosin (Pyrimidinbase) sowie einem Phosphatdesoxyribose-Rückgrat aufgebaut; sie kann einsträngig oder zweisträngig vorliegen, wobei es bei Letzterer zu einer Paarung der Basen mithilfe von → Wasserstoffbrückenbindungen kommt; die allgemeine Leserichtung ist von 5′ nach 3′, basierend auf den Kohlenstoffatomen in der Ribose

DNA-Methylierung Hinzufügen einer Methylgruppe an eine DNA-Base, meist an Adenin oder Cytosin

DNA-Methyltransferase Enzym, das die Methylierung der DNA katalysiert

DNA-Polymerase Enzyme, die als Katalysatoren der Bildung von neuen DNA-Strängen fungieren

DNA-Transposons DNA-Abschnitte, die ihre Position im Genom verändern können

Dormanz Mechanismus, der eine Ruheperiode oder eine Entwicklungsverzögerung darstellt und eine Keimung unter ungünstigen Umweltbedingungen verhindert; kann beispielsweise durch bestimmte Lichtverhältnisse oder Temperatureinflüsse wieder aufgehoben werden

Dornen spitze starre Gebilde, die meist abgewandelten Blattorganen (z. B. bei Kakteen) oder Kurzsprossen (z. B. Schlehe, Feuerdorn) entsprechen und von → Leitbündeln durchzogen sind; sind vor allem bei Pflanzen in Trockengebieten verbreitet und dienen der Verminderung der Transpiration und dem Schutz vor Tierfraß (Abwehr); Gegensatz zu → Stacheln

dorsal Lagebezeichnung; an der Rückseite bzw. rückenwärtig liegend

dorsale Randregion dorsaler Bereich der Komplexaugen von Insekten, in dem mittels spezialisierter Photorezeptoren die Ausrichtung der linearen Polarisation des Himmelslichts wahrgenommen werden kann

Dosiskompensation Mechanismus, der bei männlichen und weiblichen Individuen für die gleich starke Expression der Gene von Geschlechtschromosomen sorgt, die in unterschiedlicher Kopiezahl vorliegen

Dotter Speicherstoffe der tierischen Eizelle, die während der Embryonalentwicklung ab- oder umgebaut werden; liefert die Bausteine und die Energie für die Entwicklung, bis ein Stadium erreicht ist, das selbst Nahrung aufnehmen kann; als Speicherstoffe dienen Proteine, Fette und Kohlenhydrate (Glykogen)

Drüsen Organe oder einzelne epitheliale Zellen, die spezifische Substanzen (Sekrete) bilden und sezernieren, beispielsweise Duftdrüsen, die ätherische Substanzen zur Anlockung produzieren und ausscheiden

Duftstoffe flüchtige, chemisch meist uneinheitliche Verbindungen in Gas-, Dampf- oder gelöster Form und mit spezifischem Geruch, die von Pflanzen und Tieren ausgeschieden werden; die Wahrnehmung der Duftstoffe erfolgt über die Bindung an Rezeptoren, die sich bei Tieren oft in Geruchssinnesorganen finden

Dunkelreaktion im Anschluss an die → Lichtreaktion stattfindende Phase der Photosynthese, bei der durch Reduktion Kohlenstoffdioxid in Kohlenhydrate assimiliert wird

Dunkelrevision im Dunkeln stattfindende Konformationsänderung des Photorezeptors Phytochrom fr zu Phytochrom r

Dynein Motorprotein (→ ATPase), das durch Konformationsänderung der Bewegung von Geißeln und Cilien bei Eukaryoten sowie dem retrograden Stofftransport entlang von → Mikrotubuli dient

Ecdysis (Häutung) Abstreifen und Neubildung der Körperbedeckung, wobei entweder das gesamte Exoskelett (Arthropoda) abgestreift wird oder abgestorbene äußere Epidermisschichten (Wirbeltiere)

Ecdyson Steroidhormon, das maßgeblich bei Gliedertieren (Arthopoda) die Häutung der Entwicklungsstadien (Larve, Puppe, Imago) bewirkt

Edaphon Gesamtheit der Bodenlebewesen

Ediacarium jüngste Periode des → Proterozoikums von vor ca. 635 Mio. bis vor ca. 541 Mio. Jahren; aus dieser Periode stammen die ältesten fossilen Funde mehrzelliger Metazoa; → kambrische Explosion

Eckenkollenchym → Kollenchym, bei dem die Wandverdickungen auf die Zellkanten beschränkt sind

effektive Populationsgröße Anzahl der Individuen einer Population, die am Reproduktionsgeschehen teilnehmen;

die effektive Populationsgröße weicht daher oftmals von der tatsächlichen Individuenzahl ab, da keine natürliche Population allen theoretischen Bedingungen einer idealen Population entspricht

Effektorproteine Proteine, die nach Aktivierung eines Signaltransduktionsweges für die Weiterleitung innerhalb der Zelle verantwortlich sind

efferent, efferente Neuronen Klassifizierung der Leitungsrichtung von Nervenfasern; efferente Nervenfasern (Efferenzen) übertragen Informationen vom Zentralnervensystem zu den Effektororganen

Eierstöcke → Ovarien

einfache Diffusion das direkte Durchqueren kleiner ungeladener und lipophiler Moleküle ihrem Diffusionsgradienten folgend durch die Lipdiddoppelschicht von Biomembranen, ohne dass Carrier oder Kanalproteine betroffen sind

Eingeweidesack meist von der Schale geschützter dorsaler Körperabschnitt der Weichtiere (Mollusken), in dem Darm, Mitteldarmdrüse (Leber), Herz, Niere, Gonade (Zwitterdrüse), Eiweißdrüse sowie deren Zu- und Ableitungen liegen

Einnischung evolutionäre Spezialisierung von Arten auf bestimmte ökologische → Nischen

Ejectosom Strukturen die aus einem zylinderartigen aufgerollten Band bestehen, das ausgestoßen wird und sich entrollen kann

Ektoderm äußeres Keimblatt der zwei- und dreikeimblättrigen Metazoa

Ektomykorrhiza Form der → Mykorrhiza, bei der die Pilzhyphen nur in die Interzellularräume der äußersten Gewebe der Wurzel (v. a. Wurzelrinde) vordringen; Gegensatz zu → Endomykorrhiza

Ektoparasit auch Außenparasit; Form des → Parasitismus, bei dem der Parasit außerhalb des Wirtes lebt, wie beispielsweise auf der Körperoberfläche lebende Läuse oder Flöhe; Gegensatz zu → Endoparasit

Ektosymbiont Form der → Symbiose, bei der der Symbiont außerhalb des Körpers seines Wirtes lebt; Gegensatz zu → Endosymbiont

Elastin mit Kollagen verwandtes Strukturprotein, das den Hauptbestandteil der elastischen Fasern des Bindegewebes der Wirbeltiere ausmacht

Elastizität Eigenschaft von Systemen, nach einer vorübergehenden Formänderung durch Zug-, Scher- oder Druckbeanspruchung aus eigener Kraft wieder in ihre ursprüngliche Gestalt zurückzukehren

elektrische Synapse Synapse, bei der die Erregungsweiterleitung eines → Aktionspotenzials von der Präsynapse zur Postsynapse mittels Ionenfluss über → Connexone an einem engen Zellkontakt verläuft

elektrischer Gradient Konzentrationsgradient gegengleich geladener Teilchen (Ionen) diesseits und jenseits einer Membran; die potenzielle Energie führt zu Ausgleichsbewegungen

Elektroencephalogramm (EEG) grafische Darstellung einer Messung von makroskopischer elektrischer Aktivität des Gehirns durch Aufzeichnung der Spannungsschwankungen an der Kopfoberfläche

Elektrolyt Bezeichnung für chemische Verbindungen, die in wässriger Lösung fast vollständig zu Ionen dissoziieren und daher beim Anlegen einer Spannung Strom leiten

Elektronen Elementarteilchen mit sehr geringer Masse, die den Atomkern umgeben und eine negative Elementarladung tragen

Elektronentransportkette die in mehreren Stufen erfolgende Übertragung von Elektronen als Reduktionsäquivalente innerhalb der → Atmungskette und der → Lichtreaktionen der Photosynthese

elektrostatische Kräfte Kräfte, die aus der Abstoßung und Anziehung negativer und positiver Ladungen von Ionen oder Elektronen resultieren

Elongation (1) pflanzliches Wachstum der Sprossachse; (2) sich wiederholende Reaktionen während der Transkription und Translation, die zur Verlängerung von RNA-Molekülen, Polypeptiden bzw. Proteinen beitragen

Embryo der sich aus der Eizelle entwickelnde Organismus bis zum Zeitpunkt der selbstständigen Nahrungsaufnahme

Embryoblast in der → Blastocyste gelegene Ansammlung von Zellen, aus denen sich Embryo und Dottersack entwickeln

Embryosack reduzierter weiblicher Megagametophyt der Samenpflanzen, der sich aus der im Megasporangium (Nucellus) der → Samenanlage verbleibenden, haploiden Megaspore (Embryosackzelle) entwickelt

Emergenzen vielzellige Auswüchse von Pflanzen, z. B. Stacheln, Drüsenhaare, Schuppen und ähnliche Oberflächenstrukturen, an deren Entstehung subepidermale Gewebe beteiligt sind

Enantiomere chemische Verbindungen, die die gleiche Konstitution aufweisen und sich wie Bild und Spiegelbild verhalten

Endhirn Telencephalon; Teil des Vorderhirns und größter Hirnabschnitt von Wirbeltieren

Endknöpfchen präsynaptische Endigung der → chemischen Synapse

Endknospe auch Gipfelknospe, Terminalknospe; Vegetationspunkt (Apikalmeristem) am Ende eines Sprosses mit den ihn einhüllenden jungen Blattanlagen der Haupt- und Seitenachsen

Endocannabinoide vom Körper produzierte, dem Cannabis ähnelnde Substanzen, die Arachidonsäure als Grundgerüst tragen und als → Agonisten von Cannabinoidrezeptoren wirken

Endocytobiose Form der → Endosymbiose, bei der ein immer einzelliger Symbiont innerhalb einer Zelle eines meist mehrzelligen Partners lebt

Endocytose (1) Aufnahme von extrazellulärem, flüssigem oder festem Material durch Einstülpung der Membran; (2) am Rand chemischer Synapsen: Rückgewinnung von Membran zur Bildung von Vesikeln

Endodermis meist einschichtiges spezialisiertes Gewebe in pflanzlichen Wurzeln, das das zentrale → Leitbündel von der Rinde abtrennt und die freie Diffusion von gelösten Stoffen verhindert

endogen Prozesse, die in der Zelle oder dem Organismus selbst entstehen; Gegensatz zu → exogen

Endokarp Innenschicht der Fruchtwand (Perikarp)

endokrin, endokrines System Sekretionsmechanismus, bei dem Sekretionsprodukte, wie beispielsweise Hormone, in die Blutbahn abgegeben werden und so auf weit entfernte Zellen wirken können

Endomembransystem Gesamtheit der in eukaryotischen Zellen durch Vesikeltransport miteinander verbundenen, membranumschlossenen Zellkompartimente

Endomykorrhiza Form der → Mykorrhiza, bei der die Pilzhyphen durch die Zellwände in den Raum zwischen Zellwand und Plasmamembran der äußersten Wurzelzellen (v. a. Wurzelrinde) vordringen; Gegensatz zu → Ektomykorrhiza

Endoparasit auch Innenparasit; Parasit, der im Inneren seines Wirtes lebt, z. B. Malariaerreger (*Plasmodium* sp.), Bandwürmer und Leberegel (→ Parasitismus); Gegensatz zu → Ektoparasit

endoplasmatisches Retikulum (ER) im Cytoplasma von Eukaryoten von einer Endomembran umschlossenes Hohlraumsystem; existiert als glattes und raues ER

Endoreduplikation zu → Polyploidie führende komplette oder partielle chromosomale DNA-Replikation (meist Verdopplung), eines Genoms, Chomosoms oder Chromosomenabschnitts ohne anschließende Mitosephase

Endorphine körpereigene Moleküle, die im Gehirn gebildet werden und an Morphinrezeptoren binden und damit Einfluss auf das Schmerzempfinden nehmen

Endosomen membranumschlossene Vesikel, die durch → Endocytose entstehen und Teil des Endomembransystems sind

Endosperm Nährgewebe für den sich im Samen der Samenpflanzen entwickelnden Embryo

Endosporen Ausbreitungs- oder Überdauerungsform einiger Bakterien (*Clostridium* spp., *Bacillus* spp.), die infolge einer inäqualen Zellteilung im Inneren der Mutterzelle gebildet werden und sich durch eine hohe Hitzeresitenz auszeichnen

Endosymbiontentheorie Theorie zur Entstehung von Organellen in eukaryotischen Zellen durch die Aufnahme eines Prokaryoten in eine andere prokaryotische Zelle

Endosymbiose Form der → Symbiose, bei der der Symbiont im inneren des Wirts lebt; Gegensatz zu → Ektosymbiose

Endothel(zellen) spezialisierte flache Zellen, die das innere von Blutgefäßen auskleiden

endotherm (1) chemische Reaktionen, die nur unter Wärmezufuhr stattfinden; (2) Tiere, die ihre Körpertemperatur selbst erzeugen

endotrophe Mykorrhiza (Endomykorrhiza) Form der → Mykorrhiza, bei der die Pilzhyphen auch in den Raum zwischen Zellwand und Plasmamembran der Wurzelzellen (Wurzel) eindringen

Energiestoffwechsel Teil des Stoffwechsels, der der Gewinnung von Stoffwechselenergie dient

Enhancer DNA-Sequenzbereiche eukaryotischer, viraler und bakterieller Gene, die durch Bindung von Transkriptionsfaktoren die Transkription erhöhen oder deren Aktivierung fördern

Entoderm inneres Keimblatt der zwei- und dreikeimblättrigen Metazoa

Entropie thermodynamische Zustandsgröße; Maß für die Beliebigkeit eines Systems; je mehr unterschiedliche

(Mikro-)Zustände die Komponenten eines Systems annehmen können, umso größer ist dessen Entropie und desto größer ist die Wahrscheinlichkeit für diesen (Makro-)Zustand

Enzym Proteine, mit Ausnahme von beispielsweise katalytisch wirksamer RNA (→ Ribozyme), die in lebenden Organismen als Katalysatoren an fast allen chemischen Umsetzungen beteiligt sind, indem sie die für den Ablauf jeder chemischen Reaktion erforderliche Aktivierungsenergie herabsetzen, um Reaktionen zu beschleunigen

ephemere Gewässer Kleingewässer, die nur über einen kurzen Zeitraum Wasser führen

Epidermis (1) Botanik: meist einzellige Schicht, die den Pflanzenkörper als schützende Hülle nach außen abschließt; (2) Zoologie: ein- oder mehrschichtiges Deckepithel (→ Epithel) der Körperoberfläche

Epigenetik Teilgebiet der Genetik, das sich mit den erblichen Veränderungen des → Phänotypen durch eine Änderung der Expression von Genen beschäftigt, also nicht durch eine veränderte DNA-Sequenz

Epigenom Gesamtheit der epigenetischen Veränderungen an der DNA und ihren → Histonen eines Organismus

Epikotyl unmittelbar über den Keimblättern (Kotyledonen) liegender Abschnitt der Sprossachse

Epilimnion obere, lichtdurchstrahlte und damit erwärmte Wasserschicht in einem stehenden Gewässer

Epimere Konfigurationsisomere, die sich an nur einem von mehreren asymmetrischen C-Atomen (C*, → Chiralität) einer organischen Verbindung unterscheiden

Epimerisierung Sonderfall der Isomerie; Konfigurationsumkehr an einem asymmetrischen Kohlenstoffatom einer organischen Verbindung

Epiphyten auch Aufsitzerpflanzen; unter anderem auf Stämmen, Bäumen oder anderen Pflanzen wachsende spezialisierte Pflanzen, die dort nicht parasitieren

Epistasis Wechselwirkung zwischen zwei meist nicht homologen Genen, bei denen die Aktivität des einen die Wirkung des anderen überdeckt

Epithel auch Epithelgewebe; Sammelbezeichnung für alle Deck- und Abschlussgewebe

Epitop Molekülabschnitt eines → Antigens, der von einem spezifischen → Antikörper (Immunglobulin) erkannt wird und eine spezifische Immunantwort hervorrufen kann

EPS extrazelluläre polymere Substanzen → Biofilm

ericoide Mykorrhiza Zwischenform der Ekto- und der Endomykorrhiza, bei der die Wurzel teils mit Hyphen umhüllt wird und andererseits einzelne Hyphen in Zellen eindringen

erworbene Immunität Bezeichnung für die adaptive Immunität, d. h. die Immunität gegen ein → Antigen, die entweder aktiv (durch Kontakt mit dem Antigen) oder passiv (durch die Übertragung von Antikörpern oder immunkompetenten Lymphocyten) erworben wurde

Erythrocyten rote Blutkörperchen

Erythropoetin Hormon, das die Bildung von Erythrocyten anregt und bei Sauerstoffmangel gebildet wird

Esterbindung Bindung, die durch eine Kondensationsreaktion zwischen der Hydroxylgruppe eines Alkohols und der Carboxylgruppe einer Säure entsteht

Etioplasten thylakoidfreie → Plastiden von im Dunkeln gewachsenen Blatt- und Sprossorganen; entwickeln sich durch Lichtinduktion zu Chloroplasten

Euchromatin Während der Interphase des Zellzyklus entspiralisiertes, diffus aufgelockertes → Chromatin, das eine hohe Transkriptionsaktivität aufweist; Gegensatz zu → Heterochromatin

euphotische Zone Bereich ausreichender Lichtintensität für Photosynthese im Oberflächenbereich eines Gewässers

eurytherm Bezeichnung für Arten, die große Temperaturschwankungen ertragen können

Eusozialität/eusozial soziale Struktur im Tierreich, bei der Artangehörige meist unterschiedlicher Generationen ohne zeitliche Unterbrechungen zusammenleben und dabei verschiedene Arbeitsfunktionen untereinander aufteilen, wie beispielsweise bei staatenbildenden Insekten

Eusymbiose Form der → Symbiose bei der die Partner dauerhaft miteinander vergesellschaftet sind

Eutelie (Zellkonstanz) Phänomen, bei dem Organismen eine konstante Zahl und Anordnung an Zellen aufweisen

Eutrophierung Zunahme der → Primärproduktion in Gewässern infolge einer Zunahme der Nährstoffkonzentration

Evapotranspiration Summe aus Evaporation und Transpiration

Exkret gasförmige, flüssige oder feste Ausscheidungs- oder Ablagerungsstoffe, die das Stoffwechselgleichgewicht (Homöostase) des pflanzlichen oder tierischen Organismus stören

Exkretionsorgane auch Ausscheidungsorgane; Filtrations-, Sekretions- und Transporteinrichtungen der mehrzelligen Tiere, die der Ausscheidung körpereigener Exkrete (Exkretion) oder körperfremder Schadstoffe (Entgiftung) dienen

Exocytose Ausschleusen von in → Vesikeln eingeschlossenen intrazellulären Substanzen durch das Verschmelzen der Vesikelmembran mit der Cytoplasmamembran

Exodermis aus subepidermalen Rindenschichten gebildetes sekundäres Abschlussgewebe der Wurzel

exogen Prozesse, die zwar von der Zelle oder dem Organismus induziert werden können, aber außerhalb stattfinden; Gegensatz zu → endogen

exokrine Drüsen Drüsen, die Sekrete an die äußere Haut oder in Körperhöhlen, beispielsweise das Darmlumen, abgeben; Gegensatz zu → endokrine Drüsen

Exon Bereich der eukaryotischen DNA, der in prä-mRNA umgeschrieben wird und in der translatierten mRNA erhalten bleibt und somit die genetische Information für einen Teil eines Polypeptids enthält; Gegensatz zu → Intron

Exoskelett Außenskelett; bezeichnet die äußeren formgebenden Stützstrukturen, die den Körper umgeben; Gegensatz zu → Endoskelett

Exosporen Ausbreitungszellen (Sporen, Konidien), die durch Abschnürung von Pilzhyphen oder von Zellfäden bei Bakterien und Cyanobakterien entstehen; vgl. → Konidien

Expressivität Maß, mit dem sich eine Allelkombination bzw. ein bestimmtes Merkmal im → Phänotypen ausprägt

extrafusal außerhalb der Muskelspindel gelegen; Gegensatz zu → intrafusal

extrazelluläre Matrix aus Glykoproteinen, Proteinen und Polysacchariden aufgebaute gelartige Struktur tierischer Zellen, die in Geweben die Räume zwischen den Zellen ausfüllt

extremophil an extreme Lebensbedingungen angepasst

Extrusomen Bezeichnung für tote Organellen mancher parasitischen oder räuberischen Einzeller, die im Periplasten liegen; enthalten Substanzen, die zum Eindringen in eine Wirtszelle oder zu deren Lähmung oder Abtötung benötigt werden

Exuvie die bei der Häutung von Tieren (vor allem Gliedertieren) abgestreifte → Cuticula, die meist nur aus der sklerotisierten Exo- und Epicuticula besteht

exzitatorisches postsynaptisches Potenzial (EPSP) Veränderung eines lokalen → Membranpotenzials der postsynaptischen Membran in positiver Richtung (Depolarisation), was die Auslösung eines → Aktionspotenzials fördert

F_1-Generation erste Filialgeneration (Tochtergeneration)

fakultativ möglich, aber nicht zwingend, also der freien Wahl überlassen; Gegensatz zu obligat

faszikuläres Kambium bezeichnet das in den Leitbündeln liegende → Kambium

Feldkapazität auch Speicherfeuchte, Wasserkapazität; kennzeichnet die maximale Wassermenge, die als Haftwasser entgegen der Schwerkraft im Boden zurückgehalten wird und so pflanzenverfügbar gespeichert werden kann

Femtoplankton kleinste Planktonteilchen von 0,02–0,2 µm

Fermentierung, Fermentation (1) Abbau oder Umbau organischer Stoffe durch Mikroorganismen oder enzymatisch-chemische Veränderungen durch (isolierte) Enzyme zur Bildung bestimmter organischer Produkte; (2) in der Nahrungsmitteltechnologie die Aufbereitung und Veredlung von vorwiegend pflanzlichen Lebens- und Genussmitteln sowie Gewürzen

Festigungsgewebe pflanzliches Dauergewebe aus einem Verband von besonderen Zellen, deren Zellwände allseitig (→ Sklerenchym) oder nur zum Teil (→ Kollenchym) stark verdickt sind und bei pflanzlichen Organen der mechanische Stabilität dienen

Fettgewebe aus Fettzellen (Adipocyten) bestehendes spezialisiertes Bindegewebe

Fettsäuren gesättigte und ungesättigte aliphatische Monocarbonsäuren, die aus einer endständigen Carboxylgruppe und einer langen Kohlenstoffkette bestehen; gesättigte Fettsäuren besitzen nur Einfachbindungen in der Kohlenstoffkette, während ungesättigte Fettsäuren eine bis mehrere Doppelbindungen in der Kohlenstoffkette aufweisen

Fettzellen → Adipocyten

Feuchtgebiete Gebiete, in denen Wasser in kleineren oder größeren Mengen, stehend oder fließend, oberirdisch oder als bis in den Wurzelraum der Pflanzen reichendes Grundwasser periodisch oder dauerhaft angesammelt ist, z. B. Sümpfe, Moore, Auen

Fitness, biologische beschreibt die Fähigkeit eines → Genotyps, möglichst häufig im Genpool der nächsten Generation vertreten zu sein

Flagellum (Pl. Flagellen) → Geißel, → Archaellum

Flaschenhalseffekt eine Form der → Gendrift; genetische Verarmung der Population aufgrund einer drastischen Abnahme der Populationsgröße durch ein zufälliges Ereignis, meist eine Naturkatastrophe

Flip-Flop auch transversale Diffusion; Bezeichnung für den Ortswechsel von Phospholipiden (Membranlipide) von einer Seite der Lipiddoppelschicht (bimolekulare Lipidschicht) zur anderen

Flughaut als Tragfläche dienende Haut, die in allen Wirbeltiergruppen außer bei Vögeln bei den fliegenden oder gleitenden Vertretern vorkommt

Fluidität Maß für das Fließvermögen; Kehrwert der dynamischen Viskosität; je größer die Fluidität, desto dünnflüssiger das Fluid

Flüssig-Mosaik-Modell molekulares Modell der Membranstruktur, in dem sich mosaikartig angeordnete Proteinmoleküle in einer flüssigen Phospholipiddoppelschicht lateral bewegen können

Folgestrang der bei der DNA-Replikation entstehende Tochterstrang, der aufgrund der 5′-3′-Syntheserichtung der DNA-Polymerase nur diskontinuierlich synthetisiert werden kann; Gegensatz zu → Leitstrang

freie Nervenendigungen Rezeptoren im peripheren Nervensystem, die aus den marklosen, fein verzweigten Ausläufern von Nervenfasern bestehen und der → Nozizeption oder einfachsten Mechanorezeption dienen

Fremdbefruchtung auch Allomixis; Verschmelzung zweier getrenntgeschlechtlicher Gameten von verschiedenen Individuen

Fremdbestäubung → Allogamie

Frequenz auch Schwingungszahl; die Anzahl der vollen Schwingungen pro Zeiteinheit

Frequenzcode Information wird als Frequenz der aufeinanderfolgenden → Aktionspotenziale übermittelt

Fresszellen → Phagocyten

Frontallappen eine der fünf anatomischen Hauptregionen der Großhirnrinde des menschlichen Gehirns

funktionelle Magnetresonanztomografie nicht-invasives bildgebendes Verfahren, das den aufgabenspezifischen, lokalen Zufluss arteriellen Blutes im Gehirn im Vergleich zu einer Kontrollsituation dreidimensional darstellen kann

Furchungen (Zellteilungsschritte) die ersten Zellteilungen zu Beginn der Embryogenese der befruchteten Eizelle (→ Zygote)

GABA Abkürzung für den Neurotransmitter Gammaaminobuttersäure

Gallenblase mit Gallenflüssigkeit gefülltes Hohlorgan bei Wirbeltieren, das eine Erweiterung eines Abzweigs des Hauptsammelgangs (Ductus choledochus) der Leber darstellt

Galvanotaxis durch elektrischen Gleichstrom verursachte gerichtete Bewegung (Taxis) frei schwimmender Pflanzen oder eukaryotischer Einzeller

Gametangiogamie das Verschmelzen zweier → Gametangien ohne das Freisetzen von Gameten bei der sexuellen Fortpflanzung beispielsweise einiger Pilze und Oomycota

Gametangium nichthomologe Bildungsorte von Gameten bei Pflanzen, Algen und Pilzen; weibliche Gametangien werden generell als Oogonien, männliche als Spermatogonien bezeichnet; in einzelnen Gruppen haben sich andere Begriffe etabliert; so heißen die weiblichen Gametangien Oogonium (Oomycota), Ascogon oder Ascogonium (Ascomycota) und Archegonium (Moose und Farnpflanzen), wohingegen die männlichen in allen Gruppen als Antheridium bezeichnet werden

Gameten auch Keimzellen; haploide Zellen, die der genetischen Rekombination dienen und bei der Befruchtung zu einer diploiden → Zygote verschmelzen

Gametogenese Bildung der Keimzellen (Gameten) durch meiotische Teilungen; die Gametogenese bei Weibchen heißt Oogenese, bei Männchen Spermatogenese

Gametophyt bei Pflanzen mit → Generationswechsel Bezeichnung für die sich geschlechtlich durch Gameten bildende Generation

Ganglienzellen spezialisierte Nervenzellen in der Netzhaut von Wirbeltieren, die Informationen von → Bipolarzellen empfangen und an das Gehirn weiterleiten

Ganglion Ansammlung bzw. Gruppe zusammenliegender Nervenzellkörper, die zu einer Verdickung des Nervenstranges führt und bei Wirbeltieren von Bindegewebe oder Knochen eingekapselt ist

Gap Lücke in einem → Alignment

Gap Junctions Zell-Zell-Verbindungen tierischer Zellen, die direkte plasmatische Verbindungen zwischen einzelnen Zellen herstellen; dienen dem Austausch chemischer Substanzen oder der Weiterleitung elektrischer Signale

Gärung eine bei Mikroorganismen verbreitete Form des Stoffwechsels, bei der organische Substrate (meist Kohlenhydrate) anaerob abgebaut werden; unvollständige Oxidation mit organischen Endprodukten ohne Beteiligung einer → Atmungskette

Gasaustausch physikalischer Vorgang während Stoffwechselprozessen, bei dem der Austausch von zwei oder mehreren Gase stattfindet, wie beispielsweise der Austausch von Sauerstoff und Kohlenstoffdioxid bei der Atmung

Gastralraum der Verdauung dienender zentraler, von der → Gastrodermis ausgekleideter Hohlraum bei Quallen und Nesseltieren

Gastrodermis einschichtiges Epithel, das den → Gastralraum der Hohltiere auskleidet

Gastrointestinaltrakt auch Magen-Darm-Trakt; in verschiedene Abschnitte gegliedertes Verdauungssystem von Tieren, das vom Mund bis zum Anus reicht

Gastrovaskularsystem vor allem bei Hohltieren und Plattwürmern durch den Körper ziehendes Darmsystem, das durch eine meist starke Verzweigung auch Aufgaben des Blutgefäßsystems übernimmt

Gastrulation Bildung eines meist zunächst zweischichtigen Keims (Gastrula) aus der → Blastula durch Zellbewegungen und -verlagerungen

Gaswechsel → Gasaustausch

Gattung systematische Einheit mehrerer ähnlicher und nah verwandter Arten, die eine gemeinsame phylogenetische Abstammung haben

Gehirn im Schädel oder der Kopfkapsel gelegener Teil des zentralen Nervensystems, welcher der Koordination des Körpers dient

Gehörknöchelchen die drei kleinsten, gelenkig miteinander verbundenen Knochen des menschlichen Körpers, bestehend aus Hammer, Amboss und Steigbügel; dienen der Impedanzwandlung (Druckerhöhung auf Kosten der Amplitude) und Weiterleitung von Vibrationen des Trommelfells zum ovalen Fenster des Innenohrs

Geißeln lange, fadenförmige Fortsätze von Pro- und Eukaryoten, die der Fortbewegung dienen, jedoch einen unterschiedlichen Aufbau aufweisen

Geißelkammern aus → Choanocyten bestehende, kugelförmige Ausbuchtungen innerhalb des Kanalsystems der Schwämme vom → Leucontyp, die als Pumpen für den Wasserstrom dienen

gekoppelte Gene Gene, die auf Chromosomen nah beieinander liegen und daher gemeinsam vererbt werden; je näher die Gene beieinander liegen, desto geringer ist die Wahrscheinlichkeit der → Rekombination, sodass bestimmte Merkmale stets in Kombination an die nachfolgende Generation vererbt werden

Gelbkörper im Eierstock, nach dem Eisprung (Ovulation) entstehendes, hormonproduzierendes Zellaggregat, das das Gelbkörperhormon sezerniert, welches der Vorbereitung des befruchteten Eies zur Einnistung in die Gebärmutter dient

Geleitzelle durch → Tüpfel mit den → Siebröhrenzellen verbundene, spezialisierte Zelle im → Phloem der Angiospermen, die einen großen Zellkern und viele Mitochondrien besitzt und der Beladung der Siebzellen mit Assimilaten dient

Gendrift zufällige Veränderung der Allelfrequenz innerhalb des Genpools einer Population

Generalisten Organismen, die im Gegensatz zu Spezialisten in ihren Umweltansprüchen wenig spezialisiert sind; sie sind gegenüber weiten Schwankungsbereichen von Temperatur, Feuchte, Licht etc. mehr oder weniger unempfindlich und können sehr unterschiedliche Ressourcen nutzen (Eurypotenz)

Generation Lebewesen, die innerhalb einer Abstammungslinie ungefähr denselben Abstand zum gemeinsamen Vorfahren haben

Generationswechsel Aufeinanderfolge von geschlechtlicher und ungeschlechtlicher Fortpflanzung; bei Parasiten geht dies häufig auch mit einem Wirtswechsel einher

genetische Prägung → Imprinting

Genfluss Weitergabe bzw. Austausch von genetischem Material zwischen unterschiedlichen Populationen durch Zu- und Abwanderung von Individuen von einer Population in die andere und erfolgreiche Reproduktion dort

Genkarten Bestimmung der relativen Positionen von Genen auf einem Chromosom

Genlocus → Locus

Genom Gesamtheit aller genetischen Informationen eines Organismus entweder aus RNA bei RNA-Viren oder aus DNA (DNA-Viren und Lebewesen)

Genomik Bezeichnung für die vollständige Analyse des → Genoms eines Organismus

Genort → Locus

Genotyp die Gesamtheit der Gene und Allele eines Individuums

Genpool Gesamtheit der genetischen Variationen (→ Allele) einer Population zu einem bestimmten Zeitpunkt

Gen-Silencing → Silencing

geprägte Gene → Imprinting

gerichtete Selektion Selektion, die Individuen an einem Ende des Variabilitätsspektrums benachteiligt oder eliminiert

Gerinnungsfaktoren essenziell für die plasmatische Blutgerinnung; meist Enzyme, die proteolytisch gespalten werden müssen, um aktiviert zu werden, und bei der kaskadenartige Reaktionsfolge (Gerinnungskaskade) zur Fibrinbildung involviert sind

Gerontoplasten Chromoplasten; → Plastiden mit bereits abgebautem Chlorophyll, sodass die Carotinoide eine gelbliche Färbung verursachen

Geruchssinn auch olfaktorische Wahrnehmung; Form der Chemorezeptoren, die der Wahrnehmung von Gerüchen dient

gesättigte Fettsäuren → Fettsäuren

geschlechtliche Fortpflanzung → sexuelle Vermehrung

Geschlechtschromosom Gonosomen; Chromosomen, die in den beiden Geschlechtern in unterschiedlicher Kopienzahl vorliegen und für die Geschlechtsdetermination verantwortlich sein können; liegen beim Menschen als X- und Y-Chromosomen vor; Gegensatz zu → Autosomen

Geschlechtsdimorphismus auch Sexualdimorphismus; Phänomen, bei dem deutliche Unterschiede zwischen männlichen und weiblichen Individuen in Bezug auf sekundäre Geschlechtsmerkmale (Körperbau), Morphologie, Physiologie oder das Verhalten vorliegen

Geschlechtsorgane auch Genitalien; der Reproduktion dienende Organe, die zu den primären Geschlechtsmerkmalen gehören

geschlossenes Kreislaufsystem körpereigenes, geschlossenes Transportsystem, bei dem Körperflüssigkeiten in Gefäßen zirkulieren und eingeschlossen sind; meint i. d. R. das Blutkreislaufsystem

Geschmacksknospen knospenförmige Gewebestrukturen im Epithel der Zunge, die sekundäre Sinneszellen (Geschmackssinneszellen) enthalten und in Ihrer Gesamtheit das Geschmacksorgan bilden

Gesichtsfeld der unter statischen Bedingungen, also ohne Augenbewegungen, noch überschaubare Raum; Gegensatz zu Blickfeld

Gewebe Verband aus gleichartigen Zellen, die einen ähnlichen Aufbau und die gleiche Funktion haben

Gewebshormone Hormone, die meist nah am Wirkungsort (parakrin), in den meisten Fällen im gleichen Gewebe, synthetisiert, freigesetzt und abgebaut werden

Gewölle in Ballenform ausgewürgte unverdauliche Teile der Nahrung, beispielsweise bei Eulen die Knochen und Federn wiederausgewürgter Reste ihrer Beute

Gibberelline Gruppe pflanzlicher → Phytohormone, die als Wachstumshormone wirken, indem sie beispielsweise die Samenkeimung fördern, eine Rolle bei der Blütenbildung spielen und das Streckungswachstum der Sprossachse beeinflussen

Glanzstreifen Zellverbindungen, die durch → Gap Junctions die Herzmuskelzellen miteinander verbinden und die die Übertragung elektrischer Signale sicherstellen

glatte Muskulatur unwillkürlich gesteuerte Muskulatur der inneren Organe bei Wirbeltieren, die aus kleinen einkernigen Einzelzellen besteht

glattes ER Abschnitt des → endoplasmatischen Retikulums, auf dem keine Ribosomen sitzen

Gliazellen übergreifende Bezeichnung für eine heterogene Gruppe von nicht-neuronalen Zelltypen des Nervensystems der Tiere

Glucose auch Traubenzucker; natürlich vorkommendes, häufigstes Monosaccharid

Glykocalyx bei einigen eukaryotischen und prokaryotischen Zellen der netzwerkbildende Teil von Kohlenhydraten, die an Proteine oder Lipide auf der extrazellulären Seite von Membranen gebunden sind

Glykogen Polysaccharid, das eine stärkeähnliche Speicherform von Kohlenhydraten darstellt

Glykolipide Lipide, an die Mono- oder Oligosaccharide gebunden sind

Glykolyse Embden-Meyerhof-Parnas-Weg; zentraler Abbauweg von Glucose unter Energiegewinnung in Form von ATP

Glykoproteine Proteine, an die Mono- oder Oligosaccharide gebunden sind

Glykosylierung biochemische Reaktion, bei der Zucker auf Nicht-Zucker wie beispielsweise Proteine, Phenole oder Lipide übertragen werden

Glyoxylatzyklus bei bestimmten Pflanzen und Mikroorganismen vorkommender Stoffwechselweg, der der Synthese von Bernsteinsäure und der nachfolgenden Bildung von Glucose (Gluconeogenese) – ausgehend von beim Fettabbau entstehendem Acetyl-CoA – dient und bei Eukaryoten in speziellen Organellen (→ Glyoxysomen) stattfindet

Glyoxysomen in Pflanzen für den Fettabbau verantwortliche → Peroxisomen

Goldmann-Gleichung Gleichung zur Berechnung des → Membranpotenzials unter Berücksichtigung der Konzentrationsunterschiede der Ionen auf beiden Seiten der Membran sowie der relativen → Permeabilität der Membran für diese Ionen

Golgi-Apparat im Cytoplasma von Eukaryoten liegendes Zellorganell; Membransystem, das aus Stapeln schlüsselförmiger Zisternen besteht

Golgi-Sehnenorgane messen spannungsproportional die Dehnung von Sehnen

Gondwana die im Wesentlichen aus den Kontinentalplatten der heutigen Kontinente Südamerika, Afrika, Indien, Australien und Antarktis bestehende südliche Landmasse im Paläozoikum und frühen Mesozoikum

Gonopodium auch Begattungsflosse; rinnenförmiges, am Ende mit Häkchen versehenes Begattungsorgan bei Männchen der Lebendgebärenden Zahnkärpflinge, das aus den umgestalteten und verlängerten dritten, vierten und fünften Strahlen der unpaaren Afterflosse gebildet wird

Gonosomen → Geschlechtschromosomen

G-Proteine Guanosintriphosphat bindende Proteine; an der Signalübertragung zwischen Rezeptor und sekundären Botensystemen beteiligte Membranproteine; man unterscheidet membranständige heterotrimere und cytosolische G-Proteine

G-Protein-gekoppelter Rezeptor transmembranes Rezeptormolekül, das seine Aktivierung (durch Ligandenbindung oder Lichteinfang) an ein G-Protein im Inneren der Zelle weitergibt

Gradualismus sich schrittweise durch Akkumulation zahlreicher kleiner Veränderungen vollziehende → Anagenese

graduierte Potenziale lokale, durch adäquate Reizung eines Dendriten oder sensorischen Neurons induzierte, etwa eine Millisekunde dauernde Spannungsänderung in der Nervenzellmembran (→ Membranpotenzial), deren Stärke der Stärke des Reizes proportional ist

Granula körnchenartige im Cytoplasma vorhandene Strukturen, meist Speicherstoffe wie Glykogen- oder Lipidgranula

Granulosazellen spezielle Epithelzellen, die im Ovarialfollikel lokalisiert sind und die Oocyte umgeben

graue Substanz Gewebe im Zentralnervensystem, das hauptsächlich aus Zellkörpern und Dendriten von Neuronen besteht; Gegensatz zu → weiße Substanz

Gravitropismus gerichtete Wachstumsbewegung von Pflanzen, die durch die Schwerkraft beeinflusst wird

Griffel auch Stylus; säulenförmige Teil des Fruchtblattes, der als Verbindung zwischen Fruchtknoten und → Narbe dient und zusammen mit diesen den Stempel (Pistil) bildet

Großhirn (Cerebrum) größter Gehirnabschnitt bei Säugetieren, entwickelt sich aus dem dorsal-anterioren Teil des Endhirns

Großhirnrinde (Cortex) die aus einer dünnen Schicht aus Zellkörpern und Dendriten von Neuronen (→ graue Substanz) bestehende äußere Schicht des Großhirns

Grubenorgan der Thermorezeption dienendes Sinnesorgan, v. a. bei Klapperschlangen

Gründereffekt eine Form der genetischen Drift, die auf geringe Populationsgrößen bei der Bildung neuer Populationen zurückzuführen ist

Grundorgane Sammelbezeichnung für die den Bauplänen aller Gefäßpflanzen gemeinsamen Organe Blatt, Sprossachse und Wurzel

gustatorisch den Geschmackssinn betreffend

Gute-Gene-Hypothese geht davon aus, dass die Merkmale die genetische Ausstattung eines Männchens signalisieren; das hauptsächliche Kriterium für die genetische Güte der Männchen ist deren Vitalität

Haarfollikelsensoren Geschwindigkeitsrezeptoren in der behaarten Haut

Haarsinneszellen sekundäre Sinneszellen, die die Grundlage des Hörens und der Gleichgewichtssinne der Vertebraten bilden; Scherung ihrer apikalen → Stereocilien führt zum Öffnen oder Schließen von mechanosensitiven Ionenkanälen

Habitat Lebensraum eines Organismus, der durch spezifische abiotische und biotische Faktoren gekennzeichnet ist

Habitatspezifizität Bezeichnung für die Angepasstheit an ein bestimmtes Habitat

Habituation auch Gewöhnung; Gewöhnung an wiederkehrende sensorische Reize, einhergehend mit einer Abnahme der Reaktionsbereitschaft

Hadal auch Ultraabyssal; am tiefsten gelegener Bereich des Meeresboden unterhalb von etwa 5000 m

Hakenbildung charakteristisches Merkmal von vielen Schlauchpilzen (Ascomycota) bei der konjugierten Zellteilung während der Fruchtkörperentwicklung und Ascusbildung; vgl. → Schnallenbildung

Halbacetal chemische Verbindungen, die am selben Kohlenstoffatom eine Alkoxy- und eine Hydroxylgruppe gebunden haben

Halbwüste Region des Übergangs zwischen der Dornsavanne bzw. Steppe und der eigentlichen Wüste mit mehr oder weniger gleichmäßig verteilter Vegetation

halophil Organismen, die eine hohe Salzkonzentration zum Wachstum und zum Überleben benötigen

Halteren auch Schwingkölbchen; umgewandeltes hinteres Flügelpaar der Zweiflügler (Fliegen und Mücken), die nicht mehr, wie z. B. bei den Hautflüglern, dem eigentlichen Flugvorgang dienen, sondern als Drehsinnesorgan (Drehsinn) benutzt werden

Häm chemischer Komplex mit einem Eisenion als Zentralatom

Hämatokrit Volumenanteil der zellulären Elemente im Blut; da → Erythrocyten über 95 % der Blutzellen ausmachen, zeigt der Hämatokrit größtenteils den Erythrocytenanteil im Blut an

Hämatopoese Blutzellbildung; Reifung von multipotenten hämatopoetischen → Stammzellen zu Blutzellen, die großteils im Knochenmark stattfindet

Hämerythrin Blutfarbstoff verschiedener Wirbelloser mit zwei Eisenatomen im sauerstoffbindenden Zentrum

Hamiltons Regel Regel, die angibt, wann → altruistisches Verhalten durch die Selektion gefördert wird

Hammer erstes der drei → Gehörknöchelchen, das mit dem Trommelfell verwachsen ist

Hämocyanin ein Sauerstoff übertragendes Metalloprotein, das frei gelöst im Blut von Weichtieren (Mollusca) und Gliederfüßern (Arthropoda) die Funktion der → Hämoglobine bei den höheren Tieren erfüllt; die sauerstofffreie Form ist farblos, die sauerstoffbeladene Form mit einwertigem Kupfer, das Oxyhämocyanin, ist kräftig blau gefärbt

Hämoglobin eisenhaltiger, roter Blutfarbstoff in → Erythrocyten, der den Sauerstofftransport ermöglicht

Hämolymphe bei Tieren mit offenem Kreislaufsystem wie den Mollusca und Arthopoda vorhandene Körperflüssigkeit, die aus Blut und → Lymphe besteht

Handicap-Hypothese geht davon aus, dass Weibchen bevorzugt Männchen mit einem Handicap (kostspielige Aufwendung) wählen, da diese Männchen trotz dieses Merkmals, etwa eines großen Geweihs, überleben

Haplodiploidie Mechanismus der Geschlechtsdetermination, bei dem Individuen mit doppeltem Chromosomensatz (diploid) weiblich sind und Individuen mit einfachem Chromosomensatz (haploid) männlich

haploid, haploider Chromosomensatz (1*n*) nur einen einfachen Chromosomensatz besitzend; Gegensatz zu → diploid

Haplonten (1) Eukaryoten mit nur einem Chromosomensatz (haploid) pro Zelle, bei denen nur die → Zygote diploid ist; Gegensatz zu → Diplont; (2) alle Prokaryoten

Hardy-Weinberg-Gleichgewicht Gesetzmäßigkeit, wonach in einer sogenannten idealen Population die Allelfrequenzen sowie die Genotyp- und Phänotypanteile über Generationen hinweg unveränderlich sind

Harnblase dehnbares Hohlorgan, in dem der Harn gespeichert wird

Harnsäure Abbauprodukt stickstoffhaltiger Verbindungen (Purinbasen) bei Vögeln, Reptilien und Insekten, das über den Urin ausgeschieden wird

Harnstoff Stickstoffausscheidungsprodukt bzw. Endprodukt des menschlichen Harnstoffzyklus, das der Entgiftung des Abbauprodukts Ammoniak dient

Harnstoffzyklus Stoffwechselkreislauf, bei dem stickstoffhaltige Verbindungen zu Harnstoff abgebaut und ausgeschieden werden

Haupthistokompatibilitätskomplexe (MHC) große Familie eng gekoppelter Gene, die für die Zelloberflächenglykoproteine, die MHC-Antigene, codieren und eine große Rolle beim Erkennen von Fremdsubstanzen mittels → T-Zellen spielen; sind auch verantwortlich für das Abstoßen von Transplantaten

Haustorium (Pl. Haustorien) Saugorgan parasitisch und symbiotisch lebender Pflanzen und Pilze, das ins Gewebe der Wirtspflanze eindringt und dem Austausch von Wasser und Nährstoffen dient

Hautatmung durch die Haut stattfindender Gasaustausch, der vor allem bei Tieren mit großer Körperoberfläche vorkommt, beispielsweise bei Nesseltieren (Cnidaria), Fadenwürmern (Nematoda) oder Strudelwürmern (Turbellaria)

Häutung → Ecdysis

Hecht'sche Fäden bei der → Plasmolyse auftretende zurückweichende dünne Plasmafäden, die zwischen benachbarten Zellen auftreten und durch die → Tüpfel reichen

Helicasen Gruppe von Enzymen, die mittels Trennung von → Wasserstoffbrücken zwischen Basenpaaren von Nucleinsäuren der Entwindung von RNA- und DNA-Strängen dienen; auf diese Weise werden → Sekundärstrukturen gelöst, sodass die DNA beispielsweise für die Replikation oder → Transkription abgelesen werden kann

Heliotropismus der Sonne zugewandtes Wachstum und Bewegung von Pflanzen, wie etwa die Beeinflussung von Blattbewegungen zur Maximierung der Lichtabsorption oder zu Vermeidung von starkem Wasserverlust

Helix (Pl. Helices) spiralförmige → Sekundärstruktur von Proteinen und Nucleinsäuren; sowohl bei einer einfachen alpha-Helix als auch bei der Doppelhelix (DNA) sorgen → Wasserstoffbrückenbindungen für den Zusammenhalt des Moleküls

Hemicellulose Sammelbezeichnung für wasserunlösliche → Polysaccharide in pflanzlichen Zellwänden; kommen vor allem in verholzenden Pflanzenteilen vor

Hemidesmosomen Adhäsionsstrukturen von Epithelzellen, welche die Verankerung von Zellen mit Komponenten der → Basalmembran vermitteln

Hemikryptophyten Lebensformen von Pflanzen (Kormophyten), bei denen die oberirdischen Pflanzenteile vor der Vegetationsruhe weitgehend absterben und die Überdauerungsknospen in unmittelbarer Nähe der Erdoberfläche liegen

Hemimetabolie graduelle Form der Entwicklung bei Insekten, bei der jedes Entwicklungsstadium mit einer Häutung abschließt und dabei dem dem Adultstadium (Imago) immer ähnlicher wird

Hemiparasiten auch Halbparasiten, Halbschmarotzer; parasitäre Pflanzen, die ihre Nährstoffe teils durch Photosynthese gewinnen, teils einem Wirt Wasser und Nährstoffe entziehen

Henle-Schleife der Aufkonzentration des Harns dienende schleifenartige Struktur der Nierentubuli

Hepatopankreas auch Mitteldarmdrüse; Organ verschiedener Wirbelloser, das Verdauungsenzyme produziert und Nährstoffe resorbiert

Herbivore Tiere, die sich bevorzugt oder ausschließlich von Pflanzen ernähren

Hermaphroditen (Zwitter) Individuen, die sowohl weibliche als auch männliche Fortpflanzungsorgane besitzen

Heterochromatin hoch kondensierter Anteil des → Chromatins im Interphasekern, der in dieser Form genetisch inaktiv ist; Gegensatz zu → Euchromatin

Heterocysten spezialisierte Zellen in den fädigen Cyanobakterien, die der Fixierung von molekularem Stickstoff dienen

Heterodimer → Dimer aus zwei ungleichen Molekülen

heterogametisch charakterisiert das Geschlecht, das zwei unterschiedliche Geschlechtschromosomen (Gonosomen) aufweist und zwei unterschiedliche → Gameten bildet; das andere Geschlecht ist meist homogametisch

Heteromorphie → Polymorphismus

Heterostylie Bezeichnung für das Vorkommen von zwei (dimorphe Heterostylie, Distylie) oder drei (trimorphe Heterostylie, Tristylie) auf verschiedene Individuen einer Art verteilten Blütentypen, die sich in der Länge des → Griffels und entsprechend in der Ansatzhöhe der Antheren (Staubbeutel) unterscheiden

Heterothallismus Art der geschlechtlichen Fortpflanzung bei Pilzen und Oomycota, wobei die Sexualreaktion zwischen zwei Individuen unterschiedlichen → Genotyps stattfinden muss; Gegensatz zu → Homothallismus

heteromorph charakterisiert die Ausprägung von unterschiedlichen Erscheinungs- oder Wuchsformen, beispielsweise beim heteromorphen → Generationswechsel, bei dem die einzelnen Phasen sehr unterschiedliche Gestalt aufweisen

Heterotrophe Organismen, die organische Verbindungen als Kohlenstoffquelle für die Bildung von → Biomasse nutzen

heterozygot auch mischerbig; bezeichnet das Vorliegen verschiedener → Allele eines bestimmten Gens auf den beiden → homologen Chromosomen; Gegensatz zu → homozygot

Heterozygotenvorteil höchster Fortpflanzungserfolg bei Vorliegen von Heterozygotie eines oder mehrerer Gene im Vergleich zu → homozygoten Formen der gleichen Art

Hippocampus zum → limbischen System gehörende Struktur im Endhirn, die eine essenzielle Rolle bei der Gedächtnisbildung spielt

Hirnanhangsdrüse → Hypophyse

Hirnbläschen embryonale Vorläuferstadien des Gehirns, die am vorderen Teil des → Neuralrohrs entstehen

Hirnstamm auch Stammhirn; an das → Zwischenhirn (Diencephalon) anschließende Strukturen, zu denen das Mittelhirn (Mesencephalon), das Brückenhirn (Pons) und das verlängerte Rückenmark (Medulla oblongata) gehören; diese dienen der Kontrolle und Modulation lebenswichtiger Funktionen, beispielsweise der Steuerung der Herzfrequenz, des Blutdrucks oder der Atmung

Histiocyten auch Gewebsmakrophagen, Gewebswanderzellen; Fremdkörperfresszellen in den Geweben von Wirbeltieren, besonders in Bindegewebe und Lymphknoten, die beim Eindringen von Fremdkörpern in den Organismus rasch aktiviert werden können und diese ebenso wie geschädigte, zum Abbau bestimmte und abgestorbene Zellen des eigenen Körpers phagocytieren (→ Phagocytose)

Histone basische Proteine, Bestandteile der → Nucleosomen

Histonmodifikation chemische Veränderungen der Histone, wie Acetylierung, Methylierung oder Phosphorylierung, die direkten oder durch veränderte Zugänglichkeit zur DNA einen indirekten Einfluss auf die → Transkription haben

Hitzeschockantwort vorübergehende zelluläre Antwort auf einen Hitzeschock, bei der die Genexpression der meisten Gene der betroffenen Zellen unterdrückt wird, während die Expression von Hitzeschockgenen induziert wird; die entstehenden Hitzeschockproteine dienen dem Schutz anderer Proteine in der betroffenen Zelle

HI-Virus humanes Immundefizienzvirus; Retrovirus, das im Spätstadium Verursacher der Immunschwächekrankheit Aids ist

Hochblätter die einfacher gestalteten Blätter, die auf die normalen Laubblätter folgend von vielen Angiospermenarten gegen die Blütenregion hin gebildet werden und dem Knospenschutz dienen

Hoden (Testis) paarig angelegte männliche Keimdrüsen (Gonaden), die die männlichen Geschlechtszellen (Spermien) produzieren

Holometabolie Form der Entwicklung von Insekten mit einer vollkommenen Verwandlung (Metamorphose), meist über ein Puppenstadium, beispielsweise bei Schmetterlingen; die frühen Stadien weisen oft große Unterschiede zum Adultstadium auf

holomiktisch Bezeichnung für Seen, bei denen einmal oder mehrmals im Jahr infolge einer labilen Schichtung die gesamte Wassermasse einer Vollzirkulation bis zum Seeboden unterliegt, im Gegensatz zu meromiktischen Seen

Holoparasiten auch Vollparasiten, Vollschmarotzer; pflanzliche Parasiten, die selbst keine Photosynthese betreiben, sondern von den Nährstoffen der Wirtspflanze leben; Gegensatz zu → Hemiparasiten

Holzfasern durch → Lignineinlagerungen verholzte Zellen, die zum → Xylem der Bedecktsamer zählen und der mechanischen Verstärkung dienen

Homodimer → Dimer aus zwei gleichen Molekülen

homoiotherm auch gleichwarm; charakterisiert Lebewesen, die unabhängig von schwankenden Außentemperaturen ihre Körpertemperatur konstant halten können

homologe Chromosomen struktur- und i. d. R. gengleiche Chromosomen von väterlicher bzw. mütterlicher Herkunft, die in → Prophase I der Meiose miteinander paaren und zwischen denen es als Folge der Paarung zu Rekombinationsereignissen (→ Crossing-over) kommen kann

homologe Merkmale Merkmale, die in ihrem Aufbau grundsätzlich übereinstimmen und auf einen gemeinsamen Vorfahren zurückgehen; spielen eine Rolle bei der Herleitung von Verwandtschaftsbeziehungen

Homöostase Aufrechterhaltung konstanter Verhältnisse des inneren Milieus eines Organismus, beispielsweise eine konstante Zusammensetzung der Ionen einer Körperflüssigkeit

homöotische Gene Gene, die für die Identität von Zellgruppen bzw. Segmenten zuständig sind, wie beispielsweise die → Hox-Gene

Homoplasie ähnliches Merkmal mehrerer Arten, das aber nicht auf einen letzten gemeinsamen Vorfahren zurückgeht (→ homologe Merkmale)

homorhiz Bewurzelungstyp, bei dem morphologisch gleichwertige Wurzeln ausgebildet werden, sodass keine Unterteilung in Hauptwurzel und Seitenwurzel stattfinden kann; Gegensatz zu → allorhiz

Homothallismus Art der geschlechtlichen Fortpflanzung bei Pilzen und Oomycota, wobei die Sexualreaktion zwischen Zellen eines Individuums stattfindet (→ Autogamie); Gegensatz zu Heterothallismus

homozygot auch reinerbig; bezeichnet das Vorhandsein der gleichen → Allele eines oder mehrerer Gene auf den → homologen Chromosomen; Gegensatz zu → heterozygot

horizontaler Gentransfer nicht vertikal, also nicht von Vorfahr auf Nachfahr, erfolgende Übertragung von Genen zwischen verschiedenen gleichzeitig lebenden Individuen; bei Prokaryoten auch häufig über Artgrenzen hinweg

Hormone chemische Signalstoffe, die von ihrem Produktionsort (meist Drüsen oder Organe) über das Blut zu ihrem Wirkort diffundieren oder vom Blutstrom transportiert werden und dort ihre Wirkung entfalten

hormonelle Disruptoren chemische Verbindungen, die auf das Hormonsystem wirken, indem sie hormonale Signalwege beeinflussen und beispielsweise Wachstumsprozesse stören

Hornhaut (Cornea) vorderer, konvex gewölbter, glasklar durchsichtiger Teil der äußeren Augenhaut

Hörschnecke → Cochlea

Hörschwelle untere Grenze des Schalldrucks, bei der ein Ton einer bestimmten Frequenz vom Gehörorgan gerade noch wahrgenommen werden kann

Hox-Gene Homöobox-Gene, die bei den Bilateria an der Muster- und Achsenbildung beteiligt sind

humanpathogen Bezeichnung für Organismen, die Krankheiten beim Menschen verursachen können

Humus Gesamtheit der in und auf dem Boden befindlichen toten organischen Substanz sowie deren organischen Abbau- und Umwandlungsprodukten

Hund'sche Regel Besetzungsregel für die Elektronen eines Atoms auf die vorhandenen → Orbitale, bei der zuerst alle Orbitale mit gleichem Energieniveau von nur je einem Elektron mit parallelem Spin besetzt werden, bevor Orbitale dieses Energieniveaus doppelt besetzt werden

Hybridzone Zone, in der sich Verbreitungsgebiete zweier nah verwandter Arten überlappen und es zur genetischen Vermischung beider Populationen kommt

Hydrathülle Anlagerung von Wassermolekülen um ein Ion durch Ionen-Dipol-Wechselwirkungen

Hydrolyse Reaktion, bei der chemische Verbindungen durch die Reaktion mit Wasser gespalten werden

hydrophil wasseranziehend, wasserliebend

hydrophob wasserabstoßend

Hydroskelett mit Flüssigkeit gefüllte Hohlräume, die antagonistisch zur Muskulatur wirken; hierunter fallen beispielsweise die Coelomräume der Annelida oder auch das Gastrovaskularsystem der Cnidaria

Hymenium auch Sporenlager; Fruchtkörperschicht von Pilzen, in der Meiosporen gebildet werden

Hyperplasie, adipocytäre Vergrößerung eines Organs oder Gewebes durch eine Zunahme der Zellanzahl

Hyperpolarisation kurzzeitige Veränderung des → Membranpotenzials zu negativeren Werten als das → Ruhemembranpotenzial, die durch eine Ausstrom von Kaliumionen aus dem Zellinneren oder einen Einstrom von Chloridionen bedingt sind und zu einer Verringerung der Erregbarkeit führen

Hypertonie Bluthochdruck

Hypertrophie Vergrößerung eines Organs oder Gewebes durch eine Zunahme des Zellvolumens

Hyphen fadenförmige Zellen bei Pilzen und Oomyceten; oft durch Septen unterteilt

Hypokotyl Sprossabschnitt zwischen → Keimblättern und Wurzelhals

Hypolimnion untere, unbelichtete und damit kalte und tropholytische Wasserschicht in einem stehenden Gewässer

Hyponastie verstärktes Wachstums beispielsweise der Blattunterseiten, wodurch es zu einer Aufwärtsbewegung oder Aufrichtung der betreffenden Pflanzenteile kommt

Hypophyse Hirnanhangsdrüse; an der Basis des → Zwischenhirns (Gehirn) gelegene, übergeordnete innersekretorische Drüse der Wirbeltiere, deren Hormone (Hypophysenhormone) vom → Hypothalamus gesteuert die Tätigkeit vieler anderer Drüsen regulieren

Hypothalamus Teil des → Zwischenhirns, der als Regulationseinheit für die Nahrungsaufnahme, das Sexualverhalten, den Wasserhaushalt, die Fortpflanzung und zur → Thermoregulation dient; Ausgangspunkt des → autonomen Nervensystems; steuert die Hormonlage über die → Hypophyse (Hirnanhangsdrüse)

Hypothese zunächst unbewiesene Annahme in Bezug auf eine Fragestellung

Idioblasten die Einzelzellen oder kleineren Zellgruppen bei Pflanzen, die mit besonderen Aufgaben und daher abweichender Gestalt in einem größeren und andersartigen Gewebe eingestreut sind

Imago erwachsenes, geschlechtsreifes Stadium (Adultstadium) bei Gliederfüßern, das meist nach der letzten Häutung entsteht

Immunsystem körpereigenes Abwehrsystem, das fremde Substanzen identifiziert und unschädlich zu machen versucht

implizites Gedächtnis Fähigkeiten und Zusammenhänge, die unbewusst erworben und nicht verbalisiert werden können, wie beispielsweise motorisches Lernen, perzeptuelle Fähigkeiten, Verhaltensänderungen nach → klassischer oder operanter Konditionierung; Einspeichern geschieht unabhängig vom → Hippocampus

Induktion logische Vorgehensweise, bei der von beobachteten Einzelfällen auf eine allgemeingültige Regel geschlossen wird

induzierte Mutation durch äußere Einflüsse wie Strahlung oder chemische Substanzen hervorgerufene Mutation

induzierte systemische Immunabwehr (***induced systemic resistance*, ISR**) pflanzliche Immunreaktion, die von nichtpathogenen Erregern ausgelöst wird und die Pflanze resistenter gegenüber folgenden Pathogenkontakten macht

Infektion das Eindringen von → Pathogenen (z. B. Bakterien, Viren, Pilze, Protisten) in einen Makroorganismus, wo sie sich ansiedeln und vermehren; dabei muss es jedoch nicht zu Krankheitssymptomen kommen; die Infektion kann auch asymptomatisch verlaufen; bei mangelnden Abwehrmechanismen führen Infektionen zum Ausbruch von Infektionskrankheiten; je nach Infektionserreger kann die Übertragung indirekt, z. B. durch Insekten, oder direkt, z. B. durch Kontaktinfektion oder Tröpfcheninfektion, erfolgen

Inhibitoren auch Hemmstoffe; chemische Substanzen, die biologische (auch chemische oder physiologische) Reaktionen und dadurch teilweise auch komplexe biologische Prozesse verlangsamen, hemmen oder komplett verhindern

inhibitorisches postsynaptisches Potenzial (IPSP) Veränderung eines lokalen → Membranpotenzials der postsynaptischen Membran in negativer Richtung (Hyperpolarisation), was der Auslösung eines → Aktionspotenzials entgegenwirkt

Initialenkomplex → Initialzelle

Initialzelle auch Initiale; unbegrenzt teilungs- und wachstumsfähige Pflanzenzelle, die für das apikale Teilungswachstum von Spross und Wurzel verantwortlich ist; bei der Teilung einer Initiale entstehen zwei Tochterzellen, von denen eine in spezialisiertes pflanzliches Gewebe ausdifferenziert, während die andere erneut eine Initiale bildet; die Gesamtheit der Initialzellen wird als Initialkomplex bezeichnet

Initiation die Abfolge von Reaktionen, die die Synthese von Desoxyribonucleinsäuren, Ribonucleinsäuren, Proteinen oder Polysacchariden einleiten; der Initiation folgen i. d. R. → Elongation und → Termination

Inkrustierung Einlagerung von organischen und/oder anorganischen Stoffen (Inkrusten) in das Cellulosegerüst (→ Cellulose) der pflanzlichen Zellwand; organische Inkrusten sind Lignin, Gerbstoffe, Farbstoffe; anorganische Inkrusten Kieselsäure, Kalk und Calciumoxalat (Calcium)

Innenskelett → Endoskelett

innerartlich → intraspezifisch

innere Befruchtung Form der Befruchtung, bei der die männlichen Spermien zuerst in den weiblichen Fortpflanzungstrakt und dort zur Eizelle gelangen; Gegensatz: äußere Befruchtung

Insellappen (Insula) eine der fünf anatomischen Hauptregionen der → Großhirnrinde des menschlichen Gehirns

Insertion Genmutation, bei der das → Leseraster durch das Einfügen von einem bis wenigen Nucleotiden unter Umständen so verändert wird, dass ein verändertes Genprodukt entstehen kann oder durch ein fälschlich auftretendes → Stoppcodon die → Translation frühzeitig beendet wird

instrumentelle Konditionierung → operante Konditionierung

Insulin Peptidhormon, das in den Langerhans-Zellen des Pankreas gebildet wird und die Aufnahme von Glucose aus dem Blut in die Körperzellen reguliert und dadurch zur Senkung des Blutzuckerspiegel essenziell ist

integrale Membranproteine Proteine, die z. T. in eine Membran eingebettet sind, indem sie mit dem → hydrophoben Kern der Membran, also den Fettsäuren der Membranlipide, interagieren

Integument (1) bei Tieren die äußere Körperhülle einschließlich beispielsweise Haare, Federn, Stacheln; (2) bei Samenpflanzen Hüllschichten in der → Samenanlage, welche den Nucellus umgeben

interchromosomale Rekombination während der Meiose erfolgende Rekombination durch zufällige Verteilung der → homologen Chromosomen mütterlicher und väterlicher Herkunft

Interferenz → RNA-Interferenz

Intermediärfilamente Bestandteile des → Cytoskeletts, die vor allem zur mechanischen Stabilität beitragen; ihr Durchmesser von etwa 8–10 nm liegt zwischen dem der → Mikrofilamente und der → Mikrotubuli

Intermembranraum Raum zwischen Außen- und Innenmembran bei → Mitochondrien

Interneuronen auch Zwischenneuronen; Nervenzellen, die Informationen zwischen zwei Neuronen übertragen

Internodium (1) Sprossachsenabschnitt, der zwischen zwei Knoten (Nodien) liegt; (2) myelinisierter Abschnitt zwischen zwei benachbarten Ranvier-Schnürringen eines Axons

intersexuelle Selektion Selektion des Partners erfolgt durch das jeweils andere Geschlecht; Weibchen suchen sich ihre männlichen Sexualpartner anhand von Präferenzen für ein bestimmtes Merkmal, beispielsweise ein auffällig gefärbtes Federkleid beim Männchen

interspezifisch zwischenartlich; zwischen Individuen unterschiedlicher Arten; Gegensatz zu → intraspezifisch

interstitielle Flüssigkeit auch Gewebsflüssigkeit, Interzellularflüssigkeit; extrazelluläre Körperflüssigkeit, die sich zwischen Zellen (interzellulär) und Gewebelücken (Interstitium) befindet

Interzellulare, interzellular außerhalb einer Zelle liegend; Gegensatz zu → intrazellular

Interzellularsubstanz → Blutplasma

intrafusal innerhalb einer Muskelspindel gelegen; Gegensatz zu → extrafusal

intrasexuelle Konkurrenz Konkurrenz zwischen Individuen eines Geschlechts um potenzielle Geschlechtspartner

intraspezifisch innerartlich; zwischen Individuen der gleichen Art; Gegensatz zu → interspezifisch

Intron DNA-Abschnitt, der aus der mRNA oder anderen RNA-Spezies (z. B. rRNA) entfernt wird; Gegensatz zu → Exon

Inzucht sexuelle Fortpflanzung nahe verwandter Individuen, wodurch es zu einer Zunahme der → Homozygotie und Abnahme der → Heterozygotiekommt

Inzuchtdepression Verringerung der biologischen → Fitness von Nachkommen aufgrund von Inzucht

Ion elektrisch geladenes Atom oder Molekül, entsteht durch Abgabe (Kation) oder Aufnahme (Anion) von Elektronen

Ionenkanäle Transmembranproteine, die zylinderförmige Kanäle bilden und die → Diffusion von Ionen durch die Zellmembran ermöglichen; meist selektiv für nur eine Art von Ionen (selektive Ionenkanäle); das Öffnen des Kanals kann ligandengesteuert oder ladungsgesteuert sein

Ionenpumpe transmembrane Proteine mit → ATPase-Aktivität, die spezielle aktive Transportmechanismen für Ionen darstellen und diese entgegen einen Konzentrationsgradienten bzw. entgegen das elektrochemische Gleichgewicht transportieren

ionotrope Rezeptoren auch ligandengesteuerte Ionenkanäle; Rezeptoren, die einen → Ionenkanal bilden und durch Bindung eines Liganden eine Änderung des → Membranpotenzials durch eine geänderte Ionenleitfähigkeit bewirken

Iris Regenbogenhaut; rundliche, pigmentierte Gewebsschicht, die der Regulation der Pupillenweite dient und so den Lichteinfall ins Auge reguliert

Isidien meist zylindrisch, keulig oder kugelig geformte Auswüchse des Flechtenlagers, die leicht abbrechen und der vegetativen Fortpflanzung dienen

Isogameten weibliche und männliche → Gameten gleichen Aussehens

Isolationsmechanismen Gesamtheit von Faktoren, die zur Fortpflanzungsisolation von Populationen führen; hierzu zählen präzygotische (z. B. ökologische, geographische, verhaltensbedingte) und postzygotische (z. B. physiologische) Faktoren; das Ausbleiben der Vermischung des → Genpools zweier isolierter Populationen einer Art kann zur Evolution zweier getrennter Arten führen

Isomere organische Moleküle mit gleicher Summenformel und Molekülmasse, die sich in der räumlichen Anordnung ihrer Atome oder ihrem Bindungsmuster unterscheiden

Isotope chemische Elemente, die die gleiche Anzahl an Protonen, also ein gleich bleibende Ordnungszahl, aber eine unterschiedliche Anzahl an Neutronen im Kern besitzen

Jasmonsäure (JA) auch Jasmonat; → Phytohormon, das u. a. eine Rolle bei Mechanismen zur Abwehr von Pathogenangriffen spielt, an Entwicklungsprozessen wie Blüten- und Trichombildung und an der Wachstumshemmung beteiligt ist

Jungfernzeugung → Parthenogenese

Jura Periode des → Mesozoikums von vor ca. 201 Mio. Jahren bis vor ca. 145 Mio. Jahren

Juvenilhormon Isoprenoidhormon bei Insekten, das im Larvenstadium die → Metamorphose kontrolliert, indem es die Adulthäutung hemmt und im Adultstadium als Sexualhormon dient

Kabelgleichung erlaubt die Berechnung der Reichweite eines elektrischen Signals auf einem Axon

Kairomone Gruppe von Signalstoffen, die zwischen Individuen verschiedener Arten wirken (im Gegensatz zu → Pheromonen) und deren Effekt mit einem ökologischen Vorteil für den Empfänger verbunden ist; Kairomone können Lockeffekte zeigen, wie z. B. Blütenduftstoffe, oder als chemische Indikatoren für eine Bedrohung, etwa durch Fraßfeinde, fungieren; Gegensatz zu → Allomone

kaltstenotherm Organismen, die an niedrige Umgebungstemperaturen gebunden sind

Kalyptra auch Wurzelhaube; Ansammlung von Zellen am → Vegetationspunkt der Wurzel von Farnpflanzen und Samenpflanzen, die zum erleichterten Eindringen der Wurzel in den Boden schützenden Schleim sezernieren; innere Kalyptrazellen enthalten Stärkekörner, die der Wahrnehmung der Schwerkraft dienen und eine positive geotrope Wuchsrichtung sicherstellen

Kambium Teilungsgewebe, das für das → sekundäre Dickenwachstum und die Bildung von Kork verantwortlich ist

Kambrium älteste Periode des → Phanerozoikums; umfasst den Zeitraum von vor ca. 541 Mio. Jahren bis vor ca. 485 Mio. Jahren

kambrische Explosion plötzliches (und erstmaliges) massenhaftes Auftreten von Fossilien verschiedenster Organismengruppen in Gesteinsschichten des → Ediacariums und frühen → Kambriums

Kameraauge Linsenauge der Wirbeltiere und Cephalopoda

Kanalprotein Transmembranprotein, das in der Membran einen Kanal bildet, sodass selektiv gelöste Moleküle hindurchdiffundieren können

Känozoikum jüngste Ära des → Phanerozoikums; umfasst den Zeitraum seit dem Massenaussterben am Ende der Kreide vor ca. 66 Mio. Jahren bis heute, charakterisiert als „Zeitalter der Vögel und Säugetiere"; das Känozoikum wird in Paläogen (vor ca. 66 Mio. bis vor ca. 23 Mio. Jahren), Neogen (vor ca. 23 Mio. bis vor ca. 2,6 Mio. Jahren) und → Quartär (vor ca. 2,6 Mio. Jahren bis heute) untergliedert

Kantenkollenchym auch Eckenkollenchym; Festigungsgewebe, bei dem die Zellwandverdickungen auf die Kanten der Zellen beschränkt sind

Kapillarkräfte Kraft, die eine Flüssigkeit entgegen der Schwerkraft in sehr dünnen Kapillaren nach oben steigen lässt

Kapillarsystem feines Netz aus Kapillargefäßen (feinste Verzweigungen von Blutgefäßen), das eine Verbindung zwischen arteriellem und venösem System darstellt

Kapsel (1) bestimmte Fruchtform von Pflanzen; (2) dichte, stark wasserhaltige Polymerschicht, die den Zellwänden einiger Prokaryoten außen aufgelagert ist

Karbon die Periode des → Paläozoikums von vor ca. 359 Mio. Jahren bis vor ca. 299 Mio. Jahren, im Karbon breiteten sich Wälder aus und der Sauerstoffgehalt der Atmosphäre stieg stark an, was auch die Besiedlung des Landes durch Wirbeltiere begünstigte

Karyogamie auch Kernverschmelzung; die Verschmelzung der Kerne bzw. der Chromosomensätze kompatibler → Gameten zu einer → Zygote

Karyoplasma auch Kernplasma; Inhalt des Nucleus, der von der Kernhülle umgeben wird, beispielsweise Chromatin, Kernskelett, Nucleolus und Kernsaft

Karyotyp Erscheinungsbild der Chromosomen einer Zellen, wie Anzahl, Gestalt und Größe, das in einem Karyogramm dargestellt werden kann

Katabolismus, katabol Gesamtheit der abbauenden Stoffwechselreaktionen, bei denen chemische komplexe Verbindungen unter Energiegewinnung in einfache Verbindungen abgebaut werden; Gegensatz zu → Anabolismus

Katalyse Beschleunigung einer chemischen Reaktion durch das Herabsetzen der Aktivierungsenergie durch einen Katalysator

Kation positiv geladenes Ion; Gegensatz zu → Anion

Kationenkanal für positiv geladene Ionen durchlässiges Transmembranprotein

Keimblätter (1) in der Botanik: → Kotyledonen; (2) in der Zoologie: die ersten differenzierten Zellschichten eines Embryos, entstehen bei der → Gastrulation

Keimdrüsen (Gonaden) Fortpflanzungsorgane, in denen die Keimzellen und Sexualhormone produziert werden; männliche Keimdrüsen werden als Hoden (Testis) und weibliche als Eierstöcke (Ovarien) bezeichnet

Keimling die sich während der Samenkeimung aus dem Embryo entwickelnde Pflanze, die ihren Energiebedarf durch die im Samen bzw. in den → Keimblättern enthaltenen Reservestoffe deckt

Keimschlauch auch Keimhyphe; die bei der Keimung aus der Pilz-Sporenwand austretende → Hyphe

Keimung (1) Vorgänge die die Quellung eines Samens bis zur vollständigen Ausbildung und Differenzierung eines Keimlings mit einschließen; (2) Sprossung vegetativer Zellkomplexe bzw. Überdauerungsorgane wie Knollen, Brutknospen und Zwiebeln; (3) Auswachsen von → Hyphen oder Hefen aus pilzlichen Sporen

Keimzellen → Gameten

Keratinocyten Keratin produzierende Zellen der → Epidermis

Kerndimorphismus auch Kerndualismus; Verteilung der generativen Vorgänge einer Zelle auf einen Mikronucleus, der vegetativen auf einen Makronucleus, bei Ciliaten

Kernhülle auch Kernmembran; aus einer Doppelmembran bestehende Hülle des eukaryotischen Zellkerns

Kernlamina Proteinschicht auf der Innenseite der Kernhülle, die mit dem Chromatin interagiert und eine essenzielle Rolle beim Auf- und Abbau der Kernhülle während der Mitose spielt

Kernmembran → Kernhülle

Kernporen porenbildende komplexe Strukturen innerhalb der → Kernhülle, die kontrollierten Transportvorgängen zwischen Cytoplasma und Kerninnenraum dienen

Kiemen gut durchblutete, spezialisierte Atmungsorgane, die dem Gasaustausch im Wasser dienen

Kinesin Motorprotein und ATPase, das sich an Vesikel und Zellorganellen anheftet und diese entlang der → Mikrotubuli anterograd transportiert

Kinetochor Proteinkomplex an → Centromeren, an den sich während der Mitose Mikrotubuli anheften

Kinocilien (Flimmerhärchen) auch Wimpern, Cilien; härchenartige feine Plasmafortsätze, die der Erzeugung von Wasserströmungen entlang von Zellverbänden zum Transport von Material (Beispiel: Flimmerepithel des Atemtraktes) oder der eigenen Fortbewegung dienen (Beispiel: Wimpertierchen)

Klade auch Monophylum, geschlossene Abstammungsgemeinschaft; eine systematische Einheit, die den letzten gemeinsamen Vorfahren und alle seine Nachfahren enthält

Kladistik Methode der Rekonstruktion der verwandtschaftlichen Beziehungen ausschließlich aufgrund von Homologien (→ homologe Merkmale) und → Apomorphien; die Kladistik sucht konsequent nach Schwestergruppen, denn die Verwandtschaft zweier Arten beruht darauf, dass diese einen gemeinsamen Vorfahren besitzen (Stammart)

Kladogenese auch Stammesverzweigung; evolutionäre Veränderung, durch die sich eine Stammart in zwei neue Arten aufspaltet und es zu einem Anstieg der Biodiversität kommt

Kladogramm grafische Darstellung eines durch die kladististische Methode (→ Kladistik) rekonstruierten Stammbaums; typisch ist die dichotome (zweigabelige) Aufspaltung der Linien

Klasse taxonomische Einheit der biologischen Systematik zwischen Phylum und Ordnung, die eine Gruppe mit charakteristischen übereinstimmenden Eigenschaften zusammenfasst

klassische Konditionierung Lerntyp, der das Reiz-Reaktion-Lernen beschreibt, bei dem zwei Reize miteinander verknüpft werden, sodass der neu hinzugefügte Reiz dieselbe Reaktion wie der biologisch bedingte Reiz hervorruft

Kleinfeldbewegung optisches Flussfeld, dass durch die Bewegung eines Objekts im Raum auf den Augen entsteht

Kleinhirn (Cerebellum) Teil des Vertebraten-Gehirns, der der Koordination und Feinabstimmung von Bewegungen dient

Kleistothecium kugelförmiger, geschlossener Fruchtkörper (Ascoma) der Schlauchpilze (Ascomycota)

Kloake Endabschnitt des Darms einiger Wirbelloser, gemeinsamer Ausführungsgang von Exkretionsorganen und Geschlechtsorganen

Klon durch ungeschlechtliche Vermehrung entstandene genetisch identische Individuen oder Zellen

Knochenmark spezialisiertes Bindegewebe, das an der Bildung von Blutzellen (→ Hämatopoese) beteiligt ist

Knollen Verdickungen pflanzlicher Organe zur vegetativen Fortpflanzung und Nährstoffspeicherung

Knorpel, Knorpelgewebe Form des Bindegewebes, das aus Chondrocyten (Knorpelzellen) besteht

Knorpelhaut Perichondrium; den Knorpel umgebene Haut, die viele Nervenendigungen und Gefäße enthält

Knorpelzellen (Chondrocyten) aus Chondroblasten hervorgehende Zellen des Knorpelgewebes

Knospung ungeschlechtliche Vermehrung, bei der Zellkomplexe vom Mutterindividuum abgeschnürt werden und eigenständige Tochterindividuen entstehen

Kohäsine Proteinkomplexe, welche die Schwesterchromatiden nach der Replikation bis zur Mitose zusammenhalten

Kohlenhydrate Polyhydroxyaldehyde oder -ketone; organische Moleküle, die vorwiegend aus den Elementen Kohlenstoff, Wasserstoff und Sauerstoff bestehen.

Kohlenstoffassimilation Umwandlung von Kohlenstoffdioxid (CO_2) der Luft (bzw. bei im Wasser lebenden Organismen von gelöstem CO_2) in Zucker und andere organische Verbindungen durch die in den Chloroplasten der grünen Pflanzen sowie im Cytoplasma der meisten → phototrophen (z. B. phototrophe Bakterien) und → chemolithotrophen Mikroorganismen ablaufende Reaktionsfolge des → Calvin-Zyklus oder alternativer Stoffwechselwege; → CO_2-Fixierung

Kohlenstofffixierung → Kohlenstoffassimilation, → CO_2-Fixierung

Koinzidenzdetektor Nervenzelle, die dann maximal feuert, wenn sie gleichzeitig von mehreren vorgeschalteten Zellen erregt wird

Kokken traubenförmige, kugelförmige oder annähernd kugelförmige Gruppe von Prokaryotenzellen

Kokon dem Schutz des Eigeleges dienende, aus Sekreten der Labialdrüsen bestehende Hülle, mit der sich → holometabole Insekten vor der Verpuppung umgeben

Kollagen wasserunlösliches, fibröses Protein, das vor allem in Knochen und Bindegewebe vorzufinden ist

Kollenchym lebendes Festigungsgewebe, dessen lang gestreckte Zellen entweder an den Ecken (Ecken- oder Kantenkollenchym) oder an den Seitenwänden (Plattenkollenchym) Verdickungen der primären Zellwand aufweisen

Kommensalismus Art der Interaktion, bei der ein Interaktionspartner einen Vorteil hat, die Interaktion für den anderen Partner aber keinerlei Auswirkung hat; vgl. → Symbiose, → Parasitismus und → Mutualismus

Kompartiment abgegrenzter Reaktionsraum, in dem chemische oder biochemische Vorgänge räumlich vom Außenmilieu getrennt werden

komplementäre Basenpaarung festgelegte Verknüpfung der Basen Thymin und Adenin sowie Guanin und Cytosin über zwei beziehungsweise drei → Wasserstoffbrückenbindungen in einer Nucleinsäure wie z. B. der DNA-Doppelhelix

Komplementation die gegenseitige Ergänzung zweier Defektmutationen, die in *trans*-Konfiguration (*cis-trans*-Test) auf zwei verschiedenen Genen (intergene Komplementation) oder aber als Punktmutation an zwei verschiedenen Stellen eines Gens (intragene Komplementation) liegen, sodass bei diploiden Organismen das jeweils andere Gen oder Allel zur Ausbildung des Wildtypmerkmals führt

Kondensation (1) chemische Reaktion, bei der sich zwei Moleküle unter Abspaltung von Wasser verbinden; (2) bei Chromosomen der variable und nicht näher spezifizierte Verdichtungszustand des → Chromatins

Kondensationsreaktion → Kondensation

Konfiguration die räumliche Anordnung von Atomen eines Moleküls, bei der Drehungen um Einfachbindungen nicht berücksichtigt werden

Konformation dreidimensionale Anordnung der Atome und Atomgruppen an den Kohlenstoffatomen eines organischen Moleküls

Konformer Organismen, bei denen sich mit Änderungen der äußeren Gegebenheiten auch die Bedingungen innerhalb des Körpers ändern

Konidien durch → Mitose gebildete Sporen der Pilze; je nach Ursprung werden unterschiedliche Formen unterschieden (z. B. Arthrokonidien durch Zerfall von Hyphen)

Konidiosporen → Konidien

konisch kegelförmig

Konjugation (1) sexueller Prozess bei Ciliaten; (2) Übertragung von DNA über eine Plasmabrücke auf eine andere (Bakterien-)Zelle

konjugierte Doppelbindung C=C- oder C=O-Doppelbindungen, die durch eine C–C-Einfachbindung voneinander getrennt sind

Konstitution Menge und Art der Bindungen zwischen den Atomen eines Moleküls

konstitutiv in der Biologie verwendeter Begriff, der die fortlaufende Produktion oder Sekretion eines Moleküls ohne Einfluss äußerer Reize beschreibt

Konsumenten Organismen, die sich von organischem Material ernähren

Kontinentaldrift Verschiebung der Kontinente, die darauf beruht, dass die dünne, feste Gesteinsschicht der Erde (Erdkruste) auf einer glühend-flüssigen Magmamasse schwimmt und Wärmeausgleichsströmungen des

Magmas zu Verschiebungen einzelner Platten der Erdkruste führen

kontinuierliche (aktive) Erregungsleitung Weiterleitung der Erregung an unmyelinisierten → Axonen durch ein fortlaufendes → Aktionspotenzial

kontraktile Vakuole auch pulsierende Vakuole; der → Osmoregulation dienendes Organ, das durch Osmose eingedrungenes Wasser durch pulsierende Kontraktionen wieder aus der Zelle transportiert

Konvektion Wärmetransport durch den Transport von Teilchen in Flüssigkeiten oder Gasen

konvergente Evolution → Konvergenz

Konvergenz auch konvergente Evolution; „zusammenlaufende" Evolution, unabhängige Evolution von ähnlichen Merkmalen bei nichtverwandten Linien aufgrund ähnlicher Selektionskräfte (ähnliche Lebensweise); durch konvergente Evolution entstehen → Analogien bei Lebewesen (→ Homoplasie)

Kopulation auch Begattung, Paarung; körperliche Vereinigung zweier Individuen (bei Tieren) zum Zweck der Übertragung der männlichen Keimzellen (Spermien) in den Körper des weiblichen bzw. zwittrigen Partners

Korallenbleiche Verlust der Farbe einer Koralle aufgrund der Abstoßung der lebensnotwendigen symbiotischen Algen (Zooxanthellen)

Kormophyten Pflanzen, deren Körper in Sprossachse, Blatt und Wurzel gegliedert ist (→ Kormus)

Kormus aus Sprossachse, Blatt und Wurzel gegliederter Vegetationskörper einer Pflanze

Korrekturlesefunktion auch Proofreading; Mechanismus des DNA-Reparaturvorgangs, der die Fähigkeit der → DNA-Polymerase beschreibt, Replikationsfehler in Form von falsch eingebauten Basen zu erkennen und zu korrigieren

Kosmopoliten Organismen (Arten), die weltweit in geeigneten Habitaten an Land, im Meer oder im Süßwasser verbreitet sind

Kotyledonen auch Keimblätter; die ersten Blätter einer Samenpflanze, die bereits innerhalb der Samenschale ausgebildet werden und der Speicherung von Nährstoffen dienen; Pflanzen mit einem Keimblatt gehören zu den Monocotyledonae, zweikeimblättrige Pflanzen zu den Dicotyledonae

kovalent Form einer chemischen Bindung, bei der angenommen wird, dass jeweils zwei Atome ein oder mehrere Elektronenpaare gemeinsam nutzen

Kreide (1) Periode des → Mesozoikums von vor ca. 145 Mio. Jahren bis vor ca. 66 Mio. Jahren; (2) marine Sedimente aus feinkörnigem Kalkstein vorwiegend aus der erdgeschichtlichen Periode der Kreide

Kriterium der Kontinuität Hinweis auf das Vorhandensein von → Homologie, wodurch selbst unähnliche und verschieden gelagerte Strukturen als homolog angesehen werden, wenn zwischen ihnen Zwischenformen nachweisbar sind, sodass bei Betrachtung zweier benachbarter Formen das → Kriterium der Lage und das → Kriterium der spezifischen Qualität erfüllt sind

Kriterium der Lage Hinweis auf das Vorhandensein von → Homologie, indem Merkmale in ihrem Lagebezug zu anderen, ihrerseits homologen Strukturen übereinstimmen

Kriterium der spezifischen Qualität und Struktur Hinweis auf das Vorhandensein von → Homologie, indem eine Übereinstimmung in der Komplexität des Baues und damit verbundenen Reichtum an Informationen des Merkmals gegeben ist

Krypsis Form der Tarnung, bei der sich ein Organismus durch Nachahmungstracht an seine Umgebung anpasst

Kryptophyten Pflanzen, die ungünstige Lebensbedingungen mithilfe von Erneuerungsknospen überdauern, die sich bei Geophyten in der Erde und bei Hydrophyten bzw. Halophyten am Gewässergrund oder Sumpfboden befinden

***K*-Strategen** Anpassungsstrategie an langfristig konstante Umweltbedingungen, bei der nur wenige Nachkommen produziert werden, in die viel investiert wird und die daher eine hohe Überlebensfähigkeit haben; Gegensatz zu → *r*-Strategen

Kultivierung (1) vom Menschen gesteuerte Vermehrung von Mikroorganismen (mikrobielles Wachstum) in künstlichen Medien (z. B. Nährböden) bzw. die Züchtung von Zellen, Geweben, Organen oder Organismen; (2) planmäßige Züchtung und Pflege von Wildpflanzen zur Gewinnung von Kulturpflanzen

künstliche Selektion gezielt ausgewählte Züchtung von Organismen aufgrund von speziellen Merkmalen

Lab Gemisch aus Enzymen aus dem Labmagen noch Milch saugender junger Wiederkäuer, das zum Ausfällen von Milcheiweiß genutzt wird

Labeled-Line-Code die Interpretation einkommender Information hängt vom Kanal ab, auf dem die Signale ankommen; → Aktionspotenziale auf dem Sehnerv werden als visuelle Information interpretiert, obwohl sie genauso aussehen wie die Aktionspotenziale auf dem Hörnerv;

eine mechanische Reizung des Sehnervs durch einen Schlag auf das Auge wird dementsprechend als Lichtblitz wahrgenommen

Labium Unterlippe der Mundgliedmaßen der Insekten

Labrum Oberlippe der Mundgliedmaßen der Insekten

Laich Bezeichnung für die ins Wasser abgelegten Eier von Weichtieren, Fischen und Amphibien

Lakune bezeichnet allgemein einen Hohlraum oder eine Vertiefung an Organen, Geweben, Knochen oder Knorpeln

Laminin kollagenähnliches → Glykoprotein, Bestandteil der extrazellulären Matrix

Langerhans-Inseln inselartig eingebettete, hormonproduzierende Zellansammlungen in der Bauchspeicheldrüse (Pankreas)

Langerhans-Zellen inaktive dendritische Zellen in der → Epidermis der Haut, sie präsentieren → Antigene (vor allem T-Lymphocyten)

langweilige Milliarde erdgeschichtlich relativ ereignisarme Epoche nach Abklingen der paläoproterozischen Vereisung bis zum Cryogenium

Langzeitdepression (LTD, *long-term depression*) lang anhaltende Abschwächung der Signalübertragung an den → Synapsen eines Neurons

Langzeitpotenzierung (LTP, *long-term potentiation*) lang anhaltende Verstärkung der Signalübertragung an den → Synapsen eines Neurons

lateral seitlich gelegen, von der Mitte abgewandt

laterale Inhibition gegenseitige reziproke Hemmung benachbarter Photorezeptoren, dient der Verstärkung von Kontrastkanten

lateraler Gentransfer → horizontaler Gentransfer

Lateralisation neuroanatomische Ungleichheit und funktionale Spezialisierung der Großhirnhemisphären

Lateralmeristem bezeichnet die lateral liegenden für das → sekundäre Dickenwachstum verantwortlichen Meristeme Kambium und Korkkambium

Laterne des Aristoteles innerer, kompliziert gebauter Kauapparat von Seeigeln

Laurasia nach dem Zerfall von → Pangaea zu Beginn des → Juras entstandener Nordkontinent des mittleren und oberen → Mesozoikums, der die größten Teile des heutigen Nordamerikas, Grönlands und Eurasiens umfasst

Laurentia im oberen Präkambrium entstandene Kontinentalplatte, die große Teile des heutigen Nordamerikas, Grönlands sowie Irland und Schottland umfasst

Laurussia Old-Red-Kontinent, Kontinentalplatte, die im Silur durch Kollision von Laurentia und Baltica entstand und sich bis ins → Karbon eigenständig entwickelte

Lebensformen in der Botanik Gruppe von Pflanzen unterschiedlicher systematischer Stellung, die infolge ähnlicher Lebensbedingungen gleichartige Anpassungserscheinungen aufweisen

Leber zentrales Stoffwechsel-, Speicher-, Entgiftungs- und Syntheseorgan; reguliert den Blutzuckerspiegel, ist an der Synthese von Cholesterin, Fettsäuren und Bluteiweißen und der Speicherung von Glykogen und Lipoproteinen beteiligt, sezerniert Gallenflüssigkeit

Leibeshöhle flüssigkeitsgefüllter Körperhohlraum vieler Metazoa; man unterschiedet zwischen der aus dem → Blastocoel hervorgegangenen primäre Leibeshöhle ohne epitheliale Auskleidung und der von einem mesodermalen Epithel begrenzten sekundären Leibeshöhle (Coelom); bei den Gliederfüßern verschmelzen primäre und sekundäre Leibeshöhle zu einem Mixocoel (tertiäre Leibeshöhle)

Leitbündel (Faszikel) das → Xylem und das → Phloem umfassende Leitgewebestränge von Gefäßpflanzen

Leitfossilien Fossilien, die Rückschlüsse auf das Alter der sie umschließenden Gesteine zulassen; meist geographisch weit verbreitet, aber nur in kurzen geologischen Zeiträumen vorkommend

Leitgewebe Gewebe mit Wasserleitungs- und Transportfunktion der Gefäßpflanzen, umfasst die Elemente des → Xylems und des → Phloems

Leitstrang der bei der Replikation der → DNA kontinuierlich synthetisierte DNA-Tochterstrang (im Gegensatz zum → Folgestrang)

Lentizellen warzenartige Lücken in der Borke, die mit locker liegenden, voneinander gelösten Zellen gefüllt sind und dem Gasaustausch dienen

Leserahmen DNA-Abschnitt im gleichen Leseraster zwischen einem Startcodon und einem Stoppcodon

Leseraster nicht überlappende Sequenz von Basentripletts der DNA oder RNA

Leserastermutation → Leserasterverschiebung

Leserasterverschiebung durch → Insertion oder → Deletion von Nucleotiden bedingte Verschiebung des Leserasters, die zu einer weitgehenden Veränderung der Aminosäuresequenz des codierten Proteins führt

Letalfaktoren durch Mutation veränderte Gene oder Chromosomen, deren Träger vor Erreichen der Fortpflanzungsfähigkeit sterben

Leukocyten weiße Blutkörperchen; kernhaltige Blutzellen mit Abwehrfunktion, umfassen Granulocyten, Lymphocyten und Monocyten

Leukoplasten farblose → Plastiden höherer Pflanzen, chlorophyllfrei und daher photosynthese-inaktiv

Lichtquant → Photon

Lichtreaktion Reaktion der Photosynthese, die in den Membranen der → Thylakoide abläuft, bei der Lichtenergie in chemische Energie in Form der Verbindungen → ATP und → NADPH umgewandelt wird

Ligand Molekül, Atom, Ion oder Radikal, das sich an die Rezeptorstelle eines Makromoleküls anlagert

ligandengesteuerter Ionenkanal Ionenkanal, der sich durch An- oder Abwesenheit eines spezifischen → Liganden öffnet oder schließt

Lignin komplexes phenolisches Polymer, das vor allem bei Druckbelastung zur Stabilisierung in Zellwände von Pflanzen eingelagert wird (Lignifizierung); Hauptinhaltsstoff des Holzes

limbisches System Gruppe unterschiedlicher Strukturen im → Vorderhirn der Säugetiere, die an der Regulation von Emotionen, Motivation, Aufmerksamkeit, Assoziationen und Gedächtnis beteiligt sind

limnisch im Süßwasser lebend, das Süßwasser betreffend

LINE (***long interspersed nuclear element***) eine Klasse von Elementen repetitiver DNA mit einer Länge von 4,5–6 kb

Lipasen Enzyme, die durch hydrolytische Spaltung der Esterbindungen Fette abbauen

Lipiddoppelmembran → Phospholipiddoppelschicht

Lipide unpolare, größtenteils hydrophobe Moleküle, die i. d. R. aus einem → hydrophilen, oft polaren Kopf und einem → hydrophoben Rest bestehen; bauen biologische Membranen auf

Lipid Rafts Membranstrukturen eukaryotischer Zellen, die reich an Sphingolipiden, Cholesterin, hoch gesättigten Phospholipiden und Gangliosid sind; weisen eine geringe Dichte und eine hohe Stabilität gegenüber bestimmten Detergenzien auf

lipophil bevorzugt in Fetten, Ölen und anderen organischen Lösungsmitteln löslich und mit diesen mischbar

Lipopolysaccharide Verbindungen aus fettähnlichen Bestandteilen und Polysacchariden; Bestandteil der äußeren Membran Gram-negativer Bakterien

Lithotrophie bezeichnet die Fähigkeit, anorganische Elektronendonatoren (z. B. H_2, H_2S, CO) für die Gewinnung von Stoffwechselenergie zu nutzen

Litoral Uferzone, der lichtdurchflutete Teil des Gewässerbodens bis zur Kompensationsschicht

lncRNA (***long non-coding RNA***) Transkripte mit einer Länge von über 200 Nucleotiden, die nicht in Proteine übersetzt werden

Locus Bezeichnung für den genauen Genort eines Gens auf dem Chromosom

Lokomotion Fortbewegung, Fähigkeit zur aktiven Ortsveränderung

Lophophor das Mundfeld umgebender, meist hufeisenförmiger Tentakelkranz der Tentaculata (Brachiopoden, Moostierchen, Phoronida); dient dem Herausfiltern von Nahrungspartikeln

Lorenzini-Ampullen Sinneszellen unter der Haut von Knorpelfischen, dienen der Wahrnehmung von elektrischen Feldern

Lorica bezeichnet bei Einzellern eine extrazelluläre Hülle, bei Rädertieren den Rumpfpanzer

LUCA (***last universal common ancestor***) letzte gemeinsame Stammform aller heutigen (rezenten) Lebewesen

Lückenkollenchym pflanzliches Festigungsgewebe mit starken Zellwandverdickungen um große → Interzellularen

Luftsacksystem System aus dünnwandigen Aussackungen in den Atemwegen von Vögeln; dient nicht dem Gasaustausch, sondern dem kontinuierlichen Transport von Frischluft in Richtung Lunge

Luftwurzeln ganz oder teilweise oberirdisch angelegte Wurzeln; dienen vor allem bei → Epiphyten der Befestigung und der Nährstoffaufnahme

Lymphe bei Wirbeltieren die Flüssigkeitsfraktion des Körpers, die aufgrund des Blutdrucks aus dem Kapillarnetz als Ultrafiltrat des Bluts in die Gewebslücken austritt, bei Wirbellosen uneinheitlich gebrauchter Begriff ganz allgemein für interzelluläre Gewebs- und Leibeshöhlenflüssigkeiten

Lyse/Lysis Aufplatzen von Zellen durch Zerstörung der Zellmembran

lysogener Zyklus Vermehrungsform von Viren und Phagen, bei der die Viren- oder Phagen-DNA vorübergehend in das Genom des Wirts integriert wird und dort inaktiv als Provirus oder Prophage ruht, bis der → lytische Zyklus eintritt

Lysosom membranumschlossenes Zellorganell, dass spezielle Enzyme zum Abbau von Proteinen und Nucleinsäuren enthält

lytischer Zyklus Vermehrungsform von Viren und Phagen, bei der die Wirtszelle nach Replikation der Viren bzw. Phagen lysiert wird

Madreporit Madreporenplatte; siebartig durchbrochene Kalkplatte bei Stachelhäutern über welche das → Axocoel und das → Ambulacralgefäßsystem mit dem umgebenden Meerwasser kommunizieren

Magnetit Mineral aus Eisen(II, III)-oxid mit magnetischen Eigenschaften

Magnetosomen intrazelluläre Kristalle magnetotaktischer Bakterien, meist aus → Magnetit, die der Orientierung im Magnetfeld dienen

magnozelluläres System Teil der Sehbahn, der für die Weiterleitung und Verarbeitung von bewegten, kontrastreichen Reizen spezialisiert ist

Maillard-Reaktion Reaktion zwischen reduzierenden Zuckern und Aminosäuren; führt zur Bildung brauner pigmentartiger Substanzen (Melanoide, Melanoidine)

Maitotoxin von Dinoflagellata gebildetes, wasserlösliches Toxin

Makroevolution Evolution zwischenartlicher Variation bzw. systematischer Großgruppen; umfasst die Veränderung vieler Merkmale und erfolgt i. d. R. über einen langen Zeitraum; Gegensatz zu → Mikroevolution

Makrogamet Megagamet; bei anisogamen Organismen die größere, meist unbewegliche, Geschlechtszelle

Makromoleküle große, polymere Moleküle wie Proteine, Nucleinsäuren, Polysaccharide oder Lignin mit einer Molekülmasse von über 10.000 g/mol

Makronährstoffe chemische Elemente, die von Pflanzen in größerer Menge benötigt werden: C (Kohlenstoff), O (Sauerstoff), H (Wasserstoff), N (Stickstoff), S (Schwefel), P (Phosphor), K (Kalium), Ca (Calcium), Mg (Magnesium)

Makronucleus bei Ciliaten vorkommender großer Zellkern, der im Gegensatz zum kleineren → Mikronucleus ausschließlich die vegetativen Vorgänge der Zelle steuert

Makroorganismus Organismus, der mit bloßem Auge sichtbar ist; häufig wird eine Größe von 1 mm als Abgrenzung zu einem → Mikroorganismus verwendet

Makrophagen Sammelbezeichnung für zur → Phagocytose größerer Partikel fähiger und meist amöboider Zellen des Immunsystems verschiedener Metazoen

Makrophyten mit bloßem Auge erkennbare Algen und Pflanzen

Makroplankton → Plankton

Makroprothallium Megaprothallium; bezeichnet bei heterosporen Farnpflanzen den → Gametophyten, der aus der Megaspore erwächst und die → Archegonien mit den Eizellen bildet

Makrosmaten Wirbeltiere mit stark ausgeprägtem Geruchssinn

Makrosporen Megasporen; bei heterosporen Pflanzen die großen und nährstoffreichen Sporen, die zu weiblichen → Gametophyten (Prothallien) auswachsen

maligner Tumor unbegrenzt wachsender (bösartiger) Tumor; kann auch in entfernten Körperteilen Tochtertumoren bilden

Malpighi-Gefäße Exkretionsorgane im Hinterleib landlebender Gliederfüßer in Form von langen, dünnen, unverzweigten, → distal blind endenden Schläuchen; münden an der Grenze zwischen Mitteldarm und Enddarm in den Verdauungskanal

MAMP → PAMP

Mandibel beißende Teile der Mundwerkzeuge von Arthropoden

Mantel das den dorsalen Teil des Körpers von Mollusken umhüllende Gewebe; bildet Hartteile wie die Schale

Mantelhöhle vom → Mantel umschlossener Hohlraum bei Mollusken mit den Mündungen von Darm, Nieren und Gonaden; fungiert als Atemhöhle

MAP Mikrotubuli-assoziiertes Protein

marin im Meer lebend, das Meer betreffend

Mark (1) Grundgewebe innerhalb des Leitbündelzylinders bei Gefäßpflanzen; (2) Medulla: weicher zentraler Bereich bestimmter Organe bei Tieren, der sich strukturell und funktionell von der äußeren „Rinde" unterscheidet

Markscheide → Myelinscheide

Markstrahlen radial vom → Mark zur → Rinde von Gefäßpflanzen verlaufender Grundgewebestrang

Massenaussterben deutlich erhöhter Rückgang der Artenvielfalt in geologisch kurzen Zeitabschnitten der Erdgeschichte mit einem Verlust von i. d. R. über 70 % der Arten; kann auf erhöhte Aussterberaten oder verringerte Raten der Artneubildung zurückzuführen sein

maternale Vererbung mütterliche Vererbung; zurückzuführen auf Gene der mütterlichen Geschlechtschromosomen und auf Genome der Organellen (→ Plastom und → Chondrom)

Maximum-Likelihood-Methode ein in der Statistik verwendetes Schätzverfahren, z. B. zur Berechnung des Verzweigungsmusters eines Sequenzstammbaums, bei dem auf Basis statistischer Methoden ein Baum berechnet wird, der am besten mit den beobachteten Daten übereinstimmt (maximale Wahrscheinlichkeit)

Maximum-Parsimony-Prinzip Methode zur Berechnung des Verzweigungsmusters eines Stammbaums, die auf der Annahme basiert, dass Merkmalskombinationen bzw. Unterschiede auf der geringsten möglichen Anzahl evolutionärer Schritte beruhen

Mechanorezeptoren Sinneszellen, die der Wahrnehmung mechanischer Reize dienen, neben Druck, Schall und Berührung auch z. B. Muskelspannung und Gelenkstellung

mechanosensitive Ionenkanäle Grundlage aller mechanischen Sinne wie Hören, Gleichgewicht, Fühlen, Propriozeption; die Kationenkanäle öffnen entweder durch Zug auf die Membran oder durch Scherkräfte zwischen Cytoskelett und Zellmembran

medial zur Körpermitte hin gelegen

Meduse frei schwimmendes Lebensstadium im → Generationswechsel von Nesseltieren (Qualle)

Megakaryocyten auffallend große Knochenmarkszellen; bilden Blutplättchen (→ Thrombocyten)

Megaplankton → Plankton

Meiose Reduktionsteilung; spezielle Form der Kernteilung im Zuge der Differenzierung von (i. d. R. → haploiden) Keimzellen aus (i. d. R.) → diploiden Vorläuferzellen; umfasst zwei aufeinanderfolgende Kernteilungen: bei der ersten meiotischen Teilung werden die → homologen Chromosomen voneinander getrennt, bei der zweiten meiotischen Teilung werden die → Chromatiden voneinander getrennt

Meissner-Körperchen schnell adaptierende → Mechanorezeptoren in der Lederhaut

Melanine hochmolekulare, von Indolchinon abgeleitete dunkle Pigmente

Melanopsin unter anderem in spezialisierten Ganglienzellen der Augen und dem Gehirn vorkommendes Sehpigment (Opsin)

Melatonin Hormon, das von der Zirbeldrüse der Wirbeltiere ausgeschüttet wird; induziert eine Konzentrierung des Melanins und spielt eine Rolle als Zeitgeber (→ Photoperiodismus und → circadiane Rhythmik)

Membrankapazität Umfang der elektrischen Ladung, die von einer Membran aufgenommen werden kann

Membranlipide amphipathische Moleküle meist ohne spezielle Funktion, die die Grundsubstanz der Zellmembran bilden; Verleihen der Zellmembran ihre besonderen physikochemischen Eigensaften

Membranpotenzial durch ungleiche Verteilung von Ionen bedingte Potenzialdifferenz zwischen den durch Membranen getrennten Flüssigkeitsräumen; besonders bedeutend bei Nervenzellen, Sinneszellen und Muskelzellen

Membranzeitkonstante Maß für die Geschwindigkeit der elektrischen Spannungsänderung über eine Membran

Mendel'sche Regeln von Gregor Mendel erarbeitete Gesetzmäßigkeiten der Vererbung, insbesondere die → Uniformitätsregel (erste Mendel-Regel), die → Spaltungsregel (zweite Mendel-Regel) und die → Unabhängigkeitsregel (dritte Mendel-Regel)

Meristem pflanzliches Gewebe aus teilungsaktiven Zellen

Merkel-Tastscheiben langsam adaptierende → Mechanorezeptoren in der Oberhaut

Merogonie Entwicklung einer Eizelle allein mit dem männlichen (im weiteren Sinne auch allein mit dem weiblichen) Vorkern

merokrine Sekretion Sekretion durch Ausscheidung von in → Vesikeln befindlichen Stoffen durch Verschmelzung der Vesikelmembran mit der Zellmembran (→ Exocytose)

Merozoit durch → Schizogonie gebildetes Lebensstadium verschiedener parasitischer Einzeller

Mesencephalon → Mittelhirn

Mesenchym aus dem → Mesoderm hervorgehendes embryonales, nicht ausdifferenziertes Gewebe bei Metazoa

Mesoderm mittleres Keimblatt in der Embryonalentwicklung der dreikeimblättrigen Metazoa

Mesogloea gallertartige Schicht zwischen → Epidermis und → Gastrodermis bei Hohltieren

Mesohyl Schicht zwischen den epithelartigen Gewebsschichten der Schwämme; aus extrazellulärer Grundsubstanz, Kollagenfasern und Stützskelett sowie Zellen verschiedener Morphologie und Funktion aufgebaut

Mesokarp zwischen Endokarp und Exokarp gelegene Schicht des → Perikarps (Fruchtwand)

Mesomerie bezeichnet das Phänomen, dass manche Moleküle oder mehratomige Ionen aufgrund nicht eindeutig zuordenbarer Valenzelektronen nicht durch eine eindeutige Strukturformel, sondern nur durch mehre Grenzstrukturen dargestellt werden können

mesophil an nicht-extreme Lebensbedingungen angepasst; insbesondere auf Temperatur bezogen

Mesophyll zwischen oberer und unterer → Epidermis liegendes, chloroplastenhaltiges und photosynthetisch aktives Grundgewebe in Blättern von Pflanzen

Mesoplankton → Plankton

Mesozoikum Ära des → Phanerozoikums; umfasst den Zeitraum seit dem Massenaussterben an der → Perm-Trias-Grenze vor ca. 252 Mio. Jahren bis zum Massenaussterben am Ende der Kreide vor ca. 66 Mio. Jahren, charakterisiert als „Zeitalter der Reptilien"; das Mesozoikum wird in → Trias, → Jura und → Kreide untergliedert

Metabolismus Stoffwechsel; übergeordnete Bezeichnung für alle im Organismus ablaufenden chemischen Reaktionen

metabotrope Rezeptoren transmembrane Rezeptormoleküle, die keinen Ionenkanal bilden, sondern ihre Aktivierung durch Bindung eines Liganden oder Lichteinfang außen in das Membraninnere weitergeben und dort eine Signalkaskade auslösen

Metagenom Gesamtheit der genomischen Information einer Lebensgemeinschaft

Metalimnion Sprungschicht; zwischen → Epilimnion und → Hypolimnion liegende Schicht eines stehenden Gewässers; Temperatur, Sauerstoff- und Nährstoffgehalt ändern sich in dieser Schicht oft stark

Metamerie → Segmentierung

Metanephridien bei verschiedenen Wirbellosen, beispielsweise bei Anneliden sowie vielen Mollusken und Krebstieren, vorkommende paarige Exkretionsorgane; durch einen Wimperntrichter mit dem → Coelom verbunden

Metanephros die eigentliche Niere der Amniota; im Gegensatz zu den frühen entwicklungsstadien Vorniere (Pronephros) und Urniere (Mesonephos)

Metaphase Phase der Kernteilung, in der die → Centromere der kondensierten Chromosomen in einer Ebene (Metaphaseplatte) senkrecht zur Teilungsebene angeordnet sind

Metaphloem aus differenzierten Zellen, die das Längenwachstum abgeschlossen haben, bestehender Teil des → Phloems

Metatranskriptom Gesamtheit der transkribierten Information (RNA) einer Lebensgemeinschaft

Metaxylemzellen aus differenzierten Zellen, die das Längenwachstum abgeschlossen haben, bestehender Teil des → Xylems

Methanogenese eine Form der anaeroben Carbonatatmung; Stoffwechselweg, bei dem Methan als Endprodukt des → anaeroben Abbaus von Biomasse gebildet wird

Metula Teil eines → Konidienträgers bei Pilzen, der die sporenbildenden Phialiden (Sporenmutterzellen) trägt

Microcystin starkes Toxin, das von verschiedenen Cyanobakterien, z. B. der Gattung *Microcystis*, gebildet wird; zyklisches Oligopeptid

Migration Wanderung von Individuen aus einem Habitat in ein anderes

mikroaerophil auf geringe Sauerstoffkonzentration angewiesen

Mikrobiom Gesamtheit der Mikroorganismen in einem vielzelligen Organismus

Mikroevolution Evolution unterhalb der Artebene; Änderung der Allelfrequenzen von Populationen; Gegensatz zu → Makroevolution

Mikrofibrillen quervernetzte Cellulosepolymere in der Zellwand von Pflanzenzellen

Mikrofilamente Sammelbegriff für globuläre Proteinfilamente mit einem Duchmesser von 6–10 nm; umfasst beispielsweise → Actinfilamente und → Myosinfilamente

Mikrogamet bei anisogamen (→ Anisogamie) Organismen die kleinere, meist bewegliche, Geschlechtszelle

Mikrogliazellen Hortega-Zellen; teilungsfähige → Gliazellen des Nervensystems mesodermalen Ursprungs, die sich von Blutzellen ableiten und im Zentralnervensystem → Antigene präsentieren

Mikronährstoffe chemische Elemente, die nur in Spuren für die Ernährung und den Stoffwechsel benötigt werden

Mikronucleus bei Ciliaten vorkommender kleiner Zellkern, der im Gegensatz zum größeren → Makronucleus ausschließlich die generativen Vorgänge der Zelle steuert

Mikroorganismus Organismus, der mit bloßem Auge nicht sichtbar ist; häufig wird eine Größe von 1 mm als Abgrenzung zu einem → Makroorganismus verwendet; umfasst die meisten Bakterien, Archaeen, Protisten, aber auch kleinste Tiere und Pilze

Mikroplankton → Plankton

Mikroplastik kleine und kleinste Kunststoffteilchen unter 5 mm

Mikroprothallium bezeichnet bei heterosporen Farnpflanzen den → Gametophyten, der aus der Mikrospore erwächst und die Antheridien mit den Spermatozoiden bildet

Mikropyle Öffnung zwischen den → Integumenten der → Samenanlage von Pflanzen, durch die der Pollen (Gymnospermen) bzw. der Pollenschlauch (Angiospermen) zum weiblichen Gametophyten gelangen kann

Mikrosphäre aus proteinartigen Substanzen aufgebaute kugelförmige Molekülaggregate; werden als Entwicklungsschritt bei der Entstehung des Lebens diskutiert

Mikrosporen bei heterosporen Pflanzen die kleinen und nährstoffarmen Sporen, die zu männlichen → Gametophyten (Prothallien) auswachsen

Mikrotubuli röhrenförmige Filamente aus dem Protein Tubulin; am Aufbau des → Cytoskeletts, der Geißeln und des Spindelapparats der Zellteilung beteiligt

Mikrotubuli-organisierendes Zentrum (MTOC) Struktur eukaryotischer Zellen, von der ausgehend die Mikrotubuli entstehen; dazu gehören Centriolen und die i. d. R. aus Centriolen hervorgehenden Basalkörper der Geißelbasis sowie die Centromeren der Metaphaseplatte

Mikrovilli fingerförmige Ausstülpungen von Epithelzellen mit einem Durchmesser von 50–100 nm und einer Länge von mehreren Mikrometern; dienen der Oberflächenvergrößerung, z. B. im Dünndarm

Milankovic-Zyklen vom Ingenieur und Mathematiker Milutin Milankovic aus periodischen Änderungen der Erdbahn berechnete zyklische Änderung der Sonneneinstrahlung; erklärt Klimaschwankungen des Quartärs mit Perioden von ca. 24.000, 90.000 und 450.000 Jahren

Milchsäuregärung anaerober Stoffwechselweg, bei dem Glucose zu Milchsäure (Lactat) umgesetzt wird; man unterscheidet die homofermentative und heterofermentative Milchsäuregärung, wobei bei Letzterer zusätzlich noch Ethanol und Kohlenstoffdioxid entstehen

Mimikry Ähnlichkeit zwischen Lebewesen, die nicht auf Verwandtschaft, sondern auf Nachahmung von visuellen, auditiven oder olfaktorischen Signalen zurückzuführen ist

Mineralisierung vollständiger Abbau organischer Stoffe zu anorganischen Verbindungen, vorwiegend durch Bakterien und Pilze

Minimum-Evolution-Verfahren Methode zur Berechnung des Verzweigungsmusters eines Sequenzstammbaums, die als Kriterium die geringste Gesamtlänge aller Äste des Stammbaums heranzieht

Miracidium frei schwimmende Larve der Saugwürmer (Digenea)

miRNA Mikro-RNA; kurze, hoch konservierte, nicht codierende RNAs; spielen eine Rolle bei der Genregulation, insbesondere beim →Silencing

Missense-Mutation → Punktmutation in einem proteincodierenden Gen, durch welche das betroffene → Codon für eine andere Aminosäure codiert

Mitochondriopathien Erkrankungen, die durch eine Fehlfunktion oder Schädigung der Mitochondrien verursacht werden

Mitochondrium (Pl. Mitochondrien) von einer Doppelmembran umschlossenes Zellorganell in eukaryotischen Zellen, dass der Produktion von Energie in Form von → ATP dient

Mitose reguläre Kernteilung, bei der zwei erbgleiche Tochterzellen entstehen; geht in der Regel der Zellteilung (→ Cytokinese) voraus

Mitosomen von Mitochondrien abgeleitete, stark reduzierte Organellen anaerober Eukaryoten; an der Synthese von Eisen-Schwefel-Clustern (Cofaktoren von Proteinen) beteiligt

Mitralzellen primäre Verschaltungsneuronen im Riechkolben (Bulbus olfactorius)

Mittelhirn (Mesencephalon) einer von drei Bereichen des Gehirns der Säugetiere; Teil des → Hirnstamms

Mixotrophie Ernährungsweise, bei der → autotrophe und → heterotrophe Stoffwechselwege genutzt werden

mobile Elemente → Transposons

Modellorganismus Organismen an denen stellvertretend für eine größere Organismengruppe intensiv geforscht wird; i. d. R. sind sie einfach und preiswert zu kultivieren, einfach (genetisch) zu manipulieren und haben kurze Generationszeiten

molekulare Phylogenie die Rekonstruktion der Stammesgeschichte von Organismen unter Verwendung molekularer Merkmale, i. d. R. DNA-Sequenzen

molekulare Uhr allgemein: Verfahren zur Korrelation biologischer molekularer Daten mit dem physikalischen Zeitverlauf; im Speziellen: Befund, dass die Anzahl akkumulierter Unterschiede der DNA-Sequenz von verschiedenen phylogenetischen Linien die Bestimmung der seit der Aufspaltung vergangenen Zeit erlaubt; basiert auf der Annahme einer konstanten Evolutionsrate

Monochasium Form der sympodialen Verzweigung bei Pflanzen (→ Sympodium) bei der jeweils das Wachstum nur eines Seitensprosses gefördert ist

Monocyten sehr große, amöboid bewegliche → Leukocyten des Immunsystems der Wirbeltiere

Monogamie Einehe; sexuelle Paarbindung

monogenes Merkmal Merkmal, das von einem Gen gesteuert wird

Monomere die am Aufbau von Makromolekülen beteiligten Grundeinheiten

monomiktisch bezeichnet Seen, die nur einmal im Jahr vollständig durchmischt werden

Monophylum geschlossene Abstammungsgemeinschaft; enthält die Stammart und alle deren Nachkommen; vgl. → Klade

Monopodium Verzweigungsmodus der Gefäßpflanzen, bei dem das Wachstum der jeweiligen Hauptachse verstärkt fortgesetzt und den Seitensprossachsen gegenüber gefördert wird

Monosaccharide Einfachzucker; Grundbaustein von Oligo- und Polysacchariden

Morphogenese Gestaltbildung bei Lebewesen während der → Ontogenese

Morphologie wissenschaftliche Disziplin, die sich mit der Körpergestalt und den Körperbauplänen sowie den Lageverhältnissen und dem Aufbau von Körperteilen und Organen befasst

morphologisches Artkonzept Definition einer Art als Gruppe von Individuen mit gleichem Erscheinungsbild

Morula frühes Entwicklungsstadium vieler Metazoa in Form einer kompakten Zellkugel

motil beweglich, zur freien Ortsbewegung fähig

Motoneuronen Neuronen, die Informationen an Muskelzellen weiterleiten

Motorprotein auch Kopfdomäne; Region der ATP-Bindungsstelle und der Strukturen, die während der Konformationsänderung die Bewegung des Moleküls steuern

M-Phase (mitotische Phase) die Phase des → Zellzyklus, die die Kernteilung (→ Mitose) und die Zellteilung (→ Cytokinese) umfasst

mRNA einzelsträngiges Transkriptionsprodukt eines DNA-Abschnitts, das Informationen für die Synthese eines Polypeptids enthält

mtDNA mitochondriale DNA; → Chondrom

Mucopolysaccharide gallertartige, aus Disacchariden aufgebaute Polysaccharidkomonente von Zucker-Protein-Verbindungen (Proteoglykanen) der Haut, des Binde- und des Knorpelgewebes; fungieren als intrazelluläre Kleb- und Schmierstoffe

Mucosa Schleimhaut; durch Sekretausscheidung feucht gehaltene Auskleidung des Magen-Darm-Trakts

Mucoviscidose autosomal-rezessiv vererbte Stoffwechselkrankheit

Müller-Gliazellen Gliazellen der Netzhaut, die die Netzhautneuronen ernähren und Licht auf die Photorezeptoren leiten

Muscarin Pilzgift mit agonistischer Wirkung am → muscarinergen Acetylcholinrezeptor

muscarinerger Acetylcholinrezeptor G-Protein-gekoppelter Rezeptor, dessen Agonist → Acetylcholin ist; Vorkommen in der Plasmamembran von Nervenzellen, den Belegzellen des Magens und der glatten Muskelzellen

Muskelfasern vielkernige plasmodiale kontraktile Baueinheit (→ Syncytium) der quergestreiften Skelettmuskulatur von Vertebraten

Muskelgewebe durch Zusammenwirken von → Actin und → Myosin kontraktiles Gewebe

Muskelmagen Teil des Magens von Vögeln, Reptilien, Anneliden und einigen Insekten; dient der mechanischen Zerkleinerung der Nahrung; kann zusätzlich Steinchen zur Unterstützung der Nahrungszerkleinerung enthalten

Muskelspindelorgane von einer spindelartigen Bindegewebshülle umgebene Bündel spezieller Muskelfasern in der Skelettmuskulatur, die als Mechanorezeptoren zur Dehnungs- und Längenmessung des Muskels dienen

Muskeltonus Grundspannung des Muskels im Ruhezustand

Mutagene Faktoren, die Mutationen auslösen

Mutation spontane oder durch Mutagene verursachte Veränderung des Erbgutes, die nicht auf Rekombination zurückzuführen ist

Mutationsrate relative Anzahl Mutationen pro Generation oder pro Zellteilung

Mutualismus (1) Form der → Symbiose, bei der beide Partner auch als Einzelindividuen lebensfähig sind; (2) Form der Interaktion, bei der beide Partner einen Vorteil aus der Interaktion ziehen (v. a. im englischsprachigen Raum verbreitet)

Mycel Gesamtheit der → Hyphen, die den → Thallus von Pilze aufbauen

Myelin von → Gliazellen gebildete lipidreiche Membranschichten (→ Myelinscheide)

Myelinscheide Markscheide; spiralförmige Umhüllung von Axonen aus → Myelin; isoliert die Axone elektrisch und erhöht die Geschwindigkeit der Signalweiterleitung

Mykorrhiza mutualistische Assoziation zwischen Pilzen und den Wurzeln von Tracheophyten

Myofibrillen aus Sarkomeren (den funktionellen Grundeinheiten von Skelettmuskeln) aufgebaute Längselemente in Muskelfasern

Myosin Motorprotein; eines der zwei kontraktilen Hauptproteine der Muskulatur in eukaryotischen Zellen

Myxosporen (1) infektiöses Stadium der Myxozoa; (2) Dauerzellen von fruchtkörperbildenden, gleitenden Bakterien (Myxobakterien)

NADH reduzierte Form von Nicotinamidadenindinucleotid; Cosubstrat bzw Coenzym, welches an oxidativen Synthesen, → katabolen Reaktionen und der ATP-Gewinnung beteiligt und somit von zentraler Bedeutung für den Stoffwechsel ist

NADPH reduzierte Form von Nicotinamidadenindinucleotidphosphat; Cosubstrat bzw Coenzym welches an reduktiven Synthesen, → anabolen Reaktionen, der ROS-Homöostase und am Aufrechterhalten des Reduktionsniveaus einer Zelle beteiligt und somit von zentraler Bedeutung für den Stoffwechsel ist

Nährstofflimitierung Begrenzungsfaktor aufgrund des begrenzten Nährstoffangebots

Nahrungskette Nahrungsbeziehungen in Form einer linearen Aufreihung der beteiligten Produzenten, Konsumenten und Destruenten

Nahrungsnetz komplexes System aus miteinander verbundenen Nahrungsketten

Narbe Bezeichnung für das oberste Ende der Fruchtblätter bei den Bedecktsamern; dient der Aufnahme der Pollenkörner

Narkotika Anästhetika; pharmazeutische Produkte, die eine Narkose hervorrufen und somit eine reversible Lähmung des Zentralnervensystems bewirken

Nastie Pflanzenbewegung; Bewegungsreaktion einer Pflanze auf einen Reiz

Natrium-Glucose-Symporter Transportprotein, das zeitgleich Natriumionen und Glucosemoleküle über eine Membran hinweg befördert

Natrium-Kalium-Pumpe Membranpumpe, die für den aktiven Transport von drei Natriumionen im Austausch gegen zwei Kaliumionen jeweils gegen deren Konzentrationsgefälle aus der Zelle sorgt

natürliche Selektion von Charles Darwin geprägter Begriff; die Wahrscheinlichkeit des Fortpflanzungserfolgs von Individuen einer Population ist aufgrund der Variation vererbbarer Merkmale nicht gleich, somit werden bestimmte Erbanlagen nicht weitergegeben

Nauplius Primärlarve von Krebstieren

Nekton Gesamtheit der im freien Wasserraum lebenden Organismen, die selbst einen Ortswechsel über größere Distanzen durchführen können

Neogen Periode des → Känozoikums von vor ca. 23 Mio. Jahren bis vor ca. 2,6 Mio. Jahren

Nephridien röhrenförmige Exkretionsorgane wirbelloser Tiere, die für den Wasserhaushalt eine Rolle spielen

Nephrostom zum → Coelom hin offener Wimpertrichter der → Nephridien zahlreicher Gliederfüßer

Nepotismus → Altruismus zugunsten von genetisch Verwandten, die keine direkten Nachkommen sind; dadurch wird aber die eigene → Fitness indirekt fördert

Nernst-Gleichung Gleichung zur Berechnung des → Ruhemembranpotenzials unter Berücksichtigung der Konzentrationsunterschiede und Ladung einer Ionensorte auf beiden Seiten der Membran

Nervengewebe Gewebe, welches ausschließlich bei Tieren vorkommt; dient der Aufnahme, Verarbeitung und

Leitung exogener und endogen in den Nervenzellen selbst erzeugter Signale

Nervennetz bezeichnet eine beliebige Anzahl miteinander verbundener → Neuronen, die im funktionellen Zusammenhang stehen

Nervenzelle Grundelement des Nervensystems, welches auf Informationsempfang, -weiterleitung und -verarbeitung spezialisiert ist.

Nesselkapseln (Cnidocysten) Strukturen der Nesseltiere, die der Feindabwehr und dem Beutefang dienen; sind in der Epidermis von Quallen und Polypen zu finden

Nesselzellen (Cnidocyten) Zellen, die → Nesselkapseln enthalten

Nettoprimärproduktion Produktion organischer Substanz durch Photosynthese abzüglich der durch Atmung direkt wieder verstoffwechselten Produktion

Netzhaut → Retina

Neuralleiste Population von Zellen der Wirbeltiere, die während der Embryonalentwicklung wandern und sich an den Zielorten zu ganz unterschiedlichen Zell- und Gewebetypen differenzieren

Neuralrohr erstes Entwicklungsstadium des Nervensystems in der Embryonalentwicklung der Chordata

Neurit → Axon oder → Dendrit einer Nervenzelle

Neurofilamente intermediäre Filamente in Nervenzellen

Neurohormon von Neuronen sezernierter Botenstoff, der an das umgebende Gewebe oder in die Blutbahn abgegeben wird und so seine Zielzellen erreicht

Neuromasten sekundäre Sinneszellen in den → Seitenlinienorganen von Fischen und im Wasser lebenden Amphibien

neuromuskuläre Endplatte motorische Endplatte; Übertragungsstelle der Erregung von einer efferenten Nervenfaser (→ Motoneuronen) auf die Muskelfaser eines Skelettmuskels

Neuron auf Erregungsleitung spezialisierte Nervenzelle; Integration der über → Dendriten ankommenden Signale, die am Axonhügel → Aktionspotenziale auf dem Axon auslösen können

Neuronentheorie mittlerweile bewiesene Annahme, dass das Nervensystem aus einzelnen, autonomen, physisch getrennten, aber miteinander interagierenden Zellen besteht und nicht aus einem kontinuierlichen Netzwerk miteinander verbundener Fasern

Neuropeptid (1) Sammelbezeichnung für eine große Zahl von Peptiden, die in verschiedenen, z. T. nur sehr kleinen Arealen des Zentralnervensystems lokalisiert sind; (2) Signalstoff

Neurotoxin Nervengift; Bezeichnung für Substanzen, die in erster Linie schädigend auf das Nervensystem wirken

Neurotransmitter Botenstoffe, die in den präsynaptischen Spalt der Nervenzelle abgegeben werden und die Erregungsleitung auf die nachfolgende Nervenzelle übertragen

Neurulation Bildung eines → Neuralrohrs bei Chordatieren

Neuston Lebensgemeinschaft von Organismen, welche in einer dünnen Schicht direkt unter der Wasseroberfläche leben

Neutralisation Reaktion einer Säure mit einer Base, wobei sich diese in ihren Wirkungen gegenseitig aufheben

neutralisierende Antikörper Antikörper, welche die Infektiosität eines → Pathogens oder die Wirkung eines Toxins neutralisieren und somit inaktivieren

Next-Generation Sequencing auch als Hochdurchsatzsequenzierung bezeichnet; ermöglicht die parallele Sequenzierung einer großen Anzahl an Sequenzen oder Proben; man unterscheidet zwischen Sequencing-by-Synthesis und Pryosequencing

nichtribosomales Peptid Bezeichnung für ein Peptid, welches nicht an → Ribosomen synthetisiert wurde, sondern als Sekundärmetabolit durch nichtribosomale Peptid-Synthetasen (NRPS); → Microcystin

nichtsynonyme Mutationen → Punktmutation, welche bewirkt, dass das betreffende → Codon eine andere Aminosäure codiert

Nicotinamiddinucleotid → NADH

Nicotinamiddinucleotidphosphat → NADPH

nicotinerger Acetylcholinrezeptor ligandengesteuerter Ionenkanal mit Agonist → Acetylcholin; Vorkommen in Muskel und Neuronen

Nische Gesamtheit der abiotischen und biotischen Faktoren, die für eine Art zum Überleben und Fortpflanzen notwendig sind

Nitrat wasserlösliches deprotoniertes Anion der Salpetersäure; es ist der wichtigste Stickstofflieferant für → photoautotrophe Pflanzen und wird durch das Umsetzen stickstoffhaltiger Substanzen mithilfe von nitrifizierenden Prokaryoten im Boden und in Gewässern produziert

Nitratatmung Form der → anaeroben Atmung bei Prokaryoten, bei der Nitrationen statt Sauerstoffmoleküle als Elektronenakzeptoren fungieren

Nitrifikation Oxidation von Ammoniak bzw. Ammonium zu Nitrit bzw. Nitrat durch Prokaryoten; Form der → aeroben Atmung

Nitrogenase Multienzymkomplex, der die schrittweise Reduktion von molekularem Stickstoff (N_2) zu Ammoniak (NH_3) katalysiert

NMDA-Rezeptor Rezeptorionenkanal, der maßgeblich an Lernprozessen der Vertebraten beteiligt ist (→ Langzeitpotenzierung) und durch den Neurotransmitter Glutamat aktiviert wird (erste Bedingung); ein Magnesiumion, das den Kanal verschließt, wird erst durch eine Depolarisation der Postsynapse entfernt (zweite Bedingung); dann ist der Kanal lange offen und besitzt eine hohe Calciumleitfähigkeit

Nodulation Bildung von Knöllchen an den Wurzeln von Pflanzen durch symbiotische stickstoffbindende Bakterien

Non-REM Schlaf umfasst vier Stadien unterschiedlich tiefen Tiefschlafs ohne Augenbewegungen hinter den geschlossenen Lidern

Nonsense-Mutation Eine → Punktmutation in einem proteincodierenden Gen, die zur Einführung eines → Stoppcodons anstelle eines Aminosäurecodons der entsprechenden mRNA und damit zum vorzeitigen Abbruch der Synthese des entsprechenden Proteins führt

Noradrenalin körpereigener Botenstoff, der als Stresshormon und → Neurotransmitter wirkt; Bildungsorte sind das Nebennierenmark und das Nervensystem (Neuronen des Locus caeruleus)

Nozizeption Empfindung drohender oder erfolgter Gewebeverletzung; daraus kann eine subjektive Schmerzwahrnehmung entstehen

Nozizeptor fast allen Organen vorkommende spezialisierte Nervenendigung zur Aufnahme und Weitermeldung drohender oder erfolgter Gewebeschäden

N-Terminus Aminoterminus; das die freie Aminogruppe tragende Ende eines Peptids, Polypeptids oder Proteins

Nucleinsäuren aus → Nucleotiden aufgebaute Polymere, die genetische Informationen speichern, übertragen und exprimieren können, wie beispielsweise Ribonucleinsäure (RNA) und Desoxyribonucleinsäure (DNA)

Nucleoid Kernäquivalent; nicht von einer Kernmembran umgebener Bereich in prokaryotischen Zellen, der die Chromosomen enthält

Nucleolus kugelförmige Funktionsstruktur in eukaryotischen Zellen, Ort der Synthese der Prä-Ribosomen

Nucleomorph bei den Algen-Abteilungen Cryptophyta und Chlorarachniophyta vorkommendes, stark reduziertes kernartiges Gebilde in den sekundären Plastiden

Nucleosom aus → Histonen und DNA aufgebaute Struktur; Untereinheit der Chromatinstruktur

Nucleotide monomere Grundbausteine der → Nucleinsäuren; bestehen aus einer stickstoffhaltigen Base, einem Pentosezucker und einem Phosphatrest

Nucleus Zellkern; von einer doppelten Membran umgebenes Organell, in dem sich ein Großteil der DNA der Zelle befindet; kommt nur in eukaryotischen Zellen vor

Nucleus caudatus Kerngebiet im → Endhirn, das zu den Basalganglien zählt

Nucleus ruber roter Kern; Ansammlung von Nervenzellen im → Mittelhirn; kontrolliert Muskeltonus und Haltung während der Lokomotion

Nucleus tractus solitarii Kern des → Hirnstamms, der auf starke Reizung der Bitterrezeptoren Erbrechen und auf Reizung der Süßrezeptoren Insulinausschüttung bewirkt

numerische Chromosomenmutation Bezeichnung für eine Veränderungen der Chromosomenanzahl

Nutationen endogen gesteuerte autonome, meist kreisende Bewegungen von Keimlingen und Ranken; verursacht durch ungleiche Wachstumsprozesse innerhalb der Pflanze

Oberlauf der Abschnitt eines Flusses, welcher der Quelle am nächsten ist

obligat anaerob auf Sauerstoff angewiesen

Occipitallappen Hinterhauptlappen; eine der fünf anatomischen Hauptregionen der → Großhirnrinde des menschlichen Gehirns

Okazaki-Fragmente Fragmente der diskontinuierlichen Replikation des → Folgestrangs mit einer Kettenlänge von ca. 1000 Nucleotiden, die sich als Zwischenstufen bei der DNA-Replikation bilden

ökologische Nische → Nische

ökologische Vikarianz Bezeichnung für die Trennung einer ursprünglich durchgängig verbreiteten Population oder Art durch das Entstehen einer standörtlichen Barriere

Ökosystem Beziehungsgefüge von Lebewesen untereinander und mit einem Lebensraum bestimmter Größenordnung (z. B. Wald)

Ökotyp Population, die durch Selektion unter bestimmten ökologischen Bedingungen eine genetische und physiologische Sonderstellung erreicht hat, die jedoch noch nicht den Rang einer eigenen Art hat

Öle organische, bei Raumtemperatur flüssige Verbindungen, die wasserunlöslich sind

Oleosom Lipidspeicherorganell, dessen hydrophile Seite nach außen zeigt

olfaktorisch den Geruchsinn betreffend

Oligodendrocyten myelinbildende → Gliazellen des Zentralnervensystems der Vertebraten

Oligomer Makromolekül, das aus mindestens zwei strukturell gleichen oder ähnlichen Grundeinheiten aufgebaut ist

Oligopeptide Sammelbezeichnung für Peptide mit weniger als zehn Aminosäuren.

Oligosaccharide Kohlenhydrate, welche aus zwei bis zehn linear oder verzweigt verbundenen → Monosacchariden bestehen

oligosaprob Bezeichnung aus der Wassergüte: Wasser, das nur in sehr geringem Maße mit abbaubaren organischen Substanzen belastet ist

oligotroph Bezeichnung für Gewässer, die aufgrund ihres geringen Nährstoffangebots eine geringe organische Produktion aufweisen

Ommatidien Untereinheiten des Komplex- oder Facettenauges

Omnivore Allesfresser; Organismen mit breitem, nicht spezialisiertem Nahrungsspektrum

Ontogenese Individualentwicklung von (mehrzelligen) Organismen

Oocyte Eizelle; weibliche Keimzelle vielzelliger Organismen mit nur einem Chromosomensatz, aus der sich, i. d. R. nach Befruchtung durch die männliche Keimzelle, ein neues Individuum entwickelt

Oogamie Eibefruchtung; Vereinigung einer Eizelle (größerer unbeweglicher Gamet) mit einer Samenzelle (kleiner beweglicher Gamet) bei der sexuellen Befruchtung

Oogonien (1) bei Algen und Pilzen vorkommende → Gametangien, in denen eine Eizelle gebildet wird; (2) Bezeichnung für die weiblichen diploiden → Stammzellen

operante Konditionierung instrumentelle Konditionierung; Konditionierung durch den Erfolg oder Misserfolg des eigenen Handelns

Operon bei Prokaryoten Bezeichnung für eine Transkriptionseinheit der DNA, deren Genexpression gemeinsam reguliert wird; diese Funktionseinheit besteht aus den Kontrollregionen Promotor und Operator und mehreren Strukturgenen; bildet eine polycistronische mRNA

Opioide Sammelbegriff für eine chemisch heterogene Gruppe natürlicher und synthetischer Substanzen, die morphinartige Eigenschaften aufweisen

Opisthosoma Hinterleib einiger Arthropoden, insbesondere der Chelicerata

Opsin Sieben-Transmembrandomänen-Protein der → Rhodopsine, das ihre Wellenlängenempfindlichkeit bestimmt, die in ihrem Inneren das → Retinal aktivieren können

optische Aktivität Fähigkeit asymmetrischer Verbindungen, die Schwingungsebene polarisierten Lichts um einen bestimmten Winkel zu drehen

Orbital Beschreibung des wahrscheinlichen Aufenthaltsorts der einzelnen Elektronen um den Atomkern

Ordnung Rangstufe der biologischen Klassifikation zwischen Familie und Klasse

Ordovizium Bezeichnung für Erdzeitalter, welches vor ungefähr 505 Mio. Jahren begann und vor etwa 438 Mio. Jahren endete

Organ ein abgegrenzter Teil des Pflanzen- oder Tierkörpers, der aus unterschiedlichen Geweben zusammengesetzt ist und spezielle Funktionen erfüllt

Organellen spezialisierte, strukturell durch Membranen abgegrenzte Strukturen in eukaryotischen Zellen

organisch (1) Sammelbezeichnung für alle von Kohlenstoff abgeleiteten chemischen Verbindungen (mit Ausnahme von CO_2 und CO); (2) Bezeichnung für Aspekte, die den belebten Teil der Natur betreffen

Organogenese Entwicklung der Organe und Organsysteme während der Embryonalentwicklung

organotroph Nutzung organischer Stoffe als Elektronendonatoren; Unterscheidung zwischen chemoorganotroph und photoorganotroph

Orogenese Gebirgsbildung

Orthologie Verhältnis von Genen bzw. Strukturen zweier Arten zueinander, die im Laufe der Phylogenese aus demselben Gen bzw. aus derselben Struktur des letzten gemeinsamen Vorfahrens entstanden sind – z. B. die Hämoglobingene oder die vorderen Extremitäten des Menschen und der Fledermaus

Ortszellen Nervenzellen, die die Position eines Tieres im Raum und die räumliche Umgebung codieren

Osmokonformer Lebewesen, das die → Osmolarität seiner Körperflüssigkeit nicht aktiv reguliert; ist isotonisch mit seiner Umgebung

Osmolalität Konzentration osmotisch wirksamer Substanzen pro 1000 g Lösung

Osmolarität Konzentration osmotisch wirksamer Substanzen pro Liter Lösung

Osmolyte Substanzen, die die → Osmolarität eines Systems beeinflussen

osmophil eine Vorliebe habend für konzentrierte Zuckerlösungen mit hohem osmotischem Wert

Osmoregulation Fähigkeit aller Lebewesen mit einem Stoffwechsel, die Konzentrationen osmotisch wirksamer Stoffe kontrollieren zu können, um die → Osmolarität ihrer extrazellulären Flüssigkeiten aktiv zu regulieren

Osmoregulierer Lebewesen, deren Körperflüssigkeit durch aktive Regulation eine andere → Osmolarität haben als die Umwelt

Osmose → Diffusion von Molekülen eines Lösungsmittels durch eine → semipermeable Membran aufgrund eines herrschenden Konzentrationsunterschieds der gelösten Substanzen

Osmotaxis Orientierung frei beweglicher Wasserorganismen durch einen osmotischen Gradienten, d. h. einen Gradienten im Wasserpotenzial

osmotischer Druck Bezeichnung für den Druck, der durch die in einem Lösungsmittel gelösten Moleküle auf der höher konzentrierten Seite verursacht wird und den Fluss des Lösungsmittel durch eine → semipermeable Membran antreibt

osmotischer Gradient Tonizität; Konzentrationsgefälle zwischen zwei Lösungen, die durch eine → semipermeable Membran voneinander getrennt sind

osmotroph Ernährung durch Aufnahme gelöster organischer Substanzen, im Gegensatz zur phagotrophen Ernährung

Osmotrophie Bezeichnung für die Fähigkeit einiger Organismen, gelöste organische Verbindungen über die Zellmembran aufzunehmen und zu verstoffwechseln

Ösophagus Speiseröhre; muskuläres Hohlorgan zwischen → Pharynx und Magen

Ossifikation Verknöcherung

Osteoblasten Knochenbildungszellen; spezialisierte Zellen, welche für Knochenwachstum und Knochenumbau zuständig sind; sie bilden die unverkalkte Kollagenmatrix des Knochengewebes

Osteoid noch nicht mineralisierte Knochengrundsubstanz, die aus Kollagenfasern und glykoproteinhaltiger Grundsubstanz besteht

Osteoklasten gewebetypische → Makrophagen, welche Knochengewebe resorbieren

Ostium (Pl. Ostien) anatomische Bezeichnung für die Öffnung oder Mündung eines Hohlorgans

Östrogene Gruppe von Sexualhormonen der Wirbeltiere und des Menschen; bei Säugetieren werden diese → Steroidhormone hauptsächlich in den Ovarien gebildet

Östrus, Östruszyklen periodisch wiederkehrende Paarungsbereitschaft der (meist weiblichen) Säugetiere

Oszilloskop elektronisches Messgerät zur Beobachtung des Verlaufs von elektrischen Signalen

Otolithen (Otoconien) Calciumcarbonatsteinchen in der Gallerte der Macula-Gleichgewichtsorgane der Wirbeltiere

ovales Fenster Membran im Innenohr der Wirbeltiere, welche die durch Schallwellen ausgelöste Schwingungen auf die Perilymphe in der Hörschnecke überträgt

Oviduct Eileiter; Bezeichnung für den Ausführungsgang, der die aus dem Eierstock entlassenen Eizellen aufnimmt und nach außen leitet

ovipar eine Form der Fortpflanzung, bei der die Eier vor der Befruchtung oder in einem frühen Entwicklungsstadium des Embryos abgelegt werden

ovovivipar eine Form der Fortpflanzung mit verzögerter Eiablage; die befruchteten Eier entwickeln sich im Mutterleib und werden erst gegen Ende der Embryonalentwicklung des Jungtieres abgelegt, sodass dieses bei oder kurz nach der Eiablage schlüpft

ovulipar Ablage unbefruchteter Eier, die erst außerhalb des Körpers befruchtet werden (äußere Befruchtung)

Oxidasen Sammelbezeichnung für → Enzyme, welche die Übertragung von Elektronen bzw. Wasserstoff von Substraten direkt auf molekularen Sauerstoff katalysieren, wobei als Produkte das oxidierte Substrat und H_2O (Wasser) oder H_2O_2 (Wasserstoffperoxid) entstehen

Oxidation Elektronenabgabe; chemische Reaktion, bei der ein zu oxidierender Stoff Elektronen abgibt

ω-Oxidation Spezialvariante des Fettsäureabbaus

Oxidationsmittel ein Stoff, der andere Stoffe oxidieren kann und somit deren Oxidation bewirkt, dabei Elektronen aufnimmt (Elektronenakzeptor) und selbst reduziert wird

oxidative Phosphorylierung Atmungskettenphosphorylierung; Bildung von → ATP in den Mitochondrien, gekoppelt mit den Reaktionen der → Atmungskette

oxidativer Stress Bezeichnung für die Schädigung biologischer Systeme durch reaktive Sauerstoffspezies, wie freie Radikale oder Singulettsauerstoff

Oxigenierung Versorgung mit Sauerstoff, Oxidierung mit Sauerstoff als Elektronenakzeptor

ozeanische Kruste Bezeichnung für den Untergrund der Tiefseebereiche

Ozonschicht Schicht in der Stratosphäre mit einer erhöhten Konzentration des Spurengases Ozon; bewirkt eine Absorption und somit Abschirmung der unteren Atmosphäre gegen UV-Einstrahlung

Paarungshyphen spezielle → Hyphen zweier Pilzindividuen, die aufgrund wechselseitiger Reize aufeinander zu wachsen und zur → Somatogamie führen

Pacini-Körperchen schnell adaptierende → Mechanorezeptoren im Unterhautfettgewebe

Paläogen die Periode des → Känozoikums von vor ca. 66 Mio. Jahren bis vor ca. 2,6 Mio. Jahren

Paläotethys ursprünglicher Ozean zwischen → Laurasia und → Gondwana; begann sich im Obersilur zu bilden, erreichte im Unterkarbon die größte Ausdehnung und schloss sich in der Trias

Paläozoikum Ära des → Phanerozoikums; umfasst den Zeitraum seit Beginn des Phanerozoikums vor ca. 541 Mio. Jahren bis zum Massenaussterbens an der → Perm-Trias-Grenze vor ca. 252 Mio. Jahren, charakterisiert als „Zeitalter der Trilobiten, Fische und Amphibien“; das Paläozoikum wird in → Kambrium, → Ordovizium, → Silur, → Devon, → Karbon und → Perm untergliedert

Palisadenparenchym Gewebe des Blattes; → Parenchym/Gewebe, das aus einer bis mehreren Lagen gestreckter, chloroplastenreicher, senkrecht zur Oberfläche angeordneter Zellen besteht

Pallium → Mantel

PAM *point accepted mutation matrix*; dient zur Berechnung eines Alignmentscores

PAMP *pathogen-associated molecular patterns*; für Mikroorganismen bzw. → Pathogene charakteristische Strukturmotive, die dem Abwehrsystem des Wirtes ermöglichen, das Eindringen pathogener Mikroorganismen zu erkennen

Pangaea vom → Silur bis zum Ende des → Devons existierender Urkontinent, der von Pol zu Pol reichte

Pangenom Gesamtheit aller Gene, die in allen Individuen einer Spezies vorkommen

Pankreas Bauchspeicheldrüse

Panmixie Bezeichnung für die zufällige Paarung von zwei verschiedengeschlechtlichen Individuen einer Population

Pansen erster Abschnitt des Vormagensystems der Wiederkäuer

Papille warzenartig hervortretende Struktur oder Erhebung

parakrin Sekretionsmodus von Zellen, bei dem die abgegebenen Hormone und hormonähnlichen Substanzen direkt, d. h. nicht über das Blut, auf Zellen in der unmittelbaren Umgebung wirken

Parallaxenbewegung relative Bewegung der Abbilder unterschiedlich weit entfernter Objekte auf der → Retina bei eigener Translation; Abbilder naher Objekte bewegen sich stärker als die weiter entfernter Objekte

parallele Evolution, Parallelismus parallele unabhängige Entstehung von Merkmalen bei mehr oder weniger nahe verwandten Arten; schwer von konvergenter Evolution (→ Konvergenz) abzugrenzen

Paralogie durch Genduplikation und nachfolgende Divergenz innerhalb einer Art entstandener Genlocus (→ Locus), z. B. die Gene für Hämoglobin und Myoglobin; auf ähnliche Weise sind die vervielfachten Strukturen, die an verschiedenen Segmenten gebildet werden, paralog (z. B. Vorder- und Hinterflügel eines Schmetterlings)

paraphyletisch in der phylogenetischen Systematik die Bezeichnung für eine Gruppe von Organismen, deren Mitglieder sich zwar alle von einer einzigen Stammart ableiten, die aber nicht alle Nachfahren dieser Stammart umfasst, weil für Teile der Nachkommenschaft separate monophyletische Taxa geschaffen wurden; vgl. → Monophylum

Parasitismus Art der Interaktion zwischen Individuen verschiedener Arten, bei der ein Partner einen Vorteil (Parasit) und der andere einen Nachteil (Wirt) aus der Interaktion hat; vgl. → Kommensalismus, → Mutualismus, → Symbiose

Parasitose Befall oder Erkrankung durch Parasiten

Parasympathicus Teil des → vegetativen Nervensystems, das als Gegenspieler zum → Sympathicus fungiert und zur Ruhe und Erholung aktiviert wird

parazellulär die Zwischenräume zwischen den Zellen betreffend

Parenchym Bezeichnung für pflanzliches Grundgewebe, das aus meist regelmäßigen, noch lebenden Zellen mit nur wenig verdickten Zellwänden besteht

Parentalgeneration Bezeichnung für die Elterngeneration einer Kreuzungsnachkommenschaft

Parietallappen Scheitellappen; eine der fünf anatomischen Hauptregionen der → Großhirnrinde des menschlichen Gehirns

Parthenogenese (gametophytische Agamospermie) Jungfernzeugung; Form der eingeschlechtlichen Fortpflanzung, bei der die Nachkommen aus unbefruchteten Eiern entstehen

parthenokarp Bezeichnung für Fruchtentwicklung nach Jungfernzeugung

Partialdruck Bezeichnung für den Druck eines Gases in einem Gasgemisch, den es auch hätte, wenn es sich allein im gleichen Volumen befände

parvozelluläres System Teil der Sehbahn, der auf die Weiterleitung und Verarbeitung von Farbinformation und Sehinformation mit hoher Ortsauflösung spezialisiert ist

passive Membran Neuronenmembran, i. d. R. von Dendriten, ohne spannungsgesteuerte Ionenkanäle

passive Schallortung dient dem Schlagen von Beutetieren, die aufgrund ihrer selbst generierten Geräusche verortet werden; Jagdstrategie der Schleiereulen

Patch-Clamp-Technik elektrophysiologisches Messverfahren, mit dem sich Ströme durch einzelne Ionenkanäle von z. B. Nerven- und Muskelzellen, aber auch pflanzlichen Schließzellen messen lassen

paternal väterlich

Pathogene Krankheitserreger; Organismen, die bei anderen Organismen Krankheiten hervorrufen können

Pathogenese Bezeichnung für Entstehung einer Krankheit

Pathogenität Fähigkeit eines Organismus, bei einem anderen Organismus eine Krankheit hervorzurufen; vgl. → Virulenz

Pektine Gruppe pflanzlicher Polysaccharide, die vorwiegend aus Galacturonsäure und deren Methylestern aufgebaut sind; ihre Vielzahl ist durch unterschiedliche Polymerisierungs- und Veresterungsgrade bedingt

Pelagial uferferner Freiwasserbereich

Pellicula feste, aber biegsame Schicht, meist aus Proteinen, unterhalb der Zellmembran

Penetranz Begriff aus der Genetik; Wahrscheinlichkeit, mit der sich eine bestimmte Allelkombination eines Gens phänotypisch (→ Phänotyp) manifestiert

Pentosephosphatweg eine im → Cytosol vorkommende vielstufige, zyklische Reaktionsfolge, durch die Glucose-6-phosphat unter Bildung von NADPH zu CO_2 abgebaut werden kann

PEP-Carboxylase Phosphoenolpyruvatcarboxylase

Pepsin Verdauungsenzym des Magensafts der Wirbeltiere, das Proteine zu kurzkettigen → Peptiden abbaut

Peptidasen Enzyme, die Proteine und Peptide hydrolytisch spalten, indem sie Aminosäurereste vom Ende der Polypeptidkette her abbauen

Peptide Kettenmoleküle, die durch Verknüpfung von zwei oder bis zu 100 Aminosäuren entstehen; bei mehr als 100 Aminosäuren spricht man von → Proteinen

Peptidoglykan Murein; eine Substanz der Bakterienzellwand, die aus → Polysacchariden besteht

Perichondrium Knorpelhaut; faserig bindegewebige und gefäßführende Außenschicht knorpeliger Skelettelemente der Wirbeltiere, von der das Knorpelwachstum und die Knorpelregeneration ausgehen und die dem Einbau des Knorpels in die umgebenden Gewebe dient

Periderm Kork; ein sekundäres Abschlussgewebe an älteren Sprossachsen und Wurzeln, aber auch als Wundverschluss beim Blattfall und dort, wo lebendes → Parenchym durch Verwundung freigelegt wurde

Perikambium äußere, an die → Endodermis grenzende Zellschicht des → Zentralzylinders

perinucleärer Raum Raum zwischen der Doppelmembran, die den Zellkern umgibt

Periostracum Schalenhaut der Weichtiere

peripher abseits des Zentrums liegend

peripheres Nervensystem (PNS) Bezeichnung für denjenigen Teil des Nervensystems, der überwiegend der Signalübermittlung zwischen dem Körper und dem Zentralnervensystem (ZNS) und weniger der Signalverarbeitung dient

Periphyton Aufwuchsflora; Organismenschicht, die an lebenden oder toten Oberflächen anheftet

periplasmatischer Raum zwischen Mureinschicht und äußerer Membran gelegener Bereich in der Zellwand von Gram-negativen Bakterien

Perithecien die flaschenförmigen Fruchtkörper einiger Schlauchpilze und Flechten

Perizykel → Perikambium

Perm Periode des → Paläozoikums von vor ca. 299 Mio. Jahren bis vor ca. 252 Mio. Jahren

Perm-Trias-Grenze bezeichnet den Zeitraum des größten → Massenaussterbens des → Phanerozoikums vor etwa 252 Mio. Jahren und ist zugleich die Grenze zwischen → Paläozoikum und → Mesozoikum

Permafrost Dauerfrost; bezeichnet Boden, Sediment oder Gestein, welches in unterschiedlicher Mächtigkeit und Tiefe unter der Erdoberfläche mindestens zwei Jahre ununterbrochen Temperaturen unter dem Gefrierpunkt aufweist

Permeabilität, permeabel allgemeiner Begriff für die Durchlässigkeit eines porösen Mediums für Flüssigkeiten und Gase

Peroxidasen Enzyme, welche die Reduktion von Peroxiden katalysieren

Peroxisomen membranumschlossene → Vesikel, welche in allen eukaryotischen Zellen vorhandenen sind; sie enthalten das Enzym Katalase, das cytotoxisches Wasserstoffperoxid unter Bildung von Wasser zu molekularem Sauerstoff umsetzt

Petiolus Blattstiel; Bezeichnung für den stark verschmälerten, meist stielrunden und damit stängelartigen Teil des Blattes zwischen Blattspreite und Blattgrund

Peyer-Plaques Teil des darmassoziierten lymphatischen Gewebes: kleine Lymphknoten im Dünndarm

Pfahlwurzel Bezeichnung für die Hauptwurzel, die sich aus der Keimwurzel entwickelt und aus der schräg oder seitwärts abgehende Seitenwurzeln entspringen; sie wächst vertikal in den Boden

Pflanzengallen Wachstumsanomalien an pflanzlichen Organen, die unter der Einwirkung von Tieren, Bakterien oder Pilzen entstehen

Pflanzenhaare → Trichome

Phagocytose aktive Aufnahme von Partikeln in eine eukaryotische Zelle

Phagosom Verdauungsvakuole, in der durch → Phagocytose aufgenommene, mikroskopisch sichtbare Nahrungspartikel durch lytische Enzyme abgebaut werden

Phanerophyten Lebensformtyp von Pflanzen, der die ungünstigen Jahreszeiten wie Kälte- und Trockenperioden mit oberirdischen, meist verholzten Sprossen überdauert, sodass sich die Erneuerungsknospen im ungünstigen Luftraum befinden

Phanerozoikum jüngstes Äon der Erdgeschichte; umfasst den Zeitraum von vor ca. 541 Mio. Jahren bis heute und wird in die drei Ären → Paläozoikum, → Mesozoikum und → Känozoikum untergliedert

Phänotyp die Summe aller Merkmale eines Individuums; der Phänotyp bezieht sich nicht nur auf morphologische Strukturen, sondern auch auf physiologische Merkmale und Verhaltenseigenschaften

phänotypische Plastizität Fähigkeit eines → Genotyps, unter verschiedenen Umwelteinflüssen die morphologischen, physiologischen, ökologischen oder ethologischen Eigenschaften individuell so zu modifizieren, dass sie den herrschenden Umweltbedingungen angepasst sind

phänotypischer Polymorphismus ein durch Umwelteinflüsse hervorgerufener → Polymorphismus

Pharynx der vorderste Abschnitt des Verdauungssystems bei Tieren

Phasenkontrastmikroskopie Verfahren der Lichtmikroskopie zur kontrastreichen Darstellung durchsichtiger und ungefärbter Objekte

phasischer Rezeptor Rezeptor, der ausschließlich auf Änderungen der Reizintensität reagiert; bleibt die Reizintensität über längere Zeit konstant, so fällt der Ausgang des Rezeptors auf null ab

Phellem sekundäres Abschlussgewebe an älteren Sprossachsen und Wurzeln, aber auch als Wundverschluss beim Blattfall und dort, wo lebendes → Parenchym durch Verwundung freigelegt wurde

Phelloderm Korkrinde, die durch das Korkkambium nach innen abgegebenen chlorophyllhaltigen Rindenzellen

Phellogen Korkkambium; Abschlussgewebe von Sprossachse und Wurzel; gibt rasch verkorkende, oft dickwandige Zellen nach außen ab

Pheromone chemische Botenstoffe mit Signalcharakter innerhalb einer Gruppe von Individuen einer Art

Phloem Gewebe in den → Leitbündeln der Gefäßpflanzen zum Transport von Assimilaten; besteht aus Siebröhren und Geleitzellen bzw. aus Siebzellen und Siebparenchym

Phonotaxis Fähigkeit zur räumlichen Orientierung anhand von Schallwellen als Reizquelle; Voraussetzung ist ein gut ausgebildeter Gehörsinn

Phosphoglycerolipide Phosphoglyceride; ein Bestandteil aller biologischen Membranen

Phospholipide wesentlicher Bestandteil beim Aufbau biologischer Membranen

photische Zone obere Wasserschicht des Süß- und Salzwassers; da sie dem Licht ausgesetzt ist und somit Photosynthese ermöglicht, findet hier eine reiche Entfaltung des → Phytoplanktons statt

photoautotroph Stoffwechselform, bei der organische Verbindungen mithilfe des Sonnenlichts aus einfachen anorganischen Molekülen aufgebaut werden

Photolyase Gruppe von Enzymen zur Reparatur von UV-induzierten Schäden an der DNA

Photomorphogenese die durch die Anwesenheit von Licht steuerbare Entwicklung von Pflanzen von der Embryonalphase über die Juvenil- und adulte Phase bis zur → Seneszenz innerhalb eines genetisch festgelegten Rahmens

Photon Lichtteilchen; Austauschteilchen für Wechselwirkung im elektromagnetischen Feld

Photoperiode/Photoperiodismus Länge der täglichen Belichtungszeit bzw. das Muster des täglichen Beleuchtungswechsels

Photophosphorylierung Bezeichnung für die lichtabhängige Bildung von → ATP durch Phosphorylierung von ADP bei der Photosynthese

Photopigmente Sehfarbstoffe; in den Membranen von → Photorezeptoren eingelagerte Farbstoffe; fungieren als empfindliche Lichtdetektoren

photopisches Sehen Sehen, welches ausschließlich mit den Zapfen (→ Zapfenphotorezeptoren) verläuft und deshalb dem Farbensehen dient

Photoreaktivierung DNA-Reparaturmechanismus von durch UV-Strahlung entstandenen Pyrimidin-Dimeren, wodurch die betroffenen Basen ihre ursprünglichen Paarungseigenschaften zurückerlangen

Photorespiration Bezeichnung für den Einbau von Sauerstoff anstelle von Kohlenstoffdioxid durch → RubisCo unter Bildung von 2-Phosphoglykolat

Photorezeptoren Lichtsinneszellen; Rezeptorzellen, die die visuelle Information aufnehmen und dem Sehsystem zur Weiterverarbeitung zur Verfügung stellen

Photosynthese Stoffwechselprozess zur Synthese energiereicher organischer Verbindungen aus energiearmen anorganischen Molekülen mithilfe der Energie des Sonnenlichts

Photosynthese, anoxygene Form der Photosynthese, bei der weder Wasser gespalten, noch molekularer Sauerstoff erzeugt wird; im Gegensatz zur oxygenen Photosynthese besteht der Photosyntheseapparat stets nur aus einem Photosystem; findet sich bei wenigen Bakteriengruppen; vgl. oxygene Photosynthese der Cyanobacteria und photosynthetischen Eukaryoten

Photosystem Bezeichnung für biologische Systeme bestehend aus Proteinen und Pigmentmolekülen in der Thylakoidmembran von → Chloroplasten, durch welche die Umwandlung von Lichtenergie in andere Energieformen oder in Signale zur Auslösung bestimmter Differenzierungsvorgänge bewirkt wird; bei der oxygenen Photosynthese existieren Photosystem I und Photosystem II nebeneinander

Phototaxis durch Licht bewirkte, gerichtete ortsverändernde Bewegung frei beweglicher Organismen

phototroph Nutzung von Licht als Energiequelle

Phototropin Bezeichnung für einen Blaulichtrezeptor, der die als Phototropismus bezeichneten Krümmungsbewegungen von Sprossen und Blättern kontrolliert

pH-Wert *pondus Hydrogenii*; bezeichnet den negativen dekadischen Logarithmus der Wasserstoffionenkonzentration (Hydroniumionenkonzentration); dient zur Angabe der Wasserstoff- oder Hydroxidionenkonzentration in wässrigen Lösungen und ist damit ein Maß für deren Acidität bzw. Basizität

Phycobiliproteine (Phycobiline) Gruppe von membranassoziierten Photosynthesepigmenten, die nur bei Cyanobakterien, Rotalgen und Cryptophyceae vorkommen; es sind hydrophile Chromoproteine, die im grünen bis hellroten Spektralbereich (zwischen ca. 500 nm und ca. 650 nm Wellenlänge) absorbieren – einem Wellenlängenbereich, der von den meisten anderen Pflanzen wenig genutzt werden kann

Phycobilisomen halbkugelförmige große Proteinkomplexe, die bei Cyanobakterien, Rotalgen und Cryptophyceen auf den → Thylakoiden als Antennenkomplexe des Photosystems II dienen

Phyla → Plural von Phylum

Phylloide Blättchen; blattartige, noch wenig differenzierte Assimilationsorgane der niederen Pflanzen

Phylloplane Bezeichnung für den ökologischen Lebensraum von anderen Organismen auf Oberflächen von Blättern und Blattscheiden von Pflanzen

Phyllosphäre Bezeichnung für die Gesamtheit der ökologischen Lebensräume von anderen Organismen auf und in den oberirdischen Organen von Pflanzen

Phylogenese Stammesentwicklung, Phylogenie; bezeichnet die stammesgeschichtliche Entwicklung der Lebewesen entweder in ihrer Gesamtheit oder bezogen auf bestimmte Verwandtschaftsgruppen

phylogenetische Art beschreibt die Art als die Gemeinschaft von Individuen derselben Abstammung; sie beginnt zu existieren, sobald sie sich von einer anderen Art abtrennt, und erlischt, wenn sie sich erneut in zwei weitere Arten aufspaltet oder ausstirbt

phylogenetischer Stammbaum Aufspaltungsschema zur grafischen Darstellung der Artentwicklung

Phylum (Pl. Phyla) Bezeichnung aus der biologischen Systematik; (1) in der Systematik der Eukaryoten ein Synonym für Stamm; (2) in der Systematik der Prokaryoten die taxonomische Ebene zwischen Domäne und Klasse

physiologisch die Physiologie betreffend, d. h., den normalen Lebensvorgängen entsprechend

Phytochrome Bezeichnung für eine Klasse von Photorezeptorproteinen bei Pflanzen, Algen, Bakterien, Cyanobakterien und Pilzen; dienen der Regulation vieler Entwicklungprozesse

Phytohormone Gruppen von natürlichen endogenen Substanzen von Pflanzen, welche steuernd auf pflanzliche Entwicklungsvorgänge wirken

Phytoparasiten an Pflanzen parasitierende Organismen

Phytoplankton im Wasser treibende, → phototrophe Organismen

Pigmente unlösliche farbgebende Substanzen

Pili fadenfömiges Zellanhängsel von Prokaryoten, können bei manchen Bakterien der gegenseitigen Anheftung während der → Konjugation dienen

Pinocytose Aufnahme flüssiger, gelöster Nahrungspartikel in die Zelle; zusammen mit der → Phagocytose wird die Pinocytose als → Endocytose bezeichnet

piRNA *Piwi interacting RNA*; mit → Piwi-Proteinen interagierende kleine RNA-Klasse kleiner regulatorischer, einzelsträngiger RNAs, meist aber nicht ausschließlich in die Unterdrückung von Transposons in Keimzellen involviert

Piwi-Proteine Unterfamile der → Argonautenproteine, die einzelsträngige RNA binden und an deren Umwandlung in → piRNAs beteiligt sind

Placenta Verbindungsorgan zwischen Embryo (bzw. Fetus) und dem mütterlichen Organismus bei höheren Säugetieren (selten bei Nicht-Säugern), in dem der Stoff- und Gasaustausch zwischen mütterlichem Blut und dem Blut des sich entwickelnden Embryos stattfindet

Plankton Gesamtheit der im Wasser treibenden oder schwebenden Organismen ohne oder mit nur eingeschränkter aktiver Ortsbewegung; wird unterteilt in Megaplankton (> 5 mm), Makroplankton (1–5 mm), Mesoplankton (500–1000 µm), Mikroplankton (50–500 µm), Nanoplankton (5–50 µm), Picoplankton (0,2–2 µm) und Femtoplankton (0,02–0,2 µm)

Planulalarve frei schwebende bewimperte Larve der Cnidaria

Plasmamembran Biomembran, welche jede lebende Zelle umschließt und der Regulation von aufgenommenen und abgegebenen Stoffen dient; bei den Prokaryoten Träger der → Atmungskette

Plasmaströmung Bewegung des → Protoplasmas in Pflanzenzellen; führt als Fracht verschiedene Organellen mit sich

Plasmide bei Prokaryoten und einigen Hefen vorkommende kleine ringförmige, extrachromosomale, doppelsträngige DNA-Moleküle, die sich als eigenständige genetische Einheit unabhängig vom restlichen Genom replizieren können

Plasmodesmen (Sg. Plasmodesmos) cytoplasmatische Kanäle, die zwei benachbarte Pflanzenzellen miteinander verbinden

Plasmodien einzellige Parasiten, die vor allem Säugetiere und Zweiflügler befallen

Plasmogamie Verschmelzung des → Cytoplasmas zweier Zellen

Plasmolyse der durch → Osmose verursachte Wasserentzug aus einer Pflanzenzelle, die sich in einem hyperosmotischen Außenmedium befindet; dabei löst sich die Plasmamembran von der starren Zellwand, da Wasser aus dem Zellinnern durch die → semipermeable Plasmamembran in das Außenmedium gelangt

Plasmon Gesamtheit der extrachromosomalen, plasmatischen Erbfaktoren einer Zelle; hierzu zählen → Plastom sowie → Chondrom

Plastiden Organellen in Pflanzenzellen, die von einer doppelten Membran umschlossen sind und in denen mit der Photosynthese assoziierte biochemische Reaktionen ablaufen

Plastizität Fähigkeit von Lebewesen, unter verschiedenen Umwelteinflüssen ihre morphologischen, physiologischen, ökologischen und/oder ethologischen Eigenschaften individuell so zu modifizieren, dass sie den herrschenden Umweltbedingungen angepasst sind

Plastochinon chemische Verbindung, die in den Thylakoidmembranen der → Chloroplasten vorkommt; ist beteiligt an der Lichtreaktion der Photosynthese, indem es Elektronen während der Photosysteme transportiert

Plastoglobuli Lipidtröpfchen im → Stroma aller Typen von → Plastiden

Plastom Gesamtheit der DNA oder der Gene eines oder aller → Plastiden

Plattenskelett → Exoskelett der Gliederfüßer

Plattentektonik Wissenschaft von endogenen geologischen Phänomenen, welche die globale Tektonik, d. h. Aufbau, Struktur und Bewegung im oberen Teil des Erdmantels, umfasst

pleiotrop Bezeichnung für ein Gen, welches auf die Ausbildung mehrerer phänotypischer Merkmale einwirkt

Plektenchym auch Scheingewebe; die makroskopischen → Thalli von Pilzen und Algen, welche echten Geweben ähneln; sie bestehen aber aus verklebten oder verwobenen → Hyphen und Zellsträngen, echte Zellverbindungen bestehen nur zwischen den Zellen einzelner Hyphen und Zellsträngen; vgl. → Pseudoparenchym

Plesiomorphie, plesiomorph ursprüngliches Merkmal, das schon vor der Aufspaltung der betrachteten Stammeslinie ausgeprägt war

Pleura Spalt zwischen Rippen und Lungenfell, welcher mit Flüssigkeit gefüllt ist

pluripotent Bezeichnung die Fähigkeit von nicht ausdifferenzierten Geweben und Zellen, die in der Lage sind, sich in sämtliche andere Zelltypen des Körpers auszudifferenzieren

Podocyten Füßchenzellen; Zellen mit vielen Ausstülpungen in der → Bowmann-Kapsel im Nephron, die der Exkretion und/oder der Osmoregulation dienen

poikilotherm wechselwarm; Eigenschaft von Tieren, die ihre Körpertemperatur der Außentemperatur anpassen

polar Eigenschaft eines Moleküls, welches voneinander getrennte, gegensätzliche Teilladungen trägt

polarisiert Licht mit einer festen Schwingungsrichtung (zirkular oder linear), die aus nicht polarisiertem Licht (z. B. Sonnenlicht) gefiltert wird

Pollenschlauch gelangt der Pollen während des Vorgangs der Bestäubung bei den Bedecktsamern auf eine ihm zusagende → Narbe bzw. bei den Nacktsamern in eine ihm zusagende → Mikropyle innerhalb der Samenanlage, so bilden Zellen des Pollens einen Pollenschlauch, der durch die Keimstelle der Pollenwand nach außen bis in die Samenanlage hinein wächst und so den Befruchtungsvorgang einleitet

Pollenzellen mikroskopische Teilchen, die in den Staubblättern der Samenpflanzen gebildet werden

Polyadenylierung bezeichnet den Vorgang des Anhängens von Adeninnucleotiden, den sogenannten → Poly-A-Schwanz, an das 3′-Ende eukaryotischer prä-mRNA durch das Enzym Poly-A-Polymerase.

Poly-A-Schwanz charakteristische Struktur am 3′-Ende eukaryotischer → mRNA, die in Abhängigkeit von Organismus und Entwicklungsstadium meist aus 100 bis 200 Adeninnucleotiden besteht; der Poly-A-Schwanz beeinflusst Stabilität und Translationseffizienz der mRNA

Polygamie sexuelle Beziehung eines Individuums zu mehreren Partnern des anderen Geschlechts

polygenes Merkmal Merkmal, das von mehreren Genen gesteuert wird

Polymere Makromoleküle, die durch Verknüpfung vieler gleicher oder ähnlicher Grundbausteine (Monomere) aufgebaut sind

Polymerisation chemische Reaktion, bei der sich Grundbausteine (Monomere) zu Makromolekülen (Polymeren) verbinden

Polyp festsitzendes Stadium in der Individualentwicklung der meisten Nesseltiere (Cnidaria)

polyphyletisch Bezeichnung eines Taxons, dessen Angehörige von zwei oder mehr Ursprungsarten abstammen, die nicht für alle Angehörigen des Taxons identisch sind; die Errichtung polyphyletischer Gruppen basiert auf der Vereinigung von Arten anhand von → Konvergenzen

Polyploidie Form der Euploidie, die durch das Vorliegen von mehr als zwei kompletten Chromosomensätzen in allen Zellen eines Organismus gekennzeichnet ist

Polyploidisierung in einer Zelle vervielfacht sich die Anzahl der Chromosomensätze

Polysaccharide Vielfachzucker; Bezeichnung für die aus zehn und mehr → Monosacchariden aufgebauten, polymeren Zucker, z. B. Cellulose und Stärke

polysaprob Bezeichnung für stark verschmutzte Gewässer

Polysom mRNA-Molekül, auf dem die → Translation durch mehrere → Ribosomen an verschiedenen stellen parallel abläuft

polyzyklische aromatische Kohlenwasserstoffe (PAK) Sammelbezeichnung für aromatische Verbindungen mit i. d. R. bis maximal sechs kondensierten Ringen; sie sind bedeutend wegen ihrer problematischen Eigenschaften für Mensch und Umwelt

Population Gruppe von Individuen einer Art, die im selben Habitat leben und sich untereinander fortpflanzen können

Porenwasser Wasser in den Poren eines Gesteins sowie Wasser in Hohlräumen von Böden und Sedimenten

Porine Proteinmoleküle, die in der äußeren Membran von Gram-negativen Bakterien einen wassergefüllten transmembranständigen Kanal (Pore) bilden

Porphyrin zyklisches Tetrapyrrol; in der Natur wichtig als Bestandteil der Hämgruppe von Hämoglobin, Myoglobin und der meisten Cytochrome

Porus Öffnung, Eingang, Pore

posterior weiter hinten gelegen

postsynaptisch den hinteren Teil der → Synapse betreffend; der Begriff bezeichnet den Teil der Synapse, der die Erregung empfängt

ppm *parts per million* – Teilchen pro Million Teile

Prädation Wechselbeziehungzwischen zwei Arten, bei dem eine Art (der → Prädator oder Räuber) die andere Art (Beute) tötet und als Nahrungsressource nutzt

Prädatoren Fressfeinde; Organismen, welche ihre Beute fressen oder töten bzw. nur Teile ihrer Beuteorganismen schädigen

Präkambrium Zeitabschnitt der Erdgeschichte der den Zeitraum seit der Entstehung der Erde vor ca. 4,56 Mrd. Jahren bis zum Beginn des → Phanerozoikums vor ca. 541 Mio. Jahren umfasst

Präsynapse zu der präsynaptischen (sendenden) Zelle gehörender Teil der → Synapse

Prestin Flächenmotorprotein in der Membran äußerer Haarsinneszellen; die Größenänderungen der Prestine dienen der gezielten Verstärkung bestimmter Frequenzbereiche beim Hören; vgl. → cochleärer Verstärker

primärer aktiver Transport unter ATP-Verbrauch werden Protonen und anorganische Ionen durch → ATPasen durch die Cytoplasmamembran hindurch aus der Zelle gepumpt

primäres Dickenwachstum bezeichnet die Achsenverdickung von Spross und Wurzel zu Beginn des Wachstums bei den Sprosspflanzen durch Zellteilungen in unmittelbarer Nähe des Scheitelmeristems

primäre Sinneszellen generieren selbst → Aktionspotenziale und besitzen ein Axon; z. B. olfaktorische Rezeptorneuronen

primäres Lysosom membranumhülltes Organell, das aus Abschnürungen des → Golgi-Apparats entsteht und Enzyme zur Spaltung aufgenommener Makromoleküle enthält

Primärharn Vorharn, welcher durch Ultrafiltration in den Nierenorganen erzeugt wird

Primärproduktion Produktion von → Biomasse aus organischen Verbindungen

Primärproduzenten → autotrophe Organismen, die aus anorganischen Verbindungen komplexe organische Moleküle synthetisieren

Primärstoffwechsel der primär auf die Erhaltung und Vermehrung des Lebens ausgerichtete Stoffwechsel

Primärstruktur spezifische Aminosäuresequenz in Proteinen

Primärwand umschließt die junge, noch wachsende Zelle von Pflanzen und Algen; besteht aus dehnungsfähigen, an Cellulose reichen Lamellen; ist im Gegensatz zu der später bei Pflanzen innen aufgelagerten → Sekundärwand nicht verholzt

Primase → Polymerase, die RNA-Primer erstellt; bedeutend bei der Synthese des → Folgestranges bei der DNA-Replikation

Primordium Organvorstufe

Probiotika Mono- oder Mischkulturen bestimmter gesundheitsfördernder, lebender Mikroorganismen, die im Dickdarm die Darmflora positiv beeinflussen

Procyten Bezeichnung für Zellen ohne Zellkern, die DNA befindet sich frei im Plasma

Produktivitätspyramide pyramidenförmige Darstellung der Energiegehalte in der Nahrungskette eines abgegrenzten biozönotischen Systems

Proembryo Vorkeim; Begriff aus der Embryonalentwicklung für das erste, mehrzellige Entwicklungsstadium der → Zygote bei den Samenpflanzen

Profundal der lichtarme bis lichtlose Bodenbereich, Sediment und dicht darüber stehende Wasserschicht, des Süßwassers

Proglottiden Fortpflanzungsglieder eines Bandwurmes

Prokambium primäres Bildungsgewebe von Wurzeln und Sprossachse, aus dem das Leitungsgewebe hervorgeht

Prokaryoten Organismen ohne membranumschlossenen Zellkern; umfassen mit den Bakterien und den Archaeen zwei der drei Domänen der Organismen

Promoter DNA-Bereich eines Gens, durch den der Initiationspunkt und die Initiationshäufigkeit der → Transkription festgelegt werden

Prophase erste Phase der Zellkernteilung: die Chromosomen kondensieren, die Kernteilungsspindel wird ausgebildet und die Kernhülle zerfällt

Propriozeptoren Sinneszellen, die zur Wahrnehmung der räumlichen Lage und mechanischen Belastungen des eigenen Körpers dienen

Prosencephalon → Vorderhirn

Prosoma Vorderleib der Chelicerata

prosthetische Gruppe der nicht aus Aminosäuren aufgebaute Teil eines zusammengesetzten Enzyms oder Proteins, welcher für dessen Funktion notwendig ist

Proteasen Sammelbezeichnung für Enzyme, die den Abbau von Proteinen und Peptiden durch hydrolytische Spaltung der Peptidbindungen katalysieren

Protein langkettiges Molekül aus → Aminosäuren; Proteine sind Produkte von Genen

Protein(bio)synthese Neubildung von Proteinen in Zellen

Proteinfaltung Prozess nach der Proteinsynthese, in dem das → Polypeptid in seine native, dreidimensionale biologisch funktionelle Struktur gefaltet wird

Proteinrückgrat Hauptkette; durchgehende Reihe kovalent gebundener Atome, enthält die Atome der Peptidbindungen (CO-NH) zwischen den Aminosäuren und die Cα-Atome.

Proteinstoffwechsel Metabolismus der Proteine im Gewebe, bei dem ein ständiger Abbau der Proteine zu den Aminosäuren und eine Neubildung der Proteine durch Translation erfolgen

Proteoglykane Makromoleküle der tierischen extrazellulären Matrix, z. B. im Knorpelgewebe

proteolytisch den Abbau von Eiweiß betreffend

Proterozoikum Äon des → Präkambriums von vor ca. 2,5 Mrd. Jahren bis vor ca. 541 Mio. Jahren; im Proterozoikum wies die Atmosphäre bereits geringe Konzentrationen an Sauerstoff auf

Protisten Gruppe nicht näher miteinander verwandter eukaryotischer Organismen, die keine Gewebe ausbilden

Protonen Elementarteilchen des Atomkerns mit einer positiven Elementarladung; die Anzahl der Protonen im Kern entspricht der Kernladungszahl oder Ordnungszahl des Atoms; der Kern des leichten Wasserstoffatoms ist mit dem Proton identisch

Protonenakzeptor Teil der Brönsted'schen Säure-Base-Definition: eine Base, die Protonen aufnimmt

Protonendonator Teil der Brönsted'schen Säure-Base-Definition: eine Säure, die Protonen abgibt

Protonephridien einfache Ausscheidungsorgane, blind mit einer Reusengeißelzelle endende Kanäle; bei Tieren ohne sekundäre Leibeshöhle

Protophloem der aus noch in der Längsstreckung befindlichen Zellen gebildete Teil des → Phloems

Protoplast bei Pflanzenzellen Bezeichnung für den eigentlich lebenden Zellkörper, also den cytoplasmatischen, von der Zellwand eingeschlossenen Teil

Protoxylem der aus noch in der Längsstreckung befindlichen Zellen gebildete Teil des → Xylems

proximal Begriff aus der Anatomie: näher an der Körpermitte liegend als andere Teile

prozedurales Gedächtnis bezeichnet die Fertigkeiten des Gedächtnisses, welche automatisch, ohne Nachdenken eingespeichert und eingesetzt werden können

Pseudocoel Raum zwischen Körperwand und Darm, der im Wesentlichen aus einem mit Flüssigkeit gefüllten Hohlraum besteht

Pseudoparenchym gewebeartiger Zellverband; im Gegensatz zu echten Geweben bestehen Zell-Zell-Verbindungen wie → Plasmodesmen nur innerhalb der einzelnen (miteinander verwachsenen) Zellfäden

Pseudopodien temporäre Plasmaausstülpungen des Zellkörpers bei Einzellern, die der Fortbewegung, der Anhaftung und dem Beutefang dienen

Pseudothecium flaschenförmiger Fruchtkörper (Ascoma) der Schlauchpilze (Ascomycota), bei dem die Fruchtkörper aber von haploiden → Hyphen gebildet werden und nicht wie bei anderen Ascomata von dikaryotischen

psychrophil niedrige Temperaturen unter 15 °C bevorzugend; kälteliebend

ptDNA Abkürzung für Plastiden-DNA

Pulvini Bezeichnung für spezielle Blattgelenke bei Pflanzen, die durch Änderungen des → Turgors das Heben und Senken von Blättern bzw. Blattfiedern ermöglichen

Punktmutation Mutation, die auf dem Austausch, der → Deletion oder der → Insertion eines einzigen Nucleotids in DNA beruht

Pupille Öffnung der Iris der Wirbeltiere, durch die das Licht einfällt

Purin Überbegriff der stickstoffhaltigen Basen Adenin und Guanin von Nucleinsäuren

Purkinje-Zellen bedeutende Neuronenklasse der Kleinhirnrinde

Pygidium hinterer Körperabschnitt der Trilobiten und anderer Arthropoden sowie der nicht segmentierte Körperabschnitt der Anneliden

Pylorus Magenpförtner; ringförmig angeordnete glatte Muskulatur, die sich zwischen Magen und Duodenum (Zwölffingerdarm) befindet

Pyramidenzellen bedeutende Neuronenklasse in der → Großhirnrinde

Pyrimidin Überbegriff der stickstoffhaltigen Basen Cytosin, Uracil und Thymin

Pyruvat Anion der Brenztraubensäure; Ausgangsmaterial des → Citratzyklus und Endprodukt der → Glykolyse

Quartär jüngste Periode der Erdgeschichte; umfasst den Zeitraum der känozoischen Vereisung von vor ca. 2,6 Mio. Jahren bis heute

Quartärstruktur spezielle räumliche Anordnung von zwei oder mehr Polypeptidketten mit ausgebildeter → Tertiärstruktur

Quenchen Bezeichnung für die schnelle Beendigung einer Reaktion durch Abschreckung, Deaktivierung oder Einfrieren

quergestreifte Muskulatur vor allem als Skelettmuskulatur und Herzmuskulatur der Wirbeltiere und des Menschen verbreiteter Typ des Muskelgewebes

Racemat äquimolares Substanzgemisch aus zwei chemischen Verbindungen, die → Enantiomere sind

Räderorgan Organ am Vorderende der Rädertiere (Rotatoria) zur Fortbewegung und Nahrungsaufnahme; wird meist aus zwei Wimperngürteln gebildet

Radiärsymmetrie, radiärsymmetrisch Symmetrieform mit mehreren durch die Längsachse verlaufenden Symmetrieebenen

Radiation die Auffächerung eines → Taxons in viele evolutionäre Linien; → Makroevolution

Radiocarbonmethode Standardmethode zur Datierung frühgeschichtlicher kohlenstoffhaltiger, insbesondere organischer, Objekte

Radula Raspelzunge; ein für die Weichtiere charakteristisches Organ im Schlundbereich des Verdauungstrakts; besteht aus einer Lamelle, in der regelmäßig in Quer- und Längsreihen angeordnete Zähnchen verankert sind

Randmeristeme Bezeichnung für die subepidermalen, randlich gelegenen embryonalen Zellgruppen, von denen das Breitenwachstum der Blattspreiten ausgeht

Ranvier-Schnürring Abschnitt der myelinisierten Nervenfaser, an der das → Axon frei von → Myelin ist; Ranvier-Schnürringe sind der einzige Ort, an dem entlang eines myelinisierten Axons → Aktionspotenziale aufgefrischt werden können; sie dienen der schnellen → saltatorischen Erregungsleitung

Rasterelektronenmikroskopie (REM) spezielle Form der Mikroskopie, welche zur Abbildung von (Festkörper-) Oberflächen eingesetzt wird; dabei wird ein einer Strahl von Elektronen in einem bestimmten Muster über das Objekt geführt; infolge der Wechselwirkung der beschleunigten Elektronen mit der Probe erzeugt der auf die Probe treffende Elektronenstrahl eine Vielzahl von Signalen, die charakteristische lokale Eigenschaften der Probe wiedergeben

raues ER Abschnitt des → endoplasmatischen Retikulums (ER), der auf der Oberfläche mit → Ribosomen besetzt ist

räumliche Summation werden an einer Zelle an zwei räumlich getrennten → Synapsen gleichzeitig zwei postsynaptische Effekte ausgelöst, so addieren sich diese und somit auch die durch sie ausgelöste → Depolarisation

Rautenhirn Rhombencephalon; Gehirnabschnitt von Wirbeltieren zwischen Rückenmark und → Mittelhirn

Readily-releasable-Pool mit → Neurotransmitter gefüllte → Vesikel, die bereits an der präsynaptischen Membran angedockt sind und auf ein Calciumsignal hin mit ihr verschmelzen

Reafferenz Rückmeldung der Erfolgsorgane; basiert auf Rückkopplungsvorgängen und ermöglicht die zielgerichtete und angepasste Funktion motorischer Erfolgsorgane

Reaktionsnorm Variationsbreite des → Phänotyps, die sich aus demselben → Genotyp entwickeln kann

Reaktionsräume die interne Gliederung der eukaryotischen Zelle in membranumschlossene Kompartimente, wodurch auf engstem Raum verschiedene Stoffwechselreaktionen ermöglicht werden

Reaktionszentrum Bezeichnung für die in den Photosystemen vorhandenen Pigment-Protein-Komplexe, welche die elementaren Reaktionseinheiten der photosynthetischen Lichtreaktionen (→ Photosynthese) darstellen.

reaktive Sauerstoffverbindungen/reaktive Sauerstoffspezies zum einen freie Radikale wie das Hyperoxidanion, das Hydroxylradikal und das Peroxylradikal, zum anderen stabile molekulare Oxidantien wie Peroxide, Ozon und das Hypochloridanion sowie angeregte Sauerstoffmoleküle; auch ungenau als Sauerstoffradikale bezeichnet

reaktive Stickstoffspezies (RNS) Bezeichnung für hoch reaktive Stickstoffverbindungen

Recycling-Pool mit → Neurotransmitter gefüllte → Vesikel, die den → Readily-releasable-Pool nachfüllen

Redoxpaar (1) Atom/Molekül im oxidierten und reduzierten Zustand, das durch Austausch von Elektronen miteinander in einer Gleichgewichtsbeziehung steht; (2) zwei chemische Substanzen, die bei einer → Redoxreaktion miteinander reagieren

Redoxreaktion Reduktions-Oxidations-Reaktion; chemische Reaktion, bei der ein Reaktionspartner Elektronen auf den anderen überträgt

Reduktion Elektronenaufnahme; chemische Reaktion, bei der ein zu reduzierender Stoff Elektronen aufnimmt

Reduktionsäquivalent Maßeinheit zur Quantifizierung des Reduktionsvermögens von → Reduktionsmitteln; ein Reduktionsäquivalent entspricht einem Mol Elektronen (aufgrund der Übertragung von Elektronen und Wasserstoffatomen entspricht ein Mol → NADH zwei Reduktionsäquivalenten)

Reduktionsmittel eine Substanz, die andere Stoffe reduzieren kann, somit deren Reduktion bewirkt und dabei Elektronen abgibt und selbst oxidiert wird

Refraktärzeit Zeitraum zwischen der Spitze eines Aktionspotenzials und dem wiederhergestellten → Ruhemembranpotenzial; in dieser Zeit kann kein weiteres → Aktionspotenzial ausgelöst werden

reinerbig → homozygot

Reiz chemisches, osmotisches, thermisches, mechanisches, elektrisches, akustisches oder optisches Signal innerhalb oder außerhalb eines Organismus, welches beim Empfänger zu einer messbaren Änderung führt bzw. von ihm wahrgenommen wird

Rekombination die Neukombination von Genen sowohl durch natürliche Vorgänge (→ Meiose) als auch an isolierter DNA im Rahmen gentechnologischer Prozesse

Releaser-Pheromone chemische Substanzen, die der Kommunikation zwischen den Organismen einer Art dienen; sie werden olfaktorisch aufgenommen und erzeugen beim Empfänger entweder eine unmittelbare, dann aber relativ kurz dauernde Antwort

REM-Schlaf Schlaf mit schnellen Augenbewegungen hinter geschlossenen Lidern und visuell-halluzinatorischen Träumen, begleitet von dem fast vollständigem Erlöschen des Tonus der Skelettmuskulatur

Repeats Bezeichnung für Wiederholungen von identischen oder sehr ähnlichen Sequenzmotiven in → Nucleinsäuren

Repolarisation Vorgang bei der Beendigung von → Aktionspotenzialen, wenn das depolarisierte Membranpotenzial wieder auf den Wert des → Ruhemembranpotenzials abfällt

Repressoren Proteine, die durch reversible und hoch spezifische Bindung an die Operatorbereiche von Genen oder Gengruppen deren Transkription selektiv blockieren

Reproduktionsbarrieren biologische Unterschiede, die den → Genfluss zwischen Arten verhindern

reproduktive Isolation Unterbrechung des → Genflusses zwischen zwei Populationen; dies kann z. B. auf geographische Trennung, Inkompatibilität der Geschlechtsorgane oder abweichendes Verhalten zurückzuführen sein

Reprogrammierung Vorgang zur Zurücksetzung des Zellkerns einer beliebigen Zelle des Körpers in einen undifferenzierten Zustand

Residualkörper Bezeichnung für die → Lysosomen, die nicht abbaubares Material enthalten

Resistenz die Widerstandskraft eines Organismus gegen Schaderreger, schädigende Umwelteinflüsse und bestimmte Wirkstoffe

Resorption die Aufnahme von gelösten oder flüssigen Stoffen in das Zellinnere

Restriktionsenzyme bakterielle Enzyme, die spezifisch vier bis acht Basenpaare lange Sequenzen, die Restriktionsschnittstellen, erkennen und anschließend beide Stränge der DNA schneiden

Reticulin vor allem in embryonalen und sonstigen teilungsaktiven Geweben vorkommende Form des → Kollagens, welches gewöhnlich feinste Fibrillengespinste bildet; zeichnet sich aus durch die Quervernetzung der Proteinketten mit Disulfidbindungen und ist aufgrund oberflächlich gebundener Kohlenhydrate nur schwer löslich

Retina Netzhaut; Schicht der Lichtsinneszellen und des Nervengeflechts zur Vorverarbeitung von Lichtinformation im Linsenauge

Retinal Farbstoffkomponente des Sehpurpurs → Rhodopsin, ein Vitamin-A-Aldehyd, das bei Lichteinfang von der 11-*cis*- in die *all-trans*-Konfiguration übergeht

Retinotopie Nachbarschaftsbeziehungen der Bildpunkte bleiben bei der neuronalen Repräsentation kartenmäßig bestehen

retrograder Transport stromaufwärts, von → Synapsen zum Zellkörper verlaufender Transport; Gegenteil zu → anterograder Transport

Retrotransposons bewegliche DNA-Elemente mit einem RNA-Intermediat

Retroviren bei Wirbeltieren weit verbreitete Familie von RNA-Viren; zu deren Vermehrung muss erst mittels der im Virus enthaltener → Reversen Transkriptase die genomische RNA in eine doppelsträngige DNA umgeschrieben wird

Reverse Transkriptase Enzym, das die Synthese von DNA-Ketten mit RNA als Matrize katalysiert

rezent gegenwärtig

rezeptives Feld Netzhautbereich, der einer einzelnen Ganglienzelle zugeordnet ist, von dem aus deren Erregungszustand durch erregende oder hemmende Prozesse geändert werden kann

Rezeptoren Proteine, die mit spezifischen Substanzen (Liganden) interagieren oder auf einen Reiz reagieren und dadurch eine bestimmte Folgereaktion auslösen

Rezeptorpotenzial eine infolge Reizeinwirkung entstehende Änderung (→ Depolarisation) des → Membranpotenzials.

Rezeptorproteine Bezeichnung für Proteine, die mit i. d. R. für sie spezifischen Substanzen nach dem Schlüssel-Schloss-Prinzip interagieren und durch diese Interaktion bestimmte Folgereaktionen initiieren

rezessiv Begriff aus der Vererbungslehre: nicht zur Ausbildung des → Phänotyps beitragend

Rhabdomer ein bürstenartiger Mikrovillisaum an einer Seite der Photorezeptorzelle

Rhizobien Knöllchenbakterien; Bodenbakterien der Gattung *Rhizobium*; sind in der Lage, atmosphärischen Stickstoff zu fixieren

Rhizodermis Wurzelhaut; Bezeichnung für das Abschlussgewebe der Pflanzenwurzel; dient der Aufnahme von Wasser bzw. gelösten Mineralien; aus Zellen der Rhizodermis entwickeln sich die Wurzelhaare

Rhizoide wurzelähnliche Gebilde, welche hauptsächlich als Haftorgan und weniger der Nährstoff- und Wasseraufnahme dienen, da sie nicht über spezialisierte Leitgewebe verfügen

Rhizom meist dicht unter der Bodenoberfläche waagrecht wachsende Sprossachse mit kurzen, verdickten → Internodien

Rhizostichen Bezeichnung für die Längszeilen, auf denen die Durchtrittsstellen der endogen entstehenden Seitenwurzeln aus der Hauptwurzel angeordnet sind

Rhodopsin Pigment in den → Stäbchen-Sehzellen der Netzhaut von Wirbeltieren; dient als Lichtsensor, das den einfallenden Lichtreiz in eine chemische Reaktion umsetzt und in einer Änderung des → Membranpotenzials der Sehzelle mündet

Ribonucleinsäure RNA; häufig einzelsträngig vorkommende Nucleinsäure

Ribosom Protein/rRNA-Komplex, an dem die Translationsvorgänge der Proteinsynthese erfolgen

Ribozyme Bezeichnung für katalytisch wirksame → Ribonucleinsäuren

Riechepithel spezialisierte Auskleidung der Nasenhöhle; enthält bipolare primäre Sinneszellen, die auf Duftstoffe reagieren

Riechkolben (olfaktorischer Bulbus) ein Bestandteil des Riechhirns der Wirbeltiere

Rinde (1) Sammelbezeichnung für die verschiedenartigen, peripher gelegenen Gewebeschichten von Sprossachse und Wurzel; (2) Außenbereich des Groß- und Kleinhirns mit → grauer Substanz

Rindenparenchym pflanzliches Grundgewebe der Rinde, das zum einen als Assimilationsgewebe dient, zum anderen als Festigungsgewebe, das den Sprossen Stand- und Biegefestigkeit verleiht

RITS *RNA-induced transcriptional silencing complex*; in Hefe entdeckter Komplex welcher → siRNA bindet und am transkriptionellen Silencing und der Heterochromatinbildung beteiligt ist; er besteht aus mehreren Komponenten, u. a. → Argonauten und Chromodomänproteinen, und ist dem RISC des posttranskriptionalen Silencings ähnlich

RNA-Interferenz natürlicher Prozess in der Zelle, der die → Translation eines Proteins für eine bestimmte Zeit unterdrückt

RNA-Polymerase Enzym, welches die Synthese von RNA (→ Ribonucleinsäuren) katalysiert

RNAsen Ribonucleasen; Enzyme, die die hydrolytische Spaltung von Phosphodiesterbindungen in RNA-Ketten katalysieren

Röhrenzellen Bestandteil des wasserleitenden Gewebes der pflanzlichen → Leitbündel

ROS engl. *reactive oxygen species*; Sauerstoffverbindungen, die in Zellen oxidativen Stress verursachen können, wie z. B. Sauerstoffradikale

rote Tide rötlich-braune Färbung des Meerwassers als Folge von Planktonblüten, besonders von Dinophyta

Rotlichtrezeptoren Photorezeptoren, die langwelliges (Rot-)Licht absorbieren

rRNA in den → Ribosomen enthaltene RNA; beteiligt an der Ausbildung von Peptidbindungen bei der Translation

***r*-Strategen** Arten, die in eine hohe Fortpflanzungs- oder Wachstumsrate investieren

RubisCO Ribulose-1,5-bisphosphat-Carboxylase/Oxygenase; das Enzym bei der Photosynthese, welches CO_2 in Kohlenwasserstoff einbaut

Rückenmark Teil des Nervensystems von Wirbeltieren, welches zusammen mit dem Gehirn das → Zentralnervensystem bildet; liegt im Innern des Wirbelkanals der Wirbelsäule

Rückresorption passive oder aktive Wiederaufnahme von gelösten, physiologisch wichtigen Stoffen aus den Tubuli der Niere in das Blutgefäßsystem

Ruffini-Körperchen langsam adaptierende → Mechanorezeptoren in der Lederhaut

Ruhemembranpotenzial Membranspannung, bei der der Übertritt von Ionen durch Transmembranproteine netto ausgeglichen ist

Ruhestadium Zeiten stark verminderter Stoffwechselaktivität bei vielen Lebewesen

Saccharose am häufigsten als Nahrungs-, Genuss- und Konservierungsmittel verwendeter Zucker; → Disaccharid, welches aus je einem Molekül α-D-Glucose und β-D-Fructose aufgebaut ist

Sacculus Struktur im Innenohr der Wirbeltiere, dient als Teil der Maculaorgane dem Gleichgewichtsinn

Sagittalebene Bezeichnung für die Ebene, die senkrecht zur Meridionalebene steht; Ebene, welche sich von oben nach unten und hinten nach vorne erstreckt

Sakkaden Blicksprünge; schnelle, gleichzeitige Bewegung beider Augen

Salicylsäure (SA) Naturstoff mit antibakterieller und keratolytischer Wirkung

Salinität Salzgehalt von Gewässern und Böden

saltatorische Erregungsleitung sprunghafte Weiterleitung von → Aktionspotenzialen entlang des Axons von → Ranvier-Schnürring zum nachfolgenden Ranvier-Schnürring; Vorteil ist die Erhöhung der Nervenleitungsgeschwindigkeit

Samenanlage weibliche Fortpflanzungseinheit der Pflanzen, bestehend aus dem → Sporangium und einem oder mehreren → Integumenten; aus ihr entwickelt sich nach der Befruchtung der Samen.

Samenkeimung Wachstumsphase bei Pflanzen die sich an die → Samenruhe anschließt

Samenreife Übergang der Blüte zur Frucht

Samenruhe Ruhezustand von unterschiedlicher Länge bei Samen; dauert von Anlegen des Embryos bis Keimung

Sammellinse optische Linse in konvexer Form, die die Eigenschaft hat, achsenparallel einfallende Lichtstrahlen in einem Brennpunkt zu sammeln

Sanger-Sequenzierung wird auch Kettenabbruchsynthese genannt; Methode zur Sequenzierung von DNA

Saprobie Maß für den Gehalt abbaubarer organischer Substanzen in Gewässern

Saprobiensystem Zusammenstellung von Mikroorganismenarten und vielzelligen Organismen, die als Indikatororganismen zur biologischen Beurteilung der Belastung von Gewässern mit abbaubaren organischen Substanzen dienen; mitbasierend auf dieser Ableitung des sogenannten Saprobienindex werden Fließgewässer in Gewässergüteklassen unterteilt

Saprobionten → heterotrophe Organismen, die sich von toten organischen Substanzen ernähren und diese dabei zersetzen

Saprophyten → Saprobionten

sauer Bezeichnung für eine Lösungen mit einem → pH-Wert unter 7; Gegensatz: → alkalisch

Sauerstoff das dritthäufigste Element im Universum, das häufigste Element der Erde und in Form des molekularen Sauerstoffs (O_2) mit etwa 21 % das zweithäufigste Gas in der Atmosphäre

Sauerstoffstress oxidativer Stress; Bezeichnung für die Schädigung biologischer Systeme durch reaktive Sauerstoffspezies wie freie Radikale oder Singulettsauerstoff

Sauerstoffzehrung Sauerstoffverbrauchsrate

Säure chemische Verbindung, die in Lösung ein Proton oder mehrere Protonen abgeben kann

Säuregärung, gemischte charakteristischer Gärungsstoffwechsel von einigen Arten der Enterobacteriaceae, bei dem neben Ameisensäure als ein typisches Endprodukt weitere Säuren ausgeschieden werden

Savanne Graslandformation in den wechselfeuchten Tropen

Scala media der mittlere der drei durch Membranen voneinander getrennten Gänge der Hörschnecke (→ Cochlea) im Innenohr

Scala tympani Paukentreppe; eine, der drei durch Membranen voneinander getrennten Gänge der Hörschnecke (→ Cochlea) im Innenohr

Scala vestibuli Vorhoftreppe; eine, der drei durch Membranen voneinander getrennten Gänge der Hörschnecke (→ Cochlea) im Innenohr

Schalldruck physikalische Größe, die bei den meisten Lebewesen vom Gehör registriert wird; durch Schall hervorgerufene Druckschwankung in einem Medium an einem beobachteten Ort

Scheitelmeristem → Apikalmeristem

Scheitelzelle Bezeichnung für die am Scheitel von Algen, Moosen und Farnpflanzen befindliche meristematische Zelle, die durch ihre Teilungsweise den Aufbau des Vegetationskörpers oder einzelner Organsysteme wie Blatt, Sprossachse und Wurzel dominierend beeinflusst

Schelf Flachmeer an den Kontinentalrändern (bis zu 200 m Tiefe)

Schilddrüse → endokrine Drüse bei Wirbeltieren

Schimmel Bezeichnung für Pilze aus verschiedenen taxonomischen Gruppen, die meist sehr schnell auf organischen Substraten ein mit dem Auge sichtbares watte- oder mehlartiges → Mycel („Schimmel") ausbilden

Schirmpigmente Pigmentkörner in Pigmentzellen im Facettenauge der Gliederfüßer

Schistosomiasis Erkrankung des Menschen durch Befall mit parasitischen Saugwürmern (Trematoda) der Gattung *Schistosoma*

Schizogonie ungeschlechtliche Fortpflanzung, bei der Tochterzellen durch multiple Mitosen in der Mutterzelle entstehen; diese werden durch Zerfall in der Mutterzelle freigesetzt

Schizotomie Form der asexuellen Fortpflanzung bei Einzellern, bei der in Verbindung mit einer Mitose aus einer Mutterzelle zwei Tochterzellen gebildet werden

Schlauchthallus (Siphonoblast) aus vielkernigen plasmodialen Großzellen bestehender Organisationstyp mancher Thallopyten

Schleudermechanismus Ballochorie; Ausbreitungsstrategie von Pflanzen, bei der die Verbreitung von Samen durch bloßes mechanisches Wegschleudern erfolgt

Schließzellen bohnenförmigen Zellen der → Spaltöffnung in der pflanzlichen → Epidermis

Schmerz subjektive Empfindung, die aufgrund von nozizeptiver Information oder psychischer Einflüsse vom Gehirn ausgelöst oder auch unterdrückt werden kann

Schnallenbildung charakteristisches Merkmal vieler Ständerpilze bei der konjugierten Zellteilung im vegetativen → Mycel; vgl. → Hakenbildung

Schrittmacherzellen Zellen, die dazu befähigt sind, → Aktionspotenziale zu generieren, die sich dann über → Gap Junctions von Zelle zu Zelle über das ganze umliegende Gewebe ausbreiten; solche Schrittmacherzellen haben eine besonders niedrige Schwelle zur Entstehung von Aktionspotenzialen

Schubgeißel am Hinterpol einer Zelle inserierende und dem Vorwärtsschwimmen dienende Geißel, u. a. bei Spermien und manchen Geißeltierchen

Schulp kompressionsstabiler innerer Auftriebskörper der Sepiida (Echte Tintenfische)

Schuppenbein paariger Deckknochen des Schädeldachs der Wirbeltiere

Schwammparenchym zur Photosynthese befähigtes Gewebe an der Blattunterseite

Schwann-Zellen spezielle → Gliazellen des peripheren Nervensystems; man unterscheidet myelinisierende und nichtmyelinisierende Schwann-Zellen

Schwarmverhalten Gesamtheit aller Verhaltensweisen, die einem Schwarm dienen; als Schwarm bezeichnet man dabei einen einheitlich formierten, dreidimensionalen mobilen Verband flugfähiger oder wasserbewohnender Tiere

Schwefelatmung Form der → anaeroben Atmung, bei der elementarer Schwefel zu Schwefelwasserstoff reduziert wird

Schwefeloxidierer → lithotrophe schwefeloxidierende Bakterien, die vorwiegend H_2S mithilfe von molekularem Sauerstoff zu molekularem Schwefel oder (meist) zu Sulfat oxidieren.

Schweißdrüsen Hautdrüsen, welche nur bei Säugetieren ausgebildet sind; sie produzieren Duftstoffe und Sekrete, welche der Regulation der Körpertemperatur regulieren, dienen aber auch der Exkretion bestimmter Stoffe z. B. Harnstoff, NaCl, KCl

Schwellenpotenzial Potenzial, das eine erregbare Zellmembran erreichen muss, damit ein → Aktionspotenzial ausgelöst wird.

Schwellgewebe Füllgewebe; Sammelbezeichnung für lockere Bindegewebe und Einbaugewebe

Schwesterchromatiden während der DNA-Replikation entstehen zwei identische Kopien der → Chromatiden, die über das → Centromer miteinander verbunden sind

scnRNA *small-noncoding RNA*; Überbegriff für verschiedene kleine RNA Moleküle, die nicht in Proteine translatiert werden und von vielen unterschieldichen genetischen Loci produziert werden; viele davon sind genregulatorisch aktiv, z. B. → siRNA, → miRNA, → piRNA, aber per Definition gehören auch funktionale RNAs wie → snRNA, → snoRNA und → tRNA zu den sncRNAs

Scolex Vorderende („Kopf") der Eucestoda (Bandwürmer) mit Halteorganen zur Verankerung in der Mucosa des Wirtsdarms

Score Maß zur Quantifizierung der Ähnlichkeit von Sequenzen

Sedativa Beruhigungsmittel, unspezifisch dämpfende Substanzen

Sediment Ablagerung von Gesteinsmaterial an der Erdoberfläche, verursacht durch Wasser, Luft oder aus dem Eis

Sedimentierung Absetzen spezifisch schwererer und dichter, fein verteilter Stoffe in einer Flüssigkeit unter der Wirkung der Schwerkraft

Segmentierung Metamerie; die Entstehung einer Reihe von morphologisch ähnlichen Einheiten, der Segmente, bei der Entwicklung eines Organismus; häufig bei Würmern und Gliederfüßern

Segregation räumliche Trennung; Begriff aus der Sozialökologie, der sich sowohl auf einen Prozess der räumlichen Differenzierung als auch auf dessen Ergebnis bezieht

Sehgrube (Fovea) Fovea centralis; der Bereich des schärfsten Sehens im Auge der Säugetiere; eine Einsenkung in der Mitte der Netzhaut mit der höchsten Dichte an → Zapfenphotorezeptoren

Sehnerv II. Hirnnerv; der erste Abschnitt der Sehleitung, an die Netzhaut anschließend

Seismonastie Bewegungsreaktionen von Pflanzen auf Erschütterungsreize; zählen zu den schnellsten Bewegungen im Pflanzenreich

Seitenlinienorgan ein System von Sinnesorganen und deren Hilfseinrichtungen an Kopf und Rumpf bei Fischen und im Wasser lebenden Amphibien; dient der Wahrnehmung von Wasserströmungen, Druckschwankungen sowie von elektrischen Feldern

Seitensprosse exogen aus Achselknospen hervorgehende seitliche Verzweigungen der Sprossachse

Seitenwurzeln Wurzeln, die in einiger Entfernung vom Vegetationspunkt der Hauptwurzel endogen entstehen

Sekretion konstitutive oder induzierte Absonderung spezieller flüssiger Stoffe aus speziellen Sekretzellen oder Drüsenzellen; sie erfüllen physiologische Funktionen

sekundäre Botenstoffe *second messenger*; chemische Substanzen, die nach Stimulierung membrangebundener Rezeptoren einer Zelle durch Hormone oder andere erste Botenstoffe als Signalstoffe wirken

sekundäre Metaboliten → Sekundärmetaboliten

sekundäre Plastiden Begriff aus der → Endosymbiontentheorie; sekundäre Plastiden verfügen über drei oder sogar vier Hüllmembranen

sekundäres Dickenwachstum das Dickenwachstum, das nach der primären Ausdifferenzierung der Sprossachse und der Wurzel einsetzt und das zur Vermehrung und ständigen Erneuerung der Leit- und Stützelemente führt; findet sich bei vielen krautigen sowie bei allen strauch- und baumförmigen Pflanzen

sekundäre Sinneszellen generieren keine Aktionspotenziale und besitzen kein Axon, sondern übertragen ihre Information auf ein → afferentes Neuron; z. B. Geschmackszellen

sekundäres Lysosom von einer Membran umgebenes Organell, welches durch Fusion eines → primären Lysosoms mit einem → Phagosom entstanden ist

Sekundärmetaboliten chemische Substanzen wie z. B. Pigmente, Alkaloide, Antibiotika, Terpene usw., die nur in bestimmten Organismen, Organen, Geweben oder Zellen vorkommen und nicht für das Überleben notwendig zu sein scheinen

Sekundärproduktion in der Ökologie der Gewinn an → Biomasse oder Energie auf der Stufe der → Konsumenten; die → Primärproduzenten bilden mit ihrer lebenden und abgestorbenen Masse die Grundlage für den weiterführenden Stoffaufbau in der Nahrungskette

Sekundärstoffwechsel die Stoffwechselreaktionen von Organismen, die im Unterschied zum Primärstoffwechsel nicht an lebenswichtigen Funktionen eines Organismus beteiligt sind, sondern in Ruhephasen oder unter Limitierung verstärkt werden; Pflanzen und Pilze haben einen besonders ausgeprägten Sekundärstoffwechsel, über den sie eine Vielzahl von Verbindungen produzieren

Sekundärstruktur regelmäßige lokale Strukturelemente von Makromolekülen; im ursprünglichen Sinn diejenige Struktur von linearen Molekülen, die ganz oder zu einem erheblichen Teil durch → Wasserstoffbrücken bedingt ist

Sekundärwand sekundäre Zellwand der Pflanzen, die durch die Einlagerung von → Lignin und einen höheren Celluloseanteil entstehen; übernimmt keine Stützfunktionen der Einzelzellen, sondern übergeordnete Aufgaben für die Gesamtpflanze

Selbstbefruchtung → Autogamie

Selbstbestäubung nach Selbstbestäubung folgt die Selbstbefruchtung

Selbstentzündung spontane Entzündung brennbaren Materials

Selbstreinigung, biologische die Fähigkeit von Boden- und Gewässerorganismen (Bakterien, Pilze, Algen und Tiere), die meist durch anthropogenen Einfluss eingeleiteten organischen Belastungen abzubauen; sie wird auch durch chemische Prozesse (z. B. Oxidations- und Reduktionsvorgänge) beschleunigt und durch physikalische Faktoren (z. B. Fließgeschwindigkeit) unterstützt

Selektion auch Auslese, Zuchtwahl; einer der zentralen Mechanismen der Evolution; bewirkt, dass aufgrund unterschiedlicher biologischer → Fitness (also dem unterschiedlichen Fortpflanzungserfolg) der → Genotypen die günstigen erblichen Eigenschaften (→ Allele) in den Folgegenerationen häufiger vertreten sind als in der Ausgangspopulation

Selektionsdruck Bezeichnung für Umweltbedingungen, die eine Veränderung der Anpassung notwendig machen und bei Vorliegen einer entsprechenden Variation auch erzwingen

Selektionskriterium Auswahlkriterium

Selektionsvorteil beschreibt einen Vorteil eines Individuums gegenüber anderen, der durch ein → phänotypisches Merkmal entsteht

selektives Hören Cocktail-Party-Effekt; die Fähigkeit des Menschen, während einer Unterhaltung, der man seine Aufmerksamkeit schenkt, umgebende Geräusche aus dem Bewusstsein auszublenden

semiarid vorwiegend → arides (trockenes) Klima; die Verdunstung übersteigt in sechs bis neun Monaten die Niederschläge

semihumid vorwiegend humides (feuchtes) Klima; die Niederschläge übersteigen in sechs bis neun Monaten die Verdunstung; vgl. → vollhumid

Semiochemikalien chemische Botenstoffe, die der chemischen Kommunikation zwischen den Individuen einer Art oder zwischen verschiedenen Arten dienen

semipermeabel halbdurchlässig

Seneszenz Pflanzen, Pilzen, Tieren und Mensch gemeinsamer Alterungsprozess, der im allgemeinen mit der Akkumulierung schädlicher Substanzen, Gewebsveränderungen sowie dem schrittweisen Verlust zahlreicher physiologischer Funktionen einhergeht

Sensitivierung Zunahme der Stärke einer Reaktion bei wiederholter Darbietung desselben Reizes

Sensor Messfühler

sensorische Adaptation Rücknahme der Verstärkung durch Signalkaskaden, je länger ein Reiz präsentiert wird; dadurch treten neu auftetende Reize stärker hervor; wir adaptieren z. B. an Kleidung oder an Gerüche, denen wir dauerhaft ausgesetzt sind

sensorische Neuronen Nervenzellen, die Informationen aus der internen und externen Umwelt empfangen und die Signale an das Zentralnervensystem weiterleiten

sensorische Transduktion Umwandlung der Energie eines Reizes (mechanisch, chemisch oder visuell) in einer Rezeptorzelle (→ Rezeptoren) in elektrische Erregung, das → Rezeptorpotenzial

Septen (Sg. Septum) (1) Dissepimente; Bezeichnung aus der Botanik für falsche Scheidewände in den Fruchtknoten; (2) Trennwände zur Kompartimentierung von Pilzhyphen, welche zur effektiven Mehrzelligkeit führen. Durch oft taxonspezifische Porenöffnungen findet die Kommunikation zwischen Nachbarzellen statt; (3) Scheidewände in der Morphologie verschiedener wirbelloser Tiere

Septumkerne Strukturen im basalen → Vorderhirn

Sequenz lineare Abfolge von Objekten (z. B. Basen oder Aminosäuren)

Sequenz-Alignment Vergleich der Positionen zweier oder mehrerer Nucleotidsequenzen oder Aminosäuresequenzen mit dem Ziel, homologe Sequenzbereiche zu ermitteln und diese so auszurichten, dass sie in möglichst vielen Positionen identisch oder ähnlich (z. B. Aminosäuren mit ähnlichen Eigenschaften) besetzt sind

Sequenzhomologie Ähnlichkeit von Nucleotid- oder Aminosäuresequenzen

Sequenzmotiv Abfolge von Nucleotiden oder Aminosäuren, die in verschiedenen Genen oder Proteinen vorkommt, welche oft ähnliche Funktionen haben

Serotonin Gewebshormon bzw. Botenstoff bei Pflanzen und Tieren

sessil sessile Organismen haften sich am Substrat fest und können sich im Gegensatz zu den motilen Organismen nicht fortbewegen

Sexualdimorphismus → Geschlechtsdimorphismus

Sexualhormone Geschlechtshormone; dazu zählen Östrogene, Androgene und das Progesteron; sie dienen der Gonadenentwicklung, Ausprägung der Geschlechtsmerkmale und Steuerung der Sexualfunktionen

Sexuallockstoffe zu den → Pheromonen zählende Gruppe leicht flüchtiger chemischer Botenstoffe bzw. Duftstoffe, die, über den Geruchssinn wahrgenommen, der innerartlichen Kommunikation dienen und von einem Geschlecht zur Anlockung und sexuellen Erregung des Partners eingesetzt werden

sexuelle Differenzierung geschlechtliche Differenzierung zu weiblichen oder männlichen Keimdrüsen und Genitalorganen

sexuelle Selektion eine Form der → natürlichen Selektion, bei der innerhalb eines (üblicherweise des männlichen) Geschlechts um die Geschlechtspartner konkurriert wird (intrasexuelle Konkurrenz) und das andere (üblicherweise das weibliche) Geschlecht den Geschlechtspartner wählt (intersexuelle Wahl)

sexuelle Vermehrung eine Variante der Fortpflanzung bei Eukaryoten, die durch Meiose und Kernverschmelzung gekennzeichnet ist

Sezernieren Abscheidung von Flüssigkeiten aus Drüsen; vgl. → Sekretion

Shotgun-Sequenzierung Methode zur Sequenzierung langer DNA-Abschnitte; Schritt 1 ist die zufällige Fragmentierung, Schritt 2 die Sequenzierung der entstandenen Fragmente, Schritt 3 die Rekonstruktion der DNA-Sequenz mithilfe bioinformatischer Methoden

Sichelzellanämie erbliche genetische Anomalie von → Hämoglobin, dem sauerstofftragenden Protein in den roten Blutkörperchen; Folge ist eine chronische Anämie durch sichelförmige rote Blutkörperchen; leicht an Sichelzellanämie erkrankte Menschen sind weitgehend vor der tödlichen Form von Malaria geschützt

Siebbein ein Knochen des Hirnschädels, durch dessen Öffnungen die olfaktorischen Rezeptorneuronen in den → Riechkolben eintreten

Siebplatte Quer- oder Seitenwand einer → Siebröhre, die infolge lokaler Zellwandauflösungen durchbrochen ist

Siebröhren Bestandteil des Siebteils der Bedecktsamer; Transportzellen im → Phloem, in denen organische Metaboliten transportiert werden

sigmoid s-förmig

Signalprotein Protein, das der Signalübertragung dient

Signalsequenz Abfolge von → Aminosäuren in Proteinen, welche eine Signalstruktur für die Erkennung und Interaktion mit anderen Molekülen der Zelle, insbesondere beim Transport der Proteine zu ihren Bestimmungsorten in Eukaryotenzellen, darstellt

Signaltransduktion → Signalumwandlung

Signalübertragung Umwandlung eines extrazellulären in ein intrazelluläres Signal und anschließend über eine Signalkette zum zellulären Effekt führend

Silencing Verminderung oder Abschaltung der Genexpression, entweder durch Hemmung der Transkription (transkriptionelles Gen-Silencing) oder der mRNA-Stabilität oder Translation (posttranskriptionales Gen-Silencing)

Silur Periode der Ergeschichte von vor ca. 438 Mio. bis vor ca. 408 Mio. Jahren

SINE-Elemente *short interspersed nuclear elements*; eine Form der im Genom verstreut auftretenden repetitiven DNA, meist mit einer Länge von 100–400 bp

Sinnesorgane besondere Strukturen bei Tieren und Pflanzen zur Reizaufnahme bzw. Informationsaufnahme aus der Umwelt

Sinneszelle spezialisierte Zelle, die mithilfe von Rezeptorstrukturen für physikalische und chemische Reize empfänglich ist und sie in elektrische Signale wandelt

Sinusknoten der in der Wand des rechten → Atriums gelegene Schrittmacher des Säugerherzens

siRNA *small interfering RNA*; kurze RNA-Moleküle, die für die Unterdrückung der Genexpression auf RNA-Ebene bedeutsam sind

Skelett stützendes Gerüst

Skelettmuskel quergestreifte Muskulatur der Wirbeltiere und des Menschen; ist für die willkürlichen, aktiven Körperbewegungen zuständig

Skinner-Box Kasten für Experimente mit Tieren; durch Drücken einer Hebelvorrichtung fällt Futter in den Käfig oder die Tür wird geöffnet, sodass das Tier entkommen kann

Sklereiden → Steinzellen

Sklerenchym ausschließlich in ausdifferenzierten Pflanzenteilen vorkommendes pflanzliches Festigungsgewebe mit verdickten und oft verholzten → Sekundärwänden; der Zellinhalt ist meist abgestorben

Sklerocyten skelettbildenen Zellen bei Schwämmen

Skotomorphogenese Entwicklungsprogramm von Pflanzen, das im Dunkeln abläuft; bei Bedecktsamern führt sie zu typischen abweichenden Merkmalsausprägungen

skotopisches Sehen Nachtsehen; das nicht farbtüchtige Sehen bei fast völliger Dunkelheit; wird von den → Stäbchen (→ Photorezeptoren) vermittelt

Skototropismus Anpassung von Pflanzen, die in Richtung der Dunkelheit wachsen

Smith-Waterman-Algorithmus bioinformatorische Optimierungsstrategie, mit der das optimale lokale → Alignment zweier Sequenzen bestimmt werden kann; Modell aus dem → Sequenz-Alignment, welches z. B. das Auffinden gemeinsamer Proteinmodule erlaubt

SNARE-Komplex Abkürzung für *soluble N-ethylmaleimide-sensitive-factor attachment receptor*-Komplex, der → Vesikel auf ein Calciumsignal hin mit der präsynaptischen Membran verschmelzen lässt

snoRNA *small nucleolar RNA*; im → Nucleolus an der Modifikation von rRNA beteiligt

snRNA *small nuclear RNA*; kleine, im Zellkern vorkommende Ribonucleinsäuren, die u. a. wichtige Funktionen beim → Spleißen wahrnehmen

Soma (1) Körper; Bezeichnung für die Gesamtheit der Körperzellen eines Organismus im Gegensatz zu den Keimbahnzellen; (2) Zellkörper einer Nervenzelle

somatische Embryogenese bei Pflanzen die Entwicklung eines Embryos aus haploiden oder diploiden somatischen Zellen, d. h. ohne die Beteiligung generativer Zellen

somatisches Nervensystem willkürliches Nervensystem; der dem Willen unterworfene Teil des Nervensystems, der zwischen Umwelt und Organismus vermittelt; ist für die Aufnahme von Sinneseindrücken und Aktivierung der Skelettmuskulatur zuständig; diesem gegenüber steht das → autonome Nervensystem bzw. → vegetative Nervensystem

Somatogamie sexuelle Fortpflanzung, bei der haploide somatische Zellen (keine Gameten) von verschiedenen Organismen miteinander verschmelzen; es entsteht eine → diploide Zelle

somatosensorischer Cortex Gefühlszentrum; Teil der somatotop organisierten → Großhirnrinde hinter der Zentralfurche, der der Verarbeitung von Druck, Berührung und → Nozizeption dient

Somatotopie Nachbarschaftsbeziehungen der Körperpartien bleiben bei der neuronalen Repräsentation kartenmäßig bestehen

Sori (1) Bezeichnung für die bei den Farnen in Gruppen zusammenstehenden → Sporangien auf der Blattunterseite; (2) Bezeichnung der Sporenlager von pflanzenparasitischen Pilzen

Spaltöffnungen (Stomata) dienen den Pflanzen zur Regulation des Gasaustauschs mit der Umgebung, meist besonders an der Unterseite von Blättern; gleichzeitig kühlt die Verdunstung das Gewebe

Spaltungsregel zweite → Mendel'sche Regel; kreuzt man die Hybriden der F_1-Generation unter sich, so ist die nächste Nachkommengeneration (F_2-Generation) nicht mehr uniform; die → Genotypen und → Phänotypen der F_2-Generation spalten sich statistisch bei Untersuchung einer genügend großen Anzahl an Nachkommen in einem bestimmten Zahlenverhältnis auf

Spandrille in der Evolutionsbiologie eine Struktur oder Eigenschaft, die als Nebenprodukt der → Selektion auf ein anderes Merkmal entstanden ist und erst sekundär eine Funktion übernommen hat

Spectrin Protein des → Cytoskeletts, welches unter anderem in Erythrocyten, Kardiomyocyten und Neuronen vorkommt; gemeinsam mit dem → Actin stabilisiert es die Innenseite der Zellmembran und somit die gesamte Zelle

Speichel Sekret der Speicheldrüsen

Speicherorgane Bezeichnung für pflanzliche Organe, die der Speicherung von Reservestoffen oder Wasser dienen und dazu in ihrem Bau abgewandelt sind; als Speicherorgane können Blätter, Spross und Wurzel umgewandelt sein

Speicherparenchym pflanzliches Grundgewebe (→ Parenchym), dessen Zellen mit Reservestoffen angefüllt sind

Spektralbereich Aufteilung aller elektromagnetischen Wellen in verschiedene Bereiche anhand der Wellenlänge

Spermatophore Spermienpaket; eine mit Spermien gefüllte Kapsel, deren Wand aus erhärtetem Sekret der männlichen akzessorischen Geschlechtsdrüsen besteht; kommt nur bei Tieren mit innerer Besamung vor

Spermatozoid begeißelte Geschlechtszellen der Pflanzen

Spermium begeißelte männliche Keimzelle der Metazoa; → Spermatophore

Spezialisten Bezeichnung für Organismen, die im Gegensatz zu den → Generalisten an eng umgrenzte Lebensbedingungen angepasst sind oder nur ein beschränktes Nahrungsspektrum nutzen

S-Phase Synthesephase; die S-Phase ist der zeitliche Abschnitt des → Zellzyklus, in dem die Replikation der DNA stattfindet

Sphingolipide Gruppe von Membranlipiden, die als Alkoholkomponente statt des bei echten Fetten und fetten Ölen vorhandenen Glycerins den Aminoalkohol Sphingosin oder eines seiner Derivate enthalten

Spiegelneuronen Bezeichnung für Nervenzellen des prämotorischen → Cortex und weiterer Cortexareale, die durch Ausführung und Beobachten derselben Bewegungen aktiviert werden

Spinndrüsen Drüsen, die ein Sekret aus Proteinen ausscheiden, das an der Luft zum Spinnfaden erhärtet

Spleißen RNA-Spleißen; Prozess, bei dem aus der prä-mRNA die reife → mRNA entsteht; durch das Spleißen werden die → Introns entfernt, welche nach der Transkription noch vorhanden sind

Spleißosom Ribonucleoproteinkomplex, der den Prozess des RNA-Spleißens katalysiert

spontane Mutation Mutation, die ohne äußere Einwirkung entsteht, z. B. durch Fehler bei der DNA- oder RNA-Replikation

Spontanzeugung Entstehung von Leben aus unbelebter Materie

Sporangium Sporenbehälter, in dem ein oder mehrere → Sporen gebildet werden

Sporen (1) geschlechtlich gebildete (Meiosporen) oder ungeschlechtliche gebildete (Mitosporen) Fortpflanzungs- und Verbreitungszellen bei Eukaryoten; (2) Überdauerungsformen bei Prokaryoten, die dann wieder zu einer vegetativen Zelle keimen können

Sporenbildung Sporulation; Bildung von Sporen bei Mikroorganismen wie Bakterien und Pilzen

Sporenträger sporenbildende → Hyphe bei Pilzen oder sporenbildender Mycelteil bei fädigen Bakterien

Sporoplasma Zellplasma der Spore

Sporozoit infektiöses Stadium parasitischer Apicomplexa

Sporulation → Sporenbildung

Spross(achse) Achsenkörper; zylindrischer, stabförmiger Teil des → Kormus von Pflanzen

Sprossscheitel → Meristem an der Sprossspitze, das die Oberfläche der Pflanze vergrößert und die reproduktiven Organe bildet

Sprossung (1) Form der asexuellen Fortpflanzung bei mehrzelligen Organismen; (2) Form der asexuellen Fortpflanzung bei Hefen

Spurenelemente Bezeichnung für chemische Elemente, die nur in geringer Konzentration oder Spuren vorkommen

SRY *sex-region-Y*; die das männliche Geschlecht bestimmende Region auf dem Y-Chromosom, welche bei Säugern die Spezifizierung der Keimdrüsen zu Hoden steuert

ssRNA *single-stranded-RNA*; einzelsträngige RNA

Stäbchen Sehstäbchen; → Stäbchenphotorezeptoren

Stäbchenphotorezeptoren stellen zusammen mit den → Zapfenphotorezeptoren die Lichtsinneszellen in der Netzhaut der Wirbeltieraugen dar; aufgrund ihrer hohen Lichtempfindlichkeit dienen sie vor allem dem Sehen bei wenig Licht (Dämmerungssehen), das nicht farbtüchtig ist

Stamm (Phylum) der Stamm, neuerdings auch die Abteilung; in der biologischen Systematik Bezeichnung für höhere taxonomische Kategorie

Stamm (engl. *strain*) in der Mikrobiologie die Bezeichnung für eine Reinkultur, die aus einer einzelnen Zelle hervorgegangen ist, folglich einen genetischen Klon repräsentiert; wird meist durch Aussäen von Zellen auf Nährböden (Agarplatten) und nachfolgende Vereinzelung (Subkultivierung) einer einzelnen gewachsenen Kolonie gewonnen

Stammbaum → phylogenetischer Stammbaum

Stammzellen undifferenzierte Zellen im Knochenmark, welche die Fähigkeit besitzen, sich selbst zu erneuern und in verschiedene Zelltypen oder Gewebe auszudifferenzieren

Standgewässer Ozeane, Seen, Teiche Weiher; Gegensatz zu Fließgewässern mit beständiger, gerichteter Strömung (Ströme, Flüsse und Bäche)

Stärke Reservepolysaccharid der Archaeplastida und Alveolata; alpha-1-3- und alpha-1-6-verknüpfte Glucose; ähnlich, aber weniger verzweigt als → Glykogen

Statocysten Gleichgewichtsorgane vieler wirbelloser Tiere; es handelt sich im Prinzip um mit Flüssigkeit gefüllte Blasen, in denen ein einzelner oder mehrere Körper aus massedichten Mineralien (→ Statolithen) liegen, die bei Bewegung die → Cilien von Sinneshärchen abbiegen

Statolithen spezifisch schwere Körperchen in der → Statocyste aus Calciumcarbonat oder mehreren kleineren Steinchen

Staubblätter Stamina; Mikrosphorophylle der Samenpflanzen

Stecklinge Bezeichnung für abgeschnittene Sprossachsenstücke, Wurzelstücke und Blätter, die, in die Erde gesteckt, durch Bildung von → Adventivknospen und/oder Adventivwurzeln zu neuen selbstständigen Pflanzen regenerieren

Steigbügel drittes der → Gehörknöchelchen im Mittelohr der Säugetiere

Steinzellen (Sklereiden) abgestorbene Zellen des → Sklerenchyms mit geschichteten sekundären Zellwänden; Sklereiden findet man in den harten Schalen vieler Früchte und im Rindengewebe von Holzgewächsen

Steppe → semiaride baumlose Grasland- und Strauchlandschaft

Stereocilien lange unbewegliche Fortsätze auf der Oberfläche mancher sekretorischer → Epithelien.

Stereovilli → Stereocilien

Sterilität Unfähigkeit, Nachkommen zu zeugen

Sternum Brustbein

Sternzellen Bezeichnung für Nervenzellen und andere Zellen, deren Fortsätze alle Raumrichtungen annähernd gleichmäßig erfüllen

Steroide umfangreiche Klasse von Naturstoffen und synthetisch bedeutsamen Stoffen, die mit den → Terpenen verwandt sind und sowohl bei Mikroorganismen, Pflanzen und Pilzen als auch bei Tieren, z. B. als wichtige Bestandteile biologischer Membranen, ubiquitär verbreitet sind; Steroide fungieren aber auch als → Hormone

Sterol Substanz aus der Stoffklasse der → Steroide

Stickstofffixierer stickstofffixierende Prokaryoten, die frei lebend oder in → Symbiose mit anderen Organismen vorkommen können

Stickstofffixierung Reduktion von molekularem Stickstoff (N_2, auch Luftstickstoff genannt) zu bioverfügbaren Stickstoffverbindungen (primär NH_3 bzw. Aminogruppen der Aminosäuren); es handelt sich um eine endergone Reaktion die von den Stickstofffixierern nicht zur Energiegewinnung durchgeführt wird (vgl. → Nitrifikation und → Nitratatmung)

stille Mutation synonyme Mutation; Mutation in der codierenden Abfolge von Nucleinsäuren, die sich nicht in einer veränderten Aminosäuresequenz auswirkt

Stoffgradient Konzentrationsgefälle zwischen zwei mischbaren Stoffen unterschiedlicher Konzentration; in Lösungen oder Gasen führt das immer zur → Diffusion von Molekülen, bis der Konzentrationsunterschied ausgeglichen ist

Stofftransport Bezeichnung für den allgemeinen kontrollierten, organisierten Transport von Molekülen und Ionen im lebenden Organismus

Stoffwechsel → Metabolismus

Stomata → Spaltöffnung

Stoppcodon Bezeichnung für eines von drei → Codons, die bei einer mRNA den Endpunkt der → Translation bestimmen

Stratigrafie Wissenschaft, die sich mit der relativen Altersbeziehung verschiedener Gesteinsschichten befasst

Stratum corneum äußerste Hornschicht; äußerste Zellschicht der → Epidermis; besteht nur noch aus vielen Lagen extrem abgeplatteter, abgestorbener, kernloser, verhornter Zellen

Stria terminalis Faserstrang im Gehirn

Strickleiternervensystem ventral im Körper der Ringelwürmer, Krebstiere, Spinnentiere, Tausendfüßer und Insekten gelegenes Nervensystem; besteht aus zwei Längssträngen (Konnektive), die über die ganze Länge des Tieres verlaufen und in jedem Segment je ein → Ganglion mit Querverbindungen (Kommissur) bilden

Strobila zapfenförmiger Sporophyllstand

Stroma Plasma der → Plastiden, z. B. in Chloroplasten

Stroma (Interstitium) lockeres, gefäßreiches und zuweilen formgebendes Bindegewebsgerüst mancher, vor allem bindegewebsreicher Organe der Wirbeltiere

Stromatolith biogenes Sedimentgestein, das durch Einfangen und Binden von Sedimentpartikeln oder durch Fällung von Salzen infolge des Wachstums von Mikroorganismen entsteht

Strukturproteine Gerüstproteine; Proteine, die weitestgehend aus einem → Sekundärstrukturtyp aufgebaut sind und deren Polypeptidketten durch lange Stränge oder faltblattartige Strukturen gekennzeichnet sind; sie erfüllen wichtige Funktionen in der Anatomie und Physiologie von Wirbeltieren, v. a. Schutz-, Gerüst- und Stützfunktion

subcortikal „unter der Rinde"; medizinischer Begriff, bezugnehmend auf die → Großhirnrinde

Subduktion Prozess der → Plattentektonik; Hinabführung ozeanischer Lithosphäre unter kontinentale Lithosphäre

Substitution Austausch, Ersatz

Substrat Untergrund, an dem sich → sessile Organismen anheften können

Substratkettenphosphorylierung die direkte Übertragung eines Phosphatrestes von einer energiereichen Verbindung auf ADP unter Bildung von → ATP; findet beispielsweise bei der → Glykolyse und im → Citratzyklus statt

subtraktive Farbmischung durch Überlagerung unterschiedlicher Farbpigmente wird der reflektierte Wellenlängenbereich eingeschränkt

Sukkulenz Ausbildung fleischig-saftiger Wasserspeichergewebe

Sukzession die gesetzmäßige zeitliche Abfolge von Lebensgemeinschaften innerhalb eines Lebensraums

Superhelix eine tertiäre DNA-Struktur, die durch weitere helicale Verdrillung der DNA-Doppelhelix gebildet wird; durch Bildung einer Super-Superhelix entsteht eine noch höhere Organisationsebene; die Superspiralisierung ermöglicht es dem großen DNA-Molekül, einen relativ kleinen Raum einzunehmen

Superkontinent eine große, viele Kontinente bzw. Kratone umfassende Landmasse

Suppression die Unterdrückung des → Phänotyps einer Mutation durch eine zweite Mutation, die – im Gegensatz zu einer Rückmutation – an einer anderen Stelle des Genoms lokalisiert ist

suprachiasmatischer Nucleus Sitz der inneren Uhr bei Wirbeltieren in einem über der Sehnervkreuzung gelegenen Teil des → Hypothalamus

Suspensor (1) Verbindung zwischen → Endosperm und Embryo bei Samenpflanzen; entsteht durch asymmetrische Teilung der → Zygote; (2) ehemalige Gametangienzelle bei den Jochpilzen (Zygomycota s. l.), die mit der Zygospore verbunden bleibt; besitzt häufig Schutzfunktion

Svedberg (S) Sedimentationskoeffizient; eine charakteristische Größe, die zur Bestimmung der Molmassen (Mr) von Makromolekülen mittels Ultrazentrifugation herangezogen wird; der Sedimentationskoeffizient gibt die Geschwindigkeit eines Teilchens im Einheitsfeld der Erdbeschleunigung an

Symbiose (1) im englischen Sprachgebrauch die enge Vergesellschaftung von Individuen zweier unterschiedlicher Arten, ohne die Auswirkung der Symbiose auf die Partner zu berücksichtigen; (2) im deutschen Sprachgebrauch die Vergesellschaftung von Individuen zweier unterschiedlicher Arten, die für beide Partner vorteilhaft ist

Symmetrieebene Ebene, die ein Objekt in spiegelbildliche Teile teilt

Sympathicus Teil des → autonomen bzw. → vegetativen Nervensystems, welcher als Gegenspieler zum → Parasympaticus fungiert und für Kampf und Flucht aktiviert wird

sympatrisch geographisch überlappende Verbreitung

Symplast die Gesamtheit der durch → Plasmodesmen verbundenen → Protoplasten lebender Zellen bei vielzelligen Pflanzen, die somit ein Kontinuum des Cytoplasmas der Einzelzellen pflanzlicher Gewebe darstellen

Symplesiomorphie bezeichnet homologe plesiomorphe Merkmale (→ Plesiomorphie), die bei verschiedenenen Taxa ausgebildet sind; begründet keine Abstammungsgemeinschaft

Sympodium Verzweigungsmodus der Gefäßpflanzen, bei dem nicht das Wachstum der jeweiligen Hauptachse, sondern das von Seitensprossen verstärkt fortgesetzt wird und diese die ursprüngliche Achse übergipfeln

Symporter transmembranes → Transportprotein, welches zwei unterschiedliche gelöste Substanzen in dieselbe Richtung transportiert

Synapomorphie Übereinstimmung zwischen Taxa in einem abgeleiteten homologen Merkmal (→ Homologie), welches bei einer nur ihnen gemeinsamen Stammart als evolutive Neuheit entstanden ist; durch die Aufdeckung von Synapomorphien können geschlossene Abstammungsgemeinschaften (→ Monophyla) in der Natur erkannt werden

Synapse spezialisierte morphologische Kontaktstelle zwischen einer Nervenzelle und ihrer Zielzelle (weitere Nervenzelle oder Effektorzelle); an Synapsen erfolgt der Informationsaustausch durch → Neurotransmittermoleküle (chemische Synapse) oder durch elektrische Kopplung (elektrische Synapse)

synaptischer Spalt Spalt zwischen der präsynaptischen und der postsynaptischen Membran einer chemischen → Synapse; bei der synaptischen Übertragung muss der → Neurotransmitter nach der Ausschüttung an der präsynaptischen Membran durch den synaptischen Spalt zu den Rezeptoren in der postsynaptischen Membran diffundieren

Synaptotagmin in der Membran der synaptischen Vesikel vieler Nervenzellen enthaltenes → integrales Membranprotein

Syncytium durch Verschmelzen ursprünglich einkerniger Zellen entstandener, zelläquivalenter, vielkerniger Plasmakörper; Syncytien finden sich sowohl auf der Organisationsstufe der Einzeller als auch in den Geweben der Metazoa

synergistisch zusammen wirkend, sich gegenseitig fördernd

Synovialflüssigkeit Gelenkflüssigkeit; zäh-viskose Flüssigkeit, die alle Gelenkhöhlen der Wirbeltiere erfüllt und die knorpeligen Gelenkflächen gleitfähig erhält

Tageszeitenklima in den Tropen ist die Tagesschwankung der Temperatur größer als die Jahresschwankung der Tagesmitteltemperatur; meist fehlen klimatisches Jahreszeiten vollständig

Tagmata morphologisch abgegrenzte Abschnitte eines primär homonom (alle mehrfach am selben Individuum auftretenden untereinander → homologen Strukturen) gegliederten Körpers

Taiga borealer Nadelwald in Nordeuropa, Sibirien und Nordamerika; nördlichster Waldtypus der Erde

Talgdrüsen ausschließlich bei Säugetieren vorkommende holokrine Hautdrüsen, Teile des mehrschichtigen verhornten → Epithels, mit schmierig-fettigem Sekret, das die Oberhaut fettet, geschmeidig hält und wasserabstoßend macht

Tandem-Repeats Sequenzwiederholungen, die in gleicher Richtung direkt hintereinander vorliegen; sie haben eine Länge von zwölf bis 100 Nucleotiden und bestehen i. d. R. aus fünf bis 50 Wiederholungen

targeted sequencing eine DNA-Sequenzierungstechnik der nächsten Generation, die sich auf spezifische Gene konzentriert

Taxis (Pl. Taxien) die durch einen Umgebungsreiz hervorgerufene Orientierungsbewegung frei beweglicher Organismen und Zellen, die entweder zur Reizquelle hin (positive Taxis) oder von dieser weg (negative Taxis) erfolgen kann

Taxon (Pl. Taxa) benannte (i. d. R. → monophyletische) Einheit der taxonomischen Klassifikation

Taxonomie Wissenschaft, die die Prinzipien der (i. d. R. hierarchischen) Klassifikation von Organismen regelt und untersucht

Tegument äußerste Hautschicht bei verschiedenen Plattwürmern (Plathelminthes); schützt beispielsweise vor Verdauungsenzymen des Wirtes

Teichonsäure charakteristischer Bestandteil der Zellwand Gram-positiver Bakterien

Teilungswachstum Wachstum durch Zellteilung

Teleomorph Stadium der Pilze, welches sexuelle Sporen bildet

Telomer Bezeichnung für die DNA-Sequenzen an den Enden linearer eukaryotischer Chromosomen; Telomere zeichnen sich durch multiple, tandemartig angeordnete Oligonucleotid-Sequenzabfolgen aus

Telomerase → DNA-Polymerase, die durch Anpolymerisation bestimmter, sich wiederholender Oligonucleotidsequenzen an die Enden von Chromosomen (→ Telomere) die Verkürzung der Chromosomen nach jedem Replikationsschritt verhindern kann

Temperaturregulation Fähigkeit, ein thermisches Gleichgewicht mit der Umgebung, d. h. eine ausgeglichene Bilanz zwischen Wärmeaufnahme, -abgabe und -produktion, zu erreichen

Temporallappen Schläfenlappen; eine der fünf anatomischen Hauptregionen der → Großhirnrinde des menschlichen Gehirns

Tergum Rückenschild bei Gliederfüßern

Terminalzelle Protonephridium; vor allem bei Tieren ohne → Coelom (Plathelminthes, Nemertini, einige Nemathelminthes, Larven von Mollusca und Annelida) vorkommende Exkretionsorgane

Termination dritte und letzte Stufe der DNA-Replikation sowie der → Transkription

Terpene umfangreiche Gruppe von Naturstoffen, die sich biogenetisch vom Isopren ableiten

terrestrisch dem Festland zugehörig, an Land lebend; Gegensatz zu → aquatisch

Tertiärstruktur die spezifische dreidimensionale Faltung linear aufgebauter Makromoleküle zu übergeordneten, räumlichen Strukturen, wobei die → Primärstrukturen und → Sekundärstrukturen erhalten bleiben (→ Konformation)

Testa (Theka) Bezeichnung für bindegewebige Hülle eines Organs

Testosteron männliches Sexualhormon, das in den interstitiellen Zellen des Hodens gebildet wird

Tethys Ozean, welcher vom → Perm bis zur → Trias zwischen → Laurasia und → Gondwana existierte

Tetrachromaten Lebewesen, welche vier Arten von Farbrezeptoren zum Sehen benutzen, z. B. viele Süßwasserfische

Tetramer eine Einheit, die in vier Abschnitte gegliedert ist

Tetraploidie Form der → Polyploidie, bei der Zellen, Gewebe oder Individuen vier vollständige Chromosomensätze aufweisen

Thalamus eine wichtige Schalt- und Integrationszentrale im → Zwischenhirn für Sensorik und Motorik, der „Pförtner zum Bewusstsein"

thallische Konidiogenese Prozess der Bildung von → Konidien, wobei diese vor der Formierung abgeschnürt werden

thallose Moose Moose mit thallusartiger, lappiger Wuchsform, ohne Blättchen

Thallus vielzelliger Vegetationskörper von Pflanzen, Algen und Pilzen, der nicht die Organisation des → Kormus (Gliederung in Sprossachse, Wurzel, Blatt) aufweist

Theka Bezeichnung für bindegewebige Hülle eines Organs

Thelytokie „Vollklon"; eine Form der → Parthenogenese, der eingeschlechtlichen Fortpflanzung; dabei werden nur Weibchen mit allen üblichen anatomischen und cytologischen Kennzeichen dieses Geschlechts erzeugt

Thermalquelle natürlicher Austritt von Thermalwasser, natürlichen Grundwasser, an der Erdoberfläche

thermophil eine Temperatur von 45–80 °C bevorzugend; oberhalb von 80 °C spricht man von hyperthermophil

Thermoregulation Fähigkeit lebender Organismen, eine ausgeglichene Bilanz zwischen Wärmeaufnahme, -abgabe und -produktion, zu erreichen

Thermorezeption Fähigkeit von Lebewesen, Unterschiede bzw. Änderungen der Umgebungstemperatur wahrzunehmen

Thermorezeptoren Rezeptoren in der Haut, bei Arthropoden in der → Cuticula, sowie im Körperinneren zur

Registrierung der Umgebungs- oder der körpereigenen Temperatur

Thermotaxis Orientierungsbewegung bei frei beweglichen Organismen, die durch Temperaturdifferenzen ausgelöst wird

Therophyten eine Lebensform von Pflanzen, bei der die ungünstige Jahreszeit (Kälte, Trockenheit) im Stadium von widerstandsfähigen Samen überdauert wird

Thigmonastie eine durch Berührungsreize ausgelöste Bewegungsreaktion, die sich bei vielen Ranken beobachten lässt

Thigmotaxis die durch Berührungsreize erzeugte, gerichtete Bewegung frei beweglicher Organismen zu einer Reizquelle hin (positive Thigmotaxis) oder von dieser weg (negative Thigmotaxis)

Thrombocyten Blutplättchen; spielen eine wichtige Rolle bei der Blutgerinnung und entstehen durch Abschnürung aus Megakaryocyten

Thylakoide Membransysteme in den → Chloroplasten

Thylakoidmembran Membran der Chloroplasten-Thylakoide, in der die photosynthetischen Lichtreaktionen und der damit verbundene Elektronentransport sowie Protonentransport und die ATP-Bildung ablaufen

Thyllen Bezeichnung für die blasenartigen Ausstülpungen von Holzparenchymzellen, die sich bei verschiedenen Laubbäumen im reifen Kernholz in den Hohlraum der benachbarten, funktionslos gewordenen Tracheen vorwölben und diese z. T. verstopfen

Thymindimer unter der Wirkung von UV-Licht auf die DNA entstehende direkte kovalente Verknüpfung zweier benachbarter Thyminreste; sie blockieren die DNA-Replikation, können jedoch in der Zelle durch Photoreaktivierung oder andere DNA-Reparaturprozesse zu normalen Thyminresten zurückverwandelt werden

Thymus eine Drüse des lymphatischen Systems von Wirbeltieren und somit Teil des Immunsystems

Tight Junctions Zell-Zell-Verbindungen ohne Spalten zwischen den Epithelzellen; eine Diffusionsbarriere wird gebildet

Tintenbeutel Sammelorgan der Kopffüßer, das die Sepia (farblose Flüssigkeit mit dunkelbraunen oder schwarzen Melaninkörnchen) enthält.

Titin ein großes, fasernbildendes Protein (Muskelprotein), das mit den → Actinfilamenten und → Myosinfilamenten des Skelettmuskels (→ quergestreifte Muskulatur) assoziiert ist

T-Lymphocyten → T-Zellen

Tochterzellen die aus einer Zelle durch Kernteilung und Zellteilung oder Knospung hervorgehenden Zellen

Toleranz Fähigkeit, bestimmte Umweltfaktoren, z. B. auch Gifte, ionisierende Strahlen, in einem bestimmten Bereich längerfristig zu ertragen

Tonoplast Bezeichnung für die Membran der Pflanzenzelle, die das Cytoplasma vom Zellsaftraum (→ Vakuole) trennt

Tonotopie geordnete neuronale Repräsentation von Höreindrücken nach der Frequenzhöhe

Topoisomerase ein DNA-schneidendes Enzym, das Überstrukturen der DNA-Doppelhelix reguliert und somit Torsionsspannungen und Verdrillungen entspannt

Torf Humusform der Moore, Bodenauflage aus wenig zersetzten, konservierten Pflanzenresten; die Pflanzenstruktur bleibt dabei im Wesentlichen erhalten und ist noch deutlich zu erkennen; wird in vielen Mooren hauptsächlich durch Torfmoose (*Sphagnum* spp.) gebildet

Torpor physiologischer Schlafzustand mit stark verminderter Stoffwechselaktivität

totipotent Fähigkeit von Zellen, einen vollständigen bzw. eigenständigen Organismus zu bilden; bei Säugetieren sind nur frühe Embryonen bis zum Acht-Zell-Stadium totipotent; danach wird die Fähigkeit, sich in die unterschiedlichsten Zelltypen zu differenzieren, als → pluripotent bezeichnet

Totzeit (1) Zeit, die nach der Registrierung eines Ereignisses durch einen Detektor verstreicht, bis der Detektor wieder messbereit ist; (2) Zeit vom Einlaufen eines Signals in die Präsynapse bis zur Erzeugung eines elektrischen Signals in der Postsynapse

Toxine von Lebewesen synthetisierte Giftstoffe

Tracheen (1) bei Tieren Luftröhren, die Atemluft zu den Geweben transportieren; (2) bei Pflanzen Gefäße des Wasserleitsystems

Tracheensystem Röhrensystem im Körper verschiedener Gliederfüßer, das der Atmung dient; besteht aus röhrenförmigen Einstülpungen der Tracheen, durch deren Wandungen der Gasaustausch erfolgt

Tracheiden stark verholzte, in → axialer Richtung lang gestreckte Zellen zur Wasserleitung und Festigung im → Xylem der Leitbündel der Sprossachse von Pflanzen

Tragblätter Brakteen; Blätter, aus deren Achsel eine Achselknopse oder eine Blüte hervorgeht

Tranquilizer Sedativa; Psychopharmaka, die bei nichtpathogenen Erregungszuständen (Unruhe, Spannungs-, Angstneurosen, Schlafstörungen, Muskelverspannungen) eingesetzt werden

Transaminasen Gruppe von Transferasen, die die reversible Übertragung der Aminogruppe einer bestimmten Aminosäure auf eine bestimmte Oxosäure katalysieren, wobei eine neue Aminosäure und eine neue Oxosäure gebildet werden

Transcytose rezeptorvermittelter Transport von Makromolekülen durch eine Zelle hindurch; extrazelluläre Moleküle können so polar strukturierte Zellen durchqueren

Transducin → G-Protein, welches in den → Photorezeptorzellen der Netzhaut vorkommt; es ist ein wesentlicher Bestandteil der visuellen Signaltransduktionskaskade; kann in einer aktiven GTP-Form und einer inaktiven GDP-Form vorliegen

Transduktion (1) Genübertragung zwischen Prokaryoten mithilfe von Bacteriophagen) → Phagen) als Genträger; (2) Weiterleitung eines Signals durch intrazelluläre Signalkaskaden (Signaltransduktion); (3) Umwandlung der Energie eines Reizes (mechanisch, chemisch oder visuell) in einer Rezeptorzelle (Rezeptoren) in elektrische Erregung, das → Rezeptorpotenzial

Transformation (1) Insertion von rekombinanter DNA in eine Wirtszelle; (2) Übertragung von Genen zwischen Zellen mithilfe isolierter freier DNA; die Transformation ist neben der → Transduktion und der → Konjugation eine von drei Möglichkeiten des Gentransfers bei Prokaryoten

Transition → Punktmutation, bei der eine → Purinbase durch eine andere Purinbase bzw. eine Pyrimidinbase durch eine andere → Pyrimidinbase ersetzt wird

Transkription Umschreiben eines Gens von DNA zu RNA

Transkriptionsfaktoren DNA-bindende Proteine, die positiv oder negativ regulierend auf die Transkription eines oder mehrerer Gene einwirken; sie werden auch als *trans*-wirkende Faktoren bezeichnet, da sie ihre Effekte prinzipiell an jeder Stelle des Genoms ausüben können

Transkriptom Gesamtheit der in der → RNA übersetzten Erbinformation einer Zelle, eines Gewebes oder eines ganzen Organismus während eines bestimmten Entwicklungsstandes

Translation Synthese von Proteinen in den Zellen lebender Organismen ausgehend von → mRNA-Molekülen

Translokation → Chromosomenmutation, bei der Chromosomenfragmente an eine andere Position innerhalb des Chromosomenbestands verlagert werden

Transpirationssog Verdunstung von Wasser in den Blättern bewirkt eine Saugspannung, wodurch Wasser im → Xylem nach oben steigt

Transportproteine (Carrier) Proteine, die in biologischen Membranen den passiven Transport oder aktiven Transport polarer niedermolekularer Stoffe wie Ionen, Zucker und Aminosäuren bewirken; die dienen damit u. a. der Versorgung der Zelle mit Ionen und Metaboliten oder der Regulation des pH-Wertes

Transposasen Enzym, das von einem → Transposon codiert wird und die → Insertion des Transposons in eine andere Stelle des Chromosoms sowie auch das Ausschleusen aus dem Chromosom ermöglicht

Transposition Bezeichnung für den Vorgang, bei dem mobile genetische Elemente ihre Lage im Genom oder zwischen Genomen verändern können

Transposons mobile Elemente, springende Gene; mobiles DNA-Fragment, das in der Lage ist, spontan einen Genort zu verlassen und an anderer Stelle des gleichen Moleküls (intramolekulare Transposition) oder eines anderen Moleküls (intermolekulare Transposition) in die Erbinformation zu integrieren

transversal Lagebezeichnung, senkrecht zur Körperlängsachse

Transversalebene Bezeichnung für Ebene, die senkrecht zur Körperlängsachse liegt

Transversion → Punktmutation, bei der eine → Pyrimidinbase gegen eine → Purinbase ausgetauscht wird oder umgekehrt

Treibhauseffekt Erwärmungseffekt der Erdatmosphäre, der daraus resultiert, dass die kurzwellige Sonnenstrahlung die Atmosphäre fast ungehindert bis zur Erdoberfläche durchdringen kann, die von der Erdoberfläche ausgehende langwellige terrestrische Strahlung aber bevorzugt vom atmosphärischen Wasserdampf und durch Treibhausgase weitgehend absorbiert und in Wärme umgewandelt wird

Treibhausgase Gase natürlichen wie auch anthropogenen Ursprungs, die zum → Treibhauseffekt beitragen; sie lassen kurzwellige Sonnenstrahlung durch, absorbieren aber von der Erde abgestrahlte langwellige Wärmestrahlung

Triacylglyceride (TAG) Verbindungen in Fetten und fetten Ölen, bei denen drei Fettsäuren mit einem Molekül Glycerol verestert sind

Trias Periode des → Mesozoikums von vor ca. 252 Mio. Jahren bis vor ca. 201 Mio. Jahren

Tricarbonsäurezyklus (TCA) → Citratzyklus

Trichocysten fadenförmige, mit Sekreten gefüllte Stäbchen, die explosionsartig zur Verteidigung oder zum Beutefang ausgelöst werden

Trichome haarähnliche Strukturen auf den Oberflächen von Pflanzen

Trichromaten Lebewesen, welche drei verschiedene Arten von Farbrezeptoren (→ Zapfenphotorezeptoren) in der Netzhaut besitzen

Triggerhärchen Besonderheit carnivorer Pflanzen: Sinnesorgane, die bei Stimulation → Aktionspotenziale erzeugen, welche an die neuronale Übertragung bei Tieren erinnern

Trihybridkreuzung Kreuzung zweier Individuen, die sich in drei Merkmalen unterscheiden

Trimer aus drei Monomeren bestehendes Polymer

Triplett Bestandteil der mRNA; Abfolge von drei → Nucleinsäuren, die im Prozess der → Translation eine bestimmte → Aminosäure codiert

triploblastisch bezeichnet Gewebetiere mit drei Keimblättern: Ektoderm, Mesoderm und Entoderm

Triploidie Form der → Polyploidie, bei der Zellen, Gewebe oder Individuen drei vollständige Chromosomensätze aufweisen

Trisomie in einem → diploiden Organismus liegt ein Chromosom dreifach vor

tRNA transfer-RNA; kleine, ca. 70 Nucleotide lange Ribonucleinsäuremoleküle, die während der → Translation als Adaptormoleküle zwischen der in der mRNA gespeicherten genetischen Information und der Aminosäuresequenz des entstehenden Polypeptids fungieren

Trommelfell häutige Membran im Ohr der Säugetiere, die den Gehörgang zum Mittelohr hin abschließt

Trophie Nährstoffangebot eines ökologischen Standorts

Trophieindex Maß zur Bewertung des ökologischen Zustands von Gewässern

Trophiestufe jede Art in einem Ökosystem kann abhängig von der Verwertung von Nährstoffen einer Trophiestufe zugeordnet werden

trophische Ebene Gesamtheit der Organismen mit gleicher Position in der Nahrungskette

trophogene Zone oberste lichtdurchflutete Zone eines Gewässers

tropholytische Zone tiefere undurchlichtete Zone eines Gewässers

Tropismus Orientierung festgewachsener Pflanzen und Pilze oder eines → sessilen Tieres zum Reiz hin oder von diesem weg

Tropomyosin Protein, das sowohl im Muskel (Muskelproteine) als auch im → Cytoskelett (Zellskelett) mit → Actin verknüpft ist

Trypsin proteinspaltendes Verdauungsenzym, das von der Bauchspeicheldrüse gebildet wird

Tubuline globuläre Proteine in den Zellen von Eukaryoten; α- und β-Tubulin lagern sich zu → Heterodimeren zusammen, welche dann die → Mikrotubuli bilden

Tumor (1) krankhafte Schwellung eines Organs; (2) Gewebswucherung infolge krankhafter übermäßiger Zellvermehrung

Tundra baumfreie oder baumarme Vegetationszone der Subpolargebiete

Tüpfel Zellwandöffnungen in pflanzlichen Vielzellern, durch welche → Parenchymzellen und der Siebröhren-Geleitzellen-Komplex in Verbindung stehen

Tüpfelkanäle röhrenförmige Kanäle der → Tüpfel

turgeszent Bezeichnung für mit Flüssigkeit prall gefüllte und dadurch unter Druck stehende Zellen und Gewebe

Turgor Bezeichnung für den positiven hydrostatischen Druck innerhalb der Pflanzenzelle, der auf die Zellwand ausgeübt wird und für zahlreiche physiologische Prozesse wie Zellvergrößerung, Gasaustausch oder Transportprozesse von Bedeutung ist

turgorinduzierte Bewegungen → Spannungsbewegung

T-Zellen T-Lymphocyten; cytotoxische T-Lymphocyten erkennen von Viren infizierte Zellen, aber auch Tumorzellen, und töten diese ab; T-Helferzellen vermitteln die Differenzierung und das Wachstum der B-Lymphocyten und steuern systemische Antworten durch die Sezernierung von Interleukinen, welche Teil der humoralen Immunität sind

Ubiquitin Protein von 8,5 kDa; ist an der Regulation proteolytischer Stoffwechselwege bei Eukaryoten beteiligt

Ubiquitinierung Kopplung des → Ubiquitins an Proteine

Ultraschall-Echoortung Schall oberhalb der für den Menschen noch hörbaren Frequenz, dient Tieren zur Orientierung im Dunkeln und zum Finden von Beutetieren, z. B. bei Fledermäusen und Zahnwalen

ultraviolettes Licht (UV-Licht) Licht oberhalb der für den Menschen noch sichtbaren Wellenlänge im Wellenlängenbereich von 100–380 nm

Unabhängigkeitsregel dritte → Mendel'sche Regel; Regel von der freien Kombinierbarkeit; beschreibt die unabhängige Verteilung von Genen auf die F_2-Generation, wobei die Gene der zwei betrachteten Merkmale frei kombiniert werden und dadurch neue → Phänotypen entstehen

Univarianzprinzip Änderungen eines Photorezeptorausgangs können durch Veränderungen der Menge oder der Wellenlänge einfallender Lichtquanten bewirkt werden; es ist deshalb nicht möglich, mit nur einem Typ von → Photorezeptor Farbe wahrzunehmen

ungesättigte Fettsäuren im Gegensatz zu den gesättigten Fettsäuren besitzen diese im Kohlenstoffgerüst mindestens eine Doppelbindung

ungeschlechtliche Fortpflanzung Art der Fortpflanzung, bei der die Fortpflanzungskörper mitotisch von einem Mutterorganismus abgegliedert werden und in ihren genetischen Anlagen diesem entsprechen; die asexuelle Fortpflanzung ist also nicht mit der Neu- bzw. → Rekombination von Erbanlagen verknüpft

unidirektional in nur eine Richtung erfolgende Informationsübertragung, die mit dem Empfang der gesendeten Nachricht beendet ist

unifazial Bezeichnung für den Bau von Blättern, deren Blattspreite nur aus der Unterseite der Blattanlage entsteht

Uniformitätsregel erste → Mendel'sche Regel; Uniformitäts- und Reziprozitätsregel; kreuzt man zwei → homozygote Eltern miteinander, die sich in einem bzw. mehreren Genen und somit Merkmalen unterscheiden, so erhält man eine erste Tochtergeneration (F_1-Generation), die im Genotyp und im Phänotyp einheitlich (uniform) ist; dabei spielt es keine Rolle, welcher Elternteil die eine und welcher die andere Merkmalsausprägung zeigt (Reziprozität)

univakuoläres Fett weißes Fettgewebe; Lokalisierung zu etwa 75 % unter der Haut (subcutan), bildet aber auch tiefer gelegene Fettdepots (Depotfett); die Hauptfunktion des weißen Fettes ist die Speicherung von überschüssiger Nahrungsenergie

unpolar apolar, nichtpolar; bei Molekülen Bezeichnung für eine symmetrische Ladungsverteilung, bei der im Grundzustand positiver und negativer Ladungsschwerpunkt zusammenfallen; daher weisen diese Moleküle kein permanentes elektrisches Dipolmoment auf

Unterhautbindegewebe Subcutis; stellt die Verbindung zwischen Skelett und Muskulatur her und dient somit als Verschiebe- und Einbauschicht

Unterlauf mündungsnaher Stromabschnitt in einem größeren Fließgewässer

unvollständige Dominanz eine Form der Vererbung, bei welcher der → Phänotyp der F_1-Hybriden intermediär zu den Phänotypen der Eltern ist, d. h., die Tochtergeneration stellt phänotypisch eine Mischform der Elterngeneration dar

Urkeimzellen keimbildende → Stammzellen, welche im tierischen Organismus die Keimzellen (→ Gameten) bilden können

Urmund Blastoporus; Öffnung, die während der → Gastrulation am Ort der Einstülpung des vegetativen Blastulabereichs ins → Blastocoel entsteht

Uterus Gebärmutter; Organ des weiblichen Geschlechtsapparats mit Einmündung der Eileiter und Ausgang zur Scheide; in der Gebärmutter entwickeln sich die befruchteten Eier weiter

UTR Abk. für untranslatierte Regionen; nichtcodierende Sequenzen (Nucleotidsequenzen) an den 5′- und 3′-Enden der mRNA

Utriculus Struktur im Innenohr der Wirbeltiere, dient als Teil der Maculaorgane dem Gleichgewichtsinn.

Vakuole Bezeichnung für einen flüssigkeitsgefüllten Hohlraum im → Cytoplasma

Varietäten jegliche Abweichung vom „idealen" Arttypus, bezogen sowohl auf einzelne Individuen (z. B. Industriemelanismus) als auch auf geographisch getrennte → Populationen, die man heute als Unterarten (Subspezies) abtrennt; wegen dieser Heterogenität der Begrifflichkeit wird der Begriff nur noch selten verwendet

Varikositäten Anschwellungen entweder entlang eines → Axons oder an dessen Enden

Vegetationskegel kegelförmiges → Apikalmeristem des Sprossscheitels und der Wurzelspitze bei der Mehrzahl der höheren Pflanzen

Vegetationsperiode ein Zeitabschnitt des pflanzlichen Wachstums im Sinne eines deutlichen Stoffgewinns durch

Photosynthese; bestimmender Faktor der Vegetationszeit ist die Wärme

Vegetationspunkt die Initialzone, aus der sich das Bildungsgewebe (→ Meristem) der pflanzlichen Spross- und Wurzelspitzen entwickelt

vegetatives Nervensystem unwillkürliches Nervensystem; der Teil des Nervensystems, der die vom Bewusstsein weitgehend unabhängig verlaufenden lebenswichtigen Vorgänge innerhalb des Gesamtorganismus regelt; dazu gehören z. B. Atmung, Kreislauf, Verdauung, Temperaturregulation und Stoffwechsel

vegetative Vermehrung (1) ungeschlechtliche Vermehrung vieler Organismen, z. B. Pflanzen, Pilze, Tiere, Einzeller; (2) die künstlich herbeigeführte, wirtschaftlich wichtige Vermehrung von Nutzpflanzen und Kulturpflanzen u. a. durch Veredelung, Stecklinge und Ableger

Velum partiale eine besondere Schutzhülle, die bei manchen jungen Blätterpilzen vorhanden ist und eine Verbindung des Hutrandes mit dem Stiel zeigt; bei der Entfaltung des Hutes reißt das Velum partiale am Hutrand ab und bleibt als Ring oder faserige Ringzone (Cortina)

Velum universale eine besondere Schutzhülle, die bei manchen jungen Blätterpilzen vorhanden ist und den gesamten jungen Fruchtkörper umschließt

Venen Blutgefäße der Wirbeltiere und somit auch des Menschen, die, aus Kapillarnetzen (Blutkapillaren) hervorgehend, im Blutkreislauf das Blut zum Herzen zurückführen

ventral Lage- und Richtungsbezeichnungen des Körpers von Tieren; bezieht sich auf die Bauchseite

Verbrennungsreaktion exotherme Oxidation von Materie, meist unter Auftreten von Feuer

Vermoorung Bildung von Mooren

Vernalisation spezifische Anregung einer Pflanze zum Streckungswachstums des Sprosses und zur Blütenbildung durch eine mehr oder minder lange Kälteperiode im Temperaturbereich von ca. −2° bis +5° C.

Verpuppung bei → holometabolen Insekten der Vorgang der Häutung zur Puppe einschließlich der vorangehenden Organänderungen

vertikaler Gentransfer Weitergabe genetischer Information von Eltern auf die Tochtergeneration – entweder durch asexuelle Vermehrung oder durch sexuelle Fortpflanzung

Verwandtenselektion Sippenselektion; ein Phänomen der Gesamtfitness, das die verwandtschaftsabhängige gegenseitige Hilfe von Artgenossen betrifft; die Sippenselektion hängt vom Verwandtschaftsgrad ab, d. h., mit zunehmender genetischer Verwandtschaft kann die Tendenz zum Konkurrieren abnehmen, die Tendenz zum → Altruismus dagegen zunehmen

Vesikel anatomische Bezeichnung für bläschenförmige Organe, Organellen oder Organteile sowie sehr kleine, nahezu runde membranumgebene Bläschen in der Zelle

vesikulärer Transport grundlegender intrazellulärer Transportmechanismus zur Verteilung von Proteinen zwischen den Zellorganellen mithilfe von Transportvesikeln

vestibuläres System Gleichgewichtssystem im Innenohr von Wirbeltieren; Wahrnehmung des Körpers gegenüber Schwerkraft, Bewegung und Gleichgewicht; reguliert die Steuerung der Augen, ermöglicht Orientierung sowie geordnete Körperhaltungen und -bewegungen

Vikarianz bezeichnet die Trennung einer ursprünglich durchgängig verbreiteten → Population oder Art in zwei oder mehr Populationen durch die Entwicklung einer räumlichen (geographische Vikarianz) oder standörtlichen Barriere (ökologische Vikarianz); eine solche Separation hat durch die Unterbrechung des → Genflusses eine genetische Differenzierung der beiden Populationen zur Folge

Villin Protein, das in Abhängigkeit von der Ca^{2+}-Konzentration F-Actin bündelt oder nach Bindung von Calciumionen an die Plus-Enden von → Actinfilamenten bindet und so zu einer Fragmentierung der Filamente führt

Viren infektiöse, ultramikroskopische organische Strukturen, welche keinerlei zelluläre Organisation aufweisen, sondern lediglich aus DNA bzw. RNA und einer Proteinhülle bestehen; sie sind obligat parasitär, da sie keinen eigenen Stoffwechsel haben, und somit auf andere Organismen angewiesen

Virulenz Ausmaß und Intensität der → Pathogenität eines Krankheitserregers

Virulenzfaktoren Eigenschaften von → Pathogenen, welche die → Pathogenität und → Virulenz bestimmen

Vitalfunktionen in der Medizin zu kontrollierende Vorgänge, um das Leben des Menschen aufrechtzuerhalten; dazu zählen Atmung, Körpertemperatur und Kreislauf

Vitalität eine erblich (genetisch) bedingte und durch Umwelteinflüsse modifizierte „Lebensfähigkeit" eines Individuums oder einer Population im Vergleich zu einem (einer) anderen

Vitamine lebensnotwendige organische Verbindungen, die von Organismen nicht selbst synthetisiert werden können, sondern mit der Nahrung zugeführt werden müssen, um eine normales Wachstum und einen funktionierenden Stoffwechselablauf zu gewährleisten

vivipar (1) vivipare Organismen gebären Jungtiere lebend; sowohl die Befruchtung als auch die Embryonalentwicklung finden im Körper der Mutter statt; (2) bei viviparen Pflanzen keimen die Samen direkt an der Mutterpflanze aus

volatil flüchtig; bezeichnet die Eigenschaft von Stoffen aus einem Stoffgemisch, in dem sie ursprünglich gelöst waren, in die Gasphase überzutreten

vollhumid humides (feuchtes) Klima; die Niederschläge übersteigen in mindestens zehn Monaten die Verdunstung; vgl. → semihumid

Volumenregulation Begriff aus dem Volumenhaushalt der Organismen; bezeichnet die Fähigkeit aller Lebewesen mit einem Stoffwechsel, die Konzentrationen osmotisch wirksamer Stoffe kontrollieren zu können

Vorderhirn Prosencephalon; Bezeichnung für den vorderen Abschnitt des Gehirns der Wirbeltiere; es steht mit Nase und Auge in engstem Kontakt und stellt wesentliche Strukturelemente für übergeordnete integrative Leistungen des Gehirns bereit

Vorhof venöse Vorkammer des Wirbeltierherzens

Vorläuferzellen allgemeine Bezeichnung für eine Zelle, die während der Entwicklung aus einer inäqualen Teilung einer → Stammzelle hervorgeht; eine der beiden Tochterzellen bleibt Stammzelle, während die andere, die Vorläuferzelle, proliferiert und ihre Nachkommen zunehmend zu bestimmten Differenzierungsrichtungen determiniert werden

Vulkanismus beschreibt alle geologischen Vorgänge und Erscheinungen, die mit der Bildung und dem Auftrieb von Magma zusammenhängen

Wachstum Größenzunahme eines Körpers bzw. von Teilen des Körpers durch Zellteilung und Zellstreckung

Wachstumsfaktoren Substanzen, die Zellen zur Teilung anregen und somit Wachstums- und Entwicklungsprozesse kontrollieren

Wachstumskegel das Vorderende eines auswachsenden → Axons, das die Wuchsrichtung bestimmt

Wärmekapazität das Verhältnis von zugeführter Wärme und der dadurch bewirkten Temperaturerhöhung

Wasserspaltung Spaltung von Wasser in Wasserstoff und Sauerstoff mithilfe von Licht

Wasserstoffbrückenbindung bezeichnet eine anziehende Wechselwirkung zwischen der schwach positiven Ladung eines Wasserstoffatoms und der schwach negativen Ladung eines benachbarten Sauerstoff- oder Stickstoffatoms

Watson-Crick-Basenpaarung die Doppelsträngigkeit der DNA entsteht durch → Wasserstoffbrückenbindungen zwischen den Basen der beiden Einzelstränge; dabei paaren Guanin und Cytosin bzw. Adenin und Thymin (in DNA) bzw. Uracil (in RNA)

weißes Fettgewebe allgemeines Fettgewebe im Körper; Fettzellen liegen dabei eingebettet in das lockere Bindegewebe vor

weiße Substanz Gewebe im Zentralnervensystem, das hauptsächlich aus myelinisierten Nervenfasern (Axonen) besteht

Weißfäule durch Pilze (nur Agaricomycotina) verursachter Ligninabbau in Holz; die übrig bleibende Cellulose führt zu einer typischen Weißfärbung

Werner-Syndrom Krankheit verursacht durch einen Gendefekt; äußert sich durch vermindertes Längenwachstum ab der Pubertät und ein stark verfrühtes Einsetzen von Alterungsprozessen im dritten Lebensjahrzehnt

Wernicke-Areal Bereich im Schläfenlappen (→ Temporallappen) des menschlichen Gehirns; dient dem Sprachverständnis und der Interpretation von Zahlen und Wörtern

willkürliche Steuerung geschieht durch das willkürliche oder → somatische Nervensystem; es steuert alle dem Bewusstsein und dem Willen unterworfenen Vorgänge, z. B. Bewegung

Wirt Organismus, der einen Parasiten oder Symbionten beherbergt und ihm Schutz, Nahrung oder Transport bietet

Wirtsspezifität Beschränkung des Vorkommens einer Parasiten- oder Symbiontenart auf wenige Wirtsarten oder sogar nur eine Wirtsart

Wirtszelle lebende Zelle, die von Viren, Bakterien oder Parasiten befallen und zur Vermehrung genutzt wird

Wurzeldruck wird durch → Osmose im → Xylem der Wurzel aufgebaut; Zusammen mit der Verdunstung an den Blättern wird so der Wassertransport durch die Pflanze garantiert

Wurzelhaare/Wurzelhärchen einzellige Haare aus → Rhizodermiszellen; dienen der Absorption von Wasser und gelösten Mineralsalzen

Wurzelhals Grenzzone zwischen Wurzel und Spross

Wurzelknöllchen durch stickstofffixierende *Rhizobium*-Bakterien verursachte knollige Schwellungen an den Wurzeln bestimmter Pflanzen

Wurzelsprosse entspringen der Wurzel und dienen der → vegetativen Vermehrung

X-Chromosom Geschlechtschromosom (Gonosom), das in der Regel die Ausbildung des weiblichen Phänotyps bewirkt, bei Arten mit XX/XY-System haben Weibchen zwei X-Chromosomen

Xenobiotika körperfremde Substanzen chemischen oder biotechnologischen Ursprungs

Xenogamie auch Allogamie, Fremdbestäubung; Übertragung von Pollen einer Blüte auf die Narbe einer anderen Blüte

Xeroballochorie die Ausbreitung von Samen oder Früchten durch Austrocknung derselben und anschließendes Wegschleudern

xeromorph bezeichnet Angepasstheit an Trockenheit

xerophil bezeichnet Bevorzugung von trockenen Biotopen

Xist-RNA *X-inactive specific transcript*; regulatorische RNA, welche die Stilllegung eines X-Chromosoms festlegt

Xylem Gewebe in den → Leitbündeln der Gefäßpflanzen zum Transport von Wasser und Mineralionen; besteht aus → Tracheiden und Fasern, bei Angiospermen auch aus → Tracheen

Xylemfasern Holzfasern

Xylempol der Anteil des → Xylems, der dem → Phloem direkt gegenüberliegt und somit der Sprossachsenmitte zugewandt ist

Y-Chromosom Geschlechtschromosom (Gonosom), das in der Regel die Ausbildung des männlichen Phänotyps bewirkt, bei Arten mit XX/XY-System haben Männchen ein Y-Chromosomen und ein → X-Chromosom

Yessotoxine Gruppe von lipophilen schwefelhaltigen Polyethertoxinen; sie werden von vielen Dinophyta synthestisiert

Zapfenphotorezeptoren Sehzapfen, Zapfen; sie bilden zusammen mit den → Stäbchenphotorezeptoren die Lichtsinneszellen (→ Photorezeptoren) in der Netzhaut der Wirbeltieraugen; die Zapfen sind weniger lichtempfindlich und für das Sehen bei Tag sowie durch den Vergleich der Erregung von Varianten mit unterschiedlicher Wellenlängenempflindlichkeit für das Farbensehen zuständig; im Gegensatz zu den lang gestreckten Stäbchen haben die Außensegmente der Zapfen eine konische Form

Z-Chromosom bei Vögeln, einigen Insekten, Fischen und Reptilien sind die Weibchen das → heterogametische Geschlecht; die beiden Formen der Gonosomen (→ Geschlechtschromosomen) werden Z bzw. W genannt; männliche Tiere haben den homozygoten → Karyotyp ZZ, weibliche Tiere hingegen den hemizygoten Karyotyp WZ

Z-DNA → Konformation der DNA-Doppelhelix; unterscheidet sich von der am häufigsten auftretenden B-Form dadurch, dass sie linksgängig ist und das Phosphat-Zucker-Rückgrat dabei eine Zickzacklinie bildet; offenbar richtet sich die Konformation der DNA nach der Basensequenz, da die Z-DNA erstmals bei Molekülen nachgewiesen wurde, deren Nucleotidfolge GCGCGCGC war

Zeigerarten Arten mit enger Bindung an bestimmte Umweltfaktoren; können als Indikatorarten für ökologische Bedingungen verwendet werden, da sie durch ihr einzelnes oder gehäuftes Vorkommen Rückschlüsse auf die Standort- bzw. Umwelteigenschaften zulassen

zeitliche Summation Amplitudenerhöhung; Addition postsynaptischer Effekte; Phänomen der neuronalen Integration, bei dem ein Neuron → Aktionspotenziale auslöst, wenn an mehreren Stellen der Zelloberfläche gleichzeitig (räumliche Summation) oder an einer Stelle in sehr schneller Folge (zeitliche Summation) zahlreiche, unter dem Schwellenwert liegende postsynaptische Potenziale ankommen

Zelladhäsionsrezeptoren Membranproteine auf der Oberfläche tierischer Zellen, die Kontakte zwischen den Zellen beeinflussen, z. B. den selektiven Zusammenschluss von Zellen während der Embryogenese

Zellafter Cytopyge; physiologisch differenzierter Ort ohne besondere sichtbare Struktur an der Zellmembran vieler Einzeller, besonders der Ciliaten, an dem unverdaute Nahrungsreste durch → Exocytose nach außen abgegeben werden

Zellatmung innere Atmung; vgl. → aerobe und → anaerobe Atmung

Zelle die kleinste lebende Einheit aller Organismen ist die Zelle; bei vielzelligen Organismen stellt sie den grundlegenden Baustein von Geweben bzw. Organen dar

Zellkern Zellorganell der Eukaryoten, in dem der größte Teil des Genoms in Form von linearen → Chromosomen vorhanden ist; fehlt bei den Prokaryoten

Zellkolonie Zusammenlagerung gleichartiger Einzelzellen zu Verbänden, ohne dass ihre Individualität dabei verloren geht

Zellmembran → Plasmamembran

Zellplatte eine scheibenartige Struktur, welche im Anschluss an die → Mitose zwischen den beiden Tochterzellen entsteht; sie trennt die beiden Zellkerne und Cytoplasmaanteile voneinander; später bildet sich daraus die → Zellwand

Zellteilung → Cytokinese

Zelltheorie anerkanntes Konzept, dass Zellen die strukturellen und physiologischen Grundeinheiten aller Lebewesen bilden und alle Zellen aus Vorläuferzellen hervorgehen; eines der fundamentalen Erkenntnisse auf dem Gebiet der Biologie

Zellverband → Zellkolonie

Zellwand Struktur, welche die Zellen von Pflanzen, Pilzen, vielen Protisten und der meisten Prokaryoten umgibt; sie bietet Struktur und Schutz und verhindert ein zu starkes Aufquellen in hypotonischem Medium

Zellzyklus dabei handelt es sich um die zyklischen Aktivitätsphasen, die eine eukaryotische Zelle zwischen zwei Zellteilungen (→ Cytokinese) durchläuft

Zementdrüsen auch Klebdrüsen genannt; Teil der Geschlechtsorgane der Acanthocephala

zentrale Mustergeneratoren spezielle Gruppen von → Nervenzellen; dienen der Erzeugung sich wiederholender Muster von Muskelaktivitäten; dadurch spielen sie eine wichtige Rolle bei der Ausführung stereotyper Verhaltensmuster, z. B. Atmungs- und Gehbewegung, Flügelschlag bei Insekten

zentrales Nervensystem/Zentralnervensystem (ZNS) der Teil des Nervensystems, in dem die Hauptmasse der Nervenzellen konzentriert ist und somit die meisten Informationen verarbeitet, gespeichert und wieder abgerufen werden; bei den Wirbeltieren im Gehirn und im Rückenmark; Gegensatz: → peripheres Nervensystem

zentrales Wasserkanalsystem zentraler Teil des Aufbaus von Schwämmen

Zentralfurche quer verlaufene Furche im Großhirn, die den Frontallappen vom → Scheitellappen separiert

Zentralvakuole großes Zellorganell in Pflanzenzellen, das die Stoffwechselendprodukte speichert und den → Turgor aufrechterhält; entsteht durch Verschmelzen einzelner kleiner Vakuolen

Zentralzylinder Bezeichnung für den von der primären Rinde umschlossenen Gewebekomplex in Sprossachse und Wurzel der → Kormophyten; besteht aus Grundgewebe in Form von Mark und Markstrahlen, den → Leitbündeln und eventuell aus Festigungsgewebe

Zickzackmodell eine der zwei wahrscheinlichen Verpackungsstrukturen der 30-nm-Filamente der DNA

Zirkulation Gesamtheit der sich unter der Wirkung äußerer und innerer Kräfte ergebenden Strömungen

Zisternen Teile des → Golgi-Apparats; membranumschlossene, meist flache Hohlräume

Zonula adhaerens Zell-Zell-Verbindungen, die den Zusammenhalt von Zellen und Zellverbänden gewährleisten und diese mechanisch stabilisieren

Zoochlorellen endosymbiotisch lebende Grünalgen

Zooide einzelne Tiere einer Metazoenkolonie, z. B. bei Nesseltieren (Cnidaria)

Zoophilie auch Zoogamie; Bestäubung durch Tiere

Zooplankton Gesamtheit der meist kleinen bis kleinsten im Süß- und Meerwasser dahintreibenden Lebewesen

Zoosporen begeißelte Fortpflanzungskörper von Algen und Pilzen

Zooxanthellen endosymbiotisch lebende Dinophyta

Z-Schema auch „Zickzackschema"; Bezeichnung für die grafische Darstellung der verschiedenen Redoxsysteme, die an der → Lichtreaktion beteiligt sind

Zuchtformen duch Züchtung erhaltene neue Sorten und Rassen

Zugfestigkeit Reißfestigkeit; abhängig von Zugkraft und Querschnitt

Zugflagellen Flagellen der Prokaryoten; ermöglichen die Fortbewegung durch Zug

Zwillingsarten Artenpaare oder Gruppen nahe verwandter Arten, die sich morphologisch nicht oder nur sehr geringfügig unterscheiden; durch → Isolationsmechanismen zeugen sie keine Nachkommen

zwischenartlich interspezifisch; Abhängigkeiten und Beziehungen zwischen Individuen verschiedener Arten

Zwischenhäute Schwimmhaut an den Füßen schwimmender Tiere

Zwischenhirn Diencephalon; Teil des Vorderhirns von Wirbeltieren, der sich zum Thalamus und zum Hypothalamus mit der Hypophyse entwickelt

Zwischenwirt Organismus, in dem sich ein → Parasit für die Dauer einer bestimmten Entwicklungsphase aufhält, sich aber nicht geschlechtlich vermehren kann

Zwitter doppelgeschlechtliche Individuen, die sowohl männliche als auch weibliche Geschlechtszellen ausbilden können

Zwitterion Molekül mit zwei oder mehreren funktionellen Gruppen, von denen eine positiv und eine andere negativ geladen ist

Zwölffingerdarm Duodenum; es handelt sich dabei um den ersten kurzen Abschnitt des Dünndarms

Zygospore dickwandige Dauerzygote im Lebenszyklus von Jochpilzen (Zygomycota s. l.) und Protisten

Zygote die durch Verschmelzung zweier Keimzellen entstandene Zelle; dabei vereinen sich auch die Zellkerne beider → Gameten

Zygotenkern der → diploide Zygotenkern entsteht durch die Vereinigung der beiden → haploiden Vorkerne

zyklische Nucleotide Nucleotide mit zyklischer Phosphodiestergruppierung wie im Adenosinmonophosphat (cAMP) bzw. Guanosinmonophosphat (cGMP) und in den als Abbauprodukten von RNA vorkommenden zyklischen 2′,3′-Ribonucleosidmonophosphaten; cAMP und cGMP dienen häufig als → sekundäre Botenstoffe

zyklischer Elektronentransport ein Weg des Elektronenflusses im → Photosystem I; dabei wird → ATP, nicht aber NADPH bzw. Sauerstoff produziert

Sachwortverzeichnis

A

B

C

D

E

F

G

H

I

J

K

L

M

N

O

Q

R

S

T

U

V

W

X

Y

Z